ICE manual of geotechnical engineering

岩土工程手册 上册

岩土工程基本原则、特殊土与场地勘察

[英] 约翰·伯兰德　蒂姆·查普曼　编
　　 希拉里·斯金纳　迈克尔·布朗

高文生　等　译审

中国建筑工业出版社

京审字（2024）G 第 1433 号
著作权合同登记图字：01-2022-5867 号
图书在版编目（CIP）数据

岩土工程手册. 上册, 岩土工程基本原则、特殊土与场地勘察 /（英）约翰·伯兰德等编；高文生等译审. — 北京：中国建筑工业出版社, 2024.4（2024.11重印）
ISBN 978-7-112-29821-1

I. ①岩… II. ①约… ②高… III. ①岩土工程–手册 IV. ①TU41-62

中国国家版本馆CIP数据核字（2024）第087618号

ICE manual of geotechnical engineering
ⓒ Institution of Civil Engineers (ICE). 2012
First published 2012. Reprinted with amendments 2013
ISBN: 978-0-7277-5707-4 (volume I)
ISBN: 978-0-7277-5709-8 (volume II)

Chinese translation ⓒ China Architecture & Building Press 2022
China Architecture & Building Press is authorized to publish and distribute exclusively the Chinese edition. This edition is authorized for sale in China. No part of the publication may be reproduced or distributed by any means, or stored in a database or retrieval system, without the prior written permission of the publisher.

本书中文翻译版由英国土木工程师学会出版社授权中国建筑出版传媒有限公司独家出版，并在中国销售。

* * *

责任编辑：杨　允　孙书妍
责任校对：姜小莲

ICE manual of geotechnical engineering
岩土工程手册

[英] 约翰·伯兰德　蒂姆·查普曼
　　希拉里·斯金纳　迈克尔·布朗　编

高文生　等　译审

*

中国建筑工业出版社出版、发行（北京海淀三里河路9号）
各地新华书店、建筑书店经销
北京红光制版公司制版
北京中科印刷有限公司印刷

*

开本：880毫米×1230毫米 1/16　印张：101¼　字数：2776千字
2024年7月第一版　2024年11月第三次印刷
定价：499.00元（上、下册）
ISBN 978-7-112-29821-1
（39713）

版权所有　翻印必究
如有内容及印装质量问题，请联系本社读者服务中心退换
电话：(010) 58337283　QQ：2885381756
（地址：北京海淀三里河路9号中国建筑工业出版社604室　邮政编码：100037）

译审委员会

顾问（按姓氏笔画为序排列）

马海志	王卫东	王长进	王　丹	王立军	王亚勇	王笃礼	王铁宏
化建新	叶阳升	丘建金	朱合华	朱忠义	任庆英	刘文连	刘汉龙
刘松玉	刘金砺	刘厚健	闫明礼	许再良	杜修力	李广信	李清波
李耀刚	杨秀仁	杨伯钢	杨　斌	肖从真	何满潮	汪　稔	沈小克
张　炜	张建民	张建红	张　雁	陈云敏	陈彬磊	陈湘生	陈楚江
武　威	范　重	郁银泉	周宏磊	郑　刚	郑建国	孟祥连	荆少东
姚仰平	顾国荣	顾宝和	徐　伟	徐杨青	徐张建	徐　建	殷跃平
高玉生	高玉峰	黄茂松	龚晓南	梁金国	蒋建良	谢永利	赖远明
蔡袁强	滕延京	薛　强	戴一鸣				

主任

高文生

分篇主任

高文生	李广信	沈小克	武　威	王卫东	杨生贵	王曙光	连镇营

委员（按姓氏笔画为序排列）

丁　冰	于玉贞	王卫东	王长科	王　丹	王吉良	王成华	王延伟
王社选	王明山	王笃礼	王　涛	王理想	王　熙	王　睿	王曙光
韦忠欣	水伟厚	介玉新	文宝萍	孔令伟	孔纲强	石金龙	叶观宝
叶　焱	丘建金	付文光	白　冰	白晓红	冯文辰	冯世进	冯永能
成永刚	朱玉明	朱训国	朱合华	朱红波	朱武卫	朱春明	任庆英
刘丰敏	刘文连	刘乐乐	刘汉龙	刘永超	刘　芳	刘丽娜	刘　林
刘松玉	刘金波	刘　念	刘朋辉	刘　钟	刘俊岩	刘新荣	关立军
孙训海	孙军杰	孙宏伟	杜　军	李小军	李广平	李广信	李卫超
李　帅	李伟强	李连祥	李　波	李建民	李荣年	李星星	李爱国
李翔宇	李　湛	李耀刚	李耀良	杨石飞	杨生贵	杨光华	杨素春
杨　敏	杨　韬	连镇营	肖大平	吴才德	吴江斌	吴春林	吴春秋
邱明兵	何　平	佟建兴	邱道怀	应惠清	辛　兵	汪成兵	沙　安
沈小克	宋二祥	宋义仲	宋东日	宋　强	迟铃泉	张东刚	张同亿
张　武	张明义	张治华	张　峰	张继文	张　彬	张雪婵	张　雁
张　震	张　鑫	陈　凡	陈云敏	陈　伟	陈　安	陈　辉	陈耀光
邵忠心	武　威	范　重	林兴超	陈易富	罗鹏飞	岳祖润	周圣斌
周同和	周鸣亮	周　建	周载阳	郑　刚	郑伟锋	郑建国	郑俊杰

赵冶海	赵晓光	胡贺松	秋仁东	侯瑜京	施　峰	施　斌	宫剑飞
姚仰平	袁　勋	聂庆科	贾　宁	贾金青	顾国荣	徐杨青	徐张建中
徐　前	殷跃平	高文生	高文新	高玉峰	高　涛	郭明田	席宁中
唐建中	唐孟雄	黄志广	黄宏伟	黄茂松	曹子君	曹光栩	曹　杰
曹　净	龚维明	盛志强	崔春义	崔　溦	康景文	康富中	盖学武
彭芝平	董建华	蒋建良	韩　煊	覃长兵	傅志斌	路德春	蔡国庆
蔡国军	蔡袁强	蔡浩原	谭永坚	滕文川	滕延京	薛翊国	衡朝阳
魏建华							

秘书长

杜　斌	秋仁东	杨　韬

副秘书长

白　冰	蔡国庆	董建华	孔纲强	孙军杰	王延伟	辛国臣	张明义

秘书

白瑞强	崔冠辰	邓琴芳	杜凤雷	范　宁	何蕃民	林　黎	刘　坤
刘立珍	刘丽娜	孟佳晖	南春子	任鑫健	石　露	孙威炎	王　冲
吴晓磊	杨　芮	张　寒	郑文华	周　杨	朱肇京	邹	

参与机构

译审机构

中国建筑科学研究院有限公司地基基础研究所	交通运输部公路科学研究院
奥雅纳工程顾问	昆明理工大学
北京城建勘测设计研究院有限责任公司	兰州理工大学
北京工业大学	南京大学
北京航空航天大学	宁夏建筑设计研究院
北京交通大学	清华大学
北京市机械施工集团有限公司	瑞腾基础工程技术（北京）股份有限公司
北京市建筑设计研究院股份有限公司	山东大学
北京市勘察设计研究院有限公司	山东建筑大学
重庆大学	山东省建筑科学研究院有限公司
重庆市都安工程勘察技术咨询有限公司	陕西省建筑科学研究院有限公司
重庆市勘测院	上海勘测设计研究院有限公司
大地巨人（北京）工程科技有限公司	上海勘察设计研究院（集团）股份有限公司
大连大学	上海市基础工程集团有限公司
大连海事大学	上海远方基础工程有限公司
大连理工大学	深圳市地质环境研究院有限公司
东南大学	深圳市勘察测绘院（集团）有限公司
福建省建筑科学研究院有限责任公司	石家庄铁道大学
甘肃土木工程科学研究院有限公司	四川城乡发展工程设计有限公司
广东省建筑科学研究院集团股份有限公司	太原理工大学
广东省水利水电科学研究院	天津大学
广州市建筑集团有限公司	天津建城基业集团有限公司
广州市建筑科学研究院集团有限公司	同济大学
桂林理工大学	温州大学
合肥工大地基工程有限公司	武汉大学
河海大学	西北综合勘察设计研究院
黑龙江寒地岩土工程技术有限公司	西南交通大学
华东建筑集团股份有限公司	新疆建筑设计研究院有限公司
华东建筑集团上海地下空间与工程设计研究院	浙江大学
机械工业勘察设计研究院有限公司	浙江工业大学
吉林省恒基岩土勘测有限责任公司	浙江华展研究设计院股份有限公司
济南大学	浙江坤德创新岩土工程有限公司
嘉科工程集团公司	浙江省工程勘察设计院集团有限公司
建华建材（中国）有限公司	郑州大学
建设综合勘察研究设计院有限公司	中国兵器工业北方勘察设计研究院有限公司
江西省建筑设计研究总院集团有限公司	中国地质大学（北京）

中国地质调查局地质环境监测院	中国有色金属工业昆明勘察设计研究院有限公司
中国海洋大学	中国中元国际工程有限公司
中国建筑设计研究院有限公司	中冀建勘集团有限公司
中国建筑西南勘察设计研究院有限公司	中建研科技股份有限公司
中国科学院成都山地灾害与环境研究所	中勘三佳工程咨询（北京）有限公司
中国科学院空天信息创新研究院	中科建通工程技术有限公司
中国科学院武汉岩土力学研究所	中煤科工集团武汉设计研究院有限公司
中国科学院西北生态环境资源研究院	中铁工程设计咨询集团有限公司
中国水利水电科学研究院	

资助机构

建研地基基础工程有限责任公司
建华建材（中国）有限公司
上海远方基础工程有限公司
浙江兆弟控股有限公司
山东倍特力地基工程技术有限公司
陕西隆岳地基基础工程有限公司
山西金宝岛基础工程有限公司
江苏东南特种技术工程有限公司
北京中岩大地科技股份有限公司
北京波森特岩土工程有限公司
北京恒祥宏业基础加固技术有限公司
浙江鼎业基础工程有限公司
宁波中淳高科股份有限公司
江西基业科技集团有限公司
江苏劲桩岩土科技有限公司
中冀建勘集团有限公司
建基建设集团有限公司
浙江易通特种基础工程股份有限公司
山东君宏基础工程有限公司
天津建城基业集团有限公司
江苏劲基晟华建设工程有限公司
江苏中海昇物联科技有限公司
瑞腾基础工程技术（北京）股份有限公司
江苏泰信机械股份有限公司
北京振冲工程机械有限公司
温州京久基础工程有限公司
无锡泰恒基础工程有限公司
温州振中基础工程机械科技有限公司
上海强劲地基工程股份有限公司
北京正源挤扩技术开发中心

序

英国土木工程师学会（Institution of Civil Engineers，简称 ICE）编写的《岩土工程手册》（*ICE manual of geotechnical engineering*）自 2012 年发布以来，因其对岩土工程发展历史、理论技术体系梳理编撰的条理性、与岩土工程建设全过程相关知识的全面性和丰富性，以及技术方法提炼与工程经验总结分析的权威性，得到了国际岩土工程领域众多单位和专家学者的普遍认可和赞誉。该手册涵盖了从基础理论到工程应用的广泛内容，无论对于初入行业的新人，还是经验丰富的专家，都是一本不可或缺的非常有价值的参考资料。

岩土工程在几乎所有重要的基础设施项目建设中均是关乎安全、甚至成败的关键分部、分项工程，其重要性不容小觑。一百年前太沙基的《土力学》（*Erdbaumechanik*）（Terzaghi，1925）出版，为基础工程学提供了具有严谨理论基础支撑的框架体系，一百年来岩土工程领域从业者不断探索项目建设中有关岩土工程的理论与技术，总结积累了丰富的工程实践经验，取得了丰硕的研究成果和显著的技术进步，为岩土工程的未来发展打下了坚实的基础。《岩土工程手册》正是这些成果和进展的一个缩影。《岩土工程手册》的编撰者们将这些分散于多种不同传播载体的知识和经验，通过精心遴选汇编成册，将复杂的技术问题以清晰易懂的方式呈现出来，为岩土工程从业者借助多学科及系统性的方法解决岩土工程建设中面临的挑战提供了一本很有权威性的实用型专业工具书。

岩土工程与建筑艺术的历史一样悠久，恰如《岩土工程手册》中所述，从公元前 2570 年埃及金字塔建造过程中为适应地基变形特点而进行的结构形式调整，到公元 7 世纪中国赵州桥建造时对黏土地基的换填，岩土工程技术的发展很大程度依赖于不断积累的经验和以此形成的范式。正如太沙基所强调的，土力学不是一门精准的科学，与地基固有的变异性以及施工过程中的种种不确定因素密切相关。由此，经验和工程案例的借鉴显得尤为重要。《岩土工程手册》以岩土工程学科理论与技术体系为框架，以工程实践为主线，深度融合了理论研究与实践经验，将理论寓于工程案例分析之中，充分展现了以工程实践验证并推动技术进步为特点的岩土工程学科发展历程。《岩土工程手册》注重培养岩土工程师的创造性思维和解决复杂问题的能力，其中的众多案例分析和项目方案的决策方法是引导读者成为卓越岩土工程人才的宝贵资源。

《岩土工程手册》的翻译工作是一项精细而艰巨的任务，要求译审者不仅具备深厚的语言功底、扎实的专业知识，还要有精准的技术理解能力。译审委员会汇集了 80 余家科研院所、高等院校、勘察设计施工及工程装备企业等单位的 200 余位专家、学者，他们本着对岩土工程专业的热爱和对学科发展的奉献精神，凭借深厚的专业素养和丰富的工程经验，高水准地呈现了原版手册的专业性、实践性和普及性。译审者的严谨态度与专业精神令人敬佩，通过精准的语言转换，结合中文语境，成功地将原版手册中的复杂专业技术和操作规程生动详实地呈现给了国内同行，为跨文化的岩土工程技术交流架起了坚实的桥梁。

《岩土工程手册》中译本是我国第一本系统引介欧洲特别是英国岩土工程知识体系与实用技术方面的专业手册。当前我国基础设施的建设正面临着低碳和经济性的双重挑战，在应对这些挑战的解决方案中，岩土工程往往扮演了至关重要的角色。中译本的付梓面世，非常有助于国内同行更好地了解和掌握欧洲岩土工程技术的精髓和实践经验，对于提升我国岩土工程技术的国际化水平具有重要意义。

我很高兴受邀为《岩土工程手册》中译本做序，并特别乐意将其推荐给我国从事岩土工程领域工作的同仁以及对此领域感兴趣的研究人员和教育工作者。我深信它将在促进我国迈向岩土工程技术强国的历史进程中起到积极的推动作用，并期待看到它在实践中结出累累硕果。

清华大学教授、中国工程院院士

2024 年 3 月 28 日

译审者的话

一家机构

英国土木工程师学会（Institution of Civil Engineers，简称ICE）成立于1818年，是世界上历史最为悠久的专业工程机构，有逾200年的历史，是世界上规模最大的代表个体土木工程师的独立团体。目前有会员近10万人，遍及100多个国家和地区。英国土木工程师学会也是国际土木工程界公认具有学术交流和专业资质认证双重功能的学术机构，其所颁发的ICE国际执业资格证书是土木工程领域唯一的国际认可证书。英国土木工程师学会制定了适用于国际工程采购和承包领域的标准合同体系NEC（New Engineering Contract）合同，在国际上被广泛采用。

一本手册

英国土木工程师学会组织编写的《岩土工程手册》（*ICE manual of geotechnical engineering*），由4名全书主编、10名分篇主编和99名撰稿人共同完成，全书共分9篇101章，涵盖了岩土工程的基本概念、理论方法、场地勘察、设计、施工、检测与监测、项目管理等内容，编撰者将源于岩土工程的大量工程案例通过精心遴选汇入各章，旨在促进借助多学科及系统性的方法应对岩土工程建设中面临的挑战。原版手册分为上下两卷，共计1537页，于2012年发布；10年后的2022年，该手册已成为英国土木工程师学会出版社在线下载量最大的一部著作。

《岩土工程手册》详细介绍了岩土工程建设全过程中的关键环节与关键技术，围绕岩土工程建设过程中的关键点和难点，提供了丰富的工程实践案例分析，并结合最新科技成果和技术发展趋势进行了阐述。该手册具有以下三方面特点：

（1）系统性：手册编写的组织架构和内容很好地展现了岩土工程学科的系统性，第1篇"概论"和第2篇"基本原则"作为全书的统领，系统地阐述了以土力学、工程地质学和岩石力学为理论基础的岩土工程基本原理及岩土工程建设全过程中的风险、安全与可持续发展问题；第3篇"特殊土及其工程问题"和第4篇"场地勘察"，形象而深刻地阐明了"岩土"作为材料的特殊形成过程、基本性状及其物理力学性能的复杂性和多变性，并对获得这些特性指标和参数的途径、技术、工具、测试方法进行了详细介绍；第5篇"基础设计"、第6篇"支护结构设计"及第7篇"土石方、边坡与路面设计"，全面介绍了浅基础、桩基础、地基处理技术、支护工程、道路工程以及岩土体加固和边坡支护工程等的设计准则和方法；第8篇"施工技术"和第9篇"施工检验"，详细介绍了岩土工程各类施工技术及方法的特点、适用范围、作业条件、安全质量控制及工程检验与验收。此外，各章最后列出的"参考文献"、给出的"延伸阅读"及"实用网址"便于读者更加深入系统地学习了解相关内容。

（2）综合性：岩土工程本身是一门交叉学科，涉及人员健康安全、环境保护与可持续发展、招标投标、法务合约等多个专业领域，横跨科学技术、社会、经济与管理等多个学科，具有很强的综合性。恰如第2章"基础及其他岩土工程在项目中的角色"、第7章"工程项目中的岩土工程风险"、第8章"岩土工程中的健康与安全"、第11章"岩土工程与可持续发展"、第41章"人为风险源与障碍物"、第42章"分工与职责"、第44章"策划、招标投标与管理"、第78章"招标投标与技术标准"等章节对上述交叉学科、领域进行了详细阐释，为读者提供了有关岩土工程建设所涉及的更为丰富的内容。

（3）实践性：岩土工程同时也是一门实践性非常强的学科。工程艺术大师、岩土工程之父太沙基格外强调土力学的理论与实践同等重要，认为"工程实例总是比抽象概念更具说服力"。手册中众多的工程案例有助于读者更加形象深刻地理解岩土工程建设的相关理论、技术、方法和组织管理的成功经验与失败教训。手册的实践性不仅有助于岩土工程从业者的技能提升，更可为方案制定者提供技术参考和决策支持，亦可为工程建设提供安全指引和法规遵循。

一件事情

到目前为止，国内尚未有类似的手册翻译出版，鉴于英国土木工程师学会在国际土木工程界的权威性及其组织编写的《岩土工程手册》的强大影响力，在"一带一路"倡议的背景下，为使国内岩土工程从业者便于了解学习欧洲特别是英国的岩土工程理论体系、工程实践方法，也为我国的岩土工程技术更好地与国际接轨提供技术参考，我们对手册进行了翻译。因手册内容涉及的专业多、技术广，加之中英文表述文法的差异，给手册的翻译工作带来了很大的困难和挑战。为方便读者快速查找相关议题，在正文页缘处逐页标注了边码，建立了中英文对照的多层级索引表。为保证译文的专业性和准确性，对一些贯穿全手册的概念和术语，如"geotechnical triangle"（岩土工程三角形）等，进行了专题研究和深入探讨，力求忠实于原作的意思表达。从 2020 年开始前期准备工作，前后历时 4 年完成了手册的翻译工作。

一个团队

为高质量完成手册翻译工作，由中国建筑科学研究院有限公司地基基础研究所牵头，组织了由全国 80 余家科研院所、高等院校、勘察设计、施工及工程装备企业的 200 余位业内专家、学者和工程技术人员构成的译审委员会，考虑各篇章内容的专业性和译审者的专业特长，对译审工作进行了细致的组织和分工。译审工作也是译审者相互交流学习的一个过程，译审过程中大家紧密协作，进行了多轮次的互审互校，保障了翻译工作的质量和顺利完成。

最后，衷心希望手册的翻译出版能为我国岩土工程从业者提供有益的参考和帮助，助力我国岩土工程技术的国际化和创新发展。

限于译审者水平，手册中难免有翻译错误、不准确和疏漏之处，请广大读者指正，以便再版时修改和完善！

译审者

2024 年 3 月 6 日

序 言

几十年来,土木工程领域已建立起来之不易的声誉,它彰显着最好的专业水准、远见卓识和天赋才能。这本英国土木工程师学会(Institution of Civil Engineers,ICE)手册为现代土木工程师提供了条理性、权威性的知识框架,确保土木工程领域保持这种高度的专业性。

岩土工程的重要性不容小觑。它在当今世界几乎所有重要的基础设施项目建设中都扮演着关键角色。

基建项目实现最低碳排量及最低造价正面临重大挑战。倘若我们要为这些挑战给出安全性、可持续性和经济性兼备的解答,促进并提升我们对岩土材料如何影响工程项目相关问题的理解至关重要。

为方便土木工程师使用,英国土木工程师学会出版社将分散的原始资料编纂成册并出版发行,为相关领域的专业人员及项目提供优质服务,这将有利于社会。我乐见这本手册的出版,并期待它的后续版本。

理查德·考克雷(Richard Coackley)
BSc, CEng, FICE, CWEM, FCIWEM
英国土木工程师学会主席,2011—2012

几百年来,Magistri Ludi[①]因推动大众对科学的理解而备受尊崇。几十年来,对从事界域广袤的岩土工程领域的专业人士而言,他们的作用堪比 Magistri Ludi。

正如英国土木工程师学会组织编写《岩土工程手册》所设想的,该手册具有双重功能:帮助专家级从业者在其经验较少的领域开展工作;指导非专家级从业者习得处理问题的方法。这本手册达到设想,值得称道。

拉布·弗尼(Rab Fernie)
Eur Ing, BSc, CEng, FICE, FIHT, FGS
英国岩土工程协会(British Geotechnical Association)主席

---

① 译者注:拉丁语,原指从事古罗马时代基础教育的老师,这里可作"师者"理解。

前　言

早在 2006 年，我们已着手构想编纂这本手册的初步计划。在我们看来，对于并未专攻岩土工程的土木与结构工程师而言，在遇到岩土工程问题时不得不面对一个令人望而生畏的认知漏洞。大多数土木工程师离开大学时，在岩土工程基础知识方面的训练乏善可陈。他们会充分掌握应用力学（主要针对结构工程），也会对地质学已有初步了解，还已经学习了土力学和岩石力学的基础内容。但刚毕业的学生对岩土工程采用的手段和方法，以及如何区别于其他更为广泛实践的工程分支的认识通常缺乏条理性。英国土木工程师学会出版社做过一项调查，发现获取信息往往是通过包括口头传述、互联网和各类出版物在内的多种渠道。对年轻的从业者而言，这会导致碎片化的学习方式。岩土工程方面的许多资料，是专家为专家编写的，通常并不适合普通从业人员进行专门应用，并且这样应用可能是非常危险的。我们认为，为经验较少的工程师专门提供一本可作第一选择的权威参考资料，会对业界人士大有裨益。令我们欣喜的是，这一理念得到了英国土木工程师学会最佳实践专家咨询组和英国岩土工程协会（BGA）的支持，并提供了独特的机会，即在高水准岩土工程的条理性框架内提供权威的指导。

英国土木工程师学会组织编写的《岩土工程手册》从始至终都是基于热爱的劳动成果！99 名撰稿人和 10 名分篇主编的共同贡献，使源自岩土工程的大量经验得以汇集为这本手册。我们不要认为它会包含一位岩土工程师在职业生涯中可能遇到的所有问题，但它提供了一个专业起点，得以保持在坚实的基础之上积累经验。

如前所述，这本手册面向处在职业生涯早期阶段的岩土工程从业人员，可为他们在面临岩土工程方面的新问题时提供快速易懂的信息来源。不过可以预见，它对所有从事岩土工程的专业人士皆有参考价值。编纂这本手册的目的，是设法了解并解决 21 世纪岩土工程实践的相关问题，包括当代招标投标、工艺以及设计标准和步骤。编纂入册的各章经过精心遴选，旨在促进借助多学科及系统性的方法解决岩土工程建设的挑战。一个关键信息就是为保证建设项目执行的顺利与可靠，吸取"成熟的经验"非常重要。诸如此类的经验，最佳的获取方式是与有丰富经验的设计或施工团队密切合作。

希望这本手册可助力下一代岩土工程师的培养及发展，也可为丰富经验的岩土工程从业人员提供有益参考。

我们诚挚地感谢所有的撰稿人和分篇主编，为编纂这样一本全面综合性手册，他们慷慨地投入了大量的时间和学识。

约翰·伯兰德（John Burland）　　蒂姆·查普曼（Tim Chapman）
希拉里·斯金纳（Hilary Skinner）　　迈克尔·布朗（Michael Brown）

编撰者名单

本书主编

M. 布朗(M. Brown),邓迪大学(University of Dundee),英国

J. B. 伯兰德(J. B. Burland),伦敦帝国理工学院(Imperial College London),英国

T. 查普曼(T. Chapman),奥雅纳工程顾问(Arup),伦敦,英国

H. D. 斯金纳(H. D. Skinner),唐纳森联合有限公司(Donaldson Associates Ltd),伦敦,英国

分篇主编

A. 布雷斯格德尔(A. Bracegirdle),岩土工程咨询集团(Geotechnical Consulting Group),伦敦,英国

M. 布朗(M. Brown),邓迪大学,英国

J. B. 伯兰德(J. B. Burland),伦敦帝国理工学院,英国

M. 德夫里昂特(M. Devriendt),奥雅纳工程顾问,伦敦,英国

A. 加巴(A. Gaba),奥雅纳工程顾问岩土工程部(Arup Geotechnics),伦敦,英国

I. 杰弗逊(I. Jefferson),伯明翰大学(University of Birmingham),英国

P. A. 诺瓦克(P. A. Nowak),阿特金斯有限公司(Atkins Ltd),埃普索姆(Epsom),英国

A. S. 欧布林(A. S. O'Brien),莫特麦克唐纳公司(Mott MacDonald),克罗伊登(Croydon),英国

W. 鲍瑞(W. Powrie),南安普顿大学(University of Southampton),英国

T. P. 萨克林(T. P. Suckling),巴尔弗贝蒂地基工程公司(Balfour Beatty Ground Engineering),贝辛斯托克(Basingstoke),英国

撰稿人

S. 安德森(S. Anderson),奥雅纳工程顾问,伦敦,英国

P. 鲍尔(P. Ball),凯勒岩土工程公司(Keller Geotechnique),圣海伦斯(St Helens),英国

F. G. 贝尔(F. G. Bell),英国地质调查局(British Geological Survey),英国

A. 贝尔(A. Bell),斯堪斯卡水泥有限公司(Cementation Skanska Ltd),唐卡斯特(Doncaster),英国

A. L. 贝尔(A. L. Bell),凯勒集团股份有限公司(Keller Group Plc),伦敦,英国

E. N. 布罗姆黑德(E. N. Bromhead),金斯顿大学(Kingston University),伦敦,英国

M. 布朗(M. Brown),邓迪大学,英国

J. B. 伯兰德(J. B. Burland),伦敦帝国理工学院,英国

T. 查普曼(T. Chapman),奥雅纳工程顾问,伦敦,英国

J. 丘(J. Chew),奥雅纳工程顾问,伦敦,英国

B. 克拉克(B. Clarke),利兹大学(University of Leeds),英国

C. R. I. 克莱顿(C. R. I. Clayton),南安普顿大学,英国

P. 科尼(P. Coney),阿特金斯公司,沃灵顿(Warrington),英国

J. 库克(J. Cook),英国标赫有限公司(Buro Happold Ltd),伦敦,英国

D. 科克(D. Corke),DC工程咨询公司(DCProjectSolutions),诺斯威奇(Northwich),英国

A. 考茨(A. Courts),沃尔克钢铁基础工程有限公司(Volker Steel Foundations Ltd),普雷斯顿(Preston),英国

J. C. 克里普斯(J. C. Cripps)，谢菲尔德大学(University of Sheffield)，英国

M. G. 卡尔肖(M. G. Culshaw)，伯明翰大学和英国地质调查局，英国

M. A. 切雷科(M. A. Czerewko)，URS 公司[原伟信有限公司(Scott Wilson Ltd)]，切斯特菲尔德(Chesterfield)，英国

J. 戴维斯(J. Davis)，岩土工程咨询集团，伦敦，英国

M. H. 德弗雷塔斯(M. H. de Freitas)，伦敦帝国理工学院 第一步有限公司(First Steps Ltd)，伦敦，英国

M. 德夫里昂特(M. Devriendt)，奥雅纳工程顾问，伦敦，英国

P. G. 杜梅洛(P. G. Dumelow)，巴尔弗贝蒂公司(Balfour Beatty)，伦敦，英国

J. 邓尼克利夫(J. Dunnicliff)，岩土工程仪器顾问公司(Geotechnical Instrumentation Consultant)，德文(Devon)，英国

C. 埃德蒙兹(C. Edmonds)，彼得布雷特联合有限合伙企业(Peter Brett Associates LLP)，雷丁(Reading)，英国

E. 埃利斯(E. Ellis)，普利茅斯大学(University of Plymouth)，英国

R. 艾斯勒(R. Essler)，RD 岩土工程公司(RD Geotech)，斯基普顿(Skipton)，英国

I. 法鲁克(I. Farooq)，莫特麦克唐纳公司(Mott MacDonald)，克罗伊登，英国

E. R. 法雷尔(E. R. Farrell)，AGL 咨询公司(AGL Consulting)和三一学院土木、结构和环境工程系，都柏林，爱尔兰

R. 弗尼(R. Fernie)，斯堪斯卡英国股份有限公司(Skanska UK Plc)，里克曼斯沃思(Rickmansworth)，英国

S. 弗伦奇(S. French)，检测咨询有限公司(Testconsult Limited)，沃灵顿，英国

A. 加巴(A. Gaba)，奥雅纳工程顾问岩土工程部，伦敦，英国

M. R. 加文(M. R. Gavins)，凯勒岩土工程公司，圣海伦斯，英国

P. 吉尔伯特(P. Gilbert)，阿特金斯公司(Atkins)，伯明翰，英国

S. 格洛弗(S. Glover)，奥雅纳工程顾问，伦敦，英国

R. 汉德利(R. Handley)，Aarsleff 桩基公司(Aarsleff Piling)，纽瓦克(Newark)，英国

A. 哈伍德(A. Harwood)，巴尔弗贝蒂土木工程公司(Balfour Beatty Major Civil Engineering)，雷德希尔(Redhill)，英国

J. 西斯拉姆(J. Hislam)，应用岩土工程公司(Applied Geotechnical Engineering)，伯克汉斯特德(Berkhamsted)，英国

V. 奥普(V. Hope)，奥雅纳工程顾问岩土工程部，伦敦，英国

G. 霍根(G. Horgan)，Huesker，沃灵顿，英国

P. 英格拉姆(P. Ingram)，奥雅纳工程顾问，伦敦，英国

I. 杰弗逊(I. Jefferson)，伯明翰大学土木工程学院，英国

C. 詹纳(C. Jenner)，Tensar 国际有限公司(Tensar International Ltd)，布莱克本(Blackburn)，英国

T. 乔利(T. Jolley)，Geostructural 工程咨询有限公司(Geostructural Solutions Ltd)，老哈特菲尔德(Old Hatfield)，英国

L. D. 琼斯(L. D. Jones)，英国地质调查局，诺丁汉(Nottingham)，英国

J. 贾奇(J. Judge)，塔塔钢铁公司(Tata Steel Projects)，约克(York)，英国

M. 肯普(M. Kemp)，阿特金斯公司，埃普索姆，英国

N. 兰登(N. Langdon)，Card 岩土工程有限公司(Card Geotechnics Ltd)，奥尔德肖特(Aldershot)，英国

C. 李(C. Lee)(nee Swords)，Card 岩土工程有限公司，奥尔德肖特，英国

R. 琳赛(R. Lindsay)，阿特金斯公司，埃普索姆，英国

C. 麦克迪尔米德(C. Macdiarmid)，SSE Renewables，格拉斯哥(Glasgow)，英国

S. 芒索(S. Manceau)，阿特金斯公司，格拉斯哥，英国

W. A. 马尔(W. A. Marr)，Geocomp 公司(Geocomp Corporation)，马萨诸塞州阿克顿(Acton, MA)，美国

J. 马丁(J. Martin)，Byland 工程公司(Byland Engineering)，约克，英国

B. T. 麦金尼蒂(B. T. McGinnity)，伦敦地铁(London Underground)，伦敦，英国

P. 莫里森(P. Morrison)，奥雅纳工程顾问，伦敦，英国

D. 尼科尔森(D. Nicholson)，奥雅纳工程顾问岩土工程部，伦敦，英国

R. 尼科尔森(R. Nicholson)，CAN 岩土工程有限公司(CAN Geotechnical Ltd)，切斯特菲尔德(Chesterfield)，英国

P. A. 诺瓦克(P. A. Nowak)，阿特金斯有限公司，埃普索姆，英国

A. S. 欧布林(A. S. O'Brien)，莫特麦克唐纳公司，克罗伊登，英国

T. 奥尔(T. Orr)，三一学院，都柏林，爱尔兰共和国

H. 潘特利多(H. Pantelidou)，奥雅纳工程顾问岩土工程部，伦敦，英国

D. 帕特尔(D. Patel)，奥雅纳工程顾问，伦敦，英国

S. 彭宁顿(S. Pennington)，奥雅纳工程顾问，伦敦，英国

M. 彭宁顿(M. Pennington)，巴尔弗贝蒂地基工程公司，贝辛斯托克，英国

A. 皮克尔斯(A. Pickles)，奥雅纳工程顾问，伦敦，英国

D. 波茨(D. Potts)，伦敦帝国理工学院，英国

J. J. M. 鲍威尔(J. J. M. Powell)，英国建筑研究院(BRE)，沃特福德(Watford)，英国

W. 鲍瑞(W. Powrie)，南安普顿大学，英国

M. 普里尼(M. Preene)，Golder 联合(英国)有限公司 [Golder Associates (UK) Ltd]，塔德卡斯特(Tadcaster)，英国

J. 普里斯特(J. Priest)，土力学研究组(Geomechanics Research Group)，南安普顿大学，英国

D. 普勒(D. Puller)，Bachy Soletanche，奥尔顿(Alton)，英国

D. 兰纳(D. Ranner)，巴尔弗贝蒂地基工程公司，贝辛斯托克，英国

J. M. 里德(J. M. Reid)，英国运输研究实验室(TRL)，沃金厄姆(Wokingham)，英国

J. M. 雷诺兹(J. M. Reynolds)，Reynolds 国际有限公司(Reynolds International Ltd)，莫尔德(Mold)，英国

C. 罗宾逊(C. Robinson)，斯堪斯卡水泥有限公司，唐卡斯特，英国

C. D. F. 罗杰斯(C. D. F. Rogers)，伯明翰大学，英国

A. C. D. 罗亚尔(A. C. D. Royal)，伯明翰大学，英国

C. S. 拉塞尔(C. S. Russell)，Russell 岩土技术创新有限公司(Russell Geotechnical Innovations Limited)，乔巴姆，英国

N. 萨法里(N. Saffari)，阿特金斯公司，伦敦，英国

D. J. 桑德森(D. J. Sanderson)，南安普顿大学，英国

H. 斯科尔斯(H. Scholes)，岩土工程咨询集团，伦敦，英国

C. J. 瑟里奇(C. J. Serridge)，巴尔弗贝蒂地基工程公司，曼彻斯特(Manchester)，英国

H. D. 斯金纳(H. D. Skinner)，唐纳森联合有限公司，伦敦，英国

J. A. 斯基珀(J. A. Skipper)，岩土工程咨询集团，伦敦，英国

B. 索坎比(B. Slocombe)，凯勒有限公司(Keller Limited)，考文垂(Coventry)，英国

P. 史密斯(P. Smith)，岩土工程咨询集团，伦敦，英国

M. 斯尔布洛夫(M. Srbulov)，莫特麦克唐纳公司，克罗伊登，英国

J. 施坦丁(J. Standing)，伦敦帝国理工学院，英国

J. 斯特兰奇(J. Strange)，Card 岩土工程有限公司，奥尔德肖特，英国

T. P. 萨克林(T. P. Suckling)，巴尔弗贝蒂地基工程公司，贝辛斯托克，英国

D. G. 托尔(D. G. Toll)，杜伦大学(Durham University)，英国

V. 特劳顿(V. Troughton)，奥雅纳工程顾问，伦敦，英国

M. 特纳(M. Turner)，应用岩土工程有限公司，斯蒂普尔克莱登(Steeple Claydon)，英国

S. 韦德(S. Wade)，斯堪斯卡英国股份有限公司，里克曼斯沃思，英国

T. 沃尔瑟姆(T. Waltham)，工程地质学家，诺丁汉，英国

M. J. 惠特布雷德(M. J. Whitbread)，阿特金斯公司，埃普索姆，英国

C. 雷恩(C. Wren)，独立岩土工程师

L. 斯察柯维奇(L. Zdravkovic)，伦敦帝国理工学院，英国

目 录

上册 岩土工程基本原则、特殊土与场地勘察

第1篇 概论 ········ 3

第1章 导论 ········ 5
第2章 基础及其他岩土工程在项目中的角色 ········ 7
2.1 岩土工程与整个结构体系中其余结构的联系 ········ 7
2.2 岩土工程的关键要求 ········ 8
2.3 与其他专业人员的交流 ········ 8
2.4 岩土工程的设计寿命 ········ 9
2.5 岩土工程设计及施工周期 ········ 10
2.6 与岩土工程成功相关的常见因素 ········ 11
2.7 参考文献 ········ 12

第3章 岩土工程发展简史 ········ 13
3.1 引言 ········ 13
3.2 20世纪初的岩土工程 ········ 13
3.3 太沙基——岩土工程之父 ········ 14
3.4 土力学对结构工程及土木工程的影响 ········ 16
3.5 结论 ········ 17
3.6 参考文献 ········ 17

第4章 岩土工程三角形 ········ 19
4.1 引言 ········ 19
4.2 地层剖面 ········ 20
4.3 量测或观察到的地层特性 ········ 20
4.4 合适的模型 ········ 20
4.5 经验流程和经验 ········ 20
4.6 岩土工程三角形的总结 ········ 21
4.7 重温威斯敏斯特宫地下停车场案例 ········ 21
4.8 结语 ········ 27
4.9 参考文献 ········ 28

第5章 结构和岩土建模 ········ 29
5.1 引言 ········ 29
5.2 结构建模 ········ 29
5.3 岩土建模 ········ 31
5.4 结构和岩土建模的比较 ········ 32
5.5 地基与结构的相互作用 ········ 33
5.6 结论 ········ 35
5.7 参考文献 ········ 35

第6章 岩土工程计算分析理论与方法 ········ 37
6.1 概述 ········ 37
6.2 分析方法的理论分类 ········ 37
6.3 解析解 ········ 39
6.4 经典分析方法 ········ 39
6.5 数值分析 ········ 40
6.6 有限元法概述 ········ 42
6.7 单元离散 ········ 42
6.8 非线性有限元分析 ········ 45
6.9 平面应变分析中的构件模拟 ········ 52
6.10 莫尔–库仑模型的缺陷 ········ 56
6.11 小结 ········ 58
6.12 参考文献 ········ 59

第7章 工程项目中的岩土工程风险 ········ 61
7.1 引言 ········ 61
7.2 开发商的目的 ········ 61
7.3 政府对"乐观偏差"的指导 ········ 63
7.4 与地基有关问题的典型频率和成本 ········ 66
7.5 有备无患 ········ 67
7.6 场地勘察的重要性 ········ 67
7.7 场地勘察的成本和收益 ········ 69
7.8 缓解而非应急 ········ 70
7.9 缓解步骤 ········ 70
7.10 示例 ········ 72
7.11 结论 ········ 72
7.12 参考文献 ········ 74

第8章 岩土工程中的健康与安全 ········ 77
8.1 引言 ········ 77

8.2 法规简介 · 77
8.3 危险 · 80
8.4 风险评估 · 82
8.5 参考文献 · 82

第9章 基础的设计选型 **85**
9.1 引言 · 85
9.2 基础的选型 · 85
9.3 基础工程整体研究 · 89
9.4 保持岩土工程三角形的平衡——地基风险管理 · 91
9.5 地基基础实际工程案例 · 98
9.6 结论 · 105
9.7 参考文献 · 106

第10章 规范、标准及其相关性 **107**
10.1 引言 · 107
10.2 规范标准的法定框架、目标和地位 · 107
10.3 规范和标准的优点 · 108
10.4 岩土工程规范和标准的制定 · 109
10.5 岩土工程与结构工程在规范和标准方面的差异 · 110
10.6 岩土工程设计 · 113
10.7 《欧洲标准7》中采用的安全要素 · 114
10.8 岩土工程设计三角形和岩土工程三角形之间的关系 · 114
10.9 岩土工程规范和标准 · 115
10.10 结论 · 125
10.11 参考文献 · 126

第11章 岩土工程与可持续发展 **127**
11.1 引言 · 127
11.2 可持续发展目标的背景 · 127
11.3 岩土工程可持续发展主题 · 130
11.4 岩土工程实践中的可持续发展 · 136
11.5 小结 · 137
11.6 参考文献 · 137

第2篇 基本原则 **139**

第12章 导论 **141**

第13章 地层剖面及其成因 **143**
13.1 概述 · 143
13.2 地层剖面 · 143
13.3 剖面的重要性 · 145
13.4 剖面的形成 · 147
13.5 剖面的勘察 · 149

13.6 连接剖面 · 152
13.7 剖面解释 · 152
13.8 结论 · 153
13.9 参考文献 · 154

第14章 作为颗粒材料的土 **155**
14.1 引言 · 155
14.2 三相关系 · 155
14.3 一个简单的底面摩擦装置 · 156
14.4 土颗粒及其排列 · 158
14.5 饱和土中的有效应力 · 160
14.6 非饱和土的力学特性 · 162
14.7 结论 · 163
14.8 参考文献 · 163

第15章 地下水分布与有效应力 **165**
15.1 孔隙压力和有效应力竖向分布的重要性 · 165
15.2 地层竖向总应力 · 165
15.3 静孔隙水压力条件 · 165
15.4 承压水条件 · 166
15.5 地下排水 · 166
15.6 地下水位以上的状况 · 167
15.7 原位水平向有效应力 · 167
15.8 小结 · 168
15.9 参考文献 · 168

第16章 地下水 **169**
16.1 达西定律 · 169
16.2 水力传导系数(渗透系数) · 170
16.3 简单流态的计算 · 171
16.4 更复杂的流态 · 173
16.5 基坑稳定性与地下水 · 173
16.6 瞬态流 · 175
16.7 小结 · 175
16.8 参考文献 · 176

第17章 土的强度与变形 **177**
17.1 引言 · 177
17.2 应力分析 · 177
17.3 土体排水强度 · 179
17.4 黏性土的不排水抗剪强度 · 183
17.5 莫尔-库仑强度准则 · 185
17.6 设计时强度参数的选择 · 186
17.7 土体的压缩性 · 186
17.8 土体的应力-应变特性 · 188
17.9 结论 · 193

17.10	参考文献	195

第18章 岩石特性 **197**

18.1	岩石/岩体	197
18.2	岩石的分类	197
18.3	岩石的成分	198
18.4	孔隙率、饱和度及重度	198
18.5	应力与荷载	199
18.6	岩石流变性	199
18.7	弹性与岩石刚度	200
18.8	孔隙弹性	202
18.9	破坏与岩石强度	202
18.10	强度试验	204
18.11	结构面的特性	205
18.12	渗透性	205
18.13	由裂隙控制的渗透率	206
18.14	岩体的表征	206
18.15	隧道岩体质量指标 Q	207
18.16	各向异性	207
18.17	参考文献	208

第19章 沉降与应力分布 **209**

19.1	引言	209
19.2	总沉降、不排水沉降和固结沉降	209
19.3	承载区域下的应力变化	210
19.4	黏性土沉降计算方法综述	214
19.5	弹性位移理论	216
19.6	沉降预测的理论精度	218
19.7	不排水沉降	220
19.8	粗粒土的沉降	220
19.9	小结	221
19.10	参考文献	222

第20章 土压力理论 **223**

20.1	引言	223
20.2	简单的主动和被动极限	223
20.3	墙面摩擦（粘结）的影响	226
20.4	使用条件	227
20.5	小结	228
20.6	参考文献	228

第21章 承载力理论 **229**

21.1	引言	229
21.2	竖向荷载作用下地基承载力公式——形状和深度修正系数	229
21.3	倾斜荷载	230
21.4	偏心荷载	231
21.5	地表基础竖向荷载、水平荷载和弯矩组合作用效应图	231
21.6	小结	232
21.7	参考文献	232

第22章 单桩竖向承载性状 **233**

22.1	引言	233
22.2	基本荷载-沉降特性	233
22.3	黏土中评估桩的竖向承载力的传统方法	235
22.4	黏土中基于有效应力的桩侧摩阻力	237
22.5	颗粒材料中的桩	243
22.6	总体结论	246
22.7	参考文献	246

第23章 边坡稳定 **249**

23.1	自然边坡和工程边坡稳定性的影响因素	249
23.2	常见的破坏模式和类型	250
23.3	边坡稳定性分析方法及其适用性	251
23.4	不稳定边坡的治理	255
23.5	边坡安全系数	257
23.6	失稳后调查	258
23.7	参考文献	258

第24章 土体动力特性与地震效应 **261**

24.1	引言	261
24.2	土体中波的传播	262
24.3	动力试验技术	263
24.4	土体动力特性	264
24.5	土体液化	268
24.6	要点总结	269
24.7	参考文献	270

第25章 地基处理方法 **273**

25.1	引言	273
25.2	查明地基情况	274
25.3	排水加固法	274
25.4	土的机械加固法	277
25.5	化学加固法	279
25.6	参考文献	282

第26章 地基变形对建筑物的影响 **283**

26.1	引言	283
26.2	地基变形和基础变形的定义	283
26.3	损伤分类	284
26.4	建筑物允许变形的一般指南	285
26.5	极限拉伸应变的概念	286
26.6	矩形梁的应变	287

26.7	隧道和基坑引起的地基变形	288		32.2	湿陷性土的分布	392
26.8	沉降对建筑物造成损伤的风险评估	293		32.3	湿陷性的控制因素	394
26.9	保护措施	295		32.4	调查与测评	398
26.10	结论	296		32.5	关键工程问题	403
26.11	参考文献	296		32.6	结语	407
				32.7	参考文献	407

第27章 岩土参数与安全系数 299

- 27.1 引言 299
- 27.2 风险的综合考虑 301
- 27.3 岩土参数 302
- 27.4 安全系数、分项系数和设计参数 305
- 27.5 结语 308
- 27.6 参考文献 308

第33章 膨胀土 413

- 33.1 什么是膨胀土? 413
- 33.2 为什么会有膨胀土问题? 413
- 33.3 膨胀土在哪发现的? 414
- 33.4 膨胀土的胀缩性 416
- 33.5 膨胀土的工程问题 418
- 33.6 结论 438
- 33.7 参考文献 438

第3篇 特殊土及其工程问题 311

第28章 导论 313

第29章 干旱土 315

- 29.1 引言 315
- 29.2 干旱气候 316
- 29.3 干旱土地貌及地貌形成过程对干旱土工程性质的影响 317
- 29.4 干旱土的岩土工程特性 331
- 29.5 干旱土中的工程问题 335
- 29.6 小结 339
- 29.7 参考文献 339

第34章 非工程性填土 443

- 34.1 引言 443
- 34.2 疑难特征 444
- 34.3 分类、测绘和人造场地的描述 444
- 34.4 非工程性填土的类型 446
- 34.5 结论 458
- 34.6 致谢 459
- 34.7 参考文献 459

第30章 热带土 343

- 30.1 引言 343
- 30.2 热带土形成的控制因素 345
- 30.3 工程问题 349
- 30.4 结语 360
- 30.5 参考文献 360

第35章 有机土/泥炭土 463

- 35.1 引言 463
- 35.2 泥炭土和有机土的形成 463
- 35.3 泥炭土和有机土的特性 465
- 35.4 泥炭土和有机土的压缩性 467
- 35.5 泥炭土和有机土的抗剪强度 471
- 35.6 泥炭土和有机土的关键设计问题 473
- 35.7 结论 476
- 35.8 参考文献 477

第31章 冰碛土 363

- 31.1 引言 363
- 31.2 地质过程 363
- 31.3 冰碛土的特征 369
- 31.4 岩土分类 373
- 31.5 岩土性质 375
- 31.6 常规勘察 383
- 31.7 建立场地模型和设计剖面 383
- 31.8 土方工程 386
- 31.9 小结 387
- 31.10 参考文献 387

第36章 泥岩与黏土及黄铁矿物 481

- 36.1 引言 481
- 36.2 泥岩特性的影响因素 484
- 36.3 工程特性及性能 495
- 36.4 工程注意事项 509
- 36.5 结论 512
- 36.6 参考文献及延伸阅读 513

第32章 湿陷性土 391

- 32.1 引言 391

第37章 硫酸盐/酸性土 517

- 37.1 引言及背景知识 517
- 37.2 岩石与土中的硫化物 518
- 37.3 硫化物取样与试验 523
- 37.4 工程与环境问题及相应评价方法 526

37.5 结论	531	
37.6 参考文献	531	
第38章 可溶岩土	**533**	
38.1 引言	533	
38.2 可溶性地基和岩溶	533	
38.3 石灰岩岩溶地质灾害的影响	534	
38.4 作用在石灰岩上覆土层上的工程	536	
38.5 作用在石灰岩基上的工程	537	
38.6 岩溶地貌的地质调查与评价	540	
38.7 石膏岩层的地质灾害	541	
38.8 盐渍土地区地质灾害	541	
38.9 盐渍土中的岩溶地质灾害	543	
38.10 致谢	544	
38.11 参考文献	544	
第4篇 场地勘察	**547**	
第39章 导论	**549**	
第40章 场地风险——场地的全面调查	**551**	
40.1 引言	551	
40.2 英国的场地风险	552	
40.3 预判场地状况	553	
40.4 地质图	553	
40.5 结论	554	
40.6 参考文献	554	
第41章 人为风险源与障碍物	**555**	
41.1 引言	555	
41.2 采矿	555	
41.3 污染物	562	
41.4 考古	562	
41.5 爆炸物及未爆炸物	563	
41.6 地下障碍物及构筑物	563	
41.7 地下设施	564	
41.8 参考文献	564	
第42章 分工与职责	**567**	
42.1 场地勘察指南简介	567	
42.2 《建筑(设计与管理)条例2007》	569	
42.3 公司过失致人死亡	570	
42.4 健康安全	571	
42.5 聘用条件	571	
42.6 场地勘察阶段划分	572	
42.7 顾问(咨询)公司与现场勘察	573	
42.8 地下公用设施	575	
42.9 污染场地	575	

42.10 附注	575	
42.11 免责声明	576	
42.12 参考文献	576	
第43章 前期工作	**577**	
43.1 本书的适用范围	577	
43.2 岩土工程前期工作的必要性	577	
43.3 岩土工程前期工作的内容	577	
43.4 岩土工程前期工作报告的编制者	579	
43.5 岩土工程前期工作报告的受众	579	
43.6 如何开始:英国信息来源	580	
43.7 利用互联网	581	
43.8 现场踏勘	581	
43.9 报告撰写	582	
43.10 小结	583	
43.11 参考文献	583	
第44章 策划、招标投标与管理	**585**	
44.1 概述	585	
44.2 现场勘察策划	585	
44.3 承揽场地勘察项目	593	
44.4 场地勘察管理	598	
44.5 参考文献	600	
第45章 地球物理勘探与遥感	**601**	
45.1 引言	601	
45.2 地球物理学的作用	601	
45.3 地球地表物理学	604	
45.4 位场法勘探	604	
45.5 电测法	606	
45.6 电磁法	607	
45.7 地震法勘探	609	
45.8 钻孔地球物理勘察	613	
45.9 遥感	614	
45.10 参考文献	618	
第46章 地质勘探	**619**	
46.1 引言	619	
46.2 主要技术	619	
46.3 挖探技术	619	
46.4 触探技术	620	
46.5 钻探技术	620	
46.6 钻孔原位测试	624	
46.7 监测装置	624	
46.8 其他方面	626	
46.9 标准	626	
46.10 参考文献	627	

第47章 原位测试	629
47.1 引言	629
47.2 触探试验	630
47.3 载荷和剪切试验	640
47.4 地下水试验	648
47.5 参考文献	650

第48章 岩土环境测试	653
48.1 引言	653
48.2 理念	653
48.3 取样	654
48.4 测试方法	656
48.5 数据处理	659
48.6 质量保证	662
48.7 参考文献	663

第49章 取样与室内试验	667
49.1 引言	667
49.2 施工设计对取样与试验的要求	667
49.3 设计参数及其相关试验项目	668
49.4 基本指标试验	668
49.5 强度试验	670
49.6 刚度试验	674
49.7 压缩性试验	677
49.8 渗透性试验	679
49.9 非标准和动态测试	679
49.10 试验证书与结果	680
49.11 取样方法	681
49.12 散装样品	681
49.13 块状样品	682
49.14 管状样品	682
49.15 回转式管状样品	684
49.16 运输	685
49.17 检验实验室	685
49.18 参考文献	686

第50章 岩土工程报告	689
50.1 原始资料报告	689
50.2 电子资料	693
50.3 评价报告	695
50.4 其他岩土工程报告	695
50.5 报告成果和时间计划	696
50.6 参考文献	697

下册 岩土工程设计、施工与检验

第5篇 基础设计 701

第51章 导论	703

第52章 基础类型与概念设计原则	705
52.1 引言	705
52.2 基础类型	706
52.3 基础选择——概念设计原则	707
52.4 基础允许变形	719
52.5 设计承载力	724
52.6 参数选择——基础说明	725
52.7 基础选择——历史案例简介	731
52.8 总体结论	735
52.9 参考文献	735

第53章 浅基础	737
53.1 引言	737
53.2 基础产生位移的原因	737
53.3 施工和设计要点	740
53.4 基底压力、基础布置及相互作用	745
53.5 地基承载力	746
53.6 沉降	750
53.7 资料需求和参数选择	761
53.8 冰碛土地基案例	768
53.9 总体结论	770
53.10 参考文献	772

第54章 单桩	775
54.1 引言	775
54.2 桩型的选择	775
54.3 竖向承载力（极限状态）	776
54.4 安全系数	786
54.5 桩的沉降	786
54.6 水平荷载下桩的性能	788
54.7 桩载荷试验方法	790
54.8 桩破坏的定义	792
54.9 参考文献	792

第55章 群桩设计	795
55.1 引言	795
55.2 群桩承载力	796
55.3 桩-桩相互作用：竖向载荷	799
55.4 桩-桩相互作用：水平载荷	806
55.5 简化的计算分析方法	806
55.6 差异沉降	813

55.7 沉降的时间效应 ………………………… 813
55.8 群桩布置方案优化 ……………………… 813
55.9 设计条件与设计参数的确定 …………… 815
55.10 关于延性、冗余度和安全系数 ………… 818
55.11 群桩设计责任 …………………………… 819
55.12 工程案例 ………………………………… 819
55.13 总体结论 ………………………………… 822
55.14 参考文献 ………………………………… 822

第 56 章 筏形与桩筏基础 **825**
56.1 引言 ……………………………………… 825
56.2 筏板性能分析 …………………………… 826
56.3 筏板结构设计 …………………………… 832
56.4 实际筏板设计 …………………………… 833
56.5 桩筏，概念设计原则 …………………… 835
56.6 筏板增强型群桩 ………………………… 840
56.7 桩增强型筏板 …………………………… 851
56.8 桩增强型筏板案例——伊丽莎白女王二世会议中心 ……………… 855
56.9 要点 ……………………………………… 856
56.10 参考文献 ………………………………… 857

第 57 章 地基变形及其对桩的影响 **859**
57.1 引言 ……………………………………… 859
57.2 负摩阻力 ………………………………… 860
57.3 地基隆起引起的拉拔作用 ……………… 863
57.4 受地基水平变形影响的桩 ……………… 865
57.5 结论 ……………………………………… 869
57.6 参考文献 ………………………………… 869

第 58 章 填土地基 **871**
58.1 引言 ……………………………………… 871
58.2 填筑体的工程特性 ……………………… 871
58.3 填筑体的勘察 …………………………… 872
58.4 填土性质 ………………………………… 874
58.5 填筑体的体积变化 ……………………… 877
58.6 设计问题 ………………………………… 879
58.7 工程填筑体的施工 ……………………… 881
58.8 小结 ……………………………………… 882
58.9 参考文献 ………………………………… 882

第 59 章 地基处理设计原则 **883**
59.1 引言 ……………………………………… 883
59.2 地基处理的总体设计原则 ……………… 884
59.3 空洞注浆设计原则 ……………………… 885
59.4 压密注浆设计原则 ……………………… 887
59.5 渗透注浆设计原则 ……………………… 888

59.6 旋喷注浆设计原则 ……………………… 896
59.7 振冲密实和振冲置换设计原则 ………… 901
59.8 强夯加固设计原则 ……………………… 905
59.9 深层土搅拌（DSM）设计原则 ………… 906
59.10 参考文献 ………………………………… 909

第 60 章 承受循环和动荷载作用的基础 ……… **911**
60.1 引言 ……………………………………… 911
60.2 循环荷载 ………………………………… 911
60.3 地震效应 ………………………………… 912
60.4 海工基础设计 …………………………… 920
60.5 机械基础 ………………………………… 922
60.6 参考文献 ………………………………… 924

第 6 篇 支护结构设计 **927**

第 61 章 导论 **929**

第 62 章 支护结构类型 **931**
62.1 引言 ……………………………………… 931
62.2 重力式支护结构 ………………………… 931
62.3 嵌入式支护结构 ………………………… 933
62.4 混合式支护结构 ………………………… 938
62.5 支护结构的对比 ………………………… 938
62.6 参考文献 ………………………………… 940

第 63 章 支护结构设计原则 **941**
63.1 引言 ……………………………………… 941
63.2 设计理念 ………………………………… 941
63.3 设计参数的选择 ………………………… 945
63.4 土体位移及其预测 ……………………… 949
63.5 建筑物损坏评估准则 …………………… 951
63.6 参考文献 ………………………………… 952

第 64 章 支护结构设计方法 **953**
64.1 引言 ……………………………………… 953
64.2 重力式挡土墙 …………………………… 953
64.3 加筋土挡墙 ……………………………… 960
64.4 嵌入式挡墙 ……………………………… 960
64.5 参考文献 ………………………………… 971

第 65 章 支锚系统设计 **973**
65.1 引言 ……………………………………… 973
65.2 设计要求和性能准则 …………………… 973
65.3 支锚系统类型 …………………………… 974
65.4 支撑 ……………………………………… 975
65.5 拉锚系统 ………………………………… 977
65.6 预留土台 ………………………………… 978
65.7 其他类型的支锚系统 …………………… 980

65.8	参考文献	981

第66章 锚杆设计 … 983
- 66.1 引言 … 983
- 66.2 设计责任检视 … 986
- 66.3 挡土墙支护的锚杆设计 … 987
- 66.4 锚杆设计细节 … 989
- 66.5 参考文献 … 1001

第67章 支挡结构协同设计 … 1003
- 67.1 引言 … 1003
- 67.2 与结构设计及其他专业学科的配合 … 1003
- 67.3 抵抗侧向作用 … 1005
- 67.4 抵抗竖向作用 … 1006
- 67.5 用于支撑/抵抗底板下方竖向荷载的钻孔桩和墙基础设计 … 1008
- 67.6 参考文献 … 1009

第7篇 土石方、边坡与路面设计 … 1011

第68章 导论 … 1013

第69章 土石方工程设计原则 … 1015
- 69.1 历史回顾 … 1015
- 69.2 土石方工程的基本要求 … 1015
- 69.3 分析方法的发展 … 1016
- 69.4 安全系数和极限状态 … 1017
- 69.5 参考文献 … 1018

第70章 土石方工程设计 … 1019
- 70.1 破坏模式 … 1019
- 70.2 典型设计参数 … 1022
- 70.3 孔隙水压力和地下水 … 1025
- 70.4 荷载 … 1027
- 70.5 植被 … 1029
- 70.6 路堤施工 … 1030
- 70.7 路堤沉降和地基处理 … 1031
- 70.8 监测仪器设备 … 1034
- 70.9 参考文献 … 1035

第71章 土石方工程资产管理与修复设计 … 1037
- 71.1 引言 … 1037
- 71.2 土石方工程稳定性及性能演化 … 1039
- 71.3 土石方工程条件评估、风险消减与控制 … 1043
- 71.4 维护和修复工程 … 1045
- 71.5 参考文献 … 1055

第72章 边坡支护方法 … 1057
- 72.1 引言 … 1057
- 72.2 嵌固式支护 … 1057
- 72.3 重力式支护 … 1058
- 72.4 加筋/土钉支护 … 1059
- 72.5 边坡排水 … 1060
- 72.6 参考文献 … 1061

第73章 加筋土边坡设计 … 1063
- 73.1 简介和范围 … 1063
- 73.2 筋材类型和性能 … 1063
- 73.3 加筋的一般原则 … 1064
- 73.4 设计总则 … 1066
- 73.5 加筋土挡墙和桥台 … 1067
- 73.6 加筋土边坡 … 1072
- 73.7 基底加固 … 1074
- 73.8 参考文献 … 1076

第74章 土钉设计 … 1079
- 74.1 引言 … 1079
- 74.2 土钉技术的历史与发展 … 1079
- 74.3 适用于土钉的地基条件 … 1079
- 74.4 土钉成孔类型 … 1080
- 74.5 土钉的特性 … 1080
- 74.6 设计 … 1080
- 74.7 施工 … 1082
- 74.8 排水 … 1082
- 74.9 土钉防腐 … 1083
- 74.10 土钉试验 … 1083
- 74.11 土钉结构的维护 … 1083
- 74.12 参考文献 … 1083

第75章 土石方材料技术标准、压实与控制 … 1085
- 75.1 土石方工程技术标准 … 1085
- 75.2 压实 … 1094
- 75.3 压实设备 … 1098
- 75.4 土石方工程控制 … 1100
- 75.5 土石方工程的合规性测试 … 1102
- 75.6 特定材料的管理与控制 … 1105
- 75.7 参考文献 … 1111

第76章 路面设计应注意的问题 … 1113
- 76.1 引言 … 1113
- 76.2 路面基础作用 … 1114
- 76.3 路面基础理论 … 1115
- 76.4 路面基础设计回顾 … 1115
- 76.5 现行设计标准 … 1116
- 76.6 路基评估 … 1120
- 76.7 其他设计问题 … 1122
- 76.8 施工规范 … 1123

76.9 结论	1124	
76.10 参考文献	1124	

第8篇 施工技术 ... 1127

第77章 导论 ... 1129

第78章 招标投标与技术标准 ... **1131**
- 78.1 引言 ... 1131
- 78.2 招标投标 ... 1131
- 78.3 技术标准 ... 1133
- 78.4 技术问题 ... 1134
- 78.5 参考文献 ... 1135

第79章 施工次序 ... **1137**
- 79.1 引言 ... 1137
- 79.2 设计施工次序 ... 1138
- 79.3 场地交通组织 ... 1138
- 79.4 安全施工 ... 1138
- 79.5 技术要求的实现 ... 1140
- 79.6 监测 ... 1142
- 79.7 变更管理 ... 1142
- 79.8 常见问题 ... 1142

第80章 地下水控制 ... **1143**
- 80.1 引言 ... 1143
- 80.2 地下水控制目的 ... 1143
- 80.3 地下水控制方法 ... 1145
- 80.4 截渗法控制地下水 ... 1145
- 80.5 抽水法控制地下水 ... 1147
- 80.6 设计问题 ... 1155
- 80.7 法规问题 ... 1158
- 80.8 参考文献 ... 1159

第81章 桩型与施工 ... **1161**
- 81.1 简介 ... 1161
- 81.2 钻孔灌注桩 ... 1162
- 81.3 打入桩 ... 1175
- 81.4 微型桩 ... 1187
- 81.5 参考文献 ... 1192

第82章 成桩风险控制 ... **1195**
- 82.1 引言 ... 1195
- 82.2 钻孔灌注桩 ... 1196
- 82.3 打入桩 ... 1200
- 82.4 识别与解决问题 ... 1203
- 82.5 参考文献 ... 1204

第83章 托换 ... **1207**
- 83.1 引言 ... 1207
- 83.2 托换类型 ... 1207
- 83.3 影响托换类型选择的因素 ... 1210
- 83.4 托换和相邻基础的承载力 ... 1211
- 83.5 临时支撑 ... 1212
- 83.6 砂土和砾石土中的托换 ... 1213
- 83.7 地下水控制 ... 1213
- 83.8 与沉陷沉降相关的托换 ... 1214
- 83.9 托换的安全因素 ... 1215
- 83.10 经济因素 ... 1216
- 83.11 结论 ... 1216
- 83.12 参考文献 ... 1216

第84章 地基处理 ... **1217**
- 84.1 引言 ... 1217
- 84.2 振冲技术（振冲密实和振冲碎石桩） ... 1217
- 84.3 振冲混凝土桩 ... 1229
- 84.4 强夯法 ... 1231
- 84.5 参考文献 ... 1238

第85章 嵌入式围护墙 ... **1241**
- 85.1 引言 ... 1241
- 85.2 地下连续墙 ... 1241
- 85.3 咬合桩墙 ... 1246
- 85.4 排桩墙 ... 1250
- 85.5 板桩围护墙 ... 1250
- 85.6 组合钢板墙 ... 1254
- 85.7 间隔板桩墙（主柱或柏林墙） ... 1255
- 85.8 其他挡土墙类型 ... 1257
- 85.9 参考文献 ... 1258

第86章 加筋土施工 ... **1259**
- 86.1 引言 ... 1259
- 86.2 施工前阶段 ... 1259
- 86.3 施工阶段 ... 1260
- 86.4 施工后阶段 ... 1264
- 86.5 参考文献 ... 1264

第87章 岩质边坡防护与治理 ... **1265**
- 87.1 引言 ... 1265
- 87.2 管理对策 ... 1266
- 87.3 工程解决方案 ... 1267
- 87.4 维护需求 ... 1270
- 87.5 参考文献 ... 1272

第88章 土钉施工 ... **1273**
- 88.1 引言 ... 1273
- 88.2 平面布置 ... 1273
- 88.3 边坡/场地准备 ... 1275

88.4	钻孔	1276
88.5	土钉增强体安放	1277
88.6	注浆	1277
88.7	完工	1278
88.8	边坡面层	1278
88.9	排水系统	1280
88.10	检测	1281
88.11	参考文献	1282

第89章 锚杆施工 ... 1283
- 89.1 引言 ... 1283
- 89.2 锚杆应用 ... 1283
- 89.3 锚杆的种类 ... 1284
- 89.4 锚杆杆体 ... 1285
- 89.5 各种地基类型的施工方法 ... 1286
- 89.6 锚杆检测与维护 ... 1290
- 89.7 参考文献 ... 1291

第90章 灌浆与搅拌 ... 1293
- 90.1 引言 ... 1293
- 90.2 渗透灌浆 ... 1294
- 90.3 劈裂灌浆和补偿灌浆 ... 1297
- 90.4 压密灌浆 ... 1298
- 90.5 高压喷射注浆法 ... 1300
- 90.6 搅拌 ... 1303
- 90.7 灌浆和搅拌的质量检验 ... 1308
- 90.8 参考文献 ... 1310

第91章 模块化基础与挡土结构 ... 1313
- 91.1 引言 ... 1313
- 91.2 模块化基础 ... 1314
- 91.3 场外建造方案的合理性 ... 1314
- 91.4 预制混凝土系统 ... 1315
- 91.5 模块化的挡土结构 ... 1319
- 91.6 参考文献 ... 1319

第9篇 施工检验 ... 1321

第92章 导论 ... 1323

第93章 质量保证 ... 1325
- 93.1 引言 ... 1325
- 93.2 质量管理系统 ... 1325
- 93.3 岩土工程规程 ... 1325
- 93.4 驻场工程师的作用 ... 1326
- 93.5 自行检验 ... 1326
- 93.6 查找不合格项 ... 1327
- 93.7 鉴定调查 ... 1329
- 93.8 结论 ... 1330
- 93.9 参考文献 ... 1331

第94章 监控原则 ... 1333
- 94.1 引言 ... 1333
- 94.2 岩土工程监测的优势 ... 1333
- 94.3 使用岩土工程仪器来策划监测方案的系统方法 ... 1336
- 94.4 规划监测方案的系统方法示例：对软土地基上的路堤使用岩土仪器 ... 1340
- 94.5 执行监测方案的一般准则 ... 1342
- 94.6 小结 ... 1346
- 94.7 参考文献 ... 1346

第95章 各类监测仪器及其应用 ... 1349
- 95.1 概述 ... 1349
- 95.2 地下水压力监测设备 ... 1349
- 95.3 变形监测设备 ... 1353
- 95.4 监测结构构件荷载和应变的仪器 ... 1358
- 95.5 监测总应力的仪器 ... 1361
- 95.6 仪器的一般作用，以及有助于解决各类岩土工程问题对应的仪器汇总 ... 1362
- 95.7 致谢 ... 1371
- 95.8 参考文献 ... 1372

第96章 现场技术监管 ... 1375
- 96.1 引言 ... 1375
- 96.2 岩土工程监管的必要性 ... 1376
- 96.3 现场岗位的准备工作 ... 1378
- 96.4 现场施工管理 ... 1380
- 96.5 健康和安全责任 ... 1383
- 96.6 现场勘察工作的监督 ... 1385
- 96.7 桩基施工作业的监管 ... 1386
- 96.8 土方工程监管 ... 1387
- 96.9 参考文献 ... 1388

第97章 桩身完整性检测 ... 1391
- 97.1 引言 ... 1391
- 97.2 桩基无损检测的历史与发展 ... 1392
- 97.3 无损检测（NDT）中桩身缺陷的研究进展 ... 1393
- 97.4 低应变完整性检测 ... 1394
- 97.5 声波透射法 ... 1408
- 97.6 旁孔透射法检测 ... 1412
- 97.7 高应变完整性检测 ... 1413
- 97.8 桩身完整性检测的可靠性 ... 1413
- 97.9 选择合适的检测方法 ... 1418

97.10	参考文献	1418
第98章	**桩基承载力试验**	**1421**
98.1	桩基试验技术简介	1421
98.2	桩基静载荷试验	1422
98.3	双向荷载试验	1428
98.4	高应变动力试桩法	1430
98.5	快速加载试验	1433
98.6	桩基试验的安全性	1436
98.7	桩基试验方法的简单总结	1437
98.8	致谢	1438
98.9	参考文献	1438
第99章	**材料及其检测**	**1441**
99.1	概述	1441
99.2	欧洲标准	1441
99.3	材料	1441
99.4	检测	1442
99.5	混凝土	1442
99.6	钢材和铸铁	1445
99.7	木材	1447
99.8	土工合成材料	1448
99.9	地基	1449
99.10	骨料	1451
99.11	注浆材料	1452
99.12	钻孔泥浆	1453
99.13	其他材料	1454
99.14	地基基础的再利用	1455
99.15	参考文献	1456
第100章	**观察法**	**1459**
100.1	概述	1459
100.2	观察法的基本原理及其应用的利弊	1461
100.3	观察法的概念和设计	1462
100.4	在施工期间实施计划的修改	1467
100.5	观察法的"最优出路"实施方式	1469
100.6	结语	1470
100.7	参考文献	1470
第101章	**完工报告**	**1473**
101.1	引言	1473
101.2	撰写完工报告的理由	1473
101.3	完工报告的内容	1475
101.4	质量问题的论述	1476
101.5	健康和安全问题的论述	1476
101.6	文件系统和数据保存	1477
101.7	小结	1477
101.8	参考文献	1477
索引		**1479**

上 册
岩土工程基本原则、特殊土与场地勘察

Geotechnical Engineering Principles,
Problematic Soils and Site Investigation

第1篇 概论

主编：约翰·B. 伯兰德（John B. Burland）
　　　威廉·鲍瑞（William Powrie）
译审：高文生　等

第1章 导　论

约翰·B. 伯兰德（John B. Burland），伦敦帝国理工学院，英国
威廉·鲍瑞（William Powrie），南安普顿大学，英国
主译：高文生（中国建筑科学研究院有限公司地基基础研究所）

doi：10.1680/moge.57074.0001

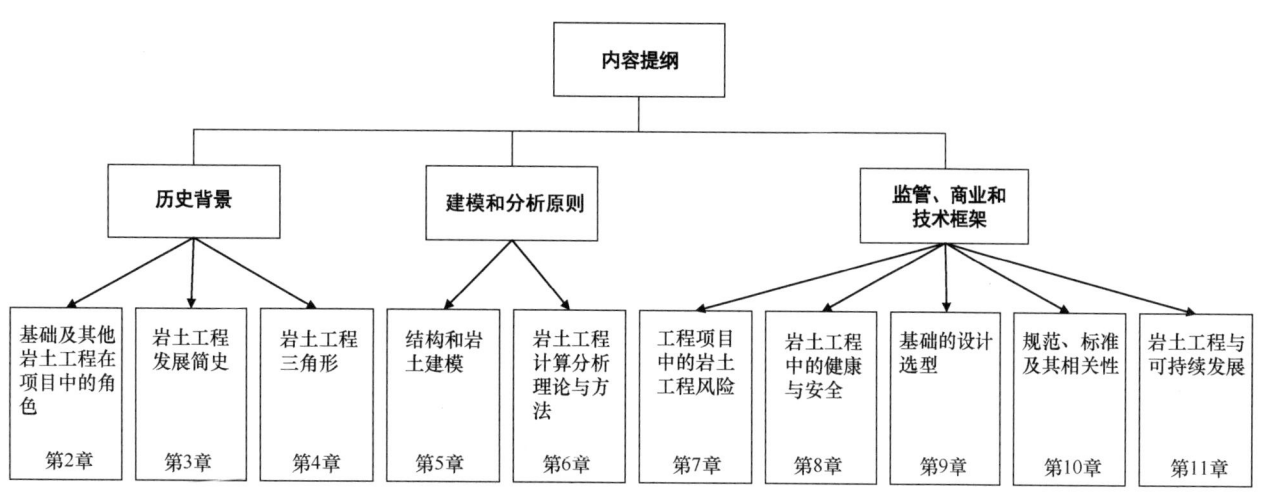

图1.1　第1篇各章的组织架构

图 1.1 展现了第 1 篇 "概论" 的内容目录与提纲。

本篇的前三部分介绍了过去 80 年来，土力学及岩土工程作为一门独立学科的发展历程。第 2 章 "基础及其他岩土工程在项目中的角色"，表明基础及建造于地表和地下的结构及构件对土木工程和建筑工程的重要性，这种重要性要求岩土工程需要进行规范和全面的设计。第 3 章 "岩土工程发展简史"，展现了介于科学和艺术之间的岩土工程学科的发展历史，后来在 1957 年，太沙基将其定义为一种 "思维方法，掌握了这种思维方法，意味着你无须一步一步地逻辑推理，也能获得满意的结果"。第 4 章 "岩土工程三角形" 对这一思想进行了具体阐述，该章重点分析了成功的岩土工程的基本要素：掌握地层情况、材料特性和相关先例[①]（成熟的经验），并通过一个合适的分析模型将三者联系起来。

第 5 章 "结构和岩土建模" 和第 6 章 "岩土工程计算分析理论与方法" 主要阐述了岩土工程建模和分析的一些重要原则。在第 6 章 "岩土工程计算分析理论与方法" 中，给出了工程师在应用计算方法时需要特别注意的问题，即所用材料特性、每种分析方法的缺点和边界条件的影响，这些问题是正确理解分析方法的基础。

最后，第 7 章 "工程项目中的岩土工程风险"，探讨了现在和未来可持续发展的岩土工程中必须要遵守的，与监管、商业和道德伦理框架相关的 11 个方面的主要原则。第 9 章 "基础的设计选型"，该章强调基础设计是一个包括一系列相互关联的工作环节的整体过程，确定设计方案时需要通

---

① 译者注：原文为 "precedence"，疑应为 "precedent"。

盘考虑这些相关因素。其他章阐述了：如何正确理解和评估岩土工程风险对整体项目风险的影响（第7章"工程项目中的岩土工程风险"）；健康和安全（第8章"岩土工程中的健康与安全"）；现行标准与规程（第10章"规范、标准及其相关性"）；可持续发展（第11章"岩土工程与可持续发展"）。这些内容非常重要，体现出了岩土工程介于科学和艺术之间的特性，通常其风险比土木工程中的其他工程更难以预测和量化，这些规律本身使得岩土工程相关规程不可能非常细化。

译审简介：
高文生，博士，研究员，中国建筑科学研究院有限公司专业总工程师、地基基础研究所所长。

第 2 章 基础及其他岩土工程在项目中的角色

约翰·B. 伯兰德（John B. Burland），伦敦帝国理工学院，英国
蒂姆·查普曼（Tim Chapman），奥雅纳工程顾问，伦敦，英国
主译：杨生贵（中国建筑科学研究院有限公司地基基础研究所）
审校：宫剑飞（中国建筑科学研究院有限公司地基基础研究所）

doi: 10.1680/moge.57074.0005

目录		
2.1	岩土工程与整个结构体系中其余结构的联系	7
2.2	岩土工程的关键要求	8
2.3	与其他专业人员的交流	8
2.4	岩土工程的设计寿命	9
2.5	岩土工程设计及施工周期	10
2.6	与岩土工程成功相关的常见因素	11
2.7	参考文献	12

本章旨在描述一个项目中岩土工程设计和施工的基本原则。在一个特定的地点，地质条件是由数百万年的自然地质过程（这些过程很少是简单的）形成的，地质条件有时也会被人类活动改变，例如采矿或其他活动。因此，岩土工程总是存在不确定性和风险，岩土工程的艺术性是要在设计和施工中充分考虑这些不确定性和风险。本章描述了一个项目中岩土工程的所有关键要素，强调与其他相关专业人员进行建设性和积极的互动的重要性。本章还考虑岩土工程的设计寿命，介绍了岩土工程设计和施工周期的重要概念。描述了确定完整的设计和施工过程关键环节的各种管理方法。本章最后总结了大多数岩土工程设计和施工项目的共同要点，这些要点是工程取得成功所必须的。

2.1 岩土工程与整个结构体系中其余结构的联系

所有建筑物都以某种方式接触地基土体，因此都需要某种形式的基础。其他岩土工程类型包括挡土墙和锚固结构等，有时它们可能埋深较浅或高度不大，如独立基础或重力式挡土墙，有时它们可能很深很高，如桩基或有嵌固深度挡土结构。岩土工程类型也常常在发展进步，变得越来越丰富，如地基处理技术。

基础和其他岩土工程都有一些特征，以区别于其所支承的上部结构部分：

- 它们往往是结构中承载最重的部分之一；
- 它们的施工不太适合工厂化生产；
- 它们的承载能力在很大程度上取决于场地条件，而且场地通常是不均匀的，工程建设时往往只对场地的特性进行少量的观察和试验，导致可能存在难以预见的风险；
- 它们的承载能力受施工方法和质量控制的影响很大。

因此，岩土工程失效的风险往往明显高于结构的其他部分。为了使岩土工程可靠性满足要求，需要对场地不确定性进行管理且是设计和施工的重要内容。

岩土工程设计中一个需要考虑的重要问题，是置入土体的岩土工程结构与土体的相互作用，即所谓的"土-结构的相互作用"。结构荷载施加在结构上，岩土工程结构的抗力通常是由土体的摩擦力或者土体的地基反力提供。如图2.1所示，这两种抗力都可以是垂直的或水平的。通常地基应力不超过其极限承载力，因此其产生的位移取决于结构和地基的刚度。

荷载可以直接施加到基础上，如垂直荷载、水平荷载或弯矩。它们也可以产生位移间接施加并传递荷载到基础结构。《欧洲标准7》（BS EN 1997）

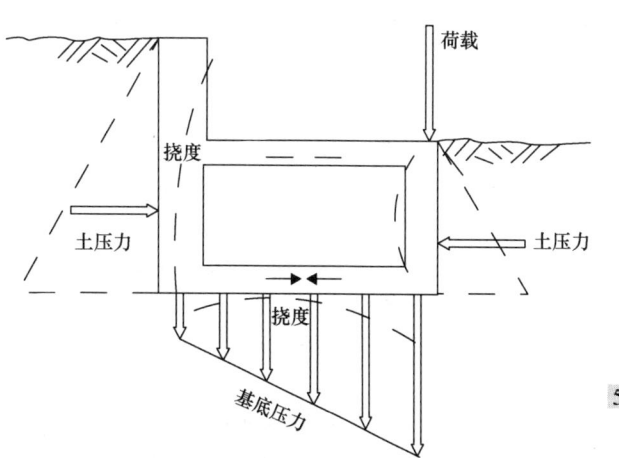

图2.1 土与结构的相互作用

（British Standards Institution，2004，2007b）通过引入牛顿的"作用"概念，以类似的方式处理这些问题。

岩土工程的特点是比其他结构具有更高的不确定性。不确定性源自以下因素：

- 岩土工程设计中不可避免地要进行重要的假设和理想化。
- 土体的自然变化反映到建模上，通常表现为图上大量分散的数据点。
- 岩土构件和基础的施工过程及其控制的内在可变性，可能对其在服役时的最终性能产生深远的影响。
- 通过高度不确定的结构施加和传递变化的荷载，这意味着每个基础上的实际荷载可能是非常不确定的。
- 施工和性能往往可能受到一些意外情况的严重影响，例如，一个重要的地质不连续面，如一个落水洞或断层。由于不利的地下水条件而产生的重大施工问题并不罕见。

所有这些不确定性都意味着，那些自以为计算精确和可预测的工程师被欺骗了，他们可能会面临比他们想象得更复杂的荷载组合。明智的岩土工程师应该谦虚谨慎地考虑不确定性。这在第7章"工程项目中的岩土工程风险"中有更详细的解释。

2.2 岩土工程的关键要求

2.2.1 一般要求

所有基础或其他类型岩土工程都必须符合下列基本准则。

- 岩土工程不能失效，否则它们支承的结构也会失效。根据极限状态设计，任何模式的破坏，包括结构单元破坏、土-结构界面破坏、土-土界面破坏，都被认为达到或超过承载能力极限状态。
- 岩土工程不得有过大变形，否则它们所支承的结构可能会受损或无法按预期工作。在极限状态设计方面，过大变形会破坏"正常使用"极限状态。
- 岩土工程必须持续工作到设计年限。与其他类型建筑结构不同，基础很难升级或修复，因此它们的寿命往往决定了其所支承的结构的寿命。

2.2.2 承载能力极限状态破坏模式

岩土工程结构的承载极限状态破坏模式有多种，如图2.2所示。

2.2.3 正常使用极限状态和位移

正常使用极限状态的破坏通常没有承载能力极限状态的破坏严重，并且一般是可修复的，它通常表现为发生过大位移损害结构功能。除了过大位移外，还包括其他不可接受的形式，如地下室渗水等。如图2.2所示。

2.2.4 设计寿命和退化模式

设计寿命将在第2.4节中详细介绍。除极限状态的破坏外，结构可能会在下列情况下达到寿命：

- 受到材料退化的影响，如钢的腐蚀、混凝土的碳化或木材的腐烂或虫害；
- 受到物理过程的影响，例如循环反复加载导致疲劳，或冲击造成的过度损坏；
- 不符合新的设计或材料标准，提供了低于验收标准的抗负荷、抗腐蚀能力等。

2.3 与其他专业人员的交流

2.3.1 一般要求

岩土工程师很少是专门负责一个完整项目的专业人员，新结构、新设施、新功能常常给岩土工程提出挑战。因此，岩土工程师的作用应该是参与更广泛的设计和施工过程。如果他们的意见能弥补其他专业人员的工作，他们可能会更具有影响力。

2.3.2 一般建设流程

所有的项目规划都涉及投入控制阶段，以便通过设计、采购、实施和调试，在项目团队所有成员

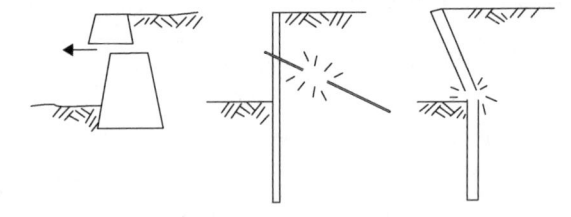

(a) 承载能力极限状态

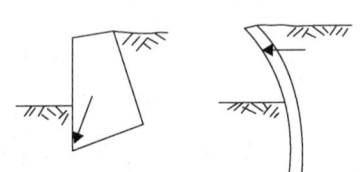

(b) 正常使用极限状态

图2.2 极限状态破坏模式（BS EN 1997）
（British Standards Institution，2004，2007b）

一致努力下，设计出最优的解决方案。项目一旦投入使用，就需要在整个结构的使用寿命期间进行维护、升级和维修，以及最终停止使用，有时还需要在新的结构中重新使用原有部分。

《客户最佳实践指南》（Client Best Practice Guide）（Institution of Civil Engineers, 2009）基于建筑体系（Royal Institute of British Architects, 2009）和铁路行业［Network Rail, 2010；以前为《铁路投资项目指南》（Guide to Railway Investment Projects）］，以及英国前政府商务办公室（Office of Government Commerce，简称OGC）［现为英国内阁办公室效率与改革小组（Cabinet Office Efficiency and Reform Group）的一部分］为这些投入提供了一种通用的指导。关于这些的更多细节内容见第2.5节。

在早期阶段，最佳解决方案几乎无法确定，通常是由于技术团队的个别成员一些并不明显的原因，许多相互竞争的选择被考虑及驳回。如果设计团队了解新结构或设施所需的功能和客户的业务目标，他们可以为这个过程做出更好的贡献。

早期阶段也是项目最容易接受岩土工程约束以及设计和施工要求的阶段。因此，如果尽早确定出这些需求，尽管这通常在获取数据和分析完成之前，岩土工程师很可能成功地将这些需求纳入结构的其余部分。因此，在早期阶段，岩土工程经验投入是很有价值的，通常会带来更好的解决方案，更简单的设计和施工过程，以及后续岩土工程更低的成本。

岩土工程师很少单打独斗，通常与结构工程师有很多互动。有时，岩土工程师的工作被纳入结构工程师的工作之中。对于简单的结构，这可能是合理的。但对于更复杂的岩土工程结构，或在土体条件复杂的情况下，岩土工程师很可能更好地直接向设计团队的其他成员解释具体问题。

2.4 岩土工程的设计寿命

《欧洲标准0：结构设计基础》（BS EN 1990：Basis of Structural Design）（British Standards Institution, 2005）中定义了结构的相关设计寿命，设计寿命通常根据结构是建筑物还是基础设施的一部分来区分。在表2.1中，定义了设计寿命类别如下：

- 第1类——临时结构，不包括可拆除以重新使用的结构或部分结构10年。
- 第2类——可更换的结构部件，如：龙门梁、轴承10~25年（BS EN 1990：2002中修改为10~30年）。
- 第3类——农业和类似建筑15~30年（在英国修改为15~25年）。
- 第4类——建筑结构和其他常见结构50年。
- 第5类——纪念性建筑结构、桥梁和其他土木工程结构100年［目前在英国修改为120年，使其符合英国公路局（Highways Agency）传统的桥梁设计寿命；如果英国公路局改变其指导方针，可能会改回到100年］。

由于基础很难修复或升级，而且大多数结构的寿命都比设计的时间长，因此基础设计考虑更长的使用寿命是合理的。

基础的拆除困难且昂贵，因此应该考虑到它们所支承的结构在寿命期满后会发生什么。这一问题由"城市基础再利用"（Reuse of Foundations on Urban Sites，简称RuFUS）项目提出［参见Butcher等（2006）、Chapman等（2007）］。如果旧基础可能成为新结构基础的主要障碍，那么该地点未来发展潜力可能会受到影响。

为了防止废弃的基础造成一种隐蔽的土体污染，RuFUS项目主张所有设计的基础都应允许后续再利用。这主要涉及记录和保存，以便将来的设计团队对旧的基础进行评估。

虽然大多数基础和岩土工程都是服务于在正常结构寿命内持续存在的"永久性"构件，但有时基础需要工作的时间较短，其中包括：

- 临时结构，需要一个象征寿命，也许10年。
- 承包商的"临时"工程——在建造更重要的结构时发挥临时功能的结构，例如：止推墩，起重机底座。有时需要指定1~2年的寿命。为此，《欧洲标准7第1部分》（BS EN 1997-1：2004）（British Standards Institution, 2004）第1部分第2.4.7.1（5）条规定，对于随后可能调整的临时结构或短暂设计状况，可采用比附录A（对于分项系数）中的推荐值更为宽松的值。
- 可拆卸的结构，如体育场或音乐广场脚手架或临时看台，可能只有几周的寿命。英国结构工程师学会指南（Institution of Structural Engineers, 2007）——《临时可拆卸结构》（Temporary Demountable Structures），定义了此类结构典型的基础问题。

设计寿命会影响安全系数的选择。因此它需要考虑以下几点：

- 最不利的设计荷载组合发生的频率——如果与设计寿命相比非常罕见，则可以减少一些防止失效的余量。例如百年一遇的大风或洪水事件，或475年一遇的地震事件。
- 失效的后果——在失效后果轻微且不威胁安全的情况下，如果经济损失后果能得到评估判断并能接受，则可以允许采用较低的安全系数。

设计寿命在一定程度上也决定了控制基础材料退化所需的措施。传统的结构设计规范，如《欧洲标准2》（BS EN 1992）(British Standards Institution，2006)和《欧洲标准3》（BS EN 1993）(British Standards Institution，2007a)，包含了确保基础寿命的间接要求；主要是钢筋混凝土的裂缝宽度标准，目的是限制空气和水的侵入、与钢筋的接触，其影响可能因盐中氯离子的存在而加剧。如果潜在的腐蚀过程比基础设计寿命要漫长，在业主和任何批准人都能接受不符合规范的情况下，可以放宽对预期寿命较短结构的要求。

临时结构有时可能没有那么复杂的位移限值，意味着它们可以接受较大的位移。例如，在临时看台上，垫片和千斤顶可以用来补偿基础的不均匀变形。

2.5 岩土工程设计及施工周期

岩土工程设计应跟随整个结构的设计进行，如第2.1节所述。岩土工程设计必须始终考虑数据的来源和将来设计如何实施，这一过程的三个部分都是密不可分的，如图2.3所示。

2.5.1 项目阶段

所有建设项目都经历了若干不同阶段：

- 规划；
- 开发；
- 实施；
- 运营；
- 退役。

一些组织已经设计了"阶段"[如：英国皇家建筑师学会（RIBA，2009）]或"方法"（英国政府商务办公室）以适应这些情况，并有进一步的细分项目。在这里使用了RIBA（A～L，见图2.4）确定的在一般设计和施工中最常用的工作阶段。各阶段/部门如图2.4所示。每个阶段所需的参与方如图2.5所示。

每个阶段所需的参与模式是不同的。在规划阶段，参与往往是战略性的、协商性的——通常需要资深的经验来指导项目远离常见的陷阱或重大危险。到这一阶段结束时，设计应已接近确定唯一首选方案的阶段。

在开发阶段，设计问题得到解决，所有的项目应该产生一个统一的、协调的结果。在后期阶段，将编制招标文件，清楚地描述将在现场实施的工程。在这个阶段的较早阶段（RIBA阶段E"最终建议"的末尾）就需要对设计定稿，以便在随后阶段产生一致的投标和施工文件。不能低估正确的

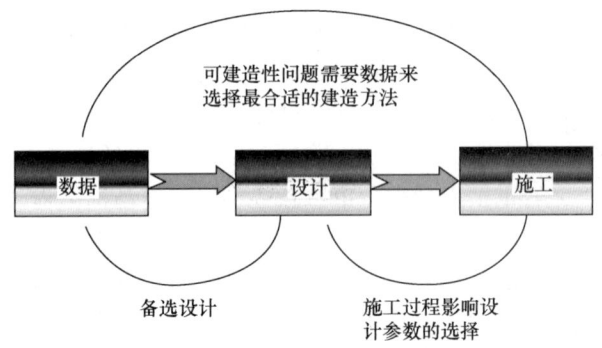

图2.3 岩土工程设计施工周期

图2.4 RIBA、OGC和NWR工作阶段

摘自 Institution of Civil Engineers（2009）

注：GRIP 铁路投资项目管理

设计定稿的重要性，因为持续的设计变更会影响到一套完整且相互一致的合同文件的产生。

2.5.2 投标过程中透明度的重要性

在 RIBA 阶段 F"产品信息"到阶段 H"投标程序"阶段，制作投标文件并发放合同。在这些阶段，客户承诺对整个项目进行投资；因此，在这个阶段，客户需要有信心：

- 投资决策标准仍然有效；
- 他们有资金；
- 他们对项目组织顺利进行感到满意。

这是岩土工程的关键时期；许多精心设计的项目匆忙地制作投标文件，并且没有充分地沟通：

- 设计意图和约束条件；
- 内在的风险和责任分配的方法［包括《施工（设计与管理）条例 2007》《Construction (Design and Management) Regulations 2007》的规定］。

2.5.3 施工控制

对于承包商和客户（有时由驻场工程师或具有类似技术能力的个人担任）来说，特殊的岩土工程施工过程需要有效地把控。

观察法见 CIRIA R185（Nicholson 等，1999）及第 100 章"观察法"，其是一种有效的好方法。使用观察法可以采用除惯用安全系数之外的一些指标。但必须有充分的证据和经验证明这些因素是过分保守的。这种观察法最成功的应用是硬黏土层的深基坑开挖，其稳定性受孔隙压力的缓慢消散影响，其稳定性很难把握，但可以由专业团队进行监测和管理。

2.6 与岩土工程成功相关的常见因素

项目成功与以下因素有关，相反，这些因素的缺失会导致失败概率增加。

规划

- 良好的案头研究，识别规划开发的关键风险——不要忽略，例如，历史地图覆盖范围可追溯到第一个重要的场地利用情况；
- 尽早收集约束/危险数据，并清楚地呈现这些数据；
- 在地质勘察中解决可能出现的施工问题。

开发

- 注意设计服务的重要部分，以节省成本，特别是知识投入的遗漏；
- 选择合适的基础类型来明显降低风险，例如：避免在粉土中做钻孔灌注桩；
- 将施工可行性作为设计过程中的一个关键因素；

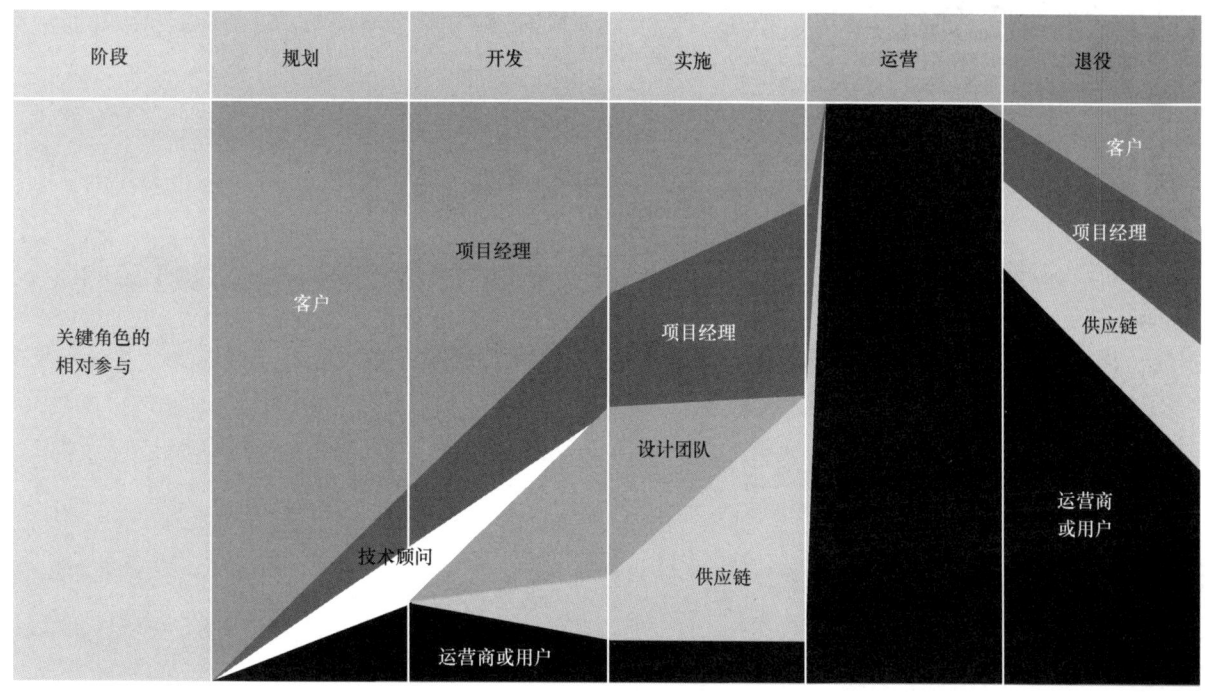

图 2.5 项目生命周期的每个阶段所需的投入

摘自 Institution of Civil Engineers（2009）（修改自 Martin Barnes）

- 确保工作过程的连续性，理想情况下由有相同能力的人连续完成工作；
- 明确职责，特别是职责划分有分歧或可能混淆时；
- 对基于不适当的试验结果外推参数造成乐观的评估设计要十分谨慎；
- 尽早运用经验，确定可能影响设计团队其他成员的关键设计问题，例如与建筑师和结构工程师一起进行空间冲突检查；
- 注意地下室防水措施，这是客户失望的一个常见来源；
- 确保设计师理解分析过程中的关键假设，确保承包商理解设计过程中的关键假设。

实施

- 编制明确的说明，突出重要问题，传达设计意图。

一般来说，要小心过度自信，并采取谦虚的态度——要考虑意外事件的发生，不要认为一切都按计划发生。著名的隧道工程师哈罗德·哈丁（Harold Harding）有一个著名的故事，他在办公室得知一名年轻毕业生过于自信，便咆哮道："把他带来，我要在地上给他挖个大洞，教他谦逊。"

2.7 参考文献

British Standards Institution (2004). *Eurocode 7. Geotechnical Design. General Rules.* London: BSI, BS EN 1997-1:2004.
British Standards Institution (2005). *Eurocode. Basis of Structural Design.* London: BSI, BS EN 1990:2002+A1:2005.
British Standards Institution (2006). *Eurocode 2. Design of Concrete Structures (Parts 1–3).* London: BSI, BS EN 1992.
British Standards Institution (2007a). *Eurocode 3. Design of Steel Structures (Parts 1–6).* London: BSI, BS EN 1993.
British Standards Institution (2007b). *Eurocode 7. Geotechnical Design. Ground Investigation and Testing.* London, BSI, BS EN 1997-2:2007.

Butcher, A. P., Powell, J. J. M. and Skinner, H. D. (eds) (2006). Reuse of foundations for urban sites. In *Proceedings of the International Conference*. UK: BRE Press.
Chapman, T., Anderson, S. and Windle, J. (2007). *Reuse of Foundations, CIRIA C653*. London: CIRIA.
Construction (Design and Management) Regulations 2007. London: The Stationery Office. [Available at www.hse.gov.uk/construction/cdm.htm]
Institution of Civil Engineers (ICE) (2009). *Client Best Practice Guide*. London: Thomas Telford.
Institution of Structural Engineers (2007). *Temporary Demountable Structures. Guidance on Procurement, Design and Use* (3rd Edition). London: The Institution of Structural Engineers.
Network Rail (2010). *GRIP Standard Issue 1 (Governance for Railway Investment Projects)*. London: Network Rail.
Nicholson, D., Tse, C.-M. and Penny, C. (1999). *The Observational Method in Ground Engineering: Principles and Applications; CIRIA R185*. London: CIRIA.
Royal Institute of British Architects (2009). *RIBA Outline Plan of Work 2007* [(Updated): including corrigenda issued January 2009]. London: RIBA Publishing.

实用网址

英国内阁办公室效率与改革小组（Efficiency and Reform Group, Cabinet Office, UK）；www. cabinetoffice. gov. uk/government-efficiency

英国铁路网公司（Network Rail），GRIP 流程（GRIP Process）；www. networkrail. co. uk/aspx/4171. aspx

英国皇家建筑师学会（RIBA）；www. architecture. com

第1篇"概论"和第2篇"基本原则"中的所有章节共同提供了本手册的全面概述，其中的任何一章都不应与其他章分开阅读。

译审简介：

杨生贵，建研地基基础工程有限责任公司总工程师，享受国务院特殊津贴专家，主要从事岩土工程科技创新和实践工作。

宫剑飞，博士，研究员，博士生导师，享受国务院政府特殊津贴专家，国家标准《高填方地基技术规范》《建筑地基基础设计规范》等主编和主要编写人。

第3章 岩土工程发展简史

约翰·B. 伯兰德（John B. Burland），伦敦帝国理工学院，英国
主译：杜斌（中国建筑科学研究院有限公司地基基础研究所）
参译：秋仁东，俞剑，时振昊，宋琛琛
审校：高文生（中国建筑科学研究院有限公司地基基础研究所）
　　　杨韬（中建研科技股份有限公司）

doi：10.1680/moge.57074.0011

目录

3.1	引言	13
3.2	20世纪初的岩土工程	13
3.3	太沙基——岩土工程之父	14
3.4	土力学对结构工程及土木工程的影响	16
3.5	结论	17
3.6	参考文献	17

本章追溯了基础工程技艺与科学从早期到近代的发展历程。讲述了太沙基（Terzaghi）如何努力将工程地质学与土力学结合起来的故事，从而为现代岩土工程建模和分析提供了理论基础。这些过往的经验十分宝贵，本手册的一个主要目的就是为优秀的岩土设计与施工人员提供必备的知识框架。

3.1 引言

基础工程与建筑艺术的历史一样悠久，其发展很大程度上依赖不断积累的经验和经验流程。不同地区的地基条件千差万别，基础工程也各不相同，要想把某地的经验复制到另一地区的尝试充满了不确定性。

Parry（2004）介绍了古埃及人是如何从南代赫舒尔金字塔（South Dahshur Pyramid）地基失效的事故中吸取经验教训的。这座金字塔建于斯尼夫鲁法老（Pharaoh Snofru）统治时期（公元前2575—前2551年），其中心结构被一系列倾斜的扶壁（buttress walls）所支撑，这在当时已经成为传统。金字塔建在黏土层上，巨大的差异沉降导致墓室及其通道结构严重受损。因此，在金字塔逐步完工的过程中，它的顶部坡度较建造之初大大减小，也因而得名"弯曲金字塔"（Bent Pyramid）。此后的金字塔建造摒弃了扶壁的概念，改为逐层建造，每层由厚度均匀的砌块组成横跨整个结构的宽度。此外，在砌块的切割和摆放上，工匠们也更加谨慎。

凯里泽（Kerisel，1987）介绍了美索不达米亚（Mesopotamia）庙塔是如何在三千年的时间里建造起来的，这些庙塔大多坐落于软弱冲积土层之上。由于石料稀缺，这些高大的建筑由晒干的土坯逐层铺砌而成。随着建造工作的不断进行，下方的冲积土层很快就在重压之下坍塌，导致地基发生侧向变形。工程进展十分缓慢，经过较长时间的停工，沉降和侧向变形才逐渐趋于稳定。最终，仅能够在顶部建造一个小型神殿（图3.1）。公元前2100年前后，苏美尔人开始在每6~8层砖块之间铺设一层厚厚的编织芦苇，以此抵消因地基侧向变形引起的水平张力。也正因为此，庙塔得以呈现几近垂直的侧面，在顶部得以建造大型神殿。此项创新之举经常被后人誉为最早的加筋土案例。

凯里泽（Kerisel，1987）在文章中也提到了中国最成功的两个基础工程案例。一个是公元7世纪初期建造的赵州桥，又名安济桥（图3.2，图3.3），桥体优雅大方，建立在黏土之上。当时的工匠将黏土从桥台下挖出后，再用碎砖层层压密作为地基。另外一个是修建于公元10世纪末的龙华塔，塔高达44m。龙华塔坐落于30m厚的软黏土层上，塔基为砖基础，其下为木排筏基，再之下为间距很小的木桩——这也许是最早出现的桩筏基础之一。龙华塔迄今已有超过1000年的历史，其塔基却依然坚固。

3.2 20世纪初的岩土工程

在太沙基之前，人们并没有广泛意识到地基基础工程是多么的不靠谱。为了《结构工程师》（*The Structural Engineer*）建刊百年庆典，作者受邀

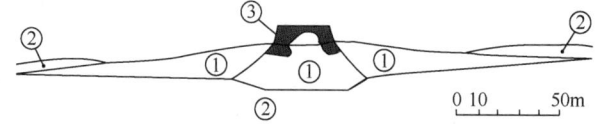

图3.1 早期庙塔的建造

①—填土；②—软弱冲积层；③—圣界-圣殿围墙
Kerisel（1987）重绘：Taylor&Francis集团

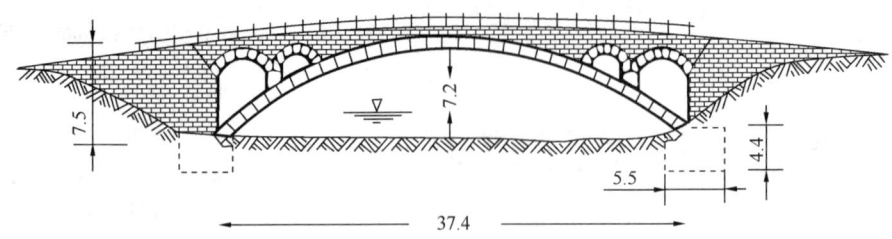

图 3.2 赵州桥（公元 7 世纪初期）
Kerisel（1987）重绘；Taylor & Francis 集团

图 3.3 赵州桥

提笔，通过研究期刊上发表的文章来追溯基础工程在过去百年来的发展（Burland，2008）。许多早期的文章介绍了多种基础施工技术，如桩、板桩墙、围堰和沉箱。但这些文章很少提及地基的力学特性以及如何评估其受荷响应。例如，Brooke Bradley（1932—1934）指出：

"如果地基的承载能力不足以承受设计荷载，则必须对其进行人工加固。"

接着描述了各种类型的桩基础的应用场景。但没有人对如何评估地基的"承载能力"这一首要问题给出答案。文章中还指出"应尽可能避免发生任何沉降"；几个沉降破坏的案例随文给出，但没有在如何估算方面给出指导意见。

早期的《结构工程师》还为挡土墙的设计与施工留出专门版面。温特沃斯-希尔兹（Wentworth shields，1915）写了一篇关于"土基码头挡墙的稳定性"的论文。以下是令人难忘的开场白：

"尽管在码头挡墙的建造方面已经积累了大量的经验，但如何在土基上设计出稳定的码头挡墙并保证其完工后的稳定性，仍然是工程领域最困难的问题之一……尽管挡墙的设计师保证设计不会有问题，但他却不能信心百倍地告诉你它的安全系数到底是多少。"

1928 年，蒙克里夫（Moncrieff，1928）在《结构工程师》上发表了一篇关于土压力理论及其工程实践的重要论文。总结了从库仑（Coulomb，1773）到贝尔（Bell，1915）计算土压力的各种方法。当时，普遍将摩擦角等同于休止角，Moncrieff 认为很难确定黏性土的这个参数。他举了个例子，黏土边坡上坡面各部位的角度各不相同，从垂直到坡比 1:1.5（垂直:水平）的情况都有，但是有些地方的黏土又像粥一样向下流淌。

从这些早期的论文可以很明显地看出，尽管在重大基础工程（如支挡结构、隧道和大坝）的建设中贡献卓著，但对土体强度和刚度等影响土的力学性能的控制因素的理解较浅。此外，也几乎没有关于地下水对强度、稳定性或土压力的影响的文献。事故（尤其是斜坡及挡土墙）经常发生也就不足为奇了。这就是太沙基作为一名土木工程师最开始从事工程实践时所面临的行业乱象。

3.3 太沙基——岩土工程之父

由于在推动土力学及基础工程学的科学和理论框架的发展方面所做出的贡献，太沙基经常被视为一个理论学家。然而事实并非如此。因此，在这里非常值得回顾太沙基为发展地基基础工程技艺和科学研究方面所做的努力，这与岩土工程学科的教学和实践都密切相关。

古德曼（Goodman，1999）撰写了一本关于太沙基生平的传记——《工程艺术大师》（*Engineer as Artist*），生动且细致地描述了太沙基的一生。1883 年，太沙基出生于布拉格（Prague）。童年时代，他对地理学表现出兴趣，特别是野外勘探；而后，又对天文学产生了兴趣，同时对数学产生了热情。后来在学校里，他受到自然科学的启发而表现出色。

3.3.1 太沙基的教育经历

他去了格拉茨技术大学（Technical University of Graz）就读机械工程专业。他曾有一段迷茫期，沉迷于酗酒和决斗。他发现课程讲座仅仅是照本宣科，他完全可以自学成才。费迪南德·韦丁博尔（Ferdinand Wittenbauer）是一位睿智的教师，他鼓励太沙基应该在学业上更上一层楼，特别建议其研读经典原著，如拉格朗日的《分析力学》（Analytical Mechanics）（Lagrange, 2001）。韦丁博尔悉心指导太沙基，循循善诱，激发他在科学研究上的创造力，同时引导他去思考那个时期所特有的社会人文问题。也正是韦丁博尔，使得太沙基免于因一场学生恶作剧而被学校开除。韦丁博尔向学校领导指出，在格拉茨技术大学的校史上，只有3个学生被开除过：一个是特斯拉（Tesla），他革新了电气技术；一个是里格尔（Riegler），他发明了汽轮机；另外那个学生后来成为顶尖的教堂建筑师。他最后总结道，学校真不善于开除学生。太沙基这才躲过一劫。

虽然就读机械工程专业，太沙基选修了很多地质学方面的课程。他热衷于登山，并把每次登山探险之旅都看作是一次愉悦的野外地质考察。在服兵役的那年，他将英国地质调查局（British Geological Survey）局长阿奇博尔德·盖基（Archibald Geikie）所著的《野外地质学纲要》（Outlines of Field-Geology）译成了德语。在第二版中，他全面扩充了关于喀斯特地貌和冰川地貌的有关内容，并把书中原有的英国的工程案例替换成了奥地利的工程案例。

3.3.2 转至土木工程专业

太沙基对地质学的兴趣让他觉得机械工程专业并不适合他。他在格拉茨技术大学多待了一年，转到了土木工程专业。毕业后，他就职于一家水力发电公司。尽管他的主要工作是进行钢筋混凝土结构设计，但是结构物的规划布置与地质学密切相关。然而，他发现地质学专家的指导意见往往毫无用处。他见到了很多工程事故，主要原因是缺乏对地下水流动预测和控制的能力，诸如管涌之类的事故经常发生。此外，他还遇到了许多滑坡问题、地基承载力不足的问题和地基过度沉降的问题。

3.3.3 仅依赖于地质学的局限性

意识到土木工程师在处理地基时遇到的种种困难，以及经常受地质条件的重大影响的情境，他觉得，有必要收集尽可能多的工程案例记录，以便将工程事故与地质条件之间建立联系。众所周知，他随后在美国西部花了两年紧张的时间（1912—1914年）来观察和记录。那两年以幻灭和抑郁而告终。援引他作为大会主席在第四届国际土力学及基础工程会议上的致辞，总结了他当时的心情（Terzaghi, 1957）：

"在那两年临近结束的时候，我把收集到的大量数据资料带回欧洲。然而，便如我试图将麦粒与麦糠分开时，我沮丧地意识到几乎没有麦粒。那两年辛勤劳动的最终结果令人失望，甚至不值得发表。"

地质学本身无法再提供更多的帮助了！先例和历史案例也就只有这么多了！

援引古德曼（Goodman, 1999）的话，问题在于：

"……地质学家们为不同的岩石和沉积物命名主要依据的是这些材料的地质成因，而太沙基却认为应该依据工程性质的不同来命名。"

时至今日，这句话仍然适用：工程师需要理解影响地基响应的关键岩土特性。

3.3.4 土力学的诞生

1916年，太沙基刚开始在君士坦丁堡的皇家奥斯曼帝国工程大学（Royal Ottoman Engineering University）工作不久，他就开始在文献中查找地基的力学性状机理。他变得越来越沮丧。他所看到的是，1880年之后，与力学性状有关的观察和描述的文章就一直在稳步下降。取而代之的是大量未经实证的、建立在各种假定情况下的理论研究。这一经历在他心中极为重要，援引他作为主席在第一届国际土力学及基础工程会议上的致辞（Terzaghi, 1936）：

"在纯理论科学中，假设、理论和定律之间有着非常明显的区别。这三种类别之间的不同完全取决于支撑证据的重要性。然而，在基础和土方工程中，一旦发表，皆称之为理论，并且如果该理论写进了教科书，许多读者倾向于认为它是一个定律。"

因此，太沙基强调收集和审查实证对于支持经验流程的重要性。他还指出了培养严谨逻辑的重要性。这种严谨性通常适用于数学学科，其实在观察和记录物理现象、逻辑推导、行文表达方面也应该具有同样的严谨性和准确性。

1918年，太沙基开始进行挡土墙的土压力试验。他紧接着研究了管涌现象和堤坝的渗流问题。他利用福希海默（Forchheimer）的流网法来分析他的观察结果，并将其应用于实践——该方法本身源于物理电学中的流网法。由此可见，试验与分析建模之间的相互关系。

在这段时间里，太沙基逐渐意识到地质学不可能成为工程师的可靠而有力的工具，除非地基的力学行为能够被量化——这需要系统的试验研究。1919年3月的一天，他在一张纸上列出了必须进行的试验清单。

随后，太沙基进入了紧张的试验工作阶段，他对黏土和砂土进行了固结（侧限压缩）试验和剪切试验，从而建立了对有效应力原理（土力学的基石）、超孔隙水压力和固结理论的基本认知——这是土力学诞生的起点。为了对固结现象进行建模分析，他借鉴了热传导的数理方程。在这里，再次看到了试验和分析建模之间的相互关系。这段紧张的试验工作和理论建模的时期以他的开创性著作《土力学》（*Erdbaumechanik*）（Terzaghi，1925）的出版而收尾。

3.4 土力学对结构工程及土木工程的影响

1933年，英国建筑科学研究所（Building Research Station，BRS）成立了土物理学工作组，伦纳德·柯林斯（Leonard Cooling）博士任组长。他在英国建立了第一个土力学实验室，配备了进行土分类、测量土的基本力学性质和取样所需的仪器。直到1935年，土木工程领域问题的第一次大调查开始，该工作组移至BRS的工程部，并更名为土力学工作组。1937年8月，发生了著名的钦福（Chingford）堤坝溃坝事故，BRS的工作组进行了事故调查。太沙基被要求重新进行堤坝设计，并在BRS进行了必要的试验和分析。这极大地推动了土力学作为土木工程领域一门关键学科在英国的发展。

1934年12月6日，在伦敦，太沙基为英国结构工程师学会（Institution of Structural Engineers）进行了题为"基础工程中的实际安全系数"的演讲（Terzaghi，1935）。他的演讲中引用了大量的建筑物沉降分布及其随时间变化的实测案例。他应用土力学的基本原理和基础工程的分析阐释了这些共性特征，进而说明了在建筑物规划区域内建立具有一定深度的地层剖面的重要性。即便如此，他也强调，土性和地层特征的局部变异性使得难以精准预测沉降。虽然在演讲中并没有正式使用这一术语，但他强调了"地基与结构相互作用"的重要概念，指出建筑结构不应与地基分开进行对待。他进而提请注意这样一个事实，即钢筋混凝土梁可以塑性屈服，而不会影响框架结构的稳定性或外观，前提是裂缝不能过大。值得注意的是，斯肯普顿（Skempton）和麦克唐纳（MacDonald）（1956）在其关于建筑物的容许沉降的具有开创性意义的论文中，大量引用了太沙基在本次演讲中提供的案例。

作为演讲的结束，他提出了下述重要论断：

"仅采用经验往往导致大量自相矛盾的事件。但是仅依赖理论在基础工程领域中同样毫无价值，因为有太多的相对重要的影响因素只能从经验中学习获得。"

1939年5月2日，在伦敦，太沙基于英国土木工程师学会（Institute of Civil Engineers）第45届詹姆斯·福雷斯特（James Forrest）讲座中，发表了题为"土力学——工程科学的新篇章"（Terzaghi，1939）的演讲。演讲简明扼要地总结了土力学的基本准则及其在工程中的应用情况，内容涵盖挡土墙的土压力、土坝的管涌破坏、地基的固结沉降等。在演讲开始时，太沙基做了一个令人难忘的陈词：

"……在工程实践中，与土相关的难题几乎全部是因土孔隙中的水所致，而非源于土本身。如果星球上没有水，也就无需土力学。"

他是一个颇具行业影响力和个人魅力的人物，这次演讲对英国的结构和土木工程师产生了非常深远的影响。已故的英国结构工程师学会的前任主席彼得·邓尼肯（Peter Dunican）年轻时参加了此次会议，并表示太沙基的演讲振奋人心。诸多著名的岩土工程师，包括已故的亚力克·斯肯普顿（Alec Skempton）爵士在内，都强调过这次演讲在英国土力学发展历史中所起的举足轻重的作用。与早先他在英国结构工程师学会的演讲一样，太沙基格外强调在土力学中保持理论与实践之间平衡的重要意义。他最为强调的是，考虑到地基固有的变异性以及施工过程的不定因素，预测的精度不太可能得到保证。

显然，太沙基不仅仅是土力学之父。他的贡献是为基础工程学提供了具有严谨理论基础支撑的框架体系，其中地质学作为一门关键的支撑学科，而土力学则为理解地基的力学响应提供了科学框架。

图3.4 卡尔·冯·太沙基（Karl von Terzaghi）

经挪威岩土工程研究所（Norwegian Geotechnical Institute）授权使用

他确实可称作是岩土工程之父，包括工程地质学、土力学，甚至还包括岩石力学。

3.5 结论

太沙基对岩土工程技艺发展的推动源于他作为土木工程师的实际经验，从中他逐渐意识到控制土的力学特性的基本原理尚未被摸清。尽管他的贡献通常被认为主要是理论方面的，但事实并非如此。仔细研究他的工作可以发现，他是一位才华横溢、充满激情的工程师，在任何时候都试图在基本理论、工程实践经验以及如何处理天然状态下地基总是存在的不确定性之间寻求一种平衡。

希望本章能够提供一个有意义的历史往事回顾：太沙基毕其功于为岩土工程提供科学而严谨的学科基础。表明了太沙基的科学实践源于地质学；说明了通过试验测试了解地基和地下水性状的重要性；阐述了以预测为目的发展理论分析框架的必要性；非常重要的是，强调了经验所起的关键作用和历史案例的重要性。他一次又一次地强调，土力学不是一门精准的科学，这与地基固有的变异性以及施工过程中种种不确定因素密切相关。

3.6 参考文献

Bell, A. L. (1915). The lateral pressure and resistance of clay and the supporting power of clay foundations. *Minutes of the Proceedings of the Institution of Civil Engineers*, **199**, 233–272.

Brooke-Bradley, H. E. (1932–1934). Bridge Foundations – Parts I and II. *The Structural Engineer*, **10**(10), 417–426; **11**(12), 508–521; **12**(1), 18–26; **12**(2), 96–105; **12**(3), 130–140.

Burland, J. B. (2008). Ground–structure interaction: designing for robustness. In *Proceedings of the Institute of Structural Engineers Centenary Conference*, Hong Kong, pp. 211–234.

Coulomb, C. A. (1773). Essai sur une application des règles des maximis et minimis à quelques problèmes de statique relatifs à l'architecture. *Mém. Acad. Roy. Des Sciences, Paris*, **7**, pp. 342–382. See translation by J. Heyman (1997).

Geikie, A. (1896). *Outlines of Field-Geology* (5th Edition). London: Macmillan.

Goodman, R. E. (1999). *Karl Terzaghi, The Engineer as Artist*. Virginia: ASCE Press.

Heyman, J. (1997). *Coulomb's Memoir on Statics. An Essay in the History of Civil Engineering*. London: Imperial College Press.

Kerisel, J. (1987). *Down to Earth. Foundations Past and Present: The Invisible Art of the Builder*. Rotterdam: Balkema.

Lagrange, J. L. (2001). *Analytical Mechanics* (Boston Studies in the Philosophy of Science). Heidelberg: Springer.

Moncrieff, J. M. (1928). Some earth pressure theories in relation to engineering practice. *The Structural Engineer*, **6**(3), 59–84.

Parry, R. H. (2004). *Engineering the Pyramids*. Phoenix: Sutton Publishing.

Skempton, A. W. and MacDonald, D. H. (1956). Allowable settlement of buildings. *Proceedings of ICE, part 3*, **5**, 727–784.

Terzaghi, K. (1925). *Erdbaumechanik auf bodenphysikalischer Grundlage*. Leipzig and Vienna: Franz Deuticke.

Terzaghi, K. (1935). The actual factor of safety in foundations. *The Structural Engineer*, **13**(3), 126–160.

Terzaghi, K. (1936). Presidential address. In *Proceedings of the 1st International Conference on Soil Mechanics and Foundation Engineering, Harvard*, vol. 3, pp. 13–18.

Terzaghi, K. (1939). Soil mechanics – a new chapter in engineering science. *Proceedings of the Institution of Civil Engineers*, **12**, 106–141.

Terzaghi, K. (1957). Presidential address. In *Proceedings of the 4th International Conference on Soil Mechanics and Foundation Engineering, London*, vol. 3, pp. 55–58.

Wentworth-Shields, F. E. (1915). The stability of quay walls on earth foundations. *Proceedings of the Concrete Institute*, **XX**(2), 173–222.

第1篇"概论"和第2篇"基本原则"中的所有章节共同提供了本手册的全面概述，其中的任何一章都不应与其他章分开阅读。

译审简介：

杜斌，博士，注册土木工程师（岩土），中国岩石力学与工程学会岩土地基与结构工程分会副秘书长。

高文生，博士，研究员，中国建筑科学研究院有限公司专业总工程师、地基基础研究所所长。

杨韬，高级工程师，一级注册结构工程师，主要从事工程抗震与设计工作。

第4章 岩土工程三角形

约翰·B. 伯兰德（John B. Burland），伦敦帝国理工学院，英国
主译：黄茂松（同济大学）
参译：俞剑，时振昊

doi: 10.1680/moge.57074.0017

目录

4.1	引言	19
4.2	地层剖面	20
4.3	量测或观察到的地层特性	20
4.4	合适的模型	20
4.5	经验流程和经验	20
4.6	岩土工程三角形的总结	21
4.7	重温威斯敏斯特宫地下停车场案例	21
4.8	结语	27
4.9	参考文献	28

本章以岩土工程三角形的形式概述了一系列岩土工程中的关键方法。通过各种严格的方法获取的（1）地层剖面、（2）量测到的地层特性、（3）合适的模型这三个要素将他们放置于等边三角形的顶点，并把经验流程和"成熟的经验"（well-winnowed experience）放置于三角形中心以便将其他三个要素联系起来。由于地层剖面十分重要所以位于三角形的上顶点，而经验则位于三角形的中心，因为它是所有岩土工程活动不可或缺的，且与其他三个要素密切相关。上述每个要素都对应于独特的方法，且都有各自的严谨性，又相互关联。成功的基础工程要求每个要素都被恰当地考虑，这样能保证所用方法的连贯性，又使得三角形"保持平衡"。本章通过回顾伦敦威斯敏斯特宫地下停车场的著名案例来演示岩土工程三角形的应用。

4.1 引言

岩土工程学不是一门容易的学科，甚至被许多工程师看作是一种玄学（blackart）。作者认为这是由于土体复杂的性质所造成的（两相甚至三相材料），它确实比大多数工程师所熟悉的钢铁、混凝土甚至木材等更为经典的结构材料要复杂得多。正如第14章"作为颗粒材料的土"中所述：土体是一种颗粒间很少或没有胶结的颗粒材料，这就导致：

- 土的刚度和强度不是固定的，而是取决于围压；
- 变形时，土体的收缩或膨胀取决于它的密度，这点对其性质的影响尤为关键；
- 剪切过程中，颗粒的排布方向会发生变化，这对它抗剪性能有很大的影响；
- 最重要的是，作用于土体孔隙内的水压力和施加的边界应力。

土体通常被近似处理为连续介质，但必须时刻注意实际上它是颗粒材料。

土体是一种复杂的工程材料，而工程师在处理基础工程时所面临的问题则更为敏感。第3章"岩土工程发展简史"描述了太沙基在将岩土工程发展为一门真正的工程学科时所面临的困境。仔细研究太沙基和其他学者的观点后，作者认为工程师面临的主要问题不是土体作为材料的复杂性（尽管确实很复杂），而是在处理基础工程问题时或多或少缺乏对各要素的考虑（Burland，1987）。

仔细研究太沙基在建立本学科时面临的困难后发现，任何基础工程问题都离不开下面三个独立但又相互关联的问题：

- 地层剖面，包括地下水条件；
- 量测到的地层特性；
- 用于评估和预测响应的合适的模型。

所有这三个方面的工作都需要经验流程、基于历史案例的判断以及"成熟的经验"的支持。

这几方面的边界经常是模糊的。例如，通常不清楚某个设计方法是基于分析的还是主要基于经验的，有时其中一个或多个方面经常被完全忽略。如图4.1所示，这三个方面可以被表述成一个等边三角形的三个顶点，经验占据三角形中心，并与顶点相连。这一表述最初为了辅助教学而开发的，但其实它对岩土工程实践也十分有帮助。

图4.1中虚线圆所示的各个要素代表了岩土工程不同的工作内容和实施步骤。每个方面本身都是一个主要的学科。成功的基础工程必须考虑岩土工

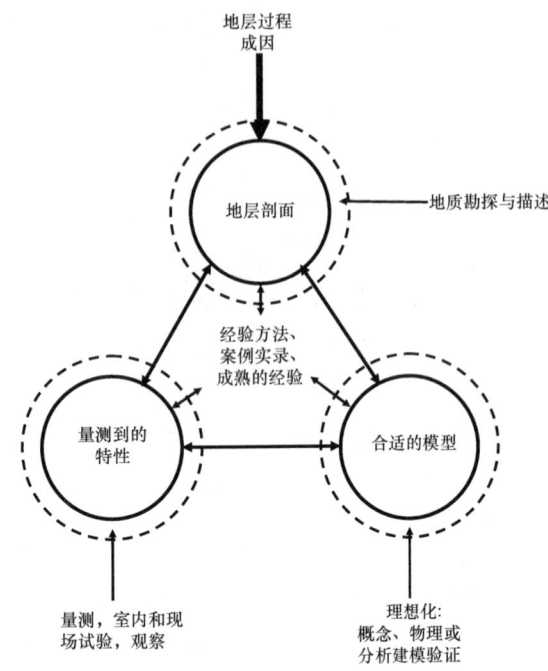

图 4.1 岩土工程三角形（每个方面都有自己独特的方法和严谨性）

程三角形中的各个要素。过度依赖于一个要素（例如计算机建模或经验流程）都可能是灾难性的。现在将简要描述这三角形中提及的四个要素及其工作内容。各个工作间的次序将取决于具体的问题，有些步骤可能需要迭代。对于大多数问题，最优先确定的肯定是场地的地层剖面。同时，在规划初期，也需要根据场地基本条件确定是否有成功先例可循。

4.2 地层剖面

建立地层剖面是第 13 章"地层剖面及其成因"中场地勘察的一个主要工作。地层剖面是用简单的工程术语描述连续地层以及地下水条件在整个场地中变化，这部分工作尤其关键。此外，了解场地成因中地质过程和人为活动的影响也十分重要。作者认为，对场地地层进行准确的描述是项目概念设计决策成功的基础。同样地，大部分失败的原因始于缺乏对场地地层分布的了解——通常是地下水条件。正因为地层剖面的重要性，所以把它放在三角形的上顶点以示强调。

Peck（1962）认为，工程地质学家在为一个场地建立地质模型的过程包括观察、组织和组装，再形成假设，最后对这个假设进行严格的检验。然而，土木工程师，尤其是结构工程师，通常不会接受这方面的培训，而这却是岩土工程的核心。

4.3 量测或观察到的地层特性

这方面的工作主要包括力学特性的试验和对试验结果的解释。方法包括室内试验与现场试验，对地基和结构变形进行现场观测（如对滑坡或沉降观测开展反分析），以及对地下水压力和流量进行量测。开展此项工作通常需要严谨的方法和先进的仪器，并需要在一个适当的理论框架体系内对量测结果进行分析。对土体和岩石的力学特性拥有良好的基本理解也是至关重要的。本手册第 2 篇"基本原则"中对土体和岩石的基本特性进行了介绍。

4.4 合适的模型

当作者于 1987 年首次提出"土力学三角形"（soil mechanics triangle，现在被称作"岩土工程三角形"，geotechnical triangle）时，"应用力学"（applied mechanics）这个术语曾被放在三角形右下角。然而，术语"合适的模型"（appropriate model）是对这方面相关内容的更好描述。在第 5 章"结构和岩土建模"中对岩土工程和结构工程建模所涉及的流程进行了介绍。

建模过程包含：

- 确定需要建模的范围，包括结构构件，极限状态下的特定性能；
- 对几何信息、材料属性和荷载进行理想化或简化；
- 基于理想化假设组装模型，然后利用模型就可以进行分析并预测响应。

在对结果进行验证和评估后，建模过程才算结束。该过程可能涉及多次迭代。值得注意的是，建模过程非常复杂，不仅仅是简单地进行分析。一个模型可以是一个非常简单的概念模型，也可以是一个 1g 物理模型或离心机模型，还可以是一个非常复杂的数值模型。通过使用术语"模型"，我们强调了理想化的过程，并揭开了分析过程的神秘面纱。岩土工程三角形有助于我们理解这一点。而且对于某个项目或者结构的各个部分也需要考虑采用不同的模型和理想化假设。

4.5 经验流程和经验

由于材料和地基一样复杂多变，经验是不可避免的,它是(并将永远是)岩土工程的一个基本特点。这就是为什么这一个要素被放置在三角形的中心,并与其他三个要素相联系。我们的许多设计和施工步骤是基于所谓的"成熟的经验"的产物,也就是从某个特定的经验流程与历史案例分析中严格筛选所得。作者之所以选择了这个词,是因为阅读了太沙基"将麦粒与麦糠分离"的有关经历,他在美国花了两年时间收集了大量案例实录(见第3章"岩土工程发展简史")。

人们通常认为经验流程不如分析流程。事实上,两者在岩土工程中都有各自重要的地位,在使用时都需要谨慎并注意各自的局限性。

4.6 岩土工程三角形的总结

总的来说,如图4.1所示的岩土工程三角形中描述了岩土工程的四个核心要素,每个都将输出不同的结果,且都有其独特的方法论,也具有各自的严谨性,且又彼此内在关联。太沙基处理基础工程的方法具有连贯性和一体化,这反映在一个"平衡的"三角形中。岩土工程三角形为解决任何地基工程在可行性、设计、施工、审查或教学方面的问题提供了一种有力的工具。岩土工程三角形也可以调整以应用于特殊情况。例如,在第9章"基础的设计选型"中提到的情况,为了验证设计中的假设,在施工刚开始需要评估施工过程对地基的影响。

4.7 重温威斯敏斯特宫地下停车场案例

上述许多方面都可以通过伦敦威斯敏斯特宫地下停车场这一知名案例加以说明。

4.7.1 背景

Burland 和 Hancock(1977)详细描述了此案例。国会议员们使用的埋深18.5m的地下停车场位于新宫院(New Palace Yard)。如图4.2所示,该项目的主要挑战源于新建地下停车场毗邻大本钟钟楼、威斯敏斯特宫和14世纪威斯敏斯特大厅。这些建筑具有无价的历史价值,但都采用承重砖石结构,对沉降变形敏感,因此要求停车场的结构形式和施工过程不引起过大的短期和长期土体位移。所选择的基坑支护和地下结构形式包

图4.2 威斯敏斯特宫地下停车场场地图

括地下连续墙,永久性钢筋混凝土楼板作为内支撑,如图4.3所示。最后,立柱的基础为扩底钻孔桩。

4.7.2 地层剖面的重要性

在作者参与该项目之前,已经进行了初步的场地勘察。结果表明,地层最靠近地表的10m范围由填土和软弱冲积物组成,上覆中密砂砾和碎石。伦敦黏土从10m的深度延伸到44m,在该深度以下是 Woolwich 和 Reading 岩层(现称为 Lambeth 组)。作者参与项目后安排了新的场地勘察,旨在确定详细的地层剖面,包括整个场地范围内地层变异性和地下水状况。现场共进行了14个钻孔。作者对从许多钻孔中所获得的土样都进行了详细的目视检查,方法是用小刀纵向切开样品,以消除样品外部污点的影响。视觉和触觉描述都是按照 Burland(1987)描述的简单方案进行的,该方案与英国标准《场地勘察规程》BS 5930:1999(*Code of Practice for Site Investigations*)一致。有关地层剖面描述中所需信息的更多讨论,请参见第13章"地层剖面及其成因"。

如图4.4所示,基于各钻孔建立的地层剖面显示各个土层具有良好连续性。目视检查发现,在拟建停车场的最底层的正下方,深度19~30m的范围内,存在一层伦敦黏土。该黏土层包含细砂和粉砂夹层,其厚度达10mm,在黏土层层顶位置砂土

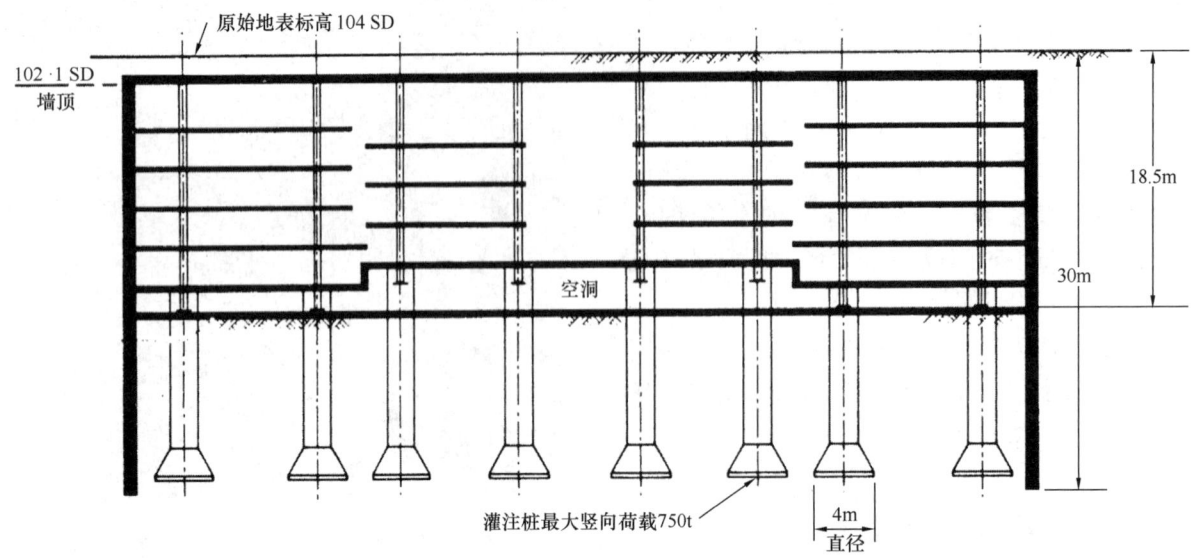

图4.3 威斯敏斯特宫地下停车场结构剖面图

夹层之间间距50mm。夹砂层出现的频率随深度增加而降低。上述黏土层下卧4m厚的超硬均质黏土。安装在大多数勘探钻孔中的卡萨格兰德（Casagrande）立管表明，在地表以下约35m深度范围内地下水压力呈静水压力分布，并且与上冲积层和砾石中的地下水位一致。

当时，发现粉土和砂土夹层令人惊讶。随后发现，在伦敦其他地方的隧道施工中曾遇到过这种情况，并造成了开挖面失稳的情况。Standing 和 Burland（2006）在朱比利（Jubilee）线地铁延伸段位于圣詹姆士公园（St James's Park）的施工过程中遇到了相同的土层。隧道开挖过程中出现了过大的土层损失。伦敦黏土中粉土和砂土夹层的发现，对挡土墙和地基的概念设计具有非常重要的意义。该层相对较高的水平渗透率，再加上周围地下水的静水压力，意味着在开挖水位以下可能会产生高水压，从而导致突涌，甚至可能引起地基破坏。此外，砂层中渗流可导致钻孔灌注桩施工中的成孔困难。由于含水的高渗透性地层的存在，在基坑底部可能形成高水压是众所周知的岩土工程危害。Ward（1957）描述了一种情况，叠层砂层中的高水压导致位于硬质黏土中的基坑坑底隆起。通过使用简单的砾石充填的泄压孔解决了该问题。

上述地下停车场的建设中考虑了多种方法来降低地下结构底部的地下水压，包括使用泄压井，还进行了详细的流网计算，以评估向上的渗流坡降。但是，人们对泄压井的短期和长期有效性存有相当大的怀疑。此外，作者非常不愿意依靠渗流分析，因为即使很小的未检测到的高渗透区域也可以完全使分析变得无效。项目最终采用了一种可靠的解决方案，其中包括将地下连续墙向下深入30m深度的均匀的黏土层，从而切断砂土夹层中所有水平渗流。

基础的选择和深度也深受地层剖面的影响。有迹象表明，在34m深度以下（即在4m厚的完整黏土层以下），由于该深度处黏土的粉质特性，在桩的钻进过程中可能会出现严重的侵蚀性渗流。在深度较浅处，开挖面正下方有效应力的显著降低将导致土体刚度和强度的长期衰减。考虑到这些因素，决定在深度约30m的均匀黏土层处施工扩底钻孔桩，从而既利用了该深度以下土体较高的抗剪强度，又避免了因渗流造成的难题。在主体工作开展之前我们先进行了试桩，用于检查地下水和土层情况并评估拟定的基础施工流程。对试桩中土体的现场检验验证了全部的前期推论。

4.7.3 土体位移预测模型

设计停车场的一个主要任务是估算开挖对周边建筑和结构自身的影响。因此我们进行了详细的有限元分析。该分析基于一系列理想化假设，因而了解清楚这些假设是非常重要的。

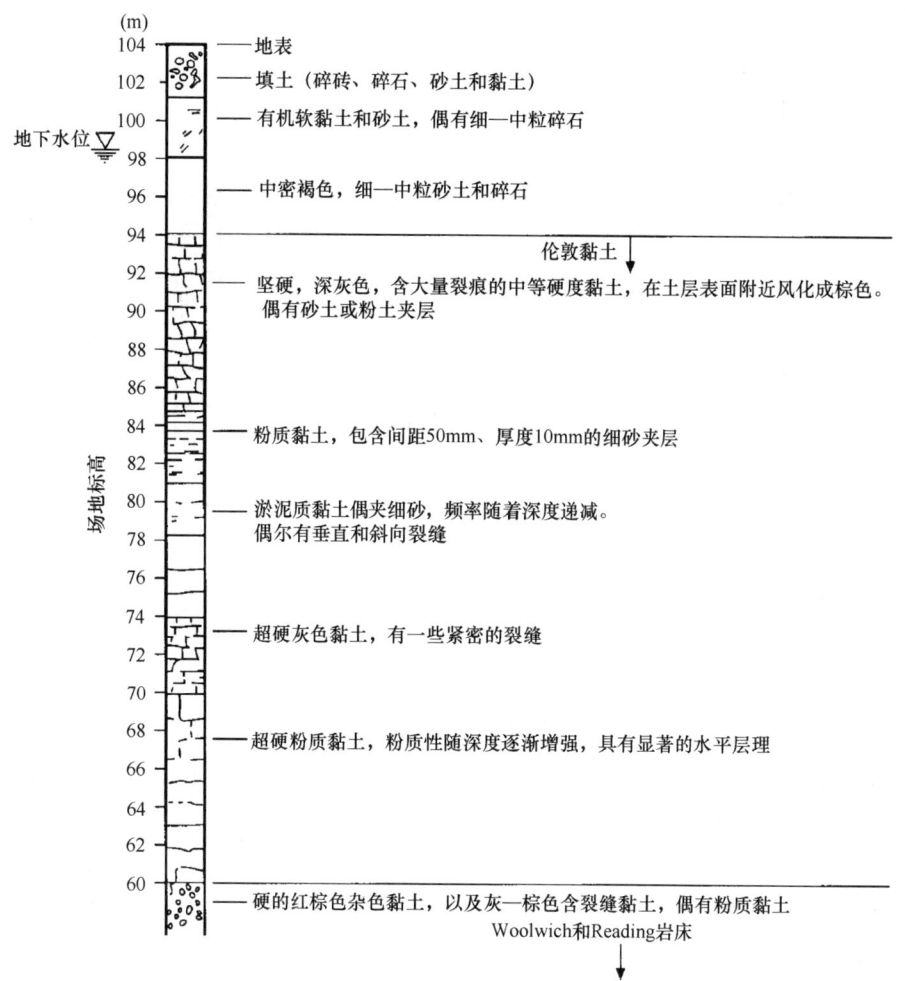

图4.4 威斯敏斯特宫地质剖面

关于土体的力学性质，假设伦敦黏土是线弹性各向同性多孔材料，其刚度随深度而变化（有关土体的强度与变形特性的讨论，参见第17章"土的强度与变形"）。当前可获得的最佳研究数据表明在小应变条件下，伦敦黏土试样在实验室试验中表现出线性特性，因此可以认为该假设是合理的。分析中所使用的不排水杨氏模量 E_u 随深度的变化详见图4.5中的曲线。伦敦黏土和 Woolwich 和 Reading 岩床的刚度值是通过对伦敦不列颠大厦（Britannic House）深基坑开挖施工中挡土墙变形的实测数据进行反分析获得的（Cole 和 Burland，1972）。因此，刚度值的选择是基于伦敦地区过去相关工程实例的历史和观测结果得出的——这是"成熟的经验"应用的一个典型案例。伦敦黏土和 Woolwich 和 Reading 岩层中基底地层所采用的 E_u 值略低于不列颠大厦工程中获得数据。鉴于缺乏对威斯敏斯特地区 Woolwich 和 Reading 岩床的了解，有必要使取值相对保守。但是，值得注意的是，分析中使用的 E_u 值比经过严密的室内试验得到的结果大3~5倍。如果没有得益于对相关历史案例分析获得的经验，作者可能不会选取如此高的值。

建模的一个关键方面是涉及评估黏土中初始水平应力的大小，因为这些应力必须在开挖过程中逐步释放。作者再次利用了他人对不同地点伦敦黏土的推测结果，同时对伦敦黏土表面侵蚀和随后砾石沉积的影响进行分析。这说明了了解地层剖面成因的重要性（见第4.2节）。

即使该问题是高度三维的，也采用了平面应变分析分别近似表示北侧墙和南侧墙中心。有限元网格扩展到 Woolwich 和 Reading 岩床的底部（深度为60m），并横向延伸至距开挖边缘80m 的距离。

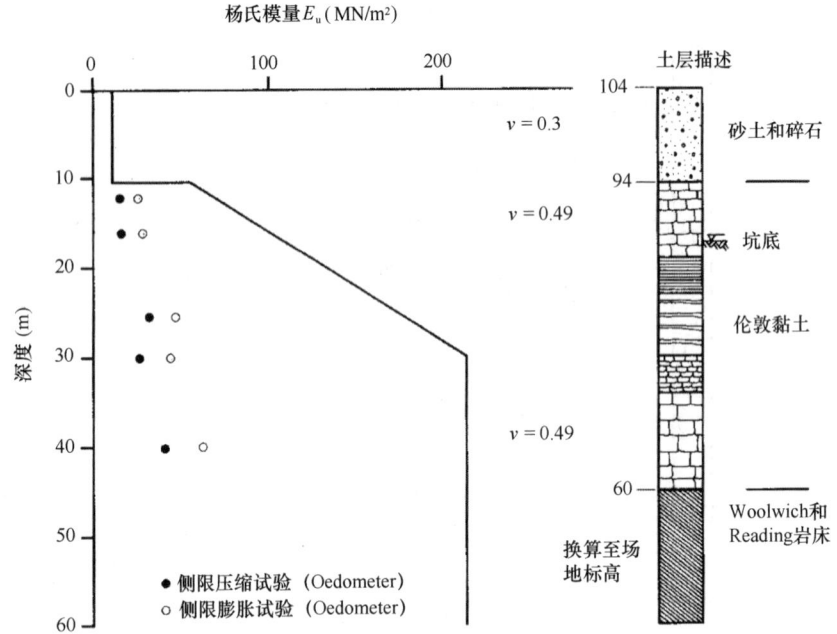

图4.5　有限元分析中不排水杨氏模量的取值

如Burland和Hancock（1977）所述，数值分析是逐步进行的，模拟了每个阶段楼面支撑的开挖和安装。图4.6显示了不同开挖阶段的墙体预测位移，最大向内位移约为22mm。坑外地表短期水平和竖直方向位移的预测如图4.7所示。预测的地表位移产生的最大梯度变化为1/800，最大拉伸应变为0.02%。这些应变不太可能对周围建筑物造成重大损害。此外，还利用轴对称分析对钟楼的位移进行了计算，这种分析被认为更适合靠近停车场东北角的情况。据预测，钟楼将从开挖处旋转约1/6000，而其基础将沿着开挖方向移动约3mm。有限元模型也用于评估基坑坑底的长期位移与黏土的膨胀。根据上述计算分析结果，方案采用下部有排水孔隙的悬挂式地下室底板，而非实心板，使得黏土膨胀时不会与结构的其余部分发生相互作用。值得注意的是，上述预测的位移是在项目开始前公布的（Ward和Burland，1973）。

数值模型还用于分析扩底桩在开挖过程中及开挖后的竖向位移。这些分析结果用于评估底板近似差异位移大小，以及由于地表位移而在底板内产生的弯矩和剪力。

4.7.4　现场监测

根据不同的开挖深度、与历史建筑的距离以及项目的敏感性，在开挖和施工的各个阶段都制定和实施了非常全面的监测程序。简而言之，监测程序包含以下三个主要方面：精确的地表沉降监测、不同深度处土体沉降监测和孔隙水压力变化监测。通过将水准点打入到周围建筑物的砖石中，英国建筑科学研究所（BRS）建立了大约60个建筑物位移测点（Cheney，1973）。施工期间不断进行精确沉降监测。在施工作业集中的区域附近，增加监测频率。在大约两年的建设期内，平均两个月进行一次完整的平面图和高程图测量。通过Hilger和Watts的"自动摆角"（autoplumb）来监控钟楼垂直度每天的变化。

地下连续墙的水平挠度是通过测斜管监测的。将特殊的可拆卸靶安装到测斜管的顶部，其在平面图和高程图上的位置每两个月测量一次。地下监测的一个重要方面是在开挖过程中测量各种深度的土体的竖向位移，以检验设计措施的有效性。为此，在开挖的中心安装了两个电磁式沉降仪（Burland等，1972）。在挖掘区域内及其周围安装了许多立管和气动压力计。它们配合电磁式沉降仪一起使用，以检查水浮力是否发展。不幸的是，气动压力计和基坑内的许多立管被破坏了，但基坑外的立管都令人满意地发挥了作用。

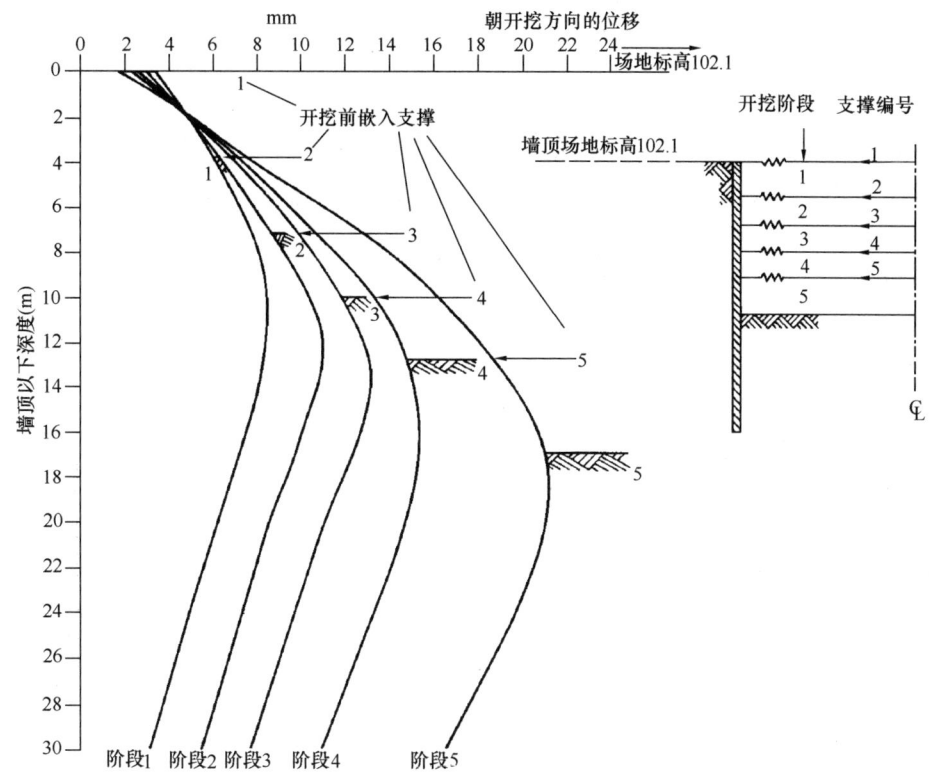

图 4.6 开挖过程中支护墙水平位移的预测

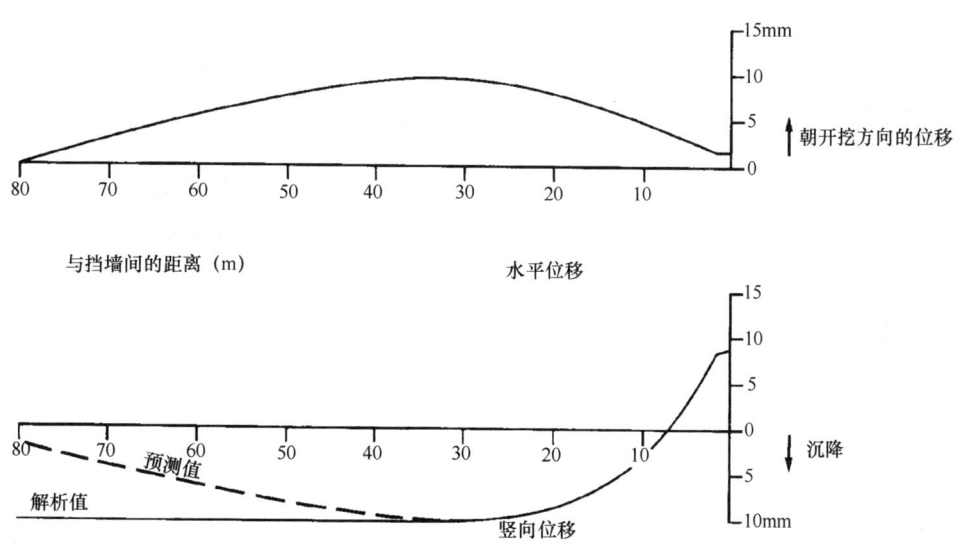

图 4.7 基坑坑外地表水平和竖直土体位移的预测

4.7.5 施工监测结果

图4.8显示了在开挖和支撑的各个阶段观察到的南地下连续墙（8号测斜管）中心的挠曲形状。可以将这些与图4.6中给出的预测进行比较，明显表明两者是相符合的。图4.8（a）中的虚线表示墙的最终预测形状。预测和监测的墙体变形之间的主要区别是高估了最终开挖深度以下墙体的向坑内的变形。这种高估是由于对伦敦黏土地基床、Woolwich和Reading岩床的不排水杨氏模量E_u选择了保守值而带来的直接结果。

对于各个地下连续墙，都观察到大范围的挠曲变形。图4.8（b）显示了3号和10号测斜管给出的两种极端情况。结果表明，即使在相对均匀的地面条件下，挠曲变形也可能会出现非常大的场地变异性。这些差异变形可能部分归因于在各个位置挖掘的精度不同。如图4.8（b）所示的差异提醒我们，可预测的精度是存在限制的。

在图4.9中，将测得的南墙后的地表水平和垂直位移与图4.7中的预测结果进行了比较。预测的水平位移略小于距墙25m以内的监测值，但相距越远，一致性就越好。预测的总体形态和大小是合理的，但实测与预测的垂直位移一致性并不好。墙的向上位移被高估了，而最大沉降却被低估了。

"沉降槽"距墙要比预测近得多。结果显示，尽管预测钟楼朝向开挖方向大约1/6000，但实际上却只朝着开挖方向倾斜了大约1/7000。预测和监测的朝向开挖方向的水平位移较令人满意，分别为3mm和5mm。

总结：详细的地层剖面以及先前类似施工的经验决定了关键的概念设计决策——逆作法施工，以最大程度地减少土体位移，地下连续墙隔断在粉砂和砂层夹层中的水平渗流，并在均匀的黏土层中构筑扩底桩。有限元分析中使用的刚度参数基于了对伦敦地区其他深基坑的反分析结果。数值模型主要用于评估威斯敏斯特宫周围的变形，但也用于地下连续墙的结构设计。监测变形和地下水压力是为了检查施工状况是否在可接受的范围内。停车场施工完工时周围的建筑物无重大损坏。

4.7.6 场地模型的完善

上述关于土体竖向位移的预测值与实测值之间的差异令人非常困惑。然而，在Burland和Hancock（1977）公布测量结果后不久，Simpson等（1979）表明，使用具有较高初始模量的双线性应力-应变关系可以极大地增加位移预测值与监测值之间的一致性，尤其是竖向位移，如图4.10所示中的虚线所示。在这项理论工作开展的同时，帝国理工

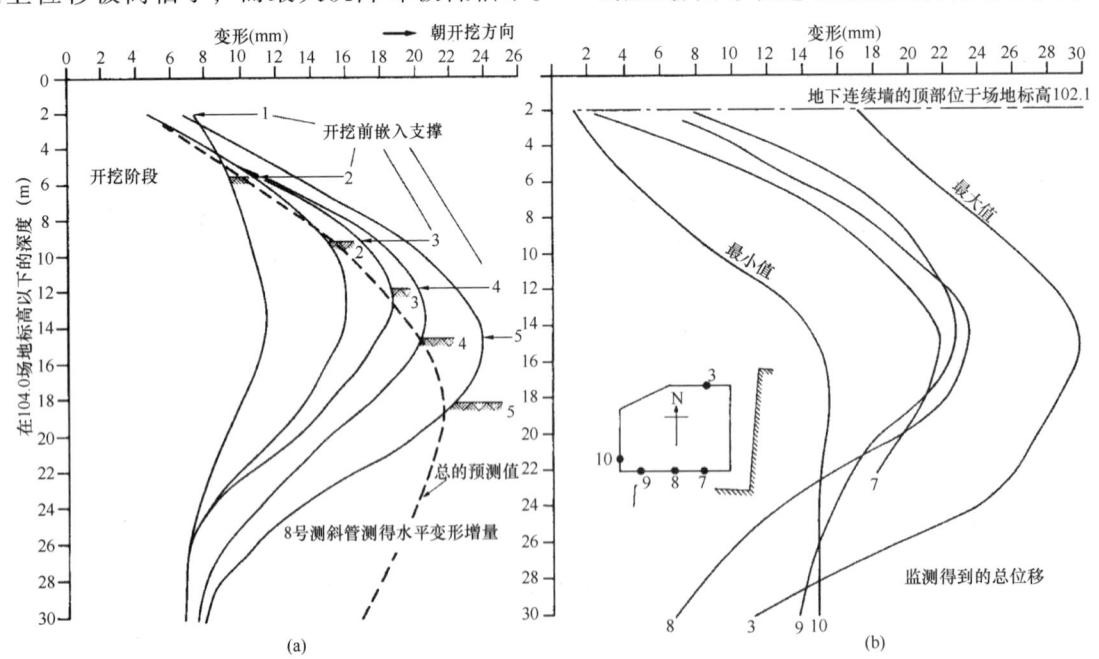

图4.8　实测地下连续墙变形

(a) 8号测斜管在不同开挖阶段的测量者；(b) 开挖最终阶段监测到的墙体变形

大学开始进行室内试验研究。在试验中，轴向应变是在土体样本上通过局部测量的方式确定的，而不是传统地通过试样顶部位移进行确定的。这些测量结果表现出高度的非线性应力-应变特性，在小应变下的刚度测量值远大于传统测量方式得到的刚度测量值。现在已经很清楚，新宫院项目中观测到的地表位移模式所具有的竖向位移在基坑边缘附近集中的特点，这是土体天然的非线性应力应变关系所致。

虽然这种事先公开预测结果的做法在当时还令人难以接受，但其被证明是非常有益的，因为它引导了作者为了解释某些差异而进行漫长艰辛的思考。如果没有这样公开披露，人们就会悄悄忽略这些差异并转向其他事情。在新宫院的工作以及对钟塔响应的监测，催生了小应变下土体响应研究的一个全新而重要的领域，实际上，现在国际性会议都专门讨论该课题。这些研究对于模拟地基与结构物之间的相互作用效应的关键机制是非常重要的。由于地下工程建设是基础设施发展的重要组成部分，理解这些机制对于城市环境建设尤为重要。

此案例清楚阐述了建立案例档案的重要性，因为它们有助于增加集体经验，并在未来很多年内可用于校准新的数值建模技术。

4.8 结语

本章概述了利用岩土工程三角形来处理岩土工程关键问题的一致方法（图4.1）。三角形的顶点为鲜明且严谨的活动，分别为：（1）现场勘察；（2）测量与观测；（3）合适的模型。"成熟的经验"（同样为严谨的活动）位于三角形的中心并且与三个顶点相互连接。

本章通过回顾著名伦敦威斯敏斯特宫地下停车场案例，展示了岩土工程三角形的应用。选择基坑作为分析案例是因为这种类型的工程问题要求工程师具备所有的传统技能，包括：观察和测量；对岩土和建筑材料的深刻理解；地下水和渗流的影响；合适的概念和分析模型的开发；最重要的是，在对历史案例和施工方法了解的基础上进行判断。

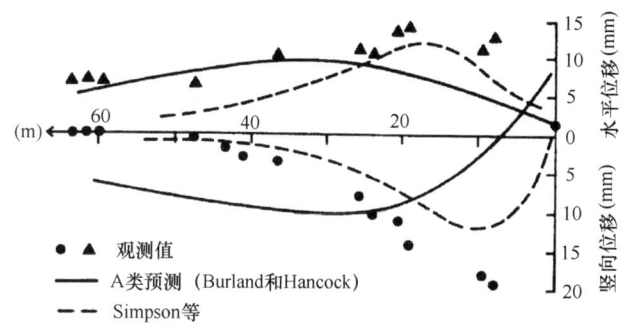

图4.10 引入土体小应变非线性模型对沉降槽预测的改进（图中虚线所示）

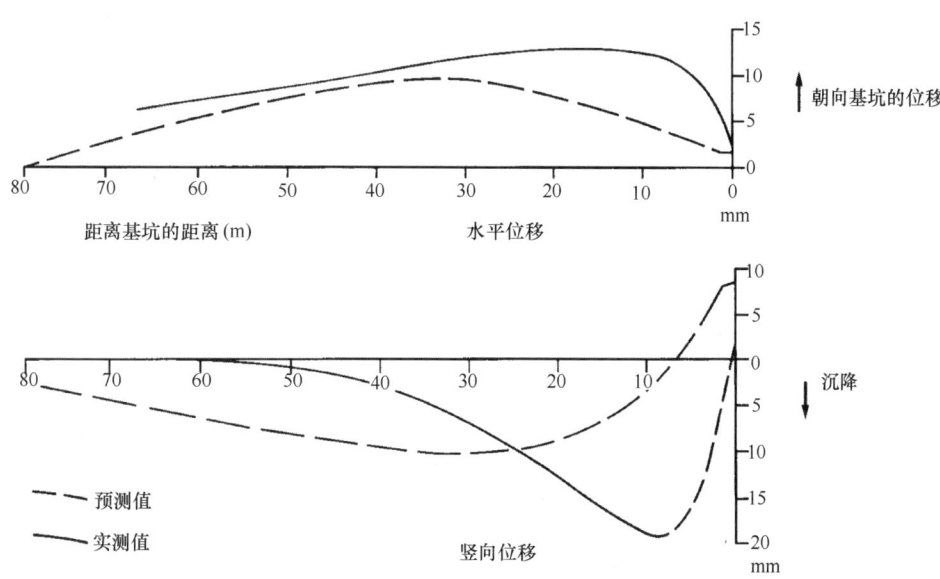

图4.9 距离南墙不同距离处地表位移的预测值与实测值比较

应当指出，威斯敏斯特宫地下停车场的关键设计概念决策是在充分了解场地特性的基础上做出的，而场地特性是通过对土体样本的视觉和触觉的描述以及立管中地下水压力的测量中获得的。伦敦黏土的刚度取值基于对伦敦地区其他深基坑案例认真且严格的分析，这说明了历史案例以及"成熟经验"的重要性。事实证明，停车场开挖过程中的测量结果最有价值之处在于它促进了对土体小应变非线性特性影响的思考。更重要的是，这些测量结果表明精确地预测结果是不可能的，成功的设计必须考虑到固有的不确定性。

4.9 参考文献

Burland, J. B. (1987). Kevin Nash Lecture. The teaching of soil mechanics – a personal view. In *Proceedings of the 9th European Conference on Soil Mechanics and Foundation Engineering*, Dublin, vol. 3, 1427–1447.

Burland, J. B. and Hancock, R. J. R. (1977). Underground car park at the House of Commons, London: Geotechnical aspects. *The Structural Engineer*, **55**(2), 87–100.

Burland, J. B., Moore, J. F. A. and Smith, P. D. K. (1972). A simple and precise borehole extensometer. *Géotechnique*, **22**(1), 174–177.

Cheney, J. E. (1973). Techniques and equipment using the surveyor's level for accurate measurement of building movement. In *Proceedings of the Symposium on Field Instrumentation, British Geotechnical Society*, London, pp. 85–99.

Cole, K. W. and Burland, J. B. (1972). Observations of retaining wall movements associated with a large excavation. In *Proceedings of the 5th European Conference on Soil Mechanics and Foundation Engineering*, Madrid, vol. 1, 445–453.

Peck, R. B. (1962). Art and science in subsurface engineering. *Géotechnique*, **12**(1), 60–66.

Simpson, B., O'Riordan, N. J. and Croft, D. D. (1979). A computer model for the analysis of ground movements in London Clay. *Géotechnique*, **29**(2), 149–175.

Standing, J. R. and Burland, J. B. (2006). Unexpected tunnelling volume losses in the Westminster area, London. *Géotechnique*, **56**(1), 11–26.

Ward, W. H. (1957). The use of simple relief wells in reducing water pressure beneath a trench excavation. *Géotechnique*, **7**(3), 134–139.

Ward, W. H. and Burland, J. B. (1973). The use of ground strain measurements in civil engineering. *Philosophical Transactions of the Royal Society*, London, **A274**, 421–428.

> 第1篇"概论"和第2篇"基本原则"中的所有章节共同提供了本手册的全面概述，其中的任何一章都不应与其他章分开阅读。

译审简介：

黄茂松，同济大学特聘教授，教育部重点实验室主任。国家杰出青年科学基金获得者，黄文熙讲座人。

第5章 结构和岩土建模

约翰·B. 伯兰德（John B. Burland），伦敦帝国理工学院，英国
主译：邱道怀（中国建筑科学研究院有限公司地基基础研究所）
参译：贾宁
审校：唐建中（中国建筑科学研究院有限公司地基基础研究所）

doi: 10.1680/moge.57074.0027

目录

5.1	引言	29
5.2	结构建模	29
5.3	岩土建模	31
5.4	结构和岩土建模的比较	32
5.5	地基与结构的相互作用	33
5.6	结论	35
5.7	参考文献	35

在作者的职业生涯中，经常遇到结构工程师与岩土工程师在解决问题的方法上存在巨大差异的问题，这种巨大差异经常导致交流中的困难。本章将探讨这些差异及其原因。

"建模"这个术语已被广泛使用。它被定义为将结构和基础地基（包括几何形状、材料特性和载荷）理想化的过程，以使问题易于分析，从而评估其适用性。事实证明，传统的结构模型与岩土模型有很大的不同，如果要真实地模拟地基-结构相互作用问题，就需要了解这些不同。结论是，诸如延性和整体稳固性是结构和岩土建模成功的基础，应深刻理解这些概念。

5.1 引言

无论设计者是否考虑到，结构与地基始终存在着相互作用；在某些情况下这种相互作用可以最小化，例如把建筑物建在刚性桩上。但这种做法造价可能很高，通常不可行。如果考虑结构-地基相互作用，那么结构工程师与岩土工程师就必须相互交流。

在很多场合，作者目睹和经历过结构工程师与岩土工程师在交流上的困难，作者也对何以至此抱有持续的兴趣（Burland，2006）。这也是一件极为重要的事，因为沟通不畅和缺乏理解会导致工程质量低劣甚至失败。

问题的核心在于，模拟结构和岩土特性的日常方法存在差异。通过梳理这些差异，有可能在地基-结构相互作用设计中，趋于找到更加综合并符合实际的解决方法。

"建模"一词将在本章中广泛使用。它旨在描述现实生活中结构、基础和地基（或它们的一部分）的理想化过程，包括几何形状、材料性能和荷载等，而后进行分析、校核，再进行设计"适用性"（fitness for purpose）评价。因此，建模过程不仅仅是进行分析的过程。

5.2 结构建模

已故著名的极具创新精神的结构工程师艾德蒙·汉布列（Edmund Hambly）是一位土力学博士，出版了一本名为《结构分析实例》（*Structural Analysis by Example*）的小册子（Hambly，1994），作为工具书提供给那些喜欢采用物理概念和现成计算机模型去理解结构形式和特征的本科生及专业人员使用。书中给出了 50 个复杂程度递增的结构问题实例，范围从简单框架，到梁、柱、板，再到剪滞、扭转，最后涉及像海上平台和螺旋楼梯之类的整体结构。这本书对结构工程师日常工作遇到的各类问题和各类分析方法作了很好的总结。

从建模的角度来说，显然大部分结构的几何尺寸很明确，也很容易理想化。通常假定在极限应力下，材料特性为相当简单的线弹性。就像规程和标准中规定的那样，建模过程中主要的理想化在于荷载，汉布列的书中对此也有明确说明。显然常规结构建模过程主要由简化一个结构模型（常称之为"概念模型"）和进行分析（常在计算机上进行）两部分组成。英国结构工程师学会（IStructE，2002）和 MacLeod（2005）就结构建模过程制定了很多正式的流程。

5.2.1 结构建模的局限

以汉布列的书为例，显然结构工程师们在日常工作中是把力及应力（或者对应的弹性位移）作为结构模型输出的主要结果。然而大多数基于整体

结构（特别是建筑物）的研究表明，实测的应力和位移与计算出的应力和位移大相径庭（Walley，2001）。19世纪30年代早期，在贝克（Baker）的指导下进行的大比例尺钢结构经典试验揭示：在工作荷载下，实测的应力与计算值几乎没有什么关系（Baker等，1956）。英国建筑研究院院刊第28期曾经记载，英国国防部大楼钢梁最大的应力变化是由浇筑楼板混凝土后的收缩引起的，这比随后的楼板荷载引起的应力要大（Mainstone，1960）。作者在工作中发现建筑物由温度和季节引起的位移常常像开凿隧道引起的位移一样大，然而这些在估算建筑物对地基位移的响应时被忽略（Burland等，2001）。这些问题已被关注很长时间，但很容易被遗忘。事实上，要妥善处理实际工程建模的不确定性，不仅取决于安全系数，还取决于延性和整体稳固性。

5.2.2 延性和整体稳固性

"延性"可以被定义为"在强度没有显著损失情况下承受非弹性变形的能力"，而"整体稳固性"（robustness）可被定义为"承受损坏而不会导致坍塌的能力"。

在汉布列书的第1页，参考了源自下限塑性理论的"安全设计原理"（safe design theorem），该原理指出：

在满足下列条件下，一个结构应该能够安全地承受设计荷载：

1. 在整个结构中，计算力系中总的荷载和抗力是平衡的。
2. 发生变形时，每一部分都具有传递荷载的强度和变形时保持强度的延性。
3. 在达到设计荷载前，结构具有足够刚度而使其变形很小，并能避免屈曲破坏。

只要材料是延性的（如钢材）而不是脆性的（如玻璃），一个实际结构经计算得出的不同方向荷载作用下变形应该都是安全的。平衡校验保证了任何对施加到一部分结构上的荷载的低估都会被结构另一部分荷载的高估所平衡；延性保证了在发生变形时，应力过大的部分能够保持它的承载能力，并把超出承载力以外的那部分荷载转移到具有承载力的其他部分结构上去，这就像平衡校核的结果一样。正是结构的延性保证了现代设计方法的成功，这点经常被忽视。根据作者的经验，许多结构工程师仍然倾向于相信他们设计的结构的工作状态就像

他们计算的那样，强大的计算机程序和约定俗成的规程也强化了他们的这种理念。Heyman（2005）和Mann（2005）两人就这个论题专门有过论述，他们强调必须保证结构节点是延性的，这也是抗震设计的前提条件。钢结构固有的延性和整体稳固性是众所周知的，这也导致现代塑性分析理论的产生。Beeby（1997，1999）总结了传统钢筋混凝土结构设计中对延性理解的发展历史，强调了整体稳固性在设计中的重要性。

值得注意的是，大多数结构破坏是由节点和连接失效导致的（Chapman，2001）。结构工程师们当然有责任保证局部失稳不会继续发展，尤其在临时工况和支撑系统中。针对钢结构，Burdekin（1999）提醒设计师们高度重视引起脆性破坏和疲劳的因素。

5.2.3 三脚凳与四脚凳（Hambly悖论）

迄今为止讨论的问题可以用一个简单但意义深远的物理模型来举例说明。图5.1表示了两个凳子，一个有三条腿，另一个有四条腿（Hambly，1985）。假定每个凳子必须支撑一个体重60kg的挤奶女工，这个女工坐着时身体重心正好在凳子的中点。问题是如何计算三条腿凳子和四条腿凳子的每一条腿承担的荷载。

对三条腿的凳子，很简单，就是每条腿承担挤奶女工的三分之一重量，即20kg；对于四条腿的凳子，每条腿承担15kg的答案是错的。仔细检查图5.1可以发现，其中一条腿并没有很好地接触到地面，或者因为这条腿略短一点或者因为地面有点不平，因而这条腿并不承担任何荷载。这条腿对面的那条腿也不承担任何荷载，因为当考虑沿另外两条腿对角线方向的平衡弯矩时，短支腿对面那条腿上的荷载必须与短支腿上的荷载平衡，因而所有重

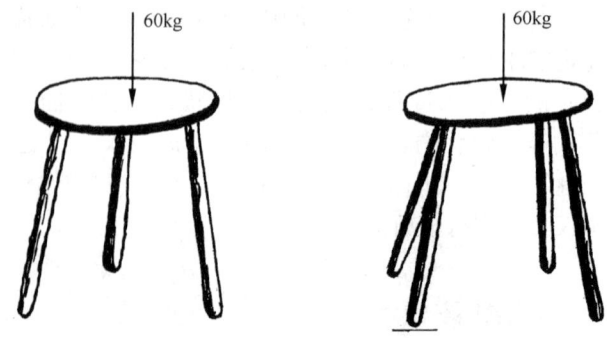

图5.1 三脚凳与四脚凳——汉布列悖论

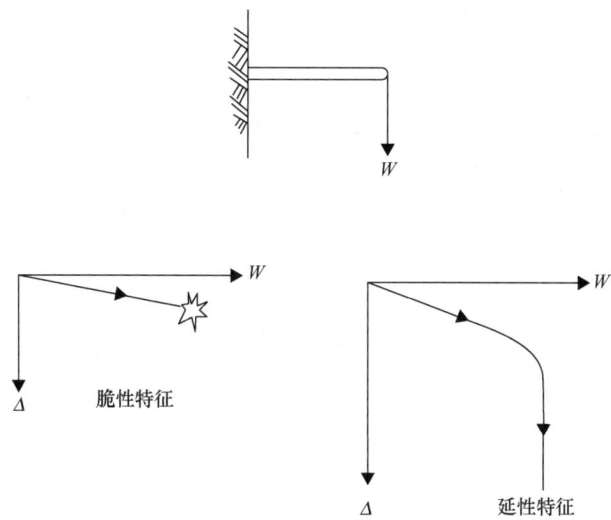

图 5.2 板凳支腿的脆性和延性特征

量由两条腿承担，即每条腿承担 30kg，而不是重量由四条腿平均。由此，出现悖论（Heyman，1996）——给一个三条腿的凳子增加第四条腿时，会增加，而不是减少每一个可能承担荷载的支腿实际承担的荷载。这样，设计时支腿承担的荷载该用哪个？

这里引入延性和整体稳固性的概念，示例的模型可以扩展到包含材料性质。图 5.2 表示了一只支腿在悬臂或轴向压缩时的荷载-位移特征。一种情况是，在一定荷载下支腿强度彻底丧失，这表现出非常脆性的特征，就好像支腿是由玻璃做的。另外一种情况是，构件表现出延性特征，并且在屈服之前保持其强度。

如果脆性材料被用在三条支腿的凳子上，在偶然超载情况下，比如坐上一个很重的挤奶女工或者奶牛撞击了板凳，都很容易导致板凳整体垮塌。很明显，在处理这类设计时，需要很高的安全系数，可能会选择一个四条腿的凳子，但很遗憾这种选择可能没有什么帮助。四条腿凳子的每条腿的设计荷载是三条腿凳子的 1.5 倍，而且，偶然超载可能会导致一个构件承载力的丧失，存在连续倒塌的风险，换句话说，结构是不牢固的。

如果考虑延性特性，在三条腿损坏一条的情况下，几乎不太可能出现灾难性的垮塌。进一步说，对于四条腿的凳子，一旦一条腿达到了它的承载能力，有荷载重分布的可能，其至某一构件的偶然移去或严重损坏都不太可能产生连续垮塌。

这个简单的例子是非常有意义的，可以延伸到结构特征和设计的其他方面，包括屈曲和地基-结构相互作用。综上所述表明延性、整体稳固性和超静定的重要性。引用 Heyman（1996）在研究汉布列悖论后得出的结论是很有帮助的：

汉布列的四条腿板凳例子当然代表了任何超静定结构设计的一般问题。现在大家已经认识到，为了计算在特殊荷载作用下结构的"真实"状态，必须有三个基本的结构表述——静力平衡、材料特性和变形（适应性和边界条件），然而，实际上计算并不能描述这个真实状态。通常边界条件是未知的或不可知的，安装时的偏差，或基础的一个小小的沉降都将使结构状态与计算假定截然不同。不论是否是弹性状态，这都不是计算的错误，这就是实际结构状态的计算结果。虽然无法求得方程式的精确解，但可以得到能使材料最经济的解，这是设计人员采用简化塑性方法寻求的结果，只要可以保证结构本身是稳定的，它就是安全和有效的。

在结构建模过程中，重要的一点就是精确的结构状态通常是不能计算的，这就是固有不确定性。结构工程师的艺术在于，以合理的成本，通过建模过程来设计一个足够坚固的结构，以安全应对这些不确定性，满足目标要求。当结构分析中的固有不确定性没有被识别时，比如说当电脑程序的输出结果被认为代表了结构的真实状态时，与岩土工程师进行沟通就会显得困难。

5.3 岩土建模

土力学是一门很难的学科，被许多结构工程师视为一种玄学。讨论一下其困难的原因是很有帮助的。

一个原因是，与混凝土或钢材不同，土是一种各颗粒之间微弱胶结或没有胶结的特殊材料，它是由无数各种形状和粒径的颗粒组成的。这种材料通常被简化为一个连续体——但永远不要忘记了它的性质是由其颗粒性质决定的。

由于土是颗粒状的，作用在土体孔隙内的水压力和施加在其表面的应力一样重要。这意味着地下水状况对边坡、挡土墙或基础稳定性至关重要。

总的来说，像钢材和混凝土这类结构材料的强度主要具备黏聚性且很明确，而土则主要是摩擦性材料，因此围压和孔隙水压力决定其强度和刚度。

岩土工程三角形

但困难并不是由于土体材料的复杂性造成的，就像第4章"岩土工程三角形"指出的那样，任何岩土问题至少存在四个不同但相关的要素：

- 地层剖面——是什么土？以及它是怎么到那里的？
- 量测到的地层特性；
- 用合适的模型做出的预测；
- 经验流程；基于先例和"成熟的经验"作出的判断。

根据作者的经验，土力学最大的难点，主要不在于材料的复杂性，其实在于上述四个要素之间的边界经常被混淆。

这里面的前三点可以组成三角形的三个顶点，经验流程占据这个三角形的中心，如图5.3所示。与这些层面中的每个都相关联的是一个不同的、严密的活动或行为。

地层剖面：这是用简单的工程术语对组成土以及地下水条件的连续地层的可视化描述。处理和描述土体以便构建地层剖面的重要性在此不必赘述。理解地基土如何到那里以及在它形成的过程中可能发生了什么也很重要——称之为成因。像第13章"地层剖面及其成因"中描述的那样，构建地层剖面是进行场地勘察的关键成果——通常比量测材料特性重要得多。

地层的特性：这是通过室内试验或原位测试确定的，通常要求技术人员非常仔细并利用丰富的经验进行判释。也可以通过对特性的现场测量推断出来，比如对一处滑坡或沉降观测的反分析。本手册的第2篇"基本原理"提供了对土体和岩石基本特性的实用介绍。

合适的模型：这个可以在各种层面上实施。它可能是纯粹概念或直觉的，可能是物理建模或者也可以包含极端精细的数学或数值计算。无论在什么层面上，建模首先包含识别要建模的对象，然后是理想化（要分析先要理想化）的过程，之后着手进行分析，接着应该是校验和评估——实际上并不是经常这样的！就像结构工程里那样，往往在土力学里，对基本力学特征的理解是比追求细节精确定量更为关键的。有趣的是，很多结构建模的成功依赖于塑性下限理论，岩土建模传统上是同时利用塑性下限和上限理论，通过应力特征和滑移线场来研究极限平衡，因此，这两种理论都与塑性密切相关。对于这两种方法来说，如果材料或结构在响应上显示出脆性，就需要格外地警惕，因为这时下限和上限理论不再严格适用。

经验流程：对于一个和地基土一样复杂的材料，经验是不可或缺的，也是（而且会一直是）地基工程中重要的方面。我们的很多设计和施工过程都是被作者称之为"成熟的经验"的产物。

岩土工程三角形中的每个要素都有其不同的规则和严谨性。岩土建模需要将每一点都考虑到以使岩土工程三角形保持平衡。更多对岩土工程三角形的详细讨论，请参见第4章"岩土工程三角形"。

5.4 结构和岩土建模的比较

显而易见，与结构建模相比，岩土建模过程通常在简化几何尺寸和材料特性方面涉及更多的明显不确定性和复杂性，而在结构建模中，这两者常常由工程师指定。

在向学生介绍地基-结构相互作用课题的过程中，作者让他们设想这种乌托邦式的场景，即计算能力是无限的，给定问题中的几何尺寸、材料特性和荷载后，任何问题都可以进行分析计算。有了这种无限的计算能力，结果将会变得更好吗？只要仔

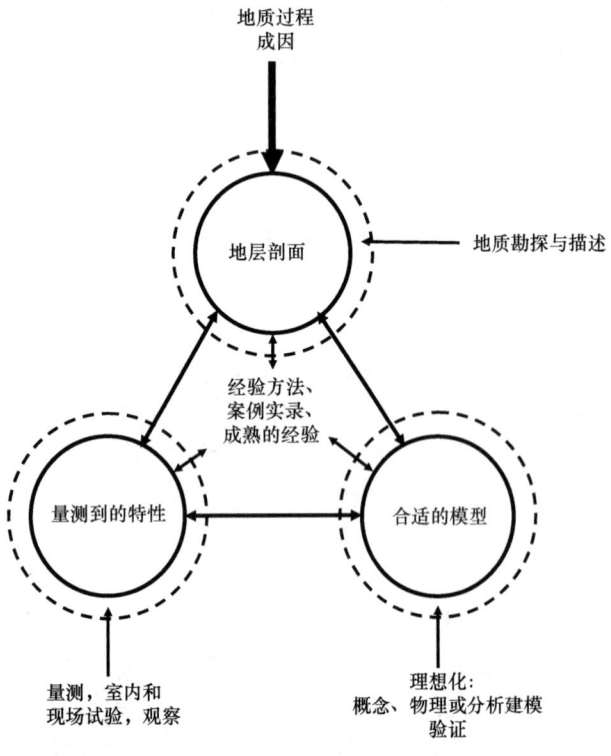

图5.3 岩土工程三角形

细检查下，在绝大多数地基-结构相互作用问题及边界条件中均有理想化假设存在，就会明显发现结果并不比目前更好。任何设计都必须容许这些不确定性的存在。

再论岩土工程三角形

以上讨论有望帮助结构工程师们理解，与绝大多数结构问题的建模相比，为何岩土问题的建模好像从本质上就缺乏确定性。这是因为结构工程师们经常面对的是在严格条件下，有明确规格、制造出来的材料。通常结构形式可以用合理简单的方式进行理想化，主要的不确定性在于荷载、不可避免的施工偏差以及连接。在岩土工程中，"结构"的几何尺寸（地层剖面）和特性（土的特性）是由自然界决定，也是不确定的，通常不可能得到精确分析，理解岩土特性的控制性机理及它们可能的范围是基本的要求。

也许结构和岩土建模之间常规的差异最好用结构工程师与岩土工程师针对一个既有建筑物的处理方法来进行阐释。在这种情况下，结构工程师不能再指定材料，而结构形式往往难以简化（Burland，2000）。图 5.4 是伊利大教堂西塔的三维图，如 Heyman（1976）所述，它在 1973—1974 年间进行了加固。图 5.4 也表示了图 5.3 中的岩土工程三角形，但为显示结构工程师所做的那些关键工作，一些描述有所变化。"建筑结构及其材料"已被插进了三角形顶部的"地层剖面"中。完成这部分工作需要进行极为细致的检查和调查，像地基一样，很小的不连续和缺陷都能在决定整体响应上起到主要的作用。确定建筑物的建造方法和历史上曾发生过的改动也是至关重要的——这可以称作是"建筑历程"，它和形成地层剖面的"地质过程"相似。三角形的左下角是材料的属性和观察到的建筑物特征。这方面需要观察，现场测量，取样和试验。三角形的右下角是对发展"合适的预测模型"（*appropriate predictive models*）的需求，该模型包含建筑物的形式和结构，它的历史、材料特性和已知的特性——对地基模型的要求几乎也是这样的，可以建立从直观的、概念正确的到高度复杂的数值模型，关键在于理解必须做出必要的理想化假设及其局限。最后，就像在地基工程中那样，成熟的经验是至关重要的，证据充分的案例记录是极具价值的。我们很有兴趣地注意到，Heyman（1976）在阐述他对伊利大教堂西塔特征的结构性理解时，广泛地应用了"安全设计原理"而没有试图去模拟结构内部"实际"的应力分布状态。

从前文中可以很明显地看出，即使工程师拥有无限的分析能力，地基和结构的巨大不确定性使得对特性预测的精度不太可能有显著的提高。像在工程学中的很多领域一样，建模只是在地基-结构相互作用设计时需要的众多工具之一。在大部分情况下，建模的真正价值在于协助工程师为可能的总体特征设置界限，理解特性的机理，必要时对特性做出有益的调整。

5.5 地基与结构的相互作用

结构工程和岩土工程都采用各种各样的程序来大范围地模拟工程问题。本书的第 2 篇"基本原理"描述了各种岩土问题的基本解决方法，比如承载力、沉降预测、边坡稳定性等。之前提到的 Hambly（1994）的书，总结了一个结构工程师在日常工作中会遇到的一系列问题和分析类型。当需要结构和岩土建模结合一起时，困难就显现出来。

结构工程师倾向于把地基模拟成一组不连续的弹簧，因为这样就可以使用传统的结构分析软件进行分析。有时候组合双线性或非线性荷载-位移特性的复杂弹簧被用来模拟塑性特性的发生。在某些条件下采用弹簧来模拟与地基的相互作用是合理的（例如，在某些挡墙问题里），但在大部分情况下用弹簧来模拟是不恰当的，会给出误导性的结论。

黏土上的均布荷载柔性板的简单案例可以用来说明采用弹簧模拟地基是不恰当的，见图 5.5（a）。众所周知，对大多数类型的地基来说，板中心的沉降会大于边缘的沉降，在荷载作用范围以外也会发生沉降，如图 5.5（b）所示。计算这些沉降的方法在第 19 章"沉降和应力分布"中有叙述。如果土体用一组弹簧来表示，那么就如图 5.5（c）所示，板明显会均匀沉降，荷载范围以外不会发生沉降。此外，通过测量地基压缩性或地基刚度，并没有简单标准的方法来计算合适的弹簧刚度，因此，在这种情况下使用弹簧来代表地基，是无法得到一个坐落在筏板上的建筑物范围内的不均匀沉降的，或者模拟两个相邻结构或设施之间可能的相互作用效应。

第1篇 概 论

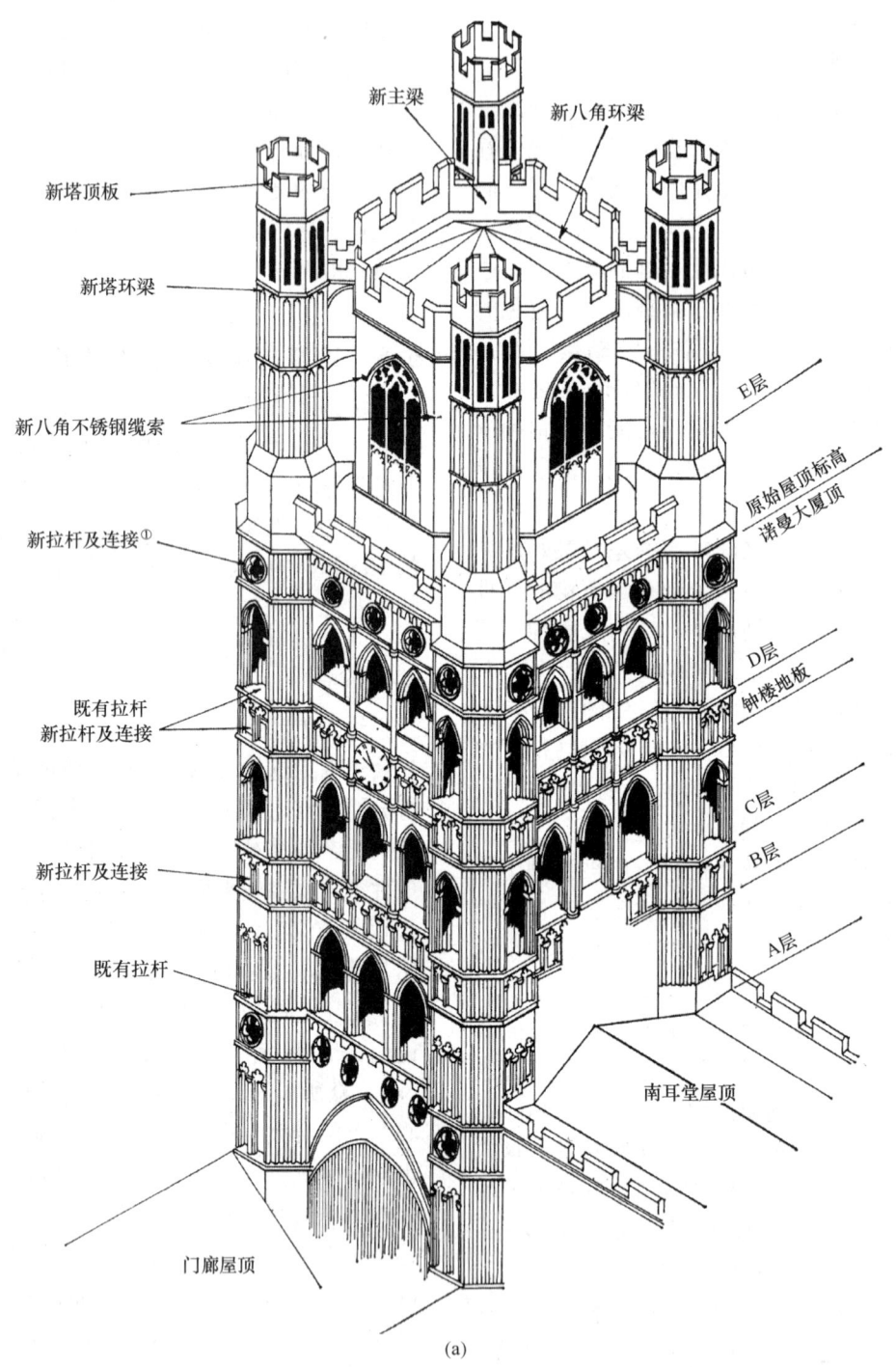

图5.4 伊利大教堂西塔与岩土工程三角形（一）
(a) 伊利大教堂西塔加固及相关结构活动

---
① 译者注：原文印刷疑有误，stiching 应为 stitching。

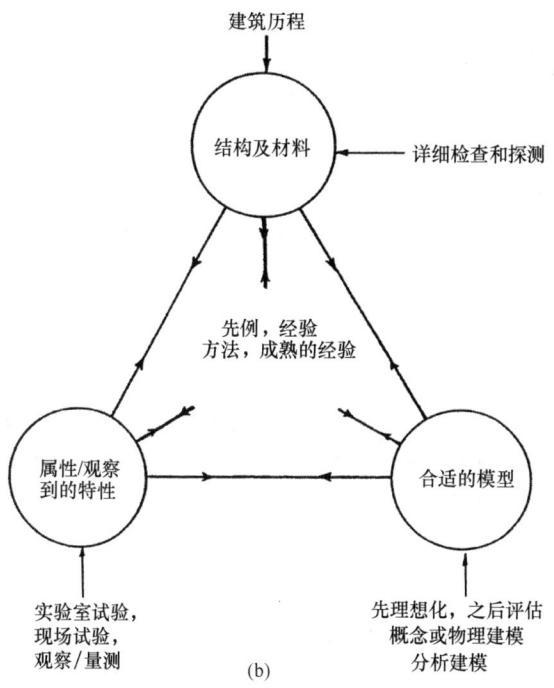

图 5.4 伊利大教塔西塔与岩土工程三角形（二）
（b）展现结构工程师关键工作的"岩土工程三角形"

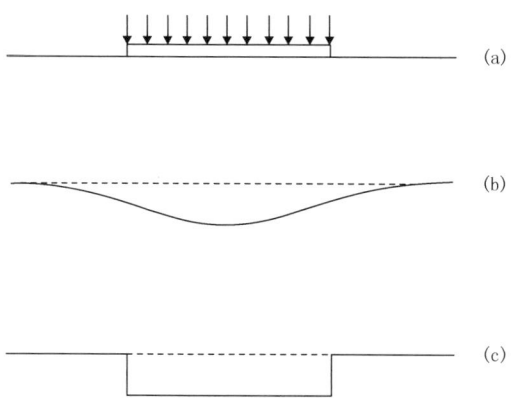

图 5.5 黏土上均布荷载柔性板模拟案例
（a）均布荷载下的柔性板；
（b）黏土上板的沉降剖面；
（c）模拟成弹簧地基时的沉降剖面

在地基-结构相互作用可能很重要的情况下，为了得到一个合适的模型，结构工程师与岩土工程师必须进行交流。希望本章能帮助彼此互相理解，在他们之间建立积极的、建设性的互动。

5.6 结论

本章讨论了结构工程师和岩土工程师在建模分析思路方面的差异，对比了结构和岩土理想化假设的原则。可以看出，结构工程师处理现存历史建筑的方法与岩土工程师处理地基的方法是非常相似的。

表面上看，结构工程师日常采用的理想化假设方法相比于岩土工程师而言是更为确定的，而进一步的研究表明，在已知荷载组合下，结构或建筑的"实际"状态的计算是非常确定的。

结构设计计算的成功归于结构单元的固有延性，因此，可采用"安全设计原理"。同样，岩土工程师在设计上的成功也在很大程度上归于材料和地基的塑性和延性，两种情况的关键都是找出脆性特性，这种脆性特性使"安全设计原理"不再适用，也会导致连续倒塌。

结构工程师倾向于依据力和应力进行工作和思考，而岩土工程师则习惯于使用应变和变形开展工作；当建筑或地基的一部分接近最大承载力的时候，这个区别是非常明显的。习惯于极限应力概念的结构工程师很难接受土可以充分发挥抗力这一特征（与失效不同），参考汉布列三条腿或四条腿凳子例子（汉布列悖论），可以在很大程度上帮助理解上述概念。

首要的是需要对地基-结构之间相互作用系统的特性机理有清醒的认识。如果分析、计算和概念模型都不能抓住关键的机理，不管多复杂的计算都不能解决问题。

总之，对地基-结构相互作用问题的理解和设计需要工程师们的所有传统技能，包括：依靠观察和量测；深入理解土和结构材料的特性；为揭示潜在的特性机理而开发合适的物理和分析模型；基于先例和历史案例敏锐地分析、提炼"成熟的经验"。

5.7 参考文献

Baker, J. F., Horne, M. R. and Heyman, J. (1956). *The Steel Skeleton*, vols. 1 and 2. Cambridge University Press.

Beeby, A. W. (1997). Ductility in reinforced concrete: why is it needed and how is it achieved? *The Structural Engineer*, **75**(18), 311–318.

Beeby, A. W. (1999). Safety of structures, and a new approach to robustness. *The Structural Engineer*, **77**(4), 16–19.

Burdekin, F. M. (1999). Size matters for structural engineers. *The Structural Engineer*, **77**(21), 23–29.

Burland, J. B. (1987). The teaching of soil mechanics: a personal view. In *Proceedings of the 9th European Conference on Soil Mechanics and Foundation Engineering*, Dublin, vol. 3, pp. 1427–1447.

Burland, J. B. (2000). Ground–structure interaction: Does the answer lie in the soil? *The Structural Engineer*, **78**(23/24) 42–49.

Burland, J. B. (2006). Interaction between structural and geotechnical engineers. *The Structural Engineer*, **84**(8), 29–37.

Burland, J. B., Standing, J. R. and Jardine, F. M. eds. (2001). *Building Response to Tunnelling*, vols 1 and 2. London: CIRIA and Thomas Telford.

Chapman, J. C. (2001). *Learning from Construction Failures* (ed P. Campbell). Caithness: Whittles, pp. 71–101.

Hambly, E. C. (1985). Oil rigs dance to Newton's tune. *Proceedings of the Royal Institution*, **57**, 79–104.

Hambly, E. C. (1994). *Structural Analysis by Example*. Berkhamsted: Archimedes.

Heyman, J. (1976). The strengthening of the West Tower of Ely Cathedral. *Proceedings of the Institution of Civil Engineers*, **60**, 123–147.

Heyman, J. (1996). Hambly's paradox: why design calculations do not reflect real behaviour. *Proceedings of the Institution of Civil Engineers, Civil Engineering*, **114**, 161–166.

Heyman, J. (2005). Theoretical analysis and real-world design. *The Structural Engineer*, **83**(8), 14–17.

IStructE (2002). *Report: The Use of Computers for Engineering Calculations*.

MacLeod, I. A. (2005). *Modern Structural Analysis – Modelling Process and Guidance*. London: Thomas Telford.

Mainstone, R. J. (1960). Tests on the new government offices, Whitehall Gardens. Studies in Composite Construction, Part III, *National Building Studies Research Paper No. 28*. London: BRS, HMSO.

Mann, A. (2005). Contribution to Verulam on 'Are structures being repaired unnecessarily?'. *The Structural Engineer*, **83**(20), 20.

Walley, F. (2001). Introduction. In *Learning from Construction Failures* (ed P. Campbell). Caithness: Whittles.

延伸阅读

IStructE（1989）. Report：*Soil-Structure Interaction. The Real Behaviour of Structures*.

第1篇"概论"和第2篇"基本原则"中的所有章节共同提供了本手册的全面概述，其中的任何一章都不应与其他章分开阅读。

译审简介：

邸道怀，博士，中国建筑科学研究院有限公司地基基础研究所研究员、硕士生导师，一级注册结构工程师、注册土木工程师（岩土）、一级注册建造师。

唐建中，中国建筑科学研究院有限公司地基基础研究所研究员，一级注册结构工程师、注册土木工程师（岩土）。

第 6 章 岩土工程计算分析理论与方法

戴维·波茨（David Potts），伦敦帝国理工学院，英国
利迪·斯察柯维奇（Lidija Zdravkovic），伦敦帝国理工学院，英国
主译：路德春（北京工业大学）
参译：孔凡超
审校：姚仰平（北京航空航天大学）

doi: 10.1680/moge.57074.0035

目录

6.1	概述	37
6.2	分析方法的理论分类	37
6.3	解析解	39
6.4	经典分析方法	39
6.5	数值分析	40
6.6	有限元法概述	42
6.7	单元离散	42
6.8	非线性有限元分析	45
6.9	平面应变分析中的构件模拟	52
6.10	莫尔-库仑模型的缺陷	56
6.11	小结	58
6.12	参考文献	59

本章对岩土工程各类计算分析方法进行总结，解释了各类方法的利弊。首先介绍传统分析方法，然后是一些主要的前沿数值分析方法。

6.1 概述

岩土工程分析是岩土工程设计过程的一部分，旨在评估（1）新建建（构）筑物的稳定性和适用性，（2）新建建（构）筑物施工对既有相邻结构和设施的影响。针对这一目标，需要通过岩土计算证实以下几种形式的稳定性。首先，必须核实结构及其支护系统整体稳定，不会导致结构本身的局部失效或引起包括周围土体区域在内的整体失效等隐患。其次，必须计算所有结构构件上的荷载，以使结构设计能够安全承载。最后，必须评估结构和地基的变形，特别是近接既有构筑物和设施时。同时可能还需要计算在既有建筑物和设施中引起的任何附加结构力，以评估其是否能够安全承受。

在设计过程中，设计人员有必要通过计算获得上述分析的估计值。岩土工程数值分析提供了该计算所需的数学框架。然而，数值分析结果的可用性取决于它的输入条件。只有包含真实材料特性和加载条件的模拟才能得到对所分析问题的合理理解。

6.2 分析方法的理论分类

为了保证理论上的准确性，岩土工程问题数值分析必须满足以下四个条件：平衡方程、相容性条件、本构方程和边界条件。

6.2.1 平衡方程

静力条件下的平衡方程意味着施加在土体区域的外荷载被土体区域内部产生的应力完全抵消。外荷载指的是作用在土体边界的集中力和分布荷载，以及土体自重。在一般三维应力空间中三个坐标方向有六个分量，即三个正应力和三个剪应力。对于每个坐标方向，需要满足的理论条件可以用以下平衡方程表示：

$$\sum F_x = \frac{\partial \sigma_x}{\partial x} + \frac{\partial \tau_{yx}}{\partial y} + \frac{\partial \tau_{zx}}{\partial z} + \gamma = 0$$

$$\sum F_y = \frac{\partial \tau_{xy}}{\partial x} + \frac{\partial \sigma_y}{\partial y} + \frac{\partial \tau_{zy}}{\partial z} = 0$$

$$\sum F_z = \frac{\partial \tau_{xz}}{\partial x} + \frac{\partial \tau_{yz}}{\partial y} + \frac{\partial \sigma_z}{\partial z} = 0$$

式中，x，y 和 z 是坐标方向；σ_x，σ_y 和 σ_z 是三个方向的正应力；τ_{xy}，τ_{xz} 和 τ_{yz} 是三个剪应力。上述公式中唯一的外部荷载是自重 γ，假设作用在 x 方向。

6.2.2 相容性条件

相容性是与土体变形有关的条件。如果施加的荷载不会引起土体开裂或重叠，则认为此类变形是相容的。否则，它们是不相容的。相容的变形可以通过定义一致性的应变来保证。这些应变可由土体单元的位移分量计算得到，其中坐标轴 x，y 和 z 方向的三个位移分量分别是 u，v 和 w，

$$\varepsilon_x = \frac{\partial u}{\partial x}; \; \varepsilon_y = \frac{\partial v}{\partial y}; \; \varepsilon_z = \frac{\partial w}{\partial z}$$

各种分析方法满足的理论要求　　　　表 6.1

分析方法		理论要求				
		平衡方程	相容性条件	本构特性	边界条件	
					力	位移
解析解		√	√	线弹性	√	√
极限平衡		√	×	刚性 + 破坏准则	√	√
应力场		√	×	刚性 + 破坏准则	√	×
极限分析	下限	√	×	理想塑性	√	×
	上限	×	√		×	√
梁-弹簧模型		√	√	弹簧模拟土体	√	√
全数值分析		√	√	任意模型	√	√

$$\gamma_{xy} = \frac{\partial u}{\partial y} + \frac{\partial v}{\partial x}; \quad \gamma_{yz} = \frac{\partial v}{\partial z} + \frac{\partial w}{\partial y}; \quad \gamma_{xz} = \frac{\partial u}{\partial z} + \frac{\partial w}{\partial x}$$

与应力分量相似，ε_x，ε_y 和 ε_z 是三个正应变，γ_{xy}，γ_{yz} 和 γ_{xz} 是三个剪应变。

6.2.3 本构关系

在数值分析中，土体的荷载-变形特性可以通过一系列本构方程来表述。本构方程建立了应力与应变之间的联系，即平衡方程与相容性条件之间的联系。根据应力-应变关系，土体可以由以下特征之一来描述：韧性、脆性、应变硬化或应变软化。

为了便于计算，本构关系可以用以下数学形式表示，

$$\begin{Bmatrix} \sigma_x \\ \sigma_y \\ \sigma_z \\ \tau_{xy} \\ \tau_{yz} \\ \tau_{xz} \end{Bmatrix} = \begin{bmatrix} D_{11} & D_{12} & D_{13} & D_{14} & D_{15} & D_{16} \\ D_{21} & D_{22} & D_{23} & D_{24} & D_{25} & D_{26} \\ D_{31} & D_{32} & D_{33} & D_{34} & D_{35} & D_{36} \\ D_{41} & D_{42} & D_{43} & D_{44} & D_{45} & D_{46} \\ D_{51} & D_{52} & D_{53} & D_{54} & D_{55} & D_{56} \\ D_{61} & D_{62} & D_{63} & D_{64} & D_{65} & D_{66} \end{bmatrix} \begin{Bmatrix} \varepsilon_x \\ \varepsilon_y \\ \varepsilon_z \\ \gamma_{xy} \\ \gamma_{yz} \\ \gamma_{xz} \end{Bmatrix}$$

简化表述如下，

$$\{\boldsymbol{\sigma}\} = [\boldsymbol{D}] \cdot \{\boldsymbol{\varepsilon}\}$$

式中，$D_{ij}(i,j = 1,2,\cdots,6)$ 为本构矩阵 $[\boldsymbol{D}]$ 的分量；$\{\boldsymbol{\sigma}\}$ 和 $\{\boldsymbol{\varepsilon}\}$ 分别为应力分量和应变分量。该本构矩阵的元素 D_{ij} 反映了土体特性（例如，杨氏模量、泊松比、剪切角），其具体表述取决于土体特性的复杂度和数值模拟中选用的本构模型。

6.2.4 边界条件

边界条件是指施加在土体区域边界上的限制条件，边界条件必须被满足从而保证不与平衡方程、相容性条件和本构方程相矛盾。边界条件可以由力和位移的形式来施加。

6.2.5 分析方法分类

正如前文所述，必须满足上述四个条件，才能保证分析结果的准确性。因此，回顾目前采用的不同种类的分析方法对上述理论条件的满足性是很有意义的。

目前分析方法可以分为以下几类：解析解，简化（或经典）解和数值解。表 6.1 和表 6.2 总结了每种方法满足的基本理论要求和提供设计信息的能力。

各种分析方法满足的设计要求　　表 6.2

分析方法		设计要求		
		稳定性	运动	邻近结构
解析解		×	√	×
极限平衡		√	×	×
应力场		√	×	×
极限分析	下限	√	×	×
	上限	×	粗略估计	×
梁-弹簧模型		√	√	√
全数值分析		√	√	√

6.3 解析解

在许多方面解析解是分析的最终方法。对于特定的岩土结构，如果能够建立反映材料特性的理想本构模型和恰当的边界条件，联合平衡方程和相容方程，可以得到满足上述所有理论要求的精确解。

然而，由于土是一种高度复杂的多相材料，在荷载作用下表现为非线性，因此通常不可能得到实际岩土问题的解析解。解析解只适用于两种非常简单的情况：

（1）土体是各向同性的线弹性材料。解析解可以评估位移和结构受力，但不能用于评估稳定性。然而，与观测得到的岩土工程结构特性相比，即便是对位移的预测也往往是不现实的。

（2）分析的弹塑性问题的几何条件满足足够的对称性，因此基本可以将其简化为一维问题。这方面的例子包括弹塑性连续体中球体和无限长圆柱形小孔扩张的求解。

6.4 经典分析方法

经典分析方法可以更为真实地求解岩土工程问题；然而，它们也涉及近似性。尽管仍然采用数学方法来求解，但是其中的某个理论要求可能不被满足，因此得到的结果在严格意义上不是精确解。当计算机尚未广泛使用时，不可能利用纯人工计算获得完满的解答，经典分析方法是岩土工程先驱们广泛使用的方法。

经典分析方法包括极限平衡法、应力场法和极限分析法，这些方法只考虑了土体破坏时的极限状态，但在求解方法上有所不同。

6.4.1 极限平衡法

极限平衡法包括以下分析步骤：

- 采用任意的破坏面，即位置和形状，可以是平面的，也可以是曲线的，或者两者的组合。
- 假定破坏准则在破坏面每一点均成立。
- 只考虑破坏面和边界之间的刚性土块的整体平衡；作用在土块上的外力包括自重；仅沿破坏面产生内力（应力）。
- 不考虑土块内部的应力分布（即假定它们是刚性的）。

挡土墙的库仑楔体分析法和边坡的条分法是极限平衡计算的实例。这些计算没有考虑相容性要求，因此不能获得有关土体位移的相关信息。

6.4.2 应力场法

如表 6.1 所示，应力场法和极限平衡分析法满足相同的理论要求，对土体特性采用相同的假设（即，刚性且满足破坏准则）。然而，两种方法的重要区别在于采用的假设上：极限平衡法假设土体沿破坏面发生破坏，应力场法则假设土体区域的任何一点都发生了破坏。因此，应力场法中的平衡方程必须以偏微分方程的形式来描述无限小的土单元。当联立失效准则方程时，形成一组双曲偏微分方程，求解过程十分复杂。假定不考虑土体重力时，可以获得方程的解析解。不考虑土体重力显然是不符合实际的，但是对于某些情况土体重力不会影响结果，因此解析解是适用的。例如，对于某些边界值问题，如果土体表现为满足 Tresca（S_u）破坏准则（即基础表面的承载力）的不排水状态，则可以获得合理的解析解。对于土体重力影响很重要并且/或者土体表现为满足莫尔-库仑破坏准则的排水状态的边界值问题，必须使用近似有限差分法求解偏微分控制方程。同样，由于不考虑相容性，该方法不能获得地基位移，只考虑最终极限状态（即破坏）。

应力场法的例子有用于土压力计算的朗肯主动和被动应力场以及 Sokolovski（1960，1965）提出的土压力表。应力场法也可用于求解承载力问题。例如 Prandtl（1920）和 Hill（1950）获得刚性条形基础的应力场。计算机程序也可用于求解复杂几何问题的应力场计算（Martin，2005）。

6.4.3 极限分析法

极限分析计算提供了精确解的界限。上限（UB）方法通过忽略平衡方程获得解答，是精确解的不安全估计值。下限（LB）方法通过忽略相容性条件获得精确解的安全保守估计。如果同一问题的两个解相同，则得到该问题的精确解。

与极限平衡法和应力场法不同的是，土的特性假定为理想的弹塑性而非刚性。

6.4.3.1 安全定理

如果可以找到覆盖整个土体的静力许可应力

场，而该应力场没有违反屈服条件，则与应力场平衡的荷载位于安全一侧或等于真实的失效荷载。

这个定理通常被称为下限定理。静态许可应力场包含了由与所施加的荷载和体力相平衡的应力分布。由于不考虑相容性条件，可以假设无限个应力场。对于给定问题，求解的精度取决于假定应力场与实际应力场的接近程度。

6.4.3.2 不安全定理

通过选择任何运动学条件下可能存在的破坏机制并进行做功速率计算，可以找到真实失效荷载的不安全解。这样确定的荷载要么在不安全侧，要么等于真实的倒塌荷载。

这个定理也称为上限定理。运动学条件下可能出现的破坏机制满足假定土块之间剪切带上的相容性条件。考虑外力和内力所做功的平衡，而不是外力和内力的平衡。由于不考虑后者，因此可以假定无限多的失效机制。求解的精确性取决于给定问题中假设的机制与实际机制的接近程度。

在实践中，假设理想的失效机制往往比假设许可应力场更容易；因此，过去更多地使用了不安全定理。很少能够从安全和不安全计算中获得相同的解，当获得两个不同解时，这两个解之间通常涵盖了真实解，即适用于发展极限定理所假定的理想土体特性的解。据作者所知，只有两种情况的岩土边值问题的安全和不安全计算结果相同：一种是在无限域的黏土层中无限长的圆柱形桩承受短期横向荷载；二是条形基础的承载力。

近年来，人们致力于将极限分析法与有限元技术相结合，开发一种能处理包含混合土层的复杂边值问题的分析工具（Sloan, 1988 a, b）。这种工具看起来很可靠，应该可以为分析最终极限状态提供一种替代方法。

6.5 数值分析

6.5.1 梁-弹簧方法

该方法用于研究土-结构相互作用。例如，它可用于研究轴向和横向荷载作用下桩、筏板基础、嵌入式挡土墙和隧道衬砌的性能。主要的近似是假定土体特性，通常使用两种方法。土体特性可以用一组不相连的垂直和水平弹簧来近似（Borin, 1989），或者通过一组线弹性相互作用系数近似（Pappin 等, 1985）。分析中只能考虑一个结构。因此，一次只能分析单个桩或挡土墙。如果多个桩、挡土墙或基础相互作用，就必须引入进一步的近似。任何结构支撑，如支柱或锚杆（挡土墙问题）都由简化弹簧表示（图 6.1）。

为了能够获得极限压力，例如在挡土墙的两侧，"截断线"通常施加弹簧力和代表土体特性的相互作用系数。这些截断压力通常是从上述讨论的简单分析中获得（例如极限平衡，应力场和极限分析）。重要的是要认识到，这些极限压力不是梁弹簧计算的直接结果，而是从单独的近似解中获得，然后施加在梁弹簧计算过程中。

将边值问题转化为研究单个分离结构的性能（例如，桩、基础或者挡土墙），并对土体特性进行假设，寻求该问题的完备理论解。由于研究问题的复杂性，一般通过计算机实现。结构构件（如桩、基础或挡土墙）用有限差分法或有限元法表示，通过迭代得到满足所有基本解要求的解。

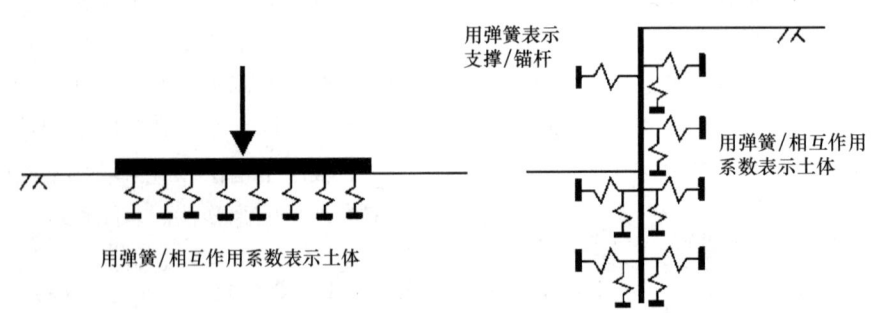

图 6.1　梁—弹簧法示例

有时执行这种计算的计算机程序被称为有限差分程序或有限元程序。但是，必须注意的是，只有结构构件以这种方式表示，这些程序不应与通过有限差分或有限元对土体和结构构件进行完全离散化的程序混淆，见第6.5.2节。

由于以这种方式获得的解包括了对可能在结构附近形成的土压力的限制，因此可以提供有关局部稳定性的信息。经常表现程序不收敛。然而，数值不稳定性可能由于其他原因产生，因此可能给出不稳定的错误印象。计算结果包括结构的力和位移。不能获得邻近土体全局稳定性和位移，也不能考虑临建结构的影响。

选择合理的弹簧刚度值和模拟支撑特性是很困难的。例如，在分析挡土结构时，很难真实地考虑基坑围护结构的影响。采用相互作用因子表示土体的挡土墙分析程序在处理摩擦时可能会出现问题，通常会忽略墙上的剪应力，或者对其进行进一步的假设。挡土墙的分析中，将单个墙视为分离的，结构支撑由一端固定（接地）的简化弹簧表示。因此，很难考虑结构构件（如楼板和其他挡土墙）之间的实际相互作用。特别对于适用于"铰接"或"全力矩"连接的情况，此困难更突出。由于在分析中只考虑作用在挡土墙的土体，因此很难对依赖远离墙壁的土体阻力发挥作用的锚杆和锚索的特性进行合理模拟。

6.5.2 全数值分析

数值分析尝试满足所有理论条件，包括真实的土体本构模型，以及真实地模拟现场工程的边界条件。由于土体特性的复杂性和非线性，所有方法本质上得到的都是数值解。近些年，有限差分法和有限元法广泛使用。这些方法本质上涉及了从初始应力场条件到整个施工阶段和长期时间效应的边界值问题的计算模拟。

全数值分析准确反映现场条件的能力，取决于（1）本构模型反映的土体真实力学行为的能力，（2）施加边界条件的合理性。用户必须定义合理的几何结构、施工工序、土体参数和边界条件。在实际工程的数值模拟过程中，可以添加和删除结构构件。考虑由若干结构构件相互连接的挡土墙组成的支挡结构，在分析中对土体进行建模，并可以考虑锚杆或锚索与土体间的复杂相互作用。通过耦合土体固结，模拟了孔隙水压力随时间的发展。不需要假定破坏机理或问题的特性模式，因为这些是通过数值分析预测的。通过数值分析可以预测全寿命周期的边界值问题，提供所有设计需要的信息。

数值分析方法原则上可以解决所有的三维问题，并且不受先前讨论的其他方法的限制。目前，受到计算机硬件速度的限制，大多数实际工程问题的分析都局限于二维平面应变或轴对称分析。然而，随着计算机硬件的快速发展和成本的降低，全三维仿真的可能性迫在眉睫。

数值分析方法被部分学者认为有局限性，原因在于数值模拟需要详细的土体力学参数信息和施工工序信息。在作者看来，这些都不是局限性。如果预计在项目设计阶段进行数值分析，那么就不难从现场勘察报告中获得合理的土体信息。只有在土体的数据都已获取之后进行数值反分析，才会可能产生困难，因为这种情况下，现场勘察并不总是按照合格的标准来获得某些参数，而且并非所有高级本构模型的参数都可以直接从现场勘察中获得。

如果边值问题的响应对施工工序不敏感，则任何合理的施工工序假定都可以用来分析。但是，如果数值分析结果对施工工序敏感，那么很明显，有必要尽可能真实地模拟现场条件。因此，数值分析远不是一种限制，它可以向设计工程师指出施工过程可能对边值问题产生影响的位置和程度，有助于指导工程设计。

全数值分析是复杂的，应该由有资质和经验的工作人员进行。操作员必须了解土力学，尤其是软件使用的本构模型，并熟悉分析软件程序。非线性数值分析并不简单，目前有几种算法（即求解过程）可用于求解非线性控制方程组。一些算法精度较高，一些算法依赖于步长增量大小。在这些算法中存在与离散化相关的近似和误差，但这些可以由有经验的人员控制，以便获得准确的预测。

全数值分析可用于预测复杂现场行为情况，还可以用来研究土-结构相互作用的基本原理，校验上述讨论的某些简单方法。然而，如上所述，数值分析涉及近似，可能会遇到许多陷阱。下面给出了有限元法考虑的一些近似和缺陷。应该注意的是，类似的考虑也适用于有限差分法。

6.6 有限元法概述

有限元法包含以下步骤：

（1）单元离散化

通过有限元的小区域组合来建立所研究问题的几何模型的过程。这些单元在单元边界或单元内部定义了节点。

（2）主变量近似

必须选择一个主变量（如位移、应力），确定其在有限元中的变化规律。变量用节点值表示。在岩土工程中，通常采用位移作为主变量。

（3）单元方程

利用适当的变分原理（如最小势能）导出单元方程：

$$[K_E] \cdot \{\Delta d_E\} = \{\Delta R_E\}$$

式中，$[K_E]$ 为单元刚度矩阵；$\{\Delta d_E\}$ 为单元节点位移增量向量；$\{\Delta R_E\}$ 为单元节点力增量向量。应注意的是，单元刚度矩阵 $[K_E]$ 由第 6.2.3 节讨论的本构矩阵 $[D]$ 推导获得。

（4）全局方程

单元方程组合成整体方程：

$$[K_G] \cdot \{\Delta d_G\} = \{\Delta R_G\}$$

式中，$[K_G]$ 为全局刚度矩阵；$\{\Delta d_G\}$ 为所有节点位移增量向量；$\{\Delta R_G\}$ 为所有节点力增量矢量。

（5）边界条件

公式化边界条件并修改全局方程。荷载（例如线荷载和点荷载、压力、体力、施工和开挖）影响 $\{\Delta R_G\}$，施加的位移影响 $\{\Delta d_G\}$。

（6）全局方程解

上述全局方程是由大量联立方程组成。通过求解得到所有节点的位移 $\{\Delta d_G\}$。基于获得的节点位移，可以获得二次变量，例如应力和应变。

在上述过程中涉及了几种近似方法。下面几节将详细讨论其中的一些问题。

6.7 单元离散

研究边值问题的几何尺寸必须定义和量化。在此过程中，可能需要进行简化和近似。例如，对计算资源的限制可能要求必须假设平面应变条件。然后用一个被称为有限元的小区域组成的等效有限元网格来代替该几何体。对于二维问题，有限元通常为三角形或四边形，见图6.2。几何体是根据称为节点的单元上关键点的坐标来指定。对于具有直角边的单元，这些节点通常位于单元拐角处。如果单元有弯曲边，则必须引入额外的节点，通常位于每边的中点。整个网格中的单元集通过单元边和多个节点连接在一起。

构建有限元网格时，应考虑以下因素：

■ 边值问题的几何形状必须尽可能精确地逼近。

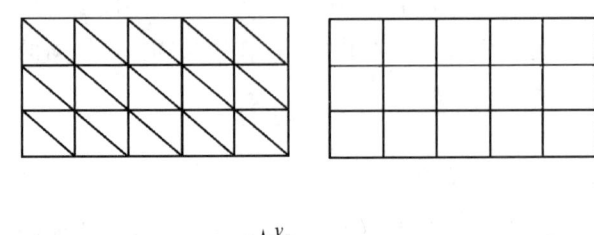

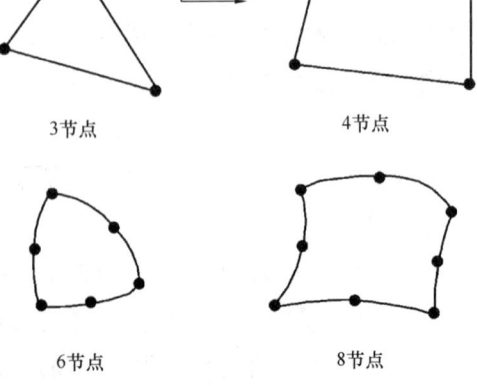

图6.2 典型的二维有限元分析

第6章 岩土工程计算分析理论与方法

- 如果有弯曲边界或弯曲的材料界面,则应使用具有中间节点的高阶单元,见图6.3。
- 在许多情况下,几何不连续性暗示了一种自然的细分形式。例如,可以通过在不连续点处放置节点来模拟边界渐变中的不连续,例如凹角或裂缝。不同性质的材料之间的界面可通过引入单元边,见图6.4。
- 网格划分也可能受到施加边界条件的影响。如果荷载或点荷载存在不连续性,可通过在不连续点处放置节点引入,见图6.5。

结合上述因素,单元的大小和数量很大程度上取决于影响最终解的材料特性。对于线性材料特性,数值程序相对简单,只有未知量迅速变化的区域需要特别注意。为了获得精确解,这些区域需要由更小单元组成的网格。这种情况对于非线性材料行为更为复杂,因为最终的解可能取决于加载路径。对于此类问题,网格设计必须考虑边界条件、材料属性,在某些情况下,还必须考虑几何形状,所有这些在整个求解过程中都会发生变化。在所有情况下,由规则形状的单元组成的网格将提供最佳效果。应避免使用具有较大不规则几何形状的单元或细长单元。

为了说明可能产生的误差来自将分析问题的几

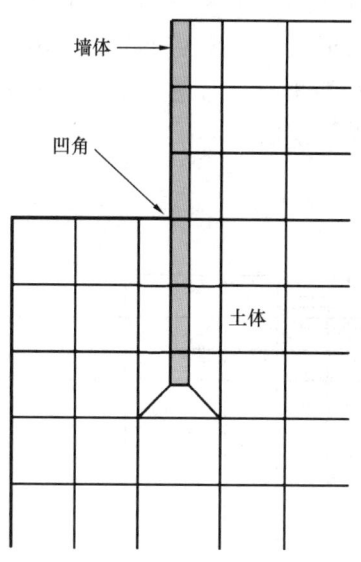

图6.4 边界条件的影响

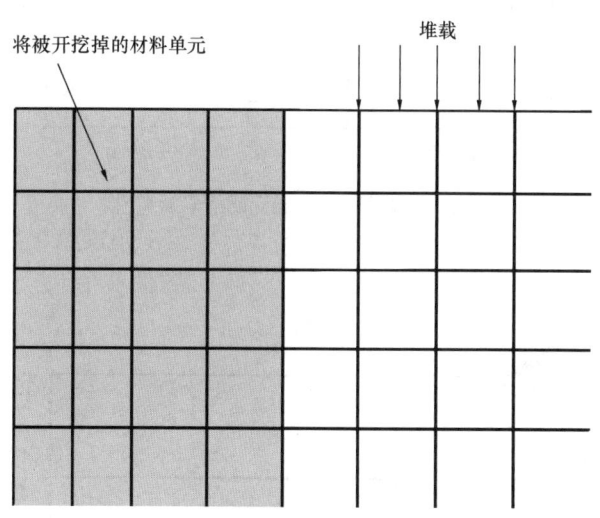

图6.5 几何不连续

何体离散为有限元这一过程,考虑了光滑刚性条形和圆形基础面在垂直荷载下的性能。假定土体为线弹性-理想塑性体并服从Tresca屈服准则,并具有以下材料属性:杨氏模量$E=10000$kPa,泊松比$\nu=0.45$,不排水抗剪强度$S_u=100$kPa。

两种有限元网格如图6.6和图6.7所示,图6.6所示的网格有110个8节点等参单元,而图6.7所示的网格只有35个8节点单元。两种网格用于平面应变(即条形基础)和轴对称(圆形基础)分析,分析中地基垂直向下移动,得到完整

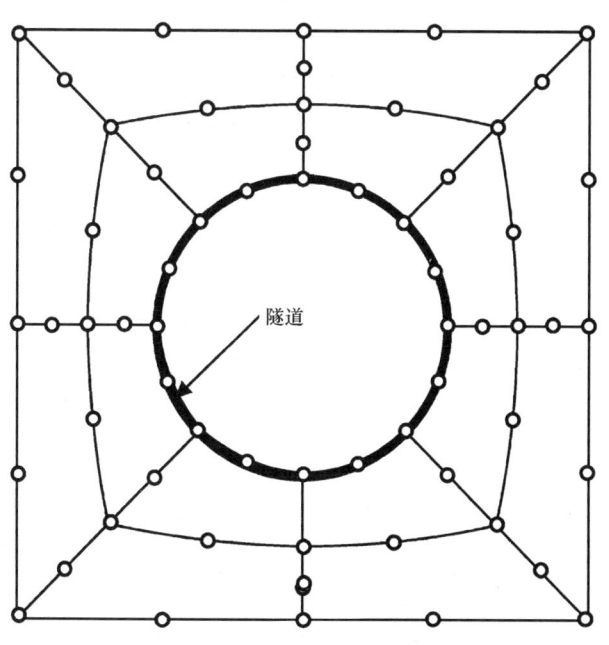

图6.3 采用高阶单元

的荷载-位移曲线。粗略地看一下这两种网格，大多数用户可能会得出这样的结论：110 个单元网格可能会产生更准确的预测，因为它的单元数量更多，空间分布更均匀。

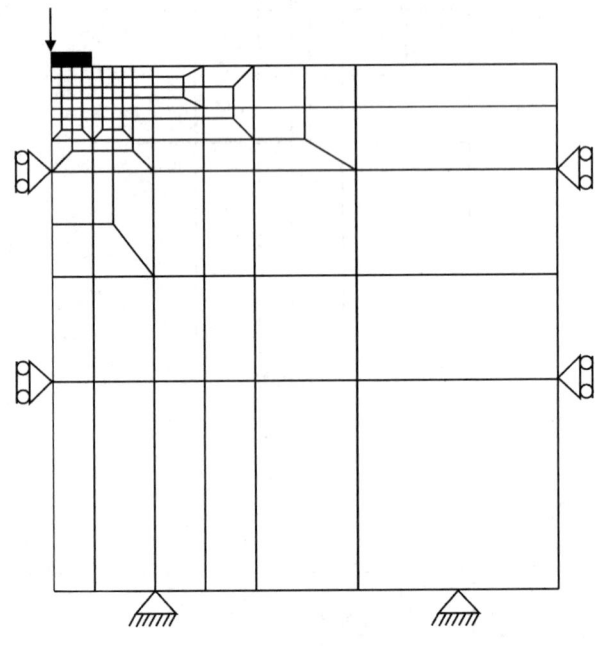

图 6.6　采用 110 个单元网格平滑基础

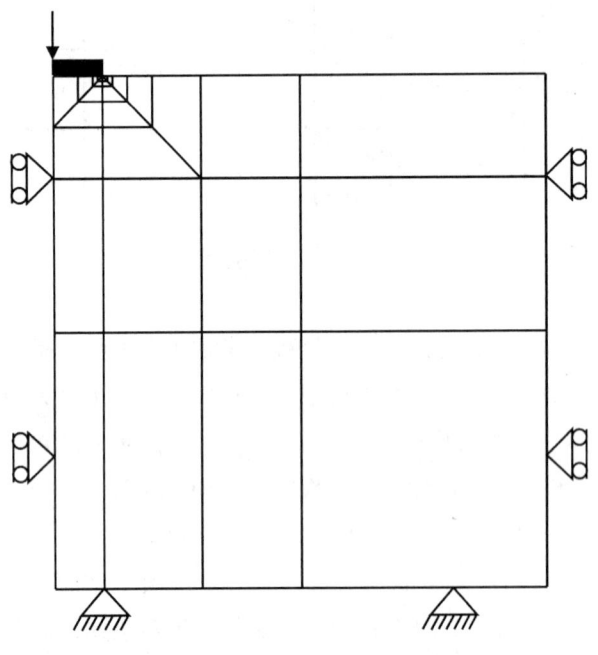

图 6.7　采用 35 个单元网格平滑基础

尽管对于条形或圆形基础，没有完美的荷载-位移曲线解析解，但是对于条形基础，存在极限荷载的解析解，对于单位长度，$Q_{max} = q_f \cdot 2B$，式中 $q_f = N_c S_u$，$N_c = 2 + \pi$，$2B$ 是基础宽度。教科书中经常引用等效的解析解来计算圆形基础的极限荷载，$Q = q_f \cdot S_u \cdot \pi R^2$，式中 $q_f = N_c S_u$，$N_c = 5.69$，R 是基础半径。然而，这种方法并不是严格意义上的解析解，因为它涉及一些应力场方程的数值积分。但是提出的解仍然被认为是相当准确的。

采用图 6.6 和图 6.7 所示网格的有限元分析结果如图 6.8 所示。图中还标明了上述的理论极限荷载解。假设理论极限荷载是正确的，则采用 110 个单元网格的分析分别高估条形基础和圆形基础的倒塌荷载 3.8% 和 8.8%。而采用 35 个单元网格进行分析的误差要小得多：条形基础的误差为 0.5%，圆形基础的误差为 2%。110 个单元网格性能相对较差的原因如图 6.9 所示，显示了 110 个单元条形基础分析最后一次增量的节点位移增量矢量。每个矢量表示相关节点增量位移的大小（通过长度）和方向（通过方向）。虽然增量位移的绝对值并不重要，但每个矢量的相对大小及其方向清楚地揭示了破坏机制。应当注意向量增量方向快速变化的基础拐角，基础拐角正下方的矢量与土体面上的相邻节点之间的方向变化约 120°。

这种现象清楚地表明，在基础的拐角有很大的应力和应变梯度。在 110 个单元网格中，该拐角附近的单元尺寸太大且数量不足，无法准确再现这种应力应变集中特性。相比之下，35 个单元网格在基础拐角处有较小的单元和分级网格，见图 6.10，可以更容易地适应这种行为，因此获得更精确的解。

显然，在应力和应变以及运动方向发生快速变化的地方放置更小（更多）的单元是很重要的。一些计算程序会自动重新生成有限元网格来提高求解的精度。首先使用相对均匀的网格进行计算。根据分析结果，在应力和应变变化最大的区域生成一个新的单元网格，然后重复分析。原则上，可以重复此细化过程，直到结果不受进一步网格细化的影响。

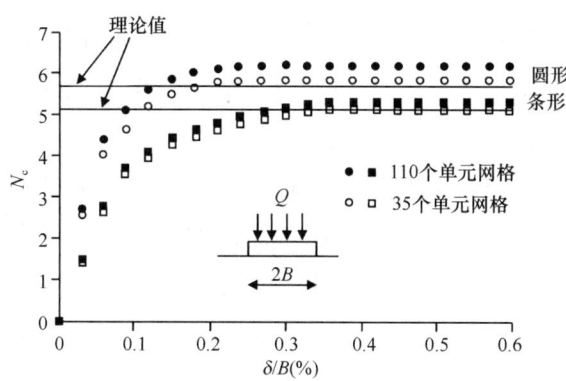

图 6.8 光滑基础的荷载-位移曲线

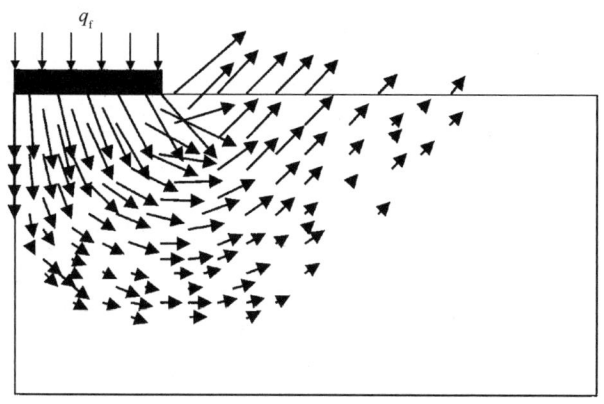

图 6.9 采用 110 个单元网格计算破坏时的增量位移矢量

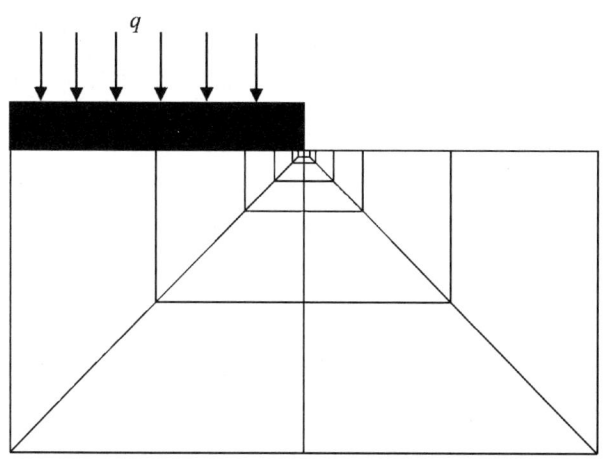

图 6.10 35 个单元网格的具体形式

6.8 非线性有限元分析

当土体表现为非线性弹性和/或弹塑性时，等效本构矩阵不再是常数，而是随着应力和/或应变的变化而变化。因此，在有限元分析过程中等效本构矩阵发生变化。解决方案需要考虑这种不断变化的材料行为，这是非线性有限元分析的关键组成部分，因为它可以极大地影响结果的准确性和获得结果所需的计算资源。

如上所述，需要满足四个基本条件：平衡方程、相容性条件、本构方程和边界条件。由本构行为引入的材料非线性导致控制有限元方程简化为以下增量形式，

$$[K_G]^i \cdot \{\Delta d_G\}^i = \{\Delta R_G\}^i$$

式中，$[K_G]^i$ 是全局刚度增量矩阵，$\{\Delta d_G\}^i$ 是节点位移增量向量，$\{\Delta R_G\}^i$ 是节点力增量向量，i 是增量次数。为了确定边值问题的解，边界条件的变化以一系列的增量施加，并且对于每个增量，必须求解上述方程。最后的解是每次增量的叠加之和。由于材料的非线性行为，全局刚度增量矩阵 $[K_G]^i$ 取决于当前应力和应变，因此不是常数，而是随增量变化。因此，上述方程的求解并不简单，存在不同的求解方法。所有这些方法的目标都是求解满足上述列出的四个基本条件。下面简要介绍三种在现有计算程序中最流行的求解算法。有关详细信息，请读者参阅 Potts 和 Zdravkovic（1999）。

6.8.1 切线刚度法

切线刚度法，也称为变刚度法，是最简单的求解方法。假设刚度矩阵增量 $[K_G]^i$ 在每个增量计算中是恒定的，并采用每个增量开始时的当前应力状态进行计算。相当于对非线性本构行为进行分段线性近似。为了阐述这种方法适用性，考虑了非线性单轴加载杆的简单问题，见图 6.11。如果对杆进行加载，真实的荷载-位移响应如图 6.12 所示。这可表示具有很小初始弹性域的应变硬化塑性材料的行为。

在切线刚度法中，施加的荷载被分成一系列增量。图 6.12 中显示了三个荷载增量：$\{\Delta R_G\}^1$、$\{\Delta R_G\}^2$ 和 $\{\Delta R_G\}^3$。分析从施加 $\{\Delta R_G\}^1$ 开始，全局刚度增量矩阵 $[K_G]^1$ 基于杆 a 点的无应力状态确定的。对于弹塑性材料，可使用弹性本构矩阵构建。然后求解第一个增量方程以确定节点位移 $\{\Delta d_G\}^1$。假设材料刚度保持不变，荷载-位移曲线遵循图 6.12 所示的直线 ab'。实际上，在加载期间，材料的刚度并不是保持不变，真实解由曲线路径 ab 表示。位移的预测中存在 $b'b$ 的误差，但在切线刚度法中，该误差被忽略。然后施加第二个荷载增量 $\{\Delta R_G\}^2$，使用增量 1 末端，即图 6.12 上的 b' 点，应力和应变评估全局刚度增量矩阵 $[K_G]^2$。求解增量控制方程得到节点位移 $\{\Delta d_G\}^2$。荷载-位移曲线遵循图 6.12 中的直线路径 $b'c'$，进一步偏离了真实解：位移误差现在等于距离 $c'c$。当施加 $\{\Delta R_G\}^3$ 时，也会出现类似的过程。刚度矩阵 $[K_G]^3$ 使用增量 2 末端（即图 6.12 上的 c' 点）的应力和应变进行评估。荷载-位移曲线移动到 d' 点，再次偏离真实解。显然，求解精度取决于载荷增量的大小。如果减小增量大小需要更多增量级数才能达到相同的累积载荷，则切线刚度解将更接近真实解。

从上面的简单例子可以得出结论，获得非线性问题的精确解，需要很多小增量步。通过切线刚度法获得的结果偏离真实解，应力不满足本构关系。因此，无法满足四个基本条件。可以看出（Potts 和 Zdravkovic，1999），误差的大小与求解的问题有关，并受材料非线性程度、问题的几何尺寸和选用增量值的影响。然而，不可能预先确定实现容许误差所需的求解增量的大小。

当土的行为从弹性变化到塑性，切线刚度法可能给出极不准确的结果，反之亦然。例如，如果一个单元在增量开始时处于弹性状态，则假定它在整个增量上表现为弹性。如果在增量过程中，变为塑性并导致违反本构模型的非法应力状态，则这是不正确的。如果选择的增量步太大，塑性单元也会出现这种非法的应力状态。例如，对于不能承受拉应力的本构模型，却预测出拉应力状态。这可能是临界状态模型的一个主要问题，例如修正剑桥模型，采用了 v-$\ln p'$ 关系（v 为比体积，p' 为平均有效应力），因为 p' 不允许为拉应力。在这种情况下，要么中止分析，要么任意修改应力状态，这将导致获得的解违背平衡方程和本构模型。

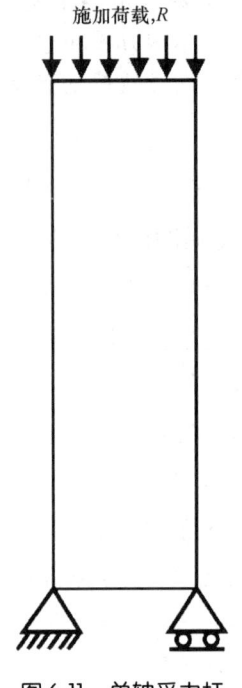

图 6.11　单轴受力杆

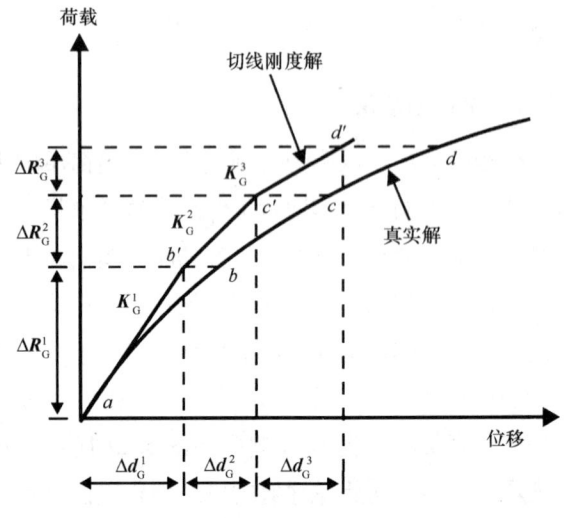

图 6.12　切线刚度算法的应用

6.8.2　黏塑性方法

该方法以黏塑性方程和时间方程为基础，计算非线性、弹塑性、时间相关材料的行为（Owen 和 Hinton，1980；Zienkiewicz 和 Cormeau，1974）。

该方法最初是针对线弹性黏塑性（即时间相关性）材料行为而发展的。材料可以用简单流变单元系统来表示，如图 6.13 所示。每个单元由串联的弹性和黏塑性元件组成。弹性元件由弹簧表示，黏塑性元件由并联的滑块和黏壶表示。如果向单元系统施加荷载，每个单元中会出现两种情况之一。如果荷载使得装置中的诱导应力不会产生屈服，且滑块保持刚性，所有变形都发生在弹簧中（弹性行为）。或者，如果诱导应力导致屈服，滑块将变为自由状态，黏壶将被激活。由于黏壶需要时间来反应，所以初始变形由弹簧承担。此后，随着时间的推移，黏壶将移动。黏壶的移动速度取决于其分担的应力和黏度。随着时间的推移，黏壶移动速度逐渐降低，因为单元所承载的应力会转移到相邻单元，从而使其自身承受进一步的移动（黏塑性行为）。最终，系统中的所有黏壶都停止移动，不再承受应力，从而达到静止状态。当每个单元的应力降到屈服面以下，滑块变成刚体时，就会发生这种情况。外部荷载现在完全由系统中的弹簧支撑；但是，系统的应变不仅是弹簧的压缩或拉伸，而且也由黏壶的移动而产生。如果现在移除荷载，则只有弹簧中产生的位移（应变）可以恢复，黏壶位移（应变）是永久的。

以图 6.11 中单轴加载杆为例，弹塑性材料有限元分析的应用总结如下。在求解增量的应用上，假设系统瞬时表现为线弹性（图 6.14）。如果产生的应力状态位于屈服面内，则是弹性增量，并且计算的位移是正确的。如果产生的应力状态达到屈服面，则应力状态只能暂时维持，并发生黏塑性应变。黏塑性应变率的值由屈服函数的值决定，屈服函数是当前应力状态超过屈服条件的程度的度量。黏塑性应变随时间增加，导致材料松弛，屈服函数降低，进而黏塑性应变率降低。采用步进法向前计算，直到黏塑性应变速率不显著。此时，黏塑性应变和相应的应力变化分别等于塑性应变增量和应力增量。

采用上述流程，必须选择合适的时间步长 Δt。如果 Δt 很小，则需要多次迭代才能获得精确解。但是，如果 Δt 太大，可能发生数值不稳定。Δt 最经济的选择是在不引起这种不稳定性的情况下可以容许的最大值。对于简单的本构模型，如 Tresca 和 Mohr-Coulomb，可以证明临界时间步长的值仅依赖于弹性刚度和强度参数。由于这些参数是恒定的，在分析过程中，临界时间步长只需评估一次。然而，对于更复杂的本构模型，临界时间步长也取决于当前的应力和应变状态，因此不是常数。必须在整个分析过程中不断地对其进行评估。

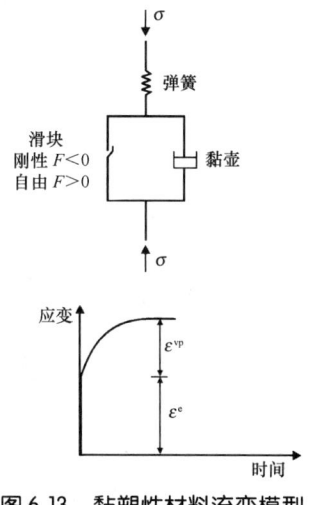

图 6.13　黏塑性材料流变模型

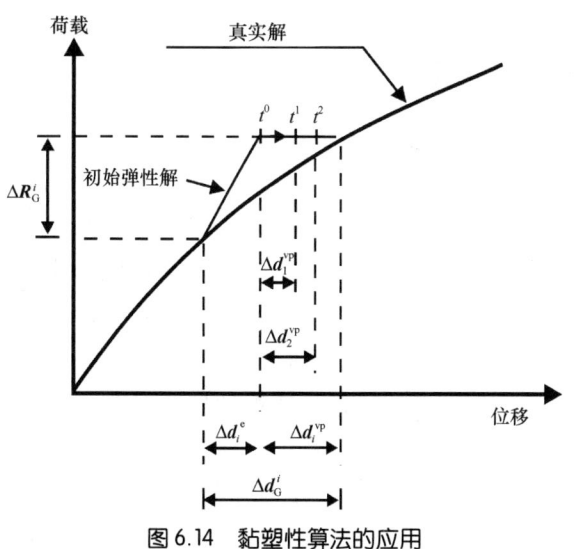

图 6.14　黏塑性算法的应用

黏塑性算法由于其简单性，得到了广泛的应用。然而，作者认为，该方法对岩土工程分析有很大的局限性。首先，该算法每个增量的弹性参数保持不变。简化算法不允许弹性参数在增量过程中变化，因为在这种情况下，不能确定与弹性应变增量相关的真实弹性应力变化。最好的方法是使用增量开始时与累积应力和应变相关的弹性参数来计算弹性本构矩阵 $[D]$，并假设增量保持不变。只有当增量很小和/或弹性非线性不大时，这种方法才能得到准确的结果。其次，该算法用作求解非黏性材料（即弹塑性材料）问题时，会产生更严重的局限性。对于塑性应变和弹塑性应力变化的计算是在屈服面以外的非法应力状态下获得的。这在理论上是不正确的，并导致无法满足本构方程，误差的大小取决于本构模型（Potts 和 Zdravkovic，1999）。

6.8.3 修正 Newton-Raphson 法

在切线刚度算法和黏塑性算法中，由于本构关系是基于非法的应力状态，因此可能会产生误差。修正 Newton-Raphson（MNR）算法尝试通过只评估处在或非常接近合理应力空间的本构特性来纠正这个问题。

MNR 法使用迭代计算求解方程组。第一次迭代与切线刚度法基本相同。然而，人们认识到 MNR 法可能存在误差，预测的位移增量用于计算残余荷载，这是分析中的误差值。然后用残余荷载再次求解方程组 $\{\psi\}$，形成增量右侧的向量。方程组可以重新写为：

$$[K_G]^i \cdot (\{\Delta d_G\}^i)^j = \{\psi\}^j$$

上标 j 表示迭代次数，$\{\psi\}^0 = \{\Delta R_G\}^i$。重复此过程，直到残余荷载很小。增量位移等于迭代位移之和。对于非线性材料单轴加载杆的简单问题，方法如图 6.15 所示。原则上，迭代计算确保对于每个求解增量，计算结果满足所有的求解条件。

计算过程中的关键步骤是确定残余荷载向量。在每次迭代结束时，计算了位移增量的当前估计值，并用于评估每个积分点处的应变增量。沿着应变增量路径积分本构模型，获得应力变化的估计值。应力变化添加到增量初始阶段的应力，用于评估一致的等效节点力。这些力和外部施加的荷载（来自边界条件）之间的差值就是残余荷载矢量。产生差值的原因是假定整个增量上存在着恒定增量的整体刚度矩阵 $[K_G]^i$。由于材料非线性，$[K_G]^i$ 不是常数，而是随应力和应变的增量变化而变化。

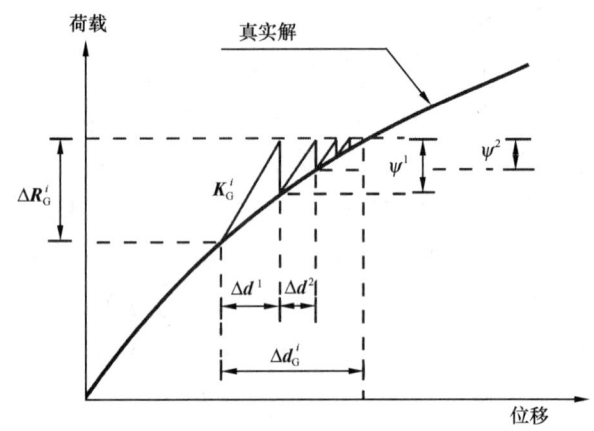

图 6.15 修正 Newton-Raphson 法的应用

由于每级增量中材料本构关系会发生变化，因此在积分本构方程以获得应力增量时必须小心。进行积分的方法称为应力点算法，各种文献中提出了显式和隐式方法。有很多这样的算法，由于这些算法控制最终解的精度，用户必须核实软件中使用的方法（Potts 和 Zdravkovic，1999）。

根据从上一次迭代中获得的应力和应变的最新估计值，并对每次迭代的增量整体刚度矩阵 $[K_G]^i$ 重新计算并求逆，则上述过程称为 Newton-Raphson 方法。为了减少计算量，修正 Newton-Raphson 方法仅在增量开始时对刚度矩阵计算并求逆，并将其用于增量内的所有迭代。使用弹性本构矩阵 $[D]$ 而不是弹塑性矩阵 $[D^{ep}]$ 来计算增量整体刚度矩阵。显然，这里有几个选项，很多软件包允许用户指定 MNR 算法如何计算。此外，在迭代过程中还经常采用加速技术（Thomas，1984）。

6.8.4 求解思路比较

上述三种求解思路的定性对比如下。切线刚度法是最简单的方法，但其精度受增量大小的影响。如果使用复杂的本构模型，则黏塑性方法的精度也会受到增量步长（和时间步长）的影响。MNR 法可能是最精确的，并且对增量大小最不敏感。考虑到每种方法所需的计算资源，就分析所需的时间而言，MNR 法可能是最昂贵的；切线刚度方法可能是最经济的，黏塑性方法可能介于两者之间。然而，使用 MNR 法时，有可能采用较大的每级增量和较少的级数来获得类似的精度。因此，对于特定的问题，哪种方法最经济并不明显。

考虑两个算例说明上述方法之间的差异性。如图 6.16 所示，分析承受垂直荷载的光滑刚性条形基础。土体采用修正剑桥模型，假设不排水条件。不排水强度随深度的分布见图 6.16。关于本构模型和输入参数的更多信息，见 Potts 和 Zdravkovic (1999)。有限元网格如图 6.17 所示。由于数值模型关于基础竖直中心线对称，有限元分析中只考虑一半模型。假设平面应变条件。在加载前，假定静止土压力系数 K_0 为 1，土体饱和重度 $20kN/m^3$ 和地表静态水位，计算垂直有效应力和孔隙水压力。通过施加一系列大小相等的垂直位移增量加载基础，直到总位移为 25mm。

切线刚度法、黏塑性法和 MNR 法分析的荷载-位移曲线如图 6.18 所示。对于 MNR 法，采用 1、2、5、10、25、50 和 500 级增量进行分析，以达到 25mm 的基础沉降。除了仅用一个增量进行的分析外，所有分析都给出了非常相似的结果，并绘制为一条曲线（图中标记为 MNR）。因此，MNR 结果对增量大小不敏感，显示 2.8kN/m 为倒塌荷载。

对于切线刚度法，采用 25、50、100、200、500 和 1000 级增量进行了分析。尝试用更少的增量级数进行分析，但预测了不合理的应力（负有效平均应力，p'）。由于在本构模型没有定义这种应力，因此必须中止分析。一些有限元软件通过随意地重新赋值有问题的负 p' 值来克服这个问题。这

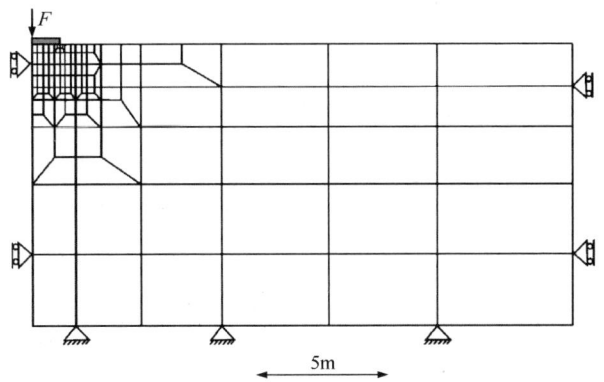

图 6.17 基础分析的有限元网格

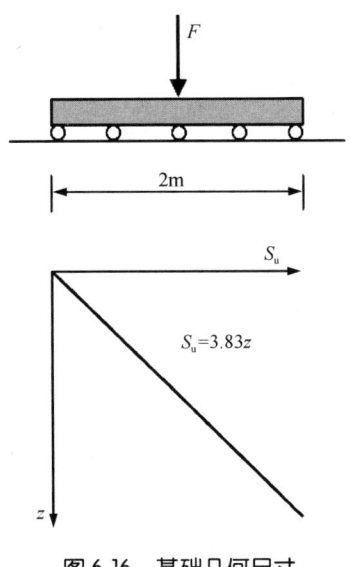

图 6.16 基础几何尺寸

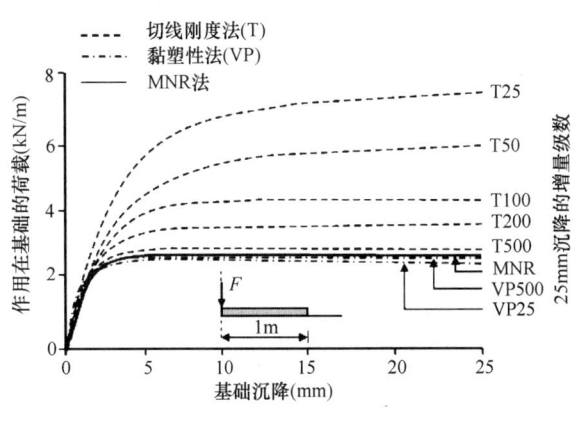

图 6.18 基础荷载-位移曲线

样处理是没有理论依据的，它会导致违反平衡方程和本构方程。尽管这样的调整使分析得以完成，但最终的分析结果是错误的。

切线刚度分析结果如图6.18所示。绘制时，1000级增量的分析曲线与MNR法分析曲线几乎一致。切线刚度结果极大地受到增量值影响，随着施加位移增量值的减小，基础极限荷载从7.5kN/m降至2.8kN/m。荷载－位移曲线也有继续上升的趋势，并且在进行较大位移增量分析时，没有达到定义明确的极限破坏荷载。结果是不保守的，过高地预测了基础的极限荷载。切线刚度法荷载－位移曲线的形状也不能说明结果是否准确，因为所有曲线的形状都相似。

进行了10、25、50、100和500级增量的黏塑性分析。10级增量分析在迭代过程中存在收敛问题，初始收敛，但随后会发散。对于更少增量级数的分析，也遇到了类似的情况。25和500级增量的分析结果如图6.18所示。分析结果对增量大小很敏感，但敏感程度低于切线刚度法。

对于切线刚度法、黏塑性法和MNR法的分析，在25mm沉降时基础荷载与增量数量的关系如图6.19所示，清楚地显示MNR法分析对增量大小不敏感。在这些分析中，当增量级数从2增加到500时，基础极限荷载仅从2.83kN/m变为2.79kN/m。相比200级增量的切线刚度法确定的3.67kN/m极限基础荷载，即使单增量的MNR法分析，获得的3.13kN/m仍然合理。随着增量级数的增加，切线刚度法和黏塑性法获得的极限破坏荷载都接近2.79kN/m。然而，切线刚度法从较大值接近该值，因此预测值偏高，而黏塑性法从较小值接近该值，因此预测值偏低。所选分析的CPU时间和计算结果见表6.3。应该注意的是，这些分析是多年前完成的，因此绝对时间并不代表现代计算机的性能，但相对时间仍然合理。

第二个例子考虑了排水加荷条件下桩周土体应力的变化。研究了远离土体表面和桩端影响的直径为2m的不可压缩桩段的性能（图6.20）。Potts和Martins（1982）已详细讨论了这个边值问题，Gens

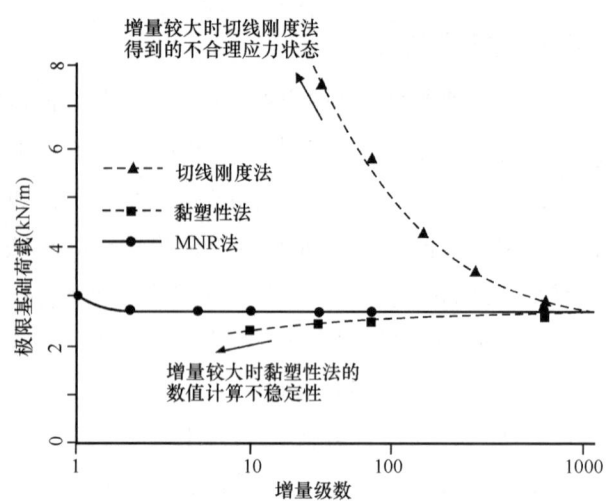

图6.19 基础极限荷载与增量级数的关系

基础分析的CPU时间和破坏荷载　　表6.3

求解方法	增量级数	CPU时间	相对CPU时间	破坏荷载(kN)
MNR法	10	15345	1	2.82
切线刚度法	500	52609	3.4	3.01
切线刚度法	1000	111780	7.3	2.82
黏塑性法	25	70957	4.6	2.60
黏塑性法	500	1404136	91.5	2.75

和Potts（1984）已探讨了在有限元分析中表示这一问题的替代方法。假定土体正常固结，初始应力$\sigma'_v = \sigma'_h = 200kPa$。修正剑桥模型的参数和用于分析基础问题的参数相同，Potts和Zdravkovic（1999）对此进行了详细讨论。该问题符合轴对称条件，有限元网格如图6.20所示。在有限元分析中，通过向桩身施加一系列大小相等的垂直位移增量达到100mm的总位移来模拟桩的荷载。假设土体在整个过程中表现为排水状态。

图6.21给出了通过三种方法且采用不同增量级数条件下所发挥的桩侧阻力随桩垂直位移的变化曲线。当增量级数大于20时，基于MNR法绘制一条曲线，用上实线表示。采用较小增量级数（即采用较大位移增量）的MNR法分析表明，25mm和55mm的桩位移与上述结果相差不大。图中的下

第6章 岩土工程计算分析理论与方法

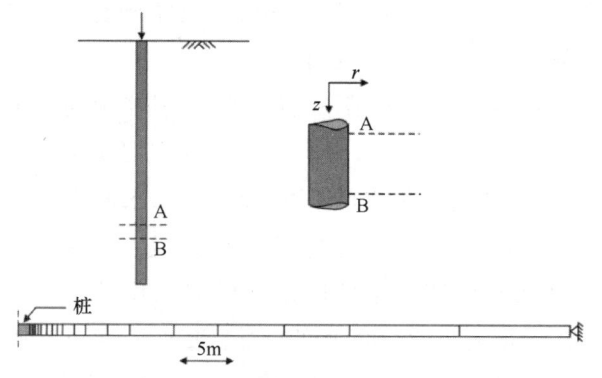

图 6.20 桩问题的几何尺寸和有限元网格

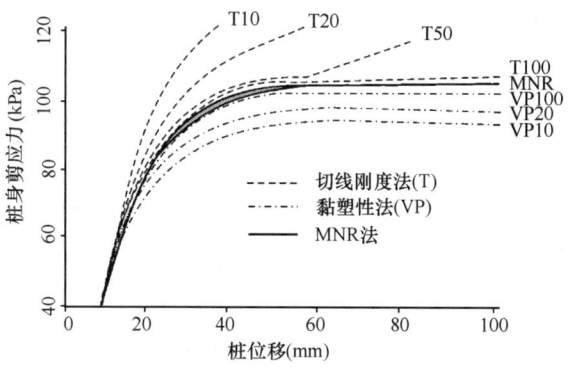

图 6.21 所发挥的桩侧阻力与桩位移的关系

实线给出了五个增量的 MNR 法分析。增量的数为 5～20 的 MNR 法分析结果如图中阴影所示。由于该阴影带很小,可以得出结论,与基础问题一样,MNR 结果对增量大小不敏感。

切线刚度法和黏塑性法获得的结果如图 6.21 所示。如果采用级数多的小位移增量,两种方法获得的结果与 MNR 法结果接近。然而,采用这两种方法进行的分析对增量大小非常敏感,采用较大的位移增量进行的分析是不准确的。切线刚度法高估,黏塑性法低估特定桩位移所发挥的桩侧阻力。黏塑性分析表明,随着桩身位移的增大,桩侧摩阻力先增大到峰值,然后缓慢减小。MNR 分析无法预测这种现象,一旦最大桩侧阻力被调动,它将保持不变。对于增量步小于 100 的切线刚度法,桩侧阻力不断上升,未达到峰值。

桩位移为 100mm 时(图 6.21 中曲线的端点)所发挥出的桩侧阻力 τ_f 与增量级数的关系如图 6.22 所示。如上所述,MNR 法结果对增量级数不

敏感,随着增量级数从 1 增加到 500,τ_f 仅从 102.44 增加到 103.57kPa。切线刚度法和黏塑性法的结果更多地取决于施加位移增量的大小。切线刚度法的增量级数超过 100 次,黏塑性分析的增量级数超过 500 次,才能获得合理准确的结果。当施加的位移增量减小时,切线刚度和黏塑性解接近 MNR 的解,500 级增量 MNR 法分析认为是"正确的"。因此,任何分析方法中的误差可表示为:

$$\text{Error} = \frac{\tau_f - 103.6}{103.6}$$

式中,500 级增量的 MNR 法获得的 τ_f 等于 103.6 kPa。对于三种分析方法,误差与 CPU 计算时间如图 6.23 所示。结果清楚地表明,黏塑性方法除了最不精确外,在 CPU 时间消耗方面也是最昂贵的。MNR 法的误差值通常小于 0.2%,误差几乎位于 CPU 时间轴上。MNR 法的 CPU 时间与切线刚度分析相比差不多。

应注意黏塑性法的性能相对较差,这与它在分析基础问题时的优良性能形成了对比。然而,基础问题涉及不排水土体特性,而对于桩问题,假设土体保持排水状态。Potts 和 Zdravkovic(1999)提出的一系列边值问题的分析结果也表明,黏塑性法计算排水问题比不排水问题差。可以得出结论,对于采用修正剑桥模型进行的分析,黏塑性法在不排水的情况下比在排水的情况下表现更好,并且对解增量的大小不太敏感。

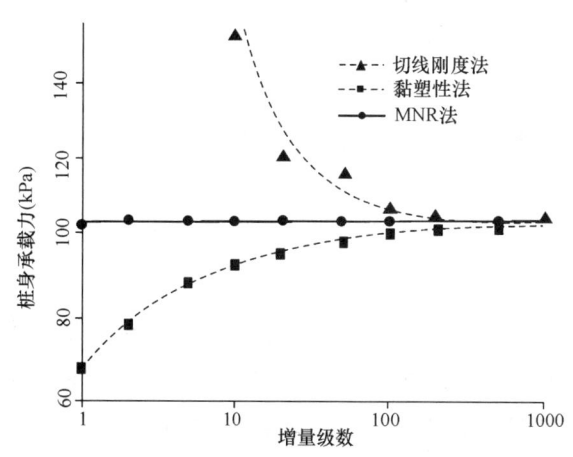

图 6.22 桩承载力与增量级数的关系

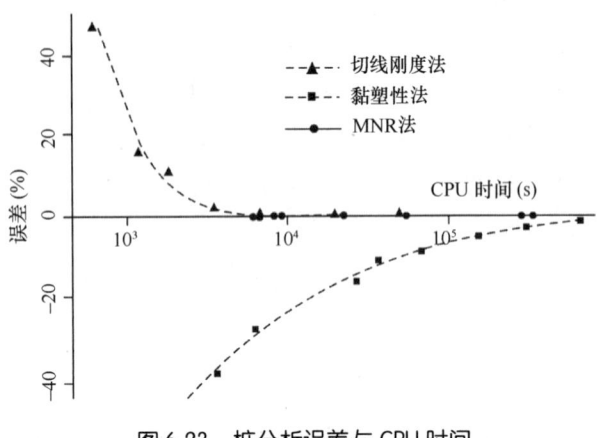

图 6.23 桩分析误差与 CPU 时间

6.8.5 评论

两个边值问题的切线刚度法获得的结果都与增量大小有很大关系。在大多数岩土工程问题中，切线刚度法分析的误差通常导致对破坏荷载和位移的偏危险的预测。对于地基问题，除非采用非常大级数的增量（>1000），否则会获得较大的预测破坏荷载值。基于过大增量级数的不准确分析产生了表面上看似合理的荷载-位移曲线。对于大多数需要进行有限元分析的问题，不能获得解析解。因此，根据切线刚度法获得的结果很难判断切线刚度分析是否准确，必须使用不同的增量大小进行若干分析，以确定任何预测的可能精度。这可能是一项非常耗时的工作，特别是如果在所分析的问题上没有什么经验，也没有最佳增量大小的提示。

黏塑性法的结果取决于增量大小。对于涉及不排水土特性的边值问题，黏塑性法比具有相同增量大小的切线刚度法更准确。然而，如果土体处于排水状态，黏塑性法只有在采用小增量步时才是准确的。总的来说，黏塑性分析比切线刚度法和 MNR 法需要更多的计算资源。对于地基和桩的问题，黏塑性法预测破坏荷载时，如果不采用足够的增量，其计算结果是保守的。

对黏塑性法和切线刚度法分析结果的仔细检查表明，其性能较差的主要原因是未能满足本构关系。MNR 法在很大程度上消除了这个问题，对本构条件施加了更严格的约束。

MNR 法分析的结果是准确的，基本上与增量大小无关。对于所考虑的边值问题，切线刚度法比 MNR 法需要更多的 CPU 计算时间来获得相似精度的结果，对于地基问题来说是 7 倍以上。MNR 法和黏塑性法可以发现类似的比较：具有最佳增量大小的切线刚度法或黏塑性方法可能比具有相同精度的 MNR 法需要更多的计算资源。与 MNR 法相比，采用切线刚度法或黏塑性法获得的结果可能需要较少的计算资源，但这通常以牺牲结果的精度为代价。另外，对于给定的计算资源，MNR 法比切线刚度法或黏塑性法获得更精确的解。

研究表明，当土体采用临界状态本构模型时，MNR 法似乎是获得准确解最有效的方法。但值得注意的是，MNR 法对其使用的应力点算法（见第 6.8.3 节）非常敏感，这取决于采用的程序代码。本研究中切线刚度法和黏塑性算法的计算结果误差较大，强调了核实有限元分析结果对增量大小的敏感性的重要性。

6.9 平面应变分析中的构件模拟

岩土工程问题的主要特性或许可以用理想化平面应变来表示，但同一问题其他较小的部分可能不是平面应变问题。例如，让我们考虑一个典型的城区开挖问题，如图 6.24 所示，一个嵌入式挡墙，由锚杆和抗拔桩固定的基础板，可以表示开挖工作的横截面。现在让我们依次考虑其结构构件。

6.9.1 墙

如果墙体是混凝土连续墙，则最好使用具有适当几何结构和材料特性的实体单元进行建模。这里没有复杂的建模问题，因为墙满足平面应变假设。然而，如果墙体由切割或相邻的混凝土桩、钢板桩或钢柱和钢板的某些组合构成，则墙体的性质和几何结构将在平面外方向发生变化，

第6章 岩土工程计算分析理论与方法

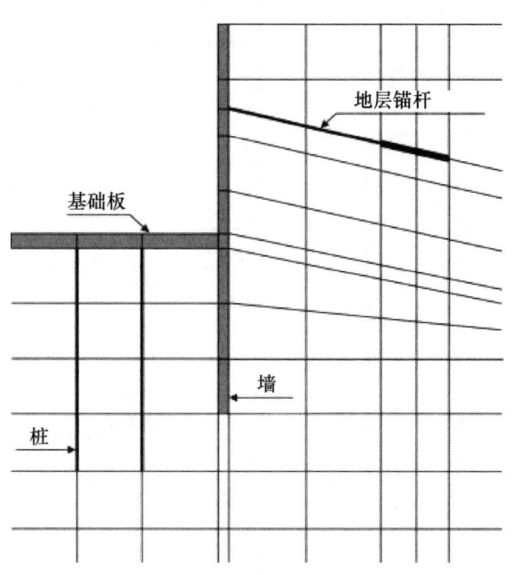

图6.24 典型城区开挖

不满足平面应变的要求。因此,平面应变分析中这些构件的建模将涉及一些近似。通常可以估算每米墙体长度的平均轴向刚度(EA)和弯曲刚度(EI)。如果采用梁单元对墙进行建模,则可以直接输入这些参数作为材料属性。但是,如果要使用实体单元,则必须将EA和EI转换为实体单元的等效厚度t和等效杨氏模量E_{eq}。通过求解以下两个联立方程来实现:

$$EA: t \cdot E_{eq} = E \cdot A$$

$$EI: \frac{E_{eq} \cdot t^3}{12} = E \cdot I$$

式中,E为墙体的杨氏模量;A为截面面积;I为单位长度的惯性矩。可能还需要计算某种形式的平均强度,但这取决于表示墙体的本构模型。显然,上述流程仅以近似方式处理墙体,不可能准确估计墙体单独构件内应力分布的细节。

6.9.2 桩

对底板下方的桩进行建模需要额外的假设,因为桩在平面外方向上不是连续的,而是由相对大面积的土体隔开。虽然可以再次估算出平面外方向每单位长度的EA和EI,并计算上述墙的等效参数,但采用实体或梁单元对桩进行建模意味着土体不能在桩之间自由移动。这是因为将桩模拟为沿平面外方向的墙,见图6.25。因此,开挖下方土体的横向移动将受到限制。忽略桩的EI可能更现实,这样桩就不会对侧向土体运动产生阻力,可以采用弹簧或一系列膜单元来表示桩。

如果仅用线性弹簧表示桩,则可以描述桩的弹性行为。此外,如果弹簧连接在混凝土板的节点和土体中的节点(即图6.26中的节点A和B)之间,则仅考虑这两个节点处的力。也就是说,桩和土在A和B之间没有连接。这样就不可能考虑桩侧摩阻力,也不可能对桩的端部承载力(即节点B)设置限制。

如果采用一系列膜(或梁)单元对桩进行建模,则桩将沿桩身连接到土体中,因此将在一定程

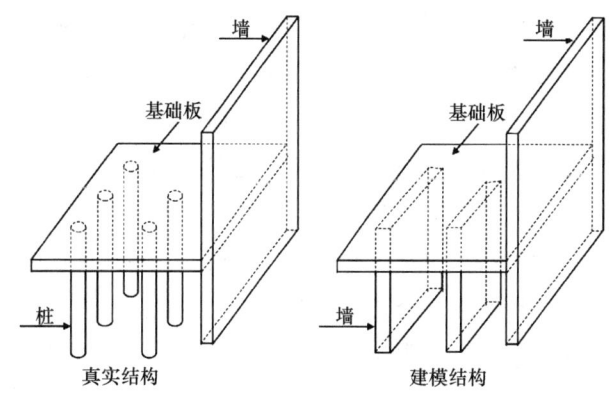

图6.25 桩的真实和模拟条件对比

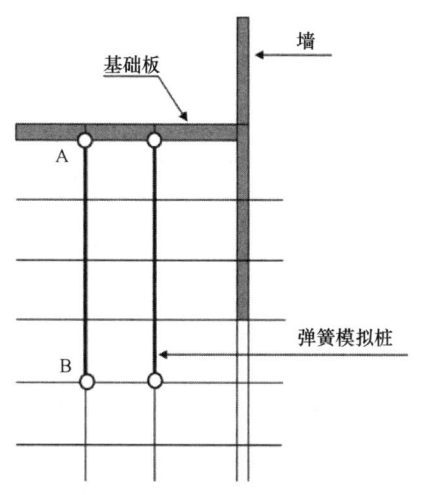

图6.26 用于桩模型的弹簧

度上模拟桩侧摩阻力的移动（图6.27）。然而，分析平面内单元的零厚度意味着桩侧阻力将通过单个节点移动，很难对端承阻力施加限制。

6.9.3 地层锚杆

位于墙后的地层锚杆由两部分组成，固定锚杆段和自由锚杆段，见图6.28。与桩一样，对于一排锚的两个组件计算出平面方向每单位长度的等效 EA 和 EI_s。计算等效值时，必须考虑锚杆在平面外方向的间距。同样，最好忽略 EI，用弹簧或薄膜单元或两者的组合对两个锚组件进行建模（图6.29）。如图6.29（c）所示，弹簧用于模拟锚杆自由段和一系列膜单元模拟锚固段，这可能是更实用的方法。通常忽略土体和自由段之间的剪应力。因此，弹簧在一端（A点）与墙体相连，在另一端（C点）与土体相连（以及锚固段）。与桩一样，以相当简化的方式对锚杆进行建模，因为不可能准确地获得锚固段极限端阻力和极限侧阻力。

锚固段的另一种建模方法如图6.30所示，包括使用实体和界面单元。现在可以模拟桩端和桩侧阻力的移动，并对这些量施加限制。但是，有必要将等效特性指定给实体和界面单元，以考虑锚杆在平面外方向上的间距，这通常并不简单。通过对实体单元指定等效杨氏模量，锚固段将有 EI 值。这将限制土体垂直于锚杆方向的运动。实际上，锚杆之间的土体会变形。

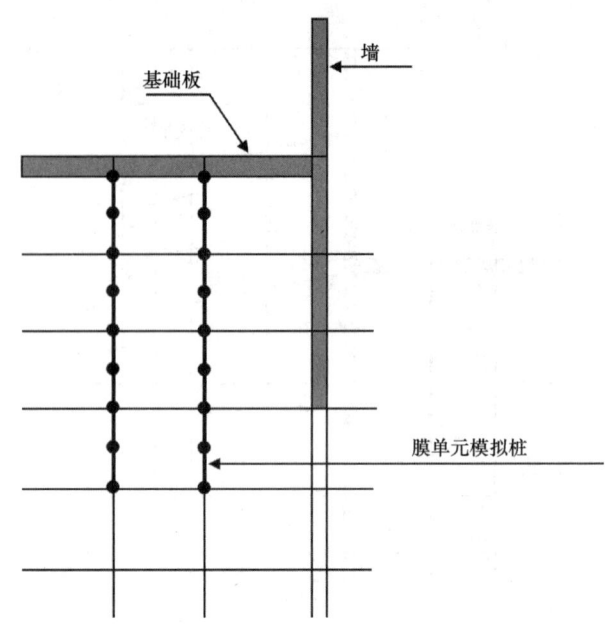

图6.27　用于桩模型的膜单元

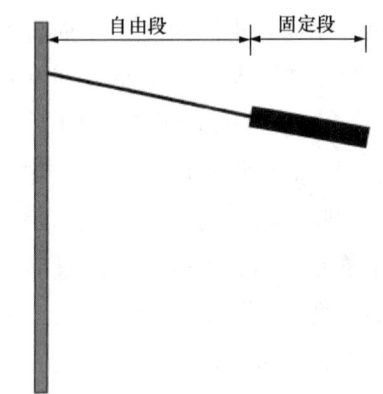

图6.28　地层锚杆

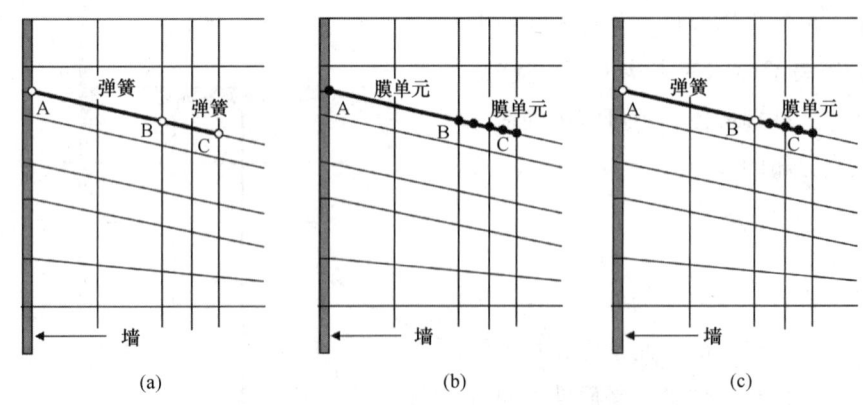

图6.29　（a）弹簧、（b）膜单元和（c）弹簧和膜单元组合的地层锚杆建模

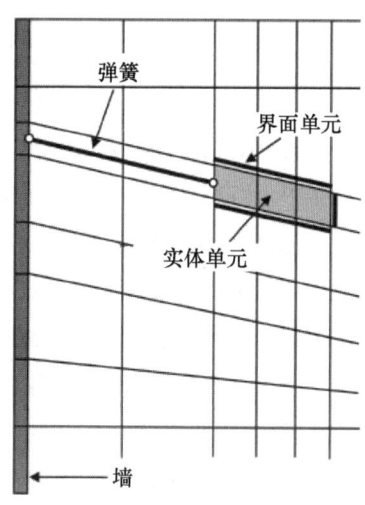

图 6.30 实体单元模拟地层锚杆

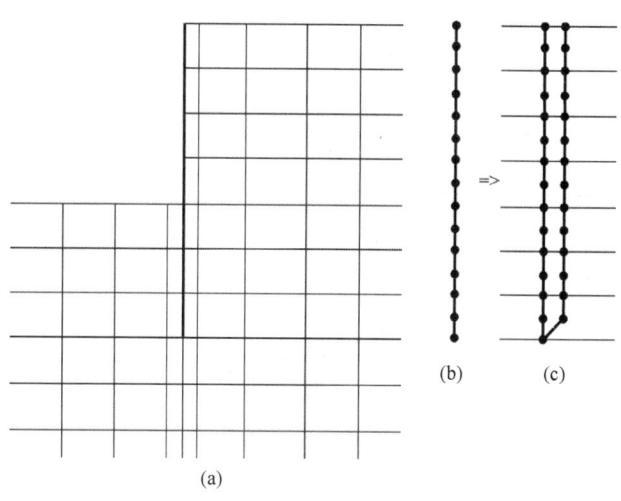

图 6.31 处理固结问题中的不透水线单元
（使用接触面单元）

上述讨论表明，虽然能以合理的方式近似模拟墙体性能，但桩和锚杆的建模涉及更大的近似。这是因为这类结构单元在平面外方向上不连续。

6.9.4 耦合分析中的结构构件

在流固耦合分析中，使用膜或梁单元对结构构件进行建模时，可能会出现另一个陷阱。通过考虑如图 6.31 所示挡土墙的例子，可以更好地解释这个问题。墙采用梁单元建模，因此与前面和后面的单元共享一组共同的节点，见图 6.31（b）。由于墙两侧的实体单元在墙处具有公共节点，因此在固结分析中，墙隐含的假定为可渗透。因此，水将自由流过墙壁，这可能不是理想的结果。如果假定墙体不透水，可通过沿墙体一侧放置界面单元来实现，如图 6.31（c）所示。如果这些单元是非固结的，它们将在墙体两侧的实体构件之间提供不可渗透的间断。

6.9.5 结构连接

对不同结构构件之间的连接进行建模时，可能会存在问题，如支撑和挡土墙之间的连接可以建模为简单的铰接或全力矩连接。这些情况以及可用于在平面应变分析中建模的可能替代方法如图 6.32～图 6.34 所示。当实际连接为铰接，采用图 6.34 中给出的选项通常非常容易。

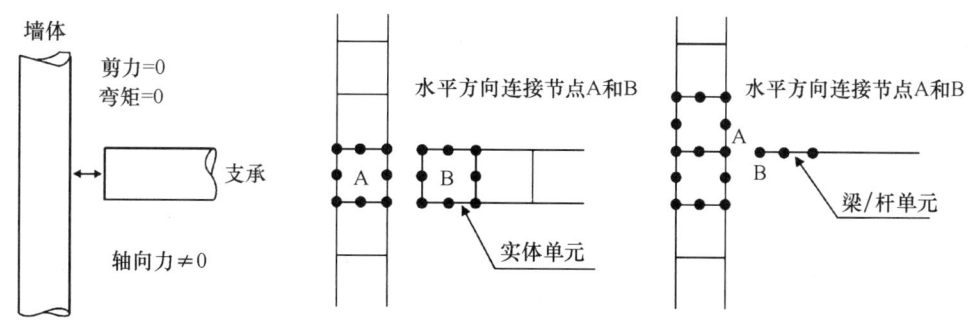

图 6.32 墙梁之间的简易连接

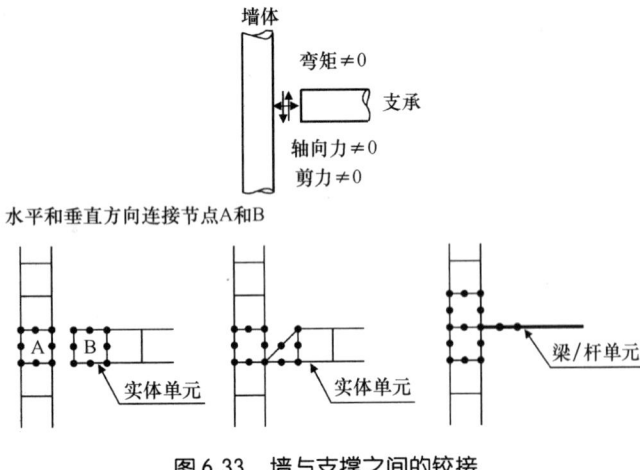

图6.33 墙与支撑之间的铰接

图6.34 墙与支撑之间的完全连接

6.9.6 管片式隧道衬砌

隧道衬砌由管片构成。形成一个完整的圆环通常需要8~12段,见图6.35(a)。有时管片用螺栓固定在一起,有时不用螺栓。在这两种情况下,管片之间几乎没有抗弯能力。使用梁或实体单元对衬砌进行建模通常很方便。但是,如果这些构件作为一个连续环放置[图6.35(b)],则意味着各管片之间由全力矩连接。如果这不是必须的,那么有必要使用替代方法。例如,可以采用特殊梁单元表示管片之间接口。每个管片建模为一组梁单元,然后由这些小的特殊梁单元连接在一起,如图6.35(c)所示。

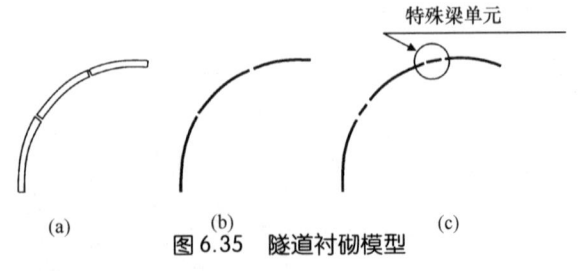

图6.35 隧道衬砌模型

(a)衬砌管片;(b)梁单元建模;(c)梁单元和特殊梁单元建模

6.10 莫尔-库仑模型的缺陷

莫尔-库仑本构模型是土体特性的最简单表示,是大多数岩土工程软件包的组成部分,也是岩土工程实践中应用最广泛的本构模型。线弹性、理想塑性模型只需从标准实验室试验中获得几个输入参数,即杨氏模量E和泊松比μ(描述模型的弹性部分),黏聚力c'和内摩擦角φ'[描述模型的塑性(破坏)部分]。如果不需要其他输入参数,这意味着关联塑性模型和负(膨胀)塑性体积应变。这种模型公式的问题有两个方面:(1)土体剪胀通常小于关联塑性获得的(即膨胀角$\nu=\varphi'$);(2)一旦土体发生剪胀,它将永远剪胀,而不会达到体积约束问题的极限荷载。

6.10.1 排水荷载

图6.36给出了表述排水条件下莫尔-库仑模型性能的案例,其中直径为1.0m、长度为20m的垂直荷载桩在$c'=0$和$\varphi'=25°$的排水土体中的荷载-位移曲线(Potts和Zdravkovic,2001)。如果剪胀角ν等于φ'(即关联塑性),则无论桩体被压入地层多深,桩体都不会达到极限荷载。即使模型能够灵活地输入一个小于φ'的ν值,对于任何一个大于零的ν值,模型仍然不能预测极限载荷。ν的大小仅对剪胀体积塑性应变

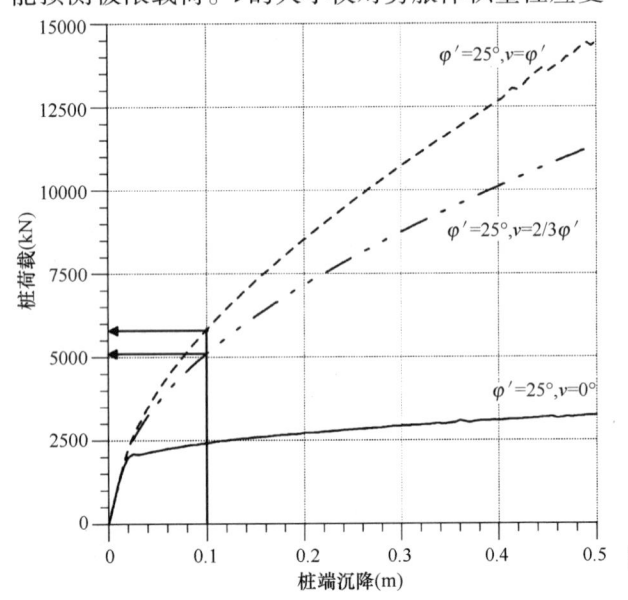

图6.36 垂直荷载桩的荷载-位移曲线

大小产生影响，体积塑性应变随着 v 的减小而减小，因此对于桩端的特定位移，桩荷载值减小。因此，从此类分析中确定极限荷载的实用方法是位移等于桩直径 10% 对应的荷载值（在这种情况下为 0.1m）。这可能导致在关联塑性的情况下，显著高估桩的承载力，因为通常高估土体剪胀。只有当 $v=0$ 时，桩才能达到极限荷载。这是一个保守的预测，因为大多数土体在一定程度上会剪胀，但它至少是一个理论上正确的值，无需用户随意确定。

6.10.2 不排水荷载

如上所述，莫尔-库仑模型适用于剪胀角 v 从 0 到 φ' 的范围内。v 控制塑性剪胀（塑性体积膨胀）的大小，当土体位于屈服面上时，v 值保持不变。如果继续剪切，土体继续无限剪胀。显然，这种现象是不现实的，因为大多数土体最终将达到临界状态，在此之后，如果进一步剪切，它们将以恒定体积变形。尽管这种不切实际的行为对无约束的边值问题（即排水地基问题）没有很大影响，但由于边界条件对体积变化的限制，它可能对受约束的问题产生重大影响。如上所述，对于排水桩问题，特别是，在不排水分析中，由于不排水土体特性相关的零体积变化限制，可能会产生意想不到的结果。为了说明这一点，现在将给出两个例子。

第一个例子考虑了线弹性莫尔-库仑塑性土（无端部效应）不排水三轴压缩试验，$\Delta\sigma_v > 0$，$\Delta\sigma_h = 0$，$E' = 10000\text{kPa}$，$\mu = 0.3$，$c' = 0$ 和 $\varphi' = 24°$。由于没有端部效应，在适当的边界条件下，采用单个有限元单元模拟三轴试验。假设试样在 $p' = 200\text{kPa}$ 和零孔隙水压力条件下进行初始各向同性固结。然后进行一系列的不同的膨胀角 v 下的有限元分析，试样在不排水条件下剪切。通过将水的体积模量设置为比土体骨架的有效弹性体积模量 K' 大 1000 倍来实施不排水条件，见 Potts 和 Zdravkovic（1999），结果如图 6.37 所示：（a）偏应力（J）与平均有效应力（p'）关系，（b）偏应力（J）与轴向应变（ε_z）的关系。可以看出，J 和 p' 的关系，所有分析遵循相同的应力路径。然而，应力状态移动到莫尔-库仑破坏线上的速率因每次分析而异，如图 6.37（b）所示。零塑性剪胀的分析，$v=0$，到达破坏线时保持着常数 J 和 p'。然而，所有其他的分析移动到破坏线；剪胀性较大的分析移动得更快。它们继续沿着破坏线无限向上移动，继续剪切。因此，表明失效的唯一分析（即极限值 J）是在零塑性剪胀情况的分析。

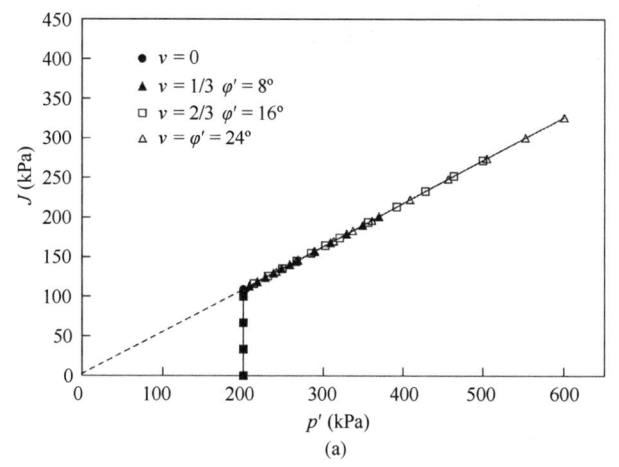
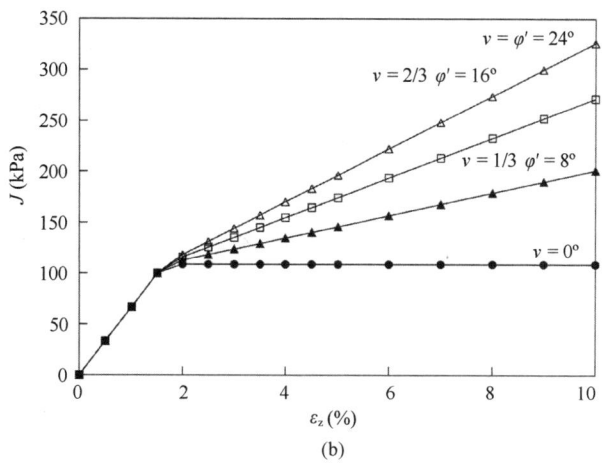

图 6.37　基于不同剪胀角的莫尔-库仑模型预测不排水三轴压缩
(a) 应力路径；(b) 应力-应变曲线

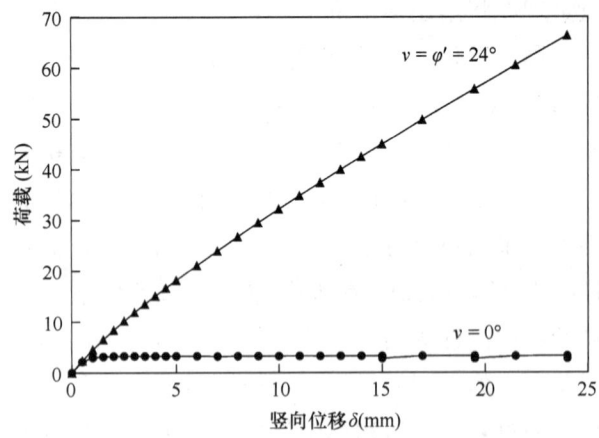

图6.38 基于不同剪胀角的莫尔–库仑模型分析条形基础的荷载–位移曲线

第二个例子考虑了光滑刚性条形基础在不排水条件下的荷载。假设土体具有与上述三轴试验相同的参数，土体中的初始应力是根据饱和重度（20kN/m³）、土体表面的地下水位和静止土压力系数（$K_0 = 1 - \sin\varphi'$）计算的。通过施加垂直位移增量来加载基础，通过将孔隙水的体积模量设置为$1000K'$再次强化不排水条件。两个分析结果，一个是$v = 0$，另一个是$v = \varphi'$，如图6.38所示。差别是相当大的：当$v = 0$的分析达到极限荷载时，$v = \varphi'$的分析显示随着位移，荷载持续增加。与三轴试验一样，仅当$v = 0$时才获得极限荷载。

从这两个例子可以得出结论，只有当$v = 0$时才能获得极限荷载。因此，在不排水分析中使用莫尔-库仑模型时必须非常小心。可以说，该模型不应在$v > 0$的情况下用于此类分析。然而，实际情况并非如此简单，有限元分析通常涉及不排水和排水阶段（即不排水开挖后排水消散）。然后可能需要在分析的两个阶段之间调整v的值，或者采用更复杂的本构模型来更好地反映土体特性。

6.11 小结

本章提出了岩土结构的主要设计要求，必须对其进行计算以确认设计的稳定性和安全性。这些要求是：

- 局部稳定性
- 整体稳定性
- 结构受力
- 地层运动

上述岩土工程计算有几种分析方法，可分为三大类：

- 解析解
- 经典分析（极限平衡法，应力场法和极限分析法）
- 数值分析（梁-弹簧方法和全数值分析）

根据满足主要理论要求方面，需要注意的是：

- 仅当假定土体为线弹性时，在某些情况下才可能获得解析解。然而，这是对实际土体特性的极大简化，可能导致对地层位移的错误预测。此外，这些解不能用于评估岩土结构的稳定性。

- 经典分析方法不能满足所有的理论要求；因此一般来说，不能获得精确解。例外的情况是，当使用极限分析的"安全"和"不安全"公式进行计算时，两者获得的结果相同。然而，这种情况并不多见。

- 梁-弹簧法只能分析一个由若干弹簧表示的土体结构单元。这种方法的主要问题是选取适当的弹簧刚度。

- 以有限元或有限差分形式进行的全数值分析是一种满足所有理论要求的极限分析法，以相同的方式离散土体和结构，采用可以合理描述土体的本构模型。

然而，重要的是要认识到，在不了解使用的数值方法（算法）和软件的情况下，不应盲目地进行全数值分析。本章讨论有限元分析中出现误差的主要原因是：

- 单元离散化（即有限元的类型和尺寸）；
- 非线性求解方法的选择（即非线性有限元方程组的求解）；
- 土体连续体中结构单元的建模；
- 合适本构模型的选择。

潜在误差的数量随着分析的深入而增加，例如涉及耦合问题（即力学行为和流体流动，其中选择正确的渗透模型和水力边界条件很重要），以及土体动力学和地震工程问题（适当的本构模型、边界条件和时间积分方法很重要）。

如果上述数值分析的所有方面都得到正确的应用，那么数值分析就有巨大的潜力来解释土工结构的工程特性，优化设计并保证设计安全。

6.12 参考文献

Borin, D. L. (1989). WALLAP – computer program for the stability analysis of retaining walls. Geosolve.

Hill, R. (1950). *The Mathematical Theory of Plasticity.* Oxford: Clarendon Press.

Martin, C. M. (2005). Exact bearing capacity calculations using the *Conference IACMAG.* Torino, Italy, vol. 4 (eds Barla, G. and Barla, M.). Bologna: Patron Editore, pp. 441–450.

Owen, D. R. J. and Hinton, E. (1980). *Finite Elements in Plasticity: Theory and Practice.* Swansea: Peneridge Press.

Pappin, J. W., Simpson, B., Felton, P. J. and Raison, C. (1985). Numerical analysis of flexible retaining walls. *Conference on Numerical Methods in Engineering Theory and Application.* Swansea, pp. 789–802.

Potts, D. M. and Martins, J. P. (1982). The shaft resistance of axially loaded piles in clay. *Géotechnique*, **32**(4), 369–386.

Potts, D. M. and Zdravkovic, L. (1999). *Finite Element Analysis in Geotechnical Engineering: Theory.* London: Thomas Telford.

Potts, D. M. and Zdravkovic, L. (2001). *Finite Element Analysis in Geotechnical Engineering: Application.* London: Thomas Telford.

Prandtl, L. (1920). Uber die Härte Plastischer Körper; Nachrichten von der Königlichen Gasellschaft der Wissenschaften, Gottingen. *Mathematisch-physikalische Klasse*, 74–85.

Sloan, S. W. (1988a). Lower bound limit analysis using finite elements and linear programming. *International Journal for Numerical and Analytical Methods in Geomechanics*, **12**, 61–67.

Sloan, S. W. (1988b). Upper bound limit analysis using finite elements and linear programming. *International Journal for Numerical and Analytical Methods in Geomechanics*, **13**, 263–282.

Sokolovski, V. V. (1960). *Statics of Soil Media.* London: Butterworth Scientific Publications.

Sokolovski, V. V. (1965). *Statics of Granular Media.* Oxford: Pergamon Press.

Thomas, J. N. (1984). An improved accelerated initial stress procedure for elastic-plastic finite element analysis. *International Journal for Numerical Methods in Geomechanics*, **8**, 359–379.

Zienkiewicz, O. C. and Cormeau, I. C. (1974). Visco-plasticity, plasticity and creep in elastic solids – a unified numerical solution approach. *International Journal for Numerical Methods in Engineering*, **8**, 821–845.

> 第 1 篇"概论"和第 2 篇"基本原则"中的所有章节共同提供了本手册的全面概述，其中的任何一章都不应与其他章分开阅读。

本章的所有图表摘自 Potts 和 Zdravkovic（1999）、Potts 和 Zdravkovic（2001）。

译审简介：

路德春，教授，国家杰出青年科学基金获得者，从事岩土与城市地下工程领域的研究，获国家科技进步二等奖。

姚仰平，教授，国家 973 首席科学家，从事岩土本构理论及智能机场工程等研究，获茅以升土力学及岩土工程大奖。

第7章 工程项目中的岩土工程风险

蒂姆·查普曼（Tim Chapman），奥雅纳工程顾问，伦敦，英国
主译：连镇营（中国建筑科学研究院有限公司地基基础研究所）
审校：陈安（北京交通大学）

doi: 10.1680/moge.57074.0059

目录

7.1	引言	61
7.2	开发商的目的	61
7.3	政府对"乐观偏差"的指导	63
7.4	与地基有关问题的典型频率和成本	66
7.5	有备无患	67
7.6	场地勘察的重要性	67
7.7	场地勘察的成本和收益	69
7.8	缓解而非应急	70
7.9	缓解步骤	70
7.10	示例	72
7.11	结论	72
7.12	参考文献	74
附录A	开发案例	75

本章告诉项目开发者如何考虑建设项目以及项目延期的巨大脆弱性，以及何时进行开发可以获利。举例给出一个典型的伦敦办公楼项目的岩土工程相关费用所占成本的比例，并通过案头研究和现场勘察将这些费用与减少岩土工程风险的微小投入进行了比较。以此说明岩土工程风险可能是"严重随机"，而不是"轻微随机"，因此问题的后果可能与初始成本非常不成比例。比较了与地基有关的事故典型频率，发现即使是轻微随机事故的平均成本也远超过良好现场勘察的适当成本。结论是对岩土工程采用应急管理会充满风险，而通过缓解管理则可能会产生预期效果。

7.1 引言

本章目的是提供数据以便岩土工程师与客户能够进行简捷、清晰地沟通，并说服客户及时进行岩土勘察和采取其他预防措施。

众所周知：

- 施工问题经常发生；
- 随之而来的延期及引起的成本费用是巨大的；
- 通常这些问题可以避免。

本章目的是量化（在某种程度上）前两点，并为第三点提供一些可能的解决方案。

本章仅考虑财务风险，而不是安全风险，即本章只对设计和施工整体过程进行审查。安全风险通常是由具体操作导致的错误引起的，例如缺少脚手板。忽视设计和施工过程全面检查的项目与由于违规组织而导致事故的项目可能具有共同特征。而因人员受伤、健康与安全部门的审查导致的项目延期会对项目计划和最终成本产生严重影响，更不用提对涉及的人员的影响了。在第8章"岩土工程中的健康与安全"中将详细地讨论岩土工程中的安全风险。

7.2 开发商的目的

希思罗机场的新航站楼准时按预算进行。这真不可思议！

——2005年8月20日，《经济学人》（The Economist）杂志头条。

要了解影响开发的关键问题，需要研究开发商的目的，可分为三类：

- 商业开发商——开发项目基本是为了盈利；要么在最终的业主还不知道的地方，要么将其出租给已经预定的租户。
- 自营开发商——开发的目的是方便自己使用，例如大公司建造办公楼或生产车间。有时会以咨询的方式寻求商业开发商的帮助。
- 政府开发商——建造国家基础设施以保证经济正常运转（例如公路、铁路、学校和医院）。

上述各情况下均需要进行合理的成本效益分析，以决定是否应进行开发。

为了帮助理解商业驱动因素对开发的敏感性，我们研究一个假设的案例。这个例子是基于Chapman和Marcetteau（2004）创建的案例，但是我们对其进行了改动和扩充，以展示影响开发项目商业成功的主要问题。

考虑的建筑物如下：

- 伦敦市的一栋商业办公楼。
- 目前场地上为一栋 30 年的建筑，建筑面积为 1.6 万平方米（17.2 万平方英尺）。
- 占用地将被总建筑面积约为 2 万平方米（21.5 万平方英尺）的新建筑物所取代；假设使用效率为 85%，则净出租面积为 1.7 万平方米（18.3 万平方英尺）。根据可出租净面积计算的土地成本为 376 英镑/平方英尺（通常为 250~500 英镑/平方英尺），因此占用地的土地总成本约为 6880 万英镑。

开发商首先需要决定是继续保留现有资产，还是进行新开发。所设想的开发类型见图 7.1，详细信息见本章附录 A。开发的相对成本汇总见图 7.2。选择进行新开发的依据见表 7.1。新大楼将吸引更多的住户，包括那些有能力并愿意支付更高租金的租户。

从表 7.1 的计算中可以看出，基于对更新和更大的建筑物的需求（以及租金）的增加，继续开发具有商业意义。该表忽略了资本增值的前景，这可能是房地产开发在合适时期成为热门投资的原因。也忽略了任何需要利用额外空间的一定比例提供经济适用房的要求，这可能是阻碍新开发的税。表 7.2 给出了英国皇家建筑师学会（RIBA，2003）对 2001 年典型投资回报的比较，显示了当时房地产投资受到青睐的原因。

到 2005 年，在房地产市场走强的情况下，大多数投资的收益率保持不变，但股票的资本增长已加速至 8%，总回报率达到 11%，而商业房地产的资本增长达到 11% 的峰值，总回报率达到 18%。到 2008 年初，两者均下降了，这使得选择投资商业地产的可能性大大降低。《经济学人》（The Economist）（Anon，2008）报告称，伦敦办公室租金从 2006 年 9 月到 2007 年 9 月增加了 22%，并预测第二年可能下降 5%。据当时预测，未来三年房地产价值下跌多达 30%，这可能是自第二次世界大战以来商业房地产价格最大的暴跌。伦敦已明确在建的办公室，预计短期内不会全部找到租户。在撰写本文时（2009 年），银行对向该领域的贷款已变得更加谨慎，抵押物价格的下跌也不鼓励基于此目的继续贷款给开发商。到 2009 年底，随着所有资产的收益都处于长期低位，而流动性又重新进入了金融体系，银行投资兴趣的迹象又开始出现。这种情况一直持续到 2011 年年中，伦敦开始全面复苏，但英国其他地方的房地产市场仍处于衰退之中。

如表 7.3（RIBA，2003）所示，开发商可以通过使用自己的资金进行整个开发来获得简单的利润。

开发商可以通过利用银行贷款获得成功，但也会放大失败。表 7.4 以简化形式说明了这一点。

因此开发商可以通过使用贷款获得更大的利润，但是如果项目成本超过预期，则也可能造成更大的损失。与追求廉价相比，开发商更希望确定性。一旦购买了一块场地（可能花费了开发成本的一半以上）并完成拆除（新建筑物在使用之前将不会获得收入），开发商有违约风险。特别容易受到以下多种因素的影响：

- 成本增加——偏离投资基础。
- 延迟完成——收入流延迟的支付。当开发资金是借款，且必须在租赁现金获得前支付利息，这种情况尤其令人痛苦。
- 贷款利率提高，尤其是在意外时候。
- 完工建筑物标准降低——降低其对潜在客户的吸引力，从而降低其租金价值。

如图 7.3 所示。这说明了如何迅速提高租金以赶上银行不断增加的利息变化。

这些计算是针对伦敦市的开发项目进行的，那里的需求通常很强劲，潜在的租金上涨可能会抵消因任何问题而产生的额外成本。在其他地区，支持新开发的计算往往微不足道，获利的前景更为渺茫。

图 7.1　典型新开发的六层伦敦办公楼

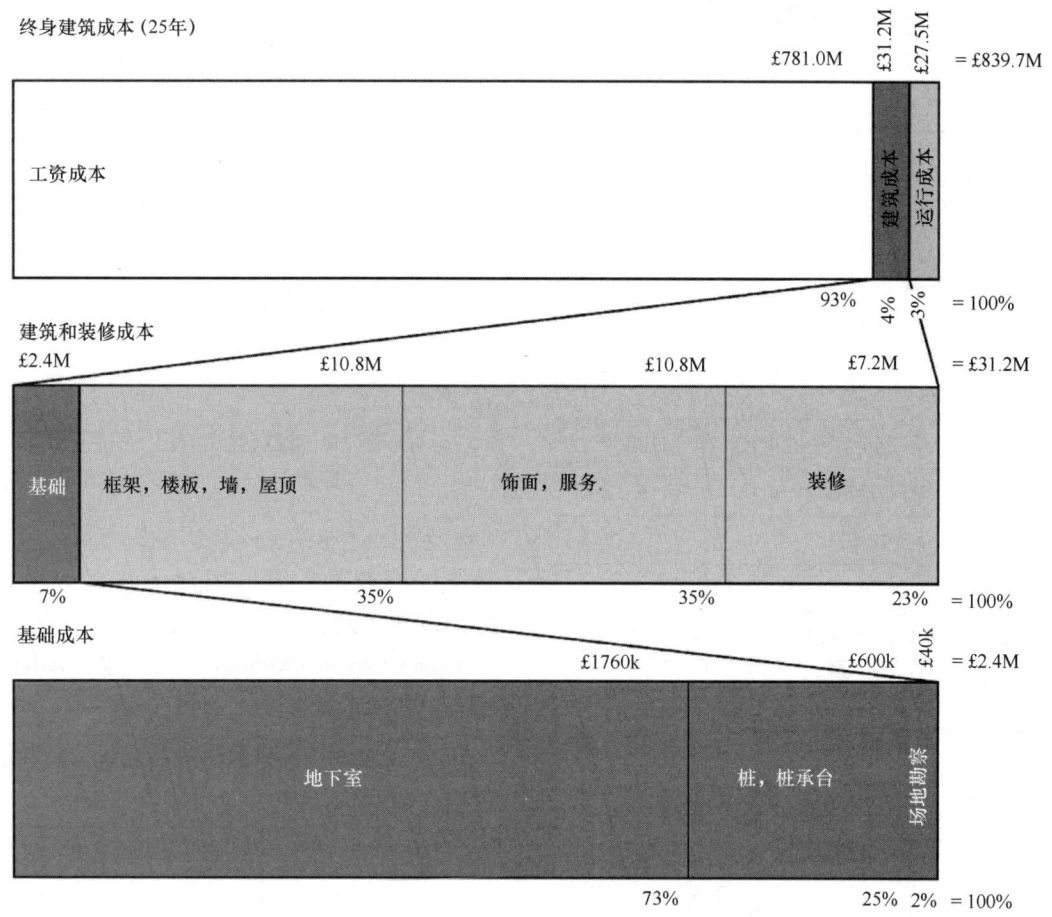

图 7.2　典型建筑物的成本明细
摘自 Chapman（2008），版权所有

新开发项目与旧建筑翻新的价值比较　表 7.1

	现有建筑	新建筑
每平方英尺年租金（英镑）	39	55
建筑面积	17.2 万 ft² （1.6 万 m²）	21.5 万 ft² （2.0 万 m²）
年租金（英镑）	670 万	1180 万
考虑投资回收期（年）	25 年	25 − 3 = 22 （3 年建设/无租期）
全部租金（英镑）	16800 万	25960 万
工程造价（英镑）	—	3120 万
净收入（英镑）	16800 万	22840 万 （即额外 6040 万）
备注	新老租户间空置期可能会更长；租期可能会更短	维护和运行成本可能会降低

2001 年典型投资回报　表 7.2

	建房互助协会	英国金边债券（10 年期债券）	股票（FTSE 500）	商业地产
收入	4%	5%	3%	7%
资本	0%	0%	6%	3%
总计	4%	5%	9%	10%

注：数据取自 RIBA（2003）。

7.3　政府对"乐观偏差"的指导

如果建造者为他人建房，但没有正确建造，所建造的房子倒塌并造成居住者死亡，那么该建造者将被处死。

——《汉谟拉比法典》（*Hammurabi's Code of Laws*），公元前 1700 年，美索不达米亚

英国政府已经研究了项目成本和工期增加的趋势，并在其《绿皮书》（*Green Book*）（HM Treasury，2003a）中提出了建议，以纠正过去一直困扰着大

对新开发的成本和价值总体考虑　表7.3

成本	百万（英镑）
1. 土地，包括咨询费和拆迁费	68.8
2. 设计和施工费用	31.2
3. 租赁-租金的20%	2.0
4. 利息和融资	3.9
5. 无效——一年免租	11.8
总计花费	117.7
价值	
6. 215000平方英尺，55英镑/平方英尺	11.8/年
7. 投资收益率7%（商业地产收益）	165.2
将（7）除以（6）得到14倍	
盈余	
8. 价值减去总成本（165.2 – 117.7）	47.5
盈余占成本的百分比（47.5×100 / 117.7）	40%

注：数据取自 RIBA（2003）

贷款对项目成功或失败的影响说明　表7.4

成本（占成功项目成本的百分比）	成功项目		失败项目	
	没有贷款	有贷款	没有贷款	有贷款
总成本	100	100	160	160
贷款		–70		–70
开发者权益支出	100	30	160	90
销售收入	140	140	140	140
偿还贷款		–70		–70
结果	140	70	140	70
完成后剩余	40	40	–20	–20
开发商权益回报率（盈余/支出）	40%	133%	–13%	–22%

型项目评估过程的系统乐观主义（称为"乐观偏差"）。

造成资本成本估算偏差的两个主要原因是：

- 由于对利益相关者需求的识别不充分，所以在业务案例中对项目范围和目标的定义不明确；
- 在项目实施过程中管理不善，无法遵守进度表，也无法降低风险。

《绿皮书补充指南——乐观偏差》（Supplementary Green Book Guidance-Optimism Bias）（HM Treasury，2003b）对可能遇到的乐观偏差建议了乐观偏差值，并推荐使用这些值，除非有可靠的证据支持其他值，其范围如表7.5所示。各种影响因素如表7.6所示。遗憾的是这些影响因素并没有分解到项目发生问题的阶段，因此无法区分由地基引起的问题所占的比例。表7.7给出了《补充指南》（Supplementary Guidance）的摘录，阐明了为减轻示例项目风险而采取的各种步骤。

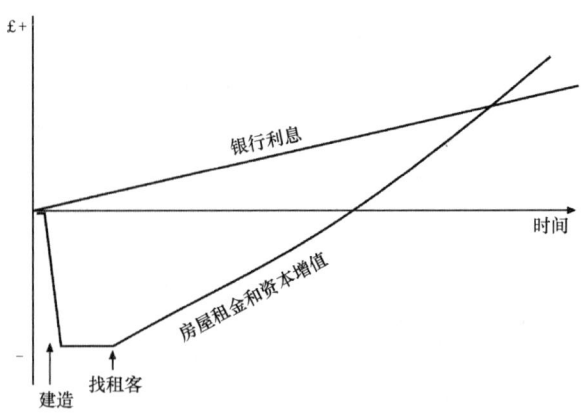

图7.3　建筑投资与银行利息的比较

摘自 Chapman，2008；版权所有

各类不同项目乐观偏差期望值的范围

表7.5

项目类型	乐观偏差（%）			
	工程工期		基本建设费用	
	上限	下限	上限	下限
标准建筑	4	1	24	2
非标准建筑	39	2	51	4
标准土木工程	20	1	44	3
非标准土木工程	25	3	66	6
设备/开发	54	10	200	10

注：这些数值只是建议的指导起始值，并非最高或最低可能值。

摘自 HM Treasury（2003a）ⒸCrown Copyright

从指南中可以推断出：

- 非标准项目承担风险多，非标准建筑项目比非标准土木工程项目承担更多的风险。其原因尚不明确，可能是由于建筑项目涉及更多不同技能的组合，或者可能是由于国家采购的土木工程项目具有更严格的阶段审核和设计检查（例如第3类检查）。
- 建筑和土木工程项目似乎比政府项目采购设备（包括软件项目）的风险要小。
- 建设项目的最大失败，主要原因是客户的商业案例不足和采购不善，导致纠纷和索赔（可能是由于缺乏规范）。

第 7 章 工程项目中的岩土工程风险

乐观偏差上限指导　　　　　　　　　　　　　　　　　表 7.6

乐观偏差上限（%）*	非标准建筑		标准建筑		非标准土木工程		标准土木工程	
	39	51	4	24	25	66	20	44
	工作持续时间	资本支出	工作持续时间	资本支出	工作持续时间	资本支出	工作持续时间	资本支出
乐观偏差上限的影响因素（%）	非标准建筑		标准建筑		非标准土木工程		标准土木工程	
采购流程								
合同结构的复杂性	3	1	1		4			
承包商后期参与设计	6	2	3	2	<1			3
承包商能力差	5	5	4	9	2		16	
政府指引								
发生争议和索赔	5	11	4	29	16			21
信息管理								
其他说明					1	2		
项目相关								
设计复杂性	2	3	3	1	5	8		
创新程度	8	9	1	4	13	9		
环境影响					5	46	22	
其他说明	5	5			3			18
客户相关								
商业案例不足	22	23	31	34	3	35	8	10
大量利益相关者			6					
资金可用性	3	8			5	6		
项目管理团队	5	2		1		2		
项目智能化差	5	6	6	2	3	9	14	7
其他说明	1	2		<1				
环境								
公共关系			8	2				9
场地特征	3	1	5	2		5	10	3
许可/同意/批准	3	<1	9					
其他说明	1	3						
外部影响								
政治	13				19			
经济		13	11	24	3			7
法律/法规	6	7	9	3	8			
科技	4	5			6	8		
其他说明		2			<1	1		

注：* 指导性初值——项目的乐观偏差会在其生命周期中发生变化。

** 每个领域的贡献占记录的乐观偏差的百分比。四舍五入误差可能导致数值总和不等于100%。

摘自 HM Treasury（2003a）ⓒ Crown Copyright

英国财政部（HM Treasury）给出的工程造价和工期对乐观偏差的主要影响因素　　表7.7

影响因素	项目成本（%）对乐观偏差的贡献	工程工期（%）对乐观偏差的贡献	风险管理成本的示例（英磅）
承包商能力差	5	5	0
设计复杂	3	2	140000
商业案例不足	23	22	700000
项目智能化差	6	5	10000
场地特征，如现场勘察	1	3	40000

注：本例中，某信托机构拥有某土地至少20年，并且在最近5年内进行了全面的场地勘察，因此只需要进行案头研究和有限的场地勘察。

摘自 HM Treasury（2003b） ⓒ Crown Copyright

- 土木工程项目遭受环境影响（可能在此过程中风险缓解得太晚），承包能力差，采购差，导致纠纷和索赔。

值得注意的是，好的岩土工程设计是减轻乐观偏差所要克服的不确定性。其可以减少乐观偏差，从而使该项目更加经济实惠。该服务对项目发起人具有重大优势。

7.4 与地基有关问题的典型频率和成本

当有人问如何最好地描述我在海上近40年的经历时，我只是说，平安无事。当然冬天有大风、暴风雨和大雾之类，但是在我所有的经历中，从未发生过任何值得一提的事故……我在海上的所有岁月中只看到一艘遇险船。我从未见过沉船，也从来没有失事过，从未陷入过可能以任何形式的灾难结束的困境。

——爱德华·约翰·史密斯船长，1907

（在他成为泰坦尼克号首航的船长之前的5年）

英国国家经济发展署（National Economic Development Office，简称NEDO）（NEDO，1983）对5000个工业建筑审查发现，有50%的项目至少超期一个月。一个代表小组研究表明，这些超期项目的37%是由于地基问题造成的。英国国家经济发展署（NEDO，1988）对8000个商业建筑审查发现，有三分之一的项目超期一个月，另外三分之一的项目超期将近一个月。代表小组研究表明，超期

一个月的项目中有一半的项目是由于不可预见的地基状况而受到延误。英国国家审计署（National Audit Office，2001）报告表明，上面的问题到2001年几乎没有改善：它引用了政府商务办公室的一项研究，该研究发现有70%的公共项目延迟交付，73%的项目价格超过了招标价格。来自法律纠纷和建筑新闻的同期报道表明，不可预见的地基事故仍然非常频繁发生。英国机场运营商——英国机场管理局（BAA）在2005年《经济学人》（*The Economist*）（Anon，2005）中的一篇文章，估计该行业的平均严重延误率为40%（由于使用合作伙伴和其他方式，他们的目标与项目合作者的目标保持一致，因此他们自己的记录不到20%）。如图7.4所示，大约三分之一的研究项目被延迟了一个月之久，另外三分之一遭受了更严重的延迟。在可以找到原因的数据中，约有三分之一到一半的延期是由于复杂的地基状况引起的。因此，由于地基问题造成严重延误发生的比例在17%~20%。从图7.4可以看出，延迟的发生似乎并没有随着时代的发展而改善。

Van Staveren和Chapman（2007）检查了大量项目失败影响财务的数据。仅在荷兰，损失数量估计为荷兰建筑业年支出的5%~13%（所有损失，不仅是地基损失）。由于荷兰每年在建筑上的总支出约为700亿欧元，因此要花3.5亿~90亿欧元来应对损失（van Staveren，2006）。Chapman和Marcetteau（2004）指出，在英国约有三分之一的建筑项目明显延期，其中一半的延迟是由于地基问题引起的。将这一比率应用于荷兰的整体建筑损失率，表明在荷兰平均约有25亿欧元是由于地基原因造成的，应用于整个欧盟约为500亿欧元（此推断根据2006年荷兰国内生产总值规模为6130亿美元，整个欧盟国内生产总值为136000亿美元；CIA factbook，2007）。

这些与地基相关的问题通常比发生这些问题的阶段还要早，正如Chowdhury和Flentje（2007）根据Sowers（1993）的广泛研究所强调的那样。后一项研究表明，在57%的研究项目中，其岩土工程问题来自设计阶段，有38%的工程问题来自施工阶段。但是，这些岩土工程问题41%形成于项目的建设阶段，57%形成于项目运营阶段。

结构和岩土设计流程的重要部分应该是整个项目团队共同努力，以减少地基风险。地基风险是项目延误的主要原因之一，因为一旦发生，就很难轻易或迅速解决。由于基础和地下室的施工通常位于

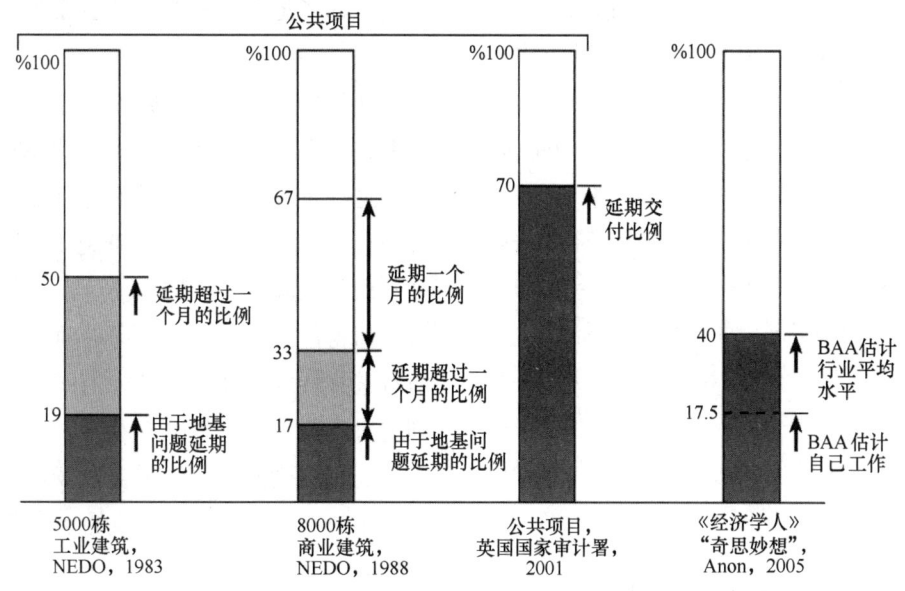

图7.4 典型的英国项目拖延时间
在每个项目类型下面显示，都在本章的参考文献中列出

项目的关键环节上，所以任何延误都会影响所有后续活动，并直接影响完工日期。

7.5 有备无患

> 我们知道，有"知道的已知"，即有些事情我们知道我们了解；我们也知道，有"知道的未知"，即有些事情我们知道我们不了解；还有"不知道的未知"，即有些事情我们不知道我们不了解。
> ——美国前国防部长唐纳德·拉姆斯菲尔德在2002年2月12日美国国防部简报中解释了一种情报状态。

很大程度上意料到可能发生的事情是岩土设计成功的基础。对于"不知道的未知"，其风险管理是非常困难的，因为很难识别无法想象事件的可能性和严重性，这些无法想象事件往往不适合统计理解。

"黑天鹅"的概念是由纳西姆·尼古拉斯·塔勒布（Nassim Nicholas Taleb）（2007）提出的，过去人们坚持认为，所有天鹅都是白色的，这经过数个世纪的经验证据证实，直到1697年荷兰探险家威廉·德·弗拉明（Willem de Vlamingh）在澳大利亚发现了黑色天鹅。塔勒布（Taleb）创建了一个基于黑天鹅事件的理论，具有以下特征：

- 作为一个异常事件，它超出了常规预期的范围，因为以前的经验无法指出这种可能性；
- 具有极大的影响；
- 尽管是异常值，但一旦发生，人们能为这种现象的发生做出解释——这是显而易见的，但只是后见之明。

塔勒布教授列举了许多例子，从"9.11"事件到流行歌手、足球运动员和艺术家报酬的"赢家通吃"现象。他的论点是"黑天鹅"事件发生得太频繁了，往往决定许多尝试的成功。他区分"轻微随机"和"严重随机"。处理地基风险是一种非常严重的"黑天鹅"事件，因为其后果可能很严重，因此，在岩土工程评估中不应忽略意外事件发生的可能性，这一点很重要。

通过制定良好的计划，有可能将"黑天鹅"事件发生的可能性降到最低。然而，由于"黑天鹅"的本质，其发生不能完全消除。那些管理复杂岩土工程项目的人需要意识到他们可能会受到"黑天鹅"的影响——需要谦逊，并且要认识到在任何看似无害的场地发生灾难的可能。"黑天鹅"之所以经常出现，是因为工程师完全依赖以前的经验，而不考虑可能会发生什么。在本章结尾的示例中，将更详细地考虑这一点。

7.6 场地勘察的重要性

> 没有场地勘察，地基是危险的。
> ——场地勘察指导小组（Site Investigation Steering Group），2003

如本手册第4篇所述，场地勘察包括两个主要活动，见英国标准 BS 5930 中所解释的（BSI，1999）：

- 案头研究，《欧洲标准7》称为"初步勘察"（*Preliminary Investigation*）（BSI，2004）——从相关文献资源收集场地信息，通过免费的在线航空摄影和其他容易获得的资源，例如英国的 Envirocheck，获取场地信息更加容易。案头研究过程中非常有价值的部分，通常是将所有与地基相关的危害汇总到一个场地计划中，该计划可用于总体设计和施工过程。对于更大（或更复杂）的场地，地理信息系统（GIS）可以实现相同的功能。
- 现场勘察——通过钻孔和试坑进行现场物理调查，以实验室测试和压力计读数来确定地基和地下水状况。现场勘察应由案头研究中确定的危害来推动，同时评估这些危害如何影响预期的开发建议和施工过程。

除了考虑一般的岩土因素，例如地层和地层特性，对以下重要方面也要调查。

- 可能存在有价值的考古遗迹；
- 附近可能存在受污染的地层或地下水；
- 可能存在障碍物或其他妨碍基础施工，以及邻近基础、隧道等；
- 地下电缆和其他公共设施。

通常这些人为问题会比地质变化给项目带来更大的风险。案头研究仅考虑容易获得的测绘数据，无法考虑场地开发初期的测绘数据，这被视为潜在缺陷。

场地勘察还应解决施工可行性，因此在进行场地勘察之前，应该参考相似的地基类型和施工过程，这一点很重要。如果承包商无法从场地勘察报告中获得有关不同类型基础施工效率的有用信息，则延误的风险将大大增加。

值得注意的是，尽管场地勘察对地基进行仔细但有选择性的采样，在进行主体施工之前仍不会遇到绝大多数地基。根据本章附录 A 中描述的土量，典型的现场勘察将仅能覆盖该场地约 0.03% 的土，且其中只有一小部分由专业的地质学家或工程师进行检查。

GeoQ 步骤由范·斯塔弗伦（van Staveren）于 2006 年提出，是一种常规、良好的岩土工程实践，强调需要尽早收集数据。图 7.5 显示了一个常规合同，招标阶段介于设计和施工之间。表 7.8 显示了在一些正常项目阶段应用 GeoQ 步骤的一个简化示例。

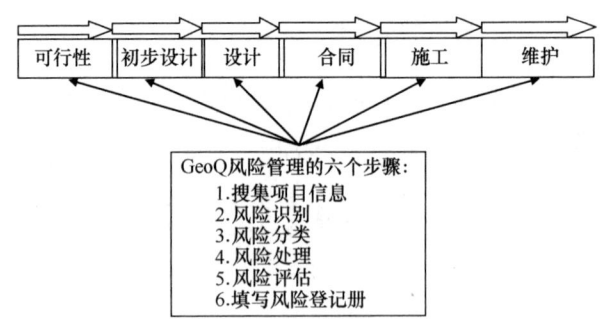

图 7.5 GeoQ 风险管理模型

一些正常项目阶段的 GeoQ 步骤的一个简化案例　　　表 7.8

GeoQ 步骤	正常项目阶段	典型示例
1. 搜集项目信息	案头研究	搜集以往和地质图及其他信息
2. 风险识别		旧地图显示有一条被填满的河道从场地穿过
3. 风险分类	通常在现场勘察阶段进行，可以量化危害大小和程度	证明河道深达 10m，并填满软的有机冲积层
4. 风险处理	通常在设计过程中完成，此时开发可以保护自己免受主要风险	为该部分场地设计不同的基础；包括地下室瓦斯保护措施
5. 风险评估	投标前，收集未缓解的风险，以便于作为合同文件的一部分进行管理和/或转移承包商	评估与河道相关的剩余问题范围
6. 风险运用——填写风险登记册		向承包商强调其设备可能陷入冲积层中；注意桩机的稳定性

7.7 场地勘察的成本和收益

质量绝不是偶然，它总是智慧努力的结果。
——约翰·拉斯金（John Ruskin）（1819—1900 年）

岩土工程风险是可管控和减轻的。合理的岩土工程实践（例如通过案头研究和现场勘察进行危害识别和勘探）可以大大降低风险。这些投资的价值需要在降低风险的背景下看待。

本章附录 A 中所述的建筑物，场地勘察包括：

案头研究	5000 英镑
现场勘察	
5 个钻孔 20～40m	25000 英镑
10 个试验坑	5000 英镑
污染测试	5000 英镑
土工实验室测试	5000 英镑
	40000 英镑
	45000 英镑

这应该在不含装修成本的 2400 万英镑建筑成本（或 1320 万英镑的结构成本或 240 万英镑的基础成本）的背景下考虑。场地勘察的费用为建筑成本的 0.19%，结构成本的 0.34% 和基础成本的 1.9%。与此相比，Rowe（1972）估计场地勘察费用为建筑成本的 0.05%～0.22%。

延期的相关成本可与节省的成本进行比较。利用前面给出的统计数据，假设有 20% 的项目由于地基状况被延期 1 个月或更长时间，从开发商角度看，延迟 1 个月的成本计算如下：

土地购买成本	6880 万英镑
建筑成本（含装修）	3120 万英镑
总成本	1 亿英镑

以 7% 的年回报率计算，偿还贷款的成本每年为 700 万英镑或每月 58.3 万英镑。如果延期导致居住者无法在大楼内工作，那么成本将会更高，因为他们还必须考虑由此造成的在该处工作人员的低生产效率，这被认为超过了雇佣他们的成本——额外的每年 3125 万欧元（相当于每月 260 万英镑），几乎是建筑融资成本的 5 倍。

当然，建筑物的使用损失可能会更高，因为这些损失不包括：

- 错过了房地产租赁周期的顶部，导致后几年实现的租金较少；
- 错过重要的季节，例如商店的圣诞节或度假村的夏天；
- 必须支付争议费用，可能是所争论的原始损失的几倍。

开发商要提前预测未来几年最佳的房地产启动规划，以及设计和施工过程时间的充足以满足房地产要求，如图 7.6 所示。因此，在设施完工时，很容易受到房地产市场不确定性以及建筑成本和项目不确定性的影响。

如果开发商节省场地勘察费用，节省一半的勘察成本也就节省 22500 英镑（但考虑不周的场地勘察收效甚微）。

忽略争议和使用者费用（以及承包商的违约金），1 个月的延迟费用为：

客户-延迟利息	583000 英镑
主承包商	
成立	100000 英镑
额外勘察	30000 英镑
重新设计	30000 英镑
	160000 英镑
	743000 英镑

由于场地勘察不充分导致基础设计效率较低，因此施工成本增加。例如，伦敦地区测量师协会（2000）允许良好场地勘察的桩基的设计效率比有缺陷场地勘察高 20%。因此，差的场地勘察会导致桩基效率降低约 20%，建造成本增加 10%。对于正在考虑的示例，额外的基础成本会增加 6 万英镑，由 74.3 万英镑增加到 80.3 万英镑。

现场勘察缺陷的额外"平均"成本经过计算为 209000 英镑，分布在所有开发项目中。该数字包括因意外地基状况导致的平均额外延误成本 149000 英镑（基于所计算的典型延误成本 743000 英镑的 20%），以及因为效率较低产生的设计费用 60000 英镑。

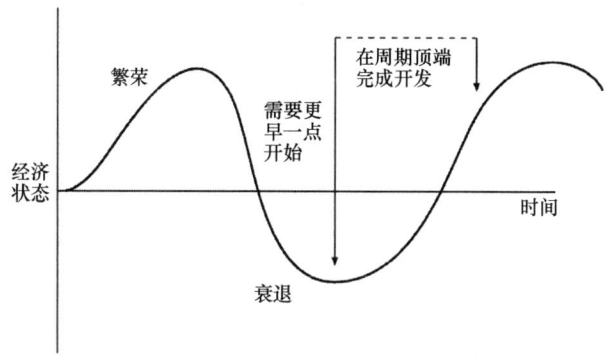

图 7.6 开发过程的起点如何达到经济周期顶端的关键

摘自 Chapman, 2008；版权所有

因此，场地勘察预算节省了一半的费用（22500英镑）必须与保守估计的延迟超过80万英镑的项目下，（风险出现导致的第五个项目）相平衡或所有项目平均额外成本20.9万英镑。在许多情况下其后果要比本例中相当乐观的假设严重得多。

7.8 缓解而非应急

付出太多是不明智的，但付出太少则更糟；当您支付过多时，您会损失一点钱，仅此而已。当您支付太少时，您有时会失去一切，因为您购买的东西不能做它买来应该做的事情。商业平衡法律禁止少付多得到。这是无法做到的。如果您与出价最低的人打交道，你还要增加一些东西来规避风险。如果这样做，你就有足够的钱去买更好的东西。世界上几乎没有什么能让人做得好一点，但卖得便宜一点——仅考虑价格的人就是这种人的合法猎物。

——约翰·拉斯金（John Ruskin）（1819—1900年）

当面对低廉的投标价格时，客户关注直接节省的成本，而不是可能遭受的间接损失。他们相信应急措施会给他们提供保护，而不是选择直接解决问题。当后果是"轻微随机"时，这可能是有效的，但是当后果对项目财务造成"严重随机"影响时，则无效。

许多开发商自己承担财务风险，如果出现问题，假定的财务模型无效，他们将不得不处理后果。主要问题通常是延误，导致移交延迟（收入流接收延迟）或成本增加。通常，失望的开发商会希望从设计和施工团队中收回损失，例如通过因承包商的拖延而支付违约金或通过设计师的专业赔偿保险来弥补损失。这些不是弥补损失的可靠办法，尤其对于间接损失。覆盖风险最好的方法是通过覆盖整个团队的项目保险或通过覆盖最终建筑物的潜在缺陷保险（LDI）对其进行明确保险（尽管LDI并不能够总是覆盖相应的损失）。尽管这些保险产品鼓励采用共同的方法来解决问题，但它们并不能让设计师和施工人员完全摆脱困境。例如，如果保险人怀疑过失是起因，后期可能决定设法收回一些损失（通过代位索赔）。

潜在缺陷保险（LDI）本身不应被视为一种解决方案，如同承包商和设计师由于自身紧张负债而不可能为开发商解决恶化状况一样。避免出现延迟和损失的最佳方法是预防。因此，在地基问题的正确勘察上多花点钱比聘请律师制定繁琐合同强加给项目参与者更为有效。

7.9 缓解步骤

雨淋，水冲，风吹，冲击那房子，但房子总不倒塌，由于它植根于磐石上。凡听到我这话而不去照做的人，就像一个将房子建在沙滩上的无知的人。

——《圣经》-马太福音7：25-26

表7.9给出了标准项目的工作阶段［基于《RIBA工作计划大纲》（RIBA *Outline Plan of Work*）］（RIBA，2007）以及典型的岩土设计活动。

所有项目都需要在最佳时间及时进行适当建议的干预。岩土工程顾问需要了解项目其余部分的设计时间表，以及后期建议的潜在影响，特别是对于较复杂的项目，应提前与设计团队的其他人员（尤其是结构设计师）沟通互动。

岩土工程类型经常会给建设某些部分带来主要限制，例如在狭窄场地上，完整挡土墙系统可达2m宽（例如导墙0.15m，硬/软割墙0.9m，公差和隆起0.15m，钢筋混凝土饰面墙0.30m，空隙0.15m，砌块墙0.15m，总厚度1.80m），但有时建筑师希望用0.3m的钢筋混凝土墙（隐含明挖解决方案）。这将对建筑物整个周边的空间规划产生严重影响，尤其对于基于较小的墙体尺寸设计的停车场布局，则可能带来更严重的后果。因此对于岩土工程团队而言，确保及早提供指导解决方案非常重要。例如在某些先进实验室测试结果出来之前（在整个设计过程中相对较晚），不提供挡土墙设计（尽管会保护岩土工程师免于更改其设计方案），这可能会引起设计团队其他成员的惊慌。

现场进行测试时会存在不符合规范的风险。因此明智的做法是提前进行测试（最好是远离项目的关键路径），而不是让重要的测试结果靠后，那时不合格会带来很大的破坏。例如：

- 英国隧道学会（British Tunnelling Society）（2003）推荐，岩土工程场地现状报告（Geotechnical Baseline Report，简称GBR）是一种明确所有项目类型风险分担的好方法。GBR并没有像岩土工程评价报告那样全面介绍地基状况，而是简单地列出了预期条件，因此与预期条件的偏差是明确的。因此，它试图澄清何时应向承包商支付额外费用，从而减少发生纠纷的可能性。

具有正常相应岩土工程活动的 RIBA 工作阶段 表 7.9

项目阶段	RIBA 工作阶段	相应的岩土工程活动
准备	A. 评价 确定客户需求和目标,业务案例和可能的发展限制 准备可行性研究和方案评估,使客户能够决定是否继续	■ 初步案头研究,确定可能深刻影响开发方案的主要危害
	B. 设计简介 由客户或其代表制定设计概要的初步要求说明,确定主要要求和限制 确定采购方法、程序、组织结构、顾问范围和项目的其他人员	■ 全面案头研究,识别所有关键危险
设计	C. 概念 实现设计概要并准备附加数据 准备概念设计,包括结构和建筑服务系统的大纲建议、规格大纲和初步成本计划 审查采购方式	■ 现场勘察 ■ 岩土工程评价报告 ■ 各种选择的初步设计 ■ 建议首选方案 ■ 同意现场监督的要求
	D. 开发设计 开发概念设计,包括结构和建筑服务系统,更新规格大纲和成本计划 完成项目简介 提交详细规划许可申请	■ 设计开发 ■ 首选方案的详细计算 ■ 如果设计需要,同意现场监督要求 ■ 最终计算并符合建筑控制标准
	E. 技术设计 编制技术设计和规范,足以协调项目的各组成部分和要素; 确保符合法定标准和施工安全	■ 从招标文件开始征求初步意见 ■ 施工设计和管理提交
施工前期	F. 生产信息 F1. 为施工准备详细资料。法定批准申请书 F2. 为建筑合同要求的施工准备进一步的资料。审查专家提供的信息	
	G. 投标文件 准备和/或整理足够详细的投标文件,以便获得一份或多份项目的投标书	■ 完整的投标文件 ■ 确定首选的基础承包商 ■ 承包商识别主要施工风险
	H. 招标行为 识别和评估项目的潜在承包商和/或专家 取得和评标;向客户提交建议	■ 投标评审 ■ 中标承包商的协议——名称、设计、方案等
施工	J. 动员 发包建筑合同,指定承包商 向承包商发送信息 安排与承包商的现场移交	■ 向驻场工程师(RE)作详细汇报
	K. 施工到实际竣工 管理建筑合同到实际竣工 在合理需要时,向承包商提供进一步的信息 审查承包商和专家提供的信息	■ RE 监管 ■ 担任承包商的岩土工程顾问 ■ 协助索赔 ■ 成桩报告
使用	L. 实际竣工后期 L1. 工程竣工验收后的建筑合同管理 L2. 在最初使用期间协助建筑物使用者 L3. 评估项目在使用中的表现	

注:数据取自 RIBA(2007)、AE(2004)

- 现场勘察应集中在案头研究通常揭示的最大不确定性上。基于糟糕的案头研究进行现场勘察不可避免存在不确定性。考虑到只看到不足 0.03% 的土体，错过的比选中的多。良好的现场勘察聚焦最可能发生的危害，通常是近地表的地层边界，因为人类的活动（在大多数情况下）比地质过程更容易引起变化。
- 最初选择的基础会对后续过程产生深远影响。在具有高地下水位的粉土中，用桩基会有很多麻烦。在地下水位上方的密砂质粉土层上选择浅基础可以避免这种危险。但是如果选择了桩，特别是如果由桩承包商指定进行的设计，则以后不太可能选择浅基础解决方案。
- 早期对试桩进行测试可为所选类型桩的施工可行性和承载力提供依据和信心，从而在出现问题时留出足够的时间来修改设计或选择桩。相同的原则适用于其他类型的早期测试；例如测试地基处理方法的效果或在试验钻探中遇到的问题。
- 后期的工程桩测试（工程期间进行的桩基测试），除了妨碍进度外，还增加了产生不良结果而没有时间做出反应的可能性。在所有工程桩施工完成后进行桩载荷测试，这意味着如果测得的桩承载力值异常低，则需要对每个桩进行增强，这是很难做到的。
- 除降低风险外，在桩施工前多做桩测试，在施工期间少做桩测试，往往更便宜，对施工计划造成的干扰也更少。

该过程应从一开始就考虑所有风险，然后根据其可能性和潜在严重性来减轻风险。风险应该由最有能力的人掌握和管理，而不仅仅是委托或转移。表 7.9 对 RIBA 工作阶段进行了总结。

7.10 示例

> 最初没有打好基础的人也许能够在事后打好基础，但是会给建筑师带来麻烦，并给建筑物带来危险。
> ——《君主论》(The Prince)，尼可罗·马基雅维利 (Niccolo Machiavelli) (1469—1527 年)

表 7.10 列出一个例子，说明如何通过设计团队进行不同层次的研究和调查，以及合理的工程程序减轻岩土"黑天鹅"事件的发生和严重程度。

如果刚开始对风险调查不充分，就不会有潜在灾难性特征出现的迹象，最初的风险评估将基于预期的轻度悲观假设范围来进行。对于一个具有潜在可怕后果的灾难性特征，在成本计划中不大可能会留出余地。它的发生将付出沉重的代价——可能会给工地工人造成严重伤害，尤其是大型建筑设备的使用，水处理或建筑设备的剧烈振动加剧了倒塌的情况。也有可能在施工过程中没有发现该潜在灾难性特征，后期会随之崩溃，导致正在运营的建筑关闭，造成巨大的财务成本，甚至还有伤亡的风险。

7.11 结论

> 每个人迟早都要坐下来面对一场充满后果的宴会。
> ——罗伯特·路易斯·史蒂文森（Robert Louis Stevenson）(1850—1894 年)

项目出现问题一个常见的原因是未能在早期阶段解决问题。在以下情况中有许多方面来有效地降低相关风险：

- 初始数据收集；
- 设计；
- 施工采购。

许多客户选择设计顾问时，会假设他们都将提供质量相似的设计产品，区别他们的主要依据是价格。对于较简单的项目，如交付成果易于确定、外部影响易于控制，价格可以作为有效的比较，尤其是设计顾问已通过技能和相关能力的资格预审。对于复杂的项目，最重要的是输出的质量，例如：

- 搜集数据形成一个非常有条理和实用的案头研究报告；
- 考虑可施工性和解决问题的方法；
- 更好地整合临时和永久工程解决方案。

表 7.10 中的矿井示例说明了设计团队在现场开始施工前进行的各种准备和研究所带来的不同结果。

如果总设计费用为项目成本的 5%，那么通过增加 20% 的工作量（投入更多时间或经验）来提高输出质量，造成项目成本增加 1%。这有望在以下方面转化为更大的成本节约：

- 引起问题的危险发生率较低；
- 更有效的计划；
- 更巧妙的理念可以降低资本成本。

风险缓解和后果的说明　　　　　　　　　　　　　表 7.10

现场状态-进行调查的工作量	根据现有调查程度而了解的情况示例	按照已知信息状态确定的可能工程方法	按照已知信息建造基础会导致的潜在后果	当特征存在时的拉姆斯菲尔德分类	方法的有效性
没有案头研究，随意地现场勘察	不了解现场有大型旧矿井	正常评估场地	现场工作人员会有很大安全风险，例如安装过程中基础倒塌失败	不知道的未知	已知成本低，但后续发生故障的风险很高。也有可能在成本和责任上存在长期争议
只有案头研究，没有现场勘察	了解现场可能有矿井	了解可能存在但不了解其状况很差	特征的位置和条件仍需发现，很可能在调查特征条件时导致项目延迟	知道的未知	已知成本较低，但仍然存在严重延误和争议
有案头研究和现场勘察	了解旧矿井位置和尺寸。知道其状况很差并且有倒塌的危险	所有方面都了解——最佳基础解决方案从开始即选定；承包商知道如何在招标时解决问题	事先已知情况，因此额外直接费用的延迟风险很小。不太可能引起争议	知道的已知	已知成本可能会更高，但风险会大大降低。开发应按时且按预算进行，而不会影响

对于工期非常紧的项目，更大的前期投资就显得尤为重要，否则，该项目有可能遇到意想不到的事件，从而将其转变为财务失败。相反，通常是在此类项目中，大部分的努力都是为了将设计成本降到最低，而"黑天鹅"事件发生的可能性却在不经意间增加。

本章试图说明：

- 尽管基础占项目总成本的比例相对较小（约7%），但它们的问题可能是造成严重的工期延误的一半原因，大约占总项目的17%~20%。
- 尽管"平均"后果要高出许多倍，但通常仅将项目建设成本的0.05%~0.22%用于调查这些风险。
- 开发商的财务模式非常容易受到意外冲击的影响——例如项目延期，尤其是通过贷款融资的情况下，这种情况很常见。
- 岩土技术的不确定性是"严重随机"，而不是"轻微随机"——问题的影响会迅速扩大，并且解决起来的成本过高。因此，通过缓解管理要比应急管理更为有效。
- 有条理的岩土工程风险降低流程可以显著降低风险。全面的案头研究是最具成本效益的步骤之一。
- 设计，承认某些不确定性的可能性（甚至很大可能性），可以进一步降低风险的发生率。
- 雇用经验丰富的承包商，他们会适当考虑不确定性，通常比经验不足的承包商提供的廉价解决方案更为可靠。英国财政部（UK Treasury）强调，采购不善和承包商能力差是造成政府资助项目成本和计划超支的主要因素。
- 通过早期测试（例如桩载荷测试）在早期阶段面对风险的测试策略，可减少主要施工过程中意外或异常结果的发生，将减少项目的脆弱性。
- 明确风险所有权，最好的策略是让有能力管理风险的人拥有对风险的掌控权——而不是将风险下放到供应链底部。在适当的时候尽早考虑和缓解，比情况恶化做出慢的反应要好。
- 依赖损害赔偿和过失不是开发商与建筑商和设计师一起管理风险的有效方法——他们很少会收回所有间接损失，这通常会使任何直接损失相形见绌。
- 很少有因工程知识不足而引起的地基工程问题。大多数问题是由于不能充分应用已知的流程而引起的。
- 沟通和信息共享往往能及早发现问题，从而更早、更轻松地解决问题。

本章说明收集相关信息并没有捷径可走，将其转化为可以在整个团队中共享的形式，并在整个设计和施工过程中使用它。因此，主要目标应该是提供可靠的解决方案和整体可靠性。降低地基风险需要更好地应用现有流程，而不一定是更好的技术。

7.12 参考文献

Anon (2005). Heathrow's new terminal is on time and on budget. How odd. *The Economist*, 20 August.

Anon (2008). Commercial property – dominoes on the skyline. *The Economist*, 5 January.

Association of Consulting Engineers (2004). *Conditions of Engagement*.

British Standards Institution (1999). *British Standard Code of Practice for Site Investigations*. London: BSI, BS 5930:1999.

British Tunnelling Society (2003). *The Joint Code of Practice for Risk Management of Tunnel Works in the UK*. London: BTS.

CIA factbook (2007). [Available at www.cia.gov/cia/publications/factbook/index.html]

Chapman, T. and Marcetteau, A. (2004). Achieving economy and reliability in piled foundation design for a building project. *The Structural Engineer*, 2 June 2004, pp. 32–37.

Chapman, T. (2008). The relevance of developer costs in geotechnical risk management. In Brown, M. J., Bransby, M. F., Brennan, A. J. and Knappett, J. A. (eds) Proceedings of the Second BGA International Conference on Foundations, ICOF 2008. IHS BRE Press.

Chowdhury, R. and Flentje, P. (2007). *Perspectives for the Future of Geotechnical Engineering*. Invited Plenary Paper, Printed Volume of Plenary Papers & Abstracts, pp. 59–75, CENem, Civil Engineering for the New Millennium, 150 Anniversary Conference. Shibpur: Bengal Engineering and Science University.

EC7 (2004). *Eurocode 7*. BS EN 1997-1: 2004.

HM Treasury (2003a). *The Green Book – Appraisal and Evaluation in Central Government*. London: TSO. [Available at www.hm-treasury.gov.uk/data_greenbook_index.htm]

HM Treasury (2003b). *Supplementary Green Book Guidance – Optimism Bias*. London: TSO. [Available at www.hm-treasury.gov.uk/data_greenbook_supguidance.htm]

London District Surveyors Association (2000). *Guidance Notes for the Design of Bored Straight Shafted Piles in London Clay, Foundations Note No 1*.

National Audit Office (2001). *Modernising Construction, HC87*. London: The Stationery Office, 11 January.

National Economic Development Office (1983). *Faster Building for Industry*. London: NEDO.

National Economic Development Office (1988). *Faster Building for Commerce*. London: NEDO.

Rowe, P. W. (1972). The relevance of soil fabric to site investigation practice: 12th Rankine Lecture. *Géotechnique*, **22**(2), 195–300.

Royal Institute of British Architects (2003). *The Commercial Offices Handbook* (ed Battle, T.). London: RIBA Publishing.

Royal Institute of British Architects (2007). *Outline Plan of Work*. London: RIBA Publishing.

Sowers, G. F. (1993). Human factors in civil and geotechnical engineering failures. *Journal of Geotechnical Engineering*, **119**(2), 238–56.

Taleb, N. N. (2007). *The Black Swan: The Impact of the Highly Improbable*. London: Allen Lane.

van Staveren, M. Th. (2006). *Uncertainty and Ground Conditions: A Risk Management Approach*. Oxford: Butterworth Heinemann.

van Staveren, M. Th. and Chapman, T. (2007). Complementing code requirements: managing ground risk in urban environments. *Proceedings of the XIV European Conference on Soil Mechanics and Geotechnical Engineering*, September 24–27, Madrid. Rotterdam: Millpress Science Publishers.

第1篇"概论"和第2篇"基本原则"中的所有章节共同提供了本手册的全面概述，其中的任何一章都不应与其他章分开阅读。

译审简介：

连镇营，博士、教授级高级工程师，建研地基基础工程有限责任公司副总工程师，目前主要从事岩土工程技术质量管理工作。

陈安，北京交通大学教授、博士生导师，美国注册土木工程师，美国绿色建筑认证专家，从事设计、科研、教学工作。

附录 A 开发案例

该案例是为典型建筑开发提供指示性总成本的理想化方案。众所周知，不同的开发其总成本和相对成本差异很大。假设是位于伦敦市中心一块小于 1 公顷（$1hm^2 = 10000m^2$）的场地。由于该场地可容纳 $17000m^2$（18.3 万 ft^2）的净出租面积，因此土地价格定为 6880 万英镑（假设基于净出租面积的场地价值 376 英镑/ft^2，2009 年典型范围为 250~500 英镑/ft^2 的中间值）。场地放置了一座总面积为 $20000m^2$ 的高品质空调办公大楼，地上六层，地下单层地下室，用于自行车、停车场和厂房。净可出租面积为总建筑面积的 85%。若按每人有宽裕的 $17m^2$，总建筑的人数约为 1000 人。该建筑占用者的平均年薪为 25000 英镑。雇主的工资成本被额外收税 25%，平均员工成本为 31250 英镑。因此每年的工资总额为 3125 万英镑。在 25 年的建筑寿命中，总就业成本约为 7.81 亿英镑（以 2009 年不变价表示）。

计算得出的建筑成本通常为 1200 英镑/m^2，总计 2400 万英镑。费用按比例分摊，10% 用于基础部分（基础和地下室），45% 用于框架、楼板、墙壁和屋顶，45% 用于装修和服务。在用于基础部分的 240 万英镑中，假设 60 万英镑用于桩基和桩承台，其余用于地下室结构。A 类建筑物装修假定要花费总建筑成本的 30%（700 万英镑）。租户的装修费用为 10 英镑/m^2（20 万英镑），总计约 720 万英镑的装修费用。因此，建造和装修的总建筑成本为 3120 万英镑，相当于 1560 英镑/m^2 或 145 英镑/ft^2。假定专业费用已包括在建筑成本数字中。假设年度运营成本约为 55 英镑/（$m^2 \cdot a$），即每年计 110 万英镑，在 25 年的设计寿命中总计 2750 万英镑。案头研究的场地勘察费用为 5000 英镑，现场勘察（包括分析）费用为 40000 英镑。总的场地勘察费用为 4.5 万英镑。这不包括装修的建筑成本（2400 万英镑）的 0.19%；这是典型的场地勘察所占结构成本的比例，根据 Rowe1972 年收集的建筑项目该比例在 0.05%~0.22%。

根据危害识别案头研究，假设一个不到 $1hm^2$ 的场地需要 5 个钻孔（深度为 20~40m），10 个试验坑以及相关的岩土性质和污染测试，现场和实验室同时进行。假设场地面积为 $90m \times 90m$，考虑到可能影响开发的相关土层深度为 40m，则需要岩土工程代表的土方量为 $324000m^3$。现场实际看到的土情况如下：

- 钻孔：$5 \times (0.15m)^2 \pi / 4 \times 30m$（平均深度）$= 2.65m^3$
- 试验坑：$10 \times 3m \times 1m \times 3m = 90m^3$

钻孔和试坑土体总共约 $93m^3$。因此通过现场勘察覆盖回收的土体比例约为总数的 0.03%。而由专业工程师或地质学家检查的比例还要小。

第8章 岩土工程中的健康与安全

德韦恩·兰纳（Delwynne Ranner），巴尔弗贝蒂地基工程公司，贝辛斯托克，英国

托尼·萨克林（Tony Suckling），巴尔弗贝蒂地基工程公司，贝辛斯托克，英国

主译：郑俊杰（武汉大学）
参译：乔雅晴，刘勇
审校：黄宏伟（同济大学）

doi: 10.1680/moge.57074.0075

目录

8.1	引言	77
8.2	法规简介	77
8.3	危险	80
8.4	风险评估	82
8.5	参考文献	82

建筑业在英国是一项危险行业。据报道，英国的建筑业平均每年有 75 人死亡，3330 人受重伤。从委托方、设计师到承包商，安全是每个人的责任，我们必须努力降低本行业的人力成本。每一个建设项目都是独一无二的，承包商、分包商、施工工艺、材料、危险和风险均有所不同。保证安全是所有场地的首要重点，项目的所有直接参与者和相关人员均须履行相关法律义务。所有人都有识别和降低风险的义务。岩土工程具有特定的危险和风险。每一个项目的安全都必须由专业人员进行计划、持续监测和改进，并将其作为"日常工作"的一部分。安全责任不可推托。

8.1 引言

每一个建设项目的承包商、分包商、施工过程、施工材料均有所不同，因此其所面临的危害和风险亦各不相同。保证安全应是所有场所的重中之重。项目的直接参与者与相关人员均须履行相关法律义务。委托方必须确保指定能够胜任的人员对工程项目进行管理，设计师必须确保在设计阶段即对风险因素进行识别和消除，总承包商和施工承包商必须对施工过程进行管理与监督以确保工程项目的安全完成。识别并减少风险因素是每名参与者的职责。尽管建筑行业的事故记录表明情况正在改善，但是与其他大多数行业相比，从事建筑业仍然是危险的。据报道，在英国建筑业每年平均有 75 人死亡，3300 人受重伤。在任何一个工程项目中，无论职位高低，每名工作人员都应该在一个安全的环境中工作，在结束一天的工作后能够安全地下班回家。岩土工程具有其特定的危险和风险。专业人员应该对每个项目的安全进行计划、持续监测和改进，并将其作为"日常工作"的一部分。安全责任不可忽视。

8.2 法规简介

施工过程中的健康与安全问题在建筑行业中之所以受到如此重视，一部分原因是不断出台的相关法律法规，另一部分原因是这一行业因其糟糕的安全记录而承受的巨大压力。本章仅对此类法律规定的一些责任进行简要概述，并不就此问题作详细阐述。应该指出的是，本章所阐述的大部分法律法规只适用于英格兰和威尔士；但是，适用于苏格兰和北爱尔兰的法律在大多数方面与此几乎是相同的。对于英国以外的项目，适用的法律可能不同。

大部分健康与安全法规均采用目标设定原则：法规描述了预期需实现的广义规范要求，如何在细节上实现这些规范要求则交由雇主解决。任何违反健康与安全法律的行为均属于刑事犯罪，因此可被处以罚款和（或）监禁，处罚措施详见《健康与安全（犯罪）法案 2008》[*Health and Safety (Offences) Act* 2008]。定罪会导致有犯罪记录。健康与安全法要求被告具有反向举证责任，即应由被告举证证明其遵守了法律，而不是由检察官举证证明被告具有违法行为。

《工作健康与安全法案 1974》（*Health and Safety at Work Act*，简称 HSAWA）规定了各方（包括雇主和雇员）的责任，目的是确保工作人员的健康与安全。HSAWA 是一项授权法案，这意味着有许多条例连带与之配套的认可规程（approved codes of practice，简称 AcoPs）和指导说明将根据这一法案生效。HSAWA 还赋予了所任命的检查员广泛的调查和执法权力，包括发出整改和禁令通知。

《工作健康与安全管理条例》（Management of Health and Safety at Work Regulations）（Health and Safety Executive，1999）规定雇主和自营职业者对受其工作影响的其他人员负有责任。雇主的主要职责是评估和降低风险、建立应急程序、健康监测以及为员工提供工作信息和培训。该法案中有关风险评估的义务规定是各类工作场所中风险评估义务规定的基础。

《建筑（设计与管理）条例》(Construction (Design and Management) Regulations，简称《CDM 条例》)于 1994 年首次颁布，并于 2007 年进行了实质性修订（Health and Safety Executive，2007）。《CDM 条例》是管理建筑工程最重要的法律之一，它规定参与建筑工程的每名人员均应负有责任。"责任主体"(duty holders)被分为六类：委托方、CDM 协调员（CDM coordinator）、设计师、总承包商、承包商和员工。如果项目属于"需申报"项目（项目预计持续时间超过 30 天或 500 人·日，则必须向英国健康与安全执行局进行申报），那么各责任主体均应负有责任。然而，2007 年该条例有一个重大变化，即当某一项目为"无需申报"项目时，将会对某些责任主体规定责任。表 8.1 列出了各责任主体的主要责任简介。

《CDM 条例》要求，在委托某人员从事建筑设计或施工时，该人员必须具备足够的知识和经验来完成工作任务。事故和重大事故之所以发生，往往是因为委托人总是选择费用最低、完成速度最快的人员去执行复杂的任务。岩土工程和任何其他建筑活动都是如此。在许多事故中，承包商都未能正确理解施工顺序（参见第 79 章"施工次序"）或缺乏足够的经验来承担这项工作——因此忽视了所涉及的危险与风险。所有人都必须履行该义务，因此，所委托进行岩土工程设计的结构设计师必须确保能够胜任工作，不能够仅考虑成本而委托。

建设项目的设计、采购和施工团队的能力应能满足委托方要求。因此，如果项目团队的成员需选择分包商，委托方应确保团队成员具有严格的评估程序对相应的分包商进行能力评估。

来自各专业的设计师均应致力于减少和避免施工过程及后续工作（例如维护和拆除）中可能出现的健康与安全问题。设计师在提高健康与安全性能方面所能做的最重要贡献往往体现在概念设计和可行性研究阶段。就岩土工程而言，维护和拆除过程在工程健康与安全中往往被认为无关紧要而忽视，然而应该对其予以考虑。

"结构"设计师的主要职责是评估在使用和维护"结构"期间，其设计对受建筑物影响的人的健康与安全的影响。这与以往的安全法规有很大的不同。在之前的安全法规中，承包商承担了大部分的责任。"结构"的定义范围很广，包括隧道、桥梁、管道、排水工程、土方工程、潟湖、沉箱和挡土构筑物等项目。同时，它也能够指代在施工过程中为提供支撑或通道而设计的模板、支架和脚手架。

施工完成后，《CDM 条例》要求委托方保存《运行和维护手册》（通常简称为《运维手册》）。2007 年的修订版条例极大减少了该手册所需的细节信息。《运维手册》的重点在于提供关于"结构"使用、维护、修理或更新的信息。此外，该手册还应提供如何安全拆除"结构"的相关信息。

《CDM 条例》对福利条款同样进行了修订。《建筑（健康、安全和福利）条例 1996》[Construction (Health, Safety and Welfare) Regulations] 被废止，其要求被纳入《CDM 条例》。业主和总承包商均有责任确保在施工开始前提供配套的福利设施。

必须指出的是，目前尚无专门针对岩土工程健康与安全问题的专项法规。英国标准做出了一些有益的实践，例如，BS 8008（1996）"大直径钻孔桩施工的安全注意事项"，尽管这些标准没有法律地位，但为实践中划分法律责任提供了参考。然而，岩土工程设计和施工的具体要求必须考虑到整个行业的法律要求。

其他可能需要考虑的法律包括但不限于：

- 《有害化学物质控制条例》（1999）（Control of Substances Hazardous to Health，COSHH）。
- 《人工作业条例》（1992）（Manual Handling Operations Regulations）。
- 《工作设备供应和使用条例》（1998）（Provision and Use of Work Equipment Regulations）。
- 《起重作业和起重设备条例》（1998）（Lifting Operations and Lifting Equipment Regulations）。

责任主体的主要责任　　　　　　　　　　　　　　　　　　　　　表 8.1

	所有建设项目	"需申报"类项目的追加责任
委托方	检查所有参建单位人员的专业能力和水平，确保项目福利设施有适当的管理安排，为项目各阶段提供充足的时间和资源，向设计人员和承包商提供施工准备信息	委派 CDM 协调员 * 委托总承包商 * 确保施工阶段开始前配套的福利设施和施工计划已到位 向 CDM 协调员提供与"健康与安全档案"有关的信息 保留并提供查阅"健康与安全档案"的权限
CDM 协调员		协助委托方履行其职责，并提供相关建议 向英国健康与安全执行局（Health and Safety Executive，简称 HSE）申报 与项目其他参与者合作，协调项目在设计阶段的劳动健康与安全问题 促进委托方、设计人员与承包商之间的良好沟通 与总承包商就当下设计工作保持沟通 确认、收集和传达施工准备信息 准备和更新"健康与安全知识"
设计人员	在设计中消除危害，降低风险 对仍存在的风险进行示警	确保委托方明确职责且已委派 CDM 协调员 提供健康与安全所需的任何信息
总承包商		与承包商合作，对施工阶段进行规划、管理和监督 编制、制定和执行书面计划和现场制度（初始计划书应在施工开始前完成） 向承包商提供相关项目计划 在施工开始时提供配套的福利设施，并在施工阶段进行全程维护 核查参建单位人员的专业能力 确保所有工人接受现场入职培训并获取工作所需的所有信息和培训 与员工保持沟通 CDM 协调员就当下设计工作保持沟通 保障施工现场安全
承包商	计划、管理和监督本单位员工的工作 核查所有员工岗位专业能力 培训员工 向员工提供信息 符合《CDM 条例》第 4 部分的具体要求 确保为员工提供充足的福利设施	确保委托方明确职责且已委派 CDM 协调员，项目开始前已向英国健康与安全执行局（HSE）申报 配合总承包商进行规划和管理工作，包括合理的指导和现场制度 向总承包商提供与工程有关的所有承包商的详细资料 提供"健康与安全档案"所需的任何信息 及时告知总承包商项目计划中存在的问题 及时告知总承包商项目相关事故、疾病和危险事件
员工	确保自身专业能力 与他人协作，以确保施工人员和其他项目相关人员的健康安全 及时进行风险报告	

注：* 施工期间，CDM 协调员和总承包商必须全程在场。
摘自 HSE（2007）ⒸCrown Copyright

- 《个人防护用品条例》（1992）（Personal Protective Equipment Regulations）。
- 《高空作业条例》（2005）（Work at Height Regulations）。
- 《作业振动控制条例》（2005）（Control of Vibration at Work Regulations）。
- 《作业噪声控制条例》（2005）（Control of Noise at Work Regulations）。

更多详细信息，请参阅英国土木工程师学会《施工健康与安全手册》（ICE Manual of Health and Safety in Construction）（McAleenan 和 Oloke，2010）。

8.3 危险

危险可以描述为某事物可能造成潜在伤害的特定属性。这一描述在详细定义后，几乎可适用于所有事物。将两个或多个事物组合可能产生无数种危险，对于工程项目而言，这些危险应予以考虑。

现场勘察工作的危险性在于勘察人员往往是首批进入施工现场的作业人员。在这一阶段，尚未指定总承包商，因此，这就要求岩土勘察单位在现场履行其职责。由于这些工作本质上是一种调查，因此能够预料到总会出现一些在案头研究中无法识别甚至无法预测的危险。此外，如果这些工作是在废弃建筑物内进行，则必须考虑到特定的危险（例如石棉），且在进行岩土勘察前必须进行结构评估。

岩土相关的大多数工程均具有专业性，通常需由专业的分包商进行承包。分包商通常同时承担所分包工程的设计和施工，因此应该充分了解所负责工程项目中的特定危险和风险。总承包商和工程师则应该充分了解整个工程项目的具体危险和风险。因此，各方必须在工程实施前和工程实施中共同努力，查明危险，并采取适当的防控措施。

下文列出了适用于所有建设项目的危险清单，同时在说明中详细讨论了与岩土工程有关的一些危险域。该列表并不详尽，构成某一项目的独特因素组合意味着每个项目均需根据其自身的特点进行评估。以下方面可供考虑：

- 车辆和行人进入作业场所的通道和出口。
- 现场车辆的行驶，包括在可行的情况下将车辆和行人进行分流。
- 保护民众（几乎每个工程项目都会对民众造成一定的干扰；必须考虑如何确保民众的安全，并尽可能减少工程项目带给民众的不便）。
- 环境保护（河道、地下水、生态、物种等）。
- 员工的临时生活设施（这一项对于岩土工程项目而言是一个特别的挑战，因为这些工程项目可能是临时性的小项目，也可能是绵延数英里的大项目）。
- 天气的影响（在冬季必须提供充足的照明，员工必须能够烘干湿衣服，可能需要考虑风速对高大设备的影响，以及如何在大雨或大雪中保持安全的场地条件）。
- 工地安全（不仅必须确保民众不会无意中进入工地，而且必须记录现场人员的名单和作业内容）。
- 设计安全（在可行的情况下，必须考虑到设计风险；应包括所有的临时性工程结构和岩土工程）。
- 应急情况（需要考虑到现场突发事件的处理，例如提供急救人员、最近的医院位置和工人报告紧急情况的机制）。
- 现场工程管理（包括工程规划，确保无论是从设计角度还是现场施工操作角度，风险皆降至最低）。
- 尽量消除高空作业的风险，控制坠落风险（应包含坠落基坑的风险）。
- 保护员工健康（员工的短期和长期健康可能会受到噪声、灰尘、生物危害、体力劳动和振动等一系列因素的影响。必须识别和控制此类危险）。

8.3.1 浅基坑

基坑开挖边坡的稳定性取决于地基土的条件，包括地下水、基坑深度和基坑周围堆载情况的影响。值得注意的是，基坑的稳定性会随时间的推移而下降，且降水或其他外来水源可导致基坑的稳定性迅速下降。然而不幸的是，因受困于无支撑基坑而死亡的案例每年均有发生。法规目前只要求对基坑支护进行风险评估审查，但尚未针对基坑支护做出详细规定。然而，基坑稳定性评估不应基于主观评判，而应该基于合理的工程设计原则。基坑稳定性必须由专业人士进行评估，且应考虑到地面、天气、基坑邻近活动和地下水迁移等条件因素。

除此之外，基坑的出入通道（用于人员、装置、设备和材料进出）也应纳入考虑范围，应保证在积水、障碍物和可能的瓦斯积聚等情况下依然能够维护基坑的安全性。同时，必须采取措施以确保人员、设备和（或）车辆不会落入基坑。

此外，必须确保基坑开挖完成后使用合适的土体进行回填，必要时还需进行压实。当施工场地后续需用作其他活动时，必须格外注意这一点。在未得到安全可靠支护的基坑边上进行设备物流运输将会面临很大的倾覆风险。不仅浅基坑如此，桩孔和城市深基坑亦如此。

8.3.2 桩基施工作业

桩基施工作业所使用的专业设备最重可达

140t，最高可达30m，设备前重后轻，且驾驶员在驾驶室操作，周围的视野受限。因此，必须在设备周围设置安全隔离区以保护民众免受伤害，设备周围车辆和其他设备的移动也必须予以适当控制。打桩钻机所需安全操作空间大，因此应尽早咨询专业承包商，确保施工顺序的安排能为打桩钻机在作业期间提供足够的操作空间。

与桩基施工作业有关的特别危险的3种情形：

- 工作平台的设计、维护和维修，见图8.1和第81章"桩型与施工"。平台在使用期间必须保证足够的安全度。平台下的软土或硬土区域，无论是在平台建造之前存在的，还是在平台建造之后形成的，都可能导致钻机的不稳定。
- 桩载荷试验反力系统的失效，见图8.2。一般来说通过试桩反力系统对试桩施加的荷载都比较大，因此桩的载荷试验系统的每个部件都必须严格设计和安装。
- 现场作业人员卷入钻杆、钻机或其他专用机器的旋转部件。英国健康与安全执行局（HSE）最近正积极推广旋转零件周围的固定防护措施，仅依赖安全隔离区的防护措施不够充分。这对桩在安全隔离区内以及任何物理屏障2m范围内的安全位置都具有影响。

8.3.3 城市深基坑

如图8.3所示项目位于建筑物密集的城市市中心，该项目需要开挖一个深的地下室。

此类项目的特别危险包括：

- 工程对邻近建筑物的影响。
- 在地下室开挖过程中可能发生地面沉降的地方，其施工顺序需格外注意。
- 保护民众。
- 施工组织与施工顺序的安排需确保每个承包商都有足够的安全作业空间。
- 塔式起重机的使用。塔式起重机具有独特的危险性，必须由专业人员进行适当的计划、设计、登记、维护和操作。

8.3.4 受污染土地

与受污染土地的接触会引发短期和长期的健康问题。需要识别具有潜在危险性的化学物质，评估相关风险，并根据《有害化学物质控制条例》（COSHH）将工作安全体系落实到位。

1992年，英国钻探协会（British Drilling Association）出版了《填土及污染场地安全钻探指南》（*Guidance Notes for the Safe Drilling of Landfills and Contaminated Land*），该指南随后被英国土木工程师学会场地勘察指导小组（Site Investigation Steer-

图8.1 一台钻机因工作平台承载力不足而倾覆

图8.2 因某一部件失效而导致试桩测试装置倒塌

图8.3 位于建筑物密集的市中心某项目施工现场

ing Group）采用，并于 1993 年作为《工程建设场地勘察》（Site Investigation in Construction）的第 4 部分再版。英国钻探协会（British Drilling Association）目前正在编制一份名为《场地勘察安全指南》（A Guide to Safe Site Investigation）的更新文件。所有参与地下钻探的人员，无论其钻探区域是否被认为受到了污染，均需参考这类专业文件进行相关操作。

关于潜在污染物的范围和控制相关风险的方法的指南详见 HSG 66（1991）——"受污染土地开发期内对工人与民众的保护"。在处理受污染土地时必须寻求专家的建议。

8.4 风险评估

风险评估是对风险进行记录、定义和管理的一种方式，用以响应《工作健康与安全管理条例》（Management of Health and Safety at Work Regulations）所提出的各项要求。风险识别和评估意为观察已识别的危险，计算其潜在后果的严重性，并找出可能受此影响的事物或人群。风险控制是为了确保潜在危险不会发生。因此，简而言之，风险评估的过程就是找出保证人群安全的方法，并记录各项决策及背后原因。

所有岩土工程项目施工过程都伴随着相关的危险和风险，这些风险都会在风险评估表中加以识别和定义。危险可通过防控措施予以消除。如果无法完全消除危险，则应采取相应的措施将风险降低至可接受水平。可接受的风险水平的定义取决于诸多因素，其中包括法律要求。在审查所提议的防控措施是否充分时，应征求岩土工程专家的意见。

最好的规避机制是避免或消除危险和风险。如果前者无法实现，则必须首先考虑"预防性"的控制措施。这些措施通常可以同时适用于大量人群且无须人力投入，例如在基坑工程周围使用固定护栏。如果不能采取预防措施，则下一步就应该考虑采取保护措施。保护措施一般一次只适用于一人，且需要该人的配合，例如，可能要求其系上安全带，以防落入基坑。采取措施的整个过程均将记录在风险评估表中。必须落实、监测和维持所有防控措施，以确保工程的安全风险控制在较低水平。对项目特定的危险和风险的处理同样属于风险评估过程的一部分。

由于与项目相关的危险和风险每天都会发生变化，因此不能只在工程进行到某一特定节点处才开始进行风险评估。识别危险、评估风险和采取合适的防控措施是一个持续的过程，每个与项目有关的人都应该参与其中。如果称职的专业人员能够参与项目的规划，则许多危险和风险在现场作业开始之前就能够得到有效的消除和（或）控制。

风险评估过程的另一重要部分是确保准备参与工作的人员掌握了正确的信息，从而能够确保自身安全。项目中的任何重大风险都必须告知工人。这一点通常需在入职培训中完成。入职培训无须过于冗长和复杂，应该简单明了地向工人解释清楚主要的工程现场风险和防控措施、应急程序以及工程现场的规章制度。

绝大多数建筑公司在识别和记录危险和风险方面都有自己的流程和程序。专业的岩土工程组织机构亦是如此。这些流程通常基于《工作健康与安全管理条例》（Management of Health and Safety at Work Regulations）中描述的原则制定，并根据 HSE 出版物 INDG163《风险评估的五个步骤》（Five Steps to Risk Assessment）（Health and Safety Executive，2006）加以延伸和扩展。

8.5 参考文献

British Drilling Association (1992). *Guidance Notes for the Safe Drilling of Landfills and Contaminated Land.* Brentwood: British Drilling Association.
British Drilling Association (in preparation). *A Guide to Safe Site Investigation.* BDA.
British Standards Institution (1996). *Safety Precautions in the Construction of Large Diameter Boreholes for Piling and Other Purposes.* London: BSI, BS 8008.
Health and Safety Executive (1991). *Protection of Workers and General Public during the Development of Contaminated Land.* HSG 66. HSE Books.
Health and Safety Executive (1999). *Health and Safety in Excavations.* HSG 185. HSE Books.
Health and Safety Executive (2006). *Five Steps to Risk Assessment.* INDG163. HSE Books.
Health and Safety Executive (2007). *Managing Construction for Health and Safety, Construction (Design and Management) Regulations 2007. Approved Code of Practice.* HSE Books.
Institution of Civil Engineers Site Investigation Steering Group (1993). *Site Investigation in Construction. Part 4: Guidelines for the Safe Investigation by Drilling of Landfills and Contaminated Land.* London: Thomas Telford.
McAleenan, C. and Oloke, D. (eds) (2010). *ICE Manual of Health and Safety in Construction.* London: Thomas Telford.

8.5.1 延伸阅读

British Drilling Association (2000). *Guidance Notes for the Protection of Persons from Rotating Parts and Ejected or Falling Material Involved in the Drilling Process.* London: BDA.
British Drilling Association (2002). *Health and Safety Manual for Land Drilling – A Code of Safe Drilling Practice.* London: BDA. (Being republished 2011.)
British Drilling Association (2005). *Guidance for the Safe Operation of Cable Percussion Rigs and Equipment.* London: BDA.
British Drilling Association (2007). *Guidance for the Safe Operation of Dynamic Sampling Rigs and Equipment.* London: BDA.

British Drilling Association (2008). *Guidance for Safe Intrusive Activities on Contaminated or Potentially Contaminated Land.* London: BDA.

British Standards Institution (2000). *Electrical Apparatus for the Detection and Measurement of Combustible Gases. General Requirements and Test Methods.* London: BSI, BS EN 61779–1.

British Standards Institution (2000). *Electrical Apparatus for the Detection and Measurement of Combustible Gases. Performance Requirements for Group I Apparatus Indicating up to 5% (V/V) Methane in air.* London: BSI, BS EN 61779–2.

British Standards Institution (2000). *Electrical Apparatus for the Detection and Measurement of Combustible Gases. Performance Requirements for Group I Apparatus Indicating up to 100% (V/V) Methane in Air.* London: BSI, BS EN 61779–3.

British Standards Institution (2001). *Soil Quality Sampling. Part 3: Guidance on Safety.* London: BSI, ISO 10381–3.

British Standards Institution (2001). *Investigation of Potentially Contaminated Sites – Code of Practice.* London: BSI, ISO 10381–3.

British Standards Institution (2002). *Electrical Apparatus for the Detection and Measurement of Oxygen. Performance Requirements and Test Methods.* London: BSI, BS EN 50104.

British Standards Institution (2009). *Code of Practice for Noise and Vibration Control on Construction and Open Sites – Noise.* London: BSI, BS 5228–1.

British Standards Institution (2011). *Geotechnical Investigation and Testing. Sampling Methods and Groundwater Measurements. Conformity Assessment of Enterprises and Personnel by Third Party.* London: BSI, DD CEN ISO/TS 22475–3.

British Standards Institution (2011). *Geotechnical Investigation and Testing. Sampling Methods and Groundwater Measurements. Qualification Criteria for Enterprises and Personnel.* London: BSI, DD CEN ISO/TS 22475–2.

Building Research Establishment (2004). *Building on Brownfield Sites: Identifying Hazards.* Building Research Establishment, Digest GBG59 Parts 1 and 2.

Building Research Establishment (2004). *Working Platforms for Tracked Plant.* Building Research Establishment, BR470.

Clayton, C. R. I. (2001). *Managing Geotechnical Risk: Improving Productivity in UK Building and Construction.* London: Thomas Telford.

Construction Industry Research and Information Association (1995). *Contaminated Land Risk Assessment – A Guide to Good Practice.* London: CIRIA, Special Publication 103.

Construction Industry Research and Information Association (1996). *A Guidance for Safe Working on Contaminated Sites.* London: CIRIA, Report 132.

Construction Industry Research and Information Association (1999). *Environmental Issues in Construction – A Desk Study.* London: CIRIA, Project Report 73.

Construction Industry Research and Information Association (2004). *Site Health Handbook.* London: CIRIA.

Construction Industry Research and Information Association (2005). *Environmental Good Practice.* London: CIRIA.

Construction Industry Research and Information Association (2008). *Site Safety Handbook.* London: CIRIA.

Engineering Council, The (1993). *Guidelines on Risk Issues.* London: The Engineering Council.

Engineering Council, The (1994). *Guidelines on Environmental Issues.* London: The Engineering Council.

Environment Agency (2002). *Piling into Contaminated Sites.* London: EA.

Environment Agency (2003). *Guidance on Sampling and Testing of Wastes to Meet the Landfill Waste Acceptance Procedures.* London: EA, Version 4.3a.

Environment Agency (2004). *Framework for the Classification of Contaminated Soils as Hazardous Waste, Version 1.* London: EA.

Environmental Services Association (2007). *ICoP 4, Drilling into Landfill Waste.* London: ESA, Industry Code of Practice.

Ferrett, P. and Hughes, E. (2003). *Introduction to Health and Safety at Work.* Butterworth Heinmann.

Health and Safety Commission (1999). *Work with Ionising Radiations.* London: HSC, Approved Code of Practice L121.

Health and Safety Executive (1975). *Health and Safety at Work, etc. Act 1974: The Act Outlined.* HSE Books.

Health and Safety Executive (1981). *The Health & Safety (First-Aid) Regulations. Approved Code of Practice and Guidance.* HSE L74.

Health and Safety Executive (1992). *Management of Health and Safety at Work Regulations. Approved Code of Practice.* HSE Books.

Health and Safety Executive (1993). *Provision of Health Surveillance under COSHH. Guidance for Employers.* HSE Books

Health and Safety Executive (1994). *Hand–Arm Vibration.* HSG 88. HSE Books.

Health and Safety Executive (1997). *Safe Work in Confined Spaces. Confined Spaces Regulations 1997. Approved Code of Pratice, Regulations and Guidance.* L101. HSE Books.

Health and Safety Executive (1998). *The Selection, Use and Maintenance of Respiratory Protective Equipment. A Practical Guide.* HSE, HSG 53.

Health and Safety Executive (1998). *Safe Use of Lifting Equipment, The Lifting Operations and Lifting Equipment Regulations Approved Code of Practice.* L113. HSE Books.

Health and Safety Executive (1998). *Safe Use of Work Equipment, The Provision and Use of Work Equipment Regulations Approved Code of Practice.* L22. HSE Books.

Health and Safety Executive (1999). *Health Surveillance at Work.* HSG 61. HSE Books.

Health and Safety Executive (1999). *Reducing Error and Influencing Behaviour.* HSG 48. HSE Books.

Health and Safety Executive (2001). *Health and Safety in Construction.* HSG 150. HSE Books.

Health and Safety Executive (2005). *Occupational Health Limits.* EH40. HSE Books.

Health and Safety Executive (2007). *Avoiding Danger from Underground Services.* HSG 47. HSE Books.

Health and Safety Executive: *Statistics Branch.* [Available at www.hse.gov.uk/statistics/index.htm]

8.5.2 实用网址

英国健康与安全执行局（Health and Safety Executive, HSE）；www. hse. gov. uk

英国环境署（Environment Agency）；www. environment-agency. gov. uk

英国标准协会（British Standards Institution, BSI）；www. bsigroup. com

英国量刑指导委员会（Sentencing Guidelines Council）；www. sentencingcouncil. org. uk

英国职业安全与健康协会（Institute of Occupational Safety and Health）；www. iosh. co. uk

英国土木工程师学会（Institution of Civil Engineers）健康与安全网站（Health and Safety website）；www. ice. org. uk/topics/healthandsafety/

> 第1篇"概论"和第2篇"基本原则"中的所有章节共同提供了本手册的全面概述，其中的任何一章都不应与其他章分开阅读。

译审简介：

郑俊杰，武汉大学教授，博士生导师，"长江学者"特聘教授。主要从事岩土工程、隧道工程方面的教学和科研工作。

黄宏伟，同济大学特聘长聘教授，"长江学者"特聘教授，中国土木工程学会工程风险与保险研究分会名誉理事长。从事岩土及地下工程安全风险管控教学研究工作。

第9章 基础的设计选型

安东尼·S. 欧布林（Anthony S. O'Brien），莫特麦克唐纳公司，克罗伊登，英国

约翰·B. 伯兰德（John B. Burland）伦敦帝国理工学院，英国

主译：李翔宇（中国建筑科学研究院有限公司地基基础研究所）

参译：张广哲，张寒

审校：刘金波（中国建筑科学研究院有限公司地基基础研究所）

doi: 10.1680/moge.57074.0083

目录

9.1	引言	85
9.2	基础的选型	85
9.3	基础工程整体研究	89
9.4	保持岩土工程三角形的平衡——地基风险管理	91
9.5	地基基础实际工程案例	98
9.6	结论	105
9.7	参考文献	106

本章的目的是消除人们一直以来对基础工程所持有的一些观点，即基础工程只是一个设计和建造基础用来承担一定荷载的简单问题。事实上，在详细设计计算之前，许多关键的决策必须在方案设计中进行。本章给出了处理这些关键决策的方法。为了实现地基基础的经济性和可连续施工，岩土与结构工程师必须在早期阶段就紧密合作。例子给出了相关设计团队密切合作的优点。着重强调对地基基础工程的认识是一个"过程"，包括许多相关的操作。成功与否取决于工程师和操作人员的技能，以及随着工作进展对这些操作的监控和修改。本章包含一些案例用来描述在施工过程中暴露的问题及其解决方案，它们证实了保持"岩土工程三角形"平衡的重要性。

9.1 引言

1951年，太沙基（Terzaghi，1951）教授在伦敦举行的"建筑研究大会"的讲座上说："由于对基础工程重视不够，加之其成败之根源又都深藏于地下，基础工程就像是继子女，这些缺乏关爱的'孩子'会成为'问题儿童'"。

本章的目的是阐述在基础设计和基础及其支撑结构成功建造时必须采取的决策和流程。从一开始就要理解基础工程本质上是一个"过程"，是十分重要的。这个过程包括许多相关的工作，成功与否取决于工程师和施工人员的技术能力，以及随着工程的进展对这些施工所进行的监控和改进。因此基础的设计与施工不仅十分依赖基础的选型，还受许多其他因素影响，包括地基土和地下水的条件，施工方法、承包商的技术和经验及对每个施工环节的监管和质量把控，以及对支撑在基础上的结构性能清晰地了解。

本章选取一些案例来强调岩土工程师和承包商、结构工程师密切合作对确保整个过程成功的重要性。

9.2 基础的选型

许多教材都包括了基础设计这一章，但是，当工程师阅读这些教材后对于基础设计的印象仅仅停留在承载力和沉降的计算上。事实上，许多关键的决策应该在承载力和沉降计算之前完成。一个有助于基础设计工程师记忆的词叫作"5S"。

- 场地（Site）：场地的类型、地貌和尺寸是怎样的？是否存在主要的限制，例如有限的上部空间或地下服务设施？场地附近是否有对沉降敏感的建（构）筑物？场地的历史是怎样的，比如是否存在废弃的矿山或深埋的基础？

- 土（Soil）：土层（或地层）剖面和地下水的状况是怎样的？这些应该结合场地本身的地质和水文地质来了解。浅层存在合适的土吗？地下水会严重影响基础施工吗？

- 结构（Structure）：建筑物的尺寸、结构形式和布置方式、荷载的类型、大小和方向，它们与地基允许变形同为影响基础选型的主要因素。

- 安全性（Safety）：许多与土相关的灾害都可能影响到场地。这些灾害可能与场地内的土或岩石的类型有关，以及土或岩石在沉积后地质过程（如滑坡）中所受到影响的方式，或者由于人类活动，比如工业生产引起的土或地下水的污染，有害气体，矿山、采石场及非工程用不稳定材料（如不稳定的填埋场或堆填

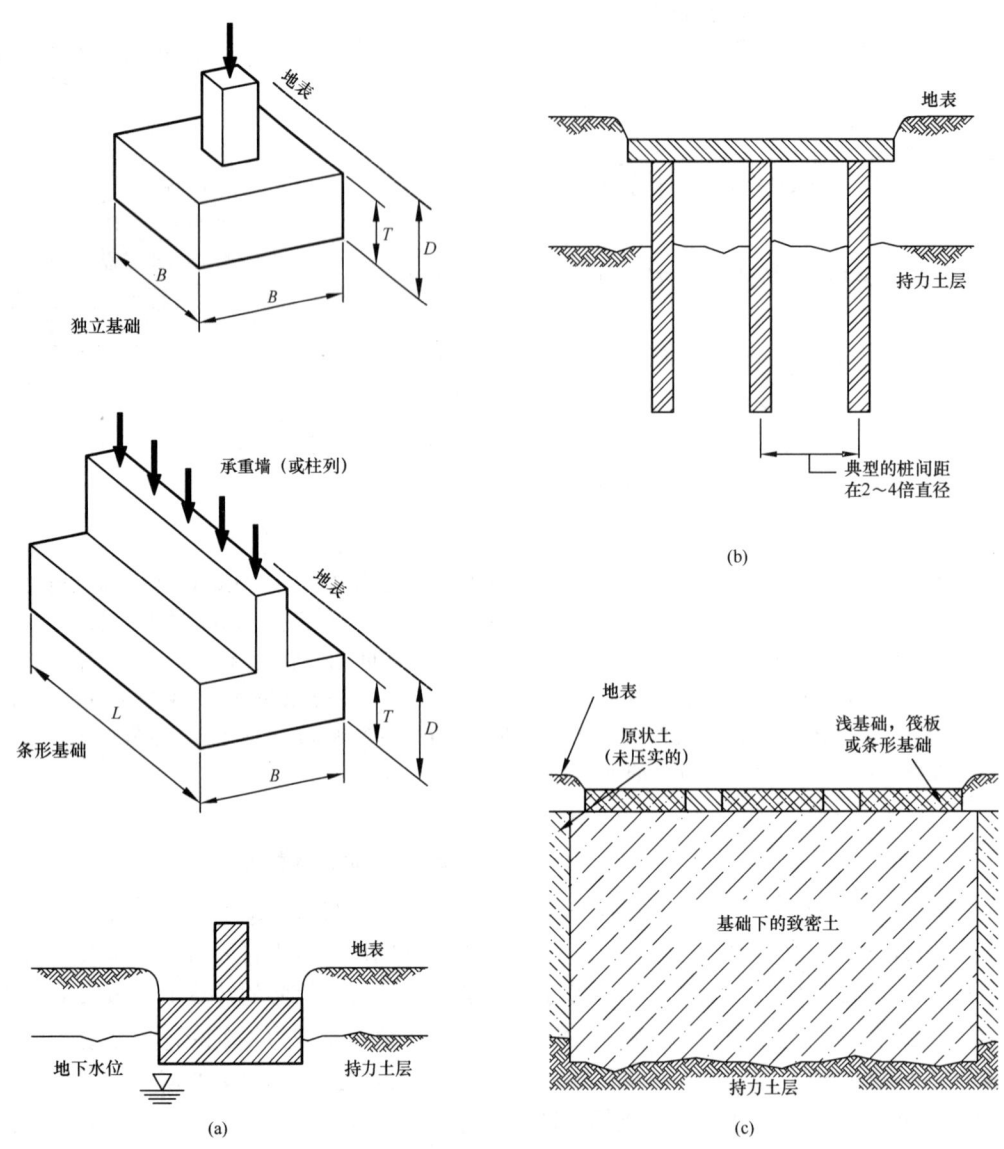

图 9.1 基础类型
(a) 浅基础；(b)（深）桩基础；(c) 改良地基上的基础

区）。相关文献可参考本手册第 8 章"岩土工程中的健康与安全"，第 40 章"场地风险"和第 41 章"人为风险源与障碍物"。此外，还可以参看英国健康与安全执行局（简称 HSE）提供的指南，例如 HS（G）66（Health and Safety Executive，1991），以及英国建筑业研究与信息协会（CIRIA）指南，如 CIRIA 132 报告（Steeds 等，1996）或 CIRIA 552 报告（Rudland 等，2001）。

■ 可持续发展（Sustainability）：这需要考虑环境和社会因素，以及不同基础选型的经济影响。目标是在成本合理的情况下尽量减少基础施工对环境和社会造成的影响。环境影响包括对建材能耗的评估，以及选择不同的碳排放量。社会因素包括施工时交通、噪声、振动等对邻近社区潜在的影响。

上述的"5S"会在第 52 章"基础类型与概念设计原则"中进行更为深入的讨论。在本章的最后会给出一个不同因素对基础选型影响的实际工程案例。

基础类型一般可以分成以下类型（图 9.1）。

（1）浅基础——包括：柱下独立基础；墙下条形基础；筏板基础。深入的讨论见第 53 章"浅基础"。

（2）深基础——主要包括桩基础，如上层结构中柱下的单桩（参考第 54 章"单桩"），或作为支撑整个上层结构或超重建筑部分的几个邻近的群桩基础（参考第 55 章"群桩设计"）。

特殊的深基础还包括沉井、沉箱基础和板桩墙。

也可以考虑第三种基础的类型（图9.1）：

（3）混合基础——该类型基础由浅基础和深基础组成。例如：地基处理（用以提高地基承载力和降低土的压缩性）；建造在处理后地基上的浅基础；桩筏基础，由筏板和一些桩间距大的单桩组成的基础用来支撑上部结构。本手册第59章会讨论"地基处理设计原则"，第56章会讨论"筏形与桩筏基础"。

地层剖面与基础允许沉降变形是选择最合适地基类型的两个关键因素。如果有合适的土层靠近地表，则应考虑浅基础，因为它们的构造通常是相对简单且造价低廉。但是，随着基础荷载的增加，以及基础允许沉降量的减小，使用桩基础将变得更加合理。上述决策通常也相对简单，比如说，如果工程场地内存在埋深较大的、不均匀的回填土层，且基础荷载很大（比如多层公共建筑或大的桥梁），那么使用桩基础是显而易见的。但是，如果拟建结构负荷适中，以及对地基变形是可以容忍的（比如单层钢架仓库），那么将基础建造在回填土（或非工程用回填材料）上也是可能的，尤其是当深层地基处理技术已经提高了回填土的强度和刚度。关于非工程用回填土上的基础工程将在第58章"填土地基"中进行讨论。

对于一些场地，基础设计师可能要面对一个非常困难的决策就是选择一个最适合的基础类型。因此就需要仔细考虑所谓的"5S"。设计师需要全面考虑大量的影响因素，包括地基土的强度和压缩性，建筑物沉降允许变形值，施工设备的可用空间，对邻近或本地社区的潜在影响，以及不同施工方案的难易程度、工程进度和安全性。在考虑和平衡每一个选择的优缺点后，最终确定基础的类型和尺寸。影响这些决策的一些因素是主观的，并且会受到如何最好地降低风险的认知的影响，尤其是在施工期间。这必然会在不同的个人及组织之间存在不同，也会反映出在世界各地不同地区的施工实践。正确了解地基风险的一般因素有：

（1）了解场地历史和地质条件。这需要进行一个全面的案例研究（参考第43章"前期工作"）。

（2）了解场地的地下水情况，及其对工程施工工期和长期的影响。

在绝大多数情况下，基础出现的问题是由于设计师没有正确了解上述（1）和（2）项。"岩土工程三角形"（详见第4章"岩土工程三角形"）提供了正确认识地基风险的统一方法，本章第9.4节则给出了实际工程案例。

图9.2给出在深层超固结黏性土中承载9000kN竖向荷载时不同的独立基础或桩基础的尺寸和形状的例子。尽管所有的基础选型都是"安全的"，即从某种意义上来说，它们都有一个可接受的安全系数来防止承载性能的破坏。但是，对于预期的沉降，如果同时需要考虑的施工的问题，则不同的基础类型之间存在显著的差异。例如：

（1）独立基础：预期沉降（100mm）是否过大？如果是，是否可以将基础做得更大使沉降量减少到一个可接受的量级？是否有足够的空间建造基础？场地开挖会不会破坏邻近的结构或边坡？

（2）墩（式）基础：如需深挖，是否可以在一个稳定的坡角下进行露天开挖，或是否需要临时挡土墙？还是采用专门的沉井/沉箱方法更合适？整个场地的可用空间将是一个重要的考虑因素。是否需要在地下水位以下进行开挖？如果为了方便开挖而降低地下水位，会引起怎样的沉降？抽水量是多少，如何处理？

（3）扩底桩：地基土是否有足够的稳定以保证扩底桩完成？这通常取决于土的构造，以及地下水的情况。黏土中是否存在粉/砂层（这可能会导致扩底在混凝土凝结前变得不稳定），或者黏土是否均质且渗透率低？

（4）大直径桩（1.2m或1.5m直径）：这需要现场使用重型打桩机，这是十分昂贵的。是否需要大量的大直径桩，还是只需要几根桩基础（此

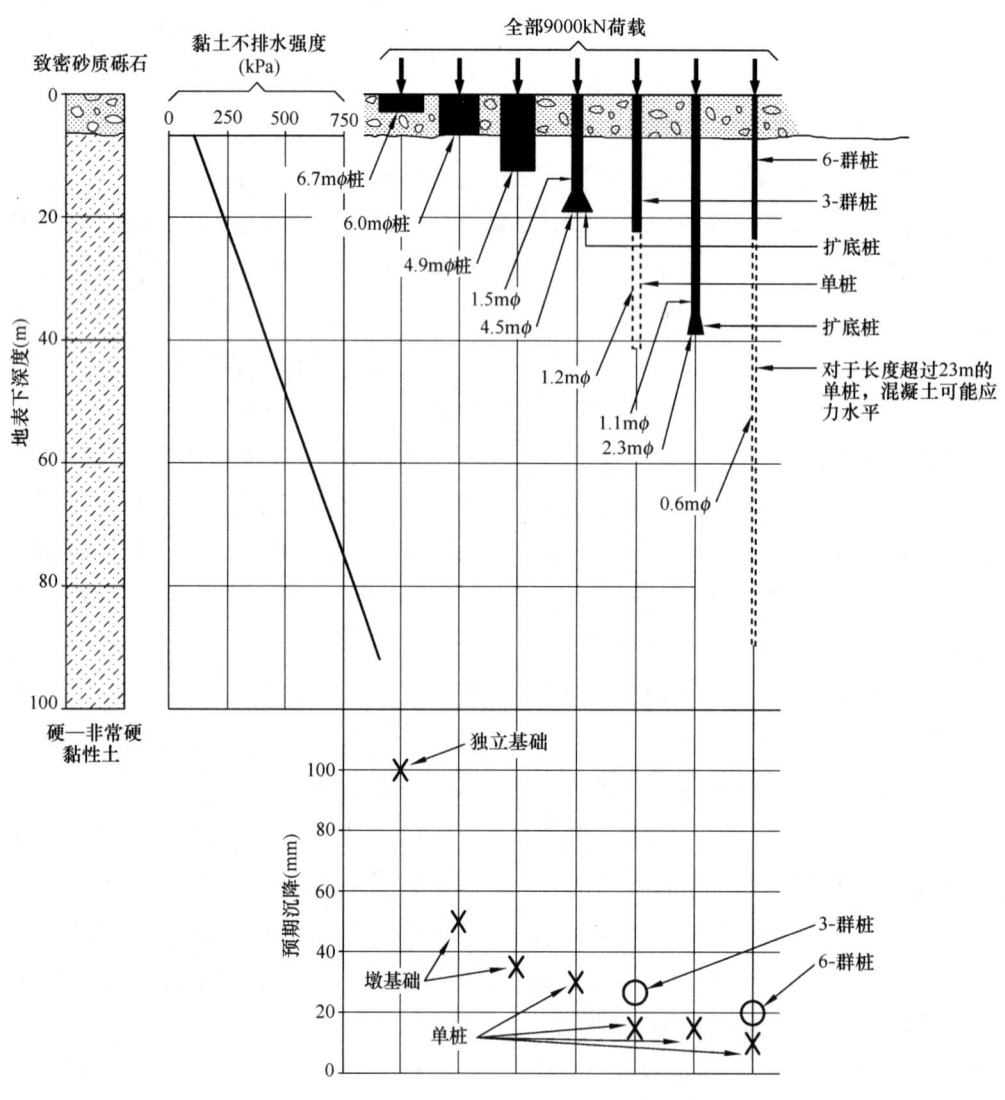

图 9.2　9000kN 荷载作用下的基础设计方法

摘自 Cole，1988

时，需要考虑整个项目的基础要求)？在通过软弱表层土或承载力低的桥梁进入场地时，对于重型设备是否有明确的重量限制。

（5）中等直径桩（0.6m 直径）：场地是否有足够的上部空间用来施工桩基？钻孔灌注桩是否需要临时护壁，比如用临时套管穿过表面砾石层或在较深处用浆液护壁（如果粉砂/砂石/砾石夹于黏土层会导致孔壁不稳，尤其是在地下水压力较高的情况下)？同样地，对于大直径桩，也需要考虑上部空间和钻孔稳定性。

对于小型的、低功率的打桩机来说，一个重要的考虑因素是存在遇到障碍物的风险，例如，如果场地内存在原有基础，或者如果需要穿透坚硬的岩层。在这样的场地环境下，大直径桩可能是首选。

显然，在考虑实际施工问题时，尽早与专家进行讨论是有帮助的。但是，对于基础设计师来说，对施工问题有全面的了解是很重要的，这样与专家的讨论才有意义。

如图 9.2 所示，不同类型基础的预测沉降值存在一个数量级的差异，因此，在选择最合适和最具成本效益的基础类型时，了解基础的允许变形显然是重要的。对于允许沉降和差异沉降的界限设置常常是随意的和过于保守的，这就需要基础设计师尽早与结构工程师进行讨论。总沉降通常被看作是一个"允许"的指标，但是，结构破坏与差异沉降有关,而不是总沉降。需要强调的是,差异沉降出现在结构建成(结构连接形成和敏感材料完成)后,并导致结构的损坏。因此,(由于结构的自重)出现的总沉降量的大部分会在施工过程中完成,且不会对结构损坏的风险产生影响。关于基础设计的主题将在第26章"地基变形对建筑物的影响"和第52章"地基类型与概念设计原则"中进行更详细的讨论。最后,值得注意的是,经济的基础设计是设定基础允许变形的实际值(而不是过于保守的),尤其是差异变形。

9.3 基础工程整体研究

大多数教材倾向于关注独立作用的基础构件(如条形基础或桩基)。但是,实际基础工程需要设计师考虑整个场地的建设策略,尤其是如何使用不同类型的基础来确保基础建造是安全的、简单的和经济的。

基础是不同构件的组合,包含许多辅助工程,以方便设计或施工(如地下水控制、注浆、地锚等),以及与挡土墙(临时或永久)共同工作。基础构件、辅助工程和组合之间的相互关系见图9.3。图9.4给出一个在河岸附近建造简单桥台的例子。

(1)桥台为组合结构。倒T形挡土墙的立墙支挡邻近路堤的填土,它的基底作为一个独立基础来支撑桥面和交通荷载。桥台的沉降受到路堤荷载的影响,沉降的诱因主要是邻近的路堤,以及直接施加在桥面上的荷载。

(2)施工要求进行临时开挖,可能包括临时板桩和/或地下水控制。

(3)在邻近的河岸上,需要进行不同水位变化工况下边坡的稳定性验算,对河岸需要进行侵蚀防护,使冲刷不会导致桥台被侵蚀和破坏。

(4)上述构件之间的相互作用也要进行考虑。例如,临时开挖或桥台施工临时超载会不会破坏河岸稳定?靠近路堤的地基变形是否会对桥台产生不利影响?

一个项目的不同组成部分[如上述(1)、(2)和(3)]有时候是由一个组织内的不同团队,或是由不同的组织设计的。相互交流是一个团队需要考虑的,最好由项目首席设计师来考虑,否则会出现严重的问题。

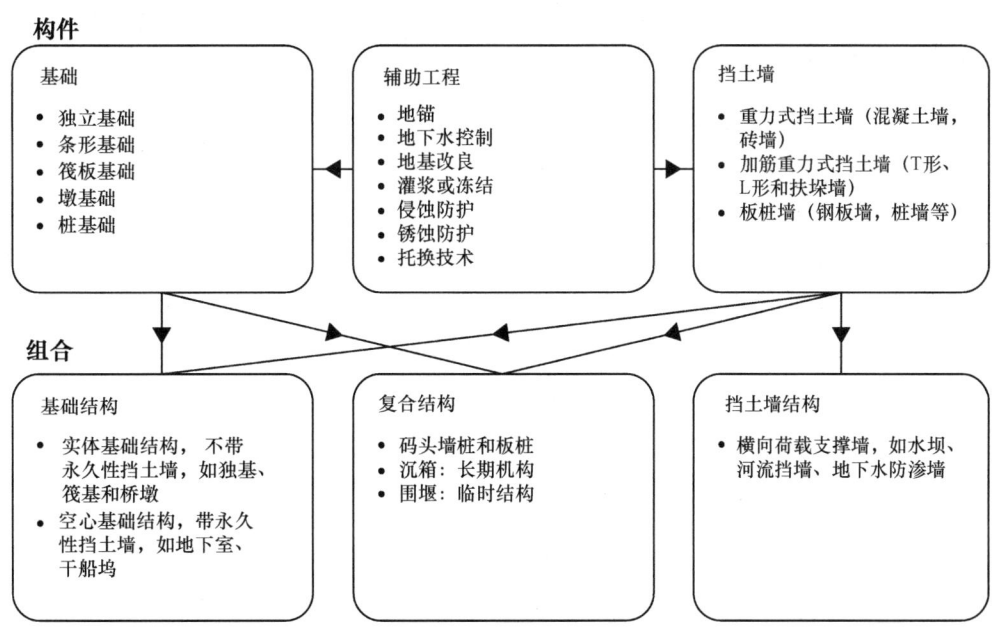

注意:箭头指出辅助工程的一部分可能包括在构件里,或者组合也包含构件的不同部分

图9.3 基础构件、辅助工程和组合之间的关系

摘自 Cole,1988

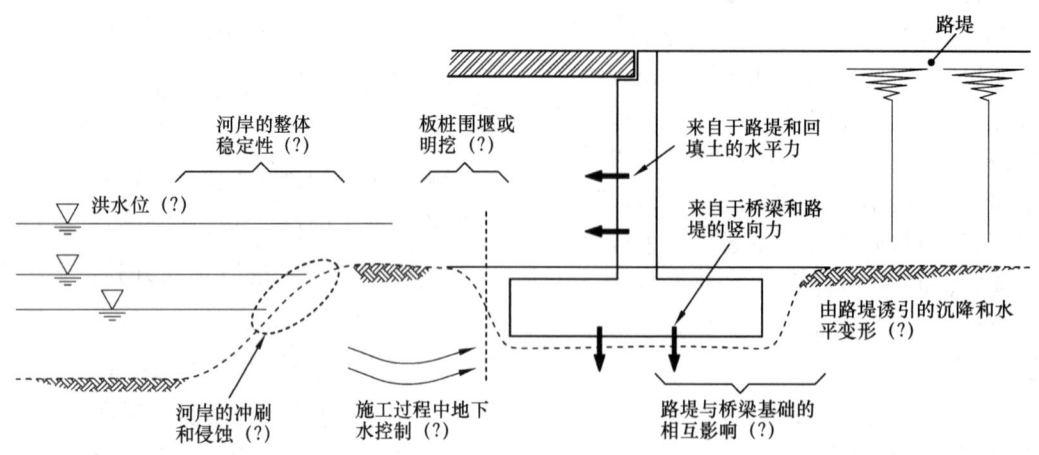

图 9.4 基础构件、辅助工程和组合（邻近河岸的桥墩）

环境影响基础设计的例子

由于可能遇到的地基土和地下水条件的多样性，以及不同的基础建造环境的不同，基础设计包含多种多样的构件、辅助工程和组合。这些环境的主要影响因素有：地形及其与其他自然地貌（河流、河岸、边坡）的位置关系；邻近场地的用途和结构（地上和地下）及其对地表变形/振动的敏感性；场地的历史；拟建上层建筑的要求（允许变形）和荷载；场地地质和水文地质条件。下面讨论几个实际例子，并在图 9.5 和图 9.6 中表示。

（1）地面形状和位置。项目场地内外地面的整体形状（地貌）对基础设计与施工都有很大影响。由经验丰富的地貌学家进行调查可评估历史上遇到的滑坡的风险（Phipps，2003；Fookes 等，2007）。其他例子有：矿区场地可能会有凹陷和局部不稳定；受大规模侵蚀和/或浸水影响的场地。场地的整体形状可能需要改变，以便为项目发展提供一个更令人满意的布局，比如通过开挖/填筑形成平台，或增加/减少场地的整体高程。尽管这对项目来说是必要的，但它可能会增加基础工程的复杂性，因为它会引起显著的地基"整体"变形（例如，填筑物深层区域下的沉降，或深挖区域下的隆起/膨胀）。如果在黏性土覆盖的场地进行挖/填，地基整体变形可能需要几年的时间才能完成固结。因此，在设计单个基础构件时，需要考虑附加的荷载（竖直和水平）和地基变形。第 57 章 "地基变形及其对桩的影响"考虑了地基整体变形对桩的影响。

（2）场地历史和限制条件。现今，所谓的"绿色"场地，即以前没有建筑或工业用途的场地越来越少。在新项目的场地上，经常会遇到各种障碍、限制及风险。一些场地可能是具有考古价值的遗迹。在项目的早期阶段进行全面的案头研究是迄今为止识别这些潜在危险的最佳方法。关于如何在开展调查之前尽可能多地发现一个场地的信息，本手册第 43 章 "前期工作"给出了指导。一些受工业活动影响的场地下可能有受化学污染的材料（这些材料可能来自于场地本身，或由于邻近场地"泄漏"，或由于拆除控制不善而扩散到整个地区）。这些被污染的材料可能已经影响了地基土或地下水，或以有毒性/爆炸性气体的形式存在。如果受污染的土影响了场地，那么基础设计师需要与岩土专家和相关监管机构密切合作，这可能会对地基设计/施工产生重大影响。受污染土地的指南在各种出版物中给出，包括英国环境部（Department of the Environment）、环境署（Environment Agency）等的出版物。英国建筑业研究与信息协会（CIRIA）报告，如 C552（Rudland 等，2001）提供了一个很好的介绍。

（3）场地地质与水文地质条件。土的成分、结构和地下水条件，无论是在施工期间，还是在结构的设计寿命期内，都会影响基础的选型。例如，一个极端情况，某场地内可能存在极软的冲积黏土/粉砂和泥炭，下覆是受煤矿开采影响的不规则

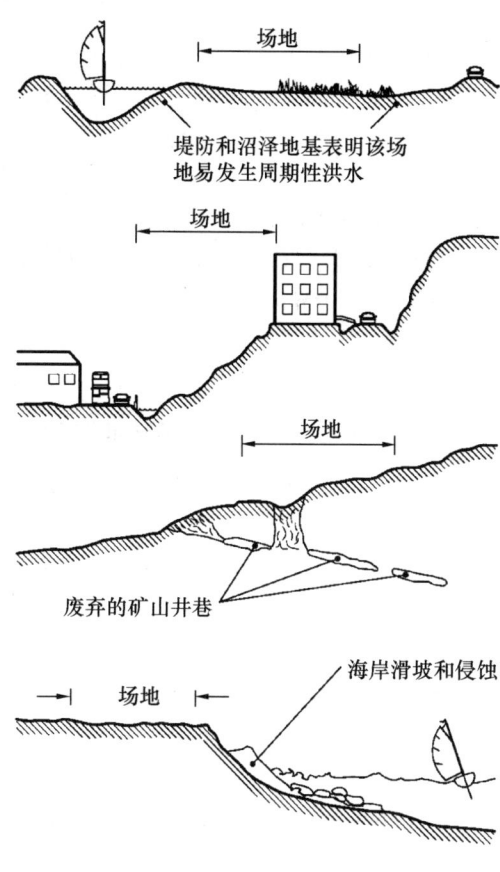

图 9.5 地形对基础设计和施工的影响
摘自 Cole，1988 修改

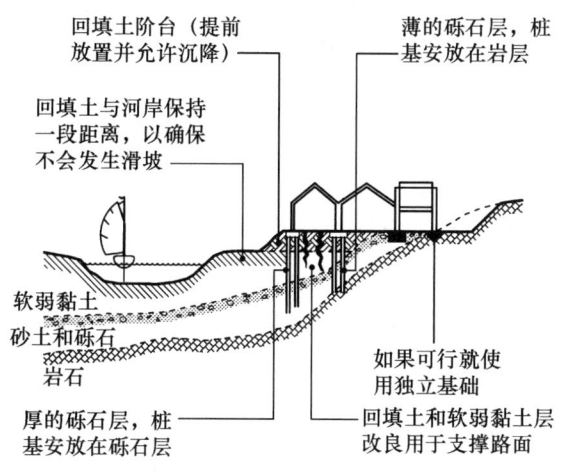

图 9.6 重建场地所需基础工程活动示例
摘自 Cole，1988 修改

风化的裂隙岩体（一个重要的案例在第 52 章 "基础类型与概念设计原则"中讨论），对一个多层建筑的基础可能需要大量的深大直径桩。在打桩之前，需要进行辅助工程，如对矿山井巷注浆来稳定场地，避免其日后发生塌方。另一个极端情况，在靠近地表的地方可能会遇到大体积坚硬的岩层（如花岗岩）并带有一些间距很大的不连续面。这种岩石可以支撑上部结构框架（柱/墙等），而不需扩大基础（此类岩石比基础混凝土更坚固）。在这些极端情况下存在着各种不同的地基条件组合。地下水条件对基础工程的潜在影响如何？它们如何季节性和长期波动？这些因素如何影响基础的性能？可能没有地基类型那么明显。表 9.1 总结了一些可能影响基础设计的与地下水有关的因素的检查表及相关注释。另一个挑战是地下水会以多快的速率引起地基性能的改变，如开挖附近的软黏土。这个变化速率受到地基的质量（或体积）、渗透性的影响。一个极端情况是高渗透性的土，如"纯净的"砾石（即粉土/黏土含量可以忽略不计），另一个极端情况是低渗透性的均质黏土。这个范围内的土的渗透率在 $10^{-10} \sim 10^{-3}$ m/s 之间 7 个数量级变化。大多数天然土由不同份量的黏土、粉土和砂土组成；而"组构"，在厚的黏土层中分布有粉土（或砂土）或透镜体，反之亦然，会影响土层整体的渗透性。室内的渗透率试验常常具有误导性，而原位渗透率试验更可信（参见 CIRIA C515 报告（Preene 等，2000））。值得注意的是，表 9.1 列出地下水影响可能导致基础的变形，而这些变形与结构荷载无关。这些影响往往会被结构工程师或土木工程师忽视，而岩土工程师必须仔细考虑与地下水有关的影响和相关风险。

9.4 保持岩土工程三角形的平衡——地基风险管理

9.4.1 背景

近 50 年来，土力学及相关工程科学的研究发展使人们对土力学的认知和理解上有了极大的提高。计算机技术和数值模拟的发展使工程师能够分析极其复杂的岩土工程问题，这在以前是不可想象的。伴随着理论和技术的发展，现场施工技术也得到了极大的进步，使各种各样的地基条件满足工程安全，并能承受巨大的基础荷载。尽管有了这些发展，岩土工程中的困难仍持续出现，导致重要的项

影响基础设计及导致大的基础沉降的地下水相关问题　　　　　　　　　表 9.1

开挖下部地层的回弹和软化	对于黏土，当有效应力减小，强度降低，压缩性增加。在岩石中，裂纹可能张开（或者填充物是柔软的），整个岩体的强度/刚度会降低。对软岩重复的干湿交替可能导致岩石结构的崩溃和大的强度损失
施工期降水及降水停止后恢复施工	在黏土/粉土中，对邻近的渗透性相对好的土体降水能导致黏土/粉土的孔隙水压力降低，导致固结沉降。在降水停止后，将会发生"回弹"，可能导致膨胀（取决于基础的荷载和有效应力的净增/减量）。在砂土/砾石中，降水可能导致细颗粒的流失和差异沉降，最终导致地基的不稳定。因此，合适的滤层和观测对于控制细颗粒的流失非常重要
开挖，基础不稳定	由于过大的地下水压力或水力梯度。尽管没有发生地基（土）破坏，也大大降低土体的强度/刚度
侵蚀和冲刷	地表水流动可能会导致浅基础的破坏，或失去对浅/深基础的侧向支撑。在高风险的情况下，防止侵蚀必不可少，粉土和细砂尤其敏感
冰冻活动	由于冰透镜体的形成和/或水在裂缝中的冻结，导致土体积膨胀。地方标准通常会规定最小的基础深度，以避免不利的影响
地下水位改变	地下水位可能发生自然变化，也可能发生人为的变化（例如，水管发生爆裂）。这些可能会导致基础产生浮力，采用锚杆、排水、减压井可以抗浮
湿陷性土	这些土要么是非常松散的非饱和土，要么是松散的非工程回填物（在英国更常见）。如果这些土由于地下水位上升而湿润，就会发生大的"塌陷"式沉降
膨胀土	位于地下水位以上的干燥黏土如果润湿，将会有巨大的膨胀压力和体积膨胀（隆起或膨胀）。高塑性黏土最为敏感。在英国，这个问题通常与植被影响和季节性干湿交替有关（见下文）
干湿交替	高大的树木（尤其是需水量大的品种），加上高塑性黏土，由于黏土冬季湿润/夏季干燥能够诱导巨大的、季节性的基础变形。第 53 章对此问题进行了更详细的讨论。如果树木被移走，干燥的黏土会在几年内慢慢湿润，孔隙水压力的重新平衡会导致基础产生较大的膨胀和抬升力

目延迟，有时还会造成邻近基础设施的破坏，以及公众和建筑工人的伤亡。造成这些破坏的原因有很多，包括专业的分散性，专业服务采购方面的缺陷，以及竞争及与时间的压力。从技术层面上来说，主要问题是缺乏全面的岩土工程的处理方案和地基风险管理的系统方法。本手册第 4 章已经阐述"岩土工程三角形"。岩土工程三角形（图 9.7）的四个主要组成部分有：

（1）了解地层剖面（由地质进程和人为活动形成的地层剖面），包括地下水条件。

（2）观察或量测土的物理力学特性，它包括根据基础设计的要求所进行的室内和现场（或原位）土工试验，试验数据的阐释，以及对拟建基础的要求。

（3）建立合适的模型——它比分析要更加复杂。它包括对真实土体/结构的理想化或简化，识

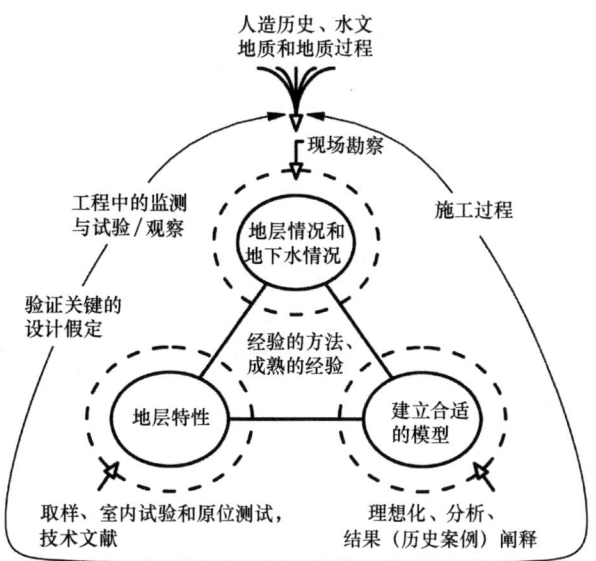

图 9.7　岩土工程三角形在基础工程中的应用

别和执行合适的分析，输出结果的验证与评估。它可能需要多次迭代，过程的难点是选择合适的参数[基于（1）和（2）]。

（4）经验流程与"成熟的经验"——经验是岩土工程必不可少的要素。重要的是要理解可用的经验流程的局限性。对困难作出判断的经验是重要的，而这些判断往往需要经验的方法。"成熟的"一词强调了经验需要基于对事实的正确理解上，以及对与过去工作相关的关键行为机制和观察的理解。

对于"岩土工程三角形"的实际应用，考虑该三角形以外的第五部分是有帮助的（见图 9.7 "外圈循环"）：

（5）施工过程和设计验证——基础设计师可以得到的信息很少是完整的（如关于场地的历史，源于现场勘察的可变数据等）。因此，不得不做一些假设用于设计。重要的是，这些假设需要在施工过程中得到验证。为此，需要进行大量的工作，表 9.2 列举了几个例子。基本上，在施工过程中对浅基础地层地质情况的调查可能是简单的，同时地基土强度也与设计假设相同。但对于要求较高的工程，就可能涉及复杂的桩基测试。不同的机构/设计团队可能会在项目的不同阶段参与到地基基础工程施工中来。在整个过程中，重要的是将关键假设传达给其他各方，这样这些假定最终可以在地基施工过程中得到验证。

所有上述的五个组成部分都很重要，如果其中一点被遗忘或没有得到很好的实现，岩土工程三角形就会"失去平衡"。下面概述了几个简短的案例，总结了一些英国建筑工程施工中出现的问题。

9.4.2　邻近边坡的浅基础

图 9.8 为场地的平面图和剖面图。该工程为郊区的一个零售店设计独立和条形的浅基础。地质勘察（包括 5 个钻孔和几个探坑）结果表明，在一层很薄的填土层（厚度小于 2m）下覆有坚硬的石灰岩。在场地的一角，需要建造一个高 1.0~2.0m 的挡土墙来为浅基础创造额外的空间。挡土墙是由与浅基础相同的预制构件组成。当在斜坡趾部进行开挖挡土墙和浅基础施工时发生大规模山体滑坡，造成了工程项目严重延期，以及由于山体滑坡导致一条人行道路和邻近公共区域的封闭，引发公众的关注。究竟是哪里出了问题？

（1）没有进行地质调研案头工作。结构工程师对钻孔和探坑的定位主要是基于信息获取的便捷性，而不是出于技术方面的考虑。

（2）通过对地质图的核查发现有一条断层通过该场地。不幸的是，所有钻孔/探坑都位于断层的一侧，而在断层的另一侧存有地质条件完全不同的层间泥岩和粉砂岩。

（3）随后对该区域地貌进行核查，清楚地发现断层以西的地区曾发生过山体滑坡，天然斜坡的安全系数接近 1.0，即使是很小的开挖都足以重新激活山体滑坡并造成进一步的不稳定。

该案例提醒我们，即使是简单的基础工程也需要用谨慎的系统方式来完成。案头研究和对场地地质情况的了解是最基本的要求，同时是正确规划和设计基础勘察的必要条件。

基础工程中需要的验证试验/观测案例　　　　　　　表9.2

基础工程问题	可能的试验/观测[①]
确认基底地层	检查开挖面，并与设计假设进行对比。简单直观地检查。对于层状地层和/或深基础，如果钻孔间隔过大，可能需要额外的钻孔（连续取样）
评估地层的多变性	在非均质地层条件下，通常是简单的现场试验（静力或动力触探试验）适合于检查整个场地地层的相对硬度或密度
地下水情况	如需在地下水位以下施工，了解地下水情况就很重要。在关键的地层安装压力计。如需排水，在工程开始前就可能需要进行大尺寸抽水试验
邻近建筑物的影响	由常规测绘点对受影响的建筑物进行精确的水准测量。在某些环境情况下，可能需要进行地下测量。尤其是预期有横向位移的情况下（测斜仪）
基础的荷载-变形	对关键的基础构件进行大尺寸载荷试验，尤其是对施工/安装敏感的，如深的钻孔灌注桩。如需检查水平荷载特性，试验将更加复杂
深层地基处理	验证测试对于控制工程的有效性通常是及其重要的。试验的类型依赖于处理机制，例如，加筋加密可增加土的黏聚力，添加胶粘剂可减少渗透性

① 本列表并不全面，只突出一些常见的例子。

以该场地为例，首先应该是稳定山体滑坡区。在山体滑坡的剪切带内放置临时护堤（在坡趾处），然后设置直径大配筋多的钻孔桩作为连续的嵌入式挡土墙。在这之后，就可以安全地移除坡脚，然后进行浅基础开挖施工。

9.4.3　水处理厂地基的膨胀差异性

水处理厂设计需根据设施要求在整个场地中改变基底的标高。水处理厂运营时在不同的区域的水位将随时间波动。为使施工顺利进行，在工程开始

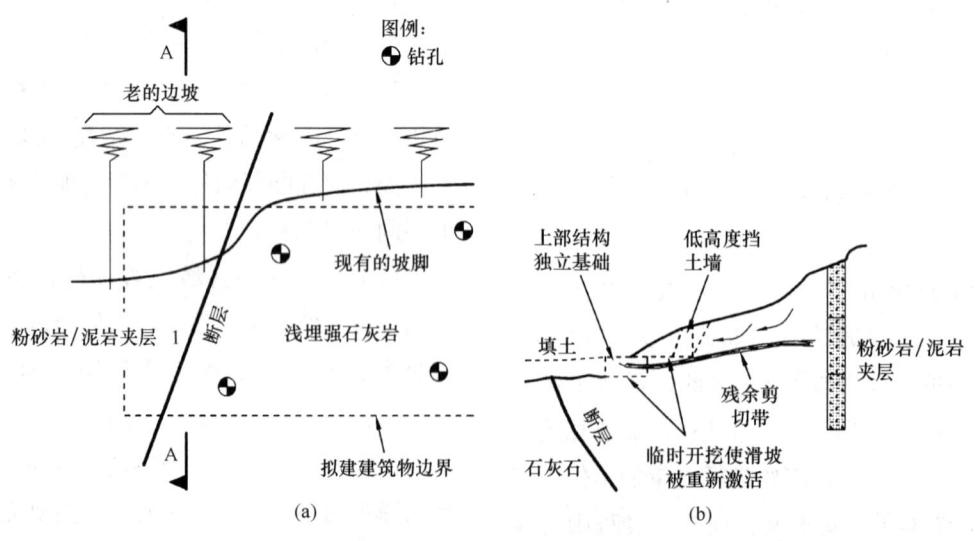

图9.8　邻近边坡的浅基础
(a) 场地平面图；(b) 截面图A-A（通过老的边坡）

第9章 基础的设计选型

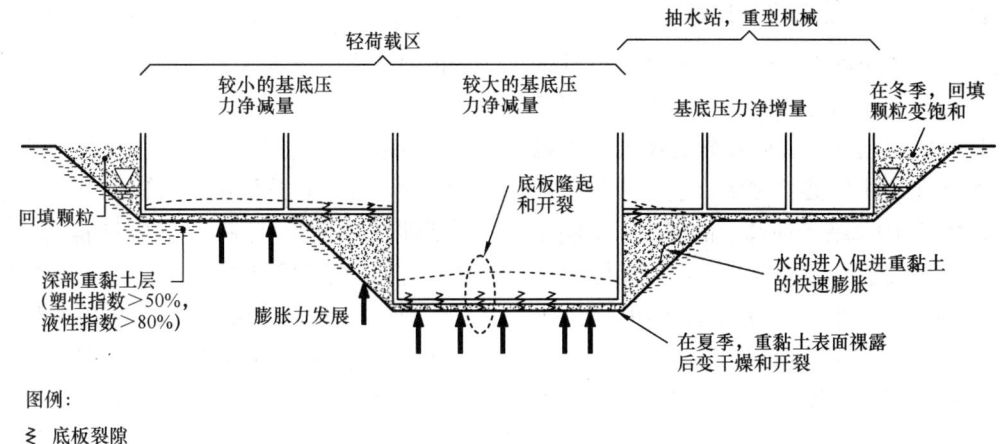

图9.9 水处理厂,膨胀差异性

前对底板进行抗裂性能试验。施工中要对裂缝的变化进行监测,因为它们会随着时间的推移逐渐恶化。

图9.9显示该工程局部剖面图。下部结构的总体配置比较复杂,包含一系列排列不规则,尺寸不同的钢筋混凝土"盒子"。场地的地质条件相对简单,包含一层厚的超固结重黏土。该场地位于农村地区的一片绿地。由于没有空间上的限制,可以对场地进行简单的无围护的开挖。开挖是在一个相对干燥的夏季,且不存在地下水和地表水的问题。混凝土下部结构"盒子"开挖后用常规粒料回填(图9.9)。

当裂缝出现后,将观测点固定并对其进行监测,数据显示不同结构位置的竖向差异变形,净上升量,以及在下部结构最深处的膨胀和变形。测水管中的水压计显示水头大约在回填区1m处。随后的分析突出了下列问题:

(1) 由于基底标高,设备类型及水处理厂不同区域的水位的不同,荷载的净变化量是极大的(从较小的荷载净增量到较大的荷载净减量)。

(2) 由于重黏土具有较高的塑性指数和超固结度,易发生显著的长期膨胀,在受限条件下,在与重黏土接触的结构面上会产生巨大的膨胀压力。

(3) 膨胀变形的触发以及结构的破坏是由水造成的。在整个冬季,雨水沿着相对较差或开裂的混凝土中间层渗透到回填区的粒料中。在夏季,干燥的裂纹使裸露的重黏土有一个相对较高的渗透性,并允许水快速地渗入到黏土中。

(4) 然而,一些设计师缺乏对差异变形发展的基本认知,且结构抵抗差异变形的能力是脆弱的。相对柔性板和刚性墙/柱的组合意味着下部结构对差异变形特别敏感。

(5) 造成这个问题的一个重要原因是岩土工程师和结构工程师之间缺乏沟通。结构工程师要岩土工程师提供"允许荷载",却没有对结构的性质,或者施加在基础上荷载的变化进行讨论,这就导致结构工程师没有意识到膨胀或差异变形要横跨整个结构。岩土工程师也没有意识到大部分的结构都会有净卸载。沟通的缺乏导致了一个本质上有缺陷的基础和结构的设计。

对于这个项目,地基土的物理力学特性是在没有对拟建的基础要求的背景下确定的。一个更合适的设计会通过施加均匀荷载,或者减少下部结构最深处的净卸载来重新布局,如果不能实现,就要提供一个减少差异变形的结构设计(如使用更厚,强度更大的板),或允许差异变形发生而结构没有损坏(如使用摇臂板等)。

9.4.4 泥岩中打入开口管桩堵塞问题

本案例是在一条小河上建造一座公路桥。桥梁和基础的设计工作是与当地的土木工程承包商签订了常规的 ICE 合同。基础设计是在含有泥岩和砂岩夹层的煤岩的钻孔灌注群桩。对项目进行了高质量的地质勘察；图 9.10 总结了地基土的情况。上层煤岩的岩石质量相对较差，泥岩为主的岩石无侧限抗压强度约为 $10MN/m^2$，岩石质量指标 RQD 值在 0~10%，岩体带有很多张开或由黏土填充的裂隙。岩石的质量随深度增加而提高。频繁出现的砂岩无侧限抗压强度约为 $30MN/m^2$，岩石质量指标 RQD 值在 30%~60%。标准贯入试验 N 值超过 100，但承包商认为标准贯入试验结果毫无意义，没有什么价值。

承包商提供打入开口式管桩作为基础设计的一个选择。开口式管桩可以快速沉桩，并可以提供与原基础设计同等效果的整体性能（承载力和沉降）。但是在打桩过程中桩的钻进是困难的，一些桩出现过早的沉桩困难现象，这可能是由于局部大块砂岩引起的。项目规定要求承包商对几个桩基进行载荷试验。测试所施加的荷载大于桩正常工作荷

取样			地层描述
深度(m)	TCR	(RQD)	
10.40~11.40	75%	(0%)	软弱的、灰色的、略带碳质的粉岩。局部风化至略带砂质的、细—粗粒的有角砾石。水平—亚水平的、非常近至近间距的、关闭的至略微张开的（<3mm）、水平的不连续面，无填充物。在9.80m，黏土弥散的不连续面。在10.02m，10°倾斜黏土弥散的不连续面。11.10~11.20m中风化—黏土质的、细—粗粒的有角砾石
11.40~12.90	93%	(0%)	
12.90~14.40	93%	(0%)	在13.10~13.70m，黑灰色的、碳质的、含粉土的泥岩 13.70m开始，中等软弱—中等坚硬的砂质粉岩
14.40~15.90	100%	(8%)	在14.40m和14.50m，10mm张开，略带砂质的黏土填充不连续面 在15.27~15.30m，30mm张开，略带黏土、细—中粒的有角砾石填充不连续面 在15.30~16.45m，近垂直、无规则、基本闭合—轻微张开（<3mm）的无填充物的不连续面。
15.90~17.40	84%	(40%)	在16.20~16.70m，深灰色和碳质的。 在16.55m，10mm张开的含砾石的砂岩填充不连续面。 在16.70~16.75m和16.92~16.95m，张开、略带砂质、细—中粒的有角砾石填充不连续面。 在16.91~18.30m，略带砂质的。 17.00m开始，中等—强。 17.40m开始，非常近—中等间距的不连续面
17.40~18.90	100% (93%)	(40%)	在18.5~18.8m，近垂直、不规则、光滑、闭合、无填充物的不连续面
18.90~	100% (93%)	(35%)	
设备 钻取岩芯，雾冲洗液		钻孔直径（mm）： 25.40~92m(深)	套管直径（mm）： 6~120m(深)

图 9.10 煤岩钻孔记录

载的 1.5 倍，且桩顶沉降量要求小于 10mm。出乎意料的是，在工作荷载下桩沉降量过大，实际上，桩失效了。其他几个桩的荷载试验结果也同样证明桩的失效。通过桩的施工与设计的复审后发现，在桩的施工和设计方面存在很多问题。桩的设计有如下假设：

（1）管桩底部会发生"堵塞"，也就是说桩端阻力在整个桩端发挥。假设端阻力等于岩石无侧限抗压强度的 4.5 倍（即等于不排水抗剪强度的 9 倍，这一般是对黏土的假设）。

（2）侧阻力是基于对黏聚力的发挥，它的值是标准贯入试验中 N 值的 2 倍（超过 $200kN/m^2$）；假设的桩身剪切阻力 $\tau = 2N$，"N" 一般是对在砂土和砾石中打入桩的设计。

基于假设（1）和（2）得出，桩的预期承载力会非常高，在正常工作荷载下安全系数超过 3.0。不幸的是，桩载荷试验结果表明，实际的安全系数接近 1.0。

以上的假设是基于已出版的打入桩设计指南。然而，实际计算的桩承载力的指导和相关计算公式是根据在土中的打桩经验，而不是在岩石中。因此，上述假设是不合适的。对桩基载荷试验数据再分析的结果表明：

① 开口式管桩并未被堵塞，只在桩身环面的端阻力发挥作用。

② 桩侧力主要是由桩身内侧和外侧的摩阻力发挥提供；平均黏聚力在 $60 \sim 100 kN/m^2$，中值约为 $85 kN/m^2$。对泥岩的严重扰动是因为在沿着打入钢桩的侧面形成了非常坚硬的黏土薄层。

施工中没有提高桩管桩身强度来适应猛烈的击打（一般来说，如果要进行猛烈的击打，管桩需要有一个专门的厚壁的桩靴设计）。同时，打桩锤的性能也不足。因此，将桩打入质量更好的深层砂岩是一个不可行的选择。对该项目设计和施工上出现的问题最有效的解决方案是将管桩内的土取出，然后用混凝土填充空洞，这就会发挥完整的桩端阻力。随后的载荷试验表明，改造后的桩具有良好的承载力和沉降特性（图 9.11）。由于岩体的裂隙特性，端部阻力为无侧限抗压强度的 $1.5 \sim 2.5$ 倍（即 S_u 的 $3 \sim 5$ 倍）。

该项目的经验清楚地反映，在拟定的施工过程情况下，需要对地基土特性的了解（在这种情况下，在打桩过程中岩体的特性与土的特性有很大的差别），以及对经验设计指南局限性的了解。"成熟的"经验显然也没有被应用于设计或施工。在设计开口管桩时，桩的环面端阻力加上桩身内侧阻力应与整个桩身的承载力相比较，取两个值的最小

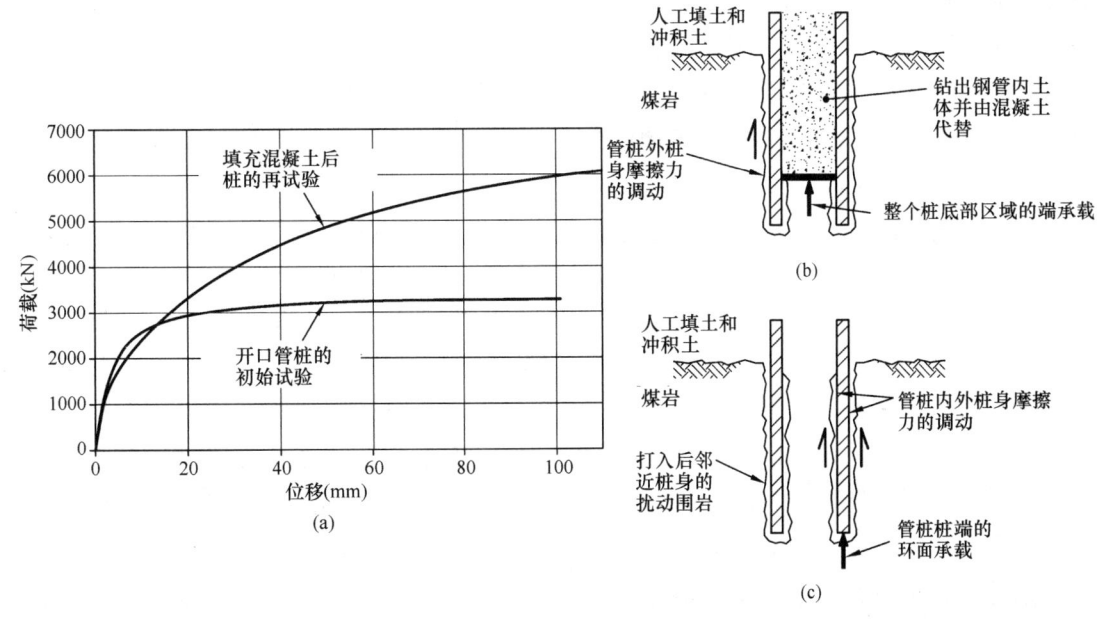

图 9.11 泥岩中打入管桩

（a）桩基测试数据；（b）混凝土填芯桩；（c）开口桩

值用于设计。另外，施工过程中沉桩对桩身抗剪力调动的影响没有得到重视。对荷载作用下打入软岩管桩承载力估算也很有挑战性。即使假设合理，在主要的桩基施工作业开始前对非工程桩进行前期试桩是明智的。这会大大降低桩失效的风险，尽管会增加桩基施工作业的成本和时间。

9.4.5 再论岩土工程三角形

通过回顾以上的案例，可以看出岩土工程三角形的价值。三角形的各个方面都应被考虑并保持平衡，即不应过度关注一个方面而忽略其他方面。如果一个或多个方面被遗忘，就发生失败的风险会很高。

表9.3给出了从岩土工程三角形的五个方面来对上述案例所遇到问题的分析。尽管所有参与的工程师都经验丰富，但造成基础出现问题的错误和遗漏十分明显。在某些情况下，理解工程是"简单和常规"的假设确实存在，可事后再看，相关的工程师应该会有不同的看法！

9.5 地基基础实际工程案例

9.5.1 介绍

本节讲述两个完全不同基础工程项目的历史案例。第一个是为横跨一条铁路的多跨桥梁选择合适的基础类型。场地的地基土是密度不同的河口砂。第二个讨论了一个建筑物基础施工过程中下覆白垩岩中地下水的问题。两个案例的共同之处是在工程施工期间进行观察与试验的重要性（即岩土工程三角形的五个关键组成部分），以及它们对工程顺利完成所起的关键作用。

9.5.2 河口砂土的振冲密实

9.5.2.1 场地位置和地基土条件

场地位于北威尔士，毗邻Dee河河口。项目包括修建一条进入一个新的位于现有主路和河口之间商业园区的道路。它需要一座桥把这条新路穿过通往场地中心的铁路。该铁路线具有重要的战略意义，它是连接英国和爱尔兰海上渡船的路线。桥由两跨桥面组成，每跨长约30m。为了使铁路获得足够的通道，邻近路堤的桥梁的高度相对高12m左右。案例历史详见O'Brain (1997)。

场地位于河口平原上，地质剖面如图9.12所示。地下水位在地表以下约2.5~3.0m，孔隙水压力随深度而发生静水变化。对于桥梁基础设计，令人担忧的是河口砂土密度的多变性。虽然通常为松散到中等密实，但也存在非常松散层和密实层。标准贯入试验N值在5~35之间变化，但是试验的重复性较差，由于在地下水位以下保持钻孔底的稳定性是困难的。尽管在静力触探试验剖面图上有显著的变化，静力触探试验q_c值随深度的增加而趋于增加。

9.5.2.2 基础选型

本项目考虑了几种不同的基础类型。荷载的净增量约为300kN/m²。砂的承载力是充分的，主要的担忧是要确保足够小的沉降，尤其是差异沉降。对于多跨桥梁，以差异沉降的极限值大约是15mm作为目标。如果邻近路堤在桥面施工前已经开始施工，将桥梁安置在黏土/淤泥层下的浅基础上是可行的。不幸的是，桥面横梁必须在短期内安置完成，因为轨道占用已经被批准了。既然占用时间是固定的，且对整个项目是至关重要的，所有其他工程都必须尽可能地灵活进行。如果桥板安装在邻近路堤施工前，预期的差异沉降值可能大于15mm的允许值（由于河口砂土密度的变化也可能是这个值的2倍）。表9.4总结了主要的基础选型。桩身的完整性和耐久性是一个值得考虑的问题，由于场地以前是一个化工厂，地基条件对钢筋混凝土具有腐蚀性。在20世纪90年代中期，CFA钻机的功率还远远不及今天。使用大直径（大于1.0m）CFA钻机还是不可能的，而且大桩钢筋笼的安装就位，尤其是对钻孔垂直精度的要求，被认为是不能实现的。

保持岩土工程三角形平衡案例 表9.3

案例	地层剖面和地下水条件	土层特性	建立合适的模型	经验的方法，案例实录，成熟的经验	施工过程试验/观测和验证
邻近边坡的浅基础	无案头研究。不了解地质情况。对断层钻孔定位不当	由于不了解地质情况，对邻近边坡无意识	没有评估场地的整体稳定性。只考虑挡土墙/基础的局部稳定性	地质图和记录突出该区域发生滑坡的风险，但是没有被设计师审查	因为没有识别风险，施工过程处置不当，应该在开挖前加固边坡
水处理工程，差异膨胀	了解地质情况和土层剖面，如深厚的重黏土层	岩土与结构工程师的沟通差，没有识别塑性黏土的净卸载	只检查承载力和沉降对荷载的净增量。没评估随后的膨胀	知道高塑性超固结重黏土的膨胀潜能。但是差的沟通意味着其对结构的潜在风险没有被识别	由于设计缺陷，施工工艺、试验等没有降低风险
泥岩打入桩，开口管桩的堵塞	好的案头研究和高质量的现场勘察	合适的试验和观察；查实地基特性已确定。但是，设计师/承包商不了解拟定的施工工况，比如打入桩	差的模型。关键的假设是错误的。开口管桩是不能打入	采用不合适的设计方法（相应于弱岩）。差的施工方法（桩身强度不够和低功率打桩机），导致桩没有进入持力层	桩基检测已经识别出问题，但是太晚了。所以整个项目被推迟。前期桩试验可取，但是损失成本和时间

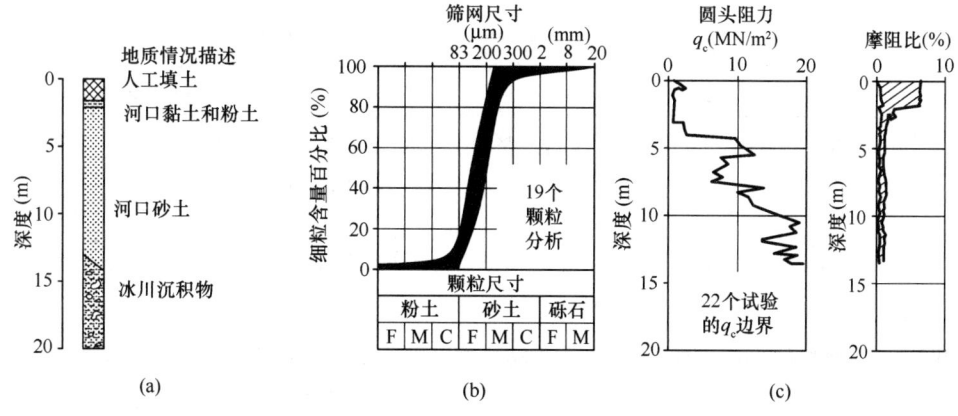

图 9.12 河口砂土的振冲密实，地基（土）情况

（a）典型的土剖面；（b）河口砂的颗粒级配；（c）静力触探试验，河口沉积物和人工填土上的圆头阻力和摩阻比

因为桥台和路堤回填土对桩施加了显著的侧向荷载，大桩需要增加配筋。考虑到钢筋混凝土的耐久性，确保钢筋有足够的混凝土保护层这一点很重要。因此，钢筋笼的精确安装就位是必要的。打入桩可能会对邻近的铁路造成破坏性的振动和沉降。大直径钻孔灌注桩（因为需要使用膨润土浆料进行支撑）是非常昂贵的。振冲密实被认为是最合适的基础工程施工方案。用振冲密实法对地基土进行处理会增加砂土的相对密度，尤其是消除砂土的松散区，这样就可以在处理的地基上建造简单的基础，并减少差异沉降的风险。第59章"地基处理设计原则"对振冲密实法进行了较为详细的讨论。振冲密实法在该场地使用"湿顶进料"技术，它包括使用一个振冲器（大的振动棒）来密实地面。用水作为喷射介质以便振冲器的插入，从地面将砾石送入振冲器周围的空洞中，并用振冲器密实。

在本项目地基条件（带有低淤泥/黏土含量的河口细砂）上使用振冲密实是理想的。需要与承包商讨论的是，局部振冲密实法之前只在轻荷载工业建筑的填土上使用过。典型的性能标准没有那么麻烦，净荷载在 $100\sim150kN/m^2$ 的量级上。尽管如此，通过对相关技术文献的阅读以及与专家的讨论后得出，尽管存在很大的挑战，振冲密实是可行的。为了控制项目预期的风险制定了详细的规定：

（1）需要进行不同密实间距的前期试验，并通过在密实前后的静力触探试验检查密实效果（在试验期间，也要对远离铁路线的地面振动和沉降进行监测）。

（2）规定的最终成果：静力触探试验圆锥阻力剖面图需要由地基处理专家来审核（图9.13）。

（3）规定铁路线上允许的地面振动和沉降的限制（基于与铁路公司的讨论）。这种限制将禁止使用大功率的振动密实机，但可以使用低功率的机器，并持续密实砂土。

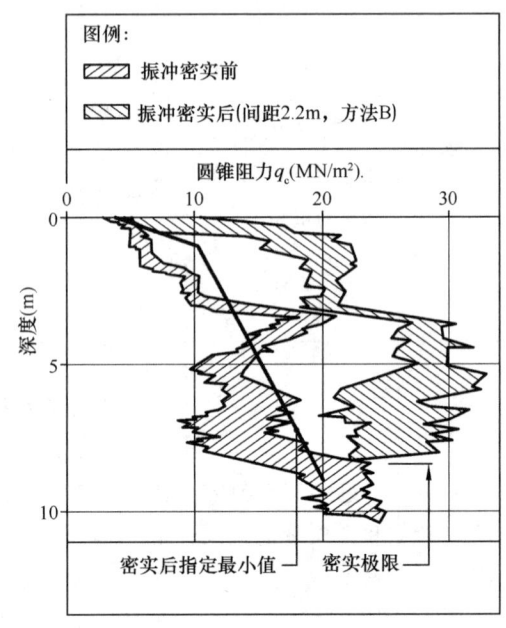

图9.13 不同密实方法的振冲密实前期试验的影响
（方法A对比方法B）

案例：河口砂的振冲密实，不同基础选择的优缺点　　　表9.4

项目	潜在的优点	潜在的缺点
1. 打入桩	适用于土和地下水条件，良好的竖向承载力	由于密实的砂层导致打入困难，大的振动和使铁路损坏。有限的横向/弯曲承载力
2. CFA桩	低振动，相对便宜	横向/弯曲承载力不足、完整性/耐久性差
3. 大直径钻孔桩	良好的横向/弯曲承载力，低振动	需要临时的套管和泥浆护壁，非常昂贵
4. 振冲密实	快捷且便宜（小于项目3的50%），适用于土和地下水条件。允许简单的下部结构	振动和可能造成铁路损坏，改进程度不足，英国缺乏重载桥梁的先例

9.5.2.3 施工工程中观察与试验

中标者使用了具有 50~80kW 额定功率的振冲器,用中粗碎石对每个密实点进行回填。最初的试验采用 2.6m 的密实间距是令人失望的(图 9.14 方法 A),由于密实后实测圆锥锥头剖面未能满足规定要求。经由设计师和承包商讨论后得出一系列可能的原因(地基情况与预期的不同?指定的目标锥头阻力剖面合理吗?),讨论最后的焦点放在操作人员如何使用振冲器。方法 A:振冲器的上提以每 0.6~0.9m 深度递增,每个增量密实持续时间为 20~30s,在撤回过程中,从侧面注射高流速的水。该方法已被成功应用于处理回填土,其处理机制主要是在施工中"加固"相对大直径的碎石柱桩。相比之下,项目为了使砂土变得更密实,提出另一种施工方法,方法 B:上提以每 0.3m 深度递增,振实持续更长的时间直到功耗达到峰值,在上提过程中,水的流量保持在最低限度,以避免冲出过多的砂土。如图 9.13 所示,密实后静力触探试验 q_c 结果表明,方法 B 在致密砂土方面远比方法 A 更有效,进而采用方法 B 进行剩余的试验(用于检查不同密实间距对静力触探试验锥头阻力的影响)和主体工程。

地面振动的监测结果满足文献报告中的下限值(峰值速率小于 15mm/s),地表沉降在 3~7mm。试验结束后,铁路当局对此感到很满意,因为振冲密实法可以在距铁路 2m 的地方进行。

对主体工程选择的密实间距为 2.2m,因为在该间距下,密实后静力触探 q_c 值低于目标值剖面的风险可以忽略不计。密实区域从桥梁基础向外延伸大约 3m,且至少有一个密实点在基础外。基础埋置在地表以下 2.5m 左右,以保证基础在淤泥和黏土层以下,且在地下水位以上。密实前后静力触探试验证实了振冲密实法的有效性。其中一个桥台的静力触探剖面如图 9.14 所示。密实后的 q_c 值大多数超过目标值,大约是密实前的 2~3 倍。桥梁基础后续的性能是令人满意的。基于密实后静力触探剖面,常规计算结果表明沉降值约为 15mm,更复杂的分析表明沉降值约为 10mm。实测沉降值在 5~10mm,且差异沉降小于 5mm。桥面沉降在允许极限范围内。

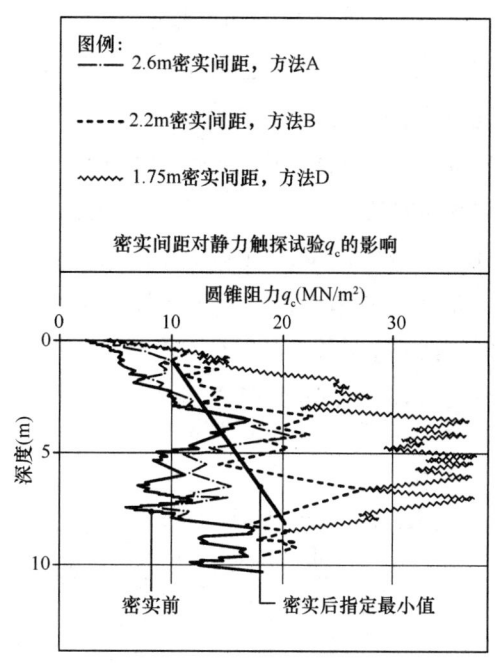

图 9.14 振冲密实前后静力触探试验结果

9.5.2.4 结束语

本案例描述了选择合适的基础类型时需要考虑的一些因素。浅基础深层地基处理效果非常好。然而,该技术的成功使用很大程度上取决于平衡使用岩土工程三角形的所有 5 个组成部分。尤其第 5 部分"了解施工过程和验证设计假设"是非常重要的。最初的振冲密实法(方法 A)是不合适的;由前期试验的观测并开展相关试验确定了出现的问题,进而确定更有效的施工方法,对于圆满完成这些工作起到了关键的作用。

9.5.3 软白垩岩上的浅基础

9.5.3.1 地基条件与施工困难

在 Salisbury 市中心电话局施工期间,由于遇到意想不到的情况突然停工长达 6 个月。地质图显示场地为白垩岩上覆的山谷砾石。场地内四个钻孔的钻孔记录显示地基土上层为 0.9~1.4m 厚的人工填土,下层为 4.9~6.4m 厚中密残积砾石层,并带有淤泥质黏土层。所有钻孔都确定达到残积砾石层下的多裂隙白垩岩。地下水位大约在地表以下

2m。本案例详细讨论见 Burland 等（1983）。

电话局是一个 4 层钢筋混凝土无梁楼盖建筑。图 9.15 为该建筑的平面图和剖面图。东侧结构大部分建在独立浅基础上，砾石承受的荷载大约 200kN/m²。一个显著的特征是把沿建筑西侧安置的管廊底面放置在距地表约 6.6m 下的白垩岩上，其荷载约为 185kN/m²。管廊施工是在一个宽 9m、长 47m 的箱式围堰内进行。围堰施工主要是板桩墙，但在西北角处设有连续的钻孔灌注桩挡土墙用来减少对已有建筑物的振动。图 9.16 显示围堰的剖面。

工程进展得非常顺利，直到在围堰内基坑的开挖进入白垩岩，之后的进展十分困难。在细致观察基坑底部白垩岩后发现，它远非原岩那样坚硬且富有裂隙，非常软，由含有小棱角白垩岩颗粒的淤泥状基质组成。在这个阶段，基础的三分之二已经完成。围堰区已完成部分开挖。在基坑底部的南端，白垩岩已经变成了泥浆，不可能得到一个坚实的底部。围堰通过两个集水坑进行抽水，进而相当大量的水沿着围堰的底部流动。

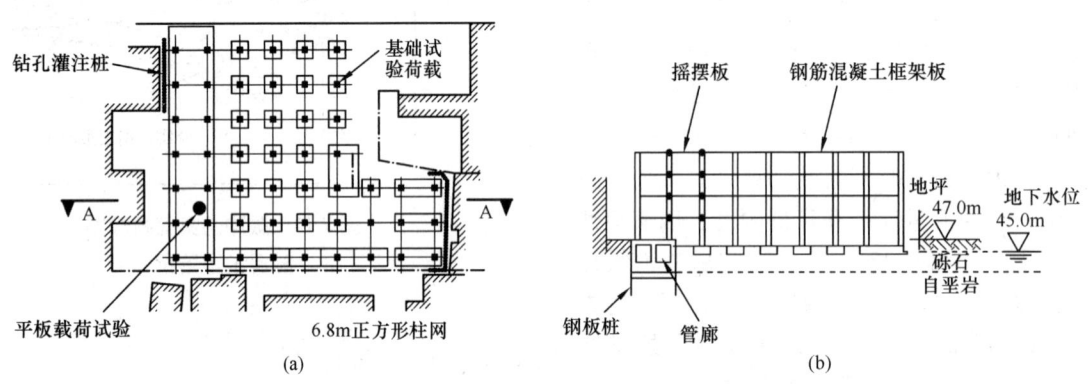

图 9.15 软白垩岩上的浅基础，建筑物平面和剖面图
(a) 平面图；(b) 截面图 A-A

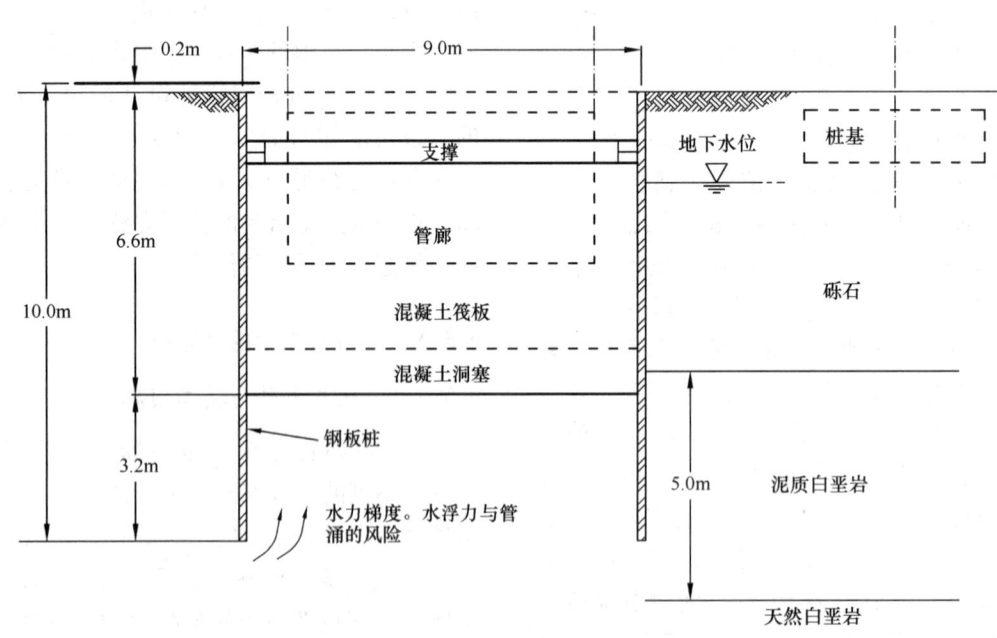

图 9.16 软白垩岩上的浅基础，围堰剖面

因为基坑内部土的真实条件与假设不符，整个基础的底部设计是有问题的。事实上，独立基础与管廊下面筏板基础的使用都被打上了问号。在做任何决定以前，应该对场地进行进一步的勘察。影响基础的土层应该被划分为三类：

中等密实砂砾——土类型 G

残积砾石层含有非常多的砂囊状体或黏土性质的囊状体或透晶体。在该地层底部附近，卵石大小的燧石所占的比例越来越大。该地层底部是一层约 0.3m 厚的砾石和砂砾尺寸的白垩岩圆粒层。

泥质白垩岩——土类型 Ch1

该层由坚硬的白色白垩岩碎粒组成，形成一种柔软的重塑白垩基质。基质主要为粉砂大小，但表现出黏聚性和可塑性。土样易破碎，在外观和手感上类似于软或硬的黏质粉土。在钻探过程中，发现白垩岩向上流进钻孔，套管在自重作用下下沉。这种土非常敏感，在不排水重塑条件下会失去大部分的强度。这种土的标准贯入值非常低，在 1~10 之间，平均值约为 7。

天然白垩岩——土类型 Ch2

事实证明，通过对样品的检查很难准确地界定 Ch1 和 Ch2 之间的转换位置。但是，标准贯入值从 Ch1 到 Ch2 时明显增加。此外，在到达天然白垩岩层后，钻孔内套管停止下沉。一个粗略的推测从 Ch1 到 Ch2 的转换约在 35m 的深度上。

泥质白垩岩 Ch1 很可能是次生的，其特性感觉像淤泥。选取四个 100mm 直径的 U100 泥岩样品进行固结排水三轴试验。试验结果为 $\varphi' = 40°$ 和 $c' = 0$。m_v 值在压缩试验中在 $0.04 \sim 0.11 \text{m}^2/\text{MN}$ 之间波动。测出的渗透率约为 $4 \times 10^{-8} \text{m/s}$，基本与淤泥一样。对 Ch2 层进行抽水试验得出渗透率约为 $2 \times 10^{-5} \text{m/s}$，反映天然白垩岩的裂隙特性。因此，天然白垩岩的渗透率大约是上层泥质白垩岩渗透率的 1000 倍。

计算结果表明，在开挖阶段，在围堰底部由白垩岩引起的竖向总应力（在板桩墙脚趾处）约为 69kN/m^2，而在该处的地下水压力为 76kN/m^2。因此，静水浮力和管涌使围堰底部破坏的风险很高。

9.5.3.2 独立基础

首先要处理的问题是论述现有基础的适用性。根据地质勘察资料，初步计算表明泥质白垩岩的沉降量在 75~175mm，这个值过大。一个昂贵的解决方案是用桩基础取代独立基础。在此之前，需要另一种评估基础沉降的方法。由于取样时对白垩岩样品的干扰，认为室内试验的结果是不真实的。在地下水位以下进行现场平板载荷试验存在困难。最简单和直接的方法是对现有的基础施加 4000kN 的工作荷载（400t），并测量沉降值。尽管费用昂贵，相对于其他方法来说这是快速的，且排除了所有的不确定性。

浅基础为边长 4.2m 的正方形，高 0.9m，放置在大约 44.5m 的标高处。为了测量基底下土的变形，钻了几个钻孔穿过基础：一个钻孔到达砾石与白垩岩交界面（约在基底平面下 3.5m），另一个钻孔进入白垩岩中 8m。对钻孔下套管，并将砂浆杆嵌入到钻孔底部。使用水准仪测量杆和基础四个角的沉降。基础上每级荷载增量为 25~200t，然后持续 42h。随后，加载至 400t 后持续 70h。在试验过程中对沉降进行多次测量。在满载条件下的沉降只有 2.5mm，其中大约三分之一发生在白垩岩中。随时间变化的沉降可以忽略不计。因为对于这些非常小的沉降量，没有必要进行第二次测试。现场试验清楚地表明该基础是合适的。

9.5.3.3 管廊

鉴于白垩岩柔软的性质，板桩墙的稳定性处于临界状态。因此停止抽水并允许水流入围堰。接下来的任务是勘察围堰底部的白垩岩，并评估其扰动程度。一个简单的方法是使用圆锥贯入仪。在围堰内外进行若干试验来评估围堰内部环境的变异性，及其扰动程度与周围未受扰动白垩岩的关系。

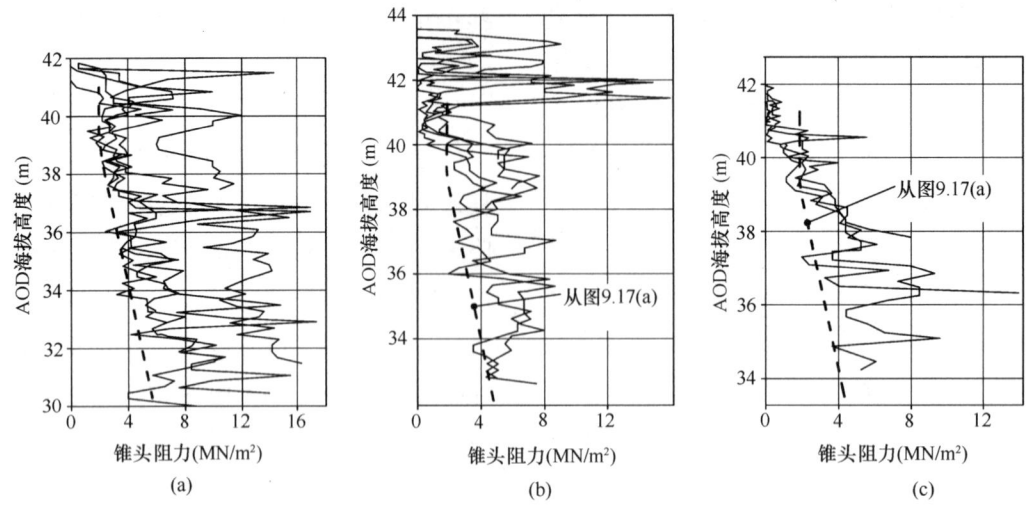

图9.17 软白垩岩上的浅基础，圆锥贯入试验
(a) 基础旁边圆锥贯入试验结果；(b) 围堰北端圆锥贯入试验结果；(c) 围堰南端圆锥贯入试验结果

在现有的基础旁进行了11组试验。用套管钻进穿过碎石层，套管采用74mm直径的UPVC刚性管，在孔底进行试验，图9.17（a）给出了5个典型的测试结果。正如所预料的那样，测试结果显示出相当大的离散性，但存在一个界限清楚的曲线下限，在39m标高下贯入阻力随深度的增加稳步增加。

在围堰底部横跨整个开挖面的刚性工作平台上进行了17组试验。在围堰北端的基坑深度距地表约3.5m，且始终处于砾石中。5个圆锥贯入试验的测试结果如图9.17（b）所示，砾石层大约延伸至41.5m标高处，且该深度可通过邻近的测井得以证实。为便于比较，选取图9.17（a）中曲线，可以看出，锥头阻力在约40m标高范围内低于曲线值，在此标高以下结果吻合较好。

在围堰南端基坑距地表约5m深。图9.17（c）显示了3个圆锥贯入试验的结果，极低的贯入阻力出现在约40.5m标高范围内。在大约38m标高以下，测试结果与图9.17（a）给出的结果基本一致。圆锥贯入试验的结果表明，围堰底部的泥质白垩岩是松散的，且受到向上水流的扰动导致管涌。基于贯入试验的结果得出，管廊基础设计将在约40.4m标高处放置筏板显然是轻率的。

在做出将管廊放置在筏板上的最终决定之前，还需要对沉降做一个评估，于是设计了一个简单的大尺寸原位载荷试验。测试的目的是尽可能逼真地模拟实际的施工条件。试验地点是在围堰的最南端，因为那里的锥头阻力最小。在水面下开挖一个2m×2m的探坑至约40.4m标高处（即现有基底下约1.5m深）。雇佣专业人员来指导和控制开挖工作。然后安放了一个直径为1.5m的混凝土圆柱体，并对其压重加载。在试验时遇到了许多实际困难，尤其是混凝土圆柱不是竖直的，其在加载阶段发生倾斜。当沉降荷载值达到51t时，测试数据显示出两个重要特征：

（1）在正常工作荷载下，沉降量近似与荷载成正比；

（2）在恒定荷载作用下沉降随时间变化的很小。

使用线弹性理论对试验进行重新分析，允许对拟建管廊筏板沉降进行预测，对各施工阶段的预测的结果见表9.5。

施工直到地面都是通过在天然白垩岩（Ch2）井内抽取地下水。停止抽水会导致基底净压力的减小（在净减小以及随后的净增加期间，假设沉降量为零，直至超过前期最大净压力）。预测的总沉降量为62mm。其中一半发生在施工至地面层过程中。在上层建筑施工期间计算沉降为26mm，另有10mm是由活荷载引起的沉降。大尺寸试验表明，大部分沉降是瞬时发生的。因此，在上部结构建设

案例：软白垩岩上的浅基础（管廊，预测沉降) 表9.5

施工阶段	荷载（kN/m²）		基础沉降（mm）	
	递增量	净增量	递增量	总计
封塞	22	22	11*	—
施工直至地面层	52	74	26	26
停止排水	-40	34	0	26
施工直至屋顶水平面	60	94	10	36
内墙和饰面	32	126	16	52
活荷载	20	146	10	62

注：*非测量值。

期间，将"发生"大部分的沉降。通过加入"摇臂板"来减小管廊基础与邻近的独立基础之间残余的差异沉降。这些都在上层建筑完成前被省略了。

9.5.3.4 管廊施工和基础沉降

基坑底部封塞的浇筑是通过在水下设置一系列横向的槽完成的，以免损害围堰的稳定性。在浇筑混凝土之前，先放置一层过滤织物，上覆一层100mm厚的粗粒填充料来形成排水层。在土塞中安置三个直径为450mm的套管，通过它们把抽水井安置在基坑底面8m深，并进入白垩岩层Ch2。此外，将两个直径为75mm减压井安置在每个横槽中，并下至白垩岩层Ch2。排水从8m深的井开始，每口井使用直径为150mm抽水泵，放置在混凝土塞下地下水位与排水层之间。抽水持续进行直到筏板和地下室结构有足够抵抗浮力的重量。整个混凝土筏板浇筑在一天内完成。

对每个基础记录的最大沉降量为5mm，平均沉降量为2~3mm。随时间变化的沉降可以忽略不计。这些结果与在其中一个基础底座上进行的全尺寸荷载测试结果吻合。最大沉降量出现在近南端的管廊（为15mm），近北端的为8mm。沉降的大部分都发生在筏板施工过程中。此后的沉降较小且较均匀，在3~5mm。

9.5.3.5 结束语

从测量的沉降量可以明显看出，电话局的基础设计是令人满意的。但是，决定使用这样的基础类型并不容易。上层5m的白垩岩非常柔软，所有证据都指出它会出现巨大的沉降，由于难以获得具有代表性的未扰动的样品，严重怀疑通过传统的采样和土工试验进行的场地勘察是否可以解决这个问题。在这种情况下，解决问题的直接方法是进行大尺寸载荷试验。在基础上快速、简单地进行全尺寸载荷试验提供了确凿的证据来证明选择独立基础的适合性。在围堰内进行的载荷试验是不太令人满意的，结果导致对沉降的显著高估（预测值为62mm，但测量值为8~15mm）。尽管如此，大尺寸试验在最终的解决基础方案中发挥了非常重要的作用。

这个案例突出了在施工过程中可能出现的问题，尤其是当对地下水机制及其影响还不是很了解时。为了能够顺利完工，在施工期间开展仔细的观察与试验是至关重要的。地下水位以下管廊的施工需要安置一个合适的抽水和减压系统。当永久性工程的重量能抵抗浮力后才可以停止抽水。

9.6 结论

- 方便记忆的基础设计的"5S"为：场地、地基土、结构、安全性和可持续发展。
- 地层剖面和基础允许沉降变形是选择合适基础类型的两个关键因素。
- 正确理解地基风险的一般因素有：

（1）了解场地历史和地质条件；

（2）了解场地的地下水状况及其对拟建建筑和永久性工程的影响。

在绝大多数情况下，基础问题的出现都是由于基础设计师对上述（1）或（2）没有正确的了解。岩土工程三角形可以提供一个清晰且准确了解地基风险的方法（详见在第 4 章 "岩土工程三角形"）。

- 对于总沉降与差异沉降的允许值常常是随意且过于保守的。与结构工程师的前期讨论对于基础设计师来说是非常重要的。值得注意的是，差异沉降可能对结构建造和应用造成潜在危害。一个经济的基础设计是设置一个基础允许变形的实际限值，尤其是差异变形。
- 一个项目的基础工程包括大量的基础构件和工程的组合。当某一项目的不同组成部分由不同的团队来设计，可能的互动应该由一个团队主导——最好由项目首席设计师来考虑。
- 本章给出的例子揭示了保持岩土工程三角形 "平衡" 的重要性。除了包括在三角形内的四个方面，考虑施工过程和设计验证的第五个方面也有帮助。需要认清的一个事实是，基础工程本质上是一个需要对关键的设计假定进行监测和验证的 "过程"。

9.7 参考文献

Burland, J. B., Hancock, R. J. and May, J. (1983). A case history of a foundation problem on soft chalk. *Géotechnique*, **33**(4), 385–395.

Cole, K. W. (1988). *Foundations*. ICE Works Construction Guides. London: Thomas Telford.

Fookes, P. G., Lee, E. M. and Griffiths, J. S. (2007). *Engineering Geomorphology, Theory and Practice*. Boca Raton, USA: Taylor and Francis.

Health and Safety Executive (1991). *Protection of Workers and the General Public during the Development of Contaminated Land*. HS(G)66. London: HSE.

O'Brien, A. S. (1997) Vibrocompaction of loose estuarine sands. In *Proceedings of the 3rd International Conference on Ground Improvement Geosystems*, June 1997. London: Thomas Telford, pp. 120–126.

Phipps, P. J. (2003). Geomorphological assessment for transport infrastructure projects. *Proceedings of the ICE – Transport*, **156**(3), 131–143.

Preene, M., Roberts, T. O. L., Powrie, W. and Dyer, W. (2000). *Groundwater Control – Design and Practice*. CIRIA Report C515. London: Construction Industry Research and Information Association.

Rudland, D. J., Lancefield, R. M. and Mayell, P. N. (2001). *Contaminated Land Risk Assessment: A Guide to Good Practice*. CIRIA Report C552. London: Construction Industry Research and Information Association.

Steeds, J. E., Shepherd, E. and Barry, D. L. (1996). *A Guide for Safe Working Practices on Contaminated Sites*. CIRIA Report R132. London: Construction Industry Research and Information Association.

Terzaghi, K. (1951). The influence of modern soil studies on the design and construction of foundations. *Building Research Congress*, London, **1**, 139–145.

> 第 1 篇 "概论" 和第 2 篇 "基本原则" 中的所有章节共同提供了本手册的全面概述，其中的任何一章都不应与其他章分开阅读。

译审简介：

李翔宇，正高级工程师，建研地基基础工程有限责任公司设计与研发中心副主任，从事地基基础设计、咨询和研究工作。

刘金波，博士，研究员，参与了 "鸟巢"、北京银泰大厦、天津津门、津塔和 117 大厦等近百项工程地基基础技术服务。

第10章 规范、标准及其相关性

特雷弗·奥尔（Trevor Orr），圣三一学院，都柏林，爱尔兰共和国
主译：王涛（中国建筑科学研究院有限公司地基基础研究所）
审校：沙安（中国建筑科学研究院有限公司地基基础研究所）

doi: 10.1680/moge.57074.0105

目录

10.1	引言	107
10.2	规范标准的法定框架、目标和地位	107
10.3	规范和标准的优点	108
10.4	岩土工程规范和标准的制定	109
10.5	岩土工程与结构工程在规范和标准方面的差异	110
10.6	岩土工程设计	113
10.7	《欧洲标准7》中采用的安全要素	114
10.8	岩土工程设计三角形和岩土工程三角形之间的关系	114
10.9	岩土工程规范和标准	115
10.10	结论	125
10.11	参考文献	126

岩土工程规范和标准代表了良好实践的标准。这些标准规范是达到社会所要求的岩土工程安全水平的一种手段，也是一种沟通渠道，为岩土工程项目所有相关人员之间提供一种共识。岩土工程规范和标准已从由工程机构的委员会编写转变为由欧洲标准化委员会（CEN）的技术委员会编写，从基于整体安全系数的容许应力法，到基于分项系数的极限状态设计法。岩土工程设计的主要组成部分是几何数据、荷载和岩土参数、验证方法和岩土工程设计工况的复杂性。这些设计组件以岩土工程设计三角形的形式呈现，其组件与岩土工程三角形的各个要素相关。

10.1 引言

随着社会变得越来越复杂，法律法规越来越多，人们越来越爱打官司，岩土工程的相关人员需要确信其设计是可靠的，并且具有社会要求的安全水平。可靠和安全的岩土工程设计可以通过对土性的良好理解，通过对岩土工程设计工况采用合适的模型，并考虑到土的复杂性，通过适当考虑以前的可借鉴经验来实现。设计规程和标准旨在为良好的设计实践提供建议，列出实现符合社会健康和安全要求的岩土工程设计的过程和程序。此外，它们的目的是提供满足业主和用户关于可用性要求的设计，即关于可接受的设计沉降和变形，以及经济方面的要求。正如Simpson等（2009）指出，规范有责任在一个资源有限性日益得到承认的世界里，平衡经济与安全性和可用性。

10.2 规范标准的法定框架、目标和地位

英国社区与地方政府部（Department for Communities and Local Government）根据《建筑法1984》（Building Act）颁布的《建筑条例2010》（Building Regulations）规定了建筑项目的法定框架，规定了确保各类建筑内和周围人员健康和安全的功能要求，以及对节能和残疾人福利便利的要求。《建筑条例》关于如何满足功能要求的实用指南包含在认可文件（Approved Documents）中，这些文件由英国社区与地方政府部的国家建筑规范（National Building Specification，简称NBS）发布。例如，与结构安全有关的认可文件A（Approved Document A）（NBS 2006）涉及两个岩土工程的英国标准，均由伦敦的英国标准协会（British Standards Institution）发布（本章所述和表中所列的所有规范和标准，第10.4节所述的首批规程CP 1、CP 2和CP 4除外）：BS 8002《挡土结构规程》（Code of Practice for Earth Retaining Structures）和BS 8004《基础规程》（Code of Practice for Foundations）。这些为满足《建筑条例》的结构安全要求提供了实际指导。然而，由于欧洲标准于2010年3月31日取代了这些标准，在修订认可文件A之前，现在应参考BS EN 1997-1：2007，而不是BS 8002和BS 8004，以提供满足结构安全要求的《建筑条例》实用指南。前缀中的EN代表欧洲标准。

应注意的是，认可文件中给出的指导不是一套法定要求，非必须遵循。遵守认可文件中提及的规范和标准只是满足（即被视为满足）《建筑条例》中功能要求的一种方式。因此，参考规范和标准不是强制性的，可以使用替代方法，尽管设计师可能需要证明替代方法满足所有相关功能要求，并且最终设计仍然符合《建筑条例》。法律规定如果设计师遵循了认可文件中的指导，这就是该设计符合《建筑条例》的证据。《场地勘察规程》BS 5930：

1981（Code of Practice for Site Investigations）前言声明"遵守本规程并不意味着免除相关法律法规的要求"，并且本声明对认可文件中提及的所有规程有效。

虽然现有的英国规程已经出版，其目标（如 BS 5930：1981 所述）是代表良好实践的标准，并采取了建议的形式，但欧洲标准的目标——包括用于岩土工程设计的《欧洲标准 7》（Eurocode 7）（BS EN 1997-1：2007）——更为广泛。欧洲标准前言中规定，它们将作为参考文件，用于以下目的：

- 证明建筑和土木工程符合欧盟理事会指令 89/106/EEC 的基本要求，特别是基本要求：①机械阻力和稳定性；②火灾情况下的安全；
- 作为明确施工和相关工程服务合同的依据；
- 作为起草协调施工技术专业规范的框架。

对于在岩土工程中使用规范和标准的人员，《欧洲标准 7》作出了以下重要规定，不可忽视：

（1）设计所需的数据由具有相应资质的人员收集、记录和解释；

（2）结构由具有适当资格和经验的人员设计；

（3）参与数据收集、设计和施工的人员之间有充分的连续性和沟通；

（4）在工厂、车间和现场提供充分的监督和质量控制；

（5）由具有相应技能和经验的人员按照相关标准和规范执行；

（6）按照《欧洲标准 7》或相关材料或产品规范的规定使用建筑材料和产品；

（7）该构筑物将得到充分养护，以确保其在设计使用寿命内的安全性和可使用性；

（8）该结构将用于设计所规定的目的。

与设计计算的精度或安全系数所采用的值相比，确保符合所有这些假设对于确保岩土结构的安全和降低破坏风险更为重要。关于上述（1）、（2）和（5）的合规性，《欧洲标准 7》并未定义具有适当资格、技能和经验的人员的含义。这将取决于项目的性质和地基条件，并由国家决定。作为解决这个问题的正式措施，英国土木工程师学会与伦敦地质学会（Geological Society）以及材料、矿产与采矿研究所（Institute of Materials，Minerals and Mining）合作，于 2011 年 6 月建立了英国地基工程专业人员登记册（UK RoGEP）。英国岩土工程协会（British Geotechnical Association）在地基论坛（Ground Forum）主持下编制的 3009（4）文件（ICE，2011）详细介绍了注册和如何成为注册地基工程专业人员。英国 RoGEP 提供外部利益相关者，包括客户和其他专业人员，通过这种方法来确定在地基工程方面具有适当资格和能力的人员。

10.3 规范和标准的优点

根据英国标准协会（British Standards Institution）网站（www.bsigroup.com），标准有助于使生活更简单，提高产品和我们使用服务的可靠性和有效性。因此，在岩土工程设计中标准规范建立了程序和要求，包括设计过程中的安全要素，达到社会需要的安全性、实用性和经济性水平。规范和标准是由那些参与了这个行业的专业人员编制，因此他们把重要的理解和相关经验集中起来。另一个好处是它们为所有参与岩土工程的人员提供了一个共同的参考和沟通方法：包括岩土设计师、地勘人员、岩土试验师、结构工程师、承包商、客户、用户、公共当局和监管机构。辛普森等（2009）详细阐述了规范的沟通方面功能，以及它们如何提供（1）分析和设计之间的联系，其中分析是设计过程中的一个工具；以及（2）设计师的设计活动和社会对于安全与服务的需求之间的一个联系。就欧洲法规而言，欧盟委员会在 2003 年出版了一份《指导文件 L》（EC，2003），欧洲标准的预期利益和机遇被列为：

- 提供通用设计标准和方法，以满足规定要求机械阻力、稳定性和耐腐蚀性要求，包括耐久性和经济性方面；
- 关于结构设计在业主、运营商和用户、设计师、承包商、建筑产品制造商之间取得共识；
- 促进成员国之间的施工服务交流；
- 促进结构组件和套件在成员国销售和使用；
- 促进材料和组成产品在成员国销售和使用，产品特性进入设计计算；
- 成为施工中研究和开发的共同基础；
- 允许编制通用设计辅助工具和软件；
- 提高欧洲土木工程的竞争力，包括公司、承包商、设计师和产品制造商在世界范围内活动中的竞争力。

10.4 岩土工程规范和标准的制定

规程和标准是两种不同的文件，英国标准协会（BSI）BS 0-2：2005 *A standard for standards* 中的"规程"（code of practice，简称 CP）被定义为：

"它是一个关于合适的做法的建议，诸如有能力和有责任心的从业者把实践经验和所学知识的结果结合起来，以便访问和使用信息"

而在 BS 0-1：2005 中"标准"（standard）被定义为：

"协商一致通过并由公认的政府批准的文件，它提供了共同和重复使用活动或其结果的规则、准则或特征，目的是在给定情况下实现一个系统的最优有序度。"

因此，在设计中采用了一套规程，目的是达到可接受的质量技术水平，并表示为基于科学/技术原则的功能性要求。它通常避免标准化特定的设计方法或详细的施工程序，将这些选择留给设计师（Krebs-Ovesen 和 Orr，1991）。另一方面，一个标准旨在通过指定要使用的特定方法或程序，在特定的上下文中规定一定程度的秩序。

岩土工程规程示例，如上所述，是场地勘察的前 BS 规范，挡土结构和地基标准包括 BS 土工试验标准规范，即要求和程序不同的土工测试。根据定义，《欧洲标准 7》是规程，因为它提供了良好实践的建议，紧随其后的是有能力的从业者。然而，这也是一个标准（根据上述定义），因为它提供达成一致的规则，目的是实现最佳程度的秩序，岩土工程设计表示为特定的安全水平。

近年来，英国标准协会（BSI）出版了不同的类型包括规范、方法、指南、词汇表和规程，都有同样的地位和权威，决定将它们全部作为标准出版。因此，自 20 世纪 80 年代以来，英国标准协会（BSI）已发布了作为标准的规程，其中包括英国标准的前缀 BS，术语"规程"（code of practice）通常保留在标准的标题中。

英国第一部岩土工程规范和标准是在 20 世纪 40 年代到 50 年代制定的，编委会由工程机构代表、土木工程、公共工程、建筑及建造工程实务委员会组成，由原工务部主办，出版土木工程及公共工程丛书。这些设计规程是基于考虑整体安全系数的容许应力法。McWilliam（2002）提供了英国规程演变的更多细节，他报告了在制定规程过程中出现的与专业工程师的传统角色有关的问题，专业工程师将设计规则视为工程师的个人选择，以及他们与政府机构和国际贸易的发展关系。

第 1 号规程（Code of Practice no.1，简称 CP 1）——《场地勘察规程》（*Site investigations*）的编写工作始于 1943 年，1950 年由英国土木工程师学会出版；第 2 号规程（Code of Practice no.2，简称 CP 2）——《挡土结构规程》（*Earth retaining structures*）由英国结构工程师学会于 1951 年出版；以及第 4 号规程（Code of Practice no.4，简称 CP 4）——《基础规程》（*Foundations*）由英国工程部于 1940 年代后期发布。第一个土工测试标准由英国标准协会（BSI）于 1948 年发布为 BS 1377《土的描述和压实试验方法》（*Method of test for soil description and compaction*），最初出版时仅由 1 个部分组成，但后来增加到 9 个部分。1949 年，英国土木工程和公共工程系列规程的编制和发布工作移交给了以下 4 个专业工程机构：英国土木工程师学会、英国市政工程师学会（Institution of Municipal Engineers）、英国水利工程师学会（Institution of Water Engineers）和英国结构工程师学会（Institution of Structural Engineers）。

1954 年，虽然规程的起草工作仍由专业工程机构负责，但出版规程的责任已由工程机构移交给英国标准协会，且保留至今。修订版的 CP 1 和 CP 4 分别于 1957 年和 1972 年由英国标准协会（BSI）发布为 CP 2001 和 CP 2004。尽管它们的标题中仍有"规程"（code of practice）一词，但这些规程的后续修订版在 20 世纪 80 年代作为前缀为 BS 而非 CP 的英国标准出版。例如，修订版 CP 2001 于 1981 年作为 BS 5930 出版，并修订了 CP 2004 版于 1986 年作为 BS 8004 出版。在 1961 年、1967 年和 1975 年，BS 1377 的前三次修订是作为单个文档发布。在 1961 年的版本中，标题改为《土木工程土工试验方法》（*Methods of Testing Soil for Civil Engineering*）。1975 年的版本是公制的，包括了更广泛的土工试验程序。随后，在 1990 年，下一个修订版和当前版本在 9 个独立的部分中发布，其标题为《土木工程土工试验方法》（*Method of Test for Soil for Civil Engineering Purposes*）。

随着欧洲经济共同体和欧盟的成立，欧洲委员会（EC）在 1975 年发起了一项计划，为建筑和土木工程设计制定一套统一的标准，即《欧洲结构规范》。这些标准都是基于相同的极限状态设计方法，并带有分项系数，使岩土工程设计与结构设计相协调。就岩土工程设计而言，它们还有一个额外的优势，即基于极限状态设计方法，它们为欧洲不同国家的岩土工程设计提供了一种"通用语言"。在《欧洲标准 7》出版之前，欧洲的设计规范和标准差别很大。欧洲协调标准是欧盟官方公报中通过引用官方认可的符合相关欧洲指令基本要求的标准。就欧洲标准而言，相关指令为 1988 年 12 月 21 日颁布的建筑产品指令 89/106/EEC（EC，1989），该指令与成员国有关建筑产品的法律、法规和行政规定近似。欧洲标准经过 15 年的使用，欧洲委员会（EC）1990 年决定将后续工作转交给欧洲标准化委员会（CEN）。欧洲的国家标准组织是 CEN 的成员，因此英国标准协会（BSI）是欧洲标准化委员会（CEN）的英国成员。欧洲标准化委员会（CEN）已将《欧洲标准 7》发布为 EN 1997。

由于为特定国家的构筑物确定所需安全水平的责任是国家责任，因此《欧洲标准 7》和其他欧洲标准均随国家附录一起发布。国家附录提供了分项系数的值，称为国家定义参数（NDPs），以及与特定欧洲标准一起使用的其他安全要素。国家附录还提供了可与欧洲标准一起使用的非合并性补充信息（non-contradictory-complementary – information，简称 NCCI）的参考资料。

各欧洲标准均由欧洲标准化委员会（CEN）技术委员会（Technical Committee，TC）编制 TC 250《欧洲结构标准》（*Structural Eurocodes*）。除了编制欧洲结构和岩土工程设计标准外，近年来，CEN 还通过其 TCs 编制了大量与岩土工程其他方面有关的标准，其中许多已由 CEN 作为 ENs 出版。近年来，国际标准化组织（ISO）的技术委员会也制定了一些与岩土工程有关的标准，并作为 ISO 标准出版，前缀为 ISO。为了避免工作重复，1991 年根据《维也纳协定》（*Vienna Agreement*）决定，当欧洲标准化委员会（CEN）和国际标准化组织（ISO）都需要某一特定领域的标准时，它们将合作编写标准并交换技术信息。实际上，这意味着欧洲标准化委员会（CEN）和国际标准化组织（ISO）在编制岩土工程勘察和试验标准方面进行了合作，其中大部分由 CEN TC341《岩土工程勘察和试验》（*Geotechnical Investigation and Testing*）编制，但岩土鉴定和分类标准由 ISO TC182《岩土工程》（*Geotechnics*）编制。

作为欧洲标准化委员会（CEN）的成员，英国标准协会（BSI）有义务采用与英国标准相同的所有欧洲标准版本，并撤回任何可能与之冲突的国家标准。因此，由于欧洲标准和其他欧洲标准已被欧洲标准化委员会（CEN）批准并发布为前缀为"EN"的欧洲标准，因此它们已被英国标准协会（BSI）采纳并发布为前缀为"BS EN"的英国标准，并且冲突的 BS 标准已被取代。但是，如果英国标准协会（BSI）决定将现有冲突标准保留为当前文档而不是将其撤销，则可以通过将其状态从前缀为 BS 的标准更改为前缀为 PD 的已发布文档来实现。这是一个不具有标准状态但包含对行业有用信息的文档。如果采用 ISO 标准作为英国标准，则由英国标准协会（BSI）以前缀 BS ISO 发布，除非国际标准化组织（ISO）或欧洲标准化委员会（CEN）根据《维也纳协定》编制，在这种情况下，以前缀 BS EN ISO 发布。

10.5　岩土工程与结构工程在规范和标准方面的差异

岩土工程设计规范和标准，如《欧洲标准 7》等标准，在结构和内容上都与结构设计规范不同。这是因为土具有一些特殊特性，结构设计材料（如钢）要么不具备，要么只有很少的特性。土的这些特殊特性对岩土工程设计和《欧洲标准 7》的影响在下文中解释，并在表 10.1 中总结。

（1）土是天然材料

土影响岩土工程设计，并导致岩土工程规范不同于结构规范的主要特征是，它是一种天然材料，不同于结构设计中使用的材料，如混凝土和钢（它们是制造的）。其结果是，土的性质需要作为岩土工程设计过程的一部分来确定，而不是像结构设计那样由设计师指定。正是由于这个原因，《欧洲标准 7》分为两部分，涵盖了岩土工程设计的所有组成部分。第 1 部分：一般规则，包括建筑和土木工程设计的岩土工程方面的原则和要求；第 2 部分：场地勘察和试验，包括与场地勘察的规划和报告有关的设计要求，以及一些常用规范的一般要求，土工实验室和现场试验、试验结果的解释以及

第10章　规范、标准及其相关性

土区别于钢的特性及其对岩土工程设计的影响　　　　　　　　　　　　　　　　　表 10.1

土	钢材	岩土工程设计的重要性
(1) 天然材料	人造	属性是确定的,而不是指定的,因此地质勘察和测试是设计的一个过程
(2) 两相或三相性	单相	需要考虑水和水压力以及土的性质,以及短期和长期行为
(3) 非均质、高变异性	各向同性	特征值不是测试结果的5%分位数,需要使用可比经验选择特征值时。同样对于冗余结构,强荷载和弱荷载同时发生时,统一荷载分项系数是合适的
(4) 摩阻性	非摩阻	荷载影响阻力,因此需要考虑永久荷载的因素,因此统一分项系数通常是合适的
(5) 韧性	大多数人造材料的韧性不如土	允许在地面和冗余结构中重新分配荷载,因此接近统一的分项系数可能适用于结构荷载
(6) 剪胀性	不膨胀	在确定峰值、临界状态或残余强度参数是否合适时,需要考虑剪胀和剪应变的大小
(7) 可压缩性且低剪切刚度	不可压缩	设计通常由正常使用极限状态控制,而不是由极限状态控制
(8) 非线性和复杂的应力-应变特性	线性、简单	正常使用极限状态计算通常很困难,因此对于简单的情况,可以使用极限状态进行设计计算

岩土参数和系数的推导。

（2）土的两相或三相性

土由具有抗剪强度的矿物颗粒和不具有抗剪强度的水和空气组成。因此,岩土工程设计中需要考虑有效应力原理。这一原理指出,应力变化对土的所有影响都是由于有效应力的变化,其中有效应力是总应力减去孔隙水压力,即土强度、压缩和变形的所有变化都是由于作用在土颗粒上的应力的变化,不是由于孔隙水压力的变化。正是由于这个原因,有效应力原理是岩土工程设计的基础,也是岩土工程设计中通常有必要确定孔隙水压力和了解孔隙水行为的原因。《欧洲标准7》通过不断提及岩土工程设计需要考虑孔隙水压力及其变化的影响来考虑这一点,例如第 2.4.2（9）P 段。此外,由于孔隙水压力的变化在细粒低渗透性土中发生需要时间,由于随着孔隙水压力的消散,土的性质和行为会随时间而变化,因此在岩土工程设计中,如第 2.2（1）P 段所述,有必要同时考虑短期和长期设计工况。这种随时间变化的特性是岩土工程的一个独特特征,在结构设计中不会出现。第 17 章"土的强度与变形"对这种特性作了进一步讨论。

（3）土的非均质性和可变性

土是非均质和可变的,任何岩土工程设计工况下涉及的土体积通常比取样和测试的体积大。由于这些原因,通常不适合选择试验结果的5%分位数作为岩土工程设计中使用的特征值(与选择结构设计中使用的材料参数时不同)。根据《欧洲标准7》第 2.5.4.2（2）段,岩土参数的特征值应作为对影响极限状态发生的值的谨慎估计,该值通常是覆盖大面积或大体积土的一系列值的平均值。尽管预计统计数据通常不会用于特征值的选择,但《欧洲标准7》规定,谨慎估计平均值是选择有限岩土参数值的平均值,置信水平为95%。重要的是,特征值的选择不仅应基于土工试验结果,而且还应基于类似土条件的经验和类似结构在此类土中的行为。

与人造材料相比,土的更大不均匀性和可变性不仅影响岩土工程设计中特征值的选择,而且影响部分材料和荷载系数的选择。由于土的可变性较大，与结构参数值相比，土参数值的不确定性较大，因此岩土工程设计通常选择比结构设计更大的材料分项系数值，例如 $\tan\varphi'$ 为 1.25，而钢强度为 1.15，其中 φ' 为有效摩擦角。由于土的可变性较大，在岩土工程设计中，与土参数值相比，荷载的不确定性通常较小，特别是当荷载是由于土自重引起时，或与结构设计中荷载的不确定性相比时；因此，岩土工程通常选择较低的部分荷载系数设计。用于例如，将1.0（永久荷载）和1.3（可变荷载）分别与1.35 和 1.5（结构设计中选择的部分荷载系数）进行比较。

土的非均匀性和可变性的另一个结果是，在土上有冗余结构的情况下，结构的荷载将从土较弱的区域（因此支撑荷载的能力较弱）重新分配到土较强的区域（更好地支撑荷载）。这种非计划的再分配过程有利于岩土工程设计，因此可以选择低荷载分项系数。然而，在结构设计的情况下，情况是不同的，因为制造材料通常不是不均匀和可变的，有弱区和强区。超静定结构中的非预知荷载再分配通常是不利的，而不是有利的，因此需要比岩土工程设计更高的荷载分项系数。

（4）土的摩阻性

由于土具摩阻性，其强度是法向有效应力和摩擦角的函数。因此，在岩土工程设计计算中考虑永久荷载时必须小心，并确保不利（即可能导致破坏）但也影响土强度和阻力，提供破坏面上的法向应力的荷载不增加。因此，在岩土工程设计中，上述（3）中提到的分项系数 1.0 通常用于永久荷载，包括土自重。关于土摩阻性的进一步讨论，见第 17 章 "土的强度与变形"。

（5）土的韧性

土通常非常有韧性，当剪切时，它可以发生大的变形，仍然保持显著的抗剪强度，即使在剪切时，首先达到峰值强度，然后降低为残余强度。尽管有些结构材料，如钢，具有延展性，但其延展性通常小于土，因此，除非采取特殊措施来提高延展性，否则结构在破坏前的变形能力不如土。土韧性特性的结果是，当均质土支撑超静定结构时，那些较重荷载的区域将屈服，从而允许荷载通过结构从较重荷载区域转移到较轻荷载区域。因此，这种延

展性有利于岩土工程设计。这也是岩土工程设计中永久荷载和可变荷载分项系数通常小于结构设计分项系数的另一个原因。

（6）土的剪胀特性

一些土，例如致密粗粒土，在剪切时膨胀，表现出峰值摩擦角 φ'_p。在充分剪切后，当土完全重塑时，它们达到临界状态或恒定体积摩擦角 φ'_cv。对于其他土，例如黏土，在大应变后，土颗粒可能沿着破坏面排列，从而达到小于临界状态角的残余摩擦角。一般来说，岩土工程设计中重要的是防止破坏发生的土强度，而不是破坏后的强度。《欧洲标准7》在第 2.4.3（2）段中规定，岩土参数 "从试验结果和其他数据中获得的值应根据所考虑的极限状态进行适当解释"，并在第 2.4.3（4）段中指出，"应考虑地基性质和岩土参数之间的可能差异根据试验结果和控制岩土结构性能的结果得出，土和岩石结构以及脆性是可能导致这些差异的两个因素。第 17 章 "土的强度与变形" 中进一步讨论了土的剪胀性。

《欧洲标准7》通常未说明设计计算中使用的土抗剪强度是否为峰值、临界状态或残余值。第 3.3.6（1）段指出，在评估抗剪强度时，应考虑一些特征的影响，包括应力水平、强度各向异性、应变率效应、设计工况下可能出现的非常大的应变、预成形滑动面和饱和度。因为一般认为结构在达到临界状态所需的变形之前就已经失效已达到的状态（岩土工程设计通常使用峰值强度进行），以及由于大多数现场试验与峰值强度相关，这是《欧洲标准7》设计中通常使用的强度。第 6.5.3（5）段表明了这一点，该段提到了用于确定抗滑性的强度，指出 "对于大变形，应考虑峰后特性的可能相关性"。《欧洲标准7》中仅提及使用特定摩擦角的段落为第 6.5.3（10）和 9.5.1（3）段。第 6.5.3（10）段规定，"对于现浇混凝土基础，可假定设计（结构－地面界面）摩擦角 δ_d 等于有效临界剪切角 $\varphi'_\mathrm{cv,d}$ 的设计值，对于光滑预制基础，可假定其等于 $\varphi'_\mathrm{cv,d}$ 的 2/3"。第 9.5.1（3）段规定，"对于预制混凝土或板桩，可假设砂或砾石中混凝土墙或板桩墙支护具有设计墙－地界面参数 $\delta_\mathrm{d} = k\varphi_\mathrm{cv,d}$，墙－地界面摩擦角系数 k 不应超过 2/3"。

（7）土具有可压缩性和低剪切刚度

由于土，特别是细粒土，具有低剪切刚度的可压缩性，通常比结构材料的可压缩性大得多，刚度小得多，因此它可以承受超过结构极限值的大变形。因此，在许多岩土工程设计工况下，控制标准是限制变形而不是防止破坏。因此，岩土工程设计通常由正常使用极限状态因素控制，而不是由极限状态要求控制。

（8）土的非线性和复杂的应力-应变特性

由于土的非线性和复杂的应力-应变特性，确定合适的参数值和模拟土变形很困难，有时难以预测可靠的地基变形。因此，对于简单的设计工况，岩土工程设计可使用极限状态计算进行，并选择适当的分项或整体安全系数值，以限制移动剪切强度，从而限制地基变形。《欧洲标准7》中的一个例子是第6.6.2（16）段中的应用规则，其中规定"对于建立在黏土上的传统结构，应计算在其初始不排水抗剪强度下的地面承载力与应用正常使用荷载的比率。如果该比率小于3，则应始终进行沉降计算。如果比值小于2，则计算应考虑地基的非线性刚度效应。"

10.6 岩土工程设计

Burland（1987）提出土力学教学应突出四个要素。他最初将这四个要素用土力学三角形来展现，这一概念已发展并扩展为图10.1所示的岩土工程三角形，并在第4章"岩土工程三角形"中进行了讨论。首先岩土工程三角形的顶点代表前三个要素，"地层剖面"、"土的特性"和"合适的模型"。第四个要素，"先例、经验方法和成熟的经验"是其中心，并与其他三个要素相联系。

Orr（2008）也以类似的方式表明，岩土工程设计的不同组成部分可以形成岩土工程设计三角形（图10.2）。构成岩土工程设计三角形顶点的岩土工程设计的组成部分是几何数据、荷载和岩土参数以及验证方法。连接这三个部分的是第四个部分——设计的复杂程度。设计的复杂程度对其余岩土工程设计组成部分的影响是一个重要的设计考虑因素，因此设计的复杂程度被置于岩土工程设计三角形的中心，并以与岩土工程三角形中"先例、经验方法和成熟的经验"相同的方式与其他组成部分相连。

四个岩土工程设计组成部分中涉及的因素和设计程序如图10.2所示。第一部分所涉及的因素，即描述设计工况几何数据，包括地面的高程和坡度、水位、地层分界面的高程、开挖高程和岩土结构的尺寸。岩土工程设计中涉及的荷载通常由结构设计师提供，或根据土的重力密度（单位重量）确

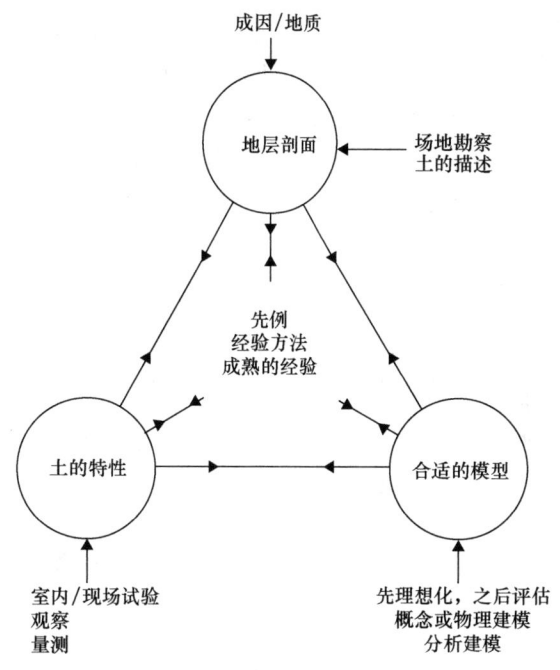

图10.1 岩土工程三角形

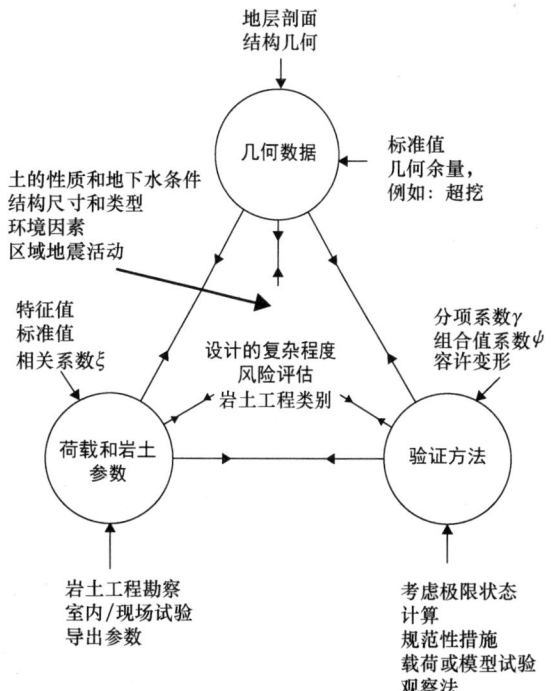

图10.2 岩土工程设计三角形

定，而岩土工程参数，如土的强度和刚度，则根据岩土工程勘察（涉及现场和室内试验）的推导值确定。

关于验证方法，随着《欧洲标准7》的引入，极限状态设计方法已取代岩土工程设计的容许应力法。这种设计方法要求考虑所有相关的极限状态，并表明有很大难度。这应通过采用以下一种或多种方法来实现：采用计算、采用规范性措施、载荷或模型试验以及观察法。构成第四部分（设计的复杂程度）的因素是地面和地下水条件的性质、结构的性质、周围环境的性质、环境因素以及区域地震活动（如相关）。岩土工程设计开始时，需要考虑这些因素及其复杂程度，因为它们将影响其他三个组成部分的处理方式。

10.7 《欧洲标准7》中采用的安全要素

在符合《欧洲标准7》的岩土工程设计中，岩土工程设计三角形的每个组成部分均应以适当的方式或采用适当的安全要素进行处理，以确保达到所需的安全水平。以下段落解释了每个要素采用的处理方式或要素，并在图10.2中以斜体显示。

对于几何数据，用于设计的值是测量值或选择的标准值。在适当的情况下，包括几何余量作为确保安全的措施；BS EN 1997-1 中的此类例子是挡土结构设计中的超挖余量［第9.3.2.2（2）段］和在具有高度偏心荷载的扩展基础的情况下基础宽度上的附加结构公差［第6.5.4（2）段］。

对于荷载和岩土参数，应考虑其中的不确定性和可变性，并通过选择适当的保守值（称为特征值）实现安全性。如果有足够的统计数据可用，荷载的特征值定义为荷载分布的95%分数值，而对于材料参数，则定义为5%分数值。然而，通常没有足够的数据从统计上获得荷载的特征值，因此使用"标准"值代替。当设计工况中涉及荷载组合时，将组合值系数应用于特征荷载，以获得荷载的"代表"值。这些是应用部分作用（荷载）系数的值，以获得《欧洲标准7》设计计算中使用的设计值。关于岩土参数的特征值，EN 1997-1 第2.5.4.2（2）段规定，"应选择它作为对影响极限状态发生的值的保守估计"。当通过桩荷载试验或现场试验曲线确定桩阻力时，BS EN 1997-1 提供了相关系数 ξ，应用于试验结果或曲线以确定特征桩阻力。用于确定特征桩阻力的 ξ 值取决于桩荷载试验或试验曲线的数量。

关于验证方法，当使用 BS EN 1997-1 中的极限状态设计方法时，通过对极限或正常使用极限状态计算模型中的荷载和/或岩土参数值或阻力应用适当的分项系数，达到所需的安全水平。也可以引入部分模型系数来解释计算模型中的不确定性，尽管这种不确定性通常在为部分荷载和材料系数选择的值中进行解释。英国 EN 1997-1 附件中提供的分项系数值均适用于极限状态，因为正常使用极限状态的分项系数均等于1。

根据第 2.1（8）P 段的要求，BS EN 1997-1 中关于设计工况复杂性引入安全的方式：应确定每个设计工况的复杂性以及相关风险，以便确定岩土工程勘察、计算和施工控制检查的范围和内容的最低要求。在确定和解决设计工况的复杂性时，重要的是要考虑可比经验，这在第 1.5.2.2 段中定义为"与设计中考虑的地基相关的文件或其他明确确定的信息，涉及相同类型的土和岩石，预期具有类似的岩土特性，并涉及类似的结构。当地获得的信息被认为特别相关"。BS EN 1997-1 中解决设计的复杂程度的风险评估程序示例为第 2.1（10）段中给出的岩土工程类别。在 BS EN 1997-1 中，这些岩土工程类别是作为应用规则而不是原则提出的，因此在英国进行的岩土工程设计中可选择使用。

10.8 岩土工程设计三角形和岩土工程三角形之间的关系

岩土工程设计三角形的四个组成部分与岩土工程三角形各个要素之间的关系如表10.2所示。此表显示岩土工程设计的组成部分与伯兰德（Burland）总结的土力学各个要素相关，并涵盖相同的区域。然而，岩土工程设计组成部分的安全要素是岩土工程设计的一个基本特征，它不包括在土力学的四个要素，这四个要素被认为是了解土的特性所必需的。

岩土工程设计组成部分与土力学各个要素之间的关系　　　　表10.2

土力学各个要素	岩土工程设计组成部分	处理方式或安全要素
地层剖面 －成因/地质 －场地勘察 －土的描述	几何数据 －地面的高程和坡度 －水位 －地层分界面的高程 －开挖高程 －结构尺寸	标准值 基础的施工偏差 超挖余量
土的特性 －室内/现场试验 －观察 －量测	荷载和岩土参数 －岩土工程勘察 －现场试验 －室内试验 －导出参数	特征值 标准值 相关系数 ξ
合适的模型 －先理想化，之后评估 －概念或物理建模 －分析建模	验证方法 －考虑所有相关极限状态 通过以下方法验证 －计算 －规范性措施 －载荷或模型试验 －观察法	分项系数 γ 组合值系数 ψ 设计值 极限位移
－先例 －经验方法 －成熟的经验	设计的复杂程度 －土质条件 －地下水状况 －环境影响 －区域地震活动 －结构的情况 －周边环境情况	风险评估 岩土工程类别 可比经验

关于复杂性，Burland（2006）指出，他认为土力学的主要困难不在于材料本身的复杂性，而在于这样一个事实，即各个要素之间的界限往往变得混乱。他还指出，需要先例、经验方法和成熟的经验来调和和解释土力学各个要素的不确定性。岩土工程设计中也存在类似情况，影响设计安全性的与其说是情况的复杂性，不如说是需要确定每个设计组成部分中涉及的不确定性，并对每个组成部分采用适当的程序。这涉及使用EN 1997-1中定义的可比经验。BS EN 1997-1中关于保证复杂岩土工程设计工况下的安全性的一项重要说明见第2.4.1（2）段。该段指出，"地层情况的认知程度取决于岩土工程勘察的范围和质量。相比计算模型和分项系数的精确度而言，此认识和工艺控制对满足基本要求的影响更为重要。"

10.9 岩土工程规范和标准

10.9.1 岩土工程规范和标准组

英国岩土工程规范和标准可分为四类，见表10.3～表10.6，勘察和试验、岩土工程设计、岩土工程施工和岩土工程中使用的材料。这些表显示了标准的前缀和参考号、标题、摘要/描述符/关键字以及它们的应用状态。表中列出了英国标准协会（BSI）发布的标准，其发布日期在参考号之后。欧洲标准化委员会（CEN）或国际标准化组织（ISO）正在或已经制定但尚未由英国标准协会（BSI）发布的标准显示为无日期；预计将成为英国标准时的前缀显示在括号中，例如（BS EN ISO）。

10.9.2 岩土工程勘察和试验规范和标准

如表10.3所示，现行英国岩土工程勘察和试验标准为BS 5930"现场勘察"和BS 1377"土木工程用土工试验方法"，共有9个部分，涵盖实验室和现场试验。由于《欧洲标准7》第1部分和第2部分的章节涵盖了现场勘察的设计方面，例如现场勘察的规划和位置，这些章节取代了BS 5930中涵盖相同方面的部分，因此，英国标准协会（BSI）于2007年发布了BS 5930的修订版本，以避免与 BS EN 1997-1 的两部分发生冲突。

土和岩石识别和分类的 ISO 标准为：

- 14688《土识别和分类》（2 个部分）；
- 14689《岩石识别和分类》（1 个部分）。

这三个部分已由欧洲标准化委员会（CEN）发布为 EN ISO 标准。因此，英国标准协会（BSI）将其发布为 BS 标准 BS EN ISO 14688-1、BS EN ISO 14688-2 和 BS EN ISO 14689-1，并将其引入英国实践。由于这些新的 BS 标准涵盖了 BS 5930 所涵盖的土和岩石的识别和分类，它们取代了 BS 5930 的这些部分。因此，对 2007 年发布的 BS 5930 修订版进行了修订，删除了土和岩石的识别和分类，以避免与这些新的 BS 标准发生冲突。

欧洲标准化委员会（CEN）已根据《维也纳协定》编制并正在编制以下非常全面的岩土工程勘察和试验标准，这些标准最终将取代 BS 5930 和 BS 1377 的大部分内容：

- 17892《土工实验室试验》（12 个部分）；
- 22282《土工水力试验》（6 个部分）；
- 22475《采样方法和地下水测量》（3 个部分）；
- 22476《现场测试》（13 个部分）；
- 22477《岩土结构试验》（7 个部分）。

"17892"关于实验室试验的所有 12 个部分已由欧洲标准化委员会（CEN）作为技术规范（TSs）发布，其中 TS 是欧洲标准化委员会（CEN）的规范性文件，在该领域，最新技术尚未充分发展到允许作为 EN 协议，但可以作为国家标准采用。到目前为止，英国标准协会（BSI）发布的"17892"的唯一部分是第 6 部分，该部分于 2010 年作为研究报告（Document for Development，DD）DD CEN ISO/TS 17892-6：2004 发布《岩土工程勘察和试验 室内土工试验 落锤》——DD 是一份临时文件，在英国标准协会（BSI）决定支持其转换为国际标准之前需要更多的实践应用信息和经验。英国标准协会（BSI）正与欧洲标准化委员会（CEN）密切合作，将"17892"的 TSs 转换为 ENs，并将其发布为 BSs。

"22282"中关于土工水力试验的 6 个部分已由欧洲标准化委员会（CEN）发布，以供正式表决，预计英国标准协会（BSI）将在 2012 年以 BS EN ISOs 的形式发布，并取代 BS 5930 的部分内容。

关于取样和地下水测量的 EN 22475 第 1 部分已由欧洲标准化委员会（CEN）发布为 TSs，英国标准协会（BSI）发布为 BS，取代了 BS 5930 的部分。第 2 部分和第 3 部分已由英国标准协会（BSI）发布为 DDs。

作为 BSs 采用的岩土工程现场试验的三个 EN 标准部分是 BS EN ISO 22476 的第 2、3 和 12 部分，即动态探测、标准贯入试验和机械圆锥贯入试验的标准，这些标准取代了 BS 1377 第 9 部分中有关现场试验的部分，而 BS 1377 的第 1~8 部分仍然是英国标准。ISO 22476 第 1、4~11 和 13 部分处于不同的发展阶段。第 10 部分已由欧洲标准化委员会（CEN）发布为 TS，第 11 部分已由英国标准协会（BSI）发布为 DD，第 1、4、5、7 和 9 部分预计将于 2012 年发布，而第 6、8 和 13 部分仍在制定中。

关于岩土结构试验的 ISO 22477 的所有部分仍在制定中。

10.9.3 岩土工程设计规范和标准

表 10.4 列出了与岩土工程设计有关的英国标准。本表中列出的第一个规程是在《欧洲标准 7》出版之前由英国标准协会（BSI）编制和出版的：

- BS 6031《土方工程实施规程》（*Code of Practice for Earthworks*）；
- BS 8002《挡土结构实用规程》（*Code of Practice for Earth Retaining Structures*）；
- BS 8004《基础实用规程》（*Code of Practice for Foundations*）；
- BS 8006《加筋/加筋土和其他填料实施规程》（*Code of Practice for Strengthened/Reinforced Soils and Other Fills*）；
- BS 8081《锚杆应用标准》（*Code of Practice for Ground Anchorages*）；
- BS 8103-1《住宅稳定性、场地勘察和基础实用规程》（*Code of Practice for Stability, Site Investigations, Foundations for Ground Floors for Housing*）；
- CP 2012-1《机械基础实用规程 往复式机械基础》（*Code of Practice for Foundations for Machinery Foundations for Reciprocating Machines*）。

自 2010 年 3 月起，英国岩土工程设计标准为《欧洲标准 7：岩土工程设计》，包括两部分：

- BS EN 1997-1 岩土工程设计：总则（*Geotechnical Design: General Rules*）；
- BS EN-1997-2 岩土工程设计：场地勘察和试验（*Geotechnical Design: Ground Investigation and Testing*）.

岩土工程勘察和试验的标准和规范

表 10.3

参考	标题	关键词/描述/摘要	状态
BS 5930：1999	场地勘察规程	现场勘察、调查、取土样、土工试验、地下水、岩石、安全措施、现场试验、开挖、钻探、航空摄影、地质分析、取样方法、取样设备、试样、样品、调查、物探测量、质量保证、报告、分类系统、密度测量	2007年12月修订，以避免与新引入的 BS EN 1997-1 冲突并作为规范性引用保留
BS 1377-1：1990	土木工程用土工试验方法 第1部分：一般要求和样品制备	取土样、土工试验、现场试验、取样方法、试样制备、试验设备、取样设备、试验条件、实验室试验、土工试验设备	现行 BS
BS 1377-2：1990	土木工程用土工试验方法 第2部分：分类试验	土的分类试验、含水率测定、试验设备、试样制备、液限（土）、土工试验设备、试验条件、塑限（土）、收缩试验、密度测量、相对密度、粒度分布、沉淀技术	现行 BS
BS 1377-3：1990	土木工程用土工试验方法 第3部分：化学和电化学试验	地下水、化学成分测定、化学分析和试验、有机物测定、试样制备、灼烧损失试验、硫酸盐、重量分析、碳酸盐、容量分析、氯化物、分析提取方法、溶剂提取方法、pH测量、电阻率、电测量	现行 BS
BS 1377-4：1990	土木工程用土工试验方法 第4部分：压实试验	击实试验、压实试验、水分测量、含水率测定、试样制备、试验设备、密度测量、压碎试验、冲击试验、压缩试验、土承载力、渗透试验、浸水试验	现行 BS
BS 1377-5：1990	土木工程用土工试验方法 第5部分：压缩性、渗透性和耐久性试验	建筑材料、固结试验（土）、试验条件、压缩试验、校准、变形、机械试验、试样制备、试验压力、膨胀、渗透率测量、土分类试验、水压试验、沉降技术、冻敏性、土强度试验	现行 BS
BS 1377-6：1990	土木工程用土工试验方法 第6部分：液压压力盒和孔隙压力测量的固结和渗透性试验	渗透率测量、固结试验（土）、土工试验、三轴试验（土）、土工试验设备、试样制备、校准、试验条件、数学计算、报告、土强度试验、试验设备、施工	现行 BS
BS 1377-7：1990	土木工程用土工试验方法 第7部分：抗剪强度试验（总应力）	剪切试验、机械试验、土工试验设备、数学计算、试样制备、试验条件、压缩试验、土强度试验、十字板试验、三轴试验（土）	现行 BS
BS 1377-8：1990	土木工程用土工试验方法 第8部分：抗剪强度试验（有效应力）	剪切试验、压缩试验、固结试验（土）、土强度试验、三轴试验（土）、试验条件、试样	现行 BS
BS 1377-9：1990	土木工程用土工试验方法 第9部分：现场试验	现场试验、密度测量、水分测量、辐射测试、贯入试验、土强度试验、土承载力、十字板试验、剪切试验、机械试验、电气试验	部分被 BS EN ISO 22476-2 和 3 取代
BS EN ISO 14688-1：2002	岩土工程勘察和试验 土的识别和分类 第1部分：识别和描述	根据工程用土最常用的材料和质量特征，对土进行识别和分类的基本原则。土的一般识别和描述基于一个灵活的系统，供有经验的人员立即（现场）使用，通过视觉和手动技术涵盖材料和质量特征。详细说明了识别土的个别特征和常规使用的描述术语，包括与现场试验结果相关的术语。适用于原状天然土、原状类似人造材料和人工沉积土	根据2007年发布的 BS 5930 修正案于2007年引入英国实践

续表

参考	标题	关键词/描述/摘要	状态
BS EN ISO 14688-2: 2004	岩土工程勘察和试验 土的识别和分类 第2部分：分类原则	根据工程用土最常用的材料和质量特性对土进行识别和分类的基本原则。分类原则允许按成分和岩土性质相似性进行分类，并考虑其对岩土工程的适用性。适用于天然土和类似人造材料的原位和再沉积，但它本身不是土的分类	根据2007年发布的BS 5930修正案于2007年引入英国实践
BS EN ISO 14689-1: 2003	岩土工程勘察和试验 岩石的识别和分类 标识和描述	根据矿物成分、成因、结构、粒度、不连续性和其他参数识别和描述岩石材料和岩体。它还规定了各种其他特征的描述及其命名规则	根据2007年发布的BS 5930修正案于2007年引入英国实践
(BS EN ISO) 17892-1	岩土工程勘察和试验 室内土工试验 第1部分：含水率的测定	本文件规定了根据EN 1997-1和2在岩土工程勘察范围内通过烘箱干燥对土样的水（水分）含量进行的实验室测定	由欧洲标准化委员会（CEN）发布为TS，但不会由英国标准协会（BSI）发布为DD。英国标准协会（BSI）正与欧洲标准化委员会（CEN）密切合作，将TS转换为EN，并将EN发布为BS
(BS EN ISO) 17892-2	岩土工程勘察和试验 室内土工试验 第2部分：细粒土密度的测定	本文件规定了根据EN 1997-1和EN 1997-2在岩土工程勘察范围内确定原状土或岩石体积密度和干密度的试验方法。 本文件描述了三种方法： （a）线性测量法 （b）浸水法 （c）液体置换法	由欧洲标准化委员会（CEN）发布为TS，但不会由英国标准协会（BSI）发布为DD。英国标准协会（BSI）正与欧洲标准化委员会（CEN）密切合作，将欧TS转换为EN，并将EN发布为BS
(BS EN ISO) 17892-3	岩土工程勘察和试验 室内土工试验 第3部分：密度测定 比重瓶法	本文件描述了根据prEN 1997-1和prEN 1997-2在岩土工程勘察范围内用比重瓶法测定密度的试验方法。比重瓶法是基于液体置换法测定已知土体体积的方法	由欧洲标准化委员会（CEN）发布为TS，但不会由英国标准协会（BSI）发布为DD。英国标准协会（BSI）正与欧洲标准化委员会（CEN）密切合作，将TS转换为EN，并将EN发布为BS
(BS EN ISO) 17892-4	岩土工程勘察和试验 室内土工试验 第4部分：粒径分布的测定	本文件描述了测定土样品粒径分布的方法。粒径分布提供了对土的描述，基于对离散粒径类别的细分。每类粒径的大小可以通过筛分和/或沉淀来确定	由欧洲标准化委员会（CEN）发布为TS，但不会由英国标准协会（BSI）发布为DD。英国标准协会（BSI）正与欧洲标准化委员会（CEN）密切合作，将TS转换为EN，并将EN发布为BS
(BS EN ISO) 17892-5	岩土工程勘察和试验 室内土工试验 第5部分：分级加荷固结仪试验	本文件旨在测定土的压缩、膨胀和固结特性。圆柱形试样横向固定，承受垂直轴向加载或卸载的离散增量，并允许从顶面和底面轴向排水	由欧洲标准化委员会（CEN）发布为TS，但不会由英国标准协会（BSI）发布为DD。英国标准协会（BSI）正与欧洲标准化委员会（CEN）密切合作，将TS转换为EN，并将EN发布为BS
DD CEN ISO/ TS 17892-6: 2010	岩土工程勘察和试验 室内土工试验 第6部分：落锥试验	本标准（DD）规定了用落锥在实验室测定饱和细粒黏性土原状和重塑试样的不排水抗剪强度	2004年由欧洲标准化委员会（CEN）作为TS出版，2010年由英国标准协会（BSI）作为DD出版
(BS EN ISO) 17892-7	岩土工程勘察和试验 室内土工试验 第7部分：细粒土的无侧限压缩试验	本文件包括测定方形或圆柱形水饱和均质原状或重塑黏性土试样的无侧限抗压强度的近似值，该原状或重塑黏性土具有足够的低渗透性，以便在进行试验期间保持自身不排水，根据prEN 1997-1和2在岩土工程勘察范围内	由欧洲标准化委员会（CEN）发布为TS，但不会由英国标准协会（BSI）发布为DD。英国标准协会（BSI）正与欧洲标准化委员会（CEN）密切合作，将TS转换为EN，并将EN发布为BS
(BS EN ISO) 17892-8	岩土工程勘察和试验 室内土工试验 第8部分：不固结不排水三轴试验	本文件描述了测定原状或重塑黏性土圆柱形饱和试样在首次承受各向同性应力时的抗压强度的试验方法，不允许试样产生任何排水，然后根据prEN 1997-1和2在岩土工程勘察范围内进行不排水条件下剪切	由欧洲标准化委员会（CEN）发布为TS，但不会由英国标准协会（BSI）发布为DD。英国标准协会（BSI）正与欧洲标准化委员会（CEN）密切合作，将TS转换为EN，并将EN发布为BS

续表

参考	标题	关键词/描述/摘要	状态
(BS EN ISO) 17892-9	岩土工程勘察和试验 室内土工试验 第9部分：饱和土的固结试验	本文件涵盖了未扰动的圆柱形饱和试样的应力-应变关系和有效应力路径的测定，根据 prEN 1997-1 和 2，当在不排水或排水条件下承受各向同性或各向异性应力，然后在不排水或排水条件下剪切时，在岩土工程勘察范围内重塑或重构土	由欧洲标准化委员会（CEN）发布为 TS，但不会由英国标准协会（BSI）发布为 DD。英国标准协会（BSI）正与欧洲标准化委员会（CEN）密切合作，将 TS 转换为 EN，并将 EN 发布为 BS
(BS EN ISO) 17892-10	岩土工程勘察和试验 室内土工试验 第10部分：直剪试验	本文件规定了根据 prEN 1997-1 和 2 确定岩土工程勘察范围内土有效抗剪强度参数的实验室试验方法	由欧洲标准化委员会（CEN）发布为 TS，但不会由英国标准协会（BSI）发布为 DD。英国标准协会（BSI）正与欧洲标准化委员会（CEN）密切合作，将 TS 转换为 EN，并将 EN 发布为 BS
(BS EN ISO) 17892-11	岩土工程勘察和试验 室内土工试验 第11部分：用恒定水头和下降水头测定渗透性	本文件给出了水通过饱和土确定渗透系数的实验室方法	由欧洲标准化委员会（CEN）发布为 TS，但不会由英国标准协会（BSI）发布为 DD。英国标准协会（BSI）正与欧洲标准化委员会（CEN）密切合作，将 TS 转换为 EN，并将 EN 发布为 BS
(BS EN ISO) 17892-12	岩土工程勘察和试验 室内土工试验 第12部分：阿太堡界限的测定	本文件规定了测定土的阿太堡界限的试验方法：液限、塑限和缩限。文中还介绍了用落锥法测定土样液限的方法	由欧洲标准化委员会（CEN）发布为 TS，但不会由英国标准协会（BSI）发布为 DD。英国标准协会（BSI）正与欧洲标准化委员会（CEN）密切合作，将 TS 转换为 EN，并将 EN 发布为 BS
(BS EN ISO) 22282-1	岩土工程勘察和试验 土工水力试验 第1部分：总则	本文件提供了作为岩土工程勘察一部分的土和岩石土工水力试验的一般规则和原则。它定义了有关土和岩石渗透性测量的概念和具体要求	这在欧洲标准化委员会（CEN）中获得了正式的赞成票，将作为 EN 出版。随后，英国标准协会（BSI）将发布为 BS
(BS EN ISO) 22282-2	岩土工程勘察和试验 土工水力试验 第2部分：使用开放系统的钻孔透水性试验	本文件规定了作为岩土工程勘察的一部分，通过水渗透性试验确定地下水位以上和以下土和岩石局部渗透性的要求。它还包括估算非饱和土渗透性的要求	这在欧洲标准化委员会（CEN）中获得了正式的赞成票，将作为 EN 出版。随后，英国标准协会（BSI）将发布为 BS
(BS EN ISO) 22282-3	岩土工程勘察和试验 土工水力试验 第3部分：岩石水压试验	本文件涉及在岩石钻孔中进行水压试验（WPT）的要求，以调查岩体的水力特性、吸水率、岩体的密闭性、灌浆的有效性和地质力学特性	这在欧洲标准化委员会（CEN）中获得了正式的赞成票，将作为 EN 出版。随后，英国标准协会（BSI）将发布为 BS
(BS EN ISO) 22282-4	岩土工程勘察和试验 土工水力试验 第4部分：抽水试验	本文件涉及作为岩土工程勘察一部分的抽水试验要求。它适用于在含水层上进行的抽水试验，这些含水层的渗透性使得从井中抽水可以在数小时或数天内降低测压水头，具体取决于地基条件和用途。它包括在土和岩石中进行的抽水试验	这在欧洲标准化委员会（CEN）中获得了正式的赞成票，将作为 EN 出版。随后，英国标准协会（BSI）将发布为 BS
(BS EN ISO) 22282-5	岩土工程勘察和试验 土工水力试验 第5部分：室内试验	本文件涉及作为岩土工程勘察一部分的室内测试要求。渗透计试验用于测定地表或浅层地层的渗透能力和渗透系数。该试验的原理是基于测量在正水头下渗入土表面垂直水流速度	这在欧洲标准化委员会（CEN）中获得了正式的赞成票，将作为 EN 出版。随后，英国标准协会（BSI）将发布为 BS
(BS EN ISO) 22282-6	岩土工程勘察和试验 土工水力试验 第6部分：使用封闭系统的钻孔渗透试验	本文件规定了通过作为岩土工程勘察一部分的水渗透试验确定封闭系统中地下水位以上或以下土和岩石局部渗透性的要求。这些试验用于测定低渗透性（k 小于 10^{-8} m/s，k 为土和岩石的渗透系数。这些试验还可用于测定导水系数 T 和储水系数 s	这在欧洲标准化委员会（CEN）中获得了正式的赞成票，将作为 EN 出版。随后，英国标准协会（BSI）将发布为 BS

续表

参考	标题	关键词/描述/摘要	状态
BS EN ISO 22475-1: 2006	岩土工程勘察和试验 取样方法和地下水测量 第1部分：施工技术原则	在 EN 1997-1 和 EN 1997-2 所述的岩土工程勘察和试验的背景下，论述土、岩石和地下水取样以及地下水测量的技术原理	部分取代 BS 5930：1999。如果发生冲突，应以 BS EN ISO 22475-1：2006 为准
BS 22475-2: 2011	岩土工程勘察和试验 取样方法和地下水测量 第2部分：企业和人员资格标准	本标准规定了企业和执行取样和地下水测量服务的人员的资格标准，以便所有人员都具有适当的经验、知识和资格，以及根据 ISO 22475-1 执行任务的正确设备和地下水测量	现行 BS
BS 22475-3: 2011	岩土工程勘察和试验 取样方法和地下水测量 第3部分：第三方对企业和人员的合格评定	本标准规定了外部审查的最低标准。本标准适用于第三方控制的企业和人员按照 ISO 22475-1 的规定进行取样和地下水测量的特定部分，并符合 ISO/TS 22475-2 中给出的技术鉴定标准的合格评定	现行 BS
（BS EN ISO）22476-1	岩土工程勘察和试验 现场试验 第1部分：电锥和压锥贯入试验	地质、渗透测试、现场勘察、现场测试	预计 2012 年出版
BS EN ISO 22476-2: 2005	岩土工程勘察测试现场试验 第2部分：动测	本标准规定根据 EN 1997-1 和 2，作为岩土工程勘察和试验的一部分，通过动测对土进行间接勘察的要求	现行 BS 部分取代 BS 5930：1999 和 BS 1377-9：1990
BS EN ISO 22476-3: 2005	岩土工程勘察和试验 现场试验 第3部分：标准贯入试验	本标准规定了作为岩土工程勘察和试验一部分的标准贯入试验对土进行间接勘察的要求，以补充直接勘察	现行 BS 部分取代 BS 5930：1999 和 BS 1377-9：1990
（BS EN ISO）22476-4	岩土工程勘察和试验 现场试验 第4部分：梅纳旁压试验	本文件涉及使用梅纳旁压试验进行现场试验，作为岩土工程勘察和试验的一部分	预计 2012 年出版
（BS EN ISO）22476-5	岩土工程勘察和试验 现场试验 第5部分：柔性膨胀计试验	本文件涉及作为岩土工程勘察和试验的一部分，使用柔性膨胀计进行的现场试验	预计 2012 年出版
（BS EN ISO）22476-6	岩土工程勘察和试验 现场试验 第6部分：自钻式旁压试验	无可用详细信息	标准正在制定中
（BS EN ISO）22476-7	岩土工程勘察和试验 现场试验 第7部分：钻孔顶进试验	本文件涉及 EN 1997-1 和 2，将钻孔千斤顶试验作为岩土工程勘察和试验的一部分的现场试验	预计 2012 年出版
（BS EN ISO）22476-8	岩土工程勘察和试验 现场试验 第8部分：全尺寸	无可用详细信息	标准正在制定中
（BS EN ISO）22476-9	岩土工程勘察和试验 现场试验 第9部分：现场十字板试验	土力学、现场勘察、现场测试、土、岩石、压力测试、钻孔	预计 2012 年出版
CEN ISO/TS 22476-10: 2005	岩土工程勘察和试验 现场试验 第10部分：重力测深试验	本 TS 规定了根据 EN 1997-1 和 2 在岩土工程勘察范围内确定土有效抗剪强度参数的实验室试验方法。试验方法包括将试样放置在直剪仪中，施加预先确定的法向应力，对试样进行排水（必要时进行润湿），或两者兼而有之，在法向应力下对试样进行固结，解锁固定试样的框架，并使一个框架相对于试样水平移动另一种方法是以恒定的剪切变形速率测量剪切力和剪切试样时的水平位移。剪切应足够缓慢，以允许多余的孔隙水压力通过排水消散，从而使有效应力等于总应力。直接剪切试验在土方工程和地基工程中用于确定土的有效抗剪强度	由欧洲标准化委员会（CEN）作为 TS 发布，但不由英国标准协会（BSI）作为 DD 发布

续表

参考	标题	关键词/描述/摘要	状态
DD CEN ISO/ TS 22476-11: 2006	岩土工程勘察和试验 现场试验 第11部分：扁铲侧胀试验	现场勘察、现场试验、土试验、土力学、地层剖面、贯入试验、物理性质测量、土强度试验、变形、施工操作、膨胀测量	2006年由欧洲标准化委员会（CEN）作为TS和英国标准协会（BSI）作为DD出版
BS EN ISO 22476-12: 2009	岩土工程勘察和试验 现场试验 第12部分：机械圆锥贯入试验（CPTM）	现场勘察、现场试验、土试验、土力学、土、地层剖面、贯入试验、物理性质测量、土强度试验、变形、土工试验设备	现行BS
（BS EN ISO）22476-13	岩土工程勘察和试验 现场试验 第13部分：平板荷载试验	目前还没有详细资料	标准正在制定中
（BS EN ISO）22477-1	岩土工程勘察和试验 岩土工程结构试验 第1部分：桩的轴向抗压静载试验	目前还没有详细资料	标准正在制定中
（BS EN ISO）22477-2	岩土工程勘察和试验 岩土工程结构试验 第2部分：桩的轴向抗拉静载试验	目前还没有详细资料	标准正在制定中
（BS EN ISO）22477-3	岩土工程勘察和试验 岩土工程结构试验 第3部分：桩的径向抗拉静载试验	目前还没有详细资料	标准正在制定中
（BS EN ISO）22477-4	岩土工程勘察和试验 岩土结构试验 第4部分：桩的轴向抗压动载试验	目前还没有详细资料	标准正在制定中
（BS EN ISO）22477-5	岩土工程勘察和试验 岩土工程结构试验 第5部分：锚固试验	土力学、试验、结构、荷载测量、锚固、临时、永久、设计、安装、现场勘察、锚、钢筋束、灌浆、防腐、耐腐蚀材料、套管（机械部件）、检查、荷载	标准正在制定中（预计2012年）
（BS EN ISO）22477-6	岩土工程勘察和试验 岩土工程结构试验 第6部分：土钉试验	目前还没有详细资料	标准正在制定中
（BS EN ISO）22477-7	岩土工程勘察和试验 岩土工程结构试验 第7部分：加筋填土试验	目前还没有详细资料	标准正在制定中

第1部分适用于建筑物和土木工程设计的岩土工程方面，涉及结构的强度、稳定性、适用性和耐久性要求。第2部分提供了现场和实验室测试的性能和评估要求。

EN 1997-1的英国国家附件列出了以下英国标准协会（BSI）出版物，以提供补充、非冲突信息：BS 1377、BS 5930、BS 6031、BS 8002、BS 8004、BS 8008、BS 8081和PD 6694-1。PD 6694-1《BS EN 1997-1：2004交通荷载结构设计建议》（*Recommendations for the Design of Structures Subject to Traffic Loading to BS EN* 1997-1：2004），由英国标准协会（BSI）于2011年作为PD发布，因此不应视为英国标准。另一个与岩土工程设计相关的欧洲标准部分是EN 1993第5部分：钢结构设计：桩基。

许多先前的英国标准（如BS 8002和BS 8004）已被EN 1997-1取代，这些标准是描述性文件，其范围比EN 1997更广，不仅包含设计方面的要求，还包含施工操作、建筑材料、职业安全和立法的指导，包括这些标准的关键词如表10.4所示。

岩土工程设计规范和标准　　　　　表 10.4

参考	标题	关键词/描述/摘要	状态
BS 6031：2009	土方工程实施规程	土方工程、土地保留工程、建筑工程、设计、管理、风险评估、职业安全、现场勘察、土体、分类系统、土力学、结构设计、稳定性、数值计算、设计计算、抗剪强度、路堤、开挖、沟渠、开挖、绿化、排水、地表水排水、地下水排水、道路、维护、检查、施工设备	现行 BS，为 BS EN 1997-1：2004（2010 年 8 月）提供非冲突补充信息（non-contradictory-complementary-information，简称 NCCI）
BS 8002：1994	挡土结构实用规程	挡土结构、土方工程、挡土工程、挡土墙、设计、结构破坏、结构设计、荷载、地基、桩、桩基、腐蚀、围堰、路堤、拦蓄工程、海事结构、排水、参考文献	取代和撤回。替换 BS EN 1997-1：2004
BS 8004：1986	地基实用规程	建筑和工程结构正常范围内基础的设计和施工，不包括特殊结构的基础。一般设计，浅基础、深基础和水下基础、围堰和沉箱、桩基础；土工工艺指南；潮汐工程、水下混凝土浇筑、潜水和地基工程现场准备。木材、金属和混凝土结构的耐久性。特别提到了安全预防措施	取代和撤回。替换 BS EN 1997-1：2004
BS 8006-1：2010	加固/加筋土和其他填料的实施规程	土力学、加筋材料、土体、加筋、建筑材料、设计、塑性分析、结构设计、性能、寿命（耐久性）、荷载、安全系数、稳定性、尺寸、路堤、填土、地基、墙、挡土墙、挡土结构、土方工程、土地保留工程、维护、土体测试、土体强度测试、抗拉强度、紧固件	代替 BS 8006：1995 本标准应与 BS EN 1997-1：2004、BS EN 1997-1：2004 的英国国家附件（NA）和 BS EN 14475：2006 一起使用
BS 8081：1989	锚杆应用标准	锚固、结构构件、基础、结构设计、结构系统、设计、施工系统、墙锚、施工系统部件、土体、现场勘察、螺栓、岩石、应力分析、腐蚀、防腐、钢筋束、安全措施、认定测试、验收（批准）、维护、灌浆、锚杆	现行 BS。部分被 BS EN 1957 取代，目前正在修订
BS 8103-1：1995	低层建筑结构设计　第 1 部分：房屋稳定性、现场勘察、地基和地坪实用规程	建筑物、房屋、结构设计、设计、结构系统、砌体工程、稳定性、现场勘察、基础、条形基础、基脚、混凝土、楼板、尺寸、形状、风荷载、荷载、墙、承重墙、结构构件	目前，英国标准局正在对本标准进行修订，但尚未发布相关文件
CP 2012-1：1974	机械基础实用规程　往复式机械基础	基础、结构系统、结构设计、设计、现场勘察、振动、振动控制、混凝土、尺寸、固定、钢筋混凝土、桩基、减振器、振动测量、设计计算、座位、施工作业、灌浆、参考文献、往复式零件	现行 BS
BS EN ISO 13793：2001	建筑物的热性能　避免冻胀的基础热工设计	建筑物、基础、结构的热性能、建筑物的热设计、地面变形、气候防护、霜冻、抗冻、隔热、抗热性、平板楼板、悬挂楼板、建筑系统构件、结构系统	现行 BS
BS EN 1997-1：2004 + Corrigendum January 2010	欧洲标准 7：岩土工程设计　第 1 部分：总则	土力学、结构系统、建筑物、建筑工程、结构设计、施工作业、地基、桩基、挡土结构、路堤、底土、锚具、数值计算、设计计算、现场勘察、稳定性	现行 BS BS EN 1997-1：2004 的英国国家附件（NA）2007 + 2007 年 12 月 1 日勘误表 1 应与本标准一起使用

续表

参考	标题	关键词/描述/摘要	状态
BS EN 1997-2: 2007 + Corrigendum October 2010	欧洲标准7：岩土工程设计 第2部分：场地勘察和试验	土力学、结构系统、建筑物、建筑工程、结构设计、现场勘察、土工试验、土取样、土体、岩石、地下水、土调查、实验室试验、现场试验、土分类试验、机械试验、物理性质测量、化学分析和试验	现行BS。BS EN 1997-2：2007的英国国家附件2009应与本标准一起阅读
BS EN 1993-5: 2007 + Corrigendum August 2009	欧洲标准3：钢结构设计 第5部分：桩基	钢材、建筑物、结构、结构系统、建筑工程、结构设计、桩、打桩、基础、板材、墙、挡土墙、锚具、数值计算、荷载、验证	现行BS。BS EN 1993-5：2007的英国国家附件2009应与本标准一起阅读
PD 6694-1：2011	BS EN 1997-1：2004 交通荷载结构设计建议	桥梁、建筑工程、交通、交通管制、交通量、撒布机、基础桩基、挡土墙、挡土结构	现行PD，不被视为英国标准

鉴于此，为了不丢失这些信息，岩土工程设计的现有BSs已经或将被修订，以提供"剩余"文件，其中包含支持BS EN 1997的非冲突补充信息。在准备"剩余"文件之前，以欧洲标准为准。

EN 1997-1的英国国家附件指出，它不包括加筋土的设计和施工结构。它声明，在英国，加筋填土结构和土钉的设计和施工应按照BS 8006进行，BS EN 14475和prEN 14490（自被BS EN 14490取代后）以及BS 8006中规定的分项系数不应被《欧洲标准7》中的类似系数取代。prEN是前欧洲标准的缩写，换句话说，是欧洲标准草案。

另一个由英国标准协会（BSI）发布但由国际标准化组织（ISO）编制的岩土工程设计标准是BS EN ISO 13793 建筑热性能。避免冻胀的基础设计。这在EN 1997-1的应用规则6.4（3）中有提及。

10.9.4 岩土工程施工规范和标准

表10.5中列出了与岩土工程施工方面有关的英国标准，或使用CEN术语，与岩土工程施工有关的英国标准。本表中列出的第一个标准是由英国标准协会（BSI）而非欧洲标准化委员会（CEN）编制的标准，即：

- BS 8008《打桩和其他用途机械钻孔竖井施工和下降的安全预防措施和程序》；
- BS 8102《建筑物防水实用规程》。

欧洲标准化委员会（CEN）最近为岩土工程的施工方面制定了一系列全面的标准，所有这些标准都以"特种岩土工程施工"（*Execution of Special Geotechnical Works*）作为名称开头（umbrella title）。这些标准所涵盖的内容超过了被取代的BS 8002和BS 8004所涵盖的施工方面，除土钉标准外，所有这些标准均由英国标准协会（BSI）作为英国标准出版，前缀为BS EN。这12项标准是：

- BS EN 1536《钻孔桩》（*Bored Piles*）；
- BS EN 1537《锚杆》（*Ground Anchors*）；
- BS EN 1538《地下连续墙》（*Diaphragm Walls*）；
- BS EN 12063《板桩墙》（*Sheet Pile Walls*）；
- BS EN 12699《挤土桩》（*Displacement Piles*）；
- BS EN 12715《灌浆》（*Grouting*）；
- BS EN 12716《高压喷射注浆》（*Jet Grouting*）；
- BS EN 14199《微型桩》（*Micropiles*）；
- BS EN 14475《加筋填土》（*Reinforced Fill*）；
- BS EN 14679《深层搅拌》（*Deep Mixing*）；
- BS EN 14731《深层振动地基处理》（*Ground Treatment by Deep Vibration*）；
- BS EN 15237《垂直排水》（*Vertical Drainage*）。

如表10.4所示，BS EN 1537（涵盖锚杆施工方面）部分取代BS 8081；BS EN 14475（涵盖加筋填土施工方面）部分取代BS 8006。实施标准EN 1536、EN 1537、EN 12063、EN 12699和EN 14199的原则和应用规则在EN 1997-1第7节"桩基础"（*Pile foundations*）和第8节"锚杆"（*Anchorages*）中被引用。

10.9.5 岩土材料规范和标准

表10.6列出了英国标准协会（BSI）为岩土工程中某些材料的特殊用途而制定的三项CEN标准：

- BS EN 12794《预制混凝土产品》；
- BS EN ISO 13433《土工合成材料 动态射孔试验（锥滴试验）》；
- BS EN ISO 13437《土工布和土工布产品 土样品的提取、安装及实验室测试方法》。

岩土工程施工规范和标准 表10.5

参考	标题	关键词/描述/摘要	状态
BS 8008：1996 + A1：2008	打桩和其他用途机械钻孔竖井施工和下降的安全预防措施和程序	安全工程、职业安全、安全措施、应急措施、事故预防、救援、救援设备、地下、照明系统、安全带、呼吸器、施工设备、起重设备、启闭机、客梯、空压机、人员、施工人员、培训、通信设备、危险、工作条件（物理）、工业事故、打桩、现场勘察、施工作业、地基、桩基、沟槽、通道、屏障、护栏、约束系统（防护）、吊笼、危险材料、有毒材料、土方工程	现行 BS。本标准的状态为"项目进行中"，这意味着有一个项目正在进行修订，但文件尚未发布
BS 8102：2009	建筑物防水实用规程	地面防水、地下结构、结构设计、建筑物、地下室、防水材料、隔汽层、地下水排水、排水、等级（质量）、储罐、现场勘察、抹灰、建筑材料、天气防护系统、风险评估	现行 BS
BS EN 1536：2010	特种岩土工程施工：钻孔桩	桩、基础、结构系统、打桩、圆形、金属型材、施工作业、打桩、土力学、现场勘察、混凝土、灌浆、波特兰水泥、高炉水泥、水泥、骨料、膨润土、聚合物、钢材、设计、公差（测量）、开挖、开挖、钻孔、加固、装载、记录（文件）	现行 BS
BS EN 1537：2000	特种岩土工程施工：锚杆	土力学、锚具、临时、永久、设计、安装、现场勘察、锚具、钢筋束、钢材、灌浆、防腐、耐腐蚀材料、套管（机械部件）、批准试验、检验、机械试验、电气试验、电阻、电阻测量、荷载、技术数据表、记录（文件）	现行 BS。取代了 BS 8081：1989 中有关锚固的部分。目前正在修订
BS EN 1538：2010	特种岩土工程施工：地下连续墙	土力学、墙体、施工系统零件、挡土墙、混凝土、预制混凝土、钢筋材料、泥浆、砂浆、膨润土、悬浮液（化学）、设计、面板、尺寸公差、非承重墙、施工作业、开挖、质量控制、技术文件、技术数据表	现行 BS
BS EN 12063：1999	特种岩土工程施工：板桩墙	基础、桩基、板桩基础、结构构件、预制构件、墙体、永久性、临时性、施工系统部件、锚具、钢材、木材、信息、使用说明、现场勘察、设计、选择、施工材料、施工操作、焊接、焊接接头、接头、尺寸、尺寸公差、角度（几何）、位置公差、职业安全、安全措施、开挖、排水、性能试验、记录（文件）、储存、吊装、安装、防水材料、方程式、压力测量、缺陷	现行 BS
BS EN 12699：2001	特种岩土工程施工：挤土桩	打桩、土力学、结构系统、开挖、挖掘、桩、钢、铸铁、混凝土、木材、灌浆、现场勘察、设计、打桩、施工作业	现行 BS
BS EN 12715：2000	特种岩土工程施工：灌浆	土力学、灌浆、基础、现场勘察、设计、稳定土、土壤、建筑材料、安全措施	现行 BS
BS EN 12716：2001	特种岩土工程施工：高压喷射注浆	土力学、灌浆、基础、现场勘察、设计、机械试验	现行 BS
BS EN 14199：2005	特种岩土工程施工：微型桩	土力学、桩、工作极限荷载、结构、基础、传递过程（物理）、荷载、结构设计、施工操作、施工系统、加固、土沉降、稳定性	现行 BS

参考	标题	关键词/描述/摘要	状态
BS EN 14475：2006	特种岩土工程施工：加筋填土	土力学、土方工程、填土、加筋材料、土体、加筋、加筋材料、建筑材料、设计、结构设计、性能、寿命（耐久性）、荷载、稳定性、尺寸、路堤、地基、土工试验、抗拉强度、挡土结构	部分替代 BS 8006：1995
BS EN 14679：2005	特种岩土工程施工：深层搅拌	结构系统、施工作业、土力学、开挖、搅拌、泥浆、胶粘剂、水、颗粒材料、搅拌机、深基础	现行 BS
BS EN 14731：2005	特种岩土工程施工：深层振动地基处理	土力学、施工作业、压实、现场勘察、振动器（压实）、压实设备、振动、基础、结构系统	现行 BS
BS EN 14490：2010	特种岩土工程施工：土钉支护	土力学、稳定性、土方工程、土地保留工程、开挖、路堤、隧道、稳定土、加固材料、加固、钉固、加固材料、设计、施工操作、荷载、结构设计、耐久性、机械试验	部分替代 BS8006：1995。取代英国 NA 至 EN 1997-1 中提及的与 BS 8006 一起使用的 prEN 版本
BS EN 15237：2007	特种岩土工程施工：垂直排水	土力学、垂直排水、地下水排水、地表水排水、土、土沉降、改良土、砂、预制构件、土工布、稳定性、结构设计、检验、建筑工程	现行 BS

岩土工程用材料规范和标准 表 10.6

参考	标题	关键词/描述/摘要	状态
BS EN 12794：2005	预制混凝土产品 基础桩	混凝土、预制混凝土、钢筋混凝土、桩基、加压混凝土、性能、一致性、标记、试验条件	现行 BS
BS EN ISO 13433：2006	土工合成材料 动态射孔试验（锥滴试验）	土工合成材料、土工织物、纺织品试验、织物试验、穿孔试验、冲击试验、渗透试验、跌落试验、试样、试样制备、试验条件、试验设备	现行 BS 代替 BS EN918：1996
BS EN ISO 13437：1998	土工布及土工布相关产品 土中安装和提取样品的方法 在实验室测试样本	土工布、纺织产品、纺织品、纺织品试验、织物试验、性能试验、耐久性、寿命（耐久性）、耐久性试验、环境试验、环境（工作）、试样、安装、取样方法、机械试验、试验条件、控制样品、试样制备、目视检查（试验）、表格（纸）、实验室测试	现行 BS
BS EN ISO 13438：2004	土工布及土工布相关产品 测定抗氧化性的筛选试验方法	土工布、纺织品、抗氧化、聚丙烯、聚乙烯、化学分析和试验、筛分（上浆）	现行 BS

10.10 结论

英国的岩土工程设计进入了一个新的时代，由欧洲标准化委员会（CEN）制定、英国标准协会（BSI）发布的规范和标准占据主导地位。参与岩土工程设计的人员需要了解新的规范和标准，特别是《欧洲标准7》及其相关标准，以及如何应用这些规范和标准。从传统的考虑整体安全系数的容许应力设计方法，到考虑分项系数的极限状态设计方法，对岩土工程设计人员提出了挑战和机遇。土的特殊性影响了岩土工程设计的规范和标准，导致岩土工程构件设计不同于结构构件设计。如《欧洲标准7》所示，岩土工程设计的组成部分已以岩土工程设计三角形的形式进行了解释和说明。岩土工程设计三角形作为一个概念提出，以澄清和提高对岩土工程设计过程的理解。

10.11 参考文献

Burland, J. B. (1987). The teaching of soil mechanics – A personal view, groundwater effects in geotechnical engineering. In *Proceedings of the IX European Conference on Soil Mechanics and Foundation Engineering* (eds Hanrahan, E. T., Orr, T. L. L. and Widdis, T. B.). Dublin, pp. 1427–1447.

Burland, J. B. (2006). Interaction between structural and geotechnical engineers. *The Structural Engineer*, April, 29–37.

EC (1989). Construction Products Directive, Council Directive 89/106/EEC, European Commission, Brussels.

EC (2003). *Guidance Paper L (concerning the Construction Products Directive 89/106/EEC): Application and use of Eurocodes (edited version: April 2003)*. Brussels: European Commission Enterprise Directorate General.

ICE (2011). UK Register of Ground Engineering Professionals, Document ICE 3009(4). The Geological Society, The Institute of Materials, Minerals and Mining and Institution of Civil Engineers, London, pp. 12.

Krebs Ovesen, N. and Orr, T. L. L. (1991). Limit states design – the European perspective, *Geotechnical Engineering Congress 1991*, Geotechnical Engineering Special Publication No. 27, Vol. II (eds McLean, F. G., Campbell, D. A. and Harris, D. W.). American Society for Civil Engineers, pp. 1341–1352.

McWilliam, R. C. (2002). *The Evolution of British Standards*, PhD Thesis, University of Reading.

NBS (2006). *Approved Document A – Structure* (2004 edition), National Building Specification, London.

Orr, T. L. L. (2008). Geotechnical education and Eurocode 7. *Proceedings of International Conference on Geotechnical Education*, Constantza, Romania, June 2008.

Simpson, B., Morrison, P., Yasuda, S., Townsend, B. and Gasetas, G. (2009). State of the art report: analysis and design. In *Proceedings of the XVII International Conference on Soil Mechanics and Geotechnical Engineering, The Academia and Practice of Geotechnical Engineering*, Alexandria, Egypt, October 2009, vol. 4 (eds Hamza, M., Shabien, M. and El-Mossallamy, Y.). Amsterdam: IOS Press, pp. 2873–2929.

第1篇"概论"和第2篇"基本原则"中的所有章节共同提供了本手册的全面概述，其中的任何一章都不应与其他章分开阅读。

译审简介：

王涛，博士，研究员，博士生导师，注册土木工程师（岩土）。发表论文40余篇，专著4部；主参编、审查标准20余部。

沙安，一级注册结构工程师、教授级高级工程师，主要从事房屋结构设计鉴定、加固和改造等领域的工作。

第11章 岩土工程与可持续发展

海伦尼·潘特利多（Heleni Pantelidou），奥雅纳工程顾问岩土工程部，伦敦，英国

邓肯·尼科尔森（Duncan Nicholson），奥雅纳工程顾问岩土工程部，伦敦，英国

阿西姆·加巴（Asim Gaba），奥雅纳工程顾问岩土工程部，伦敦，英国

主译：覃长兵（重庆大学）

审校：宋东日（中国科学院成都山地灾害与环境研究所）

doi: 10.1680/moge.57074.0125

目录

11.1	引言	127
11.2	可持续发展目标的背景	127
11.3	岩土工程可持续发展主题	130
11.4	岩土工程实践中的可持续发展	136
11.5	小结	137
11.6	参考文献	137

可持续发展无疑是21世纪工程领域的最大挑战。自然资源快速消耗，传统能源生产方式日益昂贵（如产量峰值后石油问题等），水正成为一种珍贵而稀缺的商品，气候条件正在改变并威胁现有基础设施，因此需要采取缓解措施。岩土工程师要有使岩土工程实践可持续的能力，以及提供满足可持续发展所有三个要素（环境保护、社会进步和经济改善）发展的能力。

本章讨论可持续发展目标与岩土工程的关联性，以及岩土工程师在设计和施工过程中如何尽可能地实践这些目标。

11.1 引言

可持续发展是21世纪工程发展领域最广泛、最具吸引力的问题。工程师根据健全的可持续发展原则确保在当前和未来发展方面发挥关键作用。根据Brundtland（WCED, 1987）的定义：

"可持续发展是既满足当代人的需要，又不对后代人满足其需要的能力构成危害的发展。"

Brundtland定义的重点是可持续发展必须包括环境、社会和经济三个要素，也称之为"三重底线"（triple bottom line）。可持续发展的工程实践最终旨在确保自然环境与工程环境之间的界面和谐，良好的设计是其中不可或缺的一部分。可持续发展是一个影响深远的主题，包括在这里无法充分探讨的世界范围交通运输、经济和政治稳定、气候变化和能源安全等问题。本章探讨土木工程的可持续发展框架，以及如何在岩土工程中诠释可持续发展。本章讨论的要点主要以英国为中心，侧重于直接涉及岩土工程方面的可持续发展。

11.2 可持续发展目标的背景

在以上"三重底线"约束下，确定了7项可持续发展关键目标，如表11.1所示，建筑可持续设计策略（Buildings Sustainable Design Strategy）的演变（Arup, 2010）为具体的土木工程和岩土工程领域制定了可持续发展框架。

土木工程和岩土工程的可持续发展目标　　表11.1

三重底线约束下的可持续发展目标	环境	社会	经济
1　能源效率和碳减排	·	·	·
2　材料和废弃物削减	·		·
3　维护的天然水循环和改善的水生环境	·		·
4　气候变化适应性和韧性	·	·	
5　有效的土地利用和管理	·	·	
6　经济可行性和全生命周期成本			·
7　对社会的积极贡献		·	

11.2.1 能源效率和碳减排

Mackay（2008）给出了我们依赖化石燃料不可持续的三大原因：

"第一，易获取的化石燃料将在某个时间节点耗尽，所以我们最终将不得不从别的地方获取能源。第二，化石燃料的燃烧对气候产生了可衡量且非常危险的影响。避免危险的气候变化促使我们立即改变目前使用化石燃料的现状。第三，即使我们

不关心气候变化,如果我们关心供应安全,英国大幅削减化石燃料似乎是一个明智之举,持续快速消耗北海的石油和天然气储备将很快迫使依赖化石燃料的英国转向进口。"

隐含能源（embodied energy，EE）和隐含碳（embodied carbon，ECO_2）是量化一个结构对环境影响的两个最常用指标。Hammond 和 Jones（2008）定义"隐含能源"为产品生命周期内消耗的能源总和。理想情况下,生命周期限定为从原材料（包括燃料）的开采到产品寿命的结束（包括生产和资产设备的制造、运输、工厂供热和照明所需的能源）。"隐含碳"使用排放到环境中的二氧化碳,而不是消耗的能源,来表达相同的环境影响。

能源效率亦有社会层面的影响,社会只有在连续的能源供应下才能正常运转。由于能源成本可能上升,能源效率也有经济层面的影响。能源效率引入的基本难题是选择:以较低的运营成本建造新的（基础）设施,还是改造现有的（基础）设施并接受较高的运营成本。新的建设通常产生额外的能源使用,如新建公路。

11.2.2 材料和废弃物削减

传统建筑材料（如混凝土和钢材）的生产往往涉及密集的能源和资源消耗。自然资源日益耗尽,因而需要寻找更加可持续的建筑材料生产方式。重点应放在材料再利用、集料回收、水泥替代添加剂以及恢复使用木材等更加可持续的建筑材料形式（即从可持续管理源头开始）。负责任的材料采购（Responsible sourcing of materials,简称 RSM）也是建设中的一个重要考虑因素,影响到社会和整个生命周期的成本（BES 6001, 2009）。

建筑业的一个重大副产品是建筑废弃物。英国每年因施工、拆除、开挖和翻新产生的建筑废弃物超过 1 亿 t,占英国垃圾生产总量的三分之一（DEFRA, 2007b）。减少建筑废弃物不仅有益于环境,而且有良好的商业意义。废弃物的真正成本不只是与其处置相关,还包括隐性成本,如未使用材料的购买、搬运和加工成本、管理和时间成本、收入损失或潜在的业务负债和风险（Foresight, 2009）。

废弃物处理是多方面的。DEFRA（2007a）引入了废弃物的倒三角形层次结构:减少、再利用、回收,参见图 11.1。

11.2.3 维护的天然水循环和改善的水生环境

水是自然环境中最重要的元素之一,是一种可

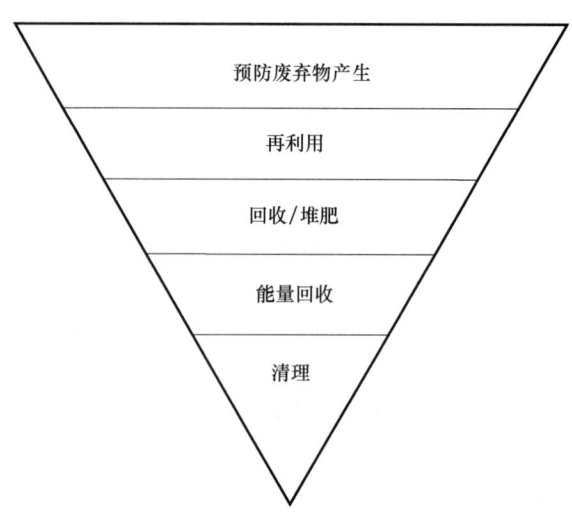

图 11.1 废弃物的倒三角形层次结构
摘自 DEFRA（2007a） © Crown Copyright

能变得日益稀缺的资源。水资源的地理分布不均;在世界某些地区,需要对能源和基础设施进行大量投资,才能将水运送到需要的地方。水污染和缺水是关键的社会（和经济）问题——正如最近北爱尔兰水荒（2010 年 12 月）、巴基斯坦（2010 年 8 月）和昆士兰州洪水（2011 年 1 月）所呈现的问题。

水生环境是一个动态系统,人为干预很容易破坏其平衡,导致深远的、意想不到的后果。规划管理建筑物和基础设施对自然水循环的影响至关重要。每个工程项目都应积极响应:

- 保障和提高湖泊、河流和地下水的水资源数量和质量;
- 尽量减少项目对当地水系统及其功能的影响;
- 尽量减少项目对广域水循环及其相关影响;
- 在优化项目开发、建设和运营选择时,适当重视水的价值。

英国环境署（Environment Agency）（2009）概述了水环境面临的现有压力和未来威胁,并提出了一项减轻压力和提高应对气候变化能力的战略。

11.2.4 气候变化适应性和韧性

气候变化正在发生并日益考验现有基础设施和建筑存量的整体稳固性。气候变化适应性（climate change adaptation，CCA）是减少气候变化物理影响易损性的过程,如更恶劣的天气,以及温度、降雨量和海平面上升的长期变化影响。CCA 的作用是确保项目在不断变化气候条件下的整体稳固性和

寿命。项目设计需要考虑当前的气候条件和未来变化。需要改造现有基础设施和建筑存量，以适应极端天气事件、海平面上升以及全球变暖带来的其他直接和间接后果。

气候变化可能导致的主要影响包括：

- 高温：源于夏季平均和极端温度高、太阳辐照度大；
- 沿海、河流和雨积（排水）的洪水风险：源于海平面上升、降雨量增加和地下水位波动；
- 缺水：源于季节性降水和干旱风险的变化，以及地区人口不断增加；
- 结构失效：源于极端风暴；
- 侵蚀和滑坡：源于降雨频率和强度的增加；
- 沉降：源于地下水动态和降雨的变化；
- 绿色景观和生物多样性的丧失：源于季节性降水和干旱风险的变化、季节更替时间的推移和森林砍伐；
- 空气质量恶化：源于日照时间增加、热浪、风速和风向、污染。

气候变化情景（climate change scenarios，CCSs）提供了气候模型的定量信息，涉及在温室气体排放的不同场景下气候和海平面上升等不同方面的未来变化。它们可用作定性或定量气候变化适应性评估和备选评价。英国目前拥有由英国气候影响项目（UK Climate Impacts Programme，UKCIP）代表政府发布的完善的情景方案。这些情景方案通过 UKCIP 网站（www.ukcip.org.uk）传播，并广泛用于学术和商业咨询项目。Hacker 等（2005）就 CCSs 在建筑设计时的应用提供了有益的指南；这些情景方案同样适用于基础设施设计。

11.2.5 有效的土地利用和管理

由于人口增长加上无节制工业发展导致的历史遗留问题，亟需制定可持续的土地使用策略，以平衡住房（和基础设施）、工业和农业的需求。英国环境署（Environment Agency）（2005）估计，英格兰和威尔士有超过 32.5 万个地点的 30 万公顷土地可能受到前期工业用地污染的影响。自 2000 年以来，每年有逾 250 个新地点受污染。为减少对未开发土地的利用，对不同程度污染的宗地（现实或潜在的有害和污染土地）进行修复和重新开发应成为优先事项，这在全生命周期成本方面是合适且经济可行的。

具体来说，在城市环境中，空间和土地供应紧缺，通过在地下室和隧道中寻找更多空间，最大限度地利用有限的土地，正成为首选的解决方案。此外，在客户周边改善或创造农业用地（城市农业）可能很快成为必然，这将重塑当前城乡环境的界限。

11.2.6 经济可行性和全生命周期成本

建筑成本（材料和劳动力）一直是土木工程设计发展的传统驱动因素，并且始终是项目的主要决策因素之一。它是任何活动价值和利益的单一且总体指标。然而，成本应综合考虑，兼顾运营期及以后相对于经济影响的社会和环境影响。最廉价的解决方案是不是最可持续的解决方案，还是有时需要成本溢价来尽量减少对环境和社会的影响？

最近美国的研究（Chester 和 Horvath，2009）强调了提供新交通和基础设施整体方案的重要性。它把涉及运输业的基础设施建设的相对贡献（在碳排放和能源消耗方面）放在一个总体框架下考虑。例如，对于给定的道路路线，除道路本身的施工方案外，力求将坡度变化和相关燃料消耗降至最低的优化道路纵剖面，将产生可观的环境效益（O'Riordan 等，2011）。

经济可行性还必须解决包括维护、使用更换和退役的遗留问题。它将全生命周期管理置于任何可持续工程项目的核心，并对金融、环境和社会方面的考虑给予适当的重视。其目的是生产：

- 适合预期用途的建筑物和基础设施；
- 耐用、易维护的建筑物和基础设施；
- 超出设计寿命后灵活用于其他用途的基础设施；
- 在施工和运营期的社会、环境和经济影响最小化。

11.2.7 对社会的积极贡献

土木工程通过改善当地环境、经济等对人们的生活产生积极影响。然而，项目也可能对社会产生负面影响，因此必须对此进行探索。

了解工程项目的社会影响需要判断谁是利益相关者，确定项目目标是否符合其需要、利益和能动性。对各利益相关方，特别是弱势群体的社会影响评估包括研究人口特征、政治、社会和社区资源、社区和体制结构，以及他们的文化习俗、信仰和价值观体系。影响项目成败的可能社会风险包括社区的解散、邻里间的纠纷、生计的丧失、对生活质量的影响、信任的丧失、社区稳定性的降低、具有历史意义和文化意义的地方或文物的灭失。

项目可以通过早期协商、参与总体和设计阶段的规划来避免此类风险并确保利益相关方的满意度，从而为社会做出积极贡献。政府机构尤其是英国环境署（Environment Agency）、奥运交付管理局（Olympic Delivery Authority）和伦敦交通局（Transport for London）等越来越多地采用政策和评估方法，鼓励采取有益措施实现社会可持续。

11.3 岩土工程可持续发展主题

岩土工程师应如何根据可持续发展框架调整其传统工艺呢？他们需要将富有想象力的创造、整体思维和常识有机结合。岩土工程的参与有助于从早期阶段开始进行可持续设计。岩土工程可持续发展的要求为具有可持续发展视角的岩土工程师带来了不断增长的商业机会和广阔的新天地。承接上一节概述的7点目标框架，以下概述岩土工程对可持续发展贡献的机遇。

11.3.1 能源和碳

11.3.1.1 环境影响指标

减少岩土结构碳足迹的第一步是了解设计和施工过程，量化其能耗和对环境中碳排放的贡献。

评估结构隐含能源和隐含碳的既定方法也适用于岩土结构。比较不同基础类型的碳排放以及相应的成本可作为基础设计的有效决策方式。

英国国家房屋建设委员会（National House-Building Council, NHBC）《桩基础指南》（NHBC, 2010）的附录J中对典型低层建筑地基方案进行了比较，结果表明，传统青睐的地下连续墙基础的碳排放量明显高于同等效果的桩基方案。

在更大尺度上，Pantelidou等（2011）对一条新建高速公路的各个组成部分进行了碳排放比较。他们估计，土方工程（一直是线性基础设施项目的重要组成部分）仅占施工过程中二氧化碳总排放量的6%，几乎比路面施工排放量（占总排放量的42%，图11.2）少一个数量级，从而确定了路面施工是一个重要的碳排放源，因此碳减排的重点应聚焦于此。

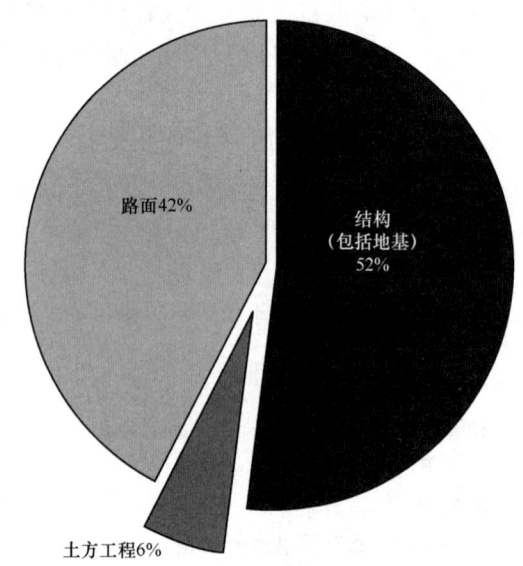

图11.2 英国一条新建高速公路项目
在施工和运营中的 CO_2 排放

摘自 Pantelidou 等（2011）

在全生命周期评估中，比较施工排放量与高速公路运营寿命期间的车辆排放量，结果表明施工排放量相当于运营前四年的车辆排放量。

11.3.1.2 浅地层能源

对能源生产替代方式的需求为岩土工程师提供了新的机会。浅地层不仅用于支撑构筑物，而且可以提供能源。地热能是储存在地球核心的热量。它源于矿物的放射性衰变和地表面吸收的太阳能。Dickenson 和 Fanelli（2004）介绍了地热能开发的基础信息。地热能有三个主要用途：发电、区域供暖和地源热泵（GSHP），具体介绍如下：

1. 发电系统

传统地热发电厂使用温度高于180℃的水，双循环地热发电厂使用80~180℃范围内的水。发电主要与板块构造边界有关，断层和火山活动有利于在相对浅的（如1km）高渗透性裂隙岩体中获取高温地下水。抽水井和注水井用于循环和重新加热岩体中的水。热交换器用于将热量转移到蒸汽，然后推动发电机组发电。发电机组的余热也可用于区域供热系统。板块内的岩石，如花岗岩，正在历经放射性衰变并产生热量。在英国 Cornwall（康沃尔）地区可以找到花岗岩露头。在这些区域，岩体渗透性可能较低，增强型（工程型）地热系统

（EGS）用于水力压裂和提高岩体渗透性（Tester，2007）。这些系统通过热交换将热量传输到涡轮发电机。EGS目前处在发展阶段。

2. 区域供热系统

使用温度在30～120℃范围内的水，其温度不足以发电，但可用于邻近建筑物供热循环。由于温度要求较低，这种地热源可通过较浅深度的钻孔获取。区域供热的其他地热源是覆盖着不透水层的深部含水层。在英国，使用约2km深钻孔的南安普敦地热项目是这类区域供热系统的典型案例（Southampton City Council，2009）。

3. 地源热泵（GSHP）

系统利用小于300m深度的低温区（<30℃），其温度由太阳能和地温梯度控制。以英国为例，年平均地表温度约为12℃，地温梯度约为3℃/100m。GSHP系统将建筑物供暖和家用热水温度升高至30～55℃。地下水亦可直接用于建筑物降温或与热泵配合使用（Banks，2008）。许多浅地层系统被用作热量储存库，在冬季提取热量，在夏季补充热量。

GSHP系统可分为：

- 封闭系统——通过传导进行热传递的水平回路和垂直钻孔。这些系统也可以并入桩、墙和隧道（Brandl，2006）以及房屋地基（NHBC，2010）。
- 开放系统——地下水从井中泵出，然后流经热交换器并通过注水井返回地下。在这种情况下，循环水将热量传入和传出周围土体，该过程称为对流。

11.3.1.3 碳捕获和储存

人们已经认识到，在一段时间里，我们将继续需要化石燃料作为多样化能源组合的一部分，但煤和天然气的使用必须更加清洁。碳捕获和储存（Carbon capture and storage，CCS）是一项新兴技术组合，可将化石燃料发电站的碳排放量减少90%（IPCC，2005）。

通过管道运输超临界/密集相的CO_2可能是首选，因为它相比于液相CO_2更加稳定。二氧化碳可以（长期）储存在地质构造中（也称为地质封存）。三种基本类型的地质构造广泛存在且具有足够的二氧化碳储存潜力：深部含水层、油气储层和深不可开采的煤层。CCS为岩土工程师带来了新的挑战和机遇，需具备场地地质灾害评估和深部地下储存工程等领域的技能。

11.3.2 材料和废弃物

11.3.2.1 精益的设计

岩土工程已经发展为采用适当的保守性来抵消场地的变异性和不确定性。可持续的岩土工程设计应旨在通过优化"Burland三角形"中岩土技术相互关联的成分——理论建模、试验（现场勘察）和经验（参见第4章"岩土工程三角形"），来消除保守性。有效的岩土工程设计充分利用建筑材料，从而减小了对自然资源的影响——图11.1中顶部的"预防废弃物产生"部分。

11.3.2.2 合理的材料选择

考虑环境影响和适当规格的岩土结构建筑材料非常重要：在钢材和混凝土中选择一种作为结构材料；指定钢材和钢筋回收量的最低要求；鼓励在混凝土中使用可回收集料和水泥替代添加剂；考虑采用土方工程代替结构。

11.3.2.3 替代材料

20世纪的岩土工程结构采用刚性工程解决方案（即混凝土和钢材）。最近，新技术和材料已在岩土工程中作为支撑地面结构的替代手段。本节旨在给出可持续发展对岩土材料选择的一种思路，并不作为材料选择的明确指南。

通过地基处理缩小基础尺寸，土体加固代替挡土墙，都是"以不同的方式开展岩土工程"（doing geotechnics differently）的例子。目前很难评估现有技术的利弊，因为这些技术之间并不存在全面的环境影响对比。土工合成材料可能适合于稳定填土，但作为塑料制品难免导致资源能源密集消耗和环境污染。同样，石灰、水泥或其他稳定材料是处置不良土体的理想方法，从而避免了其移除和垃圾填埋处理，但在制造过程中难免产生高碳排放（Hughes 等，2011）。在系统地确定和量化其优缺点之前，岩土工程师将无法做出合理、可持续的材料选择。

废弃物资源化利用的最普遍例子是使用轮胎包代替轻质填充物，例如 Brodborough 湖的轻质堤坝 A421 改造项目（Kidd 等，2009）。

在伦敦东部的 Dartford Creek，通过采用在被侵蚀的坡岸上安装草垫的柔性工程解决方案，促进自然沉积过程，实现了边坡修复（图 11.3）。这是对中世纪控制侵蚀技术的重新发掘，该技术在维多利亚时代被放弃，转而采用新技术和工程措施。

在岩土材料处理方面，有效的新技术不断涌现。加速碳化技术（Carbon8，www.c8s.co.uk）是其中的一个例子，其中二氧化碳成为一种资源而不是废料，具有原位改良土体或从废弃物中生产替代材料的潜力。

11.3.2.4 废弃物削减

岩土工程在建筑业中产生相当一部分废弃物。不合适的土体，包括软弱土或污染土，经常被开挖移除并弃置于填埋场。减少建筑废弃物首先需要重新评估土体材料开挖的需求：污染能否得到原位控制和处理？软弱土/不稳定土体能否就地改良？其他地方产生的废弃物能否作为现行项目的资源？例如，土体稳定可能使用工业副产品（粉碎的颗粒状高炉渣、粉煤灰、炉底灰），因此，虽然主要工艺流程可能产生二氧化碳，但建筑材料中废弃物的使用模糊了废弃物和材料使用之间的界限。前述轮胎包用作堤坝是将废弃物资源化利用的类似案例。然而，使用废弃物作为建筑材料能否使前述（产生废弃物的）消耗性工艺流程更容易被接受呢？

高效利用资源以及减少土地浪费的策略和建议详见《废弃物和资源行动计划》（Waste and Resources Action Programme，WRAP，www.wrap.org.uk/construction/）。

11.3.3 水

水是岩土工程中不可分割的一部分。地下水的变动导致地面运动和影响岩土结构。

11.3.3.1 对现有水环境的影响

岩土工程项目的主要考虑因素之一是项目对现有水资源及其使用者的影响。项目工地的水和地下水是更广泛的水生系统的一部分；任何的改变都会扰乱该系统的平衡。图 11.4 展示了佛罗伦萨（Florence）TAV 火车站的地下水模型，研究了浅层无侧限砂质含水层中火车站箱体结构的拦挡效应对区域地下水流的影响，详见 Hocombe 等（2007）。

11.3.3.2 可持续排水系统

为了保持自然水循环的平衡，遵循水的自然过程非常重要。大面积的硬质覆盖物抑制了自然水渗入下方的含水层。

根据英国建筑业研究与信息协会（CIRIA），考虑水量、水质和便利设施问题的地表水排导方法统称为可持续排水系统（Sustainable Drainage Systems，SUDS）。这些系统试图复制自然渗透系统，比传统的排水系统更具可持续性，因为它们：

- 控制径流流速，减少城市化对洪水的影响；
- 保护或改善水质；
- 有利于环境调整及当地社区需求；
- 在城市河流中为野生动物提供栖息地；
- （在适当的情况下）鼓励自然地下水补给。

11.3.3.3 含水层储存和恢复

人工补给（Artificial recharge，AR）是一种补充或代替自然入渗进入含水层的方法，在过剩时将水储存在含水层中，在缺水时提取使用（Jones 等，

图 11.3 材料的替代用途示例：
草垫用于 Dartford Creek 边坡的修复

Pantelidou 和 Short（2008）

第 11 章 岩土工程与可持续发展

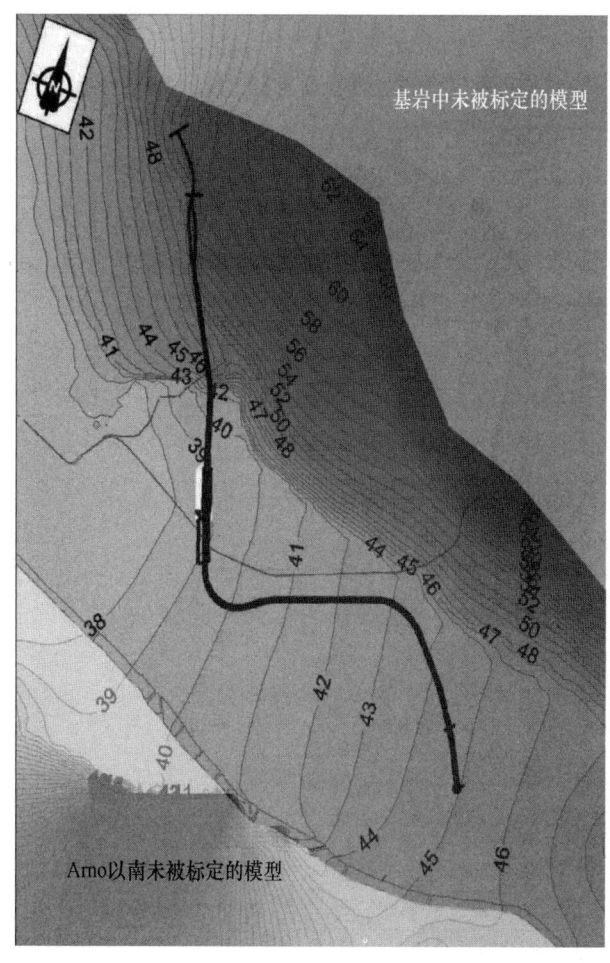

图 11.4 佛罗伦萨 TAV 火车站的地下水模拟。砂质含水层中火车站箱体结构的拦挡效应研究
摘自 Hocombe 等（2007）

1998）。含水层储存和恢复已被证明是一个可靠、性价比高和环境可持续的水资源管理手段。该项技术在世界许多地方都已很好地使用，对许多公司来说，它代表了其水资源战略不可或缺的组成部分。在英国，含水层储存恢复和含水层补给恢复（ASR/ARR）的益处正在显现，特别是那些水资源受到高峰需求强烈影响的公司。ASR 不应被视为新水源，而应被视为水资源保护和效能的一种形式。因此，环境署（Environment Agency）大力支持这项技术，因为它最大限度地利用现有的获得许可的水资源且对环境的影响很小。ASR/ARR 符合水资源正确管理的原则，可代表最佳实用环保选择（Best Practical Environmental Option，BPEO）。

11.3.3.4 建筑用水

岩土施工不可避免地使用大量的水。可持续施工应旨在通过以下途径来最大限度地减少耗水量：

- 优化施工和运营期间的用水量 ——（轻度污染的）灰水和（重度污染的）黑水再利用、再循环、低用水量技术；
- 确保排放的水质适合接收排放的水生环境。

11.3.3.5 减少运营能耗的设计

依靠长期抽水实现子结构系统稳定性的设计（如伦敦市中心建造的许多地下室）是常见的做法。在结构的使用寿命期间，长期抽水需要消耗能源来泵出系统内的水。在设计阶段应考虑一种无需长期抽水的可持续替代方案。

11.3.4 气候变化

建筑物和基础设施适应气候变化需要大量的岩土技术投入：公路和铁路设施（路堤和边坡）易受气候变化的影响，包括地下水变化和季节性水位波动，或极端降雨活动和地表径流的频率和幅度增加，将导致地表侵蚀并最终破坏。海岸和内陆防洪措施也容易受到极端天气和气候变化的影响，包括风暴潮的增加和潮汐范围的扩大。

图 11.5 取自 Shaw 等（2007），这是一本关于气候变化适应性的设计指南。它建议及时监测和干预由气候变化引起的与场地有关的风险。为适应气候变化，岩土工程主要的要求包括：

- 改造/升级现有和新建沿海和沿河的防洪设施；
- 加固和稳定边坡，以抵抗地表水和地下水水位波动的加剧；
- 提供可持续的排水和含水层补给方案；
- 改造或更换地基，以弥补地下水变化引起的地层移动加剧。

此外，即使在英国，长时间的干旱天气也可能频繁发生，这可能导致更普遍的非饱和地基状态。非饱和土力学将来可能与岩土工程实践更加相关。

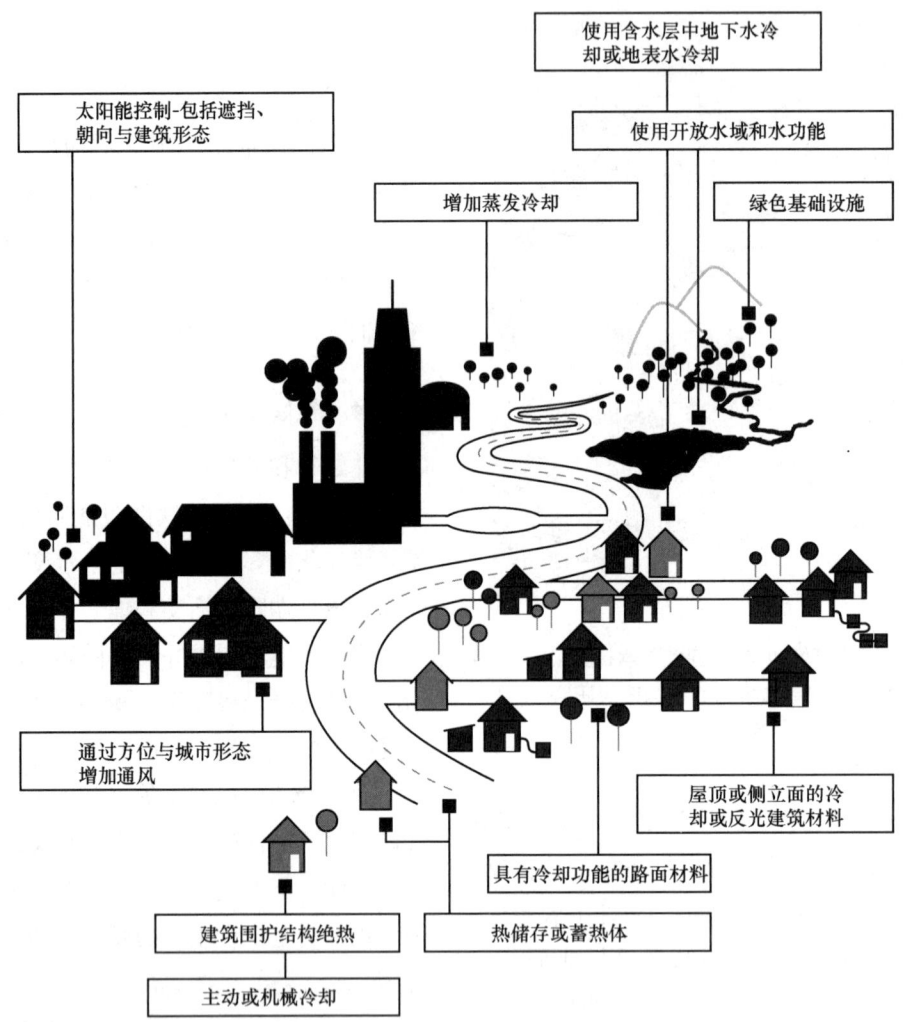

图 11.5 管理场地条件以提高自适应能力的策略

经许可,转自 Shaw 等(2007),气候变化适应性设计:可持续社区指南,城乡规划协会(Town and Country Planning Association) ⓒTCPA。thomas. matthews 设计(www.thomasmatthews.com)

11.3.5 有效的土地利用

11.3.5.1 污染土地——修复和控制

Brandl（2008）将污染土地修复方法分为三大类：

- 岩土技术方法：包括开挖、物理隔离、地下水控制和地基处理（如水泥土搅拌）；
- 工艺修复方法：使用特定的物理、化学或生物过程去除、固化、销毁或改变污染物；
- 自然修复方法：利用植物、天然真菌或天然地下水过程降解污染物。

岩土技术方法应用最为广泛，可与工艺修复方法和自然修复方法相结合，实现最佳修复。岩土工程师可解决如何处理受污染土地（以及在某些情况下土体是如何受到污染）的问题。

CL：AIRE 正在提高人们对可持续修复技术的认识，并出版了多种关于岩土修复主题的出版物。

11.3.5.2 城市环境中的地下空间

2007 年，世界城市人口首次超过农村人口，且人口从农村向城市迁移的趋势将持续下去。城市空间的短缺是一个日益严峻的挑战，关于战略性利用地下空间促进城市和农村地区可持续运输和流动的研讨已经开始（COB，2007）。地下空间需求的不断增加，如交通廊道的地下延伸或停车场、大型零售和娱乐空间的提供，尤其为岩土工程师提供了机会。隧道和多层地下室需要大量的岩土工程投入。为了地下城市空间的成功开发和长期活力，必须全面考虑城市中地下结构施工的技术挑战、大量投资和复杂的物流。

11.3.6 全生命周期管理

图 11.6 展示了岩土结构生命周期所涉及的阶段。对该结构的生命周期评估包括审议每个阶段造成的（环境、社会和经济）影响。

铁路和公路土方工程以及（河流和沿海）防洪资产的管理应实行全生命周期管理。相关建议见 Hooper 等（2009）。

Chapman 等（2001）指出，地下存在的旧基础将日益增加，最终将阻碍城市宝贵空间的未来发展。重新利用现有基础，将其效用扩展到预期寿命之外，在财政和规划方面均有重要意义。Butcher 等（2006）和 Chapman 等（2007）就如何实现现有基础的再使用和将其纳入新项目提供了指导。

理想情况下，新基础的设计应更进一步，将退役后基础再利用的可能性纳入其设计中。

11.3.7 社会贡献

岩土工程师参与项目的阶段通常远离早期利益相关者的参与阶段和社会影响评估阶段。然而，对社会的积极贡献是我们的初衷，也是我们的责任。

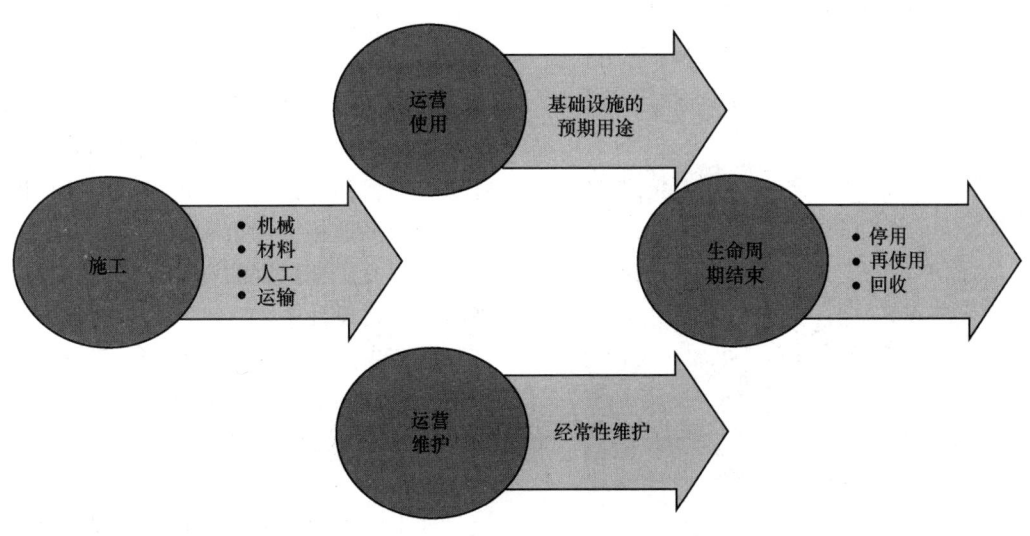

图 11.6 岩土结构生命周期所涉及的阶段

考古是地下开发的一个组成部分,特别是在具有丰富历史文化的地区。由于发展考虑不周全,导致考古资源有限、不可再生且日益减少。岩土技术案头研究阶段和规章必须确保及早发现与项目有关的考古问题。岩土工程设计和施工需要采纳适当的补救措施和预案。考古学家的建议和与考古学家的合作对于考古的恰当引导至关重要,使考古成为项目的资产,而不是障碍。

岩土施工可能对利益相关者(邻居、劳工等)的健康和福祉产生不利影响。噪声、振动和扬尘是与打桩和开挖工程相关的常见危害,必须尽量减少。这与第8章"岩土工程中的健康与安全"详细讨论的施工中的健康与安全问题密切相关。

11.4 岩土工程实践中的可持续发展

所讨论的大多数岩土工程可持续发展主题都可以纳入当前的岩土工程实践。有些需要进一步发展;其他在获得完全认可之前,需要为岩土工程师所熟悉。无论如何,岩土工程在建筑环境的可持续发展方面大有可为。

项目生命周期内可持续发展考虑的时机是一个重要的问题。如图11.7所示,随着规划和设计的推进,采用可持续方案的机会迅速减少。机会在规划阶段(例如公路选线)最好,在设计阶段(材料和结构的优化)进一步减少,在施工阶段(主要集中在设备能效和工艺)则变得非常有限。

岩土工程师往往是在项目设计大纲确定后才参与到项目的专业人员。在设计的前期阶段应有意地参与其中,将对项目大纲中可持续发展要素的实施做出积极贡献。

以下探讨在岩土工程师的传统设计和施工活动中应用可持续发展目标的机会。

11.4.1 案头研究和现场勘察

高质量的岩土项目案头研究可在早期设计过程中开始可持续发展的展望。岩土案头研究在早期阶段识别关键灾害(在第7章"工程项目中的岩土工程风险"中考虑),从而能够以最佳成本变更设计。这也是确定材料本地采购、现场和项目限制以及潜在可持续发展影响等信息的极好机会,也是探讨重新利用现有基础的可能性、概述相关制约因素、识别考古制约因素和机会、开展相关地质灾害评估并汇集可能有助于使项目更具可持续性的所有信息的好时机。

根据案头研究的结论和建议,设计、制定和执行全面的现场勘察,以尽量减少与地面和地下水相关的不确定性并指导有效的岩土工程设计。

本手册第4篇包含现场勘察的详细信息。

11.4.2 设计

高效、精益的岩土工程设计类似于可持续设计。作为一个行业从业者,岩土工程师应尽一切努力了解土体本构特性,改善设计和建模工具以提高设计效率。

创新是可持续设计的重要要素——横向思维(跳出思维局限),如考虑新材料、变废弃物为资源。

项目的设计开发要权衡诸多设计选项,如第9章"基础的设计选型"中讨论的内容。岩土工程师参与项目初期设计开发可以确保及早识别影响设计方案的场地相关约束和风险。

全生命周期尺度的资金和环境影响的考虑也应当纳入项目设计中。

另请参阅本手册的第5、6、7篇,了解有关岩土工程设计的更多详细信息。

11.4.3 施工

岩土施工通过减少和有效管理废弃物、水和能源,利用当地资源,控制噪声、振动和扬尘,来确保工艺效率以及对邻里和环境的关心,从而促进可

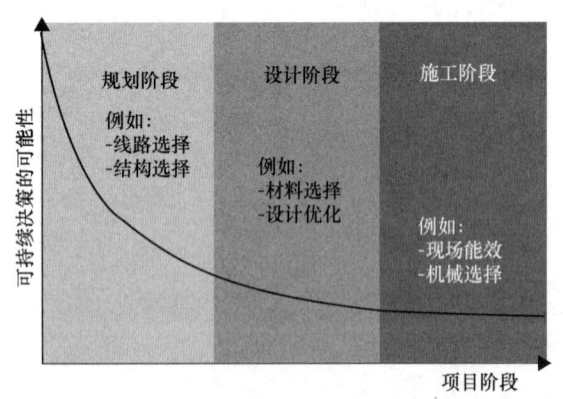

图11.7 项目生命周期内可持续方案采纳的机会

持续发展。

11.4.4 可持续发展认证方案

衡量一个结构的社会、环境和经济影响对于比较、问责和改进十分重要。尽管很少考虑整个生命周期的成本，任何项目的经济影响通常都有很好的记录。环境影响评级方法可参照预先确定的行业公认标准来评估设计性能。最常用的方案是 BREEAM（www.breeam.org）、LEED（www.usgbc.org）、Green-Star（www.gbca.org.au/green-star/）（适用于建筑物）和 CEEQUAL（www.ceequal.com）（适用于基础设施项目，见表 11.2）。

上述认证方案通常解决与场地相关的主题，尽管有些方案不太强调可能适合的岩土工程问题。例如，BREEAM 目前将基础排除在评估之外，相关的评估正在制定中并将其列入今后的考虑。

还有其他一些工具支持关于可持续发展问题的决策过程，以及如何在不同的空间尺度上解决这些问题，例如 SPeAR®（www.arup.com/environment/）、IRM、LCA 和生态足迹。这些方法未规定要达到的绩效水平。相反，它们提供了将可持续发展纳入发展进程并标识产出和制约因素的方法。虽然或多或少地与岩土工程方面相关，但这些都不是岩土工程专用的。

CEEQUAL 的 12 个组成部分 表 11.2

组成部分		分数权重（%）	岩土工程相关性
1	项目管理	10.9	
2	土地使用	7.9	·
3	景观	7.4	·
4	生态和生物多样性	8.8	·
5	历史遗迹	6.7	·
6	水资源和水环境	8.5	·
7	能源和碳	9.5	·
8	材料使用	9.4	·
9	废弃物管理	8.4	·
10	交通运输	8.1	
11	对邻里的影响	7.0	·
12	与当地社区和其他利益相关者的关系	7.4	·

11.5 小结

本章简要概述了与一般工程，尤其是岩土工程相关的可持续发展问题。提出了七个可持续发展目标框架：能源效率和碳减排、材料和废弃物削减、维护的天然水循环和改善的水生环境、气候变化适应性和韧性、有效的土地利用、经济可行性和全生命周期成本以及对社会的积极贡献。逐一讨论了每个目标下的岩土工程主题，并指出了岩土工程师的制约因素和机遇。本章最后就如何将可持续发展要素纳入当前岩土工程实践提出建议：案头研究和现场勘察，设计与施工，包括当前可持续发展认证的参考方案。

11.6 参考文献

Arup (2010). *Sustainable buildings design strategy.* Arup website: www.arup.com/Services/Sustainable_Buildings_Design.aspx

Banks, D. (2008). *An Introduction to Thermogeology – Ground Source Heating and Cooling.* Oxford: Blackwell.

BES 6001: Issue 2 (2009). *BRE Environmental & Sustainability Standard. Framework Standard for the Responsible Sourcing of Construction Products.* Watford, UK: BRE Global 2009.

Brandl, H. (2006). Energy foundations and other thermo-active ground structures. *Géotechnique,* **56**(2), 81–122.

Brandl, H. (2008). Environmental geotechnical engineering of landfills and contaminated land. In *Proceedings of the 11th Baltic Sea Geotechnical Conference on Geotechnics in Maritime Engineering.* Poland: Gdansk, 15–18 September 2008.

Butcher, A. P., Powell, J. J. M. and Skinner, H. D. (2006). *Re-use of Foundations for Urban Sites. A Best Practice Handbook.* RuFUS Consortium 2006.

Chapman, T., Marsh, B. and Foster, A. (2001). Foundations for the future. *Proceedings ICE Civil Engineering,* **144**, 36–41.

Chapman, T., Anderson, S. and Windle, J. (2007). *Reuse of Foundations.* London: CIRIA C653.

Chester, M. V. and Horvath, A. (2009). Environmental assessment of passenger transportation should include infrastructure and supply chains. *Environmental Research Letters,* **4** [available online at http://iopscience.iop.org/1748-9326/4/2/024008/].

COB (2007). *Connected Cities: Guide to Good Ppractice Underground Space.* Netherlands Knowledge Centre for Underground Construction and Underground Space.

DEFRA (2007a). *Waste Strategy for England 2007.* www.official-documents.gov.uk/document/cm70/7086/7086.asp

DEFRA (2007b). *EU Waste Statistics Regulation. Description and 2004 Data Reported.* www.defra.gov.uk/evidence/statistics/environment/waste/wreuwastestats.htm

Dickenson, M. H. and Fanelli, M. (2004). What is geothermal energy? *International Geothermal Association.* www.geothermal-energy.org/314,what_is_geothermal_energy.html

Environment Agency (2005). *Indicators for Land Contamination. Science Report SC030039/SR.* Environment Agency, August 2005.

Environment Agency (2009). *Water for People and the Environment – Water Resources Strategy for England and Wales.* Environment Agency, March 2009. www.environment-agency.gov.uk/research/library/publications/40731.aspx

Foresight (2009). *Drivers of Change.* www.driversofchange.com/doc/

Hacker, J. N., Belcher, S. E. and Connell, R. K. (2005). *Beating the Heat: Keeping UK Buildings Cool in a Warming Climate.* UKCIP Briefing Report. Oxford: UKCIP.

Hammond, G. P. and Jones, C. I. (2008). *Inventory of Carbon and Energy (ICE), Version 1.6a.* Sustainable Energy Research Team, University of Bath.

Hocombe, T., Pellew, A., McBain, R. and Yeow, H.-C. (2007). Design of a new deep station structure in Florence. In *XIV European Conference on Soil Mechanics and Geotechnical Engineering*, Madrid.

Hooper, R., Armitage, R., Gallagher, K. A. and Osorio, T. (2009). *Whole-life Infrastructure Asset Management: Good Practice Guide for Civil Infrastructure.* London: CIRIA C677.

Hughes, L., Phear, A., Nicholson, D. P., Pantelidou, H., Kidd, A. and Fraser, N. (2011). Assessment of embodied carbon of earthworks – a bottom-up approach. *ICE Proceedings, Civil Engineering*, **164**, May 2011.

IPCC (2005). *IPCC Special Report on Carbon Dioxide Capture and Storage.* Prepared by working group III (eds Metz, B., Davidson, O., de Coninck, H. C., Loos, M. and Meyer, L. A.). Cambridge, UK and New York, USA: Cambridge University Press, p. 442. Available in full at www.ipcc.ch

Jones, H. K., MacDonald, D. M. J. and Gale, I. N. (1998). The potential for aquifer storage and recovery in England and Wales. *British Geological Survey*.

Kidd, A., Clifton, P. and Hodgson, I. (2009). Lightweight embankment: a sustainable approach. *Innovation & Research Focus*, **79**. www.innovationandresearchfocus.org.uk/articles/html/issue_79/lightweight_embankment.asp

Mackay, D. (2008). Sustainable energy – without the hot air. www.withouthotair.com

NHBC (2010). *Efficient Design of Piled Foundations for Low Rise Housing: Design Guide.* NHBC Foundation NF21. Watford: IHS BRE Press.

O'Riordan, N., Nicholson, D. and Hughes, L. (2011). Examining the carbon footprint and reducing the environmental impact of slope engineering options. Technical Paper, *Ground Engineering*, February 2011.

Pantelidou, H., Nicholson, D. P., Hughes, L., Jukes, A. and Wellappili, L. (2011). Earthworks emissions in construction of a highway. *Proceedings of the 2nd International Seminar of Earthworks in Europe* (in preparation).

Pantelidou, H. and Short, D. (2008). London Tidal flood defences – Dartford Creek Remediation. In *Proceedings of the 11th Baltic Sea Geotechnical Conference on Geotechnics in Maritime Engineering.* Poland: Gdansk, 15–18 September 2008.

Shaw, R., Colley, M. and Connell, R. (2007). *Climate Change Adaptation by Design: A Guide for Sustainable Communities.* London: TCPA. www.tcpa.org.uk/pages/climate-change-adaptation-by-design.html

Southampton City Council (2009). Geothermal and CHP scheme. www.southampton.gov.uk/s-environment/energy/Geothermal/default.aspx

Tester, J. W. (2007). *The Future of Geothermal Energy – Impact of Enhanced Geothermal Systems (EGS) on the United Stated in the 21st Century.* http://geothermal.inel.gov.

WCED (1987). *Our Common Future, Report of the World Commission on Environment and Development, World Commission on Environment and Development (WCED), 1987.* www.un-documents.net/wced-ocf.htm. Published as Annex to General Assembly document A/42/427, Development and International Cooperation: Environment, 2 August 1987.

11.6.1 延伸阅读

可持续排水系统 SUDS 的详细建议见：

英国建筑业研究与信息协会（CIRIA）的 SUDS 网站：www.ciria.org.uk/suds/（包括 SUDS 手册，C697，免费下载）

英国环境署（Environment Agency）SUDS 建议：www.environment-agency.gov.uk（搜索'SUDS'）

英国建筑研究院（Building Research Establishment）提供的渗坑设计指南（BRE365）：www.bre.co.uk

11.6.2 实用网址

英国气候影响项目（UKCIP）：www.ukcip.org.uk

英国环境署（Environment Agency，简称 EA）：www.environment-agency.gov.uk

英国国家房屋建设委员会（National House-Building Council，简称 NHBC）：www.nhbc.co.uk

废弃物和资源行动计划（WRAP）．建筑行业：www.wrap.org.uk/construction/

BREEAM®（英国）：www.breeam.org

LEED（美国）：www.usgbc.org

GreenStar（澳大利亚），适用于建筑物：www.gbca.org.au/green-star/

CEEQUAL（英国），适用于基础设施项目：www.ceequal.com

> 第 1 篇"概论"和第 2 篇"基本原则"中的所有章节共同提供了本手册的全面概述，其中的任何一章都不应与其他章分开阅读。

译审简介：

覃长兵，重庆大学教授，国家级青年人才，国际土力学及岩土工程学会（ISSMGE）TC103 委员。研究方向为岩土/地下结构稳定性及滑坡/泥石流研究。

宋东日，男，中国科学院成都山地所研究员，博士生导师，中国科学院东川泥石流观测研究站站长。研究方向为泥石流动力学与工程防护。

第 2 篇　基本原则

主编：威廉·鲍瑞（William Powrie）
　　　约翰·B. 伯兰德（John B. Burland）
译审：高文生，李广信　等

第 12 章 导　论

doi: 10.1680/moge.57074.0139

威廉·鲍瑞（William Powrie），南安普敦大学（University of Southampton），英国
约翰·B. 伯兰德（John B. Burland），伦敦帝国理工学院（Imperial College London），英国
主译：高文生（中国建筑科学研究院有限公司地基基础研究所）
审校：李广信（清华大学）

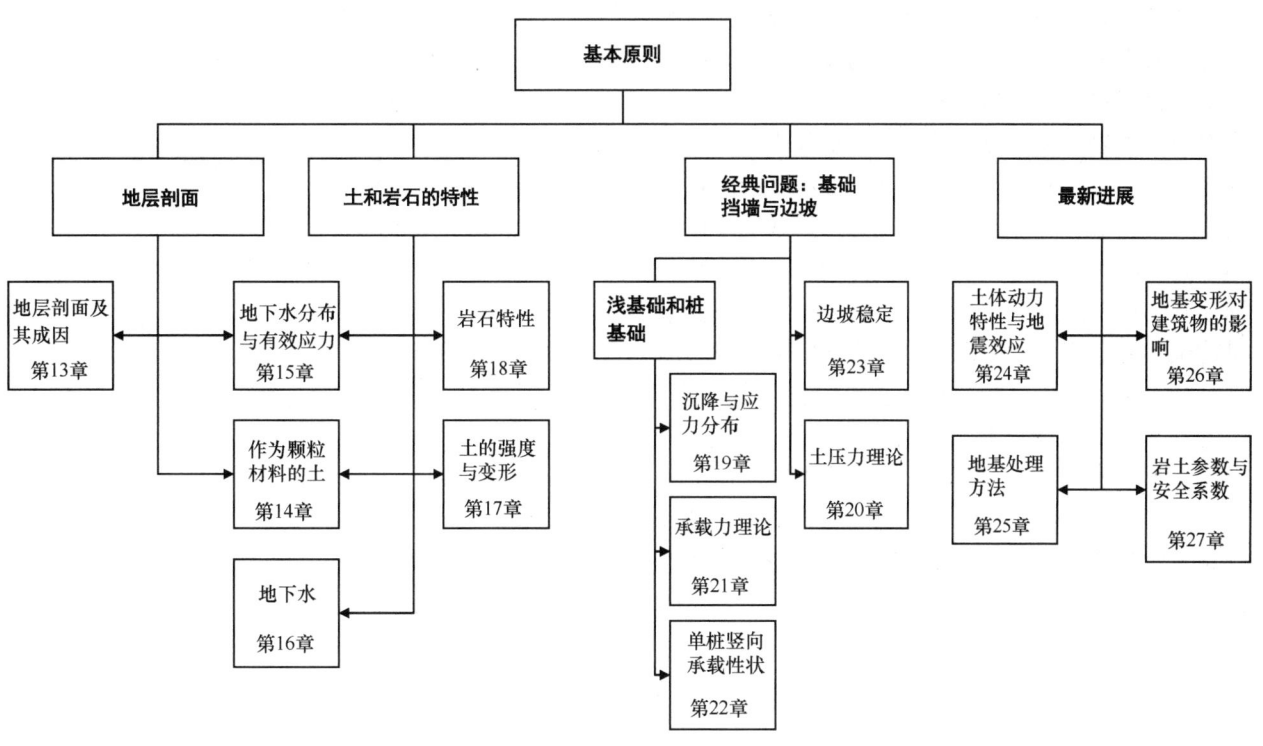

图 12.1　第 2 篇各章的组织架构

第 2 篇的内容是岩土工程的基本原则和基础理论，包括地形描述、岩土材料的性能，以及用于岩土工程结构分析和设计的基本概念模型。前 6 章（从第 13 章"地层剖面及其成因"到第 18 章"岩石特性"）主要内容是地貌和材料的基本性质。第 13 章"地层剖面及其成因"从地质年代的角度讨论地层剖面的形成过程，以及如何运用这些知识建立用于岩土工程的场地概念模型。第 14 章"作为颗粒材料的土"介绍了土与钢材和混凝土等其他许多土木工程材料的根本区别在于其由颗粒材料演化出来的一些特性。

在没有地下水的情况下，岩土工程将变得简单许多，但也会少了些挑战和研究趣味性。在世界许多地区，岩土工程师感兴趣的是饱和土和接近饱和的土，为此必须了解孔隙水压力和地下水的渗流。第 15 章"地下水分布与有效应力"介绍了地基土中孔隙水压力和有效应力分布的计算，而第 16 章"地下水"讨论了由施工和基坑开挖引起的地下水流量和孔隙水压力变化的计算。第 17 章"土的强度与变形"和第 18 章"岩石特性"总结了土和岩石的主要特性，以及常用的描述其特性的概念和量化数学模型。

接下来的 5 章，从第 19 章"沉降与应力分布"至第 23 章"边坡稳定"阐述了岩土工程涉及的三个经典问题的基本理论：地基（第 19 章"沉降与应力分布"、第 21 章"承载力理论"和第 22 章"单桩竖向承载性状"）、支挡结构（第 20 章"土压力理论"）和边坡（第 23 章"边坡稳定"）。

最后 4 章，第 24 章"土体动力特性与地震效应"至第 27 章"岩土参数与安全系数"讨论一系列岩土工程发展的热点问题。土体的动力特性与地震效应（第 24 章"土体动力特性与地震效应"）一般来说比土体的静力特性更难研究清楚，但对于解决某些问题和在世界上许多地区来说是必须考虑的。地基加固（第 25 章"地基处理方法"）阐述了许多岩土工程师用于地基处理的技术。这些技术除了比较了解的力学知识外，还要求了解化学或电化学相关现象，并考虑将其应用到地基改良中的不确定性，也能说明岩土工程在许多方面更接近艺术而非科学。随着需要在建筑密集区进行基坑开挖和隧道施工的大体量建设项目的日益增多，了解和预测地基变形对建筑物的影响（第 26 章"地基变形对建筑物的影响"）变得越来越重要。这些需求加之进行复杂和精确三维数值分析计算能力的提升，使得近十几年来对岩土工程的认识取得重大进展。最后，第 27 章"岩土参数与安全系数"论述了设计参数和安全系数的选取。这项议题很重要，设计计算中大多缺少相关性和准确性是岩土工程专业普遍存在的问题，导致这一情况的部分原因是习惯的改变及规程的修订很难与岩土工程的认知同步提升。

第 2 篇涵盖了土力学、岩石力学及岩土工程相关知识，有必要说明一下，该篇对于已经熟悉这些知识的人而言，可算作是学习笔记，而对那些还不熟悉的人而言，可看作是简介。参考文献可能会对那些想进一步深入了解本篇介绍的有关内容的人有所帮助。

延伸阅读

Engineering geology （第13章）
Waltham, A. C. (2009). *Foundations of Engineering Geology* (3rd Edition). London and New York: Taylor & Francis (Spon Press).

Fundamental soil mechanics (Chapters 14–17 and 19–22)
Atkinson, J. H. (2007). *The Mechanics of Soils and Foundations* (2nd Edition). London and New York: Taylor & Francis (Spon Press).
Muir Wood, D. (1990). *Soil Behaviour and Critical State Soil Mechanics*. Cambridge: Cambridge University Press.
Muir Wood, D. (2009). *Soil Mechanics: A One-dimensional Introduction*. Cambridge: Cambridge University Press.
Powrie, W. (2004). *Soil Mechanics: Concepts and Applications* (2nd Edition). London and New York: Taylor & Francis (Spon Press).

Rock mechanics （第18章）
Jaeger, J. C., Cook, N. G. W. and Zimmerman, R. W. (2007). *Fundamentals of Rock Mechanics* (4th Edition). Oxford: Wiley-Blackwell.

Slope stability （第23章）
Bromhead, E. N. (1992). *The Stability of Slopes* (2nd Edition). London: Blackie Academic & Professional.

Soil dynamics and seismic loading （第24章）
Verruijt, A. (2010). *An Introduction to Soil Dynamics*. Dordrecht, Heidelberg, London and New York: Springer.

Ground improvement （第25章）
Moseley, M. P. and Kirsch, K. (2004). *Ground Improvement* (2nd Edition). London and New York: Taylor & Francis (Spon Press).

译审简介：
高文生，博士，研究员，中国建筑科学研究院有限公司专业总工程师、地基基础研究所所长。
李广信，博士，清华大学教授。1966 年本科毕业于清华大学。曾获国家自然科学奖三等奖和国家科技进步奖一等奖。

第13章 地层剖面及其成因

迈克尔·H. 德弗雷塔斯（Michael H. de Freitas），伦敦帝国理工学院和第一步有限公司，伦敦，英国

主译：徐前（建设综合勘察研究设计院有限公司）
审校：周载阳（建设综合勘察研究设计院有限公司）

doi: 10.1680/moge.57074.0141

目录

13.1	概述	143
13.2	地层剖面	143
13.3	剖面的重要性	145
13.4	剖面的形成	147
13.5	剖面勘察	149
13.6	连接剖面	152
13.7	剖面解译	152
13.8	结论	153
13.9	参考文献	154

地层剖面或垂直剖面，是岩土工程分析和设计中了解地基的起点。它是地层沿深度方向的记录，也是其形成至今的解译。对地基材料的正确鉴定或定名和对其成因历史的正确理解，能够揭示建筑工程或自然过程（如降雨和地震）如何引起地基的变化。如果地层剖面是错误的，就无法保证基于计算的决策是正确的，无论这些计算多么精密，因为这些计算将量化不存在的东西。地层剖面的错误可能延迟工期，甚至终止合同，许多时候会导致索赔。剖面使横断面得以构建，这是添加所有其他岩土数据的基础。地层剖面是建立当前地层岩土特性与其地质历史之间关系的唯一路径，许多案例都证明了这一点。案例是岩土工程智慧传承的一部分，它消除了忽视地层剖面或虽获得地层剖面但却未正确使用的所有借口。

13.1 概述

地层剖面也称为垂直剖面，描述特定位置以下的地基，由钻孔或探坑连接而成，通过标明钻孔或探坑深部的岩土材料，并结合其他数据来说明剖面如何形成，以及在工程条件下如何变化。地层剖面有两个基本组成部分：垂直层序及其说明。垂直层序通常从地面开始，延伸至相应岩土工程所需的可能深度。岩土材料的年代随着深度增加而增加，因此剖面代表了地基的历史，其中最新的部分位于地表。对剖面中岩土材料和历史的正确解释可以指明地基如何对工程作出响应。

地层剖面有多种形式，所有剖面对岩土工程设计、分析和施工的决策都至关重要。如果沿深度的岩土材料描述错误或缺少关键数据，那么基于它的决策将是错误的，无论后续的计算多么正确和精确。因为这些计算只是量化一些不存在的东西。地层剖面方面的错误可能导致严重后果，包括地基工程中断、合同延期，甚至放弃项目。

在一个地点建立剖面后，通常需要将其与附近的剖面加以对照，以便一系列剖面可以相互关联。这种对照可生成场地地质情况的三维图像，这个看似简单的工作有时会存在风险，如果不考虑各个剖面是如何形成的即成因（基于对场地历史的分析和构建），则难以做到这一点。

因此，一个地层剖面不仅是土和岩的层序，还包含了对这些土和岩在形成过程及后续历史的认识。这方面的内容需要在报告中予以说明，因为了解剖面的形成和历史是工程地质学家要完成的关键任务之一。工作中使用适当的岩土描述非常重要，使用与相关工程项目相对应的比例也十分必要。由此建立的剖面图、地图和三维描述方可作为所有其他岩土数据叠加的基础，岩土特性的分布才能反映现存岩土及其地质历史（de Freitas, 2009）。

获取和使用不考虑材料成分和地质历史的岩土数据的工程，是不合格的岩土工程，有许多案例可以说明这一点。案例是岩土工程传承智慧的一部分，它消除了忽视地层剖面或虽获得地层剖面但却未正确使用的所有借口。

13.2 地层剖面

一个地下室基础，$10m \times 15m$，埋深$7m$，勘察布置了5个$15m$深的取芯钻孔，岩芯直径$100mm$。如果岩芯采取率为100%，则实际见到的岩土体积小于拟开挖的0.01%，更远小于未来$60\sim100$年承担基础荷载的开挖面以下的地基岩土。因此，工程项目建设投资实际上是建立在对岩土认识极少的基础上。通过简单的计算就可看出这些少量岩土信

息的价值，以及严谨细致地获取这些信息的必要性；与之相关专业领域称为岩土勘察。获取岩土样本并对其描述以反映地基状况，是建立地层剖面的基本步骤；这需要专业技能、知识和经验。然而，仅有钻孔记录本身是不够充分的，这些数据必须用于设计和分析，第一步是建立一个地层剖面。

图 13.1 中为两个钻孔柱状图，一个来自伦敦，另一个来自中国香港；二者说明了竖向层序的描述是地层剖面的起点。请注意，图中只提供了少量岩土成因和历史的信息，这些将在后面介绍。因此，地层剖面既需要钻孔岩芯也需要钻孔本身的记录，或者来自采石场、试坑和其他开挖场地的记录。剖面是指在地表某一点以下的岩土组成，如果不同地方的地基没有明显变化，附近地点的剖面可能与之类似。

钻孔柱状图有多种用途，例如，地下结构的基本设计、岩土工程分析、施工方法确定、监测设备安装、岩土体的土方量估算。因此，柱状图必须提供准确的场地现有地层记录，这是地层剖面的基本要求。

柱状图是建立更完整地层剖面的起点，其包含的信息可用于了解工程项目引起的特定变化的后续结果。柱状图还可指明应进一步研究的内容，以及应如何使用产生的数据。这是两个需要小心处理和关注的主题，可能随着观察者的经验积累而改进。根据他人描述创建的剖面与通过个人观察创建的剖面会有所不同。依据他人记录创建的剖面的有效性取决于这些地层记录的相关性、完整性和准确性。

柱状图中首要观察的特征要素是层序和成分，如图 13.1 所示；其次（有时也很重要）要考察的是岩土的组成、岩土层的结构和边界的性质——界面；更深入的研究包括识别缺失的部分。当存在垂直露头时（如采石场、悬崖或探坑的揭露面），通常不是问题，但在取样时这一判别就很关键，特别是对于钻孔岩芯，在取样过程中岩土物质可能会丢失，其强度或连续性可能发生变化。所有这些性质都是静态的——它们要么存在于剖面中，要么不存在。但是，大多数剖面中有些重要成分不是静态的，而是动态的，可以不断变化。液体和气体是这些动态成分中最明显的；暴露的自由表面可影响液体和气体的存在以及其在地层中的位置，这在探坑、竖井、采石场或悬崖侧壁上可以观察到。

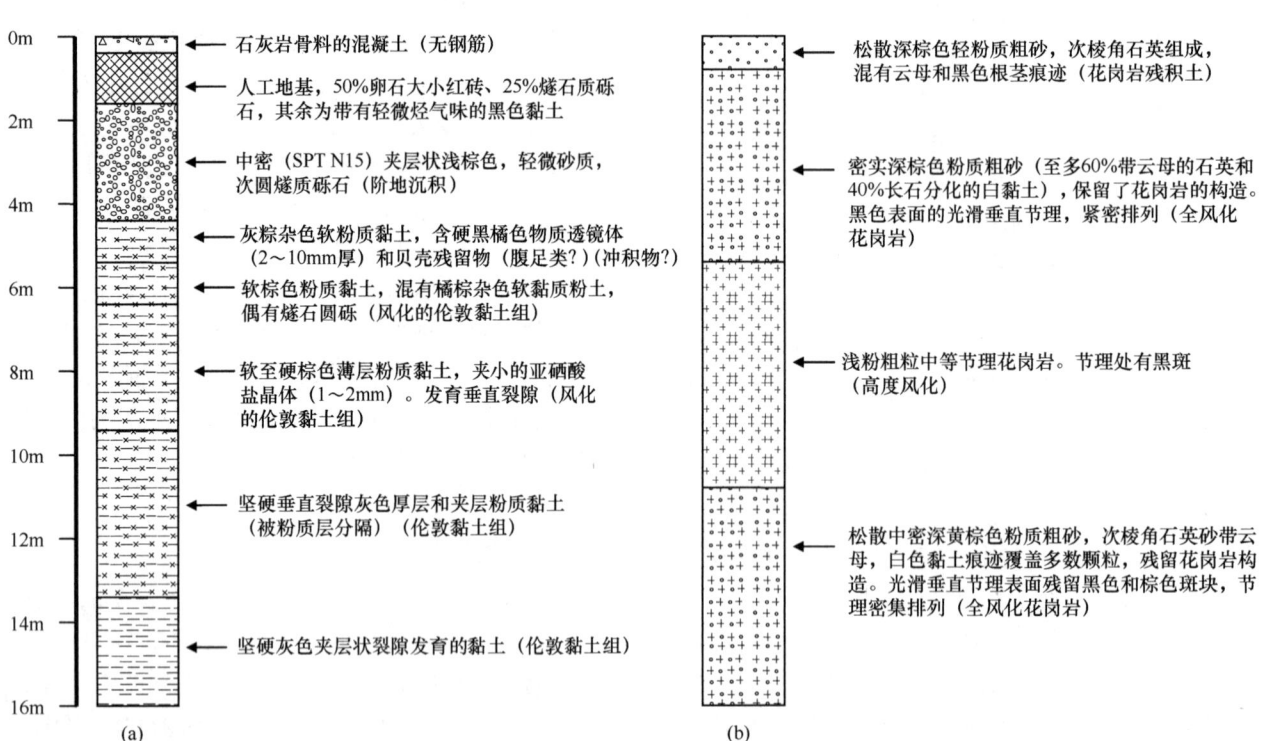

图 13.1　来自伦敦（a）和中国香港（b）的钻孔柱状图，展示了沉积物和原生花岗岩就地风化产物构成的竖向层序。层序复原、地下水回灌等细节省略

如果自由面外侧的水位低于该面内侧地下水的水位，则水将流向自由面，因此自由面上记录的水位可能不代表其内侧地层中的地下水水位。空气将占据水流走后的孔隙，因为富氧，空气将逐步使新接触的岩土体发生化学变化。黑色变成棕黄色、棕色甚至白色，深棕色变成浅棕色，湿的固体表面变作粉状和潮湿或者干燥。其他与地层岩土性质相关的气体可能会溢出，如甲烷和其他富含有机物的挥发性物质。所有这些都随时间而变化，但它们并非一定会发生。任何开挖，无论是自然形成还是人工开挖，都会移除地基荷载，地基会对荷载的减少作出反应，并向新形成的自由面松弛。这种松弛本身可以引发许多变化，其大小和程度取决于持续的时间。

因此，一份良好的钻孔记录对建立地层剖面并将其用于岩土设计和分析是必不可少的。地层的某些特征可以通过照片获取，通常来说同时获取用于证明的影像是很有用的。有些特征是无法直接获取的，需要从可观察到的、已改变的和已丢失的要素中推断而来。剖面的地理位置需要标出坐标（精确到分米）。用于测量剖面的基准点的高程，至少精确到分米，如果可能，精确到厘米。建立剖面所依据的露头或钻孔岩芯的地质年代很重要应当予以记录，如果未知，则应予以注明。最后，应对剖面作一个完整描述。这些信息中的任何一条丢失，都将导致剖面图的不完整，意味着在现场进行的岩土工程将在缺少基本信息的情况下开始。这种信息缺失将使相关人员的岩土工程能力遭到质疑。

13.3 剖面的重要性

本手册的第1篇这样描述岩土工程的地位：它是工程领域的一个分支，源于在岩土体中工程建设的需求。该领域的经验被记录为案例，它描述了在各种情况下的事件，即使当时不了解地基响应的原因。岩土工程需要地基及其力学知识，正如岩土工程三角形所描述的相互关系。地层剖面构成了三角形的一个顶点，反映岩土材料的性质和历史（与三角形中"精选"工程案例相关），这一点较易理解。地基有四类与岩土工程直接相关的属性：强度（可承载的荷载）、变形（荷载将导致的变形）、渗透性（允许的水流量）和耐久性（工程开始前已有地基由于环境改变而发生的变化）。所有这些信息都来自地层剖面，可通过地基测试和监测而直接获取，也可通过计算和类比间接获取。这项工作的成功与否取决于地层剖面的质量。一个基本的钻孔记录是最低要求，若有进一步的内容和解释会更好。

如图13.2所示的剖面图来自于伦敦威斯敏斯特宫议会大厦地下停车场的勘察（Burland和Hancock，1977）。该场地毗邻大本钟钟楼和泰晤士河北岸堤岸。这项工程需要开挖至距地面以下20m的伦敦黏土层中，并在现浇扩底桩基础上建造一个箱形基础。拟采用地下连续墙进行侧向支护，但对场地的地层剖面仔细研究后，地下连续墙深度引起关注。仔细取芯并沿长度分段详细记录岩土材料的结构和粒径，发现黏土中夹粉土薄层，这些粉土具有严重的潜在风险，因为如果与泰晤士河发生水力联系，粉土可通过泰晤士河冲积层导水，可能导致相邻黏土软化和侵蚀。这样的粉土层成为黏土层间的排水通道，从而有助于固结；但粉土层的存在也会危及该土层内的任何扩底施工。与如此重要的国家历史文物相邻，这些风险都是不可接受的。设计作了调整，加深地下连续墙，从而切断了厚达10m的黏土夹粉土层中的水力通道，并延长了桩，以使其扩底从所包含的粉土层底标高以下10m开始。

重要的是要认识到，正是地层剖面使设计变更的理由不言而喻和无可非议。随后对变更作了分析，但未对计算提出要求，以便审视设计变更的必要性。有趣的是，直到初步方案之后对地层剖面进行研究，似乎均未考虑过粉土引起的问题。在此之前，虽已经进行了100多次无侧限压缩试验，但重点始终放在强度评估上。

图13.3中的剖面来自软的海洋沉积物覆盖在非常坚硬的黏土上，再之下是石灰岩基岩。采用明挖隧道法施工对基岩进行线状开挖，使用地下连续墙作永久支护。图13.3（a）是实际的垂直剖面特征，图13.3（b）为呈现的钻孔记录和描述。承包商根据图形化的柱状图报价，结果发现土层底面更高，以致打乱了工期和合同价格，随之工程出现了延误，承包商并因此提出索赔。

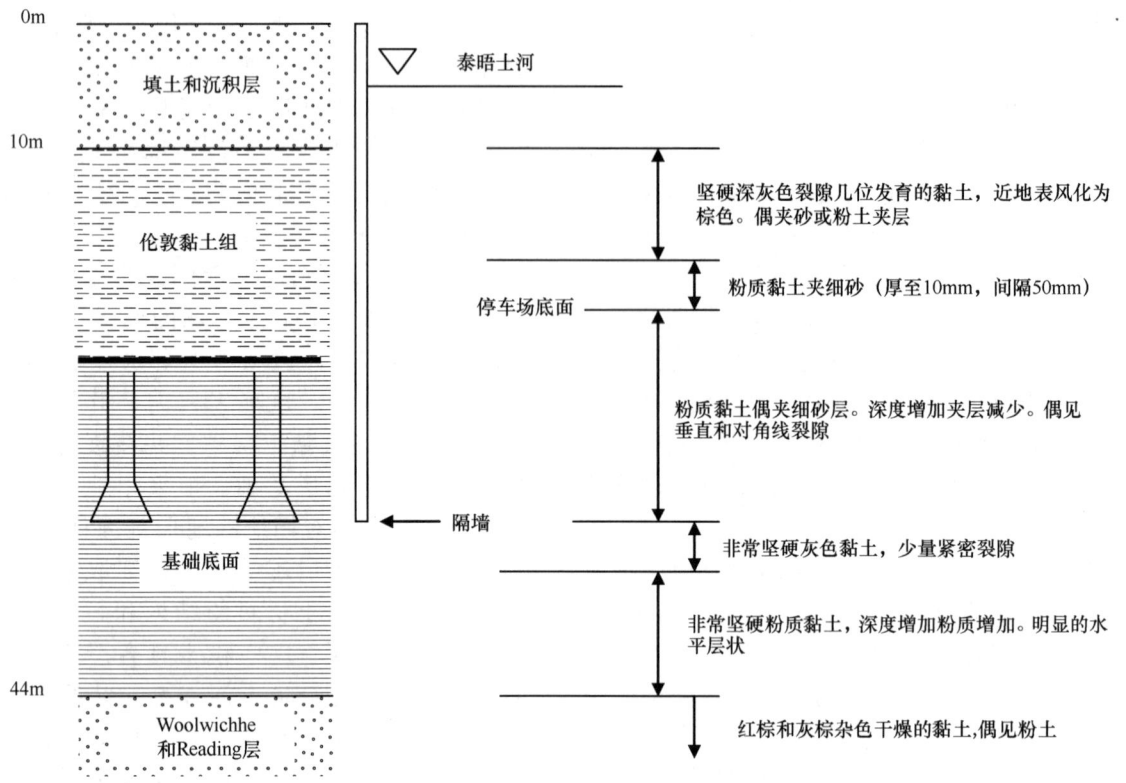

图13.2 伦敦威斯敏斯特宫地下停车场地层柱状图的一部分
摘自 Burland 和 Hancock（1977）

以上案例证明了正确解释地层剖面的重要性，也隐含了创建地层剖面的一些困难。在地下停车场的案例中，第一个错误源自没有理解地质术语的微妙之处。"伦敦黏土"是地质组（伦敦黏土组）的简称，而不是岩性。岩性是一种沉积类型，而地质组是某个时期的一套沉积物，通常以其中的主要岩性命名，此例中是黏土。在这个"组"中，也存在其他岩性，特别是粉土。总是有这样的问题："这是什么材料？"并要求用简单的英语回答，而不是用专业的地质术语。对于沉积物和沉积岩，应根据粒度、矿物学和组构进行描述；对于火成岩，应根据晶体尺寸、矿物学和组构（有时称为结构）进行描述。由温度和压力的地质作用所产生的这些岩石的变质岩，也可以用这些术语来描述，取决于它们现在更像是沉积岩还是火成岩。

第二个错误是紧跟第一个出现的，在于问题被局限于强度和变形。很明显，强度和变形很有意义，但它们并不是唯一的关注点。开挖过程中，在地基的"强度"对侧向或垂直荷载作出响应之前，地基和周围结构的许多损伤就已出现。换言之，设计和支撑它的地基勘察中的重要内容漏掉了一个控制工程项目地基响应的关键部分。这就是第二个剖面会造成地下连续墙开挖场地问题的原因。

一些承包商退出了这项工程的投标，因为他们感到场地有些"奇怪"，图示似乎没有反映书面描述。为了解该现象，有必要理解现场岩土的成因及其历史。石灰岩形成于石炭纪（约3.6亿年前），因褶皱和断层而深度变形，此外，有足够的时间和机会在石灰岩内部发生溶解和发育岩溶。上面的黏土较硬，因为它是在冰川作用下堆积起来的，包含有冰川移动时捕获的大块石灰岩。冰川在最近的地质时期（约10000年前）覆盖了该地区，冰川沉积物或其移动时对岩石表面的扰动物，会填充下伏石灰岩中的岩溶孔隙。这些细节都未出现在描述中，须从地层剖面和区域地质历史中将其推断出来。这里的问题是，在钻孔勘察期间，孔隙被填充

第 13 章 地层剖面及其成因

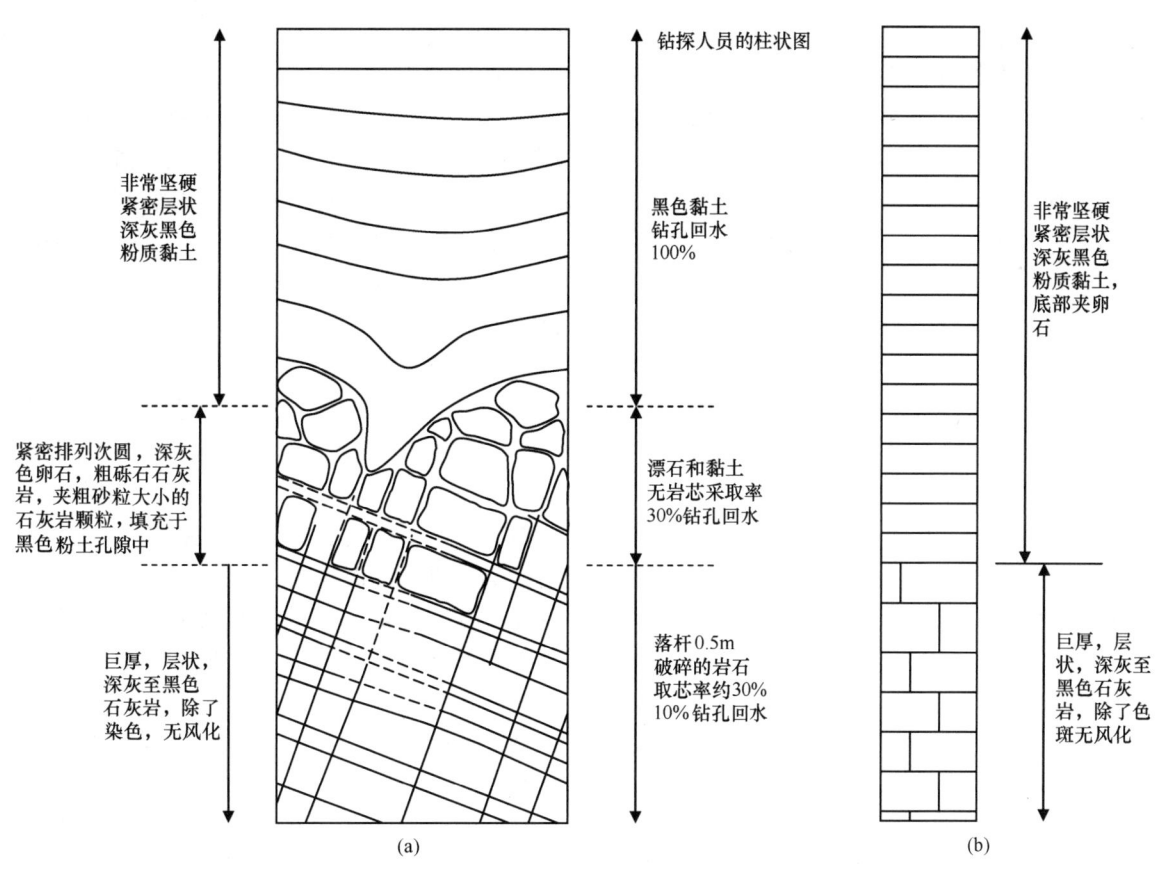

图 13.3 爱尔兰喀斯特石灰岩覆盖冰川沉积物上软质海洋沉积物的钻孔柱状图
(a) 开挖揭示的垂直剖面简图；(b) 钻探人员对最终柱状图的描述

的岩溶带（如上所述）被当作是含有石灰岩碎片的松散碎屑，并被解释为更坚实基岩上方的"土"。地下连续墙作业的机械切割刀头在勘察报告预计的所谓"土"的深度内遇到了岩溶石灰岩的顶部。

众多案例中列举的这两个例子说明，地层剖面不仅是钻孔岩芯、探坑或类似露头的描述记录。建立剖面所需的观察和思考来自对事实记录的解释，这些记录是关于地基对其内部工程的响应；这样才能使这些描述记录鲜活起来。因此，定性的地层剖面引出了预测工程变化导致地基响应的定量方法，即力学性质和分析；这些构成了岩土工程三角形的另外两个顶点。选择力学性质和分析方法时，需要根据地层剖面提供的方向和重点，以确保"行为得当"。地层剖面可防止在定量工作中犯下严重错误。

13.4 剖面的形成

图 13.4 说明了地层剖面形成的四种方式。图 13.4（a）中，一个又一个沉积层沉积在其他层之上，这可能是许多地区的情况，沉积物堆积的速度比经受风化和侵蚀的速度要快。图 13.4（b）中，风化作用改变了地面附近的物质，因此在深处发现了新鲜的母材。这是热带风化正在作用或曾经作用地区的常见情况，改变物质的速度比侵蚀速度更快。这种风化作用在结晶材料中可很好地发育，特别是在花岗岩和辉长岩中，可留下原始矿物的假象。当此类情况发生时，原来明显是长石、角闪石和辉石晶体的形状现在发现几乎全部由黏土组成。那些完整保持原有结构和构造的地方，形成了具有显著特征的风化带，称为残积土。

在许多地方，剖面包含风化和未风化物质的混合物，因为风化、堆积和侵蚀的速率会随时间而变化。工程师要面对的许多天然地基（不同于人工地基）剖面将从现今（地面）向前追溯至少10000年，到更新世起点乃至第四纪开始。任何从事第三纪沉积物研究的人都可能会遇到年龄可以追溯到6500万年前的沉积物，这些沉积物可能经历了热带气候，那时的地球比现在热得多。苏格兰阿伯丁附近（约北纬57°）的深部开挖穿透了坚硬的冰川黏土，这些黏土形成于更新世，现今覆盖于可能在第三纪遭受热带风化的更古老的花岗岩之上。

图13.4（c）展示了图13.4（b）的一个变化，因为两者都与溶解形式的物质搬运有关。在图13.4（b）中，当渗入的雨水携带着剖面外溶解的固体物质渗流穿过剖面时，其运动主要是向下的——这是潮湿气候中典型的风化现象。图13.4（c）中，接近地面的地下水中的溶解物通过蒸发和毛细作用向上运动，并作为矿物水泥沉淀在岩土孔隙中和地表。将凝聚颗粒填充孔隙生成一种"天然混凝土"，称为钙化土。该类土通常以其主要成分命名，例如铁结砾岩也称为铁矾土（主要含铁）、钙结砾岩也称为钙质层（主要含钙）、硅结砾岩（主要含硅）、石膏胶结土（依石膏得名，主要含钙和硫）、铝石也称铝土矿（主要含氧化铝）和钙质结砾岩（依盐得名，主要含钠和氯）。硬化材料赋予钙化土的耐久性使其能够抵抗风化，并形成一个更耐久的外壳，因此钙化土也被称为铝铁硅钙壳。这些硬壳下面的岩土层经常被淋滤（风化）并且比原来更弱。这种风化作用发生在炎热的气候中，尤其是干燥的炎热气候中。

图13.4（d）说明了地基扰动的一种后果。图13.4（d1）显示了常见的超固结效应，裂缝和层裂的数量增加，并向地表水平方向相互靠近。当地基承受比现在更大的有效应力时，就会出现超固结现象，当前荷载减少通常是由于地质时期的侵蚀和冰河时代末期冰川退缩后的应力松弛造成的。开挖也可导致垂直应力松弛，例如露天矿、采石场和深基础下方，并且可在开挖过程中开始。图13.4（d2）给出了与开挖相关的松弛示例，研究了剖面底部以下的矿井坍塌。当岩层落入一定深度的空隙中时，空隙上方岩层的层理依次裂开，开裂程度随着远离坍塌部位而递减。因此，可以探测到裂隙随深度增加，这被（正确地）理解为随深度逐渐劣化的地基条件，而不是通常遇到的相反情况。例如随着隧道、竖井、斜井、地下室等的开挖，地基产生类似的变形调整，其程度在接近开挖边界时增加。

尽管剖面可用多种方式形成，但其形成的两个特征是不变的，在地质学中称为叠加和均变原理。

任何地层比它所覆盖的地层年轻——这是叠加原理：图13.5表明即使在应用这一最简单的定律

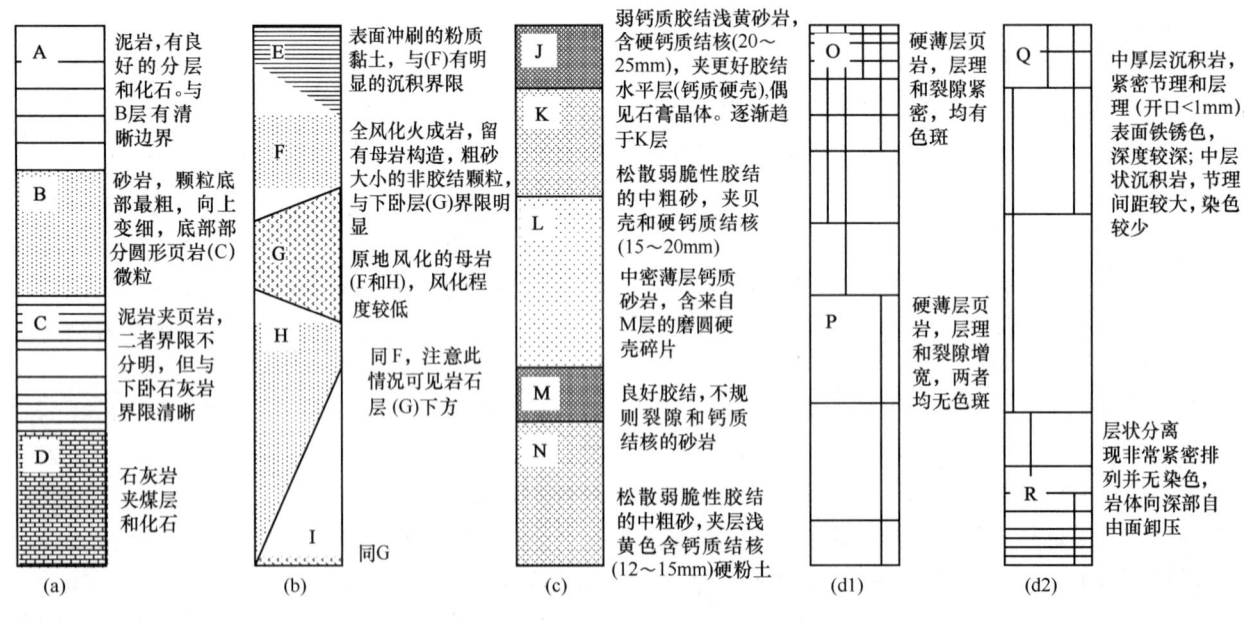

图13.4 剖面形成示例
(a) 沉积作用；(b) 风化作用；(c) 蒸发作用；(d) 应力解除

时也需要格外注意。物质运动使较老的黏土（B层）倾倒在较年轻的地层（A层）上形成沉积层（E层）。对 E 层沉积物所含颗粒、化石成分和碳年代测定等进行详细分析，均证实构成该层材料的原始年龄大于 A 层。然而，关键的一点是，E 层位于 A 层形成之后，在地层学意义上比 A 层年轻。要理解这种情况，还需要注意地层的组分差异、E 层下可能存在的古剪切面。这种情况在许多斜坡上很常见，穿过层间结合部的开挖可能激活斜坡的不稳定性（Skempton 和 Weeks，1976）。

如果物理和化学定律允许一个事件自然发生，那么可认为该事件在过去也发生过。因此，在图 13.5 中，如果观察者将剖面的性质与斜坡上物质运移（即滑坡）建立联系，穿越 E、A 和 B 层的开挖或钻孔记录可直接解释为上部年老的岩土层覆盖在下部更年轻的岩土层之上。做出这种联系的人们要么具有滑坡的经验，要么见过描述滑坡的案例历史。换言之，当前发生的事件通常可用于解释过去发生的类似事件。这就是均变论的准则，常常简述为"现在是认识过去的钥匙"。

垂直断面或钻孔的描述以一系列岩土层或岩土带的方式按深度记录地质产物，按照叠加和均变原理，岩土记录可用于揭示其形成的历史过程。这些有助于更好地理解地层剖面对将要进行的岩土工程的意义。因此，意味着需要认真对待建立地层剖面的勘察过程。

13.5 剖面的勘察

根据本章第 13.2 节中关于地层剖面的内容可以明显看出，如果资源和情况允许，最好由地层描述人员提供地层剖面。

到目前为止，大量的自然地质序列剖面可能被薄层填土覆盖，在勘察的开始阶段，不大可能完全了解形成这些剖面的过程。因此，对地基的任何勘察和描述通常都是在此类情形下进行的。地基岩土，甚至大多数人工填土，不是按规范要求制造的材料，也没有可对比的标准。它们就是本来的样子，对其勘察要尽可能按照地基的形式考虑。

最容易勘察的剖面是完全暴露的剖面，如在采石场或探槽的揭露面。将其与同一剖面的高质量钻孔取芯进行比较，两者之间的区别在于采石场和探槽使剖面能够全面呈现（左右两侧的地层，以及可能的下方地层），而钻孔岩芯不能提供这样的全貌，尽管钻孔是高质量的。

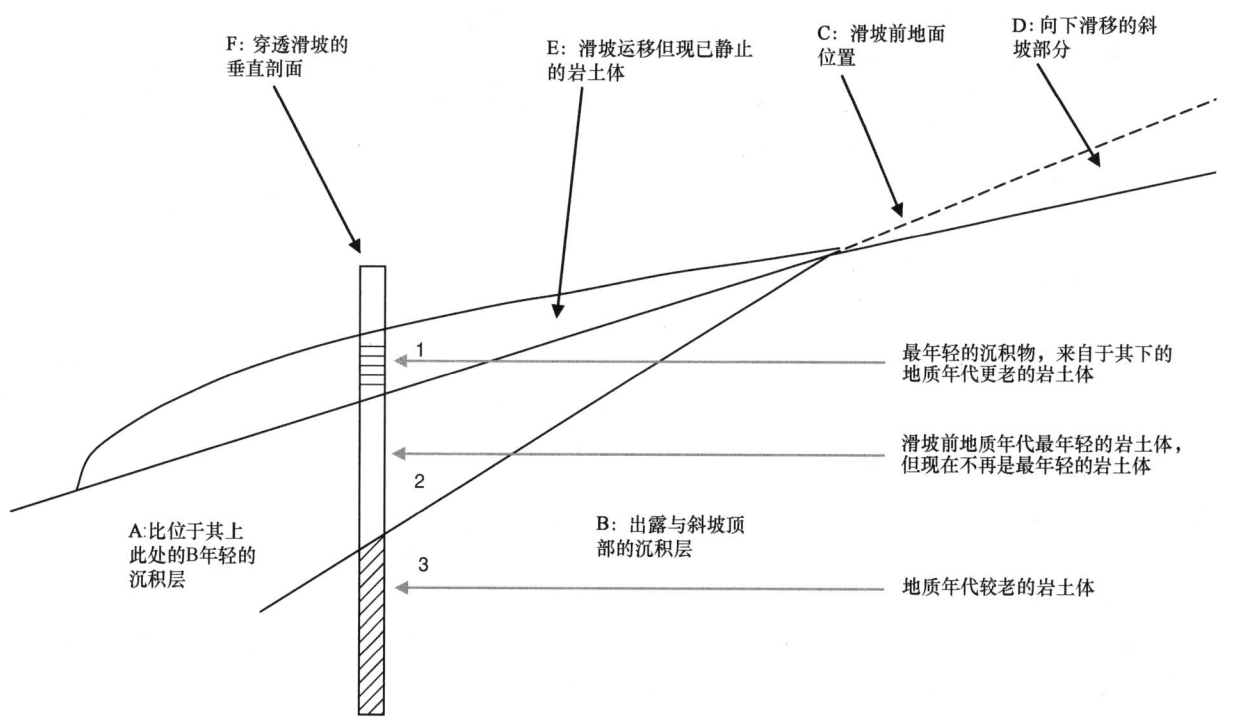

图 13.5 滑坡覆盖的一个地层剖面

一个剖面的背景信息之所以重要，有以下三个原因：

（1）任何勘察都是有限的，只有在地基开挖后，才能看到地基的全貌。大部分承受荷载的地基是不可见的，通过钻孔、竖井和探坑等小型开挖直接可见的仅是局部。因此，了解地基岩土的来龙去脉非常重要。

（2）描述必然是理想化的总结，记录不可能包含所有细节。联系岩土的背景考察剖面可使其描述更容易，因为这样有助于识别理想化和概述化的关键特征；因此，总结出硬度和裂缝可能是黏土的主要特征，而粉土夹层不是。

（3）记录的尺度必须予以确定。剖面中的重要特征不一定是大尺度的，太沙基就曾记录过小尺度特征对大坝稳定性的重要性，该案例的不连续性以毫米度量（Terzaghi，1929）。如果记录的比例尺是1:1，则不连续性会以图形方式记录，但采用这种比例尺在大多数情况下是不现实的。如果图形记录的比例尺为1:10，裂缝几乎无法显示。比例尺大约为1:50的记录中岩芯这样小尺度的特征只能完全是书面描述的文字记录，并辅助以高质量的岩芯照片和影像。

不了解单个地层剖面的来龙去脉是正常的，在解译连续的地层记录时不应忽视这一点。因此，查阅其他有关资料，特别是地质调查报告、地质图、航拍照片和土地利用图，并考察现场及周围环境，对建立地层剖面很有帮助。收集相邻地区的地层剖面也颇有益处，可以相互印证彼此的来龙去脉。除背景认识外，还有作为剖面基础的描述性记录，以及合格工程实践和行为的规范和指南。有一种倾向认为超出标准的要求并非必要，这种想法是错误的——标准仅规定了最低限度的要求，Norbury（2010）提出了良好的建议。地基是天然的，且常常被断章取义地描述。正因如此，Burland曾力推下列描述性术语（Anon，1993）（其中一些在标准中使用），这些术语在描述地层剖面时应特别重视。

（1）湿润状态

可以用简单的触觉描述来表示，如干燥、潮湿（既不湿也不干）、轻微潮湿、潮湿、很潮湿和湿（当水可见时）。它是检验时岩土的状态，该状态随时间而变化。如果样品没有被送往实验室做测试，湿润状态可能是剖面中含水率的唯一记录。许多剖面穿过非饱和土，其性质在饱水时会发生显著变化，例如收缩的黏土会膨胀，通过毛细作用粘合的砂土在饱和时会失去这种粘结。

（2）颜色

沉积物和岩石除颗粒大小外最明显的特征。虽然大多数描述标准都要求记录颜色，但颜色不仅是一个标识符，因为颜色通常与含水率和暴露在氧气中的时间有关。存在裂隙和节理的岩土材料中，这些不连续面上的颜色可能与其母岩的颜色不同。通过这种方式，可以确定不连续的相对年龄，通常原位不连续易被染色，而后期形成的不连续（如通过取芯和/或应力消除）被染色较少。从现场到实验室，颜色变化是样品采集后发生变化的第一个迹象。颜色的准确描述存在困难，应使用专为土和岩石描述而设计的颜色图，如蒙塞尔图（Munsell chart）。

（3）密实度

属于对硬度或密度的触觉评估，因此可反映硬度和强度。此类评估是标准描述的正常要求，并在黏塑性材料中使用很软、软、坚实、硬和很硬等术语来描述材料的易操作性。借助手抓来感知土很重要：用手指揉搓、挤捏、按压土，观察其结合在一起的状态，看它比塑限干还是湿，并记录这一点，如果不送样品进行测试，密实度可能是唯一的记录。当处理可改变土的性质的粉土组分时，这种简单的触觉测试显得更加重要。如果试样没有被污染，粉土的存在可以很快用舌头和牙齿通过其砂质感检测出来，一种备选的相对安全的方法是，通过从手上或衣服上刷下黏土的容易程度判别。如果你的衣服能在手的有力拍打下清除干净（这会产生大量粉尘），那么此时的"黏土"大部分是粉土。未能以这种方式清除表明存在黏土，进一步了解请参阅下文中"土和岩石类型"。粉土和砂土的可塑性很小，在手指按压下会粉碎，适合用松散（易于开挖或穿透）、密实（难以开挖或穿透）和轻微胶结（强度达到适合被研磨）等术语进行描述。尝试用这种方法测试粉土和砂是有价值的，因为它们的内部黏聚力来源可能仅是水的毛细粘结作用，并且很容易随着水的加入而消失。与之不同的是矿物水泥的胶结比纤维织物更坚固，还不会因水的加入而消失。

尽管密实度不是一个与岩石相关的词，但风化岩可具备土，特别是粉土、砂土的一些特征。风化岩石并不容易表述，适合于依据以节理和层理为边界形成的块体进行分级。描述现存成分、所在位置以及体积所占百分比是非常有价值的。完成这一工作的最好方式是仔细观察，同时辅以采样和敲打岩石材料（Martin 和 Hencher, 1986; Hencher 和 McNicholl, 1995; Norbury, 2010）。

（4）结构

结构、组构和构造之间是人为的划分。在地质学中，这些术语是同义词。这里结构一词指在一个物体内延伸一定距离、肉眼明显可见的特征。在剖面中，重要的是观察岩土体的结构-层理，包括薄层、裂缝（用于黏土中陡倾角裂隙的术语）、节理（用于岩石中此类裂隙的术语）和剪切面，特别是滑坡和断层等剪切面。位于这些结构面之间，岩土材料将具有某种组构或构造，其会决定无节理和无裂缝的岩土材料的性能。当涉及岩土体的原位性质时，结构特征非常重要，当极薄的剪切面控制块体的整体强度并将其降低至残余强度时，这一点就很明确。可用薄层和厚层等术语来简单描述层理的厚度范围，用极密和很宽来描述裂缝和节理的间隔范围。

构造或组构更难描述，但其在很大程度上可以控制实验室样品的性状。虽然没有在使用上达成一致，但将组构视为岩土材料的空间分布（如用不同的线织成的布上的图案），将构造视为岩土材料大小和分布的形态结果（如这种织物表面的粗糙或光滑程度）是有帮助的。

小尺度特征具有显著作用（Rowe, 1972），它们通常由不同材料的包含物（例如均匀的腻子状白垩基质中的圆形白垩颗粒和棱角状砾石大小的燧石碎片）以及新鲜表面粗糙度的细微变化（通过破坏土并使其风干而产生）揭示出来。很难描述在这种尺度下所能看到的许多特征，不得不使用诸如无结构的、非均匀的和斑驳的（颜色和非均匀性相结合）等概念。单个描述很少被认为是完整的，因此这时的目标是用尽可能多的词汇记录所观察到的所有特征，并用带比例尺的照片作为支撑。这些困难在描述与风化有关的问题时就有很好的体现（Anon, 1995）。有时黏土质的沉积物在层理上很容易分离，如夹层，特别是有微量粉土时这一点应予以注意。

构造是在表面可以感知的特征，不应被忽视，因为如果表面是通过剪切作用形成的，那它们几乎肯定会显露出摩擦面具有的沟槽和条纹，这些是其剪切强度沿沟槽方向处于残余强度值的标志。如果表面粗糙，其抗剪强度是剪切方向上摩擦和膨胀的函数。

（5）土和岩石类型

所有描述都需要指明岩土类型，但是应谨慎应对，因为岩土类型的描述涉及岩土的准确分类。

对土而言，粒度和塑性决定了其命名。前者适用于单个颗粒可见的岩土，后者适用于单个颗粒不可分辨的岩土。土的分类中，粉土和黏土的过渡界限容易出错。在这里，触觉证据非常有用，判断黏土中是否存在粉土是重要的，可提示实验室进行相关测试以给土命名。一个特别敏感的触觉测试是将沉积物样品放在手掌中，加水逐渐分散，直至成为泥团，然后闭合手掌挤压，再打开手掌放松。泥团的粉土含量不同，表现方式也不同。如果是纯粹的粉土"泥团"，打开手掌，将出现变干甚或脆裂，但轻扣手掌将很快把自由水带到表面，脆裂消失，又恢复成泥团。所有这些现象都反映了样品中孔隙水对颗粒膨胀及颗粒间毛细张力的反应，表明泥团易于膨胀，其颗粒比黏土大，并且允许水在它们之间轻易流动（与黏土不同）。相比之下，纯黏土产生的泥团，在手掌中被挤压和重新放松后，仍然是湿润且光滑细腻的。最终定名（粉土、黏土、粉质黏土等）必须符合相关标准和规范的规定，通常只能通过试验结果来确定。

对于岩石来说，命名工作则完全不同。与土的名称不同，岩石的命名传统上基于其地质成因、岩石学组构和矿物成分，如花岗岩、辉长岩、石灰岩和砂岩。它们的力学性质与组构和矿物成分有关，迄今为止，还没有将岩石名称与其力学性质相关联的规律，即使这种联系是经验性的。因此，正确给岩石定名很重要，因为它们的名称将被记入同类岩石建立的数据档案中。当岩石风化时，描述和命名都会变得更加困难。对此进行研究的一个工作组提醒，任何情况下，都应尽可能详细地描述岩土材料，但风化等级（1级、2级、3级等）只应在确定无误后方可使用（Anon, 1995）。尽管有些标准和规范的规定可能会有所不同，但参考文献（Anon, 1995）中的建议在科学上是合理可靠且值得采用的，因为它可适用于所有气候带的岩石。

（6）成因

迄今为止，在处理土和岩石类型时，剖面记录工作主要包括某些分类的描述，但除非目睹岩土材料的形成，否则推断其成因就有些冒险。地质体形成方式可分为两类：要么被风、水或冰或其他重力驱动的流动作用，或者人力搬运到其现在位置；要么它们原地形成，是本处以前存在物质的遗迹或残留物。确定成因需要地质经验，尤其是剖面中的物质可能以多种方式形成。第13.4节"剖面的形成"介绍了形成剖面的四条基本路径，任何一条路径都不妨碍以后另一条路径发挥作用。因此，原位形成的残积土的上部可能会受到冲刷作用的扰动，被搬运物覆盖，然后硬化形成硬壳；随后，整个剖面受到相邻开挖的扰动，造成地基的应力松弛。总而言之，追溯一个剖面的成因并非一件简单、直接的事情。

为岩土确定一个正确的名称，特别是地层名称（如牛津黏土层）对于溯源是有帮助的，但还不够。成因更指向岩土堆积成形的时间零点（岩土形成的时间点）。然而，自那时以来所发生的事件都反映在该剖面的工程特性上——在地质学上，时间零点可能是一个很久远的时间。

（7）地下水

人们往往不认为这是一个真正的独立变量。地下水的水位可以上升和下降，与地基无关，而是由渗流、补给和排放引起的。地下水位在某个时刻是一个重要的客观事实，在遇到和没有遇到时都应被记录下来。可能描述性记录中未见地下水，需要稍后获得测水管和测压管数据来完善记录。

13.6 连接剖面

在特定地点获得各自独立的剖面，即可由此获得对现场地基特征的洞察，需要利用这些已知数据来揭示场地其余未勘察之处的地下状况。通过单个剖面的横向和可能的纵向（剖面连接起来形成纵向截面图）外推来实现这一点。推断使剖面代表的信息碎片能够得到最佳利用，但是推断存在以下三个风险。

外推时的第一个风险是质量：如果推断使用不同来源的数据，例如来自别处的记录和你自己的记录，或各种来源的记录的混合，那么关联和校准数据是十分重要的，以便在相似的岩土之间建立连接。可能会使用不同的记录体系或经验各不相同的记录人员。类似地，描述可能在一年中的不同时间

获得，此时剖面可能显示出与含水率和水位相关的季节性变化。第二个风险是尺度：有必要考虑哪些规模的数据应该被记录，如第13.5节所述——了解组合在一起的是什么，现在被作为"均质体"对待。第三个风险是成因：在这里，探寻剖面的成因总是物有所值，因为成因的认识约束了可关联的数据。不同起源的地质单元，即使处于同一标高，也不应连接。同一标高但无法连接，说明场地存在其他妨碍的因素，可能还未查明，例如风化、侵蚀、断裂、滑坡、沉降。

图13.6显示了基于多个地层剖面建立的一个垂直断面。三个钻孔贯穿坚硬、薄层状的黏土层，这些黏土层靠近地表时变软，在深部砂层上方变硬。唯一清晰的标志性界限是黏土和砂交界处，如没有其他信息，这将是该剖面上唯一的一条标志线。把黏土的标准贯入试验结果标在剖面上进行对比（图13.6a），定性描述的黏度变化可被视为具有定量限值，该对比可将剖面的黏土段一分为三，使剖面形成四个区域（图13.6b）。这些结果在整个场地都有发现，通过分析，可以看出尽管场地具有水平地层，但在原始结构上叠加了具有倾斜边界的第二个剖面。因此，仅基于深度上的力学参数和岩土材料估计可能是错误的。这类剖面可以由风化和侵蚀形成。

13.7 剖面解译

剖面构建过程中，我们一直都在有意或无意地进行着解译；每一次描述都需要一次解译来将所看到的转化为是什么的判断。照片本身不是解译，我们必须对照片解译以帮助建立剖面，如果在解译记录过程中有什么想法一并记录下来会更好。观察岩土材料时需要作出一些决断，包括岩土边界的定义、成因以及与附近其他剖面的关系。所有这些都是理解地基对工程响应的先决条件。

在没有任何更多信息的情况下，剖面解译可能也就只能如此了，威斯敏斯特宫的开挖一定程度上就是这样的例子（图13.2）。然而，在许多工程实践中，还有其他未经解译的信息可以叠加在基于多个剖面创建的基础性垂直断面上。岩芯采取率、地下水恢复、水位、钻进速率、钻孔不稳定性、原位测试、室内试验等都可以叠加在垂直断面和剖面上，以帮助解译（图13.6）。

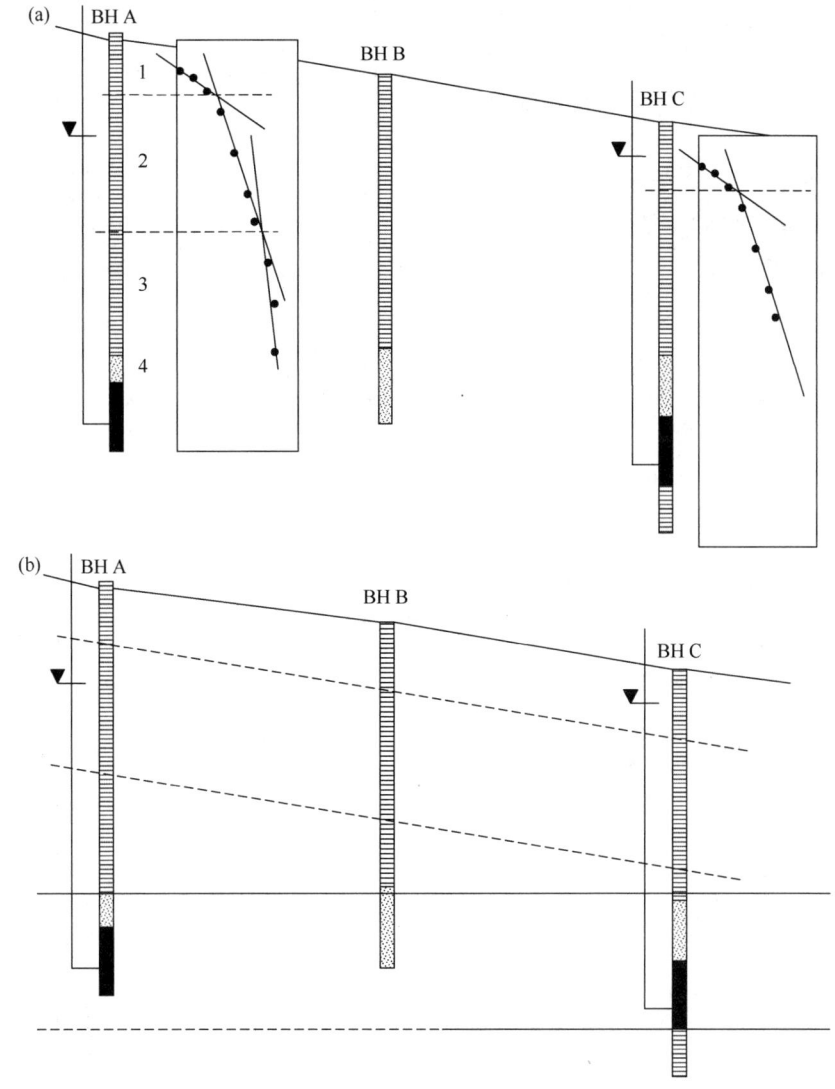

图 13.6 通过连接数个地质剖面而成的一个竖向横截面图

在地层剖面应用中，下述做法较好：主要采用预计的强度、变形、渗透性和耐久性变化（通常在这四个方面中选三个）来评估地基响应，并选择其中与工程相关的每个方面反过来校核剖面图。由此出发，我们将对可能的地基响应得出一个整体的认识：一个定性的、但可证明其合理性的认识，其重要性在于对更加定量化的分析方法给予足够的关注，并再次说明了要能够进行工程计算，必须将地基理想化。这样，理想化地基的方法就会建立在合理判断和良好的岩土工程实践之上。

13.8 结论

（1）一个地层剖面依赖于准确、完整的地基岩土描述，通常以柱状图的形式呈现。

（2）柱状图的主要目的是描述场地地基中现有的地层；它构成了地层剖面的最基本要素。

（3）除了这些基本数据之外，柱状图还应包括根据观测和解释，说明地质历史，特别是与时间有关的特征，如地下水、气体、地应力和应力释放等。

（4）这使得人们对地基从形成到现在的历史进行一些思考，尤其是在过去的 10000 年里——基本上是自冰河时代结束以来。

（5）我们应按照与拟建工程相适应的尺度采用这些数据，并综合这些数据建立横剖面，从中可获得地基的概念模型。

（6）该模型能够使岩土分层（将被赋予特征值）在现有资料的基础上加以合理化，并在地层出露时进行验证，同时可根据需要进行调整，这些调整的结果直接被引入地基的力学性能和地基分析中。

（7）地层剖面既是地基定量分析的起点，也是判断其合理性的依据。通过地基勘察获得一套好的剖面资料是最佳的投资。

13.9 参考文献

Anon. (1993). *Site Investigation for Low Rise Building: Soil Description*. Watford, UK: Building Research Establishment, BRE Digest 383.

Anon. (1995). The description and classification of weathered rocks for engineering purposes. Geological Society Engineering Group Working Party Report. *Quarterly Journal of Engineering Geology*, **28**, 207–242.

Burland, J. B. and Hancock, R. J. R. (1977). Underground car park at the House of Commons, London: Geotechnical Aspects. *The Structural Engineer*, **55**(2), 87–100.

de Freitas, M. H. (2009). Geology; its principles, practice and potential for Geotechnics. 9th Glossop lecture. *Quarterly Journal of Engineering Geology and Hydrogeology*, **42**, 397–441.

Hencher, S. R. and McNicholl, D. P. (1995). Engineering in weathered rock. *Quarterly Journal of Engineering Geology*, **28**, 253–266.

Martin, R. P. and Hencher, S. R. (1986). Principles for description and classification of weathered rock for engineering purposes. In *Investigation Practice; Assessing BS 5930* (ed Hawkins, A. B.). Geological Society of London Engineering Geology Special Publication No.2, pp. 299–308.

Norbury, D. (2010). *Soil and Rock Description in Engineering Practice*. Dunbeath, Scotland: Whittles Publishing.

Rowe, P. W. (1972). The relevance of soil fabric to site investigation practice. *Geotechnique*, **27**, 195–300.

Skempton, A. W. and Weeks, A. G. (1976). The Quaternary history of the Lower Greensand escarpment and Welad Clay vale near Sevenoaks, Kent. *Philosophical Transactions of the Royal Society A*, **203**, 493–526.

Terzaghi, K. (1929). Effect of minor Geologic Details on the safety of Dams. Originally published in *American Institute of Mining and Metallurgical Engineers*. Technical Publication 215, pp. 31–44. *Also in*: Bjerrum, L., Casagrande, A., Peck, R. B. and Skempton, A. W. (eds) (1960). *From Theory to Practice in Soil Mechanics: Selections from the writings of Karl Terzaghi*. New York: John Wiley.

第1篇"概论"和第2篇"基本原则"中的所有章节共同提供了本手册的全面概述，其中的任何一章都不应与其他章分开阅读。

译审简介：
徐前，1986年毕业于北京大学地质系，硕士。中国建筑学会工程勘察分会秘书长、《工程勘察》副主编。
周载阳，建设综合勘察研究设计院有限公司副总工程师，教授级高级工程师，长期从事岩土工程勘察、设计、咨询工作。

第 14 章　作为颗粒材料的土

约翰·B. 伯兰德（John B. Burland），伦敦帝国理工学院，英国

主译：介玉新（清华大学）
参译：殷常运，韩冰涛
审校：李广信（清华大学）

doi：10.1680 / moge.57074.0153

目录

14.1	引言	155
14.2	三相关系	155
14.3	一个简单的底面摩擦装置	156
14.4	土颗粒及其排列	158
14.5	饱和土中的有效应力	160
14.6	非饱和土的力学特性	162
14.7	结论	163
14.8	参考文献	163

土由无数不同形状和大小的颗粒组成，这些颗粒受到重力作用，彼此间存在摩擦接触关系。这一章阐述了直接来源于土的颗粒属性的力学性质的关键特征，介绍了一种简单的底面摩擦装置。它揭示了土的一些力学特点，重点展示了自重和微组构的重要性，以及土的收缩和膨胀现象，也用于研究与主动及被动土压力、沉降和承载能力等相关的颗粒运动特征。本书同时提出了一个简单的力学分析方法来说明孔隙水压力的重要性，论证了太沙基的有效应力原理。类似的力学分析方法也用来解释非饱和土的一些主要特性。

14.1　引言

第 4 章"岩土工程三角形"的引言中指出土是一种颗粒材料，由无数不同形状和大小的颗粒组成。颗粒之间相互接触，颗粒排列形成通常所说的"土骨架"。荷载通过颗粒之间的接触点在土骨架中传递。通常颗粒之间的接触本质上是摩擦作用。然而，在许多天然土中，颗粒之间由于胶结或物理-化学作用会有少量的粘结（Mitchell，1993），即使颗粒之间的少量粘结也会对土的刚度和强度有重要影响。

本章的目的是以一种非常简单的力学分析方式来阐述控制颗粒材料行为的基本原理。为进行地基变形和稳定性的计算，有必要将土体理想化为具有一定刚度和强度特性的连续体。这样做的风险在于，过于习惯于从理想化的连续体（如多孔弹性材料或理想弹塑性材料）的应力-应变响应来思考问题，以至于很容易忘记土实际上是颗粒材料，它的性状也由此决定。

14.2　三相关系

图 14.1 所示为由大量离散颗粒组成的土，颗粒之间的空间称为"孔隙"。这些孔隙可以充满水或水与空气的混合物，孔隙中充满空气的完全干燥的土可以在实验室中制备出来，但在自然界中并不常见。

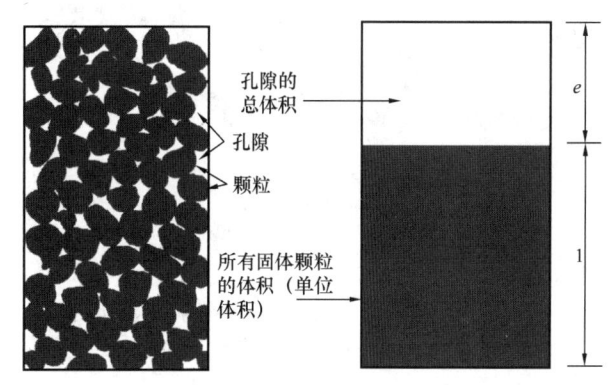

图 14.1　土是一种颗粒材料。孔隙比 e = 单位固体颗粒体积对应的孔隙体积

颗粒堆积的紧密程度决定着土的力学性质。颗粒堆积得越密实，土的刚度和强度就越大，渗透性就越低。一个广泛使用的用以衡量颗粒"堆积紧密程度"的方法是土中的孔隙体积除以所有固相颗粒的体积，也就是孔隙比，记为 e。因此孔隙比 e 是单位体积固体对应的孔隙体积（图 14.1）。另一个度量颗粒堆积紧密程度的指标是孔隙率 n，定义为孔隙体积与土的总体积之比。由图 14.1 可知，$n = e/(1 + e)$。由于容易测定，对完全饱和的土（特别是黏性土），颗粒堆积的紧密程度通常用含水率 w 度量，即水的质量除以固体颗粒的质量。土中固体、孔隙、水、空气的体积和质量间的关系称为"三相关系"，这些可以在任何土力学基础教

材中找到，如 Craig（2004）和 Powrie（2004）。这些关系并不复杂，但要记住它们却不容易。

14.3 一个简单的底面摩擦装置

可以用一个简单的物理模型展示颗粒材料特性的基本机理。图 14.2 是一个"底面摩擦装置"的照片。它有一个有机玻璃基座，其上用一个小型变速电机拉动一条常规醋酸酯条。图 14.2 中箭头所示为醋酸酯条的移动方向。这里的模型颗粒由三种不同直径的短铜管组成。启动电机后，醋酸酯条带着颗粒，直到其接触到一侧边界，之后醋酸酯条继续拖曳每个颗粒，对颗粒施加模拟的重力。颗粒的行为可通过投影仪投射到一个竖直屏幕上，这样看起来就像在重力作用下被向下"拖拽"。

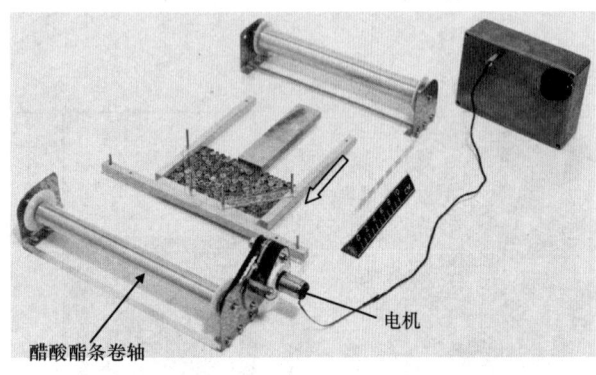

图 14.2　底面摩擦模型（箭头为醋酸酯条的移动方向），
摘自 Burland（1987）

摩擦装置的主要特点是能够模拟至关重要的重力效应。在土力学中，材料的重力产生了控制其强度和刚度的周围压力，重力也决定着大多数稳定性问题中的稳定和失稳机制。

14.3.1 沉积过程

图 14.3 所示为一个有水平基座和竖直侧面的容器，用来阐明分散的悬浮颗粒在重力作用下发生竖向沉积。图 14.3（c）展示了沉积完成时的颗粒排列，可以反映土的很多重要特征。小颗粒倾向于形成团簇。颗粒容易形成"拱"，周围有很多孔隙，因此在拱下的颗粒不会传递多少荷载。如果将一块顶板平放在这些颗粒集聚体上，并且"关闭"模拟重力，轻轻地上下移动整个集聚体，就会发现里面有大量的"松散"颗粒没有传递任何荷载，也就是说，里面有比看上去多得多的"拱"[①] 存在。整个集聚体明显处于非常松散的状态，孔隙比很高。

另一个观察到的主要现象是，可以追踪到大量垂直和近垂直的颗粒柱，它们显示出明确的优势排列或"结构"，即颗粒自行排列以抵抗占主导地位的竖向重力作用。因此集聚体在垂直方向上的强度和刚度比水平方向上更大。也就是说，该集聚体具有各向异性，这是重力沉积模式下所固有的特性。

(a) 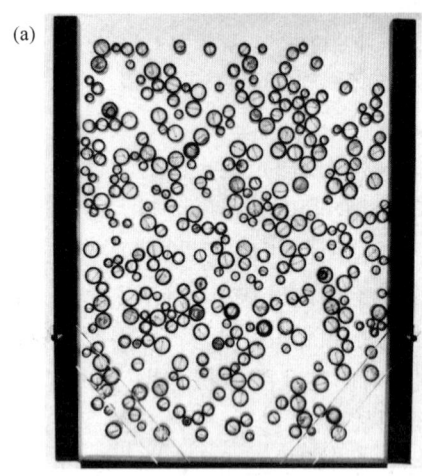　(b) 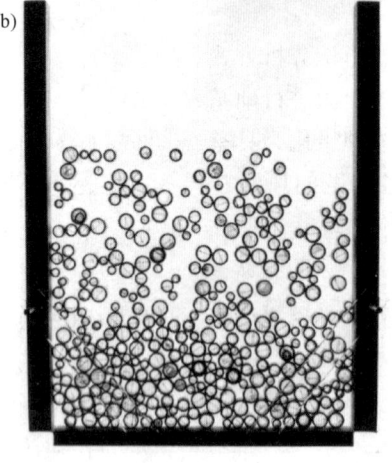　(c)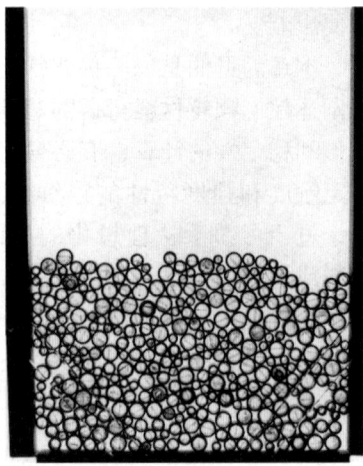

图 14.3　分散悬浮颗粒的沉积过程
摘自 Burland（1987）

---

① 译者注：此处的"拱"常称之为"力链"。

图 14.3（c）所示的颗粒集聚体可称为"正常固结"，因为作用在其上面的竖向应力是沉积作用的结果。如果在沉积完成后减小竖向应力，这时材料就是"超固结"的。"超固结比"定义为最大先期竖向应力除以当前的竖向应力。正常固结土通常总是处于松散状态。

14.3.2 收缩和膨胀行为

如果把一个顶板平放在颗粒集聚体的表面，并施加模拟重力，容器的两侧以相同的方向缓慢旋转相同的角度，集聚体将在"单剪"下变形。在这个剪切过程中，可以观察到各种各样的颗粒"拱"被破坏，颗粒移动并形成更紧密的集聚，即孔隙比减小。这种纯剪切下孔隙比减小的现象称为"剪缩"。

通过增大模拟重力并敲击顶板，这些颗粒集聚体可以被压得比较紧密。在压实之后，也使集聚体受到单剪，可以观察到颗粒交错起伏移动，整体体积增加。这种纯剪切下孔隙比增大的现象称为"剪胀"。

剪切过程中的收缩和膨胀现象基本上是颗粒材料所特有的一种极其重要的特性，对材料的抗剪性能有巨大影响。

14.3.3 主动和被动土压力

底面摩擦装置可用于展示挡土墙前后主动和被动区的发展过程。在第 20 章"土压力理论"中会讨论主动和被动土压力。图 14.4（a）演示了在模拟重力作用下，一边侧壁向离开集聚体方向旋转时会发生什么现象。可以看出，颗粒的运动局限在靠近壁面的一个较窄的楔形区域内，这就是所说的"主动"楔体。相对较小的旋转幅度就会使土压力达到一个稳定的最小值，称为"主动土压力"。

图 14.4（b）所示为当侧壁向内旋转时颗粒的运动情况。可以看出，颗粒的运动区域比主动楔体的区域延伸得更远，这就是"被动"区——这里它仍然是楔形。与主动条件相比，完全发挥"被动土压力"需要更大的旋转幅度。

14.3.4 基础沉降和承载力

在醋酸酯条上放置一块细窄的木条，通过施加模拟重力，可研究基础沉降和承载力的有关机理。窄木条基础缓慢移动，直到其接触地基表面。在木条上放置一个相对轻的重物，木条受到摩擦引起的拖曳力就会增加（模拟地基荷载的小幅增加）。基

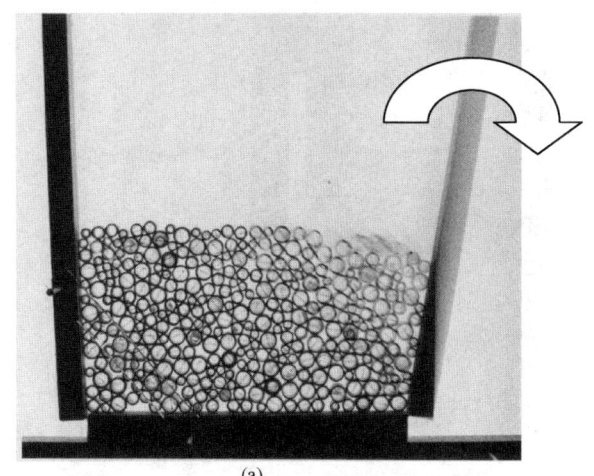

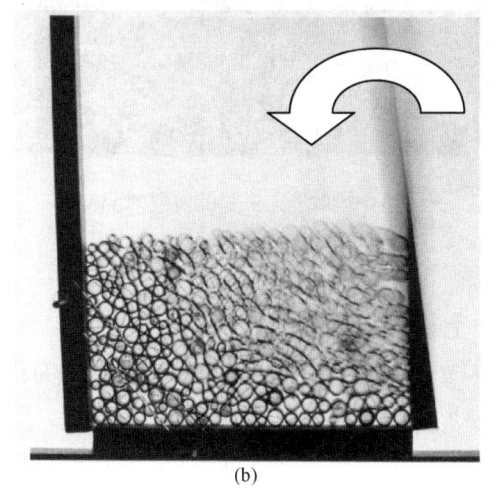

图 14.4 （a）主动土压力区发展；（b）被动土压力区发展
摘自 Burland（1987）

础下面的一些颗粒被压缩，地基就会发生沉降。压缩区的深度大约为基础宽度的一半。

用黄铜条代替木条，可以进一步增加荷载。由于重力增加，基础发生显著沉降，颗粒运动区进一步向基础下方延伸，并且扩展到基础两侧以外，如图 14.5 所示。地基已达承载能力而破坏，在研究区内颗粒集聚体的抗剪能力已充分发挥。进一步施加荷载，黄铜条会骤降，颗粒运动区在基底附近扩展，并向上延伸到黄铜条附近地表。这种做法模拟的是将桩打入颗粒状材料中的过程，也有望把桩的端阻和侧阻的发展过程以可视化的方式展示。

底面摩擦装置也可用来理解其他岩土工程问题涉及的地基的力学性质。例如，可用来说明开挖时隧洞上方的地面沉降和周围的成拱现象，也可用来阐明支护开挖下深部土层的移动机理。

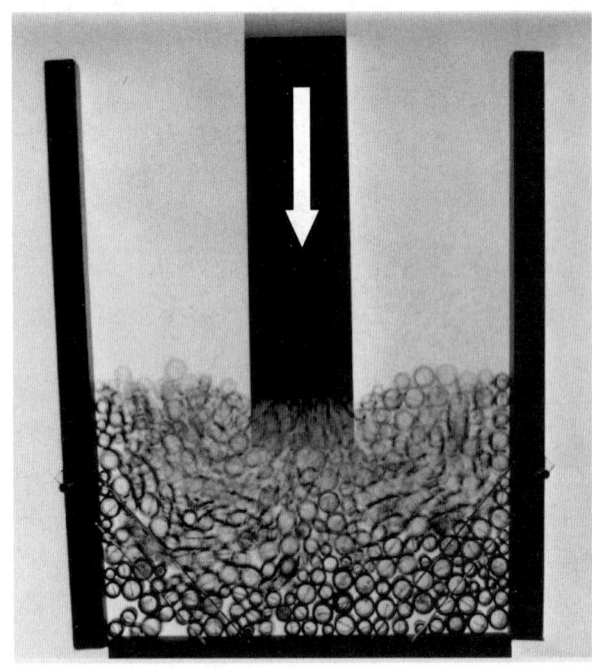

图 14.5 承载能力失稳的发展情况
摘自 Burland（1987）

土的类别 表 14.1

土的类别		粒径(mm)	视觉或触觉表现
漂石			裸眼可见
砾石	粗 中 细	>60 20 6	颗粒形状： 棱角状；次棱角状；圆形；扁平；细长
砂	粗 中 细	2 0.6 0.2	质感：粗糙；较光滑；光滑 级配：级配良好（粒径分布范围广） 级配差（级配均匀） 不连续级配
粉土		0.01	肉眼难以分辨 感觉硌手或硌牙 在水中迅速崩解 在手中挤压时会挤出
黏土		0.002	在手中带水搓洗时有肥皂般的滑腻感 会粘在手指上，慢慢变干 用刀抹平黏土，黏土表面会有光泽
有机质土			含有大量的有机物
泥炭质土			植物残骸为主，深棕色或黑色密度小

14.4 土颗粒及其排列

上一节中考察了相对简单的、由三种不同尺寸圆形颗粒形成的集聚体的力学响应。很明显，即使是由形状和大小相同的颗粒组成的集聚体，也可能存在相对复杂的排列。大多数天然土是由更复杂的颗粒排列形成的。

14.4.1 颗粒大小

组成土的颗粒尺度范围很宽，从漂石、砾石、砂、粉粒到黏土，粒径大小不一。表 14.1 为这些颗粒的大致粒径以及视觉和触觉方面一些主要的表观特征；表 14.2 给出了 1g 土中典型颗粒的粒径范围、数目和表面积，这些数值是惊人的；表 14.3 给出了三种典型黏土矿物的尺寸。工程中粒径的重要性主要体现在影响水的排出情况，从而影响土的渗透性以及体积和强度随荷载的变化快慢。

自然界中很少有土由完全单一的粒组构成。大多数土是混合的（如粉质黏土，砂砾、细—粗砾）。粒径在土中的分布称为"级配"。因此，"土的类别"主要基于颗粒尺寸和级配来划分。在实践中有一种不好的倾向，用"黏性"和"无黏性"来

颗粒的典型几何特征（假定为球形）[①] 表 14.2

颗粒	直径 (mm)	质量 (g)	颗粒数 (每克)	表面积 (m²/g)
漂石	75	590	1.7×10^{-3}	3×10^{-5}
粗砂	1	1.4×10^{-3}	720	2.3×10^{-3}
细砂	0.1	1.4×10^{-6}	7.2×10^{5}	2.3×10^{-2}
中粉粒	0.01	1.4×10^{-9}	7.2×10^{8}	0.23
细粉粒	0.002	5.6×10^{-12}	9×10^{11}	1.1

典型黏土矿物几何特征 表 14.3

矿物	宽度 (mm)	宽度/厚度	表面积 (m²/g)
高岭石	0.1~4.0	10:1	10
伊利石	0.1~0.5	20:1	100
蒙脱石	0.1~0.5	100:1	1000

---

① 译者注：表中细粉粒相当于黏粒。

区分黏粒含量高或低的土，这很容易引起误解。因为许多正常固结的黏土的强度包线没有表现出黏聚力，而许多粒状土却存在粘结现象。此外，在不排水剪切情况下，所有土均表现为不排水强度，在分析中常将其视为等效的黏聚力。土中真正的黏聚力很难确定，其精确的定义也远未明确，因此，将其简单地称为"黏性土"和"粒状土"较好（有时使用术语"细粒土"和"粗粒土"）。

14.4.2 颗粒形状

本章第14.3节介绍的简易底面摩擦模型中使用的颗粒是圆形的，而实际中土的颗粒形状各异。对于粒状土（漂石直至粉粒尺度的颗粒），形状特征可用下列词语描述：棱角状、次棱角状、圆形、扁平状、细长状，见表14.1。颗粒表面的纹理也不同，从粗糙到较光滑，再到光滑。颗粒的形状和棱角对其抗剪性能有重要影响。当作者在多塞特郡的切瑟尔海滩散步时，这一点给我留下深刻印象。海滩由光滑圆润的砾类组尺寸的颗粒组成（图14.6），其结果就是：人在海滩上行走非常困难，因为脚下的卵石极易移动！

黏土颗粒普遍比粒状土的颗粒尺寸小得多，且通常是片状的，平面尺寸远大于其厚度。表14.3给出了三种常见黏土矿物：高岭石、伊利石和蒙脱石的一些典型尺寸。土的黏粒含量和应力历史共同主导了土的压缩性。

14.4.3 组构和微观结构

上述不同大小和形状的颗粒结合在一起，形成了一组令人眼花缭乱的颗粒排列——称为土的"组构"。图14.7和图14.8分别示意了一些代表性的基本颗粒排列和集聚形式（Collins 和 McGown，1974）。

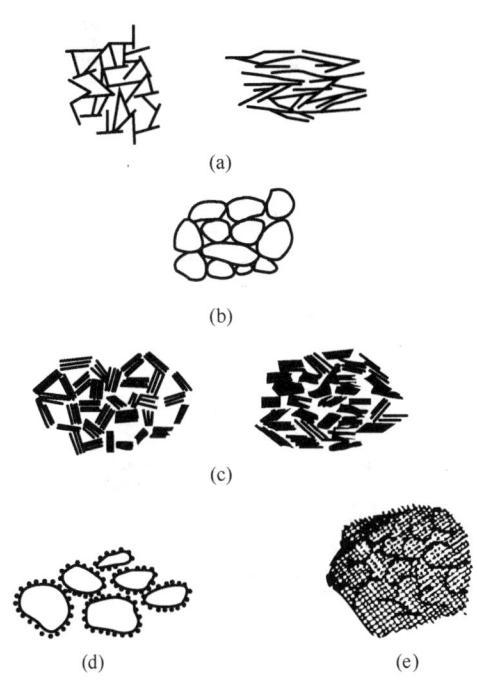

图14.7 颗粒排列的基本类型示意
（a）黏土薄片独立交错排列；（b）粉粒或砂粒独立交错排列；（c）黏土薄片成组交错排列；（d）有吸附物的粉粒或砂粒交错排列；（e）部分可辨颗粒交错排列
摘自 Collins 和 McGown（1974）

图14.6 切瑟尔海滩，多塞特郡，光滑圆润的砾石

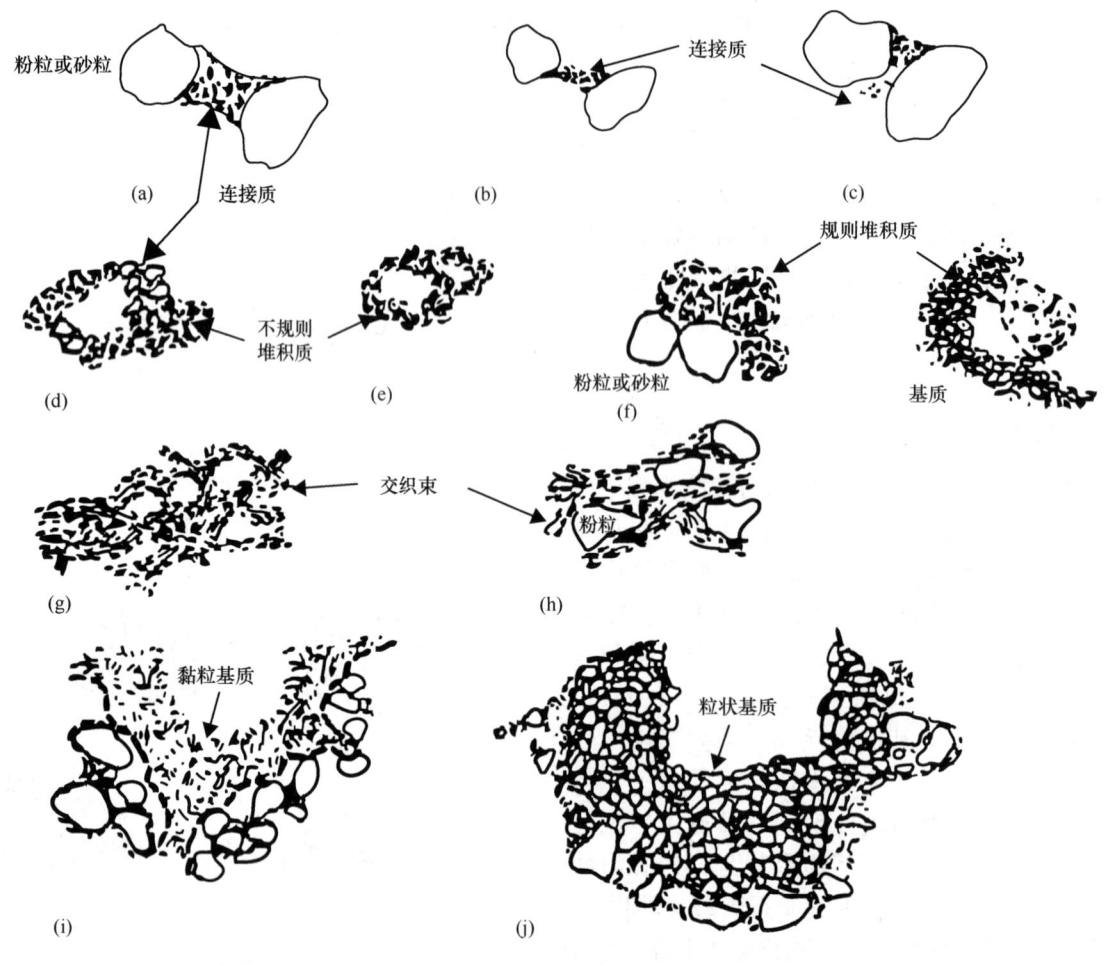

图 14.8 颗粒集聚示意

（a）、（b）和（c）连接质；（d）和（e），不规则堆积质；（f）与颗粒基质相互作用的规则堆积质；
（g）和（h）交织的黏粒束，（i）黏粒基质；（j）粒状基质

摘自 Collins 和 McGown（1974）

如前所述，土颗粒之间通常是机械接触，抵抗接触处滑动的阻力来源于摩擦和咬合。由于胶结或物理-化学效应，天然土在颗粒接触点处常常多少会有一些粘结。

术语"微观结构"指的是"组构"（颗粒的排列）和粒间的"粘结"（Mitchell，1993）。

14.4.4 宏观结构

要认识到由于地质过程或人为因素的影响，许多土体具有不连续的结构特征。例如，节理和裂隙可以由沉积或构造活动中的变形而产生。这就形成了对材料性质有重大影响的软弱面，特别是当节理表面的黏土颗粒发生重新排列，它的摩擦强度就会变得非常低。同样地，历史上的滑坡或地质作用会导致黏性土中存在先期剪切面。节理岩体风化所形成的土体中也自然存在对土体性质有重大影响的薄弱面。这种不连续的间断会对地基强度产生决定性的影响。

沉积环境变化会导致黏性土层和粒状土层交错出现。在开挖、边坡和路堤的设计施工中，常常需要考虑这些具有较强渗透性土层的影响。在第4章"岩土工程三角形"中给出的一个例子表明，威斯敏斯特宫地下停车场的设计方案主要取决于在开挖标高以下的黏土中发现的薄粉砂夹层。同样重要的是，节理和裂隙的存在会极大地影响地基土的渗透性，尤其当土体中存在粘结或胶结时，可能会使这些不连续面保持张开状态。

14.5 饱和土中的有效应力

尽管土非常复杂，但其本质上是颗粒材料，认识到这些，有助于理解饱和土的力学原理。图14.9所示为颗粒集聚而成的土，颗粒之间的孔

隙充满水。如图所示，在土体的侧面作用有应力σ_v、σ_h和τ_{vh}，水中有一个正的压强u。作用在土体单元边界上的应力（称为总应力）由两部分组成：（1）水压力u，它在水中和固体颗粒上以相等的压强作用在各个方向上；（2）根据力的平衡由土骨架所承受的应力为(σ_v-u)，(σ_h-u)和τ_{vh}。太沙基（1936）定义这些平衡力$(\sigma-u)$和τ为"有效"应力，并由此阐述了"有效应力原理"，即"应力变化所导致的所有可度量的效应，如压缩、变形和抗剪强度的变化，都是由有效应力的变化引起"。因此，总正应力σ和孔压u这两个变量可以被单个变量$\sigma'=(\sigma-u)$所取代。当判断土的力学特性时，这是一个巨大的优势，因为只需考虑相应的有效应力就可以了，而不需考虑总应力和孔隙水压力。另一方面，有效应力原理要求，在进行土的勘察时，除了需要了解作用在土体上的总应力，还要调查"原位"的孔隙水压力。

值得注意的是，有效应力原理并没有说明有效应力是如何在土骨架中传递的，也就是说，没有提供关于颗粒接触点处应力的信息。因此，有效应力不是颗粒间的应力，尽管有时它会被称为颗粒间应力。简单地说，有效应力就是由土骨架所承担的那一部分总应力。注意剪应力始终是有效应力，因为水不能承受剪应力。

太沙基有效应力原理可用下面的力学分析来说明。图14.10（a）为一松散的粒状土简图，图14.10（b）为孔隙水压力u不变，在周围作用各向相等的应力σ下土体压缩的示意图。在每一颗粒接触点，存在法向力P和切向力T[图14.10（b）]。由于每个颗粒都有大量的接触点，颗粒间的相对位移只能由接触点处的滑移引起。对于一个在接触力下处于平衡状态的颗粒来说，在每一接触点处，比值T/P必然小于或等于μ，其中μ是构成颗粒材料的摩擦系数。

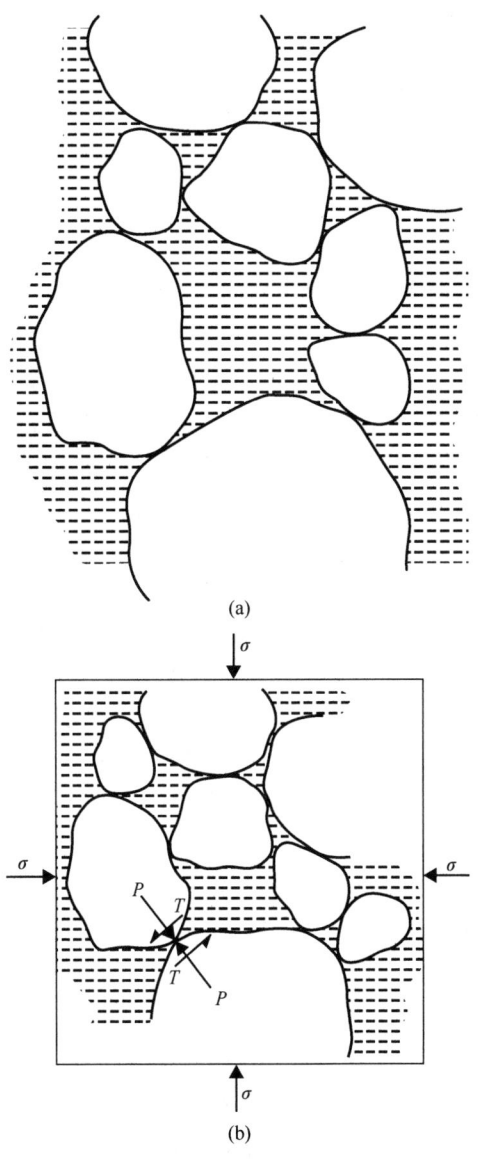

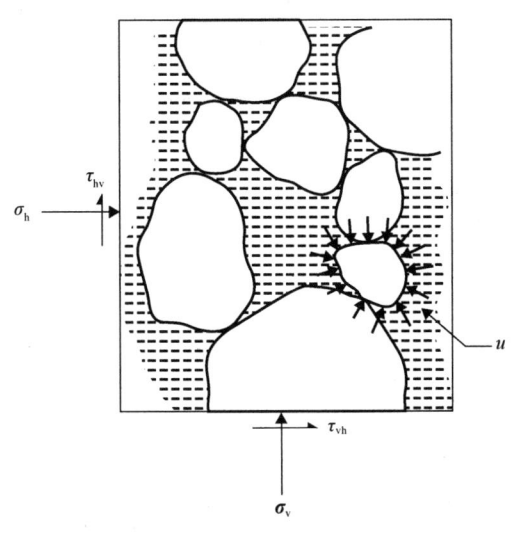

图14.9　松散颗粒材料的力学模型

摘自 Burland 和 Ridley（1996）

图14.10　松散颗粒材料在各向相等有效应力下压缩的力学模型

（a）压缩前；（b）压缩后

摘自 Burland 和 Ridley（1996）

在上述饱和土体中，保持 u 不变，应力 σ 的增量 $\Delta\sigma$ 会引起土体体积的小幅减小。这是由于在 $T/P = \mu$ 的一些接触点上的颗粒发生了滑移，从而导致更紧密的颗粒聚集。因此，周围应力的增加导致了颗粒接触点的切向力和法向力的增加。如果应力 σ 不增加，只是孔压 u 减小相同的数值，那么颗粒集聚体的表现仍然是完全相同的。显然，减少 u 和增加 σ 对粒间接触力的作用效应是等价的。对完全饱和土来说，这可以说是对太沙基有效应力原理一个简单的力学解释，它清楚地表明理解土中的孔压与理解施加在土体上的应力同样重要。

14.6 非饱和土的力学特性

当土不饱和时，孔隙中既含有空气又含有水。如果空气所占据的孔隙是连续的，由于表面张力的影响，水会倾向于向颗粒的接触点处迁移。图 14.11 所示为两个互相接触的球形颗粒，接触点周围存在一个由水形成的透镜体。在水的弯曲表面（称为弯液面）内有表面张力，从而在颗粒之间产生一个使之受压的力 F。这种现象对于非饱和颗粒集聚体的性质极为重要。在透镜体内水的压力小于大气压力，即水的压力是负的，常称其为"吸力"。

14.6.1 土的失水过程

图 14.12 所示为一松散粒状土的干燥过程。在图 14.12（a）中，颗粒集聚体完全饱和，孔压为正。在发生蒸发或失水时，孔压开始减小。在图 14.12（b）中，集聚体内部仍然完全饱和，但在边界处已经形成弯液面。在这种情况下，孔压小于大气压力，边界处弯液面上的张力引起集聚体受压，导致颗粒发生一定程度的滑移，并且土的体积有所减小。

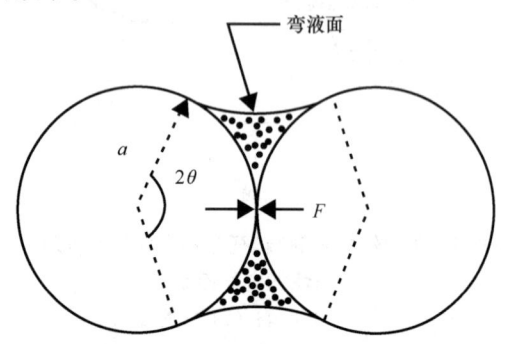

图 14.11 表面张力引起的粒间力
摘自 Burland 和 Ridleys（1996）

如图 14.12（c）所示，达到一个吸力界限值（称为"进气值"），空气开始进入集聚体的孔隙，孔隙水将在颗粒接触点周围形成透镜体。这些孔隙水透镜体将产生颗粒间的接触力，且垂直于接触面。显然由此产生的粒间力将会抑制颗粒的滑移趋势，从而有利于稳固颗粒的集聚。可以把颗粒接触点处的水想象成一滴胶水或胶粘剂，它能够增加土体的刚度和强度，这就是为什么用潮湿的砂子建造的沙堡比用完全干燥或非常湿的砂子建造的沙堡要稳定得多。

就黏性土来说，失水过程会引起土体相当大的收缩，常常导致收缩裂缝和裂隙。在干旱期，树根是导致土体失水的主要原因。对黏性土来说，由此产生的土的收缩和基础沉降对建筑物危害很大。

14.6.2 干土的增湿过程

由前一节可知，饱和粒状土的失水能够稳固颗粒接触点，增加土的刚度和强度。与此相反，如果一个干燥的土被逐步增湿，稳定颗粒接触点的力被消除，就会导致强度的损失，对于松散的土，则会导致体积迅速减小。增湿过程中这种体积快速减小的情况称为"颗粒结构的崩坏"或简称"湿陷"。干旱气候下的干燥松散砂类土中，这种"湿陷"

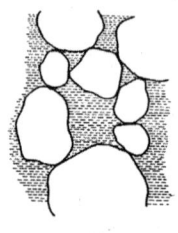

(a) 完全饱和的颗粒体；孔隙水压力为正；改变 σ 和 u 的效果是等价的

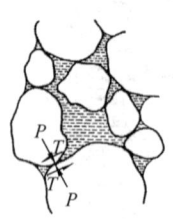

(b) 完全饱和的颗粒体；在边界处形成弯液面——吸力；改变 σ 和 u 的效果是等价的

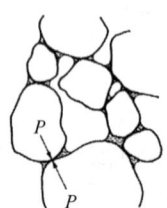

(c) 弯液面进入土体内部；接触力是法向力，使结构稳定；改变 σ 和 u 的效果不等价

图 14.12 松散颗粒材料失水的力学模型
摘自 Burland 和 Ridleys（1996）

是十分常见的。对于填方材料，如果填筑时没有充分压实，随后由于地下水位上升而润湿，这种现象也会常常发生。

干燥的黏土变湿时也会引起严重问题。这种土由于收缩而经常出现裂隙和裂缝。水会迅速通过裂缝渗透到黏土中，导致黏土膨胀，这对其上的建筑物非常有害。此外，由于地表水会沿着收缩裂缝快速渗透，干燥黏土中开挖的陡坡可能会在大雨中变得不稳定。

关于非饱和土力学性质的详细讨论可以参考Burland（1965）及Burland和Ridley（1996）的相关成果。

14.7 结论

本章的主要结论如下。其中有些可能会过于简化，但为理解土的复杂性奠定了良好的基础。

- 所有的土，甚至是高塑性黏土，都由无数不同形状和大小的颗粒组成。颗粒之间的空间称为"孔隙"。孔隙比是衡量颗粒集聚紧密程度的指标，是决定土的刚度、强度和渗透性的重要参数。
- 颗粒相互接触形成土的"骨架"，这些颗粒的排列被称为"微组构"。
- 颗粒之间的接触主要是摩擦作用，但在大多数天然土中，颗粒之间也常存在一些粘结。
- 地基的一个基本特征是它存在重力作用。土的重力产生了支配其强度和刚度的周围压力，此外，重力也决定着大多数稳定性问题中的稳定或失稳机制。
- 简便的底面摩擦装置可以模拟土颗粒所受到的重力，该装置可用于解释沉积过程中土的组构的形成。研究表明，竖向重力作用下的沉积会导致颗粒排列存在优势取向，从而带来土骨架的固有各向异性。
- 在剪切作用下，松散堆积的颗粒材料会收缩，而密集堆积的颗粒材料则膨胀。底面摩擦装置可用来演示这些重要现象。

- 借助底面摩擦装置模拟了许多常见的土力学问题，用以说明颗粒材料在重力作用下的行为特征，包括主动和被动土压力、沉降及地基承载力等。
- 讨论了颗粒级配、形状和组构的重要性，以及宏观结构对土体性状的显著影响。
- 提出了一种简单的力学分析方法来说明孔隙水压力的重要性，并由此解释了太沙基的有效应力原理。
- 这个力学分析方法进一步用来阐明土的一些基本特征，这些特征决定着干湿变化下非饱和土的力学响应。非饱和土中，孔隙水在颗粒接触处形成弯液面，对颗粒的集聚具有重要的稳固作用；增湿过程中，这种稳固作用被削弱，将导致颗粒结构湿陷和强度降低。

14.8 参考文献

Burland, J. B. (1965). Some aspects of the mechanical behaviour of partly saturated soils. *Symposium in Print on Moisture Equilibria and Moisture Changes in Soils Beneath Covered Areas* (ed Aitchison, G. D.). Victoria, Australia: Butterworth, pp. 270–278.

Burland, J. B. (1987). Kevin Nash Lecture. The teaching of soil mechanics – a personal view. Proceedings of the 9th European Conference on Soil Mechanics and Foundation Engineering, Dublin, Vol. 3, pp. 1427–1447.

Burland, J. B. and Ridley, A. M. (1996). Invited Special Lecture: The importance of suction in soil mechanics. In *Proceedings of the 12th Southeast Asian Conference*, Kuala Lumpur, Malaysia, vol. 2, pp. 27–49.

Collins, K. and McGown, A. (1974). The form and function of microfabric features in a variety of natural soils. *Géotechnique*, **24**(2), 223–254.

Craig, R. F. (2004). *Craig's Soil Mechanics* (7th Edition). London: Spon Press.

Mitchell, J. K. (1993). *Fundamentals of Soil Behaviour* (2nd Edition). New York: Wiley.

Powrie, W. (2004). *Soil Mechanics* (2nd Edition). London: Spon Press.

Terzaghi, K. (1936). The shearing resistance of saturated soils. In *Proceedings of the 1st International Conference on Soil Mechanics and Ground Engineering*, vol. 1, pp. 54–56.

第1篇"概论"和第2篇"基本原则"中的所有章节共同提供了本手册的全面概述，其中的任何一章都不应与其他章分开阅读。

译审简介：

介玉新，博士，清华大学教授，主要从事土工数值分析、土工合成材料、基础工程、边坡工程等工作。

李广信，博士，清华大学教授。1966年本科毕业于清华大学。曾获国家自然科学三等奖和国家科技进步奖一等奖。

第15章 地下水分布与有效应力

威廉·鲍瑞（William Powrie），南安普敦大学，英国

主译：周建（浙江大学）
参译：李春意，尚肖楠
审校：孙军杰（温州大学）
　　　刘芳（同济大学）

doi: 10.1680/moge.57074.0163

目录

15.1	孔隙压力和有效应力竖向分布的重要性	165
15.2	地层竖向总应力	165
15.3	静孔隙水压力条件	165
15.4	承压水条件	166
15.5	地下排水	166
15.6	地下水位以上的状况	167
15.7	原位水平向有效应力	167
15.8	小结	168
15.9	参考文献	168

本章讨论岩土工程中地层有效应力和孔隙水压力竖向分布的计算。通常分别计算总应力和孔隙水压力，有效应力通过二者差值来确定。本章阐述了地层自重条件和静水压力条件下由土体和水的重量所产生的竖向总应力与孔隙水压力的计算方法，然后讨论了存在下伏承压水层的非静水压力竖向分布和向下部渗透性更强地层排水的情况，最后指出了估算地下水位以上孔隙水压力和侧向土体应力的困难所在。

15.1 孔隙压力和有效应力竖向分布的重要性

土一般是至少含有两相介质的颗粒材料，其性质已在第14章"作为颗粒材料的土"作过描述。对于饱和土，土由液相（孔隙里的水）和固相（土颗粒）构成。这两种相态介质在应力-应变-强度响应方面差异显著，特别是孔隙水不能承受剪应力 τ，但孔隙水压力 u 使土中法向有效应力 σ' 小于总应力 σ，由此降低了土骨架抵抗剪切作用的能力。根据太沙基有效应力原理：

$$\sigma' = \sigma - u \qquad (15.1)$$

土的有效应力破坏准则为：

$$\tau = \sigma' \tan\varphi' \qquad (15.2)$$

式中，φ' 为有效内摩擦角。除非总应力和孔隙水压力已知，否则通常无法直接计算控制土体特性的有效应力。因此岩土工程中需要确定竖向总应力和孔隙水压力随深度的分布，这是建立初始场地模型的重要工作。

15.2 地层竖向总应力

估算土体竖向总应力分布通常相对简单。假设一个单位重度为 γ，横截面积为 A，高度为 z 的土柱，竖向总应力在土柱底部产生的作用力为 $\sigma_v(z)A$，该作用力与土柱的总重量 $\gamma A z$ 平衡，由此可得 $\sigma_v(z) = \gamma z$。如果土柱由多层重度不同的土体组成，则需更为严谨地考虑不同土层的影响：

$$\sigma_v(z) = \int_0^z \gamma(z) \mathrm{d}z \qquad (15.3)$$

一般情况下，式（15.3）被离散为有限土层。当然，土层表面作用的附加荷载 q 也要加以考虑。由此可得到土体自然平衡状态下的竖向总应力随深度的分布，常称之为地层自重条件。

将式（15.3）应用于土体时，得到的是计算截面上的平均总竖向应力。实际上，已在第13章"地层剖面及其成因"中讲述应力分布在诸如隧道或塌方等空洞（或与之相反的坚硬包裹体）周围将发生的变化，在第14章"作为颗粒材料的土"中介绍土在沉积过程中所形成的结构力可能导致某些土颗粒间存在零应力接触。

15.3 静孔隙水压力条件

如果地下水是静态的，只要土中孔隙连通，水压力就不受土体骨架影响。因此地下水不流动时，地下水位（即孔隙水压力为零的位置）以下的孔隙水压力可采用类似竖向总应力的计算方法，根据地下水位以下深度 z 处水柱的力学平衡得到孔隙水压力为：

$$u(z) = \gamma_w z \qquad (15.4)$$

式中，γ_w 为水的重度。式（15.4）给出的是静水压力条件下的孔隙水压力分布。

土颗粒不影响孔隙水压力分布，因为每个土颗粒受到的浮力与其所排开水的重量相等，土颗粒的

残余重量（即实际重量减去浮力）由颗粒间的接触力承担。

15.4 承压水条件

大多数地层由若干不同渗透性的土层组成（第 16 章"地下水"）。例如，两层渗透性相对较高的土层可能夹着一层低渗透性土层。前者过水相对容易，被称为含水层；后者水流只能缓慢通过，相对不透水，被称为隔水层。这两处含水层的地下水位（或者更严格地称之为测压管水位）很可能不同。这种情况下，隔水层上下表面存在水头差（第 16 章"地下水"），水流将竖向穿越中间的隔水层。此时，上覆含水层被称为无压含水层或潜水层（因其未被低渗透层上覆或包围），而下伏含水层则被称为承压含水层（因其被低渗透层上覆或包围）。

这种地层结构的典型案例之一是英格兰的伦敦盆地。靠近地表的含水层由冲积砂和砾石（泰晤士砾石）组成，相对不透水的伦敦黏土层将其与下伏的白垩含水层隔开。由于白垩层与伦敦北部的高地保持水力连通，白垩层内的测压管水位自然高于山谷地面高程以及与泰晤士河水力连通的含水层潜水面。与黏土层上表面不同，伦敦黏土层内部受垂直向上的渗流作用，孔隙水压力大于静水压力（见图 15.1，为清楚起见图中省略了上部含水层），这种情况被称为承压水。如果钻孔穿越黏土层至白垩含水层，水将从钻孔溢出，这被称为自流井现象。伦敦特拉法加广场最初的喷泉就照此原理设计，无需水泵汲水。

下伏含水层顶面的孔隙水压力不会超过上覆土层的竖向总应力，否则当有效应力减少到零，上覆土层就会失稳。如果天然地层深部的孔隙水压力太大，可能在上覆土层形成砂沸或管涌，若上覆土层渗透性较高则可能导致流砂。第 16 章"地下水"已讨论过由于基坑开挖移除上覆土体而引起的隆起失稳。在实际工程中，相较于自流井现象，下伏含水层测压管水位高于上覆土层地下水位但低于地表的半自流井条件可能更为常见。

15.5 地下排水

如果下伏含水层的测压管水位低于上覆含水层的地下水位，渗流的方向与前述相反，将缓慢向下流动。如图 15.2 所示，黏土层中的孔隙水压力低

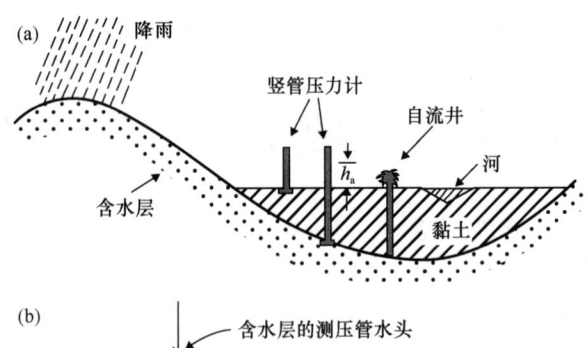
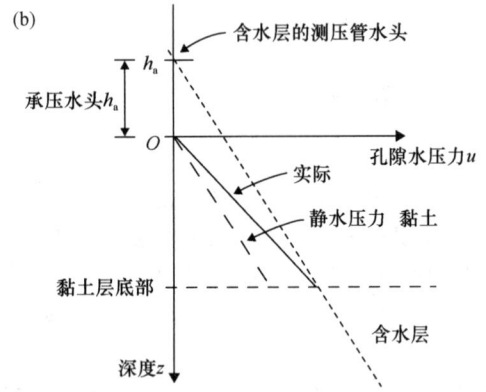

图 15.1 （a）承压地下水条件；
（b）围限黏土隔水层中的相应孔隙水压力
摘自 Powrie（2004）

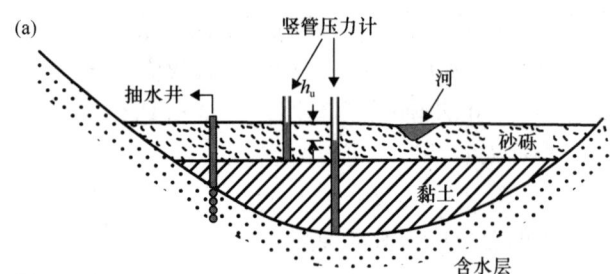
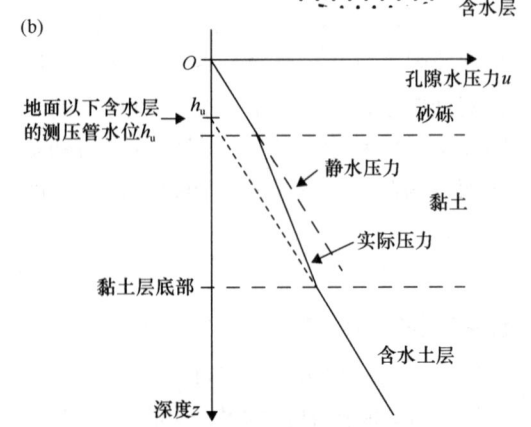

图 15.2 （a）地下排水；
（b）黏土隔水层中的相应孔隙水压力
摘自 Powrie（2004）

第15章 地下水分布与有效应力

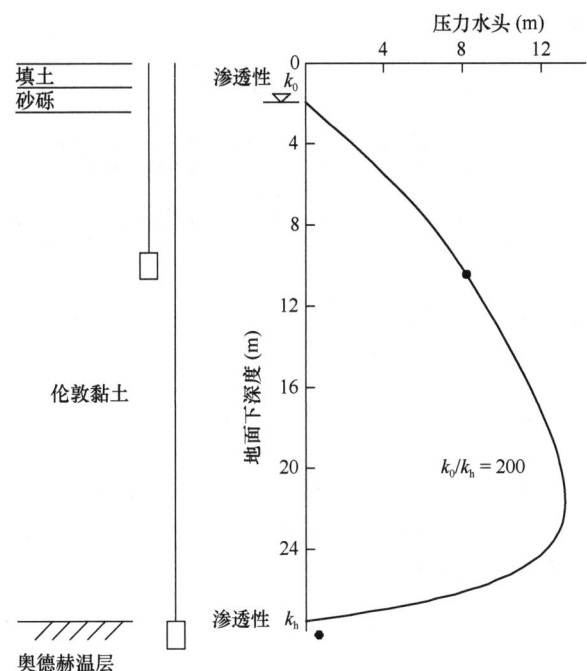

图15.3 在渗透性随深度降低的黏土隔水层中压力水头随深度的变化

修改自 Vaughan (1994)

于由其上表面确定的静水压力线。这种情形称为地下排水，伦敦地下水的现状正是如此，由于长期从白垩含水层中抽取工业和生活用水，白垩层的测压管水位已降至冲积砾石层的地下水位以下。

上覆含水层中的地下水有时称为上层滞水，这一术语也被用于描述因分布广泛但不连续的黏土或其他低渗透性介质所形成的较高孔隙水压力区域。

需要指出的是，黏土层中孔隙水压力随深度的简单线性分布（图15.1（b）和图15.2（b））是基于渗透性随深度不变的假设。而对黏土而言，土层渗透性很可能随竖向有效应力或深度增加而降低，从而得到接近图15.3中所示的孔隙水压力分布。

15.6 地下水位以上的状况

在潜水含水层水位以上，孔隙水由于毛细作用存留在土体中。地下水位以上的孔隙水压力在静水压力梯度下随高程增加而下降（孔隙水压力将为负值），直至达到某一吸力阈值，足够的空气将进入土体破坏孔隙液相的连续性。该吸力阈值与粒径和粒径分布、密度以及土的干湿状态等多种因素有关。一般说来，吸力阈值会随粒径减小而急剧增加。因此，粒径很大的砾石，在吸力很低时就会变得不饱和而破坏液相的连续性。相比而言，在变得非饱和之前，细砂的吸力约为一到几十千帕，粉土的吸力约为几十千帕，黏土的吸力约为几十到几百千帕。虽然土中吸力会导致不利的收缩和沉降，但就岩土结构（如边坡）稳定性而言吸力通常是有利的。然而，吸力计算困难且可靠度低（例如，会因季节、气候和植被而变化），在大多数工程计算中常被忽略，地下水位以上的孔隙压力通常被视为零。当吸力对沉降计算有显著影响时，需要在计算中加以考虑。

15.7 原位水平向有效应力

土的原位水平向应力很难计算，大概介于土体主动和被动极限状态之间，可能的取值范围很宽（第20章"土压力理论"）。虽然可采用弹性理论和土体沉积过程中侧向应变为零的条件进行估算，但是该方法需要估计土体的弹性参数，这存在一些困难，因为土的相关参数依赖于应力历史、应力状态、应力路径和应力变化。

估算土层原位水平向应力最常用的方法是经验法。原位水平向有效应力可用土压力系数 $K_0 = \sigma'_h/\sigma'_v$ 来描述。对正常固结土（历史上未承受过大于当前竖向有效应力的土），常用 Jaky (1944) 公式计算：

$$\frac{\sigma'_h}{\sigma'_v} = K_0 = (1 - \sin\varphi') \quad (15.5)$$

对历史上承受过最大竖向有效应力 $\sigma'_{v,max}$ 的超固结黏土，首次加载产生的部分水平应力在卸载时一般保持不变，这将导致 K_0 增大。有一些经验公式可用于描述类似情形，例如 Mayne 和 Kulhawy (1982) 建议：

$$\frac{\sigma'_h}{\sigma'_v} = K_0 = (1 - \sin\varphi')(OCR)^{\sin\varphi'} \quad (15.6)$$

其中 OCR 为超固结比，$OCR = \sigma'_{v,max}/\sigma'_{v,current}$。

15.8 小结

- 在岩土工程计算中，一般需要确定孔隙水压力和有效应力随深度的分布。
- 地层的竖向总应力通常按自重条件沿深度增大，变化梯度等于土体重度。
- 如果地下水是静态的，在液相连续（比如饱和土）的条件下，孔隙水压力将按静水条件随深度增大，梯度等于水的重度。
- 竖向有效应力需要用竖向总应力减去孔隙水压力来计算。
- 水平向有效应力分布可借助考虑土体应力历史的经验公式由竖向有效应力分布进行估算。

15.9 参考文献

Jaky, J. (1944). The coefficient of earth pressure at rest. *Journal of the Union of Hungarian Engineers and Architects*, 355–358 (in Hungarian).

Mayne, P. W. and Kulhawy, F. H. (1982). K_0-OCR relationships for soils. *Journal of the Geotechnical Engineering Division, American Society of Civil Engineers*, **108**(6), 851–872.

Powrie, W. (2004). *Soil Mechanics: Concepts and Applications* (2nd edition). London and New York: Spon Press (Taylor & Francis).

Vaughan, P. R. (1994). Assumption, prediction and reality in geotechnical engineering. 34th Rankine Lecture. *Géotechnique*, **44**(4), 573–609.

第1篇"概论"和第2篇"基本原则"中的所有章节共同提供了本手册的全面概述，其中的任何一章都不应与其他章分开阅读。

译审简介：

周建，博士，浙江大学教授。河海大学本硕、浙江大学博士，伦敦帝国理工学院访问学者。从事岩土工程教学和科研工作。

孙军杰，博士，温州大学教授。从事岩土力学方面的教学和科研工作，先后在肯塔基大学和九州大学访学合作。

刘芳，博士，同济大学教授。先后获清华大学学士、硕士，美国南加州大学博士学位。从事岩土工程方面工作。

第16章 地下水

威廉·鲍瑞（William Powrie），南安普敦大学，英国
主译：刘丰敏（中国建筑科学研究院有限公司地基基础研究所）
审校：曹子君（西南交通大学）

doi: 10.1680/moge.57074.0167

目录

16.1	达西定律	169
16.2	水力传导系数（渗透系数）	170
16.3	简单流态的计算	171
16.4	更复杂的流态	173
16.5	基坑稳定性与地下水	173
16.6	瞬态流	175
16.7	小结	175
16.8	参考文献	176

本章以达西定律和土体渗透系数或水力传导系数的概念为基础，描述了饱和土中地下水稳定流动的基本原理。介绍了包括地下水向单井径向流动在内的简单流态，讨论了利用平面流网在平面和剖面上计算流量和孔隙水压力的方法。简要讨论了各向异性地层的渗流问题和两种不同渗透性土体界面处的流动问题。结合工程实例，阐述了控制基坑附近孔隙水压力的重要性，并介绍了几种常用的控制地下水的方法。最后，总结了瞬态流动和固结的概念。

16.1 达西定律

在大多数实际问题中，土体中地下水流动符合达西定律：

$$q = Aki \quad (16.1)$$

式中，q 为体积流量（m^3/s）；A 为渗流总面积（m^2）；k 为水力传导系数或渗透系数（m/s），用于衡量水在土中流动的难易程度。i 为流动方向的水力梯度，定义为：

$$i = -dh/dx \quad (16.2)$$

即沿流动方向总水头损失 h（m）与距离 x（m）的比值。因此，水力梯度为无量纲量。h 通常指基于任意选定的基准面测量得到的总水头。在图16.1中，记基准面以上左侧截面中心点的总水头为 h_A。这是基准面以上立管式水压计（末端位于 A 点）中水将上升到的高度。与达西定律不直接相关的其他形式的水头包括：

- 位置水头，即该点相对于所选基准面的高程，Z_A；
- 压力水头，定义为测量点的孔隙水压力除以水的单位重度，用测点处水压计中的水相对于测点上升的高度表示在图16.1中，为 $h_A - Z_A$；
- 流速水头，定义为 $v^2/2g$。式中，v 为地下水的流速，通常非常小，在地下水问题中可以忽略；g 为重力加速度。

达西定律的图解说明如图16.1所示。该图还给出了最简单的测量渗透系数方法的基本原理，包括使已知截面面积 A 的试样产生水头损失 h（可计算得到水力梯度 h/x），并测量相应的体积流量。

达西定律的要点包括：

① 仅适用于层流。不过，除非土层的透水性非常强，实际应用中地下水流动几乎总是层流。

② 流量 q 除以截面面积 A 得到表观流速或达西流速 $v_D = q/A$。然而，该流速并非实际平均流速，因为实际渗流仅发生于土的孔隙中。总面积中孔隙所占部分为 nA，式中 n 为孔隙率，即孔隙体积除以总体积，或 $n = e/(1+e)$，e 为孔隙比。因此，实际平均渗流速度 v_{true} 是表观或达西渗流速度

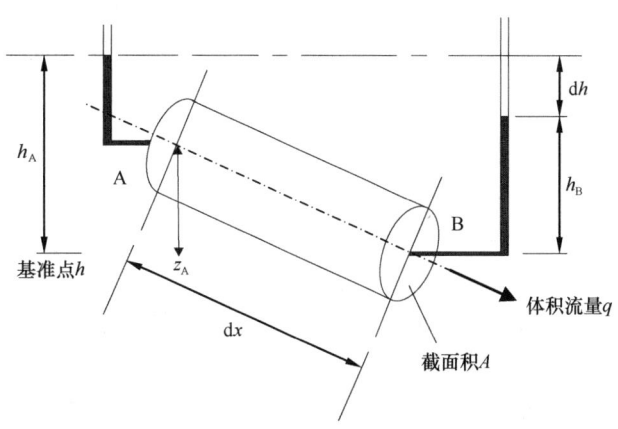

图16.1 水力梯度和达西定律示意

v_D 的 $(1+e)/e$ 倍：

$$v_{\text{true}} = (1+e)/e v_D \qquad (16.3)$$

③ 计算水力梯度所采用的水头损失是总水头，总水头可以想象为由一根直立的测管测出，其末端位于测点，管中水相对于某一基准面的高度即是总水头。

④ 水力传导系数既取决于土的性质，也取决于渗透流体（在这里指水）的物理性质。

⑤ 即使在均质土中，水力传导系数也很大程度上取决于粒径（$k \propto D_{10}^2$），而孔隙比对其影响较小。由于天然土的不均匀性，土体中点与点之间的水力传导系数差异很大，并且由于土体结构其具有很强的各向异性（水平渗透系数 k_h 远大于垂直渗透系数 k_v）。在细粒和可压缩的材料如黏土和填埋垃圾中，水力传导系数尤其可能随应力和应力历史，进而随深度而显著变化（第 15 章《地下水分布与有效应力》）。在施工中，通常寻求的是对渗流范围内土体有效体积水力传导系数的可靠估计。这种估计非常困难（即使想落在一个量级内），特别是从小规模或室内土样试验中来估计时。

⑥ 达西定律构成了几乎所有地下水流计算的基础，无论是手算还是数值计算。达西定律通常可以应用于岩石中的裂隙流（例如白垩岩），在这种情况下所使用的水力传导系数为线性尺寸大于典型裂隙间距的岩体的水力传导系数。

上述第④～⑥条将在第 16.2 节来讨论。

16.2 水力传导系数（渗透系数）

达西定律中使用的水力传导系数 k 取决于土体和渗透流体（这里指水）的性质，根据下式计算：

$$k = K\gamma_f / \eta_f \qquad (16.4)$$

式中，K 为土体固有渗透率（m^2）；γ_f 为渗透流体的重度（kN/m^3）；η_f 为动力黏滞系数（$kN \cdot s/m^2$）。在岩土工程中，水力传导系数通常简单地称为渗透系数。

这种做法的实际意义在很大程度上是相当有限的。显然，如果渗透流体不是水，渗透系数会发生变化，但是在某些情况下动力黏滞系数对温度的依赖性也很显著（在温度从 20℃ 上升到 60℃ 时，η_f 降低，故而渗透系数 k 增大约 2 倍）。

颗粒材料的水力传导系数由粒径最小的 10% 的颗粒所控制，并大致随有效粒径 D_{10}（mm）的平方变化。Hazen 的经验公式：

$$k(m/s) \approx 0.01 D_{10}^2 \qquad (16.5)$$

上式通常用于对水力传导系数的粗略估计，尽管其最初只用于纯净的反滤砂。因此，即使在均质土中，水力传导系数的分布范围也确实非常大，可能相差 10 个数量级，从干净卵石的 1m/s 到无裂隙黏土的 10^{-10} m/s（表 16.1）。这种差异性远大于天然材料的其他大多数工程参数，例如软土的抗剪强度比高强度钢的抗剪强度约低 10^5 倍。

天然土的不均匀性，如透镜体或不同的材料分区（如回淤河床），会导致不同位置处土的水力传导系数各不相同。即使在均质土中，由于土的天然结构，原位水力传导系数可能呈现各向异性。在无明显层状结构的黏性土中，水平向水力传导系数可能是竖向的 10 倍左右。如果土体分层明显，例如黏土/粉土和粉土/砂土互层，水平和垂直的水力传导系数之比很容易达到 10^2 或 10^3 的量级。

水力传导系数的一些经验值见表 16.1。

不同类型地基土的水力传导系数范围 表 16.1

土类	渗透性	水力传导系数（m/s）
干净砾石	高	$>1 \times 10^{-3}$
砂和砾石混合物	中等	$1 \times 10^{-5} \sim 1 \times 10^{-3}$
极细砂、粉砂	低	$1 \times 10^{-7} \sim 1 \times 10^{-4}$
粉土和粉土/砂/黏土互层	很低	$1 \times 10^{-9} \sim 1 \times 10^{-6}$
完整黏土	通常不透水	$<1 \times 10^{-9}$

数据取自 Preene 等（2000）（CIRIA C515）

在地基工程中，通常使用基于单一水力传导系数的简化流动模型，至少初步计算时是这样的。因此，所采用的系数能够合理代表发生渗流的整个土体很重要。大型的原位试验包括单井或多井抽水试验，以及用一排孔压计监测水位下降，可以给出最切合实际的估计。通过小型试验获取可靠的水力传导系数非常困难，不仅因为试样体积小，还因为取样（为室内试验）或钻孔安装（为单孔升水头或降水头试验）时可能的扰动。Preene 等人（2000）综述了大型地下水控制系统设计时测定水力传导系数的各种方法。

16.3 简单流态的计算

可以基于达西定律和渗流连续条件（即在土体单元体积不变情况下，给定时间增量内，流入与流出土体单元的体积流量相等），对自然界中实质上为二维渗流的简单流态进行手算。常见的情况包括：

（1）承压水向完整井的径向流动（式中字母定义如图16.2所示）：

$$q = 2\pi Dk(H-h)/\ln(R_0/r_w) \quad (16.6)$$

（2）潜水向完整井的径向流动（图16.3）：

$$q = \pi k(H^2 - h^2)/\ln(R_0/r_w) \quad (16.7)$$

Powrie（2004）中给出了式（16.6）和式（16.7）的详细分析。

平面尺寸 a（长度）$\times b$（宽度），周围设有一圈降水井的基坑可以近似按一等效半径为 r_e 的单井进行分析。其中假定基坑的长宽比 a/b 在 $1\sim5$ 之间，基坑边到补给边界的距离 L_0 大于 $3a$。等效半径 r_e 可由式 $(a+b)/\pi$ 计算，等效影响半径 R_0 为 $(L_0 + a/2) \approx L_0$。更多细节可参考 Preene 和 Powrie（1992）。

（3）平面流：对于紧邻补给边界的基坑，可通过在 1/2 剖面内绘制流网来计算流量。平面流网用于计算每延米的流量，然后再乘以基坑周长就可以得到总流量。如果基坑很长（$a/b > 10$）且紧邻补给边界（$L_0/a < 0.1$），向长边方向的平面流将占主导地位，端部效应（end effect）可以忽略。如果基坑为矩形（$1 < a/b < 5$）且紧邻补给边界（$L_0/a < 0.3$），则向四边的平面流占主导地位，而角部效应（corner effect）可以忽略。

绘制平面流网是求解拉普拉斯方程的一种有效图解法，该方程为地下水在均质土体或渗透系数各向异性土体中平面流动的控制方程。方程推导和流网绘制详情见 Powrie（2004）。总的来说，平面流网绘制涉及确定代表入流和出流的上游和下游等势

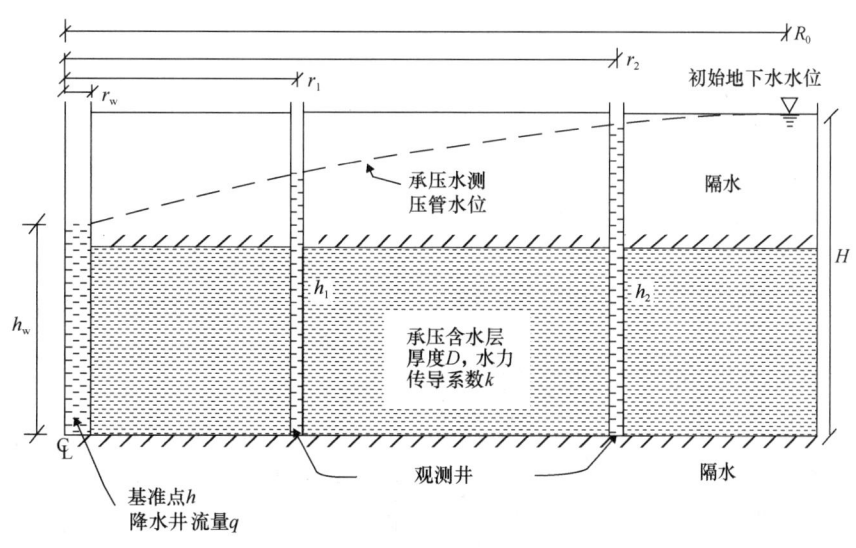

图16.2 承压水向完整井的径向流动

摘自 Powrie（2004）

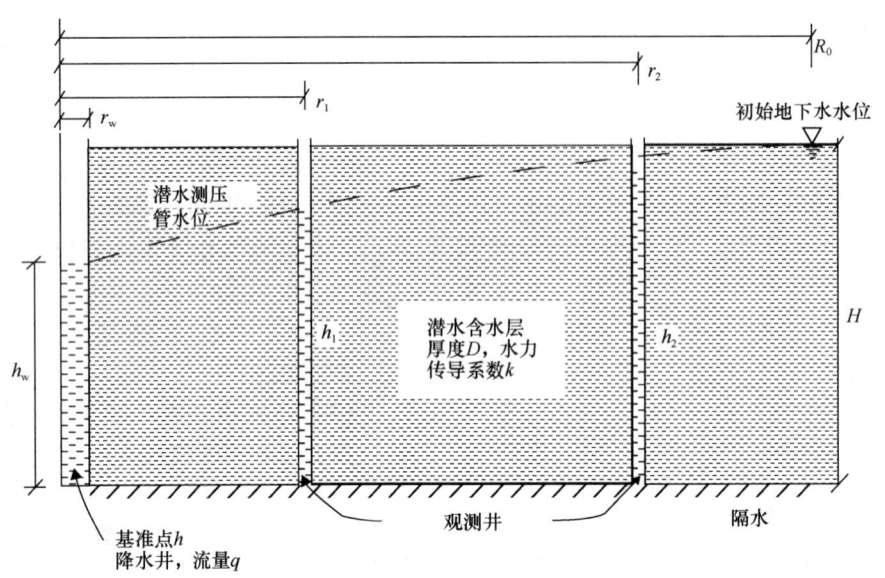

图16.3 潜水向完整井的径向流动
摘自 Powrie（2004）

线（即等水头线）与两条边界流线。然后在上述定义的空间内填入中间流线与中间等势线，两者相交呈90°的网络，形成"曲边正方形"网格，该网格的长度等于宽度（这实际上意味着可以在每个网格内绘制一个圆，尽管圆的直径会根据流网中网格的位置而变化）。在潜水含水层中，绘制流网的过程中需要确定顶部流线（其表示水位的下降）的位置，这稍稍增加了问题的复杂性。每延米流量计算如下：

$$q = kHN_F/N_H \tag{16.8}$$

式中，H 为上游和下游等势线（入流和出流）之间总的水头差；N_F 为流道数（等于流线数减1）；N_H 为等势线下降数（即等于等势线数减1）。关于流网绘制的基本技巧，包括试错和改进，参见 Powrie（2004）。

图 16.4 是一个垂直剖面的平面流网的示例。

在垂直截面有变化且主要沿水平流动的情况下，可在水平面内绘制流网，如图 16.5 所示。其原理是一样的，但总流量是把流网结果（式（16.8））乘以含水层深度来计算。一个隐含的假设是存在垂向流动的区域很小（如向上流入基坑内的区域），不会显著影响主要为水平流动这一基本前提。

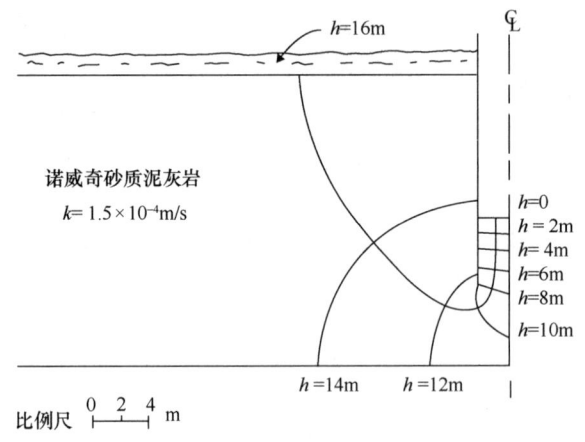

图16.4 向沟槽基坑流动的1/2 垂直剖面的平面流网实例
摘自 Powrie（2004）

虽然可以认为平面流网法已经被基于计算机的数值方法所取代，但该法快速简单，并且有一个巨大的优势，那就是可以深入了解流态的物理性质和主要控制因素。

平面流问题的有限差分法可以通过建立节点网格，并用达西定律写出每个节点的流量表达式获得——以该点与相邻节点的水头差分、隐含的渗流面积，以及土的水力传导系数表示。在稳定渗流情况下，流入与流出每个节点的净流量为零（定水头或定势能边界除外）。为获得满足内部节点净流量为零这一条件下的水头值，并使上游等势线

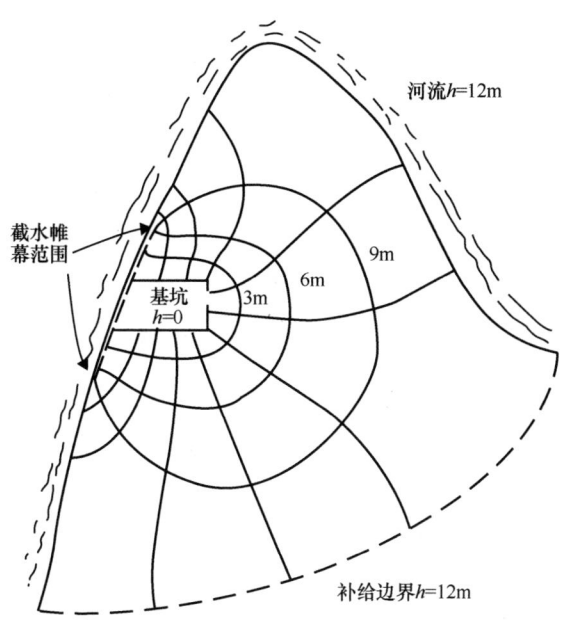

图16.5 水平平面流网实例（位于梅德韦半岛上一个很深的白垩系含水层中基坑的渗流）

摘自 Powrie (2004)

（流入）处边界节点的总流量与下游等势线（流出）处边界的总流量相等，可以采用试错法求解，此时使用电子表格会相当方便。

16.4 更复杂的流态

可以采用常规方法绘制各向异性土体的流网，前提是首先将剖面的实际几何形状根据竖向和水平向水力传导系数的差异进行变换。真实的水平尺寸 x，需要乘以 $\sqrt{(k_v/k_h)}$，式中 k_v、k_h 分别为竖向和水平向水力传导系数。由于 k_v 通常小于 k_h，这使得在转换的剖面上水平尺寸会缩小。式（16.8）仍可用于计算流量，但是用于计算的变换后剖面的有效水力传导系数 k_t 是 k_v、k_h 的几何平均值——也就是 $\sqrt{(k_v k_h)}$。相关推导和进一步的细节参见 Powrie (2004)。

流网还适用于存在两个或两个以上不同水力传导系数的地层。如果水力传导系数的比值是百位数量级，那么与另一个相比其中一个将充当储层（即与渗透性较差的地层相比，渗透性较好的地层中任何水头下降都可以忽略不计），这种近似是恰当的。如果水力传导系数的比值在 1～100 之间，绘制流网时流线从水力传导系数为 k_1 的土体进入较小水力传导系数为 k_2 的土体中时会发生 $(\beta_1 - \beta_2)$ 的角度偏转，其中：

$$\frac{\tan\beta_1}{\tan\beta_2} = \frac{k_1}{k_2} \quad (16.9)$$

这类似于光在不同光密度介质之间通过时的折射，相关推导见 Powrie (2004)。

Cedergren (1989) 给出了针对这些更复杂的情况甚至是瞬态流的流网绘制的全面指南，但是考虑到电子表格和低成本个人计算机的易用性，使用有限差分方法和电子表格或用于模拟地下水流动的商业计算机程序可能更容易解决这类问题。然而，其基本原理仍是达西定律和水流连续性原理，而计算是否成功还取决于对渗流区域物理条件的理解和对土体水力传导系数的审慎选择。

16.5 基坑稳定性与地下水

在天然地下水位以下开挖基坑，至少在非黏性土中，必须控制地下水和孔隙水压力，以防止基坑浸水和失稳。这可以通过物理方法实现，如灌浆或者防渗帷幕、从基坑内或四周的降水井中抽水，或这些手段的组合。即使基坑壁采用了支护结构支撑，仍需要抽水以防止基底失稳。抽水还可减小作用于支护结构外侧的孔隙水压力，使其建造更为经济。在建筑密集区域，应考虑减小基坑外孔压降低引起的地面沉降造成建筑物沉降损害的可能性。Powrie 和 Roberts (1995) 提供了一个关于这个问题的实例。

如本章前文所述，流量计算需要：（1）估计降水系统可能的抽水量；（2）计算降水系统所能达到的孔隙水压力减小量。孔隙水压力可用于板桩和其他支护结构、基坑边坡和基底稳定性计算。其中大部分的计算在本手册其他地方介绍，这里简要讨论保持基底稳定的重要性。

当基坑开挖面以下一定深度内的孔隙水压力与土体自重产生的竖向总应力相等时，基底就不稳定。"一定深度"在某种程度上取决于基坑的宽度。如果侧壁为嵌入式的，将提供一些额外的抗浮摩阻力，但该作用会沿基坑中心方向减弱，特别是宽大基坑。忽略坑壁摩擦力的所有影响，很容易证明当基底向上渗流的水力梯度接近 1 时，或者弱透水层底部的孔隙水压力超过其竖向自重应力时，将发生失稳和上浮，见 Powrie（2004）。

不应低估忽视深层未释放的孔隙水压力的风险，其可能造成严重工程事故，甚至可能造成生命损失，图 16.6 研究总结的案例说明了这一点。该案例与 Weston-super-Mare 附近的一个泵站基坑有关，承包商试图在没有采取措施降低下层粉砂中的孔隙水压力的情况下进行基坑开挖。随着开挖接近基底标高，基底发生失稳，坑内很快灌满水。这是可以预见的：开挖到基底时，基坑底板下 6m 深的软黏质粉土底部 A 点处的孔隙水压力为 $13m \times 10kN/m^2 = 130kPa$，这大大超过了由黏质粉土的重量所引起的总竖向应力 $6m \times 18kN/m^2 = 108kPa$。由于失败而必须进行的补救工作比先前地下水控制方案的费用要高得多，这完全不包括对设备的损坏和可能造成的人身伤害甚至生命损失。

表 16.2 总结了地下水控制的降水方法。Powrie（2004）、Cashman 和 Preene（2001）、Preene 等（2000）和 Powers（1992）给出了更多的细节。如图 16.7 所示，每种方法的适用性取决于泵的流量，因此也取决于土的水力传导系数和降深。

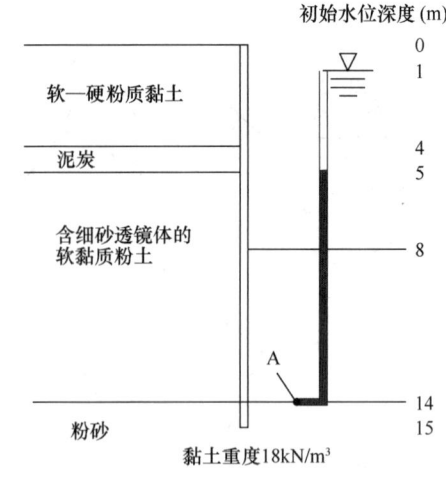

图 16.6 案例分析（孔隙水压力控制在开挖底板以下足够深度的重要性）

地下水控制的降水方法　　表 16.2

方法	简单描述	点评和案例
集水明排	从字面上说，就是一个开放的集水坑，地下水在重力作用下流入其中，并由一个独立的柴油或电动泵抽走	由于空间和可渗性的限制，这种方法通常只适用于咬合良好且开敞的砾石地层中的不大的降深（最大约 2m）
真空井点	密集分布的小井（通常间距 1～3m），直径约 50mm，通过立管连接到一个共同的总管，由地面真空泵抽水	最大降深（由于真空升力的限制）约为 6m，但可多级使用。适合于砂类土的典型流量
深井	大直径井（例如直径 350 mm 的钻孔中直径 200 mm 的滤管），由单个小型潜水泵抽取。井间距较大，所以井间的地下水位恢复非常重要，井深必须考虑到这一点	可以获得比轻型井点更大的流量和降深。降深可能受经济上的限制，而不是物理上的。在低渗透性工作中，真空可以通过一个单独的系统来施加（Powrie 和 Roberts，1995；Bevanet 等，2010）
喷射法（有时称为引射）	在小直径（最小 50 mm）的深孔中安装喷嘴和文丘里管装置，由从地表抽取的高压水驱动	当井被密封时，会同时抽取空气和水，自动产生真空。特别适用于低渗透性土层（Powrie 和 Roberts，1990；Robertset 等，2007）

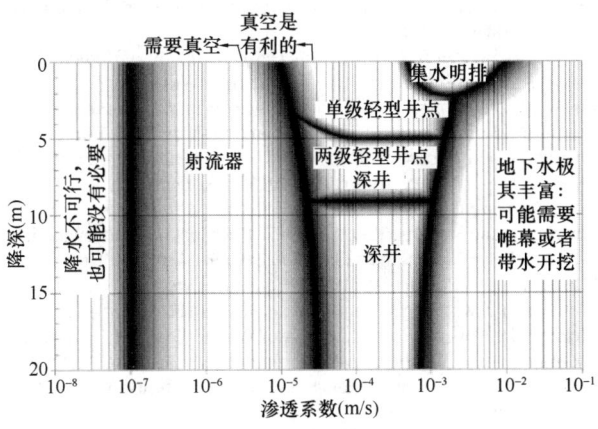

图 16.7 降水技术的应用范围

经许可摘自 CIRIA C515，Preene 等（2000），www.ciria.org

土的参数	中砂	细砂	粉土	黏土
水力传导系数（m/s）	10^{-3}	10^{-4}	10^{-6}	10^{-8}
一维压缩模量 E'_0（MPa）	100	50	10	2
排水路径为 50m 时瞬态流完成时间	4min	1.4h	1 月	40 年

排水路径为 50m 时瞬态流完成时间示例　　表 16.3

数据取自 Preene 等（2000）（CIRIA C515）。

16.6 瞬态流

到目前为止我们考虑的是稳定流，在给定时间内水流入土体单元的水体积等于流出的水体积，也就是说土的体积没有变化。但情况并非总是如此，如果土单元的体积随时间变化（比如由外部荷载变化引起的体积变化）：土体积增大（膨胀），则流入将大于流出；土体积减小（收缩），则流入小于流出。非稳定流也称为瞬态流，而与时间相关的体积变化过程叫做固结（或者称为膨胀，当体积增大时）。

随着有效应力增大，土骨架就会压缩，这需要水从孔隙中排出，而由于流动速率受土的水力传导系数的限制，固结不会立即发生。因此，总应力的增加首先是会导致孔隙水压力的增加。孔隙水压力的增大使得在局部产生水力梯度，相应地水会从土中流出。当水从孔隙中流出时，孔隙水压力回落到平衡值，土体压缩，有效应力增加，以弥补孔隙水压力的减少。最终，孔隙水压力返回到初始的平衡值，瞬态流动停止。土被压缩，有效应力增加至总应力的增加量，固结完成。

固结速率随水力传导系数的增大而增大。随着土体压缩模量 E'_0 的增加，与有效应力最终增加相关的压缩量减小。固结系数 c_v 可由参数 k 和 E'_0 表达：

$$c_v = \frac{kE'_0}{\gamma_w} \quad (16.10)$$

式中，γ_w 为水的重度。显然，固结系数会随着土的压缩模量和水力传导系数及应力历史、应力状态和应力路径而变化。对于应力变化较小的硬土，在分析中假定 c_v 值为定值是合理的。然而，对于涉及软的沉积物和应力变化较大的问题，可能需要使用 c_v 随深度和应力变化的方法。固结时间还依赖于到排水边界的距离 d 及渗流的几何特征。对于可近似为一维渗流的简单情况，通常认为固结在时间 t 后基本完成，使得式（16.11）中定义的无量纲数 T 近似等于 1：

$$T = \frac{c_v t}{d^2} = 1 \quad (16.11)$$

原则上，总应力或边界孔隙水压力变化时所有的土体都会发生瞬态流。然而，通常只有在饱和、低渗透性的细粒土中固结才具有实际意义。如表 16.3 所示，砂土相对坚硬，渗透性更强，因此砂土瞬态流的时间尺度很短，可能是几分钟，而不是几个月或几年。

需要认识到，许多实用土力学的理论相对直观简洁，但在处理土体复杂特性和选定如水力传导系数、压缩模量和固结系数等变异性很大的参数的表征值时，都涉及极大的简化。这就是为什么经验、判断和尊重实际对于将理论应用于岩土工程实践是如此重要。

16.7 小结

■ 土中地下水流动受达西定律控制，即由一个称作水力

- 传导系数或渗透系数的参数所控制。
- 由于尺寸和结构效应很难有把握地确定，特别是在小体积土样的试验基础上，故水力传导系数在土体内变化很大。
- 简单的流态可以用数学方法或平面流网分析。
- 如果需要，可以考虑各向异性，以及流线通过不同水力传导系数地层时的转折。
- 应采取措施降低天然地下水位以下基坑附近的地下水位和孔隙水压力，防止坑壁或基底失稳。这通常是通过从井中抽水来实现，该过程被称为工程降水。
- 瞬态流发生在土体积随边界应力变化而变化的过程中。这就涉及所说的固结过程，通常只对低渗透性土有意义（如黏土）。

16.8 参考文献

Bevan, M. A., Powrie, W. and Roberts, T. O. L. (2010). Influence of large scale inhomogeneities on a construction dewatering system in chalk. *Géotechnique* **60**(8), 635-649. DOI: 10.1680/geot.9.P.010.

Cashman, P. M. and Preene, M. (2001). *Groundwater Lowering in Construction: A Practical Guide.* London and New York: Spon Press.

Cedergren, H. (1989). *Seepage, Drainage and Flownets* (3rd edition). New York: John Wiley.

Powers, J. P. (1992). *Construction Dewatering: New Methods and Applications* (2nd edition). New York: John Wiley.

Powrie, W. (2004). *Soil Mechanics: Concepts and Applications* (2nd edition). London and New York: Spon Press (Taylor & Francis).

Powrie, W. and Roberts, T. O. L. (1990). Field trial of an ejector well dewatering system at Conwy, North Wales. *Quarterly Journal of Engineering Geology*, **23**(2), 169–185.

Powrie, W. and Roberts, T. O. L. (1995). Case history of a dewatering and recharge system in chalk. *Géotechnique*, **45**(4), 599–609.

Preene, M. and Powrie, W. (1992). Equivalent well analysis of construction dewatering systems. *Géotechnique*, **42**(4), 635–639.

Preene, M., Roberts, T. O. L., Powrie, W. and Dyer, M. R. (2000). *Groundwater Control: Design and Practice.* CIRIA Report C515. London: Construction Industry Research and Information Association.

Roberts, T. O. L., Roscoe, H., Powrie, W. and Butcher, D. (2007). Controlling clay pore pressures for cut-and-cover tunnelling. *Proceedings of the Institution of Civil Engineers (Geotechnical Engineering)*, **160**(GE4), 227–236.

第1篇"概论"和第2篇"基本原则"中的所有章节共同提供了本手册的全面概述，其中的任何一章都不应与其他章分开阅读。

译审简介：

刘丰敏，岩土工程专业博士，高级工程师，主要从事岩土工程相关的勘察、设计及施工管理工作。

曹子君，西南交通大学教授，博士生导师，主要从事岩土工程不确定性表征、可靠度设计与风险防控等方面的工作。

第 17 章 土的强度与变形

约翰·B. 伯兰德（John B. Burland），伦敦帝国理工学院，英国
主译：孔纲强（河海大学）
审校：蔡国庆（北京交通大学）

doi: 10.1680/moge.57074.0175

目录

17.1	引言	177
17.2	应力分析	177
17.3	土体排水强度	179
17.4	黏性土的不排水抗剪强度	183
17.5	莫尔-库仑强度准则	185
17.6	设计时强度参数的选择	186
17.7	土体的压缩性	186
17.8	土体的应力-应变特性	188
17.9	结论	193
17.10	参考文献	195

本章通过参考土体的颗粒性质介绍了土体强度和刚度等特性。同时展示了砂性土和黏性土的直剪试验结果，并与库仑强度准则 $\tau_f = c' + \sigma'_n \tan\varphi'$ 进行了比较。结果表明内摩擦角 φ' 由有效围压、初始相对密度和应力历史等因素决定。阐述了土体收缩或剪胀是控制不排水抗剪强度的关键。描述了临界状态强度和残余强度现象，解释了库仑强度准则向广泛应用的莫尔-库仑强度准则的扩展及其局限性。继而讨论了一维压缩条件下土体的变形特性。介绍了颗粒内部胶结的重要作用，引入了屈服概念。弹性理论广泛应用于岩土工程相关问题的计算与分析中（如地基沉降等）。详细探讨了理想各向同性多孔弹性材料的特性，并与实际土体进行了比较。简要介绍了非线性应力-应变性状的主要特点。

17.1 引言

本章仅讨论饱和土体的性质。关于非饱和土体特性的讨论，可参考第 14 章"作为颗粒材料的土"、第 32 章"湿陷性土"、第 33 章"膨胀土"、第 30 章"热带土"以及第 29 章"干旱土"。正如第 14 章"作为颗粒材料的土"所强调的，任何类型的饱和土体都可以被视为由固体颗粒接触形成的土骨架与其周围孔隙内填满的水组成。为了简化分析，有必要将土体理想化为一个连续体，仅考虑土体单元的大小、忽略土颗粒的大小，但与此同时，绝对不能忽略的一点是土颗粒的性质决定了土体的性状。

第 14 章"作为颗粒材料的土"结论中列出的颗粒材料的一些关键控制特征有：

（1）有效应力是指总应力中通过土颗粒接触点传递的那部分应力，是决定土体性状的主要因素；

（2）颗粒的紧密程度（如孔隙比 e）对土体的刚度、强度和渗透性起着重要作用；

（3）土体自重产生的有效围压，控制其强度和刚度；

（4）剪切时，松散的土体呈现剪缩，致密的土体呈现剪胀；

（5）颗粒级配、形状及微观结构是影响土体性质的重要因素；

（6）土体的不连续性，如剪切面和层理面等，是影响土体性质的主要因素。

如图 17.1（a）所示的土体单元及单元中的孔隙水压力 u，被理想化为连续体单元[图 17.1（b）]。当考虑作用在连续介质任意平面上的法向应力 σ 和剪应力 τ 时，还必须考虑作用在该平面内的孔隙水压力 u，即作用在任意平面上的力为有效应力 $\sigma' = (\sigma - u)$ 和 τ。本章介绍了土体的强度和刚度特性，并参照土颗粒的特有性质用简单的力学术语作了解释，可为进一步研究提供参考。

17.2 应力分析

应力分析在大多数应用力学和材料强度的教科书中都有详尽的论述，这里只作简要介绍。重要的是要理解土力学中采用的符号约定。特别是在实际问题中，由于很少出现拉应力，故将压应力视为正值。以笛卡尔坐标系 (x, z) 为基准的二维土体单元受压应力 σ'_x、σ'_z 和 $\tau_{xz}(\tau_{zx})$，如图 17.2（a）所示。便捷的符号约定为：由原点看单元体的两个最近的面，x 和 z 的正方向为正应力方向。因此，正应力 σ'_x 作用于常数 x 平面的法线，方向为 x 的正方向；正剪应力 τ_{xz} 作用于常数 x 平面的平行线，方向为 z 的正方向。切应力互等 $(\tau_{xz} = \tau_{zx})$，符合

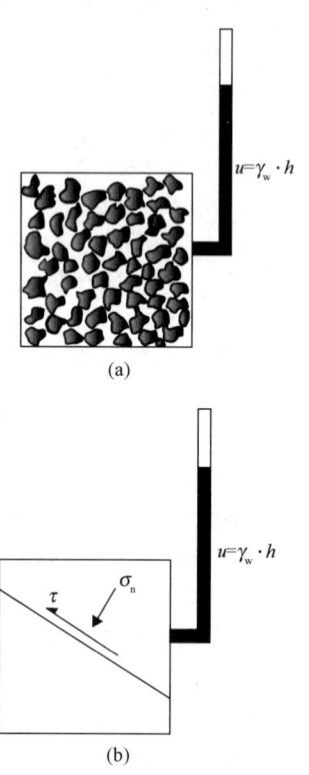

图 17.1 (a) 土颗粒单元；(b) 理想连续单元体

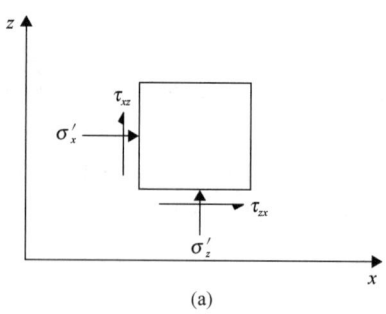

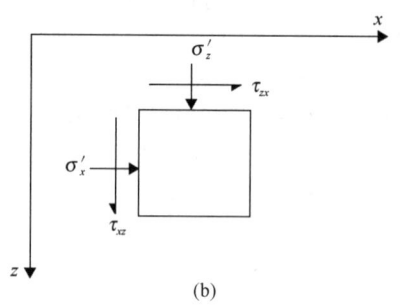

图 17.2 正应力符号约定
(a) z 向上为正；(b) z 向下为正

上述表达习惯。为了达到平衡，有应力作用在另外两个面上且方向相反。岩土工程问题中常把 z 取为向下为正，作用在单元体上的正应力方向如图 17.2（b）所示。

17.2.1 莫尔（Mohr）应力圆

单元体任何平面上的相关应力可通过图 17.2 所示的应力来表示。大多数教科书中都给出了这种应力变换的公式。土力学中，广泛使用了众所周知的基于莫尔圆几何构图进行应力转换的方法（Atkinson, 1993）。这是土力学中一个非常重要的工具，因为它与土力学中普遍使用的莫尔-库仑（Mohr-Coulomb）强度准则相关。当使用莫尔圆构图时，通常不必对图 17.2 所示的剪应力符号约定进行小的改变。为使几何结构发挥作用，将逆时针剪应力约定为正值、顺时针剪应力约定为负值。因此，图 17.2（a）所示的剪应力 τ_{zx} 在莫尔圆中为正值、而剪应力 τ_{xz} 则为负值。这个符号约定只适用于莫尔圆，而不适用于一般的应力分析。

一个单元体受到最大和最小主应力 σ'_1 和 σ'_3 的作用如图 17.3（a）所示。应力状态可用剪应力 τ 与法向应力 σ 的一个莫尔圆表示，如图 17.3（b）所示。由于代表最大和最小主应力的点作用的平面上没有剪应力，故将其直接绘制在 σ' 轴上。

莫尔圆的一个重要特征是极点（有时被称为"初始平面"）。如果能够确定极点位置，那么作用在任何平面上的应力就可以非常简单地确定。通过已知圆上的应力，画一条平行于应力作用平面的线来确定极点。线与圆相交的地方即为极点。图 17.3（b）中直线 1-1 与 σ'_1 作用的主平面平行，并经过莫尔圆上代表 σ'_1 的点；这条线与圆相交的地方即代表极点。

确定极点后，作用在任何其他平面上的应力可以通过画一条平行于平面的线穿过极点来确定。线与圆相交的地方给出了所需的应力状态。图 17.3（b）中点 E 表示通过单元体作用在平面 CD 上的应力。由图 17.3（b）可见，剪应力为正值，所以作用在平面 CD 结构两侧的剪应力为逆时针方向。

17.3 土体排水强度

17.3.1 库仑公式

1773 年，库仑在法国皇家科学院发表了一篇题目为《关于最大值和最小值规则在建筑有关的静力学问题中的应用》的学术论文（Heyman，1997）。库仑除了处理梁的弯曲和拱的稳定性问题之外，还讨论了砌体柱的强度和挡土墙背土压力，至今仍广泛应用于岩土工程实践中。

库仑假设滑动发生在任意一个平面上，该平面上材料既有摩擦又有黏聚力。通过改变滑动面的方向，计算出柱载荷的最小值，以给出破坏时对承重墙的最大推力。尽管他从未明确说明过这一点，但库仑采用的强度准则（用有效应力表示）给出：

$$\tau_f = c' + \sigma'_n \tan\varphi' \qquad (17.1)$$

式中，τ_f 是破坏时平面上的剪应力；σ'_n 是垂直于平面的有效应力；c' 是有效黏聚力；φ' 是有效抗剪角（通常称为有效摩擦角）。笔者倾向称 φ' 为"有效抗剪角"，因为其值取决于除颗粒间摩擦之外的因素，如颗粒形状和级配等，参见第 14 章 "作为颗粒材料的土"。

式（17.1）被称为库仑公式，它在莫尔圆中绘制为两条直线，如图 17.4 所示，分别表示正剪应力和负剪应力。接下来的章节中，将使用简单的剪切盒检查室内试验的结果，并将试验结果与库仑公式进行比较。

17.3.2 颗粒材料排水剪切试验结果

对于排水剪切试验，缓慢施加剪应力，以便孔隙水在土体膨胀或收缩时能够进入或排出试样。1953 年，Roscoe 在剑桥大学工作期间，开发了一套剪切盒装置，在一个简单的剪切盒中，土体试样在单剪作用下均匀变形，如图 17.5 所示。对各种粒状土体进行排水试验，并呈现出了明确的特性模式。图 17.6 显示了在非常松散（线 1）到非常致密（线 4）的不同初始相对密实度的砂土试样单剪试验结果。所有的试验在相同的正常有效应力 σ'_n 下进行，试验结果分别如图 17.6（a）～图 17.6（c）所示。

剪应力 τ 与剪应变 γ 的关系曲线如图 17.6（a）所示。对于初始非常松散的试样，可以看出应力-应变曲线以递减的速率上升，直到达到最大

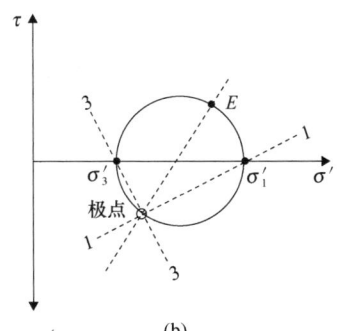

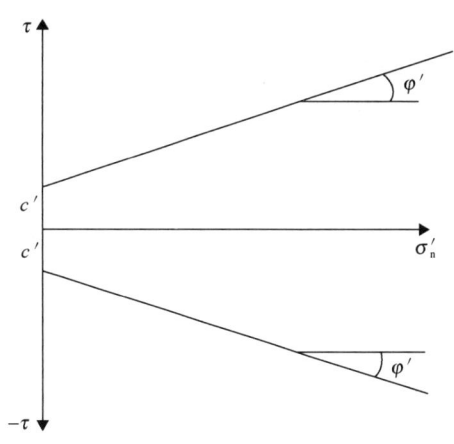

图 17.4 库仑强度准则

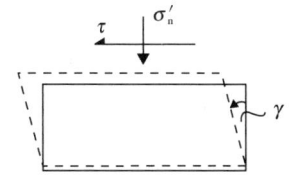

图 17.5 剑桥单剪试验装置的变形模式

图 17.3 莫尔圆在应力转换中的应用
（将逆时针剪应力视为正）

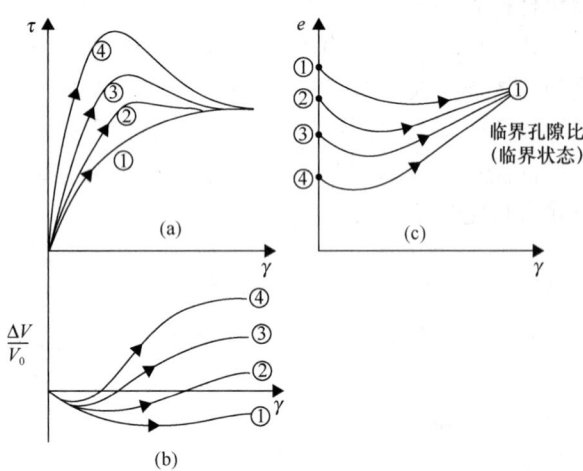

图17.6 相同 σ'_n 值、不同初始相对密实度条件下砂土排水单剪试验结果

剪应力,然后随着进一步变形,该最大剪应力保持近似恒定。试验期间相应的体积应变如图17.6(b)所示。随着剪切的开始,试样的体积开始减小(收缩),然后非常微小地增加,此后体积保持不变,最后进一步变形。总的来说,试样在剪切过程中体积是收缩的。

上述特性可以与初始非常致密的试样形成对比。由图17.6(a)可见,应力-应变曲线急剧上升并达到最大值(峰值),之后强度降低。最终,随着持续变形,剪应力达到与初始非常松散的试样相同的强度值。由图17.6(b)可见,最初的小收缩后,非常致密的试样开始膨胀,达到峰值强度的最大膨胀速率。此后,随着剪切的继续,膨胀的速率降低,直到最终体积不再变化。两个中等相对密实度的试样表现出介于初始非常松散和非常致密试样之间的特性。

剑桥单剪仪的一个关键特征是在试样的边界上施加均匀的变形,这样就可以在整个试验过程中测量孔隙比的变化,直到在非常高的剪应变下的极限条件。试样孔隙比随着剪应变的增加而变化的趋势如图17.6(c)所示。初始非常松散的试样开始时孔隙率较大,在大部分试验过程中孔隙比会降低。相比之下,初始密度非常高的试样初始孔隙比较小,然后在试验过程中逐渐增加。所有4个试样最终达到相同的孔隙比,称为"临界孔隙比"。进一步可以得出,当土体试样达到以恒定剪应力和恒定孔隙比继续剪切的条件时,即达到了所谓的"临界状态"。

上述所有试验均在相同的法向有效应力下进行。图17.7为不同竖向有效应力条件下4种初始孔隙比的试验结果。由图17.7可见,临界孔隙比的值随着竖向有效应力的增加而减小,给出了所谓的"临界孔隙比线"。将每个试样的峰值强度和极限强度都绘制在莫尔圆上,可以看出极限强度线是直线,并通过原点,其斜率为 φ'_{cs} (临界状态抗剪强度角)。然而,对于密度较大的试样峰值强度线是曲线,位于临界状态强度线之上。强度包络线的这种向上移动及其曲率是由于在剪切过程中发生膨胀而做的额外功导致。

从上述结果可以得出以下几点主要结论:

(1)有效围压在控制颗粒材料强度特性方面起主导作用。

(2)初始密度会影响峰值强度。初始密度越大,在莫尔圆中 τ 与 σ'_n 的峰值强度包络线越陡峭和弯曲。

(3)在大的剪切变形后,相同的竖向有效应力下,不管是松散还是致密试样的抗剪强度趋于一致、孔隙比也趋于一致,这种状态被称为"临界状态"。在临界状态下,给定竖向有效应力值的试样将在恒定剪应力和恒定孔隙比下继续剪切(此时膨胀速率为零)。

(4)在莫尔圆上,极限强度线是直线,并通过原点,其斜率为 φ'_{cs}。

(5)初始密度和 σ'_n 的大小会影响剪切过程中的膨胀量。初始密度越大, σ'_n 越小、膨胀越大。最大膨胀率近似对应于峰值强度,强度包络线的曲率与膨胀抵抗围压时所做的功有关。

(6)在给定的法向有效应力 σ'_n 作用下,峰值强度 τ_p 大于临界状态强度 τ_{cs}。强度差 $(\tau_p - \tau_{cs})$ 是由膨胀速率引起的,有时称为"增强强度"。

17.3.3 黏性土排水剪切试验结果

首先使用高含水率的试样对黏性土的强度特性进行测定,然后使其在剪切盒中固结到不同有效法向应力值,从而得出"原始压缩曲线"。我们称此类试样为"重塑样"或"重造样"。以这种方式形

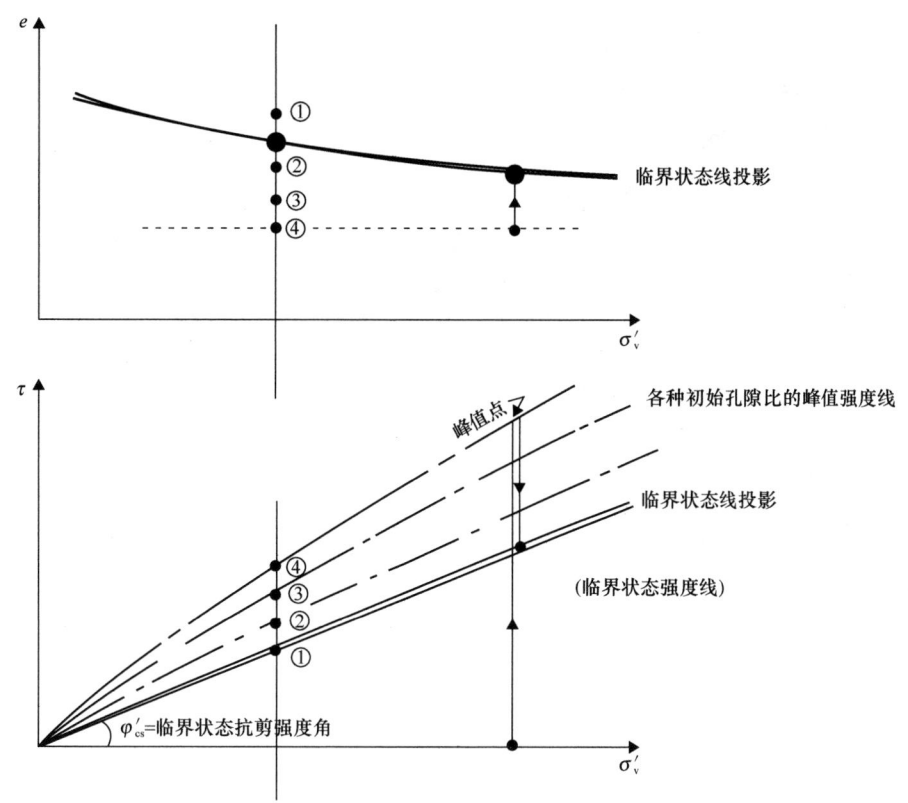

图 17.7 不同初始密度、不同 σ'_n 值条件下砂土排水单剪试验结果

成的黏性土的孔隙比 e 对 σ'_v 的初始压缩曲线如图 17.8（a）所示。在给定的有效正应力值（点 A 和点 B）下，进行排水剪切试验。这种黏性土的特性与松散砂土非常相似。τ 与 γ 的应力-应变曲线如图 17.8（c）所示，该曲线以递减的速率上升，直到达到最大剪应力，然后随着进一步变形（点 A' 和点 B'）的发生，该最大剪应力保持近似恒定。由图 17.8（c）可见，当剪切开始时，试样以逐渐减小的速度收缩，直到达到最大强度，体积不再减小，孔隙比保持不变［图 17.8（a）中的点 A' 和点 B'］，试样达到了临界状态条件。当绘制在 τ 与 σ'_v 的莫尔圆上时，强度位于穿过原点的临界状态强度线上，其斜率为抗剪角 φ'_{cs}，如图 17.8（b）所示。

超固结的重塑黏性土的特性与密砂非常相似。图 17.9（a）描述了固结至 σ'_v 高值（点 B）的重塑黏性土试样的孔隙比 e 和 σ'_v 之间的关系，达到 σ'_v 的高值之后有效应力逐渐减小，导致试样发生膨胀，并在 σ'_v 的较低值处（点 C）达到平衡。如果此时在 σ'_v 保持不变的情况下进行排水剪切试验，应力-应变曲线［图 17.9（c）］将在 C' 处达到 τ 峰值，然后随着剪切的继续逐渐减小。同时，试样将趋向于膨胀，从而孔隙比增加。当绘制在莫尔圆上时，峰值强度 C' 位于相应的临界状态值之上，土体的强度包络线是曲线，如图 17.9（b）所示。

17.3.4 黏性土残余强度

如第 17.3.2 节所述，相关试验结果表明，对于致密的粒状土体强度，达到峰值后，逐渐降低至对应于临界状态的稳态值。通常假定超固结黏性土也有类似的现象。然而，由于剪切过程会显著改变土体结构（颗粒排列），黏性土的特性相对更复杂。对黏粒含量高的土体进行的环剪试验结果表明，达到峰值强度后，黏性土颗粒逐渐在剪切区排列，直到形成光滑的剪切面。这样一来，强度随着剪切面上位移的增加而稳定下降，直到黏性土颗粒

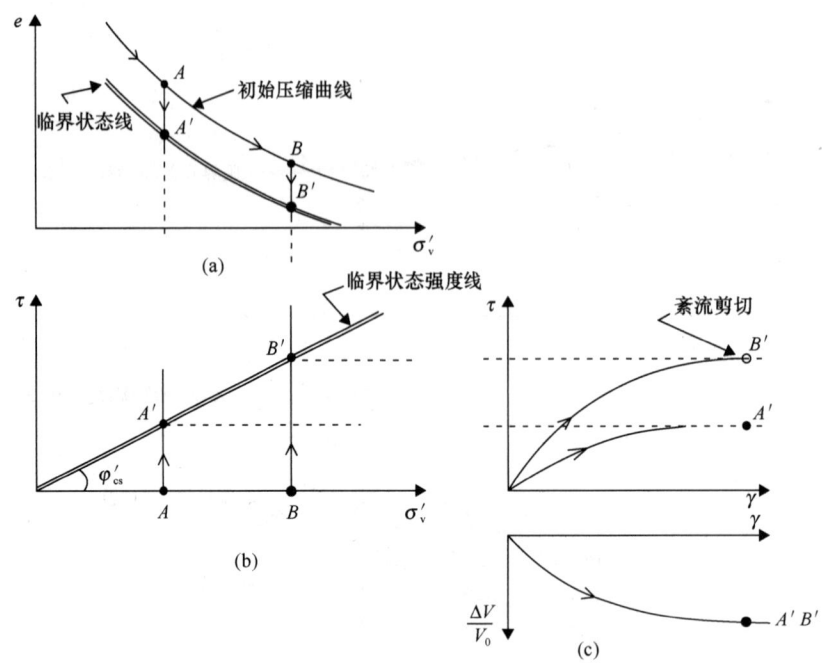

图 17.8 重塑正常固结黏性土的排水单剪试验结果

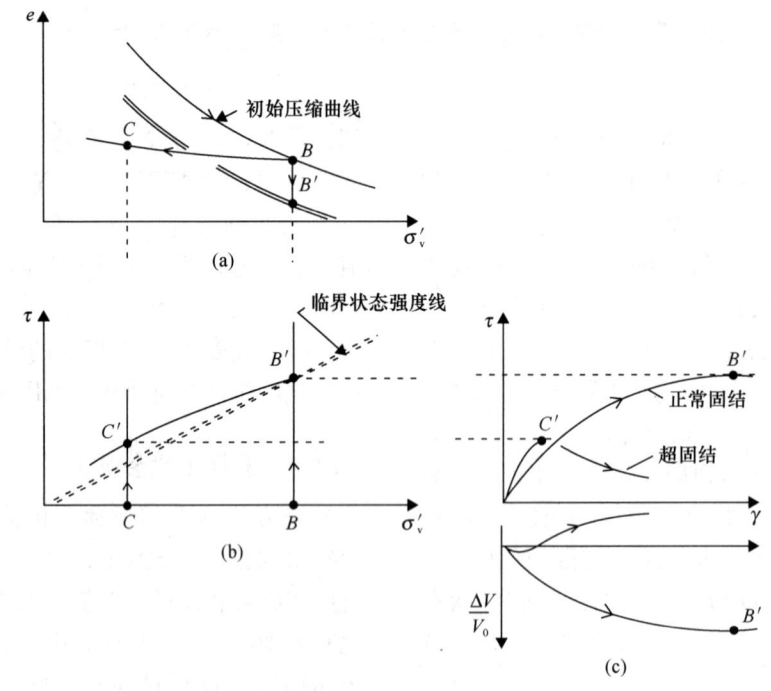

图 17.9 重塑超固结黏性土的排水单剪试验结果

完全对齐，达到较低的"残余强度"（图 17.10）。Lupini 等（1981）将这种现象称为"滑动剪切"。他们将其与临界状态下的剪切（"紊流剪切"）进行了对比，以传达这样一种思想，即在临界状态下的持续剪切过程中，颗粒以紊流的方式运动。

膨润土含量稳定增加的砂-膨润土混合物的临界状态抗剪角 φ'_{cs} 和残余摩擦角 φ'_r 的比较结果如图 17.11 所示。由图 17.11 可见，对于黏粒含量小于 20% 的土体，φ'_{cs} 和 φ'_r 之间几乎没有差异。然而，随着黏粒含量的增加，φ'_r 的值逐渐小于 φ'_{cs}。对于在环剪仪中测试的超固结黏性土，强度从峰值强度平稳下降到残余强度，且无法区分明显的临界状态强度，如图 17.10 所示。因此，衡量极限状态强度最简单的方法就是基于具有剪缩性的正常固结的重塑土样。

17.3.5 黏聚力对黏性土排水强度的影响

在第 17.3.4 节中，描述了微结构的变化对黏性土排水抗剪强度的影响。影响黏性土排水抗剪强度的另一个重要因素是大多数天然黏性土或多或少都存在的颗粒间的粘结作用，粘结作用可增加材料的强度和刚度。最初完好无损、天然、坚硬、超固结的黏性土的试验结果表明，粘结力的破坏会导致峰后强度迅速下降，并形成清晰的破裂面（图 17.12）。沿破裂面的强度称为断裂后强度，其具有有效的抗剪切角 φ'_{pr}。这与重塑材料的临界状态值非常相似，但通常有效黏聚力 c' 值较小。鉴于此类土体的峰后脆性特性，用断裂后强度进行设计是不可取的。

17.4 黏性土的不排水抗剪强度

当对渗透性相对较低的黏性土施加剪应力时，孔隙水需要相当长的时间才能进入或排出孔隙。当剪切过程中很少或没有排水时，该过程被定义为"不排水剪切"，相应的强度被定义为"不排水强度" S_u。土体在排水剪切过程中收缩或膨胀的趋势对材料的不排水强度有着深远的影响，可通过考虑不排水剪切的土体试样说明上述特性。在试验期间，施加的法向应力 σ_n 保持不变。

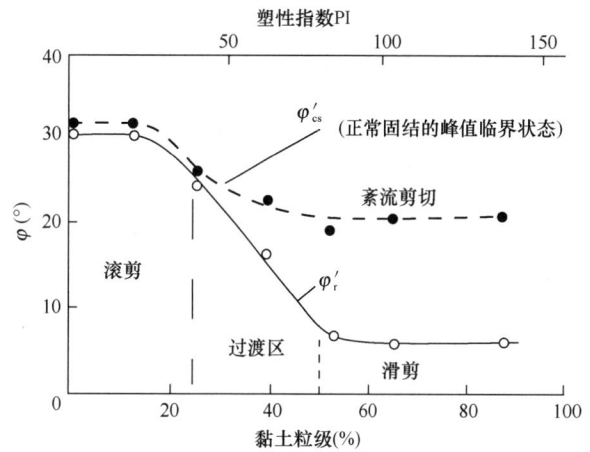

图 17.11 砂-膨润土混合物的环剪试验（正常固结有效应力 $\sigma' = 350\text{kPa}$；PI/CF = 1.55）

数据取自 Lupini 等（1981）

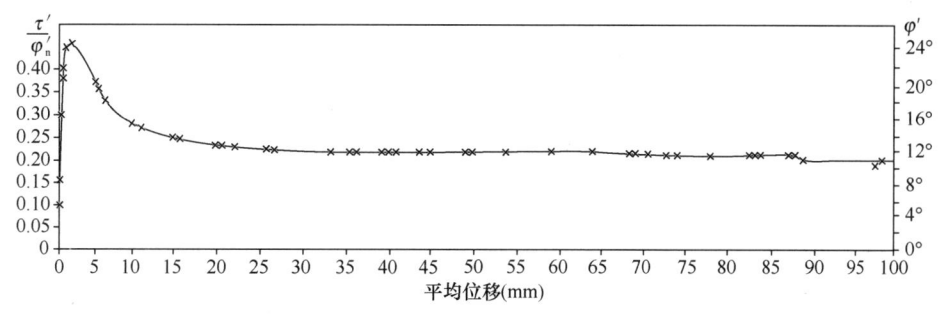

图 17.10 原状 Blue 伦敦黏土试样排水环剪试验结果（法向应力 $\sigma'_n = 207\text{kPa}$、剪切速率 0.0076mm/min）

根据 Bishop 等（1971）的数据重新绘制

对于松散（正常固结或轻度超固结）的试样，随着 τ 的增加，试样将试图收缩但却被约束。因此，应力转移到孔隙水上，使孔隙水压力 u 增大，由于 σ_v 不变，σ'_v 减小。由此产生的有效应力路径和应力-应变特性如图 17.13 中的实线所示，不排水强度 S_u（由 A 点给出）小于相应的排水强度

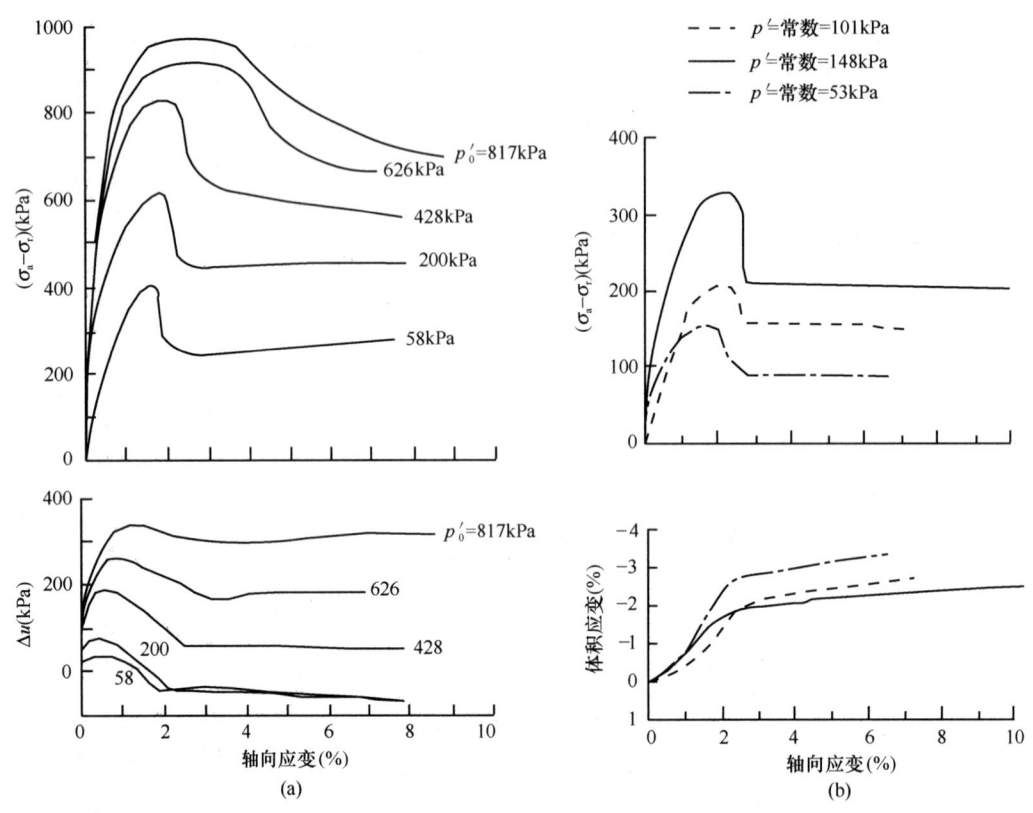

图 17.12　原状 Valerica 黏性土

（a）排水；（b）不排水三轴试验结果（峰后强度降低呈现脆性）

摘自 Burland 等（1996）

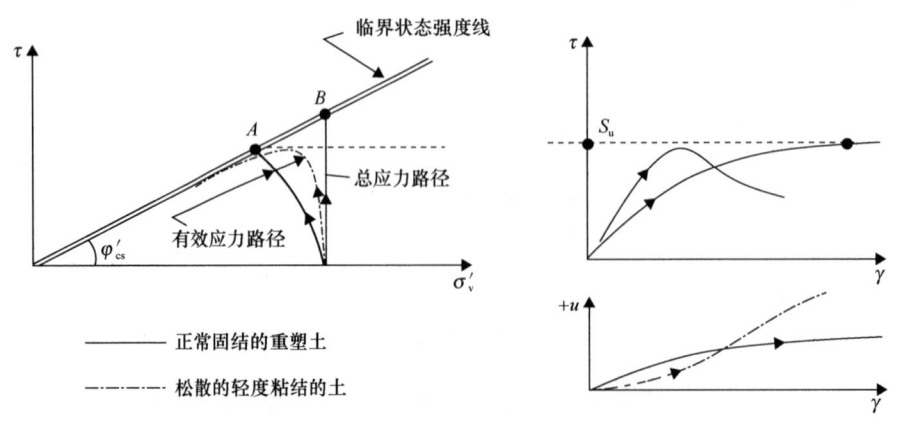

图 17.13　正常固结黏性土的不排水剪切

（由 B 点给出）。如果在给定的 τ 值下，当 τ 和 σ_v 保持不变时，进行排水将使正孔压力消散、体积减小，试样的强度增加。因此，在不排水的情况下施加剪应力后，压缩土体排水强度更高。

对于初始密实（超固结）的试样，随着 τ 的增加，试样将试图扩张，但同样被约束。与松散的试样相反，孔隙水压力随着土体的膨胀而减小，因此 σ_v' 增大。最终的应力路径和应力-应变特性如图 17.14 中的实线所示，由图可知，不排水强度 S_u（A 点）大于排水强度（B 点）。如果在给定的 τ 值下，τ 和 σ_v 保持不变的情况下进行排水，则负孔压消散、体积增加、试样强度降低。显然，如果排水强度小于施加的剪切应力 τ，则排水时会发生破坏。这是在超固结的边坡中长期（或延迟）发生边坡破坏的主要原因，详细请参阅第 23 章"边坡稳定"。因此，在不排水的剪应力作用下，膨胀土体变软弱。

图 17.13 中的点划线表示初始非常松散颗粒之间具有一定粘结力的土体的不排水强度特性。该材料具有高收缩性，在达到最大不排水强度后，正孔压会继续发展，并且粘结逐渐被破坏。由此强度降低，有效应力路径继续向左移动，沿着临界状态强度线向下移动。因此，松散的土体（如正常固结或轻度超固结的天然黏性土）在达到峰值强度后会表现出非常脆弱的不排水剪切特性，并且强度会明显降低，尤其是当其轻度粘结或胶结时。

重塑时不排水强度的降低称为"灵敏度"，其定义为相同含水率下黏性土不排水强度与其重塑强度的比值。

17.5 莫尔-库仑强度准则

迄今为止，工程界主要以经典库仑公式［式（17.1）］来考虑土体强度；该公式基于已知法向应力 σ_n' 和剪应力 τ 的剪切试验获得，未涉及有关主应力或其方向的力。莫尔表示，当材料按照库仑准则失效时，与破坏状态相对应的莫尔圆与库仑强度线相切，如图 17.15 所示。

排水三轴压缩试验达到破坏时的莫尔圆如图 17.16 所示，其轴向有效应力 σ_a' 是最大主应力（$=\sigma_1'$），而径向有效应力 σ_r' 是最小主应力（$=\sigma_3'$）。从简单的几何图可以看出，σ_1' 和 σ_3' 的关系如下式所述：

$$\sigma_3' = \sigma_1' \tan(\pi/4 - \varphi'/2) - 2c'\tan(\pi/4 - \varphi'/2) \tag{17.2}$$

上式即为莫尔-库仑强度准则。

由于 σ_a'（$=\sigma_1'$）垂直于水平面，因此极点与 σ_3' 点重合，如图 17.16 所示。将极点连接到莫尔破坏圆的切点的线通常称为"应力特征"或"破

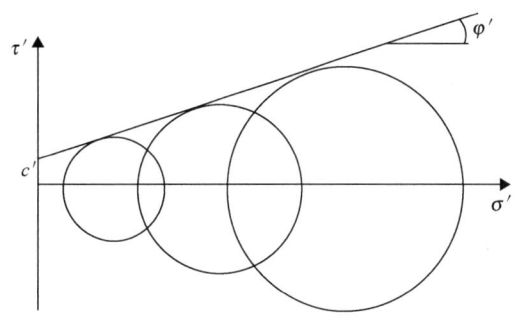

图 17.15 莫尔-库仑强度准则

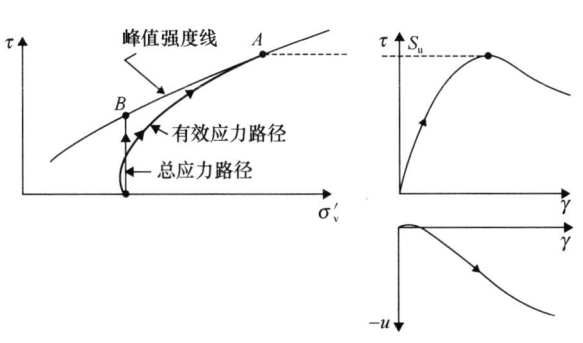

图 17.14 超固结黏性土的不排水剪切

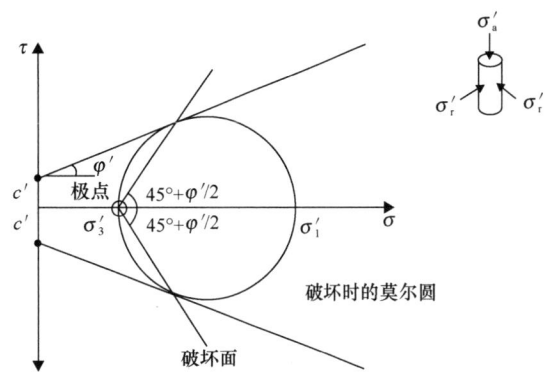

图 17.16 三轴压缩试验破坏线

坏面"，破坏面与大主应力平面的夹角为±(π/4 + φ'/2)。

剪切试验测得的强度包络线通常为曲线。在这种情况下，莫尔圆仍然与包络线相切。通过进行大量排水或不排水三轴试验和孔隙压力测量，可构造与破坏状态相对应的有效应力莫尔圆来获得强度包络线。然后，在与这些圆相切的方向绘制最佳破坏包络线与这些圆相切如图17.17所示。在这种特殊情况下，有效的黏聚力截距为c'，该黏聚力截距c'仅在低约束压力且存在颗粒间粘结时才存在。

17.6 设计时强度参数的选择

在前面的叙述中，至少确定了三种常见的强度定义：峰值强度、临界状态强度和残余强度；峰值和临界状态强度可应用于排水或不排水条件，残余强度常应用于排水条件。

库仑公式是一个简化的公式。首先，给定土体的φ'的峰值不是唯一的，而是取决于其初始孔隙比或密度。其次，强度包络线通常是曲线，因此不能严格满足库仑公式。要在使用莫尔-库仑强度准则的分析中选用哪些有效的强度参数并不容易。一种简单实用的方法是选择一个线性破坏包络线，该包络线由φ'和c'值决定，该值与工程问题中遇到的法向有效应力的范围相适应。在这些情况下均需要明确，选定的c'设计值不是材料黏聚力的真实度量，而仅是为了简化分析。

不排水强度S_u设计值的选取也不简单。关于不排水强度，对于给定的土体或土体试样而言，它并不唯一。至少取决于三个因素：（1）试样试验的速率（速率越高强度越大）；（2）大多数土体的不排水强度是各向异性的，并取决于主应力的方向；（3）对于硬质黏性土，不排水的强度取决于所测试样的大小（硬质黏性土的直径为100mm的试样平均强度通常明显低于35mm直径的试样）。选择强度参数的主要内容和方法可参见第27章"岩土参数与安全系数"。

17.7 土体的压缩性

下面讨论土体的压缩变形特性。由于土体的颗粒性质，土体是可压缩的，尤其是黏性土。如第14章"作为颗粒材料的土"所讨论的，作为颗粒材料的土，有效应力的增加会导致颗粒间发生滑移，颗粒紧紧堆积在一起将水从孔隙中挤出。排出水所需的时间是土体渗透性和可压缩性的函数。一维固结仪是使用最早且沿用至今仍使用最广泛的一种用于测量土体可压缩性的装置，如图17.18所示。在大多数教科书中都给出了该试验及其应用的详细说明，如 Craig（2004）、Powrie（2004）等。

17.7.1 体积压缩系数（m_v）

一维固结仪中初始非常松散的土体试样，承受不断增加的垂直有效应力，并随着有效应力的增加完全排水，然后再卸载，试样的孔隙比e与垂直有效应力σ'_v的关系如图17.19（a）所示，也称"初始压缩曲线"。从图中可以看出压缩曲线ABC向上凹，表明随着σ'_v的增加，土体的压缩性逐渐减小。体积压缩系数m_v定义为体积应变的增量$\Delta V/V_0$除以垂直有效应力$\Delta\sigma'_v$的相应增量。试样压缩曲线上的状态B对应于孔隙比e_0和垂直有效应力σ'_{v0}。$\Delta\sigma'_v$的增加会导致孔隙比Δe的减小。因为试样的初始体积相对于每单位固体体积为$(1+e_0)$，并且相应的体积变化等于Δe，可得出：

$$m_v = \frac{\Delta e/(1+e_0)}{\Delta\sigma'_v} \quad (17.3)$$

显然，m_v不是常数，需针对适当的应力范围进行确定。通常用单位 m^2/MN 表示应力的倒数。

17.7.2 压缩和膨胀的简单机理解释

将土体试样加载到竖向有效应力σ'_{vp}[图17.19（a）中的C点]，然后逐步卸载，可以看出，试样的体积随卸载而逐步增大。卸载（或膨

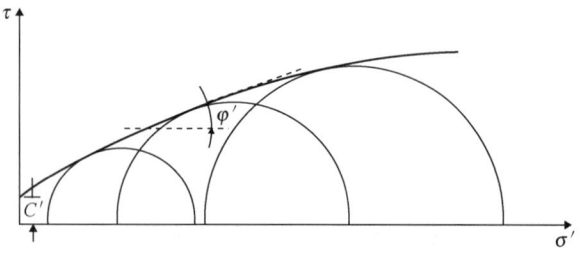

图2.17.17 强度包络曲线与破坏时的莫尔圆相切

胀）曲线比初始压缩曲线平坦得多，这是因为初始加载过程中，大部分体积减小是由颗粒间紧密接触时颗粒接触点处发生滑移引起。卸载时，几乎没有"反向"滑移，且大部分体积恢复来自颗粒的弹性卸荷，对于黏性土而言，则是将水吸收到黏性土颗粒晶格结构中。

将试样重新加载到对应于 D 点的有效应力，该有效应力大于 σ'_{vp}。最初，重新加载的压缩曲线位于卸载曲线上方一点的位置，直到应力达到最大的前期应力 σ'_{vp}，此时该应力会穿过卸载曲线并重新连接初始的压缩曲线。这可以解释为，重新加载时，材料的响应大致可逆，并且颗粒在接触点几乎没有滑移变形。然而，一旦有效应力达到前期的最大值，接触点的滑移就会重新开始，并且再次加载的压缩曲线会重新连接初始的"初始压缩曲线"，如图 17.19 所示。因此，前期的最大有效应力是一种"预加载"，即在较低的应力下试样的可压缩性远小于第一次加载时的可压缩性。一旦超过"预加载"，就会重新出现颗粒接触点的明显滑移。不可逆的颗粒接触滑移开始发生是一个非常重要的概念，类似于韧性金属的"屈服"，表示产生了不可恢复的（塑性）应变。

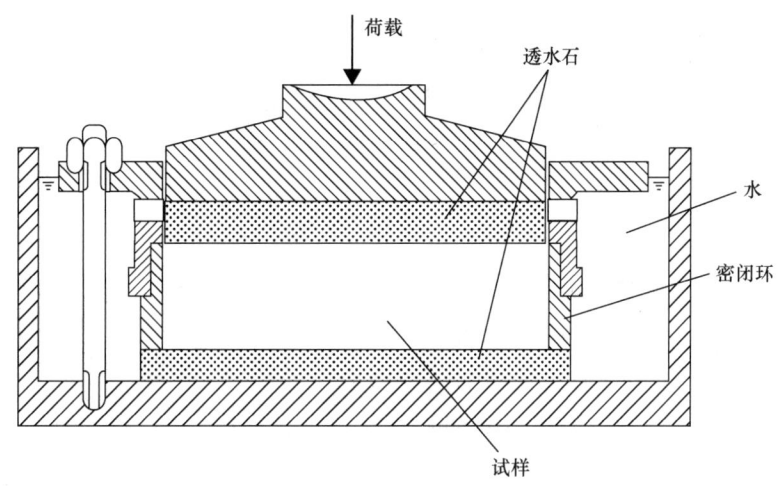

图 17.18　一维固结仪

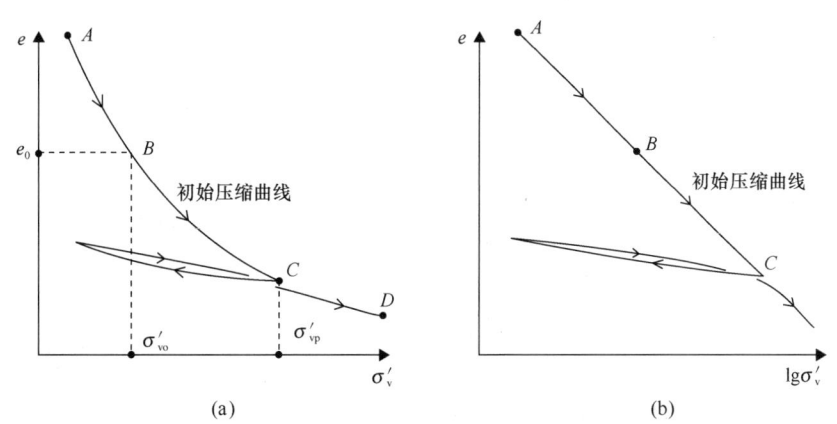

图 17.19　初始加载、卸载和再加载的一维压缩曲线
（a）自然坐标系下的 σ'_v；（b）对数坐标系下的 σ'_v

17.7.3 半对数坐标系上的压缩曲线

通常使用对数坐标作为应力轴绘制如图17.19（a）所示的压缩曲线和膨胀曲线，绘制结果如图17.19（b）所示。对数坐标系下，初始压缩曲线和膨胀曲线近似呈直线。半对数坐标系中初始压缩曲线的斜率定义为压缩指数 C_c，对于近似线性部分的任意两个点，其斜率表示为：

$$C_c = \frac{e_0 - e_1}{\lg(\sigma'_{v1}/\sigma'_{v2})} \qquad (17.4)$$

e-$\lg\sigma'_v$ 图卸载部分的斜率称为压缩（膨胀）指数 C_e。

对于重新加载曲线，习惯使用重新连接初始压缩曲线时的急剧向下曲率来确定最大前期压力 σ'_{vp}。正如下面章节所述，在用这种方式解释固结曲线时需要注意，急剧下降的曲线也可能是土颗粒间胶结作用被破坏导致的。

17.7.4 颗粒胶结对压缩和屈服的影响

大多数天然土体具有某些颗粒胶结（源自胶结作用或物理化学作用），对土体的压缩特性具有重要影响。黏性土中物理化学键可以在相当短的时间内形成。Leonards 和 Ramiah（1959）在一些经典试验中证明了其影响程度（Burland, 1990）。在固结仪中对黏性土重塑和压缩，并采取特殊的预防措施减少侧壁摩擦。在给定的垂直有效应力作用下，荷载保持恒定12周；该疲劳期之后，继续加载过程。

试验结果 e-$\lg\sigma'_v$ 关系如图17.20所示。随着 σ'_v 增加，土体沿初始压缩曲线压缩。在应力 σ'_{v0} 时，荷载保持恒定12周，在此期间发生了一些蠕变压缩，土体孔隙比下降到初始压缩曲线以下。当恢复加载时，所得的压缩曲线越过初始压缩曲线的右侧，然后急剧向下弯曲，并从上方重新连接初始压缩曲线。防止疲劳过程中蠕变的试验结果表明，随后的压缩曲线移至初始压缩曲线的右侧，然后急剧弯曲并像先前一样重新连接。压缩曲线向下"扭结"是由于颗粒键的断裂和颗粒间开始滑移。Leonards 和 Ramiah 试验测得在1.5倍 σ'_{vy} 应力值的情况下会发生"扭结"。

综上所述，传统将固结压缩曲线的最大曲率点表示为前期有效上覆压力的最大值时需要注意。实际上它表明的是颗粒开始显著滑移时的应力，是由颗粒间胶结的断裂而产生的。因此，Burland（1990）建议将此点称为垂直屈服应力 σ'_{vy}，而不是先期固结压力。先期固结压力指可以通过地质手段确定这种先期固结压力大小的情况。通常固结的天然黏性土的 $\sigma'_{vy}/\sigma'_{v0}$（称为屈服应力比）值高达1.5，这是正常现象，并非个例。在发生胶结时，屈服应力比可能非常高。

准确确定 σ'_{vy} 具有重要的实践意义。如果垂直有效应力能够保持在该值以下，那么沉降通常会很小。对于软黏土，如果超过了垂直屈服应力，则可能发生很大的变形。垂直屈服应力也可用作不排水抗压强度 S_{uc} 的经验指标。研究发现，对于各种天然黏性土，S_{uc}/σ'_{vy} 的比值在 0.28 ~ 0.32 之间（Burland, 1990）。

在尝试确定 σ'_{vy} 时，使用 e-$\lg\sigma'_v$ 图可能会产生误导。例如，e-σ'_v 图上的直线变成 e-$\lg\sigma'_v$ 图上的向上凸的曲线。更可靠的方法可参照 Butterfield（1979）的建议在双对数轴上绘制数据。Butterfid（1979）针对泰勒（Taylor）（1948）给出的四组数据绘制了 $\ln(1+e)$ 与 $\lg\sigma'_v$ 曲线，如图17.21所示。显然，与半对数图相比，双对数图对垂直屈服应力的表达相对更清晰。

17.8 土体的应力-应变特性

第17.3节从描述最常用的土体强度理想模型——库仑公式开始，通过与土体试验的结果进行对比，评估了库仑公式的准确性和局限性。采用类

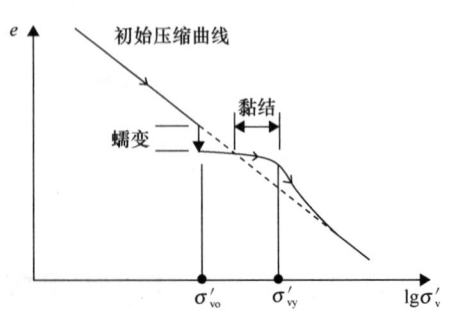

图17.20 时效和颗粒键对重塑正常固结黏性土压缩特性的影响

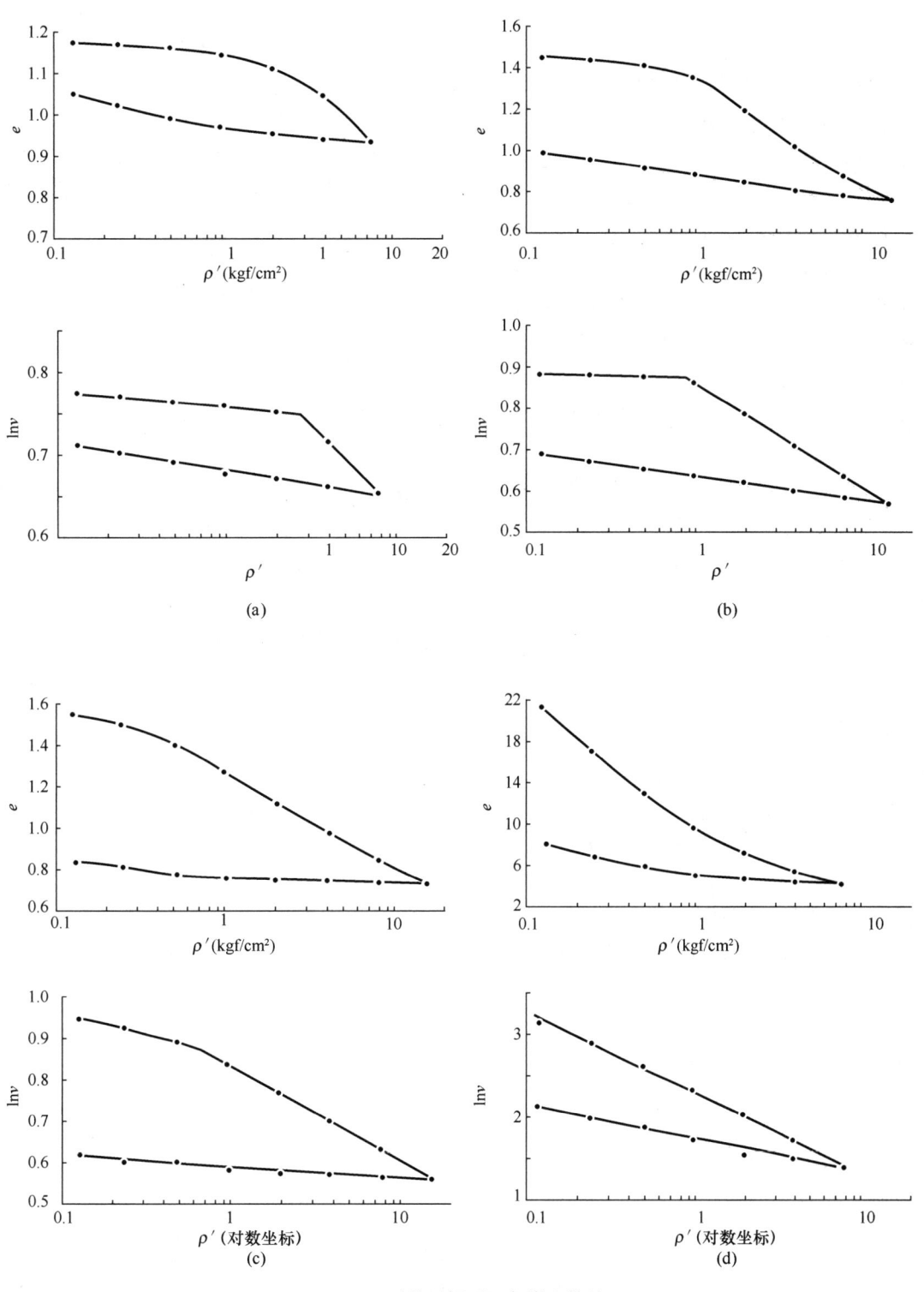

图 17.21 双对数坐标系下各类土体的 σ'_{vy}
(a) 波士顿黏土；(b) 芝加哥黏土；(c) 纽芬兰粉土；(d) 纽芬兰泥炭土
摘自 Butterfield (1979)

似的方法可研究土体的应力-应变性状。描述土体应力-应变性状的最常用模型是理想的多孔弹性材料模型。

17.8.1 理想的各向同性多孔弹性材料

弹性材料的一个基本性质是当其受到一个封闭的应力循环时，变形是可逆的、完全可恢复的。应力-应变关系不一定是线性的。获得各向同性多孔弹性材料的物理图像是很有帮助的：假设一种材料由非常细的金属屑（细长的颗粒）组成，这些金属屑以随机的方式排列，并在它们的接触点点焊（以确保组装是弹性的）。颗粒很细，孔隙很小，以至于材料的渗透性很低。因此，快速加载时，孔隙内的孔隙压力会发生变化。

各向同性弹性材料通常由杨氏模量 E 和泊松比 ν 两个参数定义。理想土体骨架的性质控制了其排水性状。两个常用的有效参数是：

（1）有效杨氏模量 E'；
（2）有效泊松比 ν'；
（3）相对应的不排水参数为 E_u 和 ν_u。

17.8.2 弹性方程

土力学中压应力为正应力，长度或体积的减小会引起正应变。建立弹性方程时，需考虑应力变化及其相应的应变变化。考虑各向同性多孔弹性材料的垂直矩形棱柱，如图17.22所示。主垂直有效应力 $\Delta\sigma'_1$ 在完全排水条件下逐渐增加，垂直应变 $\Delta\varepsilon_1$ 的最终增量为 $\Delta\sigma'_1/E'$，水平应变的增量为 $\Delta\varepsilon_2 = \Delta\varepsilon_3 = -\nu'\Delta\sigma'_1/E'$。

在水平面中单独施加 $\Delta\sigma'_2$ 和 $\Delta\sigma'_3$ 将导致垂直方向的应变增大，如式（17.5）和式（17.6）所示：

$$\Delta\varepsilon_1 = -\nu'\Delta\sigma'_2/E' \quad (17.5)$$

$$\Delta\varepsilon_1 = -\nu'\Delta\sigma'_3/E' \quad (17.6)$$

对于三个主要有效应力均发生变化的一般情况，通过叠加可获得垂直应变的增量为：

$$\Delta\varepsilon_1 = (\Delta\sigma'_1 - \nu'\Delta\sigma'_2 - \nu'\Delta\sigma'_3)/E' \quad (17.7)$$

$$\Delta\varepsilon_2 = (\Delta\sigma'_2 - \nu'\Delta\sigma'_1 - \nu'\Delta\sigma'_3)/E' \quad (17.8)$$

$$\Delta\varepsilon_3 = (\Delta\sigma'_3 - \nu'\Delta\sigma'_1 - \nu'\Delta\sigma'_2)/E' \quad (17.9)$$

这三个简单的方程式，可用于获得理想各向同性多孔弹性材料的一些重要的力学性质。

17.8.3 体积应变

体积应变的增量 Δv（$=\Delta V/V_0$）等于三个主应变增量的总和（忽略二阶项）。综合式（17.7）~式（17.9）可得：

$$\Delta v = \frac{1-2\nu'}{E'}(\Delta\sigma'_1 + \Delta\sigma'_2 + \Delta\sigma'_3) \quad (17.10)$$

因此，

$$\Delta v = \frac{3(1-2\nu')}{E'}\Delta p' = \frac{\Delta p'}{K'} \quad (17.11)$$

式中，$\Delta p' = (\Delta\sigma'_1 + \Delta\sigma'_2 + \Delta\sigma'_3)/3$，为有效平均法向应力；$K' = E'/3(1-2\nu')$，为有效体积模量。

由式（17.11）可知，如果在施加一般应力增量期间体积没有变化，则平均法向有效应力也不会变化，即若 $\Delta v = 0$，则 $\Delta p' = 0$，反之亦然。这是将土体性状视为各向同性多孔弹性模型理想化的必然结果，正如后面所讨论的，对不排水特性具有重要的影响。

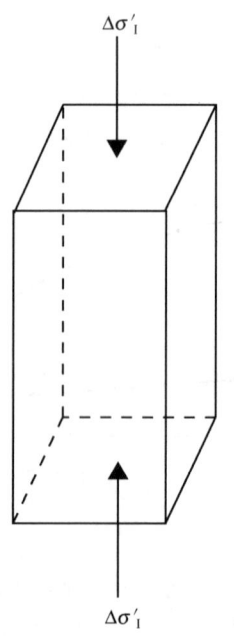

图17.22 垂直有效应力增加时的多孔各向同性弹性材料单元

17.8.4 剪切应变

定义最大剪应变增量为 $\Delta\gamma_{max} = \Delta\varepsilon_1 - \Delta\varepsilon_3$。代入式（17.7）和式（17.9），且 $\Delta\tau_{max} = (\Delta\sigma'_1 - \Delta\sigma'_3)/2$，可得：

$$\Delta\gamma_{max} = \frac{2(1+\nu')}{E'}\Delta\gamma_{max} = \frac{\Delta\gamma_{max}}{G'} \quad (17.12)$$

式中，G' 是有效剪切模量等于 $E'/2(1+\nu')$。由式（17.12）可知，增加剪应力不会引起体积变化，因此理想材料是非膨胀的，$\Delta p'$ 和 $\Delta\tau_{max}$ 的作用效果是相互独立的，前者仅引起体积变化，后者仅引起剪切变形，这称为"非耦合"特性。

17.8.5 一维压缩

由第17.7节可知，一维体积压缩系数 $m_v = \Delta\nu/\Delta\sigma'_v$，其中 $\Delta\varepsilon_2 = \Delta\varepsilon_3 = 0$。从前文弹性方程可得：

$$m_v = \frac{1 - \dfrac{2\nu'^2}{1-\nu'}}{E'} \quad (17.13)$$

若式（17.9）中 $\Delta\varepsilon_3 = 0$ 且 $\Delta\sigma'_2 = \Delta\sigma'_3$，则：

$$\frac{\Delta\sigma'_3}{\Delta\sigma'_1} = \frac{\nu'}{1-\nu'} \quad (17.14)$$

上式给出了各向同性多孔弹性材料一维压缩时静止土压力系数 K_0 的值（有关静止土压力系数 K_0 的讨论，请参见第15章"地下水分布与有效应力"）。需要注意式（17.13）中 m_v 极限值：

(1) 当 $\nu' = 0$、$m_v = 1/E'$ 时，m_v 是 E' 的倒数；

(2) 当 $\nu' = 0.5$、$m_v = 0$ 时，材料是不可压缩的。

17.8.6 基于理想三轴排水试验测量 E' 和 ν' 值

对于标准三轴排水试验，在有效径向应力不变的情况下，施加轴向有效应力增量，即 $\Delta\sigma'_a = \Delta\sigma'_1 > 0$ 且 $\Delta\sigma'_r = \Delta\sigma'_3 = 0$。测量并绘制轴向应变 $\Delta\varepsilon_a = \Delta\varepsilon_1$ 和体积应变 $\Delta V/V_0$，如图 17.23 所示。由弹性方程（17.7）可得：

$$E' = \Delta\sigma'_1/\Delta\varepsilon_1 \quad (17.15)$$

定义 $\nu' = \Delta\varepsilon_3/\Delta\varepsilon_1$ 且 $\Delta V/V_0 = \Delta\varepsilon_1 + 2\Delta\varepsilon_3$。

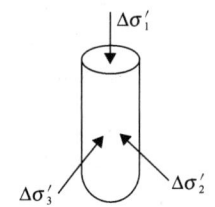

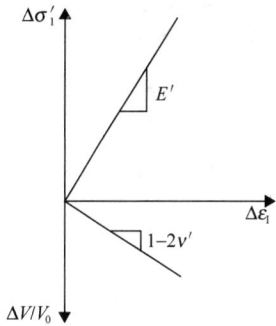

图17.23 基于三轴排水试验确定理想弹性各向同性多孔材料的 E' 和 ν'

因此，

$$\Delta\varepsilon_3 = \frac{\dfrac{\Delta V}{V_0} - \Delta\varepsilon_1}{2}$$

所以，

$$\nu' = \frac{1 - \dfrac{\Delta V/V_0}{\Delta\varepsilon_1}}{2} \quad (17.16)$$

由图 17.23 可知，$\Delta\sigma'_1$ 与 $\Delta\varepsilon_1$ 的斜率等于 E'，而 $\Delta V/V_0$ 与 $\Delta\varepsilon_1$ 负斜率等于 $(1-2\nu')$。

17.8.7 理想不排水三轴试验

对于不排水试验，孔隙水不能从试样中流出或渗入。因此，超静孔隙水压力的发展，可以为正或为负。需对孔隙水压力进行测量，否则将仅得到施加的总应力。不排水的杨氏模量 E_u 由下式给出：

$$E_u = \Delta\sigma_1/\Delta\varepsilon_1 \quad (17.17)$$

不排水的杨氏模量通常不等于排水的杨氏模量 E'。对于不排水试验，通常要确保完全饱和，使体积不发生变化，假定水是不可压缩的，ν_u（不排水泊松比）为 0.5。当测量超静孔隙水压力 Δu 时（通常为固结不排水试验），其值可用于计算孔隙

水压力系数 A（后续再对其进行介绍）。

17.8.8 排水杨氏模量与不排水杨氏模量的关系

由于水不能承受剪切力，因此剪应力 $\Delta\tau$ 的增加都是有效应力，与是否排水无关。对于理想的各向同性多孔弹性材料，$\Delta\tau_{max}$ 的存在不会在排水试验中引起任何体积变化（或在不排水试验中引起任何孔隙水压力变化）。因此，唯一的变化是剪应变 $\Delta\gamma_{max}$，在排水和不排水条件下该应变都必然相同。因此，有效剪切模量 G' 与不排水剪切模量 G_u 相同。由式（17.12）及其不排水的等效式可得：

$$G' = \frac{E'}{2(1+\nu')} = G_u = \frac{E_u}{2(1+\nu_u)}$$

(17.18)

假设 $\nu_u = 0.5$，可计算 E_u：

$$E_u = \frac{3}{2(1+\nu')}E'$$

(17.19)

这一结果是将土体视为各向同性弹性模型理想化的必然结果。在计算地基的不排水和排水沉降时，具有特殊的意义。

17.8.9 不排水加载过程中孔隙水压力的变化

由式（17.11）可知，对于各向同性多孔弹性材料，如果在一般荷载 $(\Delta\sigma_1 + \Delta\sigma_2 + \Delta\sigma_3)/3$ 作用下没有体积变化，则在平均法向有效应力 p' 作用下体积也不会发生变化，即 $\Delta p' = 0 = (\Delta\sigma_1' + \Delta\sigma_2' + \Delta\sigma_3')/3$。

从有效应力原理 $\Delta\sigma_1' = \Delta\sigma_1 - \Delta u$ 等方面分析，可得：

$$0 = (\Delta\sigma_1 - \Delta u + \Delta\sigma_2 - \Delta u + \Delta\sigma_3 - \Delta u)/3$$

(17.20)

以及

$$0 = \Delta p = \Delta u$$

(17.21)

在完全饱和的多孔各向同性弹性材料的不排水加载过程中，$\Delta u = \Delta p$（假定孔隙流体与骨架相比是不可压缩的）。对于在轴向和径向总应力均发生变化的理想材料的完全饱和试样上进行的不排水三轴试验，采用 $\Delta\sigma_a = \Delta\sigma_1$ 和 $\Delta\sigma_r = \Delta\sigma_2 = \Delta\sigma_3$。由式（17.21）可得：

$$\Delta u = \Delta p = \frac{\Delta\sigma_1 + 2\Delta\sigma_3}{3}$$
$$= \Delta\sigma_3 + \frac{\Delta\sigma_1 - \Delta\sigma_3}{3}$$

(17.22)

式（17.22）用 Skempton 的孔隙水压力方程式表示：

$$\Delta u = B[\Delta\sigma_3 + A(\Delta\sigma_1 - \Delta\sigma_3)]$$ (17.23)

式中，A 和 B 是试验确定的系数。当土体完全饱和时，$B = 1$。由式（17.22）和式（17.23）可得，对于各向同性多孔弹性土体，不排水三轴试验的 A 值取为 $1/3$。可以看出，在平面应变条件下，$A = 1/2$。因此，即使对于各向同性多孔弹性材料的理想情况，A 的取值也取决于总应力变化，而非材料的基本特性。

有关 Skempton 孔隙水压力系数的确定和应用的更多详细信息，可以在大多数土力学教科书中找到，例如 Craig（2004）和 Powrie（2004）。值得注意的是，可通过不排水条件下的三轴试验中施加相等的围压增量 $\Delta\sigma_3$ 并测量孔隙水压力 Δu 的变化来确定系数 B。如果 B 小于 1，则说明试样未完全饱和。

17.8.10 理想弹性各向同性多孔材料性质总结

许多土力学问题被当做理想的各向同性多孔弹性材料进行建模分析，本章前述已经表明，这一理想化材料具有一些重要且有相当限制性的结果，对于工程师们而言，在实际应用中应该注意以下几点：

- 仅考虑应力和应变的变化。
- 只有当平均法向有效应力发生变化时，体积发生变化，即 $\Delta\nu = \Delta p'/K'$。
- 剪应力的变化只引起变形，而不引起体积的变化即 $\Delta\gamma_{max} = \Delta\tau_{max}/G'$。
- 不排水杨氏模量 E_u、有效杨氏模量 E'，均仅与有效泊松比 ν' 唯一相关。

- 在不排水三轴试验中,孔隙水压力系数 $A = 1/3$。
- 在标准排水三轴试验中可以测量 E' 和 ν'。
- 一维体积压缩量 m_v 可以用 E' 和 ν' 表示。

17.8.11 真实土体的应力-应变性状

基于理想各向同性弹性材料的假定,给许多实际岩土工程相关问题提供了有用的解决方案,可参见 Poulos 和 Davis (1974)。在使用此类解决方案时,工程师们必须考虑到实际土体的应力-应变性状在许多方面与理想的各向同性弹性体存在差异。三个最明显的区别是非线性特性、刚度对围压的依赖性以及各向异性等,且三个因素都直接受土体颗粒性质的影响。

第 17.7 节表明,土体的可压缩性随着压力的增加而降低。类似地,有研究表明,强度很大程度上取决于初始有效围压 p_0',刚度也是如此,如图 17.24 所示。由于 p_0' 随深度增加,E' 的值通常也会随深度增加而增大。

第 14 章"作为颗粒材料的土"表明,沉积物的沉积过程会导致颗粒的优先排列,从而使其刚度和强度具有各向异性。岩土工程师需要意识到这区别于各向同性的理想性状。对于横向与垂向性质不同的各向异性多孔弹性材料,建立弹性方程相对简单。对于这种材料,需要 5 个弹性常数:E_v'、ν_{vh}'、E_h'、ν_{hh}' 和 G_{vh}。所有这些常数并不能从简单的试验得出,该各向异性模型的应用需由专家完成。

综上,实际土体在许多方面都偏离了理想的各向同性弹性模型。尽管简单弹性理论的应用对于解决实际的岩土工程问题具有重要的指导意义,但是其成功应用的关键是清楚地了解这种材料的性质以及真实材料如何偏离这些性质。弹性理论在基础沉降和应力分布计算中的应用将在第 19 章"沉降与应力分布"中作详细讨论。

大多数土体表现出非线性应力-应变性状,如图 17.25 所示。必须选择适合所涉及的应力变化范围的杨氏模量 E' 或 E_u。通常,选择对应于约 0.1% 轴向应变的值。在复杂应用中,使用非线性弹性公式进行数值分析。所使用的公式与本章中给出的公式相同,但是随着分析的进行,弹性常数 (E'、G、K' 等) 会发生变化,以反映随应变的增加土体刚度的降低。更高级的非线性模型利用了弹塑性公式。大量的非线性本构模型可用于岩土工程相关问题的数值分析。在进行这种复杂的分析时,需注意模型是理想化的,并且总是伴随着许多假设和局限性。有关实际使用的各种土体模型的优点和局限性的详细讨论,请参考 Potts 和 Zdravkovic (1999)。非线性分析只能在专长于数值分析专业知识的岩土工程师的建议和指导下进行。

17.9 结论

本章的目的是总结土体强度和刚度的基本特性,特别强调材料的颗粒性质。为此,有必要将土体力学性状与简单的理想化框架相关联。第 4 章"岩土工程三角形"图 4.1 中的岩土三角形表明,三角形左下角的"量测的性状"与右下角的"合适的模型"之间存在联系。简单的模型和理想化假设在实现预测计算时十分必要,但同时需要对其真实性状有清晰的理解。

在强度问题上普遍采用库仑准则,将其与实际土体的试验结果进行比较。显然,至少使用了三种强度指标:峰值强度、临界状态强度和残余强度。对于致密或超固结的土体,峰值强度包络线是曲线,取决于材料的初始相对密度。工程师必须决定与工程相关的强度指标,以及在分析中采用的 φ' 和 c' 值,相关论述详见第 27 章"岩土参数与安全系数"。工程师们必须清楚地了解所用的理想化假设及其局限性。

与其他结构性材料相比,大多数黏性土具有较高的压缩性,经典的土力学特别关注一维压缩性。本章中,对土体一维可压缩性的讨论遵循传统方

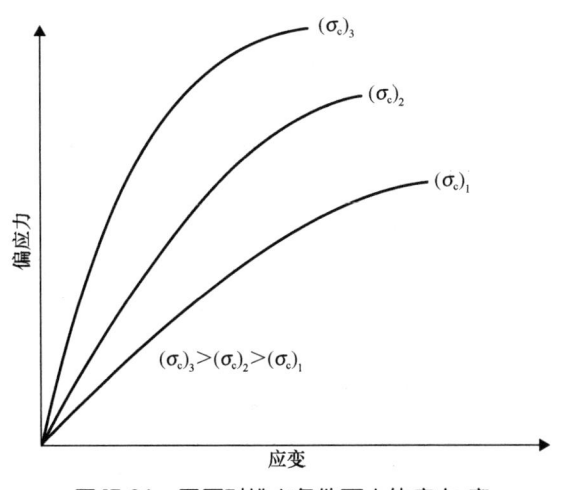

图 17.24 围压对排水条件下土体应力-应变性状的影响

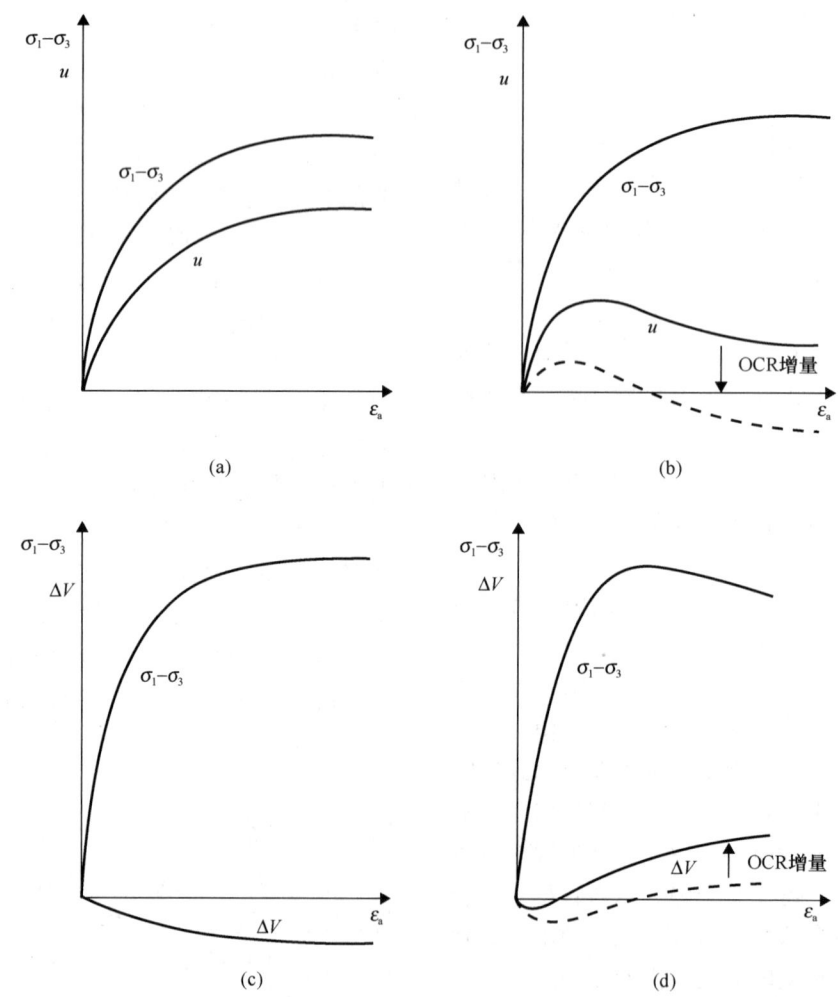

图 17.25 固结不排水或排水三轴试验获得的典型应力-应变关系曲线
(a) 正常固结黏性土的固结排水试验;(b) 超固结黏性土的固结排水试验;
(c) 正常固结黏性土的排水试验;(d) 超固结黏性土的排水试验

法,特别强调了大多数天然土体中存在的颗粒胶结的重要性。特别介绍了垂直屈服压力 σ'_{vy} 的存在,这种屈服压力表示颗粒间胶结开始破坏和滑移的垂直有效应力。以往将这种应力与先期固结应力相混淆,这可能是一种误导,因为大多数天然正常固结的土体表现出 σ'_{vy} 的值大于有效覆盖层压力 σ'_{v0}。σ'_{vy} 与 σ'_{v0} 的比值称为"屈服应力比"。根据经验,三轴压缩中的不排水强度 S_{uc} 与 σ'_{vy} 密切相关,因此 S_{uc} 与 σ'_{vy} 的比值通常在 0.28~0.32 之间。

利用简单的各向同性弹性模型来解决土体变形问题已有许多实用性解决方案。本章详细介绍了理想的各向同性多孔弹性材料的性质,然后将这种理想特性与已知的实际土体应力-应变特性进行比较。希望这一讨论有助于工程师选择适当的刚度参数和评估基于简单弹性模型预测的局限性。如果需要使用非线性本构关系进行更复杂的分析,需要注意这些模型是理想化的并且总会伴随一些假设和限制。这种分析只能在具有数值分析专业知识的岩土工程师的建议和指导下进行。

17.10 参考文献

Atkinson, J. (1993). *An Introduction to the Mechanics of Soils and Foundations*. New York: McGraw-Hill.

Bishop, A. W., Green, G. E., Garga, V. K., Andresen, A. and Brown, J. D. (1971). A new ring shear apparatus and its application to the measurement of residual strength. *Géotechnique*, **21**(4), 273–328.

Burland, J. B. (1990). On the compressibility and shear strength of natural clays. *Géotechnique*, **40**(3), 329–378.

Burland, J. B., Rampello, S., Georgiannou, V. N. and Calabresi, G. (1996). A laboratory study of the strength of four stiff clays. *Géotechnique*, **46**(3), 491–514.

Butterfield, R. (1979). A natural compression law for soils (an advance on e–log p'). *Géotechnique*, **29**(4), 469–480.

Craig, R. F. (2004). *Craig's Soil Mechanics* (7th Edition). Oxford, UK: Spon Press.

Heyman, J. (1997). *Coulomb's Memoir on Statics. An Essay in the History of Civil Engineering*. London: Imperial College Press.

Leonards, G. A. and Ramiah, B. K. (1959). Time effects in the consolidation of clay. *ASTM Special Technical Publication* No. 254, pp. 116–130. Philadelphia: ASTM.

Lupini, J. F., Skinner, A. E. and Vaughan, P. R. (1981). The drained residual strength of cohesive soils. *Géotechnique*, **31**(2), 181–213.

Potts, D. M. and Zdravković, L. (1999). *Finite Element Analysis in Geotechnical Engineering: Theory*. London: Thomas Telford.

Poulos, H. G. and Davis, E. H. (1974). *Elastic Solutions for Soil and Rock Mechanics*. New York: Wiley.

Powrie, W. (2004). *Soils Mechanics* (2nd Edition). Oxford, UK: Spon Press.

Roscoe, K. H. (1953). An apparatus for the application of simple shear to soil samples. *Proceedings of the 3rd International Conference on SMFE*, **1**, 186–191.

Taylor, D. W. (1948). *Fundamentals of Soil Mechanics*. New York: Wiley.

> 第1篇"概论"和第2篇"基本原则"中的所有章节共同提供了本手册的全面概述,其中的任何一章都不应与其他章分开阅读。

译审简介:

孔纲强,博士,河海大学三级教授、博士生导师,国家优秀青年科学基金获得者,主要从事能源地下工程的研究工作。

蔡国庆,博士,北京交通大学教授、博士生导师,国家优秀青年科学基金获得者,研究方向为非饱和土力学及工程应用。

第 18 章 岩石特性

戴维·J. 桑德森（David J. Sanderson），南安普敦大学，英国
主译：白冰（中国科学院武汉岩土力学研究所）
审校：孔令伟（中国科学院武汉岩土力学研究所）

doi：10.1680/moge.57074.0195

目录

18.1	岩石/岩体	197
18.2	岩石的分类	197
18.3	岩石的成分	198
18.4	孔隙率、饱和度及重度	198
18.5	应力与荷载	199
18.6	岩石流变性	199
18.7	弹性与岩石刚度	200
18.8	孔隙弹性	202
18.9	破坏与岩石强度	202
18.10	强度试验	204
18.11	结构面的特性	205
18.12	渗透性	205
18.13	由裂隙控制的渗透率	206
18.14	岩体的表征	206
18.15	隧道岩体质量指标 Q	207
18.16	各向异性	207
18.17	参考文献	208

岩石是天然形成的多晶材料，在土木工程中发挥着广泛的作用。采用标准测试方法，可以从其内在结构（颗粒、胶结物、孔隙和结构面）认识其特性。即使在近地表条件下，岩石和土也表现出多样的流变特性。岩石中孔隙通常被水填充，形成孔隙压力。在许多工程应用中，岩石可视为多孔弹性介质，孔隙压力承担着部分施加荷载。因而，与普遍发生在土中的情况类似，岩石的变形也与有效应力（总应力-孔隙压力）有关。岩石具有刚度、强度和渗透性等各种特性，所有这些决定了其对不同工程应用的适宜性。更重要的是，岩石是非均质材料，不仅具有各种形式的分层或颗粒组构，而且几乎普遍处于破裂状态。因此，岩体特性随不同尺度（非均质性）和方向（各向异性）而变化。

18.1 岩石/岩体

岩石是天然形成的多晶材料，从支撑结构到用作建筑材料，在土木工程中发挥着广泛的作用。

所有岩石都可认为由以下成分构成（图18.1）：

颗粒——散粒状的单晶或晶体集合体，通常具有不同的成分和形状；

胶结物——通常是将颗粒结合在一起的结晶物质；

孔隙①——颗粒之间的空间，通常以相互连通的孔隙形式存在，往往被水充填。

结构面——将岩体分割成块或层的宏观界面。可能表现为裂隙（或节理）面、运动面（断层）、层面或其他面。结构面的物理性质通常与周围完整岩石材料具有显著差异。

这些成分的组成与排列产生了具有各种工程特性的不同岩石类型（地质学家用一系列稀奇的名称来描述）。颗粒、胶结物、孔隙和结构面的性质对评估岩石和岩体的行为非常重要。为了讨论岩石

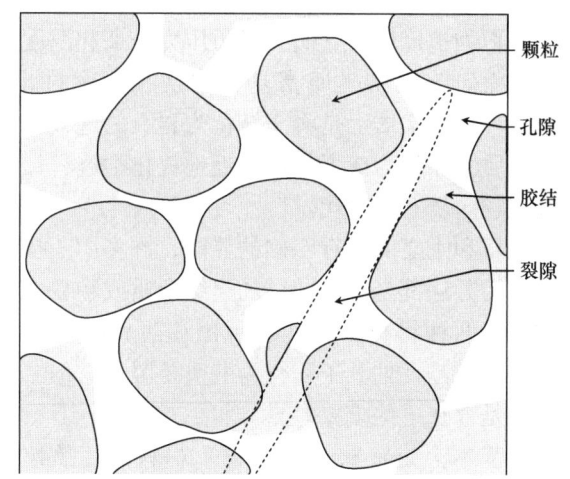

图18.1 典型岩石成分的图解表

的物理性质，有必要了解岩石的一些本质。

18.2 岩石的分类

根据形成方式，地质学家将岩石分为三大类：

沉积岩——由地表或地表附近颗粒物形成，这

---

① 译者注：本章原作用词 voids（字面意思为空隙）、void space（字面意思为空隙空间）、pores（字面意思为孔隙）、pore space（字面意思为孔隙空间）、voids ratio（字面意思为空隙比，国内常用词为孔隙比）、porosity（字面意思为孔隙率，根据其定义的字面意思为空隙率）。根据第18.12 节第1段的解读，连通的空隙称为孔隙。对于大部分情况，孔隙空间占据了空隙空间的大部分，仅有像浮石这种含有孤立的、不连通的气泡的岩石是一种例外。本章原作似乎未将空隙和孔隙进行刻意区分，故本章在翻译时均译为孔隙。

些颗粒物通常是由先期形成的岩石侵蚀而成。然后这些颗粒物被搬运到地表形成新的沉积物。这些过程的主要媒介是水（以河流和海洋的形式）、冰和风。我们也可以把土看作是一种沉积物。

火成岩——由侵入地壳或喷出地表的岩浆冷凝结晶而形成的岩石。

变质岩——在地下深部由其他类型岩石发生固态重结晶形成的岩石。

火成岩和变质岩有许多共同特征，是由矿物颗粒聚集联锁形成的材料，通常很坚硬。晶粒边界一般很窄，没有胶结物，其强度由晶界的联锁和晶粒之间的晶格力产生。孔隙空间很小，孔隙率（孔隙体积占总体积的比例）通常不到1%。

另一方面，沉积岩通常形成松散的颗粒集合体，最初含有大量的孔隙空间（孔隙率达30%或更高）。在地下，这些孔隙通常被水（有时为其他流体）饱和。孔隙水中可能含有溶解物，这些溶解物能够在孔隙空间中析出并形成胶结物。

在初始阶段，当孔隙率较高时，沉积物的力学行为与土相似（见第17章"土的强度与变形"）。由于沉积物被掩埋，它们会经历压力升高和温度作用，从而引起固结（通常是指水从孔隙中排出）和胶结。这些实质上是将土转化为岩石的过程。通常被地质学家称为成岩作用的近地表化学过程加速了沉积物向岩石的转化。

岩石和土之间没有明确的界限，许多用于描述其行为的方法都是基于同样的连续介质或颗粒力学原理。这两种材料都可能表现出相当大的非均质性，这通常是评估其工程行为的重要因素，但二者之间还是存在一些重要差异。

土基本上是粒状（或散粒）材料，其颗粒尺寸通常比工程荷载施加的范围小许多数量级。因此，土通常可视作连续介质，这样其微观粒度就可以由宏观参数近似。另一方面，岩体中岩块尺寸通常与施加的荷载具有相似的尺度，但岩体的离散性在岩石中通常比在土中更为重要（Hudson 和 Harrison，1997）。

一般而言，岩石和土中都含有水，孔隙空间经常被水饱和。因此，在这两种材料中，流体压力的影响和有效应力原理都非常重要。然而，土的基本性状受含水率的影响极为显著，分别在塑限和液限处由固态—塑态—流态转变。岩石性质也受水的影响，但程度不同，如干燥和饱和岩石的强度相差很少会超过两倍。

18.3 岩石的成分

结晶岩（火成岩和变质岩）和沉积岩之间的一个重要区别是颗粒的组成。地壳的主要成分是硅（Si）和氧（O），它们很容易结合形成硫酸根离子（SiO_4^{4-}）。接下来最丰富的一组元素是铝（Al）、铁（Fe）、镁（Mg）、钙（Ca）、钾（K）和钠（Na），它们形成阳离子，并与SiO_4^{4-}结合形成一组硅酸盐造岩矿物。包括常见的矿物石英与长石，以及一系列其他复杂的硅酸盐矿物（辉石、角闪石、云母等）。大多数火成岩和变质岩由少量的（典型的有三四种）造岩硅酸盐矿物组成，其成分取决于岩浆或岩石的化学性质以及成岩的压力-温度条件。在这里，我们不必关注这些矿物的细节，重要的是，它们通常具有中—高的强度，是形成火成岩以及变质岩强度的基础。

许多这类成岩硅酸盐暴露于地表时会风化并转化为各种黏土矿物和其他盐类，后者常溶于水。一个例外是石英矿物，它具有很高的抗风化能力。风化作用导致火成岩和变质岩强度降低，而岩体的破裂又促进风化。因此，此类岩石特性的一个关键问题是岩体质量。

风化作用导致沉积物的发育，因此，我们预计这些沉积物主要由石英和黏土矿物组成。沉积物也由溶解盐的沉淀产生，通过蒸发（例如岩盐）或更常见的生化作用产生，主要涉及将溶解盐固定在无脊椎动物壳中。沉积物的性质决定了随后产生的沉积岩类型：

石英砂→砂岩

黏土矿物→黏土岩（也称为泥岩或页岩）

方解石壳→石灰岩

溶解盐→岩盐（以及其他"蒸发岩"）

有机物→煤、石油等

18.4 孔隙率、饱和度及重度

根据前文对岩石的颗粒、胶结物和孔隙描述，我们可以将颗粒和胶结物视为固相（图18.2），将孔隙视为液相（孔隙水）和/或气相（空气）。

岩石的体积（V_R）由固体（V_S）和孔隙体积

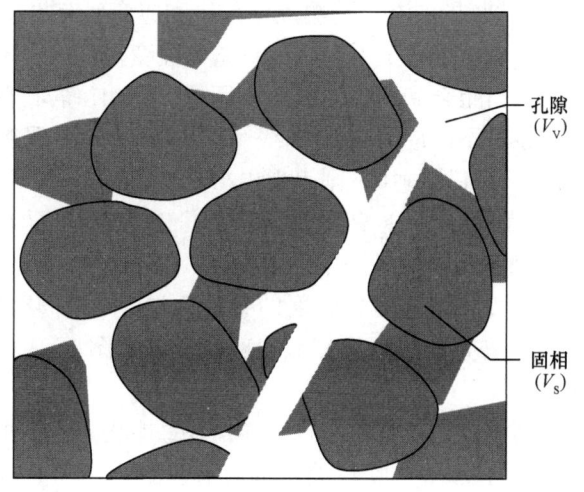

图 18.2 岩石组成分为固相（V_S）和孔隙（V_V）

（类似图 18.1）

（V_V）组成，并且有 $V_R = V_S + V_V$，据此可定义两个参数：

孔隙率

$$(n) = V_V/V_R \text{ 或 } V_V/(V_S + V_V) \quad (18.1a)$$

孔隙比

$$(e) = V_V/V_S \quad (18.1b)$$

并且有

$$e = n/(1+n) \text{ 以及 } n = e/(1+e)$$
$$(18.1c)$$

由于孔隙体积被水或空气充满，故 $V_V = V_W + V_A$，可进一步用饱和度 S 表示为：

$$S = V_W/V_V \quad (18.2)$$

孔隙率、孔隙比以及饱和度通常表示为分数（0~1），也可以表示为百分数。

考虑到固相、水和空气的密度 ρ，取 $g = 9.81\text{N/kg}$，各相的重度为 $W = \rho g$。

例如，重度（unit weight）

$$\gamma = (W_S + W_W + W_A)/(V_S + V_W + V_A)$$
$$(18.3a)$$

干重度（unit dry weight）

$$\gamma_d = W_S/(V_S + V_W + V_A) \quad (18.3b)$$

这些参数在第 17 章"土的强度与变形"中进行了更全面的讨论，为描述岩石的多组分特征进而评估岩石特性提供了很有用的基础。例如，单轴抗压强度（UCS）与各类岩石的孔隙率有较好的经验关系，这给缺乏测试时评估岩石强度提供了很好的依据。

18.5 应力与荷载

应力在地壳中处处存在，并且可因地表或地下施工而改变。应力主要有四个方面的来源：

（1）上覆岩柱的重量，与深度和岩石密度（重度）有关，通常称为上覆应力 σ_V。

（2）流体（或孔隙）压力 P，源于大多数岩石基本上都是由矿物颗粒（胶结或非胶结）与充满流体的孔隙裂隙两相材料组成。

（3）热应力，来源于岩石的加热或冷却导致的膨胀或收缩。

（4）外荷载，来源于地质过程（构造、地形等）以及建设工程的施加。

这四个部分以不同的方式相互作用，其组合效果就是加载材料并产生应变（形状或体积的改变）。在土木工程中，我们主要关注地面对外加荷载的响应，但同时也不能忽视其他应力的作用。

大多数岩石包含饱和水的孔隙和裂隙。外加荷载既在固相颗粒和胶结物骨架产生应力，同时在流体上产生压力，流体上的压力称为流体压力或孔隙水压力。太沙基（1943）认为施加的荷载由固体应力和孔隙水压力共同承担。在颗粒边界，这两个作用力彼此对立产生了有效应力，即：

有效应力 = 总应力 − 孔隙水压力 （18.4a）

$$\sigma' = \sigma - P_f \quad (18.4b)$$

在粒状材料中，正是这种有效应力产生了变形。有效应力和应变之间的关系由材料性质决定。有效应力原理被普遍应用于土力学中，在岩石力学中也有广泛应用。我们将在第 18.8 节"孔隙弹性"中对其作进一步讨论。

18.6 岩石流变性

材料基本的应力响应有三种，可通过应力-应变（或应变率）曲线进行识别（图 18.3）：

弹性——应变线性正比于应力［图 18.3（a）］。它代表了固体材料的行为特性，应力和应变的比值称为刚度（杨氏模量、刚性等）。在理想情况下，应力撤除后变形完全可恢复，因而岩石在结构上没有明显的变化。许多结晶岩接近这种特性，并且相当坚硬，表现出很高的刚度（杨氏模量常用单位GPa）。这也是其广泛用作建筑材料的原因之一。

黏性——黏性即材料表现出流动的特性，是流体的基本特征。在岩石力学中，我们常常开展蠕变试验。在蠕变试验中，让试样在常应力条件下发生变形并观测其应变-时间曲线，曲线的斜率即为应变率[图18.3（c）]。如果应变率正比于应力，我们说材料为线性黏性或牛顿黏性，此时黏度系数（Viscosity）即为应力与应变率的比值。一些岩石表现出牛顿黏性行为，但更一般情况下的黏性行为更加复杂（非线性黏性）。

屈服——当材料在较低应力下表现弹性而在较高应力下表现延性时产生。在弹性向延性转换时的应力称为屈服应力[图18.3（b）]。屈服是塑性材料的典型表现。

和大多数其他材料一样，岩石表现出这些基本流变特性，其刚度、黏度和屈服应力往往是复杂（非线性）的，并且与温度、围压和应变率有关。

至少从概念上看，将三种基本流变元件以多种方式进行组合来模拟岩石是有用的。例如，岩石在室温条件下的应力-应变曲线[图18.4（a）]是弹性的，而在高围压下则表现出与流变密切相关的弹塑性特征。围压有效地抑制了破坏，岩石在500MPa时出现了明确的屈服应力[图18.4（a）]。屈服应力和刚度随着温度的升高而减小[图18.4（b）]，黏度也表现出相似的现象（未在图18.4中显示）。

材料的流变性由本构定律描述，本构定律是指应力与应变（变形）关系的方程。在上一节，我们提到了本构定律的简单例子。然而，要更严格地定义本构定律，我们需要考虑应力和应变不同分量之间的关系。一般来说，变形可以用二阶应变张量ε_{ij}描述。应变张量与位移u的关系为：

$$\varepsilon_{ij} = \frac{1}{2}\left(\frac{\delta u_i}{\delta x_j} + \frac{\delta u_j}{\delta x_i}\right) \quad (18.5)$$

图18.5示意了三种常见的变形类型。

18.7 弹性与岩石刚度

对于弹性行为，应力应变关系为线性。对于小应变，可用一系列刚度（或弹性）常数来描述，该常数由不同的应力与应变分量的比值来定义。与三种常见变形类型（图18.5）相关的如下弹性常量被广泛应用。

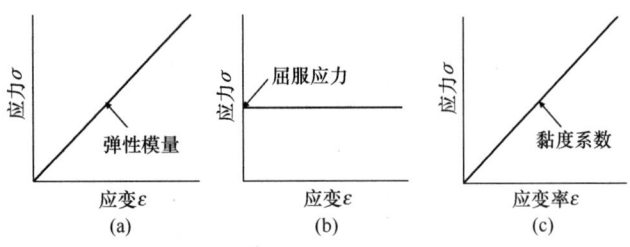

图18.3 理想化流变性质表现
（a）线弹性；（b）塑性屈服；（c）牛顿黏性

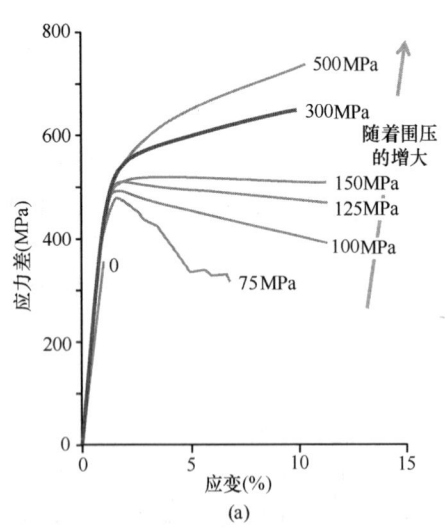
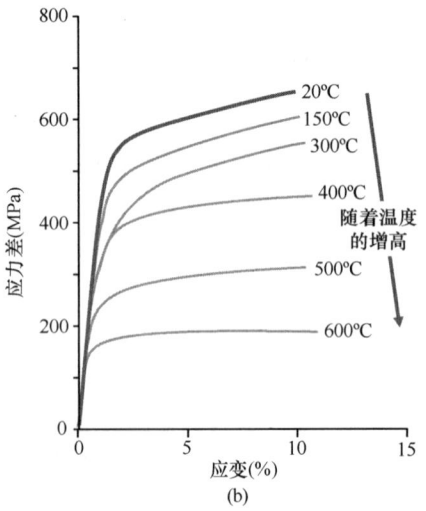

图18.4 Solenhofen石灰岩三轴试验应力-应变曲线（修改自Heard，1960）
（所有试验应变速率为$2 \times 10^{-4}\ s^{-1}$）
（a）在25℃恒温下改变围压；（b）在300MPa围压下改变温度

杨氏模量（E），$E = \sigma_{33}/\varepsilon_{33}$，无侧限（单轴）压缩刚度［图 18.5（a）］，其中，σ_{33} 是唯一的非零应力（尽管在其他主方向上有横向应变，如 $\varepsilon_{11} = \varepsilon_{22} \neq 0$）

泊松比（ν）$\nu = -\varepsilon_{33}/\varepsilon_{11}$，在单轴压缩试验中，是横向应变与轴向应变的比值。

剪切模量（G），$G = \frac{1}{2}(\sigma_{31}/\varepsilon_{31})$，可从简单剪切试验中轻易确定（图 18.5（b））。

体积模量（K），$K = \sigma_{00}/\varepsilon_{00}$，$\sigma_{00}$ 是平均应力或均匀围压［图 18.5（c）］。压缩系数 c 是体积模量的倒数 $1/K$。

一般来说，线弹性本构方程为，

$$\sigma_{ij} = \lambda\delta_{ij}\varepsilon_{00} + 2G\varepsilon_{ij} \quad (18.6)$$

式中，δ_{ij} 为克罗内克（Kronecker）符号，当 $i = j$ 时，其值为 1，当 $i \neq j$ 时，其值为 0。λ 是第 5 个弹性常数，为拉梅（Lame）常数，并与 G 一起，为弹性理论中本构方程提供了简明的数学公式。其他一些实用的刚度常数可以用 λ 和 G 表示：

$$K = \lambda + 2G/3 \quad (18.7a)$$

$$E = (3\lambda + 2G)/(\lambda/G + 1) \quad (18.7b)$$

$$\nu = \lambda/[2(\lambda + G)] \quad (18.7c)$$

任意两个（独立）弹性常数可用来定义材料，因此，也可用来定义所有其他常数（表 18.1）。天然材料的弹性性质变化范围很大，尤其是如果将水也包含在内（表 18.2）。

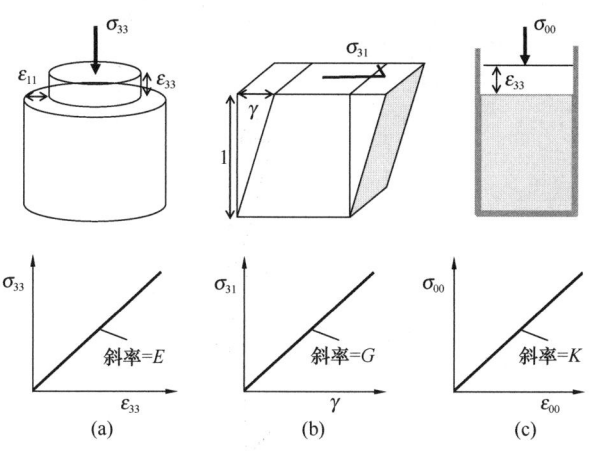

图 18.5　三种常见变形（涉及不同的应力应变分量，因而有不同的刚度）

（a）单轴压缩；（b）简单剪切；（c）体积

弹性常数的转换关系　　　　　　表 18.1

	杨氏模量 E	泊松比 ν	体积模量 K	刚度（剪切模量）G	拉梅常数 λ
E, ν			$\dfrac{E}{3(1-2\nu)}$	$\dfrac{E}{2(1+\nu)}$	$\dfrac{E\nu}{(1+\nu)(1-2\nu)}$
E, G		$\dfrac{E}{2G} - 1$	$\dfrac{EG}{3(3G-E)}$		$G\dfrac{E-2G}{3G-E}$
E, K		$\dfrac{3K-E}{6K}$		$\dfrac{3KE}{9K-E}$	$\dfrac{3K(3K-E)}{9K-E}$
ν, G	$2G(1+\nu)$		$\dfrac{2G(1+\nu)}{3(1-2\nu)}$		$\dfrac{2G\nu}{1-2\nu}$
ν, K	$3K(1-2\nu)$			$\dfrac{3K(1-2\nu)}{2(1+\nu)}$	$\dfrac{3K\nu}{1+\nu}$
ν, λ	$\dfrac{\lambda(1+\nu)(1-2\nu)}{\nu}$		$\dfrac{\lambda(1+\nu)}{3\nu}$	$\dfrac{\lambda(1-2\nu)}{2\nu}$	
K, G	$\dfrac{9KG}{(3K+G)}$	$\dfrac{3K-2G}{2(3K+G)}$			$K - \dfrac{2G}{3}$
λ, K	$9K\dfrac{K-\lambda}{3K-\lambda}$	$\dfrac{\lambda}{3K-\lambda}$		$3\dfrac{K-\lambda}{2}$	
λ, G	$G\dfrac{3\lambda+2G}{\lambda+G}$	$\dfrac{\lambda}{2(\lambda+G)}$	$\lambda + \dfrac{2G}{3}$		

岩石、土和水（液态）简化的材料性质　表18.2

	结晶岩	土	水
杨氏模量（MPa）	4×10^4	$10^1 \sim 10^2$	0
体积模量（MPa）	2×10^4	10^{-1}	2.2×10^3
刚度（剪切模量）（MPa）	2×10^4	$10^1 \sim 10^2$	0
屈服应力（MPa）	约 2×10^2	$10^{-3} \sim 10^{-1}$	0
泊松比	$0.1 \sim 0.25$	$0.2 \sim 0.45$	0.5
黏性（Pa·s）	约 10^{19}	约 10^4	10^{-4}

以上关于弹性的讨论是基于假定岩石均匀各向同性的。实际上，岩体是非均质（性质随位置变化）和各向异性的（性质随方向变化）。各向异性的主要贡献来自于沉积过程（通常平行于层理）和延性变形产生的颗粒组构。无论是宏观尺度还是微观裂纹，裂缝也对各向异性做出了重要贡献（Goodman，1989；Hudson 和 Harrison，1997）。这种弹性各向异性表现为地震波波速的方向变化，但这方面的讨论超出了本章的研究范围。我们将在后面的内容中讨论到岩体强度各向异性。

18.8　孔隙弹性

孔隙弹性用来刻画饱和多孔固体材料的变形特性，对描述许多土和岩石具有实用性（Biot，1941；Wang，2000）。

考虑多孔岩石在各向同性围压 σ_C 和孔隙压力 P 作用下，其体积应变 e 同时受到 σ_C 和 P 的影响。我们可以将材料概化为一个固体"框架"和一系列孔隙，如图18.6（a）所示。根据叠加原理，这一应力系统可视为（a）一个作用在外边界上没有孔隙压力的围压（$\sigma_C - P$）[图18.6（b）]以及（b）作用在所有边界上的孔隙压力 P [图18.6（c）]之和。

总体积应变 e_A 为：
$$e_A = e_B + e_C \tag{18.8}$$
而：
$$e_B = 1/K(\sigma_C - P) \text{ 且 } e_C = 1/K_G[P] \tag{18.9}$$
式中，K 和 K_G 分别为岩石和矿物颗粒的体积模量。结合式（18.8）和式（18.9）并整理得，
$$e_A = 1/K[\sigma_C - \alpha \Delta P] \tag{18.10}$$
而变形由有效应力产生，
$$\sigma' = K e_A = \sigma_C - \alpha P \tag{18.11}$$

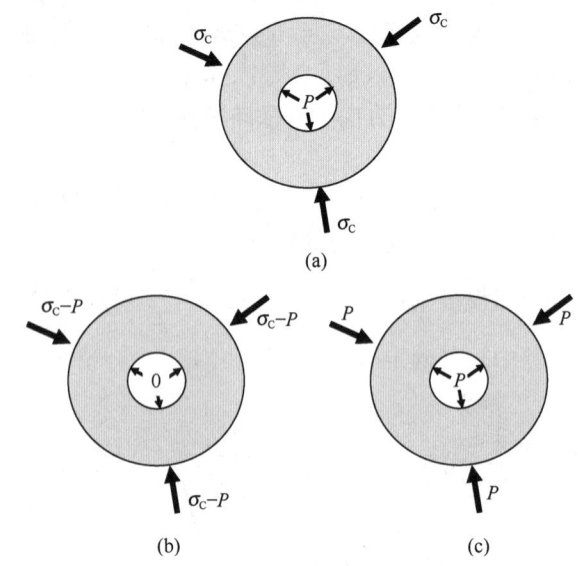

图18.6　围压 σ_C 和孔压 P 的分解

式中，$\alpha = (1 - K/K_G)$ 是无量纲常数，称为Biot系数。注意到式（18.11）与式[18.4（b）]相同，可见太沙基有效应力原理是上式 $\alpha = 1$ 的特例。

对于未固结材料，$K \ll K_G$，Biot 系数 $\alpha \approx 1$，正如最初为土提出的有效应力原理（太沙基，1943）一样。对于未破裂的结晶岩，颗粒骨架可能被胶结物和/或互锁颗粒加固，因此 $K \to K_G$ 和 $\alpha \to 1$。部分胶结沉积物和破裂岩石的 Biot 系数预计为 $0 < \alpha < 1$。例如，石英的体积模量约为38GPa，而砂岩的体积模量约为 $5 \sim 10$GPa，因此，我们预计其Biot系数 $\alpha = 0.75 \sim 0.9$。

18.9　破坏与岩石强度

简单地说，岩石有两大类破坏类型：

（a）脆性破坏是指岩石在通常经历基本的弹性阶段后发生的某种形式的破裂，常伴有体积的增加（随着裂纹的发展）。

（b）延性破坏是指岩石经历弹性压缩或压实后产生的某种形式的塑性屈服，常伴有体积减小（孔隙结构的坍塌）。

传统上，岩石力学主要聚焦脆性破坏，而土力学则主要研究延性屈服，但实际上这两种破坏类型在岩石和土中都会出现。

岩石的强度可定义为发生某种破坏时的应力。在岩石中，强度是一个复杂的概念，不仅取决于岩石成分（颗粒、胶结物、孔隙和结构面）的性质及其相互作用，而且取决于破坏的类型和发生破坏

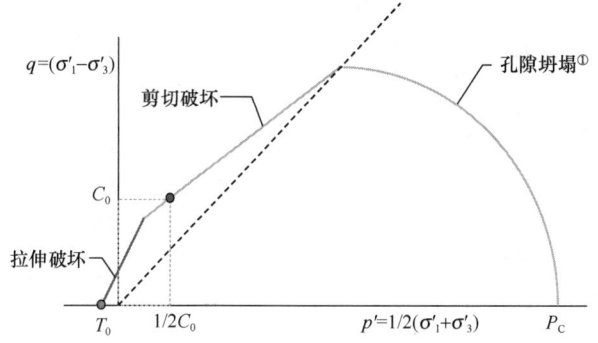

图 18.7 偏应力 q—平均有效应力 p' 图
T_0—抗拉强度；C_0—单轴抗压强度；P_C—先期固结压力

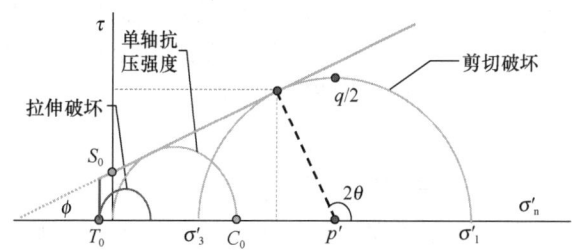

图 18.8 莫尔圆（剪应力 τ 与法向有效应力 σ_n 关系图）
T_0—拉伸强度，C_0—单轴抗压强度（UCS）；
S_0—黏聚力；φ—内摩擦角；p'—平均有效应力；
$q/2$—最大剪应力 = $\frac{1}{2}$（偏应力）

的条件。因此，岩石的强度必须包括对试验条件的仔细描述或指出是在标准（预先规定的）条件下获得。

图 18.7 为岩石破坏的示意图，包括三种广泛认可的破坏准则。

拉伸破坏发生于一个主应力为负（拉伸）时，破裂面垂直于最小主应力 σ_3，其数值即为抗拉强度 T_0：

$$T_0 = -\sigma_3 \quad (18.12)$$

尽管概念简单，但直接拉伸试验不仅困难而且结果很难解释。因此，大多数抗拉强度采用间接方法获取，如巴西试验。大多数岩石的抗拉强度很低，通常大约在 0~30MPa 范围内。

根据 Griffith（1921）的工作，我们现在认识到，材料的拉伸破坏是由于微裂纹的增长所造成。对于单轴远场拉伸应力 σ_r，破坏发生在裂纹尖端应力强度达到临界值时（K_C 为临界应力强度因子或断裂韧性）。

$$K_C = Y\sigma_r(\pi a)^{1/2} \quad (18.13)$$

式中，a 为裂纹的半长，Y（通常大约为 1）为与样品和裂纹几何形状有关的系数。结合式（18.12）和式（18.13）并令 $Y = 1$，可得：

$$T_0 \approx K_C(\pi a)^{-1/2} \quad (18.14)$$

这样，抗拉强度是断裂韧性（材料特性）和裂纹长度（组构特性）的函数。在未破裂岩石中，微裂纹和其他缺陷通常与颗粒或孔隙的尺寸大小近似（$10^{-4} \sim 10^{-3}$ m），K_C 大约在 0.3~3MPa·m$^{1/2}$ 范围内。因此，正如观察到的那样，大多数岩石的抗拉强度处于 5~170MPa 范围。

剪切破坏发生在与主应力倾斜的平面上，因此，该平面将经受剪应力。一个简单而广泛应用的准则为库仑准则，该准则指出，剪应力 τ 必须超过法向应力的线性函数，使得，

$$\tau \geqslant S_0 + \mu\sigma_n \quad (18.15)$$

式中，S_0 为黏聚力（当没有正应力时产生破坏所需的应力）；μ 为内摩擦系数。该行为类似于摩擦滑动（见第 18.11 节）。

库仑破坏用剪应力-正应力坐标系下的直线表示，称为莫尔圆（图 18.8），显示了拉伸破坏和剪切破坏条件。破坏是将在 2θ 垂直于破坏包络线的面上发生，即 $2\theta = 90° + \varphi$，其中，φ 为内摩擦角，$\mu = \tan\varphi$。对于大多数岩石，$\varphi = 20° \sim 50°$，因此，$\theta = 55° \sim 70°$，剪切破坏面与最大主压应力 σ_1 夹角为 20°~35°，这也是在试验和自然界中通常观测到的方向。

当把三轴试验数据绘制在莫尔圆或 $\sigma_1 - \sigma_3$ 关系图时，它们往往显示出非线性关系。Hoek（1968）最初提出了岩石的经验型破坏准则，后由 Hoek 和 Brown（1980）修改为：

$$\sigma_1 = \sigma_3 + [mC_0\sigma_1 + sC_0^2]^{\frac{1}{2}} \quad (18.16)$$

式中，C_0 为单轴抗压强度；参数 m 及 s 为拟合参数。关于这一准则的更多讨论见第 49 章"取样与室内试验"。

拉伸和剪切破坏都涉及裂纹的扩展，通常伴随着微小的体积膨胀（扩容）。在高围压下，许多孔隙岩石表现出与局部孔隙坍塌和压密相关的塑性屈服，这正是土的典型特性（第 17 章"土的强度与变形"）。图 18.7 对此进行了示意，添加的"帽盖"相交于 p' 轴压力等于土的先期固结压力。导致孔隙坍塌破坏应力路径（如静水压缩应力路径

---

① 译者注：体积破坏。

$q=0$) 的 q/p 比值比剪切破坏时的比值更低。这种变形最好用临界状态土力学的方法进行分析（参见第 17 章"土的强度与变形"）。

18.10 强度试验

关于岩样的现场和室内试验的详细介绍见第 47 章"原位测试"和第 49 章"取样与室内试验"。试验通常在具有标准形状和尺寸的圆柱体试样上进行，部分试验简述如下：

- 单轴（无侧限）压缩试验：一种简单而广泛使用的试验，试验在无围压条件下，对置于压板间的圆柱体或立方体岩石进行压缩。破坏时的应力称为无侧限（或单轴）抗压强度（UCS）。
- 巴西试验：对置于两个压板之间的圆柱体岩石试件在其直径横轴面方向上施加荷载使之破坏。本试验用于测定抗拉强度 T。
- 三轴试验：对圆柱体试样在径向围压（$\sigma_2 = \sigma_3$）作用下进行轴向压缩 σ_1 直至破坏——几何形状类似于 UCS 试验。该试验通常要在几个不同围压下进行，并通过绘制莫尔圆获得破坏包络线（图 18.8）。
- 静水压缩试验：通常在三轴室中进行，不施加偏压力而只通过施加各向同性的围压进行加载直到孔隙空间出现体积坍缩。这类似于土力学中的先期固结压力，用于确定塑性屈服面（图 18.7）。
- 剪切试验：直剪试验涉及剪切盒中矩形棱柱样品的简单剪切加载。它广泛用来测量土的抗剪强度 S_S，但只适用于极弱的岩石。现在已开发了一种扭转环剪试验，在刚性端部垫盘之间扭转空心盘形试样，使试样产生剪切，该试验可应用于更广泛的岩石强度测试。
- 点荷载试验：一种广泛使用的试验，试验中需要在具有标准形状的两个锥形点（锥角 60°，锥尖半径 5mm）之间对圆柱体岩样进行加载。可用便携式仪器进行，适用于钻孔岩芯和不规则岩石样品。

另外，基于现场的岩石强度测试方法已经得到了发展，但它们通常依赖于某种强度度量指标（通常是 UCS）对仪器实测物理响应的经验标定。一个很好的例子是广泛使用的施密特锤，通过测量弹簧加载杆在岩石表面的回弹来估算其单轴抗压强度（UCS）。划痕试验则是通过确定在岩石表面获得恒定划痕深度所需的法向力和切向力，建立其与单轴抗压强度（UCS）的经验关系。

表 18.3 列出了基于简单现场分类来表征岩石强度的方案。该方案以用手或锤子进行简单物理试验的岩石响应为依据，本质上是一个主观方案。该方案与工作小组报告大体一致（Geological Society of London, 1977），并可在 Clayton 等（1995）与 Waltham（2009）的文献中找到。

根据上述这些试验来描述岩石特性时，需要牢记的是，试验通常是在小块岩体上开展的，通常处于厘米级。此类试验可用于确定骨料以及建筑石材的特性，但不能直接用来确定合成结构的特性（如混凝土、墙壁或基础）。这些试验也与地基、边坡、隧道等工程中岩体的整体性能没有直接关系。在利用岩石的室内强度估算时，考虑以下因素很重要。

- 取样：试验中使用的小样品是否具有代表性？所有岩石通常在很大的尺度范围内都是非均质的——取样时是否捕捉到这种非均质性？这在评估由不同岩石类型和结构的地层组成的许多沉积岩单元时尤为重要，适当尺寸的样品通常更容易从较厚和较强的岩层中获得。在火成岩和变质岩中，这些影响可能不是什么问题，尽管后者的组构会产生各向异性，需要仔细对待（见第 18.16 节）。

岩石强度的现场估计（单轴抗压强度 UCS，完整岩石的内摩擦角 φ 和黏聚力） 表 18.3

描述	单轴抗压强度	φ	黏聚力	现场测试	岩石类型
极硬岩	300	50	20	多次锤击才破坏	大多数火成岩
硬岩	100	45	9	可锤破	硬（杂）砂岩，石英岩，片麻岩
普通硬岩	30	40	3.3	锤出凹痕	砂岩，石灰岩
中等软岩	10	35	1.35	徒手无法破坏	页岩，黏土岩
软岩	3	32	0.46	锤击下破碎	软白垩
坚硬土/极软岩	1	30	0.17	徒手容易打破	砂
硬塑土	0.3	28	0.054	指压出凹痕	泥灰岩
可塑土	0.1	25	0.020	手指可塑	黏土
软塑土	0.03	22	0.007	手指很容易可塑	黏土

- 原位条件因许多原因很难在实验室试验中复制。在取样、运输和储存过程中,边界应力、流体压力以及饱和度都会发生变化,从而导致永久性的物理和化学损伤,这些在试验条件下无法逆转。这在土和固结不良的岩石中很常见,但在大多数岩石中并不重要。
- 几乎所有的常规测试都是在完整的岩石上进行的,并没有测量岩石裂隙的影响。

18.11 结构面的特性

结构面是将岩体分隔成块或层的宏观面,包括破裂/裂隙(或节理)、运动面(断层)和层理面或其他界面。结构面通常与周围岩石基质具有明显不同的物理性质,更容易发生拉伸或剪切破坏。

岩石切割面上的滑动试验表明,在低法向应力条件下,剪应力(τ)和法向有效应力(σ'_n)之间呈简单的线性关系(图18.9),即,

$$\tau = \mu_S \sigma'_n \quad (18.17)$$

式中,μ_S 为滑动摩擦系数。Byerlee(1978)曾提出 μ_S 的平均值大约为0.85,但是在更高的法向有效应力($\sigma'_n \geqslant 200\text{MPa}$)下发现:

$$\tau \approx 100 + 0.65 \sigma'_n \quad (\text{MPa}) \quad (18.18)$$

这些结果似乎在很大程度上与岩石类型无关(至少对于固结良好的岩石和结晶岩如此)。基于Byerlee的结果,人们普遍认为无黏性摩擦是许多破裂岩石的特征,滑动摩擦系数通常在0.65~0.85——这被称为Byerlee定律。断层面中软弱材料(如黏土断层泥)的存在会显著降低滑动摩擦系数。裂隙水则主要提供了控制有效应力的孔隙水压力。

由于剪应力和法向应力都取决于作用面相对于应力主轴的方向,岩石裂隙的摩擦滑动破坏会受到裂隙方向的强烈控制。然而,如果岩体中存在足够的裂隙方向的变化,则最优方向裂隙的剪切破坏可能是主要破坏机制(如Zhang和Sanderson,2001)。

18.12 渗透性

岩石由被孔隙隔开的固相(颗粒和胶结物)组成。流体在多孔介质中连通的孔隙之间流动产生渗透性。流动只能通过连通的那部分孔隙,但对许多岩石来说,这也是其孔隙空间的大部分。一个例外是像浮石这种岩石,它是一种火山岩,含有孤立的、不连通的气泡;使得这种岩石足够轻以至于可以浮在水中,但其几乎不透水,因此也不会浸水而下沉。

大多数多孔岩石中的流动为层流(雷诺数 $R_e \ll 1000$)而且流速与水力梯度成线性比例关系。亨利·达西(Henry Darcy)于1856年首次演示了这一现象,表明一段充满砂的管子在恒定压差 ΔP 或水头 h 作用下,水的通量 $Q(\text{m}^3/\text{s})$ 正比于其横截面积 A 而与其长度 L 成反比,即,

$$Q = -K_H A \Delta P / L \quad (18.19)$$

式中,负号表示流动是从高压向低压,常量 K_H 为水力传导系数(hydraulic conductivity),K_H 的国际标准单位为 m/s,由岩石和流体的性质共同决定。

$$K_H = k \rho g / \mu \quad (18.20)$$

式中,ρ 和 μ 分别为流体的密度和黏度;g 为重力加速度;k 为岩石材料的固有渗透率。固有渗透率的单位为 m^2,典型岩石的数值大概处于 10^{-10} ~ 10^{-8}m^2 范围。达西($\approx 10^{-12}\text{m}^2$)通常是一个更方便的单位,许多岩石的固有渗透率处于毫达西到达西的范围。

在土木工程中,我们通常只关心地下水,其性质变化相对较小。对于室温下的水,$\rho g / \mu \approx 10^7$(国际单位制),因此,$K_H \approx 10^7 k$。由于 K_H 数值较

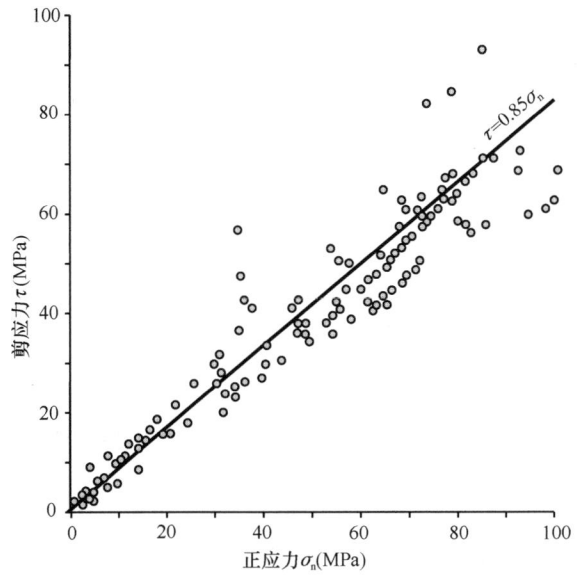

图18.9 低法向应力下的岩石面滑动摩擦试验

数据取自 Byerlee(1978)

低,常用 m/d 或 m/a 来度量。土木工程中另一种常见做法是将 K_H 称为"渗透系数"(甚至就称为"渗透性"),这种情况可能会引起混淆,既无必要也无帮助。

多孔介质可以概化为具有一定孔隙率 n 的孔隙系统,由半径为 r 的毛细管或喉道连接。这种模型可用于将孔隙结构与固有渗透率联系起来。例如,一种简易的管束模型为:

$$k \approx r^2 n/8 \quad (18.21)$$

因此,$r = 10^{-5}$ m 和 $n = 0.1$ 相应的固有渗透率大约为 1D,相应的导水系数略小于 1m/d。

岩石组分(颗粒、孔隙、胶结物和裂隙)的大小和分布对岩石的导水性有重要影响。

18.13 由裂隙控制的渗透率

许多岩石的孔隙度很低,如大多数火成岩和变质岩以及许多胶结石灰岩。其他岩石则粒径很小(因此喉道半径也很小),比如黏土岩,这导致了很低的固有渗透率。实验室小试样的测试证实了这一点。另一方面,在现场测试时,许多岩石的渗透率在毫达西至达西范围,这可归因于裂隙中的流动。因此,控制流动的是岩体而不是颗粒尺度。

裂隙流可以概化为平行平板之间的层流(图18.10(a)),其中:

$$Q = -(Wh^3/12) \cdot (\rho g/\mu)\Delta P/L \quad (18.22)$$

这就是著名的"立方流动定律"。由于横截面积 $A = Wh$,裂隙的固有渗透率为 $k = h^2/12$;这就是用于模拟裂隙的单层渗透率。

对于具有一定开度 h 和密度 d(每单位长度的裂隙数量)的一组平行于压力梯度的裂隙〔图 18.10 (b)〕,从式(18.22)可以清楚地得出,岩体作为一个整体的固有渗透率与裂隙密度 d 和裂隙开度 h 的 3 次方成正比,并且为,

$$k = dh^3/12 \quad (18.23)$$

式中,d 的国际单位为 m^{-1};k 的国际单位为 m^2。

裂隙是许多岩石渗透率的重要来源。根据式(18.23),1m³ 岩石(即 $d = 1m^{-1}$)中开度 $h = 100\mu m$(10^{-6}m)单一裂隙,可产生大约 $10^{-13} m^2$(或 100mD)的渗透率,相应的水力传导系数 K_H = 1m/d,这大约是许多储水层和储油层砂岩的渗透率。

18.14 岩体的表征

岩体分类方案已经有一个多世纪了,通常用于评估不同工程环境(隧道、边坡稳定性等)中的岩体特性。早期的方案很简单且偏于定性,例如太沙基(1946)的方法;新近的方案则使用标准化的指标和算法,便于用电子表格实施。

太沙基的描述(从他的原著简化而来)是:

- 完整的岩石不含结构面,破坏会穿过岩石基质(穿过颗粒或沿着颗粒边界)。
- 层状岩石由边界分隔的层组成,这些边界可能代表分离和/或剪切阻力较小的不连续面。
- 中等的节理岩体包含了将岩石分成块体的节理网络,这些块体沿许多节理面相互作用并可能处于紧密连锁状态。
- 块状薄层岩石由颗粒和其他岩石碎片组成,它们不完全联锁而通过小面积接触交互。
- 破碎岩由未再胶结的小碎块和颗粒组成,这些碎块和颗粒通常被孔隙包围并在接触点处交互。孔隙可能被流体饱和。
- 挤压岩石缓慢地侵入大型空洞(隧道和其他开挖),并无可察觉的体积增加。这类岩石通常含有云母微粒或者具低膨胀性的黏土矿物。
- 膨胀岩由于膨胀作用而使其向大型空洞内侵入。这种岩石含有高膨胀性的黏土矿物,如蒙脱石。

这一方案完全是定性描述,但优点是聚焦了岩体性状的主要特征,但在现代工程设计中很少使用。

岩体质量指标(RQD)是由 Deere 等(1967)提出的一个单一参数,广泛用于描述钻孔岩芯的破裂程度。RQD 只是长度超过 0.1m(4in)的完整岩芯占岩芯总长度的百分比。岩芯直径至少为 50mm 或 2in。

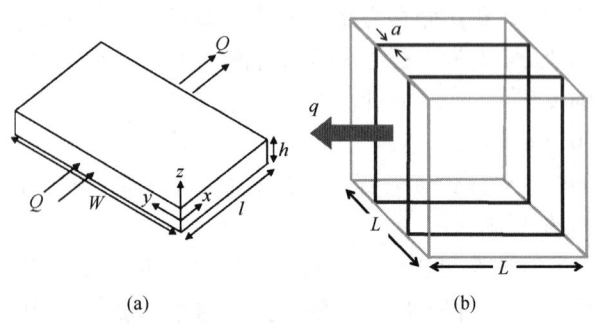

图 18.10 一组平行裂隙中的流体流动

RQD 取决于相对于钻孔轴线的裂缝间距和方向,应排除钻孔或岩芯处置引起的任何裂缝。

RQD 明显取决于裂缝间距——单位长度裂缝数量的倒数 λ。对于负指数分布的裂缝,即从随机放置裂缝中获得的负指数分布,Prist 和 Hudson(1976)表明:

$$RQD = 100e^{-\lambda t}(1 + \lambda t) \quad (18.24)$$

式中,t 是用于确定 RQD 的阈值长度。使用常规值 $t = 0.1m$,在 3~50 个/m 裂缝范围内,RQD 在 5%~95% 之间变化,因此 RQD 对该范围以外的变化并不敏感。

岩体分级(RMR)用于评估岩体强度(Bieniawski,1973,1989),采用6个定量指标对岩体进行分类:

1. 岩石材料的单轴抗压强度;
2. 岩石质量指标(RQD);
3. 结构面间距;
4. 结构面的条件;
5. 地下水条件;
6. 结构面的方向。

这些指标中的每一个值都用于定义"等级"。对于上述列表中的指标 1~5,这些等级值通常介于 0 和 15~30 之间,加起来得到的数值介于 0(良好岩石)和 100(较差岩石)之间。最后一个指标 6 表示为负评级,它反映裂隙方向对于结构(隧道壁、边坡等)有利(低 ve 值)或不利(高 ve 值)。ve 值的大小也因开挖类型而异,通常边坡的数值大于隧道。

上述指标 2 和 3 是密切相关的,二者加起来占 RMR 的 40%,这表明"破裂程度"是岩体分类的一个关键因素。RMR 还包括裂隙的条件(蚀变、含水率以及岩石基质的强度)。

该分类系统通常基于不同岩石类型和主要结构面的分布,一般适用于岩体内不同区域。

18.15 隧道岩体质量指标 Q

隧道岩体质量指标是由挪威岩土工程研究所针对地下开挖而发展起来的(Barton 等,1974),采用了6个定量指标:

1. RQD(如上定义);
2. J_n(节理组数);
3. J_r(节理粗糙度系数);
4. J_a(节理蚀变系数);
5. J_w(裂隙水折减系数);
6. SRF(应力折减系数)。

上述参数用于定义三个比值:

1. RQD/J_n 代表岩体结构。由于 RQD 是相对于 10 cm 长的完整岩芯进行评估,该比率与裂隙块的尺寸大致相关。

2. J_r/J_a 是一个比值,反映节理壁或节理填充物的粗糙度和摩擦特性。

3. J_w/SRF 是由两个应力参数组成的比值,用来描述岩体内部的原位加载条件。参数 J_w 是水压力值,它减小了有效法向应力进而降低了节理的剪切强度。SRF 是一个度量施加在岩体上的总应力或荷载的指标,但也包含了塑性材料中开挖和挤压荷载引起的松动的影响。

有关 Q 系统的简单介绍,请参见 Waltham(2009,第 86~87 页)。

RMR 和 Q 方案都使用了地质和工程参数对岩体质量进行定量评估。许多参数都相似,但计算方法和权重不同。两种方案都考虑了破裂程度以及裂隙的条件(地下水、粗糙度与蚀变等)。一个显著的差异是,RMR 直接使用了抗压强度,而 Q 方案则只考虑了它与原位应力的关系(通过 SRF 参数)。RMR 也包含了裂隙相对于结构的方向。利用 Barton 等(1974)提出的指南,可以将一些关于方向的估计纳入 Q 方案中。

RMR 和 Q 方案最好使用标准化程序来实施,可以采用电子表格轻松且一致地执行,这里不再提供精确实施方法的细节。

18.16 各向异性

除了存在不连续面外,岩石特性通常随岩体中结构面方向不同而存在显著差异。

这种各向异性的主要原因与沉积岩的沉积分层以及变质岩和一些火成岩中的流动组构有关;通常后者具有最大的均质性。岩石的各向异性有三种基本类型:

1. 晶粒尺度上的固有各向异性,主要由矿物颗粒的择优取向引起。矿物的晶格性质可能是强各向同性的,因此其排列在岩石样品中产生了宏观各向异性。由于矿物颗粒具有形状组构,即使对于各向同性矿物,晶粒边界的排列也会产生各向异性。此外，微裂纹的优势取向也可产生类似的各向异性。

2. 许多岩体由不同岩石材料形成的岩层组成，这就形成了一种复合材料，其特性并非是所涉及两种（或更多）材料的简单平均值。一个例子是砂岩中的薄黏土层，黏土的较低刚度、强度与渗透性可能主导了该材料的物理性能。这种情况下，材料性质通常具有很强的方向依赖性。

3. 裂隙的存在（第18.11节）。

要认识到某种类型的各向异性，就必须仔细设计工作方案来表征材料的特性——针对不同的层进行取样、大尺寸代表性样品测试、不同方向上测试等。将试验结果用于这种各向异性和/或复合材料的工程时，必须非常小心。

例如，各向异性是许多黏土岩（页岩）主要考虑因素。对于垂直于层理的压缩，刚度和强度（如UCS）通常更大。但对于易裂变页岩中的剪切破坏，当加载倾斜于层理时，其强度可能更小。

18.17 参考文献

Barton, N. R., Lien, R. and Lunde, J. (1974). Engineering classification of rock masses for the design of tunnel support. *Rock Mechanics*, **6**, 189–239.

Barton, N., Løset, F., Lien, R. and Lunde, J. (1980). Application of the Q-system in design decisions. In *Subsurface Space*, vol. 2 (ed Bergman, M.). New York: Pergamon, pp. 553–561.

Bieniawski, Z. T. (1973). Engineering classification of jointed rock masses. *Transactions of the South African Institute Civil Engineers*, **15**, 335–344.

Bieniawski, Z. T. (1989). *Engineering Rock Mass Classifications*. New York: Wiley.

Biot, M. A. (1941). General theory of three-dimensional consolidation. *Journal of Applied Physics*, **12**, 155–164.

Byerlee, J. D. (1978). Friction of rocks. *Pure and Applied Geophysics*, **116**, 615–626.

Clayton, C. R. I., Matthews, M. C. and Simons, N. E. (1995). *Site Investigation* (2nd Edition). Oxford: Blackwell Science.

Deere, D. U. (1989). *Rock Quality Designation (RQD) after 20 Years*. U.S. Army Corps Engineers Contract Report GL-89-1. Vicksburg, MS: Waterways Experimental Station.

Deere, D. U., Hendron, A. J., Patton, F. D. and Cording, E. J. (1967). Design of surface and near surface construction in rock. *Proceedings of the 8th U.S. Symposium Rock Mechanics*, Minneapolis, 237–302.

Farmer, I. (1983). *Engineering Behaviour of Rocks* (2nd Edition). London: Chapman and Hall.

Goodman, R. E. (1989). *Introduction to Rock Mechanics* (2nd Edition). Chichester: John Wiley.

Griffith, A. A. (1921). The phenomena of rupture and flow in solids. *Philosophical Transactions of the Royal Society*, **A221**, 163–98.

Heard, H. C. (1960). Transition from brittle to ductile flow in Solenhofen limestone as a function of temperature, confining pressure, and interstitial fluid pressure. *Geological Society of America Memoir*, **79**, 193–226.

Hoek, E. (1966). Rock mechanics: an introduction for the practical engineer. *Mineralogical Magazine*, **114**, 236–243.

Hoek, E. and Brown, E. T. (1980). Empirical strength criterion for rock masses. *Journal of Geotechnical Engineering Division, ASCE*, **106**, 1013–1035.

Hudson, J. A. and Harrison, J. P. (1997). *Engineering Rock Mechanics*. Oxford: Pergamon.

Jaeger, J. C. and Cook, N. G. W. (1969). *Fundamentals of Rock Mechanics*. London: Chapman and Hall.

Priest, S. D. and Hudson, J. A. (1976). Discontinuity spacing in rock. *International Journal Rock Mechanics and Mining Sciences*, **13**, 134–153.

Terzaghi, K. (1943). *Theoretical Soil Mechanics*. New York: Wiley.

Terzaghi, K. (1946). Rock defects and loads on tunnel supports. In *Rock Tunneling with Steel Supports*, vol. 1 (eds Proctor, R. V. and White, T. L.). Youngstown, OH: Commercial Shearing and Stamping Company, pp. 17–99.

Waltham, T. (2009). *Foundations of Engineering Geology* (3rd Edition). London: Spon Press.

Wang, H. F. (2000). *Theory of Linear Poroelasticity with Applications to Geomechanics and Hydrogeology*. Princeton: Princeton University Press.

Zhang, X. and Sanderson, D. J. (2001). Evaluation of instability in fractured rock masses using numerical analysis methods: effects of fracture geometry and loading direction. *Journal of Geophysical Research*, **106**(B11), 26671–26688.

第1篇"概论"和第2篇"基本原则"中的所有章节共同提供了本书的全面概述，其中的任何一章都不应与其他章分开阅读。

译审简介：

白冰，博士，中国科学院武汉岩土力学研究所研究员、博士生导师，长期从事碳中和岩土工程研究。

孔令伟，博士，中国科学院武汉岩土力学研究所，研究员，百千万人才工程国家级人选。

第19章 沉降与应力分布

约翰·B.伯兰德（John B. Burland） 伦敦帝国理工学院，英国
主译：李建民（中国建筑科学研究院有限公司地基基础研究所）
审校：杨光华（广东省水利水电科学研究院）

doi：10.1680/moge.57074.0207

目录

19.1	引言	209
19.2	总沉降、不排水沉降和固结沉降	209
19.3	承载区域下的应力变化	210
19.4	黏性土沉降计算方法综述	214
19.5	弹性位移理论	216
19.6	沉降预测的理论精度	218
19.7	不排水沉降	220
19.8	粗粒土的沉降	220
19.9	小结	221
19.10	参考文献	222

本章主要阐述黏性土地基在排水与不排水条件下的沉降计算方法。由简单弹性理论推导得出的承载区下竖向应力变化规律适用于沉降计算。相比之下，水平应力和剪应力的变化对假定的应力-应变特性非常敏感，采用弹性理论结果进行计算时可靠性较差。本章介绍了4种最常用的沉降计算方法。研究结果表明，在采用合适的土体刚度参数的情况下，简单的一维分析方法比复杂的分析方法更好。砂土地基的沉降通常很小，且大部分沉降发生在施工过程中。人们提出了很多用于预测砂土地基沉降的经验方法，结果差异很大。通过对200多个工程实测沉降数据分析，建立了沉降与承载力、载荷板宽度和平均标准贯入试验锤击数（或锥头阻力）的关系，得出了一种简单的沉降预测方法。

19.1 引言

本章简要地论述了应用最为广泛的沉降分析方法，从经典的一维渗透固结理论到数值计算分析方法，实测证明，从工程应用的角度来看，当取得合适的土体参数后，简单的传统分析方法就已足够。因此，相对于更为复杂精密的分析方法，人们更多地关注高质量的取样和试验方法以获取更为准确的参数。而对于砂土，由于取样的困难，这种简单的传统分析方法通常不适用。因此，对于砂土就需要采用完全不同的分析方法。

19.2 总沉降、不排水沉降和固结沉降

当荷载作用于基础上，然后保持不变，即得到如图19.1所示的时间-沉降曲线。

加荷瞬间，部分沉降立即发生。如果土体处于饱和状态且渗透性低，则土体中的孔隙水尚来不及排走，此时发生的沉降称为不排水沉降 ρ_u（或瞬时沉降）。

近似恒定荷载作用下，土体中由于荷载引起的超静孔隙水压力可以使孔隙水逐渐排出，土体发生固结（随着时间压缩变形），直至土体中的超静孔隙水压力完全消散。在此过程中发生的沉降称为固结沉降，即图19.1中的 ρ_c。

对于一些土体来说，即使土体中的超静孔隙水

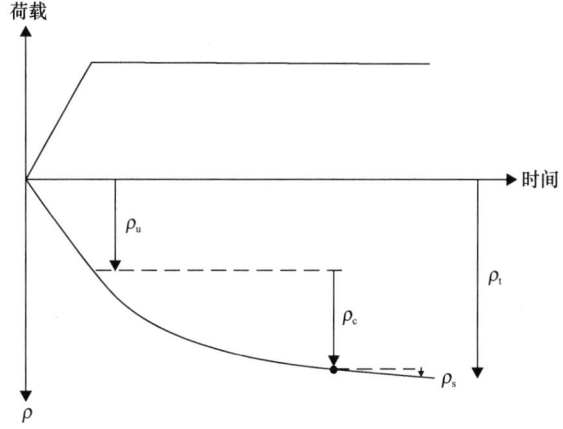

图19.1 理想化时间-沉降曲线
（不排水沉降 ρ_u、固结沉降 ρ_c、次固结沉降 ρ_s）

压力完全消散了，由于土体骨架颗粒的蠕变变形，也会产生沉降。这种沉降称为次固结沉降或蠕变沉降，即图19.1中的 ρ_s。

因此，土体在一定时间下固结完成后的总沉降 ρ_t 由三部分构成：

$$\rho_t = \rho_u + \rho_c + \rho_s \quad (19.1)$$

对于快速排水或者部分饱和的土体来说，在工程应用中，难以区分瞬时沉降 ρ_u 与固结沉降 ρ_c。人们对次固结沉降 ρ_s 的关注较少，一方面是因为人们对次固结沉降的理解认识不够，另一方面是次固

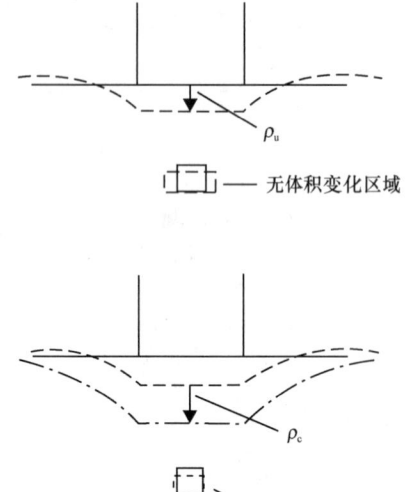

图 19.2 分别在不排水条件下与排水固结条件下基底下土体的变形示意图

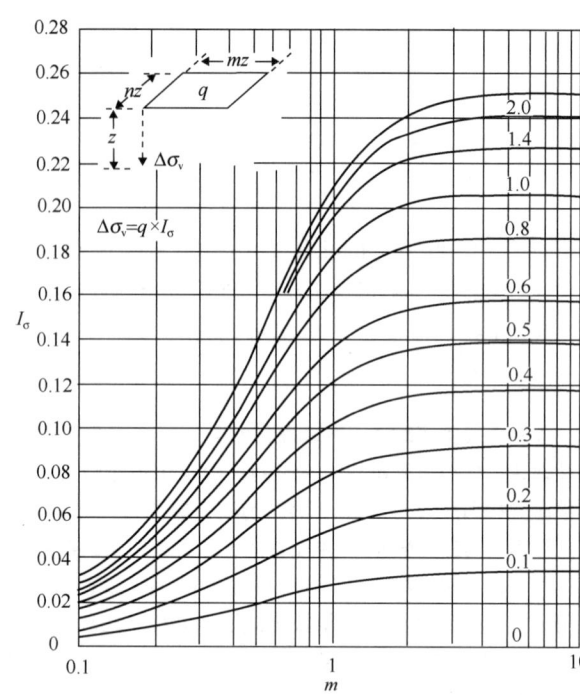

图 19.3 矩形均布荷载作用角点以下竖向应力变化曲线

摘自 Simons 和 Menzies（2000）；
原始数据取自 Fadum（1948）

结沉降虽然有所变化但其量值很小，关于次固结沉降可参考 Simons 和 Menzies（2000）。

图 19.2 为由于（a）不排水沉降和（b）固结沉降引起的基础周边地表位移示意图，图中展示了基础中心线下地基土体相应变形情况。这清晰地表明，在不排水条件下，土体体积没有变化；而在排水固结条件下，土体体积减小，土体产生压缩变形。

19.3 承载区域下的应力变化

为进行沉降计算，先要得到基底以下不同深度处土体的竖向应变 ε_v。将基底以下影响深度范围内的各层土的竖向压缩变形求和，即：

$$\rho = \sum \varepsilon_v \Delta z \quad (19.2)$$

基底以下任意深度处土体竖向应变 ε_v 的计算需要两个参数：（1）基底以下不同深度处土体的刚度或变形参数；（2）基础荷载引起的土体某深度处的应力变化。

应力变化的计算通常基于弹性理论。多数教材中阐述的竖向附加应力求解方法均假定基底以下土体为各向同性半无限空间弹性体。对于其他一些应力变化如主应力、水平应力等的求解，也采用上述假定。通过基于作用在面上的点荷载的 Boussinesq 微分方程来计算得到附加应力，通常称为 Boussinesq 解。

如图 19.3 所示，就是通过 Boussinesq 解得到的矩形均布荷载作用下角点以下深度 z 处的附加竖向应力。通过叠加法就可计算矩形均布荷载作用下或作用范围以下任意一点的附加应力。同样也可以得到半径为 r 的均布圆形荷载作用下任意点的竖向或水平向附加应力计算公式：

$$\Delta\sigma_v = q\left\{1 - \left[\frac{1}{1+(r/z)^2}\right]^{3/2}\right\} \quad (19.3)$$

$$\Delta\sigma_h = \frac{q}{2}\left\{(1+2\nu) - \frac{2(1+\nu)}{[1+(r/z)^2]^{1/2}} + \frac{1}{[1+(r/z)^2]^{3/2}}\right\}$$

$$(19.4)$$

式中，ν 为泊松比。图 19.4 为通过公式（19.3）求得半径为 r 的均布圆形荷载作用下任意点的竖向附加应力。圆形均布荷载作用下，地表作用荷载为 Δq_s，则由此引起的地表以下任意点的竖向附加应力为 Δq_v，则图中等值线的值即为 $\Delta q_v/\Delta q_s$ 的比值。图中以 $\Delta q_v/\Delta q_s = 0.1$ 等值线所包含的范围称为"压力泡"，用来预估一定荷载作用范围下引起的附加应力影响范围，这是个近似范围但非常实用。对于圆形作用荷载来说，其附加应力影响深度可以扩展到其作用直径的 2 倍。对于各向同性半无限空

第19章 沉降与应力分布

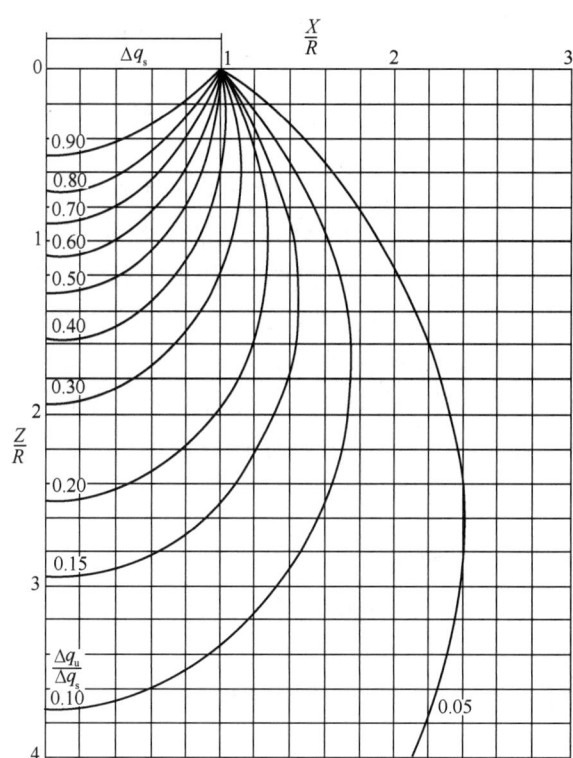

图 19.4 半径为 r 的均布圆形荷载作用下任意点的竖向附加应力变化曲线

摘自 Lamb 和 Whitman (1969) © John Wiley & Sons, Inc.

间弹性体来说,竖向附加应力的变化与泊松比 ν 无关。然而多数问题中其他方向应力与泊松比相关。针对这一系列问题,Poulos 与 Davis 已于 1974 年形成了一系列完整的弹性解。

众多教材中没有提及的一个明显而又重要的问题是：使用 Boussinesq 理论来求解基底以下竖向附加应力这种方法的有效性如何？很明显大多数土体不是弹性的,不是各向同性,也不是均匀的,因此基于此理论进行的沉降计算方法也只是表面上看起来很好。近期通过采用类土质应力-应变特性的数值计算分析,针对土体非线性、不均匀性与各向异性开展了大量的研究工作,目前这一问题可以得到更好的解答。

19.3.1 非线性应力-应变特性

如何对均布荷载作用下应力变化的非线性特性进行评定,人们已经进行了大量的理论研究工作,这些研究涵盖了弹塑性材料及其破坏前的连续非线性应力-应变特性等（Burland 等,1977）。对于竖向应力变化,所有研究结果与基于 Boussinesq 理论得出的结果非常相似。然而其他方向的应力特别是水平应力和剪应力的变化则与基于 Boussinesq 理论得出的结果明显偏离。图 19.5 是不排水非线性塑性材料在均布圆形面荷载作用下中心点以下应力变化曲线。由图可知,竖向应力的变化规律与由 Boussinesq 理论得出的结果几乎一致,而径向应力与偏应力的变化规律与由 Boussinesq 理论得出的结果明显不同,与应力水平相关。

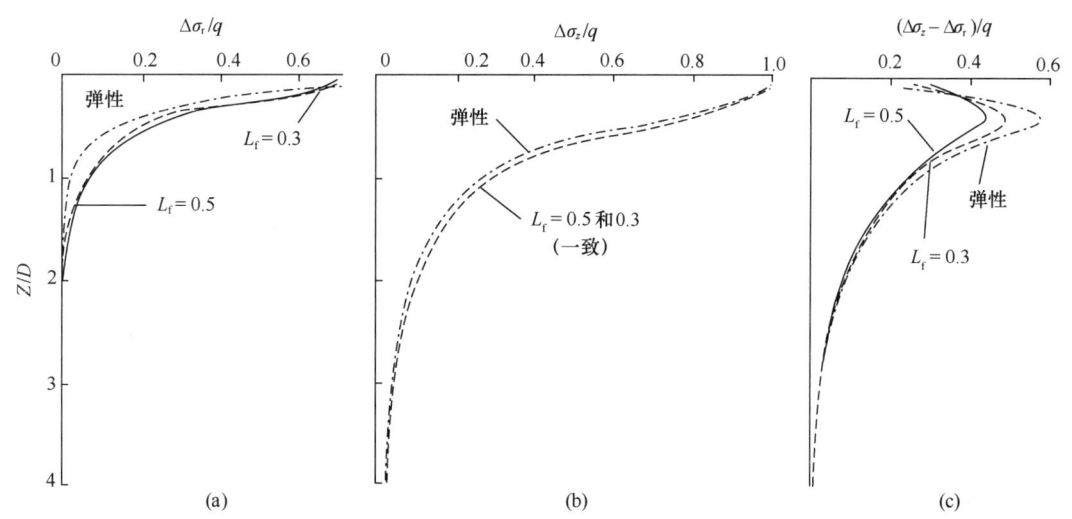

图 19.5 不同荷载条件下柔性圆形基础中心点下附加应力增量的分布规律

(a) 径向应力变化；(b) 竖向应力变化；(c) 偏应力变化

摘自 Jardine 等 (1986)

19.3.2 非均质性

土的非均质性有很多种类,最常见的一种类型就是随着深度的增加,土层刚度也逐渐增加,这种土有时也称为 Gibson 土。对于这种土体,土体刚度与土体有效围压近似成正比,这也与人们的预期一致。如图 19.6 所示,为半无限弹性体在条形均布荷载作用中心点下竖向应力与水平应力分布曲线,其中自作用面向下,杨氏模量从零开始随深度线性增加(Gibson 和 Sills,1971)。这条完整的线也就是 Boussinesq 解。很显然,当泊松比 $\nu = 0.5$ 时,竖向应力与水平应力的变化规律与由 Boussinesq 解得到的变化规律一致;当 $\nu < 0.5$ 时,竖向应力的变化略大于由 Boussinesq 解得到的变化规律,但水平应力的变化较大,且当 z/b 较小时对泊松比的值更敏感。

另一种常见的非均质性类型为基岩上覆可压缩土层。图 19.7 为基岩上覆可压缩土层在均布圆形荷载作用下,中心点以下竖向应力变化曲线。由图可见随着基岩埋深的减小,竖向应力仅有微小增加。而水平应力受基岩埋深的影响程度则比较显著。

与前两种类型不同,如果是在软弱土层上覆坚硬土层,则对竖向应力变化的影响非常显著。如图 19.8 所示,为下卧软弱土层的坚硬土层在均布圆形荷载作用下,中心点以下竖向应力变化曲线。与 Boussinesq 解的结果相比,坚硬上覆层的存在显著减小了竖向应力的变化幅度。坚硬上覆层非常有利于降低作用在下卧软弱土层上的应力水平。

19.3.3 各向异性

第 14 章"作为颗粒材料的土"中已阐明,重力作用下土的沉积导致了土颗粒重新排列,这也形成了土体的各向异性,因此各向异性也是多数土体的共性。第 17 章"土的强度与变形"介绍了土体的正交各向异性多孔弹性模型,这种模型中水平刚度特性与垂直刚度特性明显不同,该模型有以下五个参数:

E'_v——垂直方向有效杨氏模量;

E'_h——水平方向有效杨氏模量;

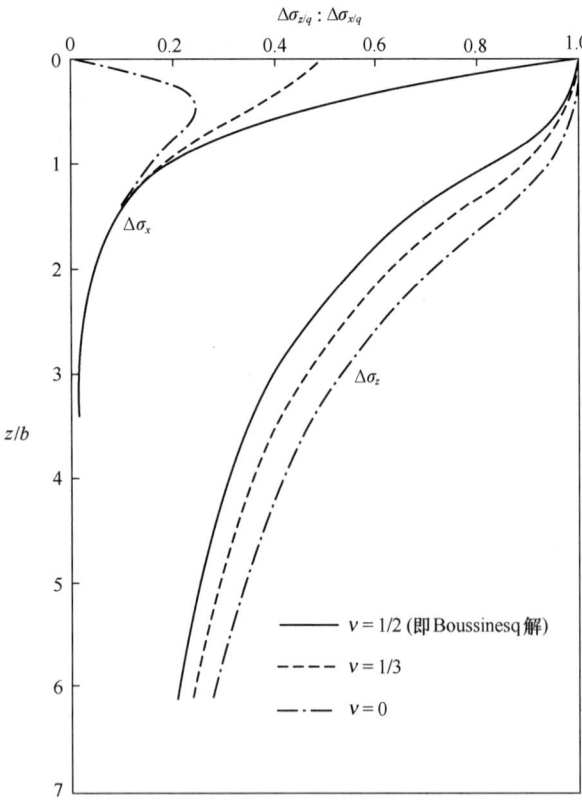

图 19.6 Gibson 半空间体上均匀条形荷载作用下中心线以下附加应力变化曲线

摘自 Gibson 和 Sills (1971);版权所有

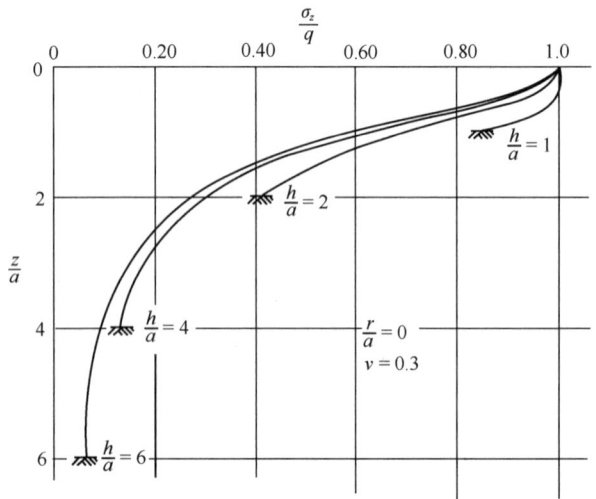

图 19.7 在不同厚度 h 的可压缩层土层上、半径为 a 的均布圆形荷载作用中心点以下的竖向应力变化曲线

摘自 Davis 和 Poulos (1963);版权所有

第 19 章 沉降与应力分布

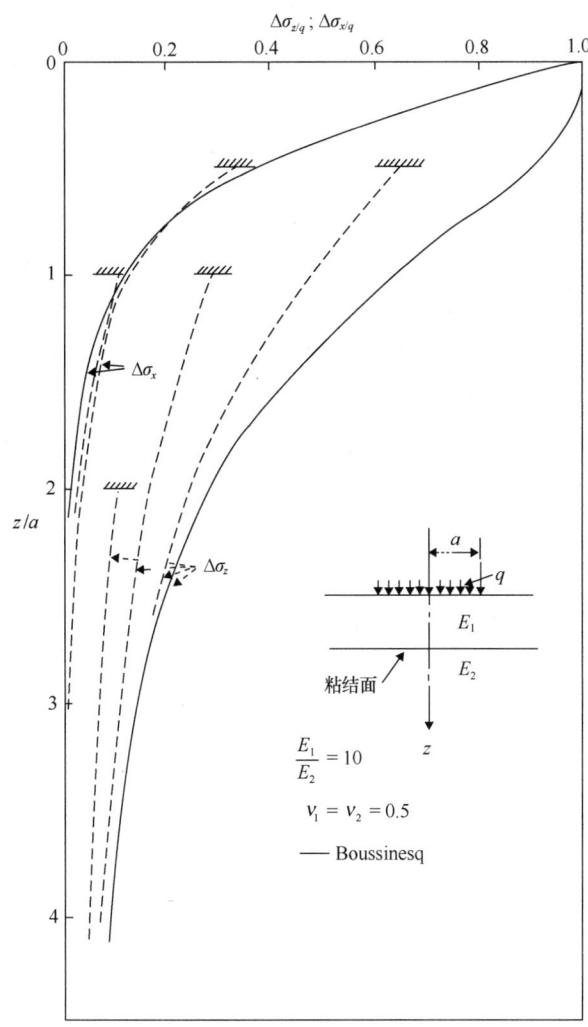

图 19.8 不同厚度的坚硬上覆土层对均布
圆形荷载作用下中心点下方的竖向和
水平应力变化的影响

摘自 Burland 等（1977）

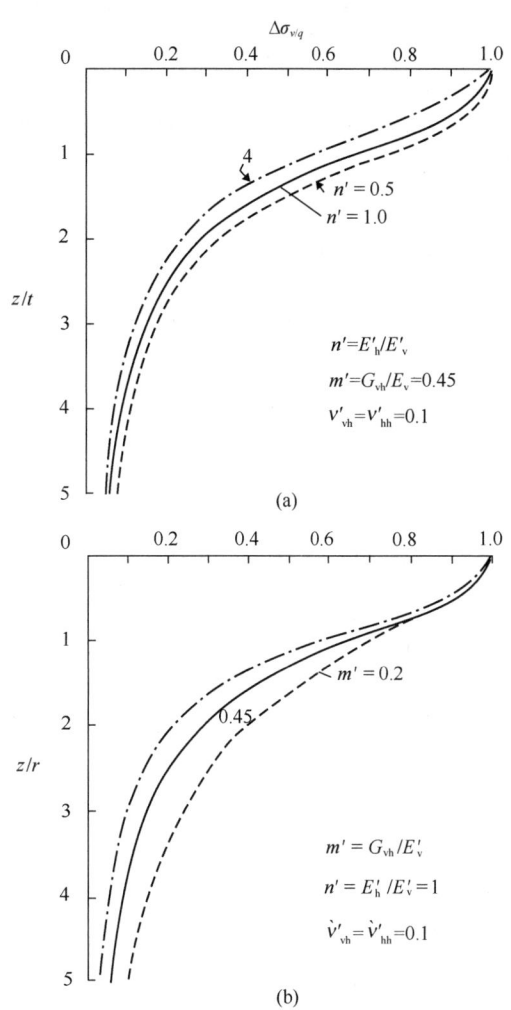

图 19.9 各向异性对均布圆形荷载作用
中心点下竖向应力变化的影响

（a）E'_h 变化的影响；（b）剪切模量 G_{vh} 变化的影响

ν'_{vh}——竖向应力变化对水平应变影响的有效泊松比；

ν'_{hh}——水平应力变化对正交水平应变影响的有效泊松比；

G'_{vh}——垂直面上的剪切模量。

定义 n'、m'：

$$E'_h / E'_v = n' \quad G'_{vh} / E'_v = m'$$

图 19.9 给出了在（a）、（b）两种假定条件下，多孔弹性各向异性土体在圆形均布荷载作用下，中心点下竖向应力变化曲线：(a) $m' = 0.5(1 + \nu'_{vh}) = 0.45$，$n'$ 变化；(b) $n' = 1$，m' 变化。由图 19.9（a）可知，n' 的变化对竖向应力的影响较小；而 G'_{vh} 变化对竖向应力的影响比较明显。

19.3.4 应力变化的结论

通过以上分析，可得出以下结论：

■ 多数情况下，对于非线性、非各向同性、非均质弹性材料，Boussinesq 解可以合理地给出已知压力分布区域下竖向应力变化的计算结果。

■ 也存在两种特例：（1）对于有下卧软弱土层的坚硬土层，由 Boussinesq 解得出的结果偏于保守；（2）对于各向异性材料，竖向应力对于 $E'_h / E'_v = n'$ 的变化不敏感；而对于 $G'_{vh} / E'_v = m'$ 的变化则非常敏感。但是常规静力试验很难测得 G'_{vh}。

与竖向应力变化相反，水平（和剪切）应力变化对所有变量都非常敏感。因此，Boussinesq 解很难对这些应力变化给出正确的计算结果。

虽然这里给出的例子有限，但这些结论来自众多研究成果。

19.4 黏性土沉降计算方法综述

本节简要介绍常用的土体沉降计算方法，相关土体变形参数都可以通过取样和试验获得。

19.4.1 常规一维方法

这种方法最初由太沙基提出，被广泛应用于计算一定深度的黏性土层的沉降，后来被用于自地表向下的厚黏土层的计算。计算过程如下，见图 19.10：

（1）将地层划分成若干计算土层，每层厚度为 Δz（如图 19.10 右下侧图所示）。

（2）计算每层土中心点的初始竖向有效应力 σ'_{vi}。

（3）根据 Boussinesq 解，计算每层土中心点的竖向应力的增加量 $\Delta\sigma'_v$。在固结的最后阶段，当超静孔隙水压力全部消散后，所增加的应力就是有效应力。值得注意的是，如果基础建造在基坑中，则沉降变形由净增加的垂直有效应力引起。

（4）根据一维固结理论得到的 $e\text{-}\sigma'_v$ 曲线（见图 19.10 上部图），可直接计算得到每层土的竖向应变 ε_v，如下式：

$$\varepsilon_v = \frac{e_i - e_f}{1 + e_i}(= m_v \Delta\sigma'_v) \quad (19.5)$$

式中，e_i 为土体初始状态时的孔隙比；e_f 为指固结完成后土体的孔隙比。如果使用参数 m_v 进行计算，则应确保其数值是在合理的应力区间内测得的，详见第 17 章"土的强度与变形"。根据该章中公式（17.13），m_v 与有效杨氏模量 E' 和泊松比 ν' 有关，表达式如下：

$$m_v = \left\{1 - \frac{2\nu'^2}{1 - \nu'}\right\}\bigg/ E' \quad (19.6)$$

（5）每层土的沉降为 $\varepsilon_v \Delta z$，将压缩土层深度范围内的每层土的沉降累加，就得到一维固结的总沉降量：

$$\rho_{1XD} = \sum \varepsilon_v \Delta z \quad (19.7)$$

应该注意的是太沙基假定 ρ_{1D} 与 ρ_t 相等，这种假定的准确性将在后面的章节中进行讨论。

19.4.2 Skempton-Bjerrum 方法

1955 年，Skempton、Peck、MacDonald 采用一维固结理论计算了许多建筑物的总沉降，他们发现不排水沉降 ρ_u 在总沉降 ρ_t 中占有相当大的比例，见公式（19.1）。他们又使用弹性位移理论来计算 ρ_u，具体见第 19.5 节。由此，他们得出结论认为固结沉降为：$\rho_c = \rho_{1XD} - \rho_u$。在上文讨论中，众多学者认为假定 $\rho_c = \rho_{1XD}$ 更为合理。即

$$\rho_t = \rho_u + \rho_{1XD} \quad (19.8)$$

在此背景下，Skempton 与 Bjerrum（1957）提出了计算固结沉降 ρ_c 的基本算法。他们认为固结沉降是由超静孔隙压力 Δu 的消散引起的。其中的关键是假定固结是一维的，则竖向固结应变可以表示为：$\varepsilon_{vc} = \Delta u \cdot m_v$，$\Delta u$ 可通过超静孔隙水压力系数 A、$\Delta\sigma_v$、$\Delta\sigma_h$ 计算［详见第 17 章"土的强度与变形"中式（17.23）］。因此固结沉降可通过下式计算得到：

$$\rho_c = \sum \Delta u \cdot m_v \Delta z \quad (19.9)$$

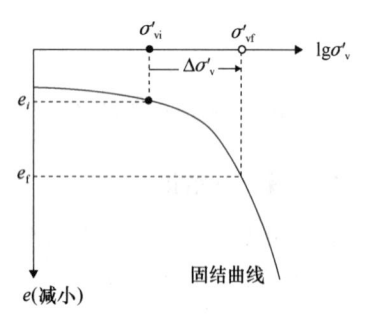

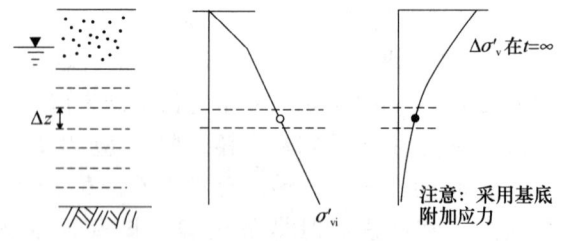

图 19.10　一维固结沉降分析方法

Skempton 与 Bjerrum 还定义了修正系数 μ：

$$\rho_c = \mu \cdot \rho_{1XD}$$

由此得出总沉降为：

$$\rho_t = \rho_u + \mu\rho_{1XD} \qquad (19.10)$$

可以采用弹性 Boussinesq 应力来计算修正系数 μ。修正系数 μ 与超静孔隙水压力系数 A、基础尺寸等有关，见图 19.11。

本方法最重要的假定是单向固结，土体近似为弹性，这种假设可能有很大的误差。此外，修正系数 μ 值是基于 $\Delta\sigma_v$、$\Delta\sigma_h$ 计算得到，而 $\Delta\sigma_v$、$\Delta\sigma_h$ 的值是基于各向同性均质半无限弹性体理论计算得到。人们也已注意到基于此得到的 $\Delta\sigma_h$ 可能不可靠。因此尽管这个方法被广泛使用和教学，但在应用时还是要谨慎。

19.4.3 应力路径法

应力路径法虽然归功于 Lambe (1964)，但更早提出这种方法是 Skempton (1957)，随后由 Davis 和 Poulos (1963) 进一步发展。从本质上讲，该方法包含以下内容：

（1）从相应的土层深度处获取原状土样；
（2）依据土样的初始原位有效应力进行三轴试验；
（3）在不排水条件下对土样施加 $\Delta\sigma_v$、$\Delta\sigma_h$，测定土样的竖向应变和体积变化；
（4）然后让土样排水固结，如有必要，调整竖向应力和围压至最终值，过程中测定土样的竖向应变和体积变化；
（5）根据步骤（3）、（4）测得的土样应变，计算得到不排水沉降和固结沉降。

这种方法看似合乎逻辑，但存在着严重问题。首先必须要知道初始的垂直和水平有效应力，必须要有高水平的试验能力。采用各向同性均质的半无限弹性体理论来计算应力变化，对于 $\Delta\sigma_h$ 的计算精度存在不确定性。试验方法既成本高又耗时，基础尺寸变化或者加荷过程变化都会导致试验数据不可用。

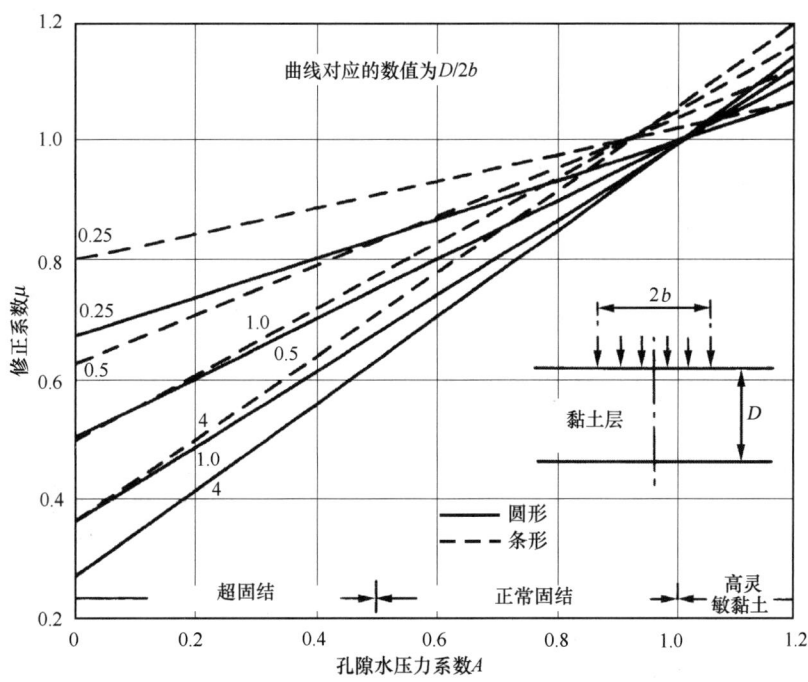

图 19.11　圆形基础和条形基础的 Skempton-Bjerrum 沉降修正系数 μ
摘自 Simons 和 Menzies (2000)；原始数据取自 Skempton 和 Bjerrum (1957)

Davis 和 Poulos（1963）提出了一种更为灵活实用的方法。试样应力水平与应力变化相对应，根据试验实测应变导出相关的等效弹性常数 E_u、E'、ν'。通过计算相应的等效弹性应变，并在合理的深度内叠加，就可以得到不排水沉降和总沉降。

$$\begin{aligned}\rho &= \sum \varepsilon_v \cdot \Delta z \\ &= \sum \frac{1}{E}[\Delta\sigma_v - \nu(\Delta\sigma_x + \Delta\sigma_y)] \cdot \Delta z\end{aligned}$$

(19.11)

另外，E、ν 的平均值可以用于弹性位移理论，见第 19.5 节。

19.4.4 有限元方法

近年来，强大的数值计算方法可以用于沉降计算，大多数有限元方法都可以处理非均匀各向异性弹性材料，越来越多的方法能够处理不同复杂程度的非线性应力-应变特性。众所周知有限元法的准确性取决于输入数据的质量。工程师们很容易被有限元法强大而多样的功能迷惑，而忘记或不知道其中包含的许多理想化的假定。

在为数值分析提供输入数据时，无论试验数据多么好，都需要考虑到常规试验的一些局限性。

(1) 对于三轴固结试验，只有轴对称应力条件才能应用，如 σ_a、σ_r；

(2) 主应力和应力变化只能在垂直和水平方向；

(3) 通常只确定垂直刚度 E'_v 和泊松比 ν'_{vh}；

(4) 所测量的任何非线性行为都严格遵守 (2) 中提到的应力条件；

(5) 土体的初始应力，特别是土体的应力历史，都是依据于推测结果。

上述试验中的限制条件应与土体原位实际情况进行对比分析：

(1) 实际工程中，轴对称应力条件几乎不存在；

(2) 在加载过程中，主应力方向会发生旋转；

(3) 在直剪试验中，土体刚度几乎肯定是各向异性的，并与旋转应力有关；

(4) 土体的应力历史，特别是土体是否处于加载或卸载循环状态，对土体的应力-应变特性有重要影响。

鉴于上述情况，在有限元分析中使用的所有试验数据通常都含有很多理想化假定。

19.4.5 沉降预测方法的评述

综上所述，从经典的一维方法到数值分析方法，沉降预测的方法变得越来越复杂，这需要更多的土体参数和更先进的试验方法。仅从工程实用角度来看，工程师常有这样的疑问：这么复杂的分析方法是否有必要？它的分析结果是否达到了更高的精度？这个问题将在第 19.6 节通过比较各种近似方法和已知的精确解来讨论。首先有必要简要回顾一下弹性位移理论。

19.5 弹性位移理论

在第 19.2 节开始时，指出沉降计算涉及推导基础底面以下不同深度处土体的竖向应变 ε_v。

对于理想的各向同性弹性材料，承载区域以下任意深度处的垂直应变由下式得出：

$$\varepsilon_v = \frac{1}{E}[\Delta\sigma_v - \nu(\Delta\sigma_x + \Delta\sigma_y)] \quad (19.12)$$

应注意，两个水平应力变化与泊松比有关。

弹性位移理论是基于对垂直应变从 $z = 0$ 到 ∞ 积分，如下式：

$$\rho = \int_0^\infty \varepsilon_v \mathrm{d}z \quad (19.13)$$

积分结果常以这种形式表示：

$$\rho = \left[\frac{qB}{E}(1-\nu^2)\right]I_\rho \quad (19.14)$$

式中：q——基底平均压力；

B——基础的特征尺寸，基础宽度；

I_ρ——与基础几何尺寸、基础埋深、坚硬土层厚度等有关的因子。

直径为 D 的均布圆形荷载作用下的中心点沉降：

$$\rho = \frac{qD}{E}(1-\nu^2) \quad (19.15)$$

均布圆形荷载作用于半无限弹性体较深处时，中心点下的沉降：

$$\rho = \frac{qD}{E}(1-\nu^2)\frac{1}{2} \qquad (19.16)$$

刚性圆形荷载作用下的沉降：

$$\rho = \frac{qD}{E}(1-\nu^2)\frac{\pi}{4} \qquad (19.17)$$

值得注意的是，由式（19.17）得出的刚性圆形荷载作用下的沉降仅略小于均布圆形荷载（柔性）的平均沉降值（式（19.15））。因此，虽然对基础进行加固能显著地减少基础的差异沉降，但对平均总沉降来说，加固基础的作用很小。

有许多图表可供计算各种类型荷载作用面下的沉降。如图19.12所示，该图为均布矩形荷载作用下，基底以下存在厚度为H的坚硬土层，计算基底处不排水沉降。这些图表仅适用于泊松比为0.5的条件下估算不排水沉降。

在第19.3节中，我们知道弹性理论可以很好地估算土类性质的竖向应力分布，因此对应力计算，弹性理论是可用的。对弹性位移理论来说，必须更为谨慎地使用，特别是式（19.12）中应变的计算涉及水平应力分布，我们已经知道，水平应力分布对许多因素都非常敏感。此外，式（19.13）中应变的积分计算是在土体刚度特性随深度不变（均质性）的假定基础上进行的。

在应用基于弹性位移理论的成果时，要考虑应力-应变特性的各向异性、非均质性和非线性等因素的影响是不容易的。这些因素影响着应力分布（特别是水平应力分布）和刚度。然而当区别使用时，特别是在估算不排水沉降时，弹性位移理论仍非常有效。

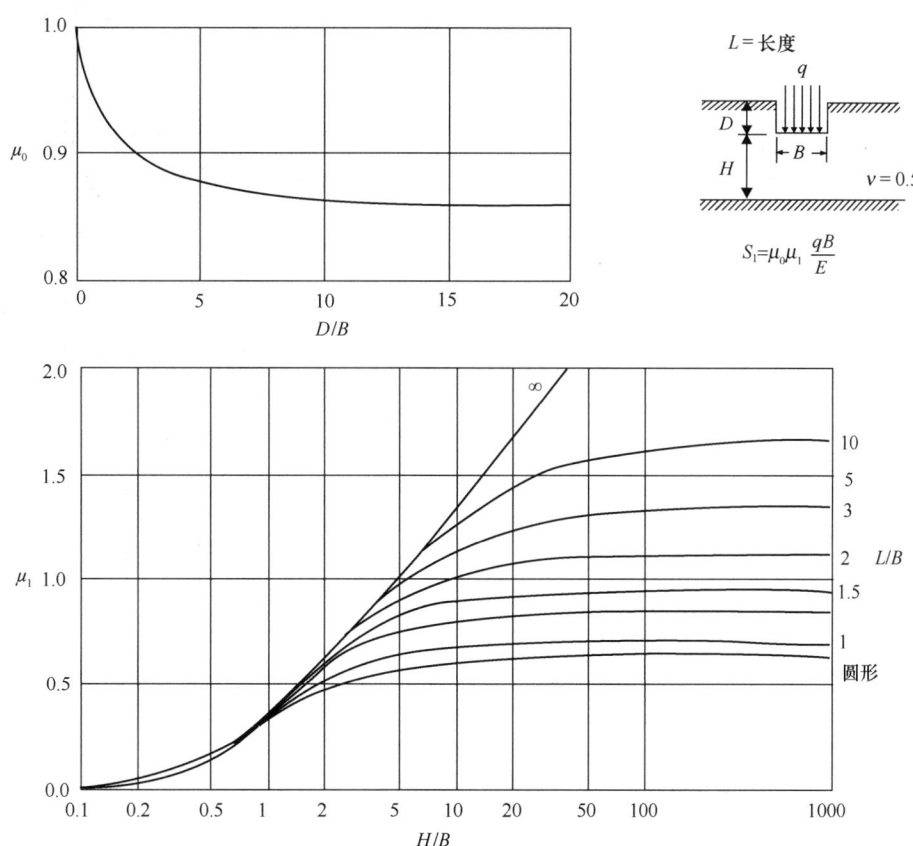

图19.12 均布矩形荷载作用下基底以下存在厚度为H的坚硬土层，基底处不排水沉降

摘自 Christian 和 Carrier（1978）ⓒ Canadian Science Publishing 或其许可方

19.6 沉降预测的理论精度

在过去，评估沉降预测方法准确性的困难在于试验方法与分析方法密切相关。这意味着不可能从分析方法的局限性中分离出取样和试验中的不准确之处。

随着有限元法的出现，可以利用真实的类土本构关系得到精确解，并将其与基于现有各种近似沉降预测方法的预测结果进行比较。得出了令人意外的结论：在所有这些方法之间，大多数情况下，简单的一维方法给出了对总沉降 ρ_t 的最佳计算结果。因此，所有的努力都应该致力于尽可能准确地测量刚度参数，如 m_v、E'、ν'。结果表明，竖向剪切模量 G_{vh} 也是一个关键参数，但很少通过静力试验确定。

下面几节简要说明了上面的重要结论。其方法是将精确解与各种方法的计算结果进行比较。

19.6.1 用一维方法计算均匀各向同性弹性材料沉降的精度分析

正如第 17 章 "土的强度与变形" 所述，均匀多孔弹性材料可以完全由两个参数 E' 和 ν' 来定义。如式（17.13）或式（19.6）所示：

$$m_v = \left[1 - \frac{2\nu'^2}{1-\nu'}\right] \Big/ E'$$

对于随深度变化的常数 m_v，一维沉降计算式为：

$$\rho_{1XD} = m_v \int \Delta\sigma'_v \mathrm{d}z \qquad (19.18)$$

$\Delta\sigma'_v$ 由 Boussinesq 应力解得到。对于半径为 r 的均布圆形荷载，$\Delta\sigma'_v$ 由式（19.3）计算得到。结果表明，在这种情况下 $\int \Delta\sigma'_v \mathrm{d}z = 2qr$，因此一维沉降计算式（19.18）变化为：

$$\begin{aligned}\rho_{1XD} &= 2 \cdot q \cdot r \cdot m_v \\ &= \frac{q \cdot D}{E'}\left[1 - \frac{2\nu'^2}{1-\nu'}\right]\end{aligned} \qquad (19.19)$$

这就是各向同性半无限多孔弹性材料在均布荷载作用下中心点的一维沉降的解析解。但我们知道，这个问题的精确解由式（19.15）得出：

$$\rho_{t(exact)} = \frac{qD}{E'}(1-\nu'^2) \qquad (19.20)$$

由式（19.16）得到一维沉降与精确沉降之比：

$$\frac{\rho_{1XD}}{\rho_{t(exact)}} = \frac{1-2\nu'}{(1-\nu')^2} \qquad (19.21)$$

如图 19.13 所示，即为式（19.16）的曲线。由图可知，当 $\nu' = 0$ 时，一维沉降与精确沉降相等；随着 ν' 的增加，$\rho_{1XD}/\rho_{t(exact)}$ 值先是缓慢下降，然后快速下降，当 $\nu' = 0.5$ 时，$\rho_{1XD}/\rho_{t(exact)}$ 值为 0。对于大多数土体和软弱岩石来说，在工作应力变化范围内其 $\nu' < 0.25$。因此可得出结论，当 $\nu' < 0.25$ 时，ρ_{1XD} 通常在偏低一些的总沉降值 10% 以内。如果压缩土层深度较小，则一维总沉降更接近于精确沉降值。

19.6.2 用一维方法计算均匀正交各向异性弹性材料沉降的精度

在第 19.3.3 节中，列出了定义正交各向异性材料的五个弹性常数。在第 17 章 "土的强度与变形" 中指出，这种材料通常比各向同性弹性材料更能代表硬土或软弱沉积岩的特性。以均

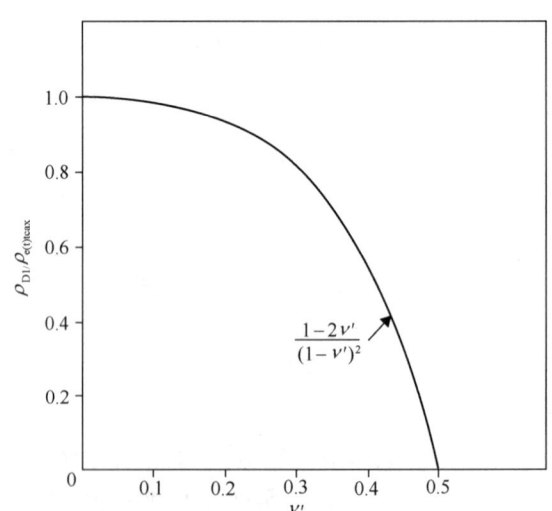

图 19.13 有效泊松比对各向同性均质弹性半空间上在均布圆荷载作用下采用一维固结方法计算沉降精度的影响

匀圆形荷载为例，将由第 19.4 节中描述的四种方法预测的沉降与通过严格的有限元分析得到的沉降进行对比分析（假设这些计算结果是精确的）。

需要强调的是工程师并不一定知道材料是各向异性的。假定在试样垂直方向进行常规试验，得到参数如 m_v、E'_v、ν'、E_u、A（孔隙压力参数）。然后按照常规方法，采用 Boussinesq 解进行沉降计算。

图 19.14 是 $\rho_{(predicted)}/\rho_{t(exact)}$ 的比值与 $E'_H/E'_v = n'$ 之间的关系曲线，每条曲线分别对应着第 19.4 节中描述的 4 种沉降预测方法。本研究采用各向同性参数 $G_{vh}/E'_v = 0.45$，选取了 $\nu'_{vh} = \nu'_{hh} = 0.1$ 的模型进行分析。结果表明，该方法对 ν' 的微小变化不敏感。一维方法固结沉降计算结果如图 19.14 中的实线。可以看出，当 $n' < 1.2$ 时，预测值略低于精确值；当 n' 增加到 4 时，该方法预测结果偏高，达到最大值约高 6%。虽然一维固结沉降计算方法最简单，但其他三种方法的计算结果的准确程度都比一维方法更差。最大的误差是由 Skempton-Bjerrum 法给出的，该方法对 $n' > 4$ 时预测偏差达 22%。即使是有限元法，利用测量值 E' 和 ν'，当 $n' > 4$ 时该方法的预测偏大也达 20%。

19.6.3 用一维固结沉降计算方法计算正交各向异性弹性材料（刚度随深度增加）的精度分析

如第 19.3.2 节所述，刚度随深度增加是土力学中最常见的情况。如果再包括正交各向异性，则考虑更为全面，可用来评估各种预测方法的准确性。采用与第 19.6.2 节相同的方法，将四种常用的沉降预测方法计算结果与有限元分析得到的精确值进行比较。结果表明，一维方法的总沉降计算误差一般在精确解的 10% 以内，明显优于其他计算方法。

19.6.4 竖向剪切模量 G_{vh} 的影响

在上述所有对比分析中，均假定 $G_{vh}/E'_v = 0.45$。这与由 $G = E'/2(1+\nu')$ 给出的等效各向同性值 $\nu' = 0.1$ 有关。竖向剪切模量 G_{vh} 是一个自变量，除非用动力试验方法，否则很难测量。原则上，似乎没有理由不让 G_{vh}/E'_v 的值在更大的范围内变化。采用有限元法对在均匀圆形载荷作用下 G_{vh}/E'_v 值改变时进行分析计算，在图 19.15 中，将有限元计算结果与一维方法、Skempton-Bjerrum 法进行了比较，这些方法都覆盖了四种方法给出的范围。可以看出，当 $G_{vh}/E'_v < 0.45$ 时，所有方法计算的沉降都偏小，而当 $G_{vh}/E'_v > 0.45$ 时，所有方法的计算结果都偏高。竖向剪切模量 G_{vh} 是决定沉降大小的关键参数，但传统计算方法中通常不考

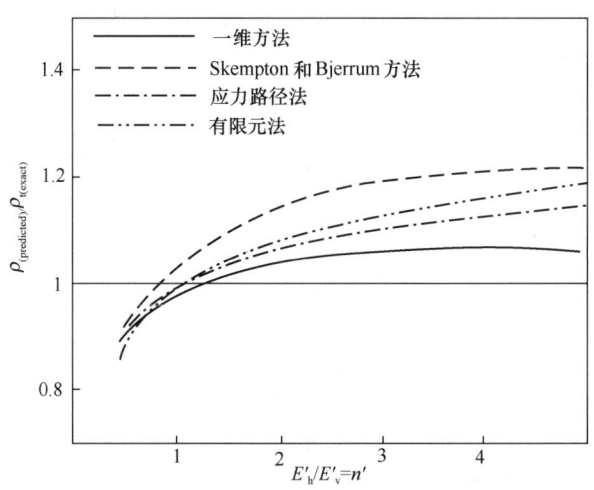

图 19.14 采用四种方法预测均质各向异性弹性土上圆形均布荷载作用下中心点下总沉降的精度曲线。这四种方法都利用了从固结仪或三轴试验中获得的土体参数

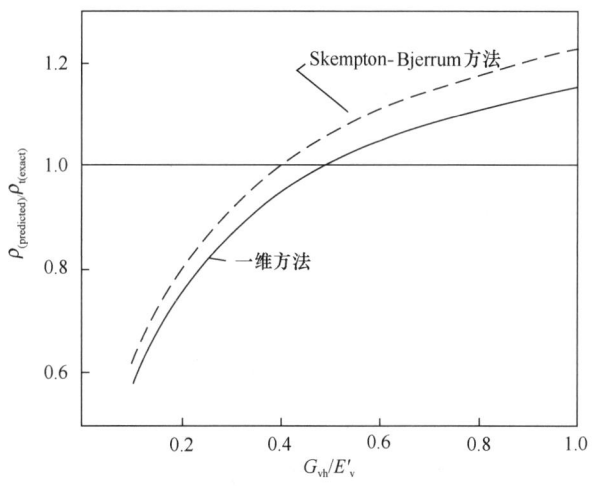

图 19.15 采用严格的有限元分析方法分析竖向剪切模量 G_{vh} 对沉降的影响

虑 G_{vh} 的影响。

19.6.5 用一维方法计算正常固结黏性土沉降的精度分析

近年来，在建立正常固结软黏土应力-应变特性的数学模型方面取得了很大的进展，本章不对这些发展的详细过程进行论述。但研究表明，当不排水承载力安全系数大于3时，固结沉降 ρ_c 的实测值和理论值仅略大于一维方法沉降计算值。图19.16 给出了两种正常固结黏土上模型基础试验的结果，并与每种模型基础试验的一维固结方法和修正的剑桥模型预测结果进行了比较（Burland，1971）。可以看出，当承载力达到不排水承载力的1/3左右时，实测沉降值仅略大于一维方法预测值。

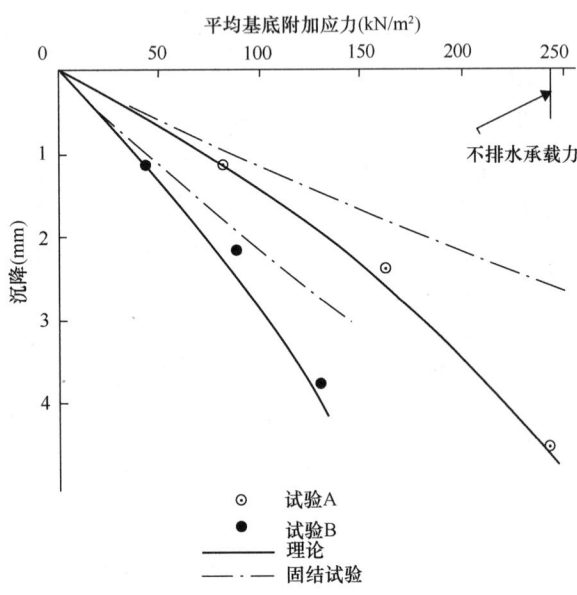

图 19.16 对两种模型基础的固结沉降采用一维固结法和修正剑桥模型的计算结果比较

摘自 Burland（1971）

19.7 不排水沉降

不排水沉降 ρ_u 通常采用弹性位移理论计算（见第19.5节）。大多数可用的图表和公式都是基于均质弹性理论，因此应用有限。Butler（1974）研究了一些实用的图表，E_u 随深度线性增长。不排水沉降预测的一个主要问题是如何准确测量和选择合适的 E_u 值。一个简单实用的经验方法是估计不排水沉降与总沉降 ρ_t 的比例。Simons 和 Som（1970）研究了超固结黏土上12栋建筑的沉降，他们发现，ρ_u/ρ_t 比值在 0.3～0.8 之间变化，平均为 0.58。这个结果与弹性理论结果和许多最近的案例结果是一致的。

对于正常固结的黏土，Simons 和 Som（1970）研究了9个工程实例，发现 ρ_u/ρ_t 比值在 0.08～0.2 之间变化，平均为 0.16。毫无疑问，在施工过程中会发生一些固结沉降，并且 ρ_u/ρ_t 通常小于 0.1。

19.8 粗粒土的沉降

人们已经发表了许多计算砂土地基或卵石地基沉降的方法，比黏土地基的方法还要多。其原因在于，这种土很难获得原状试样来进行室内试验，来测定其在适当的应力和应力历史条件下的压缩变形参数。因此只能结合工程经验，综合现场试验数据来判断，如标准贯入试验（SPTS）和圆锥动力触探试验（CPTS）。关于这一研究已经有了大量文献资料，包括 Sutherland（1974）、Simons 和 Menzies（2000）。后者作者将最新的6种方法应用到一个简单的说明性案例中，结果证明，即使给出了典型的贯入试验结果，预测结果也有5倍的差异。在实际应用中，由于工程师对贯入试验数据的理解不同，这一误差范围可能会更大。

太沙基（1956）对这一问题的实际意义进行了分析，据他了解，所有建在砂土地基上的建筑物的沉降都小于75mm，而建在黏土地基上的建筑物的沉降往往大于500mm。

鉴于技术水平的限制，并注意到太沙基的主张，Burland 等（1977）研究了各种经验方法所依据的原始数据库，看看是否能总结出一种更简单方法，目的在于降低对不稳定贯入试验数据的依赖。

实际上，如图19.17所示的是一幅更简单的图表，它反映的是单位压力下的实测沉降量（ρ/q）与地基宽度 B 的关系。根据标准贯入试验平均锤击数 N，将砂土的密实状态划分为：松散、中密、密实。这种划分没有考虑诸如地下水位、受压区埋深及几何形状等因素的影响。图中密实砂、中密砂、松散砂的上界限分别用实线、点状虚线、链状虚线表示。预估沉降时，技术人员可以选择到上限值的50%左右。大多数情况下，最大沉降数值不会超过

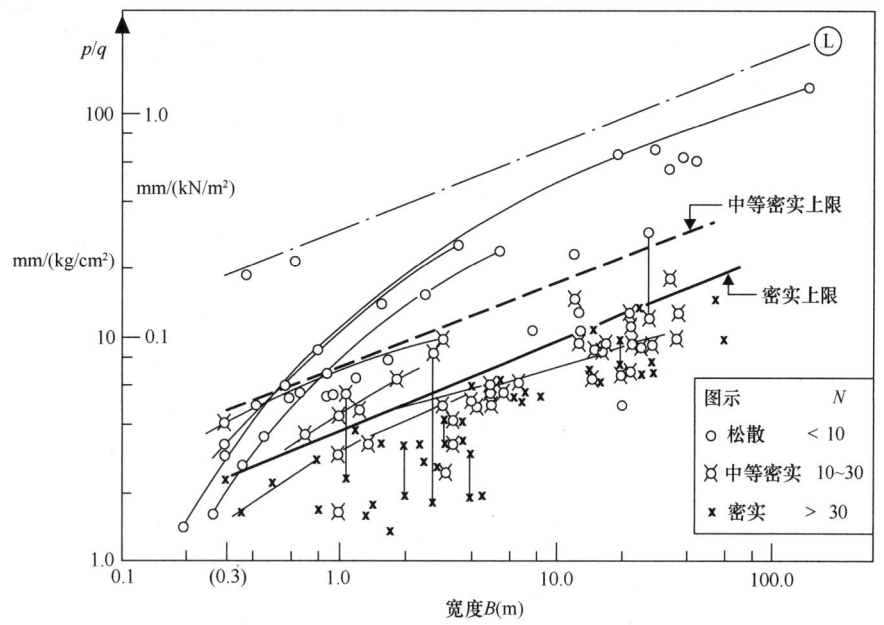

图 19.17 不同密实度砂土上地基的实测沉降
摘自 Burland 等（1977）

上限的 75%。图 19.17 是一种经验方法，尽可能通过对地基基础的变形观测加以验证，参见第 4 章"岩土工程三角形"。

图 19.17 中细实线所连接的点为同一场地不同尺寸基础所对应的试验结果。如果用载荷板来推断更大的基础尺寸，很明显，在 $B = 0.3 \text{m}$ 处的趋势是不确定的，$B = 1 \text{m}$ 的试验更明确些。

图 19.17 有助于对粗粒土上可能的沉降进行初步预估。这个图表公布之后，Burland 和 Burbidge（1985）对 200 个砂石地基上建筑沉降的工程案例进行了详细的统计分析。由此产生了一种改进的方法，可以对给定地基的可能沉降范围进行评估。研究还表明，在静荷载作用下，30 年后的沉降量可达瞬时沉降量的 1.5 倍，振动荷载作用下的沉降量可达瞬时沉降量的 2.5 倍。Craig（2004）对这种改进的方法作了一个简短的总结。最后请铭记 Sutherland（1974）的评论：在设计师关注于砂土地基沉降计算的细节之前，他必须明确这个问题是否真实存在，并确定通过对沉降预测方法的改进，可以带来哪些优势和经济效益。

19.9 小结

- 加载区域下的竖向应力分布对非线性应力-应变特性、各向异性和刚度随深度增加等因素不敏感。因此，应用 Boussinesq 解可准确地计算出 $\Delta\sigma_v$ 的值。
- 上述方法有两个重要局限性：一是坚硬土层上覆在软层土层时，二是竖向剪切模量 G_{vh} 明显偏离等效各向同性值。对于第一种情况，应用 Boussinesq 解会使 $\Delta\sigma_v$ 值偏高。
- 与竖向应力分布相比，水平应力分布对所研究的所有变量都非常敏感，因此很可能与 Boussinesq 解的计算结果显著不同。
- 弹性位移理论基于非常严格的理想化假定，应谨慎使用。
- 随着沉降预测方法越来越复杂，对试验的要求也越来越高。必须认识到试验方法的局限性和成本因素。
- 将精确解与四种常见的预测方法作了细致的对比分析，结果表明，简单的经典一维方法至少在计算总沉降 ρ_t 时与其他方法一样好。对于正常固结的黏性土，一维方法给出了较好的固结沉降 ρ_c 的计算结果。
- 对于超固结黏性土，$\rho_u \approx 0.5\rho_t$、$\rho_t \approx \rho_{1xd}$。
- 对于正常固结的黏性土，$\rho_u \approx 0.1\rho_t$、$\rho_t \approx 1.1\rho_{1xd}$。
- 应该把主要工作放在土的基本性质测试方面，如 m_v 和 E'_v 及其随深度的变化。试验引起的误差远大于分析方法造成的误差。
- 砂土地基上的沉降通常很小，且大部分沉降发生在施工过程中。人们提出了许多经验方法来预测砂土地基的沉降，不同方法预测的结果差异较大。通过对超过 200 个工程的实测沉降数据进行分析，得出了一种简单的方法，可以将沉降与承载力、基础宽度和标准贯入试验平均锤击数或贯入阻力随深度变化建立联系。

19.10　参考文献

Burland, J. B. (1971). A method of estimating the pore pressures and displacements beneath embankments on soft natural clay deposits. *Proceedings of Roscoe Memorial Symposium*. Foulis, pp. 505–536.

Burland, J. B., Broms, B. B. and de Mello, V. F. B. (1977). Behaviour of foundations and structures. State of the Art Review. *9th International Conference on SMFE*, **2**, 495–546.

Burland, J. B. and Burbidge, M. C. (1985). Settlement of foundations on sand and gravel. *Proceedings Institution of Civil Engineers*, Part 1, **78**, 1325–1381.

Butler, F. G. (1974). Heavily overconsolidated cohesive materials. State of the Art Review. *Conference on Settlement of Structures*. London: Pentech Press, pp. 531–578.

Christian, J. T. and Carrier, W. D. (1978). Janbu, Bjerrum and Kjaernsli's Chart Reinterpreted. *Canadian Geotechnical Journal*, **15**, 123–128.

Craig, R. F. (2004). *Craig's Soil Mechanics* (7th Edition). Oxford, UK: Spon Press.

Davis, E. H. and Poulos, H. G. (1963). Triaxial testing and three dimensional settlement analysis. *Proceedings of the 4th Australia–New Zealand Conference on SM & FE*, Adelaide, pp. 233–243.

Fadum, R. E. (1948). Influence values for estimating stresses in elastic foundations. *Proceedings of 2nd International Conference on Soil Mechanics and Foundation Engineering*, Rotterdam, **3**, pp. 77–84.

Gibson, R. E. and Sills, G. C. (1971). Some results concerning the plane deformation of a non-homogeneous elastic half-space. *Proceedings of Roscoe Memorial Symposium*, Foulis, pp. 564–572.

Jardine, R. J., Potts, D. M., Fourie, A. B. and Burland, J. B. (1986). Studies of the influence of nonlinear stress–strain characteristics in soil–structure interaction. *Géotechnique*, **36**(3), 377–396.

Lambe, T. W. (1964). Methods of estimating settlement. *Journal of Soil Mechanics and. Foundation Division*, ASCE, **90**, SM5, 43–67.

Lambe, T. W. and Whitman, R. V. (1969). *Soil Mechanics*. New York: Wiley.

Poulos, H. G. and Davis, E. H. (1974). *Elastic Solutions for Soil and Rock Mechanics*. New York: Wiley.

Simons, N. and Menzies, B. (2000). *A Short Course in Foundation Engineering* (2nd Edition). London: Thomas Telford.

Simons, N. E. and Som, N.N. (1970). *Settlement of Structures on Clay, with Particular Emphasis on London Clay*. London: Construction Industry Research and Information Association, CIRIA Report 22.

Skempton, A. W. (1957). Discussion – session 5. *Proceedings of the 4th International Conference SM & FE*, **3**, 59–60.

Skempton, A. W. and Bjerrum, L. (1957). A contribution to the settlement analysis of foundations on clay. *Géotechnique*, **7**(4), 168–178.

Skempton, A. W., Peck, R. B. and MacDonald, D. H. (1955). Settlement analyses of six structures in Chicago and London. *Proceedings Institution of Civil Engineers*, **4**(4), 525.

Sutherland, H. B. (1974). State of the art review on granular materials. *Proceedings of the Conference on the Settlement of Structures*. Cambridge: Pentech Press, pp. 473–499.

第 1 篇"概论"和第 2 篇"基本原则"中的所有章节共同提供了本书的全面概述，其中的任何一章都不应与其他章分开阅读。

译审简介：

李建民，研究员、博士，建研地基工程勘察测绘院副院长、分公司经理，兼任中国建筑学会地基基础分会秘书。

杨光华，博士，教授级高级工程师，广东省水利水电科学研究院名誉院长，首届广东省工程勘察设计大师。

第20章 土压力理论

威廉·鲍瑞（William Powrie） 南安普敦大学，英国
主译：董建华（兰州理工大学）
参译：连博，郭瀚，秦兆贤，陈宝
审校：宋二祥（清华大学）

doi: 10.1680/moge.57074.0221

目录
20.1	引言	223
20.2	简单的主动和被动极限	223
20.3	墙面摩擦（粘结）的影响	226
20.4	使用条件	227
20.5	小结	228
20.6	参考文献	228

本章介绍挡土墙分析中的极限侧向土压力的经典计算理论。针对无粘结和无摩擦的挡土墙，根据总应力和有效应力破坏准则，提出了土体破坏时简单主动区和被动区的概念。考虑了总应力（不排水）条件下无水张拉裂缝和充水张拉裂缝的不同影响。描述了如何修正简单主动区和被动区，以考虑挡土墙的粘结作用或摩擦作用的影响。最后讨论了作用在挡土墙上的可能工作应力。

20.1 引言

在设计竖直或接近竖直的挡土墙时，尤其需要计算侧向土压力。由于难以量化土体详细的应力应变特性，岩土工程中计算侧向土压力的方法通常基于塑性概念。通过考虑临界破坏土单元的应力状态，可以推断侧向土压力的范围。

20.2 简单的主动和被动极限

20.2.1 莫尔应力圆

土体（或任何固体材料）中的平面应力状态可以用莫尔应力圆来表征，应力圆绘制在横轴代表正应力 σ（x 方向）、纵轴代表剪应力 τ（y 方向）的坐标系中。莫尔圆显示了平面内给定方向上（译者注：应力所在切面的法向）τ 和 σ 的组合如何随着方向的变化而变化。莫尔圆实际上是一个给出作用在不同方向上的 τ 和 σ 所有可能组合的圆形轨迹，并由此构成平面内给定的应力状态。在这里讨论的问题中，所说的平面通常是长直挡土墙的横截面。莫尔圆关于 σ 轴对称，它与 σ 轴相交的两个点形成的方向代表主应力方向，其对应方向上的剪应力 τ 为零。相应的正应力称为大（较大）主应力和小（较小）主应力。从大主应力 σ_1 作用的方向沿逆时针方向转动 θ 角度，所对应方向上的应力状态通过莫尔圆上一点给出，该点所在径向线与通过大主应力点的径向线形成以圆心为顶点、大小为 2θ 的夹角，如图 20.1 所示。大小主应力所对

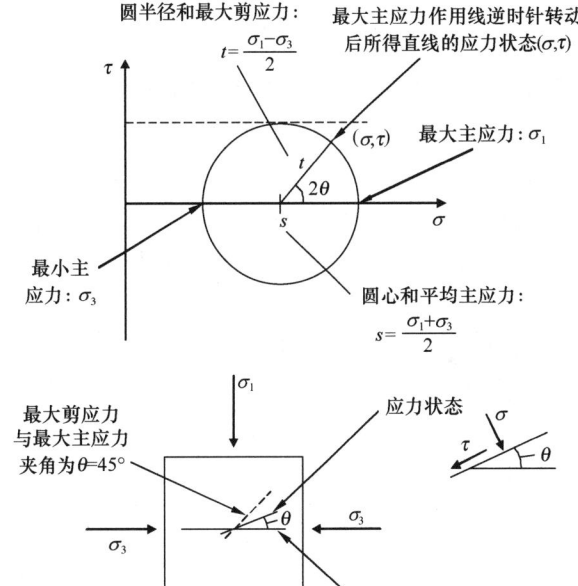

图 20.1 主平面应力状态的莫尔圆表示法

应的径向线之间的夹角 2θ 为 $180°$，这意味着在实际空间中它们的方向呈 $90°$ 夹角。

在土体中，可以根据使用的分析形式采用总应力 (σ, τ) 或有效应力 (σ', τ) 绘制莫尔圆。

20.2.2 总应力破坏准则

如果土体处于极限平衡状态，那么平面内有些方向的应力组合 (σ, τ) 或 (σ', τ) 位于破

坏时的应力状态线上，换言之即破坏包络线上。对于土，有两种可供选用的破坏准则或破坏包络线，其一是本节讨论的总应力破坏准则，其二则为第 20.2.3 节的有效应力破坏准则。就总应力而言，第一个破坏准则规定了平面内任意一点的最大可能剪应力 τ_{max}，即土体的不排水剪切强度 c_u。这仅适用于快速剪切至失效的黏土。不排水剪切强度 c_u 并非是土体特性，但它取决于剪切时黏土的含水率。不排水抗剪强度破坏准则写为：

$$\tau_{max} = c_u \quad (20.1)$$

图 20.2 显示了与不排水剪切强度破坏包络线相切的总应力莫尔圆。考察莫尔圆的几何形状可见，总大主应力和总小主应力之差（$\sigma_1 - \sigma_3$）等于圆半径的两倍，半径等于 c_u。因此在破坏时，

$$\sigma_1 - \sigma_3 = 2c_u \quad (20.2)$$

假设目前两总主应力方向分别是竖直和水平的，土体可能破坏的方式有两种。第一种破坏模式中，总大主应力是竖直的，总小主应力是水平的。这可以对应于在恒定的竖直应力作用下侧向支撑移离土体，直到土体发生破坏。这种情况可能发生在嵌入式挡土墙背后，属于主动的。主动条件下，对于给定的竖直总应力，水平总应力已降至其最小可能值。如果水平总应力进一步减小（竖直总应力保持不变），莫尔应力圆将扩展到破坏包络线之外——这是不允许发生的。主动条件下，（最小）水平总应力由下式给出：

$$\sigma_{h,min} = \sigma_v - 2c_u \quad (20.3)$$

第二种破坏模式中，总大主应力是水平的，总小主应力是竖直的。这可以对应于侧向应力增加且竖直应力恒定或可能减小的情况，可能发生在嵌入式挡土墙前面的土体中，这种情况（$\sigma_h > \sigma_v$）属于被动的。被动条件下，对于给定的竖直总应力，水平总应力已经增加到其最大可能值。如果水平总应力进一步增加，莫尔应力圆将扩展到破坏包络线之外，这也是不允许的。被动条件下，（最大）水平总应力由下式给出：

$$\sigma_{h,max} = \sigma_v + 2c_u \quad (20.4)$$

正如第 15 章"地下水分布与有效应力"所述，竖直总应力通常取为 $\int \gamma dz$（均质土中等于 γz）与任何地面荷载 q 之和。

当使用式（20.3）计算挡土墙后的主动土压力时有两个重要的附加条件。首先，负应力（拉应力）是不允许出现的。因此，当应用式（20.3）使计算的 $\sigma_{h,min}$ 为负值时，应使用拉伸截断 $\sigma_h = 0$ 予以限制。这等同于出现贯穿深度为 z_{tc} 的张拉裂缝，裂缝深度由下式给出：

$$\sigma_{h,min} = (q + \gamma z_{tc} - 2c_u) = 0$$

或

$$z_{tc} = \frac{(2c_u - q)}{\gamma} \quad (20.5)$$

在没有地面荷载的情况下，上式简化为我们更为熟悉的 $z_{tc} = 2c_u/\gamma$。

第二个附加条件是，如果张拉裂缝有可能充满水，作用在主动区土体上的总侧向应力等于静水压力。此时张拉裂缝可以继续开展至一个更大的深度，这个深度用 z_{ftc} 表示，由下式给出：

$$\sigma_{h,min} = (q + \gamma z_{ftc} - 2c_u) = \gamma_w z_{ftc}$$

或

$$z_{ftc} = \frac{(2c_u - q)}{(\gamma - \gamma_w)} \quad (20.6)$$

式中，γ_w 为水的重度。由于 $\gamma_w \approx 0.5\gamma$，如果 $q = 0$，浸水张拉裂缝可以开展的深度（更重要的是，挡土墙受到静水压力）为 $z_{ftc} \approx 4c_u/\gamma$。一般不排水抗剪强度 c_u 随深度增大，这意味着上述深度 z_{ftc} 很可能大于无水张拉裂缝开展深度的两倍。

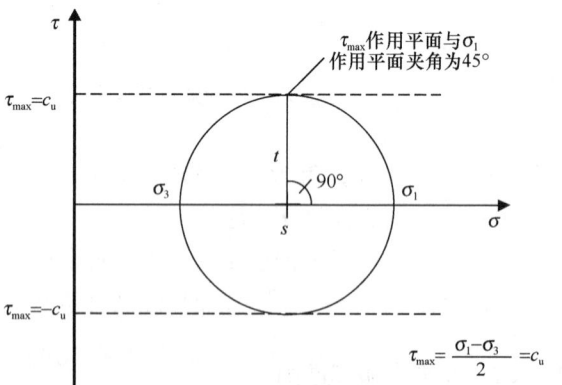

图 20.2 服从不排水剪切强度破坏准则 $\tau_{max} = c_u$ 的黏性土破坏时的总应力莫尔圆

20.2.3 有效应力破坏准则

另一个也是更基本的破坏准则是用有效应力表述，具体来说是平面内任何位置剪应力与有效正应力之比可能的最大值$(\tau/\sigma')_{max}$，等于土体有效内摩擦角φ'的正切值，这适用于所有类型的土。但是为了计算土的有效应力，孔隙水压力必须已知。临界状态有效内摩擦角是土本身的一种特性，但是峰值有效内摩擦角却不是。这是因为后者取决于土体膨胀的潜能，而土体膨胀的潜能又由相对密度和应力状态共同决定，因此可以预计到其必然会随深度而变化。有效应力破坏准则为：

$$\left(\frac{\tau}{\sigma'}\right)_{max} = \tan\varphi' \quad (20.7)$$

图20.3显示了与有效应力破坏包络线相切的有效应力莫尔圆。莫尔圆的半径t等于有效大主应力和有效小主应力之差的一半：

$$t = \frac{(\sigma'_1 - \sigma'_3)}{2}$$

其中心距原点的距离s'是有效主应力之和的一半：

$$s' = \frac{(\sigma'_1 + \sigma'_3)}{2}$$

进一步由莫尔圆的几何结构可见，$t = s'\sin\varphi'$。将t和s'关于大、小有效主应力σ'_1和σ'_3的表达式代入该方程，然后稍加处理，得出了破坏时大、小主总应力的比值σ'_1/σ'_3：

$$\frac{\sigma'_1}{\sigma'_3} = \frac{(1 + \sin\varphi')}{(1 - \sin\varphi')} \quad (20.8)$$

再次假设有效主应力方向为竖直和水平方向，则土体可能破坏的方式有两种。第一种是主动的，可能对应于挡土墙背后的条件，有效大主应力为竖直方向，有效小主应力为水平方向。在主动条件下，（最小）水平有效应力由下式给出：

$$\sigma'_{h,min} = \frac{(1 - \sin\varphi')}{(1 + \sin\varphi')}\sigma'_v = K_a\sigma'_v \quad (20.9)$$

式中，K_a为众所周知的主动土压力系数。在式（20.9）中，$K_a = (1 - \sin\varphi')/(1 + \sin\varphi')$——有时写成三角恒等式$\tan^2(45° - \varphi'/2)$。

第二种破坏模式是被动的，可对应于嵌入挡土墙的前面，有效大主应力为水平方向，有效小主应力为竖直方向。在被动条件下，（最大）水平应力由下式给出：

$$\sigma'_{h,max} = \frac{(1 + \sin\varphi')}{(1 - \sin\varphi')}\sigma'_v = K_p\sigma'_v \quad (20.10)$$

式中，K_p为被动土压力系数。在式（20.10）中，$K_p = (1 + \sin\varphi')/(1 - \sin\varphi')$——有时写成$\tan^2(45° + \varphi'/2)$。

如第15章"地下水分布与有效应力"中所述，竖直有效应力通常取为$\int\gamma dz - u$（对均匀土体等于$\gamma z - u$）再加上地面荷载q。

需要指出的是，在总应力（不排水抗剪强度）破坏准则的情况下，计算出的是主应力之间的差值，而使用有效应力（摩擦）破坏准则计算出的是有效主应力之间的比值。

当然，真正的墙不是无摩擦的，挡土墙的背面或正面剪应力的存在将使主应力方向为竖直和水平的假设失效，至少在挡土墙附近是如此。这通常对设计有利，因为只要方向正确，墙的摩擦力或粘结力会降低主动压力并增加被动压力。第20.3节讨论了考虑墙面有摩擦情况的土压力计算。

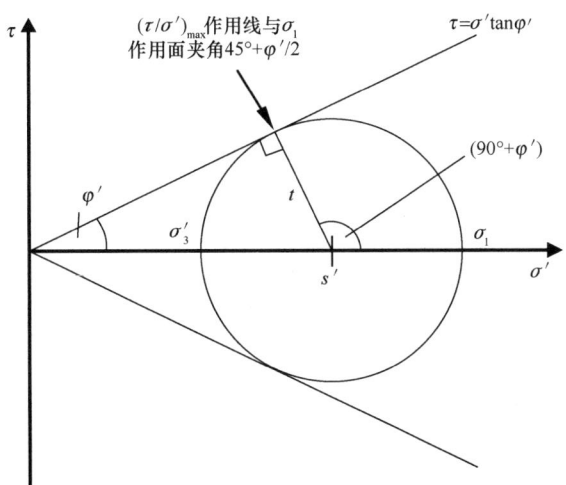

图20.3　遵循有效应力（摩擦）破坏准则$(\tau/\sigma')_{max} = \tan\varphi'$的土体破坏时的有效应力莫尔圆

20.3 墙面摩擦（粘结）的影响

考虑已知土体与墙面的摩擦程度（在有效应力分析的情况下）或不排水土体与墙面的粘结作用（在总应力分析的情况下）对土压力系数进行修正并非很难。这是通过考虑主应力方向旋转对平均有效应力或总应力（s 或 s'）的影响来实现的。主应力方向逐步旋转发生在以下两部位之间：（1）自由表面附近的一个区域（其中主应力为水平和竖直，如第 20.2 节中对挡土墙背后或前面整个土体区域的假设）；（2）紧邻挡土墙的土体（此处竖直墙面上存在的剪应力意味着这不可能是主应力方向）。

计算细节详见 Powrie（2004）。在实践中，通常使用由此推导计算给出的一般公式、图表或表格，而不是每次都从基本原理推导计算出所需的结果。设计师面临的关键是确定土体与墙面的粘结力或摩擦力的大小（通常表示为与土体强度设计值，c_u 或 φ' 的比值）及其作用方向。

Powrie（2004）对土体与墙面的摩擦进行了讨论。《欧洲标准7》EC7（BSI，1995）给出了土体与墙面摩擦角 δ 的极限值，当使用粗糙（现浇）混凝土作为墙体时，$\delta = \varphi'_{\text{crit}}$；当使用光滑（预制）混凝土墙或板桩支挡砂土或碎石时，$\delta = 2/3\varphi'_{\text{crit}}$。EC7（BSI，1995）对不排水分析中土体与墙面之间的粘结力没有提及，但 Gaba 等（2003）建议最大值为设计不排水抗剪强度的一半。

如果墙后土体相对于墙体发生沉降，而墙前土体发生隆起，则土体与墙面的粘结力或摩擦力沿其方向起作用，从而降低主动土压力，增加被动土压力。这两种趋势都有助于提高挡土墙的稳定性。但是在某些情况下，这些常见的土-墙相对运动的方向（以及由此产生的粘结力和摩擦力）可能会发生反转。例如，如果墙承受竖直荷载（例如建筑地下室的外墙），则墙可能会相对地面沉降，并且主动侧粘结力或摩擦力的方向将会反转。基坑内的排水可能导致墙前土体发生相对沉降，但这种情况发生的可能性极小。

对于不排水条件，考虑土体与墙面粘结力 τ_w 有利效果的应力分析给出了（1）主动应力水平分量的如下表达式：

$$\sigma_{h,\min} = \sigma_v - \tau_u(1 + \Delta + \cos\Delta) \quad (20.11)$$

和（2）被动应力：

$$\sigma_{h,\max} = \sigma_v + \tau_u(1 + \Delta + \cos\Delta) \quad (20.12)$$

其中，$\sin\Delta = \tau_w/\tau_u$。

如果 $\tau_w = 0.5\tau_u$，则式（20.11）和式（20.12）中括号内的项在数值上等于 2.39，而第 20.2 节中无摩擦墙的情况下为 2。关于墙后无水张拉裂缝与浸水张拉裂缝的发展深度有与第 20.2 节同样的讨论。但是，此时情况稍显复杂，因为在张拉裂缝底部以下土-墙之间的粘结力开始起作用。

主动土压力系数和被动土压力系数现在定义为，深度 z 处墙体有效应力的水平分量 $\sigma'_{h(z)}$ 除以同一深度的名义竖直有效应力（$q + \int\gamma dz - u$），其中 q 是地面荷载。由有效应力分析，考虑产生有利作用的土体与墙面摩擦角 δ 时，主被动土压力系数的计算式分别为：

$$K_a = \frac{\sigma'_{h(z)}}{(q + \int\gamma dz - u)}$$
$$= \frac{[1 - \sin\varphi'\cos(\Delta - \delta)]}{[1 + \sin\varphi']}e^{-[(\Delta-\delta)\tan\varphi']}$$
$$(20.13)$$

和

$$K_p = \frac{\sigma'_{h(z)}}{(q + \int\gamma dz - u)}$$
$$= \frac{[1 + \sin\varphi'\cos(\Delta + \delta)]}{[1 - \sin\varphi']}e^{[(\Delta+\delta)\tan\varphi']}$$
$$(20.14)$$

其中，$\sin\Delta = \sin\delta/\sin\varphi$。

表 20.1 和表 20.2 分别给出了不同有效内摩擦角 φ' 和土墙相对摩擦 δ/φ' 所对应的 K_a 和 K_p 值。这些以及式（20.13）、式（20.14）与 EC7（BSI，1995）以及 Gaba 等（2003）中给出的算式和图表是一致的。

到目前为止，对土的强度值取值还没有一个准确的定论。如果破坏条件未知，那么使用的土体强度将是与这个极限状态相关的土体及界面强度的最佳估值。正如 Powrie（1996）中所述，对于嵌入式挡土墙，这可能是临界状态下的土体强度 φ'_{crit}，并考虑墙面摩擦 $\delta = \varphi'_{\text{crit}}$。在挡墙设计中，需要将适当的安全系数应用于土体和界面强度，针对下列情况的其他措施，诸如墙后土体一侧的意外超载、墙前的意外超挖，以及最令人头疼的可预见的孔隙水压力条件，这些条件（在不排水分析的情况下）很可能包括挡土墙和墙后土体之间出现浸水张拉裂缝。

同样的技术也可用于计算回填边坡和/或墙背倾斜情况下的土压力差及土压力系数（如 Powrie，2004）。

20.4 使用条件

包括《欧洲标准 7》EC7（BSI，1995）在内的现代设计规范，通常要求挡土墙的设计者对土体实际强度采用安全系数或强度发挥系数降低之后进行极限状态（ULS）分析，从而防止土体发生破坏（某些其他规定也适用，如考虑墙后土体一侧的意外超载、墙前的意外超挖和最麻烦的可预见的地下水条件）。折减的强度或"设计"强度低于估计的土体实际强度将导致主动土压力系数增大，被动土压力系数减小，嵌入式挡土墙的埋置深度增加。

表 20.1 不同有效摩擦角 φ' 和土/墙相对摩擦 δ/φ' 值条件下，采用式（20.13）计算符合 EC7 的主动土压力系数 K_a

φ' (°)	K_a ($\delta=0$ 时)	K_a ($\delta=\varphi'/2$ 时)	K_a ($\delta=2\varphi'/3$ 时)	K_a ($\tan\delta=0.75\times\tan\varphi'$ 时)	K_a ($\tan\delta=\varphi'$ 时)
12	0.6558	0.6133	0.6038	0.5999	0.5931
13	0.6327	0.5892	0.5794	0.5734	0.5683
14	0.6104	0.5660	0.5560	0.5519	0.5446
15	0.5888	0.5437	0.5336	0.5293	0.5219
16	0.5678	0.5223	0.5120	0.5076	0.5002
17	0.5475	0.5017	0.4914	0.4869	0.4793
18	0.5279	0.4894	0.4715	0.4669	0.4593
19	0.5088	0.4629	0.4525	0.4478	0.4402
20	0.4903	0.4446	0.4341	0.4294	0.4218
21	0.4724	0.4269	0.4165	0.4117	0.4041
22	0.4550	0.4100	0.3996	0.3947	0.3872
23	0.4381	0.3956	0.3833	0.3784	0.3709
24	0.4217	0.3778	0.3676	0.3627	0.3552
25	0.4059	0.3626	0.3380	0.3330	0.3257
26	0.3905	0.3480	0.3380	0.3330	0.3257
27	0.3755	0.3339	0.3240	0.3189	0.3118
28	0.3610	0.3202	0.3105	0.3054	0.2984
29	0.3470	0.3071	0.2976	0.2924	0.2855
30	0.3333	0.2944	0.2851	0.2799	0.2731
31	0.3201	0.2822	0.2730	0.2678	0.2612
32	0.3073	0.2704	0.2614	0.2562	0.2497
33	0.2948	0.2590	0.2502	0.2450	0.2387
34	0.2827	0.2479	0.2394	0.2342	0.2280
35	0.2710	0.2373	0.2289	0.2238	0.2177
36	0.2596	0.2270	0.2189	0.2137	0.2078
37	0.2486	0.2171	0.2092	0.2040	0.1983
38	0.2379	0.2075	0.1998	0.1947	0.1891
39	0.2275	0.1983	0.1908	0.1856	0.1803
40	0.2174	0.1893	0.1820	0.1770	0.1718

表 20.2 不同有效摩擦角 φ' 和土墙相对摩擦 δ/φ' 值条件下，采用式（20.13）计算符合 EC7 的被动土压力系数 K_p

φ' (°)	K_p $\delta=0$	K_p ($\delta=\varphi'/2$ 时)	K_p ($\delta=2\varphi'/3$ 时)	K_p ($\tan\delta=0.75\times\tan\varphi'$ 时)	K_p ($\tan\delta=\varphi'$ 时)
12	1.525	1.6861	1.724	1.739	1.763
13	1.580	1.7657	1.809	1.826	1.855
14	1.638	1.8500	1.900	1.920	1.953
15	1.698	1.9393	1.996	2.020	2.057
16	1.761	2.0341	2.099	2.126	2.168
17	1.826	2.1347	2.209	2.240	2.287
18	1.894	2.2417	2.326	2.361	2.415
19	1.965	2.3556	2.451	2.492	2.552
20	2.040	2.4770	2.584	2.631	2.699
21	2.117	2.6066	2.728	2.782	2.857
22	2.198	2.7449	2.881	2.943	3.028
23	2.283	2.8930	3.047	3.117	3.212
24	2.371	3.0515	3.225	3.305	3.411
25	2.464	3.2215	3.416	3.509	3.627
26	2.561	3.4042	3.623	3.729	3.861
27	2.663	3.6006	3.847	3.969	4.116
28	2.770	3.8123	4.090	4.229	1.393
29	2.882	4.0407	4.353	4.512	4.695
30	3.000	4.2877	4.639	4.822	5.026
31	3.124	4.5550	4.951	5.162	5.389
32	3.255	4.845	5.291	5.534	5.788
33	3.392	5.160	5.664	5.944	6.227
34	3.537	5.504	6.072	6.395	6.712
35	3.690	5.879	6.522	6.895	7.250
36	3.852	6.289	7.017	7.449	7.847
37	4.023	6.738	7.564	8.066	8.512
38	4.204	7.232	8.170	8.754	9.255
39	4.395	7.777	8.844	9.525	10.088
40	4.599	8.378	9.595	10.390	11.026

可以绘制墙体受力平衡的隔离体图，其上作用含有上述安全系数的主动和被动侧压力。事实上，这是计算挡土墙所需嵌入深度（对于嵌入式挡土墙）的基础。然而，采用折减的土体强度经极限平衡分析中得出的理想土压力不太可能与实际相

符，并且可能高估墙体弯矩（而非支撑荷载）。造成这种情况的原因是多种多样和复杂的；对于嵌入式墙，它们可能包括：

- 墙和土的相对柔度，这将影响局部应变，并因此影响沿墙深度的强度发挥值（Rowe，1952）；
- 嵌入式挡土墙两侧墙体运动和剪应变之间的不同关系（Bolton 和 Powrie，1988）；
- 由于与开挖过程中应力路径所对应的近期应力历史的不同，使得嵌入式挡土墙两侧土体强度随应变或墙体运动的发挥率不同（Powrie 等，1998）。

这些效应最有可能影响具有顶部支撑的嵌入式墙以及多支撑结构（例如建筑物地下室）的侧向应力的线性程度和幅值。对于这些类型的建筑，土-结构相互作用的数值分析可能会在设计和具体方案确定方面带来一些经济效益（Gaba 等，2003）。

对原位超固结土体中的嵌入式挡土墙，考虑到超固结沉积物的应力历史，人们还担心可能存在高侧向应力（Powrie，2004，对此进行了讨论）。然而，对这些墙体的现场研究通常没有得到这方面的证据（例如 Richards 等，2007），这可能是由于前面列出的一些原因，以及墙体施工的影响——墙前土体开挖使侧向应力降低到原位值以下（Richards 等，2006）。许多情况下，在墙后使用基于完全土体强度和稳态孔隙水压力的主动土压力系数，可以对使用中产生的弯矩给出合理的估计（Batten 和 Powrie，2000；Powrie 和 Batten，2000；Gaba 等，2003）。然而，这种方法往往会低估支撑荷载（Gaba 等，2003）。

20.5 小结

- 经典土压力理论是基于对应于土体破坏条件的极限侧向土压力计算的，并以其最简单的形式应用于无摩擦或无粘结挡土墙。
- 主动条件对应于大主应力在竖向方向的破坏，代表给定竖向应力的最小可能侧向应力，且通常对应于挡土墙后的条件。被动条件对应于大主应力在水平方向的破坏，代表给定竖直应力的最大可能侧向应力，且通常对应于挡土墙前的条件。
- 主动土压力和被动土压力可以使用总应力破坏准则（对于黏土，不排水）或有效应力破坏准则来计算。在后一种情况下，也必须明确考虑孔隙水压力。
- 在不排水计算中，必须考虑在挡土墙与墙背土体之间产生浸水张拉裂缝的可能性。
- 针对无摩擦或无粘结挡土墙提出的计算主动和被动侧向应力的简单表达式，在实际应用时通常会进行修正，以考虑墙壁摩擦或粘结作用的影响。然而，还应考虑土体与墙相对运动的可能方向，以确保所考虑墙壁粘结或摩擦作用的可靠性。
- 工作状态下挡土墙上的应力可能与地基破坏时不同，这是由墙体的柔性以及挡土墙前后土体强度（土体刚度）的不同发挥率引起的。

20.6 参考文献

Batten, M. and Powrie, W. (2000). Measurement and analysis of temporary prop loads at Canary Wharf underground station, east London. *Proceedings of the Institution of Civil Engineers (Geotechnical Engineering)*, **143**(3), 151–163.

Bolton, M. D. and Powrie, W. (1988). Behaviour of diaphragm walls in clay prior to collapse. *Géotechnique*, **38**(2), 167–189.

British Standards Institution (1995). *Eurocode 7: Geotechnical Design – Part 1: General Rules.* London: BSI, DDENV 1997–1: 1995.

Gaba, A. R., Simpson, B., Powrie, W. and Beadman, D. R. (2003). *Embedded Retaining Walls: Guidance for Economic Design.* London: Construction Industry Research and Information Association, CIRIA Report C580.

Powrie, W. (1996). Limit equilibrium analysis of embedded retaining walls. *Géotechnique*, **46**(4), 709–723.

Powrie, W. (2004). *Soil Mechanics: Concepts and Applications* (2nd edition). London and New York: Spon Press (Taylor & Francis).

Powrie, W. and Batten, M. (2000). Comparison of measured and calculated temporary prop loads at Canada Water station. *Géotechnique*, **50**(2), 127–140.

Powrie, W., Pantelidou, H. and Stallebrass, S. E. (1998). Soil stiffness in stress paths relevant to diaphragm walls in clay. *Géotechnique*, **48**(4), 483–494.

Richards, D. J., Clark, J. and Powrie, W. (2006). Installation effects of a bored pile retaining wall in overconsolidated deposits. *Géotechnique*, **56**(6), 411–425.

Richards, D. J., Powrie, W., Roscoe, H. and Clark, J. (2007). Pore water pressure and horizontal stress changes measured during construction of a contiguous bored pile multi-propped retaining wall in Lower Cretaceous clays. *Géotechnique*, **57**(2), 197–205.

Rowe, P. W. (1952). Anchored sheet pile walls. *Proceedings of the Institution of Civil Engineers,* Part 1, **1**, 27–70.

第1篇"概论"和第2篇"基本原则"中的所有章节共同提供了本书的全面概述，其中的任何一章都不应与其他章分开阅读。

译审简介：

董建华，兰州理工大学教授，博士生导师，甘肃省拔尖领军人才，甘肃省领军人才，甘肃省飞天学者。

宋二祥，博士，清华大学长聘教授，主要从事岩土力学与工程领域的教学与科研工作。

第 21 章 承载力理论

威廉·鲍瑞（William Powrie），南安普敦大学，英国

主译：肖大平（中国建筑科学研究院有限公司地基基础研究所）
参译：吴昭云
审校：陈耀光（中国建筑科学研究院有限公司地基基础研究所）

doi: 10.1680/moge.57074.0227

目录		
21.1	引言	229
21.2	竖向荷载作用下地基承载力公式——形状和深度修正系数	229
21.3	倾斜荷载	230
21.4	偏心荷载	231
21.5	地表基础竖向荷载、水平荷载和弯矩组合作用效应图	231
21.6	小结	232
21.7	参考文献	232

本章讨论了经典地基承载力计算公式理论。将基础底面以上土重简化为超载，考虑总应力和有效应力破坏准则两种情况，推导出无限长条形基础在无重土上的承载力理论解。介绍了采用经验修正系数来考虑基础形状、埋深和基础底面以下土体自重等因素。最后，讨论了倾斜和/或偏心荷载对地基承载力的影响。

21.1 引言

地基承载力是岩土工程的一个经典问题。Prandtl（1920）基于刚模压入半无限体的研究，提出了服从不排水抗剪强度破坏准则 $\tau_{max} = c_u$ 的长条形基础的理论解。Reissner（1924）提出了符合有效应力（摩擦力）破坏准则 $(\tau/\sigma')_{max} = \tan\varphi'$ 的有效摩擦角为 φ' 无重土的相应解。

对于考虑总应力的上述第一种情况，地基承载力与地基破坏时基底的竖向总应力 σ_f 和基础底部水平面（基础底面）两侧竖向应力 σ_0 的差值有关，其与地基土不排水抗剪强度 c_u 之比为：

$$\frac{(\sigma_f - \sigma_0)}{c_u} = N_c = (2 + \pi) = 5.14 \quad (21.1)$$

$(\sigma_f - \sigma_0)/c_u$ 称为不排水（总应力）条件下的承载力系数 N_c。边载 σ_0 通常由基础底面两侧的土重引起，对重度为 γ 的均质土，其 σ_0 总是随埋深 D 的增加而增加，即 $\sigma_0 = \int\gamma dz = \gamma D$。在基础底面以下，$\sigma_f$ 和 σ_0 均随土重的增加而增加，两者的增量可相互抵消，故不会影响计算结果。

对于考虑有效应力的第二种情况，地基承载力与地基破坏时基底的有效竖向应力 σ'_f 和基础底面有效侧压力 σ'_0 之比有关，即：

$$\frac{\sigma'_f}{\sigma'_0} = N_q = K_p e^{\pi\tan\varphi'} \quad (21.2)$$

式中，φ' 为有效内摩擦角；K_p 为被动土压力系数（参见第 20 章），$K_p = (1 + \sin\varphi')/(1 - \sin\varphi')$。承载力系数 N_q 为基底的有效竖向应力与基础底面两侧有效压力之比。同前所述，边载 σ'_0 随基础埋深 D 的增加而增大，对重度为 γ 的均质土，$\sigma'_0 = \int\gamma dz - u = (\gamma D - u)$，式中 u 为基础底面处的孔隙水压力。

第 20 章土压力理论讨论了不排水抗剪强度和有效应力破坏准则，对公式（21.1）和公式（21.2）的完整推导，可参见 Powrie 著作（2004）。

21.2 竖向荷载作用下地基承载力公式——形状和深度修正系数

事实上，有效应力下求解公式（21.2）中一个非常重要的限制条件是假设不考虑地基土重。σ'_0 每增加 10kPa，σ'_f 增加 σ'_0 的 N_q 倍，当 $\varphi' = 30°$ 时，σ'_f 增加 184kPa（此时，$N_q = 18.4$）。研究表明，地基破坏时，滑动体向下的延伸深度大约为基础的宽度 B。使用式（21.2）计算地基承载力时，由于未考虑 σ'_f 随深度增加的关系，承载力计算值会远低于真实值。因此，应在式（21.1）中再添加一个 N_γ 的系数项以考虑基础底面下的土体参与实际破坏机制的作用：

$$N_\gamma \times (0.5\gamma B - \Delta u) \quad (21.3)$$

式中，N_γ 为类似于参数 N_q；B 为基础的宽度；γ 为土的重度；Δu 为基础底面和基础底面以下 $0.5B$ 深度之间的孔隙水压力增量；$(0.5\gamma B - \Delta u)$ 为该深度范围内土体的有效应力增量。因此，式（21.3）

为基础埋深 D（也即 σ'_0）为 0 时的地基承载力。将其加入式（21.2）中，即可估算出基础埋深为 D 时长条形基础的地基承载力。

事实上，式（21.1）~ 式（21.3）存在两个问题：①大多数情况基础并非无限长；②基础底面以上两侧土体简化为边载后，未能考虑这些土体对承载力的贡献，特别是基础埋深 D 较大时会低估地基承载力。为解决这些问题，主要依据室内模型试验结果，采用经验系数法对以上的基本理论公式加以修正。

用有效应力表达承载力为：

$$\sigma'_f = (N_q \times s_q \times d_q \times \sigma'_0) + [N_\gamma \times s_\gamma \times d_\gamma \times r_\gamma \times (0.5\gamma B - \Delta u)] \quad (21.4)$$

式中，除了已经定义的符号外，s_q 和 s_γ 是形状系数，修正了基础并非无限长的假设。d_q 和 d_γ 为深度系数，修正了实际情况中基础底面以上土体并非简单的边载而具有一定的剪切强度。r_γ 为折减系数，限制 N_γ 项随基础宽度的增加而无限增大。

在基础中心施加竖向荷载时，承载力系数 N_q 通常取 $K_p e^{\pi \tan\varphi'}$。Meyerhof（1963），Brinch Hansen（1970）和 Bowles（1996）给出的 s_q、d_q、N_γ、s_γ、d_γ 和 r_γ 值见表 21.1。

有效应力破坏准则下各项承载力系数   表 21.1

参数	Meyerhof（1963）	Brinch Hansen（1970）
形状系数 s_q	$1 + 0.1 K_p (B/L)$	$1 + (B/L)\tan\varphi'$
深度系数 d_q	$1 + 0.1\sqrt{(K_p)(D/B)}$	$1 + 2\tan\varphi'(1-\tan\varphi')^2 K$
N_γ	$(N_q - 1)\tan(1.4\varphi')$	$1.5(N_q - 1)\tan\varphi'$
形状系数 s_γ	$= s_q$	$1 - 0.4(B/L)$
深度系数 d_γ	$= d_q$	1

注：Meyerhof 公式适用于 $\varphi' > 10°$ 的情况

若 $D/B < 1$，$K = D/B$；若 $D/B > 1$，$K = \tan^{-1}(D/B)$

$K_p = (1 + \sin\varphi')/(1 - \sin\varphi')$

$B > 2$，$r_\gamma = 1 - 0.25\log_{10}(B/2)$（Bowles，1996）

其中，L 为基础长度，B 为宽度，D 为深度。

不排水剪强度破坏准则下承载力修正系数   表 21.2

参数	Skempton（1951）	Meyerhof（1963）
形状系数 s_c	$1 + 0.2(B/L)$	$1 + 0.2(B/L)$
深度系数 d_c	$1 + 0.23\sqrt{D/B}$，最大取 $1.46 (D/B = 4)$	$1 + 0.2(D/B)$

注：L 为基础长度，B 为宽度，D 为深度。

对于快速加载的黏土地基，不排水条件下的承载力公式为：

$$(\sigma_f - \sigma_0) = [N_c \times s_c \times d_c] \times c_u \quad (21.5)$$

对于作用于基础中心的竖向荷载，承载力系数 N_c 为 $(2 + \pi) = 5.14$，s_c 和 d_c 分别为基础形状系数和深度系数。在这种情况下，不存在 N_γ 效应，因为总应力 σ_f 和 σ_0 的差值不受土体自重的影响。

Skempton（1951）和 Meyerhof（1963）给出了 s_c 和 d_c 的值，详见表 21.2。

Brinch Hansen（1970）提出了一个稍有差异的不排水条件下的承载力公式，其中的有利因子是相加而不是相乘的，并对倾斜荷载和基础形状提出了修正系数。

英国标准协会 BSI：1995 附录 B 给出了与式（21.4）和式（21.5）类似的公式，加入了系数 i_q 和 i_c 考虑倾斜荷载的影响，但省略了深度系数 d_q 和 d_c。然而，在一个完全一般的承载力公式中插入各种系数以考虑特定情况，可能会导致混淆。Powrie（2004）提出，在任何情况下计算 N_c 或 N_γ，应将斜向荷载、非水平基础以及一侧或两侧为斜坡地基的情况统一考虑在内。

21.3 倾斜荷载

当浅基础中心上作用倾斜荷载时，其承载力可通过修正式（21.1）和式（21.2）得到。作用在基础中心的倾斜荷载，可分解为水平力 H 和竖向力 V。

对于满足不排水抗剪强度（最大剪应力）破坏准则的黏性土地基，其荷载可分解为正应力 $\sigma_f = V_f/B$ 和剪应力 $\tau_f = H_f/B$，其中 B 为基础宽度，V_f 和 H_f 为地基破坏时竖向和水平向力（单位为 kN/m）。修正后的地基承载力可表示为：

$$\frac{(\sigma_f - \sigma_o)}{c_u} = N_c = (1 + \pi - \Delta + \cos\Delta)$$

$$(21.6)$$

式中，σ_0 为基础底面两侧边载，$\Delta = \sin^{-1}(\tau_f/c_u)$。

对于满足有效应力（最大应力比或摩擦力）破坏准则的地基，荷载由有效正应力 $\sigma'_f(=V_f/B$，假定基础底面的孔隙水压力为 0）和有效剪应力 $\tau_f(=H_f/B)$ 表示，其中 B 为基础宽度，V_f 和 H_f 为地基破坏时竖向和水平向的（单位为 kN/m）。修正后的地基承载力为：

$$\frac{\sigma'_f}{\sigma'_0} = N_q = \frac{[1+\sin\varphi'\cos(\Delta+\delta)]}{1-\sin\varphi'} \times e^{(\pi-\Delta-\delta)\tan\varphi'}$$

(21.7)

式中，σ'_0 为基础底面两侧的有效边载，$\sin\Delta = \sin\delta/\sin\varphi'$，$\delta = \tan^{-1}(\tau_f/\sigma'_0)$。

21.4 偏心荷载

竖向荷载 V 的偏心距为 e 时，依据静力平衡，偏心竖向荷载 V 的作用效应等价于在基础几何中心的竖向荷载 V 加上偏心弯矩 Ve。第 21.5 节将介绍受竖向荷载和弯矩联合作用的基础。

Meyerhof（1963）提出将基础宽度减小到 $B' = (B-2e)$，此时荷载通过基础的几何中心，用以简化计算竖向偏心荷载作用下条形浅基础承载力。不过这种折减宽度简化方法套用到第 21.1 节和第 21.2 节的公式中时，会得到相对保守的（偏安全）地基承载力。

BSI（1995）要求，当荷载偏心距超过矩形基础宽度的 1/3 或超过圆形基础半径的 0.6 倍时，应予以特别关注。因为偏心距过大时，会导致远离荷载的基础边缘出现拉伸或抬升的趋势。

21.5 地表基础竖向荷载、水平荷载和弯矩组合作用效应图

一般而言，基础可能受到竖向、水平和弯矩的组合作用，一种情况可能是由于倾斜荷载的作用点偏离基础中心点（图 21.1（a）），或者直接承受三种荷载的组合作用（图 21.1（b））。依据静力学知识，$V = R\cos\alpha, H = R\sin\alpha, M = R\cos\alpha e$。

Butterfield 和 Gottardi（1994）提出了一种在竖向、水平和弯矩同时作用时计算浅基础承载力的新方法。依据大量小尺寸模型试验，揭示出当基础在竖向、水平和弯矩的组合作用时，以 V、H 和 M/B（B 为基础宽度）为轴的三维坐标系，破裂面呈现独特的三维几何特征即破坏包络面。三维破裂面可以描述为雪茄形，在 V-H 平面和 V-M/B 平面内的投影为抛物线，如图 21.2 所示。

Butterfield 和 Gottardi（1994）将其对 V、H 和 M/B 试验值与 V_{max} 进行了归一化处理，其中 V_{max} 为单独作用时导致基础破坏的竖向最大荷载。对于直接放置在土表面上的基础，对称作用的竖向荷载 σ'_f 下的承载力可采用式（21.4）计算，这时基础底面两侧的边载 $\sigma'_0 = 0$。由于基础的埋置深度为

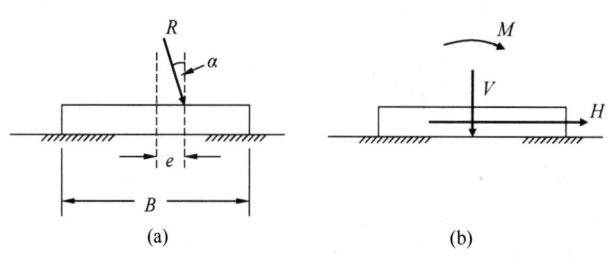

图 21.1 静力等效图

(a) 偏心、倾斜点荷载；(b) 通过浅基础中心点的竖向、水平和弯矩荷载组合

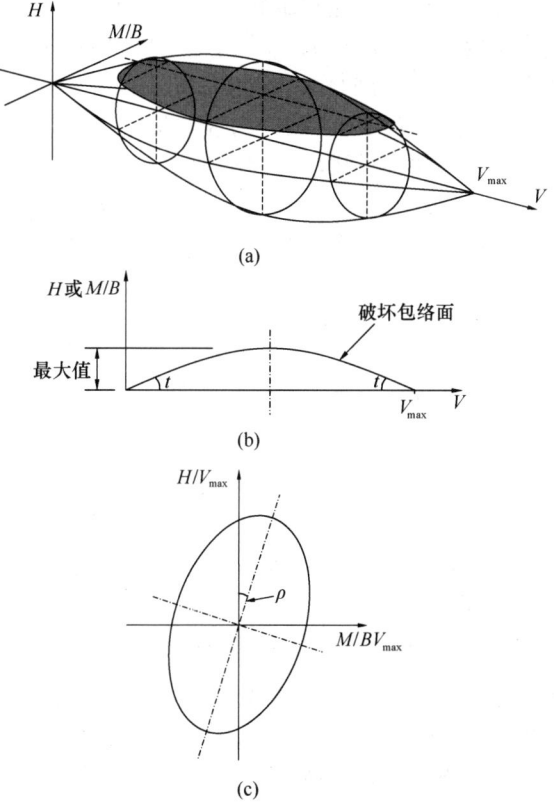

图 21.2 浅基础破坏包络面

(a) 三维视图（三个轴分别为 $V, M/B, H$）；
(b) 二维坐标（纵轴为 H 或 M/B，横轴为 V）；
(c) 在 $V = V_{max}/2$ 处垂直于 V 轴的标准截面

0，深度系数 d_γ 和相应的折减系数 r_γ 可以省略，可表达为：

$$\sigma'_f(\text{kPa}) = N_\gamma \times s_\gamma \times (0.5\gamma B - \Delta u) \quad (21.8)$$

当基础的宽度为 B，长度为 L，破坏时通过质心的竖向荷载为：

$$V_{max}(\text{kN}) = \sigma'_f BL = N_\gamma s_\gamma (0.5\gamma B - \Delta u)BL \quad (21.9)$$

三维破坏面在 V-H 和 V-M/B 平面上的投影为抛物线，其公式为：

$$\frac{H}{t_h} = \frac{V(V_{max} - V)}{V_{max}} \quad (21.10a)$$

$$\left(\frac{M}{B}\right)/t_m = \frac{V(V_{max} - V)}{V_{max}} \quad (21.10b)$$

式中，t_h 和 t_m 分别是 V-H 和 V-M/B 这两种平面原点处抛物线的斜率，如图 21.2（b）所示。Butterfield 和 Gottardi 的试验中，$H_{max} \approx V_{max}/8$，$(M/B)_{max} \approx V_{max}/11$，对应的 $t_h = 0.5$，$t_m = 0.36$。H_{max} 为 M/B = 0 的取值，$(M/B)_{max}$ 为 H = 0 时的取值，两者都定义在 $V = V_{max}/2$ 的值。通过 M/B-H 平面（即沿 V 轴观察时）中从 H 轴向正 M/B 轴旋转一个角度 ρ 的破坏面为椭圆。这种旋转的原因是 H 和 M/B 荷载作用效应可以同向或者反向：如果 H 和 M/B 按图 21.1 所示的方向作用，则破坏时的水平荷载将小于 H 或 M/B 反向作用时的水平荷载。

三维破坏面可用公式表示为：

$$\left(\frac{H/V_{max}}{t_h}\right)^2 + \left(\frac{M/BV_{max}}{t_m}\right)^2 - \left(\frac{2C\frac{M}{BV_{max}}\frac{H}{V_{max}}}{t_h t_m}\right)$$

$$= \left[\frac{V}{V_{max}}\left(1 - \frac{V}{V_{max}}\right)\right]^2 \quad (21.11)$$

常数 C 是 t_h、t_m 和椭圆长轴 H 轴倾角 ρ 的函数。

由公式（21.11）与不同基础宽度、不同类型和密度的砂土上的三组平面应变试验破坏面结果拟合得很好，对应的 $t_h = 0.52$，$t_m = 0.35$，$\rho = 14°$，$C = 0.22$。

上述内容的主要实际意义是：

- 基础底面特别容易受到水平荷载和弯矩荷载的影响，$H \approx V_{max}/8$ 或 $(M/B) \approx V_{max}/11$ 足以导致破坏。因此，需要承受显著水平荷载或弯矩荷载的基础通常需要采用桩基础，或至少有一定的埋深。
- (V-M/B-H) 图上代表荷载作用的点与破坏面的距离将取决于破坏时的荷载路径。因此，安全系数用破坏荷载的系数定义的方法可能是含糊的，并且可能不安全。
- 当基础底面受组合增量荷载作用时，安全的设计应尽可能保证垂直荷载设计值约为 $V_{max}/2$。

对承受组合荷载作用的浅基础，当 H 或 M 增大而 V 减小时，很难保证较高的安全系数。Powrite (2004) 给出了这方面的示例。

21.6 小结

- 对总应力和有效应力破坏准则这两种情况，将基础底面以上的土视为超载，经典理论可计算无限长条形基础在无重土上的承载力。
- 采用经验修正系数可进一步考虑基础形状、埋深和基础底面以下土的自重。
- 倾斜和/或偏心荷载会影响地基的承载力，此时可以视情况使用理论或经验方法加以考虑。

21.7 参考文献

Bowles, J. E. (1996). *Foundation Analysis and Design* (5th edition). New York: McGraw-Hill.

Brinch Hansen, J. (1970). *A Revised and Extended Formula for Bearing Capacity*. Copenhagen: Danish Geotechnical Institute Bulletin No. 28.

British Standards Institution (1995). *Eurocode 7: Geotechnical Design – Part 1: General Rules*. London: **BSI**, DDENV 1997–1: 1995.

Butterfield, R. and Gottardi, G. (1994). A complete three-dimensional failure envelope for shallow footings on sand. *Géotechnique*, **44**(1), 181–184.

Meyerhof, G. G. (1963). Some recent research on the bearing capacity of foundations. *Canadian Geotechnical Journal*, **1**(1), 16–26.

Powrie, W. (2004). *Soil Mechanics: Concepts and Applications* (2nd edition). London and New York: Spon Press (Taylor & Francis).

Prandtl, L. (1920). Uber die härte plastisher körper (On the hardness of plastic bodies). Nachrichten kon gesell. der wissenschaffen, Göttingen, *Mathematisch-Physikalische Klasse*, 74–85.

Reissner, H. (1924). Zum erddruckproblem. In *Proceedings of the 1st International Congress for Applied Mechanics* (eds Bienzo, C. B. and Burgers, J. M.). Delft, pp. 295–311.

Skempton, A. W. (1951). The bearing capacity of clays. *Proceedings of the Building Research Congress*, **1**, 180–189.

第1篇"概论"和第2篇"基本原则"中的所有章节共同提供了本书的全面概述，其中的任何一章都不应与其他章分开阅读。

译审简介：

肖大平，博士，教授级高级工程师，建研地基基础工程有限责任公司，从事岩土工程技术研究和工程管理工作。

陈耀光，中国建筑科学研究院研究员，主要从事地基基础领域的科研、设计、施工工作。

第 22 章 单桩竖向承载性状

约翰·B. 伯兰德（John B. Burland）伦敦帝国理工学院，英国
主译：彭芝平（中国建筑科学研究院有限公司地基基础研究所）
审校：张雁（建华建材（中国）有限公司）

doi: 10.1680/moge.57074.0231

目录

22.1	引言	233
22.2	基本荷载-沉降特性	233
22.3	黏土中评估桩的竖向承载力的传统方法	235
22.4	黏土中基于有效应力的桩侧摩阻力	237
22.5	颗粒材料中的桩	243
22.6	总体结论	246
22.7	参考文献	246

本章着重介绍预估黏土和粒状土（无黏性土）中桩的竖向承载力。必须强调成桩是一种由施工控制的岩土工程过程，其结果受多种因素影响，因而并不可能精准预估桩的性状。

本章介绍了桩的荷载-沉降特性的基本机理。黏土中传统的桩的设计方法是用土的不排水强度作为控制参数。特别指出这种方法存在局限性，尤其是依据此方法的设计指南结果有比较大的离散性时。基于这些局限性，本章主要介绍有效应力方法用于桩侧摩阻力设计的应用，对软黏土中桩的负摩阻力给出合理的预估。超固结土中采用有效应力方法的结果与单桩试验结果具有一致的关联性，其相关性比用不排水强度方法更好。同时，粒状土中打入桩的传统设计方法也在本章中作了介绍。

22.1 引言

桩的施工同诸如注浆和隧道开挖等其他岩土工程施工一样。本质上来讲，岩土工程施工受控于施工人员或承包商，其结果取决于许多因素，包括地质条件和地下水条件（参见第 13 章 "地质剖面及其成因"）、桩型（参见第 54 章 "单桩"）以及所采用的成桩设备、施工人员的技巧和经验、监理以及质量管理。桩基项目的成功交付不仅取决于设计和规范，也取决于施工过程。

常言道，有多少桩基工程师就有多少关于桩之特性的学说。大量的专业文献研究表明，对桩的认识经验性很强。正如第 4 章 "岩土工程三角形"所指出的，经验很关键，但经验的应用必须建立在对经验充分理解的基础上。

尽管桩基施工工程依赖于施工人员，不可避免地存在经验性，但桩的性状还是服从于土力学的基本原理。理解这些基本原理是我们认识桩的性状及其控制性影响因素的关键。本章的目的就是阐述这些控制桩的承载力的土力学基本原理。

本章不涉及岩石中桩的专题，关于这些问题读者可以参考 Fleming 等（2009）的资料。

22.2 基本荷载-沉降特性

如图 22.1（a）所示，以某种方式在地层中植入一根等截面桩，然后在桩顶施加轴向荷载 P。该荷载通过侧阻力 Q_s 和端阻力 Q_b 传入地层中。为简便起见，假设桩身为刚性，在荷载作用下不产生压缩变形。

随着荷载 P 的逐渐增加，桩产生沉降变形 ρ。我们将分别考虑桩侧阻力和桩端阻力随沉降增大的发展情况。

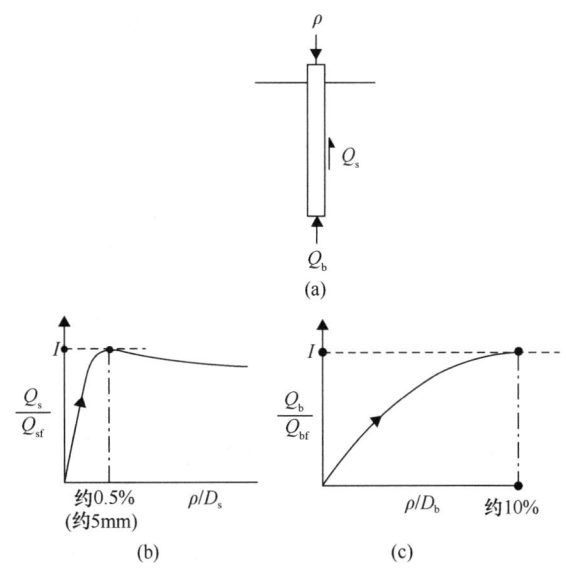

图 22.1 黏性土中等截面桩的桩侧阻力与桩端阻力随沉降发展的对比

22.2.1 桩侧阻力的发展

图 22.1（b）为桩侧阻力随桩沉降变形增大而发展的曲线。两坐标轴分别为无量纲因数 Q_s/Q_{sf} 和 ρ/D_s，其中 Q_{sf} 为最大桩侧阻力，D_s 为桩身直径。各种不同地层中的桩的大量实测数据表明，侧阻力在较小的沉降变形下就得到充分发挥。这一沉降量通常约为桩径的 0.5%，对于常规桩径在 5～10mm。有时桩侧阻力达到峰值后会随着沉降的继续发展而缓慢衰减；有时也会随着沉降的发展而继续缓慢增长。桩侧阻力达到峰值后迅速且大幅度地衰减是极不寻常的，此时桩侧阻力的荷载-沉降特性表现出明显的韧性。

22.2.2 桩端阻力的发展

如图 22.1（c）所示为桩端阻力随桩身沉降增大而发展的曲线。两轴分别为无量纲因数 Q_b/Q_{bf} 和 ρ/D_b，其中 Q_{bf} 为最大桩端阻力，D_b 为桩端直径。与桩侧阻力相比，桩端阻力（无论钻孔桩还是打入桩）需要更大的沉降才能充分发挥，大约要达到桩端直径的 10%～20%。

22.2.3 总阻力的发展

桩的荷载-沉降特性由桩侧和桩端的综合特性确定。图 22.2（a）为黏土层中等截面桩的荷载-沉降特性，其桩端阻力只占极限承载力的很小比例。桩侧阻力和桩端阻力所占比例如图中虚线所示，这种桩通常称为摩擦桩。其特性与图 22.2（b）所示的扩底桩的荷载-沉降特性形成对比。扩底桩的桩端阻力占了单桩极限承载力的更大比例。对此类桩，桩侧阻力通常在工作荷载作用时已得到充分发挥。因此有效发挥扩底桩的承载力与摩擦桩相比需要更大的沉降。

总之，要对这两种截然不同的荷载传递机理有清晰的认识——桩侧阻力在沉降量相对较小的条件下发挥，而桩端阻力需要较大的沉降才能充分发挥。图 22.2 表明桩侧阻力和桩端阻力分担荷载的比例随所施加荷载的增大而变化，对于扩底桩，在工作荷载阶段桩侧阻力可分担 80% 的荷载，而在破坏阶段则只分担 20%。明白这两种荷载传递机理对于理解桩的载荷试验结果非常有帮助。

22.2.4 钻孔扩底灌注桩的实测荷载-沉降特性

Whitaker 和 Cooke（1966）在温布利的伦敦黏土中进行了一系列的钻孔灌注桩载荷试验，利用精密压力盒测量桩端阻力，并用已知的荷载和桩端阻力推导出桩侧阻力。

图 22.3 给出了 Whitaker 和 Cooke 的一个试验结果。本试验中桩身直径和桩端直径分别为 0.8m 和 1.7m，桩长 12m。在试验的第一阶段进行分级加载，每一级荷载保持恒定直到沉降稳定，有时需要保持 30d 甚至更长。第二阶段对桩进行匀速贯入试验以确定桩的极限承载力。图中的曲线揭示了一个完整的桩荷载-沉降特性。需要说明的是图中省略了卸荷-再加荷的循环过程。

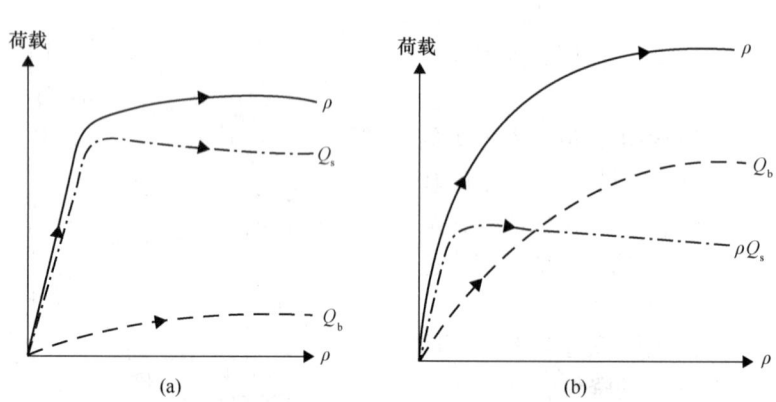

图 22.2 等截面桩与扩底桩荷载-沉降特性对比
（a）等截面桩；（b）扩底桩

图 22.3 中标明"侧阻"的虚线显示了实测桩侧阻力的荷载-沉降特性。显然桩侧阻力在沉降很小时就充分发挥。锯齿状的曲线表明当一级荷载增量施加到桩上时,桩侧阻力瞬间发挥,随着沉降的发生则开始衰减。桩侧阻力的瞬时增长是由于高沉降速率产生的速度效应(Bruland 和 Twine,1988),随着沉降速率的下降,桩侧阻力衰减回初始水平,而其减小的部分则传递到桩端。正如第22.2.1 节所述,桩侧阻力随沉降的持续增长而保持恒定表明其具有韧性。从图 22.3 看出实测桩端阻力的荷载-沉降特性与桩侧阻力明显不同,前者表现得比较柔和,需要更为显著的沉降量才能充分发挥出来。

特别注意到,当作用在桩上的工作荷载超过 170t 时,桩侧阻力已充分发挥。无数的大直径钻孔灌注桩都表现出类同的工作状态。正如第 22.4 节所述,桩的侧阻力本质上是一种摩擦力,在作用于桩身上的有效应力不发生显著变化的前提下是持久、可靠的。

22.3 黏土中评估桩的竖向承载力的传统方法

传统方法通常将黏土中桩的承载力与不排水强度 S_u 相关联。这是因为不排水强度参数通常包含在桩的试验结果中,因而可以非常方便地建立实测单桩承载力和不排水强度之间的相关性。遗憾的是这种经验性的便捷往往被忽视,许多桩基工程师自认为不排水强度就是基本的控制指标,第 22.4 节将会谈到,对于桩侧阻力并非仅仅如此。必须明白不排水强度不是一个直接的参数,下面将对此进行讨论。

22.3.1 黏土的不排水强度

土的不排水强度取决于许多因素,主要有:
(1)应力路径

对许多土尤其是正常固结或轻微超固结黏土,平面应变或三轴拉伸状态下的不排水强度与三轴压缩中测得的不排水强度 S_{utc} 有明显的不同。譬如软黏土在平面应变或三轴拉伸状态下的不排水强度比三轴压缩下的不排水强度低,甚至可能低一半。

(2)方向

不排水强度通常取决于主应力方向,即不排水强度是各向异性的。

(3)大小

不排水强度取决于被测试土体的体积。在有裂隙的坚硬黏土中,由于裂隙的影响,其大体积样本的不排水强度可能远低于小体积样本测得的平均强度。

(4)速率

不排水强度取决于试验加载速率。一般来讲试验加载速率越低,则不排水强度越低。

(5)取样扰动

这是主要影响因素,能降低也能提高不排水强度。尤其对于含有饱和粉土或砂夹层的坚硬黏土,取样时的应力释放使样本从夹层中吸收水分并发生软化。

很显然,当上述因素出现时,不同大小的样本和不同类型的试验都会得到不同数值的 S_u。特别是从诸如十字板剪切试验、圆锥触探试验和旁压试验等原位测试测得的 S_u 值都会与三轴压缩试验测得的数值不同。因此,当桩的性状(尤其是桩侧阻力)与不排水强度相关时必须要完全明白该不排水强度是如何测得的。

22.3.2 桩的极限承载力

如图 22.4 所示,重量为 W 的桩在桩顶荷载 P_f

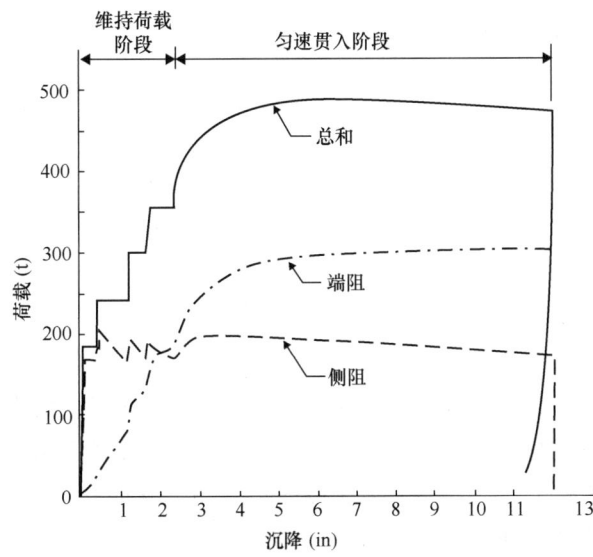

图 22.3 伦敦黏土中扩底桩的实测荷载-沉降关系

摘自 Whitaker 和 Cooke(1966)

的作用下处于极限平衡状态，总桩侧阻力为 Q_{sf}，总桩端阻力为 Q_{bf}。桩长 L 范围内土层的平均不排水强度为 $S_{u(shaft)}$，桩端土层的不排水强度为 $S_{u(base)}$。由于桩整体处于极限平衡状态：

$$P_f + W = Q_{bf} + Q_{sf} \quad (22.1)$$

桩端阻力可根据第21章"承载力理论"式（21.5）得出：

$$Q_{bf} = A_b[\{N_c \times s_c \times d_c\} \times S_{u(base)} + p_0] \quad (22.2)$$

式中，A_b 为桩端面积；P_0 为上覆土压力（$=\gamma_{bulk} \cdot L$），对于条形浅基础，基本承载力系数 $N_c = 5.14$，对于圆形或方形深基础，形状系数 $s_c = 1.2$，深度系数 $d_c = 1.46$，则式（22.2）可写成：

$$Q_{bf} = A_b[9 \times S_{u(base)} + \gamma_{bulk} \cdot L] \quad (22.3)$$

将不排水强度用于预估黏土中桩的端阻力是因为不排水状态下的承载力比排水状态下低得多，且桩端阻力在大多数使用荷载阶段处于最低值。

对于侧阻力：

$$Q_{sf} = A_s \times \overline{\tau}_{sf} \quad (22.4)$$

式中，A_s 为桩侧总表面积；$\overline{\tau}_{sf}$ 为桩长范围内的平均摩阻力。确定 $\overline{\tau}_{sf}$ 数值的方法将在后面讨论。

将式（22.3）和式（22.4）代入式（22.2）就得到桩的极限承载力：

$$P_f + W = A_b[9 \times S_{u(base)} + \gamma_{bulk} \cdot L] + A_s \times \overline{\tau}_{sf} \quad (22.5)$$

通常假设桩的重量与置换的土的重量相等，即 $W = A_b \times \gamma_{bulk} \cdot L$，则式（22.5）简化为：

$$P_f = A_b \times 9 \times S_{u(base)} + A_s \times \overline{\tau}_{sf} \quad (22.6)$$

当桩端支承于坚硬岩层或具有扩大头时，大部分的极限荷载都由桩端承担，因此需要谨慎选择合适的 S_u 值代入式（22.6）。当黏土存在裂隙时，设计强度应接近不固结不排水三轴压缩强度离散值的下限（Burland，1990）。

22.3.3 由不排水强度评估桩侧阻力

Fleming 等（2009）指出黏土层中大多数桩都是侧阻力占总承载力的较大比例，故可靠地确定桩侧摩阻力非常重要。正如本节所提到的，传统上是在平均桩侧摩阻力 $\overline{\tau}_{sf}$ 与桩长范围内平均不排水强度 $\overline{S}_{u(shaft)}$ 之间建立关系：

$$\overline{\tau}_{sf} = \alpha \times \overline{S}_{u(shaft)} \quad (22.7)$$

α 是一个可通过单桩载荷试验测得的经验系数，称为侧壁粘结系数，它不是一个常量而是取决于多种因素。

设计过程中对于 α 的取值必须要搞清楚平均不排水强度 $\overline{S}_{u(shaft)}$ 是如何从原始经验关系式中确定的。Skempton（1959）分析了一些伦敦黏土层中钻孔灌注桩的原位载荷试验数据，得到平均值 $\alpha = 0.45$。他将不同深度的直径 1.5in（38mm）土样的不排水三轴试验结果沿深度绘制成图 22.5。每个点代表该深度的 2~4 个土样的平均值，可以看到伦敦黏土的离散性相当大，很大程度是源于其裂

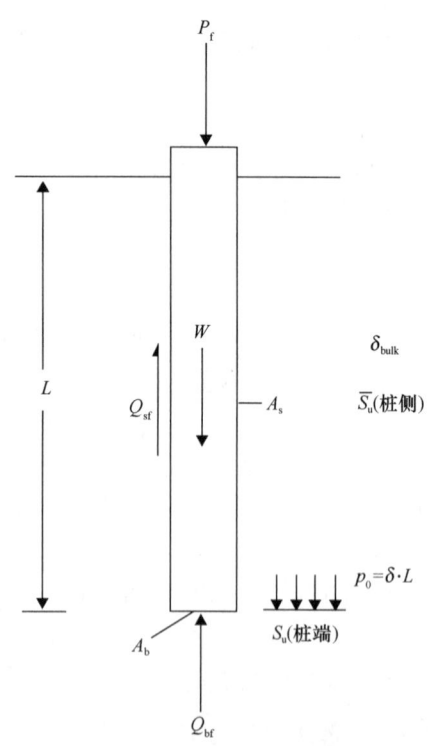

图 22.4 桩的极限承载力
重量为 W 的桩在桩顶荷载 P_f 的作用下处于极限平衡状态，总桩侧阻力为 Q_{sf}，总桩端阻力为 Q_{bf}

隙特征。Skempton 根据强度结果绘出一条均线如图中的实线，利用这根线作为基准线得到每根桩的 $S_{u(base)}$ 和 $S_{u(shaft)}$。每根试桩的 Q_{bf} 由承载力理论计算得出，再由实测的极限承载力减去 Q_{bf}，得到 Q_{sf}，从而计算出 $\tau_{sf} = (= Q_{sf}/A_s)$。

图 22.6 是 Skempton 绘制的 τ_{sf}-$S_{u(shaft)}$ 关系图，可以看出 $\alpha(=\tau_{sf}/S_{u(shaft)})$ 的值介于 0.3~0.6，平均值是 0.45。推荐值 $\alpha = 0.45$ 是基于两个离散性较大的数据取平均的过程，一个是实测的强度与深度的关系，另一个是 τ_{sf} 与 $S_{u(shaft)}$ 的相关关系。

近年以来，实践已发展到用 98mm 直径试样取代 38mm 直径试样测量三轴压缩不排水强度。研究表明，由于 98mm 直径的有裂隙的坚硬黏土试样中存在更多裂隙，其平均强度远低于 38mm 试样（Marsland，1974；Burland，1990），因此取值 $\alpha = 0.45$ 不再适合，应取更大的 α 值以对应较低的实测平均强度。

Tomlinson（1995）通过对公开和非公开单桩试验记录的分析，发表了黏土层中打入桩的 α-$S_{u(shaft)}$ 关系曲线，建议的 α 取值从 1（不排水强度较低时）到 0.25（不排水强度大于 150kPa 时），建议值所形成的曲线如图 22.7 所示，数据表现出很强的离散性。Weltman 和 Healy（1978）给出了冰碛土中钻孔灌注桩和打入桩的 α-不排水强度曲线，数据同样非常离散。因此需要注意在应用这些成果时其只能作为参考。

鉴于侧壁黏着系数 α 与平均不排水强度之间关联的不确定性，对于特殊项目，建议采用单桩载荷试验确定单桩承载力，试桩和工程桩要采用相同的施工工艺。

22.4 黏土中基于有效应力的桩侧摩阻力

第 22.3.3 节讲述了利用桩侧范围内平均不排水强度 $S_{u(shaft)}$ 和侧壁黏着系数 α 预估桩侧阻力的方法。有人指出不排水强度对土来说没有唯一值且取决于土样的质量和试验方法。由于硬黏土中存在裂隙的影响，其不排水强度试验结果的离散性非常大。以 α 的建议设计值为依据的桩基试验数据也表现出很大的离散性。除了这些不确定性之外，另一个主要的问题是传统的桩侧阻力估值方法完全是经验性的而没有一个关于理解桩侧阻力关键控制

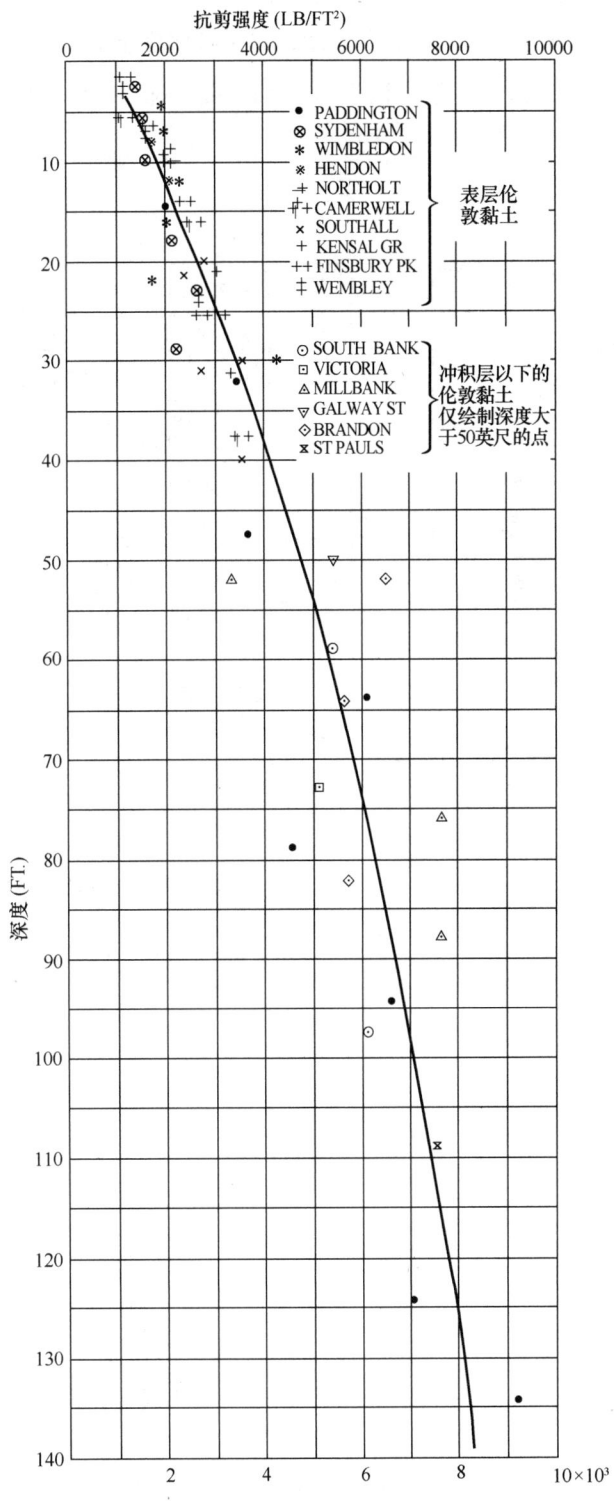

图 22.5 伦敦不同地点的不排水强度平均值 S_u 沿深度分布

摘自 Skempton（1959）

参数的理论框架。有效应力方法虽然也有局限性，却完全基于土力学的基本原理。

22.4.1 用有效应力参数 β 确定桩侧摩阻力

有效应力方法首先由 Johanneson 和 Bjerrum（1965）提出用于计算负摩阻力，Chandler（1968）建议可将其用于解释伦敦黏土中钻孔灌注桩的试验结果。Burland（1973）将其进一步推广，随后还有其他学者发表了论文如 Meyerhof（1976）、Flaate 和 Selness（1977）。

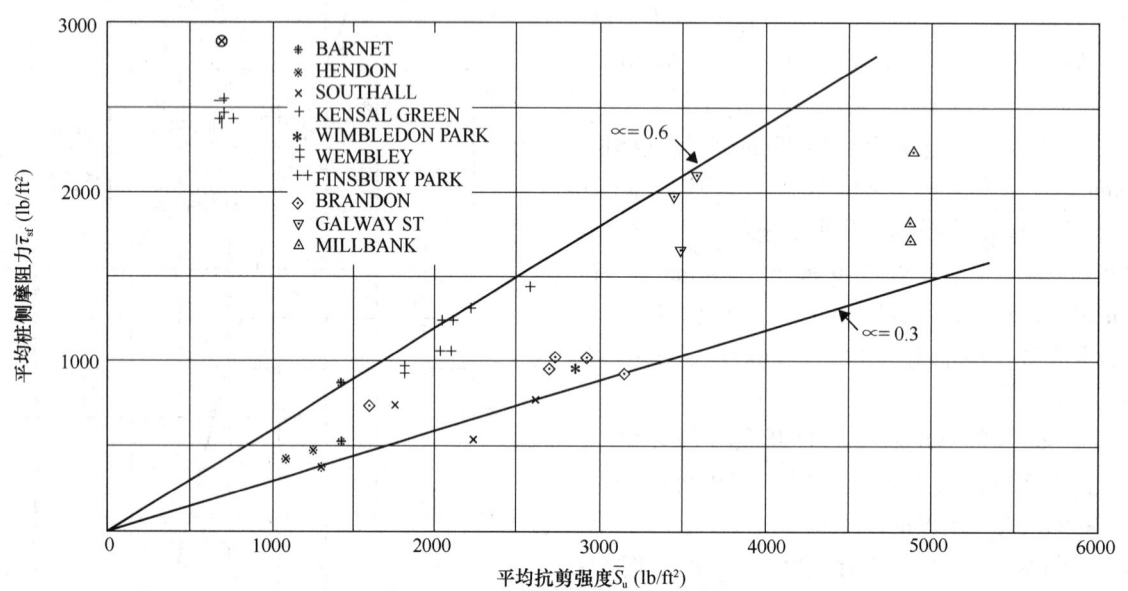

图 22.6　伦敦黏土中钻孔灌注桩的实测 α 值范围
摘自 Skempton（1959）

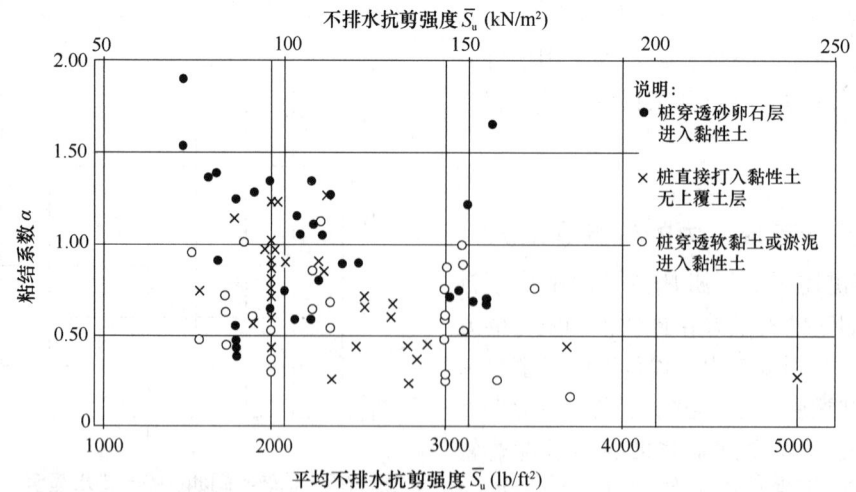

图 22.7　侧壁粘结系数 α-平均不排水强度关系
摘自 Tomlinson（1971）

通过桩的测试研究表明（Lehane 等，1994）桩的极限侧摩阻力符合库仑有效应力界面滑动定律：

$$\tau_{sf} = \sigma'_{rf} \tan \delta'_f \quad (22.8)$$

式中，σ'_{rf} 为极限状态下作用在桩侧的径向有效应力；δ'_f 为极限状态下界面的有效内摩擦角。在评估桩的任意深度处的侧摩阻力都需要确定这两个指标。

极限状态下的径向有效应力 σ'_{rf} 值取决于下列因素，按其重要性大致排序如下：（a）上覆土竖向有效应力 σ'_v；（b）沉积的超固结历史，用超固结比（OCR）表示；（c）成桩效应；（d）加载过程中 σ'_v 的变化。对于（c），通常假设成桩过程中产生的超静孔隙水压力完全消散。对于（d）可以假设加载在完全排水条件下进行，因为桩周的主要变形区相对较薄而排水则瞬间发生。

由于 σ'_v 主要取决于周围土体的有效自重压力且很容易准确地计算，将上覆竖向有效应力 σ'_v 代入式（22.8）得到：

$$\frac{\tau_{sf}}{\sigma'_v} = \frac{\sigma'_{rf}}{\sigma'_v} \tan \delta'_f = K_{sf} \tan \delta'_f = \beta \quad (22.9)$$

式中，K_{sf} 为桩侧土破坏时的侧向压力系数，Burland（1973）指出参数 β 可以由单桩试验中测量 τ_{sf} 而得到经验值（通常给出平均值 $\bar{\beta}$），以这种方法得到的 β 与式（22.7）中的侧壁粘结系数 α 相似，但 σ'_v 能准确地计算而不像前述不排水强度 S_u 的情况。此外，β 不仅在经验上有更严格的定义，而且可以通过测量 δ'_f 和根据土力学原理确定 K_{sf} 来评估，故 β 是一个比 α 更有明确定义并符合基本原理的参数。

22.4.2 预估正常固结黏土中"理想"桩的侧摩阻力

本节我们将研究"理想"桩的侧摩阻力，以期建立一个能与实际桩的实测性状进行对比的基本参考框架。所谓"理想"桩就是不改变场地应力状态前提下所成的桩，另外假设剪切发生在靠近桩侧的重塑土中，则有 $\delta'_f = \varphi'_{cv}$，$\varphi'_{cv}$ 为临界内摩擦角。因此对于"理想"桩，式（22.9）变为：

$$\frac{\tau_{sf}}{\sigma'_v} = K_0 \tan \varphi'_{cv} = \beta_{ideal} \quad (22.10)$$

式中，K_0 为静止土压力系数，参见第 15 章"地下水分布与有效应力"。对于正常固结黏性土，由 Jaky 表达式可准确得出 $K_0 = (1 - \sin \varphi'_{cv})$，则式（22.10）变为：

$$\beta_{ideal} = (1 - \sin \varphi'_{cv}) \times \tan \varphi'_{cv} \quad (22.11)$$

如图 22.8 所示，尽管 K_0 和 $\tan \varphi'_{cv}$ 的值随 φ'_{cv} 的改变具有较大的变化幅度，但其二者之乘积 β_{ideal} 的变化却很小，在 φ'_{cv} 的变化范围内介于 0.21～0.29。式（22.11）提供了描述正常固结黏性土中"理想"桩特性的基本框架。其准确性可通过实测桩特性进行验证，并得出两个基本假设 $K_{sf} = K_0$、$\delta'_f = \varphi'_{cv}$ 需要进行多大程度的调整才与实测桩特性相符的结论。

22.4.3 正常固结黏性土 β 实测值与理想值比较

Burland（1973）在两种截然不同的正常固结黏性土中对打入桩进行了细致的试验并与"理想"特性进行了对比。图 22.9 绘制了推导的平均侧摩阻力 τ_{sf} 和平均有效上覆压力 σ'_{vo} 曲线。图中数据除了一个，其余均来自于 Hutchinson 和 Jensen（1968）在伊朗 Khorramshahr 港进行的打入混凝土桩、钢桩和木桩试验，黏土的平均液限和塑限分别

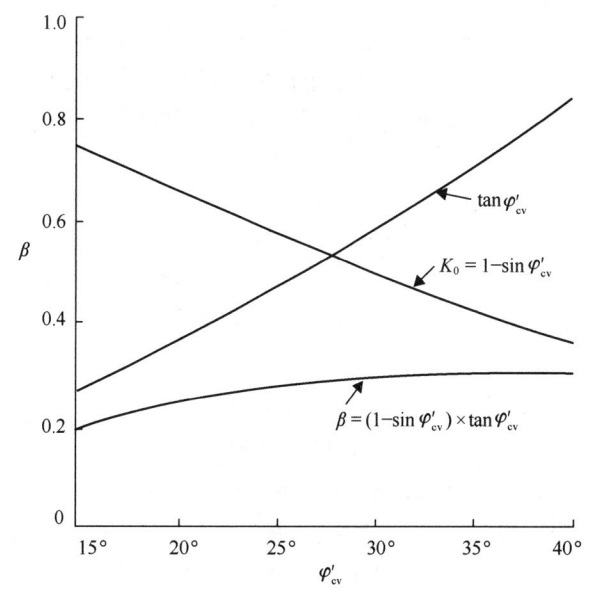

图 22.8 β 与 φ'_{cv} 之间的关系

摘自 Burland（1973）；Emap

为48%和23%，灵敏度在2.5~3.0，推导的α值在0.43~0.79。从图中可以看出β值在0.25~0.4，平均值为0.32。Eide等（1961）在Krammen黏土中对打入木桩进行了长期试验，黏土的平均液限和塑限分别为35%和15%，灵敏度为4.0~8.0，推导的α值为1.6，图中的黑点对应的β的推导值为0.32。

尽管两地黏土有不同特性且推导出的α值又超过了软黏土从1.6~0.42的上下限，但β值的平均值是相同的。平均测试值为0.32，要明显大于"理想"桩的平均值0.27（对应的$\varphi'_{cv} = 25°$）。Burland（1973）通过正常固结土中大量的打入桩试验研究，发现β值在0.25~0.4，他建议设计中β值的合理取值应为0.3，略高于"理想"桩给出的0.27。

对于打入正常固结黏土中的实际桩，可以预期其径向有效应力应高于由静止土压力系数K_0给出的值，导致实测β值略高。对大多数正常固结黏土，有效应力方法都能给出相对合理的结果。但在正常固结黏质粉土中打入桩的全过程测试结果表明β值低于0.2（Burland，1993），这种异常低值极可能是由于材料的高收缩性在桩周产生的拱效应而引起的。

22.4.4 软黏土中桩身负摩阻力

负摩阻力或叫"下拉荷载"，发生在欠固结可压缩黏土层，可由地面堆载、地下水位下降或打桩所产生的超静孔隙水压下拉荷载力消散而在桩侧引起。土层的压缩在桩上施加向下的拖曳力而导致产生作用方向相反的桩侧摩阻力。负摩阻力通常随着土层的固结以及孔隙水压力消散使得垂直和水平有效应力的增长而逐步发展。

Burland和Starke（1994）分析了10个负摩阻力的实测记录，结果分析以有效侧摩阻系数β表达。这些负摩阻力的产生原因包括地面堆载、抽地下水以及打桩扰动等，钢桩和混凝土桩均有，有些为端部承压，有些为纯摩擦桩，观测周期从几个月到17年不等。

尽管条件各异，对于可压缩软弱土层，β值范围相对较窄，大致在0.15~0.35。对各类土的精确研究显示，低塑性的海相黏土β值在0.15~0.25，较高塑性的黏土或粉质黏土β值在0.2~0.35。说明β值与软黏土中打入式摩擦桩正摩阻力的β值相似但相对较小。

22.4.5 超固结黏土中"理想"桩的侧摩阻力预估

毫无疑问，用有效应力方法计算软黏土中桩的侧摩阻力比具不确定性的传统的α值方法更先进，这是因为在正常固结黏土中的静止土压力系数K_0能很好地由式（22.10）确定。对于超固结土，确定场地内的水平有效应力则需要非常复杂的原位试验或室内试验，故有效应力方法的应用不那么简单。不过确定超固结土中"理想"桩的性状可以非常有效直观地了解控制性状的因素。

正如第15章"地下水分布与有效应力"所指出，对于先期曾承受最大垂直向有效应力$\sigma'_{v,max}$的超固结黏土，因首次加载而产生的水平有效应力趋于像未加载时保持"锁定"而导致K_0增大。对此，Mayne和Kulhawy（1982）提出了被广泛采用的经验公式：

$$\frac{\sigma'_h}{\sigma'_v} = K_0 = (1 - \sin\varphi'_{cv}) \times OCR^{\sin\varphi'_{cv}}$$

(22.12)

式中，OCR为超固结比（$= \sigma'_{v,max}/\sigma'_{v,current}$）。注意当OCR=1时，式（22.12）简化为Jaky表达式$K_0 = (1 - \sin\varphi'_{cv})$，将式（22.12）代入式（22.10）得到：

$$\frac{\tau_{sf}}{\sigma'_v} = \beta_{ideal} = (1 - \sin\varphi'_{cv}) \times OCR^{\sin\varphi'_{cv}} \times \tan\varphi'_{cv}$$

(22.13)

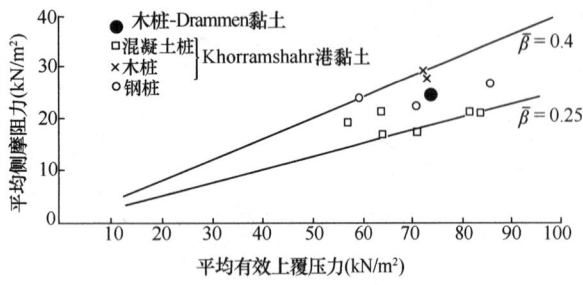

图22.9 单桩试验结果比较：Khorramshahr港黏土（LL=48，PL=23，灵敏度=2.5~3.0，α=0.43~0.79）和Drammen黏土（LL=39，PL=20，灵敏度=4.0~8.0，α=1.6）
摘自Burland（1973）；Emap

因此需要研究建立 β 与 OCR 之间的关系。但确定 OCR 需要高质量的取样和固结试验，用桩试验数据检验式（22.13）几乎是不可行的，而需要某种简单的直接测量 OCR 的方法。众所周知（Jamiolkowski 等，1985）(S_u/σ'_v) 比值与 OCR 由如下关系表示：

$$\frac{S_{utc}}{\sigma'_v} = (S_{utc}/\sigma'_v)_{nc} \times \mathrm{OCR}^m \quad (22.14)$$

式中，S_{utc} 为不固结不排水三轴压缩试验测得的不排水强度；$(S_{utc}/\sigma'_v)_{nc}$ 是指正常固结状态；m 为经验系数。求解式（22.14）中的 OCR 并代入式（22.13）得到：

$$\beta_{ideal} = (1 - \sin\varphi'_{cv}) \times \tan\varphi'_{cv} \times \left[\frac{S_{utc}/\sigma'_v}{(S_{utc}/\sigma'_v)_{nc}}\right]^{\frac{\sin\varphi'_{cv}}{m}}$$

$$(22.15)$$

虽然式（22.15）看起来很复杂，但它表明 β_{ideal} 与 S_{utc}/σ'_v 之间存在关系。为了探究这种关系，式（22.15）可以作如下简化。

对于正常固结黏土，$(1-\sin\varphi'_{cv})\times\tan\varphi'_{cv}$ 项与 β_{ideal} 相等，已知 β_{ideal} 随 φ'_{cv} 值的变化很小，我们可以设其取值等于 0.27（对应于 $\varphi'_{cv}=25°$）。众所周知，对于正常固结原状黏土，(S_{utc}/σ'_v) 比值很明确，通常介于 0.28~0.32，可以取平均值 0.3（Burland，1990）。唯一不能确定的是 m 值，式（22.15）可简化为：

$$\beta_{ideal} = 0.27\left[\frac{S_{utc}/\sigma'_v}{0.3}\right]^E \quad (22.16)$$

其中 E 是一个经验指数。式（22.16）表明有效侧摩阻系数 β 与经有效上覆压力归一化的不排水强度 S_{utc}/σ'_v 相关。

22.4.6 超固结黏土中打入桩的实测 β 值

Flaate 和 Selnes（1977）发表了一些正常固结和轻微超固结黏土中打入木桩和混凝土桩的试验结果。Semple 和 Rigden（1984）建立了超固结黏土中打入桩数据库并被美国石油学会当作基本指南使用多年。Burland（1993）将这两组数据绘制成 β 与 S_{utc}/σ'_v 的关系曲线，并证明两者之间具有相当好的相关性。Chow（1996）补充完善了这两个数据库，Patrizi 和 Burland（2001）指出有效侧摩阻系数可以准确地用下式表达：

$$\beta = 0.1 + 0.4(S_{utc}/\sigma'_v) \quad (22.17)$$

图 22.10 中实线给出了三个数据库和式（22.17）的结果对比，插图是以大比例显示的 $S_{utc}/\sigma'_v<1$ 的部分的数据点，图中虚线是当经验指数 $E=0.72$ 时由式（22.16）给出的"理想"桩的数据。图中的空心点代表的是低塑性黏质粉土。可以看出其 β 值有略低于之前第 22.4.3 节的正常固结黏性土和第 22.4.4 节软黏土的结果的趋势。

必须指出，S_{utc} 值是由完整的黏土试样确定的，如果黏土是有裂隙的，则不排水强度并不能代表其真实强度，而且有可能显著低于真实强度。将试验结果绘于图中时，这些点明显位于式（22.17）所表示的曲线上方，如果设计中用该式预估 β 值则该值是被明显低估的。

Patrizi 和 Burland（2001）证明式（22.17）与数据库的结果非常吻合，而用 Jardine 等（2005）提出的一种基于打入砂土和黏土层的单桩试验测试成果的帝国理工学院桩设计法（ICP）能得到更好的相关性。这种方法是为海洋工程应用而开发的，需要先进的室内试验和原位试验结果。

22.4.7 有裂隙的坚硬黏土中钻孔灌注桩的有效应力特性

Burland（1973）考虑了 K_0 随深度的变化，给出了超固结黏土中"理想"桩的平均侧摩阻力 $\bar{\tau}_{sf}$ 的表达式：

$$\bar{\tau}_{sf} = \frac{1}{L}\sum_0^L \sigma'_v \times K_0 \times \tan\delta'_f \times \Delta L \quad (22.18)$$

Skempton（1961）和 Bishop 等（1965）测定了伦敦黏土中 K_0 随深度的变化并采用平均分布，同时假设对"理想"桩 $\delta'_f = \varphi'_{cv} = 21.5°$。图 22.11 给出了黏土中平均桩侧摩阻力 τ_{sf} 与深度之间的关系，图中实线是式（22.18）所表示的，代表伦敦黏土中"理想"桩的平均侧摩阻力的预估值。

图中的空心点是由 Whitaker 和 Cooke（1966）在温布利进行的维持荷载法载荷试验得到的侧摩阻力平均值，前面在第 22.2.4 节中提到。可以看出

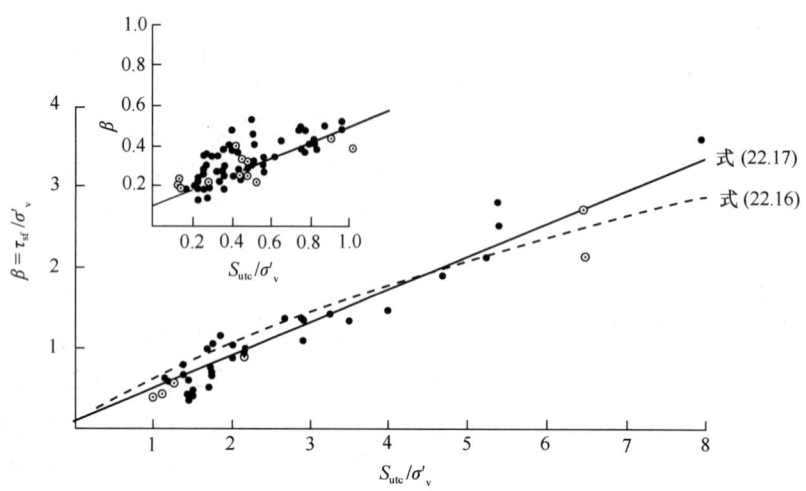

图 22.10　黏土中的打入桩：β 值与 S_{utc}/σ'_v 之关系

除了一个点以外，其离散性较小，所得实测平均摩阻力小于"理想"值。Burland（1973）认为这是由于钻孔时应力释放导致水平有效应力低于"理想"桩所假设的静止土压力 K_0 状态。

Burland 和 Twine（1988）重新整理温布利的试验数据后认为，实测 τ_{sf} 值低于"理想"值的主要原因是界面摩擦角 δ'_i 接近残余内摩擦角 φ'_r，低至 12°。研究了各种原因后认为主要问题在于：（1）螺旋钻的上下行进导致高定向黏粒产生光滑表面；（2）桩身几毫米的压缩足以在较大桩长范围内产生残余剪切面。Burland 和 Twine 认为匀速贯入试验（CRP）应谨慎采用，目前的试验速率可导致静载下桩侧阻力的明显高估。

Patel（1992）分析了伦敦 28 个不同地点的钻孔灌注桩载荷试验数据，其中 16 个地点采用维持荷载法的载荷试验，桩侧阻力由桩的极限承载力减去桩端阻力计算值而得到。图 22.11 中的实心点表示 $\bar{\tau}_{sf}$ 的计算值，除了浅层的两个点异常，其离散性非常小。图中接近离散点下限的点划线表示 $\bar{\beta}=0.7$，可以作为伦敦黏土中钻孔灌注桩的设计依据（比如：$\bar{\tau}_{sf}=0.7\sigma'_v$）。Patel（1992）也证明了 Burland 和 Twine（1988）的结论，即由于速率效应，利用 CRP 试验会使桩侧阻力被高估 20%。

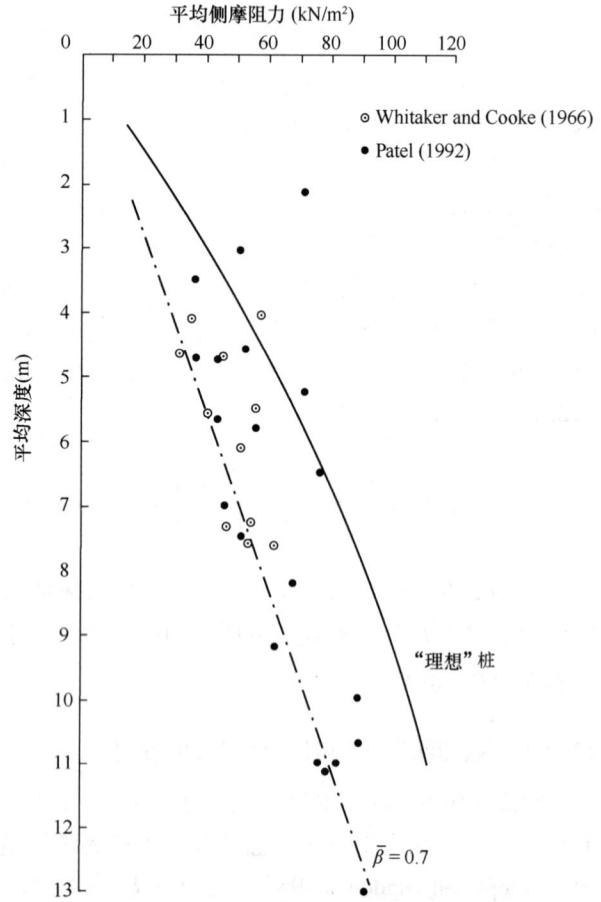

图 22.11　伦敦黏土中钻孔灌注桩实测摩阻力与深度的关系

利用图 22.11 通过有效应力估算伦敦黏土中钻孔灌注桩的侧阻力是一种基于高可靠性载荷试验的简单而有效的方法，能为第 22.3.3 节中描述的传统 α 方法提供校正和解释单桩试验结果的途径。这种方法特别适用于评估因深基坑开挖或地下水位变化而导致有效应力发生长期变化时的桩侧阻力，这种条件下传统的 α 值方法则完全不适用。

通常情况下分析黏性土中单桩试验结果时都要绘制 τ_{sf} 计算值与平均深度的关系图，并计算与之相关的 $\bar{\beta}$ 值（$=\bar{\tau}_{sf}/\sigma'_v$），其基本数据只与它自身相关而排除了与平均不排水强度相关联的不确定性。Bown O'Brien（2008）表示当有可靠的方法测量 σ'_{h0}（称为原位水平有效应力）时，式（22.8）可以直接应用，他们建议硬塑黏土中钻孔灌注桩的平均桩侧摩阻力可以表达如下：

$$\bar{\tau}_{sf} = c \cdot \bar{\sigma}'_{h0} \tan \delta'_f \qquad (22.19)$$

式中，c 为施工效应折减系数，通常取 0.8 ~ 0.9 并随深度而递减。对于伦敦黏土而言，界面有效内摩擦角大致可取 $\delta'_f = 16°$。

22.5 颗粒材料中的桩

与黏土中的桩不同，粒状土中的桩主要由端承起作用，桩侧摩阻力只占承载力的较小比例。从钻孔中获取可靠的非扰动土样非常困难，另外打桩过程必然引起密实度的变化从而影响到基础和桩的承载力。这些情况以及颗粒沉积物的固有的可变性使得通过解析方法预估桩的性状既困难又不可靠。因此通常的做法是根据原位试验结果评估这些土中桩的极限承载力。

单桩承载力可用以下方法确定：
基于标贯试验（SPTs）的承载力理论；
静力触探试验（CPTs）；
打桩公式。

22.5.1 承载力理论

第 21 章"承载力理论"中式（21.4）给出了粒状土的基本承载力公式，对于桩尖而言其涉及 N_γ 自重项很小，可忽略不计。另外形状系数和深度系数 s_q、d_q 可归入承载力系数 N_q 中。因此进入粒状土层中的桩，其极限端阻力可表示为：

$$q_{bf} = N_q \times \sigma'_v \qquad (22.20)$$

相关文献给出了大量的 N_q 值，但最被普遍接受的应该是 Berezantzev 等（1961）所给出的。如图 22.12 所示是他们所建议的 N_q 值（包括 s_q 和 d_q）与经 Tomlinson（1995）修正过的有效内摩擦角之间的关系。如果桩身进入粒状土的深度小于 5 倍桩宽（或桩径），N_q 则取浅层基础所对应的值——参见第 21 章"承载力理论"。

确定式（22.20）中 N_q 的值需要用到土的有效内摩擦角 φ'，Peck 等（1967）提出有效内摩擦角可以通过其与标贯击数 N 的关系确定，如图 22.13 所示。

与式（22.8）相同的极限桩侧摩阻力可以写成：

$$\tau_{sf} = \sigma'_v \times K_{sf} \times \tan \delta'_f \qquad (22.21)$$

式中，K_{sf} 为作用在桩侧破坏面上的土压力系数；δ'_f 为沿桩侧界面摩擦角。

式（22.21）中 δ'_f 的取值有多种原则，对于混凝土或粗糙钢材界面则 $\delta'_f \approx \varphi'_{cv}$。对于更加光滑的界面，Jardine 等（1992）认为 δ'_f 与土颗粒的平均粒径 D_{50} 相关，当 D_{50} 从 0.05mm 增加到 2.0mm 时，δ'_f 大约在 34° ~ 22° 之间变化。

式（22.21）中 K_{sf} 的取值很大程度上取决于土的初始密度、桩的施工方法和被置换土的体积。

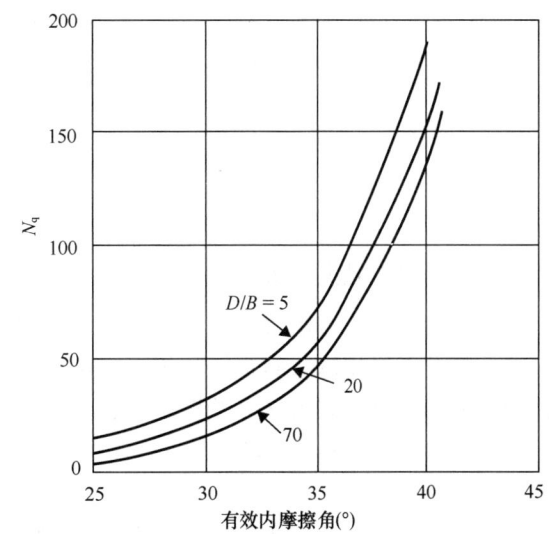

图 22.12 N_q-φ' 的关系

摘自 Berezantzev 等（1961）；版权所有

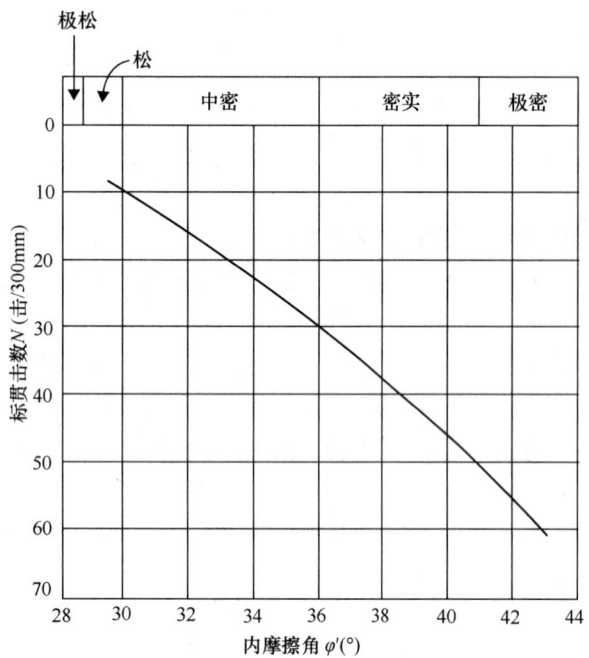

图 22.13 标贯击数 N-φ' 关系

摘自 Peck 等（1967），John Wiley & Sons, Inc.

Broms（1965）建议粒状土的 K_{sf} 取值如下：

桩型	松散	密实
钢桩	0.5	1.0
混凝土桩	1.0	2.0
木桩	1.5	3.0

Fleming 等（2009）认为 K_{sf} 值的变化与 N_q 相似，可以表达为：

$$K_{sf} = N_q/50 \quad (22.22)$$

22.5.2 基于静力触探试验的方法

静力触探试验的方法曾广泛用于海洋工程桩基设计并在陆地上运用越来越多。电子圆锥探头能提供沿深度分布的锥头阻力 q_c 和侧壁阻力 f_s，可用于打入桩的设计。Simons 等（2002）对试验设备进行了简要描述。

当桩深埋于粒状土层时，锥头可以视为桩端，因此桩端阻力 q_{bf} 可以等值取锥头阻力 q_c。但试验给出的是随深度而波动的阻力值，需要进一步处理。通过这些波动的试验数据确定桩端阻力 q_{bf} 的可行方法是由 Thorburn 和 Buchanan（1979）提出的：

$$q_{bf} = 0.25 q_{c0} + 0.25 q_{c1} + 0.5 q_{c2} \quad (22.23)$$

式中 q_{c0}——桩端以下不小于两倍桩径深度范围内的锥头阻力平均值；

q_{c1}——桩端以下相同深度范围内的锥头阻力最小值；

q_{c2}——桩端以上一定深度范围内的最小锥头阻力的平均值，并忽略任何大于 q_{c1} 的值。

当锥头阻力自桩端以下大于或等于 3.5 倍桩径的深度内有衰减时，则用下式合理预估极限桩端阻力：

$$q_{bf} = 0.5 q_{cb} + 0.5 q_{ca} \quad (22.24)$$

其中 q_{cb} 是桩端以下 3.5 倍桩径深度范围内的锥头阻力平均值，由下式计算：

$$q_{cb} = \frac{q_{c1} + q_{c2} + q_{c3} + \cdots + q_{cn}}{2n} + n \cdot q_{cn}$$

$$(22.25)$$

式中 q_{ca}——桩端以上 8 倍桩径范围内的锥头阻力平均值，并忽略任何大于 q_{cn} 的值；

$q_{c1}, q_{c2}, q_{c3}, \cdots, q_{cn}$——桩端以下 3.5 倍桩径深度范围内固定间距处的锥头阻力值，q_{cn} 是该深度范围内的最小锥尖阻力值。

Beringen 等（1979）给出的砂土中打入桩的载荷试验规律与上述基本一致。

De Beer 等（1979）报道了一些实例，即桩端只进入密实砂层很小一段距离，此时的桩端阻力明显小于由锥头阻力确定的值。为修正这种情况带来的影响提出了多种方法，其中使用最广泛的是 De Beer（1963）所提出的，但被认为过于保守。

CPTs 试验结果也用来预估桩侧摩阻力 τ_{sf}，通常是将锥尖阻力 q_c 除以某一数。Thorburn（1979）

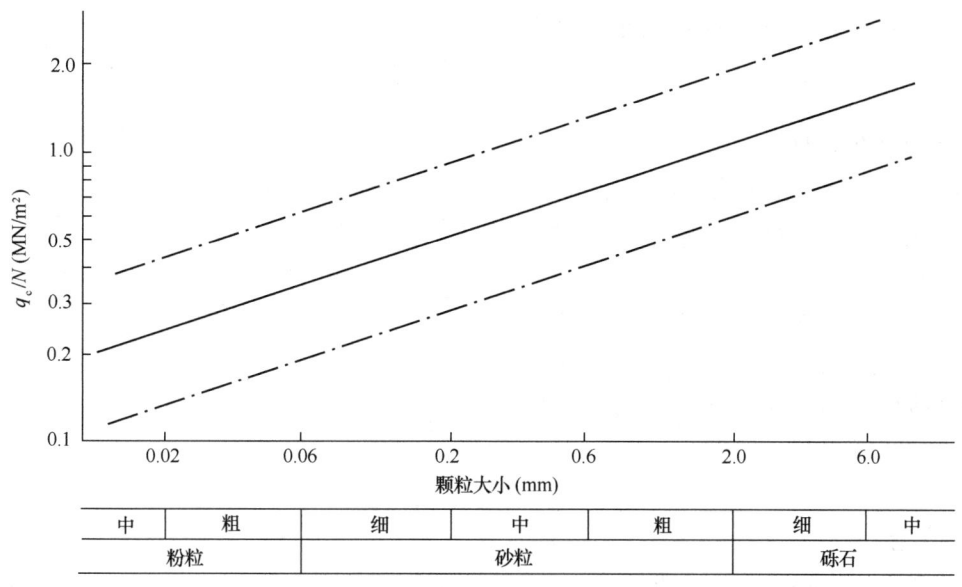

图 22.14 q_c/N 与颗粒大小之间的关系

摘自 Burland 和 Burbldge（1985）

建议对于砂土，取 $\tau_{sf} = q_{c(ave)}/200$，其中 $q_{c(ave)}$ 是整个桩长范围内的锥尖阻力平均值；对于粉土，取 $\tau_{sf} = q_{c(ave)}/150$。对于粒状土中的打入式 H 型钢桩，Meyerhof（1976）建议取 $\tau_{sf} = q_{c(ave)}/400$。

22.5.3 基于标贯试验的方法

第 22.5.1 节中提到了由标贯试验确定摩擦角 φ' 用于计算承载力公式（22.20）。某些桩的设计方法是直接利用标贯击数 N 同容许端阻力和侧摩阻力的经验关系，参见 GEO（1996）香港全风化花岗岩中的钻孔灌注桩。必须指出在使用时要理解这些相关性的本质，而且桩的施工方法和地质条件均要合适。

当无法进行静力触探试验时，可用图 22.14（Burland 和 Burbidge，1985）所示的曲线将标贯击数 N 换算成锥尖阻力 q_c，然后用第 22.5.2 节所述方法确定端阻和侧阻。

22.5.4 打桩公式

长久以来，对于打入粒状土中的桩，承载力预估的不确定性使人们认识到打桩分析能为静态承载力提供有效的估测。另外，在不同地质条件下每根桩的打桩记录就是其质量好坏的指标。因此大家尝试着确定打桩时的动态抗力与桩的静载承载力之间的关系也就不足为奇了。

Whitaker（1975）对多个著名的打桩公式进行了详细的评价和总结。本节的目的就是对此作一个简要介绍。打桩公式假设锤的输入能量（$\eta \cdot W \cdot h$）与使桩产生一定永久贯入量 s 所需要的功（$R(s + c/2)$）相平衡，其中：η 为锤的功率；W 为锤的重量；h 为锤的落距；R 为桩的阻力；s 为桩的贯入度；c 为桩身的弹性变形。

因此：

$$R = \frac{\eta \cdot W \cdot h}{(s + c/2)} \quad (22.26)$$

锤击功率由广泛采用的 Hiley 公式给出：

$$\eta = \frac{k(W + e^2 W_p)}{W + W_p} \quad (22.27)$$

式中，k 为锤的输出效率；W_p 为桩的重量；e 为锤和桩垫之间的补偿系数。

k 和 e 的典型取值由 Whitaker（1975）和 Fleming 等（2009）给出。任何打桩公式都有个基本假设，即桩的动态抗力 R 与其静态极限承载力相等。但这一假设明显是错误的，特别是在黏土、细粒土和诸如白垩土等胶结土中。Whitaker

(1975) 和 Tomlinson (1995) 对打桩公式的实际应用和更复杂的动力分析形式都给出了有用的指导。

22.5.5 颗粒材料中桩的总结

现阶段预估粒状土中桩的承载力的最准确的方法其实是尽可能做单桩载荷试验。任何一个完整打桩过程中都应保留贯入阻力的记录（每 0.2m 或 0.5m 贯入量对应的锤击数）。当与原位单桩载荷试验相关联时这些就更加有用。应防止由于邻近桩的施工导致的桩隆起，特别是在饱和的细粒土中；如果这种情况发生就必须进行复打。

22.6　总体结论

- 桩的施工是一个受施工人员施工影响的岩土工程过程，其结果取决于很多因素，在这种条件下想要精准预估桩的性状是不大可能的。
- 预估桩的性状的方法不可避免地都是高度经验性的。因此对所用经验系数或相关性以及所预估的范围的基本理解十分重要。
- 桩的荷载-沉降特性是两种截然不同的机理共同作用的结果。桩侧阻力本质上是摩擦力，在较小的沉降（桩径的 0.5% 或 5~10mm）下就充分发挥，并表现出韧性，即桩侧阻力完全发挥后随着沉降的继续发展，侧阻力所承担的荷载会有小幅度的下降。桩端阻力的充分发挥相比桩侧需要较大的沉降（通常要达到桩径的 10%~20%）。明确理解这两种荷载传递机理对合理解释单桩载荷试验结果是非常有帮助的。
- 不排水强度承载力理论能用于计算黏土中的桩端阻力，通常所用的指标是不固结不排水三轴压缩试验所得到的不排水强度（S_{uc}）平均值。对于有裂隙的坚硬黏土，不排水强度通常表现出较大的离散性，而原位测试强度接近其下限，可用于设计。
- 传统上将实测黏土中桩侧摩阻力 τ_{sfh} 与不排水强度相关联（比如 $\tau_{sf} = \alpha \cdot S_u$）是因为不排水强度通常包含在单桩试验结果中。这种方法具有明显的局限性。现已证明对于特定的某一种土，不排水强度不具有唯一性且离散性很大，α 值有很大的变化范围。大量发表的 α 值与不排水强度相关联的设计曲线却不包含这些巨大的离散性。工程师们必须充分认识到这些局限性。
- 基于上述局限性，本章的大部分内容通过有效应力确定桩侧摩阻力。现已明确侧摩阻力符合式（22.8）所给出的有效应力的库仑摩擦定律，该式可用法向有效应力归一化并重写为：

$$\frac{\tau_{sf}}{\sigma'_v} = \frac{\sigma'_{rf}}{\sigma'_v}\tan\delta'_f = K_{sf}\tan\delta'_f = \beta \quad (22.28)$$

- 有效应力侧摩阻力参数 β 可以由单桩试验得到，并且比 α 具有更明确的定义，因为 σ'_v 可以精准计算。β 也可通过基本土力学原理给出理论值，用于判定各种成桩与施工过程的影响。
- 正常固结黏土中打入桩的实测 β 值介于 0.25~0.4，略大于理论值。
- 有效应力方法是确定负摩阻力的唯一可行的方法。对于低塑性黏土，β 值在 0.15~0.25；对于高塑性黏土，β 值在 0.2~0.35。
- 对于超固结黏性土，当 K_0 未知时，给出了应用有效应力方法的建议。证明 β 值与 S_{utc}/σ'_v 之间存在理论关系，其中 S_{utc} 是不固结三轴压缩试验的不排水强度。黏土中打入桩的三大数据库证明 β 值与 S_{utc}/σ'_v 之间为简单的线性关系。
- 有效应力方法用于 K_0 值沿桩身分布已知的伦敦黏土中的钻孔灌注桩，理想曲线与载荷试验数据对比显示实测值明显低于理论值。其原因是伦敦黏土中传统钻孔灌注桩的界面摩擦角更接近残余强度而不是"理想"桩中所假设的临界强度。
- 对于伦敦黏土中的钻孔灌注桩，简单的有效应力关系 $\tau_{sf} = 0.7 \times \sigma'_v$ 接近于图 22.11 中离散范围的下限，适合用于设计。通常认为，选择一个合适的 β 值可以将硬黏土中钻孔灌注桩的试验结果表达为平均侧阻力与深度的关系。
- 粒状土中的桩主要以端承为主。由于粒状土中获取非扰动土样十分困难，确定桩端与桩侧阻力只能依赖于原位试验。给出了利用静力触探试验和标贯试验用于设计的经验方法。
- 简单介绍了打桩公式的应用及其局限性。

22.7　参考文献

Berezantsev, V. C., Khristoforov, V. and Golubkov, V. (1961). Load bearing capacity and deformation of piles foundations. *Proceedings of the 5th International Conference on SMFE*, **2**, 11–15.

Beringen, F. L., Windle, D. and van Hooydonk, W. R. (1979). Results of load tests on driven piles in sand. *Proceedings of the Conference on Recent Developments in the Design and Construction of Piles*. London: The Institution of Civil Engineers, pp. 213–225.

Bishop, A. W., Webb, D. C. and Lewin, P. I. (1965). Undisturbed samples of London Clay from Ashford Common shaft: strength/effective stress relationships. *Géotechnique*, **15**(1), 1–31.

Bown, A. S. and O'Brien, A. S. (2008). Shaft friction in London Clay – modified effective stress approach. *Proceedings of the 2nd BGA International Conference on Foundations*. IHS BRE Press.

Broms, B. B. (1965). Methods of calculating the ultimate bearing capacity of piles: a summary. *Sols-Soils*, **5**(18–19), 21–32.

Burland, J. B. (1973). Shaft friction of piles in clay – a simple fundamental approach. *Ground Engineering*, **6**(3), 30–42.

Burland, J. B. (1990). On the compressibility and shear strength of natural clays. *Géotechnique*, **40**(3), 329–378.

Burland, J. B. (1993). Closing address. In *Large Scale Pile Tests*. London: Thomas Telford, pp. 590–595.

Burland, J. B. and Burbidge, M. (1985). Settlement of foundations on sand and gravel. *Proceedings Institution of Civil Engineers*, Part 1, **78**, 1325–1381.

Burland, J. B. and Starke, W. (1994). Review of negative pile friction in terms of effective stress. *Proceedings of the 13th International Conference on SMFE*, 493–496.

Burland, J. B. and Twine, D. (1988). The shaft friction of bored piles in terms of effective stress. *Conference on Deep Foundations on Bored and Auger Piles*. London: Balkema, pp. 411–420.

Chandler, R. J. (1968). The shaft friction of piles in cohesive soils in terms of effective stress. *Civil Engineering and Public Works Review*, **63**, 48–51.

Chow, F. (1996). Investigation into the displacement pile behaviour or offshore foundations. Ph.D. Thesis, Imperial College London.

De Beer, E. E. (1963). The scale effect in the transposition of the results of deep sounding tests on the ultimate bearing capacity of piles and caisson foundations. *Géotechnique*, **13**(1), 39–75.

De Beer, E. E., Lousberg, E., de Jonghe, A., Carpenter, R. and Wallays, M. (1979). Analysis of the results of loading tests performed on displacement piles of different types and sizes penetrating at a relatively small depth into a very dense sand layer. *Proceedings of the Conference on Recent Developments in the Design and Construction of Piles*. London: The Institution of Civil Engineers, pp. 199–211.

Eide, O., Hutchinson, J. N. and Landa, A. (1961). Short and long-term test loading of a friction pile in clay. *Proceedings of the 5th International Conference on SMFE*, **2**, 45–53.

Flaate, K. and Selnes, P. (1977). Side friction of piles in clay. *Proceedings of the 9th International Conference on SMFE*, **1**, 517–522.

Fleming, W. G. K., Weltman, A. J., Randolph, M. F. and Elson, W. K. (2009). *Piling Engineering* (3rd Edition). Oxford, UK: Taylor & Francis.

GEO (1996). *Pile Design and Construction*. GEO Publication No. 1/96, Geotechnical Engineering Office, Civil Engineering Department, Hong Kong.

Hiley, A. (1925). A rational pile-driving formula and its application in piling practice explained. *Engineering, London*, **119**, 657 and 721.

Hutchinson, J. N. and Jensen, E. V. (1968). *Loading Tests on Piles Driven into Estuarine Clays of Port of Khorramshahr, and Observations on the Effect of Bitumen Coatings on Shaft Bearing Capacity*. Pub. 78, NGI, Oslo.

Jamiolkowski, M., Ladd, C. C., Germaine, J. T. and Lancellotta, R. (1985). New developments in field and laboratory testing of soils. *Proceedings of the 11th International Conference on SMFE*, **1**, 57–153.

Jardine, R. J., Chow, F., Overy, R. and Standing, J. (2005). *ICP Design Methods for Driven Piles in Sands and Clays*. London: Thomas Telford.

Jardine, R. J., Lehane, B. M. and Everton, S. J. (1992). Friction coefficients for piles in sands and silts. *Proceedings of the International Conference on Offshore Site Investigation and Foundation Behaviour*. London: Society of Underwater Technology, 661–680.

Johannessen, I. J. and Bjerrum, L. (1965). Measurements of the compression of a steel pile to rock due to settlement of the surrounding clay. *Proceedings of the 6th International Conference on Soil Mechanic and Foundation Engineering*, **2**, 261–264.

Lehane, B. M., Jardine, R. J., Bond, A. L. and Chow, F. C. (1994). The development of shaft resistance on displacement piles in clay. *Proceedings of the 13th International Conference on SMFE*, **2**, 473–476.

Marsland, A. (1974). Comparison of the results from static penetration tets and large *in situ* plate tests in London Clay. *Proceedings of the European Symposium on Penetration Testing*. Stockholm.

Mayne, P. W. and Kulhawy, F. M. (1982). K_0–OCR relationships for soils. *Journal of Geotechnical Engineering Division, ASCE*, **108**(6), 851–872.

Meyerhof, G. G. (1976). Bearing capacity and settlement of pile foundations. *Journal of Geotechnical Engineering Division, ASCE*, **102**, GT3, 197–228.

Patel, D. C. (1992). Interpretation of results of pile tests in London Clay. *Piling: European Practice and World-wide Trends*. London: Thomas Telford, pp. 100–110.

Patrizi, P. and Burland, J. B. (2001). Developments in the design of driven piles in clay in terms of effective stresses. *Revista Italiana di Geotecnica*, **35**(3), 35–49.

Peck, R. B., Hanson, W. E. and Thornburn, T. H. (1967). *Foundation Engineering* (2nd Edition). New York: Wiley.

Semple, R. M. and Rigden, W. J. (1984). Shaft capacity of driven piles in clay. *Proceedings of ASCE National Convention*, San Francisco, pp. 59–79.

Simons, N., Menzies, B. and Matthews, M. (2002). *A Short Course on Geotechnical Site Investigation*. London: Thomas Telford.

Skempton, A. W. (1959). Cast *in situ* bored piles in London Clay. *Géotechnique*, **9**(4), 153–173.

Skempton, A. W. (1961). Horizontal stresses in overconsolidated Eocene clay. *Proceedings of the 5th International Conference on SMFE*, **1**, 351–357.

Thorburn, S. and Buchanan, N. W. (1979). Pile embedment in fine-grained non-cohesive soils. *Proceedings of the Conference on Recent Developments in the Design and Construction of Piles*. London: The Institution of Civil Engineers, 191–198.

Tomlinson, M. J. (1971). Some effects of pile driving on skin friction. *Proceedings of the Conference on Behaviour of Piles*, Institution of Civil Engineers, London, pp. 107–114.

Tomlinson, M. J. (1995). *Foundation Design and Construction* (6th Edition). Harlow, UK: Longman Scientific & Technical.

Weltman, A. J. and Healy, P. R. (1978). *Piling in Boulder Clay and Other Glacial Tills*. London: DoE/CIRIA Report PG 5.

Whitaker, T. (1975). *The Design of Piled Foundations* (2nd Edition). Oxford: Pergamon.

Whitaker, T. and Cooke, R. W. (1966). An investigation of the shaft and base resistance of large bored piles in London Clay. *Proceedings of the Symposium on Large Bored Piles*, Institution of Civil Engineers, London, pp. 7–49.

第1篇"概论"和第2篇"基本原则"中的所有章节共同提供了本手册的全面概述，其中的任何一章都不应与其他章分开阅读。

译审简介：

彭芝平，研究员。1996年毕业于清华大学，获岩土工程专业硕士学位。

张雁，研究员，建华建材集团总裁、总工程师。硕士研究生毕业。曾在中国建筑科学研究院、中国土木工程学会工作。

第23章 边坡稳定

爱德华·N. 布罗姆黑德（Edaward N. Bromhead），金斯顿大学，
    伦敦，英国
主译：林兴超（中国水利水电科学研究院）
审校：侯瑜京（中国水利水电科学研究院）

doi: 10.1680/moge.57074.0247

目录

23.1	自然边坡和工程边坡稳定性的影响因素	249
23.2	常见的破坏模式和类型	250
23.3	边坡稳定性分析方法及其适用性	251
23.4	不稳定边坡的治理	255
23.5	边坡安全系数	257
23.6	失稳后调查	258
23.7	参考文献	258

本章探讨了边坡稳定的基本问题，以及如何使用极限平衡法进行稳定分析。讨论了边坡稳定分析方法的基本原理及其对分析结果的影响，并以计算分析为基础提出了关于边坡失稳风险管理的建议。

23.1 自然边坡和工程边坡稳定性的影响因素

23.1.1 引言

习惯上将边坡分为自然边坡和工程边坡，并将工程边坡分为开挖边坡和填土边坡，虽然他们在许多技术问题上并无不同。对于填土边坡，工程师可以控制其填土性质和边坡形状；而对于挖方边坡和自然边坡，其内部物质组成和结构特征是长期地质演化的结果，都是自然的呈现。对于挖方边坡，人们至少有可能将其塑造成所需的形状，而对于自然边坡，工程师则需要处理已经存在的问题。

工程边坡与城市发展、交通运输、大坝填筑、采石采矿、城市垃圾处理和许多其他需要开挖和填筑的施工活动相关。由于空间限制不能形成稳定的边坡时，需要进行支护结构设计（第6篇）。

自然边坡存在海岸、河流侵蚀、削峭作用造成的相关稳定性问题。此外，形成丘陵和山谷的一系列过程通常使山坡处于容易失稳的状态。例如，极端降雨和人为扰动可能会导致古滑坡体再次滑动。

许多工程师会进一步将边坡分为岩质边坡和土质边坡，前者的特征是主要沿已有不连续面（如节理和断层）发生破坏，而很少穿过完整岩块发生破坏，后者则相反。然而，许多土质边坡也会沿着层面或施工填土的软弱带发生破坏，因此这种区分并不十分合适。本章主要讨论土质边坡。

23.1.2 导致边坡破坏的主要因素

导致边坡破坏的因素包括外部和内部几何条件、坡体内部材料特性、不连续结构面和软弱带（部分是由于地质原因，影响土体的形成或分层）、土体中的流体（空气和水）及风化程度，其中一些因素与长期流体压力变化有关。土体中的荷载主要来自于自重，也有一些边坡会受到来自基础和锚固措施等外部荷载，以及地震等引起的动态应力。

外部几何因素包括坡高、坡角以及坡面的几何形状，内部几何因素包括坡面内不同材料类型的分布情况。工程边坡发生破坏的情况极为常见，主要原因是堤坝的基础内及开挖边坡中均可能存在软弱带。如包含天然沉积物，尤其是沉积成因的沉积物的地层，这些地层通常比周围土体更为脆弱，而破坏主要发生在这些较脆弱的地层中。

23.1.3 土体的强度模型

在大多数边坡中，最大的荷载来自土体的自重，因此其密度（单位重量 γ，或《欧洲标准7》中的重度）是一个重要因素。可以通过有效应力原理，使用简单的 c-φ 模型计算抗剪强度：

$$s = c' + (\sigma - u)\tan\varphi' \qquad (23.1)$$

当处于一个小的应力范围内且参数选取合适的条件下，计算中可以考虑土体自重和有效孔隙流体压力（通常是由水引起的，因此在本章指孔隙水

压力），孔隙水压力来自稳定和不稳定渗流，并由土体中不排水应力变化引起或调整。经验表明，对于 c' 和 φ'，实验室测量的峰值强度参数通常不能直接使用，需要对 φ' 进行折减（很大程度上依据经验）。

土的成分变化很大，仅仅根据土体描述很难估计 c' 和 φ' 值，但一些经验取值原则可供参考。例如，在砂土和砾石等粒状土中，φ' 总是大于 30°，其值随着密度和颗粒间咬合力的增加而增大，因此带棱角的粗颗粒组成的粒状土通常比同样尺寸由圆形、非咬合颗粒组成的土体的强度要高；云母砂则咬合力较差，抗剪强度低。铁化合物和方解石等矿物胶结物可能会进一步增大 φ'，对 c' 的影响更大，但在粒状土中可忽略不计。如果胶结物的含量很少，可以不考虑胶结物的影响——例如，植物和酸雨中的弱酸性物质都可能引起胶结物失效。

黏土的 φ' 值通常在 20°~25°，影响 φ' 的因素主要包括胶结矿物的含量和黏土矿物的成分（不同的矿物成分表现出不同的可塑性）。大多数黏土在剪切时会形成带有擦痕的光滑剪切面，损失大量的强度，强度损失或开裂在含有蒙脱石的土中表现得最为明显，在含有高岭石的土中表现不明显。沿剪切面的强度，同样可以用基于有效应力原理的 c-φ 模型来计算，对剪切或残余强度条件下使用不同的 c-φ 值，用下标"r"表示。通常，伊利石黏土的 φ'_r 值为 9°~15°，蒙脱石的 φ'_r 值为 4°左右，有效残余黏聚力 c'_r 可以忽略不计。

粉土的抗剪强度参数介于粒状土和黏土这两个界限之间，数值取决于黏粒含量的多少。

饱和黏土体的稳定性不是由平均强度决定，而由穿过该土体的最小抗剪切强度路径决定。这种软弱带可能在土沉积或长期静置时形成，其黏聚力通常较低。因此，尽管在许多黏土中存在黏聚力（它几乎总能在有效应力抗剪强度试验中测得），但稳定性分析中很少考虑黏聚力。

所有基于有效应力的抗剪强度稳定性分析都依赖于所使用的孔隙水压力的正确性。低密度土，特别是有机质土（如泥炭和城市固体废弃物）对孔隙水压力的变化极其敏感，如式（23.1）所示，正应力 σ（由自重产生）可能不会比孔隙水压力 u 大多少。

23.1.4 不排水强度

在某些荷载条件下，特别是在不改变土体含水率条件下施加荷载，对于处于非饱和状态的黏性填土，采用不排水强度模型更为适用。这是名义上的 c-φ 模型，模型中 φ_u 通常很小或为零，可以忽略不计，不排水综合抗剪强度 s_u 和不排水黏聚力 c_u 两者之间可以互换。

当使用不排水强度时，孔隙水压力的影响（其中一些情况下非常复杂）与其他强度参数统一考虑，分析时可不单独计算孔隙水压力的影响，使得问题得以简化。

一些饱和土的不排水强度在重塑或扰动时强度迅速降低，称为土的灵敏度。与排水条件下土体因颗粒重组而变得脆硬不同，不排水条件下的土体结构对孔隙水压力的作用十分敏感，容易扰动。与土体排水后强度降低不同，一些饱和土的不排水强度在重塑或扰动时强度的降低是由于土体结构的破坏导致孔隙水压力效应引起的。非饱和土的大部分不排水强度来自毛细作用，并且会在浸泡或饱和时丧失。

边坡中含有的黏土或黏土层很容易发生破坏，破坏后会在黏土层中形成光滑的剪切面，尽管局部区域仍能保持峰值强度并保持局部稳定，但这些剪切面控制了整个边坡的特性和稳定性。

23.2 常见的破坏模式和类型

边坡破坏有许多分类和描述方法（Cruden 和 Varnes，1996；Dikau 等，1996）。边坡变形和破坏之间的区别关键在于，破坏的岩土体与母体分离并独立运动，而变形的岩土体是母体的一部分，没有或不完全分离。破坏的岩土体内部可能在移动时保持接触，也可能相互脱离。如果破坏的岩土体破碎成几块，并且相互脱离（这些块体可能会反弹、滚动，或者只是自由下落直至撞击地面），称为崩塌（如，岩石崩塌）。在运动过程中，如果破坏岩土体破碎，破碎体紧贴地形表面并呈现出流体的运动特征，则称之为流动（如泥石流、泥流）。

当一个（或几个）不连续的岩土体与母体分离但仍保持接触，则发生的是滑动，如滑动分解成许多独立运动的块体，也可能退化为流动。

从工程边坡的角度来看，崩塌最常见于岩质边坡，是由于岩体风化或水进入边坡后沿着内部不连续面发生松动和分离，完整岩体很少发生破坏。土的崩塌可能由过陡的临时开挖引起，如沟渠和基坑。

流动常发生在土体失去强度时。在松散的粒状土中可以通过振动、快速加载产生孔隙水压力、水进入或通过土体时引起土体强度降低，进而形成包含土体滑动和变形的流动。侧向临空的松散填土特别容易发生流动破坏，如同水力填土（例如疏浚土），这种破坏也可称为液化。

滑动破坏是最常见的破坏类型，也是发生流动或崩塌破坏的第一阶段，坡角在一定范围内的边坡均可能发生（包括极小的坡角）。在边坡中存在不利空间产状的软弱带时，滑动破坏尤其常见。软弱带包括岩体中的断层、层理或节理等结构面，特别是顺层结构面，也包括填土或基础中的薄弱层（可能是有机质）。这种不利空间产状缺陷有时因意外或疏忽而被纳入土方工程，包括城市固体废弃物（Municipal Solid Waste，简称MSW）设施中的黏土覆盖层，其黏土填料界面存在软弱面。

其他破坏模式已在相关文献中有所描述，它们主要发生在自然边坡上，并不常见。

23.3 边坡稳定性分析方法及其适用性

23.3.1 滑动分析

滑动破坏是最常见的破坏类型，通常采用考虑材料抗剪强度关系的滑动模型进行边坡稳定计算。平面滑动是最简单的滑动模式，经过精心处理后可处理曲面或复杂曲面（部分平面或部分曲面）的滑动模式，通常采用典型剖面进行分析。在边坡稳定性分析时偶尔需要考虑潜在滑动面的三维效应和横向变化，极少数情况下需要根据边坡地质条件采用弯曲的截面。对于常规工程边坡和自然边坡，采用考虑崩塌或滑动极限状态的分析方法（即极限平衡）是足够的。

当边坡本身经济价值（或变形和破坏造成的影响）值得增加分析和确定参数的附加成本时，可用连续分析方法探索在预期运行条件下边坡的应力、应变和变形特征。有时，连续变形分析方法也可用于需要考虑应力路径（或事件时间序列）的边坡失稳案例调查和原因分析。

外力（如工作荷载、锚固力等）是对自重和孔隙水压力的附加力，通常比自重和孔隙水压力小得多，Bromhead（1992）、Duncan和Wright（2005）等对外力的处理方法进行了详细的论述。

23.3.2 平面滑动

图23.1显示了土质边坡的典型剖面A-A，如果考虑滑面与水平面的夹角α，剖面A-A上方滑体的重力为W，则作用在平面上的重力的分量为：

$$D = W\sin\alpha \qquad (23.2)$$

垂直于该平面的分量为$W\cos\alpha$，在无水情况下滑动面最大可能抗滑力R为：

$$R = W\cos\alpha\tan\varphi' + c'A \qquad (23.3)$$

式中，A为滑体与母体之间的接触面积，如有孔隙水压力作用在接触面积上，则须考虑平均水压力u乘以面积A得到的力，即：

$$R = (W\cos\alpha - uA)\tan\varphi' + c'A \qquad (23.4)$$

由于抗滑力是一种反作用力，因此必须等于所施加的滑动力，则有：

$$D = W\sin\alpha = \frac{R}{F}$$
$$= (W\cos\alpha - uA)\frac{\tan\varphi'}{F} + \frac{c'A}{F} \qquad (23.5)$$

需要指出的是，当抗滑力R小于滑动力D时，滑体将在不平衡力$D-R$的作用下加速下滑。

该方程可用于确定滑面发挥抗剪强度参数的实际比例（即计算安全系数），或通过采用不等式（<），以确保在采用材料强度参数条件下边坡处于稳定状态。

23.3.3 曲面和复杂曲面滑动

由于土质边坡通常在平面、曲面或复杂曲面滑面上发生滑动破坏，稳定性分析时需要将滑体划分为一系列侧面垂直的土条（也可使用斜条分，但垂直条分更为常见），条分后可以保证土条底部为平面，每个土条沿着滑面发生平面滑动。采用平面滑动安全系数计算方法可以计算得到每个土条的

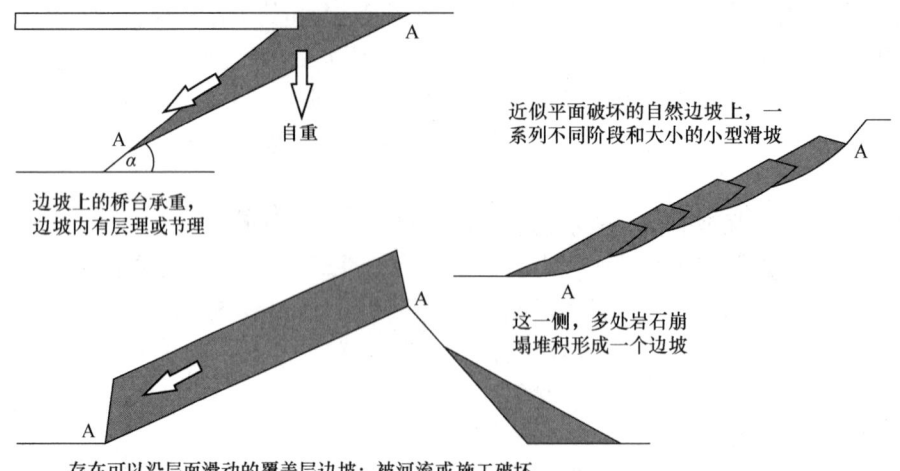

图 23.1　平面滑动破坏示例，块体沿 A-A 平面滑动

"局部"安全系数，边坡安全系数介于这些"局部"安全系数的最大值和最小值之间，是"局部"安全系数的某种加权平均。这种加权平均考虑了土条间的相互作用，如果单独考虑某一土条，在坡脚反翘段可能出现与滑体相反的滑动方向，这显然是不正确的。

计算所有土条的下滑力和抗滑力的总和，通过抗滑力除以下滑力计算得到边坡安全系数是一种简便的计算方法，该方法考虑了土条的相对大小和重要性并给出了整体安全系数：

$$F = \frac{\sum_{i=1}^{n}\{(W\cos\alpha - uA)\tan\varphi' + c'A\}}{\sum_{i=1}^{n}\{W\sin\alpha\}_i}$$

(23.6)

需要指出的是，F 与抗剪强度参数的发挥比例相同。

式（23.6）在适当条件下可转化为平面滑动公式，并且对浅层滑动也是有效的。然而，当滑动面明显弯曲或在边坡内的埋深增大（特别是当孔隙水压力可变且较高时），不考虑条间相互作用（即没有条间力）会导致较大计算误差，使得 F 的值过于保守。许多学者通过引入条间力假定尽可能真实地反映条间力对边坡安全系数的影响，不同的条间力假定形成了不同的边坡稳定性分析方法。Bishop 法假定条间力水平；Spencer 法假定条间力方向与底滑面平行并作用于土条 1/3 高度处；Morgenstern-Price 法假定条间力服从某种特定分布形式，通过迭代计算求得条间力的大小；Sarma 法也遵循了上述假定，但求解方式不同。

一旦考虑条间力，计算过程总是涉及迭代解（除了土体是均质黏性土），并且包含了不同的假定。在稳定计算时首先面临的是根据假定条件的适应性选择合理的边坡稳定性计算方法，不能随意使用。

由于 Bishop 等方法很难手工计算，计算机很早就应用于边坡稳定性计算中。总而言之，几种方法之间的本质区别在于对土条间作用力的假定，而这种选择在许多情况下已经不重要，随着现代计算机技术的发展，计算速度已经不是问题。

23.3.4　圆弧面滑动

多数情况下对于二维边坡断面，滑动面近似于一个圆弧面（图 23.2）。实际上，一些例子表明，在特定的条件组合下圆弧滑面是一种很好的近似。由于所有的几何因素都可以从滑弧的中心坐标及半径计算求得，圆弧法非常适合于反复分析，便于在许多滑弧中找出一个安全系数最小的滑弧。大多数分析软件使用一个规则的矩形网格，以网格节点为圆心画出许多不同半径的圆弧。以圆弧与边坡相交的位置、网格节点和滑动方向为约束条件，计算得到临界滑面（即安全系数最小的滑弧），确定临界滑面的具体方法没有固定的标准，一定程度上取决于程序开发者和使用者。

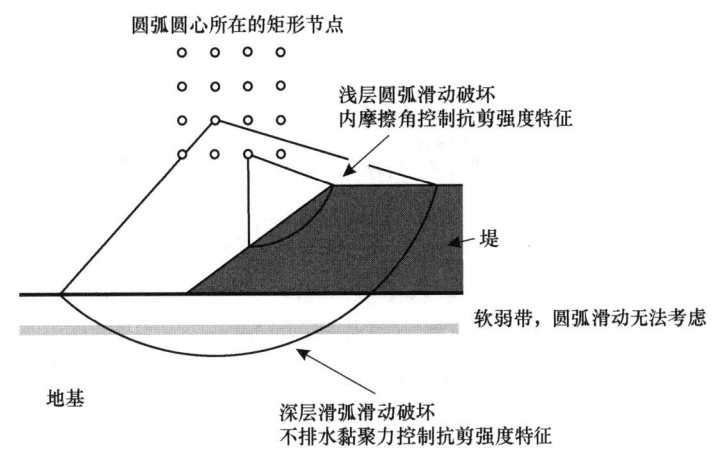

图 23.2 滑弧法及临界滑面搜索

研究结果表明，发生浅层滑动破坏，抗剪强度参数中内摩擦角 φ' 对边坡稳定性影响最大；发生在地基中的深层滑动破坏，不排水黏聚力对边坡稳定性影响最大。圆弧法的一个基本缺陷是没有一个圆弧可以沿着软弱土的薄层滑动（图23.2和图23.3），并保证圆弧穿过边坡内的软弱带（抗剪强度参数低或孔隙水压力高），这些区域可通过工程勘察确定。由于圆弧法不能以网格节点为中心生成复合滑动面，在分析具有复合滑面问题时，首先通过圆弧滑动计算最危险滑面，再以此为基础扩展为包含软弱带的复合滑面。

在工程边坡中，由于施工过程中填方边坡或堤坝基础带入了一些不利空间产状的软弱带，导致了许多边坡破坏的情况。同样，在挖方边坡和自然边坡中，软弱带再次为破坏面提供了通道。在这些情况下，不能简单地依靠圆弧滑动进行计算分析。

23.3.5 三维效应

由于缺少有效的三维稳定性分析方法，在常规工程和填方边坡设计中很少进行三维稳定性计算。通过一系列二维剖面的边坡稳定性分析综合考虑边坡三维效应，通常也能够满足工程要求。

分析表明，二维计算得出的安全系数通常低于三维计算结果，这可能是未能充分考虑孔隙水压力变化引起的。实际边坡破坏都是三维问题。

23.3.6 边坡中孔隙水压力的演变

在填土地基中，不排水加载通常会产生很大的孔隙水压力。如果没有发生破坏，超静孔隙水压力会逐渐消散导致地基强度的增大，稳定性逐渐增强，地基中孔隙水压力消散的速度会随着时间的推移而降低。有些情况下，在高渗透性的水平土层中，孔隙水的横向迁移可能会在早期导致孔隙水压力从堤坝顶部下方（伤害很小）转移到坡脚（造成损害），即从无害到可能有害。因此，在软弱地基上的填土边坡，边坡稳定的临界点要么出现在施工结束时，要么在孔隙水压力向坡脚迁移后不久。通过缓慢加载或长时间放置（通常是整个雨季，因为在此期间无法填筑施工），地基基础会固结，强度增大，对后续填筑施工更为有利。

边坡开挖过程中总应力降低，不排水孔隙水压力的变化使挖方边坡下部的孔隙水压力状态降低到吸力状态。这种吸力会随着地表水或地下水的渗入而逐渐消失，从而导致强度降低，有时会导致边坡破坏的延迟。孔隙水压力的平衡可能需要几十年的时间，这种现象在硬黏土中最为明显。

由于孔隙水的毛细作用，黏土填料不可避免地处于不饱和状态，并表现出一定的强度。与挖方边坡的情况一样，由于水的进入，吸力可能会逐渐消失导致黏土边坡出现延迟破坏。但地表附近的吸力

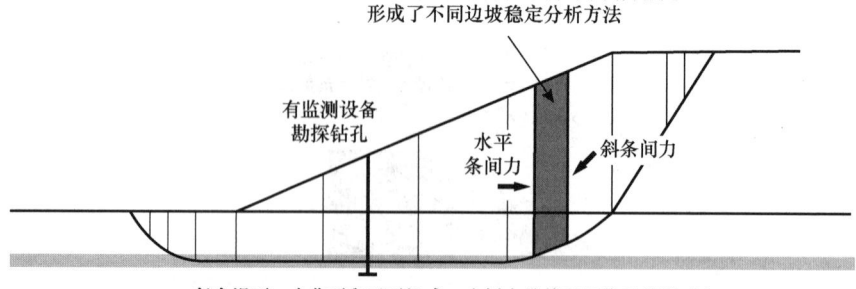

图23.3 水平软弱带控制的复合滑动破坏

可以通过干燥的天气或植物根部的水分吸收来恢复，延迟破坏的发展过程存在较大不确定性，不像堤坝地基加固时强度总会随着时间的推移而增强那样明确。虽然最近的研究工作努力将这些影响因素量化，但边坡稳定性分析是在保守评估孔隙水压力的基础上进行的，常规计算分析中不考虑这些因素的影响。

部分淹没的边坡从外部水荷载中获得支撑，但随着水进入边坡并产生孔隙水压力，这种支撑力会逐渐消失。在两种相反的作用效应下，淹没可能会增大或减小边坡的整体稳定性。研究发现，在许多情况下存在一个称为"临界水位"的特定水位，此时边坡稳定性最差。因此，初次蓄水的挡水堤坝工程需要特别注意水荷载迅速回撤（水位骤降），此时边坡稳定性会受到严重影响，特别是当边坡中的水没有足够的时间排出时。

对于部分浸没的边坡，可以在边坡稳定性分析中通过使用适当的孔隙水压力分布来分析浸没对边坡稳定性的影响。

23.3.7 抗震稳定性

在地震中，边坡可能会在不同的方向上发生多次、持续时间很短的加速或减速。将惯性力作为重力的一部分，并在边坡稳定性分析中将惯性力作为水平体积力作用于边坡上，是进行地震工况下边坡稳定性分析的一种简单方法。在某些情况下，除了重力之外，还要施加竖直方向上的体力，这可能会出现不排水孔隙水压力变化。一些在静态或中等至低惯性力条件下稳定性良好的边坡，在惯性力超过某一阈值时可能会发生破坏。水平方向上的体力用 $k_h W$ 计算，其中 k_h 是水平加速度系数。

另一种方法是计算 k_h 的临界值，$F=1$ 时，对应水平加速度系数为临界水平加速度系数 k_{crit} 或 k_c。当 k_h 超过 k_c，边坡就会开始移动，但每个地震脉冲的时间很短，以毫秒为单位，产生的位移也很小。因此，$F<1$ 不一定表示发生了滑坡，只要它发生的时间很短，并且土体不处于破坏状态，即使当地震停止也不会发生滑动破坏（仅孔隙水压力增大）。

地震停止后边坡继续移动的问题需要特别关注。这可能是地震产生的高孔隙水压力的结果，松散细颗粒土和具有多孔结构的饱和黏性土在振动时最容易丧失强度；滑裂面上的硬黏土残余强度参数降低，这通常与膨胀和不排水孔隙水压力降低等因素有关，但这种现象并不是很明显。

23.3.8 边坡稳定性分析中的误差

边坡稳定性分析中的误差主要由以下原因造成：

（1）对抗剪强度参数的取值不准确，包括未考虑是否出现排水、固结排水或固结不排水的情况；

（2）地下孔隙水压力计算不准确；

（3）未能充分考虑土体中分层、软弱夹层或人为活动对边坡稳定性的影响；

（4）土体参数和孔隙水压力存在不确定性，边坡存在渐进性破坏的风险，而稳定性分析中很难考虑这些不确定性。

其中第3项有时表现为在勘察或施工期存在的软弱夹层未被探明，以及分析人员未考虑沿着软弱夹层滑动的情况。仅使用圆弧法进行稳定性分析时也可能导致分析中出现这种情况。

在多个滑弧中寻找最小安全系数是确定临界（最不安全）滑裂面最常用的方法，这种方法忽略了临界面可能不是圆弧。

与上述误差来源相比，由于可靠计算机软件的广泛应用，计算本身产生的误差要小得多。

23.3.9 连续变形分析方法

连续变形分析方法（如有限元法和有限差分法）偶尔也用于边坡稳定性分析中，但由于参数获取难度大，对分析人员的技术要求高等特点，应用成本较高。连续变形分析方法提供了极限平衡分析（包括变形模式）所没有的变形数值，并且不需要分析人员干预即可显示出最危险的破坏和变形模式。

然而，采用连续变形分析方法处理土体中软弱夹层，可能比极限平衡法更为棘手。

23.4 不稳定边坡的治理

23.4.1 引言

不稳定或潜在不稳定边坡可能产生危害时，通常需要进行治理。在不做处理的地基上对边坡失稳可能造成的损失和治理成本进行评估。

边坡支护方法在第72章"边坡支护方法"中进行介绍，并在本手册第7篇中介绍了一般性设计原则；本章主要讨论这些分析方法的使用条件。本手册第6篇特别介绍了挡土结构。

好的边坡治理方案是确保在高风险区域内不会产生大的事故，这一理念，在沿海附近边坡有许多成功的案例。其中包括法律禁止开发或重新调整内陆沿海道路。在一个典型案例中，位于东苏塞克斯（East Sussex）的比奇角（Beachy Head）的历史悠久的Belle Tout灯塔，整体向内陆移动了约50m，以保护其免受沿海悬崖因侵蚀失稳的威胁。

对于经常发生中小规模泥石流或偶尔出现落石的区域，可以采用挡墙和柔性支护结构，或采用拦截和排水渠道进行防护。挡墙的种类繁多，包括土墙、石墙、钢筋混凝土墙、钢墙和木墙等。柔性护坡结构可以是覆盖在边坡表面的围栏、栅栏和网。在经常发生破坏的区域，需要定期检查柔性护坡结构以保持其有效性，并进行一些维修（尤其是在护坡结构需要抵抗超出其设计荷载的情况）来应对腐蚀、腐烂、破坏或环境变化。

最不利情况的选择是通过在边坡上进行工程防护来降低灾害的可能性。

23.4.2 土方挖填

当边坡破坏可能发生在相对较浅的位置时，使边坡整体上变平缓往往是最佳的治理方法。但在一些特定条件下，减小坡度不仅没有用，还可能导致破坏。例如，具有大规模潜在滑坡的海岸边坡，夷平个别小规模海岸悬崖可能会导致深层滑坡坡脚区域的卸载，破坏了滑坡体的深层稳定性，许多存在不利空间产状软弱带的边坡也可能受到这种影响。边坡深层滑动破坏模式的稳定性往往会随着坡脚压重和防护得到改善，但这种土方工程如果建造不当，也可能会导致局部边坡稳定性问题。例如，在软弱可压缩地基或侧向约束的地基上压脚时，压脚填料可能发生失稳从而无法起到加固作用。

另一个问题是：当滑裂面穿过具有高内摩擦角φ'的坡脚，由于分析方法中存在假设，稳定计算得到的安全系数往往会偏高，需要对计算结果小心处理，在稳定性计算分析时给予高度重视。

对导致滑坡的顶部荷载进行卸载是边坡治理的有效方法，但同样冒着顶部失稳破坏的风险，可能需要更强的加固措施保证边坡稳定。

一般来说，当滑动面在坡脚反翘时，在反翘段上方填土是非常有效的；当滑动面倾角比滑面内摩擦角φ更大时，开挖减载是非常有效的治理方法。卸载和压脚的有效性往往取决于边坡应力变化时孔隙水压力的响应特性。

加固后的边坡稳定性分析应采用修改后的边坡断面和土性参数。

23.4.3 排水

边坡排水系统通常分为两大类：第一类是防止水渗入边坡，第二类是在水进入边坡后将其排出。

良好的树冠可以有效控制雨水进入边坡，但是落叶树每年会失去这种能力。任何情况下，树冠都是慢慢成长的，并且可能因个别树木的损失或大规模砍伐而遭到破坏。不透水的坡面防护层会阻止边坡中的水向外流动，并在暴雨期间造成洪峰流量问题，以及影响美观。

边坡上的浅层排水系统，如黏土管、瓷砖排水管和多孔塑料管形成的沟渠系统和地面排水沟，可以起到控制入渗的作用。地下排水系统还有释放孔隙水压力的作用。地面排水系统很容易堵塞，也很难维护，当堵塞时会使水倒流，排水系统和土体超压导致局部破坏。安装深层排水系统可以释放孔隙水压力，例如不排水加载引起的孔隙水压力，其压力不会得到补充；而渗透引起的孔隙水压力，这种压力会不断得到补充。前一种情况过滤的效果并不明显，而在后一种情况却作用明显。反滤系统可以防止细颗粒流失而造成土体内部侵蚀，阻止其流入排水系统而造成堵塞。不排水加载引起的孔隙水压力，通常与软弱地基上的堤坝填筑荷载造成地基压缩有关。

产生的孔隙水压力可采用垂直织物滤芯、排水砂井或混合形式的排水系统进行释放。排水系统可能连通在深处的排水土层，或在其顶部连接到集水层，也可能两者都连通。为加速地基固结，可以采用电力系统施加吸力，也可以在保证地基稳定的条件下，施加附加荷载。对于在高填方中产生的孔隙水压力，则可在施工时铺设排水系统，通常是选择高渗透性粒状材料设置排水层。在规模较大的土方工程中，排水层的成本可能很高，为了最大限度地降低成本，排水层可由互连的"条带"或网格形成。

在土坝中，控制施工引起的孔隙水压力的排水层，可构成永久排水系统的一部分，排水系统必须有反滤，反滤系统可以采用不同级配粗颗粒层，或者不可降解的反滤土工织物。永久性排水系统也可以通过在边坡上钻近似于水平的排水孔或其他类型的排水系统来实施。钻孔内衬有多孔塑料管，排水系统的反滤保护决定了系统的寿命，实践表明反滤系统很难维护。

钻孔排水可以从坡面安装，也可以从竖井和隧道安装。竖井在底部收集水，理想情况下通过隧道或一系列钻孔相互连接，以允许水在重力作用下排出。如果不能自流排出，则需要抽排，使用水泵则可能发生故障，需要考虑运行和更换成本。

来自排水系统的流出物可能含有污染物，在排放之前需要进行处理。这些污染物可能包括微生物污染物（例如，来自城市生活垃圾、当地化粪池污水排放）或矿物质，例如来自某些类型矿山废物堆底部的高铁富氧酸性矿山排水。在某些情况下，相关地方当局或环境保护机构可能不允许从边坡排水系统排水，或者仅在受到严格限制的情况下才允许排水。某些形式的排水，尤其是富含方解石或铁的水，会因细菌作用和沉积而导致排水堵塞。

在挖方边坡中通常采用数米或更深的排水沟来增加稳定性。无论深度如何，它们都可以降低孔隙水压力。然而，当它们深到足以穿透剪切面或其他薄弱区域时，它们在边坡上也有加固或支撑作用，可被称为扶壁排水系统。

用砾石填充的排水沟允许地表水流入，并向地面释放排水沟渠的允许渗水，但如果流出受阻，它们可能会起反作用。尽管排水可能会加速降低开挖引起的孔隙水压力与其最终状态之间的平衡，但这种状态通常比没有排水时的稳定性更好，总体而言，其总体效应是有益的。

大量的排水会导致地基的固结和地面的变形。收集在管道系统中的排水如果排放到错误的地方，会造成危害。排水管穿过不稳定边坡，如果发生泄漏则会加速边坡失稳。对于设置了排水系统的边坡，其稳定分析只是修改计算中采用的孔隙水压力。

23.4.4 锚固

主动加固系统可以采用预应力锚固技术。这种方法是采用锚杆（索）锚固，通过钻孔穿过滑坡体，进入稳定岩土体形成内锚固段，并在坡面上施加张拉荷载。当坡面固结或存在某些坡面活动的情况下，预应力锚索可能需要定期补充张拉。锚固系统极易被腐蚀，需要精心设计和防护。此外，较大的锚杆（索）预应力可能会引起一些长期安全问题，例如，如果这些锚杆（索）被遗弃并在不知情时重新开挖边坡。几乎不可能将预应力锚杆（索）以其理论的最佳方向和位置进行安装（它们的长度、用于安装和重新加压的锚头位置的通道等，是关键限制因素）。即使预应力锚杆（索）不能使整个边坡稳定，也能控制附近地层的移动。最好使用单独的锚固垫板将荷载从锚杆（索）分散到坡面，这样可以将整个锚固系统失效的风险降到最低（图23.4）。

塑料和金属网格或条带可应用到填方边坡中，以保持过陡边坡的稳定性并防止横向变形，它们还

图 23.4　因锚杆（索）系统失效所导致的平面滑动

由 J. J. Hung 教授提供；版权所有

图 23.5　位于什罗普郡（Shropshire）铁桥峡谷（Ironbridge Gorge）的河岸钢管桩加固，由 Birse Civils 承包施工、Jacobs 设计

用于限制填方边坡临空面的滑动趋势。由于这些系统的性能和耐久性取决于其制造商，因此通常依托制造商特定的设计工具和相应施工规范。加筋网可以多层安装，但需要注意确保各层不会相互滑动。这类加固系统在施工过程中由于变形才会产生荷载，称为被动加固系统。

可以在边坡中采用其他被动加固措施。一种是插入钻孔中，直径和角度都相对较小的"土钉"，土钉本质上是小直径的钢筋混凝土"桩"，会通过拉力产生良好的加固效果。此外，桩也可以用来加固边坡上的土体，采取销钉的形式（用传统钢筋笼加强的中等直径桩按排或网格状布置），或用钢管加强的大直径桩（图 23.5），或用 I 形截面、H 形截面的工字钢。钻孔灌注桩通常比打入桩更有效，避免给地面施加动态荷载，并且截面更大。

深度足以穿透剪切滑动面或其他薄弱区域的沟槽，用混凝土或堆石填充后即可起到抗剪键的作用，如果这些沟槽具有渗透性，还可以起到排水作用。

工程实践表明板桩能够有效加固小型滑坡，但它们本质上是柔性的，易受腐蚀，并在连接处容易开裂（图 23.6）。

对有加固措施的边坡进行稳定性分析时，计算中可以考虑必要的作用力和反作用力。但是当滑裂面穿过的土体区域中有混凝土或钢材时，计算误差会很大。

图 23.6　失败的板桩挡土墙，最初与放坡、排水和海防工程联合加固剪切面位于边坡中部的滑体

23.5　边坡安全系数

23.5.1　风险

风险被定义为由潜在危险造成的损失，是破坏发生的概率（在给定的地点和时间范围）与发生后果的乘积。任何风险都迟早会发生，发生概率为零的风险除外。这些后果最容易用财务术语来表示，并反映风险因素的数量、价值及其危险性，或者说风险因素在破坏事件中造成损失的比例。幸运的是，在英国，边坡不稳定造成的伤亡人数相对较

少，除了一个小事件外，整个记录显示，经济影响远大于人身伤害，这使得大多数风险分析只是经济问题。而其他国家可能不那么幸运，必须同时考虑经济损失和人身安全。

通过边坡加固工程可以降低破坏性事件（边坡失稳）发生的概率；通过重要资产的搬迁以及控制人员进入现场危险区可以减少风险；也可通过设置防控屏障来减少风险。因此，不稳定边坡或潜在不稳定边坡的治理问题就是一个降低风险的问题（Bromhead，1997，2005）。

23.5.2 安全系数法

理想条件下，我们希望通过边坡治理将失稳风险降低到可接受的水平。实际上，工程计算依赖于安全系数（抗剪强度参数的折减，如前所述），传统的边坡稳定性分析方法与《欧洲标准7》的理念是完全一致的。《欧洲标准7》推荐的安全系数被认为（在大多数工程中）是可以接受的风险水平，其前提是采用正确的计算参数和机理。某些情况下则需要采用较大的安全系数，例如当破坏的后果很严重、土体性质或特性存在很大不确定性时。大规模的自然边坡只需要较小的安全系数便可达到同等的安全水平（《欧洲标准7》推荐的安全系数可能不适用）。例如，深埋剪切面上的残余强度不可能再降低，同样对于不排水强度参数也无需折减，因为不排水强度对于应变十分灵敏。然而，对于不灵敏土层适用的安全系数，用于高灵敏土则可能会发生渐进破坏。

23.5.3 适用范围

在中等高度边坡的常规设计中，采用传统的填筑施工方法，《欧洲标准7》给出的安全系数基本上可以发挥土体的抗剪强度，以抵御变形（不包括固结沉降及变形）。对于这类边坡，采用较低的安全系数则会因抗剪强度不足而引起变形，表现为坡脚隆起或坝顶开裂。如果土体固结，强度增大，堤坝表面也可能"自愈"，不会产生永久伤害。然而，多数情况下这种变形是坍塌的前兆，这可能是因为土体容易发生渐进的、脆性的破坏，因此应谨慎处理。当堤坝或地基土为黏性土时，可能形成仅有残余强度的光滑剪切面，这种情况会尤其严重。

边坡监测仪器可以在发生肉眼可见地表变形之前监测到地表变形。因此，仔细检查监测仪器和分析数据是施工的重要辅助手段，尤其是对于高陡边坡、软土地基上的边坡，以及坍塌后果非常严重（含附带损害）并影响施工进度的边坡。

23.6 失稳后调查

失稳后调查的目的很多，如研究补救措施和责任判定。在黏性土边坡中，确定滑坡基底剪切面位置是一项基础工作。可以通过钻孔取样并观测确定，或者在滑动过程中通过使用适当的监测仪器确定。从滑坡的表面形态和变形可以推断滑裂面的位置和深度，但是钻孔取样和监测可以给出更准确的信息。竖井、平硐和探坑可用于揭露现场剪切面，但也存在潜在危险，需要进行适当的支护，并且只能由经过培训的专业人员按照安全规范流程进入。

许多边坡失稳是由气候变化或瞬态孔隙水压力条件引起，即使采用检测设备进行检测，可能仍无法再现当时的情况。

实际工程中，发生在基础设施土方工程的临时边坡和永久边坡的破坏，可能会有争议，对后续调查研究带来不便。因此，必须在清理作业的同时进行适当的科学研究。在设备就在现场并且交通条件良好的建设期，某些边坡失稳的修复成本可能比工程完工后再修复的成本低得多。由于设计阶段不会考虑破坏后的问题，因此修复工程需要格外小心，可能涉及初始现场条件和安全计划中没有考虑的内容。

有时工程师在调查失稳边坡时需要对失稳的原因进行说明。在这种情况下，失稳通常由几个可能因素以及最终触发因素共同导致，仅将最终的触发因素作为唯一的原因显然并不可取。应该对每个可能因素进行调查，并按照对边坡失稳的影响降序排列，通常可以确认边坡失稳是多个因素造成的。

23.7 参考文献

Bishop, A. W. (1955). The use of the slip circle in the stability analysis of earth slopes. *Géotechnique*, **5**, 7–17.

Bromhead, E. N. (1992). *Stability of Slopes* (2nd edition). London: Blackie's (Chapman & Hall).

Bromhead, E. N. (1997). The treatment of landslides. *Proceedings of the ICE, Geotechnical Engineering*, **125**(2), 85–96.

Bromhead, E. N. (2005). Geotechnical structures for landslide risk reduction (Chapter 18). In *Part III: 'Management Implementation – Site and Regional Methods' of 'Landslide Hazard and Risk'* (eds Glade, T., Anderson, M. and Crozier, M.). New York: Wiley.

Cruden, D. M. and Varnes, D. J. (1996). Landslide types and processes (Chapter 3). In *Landslides: Investigation and Mitigation* (eds Turner, A. K. and Schuster, R. L.). US Transportation Research Board Special Report 247.

Dikau, R., Brunsden, D., Schrott, L. and Ibsen, M.-L. (1996). *Landslide Recognition*. New York: Wiley.

Duncan, J. M. and Wright, S. G. (2005). *Soil Strength and Slope Stability*. New York: Wiley.

Morgenstern, N. R. and Price, V. E. (1965). The analysis of the stability of general slip surfaces. *Géotechnique*, **15**, 79–93.

Sarma, S. K. (1979). Stability analysis of embankments and slopes. *Proceedings of ASCE, Journal of the Geotechnical Engineering Division*, **105**, 1511–1524.

Spencer, E. E. (1967). A method of the analysis of the stability of embankments assuming parallel inter-slice forces. *Géotechnique*, **17**, 11–26.

> 第1篇"概论"和第2篇"基本原则"中的所有章节共同提供了本手册的全面概述,其中的任何一章都不应与其他章分开阅读。

译审简介:

林兴超,博士,中国水利水电科学研究院,正高级工程师,曾获汪闻韶院士优秀青年论文奖,研究方向为岩土工程与边坡锚固。

侯瑜京,1984年毕业于清华大学水利系,香港科技大学土木系博士后,中国水利水电科学研究院教授级高级工程师。

第 24 章 土体动力特性与地震效应

杰弗里·普里斯特（Jeffrey Priest），南安普敦大学土力学研究组，英国

主译：王睿（清华大学）
参译：呼延彬
审校：李小军（北京工业大学）

doi: 10.1680/moge.57074.0259

目录

24.1	引言	261
24.2	土体中波的传播	262
24.3	动力试验技术	263
24.4	土体动力特性	264
24.5	土体液化	268
24.6	要点总结	269
24.7	参考文献	270

天然或人工外力常以循环荷载形式作用于土体。尽管这类动力荷载幅值通常远小于静力荷载，但惯性力可能成为关键因素并需要在岩土工程设计中予以考虑。本章介绍土体常受到的动力荷载和区分静动力荷载的主要特征：荷载频率和循环周次，以及土体的应变依赖性能。本章将对土体动力响应特性的各类测试技术进行概述，包括现场测试和室内试验中常用的小应变和大应变循环加载测试手段。本章将简要分析循环荷载下土体响应理论并阐明其主要特点。通过该领域大量的试验结果，本章将讨论影响土体动力行为的因素。本章还将对"土体液化"现象及其影响因素进行专门介绍。

24.1 引言

传统的土力学及岩土工程设计主要考虑土体的强度和刚度，这样设计工程师可定义土体的破坏状态并（或）控制土体和结构变形。在这种条件下，荷载一般被认为处于静力状态，而土体内应变约为 10^{-3}（正常使用）～ 10^{-2}（破坏）。

除此之外，现实中还有很多作用在土体上的循环荷载或动力荷载，包括地震荷载、风浪荷载等天然荷载以及爆炸荷载、交通荷载和机械振动等人工荷载。这些动力荷载的大小通常远小于多数静力荷载，在土体内产生的应变低至 10^{-6}。但是，在循环荷载下土体受到惯性力作用，其大小与加载频率的平方成正比并可能成为重要影响因素。因此，在这类加载场景下理解土体的动力响应行为对设计工程师而言至关重要。

本章向读者介绍土体的动力行为并概述它的主要特征。更为详细的信息可通过本章提供的参考文献获得。

24.1.1 动力荷载

动力加载可以通过两个主要参数描述：荷载频率和荷载循环次数（图 24.1）。通常将频率在 1Hz

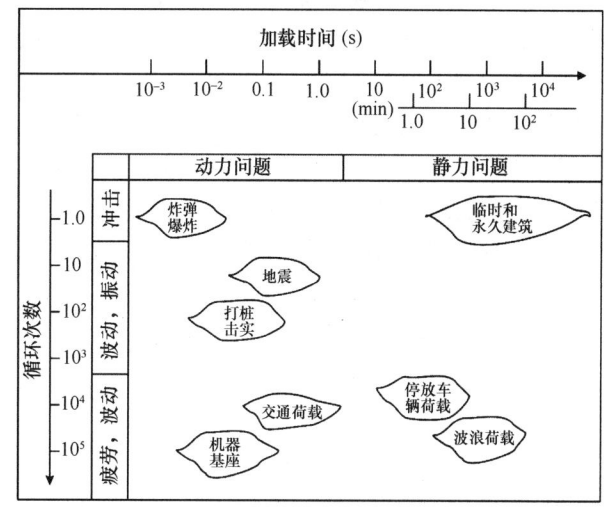

图 24.1 动力问题分类

经许可摘自 Ishihara（1996）© Oxford University Press

以上的循环荷载考虑为动力荷载。根据加荷过程，荷载循环次数可以是炸弹或爆炸产生的单次加载，也可以是机器基座振动的数千个循环。动力荷载的问题可以根据荷载循环次数分为三大类：（1）冲击型，如炸弹爆炸时在非常短时间内引起的单次冲击；（2）振动或波动型，通常指地震作用或工程建设活动中循环次数在 10～1000、频率在 1～100Hz 的荷载；（3）超多循环次数型，如机器基座

导致的荷载和交通荷载（汽车和火车），在这种工况下土体可能发生疲劳问题。

24.1.2 土体的应变依赖性能

近年来的研究表明，土体的变形性能受到剪应变大小的显著影响。图 24.2 展示了土体的剪应变依赖性能。当土体处于非常小的应变（$10^{-6} \sim 10^{-4}$）时，如波的传播和振动作用下，土体响应是弹性且可恢复的（不存在永久变形）。在该应变条件下，荷载循环次数和荷载速率对土体性能的影响可以忽略。在中等变形区间（$10^{-4} \sim 10^{-2}$），土体成为弹塑性体，会发生不可恢复的永久变形，常伴随土体裂缝和土中结构不均匀沉降。该应变条件常发生在挡土墙、隧道和深基坑等岩土结构中，此时荷载循环次数和荷载速率均对土的性能有影响。更大的应变将导致土体破坏，此时应变增加而应力不再增加。这类破坏往往与滑坡和非黏土的液化相关。

图 24.2 中列出了确定土动力特性的典型测试方法，同时列出了各方法可能产生的应变大小范围。用于测量静力参数（频率低于 1Hz）和动力参数的方法在剪应变范围上几乎不存在重合。因此，长期以来采用动力测试方法和静力测试方法得到的土体刚度的差异可能由试验中土体所处的不同应变水平导致。在采用振动或波传输技术的现场测试中，由于惯性力的存在，驱动土产生超过 10^{-3} 应变的过程需要大量的能量。因此，在大应变的测量中更多地采用低频重复加载（惯性力可以忽略不计）。在这种条件下，加载成为静力加载的重复（Ishihara，1996）。实验室中大应变振动测试也同样难实现。尽管可输入足够的能量使土样振动，但控制方程失效（Richart 等，1970）。通过大应变的重复加载，弹性常数的确定简单直观。采用正确的试验过程以得到准确的土体参数对于设计非常重要。

24.2 土体中波的传播

图 24.2 中强调的测试方法可粗略地分为小应变试验和大应变试验。大应变试验和静力试验类似（参见第 49 章"取样与室内试验"），采用测得的应力和应变直接计算得到刚度和阻尼。尽管近年来土体小变形测量技术进步，可以直接测量土体小应变参数（Clayton 和 Heymann，2001；Jardine 等，1984；Xu 等，2007），这些方法并不常用，实践中仍然通常采用振动/波动方法进行小应变测量。

24.2.1 波速

基于应力波在土体中传播的理论解，波动方法可计算得到土体参数。在弹性材料中传播的波有很多类型（详细理论背景参考 Richart 等（1970）或 Kramer（1996））。土体中主要有三种重要类型的波。前两种称为体波，在土体内部传播，分别为压缩波（P 波）和剪切波（S 波）。在近地表饱和软土中（岩土工程常见条件），P 波（V_P）由孔隙内

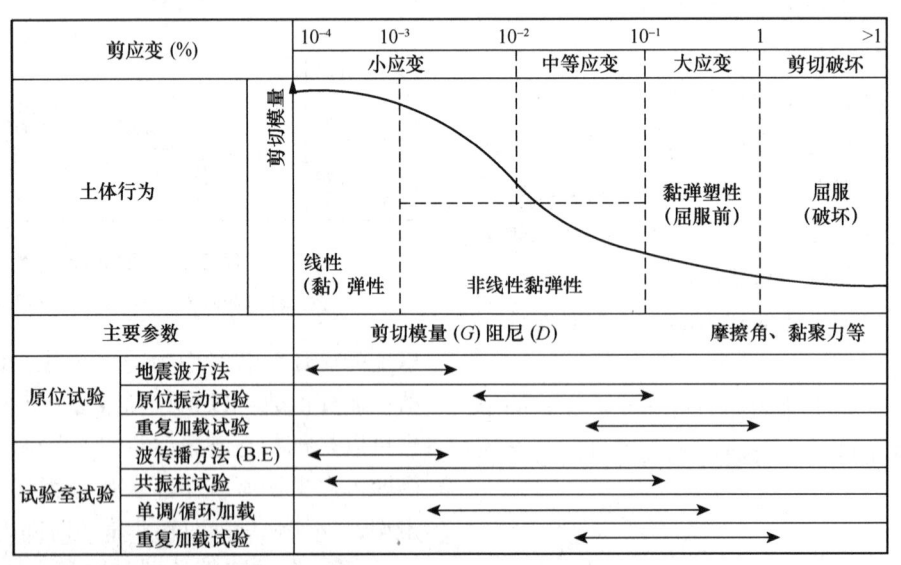

图 24.2 土的应变依赖特性
图中 B.E 指弯曲元法，一种试验室波速测量技术
经许可，修改自 Ishihara（1996）© Oxford University Press

流体的体积模量决定（水比土体体积模量更大），因此得到的波速 V_P 接近孔隙流体的结果。对于非饱和土，V_P 的值在土骨架（无孔隙流体）对应的值和饱和条件下对应的值之间。因此即使有详细的流体信息，利用 V_P 确定土体参数也存在问题，除非土体的体积模量远大于孔隙流体。相反，孔隙流体无法传递剪应力，因此 S 波的波速 V_S 仅由土体决定，而不受孔隙流体影响。同时，大多数动力加载过程中，剪应力的循环变化决定了土体响应。由波动理论可知，土中波速和土体模量之间的关系为：

$$G = \rho V_S^2 \quad (24.1)$$

式中，G 为土体的剪切模量；ρ 为土体的密度。

因此，土体的 V_S 值可用来确定小应变模量，对 S 波的测量常用于确定土体小应变时的性能。

土体中常遇的第三种波是在地表传播的瑞利波。近年来瑞利波测量方法占据了重要地位，这是因为地面测量方法不必开展如 P 波和 S 波测量所要求的侵入式调查而很容易实施。瑞利波波速（V_R）与土体模量（杨氏模量，E 或 G）没有直接联系，但研究表明在近乎任意泊松比下，V_S 均约等于 $1.09 V_R$（Richart 等，1970）。因此瑞利波的测量可以很好地确定剪切波波速，从而计算得到 G（Hiltunen 和 Woods，1988）。

24.2.2 阻尼与波的衰减

波动理论通常以线弹性材料为前提考虑，这种情况下波将没有强度（波的振幅）损失地无限传播。然而，在实际土体中传播的波受到土体的材料阻尼和几何阻尼影响而衰减，其中几何阻尼是从波源发射后因波阵面长度增加而产生的能量损失。材料阻尼是应力波传播过程中摩擦、生热等导致的能量耗散。因此，材料阻尼也是确定土体动力响应的关键参数。

24.3 动力试验技术

如前文所强调，了解土体动力性能的关键参数为剪切模量和阻尼。尽管其他参数，如泊松比和密度，也会影响土体的动力性能，这些参数相比刚度和阻尼是次要因素。目前已有很多用于测量剪切模量和阻尼的现场测试和室内试验技术，它们各有优点和限制。由于土体的动力参数与应变具有高度非线性的关系，需要根据现存和可能产生的应力条件审慎地选取恰当的测试技术（或一系列技术）。

第 45 章"地球物理勘探与遥感"（现场测试）和第 49 章"取样与室内试验"（室内测量）中详细介绍了确定土体力学特性的勘测技术和数据处理方法。第 24.4 节列出了确定土体动力特性的相关技术。

24.3.1 现场测试技术

开展现场动力测试有很多显著的优点，包括：可得到原位应力条件下土体参数、无需考虑测量过程中的取样扰动、可调查很大范围内土体而非少数离散位置（实验室采样）。尽管如此，这类方法也存在一些明显的缺点，如工作应力难以施加到土体上、水力条件无法控制（排水条件）、大多数试验中材料参数由理论或经验推测得到而非直接测量得到。

24.3.1.1 小应变试验

很多基于波速的小应变现场测试技术可用于测量土体动力参数。通过地表测量得到土体参数的方法包括：地震反射剖面技术和地震折射剖面技术，二者通常用于测量 V_P；连续表面波技术（CSW）和表面谱分析技术（SASW），二者用于测量 V_R，并计算 V_S。通过钻孔确定土体参数的方法包括地震跨孔法和下孔法，它们可用于测量 V_P 和 V_S 以及相应的阻尼参数（利用多个接收端）。地震静力触探法与下孔法类似，但由于探头通过静力贯入，无需单独取样孔。

24.3.1.2 大应变试验

对于大多数大应变试验，土体模量是通过与其他参数的经验关系得到。这些测量方法包括标准贯入试验（SPT）、静力触探试验（CPT）和扁铲试验（DMT）（参见第 47 章"原位测试"）。Ménard 旁压试验则可以直接通过土体的应力－应变反应得到土体模量。

24.3.2 室内试验

与现场试验类似，室内试验可分为小应变试验和大应变试验。由于每种室内试验一般仅能反映特定的应力路径，选择符合实际应力路径的试验方法非常重要。

24.3.2.1 小应变试验

传感器精度的提升和测量技术的发展使得静力加载下试样局部应变测量成为可能。尽管如此，常用的确定小应变刚度参数的方法仍然是利用波的传播。最常见的三种方法是共振柱试验、超声脉冲透射试验和弯曲元试验。这些试验方法通常被认为是非破坏性的，土体在动力试验前后保持不变。

共振柱是测量 $10^{-6} \sim 10^{-3}$ 范围应变的最广泛应用的试验仪器。不同的操作模式可以确定不同的土体参数，例如 G 和 E，以及相应阻尼（Clayton 等，2005）。共振柱激发土体在共振频率振动，进而推算波的传播速度。与此相对，超声脉冲透射和弯曲元试验直接测量激振端和接收端之间波的传播时间。大多数情况下超声脉冲透射试验产生 P 波而弯曲元试验产生 S 波。这两种试验方法产生的土体应变通常是固定的，约在 10^{-6} 量级。这两种试验方法可以整合到常规土性试验仪器上，例如传统的三轴仪（Viggiani 和 Atkinson，1995）、直剪仪和固结仪等。

24.3.2.2 大应变试验

对于受到较大动剪应变的试样，土体模量可通过试验过程中测得的应力和应变计算。排水试验中土体一般会产生体应变，而不排水试验（控制体应变为零）中则产生孔隙水压力变化（改变有效应力）。因此，对于大应变试验，需要测量孔隙水压力或体积变化来精确确定土体的模量和阻尼。

很多种不同的仪器可用于测量大应变下刚度，包括循环三轴、循环直剪和循环扭剪试验。这些试验都测量相同的基本参数，但是它们在反映实际土体所受剪应力的能力上存在差异。尽管循环三轴仪是最常用于测量大应变土体动力参数的仪器，但它是三者中最不能反映实际地基动力加载过程中应力条件的仪器。这是由于主应力被限制在水平方向和竖直方向。循环直剪试验使试样产生与实际地基中相似的变形，进而克服了循环三轴仪的缺陷。但是剪应力仅作用在试样的顶部和底部。循环扭剪试验可以克服这些缺陷，并且可以更好地重现动力荷载作用下地基土体中的应力。

24.4 土体动力特性

24.4.1 土体的理论性能

目前，复杂的土体－结构相互作用岩土工程问题可以通过多种数值模拟技术解决。不仅如此，随着计算能力的发展，只要提供合理的土体在循环荷载作用下的力学模型，这类复杂问题的解决对于多数工程师而言已经变得相对普通（参见第 6 章 "岩土工程计算分析理论与方法"）。

如前文所述，在应变很小时（10^{-6}），土体性能通常可被认为主要是弹性的，此时剪切模量是关键参数。在中等应变（$10^{-5} \sim 10^{-2}$）时，土体性能变为弹塑性，剪切模量随着应变增大而减小。除此之外，每个应力循环中由于颗粒接触间的摩擦存在能量耗散。能量损失（阻尼）与速率相关并具有滞回特性。因此，非线性黏弹性理论可相对准确地描述土体动力性能（需要注意土体材料阻尼本质上不是黏性的，但这种假设在数学上较为便利，具体推导可参考 Thomson，1988）。图 24.3 表示了一个应力循环过程中非线性黏弹性材料的普通滞回性能。应力－应变曲线可以视为两条曲线构成：（1）表示单调加载的骨架曲线；（2）滞回圈。小应变剪切模量 G_{max} 可以由骨架曲线的初始斜率得到，同时任意给定应变下的割线剪切模量可由以下公式计算：

$$G = \frac{\tau_a}{\gamma_a} \quad (24.2)$$

式中，τ_a 和 γ_a 分别为给定加载循环位置上的剪应力和剪应变。

土体的固有阻尼与一个循环内的能量耗散有关，它的定义式为

$$D = \frac{1}{4\pi} \frac{\Delta W}{W} \quad (24.3)$$

式中，D 为动阻尼比；W 为全部储存的能量（由应力－应变曲线下的面积得到）；ΔW 为每个循环内的能量损失。

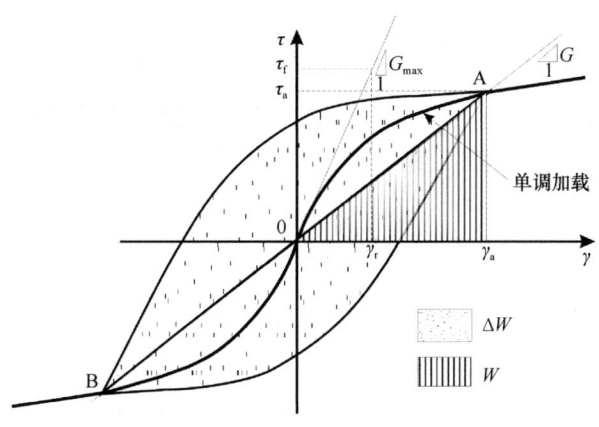

图 24.3 土的应力应变滞回关系

用于描述土体非线性应力-应变特性的两种最常用的本构模型是双参数双曲模型和四参数 Ramberg-Osgood（R-O）模型。双曲模型和 R-O 模型的一般特征可见图 24.3。对于双曲模型，公式的一般形式是：

$$\frac{G}{G_{max}} = \frac{1}{1 + \frac{\gamma_a}{\gamma_r}} \quad (24.4)$$

$$G = \frac{\tau_a}{\gamma_a} \quad (24.5)$$

其中，γ_r 为由单调加载破坏时的应力 τ_f 推得的参考应变，并且假设土体性质是弹性的。

对于 R-O 模型，公式的一般形式是：

$$\frac{G}{G_{max}} = \frac{1}{1 + \left[\frac{G}{G_{max}}\frac{\gamma_a}{\gamma_r}\right]^{r-1}} \quad (24.6)$$

$$\alpha = \frac{\gamma_f}{\gamma_r} - 1 \quad (24.7)$$

$$r = \frac{1 + \frac{\pi D_{min}}{2}\frac{1}{1 - G_f/G_{max}}}{1 - \frac{\pi D_{min}}{2}\frac{1}{1 - G_f/G_{max}}} \quad (24.8)$$

$$G_f = \frac{\tau_f}{\gamma_f} \quad (24.9)$$

其中，γ_f 为由单调加载破坏时的剪应变。

双曲模型需要初始剪切模量 G_{max} 和剪切强度 τ_f，R-O 模型还需要额外参数 α 和 γ。可以通过将各自模型与试验数据拟合得到相应的参数。

24.4.2 土体剪切模量和阻尼

前文已强调过循环剪应变幅值 γ_c 是确定土体动力性能的重要参数。大量的实验室试验结果表明剪切模量 G 和对应的动阻尼比 D 受到一系列参数的影响，可表示为：

$$G; D = f(\gamma_c, \sigma'_0, e, N, S_r, \dot{\gamma}, OCR, C_m, t) \quad (24.10)$$

式中，γ_c 为循环剪应变幅值；σ'_0 为平均有效主应力；e 为孔隙比；N 为荷载循环的次数，S_r 为饱和比；$\dot{\gamma}$ 为应变率（循环加载的频率）；OCR 为超固结比；C_m 为与颗粒形状、大小、矿物成分相关的参数；t 为加载时间。

对于不固结粒状土，如砂土，当 γ_c 约为 10^{-6} 时，动力性能基本上只与 σ'_0 和 e 有关。对于黏土材料，除了 σ'_0 和 e，其他参数例如 OCR 和 t 也有明显影响。黏土和无黏性土在大应变时也受到 $\dot{\gamma}$ 和 N 的影响。

24.4.2.1 小应变剪切模量 G_{max}

小应变（通常指 10^{-4} %）试验中土体的剪切模量近似恒定，这个值对于某一给定土体为剪切模量的最大值。小应变下的剪切模量的值因此称为 G_{max} 或 G_0。图 24.4 展示了一系列干燥的粒状土剪切模量随围压变化的典型结果。可见 σ'_0 增加，G_{max} 也增加。经验上采用简单的指数函数描述 G_{max} 和 σ' 的关系，形如：

$$G = A\sigma'^b \quad (24.11)$$

其中 A 和 b 是材料参数（Hardin 和 Black，1968；Hardin 和 Drnevich，1972）。通过将公式（24.11）与图 24.5 中的数据拟合可以得到土体的 b 值（图 24.5）。研究发现无黏性土的 b 值大致在 0.4~0.6 的范围内。b 值反映了等向压缩过程中接触刚度和组构变化特性（Cascante 等，1998）。

根据 Hertz 接触理论，紧密堆积的弹性球体的 b 值为 0.33（Duffy 和 Mindlin，1957），非球面接触的弹性颗粒随机堆积的 b 值达 0.5（Goddard，

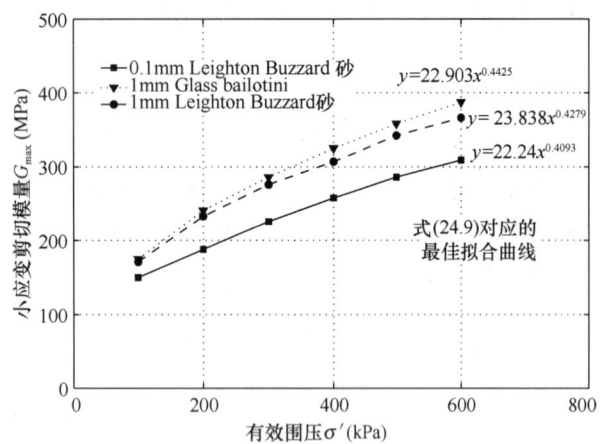

图 24.4　不同干燥粒状土有效围压对小应变剪切模量的影响

数据取自 Bui（2009）

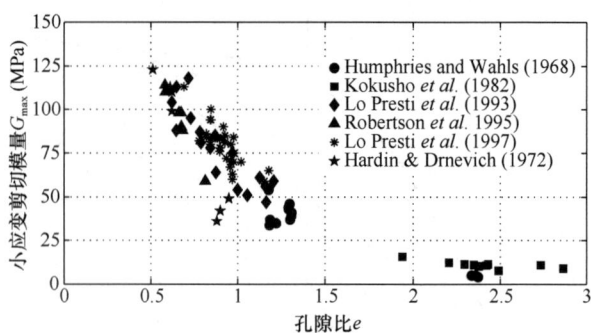

图 24.5　不同土 G_{max} 随 e 的变化（Bui，2009）

Data obtained for samples subjected $\sigma'_0 = 100$ kPa

1990）。因此对于无黏性土，σ'_0 的变化只产生微小的组构变化，而颗粒形状、大小（影响 e）和接触形状影响 G_{max} 和 σ'_0 的关系。黏性土中，σ'_0 改变会产生巨大的组构变化（尤其是高孔隙比土），b 值可能显著高于无黏性土的 b 值（Rampello 等，1997）。

图 24.5 中可以更清晰地观察到孔隙比的影响，图中显示了一系列岩土材料的 G_{max} 随 e 变化的情况。可见随着孔隙比减小，G_{max} 增大。无黏性土的配位数 N_c（每个颗粒接触的颗粒数量）随着孔隙比降低而增大，这导致给定应力状态下平均接触力降低。因此动力荷载作用下孔隙比高的土体更容易产生更大的接触力，使颗粒接触处发生局部屈服，这导致 G_{max} 降低。为了考虑孔隙比对剪切模量的影响，通常利用一个孔隙比的函数 $F(e)$ 归一化 G_{max} 来消除孔隙比的影响。学者们提出了很多经验公式，例如

当 e 在 $0.57 \sim 0.98$，

$$F(e) = \frac{2.97 - e}{1 + e^2} \quad (24.12)$$

（Hardin 和 Drnevich，1972）

当 e 在 $0.81 \sim 1.18$，

$$F(e) = e^{-1.3} \quad (24.13)$$

（Lo Presti 等，1997）

但是这些公式通常只在一个很小的孔隙比范围内适用，没有普适的可以在常见的很大的孔隙比范围内表示 G 的变化的公式。

对黏土而言，给定 σ'_0 时 OCR 增大，G_{max} 会随之增大。这可能是由于给定土体随着 OCR 增大，孔隙比会发生不可逆的降低，导致 G_{max} 增大。除了如前文所述单纯的孔隙比降低，颗粒重新排列根本上改变了土体的结构（Kokusho 等，1982）。

时间对被测土体的影响主要与土体固结有关（Humphries 和 Wahls，1968），这种影响可以分为两阶段：（1）土体发生主固结的初始阶段，（2）长期（蠕变）作用下的后继阶段。

图 24.6 显示了不同类型土体 G_{max} 与受压时间的关系，可见黏性土存在一个初始阶段和一个第二阶段 [图 24.6（a）]，而砂土只有第二阶段比较明显 [图 24.6（b）]。除此之外，黏性土 G_{max} 在第二阶段的变化量可达砂土的 16 倍。这种现象对室内土性试验有重要意义。黏性土的试验每个加载步的测量必须在主固结结束之后。对所有土而言，每个试样的试验必须在第二阶段采用相同的时间间隔开展。

24.4.2.2　剪切模量 G 的应变相关性

前文已强调，土体的动力性能高度非线性，重要的材料参数在循环加载过程中随着应变增大会发生显著变化，例如剪切模量和阻尼。黏性土和砂土往往分别进行讨论。Seed 和 Idriss（1970）从文献中整理了一系列砂土的试验数据。将 G/G_{max} 与应变绘在图上时，给定围压下不同砂土的结果会落在

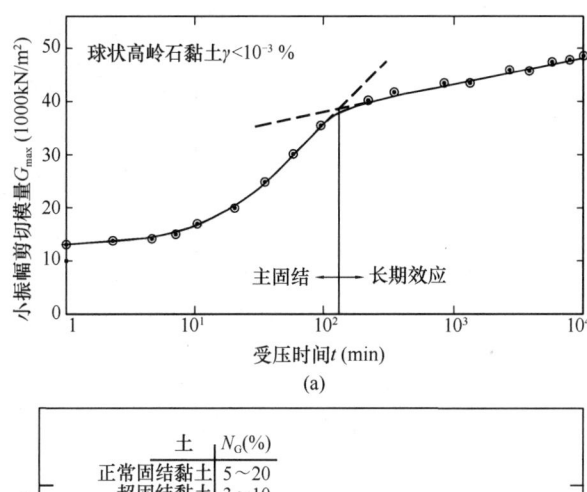

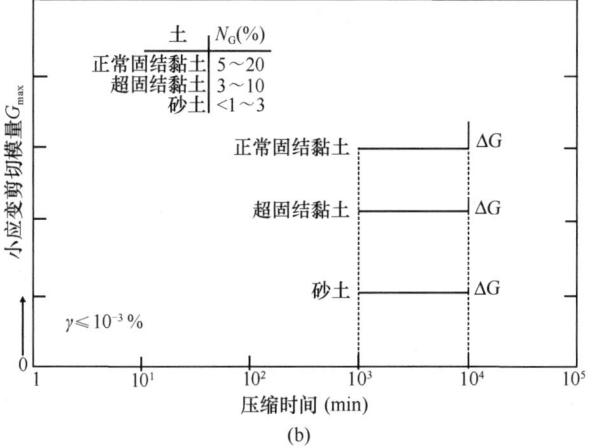

图 24.6 不同受压时间小应变剪切模量的变化
(a) 呈现出主固结和次固结两个阶段的球状高岭石黏土；
(b) 几种不同的岩土材料

经许可，翻印自 ASTM STP 654 Dynamic Geotechnical Testing
（Anderson 和 Stokoe，1978）© ASTM International

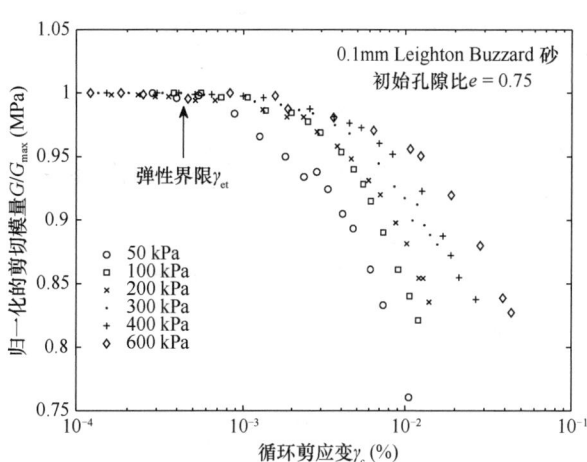

图 24.7 不同有效围压下归一化的剪切模量随循环剪应变变化情况

的塑性而非孔隙比。随着土的塑性增加，γ_{et} 增加，并且随着塑性的增加，有效围压的影响降低。他们还发现塑性指数（PI）为零的土的曲线与 Seed 和 Idriss（1970）的砂土的曲线高度相似。砾石土的响应与砂土相似（Seed 等，1986），而剪切模量的衰减曲线略微平缓一些。

24.4.2.3 动阻尼比

应变在弹性范围内（约 10^{-6}）的土体在理论上没有黏滞耗能，因为这种情况视为没有颗粒滑

一个很窄的范围内。图 24.7 是作者采用 0.1mm 粒径的 Leighton Buzzard 砂的共振柱结果，与 Seed 和 Idriss 以及其他人的结果有相似的趋势。可见在某一应变水平，剪切模量开始随着应变增大而减小。这个点称为线弹性界限剪应变 γ_{et}。G_{max} 的剪切模量曲线受到有效围压的影响。围压越大，γ_{et} 越大，这意味着线弹性区域在更大的应变下出现，可以认为将整个曲线向右作了平移。

近期的研究（Cho 等，2006；Bui，2009）表明土的组成例如颗粒形状和表面刚度也会影响 γ_{et}。随着颗粒棱角和表面刚度增大，γ_{et} 增大，更圆润的颗粒如玻璃小球的 γ_{et} 约为 10^{-6}（图 24.8），以致几乎无法确定 G_{max}。Vucetic 和 Dobry（1991）整理了文献中大量材料的试验结果，尤其是高塑性黏土的结果。如图 24.9 所示，他们的结果表明 γ_{et} 依赖土

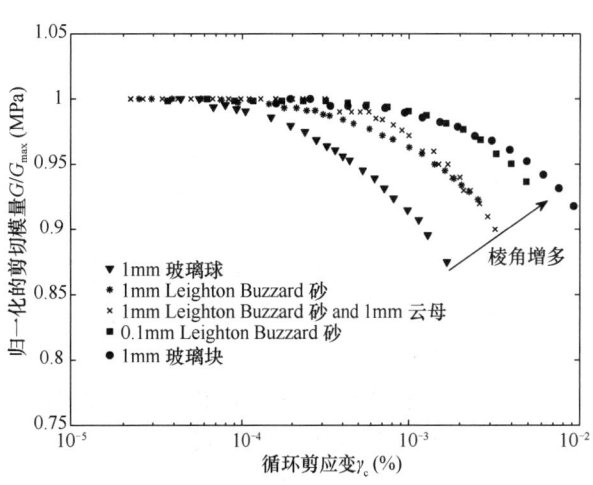

图 24.8 几种岩土材料在 $\sigma = 100$kPa 时归一化的剪切模量随循环剪应变变化情况

数据取自 Bui（2009）

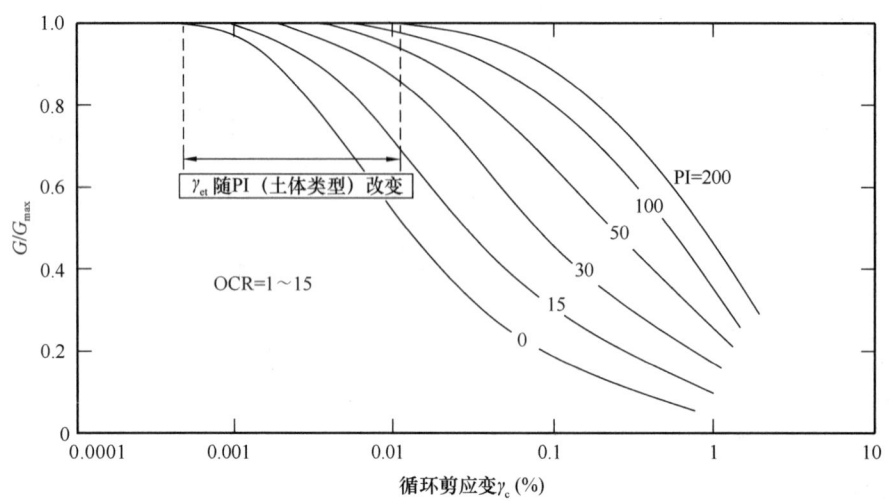

图 24.9 不同 PI 的黏土的小应变响应

经 ASCE 许可摘自 Vucetic 和 Dobry（1991）

移、屈服等产生摩擦耗能（Winkler 等，1979）。尽管如此弹性极限内的土体中还是会测到很小的阻尼，这个阻尼通常称为 D_{min}，可能是流体在颗粒接触面的射流或包辛格效应导致的（颗粒接触处的屈服）。需要指出"仪器阻尼"——仪器产生的阻尼也会在测量材料阻尼时出现，因此需要小心地矫正测得的数据（Priest 等，2006）。这一点在小应变时尤为重要，此时设备阻尼可能与被测材料的阻尼在同一量级。

对动阻尼比 D 的影响因素的研究不如对 G 的广泛。公式（24.10）已经指出部分因素对阻尼有影响。研究表明 γ_c 和 σ'_0 对 D 有较大影响。图 24.10 表明动阻尼比受到 γ_c 和 σ'_0 共同影响，图中的样本与图 24.7 中的样本相同。可见 D 随着 σ'_0 增大而减小，随着 γ_c 增大而增大。随着 σ'_0 增大，颗粒接触间的滑移受到约束导致 D 降低。较大应变时颗粒接触的剪应力增大会导致更多的摩擦耗能。图 24.11 表示了一系列岩土材料的动阻尼比受到颗粒棱角的影响。结果表明这些测试范围内的试样的阻尼随着棱角增多而减小。D 主要受到 γ_c 和 σ'_0 的影响，而受加载时间和 e 的影响较小。应变幅值较大时，荷载循环次数是重要的影响因素，但其影响随着应变幅值的降低而减小。

24.5 土体液化

前述讨论呈现了土体在 $10^{-6} \sim 10^{-3}$ 应变时的

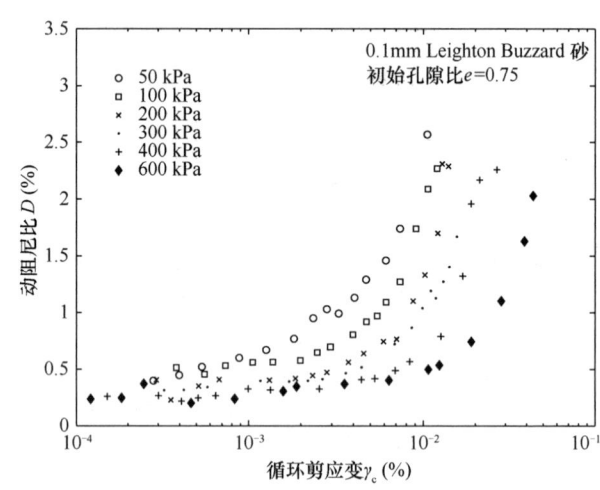

图 24.10 Leighton Buzzard 砂的应变依赖阻尼受围压的影响

非线性反应，这种情况循环荷载下引起的土体变形可以忽略不计。但在应变较大的范围内，砂土可能发生"液化"的现象。在循环荷载作用下（如地震作用），颗粒界面处发生摩擦滑移和屈服。这会引起土体体积变化，产生孔隙水压力积累而导致有效应力降低，并产生更大的剪切变形，使得材料从固体变成一种液化的状态。这种剪切变形可以在很短的时间尺度内发生，并导致土中结构发生灾难性破坏（图 24.12）。这种巨大变化通常发生于存在上覆不透水层的松砂、中密砂中，或者排水性能差的粉砂中，这些场地条件会阻碍超静孔隙水压力快

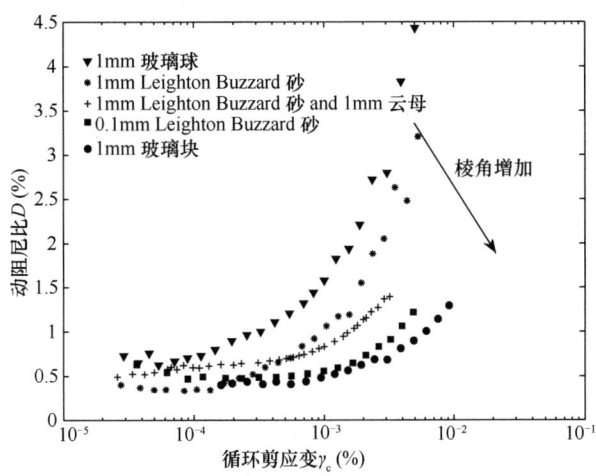

图 24.11　不同岩土材料颗粒形状和粗糙度对应变依赖阻尼的影响

数据取自 Bui (2009)

速耗散。在中密砂和密砂中，液化导致材料的瞬时软化和剪应变增大。但是密砂在剪切过程中的剪胀趋势会抑制强度损失并限制大变形发生。尽管液化主要发生在砂土和粉砂土中，但细粒黏土也会引起显著的地面变形。Boulanger 和 Idriss (2004) 认为细粒黏土可以分为类砂土（PI<7）和类黏土（PI>7），前者易发生液化而后者易发生循环破坏。"液化"和"循环破坏"两个术语并不是表明循环荷载下土体的应力-应变响应存在巨大差异，而是指明两者力学性能存在显著差异，因而需要采用不同的方法来评估它们的地震响应。针对液化或循环特性的讨论可以参见 Boulanger 和 Idriss (2004)。

土体抵抗液化能力用循环抗力比（CRR）表示。室内试验中，循环抗力比定义为在指定循环周次下产生幅值为5%的双向剪应变或超静孔压等于初始有效应力时的剪应力（τ）和平均有效应力（P'）之比。如果采用相关的修正系数，循环次数可采用任意值，但考虑实际地震时程中的循环次数，这个值一般取 10~20 个循环。图 24.13 展示了饱和松砂在循环荷载下的典型反应，可见每个循环都会产生超静孔隙水压力累积。随着超静孔隙水压力增加值并接近初始平均有效应力增加值，土体产生较大应变。影响液化发生的因素包括初始围压、循环剪应力（振动强度）和初始孔隙比（相对密度）。在等剪应力幅值下，组构等因素对超静孔隙水压力的产生有重要影响。因此，对于重塑土采用等剪应变幅值更为合理，因为该条件下超静孔压响应受到土样扰动的影响较小。图 24.14 展示了循环三轴试验中恒定应变幅值下中密砂的反应。等剪应变幅值试验中，孔压随循环周次增加而剪应力幅值减小以维持恒定的剪应变幅值。等剪应变幅值试验过程中，土体的模量变化可以很容易地加入到地震反应分析程序中。

由于无扰动的易液化无黏性土试样难以获得，现场测试通常采用 SPT 和 CPT 等手段以及剪切波速 V_s 来评估液化的可能性。近年来现场测试结果与室内试验 CRR 的相关研究得到了发展。为了考虑细粒含量、土体塑性、土体类型和上覆压力等因素的影响，需要采用多种修正。详细的讨论参见 Youd 和 Idriss (2001) 及 Idriss 和 Boulanger (2004)。

24.6　要点总结

- 地基土可能受到动力荷载作用，包括天然动力荷载（地震、波、水）和人工动力荷载（机器振动、交通、炸弹爆炸）等，这类荷载引起土体产生 10^{-6}~10^{-2} 的应变，这个应变通常远小于多数静荷载所产生的应变。
- 动力荷载可以依据荷载频率（通常高于 1Hz）、荷载循环次数分类。循环荷载次数范围可从 1~2 次（炸弹爆炸）至数千次（交通荷载和机器振动）。
- 土体在发生不可恢复变形时的应力-应变特性是非线性的。应变非常小（10^{-6}~10^{-2}）时土体的性质可以描述为弹性的，此时变形可恢复。

图 24.12　日本新潟倒塌房屋的航拍图
1964 年地震期间的液化导致了该现象

照片经由 NOAA/NGDC (www.ngdc.noaa.gov)
提供，不受版权限制

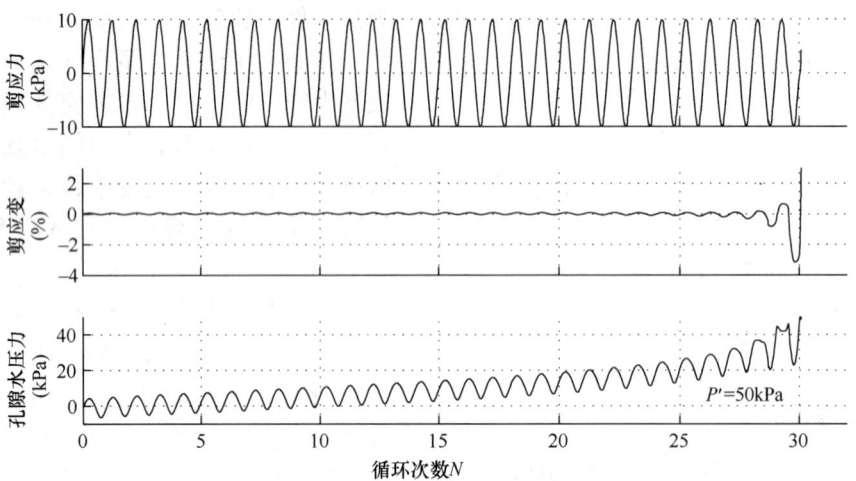

图 24.13 松砂/中密砂恒定应力动三轴试验的剪应变和孔压反应

经由 Fugro GeoConsulting Ltd 提供数据

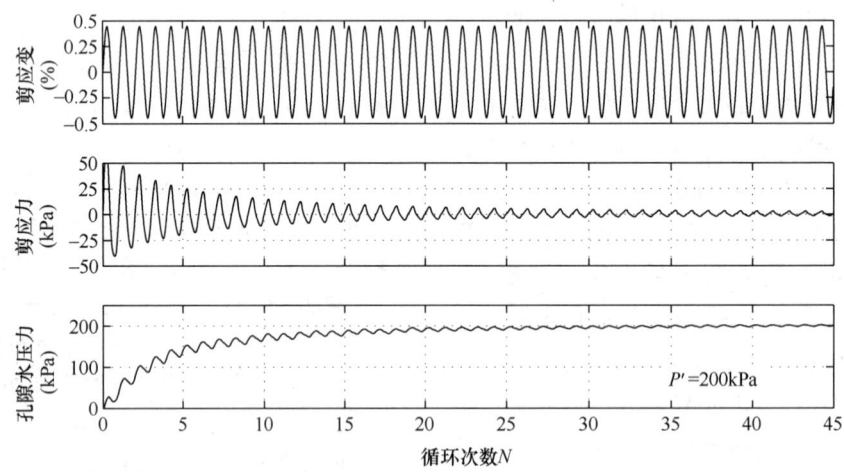

图 24.14 恒定应变动三轴试验的剪应变与孔压反应

经由 Fugro GeoConsulting Ltd 提供数据

- 通过测量土体中波的传播速度或直接测量土体的应力-应变反应，现场测试或室内试验手段都可以确定土的动力特性。试验方法的选取需要考虑所需的土体参数与测量需要的应变大小。
- 土体的非线性性质可以采用多种非线性本构模型进行描述，并进行数值分析。这些模型的关键参数，例如小应变时的剪切模量和剪切强度，可由试验数据取得。
- 土体的剪切刚度和阻尼受到一系列参数的影响，其中最关键的参数为循环剪应变幅值（γ_c）、有效围压（σ）和孔隙比（e）。OCR 和加载时间（t）是黏性土的重要参数。
- 应变大于 10^{-3} 时，颗粒接触处的摩擦滑移和屈服使土体体积变化并产生超静孔隙水压力积累和有效应力下降，使得土体产生巨大的剪切变形，发生液化。这种液化现象常见于松砂和中密砂。对于密砂，剪切过程中的剪胀趋势会抑制强度损失。
- 细粒土可分为易发生液化的"类砂土"和易发生循环破坏的"类黏土"。

24.7 参考文献

Anderson, D. G. and Stokoe, K. H. II. (1978). Shear modulus: A time dependent soil property. *Dynamic Geotechnical Testing*, ASTM 654, ASTM, 66–90.

Boulanger, R. W. and Idriss, I. M. (2004). *Evaluating the Potential for Liquefaction or Cyclic Failure of Silts and Clays*. Davis, CA: University of California, Report No. UCD/CGM-04/01, Center for Geotechnical Modeling, 130 pp.

Bui, M. T. (2009). *Influence of Some Particle Characteristics on the Small Strain Response of Granular Material*. PhD Thesis. UK:

University of Southampton.

Cascante, G., Santamarina, C. and Yassir, N. (1998). Flexural excitation in a standard torsional-resonant column. *Canadian Geotechnical Journal*, **35**, 478–90.

Cho, G. C., Dodds, J. and Santamarina, J. C. (2006). Particle shape effects on packing density, stiffness, and strength: natural and crushed sands. *ASCE Journal of Geotechnical and Geoenvironmental Engineering*, **132**(5), 591–602.

Clayton, C. R. I. and Heymann, G. (2001). Stiffness of geomaterials at very small strains. *Géotechnique*, **51**(3), 245–55.

Clayton, C. R. I., Priest, J. A. and Best, A. I. (2005). The effects of disseminated methane hydrate on the dynamic stiffness and damping of a sand. *Géotechnique*, **55**(6), 423–34.

Duffy, J. and Mindlin, R. D. (1957). Stress–strain relations and vibrations of a granular medium. *Journal of Applied Mechanics, Transactions of ASME*, **24**, 585–93.

Goddard, J. D. (1990). Nonlinear elasticity and pressure-dependent wave speeds in granular media, *Proceedings of the Royal Society A*, **430**, 105–31.

Hardin, B. O. and Black, W. L. (1968). Vibration modulus of normally consolidated clay. *ASCE Journal of the Soil Mechanics and Foundations Division*, **94**(SM2), 353–69.

Hardin, B. O. and Drnevich, V. P. (1972). Shear modulus and damping in soils: measurement and parameter effects. *ASCE Journal of the Soil Mechanics and Foundations Division*, **98** (SM6), 603–24.

Hiltunen, D. R. and Woods, R. D. (1988). SASW and crosshole test results compared. In *Proceedings, Earthquake Engineering and Soil Dynamics II: Recent Advances in Ground Motion Evaluation*. Geotechnical Special Publication No 20, ASCE, New York, pp 279-289.

Humphries, W. K. and Wahls, E. H. (1968). Stress history effects on dynamic modulus of clay. *ASCE Journal of the Soil Mechanics and Foundation Division*, **94**(SM2), 371–89.

Idriss, I. M. and Boulanger, R. W. (2004). Semi-empirical procedures for evaluating liquefaction potential during earthquakes. In *Proceedings of the 11th ICSDEE 3rd ICEGE*, Berkeley, California, USA, pp. 32–56.

Ishihara, K. (1996). Soil behaviour in earthquake geotechnics. In *Oxford Engineering Science Series 46*, UK: Oxford, 350 pp.

Jardine, R. J., Symes, M. J. and Burland, J. B. (1984). The measurement of soil stiffness in the triaxial apparatus. *Géotechnique*, **34**(3), 323–40.

Johnson, K. L. (1987). *Contact Mechanics*. Cambridge, UK: Cambridge University Press.

Kokusho, T., Yoshida, Y. and Esashi, Y. (1982). Dynamic properties of soft clay for wide strain range. *Soils and Foundations*, **22**(4), 1–18.

Kramer, S. L. (1996). *Geotechnical Earthquake Engineering*. Upper Saddle River: Prentice Hall, 653 pp.

Lo Presti, D. C. F., Jamiolkowski, M., Pallara, O., Cavallaro, A. and Pedroni, S. (1997). Shear modulus and damping of soils. *Géotechnique*, **47**(3), 603–17.

Lo Presti, D. C. F., Pallara, O., Cavallaro, A., Lancellotta, R., Armani, M. and Maniscalco, R. (1993). Monotonic and cyclic loading behaviour of two sands at small strains. *Geotechnical Testing Journal*, **16**(43), 409–24.

Mair, R. J. (1993). Developments in geotechnical engineering: application to tunnels and deep excavations. Unwin Memorial Lecture. *Proceedings of the ICE – Civil Engineering*, **97**(1), 27–41.

Priest, J. A., Best, A. and Clayton, C. R. I. (2006). Attenuation of seismic waves in methane gas hydrate-bearing sand. *Geophysical Journal International*, **164**(1), 149–59.

Rampello, S., Viggiani, G. M. B. and Amorosi, A. (1997). Small-strain stiffness of reconstituted clay compressed along constant triaxial effective stress ratio paths. *Géotechnique*, **47**(3), 475–89.

Richart, F. E., Hall, J. R. and Woods, R. D. (1970). *Vibration of Soils and Vibrations*. Englewood Cliffs: Prentice Hall, 414 pp.

Robertson, P. K., Sasitharan, S., Cunning, J. C. and Sego, D. C. (1995). Shear-wave velocity to evaluate in-situ state of Ottawa sand. *ASCE Journal of Geotechnical Engineering*, **121**(3), 262–73.

Seed, H. B. and Idriss, I. M. (1970). *Soil Moduli and Damping Factor for Dynamic Response Analyses*. Report No. EERC 70–10, Earthquake Engineering Research Center. Berkeley, USA: University of California.

Seed, H. B., Wong, R. T., Idriss, I. M. and Tokimatsu, K. (1986). Moduli and damping factors for dynamic analyses of cohesionless soil. *ASCE Journal of Geotechnical Engineering*, **112**(11), 1016–32.

Thompson, W. T. (1988). *The Theory of Vibrations with Applications*. Englewood Cliffs, NJ: Prentice Hall.

Viggiani, G. and Atkinson, J. H. (1995). Stiffness of fine-grained soil at very small strains. *Géotechnique*, **45**(2), 249–65.

Vucetic, M. and Dobry, R. (1991). Effect of soil plasticity on cyclic response. *ASCE Journal of Geotechnical Engineering*, **117**(1), 89–107.

Winkler, K., Nur, A. and Gladwin, M. (1979). Friction and seismic attenuation on rocks. *Nature*, **277**, 528–31.

Xu, M., Bloodworth, A. G. and Clayton, C. R. I. (2007). The behaviour of a stiff clay behind embedded integral abutments. *ASCE Journal of Geotechnical and Geoenvironmental Engineering*, **133**(6), 721–30.

Youd, T. L. and Idriss, I. M. (2001). Liquefaction resistance of soils: summary report from the 1996 NCEER and 1998 NCEER/NSF workshops on evaluation of liquefaction resistance of soils. *ASCE Journal of Geotechnical and Geoenvironmental Engineering*, **127**(4).

延伸阅读

Jeffries, M. and Been, K. (2006). *Soil Liquefaction – A Critical State Approach*. Oxford, UK: Taylor & Francis, 512 pp.

第1篇"概论"和第2篇"基本原则"中的所有章节共同提供了本手册的全面概述，其中的任何一章都不应与其他章分开阅读。

译审简介：

王睿，博士，清华大学，研究员，研究方向为地震岩土工程。

李小军，博士，北京工业大学，教授，"长江学者"特聘教授、"万人计划"领军人才，从事防震减灾研究。

第25章 地基处理方法

克里斯·D.F. 罗杰斯（Chris D. F. Rogers），伯明翰大学，英国
主译：佟建兴（中国建筑科学研究院有限公司地基基础研究所）
审校：张峰（中国建筑科学研究院有限公司地基基础研究所）

doi: 10.1680/moge.57074.0271

目录

25.1	引言	273
25.2	查明地基情况	274
25.3	排水加固法	274
25.4	土的机械加固法	277
25.5	化学加固法	279
25.6	参考文献	282

根据特定的工程目的，通常可以采取多种地基处理形式使地基产生临时或永久性变化。与其他岩土工程设计相同，应确定工程目的（例如加固地基），并查明地层的当前状态。根据这些资料对问题进行分析，通常会有多种处理方案，某些方法可能会改变地基土的性质。可以利用多种技术，通过改变软土或软弱地基的物理结构或其化学性质来加固软土或软弱地基。同样，可以改变地下水的流动状态，以获得更大的稳定性或阻止污染物的迁移。因此，地基处理方案分析应包括工程目的、地基现状和处理的可能性、拟采取的处理方法以及处理产生的副作用。地基处理的物理方法包括施加静荷载、振动或动荷载等；利用重力、增压或电渗排水；将化学物质以固体或液体形式掺入地基土。综合这些手段和横向思维方法（如冻结法加固地基），形成了一系列替代"结构性"方案的替代方法，通常会带来更可持续性的效果。

25.1 引言

地基处理方法包括能够提高天然地基或人为扰动地基的特定（岩土）性能的任何方法。尽管其他特定的处理技术（如降低或提高渗透系数）也会带来预期变化或达到使用目的，但通常，地基处理主要目的是临时或永久提高软、弱地基或填土的强度和刚度。同样，有时地基处理的目的是要使土的性质弱化（为便于挖掘和排土，在隧道掘进机工作面制造泥浆），而某些处理技术具有副作用（竖向碎石桩桩体形成的排气通道），因此应谨慎使用"地基改良"一词。不过，一般而言地基处理能够达到某些相关的预期物理或化学目的，例如：

- 减少、加速或弱化无埋深或有埋深建筑物的沉降；
- 消除或降低事故风险；
- 避免过度或不必要地使用自然资源（将原材料运至现场）和/或产生废弃物（弃置在垃圾填埋场的恶劣场地内）；
- 加强（为了萃取）或抑制（为了遏制）化学物质的运移；
- 避免为了处理污染土而采用开挖方式使其暴露在环境中。

结构性方案可避开相关地基土（如采用深基础）或不考虑相关地基土性状（如采用刚性筏板基础）。物理目的的地基处理方法通常可替代结构性方案。化学目的的地基处理方法可用于替代永久性物理处理方案（如阻止化学污染物迁移的帷幕）、新型半永久性工艺（如可渗透性反应格栅；见 Boshoff 和 Bone，2005）或昂贵的临时措施（如抽水来降低地下水，以产生向内的水力坡降），Phear 和 Harris（2008）综述了这一领域的研究进展。

具体采用何种地基处理方法有诸多原因。与所有工程项目一样，需要估算替代方案的成本和效益，应采用广泛的三要素（环境、社会和经济）或四要素（增加自然资源，见 Braithwaite，2007）可持续性模型（Fenner 等，2006）来完成。由于岩土工程实施过程的广泛影响（Jowitt，2004）——在资源使用范畴，涉及能源消耗（虚拟和直接使用）以及二氧化碳排放、水和相关问题，这是工程师们需要考虑的一个极为重要的方面。可持续性论点与地基处理密切相关；如果通过某种方式因地制宜加以充分利用，那么环境和社会（以及资源）效益通常是非常可观的，而经济效益也往往是有利的。土木工程行业现在已进入一种全球化意识的状态，要超越传统"成本、质量和时间"的工程设计方法。地基处理替代"结构性"方案是如何发挥这些理念的，则是一个很好的例子。

本章的目的是介绍地基处理技术的基本原理，

相关详细论述可在学术或专业期刊上看到。本章讨论范围仅限于水力、物理和化学的加固方法。格栅、条带、钢筋、纤维或类似材料的受拉构件进行的地基加固，在其他章节有所介绍（见第86章"加筋土施工"）。不常见的技术，如黏土热处理和使用沥青、粉煤灰或其他"非标准"添加剂来改善土的性质，不在本手册的讨论范围内。有关地基处理技术的更完整的论述，请参阅 Mitchell 和 Jardine（2002）。下文中，"土"一词将用于代表未扰动的天然地基、扰动的天然地基和人工地基（如填土）。

25.2　查明地基情况

与所有岩土工程设计相同，应首先明确场地的特定岩土工程使用目的。这些使用目的将确定对地基的预期。例如，在所讨论场地上拟建一栋多层建筑，那么对地基的预期是提供一个稳固的地基；而如果要保护河流免受来自邻近工业场地的污染，对地基的预期则是隔断地下水渗流。根据这些预期，就必须查明适当影响区域范围内（建筑物基础施加的应力影响范围或污染可能流向河流的潜在路径）的地基现状。此外，还应预测在预期的设计使用年限内，地基将来的状态情况。

"Burland 三角形"（图 25.1）是一个实用的分析工具，它给出了一个框架，采用这个框架，可以探究现有场地能否满足预期，以及这些预期能否由所考虑的场地可能继续保持下去。进行场地勘察，绘出地层剖面，并取得有关地质历史线索，为地基将来的可能状态提供第一指引。例如，裸露是否可能导致土的进一步风化及其性质的变化；又如，建筑物建在地面以下某一深度的黏土层上，则必须确定净应力增量（建筑物所施加的最大可能应力减去由于基础埋深以上地基土开挖所释放的应力），当然，如果建筑物为一个埋深较深的轻型结构，则应力会减小。地层的构成（见第14章"作为颗粒材料的土"）一般通过现场勘察确定，而土的性质（强度和变形，见第17章"土的强度与变形"）通过室内试验确定；对于黏性土，变形可能需要几年才能完成。

一般而言，建筑形式决定了场地条件能否满足建筑物对地基的要求。同时，考虑到地基特性，更

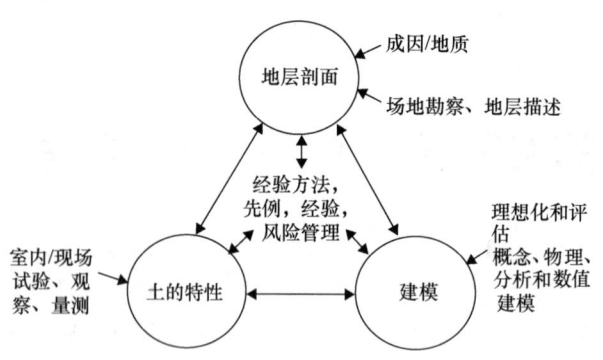

图 25.1　"Burland 三角形"用于分析地基及其岩土工程目的（Burland，1987）。地基处理也可用同样的方法进行分析

广泛地掌握区域岩土工程背景，将为地基能否长期保持稳定提供依据。在这里，地下水的流动方式很重要（见第16章"地下水"），另外还可能会造成污染物的迁移。同时，地下水位的变化也很重要，它将改变作用在场地上的有效应力状态（见第15章"地下水分布与有效应力"），进而改变土的特性。重要的一点是，场地是动态的——地基土特性随着时间而变化，无论是采用传统的"结构性"方案（混凝土基础或防渗墙）还是采用地基处理方法，任何岩土工程设计均应考虑潜在的未来变化。根据上述全部信息对问题进行分析，通常会得出一系列解决方法，其中一些方法可能会改变地基特性。本章其余部分将致力于阐述改变地基特性的方法，避免采取更复杂的"结构性"方案，从而为岩土工程师的"军火库"提供更多的"武器"。

25.3　排水加固法

25.3.1　引言

土中的水通常是个棘手的问题（它会影响施工作业），更重要的是，土的强度通常对含水量和水压力非常敏感（见第15章"地下水分布与有效应力"）。某些情况下需要向土中加水（如利于粒状土压实，或削弱黏土强度以利于掘进），但水在大多情况下弊大于利。地基处理过程中，水导致的问题通常是水太多和/或当对土施加额外的、附加的应力时，水不能足够快地排出。此外，如果水是流动的，便会按照水流的方向增强或消弱土，并形

成孔隙水压力的分布，孔隙水压力分布可由流网确定（见第 16 章"地下水"）。下面重点讨论饱和土（土矿物颗粒和水两相体）中水的排除，天然地下水渗流不在讨论范围内，引导水排出土体的技术则是地基处理的核心。

太沙基有效应力原理：

$$\sigma' = \sigma - u \text{ 或更通常的表达式 } p' = p - u \quad (25.1)$$

式中，σ' 为土体中任意给定平面上的有效应力；σ 是等效总应力；u 为孔隙水压力；p' 为三维平均法向有效应力；p 为等效平均法向总应力（均以 kPa 为单位）。参数 σ'（或 p'）为决定任意给定平面（或三维）上土体强度的因素。如果孔隙水压力高于其初始水平，则 σ'（或 p'）减小，反之则增加。

大多数情况下，地下水位以下的孔隙水压力随深度线性增加（见图 15.3、第 15 章"地下水分布与有效应力"，以及本规律例外情况的相关内容）；地下水位以上的水是由毛细吸力（或负孔隙水压力）维持的，吸力随水位以上高度的增加而增大，直到吸力不能再维持（在具有很多小孔隙的细颗粒土中，可达数米高）。一个有效的地基处理手段是通过一些排水方法来降低地下水位。当罗马人在天然地下水位高的地区修建道路或（确切地说）高速公路时，这一原则对他们很有帮助，因为地下水位高会对细颗粒土的特性产生不利影响。当然，同样的原则也适用于我们现行的公路、铁路、机场跑道和其他交通运输基础设施的排水规范。罗马人通过在道路两侧挖掘深沟，降低地下水位，从而增大了地下水位以上土的吸力，或使公式（25.1）中的 u（孔隙水压力）成为更大的负值，进而增大了 σ'（或 p'），使土体强度提高（图 25.2）。不仅如此，他们将路面修筑成弧形并铺设石板，将水从上方渗入路面结构的可能性降至最低，从而保持吸力状态。因此，排水作为一种可靠的地基处理方法被广泛使用，例如挡土墙墙背、坡面和坝心附近。

细粒土的形成通常是土颗粒被水搬运并在水流缓慢的条件下沉积而成的，例如在湖泊或海洋的底部。土体一开始确实非常潮湿，但随着越来越多的土颗粒逐渐沉积在土体上方，竖向应力（即平均法向应力）增加，水分逐渐从土中排出，土体变得密实，这一过程称为固结。体积与平均法向有效应力之间的关系可用正常固结曲线（NCL）描述，并在图 25.3 中使用临界状态理论术语表示。天然土体可能会经历一系列侵蚀和沉积过程，由此产生的有效应力会减少或增加。如图 25.3 所示，随着 p' 的增加，通过 A 点和 B 点，达到 C 点，土体逐渐固结。之后，p' 减小（由于侵蚀作用），达到 D 点。对照临界状态线（CSL），土的回弹程度对确定后期土体受外力作用后的反应具有重要作用。回弹线上D点（以及回弹线上的任何点，此处简化

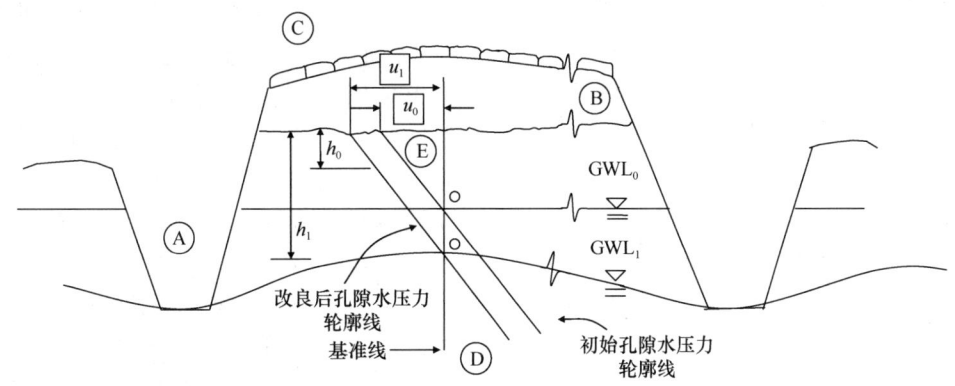

图 25.2　降低地下水位对土体强度的影响，以罗马道路为例

A—道路两侧的深沟，地下水位较低（从 GWL_0 到 GWL_1）；
B—开挖的土体形成公路；
C—弧形路面上的石板降低地表水渗入；
D—孔隙水压力随深度的增加而线性增加，低于 GWL；
E—GWL 以上，吸力或负孔隙水压力随高度 h 线性增加，使得吸力 $u_1 > u_0$

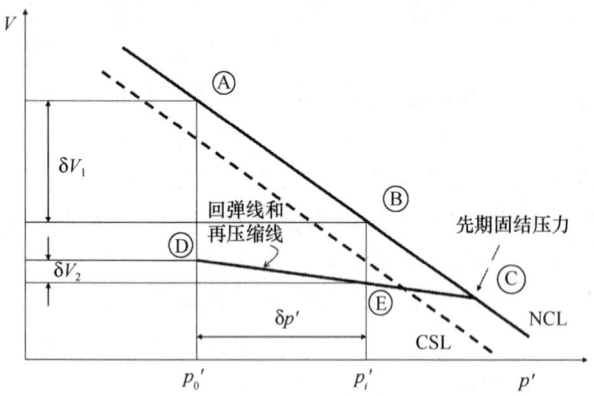

图 25.3 体积与平均法向有效应力的关系

为直线，实为曲线）的土所经历的位于 NCL 线上点的最大 p' 值称为先期固结压力（译注：对应于 C 点）。如后期重新加载 D 点处的土体，土将重新压缩，其状态将沿着再压缩线的路径（此处理想化为线性，并与回弹线重合）向下移动，到达 C 点。然后，土体将再次沿着 NCL 线向下移动。

实际工程中，如新建建筑，我们对平衡点 D 处的土体（$p' = p'_0$），施加附加应力 $\delta p'$，根据理想化的图表，一旦由于施加应力而固结完成，即水被排出，土的状态将移向 E 点，体积变化量为 δv_2，土产生压缩变形，并在 $p' = p'_1$ 处达到新的平衡。如果土体在 A 点，$p' = p'_0$ 也处于平衡状态，设为同一建筑物，且对其施加相同的应力 $\delta p'$，那么一旦在 $p' = p'_1$ 处达到新的平衡，则土体状态将移动到 B 点，体积变化 δV_1 就会大得多；为了达到这一状态，土中会排出更多的水。在实际工程中，最好确保建筑物施加的应力小于先期固结压力。地基处理的一种方式就是将地基土处理成这种状态，即形成人为的超固结状态。

根据达西定律，饱和土中水通过孔隙相互连通的颗粒材料的流速（v 为 m/s）由驱动力（水力坡降 i，无量纲）和水流阻力（土的渗透系数 k，单位为 m·s^{-1}）决定：

$$v = ki \tag{25.2}$$

当对土体施加总应力增量（δp）时，该应力瞬时由孔隙水承担，并产生 $\delta u = \delta p$ 的超静孔隙水压力。水由高压向低压流动，离开高压区域，δu 逐渐减小至零，导致 $\delta p'$ 逐渐升高，可达到 δp。因此，驱动力即水力坡降，是由于应力增量（δp）导致的超静孔隙水压力引起的。实际上，我们建立的渗流问题，可以绘制等时水坡线来说明土中水流方向和土的固结过程。细粒土中水流速度很小，渗透系数范围从纯粉土约 10^{-5} m·s^{-1} 到重黏土约 10^{-11} m·s^{-1} 不等，固结时间明显取决于渗透距离。

25.3.2 预压法

回到前文图 25.3 所示的例子，对于 A 点的土体，临时施加等于（施加 $\delta p = \delta p'$ 至 B 点）或大于（如至 C 点）由建筑物随后施加的应力，并维持足够长的时间，使土体充分固结，即水排出并恢复平衡，然后卸除临时应力并施加由建筑荷载引起的新应力，则仅会造成土体少量体积变化。卸载（卸除 B 点或 C 点的临时应力）将导致土体回弹，即沿着平行的回弹线向上移动，而增加建筑物荷载后将对土体重新压缩，即沿着相应的再压缩线向下移动（与回弹线一致）。如果卸载和建筑物加载过程很快完成，和/或如果土体的渗透系数（k）很小，或水从土中排出的渗透距离很大，则卸载引起的回弹和建筑物造成的压缩可能非常小，对沉降非常敏感的建筑物或地基而言，这一过程产生的沉降基本可以忽略。

预压法尤其对于次固结（蠕变）明显的土体是有效的，但过程缓慢。可以通过增加措施加大临时施加应力，来加速预压过程。对于较厚沉积土层，尤其是渗流方向仅向上（如土层覆盖在不透水的岩层上）的情况，排水速度可能非常缓慢（排水速度与渗流路径长度的平方成正比）。虽然可采用贮水预压或真空预压（通过从防渗膜下抽水），一般采用土或碎石填土作为临时预压荷载。在确保持续排水的情况下，应尽快分层铺设填料（通常需要分阶段加载，以避免所处理的软弱土层受力过大发生破坏）；预压完成后，应尽快移除填料（无需分阶段移除）。预压法的优点是简单易行且行之有效，适合于压缩性高的土；缺点为工期长，预压材料用量很大，需要二次倒运。

25.3.3 排水预压法

虽然该方法成本增加，施工过程复杂，但通过设置竖向排水通道，预压固结需要的时间大大减少。固结速率取决于排水路径的长度和与该路径相关的土的渗透系数。一般来说，水在荷载作用下竖向流动、排出土体，k_v 决定了渗透速度，而 k_v 取决于土层（如冲积层中的层间细砂、粉土和黏土）的最小渗透系数。经由水平排水至预先间隔设置的竖向排水通道，不仅大大缩短了排水路径的长度，而且流量由 k_h 而不是 k_v 控制。一般而言，水平向渗透系数是由地层中渗透系数大的土层决定的，因此要较垂直向渗透系数大得多，对于含砂土、粉土和黏土夹层的地层，可能相差几个数量级。这就是为什么正常固结或轻微超固结冲积地层和成层土层采用垂直排水通道，处理效果最佳的原因。垂直排水通道类型包括：砂井（水平剪切作用会削弱其性能）；袋装砂井；专用排水板，其内部为高强、柔韧的含排水槽的内芯（由聚乙烯或类似材料制成），外包过滤织物。施加预压荷载前，在垂直排水通道顶部设置水平向自由排水层。可能情况下，垂直排水通道与下卧透水层（如砂或砾石层）连通。应避免钻孔侧壁涂抹效应，以免影响水平向排水效果（Hird 和 Moseley，2000）。

25.3.4　电渗法

当土体中产生电位梯度时，土孔隙中的水将从阳极（通常是金属棒）移动至阴极（如开孔金属管形成一系列过滤井），阴极为取水点。水通过土体的电渗流表示为：

$$v_e = k_e i_e \quad (25.3)$$

式中，v_e 为电渗流速；k_e 为电渗渗透系数（单位：$m^2/V \cdot s$）；i_e 为电位梯度 $= V/L$（其中 V 是电位差，L 是电极之间的距离）。该式与水渗流的达西定律 [式（25.2）] 类似，但有一根本区别，即通常认为 k_e 与土颗粒孔隙大小无关，而 k 则受孔隙大小影响很大。因此，该技术在细粒土中应用最为有效，其中 k_e 通常为 $10^{-9} \sim 10^{-8}\ m^2/V \cdot s$（Mitchell 和 Soga，2005，第 275 页），而 k 在数量级上可以变低至约 $10^{-11}\ m \cdot s^{-1}$（Mitchell，1993，第 270 页提供了示例比较）。电渗流主要是由表面带负电荷的黏土颗粒及其周围水中的阳离子连同水分子（附着在阳离子上的极性分子）与之一起运移到阴极而形成（偶尔，表面带正电颗粒周围的阴离子会导致向阳极的流动）。

这里会有多种现象起作用（Liaki 等，2008），有些可以带来额外的改进：

- 通过黏土矿物交换位点上的阳离子交换，金属阳极的降解和金属离子的电迁移能够使黏土得到改善。
- 在阳极（阳极液）和阴极（阴极液）处以水溶液（电解质）形式添加的稳定剂的传输，可形成稳定电渗反应。
- 电动修复：可将污染物吸附到电极上后去除，从而修复化学污染的场地（Ottosen 等，2008）。

电渗法可用于不易采用降水井抽水的土体的临时排水或永久性加固，尤其当伴有化学处理的情况。此外，虽然该方法工程应用较少，但其速度快，不受场地限制。紧邻阳极的土体迅速变干，导致电阻和所需电流增加，但可以通过周期性的短时间极性互换或适当添加阳极溶液来处理。对于离子运动，Mitchell 和 Soga（2005）的成果具有重要参考价值。

25.3.5　降水

采用降水井抽水概念简单，与其说是岩土工程，不如说是一种成熟的施工技术。对于具有较高渗透系数的土体，如砂和砾石，该方法最为适用（见第 80 章 "地下水控制"）。

25.4　土的机械加固法

25.4.1　引言

压实法通过压实来增加土体密实度，从而提高其强度和刚度，应用广泛。特别是在道路施工中，路面压实技术已达到相当成熟的水平。其主要目的是使土颗粒尽可能压密，尽量减少孔隙和最大限度地增加"颗粒咬合"，从而在土被剪切时，剪切区域土体必须发生体积膨胀（剪胀，即土颗粒须脱离正常的咬合状态）并克服土颗粒接触面间的摩擦力。常用压路机类型包括平碾、振动碾和羊角碾（见第 75 章 "土石方材料技术标准、压实与控制"）。基于振动法和冲击法的压实技术，已发展成为更普遍的深层压实地基处理技术。爆破法也被用于深层密实处理（Hausmann，1990），但该方法不在标准方法范围内，这里未作介绍。静力压实法即预压法，在第 25.3.2 节作介绍。

25.4.2 强夯法

为了提高承载力，将重物反复提升、落下来夯实地基的方法已应用几个世纪。20世纪70年代初期，该技术应用发展为强夯，采用重锤和大落距，为大面积规划区域和二次开发场地的结构提供稳定的地基。其工作机理简单，即对相当深度的土体施加较大的竖向应力，使饱和度（S_r）较低的土骨架直接压缩密实（Gu和Lee，2002）。S_r不低的情况下，会产生较高的超孔隙水压力，达到一定值时，则会导致土体破坏和出现裂隙（或裂缝），并从表面延伸至一定深度，这些裂隙成为便利的排水路径，促使超孔隙水压力逐渐消散，土的承载力提高，甚至超过先前的最大值。

强夯法对粗颗粒填料（包括分解后的生活垃圾和工业废料）和一般土效果较好，但相对而言，对吸收能量的软黏土和泥炭土则无效果。重物或夯锤通常重10～20t（100～200kN），使用起重机一般从10～20m的高度落下，初始夯点间距较大，随后夯点间距逐渐减小。夯锤反复夯实形成夯坑，在下一遍夯实前，用粗颗粒物料填满夯坑。强夯结束后对表层碾压密实。强夯是一种简单、快速、成本相对较低的处理方法，但需要大型设备（不能在狭窄封闭的空间内使用）并产生相当大的地面振动〔不能在对振动敏感的建（构）筑物附近使用〕。强夯法能很容易处理到5～6m深度；Hausmann（1990）给出了处理深度的经验公式，$0.5\sqrt{wH}$，其中w是夯锤质量，H是夯锤落距。采用相同的原理，工程技术人员还开发出了快速冲击夯实机，这种设备通常能够以40次/min的速度输出大约8t·m的夯击能量，是一种更可控、更快速、更易于应用的夯实技术（Serridge和Synac，2006）。此外，还出现了导向式强夯机。

25.4.3 振动密实法

振动密实法（有时称为振冲法）是通过起重设备吊放振冲器沉入土中并横向振动，对特定设计的一定体积范围的地基进行深层振密，提高其强度和刚度。该振冲器包含一个安装在竖杆上的偏心锤，竖杆可在电机驱动下转动。振冲器横向振动，在自重作用下沉至设计深度的同时挤密地基，这是所谓"干法"作业。"湿法"作业是指振冲器沉入地基过程中，迫使水通过振冲器底部射出，形成"冲击效果"。标准击实曲线的基本原理（见第25.5.2节和图25.4）在这里同样适用。挤振密实后，在挤振密实的区域中心形成桩孔。拔出振冲器，将粒状填料投入桩孔中，然后再将振冲器沉到位并振密实，每步投入填料的高度在250～500mm。投入粒状填料是为了补充土振密后体积的减少量。振动挤密的目的是形成一个密度和刚度均匀的土体区域，以作为某种建筑的地基。每个处理区域的设计尺寸均应同基础下的压力泡相适应，即当为独立基础时，地基处理平面形状为矩形（通常设计4、9、16或25个振动挤密孔），条形基础时则为线形。通常，振冲器对土体的振密半径约为1.0～2.0m，体积减小约5%～10%，有时高达15%（见第85章"嵌入式围护墙"）。

松散的原状土和由细砂到粗砾组成的填土处理效果最佳，粒径较大的材料，除非级配良好，否则很难穿透。在高饱和度土中，较高的细颗粒含量会造成振动产生的超孔隙水压力难以快速消散，另外还削弱振动，从而减少振动挤密影响范围。因此，振动挤密法适用于细粒土含量低于15%的无黏性土（Slocombe等，2000）。这项技术也被广泛应用于由砖块、灰土和一般拆除碎块组成的填土的处理，填土的孔隙被有规律的插入的振冲器破坏，并挤振填充进颗粒填料。

25.4.4 碎石桩法

碎石桩法与振动密实法采用的设备和施工方法相同，但颗粒填料采用的是单一粒径的碎石。尽管碎石桩原则上可用于任何类型土层，但在较差的地层，比如饱和软弱/可压缩的细粒土中，碎石桩直径可达0.9～1.2m。这种情况下，尤其是当土的细颗粒含量和含水率较高时，振动不一定对桩间土产生显著影响。由于水不能及时排出土体，将产生大量的不排水剪切位移（尽管土骨架孔隙内的空气也会被压缩）。然而，充填碎石并用振冲器振动挤密过程中，势必会将碎石侧向挤入桩间土中，直至不能继续填充。一旦处理完成，将形成三个材料区：由于不排水剪切产生一些位移的基本未受扰动区、土石过渡区和挤密碎石桩本身。这种技术有时被称为振冲置换法（vibroreplacement/vibrodisplacement）。

碎石桩作为承重桩来减少其上基础的沉降，并通过具有比土更高抗剪强度的颗粒材料来增强土体。也有人认为，碎石桩作为垂直排水通道，具有快速消散超孔隙水压力的作用，但由于挤开的土将在不同程度上减小桩间土的孔隙，因此对这一说法尚有争议。尽管目前桩长记录已经接近30m，但其桩长多不超过12m。桩体填料通常由均匀的20~50mm碎石、砾石或矿渣组成。成桩完毕后，需对表面扰动层（由于缺乏上覆土约束来保证压实能量）碾压密实（见第85章"嵌入式围护墙"）。

25.4.5 微型桩或树根桩

微型桩最初用于基础托换工程。微型桩或树根桩现在用于边坡稳定、挡土结构和地下建筑。它们主要承受拉力和压力，从某些方面来提高土的强度。由于抗弯能力有限，通常建造成合适的角度来直接受力。微型桩或树根桩可适用于大多数类型的土。

施工微型桩，先将套管通过冲孔、打入或钻进方式打至设计深度，将钢筋插入套管中，并在取出套管的同时泵入水泥砂浆灌注成桩。对于树根桩，使用注浆技术将水泥砂浆用较高压力渗透到桩孔周围的裂隙或软弱土层中，形成粗糙的桩侧表面，以获得最大的侧摩阻力。

25.4.6 土钉、土层锚杆和加筋土

实际上，这些技术并不属于地基处理范畴，这里提及仅是为了内容完整。其目的是通过安设拉伸构件、增加平均法向有效应力、固定边坡土的结构面层，或将三者加以组合，来提高所加固土体的强度。在第72章"边坡支护方法"、第73章"加筋土边坡设计"、第74章"土钉设计"和第88章"土钉施工"中对土钉技术进行了阐述。在第64章"支护结构设计方法"、第87章"岩质边坡防护与治理"和第89章"锚杆施工"中对土层锚杆技术作了阐述。在第62章"支护结构类型"、第64章"支护结构设计方法"、第72章"边坡支护方法"、第73章"加筋土边坡设计"以及第86章"加筋土施工"中，对加筋土技术作了阐述。

25.5 化学加固法

25.5.1 简介

在黏土中添加化学物质，以提高其强度、刚度和体积稳定性（抑制收缩和膨胀）或用于其他目的，这并不是什么新鲜事，罗马人就擅长使用这种技术。石灰用于稳定黏土这一技术同样不令人惊讶，因为石灰岩和页岩（高度压缩的黏土）是水泥的两种主要成分，而水泥厂则建于石灰岩和页岩同时出露的地方。除了使用化学物质干燥非常潮湿的土体、使场地在大雨后可以使用之外（生石灰在这方面特别有效），可将化学加固土体方法分为两类：（1）土体成分和固化剂间产生化合作用，形成胶结物（如混合石灰和黏土时发生的情形）；（2）添加将土颗粒粘合在一起的固化剂（如水泥和砂的混合物）。传统的采用固化剂的方式是将固体粉末或液体悬浮液与土在地面混合后，铺设和压实。更现代的技术已经发展到在地基深处混合固化剂或将固化溶液（如水泥浆）泵入地下。这里有几种应用（Rogers等，1996），虽然这些应用都有不同的要求，但基本原理是一样的。当固化高塑性指数土时，由于很难实现完全混合和保证足够大量的固化剂对黏土矿物的固化，因此尚有一些问题，即担心土体长期的吸水软化。

25.5.2 石灰和水泥固化法

传统上，石灰和黏土通过拌和、必要的润湿、铺设并压实来改善黏土的性质。将石灰与黏土混合后，通过阳离子交换会从根本上改变黏土的性质，从而改变其物理性质，这一过程称为改良。如果掺入的石灰量足够，对改良材料压实并养护足够的时间，则材料将会粘结在一起，这个过程称作固化。这项技术最常用作一般的地基处理工艺，基本上是用来加固软弱黏土，也可以用来处理受污染的土体。

石灰是一个总称，包括生石灰（氧化钙，CaO，通过将熟石灰加热至450°C生成）、熟石灰[氢氧化钙，$Ca(OH)_2$，当CaO与水或水蒸气接触时形成]或石灰浆（熟石灰与水的混合物）。农用石灰指碳酸钙（$CaCO_3$），是惰性的，是石灰与大气接触后生成的，必须避免石灰碳酸化。生石灰最简单的应用是常被用作方便施工的措施，干燥因含水率高而无法施工的场地，通过强烈的放热反应

使 CaO 转化为 Ca（OH）$_2$，由于化学反应和释放蒸汽而使土体脱水硬化。一般简单地将石灰均匀地撒在场地表面，即起到加固效果，还可能有一些有限的浅层混合。

石灰改良是阳离子交换的结果，即钙离子与黏土矿物上的阳离子交换（通常是单价钠离子或钾离子），其导致：

- 吸附水层的厚度减小，使黏土对水的敏感性降低；
- 由于更大的电子吸引力（水层变薄），黏土颗粒发生絮凝；
- 内摩擦角增大，即剪切强度增大；
- 发生由塑性黏土到颗粒状易散碎材料的质的改变；
- 塑限（PL）大幅提高而导致可塑性降低。

为起到改良效果，将石灰均匀地撒在地表，采用旋耕机使之与黏土充分拌和到要求的深度，养护（或熟化）24～72h。这一龄期将确保所有生石灰充分水合（通过膨胀反应水合，压实后不得再发生这种情况），并完成阳离子交换反应。混合料的表面采用轻型压路机碾压，密封防雨并抑制碳酸化。通过掺入适量的石灰即可实现石灰改良，石灰用量通过初始消耗（ICL）试验确定，该试验确定完全满足阳离子交换反应所需的石灰用量。初始消耗测试是基于测量土中 pH 值的变化，对应 pH 值升至 12.4（若做不到，12.3）的石灰掺入量即为初始消耗值。黏土与不同掺量石灰混合的阿太堡界限试验（译注：界限含水率试验）可以证实这一结论。

为保证石灰发生稳定反应，需要足够的石灰用量将 pH 值提高到较高水平（<12）。此外，一旦黏土的阳离子交换需求得到满足，就需要额外的钙离子与黏土矿物成分（在高 pH 值环境中溶解）通过凝硬反应获得稳定性（Boardman 等，2001）。重要的是，当反应发生时，黏土絮凝体极为贴近，因此反应产物可将颗粒结合在一起，形成胶结物。这一过程发生在没有对反应不利的化学或有机污染物的环境中。这些反应可表述为：

$$Ca^{2+} + OH^- + Al_2O_3 + H_2O \rightarrow 水合铝酸钙凝胶$$

$$Ca^{2+} + OH^- + SiO_2 + H_2O \rightarrow 水合硅酸钙凝胶$$

这也是氧化铝（Al_2O_3）和二氧化硅（SiO_2）

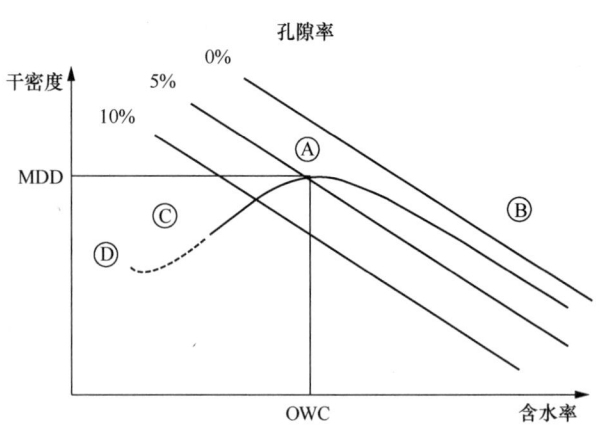

图 25.4　细粒土的标准击实曲线

压实旨在最大限度地提高密度和减少孔隙，这两个目的对于应用都很重要。图 25.4 中：

A—在最优含水率（OWC）下达到最大干密度（MDD），在此含水率下土的抗剪强度最小，更易压密。

B—超过 OWC 的水阻碍密度提高；随着含水率增加，发生不排水剪切（干密度降低）。

C—当土较干，含水率低于 OWC 时，吸力逐渐增加，从而减弱压实应力下的剪切作用，干密度下降。

D—含水率不足时，吸力丧失，干密度增加。

在高 pH 值条件下，从黏土矿物中溶解的结果。随着时间增长，这两种凝胶结晶并形成牢固但易脆的连接，导致材料强度显著增加，但变成脆性破坏材料（即非塑性）。

施工过程与改良固化过程类似，只是熟化时间不应太长（24h 足够长，甚至认为时间太长对石灰固化黏土的长期性能不利）。材料需要重新拌和，必要时加水使含水率达到恰当的水平（高出最优含水率0%～2%，以使密度达到最大，同时孔隙率最小，见图 25.4）。取与所施加的压实能量相匹配的层厚，进行分层铺设和压实，以确保整个层厚深度范围压实后的密度均接近最大干密度。必要时对材料采用平碾碾压来密封表层，同时确保具有一定的坡度防止积水。最后，需在不受冻和无车辆扰动条件下养护，直至发生充分反应。硫酸盐含量必须足够低（有些规定要求<0.5%，还有的规定<1.0%），以避免发生高度膨胀反应生成钙矾石，破坏已压实的状态和影响长期强度。黏土中的有机物多是有害的，因为它往往是酸性的，会降低 pH 值，但更重要的是钙优先与有机物反应，则参与固化反应的就相应较少了。最可靠的设计方法是，对高于初始消耗值的不同石灰含量的压实

混合料，养护不同的龄期，进行实验室强度试验。

水泥固化适用于任何土性（对黏土矿物中的氧化铝和/或二氧化硅没有要求）。该技术的原理以及设计和施工过程是相似的。为提供足够的胶粘剂，以形成能够充分包裹土颗粒的基质，水泥通常比石灰用量更大。水泥中含有相当比例的生石灰，与石灰加固一样，使用水泥会导致pH值大幅升高。如果使用水泥替代材料，如粒状高炉矿渣，这种影响则会降低。

25.5.3 石灰、石灰–水泥和水泥桩

瑞典和日本开发出了石灰桩的现代施工技术，尽管目前水泥和石灰水泥混合料的应用远远大于仅使用石灰。该项技术通常被称为"深层搅拌"，由于在硬/强土层中搅拌设备施工困难，一般仅用于软/弱土层中。上述原理同样适用于更深层的处理，尤其是需要充足的水来进行反应，充分拌和，使生成的材料足够密实。使用专用钻具钻入地下进行拌和，通过钻具的反向旋转，在拔钻过程中对混合料产生向下的压力，从而使混合料密实。可以通过在粉状混合料中掺入生石灰（现在主要由水泥组成，以保证反应产物）来干燥湿土从而获得合适的含水率，或在需要掺水的情况下使用水泥浆来实现（见第84章"地基处理"）。

25.5.4 石灰桩

另一种通常仅限于稳定黏土边坡的石灰桩加固技术，为夯实生石灰桩。石灰通过放热水合反应，使含水量降低，迅速降低孔隙水压力并产生吸力，已发现可以阻止边坡位移（Rogers 等，2000a）。石灰的水化作用将钙离子和氢氧化物离子释放到土中，它们从生石灰桩向周围土体扩散，从而土体被固化，扩散距离取决于土的含水率和黏土的反应性（Rogers and Glendining，1996）。尽管由于黏土快速脱水引起以桩为中心呈辐射状分布的裂纹，为石灰扩散和固化离桩较远的黏土提供了通道，但这一扩散距离通常也就几十毫米。通过掺入不同的添加剂，可以增强该固化过程，粒状高炉矿渣（GGBFS）尤其有效（Rogers 等，2000b）。

25.5.5 压力注入石灰浆

压力注入石灰浆是另一种接近水泥注浆的方法，但因其目的是在注入浆液的黏土中引起化学反应，因此仍然是不同的。石灰-水混合物以网格分布模式在黏土不同深度处注入，目的是形成近似均匀的浆液分布。离子扩散到与浆液层附近的土体中，导致发生典型的石灰固化反应。该技术在美国已用于黏土路堤加固，但在英国应用较少，需要进一步研究才能证明其有效性。

25.5.6 注浆

注浆应用已经有约100年的历史了，可以通过多种方式实施。其目的通常是通过注入水泥浆和/或其他浆液使土密实来加固土体，或通过填充土中的孔隙来阻止水的流动。本质上，浆液被注入土中，并在后期硬化。通常采用分组注入的"跳孔"注浆方法，即通过间距为最终间距2~3倍的孔注入预先确定的注浆量，随后，孔间距进一步加密，土的孔隙则逐渐变小，土逐步密实。注浆包含在第84章"地基处理"和第90章"灌浆与搅拌"中，因此此处仅作简要介绍。

25.5.6.1 渗透注浆

渗透注浆是指当浆液通过孔隙渗透到土中时，不会发生体积变化或土的结构变化的注浆工艺。一旦注浆到位，随着时间的推移而硬化，从而土体得到加固。微粒注浆可用于颗粒相对较粗的土。化学注浆可渗透到较小的孔隙（中等粉粒或更粗），但不适用于细颗粒含量超过15%的土。电化学注浆可用于粉土和粉质黏土。

25.5.6.2 压密注浆

压密注浆是指在高压下将高黏度浆液泵入土中，使土侧向或径向压实的过程。浆液通常由水泥、土和/或黏土和水混合组成。在注浆管的末端形成球状的灌浆体，或通过拔管形成桩体。该工艺最早于20世纪40年代由法国开发，但用途有限，直到近来随着泵送能力的发展，才使该方法更为有效。该技术适用于易被压实的土。

25.5.6.3 喷射注浆

喷射注浆是20世纪70年代由日本引进的一种改进技术，该技术使用高速射水机。固化剂（浆液）可以和原状土就地搅拌；当土性较差的情况

下，可置换原位土并在其位置形成注浆桩体。

25.5.7 人工冻结法

人工冻结仅是一种权宜的施工方法，属临时措施，用于特定施工作业时加固一个场地或一个分区的饱和土。该方法是一个存在潜在危险的施工工艺（必须有重要的防范措施）和成本昂贵的终极手段，但在某些情况下，是一个行之有效的技术。

土体中的水通过密布的冻结管道来冻结，这些管道可以不断地提供冷却剂。冻土的承载力显著增加，强度大大提高，渗透性接近于零。一旦土体冻结后，挖掘工作（隧道、托换等）可以安全地进行。

冻结会造成土的体积增加，这取决于土的含水率，如果不采取预防措施，预计土体会出现显著隆起，可能会导致类似于膨胀黏土的问题发生。相反，在解冻过程中也会出现不利沉降，这可能导致副作用。砂和砾石可自由排水，因此受影响很小，而淤泥和黏土的变形可能很大。

25.6 参考文献

Boardman, D. I., Glendinning, S. and Rogers, C. D. F. (2001). Development of stabilisation and solidification in lime-clay mixes. *Géotechnique*, **51**(6), 533–543.

Boshoff, G. A. and Bone, B. D. (2005). *Permeable Reactive Barriers*. IAHS Publication 298, Wallingford, UK: International Association of Hydrological Sciences. ISBN 1–901502–23–6.

Braithwaite, P. (2007). Improving company performance through sustainability assessment. *Proceedings of the Institution of Civil Engineers Engineering Sustainability*, 2007, **160**(ES2), 95–103.

Burland, J. B. (1987). Nash lecture: the teaching of soil mechanics – a personal view. *Proceedings of the 9th European Conference on Soil Mechanics and Foundation Engineering*, Dublin, **3**, pp. 1427–1447.

Fenner, R. A., Ainger, C. M., Cruickshank, H. J. and Guthrie, P. M. (2006). Widening engineering horizons: addressing the complexity of sustainable development. *Proceedings of the Institution of Civil Engineers Engineering Sustainability*, **159**(ES4), 145–154.

Gu, Q. and Lee, F.-H. (2002). Ground response to dynamic compaction of dry sand. *Géotechnique*, **52**(7), 481–493.

Hausmann, M. R. (1990). *Engineering Principles of Ground Modification*. New York: McGraw Hill.

Hird, C. C. and Moseley, V. J. (2000). Model study of seepage in smear zones around vertical drains in layered soil. *Géotechnique*, **50**(1), 89–97.

Jowitt, P. W. (2004). Sustainability and the formation of the civil engineer. *Proceedings of the Institution of Civil Engineers Engineering Sustainability*, **157**(ES2), 79–88.

Liaki, C., Rogers, C. D. F. and Boardman, D. I. (2008). Physicochemical effects on uncontaminated kaolinite due to electrokinetic treatment using inert electrodes. *Journal of Environmental Science and Health Part A*, **43**(8), 810–822.

Mitchell, J. K. (1993). *Fundamentals of Soil Behavior* (2nd edition). New York: John Wiley.

Mitchell, J. M. and Jardine, F. M. (2002). *A Guide to Ground Treatment. Construction Industry Research and Information Association, Publication C573*, London, UK: CIRIA.

Mitchell, J. K. and Soga, K. (2005). *Fundamentals of Soil Behavior* (3rd edition). New York: John Wiley.

Ottosen, L. M., Christensen, I. V., Rörig-Dalgård, I., Jensen, P. E. and Hensen, H. K. (2008). Utilisation of electromigration in civil and environmental engineering – processes, transport rates and matrix changes. *Journal of Environmental Science and Health Part A*, **43**(8), 795–809.

Phear, A. G. and Harris, S. J. (2008). Contributions to Géotechnique 1948–2008: Ground Improvement. *Géotechnique*, **58**(5), 399–404.

Rogers, C. D. F. and Glendinning, S. (1996). The role of lime migration in lime pile stabilisation of slopes. *Quarterly Journal of Engineering Geology*, **29**(4), 273–284.

Rogers, C. D. F., Glendinning, S. and Dixon, N. (1996). *Lime Stabilisation*. London: Thomas Telford Limited, 183 pp. ISBN 0–7727–2563–7.

Rogers, C. D. F., Glendinning, S. and Holt, C. C. (2000a). Slope stabilisation using lime piles – a case study. *Ground Improvement*, **4**(4), 165–176.

Rogers, C. D. F., Glendinning, S. and Troughton, V. M. (2000b). The use of additives to improve the performance of lime piles. *Proceedings of the 4th International Conference on Ground Improvement Geosystems*, Helsinki, Finland: Building Information Ltd, pp. 127–134.

Serridge, C. J. and Synac, O. (2006). Application of the rapid impact compaction (RIC) technique for risk mitigation in problematic soils. *Proceedings of the International Association of Engineering Geology Congress*, 6–10 September, 2006, Nottingham, UK, Paper Number 294.

Slocombe, B. C., Bell, A. L. and Baez, J. L. (2000). The densification of granular soils using vibro methods. *Géotechnique* **50**,(6), 715–725.

延伸阅读

Chai, J.-C. and Miura, N. (1999). Investigation of factors affecting vertical drain behavior. *ASCE Journal of Geotechnical and Geoenvironmental Engineering*, **125**(3), 216–225.

Davies, M. C. R. (ed.) (1997). *Ground Improvement Geosystems: Densification and Reinforcement*. London, UK: Thomas Telford Limited.

Heibrock, G., Kessler, S. and Triantafyllidis, T. (2006). *On Modelling Vibro-Compaction of Dry Sands. Numerical Modelling of Construction Processes in Geotechnical Engineering for Urban Environment* (ed. Triantafyllidis, T.). London, UK: Taylor & Francis Group.

Horpibulsuk, S., Miura, N. and Nagaraj, T. S. (2003). Assessment of strength development in cement-admixed high water content clays with Abram's law as a basis. *Géotechnique*, **53**(4), 439–444.

Larsson, S., Stille, H. and Olsson, L. (2005). On horizontal variability in lime-cement columns in deep mixing. *Géotechnique*, **55**(1), 33–44.

Lee, F. H., Lee, C. H. and Dasari, G. R. (2006). Centrifuge modelling of wet deep mixing processes in soft clays. *Géotechnique*, **56**(10), 677–691.

第1篇"概论"和第2篇"基本原则"中的所有章节共同提供了本手册的全面概述，其中的任何一章都不应与其他章分开阅读。

译审简介：

佟建兴，男，1974年生，博士，中国建筑科学研究院，教授级高级工程师，主要从事地基基础领域的研究和开发。

张峰，女，1965年生，中国建筑科学研究院地基所研究员，岩土工程实践经验丰富。

第 26 章　地基变形对建筑物的影响

约翰·B. 伯兰德（John B. Burland），伦敦帝国理工学院，英国
主译：王延伟（桂林理工大学）
审校：高玉峰（河海大学）

目录		
26.1	引言	283
26.2	地基变形和基础变形的定义	283
26.3	损伤分类	284
26.4	建筑物允许变形的一般指南	285
26.5	极限拉伸应变的概念	286
26.6	矩形梁的应变	287
26.7	隧道和基坑引起的地基变形	288
26.8	沉降对建筑物造成损伤的风险评估	293
26.9	保护措施	295
26.10	结论	296
26.11	参考文献	296

对建筑物有影响的地基变形，可能是由建筑物自身荷载作用在土体上产生的，也可能是由多种外部原因造成的，包括土体的膨胀或收缩、隧道掘进或采矿造成的沉降以及地下水位的下降。本章总结了一种用于评估地基变形对建筑物影响的方法，并系统地介绍了与此相关的研究成果，包括地基变形的定义，损伤的描述和分类以及控制建筑物极限变形的因素。本章的后半部分专门将前述研究成果应用于评估隧道变形对建筑物的影响，并介绍了减少这些影响的方法。

26.1 引言

对建筑物有影响的地基变形，可能是建筑物自身荷载作用在土体上产生的，也可能是由多种外部原因造成的，包括土体的膨胀或收缩、隧道掘进或采矿造成的沉降以及地下水位的下降。无论地基变形的原因是什么，它们都可能对建筑物及其功能产生影响。在绝大多数情况下，不均匀变形（竖向变形和水平变形）是需要重点考虑的，因为这类变形会导致建筑物的倾斜、变形和结构损伤。

与预测地基变形的研究文献相比，允许地基变形及其对结构的安全性和使用性的影响研究较少。对此，Burland 和 Wroth（1974）总结出一些原因：

（1）使用性是非常主观的，既取决于建筑物的功能，也取决于用户的反应。

（2）建筑物在广义概念和细节上有很大差异，因此很难给出指导性的允许变形准则。

（3）建筑物，包括基础，很少能按设计性能工作，因为建筑材料的性能与设计时的假设不同。此外，包括地基和外墙在内的"总体"分析是非常复杂的，并且会采用一些有问题的假设。

（4）建筑物的变形除了取决于荷载和沉降外，还可归因于许多其他因素，例如蠕变、收缩和温度。迄今为止，对这些因素的定量了解甚少，并且缺乏对既有建筑物性能的详细观测。

岩土工程师和结构工程师都倾向于认为基础变形是造成建筑物损伤的主要原因，而通过控制基础变形，可以保证建筑物的性能。1969 年英国混凝土学会（Concrete Society）主办"建筑物变形设计研讨会"。在会上，许多案例都是由结构构件变形导致破坏而不是由基础变形导致。工程师可能会忽略的一点是，如果要经济地建造建筑，一定程度的开裂是不可避免的（Peck、Deere 和 Capacete，1956）。一般来说，建造一个不开裂的结构（因收缩、蠕变等原因）是不可能的。Little（1969）曾估计，对于某一特定类型的建筑，防止任何开裂的成本可能超过建筑总成本的 10%。

本章将概述评估地基变形对建筑物影响的相关基本原理。其中两个主要方面是：（1）地基变形和基础变形的明确定义；（2）建筑物损伤的客观描述和分类。二者都是评估地基变形对建筑物影响的必要条件，下面两节将进行讨论。

26.2 地基变形和基础变形的定义

从众多文献中可以看出，描述基础变形的符号和术语种类繁多，令人困惑。Burland 和 Wroth（1974）根据建筑物基础上一些离散点的位移（测量或计算得到），给出了一系列定义。这些定义不会与上部建筑的变形定义发生歧义，因为变形的机理不同。这些定义（图 26.1）已被广泛接受。需要注意以下几点：

（1）转角（或斜度 θ）是连接两个参考点（图 26.1（a）中的 A、B）的直线的梯度变化。

（2）角应变 α 如图 26.1（a）所示，向上凹进（下沉）为正，向上凸出（拱起）为负。

（3）相对挠度 Δ 是一个点相对于连接两个参考点的直线的位移［请参见图 26.1（b）］，正负号约定与（2）相同。

（4）挠曲率（下沉率或起拱率）用 Δ/L 表示，其中 L 是定义 Δ 的两个参考点之间的距离。正负号约定与（2）相同。

（5）倾斜角 ω 描述了结构或局部的刚体旋转，见图 26.1（c）。

（6）相对转角（角变形）β 是连接两点的直线相对于倾斜角 ω 的旋转。倾斜度（图 26.1（c））并不总是可以直观确定的，β 的评估有时也较为困难，不能将相对转角 β 与角应变 α 混淆。为了方便分析，Burland 和 Wroth（1974）建议使用 Δ/L 作为建筑物变形的量度。

（7）平均水平应变 ε_h 定义为变化量 δL 在长度 L 上的平均改变量，在土力学中，通常将长度的减小（压缩）定义为正。

以上的定义仅适用于平面内变形，三维变形尚未定义。

26.3 损伤分类

26.3.1 引言

建筑结构的损伤评估具有较强的主观性和感性。评估过程会受到诸多因素影响，例如地方的经验，保险公司的服务，以及专业工程师或测量人员的谨慎判断（可能会受到诉讼、市场价值和销售需求的影响）。在缺乏以经验为基础的客观指导原则时，对建筑物的性能评估可能是过度或不切实际的。需要注意的是，大多数建筑物都会出现一些裂缝，这些裂缝通常与基础变形无关，可以在日常维护和装修过程中修复。

显然，如果要对地基变形造成损伤的风险进行评估，损伤的分类是一个关键问题。在英国，建立客观逻辑的损伤分类标准，对于描述建筑物的实际损伤状况，以及建筑物和其他结构的变形设计，都是非常有益的。下面进一步介绍损伤分类标准。

26.3.2 损伤类别

根据对建筑物的影响，可以将损伤分为 3 个大类，分别是：（1）外观或美观；（2）使用性或功能；（3）稳定性。随着基础变形的增大，建筑物的损伤将从（1）逐步发展到（3）。

表 26.1 将上述损伤的 3 个大类进一步细化为 6 类。通常，损伤类别 0、1 和 2 与美观有关，损伤类别 3 和 4 与使用性能有关，损伤类别 5 为影响稳定性的损伤。这个表最早由 Burland 等（1977）提出，他们借鉴了 Jennings 和 Kerrich（1962）、英国国家煤炭委员会（National Coal Board，1975）以及 MacLeod 和 Littlejohn（1974）的工作。此后，英国建筑研究院（BRE）（1981）和英国结构工程师学会（Institution of Structural Engineers，London）（1978 和 1994）对该分类表进行简单修改后便采用。

表 26.1 中的损伤分类是基于可见损伤的"易修复性"进行划分的。因此，为了确定可见的损伤类别，在进行实地调查时，有必要评估修复外部和内部损伤所需的工作类型。在划分损伤类别时，应注意以下要点：

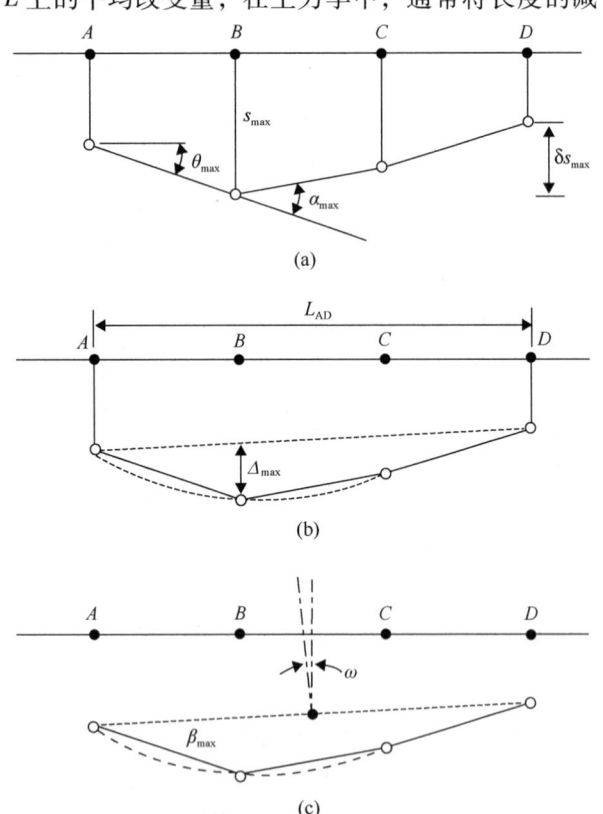

图 26.1 地基变形和基础变形的定义

(a) 转角或斜度 θ 和角应变 α；(b) 相对挠度 Δ 和挠曲率 Δ/L；(c) 倾斜角 ω 和相对转角 β

摘自 Burland（1997）；版权所有

(1) 分类只涉及某一特定时间的可见损伤，而不涉及损伤的原因或发展（这些是单独的问题）。

(2) 避免仅根据裂缝宽度对损坏进行分类，修复的难易程度才是确定损伤类别的关键因素。

(3) 分类适用于砖砌体、砌块和石砌结构，也可以用于其他形式的外墙，不适用于钢筋混凝土结构。

(4) 如果损伤可能导致腐蚀、有害液体和气体的渗透或泄漏以及结构失效，则需要执行更严格的标准。

表 26.1 除了以数字划分损伤类别外，还给出了与每个类别相应的"严重程度"。这些损伤描述与标准的住宅和办公楼有关，指导建筑物业主和使用者的对建筑结构进行评估。对于一些特殊情况，例如具有价值或敏感装修的建筑物，这些损伤描述可能是不合适的。

26.3.3 第2类损伤和第3类损伤的划分

第2类损伤和第3类损伤之间的划分尤其重要。对许多案例的研究表明，第2类以下的损伤可能是由多种因素造成的，有的与结构自身有关（如收缩或热效应），有的与地基有关，这些因素使得确定导致损伤的直接原因特别困难。如果损伤超过第2类，则更容易确定损伤，通常与地基变形有关。因此，第2类和第3类损伤之间的划分是一个重要工作，后面将进一步介绍。

26.4 建筑物允许变形的一般指南

关于建筑物允许变形的两项最著名的研究是 Skempton 和 MacDonald（1956）和 Polshin 和 Tokar（1957）。Skempton 和 MacDonald（1956）的研究共计总结了98栋建筑的沉降和损伤情况（其中40栋建筑物有损伤），这些建筑主要是传统的钢框架结构和钢筋混凝土框架结构，以及少量的剪力墙结构。在该研究中，消除了建筑物倾斜的影响后，不均匀沉降 δ 与两点之间的距离 l 的比值被定义为"角应变"（δ/l）用于度量建筑物变形，这与第

墙体可见损伤的分类，特别是灰泥和砌砖或砌体的易修复性　　　　表 26.1

损伤类别	严重程度	典型损伤描述
0	可忽略	裂缝宽度小于约 0.1mm
1	很轻微	在正常装修过程中容易处理的细小裂缝；损伤通常仅限于内墙面；仔细检查才会发现外部砖或砖石中的一些裂缝；典型的裂缝宽度可达 1mm
2	轻微	容易填补修复的裂缝，可能需要重新装修；可以用衬面来掩盖的反复出现的裂缝；裂缝在外部可见，可能需要粉刷以确保密封性；门窗可能会稍微卡住；典型的裂缝宽度为 2～3mm，但局部可达 5mm
3	中度	可打通修补的裂缝，可能需要重新粉刷外墙和更换少量砖；门窗卡住；供水管道断裂；密封性变差；典型的裂缝宽度大约为 5～15mm 或多个间距大于 3mm 的密集裂缝
4	严重	需要大量的修复工作，包括拆除和更换部分墙体，特别是门窗上的墙体；窗框和门框变形，地板明显倾斜[1]；墙体倾斜[1]或鼓起，梁柱的承重能力降低；供水管道中断；典型的裂缝宽度为 15～25mm，且裂缝达到一定数量
5	很严重	需要进行大规模维修，包括部分或全部重建。梁失去承载能力，墙体严重倾斜，需要支撑；窗户因变形而破碎；有失稳的危险；典型的裂缝宽度大于 25mm，且裂缝达到一定数量

[1] 水平或竖向的局部斜度偏差超过 1/100，通常是清晰可见的；不考虑总体偏差超过 1/150 的情况。

注：下划线标记的内容表示易于维修；裂缝宽度只是评估损伤类别的一个因素，不单独作为一个评价标准。

26.2节中定义的"相对转角"β相对应，研究结果表明，导致墙体和隔墙开裂的β的允许值为1/300，β大于1/150会导致结构出现损伤，应避免β值大于1/500。此后，Bjerrum（1963）给出了不同取值的β对结构所产生的影响和变化，并对β的允许值作了进一步补充。需要注意的是，Skempton和MacDonald（1956）的结论适用于传统的框架结构，未必适用于剪力墙结构，此外，除了在"建筑""功能"和"结构"层面上总结之外，该研究未对损伤进行具体分类。Skempton和MacDonald（1956）强调了其论文中数据的局限性和结论的试探性，但这些在教科书和设计中很少注意。

Polshin和Tokar（1957）讨论了允许变形和沉降的问题，定义了三个标准：相对转角β、挠曲率Δ/L和平均沉陷，苏联1955年《建筑规范》给出了这三个标准的允许值。需要注意的是，该研究将单一框架与有连续墙体的分开处理，建议钢、混凝土框架结构（有填充）的β允许值取1/500，没有填充墙和外墙损伤时需增大为1/200。

对承重砖墙需采用更严格的标准。当L/H比（L为长度，H为高度）小于3时，砂土场地的Δ/L最大值为0.3×10^{-3}，软黏土场地的最大值为0.4×10^{-3}。当L/H比大于5时，砂土场地和软黏土场地的Δ/L最大值分别为0.5×10^{-3}和0.7×10^{-3}。Polshin和Tokar（1957）引入了两个重要的变量：（1）建筑物或墙的长高比L/H；（2）开裂前的极限拉伸应变。利用0.05%极限拉伸应变得出的L/H和Δ/L之间的极限关系，与一些已开裂和未开裂的砖结构建筑相比较，表现出了良好的一致性。上述关于承重砌体墙的建议适用于墙体不开裂的情况，在这种情况下损伤程度不会超过表26.1中的类别1（很轻微）。

读者可以参考第52章"基础类型和概念设计原理"，以方便讨论建筑物允许变形的常规指南。

26.5 极限拉伸应变的概念

26.5.1 可见裂缝的出现

砌体墙和饰面的裂缝通常是由拉伸应变引起的。在Polshin和Tokar（1957）的工作之后，Burland和Wroth（1974）认为拉伸应变可能是决定裂缝开始的基本参数。英国建筑研究院（Building Research Establishment，简称BRE）对砌体平面构件或砌体墙体的大量试验的研究表明，对于给定材料，可见裂缝的出现与平均拉伸应变的特定取值有关，该值对变形方式不敏感，被定义为临界拉伸应变ε_{crit}（在1m或更长的标准长度上测得）。

Burland和Wroth（1974）提出了以下重要意见：

（1）各种类型的砖或块结构出现可见裂缝的平均ε_{crit}非常接近，在0.05%~0.1%范围内。

（2）对于钢筋混凝土梁，可见裂缝发生在较小的拉应变范围内（0.03%~0.05%）。

（3）上述的ε_{crit}远大于相应拉伸破坏的局部拉应变。

（4）可见裂缝的出现不一定代表正常使用的极限。如果裂缝得到控制，应变可以超出可见裂缝的限制范围。

Burland和Wroth（1974）介绍了如何将临界拉伸应变与弹性梁结合使用，以制定可见损伤出现的挠度标准，这项工作将在后面详细讨论。

26.5.2 极限拉伸应变——一个使用性能参数

Burland等（1977）用极限拉伸应变（ε_{lim}）代替了临界拉伸应变的概念。这一发展的重要性在于，将ε_{lim}用作使用性能参数，对其进行修正可以考虑不同的材料和使用性能的极限状态。

Boscardin和Cording（1989）提出了不同的拉伸应变水平的概念。通过分析17例因开挖引起的沉陷造成破坏的案例（涉及各种建筑类型），发现损伤类别与ε_{lim}的取值范围相关（表26.2）。

损伤类别与极限拉伸应变（ε_{lim}）之间的对应关系　　表26.2

损伤类别	严重程度	极限拉伸应变ε_{lim}（%）
0	可忽略	0~0.05
1	很轻微	0.05~0.075
2	轻微	0.075~0.15
3	中度①	0.15~0.3
4、5	严重至很严重	>0.3

① Boscardin和Cording（1989）将ε_{lim}在0.15%~0.3%之间对应的损伤称为"中度至重度"，但是，在这一范围内他们引用的案例均为严重损伤。因此，并没有证据表明0.3%的拉伸应变会导致严重损伤。

数据取自Boscardin和Cording（1989）。

表 26.2 列出了不同损伤类别对应的 ε_{lim} 取值范围，该表的重要性在于建立了建筑物变形与可能的损伤程度之间的联系。

26.6 矩形梁的应变

本节介绍 Burland 和 Wroth（1974）以及 Burland 等（1977）使用极限拉伸应变的概念研究失效弹性梁在经历下沉和起拱变形时的开裂。这种简单的研究方法使人们对控制开裂的机制有了深入的了解。此外，利用极限拉伸应变判断梁的开裂，与有损伤和无损伤的建筑物的沉降情况相符。因此，总的来看，用矩形梁分析建筑物墙体开裂是合理的，也是有指导意义的。

26.6.1 Δ/L 允许值与极限拉伸应变之间的关系

Burland 和 Wroth（1974）所采用的方法如图 26.2 所示，其中建筑物由长度为 L 和高度为 H 的矩形梁表示。通过用梁代替建筑物计算基础变形产生的拉伸应变，来获得建筑物开裂时下沉率或起拱率 Δ/L。对此，需要先确定梁的变形模式，才能计算梁的应变分布。两种极端模式分别是：（1）仅绕中性轴的弯曲变形 [图 26.2 (d)]；（2）剪切变形 [图 26.2 (e)]。仅弯曲变形的情况下，最大拉伸应变出现在端部边缘处，会产生图中的裂缝。仅剪切变形的情况下，最大拉伸应变在倾斜 45°斜截面上，从而产生对角线裂纹。通常，两种变形模式都会同时发生，因此有必要计算弯曲和对角拉伸应变，以确定哪种类型处于极限。

Timoshenko（1957）给出了在集中荷载作用下，同时考虑弯曲刚度和剪切刚度，梁跨中挠度 Δ 的表达式：

$$\Delta = \frac{PL^3}{48EI}\left(1 + \frac{18EI}{L^2HG}\right) \quad (26.1)$$

式中，E 为弹性模量；G 为剪切模量；I 为截面二阶矩；P 为集中荷载。公式（26.1）可以用挠曲率 Δ/L 和最大极限应变 ε_{bmax} 重写为：

$$\frac{\Delta}{L} = \left(\frac{L}{12t} + \frac{3I}{2tLH}\frac{E}{G}\right)\varepsilon_{bmax} \quad (26.2)$$

式中，t 为中性轴到受拉梁边缘的距离。最大对角线应变 ε_{dmax} 的计算公式（26.1）还可变换为：

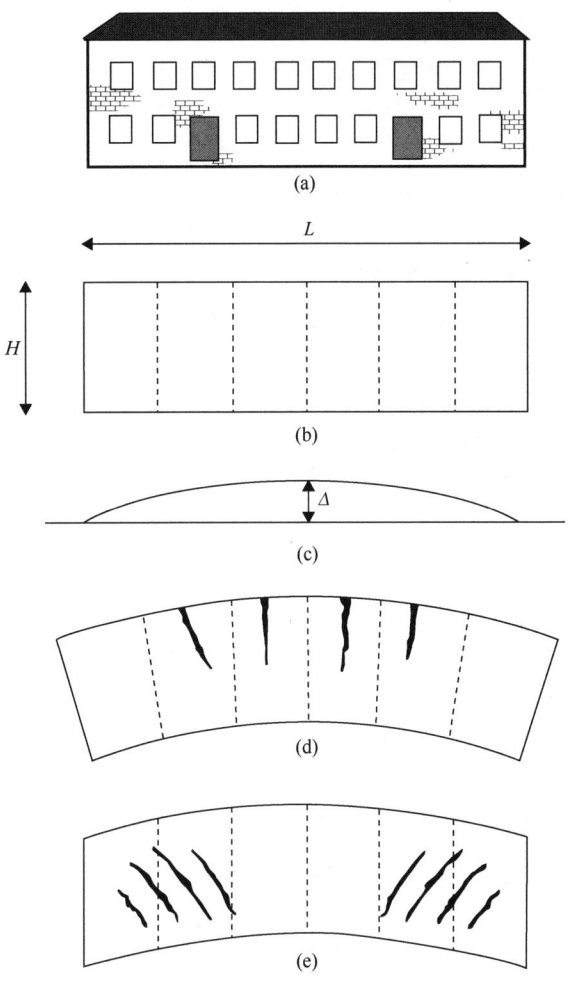

图 26.2 弯曲和剪切时梁的裂缝
（a）实际建筑物；（b）等效深梁；（c）地基变形；
（d）弯曲变形；（e）剪切变形
摘自 Burland（1997）；版权所有

$$\frac{\Delta}{L} = \left(1 + \frac{HL^2}{18I}\frac{G}{E}\right)\varepsilon_{dmax} \quad (26.3)$$

对于均布荷载的情况，在对角线的四分之一点（即 $L/4$ 和 $3L/4$）处，可以采用上面的公式计算应变。Burland 和 Wroth（1974）得出了一个重要结论，即最大拉伸应变对 Δ/L 的取值比对荷载的分布更为敏感。

通过设置 $\varepsilon_{max} = \varepsilon_{lim}$，式（26.2）和式（26.3）可以给出梁挠度的 Δ/L 允许值。显然，在给定 ε_{lim} 时，Δ/L 的允许值 [取式（26.2）和式（26.3）的小值] 取决于 L/H、E/G 和中性轴的位置。对于各向同性的梁（$E/G \approx 2.5$），中性轴为中间轴，$\Delta/(L\cdot\varepsilon_{lim})$ 和 L/H 的极限关系可由图 26.3 中的曲

线①确定。对于抗剪强度较低的梁（$E/G = 12.5$），极限关系由曲线②确定。需要注意的是，对易弯曲的梁，中性轴也可能会位于底部边缘。曲线③显示 $E/G = 0.5$ 梁的极限关系。图 26.3 中的这些曲线表明，即使对于梁，导致开裂的极限 Δ/L 变化范围也很大。

26.6.2 轻微破坏的 Δ/L 允许值

Burland 和 Wroth（1974）对框架结构填充墙和砌体结构墙体的开裂进行了调查，他们的结论是，对于常见建筑材料出现可见裂缝时，平均拉伸应变范围非常小，砌体结构水泥砂浆的 $\varepsilon_{\lim}$ 范围为 0.05% ~ 0.1%，普通钢筋混凝土的 $\varepsilon_{\lim}$ 范围 0.03% ~ 0.05%。

为了评估极限拉伸应变方法预测建筑物是否产生可见裂缝的有效性，Burland 和 Wroth（1974）将梁分析得到的极限标准与一些建筑物（包括现代建筑）的观测结果进行了比较，在该研究中使用 $\varepsilon_{\lim} = 0.075\%$，这个值是类别 1（非常轻微）和类别 2（轻微）的临界值（表 26.2），这些建筑物的承重墙的变形被分为下沉和起拱。当 $\varepsilon_{\lim} = 0.075\%$，图 26.4（a）、(b) 和 (c) 与图 26.3 中的曲线②、①和③相对应，同时给出了 Skempton 和 MacDonald（1956）提出的极限相对转角 $\beta = 1/300$ 以及 Polshin 和 Tokar（1957）提出的承重墙的极限关系。尽管分析简单，但反映了观测结果中的主要趋势，尤其是承重墙在起拱时，比框架结构在剪力作用下更容易受到破坏。

26.6.3 Δ/L 和破坏程度之间的关系

必须强调的是，极限拉伸应变不是一个基本的材料特性，如抗拉强度。应将其视为使用性的度量（表 26.2），可以帮助工程师确定建筑物是否产生可见的裂缝、裂缝的严重程度以及哪些关键位置。给定 Δ/L（由计算得到）时，式（26.2）和式（26.3）可以用来评估可能出现的损伤级别。

与极限变形的传统经验方法相比，这种方法的优点是：

（1）可以通过成熟的应力分析方法分析复杂的结构。

（2）明确了通过建筑结构及其饰面的变形模式控制损伤。

（3）允许值可以根据不同的材料和使用极限状态而改变，例如，使用柔性砖和石灰砂浆可大幅减少开裂，因为这提高了 $\varepsilon_{\lim}$ 值。

需要注意的是，可见裂缝的出现并不一定是使用性的极限。只要裂缝得到控制，允许变形在裂纹萌生之后继续存在是可以接受的。可以容易控制初始裂纹的情况包括带板墙的框架结构，加固的承重结构，以及在基础约束作用下发生下沉的非加固承重墙。无筋独立承重墙上拱时出现开裂是一种不受控制的变形，一旦裂缝在墙顶部出现，就无法控制裂缝的扩展，在膨胀或收缩性黏土上，采用浅基础的低层房屋特别容易出现这种形式的破坏。

本章的其余部分主要内容是将上述原则应用于评估隧道和基坑引起的沉降对建筑物的影响。

26.7 隧道和基坑引起的地基变形

26.7.1 引言

近年来，大型建设项目对环境影响的评估已经成为一道常规的、必要的程序。在城市中修建隧道，会对环境产生长期的、重大的影响。施工期间的影响主要包括施工交通、噪声、振动和灰尘，以及对周边道路和公共区域的临时限制。长期影响主要包括土地和建筑物的征用、交通和通风的噪声与振动干扰，以及污染、地下水变化和生态影响等。

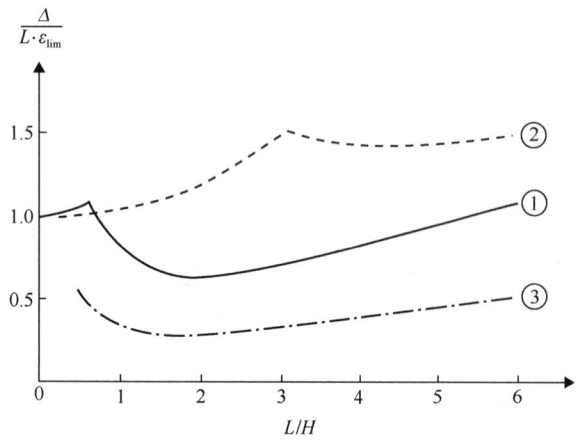

图 26.3 E/G 和变形方式对矩形简支梁开裂的影响

图例　① $E/G=2.5$；中性轴在中间；临界弯曲应变
　　　② $E/G=12.5$；中性轴在中间；临界对角线应变
　　　③ $E/G=0.5$；中性轴在底部；临界挠度

摘自 Burland（1997）；版权所有

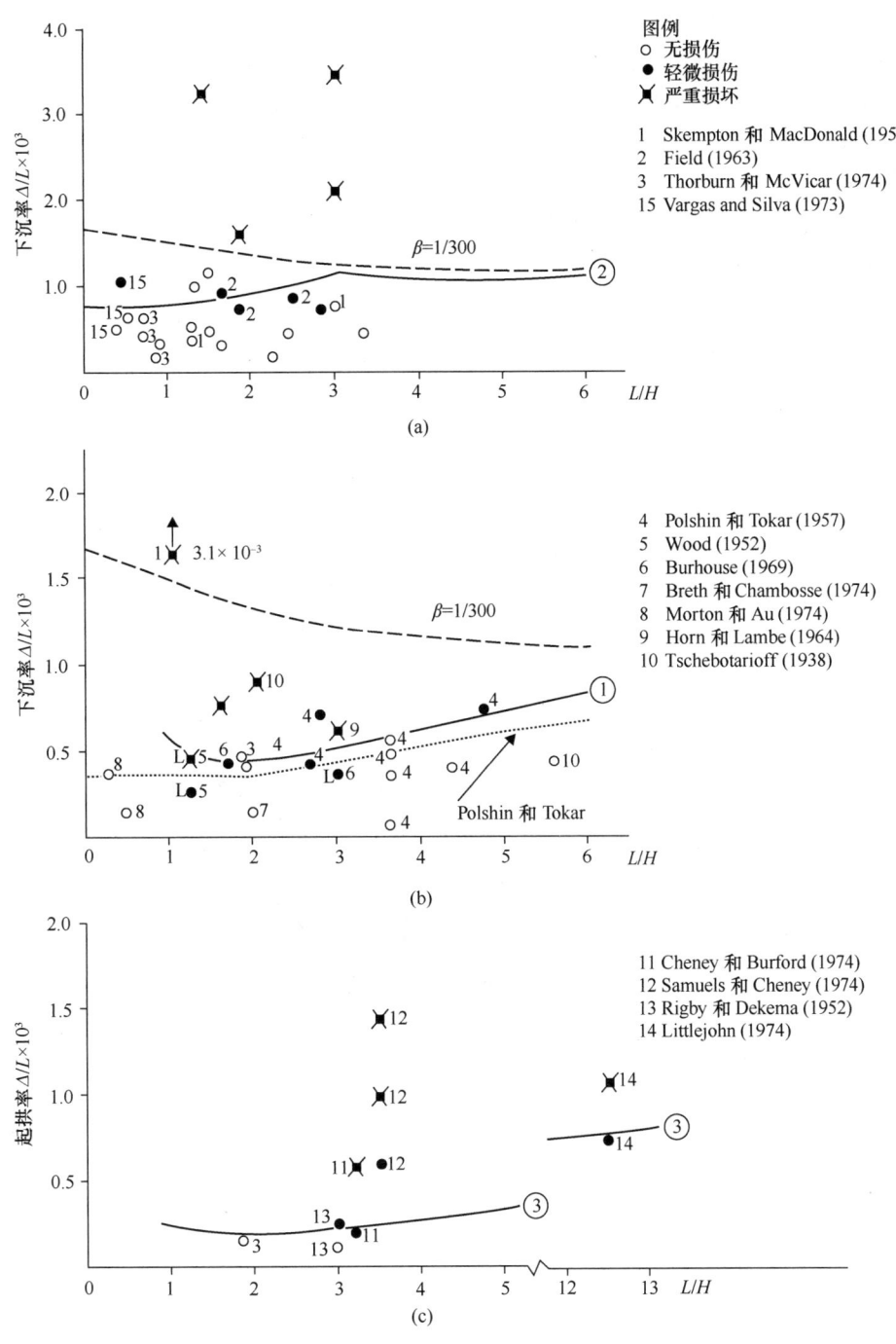

图 26.4 不同损伤程度的建筑物的 Δ/L 和 L/H 之间的关系
(a) 框架结构；(b) 承重墙；(c) 起拱的承重墙
摘自 Burland 等 (1977) 重新绘制；版权所有

由隧道施工和深基坑施工造成的沉降及其对结构和服务设施的环境影响已引起公众的日益关注。隧道和深基坑的施工不可避免地伴随着地基变形。无论是工程设计，还是规划和咨询，都必须制定合理的风险评估程序，当存在不可避免的风险时，就需要采取有效的保护措施。

下一节总结 20 世纪 90 年代为评估伦敦地铁银禧线扩建项目沉降风险而制定的方法，该项目涉及在伦敦市中心建筑密集区域进行隧道开挖。这个项目中获得的经验已被总结在一部两卷的书中（Burland 等，2001a 和 Burland 等，2001b）。这里介绍的沉降风险评估方法，引用了前面所介绍的研究成果，包括对损伤的描述和分类以及砌体结构和砖墙的极限变形。

隧道或基坑的施工必然伴随着周围地基的变形。在地基上，这些变形被称为"沉降槽"。图 26.5 示意了隧道推进时上方的沉降槽。对于空旷的场地，将隧道轴线与周围地基沉降的边缘线简化为正态高斯分布曲线，以便于分析计算。

26.7.2 隧道挖掘引起的沉降

图 26.6 显示了一个理想化的横切沉降槽。Attewell 等（1986）和 Rankin（1988）对目前广泛使用估算地基和近地基位移的经验方法进行总结后，给出沉降 s 的计算公式：

$$s = s_{max} \exp\left(\frac{-y^2}{2i^2}\right) \quad (26.4)$$

式中，s_{max} 为最大沉降；i 为 y 在拐点处的值，与隧道深度 z_0 存在线性关系：

$$i = Kz_0 \quad (26.5)$$

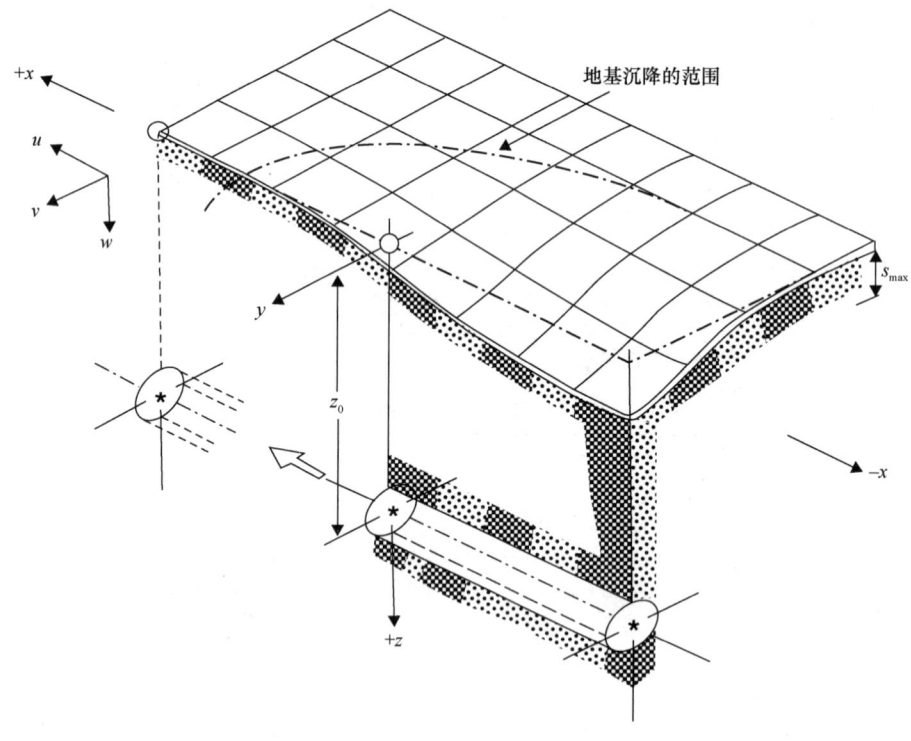

图 26.5　隧道推进上方的沉降槽

摘自 Attewell 等（1986）；Blackie and Sons Ltd. 版权所有

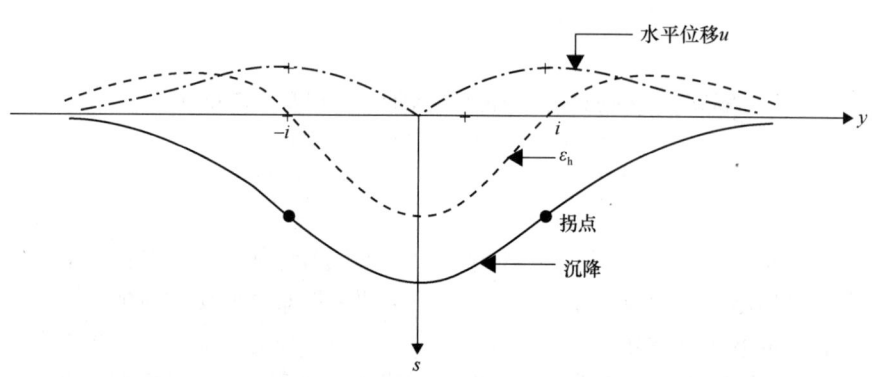

图 26.6　横切沉降槽和水平位移剖面

槽宽参数 K 取决于土的类型，粒状土为 $0.2 \sim 0.3$，硬黏土为 $0.4 \sim 0.5$，软粉质黏土为 0.7。对于黏土层隧道，地基沉降槽的宽度一般是隧道深度的 3 倍左右。需要注意的是，尽管对于不同深度的隧道，同一地基的参数 K 是近似不变的，但 Mair 等（1993）认为对于地基沉降，参数 K 随着深度的增加而增加。

隧道挖掘引起的直接沉降通常用"体积损失" V_L 来表示，即单位长度地基沉降槽的体积，隧道估计的开挖体积百分比用 V_s 表示。

由式（26.4）积分得到：

$$V_s = \sqrt{2\Pi} i s_{max} \quad (26.6)$$

又有：

$$V_L = \frac{3.192 i s_{max}}{D^2} \quad (26.7)$$

其中 D 是隧道直径。结合式（26.4）、式（26.5）和式（26.7），可得到距中心线任意距离 y 处的表面沉降量 s：

$$s = \left(\frac{0.313 V_L D^2}{K z_0}\right) \exp\left(\frac{-y^2}{2K^2 z_0^2}\right) \quad (26.8)$$

26.7.3 隧道引起的水平位移

建筑物的破坏也可能是由水平拉应变造成的，因此需要预测水平变形。与沉降不同的是，很少有测量水平变形的数据。已有的观测数据和 O'Reilly 和 New（1982）的假设一致认为，地基变形的合成向量指向隧道轴线。由此可知，水平位移 u 与沉降 s 的表达式为：

$$u = \frac{s \cdot y}{z_0} \quad (26.9)$$

式（26.9）易于微分求解，能够求出地基任意位置的水平应变 ε_h。

图 26.6 给出了沉降槽、水平位移和地基水平应变之间的关系。在 $-i < y < i$ 区域，水平应变为压应变。在拐点处，水平位移最大且 $\varepsilon_h = 0$。当 $y > |i|$ 时，水平应变是拉应变。

26.7.4 隧道挖掘引起的地表位移评估

上述经验公式为估计隧道引起的近地表位移提供了一种简单的评估方法，其假设场地是空旷的没有任何建筑物或构筑物。

该评估方法中的一个关键参数是体积损失 V_L，V_L 受多种因素影响，包括地基向隧道表面移动，以及由于支护承载力降低使地基向隧道轴线径向移动。V_L 的大小取决于地基类型、地下水条件、隧道开挖的方法、提供有效支护的时间长短以及施工监管和控制的质量。V_L 的取值是经验的，参考类似的工程案例可以给出更合理的 V_L。

在预测隧道挖掘引起的地基位移时，还涉及其他一些假设。例如，在含有黏土和粒状土的土体中，槽宽参数值 K 是不确定的。当在附近建造两个或两个以上的隧道时，通常假设每个隧道引起的地基变形是独立计算的，并且变形可以叠加的。在某些情况下，需要注意这种假设可能低估了变形。

从前述内容可以清楚地看出，即使在空旷的场地条件下，准确预测由于隧道挖掘而产生的地基变形也是不现实的。然而，如果隧道施工是在有较强专业能力和较丰富工程经验的工程师控制下进行，就有可能对变形范围作出合理的估计。

26.7.5 深基坑引起的地基变形

深基坑施工引起周围的地基变形取决于场地条件（例如土层、地下水条件、变形和强度特性）和施工方法（例如开挖顺序、支撑顺序、挡土墙刚度和支护刚度）。一般来说，露天开挖和悬臂式挡土墙支撑的开挖引起的地基变形比支撑式开挖和自上而下开挖引起的地基变形更大。在城市中，应首先考虑减少地基变形对周边建筑的影响

地基变形的计算是一个复杂的过程，需要基于丰富的经验才能给出合理的结果，因此，最好借鉴类似条件下的工程案例。Peck（1969）对深基坑周围地基竖向变形进行了全面调查研究，Clough 和 O'Rourke（1990）对该研究进行了更新。Burland 等（1979）总结了十多年来伦敦黏土深基坑周围地基变形的研究成果。挪威岩土研究所公布了 Oslo 地区软黏土开挖的一些案例（如 Karlsrud 和 Myrvoll（1976））。对于硬黏土中支撑良好的基坑，Peck 沉降包络线通常是比较保守的，因为沉降很少超过开挖深度的 0.15%。然而，变形可以延伸到地下室的墙后，达到开挖深度的 3 或 4 倍。水平变形与竖向变形一般有相似的大小和分布，但对于刚性黏土的露天开挖和悬臂开挖，水平变形可能要

大得多。

基于有限元的先进数值分析方法被广泛应用于深基坑周边地基的变形预测。有限元法可以模拟施工过程，模拟各阶段的开挖和支护条件，与现场观测相对比，有限元法的准确预测需要高质量的土样，以及需要土样侧面的局部应变传感器测量小应变刚度特性（Jardine 等，1984）。

对于隧道工程，深基坑的施工必须在有经验的工程师监督下进行，在出现问题时采取积极有效的措施，并及时控制地下水的变化，否则可能会出现大规模的地基变形。

26.7.6 水平应变的影响

在第 26.7.3 节中已指出，与隧道和基坑有关的地基变形不仅涉及下沉和起拱，而且还涉及显著的水平应变（图 26.6）。Boscardin 和 Cording (1989) 采用简化的叠加方法，在式（26.2）和式（26.3）中考虑了水平应变 ε_h 的影响，即假定有损伤的梁在其截面高度上受均匀拉伸。合成的极限应变 ε_{br} 由下式得到：

$$\varepsilon_{br} = \varepsilon_{bmax} + \varepsilon_h \quad (26.10)$$

其中 ε_{bmax} 由式（26.2）得到。在梁的受剪区域，可以用应变莫尔圆来计算对角拉伸应变。ε_{dr} 取值由下式得到：

$$\varepsilon_{dr} = \varepsilon_h \left(\frac{1-\nu}{2} \right) + \sqrt{\varepsilon_h^2 \left(\frac{1+\nu}{2} \right)^2 + \varepsilon_{dmax}^2}$$

$$(26.11)$$

其中 ε_{dmax} 由式（26.3）得到，ν 为泊松比。最大拉应变是 ε_{br} 和 ε_{dr} 中的较大值。对于长度为 L 和高度为 H 的梁，在给定 Δ/L、ε_h、t、E/G 和 ν 后，ε_{max} 可以直接计算得到。ε_{max} 可以与表 26.2 一起用于评估潜在的损伤。

式（26.2）、式（26.3）、式（26.10）和式（26.11）的物理含义可以通过前述各向同性梁来说明，梁的中性轴在底部边缘和 $\nu = 0.3$。结合式（26.2）和式（26.10），通过设置 $\varepsilon_{bmax} = \varepsilon_{lim}$，可以检测 ε_h 对 Δ/L 允许值的影响。图 26.7（a）给出了 Δ/L 与 ε_h 之间的归一化关系，当 $\varepsilon_h = 0$ 时，Δ/L 在不同 L/H 值下的允许值与图 26.3 所示相同，随着 ε_h 向 ε_{lim} 的增加，在给定 L/H 的情况下，Δ/L 的允许值呈线性减小，当 $\varepsilon_h = \varepsilon_{lim}$ 时变为零。

同样，图 26.7（b）是从对角应变的式（26.3）和式（26.11）导出的，当 $\varepsilon_h = 0$ 时，Δ/L 的允许值由图 26.3 得到，随着 ε_h 的增加，Δ/L 的允许值呈非线性减小，且减小速率逐渐趋近于零。需要注意的是，Δ/L 的值对 L/H 在 0 到 1.5 之间的值不太敏感。

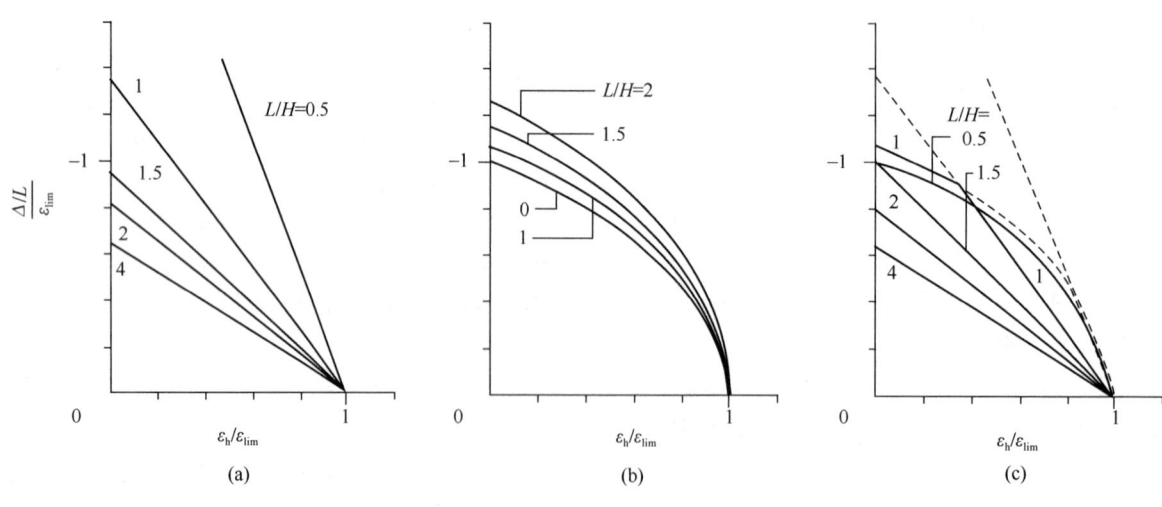

图 26.7 水平应变对 $(\Delta/L)/\varepsilon_{lim}$ 的影响

(a) 对弯曲应变控制；(b) 对角应变控制；(c) 对 (a) 和 (b) 的极限组合控制。注意 $E/G = 2.5$，变形模式为起拱。

摘自 Burland (1997)；版权所有

对于不同的 L/h，图 26.7（a）和（b）可以结合起来确定 Δ/L 和 ε_h 的极限关系，如图 26.7（c）所示。可以看出，当 $L/H>1.5$ 时，弯曲应变总起控制作用。此外，对于较小的 L/H 值，随着 ε_h 的增加，控制应变由对角应变变为弯曲应变。需要注意图 26.7 涉及中轴线在下表面、$E/G=2.5$ 的起拱情况。

当采用与表 26.2 中损伤类型相关的 ε_{lim} 值时，图 26.7（c）可以形成一个交互图，该图显示了特定 L/H 下 Δ/L 和 ε_h 之间的关系，当 $L/H=1$ 时如图 26.8 所示。图 26.8 与著名的 Boscardin 和 Cording（1989）角变形 β-ε_h 图有相似之处，但后者有以下限制：

（1）仅与 $L/H=1$ 有关；
（2）忽略最大弯曲应变 ε_{bmax}；
（3）假设 β 与 Δ/L 成正比，Burland 等（2004）表明，该关系实际上对荷载分布和 E/G 值非常敏感；
（4）如第 26.2 节所述，β 不总是可以直接得到的。

26.7.7 建筑物尺寸

定义建筑物的高度和长度是一项重要内容。图 26.9 是受单个隧道沉降槽影响的典型建筑，高度 H 是从基础顶面到屋檐的高度（通常忽略屋顶）。假定建筑物可以单独考虑变形拐点处的任何一侧，即用沉降剖面的拐点（在地基顶面上）来分割建筑物，建筑物的长度不超出沉降槽的范围（宽度），单个隧道的宽度可取 $2.5i$（其中 $s/s_{max}=0.044$）。在计算建筑物应变时，需要建筑物的跨度，它被定义为建筑物在起拱或下沉区域的长度（在图 26.9 中为 L_h 或 L_s），并受到拐点或沉降槽范围的限制。

26.8 沉降对建筑物造成损伤的风险评估

将前面几节中讨论的各种概念结合在一起，便可形成一种合理的方法来评估隧道和基坑造成建筑物损伤的风险。以下内容概括了伦敦银禧线地铁在扩建项目的规划和咨询时所采用的方法，目前该方法已在国际上被广泛使用（Burland，1997）。

26.8.1 风险等级

损伤的"风险等级"，或简称为"风险"，是指表 26.1 定义的可能损伤程度。如果预测的损伤程度属于前三类 0～2（即可以忽略不计），则大多数建筑物被认为处于低风险状态。在这些损坏程度下，结构完整性不会受到影响，并且易于修复。回顾第 26.3.3 节，可以知道第 2 类和第 3 类损坏之间的界限是一个特别重要的临界值。设计和施工的一个主要目标是将所有建筑物的风险水平保持在此临界值以下。需要注意的是，对于那些被判定为特别敏感的建筑物，例如自身状态不佳，安装了敏感

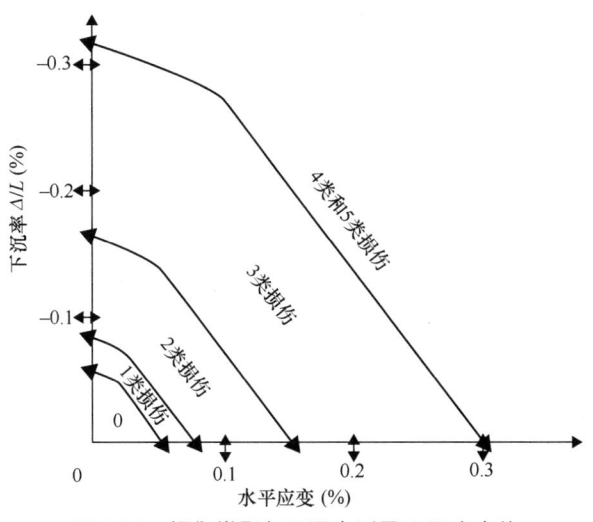

图 26.8 损伤类别与下沉率以及水平应变的关系（$L/H=1$，$E/G=2.5$）

摘自 Burland（1997）；版权所有

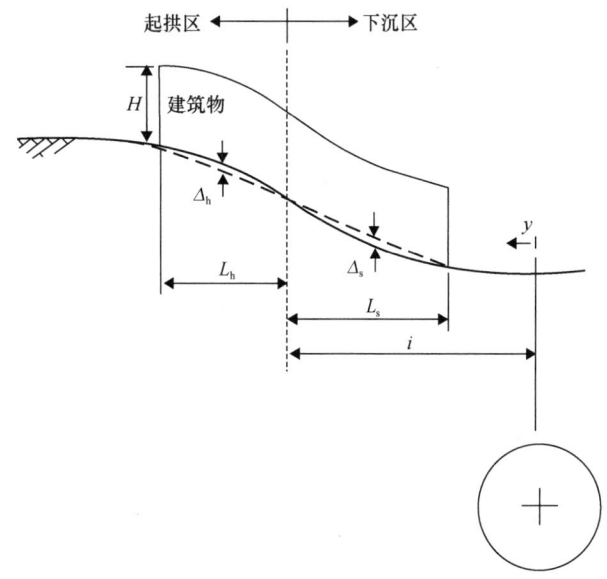

图 26.9 建筑物变形-下沉和起拱之间的划分

摘自 Mair 等（1996）；版权所有

设备或具有一定历史或建筑意义的建筑物,必须给予特别考虑。

对于大多数的常规建筑,风险评估方法分为初步评估、第二阶段评估和详细评估。下面将简要描述这三个阶段。

26.8.2 初步评估

为了避免大量、复杂和不必要的计算,初步评估采用了一种非常简单和保守的方法。该方法同时考虑了每个建筑物所在位置的最大坡度和地基最大沉降。根据 Rankin(1988)的观点,建筑物的最大坡度 θ 为 1/500、沉降小于 10mm 时,建筑物的损伤风险可以忽略。通过沿着拟建隧道及其挖掘路线绘制地基沉降等值线,能够快速排除那些风险可以忽略的建筑物。这种方法很保守,因为它使用地表位移而不是地基位移,它还忽略了建筑物刚度和地基之间的任何相互作用。对于特别敏感的建筑物,可能需要采用更严格的坡度和沉降标准。

26.8.3 第二阶段评估

上述初步评估主要基于地表的坡度和沉降,为确定沿线哪些建筑物需要进一步分析提供了初步的依据。第二阶段的评估利用了本章前几节所述的内容。在第二阶段评估中,建筑的立面由一个简单的梁表示,根据第 26.7 节中空旷场地的假设,基础跟随地基变形而变形。最大的拉伸应变由式(26.2)、式(26.10)和式(26.3)、式(26.11)计算得出,然后根据表 26.2 确定潜在损伤类别或损伤程度。

上述方法虽然比初步评估要详细得多,但还是非常保守。因此,得出的损伤类别仅指可能的损伤程度。在大多数情况下,实际损伤可能小于评估的损伤类别,因为在计算拉伸应变时,假定建筑物没有刚度——这只适用于空旷场地的沉降槽。然而实践中,建筑物的固有刚度将使其基础与支撑地基发生相互作用,并可能会降低下沉率和水平应变。

Potts 和 Addenbrooke(1996;1997)采用有限元方法,结合非线性弹塑性土体模型,研究了建筑刚度对隧道引起地基变形的影响。建筑物可由具有轴向刚度 EA 和弯曲刚度 EI 的等效梁来表示(其中 E 为弹性模量,A 为横截面积,I 为梁的惯性矩)。相对轴向刚度 α^* 和弯曲刚度 ρ^* 定义为:

$$\alpha^* = EA/E_s H \quad \text{和} \quad \rho^* = EI/E_s H^4$$
(26.12)

式中,H 为梁的半宽(=$B/2$);E_s 为代表性土体刚度。

图 26.10 为在长 60m 的建筑物正下方 20m 深处挖掘隧道(偏心距为 0)时,相对弯曲刚度对沉降曲线的影响。图 26.11 给出了在不同 e/B 下,对于下沉和起拱时空旷场地下沉率(Δ/L)的修正系数 MDR,其中 e 是隧道中心线的偏心距。可以看出,特别是起拱时,在相对弯曲刚度的很小范围内,建筑物从较柔变得较刚。

Potts 和 Addenbrooke 对建筑物整体刚度影响的评估,是对现有损伤风险评估方法的最好补充,结果可以更真实地评估相对挠度,从而评估建筑物的平均应变。

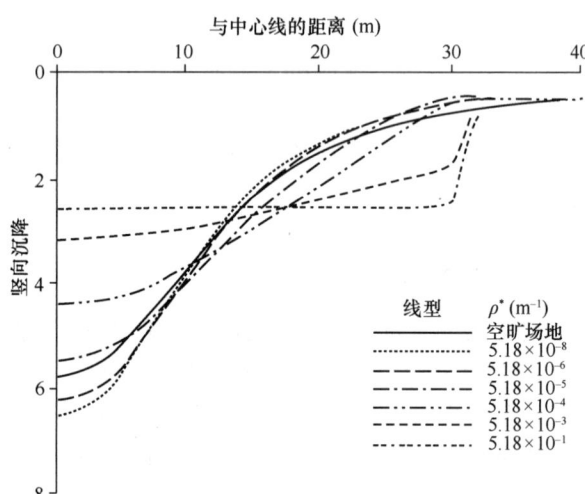

图 26.10 相对弯曲刚度对沉降的影响
摘自 Potts 和 Addenbrooke(1997)

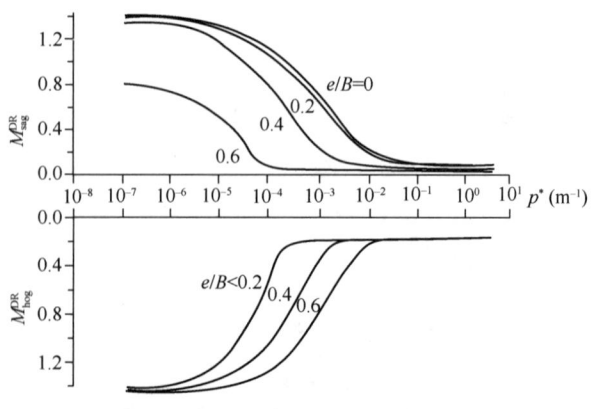

图 26.11 弯曲刚度修正系数
摘自 Potts 和 Addenbrooke(1997)

26.8.4 详细评估

对于在第二阶段评估中被归类为3类或3类以上损伤的建筑物（表26.1），应进行详细评估。详细评估是对第二阶段评估的完善，详细地考虑了建筑物的自身特征以及隧道方案或基坑方案。由于每个工程案例都不同，必须按其自身情况进行处理，因此无法制定详细的准则和程序。下面将讨论一些需要考虑的重要因素。

26.8.4.1 隧道和基坑

应详细考虑隧道和基坑的施工顺序和施工方法，以尽可能减少体积损失和最大程度地减小地基变形。

26.8.4.2 结构的连续性

结构连续的建筑物（如钢结构和混凝土框架结构），比结构不连续的建筑物（如砌体结构）遭受损伤的可能性较小。

26.8.4.3 基础

建筑物采用连续基础，例如条形基础和筏板等，比采用独立基础或混合基础，例如桩基和扩展基础，更不容易因为不均匀变形（竖向和水平）而发生损伤。

26.8.4.4 建筑物的方向性

建筑物的方向与隧道的轴线明显相交时，建筑物可能会发生翘曲或扭曲效应，特别是隧道轴线靠近建筑物的拐角处，会更明显。

26.8.4.5 土-结构相互作用

空旷场地预测的地基变形，需要利用建筑物的刚度进行修改。修正方法是极其复杂的，通常采用简化的程序来完成，在英国结构工程师学会（Institution of Structural Engineers）（1989）公布的报告中介绍了一些简化程序。建筑物刚度也会有利于减小地基变形，伦敦金融城住宅下面和附近的隧道施工监测记录证明了这一点——参见图26.12（Frischman等，1994）。

26.8.4.6 历史变形

建筑物可能因为各种原因已经发生了变形，如

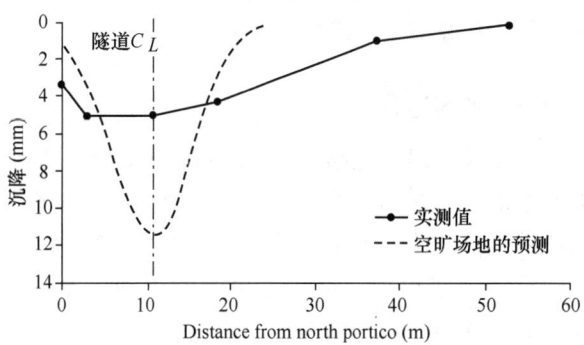

图26.12 在15m深处修建直径为3.05m的隧道后，伦敦住宅沉降观测和空旷场地沉降观测的比较

摘自 Frischman 等（1994）

施工沉降、地下水下降和附近的建筑活动。评估这些活动的影响很重要，因为它们可能会降低建筑物对未来变形的承受能力。如果建筑物已经有裂缝，则应评估隧道引发的变形是否集中影响在这些裂缝处，有时这些已有裂缝可能会降低建筑物的其他部分受到损伤的风险。

鉴于许多因素无法进行精确的计算，因此，对损伤程度的最终评估需要基于对现有信息和经验准则的充分了解。在第二阶段评估中使用了偏保守的假设，一般会使详细评估低估损伤程度。在进行详细评估之后，应考虑是否需要采取保护措施，通常只需要对3类或3类以上损伤程度的建筑物采取保护措施（请参见表26.1）。

26.9 保护措施

在考虑近地表保护措施之前，应考虑从隧道内采取保护措施，以减少体积损失。有多种隧道内部保护措施，例如在隧道工作面或附近增加支撑、缩短支护时间、使用超前支护、在隧道工作面打土钉以及使用先导隧道，这些措施可以从根本上解决问题，比近地表措施的成本和破坏性小得多。

如果对某一特定建筑物来说，隧道防护措施在技术上无效或过于昂贵，那么就有必要考虑在地表附近或对建筑物本身采取保护措施。然而，需要注意的是，这些措施一般都是破坏性的，并且会对环境产生明显的影响。目前，主要的保护措施可分为以下六大类。

26.9.1 地基加固

通过向土体注浆（水泥或化学添加剂）或冻

结土体，使基础下土体的刚度增加和开挖期间工作面上的土体稳定，实现加固地基。

26.9.2 加固建筑

为了使建筑物能够安全承受额外的应力或适应地基变形，有时需要建筑物进行加固。加固措施包括使用锚杆、临时或永久的支撑。加固建筑物会比让建筑物适当出现裂缝带来更大的负面影响，因此，应当谨慎采取加固措施。

26.9.3 结构顶升

在某些特殊情况下（如敏感设备），需要放入千斤顶来补偿隧道引起的沉降。

26.9.4 基础托换

在某些情况下，可以托换基础来消除或减小隧道开挖引起的不均匀变形。但是，由于地基变形通常是深层引起的，因此这种方法可能效果不佳。如果现有基础的强度不足或状况不佳，则可以使用托换加固，为建筑提供坚固的支撑系统。

26.9.5 安装物理屏障

有时候可以考虑在建筑物基础和隧道之间设置物理屏障，比如泥浆护壁或一排钻孔咬合桩。这种屏障在结构上与建筑物的地基没有连接，不能直接传递荷载，其目的是改变沉降槽的形状，减少建筑物附近和下方的土体变形。

26.9.6 补偿灌浆

补偿灌浆是指在隧道开挖过程中，根据地基和建筑物的实测变形情况，在隧道和建筑物地基之间有控制地注入灌浆，其目的是补偿土体变形。该技术需要仪器详细地监测地基和建筑物的变形。Harris 等（1994）和 Harris（2001）对补偿灌浆的经验进行了总结。伦敦银禧线扩建项目采用补偿灌浆技术来保护许多历史建筑，包括威斯敏斯特宫的大本钟楼（Harris 等，1999）。最近，Mair（2008）介绍了补偿灌浆在粒状土中的成功应用，以及定向钻孔安装灌浆管的创新应用。

需要强调的是，所有上述措施都是不经济的和有破坏性的，应该优先考虑如何提高隧道和基坑的施工质量来减小沉降。

26.10 结论

基础变形导致建筑物损伤只是影响建筑物使用性能的一个方面。处理不均匀沉降时，如蠕变、收缩和结构变形，通常可通过设计手段，特别是外墙的保护和结构的分隔，来适应变形而不是抵抗变形。经济合理的结构设计和施工，需要岩土工程师、结构工程师和建筑师从规划的最初阶段开始合作。

本章明确地给出了基础变形的相关定义，强调了理解和使用这些定义的重要性，此外，还介绍了一种被广泛接受的损伤分类方法（考虑了修复的难易程度）。这两个方面的内容构成了客观评估建筑物极限变形的基础。引入极限拉伸应变的概念作为建筑物使用性能的参数，以深入了解影响建筑物极限变形的一些关键因素。

本章的后半部分介绍了一种可以有效评估因隧道和基坑建设导致建筑物损伤的方法。该方法采用三个阶段来评估沉降造成的潜在损伤。前两个阶段在评估建筑物的应变时，忽略了建筑物的刚度，这使最终的评估结果变得很保守。这种分阶段评估方法的优点是应用简单，无需进行大量复杂分析工作即可详细评估建筑物的损伤情况。

最后描述了各种加固保护措施，以尽量减少地基变形的影响。一般来说，通过控制隧道施工来控制地基变形比加固建筑要更经济和更高效，因为后者本身就会带来额外的干扰和破坏。

26.11 参考文献

Attewell, P. B., Yeates, J. and Selby, A. R. (1986). *Soil Movements Induced by Tunnelling and Their Effects on Pipelines and Structures*. Oxford: Blackie.

Bjerrum, L. (1963). Discussion. *Proceedings of the European Conference on SM&FE*, Wiesbaden, **2**, 135.

Boscardin, M. D. and Cording, E. G. (1989). Building response to excavation-induced settlement. *Journal of Geotechnical Engineering, ASCE*, **115**(1), 1–21.

Building Research Establishment (1981, revised 1990). *Assessment of Damage in Low Rise Buildings with Particular Reference to Progressive Foundation Movements*. Garston, UK: BRE, Digest 251.

Burland, J. B. (1997). Invited special lecture: assessment of risk of damage to buildings due to tunnelling and excavation. *1st International Conference on Earthquake Geotechnical Engineering*, Tokyo, **3**, pp. 1189–1201.

Burland, J. B. and Wroth, C. P. (1974). Settlement of buildings and associated damage. SOA Review. In *Conference on Settlement of Structures*. London, Cambridge: Pentech Press, pp. 611–654.

Burland, J. B., Broms, B. B. and de Mello, V. F. B. (1977). Behaviour of foundations and structures. SOA Report, Session 2. *Proceedings of the 9th International Conference on SMFE*, Tokyo, **2**, pp. 495–546.

Burland, J. B., Mair, R. J. and Standing, J. R. (2004). Ground performance and building response to tunnelling. In *Proceedings of the International Conference on Advances in Geotechnical Engineering, The Skempton Conference*, vol. 1 (eds Jardine, R. J., Potts, D. M. and Higgins, K. G.). London: Thomas Telford, pp. 291–342.

Burland, J. B., Simpson, B. and St John, H. D. (1979). Movements around excavations in London Clay. Invited National Paper. *Proceedings of the 7th European Conference on SM&FE*, Brighton, **1**, pp. 13–29.

Burland, J. B., Standing, J. R. and Jardine, F. M. (eds) (2001a). *Building Response to Tunnelling. Case Studies from the Jubilee Line Extension, London*, vol. 1, *Projects and Methods*. London: CIRIA and Thomas Telford. CIRIA Special Publication 200.

Burland, J. B., Standing, J. R. and Jardine, F. M. (eds) (2001b). *Building Response to Tunnelling. Case Studies from the Jubilee Line Extension, London*, vol. 2, *Case Studies*. London: CIRIA and Thomas Telford. CIRIA Special Publication 200.

Clough, G. W. and O'Rourke, T. D. (1990). Construction induced movements of in-situ walls. *ASCE Geotechnical Special Publication No. 25 – Design and Performance of Earth Retaining Structures*, pp. 439–470.

Frischman, W. W., Hellings, J. E., Gittoes, S. and Snowden, C. (1994). Protection of the Mansion House against damage caused by ground movements due to the Docklands Light Railway Extension. *Proceedings of the Institution of Civil Engineers – Geotechnical Engineering*, **102**(2), 65–76.

Harris, D. I. (2001). Protective measures. In *Building Response to Tunnelling: Case Studies from Construction of the Jubilee Line Extension, London*, vol. 1 (eds Burland, J. B., Standing, J. R. and Jardine, F. M.). *Projects and Methods*, pp. 135–176. London: CIRIA and Thomas Telford. CIRIA Special Publication 200.

Harris, D. I., Mair, R. J., Burland, J. B. and Standing, J. (1999). Compensation grouting to control the tilt of Big Ben clock tower. In *Geotechnical Aspects of Underground Construction in Soft Ground* (eds Kushakabe, O., Fujita, K. and Miyazaki, Y.). Rotterdam: Balkema, pp. 225–232.

Harris, D. I., Mair, R. J., Love, J. P., Taylor, R. N. and Henderson, T. O. (1994). Observations of ground and structure movements for compensation grouting during tunnel construction at Waterloo Station. *Géotechnique*, **44**(4), 691–713.

Institution of Structural Engineers, The (1978). *State of the Art Report – Structure–Soil Interaction*. Revised and extended in 1989. London: The Institution of Structural Engineers.

Institution of Structural Engineers, The (1994). *Subsidence of Low Rise Buildings*. London: The Institution of Structural Engineers.

Jardine, R. J., Symes, M. J. and Burland, J. B. (1984). The measurement of soil stiffness in the triaxial apparatus. *Géotechnique*, **34**(3), 323–340.

Jennings, J. E. and Kerrich, J. E. (1962). The heaving of buildings and the associated economic consequences, with particular reference to the orange free state goldfields. *The Civil Engineer in South Africa*, **5**(5), 122.

Karlsrud, K. and Myrvoll, F. (1976). Performance of a strutted excavation in quick clay. In *Proceedings of the 6th European Conference on SM&FE*, Vienna, **1**, 157–164.

Little, M. E. R. (1969). Discussion, Session 6. *Proceedings of the Symposium on Design for Movement in Buildings*. London: The Concrete Society.

MacLeod, I. A. and Littlejohn, G. S. (1974). Discussion on Session 5. *Conference on Settlement of Structures*. London, Cambridge: Pentech Press, pp. 792–795.

Mair, R. J. (2008). 46th Rankine Lecture. Tunnelling and geotechnics: new horizons. *Géotechnique*, **58**(9), 695–736.

Mair, R. J., Taylor, R. N. and Bracegirdle, A. (1993). Subsurface settlement profiles above tunnels in lay. *Géotechnique*, **43**(2), 315–320.

Mair, R. J., Taylor, R. N. and Burland, J. B. (1996). Prediction of ground movements and assessment of risk of building damage due to bored tunnelling. In *International Symposium on Geotechnical Aspects of Underground Construction in Soft Ground*. London: City University, April 1996, pp. 713–718.

National Coal Board (1975). *Subsidence Engineers' Handbook*. UK: National Coal Board Production Dept.

O'Reilly, M. P. and New, B. M. (1982). Settlements above tunnels in the United Kingdom – their magnitude and prediction. *Tunnelling '82*, London, pp. 173–181.

Peck, R. B. (1969). Deep excavations and tunnelling in soft ground. SOA Report. In *7th International Conference on SM&FE*. Mexico City: State of the Art Volume, pp. 225–290.

Peck, R. B., Deere, D. U. and Capacete, J. L. (1956). Discussion on Paper by Skempton, A. W. and MacDonald, D. H. 'The allowable settlement of buildings'. In *Proceedings Institution of Civil Engineers*, Part 3, **5**, 778.

Polshin, D. E. and Tokar, R. A. (1957). Maximum allowable non-uniform settlement of structures. *Proceedings of the 4th International Conference on SM&FE*. London, **1**, 402.

Potts, D. M. and Addenbrooke, T. I. (1996). The influence of existing surface structure on ground movements due to tunnelling. In *Geotechnical Aspects of Underground Construction in Soft Ground* (eds Mair, R. J. and Taylor, R. N.). Proceedings of the Conference at City University. Rotterdam: Balkema, pp. 573–578.

Potts, D. M. and Addenbrooke, T. I. (1997). A structure's influence on tunnelling-induced movements. *Proceedings of the Institution of Civil Engineers – Geotechnical Engineering*, **125**, pp. 109–125.

Rankin, W. J. (1988). Ground movements resulting from urban tunnelling; predictions and effects. Engineering geology of underground movement, Geological Society. *Engineering Geology Special Publication No. 5*, 79–92.

Skempton, A. W. and MacDonald, D. H. (1956). Allowable settlement of buildings. *Proceedings of the Institution of Civil Engineers*, Part 3, **5**, 727–768.

Timoshenko, S. (1957). *Strength of Materials* – Part I. London: D van Nostrand Co, Inc.

第1篇"概论"和第2篇"基本原则"中的所有章节共同提供了本手册的全面概述,其中的任何一章都不应与其他章分开阅读。

译审简介:

王延伟,博士,桂林理工大学,教授,从事岩土体-建筑结构监测预警方面的工作。

高玉峰,1966年生,安徽来安人,博士,教授,博士生导师,"长江学者"特聘教授,全国高校黄大年式教师团队负责人。

第27章 岩土参数与安全系数

约翰·B. 伯兰德（John B. Burland），伦敦帝国理工学院，英国
蒂姆·查普曼（Tim Chapman），奥雅纳工程顾问，伦敦，英国
保罗·莫里森（Paul Morrison），奥雅纳工程顾问，伦敦，英国
斯图尔特·彭宁顿（Stuart Pennington），奥雅纳工程顾问，伦敦，英国
主译：陈辉（中国水利水电科学研究院）
参译：王翔南
审校：郑刚（天津大学）
　　　盖学武（奥雅纳工程顾问）
　　　袁勋（中国建筑科学研究院有限公司地基基础研究所）
　　　韦忠欣（嘉科工程集团公司）

doi: 10.1680/moge.57074.0297

目录

27.1	引言	299
27.2	风险的综合考虑	301
27.3	岩土参数	302
27.4	安全系数、分项系数和设计参数	305
27.5	结语	308
27.6	参考文献	308

岩土工程设计的一个关键环节是选择合适的参数来描述地基。本章介绍了工程师应如何应对这一关键环节，需要着重强调必须在全盘考虑工程风险的情况下选择适当的岩土工程设计参数。本章还给出了针对不同岩土工程问题的具体实例，同时论述了如何选择岩土参数的特征值和设计值。本章大部分讨论的是对应《欧洲标准7》的要求，但也参考了其他传统的方法。

27.1 引言

27.1.1 设计过程

本章介绍了合理选择对应特定安全系数准则的岩土参数时应遵循的流程。需要说明的是，安全系数准则和岩土参数的选择应是相互关联的。本章总体上遵循《欧洲标准7 第1部分》BS EN 1997-1：2004 推荐的方法，但同时还引用了其他设计规范以便说明如何使用不同的设计方法来获得相近的结果。欧洲标准的设计是基于对参数的谨慎估计，这些参数与分项系数一起用于计算设计值。然后使用这些设计值来评估是否满足某一极限状态（如桩上的设计轴向荷载小于桩设计轴向抗力）。

岩土参数和分项系数的选择是在经济性和可靠性之间的一种平衡。欧洲标准的设计使用分项系数而不是安全系数。在《欧洲标准7》的岩土工程设计中，分项系数同时被用于材料强度（或桩的阻力）和所施加的作用，由此可根据已知参数/作用的不确定性程度以及参数/作用值变化的影响对设计中的每个要素赋以系数。相比于不够谨慎的方法，谨慎的方法通常更安全，设计的结构将更坚固，性能不佳的风险更小。然而，很少有客户愿意为过高的冗余度支付费用，这要求设计能同时兼顾设计要素的安全性、功能性和经济性。特别是对于破坏风险确实存在但又很难准确预测的岩土工程而言，设计的艺术就是选择一个既稳健但又不过分保守的设计原则。

设计通常需在规范的约束下进行，例如《欧洲标准7》。规范的编写将其他人的经验以简明的方式引入其中。因此，合理岩土参数的选择必须与规范编写者所采用的分项系数的意图相一致。此外，岩土参数的选择必须考虑完整结构设计。在设计和施工过程中识别和评估岩土参数时，建议采取以下措施（表27.1）。

除了表27.1中详述的措施外，以下因素对于确保良好的设计也非常重要：

- 考虑如何能使设计充分适应不可预见或意外的荷载事件，这种考虑对地基和结构部件都很重要。
- 利用招标投标流程适当地分配风险并奖励经验丰富且能恰当应对其应承担风险的承包商。为应对意外情况，合同应规定承包商有责任尽早辨识此类意外情况，并考虑给予合理的补偿（时间/金钱）。

可以通过附加的第三方检查来提高有效避免设计或施工中出现错误的能力。第三方检查既可以是针对设计过程的（如英国公路局（Highways Agency）标准建议的第 3 类检查），也可以是针对施工现场的（如独立监督，全天候的现场过程审查和记录查验）。Chapman 和 Marcetteau（2004）对这些因素进行了探讨。

辨识和评估岩土工程参数的推荐措施 表 27.1

措施	交付成果（《欧洲标准 7》）
进行周密思量的案头研究，这可能包括现场踏勘（建议）和初步的场地勘察，见第 27.4 节	包含初步的场地模型的案头研究报告
对案头研究中确定的风险进行精心策划的岩土勘察。并对勘察结果进行诠释，并且要有足够的时间监测地下水和环境气体。《欧洲标准 7》第 2 部分"地基勘察和测试"（BS EN 1997-2：2007）给出了建议范围等	原始资料报告以及包含细化的场地模型的现场勘察报告
雇用经验丰富、知识渊博的设计师，他们使用经过验证的模型且参与一连贯的设计过程，模型考虑了岩土、结构和性能要求	岩土工程设计报告，并对施工和监测提出建议
明确的设计文件（岩土工程设计报告）必须以明确的方式说明设计中所做的假设，以便在施工（欧洲标准中采用的术语为"实施"（execution））阶段参与的专业人员根据设计假设评估地基条件。在设计和施工的任何阶段，都可能需要重新评估岩土参数/条件。岩土工程要素的设计中，对设计人员而言，预测将要进行的施工过程是很重要的，因为相关过程可能会影响所用设计参数的大小——例如，不同的打桩方法会导致不同的侧摩阻力	
适当情况下，可能需要进行工前测试（例如初步试桩），用以验证所采用的设计模型和岩土参数。工程测试样品（如工程桩载荷试验）也可能是必要的，便于验证所建造的构件与试建工程或设计意图没有差异	更新细化后的岩土工程设计报告

施工期间临时工序风险的管理包括使用观察法，其允许采用较不保守的参数，并通过基于施工监测和预先制定的可能应急措施的更稳健的管理流程来提高安全性。Nicholson 等（1999）对此作了论述。

在现代设计规范的严格要求下，放弃设计规范中规定的分项系数（或安全系数）是基本不可能的。只有在设计最基本的结构时，才允许根据相关经验进行设计。值得注意的是，对于地震区医院等重要建筑物，由于破坏后带来的后果非常严重，因此需要提高这些结构的安全性，因此，岩土参数值的选择应与规范规定的分项系数中的安全水平相适应，这一点至关重要；设计人员必须在分项系数框架内选择要使用的相关岩土参数，从而保证对设计过程的控制。

27.1.2 设计规范

在《欧洲标准 7》的设计中，分项系数的值（例如，BS EN 1997-1：2004 的英国国家附件（NA））基于这一假设：设计人员所采用的岩土参数值是对于所考虑的极限状态相关参数值的谨慎估计（BS EN 1997-1：2004 第 2.4.5.2 条）。如果不谨慎估计地基强度，将导致潜在的不安全施工。与保守估计方法不同，伦敦的 LDSA 桩设计说明（LDSA，2009）规定，伦敦黏土的不排水强度应取平均值（而不是保守估计）。伦敦地区长期积累的大量破坏性试桩经验证明这种方法也是合理的，这也与所选取的桩抗力安全系数的大小有关；平均地基强度和安全系数的组合提供了合理的置信水平。只要在设计全过程中采用一致的设计方法，《欧洲标准 7》、LDSA 以及其他许多方法均有效；但是，它们不能混用。

表 27.2 中的规范列表，包括《欧洲标准 7》和 LDSA，显示了采用的岩土参数的保守性程度是如何通过岩土参数分项系数大小来平衡的。这些方法均不同，但可实现相似的使用效果。

规范对比 表 27.2

平均值（LDSA 指南）	分项系数/安全系数高值
中等保守线或保守最佳估计 [CIRIA R185《地基工程中的观察法》（The Observational Method in Ground Engineering）]	分项系数/安全系数中值
代表线或保守估计 [英国标准 BS 8002《挡土结构实施规程》（Code of Practice for earth retaining structures）]	
特征线或谨慎估计（《欧洲标准 7》）	
最不利情况线或实际最不利值 [CIRIA C580《嵌入式挡土墙——经济设计指南》（Embedded Retaining Walls-Guidance for Economic Design）]	分项系数/安全系数低值

27.2 风险的综合考虑

27.2.1 案例

在考虑选择分项系数和岩土参数时，需要考虑整体风险机制。《欧洲标准7 第1部分》第2.1条引入了设计安全类别的概念，其中类别1适用于风险可忽略的小型和相对简单的结构，类别2适用于常规结构，类别3适用于破坏后果比正常情况更严重的特殊结构。

其中一些概念如图27.1所示。

图27.1中"项目"的理想化示例旨在强调设计不仅要考虑"项目"本身，还要为项目的周围环境设计。建议建筑物基础的设计不需要超过典型的安全要求（通过谨慎选择岩土参数和分项系数），需要保证建筑物的局部破坏不会发生进而影响下面的核电站。然而，核电站上方挡土墙的设计需要提高其安全性，因为破坏后带来的后果严重。从逻辑上讲，这种增强的安全性意味着来自"项目"的建筑荷载的分项系数要大于建筑物自身设计时采用的分项系数。

对于挡土墙，其设计将服从核电站防护墙的设计。这意味着进行保护核电站的挡土墙设计所用的岩土参数和分项系数的组合将起主要控制作用，这会导致挡土墙设计所选用的土体强度取值低于"项目"本身的基础设计所采用的土体强度取值（相同地基但不同的安全水平）。

下文第27.2.2节提出了风险类别概念。上述场景所涉"建筑"是2类结构，而挡土墙体应该是3类结构。必须认识到，建筑物的稳定性主要取决于挡土墙的稳定性，因此，建筑设计人员应确保挡土墙足够稳定，并且其设计寿命与建筑物的设计寿命相称。

最后，该实例中建筑物上方边坡的评估应被归为哪一类呢？如果边坡破坏会对核电站造成影响，则其类别应为3类，否则为2类。

27.2.2 风险因素

表27.3总结了可能影响谨慎程度的因素。

降低岩土工程要素风险的预防措施包括以下几种：

- 严谨的设计流程，包括现场勘察；
- 设计审查；
- 施工检查；
- 结构中考虑合适的安全冗余（如每根立柱设置多根桩）。

27.2.3 《欧洲标准7》的岩土工程类别

如上一节中所述，《欧洲标准7 第1部分》中介绍的考虑风险的岩土工程类别概念对于在结构设计时明确谨慎的适当级别很有用。表27.4总结了这些岩土工程类别。

欧洲标准（BS EN 1990：2002 + A1：2005）中提供了类似的风险评估内容。

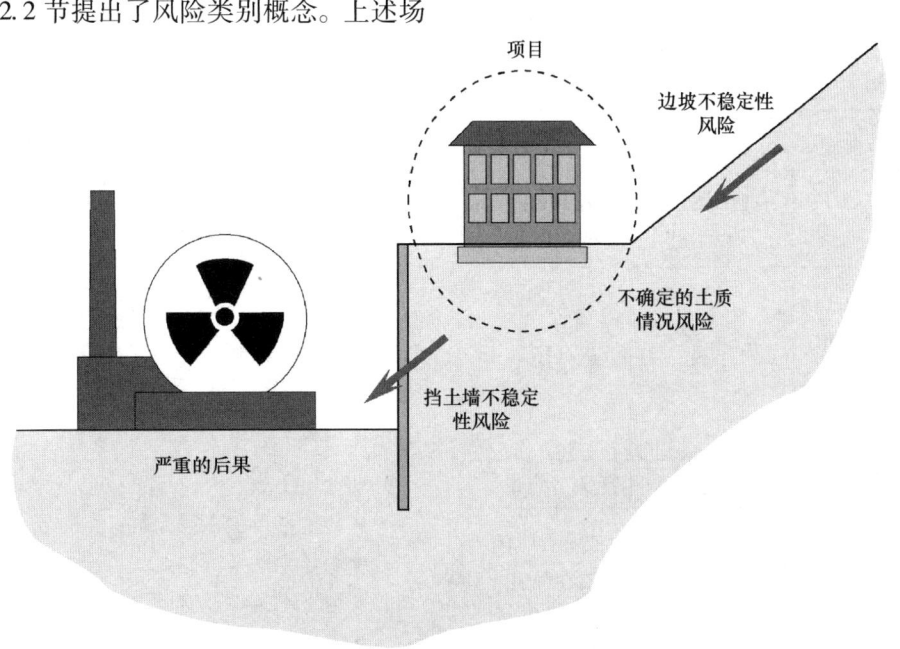

图27.1 一个典型设计问题的场景

风险的考虑　　　　表 27.3

结构本身因素	项目或其他现场因素
结构形式非常容易损坏或倒塌，例如静定的	困难或复杂的地基，或对地基情况了解甚少
单桩支撑柱	地下水状况或地下水流量高或多变
破坏造成严重经济后果，如结构对主要机构的现金流或财务状况至关重要	地震条件或其他不稳定的地基，例如在怀疑易发生破坏的山坡上
破坏造成严重安全后果，例如岩土工程失败存在造成多人伤亡的危险（如音乐厅或体育馆）	高活荷载使可能施加的最大荷载具有更大的不确定性，如循环荷载导致大沉降
破坏造成严重安全后果，来自结构内部进行的过程，如化学生产或核能发电	难以准确预测地基条件。复杂的地基或对地基条件了解不够充分；注意运行工况荷载下的沉降以及沉降随时间的变化
监控和维护体系很重要	
选择未经验证或类似经验表明缺陷率高的基础	委托缺乏经验或者装备差的基础承包商

岩土工程类别　　　　表 27.4

	类别 1	类别 2	类别 3
风险水平	可忽略不计	正常	异常
地下水位	仅在地下水位以上施工	在地下水位以上或以下施工	在地下水位以上或以下施工
地层条件	对所建议的结构类型，简单明了且具有良好的性能记录	常规	极端困难
分析手段	定性	定量	特殊（定量）
典型的结构	小型且相对简单	普通扩展基础、桩、筏、挡土墙等	大或不寻常的；或在强震区域等

数据取自 BS EN 1997-1：2004

27.3 岩土参数

27.3.1 概述

岩土条件在设计中由一系列岩土参数表示，这些参数用于描述地基和地下水的复杂特性，并由此可进行建模来达到设计目的。岩土参数可以直接测量，也可通过相关性分析、理论分析或经验获得，还可从已发表的数据中获取。通常，最好通过多种方法获得岩土参数，以便对参数的可靠性有足够的置信度。

在日常使用中，"岩土参数"和"设计参数"这两个术语经常互换使用。然而，在本章和欧洲标准中，设计值是为特定设计目的选择的岩土参数的量值。设计值的量值会随极限状态（被视为进行具体计算时所需的特定安全水平的函数）和实现安全性的方式（调整作用或调整抗力或两者组合）而变化。对于承载能力极限状态计算，设计参数通常是岩土参数经过调整系数修正后的结果。对于正常使用极限状态，设计参数和岩土参数通常相同。在所有情况下，均采用分项系数并按照不利原则来调整岩土参数。有时，选择参数上限值可能会导致比下限值更不安全的结果，因此在不充分了解要执行计算的基本原理情况下，盲目选择下限值并不一定是合适的。这可能意味着有必要提高（而不是降低）岩土参数的"谨慎上限"估计值，以获得用于承载能力极限状态评估的设计值。

在某些情况下，与其确定岩土参数或设计参数的唯一值，不如考虑参数的一个范围并探究这些参数对相关设计的影响。这种情况可适用于地基强度，但通常更适用于地基刚度。根据所考虑的极限状态，估计值可能具有不同的保守程度，应保持参数选择谨慎程度与安全系数/分项系数选取保守程度之间的匹配性。

岩土参数本质上是数据诠释过程的最终结果，在数据诠释过程中，岩土数据需要遵照规范要求并考虑以下几方面进行严格分析：

■ 场地模型
　■ 地质历史；
　■ 地基条件的不确定性；
　■ 现场勘察范围是否足够全面？
　■ 地下水条件及其随时间变化；
　■ 异常数据处理；
　■ 各向异性或不均匀地基；

- 脆性或应变软化地基。
- 与拟用结构和设计简化相关的风险
  - 拟采用结构的类型和复杂性；
  - 规定的设计寿命；
  - 岩土工程设计模型；
  - 尺寸/速率/应变效应；
  - 可借鉴的经验。
- 施工相关因素
  - 预期施工方法和工艺；
  - 邻近的现场情况。
- 社会因素
  - 拟采用结构的可接受风险/重要性水平。

27.3.2 《欧洲标准7》

《欧洲标准7》在涉及岩土数据时使用了四个术语：

- 原始数据；
- 推导值；
- 特征值；
- 设计值。

顾名思义，原始数据是以最基本的格式收集的数据，例如标准贯入试验（SPT）的 N 值。

推导值是直接或间接（如相关性分析、理论分析和经验）从原始数据以及其他来源（如已发表的数据）获得的岩土参数值。一个间接描述地基特性的例子是基于 SPT 数据取得的不排水抗剪强度。

特征值是设计中使用的岩土参数的基本形式，在《欧洲标准7》中定义为"对影响极限状态发生的参数值的谨慎估计"。它们是从推导值中选择的。

设计值是经过分项系数（根据所考虑的极限状态和所采用的设计方法确定）修正的特征值。值得注意的是，某些情况下（例如在处理水压力时），设计值也可以直接确定，而不使用分项系数。

27.3.3 传统的规范

传统规范（如英国标准）通常基于工作应力设计方法（使用整体安全系数而不采用分项系数），尽管其中某些部分是基于极限状态设计原则。它们对岩土数据的定义不像《欧洲标准7》那样明确，但是它们也有与《欧洲标准7》提到的特征值（见第27.1.2节）相似的术语。

27.3.4 参数选择的注意事项

27.3.4.1 概述

《欧洲标准7》中的分项系数是基于岩土参数，这些岩土参数是用于控制极限状态的谨慎估计值。在《欧洲标准7》中，该岩土参数值称为"特征值"。显然，对岩土参数谨慎估计值是在最可信度值基础上合理偏移的结果（为了提供一定的保守度）。

选择一个特征值并不是给一组数据划一个线，而是关于理解后进行选择的问题。一旦理解了这些，特征值或特征线的选择应该是简单的，虽然它可能是弯曲的、直线的、阶梯状的、不随深度变化的或随深度增加的，但过于复杂的线通常没有必要。过于复杂的选择往往会导致计算错误。

尽管通过统计方法来确定特征线（即将统计学定义等效为特征值）的方法已被许多学者所推广，但它们通常是陷阱。应当记住，地基不是表观良好的材料（例如混凝土），数据量通常很小，不服从正态分布，并且它们的离散性可能很大，这对于采用严格的统计方法来说不是理想的情况。

与其尝试解释如何选择特征线，不如通过示例来阐述这一思路。以下示例简单说明了如何遵照《欧洲标准7》进行这种评估。

27.3.4.2 关于浅基础的注意事项

对于浅基础，设计参数很大程度上取决于施工工艺，尤其是承载面的施工。浅基础的主要地基承载区通常要比桩基础的主要地基承载区小很多，并且极易受到地层特性局部变化或非典型地层（如灵敏性黏土、含水松砂或湿陷性土）的影响。有时，那些更为苛刻的条件可能潜伏在裸露地层以下，在地基表层施工过程中却没有被观察到。岩土参数的选择需要考虑到这些问题。

27.3.4.3 关于桩基的注意事项

对于桩，设计参数非常依赖于桩的施工过程，设计和施工责任的明确区分并不像其他分项工程那样简单。例如，如果桩失效，是因为选择的岩土参数对可能的施工方法而言过于乐观，还是因为施工方法未能达到设计人员预期的标准?

岩土参数的选择需充分考虑:

- 可能的施工方法;
- 针对特定桩型和地基条件进行的载荷试验结果范围;
- 采用的技术要求,以确保不使用明显不合适的工艺,并根据实际情况对设计参数进行调整。

此外,施工方法的详细选择需要充分考虑设计假设和参数。

27.3.4.4 关于边坡的注意事项

对于边坡稳定性而言,通常某一薄土层会对边坡的稳定起到控制作用。例如,Potts 等（1990）对 Carsington 大坝的破坏进行的反演分析表明,在设计分析中某一薄土层被忽略了。此外,了解地下水状况同样重要,尤其是不应忽略意外事件,如水管发生爆裂。

设计参数的选择对于边坡来说至关重要,并且可能只有一个数据点（可能是离群值）最能代表整个边坡的稳定性特征。

对于边坡,经常使用计算机绘制多个三轴排水压缩试验的结果,在未能充分了解真实土体特性的前提下无法合理选择土体的有效黏聚力（c'）和有效内摩擦角（φ'）的特征值。对于浅路堑边坡而言,c' 不太可能持续存在（因风化而逐渐消失）,而 φ' 的选择应考虑实际情况中的代表性应力范围。

框 27.1 案例 1

该示例为嵌入硬黏土地层中的桩,在离地面 1m 高的桩顶处施加固定横向位移,如图 27.2 所示。

对直径为 100mm 试样进行快速不排水三轴压缩试验,所获得的不排水剪切强度随深度的变化情况如图 27.3 所示。

通过不排水三轴压缩试验,对不排水抗剪强度进行了测定。除了在 16.5m 深度有一砂层外,黏土层为均质的。在绘制数据线之前,有必要审查数据,剔除任何不能代表地基的数值。图 27.3 中有了三个被认为是非典型原位状态下的数据点。实验室测试记录中,标记在约 6.5m 深度处的高值已失真,此数据可排除在进一步评估之外。深度为 16~17m 的两个数据点似乎异常,并且位置处于砂层;很可能砂层中的砂和水已包含在获得的样品中,从而使黏土在试验前已在样品管内膨胀。不排水强度的测试并不能代表原位条件,在设计过程中应考虑砂层可能对桩施工产生的影响。因此,审查结论是在评估黏土的特征强度之前,已从地基数据中删除那三个数据点。

通常假设通过数据确定的特征设计线（谨慎估计）与"谨慎下限"线一致。通过采用这条线,土体的强度将与"谨慎下限"线接近。然而,当分析桩的结构设计相关的极限状态时,采用该线作为地基的特征值将可能低估桩身的弯矩和剪力（因为这将低估由桩顶水平位移 δ_h 所激发的桩周土抗力）。因此,对于这种特殊的设计情况,通过不排水抗剪强度数据确定的正确特征设计线应该是"谨慎上限"线,这样才能合理评估桩顶位移激发的桩周土抗力,从而进行桩的结构设计。

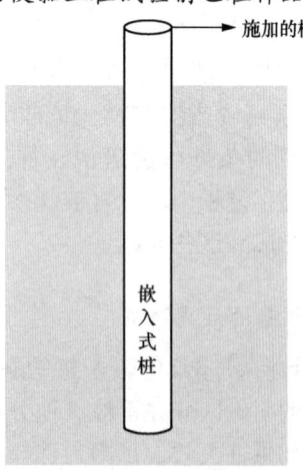

图 27.2 水平受荷桩

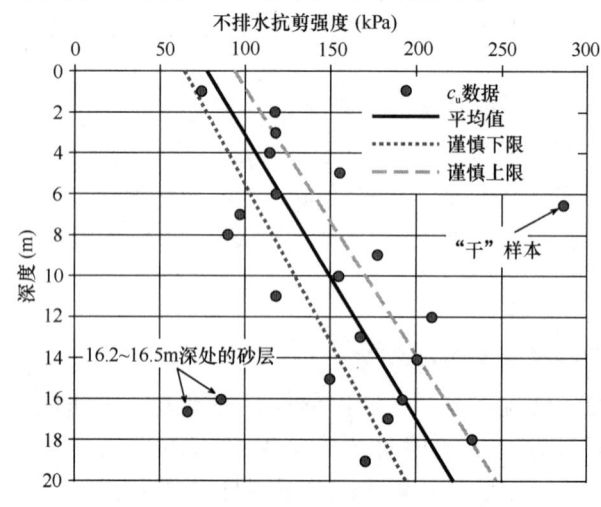

图 27.3 特征线的选择

图中显示"谨慎下限"和"谨慎上限"的线值得商榷、讨论和调整。对于所使用的数据集，两条线接近平行；这显然并非必须，二者偏离平均线的程度应该是基于数据分散度的函数和设计人员对数据的可信程度。

框 27.2　案例 2

以长螺旋钻孔压灌桩（CFA 桩）为例，说明了施工过程中出现的问题。一个好的 CFA 桩可以螺旋钻入地基，从而形成一个带肋形状的桩。这就产生了一个具有轴向阻力的高承载力桩，其轴向阻力来自土和土之间的破坏面，而不是重塑土和光滑混凝土之间的破坏界面。然而，在施工过程中，螺旋钻的持续旋转可以通过每转低进尺量很快去除受益肋。因此，在精良施工的桩上进行试验得出的参数可能不适用于由相同设备建造但劣质施工的桩，或螺旋钻转速较大的桩。

以桩侧压浆为例来说明设计参数如何会过于乐观。对于压灌桩而言，有时很难判断在哪些方面得到了实质性增强（界面是否变得更粗糙？桩径是否增大？或水平向土体围压应力是否增大？）分析载荷试验结果需要了解相应的物理过程，以便确定哪些参数得到提高。

框 27.3　案例 3

下面的例子描述并讨论了设计人员在计算过程中如何适应地基条件。

案例：在坚硬的高塑性黏土地层中明挖基坑（图 27.4）。

背景：长期工况设计的关键。

考虑因素：超固结高塑性硬黏土中的明挖的历史事故案例显示出渐进式破坏，由此在形成的破坏机理的不同阶段需引入一系列动态强度（c'，φ'）值。

- 设计中应使用什么设计参数（长期条件）？如何解决渐进性破坏？
- 抗剪强度参数的测量可在实验室进行（三轴、剪切箱、环剪等）。这些通常获得峰值阻力值，也可能显示强度随剪切应变的增加而降低。如何将这些结果应用于边坡稳定性分析中？
- 一种选择是在边坡和地基的复杂数值分析中采用合适的土体模型，该模型应充分考虑了地基的应变软化——通过这种方式，岩土参数模型包含了适当谨慎的地基参数。在随后的计算中，可以应用分项系数来控制适当的风险水平。这不是一种标准方法，也不是一般设计所提倡的方法。
- 另一种解决方案是考虑可能的最不利强度参数（如残余强度），并降低分项系数（可能等于 1），以提供同样一致性的设计方案。

27.3.4.5　关于挡土墙的注意事项

对于挡土墙，关键岩土参数选择应考虑：
- 合理选择水压力大小并认识渗流在整个施工阶段和设计寿命内的影响；
- 预留由压实设备或整体式桥梁引起的土压力富余量；
- 知道何时可以采用不排水特性参数；
- 允许一定的施工偏差，如超挖。

27.4　安全系数、分项系数和设计参数

27.4.1　概述

岩土工程设计分为两大类：抗破坏设计和抗不可接受变形设计。在极限状态设计理论中，这两个概念被称为承载能力极限状态和正常使用极限状态。

许多情况下，经验安全系数值的选择考虑了满足典型性能要求的结构沉降或侧向位移。在有充分经验（符合"经验法则"）的情况下，使用此类整体安全系数是可以接受的（如欧洲标准中的岩土工程类别 1）。如果这些"经验法则"不存在或者不符合所需的严格程度，那么设计人员必须直接明确地评估正常使用状态。

- 第三种方法是使用类似边坡的历史案例数据来导出"安全"参数，并将其引入设计过程。显然，要使这种方法有效，就需要大量与设计边坡寿命相似的边坡数据，但随时间变化的破坏进行推测是不可行的。
- 必须对任何设计输入进行调整，以考虑过去的经验无法应对的未来环境变化（如全球变暖及其引起的降水和温度变化）。
- 显然，考虑强度参数只是稳定性评估的一部分。同样重要的是考虑边坡上的水压。这种考虑需要考虑渗透率和补给边界的各向异性。如果要在设计中依靠任何排水设施，则必须对其进行维护（有时会出现由于不进行维护而导致排水设施失效的情况）。
- 在本例中，提出了三种可能的边坡稳定性分析方法。它们的方法截然不同（从强度的谨慎评估到最坏可能性评估），但是在每种情况下通过使用适当的分项系数值，设计可以是一致的。当然，须要正确选择水压。

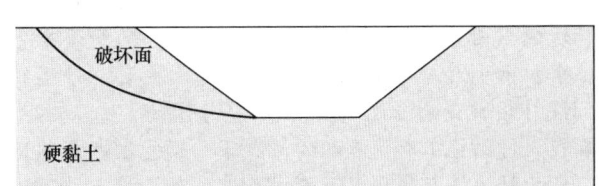

图 27.4　明挖基坑

其他情况下，安全系数仅仅是一个在实际破坏状态（如破裂或持续位移）基础上预留一定安全富余的系数。鉴于传统安全系数的内涵，设计人员有必要了解选择某一特定值的影响，以确保某一特定设计的性能能够满足正常使用极限状态和承载能力极限状态。

通常，岩土工程安全系数是综合性的，其值的选择要足够大以防止承载能力失效和正常使用状态失效。这就是为什么岩土工程安全系数有时比其他工程领域安全系数更高的原因之一。另一个原因是，岩土工程是一门不精确的学科，所涉及的材料具有广泛的自然变异性，因此任何参数的不确定性程度都远远大于人工材料。

27.4.2 欧洲标准的设计原理

欧洲标准采用的分项系数法与单一安全系数法有很大不同。分项系数的使用是基于极限状态原则，而不是基于工作应力设计。《欧洲标准7》的制定促使岩土工程设计方法与更为成熟的结构工程极限状态设计方法保持一致，有望带来更有效和严谨的设计流程，并促使岩土工程师和结构工程师更容易相互理解。

在极限状态设计中，要求设计人员根据特定的极限状态模式和风险水平来考虑面对的问题。与单一安全系数法相比，前者通过对每一个参数应用一个分项系数的方式来保证安全，所以更加严格地考虑各个参数的不确定性。然而，鉴于《欧洲标准7》设计的复杂性，应谨慎行事。较复杂的设计概念和流程可能会使设计人员变得糊涂。

欧洲标准将极限状态设计分为承载能力极限状态和正常使用极限状态：

承载能力极限状态（ULS）是指与坍塌和安全有关的状态；就结构的日常性能而言，承载能力极限状态并不现实。发生意外的情况也包含在 ULS 条件中。

正常使用极限状态（SLS）与结构的日常要求有关，如舒适度和开裂问题。

为了保证不会发生潜在的极限状态，欧洲标准通常采用分项系数法来达到适当的安全水平。《欧洲标准7》进一步明确了验证极限状态的几种方法：

框 27.4　案例 4

下面的例子通过讨论说明设计人员如何在计算过程中考虑地基条件。

案例：在含有含水砂层仍坚硬黏土中的基坑支护开挖与地下室工程（图 27.5）。

背景：短期和长期条件下的设计。

考虑：含水层的存在表明，基坑支护开挖中地基的整体性能将由砂层的存在决定。

临时和永久设计中应使用哪些设计参数？

- 通常在硬黏土中，临时工程设计采用不排水参数。由于排水路径长度可防止除裸露地表外的其他地层膨胀，因此这一假定可行。然而，这种情况下的砂层会造成什么影响？设计人员必须评估砂层对黏土层膨胀速率的影响，从而评估不排水强度可依赖的时间长度。岩土参数是采用排水参数还是不排水参数？在没有其他案例历史记录或其他数据的情况下，应谨慎采用排水参数。
- 靠近墙趾的砂层需要考虑开挖下方土的隆起。基坑的底部会不会"隆起"？现场勘察是否调查了水位和补给率，以便作出此类设计决策？砂层的设计条件是什么（渗透性和补给潜力）？
- 在未仔细施工和试降水的情况下，不能理所当然地认为挡土墙在底面以下形成截流。如果挡土墙不连续，则上部砂层中的孔隙水压力可能通过挡土墙重新充注，并造成基底以下被动区域（这是控制挡土墙位移重要的区域）抗力的损失。挡土墙的设计假设是什么？如何验证这些假设？

虽然设计参数通常指强度和刚度，但在这种情况下，为了使这些参数有意义，需要在地基渗透性、地基各向异性和边界条件的背景下理解它们。谨慎评估此类其他因素与评估强度和刚度同样重要。

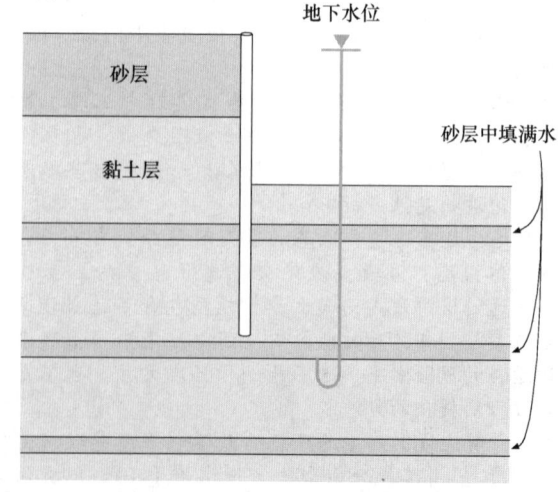

图 27.5　层状地基中的支挡结构

- 利用规定的方法（"经验法则"）；
- 使用计算方法；
- 借助模型和载荷试验；
- 通过观测法。

在分项系数法中，作用、材料、抗力和几何尺寸都要用规定的分项系数（γ）和组合值系数（ψ）来进行调节修正。欧洲标准中包含的大多数分项系数已经被充分的工程经验所校验，因此使用这些分项系数进行的设计与传统使用单一安全系数法进行的设计基本是类似的。此外，一些分项系数是基于实验室和现场数据并以概率的方式确定的。

27.4.3 传统规范的设计原理

在英国，传统的英国岩土工程设计标准（注：欧洲标准是英国标准）目前基本被废止并被《欧洲标准7》取代。然而，传统标准通常被作为非冲突补充信息（non-contradictory-complementary-information，简称NCCI）而被欧洲标准引用。这意味着其中的信息可以与欧洲标准一起使用，前提是它与欧洲标准不矛盾。另一点需要注意的是，《欧洲标准7》目前仅对公共部门项目具有强制性。

传统的安全系数方法可说明如下：

英国标准 BS 8004 第7.3.8条：一般来说，单桩的合理安全系数应在2~3。在已通过足够载荷试验确定了单桩的极限承载力或本地经验充分支撑的情况下，可采用该范围内的较低值；当对极限承载力未有足够把握时，应采用较高值。

除了传统英国标准外，有些城市还采用自己的建筑规范。如伦敦地区测量师协会（LDSA 2009）的桩基设计指导说明。在适当的地方，这些"地方"标准可以优先于欧洲标准被采用。

27.4.4 关于安全性的思考

27.4.4.1 概述

传统的岩土工程安全系数是将承载能力极限状态（ULS）和正常使用极限状态（SLS）融合考虑，

框27.5 案例5

在抗失效设计中，安全系数历来被定义为抗力与作用的比值。这些作用的单位可以是力、力矩或压力或应力，这取决于所进行的计算目标。为了更好地理解安全系数，下面给出了一个例子。

图27.6 重力式挡土墙滑移时的安全系数为：
$$\text{FOS} = \sum\text{抵抗作用} / \sum\text{干扰作用} = (P_{P1} + T_{S1})/P_{A1}$$（通常将值设为2）

所有作用力都基于没有考虑系数的参数，而不是考虑了系数的参数。

值得注意的是，"抵抗作用"应视为所有抵抗作用的总和，"干扰作用"应视为所有干扰作用的总和。当计算单一安全系数时，不允许将净扰动或恢复作用作为计算的一部分。

随着极限状态设计的引入，术语"安全系数"已不再适用，目前安全水平是通过对作用、材料、几何形状和阻力采用独立分项系数来调节，以达到设计值。相应地，对应于某一特定极限状态计算的安全的验证变为下式：

作用效应设计值（E_d）≤抗力设计值（R_d）。

考虑到图27.6中的荷载条件，并采用《欧洲标准7》GEO/STR 工况①极限状态计算的要求（根据 BS EN1997-1：2004 的英国国家附件（NA）中的设计方法1组合2），所有作用和材料强度参数都有各自的分项系数。通过引入分项系数降低土性参数增加P_{A1}，同时降低T_{S1}和P_{P1}，并增加瞬态附加荷载的不利影响，这样保证安全性。确保未超过极限状态可以通过验证P_{A1}的设计值≤P_{P1}和T_{S1}的设计值之和来实现，所有三个力的设计值都是基于考虑了分项系数的土性参数和附加荷载。

注：对于 BS EN 1997-1：2004 的设计方法1组合2，必须采用的分项系数如下：$\gamma_{\varphi'} = 1.25$（适用于$\tan\varphi'$）；$\gamma_{c'} = 1.25$；$\gamma_{cu} = 1.4$。

对于永久荷载$\gamma_G = 1.0$，而对于可变荷载，仅考虑不利荷载且取$\gamma_{Q;\text{unfav}} = 1.3$（$\gamma_{Q;\text{fav}} = 0.0$）。

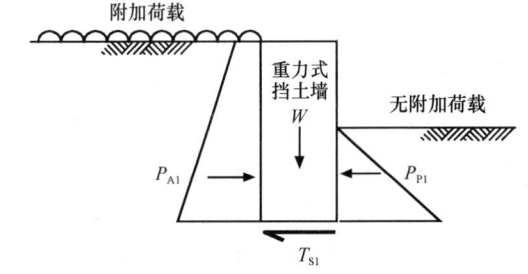

图27.6 抗滑安全系数

---

① 译者注：GEO 为地基失效或过度变形；STR 为结构内部失效或过度变形

并不明确区分这两个极限状态。对于基础而言，按照欧洲标准，最好单独考虑这两个极限状态。例如，仅仅提供一个抗破坏安全富余系数可能比位移控制的安全系数要低。

27.4.4.2 关于浅基础的注意事项

对于按照《欧洲标准7》设计的浅基础，承载力设计值要采用分项系数修正后的地基参数来计算。然后将该承载力设计值与考虑分项系数后的作用效应设计值进行比较（注：在传统设计中，极限承载力要除以安全系数，并被称为安全承载力）。

《欧洲标准7》两个主要的 ULS 设计工况（即GEO 和 STR），其分项系数的取值随着分项系数的应用场景而变化。对于 GEO，地基强度值要考虑分项系数，而密度或地面堆载效应则不采用分项系数或使用较小的分项系数；而对于 STR，作用或作用效应（如地面堆载、计算的构件中的剪应力或弯矩）则要考虑分项系数。通过划分这两种设计情况，可以确保岩土稳定性（通常这种稳定性要首先进行评估）以及结构内力的可靠性（结构内力通常在岩土稳定性得到解决后进行计算）。

沉降（SLS）是单独考虑的，在计算沉降时，采用分项系数1.0来计算作用在地基上的应力。然后将沉降计算值与维持结构正常功能所能承受的允许沉降进行比较。如果计算出的沉降值过大，则修改设计（注：在传统设计中，如果按沉降控制设计，则将安全承载力可降低到允许承载力）。

27.4.4.3 关于桩基的注意事项

在传统的桩设计中，通常采用两个标准：

- 对桩侧阻力和桩端阻力的合值采用一个整体安全系数，保证一定安全富余。
- 仅对可靠的单桩侧阻采用一个折减系数，以限制桩在荷载-沉降曲线中刚度较大部分对应的位移，从而控制桩基支承的结构的沉降。

某些情况下，这种方法可能过于保守，如当已知桩端承载层刚度大且可靠时；因此在这些情况下，对桩身侧阻采用的折减系数没有发挥作用。

根据《欧洲标准7》，桩的承载力和沉降通常是被分开解决的；设计抗力是通过分项系数对承载力特征值进行修正得来的。然而，当不能明确考虑

正常使用状态时，可采用另一组抗力分项系数。

对于临时工程，有时会考虑较低的安全系数。然而，这仅适用于可以承受更高风险和可接受更大位移的情况。

27.4.4.4 关于边坡的注意事项

对边坡稳定性而言，整体滑动和竖向稳定性是关键的极限状态。正常使用极限状态通常是指边坡位移对周围结构的影响，而不是针对其内部位移，除非需要考虑观感要求。

27.4.4.5 挡土墙的注意事项

对挡土墙而言，破坏模式更为多样，通常需要单独计算（如绕墙顶转动、绕墙底转动、垂直位移和水平位移）。虽然安全度通常隐含在作用和地基参数的分项系数中，但对几何形状特征和渐进性破坏的检查也很重要。

正常使用状态通常以横向位移及其对所支撑结构的影响来表征。如墙体向地下室的过大位移可能会造成不适，但这不会对其支撑的结构造成问题。

27.5 结语

岩土参数与安全系数必须综合考虑：在选择其中一方时需要对应另一方的风险水平。除了考虑地基强度和抗破坏设计外，还需要认清设计参数的可靠性，评估与地基要素相关的土-结构相互作用、位移和结构性能。

27.6 参考文献

British Standards Institution (1986). *Code of Practice for Foundations*. London: BSI, BS 8004:1986.

British Standards Institution (1994). *Code of Practice for Earth Retaining Structures*. London: BSI, BS 8002:1994.

British Standards Institution (2004). *Geotechnical Design – Part 1*. London: BSI, BS EN1997-1:2004.

British Standards Institution (2004). *UK National Annex to Eurocode 7 – Geotechnical Design – Part 1*. London: BSI, NA to BS EN1997-1:2004.

British Standards Institution (2007). *Geotechnical Design – Part 2*. London: BSI, BS EN1997-2:2007.

Chapman, T. J. P. and Marcetteau, A. R. (2004). Achieving economy and reliability in piled foundation design for a building project. *The Structural Engineer*, 2 June.

LDSA (2009). *Guidance Notes for the Design of Straight Shafted Bored Piles in London Clay*. London District Surveyors Association.

Nicholson, D., Che-Ming, T. and Penny, C. (1999). *The Observational Method in Ground Engineering: Principles and Applications*. CIRIA Report R185. London: Construction Industry Research and

Information Association

Potts, D. M., Dounias, G. T. and Vaughan, P. R. (1990). Finite element analysis of progressive failure of Carsington embankment. *Géotechnique*, **40**, 79–101.

British Standards Institution (2007). *UK National Annex to Eurocode 7: Geotechnical Design – Part 2*. London: BSI, NA to BS EN 1997-2:2007.

延伸阅读

Bond, A. J. and Harris, A. J. (2008). *Decoding Eurocode 7*. London: Taylor & Francis.

British Standards Institution (2005). *Eurocode – Basis of Structural Design*. London: BSI, BS EN 1990:2002+A1:2005.

British Standards Institution (2005). *UK National Annex for Eurocode*. London: BSI, NA to BS EN 1990:2002+A1:2005.

> 第1篇"概论"和第2篇"基本原则"中的所有章节共同提供了本手册的全面概述，其中的任何一章都不应与其他章分开阅读。

译审简介：

陈辉，男，博士，中国水利水电科学研究院高级工程师，主要从事水工结构数值模拟方面的研究。

郑刚，天津大学副校长，讲席教授。从事岩土与地下工程教学科研工作，获国家科技进步奖2项、省部级科技进步一等奖7项。

盖学武，博士，奥雅纳工程顾问副总工程师，注册土木工程师（岩土）。长期在海外建筑工程、基建与能源、规划与开发等领域从事岩土工程咨询、设计、监理、教学和研究等工作。

袁勋，博士，英国皇家特许工程师，英国土木工程师学会（ICE）会员，国际土力学及岩土工程学会（ISSMGE）会员，长期从事岩土工程研究及咨询工作。

韦忠欣，清华大学本科、硕士，美国路易斯安那州立大学岩土工程博士，高级岩土工程师，从事岩土工程勘察、设计、施工、咨询工作。

第3篇 特殊土及其工程问题

主编：伊恩·杰弗逊（Ian Jefferson）
译审：沈小克　等

第 28 章 导论

伊恩·杰弗逊（Ian Jefferson），伯明翰大学，英国
主译：沈小克（北京市勘察设计研究院有限公司）

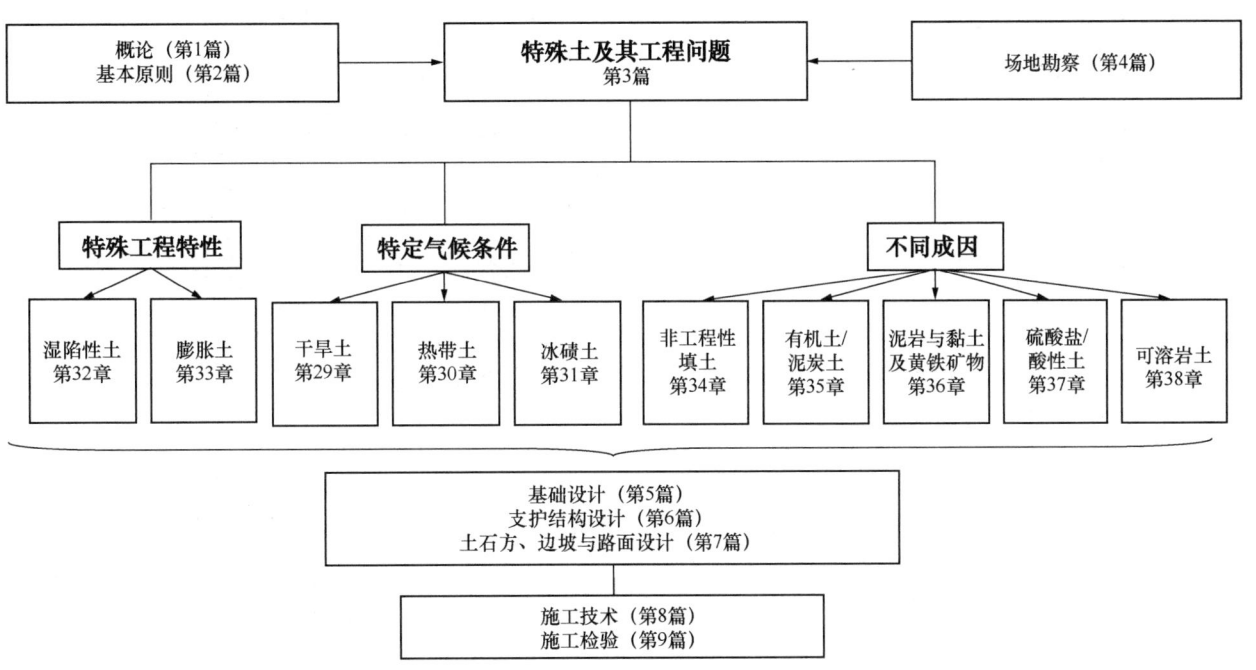

图 28.1 第 3 篇各章的组织架构

很多土类被证明存在着岩土工程方面的问题，其具有体积变化显著、强度明显不足或具有潜在腐蚀性等特征，由此对建成的环境和城市造成工程上的困难，导致全世界每年发生数十亿英镑的经济损失，通常可超过地震、洪水、龙卷风和飓风所造成的损失。

岩土造成工程问题的程度与以下因素有关：

（1）土的天然特性（矿物学、微组构、岩土工程及其他方面的性质）；

（2）地质形成过程（冲积、冰积、风积等）；

（3）外部作用的过程（风化、侵蚀及人为活动等）。

受所在地域的气候的影响，可形成多种类型的特殊土，当工程涉及时会遇到很多关键的挑战。然而只要重视以下事项，这些问题均可得到解决：

- 对其地质、地貌环境特征加以识别；
- 通过室内外试验和相关分析，进行分类和评估；
- 采用合适的模型（经验方法、解析方法或数值方法）进行评估；
- 选用适宜的工程解决方案。

因此，借助本手册详细介绍的合理方法，对认定的特殊土进行评价，通过观测、了解和技术的发展，这些特殊土可以被有效地加以工程利用，并规避

因存在问题的工程、设计、技术标准，或在工程处理时对实际情况缺乏足够详尽和恰当的了解而采用了不当的技术手段（Leroueil，2001）。如 Vaughan（1999）所建议的，我们正在不断改进对土的特性的了解：很多岩土材料似乎异常或有问题，是因其特性与土力学的经典理论分析计算结果不相符。于是为了能够包含这些特殊土，就需要对基本的土力学方法进行修正。这样的修正仍未做完，但同时在全球范围有很多特殊土却在继续引发工程问题。第 3 篇 "特殊土及其工程问题"包含了全球各地工程遇到的主要特殊土和地基，并按土的主要形成过程分组如下（图28.1）：

(1) 特殊工程性质

- 第32章 "湿陷性土"
- 第33章 "膨胀土"

(2) 特定气候条件

- 第29章 "干旱土"
- 第30章 "热带土"
- 第31章 "冰碛土"

(3) 不同成因

- 第34章 "非工程性填土"
- 第35章 "有机土/泥炭土"
- 第36章 "泥岩与黏土及黄铁矿物"
- 第37章 "硫酸盐/酸性土"
- 第38章 "可溶岩土"

从英国本土到世界各地，这些成因不同的土类在岩土工程中会经常遇到，给地基工程造成了很多困难，对工程建设提出了严重的挑战。然而，并非所有可能遇到的特殊土在本篇都能涉及并提供有用的参照标准，因此，本篇的目的在于：

- 强调弄清与特殊土相关的地质、地貌特征的重要性；
- 明确评估和评价特殊土及其工程特性的方法；
- 提供对特殊土进行有效的工程利用和处理的方法。

总之，本篇在特殊土工程方面提供一个基础，以帮助工程师解决和预防特殊土涉及的各类工程问题。

参考文献

Leroueil, S. (2001). No Problematic soils, only engineering solutions. In *Proceedings of the Problematic Soils Symposium* (eds Jefferson, I., Murray, E. J., Faragher, E. and Fleming, P. R.), 8 November 2001, Nottingham. London: Thomas Telford, pp. 191–211.

Vaughan, P. R. (1999). Problematic soil or problematic soil mechanics? In *Proceedings of the International Symposium on Problematic Soils IS-Tohoku '98* (eds Yanagisawa, E., Moroto, N. and Mitachi, T.), 28–30 October 1998, Sendai, Japan. Lisse: Balkema, pp. 803–814.

译审简介：
沈小克，教授级高级工程师，注册土木工程师（岩土），注册咨询工程师（投资），北京市勘察设计研究院有限公司顾问总工。

第 29 章 干旱土

亚历山大·C.D. 罗亚尔（Alexander C. D. Royal）伯明翰大学
土木工程学院，英国

主译：张继文（机械工业勘察设计研究院有限公司）
参译：唐国艺，乔建伟
审校：郑建国（机械工业勘察设计研究院有限公司）
曹杰（机械工业勘察设计研究院有限公司）

doi: 10.1680/moge.57074.0313

目录

29.1	引言	315
29.2	干旱气候	316
29.3	干旱土地貌及地貌形成过程对干旱土工程性质的影响	317
29.4	干旱土的岩土工程特性	331
29.5	干旱土中的工程问题	335
29.6	小结	339
29.7	参考文献	339

干旱土是在蒸发量大于渗入土体的降水量时，形成于地球表面特定地区的一种特殊土。干旱土给工程师带来诸多挑战，比如活动的和古老的地貌形成过程导致干旱土的类型多样、工程性质复杂；显著的昼夜温差会使得岩土层以及人工建造物加速剥蚀破坏；岩化过程可导致土颗粒的胶结，从而造成工程开挖的困难；此外，由于干旱环境导致土层具有各种各样的岩土特性，比如显著的胀缩性和湿陷性，或盐腐蚀环境等。了解干旱土的性质和进行工程利用的关键在于对干旱地貌形成过程进行分析。在其非饱和化的形成过程中，土体可能被胶结，也可能未被胶结。一旦了解了地貌的影响，就可以对干旱土进行合理的工程评价和改良处理。由于可供工程建设使用的水源有限，干旱环境也会带来其他一些后勤保障方面的挑战；只有通过精心的策划，才能避免干旱土带来的这些问题。

29.1 引言

干旱土可以说是受干旱气候条件制约的土，当潜在的年蒸发量超过年降水量时，就出现了干旱气候（Atkinson，1994），从而导致土壤水分不足。总体而言，地球上约三分之一的土地目前处于干旱状态（Warren，1994a），其中，在超干旱和干旱地区分布的干旱土中，活动沙丘占比大约为25%（图29.1）（Warren，1994b）。地球上无论是炎热还是寒冷的地方，甚至在极地冰原中都存在干旱地区，例如，撒哈拉的热带沙漠土和戈壁的寒冷沙漠土都属于干旱土。

此外，由于构造板块的运动，导致以前在干旱地区形成的岩土体出现在温带地区（如英国中部的沙丘状砂岩，图29.2），而在现代干旱环境中也发现存在与干旱条件无关的岩土体。

由于以下原因，干旱土给工程师带来了许多挑战：

- 活跃的和古老的地貌形成过程导致干旱土具有复杂多变的工程性质；
- 显著的昼夜温差会加快岩土层以及人工建筑物的崩解破坏；
- 成岩过程导致土颗粒的胶结，从而使得工程开挖非常困难；

图 29.1 纳米贝沙漠（纳米比亚）中的沙丘
图片由 Jackson-Royal 夫人提供

图 29.2 二叠纪沙丘状砂岩（英国什罗普郡）
摘自 Toghill（2006）；Airlife 出版社（Airlife Publishing）

■ 干旱条件下形成、具有显著胀缩性或湿陷性的特殊岩土（有关内容请参阅本手册第3篇"特殊土及其工程问题"）。

干旱条件意味着现场施工用水的水源受限，可能会影响到岩土工程施工技术的场地适应性。施工时需要就近使用当地水源，其中可能含有高浓度的易溶盐，将影响到混凝土浇筑的质量。有限的水资源还会造成后勤保障问题，如果要按时完成项目，就必须克服这些问题，否则会增大项目成本。

尽管一些力学原理应用在干旱土中具有较好的效果，但是这些力学原理并非干旱土所独有，当时未经历干旱气候影响的土则可能处于非饱和胶结状态，趋于不稳定和具有胀缩性。然而，要了解干旱土的类型和工程特性，则必须考虑形成干旱土的气候条件和地貌形成过程。因此，本章将介绍与干旱土相关的土力学及岩土工程方面的主要内容，并对形成干旱土的气候条件和地貌形成过程予以说明，其气候条件和地貌过程在项目竣工后很可能还将继续对建设场地产生影响。

29.2 干旱气候

当水分的蒸发及蒸腾超过降水渗入土体中的水分时，就会形成干旱气候。正是在这种干旱气候的作用下，在地球表面的特定区域形成了独特的特殊土。因此，本节的概要内容如下：

■ 炎热地区及寒冷地区干旱环境的形成；
■ 超干旱区、干旱区和半干旱区的划分。

29.2.1 干旱环境的形成

干旱环境的形成，取决于大气的全球环流模式（或称为大气候）、所在区域相对于海洋的位置和地区盛行风的情况。其形成过程受一系列复杂的过程影响，这些过程是由全球气温和气压的差异以及地球自转驱动的。全球干旱环境分布见图29.3。

地球赤道地区的太阳辐射最为集中，两极最少。由于这种不平衡辐射，赤道两侧的大气产生了显著对流（Wallen 和 Stockholm，1966）。由此产生的相应气候和大气模式是大多数炎热干旱环境位于赤道两侧南北纬30°线附近的主要原因（图29.3）。

在与海洋及盛行风有关联的内陆地区易形成寒冷的干旱环境（Bell，1998；Wallen 和 Stockholm，1966）。离海洋越远，大气中输送的水分越早形成降水而难以抵达，其空气相对干燥（Lee 和 Fookes，2005a）。山脉等地形结构也可以通过地形形成降水来阻断水分从海洋向内陆的输送，从而使流入内陆的空气变得干燥（Bell，1998；Wallen 和 Stockholm，1966）。

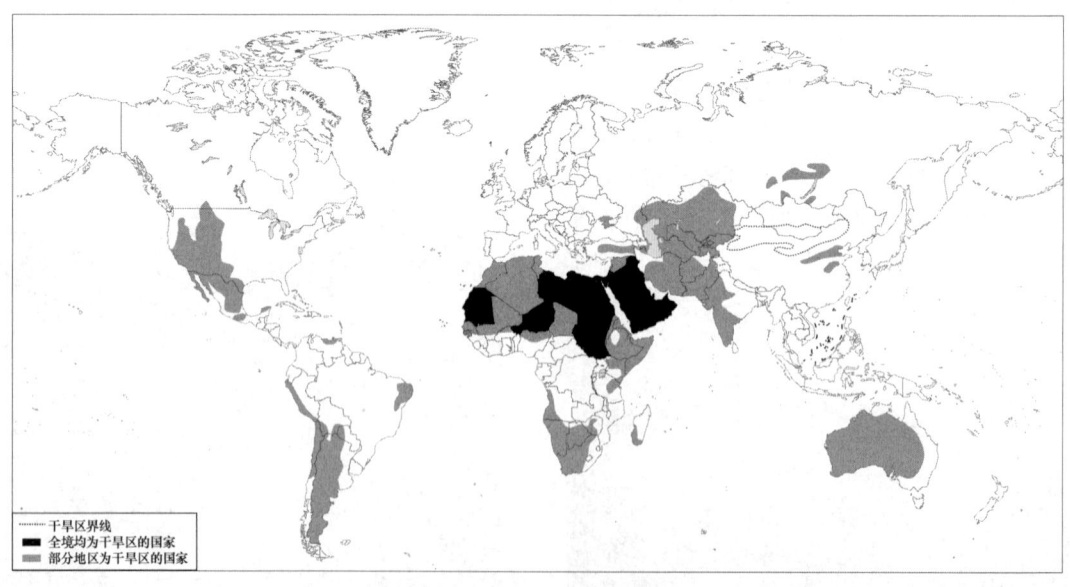

图29.3 全球干旱环境分布图

摘自 White（1966）：Methuen and Co Ltd

靠近海面并在陆地沿岸附近流动的寒冷洋流（例如位于智利沿海的洪堡洋流）可以通过在海面形成稳定的冷空气环境，导致几乎不会产生降水（尽管仍然可以形成雾和云），从而加剧大气环流对干旱环境的影响，（Wallen 和 Stockholm，1966）。智利阿塔卡马沙漠被认为是地球上最干燥的地方之一，就是因为叠加了大气环流、沿海岸线分布的安第斯山脉形成的地形结构以及洪堡洋流的共同影响（Wallen 和 Stockholm，1966；Lee 和 Fookes，2005a）；Lee 和 Fookes（2005a）提供的数据表明，阿塔卡马沙漠的年平均降水量小于 0.3mm。

29.2.2 干旱环境下的降水

虽然在超干旱区的一些地方干旱会持续数年，但是出现一些降水的话，干旱环境也并非是一直处于干旱状态的（图 29.4），然而，根据干旱环境的界定，这些地区确实存在水分短缺的情况。我们可以将这些干旱区域进一步划分为干旱区（根据本书的分类体系，可细分为超干旱区和干旱区）、半湿润区（水分短缺程度较低的地区）或半干旱区（干旱区和半湿润区之间的过渡地带）。

Lee 和 Fookes（2005a）给出了年平均降水量和年潜在蒸散量（土中水分通过蒸发和蒸腾作用进入大气的水蒸气总量，Fetter，2001）之间的简单关系，用以确定一个地区的干旱分区（表 29.1）。一个地区的年潜在蒸散量的计算可以使用多种方法来确定，其中 Penman 方程（本节未列出）被认为是计算年潜在蒸散量的最佳方法（详见 Lee 和 Fookes，2005b，Wallen 和 Stockholm，1966）。计算年潜在蒸散量需要对许多环境参数进行量化，Wallen 和 Stockholm（1966）给出了另一种方法（由 Köppen 提出），该方法将干旱分区与年平均降水量和年平均温度（冬季、夏季或其他季节）联系了起来（表 29.1）。

干旱地区的季节可以分为雨季和旱季，相比干旱或超干旱地区，这种划分更适用于半干旱地区。雨季的持续时间可能很短。由于年降水量会有很大的差异，预测超干旱和干旱环境下的实际降水模式是非常困难的，而半干旱地区则有更好的预测条件（Bell，1998；Lee 和 Fookes，2005b）。虽然在一个周期时间内的年降水量会有很大的变化，但在合理的时间范围内计算平均降水量会得出文献中引用的值。有些年份降水量很小（如果有降雨），而在其他年份则可能会记录到较大的降水量（Lee 和 Fookes，2005b）。按干旱分区、干旱周期和对应气温以及旱季和雨季的时间，Lee 和 Fookes（2005b）给出了具体的干旱区分布情况。

降水可以以短期暴风雨的形式发生，称为对流单体暴雨。在某些干旱环境中，此类暴风雨的发生频率可能到不了十年一次，甚至百年一遇（Hills 等，1966）。然而，暴风雨是作用非常剧烈的事件，可能会导致局部地形的重大变化，并可能对土石方工程造成破坏（如本章后续章节所示）。

29.3 干旱土地貌及地貌形成过程对干旱土工程性质的影响

由于干旱地区活跃的地貌形成过程与干旱土的岩土性质密切相关，本章对干旱土的地貌特征进行了概述。如果不能详细理解现有干旱土的地貌形成过程，不能理解地貌形成过程已对干旱土工程性质产生的影响并将持续影响干旱土工程性质的客观规律，就不能对干旱土进行成功的工程利用。因此，本章内容主要包括以下内容：

- 干旱土的常见类型及相关场地条件；
- 干旱区的侵蚀与沉积过程（冲积的、化学的、河流的和机械的）以及这些过程对工程施工过程的潜在影响；
- 干旱区的地形及干旱土作为建材粒料的潜力；

图 29.4　博茨瓦纳"雨季"中的半干旱沙漠环境；大量的绿色植被表明最近发生了降雨

图片由 Jackson-Royal 夫人提供

干旱环境分区方法 表 29.1

湿度区	植被特征[①]	P/ETP[②]	夏季[③]	冬季[③]	其他季节[③]
半湿润区	草原	0.50～0.75	—	—	—
半干旱区	干草原	0.20～0.50	$P \leq 20T$	$P \leq 20(T+14)$	$P \leq 20(T+7)$
干旱区	沙漠	0.03～0.20	$P \leq 10T$	$P \leq 10(T+14)$	$P \leq 10(T+7)$
超干旱区	沙漠	<0.03	—	—	—

注：P 为年降水量（mm），ETP 为年潜在蒸散量，T 为年平均气温（℃）。
[①] Lee 和 Fookes（2005a）；
[②] Lee 和 Fookes（2005b）；
[③] Hills 等（1966）。
数据摘自 Lee 和 Fookes（2005a，b）、Hills 等（1966）。

- 钙质硬壳层与胶结土的形成及其导致的施工问题；
- 石漠、沙丘和其他具有风积地貌的形成，与之相关的地质条件以及在施工过程中潜在的地质灾害；
- 洪积扇、旱谷等其他河流地貌的形成，与之相关的地质条件以及在施工过程中潜在的地质灾害；
- 盐沼和盐湖地貌的形成，与之相关的地质条件以及在施工过程中潜在的地质灾害；
- 在干旱区和潜在的建材料来源区进行勘察时的注意事项。

地貌形成过程对干旱环境的影响与对其他环境的影响相似，干旱环境不受特殊环境的控制（Hill 等，1966）。然而，与其他环境相比，缺乏植被和地面干旱的条件使干旱地区的风蚀作用更加显著：风积物容易产生湿陷变形（如本手册第 3 篇 "特殊土及其工程问题"中详述的）并影响这种条件下的工程结构设计，在风积物上进行施工之前，需对其进行稳定处理。风积物具有极强的流动性，其可能会掩埋掉工程建设的场区，使其不再适合进行工程建设。干旱环境还会经历极端的温度变化，加速土体和人造结构的机械风化与化学风化（如混凝土结构），显著缩短工程结构的寿命。虽然某些地貌形成过程只会偶尔发生，例如河流侵蚀，但却会对场地条件产生显著影响。

29.3.1 干旱环境地貌

干旱区有两种不同的类型：地盾型和盆地型（或平原型）（Lee 和 Fookes，2005b），从地貌学角度来看，干旱区的地形由四种典型地带控制：高地（upland）、麓坡（foot-slope）、平原（plain）和基准面平原（base level plain）（Lee 和 Fookes，2005b）。由于地貌环境的影响，每个区域都会遇到不同的岩土工程问题。地盾被定义为"地壳的主要结构单元"，由大量前寒武纪岩石组成，包括变质岩和火成岩，其不受后期的造山运动影响（Whitten 和 Brooks，1973，第 411 页）。这些特征是自前寒武纪以来完整保存下来的非常稳定的地质构造（前寒武纪岩石形成于至少 5.7 亿年前，可能有数十亿年的历史）。因此，许多地盾型沙漠不包括活火山（尽管最近在美国干旱地区也有活火山的例子，Hills 等，1966），而地盾内由前期构造作用形成的许多地形特征受到数亿年地貌形成过程的影响（如山脉因风化和侵蚀而退化为丘陵）。地盾可能被较年轻的岩层或土层覆盖，这些岩层或土层优先侵蚀地盾。相反地，盆地（被定义为以构造成因或侵蚀成因形成的"大范围的洼地"，Whitten 和 Brooks，1973，第 49 页）作为洼地，容纳了由河流和风成作用侵蚀的高地碎屑，这些沉积物包含不同粒径范围的土层。盆地可能包含很多沙丘。

29.3.1.1 高地和麓坡

高地是由丘陵、台地和峡谷组成的区域，其特征是具有陡峭的崖壁和平坦的顶面（图 29.5）。高地的地形（除峭壁外）由河流冲蚀和风蚀清掉了沉积的土层形成，只留下纯净的岩石或漂石（Lee 和 Fookes，2005b）。高地的地形形态是机械、化学和热风化综合作用的结果，并受到河流冲蚀和风力侵蚀（也在此过程中风化），较软弱的岩石相比较硬的岩石先被风化。这就形成了干旱环境下相同的地貌特征——突出的平顶和峭壁（如美国的纪念碑峡谷就是一个典型的例子）。

麓坡是高地与盆地的过渡区域（图 29.6）。在两个地区之间形成的缓倾台地称为山麓（山前地带。来自高地的侵蚀物质，在河流和风成作用下沉积在山麓，形成过渡性地形结构，如洪积扇和山麓斜坡，这种结构存在崩塌的可能性较大。

在坡地形成新地层的过程中也会侵蚀坡地的老地层，并将侵蚀的物质输送到盆地中沉积。虽然这些地区也会存在一定的化学、机械和热风化作用，但风成堆积和河流作用是塑造坡地地形的主导因素。尽管此类地貌的形成过程在工程界尚未达成共识，但从岩土工程的角度来看，山麓地带是建设工程现成骨料和建设项目其他资源的宝贵来源（Lee 和 Fookes，2005b），如第 29.3.7.5 节所示。

29.3.1.2 平原和基准面平原

麓坡和高地侵蚀碎屑物的持续运移和沉积塑造了平原的地形。风成和河流作用主导了平原地区地形的不断变化，因物源位置和风向以及物源颗粒的大小和密度的不同而形成沙丘和洼地。基准面平原是在盆地内自然形成的洼地，受风成和河流作用的影响（类似于平原），地下水位接近地表。受水位变化和孔隙水化学性质的影响，导致靠近地下水、包气带内土层的盐分聚集。这些高盐环境会加速基准面平原内土层和岩石沉积物的风化，并对人造结构造成破坏。

陡坡和孤山（艾尔斯岩是一个典型的例子，Hills 等，1966）等高地特征为古老地貌，但山麓斜坡、洪积扇和沙丘等地貌（图 29.6）是第四纪的产物，且未来可能被其他地貌形成过程重新塑造（Lee 和 Fookes，2005b），主导干旱地区地貌形成过程的因素主要包括风力侵蚀和河流侵蚀以及化学、机械和热风化。缺乏植被和干燥的地表土，导致在地貌形成过程中浅表土层更容易被侵蚀。尽管干旱地区地下水位深度变化较大且埋藏也可能较深，但仍然可以发现潜水面。Lee 和 Fookes（2005b）列举了撒哈拉沙漠地区一个潜水水位埋深小于 50m 的典型案例，这与 Blight（1994）在非洲南部半干旱地区发现的地下水位特征相似。

图 29.5 纳米比亚的鱼河峡谷，注意平坦的、贫瘠的山顶和陡峭的悬崖，悬崖底部形成屏障，台地和山丘（中心）在峡谷内发展

图片由 Jackson-Royal 夫人提供

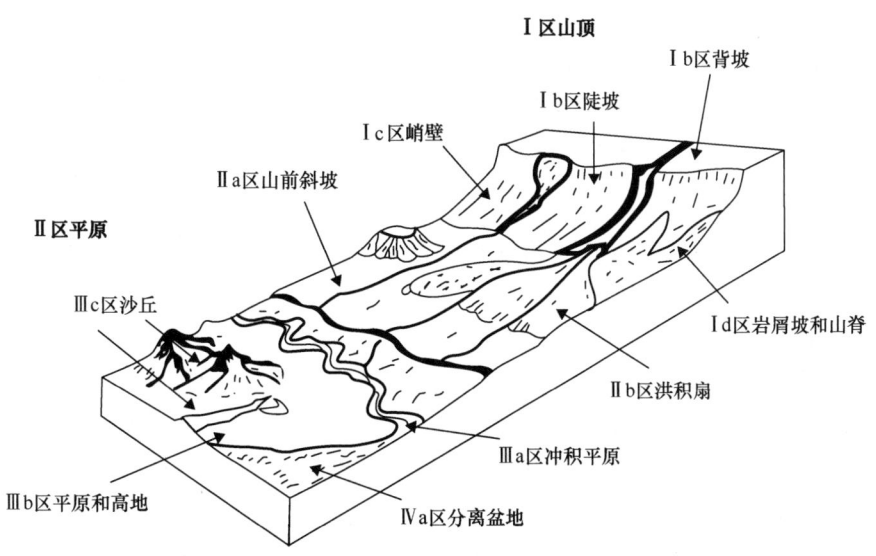

图 29.6 热带沙漠地形图

摘自 Lee 和 Fookes（2005b）Whittles Publishing

干旱地区干燥、易迁移的地表沉积土层以及高地地区靠近地表的基岩均是建材骨料的重要来源，详细内容在第29.3.7.5节介绍。

29.3.2 风化引起干旱土发育

在干旱环境中，风力侵蚀和河流侵蚀，以及化学、机械和热风化会经常发生。这些风化过程会导致地面和地形产生一系列复杂的变化，对工程建设产生不利影响。因此，干旱地区的地质环境对岩土工程师提出了重大挑战，岩土工程师了解干旱地区的此类风化过程是很有必要的。更多细节和其他有用的参考文献可以在Fookes等（2005b）的文章中找到。

29.3.2.1 干旱环境的机械风化

高地的侵蚀过程相对较慢。Lee和Fookes（2005b）提出陡坡每年后退的速度大约为几毫米。高地的抗风化与浅部地层的性质有关，岩石如砂岩或胶结土（如钙质结核）可以有效地抵抗风化作用。这些地层又叫覆盖层，其在高山陡崖处被缓慢地机械风化（Lee和Fookes，2005b；Howard和Selby，2009）。如果高山浅部地层存在节理，则上部岩石可能会逐块破坏塌落；如果这些地层下部存在具有较强软化性的岩石（如石膏和蒙脱石），在充分浸水后这些地层就会软化，并引起上部岩石块体坍塌（Howard和Selby，2009）。如果覆盖层的下伏岩层渗透性较强，则上部覆盖层也较易风化。水的渗入会导致岩层强度降低，并在岩石内形成空洞，最终导致上部覆盖层坍塌破坏（Lee和Fookes）。

机械风化的物质从悬崖上滚落至坡脚而堆积在山脊坡体上，并遭受持续风化，最终形成碎屑斜坡（称为岩屑斜坡）。岩屑斜坡（俗称碎石）的坡脚最终接近自然休止角，它处于亚稳定状态，随着环境的变化会继续坍塌。因此，岩屑斜坡是工程建设的危险地区，需要对其进行加固处理以阻止其滑动而造成灾害。持续的风化作用会导致高山陡坡的高度和陡崖角度逐渐减小，变为更平滑的斜坡，最终使高地变为山前坡地（详见Lee和Fookes，2005b）。

高地经历气候周期性变化和干湿交替可导致岩屑斜坡内漏斗发育（即楔形地貌，尺度可能较大，从岩屑斜坡内分离的碎屑顺斜坡下滑，详见Howard和Selby，2009）。由于斜坡内部边界（节理、滑动面、倾斜岩石边界等）的弱化、气候周期变化和干湿交替，反复的楔形体破坏导致陡坡快速退化，并导致山脊坡体产生很多平顶岩屑堆。

29.3.2.2 随温度变化加速的机械风化过程

温度的变化会加速干旱地貌和人造结构的风化速度。干旱环境一年四季都经历着显著的温度变化，特别是白天，如在夏季干旱地区场地的温度会在几小时之内从清晨的20℃以下攀升至40℃以上，因此风化速度大大增加。温度的变化还会导致人造结构的损坏，对不同热膨胀系数材料组合的复合结构（如钢筋混凝土）的损坏更大，这是因为材料的差异膨胀和收缩会在材料内部产生应力。非复合材料也能经历如此的风化。不同的加热和冷却速率（如表层与内核之间）可同样导致风化的加速。外层的材料可通过被称为剥离（exfoliation）的过程而胀裂剥落。Hills等认为，这种风化过程非常缓慢，未胶结的岩石可以自由膨胀和收缩，很难通过表层剥落而损坏。然而，部分埋在不同介质中的岩石或构造将经历不同的温度变化率（暴露在地表的岩石比埋置在深部的岩石经历更大的温差变化），温差引起岩石内部的差异运动将产生一定的应力，并导致风化速率加快。

29.3.3 化学风化导致干旱环境与人造结构的退化

温度的昼夜变化导致岩石的节理或土体的孔隙内可溶盐的沉淀或化学侵蚀，引起岩石和人造结构的化学风化，详见图29.7。

沉积岩和土体中常见的可溶盐，以孔隙水中的晶体和溶解盐的形式存在。包气带内地下水的垂直渗透产生的吸力将溶解的化合物向上运移。如果地下水位足够接近地面，且毛细作用引起的基质吸力作用于地下水，引起地下水向上运移（详见第29.4.6节）进而增加地表土体孔隙内可溶性化合物的浓度。

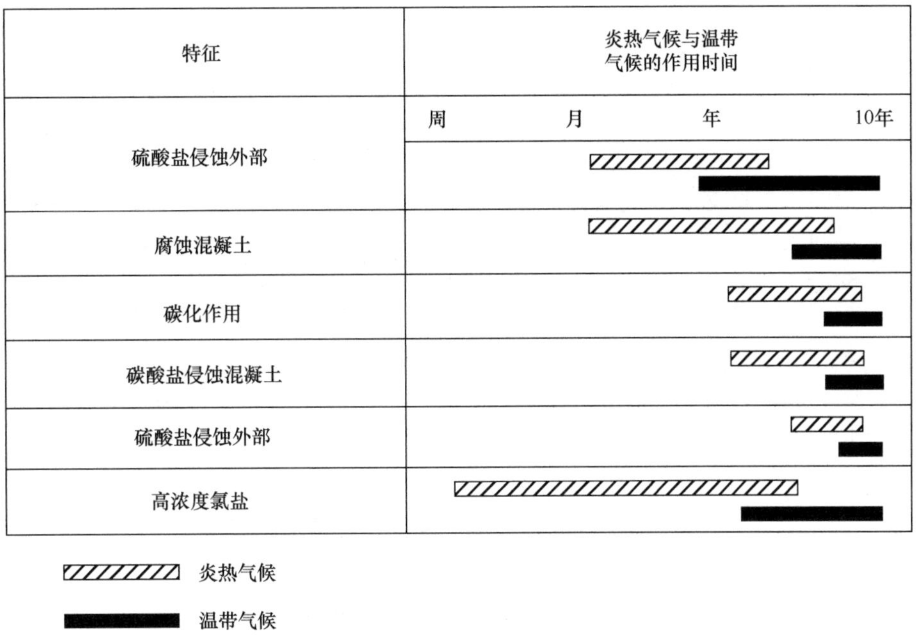

特征	炎热气候与温带气候的作用时间
	周　　月　　年　　10年
硫酸盐侵蚀外部	
腐蚀混凝土	
碳化作用	
碳酸盐侵蚀混凝土	
硫酸盐侵蚀外部	
高浓度氯盐	

▨▨▨ 炎热气候
▬▬▬ 温带气候

图 29.7　不同环境因素下混凝土劣化需要的时间
摘自 Khan（1982），经 Elsevier 许可

水中可溶性化合物达到一定浓度时，不能再继续溶解化合物，该浓度称为饱和浓度。化合物的溶解度与许多参数有关，包括温度（详见 Fetter，1999）（图 29.8）。因此，昼夜变化的温差足以引起饱和浓度的降低，以及饱和浓度中化合物的析出沉淀。化合物持续沉淀在岩土体中形成晶体并对土体和岩石施加压力。如果环境温度足够高，蒸发作用将导致岩土层孔隙水完全消散，使得之前溶解在孔隙水中的盐类沉淀析出。然而，Goudie（1994）指出，对天然材料的岩石和土体以及人造结构而言，孔隙水尚未完全消散时就沉淀了大量可溶盐。温度的昼夜变化和降水导致可溶盐的溶解—沉淀循环，导致岩土体和人造结构发生风化。随着混凝土剥落和钢筋腐蚀的速度加快，人造结构将面临更大风险。Al－Amoudi 等（1995）指出溶质也有可能通过毛细作用进入已铺设的垫层填料，如公路垫层，随着时间的推移，这可能会损坏这些垫层结构。

环境条件的变化，包括温度的变化、溶解盐浓度的变化、孔隙水体积的变化，都会导致化合物从溶液中析出。可溶盐沉淀成固体后的体积会大于溶解在水中的体积，特别当可溶盐化合物在沉淀时形成复合水合物时体积会大大增加，从而对土体孔隙或岩体裂隙施加压力并导致岩土体结构破坏。

Bell（1998）给出了不同可溶盐的结晶压力，如石膏（$CaSO_4 \cdot 2H_2O$）为 100MPa、硅藻土（$MgSO_4 \cdot H_2O$）为 100MPa、食盐（NaCl）为 200MPa，并引用一项研究说明 Na_2SO_4 和 $MgSO_4$ 盐的混合溶液导致砂岩立方体的破坏速率更快，而混合盐溶液比单独盐溶液的化学侵蚀性更强。可溶盐的沉淀结晶对岩土体产生的压力相当大，人造结构同样也面临这种化学侵蚀的风险（Goudie，1994）。因此，在含盐量较高的地区开展工程建设时，必须进行详细勘察，确定可溶盐对工程结构寿命的影响。含盐量较高地区可加剧人造结构的物理风化（孔隙内可溶盐沉淀结晶产生的膨胀压力）和化学风化（加速钢筋的腐蚀）（Goudie，1994）。

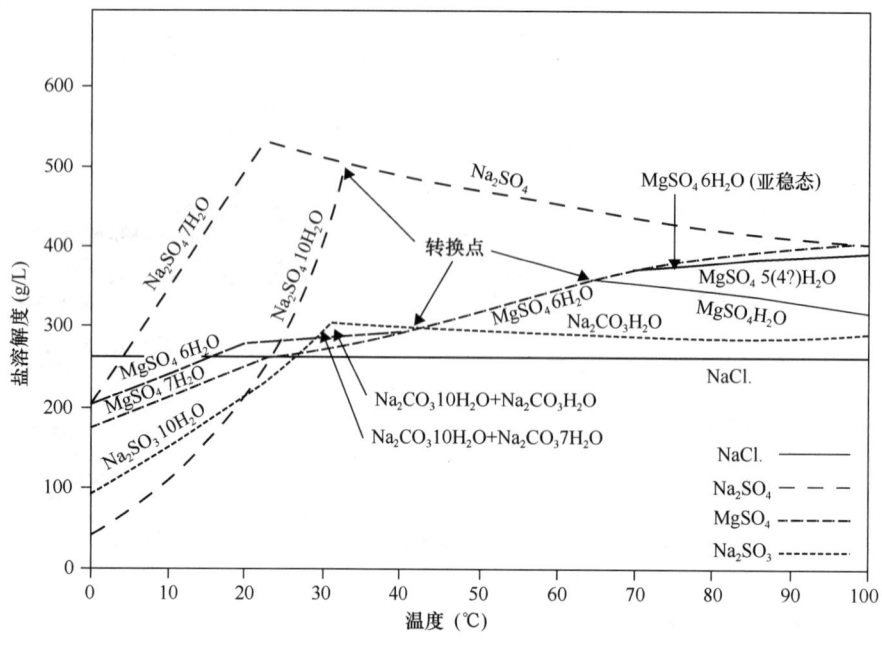

图 29.8 常见可溶盐温度与溶解度对应关系

摘自 Obika 等（1989）ⓒ The Geological Society

可溶盐的饱和浓度还与孔隙水内已有的可溶盐化合物有关。孔隙水只能通过重组已有可溶盐和新溶解可溶盐形成新的混合可溶盐化合物。因此，如果存在多种混合可溶盐化合物，则每种化合物的饱和浓度降低，从溶液中沉淀结晶的可溶盐质量要大于根据单独可溶盐化合物饱和浓度计算的沉淀结晶盐。这种现象通俗地称为"盐析"。如果拟建地基设计需要防止这种类型的风化作用，则掌握孔隙内可溶盐化合物在孔隙内的状态至关重要。基于吉布斯自由能的数值或分析建模方法，以及实验室的批量室内试验建模方法，均可预测不同可溶盐的溶解度（Fetter，1999）。

29.3.4 土体的化学结合产生硬壳层和胶结土

硬壳层[定义为"在未固结沉积物中的一层强胶结材料"，通常是水的作用形成并位于地表以下较浅范围内；胶结材料可能是钙质、硅质或铁质的（Whitten 和 Brooks，1973，第222页）]。胶结土层，通常在地表以下形成，因侵蚀而暴露于地表。硬壳层的厚度通常为几百毫米（300～500mm），但多个硬壳层的叠加厚度显著增加，可达到几米厚（3～5m）（Lee 和 Frookes，2005b）。经估算钙质硬壳层覆盖了13%的陆地地球表面（Dixon 和 McLaren，2009）。

胶结作用提高了土层的稳定性和抗风化能力，并使之具有比未胶结土更高的强度。干旱条件下常见的胶结晶体类型有：铝质胶结、钙质胶结、石膏质胶结和硅质胶结。尽管在干旱条件下发现的硬壳层都较难开挖，但硅质胶结和铝质胶结比钙质胶结强度更高（Hills 等，1966；Dixon 和 McLaren，2009）。开挖硬壳层可能需要钻凿、爆破技术或其他设备（Lee 和 Fookes，2005b）。一旦穿过硬壳层，接下来的地层较容易开挖。因此，硬壳层既能产生可抗侵蚀的岩石结构效果，也给施工带来较大难度，在进行工程准备时对此不能低估。

干旱环境中还会形成轻微胶结土层，其不像坚硬的硬壳层那样具有较强抗侵蚀能力，但也会使得强度有所增加，在开挖时其可以形成自平衡（在干燥的胶结砂土中，如果胶结程度足以抵抗移动，开挖的侧边就不会坍塌）。土层可通过盐的结晶被胶结（Dixon 和 McLaren，2009），也可以通过黏土颗粒搭接被胶结，但是通过黏土颗粒搭接胶结的土层强度小于化学胶结的土层强度。

29.3.5 河流侵蚀、洪水影响及盐碱地、滩地与盐沼对工程建设环境的挑战

干旱地区的大多数河道蓄水时间都是短暂

的，它们只在暴雨过后有地表径流，随后水分迅速蒸发或渗入土体，使河道再次干涸。暴雨产生的地表水及其排水途径将决定其如何与周围环境相互作用（图29.9），洪水很容易通过山麓斜坡流入河道，形成短暂的地表径流；相反地，地表水由于渗入松散砂土而迅速减少，很难形成短暂的地表径流。

Lee 和 Fookes（2005b）研究表明十年内一个地区90%的地表水侵蚀作用发生在5天内集中的7次暴雨当中。这是因为强对流引起的风暴均在较短的时间内产生，导致大量的洪水向已形成的水系网络内汇流（或在泄流过程中形成新的水系网络）。这种洪水的流速在通过水系网络时足以携带大量泥沙，这些泥沙沉积后会形成新的地形地貌（更多信息请查看 Parsons 和 Abrahams，2009）。干旱环境中罕见的暴风雨也会破坏土方工程（尤其是工程建设时排水设施不完善的土方工程）；水的流动会侵蚀土方工程的表面；渗入土方工程后会降低地基土的吸力，从而降低地基土的强度并引起土体移动。前者可能破坏土方工程，可以采取一定的补救措施加以修复，而任何土体的移动都可能导致土方工程无法正常使用的问题，甚或使结构损坏失效，因此需要采取补救措施。Puttock 等（2011）描述了一个摩洛哥的工程项目，该项目在土方工程施工期间经

历了暴风雨。图29.10 显示了施工场地邻近的一个排水渠道，在暴风雨以后引发洪水，危及到了新填筑土方工程的一部分。

干旱环境中的场地通常缺失了洪水风险评价。事实上，如果希望潜在洪水风险能够加以合理的管控，在项目的规划阶段本就应该包括洪水风险评价。干旱地区出现暴风雨的概率较低，但此类灾害造成的潜在威胁仍然巨大，因此需要对新建的土方工程提前设计排水通道。如果雨水汇集在土方工程表面，而不是通过排水通道排泄，则土方工程将受到损坏（图29.11），这就需要采取一些治理措施使其恢复到正常状态。

图 29.10　暴雨过后的季节性排水沟；注意排水沟与新夯实土方工程的距离较近，使新夯实土方工程处于危险之中

摘自 Truslove（2010）；版权所有

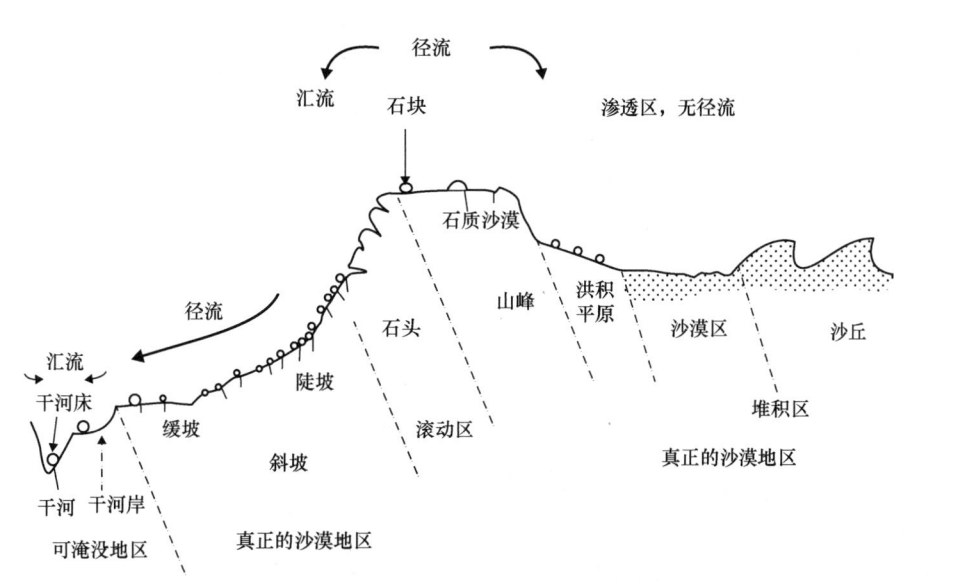

图 29.9　干旱地区水文循环要素

Thornes（2009），摘自 Shmida 等（1986）

图 29.11 破坏压实土
（左）摘自 Truslove（2010）；
（右）摘自 Puttock 等（2011）。版权所有

29.3.5.1 沉积物的搬运与沉积

高地顶部多为荒地，或由大量漂石组成，当降雨落在高地顶部时，雨水首先通过离散的排水通道集中到沟壑处，然后迅速排泄到下部平原。排水通道和高地上的沟壑是天然的排水渠道，为高地底部受侵蚀材料的重复沉积创造了条件。在这些区域沉积的物质材料变异显著，但却是建材骨料的良好来源（Lee 和 Fookes，2005b）。

29.3.5.2 冲积扇

输沙量与水流流速有关，随着流速的减小，水中泥沙逐渐开始沉积，最终形成沉积物级配不良的冲积扇。此类冲积扇的沉积物具有山前斜坡的特征。反复的暴风雨不断形成新的冲积扇，洪水通过先前形成的优先路径，不断侵蚀先前的冲积扇，将其沉积物携带至离高地更远的地区，并在冲积扇内形成独特的"叶瓣"形态。冲积扇沉积物的覆盖范围很大；Hill 等（1966）报告说，阿塔卡马沙漠冲积扇的范围从高山源头向外延伸约 60km。更详细的描述见 Blair 和 McPherson（2009）。

29.3.5.3 溪谷（干河）

溪谷（有间歇性溪流的山谷）的特征是短暂性流水和形成辫状溪流。Whitten 和 Brooks（1973，第 62 页）将其定义为"由相互交织的河道组成的溪流，不断地在冲积层和沙洲之间移动，河岸由较软的沉积物组成（通常为自沉积），更容易被侵蚀；与河流蜿蜒的部位相比其河床更宽、更浅且更容易被洪水淹没，促使河道的经常性搬迁和加宽的过程"。与蜿蜒河道的沉积场地相比，这个过程使河谷沿线形成了新的冲积地层，其沉积位置看起来毫无规律（与蜿蜒河道的沉积位置相比）。因此，在这些地区开展工程建设时，可能会遇到的分布不均、级配不良和松散的沉积地层（覆盖在先前的沉积层之上）。松散沉积物可在随后的暴风雨中被再次侵蚀和再沉积；因此，溪谷的地形也是暂时性的。在雨季期间，溪谷两岸的场地也是很危险的，山洪形成得很快，而且几乎无法预警（Waltham，2009）。

29.3.5.4 盐碱地、盐滩和盐沼

细颗粒是最后从悬浮液中沉淀的沉积物，因此往往可以被水流输送相当长的距离。在基准面平原上，洪水将形成短暂的湖泊。当湖泊消退后，粉土和黏土沉积在地表形成硬壳层（尽管这不是由退去的洪水，而是由之前注入湖泊的河道发生变化形成的。图 29.12 为湖水蒸发后形成硬壳层的案例）。随后续的洪水冲积，黏土和粉土地层逐步累积形成新的附加沉积层，使硬壳层的厚度增加（Lee 和 Fookes，2005b）。这些地层可能夹杂有不同洪水期之间风积的砂层（或被风积砂层覆盖），或者包含有蒸发残余物（如盐沼和盐碱滩）。此类硬壳层的表面可以抵抗洪泛期间的小荷载或洪水重量引起的地面沉降变形。Al-Amoudi 和 Abduljawad（1995）认为这是浅部地层干燥和胶结性质所致（如盐沼沉积物）。

如果地层是在靠近海洋的平原上形成的，那么

图 29.12 博茨瓦纳的 Nxai 盐碱地，南部非洲地区河道的变化，导致湖泊干涸形成的一系列盐碱地之一

© A. Royal

就可以形成盐沼地或盐碱滩（图 29.13）。盐渍土经历了海洋洪水，地下水位可能接近地表。这些盐渍土的含盐浓度可能极高（表 29.2）。

当洪水退去时，粉土和黏土中的盐分结晶沉淀，可能形成具有高盐浓度的盐滩土（尽管与盐渍土的含盐浓度不同）（Lee 和 Fookes，2005b）。随着孔隙水中可溶盐的结晶沉淀，盐渍土和盐滩土可形成一定程度的胶结。这种结晶沉淀作用也会在地貌中形成石膏和其他蒸发岩透镜体（AlAmoudi 和 Abduljawad，1995）。另见本手册第 37 章"硫酸盐/酸性土"和第 38 章"可溶岩土"。

然而，硬壳层以下的土体可能是亚稳定的。其可能包含易溶解的矿物（例如石膏和岩盐）且可能非常软，因此一旦硬壳层表面受到破坏，下部地层就更容易受到地面变动的影响（Al-Amoudi 和 Abduljawad，1995）。盐渍土的性质随季节变化而变化，在雨季，随着地层中胶结盐的溶解，地表将无法再通行车辆（Shehata 和 Amin，1997）。盐渍土也是在第四纪形成的（Al-Amoudi 和 Abduljawad，1995），沿着原来的海岸线沉积。然而，自第四纪以来，海平面一直在波动，通过这一机制形成的盐渍土在海洋作用下被重新改造，形成碳酸盐砂土、粉土和生物碎屑砂（Al-Amoudi 和 Abduljawad，1995）。

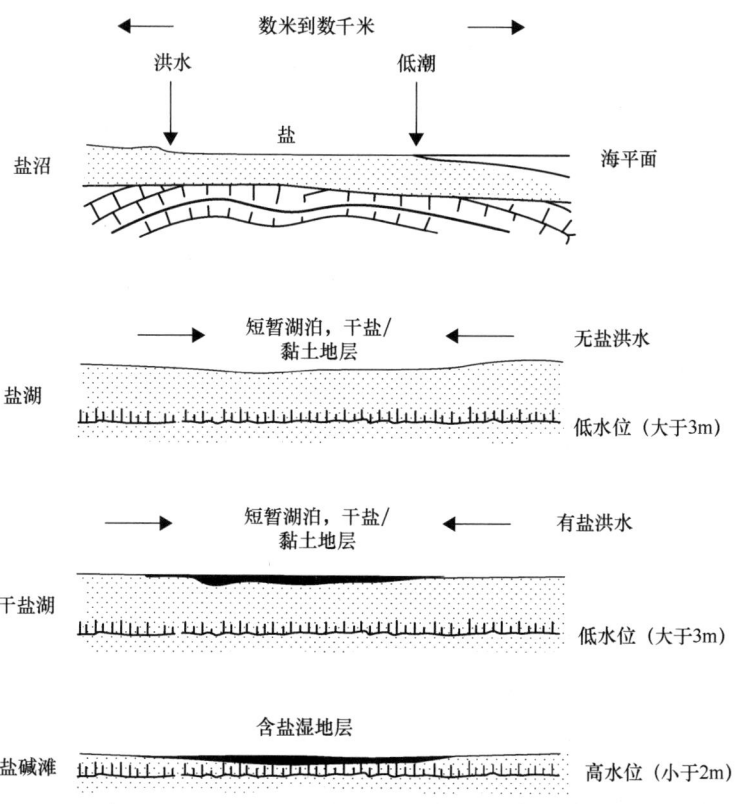

图 29.13 盐沼、盐湖、干盐湖和盐碱滩的典型横剖面

Lee 和 Fookes（2005b）；摘自 Fookes（1976）

表 29.2 远海、近海和盐沼中典型离子含量（mg/L）

离子	含量（mg/L）		
	远海	近海，波斯湾	盐湖
Ca^{2+}	420	420	1250
Mg^{2+}	1320	1550	4000
Na^+	10700	20650	30000
K^+	380	650	1300
SO_4^{2-}	2700	3300	9950
Cl^-	19300	35000	56600
HCO_3^-	75	170	150

数据取自 Fookes 等（1985）

在含有较高浓度盐的地区开展工程建设必须格外小心，加之可能发生的洪水，会带来较多的工程问题（Millington，1994）。在这种环境中施工，需要考虑下卧地层（尤其是盐碱地）的刚度，因为这些地层的密度可能很低（Al-Amoundi，1994）。还有其他问题，例如，上部地层的溶陷性和高含盐性。地层中的高含盐会加快地下人造结构（如混凝土或钢管基础）的风化（Shehata 和 Amin，1997）。不建议在施工过程中使用这些地区的土料作为建筑材料（详细描述见第 29.3.7.5 节）。

洪水泛滥形成的粉土或黏土硬壳层会成为盐沼或盐湖，其差异性取决于地下水位的埋藏深度。在基准面平原，地下水位可能接近地表，包气带内的基质吸力可能导致显著的毛细上升，如黏土中的上升幅度超过 10m，粉土的上升幅度为 1~10m（Bell，1998）。如果毛细作用产生的水位上升易影响到干盐湖，则称为盐沼，且可溶盐可以被输送至地表（Lee 和 Fookes，2005b）。盐碱地内可溶盐浓度增加（类似于干盐沼和干盐湖），也会使施工变得困难。如果地下水上升至地表，则盐沼的表层会变潮湿（图 29.13），其下部地层变软。

29.3.6 风蚀环境及其他湿陷性土层、石质沙漠和沙丘对工程建设环境的挑战

由于气候条件和植被的缺乏，干旱土层比其他区域的土层更容易遭受风的侵蚀。风蚀有两种主要形式：一是风可以将土颗粒从一个地方运输至另一个地方，风运输土颗粒的能力与多种因素相关，例如风速和颗粒类型（如大小、形状和密度）等；二是被风裹挟着土颗粒可以重塑已有的地形特征（类似于海洋利用搬运的泥沙侵蚀海床）。风的冲刷力不可低估，对工程建设场地有很多不利因素（更多详细信息请参考 Parsons 和 Abrahams，2009）。

风力搬运土颗粒的模式取决于土颗粒的大小、形状和密度（对于确定的风速和地形条件）。非常细的颗粒（直径小于 $20\mu m$）会长时间悬浮在空中，其输送时间可持续数天、距离可达数千公里（Nickling 和 McKenna-Neuman，2009）。较大的细颗粒（直径小于 $70\mu m$ 但大于 $20\mu m$）较重，无法长时间在空中悬浮，一次搬运的时间将持续几分钟到几小时，运送距离为几十公里（Nickling 和 McKenna-Neuman，2009）。当粗颗粒较重时，无法通过悬浮进行风力搬运，而是通过跳跃或滚动的方式输送。跳跃式搬运的颗粒（直径可以达到 $500\mu m$）通过短椭圆路径在空气中循环的移动、运送和沉积。较大粗颗粒会在风力作用下沿地面滚动；但是当颗粒很大时，则无法通过风力进行搬运。

由于风蚀作用，土颗粒按大小、形状和密度分离，将导致盆地内的土颗粒按主导风向和材料来源进行分选。可风力搬运的颗粒的减少导致地面的逐步降低，与此同时，难以通过风力搬运的大颗粒累计下来，覆盖在地表，其可以防止风力的进一步侵蚀。这种地面就被称为石质沙漠（详见 Stalker，1999）。这些较硬地面有利于工程建设，地表不需要进行较大的改良处理就可以开展工程建设，但是一旦地表遭受破坏，其破坏的影响区将再次遭受风蚀作用。

沙粒大小颗粒通过天然抑或人为的风，或者在两股及更多汇聚的风力作用下移动，在迎风面和背风面都可以形成沙丘（Lee 和 Fookes，2005b），这些颗粒不一定是石英，可以是黏土聚集物、无机盐晶体和非石英颗粒（Warren，1994b）。形成的沙丘类型（了解常见沙丘类型的详细信息参考 Stalker,1999)取决于许多因素,包括携沙量和与风向的一致性,其中与风向的一致性被认为是最重要的因素(Lancaster,2009)。沙丘中常见的粒径范围为0.1~0.7mm,平均粒径为0.2~0.4mm。沙丘一般均是分选较差土级配不良土(Lee和Fookes,2005b)。

沙丘的形成过程中,会沿干旱地区地表不断迁移,因此被称为活动沙丘。沙颗粒聚集在背风面,导致沙丘顶部以及沙丘背风面随时间而逐渐移动。沙丘的迁移速率(了解迁移速率随沙丘高度变化的详细信息参考Warren,1994b)与其高度成反比,是沙丘横截面和沙丘堆积密度以及风力搬运沙粒速率的函数(Lee和Fookes,2005b)。沙丘可以覆盖很广阔的区域(成为沙丘区或沙海,沙海比沙丘面积大得多)。例如,一般认为大约五分之四的干旱土地是荒芜的岩石或漂石区(Bell,1998),但不到25%的干旱和超干旱地区,被活动沙丘覆盖(Warren,1994b)。然而,Hill等(1966)研究了撒哈拉大沙漠的连片沙海,其覆盖面积大于法国的国土面积。在这些连片沙丘区,沙丘可以达到很高的高度,Lee和Fookes(2005b)介绍了撒哈拉沙漠中的一个极高的横向沙丘,其高度达到240m。

在干旱到半干旱的过渡区,由于降水量的增加使得植被覆盖率增加,沙丘会趋于稳定。沙丘还可以通过砂粒的胶结作用、可溶盐的结晶或者沙丘中非石英颗粒的风化而变得稳定(Warren,1994b)。

Lancaster(2009)给出了世界各地沙丘和沙海的地理位置及其沙丘的活动性。

在施工期间和施工之后,干旱土的风蚀作用皆有可能发生,在所有施工项目的规划阶段都必须考虑到这一点。风积物不仅会影响建筑结构(堵塞门窗,在极端情况下掩埋房屋,见Shehata和Amin,1997),还会影响施工过程(如细颗粒堵塞施工机械发动机过滤器,阻碍光学仪器的使用),甚至可能在无法通行的松软堆积体地区,造成物流运输问题(图29.14),特别是那些没有配备履带的大型车辆,如铰接式卡车。尽管保护一个场地需要占用很大的土地空间,但可以采取保护措施防止风沙堆积,例如采用多孔栅栏作为沙障(图29.15)。

图29.14 汽车陷入松散风积物覆盖的公路,两周前这条公路还畅通

ⒸA. Royal

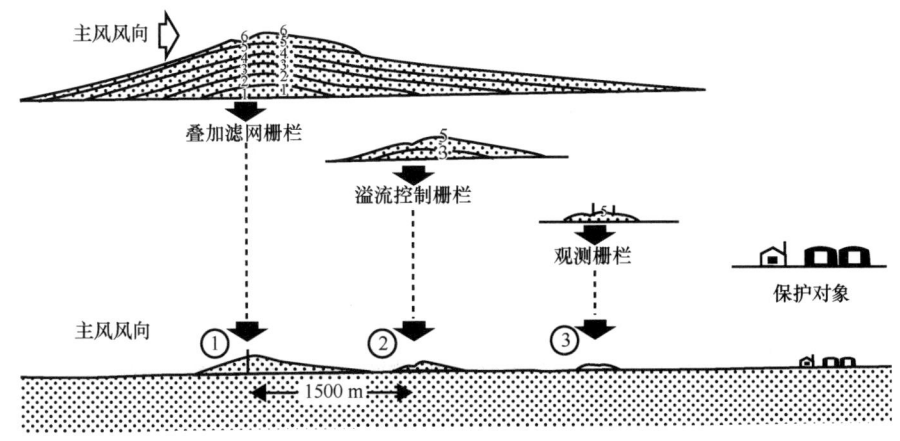

图29.15 使用多孔栅栏作为沙障

Lee和Fookes(2005b);摘自Kerr和Nigra(1952);美国石油地质学家协会

风蚀作用剥蚀了原始地貌的细颗粒, 形成了具有暂时性的地貌, 例如沙丘。然而, 携带颗粒的风 (裹挟颗粒直径范围为 60~2000μm) 会对岩层形成地貌作用, 对岩层产生冲刷 (类似于商业喷砂, 但强度没有那么大), 并进一步塑造高地和坡角的地形, 这个过程是缓慢并持久的。Laity (2009) 报道磨蚀速率大约为 0.01~1.63mm/a (尽管这里没有考虑到南极洲等地的风速相当大, 那里的磨蚀速率可能更大)。根据岩石类型、岩石强度和岩层的排列形成了不同的岩石地貌。

29.3.7 干旱区地质调查和干旱区土层分类

岩土工程的土类划分应提供足够的地层信息, 使建设项目在设计和施工阶段能节约大量成本, 同时降低项目失败的风险。忽视干旱土的特性会因潜在和不可预料的方式导致工程项目在施工期间和施工后失败。虽然工程建设通常没有足够的信息对建设场地的土层进行全面的分类 (从矿物学、地层学等), 建议将分类过程延伸至实验室研究范围之外, 以确定土层的岩土工程参数, 并考虑土层的地质组构因素 (如构造和土的结构) (Rogers 等, 1994)。

在干旱条件下, 干旱土通常是非饱和的, 可能含有高浓度的盐, 并且由于地貌形成过程作用, 干旱土通常是松散的, 处于亚稳状态的。因此, 它们会产生湿陷变形和膨胀变形 (详见第 32 章 "湿陷性土" 和第 33 章 "膨胀土")。图 29.16 可用于鉴别可能发生体积变化的土体。室内试验测试的土体物理参数, 不能识别地面以下高浓度可溶盐引起的化学或物理风化对结构基础的潜在风险, 也不能预示土层增湿变形 (或膨胀变形) 可能导致的基础破坏。此外, 由于风积物的持续沉积, 建筑物的维护费用将会显著增加。

29.3.7.1 干旱土现场勘察工作导引

土层或岩层的形态取决于其发育位置 (第 29.3.1 节); 发育在高地或麓坡上的土层与发育在平原上的土层有很大差异, 在制定现场勘察方案时必须考虑到这一点。由于形成岩土体的地貌形成过程的不同, 调查研究任何岩土体的性质都可能是不均匀的, 因此从有限数量的钻孔样品得出的数据或实验室得出的工程参数可能并不可靠。此外, 一般研究的土层都可能是不饱和的 (除非在基准面平原内, 潜水面可能相对接近地表), 可能是干燥的, 并且可能是亚稳状态 (例如, 坡积碎石、风成沉积物 (如黄土)), 因此不可能完全有效地收集到未扰动样品。因此, 任何场地勘察都以现场调查研究为基础, 重视可能遇到的土层类型, 并确定评价场地时现场对应的测试方法。

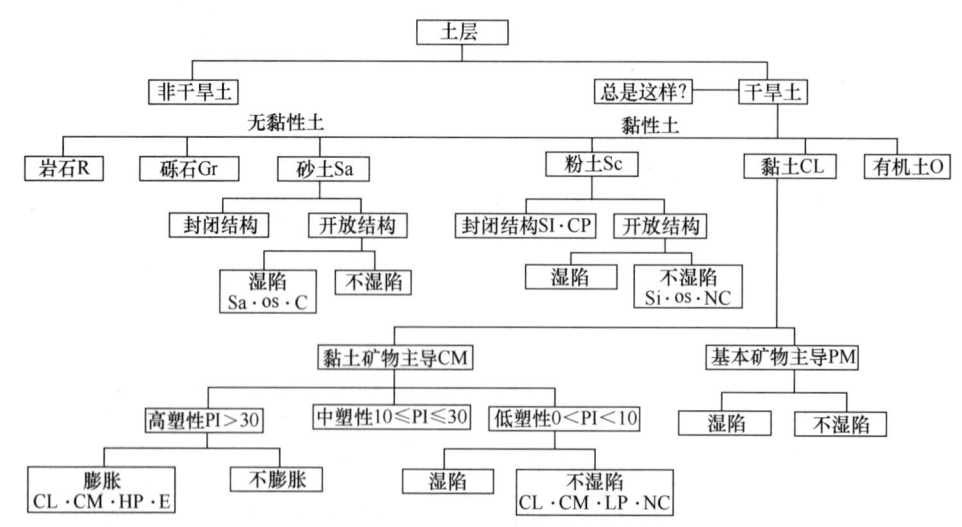

图 29.16　揭示土体体积变化问题的决策树

摘自 Rogers 等 (1994)

然而，使用工程建设标准（如英国标准和欧洲标准）时，需要特别注意其对干旱土的适用性，因为这些标准可能不适用于干旱土（热带土参见第30章）。例如，Puttock 等（2011）结合法国标准（《路基面层施工技术指南》，LCPC 和 SETRA，1992）在干旱环境中开展了土方工程，并取得了成功，他们认为该标准比英国标准（土层性质调查技术规范）更适用于干旱环境。

29.3.7.2 原位测试

原位测试可用于确定岩土参数，或对土层性质进行分类，并可以补充从室内试验获得的岩土参数（如特征描述和指标测试、物理性质测试：包括改良土膨胀或湿陷的可能性）。在松散、非饱和粒状土地层中，原位测试对土的扰动比取样进行室内试验的扰动要小。英国标准和欧洲标准对在给定土层条件下各种钻探方法的适用性提供了指导，并描述了可能获得样品的质量（见第29.7.2节"英国标准"）。各种岩土原位测试的应用指南见英国标准 BS 2247（第1～12部分）（British Standards Institution，2009）。

Livneh 等（1998）对干旱土的潜在问题进行了说明，他们曾对处于干旱环境（含有石膏）的拟建跑道场址进行了现场勘察。勘察结果表明，地基条件包括含有黏土和砾石的砂土，粉土、黏土以及石膏富集透镜体交替出现于砂质土中，作者认为该场地可能属于盐沼。随着地下水位的变化，可溶矿物结晶沉淀后形成石膏，如果在加载过程中石膏增湿，则会导致地基土性质恶化。该文作者在现场开展了大量的原位测试，包括标准动力触探试验、密度测试和含有石膏沉积物增湿后的重量损失。研究发现土体低密度和石膏的可溶性是决定机场道面设计的主要参数。Livneh 等（1998）对现场取样进行了以下室内试验：塑性指数、干密度、加州承载比（CBR）、无侧限抗压强度（UCS）和孔隙水化学分析，以补充原位测试获得的岩土参数。

在第32章"湿陷性土"和33章"膨胀土"中分别讨论了各种原位试验评价土体的湿陷势和膨胀势，并对各种工程控制、工程解释和工程评价问题加以描述。

29.3.7.3 室内试验

在干旱土的实验室研究中，必须小心，尤其是干旱土的亚稳态结构和高含盐土层，如盐渍土。湿陷性土和膨胀土的室内试验详见在第32章"湿陷性土"和第33章"膨胀土"。

Aiban 等（2006）描述了一个实验室测试干旱土需要特别小心的案例。因实验室制样用水的不同（蒸馏水或含盐水），所研究的盐渍土表现出了不同的特性。对于这种土体，图29.17 显示了不同水洗后盐渍土颗粒级配的差异性，表29.3 给出了用蒸馏水和盐水制备试样得到的塑性指数。

这些差异与土体和所用水的含盐量有关。蒸馏水只含有土中极低浓度的溶质，所以一定比例结晶盐胶结的土会在溶液中沉淀。土体中盐浓度的变化会引起土体物理性质的变化。因此，勘察试验使用与现场场地相近的液体十分重要。

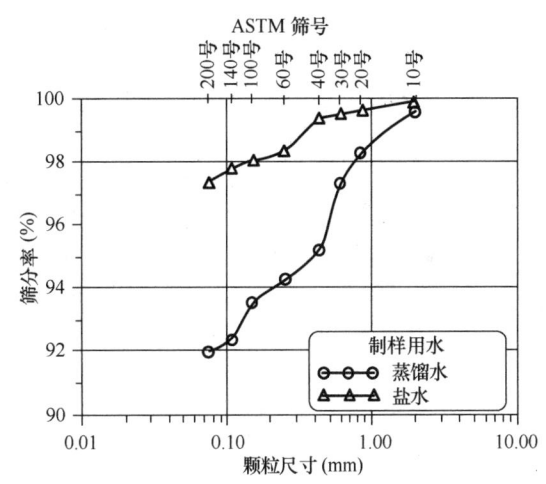

图 29.17 用蒸馏水和盐水洗后盐渍土的粒径分布曲线
摘自 Aiban 等（2006），经 Elsevier 许可

采用不同溶液研究盐渍土液性指数的对比表　　　表 29.3

性质（粒径范围通过 ASTM200 筛）	溶液类型	数值（%）
液限（LL）	蒸馏水	42.5
	含盐水	33.0
塑限（PL）	蒸馏水	26.3
	含盐水	20.4
塑性指数（PI）	蒸馏水	16.2
	含盐水	12.6

摘自 Aiban 等（2006）

29.3.7.4 干旱土的地球物理勘探

地球物理勘探属于无损勘探技术，可成功地和大面积地应用于干旱土地区。地球物理勘探补充了从传统钻孔或探井获取的信息。关于现场勘察中的物探技术指南可参阅《伦敦地质学会工程地质专刊 19》（Geological Society's Engineering Geology Special Publication 19）（McDowell 等，2002），其介绍了现场场地勘察常用的地球物理勘探方法，尽管并非是针对干旱土进行编写的。

Shao 等（2009）研究了利用极化同步孔径雷达（SAR）探测干旱环境地下含高盐沉积物的技术，并取得了初步成功。Ray 和 Murray（1994）报告了利用机载 SAR、AVIRIS（机载可见光/红外成像光谱仪）和热成像技术研究美国干旱地区地表砂层的实践，发现利用这些技术可以区分流动砂层和固定砂层。探测沉积物是否能移动在于颗粒级配的差异（可移动土层往往颗粒占比变化范围较大，且颗粒级配较差）以及流动砂土与固定砂土的相对密度。采用地球物理勘探探测方法判断沉积土层的疑难问题，为优化补充勘察提供了机会，并为在施工继续进行前预测岩土工程过程提供了手段。

29.3.7.5 干旱环境下的工程项目建材料源

高地、麓坡和平原地形（见第 29.3.1 节）是建材骨料的主要来源。表 29.4 显示了骨料来源的可能位置，并给出了这些材料在不同施工阶段的适用情况。Lee 和 Fookes（2005b）推荐选用冲积扇和河谷的沉积物作为砾料。他们建议可以使用沙丘沉积物，但需注意，如沙丘沉积物的颗粒粒径太小时则不适用，并建议避免使用含有高浓度盐的沉积物（或进行去盐处理）。Lee 和 Fookes（2005b）还建议在采购建材骨料时应谨慎，因为胶结沉积物可能需要进行处理后才能适用于工程建设。

地貌与潜在骨料　　　　　　　　　　　　　　　　表 29.4

特征	骨料类型	材料性质	填充物的工程性质	可供量
基岩山地	适用于各种类型的碎石骨料	棱角分明，干净而粗糙	视岩石类型而定，较好充填物	很广泛
硬壳层	路基和地基	通常含有盐。需要破碎和再加工	可能会随时间推移而自我固化，较好的充填物	通常只有少量的优质材料
洪积扇上部沉积物	混凝土骨料以及可以碾碎为路基	需要粉碎、筛选棱角和冲洗。否则，有时含有杂质，为圆形	压实后效果较好	通常很广泛，但优质材料可能较少
洪积扇中部沉积物	可以作为路基	通常细颗粒含量高	较好的压实效果，高承载力	少到广泛
洪积扇底部沉积物	一般不适合建筑	细颗粒含量高，需要处理	承载力低	少到广泛
其他山麓冲积平原	变化大，局部好的可以作为混凝土骨料	含杂质、磨圆度好、颗粒级配良好，可能含有盐	较好的承载性能（密实填充），局部含有粉土和黏土的承载力较差	通常很广泛，但优质材料可能较少
古河流沉积物	混凝土骨料	变化较大	野外很难确定	沉积物厚度较薄
沙丘	一般不太好	一般颗粒太小，太圆	压实效果差	局部广泛
埋藏沙丘	细骨料	粗到细，有棱角。需要处理	压实效果差	非常局部
盐湖和盐沼	不适合	含盐量高，有害	效果差，随机填充	局部广泛
海岸沙丘	一般不适合	一般颗粒太小，太圆	压实效果差	有时广泛
风暴沙滩	细骨料，但可能较尖锐且含盐	清洁后可作混凝土粗砂	随机充填	有时广泛
海滩	一般不适合	颗粒太小，太圆	被盐污染，可能随机充填	局部广泛

摘自 Lee 和 Fookes（2005b）；数据取自 Fookes 和 Higginbottom（1980）、Cooke 等（1982）

干旱地区的建设项目必须考虑供水情况，因为其会严重影响施工进度。干旱地区通常位于发展中国家（Wallen 和 Stockholm，1966），其远离城市中心且可能基础设施条件有限，必须了解影响建设场地的气候条件和地貌形成过程。因此，可能需要将工程用水运至现场，或必须抽取地下水（如果潜水面足够接近地表，则该方案在经济上可行）。若地下水含有大量的溶解矿物质，可能对施工（混凝土浇筑等）产生不利影响，这些因素应在现场勘察时予以考虑。

29.4 干旱土的岩土工程特性

在干旱环境中开展工程项目，预判干旱将如何影响工程建设，以及施工完成后哪些地貌形成过程（很可能）将持续影响工程项目，对项目的建设都是至关重要的。本节介绍了干旱土岩土工程特性的基本内容，具体包括如下几个方面：

- 干旱土岩土工程特性的基本概念；
- 对干旱土进行处理时应考虑诸多因素，具体包括：非饱和土的一般性质；土体内吸力的发展情况；总应力、有效应力、孔隙水压力和孔隙气压力之间的关系；以及如何评估干旱土的剪切及体积变化特性；
- 考虑干旱地区膨胀土、湿陷性土的特性、胶结土对工程的影响，以及如何处理这些特殊土。

29.4.1 干旱土岩土工程特性的基本概念

顾名思义，干旱土中水分短缺，往往导致不饱和状态普遍存在（至少在土体表层，尤其是基准面平原中通常是这样的情况）。但这并不是说，干旱地区就不可能存在地下水，只是地下水埋藏深度可能非常大。水分短缺产生的吸力可能导致非饱和土的有效应力增加，并能导致地下水从潜水面垂直向上流动至包气带，这两种现象都会对干旱土的性质产生显著影响。

干旱土中的吸力是孔隙中的水和空气相互作用的函数。简单地说，由于孔隙水和孔隙空气之间的表面张力（Fleureau 和 Taibi，1994），在填充孔隙空间之前，孔隙水优先排列在土颗粒表面，在孔隙内形成液柱弯月面，从而形成吸力。然而，土体中的孔隙大小是分散的，一些孔隙可能完全充满流体（称为体积水），而其他孔隙则是不饱和状态（含弯月面水），从而导致土体中吸力的不均匀分布（Wheeler 等，2003）。因此，非饱和土的有效应力是土体内吸力的函数（见第29.4.2节），而吸力又是土体结构的函数。因此，当含水率一定时，土体结构的变化（例如室内试验制样时可能会发生）将导致土体中有效应力的变化（Wheeler 等，2003）。

土的吸力可描述为基质吸力（孔隙水压力和孔隙气压力之间的关系函数）或总吸力（除了基质吸力，还包括土的渗透吸力），且在高吸力下（大于等于1500kPa），总吸力和基质吸力认为是一致的（Fredlund 和 Xing，1994）。如图29.18所示，典型土-水特征曲线可以用来表示土的吸力与含水量之间的关系（Fredlund 和 Rahardjo，1993a，1993b）。其曲线的形态取决于土的物理性质参数，如孔隙大小分布、最小孔隙半径以及土的应力历史和土的塑性指标（Fredlund 和 Xing，1994）。

在干旱环境中，土体可以是未胶结的（土颗粒中不含任何胶结材料）或胶结的，包括吸力在内的各种工程性质都必须依次考虑到，并且要重视与干旱土相关的关键性质。本节仅提供了一些简明的内容，更多细节内容可以参阅 Fredlund 和 Rahardjo（1993a）的文献。

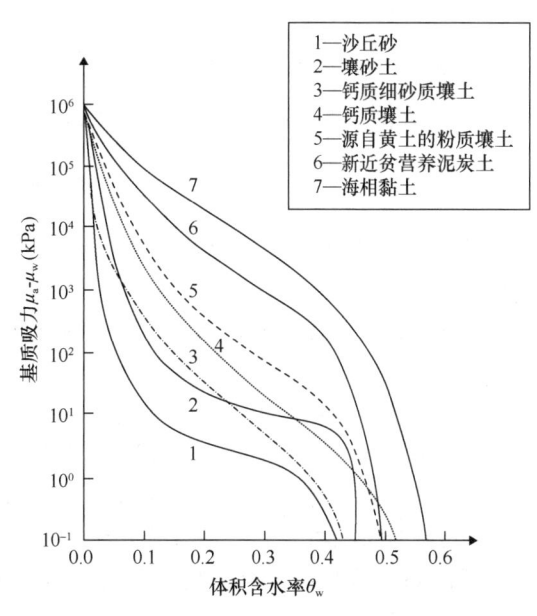

图 29.18 各类土的典型土水特征曲线

Mitchell 和 Soga (2005)

摘自 Koorevaar 等 (1993)，经 Elsevier 许可

29.4.2 非饱和、非胶结干旱土的工程性质

如果土体未胶结且达到进气点，应力和孔隙水压力之间的关系就要进行修改，以考虑土中吸力对有效应力的影响，进而对土的抗剪强度的影响。此时，有效应力是总应力、孔隙水压力和孔隙气压力（μ_a）的函数，并且影响着非胶结干旱土的工程性质。

非胶结非饱和干旱土的抗剪强度可以用式（29.1）确定（其中应力为 σ，净应力为 $\sigma - \mu_a$，有效应力为 σ'，抗剪强度为 τ，有效内摩擦角为 φ'[①]，基质吸力为 $\mu_a - \mu_w$，有效黏聚力为 c'[②]），需要注意的是采用式（29.1）的计算结果可能会高估抗剪强度，尤其是在低吸力的条件下。式（29.1）计算抗剪强度时会受到土的内摩擦角的影响，如果将抗剪强度视为净应力和基质吸力的函数，则可以导出另一种关系，可用式（29.2）表示，其中 a 和 b 分别是净应力和基质吸力的参数。使用两个内摩擦角可以减少吸力对剪切强度的影响，如式（29.3）所示，其中，φ^b 是与基质吸力有关的内摩擦角。φ^b 与高吸力时的内摩擦角相等，但随着饱和度的增加而减小（Rassam 和 Williams，1999）。

$$\tau = c + ((\sigma - \mu_a) + (\mu_a - \mu_w))\tan\varphi' \quad (29.1)$$

$$\tau \propto a(\sigma - \mu_a) + b(\mu_a - \mu_w) \quad (29.2)$$

$$\tau = c' + (\sigma - \mu_a)\tan\varphi' + (\mu_a - \mu_w)\tan\varphi^b \quad (29.3)$$

使用 Alonso 和 Gens（1994）提出的各种模型（例如巴塞罗那模型）对非胶结非饱和土的压缩特性和体积变化特性进行研究，发现可以同时评价土的净应力、偏应力和体积应变。这表明即使土体已经发生了塑性变形，基质吸力依然提高了土抵抗变形的能力。如果土的吸力消散，土中将形成新的应力路径，该应力路径导致土中应力超过先期固结压力，土体将在外部荷载恒定的情况下发生屈服破坏（Alonso 和 Gens，1994）。吸力的消散导致了土的软化和变形。

当非胶结、非饱和土在吸力消散时发生弹性变形，即土中应力还未达到先期固结压力，此时有水进入其孔隙时，土体将发生膨胀变形（Alonso 和 Gens，1994）。因此，一旦土中应力达到先期固结压力，土体将发生屈服并产生不可恢复的塑性变形，土体就会被压缩。即使吸力继续消散，土体也不会因为发生屈服使得结构重组而发生膨胀变形（Alonso 和 Gens，1994）。

土的吸力消散在微观尺度上的响应表现为土体结构的重组，宏观尺度上则表现为土体的破坏（Alonso 和 Gens，1994），因此，总的效果是土发生软化，实际的先期固结压力可能小于小规模试验得出的预测值。如果土体受到剪切，也可以发生软化，当土体在剪切作用下发生变形时，孔隙内的液柱弯月面会先破坏，然后再重新生成，这个过程中土的吸力会下降，因此土体发生软化（Mitchell 和 Soga，2005）。

29.4.3 湿陷性和膨胀性干旱土的净应力、体积应变和吸力之间的关系

Blight（1994）通过现场取样进行研究，得出了膨胀土和湿陷性土的净应力、吸力和体积应变之间的关系。本节参阅了 Blight（1994）的成果，简要叙述了湿陷性土及膨胀性土的净应力、体积应变和吸力之间的关系，更详细的内容分别在第 32 章"湿陷性土"和第 33 章"膨胀土"中进行了阐述。

低荷载作用下，膨胀土的体积应变会随着吸力的消散而增大，并随着含水率的增加，直到吸力完全消散，然后土体在饱和条件下会发生附加膨胀（图 29.19）。吸力的消散和体积应变的增加可能会导致膨胀土变得不稳定，吸力达到临界水平时，土的结构将无法维持自身稳定而发生湿陷。一旦土体发生湿陷，随着吸力的持续减小，又会发生附加膨胀变形。施加于非饱和膨胀土上的荷载决定着其体积应变的大小。一旦吸力消散，土体将会随着总应力的变化而发生膨胀或收缩。

Blight（1994）采用固结仪研究了黏质粉土在天然含水率和饱和条件下的固结特性。之所以选择固结仪，是因为它可以在土样加载稳定后进行浸水，

[①] 原文 angle of friction 疑似有误，直译为摩擦角

[②] 原文 cohesion，疑似有误，直译为黏聚力

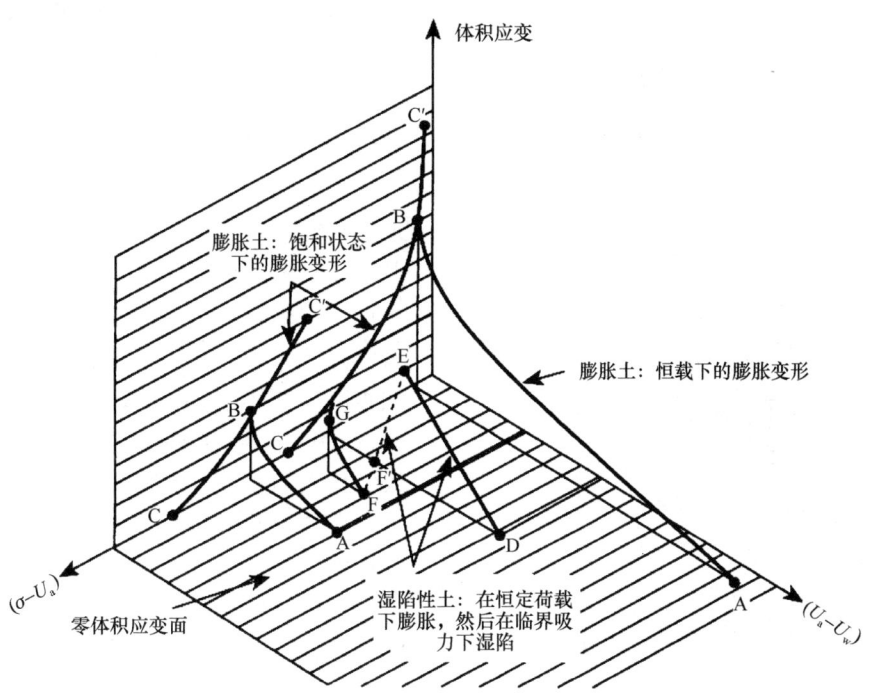

图 29.19 非饱和土及各向恒荷载作用下非饱和土膨胀的三维应力-应变图

摘自 Blight（1994）

以模拟现场可能出现的工况，从而可以预估土的沉降变形。研究发现饱和土样在出现屈服和塑性变形之前，在起始低固结压力下出现了隆起现象（图29.20）。非饱和土在荷载作用下不会发生隆起现象，但是在较大的固结压力下会发生屈服，屈服后的初始刚度比饱和土的大（图29.20）。然而这不是一个恒定的关系，随着固结压力的增加，孔隙比减小，饱和土及非饱和土试样内的土颗粒将被压缩在一起，导致土样变硬。

由于现场非饱和土在不同荷载下的实际变形情况是很难预估的，因此建议采用室内试验或现场试验来确定土的特性。Blight（1994）指出，由于地貌形成过程的作用，干旱土往往同时具有膨胀性和湿陷性，从而具有极其特殊的性质（Wheeler 也提出相同观点，1994）。因此，如果想了解土的特性，开展一些基本的试验研究是非常必要的，比如固结试验在室内试验中应用广泛，平板载荷试验已成功地用于干旱土的现场试验研究（第29.5节中也有说明）。

29.4.4 干旱环境下的胶结土

轻度胶结土（与形成硬壳所需的胶结程度相反）在干旱环境中很常见（见第29.3.4节），并

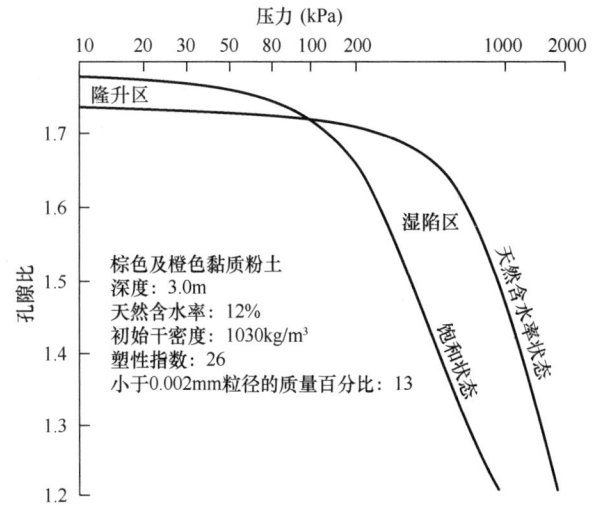

图 29.20 天然含水率及饱和状态下黏质粉土的固结特性

摘自 Blight（1994）

影响到土在各种荷载作用下的响应。胶结土的抗拉强度较大，即使在开挖后也能保持稳定。图29.21 显示了雨季半干旱环境中的风积砂，由于土颗粒的胶结作用，土体在开挖后仍然可以保持稳定。

当土体开挖侧壁由于胶结作用而维持稳定时，应谨慎对待，因为局部荷载仍可能导致开挖侧壁产生变形而最终崩塌破坏。土粒胶结会增大抗剪强度，使得加荷期间土体的弹性变形和屈服应力增大

剪强度会降低，其力学特性也成为土颗粒特征的函数，并遵循非胶结土的变形规律。

29.4.5 盐渍土

天然的盐渍土具有不同的种类，可能是胶结的，可能是亚稳定的，可能含有高浓度的盐等。与其他亚稳定沉积物一样，含水率的变化会导致盐渍土产生湿陷。Aiban 等（2006）证明了水对盐渍土有着显著影响，并指出在最大干密度下的土样，未浸水时的 CBR 值约为 50%，而在相同密度下浸水后的 CBR 值约为 5%，这种性质的差异是由于起胶结作用的盐被溶解造成的。

盐渍土被认为是亚稳定的，一旦加荷超过颗粒间盐的胶结强度（或者随着孔隙水的变化发生溶解，导致盐的胶结减弱），土颗粒会迅速重新排列，从而产生压缩。但是这种现象并非普遍存在，在对亚稳定盐渍土样的湿陷势的室内试验研究中，加载或浸水不一定导致土样发生湿陷。Al-Amoudi 和 Abduljawad（1995）认为，这与进入土样中的水量有关，可能缘于水中的盐浓度和土的胶结之间达成了平衡。他们使用了一种改进的固结仪，在土样中施加了一个常水头，在水流通过土样的同时施加荷载。这一改进的固结试验表明，在荷载作用下土样发生了湿陷变形并且导致孔隙比随之减小，而传统固结试验中的土样并未发生湿陷。

图 29.21　半干旱环境下的胶结砂（风积物）
在雨季开挖后的稳定侧壁
ⒸA. Royal

（图 29.22）。然而，一旦胶结土发生屈服成为非胶结土和弱胶结土时，其剩余强度（假设所有其他参数均相同）是近似的。这是因为由晶体键合在一起的土颗粒相对脆弱，在低应变下会发生剪切（Mitchell 和 Soga，2005）。一旦胶结被破坏，其抗

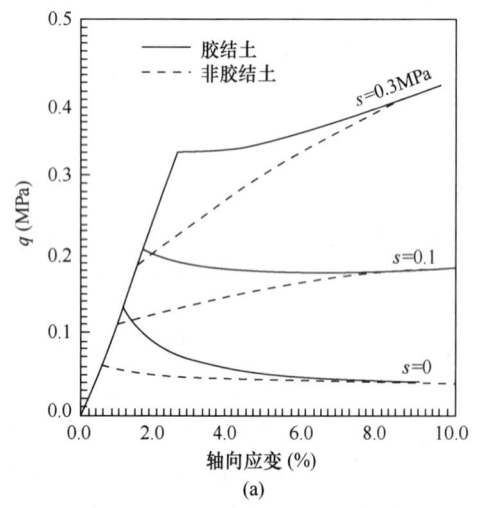
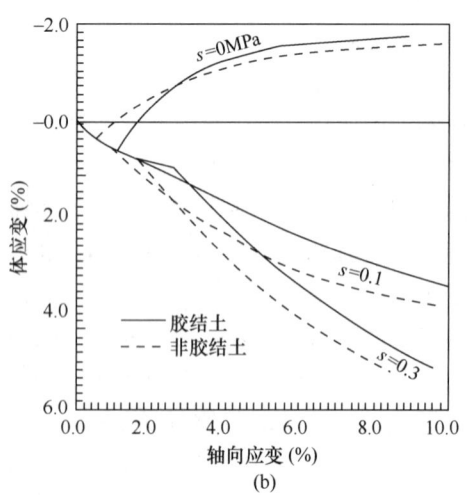

图 29.22　非饱和胶结土和非胶结土的模拟三轴试验
（a）剪应力-剪应变关系曲线；（b）体积响应曲线
摘自 Alonso 和 Gens（1994）

Al-Amoudi 和 Abduljawad（1995）提出了两个简单的公式，通过固结试验得出的湿陷程度来判断现场地基土是否具有湿陷问题。在式（29.4）和式（29.5）中，i_{c1} 和 i_{c2} 为湿陷潜势，Δe_c 为浸水前后孔隙比的差值，e_0 为初始孔隙比，e_1 为土样刚刚饱和时的孔隙比：

$$i_{c1} = \left(\frac{\Delta e_c}{1+e_1}\right) \times 100 \quad (29.4)$$

$$i_{c2} = \left(\frac{\Delta e_c}{1+e_0}\right) \times 100 \quad (29.5)$$

式（29.4）给出了浸水开始时湿陷潜势，式（29.5）给出了固结试验开始时的湿陷潜势。Al-Amoudi 和 Abduljawad（1995）引用了 Jennings 和 Knight（1975）的研究结果，将湿陷潜势与问题的严重性对应起来（详见第 32 章"湿陷性土"）。

29.4.6 非饱和土的渗透系数和地下水渗流

修正达西定律可应用于非饱和土，Mitchell 和 Soga（2005）给出了非饱和土中垂直渗流速度的关系式（29.6），其中 $k(s)$ 为与饱和度相关的渗透系数；ψ 为基质吸力；$\delta z/\delta x$ 是沿 z 方向的重力矢量。对于 i 方向的流动，式（29.6）可并入质量守恒方程中，得出式（29.7）。式（29.7）可以推算出饱和度和吸力发生变化时对应的流量变化。这里，η 为孔隙率；$k(\psi)$ 为与基质吸力相关的渗透系数，由 $k(s)$ 利用土-水特征曲线求得。

$$v_i = -k(s)\left(\frac{\delta\psi}{\delta x_i} + \frac{\delta z}{\delta x_i}\right) \quad (29.6)$$

$$\eta = \left(\frac{\delta S}{\delta \psi}\frac{\delta \psi}{\delta t}\right) = \frac{\delta}{\delta x_i}\left[k(\psi)\left(\frac{\delta\psi}{\delta x_i} + \frac{\delta z}{\delta x_i}\right)\right] \quad (29.7)$$

式中，v_i 为垂直渗流速度；ψ 为基质吸力等效水头；S 为饱和度；t 为时间；k 为渗透系数；g 为重力加速度。

如果土的结构没有变化且土中的水分也没有损失（即没有生物活动等造成的水分损失），则上述的方法是有效的。地下水在非饱和介质中流动时，随着流量和时间的变化，渗透性、饱和度和吸力都会发生变化，这一过渡性质有助于获得数值解（Mitchell 和 Soga，2005）。

由于渗透系数、饱和度和基质吸力之间是一种相关关系，非饱和土渗透系数的实测是很难的。渗透系数可以通过间接方法取得，一种方法是使用土-水特征曲线来推导，另一种方法是使用表观渗透率推导（详见 Mitchell 和 Soga，2005）。式（29.8）采用表观渗透率（k_r）和饱和渗透系数（k_s）或固有渗透率（K）来估算非饱和土的渗透系数，其中 ρ_{pf} 和 η_{pf} 分别是渗透流体的密度和动态黏度。固有渗透率由式（29.9）定义，其中，e 为孔隙比；k_0 为孔隙形状系数；T 为弯曲系数；S_0 为每单位体积颗粒的湿表面积。

$$k = k_r K \frac{\rho_{pf} g}{\eta_{pf}} = k_r k_s \quad (29.8)$$

$$K = \frac{1}{k_0 T^2 S_0^2}\left(\frac{e^3}{1+e}\right) \quad (29.9)$$

Lee 和 Fookes（2005b）认为，在干旱环境下，细颗粒含量达到 30% 也不会对土的排水能力产生显著影响。

29.5 干旱土中的工程问题

干旱地区发育而成的具有亚稳定性、膨胀性和化学侵蚀性（从建筑结构耐久性的角度来看）的岩土沉积物会导致许多地质灾害，这些都是需要由岩土工程师来解决的难题。因此，本节提出了一些干旱地区会遇到的工程案例：

- 膨胀土、干土或湿陷性土中的基础；
- 用化学方法稳定的岩土层中的基础；
- 填土的压实；
- 盐渍土的稳定性。

第 32 章"湿陷性土"和第 33 章"膨胀土"描述了湿陷性土和膨胀土的特性，并对结构-地基相互作用进行了详细的说明。本节概述了在干旱环境中处理地基土时会遇到的一些问题，目的是提醒岩土工程师在设计和施工期间应当要注意这些问题。

29.5.1 干燥土、膨胀土及溶陷性土的地质灾害

29.5.1.1 膨胀土的地基特性案例

有关膨胀性干旱土地基方面的详细内容，请参见第 33 章"膨胀土"。本章涉及了膨胀土评价内容和地基处理的方案。对膨胀性干旱土而言，关键的地方是干旱环境导致的不饱和状态，它决定了问题的关键和需解决的问题。

例如，Kropp（2010）回顾了旧金山海湾膨胀土地区的住宅基础设计方案的变更。在这里，当地社区偏好种植花草，常常进行浇水。有人认为，房主通常浇水过多，以至于渗入地下的水量超过了通过蒸散排出地面的水量，这种局部地下水条件的变化导致了地基发生明显的变形。显然，条形基础无法承受这种地面变形。

Nusier 和 Alawneh（2002）报告了一起约旦膨胀黏土地区采用筏板基础（钢筋混凝土板）的单层混凝土建筑的病害案例。该建筑大部分房屋的地面都发生了隆起变形，但建筑物的一个角落（由于树木吸水的干燥作用）发生了相对沉降变形，而筏板基础不够坚固，无法承受这样的差异沉降变形，混凝土墙又未加筋，导致建筑物出现了明显的裂缝。一般认为由于建筑物下的地基土和周围直接暴露在阳光下的地基土之间存在温度差异，导致水分从周围区域向房屋下迁移，最终使得建筑物下的地基隆起。Nusier 和 Alawneh（2002）得出结论：基础埋深越深，作用在地基上的建筑物荷载等于或超过地基土的膨胀力，这种情况就可以避免。最终，在建筑外部增加了钢筋混凝土框架，在筏板上设置了圈梁，从而修复了这座建筑，修复的成本约为建筑原始成本的25%。这一案例强调了在施工前了解地基的工程性质是十分必要的。

当干燥的黏性土在暴雨期间和之后（或由于公用设施泄漏）被水浸湿时，土体结构会随着膨胀变形发生重组。如果土中含有大量的黏土或活性黏土矿物（如蒙脱石等），遇水膨胀的现象就会更加明显。雨季/旱季的循环也可能导致深基础出现问题。Blight（1994）报告说，在非洲南部的桩基试验表明，桩周土在旱季时会发生收缩而与桩表面脱开，从而导致桩侧摩阻力的明显降低，因此在设计深基础时，考虑到这一点具有重要意义。

处理膨胀性干旱土有很多改良方法（见第33章"膨胀土"）。例如，Rao 等（2001）研究了石灰稳定膨胀黏土压实土样在反复干湿循环中的性能。用土的石灰起始剂量（ICL）作为参照①，制备若干个剂量低于 ICL 和高于 ICL 的石灰稳定土土样，然后进行几组干湿循环试验。增湿和干燥过程都要求达到48h。Rao 指出，反复的干湿循环对石灰稳定土具有不利影响，特别是对于石灰含量略高于或略低于 ICL 的土样，增加干湿循环次数会导致如下结果：

- 在土样中测定出更多的成分，Rao 等（2001）认为这正好说明了黏土成分的稳定性，不受试验影响而改变成分；
- 较高的液限；
- 较低的塑限；
- 较低的缩限。

29.5.1.2　湿陷性土的地基特性案例

有关如何处理湿陷性干旱土地基的详细内容，请参阅第32章"湿陷性土"。本章涉及了湿陷性土评价内容和地基处理方案。与膨胀性干旱土一样，关键的地方是干旱环境导致的不饱和状态，它决定了问题的性质和需解决的问题。

黄土是一种易湿陷的干旱土，通常被认为是一种在浸水或加荷后容易发生湿陷的特殊土。然而，黄土在浸水压缩试验的起始阶段，特别是施加较低压力时，通常会先发生一个较小的沉降变形，而后产生浸水膨胀隆起（见第29.4.3节和图29.20）。例如，在黄土平板载荷试验过程中，Komornik（1994）分别在天然状态和增湿状态下，进行了循环加卸载试验。增湿导致的湿陷，产生了不可恢复的大变形。天然状态和增湿状态下黄土的性质表明，如果存在膨胀或湿陷的可能，设计地基基础时就必须谨慎对待，而且要避免地基土遭受暴雨洪水淹没的影响，防止建筑物竣工后产生湿陷变形。

对于湿陷性干旱土，可采用一系列的地基处理和改良方法来消除其不利影响（如强夯法、水泥稳定法），详细内容见第32章"湿陷性土"。

29.5.2　填土的压实

干旱环境水资源不足，对地基土增湿的水量过少（在炎热干旱环境下，施加的水量会通过蒸发损失掉一定的比例）可能会导致地基土在压实过程中产生吸力。吸力将抵消掉部分压实力，最终结果就是填土密度达不到设计要求，可能造成预料不到的沉降变形。有人建议，在这种情况下，当填土干燥时进行压实可能效果更好（Newill 和 O'Connell，1994）。当然，干燥条件下进行压实会使得填

---

① 译者注：ICL，指能明显改善土性质的最低石灰掺入量，英国标准 BS 1924-2：2018

土形成大量孔隙，必须采取相应措施确保地基土后期不会进水，否则填土可能会发生结构的重组，导致变形或湿陷。

大型建设项目的用水量巨大，在干旱环境下施工的后勤保障难度很大。例如，Newill 和 O'Connell (1994) 调查了在干旱环境中修建一条主要道路的情况，并估计修建 1km 道路的用水量可能高达 2800m³，水的使用和运输相当于总施工成本的 20% 左右，超过了热带或温带地区建筑用水的成本。还必须考虑到，干旱环境往往位于发展中国家 (White, 1966)，基础设施往往只能在城市及其周边地区建设。由于农村地区缺乏管线等基础设施，施工用水往往来自地下水井，在施工使用前从井中抽取的水是不太可能对其进行任何处理的。因此，抽取的水可能含有高浓度的盐，这些盐将留在填土地基内，并可能对建造在填土上的建筑物造成有害影响。

此外，并非所有发展中国家的建设项目都有能力解决项目的用水问题。例如，干旱地区的一个项目正在进行施工作业时，一个同类型的工程场地（大约 100km 外）面临着严重问题，已经宣布当地村庄的水井有可能干涸，暂停除关键用途以外的任何用水（不包括施工）。为了继续施工，水罐车每天要运送 5m³ 的水来确保工人有生活用水。这对两个场地的施工进度造成了极大的压力，当其他更重要的用途（饮用、生活、浇筑混凝土等）优先时，很难说清在压实填土时使用的水的质量。最终决定，为了满足规范（所使用的验收标准），必须保证填土压实的施工用水，最终两个项目的成本都超支了。

在干旱环境中压实地基土时，特别是对于道路或路堤等重要的岩土结构，施工过程应当受施工方案及标准的约束。Truslove (2010) 和 Puttock 等 (2011) 在考虑合适的干旱环境下的土方工程规范时，查阅了多个国家干旱地区采用的一些标准。Truslove (2010) 得出的结论是，目前有一些标准允许在农村地区（如肯尼亚）使用干土回填压实，而其他标准涉及最终验收标准（可接受的最小干密度等），并未对用水量进行规定。Kropp 等 (1994) 调查了一种发生过度变形的压实填土；该填土是一种含有黏土的粒状材料，尽管其含水率小于最优含水率（略少于 7%），但其压实密度大于验收标准中要求的最小密度。调查的结论是，土体湿度增加会导致湿陷的发生，验收标准还应该对压实填土的含水率加以限制，以避免这种情况。Truslove (2010) 引用的研究成果表明，必须考虑压实填土下卧层的性质，并且在确定填土的增湿含水量时应分外小心，因为水有可能从填土层迁移到下卧层中，这可能会导致下卧层土的结构变化，从而危害到上层填土地基。

Sahu (2001) 研究了来自博茨瓦纳 6 个不同地区的土样与粉煤灰混合时的性能，目的是生产一系列可用于公路建设基层的材料。这六种土样包括 Kalahari 砂、钙质结砾岩、粉土（不同的塑性）和粉砂以及膨胀黏土。将不同比例的粉煤灰与土样混合，然后将混合物掺水并进行固化。除膨胀黏土外，掺入粉煤灰降低了各土样的最大干密度。然而，掺入粉煤灰确实增加了含粉土或含方解石的土的 CBR 值；因此，建议将这些土用于公路建设。Kalahari 砂和膨胀黏土中的粉煤灰对 CBR 没有明显影响，这些土被认为不适合公路建设。

29.5.3 盐渍土的稳定性

Al-Amoudi 等 (1995) 列举了一些案例，其中岩土改良技术，如强夯法、碎石桩法、挤密桩法和建立排水系统，都成功地应用于改善这些软弱土的物理性能。Al-Amoudi 等 (1995) 报道的这种类型的盐渍土，其无侧限抗压强度约为 20kPa，标准贯入试验锤击数 N 的范围为 0~8 击，随着深度的加深，无侧限抗压强度也可达到 30kPa (Shehata 和 Amin, 1997)。

采用地基改良材料，如使用颗粒料（石灰石粉或泥灰土），可以减少土的孔隙比及增强无侧限抗压强度 (UCS)，改良土的试验已在盐渍土中得到验证 (Al-Amoudi 等, 1995)。石灰石粉（试验所在地的工业副产品）和泥灰土均增大了盐渍土的最大干密度，而石灰石粉降低了试验土体的最优含水率，泥灰土则增大了最优含水率。然而，不论如何调整石灰石粉或泥灰土的含量，盐渍土的无侧限抗压强度 (UCS) 都没有显著变化，这表明掺入这些材料可以减少压实盐渍土的孔隙体积，但土的强度不会明显增加。

水泥和石灰也被作为改良材料研究过，并发现是盐渍土的良好稳定剂（图 29.23），而且是具有长期耐久性的稳定材料 (Al-Amoudi 等, 1995)。

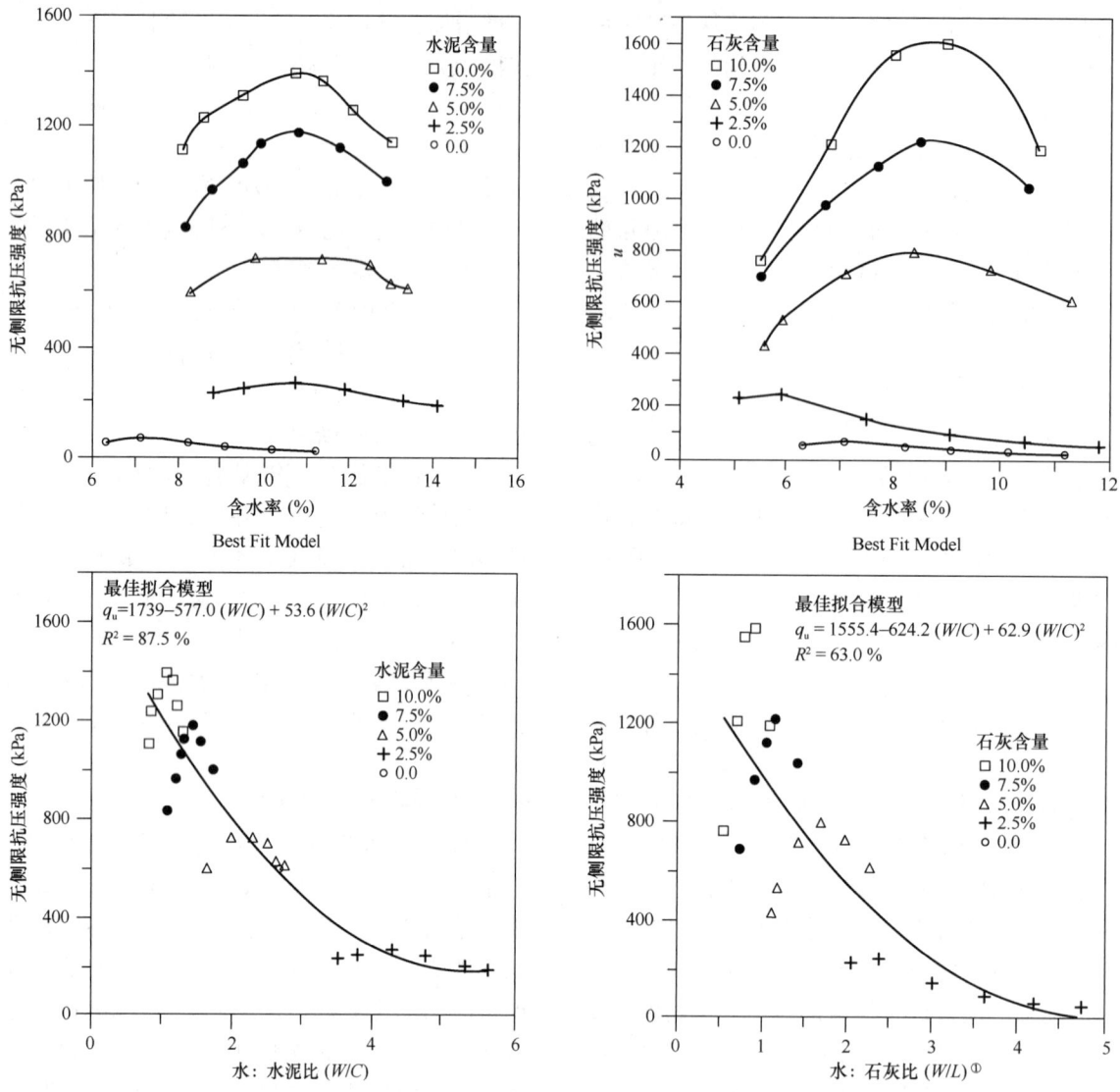

图 29.23　水泥（左上）及石灰（右上）改良盐渍土的稳定性。UCS 与水灰比（左下）及水石灰比（右下）关系曲线
摘自 Amoudi 等（1995）ⓒ The Geological Society

盐渍土为路基时，由于盐渍土的沉降变形，对公路的基层和底基层造成了破坏，这些病害问题的出现促进了在道路和路基之间设置土工布的方法得到充分研究（Adduljavad 等，1994；AiBub 等，2006）。这些研究在实验室中对干的和湿的盐渍土、各种类型的土工布和底基层材料都进行了静态和动态的测试，研究结果表明设置土工布后，要使地基土达到规定的沉降变形，需要更大的荷载。表29.5 给出了在浸水和"未浸水"以及是否设置土工布的情况下，使底基层上的承压板产生 30mm 沉降变形所需的荷载大小。

浸水和"未浸水"以及是否设置土工布的情况下，底基层（下层路基为盐渍土）上的承压板达到 30mm 变形所需的荷载　表 29.5

土样编号	产生 30mm 变形对应的荷载（kN）	试验条件
未设置土工布		
SG0H65W	1.8	浸水
SG0H65D	14.3	未浸水
设置土工布		
SG140H65W	2.8	浸水
SG300H65W	6.1	浸水
SG400H65W	6.7	浸水
SG300H65D	23.5	未浸水

摘自 Aiban 等（2006）

---

① 译者注：原文 W/C 疑似有误，应为 W/L

29.6 小结

干旱土形成于蒸散量超过降雨量的环境中。干旱土约占地球陆地面积的三分之一，分布在炎热和寒冷的干旱地区。然而，由于构造活动，在干旱气候下形成的这种土也可以出现在温带地区。

由于以下原因，干旱土给工程师带来了许多挑战：

- 古地貌形成过程的活跃程度导致干旱土具有复杂多变的工程性质；
- 显著的昼夜温差会使得岩土层以及人工建筑物加速剥蚀破坏；
- 岩化过程导致土颗粒的胶结，从而引起开挖的问题；
- 干旱条件下形成的胀缩土或湿陷性土等各种特殊岩土以及侵蚀性盐环境。

了解干旱土的性质以及如何在干旱土中进行工程建设的关键在于搞清楚干旱土地形地貌是如何形成的。干旱土为非饱和土，形成过程中可以产生胶结现象，也有未胶结的情况，一旦了解了地貌的影响，就可以对干旱土进行正确的工程评价和处理。干旱环境下会发生大量与水有关的后勤保障问题：供水有限（导致在施工过程中使用含盐量高的地下水，或不得不将水外运至现场）；管理不善（例如，缺乏山洪暴发对天然或人工地基土产生侵蚀的重大影响的认识，或缺乏对含盐量高的水对混凝土浇筑等施工过程影响的认识）。

29.7 参考文献

Abduljawad, S. N., Bayomy, F., Al-Shaikh, A. M. and Al-Amoudi, O. S. B. (1994). Influence of geotextiles on performance of saline sabkha soils. *Journal of Geotechnical Engineering*, **120**(11), 1939–1960.

Aiban, S. A., Al-Ahmadi, H. M., Siddique, Z. U. and Al-Amoundi, O. S. B. (2006). Effect of geotextile and cement on the performance of sabkha sub-grade. *Building and Environment*, **41**, 807–820.

Al-Amoudi, O. S. B. (1994). Chemical stabilization of sabkha soils at high moisture contents. *Engineering Geology*, **36**, 279–291.

Al-Amoudi, O. S. B. and Abduljawad, S. N. (1995). Compressibility and collapse characteristics of arid sabkha soils. *Engineering Geology*, **39**, 185–202.

Al-Amoudi, O. S. B., Asi, I. M. and El-Nagger, Z. R. (1995). Stabilization of an arid, saline sabkha soil using additives. *Quarterly Journal of Engineering Geology*, **28**, 369–379.

Alonso, E. E. and Gens, A. (1994). Keynote lecture: On the mechanical behaviour of arid soils. In *International Symposium on Engineering Characteristics of Arid Soils* (eds Fookes, P. G. and Parry, R. H. G.). Rotterdam: Balkema, pp. 173–205.

Atkinson, J. H. (1994). General report: Classification of arid soils for engineering purposes. In *International Symposium on Engineering Characteristics of Arid Soils* (eds Fookes, P. G. and Parry, R. H. G.). Rotterdam: Balkema, pp. 57–64.

Bell, F. G. (1998). *Environmental Geology: Principles and Practice*. Cambridge: Blackwell Sciences.

Blair, T. C. and McPherson, J. G. (1994). Alluvial fan processes and forms. In *Geomorphology of Desert Environments* (eds Parsons, A. J. and Abrahams, A. D.). London: Chapman and Hall (2nd edition published 2009), pp. 354–402.

Blair, T. C. and McPherson, J. G. (2009). Processes and forms of alluvial fans. In *Geomorphology of Desert Environments* (2nd Edition) (eds Parsons, A. J. and Abrahams, A. D.). Heidelberg: Springer, pp. 413–467.

Blight, G. E. (1994). Keynote lecture: The geotechnical behaviour of arid and semi-arid soils, Southern African experience. In *International Symposium on Engineering Characteristics of Arid Soils* (eds Fookes, P. G. and Parry, R. H. G.). Rotterdam: Balkema, pp. 221–235.

Cooke, R. U., Brunsden, D., Doorkamp, J. C. and Jones, D. K. C. (1982). *Urban Geomorphology in Drylands*. Oxford University Press.

Dixon, J. C. and McLaren, S. J. (2009). Duricrusts. In *Geomorphology of Desert Environments* (2nd Edition) (eds Parsons, A. J. and Abrahams, A. D.). Heidelberg: Springer, pp. 123–152.

Fetter, C. W. (1999). *Contaminant Hydrogeology* (2nd Edition). London: Prentice Hall International.

Fetter, C. W. (2001). *Applied Hydrogeology* (4th Edition). London: Prentice Hall International.

Fleureau, J. M. and Taibi, S. (1994). Mechanical behaviour of an unsaturated loam on the oedometric path. In *International Symposium on Engineering Characteristics of Arid Soils* (eds Fookes, P. G. and Parry, R. H. G.). Balkema, Rotterdam, pp. 241–246.

Fookes, P. G. (1976) Road geotechnics in hot deserts. *Highway Engineer*, **23**, 11–29.

Fookes, P. G. and Higginbottom, I. E. (1980). Some problems of construction aggregates in desert areas, with particular reference to the Arabian Peninsula 1: Occurrence and special characteristics. *Proceedings of the Institution of Civil Engineers*, **68** (part 1), 39–67.

Fookes, P. G., French, W. J. and Rice, S. M. M. (1985). The influence of ground and groundwater geochemistry on construction in the Middle East. *Quarterly Journal of Engineering Geology and Hydrogeology*, **18**(2), 101–127.

Fookes, P. G., Lee, M. E. and Milligan, G. (eds) (2005). *Geomorphology for Engineers*. Poland: Whittles Publishing, pp. 31–56.

Fredlund, D. G. and Rahardjo, H. (1993a). *Soil Mechanics for Unsaturated Soils*. New York: Wiley.

Fredlund, D. G. and Rahardjo, H. (1993b). An overview of unsaturated soil behaviour. In *Unsaturated Soils. ASCE Special Publication 39*. USA: ASCE.

Fredlund, D. G. and Xing, A. (1994). Equations for the soil–water characteristic curve. *Canadian Geotechnical Journal*, **31**(3), 521–532.

Goudie, A. S. (1994). Keynote lecture: Salt attack on buildings and other structures in arid lands. In *International Symposium on Engineering Characteristics of Arid Soils* (eds Fookes, P. G. and Parry, R. H. G.). Rotterdam: Balkema, pp. 15–28.

Hills, E. S., Ollier, C. D. and Twidale, C. R. (1966). Geomorphology. In *Arid Lands: A Geographical Appraisal* (ed Hills, E. S.). London (Paris): Methuen (and UNESCO).

Howard, A. D. and Selby, M. J. (2009). Rock slopes. In *Geomorphology of Desert Environments* (2nd Edition) (eds Parsons, A. J. and Abrahams, A. D.). Heidelberg: Springer, pp. 189–232.

Jennings, J. E. and Knight, K. (1975). A guide to constructing on or with materials exhibiting additional settlements due to 'collapse' of grain structure. In *Proceedings of the 6th Regional Conference Africa on Soil Mechanics and Foundation Engineering*, pp. 99–105.

Kerr, R. C. and Nigra, J. O. (1952). Eolian sand control. *American Association of Petroleum Geologists, Bulletin*, **36**, 1541–1573.

Khan, I. H. (1982). Soil studies for highway construction in arid zones. *Engineering Geology*, **19**, 47–62.

Komornik, A. (1994). Keynote lecture: some engineering behaviour and properties of arid soils. In *International Symposium on Engineering Characteristics of Arid Soils* (eds Fookes, P. G. and Parry, R. H. G.). Rotterdam: Balkema, pp. 273–283.

Koorevaar, P., Menelik, G. and Dirksen, C. (1993). *Elements of Soil Physics*. Amsterdam: Elsevier.

Kropp, A. (2010). A survey of residential foundation design practice on expansive soils in the San Francisco Bay area. *Journal of Performance on Constructed Facilities*, **25**(1), 24–30.

Kropp, A., McMahon, D. and Houston, S. (1994). Field wetting tests on a collapsible soil fill. In *International Symposium on Engineering Characteristics of Arid Soils* (eds Fookes, P. G. and Parry, R. H. G.). Rotterdam: Balkema, pp. 343–352.

Laity, J. E. (2009). Landforms, landscapes and processes of aeolian erosion. In *Geomorphology of Desert Environments* (2nd edition) (eds Parsons, A. J. and Abrahams, A. D.). Heidelberg: Springer, pp. 597–562.

Lancaster, N. (2009). Dune morphology and dynamics. In *Geomorphology of Desert Environments* (2nd edition) (eds Parsons, A. J. and Abrahams, A. D.). Heidelberg: Springer, pp. 557–595.

LCPC and SETRA (Laboratoire Central des Ponts et Chaussées and Service d'Etudes Techniques des Routes et Autoroutes) (1992). *Réalisation des Remblais et des Couches de Forme. Guide Technique*. Fascicle 1: *Principes Générales*. Fascicle 2: *Annexes Techniques*. Paris: Laboratoire Central des Pont et Chaussées, et Service d'Etudes Techniques des Routes et Autoroutes.

Lee, M. and Fookes P. G. (2005a). Climate and weathering. In *Geomorphology for Engineers* (eds Fookes, P. G., Lee, M. E. and Milligan, G.). Poland: Whittles Publishing, pp. 31–56.

Lee, M. and Fookes P. G. (2005b). Hot drylands. In *Geomorphology for Engineers* (eds Fookes, P. G., Lee, M. E. and Milligan, G.). Poland: Whittles Publishing, pp. 419–453.

Livneh, M., Livenh, N. A. and Hayati, G. (1998). Site investigation of sub-soil with gypsum lenses for runway construction in an arid zone in southern Israel. *Engineering Geology*, **51**, 131–145.

McDowell, P. W., Barker, R. D., Butcher, A. P., et al. (2002). *Geological Society's Engineering Geology Special Publication 19: Geophysics in Engineering Investigations. C562*. London: Construction Industry Research and Information Association (CIRIA).

Millington, A. (1994). Playas: New ideas on hostile environments. In *International Symposium on Engineering Characteristics of Arid Soils* (eds Fookes, P. G. and Parry, R. H. G.). Rotterdam: Balkema, pp. 35–40.

Mitchell, J. K. and Soga, K. (2005). *Fundamentals of Soil Behaviour* (3rd Edition). New Jersey: Wiley.

Newill, D. and O'Connell, M. J. O. (1994). TRL research on road construction in arid areas. In *International Symposium on Engineering Characteristics of Arid Soils* (eds Fookes, P. G. and Parry, R. H. G.). Rotterdam: Balkema, pp. 353–360.

Nickling, W. G. and McKenna-Neuman, C. (2009). Aeolian sediment transport. In *Geomorphology of Desert Environments* (2nd Edition) (eds Parsons, A. J. and Abrahams, A. D.). Heidelberg: Springer, pp. 517–555.

Nusier, O. K. and Alawneh, A. S. (2002). Damage of reinforced concrete structure due to severe soil expansion. *Journal of Performance of Constructed Facilities*, **16**(1), 33–41.

Obika, B., Freer-Hewish, R. J. and Fookes, P. G. (1989). Soluble salt damage to thin bitumus road and runway surfaces. *Quarterly Journal of Engineering Geology and Hydrogeology*, **22**(1), 59–73.

Parsons, A. J. and Abrahams, A. D. (eds) (2009). *Geomorphology of Desert Environments* (2nd Edition). Heidelberg: Springer.

Puttock, R., Walkley, S. and Foster, R. (2011). The adaptation and use of French and UK earthworks methods. *Proceedings of the Institution of Civil Engineers, Geotechnical Engineering*, **164**(3), 160–179.

Rao, S. M., Reddy, B. V. V. and Muttharam, M. (2001). Effect of cyclic wetting and drying on the index properties of a lime-stabilised expansive soil. *Ground Improvement*, **5**(3), 107–110.

Rassam, D. W. and Williams, D. J. (1999) A relationship describing the shear strength of unsaturated soils. *Canadian Geotechnical Journal*, **36**, 363–368.

Ray, T.W. and Murray, B.C. (1994). Remote monitoring of shifting sands and vegetation cover in arid regions. In *Proceedings of the eoscience and Remote Sensing Symposium, 1994. International IGARSS '94. Surface and Atmospheric Remote Sensing: Technologies, Data Analysis and Interpretation*, vol. 2. London: IEEE, pp. 1033–1035.

Rogers, C. D. F., Dijkstra, T. A. and Smalley, I. J. (1994). Keynote lecture: Classification of arid soils for engineering purposes: An engineering approach. In *International Symposium on Engineering Characteristics of Arid Soil* (eds Fookes, P. G. and Parry, R. H. G.). Rotterdam: Balkema, pp. 99–133.

Sahu, B. K. (2001). Improvement in California bearing ratio of various soils in Botswana by fly ash. In *International Ash Utilisation Symposium*, 2001, Paper 90. Centre for Applied Energy Research, University of Kentucky.

Shao, Y., Gong, H., Xie, C. and Cai, A. (2009). Detection subsurface hyper-saline soil in Lop Nur using full-polarimetric SAR data. In *Geoscience and Remote Sensing Symposium, IEEE International, IGARSS 2009*, pp. 550–553.

Shehata, W. M. and Amin, A. A. (1997). Geotechnical hazards associated with desert environment. *Natural Hazards*, **16**, 81–95.

Shmida, A., Evernari, M. and Noy-Meir, I. (1986). Hot desert ecosystems an integrated review. Ecosystems of the world. In *Hot Deserts and Arid Sublands* (eds Evenari, M. Noy-Meir, I. and Goodall, D. W.). Amsterdam: Elsevier, vol. 12B, pp. 379–388.

Smalley, I. J., Dijkstra, T. A. and Rogers, C. D. F. (1994). Classification of arid soils for engineering purposes: A pedological approach. In *International Symposium on Engineering Characteristics of Arid Soils* (eds Fookes, P. G. and Parry, R. H. G.). Rotterdam: Balkema, pp. 135–143.

Stalker, G. (ed.) (1999). *The Visual Dictionary of the Earth*. London: Covent Garden Books.

Thornes, J. B. (2009). Catchment and channel hydrology. In *Geomorphology of Desert Environments* (2nd Edition) (eds Parsons, A. J. and Abrahams, A. D.). Heidelberg: Springer, pp. 303–332.

Toghill, P. (2006). *The Geology of Great Britain: An Introduction*. Singapore: Airlife Publishing.

Truslove, L. H. (2010). *Highway Construction in an Arid Environment: Towards a Suitable Earthworks Specification*. Unpublished MSc Thesis, University of Birmingham.

Wallen. C. C. and Stockholm, S. M. H. I. (1966). Arid zone meteorology. In *Arid Lands: A Geographical Appraisal* (ed Hills, E. S.). London (Paris): Methuen (and UNESCO), pp. 31–52.

Waltham, A. C. (2009). *Foundations of Engineering Geology* (3rd Edition). Oxford: Taylor & Francis.

Warren, A. (1994a). General report: Arid environments and description of arid soils. In *International Symposium on Engineering Characteristics of Arid Soils* (eds Fookes, P. G. and Parry, R. H. G.). Rotterdam: Balkema, p. 3.

Warren, A. (1994b). Sand dunes: Highly mobile and unstable surfaces. In *International Symposium on Engineering Characteristics of Arid Soils* (eds Fookes, P. G. and Parry, R. H. G.). Rotterdam: Balkema, p. 4.

Wheeler, S. J. (1994). General report: Engineering behaviour and properties of arid soils. In *International Symposium on Engineering Characteristics of Arid Soils* (eds Fookes, P. G. and Parry, R. H. G.). Rotterdam: Balkema, pp. 161–172.

Wheeler, S. J., Sharma, R. J. and Buisson, M. S. R. (2003). Coupling of hydraulic hysteresis and stress–strain behaviour in unsaturated soils. *Géotechnique*, **53**(1), 41–54.

White, G. F. (1966). The world's arid areas. In *Arid Lands: A Geographical Appraisal* (ed Hills, E. S). London (Paris): Methuen (and UNESCO), pp. 15–31.

Whitten, D. G. and Brooks, J. R. V. (1973). *The Penguin Dictionary of Geology*. UK: Penguin Books.

29.7.1 延伸阅读

Fookes, P. G. and Collins, L. (1975). Problems in the Middle East. *Concrete*, **9**(7), 12–17.

Fookes, P. G. and Parry, R. H. G. (eds) (1994). *International Symposium on Engineering Characteristics of Arid Soils*. Rotterdam: Balkema, pp. 99–133.

Parsons, A. J. and Abrahams, A. D. (eds). (2009). *Geomorphology of Desert Environments*, 2nd Edition. Heidelberg: Springer.

29.7.2 英国标准

British Standards Institution (1998). Methods of Test for Soils for Civil Engineering Purposes - Part 1: General Requirements and Sample Preparation. London: BSI, BS1377-1:1990.

British Standards Institution (2007a). Geotechnical Investigation and Testing - Identification and Classification of Soil - Part 2: Principles for a Classification. London, BSI, BS EN ISO 14688-2:2004.

British Standards Institution (2007b). Geotechnical Investigation and testing - Sampling Methods and Groundwater Measurements - Part 1: Technical Principles for Execution. London: BSI, BS EN ISO 22475-1:2006.

British Standards Institution (2007c). Geotechnical Investigation and Testing - Identification and Classification of Rock - Part 1: Identification and Description. London: BSI, BS EN ISO 14689-1:2003.

British Standards Institution (2007d). Geotechnical Investigation and testing - Sampling Methods and Groundwater Measurements - Part 1: Technical Principles for Execution. London: BSI, BS EN ISO 22475-1:2006.

British Standards Institution (2009). Geotechnical Investigation and Testing - Field Testing: Part 12: Mechanical Cone Penetration Test (CPTM) (22476-12:2009). London, BSI, BS EN ISO 22476-12:2009.

British Standards Institution (2010). Code of Practice for Site Investigations. London: BSI, BS 5930:1999 + A2:2010.

29.7.3 实用网址

英国地质调查局(BGS); www.bgs.ac.uk
英国标准协会(BSI); http://shop.bsigroup.com/
美国地质调查局（USGS）; www.usgs.gov

建议结合以下章节阅读本章：
- 第7章"工程项目中的岩土工程风险"
- 第40章"场地风险"
- 第76章"路面设计应注意的问题"

本书以第1篇"概论"和第2篇"基本原则"为指导进行章节编排。如第4篇"场地勘察"中所述，各类岩土工程均应进行扎实的现场勘察工作。

译审简介：

张继文，男，1973年生，教授级高级工程师，陕西省勘察设计大师。主要从事岩土工程勘察设计等科研与实践工作。

郑建国，男，1964年生，教授级高级工程师，全国勘察设计大师。主要从事岩土工程勘察设计等科研与实践工作。

曹杰，男，1980年生，教授级高级工程师，陕西省中青年科技创新领军人才。主要从事岩土工程勘察设计等科研与实践工作。

第30章 热带土

戴维·G. 托尔（David G. Toll），杜伦大学，英国
主译：李爱国（深圳市勘察测绘院（集团）有限公司）
审校：丘建金（深圳市勘察测绘院（集团）有限公司）

doi: 10.1680/moge.57074.0341

目录

30.1	引言	343
30.2	热带土形成的控制因素	345
30.3	工程问题	349
30.4	结语	360
30.5	参考文献	360

热带土主要是由原位风化作用形成的，因此也是残积土。热带土存在许多分类体系，以土壤学、地球化学或工程标准为基础的都有，因而热带土的术语易造成混淆。适用于热带土的分类体系，通常需要考虑风化引起的分解、矿物（特别是热带土中"特殊的"黏土矿物）、胶结及原岩结构。无论从宏观和微观上来看，热带残积土的原岩结构都非常发育。微观结构通常是由于风化过程中矿物的溶滤过程产生空隙而形成的。在风化过程中或风化过程之后，由于矿物的沉积，热带土也可能形成有一定强度的胶结土。热带土原岩结构清晰，以及其在自然界通常处于非饱和状态，造成其作为工程材料较难处理。尽管如此，热带土通常都有较好的工程特性。但某些热带土也是特殊性岩土，具有塌陷性及胀缩性，会带来工程问题。由于热带土的各向异性，其工程勘察也有一定的困难。此外，为了保留热带土的原有结构，热带土的取样有一定的挑战性，因而勘察中原位测试非常重要。

30.1 引言

热带土主要是由原位风化作用形成的，因此也称作残积土。由于高温及高强度降雨，与地球上其他地区相比，热带地区的气候条件会引起主要矿物更强的化学风化作用，以及更深的风化深度（图30.1）。

热带土风化作用从地球表面开始扩展，主要受原岩节理裂隙中的地下水运动所控制。风化开始于节理表面，然后慢慢侵蚀到岩体中。风化剖面的扩展方向受节理的发育方向控制，因此，即使存在垂直的断面，风化过程也可以朝水平及其他方向发展。

风化通常以岩石分解/崩解成土的程度定义，可以分为Ⅰ级（新鲜岩石）到Ⅵ级（残积土），其中Ⅵ级时岩石完全风化成土。风化等级在以后的篇幅中会更详细介绍。后面的三级，Ⅵ级（残积土）、Ⅴ级（全风化）和Ⅳ级（强风化），代表岩石50%已风化成土所形成的物质；而热带残积土这个术语通常是指以上由土体材料占主导的三种风化级别（注意风化残积土和残积土的区别。前者包括以上三种风化级别Ⅵ、Ⅴ、Ⅳ，而后者只包括级别Ⅵ）。风化土（Saprolite）这个术语通常用来描述全风化及强风化物质，也就是说土中仍然含有一些未风化的岩石，风化土不包括完全风化的级别Ⅵ。

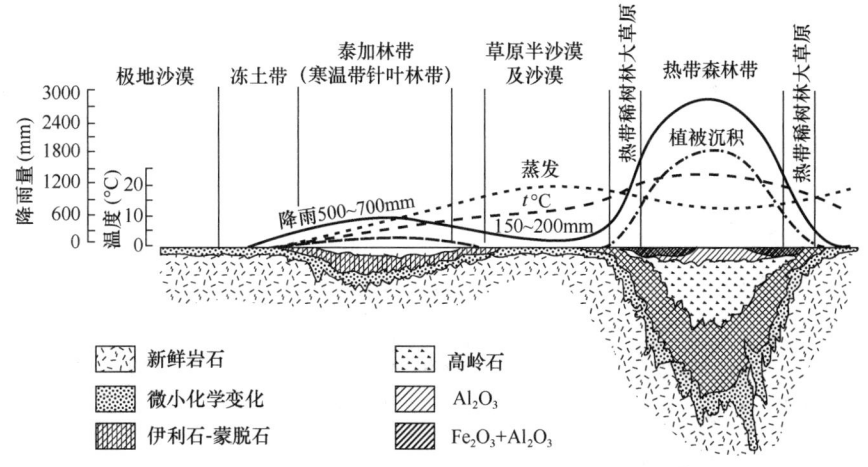

图30.1 与气候因子有关的残积土形成深度图，热带地区风化深度可达到30m以上，转载自Strakhov（1967）

热带土的颗粒分布（级配）差异非常大。风化的早期阶段可能会出现粗粒土，同时还会出现大的块石或者卵石，甚至孤石。强烈的化学风化将会导致诸如长石和云母等矿物分解形成黏土矿物，因此，所形成的残积土含有更多的细粒土。风化后的颗粒分布将取决于母岩。例如，酸性火成岩（如花岗岩）中所含较难风化的二氧化硅的比例较高，因此，其形成的土将含有砂粒大小的二氧化硅颗粒。表30.1为由不同母岩形成的残积土的类型。

许多热带土的共同特性是氧化铁和氧化铝的存在，通常是倍半氧化物（Fe_2O_3或Al_2O_3）。因此，许多热带土常呈现红色。风化后产生的氧化铁和氧化铝在酸性环境不会溶解，而是在原位保留。当土季节性干燥的时候，氧化铁结晶成赤铁矿；在连续的潮湿环境里则结晶成针铁矿。赤铁矿令土呈现红色，针铁矿则为棕色或赭石色。风化产生的氧化铝主要是三水铝石。在风化作用下，二氧化硅和碱性物质（K、Na、Ca、Mg）将会溶解并变成黏土矿物。

红土泛指红颜色的土，从工程的角度看，这个术语基本上无意义。它起初被用来描述暴露在空气下硬化的红色黏土，后来被用来描述几乎所有的红色土壤。在本章中，红土这个术语指的是高强度铁质胶结的土，而红色热带土指的是没有胶结的红颜色的土。

根据矿物学及地球化学变化，风化过程可以分为三个阶段（Duchaufour，1982）。这些阶段是根据风化过程中产生的主要矿物建立的。

（1）铁硅铝质化作用（蒙脱石黏土为主）；
（2）铁质化作用（高岭土和蒙脱石）；
（3）铁铝质化作用（高岭土和三水铝石）。

当风化作用进行时（铁质化作用-铁铝质化作用），二氧化硅和碱性物质的浓度减少，而氧化铁和氧化铝的浓度增加。在风化最后阶段形成的土（铁铝质土）不但富含黏土，而且富含倍半氧化物。

在带负电的黏土颗粒环境下，铁会以氧化铁（FeO）的还原形式存在。亚铁离子（Fe^{2+}）是可溶的，而且活动性很高，而三价铁离子（Fe^{3+}）则是不可溶的。如果氧化条件存在（比如新开挖暴露在空气中或地下水降低），可溶的亚铁离子将沉淀为三氧化二铁比如赤铁矿或褐铁矿。以上过程会形成硬化土，即通过胶结作用变得更硬的土体。地质历史中由于地下水交替升降引起的氧化及还原作用，将导致凝块状（concretionary）或结核状（nodular）红土的形成。

钙化硬壳层是由许多化学物质对热带土的胶结作用形成的像岩石一样的硬壳。碳酸钙或风化期间产生的氧化铁、氧化铝、二氧化硅通过地下水流沿地层剖面水平或垂直移动，可能在一些岩层间充分堆积形成结晶，从而形成硬壳层。

热带土存在许多分类体系，以土壤学、地球化学或工程标准为基础的都有，因而热带土的术语有点混淆。由Duchaufour（1982）提出的基于风化阶段的分类体系已被广泛采用，并作为伦敦地质学会（Geological Society）工作小组报告的基础（Anon.，1990），后来又由Fooks（1997）出版。然而这种分类体系也存在争议，因为其他因素如风化程度、胶结程度以及岩体结构在分类体系中也同等重要，但并未被考虑。

不同母岩中残积土的类型　　　　　　　　　　表30.1

母岩	残积土类型	热带风化程度相对敏感性
钙质岩（石灰岩、白云岩）	黏质或粉质基体中的砾石	1（最敏感）
碱性火成岩（辉长岩、辉绿岩、玄武岩）	黏土（级配常随深度变化成砂质黏土）	2
酸性结晶岩（花岗岩、片麻岩）	黏质砂或砂质黏土（含云母的）	3
泥质沉积岩（泥岩、页岩）	黏土或粉质黏土	4
砂质沉积岩或变质岩（砂岩、石英岩）	砂（母岩为长石砂岩时为粉质砂）	5（不敏感）

数据取自Brink等（1982）

无论从宏观和微观上来看，热带残积土原岩结构都非常发育。微观结构通常是由于风化过程中矿物的溶滤产生孔隙而形成的，同时还和风化期间或风化之后发生沉积形成矿物的次生胶结效果有关。胶结（粘结）作用可以将土的结构维持在准稳定状态。如果失去胶结作用的支持，这样的松散结构将不复存在。图30.2显示新加坡残积土微观结构的典型例子。在新加坡残积土中，开放的组构以及胶结程度的变化非常显而易见。

热带土有"特殊性土"的称号，原因是它和现在广泛使用的分类体系不一样。这些体系是为了认识温带沉积土的工程行为发展起来的。由于取样和原位测试会破坏土的胶结和原有结构，热带土的勘察也较为困难。本章为解决热带土的分类及勘察问题提出解决办法，同时探究适合于热带土的分类体系及方法。

当然，有些热带土确实非常特殊。残积土结构松散，在荷载作用下及浸湿过程中会塌陷，从而导致突然的沉降变形。其他特殊热带土的含有高膨胀性的蒙脱石黏土，在浸湿过程中会导致显著的隆起，在干燥过程中又会产生明显的收缩。在地基、边坡和公路的应用中要充分考虑热带土的工程特性。

30.2 热带土形成的控制因素

30.2.1 风化过程

热带土工程性质最重要的影响因素之一是风化程度。Little（1969）首次提出了热带残积土的六级分类法，并成为伦敦地质学会（Geological Society）岩芯测井工作组报告（Anon.，1970）和岩体描述工作组报告（Anon.，1977）中所采用的确定岩石风化程度的成熟方案。这也是国际岩石力学学会ISRM（1978）使用的方案。该方案根据已分解/崩解成"土"的"岩石"的相对百分比来确定风化等级。图30.3为该方案的图表说明。

(a) (b)

图30.2 显示新加坡热带残积土微观结构的电镜扫描图片

(a) 良好粘结；(b) 松散结构

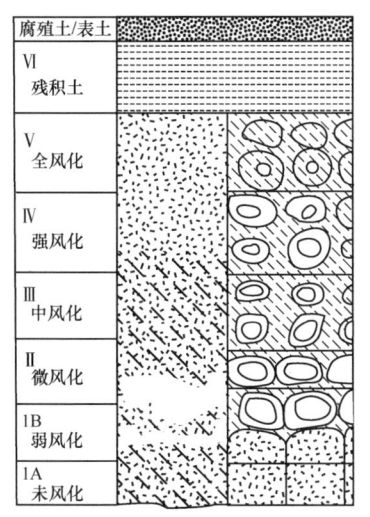
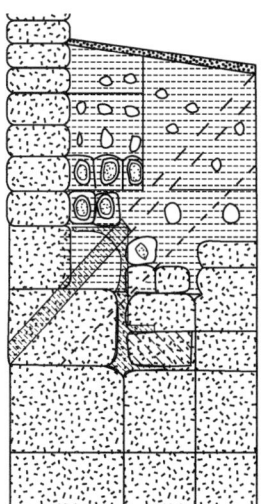

图30.3 典型风化剖面示意

摘自 Anon.（1990）© The Geological Society

英国标准 BS 5930（British Standards Institution，1999）提供了一种替代方案，基于三种方法识别风化等级来表征风化程度，如图 30.4 所示。然而，2010 年 4 月，岩土描述英国标准被欧洲标准（Eurocode）所取代。EN 14689-1：2003（British Standards Institution，2003）对岩石的描述回到了如图 30.3 所示的方案。Hencher（2008）认为从英国标准 BS 方法到欧洲标准 EN 定义的转变是一个退步。稍后将在第 30.3.2 节讨论，热带土的完整分类不仅必须包含风化等级，还应体现矿物学、二次胶结和结构等。

图 30.4　工程用风化岩石的描述和分类

经许可摘自英国标准 BS 5930 ⓒ British Standards Institution 1999

正如上文所述，Duchaufour（1982）根据矿物学和地球化学的变化，而不是分解/崩解的程度，明确了风化过程的三个发展阶段：

(1) 铁硅铝质化作用（蒙脱石黏土为主）；
(2) 铁质化作用（高岭土和蒙脱石）；
(3) 铁铝质化作用（高岭土和三水铝石）。

随着风化的进行（铁硅铝质化-铁质化-铁铝质化），矿物成分会发生变化，特别是黏土矿物的形成。这与二氧化硅和碱（钾、钠、钙、镁）浓度的降低以及铁和铝氧化物浓度的增加有关。铁硅铝质土以2:1黏土矿物（蒙脱石）为主。而在铁质土中存在的主要黏土矿物是高岭石（1:1），尽管可能存在一些蒙脱石。铁铝质土主要是高岭石和三水铝石（氧化铝）。

黏土矿物是由二氧化硅四面体（四面体片）或氧化铝八面体（八面体片）构成的片组成的氧化铝-硅酸盐。1:1黏土矿物由交替的四面体片和八面体片组成。相邻的层紧密结合在一起，防止水分子在层间渗透。这使得它们矿物活性相对较低（即低收缩/膨胀性）。2:1黏土矿物是一层八面体片夹在两层四面体片之间。相邻层没有牢固地结合在一起，因此令水分子可以渗透到片之间，故为高活性矿物质（即高收缩/膨胀性）。

表30.2为Duchaufour风化阶段，以及与其他土壤学方案和常用岩土工程描述术语的比较。伦敦地质学会（Geological Society）热带土工作小组报告（Anon.，1990；Fookes，1997）采用Duchaufour的方案对热带土进行了分类，这将在第30.3.2节中详述。

30.2.2 母岩

残积土的类型取决于母岩。表30.1为一些残积土类别的典型实例，还给出了在热带环境中对风化的相对敏感性（Brink等，1982）。

30.2.3 气候

风化可达到的阶段受气候控制。气候对风化产物的影响见表30.3。

气候与风化产物　　　　　　　　　　表30.3

参考文献	降雨（mm/a）	黏土矿物种类
Pedro（1968）	<500	蒙脱石
	500～1200/1500	高岭石为主
	>1500	三水铝石和高岭石
Sanches Furtado（1968）	800～1000	高岭石和蒙脱石
	1000～1200	高岭石为主
	1200～1500	高岭石和三水铝石

数据取自McFarlane（1976）

热带土术语　　　　　　　　　　表30.2

土壤学分类			常用岩土工程术语	颜色	矿物成分
Duchaufour	USA	FAO/UNESCO			
变性土（铁硅铝质）	变性土	变性土	黑棉花土	黑、褐、灰	蒙脱石、高岭石
火山灰土（铁硅铝质）	始成土	火山灰土	埃洛石/水铝英石土	红、黄、紫	高岭石（埃洛石）、水铝英石
铁质土	淋溶土	强风化黏磐土、淋溶土	红热带土	红、黄、紫	高岭石、水合氧化铁（赤铁矿、针铁矿）、水合氧化铝（三水铝石）
富铁土（过渡性）	老成土	铁铝土	红土化土、砖红土	红、黄、紫	高岭石、水合氧化铁（赤铁矿、针铁矿）、水合氧化铝（三水铝石）
铁铝质土	氧化土	杂赤铁土	杂赤铁土、红土	红、黄、紫	高岭石、水合氧化铁（赤铁矿、针铁矿）、水合氧化铝（三水铝石）

Duchaufour（1982）定义的风化阶段也与气候有关。在干旱季节明显的地中海或亚热带气候中，很少超过阶段 1（铁硅铝质化）。在干旱的热带气候中，风化发展停止在阶段 2（铁质化）。只有在潮湿的赤道气候中，才能达到阶段 3（铁铝质化）（表 30.4）。

热带残积土主要类型的世界分布如图 30.5 所示。Fookes（1997）指出，在有利的条件下，这些广泛的土壤类别可以延伸到热带以外。例如，降雨量大的亚热带大陆东部海岸的铁铝质土，以及西海岸/地中海和中纬度大陆内陆的铁硅铝质土。

钙化硬壳层（类似岩石的胶结/硬化土）的发育也高度依赖于气候条件。Ackroyd（1967）提出了铁砾岩（或红土）中不同阶段凝块状物 concretionary material 发展的可能条件（表 30.5）。其中，气候采用 Thornthwaite 湿度指数进行分类（Thornthwaite 和 Mather，1954）。这是一种以潜在蒸散率表示的降水量和蒸散量之差来定义气候条件的方法。负值表示干燥环境，正值表示潮湿环境。

Duchaufour 提出的和气候因子有关的残积土发育阶段的总结 表 30.4

阶段	土的类型	地带	年平均温度（℃）	年平均降雨（m）	是否干旱季节
1	铁硅铝质土	地中海，亚热带	13～20	0.5～1.0	是
2	铁质土、富铁土（过渡的）	亚热带	20～25	1.0～1.5	偶尔
3	铁铝质土	热带	>25	>1.5	否

数据取自 Anon（1990）

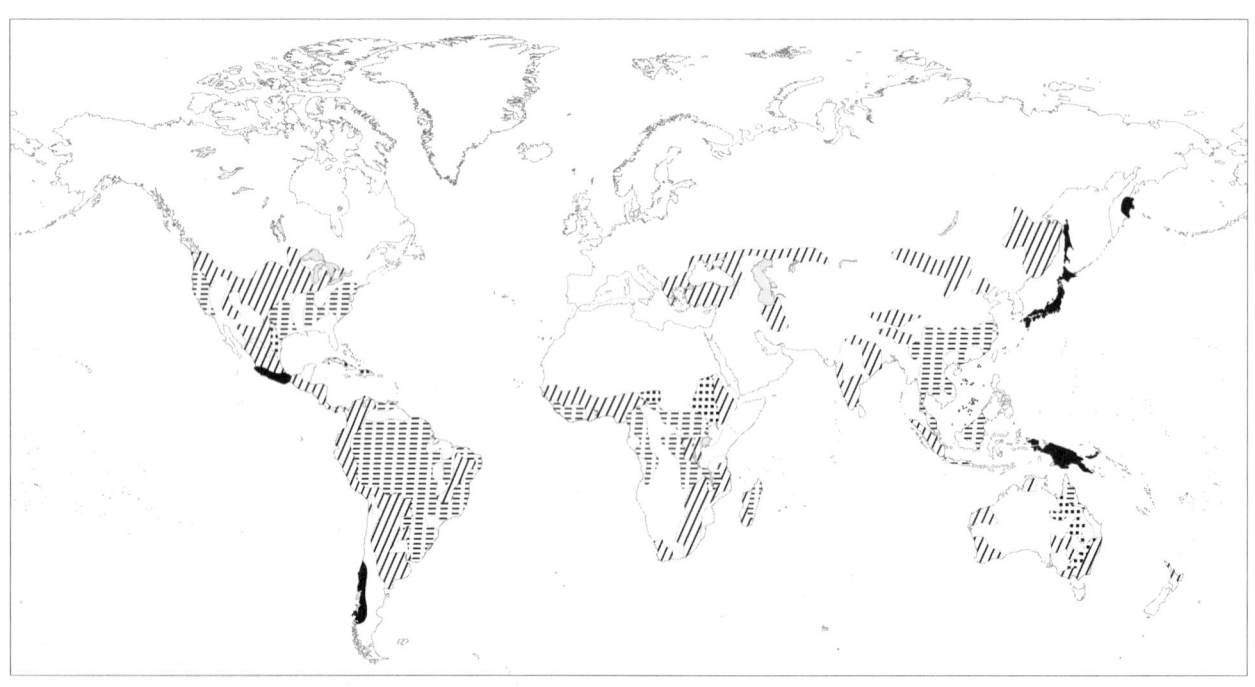

////. 铁铝质土　　==== 铁硅铝质土　　≡≡≡ 火山灰土　　■ 变性土

图 30.5　热带残积土世界分布简图
基于联合国粮食及农业组织世界土壤图（Fookes，1997）

然而，McFarlane（1976）指出，结核发育并不是红土矿物最初形成的条件。McFarlane 基于在整体下行流动环境中的地下水位波动提出了一个红土形成模型。当原始的红土沉积物被风化，产生铁和铝氧化物，这些氧化物被运输至别处再结晶形成新的红土沉积物，一个红土形成的周期可能会产生。

30.2.4 地形和排水

地形和排水对风化阶段有重要影响。图 30.6 显示了三种岩石类型的理想化地层剖面（土链）。然而，这些简单的链条式顺序会被排水条件改变。如果边坡底部排水不良，即使在酸性结晶岩石上也会发育铁硅铝质土。同理，如果排水条件良好，铁铝质土也可以在碱性岩石上发育。

30.2.5 二次胶结

许多热带土由于化学胶结物的存在而结合在一起。这些化学物质可能是由铁或铝氧化物积累（在风化过程中被释放出来）引起的成土作用过程中产生的，或因地下水流使二氧化硅、铝和铁的氧化物、石膏或碳酸盐运动而产生的。这些矿物可能在某些岩层间充分积累，从而发生结晶。

由此产生的各种较硬的成土物质，如钙质结砾岩、硅质结砾岩、铁砾岩和铝质结砾岩，被称为钙化硬壳层或凝核土。表 30.6 列出了每种钙化硬壳层的胶结物。

Netterberg（1971）将钙质凝核土分为钙化材料、粉状钙质凝核土、结核状钙质凝核土和硬磐钙质凝核土，并证明工程性质高度依赖于钙质凝核土的类型。Charman（1988）对红土（或铁砾岩）采用了类似的分类方法（表 30.7）。

红土化作用的不同阶段可以通过二氧化硅/氧化铝之比（SiO_2/Al_2O_3）反映（Desai，1985）。表 30.8 给出了典型数值。

30.3 工程问题

30.3.1 勘察

热带残积土的各向异性为勘察带来了一些困难。土的性质取决于风化程度，而风化程度在风化的土体内会有所不同；风化程度较高的土体往往会包含有相对风化程度较低的"残留核"（大小从鹅

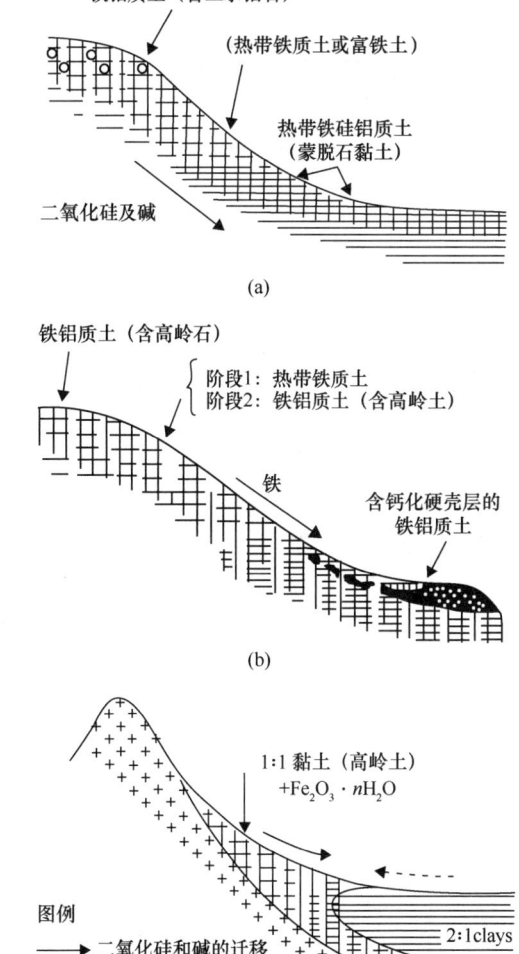

图 30.6 不同岩石类型简化土链图
(a) 潮湿热带气候碱性火成岩；(b) 潮湿热带气候酸性结晶岩；
(c) 热带岛状山脉（岛状山脉是稳定的火成岩在平原上形成的突出的陡峭山脉）
摘自 Fookes（1997）（摘自 Duchaufour，1982）

凝块状红土形成的可能条件 表 30.5

项目	年降雨量（mm）		
	750~1000	1000~1500	1500~2000
湿度指数 Thornthwaite	−40~−20	−20~0	0~+30
干燥季节长度（月）	7	6	5
产物类型	岩质红土或铁质分化壳	硬结核砾石	结核体形成的最低要求

卵石到巨石尺寸都有）。原状岩体结构，如节理，在残积土中会有残余形式出现，并表现为软弱面（见 Irfan 和 Woods，1988；Au，1996）。

风化程度总的来说会随深度变化，接近地表风化程度最高，地层深处风化程度较低，甚至为未风化岩石。然而，不同风化程度之间的变化是渐进的，不同风化程度的层之间并没有明显的区别，因此识别不同风化程度层之间的界限具有非常强的主观性。

除此之外，二次胶结的程度也会有很大的差异，包括胶结矿物的数量（如氧化铁）和胶结的强度。热带土的结构性（Vaughan，1985a）使其在取样和试验过程中对扰动特别敏感。

对残积土取样同时保持原有结构，是一个重大挑战。无论轻锤或静压的取样器都可能会造成土体结构的严重破坏，导致土样不再代表原位条件。用手工削剪块状土样可能是获得满意土样的唯一方法。Fookes（1997）描述了取样程序的细节。

使用旋转取芯技术已经取得了成功，即使用三重管取样器和空气泡沫冲洗来回收优质土样（Phillipson 和 Brand，1985；Phillipson 和 Chipp，1982）。通常使用 Mazier 取样器（直径 73mm）和 Treifus 三重管取样器（直径 63mm）。取样时应利用塑料衬管保护岩芯，而不应采用水钻冲洗，因为冲洗介质会对岩芯造成侵蚀或导致土样含水率变化。即使是压缩空气冲洗也有可能改变土样的吸力（Richards，1985）。

由于难以获取高质量的未扰动土样，人们在确定热带土的工程特性时一直非常重视原位测试。旁压试验和平板载荷试验是评估原位特性的合适试验。标准贯入试验（SPT）也被广泛使用。静力触探试验（CPT）和十字板剪切不适用于含有大量岩石的风化土层，因为这些设备不太可能穿透岩石材料，但这些试验适用于Ⅵ级残积土。

钙化硬壳层及其胶结矿物　　　表 30.6

钙化硬壳层	胶结矿物
硅质凝核土	二氧化硅
钙质凝核土	碳酸钙或碳酸镁
石膏质凝核土	二水硫酸钙
铝质凝核土（铝土矿）	水合氧化铝
铁质凝核土（红土）	水合氧化铁

红土分类　　　表 30.7

年代	建议名称	特征	文献中的等效概念
未成熟（新）	杂赤铁土	土体组构中含有大量的红土材料。水合氧化物的存在置换了部分土体材料。未硬化，无结核存在，但可能有凝块发育的迹象	杂赤铁土、红土、红黏土
未成熟（新）	结核状红土	有明显的硬凝块核心，呈现为单独的颗粒	红土砾石、铁石、豆状砾石、凝块砾石
未成熟（新）	蜂窝状红土	凝块聚集成多孔结构，可能填充有土体材料	囊状红土、豆状铁石、虫状铁石、网状铁石、间隔豆状红土
成熟（旧）	硬质红土	硬结的红土层，块状、坚硬	铁质凝核土、铁石、红土硬壳层、虫状红土、密实豆状红土
成熟（旧）	次生红土	可能为结核状、蜂窝状或硬磐状，但属于原有土层侵蚀的结果，可能出现角砾状外观	

数据取自 Charman（1988）

旁压试验已被用于热带土特性的勘察中（如 Schnaid 和 Mantaras，2003）。然而，正如 Schnaid 和 Huat（2012）所指出的，旁压试验的响应曲线将取决于原位水平应力、土体刚度和强度参数的组合，而这些参数将随着高剪切应变时结构破坏而降低。Schnaid 和 Huat 建议，在残积土中，旁压试验应该被看作一个"试验性的"边界值问题。为解决该问题，现场旁压试验的结果可以与一组由独立测量的变量所预测的理论的压力-膨胀曲线进行比较。现场结果曲线和理论预测曲线之间的充分比较，可以使工程师们对根据试验结果选择的参数更有信心，从而设计时采用。根据 Schnaid 和 Mantaras（2003）报告的一个例子，他们在巴西残积土中进行了旁压试验，并与图 30.7 中的数值模拟进行了比较，取得了很好的一致性。

平板载荷试验也是评估热带土的一种常用方法，它的优点是可以测试较大体积的土样，从而测量各向异性土的宏观特性。Barksdale 和 Blight（1997）描述了这种试验的过程。其结果主要用于估计土的刚度或压缩性。土结构性质和非饱和状态使对结果的解释可能会变得很复杂，因为这两个因素都会影响测量到的初始土刚度和屈服应力。Schnaid 和 Huat（2012）认为，对试验数据的解释可能需要使用适当的本构模型进行复杂的数值分析，而不是采用传统的解释方法来估算土弹性模量。

世界各地都广泛使用标准贯入试验来评估土的相对密度，从而根据经验公式估算土的摩擦角。使用这些经验公式时必须认识到，这种相关性通常是依据沉积土的试验数据库建议的。它们不太可能适用于热带残积土，因为它们没有考虑到任何影响土强度的胶结/粘合作用。因此需要为特定的热带土建立本地的公式，并考虑胶结因素以及当地的变化范围。

Schnaid 等（2004）提出，可以通过考虑弹性刚度与极限强度的比值 G_0/N_{60} 来观察残积土的胶结情况，其中 G_0 是极小应变下的剪切模量；N_{60}[①] 是 SPT 贯入数，按 SPT 锤能量的 60% 作为参考值进行归一化得到。他们将这一比值与 $(N_1)_{60}$ 作了对比，其中 $(N_1)_{60}$ 值是考虑垂直有效应力的归一化值，因此应该更接近于作为土相对密度的指标。他们发现，粘结结构对残积土有显著影响，导致相应的归一化刚度值（G_0/N_{60}）大大高于在新鲜的未粘结材料中观察到的值。

30.3.2 分类

多年来，地质学家、岩土工程师、土壤学家和土壤科学家一直在寻找一种适当的热带土分类方案。这类方案层出不穷，伦敦地质学会（Geological Society）热带土工作组报告（Anon，1990；Fookes，1997）列举了 1951—1986 年制定的 20 多种不同方案，每种方案都有不同的最终用途。尽管存在一些成熟的土壤学分类方案，但它们不一定能供工程使用。Leong 和 Rahardjo（1998）的结论是，尽管地质学家、土壤学家和工程师努力制定分类方案，但没有适用于研究残积土的分类系统。

伦敦地质学会（Geological Society）热带土工作组报告（Anon，1990；Fookes，1997）代表了为

硅铝比的典型取值	表 30.8
红土化作用阶段	SiO_2/Al_2O_3
非红土化土	>2
红土化土	1.3~2
红土	<1.3

数据取自 Desai（1985）

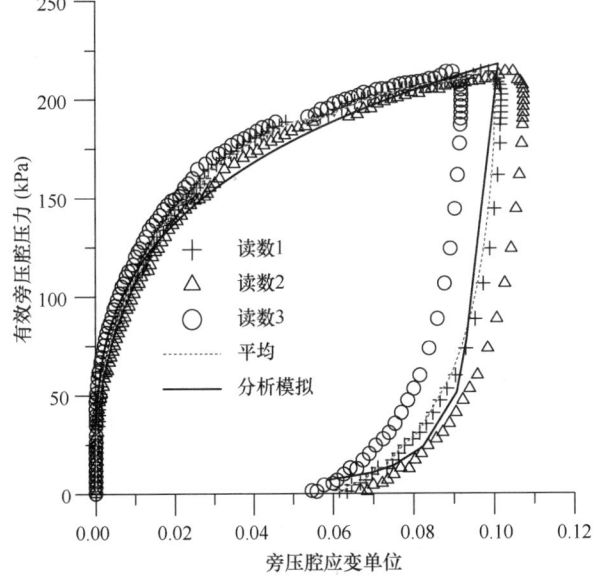

图 30.7 巴西风化土旁压试验与分析模拟比较实例
数据取自 Schnaid 和 Mantaras（2003）

[①] 译者注：国内是 $N_{63.5}$。

热带土制定有用的分类计划的最全面尝试。工作小组根据 Duchaufour（1982）的工作选择了一个纯粹的成因分类方案（表 30.2）。

关于残积土的另外一个有影响的研究（Blight, 1997）提出了一个不同的分类方案（Wesley 和 Irfan, 1997）。他们将影响残积土行为的因素总结为：

- 物理成分（如未风化岩石的百分比、颗粒大小分布等）；
- 矿物学成分；
- 宏观结构（肉眼可见的分层、不连续、裂缝、孔隙等）；
- 微结构（纤维、颗粒间粘结或胶结、聚核等）。

为了考虑这些因素，他们建议将土分为三种类型（表 30.9）。

根据 Wesley 和 Irfan，A 组（不受特定黏土矿物的强烈影响）是许多热带土层的典型剖面。A 组又可以按结构成分进一步细分（宏观结构为主、微观结构为主或受两者影响不大）。B 组（包括变性土）的工程性质与具有相同黏土矿物的运积土非常相似。C 组以热带土中才有的矿物质（埃洛石、水铝英石、铝和铁的半氧化物）为主，可以根据存在的矿物质进行细分。

本章作者提出了一种将这些不同方面结合起来的方法，首先考虑四个因素：节理、矿物、胶结和结构（DMCS），然后每个因素分成六级。建议采用表 30.10 中所列的等级来描述这四个因素，如图 30.8 所示。级数越高，表明材料越特殊。

必须认识到，不同类别之间会有交叉联系；例如，一种材料是新鲜岩石（$D=1$），但没有二次胶结（$C=6$），即使胶结级数很高，该材料也不会有问题。同样，有坚硬胶结时（$C=1$）的残积土（$D=6$）也不会有问题，因为胶结将克服因风化而产生的分解，并形成坚硬的岩石状土。

30.3.3 特征和典型工程特性

风化阶段不同，土壤会含有不同的黏土矿物质，这些都反映在黏土部分的阳离子交换能力（CEC）上（Anon., 1990）。典型的数值见表 30.11。

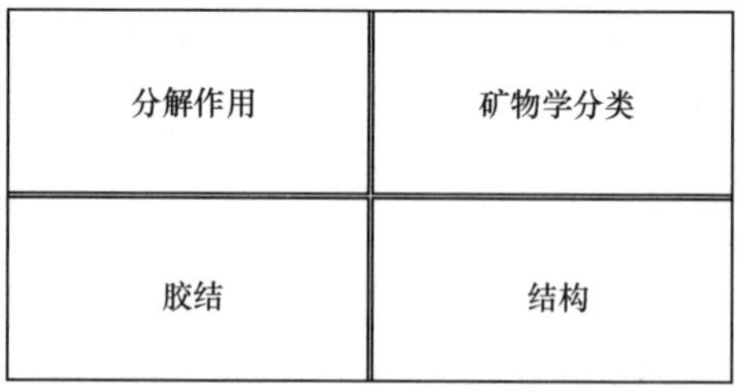

分解作用	矿物学分类
胶结	结构

图 30.8　DMCS 分类体系

热带残积土的建议分类体系　　表 30.10

分解等级		矿物学等级[①]	
6	残积土	6	蒙脱石（变性土）
5	全风化	5	蒙脱石/高岭土（含铁）
4	强风化	4	水铝英石/埃洛石（火山灰土）
3	中风化	3	高岭石（硅铝石）
2	微风化	2	高岭石（铁溶胶）
1	未风化/弱分化	1	高岭石/三水铝石（铁酸盐）
胶结等级[②]		结构间距等级	
6	无胶结物	6	非常小（<60mm）
5	无明显胶结效果	5	小（60~200mm）
4	弱胶结	4	中等（200~600mm）
3	结核状	3	大（600mm~2m）
2	蜂窝状	2	非常大（>2m）
1	硬磐状	1	无明显宏观结构

① 它们是按工程特性的顺序排列的，而不是按风化阶段排列的；
② 适用于风化材料二次胶结，而不是母岩的初始胶结。

残积土的分类　　表 30.9

主要组别		亚组
A 组	没有强烈矿物影响的土	(a) 强宏观结构影响
		(b) 强微观结构影响
		(c) 很小或没有结构影响
B 组	受起源于黏土矿物以及常见的运积土中的矿物种类影响很强的土	(a) 蒙脱石（蒙脱石组）
		(b) 其他矿物
C 组	受仅在残积土中发现的黏土矿物种类的影响很强的土	(a) 水铝英石亚组
		(b) 埃洛石亚组
		(c) 倍半氧化物亚组（三水铝石、针铁矿、赤铁矿）

数据取自 Wesley 和 Irfan（1997）

铁硅铝质土可由风化初期形成的变性土或火山灰土组成。变性土通常出现在排水受阻的地区，如谷底。它们通常呈黑色或深褐色，并含有蒙脱石类黏土矿物。它们通常表现出很大的收缩和膨胀性，并带来重大的工程问题。

火山灰土是由火山岩母岩发育而成的铁硅铝质土，含有不规则的埃洛石、水铝英石。它们经常以极度松散的状态存在，含水率可以达到200%左右。然而，这些高含水率并没在它们的工程行为中体现，因为它们通常具有低压缩性和高摩擦角（Wesley，1973，1977）。

后期的风化阶段（铁质、铁溶胶、铁酸盐）通常会导致土呈现红色，反映土中铁和铝的三氧化物含量较高。它们一般含有低活性的高岭土矿物，通常不会产生重大工程问题。然而，它们的形态可能与温带沉积土大不相同，因此难以适用标准分类系统。

二次胶结的效果是改善了土的工程性能。图30.9 显示了一个风化土层的孔隙比、压缩性和强度特性（c'和φ'）。在Ⅵ级残积土中，由于矿物的浸出和由此产生的土的结构形式，孔隙率将很高。这种开放的结构导致高压缩性和低强度性能。

图30.9 显示了三氧化物的二次固结（红土化）对地表附近残积土的影响。这导致从凝胶层或部分胶结层到地表的完全胶结层的上部土层的胶结程度变化。三氧化物的出现部分地填补了孔隙，降低了可压缩性，并大大改善了强度特性。

热带残积土的渗透性在很大程度上受到由残留节理等构成的宏观结构控制。较晚期的残积土（Ⅵ级）可能具有较低的渗透性（表30.12），因为风化会改变宏观节理结构，降低残留节理的主导程度，并产生更多的黏土矿物。然而，红土化材料由于其开放的微观结构和胶结材料的多孔性质，可能具有较高的渗透性。

黏土部分阳离子交换容量的典型值　　　　　表30.11

风化阶段	阳离子交换能力（mEq/100g）
铁硅铝质土	>25（典型值为50）
铁质土	16~25
铁铝质土	<16

数据取自 Anon.（1990）

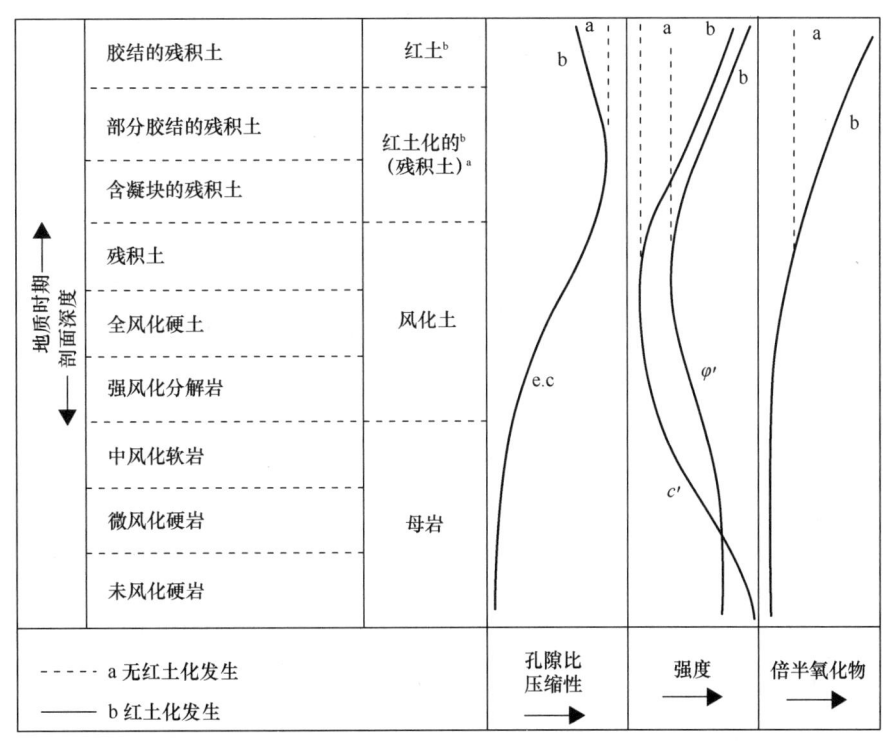

图30.9　沿风化剖面压缩性和强度的变化

摘自 Blight（1997），Taylor & Francis Group（改编自 Tuncer 和 Lohnes，1977；Sueoka，1988）

火成岩和变质岩风化
剖面的渗透系数　　表 30.12

分区	相对渗透性
有机表土	中—高
成熟残积土和/或崩积层	低（如果存在孔隙或空洞，红土中通常为中等或高）
幼龄残积土或风化土	中
风化土	高
风化岩石	中—高
完整岩石	低—中

数据取自 Deere 和 Patton（1971）

30.3.4 疑难特性

在应用于热带土时，温带沉积土常用的岩土分类方法，例如统一土体分类法（Unified Soil Classification Scheme，USCS）存在着严重的局限性。因为不能适应这些简单的分类系统，热带土常被认为"有问题"。然而，许多热带土，特别是"红色"土，可以成为良好的工程材料，通常不会有问题。

并不是说所有的热带土都不存在问题。一些残积土可能以松散状态存在。一些铁质土 ferrugious soil（红咖啡土）的密度可能低至 600kg/m³，即小于水的密度。这种松散的结构可能由非饱和状态维持，其中吸力为黏土"桥"提供了强度，支撑较粗的颗粒并维持低密度。如果土体变湿，使黏土桥的强度丧失，土体可能会塌陷。胶凝材料也可能维持松散的可变形结构。如果土体受到的荷载超过粘结材料的屈服强度，也会导致塌陷。更多信息见第 32 章"湿陷性土"。

热带土的另一个存在问题的类型是变形土。它们含有蒙脱石黏土，可能具有高度膨胀性。第 33 章"膨胀土"中讨论了处理这种膨胀/收缩性土的相关资料。

以下的章节指出了热带土的其他问题。在许多情况下，土本身并没有问题。但是由于不恰当地使用为温带土设计的分类系统，造成了这些问题。这些分类系统并不适用于热带土。

30.3.4.1 特别黏土矿物的存在

热带土中发现的一些黏土矿物（埃洛石和水合铝英石）以非板状存在，与温带土中常见的板状黏土矿物（高岭石、伊利石、蒙脱石）不同。水合铝英石土或埃洛石土的工程行为往往与 USCS 等方法所预测的情况大相径庭（Wesley，1973，1977）。

水铝英石是无定形的（或者说结构不良的）。在无定形的矿物中可以容纳大量的水。干燥后，水铝英石似乎可以形成更有序的结构，会完全改变土的性质。干燥后，水铝英石黏土的行为会发生变化，与砂更为相似。

埃洛石是高岭土家族的成员，但具有管状结构。水可以储存在"管子"中，对工程行为没有贡献。埃洛石有两种形式：水合埃洛石和不含结晶水的偏埃洛石。在偏埃洛石中，"管子"可能会开裂或部分解体。如果含水率降低到 10% 以下或相对湿度降低到 40% 以下，就会发生转变（Newill，1961）。这种变化是不可逆的。

由于水铝英石和埃洛石具有不影响工程行为的持水能力，它们经常被归类为"问题类土"（因为它们的天然含水率和液限很高）（Wesley，1973）。然而，它们通常具有非常好的工程特性（Wesley，1977）。它们表现出很高的摩擦角（与高岭土或蒙脱石相比）。此外，由于它们不是板状结构，它们不会因黏土颗粒排列而造成摩擦角的显著减小。因此，残留的摩擦角也很高。

30.3.4.2 胶结物的存在

许多热带土的结构性是由于土颗粒之间存在着可以产生物理结合的胶结物。像 USCS 这样的方法的基础是对重塑（或破坏）土壤的测量（阿太堡界限和颗粒大小测定），因此不能考虑土的结构性。即使对于许多温带土来说，这也是一个严重的局限性，对于热带土来说更是如此。

在热带风化条件下，铁和铝的氧化物被释放出来，没有被溶解（如在酸性环境中会出现的情况）而留在原位。铁和铝氧化物的存在对热带土的行为影响很大。Newill（1961）证明了这些氧化物可以降低热带黏土的塑性，因为在去除铁的氧化物后，发现液限增加。如果氧化物对黏土矿物有聚集作用，情况就是这样。然而，正如 Townsend 等（1971）的发现，氧化物也有可能促进塑性。如果氧化物以无定形胶体的形式存在，由于其较大的比表面，它们可能具有较大的保水能力，这有助于塑性提高。

30.3.4.3 阿太堡界限确定的困难

热带土阿太堡界限的测定对试样制备方法很敏感（如 Moh 和 Mazhar，1969）。不同的试验前干燥程度（例如烘箱干燥、空气干燥或根据天然含水率进行试验）可能会导致阿太堡界限产生非常显著的差异（Anon，1990；Fookes，1997）。此外，试验准备过程中土的混合量也会显著改变这些指数特性（Newill，1961）。

表 30.13 为不同的试验前干燥程度对阿太堡界限的影响比较。应当指出，这些变化是不可逆的，干燥会产生塑性的永久性变化。为了克服试验结果与试验前的准备中这个问题，Charman（1988）提出了一种对试验准备方法敏感性的测试程序，包括了在不同的干燥温度和不同的混合时间进行的测试。如果没有足够的时间来实施这种详细的试验方案，最好的解决办法是在材料尚未干燥到天然含水率以下时进行试验，标准混合时间为 5min。

30.3.4.4 粒径分布曲线确定的困难

与阿太堡界限一样，黏土含量的测量也会受到试验前干燥的影响，因为干燥过程会导致黏土颗粒聚集（Newill，1961）。这些聚集物只能通过标准的分散技术进行部分分解，因此黏土成分往往被低估。例如，来自肯尼亚 Sasumua 的红黏土，在天然含水率下测试时，黏土含量为 79%，但在烘箱干燥后，黏土含量降低到 47%（Terzaghi，1958）。另一个问题是，红土的粗颗粒往往由弱胶结颗粒组成，这些颗粒在筛分或作用过程中很容易分解和改变级配（Gidigasu，1972；Omotosho 和 Akinmusuru，1992）。

30.3.4.5 非饱和状态

由于蒸发量大于降水量，许多热带土处于非饱和状态。地下水位通常超过 5m 深，在许多情况下要深得多。这些土的强度将非常依赖于含水状态。土的吸力由两部分组成：基质吸力和渗透吸力（又称溶质吸力）。两部分之和称为总吸力。基质吸力是由不饱和土中水和气相（通常是空气）之间界面（半月形）的表面张力作用（表面张力效应有时被称为毛细作用）产生的。渗透吸力则是由孔隙水中存在溶解的盐类产生。在许多土壤科学文献中，吸力以 pF 单位表示，即用厘米水表示的吸力对数（以 10 为底）（Schofield，1935）。对于工程应用来说，通常使用传统应力单位更为方便。从 pF 单位换算成 kPa 的关系是：

$$\text{吸力（kPa）} = 9.81 \times 10^{pF-2} \quad (30.1)$$

吸力范围值（同时显示 kPa 和 pF 单位）和相应的参考点以及土含水状况的指示如图 30.10 所示。

土体孔隙中可承受的最大吸力取决于孔隙大小。在干净的砂性土中，孔径的量级为 0.1mm 或更大，最大吸力将非常小（通常小于 5kPa）。在清洁的淤泥质材料中，孔径的量级可能为 0.01mm，最大吸力可能小于 100kPa。然而，对于孔径小于 0.001mm 的黏性土，可能会出现大于 1000kPa 的高吸力。这解释了为什么干净的砂性土在干燥时没有强度（由于不能承受高吸力，它们失去了将它们粘在一起的吸力"纽带"）。然而，黏性土在干燥时可以变得非常坚固。这是因为黏性土的细孔中保持着高吸力。这些吸力将土颗粒拉在一起，使土在干燥状态下具有相当大的强度。

位置	在天然含水率时			风干			烘干（105℃）		
	LL	PL	PI	LL	PL	PI	LL	PL	PI
哥斯达黎加	81	29	52				56	19	37
多米尼加	93	56	37	71	43	28			
肯尼亚（红色黏土）	101	70	31	77	61	16	65	47	18
肯尼亚（红土砾石）	56	26	30	46	26	20	39	25	14

干燥过程对红颜色土分类试验的影响　　　表 30.13

吸力 (kPa)	吸力 (pF)	参考点	含水状态
1 000 000	7	烘干	干
100 000	6		
10 000	5		
1 000	4	植物萎蔫点 塑限	微湿
100	3		
10	2		湿
1	1		
0.1	0	饱和液限	

图 30.10　吸力范围值

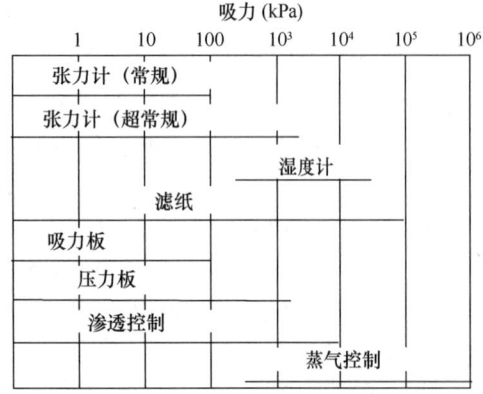

图 30.11　吸力量测/控制装置适用范围

对于吸力监测和控制有许多不同的技术。它们的适用性因吸力范围不同而不同。图 30.11 显示了不同技术的适用范围。为了覆盖整个吸力范围，一般需要采用多种技术。

当土变干（或变湿）时，土内的吸力会变化。含水量和吸力之间的关系称为土持水曲线（SWRC）（也称为土水分特性曲线，SWCC）。尽管在岩土工程中，含水量通常用重力含水率来定义，但土持水曲线通常用体积含水率（θ）或饱和度（S_r）与吸力的关系来表示，图 30.12 是典型的 SWRC 曲线。

如果土从饱和状态开始，然后进行脱湿，它将遵循初级脱湿曲线。在一个被称为残余吸力的吸力

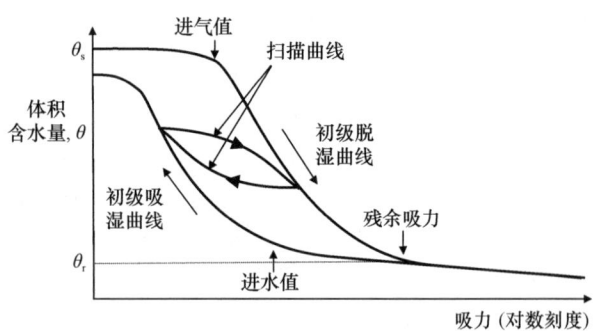

图 30.12　典型的土水保持曲线

值（相应的残余含水率 θ_r）时，SWRC 可能会变得平坦，吸力的增加只能引起体积含水率很小的变化。要达到零含水率（相当于烘箱烘干状态），需要量级为 1GPa 的吸力（pF7）（Fredlund 和 Xing，1994）。在从烘箱烘干状态开始的湿润过程中，土将遵循初级吸湿曲线。初级脱湿和吸湿曲线定义了土可能状态的包络线。如果在初级脱湿曲线上停止脱湿，并开始吸湿，则土将沿着一条比初级吸湿曲线更平坦的中间扫描曲线，直到达到初级吸湿曲线。因此，根据所遵循的路径，在给定的含水率下可以存在不同的吸力。

最常用的解释非饱和土抗剪强度行为的方法是扩展的莫尔-库仑方法。这种对非饱和土的扩展是由 Fredlund 等（1978）提出的。它涉及两个不同的摩擦角，以表示净应力（以孔隙气压力为基准的总应力）和基质吸力（以孔隙气压力为基准的孔隙水压力）对强度的贡献。对应的剪切强度方程为

$$\tau = c' + (\sigma - u_a)\tan\varphi^a + (u_a - u_w)\tan\varphi^b \tag{30.2}$$

此处，τ 为抗剪强度；c' 为有效黏聚力截距（由于具有粘结结构，许多热带土在有效应力为 0 时具有真实的黏聚力截距）；φ^a 是净应力 $(\sigma - u_a)$ 改变对应的摩擦角 φ^b 是基质吸力 $(u_a - u_w)$ 改变对应的摩擦角。这将净应力 $(\sigma - u_a)$ 和吸力 $(u_a - u_w)$ 的影响分离开来，并通过与应力的两个分量有关的两个摩擦角对它们进行不同的处理。图 30.13 中以三维方式显示了扩展的莫尔-库仑失效包络面。该曲面也可以在图 30.14 中的净应力平面和图 30.15 中的基质吸力平面的视图表示。

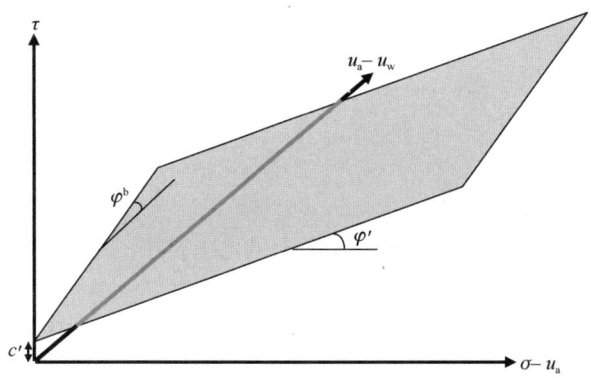

图 30.13　扩展的莫尔-库仑包络线

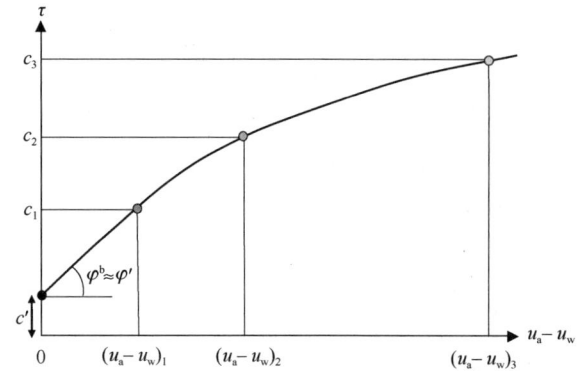

图 30.15　基质吸力空间扩展莫尔-库仑包络线

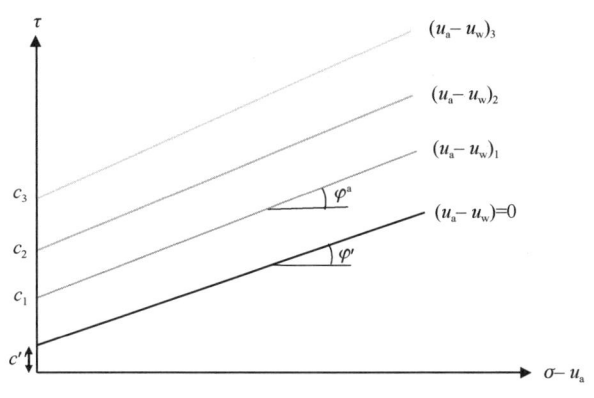

图 30.14　净应力空间扩展莫尔-库仑包络线

图 30.14 显示强度包络线随着吸力的增加而增加。这可以用总黏聚力 c 的增加来表示，其中：

$$c = c' + (u_a - u_w)\tan\varphi^b \quad (30.3)$$

图 30.15 显示了随着吸力的增加，总黏聚力 c 的增加。图中曲线的斜率是 φ^b。Escario 和 Saez（1986）和 Fredlund 等（1987）发现，τ 与 ($u_a - u_w$) 之间的关系是非线性的。在空气进入值以下（当土保持饱和时），φ^b 等于 φ'；但在较高的吸力下，φ^b 的值减小（图 30.15）。在高吸力时，切线值可能降为零，意味着在高吸力时强度没有进一步增加。

更完整的非饱和土力学特征模型是由 Alonso 等（1990）提出的，现在被称为巴塞罗那本构模型。该模型将修正剑桥黏土模型扩展到非饱和状态，并提供了体积行为和偏应力行为之间的耦合，这对完整理解土体行为至关重要。它引入了加载-湿陷（LC）面的概念，定义了由于外荷载（总应力）或湿润（吸力损失）引起的屈服。

如果不能认识到吸力在非饱和土中的作用，可能错误地解释试验结果。例如，试样在一定的含水率下测试时，由于存在明显的吸力，可能观察到不饱和土的压缩性很低。然而，如果被浸湿并失去吸力，同样的土样可压缩性可能会高得多。同样，在强度试验中观察到的表观黏聚力截距可能在很大程度上是由于吸力引起的，而不是真正的"黏聚力"对强度的贡献。同样，如果土被浸湿，强度的这一分量将降低（甚至可能完全丧失）。

30.3.5　地基基础

热带残积土上的浅基础问题通常与松散、亚稳定土上的塌陷问题或膨胀性变性土上的收缩-膨胀运动有关。

热带土的胶结微结构所受应力过大，可能会导致压缩变形急速增大。如果施加的应力不超过胶结材料的屈服强度，其压缩性可能很低。但如果地基的荷载超过了这个应力，就会发生较大的快速沉降。

另一方面，地基也会因为浸润作用发生湿陷变形。一些铁质土（红咖啡土）的密度低至 $600kg/m^3$，即低于水的密度。这种松散的结构通常是由黏土矿物形成的桥来维持的，它支撑着砂或粉土大小的颗粒。这些桥的强度由吸力控制，如果土湿润或被水淹没，松散的结构就会迅速坍塌，导致大范围的地表沉降。

由于切断蒸发途径，或因建筑物覆盖区域变化（如混凝土地基）而导致温度状态变化，板式或筏式地基下可能出现水分积聚。当然，浸润也可能是由其他简单因素引起，例如建筑物本身带有渗水槽或根本就是因为漏水，导致地基强度下降和失效。

如果浅层基础修建在变性土上，由于基础下的土层含水率会因季节性干湿交替变化，可能会出现季节性运动的问题。在雨季时，地基会出现隆起，而旱季，基础会因土层收缩而发生沉降。含水率的变化区将影响基础的边缘，而大的筏形基础中心区域可能不会受影响。这将导致差异运动，对基础和上部结构都会造成严重的影响。

基础施工中处理膨胀土的方法有以下几种。

30.3.5.1 换填法

移除膨胀土，用非膨胀土回填。一般来说，膨胀土层较厚时，从经济上讲不允许完全替换。设计须确定开挖和回填深度，以防止过度隆起。

30.3.5.2 碾压夯实法

膨胀土的膨胀趋势可以通过降低干密度来降低。在低密度和最优含水率的情况下进行压实，会降低膨胀趋势。然而，密度较低时土的承载力可能不足。有些土具有很高的体积变形，因此压实法不会显著降低膨胀趋势。

30.3.5.3 堆载预压法

如果附加荷载大于膨胀压力，则可以防止隆起。例如，可以通过1.5m高的填土以及混凝土基础来控制25kPa的膨胀压力。然而，膨胀压力往往太高（约400kPa），这个方法不是很现实。

30.3.5.4 预浸法

既然土层含水率高会引起隆起，那么在施工前提高土层含水率，并在此后保持，则土层不会有明显的体积变化，从而破坏结构。然而，该方法依然有许多缺点。膨胀土通常是渗透性较低的黏土，充分浸润所需时间可能长达数年。另外，含水率的增加会降低土的强度，造成承载力下降。

30.3.5.5 止水帷幕法

土膨胀问题主要是含水率波动的结果。差异性隆起是造成破坏的主要原因，而不是总的隆起量。如果能使含水率的变化发生得缓慢，同时使含水率分布均匀，就能最大限度地减少差异性隆起。防潮层并不能阻止隆起的发生，但有减缓隆起速度和使湿度分布更均匀的作用。

在建筑物周围安装的水平屏障可以限制水分向被覆盖区域的迁移。混凝土挡墙或车库的铺装区域可以达到这个目的。屏障的宽度应覆盖"边缘效应距离"，即从铺装区边缘向内测量的土湿度的变化足以引起土移动的距离（Post-Tensioning Institute, 1980）。

30.3.6 边坡

许多发生在热带残积土风化土带中的滑坡都直接或间接地受残留节理的控制（Brand, 1985; Nieble 等, 1985; Dobie, 1987; Irfan 等, 1987; Irfan 和 Woods, 1988）。风化过程会导致许多类型的矿物填充物和附着物可能存在于残留节理处，包括黏土矿物。由于边坡的内部变形，一些不连续的地方可能被来回摩擦形成光滑面（Irfan, 1998）。这些被填充或光滑的表面残余摩擦角较低，从而形成薄弱面，导致失稳通常发生在这些薄弱面上。

山体滑坡往往是由降雨引发的，特别是在热带气候地区，可能出现强烈的暴雨。大的山体滑坡经常发生，而小的滑坡发生频度则更高。虽然小滑坡可能不会导致人员伤亡，但它们仍然会造成经济和社会影响。

在热带地区，山体滑坡的发生与高降雨量之间存在着明显的联系。如巴西（Wolle 和 Hachich, 1989）、波多黎各（Sowers, 1971）、斐济（Vaughan, 1985b）、日本（Yoshida 等, 1991）、尼日利亚（Adegoke-Anthony 和 Agada, 1982）、巴布亚新几内亚（Murray 和 Olsen, 1988）、新加坡（Pitts, 198; Tan 等, 1987; Chatterjea, 1994; Rahardjo 等, 1998; Toll, 2001）、南非（van Schalkwyk 和 Thomas, 1991）和泰国（Jotisankasa 等, 2008）。

热带地区的土质边坡在旱季时通常是不饱和的，一年中的大部分时间里地下水位深度都超过10m。当土层处于不饱和状态时，吸力或负孔隙水压会为土层提供额外的强度，边坡因此处于稳定状态。在暴雨期间，当土层处于饱和状态，孔隙水压力变为零时，这种额外的强度可能会消失。

图30.16为新加坡大量滑坡发生前后的降雨量数据（Toll, 2001）。它显示了滑坡发生当天的降雨量（触发降雨量）与之前五天的降雨量（前降雨量）的对比。可以看出，通常不是一场暴雨就能造成滑坡，而是由于前期降雨导致孔隙水压在数天内不断累积，最后由暴雨引发滑坡事件。当然，有时即使在前几天没有明显的降雨，一场暴风雨也足以造成滑坡。

在研究气候对边坡的影响时，重要的一点是我们不能总是假设降雨会导致地下水位上升。降雨在地表的渗透可以在不改变地下水位的情况下造成显著的孔隙水压变化（尽管在地表可能会有浅层滞水）(Toll, 2006)。

30.3.7 公路

传统上，路基建设所使用的材料是净级配骨料，一般是从碎石中获得的。然而，在热带气候区，由于广泛的风化作用，往往无法获得优质岩石。即使能够获得，材料加工和运输的成本也会很高，使得这种方案不经济。因此当地的天然材料，如红土砾石或钙质凝核土得以广泛用于交通量较小的道路建设。这些天然材料一般含有较多的细粒，细粒具有较高的塑性，许多现有规范规定不能将其用作建筑材料。Lionjanga 等（1987）、Grace 和 Toll（1989）、Gidigasu（1991）、Metcalf（1991）、Netterberg（1994）和 Gourley 和 Greening（1997）详细介绍了在热带地区成功使用的路基建筑材料。

由于自然形成的砾石有更多的细粒，这意味着土的吸力和结构是控制其性质的主要因素。在红土砾石中含有约 10% 的黏土，其形成的基体含有很多小孔隙，从而产生显著的吸力（Toll, 1991）。Yong 等（1982）也指出，少量的黏土对风化花岗岩的吸力特性有重要影响。因此，如果颗粒材料中含有少量的黏土，则不应该忽视吸力的影响。只要细粒物被很好地分散，就有可能在整个土层中形成高吸力。然后，细粒的基体将起到胶结剂的作用，可以将颗粒材料胶结在一起，从而使其具有较高的整体强度和刚度。

能否保持土层的吸力，从而保持良好性能，很大程度上取决于能否避免路基材料的湿润，特别是在未铺设路面的情况下。在某些工程中地下水位很接近地面，这种情况下就不能依赖吸力的贡献，必须采用通常规格要求的优质骨料。如果地下水位低于地表 5m 以上，则可以依靠这种吸力，但地面必须采取排水措施，保证路面不积水。沥青路面有利于防止水直接渗入路基材料。

在肯尼亚进行的一项低流量道路的试验性施工中，对红土砾石和传统的碎石作为路基进行了比较（Grace 和 Toll, 1989），两种路基之上都喷洒了沥青密封层。研究发现，红土砾石路段的性能更好。这是因为沥青面层的失效使得水能够渗透并扩散到高渗透性的碎石基层中，使路基层软化并造成大面积的开裂。在红土路段，由于路基材料渗透能力低，在沥青面层失效处仅形成了一个小洞，但这些小洞并没有扩散。暴雨期间小洞中的积水都在其后没有雨的时间里蒸发掉了。因此，红土部分的性能比所谓"高质量路基"的施工效果更好。

Toll（1991）认为，在亚热带或热带气候中，良好的路基材料应具有足够的细粒，以产生显著的吸力，并维持低渗透性。少量的黏土在这方面是有

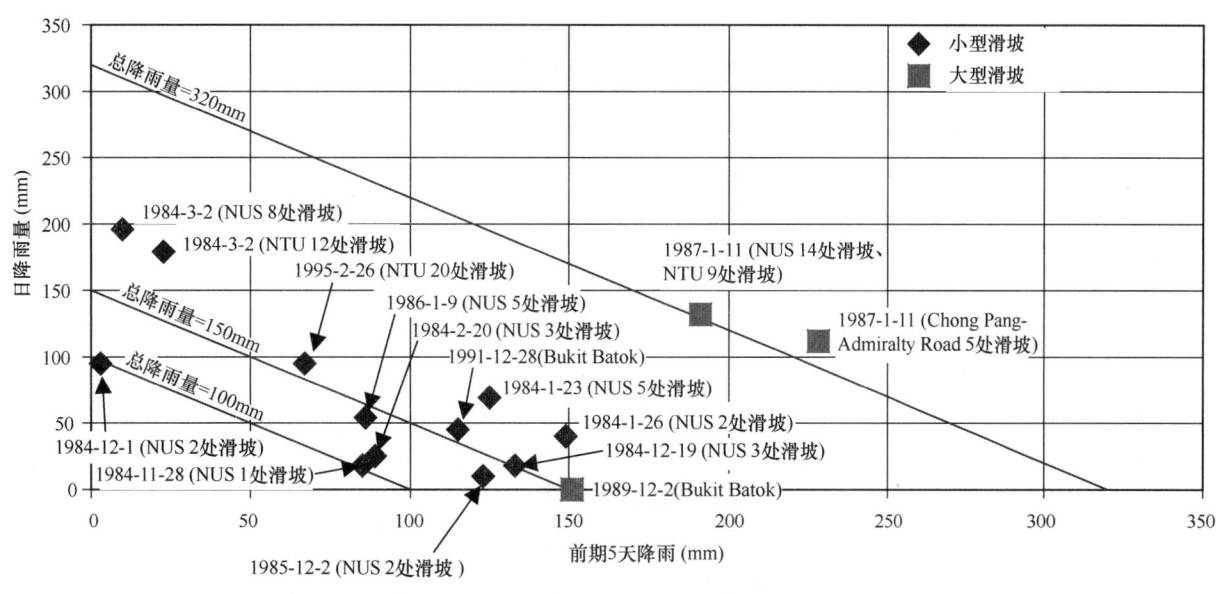

图 30.16 新加坡导致滑坡的降雨事件

NTU—新加坡南洋理工大学；NUS—新加坡国立大学

益的。但细粒含量不应该太高，否则细粒部分会有剪胀趋势或显著降低摩擦角。此外，所有路基中黏土都应具有低活性，以限制收缩和膨胀。细粒在整个结构中应该分布良好，才能保证高吸力、高胶结性，能将颗粒部分固定在一起，同时降低渗透性。

Charman（1988）提供了世界各地用于路基的天然砾石的特性比较。最近，Paige-Green（2007）根据南部非洲的经验，给出了推荐的非铺装农村道路的材料规格（表30.14）。其基础是区分哪些材料会变得湿滑、侵蚀、刮擦，以及哪些材料会变得不平整或形成起伏（图30.17）。

Paige-Green建议，浸泡CBR值最低（修正AASHTO压实度为95%）可取15%。这甚至低于Grace（1991）建议的沥青铺装道路浸泡CBR值，其最低值为20%，平均值为40%。Gourley和Greening（1997）建议，对于车流量小于0.1万个等效标准轴（ESA）的铺装道路，浸泡CBR值应高于45%（修正AASHTO压实度100%），但对于车流量为50万个等效标准轴（ESA）的大交通量道路，要求则更高，为55%~80%（路基CBR的下限为55%，适用于CBR=3%~4%的弱基床，而上限为80%，适用于CBR>30%的强基床）。

30.4 结语

热带土给岩土工程师带来了许多挑战。无论从宏观还是微观上看，它们的原岩结构都非常发育。在风化过程发生期间或之后，热带土时常会因矿物的沉淀而胶结。热带土还存在高度的各向异性。一个主要的难点，是为温带沉积土提出的传统分类系统还不能用来推断热带土的工程性能。由于特殊黏土矿物的存在，如埃洛石、水铝英石，或者三氧化二铁及三氧化二铝的影响，简单的分类试验如阿太堡界限试验是不太容易被确定的。

热带土被当作特殊性土，很大原因是热带土分类的困难。然而，许多热带土，特别是"红颜色"的土，通常都有较好的工程特性，如低的压缩性及高的强度。热带土的胶结结构可以提高其强度。

但是，有些热带土确实具有特殊性能。比如有些松散及准稳定状态的土在加载或者浸湿过程中会塌陷。其他的特殊性热带土还包括含有活性蒙脱石黏土矿物的变性土，这些矿物在干湿交替的环境下会展示出超强的收缩和膨胀性能。

郊区道路建议的物料规格　　表30.14

特性	值
最大尺寸（mm）	37.5
最大超大尺寸指数 I_0 ①	5%
收缩率乘积 S_p ②	100~365
级配系数 G_c ③	16~34
浸湿CBR试验（95%修正的AASHTO压实试验）	>15%
Treton影响值	20~65

① 超大尺寸指数 I_0 是保留在37.5mm筛的百分比；
② S_p = 线性收缩率 × （通过0.425mm筛的百分比）；
③ G_c = ((通过26.5mm的百分比 − 通过2.0mm的百分比) × (通过4.75mm的百分比))/100。

数据取自Paige-Green（2007）Ⓒ The Geological Society

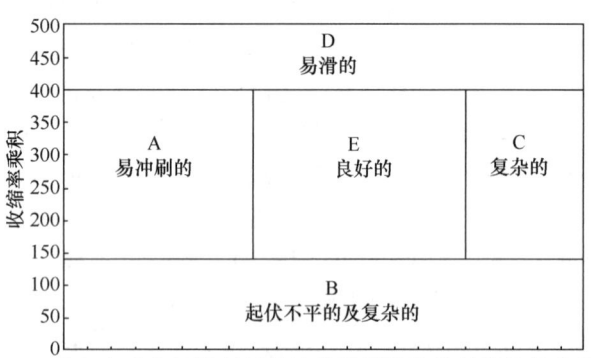

图30.17　郊区无铺盖道路路况类别
（见表30.14 收缩率乘积和级配系数的定义）
摘自Paige-Green（2007）

30.5 参考文献

Ackroyd, L. W. (1967). Formation and properties of concretionary and non-concretionary soils in western Nigeria. In *Proceedings of the 4th African Conference on Soil Mechanics and Foundation Engineering* (eds Burgers, A., Cregg, J. S., Lloyd, S. M. and Sparks, A. D. W.). Rotterdam: Balkema, pp. 47–52.

Adegoke-Anthony, C. W. and Agada, O. A. (1982). Observed slope and road failures in some Nigerian residual soils. In *Proceedings of the ASCE Specialty Conference on Engineering and Construction in Tropical and Residual Soils*, Hawaii. New York: American Society of Civil Engineers, pp. 519–538.

Alonso, E. E., Gens, A. and Josa, A. (1990). A constitutive model for partially saturated soils. *Géotechnique*, **40**(3), 405–430.

Anon. (1970). The logging of rock cores for engineering purposes. Geological Society Engineering Group, Working Party Report. *Quarterly Journal of Engineering Geology*, **3**, 1–24.

Anon. (1977). The description of rock masses for engineering purposes. Geological Society Engineering Group, Working Party Report. *Quarterly Journal of Engineering Geology*, **10**, 355–388.

Anon. (1990). Tropical residual soils. Geological Society Engineering Group, Working Party Report. *Quarterly Journal of Engineering Geology*, **23**, 1–101.

Au, S. W. C. (1996). The influence of joint-planes on the mass strength of Hong Kong saprolitic soils. *Quarterly Journal of Engineering Geology*, **29**, 199–204.

Au, S. W. C. (1998). Rain-induced slope instability in Hong Kong. *Engineering Geology*, **51**(1), 1–36.

Aung, K. K., Rahardjo, H., Toll, D. G. and Leong, E. C. (2000). Mineralogy and microfabric of unsaturated residual soil. In *Unsaturated Soils for Asia, Proceedings of Asian Conference on Unsaturated Soils, Singapore* (eds Rahardjo, H., Toll, D. G. and

Leong, E. C.). Rotterdam: Balkema, pp. 317–321.
Barksdale, R. D. and Blight, G. E. (1997). Compressibility and settlement of residual soils. In *Mechanics of Residual Soils* (ed Blight, G. E.). Rotterdam: Balkema, pp. 95–154.
Blight, G. E. (ed.) (1997). *Mechanics of Residual Soils*. Rotterdam: Balkema.
Brand, E. W. (1984). Landslides in Southeast Asia: a state-of-the-art report. In *Proceedings of the 4th International Symposium on Landslides*, Toronto, vol. 1, pp. 17–59.
Brink, A. B. A. and Kantey, B. A. (1961). Collapsible grain structure in residual granite soils in Southern Africa. In *Proceedings of the 5th International Conference on Soil Mechanics and Foundation Engineering*, Paris, vol. 1, pp. 611–614.
Brink, A. B. A., Partridge, T. C. and Williams, A. A. B. (1982). *Soil Survey for Engineering*. Oxford: Clarendon Press.
British Standards Institution (1999). *Code of Practice for Site Investigations*. London: BSI, BS 5930.
British Standards Institution (2003). *Geotechnical Investigation and Testing: Identification and Classification of Rock – Part 1: Identification and Description*. London: BSI, EN 14689-1:2003.
Charman, J. G. (1988). *Laterite in Road Pavements*. CIRIA Special Publication 47. London: Construction Industry Research and Information Association.
Chatterjea, K. (1994). Dynamics of fluvial and slope processes in the changing geomorphic environment of Singapore. *Earth Surface Processes and Landforms*, **19**, 585–607.
Deere, D. U. and Patton, F. D. (1971). Slope stability in residual soils. In *Proceedings of the 4th Pan American Conference on Soil Mechanics and Foundation Engineering*, San Juan, Puerto Rico, vol. 1, pp. 87–170.
Desai, M. D. (1985). Geotechnical aspects of residual soils of India. In *Sampling and Testing of Residual Soils* (eds Brand, E. W. and Phillipson, H. B.). Hong Kong: Scorpion Press.
Dobie, M. J. D. (1987). Slope instability in a profile of weathered norite. *Quarterly Journal of Engineering Geology*, **20**, 279–286.
Duchaufour, P. (1982). *Pedology, Pedogenesis and Classification*. London: Allen & Unwin.
Escario, V. and Saez, J. (1986). The shear strength of partly saturated soils. *Géotechnique*, **36**(3), 453–456.
Fookes, P. G. (1997). *Tropical Residual Soils*. Bath: Geological Society Publishing House.
Fredlund, D. G., Morgenstern, N. R. and Widger, R. A. (1978). The shear strength of unsaturated soils. *Canadian Geotechnical Journal*, **15**, 313–21.
Fredlund, D. G., Rahardjo, H. and Gan, J. K. M. (1987). Non-linearity of strength envelope for unsaturated soils. In *Proceedings of the 6th International Conference on Expansive Soils*, New Delhi. Rotterdam: Balkema, pp. 49–54.
Fredlund, D. G. and Xing, A. (1994). Equations for the soil-water characteristic curve. *Canadian Geotechnical Journal*, **31**, 521–532.
Gidigasu, M. D. (1972). Mode of formation and geotechnical characteristics of laterite materials of Ghana in relation to soil forming factors. *Engineering Geology*, **6**, 79–150.
Gidigasu, M. D. (1991). Characterisation and use of tropical gravels for pavement construction in West Africa. *Geotechnical and Geological Engineering*, **9**(3/4), 219–260.
Gourley, C. S. and Greening, P. A. K. (1997). Use of sub-standard laterite gravels as road base materials in southern Africa. In *Proceedings of the International Symposium on Thin Pavements, Surface Treatments and Unbound Roads*, University of New Brunswick, Canada (www.transport-links.org/transport_links/filearea/publications/1_507_PA3281_1997.pdf).
Grace, H. (1991). Investigations in Kenya and Malawi using as-dug laterite as bases for bituminous surfaced roads. *Geotechnical and Geological Engineering*, **9**(3/4), 183–195.
Grace, H. and Toll, D. G. (1989). The improvement of roads in developing countries to bituminous standards using naturally occurring laterites. In *Proceedings of the 3rd International Conference on Unbound Aggregates in Roads*. Kent: Butterworth Scientific, pp. 322–332.

Hencher, S. (2008). The 'new' British and European standard guidance on rock description. *Ground Engineering*, **41**, 17–21.
Irfan, T. Y. (1998). Structurally controlled landslides in saprolitic soils in Hong Kong. *Geotechnical and Geological Engineering*, **16**, 215–238.
Irfan, T. Y., Koirala, N. P. and Tang, K. Y. (1987). A complex slope failure in a highly weathered rock mass. In *Proceedings of the 6th International Congress on Rock Mechanics* (eds Herget, G. and Vongpaisal, S.), Montreal. London: Taylor & Francis, pp. 397–402.
Irfan, T. Y. and Woods, N. W. (1988). The influence of relict discontinuities on slope stability in saprolitic soils. In *Geomechanics in Tropical Soils. Proceedings of the 2nd International Conference on Geomechanics in Tropical Soils*, Singapore, vol. 1. Rotterdam: Balkema, pp. 267–276.
ISRM (1978). Suggested methods for the quantitative description of discontinuities in rock masses. *International Journal of Rock Mechanics and Mining Sciences & Geomechanics, Abstracts*, **15**(6), 319–368.
Jotisankasa, A., Kulsawan, B., Toll, D. G. and Rahardjo, H. (2008). Studies of rainfall-induced landslides in Thailand and Singapore. In *Unsaturated Soils: Advances in Geo-Engineering* (eds Toll, D. G., Augarde, C. E., Gallipoli, D. and Wheeler, S. J.). London: Taylor & Francis, pp. 901–907.
Lee, I. K. and Coop, M. R. (1995). The intrinsic behaviour of a decomposed granite soil. *Géotechnique*, **45**(1), 117–130.
Leong, E. C. and Rahardjo, H. (1998). A review of soil classification systems. In *Problematic Soils* (eds Yanagisawa, E., Moroto, N. and Mitachi, T.). Rotterdam: Balkema, pp. 493–497.
Lionjanga, A. V., Toole, T. and Greening, P. A. K. (1987). The use of calcrete in paved roads in Botswana. In *Proceedings of the 9th African Regional Conference on Soil Mechanics and Foundation Engineering* (ed Madedor, A. O.), Lagos. Rotterdam: Balkema, vol. 1, pp. 489–502.
Little, A. L. (1969). The engineering classification of residual tropical soils. In *Proceedings of the 7th International Conference on Soil Mechanics and Foundation Engineering*, Mexico, vol. 1, pp. 1–10.
McFarlane, M. J. (1976). *Laterite and Landscape*. London: Academic Press.
Metcalf, J. B. (1991). Use of naturally-occurring but non-standard materials in low-cost road construction. *Geotechnical and Geological Engineering*, **9**(3/4), 155–165.
Moh, Z. C. and Mazhar, F. M. (1969). Effects of method of preparation on index properties of lateritic soils. In *Proceedings of the Special Session on Engineering Properties of Lateritic Soils, 7th International Conference on Soil Mechanics and Foundation Engineering*, Montreal, pp. 23–35.
Murray, L. M. and Olsen, M. T. (1988). Colluvial slopes: a geotechnical and climatic study. In *Proceedings of the 2nd International Conference on Geomechanics in Tropical Soils*, Singapore. Rotterdam: Balkema, vol. 2, pp. 573–579.
Netterberg, F. (1971). *Calcrete in Road Construction*. CSIR Research Report 286, *NIRR Bulletin*, **10**, Pretoria: South African Council for Scientific and Industrial Research.
Netterberg, F. (1994). Low-cost local road materials in southern Africa. *Geotechnical and Geological Engineering*, **12**(1), 35–42.
Newill, D. (1961). A laboratory investigation of two red clays from Kenya. *Géotechnique*, **11**(4), 302–318.
Nieble, C. M., Cornides, A. T. and Fernandes, A. J. (1985). Regressive failures originated by relict structures in saprolites. In *Proceedings of the 1st International Conference on Tropical Lateritic and Saprolitic Soils*, Brasilia, Brasilian Society for Soil Mechanics, pp. 41–48.
Omotosho, P. O. and Akinmusuru, J. O. (1992). Behaviour of soils (lateritic) subjected to multi-cyclic compaction. *Engineering Geology*, **32**, 53–58.
Paige-Green, P. (2007). Improved material specifications for unsealed roads. *Quarterly Journal of Engineering Geology and Hydrogeology*, **40**, 175–179.

Pedro, G. (1968). Distribution des principaux types d'altération chimique à la surface du globe. Présentation d'une esquisse géographique. *Revuede Géographie Physique et de Géologie Dynamique*, **10**, 457–470.

Phillipson, H. B. and Brand, E. W. (1985). Sampling and testing of residual soils in Hong Kong. In *Sampling and Testing of Residual Soils: A Review of International Practice* (eds Brand, E. W. and Phillipson, H. B.). Hong Kong: Scorpion Press, pp. 75–82.

Phillipson, H. B. and Chipp, P. N. (1982). Air foam sampling of residual soils in Hong Kong. In *Proceedings of the Conference on Engineering and Construction in Tropical and Residual Soils*, Hawaii. New York: American Society of Civil Engineers, pp. 339–56.

Pitts, J. (1985). *An Investigation of Slope Stability on the NTI Campus, Singapore*. Applied Research Project RPI/83, Nanyang Technological Institute, Singapore.

Post-Tensioning Institute (1980). *Design and Construction of Post-Tensioned Slabs-on-ground*. Phoenix, Arizona.

Rahardjo, H., Leong, E. C., Gasmo, J. M. and Tang, S. K. (1998). Assessment of rainfall effects on stability of residual soil slopes. In *Proceedings of the 2nd International Conference on Unsaturated Soils*, Beijing, P.R. China, vol. 1, pp. 280–285.

Richards, B. G. (1985). Geotechnical aspects of residual soils in Australia. In *Sampling and Testing of Residual Soils* (eds Brand, E. W. and Phillipson, H. B.). Hong Kong: Scorpion Press, pp. 23–30.

Sanches Furtado, A. F. A. (1968). Altération des granites dans les régions intertropicales sous différents climats. In *Proceedings of the 9th International Congress on Soil Science*, vol. **4**, pp. 403–409.

Schnaid, F., Fahey, M. and Lehane, B. (2004) In situ test characterization of unusual geomaterials. In *Proceedings of the 2nd International Conference on Geotechnical and Geophysical Site Characterization* (eds Viana da Fonseca, A. and Mayne, P.), Porto, Portugal. Rotterdam: Millpress, vol. 1, pp. 49–74.

Sowers, G. F. (1971). Landslides in weathered volcanics in Puerto Rico. In *Proceedings of the 4th Pan American Conference on Soil Mechanics and Foundation Engineering*, San Juan, Puerto Rico, vol. 2, pp. 105–115.

Schnaid, F. and Mantaras, F. M. (2003). Cavity expansion in cemented materials: structure degradation effects. *Géotechnique*, **53**(9), 797–807.

Schnaid, F. and Huat, B. B. K. (2012). Sampling and testing tropical residual soils. In *Handbook of Tropical Residual Soil Engineering* (eds Huat, B. B. K. and Toll, D. G.). London: Taylor & Francis, Chapter 3.

Schofield, R. K. (1935). The pF of water in soil. In *Transactions of the 3rd International Congress on Soil Science*, **2**, 37–48.

Strakhov, N. M. (1967). *The Principles of Lithogenesis*, vol. 1. Edinburgh: Oliver & Boyd.

Sueoka, T. (1988). Identification and classification of granitic residual soils using chemical weathering index. In *Proceedings of the 2nd International Conference on Geomechanics in Tropical Soils*, Singapore, vol. 1, pp. 421–428.

Tan, S. B., Tan, S. L., Lim, T. L. and Yang, K. S. (1987) Landslide problems and their control in Singapore. In *Proceedings of the 9th Southeast Asian Geotechnical Conference*, Bangkok, pp. 1:25–1:36.

Terzaghi, K. (1958). Design and performance of the Sasumua dam. *Proceedings of the Institution of Civil Engineers*, **9**, 369–394.

Thornthwaite, C. W. and Mather, J. R. (1954). The computation of soil moisture in estimating soil tractionability from climatic data. *Climate*, **7**, 397–402.

Toll, D. G. (1991). Towards understanding the behaviour of naturally-occurring road construction materials. *Geotechnical and Geological Engineering*, **9**(3/4), 197–217.

Toll, D. G. (2001). Rainfall-induced landslides in Singapore. *Proceedings of the Institution of Civil Engineers: Geotechnical Engineering*, **149**(4), 211–216.

Toll, D. G. (2006). Landslides in Singapore. *Ground Engineering*, **39**(4), 35–36.

Townsend, F. C., Manke, G. and Parcher, J. V. (1971). *The Influence of Sesquioxides on Lateritic Soil Properties*. Highway Research Record No. 374. Washington: Highway Research Board, pp. 80–92.

Tuncer, E. R. and Lohnes, R. A. (1977). An engineering classification for certain basalt-derived lateritic soils. *Engineering Geology*, **2**(4), 319–339.

van Schalkwyk, A. and Thomas, M. A. (1991). Slope failures associated with the floods of September 1987 and February 1988 in Natal and Kwa-Zulu, Republic of South Africa. In *Proceedings of the 3rd International Conference on Tropical and Residual Soils*, Lesotho. Rotterdam: Balkema, pp. 57–64.

Vaughan, P. R. (1985a). Mechanical and hydraulic properties of in situ residual soils: general report. In *Proceedings of the 1st International Conference on Geomechanics in Tropical Lateritic and Saprolitic Soils*, Brasilia, Brasilian Society for Soil Mechanics, vol. 3, pp. 231–263.

Vaughan, P. R. (1985b). Pore-water pressures due to infiltration into partly saturated slopes. In *Proceedings of the 1st International Conference on Geomechanics in Tropical Lateritic and Saprolitic Soils*, Brasilia, Brasilian Society for Soil Mechanics, vol. 2, pp. 61–71.

Wesley, L. D. (1973). Some basic engineering properties of halloysite and allophane clays in Java, Indonesia. *Géotechnique*, **23**(4), 471–494.

Wesley, L. D. (1977). Shear strength properties of halloysite and allophane clays in Java, Indonesia. *Géotechnique*, **27**(2), 125–136.

Wesley, L. D. and Irfan, T. Y. (1997). Classification of residual soils. In *Mechanics of Residual Soils* (ed. Blight, G. E.). Rotterdam: Balkema, pp. 17–29.

Wolle, C. and Hachich, W. (1989). Rain-induced landslides in south-eastern Brasil. In *Proceedings of the 12th International Conference on Soil Mechanics and Foundation Engineering*, Rio de Janeiro, vol. 3, pp. 1639–1642.

Yong, R. N., Sweere, G. T. H., Sadana, M. L., Moh, Z. C. and Chiang, Y. C. (1982). Composition effect on suction of a residual soil. In *Proceedings of the Conference on Engineering and Construction in Tropical and Residual Soils*, Hawaii. New York: American Society of Civil Engineers, pp. 296–313.

Yoshida, Y., Kuwano, J. and Kuwano, R. (1991). Rain-induced slope failures caused by reduction in soil strength. *Soils and Foundations*, **31**(4), 187–193.

延伸阅读

Huat, B. B. K., See-Sew, G. and Ali, F. H. (2004). *Tropical Residual Soils Engineering*. London: Taylor & Francis.

Huat, B. B. K. and Toll, D. G. (2012). *Handbook of Tropical Residual Soil Engineering*. London: Taylor & Francis.

> 建议结合以下章节阅读本章：
> ■ 第 7 章 "工程项目中的岩土工程风险"
> ■ 第 40 章 "场地风险"
> ■ 第 76 章 "路面设计应注意的问题"
> 本书以第 1 篇 "概论" 和第 2 篇 "基本原则" 为指导进行章节编排。如第 4 篇 "场地勘察" 中所述，各类岩土工程均应进行扎实的现场勘察工作。

译审简介：

李爱国，男，1968 年生，教授级高级工程师，广东省首届勘察设计大师。主要从事岩土工程勘察、设计等科研与实践工作。

丘建金，男，1964 年生，博士，教授级高级工程师，全国工程勘察设计大师。主要从事岩土工程咨询与设计等工作。

第31章 冰碛土

巴里·克拉克（Barry Clarke），利兹大学，英国
主译：张明义（中国科学院西北生态环境资源研究院）
参译：白瑞强，游志浪，王冲，杨盛，李冠吉，李仁伟
审校：王吉良（黑龙江寒地岩土工程技术有限公司）

doi: 10.1680/moge.57074.0363

目录

31.1	引言	363
31.2	地质过程	363
31.3	冰碛土的特征	369
31.4	岩土分类	373
31.5	岩土性质	375
31.6	常规勘察	383
31.7	建立场地模型和设计剖面	383
31.8	土方工程	386
31.9	小结	387
31.10	参考文献	387

冰碛土覆盖了英国陆地面积的60%，占全球陆地面积的10%。尽管已有大量关于冰碛土的调查资料，但对于其岩土特性方面却鲜见公开报道。冰碛土可以是保留大量原始特性的变形基底层，可以是含有砾石、砂、粉土和黏土的未分选混合物，也可以是层状黏土。它不仅会在冰川迁移过程中受压-剪作用而沉积，而且还会在冰川融化过程中沉积，因此其具有空间异质性。这就使得同一来源的冰碛土样之间可能存在着很大的差异，并且难以确定其设计参数。常规取样无法得到冰碛土的特性参数，原因在于冰碛土独特的沉积方式，导致基于自然沉积土所得到的土力学理论和经验公式对其不适用。因此，建立适用于冰碛土的场地模型取决于：（1）对于冰碛土成因类别的认识；（2）基于勘察而建立的区域数据库；（3）开展重塑冰碛土的试验；（4）建立评价其力学性质的标准流程。

31.1 引言

冰碛土具有致灾性，沉积方式决定了其存在明显的空间异质性，因此，难以对其进行分类和辨识。由于现场勘查的不充分以及对沉积过程影响冰碛土的岩土特性认识不足，往往会引起工程损失，甚至导致工程失稳破坏。然而，第四纪（冰川）地质研究中的大量文献显示（Hughes等，1998），冰碛土普遍存在于温带地区，覆盖了英国陆地面积的60%（图31.1），全球陆地面积的10%。Clark等（2004）提供了与英国上个冰川事件（Devensian 冰期）特征相关的更为详细的地图和GIS数据库。这些文献主要集中在冰碛土地质方面，经常是相互矛盾的。虽然在英国的冰川地区已经开展了大量的现场勘察，但其中只有很少的一部分对岩土工程专业是有用的。因此，这里将存在的这些问题列于表31.1。

冰碛土包括在水下沉积的土（冰湖和冰川土），其固结过程符合基于重力压密或者沉积土而发展起来的土力学理论。但是，大多数冰碛土的沉积过程复杂，是冰川期、孔隙水状态、物源（可致空间异质性）、未分类的巨石、砾石、砂粒、粉土和黏土（包含透镜体、砂砾层和黏土层）等混合物共同作用的结果，其中黏土包括岩屑和黏土颗粒。已有证据表明冰碛土的性质不遵守经典的土力学理论（Clarke等，1997；Hughes等，1998），即将基于沉积土得到的经验和理论准则应用于冰碛土是不恰当的。冰碛土难以制样，砾石和砂透镜体的存在会使其刚度、强度和渗透性随深度变化。高质量的采样通常只限于不含鹅卵石、以黏土基质为主的冰碛土，任何砾石或者裂缝通常都会影响采样，引起测试结果离散性大，这导致冰碛土设计参数的选择极为困难，除非有一套明确的、综合考虑冰碛土天然变异性和结构组成以及采样过程对参数影响的准则。

总之，冰碛土可能已经被重力压实、剪切、重塑和风化。冰碛土包含从黏土到巨石的大粒径范围，并且可从以黏土基质为主、含有离散砾石颗粒的冰碛土变化至以岩屑为主、含有一些细粒的冰碛土。冰碛土可以是裂隙状和层状。冰碛土对建设行业的影响源自其是一种具有挑战性的材料，难以预测其特性。本章重点介绍冰碛土，但为了帮助理解冰碛土的形成，也提到了其他冰川土。

31.2 地质过程

冰川或冰盖在下伏岩石或土层上运动会使材料变形，形成变形碛，或者通过侵蚀、搬运、沉积过程以滞碛、消融碛或水成相沉积物的形式沉积下来（图31.2）。这些过程会造成一系列不同形式的沉

土都来自冰盖的底部；山谷冰川产生的冰碛土可包括从山谷两侧掉落的冰面岩屑。冰川碎片可分为冰下（冰川的底部）碎片、冰上（冰川表面）碎片或者冰川内（冰川内部）碎片。冰川上和冰川内的物质可能不会因冰的移动而改变，而基底材料会由于磨损和破碎而改变。碎片可以在冰川上、冰川内和冰川下三个区域之间移动，取决于冰川在移动和温度变化过程中内部所发生的物理过程。碎片（图31.4）可扩散至冰川下的位置（滞碛和变形碛），随着冰川融化沉积至冰川下（消融碛），沉积在融化湖中（层状黏土），或者是从融雪溪流中沉积（砂子和砾石）。冰川沉积物的类型可分为由融水形成的典型分选或结构沉积物，以及沉积的未分选沉积物，但此种简单的分类会造成误导，因为直接沉积的冰碛土可有多层，若冰川滑过一个由水成沉积物组成的易变形地层，层间可能夹有透镜体或层状水沉积物，其下沉积物就可能是冰川沉积物，也可能不是。

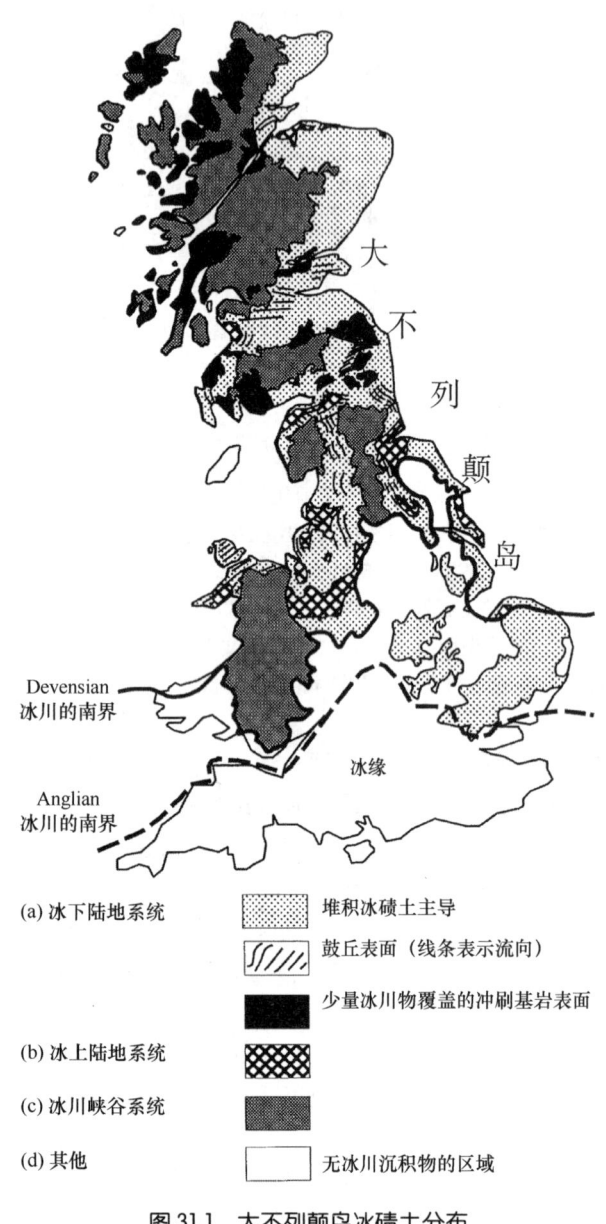

图31.1 大不列颠岛冰碛土分布
摘自 Eyles 和 Dearman（1981），
经 Springer Science + Business Media 许可

必须指出的是，冰川可以移动很远的距离，在寒冷时期一直推进，在温暖时期后退（或消融）。据估计，在更新世时期（大约在距今两百万年），英国经历了多达16个冰期（DoE，1994）。其结果是冰碛土可能被多次移动并以不同形式沉积，空间异质性的冰碛土的复杂沉积，也意味着对冰碛土进行简单的分类是不可行的。

当冰川滑过岩石表面（图31.5），岩石被侵蚀，形成包含漂砾、砾、砂和岩屑的混合物，这种混合物可能移动一小段距离并沉积在冰川底部。随着冰川继续推进，亚冰层的磨损持续，形成未分选的混合物，其在堆积时被称为滞碛；一些冰下材料将会迁移至冰川中，当冰川后退时，这些材料既可以融出冰碛物沉积，亦可以融水沉积物沉积；冰川再次前移时，其又会前移至冰碛土之上。最初，冰碛土会产生变形，变形量取决于移动的距离、压力和温度状况，至此，其形成变形碛。在堆积之前，如若未被移动很远，则被定义为一种亚冰材料。因此，变形碛可以包含以前冰川堆积物的沉积痕迹（图31.3和图31.5）。冰川的进一步移动可增加岩石的磨损和破碎的程度，形成滞碛，这也是为什么在看似为冰碛土的物质中发现层状黏土的水成沉积物透镜体、砂子和砾石的原因，它解释了为什么在距离岩石发源地许多英里外的地方可以找到岩石颗粒，并且完好无损的原因，以及为什么来自同一发

积（表31.2），形成了基于这些过程的成因分类法（表31.3）。例如，由于压碎、压裂和磨损作用，侵蚀和搬运过程导致了材料的破裂，冰川底部的土体冻结可能促进该过程，这形成了同质化混积岩——用来描述分选性很差的沉积物的地质术语。如果冰川在未冻结土体上移动，冰川下土体便会出现变形，因此，在冰碛土中有可能找到如断层和褶皱等冰川构造特征（图31.3）。冰碛土的进一步变形会导致材料折叠破裂，从而形成原始层的空囊（称为冰碛土基质内的石香肠）。冰盖产生的冰碛

冰碛土相关的建筑问题案例　　　　　　　　　　　　　　　　　　　　　　　　　　　　　　表 31.1

施工流程	风险	说明
调查	强度	很坚固的冰碛土，很难得到未扰动的试样。冰碛土构造对常规测试的强度有显著影响。硬黏土所建立的经验相关关系可能不适用于基底冰碛土。钻孔位置不能布置在有软弱物质的区域
	渗透性	由于裂隙和层压的存在，原位渗透率往往大于实验室所测渗透率
	漂砾	根据钻孔记录，可能导致错误地识别岩石顶部位置（基岩）
	层状黏土	根据钻孔记录很难确定是囊状还是层状的黏土层
	砂砾	从钻孔记录中很难确定是囊状还是层状的砂砾层
开挖	强度	有些冰碛土，特别是基底冰碛土非常密集，因此很难挖掘；必须借助炸药和挖掘工具。基底冰碛土包含更容易变形的囊状土，这会影响开挖的稳定性
	漂砾	一些冰碛土可能含有大小不一的漂砾，甚至是岩石筏，这些可能影响桩、隧道或地下连续墙开挖
	漂砾层	这些可能发生在不同的冰碛土层或者在消融碛和基底冰碛土层之间。它们的存在会影响任何形式的挖掘工作
	层状黏土	变形碛可能形成包括囊状、透镜体状或层压黏土层。这些可能比周围的土更软，导致不稳定
	砂砾	由冰水沉积作用形成的冰水沉积物和变形碛可能包括囊状和透镜体状或层状的砂层和砾石层。这些可能是含水的，如果与含水层或水源相连，可能会导致渗漏
	裂隙	由于沉积作用，许多基底冰碛土出现裂缝。这可能导致块体破坏和剪切带的发展
设计	强度	一些基底冰碛土的原位不排水剪切强度超过了实验室测定值。这会导致基础设计过于安全
	刚度	一些基底冰碛土的刚度使得沉降计算高估了沉降量。一些冰碛土的刚度使得孔隙水影响低于预期
	漂砾	对于开挖而言，一个更大的问题是漂砾的存在可能导致对试验桩性能的不安全估计
	漂砾层	这可能导致一组端承桩不均匀移动
	层状黏土	囊状的层状黏土可能导致一组桩不均匀移动。桩基础下方的层状黏土可能导致沉降过大。桩长范围内的层状黏土会降低桩的承载力。从长远看，层状黏土层可能引发边坡失稳
	砂砾	囊状的砂石和砾石可能导致一组桩不均匀移动

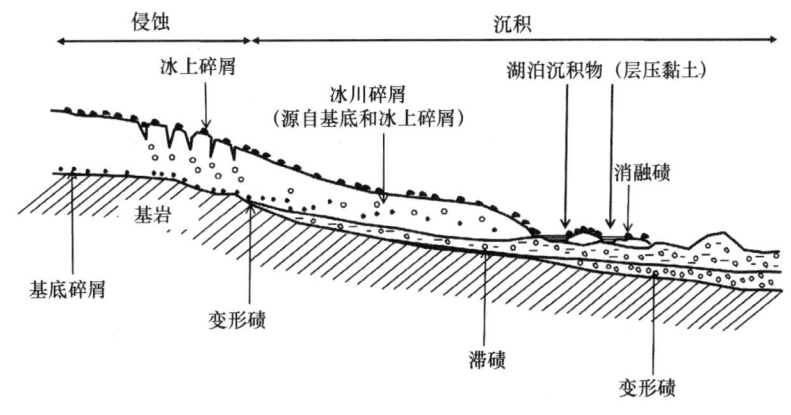

图 31.2　冰碛土的形成

摘自 Hambery（1994）；UCL 出版社（UCL Press）

冰川材料的关键描述　　　　　　　　　　表 31.2

碎屑类型	沉积环境	冰碛土类型	描述
冰川上			冰川表面携带的碎屑，来自岩石坠落，也可能来自冰川床
冰川内			出现在冰川内部，来自冰川上或冰川下材料
冰川下	冰川地带		沉积始于陆地冰川陆基沉积物底部
		消融碛	通过停滞或缓慢移动的富含碎屑的冰川融化而沉积，没有后期搬运或变形
		流碛	从冰川边缘流出的沉积物
		滞碛	通过在压力作用下分散来自滑动的冰床的碎片而沉积
		变形碛	通过剪切冰下变形层将沉积物分解并（可能）均质化
	冰川流		从冰川融水沉积的砂砾
		冰边缘	冰川旁边
		冰前	堆积在冰川或冰盖边界之前，或刚好在边界旁
		冰下	沉积在冰川下
	冰川湖		冰坝湖中的层状黏土
		冰接触	冰缘附近冰的接触沉积
		末端	距离冰川一定距离的末端沉积
	海洋冰川		在海洋环境中发现的冰川沉积物
		峡湾	沉积于峡湾
		大陆	沉积于大陆架
		水底	沉积于水中
		近端	沉积于近冰川
		远端	在距离冰川一定距离沉积

源地的岩石颗粒会广泛分布的原因，这也说明了为什么难以确定起源于冰川的未分选土体是否可归类为堆积冰碛土的原因。

基于冰川前移和后退一个周期所产生的冰碛物，提出一种冰碛土的成因分类方法（图 31.4 和表 31.3）。由于冰川的进退循环导致冰川沉积物会被多次搬运和沉积，因此这种分类在实践中可能不适用。除了冰川作用外，在冰川的运动之间以及自末次冰期以来的后冰川过程也会改变冰碛土的性质，这进一步增加了解释冰川地层剖面的复杂性。例如，在英格兰北部，找到三层冰碛土并不是罕见的：上部的红色冰碛土被一层薄薄的砂砾或者层状黏土将其与下层灰色冰碛土分隔开（图 31.6），通常说此序列是源自为单个冰盖所推进的灰色滞碛堆积冰碛物，并且上部冰碛土的微红完全是由于后冰川的风化作用形成的（Eyles 和 Sladen, 1981；Lunn, 1995）。但是，这种单一沉积和风化的概念似乎不能充分解释冰川序列组成的某些方面，包括红色（上部）冰碛土的含石量（砾石、卵石、巨石）通常比灰色（下部）冰碛土的含石量低（Beaumont, 1968）。就砂砾石黏土层的出现频率和范围而言，在某些情况下其面积可超过 $1km^2$，这极有可能是前冰川（冰川湖沉积/冰川沉积）沉积物，因此，这表明在该区域再次被后冰川和冰运沉积物覆盖之前，冰峰正在退去，并释放出充满碎屑的融化水（Hughes 等, 1998）。尽管一些地质和水文地质勘察可根据现场的特征加以区分（详见 McMillan 等的文章, 2000），但这仍然展示了对一个未被完全理解的复杂沉积过程构建一个简单岩土模型的困难性。

表 31.1 突出显示了由于未了解地质模型而造成的严重后果。通过试样描述而开展的土体分类不一定能够展示土体的宏观和微观特性。层状透镜体或夹层可能会在开挖斜坡时触发失稳破坏；砂砾透

各种成因的冰碛土特征　　　　　　表31.3

标准	滞碛	消融碛	流碛	变形碛
沉积物	通过来自于移动冰川的滑动基座冰川碎屑泥灰层或者是通过压力融化和其他力学过程而沉积（Hambrey，1994）	通过冰川碎屑从冰中的缓慢释放而沉积，既不滑动也不内部变化（Dreimanis，1988）	沉积以重力斜坡作用完成，并可能发生在冰上、冰下或者在冰缘（Dreimanis，1988）	包括由冰川分离的岩石或未固结的沉积物；最早的沉积物结构被扭曲或破坏，并混入外来物质（Elson，1988）
位置和序列	堆积在较老的冰川沉积物或者基岩上	通常在冰川退缩时沉积	最常见的是最上层的冰川沉积物	形成和沉积在冰下，通常在冰川向上移动的地方
基底接触	滞碛及消融碛形成和沉积在冰川底部。与基底（基岩或未经固结的沉积物）接触，此基底通常具有侵蚀性和尖锐的冰川侵蚀的痕迹，且其碎屑排列方向相同。冰上消融碛可能有变化的基底接触		可变化的基底接触，但几乎不能在长距离上一致。冰碛土可能会填满渠道或洼地	变化的基础接触
地貌	主要是地面冰碛，鼓丘，笛状和其他冰川下地貌	冰川冰停滞的冰缘地貌	与大多数冰缘地貌有关	地貌很少识别
厚度	通常一到几米，但在英国低地可达很大的厚度；相对横向一致	单个单元的厚度通常为几厘米到几米，多个单元可堆积至更大累积厚度	差异性大。单个流的厚度通常为几十厘米至几米。多个单元可堆积至多米厚度	根据冰川床的性质而变化至多米
结构	通常为块状，但可能包含各种定向的宏观和微观结构。也存在亚水平结构，连接普通、垂直和横向节理。结构变形的方向与移动冰川的应力相关，并可能在横向保持一致	或是块状，或是部分从基底富含碎屑冰的碎屑层中保留下的微弱结构。随着冰融化，体积减小，以至分选的沉积物覆盖在大碎屑岩中	大块流或各种流动结构，取决于流水与含水率的类型	基本结构可能会保存，但通常会变形，特别是序列（可能会混入其他大块冰碛土）的上部
颗粒粒径与组成	在堆积的牵引区侵蚀会产生粉粒大小类型的滞碛。大多数含有相对一致的颗粒组成，除非是基底部分，其可能含有局部冰床的巨石	融化过程中会发生粉粒和黏粒的分选。一些颗粒大小的变化是从冰上继承而来的。山谷的冰上消融碛含有粗颗粒碎屑的特征	通常混杂堆积物具有多峰粒度分布。在流动过程中可能会出现颗粒粒径重分布和分类。也可能出现反分类或正分类	源自软岩的变形碛含有由少量细基质分离出的岩屑。岩屑尺寸反映原始材料的厚度
岩屑和基质的岩性	岩性组成通常比其他冰碛土更均匀，其基质组成特别均匀。局部派生材料增加了与基底的接触度	随着外来物质增加的可能性，冰川上消融碛在组分上变化很大	岩性组成通常与源头的材料一致。可能包括混合冰川床或外部材料，取决于碎屑的来源、搬运和沉积	变形碛一般具有和下伏沉积物相同的岩性组成。在序列的上部偶尔会出现漂砾

续表

标准	滞碛	消融碛	流碛	变形碛
岩屑形状和其表面标记	半棱角状至半圆形的岩屑。子弹型、刻面、破碎、剪切和条纹状的岩屑在滞碛中比其他冰碛土中更常见。倒伏的横纹与倒伏运动的方向平行	在冰川上或在冰中形成的冰上融化岩屑处，会存在不同程度的有棱角圆形岩屑	如果存在，松软沉积岩屑可能会通过剪切而变圆或变形。更多抵抗能力强的岩屑会保持原来的形状	岩屑形状和表面痕迹通常继承自原始材料，不易识别。岩屑通常属于被动搬运，不会被明显改变
构造	宏观组构坚固，岩屑长轴平行于其移动的局部方向。横向方向可能与褶皱和交错层相关	构造是继承自冰川搬运中。融化过程可能会弱化构造，尤其是细观构造	构造可能会随机或强烈发展，平行于或垂直于其流动方向。构造可能在短距离内发生侧向变化	优势方向很罕见，通常反映剪切变形
固结	固结过程取决于孔隙水压力状态、温度分布和冰川床的渗透性。冰碛土可以是"轻微超固结"和"严重超固结"土	轻度超固结	通常是正常固结	可变固结
密度	由于沉积过程中正应力和剪应力的共同作用，非常密实，通常超过重力压实的硬黏土	堆积密度低于滞碛，且变化较大	密度低于滞碛，是典型的正常固结沉积土	由于存在较低密度的空囊和变形过程中的膨胀，密度在空间上是变化的
强度	由于高密度，强度非常大，在某些情况下甚至接近于软岩的强度	相比滞碛，强度更低，变化性更大	正常固结沉积物的典型强度	由于材料密度较低的空囊和变形过程中的膨胀，导致了强度在空间上是变化的
渗透性	如果是黏土基质为主的冰碛土，渗透性极差	由于不同粒径的颗粒混合，导致渗透性多变	与黏土为主的滞碛相比，其渗透性相对较好	由于材料密度较低的空囊和变形过程中的膨胀而导致了渗透性在空间是变化的
参考文献	Goldthwait（1971），Boulton（1976b），Dreimanis（1976），Boulton 和 Deynoux（1981），McGown，Derbyshire（1977），Eyles 等（1982），Clarke 和 Chen（1997），Clarke 等（1998），Clarke 等（2008）	Boulton（1976b），Dreimanis（1976），McGown 和 Derbyshire（1977），Lawson（1979），Boulton 和 Deynoux（1981），Shaw（1985）	Boulton（1976b），Lawson（1979，1982），Boulton 和 Deynoux（1981），Lutenegger 等（1983），Gravenor 等（1984），Rappol（1985），Drewry（1986）	Elson（1988），Boulton（1979），Clarke 等（2008）

数据取自 Trenter（1999）（CIRIA C504）、Hambrey（1994）、Dreimanis（1988）、Elson（1988）

镜体可在开挖时（尤其是在开孔掘进时）导致局部塌陷；含水砂砾层可能影响大开挖；卵石会阻碍桩基和隧道作业；未能正确识别岩石顶部土体构成会影响沿岩石顶部高程的端承桩和隧道的设计与施工。

31.3 冰碛土的特征

冰碛土的成因分类是基于其沉积过程而确定的（图31.4）。冰碛物的来源控制着颗粒的岩性，还可能控制着颗粒级配和颗粒形态（例如，Benn 和 Evans，1998）。冰碛物的搬运方式影响磨蚀过程，进而影响其形态、颗粒级配、构造及结构。冰碛物的沉积过程会影响地质和岩土剖面。Lawson（1981）将"冰碛物"定义为由冰川直接堆积的沉积物，它是原生沉积，包括滞碛、变形碛、粉碎碛（通过冰川下部的研磨或压碎而形成）和融出冰碛土。由于组构差异，冰碛土有多种类型的破坏（表31.1）。在这些情况下，组构是指沉积和沉积后形成的构造（Trenter，1999），在这些过程中会形

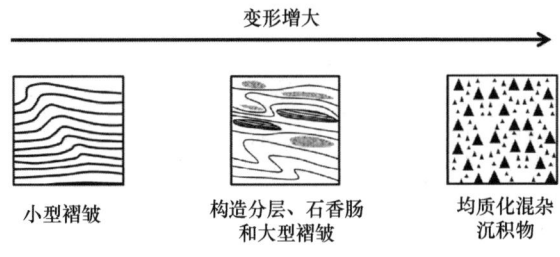

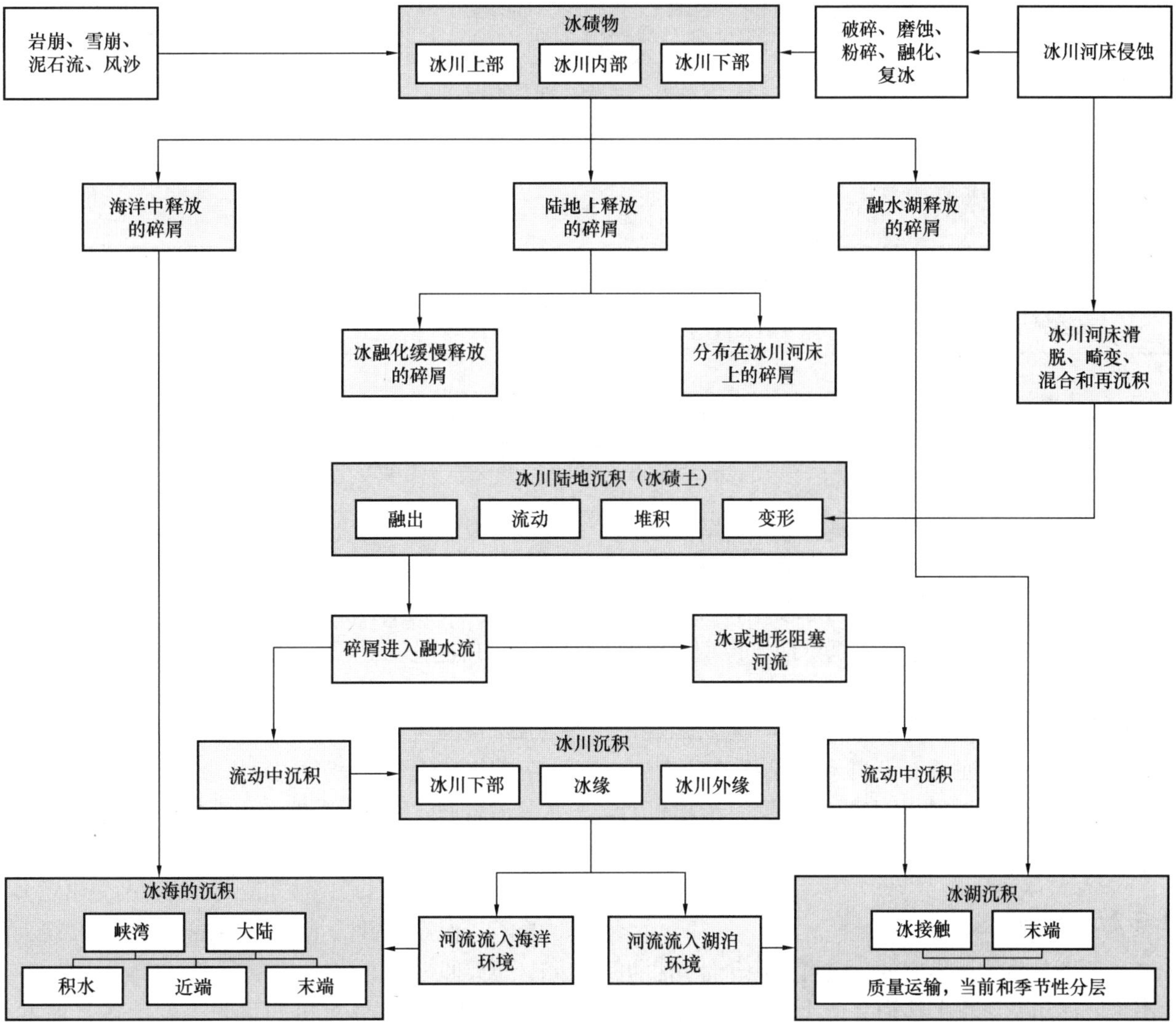

图 31.3 变形冰碛物中发现的冰川构造特征

图 31.4 以冰碛土的搬运和沉积过程划分的成因分类（表31.2 列出了主要术语的定义）

摘自 CIRIA C504，Trenter（1999），www.ciria.org

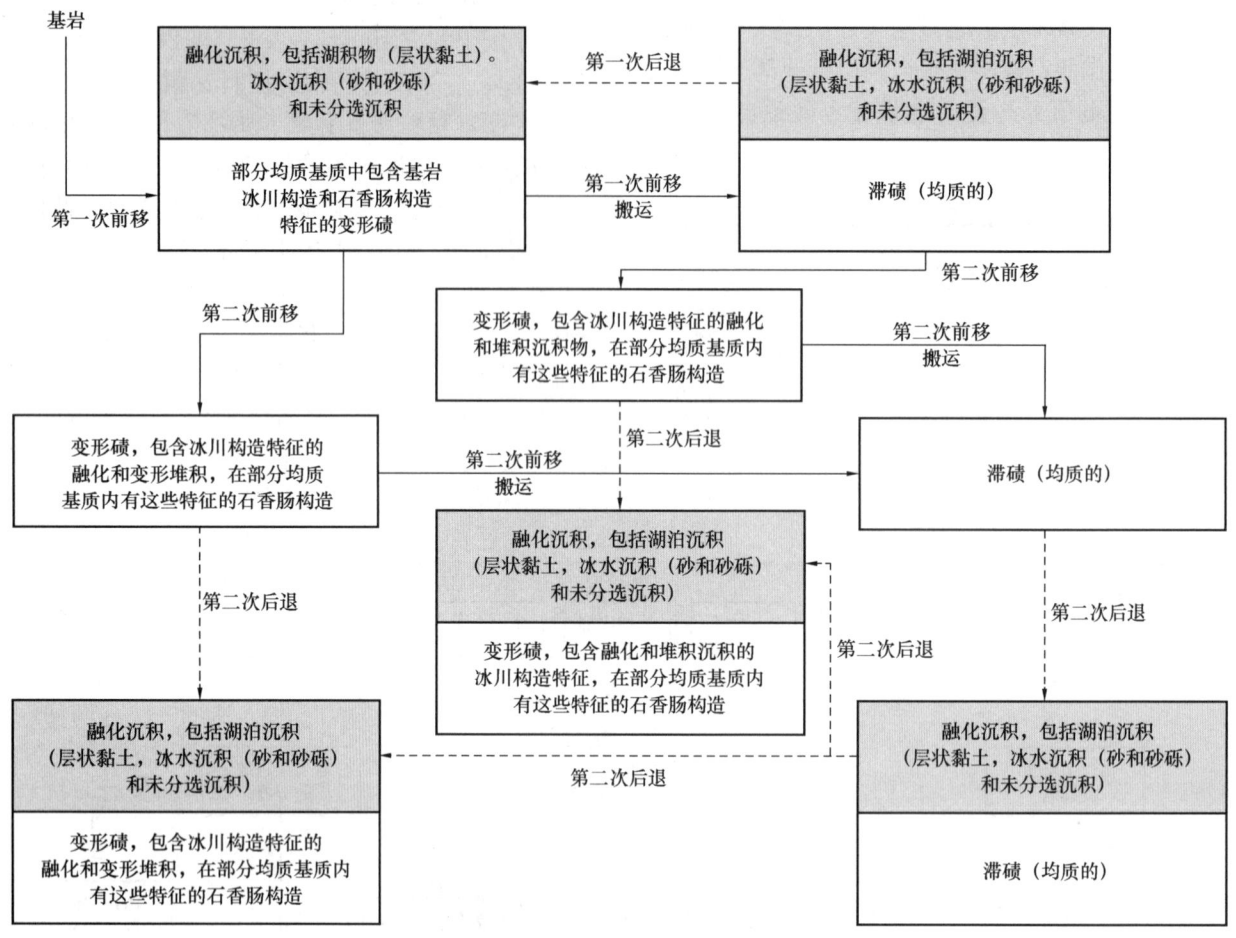

图 31.5 冰川底部的沉积过程显示了冰川地貌再造作用如何能在
后续的冰川沉积中包含冰碛土的特征

成碎屑、层、透镜体、裂缝、裂隙及节理等。通过掘进观测数据及其他调查，建立局部地区冰川地质学的场地模型，可以大大降低与冰碛土特征相关的风险。Fookes（1997）介绍了总体地质模型，该模型基于以下原则而建立：首先，根据已知的区域和当地信息创建站点的地质模型；然后，通过原始模型来推动现场勘察的设计，并利用结果验证模型，完善模型；最后，生成岩土特征数据，给出设计参数。

31.3.1 变形碛

变形碛是由土壤形成的，它可能源于冰川也可能不是。冰川在土壤上移动会使土壤产生变形，起初形成断层和褶皱冰川构造特征，有时将其单独称为冰川构造岩。随着冰川持续移动，这些特征将进一步畸变，折叠后的物质（图 31.3 和图 31.5）将分离，从而在冰碛土内部形成物质囊，这些被称为石香肠的物质将逐渐拉长，形成构造叠片结构，最终演变为均质的冰碛土。

冰川经过表土下岩石顶部沉积的变形碛会包含完整的岩屑，由于其广泛存在，可能会导致表土下岩石的顶部被误判。在钻孔中遇到的岩石横向范围是未知的，但探坑的结果表明，岩石块的大小可从大卵石到大片的岩屑，因此，获取表土下岩层顶部非常重要。在挖掘过程中，这些大石头和大片的岩屑会给挖掘工作带来很多问题。通过钻孔记录很难判断将出现多少大卵石，保守的做法是即使在钻孔中没有发现大卵石，也要假定冰碛土中包含有大卵石。

冰川掠过冰碛土沉积下来的变形碛，通常在砾、砂、粉质黏土和岩屑基质中含有这些冰碛土的残留物。这些残留物包含有完整的岩屑、滞碛、包括层状黏土的融水冰碛土，以及砂砾透镜体，可能

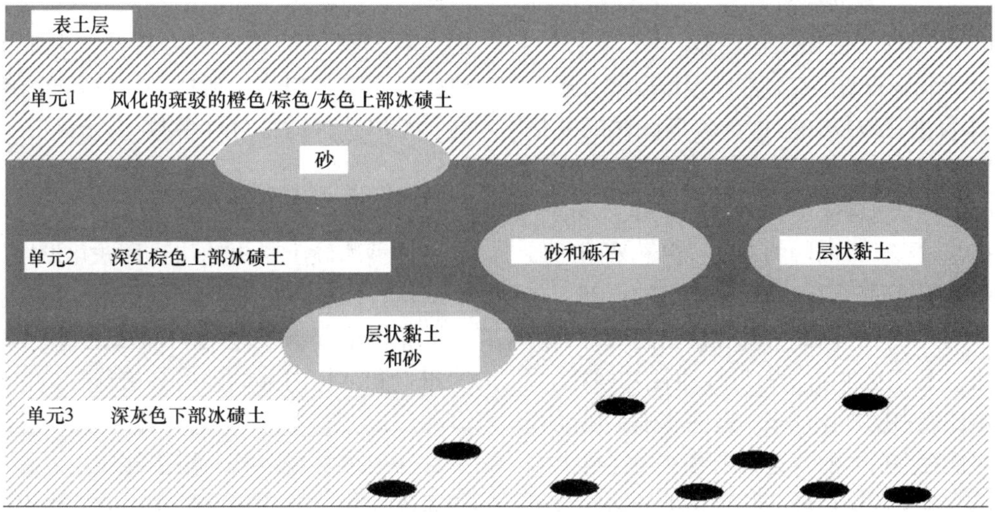

```
┌─────────────────────────────────────────────────────────┐
│ 表土层                                                   │
├─────────────────────────────────────────────────────────┤
│ 单元1  风化的斑驳的橙色/棕色/灰色上部冰碛土              │
│                     ╭───╮                               │
│                     │ 砂 │                               │
│                     ╰───╯                               │
│ 单元2  深红棕色上部冰碛土    ╭────────╮    ╭────────╮   │
│                              │砂和砾石│    │层状黏土│   │
│                              ╰────────╯    ╰────────╯   │
│              ╭────────╮                                  │
│              │层状黏土│                                  │
│              │ 和砂  │                                  │
│              ╰────────╯                                  │
│ 单元3  深灰色下部冰碛土   ●   ●    ●    ●               │
│                        ●   ●   ●   ●   ●               │
└─────────────────────────────────────────────────────────┘
```

图 31.6　在英格兰北部发现的被薄层黏土、砂和砾石分隔分割成三个单元的冰碛土演替图
摘自 Clarke 等（2008）

很难确定它们是这些材料的隔离囊还是材料层，保守的做法是假设冰碛土中可能包含有囊袋和更多延性物质的透镜体，特别是在土方开挖中，层状黏土囊会造成脆弱区和潜在的失效区（表 31.1）。砂砾透镜体可能含水，如果相互连接，可能导致挖掘工程出现潜在涌水。这些共性特征表明许多冰碛土是由融碛、变形碛、滞碛形成的变形碛。

许多基底冰碛土（或者冰川下部冰碛土）是变形碛（例如 Bennett 和 Glasser，1996）。事实上，变形过程可能是造成表 31.1 中列举的众多风险的原因。这些冰碛土是由下部土形成的。这些下部土可能是由先前的冰川作用沉积下来的，这意味着冰碛土的组成与下部土是相同的，可能使得变形冰碛土的基底难以识别。变形碛可能包含冰川构造特征、未遭受磨蚀的完整大片岩土体，以及一定粒径范围内完整的、也可能扭曲的如层状黏土和砂砾等物质。

因此，试样可能无法代表土体，这导致三维地质模型存在不确定性。可能存在有无法识别的软弱区（例如层状黏土透镜体）或者错误地解译软弱区的情况。例如，层状黏土透镜体会引发冰碛土中土方开挖失稳，特别是挖掘到土体内部时，可能会有含水层存在。再例如，桩基施工单位根据已有钻孔对土进行描述，认为该地层是黏土，可以在裸孔钻进。然而，在钻孔中发现有砂层，且砂层连续通过钻孔位置，还可能连通着附近的河流，则所有钻孔需要采用全护筒式。因此，校对表土下岩层的顶部是至关重要的，特别是在端承桩或隧道施工时。

31.3.2　滞碛

滞碛是一种下部冰川冰碛土或基底冰碛土，是冰向前移动时，由于冰碛土和基床之间的摩擦阻力大于移动的冰产生的剪切力而沉积下来。其沉积理论有两种：一种与冰川河床的有效应力有关（Boulton，1974），另一种与冰碛土和冰川河床之间的接触压力有关，不依赖于有效应力（Hallett，1979）。在有效应力模型中，有效应力是由冰的重量和水压产生的，有效应力将取决于冰川底部的温度和河床的水文特性，有效应力将随着高温冰川下部河床渗透率的增大而增大。这意味着如果碎屑继续移动，磨蚀将会增加，且碎屑与河床之间的摩擦也会增加，由于堆积作用，可能会导致碎屑沉积。如果冰川河床的渗透性较差，则有效应力将不会很大；如果冰川河床被冻结，则有效应力和总应力将非常接近，碎屑随时能够沉积，这取决于摩擦力。

另一种观点（Hallett，1979）认为碎屑是由冰携带的。碎屑在穿越河床时会发生磨蚀，且随着冰的减速或融化而沉积。两种理论在某些情况下都是正确的，取决于冰的厚度、冰的运动速度和温度分布（图 31.7）。

滞碛通常是由砂、粉土、黏土或岩屑组成的密实混合物，可以认为是相对均匀的沉积物。它们通常是黏土基质冰碛土，往往含有具有圆形边缘、表面且与冰流动方向一致的横纹砾石，颗粒级配可以是均匀或间断的级配，剪切面很明显。

由于密度大和砾石的存在，滞碛很难取样。通常使用厚壁采样管进行取样，但会破坏试样的完整性，由于相同的原因，很难对这些冰碛土进行二次制样，因此，强度测试通常采用100mm的试样。冰碛土原位强度可能超过实验室测得的强度，由于采用的强度小于原位强度，这对隧道作业产生一定的影响。这些冰碛土被认为是黏土，因此，可假设它们具有不排水的剪切强度。基于这种强度的设计通常是保守的，因为破坏强度比该强度要大得多。这些冰碛土已经被高度重塑，可能存在剪切面，这意味着基于经典土力学理论和标准实验室测试获得的结果是不合适的。与常规的现场原位测试相比，这些冰碛土的密实度更高、强度更大，也更坚硬。这必然导致设计偏保守，但在对区域情况不是特别了解的情况下，基于现场研究所建3D模型的不确定性是可以接受的。

31.3.3 冰川下消融碛

这种冰碛土主要是由地热造成冰川融化而沉积的碎屑，可能有泥沙流的特征。这种冰碛土与滞碛的主要区别在于其密实度较低，它由下沉作用形成，而不是扩展作用形成。该冰碛土的特征变化多样，难以选择特征设计参数。

31.3.4 冰川上消融碛

这种冰碛土是由冰川表面融化形成的。它通常是疏松、粗糙、棱角状的沉积物，且在流动和地貌形成作用下碎屑发生运动而被重塑。随着冰融化，冰川上和冰川内部的碎屑会被释放出，碎屑会对下方冰层隔热，从而形成不规则地貌。在这种情况下，碎屑最终将沉积为融出冰碛土，形成各种类型的冰碛地貌（土丘或山脊），包括冰川侧面形成的侧冰碛土、随着冰的消退形成的冰碛丘，以及在冰川前端生成的前端冰碛土。如果碎屑层很薄，则冰会均匀融化，留下一层薄薄的粗粒物质，这些碎屑层可能含有冰水沉积物。冰川上部冰碛土的总范围明显比冰川下部冰碛土的范围小，因为它仅在冰融化时沉积。

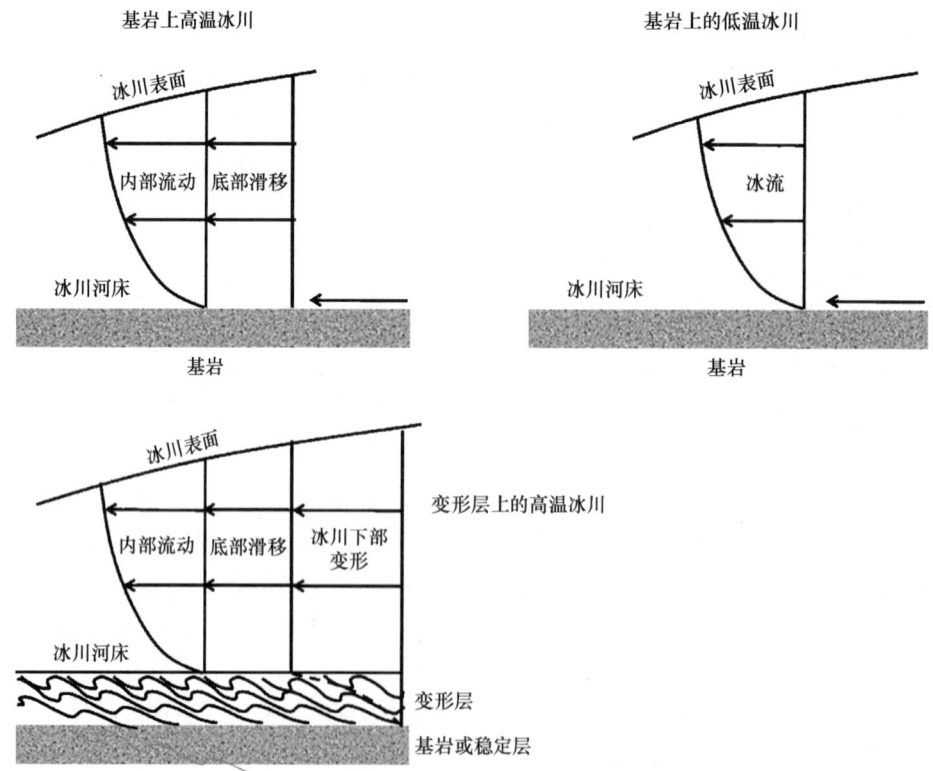

图31.7 温度剖面与床层类型的关系及其对沉积过程的影响

冰块内的等值线表示冰的相对变形

摘自博尔顿（Boulton，1976）；加拿大皇家学会（The Royal Society of Canada）

31.3.5 冰碛土的宏观特征

冰川期有时会导致不同的冰碛土层被薄层砂、砾石或层状黏土隔开。上层冰碛土被描述为与下层截然不同的滞碛或风化的下层滞碛。尽管替代物是不同来源的冰碛土，但它们通常具有不同的颜色，符合风化作用假说。

由于冰碛土移动时会发生剪切作用，因此变形碛和滞碛通常具有共轭剪切的剪切面（例如 Boulton，1970），这些剪切面可能导致挖掘工程局部或整体失稳。变形冰碛土和堆积冰土碛都具有密实度高、脆性大的特性。由于剪切过程与冰自重产生的压力有关，故很难在土力学实验室重现这种密度。剪切过程意味着这种冰碛土被高度重塑，这也表明了在掘进工程中这种土的强度损失很小。即使实验室测试表明低强度、低边坡，但冰碛土中 45°的自然边坡依然很多（Vaughan，1994）。在冰碛土中的囊和透镜体很可能有较小的密度，但其延展性较好。

层状黏土具有冰川湖的特征，通常由交替的薄黏土、粉土层组成，形成了一种在硬度、强度、渗透性等方面的强各向异性材料。层状黏土经常在基底冰碛土中被发现，若出现层状黏土，则在开挖过程中发生失稳是常见的。

31.4 岩土分类

与所有土体一样，地质过程控制其岩土特性。在冰川末期形成且未受冰川进一步侵蚀的水积型冰碛土和其他被水沉积的土表现出相似的地理特征。然而，沉积过程可能会形成各向异性结构（如层状黏土）或空间变异结构（如粗粒物质为主的冲刷沉积物）。冰上冰碛土是通过重力沉积的，而非通过流水沉积的。因此，它们可以具有与被水沉积的土相似的岩土特性，但不具有相似的地理特征。

冰下或基底冰碛土（即变碛和滞碛）是在冰自重产生的巨大压力下变形或"弥散"至其现存位置，这是冰碛土的主要类型。例如，Eyles (1979) 认为无论在冰结或未冻结的条件下，相比基底冰碛土，冰岛与冰川仅产生了 1%～7% 的冰上冰碛土。在任何一种情况下，冰下和基底冰碛土都应该产生一种非常致密的物质，这种密度不仅是压力作用的结果，而且也是压力和剪切共同作用的结果。基底冰碛土包括那些本来变形的河床层，其很可能包含易识别的预先存在的冰川构造特征，如断层和褶皱（图 31.3）。这些致密的冰碛土会含有低密度囊，由于冰碛土处于冻结或者未冻结状态，这些低密度囊保持其原有的密度，如果解冻，周围冰碛土会由于高密度而使多余的孔隙水无法消散，这是因为包裹体的结构形式意味着周围的冰碛土为这些物质囊提供了一个结构性密封层。这些含有低密度物质的，具有一定危险性囊状结构通常是消融碛的残留物（表 31.1 提到这种结构体在开挖施工阶段可能会引发渗漏，桩位移等风险）。

根据冰碛物的构造，基底冰碛土可能被归类为滞碛，但事实上，由于冰期的缘故，许多冰碛土会被认为是变形碛，即，保留了地层大部分原始特征的冰碛土，在几乎没有磨损的情况下被搬运了很短的距离。因此，成因分类法可能不是岩土性质分类的最好指标方法。Meer 等（2003）认为是只有一种类型的基底冰碛土，即变形碛，因为所有基底冰碛土都包含变形特征。

基于冰碛土的岩土性能，有可能提出一种冰碛土的分类方法。该分类方法将成因分类法与冰碛土的观察相结合以突出冰碛土的一些特征，这些特征将会影响现场勘察的解译以及建设和使用过程中冰碛土的处理。

McGown 和 Derbyshire（1977）认为把主要土成分叠加至成因的分类方法更为合适（表 31.4）。该分类方法认为冰碛土的主要土成分和类型控制着土工程特性的相对值，这种定性评估表明，密度和压缩性随土成分粒径的增大而减小，也就是说，以黏粒为基质的堆积冰碛土极有可能是最致密和刚度最大的冰碛土，鉴于搬运过程中发生的剪切和磨损量，得到这个结论并不惊奇。所有这些冰碛土有一个不争的事实：尽管在沉积过程中存在压力，且冰融化会释放这些压力，但它们仍可以发生次固结或正常固结。因此，由重力沉积土发展而来的土体固结理论与力学特征之间的关系不适用于冰碛土。这意味着非常坚硬、刚性大的冰碛土并不一定是超固结土。事实上，冰碛土的性能往往取决于冰碛土构造与岩土结构之间的关系，其中冰碛土构造对岩土结构特性有显著影响（表 31.1）。

考虑基底冰碛土的一个单元体，单元体上的总垂直应力等于冰的压力与上覆冰碛土的压力之和。当冰川消退（融化）时，总应力将减小至上覆冰碛

冰碛土的特征和岩土特性　　　　　　　　　　　　　　　表 31.4

冰碛土	土的主要成分	构造特征	相对等级（1（低）到 9（高））			
			密度	压缩性	渗透性	各向异性
滞碛	G	宏观：冰水夹层、节理、裂隙、扭曲。碎屑方向高度一致。 介观：裂缝、扭曲。碎屑优选方向具有中等至高等的一致性。 微观：细粒与碎屑表面具有中等到高度的平行度	4~7	1	5~6	7
	W		5~8	2	2~3	
	Mg		6~8	2	4~5	
	Mc		6~8	3	2	
消融碛	G	宏观：偶尔存在冰水夹层。碎屑择优取向，通常保留原来在冰内部的状态。 介观：碎屑择优取向，中度到高度的保留原来在冰内部的状态，特别是冰下的冰碛土。 微观：细粒是开放到中度封闭的排列，保留了许多原来在冰内部排列，特别是冰下的冰碛土	2~4	2~4	7~9	3~5
	W		2~6	3~5	4~5	
	Mg		2~6	3~6	5~8	
	Mc		2~7	4~7	3~4	
流碛	G	宏观：常有冰水间层。在流动顶部和上部截面有离析、扭曲、分层、节理。 中观：碎屑的低角度取向符合流动方向，而不符合冰方向。 微观：相当紧凑的平行排列。与冰的流动有关，而不是与冰的运动方向有关	3	2	7	7
	W		4	2~4	4	
	Mg		5	2~4	6	
	Mc		5	2~5	3	
变形碛	G	总体构造：与冰运动方向有关的变形基岩和土壤（包括以前的冰川沉积物）结构	5~8	1~3	2~8	3~7
	W					
	Mg					
	Mc					

G = 颗粒状或碎屑状的冰碛土
Mg = 细颗粒基质的冰碛土
W = 级配良好的冰碛土
Mc = 黏土质冰碛土

数据取自 McGown 和 Derbyshire（1977）

土的压力。孔隙水压力将取决于基底冰碛土是否冻结以及冰川床的水文特征。表 31.5 给出了可能的孔隙水压力状态。如果冰床是冻结的，那么孔隙水压力为零，当冰川融化时，由于冰床融化时冰碛土的重量会产生孔隙水压力，总应力随冰重量的减小而减小，因此，冰碛土固结度较低。对于未冻结的冰川床，冰川床相当于含水层，由于有效应力随冰的重量减小而减小，故其固结度较高。因此，冰碛土可能是"正常固结的"或"严重超固结的"，取决于孔隙水状况和下伏的地质条件。

剪切、磨损和破碎过程使冰碛土的应力状态进一步复杂化。适用于重力压实沉积物的超固结比（即最大过去有效应力与当前有效应力之比）概念可适用于冰碛土，但由于最大应力（与冰厚度有关）是未知的，而且沉积过程会引入剪切，用固结程度的概念作为土体性质的指标是不合理的，因此不能从应力历史推断冰碛土特征。事实上，密度和主要基质可能是一个较好的冰碛土特性指标。

沉积期间冰碛土内孔隙水压力的变化 表31.5

冰川床状态	基底冰碛土状态	下伏土/岩石	孔隙压力**	超固结度
冻结	冻结*	含水土层	无超孔隙水压	严重
冻结	冻结*	不含水土层	超孔隙水压	正常
未冻结	冻结*	含水土层		严重
未冻结	冻结*	不含水土层		正常
未冻结	未冻结	含水土层	无超孔隙水压	严重
未冻结	未冻结	不含水土层	超孔隙水压	正常

* 孔隙压力随冰的融化而产生
** 总应力等于冰的重量所产生的压力

31.5 岩土性质

31.5.1 分类数据

对于冰碛土来说，把其岩土分类和地质特征结合起来很重要，以确保正确识别土体并赋予恰当的性质。例如，对被粉土层隔开、形成于黏土层的层状黏土开展液、塑限试验，将得到与形成层状黏土的两层土试验截然不同的结果。此试验结果可能将其划分为粉质黏土，但事实上却是层状黏土。在极端情况下，液、塑限试验确实可能不恰当，将基于重力压实土建立起来的液、塑限试验结果与力学性质的经验关系应用于冰碛土是不合理的。

Boulton 和 Paul（1976）指出冰碛土的塑性指数聚集在T线上［一条与卡萨格兰德（压缩曲线）A线平行的线］，这可能是由于冰碛土的较细颗粒是由岩屑而非黏土矿物组成所致，这也适用于许多冰碛土（图31.8），表明了冰碛土通常从CL变化至CI。液、塑限试验只在较细的颗粒上进行，所以其液、塑限试验仅对以黏土基质为主的冰碛土有价值。因此，识别冰碛土是评价其基质的性质的一种技术，以黏土基质为主的冰碛土定义为细粒含量为15%～45%且级配良好的冰碛土（McGown和Derbyshire，1977）。Barnes（1987）和Winter等（1998）表明，当含石量超过50%时，基质的干密度将显著降低，此种冰碛土可认为是一种粗颗粒土，且具有粗颗粒土的特征。Gens和Hight（1979）指出，在含砾量小于15%时，重塑土的试验不受砾石含量的影响。因此，颗粒级配曲线是表征冰碛土特征行为的一个有用指标。

液、塑限试验可用于评价冰碛土是否风化，因为风化过程会增加黏粒的含量（由于黏粒矿物的形成），风化过程也增加冰碛土的含水率。风化冰碛土的液塑限试验结果仍聚集在T线周围，因此，由于风化作用的减少，可以预期找到随深度沿T线移动的液、塑限试验结果。

31.5.2 粒径分布

在搬运过程中，由于颗粒磨损和破碎，导致冰碛土粒径分布范围很广。距离来源地越远，冰碛土中的细粒含量越高。堆积冰碛土的一个特点是其粒径分布具有分形特征，即，在双对数图上绘制时，每种尺寸的颗粒数量与粒径呈线性关系（图31.9）。如果颗粒仅是通过破碎产生的，理论上该线的斜率为2.58（Sammis等，1987），实际上，该线斜率更大（Hooke和Iverson，1995）。

冰碛土的粒径分布可以从纯黏土变化至纯砾石。然而，大多数的堆积冰碛土和变形冰碛土是黏土基质为主的冰碛土，就颗粒级配而言，其介于粉质黏土（如，伦敦黏土）和砂砾土（如，泰晤士砾石）之间（图31.10）。值得注意的是，颗粒级配曲线不会包含巨砾，故颗粒级配曲线也不一定是土体粒径分布的真实表现。图31.10区分了细粒土和砂、砾石和卵石的粒径范围，细粒土包括黏土、粉土和岩屑，岩屑由沉积过程中的研磨作用产生，其粒径与黏粒和粉粒相当，但其既不是黏土也不是粉土，它是由岩石颗粒形成的。

黏土为主的基底冰碛土通常级配良好。图31.11给出了基底冰碛土细粒、砂和砾的百分比（图31.11a）与黏粒、粉粒和粗颗粒百分比（图31.11b)的三元图。需要说明的是，在取样过程中或准备试样时，去除了卵石，颗粒分级证实了冰碛土是由细颗粒占主导的，如表31.3所示，粒径平均值表明不同冰碛土是截然不同的。

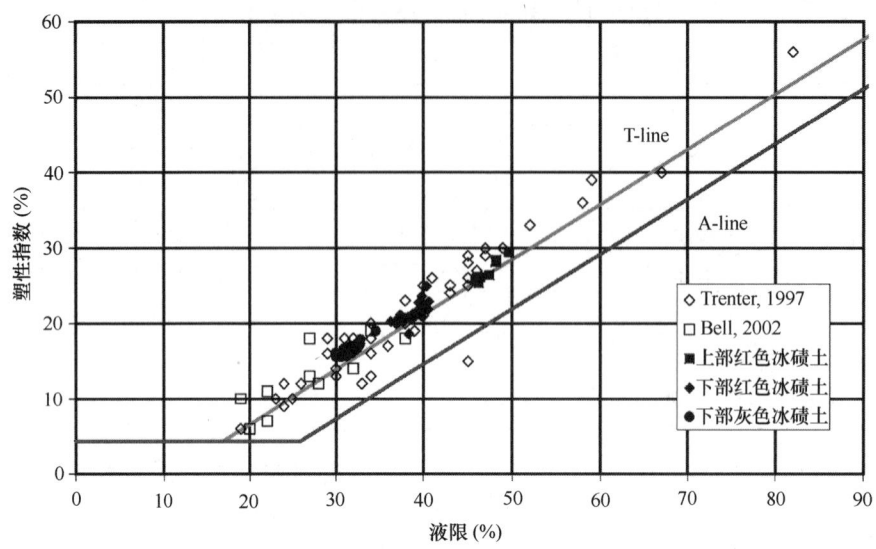

图 31.8 有围绕 T 线聚集趋势的典型冰川基底冰碛土的阿太堡（Atterberg）界限

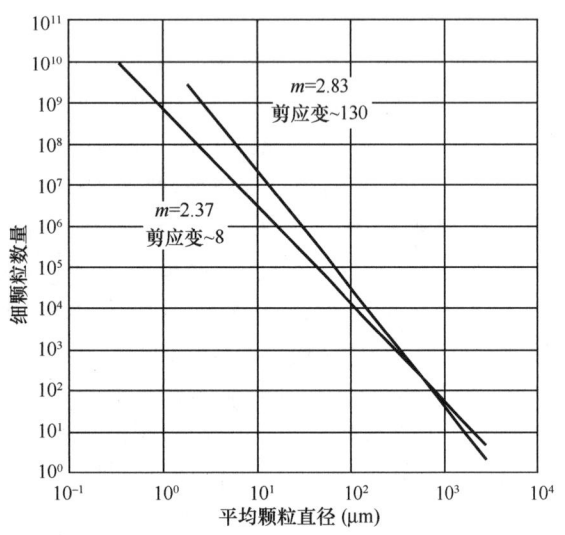

图 31.9 堆积冰滞碛冰碛土的分形特征

摘自 Iverson 等（1996）；国际冰川学会
（International Glaciology Society）

31.5.3 力学特性

31.5.3.1 不排水剪切强度

由于含石量、冰碛土的强度以及黏土质基底冰碛土取样的困难，导致冰碛土的强度和刚度的试验结果明显离散，基于上述原因，提供试样深度方向上单一的强度值的 U100 试样试验更被推荐。在单个 100mm 样品上开展多阶试验已成为惯例（Anderson，1974）。试样在第一阶段被破坏，在不同的围压下，相同试样进行第二次和第三次破坏试验，使其在预先确定的平面上发生剪切，鉴于冰碛土的密度，其极可能在第一阶段表现出脆性行为，从而为后续阶段创造一个预先确定的破坏面，这意味着，从多阶段试验中得出的剪切强度没有任何意义。然而，鉴于从直径为 100mm 的基底冰碛土试样中制备直径更小试样的困难性——主要是由于粒径分布，特别是砾石含量，在直径为 100mm 的试样开展试验是合理的。鉴于此，每个样品将只能进行一个强度试验，保守的做法是增加强度试验样品的数量，在强度测试后，再尝试采用未试验的多余试验样品进行分类测试。

黏土质冰碛土的不排水剪切强度极大依赖于其构造与取样方法。冰碛土的密度意味着使用取土管取样会不可避免引起试样变形，碎石的存在同时影响取样和试样的破坏模式，裂缝的存在也影响试样的破坏模式（图 31.12）。McGown 等（1977）认为，代表性的不排水强度只能从比常规现场勘察中的试样更大的试样中获得，这使从现场勘察的 U100 试样中获取强度值的方法遭受质疑，因此，冰碛土的不排水剪切强度剖面极可能表现出很大的离散性（图 31.13）。McGown 等（1977）认为裂隙性土体强度和原状土强度的关系随试样尺寸而变化，并发现代表性强度通常是采用 U100 试样所测的裂隙性冰碛土强度平均值的 0.75 倍。

在某些情况下，由于成分和强度，很难获取未扰动的冰碛土试样，因此，采用另一种方法间接测量冰碛土不排水剪切强度。例如，一些爱尔兰冰碛土的不排水强度（Farrell 和 Wall，1990）是根据标

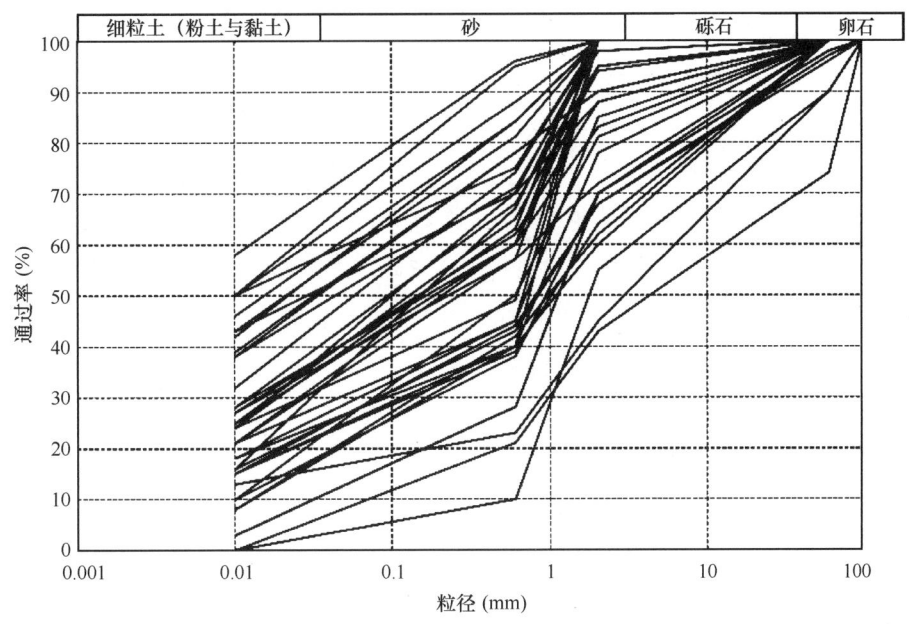

图 31.10 冰川冰碛土的颗粒级配曲线

数据来源于英国各地,并包含 Trenter(1999)总结的数据

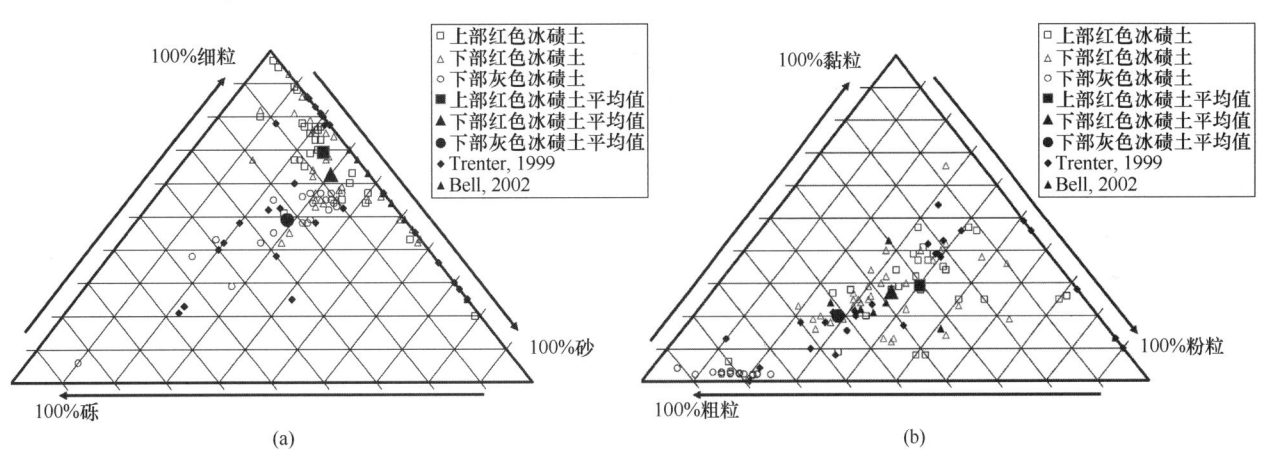

图 31.11 冰川基底冰碛土的三元图

(a) 细粒和粗粒之间的关系;(b) 细粒与细粒之间的关系

准贯入试验击数与重塑土样试验之间的相关性来预估的,爱尔兰冰碛土的强度值通常采用 6(S_u = 6N)(Orr,1993),但值得注意的是,此关系是基于重塑样品的试验所得,这种经验方法通常用于自重压实土。Stroud(1975)基于裂隙性黏土的塑性指数给出了不排水剪切强度与锤击次数之间的关系,这种关系使用的是未经修正的标准贯入试验击数,依照《欧洲标准 7》开展的现场勘察将能够为该方法提供修正值。

许多冰碛土是有裂隙的,因此,该相关关系可能适用于冰碛土,但有证据表明,使用 Stroud 相关性从标准贯入试验结果估算的剪切强度明显小于原位剪切强度,这表明该关系相关因子太低。这可能是因为对于这种致密黏土的相关性尚未建立,也可能是因为这些冰碛土的刚度使它们的排水表现为部分排水。因为黏土质冰碛土被认为是相对不可渗透的,故假设黏土质冰碛土在加载时为不排水黏土。然而,黏土质冰碛土非常坚硬,这意味着在快速加载过程中(如在不排水试验中)产生的孔隙压力可能会比预期的小,因为在实际情况下,水是可压缩的,故土骨架会承担部分荷载。更进一步地说,由于固结系数(固结系数是刚度与渗透率之比)

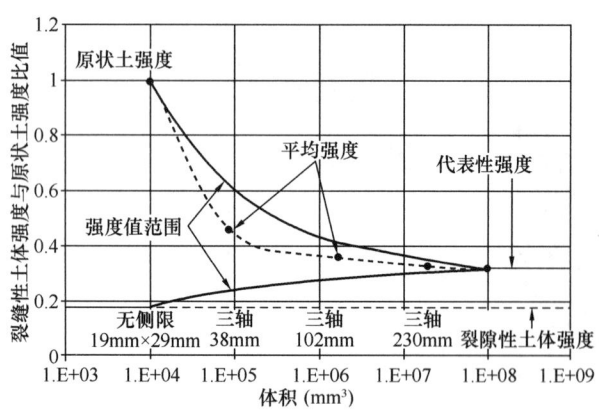

图 31.12 裂隙对冰川冰碛土强度的影响
显示裂隙性土体强度与原状土强度的比值与
以体积表示试样尺寸
摘自 McGown 等（1977）© The Geological Society

高，原位孔隙压力消散的速度可能比预期的更快。考虑到基底冰碛土的渗透性与其他黏土相似，但其刚度可以比其他黏土更大，故基底冰碛土固结系数通常比沉积黏土的固结系数大得多。因此，孔隙压力的消散可以比在沉积黏土中观察到的快得多。这也许可以解释基底冰碛土明显偏高的不排水抗剪强度。事实上，基底冰碛土表现出部分排水的性质。

Stroud 所使用的数据涵盖了 15%~65% 的塑性指数，表明不排水抗剪强度与标准贯入击数之间的比值在 4.1~7 之间波动。图 31.14 给出了英格兰北部某地点的数据，该图中绘制了未扰动试样的三轴试验结果与深度以及从标准贯入试验 N 值导出的强度值。桩基施工经验表明不排水抗剪强度和锤击次数之间的相关性较低。尽管地基基础计算可以基于 9 倍，建议土方工程的计算应基于 6 倍，因为在施工过程中冰碛土是重塑的，在基础加载中原位强度是会变动的。值得注意的是，有时候 9 倍可能会被认为偏低，除非有证据支持，此取值方法应受到质疑。

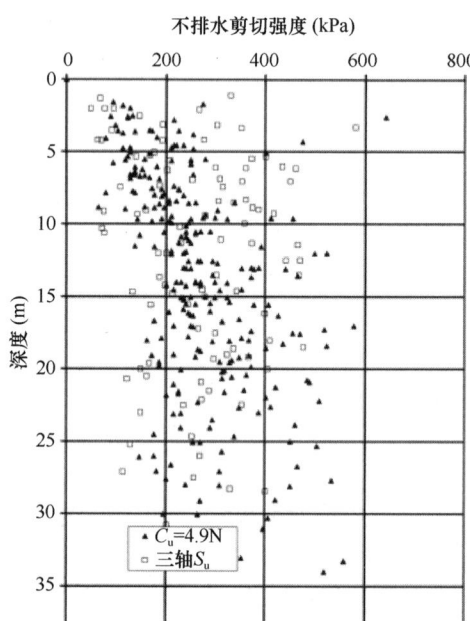

图 31.14 英格兰北部一些冰碛土标准贯入
击数和三轴不排水剪切强度的关系

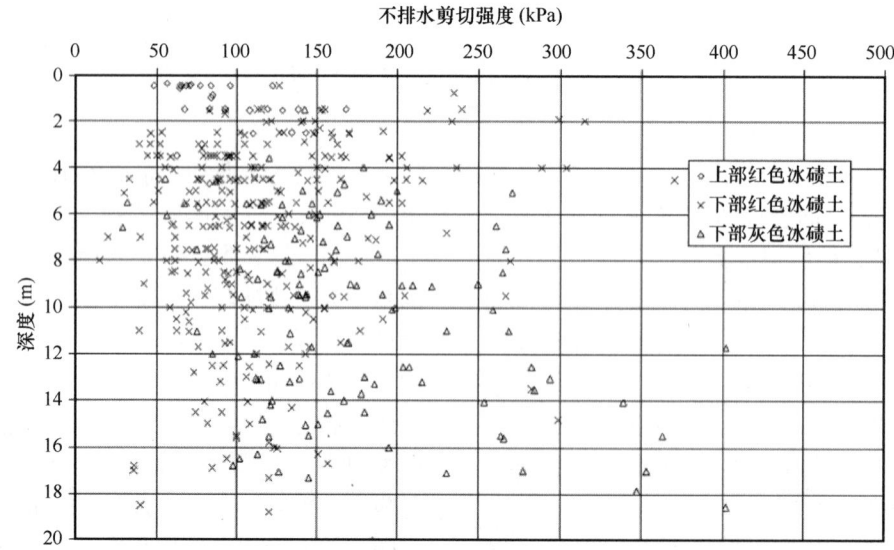

图 31.13 典型基底冰碛土不排水剪切强度剖面
显示了数据的离散性及强度特征值选取的困难程度（上部与下部冰碛土指的是英格兰北部的三方继承）

基底黏土质冰碛土的此种响应结果通常使地基的设计过度保守，且采用的开挖技术也不合适。这需要加强对桩基的试验，通过试验来评价桩的实际性能而不是预测桩的性能。

31.5.3.2 有效强度参数

与不排水剪切强度一样，冰碛土的构造和组成对有效抗剪强度参数 c' 和 φ' 的值有影响。需要强调的是，c' 和 φ' 是基于以下假设——围压与偏应力之间存在线性关系，c' 和 φ' 不依赖于围压水平；对于给定的土体，甚至不依赖于试样之间构造的变化。在冰碛土中，后一种假设无效，这导致取自同一沉积物冰碛土的 c' 和 φ' 值也有很大的差异。冰碛土密度的增大可提高冰碛土的强度，并且最大强度对应着一个最佳的细粒含量，因此，密度是表征强度的一个指标。因为构造可能是决定强度的主要因素，因此在分析实验室测试结果时，在高密度试样中忽略强度较低的值十分必要，这是由于试样破坏可能是由砾石夹杂物或剪切面引发。这强调了准确描述试样的必要性，以及谨慎从有限的测试中选择特征强度的必要性。构造可能是影响冰碛土整体行为而不只是强度的主导因素。

对于黏土质冰碛土，已有许多研究将塑性指数（图 31.15）、细粒百分比、密度（图 31.16）与 φ' 建立关系。很显然，这种关系存在，但是由于构造和取样的影响，这种方法并不适用于冰碛土。

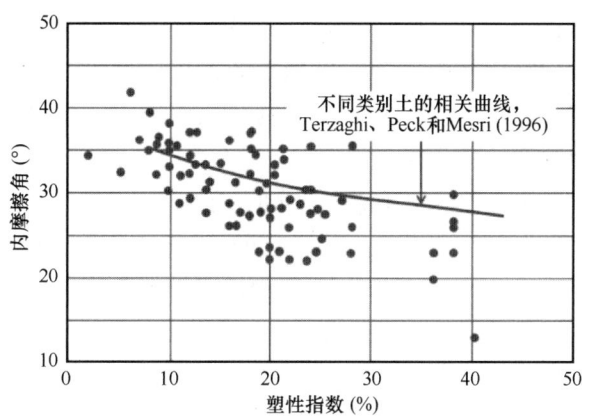

图 31.15　基底冰碛土的内摩擦角与塑性指数的关系

经许可摘自 CIRIA C504，Trenter（1999），www.ciria.org

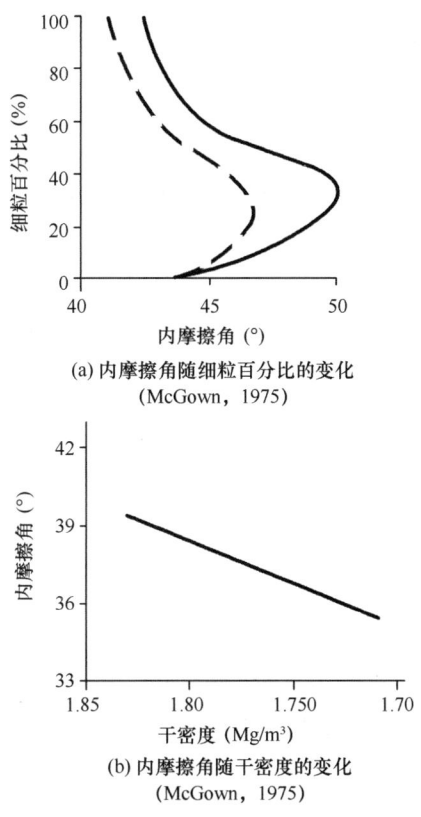

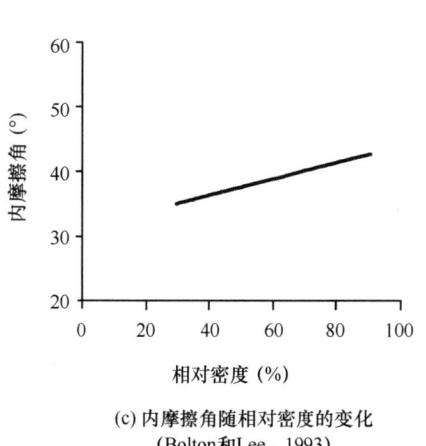

图 31.16　细粒百分比、密度与内摩擦角的关系

经许可摘自 CIRIA C504，Trenter（1999），www.ciria.org

有两种方法可以用来评价冰碛土的特征强度。在这两种情况下（图 31.17），试样都必须根据其描述和分类数据进行分组，需注意的是来自同一地点的两种冰碛土可以有相同的描述，但却有不同的液限，这是因为冰碛土来源可能不同，会导致颗粒组成不同。第一种方法是在同一张图上绘制出所有试样的偏应力和平均应力，并从这些数据中确定失效包络线（图 31.18）。密度和构造伪相关的数据点，应赋予较低的权重。若试样足够多时，即可获得强度的特征值。

另一种得到强度特征值的方法（特别是试样数量有限时）是测试去除所有粗颗粒材料的重塑冰碛土（Burland，1990）。在这种情况下，实验室准备的试样最好采用液压压实。由于实验室制备的密度会比天然土体的密度小，所以试验测试结果可以视为其下限值。这是由于基底冰碛土是在高达 10000kPa 的垂直荷载作用下进入现有位置，而实验室测试通常仅使用 700kPa 的压力。当测试重塑冰碛土时，尽管已消除由于构造导致的数据离散（图 31.19），但其强度值却小于从原状试样中获得的强度值。

值得注意的是，在这两种情况下，冰碛土体的强度可能主要取决于层状黏土透镜体或囊、砂和砾石。

31.5.3.3 刚度

众所周知，土体的刚度难以测得，其依赖于试验方法与被测试土体的性质。由于冰碛土在空间上存在各向异性，因此刚度的测试会变得更加困难，以至对冰碛土试样测得的刚度可能不能代表实际冰碛土的刚度。此外构造和试样尺寸对强度影响的结论同样适用于刚度测试。

无论使用哪种方法，测试有代表性的冰碛土试样很重要。这意味着需要从基质占主导的冰碛土中取出较好的试样，例如带状或块状试样，由于成本的原因，这些只有在大型项目中才有可能实现。通常，采用 U100 岩芯管可以获得柱状试样。但在这种情况下，测试结果会比原位测试的结果

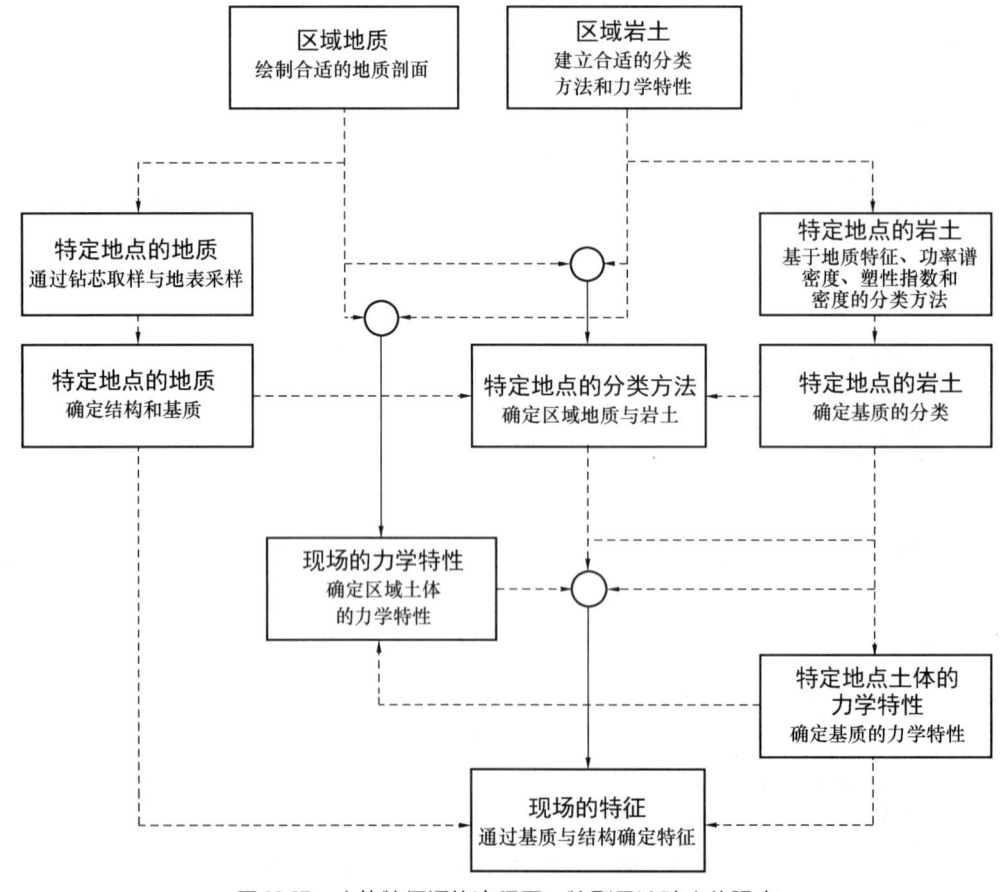

图 31.17　土体特征评估流程图；特别是冰碛土的强度

低（与强度测试类似），如图 31.20 所示，测试结果（阴影区域）可以从以基质为主的原状冰碛土试样得到。

测试冰碛土的原位刚度是有可能的（如，压力计、平板和锥体），在这些情况下，安装测试设备不可避免地会扰动冰碛土，这会导致测得的刚度偏小，进而需要使用经验公式。地球物理无损检测技术可以用于获得最大剪切模量（G_{max}），且具有一定精度。

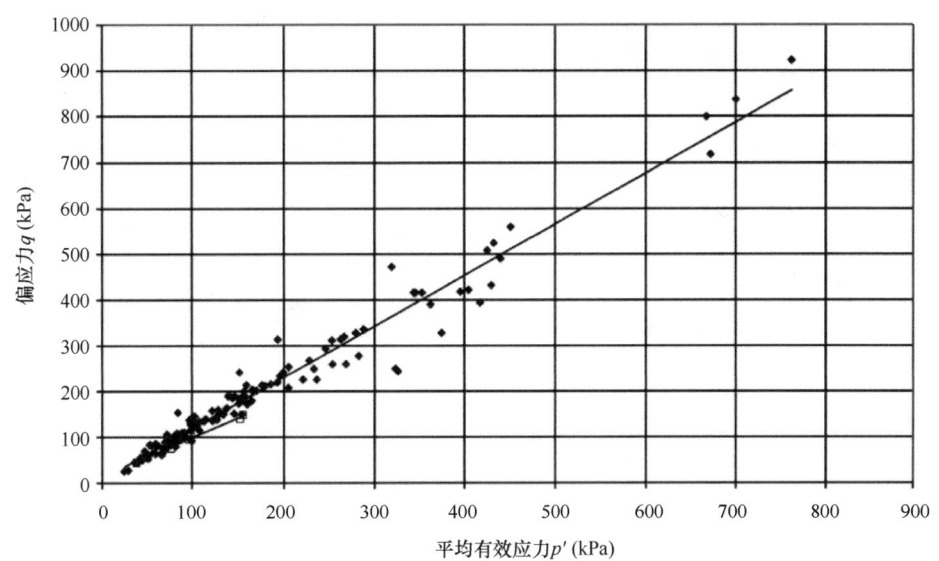

图 31.18　由单个试样测试得到的特征强度

黏聚力（0~27kPa）和内摩擦角（15°~34°）的范围分别减小到 2.5kPa 和 31°的特征值；
两条趋势线为 0~100kPa（p'）和 0~800kPa 数据的最佳拟合曲线

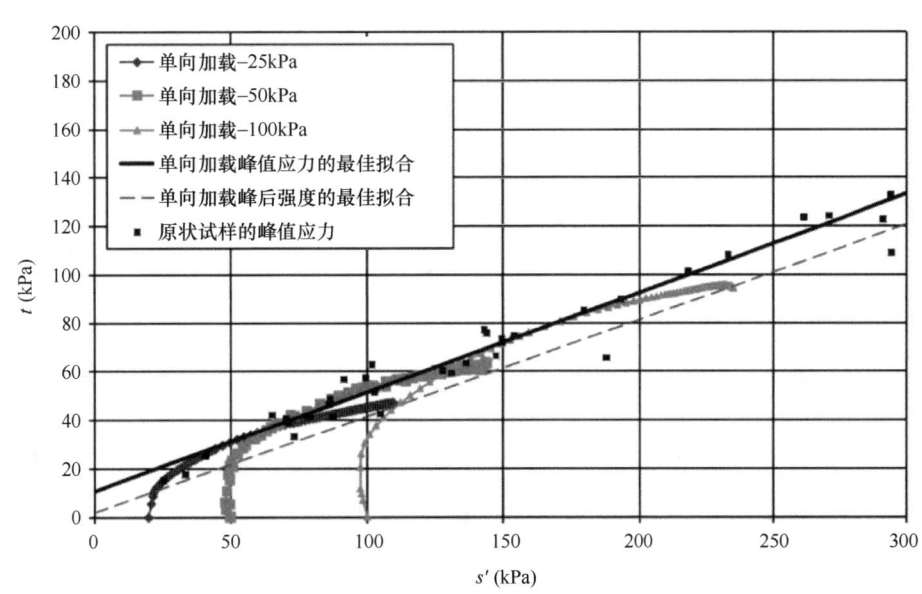

图 31.19　重塑冰碛土试样与原状试样结果的对比
表明重塑试样的强度小于原状试样

31.5.4 渗透系数

冰碛土原位渗透系数主要取决于土体的结构和构造，描述冰碛土和确定其特性至关重要。黏土质冰碛土中裂缝的存在以及冰川湖沉积物中的分层意味着原位渗透系数可能比完整基质的渗透系数高几个数量级。这也意味着实验室测量的渗透性取决于试样的大小、定向、密度和颗粒级配，但对于原位试验而言，构造可能是影响渗透系数的主要因素，因此，与强度一样，渗透系数也会出现离散，且很难从实验室测试中得到具有代表性的数值。Lloyd（1983）建议黏性基质为主的冰碛土的渗透系数取值为 $10^{-11} \sim 10^{-8}$ m/s；如果是裂隙性的冰碛土，渗透系数取值为 $10^{-10} \sim 10^{-7}$ m/s。从重塑冰碛土可以确定渗透系数的实际值（图 31.21）。事实上，水文地质特性至关重要，最好使用足够长的测试装置开展原位钻孔测试，以考虑冰碛土的典型构造与特点。这表明建立一个高质量的三维地质模型十分必要，该模型需要准确描述那些可以影响整体水文地质特征的参数。

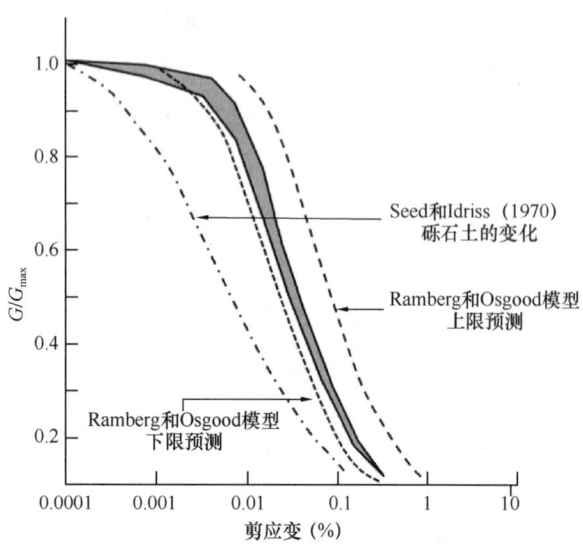

图 31.20　基于共振柱试验得到的冰碛土刚度衰减曲线

摘自 Chegini 和 Trenter（1996）

并将测得的剪切模量应变衰减曲线通过归一化得到 G_{max}。这些技术费用昂贵，往往被应用于大型项目，因此采用地球物理测试方法和试验测试方法相结合的方式对冰碛土的重塑试样进行测试，是确定冰碛土刚度特征值最好的方法。

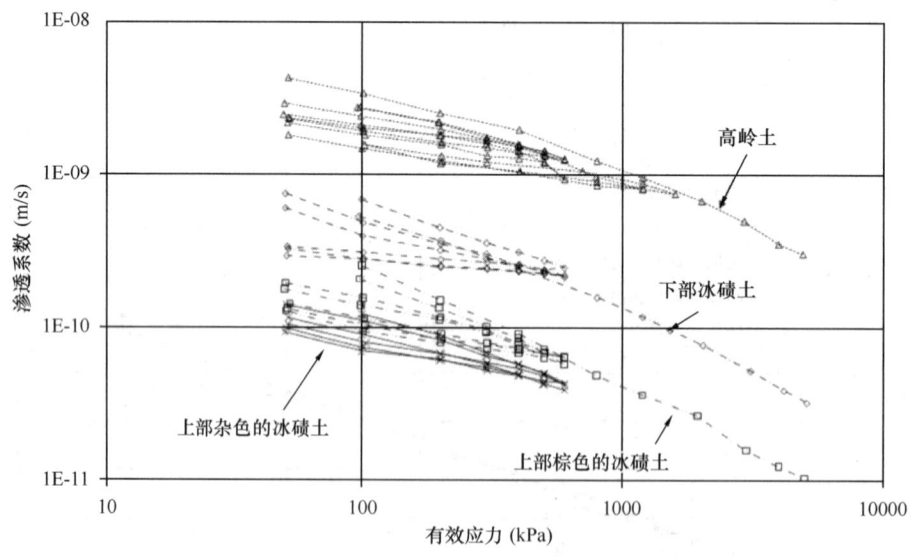

图 31.21　三轴试样恒流试验中冰碛土的渗透系数（与高岭土相比）

摘自 Clarke 和 Chen（1997）

31.6 常规勘察

在英国场地勘察实践中，勘探井的大部分开发工作在英格兰东南部进行（如，Cooling 和 Smith，1936；Cooling，1942），并在那里发现了软冲积黏土、硬质黏土、砂和砾石。它们是通过固定钻孔和采样装置直径发展而来的 U100 岩芯管和标准贯入试验（STP）确定的，这两种技术都源于美国的"干式"采样法。由此，便固定了测试样品的尺寸。

随着现场勘察的出现，土力学学科也在发展，这导致了固结试验、三轴试验和剪切试验的引入，这些测试技术自从被引入后就基本上保持不变。虽然上述技术在以黏土和砂土为主要土类型的地区应用成功，但其并不一定适用于非均质混合土常见的地区。例如，由于使用标准设备对冰碛土进行采样和测试的存在一定困难，这就导致，很难利用冰碛土的标准试验选择设计参数。开发其他技术或许是可行，但并不能用于实践，因为参数依赖于测试方法，设计方法的可靠度是基于标准测试方法确定的。

表 31.6 列出了 Trenter（1999）建议的采样方法，同时，注明了样品的质量。在英国，U100 岩芯管是基质为主的冰碛土采样最常见设备，样品的质量取决于砾石和卵石的数量和尺寸、基质的强度及剪切面的存在。为此，要求对测试样品进行详细描述，以帮助评价测试结果的意义。例如，在三轴试验中试样的破坏可能是样品构造的破坏，而不是基质强度的原因。

31.7 建立场地模型和设计剖面

31.7.1 场地模型

图 31.14 强调了空间异质性的土体确定特征值的难度。Clarke 等（2008）建议可以使用区域数据库来创建特征值。这样，可以将来自新站点的数据与区域数据库进行对比，如果发现其与该数据库在统计上是一致的，则可将其作为该区域的特征值来使用。

箱形图（图 31.22）是一种用于评估数据正态性的直观方法。从工程的角度来看，不同场地间的阿太堡界限差异并不明显，因此可以确定该区域的特征值，该方法适用于含水率和密度的确定。

Schneider（1999）认为，一项新研究的特征值只是平均值减去标准差的一半，因为该区域的变异系数可能是未知的。表 31.7 显示，这种方法可能会导致结果中约 70% 的特征值超过该值，即它对平均值的估计过于保守。

冰碛土取样方法的选择指南 表 31.6

冰碛土类型（典型描述）	设备/取样方法	描述
基质为主 （含砾砂质黏土）	U100 岩芯管	一般适用。依赖于砾石及卵石的数量及大小；定期检查取样器圆度；定期更换刃脚，并保持采样器内部润滑
	打块取样	适用。调整块的大小，以适应最大颗粒
	套钻取样	适用于区分地层，但与冲洗介质接触后产生的膨胀，可能不适用于室内测试
	钢缆取样	一般适用。需注意，与常规操作一样，无需经常将钻头提出检查其磨损程度
碎屑为主 （含少量卵石的黏质砂砾）	U100 岩芯管取样	通常由于含有砾石而不适合：试样会受到扰动；使用双管可以回收足以进行岩性描述的（受扰动的）试样
	打块取样	取决于基质的数量和可塑性；挖掘过程中冰碛土足够形成连贯块状时可以使用该方法；调整块的大小以适应冰碛土中最大颗粒
	套钻取样	有时适用于区分地层，但难以保留岩芯；钻头磨损可能很高；通常不适用于室内试验
	钢缆取样	可能适用，具体取决于颗粒的数量、性质和磨圆度。需注意，与常规操作一样，无需经常将钻头提出地面检查其磨损程度

注：数据取自 Trenter（1999）（CIRIA C504）

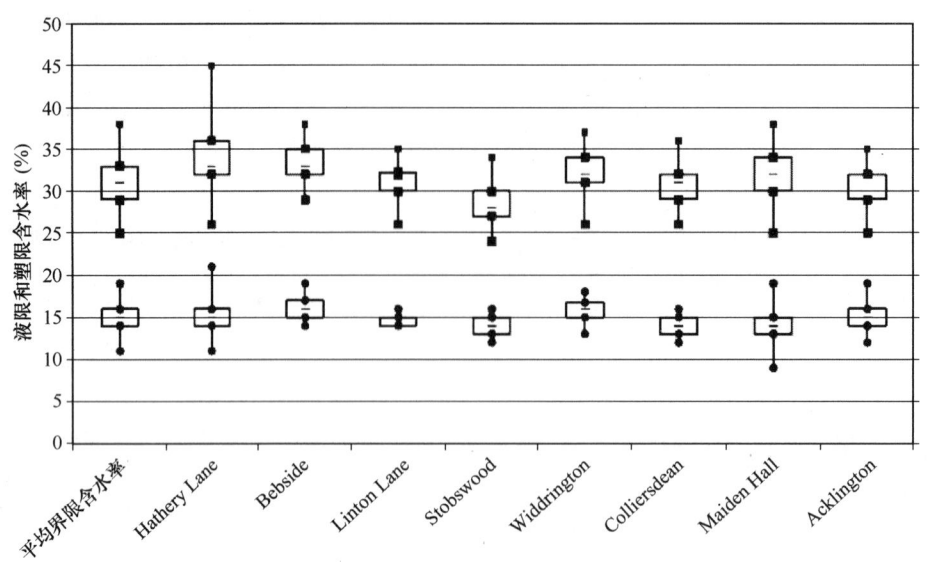

图 31.22　冰碛土阿太堡界限的区域变化箱形图

中位数是方框中间的数据点，代表第一个和第三个四分位数之间的样本；
扩展是指数据的界限；名称指的是英格兰北部的露天矿

区域数据库对特征值选择的影响　　　　　　　　　　　　　　　　　　　　　表 31.7

参数	区域				特定地点					
	平均值	特征值			平均值	特征值				
		施耐德（低）	保守均值（低）	保守均值（高）		施耐德（低）	保守均值（低）	保守均值（高）	贝叶斯均值（低）	贝叶斯均值（高）
冰碛土 A										
γ_b ($\times 10^3$ kg/m^3)	2.00	1.960	1.993	2.003	2.11	2.07	2.09	2.13	2.10	2.11
w (%)	21.5	19.74	21.28	21.72	20.8	18.2	19.7	21.9	20.8	20.8
PL (%)	20.3	18.98	20.17	20.53	20.1	18.3	19.2	21.0	20.1	20.1
LL (%)	46.5	43.18	46.06	46.93	42.4	38.8	40.6	44.3	42.5	42.6
s_u (kPa)	99	76	96	102	89	71	77	100	89	89
冰碛土 B										
γ_b ($\times 10^3$ kg/m^3)	2.06	2.023	2.059	2.065	2.16	2.12	2.13	2.19	2.16	2.16
w (%)	18.1	16.56	18.02	18.25	16.4	13.6	15.5	17.4	16.48	16.48
PL (%)	17.6	16.39	17.51	17.69	15.6	14.3	15.0	16.3	15.7	15.7
LL (%)	38.7	36.02	38.49	38.89	34.6	31.6	33.2	36.0	34.7	34.7
s_u (kPa)	100	78	98	101	89	60	65	104	86	86

注：数据来自 Clarke 等，2008。

在新站点中，确定特征值的第一步是确定土体是否为冰碛土，这可以从地质描述、阿太堡界限和颗粒级配曲线来确定。如果此组合指出该土体很可能是该地区的典型土体，则可以使用贝叶斯统计量来确定特征值。表 31.7 中给出了一个示例，其给出了基于数据集和区域数据集的先验知识所确定的特征值。这样可以避免过于保守地选取参数，从而使设计更经济，可根据评估的最不利组合选用贝叶斯统计的低均值或高均值。

31.7.2 本征性质

设计参数可以根据不同的模型来选择，如使用基于经验或理论关系的确定模型，或基于数据统计分析的随机模型，或它们的组合模型。前者包括阿太堡界限与重塑黏土不排水剪切强度之间的关系（如，Wroth 和 Wood，1976；Carrier 和 Beckman，1984），包含正常固结黏土的原位强度、密度和阿太堡界限（如，Skempton，1957）及超固结土的原位强度与阿太堡界限（如，Yilmaz，2000）。考虑到冰碛土的空间变异性，建议统一使用包含沉积和沉积后过程、土力学理论和试验数据（包括重塑冰碛土）的岩土模型来解译设计参数。

Burland（1990）认为重塑黏土的压缩性和强度可为解译天然黏土的性质提供一个统一的框架。重塑黏土由水与天然黏土混合而成，其含水率大约是其液限的 1.25 倍，即为该黏土的真实液限，这种泥浆的性质是黏土本身固有的，与其天然状态无关。对于黏土质冰碛土，这种泥浆应采用黏土基质制作。考虑到将细粒土完全分离出来存在一定困难，这种方法并不实用。但是将所有超过 2mm 颗粒筛除所形成的土样基本上就是冰碛土的基质。

图 31.23 显示了该框架，其绘制了三种冰碛土的平均剪切强度与孔隙指数的关系（I_v），孔隙指数如式（31.1）所示：

$$I_v = \left(\frac{e - e_{100}^*}{C_C^*} \right) \quad (31.1)$$

式中，e_{100}^* 为垂直有效应力为 100kPa 下土体原位压缩线上的孔隙比；C_C^* 为土体原位压缩线的斜率（ICL）；SCL 为沉积物压缩曲线，其是原状土或完整土体的压缩线。Burland（1990）认为这两个参数在理论上与土体含水率为液限含水率时的孔隙率相关。液限孔隙率如式（31.2）、式（31.3）所示：

$$e_{100}^* = 0.114 + 0.581 e_L \quad (31.2)$$

$$C_C^* = 0.256 e_L - 0.04 \quad (31.3)$$

原位压缩线代表重塑黏土的压缩曲线；原位强度线（ISuL）代表重塑土的强度线（Chandler，2000）。图 31.23 表明重塑冰碛土的试验结果符合原位强度线（Clarke 等．，1998），这表明该框架可用于表征冰碛土的特性。

天然冰碛土试样的大部分试验数据位于原位压缩线的左侧。两个冰碛土试验数据位于区域数据库趋势线之上。数据的离散反映出冰碛土的天然状态，但综合地质历史、描述和特征分类却表明所有的冰碛土都是相似的，是区域数据库的一部分。第三个冰碛土试验数据是一个独立的点，但其与区域数据库趋势平行。位于本征压缩线左侧的数据点的

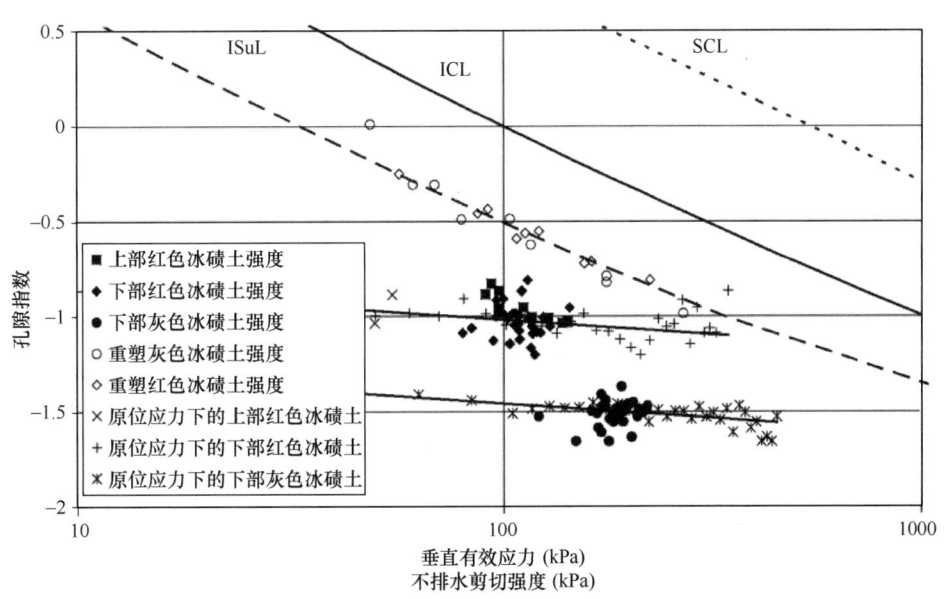

图 31.23　基于 Burland（1990）和 Chandler（2000）固结理论的三种基底冰碛土的特性

摘自 Clarke 等（1998）Ⓒ The Geological Society

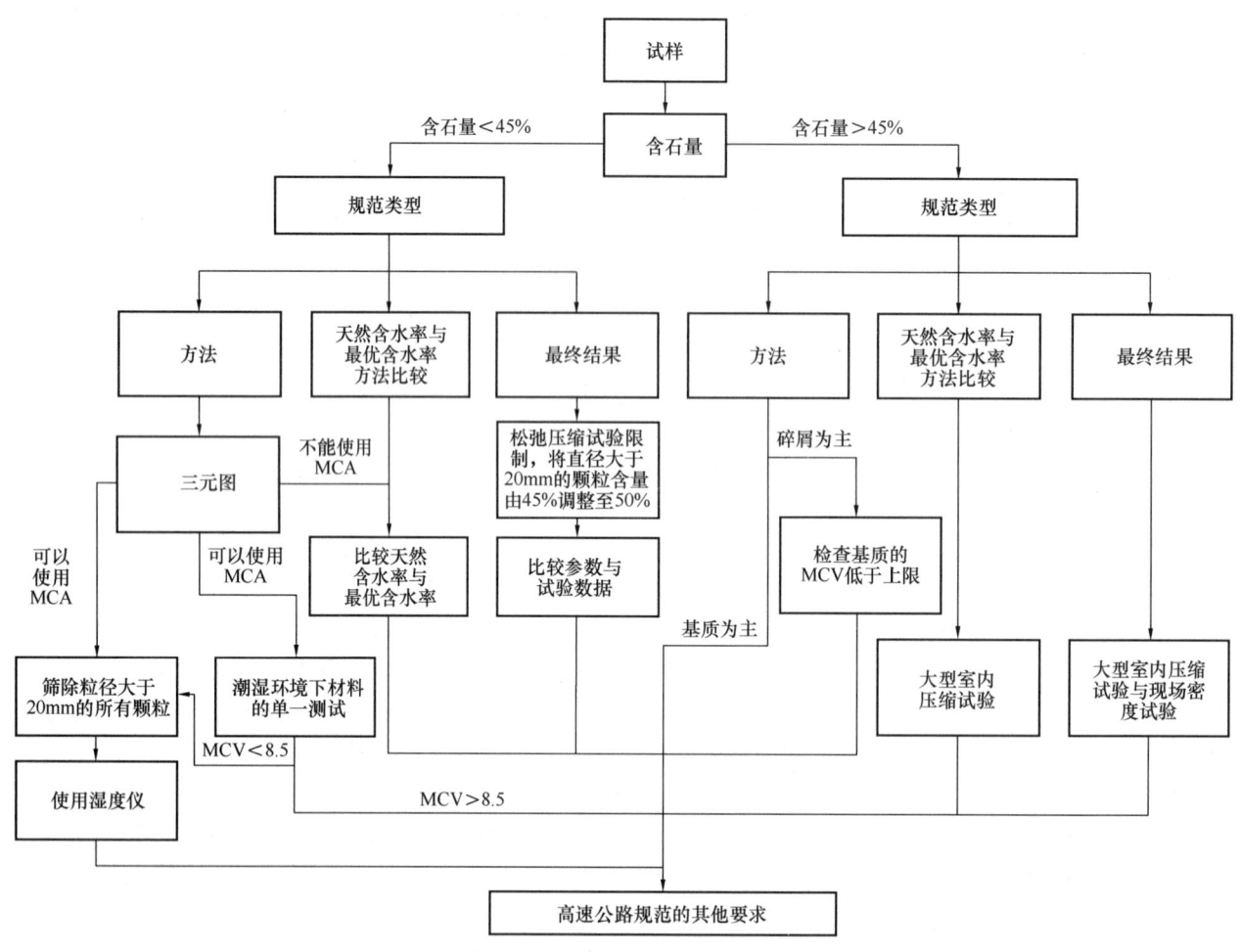

图 31.24　土方工程中冰碛土选择方法流程图

摘自 Winter 等（1998）© The Geological Society

这个事实表明试验土样为超固结土样；由于预固结压力超过了另外两个冰碛土试样的预压固结压力，因此单个冰碛土试样数据位于较低的趋势线上。这些趋势线的斜率表明试样的平均孔隙比接近于一常数，这意味着特征剪切强度的分布可以认为是垂直的。

31.8　土方工程

上述内容注重对开挖、基础和挡土结构的设计参数选择。冰碛土也可作为土方工程和垃圾填埋场的建筑材料。在这些情况下，有必要表明：

（1）冰碛土可以被压实至适当的密度；

（2）路基设计中，压实的冰碛土的强度足够抵抗破坏；

（3）对于填埋场内部衬砌而言，冰碛土具有足够的延展性，在变形时能够保持相对不透水。

基质为主的冰碛土极有可能会用于垃圾填埋场（包括内部衬砌）的建设。5%～10% 的含气率是可接受的。冰碛土有着可变化的平均颗粒密度（PD），这意味着在应用中，由于试样中高密度颗粒的存在，现场试验结果可能出现高于 0 的含气率。由于冰碛土的含水率不太可能改变，因此有必要确定其在该含水率下的渗透系数、强度和延展性。通常采用 50kPa 的强度（Terraconsult，2010）来压实黏土，其最大渗透系数为 10^{-9} m/s。冰碛土含水率的减小会增大其强度，使其更难以压实，并可能形成脆性材料，其将在变形时破坏，导致渗透系数出现难以预料的增大。有关测试规程的更多细节，见英国环境署（Environment Agency）的《垃圾填埋设计指南》（Terraconsult，2010）。

英国公路局（Highways Agency）规定的压实层厚度为 300 mm，这意味着必须移除所有粒径超过 125 mm 的土颗粒。因此，以基质和碎屑为主的冰碛土仍然可以使用。然而，由于对照试验（压实度和含水率）对颗粒尺寸是有限制的，因此在测

垃圾填埋场衬砌冰碛土要求 表 31.8

属性	最低标准	测试
渗透性/渗透系数	详见英国环境署要求	英国标准 BS 1377：1990，第 6 部分，方法 6
重塑土不排水剪切强度	通常大于 50kPa，或其他特定地点的定义值	英国标准 BS 1377：1990，第 7 部分，方法 8
塑性指数（I_p）	$10\% \leqslant I_p \leqslant 65\%$	英国标准 BS 1377：1990，第 2 部分，方法 4.3 和 5.3
液性指数	$\leqslant 90\%$	
细颗粒含量	粒径小于 0.063mm 的颗粒含量不小于 20%，且黏粒（粒径小于 0.002mm）最低含量为 8%	英国标准 BS 1377：1990，第 2 部分，方法 9.2 和 9.5
碎石含量	大于 5 mm 的颗粒含量不超过 30%	
最大颗粒尺寸	压实层厚度的 2/3	通常为 125 mm，但不得影响衬里，例如，较大的颗粒粘在一起形成较大的块状物

注：数据来自 Terraconsult (2010)。

试前必须筛除粒径在 20~37.5mm 的石块和卵石。如果石块含量较少，不超过 50%，即使石块在试样中是分散的，也可以直接测试基质（Winter 等，1998）；当石块含量超过 50% 时，石块便在冰碛土中起主导作用。石块含量的增加会增大土体的最大干密度，并降低其最优含水率，但这并不重要，因为密度大，含水率低的石块被密度低、含水率高的基质所代替。图 31.24 介绍了土方工程选择冰碛土的方法。值得注意的是，如果土方工程包括垃圾填埋场衬里，则还需满足表 31.8 中所列出的限定。

31.9 小结

冰碛土是一种特殊土，但通过现场勘察，了解地质过程对岩土行为的影响，从而降低冰碛土的风险是可行的。而这存在两个极端：其一是根据主要材料的性质来确定设计参数，其二是基于软弱区进行设计。前者可能导致局部破坏，而后者则使得设计过于保守。因此，谨慎的做法是进行现场勘察以确定薄弱区域的范围，并采集足够的样本确定其特征值。这些工作应当在充分了解基于原有调查建立的场地模型和对场地冰碛土进行勘察的基础上确定。

31.10 参考文献

Anderson, W. F. (1974). The use of multistage triaxial tests to find the undrained strength parameters of stony boulder clay. In *Proceedings of the Institution of Civil Engineers*, **57** (Part 2), June, 367–372.

Barnes, G. E. (1988). The moisture condition value and the compaction of stony clays. In *Compaction Technology: Conference Proceedings*, London: Thomas Telford, pp. 79–90.

Beaumont, P. (1968). A history of glacial research in Northern England from 1860 to the present day. University of Durham, Department of Geography, Occasional Paper No. 9.

Bell, F. G. (2002). The geotechnical properties of some tills occurring along the eastern areas of England. *Engineering Geology*, **63**, 49–68.

Benn, E. I. and Evans, D. J. A. (1998). *Glaciers and Glaciation*. London: Edward Arnold.

Bennett, M. R. and Glasser, N. F. (1996). *Glacial Geology Ice Sheets and Landforms*. New York: Wiley.

Boulton, G. S. (1970). On the deposition of subglacial and melt out tills on the margin of certain Svalbard glaciers. *Journal of Glaciology*, **9**, 231–245.

Boulton, G. S. (1974). Processes and patterns of subglacial erosion. In *Glacial Morphology* (ed Coates, D. R.). New York: State University of New York Press, pp. 41–87.

Boulton, G. S. (1976a). Some relations between the genesis of tills and their geotechnical properties. In *Interdisciplinary Symposium on Glacial Till* (ed Legget, R. F.).

Boulton, G. S. (1976b). The development of geotechnical properties in glacial tills. In *Glacial Till: An Interdisciplinary Study* (ed Legget, R. F.). Ottawa: Royal Society of Canada Special Publication No. 12.

Boulton, G. S. (1979). Processes of glacier erosion of different substrata. *Journal of Glaciology*, **23**, 15–38.

Boulton, G. S. and Deynoux, M. (1981). Sedimentation in glacial environments and the identification of tills and tillites in ancient sedimentary sequences. *Precambrian Research*, **15**, 397–420.

Boulton, G. S. and Paul, M. A. (1976). The influence of genetic processes on some geotechnical properties of glacial clays. *Quarterly Journal of Engineering Geology*, **9**, 159–194.

Burland, J. (1990). Thirtieth Rankine Lecture. On the compressibility and shear strength of natural clays. *Géotechnique*, **40**(3), 329–378.

Carrier, W. D. and Beckman, J. F. (1984). Correlations between index tests and the properties of the remoulded clays. *Géotechnique*, **34**(2), 211–228.

Chandler, R. J. (2000). Clay sediments in depositional basins: the geotechnical cycle (The 3rd Glossop Lecture). *Quarterly Journal of Engineering Geology and Hydrology*, **33**, 5–39.

Chegini, A. and Trenter, N. A. (1996). The shear strength and deformation behaviour of a glacial till. In *Proceedings of the International Conference on Advances in Site Investigation Practice* (ed Craig, C.), 30–31 March, 1995. London: Institution of Civil Engineers, pp. 851–866.

Clark, C., Evans, D., Khatwa, A. *et al.* (2004). Map and GIS database of glacial landforms and features related to the last British Ice Sheet. *Boreas*, **33**, 359–375.

Clarke, B. G. and Chen, C.-C. (1997). Intrinsic properties of permeability. In *Proceedings of the 14th International Conference on Soil Mechanics and Foundation Engineering*, 6–12 September, 1997,

Hamburg. Rotterdam: Balkema.
Clarke, B. G., Aflaki, E. and Hughes, D. B. (1997). A framework for the characterization of glacial tills. In *Proceedings of the 14th International Conference on Soil Mechanics and Foundation Engineering*, 6–12 September, 1997, Hamburg. Rotterdam: Balkema, pp. 263–266.
Clarke, B. G., Chen, C.-C. and Aflaki, E. (1998). Intrinsic compression and swelling properties of glacial till. *Quarterly Journal of Engineering Geology and Hydrology*, **31**, 235–246.
Clarke, B. G., Hughes, D. B. and Hashemi, S. (2008). Physical characteristics of sub-glacial tills. *Géotechnique*, **58**(1), 67–76.
Cooling, L. F. (1942). Soil mechanics and site exploration. *Journal of the Institution of Civil Engineers*, **18**, 37–61.
Cooling, L. F. and Smith, D. B. (1936). Exploration of soil conditions and sampling operations. In *Proceedings of the 1st International Conference on Soil Mechanics and Foundation Engineering*, vol. 1, 12.
DoE (1994). *Landsliding in Great Britain*. London: HMSO.
Dreimanis, A. (1976). Tills, their origin and properties. In Glacial Till (ed Leggett, R. F.). Royal Society of Canada, Special Publication 12, 11-49.
Dreimanis, A. (1988). Tills: their genetic terminology and classification. In *Genetic Classification of Glaciogenic Deposits* (eds Goldthwait, R. P. and Marsh, C. L.). Rotterdam: Balkema, pp. 17–83.
Drewry, D. J. (1986). *Glacial Geological Processes*. London: Edward Arnold.
Elson, J. A. (1988). Comment on glaciotectonite, deformation till and comminution till. In *Genetic Classification of Glacigenic Deposits* (eds Goldthwait, R. P. and Matsch, C. L.). Rotterdam: Balkema, pp. 85–88.
Eyles, N. (1979). Facies of supraglacial sedimentation on Icelandic and alpine temperate glaciers. *Canadian Journal of Earth Sciences*, **16**, 1341–1361.
Eyles, N. and Dearman, W. (1981). A glacial terrain map of Britain for engineering purposes. *Bulletin of International Association of Engineering Geology*, **24**, 173–184.
Eyles, N. and Sladen, J. A. (1981). Stratigraphy and geotechnical properties of weathered lodgement till in Northumberland, England. *Quarterly Journal of Engineering Geology*, **14**(2), 129–141.
Eyles, N., Sladen, J. A. and Gilroy, S. (1982). A depositional model for stratigraphic complexes and facies superimposition in lodgement tills. *Boreas*, **11**, 317–333.
Farrell, E. and Wall, D. (1990). *Soils of Dublin*. Geotechnical Society of Ireland and Institution of Structural Engineers, Republic of Ireland Branch Seminar.
Fookes, P. G. (1997). The first Glossop Lecture: Geology for engineers: the geological model, prediction and performance. *Quarterly Journal of Engineering Geology*, **30**, 293–431.
Gens, A. and Hight, D. W. (1979). The laboratory measurement of design parameters for a glacial till. In *Proceedings of the 7th European Conference on Soil Mechanics and Foundation Engineering*, vol. 2, pp. 57–65.
Goldthwait, R. P. (1971). Introduction to till today. In *Till: A Symposium* (ed Goldthwait, R. P.), Columbus: Ohio State University Press, pp. 3–26.
Gravenor, C. P., Von Brunn, V. and Dreimanis, A. (1984). Nature and classification of water lain glacigenic sediments, exemplified by Pleistocene, Late Paleozoic and Late Precambrian deposits. *Earth Science Reviews*, **20**, 105–166.
Hallett, B. (1979). A theoretical model of subglacial erosion. *Journal of Glaciology*, **17**, 209–221.
Hambrey, M. J. (1994). *Glacial Environments*. London: UCL Press.
Hinch, L. W. and Fookes, P. G. (1989). Taff Vale trunk road stage 4, South Wales (Papers 1 and 2). *Proceedings of the Institution of Civil Engineers*, **86** (Part 1), 139–188.
Hooke, R. Le B. and Iverson, N. R. (1995). Grain size distribution in deforming subglacial tills. *Geology*, **23**, 57–60.
Hughes, D. B., Clarke, B. G. and Money, M. S. (1998). The glacial succession in lowland Northern England. *Quarterly Journal of Engineering Geology*, **31**(Part 3), 211–234.
Iverson, N. R., Hooyer, T. S. and Hooke, R. Le B. (1996). A laboratory study of sediment deformation, stress heterogeneity and grain size evolution. *Annals of Glaciology*, **22**, 167–175.
Lawson, D. E. (1979). Sedimentological analysis of the western terminus region of the Matanuska Glacier, Alaska. Cold Region Research and Engineering Laboratory Report 79-9.
Lawson, D. E. (1981). Sedimentalogical characteristics and classification of depositional processes and deposits in the glacial environment. Cold Region Research and Engineering Laboratory Report 81-27.
Lawson, D. E. (1982). Mobilisation, movement and deposition of active sub aerial sediment flows, Matanuska Glacier, Alaska. *Journal of Geology*, **90**, 279–300.
Lloyd, J. W. (1983). Hydrogeological investigations in glaciated terrains. In *Glacial Geology: An Introduction for Engineers and Earth Scientists* (ed Eyles, N.). Oxford: Pergamon, pp. 349–368.
Lunn, A. G. (1995). Quaternary. In *Robson's Geology of North England: Transactions of the Natural History Society of Northumbria* (ed. Johnson, G. L. A.), **56**(5), 297–311.
Lutenegger, A. J., Kemmis, T. J. and Hallberg, G. R. (1983). Origin and properties of glacial till and diamictons. In *Geological Environment and Soil Properties* (ed Young, R. N.). Special Publication of the ASCE Geotechnical Engineering Division, pp. 310–331.
Marsland, A. and Powell, J. J. M. (1985). Field and laboratory investigations of the clay tills at the Building Research Establishment test site at Cowden, Holderness. In *Proceedings of the International Conference on Construction in Glacial Tills and Boulders Clays*, Edinburgh, pp. 147–168.
McGown, A. and Derbyshire, E. (1977). Genetic influences on the properties of tills. *Quarterly Journal of Engineering Geology*, **10**(4), 389–410.
McGown, A., Radwan, A. M. and Gabr, A. W. A. (1977). Laboratory testing of fissured and laminated soils. In *Proceedings of the 9th International Conference on Soil Mechanics and Foundation Engineering*, Tokyo, vol. 1, pp. 205–210.
McMillan, A. A., Heathcote, J. A., Klinck, B. A., Shepley, M. G., Jackson, C. P. and Degnan, P. J. (2000). Hydrogeological characterization of the onshore Quaternary sediments at Sellafield using the concept of domains. *Quarterly Journal of Engineering Geology*, **33**(4), 301–323.
Meer, J. J. M. van der, Menzies, J. and Rose, J. (2003). Subglacial till: the deforming glacier bed. *Quaternary Science Reviews*, **22**, 1659–1685.
Orr, T. L. L. (1993). Probabilistic characterization of Irish till properties. In *Risk and Reliability in Ground Engineering* (ed Skip, B. O.). London: Thomas Telford, pp. 126–132.
Owen, L. A. and Derbyshire, E. (2005). Glacial environments. In: *Geomorphology for Engineers* (eds Fookes, P. G., Lee, M. and Milligan, G.). Caithness, Scotland: Whittles, pp. 345–375.
Peters, J. and McKeown, J. (1976). Glacial till and the development of the Nelson River. In *Glacial Till: An Interdisciplinary Study* (ed Legget, R. F.). Ottawa: Royal Society of Canada Special Publication No. 12.
Ramberg, W. and Osgood, W. R. (1943). Description of stress–strain curves by three parameters. Technical Note No. 902, National Advisory Committee For Aeronautics, Washington DC.
Rappol, M. (1985). Clast fabric strength in tills and debris flows compared for different environments. *Geologie en Mijnbouw*, **64**, 327–332.
Sammis, C., King, G. and Biegal, R. (1987). The kinematics of gouge deformation. *Pure and Applied Geophysics*, **125**, 777–812.
Schneider, H. R. (1999). Definition and determination of characteristic soil properties. In *Proceedings of the 12th International Conference on Soil Mechanics and Geotechnical Engineering*, vol. 4, pp. 2271–2274.
Shaw, J. (1985). Subglacial and ice marginal environments. In *Glacial Sedimentary Environments* (eds Ashley, G. M., Shaw, J. and Smith, H. D.). Tulsa, OK: Society of Economic Paleontologists and

Mineralogists, pp. 7–84.
Skempton, A. W. (1957). Discussion on the planning and design of the new Hong Kong airport. *Proceedings of the Institution of Civil Engineers*, **7**, 305–307.
Skempton, A. W. and Brown, J. D. (1961). A landslide in boulder clay at Selset, Yorkshire. *Géotechnique*, **11**(4), 62–68.
Skermer, N. A. and Hills, S. F. (1970). Gradation and shear characteristics of four cohesionless soils. *Canadian Geotechnical Journal*, **7**, 62–68.
Smith, A. K. C. (1995). The design and analysis of a marine trial embankment on a landslip in glacial till. *Proceedings of the Institution of Civil Engineers, Geotechnical Engineering*, **118**, 3–18.
Stroud, M. A. (1975). The standard penetration test in insensitive clays and soft rocks. In *Proceedings of the European Symposium on Penetration Testing*, vol. 2, pp. 367–375.
Tarbet, K. M. A. (1973). Geotechnical properties and sedimentation characteristics of tills in south east Northumberland. PhD Thesis, Newcastle University, UK.
Terraconsult (2010). *Earthworks in Landfill Engineering: Design, Construction and Quality Assurance of Earthworks in Landfill Engineering*. Environment Agency.
Trenter, N. A. (1999). *Engineering in Glacial Tills*. CIRIA Report No. C504. London: Construction Industry Research and Information Association.
Vaughan, P. R. (1994). Thirty fourth Rankine Lecture: Assumption. Prediction and Reality in Geotechnical Engineering. Géotechnique, **44**(3), 573–609.
Vaughan, P. R. and Walbancke, H. J. (1975). The stability of cut and fill slopes in boulder clay. In *Proceedings of the Symposium on the Engineering Behaviour of Glacial Materials*, University of Birmingham, pp. 209–219.
Winter, M. G., Hólmgeirsdóttir, T. H. and Suhardi (1998). The effect of large particles on acceptability determination for earthworks compaction. *Quarterly Journal of Engineering Geology & Hydrogeology*, **31**(3), 247–268.
Wroth, C. P. and Wood, D. M. (1976). The correlation and index properties with some basic engineering properties of soils. *Canadian Geotechnical Journal*, **15**(2), 137–145.
Yilmaz, I. (2000). Evaluation of shear strength of clayey soils by using their liquidity index. *Bulletin of Engineering Geology and the Environment*, **59**, 227–229.

建议结合以下章节阅读本章:
- 第 7 章 "工程项目中的岩土工程风险"
- 第 13 章 "地层剖面及其成因"
- 第 17 章 "土的强度与变形"
- 第 40 章 "场地风险"

本书以第 1 篇 "概论" 和第 2 篇 "基本原则" 为指导进行章节编排。如第 4 篇 "场地勘察" 中所述,各类岩土工程均应进行扎实的现场勘察工作。

审校简介:

张明义,博士,国家杰出青年科学基金获得者,中国科学院西北生态环境资源研究院研究员、博士生导师。

王吉良,男,1968 年生,陕西周至人,教授级高级工程师,黑龙江省寒地建筑科学研究院冻土地基基础研究所所长。

第32章 湿陷性土

伊恩·杰弗逊（Ian Jefferson），伯明翰大学土木工程学院，英国
克里斯·D. F. 罗杰斯（Chris D. F. Rogers），伯明翰大学土木工程学院，英国

主译：朱武卫（陕西省建筑科学研究院有限公司）
参译：朱漪晨，柳明亮，张辉，张显飞，杨晓，李静
审校：徐张建（西北综合勘察设计研究院）

doi: 10.1680/moge.57074.0363

目录

32.1	引言	391
32.2	湿陷性土的分布	392
32.3	湿陷性的控制因素	394
32.4	调查与测评	398
32.5	关键工程问题	403
32.6	结语	407
32.7	参考文献	407

在世界范围内，湿陷性土是岩土工程和结构工程面临的重大挑战。它们类型多样，但成因不外乎是自然形成或由人类活动形成。具有湿陷性一个必要的前提条件是，土颗粒通过各种粘结机制形成的一个开放的、欠稳定的结构。粘结力可以通过毛细管力（吸力）产生和/或通过如黏土或盐类等胶结材料产生。当加载或使土体饱和后，有效应力超过这些粘结材料的屈服强度时，就会发生湿陷。湿陷经常由不同来源、不同范围的浸水引发，尽管不同的水源所产生的湿陷程度不同，影响也不同。为了处理和减轻湿陷性的影响，对湿陷性土的识别至关重要，需要收集到重要的地质及地貌信息，做到这点可能并不容易。湿陷性应通过实验室和现场的浸水载荷试验结果来确定。对于湿陷性土，面临的关键挑战是如何确定将来浸水的空间范围和浸湿程度。需要注意的是，要确保进行了恰当和符合实际的评价。最后，如果使用一套可行的改良技术进行处理，那么可以有效地消除湿陷性。

32.1 引言

湿陷性土非常常见，可能因各种地质地貌形成过程自然形成，也可能是人类活动的结果。成因性质虽然不同，但都有条件发育成开放的欠稳定结构，这是形成湿陷性土的基本先决条件（Dudley, 1970）。湿陷通常发生在无塑性或低塑性、初始含水率很低的土中（Houston 等，2001），湿陷时体积变化过程比通常固结过程更突然。

湿陷性土只存在于干旱地区的原因是干旱的环境有利于它们的形成。典型的自然成因的湿陷性土有泥石流沉积物（例如冲积扇），风力搬运的沉积物（例如黄土），高含盐量物质胶结的欠稳定结构土（例如干盐沼，见第29章"干旱土"），热带残积土（见第30章"热带土"）。此外，人为因素也可形成湿陷性土，如人工填筑时压实控制很差或碾压时土太干燥（例如非工程性填土，见第34章"非工程性填土"），或如废弃材料堆积体（例如粉煤灰层，Madhyannapu 等，2006）。然而不管何种成因，几乎所有的湿陷性土都具有密度低和干燥时强度相对高的特点（图32.1）。但也有明显的例外，例如主要发现于加拿大、阿拉斯加和斯堪的纳维亚半岛的冰期后灵敏度高的"超灵敏"黏土，分布集中，处于饱和湿陷状态，但这只是一个特例。另一个例外是饱和流动材料，如可以在液化的斜坡上流动的饱和砂（Nieuwenhuis 和 de Groot, 1995）。

湿陷性土可以定义为开放的欠稳定结构土，其主要结构单元是通过一系列不同的胶结机制形成的。如果土受到的荷载超过胶结材料的屈服强度，结构单元就会发生坍塌，这将导致土粒重新排列并

图32.1 黄土湿陷前的状态，当含水率低时表现为类似坚硬软岩的状态，可以开挖人工洞穴（斯洛伐克）

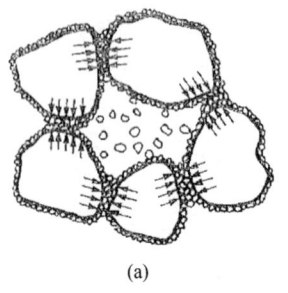 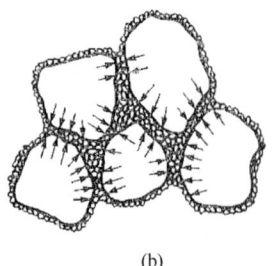

图 32.2 浸水湿陷图示
(a) 浸水前的土体承载结构；(b) 浸水后的土体承载结构
摘自 Houston 等 (1988), 经 ASCE 许可

形成致密稳定的结构（图 32.2）。因此，湿陷本身是由微观和宏观两方面控制的。掌握了这两个基本要素，就能充分理解湿陷的真正本质，以及有效地处理湿陷措施。

湿陷通常是由应力的增加（加载）和水浸入后饱和度提高两个因素共同引发，但大多数情况下是由含水率增加引起。引发湿陷的水来源多样，许多与城市环境有关，包括景观灌溉，下水管道渗漏、径流或排水不良、地下水上升或毛细作用等引起含水率增加。

新墨西哥州的一座商业建筑是城市化和相关景观影响的一个例证。这座建筑室外有城市最美丽的草坪，并因此获得了景观奖，但维护草坪的大量浇水引发了地基土湿陷造成基础损害，造成了 50 万美元的损失（Houston 等，2001）。水的渗入导致土体体积突然压缩，并且常常伴随着强度的降低，这显然会带来严重的岩土工程后果，包括因地基性能降低，有时甚至完全破坏而发生的昂贵加固修复费用。这可以从埃及因湿陷性土地基破坏造成的结构损害（Sakr 等，2008），和巴西大坝建设引起的水文地质变化造成的湿陷问题中得到证明（Vilar 和 Rodrigues，2011）。

堤坝基础（Thorel 等，2011）、堤坝（Peterson 和 Iverson，1953）、路基（Knight 和 Dehlen，1963）和填方（Charles 和 Watts，2001）等也有发生湿陷问题的报道。当湿陷对历史建筑造成损害时，问题尤为棘手（Herle 等，2009），例如，在灌溉方案实施后，中国兰州一座 15 世纪宝塔的墙体出现了裂缝（图 32.3）。

由此可以清楚地看出，在合适的沉积环境下，任何土都有可能具有湿陷性。事实上，在特定的应力环境下，湿陷性土有可能表现出膨胀性（Derby-

图 32.3 15 世纪的宝塔因湿陷产生裂缝
摘自 Billard 等 (2000); John Wiley & Sons, Inc.

shire 和 Mellors，1988；Barksdale 和 Blight，1997；参见下文第 32.3.3 节）。因此，如果要避免或减轻湿陷性土引起的问题，就有必要了解湿陷的过程。由于湿陷大多是由含水率的增加引发的，而这样的问题经常在城市和建筑环境中遇到，因此湿陷最可能发生在造成最大危害的地方。这可能是特别值得注意的问题，因为在世界上许多地方，湿陷性土存在于地震高发地区（Houston 等，2003），其后果可能是灾难性的，例如 1920 年海原地震导致的黄土滑坡致使超过 20 万人死亡（Derbyshire 等，2000；Zhang 和 Wang，2007）。在湿陷完全发生之前，湿陷的可能性一直存在，浸水、加载（地震）或人类活动都可诱发湿陷，人类活动可以是由于排水控制不当而导致的意外结果，也可以是预先设计的地基处理，例如强夯。

32.2 湿陷性土的分布

Rogers（1995），Lin（1995），Bell 和 de Bruyn

(1997) 和 Houston 等 (2001, 2003) 详细讨论了世界范围内发现的各种类型的湿陷性土。湿陷的发生是因为土有其固有的特性，大多数湿陷性土的典型特征包括：

- 具有开放的欠稳定结构；
- 孔隙比高，干密度低；
- 多孔结构；
- 地质年代短或新近沉积；
- 灵敏度高；
- 颗粒间粘结强度低。

因此，许多土具有并且表现出湿陷性。图 32.4 说明了湿陷性土的各种形成过程。

湿陷性土包括自然形成的土，如热带残积土、黄土和"超灵敏"黏土，以及人为形成的土，如未压实或压实不良的填土。当然，如果围压足够高，任何压实土都会出现湿陷（见下文第 32.3.3 节）。关于热带土和人为湿陷土的更多细节分别见第 30 章"热带土"和第 34 章"非工程性填土"。Barksdale 和 Blight (1997) 以及 Roa 和 Revansiddappa (2002) 提供了关于残积土湿陷性的更多资料，实例包括风化的片麻岩 (Feda, 1966)、风化的花岗岩 (Brink 和 Kanty, 1961) 和花岗片麻岩 (Pereira 和 Fredlund, 2000)。

其他表现出湿陷性的土包括湿陷性砾石 (Rollins 等, 1994)，南非的花岗质砂 (Jennings 和 Knight, 1975)，非洲南部东海岸的湿陷性砂 (Rust 等, 2005) 和 "超灵敏" 黏土 (Bell, 2000)。黄土可能是最常见的自然形成的湿陷性土，约占世界陆地面积的 10% (Jefferson 等, 2001)。许多处理湿陷性土的工程方法和实践源于对黄土处理的经验。

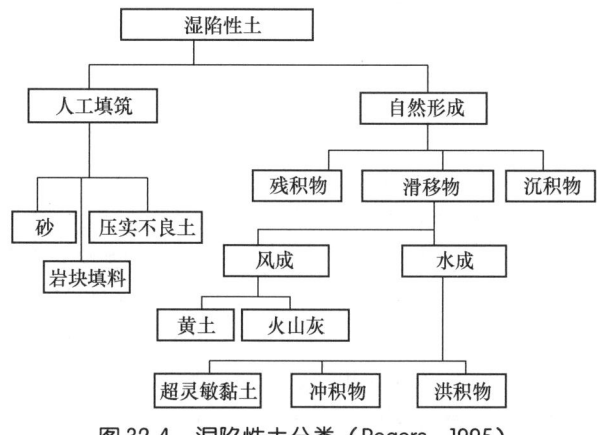

图 32.4　湿陷性土分类（Rogers, 1995）

32.2.1　风积土——湿陷性黄土

黄土主要由不同粉粒大小（通常为 20～30μm）的原生石英颗粒组成，这些石英颗粒由冰川研磨或寒冷气候风化等高能地球表面活动形成（Rogers 等, 1994）。河流从源头运来这些颗粒，随后经河流泛滥搬运并沉积在冲积平原上（Smalley 等, 2007）。干燥后，这些颗粒被恒风吹起输送，直到沉积在背风面的几十到几百公里的距离。胶结材料通常在颗粒沉积后加入，或溶解后在颗粒接触处重新析出（Houston 等, 2001）。这一过程造就了从华北平原到英格兰东南部（当地通常称为"砖土"）几乎连续的黄土沉积覆盖景观，见图 32.5。

世界上主要的黄土地区可以分为五个：北美、南美、欧洲（包括俄罗斯西部）、中亚和中国（Smalley 等, 2007）。这些黄土地区通常人口密集，主要基础设施的地基是黄土，容易受湿陷影响。很多黄土地区都出现潜在的严重湿陷问题，最受关注的地区集中在东欧、俄罗斯和中国（见 Derbyshire 等, 1995, 2000）。

图 32.5 显示了英国厚度大于 0.3m 的黄土/砖土的大致分布情况。厚度大于 1m 的地区局限于肯特 (Kent) 郡北部和东部（见 Fookes 和 Best, 1969; Derbyshire 和 Mellors, 1988）、南埃塞克斯 (south Essex)（见 Northmore 等, 1996）和苏塞克斯 (Sussex) 沿海平原。在埃塞克斯，黄土厚度普

图 32.5　英格兰南部和威尔士的"砖土"（黄土）沉积物分布

修改自 Catt (1985); Allen & Unwin（摘自 Jefferson 等, 2001）

遍为4m左右，但已经发现了厚度达8m的沉积层（Northmore 等，1996）。在全世界范围内，大量的黄土沉积物厚度可以达到数十米甚至数百米（详见 Smalley 等，2007）。

世界各地发现的以沉积物形式存在的黄土都具有区域特征，这些特征可以通过结构和矿物学的区别来确定。距离物质源头的距离越远，颗粒平均粒径逐渐减小，这表明在沉积过程中，黄土物质的分选是随风向发生的（Catt，1985）。

早期黄土沉积范围更为广泛，但沉积后的侵蚀、崩塌、森林砍伐/农业和资源开采活动使沉积物不断减少（Catt，1977），因此，现代黄土沉积层往往只覆盖在相对透水的地层上。

32.2.2 其他湿陷性沉积物

如第32.2节和第32.3节所述，许多土都具有湿陷性。除了上面已经提及的那些土类，许多水中沉积物也显示出湿陷的可能性，主要包括两类：冲积沉积物和"超灵敏"黏土。具有湿陷性的冲积物包括冲积扇、冲洪积平原和泥石流冲积物，Rollins 等（1994）提供了冲积扇沉积湿陷问题的几个案例。

相比之下，由于在浅海条件下通过缓慢沉积形成的开放结构（Rogers，1995；Locat，1995），饱和"超灵敏"黏土因其冰期后沉积环境而变得不稳定。这种松散的组构由少量碳酸盐胶结的黏土矿物组成，经常发生盐浸。"超灵敏"黏土的液性指数通常大于1，液限通常小于40%（Bell，2000）。受到扰动后，"超灵敏"黏土中的颗粒被重塑成致密结构，由于在湿陷过程中含水率保持不变，"超灵敏"黏土进入过饱和状态，可以像黏性液体那样流动，从而造成毁灭性的后果。1978年挪威瑞萨发生的山体滑坡就是例证，在初始滑坡后，又发生了一系列小滑坡，最终滑坡覆盖面积达330万 m^2；更近的例子是1993年加拿大安大略省发生的列达土（Leda clay，同超灵敏黏土——译者注）的大型滑坡［见 Bell（2000）的详细讨论］。

32.3 湿陷性的控制因素

湿陷性是由于土形成过程中各种地貌地质作用和人类活动造成的，理解这一点的关键在于了解土颗粒的起源（P）、搬运（T）和沉积（D）的过程和性质；沉积的 PTD 顺序形成了一个开放的欠稳

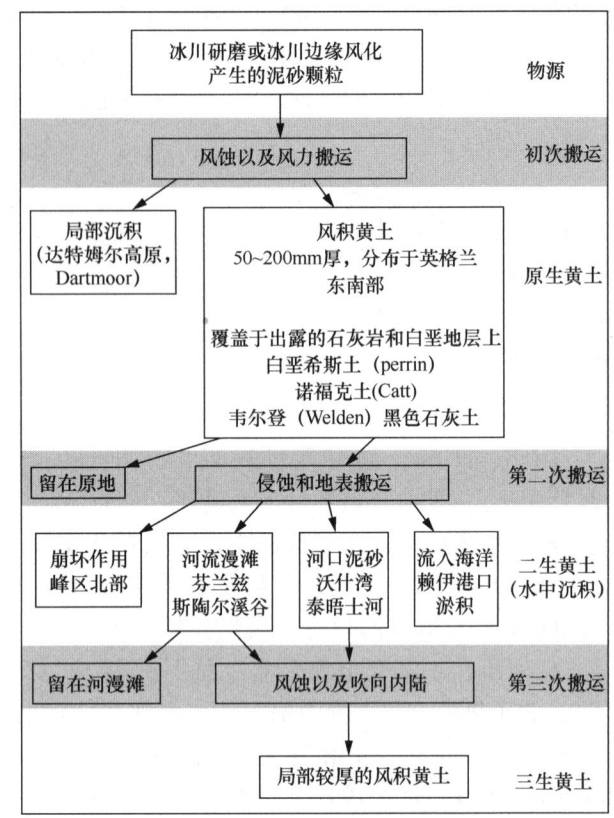

图 32.6　英国南部黄土的 PTD 地貌模型

注：诺福克土（Catt 等，1971）；白垩希斯土（Perrin，1956）
摘自 Jefferson 等（2003b）；East Midlands Geological Society

定、孔隙比相对高的结构（Sun，2002；Jefferson 等 2003；Smalley 等，2007）。PTD 方法概化了土起源、搬运和最终沉积的过程，从而阐明了这些过程如何影响最终沉积层的工程性质。

一些沉积过程经过了二次或三次 PTD，湿陷的可能性往往减少甚至完全消除，图 32.6 中，基于英国南部黄土的 PTD 模型，对此进行了说明。Pye 和 Sherwin（1999）及 Derbyshire 和孟（2005）对此进行了详细的讨论。

像黄土这样的风力搬运形成的湿陷性土，由于其地貌的不同，常常在水平和深度上由不同的湿陷性区组成。沿盛行风的风向，形成了由砂质黄土向黏质黄土水平向变化的物质带，参见图 32.7。黏土质、粉质和砂质黄土的术语是由粒度分析定义的（见 Holtz 和 Gibbs，1952）。饱和度和湿陷性往往遵循类似的规律，例如保加利亚的黄土（图 32.7）随着平均粒径的减小，其饱和度增加（Jefferson 等，2002）。黄土厚度的形成通常遵循相同的模式，最大厚度在最接近源物质的地方。

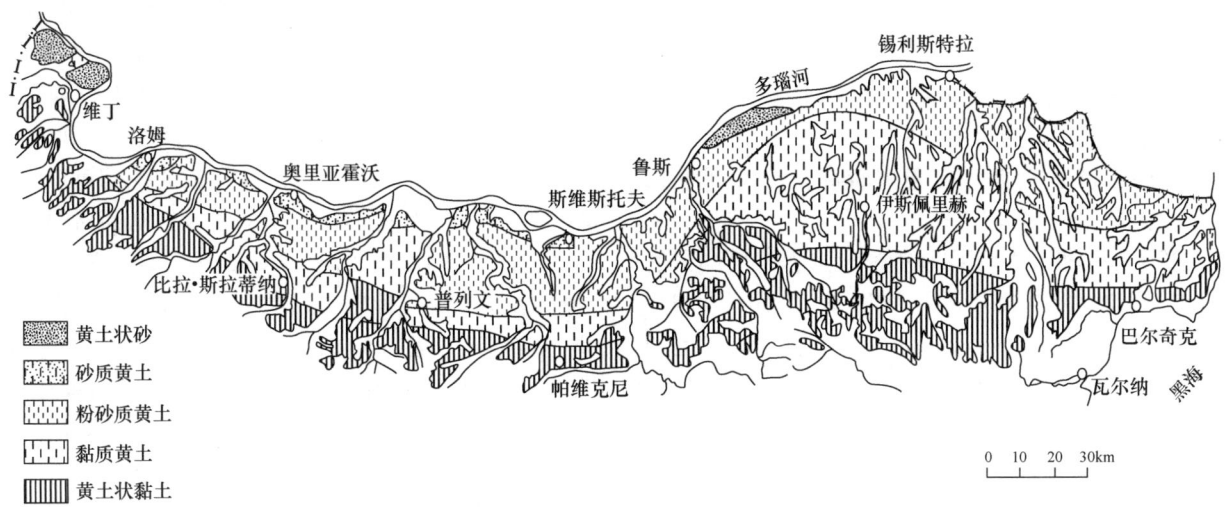

图 32.7　保加利亚多瑙河洪积平原的湿陷性黄土分布

摘自 Minkov（1968）；马林德利诺夫学术出版社（Marin Drinov Academic Publishing House）/ 保加利亚科学院出版社（BAS Press）

此外，像黄土这样的沉积物已经形成了成千上万年，在此期间，气候条件也发生了相当大的变化。气候变化使黄土土层序列出现冰期形成的黄土层和暖期形成的富黏古土层交互的现象，如图 32.8 所示。

黄土地层的交互结构显著地影响着工程特性和最终的湿陷性质，以及湿陷发生的深度。交互结构决定了水渗入土中的模式，结果可能会在意想不到的地方产生湿陷。此外，对旨在消除湿陷性的地基处理方法的有效性也会造成影响。

由于在黄土沉积过程中经历了各种地貌的形成过程，典型黄土通常具有三个关联的湿陷性区。

1 区：自重湿陷区。

2 区：湿陷区。

3 区：浅表区（需要附加荷载才能湿陷）。有大量黄土分布的国家（包括东欧和苏联）因此发展了与荷载作用下地基湿陷相关的分类方案（图 32.8），方案中出现两种类型的湿陷：

Ⅰ类：非自重湿陷型（在自重压力下湿陷变形 $\delta_n < 5cm$）；

Ⅱ类：自重湿陷型（$\delta_n > 5cm$，其中 δ_n 为湿陷变形量）。

Ⅰ类黄土通常厚度较小（图 32.8），含有 1~2 个古土层（PS），并伴有钙质结核层（Cz）。地基应力超过湿陷起始压力后就会发生湿陷，湿陷起始压力可以通过实验室测试或现场测试确定（见

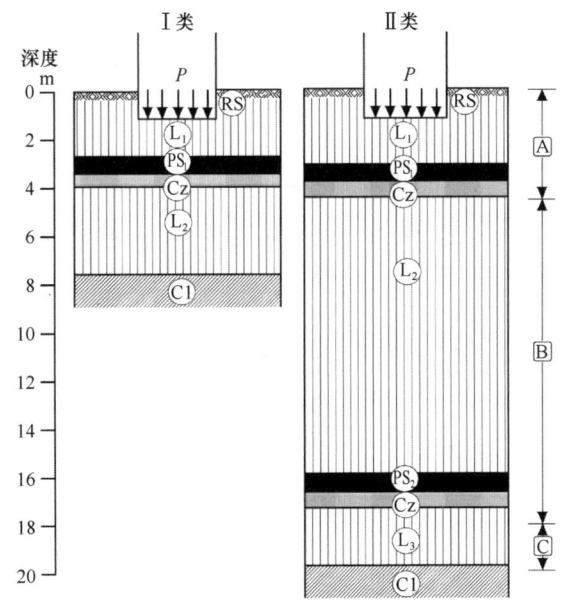

图 32.8　湿陷性黄土的类型

摘自 Jefferson 等（2005），经爱思唯尔出版公司（Elsevier）许可

下文第 20.4 节）。

Ⅱ类黄土厚度更大，可达 50m 以上。图 32.8 为典型的多瑙河阶地，黄土沉积约 20m，三个黄土土层（L1，L2 和 L3）和两个古土层（PS1 和 PS2）间隔分布。在Ⅱ类黄土中，可分为三个区：

（1）上区 A：非自重湿陷性区，但有潜在加载湿陷性；

（2）中区 B：自重湿陷性区；

(3) 下区 C：非湿陷区（或已经湿陷过了）。

C 区黄土在上覆土压力作用下已经被压密。A 区黄土不具自重湿陷性，因为此区域的上覆土压力较小（即在自重下不会湿陷），但在附加荷载下可能发生湿陷。B 区为自重湿陷性区，通常包含较厚的黄土层，密度较低，孔隙率较高（$n > 50\%$），且粉砂含量比 C 区高。

产生湿陷性土的不同地貌形成进程的更详尽的细节在第 30 章"热带土"和第 29 章"干旱土"中已有描述，Fookes 等（2005）对这一更广泛的主题进行了精彩的论述。

32.3.1 胶结机制和组构

湿陷的发生条件是：具有相对较大空隙的开放结构，同时土的胶结力可以使土颗粒抵抗当前应力状态下相应剪力。要做到这一点，在颗粒之间必须具有足够强度的胶结，当加入水和/或额外的荷载时，胶结会减弱，使得颗粒相互滑动，从而导致湿陷。一般认为在湿陷性土中存在三种主要的胶结机制（Barden 等，1973；Clemence 和 Finbarr，1981；Rogers，1995），即：

(1) 毛细管或基质吸力（图 32.9a）

(2) 粗颗粒间的黏土和粉土颗粒粘结（图 32.9b～d）；

(3) 胶结剂，如碳酸盐或氧化物（图 32.9e）。

湿陷性土的结构是土颗粒（在黄土中一般为石英）和微聚合体（在黄土中是黏粒组合或黏粒和粉粒组合，见图 32.10）组成的松散骨架形式。在一些土类中，如黄土，碳酸盐成岩作用可增强粉砂颗粒之间半月面形黏土桥的强度，从而对湿陷性产生进一步的影响。Milodowski 等（2012）最近的观察表明，有三种形式的黏土桥：①单纯的半月面形黏土膜；②在早期由纤维状方解石构成的半月面形支架上发育的黏土膜；③被微晶方解石和/或白云石渗透或包裹的黏土膜。因此，在相对较短的距离内，土结构强度在水平向和垂直方向上是有变化的，这一点连同粘结材料的耐久性，在工程应用中都是需要考虑的。

需要注意的是，重塑黄土的微观结构（参见图 32.6）通常是各向异性的，这种特点降低了湿陷性（Pye 和 Sherwin，1999）。此外，与其他湿陷性土一样，颗粒状物质排列组合成一个松散的框架结构，Klukanova 和 Frankovska（1995）、Jefferson 等（2003）和 Milodowski（2012）对此进行了详细的讨论。Derbyshire 和 Meng（2005）详细讨论了与中国黄土有关的组构。

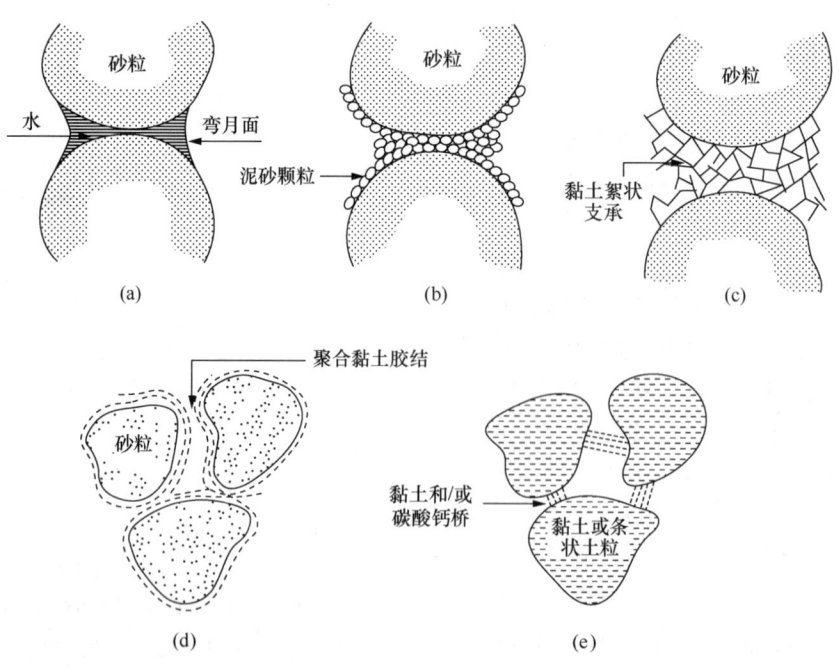

图 32.9 湿陷性土的典型胶结形式

摘自 Popescu（1986），经爱思唯尔出版公司（Elsevier）许可

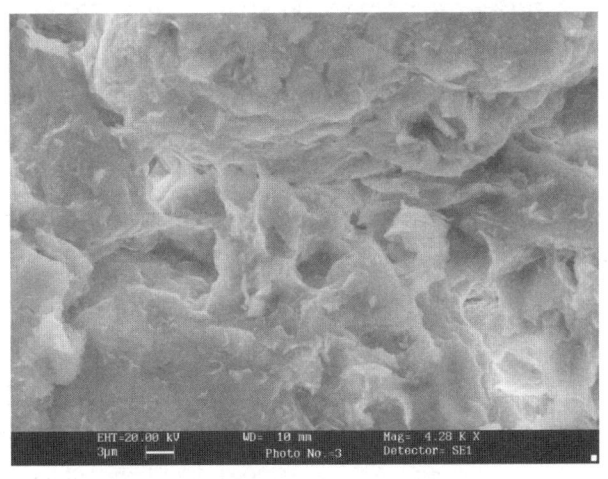

图32.10 肯特郡锡廷伯恩奥克利砖厂的
砖土（黄土）中胶结的石英颗粒扫描电子显微照片

摘自Jefferson等（2001）；版权所有

其他湿陷性土，如超灵敏黏土，本质上具有相同的开放欠稳定结构，但形成于不同的地貌环境。Locat（1995）、Bentley和Roberts（1995）及Bell（2000）提供了更多的细节；另见上文第32.2.2节的讨论。有关其他湿陷性沉积物的更多内容在本手册的其他部分给出（见第34章"非工程性填土"和第30章"热带土"）。

应该注意的是，在解释湿陷性时，虽然组构理论的重要性得到广泛认可，但还做不到简单的定量描述（Alonso，1993：Pereira和Fredlund引用，2000）。

32.3.2 湿陷机理

胶结型土的湿陷通常涉及所有三种粘结类型的破坏。而在未胶结的干土中，湿陷则完全是由于毛细作用力的破坏引起。以类似的方式可以描述由吸力和胶结产生的强度，在润湿时吸力将丧失，而化学结合则可能较少受到吸力变化的影响。颗粒接触处起粘结作用的盐和黏土在浸水后，往往流失或被削弱，从而发生湿陷。

岩相学证据表明，胶结型黄土浸水后的湿陷可分成三个阶段（Klukanova和Frankovska，1995；Milodowski等，2012）。

第1阶段：松散堆积的粉粒颗粒之间的黏土桥或支承被分散和破坏，导致初始快速湿陷。

第2阶段：通过相邻粉土颗粒之间直接接触承担荷载，使颗粒重新排列，变得更加紧密。

第3阶段：随着荷载的增加，土结构发生渐进变形和剪切，粉砂颗粒塌陷到失去支撑的土内部结构区域，土结构崩解，产生进一步的湿陷。

Pereira和Fredlund（2000）对压实土的湿陷过程进行了类似的观察，提出：

第1阶段（湿陷前）：高基质吸力形成了相对稳定结构，吸力减小时体积变形较小，无颗粒滑移，结构体完整。

第2阶段（湿陷）：基质吸力降至中等，体积显著减小，粘结破坏引起结构改变。

第3阶段（湿陷后）：接近饱和状态，体积不会进一步减少（或基质吸力减少）。

Pereira和Fredlund（2000）进一步观察到，随着净围压的增加，湿化导致的湿陷变大，与阶段1和阶段3相关的基质吸力也会增大。

在湿陷过程中，孔隙的性质也发生了改变。对黄土的研究表明，大部分大孔隙（$100\sim500\mu m$）被破坏，只留下较小的粒间和聚合体间孔隙（$8\sim100\mu m$）（Osopov和Sokolov，1995）。Klukanova和Frankovska（1995）、Feda（1995）以及Roa和evansiddappa（2002）对残积土的破坏机制细节也做了类似的观察。

Cerato等（2009）观察到，较小土粒聚合体含量较多的压实土表现出更大的湿陷性，而湿陷很大程度上取决于聚合体间和聚合体内部的孔隙分布。当土粒聚合体处于比最优含水率更干燥的状态时，强度更高，屈服应力也更高，整体土结构更不容易破坏。在一些填筑材料中，母体材料可能强度降低，或者填筑体中的聚合体可能会随着其含水率的增加而软化，从而导致可能的湿陷（Lawton等，1992；Charles和Watts，2001；Charles和Skinner，2001）。

对于非胶结土，湿陷与水浸入产生湿润导致的毛细力（基质吸力）的破坏有关，湿陷引起的体积变化仅局限于湿润区（Fredlund和Gan，1995）。由于基质吸力可以显示为瞬压曲线（类似于固结中看到的超孔隙水压力），因此可以以类似的方式进行分析，对此Fredlund和Gan（1995）提供了包括实验观察在内的更多详细资料。由于吸力减少而发生的湿陷变形主要取决于湿陷发生时土的密度和应力状态（Sun等，2007）。

Pereira和Fredlund（2000）强调了压实土湿陷的主要特征：

- 在最优含水率状态下压实的任何类型的干土，都可能发生湿陷。
- 高剪切强度的微观作用力是通过粒间粘结，主要是通过毛细作用产生的。
- 湿陷性土在饱和过程中压缩性逐渐增大，抗剪强度逐渐减小。
- 随着饱和度的增加，湿陷逐步发生。但超过临界饱和度后就不会发生进一步的湿陷。
- 湿陷与局部剪切破坏有关（见下文第32.4.5节的进一步讨论）。
- 各向异性（三轴）固结仪测试，在恒载条件下，含水率增加引发湿陷时，水平应力增大。
- 三轴条件下，给定平均法向总应力，随着应力比的增加，轴向湿陷幅度增大，径向湿陷幅度减小。

因此，填土的湿陷性取决于其填筑条件、含水率历史和应力历史。Charles 和 Skinner（2001）、Charles 和 Watts（2001）以及本手册的其他部分对这一主题和其他不良压实材料作了进一步讨论，参见第34章"非工程性填土"。

32.3.3 建模方法——湿陷预测

大多数湿陷性土是非饱和状态，其吸力由两部分组成：基质吸力和渗透吸力，它们的总和称为总吸力。吸力及其影响在第30章"热带土"中已有讨论，Fredlund 和 Rahardjo（1993）和 Fredlund（2006）也对此类土作了详细论述。

这种方法有重大的局限性，Alonso 等在1990年已经提出了更完善的模型。他们的方法中将修正剑桥黏土本构模型应用于非饱和土，并引入了"荷载－湿陷（LC）面"来定义在外部荷载（总应力）或饱和（吸力损失）下的屈服。许多作者（例如 Jotisankasa 等（2009））对这个方法已经进行了试验证明。LC 模型进一步证明了湿陷对应力路径的依赖性，并解释了为什么在较低的净应力下，水浸润会引起膨胀，而在较高的净应力下，会发生湿陷。因此，在（以上方法的）同一框架内，任何建模方法都应将拟建模土视为具有潜在膨胀性或湿陷性。但应该指出的是，与膨胀不同，湿陷是不可逆的过程。

对许多湿陷性土来说，粘结和粘结屈服强度的影响非常重要，Leroueil 和 Vaughan（1990）、Ma. touk 等（1995）、Malandraki 和 Toll（1996）和 Cuccovillo 和 Coop（1999）对此进行了详细讨论。

D'Onza 等（2011）和 Sheng（2011）对用于评价非饱和土的本构模型进行了综述，Zhang 和 Li（2011）则讨论了它们的局限性。就总体而言，非饱和土的本构模型就是关于力学的应力－应变和水力学的吸力-饱和之间的关系。

本构模型中开发了许多数值方法。但是，应用这些方法进行分析通常需要一系列参数，因此对于许多项目而言可能并非物有所值。使用 Nobar 和 Duncan（1972）、Farias 等（1998）开发的方法可以在一定程度上简化这种情况，例如，该方法利用应力－应变曲线来解释土在干燥和饱和状态下的性状。Charles 和 Skinner（2001）以及 Skinner（2001）都提倡分析填土时也采用类似的方法。此外，湿陷性土的微观力学特性分析可以采用离散元方法（DEM）（更多详细信息请参见 Liu 和 Sun，2002）。

32.4 调查与测评

为了提供一种经济有效的工程解决方案，在处理湿陷性土时必须采取四个基本步骤（修改自 Popescu，1986）：

（1）识别——确定是否存在湿陷性土；
（2）分类——如果存在湿陷性土，重要性如何？
（3）量化——评定湿陷的等级；
（4）评估——评价设计方案。

但是，关于湿陷性土的最大问题之一，是在建造建筑物前常常不知道它们的存在和潜在湿陷程度（Houston 等，2001）。因此，首先必须发现并鉴别湿陷性土，然后对湿陷的可能程度进行评估，特别是（但不仅限于）在存在水敏性强的土的场地更应注意。

工程师常常会错判，或者根本没有意识到湿陷性土的存在。当前使用的关于土的实地描述标准，倾向于将所有细颗粒土（例如粉砂和黏土）归为一个共同的类别，这对识别湿陷性土并无帮助。尽管这样做有其现实原因，但此类分组方式可能会降低工程师识别和评价湿陷性土的能力。此外，虽然全球范围内存在大量的知识数据库，但由于使用了工程师不熟悉的格式和术语，或者仅仅是因为语言障碍，许多工作成果往往没有被应用（Jefferson 等，2003）。

Popescu（1986）、Houston 和 Houston（1997）以及 Houston 等（2001）很好地总结了湿陷性土鉴别和特性描述的关键要素，在描述湿陷性土特性时，Houston 等（2001）建议采取以下步骤：

（1）勘察；
（2）利用间接相关性；
（3）实验室测试；
（4）现场测试。

这些要素通常也是膨胀土研究所共有的，请参考第33章"膨胀土"中的讨论。

32.4.1 勘察

通过勘察收集有价值的地质和地貌信息，可以为预测湿陷提供值得注意的线索。第一步是了解地质和地貌环境（请参见上文第32.3节），例如，Lin（1995）发现地貌与湿陷性之间有很强的相关性。这里有个潜在的假设，就是沉积物都具有湿陷性，除非另有证据确认其不湿陷，如 Beckwith（1995）的例子，Beckwith 建议将冲积扇全部假定为可湿陷的。Charles 和 Watt（2001）对非饱和填土提出了类似的建议——除非有足够的证据证明其不具湿陷性。可以从先前的历史和环境因素中获得确定土湿陷可能性的更多线索。

Lin（1995）强调了黄土的湿陷如何受到形成时间、上覆土压力、饱和度和吸力大小的影响，阐明了确认土是否具有湿陷性的困难。Popescu（1992）强调了在评估土的湿陷性时需要考虑的其他因素，包括：

（1）内部因素
- 颗粒的矿物学（特性）；
- 颗粒的形状和分布；
- 颗粒间胶结/粘结的性质；
- 土的结构；
- 初始干密度（通常较低）；
- 初始含水率。

（2）外部因素
- 水的性质和浸水可能性；
- 作用压力；
- 水可以发生渗透的时间；
- 应力历史；
- 气候条件。

因此，采用一个详细的分类和量化程序来全面评估某个地点发生湿陷的可能性是十分必要的。

勘测的详细资料及其在现场调查中的作用可参见手册的第45章"地球物理勘探与遥感"。在 Fookes 等（2005）的文章中还可以找到更多的信息。

32.4.2 间接相关性

有关黄土的各种湿陷系数已经提出了很多，其中包括越来越多的参数，例如：Basma 和 Tuncer（1992）及 Fujun 等（1998）提出的参数。但这些参数都太复杂，而传统的湿陷潜势，例如由 Gibbs 和 Bara（1962）所提出的，由于其相对简单反而显得更为好一些。

在基于天然含水率、孔隙率或性能指标等土的性质进行湿陷可能性评估中，学者们提出了许多评价标准和相关关系（参见 Rogers 等，1994；Northmore 等，1996；Bell，2000）。但是，由于这些标准通常是基于重塑土和近似土的特性，应用时可能会产生误导，从而作出不适当的评估（Northmore 等，1996）。由于相关性较弱且离散性很大，所以这些可用的相关性（的实用成果）仅获得了部分成功（Houston 等，2001）。因此，在评估湿陷可能性时采用实验室或现场测试更为有效和经济。这样做的另一个好处是，不仅可以提供鉴别数据，还可以提供评价数据。

32.4.3 实验室测试

判别湿陷性的最有效方法是通过湿陷试验。湿陷性是通过使用传统的双线和单线压缩试验来测试的（Jennings 和 Knight，1975），随后由 Houston 等（1988）进行了改进，用试验样本在给定压力下浸水饱和时产生的湿陷应变量表示样品的湿陷敏感性。

用图32.11的典型例子说明（Houston 等，1988），其中5kPa的压应力为初始状态应力，此压力下的压缩可认为是样品扰动。初始压缩曲线 A-B-C 代表土在天然含水率状态下的压缩曲线。然后施加压力，直到样本所受应力等于（或大于）实际应力。此时，样品浸水并测量压缩量（图32.11中的 C-D），然后继续加载，对应于曲线 D-E 段。

这相当于 Pereira 和 Fredlund（2000）所描述的三个湿陷阶段。

一层土的湿陷量可以通过土层的厚度乘以湿陷应变来计算，其中湿陷应变等于湿陷土层中点处终应力（上覆土的饱和自重应力）对应的湿陷应变值。Houston 等（1988）提供了更多细节，他们指出，湿陷应变在水平向和垂直向都是变化的，因此地表沉降需要对垂直向湿陷应变进行积分来计算。

双线试验法试验使用两个几乎相同的土样本，其中一个样本在天然含水率状态下逐级施压，另一个在5kPa的标准压应力下立即饱和后再逐级施加。根据双线试验法测试结果，可以评定湿陷等级并提供潜在湿陷严重程度的参考。表 32.1 是 Jennings 和 Knight（1975）提出的资料，这些资料表明湿陷百分比为1%可被视为临界值。但是，这个临界值在世界各地并不相同，中国的值为1.5%（Lin 和 Wang，1988），美国的值超过2%。这个数值（湿陷百分比）表明土的湿陷性大小（Lutenegger 和 Hallberg，1988）。

对湿陷性填土，可以通过在预测的应力水平范围内，对不同含水量和干密度的样品的测试结果来鉴别（Houston 等，2001；Charles 和 Skinner，2001）。

湿陷率（定义为 $\Delta e/(1+e)$，其中 e 为孔隙比）表示潜在的严重程度　　表 32.1

湿陷（%）	问题的严重性
0～1	没有问题
1～5	有小问题
5～10	有问题
10～20	问题严重
>20	问题非常严重

数据来自 Jennings 和 Knight（1975）

尽管仅是近似的结果，双线试验法试验的确可以提供可复验和可重现的湿陷性定性判别。通常，比起可能发生的实际湿陷量，湿陷风险评估更为重要。但是，传统的压缩试验会受到样品扰动的影响，且完全饱和状态通常在现实中并不常见（Rust 等，2005）。取样对试验结果的影响程度，以及在湿陷性试验时土采用立方体和圆柱体状试样的优缺点等，一直存在争议（参见 Houston 等，1988；Day，1990；Houston 和 El-Ehwany，1991；Neely，2010）。Northmore 等（1996）观察到，在进行固结试验时，注水后，某些砖土试样几乎瞬间就因孔隙迅速吸满水而饱和。

因此，传统的固结仪湿陷试验最多只是湿陷参数试验；为了对湿陷进行全面评价，还应进行现场试验。估算湿陷沉降量时，必须考虑到浸湿后可能还会残留大量的吸力，并且土只会发生部分湿陷（有关更多讨论，请参见第 32.5.1 节）。

还有其他测试方法来表达湿陷性的特性，包括可监测吸力的固结仪（例如 Dineen 和 Burland，1995；Jotisankasa 等，2007；Vilar 和 Rodrigues，2011）；罗威单元格（Rowe Cell，一种测量仪器）（Blanchfield 和 Anderson，2000）和三轴湿陷试验（例如 Lawton 等，1991；Pereira 和 Fredlund，2000；Rust 等，2005）。Fredlund 和 Rahardjo（1993）和 Rampino 等（2000）提供了更详尽的资料。Tarantino 等（2011）对测量和控制吸力的技术进行了综述，而 Fredlund 和 Houston（2009）讨论了岩土工程实践中评估非饱和土特性的草案。Vilar 和 Rodrigues（2011）提供了一个在湿陷评价中有用的吸力测量案例。更多详细信息见第 30 章 "热带土"。

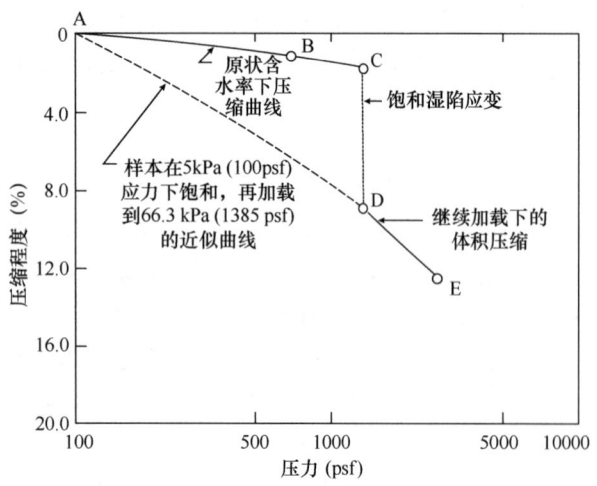

图 32.11　改进的 Jennings 和 Knight 压缩试验的压缩曲线

（注意：1 磅/平方英尺（psf）= 0.0479kPa）

摘自 Houston 等（1988），
经美国土木工程师学会（ASCE）许可

32.4.4 现场测试

现场试验传统上采用平板载荷试验（Reznik，1991，1995；Rollins 等，1994），近期出现了使用旁压仪试验来确定湿陷性（Smith 和 Rollins，1997；Schnaid 等，2004）。Francisca（2007）提供了使用标准贯入试验（SPT）来评价阿根廷黄土的侧限压缩模量和湿陷性的详细资料，其中 N 值较高的土湿陷可能性较低。但是，需要注意湿陷区域应力状态的均匀性，这通常是现场原位湿陷试验的主要缺点，并促使许多研究人员去开发更灵敏的测试方法。

例如，Handy（1995）设计了一种阶梯式叶片方法来评价横向应力变化。Houston 等（1995）（采用井下平板试验）和 Mahmoud 等（1995）（采用箱板载荷试验）开发了测量浸湿反应的方法。Houston 等（1995）概述了各种湿陷测量技术并对它们的优缺点进行了比较，虽然简短但非常实用，包括如何对样品的扰动减至最小限度，大体积土试验，以及与原状土的润湿度近似技术。

Houston 等（2001）介绍了利用现场测试设备对低可塑性粉砂的湿陷性进行的现场试验（图 32.12a）。将装满泥土的混凝土箱或钢箱（或钢箱填满混凝土或用混凝土块）放到混凝土基础上，基础下地基浸水，记录位移的情况（另见 Mahmoud 等，1995）。部分湿陷、基质吸力和饱和度之间的关系 [图 32.12（b）] 突显了对建筑物周围土体含水率可能发生变化的认识是极其重要的，这是 Houston 等（2001）的观点，但准确预测其变化是非常困难的。

Houston 等（2001）还比较了土体湿陷性试验的现场方法（与图 32.12 所示的测试方法不同）和实验室方法（图 32.13），并指出现场方法存在的一些困难：施加的荷载可以控制，但是润湿影响区域和润湿程度可能很难控制。

Smith 和 Rollins（1997）研究了使用孔内旁压仪来测试干旱土的湿陷性。一旦在钻孔内到达所需的深度，压力计就会径向膨胀，向钻孔的环空面施加压力，并测量土的干模量（ED）。定量的水通过压力计排放到周围的土体中，然后测量湿陷时的模量（EC）和湿陷后的湿模量（EW）（图 32.14）。

Smith 和 Rollins(1997)提出，模量比 EC/ED 和 EW/ED 可用于预测潜在湿陷性土的湿陷性(表 32.2)。

随着技术的最新发展，地球物理方法也被用于判定湿陷性（Evans 等，2004；Rodrigues 等，2006）。Northmore 等（2008）阐述了地球物理方法在评估湿陷区域及其场地范围时的优势，请参阅图 32.15。

Northmore 等（2008）介绍了如何使用一套不同的地球物理方法，包括电磁波（EM31 和 EM34）、电阻率和剪切波，来判断湿陷性和非湿陷性的黄土质砖土的深度和横向范围，Gunn 等（2006）提供了剪切波测量的详细资料，Jackson 等（2006）提供了电阻率测量的详细资料。但是，至关重要的是测试结果要通过实验室试验进行充分的校准比对，可以采用传统的双线法固结试验和潘达探测（Panda probe）结果作为对比资料。潘达探测仪是一种轻型动力圆锥触探仪，可以进行 5m 深

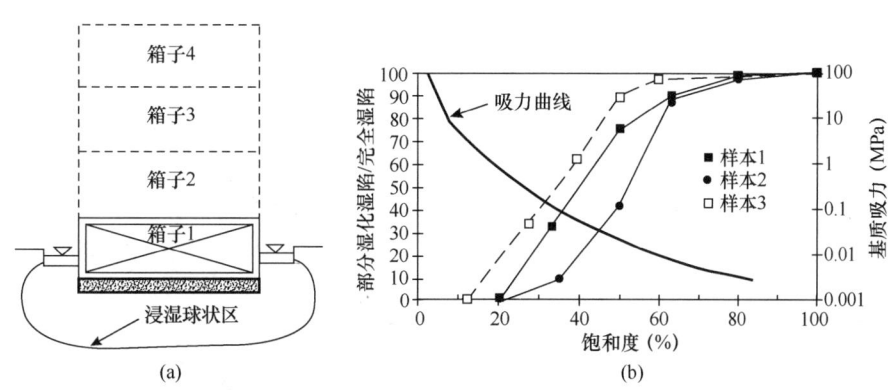

图 32.12 （a）低塑性粉土湿陷试验布置
（b）部分湿化湿陷、基质吸力和饱和度之间的关系（样本 1、2 和 3 是三种不同的低塑性粉土）
摘自 Houston 等（2001），经 Springer Science + Business Media 许可

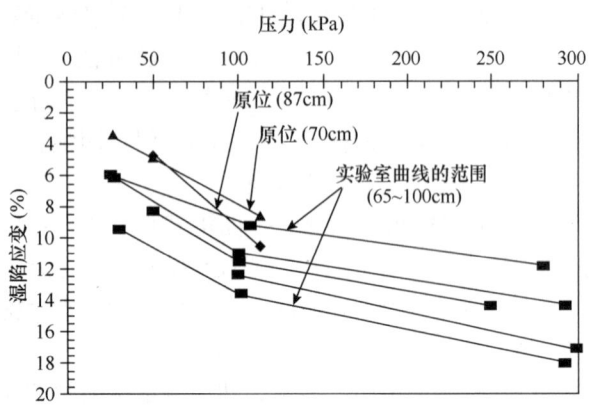

图32.13 土的原位湿陷应变和实验室试验结果研究比较,采用70cm和87cm平板载荷试验

摘自 Houston 等(2001),经施普林格科学+商业传媒集团许可

使用模量比预测潜在湿陷性土的湿陷性

表 32.2

条件			湿陷可能性
E_C/E_D		E_W/E_D	
≈1	且	≈1	不湿陷
<1	且	≈1	中等程度湿陷
≈1	且	<1	中等程度湿陷
<1	且	<1	可能严重湿陷

数据取自 Smith 和 Rollins (1997)

度左右的详细探查(Langton,1999)。一旦完成,就可以对整个场地存在的潜在湿陷性土进行全面评估。

用现场试验精确评价黄土湿陷性的一个重要方面是所需的试验数量。Houston 等(2001)讨论了要得到场地特性及其湿陷性的满意结果,用统计学方法得出的最少试验数量。

32.4.5 浸湿评定

处理湿陷性土的最具挑战性的工作是评估未来潜在的浸湿范围和浸润程度,尤其是在干旱或半干旱环境中,湿陷性土并没有润湿到任何明显的深度。但是,在较湿润的环境中发现的湿陷性沉积物,经常在浸湿深度不大或仅发生部分饱和时,就会出现部分湿陷(Northmore 等,1996;Charles 和 Watts,2001)。

通常,湿陷的有害影响发生在基础下面的区域以及可能的浸润线以内(Houston 等,1988)。浸水试验可以给出水迁移的深度和横向范围,从而可以确定最佳的地基方案。El-Ehwany 和 Houston (1990)给出了实验室渗透试验浸润线的结果,并通过将其与观测到的速率进行比较,对浸润深度随时间的变化作了预测,并介绍了在考虑部分浸湿情况时如何将结果用于预测湿陷沉降。

显然,润湿范围和程度的评估对于确定湿陷可能性、范围,以及地基处理的要求至关重要。许多工程师假定浸湿度达到100%,这是趋于保守的,尤其是湿陷性区域靠近表层但并未延伸得太深的情况下更是如此(Houston 和 Houston,1997),只有在地下水水位上升的情况下,湿陷性土才能被完全浸湿,但这种情况并不常见。通常饱和度只能达到35%~60%,特别是向下渗透时更为明显。因此,因这种保守的假设而产生的额外相关费用可能无法

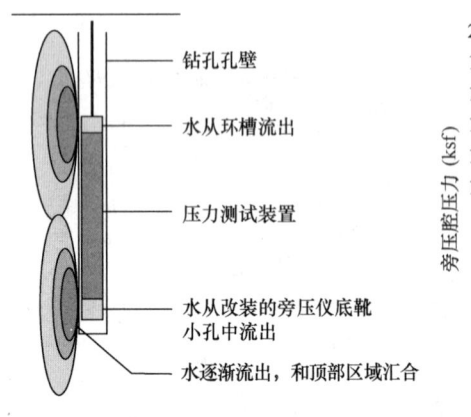 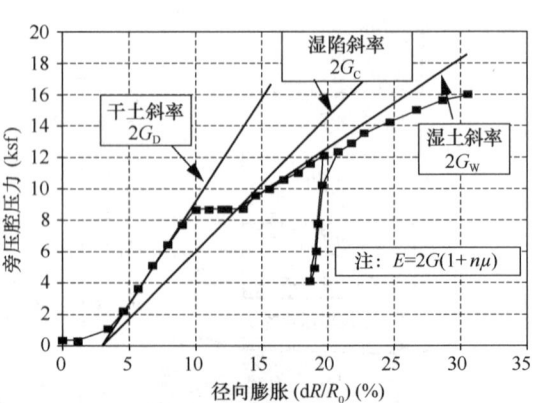

图32.14 孔内旁压仪图示(为清楚起见,仅在左图示意了水)和干模量、湿陷模量及湿模量的确定(G为剪切模量,μ为泊松比)

摘自 Smith 和 Rollins (1997);美国材料试验学会(ASTM)

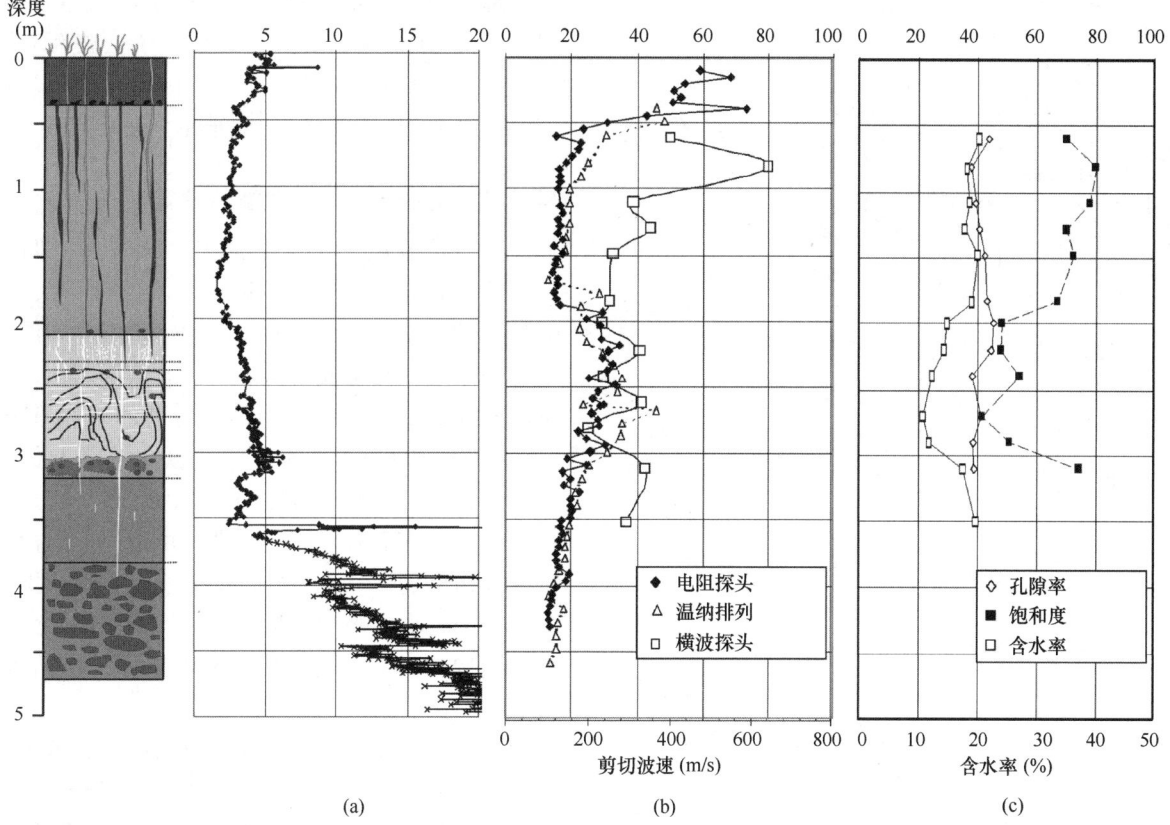

图32.15 湿陷性（2~3m）和非湿陷（0.5~2m）制砖土剖面图，湿陷性沉积物位于2~3m之间，与饱和度的下降相关

(a) 锥头阻力（MPa）；(b) 视电阻率（Ω·m）；(c) 孔隙率和饱和度（%）

摘自Northmore等（2008），版权所有

被批准（Houston等，2001）。El-Ehwany和Houston（1990）发现饱和度到50%时，已发生了全部湿陷量的85%，与图32.12（b）中的观测结果基本一致。他们提出在饱和度达65%~70%时湿陷就能完全发生。Lawton等（1992）和其他人的研究表明，未完全饱和时就会出现部分湿陷，在饱和度最低为60%时就会发生完全湿陷，Bally（1987）也赞同这个结论。但是，Osopov和Sokolov（1995）认为，只有当饱和度超过80%时，湿陷才能完全发生。

因为实验室测试时通常会达到比现场更高的饱和度并高估了湿陷应变，因此会影响对湿陷变形的预测，一般估计高了大约10%（El-Ehwany和Houston，1990），考虑到沉降预测的性质和总体上的准确性，这个数值并不是很高。

Fredlund和Rahardjo（1993）的论文提出使用非饱和应力状态的变量净正应力（$\sigma - u_a$）和基质吸力（$u_a - u_w$）来模拟浸湿影响。润湿过程中基质吸力的变化可以通过土-水特征曲线（SWCCs）表达，详细讨论见第30章"热带土"。Houston等（2001）提供了世界各地湿陷性黄土的一系列土-水特征曲线，Walsh等（1993）讨论了采用吸力测量评价浸润过程的更多细节。

在部分浸湿条件下，所有湿陷性土都会发生部分湿陷，但部分湿陷曲线的形状和数值大小取决于土的类型、细粒含量和粒间粘结类型。总体而言，浸湿范围和程度评估显然是湿陷性评价中最困难的部分。

32.5 关键工程问题

32.5.1 地基方案

湿陷性土的解决方案中有四种基本方法（Popescu，1992）：

（1）采用坚固的筏板基础和刚性上部结构，将沉降差的影响最小化（图32.16），这个方法比较昂贵，并且不是都能成功。

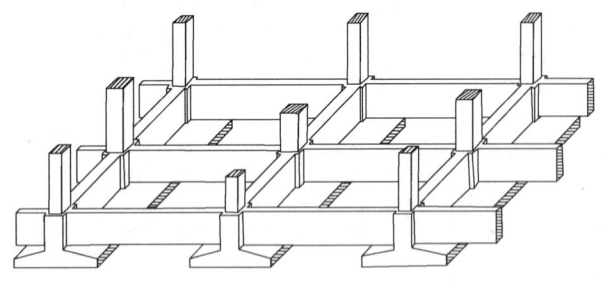

图32.16　湿陷性土上的条形基础设计
摘自 Zeevaert（1972）；Van Nostrand Reinhold Co.

（2）确保基础和上部结构具有足够的调节能力，在地基变形时不会造成损坏。这种方法可能更适用于较小的低成本建筑。或者，可以将建筑物分割成较小的刚性建筑单元，再用柔性做法连接起来。

（3）采用桩基础穿过湿陷土层。

（4）通过一种或多种可用的处理技术来控制或改进地基条件（参见第32.5.5节和第25章"地基处理方法"）。

在湿陷性土层厚度相对较小的场地，推荐简单的基础方案：将基础设置在湿陷性土层以下。如果不这样做，则需要采取某种形式的地基处理措施消除湿陷性。

如果湿陷土层较深或在表层以下具有较大厚度，可以采用桩基。但是，Grigoryan（1997）报道了几起案例，在湿陷性土中的桩，由于浸水后产生负摩阻力，很快出现承载力明显下降和过大的沉降。另外，在建筑物寿命期内湿陷土层可能会对桩的性能产生不利影响。

Kakoli（2011）主要根据 Grigoryan 和 Grigoryan（1975）的工作，提出了湿陷性土中桩的详细综述和评价，这样的详细综述和评价数量很少。他们认为，在湿陷性土中，桩表面负摩阻力只存在数小时，在桩体沉降后就消失了。Chen 等（2008）介绍了湿陷性土中桩的浸水载荷试验，他们在中国五个地点测试了负摩阻力，发现这些负摩阻力值在20～60kPa。Kakoli（2011）介绍了浸水对湿陷性土中桩的性能影响的数值分析结果（采用 PLAXIS 软件），结果与 Chen 等（2008）的研究结果类似。他进一步论证了浸水的影响如何增加了湿陷的可能性。Redolfi 和 Mazo（1992）介绍了湿陷性土中桩的基本性能的更多资料。

通常可以采用较便宜的地基方案：Bally（1988）和 Poposecu（1992）介绍了一些在湿陷性土中进行地基实践的案例，Jefferson 等（2005）通过保加利亚的案例分析对此进行了论证。

32.5.2　交通与公用事业基础设施

与建筑地基一样，交通基础设施（公路和铁路）也会因湿陷而出现问题。对道路而言，问题的特殊性在于沿道路纵向发生的路基不均匀湿化和不均匀湿陷，会造成路面不平、波浪形起伏，并有可能对道路结构造成延绵数英里的大范围破坏（Houston，1988）。由于铁路对纵向沉降差的要求更为严格，对铁路的潜在损害更为严重。管道也是如此，除非它们有足够的柔性，可以适应纵向差异沉降或横向的位移。此外，如果输水管道或下水道由于差异变形而破裂，渗漏水会加剧湿陷发生。相关的结构和岩土设施也可能发生损坏，包括桥梁、边坡和路堑。

高速公路路基承受的荷载有两部分：覆土荷载和交通荷载（可以采用常见的路面分析工具确定）。一旦发生湿化，重型卡车的荷载短时间内就足以引起完全湿陷。应当注意的是，无论覆土荷载与外加荷载之间的比例如何，在任何发生严重湿化的深度处，湿陷变形都能发生（见上文第32.4.5节）。显然，沿公路纵向土类别的变化非常重要，而类似落锤式弯沉计试验的常规无损检测是非常必要的（Houston 等，2002）。

因为大多数湿陷性土比公路路基材料具有更高的渗透性和吸力，排水系统管理显得尤为重要。此外，路面阻断了蒸发并改变了相对于周围土体的含水率状况，因此，存在湿陷性土路基湿化的巨大风险；湿化的范围和深度决定于水源性质，例如地下水上升或因排水不良形成的地表积水。

上文第32.4节和下文第32.5.5节中讨论的方法基本上适用于湿陷性土上的道路建设。Houston（1988，2002）介绍了针对道路的更多详细资料。Cameron 和 Nuntasarn（2006）以及 Roohnavaz 等（2011）提供了与湿陷性土相关的路面设计中使用的参数示例。

32.5.3　动力特性

由于湿陷性土在剪切过程中具有高收缩性，因此特别容易液化和产生震陷。这可能导致灾难性的后果，海原滑坡就是一个很好的例子（参见 Zhang 和 Wang，2007）。但要发现潜在的湿陷性土液化和震陷却很困难，因为干燥状态时通常胶结作用很强，在动力或地震荷载作用下不会发生明显的变形（Houston 等，2001）。但是，如果被浸湿，土颗粒间的胶结就会减弱，它们的液化和震陷可能性会显著增加。因此，在地震多发地区，特别是因地下水上升引起湿陷时，湿化后土的特性尤为重要（Houston 等，2003）。此外，这些土的细粒含量往往较少，在饱和时容易液化，因此由湿陷引起的密实作用可能不足以降低液化和震陷的可能性（Houston 等，2001）。

Houston 等（2003）介绍了湿陷性土动力特性研究的简要概述。他们的结果表明循环应力比（CSRs）与饱和度有较好的相关性（图 32.17）。在 CSR 应变为 10% 时，认为达到破坏。循环应力比可以定义为最大剪切应力（与地震的循环剪切应力幅度有关）与垂直有效应力之比。

黄土的液化由于其微观结构原因较为复杂，因此对其过程的认识一般不如砂土的液化深刻（参见 Hwang 等，2000；Wang 等，2004）。但一些地基处理方法，包括强夯、挤密桩及采用灌浆等改变土结构的方法，实践证明能有效降低液化势（Wang 等，2004）。更多详细信息请参见第 32.5.5 节。

Wang 等（1998，2004）通过动三轴试验和共振柱试验，详细介绍了处理地震引发的黄土问题时的经验。地震引发的主要问题是滑坡（例如 1920 年的海原滑坡，Zhang 和 Wang，2007）、沉陷和液化。其他湿陷性土在地震时也可能发生类似的问题，例如地震诱发的超灵敏黏土滑坡（Stark 和 Contreras，1998）。

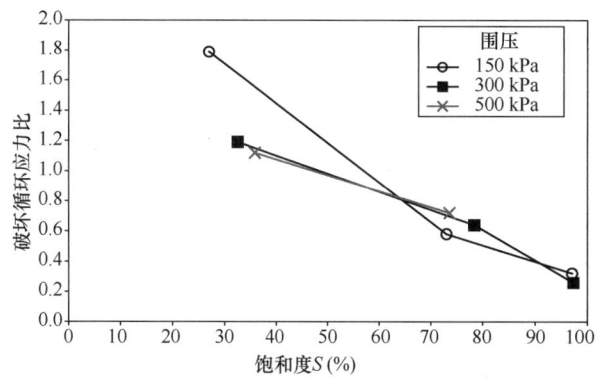

图 32.17　破坏时循环应力比随饱和度的变化

摘自 Houston 等（2003）

32.5.4　斜坡的稳定性

与湿陷性土有关的斜坡稳定性问题是一个与黄土广泛相关的问题，其他湿陷性沉积物如超灵敏黏土也可能有类似严重的问题，例如里萨滑坡（见上文第 32.2.2 节），Bell（2000）讨论了更多细节。

在黄土地区，例如中国甘肃黄土覆盖的多山地带，在 20 世纪发生了超过 4 万次大规模滑坡（Meng 和 Derbyshire，1998）。该地区的山体滑坡是由地震冲击和强烈的夏季季风降雨引起的。这种降雨形成的黄土喀斯特和落水洞地貌是又一类危害。

黄土滑坡因其发生时的情况复杂而多种多样（Derbyshire 和 Meng，2005），主要的黄土滑坡类型如图 32.18 所示，Meng 和 Derbyshire（1998）以及 Meng 等（2000）给出了详细的描述。应当指出的是，坍塌是小范围滑坡，通常直径小于 10m，深度为几米，主要发生在黄土陡坡上。滑动开始后，通常会以高滑动速度发生快速崩解（Meng 等，2000）。

中国的丰富经验中许多治理措施取得了成功，包括：

- 环境美化，如阶梯状斜坡；
- 挡土构筑物，例如挡土墙，地下排水沟和挡土桩。

这些方法可以处理大多数浅层和中等深度的滑坡。通常，多种方法的组合被证明是最好的方式。例如，使用挡土墙和排水沟的组合。但是，阶地滑坡很难处理，通常需要水平排水孔来减小地下水压力，因为这些压力引起的轻微的边坡位移会导致黄土液化，从而威胁到整个边坡的稳定。

Meng 和 Derbyshire（1998）以及 Meng 等（2000）提供了详细资料，包括成功的滑坡治理方法的细节。此外，Dijkstra 等（2000）介绍了关于黄土斜坡稳定性的实验室和现场强度检测的详细说明；Dijkstra 等（2000）介绍了滑坡建模的详细信息。

32.5.5　改良和修复

对于湿陷性土有各种各样的改良方法。一些比较独特的方法只是在实验阶段才尝试过。Evstatiev（1988），Houston 等（2001）和 Jefferson 等（2005）对改良湿陷性黄土的一系列可能的处理技术作了很好的概述。

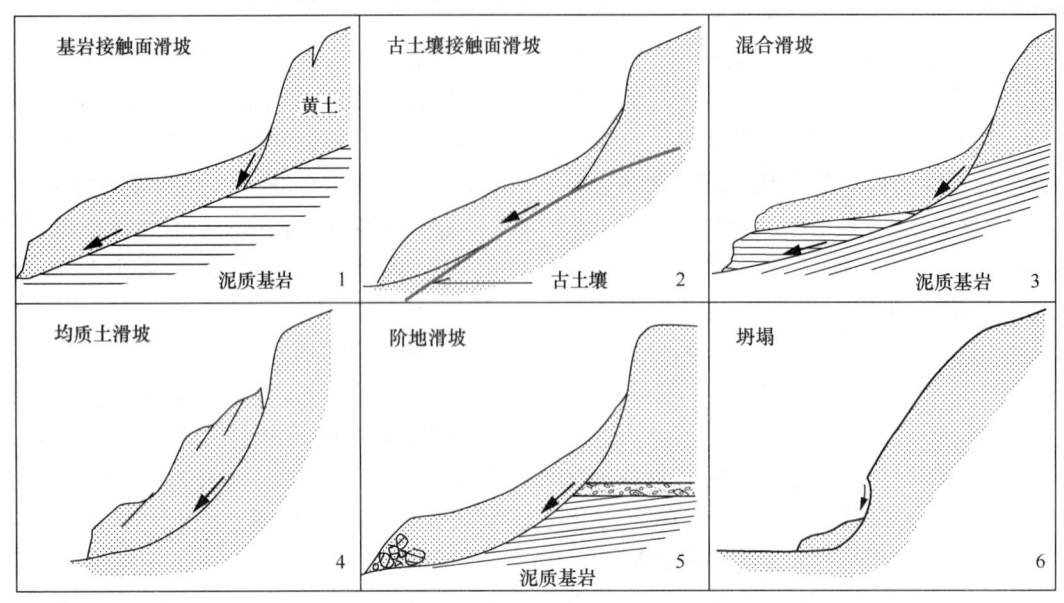

图 32.18 黄土滑坡的主要类型

摘自 Meng 和 Derbyshire（1998）ⓒ 伦敦地质学会（The Geological Society of London）

最终，最佳技术取决于几个因素（修改自 Houston 等，2001）：

(1) 发现湿陷性黄土的时间点；
(2) 对土体施加压力的方式；
(3) 湿陷区的深度和范围；
(4) 湿化原因；
(5) 费用。

很多文献中都提供了详细信息，特别是来自东欧，尤其是俄罗斯的经验，例如 Abelev（1975），Lutenegger（1986），Ryzhov（1989），Evstatiev（1995）和 Evstatiev 等（2002）。Deng（1991），Wang（1991），Zhong（1991），Zhai 等（1991），Fujun 等（1998）和 Gao 等（2004），对中国常用的处理技术有着深入了解。另外一些研究人员，如 Clemence 和 Finbarr（1981），Rollins 和 Rogers（1994），Rollins 和 Kim（1994），Pengelly 等（1997），Houston（1997），Rollins 等（1998），Houston 等（2001）和 Rollins 和 Kim（2011）对北美采用地基改良方法处理湿陷性土作了综述。Rollins 和 Rogers（1994）概述了多种减少/消除湿陷性处理方法的各种优点和局限性。

表 32.3 概括了可用于处理黄土地基并减少/消除其湿陷性的技术。

在一些湿陷性土中，如黄土沉积物中普遍发现存在黏土质材料（古土壤）形成的带，但仍不确定这些古土壤对黄土整体特性的影响。它们很可能是薄弱结构面，但可以确定的是，这些条带的存在将影响任何处理湿陷性土的方法的有效性，影响压实能量的传递以及土中稳定流体的渗流路径。

既有建筑的地基湿陷性处理通常包括某种形式的化学加固，通常是灌浆，或某种形式的托换，这两种方法都可能很昂贵。在湿陷性黄土对既有建筑物造成损害的案例中，已经使用了以下加固方法：硅酸盐灌浆（硅化法），旋喷灌浆，树根桩托换（pali radici[①]），压力灌浆（通过套管注入）和烧结稳定法。

Houston 等（2001）提出了另一种方法，在基础底板周围设置可单独控制的沟槽对地基进行可控的差异化润湿，该方法已用于可控的方式纠正倾斜建筑物。初步试验表明，首先，对基础进行重新调平是可能的，从而消除任何将来的湿陷可能性；其次，控制相对简单，因其允许业主控制每个沟槽的流速。但是，至今尚无直接相关的先例，因而限制了它的使用。

Evans 和 Bell（1981），Jefferson 等（2005）和 Rollins 和 Kim（2011）介绍了许多如何成功解决湿陷性问题的案例分析。

---

① 译者注：同 root tpile

湿陷性黄土地基处理方法 表 32.3

深度（m）	处理方法	说明
0~1.5	通过振动压路机，轻型夯实机压实表面	经济实惠，但需要仔细的现场控制，例如，控制含水率
	预浸水	可以有效处理较厚的土层，但需要大量的水和时间
	振冲	需要仔细的现场控制
1.5~10	振冲密实（砂石桩，混凝土桩，裹体桩）	比传统桩便宜，但需要仔细的现场控制和检测。如果无包裹体，砂石桩可能会在湿陷发生时失去侧向约束而破坏
	强夯快速冲击压实	简单易行，但需要注意含水量和产生的振动
	爆炸	需要解决安全问题
	挤密桩	需要精心的现场控制
	灌浆	可用于多种情况，但可能会对环境造成不良影响
	积水/浸水/预湿	难以控制产生的密实效果
	灰土/水泥土	实施方便，且强度随着时间的推移而增长。需要评估各种环境和安全方面的问题以及对化学反应的控制
	热处理法	价格昂贵
	化学方法	可应对多种情况；价格相对昂贵
>10	对于 1.5~10m 来说，一些技术可能效果有限	（参照以上内容）
	桩基	承载力高但价格昂贵

摘自 Jefferson 等（2005），经爱思唯尔出版公司（Elsevier）许可

32.6 结语

湿陷性土在世界范围内广泛存在，是由各种地质和地貌作用形成的。这些作用可能是自然的（水力或风力），也可能是人为的（压实不良）。无论涉及什么作用，关键前提是通过胶结机制形成开放的欠稳定结构，胶结机制由毛细作用力（吸力）和/或通过胶结材料（如黏土或盐）形成。当净应力（通过荷载或饱和）超过胶结材料的屈服强度时，湿陷就会发生。到目前为止，浸水是最常见的湿陷原因，浸水水源来源多样，不同的来源会产生不同程度的湿陷。

因此，对宏观和微观特性的详细了解对于安全有效地处理湿陷性土至关重要。未能识别和处理湿陷性土可能会对建筑和城市环境产生重大影响，极有可能是灾难性的影响和有潜在的生命损失。为有效地处理湿陷性土，基本前提是认识到它们的存在，关键的地质和地貌信息对于鉴别至关重要。不管怎样，还是应通过实验室和现场浸水载荷试验成果来确认湿陷性。湿陷性土领域的关键挑战是预测将来发生的湿化范围和程度。需要注意的是，要确保先进行恰当和符合实际的评价，然后通过一系列合适的改良技术进行处理，这样就可以有效地消除湿陷发生的可能性。

32.7 参考文献

Abelev, M. Y. (1975). Compacting loess soils in the USSR. *Géotechnique*, **25**(1), 79–82.

Alonso, E. E., Gens, A. and Josa, A. (1990). A constitutive model for partially saturated soils. *Géotechnique*, **40**(3), 405–430.

Bally, R. J. (1988). Some specific problems of wetted loessial soils in civil engineering. *Engineering Geology*, **25**, 303–324.

Barden, L., McGown, A. and Collins, K. (1973). The collapse mechanism in partly saturated soil. *Engineering Geology*, **7**, 49–60.

Barksdale, R. D. and Blight, G. E. (1997). Compressibility and settlement of residual soil. In: *Mechanics of Residual Soils: A Guide to the Formation, Classification and Geotechnical Properties of Residual Soils, with Advice for Geotechnical Design* (ed Blight, G. E.). Rotterdam: Balkema, pp. 95–154.

Basma, A. A. and Tuncer, E. R. (1992). Evaluation and control of collapsible soils. *Journal of Geotechnical Engineering*, **118**(10), 1491–1504.

Beckwith, G. H. (1995). Foundation design practices for collapsing soils in the western United States in unsaturated soils. In *Proceedings of the 1st International Conference on Unsaturated Soils*. France: Paris, pp. 953–958.

Bell, F. G. (2000). *Engineering Properties of Soils and Rocks* (4th Edition). Oxford: Blackwell Science.

Bell, F. G. and de Bruyn, I. A. (1997). Sensitive, expansive, dispersive and collapsive soils. *Bulletin of the International Association of Engineering Geology*, **56**, 19–38.

Bentley, S. P. and Roberts, A. J. (1995). Consideration of the possible contributions of amphorous phases to the sensitivity of glaciomarine clays. In *Proceedings of NATO Advance Workshop on Genesis and Properties of Collapsible Soils* (eds Derbyshire, E., Dijkstra, T. and Smalley, I. J.). UK: Loughborough, April 1994, pp. 225–245.

Billard, A., Muxart, T., Andrieu, A. and Derbyshire, E. (2000). Loess and water. In *Landslides in Thick Loess Terrain of North-West China* (eds Derbyshire, E., Meng, X. M. and Dijkstra, T. A.). Chichester: Wiley, pp. 91–130.

Blanchfield, R. and Anderson, W. F. (2000). Wetting collapse in opencast coalmine backfill. *Proceedings of the ICE, Geotechnical Engineering*, **143**(3), 139–149.

Brink, A. B. A. and Kanty, B. A. (1961). Collapsible grain structure in residual granite soils in southern Africa. In *Proceedings of the 5th International Conference on Soil Mechanics and Foundation Engineering*. France: Paris, Vol. 1, pp. 611–614.

Cameron, D. A. and Nuntasarn, R. (2006). Pavement engineering parameters for Thai collapsible soil. In *Proceedings of the 4th International Conference on Unsaturated Soils*. Carefree, AZ, pp. 1061–1072.

Catt, J. A. (1977). Loess and coversands. In *British Quaternary Studies, Recent Advances* (ed Shotton, F. W.). Oxford, UK: Clarendon Press, pp. 221–229.

Catt, J. A. (1985). Particle size distribution and mineralogy as indicators of pedogenic and geomorphic history: examples from soils of England and Wales. In *Geomorphology and Soils* (eds Richards, K. S., Arnett, R. R. and Ellis, S.). London, UK: George Allen and Unwin, pp. 202–218.

Catt, J. A., Corbett, W. M., Hodge, C. A., Madgett, P. A., Tatler, W. and Weir, A. H. (1971). Loess in the soils of north Norfolk. *Journal of Soil Science*, **22**, 444–452.

Cerato, A. B., Miller, G. A. and Hajjat, J. A. (2009). Influence of clod-size and structure on wetting-induced volume change of compacted soils. *Journal of Geotechnical and Geoenvironmental Engineering*, **135**(11), 1620–1628.

Charles, J. A. and Skinner, H. (2001). Compressibility of foundation fill. *Proceedings of the ICE, Geotechnical Engineering*, **149**(3), 145–157.

Charles, J. A. and Watts, K. S. (2001). *Building on Fill: Geotechnical Aspects* (2nd Edition). London: CRC.

Chen, Z. H., Huang, X. F., Qin, B., Fang, X. W. and Guo, J. F. (2008). Negative skin friction for cast-in-place piles in thick collapsible loess. In *Unsaturated Soils: Advances in Geo-Engineering* (eds Toll, D. G., Augarde, C. E., Gallipoli, D. and Wheeler, S. J.). London: CRC Press, pp. 979–985.

Clemence, S. P. and Finbarr, A. O. (1981). Design considerations for collapsible soils. *Journal of Geotechnical Engineering*, **107**(3), 305–317.

Cuccovillo, T. and Coop, M. R. (1999). On the mechanics of structured sands. *Géotechnique*, **49**(6), 741–760.

Day, R. W. (1990). Sample disturbance of collapsible soil. *Journal of Geotechnical Engineering*, **116**(1), 158–161.

Deng, C. (1991). Research of chemical stabilization effect of Lanzhou loess. In *Geotechnical Properties of Loess in China* (eds Lisheng, Z., Zhenhua, S., Hongdeng, D. and Shanlin, L.). Beijing: China Architecture and Building Press, pp. 93–97.

Derbyshire, E. and Mellors, T. W. (1988). Geological and geotechnical characteristics of some loess and loessic soils from China and Britain. *Engineering Geology*, **25**, 135–175.

Derbyshire, E. and Meng, X. M. (2005). Loess. In *Geomorphology for Engineers* (eds Fookes, P. G., Lee, E. M. and Milligan, G.C.). Dunbeath, Scotland: Whittles, pp. 688–728.

Derbyshire, E., Dijkstra, T. A. and Smalley, I. J. (eds) (1995). Genesis and properties of collapsible soils. In *Series C: Mathematical and Physical Sciences – Vol. 468*. Dordrecht, The Netherlands: Kluwer.

Derbyshire, E., Meng, X. M. and Dijkstra, T. A. (eds) (2000). *Landslides in Thick Loess Terrain of North-West China*. Chichester, UK: Wiley.

Dijkstra, T. A., Rappange, F. E., van Asch, T. W. J., Li, Y. J. and Li, B. X. (2000a). Laboratory and in situ shear strength parameters of Lanzhou loess. In *Landslides in Thick Loess Terrain of North-West China* (eds Derbyshire, E., Meng, X. M. and Dijkstra, T. A.). Chichester, UK: Wiley, pp. 131–172.

Dijkstra, T. A., van Asch, T. W. J., Rappange, F. E. and Meng, X. M. (2000b). Modelling landslide hazards in loess terrain. In *Landslides in Thick Loess Terrain of North-West China* (eds Derbyshire, E., Meng, X. M. and Dijkstra, T. A.). Chichester, UK: Wiley, pp. 203–242.

Dineen, K. and Burland, J. B. (1995). A new approach to osmotically controlled oedometer testings. In *Proceedings of the 1st International Conference on Unsaturated Soils*. France: Paris, pp. 459–465.

D'Onza, F., Gallipoli, D., Wheeler, S. et al. (2011). Benchmark of constitutive models for unsaturated soils. *Géotechnique*, **61**(4), 282–302.

Dudley, J. H. (1970). Review of collapsing soils. *Journal of Soil Mechanics and Foundation Division, ASCE*, **96**(3), 925–947.

El-Ehwany, M. and Houston, S. L. (1990). Settlement and moisture movement in collapsible soils. *Journal of Geotechnical Engineering*, **116**(10), 1521–1535.

Evans, G. L. and Bell, D. H. (1981). Chemical stabilisation of loess, New Zealand. In *Proceedings of the 10th International Conference on Soil mechanics and Foundation Engineering*, Stockholm, Sweden, Vol. 3, pp. 649–658.

Evans, R. D., Jefferson, I., Northmore, K. J., Synac, O. and Serridge, C. J. (2004). Geophysical investigation and in situ treatment of collapsible soils. *Geotechnical Special Publication No. 126, Geotechnical Engineering for Transportation Projects*. Los Angeles, Vol. 2, pp. 1848–1857.

Evstatiev, D. (1988). Loess improvement methods. *Engineering Geology*, **25**, 135–175.

Evstatiev, D. (1995). Design and treatment of loess bases in Bulgaria. In *Genesis and Properties of Collapsible Soils. Proceedings of NATO Advance Workshop on Genesis and Properties of Collapsible Soils* (eds Derbyshire, E., Dijkstra, T. and Smalley, I. J.). Loughborough, April 1994, pp. 375–382.

Evstatiev, D., Karastanev, D., Angelova, R. and Jefferson, I. (2002). Improvement of collapsible loess soils from eastern Europe: lessons from Bulgaria. In *Proceedings of the 4th International Conference on Ground Improvement Techniques*. Kuala Lumpur, March 2002, pp. 331–338.

Farias, M. M., Assis, A. P. and Luna, S. C. P. (1998). Some traps in modelling of collapse. In *Proceedings of the International Symposium on Problematic Soils*. Japan: Sendai, October 1998, pp. 309–312.

Feda, J. (1966). Structural stability of subsidence loess from Praha-Dejvice. *Engineering Geology*, **1**, 201–219.

Feda, J. (1995). Mechanisms of collapse of soil structure. In *Genesis and Properties of Collapsible Soils. Proceedings of NATO Advance Workshop on Genesis and Properties of Collapsible Soils* (eds Derbyshire, E., Dijkstra, T. and Smalley, I. J.). Loughborough, April 1994, pp. 149–172.

Fookes, P. G. and Best, R. (1969). Consolidation characteristics of some late Pleistocene periglacial metastable soils of east Kent. *Quarterly Journal of Engineering Geology*, **2**, 103–128.

Fookes, P. G., Lee, E. M. and Milligan, G. C. (eds) (2005). *Geomorphology for Engineers*. Dunbeath, Scotland: Whittles Publishing.

Francisca, F. M. (2007). Evaluating the constrained modulus and col-

lapsibility of loess from standard penetration test. *International Journal of Geomechanics*, **7**(4), 307–310.
Fredlund, D. G. (2006). Unsaturated soil mechanics in engineering practice. *Journal of Geotechnical and Geoenvironmental Engineering*, **132**(3), 286–321.
Fredlund, D. G. and Gan, J. K. M. (1995). The collapse mechanism of a soil subjected to one-dimensional loading and wetting. In *Proceedings of NATO Advance Workshop on Genesis and Properties of Collapsible Soils* (eds Derbyshire, E., Dijkstra, T. and Smalley, I. J.). Loughborough, April 1994, pp. 173–205.
Fredlund, D. G. and Houston, S. L. (2009). Protocol for the assessment of unsaturated soil properties in geotechnical engineering practice. *Canadian Geotechnical Journal*, **46**, 694–707.
Fredlund, D. G. and Rahardjo, H. (1993). *Soil Mechanics for Unsaturated Soils*. New York: Wiley.
Fujun, N., Wankui, N. and Yuhai L. (1998). Wetting-induced collapsibility of loess and its engineering treatments. In *Proceedings of the International Symposium on Problematic Soils*. Japan: Sendai, Vol. 1, pp. 395–399.
Gao, G. Y., Shui, W. H., Wang, Y. L. and Li, W. (2004). Application of high energy level dynamic compaction to high-capacity oil tank foundation. *Rock and Soil Mechanics*, **25**(8), 1275–1278 (in Chinese).
Gibbs, H. J. and Bara, J. P. (1962). Predicting surface subsidence from basic soil tests. *Special Technical Publication*, **332**, ASTM, 231–247.
Grigoryan, A. A. (1997). *Pile Foundations for Buildings and Structures in Collapsible Soils*. Brookfield, USA: A.A. Balkema.
Grigoryan, A. A. and Grigoryan, R. G. (1975). Experimental investigation of negative friction forces along the lateral surface of piles as soils experience slump-type settlement under their own weight. *Osnovaniya, Fundamenty i Mekhanika Gruntov*, **5**, 2–5.
Gunn, D. A., Nelder, L. M., Jackson, P. D., *et al.* (2006). Shear wave velocity monitoring of collapsible brickearth soil. *Quarterly Journal of Engineering Geology and Hydrogeology*, **39**, 173–188.
Handy, R. L. (1995). A stress path model for collapsible loess. In *Proceedings of NATO Advance Workshop on Genesis and Properties of Collapsible Soils* (eds Derbyshire, E., Dijkstra, T. and Smalley, I. J.). Loughborough, April 1994, pp. 173–205.
Herle, I., Herbstová, V., Kupka, M. and Kolymbas, D. (2009). Geotechnical problems of cultural heritage due to floods. *Journal of Performance of Constructed Facilities*, **24**(5), 446–451.
Holtz, W. G. and Gibbs, H. J. (1952). Consolidation and related properties of loessial soils. *ASTM Special Technical Publication*, **126**, 9–33.
Houston, S. L. (1988). Pavement problems caused by collapsible soils. *Journal of Transportation Engineering*, **114**(6), 673–683.
Houston, S. L. and El-Ehwany, M. (1991). Sample disturbance of cemented collapsible soils. *Journal of Geotechnical Engineering*, **117**(5), 731–752.
Houston, S. L., Elkady, T. and Houston, W. N. (2003). Post-wetting static and dynamic behavior of collapsible soils. In *Proceedings of the 1st International Conference on Problematic Soils*. UK: Nottingham, July 2003, pp. 63–71.
Houston, W. N. and Houston, S. L. (1997). Soil improvement in collapsing soil. In *Proceedings of the 1st International Conference on Ground Improvement Techniques*. Macau, pp. 237–46.
Houston, S. L., Houston, W. N. and Lawrence, C. A. (2002). Collapsible soil engineering in highway infrastructure development. *Journal of Transportation Engineering*, **128**(3), 295–300.
Houston, S. L., Houston, W. N. and Mahmoud, H. H. (1995a). Interpretation and comparison of collapse measurement techniques. In *Proceedings of NATO Advance Workshop on Genesis and Properties of Collapsible Soils* (eds Derbyshire, E., Dijkstra, T. and Smalley, I. J.). Loughborough, April 1994, pp. 217–224.
Houston, S. L., Houston, W. N. and Spadola, D. J. (1988). Prediction of field collapse of soils due to wetting. *Journal of Geotechnical Engineering*, **114**(1), 40–58.

Houston, S. L., Houston, W. N., Zapata, C. E. and Lawrence, C. (2001). Geotechnical engineering practice for collapsible soils. *Geotechnical and Geological Engineering*, **19**, 333–355.
Houston, S. L., Mahmoud, H. H. and Houston, W. N. (1995b). Downhole collapse test system. *Journal of Geotechnical Engineering*, **121**(4), 341–349.
Hwang, H., Wang, L. and Yuan, Z. (2000). Comparison of liquefaction potential of loess in Lanzhou, China and Memphis, USA. *Soil Dynamics and Earthquake Engineering*, **20**, 389–395.
Jackson, P. D., Northmore, K. J., Entwisle, D. C., *et al.* (2006). Electrical resistivity monitoring of a collapsing metastable soil. *Quarterly Journal of Engineering Geology and Hydrogeology*, **39**, 151–172.
Jefferson, I., Evstatiev, D., Karastanev, D., Mavlyanova, N. and Smalley, I. J. (2003a). Engineering geology of loess and loess-like deposits: a commentary on the Russian literature. *Engineering Geology*, **68**, 333–351.
Jefferson, I., Rogers, C. D. F., Evstatiev, D. and Karastanev, D. (2005). Treatment of metastable loess soils: lessons from eastern Europe. In *Ground Improvements – Case Histories* (eds Indraratna, B. and Chu, J.). Elsevier Geo-Engineering Book Series, Vol. 3. Amsterdam: Elsevier, pp. 723–762.
Jefferson, I., Smalley, I. J., Karastanev, D. and Evstatiev, D. (2002). Comparison of the behaviour of British and Bulgarian loess. In *Proceedings of the 9th Congress of the International Association of Engineering Geology and the Environment*. South Africa: Durban, 16–20 September 2002, pp. 253–263.
Jefferson, I., Smalley, I. J. and Northmore, K. J. (2003b). Consequences of a modest loess fall over southern Britain. *Mercian Geologist*, **15**(4), 199–208.
Jefferson, I., Tye, C. and Northmore, K. G. (2001). The engineering characteristics of UK brickearth. In *Problematic Soils* (eds Jefferson, I., Murray, E. J., Faragher, E. and Fleming, P. R.). London: Thomas Telford, pp. 37–52.
Jennings, J. E. and Knight, K. (1975). A guide to construction on or with materials exhibiting additional settlement due to collapse of grain structure. In *Proceedings of the 6th African Conference on Soil Mechanics and Foundation Engineering*. South Africa: Durban, pp. 99–105.
Jotisankasa, A., Coop, M. R. and Ridley, A. (2009). The mechanical behaviour of an unsaturated compacted silty clay. *Géotechnique*, **59**(5), 415–428.
Jotisankasa, A., Ridley, A. and Coop, M. (2007). Collapse behavior of compacted silty clay in suction monitored oedometer apparatus. *Journal of Geotechnical and Geoenvironmental Engineering*, **133**(7), 867–886.
Kakoli, S. T. N. (2011). Negative skin friction induced on piles in collapsible soils due to inundation. Unpublished PhD thesis, Concordia University, Canada.
Klukanova, A. and Frankovska, J. (1995). The Slovak Carpathians loess sediments, their fabric and properties. In *Proceedings of NATO Advance Workshop on Genesis and Properties of Collapsible Soils* (eds Derbyshire, E., Dijkstra, T. and Smalley, I. J.). Loughborough, April 1994, pp. 129–147.
Knight, K. and Dehlen, G. (1963). Failure of road constructed on collapsing soil. In *Proceedings of the 3rd Regional Conference of African Soil Mechanics and Foundation Engineering*. Vol. 1, pp. 31–34.
Langton, D. D. (1999). The Panda lightweight penetrometer for soil investigation and monitoring material compaction. *Ground Engineering*, **31**(9), 33–37.
Lawton, E. C., Fragaszy, R. J. and Hardcastle, J. H. (1991). Stress ratio effects on collapse of compacted clayey sand. *Journal of Geotechnical Engineering*, **117**(5), 714–730.
Lawton, E. C., Fragaszy, R. J. and Hetherington, M. D. (1992). Review of wetting induced collapse in compacted soils. *Journal of Geotechnical Engineering*, **118**(9), 1376–1392.
Leroueil, S. and Vaughan, P. R. (1990). The general and congruent effects of structure in natural soils and weal rock. *Géotechnique*, **40**(3), 467–488.

Lin, Z. (1995). Variation in collapsibility and strength of loess with age. In *Proceedings of NATO Advance Workshop on Genesis and Properties of Collapsible Soils* (eds Derbyshire, E., Dijkstra, T. and Smalley, I. J.). Loughborough, April 1994, pp. 247–265.

Lin, Z. G. and Wang, S. J. (1988). Collapsibility and deformation characteristics of deep-seated loess in China. *Engineering Geology*, **25**, 271–282.

Liu, S. H. and Sun, D. A. (2002). Simulating the collapse of unsaturated soil by DEM. *International Journal for Numerical and Analytical Methods in Geomechanics*, **26**, 633–646.

Locat, J. (1995). On the development of microstructure in collapsible soils. In *Proceedings of NATO Advance Workshop on Genesis and Properties of Collapsible Soils* (eds Derbyshire, E., Dijkstra, T. and Smalley, I. J.). Loughborough, April 1994, pp. 93–128.

Lutenegger, A. J. (1986). Dynamic compaction of friable loess. *Journal of Geotechnical Engineering*, **110**(6) 663–667.

Lutenegger, A. J. and Hallberg, G. R. (1988). Stability of loess. *Engineering Geology*, **25**, 247–261.

Maâtouk, A., Leroueil, S. and La Rochelle, P. (1995). Yielding and critical state of a collapsible unsaturated soil silty soil. *Géotechnique*, **45**(3), 465–477.

Madhyannapu, R. S., Madhav, M. R., Puppala, A. J. and Ghosh, A. (2006). Compressibility and collapsibility characteristics of sedimented fly ash beds. *Journal of Material in Civil Engineering*, **20**(6), 401–409.

Mahmoud, H. H., Houston, W. N. and Houston, S. L. (1995). Apparatus and procedure for an in-situ collapse test. *ASTM Geotechnical Testing Journal*, **121**(4), 341–349.

Malandrahi, V. and Toll, D. G. (1996). The definition of yield for bonded materials. *Geotechnical and Geological Engineering*, **14**, 67–82.

Meng, X. M. and Derbyshire, E. (1998). Landslides and their control in the Chinese Loess Plateau: models and case studies from Gansu Province, China. In *Geohazards in Engineering Geology* (eds Maund, J. G. and Eddleston, M.). Geological Society, London, Engineering Special Publications, **15**, 141–153.

Meng, X. M., Derbyshire, E. and Dijkstra, T. A. (2000a). Landslide amelioration and mitigation. In *Landslides in Thick Loess Terrain of North-West China* (eds Derbyshire, E., Meng, X. M. and Dijkstra, T. A.). Chichester, UK: Wiley, pp. 243–262.

Meng, X. M., Dijkstra, T. A. and Derbyshire, E. (2000b). Loess slope instability. In *Landslides in Thick Loess Terrain of North-West China* (eds Derbyshire, E., Meng, X. M. and Dijkstra, T. A.). Chichester, UK: Wiley, pp. 173–202.

Milodowski, A. E., Northmore, K. J., Kemp, S. J., *et al.* (2012). The Mineralogy and Fabric of 'Brickearths' and Their Relationship to Engineering Properties. *Engineering Geology*. (In press.)

Minkov, M. (1968). *The Loess of North Bulgaria. A Complex Study*. Publishing House of Bulgarian Academy of Sciences, Sofia, Bulgaria. (In Bulgarian.)

Neely, W. J. (2010). Discussion of 'Oedometer behavior of an artificial cemented highly collapsible soil' by Medero, G. M., Schnaid, F. and Gehling, W. Y. Y. *Journal of Geotechnical and Geoenvironmental Engineering*, **136**(5), 771.

Nieuwenhuis, J. D. and de Groot, M. B. (1995). Simulation and modelling of collapsible soils. In *Proceedings of NATO Advance Workshop on Genesis and Properties of Collapsible Soils* (eds Derbyshire, E., Dijkstra, T. and Smalley, I. J.). Loughborough, April 1994, pp. 345–359.

Nobar, E. S. and Duncan, J. M. (1972). Movements in dams due to reservoir filling. *Special Conference on Earth-Supported Structures*, ASCE, **1**(1), 797–815.

Northmore, K. J., Bell, F. G. and Culshaw, M. G. (1996). The engineering properties and behaviour of the brickearth of south Essex. *Quarterly Journal of Engineering Geology*, **29**, 147–161.

Northmore, K. N., Jefferson, I., Jackson, P. D., *et al.* (2008). On-site characterisation of loessic brickearth deposits at Ospringe, Kent, UK. *Proceedings of the Institution of Civil Engineers, Geotechnical Engineering*, **161**, 3–17.

Osopov, V. I. and Sokolov, V. N. (1995). Factors and mechanism of loess collapsibility. In *Proceedings of NATO Advance Workshop on Genesis and Properties of Collapsible Soils* (eds Derbyshire, E., Dijkstra, T. and Smalley, I. J.). Loughborough, April 1994, pp. 49–63.

Pengelly, A., Boehm, D., Rector, E. and Welsh, J. (1997). Engineering experience with in situ modification of collapsible and expansive soils. *Unsaturated Soil Engineering, ASCE Special Geotechnical Publication*, **68**, 277–298.

Pererira, J. H. F. and Fredlund, D. G. (2000). Volume change behaviour of collapsible compacted gneiss soil. *Journal of Geotechnical and Geoenvironmental Engineering*, **126**(10), 907–916.

Perrin, R. M. S. (1956). Nature of 'Chalk Heath' soils. *Nature*, **178**, 31–32.

Peterson, R. and Iverson, N. L. (1953). Study of several low earth dam failures. In *Proceedings of the 3rd International Conference on Soil Mechanics and Foundation Engineering*, Switzerland: Zurich, Vol. 2, pp. 273–276.

Popescu, M. E. (1986). A comparison between the behaviour of swelling and of collapsing soils. *Engineering Geology*, **23**, 145–163.

Popescu, M. E. (1992). Engineering problems associated with expansive and collapsible soil behaviour. In *Proceedings of the 7th International Conference on Expansive Soils*, Dallas, Texas, August 1992, Vol. 2, pp. 25–46.

Pye, K. and Sherwin, D. (1999). Loess. In *Aeolian Environments, Sediments and Landforms* (eds Goudie, A. S., Livingstone, I. and Stokes, S.). Chichester, UK: Wiley, pp. 213–238.

Rampino, C., Mancuso, C. and Vinale, F. (2000). Experimental behaviour and modelling of an unsaturated compacted soil. *Canadian Geotechnical Journal*, **37**, 748–763.

Redolfi, E. R. and Mazo, C. O. (1992). A model of pile interface in collapsible soils. In *Proceedings of the 7th International Conference on Expansive Soils*. Dallas, Texas, August 1992, Vol. 1, pp. 483–488.

Renzik, Y. M. (1991). Plate-load tests of collapsible soils. *Journal of Geotechnical Engineering*, **119**(3), 608–615.

Renzik, Y. M. (1995). Comparison of results of oedometer and plate load test performed on collapsible soils. In *Proceedings of NATO Advance Workshop on Genesis and Properties of Collapsible Soils* (eds Derbyshire, E., Dijkstra, T. and Smalley, I. J.). Loughborough, April 1994, pp. 383–408.

Roa, S. M. and Revansiddappa, K. (2002). Collapse behaviour of residual soil. *Géotechnique*, **52**(4), 259–268.

Rodrigues, R. A., Elis, V. R., Prado, R. and De Lollo, J. A. (2006). Laboratory tests and applied geophysical investigations in collapsible soil horizon definition. In *Engineering Geology for Tomorrow's Cities, 10th International Congress, IAEG*, Nottingham. Geological Society, London, Engineering Geology Special Publication 22, CD ROM.

Rogers, C. D. F. (1995). Types and distribution of collapsible soils. In *Proceedings of NATO Advance Workshop on Genesis and Properties of Collapsible Soils* (eds Derbyshire, E., Dijkstra, T. and Smalley, I. J.). Loughborough, April 1994, pp. 1–17.

Rogers, C. D. F., Djikstra, T. A. and Smalley, I. J. (1994). Hydroconsolidation and subsidence of loess: studies from China, Russia, North America and Europe. *Engineering Geology*, **37**, 83–113.

Rollins, K. M. and Kim, J. H. (1994). US experience with dynamic compaction of collapsible soils. In *In-Situ Deep Soil Improvement* (ed Rollins, K. M.). Geotechnical Special Publication No. 45, ASCE, New York, pp. 26–43.

Rollins, K. M. and Kim, J. H. (2011). Dynamic compaction of collapsible soils based on US case histories. *Journal of Geotechnical and Geoenvironmental Engineering*, **136**(9), 1178–1186.

Rollins, K. M. and Rogers, G. W. (1994). Mitigation measures for small structures on collapsible alluvial soils. *Journal of Geotechnical Engineering*, **120**(9), 1533–1553.

Rollins, K. M., Rollins, R. L., Smith, T. D. and Beckwith, G. H. (1994). Identification and characterization of collapsible gravels. *Journal of Geotechnical Engineering*, **120**(3), 528–542.

Rollins, K. M., Jorgensen, S. J. and Ross, T. E. (1998). Optimum moisture content for dynamic compaction of collapsible soils. *Journal of Geotechnical and Geoenvironmental Engineering*,

124(8), 699–708.
Roohnavaz, C., Russell, E. J. F. and Taylor, H. T. (2011). Unsaturated loessial soils: a sustainable solution for earthworks. *Proceedings of ICE, Geotechnical Engineering*, **164**, 257–276.
Rust, E., Heymann, G. and Jones, G. A. (2005). Collapse potential of partly saturated sandy soils from Mozal, Moxambique. *Journal of the South African Institution of Civil Engineering*, **47**(1), 8–14.
Ryzhov, A. M. (1989). On compaction of collapsing loess soils by the energy of deep explosions. In *Proceedings of International Conference on Engineering Problems of Regional Soils*. People's Republic of China: Beijing, pp. 308–315.
Sakr, M., Mashhour, M. and Hanna, A. (2008). Egyptian collapsible soils and their improvement. In *Proceedings of GeoCongress*, New Orleans, USA, 9–12 March 2008, pp. 654–661.
Schnaid, F., de Oliveira, L. A. K. and Gehling, W. Y. Y. (2004). Unsaturated constitutive surfaces from pressuremeter test. *Journal of Geotechnical and Geoenvironmental Engineering*, **130**(2), 174–185.
Sheng, D. (2011). Review of fundamental principles in modelling unsaturated soil behaviour. *Computers and Geotechnics*, **38**, 757–776.
Skinner, H. (2001). Construction on fill. In *Problematic Soils* (eds Jefferson, I., Murray, E. J., Faragher, E. and Fleming, P. R.). London: Thomas Telford Publishing, pp. 37–52.
Smalley, I. J., O'Hara-Dhand, K. A., Wint, J., Machalett, B., Jary, Z. and Jefferson, I. (2007). Rivers and loess: the significance of long river transportation in the complex event-sequence approach to loess deposit formation. *Quaternary International*, **198**, 7–18.
Smith, T. D. and Rollins, K. M. (1997). Pressuremeter testing in arid collapsible soils. *Geotechnical Testing Journal*, **20**(1), 12–16.
Stark, T. D. and Contreras, I. A. (1998). Fourth avenue landsliding during the 1964 Alaskan earthquake. *Journal of Geotechnical and Geoenvironmental Engineering*, **124**(2), 99–109.
Sun, D., Sheng, D. and Xu, Y. (2007). Collapse behaviour of unsaturated compacted soil with different initial densities. *Canadian Geoetchnical Journal*, **44**, 673–686.
Sun, J. M. (2002). Provenance of loess materials and formation of loess deposits on the Chinese loess plateau. *Earth Planet Science Letters*, **203**, 845–849.
Tarantino, A., Gallipoli, D., Augarde, C. E., *et al.* (2011). Benchmark of experimental techniques for measuring and controlling suction. *Géotechnique*, **61**(4), 282–302.
Thorel, L., Ferber, V., Caicedo, B. and Khokhar, I. M. (2011). Physical modelling of wetting-induced collapse in embankment base. *Géotechnique*, **61**(5), 409–420.
Vilar, O. M. and Rodrigues, R. A. (2011). Collapse behaviour of soil in a Brazilian region affected by rising water table. *Canadian Geotechnical Journal*, **48**, 226–233.
Walsh, K. D., Houston, W. N. and Houston, S. L. (1993). Evaluation of in-place wetting using soil suction measurements. *Journal of Geotechnical Engineering*, **119**(5), 862–873.
Wang, G. (1991). Experimental research on treatment of the self-weight collapsible loess ground with the compacting method. In *Geotechnical Properties of Loess in China* (eds Lisheng, Z., Zhenhua, S., Hongdeng, D. and Shanlin, L.). Beijing: China Architecture and Building Press, pp. 88–92.
Wang, L. M., Zhang, Z. Z., Lin, Z. X. and Yuan, Z. X. (1998). The recent progress in loess dynamics and its application in prediction of earthquake-induced disasters in China. In *Proceedings of the 11th European Conference on Earthquake Engineering*. France: Paris, 6–11 September, 1998.
Wang, L. M., Wang, Y. Q., Wang, J., Li, L. and Yuan, A. X. (2004). The liquefaction potential of loess in China and its prevention. In *Proceedings of the 13th World Conference on Earthquake Engineering*. Canada: Vancouver, 1–6 August 2004.
Zeevaert, L. (1972). *Foundation Engineering for Difficult Subsoil Conditions*. New York: Van Nostrand Reinhold.
Zhai, L., Jiao, J., Li, S. and Li, L. (1991). Dynamic compaction tests on loess in Shangan. In *Geotechnical Properties of Loess in China* (eds Lisheng, Z., Zhenhua, S., Hongdeng, D. and Shanlin, L. China Architecture and Building Press, Beijing, China, pp. 105–110.
Zhang, D. and Wang, G. (2007). Study of the 1920 Haiyuan earthquake-induced landslides in loess (China). *Engineering Geology*, **94**, 76–88.
Zhang, X. and Li, L. (2011). Limitation in constitutive modelling of unsaturated soils and solutions. *International Journal of Geomechanics*, **11**(3), 174–185.
Zhong, L. (1991). Ground treatment of soft loess of high moisture. In *Geotechnical Properties of Loess in China*, pp. 98–104.

32.7.1 延伸阅读

Charles, J. A. and Watts, K. S. (2001). *Building on Fill: Geotechnical; Aspects* (2nd Edition). London: CRC Ltd.
Derbyshire, E., Dijkstra, T. and Smalley, I. J. (eds) (1995). Genesis and properties of collapsible soils. In *Proceedings of NATO Advance Workshop on Genesis and Properties of Collapsible Soils*, Loughborough, UK, April 1994.
Derbyshire, E., Meng, X. M. and Dijkstra, T. A. (eds) (2000). *Landslides in Thick Loess Terrain of North-West China*. Chichester, UK: John Wiley & Sons, Ltd.
Fookes, P. G., Lee, E. M. and Milligan, G. (eds) (2005) *Geomorphology for Engineers*. Dunbeath, Scotland: Whittles Publishing.
Fredlund, D. G. and Rahardjo, H. (1993). *Soil Mechanics for Unsaturated Soils*. New York: John Wiley & Sons, Inc.

32.7.2 有用的网站

英国地质调查局(British Geological Survey);www.bgs.ac.uk

建议结合以下章节阅读本章：
- 第7章"工程项目中的岩土工程风险"
- 第14章"作为颗粒材料的土"
- 第40章"场地风险"
- 第58章"填土地基"

本书以第1篇"概论"和第2篇"基本原则"为指导进行章节编排。如第4篇"场地勘察"中所述，各类岩土工程均应进行扎实的现场勘察工作。

译审简介：

朱武卫，注册土木工程师（岩土），正高级工程师，陕西省"三秦学者"。国家标准《湿陷性黄土地区建筑标准》主编。

徐张建，1964年3月生，全国工程勘察设计大师，西北综合勘察设计研究院总工程师，享受国务院特殊津贴专家。

第33章 膨胀土

李·D. 琼斯（Lee D. Jones），英国地质调查局，诺丁汉，英国
伊恩·杰弗逊（Ian Jefferson），伯明翰大学土木工程学院，英国
主译：朱玉明（中国建筑科学研究院有限公司地基基础研究所）
审校：康景文（中国建筑西南勘察设计研究院有限公司）

doi: 10.1680/moge.57074.0413

目录

33.1	什么是膨胀土？	413
33.2	为什么会有膨胀土问题？	413
33.3	膨胀土在哪发现的？	414
33.4	膨胀土的胀缩性	416
33.5	膨胀土的工程问题	418
33.6	结论	438
33.7	参考文献	438

目前在世界范围内，岩土工程和结构工程面临着膨胀土的重大挑战，与膨胀土危害相关的开支估计每年高达数十亿英镑。膨胀土是指在含水率变化过程中发生显著体积变化的土体。这些体积变化既可以是膨胀，也可以是收缩，因此，膨胀土有时也被称为胀缩土。对于膨胀土，需要确定的关键因素包括土的性质、吸力/水状况、可能由树木等引起的含水率变化以及地基及与其关联结构的平面布置/刚度等。高塑性指数膨胀土在湿润环境中发生膨胀危害，而干/半干状态的膨胀土即使是中等程度的膨胀都可能造成严重的危害。本章介绍了膨胀土的性质和范围，重点介绍了膨胀土的工程问题，包括膨胀土勘察的实验室和原位测试方法，以及相关膨胀土危害评估的经验和解析方法；对于地基和路面，应重视施工前和施工后的设计方案以及改善膨胀土潜在危害的方法。

33.1 什么是膨胀土？

从本质上讲，膨胀土是一种随含水率变化而发生体积变化的土体，且具有显著的膨胀和收缩潜力。很多情况下，膨胀是由化学作用引起的变化（例如石灰处理过的硫酸盐土的膨胀）。然而，许多具有胀缩性能的土含有能吸收水分的膨胀性黏性矿物，例如蒙脱石。土中的这种黏粒含量越高，能吸收水分越多，膨胀潜力也越大。膨胀土变湿时体积增加而膨胀，干燥时则收缩。对于大多数膨胀土而言，吸收的水分越多体积增加越多，膨胀10%并不罕见（Chen，1988；Nelson 和 Miller，1992）。其他随含水率变化而表现出体积变化特征的土（例如湿陷性土）见第32章"湿陷性土"。

地面胀缩量取决于近地表区域土的含水率，地表区域活跃层深度一般为3m左右，除非这个区域由于树根的存在而扩大（Driscoll，1983；Biddle，1998）。细颗粒黏土在降雨后会吸收大量的水分，变得黏稠和沉重。相反，干燥时则会变得非常坚硬，导致地面收缩和开裂，这种硬化和软化被称为"收缩-膨胀"。地基土含水率的显著变化对收缩-膨胀土的影响可能会对支护结构产生严重的危害。

膨胀土的膨胀和收缩并不是完全可逆的（Holtz 和 Kovacs，1981），收缩过程产生的裂缝再次湿润时不会完全闭合，因此会使土的体积轻微增大，而且在膨胀过程中还可以增加水分的浸入。在地质时间尺度上，收缩裂缝可能与沉积物同时产生，从而影响土的不均匀性。裂缝被填充而土体无法复原还会造成膨胀压力的增大。

膨胀土的主要问题是其变形明显大于用经典弹塑性理论所能预测的变形，因此，在膨胀土设计计算中开发了许多不同的方法。这些将在本章中进行详细介绍。

33.2 为什么会有膨胀土问题？

许多城镇、城市、交通线路和建筑物的地基为富含黏粒的土和岩石，这些黏土和岩石具有随含水率变化而收缩或膨胀的能力，可能对工程结构造成重大危害。土的含水率变化可能是由季节变化引起的（通常与降水和植被蒸腾作用有关），也可能是环境变化导致，如给水排水管的渗漏、地面排水和景观美化的变化（包括铺路），或者是在种植、移除、修剪树木或树篱之后，因为人们无法像树木那样通过根系吸收水分而有效地向干燥的土体提供水分（Cheney，1988）。长时间的干旱、水分持续流失，更深层的土体比正常情况下更干燥，导致长期收缩。随着土体含水率的增加，浅层土体可能会发生长期的膨胀隆起。这就是为什么在干旱环境中经

常会发生膨胀土问题的原因（第 29 章 "干旱土"）。

在英国，1947 年干旱的夏季之后，岩土工程专家首次认识到了收缩和膨胀的影响，从那时起，英国黏土收缩和膨胀危害造成的支出显著上升。1975/1976 年的干旱之后，保险索赔超过 5000 万英镑。1991 年干旱过后，索赔额达到了 5 亿英镑的峰值。在过去的 10 年里，膨胀土不利影响的经济损失大约为 30 亿英镑，使其成为当今英国最具破坏性的地质灾害。英国保险协会（Association of British Insurers）估计，保险业因膨胀土造成的平均支出每年超过 4 亿英镑（Driscoll 和 Criilly，2000）。在美国，建筑和基础设施每年损失超过 150 亿美元。美国土木工程师学会（American Society of Civil Engineers）估计，1/4 的家庭受到膨胀土的危害。在一个典型的年份里，膨胀土危害造成的经济损失比地震、洪水、飓风和龙卷风的总和还要大（Nelson 和 Miller，1992）。

土体膨胀可以引起结构的隆起或抬升，而收缩则可以引起不均匀沉降，地基土的不均匀体积变化会使结构产生破坏。例如，建筑物周边地基土的含水率变化可能导致在建筑物边缘基础下产生膨胀压力，而建筑物中心地基土的含水率保持不变，这导致建筑物 "边缘上抬" 破坏（图 33.1）。与此相反，建筑物中心地基土发生膨胀，或建筑物边缘地基土发生收缩时，导致建筑物 "中心上抬" 破坏。

膨胀土地基上建筑物的破坏通常是由于树木的生长。这种情况主要发生在两个方面：（1）地基的物理扰动；（2）因失水而使地基收缩。常见的根系生长引起的地基物理扰动为人行道和墙体的损坏。图 33.2 为由植被引起的收缩造成建筑物地基不均匀沉降的例子。植被引起的地下水位变化也会对其他地下构筑物产生重大影响，包括公用设施。Clayton 等（2010）报告了伦敦黏土中的两年多的管道监测数据，在树木附近，管道长度方向发现明显的变形（包括垂直和水平变形），为 3~6mm/m，管道产生了显著的拉应力。这种由落叶树树木引起的变形有可能是导致附近黏土中旧管道失效的潜在原因（Clayton 等，2010）。详情请参阅第 33.5.4.5 节。

33.3 膨胀土在哪发现的？

在英国，建造在易受胀缩影响富含黏粒土体上的城镇主要在东南部（图 33.3）。在东南部，许多黏土层沉积年代较短而没有变成坚硬的泥岩，仍然能够吸收和失去水份。英国其他地方的黏土岩沉积年代较长，由于深埋而硬化，吸水能力较差。有些地区（如彼得伯勒西北部的 The Wash 周边，见图

图 33.1　房屋结构 "边缘上抬" 破坏
（ⒸPeter Kelsey & Partners）

图 33.2　树木影响引起地基不均匀沉降的例子

33.3），深埋于其他（表层）土层之下的土不易发生胀缩。然而，其他表层沉积层如冲积层、泥炭和层状黏土也容易受到土体收缩和隆起的影响（如约克谷，利兹以东，见图33.3）。

膨胀土遍布世界许多地区，特别是在干旱和半干旱地区，以及长期干旱后恢复潮湿状态的地区。它们的分布取决于"母岩"岩性、气候、水文、地貌和植被。

世界各地有很多与膨胀黏土问题相关的研究（如Simmons，1991；Fredlund 和 Rahardjo，1993；Stavridakis，2006；Hyndman 和 Hyndman，2009）。膨胀土在世界范围内产生了巨大的建设开支，美国、澳大利亚、印度和南非就是几个显著的例子。在这些国家或其中的重要地区，蒸发率高于年降雨

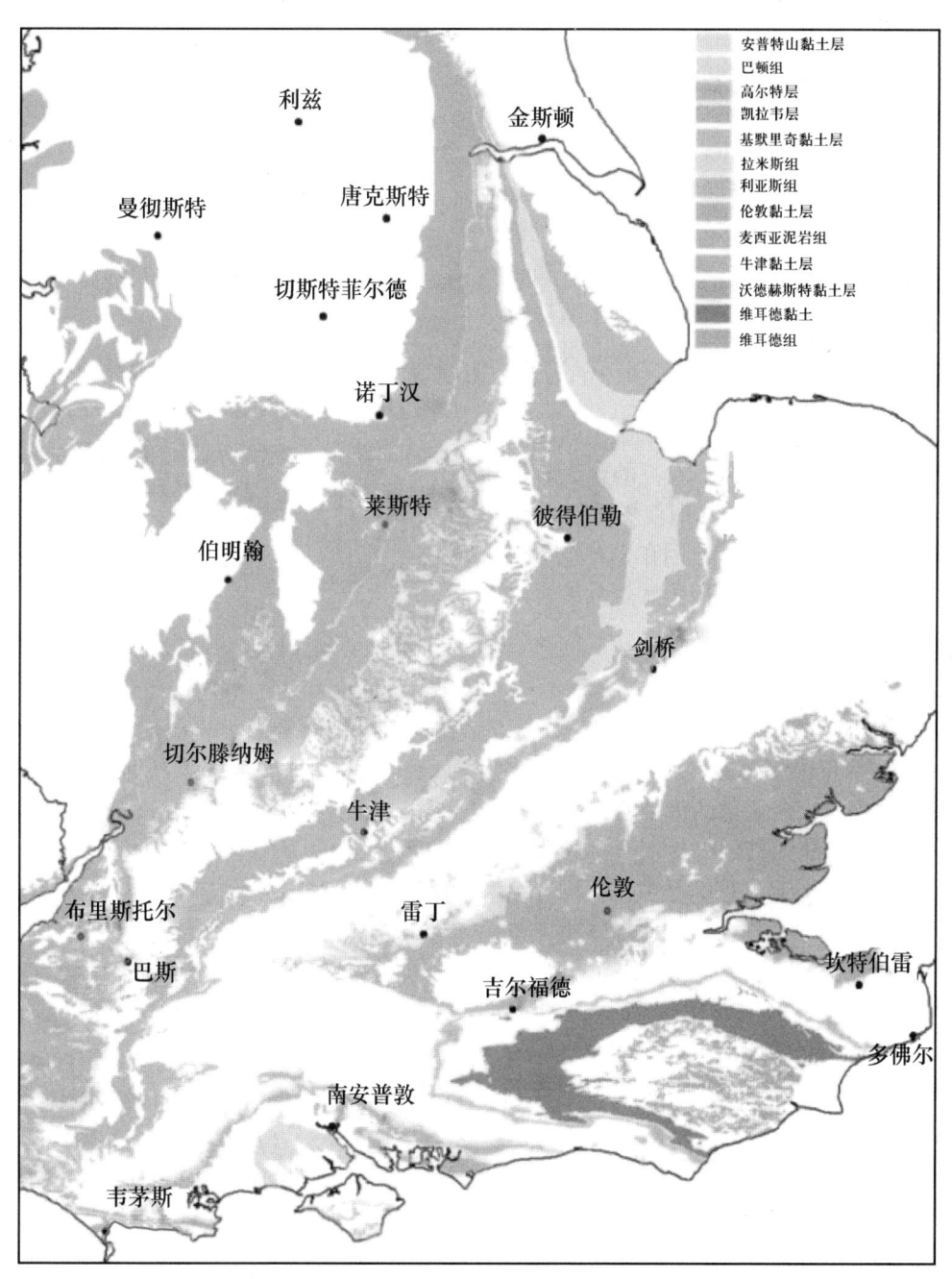

图33.3 英格兰富含黏粒土体形态分布（彩色版本可在网上查阅）

量，因此土中通常缺乏水分。随着降雨来临，地基土膨胀增加了发生隆起的可能性。在半干旱地区，会出现短时间降雨后长时间干旱的模式，导致季节性的膨胀和收缩。

由于膨胀土在全球分布，人们已经研究了许多不同的方法来处理膨胀土问题（Radevsky，2001）。处理膨胀土问题的方法在许多方面有所不同，不仅取决于技术发展，还取决于一个国家的法律框架和条例、保险和保险人的态度、工程师和其他专家处理问题的经验，重要的是受影响的财产所有者的敏感性。特别是在英国，对相对较小的裂缝都有很高的敏感度（第33.5.3节）。Radevsky（2001）在评论不同国家如何处理膨胀土问题时对这些问题进行了总结，Houston等（2011）公布了对美国亚利桑那州进行的详细研究信息。后一项研究表明，膨胀土问题通常源于排水不良、结构问题、房主活动极其不利影响，以及植被景观美化。这些方面可能比景观类型本身引起更多的膨胀土问题。

总的来说，在潮湿气候条件下，膨胀土问题往往仅限于那些具有较高塑性指数（I_P）的黏土。然而，在干旱/半干旱气候条件下，即使中等膨胀土也会对建筑物造成损害，其直接原因在于：地下水位变化时，黏土具有相对较高的吸力和较大的含水率变化。

33.4 膨胀土的胀缩性

收缩和膨胀效应仅限于近地表区域，不包括深层的地下挖掘（如隧道）。显著的活动通常发生在约3m的深度，但这可能因气候条件而异。膨胀土的胀缩潜势取决于其初始含水率、孔隙比、内部结构和垂直应力，以及土中黏土矿物的类型和含量（Bell 和 Culshaw，2001）。这些矿物质决定了黏土的天然膨胀性，包括蒙脱石、绿脱石、蛭石、伊利石和绿泥石。通常，黏土中这些矿物质含量越多，膨胀潜势就越大。然而，可能因其他如石英和碳酸盐等非膨胀矿物的存在而削弱膨胀（Kemp等，2005）。

膨胀土的关键特性是含水率变化导致体积变化。具有高膨胀潜势的黏土含水率保持相对恒定时，通常不会产生危害。膨胀土特性主要受以下条件控制（Houston等，2011）：

- 土的特性，如矿物；
- 吸力和水状况；
- 时间和空间上的含水量变化；
- 结构的平面布置和刚度，特别是基础。

部分饱和土含水率或吸力的变化（由于负孔隙水压力增加了黏土的强度）显著提高了危害发生的可能性。黏土的吸力变化是由于水分蒸发、蒸腾或补给而发生的，这种变化往往受到树木对干旱/潮湿天气的响应及其相互作用的显著影响（Biddle，2001）。完全饱和膨胀土的胀缩性由黏土矿物成分控制。

33.4.1 膨胀土的矿物学特征

黏土颗粒非常小，其形状由它们形成的晶格层的排列决定，还有其他许多元素可以被结合到黏土矿物结构中（氢、钠、钙、镁、硫）。这些溶解离子的存在和数量对黏土矿物的特性有很大影响。在膨胀黏土中，黏土晶格层的分子结构和排列具有特殊的亲和力，以强结合的"三明治"形式将水分子吸引并保持在晶格层之间。由于水分子的电偶极子结构，对微观黏土片有电－化学吸引力。这些分子相互连接的机制被称为吸附。黏土矿物蒙脱石可以在其黏土片之间吸附非常大量的水分子，因此具有很大的胀缩潜势。关于黏土矿物及其对工程性质影响的更多细节，见 Mitchell 和 Soga（2005）。

当潜在的膨胀土变得饱和时，更多的水分子被黏土片吸收，导致土体积增加或膨胀。同时，黏土间的结合弱化，导致土的强度降低。当水分被蒸发或重力转移时，黏土片之间的水分子被释放，导致土体积减小或收缩，产生孔隙或干燥裂缝等特征。

潜在的膨胀土最初是通过颗粒分析、确定样品中细颗粒的百分比来判定。黏土颗粒的大小被认为小于2μm（尽管该值在世界范围内略有不同），但黏土和粉土之间的差异主要与来源和颗粒形状有关。淤泥颗粒（通常包括石英颗粒）是化学侵蚀的产物，而黏土颗粒是化学风化的产物，其特征在于其片状结构和组成。

33.4.2 有效应力变化和吸力作用

任何总应力的降低，地面都会发生变形。变形可以区分为：（1）即时但随时间变化的弹性回弹；

(2) 有效应力变化引起的膨胀。如同在岩石中一样，土体回弹是一个重要的变形过程，促使应力释放裂缝和延迟膨胀次生渗透区的产生。变形量的大小取决于土的不排水刚度，这相当于土的弹性模量，由杨氏模量和泊松比反映。而膨胀需要有效应力的降低，以及液体进入地质构造或土体。与这些过程相关的应变大小取决于土的排水刚度、应力变化范围、土或岩石中的水压以及新的边界条件。体积变化率取决于沉积物和周围介质的可压缩性、膨胀性和渗透系数。低渗透系数的坚硬均质材料完成该过程可能需要几十年。

小应变条件下，很难进行回弹和膨胀（即屈服发生前）的弹性特性实验室测试，主要原因是土样扰动（Burland, 1989）。针对这些困难、应力状态和土体固结/膨胀的其他重要概念的进一步讨论，在许多土力学工程文献中都有详细论述（Powrie, 2004; Atkinson, 2007），也可见本手册第2篇"基本原则"。

蒸发收缩同样伴随着水压的降低和负毛细管压力的生成。变形遵循同样的有效应力原理。然而毕肖普等（Bishop, 1975）试验研究表明，相同含水率条件下的相似土样，无侧限干黏土的饱和度低于三轴固结试验结果，即空气的吸入影响了土的模量和强度。导致其孔隙比高于简单增加围压固结到相同含水率的黏土。因此，这种土体本身就不稳定，如果再次湿润，可能会塌陷。随后对部分饱和土的实验室测试表明，根据其原位应力条件和结构，一些土样也可能先膨胀后塌陷（Alonso 等, 1990）。Sridharan 和 Venkatappa（1971）用有效应力原理详细评述了蒸发引起的收缩。

33.4.3 含水率的季节性变化

干燥土体的季节性体积变化特性是复杂的，且随着收缩现象的严重程度而增加，并与土体垂直原位吸力、含水率和饱和度有关（图33.4）。

相对吸力的大小取决于土的成分，特别是其颗粒大小和黏土矿物成分。土的渗透性也可能随着季节和时间的变化而变化。在土体胀缩过程中，渗透性可能通过土的结构变化、拉裂和浅层剪切破坏而产生变化，这可能会影响随后的土的湿度变化。比如 Scott 等（1986）的一项黏土微结构研究表明，压缩（膨胀）裂缝倾向于平行地面轮廓延伸，并以60°左右的角度进入斜坡中，通常可以和随机分布的收缩裂缝区分开来。例如，在伦敦黏土研究中发现收缩裂缝和膨胀裂缝之间的比例约为2:1，虽然没有讨论，但这些裂缝有可能也将影响土体积的季节性变化。

由于含水率的变化，膨胀土问题通常发生在地表上部几米，很少发生深层变形（Nelson 和 Miller, 1992）。上部土层的含水率受到气候和环境因素的显著影响，通常被称为季节性波动区或活跃区，如图33.5所示。

在活跃区，土中存在负孔隙水压力。然而，如果过滤的水被添加到表面，或者蒸发蒸腾作用消失，那么含水率会增加，地面将发生隆起。土中水分转移也受到温度的影响，如图33.5所示，Nelson 等（2001）提供了相关进一步的详细资料。因此，现场勘察确定活跃区深度是非常重要的，活跃区随不同的气候条件而显著变化，有些国家可能是 5~6m，但在英国，通常是 1.5~2.0m（Biddle, 2001）。如果蒸发大于水分补充，那么该区域的活

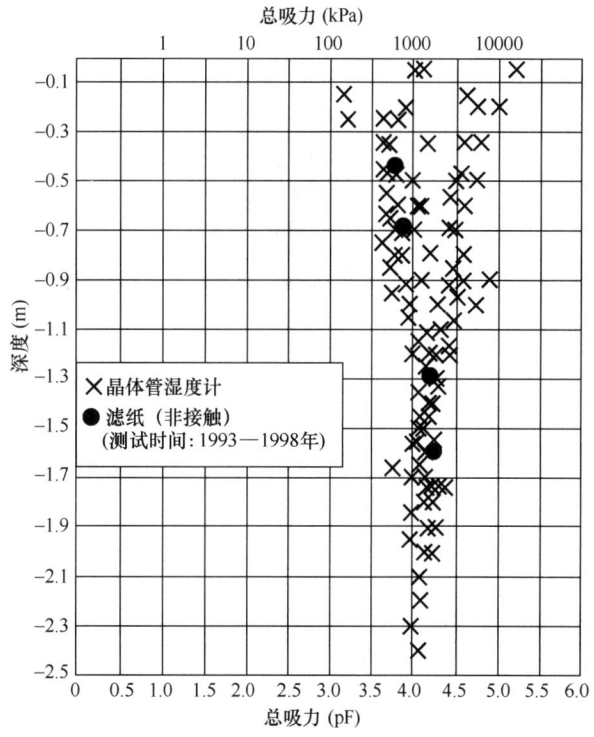

图33.4 总吸力特征实例

摘自 Fityus 等（2004），经美国土木工程师学会（ASCE）许可

跃区深度将增加，伦敦黏土在某些情况下观察到了3~4m 的活跃区深度（Biddle，2001）。随着气候变化，这些影响可能会变得更加显著。

术语"活跃区"可以有不同的含义。Nelson 等（2001）提供了4个清晰的定义：

（1）活跃区：任何特定时间有助于土体膨胀的区域。

（2）季节性湿度波动区：因地表气候变化土的含水率发生变化的区域。

（3）湿润深度：外部水源能够影响土的含水率变化所能达到的深度。

（4）潜在升降变形深度：覆盖层垂直压应力等于或超过土的膨胀力的深度。这是活跃区的最大深度。

湿润深度尤其重要，因为可以通过对含水率变化区域产生的应变进行积分来估算升降量（Walsh 等，2009）Walsh 等（2009）详细说明了估算方法的细节，并考虑了区域和特定场地该方法的相对优势。更进一步的讨论见 Nelson 等（2011）、Aguirre（2011）和 Walsh 等（2011）。

33.5　膨胀土的工程问题

如前所述，许多城镇、城市、运输路线、服务设施和建筑都建在膨胀土地基上。地基可能是风化或未风化状态的坚固（基岩）地质层，也可能是风化或未风化状态的表面（堆积）地质层，如冰川或冲积物质。地基土膨胀或收缩能力对工程结构的重大危害通常由其含水率的季节性变化引起。除了这些广泛的气候影响之外，还有一些区域性的影响，如树根和给水排水管的渗漏。树木被移除后，可收缩黏土的膨胀会产生很大的隆起或很大的压力（如果受到限制），地面的恢复可以持续多年（Cheney，1988）。结构损坏主要由基础或结构的差异变形引起，而不是总变形。受膨胀土影响最大的结构包括住宅和其他低层建筑的基础和墙壁、管道、塔架、人行道和浅埋设施，这些结构通常只进行粗略的现场勘察。问题有时在施工后暴露出来，损坏可能在施工后的几个月内发生，在3~5年的时间内缓慢发展，或者问题被隐藏，直到改变土体含水率的情况发生。

Houston 等（2011）研究了浇灌模式引起的湿润类型，他们观察到，在浇灌重铺草皮时，更深的湿润是很常见的。如果积水出现在地表，更有可能

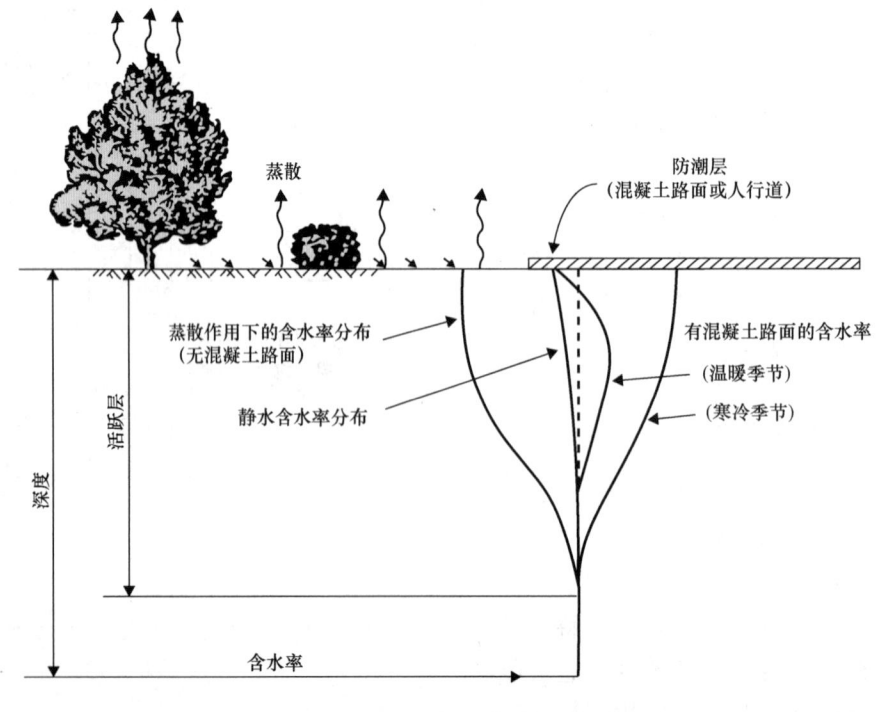

图 33.5　活跃区含水率分布图

摘自 Nelson 和 Miller（1992）；John Wiley & Sons, Inc

因差异变形对建筑物造成更大的损害。Walsh 等（2009）也注意到，深层升降变形引起的差异变形不如浅层升降变形显著。

最容易受膨胀土危害的结构通常是轻型结构，如房屋、人行道和浅埋设施，因为它们和较重的多层结构相比，更容易发生差异变形。有关房屋和路面的设计参数和施工技术的更多信息，请参考：

- 英国国家房屋建设委员会标准《树旁建筑》(*Building near trees*)（NHBC，2011a）；
- 《防止新住宅的地基破坏》(*Preventing foundation failures in new dwellings*)（NHBC，1988）；
- 《规划政策指导说明 14：不稳定地基上的开发：附录 2：沉降与规划》(*Planning Policy Guidance Note 14: Development on unstable land: Annex 2: subsidence and planning*)（DTLR，2002）；
- 英国建筑研究院（BRE）文摘 240～242：可收缩黏土上的低层建筑（*Low-rise buildings on shrinkable clay soils*）（BRE，1993a）；
- 英国建筑研究院（BRE）文摘 298：树木对房屋黏土地基的影响（*The influence of trees on house foundations in clay soils*）（BRE，1999）；
- 英国建筑研究院（BRE）文摘 412：干燥的意义（*The significance of desiccation*）（BRE，1996）；
- 《住宅楼地面的选择和设计标准》(*Criteria for selection and design of residential slabs-on-ground*)（BRAB，1968）；
- 《膨胀土的评价和控制》(*Evaluation and control of expansive soils*)（TRB，1985）。

在许多方面，膨胀土上的工程建设仍然基于经验和土的特性认识，但通常被认为既困难又费钱（特别是轻型结构）。工程师们利用地方知识和经验得出的方法，尽管已经对膨胀土进行了大量的研究——例如性能数据库（Houston 等，2011），然而，通过仔细考虑与膨胀土相关的关键因素，问题和困难可以以符合成本效益的方式处理。

在描述存在潜在膨胀土的场地时，必须确定两个主要因素：

- 土的特性（例如矿物成分、土的水化学吸力、土的结构）；
- 可能导致土体含水率变化的环境条件，如水条件及其变化（气候、排水、植被、渗透、温度）和应力条件（历史和现场条件、荷载和地层剖面）。

膨胀土地区，正常的非膨胀土现场勘察通常是不够的，需要更广泛的调查来提供足够的信息，即使是相对较轻的结构，也可能涉及专门的测试项目（Nelson 和 Miller，1992）。虽然有许多方法可以用来判别膨胀土，每种方法都有其相对的优点，但没有普遍可靠的方法。此外，膨胀性没有直接的测试方法，因此有必要与已知条件下的测试进行比较，可作为量测膨胀性的一种手段（Gourley 等，1993）。然而，膨胀土的勘察阶段遵循其他任何场地所使用的阶段（第 4 篇"场地勘察"）。

33.5.1　调查和评估

在现场调查和实验室测试期间，尽早判别膨胀土的存在并了解其潜在的问题是非常重要的，以确保采取正确的设计策略，避免后期因补救措施而发生额外的成本。同样重要的是要确定膨胀土活跃区的范围。

尽管确定收缩或膨胀特性的试验方法越来越多，但在英国常规的现场调查过程中却很少使用，Chen（1988）、Nelson 和 Miller（1992）给出了世界范围内常用的测试方法。这意味着主要黏土地层收缩-膨胀特性的直接测量数据库很少，必须基于指标参数进行估算，例如液限、塑性指数和密度（Reeve 等，1980；Holtz 和 Kovacs，1981；Oloo 等，1987）。这种经验的关联性可能基于一个小数据库，并且只在少数几个地点使用特定的测试方法进行测试。测试方法的变化可能会导致相关的错误，缺少直接胀缩试验数据的原因是很少有工程对这些设计或施工参数提出要求。

33.5.1.1　现场调查

膨胀土的一个关键问题是从一个位置到另一个位置经常表现出显著的变化（即空间变化），在潜在膨胀土区域进行适当、充分的现场调查通常是值得的。通过对膨胀土的基本调查可以很好地了解当地的地质条件：地图的使用为此提供了一个框架，这些地图在构建交通网络时特别有用。在美国等一些国家，地图还包括膨胀土膨胀潜势的判别（Nelson 和 Miller，1992）。与任何现场调查一样，现场观测和勘测可以提供有价值的数据，包括膨胀土的范围和性质及其相关问题等。一些关键特性可以局部观察到，重要的观察结果包括：

1. 土的特性
   - 宽、深收缩缝的间距和宽度；
   - 高干强度低湿强度-高塑性土；
   - 湿润时的黏性和低渗透性；
   - 剪切面具有光滑或闪亮的外观。
2. 地质和地形
   - 起伏不平的地形；
   - 地表排水和渗透特性显示的低渗透性。
3. 环境条件
   - 植被类型；
   - 气候。

膨胀土取样通常采用与普通土相同的方式，要尽量减少如运输过程中含水率变化或控制不好的扰动。

本手册的第 4 篇"场地勘察"提供了更多的详细信息，Chen（1988）和 Nelson 和 Miller（1992）提供了其他国家膨胀土专用实践的概述。然而，由于膨胀土高度的空间差异性，膨胀土的取样深度和频率需要增加。

33.5.1.2 原位测试

一套不同的现场试验可用于判别膨胀土，包括：

- 热电偶湿度计、张力计或滤纸法测量土的吸力；
- 现场密度和湿度测试；
- 沉降和隆起监测；
- 压力计或观测井；
- 贯入阻力；
- 压力计和膨胀计；
- 地球物理方法。

膨胀土可以使用基于经验相关性的方法进行现场测试，例如标准贯入试验（SPT）或圆锥动力触探试验（CPT）来推断土的强度参数（Clayton 等，1995）。初始有效应力测试可以用湿度计（Fredlund 和 Rahardjo, 1993）或测量土吸力的探头（Gourley 等，1994），土的不排水抗剪强度可以通过十字板剪切试验来确定（Bjerrum, 1967），土的刚度参数及其强度和压缩性可以通过平板载荷试验（BSI, 1999）来确定，其他测试包括压力计和膨胀计（ASTM, 2010），用于测量强度、刚度和压缩性参数。

地震波试验是利用弹性波在场地的传播来确定其密度和弹性性质（第 45 章"地球物理勘探与遥感"），电阻率法作为一种确定膨胀土膨胀压力和收缩的方法具有良好的前景，电阻率随着膨胀压力和收缩的增加而增大（Zha 等，2006）。Jones 等（2009）利用电阻率成像成功监测了伦敦黏土中树木诱发的沉降。

作为监测方法，可以使用许多非膨胀土常用的方法，主要方法有：监测体积变化的沉降和隆起，监测孔隙水变化的测压计。通过对几个雨季和旱季的含水率分布监测，确定活跃区的范围（Nelson 等，2001），在土体不均匀或存在多个地层的情况下，可以使用校正的液性指数，Nelson 和 Miller（1992）提供了一个这样的计算例子。

文献中提供了与膨胀土相关的监测实例。文献包括 Fityus 等（2004），在澳大利亚纽卡斯尔附近的一个测试点，在 1993—2000 年期间测试了土的含水量、吸力和地面活动的分布。此外，在肯特郡切腾登附近的伦敦黏土场地，英国建筑研究院（BRE）提供了多年类似的监测细节（Crilly 和 Driscoll, 2000；Driscoll 和 Chown, 2001）。稳定的基准点对于膨胀土中的任何监测都很重要，许多论文中给出了基准点的设计细节和安装说明，例如 Chao 等（2006）。

更多详情可参见本手册第 4 篇"场地勘察"和第 9 篇"施工检验"，膨胀土条件下的特定讨论，见 Chen（1988），Nelson 和 Miller（1992）。

33.5.1.3 实验室测试

在石油和采矿业，特别是在美国，对"致密"黏土和泥岩，特别是黏土页岩的膨胀性进行了大量的研究。与采矿业的情况一样，埋深大的地方膨胀压力已经对隧道工程造成了危害（Madsen, 1979）。在石油工业，页岩和"致密"黏土中钻孔和井壁的膨胀问题一直是人们感兴趣的话题。发展起来的实验室测试方法与土木工程行业所应用的测试方法有很大不同，往往重复产生问题的特定现象。例如，湿度活性指数试验（Huang 等，1986）复制了矿井巷道中空气相对湿度的变化引起巷道衬砌的膨胀。然而，受限膨胀压力试验是相对通用的。由于收缩在英国是一种近地表现象，土壤的调查和农业组织已经做了大量工作，Reeve 等（1980）根据土壤学分类描述了测定各种土壤收缩潜势的方法。

出于岩土工程的需要，有一套不同的试验可用于识别膨胀土，包括阿太堡界限、缩限、X 光衍射矿物学试验、膨胀试验和吸力测量（详见 Nelson 和 Miller，1992）。一维浸水试验通常采用未扰动土样，然而，应该注意的是，在实验室进行膨胀试验时，区分压实膨胀、未扰动土样和重塑土样膨胀是很重要的，它们有显著的差异。

1. 胀缩试验

膨胀试验可大致分为测量膨胀引起的变形或应变的试验，以及测量限制膨胀后产生的应力或压力的试验，这两种类型分别称为膨胀应变试验和膨胀压力试验。膨胀应变试验可以是一维（1D）线性的，也可以是三维（3D）的；膨胀压力试验几乎总是一维的，并且传统上使用的是固结仪试验装置（Fityus 等，2005）；而收缩试验测量的是一维或三维的收缩应变。

收缩-膨胀试验的标准确实存在，但没有覆盖国际上使用的所有方法。像许多"指数"型土的试验一样，有些收缩膨胀试验是基于实际需要，往往相当粗糙和不可靠。尽管含水量的测量很容易达到一定的精度，但黏土土样体积变化的测量精度却很难达到要求，特别是在收缩的情况下。解决这个问题的方法是，通过一维状态下的体积变化测量，或将样本浸入像汞一样的非渗透液中。但是，汞的这种使用方法并不理想。在假设土样是饱和的情况下测量膨胀体积变化，问题并没有那么大。这种情况下，土样浸水时尺寸变化是必然的，必须解决浸没式位移传感器或非浸没式传感器密封接头的问题。

Nelson 和 Miller（1992）提供了各种膨胀和隆起试验的详细说明（最常用的是固结仪），这些试验通常是在特殊膨胀土问题区域开发的。然而，一般情况下它们是适用的（Fityus 等，2005）。这些试验确定了土样浸水时防止膨胀应变所需的外加应力，计算机控制或至少某种形式的反馈控制增强了这种能力。在固结仪试验中，膨胀压力的测定不应与固结应力下回弹应变的测定混淆。在后一种情况下，孔隙比-外加应力（e-$\log p$）曲线回弹部分的斜率称为膨胀指数（C_S），是压缩指数（C_C）的回弹或减压当量。然而，高膨胀潜势地区的土通常测得的膨胀潜势为低至中等，这是自然土变化的结果（Houston 等，2011）。

2. 矿物测试

除了使用传统方法外，有些参数完全或很大程度上取决于黏土的矿物成分，包括表面积（Farrar 和 Coleman，1967）、介电色散（Basu 和 Arulanandan，1974）和分离压力（Derjaguin 和 Churaev，1987）等。非常密实或严重超固结黏土及黏土页岩的膨胀影响因素可能不同于正常固结或风化的黏土。风化和成岩结合力可能在这些物质中占主导地位，而毛细作用可以忽略。影响膨胀的关键因素可能是黏土晶片之间的距离、孔隙中流体离子的浓度以及实验室测试用流体相对于这些材料的黏土矿物活性等。达西渗透率和孔隙水压力的传统概念在密实黏土和黏土页岩中受到质疑，扩散可能是这些极低渗透性黏土中流体运动的主要模式。

3. 使用指数测试

土的体积变化潜势（volume change potential，简称 VCP）（也称为潜在体积变化，potential volume change，简称 PVC）是随土的含水量变化而预期的体积相对变化，并通过地面的收缩和膨胀来反映。换句话说，体积变化潜势是土变干时收缩或变湿时膨胀的程度。尽管有各种测试方法可用于确定这两种现象，例如，英国标准 BS 1377 1990：第 2 部分，试验 6.3 和 6.4 缩限和试验 6.5 线性收缩和第 5 部分，试验 4 膨胀压力（BSI，1990），然而，它们很少在英国常规现场调查过程中使用。因此，可用于直接测量主要黏土地层的收缩-膨胀特性的数据很少，常采用基于液限、塑限、塑性指数和密度等指标参数的估算（Reeve 等，1980；Holtz 和 Kovacs，1981；Oloo 等，1987）。由于没有考虑土的饱和状态，因此也没有考虑其中的有效应力或孔隙水压力。

用于确定土体胀缩潜势的最广泛使用的参数是塑性指数（I_P），这种基于重塑试样的塑性指数不能准确预测原位土的胀缩性。然而，遵循适当的程序，可按照国际认可的标准在可复制的条件下进行这种方法（Jones，1999）。《英国建筑研究院文摘

《240》（*Building Research Establishment Digest* 240）（BRE，1993a）提出了"修正塑性指数"（I'_P），用于已知或可假设100%通过的颗分数据，特别是通过425μm筛的部分（表33.1）。

修正I'_P考虑了样本的全部，而不仅是细粒部分，因此，它更好地显示了工程土的"真实"塑性值，消除了因颗粒大小而产生的差异，如冰碛土。与此相比，国家房屋建设委员会（National House-Building Council，简称NHBC）制定的分类（表33.2）构成了NHBC"基础深度"（foundation depth）表的基础，该表使用了表33.1中所示的相同修正I'_P。

对于具有不同塑性指数的多层土体，采用"有效塑性指数"（effective plasticity index）的概念（BRAB，1968）。

膨胀潜势和收缩潜势可被认为是土体膨胀和收缩的极限能力，在某一给定的含水率变化情况下，这种潜力不一定会发生，因此，不能代表土的基本特性。然而，潜势可能有不同的描述。例如，Basu和Arulanandan（1974）将膨胀潜势描述为"在给定条件下实现膨胀的能力和程度"。因此，术语上有些混乱。Oloo等（1987）区分了固有膨胀和隆起，他们把固有膨胀定义为黏土与含水率变化、体积变化、吸力变化相关的性质。因此，相同条件下的吸力变化，与低固有膨胀的土体相比，高固有膨胀的土体表现出较大的含水率或体积变化。Oloo等（1987）指出，还没有开发出测量这种性质的方法。膨胀被定义为"在一组特定的应力和吸力条件下，土体体积应变或轴向应变的量度"，隆起被定义为"与固有膨胀相互作用的吸力和应力变化而导致的土体中某一点的位移"，但隆起不是土的特性。

总之，测试黏土收缩和膨胀特性的方法有很多。Jones（1999）详细介绍了这些方法，其中讨论了每种方法的优缺点，并确定了甄选方法的原因。Fityus等（2005）对这些测试也做了进一步的评估。

33.5.2 收缩/膨胀预测

所有体积变化的岩土工程预测都需要确定其初始和最终的原位应力状态，这需要确定每个地层剖面的应力-应变关系。初始应力状态和本构特性可以使用一套方法来评估（许多文献强调，例如Fredlund和Rahardjo，1993；Powrie，2004），但最终的应力状态通常是假定的。Nelson和Miller（1992）提出了基于有效上覆应力的计算准则（即应力增量由外加载荷和土吸力引起）。然而，每种情况都需要通过工程判断，并考虑环境条件。

Nelson和Miller（1992）对膨胀土的本构关系及其用途进行了详细的评述，包括处理基质和渗透吸力的非饱和土模型。Fredlund和Rahardjo（1993）以及Fredlund（2006）对此进行了详细描述，包括用于预测非饱和土特性的理论基础和相关模型，以及用于确定关键土参数的试验方法。

预测方法总体可以分为三大类：理论的、半经验的和经验的，但都需要依靠试验方法。必须特别注意经验方法，因为经验方法仅在其开发的土体类型、环境和工程应用范围内有效。

Nelson和Miller（1992）提供了许多基于固结仪或吸力试验的隆起预测方法，以及相关预测的例子。比如Nelson等（2010）提供了一个自由场地隆起预测的例证，及其在基础设计中的使用和预测隆起速率的方法。

33.5.2.1 基于侧限固结仪的方法

基于侧限固结仪的试验包括一维和双固结仪试

膨胀黏土分类	表33.1
I'_P（%）	体积变化潜势（VCP）
>60	很高
40~60	高
20~40	中
<20	低

注：$I'_P = I_P \times (\% <425\mathrm{um})/100\%$
数据取自建筑研究机构（BRE，1993a）

膨胀黏土分类	表33.2
I'_P（%）	体积变化潜势（VCP）
>40	高
20~40	中
10~20	低

数据取自英国国家房屋建设委员会（NHBC，2011a）

验（由 Jennings 和 Knight（1957）开发），双固结仪试验由两个几乎相同的原状土样组成，一个在其自然含水率加载；另一个在小载荷下浸水，然后在饱和状态下加载。使用岩土工程师们熟悉的固结仪具有明显的优势。

测试可以作为自由膨胀试验进行，即浸水后在预定压力下允许膨胀发生。膨胀压力被定义为将膨胀土样再压缩至其膨胀前体积所需的压力。然而，体积变化可能受到限制、变化滞后等影响原位状态的测试。克服这些问题的替代方法包括固结仪中的土样浸水并防止其膨胀发生，保持体积不变所需的最大外加应力就是膨胀压力。这些试验的典型结果如图 33.6 所示，σ_0' 为浸水时的应力，σ_s' 表示应力等于膨胀压力。

等体积试验可以克服自由膨胀试验的困难，但更容易受到土样扰动的影响。为了解决土样扰动的影响，Rao 等（1988）、Fredlund 和 Rahardjo（1993）建议简化，使用技术成熟的等体积固结仪试验（膨胀过程中增加压力以保持体积不变）测试参数，以便预测。如图 33.7 所示。

Fityus 等（2005）提出质疑，认为这种方法需要标准岩土工程测试实验室不常用的专业仪器来获得有意义的结果。但并不是所有人都同意，Nelson 和 Miller（1992）认为采用这种方法可以获得高质量的数据和预测结果。此外，由于土样通常达不到完全饱和（Houston 等，2011），因此，土样完全浸湿的试验是保守的，还存在许多缺点。水下土样膨胀试验在某一应力水平下会过度预测隆起，部分湿润的效果可能与湿润发生的深度一样重要（Fredlund 等，2006）。

33.5.2.2 吸力试验

吸力试验用于预测与饱和有效应力变化非常相似的土体反应。已经开发了多种方法，例如，美国陆军工程兵水路实验站方法（WES）或土块法（clod method），其细节（包括优点和局限性）可以在 Nelson 和 Miller（1992）文献中找到。Fredlund 和 Hung（2001）随后以评估环境和植被变化引起的体积变化开发了基于吸力的预测，并提供了有用的实例计算概述。

Nelson 和 Miller（1992）建议，通过精细的取样和测试，有可能预测几厘米内的升降量。然而，试验必须在现场预期的应力范围内进行。此外，涉及部分饱和性质的直接试验研究既费钱又费时。

比如 Chandler 等（1992）提供了使用滤纸法进行吸力测试的细节，强调了精细校准的必要性，因为结果可能会受温度波动、测试过程滤纸中颗粒的夹带以及滞后效应的影响。作为评价土吸力及其分布的一种手段，这种方法有许多优点（图 33.4）。

为此，越来越多的数值和半经验方法使用土-水特征曲线（SWCCs）（Puppala 等，2006），可用于描述含水率（重量或体积）与土吸力之间的关系，或可以用来描述饱和度与土吸力之间的关系。第 30 章"热带土"也提供了典型土-水特征曲线更详细的讨论和示例。

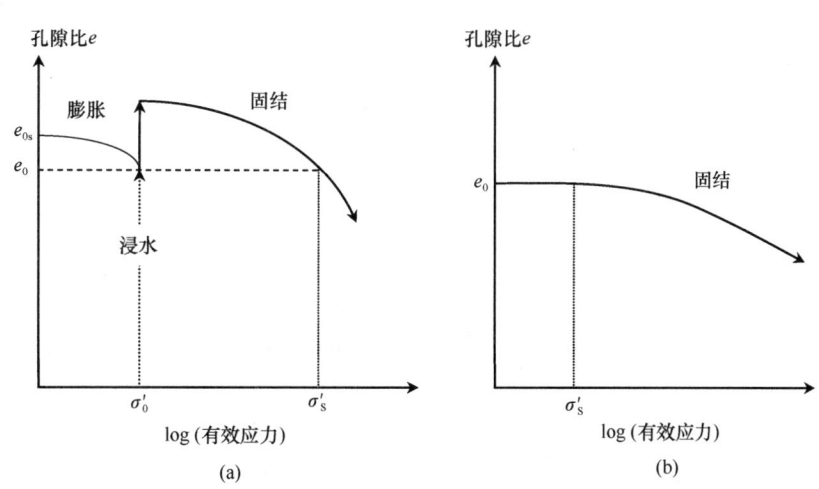

图 33.6　典型固结仪膨胀试验曲线
（a）自由膨胀试验曲线图；（b）等体积试验曲线图

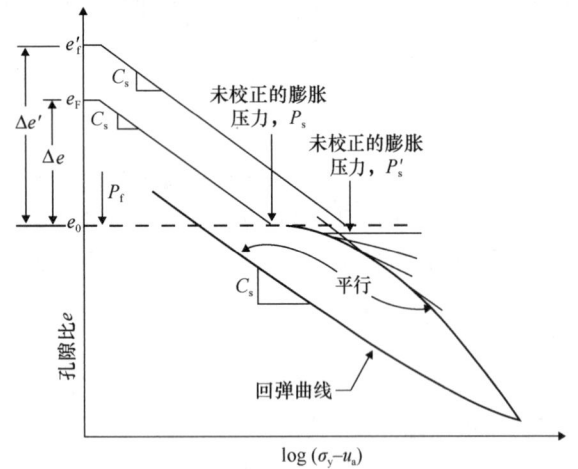

图 33.7　扰动土样一维固结仪试验曲线
摘自 Rao 等（1988），经美国土木工程师学会
（ASCE）许可

注：C_s 为膨胀指数；$(\sigma_y - U_a)$ 为覆盖压力；P_f 为最终应力状态；e_f 为最终的孔隙比；e'_f 为对应于修正后的膨胀压力 P'_s 的最终孔隙比。

Ng 等（2000）进行了一定数量的膨胀土调查，Likos 等（2003）和 Miao 等（2006）也提供了一些实例，Puppala 等（2006）则详细说明了处理和未经处理膨胀土的土-水特征曲线。Fredlund 和 Rahardjo（1993）提供了吸力试验的很多细节，而 Nelson 和 Miller（1992）也提供了膨胀土吸力试验的更多细节。然而，应该注意的是，吸力测量可能会存在很大的误差（Walsh 等，2009）。

基于经验的方法在岩土工程中仍然很常见（Houston 等，2011），变形量的大小通常通过对含水率变化区域的应变积分来估算，其不确定性的产生有三个来源（Walsh 等，2009）：

1. 发生湿润的深度；
2. 土的膨胀特性；
3. 湿润深度内的初始及最终吸力。

此外，所有模型的使用都需要小心谨慎，因为输入参数的微小变化会导致估计的土体响应发生显著变化。因此，真正的挑战是理解土-水应力水平和体积变化之间的关系，以及对场地实际湿润深度和程度的预测。两者都与土的性质和场地水控制有关（Houston 等，2011）。

Houston 等（2011）通过大量干旱/半干旱地区实地调查和实验室调查的取证研究，采用数值方法（在这种情况下，采用简单的一维和二维非饱和水流模型）进行比对预测，预测时，还考虑了场地排水和景观等细节。1 年后进行比较，得出预测地基问题更重要的因素是排水条件。这项研究表明，建筑物附近排水不良和屋顶积水是最糟糕的情况。基础附近不受控制的排水和积水，使得更大深度范围内（1 年后发现为 0.8m）吸力显著降低，导致不均匀的土体膨胀和基础变形（图 33.8）。

33.5.2.3　数值方法

一维模拟也是数值研究的主流，由于非饱和土水分流动解对细微的地表变化条件和详细模拟很敏感，因此需要非常紧密的网格和时间步长（Houston 等，2011），这可能导致需要几个月的漫长运行时间，即便是一维的评估也是如此（Dye 等，2011）。不过 Xiao 等（2011）证明了数值模拟如何用于评估桩-土相互作用，提供了一种进行敏感性分析的有效方法，但指出在进行数值评估时需要许多参数。

33.5.3　特征描述

为了描述膨胀土的特性，人们进行了许多尝试，以找到一个通用的收缩和膨胀分类系统。有些人甚至试图用常用的参数来建立一个统一的膨胀潜势指数（例如 Sridharan 和 Prakash, 2000; Kariuki 和 van der Meer, 2004; Yilmaz, 2006），或通过比表面积来建立一个统一的膨胀潜势指数（Yukselen-Aksoy 和 Kaya, 2010），但这些尚未被采用。世界各地常用方法的例子如图 33.9 所示。由于土样条件和测试参数的不统一（Nelson 和 Miller, 1992），已经开发的各种方法均缺乏对膨胀潜势的标准定义。

33.5.3.1　分类方法

大多数分类方法给出了一个定性的膨胀率，如高或临界。不同的分类方法可以归纳为 4 组，这取决于它们采用哪种方法来确定结果。

1. 自由膨胀（见 Holtz 和 Gibbs, 1956）；
2. 升降潜势（见 Vijayvergiya 和 Sullivan, 1974；Snetahen 等, 1977）；
3. 膨胀度（见美国联邦住房管理局 FHA, 1965；Chen, 1988）；
4. 收缩潜势（见 Altmeyer, 1956；Holtz 和 Kovacs, 1981）。

第 33 章 膨胀土

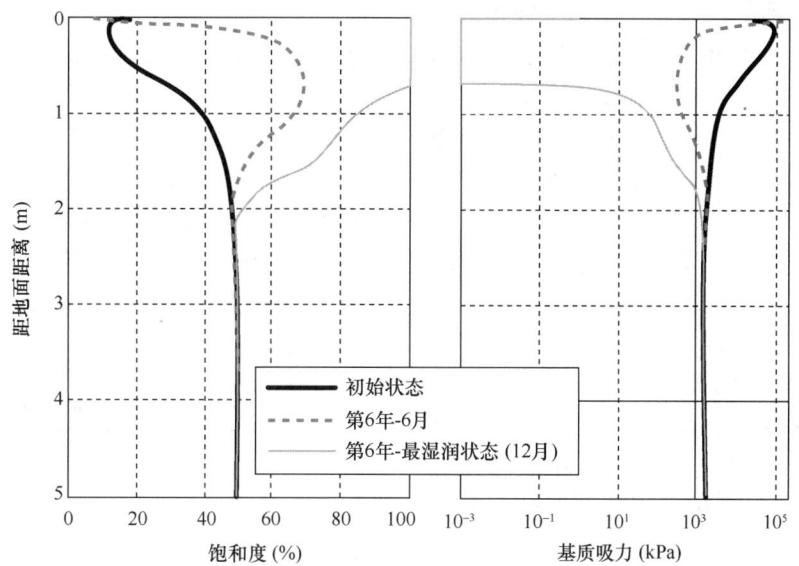

图 33.8　荒废 6 年后，(建房后) 1 年内基础旁屋面雨水积水引起地基含水率变化分布图
　　　　一维最潮湿和最干燥的状况

摘自 Houston 等（2011），经美国土木工程师学会（ASCE）许可

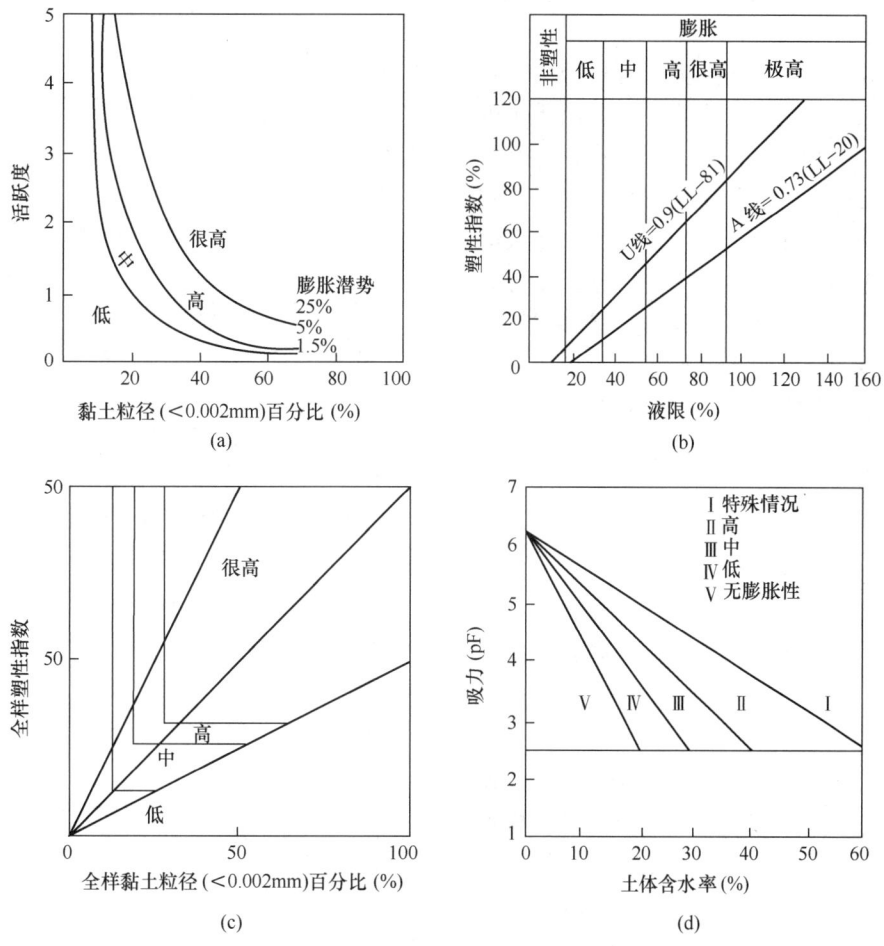

图 33.9　来自世界各地确定膨胀潜势的常用标准

摘自 Yilmaz（2006），经 Elsevier 许可

由于黏土的液限和膨胀都取决于黏土吸收的水量，所以它们有相关性也就不足为奇了。Chen（1988）提出了黏土的膨胀潜势与其塑性指数之间的关系，虽然高膨胀性土表现出高指数特性可能是对的，但反过来（低膨胀性土表现出低指数特性）并不一定对。

其他分类方法与膨胀潜势有关，该方法以Skempton"活跃区"为基础（Skempton，1953），并由Williams和Donaldson（1980）从Van der Merwe（1964）发展而来。Taylor和Smith（1986）描述了关于英国各种黏土泥岩地层的细节。

胀缩性的评估方法很多，特别是在美国（见Chen，1988；Nelson和Miller，1992），其中大部分以膨胀和吸力为基础（Snethen，1984）。Sarman等（1994）得出结论，膨胀不仅与黏土矿物成分有关，还与孔隙形态有关，高膨胀性土样孔隙体积大，且小孔隙占比高。高膨胀性归因于土样的吸收和吸附水的能力，并没有发现膨胀性和其他参数之间的相关性。

对于所有的分类方法，实际上只有场地条件变化很大时，才发现膨胀现象。除非使用者熟悉土的类型和用于确定等级的测试条件，否则这种分级可能用处不大。分级本身可能具有误导性，如果在建立分级的区域之外，设计时选用可能会引起重大的失误（Nelson和Miller，1992）。因此，分类仅可为潜在膨胀问题提供参考，并且需要进一步的试验。如果这样的方法被用作设计的基础，其结果要么是过于保守，要么是不合理（Nelson和Miller，1992）。

33.5.3.2 英国方法

虽然世界范围内已经开展了大量研究，从塑性等土性指标推断土的胀缩性（第33.5.1.1.3节），但能在英国岩土数据库中可获得的直接数据却很少（Hobbs等，1998）。在英国通常使用的两种方法是英国建筑研究院（BRE）和国家房屋建设委员会（NHBC）方法。

《英国建筑研究院文摘240》（*Building Research Establishment Digest* 240）（BRE，1993a）最近根据修正的塑性指数（I_P'）定义了超固结黏土的体积变化潜势，见表33.1。这种分类旨在消除由于颗粒大小不同造成的差异。

由于英国的环境条件不允许收缩潜势完全发挥（Reeve等，1980），因此高收缩潜势土显现的可能与低收缩土没有很大不同。英国国家房屋建设委员会（NHBC，2011a）对体积变化潜势的分类如表33.2所示，这种分类构成了英国国家房屋建筑委员会（NHBC）"基础深度"表的基础。

因为一组土的特性往往不能完全归为一类，因此确定收缩潜势需要一些判断。英国建筑研究院（BRE）（1993a）建议采用塑性指数和黏粒组成来判别土的胀缩潜势，如下所示：

塑性指数	黏粒组成 （<0.002mm）	收缩潜势
>35	>95	很高
22~48	60~95	高
12~32	30~60	中
<18	<30	低

类别的重叠反映了这样一个事实，即数据是从多个来源获得的。

33.5.3.3 国家与地域特征

在英国，对土的胀缩潜势进行有意义的评估需要大量高质量且空间分布良好的标准一致的数据，英国地质调查局（BGS）的"国家岩土工程特性数据库"（*National Geotechnical Properties Database*）（Self等，2008）包含大量指数测试数据。撰写本书时，该数据库包含80000多个钻孔近320000个岩土样本的100000个相关塑性数据。

英国地质调查局（BGS）的地球观测系统国家地面稳定性数据提供了关于潜在地面活动或沉降的地质信息，包括胀缩数据集（Booth等，2011）。需要注意的是，该评估并未量化特定场地土的胀缩性，通过整个露头的地质单元的特性，预示危害的存在。

土的体积变化潜势提供了土体含水量变化时预期的相对体积变化，根据I_P'值和基于上四分位数的分类计算（表33.3）。这是基于表33.1的英国建筑研究院（BRE）（1993a）的方法，每个地质单元都有一个体积变化潜势，并建立了一个胀缩潜势图（图33.10）。

体积变化潜势分类　　表33.3

分类	I_P'（%）	VCP（体积变化潜势）
A	<1	非塑性
B	1~20	低
C	20~40	中
D	40~60	高
E	>60	很高

在全国范围内对黏土进行观察，可以很好地预测与黏土相关的潜在问题，并为规划决策提供初步信息。然而，没有两种黏土在特性或胀缩潜势方面是相同的，因此，在一个更加区域化的基础上研究特殊黏土地层是有用的。为了说明这一点，将使用伦敦黏土组进行研究。

伦敦黏土组在岩土工程和工程地质学中占有重要地位，这是因为在过去的150年里，它承载了伦敦大部分的地下工程。在过去的50年里，它也是国际公认的土力学研究主题（Skempton 和 Delory，1957；Chandler 和 Apted，1988 和 Takahashi 等，2005）。伦敦黏土具有胀缩的特性导致了暴露地基

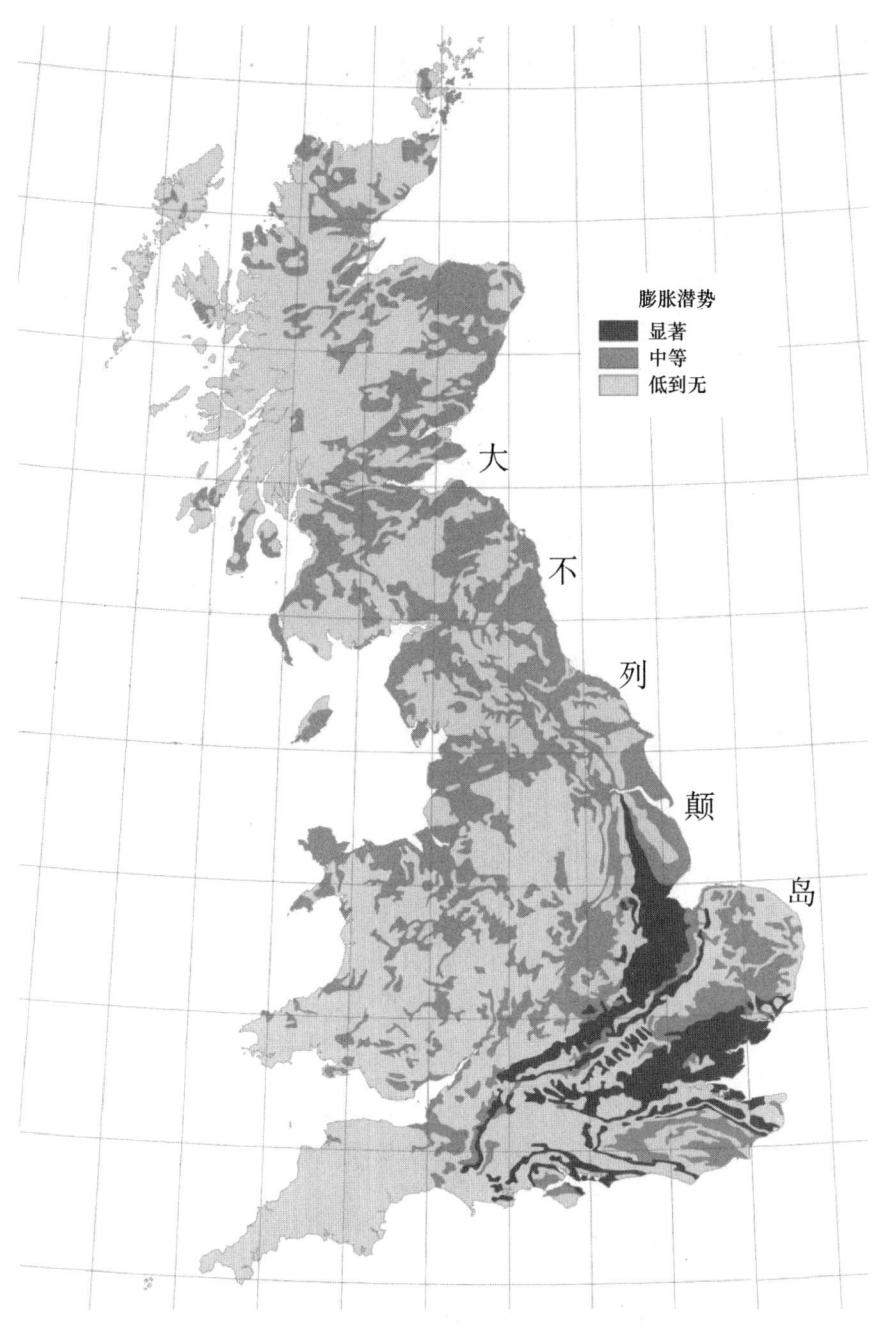

图 33.10　以体积变化潜势为基础的大不列颠岛胀缩潜势地图

摘自 Jackson（2004）©NERC，经英国地质调查局（British Geological Survey）许可

的长期损坏。

Jones 和 Terrington（2011）遵循 Diaz Doce 等（2011）描述的方法，使用 11366 个伦敦黏土样本，根据地理位置、塑性值和埋深将其分为 4 个不同的区域。通过这种方式，可以对暴露地基进行更详细的评估，并创建了一个连续的伦敦黏土体积变化潜势的三维模型。该模型给出了可视化的 I_s 值，允许在地表下不同深度对其进行检查（图 33.11）。这种类型的分析表明，只要具有足够大的数据集，三维建模方法对于膨胀性黏土体积变化潜势空间变化的预测具有相当大的潜力。

33.5.4 膨胀土的特殊问题

胀缩过程的主要不利影响表现为膨胀压力导致结构隆起（或上抬）或收缩导致差异沉降，因此，存在许多缓解措施和设计选项，包括特定基础类型的选择，或者通过使用一系列不同的地基改良技术。Chen（1988）与 Nelson 和 Miller（1992）提供了相关很好的评述，还有英国国家房屋建设委员会（NHBC，2011a）提供的详细评述。以下章节（第 33.5.4.1 节～第 33.5.4.4 节）提供了一个概述，强调与这些选项相关的关键特征。此外，还讨论了英国面临的一些关键问题（第 33.5.4.5 节），其中植被的影响通常是膨胀土面临的土-结构问题的主要原因。

33.5.4.1 膨胀土中的基础类型选择

影响基础类型和设计方法的因素很多（第 5 篇"基础设计"），包括气候、经济和法律，以及技术问题。重要的是，胀缩性通常在几个月内不会表现出来，因此备选设计方案必须考虑到这一点。其他问题，如经济方面考虑，可能会造成压力，因此尽早与所有相关利益攸关方沟通至关重要。处理膨胀土时，较高的早期开支往往被施工后维护成本的降低所抵消（Nelson 和 Miller，1992）。

处理潜在膨胀土的基础选型遵循三个选项：
（1）采用结构方案，例如采用加劲筏；
（2）采用地基处理技术；
（3）（1）和（2）的组合。

基础选型的主要目的是减小变形的影响，尤其是差异变形的影响。处理膨胀土时使用两种对策：

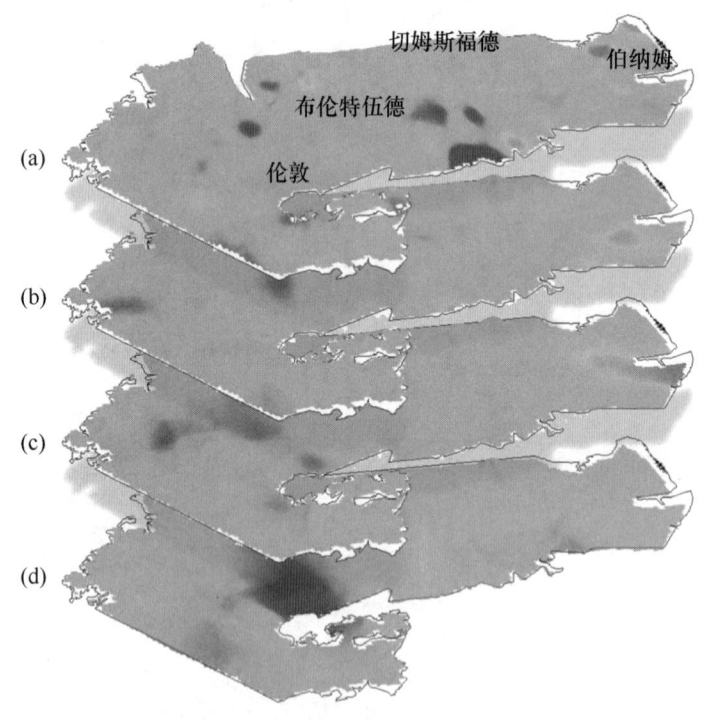

图 33.11 第三区域 s 网格图，地表、地表下 8m、20m 和 50m 曲面示意图（体积变化潜势，蓝：中；绿：高；黄/红：很高）
(a) 地表；(b) 地表下 8m；(c) 地表下 20m；(d) 地表下 50m
摘自 Jones 和 Terrington（2011）Ⓒ The Geological Society of London。彩色版本可在网上查阅

- 将结构与土变形隔离；
- 设计一个足够坚固的基础来抵抗变形。

世界各地用于膨胀土地基的主要基础类型为墩梁或桩梁系统、加劲筏和改进的连续周边扩展基础，表33.4对此进行了总结。Chen（1988）、Nelson和Miller（1992）与国家房屋建设委员会（NHBC；2011a，2011b，2011c）提供了进一步的详述，下面将进一步的讨论。应该注意的是，用于描述本表中所列基础类型的术语在世界范围内有所相同，例如，筏形基础在美国被称为平板基础。

1. 墩梁、桩梁基础

这种基础通过地梁将结构荷载传递到墩或桩上，墩/桩和地梁之间设有空隙，以隔离结构并防止膨胀隆起，英国国家房屋建设委员会（NHBC，2011a）提供了最小空隙尺寸的指导。然后，地板就被建造成了浮动板。墩/桩可采用钢筋混凝土（通长配筋以避免拉伸破坏，带或不带扩底）、钢桩（打入或压入）或螺旋桩，其目的是将荷载传递到稳定的地层。扩底和螺旋墩/桩在高膨胀潜势的土中非常有效，且其长度比直墩/桩更合理，直墩/桩的侧摩阻力由于地下水位上升而有可能损失。如果稳定的非膨胀地层出现在地表附近，墩/桩可设计为刚性锚固构件。然而，如果潜在膨胀的深度较大，墩/桩应设计为弹性介质中的弹性构件。图33.12展示了美国实践中典型的墩梁基础，英国采用了非常相似的布置，英国国家房屋建设委员会（NHBC，2011a，其中的图10和图11）也对此进行了说明。

Chen（1988）、Nelson和Miller（1992）详细介绍了这些系统的设计和施工流程（包括设计计算范例），尼尔森等（2007）补充了一些讨论和设计计算范例。重要的是要确保活跃区以下土体能提供足够的锚固。墩/桩直径一般较小（典型的为300~450mm）。较小的尺寸会导致混凝土浇筑不良和相关缺陷的问题，例如，孔洞。另一个可能出现的问题是墩/桩顶部附近的"蘑菇状"，这为胀拔力提供了额外的作用区域。为了避免这种情况，通常采用圆柱形直板模板，并在梁浇筑完成后拆除，以防止传递膨胀压力。墩/桩和地梁之间的空隙大小取决于潜在膨胀的大小，通常为150~300mm。在上部活跃区，应对墩/桩体进行处理，以减少表面摩擦，从而最大限度地减小胀拔力。重要的是，任何选择都应避免出现水进入更深层土体的潜在途径，因为这将导致深层膨胀。

2. 加劲筏基

加劲板采用钢筋混凝土板或后张预应力混凝土板，后者在美国等国家很普遍。设计程序包括确定与结构荷载和膨胀压力相关的弯矩、剪力和挠度。图33.13显示了美国常用的加劲筏基的平面布置示例，英国国家房屋建设委员会（NHBC；2011a，2011b）介绍了在英国使用的类似方法。

膨胀土中的基础类型　　　　　　　　表33.4

基础类型	设计机理	优势	缺陷
墩梁；桩梁	通过稳定地层的锚固抵抗膨胀变形，使结构与膨胀变形隔离	可用于各种土体，对高膨胀潜势土是可靠的	相对复杂的设计，施工需要专业承包商
筏基；加劲筏基	提供一个刚性基础，保护结构不受差异沉降损害	对中等膨胀潜势土是可靠的，施工无需专用设备	只对布局相对简单的建筑物有效，要求全面的施工质量控制
改进的周边连续扩展基础；沟槽填充基础	与筏板或加劲筏板基础相同——包括地圈梁	结构简单，无需专用设备	在高膨胀潜势土中或在树木的影响范围内无效

数据取自Nelson和Miller（1992）、英国国家房屋建设委员会（NHBC，2011a）

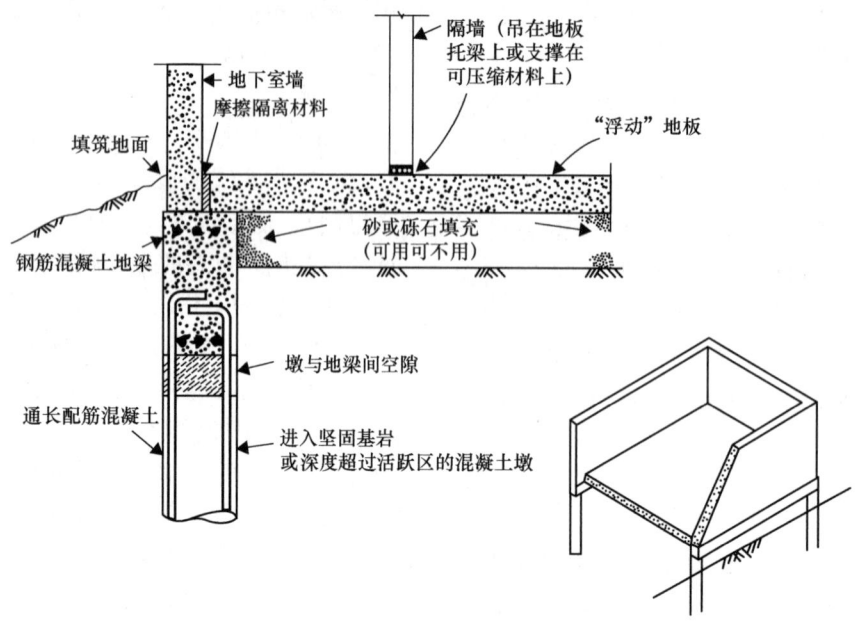

图 33.12 墩梁式基础图

摘自 Nelson 和 Miller（1992）；John Wiley & Sons, Inc

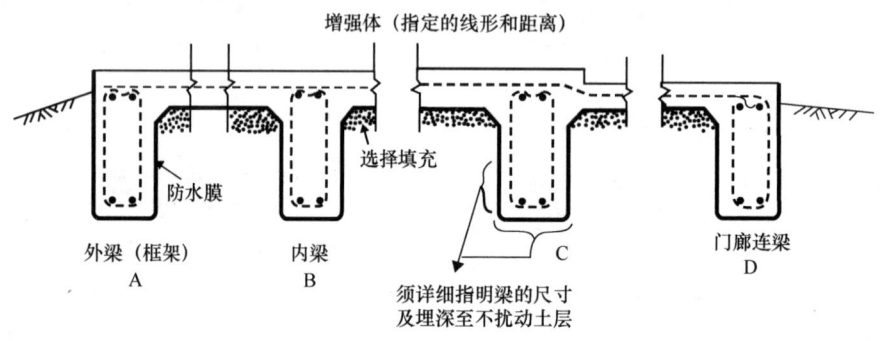

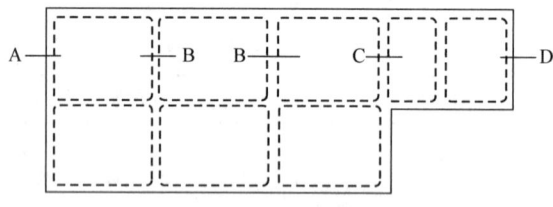

图 33.13 典型的加劲筏基

摘自 Nelson 和 Miller（1992）；John Wiley & Sons, Inc

以基础板下土-结构相互作用建模的设计，把基础板看作是弹性介质上的受力板或梁。本质上，存在两个极端——一个是假设地基上的基础板没有重量，另一个是假设膨胀土地基上的基础板具有无限刚度。实际上，基础板是具有一定柔性的，因此膨胀土产生的实际升降变形介于这两个极端之间，这些变形模式如图 33.14 所示。

已经开发的几种设计方法，每种方法都使用一系列不同的土和结构设计参数组合，Nelson 和 Miller（1992）对此进行了详细描述，Houston 等（2011）进行了补充。

所需的主要岩土工程信息包括基础底板的尺寸、形状和板下土体表面的变形特性。这些取决于许多因素，包括隆起、土的刚度、初始含水率、地

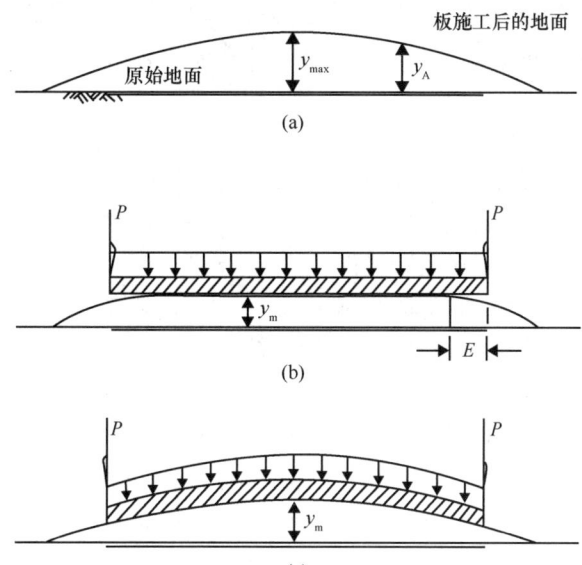

图 33.14 不同刚度筏基的工后剖面图
（a）未施加荷载；（b）无限刚性板；（c）柔性板

注：y_{max}＝最大升降量，不存在这样的基础-自由升降；y_m＝最大不均匀升降量；E＝基础外边缘至膨胀土接触点的距离；P＝荷载；y_A＝自由场地地面升降量

摘自 Nelson 和 Miller（1992）；John Wiley & Sons, Inc

下水分布、气候、工后时间、荷载和板的刚度。应该注意的是，基础板的覆盖消除了地基土的蒸发蒸腾（图33.5），促使靠近底板中心的土体含水率产生/保持最大的增加，因此也是长期变形最严重的地方。然而，最大的差异升降变形（图33.14中的y_m）在总的最大升降变形量的33%～100%之间变化（Nelson 和 Miller，1992）。偶尔的，当结构外部地基土含水率的增加早于结构内部时，会发生建筑物边缘上抬。

3. 改进的周边连续基础

发现膨胀土时，应避免采用浅基础。然而，采用浅基础时，可以采取许多措施来最小化膨胀/收缩的影响，改进措施包括：

- 缩小基础宽度；
- 在支撑梁/墙内预留空隙，将荷载集中在独立点；
- 增加周边钢筋将其插入楼板加固基础。

窄的扩展基础应仅限于具有1%膨胀潜势和非常低膨胀压力的膨胀土中使用（Nelson 和 Miller，1992）。

英国国家房屋建设委员会（NHBC，2011a）建议，基础位于覆盖在膨胀土层上的非膨胀土层时，可以使用条形基础和沟槽填充基础，前提是：

- 整个场地的土体是稳定的；
- 假设所有土体都是膨胀的，非膨胀材料的深度大于等效基础埋深的3/4 [英国国家房屋建设委员会（NHBC，2011a）提供了指南]；
- 基础下非膨胀土的厚度至少等于基础宽度。

4. 案例研究

Chen（1988）提供了一系列处理膨胀土问题的地基基础案例研究，包括由以下原因引起的危害：墩/桩上拔、墩/桩设计和施工不当、垫层/板下缓冲层和地板隆起、连续地板的隆起以及地下水位上升。

Houston 等（2011）进一步讨论了与其他基础类型相关的问题，如后张预应力筏形基础的使用。Simmons（1991）和 Kropp（2011）提供了其他有用的案例研究。很明显，许多基础发生了破坏，其原因可以总结如下：

（1）含水率变化
- 高地下水位；
- 基础下排水不良；
- 下水道破坏或管理不善导致的泄漏；
- 灌溉和花园浇水。

（2）施工质量差
- 边缘梁刚度不足；
- 地板厚度不足；
- 墩锚固不足；
- 墩长不足或膨胀发生时导致上拔的"蘑菇状"墩/桩；
- 配筋不够，使结构不能承受变形；
- 预留孔隙不足。

（3）缺乏对地层剖面的正确判断
- 下卧地层含有倾斜的基岩层理，引起垂直和水平膨胀；
- 不受控制的填筑位置；
- 膨胀土深度大的区域，钻孔墩和梁基础可能不实用，应使用更灵活的体系。

评估胀缩性破坏时，重要的是区分结构缺陷与基础变形，因为两者都可能导致建筑物开裂破坏（Chen，1988）。Lawson（2006）、Kropp（2011）和 Houston 等（2011）分别为德克萨斯州、旧金山湾区和亚利桑那州提供了与膨胀土相关的岩土工程实践综述。虽然这些都是美国的研究，但岩土工程师可以从中吸取许多教训。Ewing（2011）提供了一个美国密西西比州杰克逊市的有趣案例，在30年的时间里，对一所建在1.5m厚非膨胀土上的房子（美国历史古迹名录上）进行了一系列修复，该非膨胀土下为约8m厚的膨胀黏土。

33.5.4.2 路面与膨胀土

路面特别容易受到膨胀土的破坏，由此产生的开支约占膨胀土处理总开支的一半（Chen，1988）。其固有的脆弱性源于重量相对较轻且覆盖区域相对较大的特征，例如，Cameron（2006）描述了排水不畅的膨胀土场地上修建铁路存在的问题，Zheng等（2009）提供了路堤和斜坡上公路路基的详细资料（来自中国）。膨胀土对路面的危害主要来自四个方面：

- 沿长度方向的严重不均匀性——可见或不可见的裂缝（对于机场跑道尤其重要）；
- 纵向开裂；
- 由显著局部变形产生的横向开裂；
- 与表面崩解相关的局部路面损坏。

路面设计与基础设计基本相同，然而，由于路面不能与土体隔离，且设计路面具有足够的刚度以避免差异变形的危害是不切实际的，因此需要许多不同的处理方法。对路基土进行处理通常更经济（第33.5.4.3节）。路面设计一般基于柔性路面或刚性路面系统，其设计程序在本手册第7篇"土石方、边坡与路面设计"及第76章"路面设计应注意的问题"中讨论。在处理膨胀土时，应考虑多种方法：

(1) 选择替代路线，避开膨胀土；
(2) 换填膨胀土；
(3) 低强度设计，定期维护；
(4) 扰动和重新压实物理性改变膨胀土；
(5) 化学添加剂稳定膨胀土，如石灰处理；
(6) 控制含水率变化——尽管在路面的设计使用期内非常困难，处理技术包括预湿润、膜、深排水、注入泥浆等。

Nelson和Miller（1992）提供了更多路面结构中改良膨胀土特性的试验细节，Cameron（2006）提倡使用树木，因为在半干旱环境中，树木对排水管理不良区域的铁路路基是有益的，然而，这需要细致的管理，可能需要几年才能完全有效。

33.5.4.3 膨胀土处理

膨胀土的处理方法本质上可分为两类：

(1) 土体稳定——换填、重塑和压实、预湿润及化学/水泥稳定；
(2) 含水率控制方法——水平隔离（薄膜、沥青和刚性隔离）、垂直隔离、电化学土体处理和热处理。

Chen（1988）、Nelson和Miller（1992）详细介绍了各种处理方法，Petry和Little（2002）详细回顾了过去60年的稳定处理方法。与任何处理方法一样，进行适当的现场勘察和评估是必要的（第6篇"支护结构设计"和第33.5.1节）。应特别考虑下列因素：活跃区的深度、体积变化潜势、土的成分、土中水分变化、渗透性、土体均匀性和工程要求。下面提供了两类膨胀土处理方法的概述，表33.5提供了土体稳定处理方法的简要细节。

在最近的一项调查中，Houston等（2011）发现，许多岩土和结构工程师认为化学稳定方法（如使用石灰）对地基膨胀土的预处理无效。通常首选墩/桩梁基础，或加劲筏基。对于路面工程，情况并非如此，世界范围内普遍使用石灰和其他化学稳定方法，各种稳定剂可分为三类（Petry和Little，2002）：

- 传统稳定剂——石灰和水泥；
- 副产品稳定剂——水泥/石灰窑粉尘和粉煤灰；
- 非传统稳定剂——例如磺化油、钾化合物、铵化合物和聚合物。

更多细节可以参考Petry和Little（2002）。然而，与任何用石灰处理的土体一样，需要仔细评估土体的化学和物理性质，以防止不利的化学反应引起膨胀（Petry和Little，2002）。比如Madhyannapu等（2010）提供了使用深层搅拌法稳定膨胀性地基土的质量控制详细信息，演示了基于地震法的无损检测的使用。

膨胀土地基采用化学稳定法处理，在紧靠基础下的地基土中形成缓冲层，例如用于路基的处理（Ramana和Praveen，2008）。膨胀土中混合非膨胀材料，如砂子（Hudyma 和 Avar，2006）也可以减轻膨胀，或混合粒状轮胎橡胶（Patil，2007）以降低膨胀潜势。

在某些情况下，可以使用超载，但仅适用于低至中等膨胀压力的地基土，这需要足够的超载荷载（见表33.5中的第一行）来抵消预期的膨胀压力。因此，这种方法仅适用于低膨胀压力的土体和抗隆起结构。相关范例包括二级公路系统或压力高的基础。预湿润法因其不确定性，只能谨慎使用，Chen（1988）、Nelson 和 Miller（1992）都指出，预湿润不可能在膨胀土地基施工中发挥重要作用。

含水率的波动是导致胀缩问题的主要原因之一，土的性质、含水率的不均匀性会产生不均匀的隆起。因此，随着时间的推移，如果含水率波动可以最小化，那么胀缩问题就可以得到缓解。此外，如果能够减缓含水率的变化，并使膨胀土中的水分分布均匀，那么差异变形量也可以降低。本质上，这就是引入隔湿/隔水措施的目的，旨在：

(1) 消除地基/路面边缘效应，减少季节性波动效应；
(2) 延长含水率变化发生的时间——因为基础下水的迁移路径更长。

隔离技术包括：

- 水平隔离——使用薄膜、沥青薄膜或混凝土；
- 垂直隔离——聚乙烯、混凝土、不透水半硬化泥浆。

膨胀土土体稳定处理方法　　　　表33.5

处理方法	方法简述	优势	缺陷
换填	挖除膨胀土，换填非膨胀土，深度必须达到防止过大隆起发生。换填深度由防止上抬和减缓差异变形所需的重量控制。Chen（1988）建议最少1.0～1.3m	非膨胀土换填可以提高承载能力，简单易行，通常比其他方法更快	换填最好使用不透水材料，以防止水渗入而发生膨胀。所需的换填厚度可能是不切实际的。施工过程若进水，方法失效
重塑和压实	含水率大于OWC[①]的低密度压实填土的膨胀量低于含水量小于OWC的高密度压实填土的膨胀量（图33.15），标准的压实方法和控制可以用来实现目标密度	使用现场的黏土，消除场外输入填料的成本。相对不透水的填料，最大限度地减少进水，没有过量的水进入，可以降低膨胀	低密度压实可能不利于承载力，对高膨胀潜势的膨胀土可能无效，需要严格和仔细的质量控制
预湿润或浸水	增加土的含水率，促使施工前发生隆起。在洪水泛滥地区采用堤坝或护堤拦蓄水，或采用深沟和竖井加速土中水的渗透	当土体具有足够高的渗透性，能够相对快速地渗入水分，这种方法已被成功地应用，如裂隙黏土	可能需要几年时间才能达到充分的润湿；可能会发生强度损失和丧失；浸水深度限制在小于活跃区内；可能会发生水分再分配，造成工后隆起
化学稳定	通常是石灰（以重量计为3%～8%）加水泥（以重量计为2%～6%），有时也掺加盐、粉煤灰，有机化合物较少使用。一般将石灰混入表层（约300mm），密封、熟化后压实。处理高塑性黏土时，石灰通常是最好的	所有细粒土都可以采用化学稳定剂处理，可以有效地降低膨胀土的塑性和膨胀潜势	土壤污染可能对化学处理有害；由于化学稳定剂可能带来潜在风险，因此需审慎考虑健康和安全问题；环境风险也可能发生，如生石灰特别容易发生化学反应；低温下固化被抑制

① OWC——最优含水量，采用标准普氏压实试验，见英国标准 BS 1377（BSI，1990）。
数据取自 Nelson 和 Miller（1992）

Chen（1988）与 Nelson 和 Miller（1992）对此都有详细的描述。此外，正在开发的电化学土体处理方法是利用电流将稳定剂注入土体，Barker 等（2004）提供了进一步的细节。除隔离方法外，还可以采用限制用水的管理方法，避免建筑物特定距离内灌溉，当然，这需要进行监测，以确保遵守这些要求。

33.5.4.4 补救方案

正如本章所讨论的，膨胀土会对建筑物造成重大损害，因此需要采取补救措施来修复任何损害。然而，在开始补救计划之前，确定一些因素是很重要的，应该考虑的关键问题是（修改自 Nelson 和 Miller，1992）：

- 需要补救措施吗？损害是否严重到必须处理？
- 预期会有持续的变形吗？等待会更好吗？
- 谁来买单？
- 应该选择什么标准？
- 损害是如何造成的？程度如何？
- 采用什么补救措施？
- 补救后是否有残留风险？

显然，为了选择适当的补救措施，需要进行充分的现场鉴定调查。所需的关键信息包括损坏的原因和程度、地层剖面（因为通常很难确定是否是沉降/隆起引起结构损坏）以及土的膨胀潜势。其他必要信息已在第 33.5.1 节中讨论过。没有充分的现场调查可能导致错误的评价和采取不适当的补救措施。Nelson 和 Miller（1992）以及英国建筑研究机构（BRE）文摘 251（1995a）、298（1999）、361（1991）、412（1996）和 471（2002）提供了更多的细节。

下面是一些基础补救措施的例子：

- 修理和更换结构构件或纠正不正确的设计外形；
- 托换；
- 提供额外结构支撑的结构调整，如后张法；
- 加固地基基础；
- 提供排水控制；
- 稳定地基土的含水率；
- 设置隔湿层以控制含水率的波动。

结构全托换通常不实用（且越来越被认为是不必要的），通常只对基础的关键部位进行托换（Buzzi 等，2010），此外，局部托换处理不均匀沉降不会提高基础的整体性能（Walsh 和 Cameron，1997）。因此，任何局部处理都必须考虑所有因素，否则由于膨胀土固有的自然空间上的差异性，会存在问题加剧的危险。最近，使用膨胀聚氨酯树脂的托换取得了一些成功，因为可以使用细管将树脂直接注到需要的地方（Buzzi 等，2010）。然而，由于对其长期稳定性的担忧，以及所有裂缝都被填满后注浆土体的膨胀可能会加剧等原因，这种方法的推广使用很慢。详细的试验研究（Buzzi 等，2010）得出结论：由于许多可以缓解膨胀的裂缝仍未填充，树脂注入膨胀土没有表现出增强的膨胀。土体中的裂缝有时可以解决侧向膨胀问题。但是，如果没有裂缝存在，可能会出现问题，尤其是对支护结构。膨胀聚苯乙烯泡沫塑料在处理侧向膨胀方面取得了一定的成功，并被证明可以减少垂直膨胀的后续影响（Ikizler 等，2008）。

就路面而言，损坏可被视为四种可能的危害类型之一，如第 33.5.4.2 节所强调的。最常见的补救措施有换填或构筑覆盖层，无论使用哪种方法都需要注意确保最初造成损坏的原因得到处理。

许多施工前的处理方法也可用于施工后的处理；对于路面，处理方法包括隔离层、移除、替换

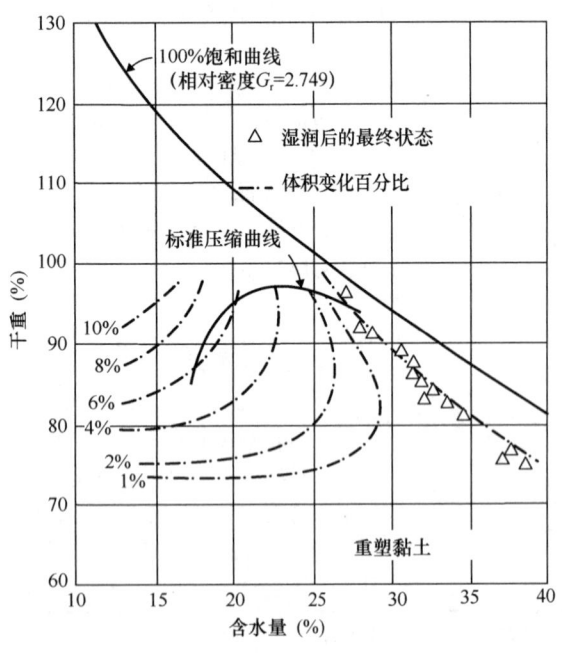

图 33.15 各种条件下的膨胀百分比（接表 33.5）
摘自 Holtz（1995），版权所有

和压实以及排水控制。

33.5.4.5 家庭住宅和植被

树根将向阻力最小的方向生长，在那里它们对水、空气和养分吸收的最好（Roberts，1976）。除其他因素外，树根生长的实际模式取决于树木的类型、地下水位的深度和局部的地面条件等因素。树木往往会保持密集的根系，然而，当树木变得非常大，或者树木承受压力时，树根会远离主干生长。有一些已出版的关于"安全种植距离"的指南，可被保险业用来告知住户不同树种对其财产的潜在影响。英国国家房屋建设委员会（NHBC，2011a）也提供了更多细节。

裸露的地面铺面覆盖后，如修建天井和车道，会严重扰乱原有的土-水系统。如果地面铺面覆盖切断了水的渗透，许多树木的树根将向更深或更远的地方生长，以获取水源。这些树根的转移会对地面造成干扰，并导致树木周围更大范围的水分流失，树木影响范围内的房屋就会出现问题（图33.16）。

如果使用不透水的铺路方法，可以防止水渗入地面，这会影响地面的胀缩性以及附近树木的生长模式。一个设计良好的不透水路面系统，在其状况良好时，实际上可以减轻紧接其下的地面的胀缩活性。铺路可以缓和土体含水率的变化，从而缩小胀缩幅度。然而，如果路面被破裂，水就会突然进入路面下土体，导致地面膨胀隆起。

设计新建筑结构和修复既有受损建筑是两个截然不同的领域，会面临不同的问题。家庭住宅新建筑指南认为，需要进行彻底的地面调查，设计应处

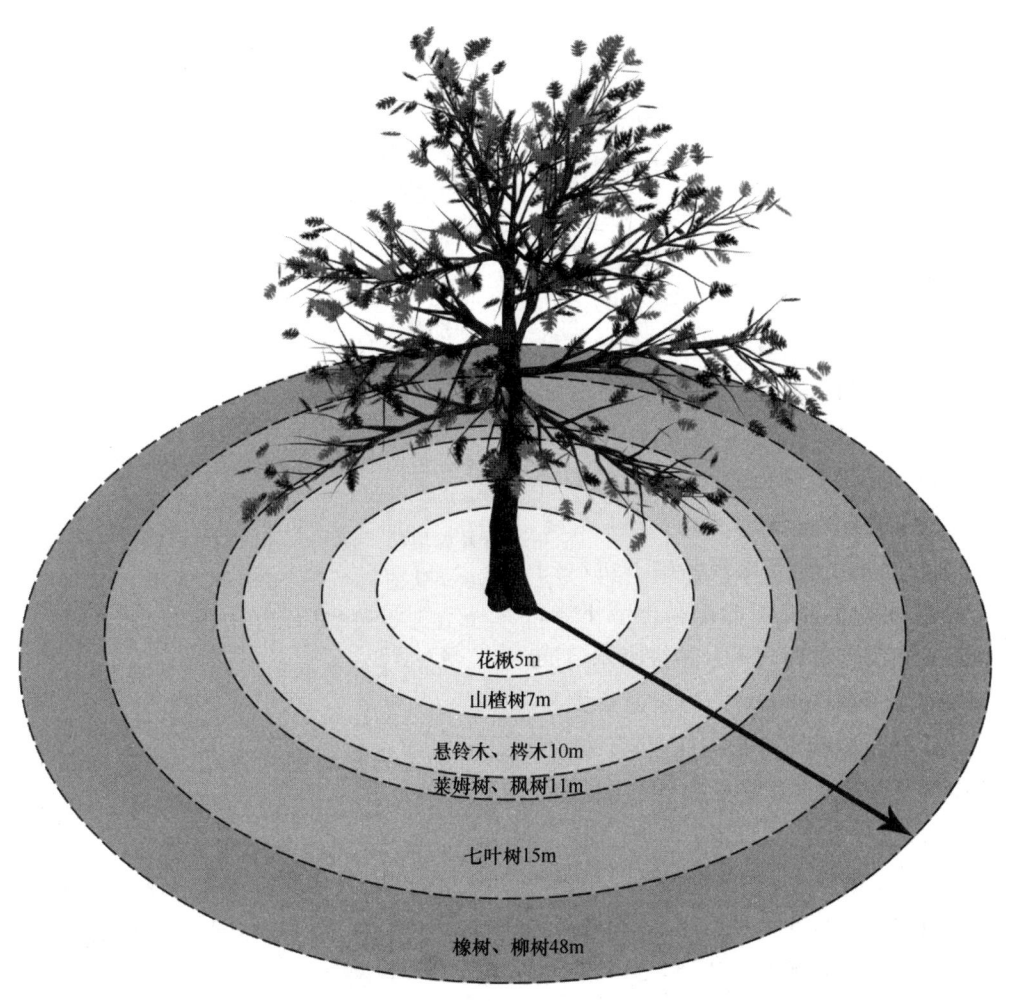

图 33.16　英国常见树木的影响范围

摘自 Jones 等（2006）ⓒ NERC，经英国地质调查局（British Geological Survey）许可

理好现有树木或最近移除树木带来的危害。应参考英国国家房屋建设委员会标准（NHBC Strandards）第4.2章"树旁建筑"（*Building Near Trees*）（NHBC，2011a）和《低层住宅桩基高效设计指南》（*Efficient Design of Piled Foundations for Low-Rise Housing-Design Guide*）（NHBC，2010）。就现有住房而言，有一系列的报告和文摘可供使用（例如：《英国建筑研究院（BRE）文摘》1999，298；1996，412）以及 Driscoll 和 Skinner（2007）提供的《优秀技术实践指南》(*A Good Technical Practice Guide*)。

本质上，膨胀（胀缩）土地基上的基础应考虑树木的存在，并应考虑（NHBC，2011a）：

- 与含水率变化相关的收缩/隆起；
- 土的分类；
- 树木的需水量（这取决于树种）；
- 树高；
- 气候。

既有结构损坏的主要原因是差异沉降的影响，建筑物不同部位的变形由于其地基土特性的变化而不同。建筑物平面区域内相等或均衡的变形，尽管其沉降很显著，但可能导致很小的结构损坏（IStructE，1994）。然而，在英国这是罕见的，到目前为止，对财产造成损害的最主要原因是地基黏土的失水干燥，通常是由于附近植物吸取了水分而导致不同的沉降/变形产生。

如果涉及植被，基础变形会显示出季节性的特性：夏季下沉，在9月左右达到最大值，然后在冬季恢复向上（图33.17）。如果出现基础下沉后的恢复，就没有必要试图证明是可收缩黏土或干燥，没有其他原因会产生类似的模式——植被吸水造成土体干燥（除非基础小于300mm），也没有必要展示整个循环，因为这足以确定变形与此模式的一致性。在这种情况下，冬季向上恢复的监测尤为重要。Crilly 和 Driscoll（2000）、Driscoll 和 Chown（2001）给出了进一步的细节，这些细节取自肯特郡查腾登一个膨胀的伦敦黏土试验点（图33.17）。此外，两篇文章都提供了深测杆的细节，并讨论了设计意图。

水平监测可以展示这种模式，英国建筑研究院（BRE）文摘344（1995b）建议测量砌筑层或防潮层的"水平偏差"，可用于评估已经发生的差异沉降或隆起量。英国建筑研究院（BRE）文摘386（1993b）讨论了垂直变形监测的精密水准测量技术和设备，测量精度高于±0.5mm。精密水准测量可以简单、快速、准确地进行，为区分基础变形的潜在原因提供了最有效的方法之一（Biddle，2001）。

应针对存在的问题及受影响结构的确切部位选择缓解措施，重要的是不要被无关的其他特征分散注意力。

Biddle（2001）提出，可采用下列四种补救方法中的一种来应对树木的不利影响：

（1）砍倒有问题的树，以消除所有未来的失水干燥；
（2）修剪树木，以减少干燥和季节性变形的幅度；
（3）控制根部蔓延，防止基础下地基土失水干燥；
（4）补充浇水以防止土体失水干燥。

Biddle（2001）指出，人们现在已经认识到，在大多数情况下，托换是不必要的，基础可以通过适当的树木管理来稳定，通常是通过砍伐有问题的树木或进行大幅度的树冠修剪。现场勘察应反映这一变化，目的是为适当的树木管理决策提供信息，特别是：

- 确认有关与植被相关的沉降；
- 识别有关树木或灌木；
- 评估树木被砍伐或管理后隆起的风险；
- 确定任何其他现场勘察的必要性；
- 如果树木保留，评估部分托换是否有效；
- 确认植被管理对基础稳定有效；
- 在可接受的时间范围内提供信息。

树木经常修剪以减少其用水量，从而减少对周边土体的影响。然而，除非此后对这些树木进行频繁和持续的制度化管理，否则问题将很快再次出现。在大多数情况下，移除树木将最终提供一个绝对的解决方案，但在某些情况下，这不是一个选项（例如，树木保护、隆起的不利风险、有争议问题的不完整证据以及树木的物理邻近性）。

在过去，一个明显且普遍是下意识的解决方案是通过基础加固方案，结合各种形式的托换，为结构提供强大且不成比例的支撑，通常在生态、财政和技术方面与所面临的问题不统一。或者，也可以

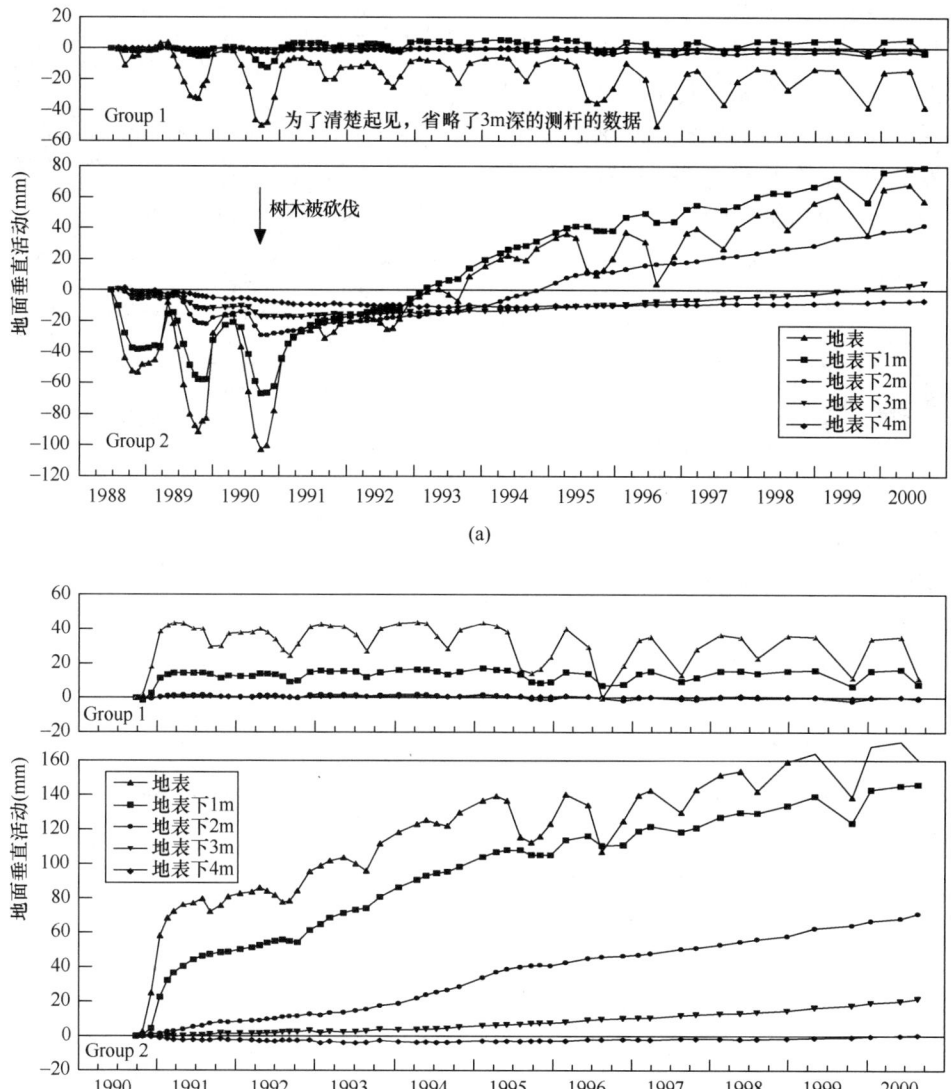

图 33.17 英国切腾登（Chattenden）地面季节性活动例证

(a) 自 1988 年 6 月开始的监测结果；(b) 从树木被砍伐开始的监测结果

摘自 Crilly 和 Driscoll（2000）；Driscoll 和 Chown（2001）；版权所有

使用各种形式的物理隔离，如现浇混凝土隔离。然而，随着时间的推移，这种隔离往往被证明是无效的。目前正在开发的隔离包括生物根隔离，这是一种土工复合材料，由牢牢嵌入两层土工织物之间的铜箔组成。这种生物隔离现在特别用于需要渗透隔离的树木栽培和日本虎杖控制，通过转移树根的生长（生物的和物理的）起到导向隔离的作用，而不试图从物理上抑制它们的生长。

考虑到树木所需的水量，增加浇水的替代补救措施通常被认为是不切实际的，普遍干旱条件下，这种方法在需要用水时可能会受到水资源匮乏的影响。

如果一棵成熟的树木被砍伐，干燥黏土上的建筑物可能会产生隆起。可惜相关证据很少；然而，需要注意的线索包括：

- 房龄小——不到 20 年；
- 存在膨胀土；
- 裂缝模式可能看起来有点奇怪——底部比顶部宽，没有明显的原因；
- 即使在潮湿的月份，裂缝仍在继续张开。

解决隆起问题可能代价很高，并且总是需要彻底的勘察，包括土体取样、精密水准测量和航空照片。隆起是一种威胁，但很少成为现实，因为既有的建筑已经存在，而且早于种植的树木。

最后，如果能在下一个生长季之前准确定位并迅速处理有问题的树木，任何损害的程度和补救措施将保持在最低限度（Biddle，2001）。

33.6 结论

膨胀土是全球范围内发现的最重要的地基危害之一，为此每年需耗费数十亿英镑。膨胀土遍布世界各地，通常在干旱/半干旱地区高吸力和大幅的含水量变化会导致显著的体积变化。在像英国这样的潮湿地区，膨胀性问题通常发生在高塑性指数的黏土中。不管怎样，膨胀土在含水率变化时，具有显著的体积变化潜势。这可以通过水的进入、水条件的改变或外部影响如树木的作用来诱导。

为了解膨胀土从而有效地处理膨胀土，有必要了解黏性土的特性、吸力/水分条件、含水率变化（时间和空间）以及基础和相关结构的平面布置/刚度。本章概述了这些特征，包括原位和实验室研究膨胀性的方法，以及评估膨胀性的相关经验和分析工具。根据这一设计思路，强调了基础和路面施工前和施工后的选择，以及减轻潜在膨胀性破坏的方法，包括处理树木的影响。

33.7 参考文献

Aguirre, V. E. (2011). Discussion of 'Method for Evaluation of Depth of Wetting in Residential Areas' by Walsh et al. (2009). *Journal of Geotechnical and Geoenvironmental Engineering*, **137**(3), 296–299.

Alonso, E. E., Gens, A. and Josa, A. (1990). A constitutive model for partially saturated soils. *Géotechnique*, **40**, 405–430.

Altmeyer, W. T. (1956). Discussion following paper by Holtz and Gibbs (1956), *Transactions of the American Society of Civil Engineering* Vol. 2, Part 1, Paper 2814, 666–669.

ASTM (2010). Sections 04.08 Soil and Rock (I) and 04.09 Soil and rock (II); Building stones. In *Annual Book of Standards*. Philadelphia, USA: American Society for Testing and Materials.

Atkinson, J. H. (2007). *The Mechanics of Soils and Foundations* (2nd Edition). Oxford, UK: Taylor & Francis.

Barker, J. E., Rogers, C. D. F., Boardman, D. I. and Peterson, J. (2004). Electrokinetic stabilisation: an overview and case study. *Ground Improvement*, **8**(2), 47–58.

Basu, R. and Arulandan, K. (1974). A new approach for the identification of swell potential of soils. *Bulletin of the Association of Engineering Geologists*, **11**, 315–330.

Bell, F. G. and Culshaw, M. G. (2001). Problem soils: a review from a British perspective. In *Problematic Soils Symposium*, Nottingham (eds Jefferson, I., Murray, E. J., Faragher, E. and Fleming, P. R.), November 2001, pp. 1–35.

Biddle, P. G. (1998). *Tree Roots and Foundations*. Arboriculture Research and Information Note 142/98/EXT.

Biddle, P. G. (2001). *Tree Root Damage to Buildings. Expansive Clay Soils and Vegetative Influence on Shallow Foundations*. ASCE Geotechnical Special Publications No. 115, 1–23.

Bishop, A. W., Kumapley, N. K. and El-Ruwayih, A. E. (1975). The influence of pore water tension on the strength of clay. *Philosophical Transactions of the Royal Society London*, **278**, 511–554.

Bjerrum, L. (1967). Progressive failure in slopes of overconsolidated plastic clay and clay shales. *Journal of Soil Mechanics and Foundation Division*, **93**, 3–49.

Booth, K. A., Diaz Doce, D., Harrison, M. and Wildman, G. (2011). *User Guide for the British Geological Survey GeoSure Dataset*. British Geological Survey Internal Report OR/10/066.

BRAB (1968). *Criteria for Selection and Design of Residential Slabs-On-Ground*. Building Research Advisory Board. USA: Federal Housing Administration.

BRE (1991). *Why Do Buildings Crack?* London: CRC, BRE Digest, Vol. 361.

BRE (1993a). *Low-Rise Buildings on Shrinkable Clay Soils*. London: CRC, BRE Digest, Vols. 240–242.

BRE (1993b). *Monitoring Building and Ground Movement by Precise Levelling*. London: CRC, BRE Digest, Vol. 386.

BRE (1995a). *Assessment of Damage in Low-Rise Buildings*. London: CRC, BRE Digest, Vol. 251.

BRE (1995b). *Simple Measuring and Monitoring of Movement in Low-Rise Buildings: Part 2: Settlement, Heave and Out of Plumb*. London: CRC, BRE Digest, Vol. 344.

BRE (1996). *Desiccation in Clay Soils*. London: CRC, BRE Digest, Vol. 412.

BRE (1999). *The Influence of Trees on House Foundations in Clay Soils*. London: CRC, BRE Digest, Vol. 298.

BRE (2002). *Low-Rise Building Foundations on Soft Ground*. London: CRC, BRE Digest, Vol. 471.

British Standards Institution (1990). *British Standard Methods of Test for Soils for Civil Engineering Purposes*. London: BSI, BS 1377.

British Standards Institution (1999). *BS 5930:1999 + Amendment 2:2010 Code of Practice for Site Investigations*. London: BSI.

Burland, J. B. (1989). Small is beautiful – the stiffness of soils at small strains. *Canadian Geotechnical Journal*, **26**, 499–516.

Buzzi, O., Fityus, S. and Sloan, S. W. (2010). Use of expanding polyurethane resin to remediate expansive soil foundations. *Canadian Geotechnical Journal*, **47**, 623–634.

Cameron, D. A. (2006). The role of vegetation in stabilizing highly plastic clay subgrades. *Proceedings of Railway Foundations, RailFound 06*, (eds Ghataora, G. S. and Burrow, M. P. N.). Birmingham, UK: September 2006, pp. 165–186.

Chandler, R. J. and Apted, J. P. (1988). The effect of weathering on the strength of London Clay. *Quarterly Journal of Engineering Geology and Hydrogeology*, **21**, 59–68.

Chandler, R. J., Crilly, M. S. and Montgomery, G. (1992). A low-cost method of assessing clay desiccation for low-rise buildings. *Proceedings of the Institution of Civil Engineers: Geotechnical Engineering*, **92**, 82–89.

Chao, K. C., Overton, D. D. and Nelson, J. D. (2006). Design and installation of deep benchmarks in expansive soils. *Journal of Surveying Engineering*, **132**(3), 124–131.

Chen, F. H. (1988). *Foundations on Expansive Soils*. Amsterdam: Elsevier.

Cheney, J. E. (1988). 25 Years' heave of a building constructed on clay, after tree removal. *Ground Engineering*, July 1988, 13–27.

Clayton, C. R. I., Matthews, M. C. and Simons, N. E. (1995). *Site Investigation* (2nd Edition). Oxford: Blackwell Science.

Clayton, C. R. I., Xu, M., Whiter, J. T., Ham, A. and Rust, M. (2010). Stresses in cast-iron pipes due to seasonal shrink–swell of clay soils. *Proceedings of the Institution of Civil Engineers: Water Management*, **163**(WM3), 157–162.

Crilly, M. S. and Driscoll, R. M. C. (2000). The behavior of lightly loaded piles in swelling ground and implications for their design. *Proceedings of the Institution of Civil Engineers: Geotechnical Engineering*, **143**, 3–16.

Derjaguin, B. V. and Churaev, N. V. (1987). Structure of water in thin layers. *Langmuir*, **3**, 607–612.

Diaz Doce, D., Jones, L. D. and Booth, K. A. (2011). *Methodology: Shrink–Swell*. GeoSure Version 6. British Geological Survey Internal Report IR/10/093.

Driscoll, R. (1983). The influence of vegetation on the swelling and shrinking of clay soils in Britain. *Géotechnique*, **33**, 93–105.

Driscoll, R. M. C. and Chown, R. (2001). Shrinking and swelling of clays. In *Problematic Soils Symposium*, Nottingham (eds Jefferson, I., Murray, E. J., Faragher, E. and Fleming, P. R.), November 2001, pp. 53–66.

Driscoll, R. and Crilly, M. (2000). *Subsidence Damage to Domestic Buildings. Lessons Learned and Questions Asked*. London: Building Research Establishment.

Driscoll, R. M. C. and Skinner, H. (2007). *Subsidence Damage to Domestic Building – A Good Technical Practice Guide*. London: BRE Press.

DTLR (2002). *Planning Policy Guidance Note 14: Development on Unstable Land: Annex 2: Subsidence and Planning*. London: Department of Transport Local Government and Regions.

Dye, H. B., Houston, S. L. and Welfert, B. D. (2011). Influence of unsaturated soil properties uncertainty on moisture floe modeling. *Geotechnical and Geological Engineering*, **29**, 161–169.

Ewing, R. C. (2011). Foundation repairs due to expansive soils: Eudora Welty House, Jackson, Mississippi. *Journal of Performance of Constructed Facilities*, **25**(1), 50–55.

Farrar, D. M. and Coleman, J. D. (1967). The correlation of surface area with other properties of nineteen British clay soils. *Journal of Soil Science*, **18**, 118–124.

FHA (1965). *Land Development with Controlled Earthwork*. Land Planning Bull. No. 3, Data Sheet 79G-Handbook 4140.3, Washington: US Federal Housing Administration.

Fityus, S. G., Cameron, D. A. and Walsh, P. F. (2005). The shrink swell test. *Geotechnical Testing Journal*, **28**(1), 1–10.

Fityus, S. G., Smith, D. W. and Allman, M. A. (2004). Expansive soil test site near Newcastle. *Journal of Geotechnical and Geoenvironmental Engineering*, **130**(7), 686–695.

Fredlund, D. G. (2006). Unsaturated soil mechanics in engineering practice. *Journal of Geotechnical and Geoenvironmental Engineering*, **132**(3), 286–321.

Fredlund, D. G. and Hung, V. Q. (2001). Prediction of volume change in an expansive soil as a result of vegetation and environmental changes. Expansive clay soils and vegetative influence on shallow foundations. *ASCE Geotechnical Special Publications*, **115**, 24–43.

Fredlund, D. G. and Rahardjo, H. (1993). *Soil Mechanics for Unsaturated Soils*. New York: Wiley.

Fredlund, M. D., Stianson, J. R., Fredlund, D. G., Vu, H. and Thode, R. C. (2006). *Numerical Modeling of Slab-On-Grade Foundation*. Proceedings of UNSAT'06, Reston, VA: ASCE, 2121–2132.

Gourley, C. S., Newill, D. and Schreiner, H. D. (1994). Expansive soils: TRL's research strategy. In *Engineering Characteristics of Arid Soils* (eds Fookes, P. G. and Parry, R. H. G.), Rotterdam: A. A. Balkema, pp. 247–260.

Hobbs, P. R. N., Hallam, J. R., Forster, A., et al. (1998). *Engineering Geology of British Rocks and Soils: Mercia Mudstone*. British Geological Survey, Technical Report No. WN/98/4.

Holtz, W. G. (1959). Expansive clay-properties and problems. *Quarterly of the Colorado School of Mines*, **54**(4), 89–125.

Holtz, W. G. and Gibbs, H. J. (1956). Engineering properties of expansive clays. *Transactions of the American Society of Civil Engineers*, **121**, 641–663.

Holtz, R. D. and Kovacs, W. D. (1981). *An Introduction to Geotechnical Engineering*. New Jersey: Prentice Hall.

Houston, S. L., Dye, H. B., Zapata, C. E., Walsh, K. D. and Houston, W. N. (2011). Study of expansive soils and residential foundations on expansive soils in Arizona. *Journal of Performance of Constructed Facilities*, **25**(1), 31–44.

Huang, S. L., Aughenbaugh, N. B. and Rockaway, J. D. (1986). Swelling pressure studies of shales. *International Journal of Rock Mechanics, Mining, Science and Geomechanics*, **23**, 371–377.

Hudyma, N. B. and Avar, B. (2006). Changes in swell behavior of expansive soils from dilution with sand. *Environmental Engineering Geoscience*, **12**(2), 137–145.

Hyndman, D. and Hyndman, D. (2009). *Natural Hazards and Disasters*. California: Brooks/Cole, Cengage Learning.

Ikizler, S. B., Aytekin, M. and Nas, E. (2008). Laboratory study of expanded polystyrene (EPS) Geoform used with expansive soils. *Geotextiles and Geomembranes*, **26**, 189–195.

IStructE (1994). *Subsidence of Low Rise Buildings*. London: Thomas Telford.

Jackson, I. (2004). *Britain Beneath our Feet*. British Geological Survey Occasional Publication No. 4.

Jennings, J. E. B. and Knight, K. (1957). The prediction of total heave from the double oedeometer test. *Transactions South African Institution of Civil Engineering*, **7**, 285–291.

Jones, L. D. (1999). A shrink/swell classification for UK clay soils. Unpublished B.Eng. Thesis. Nottingham Trent University.

Jones, G. M., Cassidy, N. J., Thomas, P. A., Plante, S. and Pringle, J. K. (2009). Imaging and monitoring tree-induced subsidence using electrical resistivity imaging. *Near Surface Geophysics*, **7**(3), 191–206.

Jones, L. D. and Terrington, R. (2011). Modelling volume change potential in the London Clay. *Quarterly Journal of Engineering Geology*, **44**, 1–15.

Jones, L. D., Venus, J. and Gibson, A. D. (2006). *Trees and Foundation Damage*. British Geological Survey Commissioned Report CR/06/225.

Kariuki, P. C. and van der Meer, F. (2004). A unified swelling potential index for expansive soils. *Engineering Geology*, **72**, 1–8.

Kemp, S. J., Merriman, R. J. and Bouch, J. E. (2005). Clay mineral reaction progress – the maturity and burial history of the Lias Group of England and Wales. *Clay Minerals*, **40**, 43–61.

Kropp, A. (2011). Survey of residential foundation design practice on expansive soils in the San Francisco Bay area. *Journal of Performance of Constructed Facilities*, **25**(1), 24–30.

Lawson, W. D. (2006). A survey of geotechnical practice for expansive soils in Texas. *Proceedings of Unsaturated Soils*, 2006, 304–314.

Likos, W. J., Olsen, H. W., Krosley, L. and Lu, N. (2003). Measured and estimated suction indices for swelling potential classification. *Journal of Geotechnical and Geoenvironmental Engineering*, **129**(7), 665–668.

Madhyannapu, R. S., Puppala, A. J., Nazarian, S. and Yuan, D. (2010). Quality assessment and quality control of deep soil mixing construction for stabilizing expansive subsoils. *Journal of Geotechnical and Geoenvironmental Engineering*, **136**(1), 119–128.

Madsen, F. T. (1979). Determination of the swelling pressure of claystones and marlstones using mineralogical data. *4th ISRM Conference*, 1979, 1, 237–241.

Miao, L., Jing, F. and Houston, S. L. (2006). Soil–water characteristic curve of remoulded expansive soil. *Proceedings of Unsaturated Soils*, b, 997–1004.

Mitchell, J. K. and Soga, K. (2005). *Fundamentals of Soil Behavior* (3rd Edition). New York: Wiley.

Nelson, J. D., Chao, K. C. and Overton, D. D. (2007). Design of pier foundations on expansive soils. *Proceedings of the 3rd Asian Conference on Unsaturated Soils*. Beijing, China: Science Press, pp. 97–108.

Nelson, J. D., Chao, K. C. and Overton, D. D. (2011). Discussion of 'Method for evaluation of depth of wetting in residential areas' by Walsh et al. (2009). *Journal of Geotechnical and Geoenvironmental Engineering*, **137**(3), 293–296.

Nelson, J. D. and Miller, D. J. (1992). *Expansive Soils: Problems and Practice in Foundation and Pavement Engineering*. New York: Wiley.

Nelson, J. D., Overton, D. D. and Chao, K. (2010). An empirical method for predicting foundation heave rate in expansive soil. *Proceedings of GeoShanghai*, 2010, 190–196.

Nelson, J. D., Overton, D. D. and Durkee, D. B. (2001). Depth of wetting and the active zone. Expansive clay soils and vegetative influence on shallow foundations. *ASCE Geotechnical Special Publications*, **115**, 95–109.

Ng, C. W. W., Wang, B., Gong, B. W. and Bao, C. G. (2000). Preliminary study on soil–water characteristics of two expansive soils. In *Unsaturated Soils for Asia* (eds Rahardjo, H., Toll, D. G. and Leong, E. C.). Rotterdam: A.A. Balkema, pp. 347–356.

NHBC (1988). *Registered House-Builder's Foundations Manual: Preventing Foundation Failures in New Buildings*. London: National House-Building Council.

NHBC (2010). *Efficient Design of Piled Foundations for Low-Rise Housing–Design Guide*. London: National House-Building Council.

NHBC Standards (2011a). *Building Near Trees*. NHBC Standards Chapter 4.2. London: National House-Building Council.

NHBC Standards (2011b). *Raft, Pile, Pier and Beam Foundations*. NHBC Standards Chapter 4.5. London: National House-Building Council.

NHBC Standards (2011c). *Strip and Trench Fill Foundations*. NHBC Standards Chapter 4.4. London: National House-Building Council.

Oloo, S., Schreiner, H. D. and Burland, J. B. (1987). Identification and classification of expansive soils. In *6th International Conference on Expansive Soils*. December 1987, New Delhi, India, pp. 23–29.

Patil, U., Valdes, J. R. and Evans, M. T. (2011). Swell mitigation with granulated tire rubber. *Journal of Materials in Civil Engineering*, **25**(5), 721–727.

Petry, T. M. and Little, D. N. (2002). Review of stabilization of clays and expansive soils in pavement and lightly loaded structures – history, practice and future. *Journal of Materials in Civil Engineering*, **14**(6), 447–460.

Powrie, W. (2004). *Soil Mechanics Concepts and Applications* (2nd Edition). London: Spon Press.

Puppala, A. J., Punthutaecha, K. and Vanapalli, S. K. (2006). Soil–water characteristic curves of stabilized expansive soil. *Journal of Geotechnical and Geoenvironmental Engineering*, **132**(6), 736–751.

Radevsky, R. (2001). Expansive clay problems – how are they dealt with outside the US? Expansive clay soils and vegetative influence on shallow foundations, *ASCE Geotechnical Special Publications No. 115*, pp. 172–191.

Ramana, M. V. and Praveen, G. V. (2008). Use of chemically stabilized soil as cushion material below light weight structures founded on expansive soils. *Journal of Materials in Civil Engineering*, **20**(5), 392–400.

Rao, R. R., Rahardjo, H. and Fredlund, D. G. (1988). Closed-form heave solutions for expansive soils. *Journal of Geotechnical Engineering*, **114**(5), 573–588.

Reeve, M. J., Hall, D. G. M. and Bullock, P. (1980). The effect of soil composition and environmental factors on the shrinkage of some clayey British soils. *Journal of Soil Science*, **31**, 429–442.

Roberts, J. (1976). A study of root distribution and growth in a *Pinus Sylvestris* L. (Scots Pine) plantation in East Anglia. *Plant and Soil*, **44**, 607–621.

Sarman, R., Shakoor, A. and Palmer, D. F. (1994). A multiple regression approach to predict swelling in mudrocks. *Bulletin of the Association of Engineering Geology*, **31**, 107–121.

Scott, G. J. T., Webster, R. and Nortcliff, S. (1986). An analysis of crack pattern in clay soil: its density and orientation. *Journal of Soil Science*, **37**, 653–668.

Self, S., Entwisle, D. and Northmore, K. (2008). *The Structure and Operation of the BGS National Geotechnical Properties Database*. British Geological Internal Report IR/08/000.

Simmons, K. B. (1991). Limitations of residential structures on expansive soils. *Journal of Performance of Constructed Facilities*, **5**(4), 258–270.

Skempton, A. W. (1953). The colloidal activity of clays. In *Proceedings of the 3rd International Conference on Soil Mechanics*. Zurich, Switzerland, vol. 1, pp. 57–61.

Skempton, A. W. and DeLory, F. A. (1957). Stability of natural slopes in London Clay. In *Proceedings of the 4th International Conference on Soil Mechanics*. London, pp. 378–381.

Snethen, D. R. (1984). Evaluation of expedient methods for identification and classification of potentially expansive soils. In *Proceedings of the 5th International Conference on Expansive Soils*. Adelaide, pp. 22–26.

Snethen, D. R., Johnson, L. D. and Patrick, D. M. (1977). *An Evaluation of Expedient Methodology for Identification of Potentially Expansive Soils*. Report No. FHWA-RD-77-94, U.S. Army Engineer Waterways Experiment Station (USAEWES), Vicksburg, MS, June 1977.

Sridharan, A. and Prakash, K. (2000). Classification procedures for expansive soils. *Proceeding of the Institution of Civil Engineers: Geotechnical Engineering*, **143**, 235–240.

Sridharan, A. and Venkatappa, R. G. (1971). Mechanisms controlling compressibility of clays. *Journal of Soil Mechanics and Foundations*, **97**(6), 940–945.

Stavridakis, E. I. (2006). Assessment of anisotropic behaviour of swelling soils on ground and construction work. In *Expansive Soils: Recent Advances in Characterization and Treatment* (eds Al-Rawas, A. A. and Goosen, M.F.A.). London: Taylor & Francis.

Takahashi, A., Jardine, R. J. and Fung, D. W. H. (2005). Swelling effects on mechanical behaviour of natural London Clay. *Proceedings of the 16th International Conference on Soil Mechanics*, Osaka, pp. 443–446.

Taylor, R. K. and Smith, T. J. (1986). The engineering geology of clay minerals: swelling, shrinking and mudrock breakdown. *Clay Minerals*, **21**, 235–260.

TRB (1985). *Evaluation and Control of Expansive Soils*. London: Transportation Research Board.

Van der Merwe, D. H. (1964). The prediction of heave from the plasticity index and percentage clay fraction of soils. *Transaction of the South African Institution of Civil Engineers*, **6**, 103–107.

Vijayvergiya, V. N. and Sullivan, R. A. (1974). Simple technique for identifying heave potential. *Bulletin of the Association of Engineering Geology*, **11**, 277–292.

Walsh, K. D. and Cameron, D. A. (1997). *The Design of Residential Slabs and Footings*. Standards Australia, SAA HB28–1997.

Walsh, K. D., Colby, C. A., Houston, W. N. and Houston, S. L. (2009). Method for evaluation of depth of wetting in residential areas. *Journal of Geotechnical and Geoenvironmental Engineering*, **135**(2), 169–176.

Walsh, K. D., Colby, C. A., Houston, W. N. and Houston, S. L. (2011). Closure to discussion of 'Method for evaluation of depth of wetting in residential areas' by Walsh et al. (2009). *Journal of Geotechnical and Geoenvironmental Engineering*, **137**(3), 299–309.

Williams, A. A. B. and Donaldson, G. (1980). Building on expansive soils in South Africa. *Expansive Soils of the 4th International Conference on Expansive Soils*, June 16–18, 1980. Denver, Colorado: American Society of Civil Engineers, **2**, 834–844.

Xiao, H. B., Zhang, C. S., Wang, Y. H. and Fan, Z. H. (2011). Pile interaction in Expansive soil foundation: analytical solution and numerical simulation. *International Journal of Geomechanics*, **11**(3), 159–166.

Yilmaz, I. (2006). Indirect estimation of the swelling percent and a new classification of soils depending on liquid limit and cation exchange capacity. *Engineering Geology*, **85**, 295–301.

Yukselen-Aksoy, Y. and Kaya, A. (2010). Predicting soil swelling behaviour from specific surface area. *Proceeding of the Institution of Civil Engineers: Geotechnical Engineering*, **163**(GE4), 229–238.

Zha, F. S., Liu, S. Y. and Du, Y. J. (2006). Evaluation of swell-shrink properties of compacted expansive soils using electrical resistivity methods. Unsaturated Soil, Seepage, and Environmental Geotechnics, ASCE Geotechnical Special Publications No. 148, 143–151.

Zheng, J. L., Zhang, R. and Yang, H. P. (2009). Highway subgrade construction in expansive soil areas. *Journal of Materials in Civil Engineering*, **21**(4), 154–162.

33.7.1 延伸阅读

Al-Rawas, A. A. and Goosen, M. F. A. (eds). (2006). *Expansive Soils: Recent Advances on Characterization and Treatment*. London: Taylor & Francis.

BRE (1993). BRE Digests 240–242: *Low-Rise Buildings on Shrinkable Clay Soils*.

BRE (1996). BRE Digest 412: *The Significance of Desiccation*.

BRE (1999). BRE Digest 298: *The Influence of Trees on House Foundations in Clay Soils*.

Chen, F. H. (1988). *Foundations on Expansive Soils*. Amsterdam: Elsevier.

Fredlund, D. G. and Rahardjo, H. (1993). *Soil Mechanics for Unsaturated Soils*. New York: Wiley.

Nelson, J. D. and Miller, D. J. (1992). *Expansive Soils: Problems and Practice in Foundation and Pavement Engineering*. New York: Wiley.

NHBC Standards (2011). *Foundations*. NHBC Standards Part 4. London: National House-Building Council.

Vipulanandan, C., Addison, M. B. and Hasen, M. (eds) (2001). *Expansive Clay Soils and Vegetative Influence on Shallow Foundations*. Geotechnical Special Publication No. 115, Reston, VA: American Society of Civil Engineers.

33.7.2 实用网址

英国保险协会（Association of British Insurers）；www.abi.org.uk。

英国地质调查局（British Geological Survey，简称 BGS）；www.bgs.ac.uk。

国际树木栽培学会（International Society of Arboriculture）英国和爱尔兰分会；www.isa-arboriculture.org

英国皇家特许测量师学会（Royal Institution of Chartered Surveyors）；www.rics.org

英国地面沉降索赔咨询局（Subsidence Claims Advisory Bureau）；www.subsidencebureau.com

英国黏土研究小组（The Clay Research Group，UK）；www.theclayresearchgroup.org

沉降论坛（Subsidence Forum）；www.subsidenceforum.org

美国地质调查局（US Geological Survey，简称 USGS）；www.usgs.gov

建议结合以下章节阅读本章：
- 第7章"工程项目中的岩土工程风险"
- 第40章"场地风险"
- 第76章"路面设计应注意的问题"

本书以第1篇"概论"和第2篇"基本原则"为指导进行章节编排。如第4篇"场地勘察"中所述，各类岩土工程均应进行扎实的现场勘察工作。

译审简介：

朱玉明，教授级高级工程师，1993年大连理工大学岩土工程硕士。参编《膨胀土地区建筑技术规范》等标准5项，参编专著7部。

康景文，教授级高级工程师，享受国务院政府特殊津贴专家，全国勘察设计行业科技创新带头人。主编国家、行业和团体标准16部。获省部级科技进步奖13项、发明专利30余项。

第 34 章 非工程性填土

佛瑞德·G. 贝尔（Fred G. Bell），英国地质调查局，英国
马丁·G. 卡尔肖（Martin G. Culshaw），伯明翰大学和英国地质调查局，英国
希拉里·D. 斯金纳（Hilary D. Skinner），唐纳森联合有限公司，伦敦，英国
主译：冯世进（同济大学）
审校：刘汉龙（重庆大学）

doi: 10.1680/moge.57074.0443

目录

34.1	引言	443
34.2	疑难特征	444
34.3	分类、测绘和人造场地的描述	444
34.4	非工程性填土的类型	446
34.5	结论	458
34.6	致谢	459
34.7	参考文献	459

术语"填土"（或"人造地面"）是用于描述由人类沉积处理而成的材料。该材料可能是天然的，也可能在沉积之前经历了人为改变。填土是工程性的还是非工程性的，取决于沉积过程中是否进行了任何具体的处理。因此，可能导致许多工程挑战的存在，并将需要不同的补救方法来改善和减轻其导致问题的特性。

非工程性填土可能包括生活垃圾、建筑垃圾、矿渣、采矿及采石场废物、工业垃圾及土垃圾。然而，国内外对填土的分类和描述方法尚未完全开发或标准化。尽管英国的标准化工作正在逐步开始，但这影响了填土在地质图上的呈现方式。

非工程性填土的缺点在于沉降变化，承载能力差，并且可能会由于施加载荷以外的原因而遭受明显的位移。某些废弃物可能造成的其他相关问题包括污染、自燃和气体排放。非工程性填土作为基础材料的适用程度在很大程度上取决于龄期、成分、均匀性、性能以及材料的放置方法。

34.1 引言

"填土"（fill）一词是指经过人工沉积的材料，例如在人类挖掘活动中形成的挖掘地面。总的来说，这些沉积物以及未填充的挖掘物，根据其地理分布和放置方法而不是组成，有时被称为"人工地面"（artificial ground）（例如，参见 Ford 等，2006）。与工程填土相反，非工程性填土是指未经过某种程度控制的填方，以确保最终填方材料的岩土性质符合预定设计。非工程性填土因为几乎没有控制的被倾倒在底部作为填高材料，所以它通常压实不良并处于松散状态，表现出很强的各向异性。在工程实践中，以上术语可能会令人困惑，正如 Norbury（2010）所指出的，工程性填土通常被称为"填土"，而非工程性填土被称为"人造地面"（made ground）。这种用法与英国地质调查局（BGS）在绘制人造地面时的用法不一致（第 34.3.1 节）。

由于城市地区缺乏大量的开发用地，人造地面正在并将越来越多地用于建筑施工（Charles，2008）。然而，非工程性填土来自各种材料，包括生活垃圾、灰烬、炉渣、熟料、建筑垃圾、化学垃圾、采矿和采石场废弃物以及不同类型的土。这些材料，就其本质而言，在物理和化学上都表现出显著的可变性。因此，现有非工程性填土作为基础材料是否合适，很大程度上取决于其组成和均匀性；其工程性能受其放置方法和后期的演变影响。在过去一段时间中，在铺设许多填料时所采取的控制措施通常不足以确保适当的工程特性，因此称为"非工程性"（non-engineered）。因此，非工程性填土可能具有可变的沉降特性（图 34.1）或较差的承载能力，同时可能在短距离内发生组合变化，并且由于施加荷载以外的原因而遭受明显移动。其他可能导致的问题包括污染、自燃和气体排放，这取决于填土的性质。此外，任何压力或环境变化都可能导致或触发与时间相关的体积和成分变化。

本章首先讨论了非工程性填土的属性特征，这些特征会导致其具有形成问题的特性和通常不可预测的工程特性，这可能给岩土工程师带来重大难题。本章概述了如何将非工程性填土分类（简称为"人造地面"）、绘制和描述，然后讨论了一系列非工程性

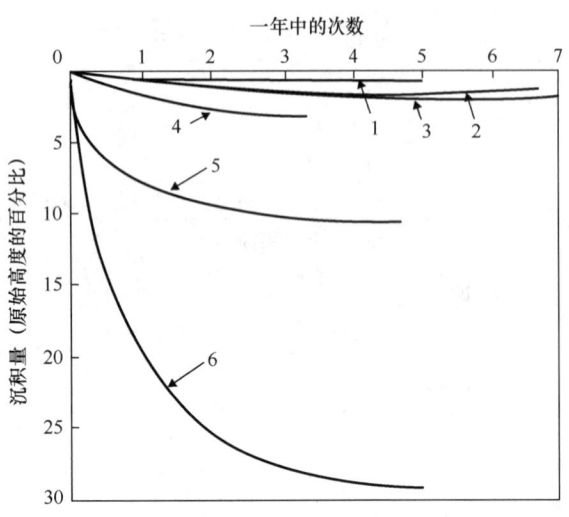

图 34.1 各种填土在其自重下固结沉降的观测结果

1—级配良好砂,密实;2—堆石,中等压实;3—黏土或白垩土,轻度压实;4—砂砾,没有压实;5—黏土,没有压实;6—混合垃圾,压实得很好

摘自 Meyerhof(1951);英国结构工程师学会(Institution of Structural Engineers)

填土的性质、属性和工程性状。第 58 章详细介绍了修建在填土上的建筑和地基方面的具体细节。

34.2 疑难特征

填土表现出的一系列工程性质与天然土一样广泛。天然土和岩石的特性受其结构和组构的强烈影响。虽然土结构形成的原因很多,但其对特性的影响却相似。随着强度的增加,土表现出较硬特性的应力域会扩大。在由天然土形成的填土中,这种结构在开挖和放置期间将受到很大破坏,几乎没有机会恢复。因此,其作为填土的性能可能不如表面上相似的天然土。

变异性应被重点关注。无论是在被填充地面与天然地面之间,还是在不同填充区域之间,变异性都会导致不可接受的不均匀沉降或结构荷载。所有对填土的分析都必须考虑其特性和性质可能发生的变化。在可以估计填充密度和演变的情况下,对有代表性的、重新压实的样品进行测试可以表明填充特性。材料的工程特性应在要求的背景下确定:例如,承载能力,响应于负载或其他因素的体积变化或强度。此外,还应确定产生有害物质的可能性。

将填土的性质与天然土的性质进行对比是有帮助的,并考虑到以下会影响其工程性能的因素:

- **材料性质**:填土可以由与天然土相同类型的材料(例如黏土、砂或岩石)组成,也可能由一系列其他材料(例如化学和工业过程产生的废物)组成。材料的性质将意味着存在于底层最佳情况下的强度和刚度特性,并将影响任何密度变化的可能性,无论是由于机械、水文、生物学还是化学原因。

- **沉积方法**:填土的沉积方式可能与某些天然土的沉积方式非常相似(例如,水下沉积),也可能以完全不同的方式沉积(例如,压实)。放置方法和任何后续活动都会影响密度、含水率和变异性。一般来说,与天然材料一样,密度越大,含水率越低,其工程性能越好,但在可能胶结或其他"亚稳定"条件的地方应格外小心。

- **龄期**:许多填土是在近期才放置的,并且沉积物比天然土新得多。通常,较新的沉积物仍会因其放置或材料类型而发生位移变化。另外,对于某些可能意味着较差工程特性的填土,其组成的变化是可以预测的。例如,较新生活垃圾的灰粉含量较低,与较早的沉积物相比,其伴随性能也较差。

详见第 34.7.1 节进一步阅读,更多信息请见第 58 章"填土地基"。

34.3 分类、测绘和人造场地的描述

34.3.1 分类

岩土工程师通常将"填土"分为工程填土和非工程性填土。但是,在现有人造场地上进行现场调查时,通常很难区分以上两者。传统上,地质勘测员在绘制地质图时会忽略人造场地。工程地质学家也很少关注堆场的地图绘制。例如,伦敦地质学会(Geological Society)工程组(Engineering Group)工程地质制图工作小组(Knill 等,1970)的一份报告仅识别了"人造填地""弃土堆(高于自然地表水平的人造填地)"和"回填露天场或挖掘场"。但是,城市地区对土地的需求增加,导致了重新开发棕地(包括人工土地在内)的压力。反过来,这也鼓励了测绘地质学家和工程地质学家将这些堆场涵盖在他们的地图上。然而,简单地测绘人工场地,却没有系统地区分不同类别,不能满足开发商和岩土工程师对更详细信息的需求。在过去的十年中,英国在地质图上使用了人工沉积物的简单分类。Fort 等(2006)扩展了 Rosenbaum 等(2003)的分类并确定了 5 种主要类别的人造地面(图 34.2):

1. 人造场地(Made ground)是指将材料放置在现有地面上的位置。大多数工程填土均属于此类。

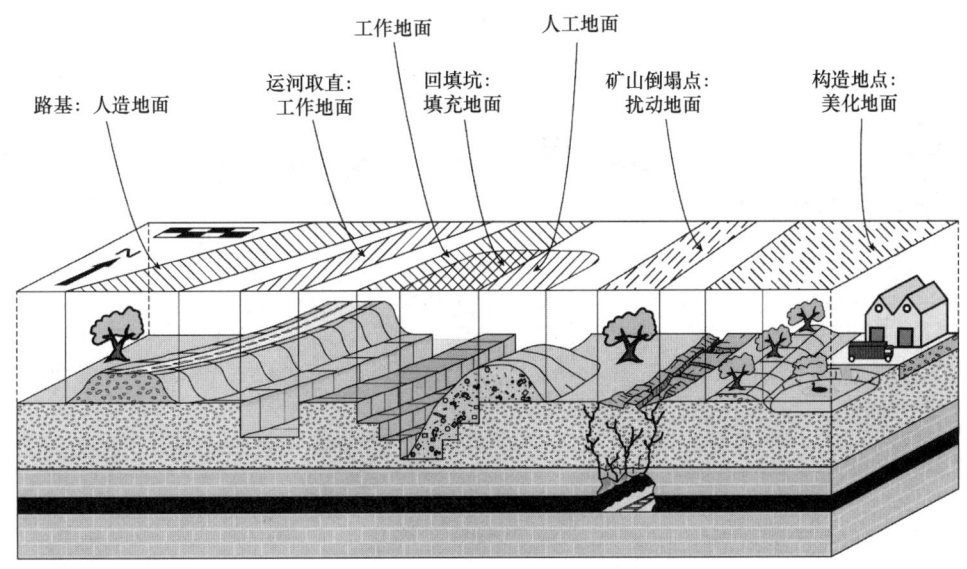

图 34.2　人造土地的主要类型及其在英国地质图上的显示方式

摘自 Price 等（2011）；英国皇家学会（The Royal Society）

2. 工作场地（Worked ground）是指已经挖掘到现有地面的地方。

3. 填埋场（Infilled ground）是一个或多个开挖阶段的组合，涉及材料的提取（工作场地）和一个或多个阶段的开挖场地或人造场地上的材料沉积（Price 等，2011）。

4. 扰动场地（Disturbed ground）是指存在地表或近地表扰动，使不明确的开挖、塌陷区、矸石区和其他不规则特征以一种复杂的方式相互联系在一起的地方，矿区周围的地区通常属于此类。

5. 景观地面（Landscaped ground）是指原场地经过大量改造，但是不切实际或无法单独划定工作区域和人造区域的地方。

对于第 1、2 和 4 类，三层的层次结构（类、类型和单位）提供了一种灵活和合乎逻辑的划分，使之成为一套描述性越来越强的可用于测绘的岩石地层类别。该结构允许用户根据可用的需求选择适当的细节级别，同时提供了一种易于数字化记录的结构。图 34.3 给出了分类层次结构的示例。

典型用法旨在直观。单位级别提供了最高级别的详细信息，允许记录特定类型的人造场地。这种精细程度适用于比例尺为 1∶10000 的地图，这是英国大多数地质图的比例尺。如果由于数据或时间不足而无法确定单位级别的分类，那么可以考虑类型级别的分类。类型级别的分类范围提供了一组非特定的层次级别，保留了适度的详细信息。该级别相当于英国过去 20 年左右出版的 1∶50000 比例尺地质图上的精细程度。这是一种非常笼统的分类级别，而泛化可能会导致具体的观察结果和重要信息丢失。

对于园林场地，分类不再根据类型作细分。目的是避免重复其他现有英国土地信息来源［例如，英国地形测量局（Ordnance Survey）地形测绘图和国家土地利用数据库（National Land Use Database），提供了英格兰以前可开发土地的全面、一致和最新记录］。

34.3.2　测绘

人工场地的测绘采用与浅层沉积物相同的原则，在较小程度上涉及基岩。制图考虑了地貌（地面形状）、起源和成因（形成沉积物的"过程"）、龄期（存在几代沉积物的重要位置）和岩性（材料本身的组成）。这可以通过比较铁路路堤（等级 - 地面；类型 - 路基；单元 - 铁路路基）和丘陵（一种由冰川后撤而自然沉积形成的路堤）的标注方式来说明。这两者具有相似的形态，尽管丘陵可能更弯曲。它们的成因显然是不同的：丘陵是在冰川消退时形成的，而铁路路堤是在铁路系统建设过程中形成的。丘陵已有数千年的历史，而铁路路堤的历史还不到 200 年。丘陵主要由砂子和砾石组成，而铁路路基可由多种材料构成，包括自然和人造的，这些材料经历了不同程度的工程改造（通常是压实）。

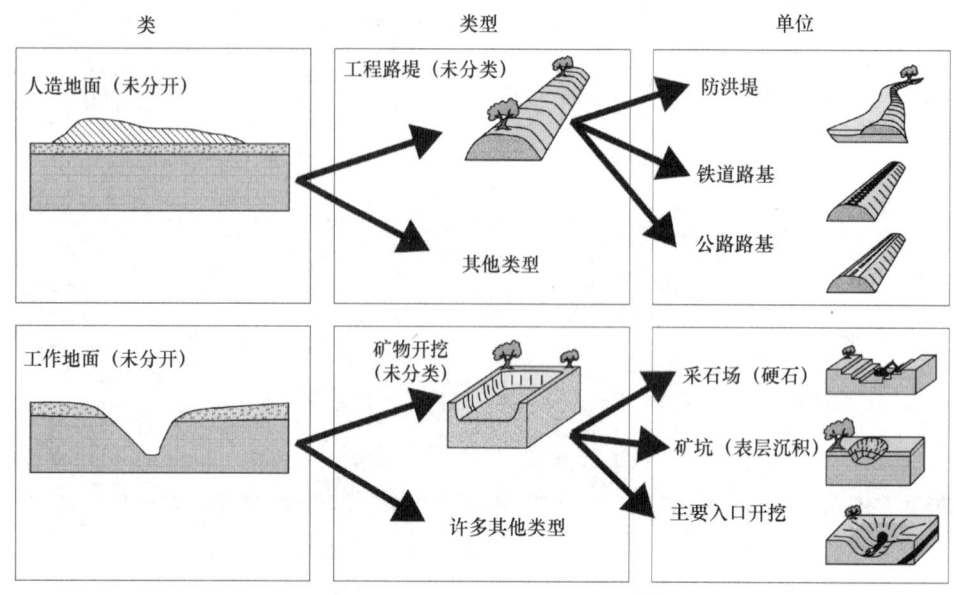

图 34.3 人工地面分类层次结构的示例
摘自 Price 等（2011）；英国皇家学会（The Royal Society）

34.3.3 描述

伦敦地质学会（Geological Society）工程组（Engineering Group）工作小组在关于钻孔岩芯和工程地质制图的报告中（Knill 等，1970；Geological Society Engineering Group Working Party，1972）没有提及应如何描述填土材料。但是，国际工程地质与环境协会工程地质制图委员会（International Association of Engineering Geology's Commission on Engineering Geological Mapping）制定了关于描述非工程性填土质量特征的简要指南（IAEG Commission，1981）：

- 起源模式，包括放置方式；
- 较大物体的存在；
- 孔隙；
- 化学物质和有机物质；
- 有毒物质，包括气体；
- 龄期。

对于非工程性填土，Norbury（2010）提出了一种更详细的方法。首先，将非工程性填土材料的样本分为粗颗粒、砾石和很细的部分。确定每种材料的比例，并评估材料在不同情况下（例如，在开挖面或弃渣堆中）的可能表现。然后根据其成分来描述该材料，以识别以下内容：

a) 天然土材料；
b) 人造材料，例如：

- 沥青；
- 混凝土；
- 砖石体、砌块砌体、砖砌体；
- 玻璃、金属、塑料；
- 木材、纸；
- 燃烧后的产物，例如矿渣，熟料和粉煤灰，包括证实有强烈色彩的产物；
- 大型物体和障碍物，这可能对打桩作业至关重要；
- 中空物体，可压缩和可折叠的物体或空隙，这对地面稳定性很重要；
- 化学废物、危险或有害材料；
- 具有一定分解程度的可分解材料。

以上每种材料的比例也要被确定。

Norbury（2010）建议尽可能提供更多的信息，包括：

- 关于纸制材料或其他人工制品的年代；
- 当前或最近的加热或燃烧迹象；
- 气味或臭味；
- 层次及其倾斜度作为放置方法的指南；
- 可识别的材料来源。

34.4 非工程性填土的类型

非工程性填土通常与露天矿开采场的回填、废物处理和废弃土地有关。虽然现代废弃物处置场地在设计上应尽量减少渗滤液的产生及其渗入地下的情况,并处理任何垃圾产生的填埋气体,但其设计不一定是为了支持随后建筑物的建造。

34.4.1 填埋露天场所

34.4.1.1 露天场所施工

分层矿物沉积通常存在于地表或附近,例如存在于相对平坦地形的煤炭和沉积铁矿石,通常是通过露天开采或阶梯露天开采。沉积物通常处于水平或稍微倾斜。在英国,阶梯露天煤矿通常是在10~800hm²区域内开采浅层煤炭。这一般包含制造一个箱形切口（初始类似沟状挖掘）让煤炭露出。阶梯露天煤炭开采工作包含挖掘至地表以下约100m的最大深度,剥采比（上覆岩层或非煤物质与采出煤量之比）高达25:1。因此,阶梯露天采矿一直是深层矿物的主要开采方式,在开采并回填后可以考虑用于建筑开发,这时其岩土性质就显得非常重要。在这种情况下,Charles（2008）认为主要问题是考虑回填体长期发生沉降的可能性。

阶梯露天开采是在一个宽阔的工作面上进行,常见的面长为3~5km。煤炭开采完后,下一个箱形切口的上覆土用来回填前一个切口。电铲挖掘机可以与挖掘机、自卸车和铲土机一起用于清除表土（主要是砂岩和泥岩）。表层土则单独由铲土机清除,并放在场地周围的堆放场中,以用于后续回填。同样,底层土被挖掘后被临时存放在场地周围的单独堆场中,其目的也是为了用作回填土。挖掘机用于挖掘最初的箱形切口,随后继续掘进减少覆土。来自箱形切口的材料被放置在地面上的合适位置,从而减少后期的挖掘场回填工作。电铲挖掘机则在挖掘机后面切割一个渐进的条状切口用来挖掘浅层煤炭。必要时进行钻孔和爆破。由于弃渣堆的使用寿命很短,通常可以将他们保持在自然的休止角。

回填工作可以在关闭场地之前开始;事实上,这通常是更方便的方法。因此,开挖面后的采空区用岩石废料填满。这意味着如果两个操作分开进行,最终轮廓可以根据较小的废渣搬运来设计。此外,当同时进行回填和采煤时,可以节省更多用来铺展的土壤。由于剥离率高（通常为15:1~25:1）,通常会有足够的弃土来或多或少地填充基坑。当弃土被重新分类后,就用表土覆盖。恢复后的土地一般被用于农业或林业,但经过适当的工程设计,也可以用于郊野公园、高尔夫球场、住宅或轻工业区。

34.4.1.2 特性和工程性能

Charles 和 Watts（2001）给出了露天矿回填土体的一些特性,Charles（2008）总结了这些资料,见表34.1。然而,许多填土是非均质的,可能包含大块的泥岩、粉砂岩或砂岩巨石,因此所引用的岩土特性最多被视为指标值。所以,在露天场地进行的现场测量对于了解回填体的岩土力学行为具有特殊价值。填充完成后,将对填充体进行检测和监测（第58章"填土地基"）。

在许多露天采矿场所,通过抽水降低地下水位,以提供井中干燥的工作条件。如果在采空后要回填土地以供农业或林业使用,则无需控制压实就可以进行。但是,如果要建造场地,没有适当的压实很可能会造成沉降问题。特别是在抽水停止后,

露天矿回填料特性 表34.1

(a) 粗粒回填料

位置	填土类型	粉土和黏土含量（%）	干密度 ρ_d（Mg/m³）	颗粒密度 ρ_s（Mg/m³）	含水率 w（%）	孔隙率 n（%）	气体孔隙 V_a（%）
Horsley	泥岩和砂岩	10	1.70	2.54	7	33	21
Blindwells	泥岩和砂岩	20	1.56	2.45	7	38	23
Tamworth	含页岩碎片黏土	45	1.78	2.62	9	32	16

(b) 黏土回填料

位置	含水率 w（%）均值	含水率 w（%）范围	塑限 w_P（%）	液限 w_L（%）	不排水抗剪强度 w_u（kPa）
llkeston	19	12~25	23	41	150
Corby	18	7~28	17	28	100

摘自 Charles（2008）；版权所有

部分饱和的回填材料因地下水上升而饱和时，可能会发生露天回填的大量沉降。例如，查尔斯等，（1993）提到了诺森伯兰郡的一个露天矿场，那里的废物被回填而没有任何系统的压实。他们记录到，当地下水位上升到填埋层中约 0.33m 时，63m 深的填埋层发生沉降。

由于湿塌陷而引起的沉降比由于回填的自重引起的沉降更为显著，这会给沉降预测带来困难（Blanchfield 和 Anderson，2000）。因此，如果要在回填后进行建造施工，理想做法是将垃圾按要求压密。然而，回填场的后续开发往往要在露天采场开采和回填后一段时间后进行。因此，在进行任何建筑开发之前，需要在该地区进行调查，以确定回填材料的含水率，并确定其被压实的程度（如果有）（职业健康与信息安全服务，1983）。因此，Charles（1993）建议，如果要在露天场地上进行建造施工，但回填土没有被适当压实，那么可以在开发之前通过浸泡实现塌陷压缩。事实上，Charles 和 Skinner（2001）坚持认为，当在填土上进行施工时，浸泡形成的坍塌压缩很容易受到影响，这通常会带来显著的危害。大多数类型的部分饱和填土处于足够松散或干燥的状态，首次浸泡时，在一系列的荷载作用下容易发生塌陷压缩。浸泡可能是由于地表水向下渗透所致，也可能是由于抽水停止后地下水位上升所致。坍塌压缩会严重破坏修建在此类填土上的所有建筑物。但是，在许多情况下，浸泡很难以可控和有效的方式进行。或者，可以通过预加载，振冲密实或动态压实对地面进行深层压实，或者可以将结构设计为适应任何后续的地面运动。然而，根据 Charles 和 Watts（2001）的说法，在露天回填土中放置振动石柱可能提供了一种允许地表水进入回填土的方法，从而导致坍塌压缩。

或者，当回填的露天煤矿作业深度超过 30m 时，较大的沉降可能会发生，Kilkenny（1968）建议开发用地的最短时间应该是回填完成的 12 年后。他指出，露天回填的沉降似乎会在回填完成后 5～10 年内完成。例如，深度为 23～38m 的诺森伯兰郡奇布本露天回填区域，综合观测显示其最终沉降约占填土厚度的 1.2%，其中，大约 2 年后沉降达到了总沉降的 50%，5 年后达到 75%。在浅层露天填土中，即深度不超过 20m，观察到的最大沉降量为 75mm。如果地下水在渗透性填土（包括地下水位上升）中运动，由于填土中的页岩或砂岩成分中的点对点接触破裂，则沉降可能会更大。在这种情况下，沉降可能会持续比 Kilkenny 所指出的时间更长。

其他露天采矿场的回填可以采用与煤炭场相似的处理方式。利用露天开采可以大量提取的另一种矿物是沉积铁矿石。例如，在林肯郡的斯肯索普附近和北安普敦郡的科比附近的开采工作。在后一个地区，Penman 和 Godwin（1975）指出，一座在旧的露天回填矿场上修建的两层半独立式住宅，最大沉降速率立即发生。在大约 4 年后，沉降率下降到很低的水平。他们认为，该填土中沉降的原因有两个，即蠕变（与钻孔时间成正比）和部分淹没。Sower 等（1965）得出了类似的结论。科比的房屋在填土回填后 12 年建成。他们所遭受的损失相对较小，归因于沉降差异，与所用地基结构的类型无关。这些地基可能是条形基础，也可能是带有边梁的钢筋混凝土板。

34.4.2 生活垃圾处理或卫生垃圾填埋

随着工业化、技术发展和经济增长，社会产生的废物量大大增加。此外，在发达国家，废物的性质和成分在最近几十年来发生了变化，反映了工业和本土的实践。例如，在英国，本土垃圾从 20 世纪 50 年代以来已发生了显著变化，从主要的灰伴随少量的、高密度的腐烂废物变为相对较高密度的高度腐烂物。虽然本土的垃圾有多种处理方式，但从数量上说，最有效的方法是将其放置在垃圾填埋场中。例如，英格兰在 2003—2004 年制造了约 2520 万 t 的本土生活垃圾，其中约 72% 被填埋处理（Parliamentary Office of Science and Technology，2005）。但是，到了 2007—2008 年，废物回收量已增至 35%（Office of National Statistics，2009）。垃圾填埋场通过《欧洲垃圾填埋场指令》（*European Landfill Directive*）（Council of the European Union，1999）实施，《填埋条例（英格兰和威尔士）2002》（*Landfill（England and Wales）Regulations*）和《填埋条例（苏格兰）2003》（*Landfill（Scotland）Regulations*）在英国实施。自从引入这些条例以来，运往垃圾填埋场的废物已大大减少。来自不同行业（例如建筑或家庭）的废物越来越多地被回收。但是，岩土工程师通常会遇到历史悠久的垃圾填埋场，根据其运行时间的不同，这些填埋场将表现出明显不同的物理和化学特性。此外，垃圾填埋场是活跃的场所，在其整个生命周期中都会发生许多随时间的变化。英国环境署（Environment Agency）发布了一系列有关废物接收的指南，以监测垃圾渗滤液、地下水和地表水，垃圾填埋工程，垃圾填埋气，以及垃圾填埋许可和解约（www.environmentagency.gov.uk/business/sectors/108918.aspx）。

34.4.2.1 组成

废弃物处理或卫生填埋场的成分通常很混杂（表34.2），并且会持续发生有机分解和物理化学分解。它们可能包含几乎所有种类的异质集合：食物残渣、公园垃圾、纸张、塑料、玻璃、橡胶、布料、灰烬、建筑垃圾、金属等。将来，回收很可能会改变废弃物的性质。尽管如此，所有垃圾填埋场在气态、液态和固态这三个状态之间都具有微妙的转移平衡。对垃圾填埋场现状及其环境的任何评估都必须考虑到其中存在的物质及其现在和将来的变动性。垃圾填埋场的很多材料都能与水反应，从而形成富含有机物、矿物质盐和细菌的液体，通常称为渗滤液。渗滤液在降雨渗入垃圾填埋场并溶解废物中的可溶解物，由发生在腐烂废物内的化学和生化过程而产生。甲烷和二氧化碳是垃圾填埋场中产生的主要气体，以及少量有机气体，如一氧化碳和硫化氢。甲烷的浓度范围从20%~65%，二氧化碳的范围从15%~40%，其他气体通常占<1%（Wilson等，2007）。一般而言，50~60年后，气体的产生可能会降低到非常低的水平（Nastev 1998）。气体是在分解过程中产生的，在填埋物中聚集会导致爆炸，例如，在德比郡的洛斯科市甲烷泄漏事件（Williams和Aitkenhead，1991）。一些材料（例如灰烬和工业废料）可能包含硫酸盐和其他可能对混凝土有害的产品。

34.4.2.2 垃圾填埋场设计

垃圾填埋场的设计受垃圾的物理和生化特性以及需要控制渗滤液产生的影响。在垃圾填埋场设计的早期阶段，就需要考虑到场地封闭后的沉降。实际上，现代垃圾填埋场的建造需要进行详细调查，以确保已经采取合理的设计和安全预防措施。此外，法律通常要求负责废弃物处理设施的人员保证填埋场是严格管控场所，以防止对环境造成伤害（有关更多详细信息，请参阅环境署（Environment Agency）的网站）。选择垃圾填埋场时必须考虑地质和水文地质条件（Proske等，2005）。但是，选择还涉及经济和社会因素。还应该指出的是，用于容纳填埋的方法已经发生了很大变化。直到20世纪70年代末和20世纪80年代初，才使用垃圾填埋场的衬垫。在此之前，渗滤液和填埋气通过稀释和分散技术处理。从那时起，垃圾填埋场衬垫和封顶结构变得越来越成熟，现在使用双衬垫系统，将黏土（或使用富含膨润土的砂子或黏土作为合适的替代品，或工程废弃材料，例如煤矿用弃土）与塑料HDPE（高密度聚乙烯）衬垫结合。衬垫系统中同样有一系列渗滤液和气体收集层以及保护介质，因此衬垫是填埋场模型中复杂的工程复合物。在调查或地基处理（例如通过打桩）过程中需要格外小心以免损害衬垫系统，否则将产生污染。图34.4显示了在垃圾填埋场内建造单元的早期阶段。

但是，在建造垃圾填埋场期间和之后继续监测是至关重要的，特别是关于渗滤液和气体排放的监测。只有在采取了预防措施以避免泄漏的情况下，才可在含沥滤液的垃圾填埋场底部钻孔以检查情况。为此目的，地球物理方法越来越多地被使用（例如，参见Kuras等，2006）。

目前，关于如何倾倒或压实废弃物尚无标准规则。但是，压实处理很重要，因为它可以减少沉降

城市垃圾填埋物　　　　　　　表34.2

材料	填埋物性能
食品垃圾等	潮湿；容易发酵和腐烂；可压缩，性能较差
纸张，布	从干到湿；可腐烂和可燃烧；可压缩
园林垃圾	微湿；可发酵、腐烂、燃烧；可压缩
塑料	干燥，耐腐蚀，可燃烧；可压缩
中空金属，例如铁桶	干燥；可腐蚀和可压碎
块状金属	干燥；轻微腐蚀；刚硬
橡胶，例如轮胎	干燥；有弹性，可燃烧，耐腐蚀；可压缩
玻璃	干燥；耐腐蚀；可压碎，可压缩
拆除的木材	干燥；可腐烂和可燃烧；可压碎
建筑橡胶	潮湿；耐腐蚀，可压碎和可腐蚀
灰烬、炉渣和化学废物	微湿；可压缩，有化学活性和部分可溶

图 34.4　英格兰东北部填埋场建设的早期阶段。正在铺设衬垫和高渗透性排水层

ⒸPaulNathanail，经许可

图 34.5　美国堪萨斯城附近填埋场的多孔结构

和水力传导率，同时增加剪切强度和承载能力。此外，垃圾填埋场废弃物中含有的空气量越少，自燃的可能性就越低。设计良好的现代垃圾填埋场通常具有多孔结构，同时应包括衬垫结构和封顶系统，也就是说，废弃物被包含在一系列由黏土形成的小隔间中（图 34.5）。但是，某些渗滤液对某些黏土衬垫来说是有害的。那些包含有机溶剂和高含量可溶解盐的渗滤液会引起黏土中管道的开裂和发展。但是，可以用特殊的聚合物处理黏土，以降低黏土对潜在污染物的敏感性。垃圾填埋场的不均匀沉降可能会导致覆盖层内部破裂，从而使水渗透到填土中。采用传统的压实技术并不总能达到期望的效果，尤其是对于不均匀的废弃物。另一个复杂因素是废弃物降解的时间依赖性，从而导致进一步沉降和覆盖层破裂的可能性。

34.4.2.3　岩土特性

垃圾填埋场中的废料具有很大的可变性，倾倒后的干密度在 $0.16 \sim 0.35 \mathrm{Mg/m^3}$ 之间。压实后，密度可能超过 $0.60 \mathrm{Mg/m^3}$。含水率为 $10\% \sim 50\%$，固体的平均相对密度为 $1.7 \sim 2.5$，低承载力为 $19 \sim 34 \mathrm{kPa}$。在沉积之前将废料打包或碾碎会改善其原位性能，但成本会大大增加。Dixon 等（1998）给出了垃圾填埋场典型工程特性的更多细节。

34.4.2.4　分解

最初，有机废弃物的分解是需要氧的。一旦开始分解，废弃物中的氧气就会迅速耗尽，因此废弃物变成厌氧的。有机废物的厌氧分解基本上有两个过程。最初，复杂的有机物被分解为更简单的有机物，其典型特征是各种酸和醇。原始有机材料中存在的任何氮都倾向于被转化为易于溶解的铵离子，并可能在渗滤液中产生大量的氨气。还原环境将氧化的离子（如铁盐中的离子）转化为亚铁态。亚铁盐更易溶解，因此铁离子从垃圾填埋场中析出。垃圾填埋场中的硫酸盐可能会以生物化学方式还原为硫化物。尽管这可能会导致少量硫化氢的产生，但硫化物往往作为高度不溶性的金属硫化物保留在垃圾填埋场中。在一个刚建成的垃圾填埋场中，可溶性的钠、钙、氯化物、硫酸盐和铁的浓度相对较高，其浓度可能超过 $10000 \mathrm{mg/L}$，而随着垃圾填埋场的老化，这类无机物质的浓度通常会降低。此外，由于垃圾填埋场的细小物质被冲刷掉，渗滤液中可能会存在悬浮颗粒。

厌氧分解的第二阶段涉及甲烷的形成。换句话说，甲烷菌使用厌氧分解第一阶段的最终产物来产生甲烷和二氧化碳。由于甲烷菌更喜欢中性条件，因此在第一阶段过多的酸形成会抑制其活性。

随着垃圾填埋场的老化，许多易于生物降解的材料已经分解，所以渗滤液中的有机物含量降低。伴随老旧垃圾填埋场的酸不易生物降解。因此，渗滤液中的生化需氧量（BOD）随时间变化，随着微生物活性的增加而增加到峰值。这个峰值在废物堆填后的 6~30 个月之间达到。

甲烷的产生会构成危险，因为甲烷是可燃的，并且一定浓度的甲烷在空气中具有爆炸性（占空气体积的 $5\% \sim 15\%$）以及窒息性。在许多情况下，垃圾填埋场的气体能够从填埋场表面安全地扩散到大气中。但是，当垃圾填埋场完全被低渗透性土壤覆盖以限制渗滤液生成时，气体沿未知途径迁移的可能性会增加，而且甲烷迁移可能会带来危害。此外，有不幸的案例记录表明，靠近或者在垃圾填埋场上的建筑物由于点燃聚集的甲烷气体引发了爆炸（Williams 和 Aitkenhead，1991）。

应确定气体的来源，以便采取补救措施。通常，可以通过检测特定于甲烷源的气体成分或通过确定从甲烷源到其所在位置的迁移路径的存在来验证甲烷源与甲烷所在位置之间的联系。甲烷源的识别包括对钻井程序和回收气体的分析。例如，在 Raybould 和 Anderson（1987）提到的一个案例中，在采取补救措施之前，必须对家用煤气和来自下水道、旧煤矿和垃圾填埋场的气体加以区分，以消除危险气体对若干房屋的影响。适当封闭垃圾填埋场可能需要通过被动通风、动力通风或使用不透水的屏障进行气体管理。防止气体迁移的措施包括防渗层（黏土、膨润土、土工膜或水泥）和气体排放。气体排放既可以将气体排放到大气中，也可以促进其收集利用。如果大气通风不足以控制气体排放，则使用主动或强制通风系统。Wilson 等（2007）及其文献给出了有关填埋场气体危害调查和补救措施的进一步细节。

垃圾填埋场中的微生物活动会产生热量，这也会导致其他危险情况的发生。因此，在生物降解过程中，垃圾填埋场的温度会升高到 24~45℃ 之间，尽管已记录的温度有高达 70℃ 的情况。在某些情况下，填埋场已经着火，尽管风险相对较低，但这进一步增加了风险；Roche（1996）报告了英格兰和威尔士 600 个垃圾填埋场中约有 1 个存在火灾问题。与之相比，每 60 个填埋场中有 1 个受到地表水污染、地下水污染和气体迁移影响。2010 年 6 月，在康沃尔郡东南部 Liskeard 附近的 Lean Quarry 垃圾填埋场发生火灾，火灾历时 12h 才被扑灭。2011 年 1 月，爱尔兰 Naas 附近的 Kerdiffstown 垃圾填埋场发生火灾，大火持续了数周。

34.4.2.5 沉降

McDougall 等（2004）指出，垃圾填埋场的沉降可能很大且不规则。根据 Sowers（1973）的说法，废物填土的沉降机制包括机械变形、弯曲、压碎和材料重塑，这些因素导致孔隙率降低；松散化（即细粒转移到空隙中）；腐蚀、燃烧和发酵等物理化学和生化化学的变化；以及这些不同机制之间的相互作用。废弃物处置填土的初始机械沉降速度很快，这是由于初始孔隙率的降低所致。它的发生不会增加孔隙水压力。在将更多的材料放置在顶部后的几天内，就会发生这种初步压缩（Powrie 等，1998）。由于二次压缩（即材料扰动）以及物理化学和生化作用的结合，沉降持续进行，Sowers 指出沉降对数时间关系几乎是线性的。由于散结和燃烧产生的沉降速率是不稳定的，因此，最终沉降与初始孔隙比以及有利于变质、腐烂、散结和燃烧的环境条件有关。

垃圾填埋场的沉降预测是有效设计的重要因素，尤其是在场地重建过程中关于封场后沉降的预测。然而，确定垃圾填埋场的沉降量和沉降速率并不是一件容易的事。二次沉降被建议为初始填埋厚度的 15%~50%（Powrie 等，1998），而 Ling 等（1998）则认为其为总沉降的 30%~40%。所涉及材料的异质性，即不同材料可能在不同地点和不同时间被处置，这意味着传统土力学对沉降的预测通常无法令人满意。不仅是沉降，特别是较大的差异沉降，会对该地点的未来建设产生不利影响，还可能损坏覆盖系统或衬垫，例如，土工膜衬垫可能会被撕裂。因此，Ling 等（1998）回顾了各种估算垃圾填埋场沉降的经验方法，然后提出了一种进一步的评估沉降量和沉降速率的方法。Watts 和 Charles（1999）还讨论了垃圾填埋场的沉降特性，并提出了可以使用的各种地基改良技术，这些将在第 84 章"地基处理"中讨论。

34.4.2.6 固化

可以通过与土壤、粉煤灰、焚烧炉残渣、石灰或水泥混合来实现垃圾填埋场的固化。例如，由于现场混合不均匀而导致最低无侧限抗压强度达到 24kPa 时，应使用土工合成材料（例如，土工网）来覆盖这些区域，并应将其牢固地锚固在场地周边的沟槽中。土工膜应放置在土工网上，以提供二次密封，防止地表液体渗入。土工膜上方的黏土起到密封作用，但必须尽可能薄，以免使土工网和土工膜超载。

34.4.3 粗粒煤矿废弃处置

与煤矿相关的弃渣堆在景观效应上是丑陋的瑕疵，并且对环境造成破坏影响（图 34.6）。过去，它们有可能导致灾难性的破坏，并带来毁灭性的后

图34.6 （a）南威尔士 Garw 河谷 Blaengarw 国际煤矿的弃土场（其中一个已被"景观化"）；（b）英格兰坎布里亚（Cumbria）Glenridding 河谷废弃的绿色铅矿弃土场

(a) ©NERC，经英国地质调查局（British Geological Survey）许可；(b) ©Paul Nathanail，经许可

果（例如，1966年10月的 Aberfan 破坏事件）。弃渣堆由粗粒废弃物组成，也就是能反映采矿过程中提取的各种岩石类型（泥岩、粉砂岩和砂岩）的矿山材料。粗粒废弃物还包含不同数量的未经过制备过程分离的煤质材料。显然，根据弃渣的来源不同，粗煤矿的废弃特性也有所不同。倾倒的方法也会影响粗废料的性质。此外，一些弃渣堆，特别是煤含量相对较高的弃渣堆，可能会被燃烧或仍在燃烧，这会影响其矿物组成。

34.4.3.1 成分和特性

在英国，伊利石和混合层黏土是英格兰和威尔士地区未燃弃土的主要成分（泰勒，1975）。虽然高岭石是诺森伯兰郡和达勒姆郡的常见成分，但它平均只占其他地区丢弃物的10.5%。石英的含量高于有机碳或煤的含量，但后者的重要性在于它可以作为主要的稀释剂，也就是说，黏土矿物质的含量会随着碳含量的增加而降低。硫酸盐、长石、方解石和其他材料的平均含量不到2%。

弃土材料的化学成分反映了其矿物成分。游离二氧化硅的浓度可能高达80%或以上，以黏土矿物形式存在的复合二氧化硅的浓度可能高达60%。氧化铝的浓度可能在百分之几到百分之四十之间。钙、镁、铁、钠、钾和钛的氧化物浓度可能只有百分之几。锰和磷的含量也可能较低，铜、镍、铅和锌的含量也是微量的。新鲜废弃物的硫含量通常低于1%，并以有机硫的形式存在于煤和黄铁矿中。黄铁矿是一种不稳定的矿物，在风化作用下会迅速分解（另请参见第36章"泥岩与黏土及黄铁矿物"）。黄铁矿的主要氧化产物是硫酸亚铁和硫酸铁。硫酸盐对混凝土的化学侵蚀会导致其劣化。弃土堆废料中黄铁矿的氧化取决于空气的进入，而空气的进入反过来又取决于颗粒的分布、含水饱和度和压实度。但是，任何可能形成的高酸性氧化产物都会被废料中的碱性物质中和。Charles 和 Watts（2001）指出，某些页岩中的黄铁矿会通过缓慢氧化作用导致膨胀。

弃土含水率随着细粒含量的增加而增加，还受到材料的渗透性、地形和气候条件的影响。一般来说，含水率在5%~15%之间（表34.3）。

相对密度值的范围取决于废弃物中煤、页岩、泥岩和砂岩的相对比例，一般在1.7~2.7之间变化。煤的比例尤为重要：煤含量越高，相对密度越低。弃土堆中物料的堆积密度变化很大，大部分物料的密度在$1.5~2.5\text{Mg/m}^3$的范围内。低密度主要是低相对密度的函数。堆积密度往往随着黏土含量的增加而增加。

泥质含量会影响弃土的分级，尽管大多数弃土材料基本上是颗粒状的（表34.3）。实际上，就粗弃料的粒径分布而言，差别很大。通常，大多数材料可能落在砂土范围内，但在砾石和卵石范围内也可能存在很大比例。确实，在放置时，粗弃料通常主要由砾石到鹅卵石大小的颗粒组成，但随后因风化作用的破坏会减小颗粒尺寸。一旦被掩埋在弃土堆中，粗弃料的颗粒尺寸就不会进一步减小。因此，较旧的和表面的弃土样品所含的细颗粒比例要

粗弃土特性示例　　　　　　　　　　　　　　　　　　　　表 34.3

	Yorkshire Main	Brancepath	Wharncliffe
含水率（%）	8.0~13.6	5.3~11.9	6~13
堆积密度（Mg/m³）	1.67~2.19	1.27~1.88	1.58~2.21
干密度（Mg/m³）	1.51~1.94	1.06~1.68	1.39~1.91
相对密度	2.04~2.63	1.81~2.54	2.16~2.61
塑限（%）	16~25	非塑性~35	14~21
液限（%）	23~44	23~42	425~46
渗透系数（m/s）	(1.42~9.78)×10⁻⁶	—	—
粒径，<0.002mm（%）	0~17	大多数砂粒大小的材料	2~20
粒径，>0.2mm（%）	30~57		38~67
内摩擦角 φ	31.5°~35.0°	27.5°~39.5°	29°~37°
黏聚力 c（kPa）	19~21	4~39	16~40

数据取自 Bell（1996）

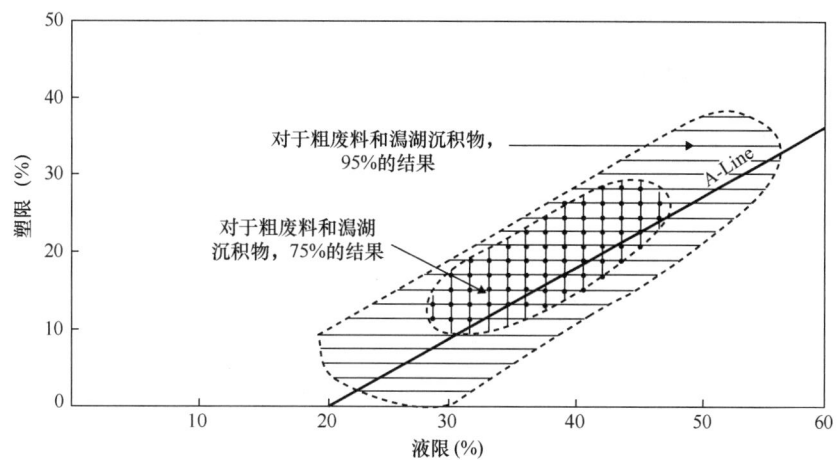

图 34.7 英国弃土堆中发现的粗废料塑性特征的一般范围
摘自 Thomson（1973）；英国国家煤炭委员会（National Coal Board）

比从深处获得的弃土高。

液限和塑限可对土壤的工程特性提供粗略地指导。但是，对于粗粒废弃物，它们仅代表通过 425-μm-BS 筛分的部分，这一部分通常小于有关样品的 40%。然而，稠度测试结果表明可塑性较低至中等，而在某些情况下的破坏被证明实际上是非塑性的（图 34.7）。可塑性随着黏土含量的增加而增加。

34.4.3.2　风化

由于风化作用，粗煤矿废弃物性状的最显著变化是粒径的减小。发生分解的程度取决于所涉及母体材料的类型以及开采和放置弃土堆的空气、水和处理的影响。风化几个月后，来自砂岩和粉砂岩的碎屑通常由比卵石更大的颗粒组成。之后，以缓慢的速度降解成组分颗粒。但是，泥岩、页岩和土质会迅速崩解成砾石级颗粒。尽管粗颗粒的废弃物可在几天内达到许多泥岩和页岩的最终水平，但一旦被埋置在弃土堆中，将几乎不会发生变化。当弃土材料燃烧时，其耐候性变得更加稳定。

Taylor 和 Smith（1986）指出泥岩破裂是由于机械（空气破裂）或物理化学机制造成的。Seedsman（1993）将物理化学膨胀分为结晶膨胀和渗透膨胀。前者涉及通过其表面吸附水来增加黏土矿物的体积。后者涉及将水添加到黏土矿物的不同层次空间中提供化学反应条件，并随之增加体积。Taylor（1988）认为，英国煤层的崩裂是多次的干湿循环后空气破碎的结果。换句话说，如果泥岩经历脱水，那么随着高吸力的发展，空气就会被吸入外部孔隙和毛细管中。然后，在饱和时，随着水被毛细作用吸入岩石中，夹带的空气被加压。因此，这种破裂会使岩石结构受到应力。对于毛细压力的发展，孔隙大小比孔隙体积更为重要。毛细管压力与表面张力成正比。但是，Badger 等（1956）认为，空气破裂仅发生在机械强度较弱的煤系页岩中，而分散的胶质物质的存在似乎是导致其崩解的主要原因。他们还发现，不同页岩在水中的崩解变化通常与黏土胶体的总量或存在的黏土矿物类型的变化无关。相反，它是由附着在黏土颗粒上可交换阳离子的类型和后者对水的侵蚀能力来控制的，而水的侵蚀能力又取决于页岩的孔隙度。空气破损可以通过向水提供新的页岩表面来辅助此过程。随后，Dick 和 Shakoor（1992）认为，当泥岩中黏土大小的颗粒含量小于50%时，黏土矿物对泥岩崩解的影响较弱，并且微裂缝是控制耐久性的主要岩性特征。在这种情况下，沿着微裂缝开始产生碎裂。Moon 和 Beattie（1995）在对新西兰 Waikato 煤系泥岩的研究中发现，泥岩中黏土矿物的比例对耐久性的影响最大。泥岩、黏土和黄铁矿的更多详细情况将在第36章"泥岩与黏土及黄铁矿物"给出。

Taylor 和 Spears（1970）认为，颗粒内部膨胀对英国煤系泥岩的耐久性有重要影响，该泥岩含有大量可膨胀的混合层黏土矿物。此外，他们认为破碎程度越高的泥岩，其混合层黏土中可交换钠离子含量越高。实际上，可膨胀混合层黏土的存在被认为是促使泥质岩分解的因素之一，特别是当钠离子是一个明显的层间阳离子时。然而，目前的证据表明，在英格兰，具有高含量交换性钠离子的煤矿废料并不常见。钠可以被废物中的硫酸盐和碳酸盐产生的钙离子和镁离子代替，但惰性岩石类型的稀释可能是钠含量普遍较低的最常见原因。此外，在经过搬运过程后，并且在埋置前暴露在新的弃土堆表层后，泥岩和页岩材料将在很大程度上实现解体。但是，某些细颗粒弃土的低剪切强度似乎与相对较高的可交换钠离子含量有关。

34.4.3.3 自燃

碳质材料的自燃（通常因黄铁矿的氧化而加剧）是最常见的废渣燃烧原因。自燃可以认为是发生自热的大气氧化（放热）过程。煤和碳质材料可能在常温下，低于其燃点的空气中被氧化。通常，低阶煤（即碳含量较低的煤）比高阶煤反应性更强，相应的更容易受到自热的影响。易自燃的废料堆是由已燃烧、部分燃烧和未燃烧的材料混合而成。因此，弃土的特性变化较大。

在环境温度下，黄铁矿会在潮湿的空气中氧化，形成硫酸铁和硫酸亚铁以及硫酸（第37章"硫酸盐/酸性土"），此反应也是放热的。当存在的黄铁矿含量足够时，尤其是粉末状的黄铁矿，与"煤质"材料相结合时，会增加自燃的可能性（Michalski 等，1990）。加热时，煤中黄铁矿和有机硫的氧化生成二氧化硫。如果没有足够的空气进行完全氧化，则会形成硫化氢，这是一种剧毒气体。

弃土的含水率和级配也是影响自燃的重要因素。在相对较低的温度下，游离水分的增加会增加自发加热的速率。氧化通常在环境温度下非常缓慢地发生，但是随着温度升高，氧化迅速增加。在大尺寸的材料中，空气的运动会导致热量消散，而在细材料中，空气保持停滞，这意味着在氧气消耗时燃烧会停止。因此，当级配介于这两个极端之间时，是自燃的理想条件，并且在这种条件下可能会形成热点。这些热点的温度可能达到600℃，有时甚至高达900℃（Bell, 1996）。此外，氧化速率通常随着颗粒的比表面积增加而增加。

自燃可能会在弃渣堆中产生地下空洞，其顶部可能无法支撑人的体重。燃烧的灰烬也可以覆盖客观深度的炽热区域。Thomson（1973）建议，在弃土堆修复期间，可以使用带落锤的探头或起重机来证明燃烧或空洞导致的可疑区域的安全性。应避免严重裂开的区域，并且如果工作人员走过未被证明安全的区域时，则应穿戴救生绳。任何被怀疑有空洞的区域均应使用电铲挖掘机或拖铲机挖掘，而不是让工作人员在可疑的地面上移动。如图34.8所示为一个暴露空洞，其位于印度的一个废弃土坑中。

当蒸汽与炽热的碳质材料接触时，会形成水煤气（一氧化碳和氢），而当后者与空气混合，浓度超过一定范围时就有爆炸的潜在危险。在对弃土堆进行改造时，如果燃烧的弃土附近形成了由煤尘构成的煤云，那么它就可能点燃并爆炸。在后一种情况下，用喷雾使其潮湿被证明是有用的。

废料的燃烧会排放出有毒气体。这些气体包括一氧化碳、二氧化碳、二氧化硫，以及较少见的硫化氢。如果以足够高的浓度吸入，每一种都可能是危险的，这可能会在堆放物着火时出现（表34.4）。通过挖掘或重塑来扰乱燃烧的泥土，可以

第34章 非工程性填土

图34.8 暴露在印度燃煤弃土场中的空洞
ⓒLaurance Donnelly，经许可

容易被检测到，而且通常浓度不高。即便如此，稀释后它们仍可能会使患有呼吸系统疾病的人感到呼吸困难。尽管如此，硫磺气体主要是令人讨厌的气味，但不会对生命造成威胁。在某些情况下，可能需要制定气体监测方案。在识别为危险区域的地方，工作人员应佩戴呼吸器。

当回收旧的弃土堆时，废弃材料的燃烧可能是一个突出的问题（图34.9）。如果煤发生在缺氧的大气中，空气中有足够多的水分驱散产生的热量，就可以避免煤渣的自燃。例如，Cook（1990）描述了用压实废弃物覆盖正在燃烧的废料堆，以熄灭现有的材料燃烧并防止进一步自燃。Thomson（1973）还建议使用覆盖和压实、挖出、挖沟、注入不燃材料和水以及喷水等方法，以控制弃土材料的自燃。Bell（1996）描述了向幕墙喷撒燃料灰，并延伸到原始地面，作为处理热点的一种手段。

使这些气体的产生速率加快。一氧化碳是最危险的气体，因为它无法通过味觉、气味或刺激来检测，并且可能以致命的浓度存在。相比之下，硫化氢很

有害气体的影响 表34.4

气体	在空气中的体积浓度（百万分之一）	影响
一氧化碳	100	在阈限值（TLV）下，几乎所有工人都可以重复工作或整日暴露，没有不良影响
	200	休息7h后头痛，或者工作2h后头痛
	400	休息2h或劳累45min后出现头痛和不适，并可能出现虚脱
二氧化碳	1200	休息30min或劳累10min后心悸
	2000	休息30min或劳累10min后失去意识
	5000	阈限值（TLV），在该值下，肺活量略有增加
	50000	呼吸困难
	90000	出现呼吸抑制
硫化氢	10	阈限值（TLV）
	100	刺激眼睛和喉咙：头痛
	200	1h内可耐受的最大浓度
	1000	立即无意识
二氧化硫	1~5	可以通过味觉和较高层次的嗅觉来发现
	5	阈限值（TLV），开始刺激鼻子和喉咙
	20	眼睛出现刺激
	400	立刻危及生命

注：1. 一些气体具有协同作用，即它们增强了其他气体的作用，并导致上表所示症状发生集中度的降低。此外，一种本身没有毒性的气体可能会增加一种有毒气体的毒性，例如，通过增加呼吸速度；剧烈运动也会产生类似的影响。
2. 在所列的气体中，一氧化碳是唯一证明可能对生命有危险的气体，因为它是最常见的。其他气体在浓度远低于危险水平时就会变得令人难以忍受。

摘自 Thomson（1973）；英国国家煤炭委员会（National Coal Board）

图 34.9 （a）老旧煤矿弃土场中燃烧着的废料，Wharn-cliffe，邻近 Barnsley；（b）燃煤弃土场，印度

经由国际矿业顾问有限公司（Iternational Mining Consultants Limited）提供

34.4.3.4 修复

弃渣堆的构造取决于建造时所使用的设备类型以及倾倒废物的顺序。弃渣堆的形状、坡向和高度会影响表层强度、所发生的地表侵蚀量、表层含水率及其稳定性。虽然不同矿山粗废物的矿物学组成各不相同，但黄铁矿经常出现在页岩中，煤质材料则存在于弃渣堆中。当黄铁矿风化时，它促进了风化材料中的酸性条件。这样的条件不利于植被的生长。确实，某些弃土可能含有对植物生命有毒的元素。此外，弃渣堆的最上层边坡往往缺乏近地表水分，因此弃土堆往往没有植被。为了支撑植被生长，弃土堆应该具有稳定的表面，以便树能够生根，并含有足够的可用养分。

弃土堆的修复需要大规模的土方移动。修复的土地可用于农业，还可用于公共设施，如高尔夫球场，或用于建筑。由于修复工程往往涉及把废物展开到更大的区域，这可能意味着必须购买场地边界以外的额外土地。如果弃渣堆非常靠近废弃的煤矿，弃渣可能会散布到后者的区域。这涉及埋置或拆除废弃的煤矿建筑物，有时可能必须处理旧的矿井或浅的旧巷道（Johnson 和 James，1990）。水道可能必须被改道，服务设施也可能被改变，尤其是路径。

对弃土堆进行美化往往是为了使其能够用于农业或林业。由于承载能力不那么重要，而且更陡峭的表面坡度也可以接受，因此这种类型的修复通常没有在工地上建造建筑物时那么重要。除翻新成本和可能提供邻近土地外，大多数弃土堆没有任何特殊的处理问题，因此可以通过将弃土转移到邻近土地上来降低现有场地上的坡度。然而，如上所述，一些弃渣堆是由于自燃的存在而造成的问题。

弃渣堆的表面处理根据弃渣的化学和物理性质以及气候条件不同而有所不同。弃渣堆表面的处理工作也取决于后面的使用用途。由于表面层要被用于种草或植树，表面层不应压实。排水在弃土堆的修复中起着重要的作用，另外在美化环境时应控制侵蚀。如果弃渣是酸性的，则可以通过石灰中和。化学成分会影响所用肥料的选择，在某些情况下，如果适当施肥，可以在不添加表土的情况下在弃土上播种。更常见的情况是在播种或种植前添加表层土。

34.4.3.5 酸性矿山排水

酸性矿山排水（AMD）或酸性岩矿排水（ARD）可能与粗煤矿废弃物有关，这是因为煤质物质和泥岩可能含有硫磺类矿物，尤其是黄铁矿（Geldenhuis 和 Bell，1998）。当废弃物暴露于空气和水中时，这种排水是由于废弃物中硫化物矿物的自然氧化所致。这是矿物中硫被氧化至较高氧化状态的结果，如果存在含铁的溶液且不稳定，则会发生氢氧化铁的沉淀。酸性矿山排水也可能与露天采矿、地下作业、尾矿池或矿藏有关（Brodie 等，1989）。如果不控制酸性矿山的排水，会对环境造成威胁，这是因为酸性物质的产生会导致地表水或地下水中重金属和硫酸盐的含量升高，这显然会对水质产生不利影响（请参见英国煤炭管理局（Coal Authority）网站：http：//coal.decc.gov.uk/en/coal/cms/environment/about_m_water/about_m_water.aspx）。在空气和水与硫化物矿物接触的弃渣堆表面层中往往会产生酸。Johnson 和 Hallberg

（2005）对 AMD 的治理方法进行了综述。大致而言，有三种主要类型。主动方法是需要通过抽出矿井水并使用化学试剂（例如过氧化氢或烧碱）处理。被动方法是使用芦苇床等自然系统来改善水质，并且不使用抽水方法，允许矿山中的水在重力作用下流动。结合主动和被动方案，可以在过程开始之前利用抽水和某种化学处理后，水才流入芦苇床系统（英国煤炭管理局网站：http//coal.decc.gov.uk/en/coal/cms/environment/treat_types/treat_types.aspx）。在英国，大约有 50 个废弃煤矿得到了处理，其中大多数使用了被动方案。针对康沃尔郡的 Wheal Jane 锡矿，Whitehead 和 Prior（2005）描述了其开发的一种被动处理系统作为研究项目一部分。该系统安装三个独立的系统，每个系统都配有有氧芦苇床、厌氧池和岩石过滤器。这三个系统在提高进入它们的矿井水的 pH 值的方法上有所不同。英国煤炭管理局网站（见上文）简要介绍了许多以前煤矿开采现场所使用的处理方法。

34.4.4 其他类型的填土

34.4.4.1 粉煤灰（PFA）

粉煤灰（PFA）是燃煤电厂产生的废物，被定义为通过静电或机械手段从炉烟气中提取的固体物质（Winter 和 Clarke，2002）。Charles 和 Watts（2001）指出，大多数 PFA 是金属氧化物，以及一些微量成分和火山灰材料。燃煤电厂产生的灰中约有 80% 为 PFA，其余的 20% 为炉底灰。提取后，PFA 被称为新鲜 PFA，可以用最适量的水进行调理以产生调理灰。调节后的 PFA 使其更容易运输，并减少了粉尘问题。当 PFA 作为被调节后的灰储存时，称为储存灰。

当 PFA 作为废物被处理时，通常将其与水混合，以便可以将其作为泥浆运输到潟湖。也可以以这种方式将其丢弃在旧的黏土坑中。这些灰随后可作为储存灰回收。当灰粉从泥浆中沉降出来时，可以排出潟湖中的水。PFA 潟湖的开发很少见，但 Charles 和 Watts（2001）提到了一些。一个是 Gateshead 的地铁中心，另一个是 Peterborough 的住房。他们还提到了丹麦在 5m 厚的 PFA 潟湖上建造的一个油箱。

据 Yang 等（1993）的报道，新鲜粉煤灰的特性取决于所用煤的类型和化学成分、煤的来源、粉化程度、燃烧效率、燃烧条件和提取过程的变化。因此，PFA 的特性确实有所不同。实际上，它不仅是来源之间的变量，而且是基于单个来源的基本变量。尽管如此，PFA 的颗粒主要为粗粉砂至细砂尺寸，其形状或多或少呈球形。根据来源不同，它们的相对密度范围从 1.90~2.72，并且是非塑性的。尽管 Yang 等（1993）强调灰粉可能表现出"粘结性"，并指出这种性质可能归因于粉尘压实过程中产生的吸力。因此，它们可能会随着时间的流逝或被水淹没而消散，从而导致强度下降。因为存在胶凝材料，所以某些灰粉是自硬的，例如游离石灰或硫酸钙化合物。除了 Yang 等（1993），Sutherland（1968）、格雷和金（1972）以及伦纳德斯和贝利（1982）等也对 PFA 的工程性质做出了总结。PFA 还有许多其他土木工程应用，例如用作水泥替代品或添加剂。

大多数 PFA 用于土地复垦项目或一般结构性填土（例如，路堤、地基填土或挡土墙后的填土）。粉煤灰经常被用于修筑路堤。例如，Ekins 等（1993）提到在南安普敦的 Western Approach Road 的建设中使用轻质 PFA。粉煤灰也用作路桥桥墩后面的填土。Leonards 和 Bailey（1982）描述了使用 PFA 作为印第安纳州印第安纳波利斯发电站的除尘器基础的结构填土。此外，由于某些类型的 PFA 是火山灰质的，因此在水泥生产过程中使用大量的 PFA。火山灰活性归因于细玻璃（莫来石）颗粒与游离石灰在水中的反应。

经过处理的 PFA 可用作高质量精选填料，用于结构填料和土加固，或和水泥一起用于加固以形成封盖。必须向 PFA 中加入足够的水，使其适合压实。Winter 和 Clarke（2002）指出，调节后的灰粉的最优含水率约为 25%，但也存在高达 35% 或更高的可能性。他们进一步指出，来自苏格兰的一些经调节的灰粉的最优含水率可能低至 18%，而潟湖灰粉的最优含水率可能高达 28%。他们引用的最大干密度为 $1.0 \sim 1.65 \mathrm{Mg/m^3}$。

34.4.4.2 工业废物

工业废料有很多类型，例如化学废料和矿石冶炼废料。工业填料不仅是非均匀且压实性很差，而且它们可能存在化学问题，这是因为地面可能具有侵蚀性。工业废物可以有多种形式，例如冶炼炉渣、各种类型的残渣和污泥。此外，工业废物通常与废弃地点有关。这些厂址通常位于城市地区，是一种资源的浪费，因此恢复它们是非常有必要的。Mabey(1991)回顾了英国的废弃土地状况，指出在1988年有40500ha废弃土地。在工业废弃地中，94%的土地被认为需要修复。最近，人们越来越重视废弃土地的开垦，但国家统计似乎表明，英国可能有近80000ha的土地处于这种情况。根据国家土地利用数据库(National Land Use Database)，近年来英格兰的废弃土地数量一直保持相当稳定，从2002年的约66000ha下降到2009年的近62000ha。在苏格兰，2010年仅有8000ha的废弃土地(Anon., 2011)。

不幸的是，许多工业废物受到了或多或少的污染（Bell等，2000）。受污染的土地还可能释放出气体或可能引起火灾。应在现场调查期间确定此类危害的详细信息（British Standards Institution, 2011）。现场危害导致行动自由受到限制，所以严格的安全要求是必要的，这可能涉及耗时且昂贵的工作程序，并影响开发类型。例如，Leach和Goodyear (1991) 指出，制约因素可能意味着必须改变发展计划，以便将更敏感的土地利用在危害程度降低的地区。或者，在具有明显危害的情况下，则建议改变成敏感度较低的最终用途。有许多一般性参考文献提供了有关如何处理和修复受污染土地的危害的进一步信息；例如，Nathanail和Bardos (2004)、Bardos等(2007) 与Bunce和Braithwaite (2001) 描述了对位于Dride of Pride Park的80ha场地的修复。该土地被用于砾石开采、废物处理、铁路工程以及煤气和焦化厂。该场地被严重污染，在最严重的区域建造了膨润土防渗墙，以防止污染物迁移。使用18口抽水井将墙内收集的水抽出，进行处理，最后排入德文特河。由于进行了修复工作，该场地约有75%可以使用。

一些工业废料，特别是那些未被污染的工业废料，可以用作土地复垦计划的大量填埋物。事实上，被遗弃的场地通常需要不同数量的填筑、平整和重铺。如果可能，应从现场获取填土。此外，一些工业废料可以用作原料。例如，高炉矿渣可用于道路骨料。

34.4.4.3 建筑垃圾

建筑废料与拆除工作有关，主要包括混凝土和砖瓦砾。此外，木材、钢筋、玻璃、灰泥、石材、板岩和瓷砖可能或多或少地包括在建筑垃圾中，因此其组成基本上是不均匀的，其中一些材料不适合用作填充料。例如，Reid和Buchanan(1987) 提到，格拉斯哥废弃的女王码头填满了来自附近拆除老楼的130万m^3碎石，可降解材料（例如木材）已经被移走。同样，Hartley（1991）提到了使用旧的地基材料，该材料在米德尔斯堡的一个地点被压碎并用作填土。建筑废料通常可能很难被压实，其中还可能含有石膏产品。石膏产品可能是硫酸盐的来源，可以侵蚀混凝土。同样，建筑废料（如工业废料）可能会受到污染，因此需要进行适当的评估（请参见上面的讨论）。但是，越来越多的情况是，拆卸的建筑垃圾需要进行分离、压碎和分级（如果适用）并进行回收。

34.5 结论

废弃土地的开垦是政府政策的一个重要方面。最近，人们开始强调在棕地而不是绿地上建设新建筑物，而这些棕地大多被一定深度的填土覆盖。因此，在填土上建设的课题近年来有较高的地位。为了实现在填土上的安全和经济发展，岩土工程问题是重要的。

因此，了解不同类型填土的分布及其可能的性质显得尤为重要。已有证据表明，填料的工程性能受其组成、沉积方法和随后应力历史的强烈影响。这些因素控制了非工程性填土成功再利用的关键方面。因此，评估填土的可变性（包括成分、物理、机械和化学性质）以及填土性能随时间的变化是非常重要的。特别是，填料在加载时可能会发生明显的体积变化。造成这一现象的因素有很多，包括填料沉积时的原始荷载（通常是在广阔的区域上）、渗透性差异影响下的含水率变化、黏土填料的膨胀和收缩、塌陷压缩、生物降解和化学反应。

过去（主要）工业场地的使用情况显示了可能遇到的非工程性填土的性质。填埋的主要类型包括填埋的露天场所（广泛分布在煤田地区）、生活垃圾和卫生垃圾填埋场（广泛分布在旧采石场以及城市、郊区和农村地区的其他发掘地）、煤矿废料（接近原煤矿）、粉煤灰（既是废物，又用于土地开垦）、工业废物（在物理和化学上都可以变化）和建筑垃圾（通常在城市中心地区）。

第54章"单桩"参考了其性能的调查和预测，进一步详细介绍了在填土上建造的要求。

34.6 致谢

本章经英国地质调查局（NERC）执行董事批准出版。

34.7 参考文献

Anon. (2011). Scottish vacant and derelict land survey 2010. *Statistical Bulletin, Planning Series, PLG/2011/1*. Edinburgh: Scottish Government.

Badger, C. W., Cummings, C. D. and Whitmore, R. I. (1956). The disintegration of shale. *Journal of the Institute of Fuel*, **29**, 417–423.

Bardos, P., Nathanail, J. and Nathanail, P. (2007). *Contaminated Land Management Ready Reference*. London: EPP Publications/Land Quality Press.

Bell, F. G. (1996). Dereliction: colliery spoil heaps and their rehabilitation. *Environmental and Engineering Geoscience*, **2**, 85–96.

Bell, F. G., Genske, D. D., Hytiris, N. and Lindsay, P. (2000). A survey of contaminated ground with illustrative case histories. *Land Degradation and Development*, **11**, 419–437.

Blanchfield, R. and Anderson, W. F. (2000). Wetting collapse in opencast coal mine backfill. *Proceedings of the Institution of Civil Engineers, Geotechnical Engineering*, **143**, 139–149.

British Standards Institution (2011). *Investigation of Potentially Contaminated Sites: Code of Practice*. London: BSI, BS 10175:2011.

Brodie, M. J., Broughton, I. M. and Robertson, A. (1989). A conceptual rock classification system for waste management and a laboratory method for ARD prediction from rock piles. In: *British Columbia Acid Mine Drainage Task Force*, Draft Technical Guide, **1**, 130–135.

Bunce, D. and Braithwaite, P. (2001). Reclamation of contaminated land with specific reference to Pride Park, Derby. In *Proceedings of the Symposium on Problematic Soils* (eds Jefferson, I., Murray, E. J., Faragher, E. and Fleming, P. R.). London: Thomas Telford, pp. 121–127.

Charles, J. A. (1993). Engineered fills: space, time and water. In *Proceedings of a Conference on Engineered Fills* (eds Clarke, B. G., Jones, C. J. F. P. and Moffat, A. I. B.). London: Thomas Telford Press, pp. 42–65.

Charles, J. A. (2008). The engineering behaviour of fill materials: the use, misuse and disuse of case histories. *Géotechnique*, **58**, 541–570.

Charles, J. A. and Skinner, H. D. (2001). Compressibility of foundation fills. *Proceedings of the Institution of Civil Engineers, Geotechnical Engineering*, **149**, 145–157.

Charles, J. A. and Watts, K. S. (2001). *Building on Fill: Geotechnical Aspects* (2nd Edition). Report BR424. Watford: IHS BRE Press.

Charles, J. A., Burford, D. and Hughes, D. B. (1993). Settlement of opencast backfill at Horsley 1973–1992. In *Proceedings of a Conference on Engineered Fills* (eds Clarke, B. G., Jones, C. J. F. P. and Moffat, A. I. B.). London: Thomas Telford Press, 429–440.

Cook, B. J. (1990). Coal discard-rehabilitation of a burning heap. In *Reclamation, Treatment and Utilization of Coal Mining Wastes* (ed Rainbow, A. K. M.). Rotterdam: Balkema, pp. 223–230.

Council of the European Union (1999). *Directive 1999/31/EC on the Landfilling of Wastes. Official Journal of the European Communities, L182, 1–19*. Luxembourg: The Publications Office of the European Union.

Dick, J. C. and Shakoor, A. (1992). Lithological controls of mudrock durability. *Quarterly Journal of Engineering Geology*, **25**, 31–46.

Dixon, N., Murray, E. J. and Jones, D. R. V. (eds) (1998). *Geotechnical Engineering of Landfill. Proceedings of a Symposium*. London: Thomas Telford.

Ekins, J. D. K., Cater, R. and Hounsham, A. D. (1993). Highway embankments – their design, construction and performance. In *Proceedings of a Conference on Engineered Fills* (eds Clarke, B. G., Jones, C. J. F. P. and Moffat, A. I. B.). London: Thomas Telford Press, pp. 1–17.

Ford, J., Kessler, H., Cooper, A. H., Price, S. J. and Humpage, A. J. (2006). *An Enhanced Classification for Artificial Ground*. British Geological Survey Internal Report IR/04/038. Keyworth, Nottingham: British Geological Survey.

Geldenhuis, S. and Bell, F. G. (1998). Acid mine drainage at a coal mine in the eastern Transvaal, South Africa. *Environmental Geology*, **34**, 234–242.

Geological Society Engineering Group Working Party (1972). The preparation of maps and plans in terms of engineering geology. *Quarterly Journal of Engineering Geology*, **5**, 293–382.

Gray, D. H. and Kin, Y. K. (1972). Engineering properties of compacted fly ash. *Proceedings of the American Society of Civil Engineers, Journal of the Soil Mechanics and Foundation Engineering Division*, **98**, 361–380.

Hartley, D. (1991). The use of derelict land – thinking the unthinkable. In *Land Reclamation, an End to Dereliction* (ed Davies, M. C. R.). London: Elsevier Applied Science, pp. 65–74.

IAEG Commission (1981). Rock and soil description and classification for engineering geological mapping. *Bulletin of the International Association of Engineering Geology*, **24**, 235–274.

Johnson, A. C. and James, E. J. (1990). Granville colliery land reclamation/coal recovery scheme. In *Reclamation and Treatment of Coal Mining Wastes* (ed Rainbow, A. K. M.). Rotterdam: Balkema, pp. 193–202.

Johnson, D. B. and Hallberg, K. B. (2005). Acid mine drainage remediation options: A review. *Science of the Total Environment*, **338**, 1–2, 3–14.

Kilkenny, W. M. (1968). *A Study of the Settlement of Restored Opencast Coal Sites and Their Suitability for Development*. Bulletin No. 38, Department Civil Engineering, University of Newcastle upon Tyne, Newcastle upon Tyne.

Knill, J. L., Cratchley, C. R., Early, K. R., Gallois, R. W., Humphreys, J. D., Newbery, J., Price, D. G. and Thurrell, R. G. (1970). The logging of rock cores for engineering purposes. Report by the Geological Society Engineering Group Working Party. *Quarterly Journal of Engineering Geology*, **3**, 1–24.

Kuras, O., Ogilvy, R. D., Pritchard, J., Meldrum, P. I., Chambers, J. E., Wilkinson, P. B. and Lala, D. (2006). Monitoring leachate levels in landfill sites using automated time-lapse electrical resistivity tomography (ALERT). In *Proceedings of the 12th Annual Meeting of the European Association of Geologists and Engineers on Near Surface Geophysics*. Finland: Helsinki.

Leach, B. A. and Goodyear, H. K. (1991). *Building on Derelict Land*. Special Publication 78. London: Construction Industry Research and Information Association (CIRIA).

Leonards, G. A. and Bailey, B. (1982). Pulverized coal ash as structural fill. *Proceedings of the American Society of Civil Engineers, Journal of the Geotechnical Engineering Division*, **108**, 517–531.

Ling, H. I., Leshchinsky, D., Mohri, Y. and Kawabata, T. (1998). Estimation of municipal solid waste settlement. *Proceedings of the American Society of Civil Engineers, Journal of the Geotechnical and Geoenvironmental Engineering Division*, **124**, 21–28.

Mabey, R. (1991). Derelict land – recent developments and current issues. In *Land Reclamation, an End to Dereliction* (ed Davies, M. C. R.). London: Elsevier Applied Science, pp. 3–39.

McDougall, J., Pyrah, I., Yuen, S. T. S., Monteiro, V. E. D., Melo, M. C. and Juca, J. F. T. (2004). Decomposition and settlement in landfill and other soil-like materials. *Géotechnique*, **54**, 605–610.

Meyerhof, G. G. (1951). Building on fill with special reference to settlement of a large factory. *Structural Engineer*, **29**, 46–57.

Michalski, S. R., Winschel, I. J. and Gray, R. E. (1990). Fires in abandoned mines. *Bulletin of the Association of Engineering Geologists*, **27**, 479–495.

Moon, V. G. and Beattie, A. G. (1995). Textural and microstructural influences on the durability of Waikato Coal Measures mudrocks. *Quarterly Journal of Engineering Geology*, **28**, 303–312.

Nastev, M. (1998). *Modeling Landfill Gas Generation and Migration in Sanitary Landfills and Geological Formations.* Unpublished PhD Thesis, Laval University, Canada.

Nathanail, C. P. and Bardos, R. P. (2004). *Reclamation of Contaminated Land.* Wiley.

Norbury, D. (2010). *Soil and Rock Description in Engineering Practice.* Caithness, Scotland: Whittles Publishing.

Occupational Health and Safety Information Service (1983). *Fill. Part 2: Site Investigation, Ground Improvement and Foundation Design.* Digest 275. Watford: Building Research Establishment.

Office of National Statistics (2009). *Household waste.* [Available at www.statistics.gov.uk/cci/nugget.asp?id=1769]

Parliamentary Office of Science and Technology (2005). *Recycling Household Waste.* Post note No. 252. London.

Penman, A. D. M. and Godwin, E. W. (1975). Settlement of experimental houses on land left by opencast mining at Corby. In *Settlement of Structures.* London: British Geotechnical Society, Pentech Press, pp. 53–61.

Powrie, W., Richards, D. J. and Beaven, R. P. (1998). Compression of waste and its implications for practice. In *Geotechnical Engineering of Landfill* (eds Dixon, N., Murray, E. J. and Jones, D. R. V.). London: Thomas Telford, pp. 3–18.

Price, S. J., Ford, J. R., Cooper, A. H. and Neal, C. (2011). Humans as major geological and geomorphological agents in the Anthropocene: the significance of artificial ground. *Philosophical Transactions of the Royal Society* A, **369**, 1056–1084.

Proske, H., Vlcko, J., Rosenbaum, M. S., Culshaw, M. and Marker, B. (2005). Special purpose mapping for waste disposal sites. Report of IAEG Commission 1: Engineering Geological Maps. *Bulletin of Engineering Geology and the Environment*, **64**, 1–54.

Raybould, J. G. and Anderson, J. G. (1987). Migration of landfill gas and its control by grouting – a case history. *Quarterly Journal of Engineering Geology*, **20**, 78–83.

Reid, W. M. and Buchanan, N. W. (1987). The Scottish Exhibition Centre. In *Proceedings of a Conference on Building on Marginal and Derelict Land*, Glasgow. London: Thomas Telford Press, pp. 435–448.

Roche, D. (1996). Landfill failure survey: a technical note. In *Engineering Geology of Waste Disposal* (ed Bentley, S. P.). Geological Society Engineering Geology Special Publication No. 11, pp. 379–380.

Rosenbaum, M. S., McMillan, A. A., Powell, J. H., Cooper, A. H., Culshaw, M. G. and Northmore, K. J. (2003). Classification of artificial (man-made) ground. *Engineering Geology*, **69**, 399–409.

Seedsman, R. W. (1993). Characterizing clay shales. In *Comprehensive Rock Engineering*, vol. 3 (ed Hudson, J. A.). Oxford: Pergamon Press, pp. 151–165.

Sowers, G. F. (1973). Settlement of waste disposal fills. In *Proceedings of the Eighth International Conference on Soil Mechanics and Foundation Engineering*, Moscow, **2**, pp. 207–212.

Sowers, G. F., Williams, R. C. and Wallace, T. S. (1965). Compressibility of broken rock and settlement of rock fills. In *Proceedings of the Sixth International Conference on Soil Mechanics and Foundation Engineering*, Montreal, **2**, pp. 561–565. Toronto: University of Toronto Press.

Sutherland, H. B., Finlay, T. W. and Cram, I. A. (1968). Engineering and related properties of pulverized fuel ash. *Journal of the Institution of Highway Engineers*, **15**, 1–9.

Taylor, R. K. (1975). English and Welsh colliery spoil heaps – mineralogical and mechanical relationships. *Engineering Geology*, **7**, 39–52.

Taylor, R. K. (1988). Coal Measures mudrock composition and weathering processes. *Quarterly Journal of Engineering Geology*, **21**, 85–99.

Taylor, R. K. and Smith, T. J. (1986). The engineering geology of clay minerals: Swelling, shrinking and mudrock breakdown. *Clay Minerals*, **21**, 235–260.

Taylor, R. K. and Spears, D. A. (1970). The breakdown of British Coal Measures rocks. *International Journal of Rock Mechanics and Mining Science*, **7**, 481–501.

Thomson, G. M. (1973). *Spoil Heaps and Lagoons: Technical Handbook.* London: National Coal Board, 232 pp.

Watts, K. S. and Charles, J. A. (1999). Settlement characteristics of landfill wastes. *Proceedings of the Institution of Civil Engineers, Geotechnical Engineering*, **137**, 225–233.

Williams, G. M. and Aitkenhead, N. (1991). Lessons from Loscoe: the uncontrolled migration of landfill gas. *Quarterly Journal of Engineering Geology*, **24**, 191–208.

Whitehead, P. and Prior, H. (2005). Bioremediation of acid mines drainage: An introduction to the Wheal Jane Mine wetlands project. *Science of the Total Environment*, **338**, 1–2, 15–21.

Wilson, S., Oliver, S., Mallett, H., Hutchings, H. and Card, G. (2007). *Assessing Risks Posed by Hazardous Ground Gases to Buildings (Revised).* Report C665. London: Construction Industry Research and Information Association (CIRIA).

Winter, M. G. and Clarke, B. G. (2002). Improved use of pulverised fuel ash as general fill. *Proceedings of the Institution of Civil Engineers, Geotechnical Engineering*, **155**, 133–141.

Yang, Y., Clarke, B. G. and Jones, C. J. F. P. (1993). A classification of pulverized fuel ash as an engineered fill. In *Proceedings of a Conference on Engineered Fills* (eds Clarke, B. G., Jones, C. J. F. P. and Moffat, A. I. B.). London: Thomas Telford Press, pp. 367–378.

34.7.1 延伸阅读

Bell, F. G. and Donnelly, L. J. (2006). *Mining and its Impact on the Environment.* Abingdon, UK: Taylor & Francis.

Bentley, S. P. (ed) (1996). *Engineering Geology of Waste Disposal.* Engineering Geology Special Publication No. 11. London: Geological Society.

Charles, J. A. and Watts, K. S. (2001). *Building on Fill: Geotechnical Aspects* (2nd Edition), Watford: Building Research Station.

Coventry, S., Woolveridge, C. and Hillier, S. (1999). *The Reclaimed and Recycled Construction Materials Handbook. Part 21 – Pulverised Fuel Ash (PFA).* Publication C513. London: Construction Industry Research and Information Association.

Crawford, J. F. and Smith, P. G. (1985). *Landfill Technology.* London: Butterworths.

Highways Agency (2007). *Treatment of Fill and Capping Materials Using Either Lime or Cement or Both.* Design Manual for Roads and Bridges, vol. 4 (Geotechnics and Drainage), Section 1 (Earthworks), Part 6. Highways Agency manual HA 74/07. Norwich: The Stationery Office.

Ingoldby, H. C. and Parsons, A. W. (1977). *The Classification of Chalk for Use as a Fill Material.* Report LR806. Crowthorne, Berkshire: Transport Research Laboratory.

Kwan, J. C. T. *et al.* (1997). *Ground Engineering Spoil: Good Management Practice.* Publication R179. London: Construction Industry Research and Information Association.

Leach, B. A. and Goodger, H. K. (1991). *Building on Derelict Land.* Special Publication 78, London: Construction Industry Research and Information Association.

NCB (1973). *Spoil Heaps and Lagoons.* London: National Coal Board.

Norbury, D. (2010). *Soil and Rock Description in Engineering Practice.* Caithness, Scotland: Whittles Publishing.

Owies, I. S. and Khera, R. P. (1990). *Geotechnology of Waste Management.* London: Butterworths.

Sarsby, R. W. (ed) (1995). *Waste Disposal by Landfill.* Rotterdam: Balkema.

Sherwood, P. T. (1994). *A Review of the Use of Waste Materials and By-products in Road Construction.* Report 358. Crowthorne, Berkshire: Transport Research Laboratory.

Syms, P. (2004). *Previously Developed Land: Industrial Activities and Contamination* (2nd Edition). Oxford: Blackwell Publishing.

Winter, M. and Clarke, B. G. (2001). *Specification of Pulverised Fuel Ash for Use as General Fill.* Report 519. Crowthorne, Berkshire: Transport Research Laboratory.

34.7.2 实用网址

英国地质调查局(British Geological Survey,简称BGS);www. bgs. ac. uk

英国建筑研究院集团(BRE Group)(原英国建筑研究院(Building Research Establishment));www. bre. co. uk

英国煤炭管理局(Coal Authority);www. coal. decc. gov. uk

英国建筑业研究与信息协会(Construction Industry Research and Information Association,简称CIRIA);www. ciria. org

英国环境署(Environment Agency);www. environment-agency. gov. uk

英国国家土地利用数据库(National Land Use Database);www. homesandcommunities. co. uk/ourwork/national-land-use-database

北爱尔兰环境署(Northern Ireland Environment Agency);www. ni-environment. gov. uk

英国地形测量局(Ordnance Survey);www. ordnancesurvey. co. uk

苏格兰环保署(Scottish Environment Protection Agency);www. sepa. org. uk

英国运输研究实验室(Transport Research Laboratory,简称TRL);www. trl. co. uk

---

建议结合以下章节阅读本章:
- 第7章"工程项目中的岩土工程风险"
- 第58章"填土地基"
- 第69章"土石方工程设计原则"
- 第75章"土石方材料技术标准、压实与控制"

本书以第1篇"概论"和第2篇"基本原则"为指导进行章节编排。如第4篇"场地勘察"中所述,各类岩土工程均应进行扎实的现场勘察工作。

译审简介:

冯世进,同济大学教授,博士生导师,国家杰青,国家万人计划领导人才,长期从事环境岩土工程的教学和科研工作。

刘汉龙,教授,中国工程院院士,长期从事软基处理和桩基工程、环境岩土力学与防灾减灾工程研究,获国家科学技术二等奖3项,国家教学成果二等奖2项。

第35章 有机土/泥炭土

埃里克·R. 法雷尔（Eric R. Farrell），AGL 咨询公司，都柏林，爱尔兰；三一学院土木、结构和环境工程系，都柏林，爱尔兰
主译：杨石飞（上海勘察设计研究院（集团）股份有限公司）
审校：蔡袁强（浙江工业大学）

doi: 10.1680/moge.57074.0463

目录

35.1	引言	463
35.2	泥炭土和有机土的形成	463
35.3	泥炭土和有机土的特性	465
35.4	泥炭土和有机土的压缩性	467
35.5	泥炭土和有机土的抗剪强度	471
35.6	泥炭土和有机土的关键设计问题	473
35.7	结论	476
35.8	参考文献	477

在不列颠、爱尔兰乃至全世界都广泛分布泥炭土和有机土，其工程性质取决于其结构形态，因此在土体描述和分类时必须反映其形态特征，继而也必须用于解释岩土参数。含水率是最重要的测试指标，可用于评价原始泥炭土的工程性质，其他指标还包括烧失量和分解度。在估算泥炭土的沉降量时，次固结压缩占主导地位，通常发生在主固结（渗流）阶段和超静孔隙水压力消散之后。复杂的土体模型可以反映这种连续的次固结压缩特性，不过这种模型不大用于常规设计。对泥炭土进行超载预压能有效减小路堤长期蠕变。泥炭土渗透性随着压缩而降低，并影响其固结过程。

含纤维泥炭土的有效应力参数取决于试验类型和试样方向。纤维结构影响不排水剪切强度的原位测试方法，特别是十字板试验，其 s_u 值取决于所用十字板板面的尺寸。室内试验还获得过相对较高的 s_u/σ_v 值。

设计问题包括在泥炭土和有机质土地基上的道路、结构、边坡，或是采用泥炭土和有机质土建造的管渠和堤坝的设计施工方法。

35.1 引言

由于泥炭土和有机土具有高压缩性、蠕变特性、低重度和往往较低的不排水抗剪强度，因此在岩土工程中通常被认为是"特殊土"。高压缩性和蠕变特性导致基础大面积沉降和路面凹凸，对交通造成危害。例如，区域性水文地质状况的变化导致了数米沉降，巨型泥炭土滑坡摧毁了爱尔兰的村庄，造成多人死亡。曾经发生过堤坝和管渠都是用泥炭土或建造在泥炭土上，给社会遗留了高风险建（构）筑物。因此，无论是在泥炭土和有机土地基上进行结构设计，还是对这些土体上现有结构的评估，泥炭土和有机土的工程特性都是岩土工程的一个重要问题。

泥炭土的分布面积在芬兰占比约为 33.5%，在加拿大约为 18%，爱尔兰共和国和瑞典约为 17%，印度尼西亚约为 13.7%，北爱尔兰约为 12.4%，苏格兰约为 10.4%，整个英国约为 6.3%（Hobbs, 1986）。俄罗斯和美国也有大片泥炭土。英语中有许多术语用来描述泥炭土和有机土形成的区域，如草泽、水藓泥炭、高地泥炭、沼泽泥炭和高位沼泽。而"沼泽土"是国际公认的、涵盖了上述生态系统的术语（Gore, 1983）。本章主要讨论泥炭土的特殊性质；当然，从具有许多类似于泥炭土特性的高有机质土，到具有类似于矿渣的低有机质土之间，显然会存在一定的过渡性状。

35.2 泥炭土和有机土的形成

泥炭土和有机土包括的土类很多，它们具有不同的形态和特征，并且影响着它们的工程性质。有机成分可以来自植物或动物，但本章的大部分有机物指来自植物残体。泥炭土本身是由不同分解阶段的死植残体沉积形成的，且沉积多发生在能促进生长和保存残余物的积水区域。然而，沉积环境往往是多变，例如，高位沼泽土主要从雨水中获取养分，导致了某种特殊类型的植被生长，并且几乎完全由有机物质构成，而其他沼泽土则由地表水和地下水供给，不可避免地包含了一些无机颗粒，在本书中这些无机颗粒通常被称为矿物颗粒。

构成泥炭土和有机土的植物残体具有海绵网格结构，这使它们具有高压缩性和高含水率。泥炭纤维的海绵结构可以从如图 35.1 所示的典型茎部电子显微镜图像中看出。因此，当土体颗粒间传递力

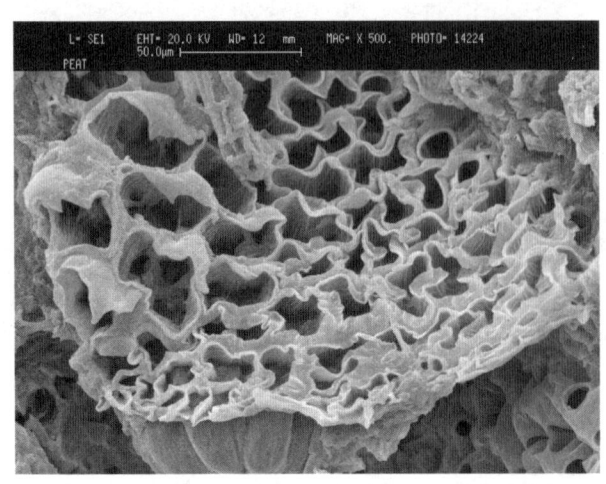

图 35.1　鲍尔德莫特泥炭土电子显微镜图像

经许可摘自 Hebib 和 Farrell（2003）©加拿大科学出版社
（Canadian Science Publishing）或其许可方

时，细胞结构会产生变形。泥炭土中的水有三种形态：(1) 大孔隙中的自由水；(2) 小孔隙中的毛细水；(3) 受物理、胶体和渗透作用的结合水（Mac-Farland 和 Radforth，1964）。纤维的增强作用也能显著影响泥炭土的承载能力。从理论上讲，这些与黏土和砂土结构的差异使得许多传统分析方法不再适用。但是，除了强度之外，其他性质和性状参数之间的相关性与黏土差别不大（Hobbs，1986）。

植物残体的分解会对泥炭土的特性产生重大影响，这种特性在岩土工程中通常被称为腐殖化程度。植物残体被土微生物、细菌和真菌分解，而在非酸性土中，会被蚯蚓分解（Hobbs，1986）。最初的过程是有氧的，植物物质被分解，释放出气体和水。浸泡在水中会显著减少供氧，因此不仅会降低需氧微生物的数量，还会产生代谢活性低的厌氧微生物。因此，部分腐殖物便沉积成泥炭土。上层未枯萎蕨类植物活跃层被称为顶生层（一般厚100~600mm），下层被称为潜育层。最初，纤维结构的分解会影响植物的叶子，并逐渐发展到植物的茎和根，并最终完全分解成主要由凝胶状有机酸组成的无定形颗粒材料，具有海绵状结构（Landva 和 Pheeney，1980）。然而，在英国和爱尔兰，能完全分解的植物残渣比较少见。分解率通常随着温度和 pH 值的增加而增大，这种分解过程是不均衡的，因此会加剧泥炭土的自然不均匀性。泥炭土的形成也可能受到历史、人为、古滑坡和其他外部因素的影响。

泥炭土可大致分为沼泽泥炭土和水藓泥炭土，水藓泥炭土又分为高位泥炭土（上覆于沼泽泥炭土）和披覆式泥炭土。高位泥炭土是在前期沼泽上形成的，包括其过渡阶段，在进行工程评估时必须考虑到这一点。水藓和沼泽泥炭土的区别在于它们的水源和化学成分。Moore 和 Bellamy（1974）与 Hobbs（1986）举例说明了不同环境中形成的沼泽土。

沼泽泥炭土主要由地下水或流动水源供给，通常为中性至碱性，当然也会有酸性沼泽土。碱性环境会加快腐烂速度，因此腐殖化程度比高位泥炭土更高。沼泽泥炭土形成于各种各样的湿地中，从水洼到河岸和湖岸，适应于多种植被生长，具体植被类型则取决于水源和种源。湖侧的植被生长会逐渐形成漂浮泥沼，泥沼层底和湖底之间为清水。

水藓泥炭土形成于热带（雨水供给）条件，呈酸性。湖泊岸边的有机质沉积会形成泥炭土丘，即沼泽泥炭，继而逐渐扩大到整个湖泊。此时，多称为沼泽泥炭土（Hobbs，1986）。这些泥炭土通常形成于先期湖床沉积软土之上。如果存在这些沉积物的话，可能会影响设计/施工方案的关键特征。条件适宜时会形成过渡阶段，在这个阶段里，植物主要依靠降雨获取养分而向上生长，而不是依靠地下水，并最终形成有机物堆积；在这个阶段称为高位泥炭土。泥炭藓和棉草是这个阶段常见的植物。

披覆式泥炭土是一种以雨水为主要养分来源的高位泥炭土，但它直接形成于原始土体表面，而不是湖泊上。披覆式泥炭土通常形成于降雨量超过蒸发量的较冷和温带地区的山坡上。由于这种泥炭土通常形成于斜坡上，因此原始地面的性质和水文地质条件，以及泥炭土本身的特性，是边坡稳定性评估时的重要考量因素。部分披覆式泥炭土会形成随时间发展的地下孔洞或通道，并且有时在泥炭土底部土体中存在硬壳层，这是由泥炭中淋滤出的矿物沉积形成的。Donnelly（2008）记录了彭宁沼泽部分地区存在直径达 1.5m 的土体孔洞，以及由孔洞坍塌形成的假落水洞。

灰岩地区的泥灰岩层可能与泥炭沉积有关。这些岩层是由水下绿植对溶解二氧化碳产生光还原反应形成的。

在河口和海岸环境沉积中也会形成泥炭土，且由于沉积条件变化，泥炭土有时会埋藏于无机土层之下。例如，Kidson 和 Heyworth（1976）研究表明，萨默塞特大部分地区的土层是由相当厚的第四纪砂、砾石、黏土和泥炭土构成，这是由潮差变化及持续9000年的海平面上升带来的沉积物形成的。

35.3 泥炭土和有机土的特性

35.3.1 分类系统

目前存在许多沉积泥炭土的分类方法，大多数从植物学出发，适用于农业和生态行业，但这些分类对工程应用来说过于复杂。Clymo（1983）提出了综合分类法，加拿大的冯·波斯特（von Post）（1922）、Radforth（1969）、Landva等（1983）、Hobbs（1986，1987）等都提出了工程分类法。冯·波斯特法是为园艺、农业和林业使用而开发的，该法提出了一种评估泥炭土分解度的简易"挤压"测试方法。该测试方法已被纳入其他许多分类方法，并做了改进。

在任何工程分类方法中需要表征的重要特征是泥炭的类型、结构、分解度和矿物颗粒的比例。颜色描述也有用，但是有机土的特点是暴露在空气中时，由于氧化作用，颜色会迅速变化，使土样颜色描述不准确。

欧洲标准（Eurocode）体系引用了两个涵盖土体识别和分类的标准，即《识别和描述》EN ISO 14688-1：2002（*Identification and Description*）和《分类原则》EN ISO 14688-2：2004（*Principles of Classification*）。ISO 146881：2002 定义有机土由植物和/或动物有机物质组成，以及这些物质的转化产物，如腐殖质（表35.1）。英国标准 BS 5930：1999（BSI, 1999）的描述类别分为纤维状、半纤维状和无定形泥炭。腐殖黑泥是斯堪的纳维亚地区术语，特指湖泊或海洋底部有机沉积物。按 EN ISO 14688-1：2002 标准，可采用简单挤压试验（表35.2）评估泥炭土的分解度。表35.2 是冯·波斯特法的简化版，分解度（H_n）按从 1~10 的比例进行测量，其改进方法已纳入美国 ASTM 标准（表35.3）。需要详细描述泥炭土时多采用完整的冯·波斯特法。

有机土的识别和描述　　表35.1

术语	描述
纤维状泥炭土	纤维结构，易于识别的植物结构，保留了一定的强度
半纤维状泥炭土	可识别的植物结构，没有明显的植物材料强度
无定形泥炭土	没有可见的植物结构，基本呈糊状
腐殖黑泥	腐烂的植物和动物遗骸；可能含有无机成分
腐殖土	植物残体、活生物体及其排泄物和无机成分一起形成表层土

数据取自 EN ISO 14688-1：2002

通过挤压测定的湿泥炭土分解度　　表35.2

术语	分解物	剩余物	挤压
纤维状	没有	清晰可辨	只有水，没有固体
半纤维状	少量	可辨	浊水，<50%固体
无定形	充满	不可识别	黏液，固体含量>50%

数据取自 EN ISO 14688-1：2002

ASTM D5715-00 腐殖化或分解度　　表35.3

腐殖程度	挤出材料	残留植物结构
H_1	清澈，无色液体，无固体挤出	未改变，纤维状，未分解
H_2	黄色液体，无固体挤出	几乎未改变，纤维状
H_3	棕色浑浊液体，无固体挤出	易于辨认
H_4	深棕色浑浊液体，无固体挤出	可见改变，但仍可辨认
H_5	浑浊液体，少量固体挤出	可辨认，但模糊，难区分
H_6	浑浊液体，一半样品挤出	模糊不清，黏稠状
H_7	非常浑浊液体，一半样品挤出	难以分辨；难以区分，几乎无结构
H_8	厚黏稠状；2/3样品挤出	非常模糊
H_9	无自由水，几乎所有样品挤出	无残渣
H_{10}	无自由水，几乎所有样品挤出	完全无结构

有机土的分类　　　　表35.4

土体	有机物含量（≤2mm）占干质量比例（%）
低有机质土	2~6
中有机质土	6~20
高有机质土	>20

基于冯·波斯特（1992）；数据取自 EN ISO 14688-2：2004

EN ISO 14688-2：2004（分类原则）将有机物含量超过20%的土体划分为高有机质土（表35.4）；但是对于有机土何时变成泥炭土、黏土质泥炭土，何时变成泥炭质黏土以及如何确定有机质含量，并没有给出具体的定义。英国标准 BS 5930：1999（BSI，1999）给出了土体的分类系统，其中有机成分是次要成分，但并未对泥炭土做出分类。美国材料试验学会（ASTM）将泥炭土定义为灰分含量低于25%，即相当于有机质含量超过75%。

35.3.2　指标测试

在处理泥炭土和有机土时，含水率（w）是最重要的指标，因为测试简单且许多工程特性都与之相关。因此，w 可以用来量化泥炭土和有机土沉积物的变化。有证据表明，在 105~110℃ 的常规温度环境中测试含水率时，某些类型的泥炭土可能会炭化，MacFarlane 和 Allen（1964）建议，如果要避免材料燃烧或泥炭氧化，85℃ 的测试温度可能比较合适。而 Hobbs（1986）认为 105℃ 的常规测试温度用于工程是可以接受的，这与 O'Kelly（2005）的结论和工程实践一致。

有机质含量是一个非常有用的指标，通常被认为等于烧失量（N）。该指标量化了有机物的含量，且与颗粒的平均相对密度（G_{save}）之间存在非常有用的关系式（Skempton 和 Petley，1970），即式（35.1）。该式假定土体纤维素的相对密度约为 1.4、矿物颗粒的相对密度约为 2.7。根据平均相对密度，可由式（35.2）估算重度；应该注意的是，由于含有气体，在一些泥炭土中，饱和度 S_r 可能小于100%。

$$\frac{1}{G_{\text{save}}} = \frac{N}{1.4} + \frac{(1-N)}{2.7} \quad (35.1)$$

$$\rho = \frac{G_{\text{save}}\rho_m(1+w)}{1+\dfrac{wG_{\text{save}}}{S_r}} \quad (35.2)$$

根据英国标准 BS 1377：Pt3：1990（BSI，1990）的建议，烧失量应由经过50℃初始干燥之后转入 440℃±40℃ 消声炉烧制确定。黏土矿物在超过450℃温度下会失去结合水，引起烧失量测量误差。美国材料试验学会（ASTM）使用灰分含量（D），而不是有机质含量，其中 $D = 1 - N$，并测试两次烧失量，一次是在 440℃（经过105℃的初始干燥）下进行，直到完全灰化，另一次是在750℃下进行。一些研究人员发现，在低于900℃的温度下，新鲜的植物根茎不会烧失。Hobbs（1987）总结了适用于450℃以上温度测定烧失量的修正系数，以反映黏土矿物的结合水损失。BS 1377：Pt.3：1990（BSI，1990）中还包括化学滴定试验（沃克利和布莱克法），但该法仅用于有机质含量低的土体。

液限（w_L）是反映泥炭土形态及其分解度的一个有用指标。液限测试通常适用于分解度大于冯·波斯特等级 H_3（冯·波斯特等级见表35.3）的泥炭土。测试前通常必须用机械装置将泥炭土/有机土切割到合适尺寸，因而会破坏其结构（Hobbs，1986）。Hanrahan 等（1967）发现 w_L 值对水的化学性质很敏感，因此测试应该使用天然水。水藓泥炭土（$w_L = 800\% \sim 1500\%$）的 w_L 通常高于沼泽泥炭土（$w_L = 200\% \sim 600\%$）。Hobbs（1986）通过观察茎秆的分解表明，液限和含水率均随着分解度而降低，并认为水藓泥炭土和沼泽泥炭土的含水率（天然）分别约等于 $1.38w_L$ 和 $0.875w_L$。塑限测试只能在含有黏土颗粒的泥炭土中进行，因此对水藓泥炭土意义不大。向无机质土颗粒中添加有机物质会显著改变其液限和塑限，这不仅是因为引入了额外的物质，还因为带负电荷的有机颗粒可能会强烈吸附在矿物表面，从而改变两种物质的性质（Mitchell 和 Soga，2005）。这也意味着仅根据有机质含量对有机土进行分类并不能获得土体所有重要的岩土工程特征。

重度也是一个有用的指标，一般来说，重度的直接测试结果与代入 G_{save} 至式（35.2）算得的重度之间有很好的一致性。Hobbs（1986）测试了英国沼泽土重度，表明当含水率超过约600%时，饱和度/气体含量是重度的主要影响因素。当含水率大于500%时，大约一半样品的体积密度小于1t/m³，表明泥炭土在水中会浮起来。含水率超过约200%时，气体体积占总体积的百分比约为 $1-S_r$，其中 S_r 为饱和度。Hobbs（1986）的结果表明平均气体体积比约为7.5%。

尽管pH值通常不列入测试指标，但可以作为泥炭土和有机土的有用指标（Hobbs，1986）。代谢活动受温度和酸度的影响：温度和pH值越高（酸性越低），分解越快。尽管有相当程度的重叠区，但水藓泥炭土的pH值一般在3.3~4.5之间，过渡型泥炭土的pH值在4~6之间，沼泽泥炭土的pH值取决于水源，但大多数大于5，而酸性沼泽则小于5。

35.3.3 取样方法

高有机质土的"无扰动"土样很难获得，尤其是含纤维泥炭质土。钻芯等简易取土方法可用于获取连续或几乎连续的扰动样，用于确定含水量随深度的变化情况，从而表征地层变化。薄壁活塞取土方法已有成功应用，但在取样时土样通常会被压缩，因此记录恢复百分比很重要，以便评估取土造成的压缩程度。原状样可以从现场泥炭土地基中切出，但是取样深度越深，取样难度越大。特殊取土器，如Sherbrooke取土器（太沙基等，1996），基本可以实现使用刀片系统从钻孔底部切出块状土样。当暴露在大气中时，氧化反应通常会改变取出土样的颜色，土样可能发生生物降解。颜色变化通常仅限于暴露的表面，而微生物过程可能会产生气体，并可能导致孔隙水压偏大（Kellner等，2005）。Fox等（1999）通过比较辐射照杀细菌/真菌土样与未处理土样的长期压缩变形，研究了上述微生物过程的影响，表明生物降解可能是长期蠕变试验中的一个问题，但该结论尚待深入研究。

35.4 泥炭土和有机土的压缩性

35.4.1 引言

图35.2给出了土样竖向应变与有效应力对数的关系图，清楚地说明了原始泥炭土的高压缩性，这也在许多案例中得到验证（Landva 和 La Rochelle，1983；O'Loughlin 也补充了一些案例，2007），尽管图中部分数据包括一些剪切变形和次固结压缩。这些结果表明，在有效应力增加50kPa的情况下，泥炭层的厚度可以压缩50%以上。此外，次固结压缩可能占主导地位，而不是通常认为的只是主固结压缩（渗流）的"相当令人厌烦的

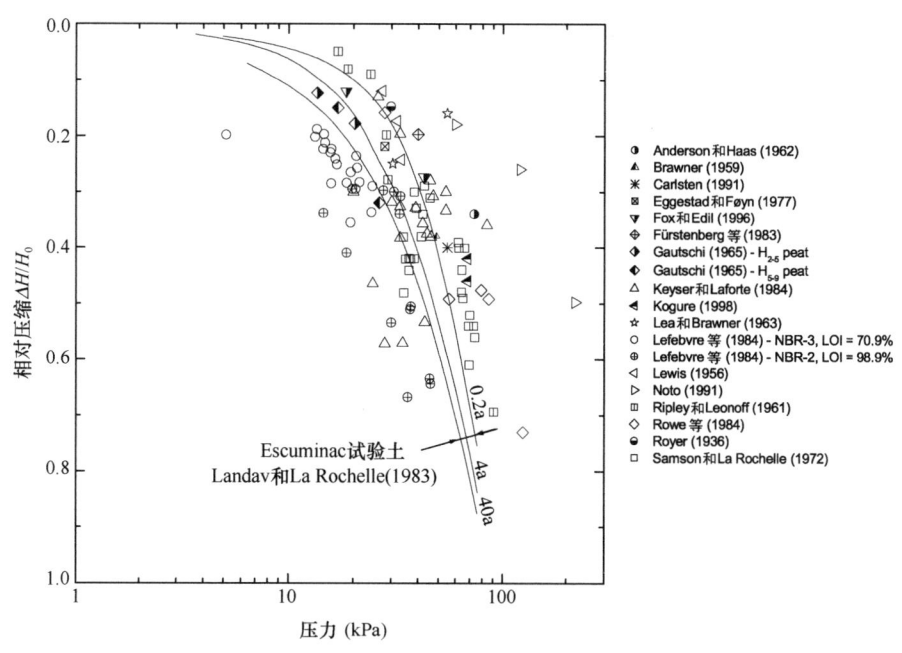

图35.2 相对压缩随压力变化的关系（Landva 和 La Rochelle，1983；O'Loughlin 更新，2007）

摘自 O'Loughlin（2007）

附加过程"（Hobbs，1986）。大应变必然会扭曲泥炭土和有机土的结构，因此渗透性和压缩性特征会随着土体压缩而改变。考虑到植被生长模式的高位沼泽土成因，其性质在垂直或水平方向并不一致。因此，与无机质土相比，泥炭土非常复杂，估计沉降时必须选择合适的模型。

术语"主固结"和"次固结"压缩会导致混淆和争议（den Haan，1996），许多研究人员认为，最好将"主固结"视为沉降过程中的渗流阶段——即由超静孔隙水压力的消散来控制，而次固结压缩是一个连续过程，同时存在于渗流以及超静孔隙水压力基本消散后的阶段。这带来了一些有趣的概念，例如，次固结压缩变形应该从加载开始估算，而不是从主固结结束后（EOP）开始估算。继而，"先期固结"或临界压力等概念的理解也会受到影响。

35.4.2 沉降量（有侧限）

35.4.2.1 不同的理念

次固结压缩在有机土变形中可能是一个主要的过程，在建模的方式上有两种截然不同的观点：一种认为次固结压缩在主固结结束时开始（EOP方法），另一种认为次固结压缩发生在主固结期间和之后。图35.3说明了这两种方法对不同高度土样（H_1和H_2）的意义，图中t_p是完成主固结的时间。EOP假设简化了沉降计算，即认为主固结沉降是由传统的渗流固结引起的，而次固结压缩则单独计算。从而对于层厚较大的泥炭土层而言，EOP方法无法计入主固结阶段的附加次固结变形。泥炭土标准24h固结试验其实包括了部分次固结压缩，这样可以减少工程实践中的误差（Hobbs，1986）。

在目前工程实践中，仍经常使用EOP方法，除非是重大项目，因为到目前为止，连续方法的计算模型仍过于复杂，当考虑其他不确定性时，还会增加复杂性，却未必得到更合理的结果。

35.4.2.2 EOP方法

EOP方法的优势在于，可以常规方式从e-$\log\sigma_v'$图中估算出主固结沉降，但需要预先假设或知道"先期固结/屈服"应力（σ_c'）。

现场和室内试验表明，原状泥炭土确实具有"表观"屈服点，这可能是由顶部的毛细吸力或上部的重量引起的（Hobbs，1986；Mesri，2007）。该屈服点可以通过常规卡萨格兰德（1936）试验中的e-$\log\sigma'$曲线，使用詹布法（1963）或从诸如Mesri（2007）中给出的关系式来估计。

对于那些本质上具有双折线e-$\log\sigma'$关系的土

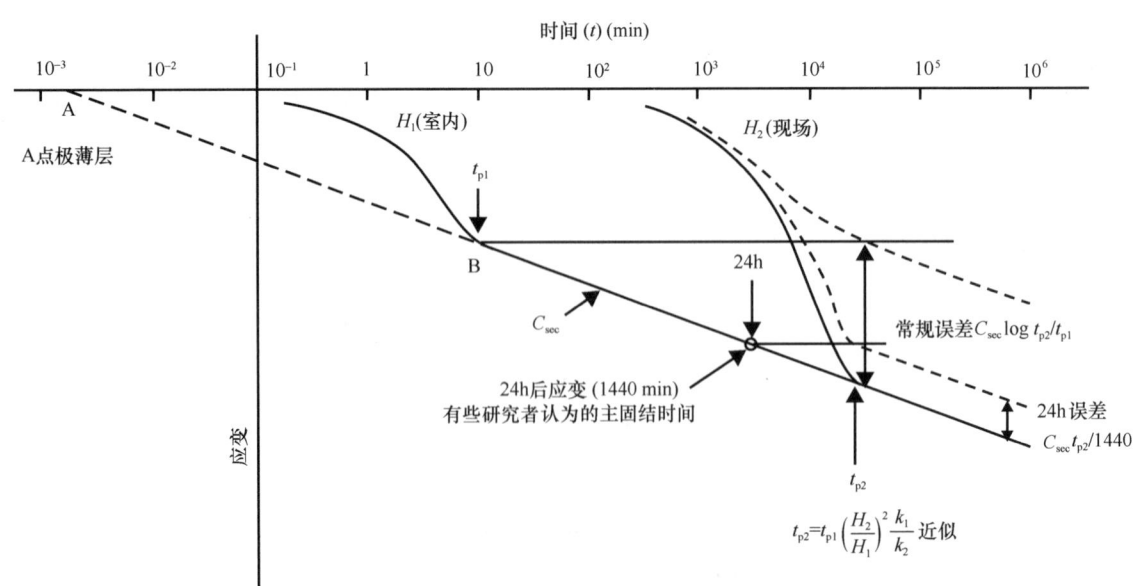

图35.3　EOP与连续假设之间的对比

摘自 Hobbs（1986）ⓒ The Geological Society

体（并不适用于高有机质土和泥炭土，后文会讨论），压缩和回弹指数 C_c 和 C_s 可用于确定有效应力变化引起的孔隙比变化。Hobbs（1986）建立了英国泥炭土压缩性的经验关系式，即认为水藓泥炭土的 $C_c = 0.0065w$，沼泽泥炭土的 $C_c = 0.008w$。Mesri 等（1997）建议 $C_c = 0.01w$。Hobbs（1986）表明，C_c（24h 增量荷载固结试验）与初始孔隙比之间存在关系，泥炭土 $C_c \approx 0.45e_0$。

通常更有用的是根据从 σ'_{v0} 到 $\sigma'_{v0} + \Delta\sigma'_{v0}$ 有效应力增量引起的应变（ε）来估算沉降，当垂直有效应力从低于前期固结压力增加到高于前期固结压力时，其表达式为：

$$\varepsilon = \frac{\Delta e}{1+e_0} = \frac{C_s}{1+e_0}\log\left(\frac{\sigma'_c}{\sigma'_{v0}}\right) + \frac{C_c}{1+e_0}\log\left(\frac{\sigma'_{v0}+\Delta\sigma'_v}{\sigma'_c}\right)$$

(35.3)

$$\varepsilon = \frac{\Delta e}{1+e_0} \text{CR}\log\left(\frac{\sigma'_c}{\sigma'_{v0}}\right) + \text{RR}\log\left(\frac{\sigma'_{v0}+\Delta\sigma'_v}{\sigma'_c}\right)$$

(35.4)

式中，CR 和 RR 分别为压缩比和再压缩比。

假设泥炭土 $e_0 \gg 1$，这意味着 $C_c/(1+e_0) \approx 0.45$ 是一个极限值。这也意味着对于泥炭土，沉降实际上与孔隙比或含水率无关。压缩比和再压缩比(分别为 CR $= C_c/(1+e_0)$ 和 RR $= C_s/(1+e_0)$)取决于初始孔隙比，因而不是一个基本土性指标。但实际工程中，可用于描述正常或微超固结土的压缩性变化。对于液限高于 200%的泥炭土，采用 24h 标准增量固结试验确定的 CR 值基本上与液限无关(Farrell 和 O'Donnell，2007)，这个试验结果支持了对该参数是否存在极限值的争论(图 35.4)。如前所述，这些 24h 结果不可避免包含部分次固结。

高压缩性泥炭土样室内试验表明，C_c 在大应变下不是常数(图 35.5)。在 EOP 方法中，这种非线性可以通过曲线 e-$\log\sigma'$（Mesri，2007）体现，或者可通过使用自然应变 e^H 代替线性应变 e^c 来实现线性化，其中 $e^H = -\ln(1-e^c)$。上标"H"指 Hencky 天然应变量。

有效应力恒定时，由于土体次固结压缩引起的孔隙比和应变通常随时间对数呈线性增加；然而，有两个参数用于表示这种线性关系，即 C_{sec} 和 C_α，C_{sec} 是每对数周期的应变[$\Delta e/(1+e_0)$]，C_α 是每对数周期 Δe。这里的应变通常相对于土样的初始高度，而不是主固结结束时的高度。室内试验一些结果表明，这些系数可能随着时间的推移而增加，称为三级蠕变（Dhowain 和 Edil，1980）。当所施加的应力高于先期固结/屈服应力时或对于 C_c 为常数的土体而言，通常认为 C_{sec} 或 C_α 值与应力水平无关。当施加的应力水平与先期固结/屈服应力接近时或对于那些不能用常数 C_c 模拟的高有机质土，C_{sec} 或 C_α 具有应力依赖性。Mesri 和 Goldiewski（1977）认为 C_c 和 C_α 涉及类似的过程，通过定义 $C_c = \Delta e/\log\sigma$（同时适用于高于或低于先期固结/屈服压力的应力水平），可得 C_α/C_c 值相对恒定。Mesri（2007）给出了含纤维泥炭土的 $C_\alpha/C_c = 0.06 \pm 0.01$。一些

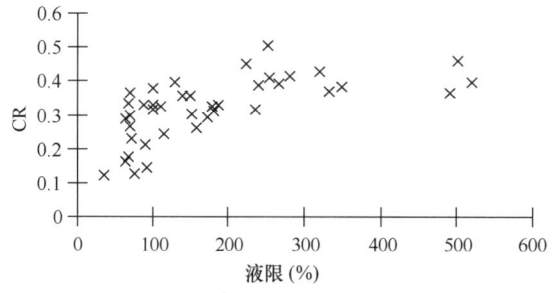

图 35.4　CR 随 w_L 变化

摘自 Farrell 等（2007）

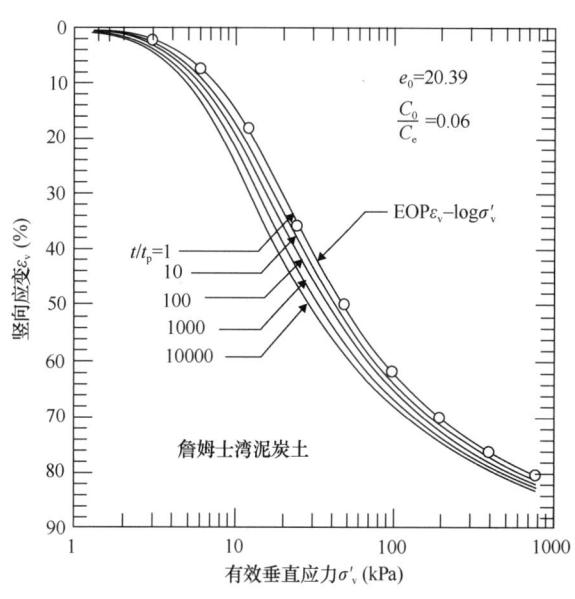

图 35.5　垂直应变与 σ'_v 的关系

摘自 Mesri(2007)，经美国土木工程师学会(ASCE)许可

研究人员认为，室内试验测定的 C_{sec} 或 C_α 值往往低估现场蠕变量达 2 个数量级（Hobbs，1986），而其他人认为现场观测值和室内测试值接近（Mesri，2007）。恒定 σ'_v 下的应变变化（$\Delta\varepsilon$）可由关系式 $\Delta\varepsilon = C_{sec}\log(t/t_p)$ 估算，式中 t 是初始时间，t_p 是主固结结束时间。由此可以画出应变随时间增量变化的曲线。

35.4.2.3 连续次固结压缩法

一些研究人员提出了基于次固结是连续过程认知的沉降模型，即 abc 模型（den Haan（1996））。该模型特别适合描述泥炭土，但很难应用。abc 模型结合了连续蠕变以及其他特征，像自然应变（e^H）和随孔隙比变化的渗透率（如下所述）。abc 模型中的体积变化用比体积（$\nu = 1 + e$）表示，而不是用孔隙比表示，并假设蠕变应变率由当前应力和应变唯一定义。正常固结应力-应变关系为 $\ln\nu = \ln\nu_1 - b\ln\sigma'$，式中 ν_1 是单位有效应力下的参考比体积。蠕变用蠕变速率常数 $\left(\dfrac{d\varepsilon_c^H}{dt}\right)$ 斜线定义，称为等速线，在 $\ln\nu$-$\ln\sigma$ 图上斜率为 b，如图 35.6 所示。该模型中使用的参数为 $b = \delta\ln\nu/\delta\ln\sigma'_v$；$c = \delta\ln\nu/\delta\ln t$，分别类似于 C_c 和 C_α；"a" 相当于再加载压缩指数，定义为 $a = \delta\varepsilon^H/\delta\ln\sigma_v$。该模型还引入了固有时间参数（$\tau$）。恒定有效应力下的蠕变 ε^H 是随着对数固有时间 τ 线性发展的。使用固有时间是必要的，因为对数标度会出现复杂情况，如果当前应力立即施加到新沉积状态土上时，则固有时间可视为达到当前体积所需的时间。基线的固有时间用符号 τ_0 表示。等速线由下式给出：

$$-\ln\frac{\nu}{\nu_1} = b\ln\sigma'_v + c\ln\frac{\tau}{\tau_0} \quad (35.5)$$

总应变率 $\left(\dfrac{d\varepsilon_c^H}{dt}\right)$ 为直接应变率 $\dfrac{d\varepsilon_d^H}{dt} = a\dfrac{d\ln\sigma_v}{dt}$ 与蠕变率 $\dfrac{d\varepsilon_c^H}{dt}$ 之和，蠕变率与固有时间相关，关系式为 $\dfrac{d\varepsilon_c^H}{dt} = \dfrac{c}{\tau}$。因此总应变率为：

$$\frac{d\varepsilon^H}{dt} = \frac{d\varepsilon_d^H}{dt} + \frac{d\varepsilon_c^H}{dt} = \frac{a}{\sigma_v}\frac{d\sigma_v}{dt} + \frac{c}{\tau} \quad (35.6)$$

上述关系式定义了土体的性状，可采用基于质量连续的有限差分法进行求解，从而模拟渗流阶段的沉降过程（den Haan，1996）。O'Loughlin 和 Lehane（2001）也讨论了这一模型的使用。Degago 等（2011）详细讨论了等速线概念的使用。

Berry 和 Poskitt（1972）已经成功地将流变模型用于泥炭土，但是一般工程设计尚未应用这些模型。

35.4.2.4 数值模拟

包含上述许多土体沉降特征的计算机程序正在开发之中（第 35.4.2.3 节）（Blommaart 等，2000）。如 Tan（2008）所述，当这些程序被工程实例验证时，可能对于泥炭土分析设计会特别有用。

35.4.3 超载

次固结压缩沉降会严重影响建于泥炭土和有机土地基上道路和结构的服役性能，但可通过超载预压来减少次固结压缩沉降。超载预压尤其得益于泥炭土的高初始渗透性。然而，必须注意超载可能会引起失稳。该方法的有效性取决于超载比 $R'_s = \dfrac{\sigma'_{vs} - \sigma'_{vf}}{\sigma'_{vf}}$，其中 σ'_{vf} 是工后竖向有效应力，σ'_{vs} 是超载期间竖向有效应力（Hanrahan，1952；Mesri，2007）。超载的设计标准通常是在超载预压期间完成足够的沉降量，以涵盖不超载预压时结构设计寿命期间的预期主固结和次固结沉降量。图 35.7 说

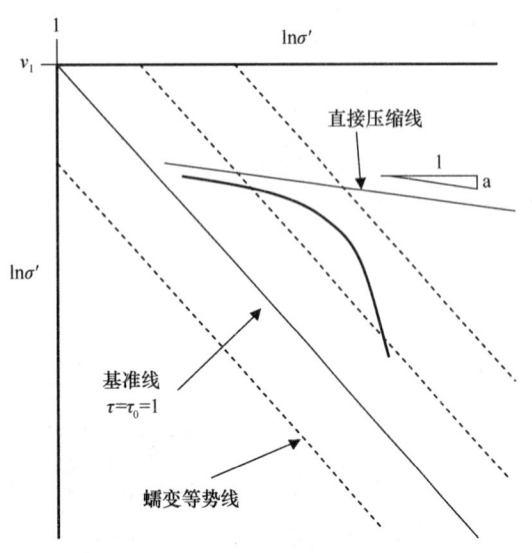

图 35.6 abc 模型的应力与蠕变关系

明了超载的好处，其中曲线 A 是未进行超压预压处理的路堤预估（可由式(35.4)预估）沉降/时间，图中 X 为设计期（t_{design}）后的总沉降，并同时给出了回弹和膨胀余量。如图 35.7 所示，进行超载预压处理，从而在施工期内即达到上述总沉降量 X。土体先在超载 $\Delta\sigma$ 下固结；卸载时产生回弹，回弹量可用 $C_s \approx 0.1 C_c$ 计算，先长期回弹(Samson 和 La Rochelle，1972)，然后轻微隆起，直至达到有效荷载下的蠕变线。

最大荷载保持的时间越长，次固结压缩的重现则越滞后。在现场和室内试验中，超载比超过 3 后，回弹量明显增加(Hobbs，1986)。Den Haan (1996)的 abc 模型也可用于估算超载预压有效性。

35.4.4 沉降速率

一般经验认为，含纤维泥炭土的现场渗透性明显大于室内固结试验测得的渗透性（Hobbs，1986）。主要归结为室内测试土样的尺寸有限、气体以及由于植物生长模式差异引起的泥炭土自然异质性。顶部相对较高的渗透性和泥炭土沉积的各向异性也被认为有助于提高现场固结率。根据式(35.7)可以对比室内土样主固结时间(t_s)和现场固结时间(t_f)与各自土样高度(H_s)和现场厚度(H_f)之间的关系。

$$\frac{t_f}{t_s} = \left\{ \frac{H_f}{H_s} \right\}^i \quad (35.7)$$

式中，泥炭土 i 值在 0～2 之间。因此，$i = 0$ 意味着主固结时间与泥炭土的厚度无关，而如果泥炭土符合太沙基固结理论，则 $i = 2$。

Hobbs(1986)认为，泥炭土主固结时间只能根据现场试验确定，因此需要安装孔压计。研究人员已经发现，在实验室中使用半对数图或泰勒方法以常规方式推断的主固结时间，一般来说与超静孔隙压力消散的终点基本一致（Lefebvre 等，1984；Mesri，2007）。然而，O'Loughlin (2007)发现，泰勒方法以及卡萨格兰德方法，均低估了主固结时间。

渗透性随有效应力的变化一般随泥炭土和有机土类型而显著变化，取决于泥炭土的宏观和微观结构及其分解程度。通常将渗透系数相对于孔隙比的变化表示为 $C_k = \Delta e / \Delta \log k_v$（式中 Δe 是孔隙比的变化，k_v 是竖向渗透系数），Mesri (2007)认为含纤维泥炭土的 $C_k = 0.25 e_0$，式中 e_0 是原位孔隙比。Hanrahan (1954)认为渗透系数的变化在 $\log e$-$\log k$ 图上是线性的，并推导出 $k = k_{v0} \left(\dfrac{e}{e_0} \right)^n$，其中 k_{v0} 和 e_0 是原位渗透系数和孔隙比。Hobbs (1986)给出了某种含纤维泥炭土的 $k_{v0} = 4 \times 10^{-6}$ m/s，$e_0 = 12$，$n = 11.03$，其中 k_{v0} 是初始竖向渗透系数。Hogan 等 (2006)报告了沼泽泥炭土表面附近的 k 值为 2×10^{-2} m/s，而对于 2～3m 深度处的原状泥炭土，k 值降低到 10^{-6} ～ 10^{-5} m/s。Hanrahan (1954)报告了在 55kPa 压力下持续 2d 后的泥炭土 k_v 从初始值 4×10^{-6} m/s 下降到 2×10^{-8} m/s，7 个月后进一步下降到 8×10^{-11} m/s。一般来说，泥炭土水平渗透系数比垂直渗透系数大 3～10 倍(Mesri，2007)。泥炭土的原位水平渗透系数可在现场通过精心实施的变水头渗透试验进行估算；然而，在解释试验结果时，该值随孔隙比减小（由有效应力增加引起）而降低将是一个重要的考量因素。

35.5 泥炭土和有机土的抗剪强度

35.5.1 引言

通常，泥炭土和有机土的抗剪强度以传统方式确定，不排水抗剪强度采用 s_u，排水条件采用 c'、φ'，没有特别考虑泥炭土的纤维含量、高压缩性或相对较高的渗透性和气体含量等因素。高

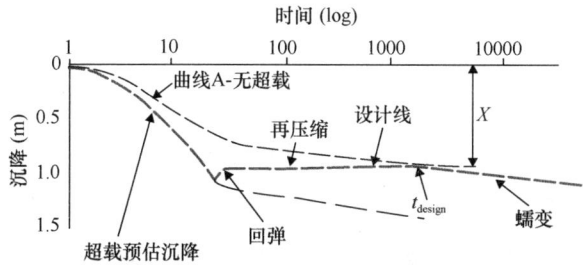

图 35.7 评估超载预压有效性的简化方法

(t_p = 主固结时间)

压缩性和纤维含量确实会影响室内和现场试验结果，但在目前这些试验方法和结果中并未充分考虑这些影响因素。例如，在室内试验中，泥炭土样的高压缩性导致三轴试验固结阶段土样颈缩和尺寸不均匀；此外，纤维效应导致排水三轴试验本质上只有一维性，其结果是土样不能被视为按莫尔-库仑准则定义的"破坏"。纤维也影响不排水三轴试验中有效应力参数的解释，因为泥炭土含有纤维，其泊松比低，孔隙水压力会迅速增加至土体应力，使得有效侧向应力等于零。此外，十字板强度也难以确定，因为纤维含量会影响十字板试验，通常强度测试值会随着十字板尺寸的增大而降低(Landva，1980)。

实际上，环剪试验可以消除纤维的影响，得出偏于保守的 φ' 值。最近，人们越来越关注直接单剪(DSS)试验，尤其用于确定不排水剪切强度参数(Farrell 等，1999；Boylan 等，2008)。

35.5.1.1 有效应力参数

泥炭土和有机土是主要以 φ' 值体现的摩擦型材料，该值很大程度上取决于试验方法。例如，含纤维泥炭土固结不排水三轴试验的 φ 峰值通常在 $50°\sim60°$ 量级，而相同材料的直剪试验和环剪试验的 φ 峰值为 $32°\sim40°$ 量级。在不排水三轴试验中，含纤维泥炭土 φ' 的测试精度受试验过程中侧向有效应力较低的影响，往往该应力值测得基本为零。同样，在排水三轴试验中，由于纤维的持续压缩（类似于褥垫层的压缩），含纤维泥炭土样通常达不到破坏。可以用直剪试验来估算有效应力参数；但需要假设破坏时的有效水平应力。Farrell 等(1999)在有限元分析直剪试验的基础上，认为 φ' 可以按 $\varphi'=\sin^{-1}(\tau_f/\sigma'_{vf})$ 估算，其中 τ_f 和 σ'_{vf} 分别为破坏时的剪应力和法向有效应力。山口等(1985a，1985b)在水平土样三轴压缩试验测得 φ' 为 $35°$，而在垂直样中测得 φ' 为 $51°\sim55°$，在垂直土样三轴拉伸试验中测得的 φ' 值甚至更高，为 $62°$，这表明其固有的各向异性。

一般认为，环剪试验，可能还包括直剪试验，

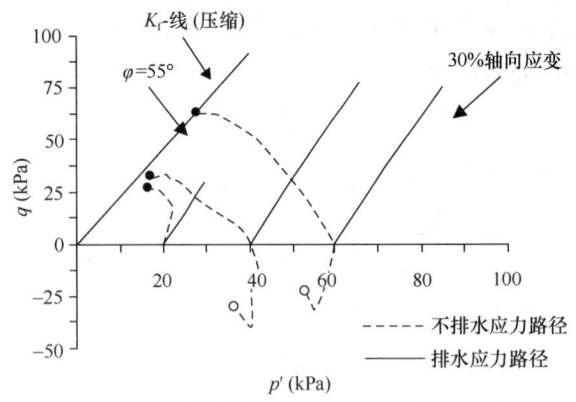

图35.8　泥炭土三轴试验

摘自 Farrell 和 Hebib(1998)

给出的是土样固有 φ'，在垂直土样的不排水压缩和拉伸试验中测得的较高 φ' 值包括了纤维结构的影响。因此，这些较高值必须与所关注问题的实际破坏机理相关联。目前关于气体对有效应力参数影响的研究尚属空白。图 35.8 给出了 Farrell 和 Hebib(1998)的不排水、排水三轴压缩和拉伸试验的系列成果。请注意，在 30% 应变下进行的排水试验没有达到破坏线且压缩时的 φ' 值达 $55°$，明显大于在初始固结压力分别为 40kPa 和 60kPa 时拉伸试验中测得的 $\varphi'=39°$ 和 $18°$。该泥炭土的直剪和环剪试验测得的 φ' 为 $38°$。

没有纤维结构的有机土的有效应力参数可用常规方法求得。

静止土压力系数(K_0)通常按 Jaky 方程 $K_0=1-\sin\varphi'$ 计算，对含水率在 $330\%\sim850\%$ 范围内的有机土，测得的结果介于 $0.3\sim0.35$ 之间，这表明 φ' 值约为 $40°\sim44°$(Mesri，2007)。Edil 和 Wang(2000)在室内试验的基础上，认为无定形泥炭土的 K_0 为 0.49，纤维状泥炭土的 K_0 为 0.33。

35.5.1.2　不排水剪切强度

有机土(s_u)的不排水抗剪强度可用传统的三轴固结试验、原位十字板、CPTU 等方法测定，但含纤维泥炭土的测试结果会受到纤维的影响。此外，一些泥炭土的不排水抗剪强度非常低，约为 $2\sim4$kPa，已是常规测试仪器的精度极限。泥炭土中的气体也会影响它们的原位性质，为此在实验室测试

时通常采用反压法来消除其影响。若不采取特殊措施，在对纤维状泥炭土进行取样时，这种气体可能会丢失，这一问题从土样实际采样长度与钻进长度的比较就可以明显观察到。

试验表明，泥炭土的 s_u/σ'_{vc} 比值较高，约为 0.5~0.6，而无机土的 s_u/σ'_{vc} 比值约为 0.3（Mesri，2007），其中 σ'_{vc} 为竖向固结压力。类似的高比值在拉伸试验也有测得。近年来，直剪试验越来越受到重视，因为其破坏机理被认为与泥炭土滑移破坏相似。测得含纤维泥炭土 s_{uDSS}/σ'_{vc} 的比值为 0.45（Porbaha 等，2000），0.46（Foot 和 Ladd，1981）和 0.5（Farrell 和 Hebib，1998），大大高于无机黏土约 0.22 的平均比值。

泥炭土原位不排水剪切强度的测量是有问题的，因为纤维对测试结果有影响，而且测得的强度也低。Boylan 等（2008）指出，温度变化本身会导致 CPTU 结果不准确，通常会产生负强度值，所以建议使用全流式贯入仪，如用于泥炭土的 T 形和球形触探仪（Boylan 和 Long，2006）。含纤维泥炭土的原位不排水剪切强度测试方法是需要进一步研究的领域。

尽管 Landva（1980）已经论述过十字板试验的局限性，但在没有可替代现场试验方法的情况下，十字板依然是用来测定泥炭土 s_u 的常用方法。例如，板叶转动时沿着板叶自身外表面牵拉纤维，板叶前部的泥炭土受到压缩，板叶后部经常形成间隙，这种情况与解释结果时假设的圆柱形剪切表面相去甚远。此外，所得到的 s_u 值通常会随着板叶尺寸的增加而减小，如图 35.9 所示，这是通过对含纤维披覆式泥炭土测量的 s_u 值比较得出的。这些结果与 Landva（1980）报告的结果一致，其中 55mm×110mm 板叶的 s_u 值约为 75mm×150mm 板叶的两倍，并且这种泥炭土测得的不排水强度低至 2kPa。尽管有这些限制，原位十字板试验依然经常用于评估含纤维泥炭土的原位强度以及随着固结增加的强度，直径为 55mm 的板叶成为首选尺寸（Noto，1991），但该试验仅作为指标试验。Mesri（2007）初步建议将

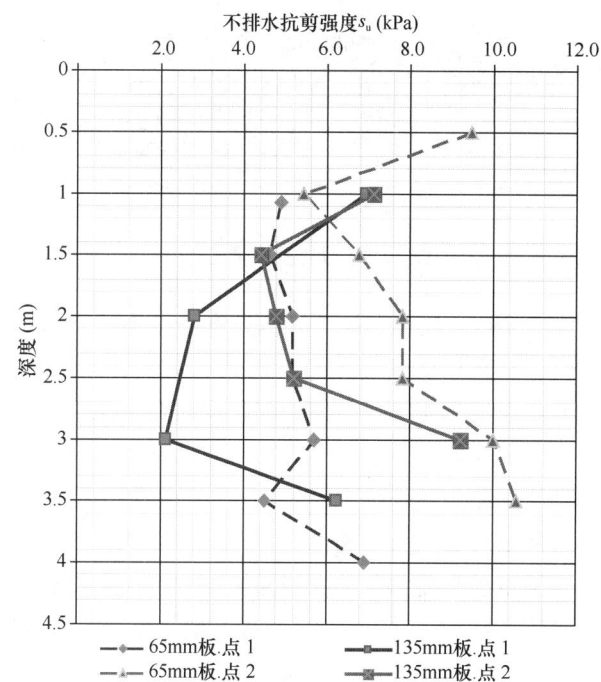

图 35.9 泥炭沼泽土用 65mm 和 135mm 直径的十字板叶测得的 s_u 的比较

s_{uvane} 减少 0.5，以获得可实用的 s_u。Noto（1991）则估计 s_{uvane}/s_{ufield} 从 0.38~1.24 不等，平均值为 0.74（s_{ufield} 值为由试验路堤的破坏试验反算得出的强度）。

35.6 泥炭土和有机土的关键设计问题

35.6.1 道路

在无机软土上的道路设计/施工方法大多数可用于泥炭土和有机土，但必须对其进行修改，以考虑泥炭土的高压缩性/大变形、显著次固结压缩、低密度特性以及泥炭土形成的现场地质条件。Munro（1991）概述了北欧道路当局采用的一些实用施工方法。

对于泥炭层相对较薄的主干道，厚度在 3~4m 以内的话，一般采用换填法，因为它避免了长期次固结压缩/蠕变（即使经过了超载处理）的不确定性。对于层厚很大的泥炭土来说，由于成本和处理开挖土料的环境代价，这种方法就不经济了。此外，换填材料要从道路区向两侧延伸，防止由于水平向固结而在道路路面上出现表面裂缝

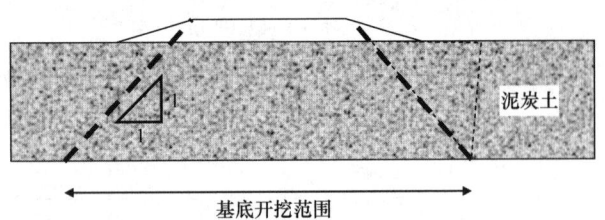

图 35.10 开挖/换填范围

(图 35.10)，这也会显著影响成本和占地。如果粗粒换填材料在垂直或接近垂直的泥炭土表面放置，可能会发生横向破坏，因为与粗粒材料相比，泥炭土的密度较低。

如果需要竖向排水体来加速下卧软黏土层的固结，换填层可能会增加排水体施工难度。

英格兰和爱尔兰的次级路网上曾有一些旧道路直接建在泥炭土上。这些道路一般先前为砾石路面，后来铺设了面层，在交通荷载作用下路面呈现凹凸，需要定期维护和修复。现代交通条件下增加的变形也会导致路面横向开裂，通过使用土工合成材料加固沥青层或乃至路基层，可以在一定程度上缓解横向裂缝发展。高位沼泽往往在非常软的湖底黏土上开始形成，因此，当在路面铺设材料来定期调整路面时，额外增加的荷载使道路沿软黏土层剪切破坏而出现整体破坏。在道路修缮工程中使用轻质填料可以避免这种问题，并减少次固结压缩沉降。

"浮路"是一种在泥炭土上建造通道和低交通量道路的常见方法。一般是用树干作为基层，但当没有树干时，目前的做法是使用土工合成材料加筋砾石层作为基层。这种道路，由于纤维的增强作用，泥炭土可以承受重载，经常用于山区的林业工程和风力发电场；因此，在设计时必须评估加筋体对整体稳定性的作用。《苏格兰自然遗产（2010）》给出了泥炭土上铺设道路的设计和施工指导内容。

对于泥炭土和有机土，可选择轻质填料和超载预压，但大规模使用往往受到成本的限制。当与超载预压结合使用时，轻质填料非常有效，因为如第35.4.3 节所述，超载预压有效性取决于超载比。

在有机土上分级加载是最常用的施工方法，有时也用于泥炭土。术语"预压"和"超载"是有区别的，因为预压等于设计荷载，而超载超过设计荷载，在泥炭土和有机土场地超载用于减少次固结压缩沉降。超载预压的设计原则在第35.4.3节中已讨论。如图35.7所示，如果设计荷载下的预估主固结沉降和次固结沉降估计为 X，则在超载预压时保持设计荷载和超载不变，直到达到该沉降量。次固结压缩沉降将在该设计预压期后发生，但速率低于主固结压缩沉降结束时的速率。在某些情况下，沉降可能会超过堆载填料的厚度，因此有必要增加填料高度或使用轻质填料作为初始荷载。在估算沉降量时，必须考虑到由于填料位于水位以下而引起的有效应力降低。如果堆载时间不够长，必须注意低渗透土层内在超载卸载后没有剩余的超静孔隙水压力。

设置竖向排水体加速固结过程的适用性取决于泥炭土或有机土的类型，其对初始渗透性高的含纤维泥炭土低路堤的有效性仍存疑，特别是因为排水体性能本身可能会受到高压缩变形的影响；然而，在高有效应力下渗透性会显著降低，因此在施加较高有效应力的地方可能需要设置排水体。一般经验是采用砂井，可以对泥炭土起加固作用，增加其稳定性并减少荷载作用下的振动。真空预压有利于加速固结，但用于高有机泥炭土仍需要进一步研究。

在瑞典、芬兰和其他一些国家，掺入固化剂来加固泥炭土和有机土是一种常见的做法，但迄今为止尚未在英国或爱尔兰广泛使用。如图 35.11 所示，可改装挖掘机就地搅拌固化剂，以形成固化体，或者如图 35.12 所示，可使用搅拌机具形成搅拌桩，或两者结合。可以使用两种类型的搅拌方法：干法和湿法，在干法中，固化剂通过气动方式注入；在湿法中，固化剂在从搅拌机具注入之前以浆料形式混合。EuroSoilStab（BRE，2002）阐述了使用这些方法的设计和施工细节，Hebib 和 Farrell（2003）给出了一些爱尔兰高位沼泽土的处理经验。该方法的效率很大程度上取决于泥炭土/有机土的矿物含量和泥炭土中的腐殖酸水平，该方法在有机黏土中比在高有机质泥炭土中更具成本优势。到目前为止，爱尔兰高有机质泥炭土的固化成本依然很高，因为要达到所需的工程性能，每立方米泥炭土需要大约150~200kg 的水泥（Hebib 和 Farrell，2003）。

碎石桩处理的效率将取决于地基土的有机质含量，这是由于碎石桩不可避免产生水平向固结且泥炭土强度低。在非常软的地基上施工灌注桩的实际

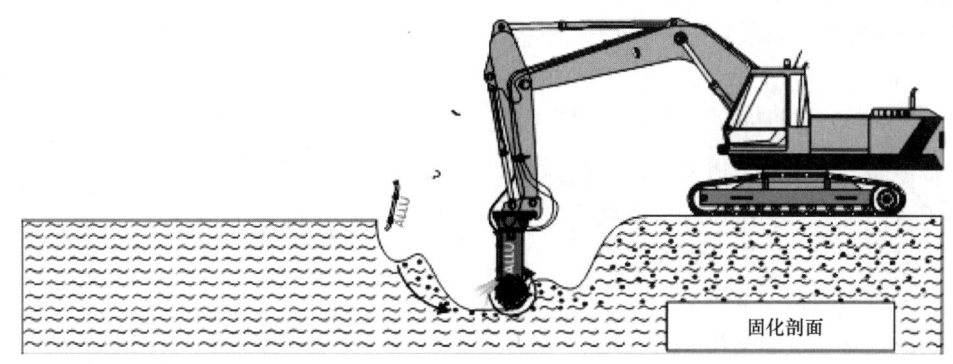

图 35.11　固化稳定

摘自 BRE(2002)

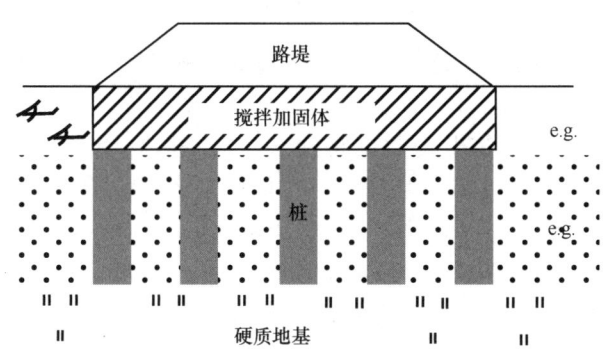

图 35.12　桩式和整体加固稳定

摘自 BRE(2002)

困难，可能会限制该方法的使用。

桩承式复合地基路堤已用于非常松软的泥炭土（Orsmond，2008），必须考虑的问题包括整个路堤的横向稳定性、保持桩位、桩型以及打桩所需的作业面。

碎石水稳基层通常为轻型打桩设备提供了合适的工作面，即使是在非常软的泥炭土中。常用的成桩方法是打入式沉桩，使用灌注桩或 CFA 桩的话，需具备钻机进场的条件，还需考虑地基土非常软，能否维持液态混凝土而不发生缩颈坍孔破坏。虽然由于法律原因很少在专业期刊上报道，但路堤附近的材料堆放曾导致过桩式加固路堤的破坏，而其破坏机制是堆载引起的桩身附加水平荷载。这种破坏机制也影响可以在这种地基附近建造的结构类型。

35.6.2　结构

泥炭土和有机土上的结构设计遵循软土地基的常规流程，并需考虑泥炭土的高压缩性。尽管在有些情况下筏板基础范围内的地基已经进行过超载预压处理（第 35.6.1 节），但基础结构仍通常采用桩基。桩基施工前通常有必要设置土工格栅加筋碎石层工作面，便于打桩设备进入，但时间一长，作业面将不可避免地在桩承结构面上沉降下来，产生空隙，并且还会在桩上产生下拉力，这时应按常规方式评估桩的翘曲风险。

35.6.3　边坡

水藓泥炭土地裂和泥炭土滑坡是主要的地质灾害，特别是在苏格兰和爱尔兰，可能由环境或人为因素引起。主滑坡甚至发生在缓至 3°的泥炭土斜坡上，涉及高达 10 万 t 的滑体，宽度约 0.5km，长度超过 1.5km。1708 年在爱尔兰利默里克县的卡索加德发生了一起特别严重的事件，村庄被摧毁，造成 21 人死亡。最近对滑坡数据库开发的研究表明，爱尔兰高位泥炭土区滑坡泛滥。爱尔兰地质调查局（Geological Survey of Ireland）制作了一本关于滑坡的小册子（Creighton，2006），其中就包括水藓泥炭土滑坡，苏格兰政府也出版了一份关于泥炭土滑坡危险和风险评估文件（2006）。鉴于坐落在山坡上的水藓泥炭土含水率超过 90%，边坡稳定性是主要问题就不足为奇了。

与其分布范围相比，水藓泥炭土滑体厚度通常较薄，类似于第 23 章"边坡稳定"中讨论的平面型滑坡。通常情况下，泥炭土的上层由纤维构成，这些纤维的加筋作用可防止该层出现局部破坏，有助于形成破坏面位于或靠近滑体底部的整体滑动。下滑力（$W\sin\alpha$，其中 α 是层底与水平面的角度）的确定相对简单；但抗力的估计取决于失效是按有效应力还是总应力考虑。参考第 23 章"边坡稳定"第 23.3.2 节，并使用该章中定义的术语，抗力（R）为：

$$R = (W\cos\alpha - uA)\tan\varphi' + c'A \quad (35.8)$$

考虑到水藓泥炭土水位高，以及泥炭土的体积密度接近或小于水的密度，$(W\cos\alpha - uA)$项可以忽略不计，因此抗力为$c'A$。按总应力考虑边坡，下滑力与有效应力分析相同，即$W\sin\alpha$，抗力为$s_u A$，因此，分析的不同之处在于应使用c'还是s_u。

众所周知，一些披覆式泥炭土的底部有"管道"，大雨时水流通过管道（Donnelly，2008）排走。天旱时泥炭土中形成的张开裂缝也促进水流入这些泥炭土的底部，从而导致水压增加。由于泥炭土的密度非常接近或甚至小于水的密度，有效应力可以非常小或可以忽略不计，则阻力取决于表观黏聚力（如果存在的话）。图 35.13 显示了一个完整的滑坡，在一段时间雨天后，梅奥县坡拉托米什（Long and Jennings，2005）泥炭土产生滑坡，滑动面位于泥炭土和下伏砂层的交界面处，证明滑坡是由有效应力的损失引起的。在分析中，c'的存在与否是有争议的。长时间的干燥天气增加了这种破坏的风险，干燥天气会使泥炭土变干，从而降低重度，还会产生张开裂缝，这有利于水的下渗。披覆式泥炭土底部有时会存在铁板硬壳层，会加剧泥炭土底部水压的增加。

当采用总应力分析厚度为 D 的泥炭层抵抗平面破坏的稳定性时，设泥炭土的抗剪强度为s_u，假定没有外部荷载、抗拉力与其他力相比可以忽略不计，则单位滑面面积上的下滑力为$\gamma D\sin\alpha$的函数、抗力为s_u的函数。抗力与下滑力之比为$s_u/\gamma D\sin\alpha$。该比值随着层厚、坡角和重度的增加而降低。一些水藓泥炭土滑坡发生在非常缓的坡度上（低至3°，但经常发生在大约4°~7°的坡度上）。使用总应力方法对一些滑坡的反分析显示s_u值的数量级为2kPa，这是非常低的，并且很难在现场测量。Farrell（2010）提出了一种机制来解释，如果滑坡底部土体具有高灵敏度，当在较高位置处开始局部破坏时，泥炭土主滑坡是如何发生的。

水藓泥炭土的稳定性受到林业排水沟和其他人为因素的影响。

35.6.4 挡土结构、管渠和坝体

当挡土结构、管渠和坝体等工程结构涉及泥炭土和有机土时，需考虑其低密度、高压缩性、高蠕变率和往往低强度的特性。挡水结构需要特别注意，因为水文地质的微小变化可能导致非常低的有效应力。例如 1989 年的 Edenderry 管渠破坏（Piggott 等，1992），如图 35.14 所示，导致 225m × 105m 泥炭土块水平移动约 60m。

35.7 结论

泥炭土和有机土分布广泛，由于其高压缩性、蠕变性、低密度和往往非常低的剪切强度，给岩土工程师带来了特殊的挑战。尽管有机残留物的胞质结构存在，但除了抗剪强度之外，它们的性质和工程特性与黏土没有什么不同。

图 35.13 2003 年波拉托米什泥炭土滑坡

图 35.14 1989 年爱尔兰 Edenderry 管渠破坏

摘自 Piggott 等（1992）

有机土的形成可能涉及各种过程，这些过程在解释特定设计/施工条件所需的相关岩土参数和进行土体分层时，可能会显得很重要。分类系统可帮助分类描述土体特性，冯·波斯特（1922）或其改进方式是采用的最普遍分类方法。含水率是最重要的指标测试，因为它是一个简单的参数，与许多工程性质有关。当然，由烧失试验确定的有机含量和酸碱度也很有用，液限测试通常可以在冯·波斯特分解度大于 H_3 级的泥炭土上应用。

由于取样过程中材料的压缩，即使使用薄壁活塞取土器，也很难获取"未扰动"的高有机质泥炭土样，尤其是含纤维泥炭土。此外，土样在暴露时可能会发生氧化，从而导致分解并产生气体，当然这种问题一般影响比较小，但长期试验的话还可能有影响。

尽管次固结/蠕变在总沉降中的占比随着有机含量的增加而增加，但是估算黏土沉降和沉降速率的方法仍然用于有机土。由于高有机质土高沉降量和其中沉积物的空间变异性，通常使用简单的计算模型——即假定次固结/蠕变在主固结阶段结束时开始。考虑主、次固结同步持续发生的复杂模型大多数很难应用，但正在被纳入一些软件程序中。对泥炭土进行超载预压是减少次固结压缩/蠕变的有效方法。

有机土和泥炭土的不排水抗剪强度通常使用原位十字板、静探和室内三轴或室内直剪试验来确定，但最适合泥炭土特定破坏机理的试验方法需要仔细考虑。一些泥炭土的不排水剪切强度非常低，有时约为 2kPa，低于许多现有测量方法的有效精度。同样，在三轴试验中确定的有效应力参数也会受纤维和试验方法的影响。

当设计道路和地基或评估这些地基土中边坡稳定性时，必须考虑泥炭土和有机土的独特性质。本章介绍了实践中采用的一些方法。

35.8 参考文献

ASTM D5715-00 (2006). Standard test method for estimating the degree of humification of peat and other organic soils (visual/manual method).

Berry, P. L. and Poskitt, T. J. (1972). The consolidation of peat. *Géotechnique*, **22**, 27–52.

Blommaart, P. J., The, P., Heemstra, J. and Termaat, R. J. (2000). Determination of effective stresses and compressibility of soil using different codes of practice and soil models in finite element codes. In *Geotechnics of High Water Content Materials, ASTM STP 1374* (eds Edil, T. B. and Fox, P. J.). Pennsylvania: ASTM, pp. 48–63.

Boylan, N. and Long, M. (2006). Characterisation of peat using full flow penetrometers. In *Soft Soil Engineering: Proceedings of the 4th International Conference on Soft Soil Engineering*, 4–6 October, 2006, Vancouver, Canada (eds Chan, D. H. and Law, K. T.). London: Taylor & Francis, pp. 403–414.

Boylan, N., Jennings, P. and Long, M. (2008). Peat slope failure in Ireland. *Quarterly Journal of Engineering Geology and Hydrogeology*, **41**, 93–108.

British Standards Institution (1990). *Methods of Tests for Soils for Civil Engineering Purposes, Chemical and Electro-Chemical Tests*. London: BSI, BS 1377: Part 3.

British Standards Institution (1999). *Code of Practice for Site Investigations*. London: BSI, BS 5930.

Building Research Establishment (BRE) (2002). *Soft Soil Stabilisation – Design Guide. EuroSoilStab: Development of Design and Construction Methods to Stabilise Soft Organic Soils*. Watford: IHS BRE Press.

Casagrande, A. (1936). The determination of the preconsolidation load and its practical significance. In *Proceedings of the 1st International Conference on Soil Mechanics and Foundation Engineering*, 22–26 June, 1936, Cambridge, MA, vol. 3, pp. 60–64.

Clymo, R. S. (1983). Peat. In *Ecosystems of the World*, Vol. 4A: *Mires: Swamp, Bog, Fen and Moor* (ed Gore, A. J. P.). Oxford: Elsevier, pp. 159–224.

Creighton, R. (2006). *Landslides in Ireland*. A Report of the Irish Landslides Working Group, Geological Survey of Ireland.

Degago, S. A., Grimstad, G., Jostad, H. P., Nordal, S. and Olsson, M. (2011). Use and misuse of the isotache concept with respect to creep hypotheses A and B. *Géotechnique*, **61**, No. 10, 897–908.

Den Haan, E. J. (1996). A compression model for non-brittle soft clays and peat. *Géotechnique*, **46**, 1–16.

Dhowain, A. W. and Edil, T. B. (1980). Consolidation behavior of peat. *Geotechnical Testing Journal*, **3**(3), 105–114.

Donnelly, L. J. (2008). Subsidence and associated ground movements on the Pennines, northern England. *Quarterly Journal of Engineering Geology*, **41**, 315–332.

Edil, T. B. and Wang, X. (2000). Shear strength and K_o of peats and organic soils. In *Geotechnics of High Water Content Materials, ASTM STP 1374* (eds Edil, T. B. and Fox, P. J.). Pennsylvania: ASTM, pp. 209–225.

EN ISO 14688-1:2002. *Geotechnical Investigation and Testing – Identification and Classification of Soil. Part 1: Identification and Description* (ISO14688-1:2002).

EN ISO 14688-2:2004. *Geotechnical Investigation and Testing – Identification and Classification of Soil. Part 2: Principles of Classification* (ISO14688-2:2004).

Farrell, E. R. (1997). Some experience in the design and performance of roads and road embankments on organic soils and peats. In *Proceedings of the Conference on Recent Advances in Soft Soil Engineering*, 1997, Kuching, Malaysia, pp. 66–84.

Farrell, E. R. (2010). Lessons learned – problems to solve. In *Proceedings of the 5th Symposium on Bridge and Infrastructure Research in Ireland*, University College, Cork.

Farrell, E. R. and Hebib, S. (1998). The determination of the geotechnical properties of organic soils. In *Proceedings of the International Symposium on Problematic Soils*. Sendai, Japan.

Farrell, E. R. and O'Donnell, C. (2007). Comparison of predicted and observed performance of some embankments on soft ground in Ireland. *Soft Ground Engineering*, Portlaoise, Ireland. Engineers Ireland, Paper 3.1.

Farrell, E. R., Jonker, S. K., Knibbelerb, A. G. M. and Brinkgreve, R. B. J. (1999). The use of direct simple shear test for the design of a motorway on peat. In *Proceedings of the 12th European Conference on Soil Mechanics and Geotechnical Engineering*, vol. 2 (eds Barends, F. B. J. *et al.*). Brookfield, VT: Balkema, pp. 1027–1033.

Foott, R. and Ladd, C. C. (1981). Undrained settlement of plastic and organic clays. *Journal of the Geotechnical Engineering Division*, **107**(8), 1079–1094.

Fox, P. J., Roy-Chowdhury, N. and Edil, T. B. (1999). Discussion on 'Secondary compression of peat with or without surcharging'. *Journal of Geotechnical and Geoenvironmental Engineering,* ASCE, **125**(2), 160–162.

Gore, A. J. P. (1983). Introduction. In *Ecosystems of the World.* Vol. 4A: *Mires: Swamp, Bog, Fen and Moor* (ed Gore, A. J. P.). Oxford: Elsevier.

Hanrahan, E. T. (1952). The mechanical properties of peat with special reference to road construction. *Transactions of the Institution of Civil Engineers of Ireland,* **78**(5), 179–215.

Hanrahan, E. T. (1954). An investigation into some physical properties of peat. *Géotechnique,* **4**, 108–123.

Hanrahan, E. T. (1964). A road failure on peat. *Géotechnique,* **14**, 185–202.

Hanrahan, E. T., Dunne, J. M. and Sodha, V. G. (1967). Shear strength of peat. In *Proceedings of the Geotechnical Conference,* Oslo, vol. 1, 193–198.

Hebib, S. and Farrell, E. R. (2003). Some experiences on the stabilization of Irish peats. *Canadian Geotechnical Journal,* **40**(1), 107–120.

Hobbs, N. B. (1986). Mire morphology and the properties and behaviour of some British and foreign peats. *Quarterly Journal of Engineering Geology,* **19**, 7–80.

Hobbs, N. B. (1987). A note on the classification of peat. *Géotechnique,* **37**(3), 405–407.

Hogan, J. M., van der Kamp, G., Barbour, S. L. and Schmidt, R. (2006). Field methods for measuring hydraulic properties of peat deposits. *Hydrological Processes,* **20**, 3635–3649.

Ingram, H. A. P. (1983). Hydrology. In *Ecosystems of the World.* Vol. 4A: *Mires: Swamp, Bog, Fen and Moor* (ed Gore, A. J. P.). Oxford: Elsevier, pp. 67–158.

Janbu, N. (1963). Soil compressibility as determined by oedometer and triaxial tests. In *Proceedings of the 3rd European Conference of Soil Mechanics and Foundation Engineering,* Wiesbaden, vol. 1, pp. 19–25.

Kellner, E., Waddington, J. M. and Price, J. S. (2005). Dynamics of biogenic gas bubbles in peat: potential effects on water storage and peat deformation. *Water Resource Research,* **41**, W08417. doi: 10.1029/2004WR003732.

Kidson, C. and Heyworth, A. (1976). The quaternary deposits of the Somerset Levels. *Quarterly Journal of Engineering Geology,* **9**, 217–235.

Lake, J. R. (1961). Investigations of the problems of constructing roads on peat in Scotland. In *Proceedings of the 7th Muskeg Conference,* Ottawa, pp. 133–148.

Landva, A. O. (1980). Vane testing in peat. *Canadian Geotechnical Journal,* **17**, 1–19.

Landva, A. O. and Pheeney, P. E. (1980). Peat fabric and structure. *Canadian Geotechnical Journal,* **17**, 416–435.

Landva, A. O. and La Rochelle, P. (1983). Compressibility and shear characteristics of Radforth peats. In *Testing of Peat and Organic Soils, STP 820* (ed Jarrett, P. M.), West Conshohocken, PA: ASTM, pp. 157–191.

Landva, A. O., Korpijaakko, E. O. and Pheeney, P. E. (1983). Geotechnical classification of peats and organic soils. In *Testing of Peat and Organic Soils, STP 820* (ed Jarrett, P. M.), West Conshohocken, PA: ASTM, 37–51.

Lea, N. D. and Brawner, C. O. (1963). Highway design and construction over peat deposits in Lower British Columbia. *Highway Research Record,* **7**, 1–32.

Lefebvre, G., Langlois, P., Lupien, C. and Lavallee, J. (1984). Laboratory testing on *in situ* behavior of peat as embankment foundation. *Canadian Geotechnical Journal,* **21**, 322–337.

Long, M. and Jennings, P. (2005). Analysis of the peat slide at Pollatomish, County Mayo, Ireland. *Journal of Landslides,* **3**, 51–61.

MacFarlane, I. C. and Allen, C. M. (1964). An examination of some index test procedures for peat. In *Proceedings of the 9th Muskeg Research Conference NRC, ACSSM Technical Memo,* **81**, 171–183.

MacFarlane, I. C. and Radforth, N. W. (1964). A study of the physical behaviour of peat derivatives under compression. In *Proceedings of the 10th Muskeg Conference, Technical Memorandum 85.* Ottawa.

Mesri, G. (2007). Engineering properties of fibrous peats. *Journal of Geotechnical and Geoenvironmental Engineering,* **133**, 850–866.

Mesri, G. and Godlewski, P. M. (1977), Time- and stress-compressibility interrelationship. *Journal Geotechnical Engineering Division,* **103**, 417–430.

Mesri, G., Stark, T. D., Ajlouni, M. A. and Chen, C. S. (1997). Secondary compression of peat with or without surcharging. *Journal of Geotechnical and Geoenvironmental Engineering,* **123**, 411–421.

Mitchell, J. K. and Soga, K. (2005). *Fundamentals of Soil Behavior* (3rd Edition). New York: Wiley.

Moore, P. D. and Bellamy, D. J. (1974). *Peatlands.* New York: Springer-Verlag.

Munro, R. S. P. (1991). *Road Construction over Peat.* 1990 Winston Churchill Travelling Fellowship, Department of Roads and Transport, Highland Regional Council.

Noto, S. (1991). *Peat Engineering Handbook.* Civil Engineering Research Institute, Hokkaido Development Agency, Prime Minister's Office, Japan, 1–35.

O'Kelly, B. (2005). Method to compare water content values determined on the basis of different over drying temperatures. *Géotechnique,* **55**(4), 329–332.

O'Loughlin, C. D. (2007). Simple and sophisticated methods for predicting settlement of embankments constructed on peat. *Soft Ground Engineering, Engineers Ireland.* Portlaoise, Ireland.

O'Loughlin, C. D. and Lehane, B. M. (2001). Modelling the one-dimensional compression of fibrous peat. In *Proceedings of the 15th ICSMGE Conference,* Istanbul, pp. 223–226.

Orsmond, W. (2008). A1N1 Flurrybog piled embankment design, construction and monitoring. In *Proceedings of the 4th European Geosynthetic Conference,* Heriot-Watt University Paper No. 290.

Piggott, P. T., Hanrahan, E. T. and Somers, N. (1992). Major canal construction in peat. In *Proceedings of the Institution of Civil Engineers (Water Maritime and Energy),* **96** 141–152.

Porbaha, A., Hanazawa, H. and Kishida, T. (2000). Analysis of a failed embankment on peaty ground. In *Slope Stability 2000: Proceedings of the Geo-Denver 2000 Geo-Institute Soft Ground Technology Conference,* ASCW, Reston, VA, pp. 281–293.

Radforth, N. W. (1969). Classification of muskeg. In *Muskeg Engineering Handbook* (ed MacFarlane, I. C.). Toronto: University of Toronto Press, pp. 31–52.

Samson, L. and La Rochelle, P. (1972). Design and performance of an expressway constructed over peat by preloading. *Canadian Geotechnical Journal,* **22**, 308–312.

Scottish Government (2006). *Peat Landslide Hazard and Risk Assessments: Best Practice Guide for Proposed Electricity Generation Developments.*

Scottish Natural Heritage (2010). *Floating Roads on Peat: A Report into Good Practice in Design, Construction and Use of Floating Roads on Peat with particular reference to Wind Farm Developments in Scotland.*

Skempton, A. W. and Petley, D. J. (1970). Ignition loss and other properties of peats and clays from Avonmouth, King's Lynn and Cranberry Moss. *Géotechnique,* **20**, 343–356.

Tan, Y. (2008). Finite element analysis of highway construction in peat bog. *Canadian Geotechnical Journal,* **45**, 147–160.

Terzaghi, K., Peck, R. B. and Mesri, G. (1996). *Soil Mechanics in Engineering Practice* (3rd Edition). New York: Wiley.

Von Post, L. (1922). Sveriges Geologiska Undersoknings torvinventering och nogra av dess hittils vunna resultat [SGU peat inventory and some preliminary results]. *Svenska Mosskulturforeningens Tidskrift,* Jonkoping, Sweden, **36**, 1–37.

Weber, W. G. (1969). Performance of embankments constructed over peat. *Journal of Soil Mechanics and Foundations Division,* **95**(1), 53–76.

Yamaguchi, H., Ohira, Y., Kogue, K, and Mori, S. (1985a). Deformation and strength properties of peat. In *Proceedings of the*

11th International Conference on Soil Mechanics and Foundation, San Francisco, vol. 2, pp. 2461–2464.

Yamaguchi, H., Ohira, Y., Kogue, K. and Mori, S. (1985b). Undrained shear characteristics of normally consolidated peat under triaxial compression and extension tests. *Japanese Society of Soil Mechanics and Foundations Engineering*, **25**(3), 1–18.

35.8.1 延伸阅读

Bell, F. G. (2000). *Engineering Properties of Soils and Rocks* (4th Edition). Oxford: Blackwell Science.

> 建议结合以下章节阅读本章：
> - 第7章"工程项目中的岩土工程风险"
> - 第40章"场地风险"
> - 第48章"岩土环境测试"
> - 第49章"取样与室内试验"
>
> 本书以第1篇"概论"和第2篇"基本原则"为指导进行章节编排。如第4篇"场地勘察"中所述，各类岩土工程均应进行扎实的现场勘察工作。

译审简介：

杨石飞，男，1977年生，教授级高级工程师，注册土木工程师（岩土）、一级注册结构工程师，上海勘察设计研究院（集团）股份有限公司总工程师，主要从事岩土工程勘察、设计、科研等工作。

蔡袁强，男，1965年生，教授，博士、博士生导师。首批国家万人计划领军人才，国家杰出青年，浙江省特级专家。长期从事岩土工程教学、科研和设计工作。

第36章 泥岩与黏土及黄铁矿物

墨利斯·A. 切雷科（Mourice A. Czerewko），URS 公司（原伟信有限公司），切斯特菲尔德，英国
约翰·C. 克里普斯（John C. Cripps），谢菲尔德大学，英国
主译：魏建华（上海勘察设计研究院（集团）股份有限公司）
参译：鹿存亮，王友权，苏瓅
审校：顾国荣（上海勘察设计研究院（集团）股份有限公司）

doi: 10.1680/moge.57074.0481

目录

36.1	引言	481
36.2	泥岩特性的影响因素	484
36.3	工程特性及性能	495
36.4	工程注意事项	509
36.5	结论	512
36.6	参考文献及延伸阅读	513

泥岩是对各类细颗粒组成、富含黏土的沉积岩的统称。天然地基使用，同时也可用于人工地基、填土或建筑材料。由于这些材料经常出现在沉积岩层中，因此常作为建筑场地的根据不同组分和结构特性，泥岩可呈现不同的工程特性，其中一些会对工程产生不利影响，包括低强度、低耐久性和对体积变化敏感等。因此，很难评估它们的整体特性。本章回顾了有关工程建设中泥岩性质的研究现状，目的是使读者框架性认识泥岩的岩土工程特性，尤其是涉及其在建设工程活动中的潜在影响。

36.1 引言

"泥岩"一词通常用来表示由各种细粒组成、富含黏土的沉积岩。由于此类材料广泛分布于地层中，在土木和环境工程项目中经常涉及。这些泥岩的存在可能会使施工中和竣工后产生一系列问题，因此备受关注。Stow（1981）提出了一种在工程活动中普遍接受的泥岩的地质定义：晶粒尺寸小于 $63\mu m$ 的颗粒占其总成分50%以上，且超过50%的矿物成分由硅质碎屑碎片（包括黏土矿物，石英和长石）组成的物质统称为泥岩。根据不同的组分，还可将其他细颗粒沉积物称为碳酸盐泥岩、硅质泥岩等。如第36.1节所述，术语上的差异会导致不同标准之间的分歧。

泥岩涵盖范围很广，包括了从软土状沉积物到硬土甚至中等强度的岩石。该类材料具有软土的低强度、高压缩性及胀缩性，以及硬岩在含水率变化和风化作用下的崩解性，这些多变的特性给土木工程设计及施工带来了诸多挑战。图36.1给出了需要重点关注的泥岩种类及其在不同工况下可能会产生若干问题的情形。这种行为通常是由于自然风化过程和工程活动的综合影响而产生的，但同样也受到材料组分和结构特点的显著影响。

尽管图36.1列出了泥岩在工程应用中大量潜在的工程问题，但其确实可应用于某些工程领域。例如，泥岩的低渗透性使其成为构建低渗透性隔水帷幕的理想之选，并且由于大多数类型泥岩具有较高的阳离子交换能力，因此它们可以去除潜在有害的溶解物质（例如，地下水中的重金属）。由于大多数泥岩强度较低，较易开挖，因此还可用作土方工程的填料。与此同时，大多数类型的泥岩可以作为中等—高等荷载建（构）筑物的稳定地基。

图36.1中列出的原因使得泥岩的工程问题较难预测。但是，了解这些材料的组成和形成方式，选择合适的研究方法以及对测试结果的正确理解有助于预测泥岩的工程问题。本章表述尽量避免使用过多的专业术语，必要时，读者可参阅本章结尾的术语表以了解相关定义。

36.1.1 泥岩的定义及分类

本节的目的是定义本章中涉及的材料。除了地质学家和工程师以及来自不同国家的工作人员对术语的不同用法外，目前文献（包括英国标准和欧洲标准）对泥岩的构成仍未达成一致。

图36.2给出了现行《欧洲标准7》指导文件中关于泥岩的分类。条款定义泥岩和页岩的粒径通常小于 $63\mu m$，进一步将细颗粒（ $2\sim 63\mu m$）含量达到50%的定义为砂质，将超细颗粒（ $<2\mu m$）含量达到50%的定义为黏土质。因此，这些定义

尚不明确。在标准 BS EN ISO 14688-1：2002 和-2：2004（用于土）及 BS EN ISO 14689-1：2003（用于岩石）中有不同的定义，其中不排水剪切强度低于 300kPa（单轴抗压强度 600kPa）定义为土，单轴抗压强度高于 600kPa 定义为岩石。如表 36.6 所示，这个强度相当于用手可以捏坏。如图 36.2 所示，BSEN ISO 14689-1：2003 将泥岩定义为碎屑沉积岩，矿物成分由石英、长石和黏土矿物组成，其颗粒主要小于 0.063mm。术语"泥质"（argillaceous）表示富含黏土，由细粒材料或泥组成，但这不是一个常用术语。这个定义没有阐明泥岩和粉砂岩或黏土岩之间的区别；另外，虽然说明了泥岩同时包含粉粒和黏粒成分，但未对它们的相对比例关系进一步说明。

在此表中也将页岩定义为易裂变成薄片状的泥岩（第 36.2.4.1 节）。术语"易裂变泥岩"比页岩应用广泛，除非其明确表明某一地域，例如 Edale 页岩。这是因为在某些泥岩中，易裂变仅是由于风化作用的结果，因此根据其风化等级，可将其划分成页岩或泥岩。BS EN ISO 14689-1：2003 也对砂质泥岩进行了详细划分，即砂质泥岩的粒径大多在 0.002 ~ 0.063mm 之间，而黏土岩的粒径小于 0.002mm。这与国际工程地质与环境协会（IAEG）（1979）中的规定一致。

英国标准《场地勘察规程》（*Code of Practice for Site Investigations*）BS 5930：1999 + A2：2010 中的引言将泥岩定义为颗粒成分小于 0.002 mm 的岩石，该定义与 BS EN ISO 14689-1：2003 中的黏土岩相同。由此可见，各标准之间的定义有所不同，因此首先需要确定关于泥岩的准确分类。下文和第 36.1.2 节重点探讨了该问题，其中包括 Grainger（1984）对泥岩的详细分类。

BS EN ISO 14688-2：2004 中将平均粒径小于 0.002mm 的土定义为黏土，本章第 36.3.2.2 节中也提供了对此类土进行鉴别和描述的相关测试手段及说明。英国标准 BS 5930：1999 + A2：2010 也提供了包括诸如黏土等细粒土的鉴别与分类说明，它规定黏土的主要粒径小于 0.002 mm，同时建议在考虑粒径的基础上综合可塑性对土进一步分类。鉴于上述平均强度准则，大多数超固结黏土同样属于黏性土的范畴。

BS 5930：1999 + A2：2010 和 BS EN ISO 14689-1：2003 分别对钙质泥岩和硬泥灰岩进行了定义，这类岩石其粒径小于 0.063mm，并含有一些碳酸盐。尽管这两个标准都提到其碳酸盐的含量应超过 50%，但实际多数情况下其含量均小于该比例。

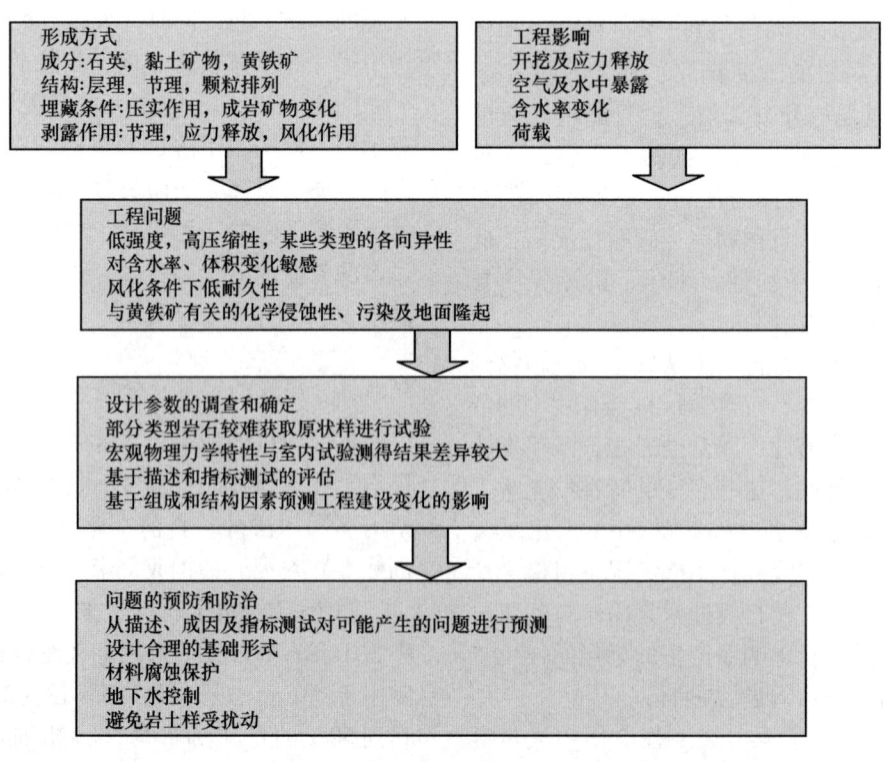

图 36.1　泥岩的形成方式、工程影响和工程问题之间的相互关系

<table>
<tr><td rowspan="2" colspan="2">成因分组</td><td colspan="5">沉积</td></tr>
<tr><td colspan="5">碎屑沉积</td></tr>
<tr><td colspan="2">常见结构</td><td colspan="5">层状结构</td></tr>
<tr><td colspan="2">组成</td><td colspan="3">岩石粒组成分，石英，长石和黏土矿物</td><td colspan="2">碳酸盐颗粒含量50%以上</td></tr>
<tr><td rowspan="2">主要颗粒尺寸 (mm)</td><td>0.063
0.002</td><td rowspan="2">泥质或黏土质</td><td rowspan="2">泥岩
页岩：易剥裂的泥岩</td><td>砂质泥岩：50%以上细颗粒</td><td rowspan="2">硬泥灰岩</td><td rowspan="2"></td></tr>
<tr><td></td><td>黏土岩：50%以上极细颗粒</td></tr>
</table>

(a)

<table>
<tr><td colspan="2">粒径 (mm)</td><td colspan="5">层状岩石(大多数为沉积岩)</td></tr>
<tr><td rowspan="3">粒径分布界线</td><td rowspan="3">0.063
0.002</td><td>粒径描述</td><td colspan="2"></td><td colspan="2">碳酸盐颗粒含量50%以上</td></tr>
<tr><td rowspan="2">泥质</td><td rowspan="2"></td><td>粉砂岩
大多数为粉粒</td><td rowspan="2">钙质泥岩</td><td rowspan="2"></td></tr>
<tr><td>泥岩
大多数为黏粒</td></tr>
</table>

(b)

图 36.2　泥岩分类

（a）根据 BS EN ISO 14689：2003；（b）根据英国标准 BS 5930 + A2：2010

许多其他类型的岩石含有粒径小于 0.002mm 的黏土颗粒，例如白垩岩、化学来源的岩石（例如燧石）和一些火山成因的岩石，但由于这些岩石不含黏土矿物和碎屑石英颗粒，因此不属于泥岩。

术语“黏土”有三种不同用法，使用时应注意加以区分：

- 平均粒径 <2μm；
- 一种矿物，例如伊利石，高岭石，蒙脱石，绿泥石；
- 一种土，包括超固结黏土，其中包含黏土矿物和其他成分。

需要指出的是，尽管黏土矿物含量很少，但它们通常会形成较大的晶体，例如聚集体或絮凝物的尺寸可能超过 10 ~ 20μm。尽管在欧洲分类标准（包括英国分类标准）中使用2μm 作为黏土尺寸的上限，但一些美国标准将 4μm 或 5μm 作为上限。某些地质层组的名称可能引起误解。例如，尽管牛津黏土和类似的沉积层包含了大多数的黏土，但它们同样还包含其他岩性，例如石灰石。

正如 Reeves 等（2006）解释的那样，虽然粒度是泥岩分类的主要特征，但由于大多数晶粒太小而无法用肉眼或光学显微镜识别，因此很难准确地确定粒径分布。此外，崩解会导致晶粒破裂，而不是破坏晶粒之间的胶结物。

例如，Davis（1967）指出，在麦西亚泥岩中，黏土矿物颗粒成簇地胶结在一起，因此测得的黏粒粒组含量小于实际的黏土含量。本章第 36.3.2 节给出了一些可用于帮助评估和鉴别晶粒尺寸的典型特征。

包括 Spears（1980）在内的许多作者都提出，相较于颗粒尺寸，矿物学数据可作为反映当前颗粒尺寸的依据。但是，这种方法需要使用相对昂贵的 X 射线衍射或扫描电子显微镜（SEM）技术，常规勘察项目中难以普及。

36.1.2　压实与胶结泥岩

在许多应用中，材料的性质是似岩还是似土是很难区分的。Mead（1936）建议以下使用规则：

- 压实泥岩——只因埋藏压实作用而形成；
- 胶结泥岩——颗粒通过大量胶结物被连接在一起。

正如第 36.2.2 节中详细解释的那样，在前者中，颗粒没有粘结在一起，材料表现出类似土的特性，而在后者中，颗粒间的胶结作用和重结晶作用导致了类似岩石特性。Mead 使用了“压实和胶结页岩”这一术语，但是由于上述原因，最好将其称为泥岩。Morgenstern 和 Eigenbrod（1974），Wood 和 Deo（1975）以及 Hopkins 和 Dean（1984）提出了可以用来区分这些类型泥岩的试验。

如图 36.3 所示，可根据颗粒大小、单轴抗压强度（σ_c）和二次耐崩解性指标（Id_2）对泥岩进行分类（第 36.3.2.3 节），该分类方法由 Grainger（1984）提出，用以对泥岩土工程特性进行分类。

土（黏土）	$\sigma_c < 0.60$MPa
软质泥岩	0.60MPa $< \sigma_c < 3.6$MPa；$Id_2 < 90\%$
硬质泥岩	3.6MPa $< \sigma_c < 100$MPa；$Id_2 > 90\%$
变质泥岩 *	$\sigma_c > 100$MPa

* 变质泥岩指经过低程度变质作用的泥岩。

如上所述，0.60MPa 的单轴抗压强度（UCS）等效于 300kPa 的不排水抗剪强度，测试强度时加载方向垂直于岩石中的所有节理（第 36.2.4.1 节）。根据石英含量的不同可分为黏土岩、页岩、砂质页岩、泥岩和粉砂岩，如下表所示。

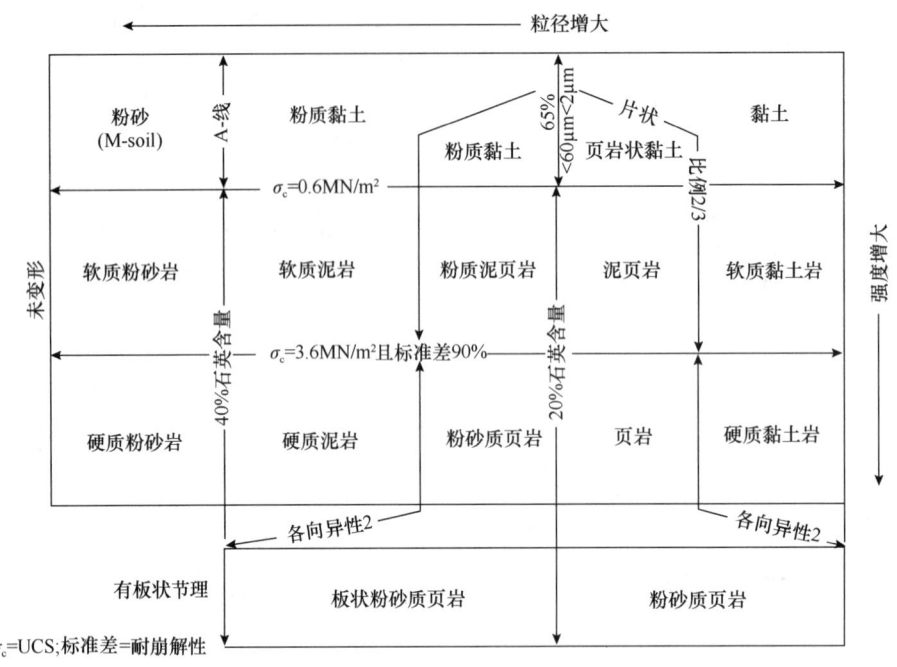

图 36.3 Grainger（1984）泥岩分类方法

黏土岩、页岩	石英含量 <20%
砂质页岩、泥岩	石英含量 20%~40%
粉砂岩	石英含量 >40%

其中含量的划分与 Spears（1980）的建议一致。Grainger（1984）的分类也进行易破碎与非易破碎材料区分，其中片状比（即碎片的最短尺寸除以中间尺寸）大于 2/3 的岩石为易破碎岩石，片状比小于 1/3 的为块状岩石。对于耐久性的板状泥岩，可以使用点载荷试验或锥普氏硬度仪确定平行于或垂直于主要软弱结构面（层理或叶理）的抗压强度，通过各向异性比是否大于 2 来区分破碎泥岩。如上所述，为避免岩石名称受风化程度影响，最好避免使用"页岩"一词，而是使用"易破碎泥岩"或"黏土岩"。泥岩是一种颗粒随机排列的硬化黏土岩，而板岩由于存在优势颗粒方向而具有解理。

36.1.3 英国泥岩分布

如图 36.4 所示，泥岩在英国广泛分布。一般而言，形成年代较新、硬度相对较低的泥岩多位于英格兰南部和东部的大部分地区（包括伦敦地区）。因此，许多重要的城市地区和基础设施路线都位于泥岩地层。在中部地区、英格兰西部和北部、威尔士南部和北部以及苏格兰中部山谷地区的三叠纪、二叠纪和石炭纪的岩石中，存在着更老、更硬的泥岩。这些地区存在着大城市和复杂的交通设施。

前寒武纪到泥盆纪的更老地层分布于英国西部和北部。尽管这些地区的大多数泥岩已变质为板岩和片岩，但仍存在一些岩性较软的岩层出露。尽管人口较少，但泥岩的分布仍可能影响这些地区的工程设计和施工。

36.2 泥岩特性的影响因素

根据定义，泥岩由沉积的矿物成分（例如石英和黏土矿物）组成，平均尺寸小于 0.06 mm。除黏土矿物和细粒石英外，还可能存在少量的长石、方解石和云母以及有机物，以及如下所述的各种成岩矿物。虽然泥岩的特性受矿物成分的性质和相对含量的影响很大，但是其密度和结构也同样重要。

36.2.1 泥岩的成分

由于黏土矿物对泥岩的物理性质起主要控制作用，故对这些黏土矿物的了解有助于理解泥岩的特性。图 36.5 为具有以云母为代表的片状结构的黏土矿物，由二氧化硅（Si_2O_4）和氧化铝（$Al_2(OH)_6$）的交替四面体层以及可交换阳离子的中间层组成。在此基本框架内，根据二氧化硅-氧化铝片的数量及其排列方式，可形成复杂的矿物。基本片状骨架内的离子被 Mg^{2+} 等离子取代；Fe^{2+} 对矿物的性

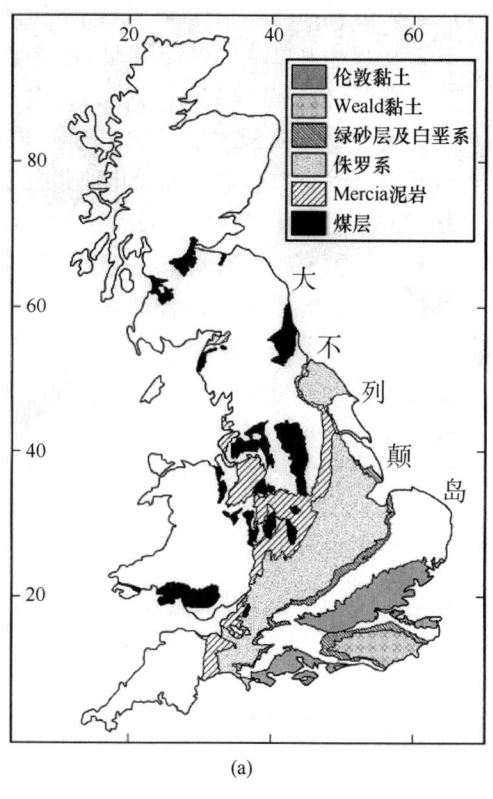
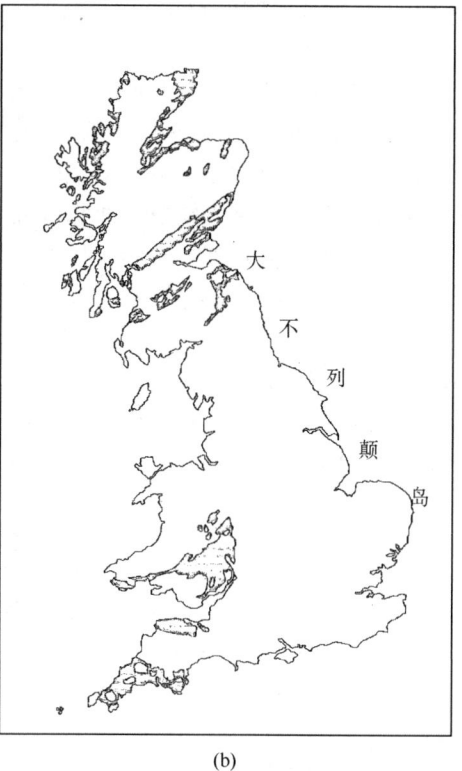

图 36.4　大不列颠岛主要泥岩地层分布

(a) 石炭纪至始新世；(b) 前寒武纪至泥盆纪泥岩

摘自 Reeves 等 (2006) ⓒ 伦敦地质学会 (The Geological Society of London)

黏土矿物的结构

| 高岭石 | 伊利石/云母 | 蒙脱石 | 绿泥石 |

每个单元都由氧化铝"三水铝石"($Al_2(OH)_6$)八面体层和二氧化硅四面体层组成。

($\pm$1) = K^+ 夹层(●)和一些 OH^-(●)。

偶尔有 Fe^{2+} 和 Mg^{2+}(●)

二氧化硅中出现 Al^{4+} 取代 Si^{4+} 的现象。

($\pm$2)=H_2O分子夹层(○)和一些Ca^{2+}及Na^+(●)

在三水铝石层中，Al^{4+}被Mg^{2+}和Fe^{2+}大量替代，这种替代产生了净负电荷，该电荷通过层间阳离子固定得以平衡。

每个单元都包括两个二氧化硅四面体之间的氧化铝（三水铝石）八面体层，以及氧化铝-二氧化硅片之间的"微晶石"($Mg_3(OH)_6$)层。在三水铝石层中Fe^{2+}偶尔会取代Al^{3+}。

混合黏土：两种及两种以上黏土矿物的混合，例如（伊利石-蒙脱石系列（即当1:1比例=累托石等）或蒙脱石-绿泥石（即1:1比例=董青石时）。这些组合的结构由于成岩作用的改变而变化，最终转化为稳定的黏土矿物，即伊利石或绿泥石。混合层物质趋于膨胀，引起泥岩的胀缩效应。

图 36.5　典型黏土矿物的板状结构显示出通过离子交换而膨胀的潜力

质、阳离子交换容量和收缩膨胀性能也有一定的影响。

图36.6给出了通过硅酸盐矿物（如长石）化学风化作用而形成的黏土矿物（第36.2.3节）的整个过程。该地区的气候条件决定了泥岩的成因类型是原位残积型还是搬运型。原位残积型通常以高岭土为主，常见于炎热潮湿的气候环境中（见Lum，1965）。在温带气候下，风化产物通常以伊利石为主。

风化的岩石类型也会影响黏土矿物组分。例如，高岭石来源于花岗岩的风化，而伊利石则来自于既存泥岩和富含云母的岩石风化作用。蒙脱石形成于火山岩和低硅质母岩中。如下所述，一些黏土矿物（自生矿物）是从孔隙溶液中沉淀出来的。大多数泥岩中都可能存在绿泥石，尤其是那些由变质物质（如泥质板岩、千层岩或片岩）风化而得的泥岩。泥岩中通常还包含几种非黏土矿物，例如石英、碳酸盐、黄铁矿以及有机物。

由于黏土矿物的原子结构特点，它们通常以相对较小的扁平或板状颗粒形式存在，如表36.1所示，其成分中的平均尺寸、比表面积和活度与诸如石英和长石等均质矿物形成鲜明对比。随着孔隙水进入晶体和可交换离子内部，膨胀性黏土（如蒙脱石）相对较高的表面积进一步增加。

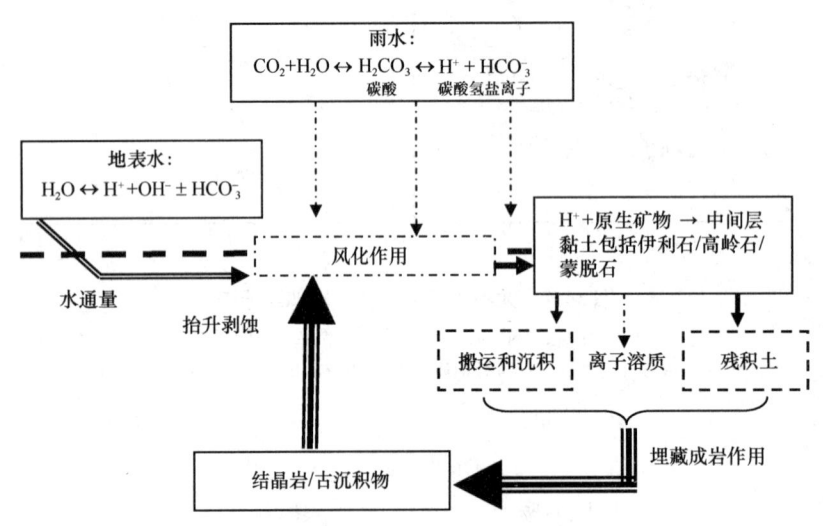

图36.6 岩石风化作用产生黏土矿物

石英和某些黏土矿物的比表面积和活度　　表36.1

	蒙脱石	伊利石	高岭石	绿泥石	水铝英石	石英
底面直径（μm）	0.0~2	0.1~2	0.1~4	0.1~2		50~5000
基底层厚度（Å）	10	10	7.2	14		
颗粒厚度（Å）	10~100	50~300	500	100~1000		$10^5 \sim 10^7$
比表面积（m^2/g）	700~800	80~120	5~20	80		$10^{-4} \sim 10^{-6}$
阳离子交换量（meq/100g）	80~100	15~40	3~15	20~40	40~70	
面积单位电荷（$Å^2$）	100	50	25	50	120	
液限（%）	100~900	60~120	30~110	44~47	200~250	
塑限（%）	50~100	35~60	25~40	36~40	130~140	
缩限（%）	8.5~15	15~17	25~29			
活度	1.5~7	0.5~1	0.5	0.5~1.2		

数据取自 Mitchell（1993）、Hillel（1980）

Reeves 等（2006）解释说，由于高价阳离子被低价阳离子取代，伊利石、蒙脱石甚至高岭石等矿物在其复合层上都带有净负电荷。这种电荷被层间阳离子所平衡，当悬浮在水中时，每个黏土颗粒都被水合阳离子的扩散双电层包围。由于黏土颗粒边缘的离子键断裂，其边缘会根据碱性或酸性条件分别变成带负电荷或带正电荷。吸附在黏土颗粒上的离子可能会与溶液中的其他离子交换，从而导致扩散双电层和矿物厚度的变化，进而提高黏土中的阳离子交换能力。由于扩散双电层和周围溶液中阳离子浓度的不平衡，会发生进出扩散双电层的阳离子交换。

黏土矿物相对较大的表面积意味着它们将大量的水吸附到其表面上，这些颗粒之间的共享水使黏土具有可塑性。活度是塑性指数和小于 $2\mu m$ 的颗粒百分比的函数，是表征该材料对水的敏感性的指标。较高的活度表示该材料在含水量变化时具有更强的可塑性和胀缩性。

黏土颗粒尺寸相对较小，意味着它们在范德华力作用下相互吸引，此外还会受到静电吸引和排斥力的作用，范德华力在很短的距离内起作用，而静电吸引和排斥力的作用距离更长。后一种力的强度取决于离子强度和围绕颗粒的孔隙水成分以及它们之间的距离。因此，溶液中的颗粒受到引力和斥力的大小取决于与相邻颗粒的距离和溶液的化学性质。一般而言，在高离子浓度条件下（即在盐水条件下），扩散双电层受到抑制，引力趋于占主导地位，从而使颗粒形成与边缘接触较多的絮凝基团。这种所谓的片架结构产生了密度相对较低、含水量高的黏土沉积。在低离子强度条件下，斥力占主导，黏土颗粒以分散状态沉积，孔隙度较低。大量的有机物也有利于黏土矿物形成分散结构。

泥岩的非黏土成分包括石英、长石、云母、碳酸盐、重矿物、有机质、黄铁矿和铁矿物。石英和细晶（隐晶）形式的二氧化硅（例如燧石）通常以碎屑（或沉积）颗粒形式存在。泥岩通常含有氧化铁、氢氧化铁以及硫化铁矿物黄铁矿。正如第 36.2.4.3 节中所述，黄铁矿虽然含量较少，但它是一种常见且非常重要的成分。

36.2.2 沉积、埋藏和成岩作用

沉积环境对沉积材料的类型、层理面和其他沉积结构及其间距都有很大影响。如第 36.2.1 节中所述，黏土颗粒可能以分散的单个颗粒形态形成密集的沉积物，呈板状排列，或呈絮凝状聚集，颗粒随机排列，呈开放式卡架结构或蜂巢状结构。这样的沉积物具有较大的孔隙率（在 70% ~ 90% 之间），较高的含水率。

埋藏在新近沉积物下方的沉积物会堵塞通往空气的通道，从而增加竖向应力和温度。如图 36.7 所示，随着孔隙度和含水率的降低，成岩矿物逐渐形成，黏土矿物发生变化，胶结物逐渐沉淀。在无氧条件下，硫酸盐还原细菌通过与沉积物中的游离铁反应，从海水衍生的硫酸盐（SO_4^{2-}）中释放出氧气。上述过程最终会在沉积物的上层形成黄铁矿"莓状体"。如图 36.8（a）所示，莓状体组成了微小的黄铁矿晶粒团簇（粒径约 $1 \sim 10 \mu m$）。在富氧条件下，可能会形成方解石或碳酸铁（菱铁矿）的结核或非晶质体（图 36.9）。

随着埋藏深度的增加，泥质沉积物的孔隙度和含水量逐渐降低，进一步导致矿物成岩作用的变化，同时产生新的自生矿物（图 36.10 和图 36.11）。这些成岩作用随着埋藏深度和埋藏持续时间的增加而增加，直到 10 ~ 12km 的深度，并在这个深度开始转向轻微变质过程。

图 36.7 总结了对不同埋藏深度影响的研究结果，图 36.11 和图 36.12 给出了泥岩相关结构的变化。Czerewko 和 Cripps（2006b）解释说，在此过程中，黏土矿物被挤压并重新排列以填充碎屑颗粒之间的空隙。残留的黏土絮状物被破坏，孔隙度、水分和挥发物相应地也会损失。在富含黏土的沉积物中或层状沉积的黏土层中［图 36.12（c）］，黏土颗粒朝水平方向重新排列［图 36.12（b）］，这使得材料表现出各向异性。由于黏土颗粒会填充到粉砂颗粒的空隙中，因此在黏土和粉砂颗粒混合的沉积物中不易形成优势方向［图 36.12（a）］。

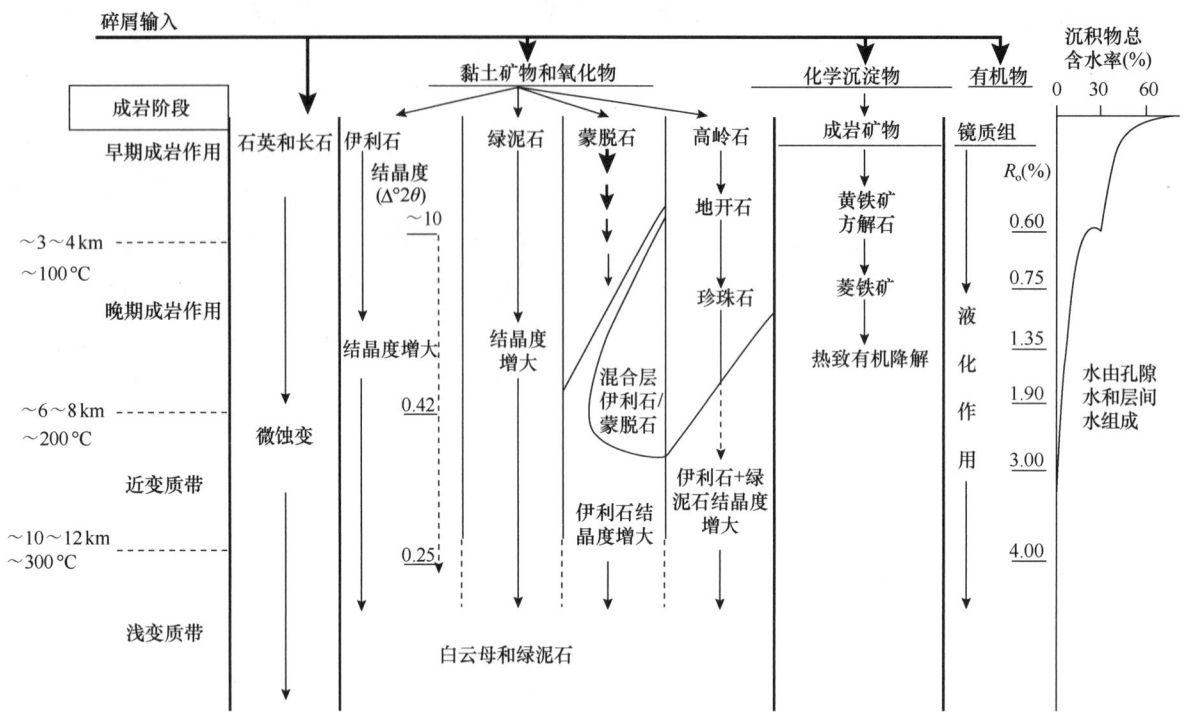

图36.7 泥岩矿物成分和含水率与不同黏土矿物组分及埋深之间的关系（I/S＝伊利石/蒙脱石）

摘自 Czerewko 和 Cripps（2006b）

压实泥岩（第36.1.2节）一般含有膨胀性黏土矿物，例如蒙脱石和伊利石-蒙脱石混合层，也可能包含高岭石和蛭石；黄铁矿通常会以莓状体或很小的晶体形式出现（图36.8a）。压实作用将使密度增大，含水率减小，但矿物成分变化相对较小。

当埋藏深度超过1km，黏土矿物和黄铁矿才会发生明显变化。随着深度的增加，除了密度增加，含水率减小之外，蒙脱石和蒙脱石-伊利石混合物逐渐转变为伊利石，并最终通过变质过程转变为白云母或绢云母。该过程会促使这些矿物的中间层释放离子和水分，这些离子与水分进一步参与孔隙中自生黏土矿物和胶结物的沉淀作用。如果碎屑成分数量足够，在一定程度的压实下，沉积物中会形成骨架（图36.12e）。如果没有骨架发育（如在富含黏土的泥中），则沉积物中黏土颗粒优势方向有可能近似水平向，最终形成易破碎的泥岩或黏土岩（第36.2.4.1节）。胶结较弱的泥岩中可能含有一些膨胀性黏土矿物，其中伊利石具有增大晶体尺寸及骨架的作用。绿泥石一般通过深层成岩过程产生，也可以由蛭石通过埋藏成岩作用并且混合层砾岩转化而成。

当埋藏深度达到2～3km，通常会使强烈胶结的泥岩孔隙度降低3%～5%，并且消除了泥岩内部大多数（即使不是全部）低稳定性黏土矿物。随着埋深和温度的不断增加，会形成一系列离散的结晶区域。他们会结合形成胶结颗粒的连续骨架，并最终发展成为胶结泥岩（图36.12f）。最终，在大约5km深度，所有颗粒都将被胶结。在这个深度下，不仅沉积物中的总孔隙体积减小，控制水运动的孔隙直径也同样减小。上述成岩作用，协同膨胀性黏土矿物的消除和黄铁矿晶体的尺寸增加（图36.8a～d），极大地提高了材料的耐久性。在上述过程中，材料中的任何微裂纹和其他不连续结构都会得到修复，其强度也会极大地增加（第36.3.2.3节）。如图36.8所示，黄铁矿的逐步重结晶会导致莓状体转变为细晶粒甚至较大的晶体，最终产生肉眼可见的立方晶体。

通过压实和胶结作用而硬化的早期残余沉积物可能形成类似于富黏土搬运沉积物状的泥岩地层，但是由于干化作用会引起高孔隙吸力作用，一些残余沉积物表现出类似岩石的特点。如果对该类材料

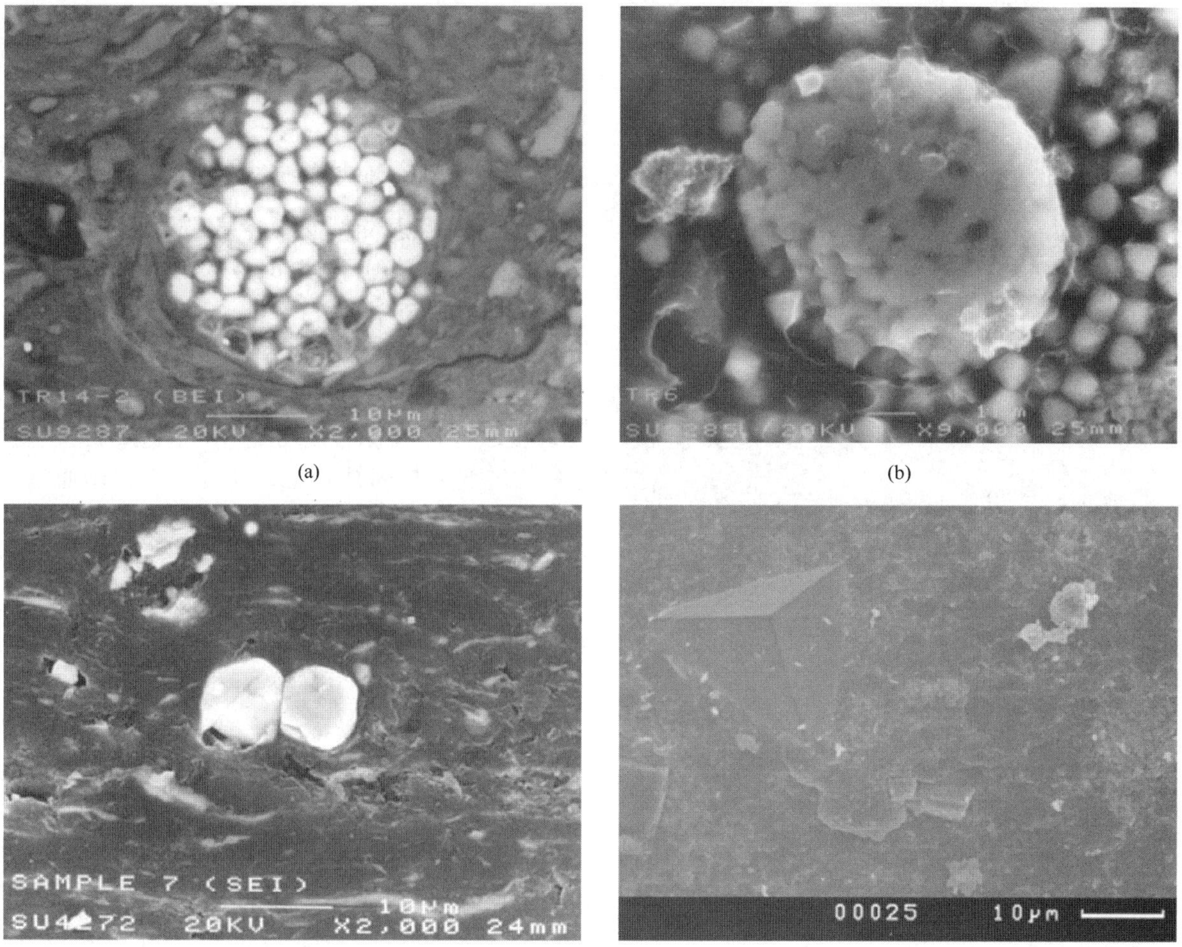

第 36 章　泥岩与黏土及黄铁矿物

(a)

(b)

(c)

(d)

图 36.8　与埋藏和重结晶有关的黄铁矿形态的成岩变化，从软压实泥岩到硬泥岩

（a）黄铁矿莓状结核，包括离散的黄铁矿微晶的集合（Lias 黏土）；（b）部分胶结的莓状结核，离散微晶的部分重结晶（牛津黏土）；（c）早期的莓状结核胶结产生的黄铁矿晶体（上石炭系泥岩）；（d）硬泥岩中的黄铁矿立方体（下石炭系）

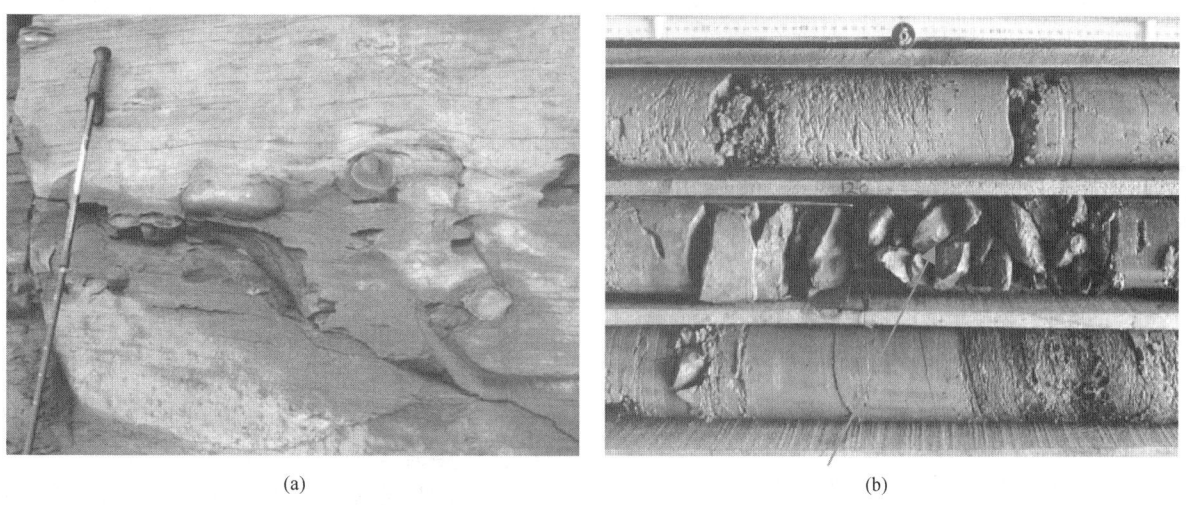

(a)

(b)

图 36.9　（a）英格兰东北部侏罗纪泥岩中的黄铁矿黏土岩结核（注意由于沉积物的差异化压实作用而导致的层理环绕变形）；（b）英格兰中部地区的石炭系煤系泥岩中硬黏土岩结核导致岩芯破碎

进行轻微的润湿，会破坏此类颗粒在这种沉积物中的吸力体系，随着润湿的进一步发展，材料会迅速软化为软黏土。

36.2.3 抬升、卸载和风化作用

伴随着泥质沉积物覆盖层厚度的减少，其孔隙率、含水率、抗剪强度和有效水平应力也随之发生变化，如图 36.13 所示 [Cripps 和 Taylor（1981）]。第 36.2.2 节和图 36.7 和图 36.10 中已详细描述并说明了埋藏条件对矿物形成和微观结构的影响。如第 17 章"土的强度与变形"所述，卸载会使沉积物转变为超固结状态；换言之，它比通过正常埋藏作用形成的物质密度和刚度要大。风化作用包括物理分解和化学变化，它会导致材料的破碎、胶结物的逐步溶解和其他矿物成分的变化。如图 36.13 所示，这些过程最终导致成岩压实作用和胶结作用的消失，并使物质恢复到与沉积时相似的状态。

由覆盖层剥蚀所引起的物理风化过程表现为材料的垂直膨胀和裂隙的发展，应力释放产生的裂隙大多平行于地面。由于侧向约束，原始上覆地层压力所引起的水平应力没有得到相应的减小，因而呈现较高的水平应力状态。如图 36.13 所示，近地表超固结黏土地层中的高 K_0 值以及倾斜裂缝系统都表明了这一点。这些不连续地层其实促进了物理和化学风化过程所需水分和气体的不断进入。风化过程进一步导致地层不连续性的逐步发展以及新的不连续性的产生。上述过程使得地层中的水分增加及粘结力的削弱，地层不断软化膨胀。近地表地层强度的损失同时也伴随着该深度 K_0 值的降低。

在温带气候中，物理风化过程占主导地位，而在热带地区，基岩通常被几十米厚的残积土层覆盖，这些残积土均是由下伏岩层的化学蚀变而成。例如，香港某些地区的花岗岩和火山岩地层上方覆盖厚达 60m 的富含黏土的残积土（参见 Lum，1965）。上述风化作用主要集中在不连续面区域，距地面越近，孤石的大小和数量逐步减少，风化产物的比例逐渐增加。

化学风化过程如图 36.6 所示；然而，正如第 36.2.4.3 节所述，微生物活动也对黄铁矿的风化起着重要作用。其他生物过程，如植物根系的生长，也同样产生物理和化学影响。

(a)

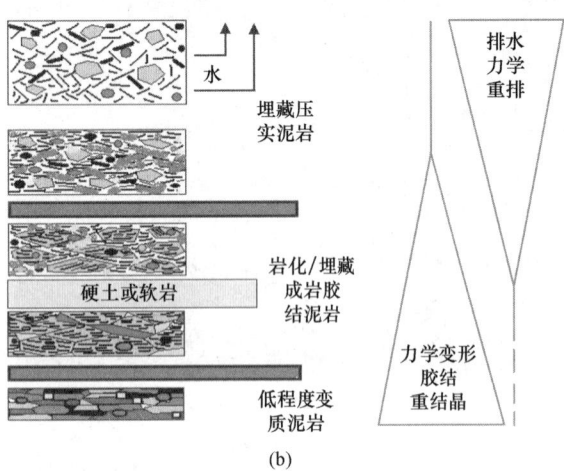

(b)

(c)

图 36.10　埋藏条件对泥岩结构的影响

(a) 从英格兰东南部的伦敦黏土土样中可以看到，欠硬化泥岩具有开放的"松散"结构；(b) 从泥转变为泥岩时发生的变化；(c) 密集的"致密"结构，并在硬质石炭纪 Namurian 泥岩中看到黏土矿物包裹的粉粒大小的石英颗粒

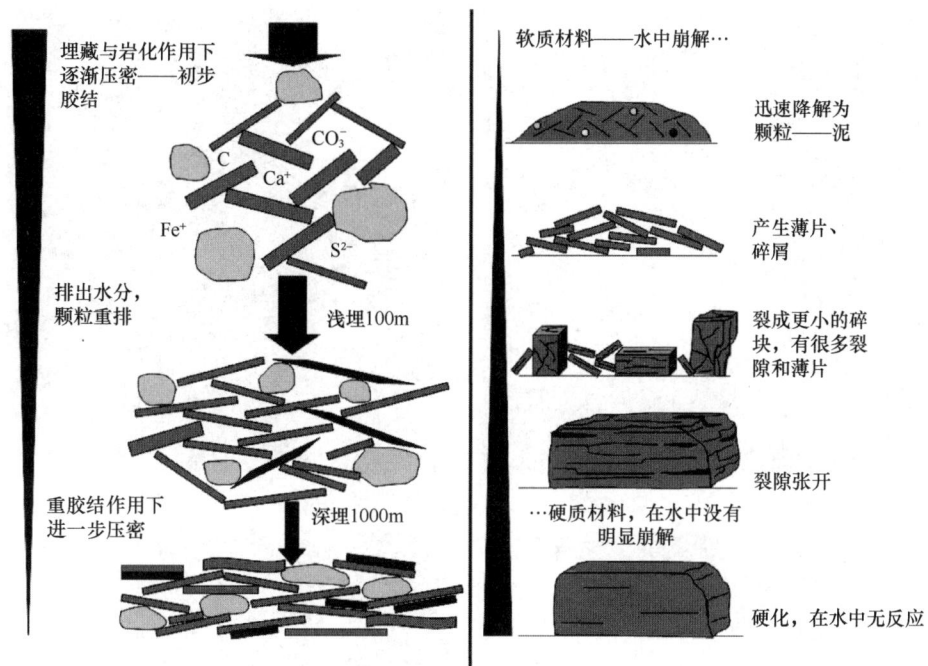

图36.11 埋藏条件对泥岩结构及特性的影响

卸荷条件下，地层的结构、成分、原物质以及成岩后的产物对材料变化的形式和速率（受风化作用影响）有较大的影响。一般来说，对于压实泥岩和超固结黏土，上覆压力的影响会迅速消失。但是，在胶结泥岩中，剥蚀作用可能会持续较长时间：储存的弹性应变能量的释放导致断裂的逐步发展，随后，颗粒间的胶结作用将减弱，裂缝进一步形成。最终，随着物质分解并恢复到正常固结状态，埋藏条件和成岩作用的影响才逐步消失。

硬质泥岩的破碎过程受其微破裂程度的控制（图36.14）。在硬质泥岩中，成岩胶结物可能会提供一个刚性骨架，包裹着变形的矿物颗粒和晶体（图36.12e）。由于上覆层约束的逐步消除，该骨架下的胶结力减弱，胶结物流失，泥岩易于崩解成砂砾或砾石大小的碎屑（图36.15）。在极少数情况下，如图36.16所示，岩石可能会发生突然崩塌而释放出能量。

36.2.4 泥岩的成因特征

36.2.4.1 纹理和易裂性

纹理包含厚度小于20mm的离散层状单元，如图36.12（c）所示，这些单元可能会构成不同晶粒尺寸，或者它们可能是相同晶粒尺寸的连续单元。具有纹层构造的泥岩通常表现出各向异性，因此它们会优先沿着纹理破裂。泥岩可以分裂成薄片的性质定义为易裂性。在一些富含黏土的泥岩中，板状黏土颗粒的线状排列增强了其易劈裂性。如第36.1.1节所述，易劈裂泥岩有时被称为页岩，但由于该特征只有在一定程度的风化作用下才能显现，因此最好不要以这种方式使用该术语。

36.2.4.2 结节与结核

泥岩中常见各种形状、类型和大小的结节和结核。它们由更坚硬耐久的材料构成，并通过成岩过程形成（第36.2.2节），其中矿物的局部沉淀使沉积物胶结，如图36.9所示。有时在土层或风化的泥岩中会形成结核，如第36.3.1节所述。

36.2.4.3 泥岩中的黄铁矿

黄铁矿是一种硫化铁矿物，尽管含量仅占泥岩和超固结黏土成分的百分之几，但仍会引起多种类型的问题，将在第36.4.2节和第36.4.6节中详细阐述。黄铁矿常出现在深色富含有机物的泥岩中。如Czerewko等（2003a）提到，黄铁矿不是唯一有潜在问题的硫化物矿物，但它是最常见的一种。黄铁矿通常以莓状体球形集聚，直径通常小于$3\mu m$［图36.8（a）］。

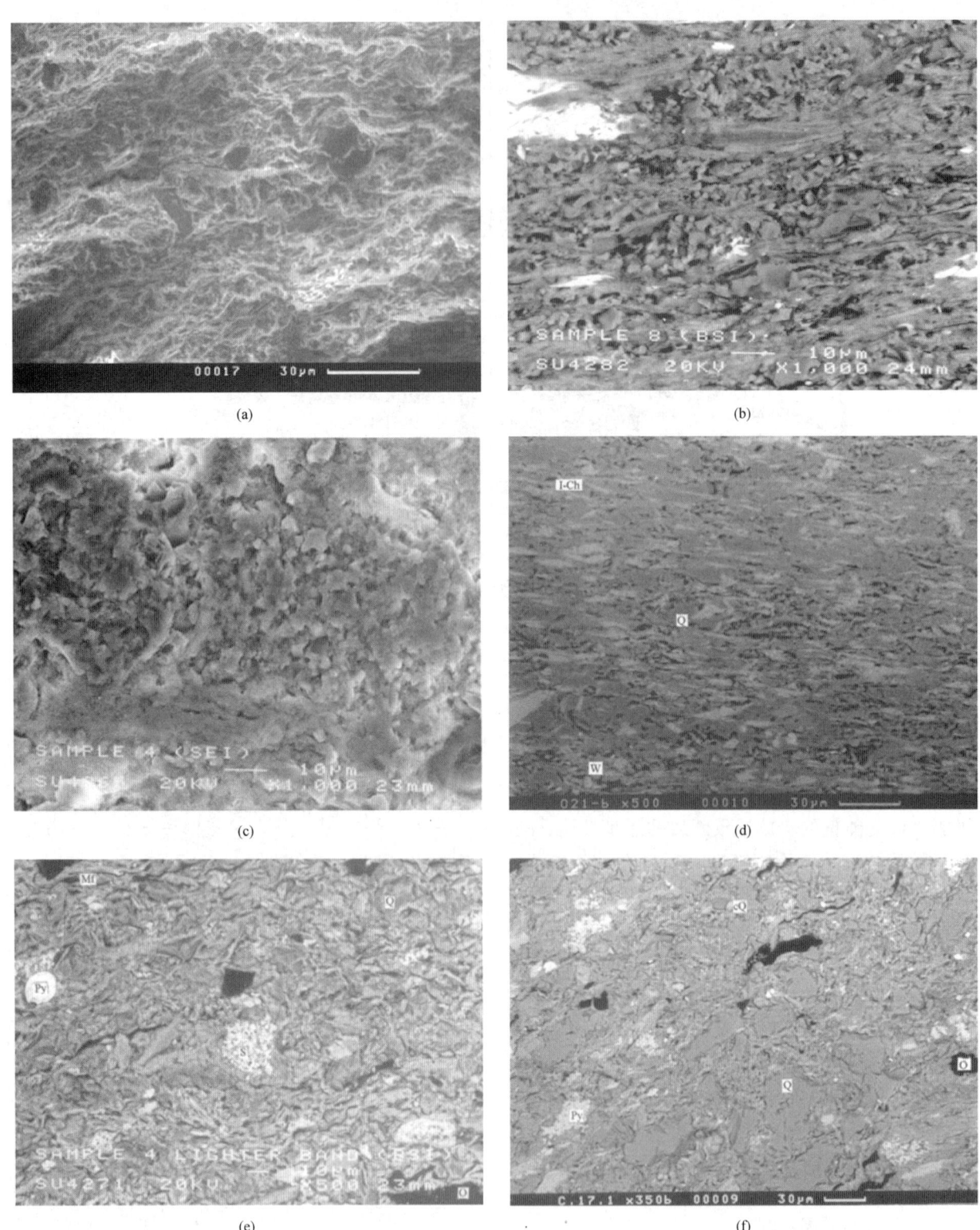

图 36.12 扫描电子显微镜（二次散射和反向散射）图像，显示了压实和重结晶对泥岩结构的影响
(a) 侏罗纪 Lias 黏土中黏土颗粒方向随机分布，包裹着粉粒大小的石英颗粒；(b) 上石炭统煤系地层中易碎泥岩颗粒的优势排列；(c) 下石炭统煤系地层片状泥岩中粉粒级石英的纹理；(d) 奥陶纪泥质板岩重结晶和胶结的证据；(e) 英格兰东北部紧密压实且坚硬的块状泥岩中的随机方向的黏土矿物；(f) 苏格兰的胶结泥岩，明亮区域：黄铁矿；中等明亮区域：方解石胶结物；灰色：黏土；黑色：有机质

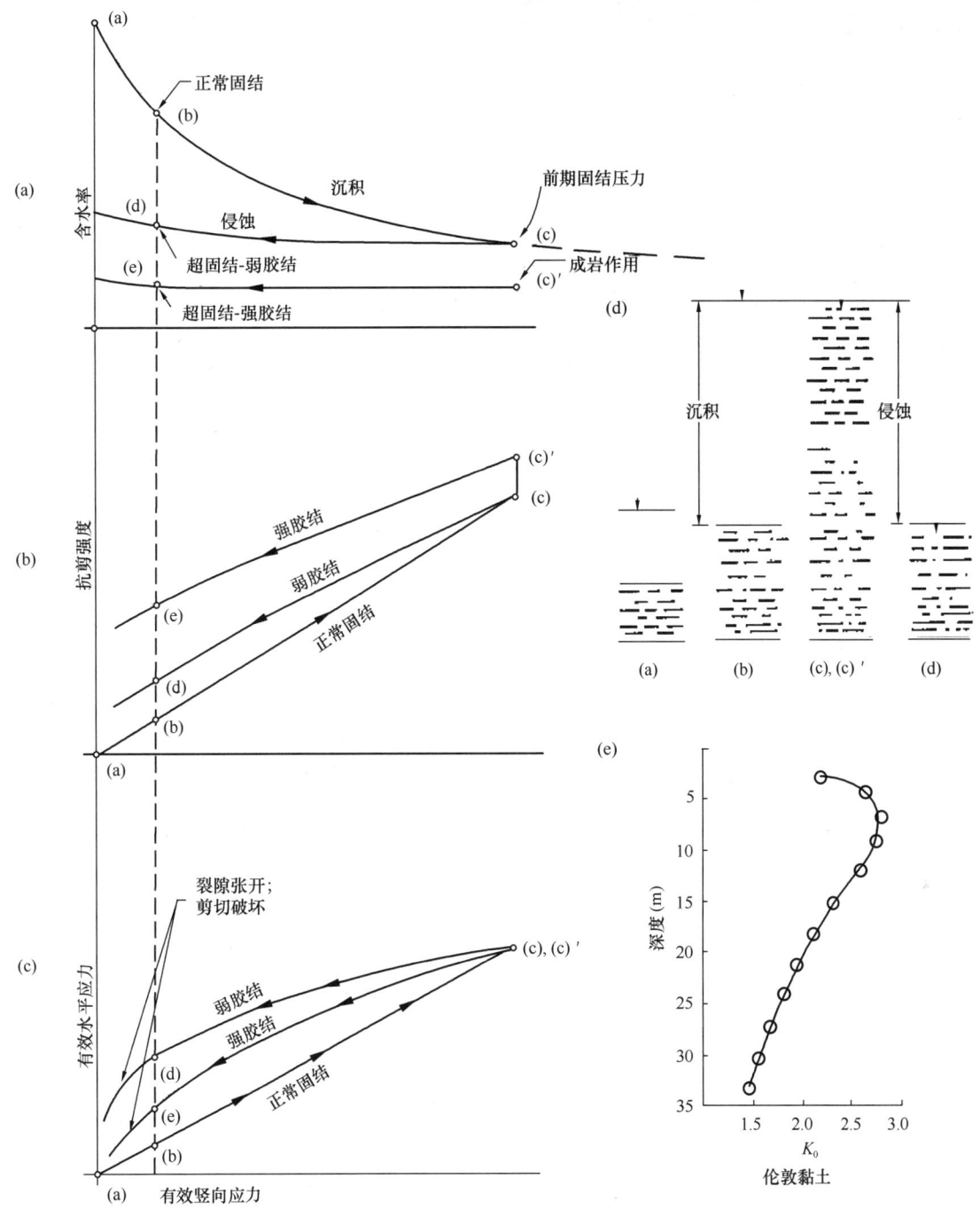

图 36.13 沉积物的加载、卸载导致含水率、抗剪强度、水平应力的变化

摘自 Cripps 和 Taylor（1981）© 伦敦地质学会（The Geological Society of London）

由于黄铁矿的整体表面积很大，因此它们在氧化和潮湿的气候环境中具有很高的反应活性。表36.2 列出了英国含有黄铁矿的沉积物。黄铁矿在侏罗纪、白垩纪和新生代的海洋超固结黏土和泥岩中尤为常见，占英格兰南部和东部以及威尔士和苏格兰局部区域地表面积的 25%。

成岩过程（在第 36.2.2 节中提到）缓慢将开放的有纹理的莓状体转化为八面体或立方晶形，最大尺寸可达几毫米。在该过程的每个阶段，黄铁矿都变得更抗氧化。泥岩地层的剥露使它们能够接触空气和水，因此框 36.1 所示的过程可能使黄铁矿被氧化。

框 36.1　黄铁矿氧化过程

1. 黄铁矿被空气分子氧化为二价铁的纯化学反应过程。饱和状态下铁元素留存在溶液中：
$2FeS_{2(s)}$（黄铁矿）$+ 2H_2O + 7O_2 Fe^{2+}$（二价铁）$+ 4SO_4^{2-} + 4H_{(aq)}^+$。

2. 二价铁被氧分子氧化为三价铁，三价铁为强氧化剂：
$4Fe^{2+}$（二价铁）$+ 4H_{(aq)}^+ + O_2 4Fe^{3+}$（二价铁）$+ 2H_2O$。

3. 黄铁矿进一步被三价铁氧化，三价铁作为电子受体，在此过程中产生了二价铁、硫酸根离子和氢离子
FeS_2（黄铁矿）$+ 14Fe^{3+}$（三价铁）$+ 8H_2O\ 15Fe^{2+}$（二价铁）$+ 2SO_4^{2-} + 16H_{(aq)}^+$。

4. 如溶液中存在碳酸钙，酸将被中和，在此过程中会产生石膏和二氧化碳。此反应需要足够的水，使所有的反应产物溶解在溶液中。当水蒸发或被消耗时，石膏会沉淀，溶液将饱和
$CaCO_3(s) + 2H_{(aq)}^+ + SO_{4(aq)}^{2-} + H_2O_{(1)}\ CaSO_4 2H_2O_{(s)} + CO_{2(g)}$。

根据反应 1，暴露于氧气和水环境会促进黄铁矿的缓慢化学氧化。该反应在 pH <4 时是自限性的。但是，一方面由于还原硫酸盐的细菌产生的三价铁可作为黄铁矿的氧化剂，使得氧化反应继续进行而放热；另一方面 H^+ 的释放使酸度升高，而该类细菌在温暖的（30℃左右）酸性条件（pH 在 3 左右）下处于最活跃的状态，因此该反应的进行速度比纯化学氧化快 3～100 倍。

反应在缺水的条件下会停止并形成水合硫酸铁。实际上，该过程可能会对黏土产生干化作用[请参见 Cripps 和 Edwards（1997）]。尽管硫酸铁在酸性条件下是稳定的，但流动的水会除去溶液中的可溶性矿物质和硫酸，并在淹没矿井中产生高污染酸性矿山排放物（AMD）（Banks, 1997）和废弃矿渣中常产生的高度腐蚀性酸性孔隙水。

该反应在不缺水的情况下，酸度可调节至 pH >4，并且通常会生成氢氧化铁 $[Fe(OH)_3]$，这

图 36.14　岩石微观结构对风化产物形态的影响
(a) 板状或易碎的（奥陶系，西威尔士）；(b) 片状（石炭纪煤系地层，Yorkshire 南部）；
(c) 块状（石炭纪煤系地层，Yorkshire 南部）

图 36.15　石炭纪煤系泥岩暴露崩解的示例

(a) 暴露 2 个月后，硬泥岩崩解至砾石大小（Derbyshire 北部石炭纪煤系泥岩）；
(b) Sheffield 煤系泥岩崩解导致边坡迅速垮塌

图 36.16　泥岩中应变能释放的影响

(a) 英国 Midlands 东部 Mercia 泥岩挖方边坡破坏；(b) 北英格兰煤层顶板破坏

是一种独特的高度不溶性橙棕色残渣，称为赭石。氧化过程中产生的硫酸具有生物毒性，并且对金属、混凝土和岩石具有高度腐蚀性。作为一种强溶浸剂，它会将潜在的有害元素（包括重金属）释放到环境中。

如果存在碳酸钙，它将与酸反应生成石膏（$CaSO_4 \cdot 2H_2O$）或透石膏，如图 36.17 所示。透石膏一旦结晶就逐渐重新溶解，因此充当了硫酸钙沉淀物的核。如果碳酸钙的含量低，则外在条件仍保持酸性（pH <2.5），因此酸对伊利石和钠长石的侵蚀会分别产生黄钾铁矾 [$KFe_3(SO_4)_2(OH)_6$] 和明矾石 [$KAl_3(SO_4)_2(OH)_6$]。另一方面，高碳酸钙含量（表 36.2）使环境变得不适合微生物生存，因此反应速率降低。

36.3　工程特性及性能

36.3.1　泥岩的物理性质及特点

受到其组成和结构的影响，泥岩表现出不同的物理性质及特点，其组成和结构又取决于该岩层的成因及历史（第 36.2.2 节及第 36.2.3 节）。从工程性能角度来讲，根据粒间胶结和重结晶的程度，泥岩可分为三种主要类型。尽管对泥岩的硬化状态起决定性作用的是埋藏历史而非时间长度，英国泥岩中仍普遍存在硬度及刚度随埋藏年限增长而增长的趋势（参见 Taylor, 1984），如表 36.2 所示。

某些英国泥岩地层中的黄铁矿含量范围和重要的碳酸盐矿物　　表36.2

地层单位	黄铁矿含量（%FeS$_2$）	碳酸盐矿物含量（%）	碳酸盐矿物种类
始新世			
伦敦黏土——蓝灰色裂缝粉质黏土	0.6~4	0.4~5.2	方解石，白云石
伦敦黏土底层——砂性黏土	2.5~41	N/A	方解石
古近纪			
Lambeth组——层状黏土，含贝壳	0.4~19.2	0~18	方解石
Lambeth组——杂色黏土	<0.2	0	缺失
白垩纪			
威尔德黏土	0.6	1~6	方解石
Gault黏土	0.7~1.0	0.7~33	方解石
侏罗纪			
Ancholme黏土	0.2~4	2.7~4.3	方解石
Kimmeridge黏土	0.4~4	8~36	方解石
牛津黏土	3~15	4.5~19	方解石
Whitby泥岩	3~17	1~16	方解石，菱铁矿
Lias黏土	1~8	2~49	方解石
石炭纪			
含煤岩系——黏土岩	0.1~6.9	2.2~3.2	菱铁矿，方解石
含煤岩系——泥岩	1.2~8.2	0~9	方解石，菱铁矿
含煤岩系——砂岩	0~2.3	0~37	菱铁矿
石灰岩	0.2~10	N/A	方解石
无烟煤煤系	2.4	N/A	N/A
Namurian泥岩	0~6	0~0.5	方解石
泥盆纪			
英格兰西南部——泥岩-泥质板岩	0~4.3	0~12	方解石，白云石，菱铁矿
志留纪			
威尔士及南部高地，苏格兰——变质泥岩-泥质板岩	0.1~4.2	0~2.2	方解石，菱铁矿
奥陶纪			
威尔士——泥岩-板岩	0.4~7.1	0~2.7	方解石，菱铁矿
寒武纪			
北威尔士——板岩	0.5~5.4	0~0.8	白云石

据 Czerewko 和 Cripps 等（2003a）；N/A：不适用。

超固结黏土	新生代、白垩纪及大部分侏罗纪黏土/泥岩
软质泥岩	Lias（下侏罗统）、麦西亚泥岩（三叠纪）、二叠纪及一些含煤岩系（石炭纪）泥岩
硬质泥岩	石炭纪泥岩、泥盆纪及更老的泥岩、变质泥岩

在某些情况下，较新的地层中可能存在胶结良好的泥岩。相反，风化作用和（或）裂隙的存在可能导致较老的地层中填充较弱成分。表36.3列出了英国不同类型未风化泥岩的强度、压缩性和塑性的代表性数据。下面将具体讨论这些材料的性能。更多地层数据请参照 Reeves 等（2006）的研究。

由于岩土力学的测试数据受到试样、测试条件和其他因素的影响，公开文献中的岩土参数值（例如表36.3中的值）仅可被用作初步设计的指导，或帮助确定勘察和试验范围。由于风化作用对不同泥岩的影响存在很大不同，这些数据只能当作关于风化可能影响的一般性指导。表中备注仅为说明不同岩性泥岩参数变化的显著差异。

36.3.1.1 压实泥岩和超固结黏土

在埋藏期间，压实泥岩仅形成相对较弱的胶结作用。因此在许多工程情况下，这种颗粒间作用力粒间键几乎不产生影响，而有效应力对颗粒间摩擦力的影响更大。如图36.4所示，在英国，侏罗纪及其后地质年代的许多重要超固结黏土地层广泛分布于英格兰的东部和南部。一些更老的地层表现出界于硬土和软岩之间的特性，例如下侏罗统Lias黏土或其他地层中粉性较重的部分（如牛津黏土和伦敦黏土）。

地表以下埋深约3m以内的黏土通常处于部分饱和（部分干燥）状态，并且往往比其下部的地层更硬。浸润会降低土体有效应力并导致黏土快速软化，土体继而可分解成单个颗粒或部分粘结的小块。在压实泥岩中，超固结效应会被风化过程迅速破坏，破坏过程可能在工程存续期间完成，某些情况下甚至在施工过程中完成。泥岩中颗粒间胶结的相对强度（可提供泥岩降解的指示性速率）可以通过耐久性试验的结果来评估，例如静态崩解试验（Czerewko和Cripps，2001）或动态崩解耐久性试验（Franklin和Chandra，1972）。

对于粉性更强和埋深更深的黏土，其强度和密度更高，而含水率更低。在某些情况下，这一现象是由于存在颗粒间作用以及特定范围内的胶结作用导致的。较高的塑性值表明土体中存在蒙脱石和混合层黏土。风化作用下，土体的不排水抗剪强度可降至未风化土体的一半左右，含水率最多可提高50%，液限可提高10%。同时，密度通常降低约5%，压缩系数提高约一个数量级。

一些地层中包含裂隙系统，因此岩体整体的强度会小于实验室小体积岩块样品的强度。由于岩体中存在层理结构和（或）片状黏土矿物的较优排列，有些岩体表现出各向异性。根据第36.2.3节中所述的原因，在地层上部10 m左右的范围内，原位水平地应力可能比垂直地应力大3~4倍。在英国，风化作用通常会延伸到表面以下7~8m的深度，在上部几米范围内，岩体的变形会释放水平应力。另一方面，作为覆盖层厚度减少的结果，节理和裂隙的发育可扩展到地表以下数十米。

在更新世时期发生的冰川气候对整个英国的泥岩性状具有非常重要的影响。在压实泥岩和超固结黏土中，形成了对近地表地层的局部扰动区域，而融冻泥流沉积物覆盖了坡地上大部分脱离岩体和裸露突出的岩块。融冻泥流沉积物的剪切面动抗剪强度接近残值，因此即使受到相对小的剪力，该沉积物也可能发生剪切破坏。Weeks（1969）及Symonds和Booth（1971）描述了由于地下水条件变化、加载或支护结构拆除而导致的山坡失稳。

(a)

(b)

(c)

图36.17　泥岩中石膏沉淀的影响

（a）来自英国德比郡Mam Tor的Edale页岩中沿层理不连续面生长的膨胀石膏结晶；（b）黏土中随机生长的石膏晶体破坏了硬化程度较低的岩石结构，导致其体积增大；（c）石膏"透石膏星"和英国德比郡Mam Tor的Edale页岩中继发微裂缝产生的粉砂大小的碎片

英国典型地层单元的新鲜未风化泥岩特性参数表   表36.3

古近纪-伦敦黏土：具有类土特征的超固结黏土-压实泥岩。新鲜时，为硬至坚硬，蓝灰色裂纹粉质黏土，局部含钙质黄铁矿

Id_3	I'_j	耐久性	强度 c_u(kPa)	压缩系数 m_v(m²/MN)	MC(%)	LL(%)	PL(%)	PI(%)	孔隙比 e
0~12	8	ND	70~280	0.01~0.002	19~28	50~106	22~35	40~65	0.6~0.8

侏罗纪-Lias黏土：超固结黏土-压实和弱胶结泥岩，具有类似土的特征。新鲜时，为非常弱至弱，层状灰色粉质泥岩，局部钙化

Id_3	I'_j	耐久性	强度 UCS(MPa)	强度 c_u(kPa)	压缩系数 m_v(m²/MN)	E(MPa)	MC(%)	LL(%)	PI(%)	孔隙比 e
2~8	6~8	ND	0.38~45	80~1200	0.002~0.004	22~35	16~22	30~63	8~55	0.5~0.7

三叠系-麦西亚泥岩：超固结黏土-泥岩-压实胶结泥岩，具有类土、类软岩特征。新鲜时较弱，胶结时为中等强度；局部为红棕色钙质或白云质泥岩和粉质泥岩

Id_3	I'_j	耐久性	强度 UCS(MPa)	强度 c_u(kPa)	压缩系数 m_v(m²/MN)	E(MPa)	MC(%)	LL(%)	PI(%)	孔隙比 e
19~81	2~7	D-ND	0.55~36	80~2800	0.008~0.03	100~1200	16~22	19~35	8~35	8~55

石炭系-煤系：泥岩：煤系泥岩包括黏土岩、泥岩和粉砂岩；此处仅考虑泥岩。通常为因粉砂含量和胶结程度不同而具有不同性质的泥岩，但通常可被分类为具有岩石特征的胶结泥岩。新鲜时为弱至强，局部夹薄层灰色泥岩

Id_3	I'_j	耐久性	强度 UCS(MPa)	E(GPa)	Is(50)(MPa)	MC(%)	MC$_{ABS}$(%)	E_V(%)	E_A(%)	LL③(%)
10~95	2~7	ED-ND	3.4~50.1⁽¹⁾ 33~128⁽²⁾	5~50	0.21~3.69① 0.6~7.2②	1.8~5.7① 1.4~2.9②	2.3~10.3	0.28~3.12	0.6~7.8	27~33

下古生界-奥陶纪和寒武纪：变质泥岩到板岩：端部为中等强度的胶结沉积物，取决于粉砂含量和硬化程度。其特性变化范围较大。新鲜时，为中等坚硬至非常坚硬，偶有层状至劈开灰色、紫色、绿灰色泥岩、变质泥岩和板岩

Id_3	I'_j	耐久性	强度	E(GPa)	Is(50)(MPa)	MC(%)	MC$_{ABS}$(%)	E_V(%)	E_A(%)	UCS(MPa)
98~99	1~3	ED	66~272	≥31	2.1~15.8	0.11~1.03	0.1~2.2	0.005~0.17	0.02~0.43	

①英格兰及苏格兰泥岩；②南威尔士泥岩；③机械制备材料意为取自新鲜泥岩

e：孔隙率；E：变形模量；类似于杨氏模量，但不具有严格的弹性，并随围压而变化；EA：轴向膨胀；ED：极耐久；D：耐久；ND：不耐久；EV：体积膨胀；Is(50)：点荷载强度；LL：液限(%)；MC：含水率(%)；MC$_{ABS}$：吸水率(%)；PI：塑性指数=液限－塑限；PL：塑限；Id_3：三循环耐崩解系数值；I'_j：静态崩解试验系数；UCS：单轴抗压强度

数据取自Cripps和Taylor(1981)、Reeves等(2006)、Czerewko和Cripp(2006b)

36.3.1.2 弱胶结泥岩

胶结过程使泥岩的物理性质和矿物组分发生了变化，这些变化限制了空气和水与剩余活性黏土矿物接触，从而提高了泥岩的耐久性。但是，由于变形的矿物颗粒受到颗粒间作用力和胶结物的限制，围压的减小和风化作用的影响表现为随时间变化的应变能释放。随着体积变化，此类材料往往会发生快速崩解，体积变化往往伴随着含水率的变化，而含水率的变化将导致粒间键和胶结的破坏。

覆盖层厚度减少引发的初始后果之一是岩体中次水平和倾斜节理系统的发育，这些节理系统有助

于空气和水渗透到岩体中。水和空气的存在加上收缩-膨胀效应导致了节理和微裂缝的进一步发育。这些节理裂隙沿着层理不连续面和晶界发展（图36.14）。一般而言，这些过程会导致岩石劣化为砂至细砾大小的矿物颗粒。这些颗粒进一步分解为单个矿物颗粒则通常需要破坏颗粒间胶结，这一结合力的破坏需要通过疲劳破坏（由体积反复变化导致）和胶结物溶解共同作用完成（图36.15）。

就不排水抗剪强度指标而言，弱胶结泥岩可被视为软岩。但是当它们暴露在外时（如作为开挖面或边坡），弱胶结泥岩往往会快速崩解，如图36.14（b）所示。

相较于压实泥岩，风化作用引起的参数变化在胶结泥岩中更显著，这是由于未风化状态下前者的硬化程度更高。尽管压实泥岩的劣化速度更快，但两者风化后的产物是相似的。强风化泥岩的含水率通常为30%～35%，堆积密度为1.95～2.05Mg/m³，不排水抗剪强度为70～100kPa，单轴抗压强度为10～500kPa，体积压缩系数为0.1～0.24m²/MN。埋深较浅、硬化程度不高的富黏土沉积物或含膨胀土/混层黏土的硬质材料，其物理力学参数中含水率、塑性和压缩系数值可能较高，强度和密度值较低。

采样过程中的扰动以及岩样对应力和湿度条件变化的敏感性使弱胶结泥岩难以取得较为可靠的试验数据和分类，这可能导致对原状岩体性能的低估。土的分类试验，如颗粒分析和阿太堡界限试验，均需要在对材料进行破坏后进行。因此，即使原材料本身尺寸不大，这些试验结果通常也无法作为其破碎前完整材料的性能判断依据。例如，许多文献中麦西亚泥岩高活性的结果可能是低估了岩体中小于2mm裂隙的作用，而不是表明岩体中含有大量的膨胀黏土矿物。

36.3.1.3　强胶结泥岩

在强胶结泥岩中，粘结的黏土颗粒作为骨架，胶结颗粒在其中连续填充，不存在任何低强度的微观不连续性。此外，由于矿物晶粒变形而存储的应变能将通过矿物的重结晶逐渐消除。任何具有膨胀性的黏土矿物都将被更稳定的形式所代替。实际上，像弱胶结泥岩一样，强胶结泥岩最终分解为组分颗粒也是一个两阶段的过程：岩体首先被分解成砂或砾石大小的碎片，然后可能降解成矿物颗粒。

在强胶结泥岩中，第一阶段产生的碎片通常体积较大，并且需要更长的时间才能分解。

强胶结泥岩的分解产物的液限通常在35%～45%之间，这反映出伊利石在黏土矿物组分中占主导地位。对于强胶结泥岩，风化引起的降解程度大于其他种类的泥岩。风化强胶结泥岩的典型参数值如下：含水率15%～30%，液限35%～45%，堆积密度1.9～2.0Mg/m³，不排水抗剪强度15～70kPa。

风化对粘结良好泥岩的影响在完整岩样和风化岩样的三轴强度试验中尤为明显。如图36.18所示，Taylor（1988）的试验获得了典型的石炭系和其他新鲜胶结泥岩的摩尔包络曲线。岩样在较低围压下有明显的黏聚力，但在较高围压下会发生晶粒破裂。风化作用导致了颗粒间胶结消失，其结果表现为内摩擦角较小的线性包络线，这一包络线常见于无粘结黏土。剪切破坏导致岩样强度进一步降低至残值水平，这是由剪切面上黏土矿物的排列方向所导致的。

36.3.2　调查、描述和评估

本节中将对勘察技术进行评价，特别是针对泥岩可能引起的一些特定问题。本章也同样对可能导致不良工程表现的泥岩特性进行讨论，有助于预测和避免相应的工程问题。

如第36.1.1节所述，英国标准BS 5930 + A2：2010为在英国进行土木工程岩土工程勘察的常规步骤提供了指导。有人认为，实施岩土工程勘察虽然会产生费用，但其避免了施工方案的变更和延误，节省了由此产生的额外费用。同时，岩土工程

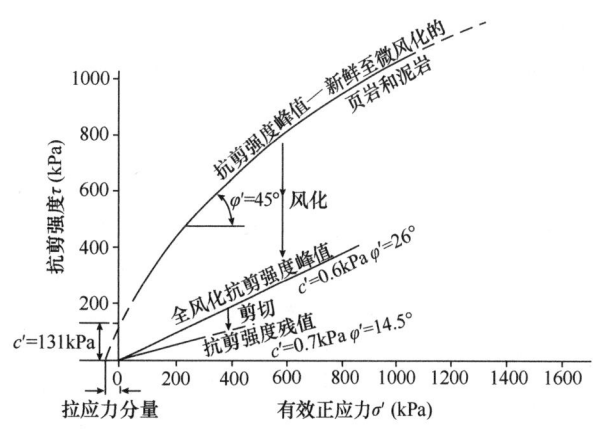

图36.18　胶结风化石炭纪泥岩的摩尔包络曲线

摘自Taylor（1988）©伦敦地质学会（The Geological Society of London）

勘察也为精细化设计提供了依据，由此节省了材料和建设成本。部分英国标准 BS 5930：1999 + A2：2010 已被欧洲标准取代，这些标准包括：BS EN ISO 22475-1：2006、BS EN ISO 14689-1：2003、BS EN ISO 14688-1：2002 和 BS EN ISO 14688-2：2004。英国标准 BS 1377：1990 中对土的实验室分类测试做了描述。这些文件为常见的工程情况指定了最低标准。但就泥岩而言，这些标准存在一些缺陷。由于其含义存在不确定性，需要进一步明确其中一些术语和方法。

材料的密度对于评估其硬化状态和潜在性能非常有用。由于泥岩具有大致相似的成分，因此密度值一定程度上也反映了其矿物成分和孔隙体积。

36.3.2.1 土和岩石

对于某些泥岩而言，决定是基于土力学还是岩石力学原理进行设计并不是一件简单的事情，而按照最不利情况设计通常无法取得工程上的最优解。土力学往往将材料视为离散颗粒的集合或一个连续体（而设计中通常是基于低抗剪强度塑性材料的极限状态假定），在这种情况下，土中含水率的变化会带来塑性和体积的重大变化。另一方面，岩石力学方法认为完整的材料具有很高的刚度，岩石整体的性能主要受到岩体中断层性质和几何形状的影响。泥岩和黏土的工程评估需要在工程的不同阶段综合考虑所施加的应力和环境条件、所涉及的材料及其对材料的影响等，最终得出最合适的设计方式。

在硬化的某个阶段，岩块中胶结晶粒组成的网络将起到抵抗变形的作用，因此材料的破坏需要这一胶结骨架的脆性断裂。在低围压条件下，这种性状会导致岩块破碎，而在高围压条件下，相同的材料则会发生塑性变形。如第 36.1.2 节所述，这使材料难以分类，并且由于这些变化是不断发展的，在同一地层内其效应也有所不同。Norbury（2010）指出，不排水抗剪强度值 300kPa 被视为土和岩石之间的一个界限，这一界限相当于 0.6MPa 的单轴抗压强度。他建议通过下面的现场试验区分土和岩石。岩石应具备如下特点：

- 指甲无法插入表面；
- 碎片的手感尖利硬质的；
- 与水接触时，材料不会立即软化或崩解。

由于某些泥岩的劣化速度较快，岩性随时间的变化也必须加以考虑。泥岩风化等级的小幅变化会对施工或设计产生重大影响，这一变化可能发生在施工过程中或工后阶段。从工程角度出发，很难确定将材料视为土还是岩石是更适宜的；有时有必要应用土力学和岩石力学两种方法，然后优化设计，使设计满足土和岩两种材料性状的要求。下一节将进一步讨论该问题。

36.3.2.2 描述

考虑到室内试验结果易受岩样扰动的影响，对泥岩准确而清晰地描述尤为重要。岩石或土中的组分和结构都应被识别并正确描述。实际上，对室内试验结果的准确解释很大程度上依赖于对样本中不同组分及其相互空间关系的描述。通常，如强胶结泥岩未在取样及制备过程中受到较大扰动，则可以获得高质量的原状样。由于压实泥岩呈现较低的强度及塑性，同样也容易获得未受扰动的原状样。

试样描述的目的是记录材料明显的基本特征，以便可以在其他地方识别相似的材料，并且可以对材料的工程特性进行准确的预测。Norbury（2010）对泥岩和其他岩土工程材料的描述提供了非常有用的建议。然而，许多人都认为对钻取的岩芯和暴露的岩块进行描述和记录是一项枯燥的重复性劳动，应当分配给经验不足的初级人员。这可能导致设计师和工程师对场地地质条件信息的获取出现偏差。鉴于岩土地质勘察耗费了大量的时间、精力和金钱，以及（由于信息传递错误造成的）不适当的设计可能导致的额外成本及工期延误，因此试样描述显得尤为重要。因此，对泥岩的描述应建立在具备足够相关知识的前提下，应重点突出，并充分注意细节。在土和岩石之间进行区分是试样描述的重要部分，因为对土和岩石的描述方法是不同的。但是，如第 36.3.2.1 节中所述，泥岩的性状覆盖了土和岩的范围，并且某些岩体或土体中同时包含了岩和土两种材料。通常有必要使用土的术语来描述岩体中风化的部分，而该土样中的硬质颗粒，需要用岩石的方式来加以描述。两种材料之间的比例和关系也应记录。

尽管对试样的描述最好依据一个特定的标准，使用标准化的方法，但同样必须确保所有识别材料（及预测其性状）的信息均被记录下来。BS EN ISO 14688-1：2002、BS EN ISO 14689-1：2004 和英国标准 BS 5930：1999 + A2：2010 中给出的标准描述体系是给出信息量的最低标准。记录对泥岩工程特性起控制作用的相关附加信息有助于工程师更可靠地评估其在工程现场的性能。这一方法得到了 Franklin 和 Dusseault（1989）、Dick 和 Shakoor（1992）及 Hawkins 和 Pinches（1992）的支持。他们强调，对泥岩进行工程评估时，详尽的地质描述是必不可少的，同时依据相关的指标测试结果及强度和耐崩解性来进一步分类。

泥岩的定义和分类　　　　　　　　　　表 36.4

平均粒径 <63μm（小于 63μm 的颗粒多于 50%）

泥岩类型		% <2μm	特性	材料类型	
非硬质岩	$S_u<300$kPa $\sigma_c<0.6$MPa 可以用手捏碎在水中快速分解	66~100	光滑，手指接触有泡沫感 塑性* 用放大镜可观测到部分颗粒	黏土	
		33~65	手指接触有轻微砂砾感 略有塑性① 放大镜可观测其颗粒	粉质黏土 黏质粉土	
		0~32	手指接触有砂砾感 无塑性① 部分颗粒裸眼可见	粉砂	
硬质岩	$\sigma_c=0.6~50$MPa 在水中能够保持形态，但其表面软化浸没在水中会导致其崩解	66~100	手指或切土刀触感光滑，无颗粒感 用放大镜可观测到部分颗粒 表面遇水软化，且水变浑浊	黏土岩	
		33~65	手指或切土刀触感有轻微颗粒感 放大镜可观测其颗粒 表面遇水软化，且水轻微浑浊	泥岩	
		0~32	手指或切土刀触感有颗粒感 部分颗粒裸眼可见 遇水不软化 表面有光泽	粉砂岩	
				块状	片状
变质泥岩（极低级）	$\sigma_c>25$MPa②	66~100	部分或全部重结晶 放大镜可观测其颗粒	黏板岩	板岩
		33~65	部分颗粒裸眼可见 板岩：刀片可在岩样边缘刮下扁平颗粒		
		0~32	部分或全部重结晶 放大镜可观测其颗粒 颗粒裸眼可见	石英黏板岩	粉砂岩-石英岩
变质泥岩（低级）	$\sigma_c>25$MPa②	66~100	重结晶 部分颗粒裸眼可见	黏板岩-角岩	千枚岩
		33~65	千枚岩：丝质光泽和锯齿状劈裂		
		0~32	重结晶 颗粒裸眼可见 石英岩：外表有光泽	角岩-石英	粉砂岩-石英岩

① BS EN ISO 14688-1：2002 中给出了从剪胀性、塑性、干强度等方面评价材料塑性的试验；
② 未风化（新鲜）材料的强度值。
基于 Potter 等（1980）、Attewell（1997）的数据

尽管 BS EN ISO 14689-1：2003 和英国标准 BS 5930：1999 + A2：2010 都存在缺陷，但是它们为试样描述提供了良好的基础，本节接下来仅阐述需要额外细节描述的方面。正如第 36.1.1 节所讨论的，岩石名称的选择是上述标准的一个不足之处。表 36.4 中给出了更为适宜的方案，该方案依据材料的工程特性对泥岩进行分类。

当使用表 36.5 时，土和岩石的区别主要通过硬化程度来评判。其硬化程度是根据第 36.3.2.1 节中给出的试验 [Norbury（2010）] 来确定的。对于岩石，其干燥的试样浸入水中不易崩解，并且无法用指甲压入试样。粒径的大小，特别是对于粉砂和黏土，是根据材料的表面纹理和外观来判断的。对于非硬化材料，应使用剪胀试验、干强度试验和塑性试验（请参阅英国标准 BS 5930：1999 + A2：2010 和 BS EN ISO 14688-1：2002）。硬质泥岩和变质泥岩的强度也不同，后者通常为中等强度或较强（UCS > 25MPa）。

根据 BS EN ISO 14688-1：2002、英国标准 BS 5930：1999 + A2：2010 和 BS EN ISO 14689-1：2003，以下部分是需要记录的土和岩石试样信息的最低要求，同样也需要对表 36.5 中列出的细节作出合理描述：

- 强度：对土采用极软至极硬；岩石采用极弱至极强（表 36.6）。
- 构造：分层和层理等；参见表 36.7，特别是脚注。
- 颜色：从颜色深度、色度、色调等方面描述，最好同时引用蒙塞尔色卡，并记录混合色彩的情况，例如斑点或条带。
- 组构：岩土颗粒与其间空隙的空间排列，如级配和粒状。
- 质地：组成颗粒的形状和大小，包括基质，内含物和碎屑等。
- 岩石或土的名称：用大写字母表示，例如 MUDSTONE 或 SILTSTONE（表 36.4）。
- 其他相关信息：包括次要成分，例如化石碎片，钙质和铁质结核，弥散性或结晶性黄铁矿或氧化铁。
- 地质构造：已知的地质构造，例如下 LIAS 黏土或下煤系。

泥岩特征描述指导　　　　表 36.5

内容	描述性形容词
硬化程度	帮助决定将材料描述为土还是岩石。如在水中不崩解，且较坚硬，则为岩石；如果易在水中崩解，可变形并且具有土的黏聚力，则可归类为土。强度取决于湿度；干沉积物比湿沉积物强度高，岩石强度与含水率之间没有必然联系；取样可能会降低材料强度
强度	根据硬化程度确定强度。对于土，依据手册评估标准结合现场测试稳定值，如刚度；当进行剪切强度测量时，使用强度术语，例如高强度。对于岩石，主要基于使用地质锤和地质刀进行的人工现场评估来定义，可能用 UCS 试验结果加以验证；硬化泥岩的强度范围从极弱到中等强度；变质泥岩一般强度更高，但也取决于其风化程度
结构	标准术语见表 36.7。包括岩性和结构相互关系的描述，因为结构地层可能呈现复杂的特征，如"交错层中的薄层"泥岩
颜色	使用蒙塞尔色卡保持描述的一致性。颜色描述对相关性很重要，对泥岩可能的形成环境和工程特性有相关性，如红色可能表示材料在氧化性的陆地环境下形成。对泥岩最重要的是 Fe^{3+}/Fe^{2+} 比值关系导致的颜色差异。该比率的降低可使颜色发生红色→绿色→灰色的变化（更多的 Fe^{2+} 含量表明存在黄铁矿）。有机碳控制的颜色：碳含量 <0.3% 为浅灰色至橄榄灰色；0.3%~0.5% 为中灰色；>0.5% 为深灰色到黑色
次要矿物	钙质（轻微到非常高）-根据接触 HCl 产生的气泡水平确定。也可能包括碳质、白云质、铁质、海绿石质、石膏质、黄铁矿、云母、铁质、磷酸盐等
岩石名称	见表 36.4
附加信息	化石的存在——记录类型（记录化石类别，如双壳类，并保留以供鉴定）、丰度、状态、位置。夹杂物-结核（含矿物类型和细节）；砾石、砂、粉夹层或团块等
风化程度	蚀变表现为变色明显、强度显著降低、不连续面的产生和岩屑的存在（记录位置）。《欧洲标准7》中的方法对泥岩较为局限，必要时可参考特定案例，如里阿斯和伦敦黏土、麦西亚泥岩
裂缝	使用《欧洲标准7》标准规定。为岩石补充细节描述，如破碎的性质，例如贝壳状、粗糙、易碎、易裂、松软、碎裂

注：1. 使用《欧洲标准7》（BS EN ISO 14688-1：2002；BS EN ISO 14688-2：2004；BS EN ISO 14689-1：2003）中提供的描述性形容词对岩石的固有状态和整体特性进行完整的工程描述，并辅以其他信息以辅助评估。

2. 该列表仅对泥岩的主要特征提供了有限的指导。

泥岩的强度界限　　　　　　　　　　　　　　　　表36.6

术语	强度	描述
坚硬泥岩	$\sigma_c = 50 \sim 100 \text{MPa}$	刀或地质锤的镐头一侧仅能产生刮痕，需一次以上的猛烈锤击方能击碎
中等硬度泥岩	$\sigma_c = 25 \sim 50 \text{MPa}$	刀或地质锤的镐头一侧可以产生较深的刻痕，且在较大的手部压力下可以产生碎裂的薄片。样品可以在一次地质锤猛击下产生裂缝，或被刀锋划开。小折刀不能削开表面
软质泥岩	$\sigma_c = 5 \sim 25 \text{MPa}$	较大的手指压力可使砾石大小的碎片发生变形，地质锤尖端的猛击可以在其表面留下浅凹。小折刀可以削开表面，但有一定难度
较软质泥岩	$\sigma_c = 1 \sim 5 \text{MPa}$	地质锤尖端猛击后碎裂，小折刀可以削开表面
极软质泥岩	$\sigma_c = 0.6 \sim 2 \text{MPa}$	拇指指甲可在其上刻下凹痕
极高强度黏土	$S_u = 300 \sim 600 \text{kPa}$	现场记录通常为"极硬黏土"，碎裂且无法复原，拇指指甲可在其上刻下凹痕
较高强度黏土	$S_u = 150 \sim 300 \text{kPa}$	试验确定，现场记录为"极硬黏土"
高强度黏土	$S_u = 75 \sim 150 \text{kPa}$	
中等强度黏土	$S_u = 40 \sim 75 \text{kPa}$	现场记录为"坚硬黏土"，碎裂，且可被重塑为团块
低强度黏土	$S_u = 20 \sim 40 \text{kPa}$	现场记录为"硬黏土"，无法重塑、卷为细条
较低强度黏土	$S_u = 10 \sim 20 \text{kPa}$	现场记录为"软黏土"，手指轻轻用力即可改变其形状
极低强度黏土	$S_u < 10 \text{kPa}$	现场记录为"极软黏土"，可从指缝中挤出

注：1. σ_c 单轴抗压强度；S_u 不排水抗剪强度，$\sigma_c = 2S_u$。
2. 极高强度黏土和极软质泥岩特性接近，其名称的选择取决于地质环境和工程状况。
3. 现场对黏土的一致性描述和强度试验描述应当分别选用，且彼此互斥。

描述的第二部分表述岩体或土体的结构，并包含以下特征：

- 风化：需要描述观察到的材料变化，包括颜色变化，强度和断裂状态的差异以及任何风化产物的存在和特征。在可能的情况下，应使用风化分类方法表示风化的程度和方式（表36.8a和表36.8b）。
- 不连续性：应记录不连续分布和特征的信息，包括类型、方向、间距、几何形状、形状、皱褶状态（表面粗糙度）以及与不连续位置相邻的岩石发生变化的证据，同时还应包括任何不连续处内部填充材料的性质和厚度。

泥岩现场记录的详细程度取决于样本暴露的尺度。例如，由于钻取岩芯的暴露尺度有限，通常难以根据岩芯判断节理的平面度。表36.5给出了关于泥岩描述中推荐使用的术语。表36.6中的强度分类是基于现场试验或室内试验测得的抗剪强度值，而使用手动（或手工）试验评估的强度应使用"非常软"至"非常硬"等具备一致性的术语。BS EN ISO 14688-1：2002中给出了手动试验的详细信息，BS EN ISO 14688-2：2004中给出了基于这些试验的岩土分类。BS EN ISO 14689-1：2003提供了针对岩石的描述建议，但是当研究对象为泥岩时，一些试验无法给出可靠的结果，可参考表36.6中详细介绍的试验进一步分析。

尽管BS EN ISO 14688-1：2002和BS EN ISO 14689-1：2003提供了对结构特征间距进行分类的方法，但这些分类方法在薄层和厚层类别中缺乏细分。而进一步的细分对于评估潜在的风化降解形式和速率是有一定意义的。

岩石和土的颜色取决于其表面是湿润还是干燥。一般而言，应从场地取样时便开始描述材料状态，同时对这种状态加以注明。需要注意的是，表层的颜色可能与材料的主要部分并不相同，因此必须确保清除样本表面的覆盖层。应将试样破碎开，以便对样本内部和外部描述。此外，如果几个小时后试样断裂表面的外观有任何变化，也应记录下来。

岩石和土的质地是指组成颗粒之间的关系，包括大小的变化。泥岩通常具有细粒结构，这意味着其主要成分为胶结的碎屑颗粒。应当记录颗粒的形状和结晶度，但这往往在使用放大镜的情况下也难以做到。还应记录其组成成分的详细信息，例如有机物的存在（通过目测或气味鉴别）或碳酸盐的存

泥岩结构特性描述（分层、分界点和不连续） 表 36.7

厚度	层理		分形	组成	不连续面间距	
200mm / 60mm	薄	分层	板状	黏土和有机物增加 ← → 砂、粉土及碳酸盐含量增加	2000mm / 600mm	宽
20mm	极薄					中等
6mm	厚	纹理	薄层状		200mm	窄
1mm	中等		片状		60mm	很窄
0.5mm	薄		可剥性层理		20mm	极窄
	极薄		纸片状			

注：1. 没有分层或亚层的泥岩作为整体描述。
2. 结构特点应作为描述泥岩时的描述性形容词，而非其他种类岩石中常用的分类命名方法。这样的命名往往令人迷惑且表意不清，如"泥质板岩"可能表示一个碎块的，或层状的，或完整的泥岩或黏土岩。最好将描述性形容作为前级使用，如碎块状黏土岩，层状泥岩等。分层是一个由结构内部关系和颗粒大小、构造和组成等岩性有关的结构特征。分界点指的是泥岩沿分层或矿物方向破裂开的韧性，在风化作用下大大加强。不连续指的是岩体中的机械破裂或裂缝，其抗拉强度极低或不存在。

数据取自BSENISO 14689-1:2003和Potter等（1990）

在（通过施加盐酸时的泡腾指示鉴别）。根据 BS EN ISO 14688-1：2002、BS EN ISO 14689-1：2003 中给出的标准，可使用轻度、高度等类别描述。

在某些情况下，对材料进行描述要好于确定其准确的地质名称。岩石或土的类别应始终用大写字母表示，这意味着其余的描述应该以句子的形式呈现。

描述中应明确未暗含在岩石名称中的组分，以帮助鉴别该种材料。如在试样中观察到上文中尚未涵盖的特征，描述中也应包含该部分信息，如化石、结核、包裹体等。如为已知的地质构造，也应明确指出其名称。

黄铁矿的存在是泥岩潜在的不利特征之一，应在描述中加以考虑。具有以下特征的泥岩中常见黄铁矿：

- 深色（灰色或深灰色），富含有机物的泥岩或黏土；
- 微细浸染的金色晶体，绿灰色调或橙棕色和棕色染色；
- 撞击或刮擦时会产生硫磺味；
- 表面存在透明或白灰色晶体，可用指甲刮碎或弄碎，或者在干燥后表面形成白色覆盖层(可能是石膏/硒沸石)。

记录风化程度在岩体或土体描述中非常重要。应记录材料的外观，尤其涉及由于风化过程导致的颜色、强度或断裂间距的任何变化。在没有新鲜面作对比的条件下，往往很难对泥岩的风化程度做出描述。如有可能，应该对岩体或土体的风化状况进行归类。尽管风化作用是沿着泥岩的不连续面开始的，但也往往会对岩体内部的岩块产生影响。在硬岩中，这些影响通常很小，因此可形成核心层。但是，欧洲标准（Eurocode）在这方面较为缺乏，尽管英国标准 BS 5930：1999 + A2：2010 提供了一个综合方案，但对于泥岩，仍建议采用表 36.8（a）和表 36.8（b）所提及的方案，其中表 36.8（a）提供了一种区分非硬质泥岩和黏土的方法，表 36.8（b）提供了一种区分硬质泥岩和变质泥岩的方法。

在岩体结构描述中需要记录的特征应尽可能包括不连续面的产生原因。在无法辨识的情况下，应使用"破裂"一词。在某些泥岩中，尤其是胶结性较弱的一类，可能难以区分原状不连续性和继发不连续性，后者通常是在从场地取样期间或之后形成的。应力释放、含水率的变化以及物理干扰都可能导致这样的破裂。通常，这种破裂比原状破裂更新鲜、更整齐，但并非总是如此。

图 36.14 给出了如何通过风化材料特性来推断材料的内部结构。板块碎片常见于具有构造裂隙或层状结构的岩石中，而片状和块状碎片则是由矿物在岩石中的均匀分布产生的。后一种情况，岩体的层理一般较厚。

36.3.2.3 耐久性

耐久性是衡量岩石暴露在风化作用下退化速率

非硬化岩（压实泥岩）或超固结黏土的风化分类和描述 表36.8（a）

分类	性质	典型特征	
未风化	新鲜	无明显风化迹象，通常为灰色，具清晰裂口的黏土或泥岩	黄铁矿
	微风化	不连续面表面有棕色变色迹象，除此之外仍为具有完整裂口的黏土或泥岩	
部分风化	弱风化	裂口间距更窄，强度轻微降低，表面软化，存在部分层理扰动。不连续面弥散棕色变色及1～2mm的轻微刺入。极少数情况下在不连续面上存在亚硒酸盐结晶	加速氧化
	中风化	裂口间距更窄，强度轻微降低，表面软化，存在部分层理扰动。不连续面弥散棕色变色及裂口处出现几毫米至几厘米的轻微刺入。常为灰色，偶有亚硒酸盐结晶	透石膏
明显风化	强风化	裂口间距更窄，存在透镜状裂口——不连续面上规则角状块体矩阵、板状排列岩屑、几毫米至几厘米的黏质粉土淤积，偶有光滑的裂缝或浅育层。材料通常为棕色或灰棕色，完全变色，偶有裂口淤积，有灰核的迹象。在基质和块中均常见亚硒酸盐结晶	氧化结束持续减少产生潜育作用
破坏	全风化	由黏土-粉土基质中大量随机排列的岩屑组成的严重弱化材料。岩屑完全变色为棕色或灰棕色，并已软化。常见石膏晶体。层理受到严重扰动	
残积土	完全再沉积或残积土	松散沉积物，偶有定向排列，主要为次棱角状到次圆形的岩屑和少许异物。原始层理和结构已完全消失。一般呈现斑驳的棕色、橙棕色和浅灰色。极少数情况下存在亚硒酸盐晶体	地表水渗漏-浸出

的指标。与多数其他类型的岩石相比，泥岩的降解速度是很快的。因此，对于某些低耐久性泥岩而言，需要考虑泥岩时间尺度上的特性变化，这些变化可能在施工期间便会产生。在此过程中，看似满足工程要求的岩石材料会转变为黏土或粉质黏土，而岩体可能会降解为砂和砾石大小的碎块，材料强度因此严重下降，压缩性大大增加。

泥岩降解过程主要是崩解，这是由含水率的交替变化产生的。由于膨胀黏土矿物的体积变化更大，因此含有蒙脱石或混合蒙脱石-伊利石的泥岩容易受到这种降解的影响。在干燥过程中，水从狭窄的孔隙中抽出时产生的孔隙水吸力也会引起收缩，这种现象在细粒岩石中尤为显著，尤其在通过一定程度的压实和胶结导致孔隙尺寸减小的地方。Taylor（1988）将煤矸石中泥岩的破坏归结为空气破碎过程——泥岩饱和时水进入狭窄的毛细孔而产生高孔隙空气压力，造成岩石破碎。岩石的收缩和膨胀与含水率的变化有关，对弱胶结泥岩的粒间胶结及部分胶结的骨架产生应力作用，因此破坏主要沿着材料内部的现有结构缺陷发生。如图36.15所示，这最终导致岩体分解为砂或砾石大小的碎块。

耐久性试验旨在对岩石降解过程的敏感性进行定性及定量评估。理想情况下，为了准确获取与材料性能有关的参数，试验条件也需要与其主要降解过程相匹配。然而，只有Franklin和Chandra（1972）与ISRM（1979）所描述的耐崩解性试验达到了标准化试验要求。该试验要求使样品经受干湿作用以及机械扰动。降解程度通过降解过程产生的小于2mm的颗粒占比来评估，这一比例表示为小于2mm的颗粒质量占样本原始干燥质量的百分比。在标准测试中，干燥崩解的循环数（n）等于2，将$Id_2 > 90\%$的样本视为非硬质泥岩，其余样本视为硬质泥岩。然而，Taylor（1988）认为，第三次循环的耐崩解性值$Id_3 > 60\%$是一个更可靠的界限值。后来Czerewko和Cripps（2001）也在后续试验中证实了这一点。这种方法的两个缺点是：（1）试验中对材料完全干燥的处理不能模拟风化环境中含

胶结泥岩或硬化泥岩的风化分类和描述　　　　表 36.8（b）

分类	性质	典型特征
未风化	新鲜	无明显风化或蚀变迹象，通常为深灰、灰色、紫色、红棕色或灰绿色
未风化	微风化	原始颜色发生改变——变色仅发生在主要不连续面上——应对颜色的变化及范围做出描述。通常转变为淡棕色，变色范围从棕色、浅棕色至红棕色
部分风化	弱风化	原始颜色发生改变——仅限于不连续面上的普遍渗透性变色－应对颜色的变化做出描述，沿不连续面发生的材料强度减弱也应做出描述，并尽量对其量化
部分风化	中风化	黏土-粉土基质由不连续面侵入引起的蚀变和粉碎，导致材料显著削弱，并伴随有穿透性变色。岩石骨架完整，材料分解的比例小于 50%。岩石骨架通常对强度及刚度起控制作用，基质影响渗透性
显著风化	强风化	通常超过 50% 的岩石材料发生分解。岩石骨架可能对强度有所贡献，但组成基质的风化产物对刚度及渗透性起决定作用——结构设计应按照土力学原理进行考虑
破碎	全风化	岩石材料大量分解并受到显著削弱。较弱的土质材料对材料性能起控制作用。包含随机排列的岩屑。硬岩或石块可能会对工程建设造成影响——结构设计应按照土力学原理进行考虑
再沉积-残积土	残积土/再沉积土	由黏土和淤泥组成的松散土体材料，少量夹杂随机排列的岩屑和杂质。原层理、结构及组构均已消失。具土体性质，中等压缩性、低渗透性、低至中等土体强度

水量的细微变化，降解后大于 2mm 的颗粒未得到直接评估；(2) 压实泥岩和一些弱胶结泥岩缺乏灵敏性，因此更适宜采用静态崩解试验。通过对小于 2mm 的部分进行塑性试验，可以克服上述缺点 (1)，还可以通过对小于 2mm 的部分进行塑性试验和/或对鼓筛中留存的碎片进行颗粒分析来克服缺点 (2)。不过，耐久性评估试验中这些重要的部分经常被省略。

静态崩解试验过程由 Lutton（1977）提出，并由 Czerewko 在 1999 年进一步发展完善（请参阅 Czerewko 和 Cripps，2001）。其具体步骤为：首先将烘箱干燥的样品浸入水中后，在接下来的 24h 持续观测裂缝和崩解的发展程度。图 36.19 给出了两种泥岩关于耐久性的静态崩解试验结果。结合英国广泛分布的泥岩案例，强度（UCS），静态崩解试验（I'_j）和动态崩解耐久性（Id_3）试验程序表明，UCS $=5MN/m^2$，$Id_3>60\%$，$I'_j<6$，可以作为粘结和未粘结泥岩相互区分的界限，如表 36.9 所示。

还可通过观察较短时间内暴露的岩样或裸露在外的岩块来确定泥岩快速降解的可能性和分解产物的大小（图 36.14 和图 36.15）。例如，图 36.20 为 Lias 泥岩在 41d 内完全降解的产物。

36.3.2.4 勘察技术

岩样扰动是泥岩常见的问题，尤其针对弱胶结泥岩，其在采集或提取样品的过程中容易发生性质的改变。与此同时，泥岩还容易受到因上覆压力消除和含水率变化而产生的体变影响，使用绳索取芯、三重岩芯管或双层岩芯管（内管为塑料岩芯内衬管）可以极大程度地提高岩芯的收集率和质量。表 36.10 概述了获得泥岩原状样以用于强度和压缩性试验的其他方法。

BS EN ISO 14688-1：2002 和 BS EN ISO 22475-1：2006 提到，不排水抗剪强度和有效应力抗剪强度参数可通过三轴试验确定，固结和膨胀特性（压缩系数 C_c、膨胀系数 C_s、体积压缩系数 m_V、垂直固结系数 c_V）均可通过固结仪试验确定。相关的试验步骤可参照 BS 1377：1990。对于类岩石类材料，可采用地质力学岩石质量分类系统（参见 Barton 等，1974；Bieniawski，1976）对其进行分类。该分类系统基于完整原状岩块的单轴抗压强度值和岩体的不连续性特征，通常通过对裸露岩石或优质的钻孔取样岩芯的描述来获取。另外，可以通

(a) (b)

图 36.19 静态崩解试验-非耐久性泥岩和耐久性泥岩浸没在水中的表现

(a) 英国东米德兰地区的 Lias 黏土：浸没在水中 3h 后快速崩解为砂至砾石大小的碎屑；
(b) 英国东米德兰地区耐久的麦西亚泥质基岩无崩解迹象

泥岩耐久性的工程分类　　　　　　表 36.9

耐崩解性 Id_s（%）	静态崩解压缩性 I'_j	强度 UCS（MPa）	分类
<60	6~8	<5（≤非常弱）	非耐久泥岩
60~80	3~6	5~100（弱到强）	耐久泥岩
80~97	1~3	—	极耐久泥岩
>97	1~2	>100（≥非常强）	变质泥岩

过岩芯或取自探坑或自然暴露的岩样确定材料的点载荷强度（PLS）。点载荷试验可能是确定弱胶结泥岩强度唯一可行的方法。

耐崩解试验可以用来确定岩石发生破坏的速率和程度。Gamble（1971）的耐久性-塑性方法是针对压实泥岩最合适的分类方法。在低耐久性泥岩中，Grainger（1984）和 Taylor（1988）的耐崩解性-强度方法更为合适。最后，Olivier（1976）的强度-膨胀系数方法最适用于中强至强泥岩。为了确定抗剪强度参数（c' 和 φ'）和弹性变形参数（杨氏模量 E；泊松比 ν）而进行的岩石三轴试验需要制备完整的原状岩样，实际很难取得这样的岩样。

另一种方法是依据综合描述和指标试验的方法来估算强度和变形参数。Hoek 和 Brown（1997），Hudson 和 Harrison（2000），Wyllie 和 Mah（2004）提供了各种方法。现场旁压试验可以避免取样所带来的扰动问题，但仍需考虑孔壁扰动的因素。多数情况下，通过视频监控进行开挖甚至钻孔的检查，是获得岩体状况最为合适的方式。

36.3.2.5　黄铁矿的评估

如第 36.2.4.3 节所述，黄铁矿是泥岩中常见（但占比不大）成分，经常会对工程应用产生负面影响。如图 36.8 所示，该矿物通常以几种不同的形式存在，取决于岩石的硬化状态（第 36.2.2 节）和其他因素。它在矿床中分布广泛且不稳定，这使得检测黄铁矿和估算黄铁矿的总含量变得非常困难。只有当它为结晶形式时，通过样品标本才容易识别。此外，当其为晶体形式时，它的硬度足以在玻璃上留下划痕，并且在撞击时会产生轻微的硫磺味。Czerewko 等（2003b）研究表明，其他含硫矿物也可能在工程情况下引起问题，这些研究为鉴定和评估各种形式的硫提供了必要的指导意见。

在压实泥岩中，黄铁矿通常以难以分辨的黄褐色或细颗粒的深色形式存在（图 36.8a），它可能是较深的灰绿色，表面略有光泽，在摩擦或撞击时可能产生略带硫磺味。在这种情况下，要对其进行判别，需要使用光学或电子显微镜或 X 射线衍射分析（请参阅 Reeves 等，2006）。这些方法将有助于给出确定的鉴别，但对其在岩体中的含量仅能给出大概的估计。准确测定泥岩中黄铁矿的富集度需要使用化学分析方法。TRL447（Reid 等，2005），试验 3 是一种针对硫化物矿物的分析方法，但大体上是根据总的硫元素与存在的酸溶性硫之间的差值

图 36.20　黄铁矿氧化导致材料风化的现场示例图

(a) 拟用作土方回填的 Lias 黏土材料暴露在大气条件下，以观察黄铁矿有害反应的迹象。黄铁矿：含量 2%，方解石为贝壳碎片和结核；(b) 扫描电镜分析证实存在莓状黄铁矿；(c) 样品 (a) 在 41d 内完全分解，大部分黄铁矿氧化，生成透石膏晶体，并显著软化

估算黄铁矿的量（TRL447（Reid 等，2005），试验 1 和试验 4）。如果其他物质（例如有机物质）中存在硫，或者存在不溶于酸的矿物［如重晶石（$BaSO_4$）］，则这种差值方法将高估黄铁矿的含量。同时，还应确定碳酸盐含量（英国标准 BS 1377：1990），因为该成分会中和黄铁矿氧化产生酸的能力（第 36.2.4.3 节）。另外，为了确定硫酸盐对混凝土和其他建筑材料的侵蚀程度，还应确定溶液中硫酸根离子的含量。

考虑到地下混凝土受到的化学侵蚀，《BRE 专刊 1》（*BRE Special Digest 1*）（Reid 等，2005）专门研究了黄铁矿的确定方法，TRL447（2005）对与公路结构有关的填料性能进行了研究。他们还就这些评估所需试样的采集和存储提出了建议。Hawkins 和 Pinches（1986）与 Czerewko 等（2003c）也提供了有关试样存储的相关建议。以上建议重点均提到需要采取特定措施以确保准确测定地下黄铁矿的化学和矿物成分。同时还应充分考虑试样可能会被地下水或钻井水污染的问题。

表 36.2 给出了已知含有黄铁矿的英国泥岩地层。该表不包括所有含黄铁矿的地层，表中列出的也并不代表该地层中的岩体材料一直存在问题。另外，由黄铁矿氧化而导致的问题，其发展过程取决于多种环境因素。由于在某些岩石中可能存在除黄铁矿以外的其他形式的硫，因此在使用该指南时必

泥岩取样方案及取样质量概述　　　表 36.10

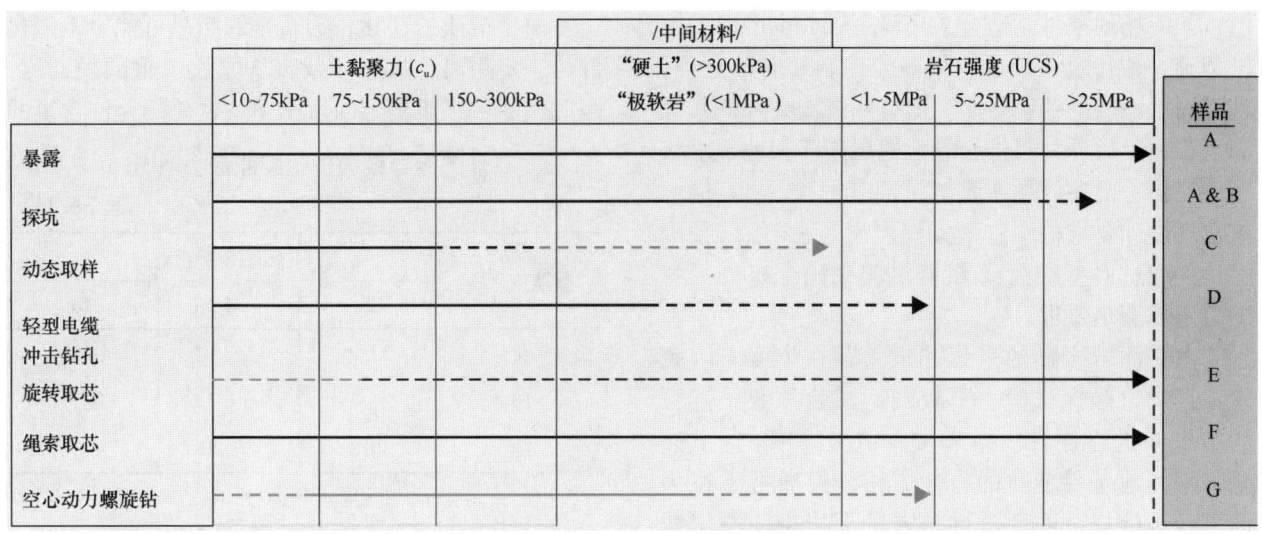

注：A=暴露的现场检查可以准确评估岩体特性并可收集块状岩样，但受到暴露时间的限制。

B=探坑可以评估岩体特性和新鲜暴露材料的风化；可收集1级岩块样品，但开挖深度通常限制在4~6m；坑口需要设置支撑。

C=动态取样可以获得连续的地质剖面；岩样保存在刚性塑料取样筒中；但振击法会造成岩样损坏；取样级别为2~3级。

D=英国规范要求；U100的冲击取样为2~3级岩样；软岩需取出碎片进行比对；允许使用液压薄壁推式采样器回收1~2级岩样，强度限制在100~120kPa。地层中若存在砾石或结核可能会损坏样品和取样器。

E=通过改进的三重岩芯管收集硬土和软岩（成本高）；使用大直径（>100mm）双/三重岩芯管，以帮助收集软岩；使用常规直径（76~92mm）岩芯管，以获得中等强度泥岩样品；软质材料选用碳化钨钻头，硬质岩石需采用表镶或孕镶金刚石钻头；本方法需要考虑成本；样品的保存至关重要。

F=所有材料均可取得高品质的1级样品；可能会随着钻头的磨损而失去钻孔进度；需要重型设备且价格昂贵。

G=由于需要重型设备且成本较高，在英国不常见；可取得2~3级样品；不适合连续取样。

须格外注意。同样，由于该指南适用于为混凝土和填料进行常规设计，因此，获得的场地侵蚀性程度值不一定适用于其他情况，如明挖或用于底板和浅基础下方的填料。

36.4　工程注意事项

不可预知性往往会加剧工程问题。本书认为，通过考虑泥岩的成分和结构所起的控制作用，以及关注工程建设期间的环境变化，可以有效避免意料之外的岩土工程问题。如第36.2.2节和第36.2.3节所述，矿物学组分、压实作用、胶结作用和岩体结构是相互联系的，它们是由原始的沉积过程、埋藏成岩作用以及挖掘和风化作用决定的。本节主要对一些常见情况进行描述，在提及的情形中，应及时采取适当的对策以避免工程问题的发生。

36.4.1　基础

在大多数工程情况下，结构完好的硬化胶泥岩几乎不会出现问题。地基容许承载力通常是根据经验得出的，可参考 Lambe 和 Whitman（1979）提及的经验公式。建议在基坑开挖后立即建造基础，最大程度减少因暴露引起的岩体变质。但是，在不连续面紧密分布或岩块相对较软的位置，仍然可能存在浅基础承载力不足的问题。虽然岩土体存在非线性应力-应变关系，但是大多情况下还是使用杨氏弹性模量作为变形模量进行相关计算。各类泥岩呈现的各向异性可能会引起明显的差异沉降，设计时需考虑使用坚固的钢筋混凝土筏板基础，或在结构中采用铰接设计。

在胶结泥岩中，主要沉降往往发生在施工阶段，工后沉降则微乎其微。但是，当结构下方存在较软弱、压缩性更高的地层时，需要进行单独考虑。可通过载荷试验或旁压试验对不连续面和较弱区域的影响进行评估。如果长期沉降量和沉降收敛时间无法满足要求，需提供诸如预压或深基础等补充方案。评估风化等级的准确判定十分重要，包括评估风化的程度及影响以及风化与未风化材料的比例，由此确定合适的基础埋深。

如果场地条件不适合采用浅基础，也可以采用桩基础。钻孔灌注桩可以更好地控制其成桩过程，且对周围地层的扰动更小，但桩底沉渣会降低其桩端承载力。另外，打桩会导致地层破碎和地下水状态的变化。上述问题在胶结泥岩中尤其突出。端承桩常规设计要求桩端进入完好岩层 3~4 倍桩径深度，并通过典型桩荷载-沉降试验来确定桩的承载能力是否满足要求。

由于泥岩岩样的采集和试验存在难度，因此常根据动力触探试验、平板载荷试验和旁压试验的结果来进行设计。标准贯入试验（SPT）虽然是识别场地条件变化的有效方法，但通常不作为此类设计依据。在耐久性较差的泥岩中，原位载荷板试验和静力触探可为设计提供可靠的数据。在耐久性较好的泥岩中，可以使用动力触探来提供所需的设计参数。

桩的承载力通常通过单轴抗压强度和节理面间距进行确定，前者由室内试验测得。

36.4.2 地基土体积变化

如第 36.2.4.3 节所述，黄铁矿的氧化产生富含硫酸盐的酸性孔隙水。该酸性孔隙水与方解石、混凝土和黏土发生中和反应，会导致石膏和其他矿物的大量沉淀。沉淀通常发生在距氧化区域一定距离的地方，尤其是在应力最小的区域，例如层理平面、节理或施工缝位置。不少学者给出了此类工程问题的案例：Nixon（1978）描述了英格兰东北部建筑物的结构性破坏；Penner 等（1970）描述了加拿大东部的若干案例；Hawkins 和 Pinches（1987）给出了发生在南威尔士地区的加迪夫（Cardiff）的类似问题的具体情况。

爱尔兰房屋受损的主要原因是由于混凝土底板下方含黄铁矿回填土的膨胀。根据表 36.11 中给出的理论膨胀力，估算其隆起值可能会超过 100~150mm。Hoover 和 Lehmann（2009）根据地基土中黄铁矿的含量计算了可能的隆起，其计算结果基于许多假设。

在压实泥岩和超固结黏土中，黄铁矿多以微细浸染的莓状结核形式存在，容易氧化并产生随机分布的石膏晶体，如图 36.17（b）所示。另一方面，在胶结和硬结的泥岩中（图 36.17c），石膏多以叶片晶体的形式沿着不连续面（例如层理面和节理）以分层的方向生长，进而将两个不连续面推开。

由于溶质的迁移，透石膏的结晶可能会距氧化部位一定距离，从而导致硫从原始位置的净迁移，因此，通常很难确定回填土中黄铁矿的允许含量的

石膏沉淀导致的理论膨胀应力（MPa）

表 36.11

温度（℃）	溶液浓度 c/c_s		
	2	4	10
5	29.2	58.5	97.1
10	29.7	59.7	98.7
20	30.8	61.8	102.2

数据取自 Winkler 和 Singer（1972）

下限值。加拿大相关标准（CTQ-M200，2001）中指出，当黄铁矿含量低于 0.5%，材料较安全，但当其含量高于 1% 时，容易产生较高的风险，这取决于施工实际情况。需要注意的是，尚不明确加拿大和英国之间的建筑施工和气候条件差异对该值造成的影响。

像《BRE 专刊 1》（*BRE Special Digest 1*）(2005)一样，欧洲标准 BS EN ISO 13242：2002 + A1：2007 和 NSAI 文件 SR21：2004 + A1：2007 指定的黄铁矿含量最大值与邻近混凝土土壤的化学性质有关。在两个文件中，总硫阈值均为 1%，相当于 1.9% 的黄铁矿含量，但 SR21 指出总硫含量值应小于 0.1%（即 0.2% 黄铁矿）。《BRE 专刊 1》(2005)建议与高性能混凝土相邻的土中硫含量应小于 0.8%（即 1.5% 的黄铁矿）。对于公路填方，TRL 447（Reid 等，2005）提出了低于 0.3% 的硫酸盐（即 0.2% 的黄铁矿）可氧化硫限值，并禁止使用含有莓状结核状态黄铁矿的材料。Hawkins 和 Pinches（1992）建议当地基土中与硫酸盐相当的黄铁矿高于 0.5%（0.3% 黄铁矿）时，重点考虑地表隆起。

含黄铁矿泥岩是否会引起隆起取决于许多因素，包括：黄铁矿的性质、泥岩中其他矿物成分、环境条件和结构。例如，在工程性能良好的土方工程中，相对不可渗透的上覆层会限制黄铁矿的氧化程度，从而限制反应的持续发生。

图 36.17（a）给出硬质泥岩（Edale 页岩）的分解过程，图 36.17（b）给出了硬度相对较低的 Lias 黏土的性能。Cripps 和 Edwards（1997）指出，

水分蒸发会导致泥岩的收缩，而酸性物质会导致黏土膨胀和破裂。

36.4.3 泥岩的降解

1984年，英国德比郡的卡辛顿大坝在工后失效，这一事故凸显了泥岩中黄铁矿的问题。泥岩填料中的黄铁矿氧化会破坏泥岩中石灰石排水层的有效性。Pye 和 Miller（1990）以及 Anderson 和 Cripps（1993）指出，设计中采用的抗剪强度参数值过高，尤其是考虑到施工过程中泥岩的快速降解。第36.4.4 节会进一步讨论由泥岩快速降解而引发的工程问题。

Taylor（1984）深入研究了煤矸石中泥岩的分解过程，其在1988年发表的文章中详细对该分解过程进行了总结。他指出，对于特定的泥岩结构，大气作用导致的岩体干湿变化和黏土膨胀导致的体积变化（如果存在）会使其快速崩解。Czerewko 和 Cripps（2001）的相关研究为评估不同地质年代和硬化状态的英国泥岩地层的耐久性及性能提供了指导意见。

尽管某些指标特征可用于预测泥岩在特定情况下的特性，但事实证明，该分类法并不适用于其他地层或其他特定情况。例如，虽然 Gamble（1971）提出的方法（基于第二次干湿循环的耐崩解性和崩解后细颗粒的阿太堡界限）在以前的分类方案上有所进步，但 Olivier（1979）发现该方案不适用于南非的隧道工程。Olivier 的方法基于单轴抗压强度和单轴自由膨胀试验。但是，Varley（1990）指出，Olivier 的方法并未预测出英国石炭系煤系泥岩地层隧道中产生的过量泥浆化现象。Atkinson 等（2003）将英国莱斯特发生的由麦西亚泥岩的破坏导致隧道掘进设备破坏的问题归因于岩石中的膨胀性黏土矿物。

36.4.4 基坑和边坡

大多数类型的泥岩地层可轻易开挖。开挖方法通常是根据波速试验或单轴抗压强度和裂缝间距的评估确定。

隧道、竖井和其他地下洞室在开挖前均需要对泥岩的崩解特性进行评估，这是为了确定开挖面的直立时间以及渣土的处理方法。粉砂含量低而黏土含量高的压实泥岩足够坚硬，可以在开挖过程中保持稳定。但是在衬砌体系完全发挥作用前，还是会存在迅速劣化的可能。

在开挖过程中，由于地层中储存的应变能被释放出来，泥岩可能会发生横向位移。当上部荷载和侧向约束力减小时，一些低耐久性的胶结泥岩或压实泥岩会发生明显的膨胀，从而导致隆起和横向位移。这一现象在含有膨胀黏土矿物的泥岩中尤为突出。刚性支撑系统可能会受到超载作用，且当再次加载时，可能会发生过度沉降。水的存在会加剧该过程，相对于更耐久的胶结泥岩，在超固结黏土中发生得更快。泥岩的隆起通常可以通过减少其暴露时间来避免，如立即喷射混凝土覆盖裸露的泥岩。虽然上述覆盖层不能防止因黄铁矿氧化和石膏沉淀而引起的隆起，但可以防止水进入泥岩中，减少黏土矿物的膨胀和崩解。

某些岩层中，泥岩夹在更具耐久性的砂岩或石灰岩中，泥岩比其他岩层受侵蚀速度更快，这可能导致泥岩上方岩层满足承载力要求，但基床下部失去支撑作用。隆起现象在地表暴露的泥岩中较为常见，但这种现象也可能导致地下空洞的失稳。该类工程问题可以通过对材料进行相对腐蚀速率和强度的室内试验加以预测。开挖面的稳定性取决于岩层倾角和岩体节理。这类问题可以通过凿除不稳定岩块、喷锚加固、形成喷射混凝土面层或砌体结构等措施解决。后两种方法既可以保护泥岩免受风化和侵蚀，也可以调节地表径流和地下水。Eyre（1973）详细介绍了相关措施，这些措施维护了英格兰西南部胶结泥岩和石灰岩层序中陡峭岩壁的稳定性。

英格兰南部泥岩地层的许多斜坡都被相当厚的融冻泥流沉积物覆盖着，融冻泥流沉积物的剪切面动抗剪强度接近残值。轻度荷载、失去支撑物或孔隙水压力的增加均可能导致其失稳（请参见 Symonds 和 Booth, 1971；Weeks, 1969）。这些被融冻泥流沉积物或崩积物覆盖的硬化泥岩地层在该国其他地方也常有分布，在施工过程中都可能会变得不稳定。

36.4.5 公路建设

在公路建设中，可以通过将风化的材料放置尽可能长的时间，或用压实黏土或土工膜阻隔层覆盖裸露的岩面来减轻泥岩中的黄铁矿产生的问题。还可以将泥岩适当的暴露一段时间，使黄铁矿氧化和反应产物在施工前产生。该方法一方面会造成工期延后，同时产生的硫酸盐可能会由于硫酸盐矿物的溶解和再沉淀而参与化学侵蚀并因此引起不均匀沉降。

最好使用羊角碾压路机将泥岩填料压实，它可以彻底混合材料并有效地减少空隙，同时避免在分层填料中形成光滑、潜在的薄弱面。但是，最后的压实应由光面压路机完成，这有利于形成平整而不透水的表面，从而达到一定的防水效果。干热和潮湿的天气都可能导致施工过程中填料的过度破裂和/或软化，这可能会使该材料不再适用于本工程。

新鲜暴露的黄铁矿泥岩岩屑上方覆盖有自由排水、级配均匀的覆盖层，其自重附加应力起到了抑制膨胀的作用。如果泥岩确实发生膨胀，覆盖层也可以起到压缩层的作用，从而减少隆起。这一界面还对富硫酸盐孔隙水上升起到了屏障作用，避免了因此导致的化学侵蚀或隆起问题。然而，若要保证颗粒层发挥上述作用，防止降解泥岩向上迁移至隔离层是至关重要的。为改善道路和房屋建筑用黏土的施工性能和承载特性，可采用以下材料提高土体稳定性：（1）石灰，熟石灰［$Ca(OH)_2$］和水泥；（2）粒状高炉矿渣（GGBS）和水泥；（3）粉煤灰（PFA）和水泥。此类方法比使用岩石集料更具经济性和持久性。火山灰效应可产生称为水硬性粘结材料（HBM）或水泥粘结材料（CBM）的胶凝产物。在英国，由于硫酸盐矿物地层膨胀而引起问题的案例包括：里阿斯黏土层中的 M40 公路（班伯里附近）及在赫特福德郡的 A10 Wadesmill 支路（Ground Engineering，2004 年 12 月刊）。Snedker 和 Temporal（1990）指出，在 M40 公路的案例中，250mm 厚的稳定层在几个月内发生了 150mm 的隆起。这表明干燥环境中的地基处理更易引发隆起。因此，合理规划地基处理时间，并在投入使用前留出足够的反应时间（如留出整个冬季），可以降低出现膨胀问题的风险。通过提供适当的排水将地下水位和毛细水带保持在稳定水平以下，可以进一步保障道路和基础施工免受隆起问题的影响。对于涉及含黄铁矿泥岩的工程建设，需要对柔性排水系统精心设计。

在英格兰东米德兰地区近期工程、正在进行的涉及侏罗纪 Ancholme 黏土以及下 Lias 黏土（Czerewko 等，2011）的公路土方工程项目中也同样存在上述问题。研究提供了有关这些含黄铁矿、方解石的泥岩中黄铁矿氧化和透石膏形成速率的数据。在将这些现场挖出的泥岩作为填料使用前，使其经历三周的暴露氧化和透石膏形成，可有效减小施工后的隆起。

36.4.6 腐蚀性场地

如第 36.2.4.3 节所述，黄铁矿的风化产生了富含硫酸盐的酸性溶液，这些硫酸盐对混凝土、钢筋和其他材料是有害的（参见 Czerewko 和 Cripps，2006a；BRE Special Digest 1，2005）。数十年来，为满足地下结构的水泥和混凝土腐蚀性设计要求，确定土体及填料中硫酸盐含量已成为一种标准做法。但是，在英格兰西南部的 M5 高速公路中，一座具有 30 年历史的桥梁结构的混凝土基础仍然发生了严重劣化。这表明当时使用的评估方法存在严重缺陷。这可能是由于碳硫硅钙石型硫酸盐对混凝土的侵蚀比以往认知要严重得多。可惜一直未见关于劣化情况的报告，而在有报告的地方，碳硫硅钙石未被发现。

《BRE 专刊 1》（2005）提供了对侵蚀性场地内混凝土劣化进行预测、预防和缓解的若干建议。各种预防和保护措施都是可行的，包括改进的混合设计，在混凝土上使用沥青涂料以及增加防水槽以防止混凝土与侵蚀性溶液接触等。

36.5 结论

泥岩广泛分布于各类地层中，工程建设中经常遇到。由于很难预测某些类型的泥岩在施工期间的工程特性，难以确定用于设计的可靠参数值，时常会带来很多工程问题。本章对泥岩进行了详细的阐述，其是淤泥质沉积物经过埋藏和挖掘后的产物，这些沉积物在上述地质过程中同样也发生了变化。产生的物质主要是由原始沉积物的组成和结构、埋藏深度和局部地热梯度所决定的。了解这些材料的形成过程可以帮助预测它们在不同工况下的特性。通常，可将泥岩粗略地分为以下三类：

- 压实泥岩（超固结黏土）；
- 弱胶结泥岩；
- 强胶结泥岩。

压实泥岩强度较低，具有一定的压缩性。当它们暴露在地表时会迅速降解，在多数工程情况下，其工程特性与土体类似。大多数类型的压实泥岩都含有膨胀性黏土，因此它们会随着含水率的变化而发生体积变化。如果黏土含量高且包含反应活性高的莓状黄铁矿，则它们多呈各向异性。

弱胶结泥岩强度较高，压缩性较低，其处在硬土和软岩之间。很难描述其特性，同时具备岩石与土的性质。由于内部存储的应变能，在上覆土的挖除、部分粘结结构和空骨架结构的共同作用下，它们会随时间风化降解。含水率的周期性变化会导致泥岩崩解，在此过程中泥岩降解成耐久性较强的砂和砾石大小的碎片。同时，泥岩中可能存在莓状的黄铁矿。

强胶结泥岩强度更高，压缩性更低。较差的强胶结泥岩可能属于软岩的范围，但是在大多数工程应用中，它们表现出岩石的特性。风化作用可能导致它们形成强弱不均的混合材料。虽然可能存在多莓核黄铁矿，但其更多的是以更稳定的结晶形式存在。

本节中给出了有关泥岩调查、分类和描述的若干建议。事实上，许多泥岩中包含黄铁矿物成分，这会导致化学腐蚀性溶液的产生，由此产生沉淀进而引发隆起问题。本章最后也列出了一些涉及泥岩的工程问题供读者参考借鉴。

36.6 参考文献及延伸阅读

Anderson, W. F. and Cripps, J. C. (1993). The effects of acid leaching on the shear strength of Namurian Shale. In *The Engineering Geology of Weak Rock*. Engineering Geology Special Publication, 8 (eds Cripps, J. C. *et al.*). Rotterdam: Balkema, pp. 159–168.

Atkinson, J. H., Fookes, P. G., Miglio, B. F. and Pettifer, G. S. (2003). Destructuring and Disaggregation of Mercia Mudstone During Full-Face Tunnelling. *Quarterly Journal of Engineering Geology and Hydrogeology*, **36**, 293–303.

Attewell, P. B. (1997). Tunnelling and site investigation. In *Geotechnical Engineering of Hard Soils-Soft Rocks* (eds Anagnostopoulos et al.). Rotterdam: Balkema, pp. 1767–1790.

Banks, D. (1997). Hydrochemistry of Millstone Grit and Coal Measures Groundwaters, South Yorkshire and North Derbyshire, UK. *Quarterly Journal of Engineering Geology*, **30**, 237–256.

Barton, N. R., Lien, R. and Lunde, J. (1974). Engineering Classification of Rock Masses for the Design of Tunnel Support. *Rock Mechanics*, **6**(4), 189–239.

Bell, F. G. (1992). *Engineering Properties of Soils and Rocks*. Butterworth Heinmann, p. 345.

Bieniawski, Z. T. (1976). Rock mass classification in rock engineering. In *Exploration for Rock Engineering, Symposium Proceedings* (ed Bieniawski, Z. T.), Vol. 1, Cape Town. Rotterdam: Balkema, pp. 97–106.

Brown, E. T. (ed) (1981). *Rock Characterisation, Testing and Monitoring. ISRM Suggested Methods*. Oxford: Pergamon.

Building RE (2005). *Concrete in Aggressive Ground. Part 1: Assessing the Aggressive Chemical Environment*. Building Research Establishment Special Digest 1, 3rd Edition.

Cripps, J. C. and Edwards, R. L. (1997). Some geotechnical problems associated with pyrite-bearing rocks. In *Proceedings of the International Conference on the Implications of Ground Chemistry/Microbiology for Construction* (ed Hawkins, A. B.). Rotterdam: Balkama, pp. 77–87.

Cripps, J. C., Hawkins, A. B. and Reid, J. M. (1993). Engineering problems with pyritic mudrocks. *Geoscientist*, **3**(2), 16–19.

Cripps, J. C. and Taylor, R. K. (1981). The engineering properties of mudrocks. *Quarterly Journal of Engineering Geology*, **14**, 325–346.

Cripps, J. C. and Taylor, R. K. (1986). Engineering characteristics of British over-consolidated clays and mudrocks: I Tertiary deposits. *Engineering Geology*, **22**, 349–376.

Cripps, J. C. and Taylor, R. K. (1987). Engineering characteristics of British over-consolidated clays and mudrocks II Mesozoic deposits. *Engineering Geology*, **23**, 213–253.

CTQ-M200 (2001). *Appraisal Procedure for Existing Residential Buildings*. Comité Technique Québécois d'étude des Problèmes de Gonflement Associés a la Pyrite.

Czerewko, M. A. and Cripps, J. C. (2001). Assessing The durability of mudrocks using the modified jar slake index test. *Quarterly Journal of Engineering Geology and Hydrogeology*, **34**, 153–163.

Czerewko, M. A. and Cripps, J. C. (2006a). Sulfate and sulfide minerals in the UK and their implications for the built environment. Paper 121. In: *Proceedings of the 10th IAEG International Congress, Engineering Geology for Tomorrow's Cities*. Nottingham, UK: 6–10 September 2006. London: Geological Society.

Czerewko, M. A. and Cripps, J. C. (2006b). The implications of diagenetic history and weathering on the engineering behaviour of mudrocks. Paper 118. In: *Proceedings of the 10th IAEG International Congress, Engineering Geology for Tomorrow's Cities*. Nottingham, UK: 6–10 September 2006. London: Geological Society.

Czerewko, M. A., Cripps, J. C., Duffell, C. G. and Reid, J. M. (2003b). The ditribution and evaluation of sulfur species in geological materials and man-made fills. *Cement and Concrete Composites*, **25**, 1025–1034.

Czerewko, M. A., Cripps, J. C., Reid, J. M. and Duffell, C. G. (2003a). Sulfur species in geological materials – sources and quantification. *Cement and Concrete Composites*, **25**, 657–671.

Czerewko, M. A., Cripps, J. C., Reid, J. M. and Duffell, C. G. (2003c). The effects of storage conditions on the sulfur speciation in geological material. *Quarterly Journal of Engineering Geology and Hydrogeology*, **36**, 331–342.

Czerewko, M. A., Cross, S. A., Dumelow, P. G. and Saadvandi, A. (2011). Assessment of pyritic lower lias mudrocks for earthworks. *Proceedings of the Institution of Civil Engineers Geotechnical Engineering*, **164**, 59–77.

Davis, A. G. (1967). On the mineralogy and phase equilibrium of Keuper Marl. *Quarterly Journal of Engineering Geology*, **1**, 25–46.

Dick, J. C. and Shakoor, A. (1992). Lithological controls of mudrock durability. *Quarterly Journal of Engineering Geology*, **25**, 31–46.

Eyre, W. A. (1973). The revetment of rock slopes in the Clevedon Hills for the M5 motorway. *Quarterly Journal of Engineering Geology*, **6**, 223–229.

Franklin, J. A. and Chandra, A. (1972). The slake durability test. *International Journal of Rock Mechanics and Mining Sciences*, **9**, 325–341.

Franklin, J. A. and Dusseault, M. B. (1989). *Rock Engineering*. New York: McGraw-Hill.

Gamble, J. C. (1971). Durability–Placticity Classification of Shales and Other Argillaceous Rocks. Unpublished PhD Thesis, University of Illinois, p. 161.

Geological Society Professional Handbook (1997). *Tropical Residual Soils*. (ed Fookes, P. G.). London: Geological Society.

Grainger, P. (1984). The classification of mudrocks for engineering purposes. *Journal of Engineering Geology*, **17**, 381–387.

Greensmith, J. T. (1989). *Petrology of the Sedimentary Rocks*. London: Unwin Hyman, p. 262.

Hawkins, A.B. and Pinches, G.M. (1986) Timing and correct chemical testing of soils/weak rocks. Engineering Group of teh

Geological Society, Special publication, 2, 59–66.

Hawkins, A. B. and Pinches, G. M. (1987). Sulfate analysis on black mudstones. *Géotechnique*, **37**, 191–196.

Hawkins, A. B. and Pinches, G. M. (1992). Engineering description of mudrocks. *Quarterly Journal of Engineering Geology*, **25**, 17–30.

Head, K. H. (1992). *Manual of Soil Laboratory Testing*. Volume 1, 2nd Edition. Chichester: Wiley.

Head, K. H. (1994). *Manual of Soil Laboratory Testing*. Volume 2, 2nd Edition. Chichester: Wiley.

Head, K. H. (1998). *Manual of Soil Laboratory Testing*. Volume 3, 2nd Edition. Chichester: Wiley.

Hillel, D. (1980). *Fundamentals of Soil Physics*. Orlando: Academic.

Hoek, E. and Brown, E. T. (1997). Practical estimates or rock mass strength. *International Journal of Rock Mechanics and Mining Sciences & Geomechanics*. Abstract, **34**(8), 1165–1186.

Hoover, S. E. and Lehmann, D. (2009). The expansive effects of concentrated pyritic zones within the Devonian Marcellus Shale formation of North America. *Quarterly Journal of Engineering Geology and Hydrogeology*, **42**, 157–164.

Hopkins, T. C. and Dean, R. C. (1984). Identification of shales. *Geotechnical Testing Journal. ASTM*, **7**, 10–18.

Hudson, J. A. and Harrison, J. P. (1997). *Engineering Rock Mechanics: An Introduction to the Principles*. Oxford: Pergamon, 444 pp.

IAEG (1979). Classification of rocks and soils for engineering geological mapping. Part 1: Rock and soil materials. (IAEG Commission of engineering geological mapping.) *Bull. International Association of Enginerring Geology*, 19, 364-371.

ISRM (1979). Suggested methods for determining water content, porosity, density, absorption and related properties, and swelling, and slake-durability index properties. *International Journal of Rock Mechanics and Mining Science and Geomechanical Abstracts*, **16**, 141–156.

Jaeger, J. C. and Cook, N. G. W. (1979). *Fundamentals of Rock Mechanics*. London: Chapman Hall, p. 576.

Jeans, C. V. (1989). Clay diagenesis in sandstones and shales: an introduction. *Clay Minerals*, **24**, 127–136.

Lambe, T. W. and Whitman, R. V. (1979). *Soil Mechanics, SI Version*. New York: Wiley.

Longworth, I. (2004). Assessment of sulfate-bearing ground for soil stabilisation for built development: Technical Note. *Ground Engineering*, May 2004.

Lum, P. (1965). The residual soils of Hong Kong. *Géotechnique*, **15**, 180–194.

Lutton, R. J. (1977). *Design and Construction of Compacted Shale Embankments*. Vol. 3. *Slaking Indexes for Design*. U.S. Army Engineer Waterways Experiment Station, Vicksburg, Report No. FHWA – RD-77-1 (National Technical Information Service, Springfield, Virginia 22161), p. 88.

Mead, W. J. (1936). Engineering geology of dam sites. In *Transactions of the 2nd International Congress on Large Dams*, Washington, DC, **4**, pp. 183–198.

Mitchell, J. K. (1993). *Fundamentals of Soil Behaviour* (2nd Edition). New York: Wiley.

Morgenstern, N. R. and Eigenbrod, K. D. (1974). Classification of argillaceous soils and rocks. *Journal of the Geotechnical Engineering Division, ASCE*, **100**, 1137–1156.

Newman, A. (1998). Pyrite oxidation and museum collections: a review of theory and conservation treatments. *The Geological Curator*, **6**(10), 363–370.

Nixon, P. J. (1978). Floor heave in buildings due to use of pyritic shales as fill materials. *Chemistry and Industry*, **4**, 160–164.

Norbury, N. (2010). *Soil and Rock Description in Engineering Practice*. Whittles Publishing.

Olivier, H. J. (1979). Some aspects of the influence of mineralogy and moisture redistribution on the weathering behaviour of mudrocks. *Proceedings of the 4th International Conference on Rock Mechanics Montreux*, **3**, 467–475.

Olivier, H. J. (1980). A new engineering-geological rock durability classification. *Engineering Geology*, **14**, 255–279.

Penner, E., Gillot, J. E. and Eden, W. J. (1970). Investigations to heave in billings shale by mineralogical and biogeochemical methods. *Canadian Geotechnical Journal*, **7**, 333–338.

Potter, P. E., Maynard, J. B. and Pryor, W. A. (1980). *Sedimentology of Shale*. New York: Springer-Verlag, 270 pp.

Pye, E. K. and Miller, J. A. (1990). Chemical and biochemical weathering of pyritic mudrocks in a shale embankment. *Quarterly Journal of Engineering Geology*, **23**, 365–381.

Reeves, G. M., Sims, I. and Cripps, J. C. (eds) (2006). *Clay Materials Used in Construction*. London: Geological Society, Engineering Geology Special Publication, **21**.

Reid, J. M., Czerewko, M. A. and Cripps, J. C. (2005). *Sulfate Specification for Structural Backfills*. Crowthorne, UK: Transport Research Laboratory. Report 447.

Sasaki, M., Tsunekawa, M., Ohtsuka, T. and Konno, H. (1998). The role of sulfur-oxidising bacteria *Thiobacillus thio-oxidans* in pyrite weathering. *Colloids and Surfaces A: Physiochem. and Engineering Aspects*, **133**, 269–278.

Shaw, D. B. and Weaver, C. E. (1965). The mineralogical composition of shales. *Journal of Sedimentary Petrology*, **35**, 213–222.

Shaw, H. F. (1981). Mineralogy and petrology of the argillaceous sedimentary rocks of the U.K. *Quarterly Journal of Engineering Geology*, **14**, 277–290.

Snedker, E. A. and Temporal, J. (1990). M40 Motorway Banbury IV contract – lime stabilisation. Highways and Transportation. December 7–8.

Spears, D. A. (1980). Towards a classification of shales. *Journal of the Geological Society, London*, **137**, 125–129.

Stow, D. A. V. (1981). Fine-grained sediments: terminology. *Quarterly Journal of Engineering Geology*, **14**, 243–244.

Symonds, I. F. and Booth, A. I. (1971). *Investigation of the Stability of Earthworks Construction on the Original Line of the Sevenoaks Bypass, Kent*. Crowthorne, UK: Transport and Road Research Laboratory. Report 393.

Taylor, R. K. (1984). *Composition and Engineering Properties of British Colliery Discards*. London: Mining Department, National Coal Board, Hobart House.

Taylor, R. K. (1988). Coal Measures mudrocks: composition, classification and weathering processes. *Quarterly Journal of Engineering Geology*, **21**, 85–99.

Terzaghi, K. and Peck, R. B. (1967). *Soil Mechanics in Engineering Practice* (2nd Edition). New York: Wiley.

Thaumasite Expert Group (1999). *The Thaumasite Form of Sulfate Attack: Risks, Diagnosis, Remedial Works and Guidance on New Construction*. London: Department of the Environment, Transport and the Regions.

Tucker, M. E. (1991). *Sedimentary Petrology: An Introduction to the Origin of Sedimentary Rocks* (2nd Edition). Oxford, UK: Blackwell Science, 260 pp.

Varley, P. M. (1990). Susceptibility of Coal Measures mudstones to slurrying during tunnelling. *Quarterly Journal of Engineering Geology*, **23**, 147–160.

Waltham, A. C. (1994). *Foundations of Engineering Geology*. Glasgow: Blackie Academic & Professional.

Weaver, C. E. (1989). Clays, muds, and shales. *Developments in Sedimentology*, **44**, 819.

Weeks, A. G. (1969). The stability of natural slopes in S.E. England as affected by periglacial activity. *Quarterly Journal of Engineering Geology*, **2**, 49–61.

Winkler, E. M. and Singer, P. C. (1972). Crystallization pressure of salts in stone and concrete. *GSA Bulletin*, **83**, no. 11, 3509–3514.

Wood, L. E. and Deo, P. (1975). A suggested method of classifying shales for embankments. *Bulletin of the Association of Engineering Geologists*, **XII**, 39–55.

Wyllie, D. C. and Mah, C. W. (2004). *Rock Slope Engineering. Civil and Mining* (4th Edition). Oxford, UK: Spon Press, 431 pp.

36.6.1 英国标准及《欧洲标准7》(*Eurocode* 7)

BS 1377 Parts 1–9:1990. Methods of Test for Soils for Civil Engineering Purposes. BSI.
BS 59,0: 1999 + A2:2,10. *Code of Practice for Site Investigations.* BSI 2007. (Superseding 1991 version and including Amendment No. 1, 31 Dec 2007 and No. 2, August 2010.)
BS EN 1997–2:2007: *Eurocode 7 – Geotechnical Design – Part 2: Ground Investigation and Testing.*
BS EN ISO 14688–1:2002. *Geotechnical Investigation and Testing – Identification and Classification of Soils. Part 1. Identification and Description.* BSI 2007. (Incorporating Corrigenda No's I and II.)
BS EN ISO 14688–2:2004. *Geotechnical Investigation and Testing – Identification and Classification of Soils. Part 2. Principles for a Classification.* BSI 2007. (Incorporating Corrigenda No. I.)
BS EN ISO 13242:2002+A1:2007. Aggregates for unbound and hydraulic bound materials for use in civil engineering work and road construction.
BS EN ISO 14689–1:2003. *Geotechnical Investigation and Testing – Identification and Classification of Rocks. Part 1. Identification and Description.* BSI 2007. (Incorporating Corrigenda No. I.)
BS EN ISO 22475–1:2006 Geotechnical Investigation and Testing – Sampling Methods and Groundwater Measurements – Part 1: Technical Principles for Execution.
BS EN ISO 22476–3:2005: Geotechnical Investigation and Testing – Field Testing – Part 3: Standard Penetration Test.
NSAI SR21:2004+A1:2007. Guidance on the use of I.S. EN 13242:2002. Aggregates for unbound and hydraulic bound materials for use in civil engineering work and road construction.

> 建议结合以下章节阅读本章：
> ■ 第7章"工程项目中的岩土工程风险"
> ■ 第33章"膨胀土"
> ■ 第40章"场地风险"
> 本书以第1篇"概论"和第2篇"基本原则"为指导进行章节编排。如第4篇"场地勘察"中所述，各类岩土工程均应进行扎实的现场勘察工作。

术语表

表中包含本章所用术语的定义。更多定义见 M. Allaby 编辑的《地球科学词典》(Dictionary of Earth Sciences)，牛津大学出版社（Oxford University Press），2008

术语	定义
空气破碎	由细粒、部分饱和岩石孔隙中毛细水产生的空气压力导致的崩解过程
各向异性	该术语用于描述材料的物理性质，它取决于（其内部）相对于定义轴线的方向，如层理或叶理
泥质（Argillaceous）	主要由黏土和砂粒大小的物质组成的沉积物或沉积岩，包括大量黏土矿物
泥质板岩	致密、坚固、细粒、富含黏土的沉积岩，已经在深埋或低级变质作用下高度岩化，但不具有成层、易裂性或劈裂等结构
自生	在逐渐成岩过程中由于埋藏条件和温度的变化而在沉积物中原位形成的矿物
埋藏成岩	由于沉积物埋藏在后期沉积物之下而发生的成岩作用
阳离子	缺失一个或多个电子的原子或原子群，整体携带正电荷，例如 Al^{3+}
阳离子交换能力	在给定的 pH 值下，吸附在矿物颗粒表面的最大阳离子量
胶结物	孔隙间沉淀的矿物材料及颗粒间的化学键，它们使颗粒粘结在一起
胶结作用	通过矿物在颗粒之间的沉淀和颗粒间化学键的形成，岩土材料颗粒粘结在一起的过程
碎屑（clast）	岩石或矿物颗粒的碎片，由较老岩石的侵蚀过程产生
碎屑岩	由其他岩石和矿物的（破碎）碎片组成的沉积物或沉积岩，这些碎片是由风化和侵蚀过程产生的
黏土级	平均粒径小于 0.002mm。尽管黏土级材料通常含有大量黏土矿物、其他物质，如石英、有机物、硫化物和碳酸盐也有可能存在其中
黏土矿物（Clay mineral）	一组由铝硅酸盐组成的矿物，具有类似云母的层状硅酸盐晶体结构，即具有很强的片间和片内结合，但层间结合较弱的片层状结构。常见的黏土矿物包括伊利石、高岭石和蒙脱石
黏土岩（Claystone）	一种由黏土大小（黏土级）的颗粒组成的泥质沉积岩，主要由黏土矿物组成
煤矿弃石	煤矿开采或煤炭加工过程中产生的废石。通常含有高比例的泥岩
压实	在地质学中，指一种物理过程，它将松散的未压实沉积物转化为致密的整块岩石，但在矿物组成上没有明显的变化。在岩土工程中，指通过施加动载荷（如滚动或振动）将空气和水从填料中排出的过程
固结	在岩土工程中，由于施加恒定的压力而导致孔隙率降低的过程
碎屑（Detrital）	在风化和（或）侵蚀过程中从先前存在的母岩中剥离的岩石或矿物颗粒，作为风化物被搬运并作为沉积物沉积下来

续表

成岩作用	沉积物埋藏引起的化学、物理和生物变化，包括固结、胶结、自生矿物生长和颗粒粒径增大。不包括风化或变质作用引起的变化
扩散双电层	黏土矿物中常见的离子交换过程的一部分，当黏土颗粒悬浮在水中，黏土颗粒表面的层间阳离子进入溶液，产生一个带负电荷的黏土表面，周围是一层扩散的双水合阳离子层
弹性模量	产生单位应变所需的应力值，当该应力消除后，材料可恢复到原始尺寸
易裂性	岩石沿紧密平行平面破碎的能力，破碎面与书页相似
絮凝	存在于中性电解质流体中的黏土颗粒通过静电吸引相互结合产生的聚集体
絮凝状	黏土颗粒通过化学或生物方法聚集成较大团的过程
叶理	片状岩石中结构特征或片状颗粒的平面排列，如变质岩中的片理
莓状体（Framboid）	泥质沉积物中黄铁矿颗粒的微观球形集合体，其形状类似于树莓
硬化（Induration）	通过压力、热量或胶结作用使沉积物硬化成岩石的自然过程
K_0值	静止土压力系数，即地层中水平和垂直有效应力之比
薄层	不同的沉积物层，通常具有不同的颗粒粒径或颜色，通常小于 10 mm（岩石和土壤的工程描述中使用了 20mm 的上界）
液限	湿土在特定条件下具有液态表现的最小含水率
低级变质	在固态再结晶和新矿物生长具备可能性的条件下，在温度作用和（或）现有岩石压力作用下岩体发生的变化
黏土质/泥质	用于描述由泥［黏土和（或）粉砂大小的颗粒］形成沉积岩的术语
含水率	土中所含水分的质量，以干燥土体质量的百分比表示
泥岩	一种由泥压实或硬化形成的岩石，其一般粒径在泥质等级（<0.063mm）内，是泥岩、粉砂岩、黏土岩和超固结黏土的总称
泥岩	由粉砂和黏土大小的颗粒组成的细粒沉积岩
正常固结	沉积物承受的当前上覆应力是自沉积以来所经历的最大应力的一种状态
超固结	过去作用在沉积物上的上覆应力比现在更大的一种状态；因此，与类似的正常固结沉积物相比，超固结沉积物经历了一个或多个加载和卸载循环，使其具有更大的密度、强度、耐久性和更低的压缩性
冰缘	在退缩的冰原或冰川附近产生的气候条件，会引发冻融作用
岩石学	对岩石的矿物学、地球化学、结构、矿场关系及其形成过程的研究
千枚岩（Phyllite）	一种低级变质作用下产生的泥质岩，与板岩相比颗粒粒径较粗，裂缝较少，但与片岩相比颗粒粒径较细，裂缝较多
层状硅酸盐	片状或层状硅酸盐矿物，由四面体和八面体薄片连接在一起形成1:1或2:1的层。在层之间可能存在水合阳离子和水的中间层，这可以补偿由于其他低价阳离子取代片内和片间阳离子而产生的多余负电荷
塑限（Plastic limit）	使土表现为塑性所需的最小含水率——在这种情况下，可以通过用手对土样塑形，且压力去除后形状不再恢复
压强	单位面积上受到的力
片岩	一种"中等粒径"变质岩，其特征是明显的锯齿状颗粒排列（叶理），称为片理
页岩	易碎的泥岩（由于风化作用可导致泥岩中产生易碎性，因此最好将此类材料称为易碎泥岩）
抗剪强度	在正应力为零的条件下，导致试样破坏的最小剪应力。在饱和黏土中为单轴抗压强度的一半
砂岩	一种细粒沉积岩，由平均粒径在 0.002~0.063mm 之间的颗粒组成
崩解	由干湿交替循环引起的岩土材料劣化过程
融冻泥流	在冰缘条件下，由于冻融作用，土层向下移动的过程
单轴/无侧限抗压强度	导致试样破坏的压力，仅沿一个轴向施加荷载，且试件处于无围压状态
风化	一系列的物理、化学和生物过程，通过这些过程，材料发生降解，使其与当前环境达到平衡

译审简介：

魏建华，上海勘察设计研究院（集团）股份有限公司集团专业总工程师，教授级高级工程师，上海市优秀技术带头人。

顾国荣，上海勘察设计研究院（集团）股份有限公司技术总监，全国勘察设计大师，全国劳动模范。

第 37 章 硫酸盐/酸性土

J. 默里·里德（J. Murray Reid），英国运输研究实验室，沃金厄姆，英国

主译：李星星（中国建筑科学研究院有限公司地基基础研究所）
审校：崔溦（天津大学）

doi：10.1680/moge.57074.0517

目录		
37.1	引言及背景知识	517
37.2	岩石与土中的硫化物	518
37.3	硫化物取样与试验	523
37.4	工程与环境问题及相应评价方法	526
37.5	结论	531
37.6	参考文献	531

硫元素广泛存在于岩石和土体中，主要有两种形式：一是氧化态的硫酸盐，以石膏（$CaSO_4 \cdot 2H_2O$）为代表；二是还原态的硫化物，以黄铁矿（FeS_2）为代表。其他形式的硫化物在特定条件下出现。岩土工程等活动对岩石和土体造成扰动，使其中的黄铁矿和其他硫化物暴露于水和空气中，并发生氧化反应。这一化学反应使岩石与土富含硫酸盐，同时使地下水酸化，由此，产生一系列工程及环境问题，如混凝土和钢材等建筑材料的腐蚀，石膏积聚导致地基和底板隆起，含水氧化铁（赭石）沉积对水源的污染等。此外，含黄铁矿岩土与石灰或水泥混合，也会诱发黄铁矿氧化，导致混合物 pH 值升高，形成膨胀性硫酸盐（钙矾石和碳硫硅钙石），致使固化土发生膨胀变形。由于硫化物易发生化学反应，采用现有的测试方法测试时应慎重。岩土工程师必须能辨别可产生潜在问题的岩土类型及条件，并采取有效措施避免和减轻这些问题。

37.1 引言及背景知识

在英国，对于岩土工程师而言，在填土材料内部或填土材料与工程结构之间发生化学反应是不可思议的。这也许是因为他们缺乏地球化学知识背景，认为化学反应只在实验室或工业生产等严格控制的条件下才会发生。通常认为岩土是惰性的，开挖和压实后，除了与含水量变化有关的物理变化外，岩土化学特性不会发生变化。在英国，许多岩土属于化学惰性材料。但是一旦遭受扰动，不少岩石或土会发生化学变化，且常对岩土工程产生不利影响。岩土中的硫化物就是产生这些问题的主要原因之一。

硫在构成地壳的元素含量中位列第 16，平均浓度为 260mg/kg（Krauskopf，1967），高于碳（200mg/kg）、氯（130mg/kg）和锌（70mg/kg）。硫元素广泛存在于岩石和土体中，主要有两种形式：一是氧化态的硫酸盐，以石膏（$CaSO_4 \cdot 2H_2O$）为代表；二是还原态的硫化物，以黄铁矿（FeS_2）为代表。其他形式的硫化物在特定条件下出现，如存在于填埋场，下水道和活火山区域的硫化氢气体（H_2S）。岩土工程问题主要是由溶液中的硫酸盐和硫化物的转化引起的。岩土开挖使黄铁矿（FeS_2）和其他硫化矿物与空气、水接触，硫化矿物氧化为硫酸盐，并产生酸性环境。该反应会导致混凝土、钢筋及其他建筑材料的腐蚀，排水通道和过滤设备的堵塞，河道的污染。采用石灰或水泥处理富含硫酸盐和硫化物的土体时，会产生复杂的膨胀性硫酸盐矿物，导致土体隆起，进而对覆盖其上的沥青或混凝土面造成损坏。此外，富含硫酸盐的地表水入渗会使石膏在基底土层中积聚，因此，如果基底土层不进行处理，可能会造成底板隆起。

上述工程及环境问题的一个共有特征是其发生相对滞后，在建设完成后短则数月，长则数年内发生。若上部结构发生严重损坏甚至失效时，只能采取代价极大的移除或大修措施。因此，岩土工程师必须能识别潜在易发性岩土体，判断处理或施工方法是否恰当，进而合理采取避免或减轻措施。如果能预见潜在的问题，并采取恰当措施，大多工程解决方案是有效的。而工程及环境问题的发生难以预见。本章将系统地介绍问题产生的潜在条件、预测方法、相应的解决方案。

土体中硫化物引发的问题主要与工程结构的破坏和环境污染有关，这些问题是相当严重的，同时，硫化物也可能导致生物死亡，幸运的是这种情况比较罕见。硫化氢中毒事件通常发生在密闭空间中，除了在受污染土体、下水道及垃圾填埋场等特殊地点，这种情况很少发生，这部分内容并非本章

图 37.1 德比郡 Carsington 大坝修建过程中
因 CO_2 中毒身亡的遇难者纪念碑

关注的重点。但是，在土木工程施工中也会出现潜在的致命状况，图 37.1 为 4 名遇难者的纪念碑，在德比郡 Carsington 大坝修建过程中，他们在检修洞中因二氧化碳中毒而遇难。该坝坝体采用强风化泥岩填筑，在建设过程中，以灰岩为排水层消散孔隙水压。填土材料呈酸性，富含硫酸盐，灰岩受到腐蚀，排水层中石膏积聚，并释放二氧化碳，二氧化碳顺着排水系统扩散到工人所在的检修洞中。因此，硫化物的特性不仅是学术或工程关注的问题，同时也是致人死亡的问题，是值得岩土工程师关注的问题。

37.2 岩石与土中的硫化物

37.2.1 含硫矿物

硫元素以各种形式存在，并在特定条件下能相互转化。常见的含硫矿物见表 37.1。在自然条件下，岩土中含硫矿物主要以还原态硫化物为主。黄铁矿是最常见的硫化物矿物，也是多数火成岩、变质岩和沉积岩及其衍生土体中常见的次要成分。许多矿石为硫化物矿物，如方铅矿（PbS）和闪锌矿（ZnS）。硫化物矿物通常溶解性较低，本身对建筑材料不具有腐蚀性。但是，硫化矿物在氧化条件下发生风化会产生硫酸盐，而硫酸盐为易溶盐，对建筑材料有腐蚀性；此外，在自然条件下，硫化物风化通常会产生石膏（$CaSO_4 \cdot 2H_2O$），而石膏在中性条件下溶解度有限。这是近地表土体中硫酸盐存在的常见形式。

在自然的蒸发岩地层中，常见的硫酸盐有石膏、硬石膏（$CaSO_4$）、重晶石（$BaSO_4$）、泻利盐（$Mg_2SO_4 \cdot 7H_2O$）及其他盐类。重晶石为难溶盐，但是硬石膏、泻利盐和其他盐类均为易溶盐。因

英国岩土中含硫矿物　　表 37.1

矿物名称	化学式	特征描述
硬石膏	$CaSO_4$	见于深层蒸发岩地层，白色晶体，易溶
重金石	$BaSO_4$	大量岩石的微量组分，白色晶体，不溶
天青石	$SrSO_4$	稀有矿物，见于蒸发岩地层；易溶
泻利盐	$MgSO_4 \cdot 7H_2O$	常见于蒸发岩地层，易溶，仅在一定深度可见
石膏	$CaSO_4 \cdot 2H_2O$	广泛存在于岩土中；白色晶体和粉末，中性溶液中微溶，酸性溶液中可溶
黄钾铁矾	$KFe_3(OH)_6(SO_4)_2$	黄铁矿的风化产物，常见于泥岩中，通常为黄绿色粉末
白铁矿	FeS_2	为白垩岩地层和石灰岩的结节，其晶体结构与黄铁矿矿物晶体结构不同
芒硝	$Na_2SO_4 \cdot 10H_2O$	见于深层蒸发岩地层；易溶
黄铁矿	FeS_2	岩土中最常见的硫化物，晶粒粒径变化较大，有大块黄色立方体，也有肉眼难以辨别的细小晶体；不溶，但易氧化
磁黄铁矿	FeS	偶见于岩土中；其晶体结构与黄铁矿矿物晶体结构不同
有机硫化物		常见于泥炭质土和有机质土中

此，在英国，硫酸盐一般在近地表处被滤去，偶见于竖井和隧道开挖深度范围。在这种情况下，硫酸盐腐蚀（通常也与氯盐及其他盐类有关）和遇水膨胀等问题会给土木工程造成严重危害。这些情况不在本章中进一步讨论。

当黄铁矿以大晶体出现时，又称"愚人金"，呈亮黄铜色，密度大（相对密度为 4.9），晶体形态通常为正方体或八面体。但是，它有时也以肉眼难以辨别的细粒晶体出现，这些细粒晶体的危害性更大，因为当其暴露于空气和水中时，这些细粒晶

体的氧化反应速率比大晶体高得多。石膏以多种形式存在，如原生地层中的透明晶体、沉积于活性黏土或泥岩裸露表面上的细白色粉末状晶体。图37.2 显示了雨水蒸发后，沉积在 Ancholme 黏土（一种富硫化物和硫酸盐的侏罗纪泥岩）表面的白色石膏晶体。这种细白色粉末通常会在富含硫酸盐或硫化物的填土表面形成，这无疑是出现问题的前兆。同时，生成橙棕色的含水氧化铁（赭石）的沉积物，这是黄铁矿氧化的另一种产物（式(37.1)）。这些沉积物会堵塞排水沟，覆盖河床，导致所有水生生物死亡。对于岩土工程师而言，应着重辨识这些危害性的迹象，如填土表面、路堤渗漏处或堤脚水池中出现石膏和赭石沉淀物，这一点很重要，相对任何化学试验结果而言，这些迹象都能更好地揭露问题。

37.2.2 黄铁矿的风化

37.2.2.1 风化反应

在自然条件下，主要的风化反应为黄铁矿等硫化物氧化成硫酸盐。在正常的土形成条件下，氧化反应非常缓慢。在英国，地表以下 2~3m 范围的天然地层受淋滤作用影响，其硫酸盐和硫化物浓度通常非常低，但在其底部可能有硫酸盐的积聚，这可能会对地基造成危害。在更深处，除了蒸发岩地层，硫的主要存在形式为硫化物。这种从硫酸盐到硫化物的转变与地表风化的深度相对应，深部呈黑色或深灰色，风化带则为黄色、棕色或斑驳色。在超固结的黏土和泥岩中类似断面特别常见，这样的黏土和泥岩地层在英国广泛分布（第36章"泥岩与黏土及黄铁矿物"）。

土木工程可能会加速岩土中硫化物的风化反应，尤其是有渗透水和空气影响的挖填方工程，例如自由排水路堤填筑是最易氧化的环境之一。在这些条件下，土体/水显酸性，导致硫酸盐和金属的溶解度显著增加，对建筑材料产生不利影响。微生物活动也能大幅加速硫化物的氧化。最初，铁被氧化成亚铁态（Fe^{2+}）并保留在溶液中。然而，当渗透水离开路堤，暴露在空气中时，铁被氧化为三价铁（Fe^{3+}），并以含水氢氧化铁的形式沉淀，通常为无定形的橙色沉淀物。下面总结了黄铁矿氧化过程中的主要化学反应。尽管化学反应的细节可能很复杂，且取决于具体反应条件，但总的结果是黄铁矿氧化为含水氧化铁（赭石）并产生硫酸，溶液 pH 值低至 2 或 3。

$$4FeS_2 + 15O_2 + 14H_2O \rightarrow$$
$$4Fe(OH)_3 + 8H_2SO_4 \quad (37.1)$$

如果存在碳酸盐矿物，如方解石，酸就与之反应生成石膏和二氧化碳。

$$CaCO_3 + H_2SO_4 + H_2O \rightarrow$$
$$CaSO_4 \cdot 2H_2O + CO_2 \quad (37.2)$$

石膏的积聚使体积大幅增加，导致地层隆起。Bell（1983）指出石膏积聚会导致体积增加 8 倍，施加给周围土体的压力高达 0.5 MPa 左右。这是硫化物引发工程问题的一个主要原因。如果不存在碳酸盐矿物，硫酸可能会腐蚀黏土矿物，生成如黄钾铁矾等矿物（表37.1）。从黄铁矿氧化区排出的水会呈强酸性，pH 值在 2~4 范围内，并且溶液中含有高浓度的硫酸盐和金属（如铁、锰和铝）。当这些水与空气接触时，铁迅速氧化并沉淀为赭石，造成水源污染和排水沟堵塞（图37.3）。

图37.2　积聚在 Ancholme 黏土表面的石膏

图37.3　泥岩构筑的堤坝排水出口处赭石的沉积

37.2.2.2 化学风化速率

在土木工程中，黄铁矿或其他硫化物是否造成不利影响的一个关键因素是：硫化物在给定条件下氧化成硫酸盐的速率。这取决于许多变量：

- 矿物粒径；
- 矿物存在形式；
- 空气和水的接触；
- 微生物活动；
- 硫化物总含量。

(1) 矿物粒径

矿物粒径是影响矿物反应速率的最重要因素之一。矿物反应与矿物颗粒的比表面积有关，比表面积与粒径的平方成反比（球体的表面积 $A = 4\pi r^2$）。因此，较大晶体的反应速率比微米级的细颗粒晶体慢得多。由此导致了一个矛盾：当黄铁矿物以肉眼难以辨别的状态出现时，它通常是危险的，又被称为"隐藏的威胁"。在园林中，常采用含大量可见黄铁矿的装饰性花岗岩和板岩块堆砌假山，但不必担心黄铁矿会发生任何反应（图37.4）。然而，黄铁矿微粒聚合体（微球团）的反应性却极强。这些微粒聚合体可以通过电子显微镜识别（图37.5），但这不是常规调查和评估可用的仪器设备。

(2) 矿物形式

硫化物的反应也与矿物晶体形式或结晶度有关。一般来说，矿物形成时间越长，在高温高压下结晶可能性越大需要的温度和压力就越高，所以在现有大气或场地条件下其反应得越慢。这可以解释为什么花岗岩和板岩中的硫化物往往比泥岩和超固结黏土中的硫化物活性更低。而黄铁矿微粒聚合体具有特别高的反应性，可能是因为它是新近冲积地层（如砂和粉砂）中形成的。然而，对于在土木工程施工扰动前已经风化的地层而言，无论其形成时间的长短，其中的硫化物都可能比新地层中的更活跃。因此，即使是经过高度风化的较老岩石，在施工过程中暴露时也可能容易被氧化。与晶粒尺寸相比，矿物晶体形式或结晶度对硫化物氧化反应速率影响更难量化，但在评估特定材料发生硫化物氧化反应时应重视这一问题。

如果存在某些硫化铁矿物，可能会产生特殊的

图37.4 含可见黄铁矿的粗粒花岗岩

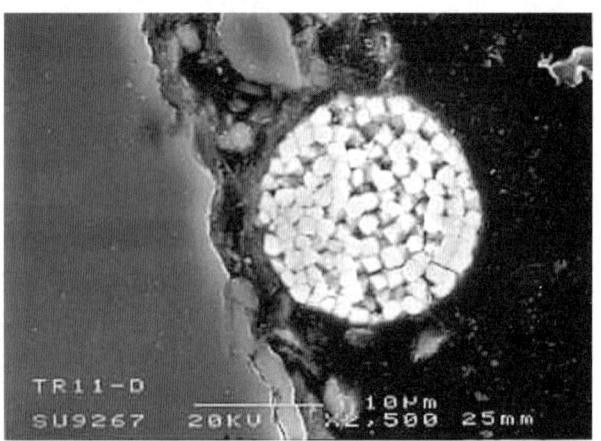

图37.5 冲积砂中的黄铁矿微粒聚合体（微球体）

工程问题；硫化铁矿物主要出现在冲积物或河口沉积物中，由于有机质的腐烂，使其在还原条件下形成。它们通常只存在于非常特殊的情况下，如刚好低于平均水位的海洋工程钢板桩的回填土中（Tiller，1997）。这些化合物具有强腐蚀性，对钢板桩造成严重的腐蚀，但大多数岩石与土中均不存在硫化铁矿物。

(3) 空气和水

硫化物氧化需要与空气和水充分接触（式(37.1)）。但是，如果反应产物不移除，且无充足的空气和水，氧化反应很快就会达到平衡，不会发生进一步的反应。在地下水位以下的地层，尽管可能有大量的水，但由于空气供应不足，所以很少发生硫化物氧化反应。在地下水位以上，需要水和空气稳定地渗透到地层中方可驱动氧化反应，反应产物通过排水清除，并在其他地方引起工程或环境问

题。堤坝为硫化物持续发生氧化反应提供了一个适宜的环境。在德文郡的 Roadford 大坝现场调查阶段，人们发现作为填土的软泥岩中含有黄铁矿，并在施工和运营期间采用仪器设备来监测黄铁矿的氧化速率（Davies 和 Reid，1997）。20 年的监测结果表明，运营期间的黄铁矿氧化反应速率与施工期间的氧化速率基本相同，尽管建成后坝体填土被覆盖，其中上游被沥青薄膜覆盖，坝顶被沥青公路覆盖，下游坝肩被表层土壤和植被覆盖（Hopkins 等，2010）。反应产物的浸出速率主要受降雨和水库水位控制。类似地，由于煤矸石中黄铁矿的氧化，使用煤矸石填充受开采沉陷影响的渠堤会导致水体变质（Perry 等，2003）。

（4）微生物活动

黄铁矿的氧化发生分多个阶段，Reid 等（2005）在内的许多学者都讨论过这一点，第 36 章"泥岩与黏土及黄铁矿物"中也有相关的内容。其中许多反应阶段是由细菌催化的，这使反应速率比仅考虑化学平衡时预期得要快。不同的细菌可以促进硫和铁的氧化和还原，从而从反应中获取能量和养分。这些细菌可以在极端不利的环境中生存、繁育，包括在硫化物氧化产生的酸性环境中。因此，如果可能发生反应，一般认为微生物活动有助于该反应的发生。

（5）硫化物总含量

也许很多人认为硫化物的总量将是决定反应程度的主要因素。但是，事实上，与前面几节阐述的各因素相比，这个因素是相对不重要的；颗粒大小、矿物形式、空气和水才是决定反应程度的重要因素。因此，硫化物含量很高且硫化物以大晶体形式存在的材料几乎对工程没有影响，而含有少量高活性硫化物的材料则可能给工程造成严重影响。当硫化物浓度小到检测的极限时，才能确定它们不会造成工程或环境问题。对于岩土工程师而言，这是非常困难的。因为简单地参考极限值对硫化物氧化的可能性及其潜在后果进行评价可能过于保守。此外，虽然岩石与土中总含硫量的测定相对可靠、经济，但硫化物含量的测定是比较困难的。即使可以测定，还必须评估硫化物是否有氧化的可能，如果有，氧化速率是多少，对工程或环境会有什么影响，都是亟待解决的问题。

表37.2 说明了这一点，该表汇总了英国 4 个工程项目的硫化物反应速率。受硫化物影响，这些项目均出现了工程或环境问题。硫含量与反应速率和危害程度没有关系。最严重的破坏发生在硫含量最低的冲积砂砾土中，因为这些结构极易受硫酸盐和酸的腐蚀。相比 Carsington 大坝，尽管 Roadford 大坝填料总硫含量较低，但因其填料渗透性大，空气和水浸入量大，导致其填料中硫氧化速率更高。但是 Carsington 大坝中发生的化学反应影响更严重。当大方量回填时，即使活性硫化物含量极少，也会对工程造成严重影响。在案例研究的 M5 桥梁中（Thaumasite Expert Group，1999），在特定条件下，即使硫含量较小，但是反应速率极大。这些有利于硅灰石膏型硫酸盐腐蚀的条件包括：填挖工程的扰动使黄铁矿开始氧化；凉爽、潮湿的环境；流动的地下水；以及混凝土中存在的碳酸盐骨料。只有考虑到每个项目的所有环境条件，并了解这些材料的地球化学行为，才可能做出合理的预测。只有做到这些要求，才能合理避免或减轻工程或环境问题。

英国工程项目的黄铁矿物氧化速率　　　　　　表37.2

项目类型	材料	硫含量（%S）	氧化速率	化学反应影响
Roadford 坝	石炭系泥岩	0.6	1 年 0.15%	对填料无影响；因排水富含金属和悬浮沉积物，建成 20 年后依然需要处理
Carsington 坝	石炭系泥岩	3.2	4 年 0.005%	已失稳的坝中混凝土和排水层被腐蚀；重建坝中采取措施防止腐蚀；坝体排水需要处理
A564 Hatton-Hilton-Foston	冲积砂砾层	0.3	4 年 90%	镀锌波纹钢管严重腐蚀，必须进行替换；采用惰性材料置换原有填料
Gloucestershire M5 桥基填土	Lias 黏土	1.6	25 年 15%～50%	对混凝土腐蚀厚度达到了 40mm（硅灰石膏型硫酸盐腐蚀）

数据取自 Reid 等（2005）

37.2.3 含硫矿物地层

硫化物，特别是黄铁矿，通常是火成岩、变质岩和沉积岩及其衍生的沉积物和土体中的次要成分。《BRE 专刊 1》(Building Research Establishment, 2005) 和《HA 建议注释 74》(*HA Advice Note*)(Highways Agency 等, 2007)列出了英国已知含有大量黄铁矿的地层。下面讨论一些特别可能引起问题的材料。

37.2.3.1 泥岩和黏土

泥岩和超固结黏土极有可能在新鲜地层中含有大量的黄铁矿，而在风化地层中则含有黄铁矿和石膏的混合物。由于雨水淋滤作用，在表层土 $1\sim 2m$ 范围内的硫酸盐和硫化物含量可能较低，但在以下几米的地方，硫酸盐和硫化物的浓度在水平和垂直上可能变化很大。当在上述地层中进行施工时，必须考虑硫酸盐和硫化物造成的潜在问题。这类关键地层包括：

- 石炭系及近现代泥岩；
- 麦西亚泥岩（Keuper 泥灰岩—仅含硫酸盐，不含硫化物）；
- LowerLias 黏土；
- Kimmeridge 黏土（图 37.2 中的 Ancholme 黏土是 kimmeridge 黏土的横向等效物）；
- Oxford 黏土；
- 威尔德黏土；
- Gault 黏土；
- 伦敦黏土；
- 冰碛物或来自上述任何一种沉积物的浮积物。

这些地层也可能给工程带来其他问题，如季节性涨缩变形，边坡和开挖中的长期抗剪强度低，以及有机物的不利影响。Cripps 和 Czerewko 在第 36 章"泥岩与黏土及黄铁矿物"中讨论了这一问题。

37.2.3.2 冲积层

活性硫酸盐和硫化物并不局限于细粒土和岩石；由于冲积砂和砾石中的硫化物而引发问题的案例已有许多。在这些案例中，硫化物通常以微粒聚合体形式存在，活性极高（图 37.5）。微粒聚合体黄铁矿可能是次生矿物，来源于重矿物沉积物中的原生黄铁矿。上述地层通常很少含或不含碳酸盐，即使其硫化物和硫酸盐含量很低，当开挖回填时，也会形成高酸性条件。Reid 等（2005）给出了一个案例：采用冲积砂砾石作为镀锌波纹钢管管沟回填料，结果导致了钢材的快速腐蚀，在道路通车之前，波纹管及填料必须被替换掉。Sandover 和 Norbury（1993）也报告了粗粒土中发生的类似问题。

有机土体，包括泥炭，也可能含有大量的硫。由于有机物腐烂产生腐殖酸，这些土体通常呈酸性，但其 pH 值不会低于 3.5，而硫酸可以将这些土的 pH 值降低到 2（Building Research Establishment, 2005）。

37.2.3.3 煤矸石及相关材料

煤矸石由采煤过程中开挖的地层组成，其包括煤层正上方和下方的岩层、巷道和竖井掘进煤层时产生的煤层碎片和岩层。因此，对于开采多个矿层的大型煤矿而言，其煤矸石的成分变化也会很大。但主要地层为泥岩，泥岩含有大量的硫化物，特别是海相泥岩，往往形成在煤层顶部。矸石中仍含有大量的煤，而且煤中的硫化物含量很高。现代煤矿从相当深的地方开采煤炭，因此矸石中可能还含有高浓度的氯化物，这些氯化物源自海水中沉积的泥岩。碳酸盐岩的含量变化很大，在一些海相泥岩中方解石的含量很高，而煤层正下方的泥岩和砂岩中方解石含量则普遍较低。新鲜煤矸石的 pH 值一般在 $7.5\sim 8.5$ 之间，但是一旦暴露在空气中，硫化物就会发生氧化，pH 值可能下降到 2 或 3。

研究者很早就认识到了煤矸石的潜在腐蚀性（West 和 O'Reilly, 1986），英国《公路工程规范》(*Specification for Highway Works*)(Highways Agency 等, 2009a) 不允许将煤矸石作为混凝土和金属结构构件的回填土。

煤矸石被松散地放置在堆场中，往往会着火，导致其中煤颗粒燃烧，并改变其化学和物理性质。最明显的变化是其颜色从深灰变为红色，同时颗粒强度增加，所以充分燃烧的煤矸石与未燃烧的煤矸石相比，前者是一种应用更广泛且性能更优良的填料。依据英国《公路工程规范》(*Specification for Highway Works*)，允许将充分燃烧的煤矸石应用于各种工程中（Highways Agency 等, 2009）。在燃烧过程中，大多数硫化物被氧化成硫酸盐。废油页岩在许多方面与燃烧的煤矸石相似；它是从苏格兰中部洛锡安地区石炭纪油页岩中提取石油时产生的残留物。页岩在蒸馏瓶中加热，随着石油的排出，会留下一种红色物质，其中有不同含量的硫酸盐，但硫化物含量通常较低。在苏格兰，燃烧过的煤矸石和废油页岩都被通俗地称为"碳质页岩"。

37.3 硫化物取样与试验

为了评价硫化物对土木工程的潜在影响，有必要测定材料中不同硫化物的含量。首先应采集具有代表性的样品，并确保在存储过程中其硫化物的成分不会发生改变。

37.3.1 取样与存储

一般来说，在勘察期间，为测定硫化物的成分，需要对土层和地下水进行取样。地下水样品特别有价值，因为水体是硫化物对材料及环境造成危害的介质。重要的是，从钻孔、探坑、渗水或河流中获得水样都应严格按照实践指南进行，并加以保存，以便其化学成分在化学分析前不会发生变化。取样时，测定样品的基本参数也很有必要，特别是温度、pH 值、电导率和氧化还原电位/溶解的 O_2。这些基本参数有助于解释后期的测试结果，且可作为水的化学性质以及水体是否需要关注的总体指标。

用于化学测试的土样品在取样和储存过程中应按照实践指南进行。这一点尤其重要，因为在取样过程中硫化物极易发生氯化。Reid 等（2005）的试验表明，如果样本存储不当，测试结果可能会产生巨大差异。他们建议将样品置于密封容器中，在 0~4℃下储存并尽快进行分析测试。在勘察期及施工期采集的样品应遵守这些规程。施工期样品用于检查工程中使用的材料组成成分；而放置在实验室或储存容器中，并在环境温度下存储几个月的样品不太可能准确地代表场地的真实条件。

在英国，现场勘察和测试遵循 BS EN 1997-2：2007 和相应的国家附件 NA to BS EN 1997-2：2009。这些文件规定，土的化学测试应该继续按照英国标准 BS 1377-3 要求执行，但 pH 值（酸度和碱度）的测定按照 BS EN 1997-2 的附录 N.5 执行。如何使用英国标准 BS 1377-3 中各种测试方法应进一步参考国家附件 NA3.15。

37.3.2 水溶性硫酸盐

水溶性硫酸盐（Water-soluble sulfate，WS）是腐蚀建筑材料、引发填土和水体中其他化学反应的主要形式，因此，水样的硫酸盐含量或岩土样品的水溶性硫酸盐含量是最常见有效的测试参数，它代表了水体或岩土所构成的直接危害。将岩石或土样放入蒸馏水中，以 2:1 的比例萃取 24h，然后过滤溶液，可测定硫酸盐浓度。传统的硫酸盐含量测定方法是在酸性溶液中添加氯化钡以沉淀硫酸钡，然后用重力分析法确定硫酸盐的含量。这仍然是英国测试标准中所推荐的试验方案。土体测试应参照英国标准 BS 1377-3，骨料应参照 BS EN 1744-1。然而，大多数商业实验室倾向于使用快速自动化的方法，如电感耦合等离子体发射光谱（ICP-OES）直接测定溶液中的硫酸盐含量，该方法在 TRL447 试验 1 中有相应的介绍（Reid 等，2005）。对于水样，硫酸盐的含量可以直接测定，但需要提前过滤掉样品中的悬浮物。

测试结果采用 mg/L SO_4 的格式表示，这是大多数规范文件在特定条件下设置限值时所使用的表示格式，也是 TRL447 推荐的格式。但是，不同的标准使用不同的格式。英国标准 BS 1377-3 建议采用 g/L SO_3 或% SO_3（仅限土样品）的格式表示水溶性硫酸盐含量。BS EN 1744-1 检测结果也采用% SO_3 表示水溶性硫酸盐含量。硫酸根一般以 SO_4 的形式存在，所以采用 mg/L SO_4 的格式表示是最合理的；因为萃取比例固定为 2:1，所以 SO_3 浓度乘以 1.2 可以转化为 SO_4，% SO_3 乘以 5 可以转化为 g/L SO_3。对于所有涉及硫化物的测试，在引用测试结果和方法时，应明确所使用的单位。

测定岩石与土样的水溶性硫酸盐含量时，同时测定 2:1 浸出液的 pH 值，这是 TRL447 试验 1 中所推荐的方法。根据 BS 1377-3 可以测定土样的 pH 值，但对于骨料的 pH 值没有测定方法，因此在水溶性硫酸盐试验中进行测定是很重要的。pH 值可以根据 BS EN 1977-3 的附录 N.5 测定，但这仅说明电化学方法（即英国标准 BS 1377-3 规定的方法）是首选方法。

在指导文件（如 TRL447 和《BRE 专刊 1》）中，水溶性硫酸盐含量以符号 WS 表示。水溶性硫酸盐试验测定将提取易溶性硫酸盐，如硫酸镁和硫酸钠。在中性 pH 值下，石膏在水中的溶解度很小，所以如果它是唯一存在的硫酸盐，WS 值不会超过 1500mg/L 左右。然而，如果 pH 呈酸性，即使石膏是唯一存在的硫酸盐，WS 值也会很高。因此，pH 值的测定有助于解释 WS 值，并评估对材料或水体可能产生的危害。

37.3.3 酸溶性硫酸盐（AS）

虽然 WS 测试测定了岩石与土中易溶于水的可溶性硫酸盐含量，但如果其中的硫酸盐以难溶矿物的形式存在（如石膏），则实际的总硫酸盐含量可能会显著高于测定值。这种情况下，如果岩土与酸性水接触，可溶硫酸盐含量会大幅上升，这可能对土木工程和环境造成危害。因此，测定酸溶性硫酸盐的含量是很有必要的。此类试验方法见 TRL447（Test 2），英国标准 BS 1377-3 和 BS EN 1744-1。大致的试验步骤为：研磨样品使其通过 2mm 的筛网，然后用大于 10% 浓度的盐酸溶解所有硫酸盐。然后通过测定硫酸钡重量（英国标准 BS 1377-3 和 BS EN 1744-1）或电感耦合等离子体发射光谱（ICP-OES）或类似的方法（TRL447）确定硫酸盐含量。英国标准 BS 1377-3 和 BS EN 1744-1 推荐以 %SO_3 格式表示测试结果。TRL 447 试验 2 推荐以 %SO_4 格式表示测试结果。将 SO_3 的值乘以 1.2 即可转换为 SO_4。硫酸盐一般以 SO_4 的形式存在，所以应优先采用 SO_4 表示。与 WS 测试一样，在引用测试结果和方法时，应明确采用的试验方法和所使用的单位。

在指导文件（如 TRL447 和《BRE 专刊 1》）中，酸溶性硫酸盐含量以符号 AS 表示。在一些填料应用中，该值可以直接作为限值，但也可以与硫化物总含硫量结合考虑，以间接估算硫化物含量。AS 含量将包括所有潜在的活性硫酸盐矿物，但不包括非活性的硫酸盐，如硫酸钡，因为其不易提取。

37.3.4 硫化物总含硫量（TS）

岩石与土的总含硫量包括以硫酸盐、硫化物和其他形式存在的硫。其他形式的硫包括存在于泥岩、超固结黏土和冲积地层中的有机硫化物硫，和作为次要成分存在于石灰石、砂岩和其他岩石中的惰性矿物，如硫酸钡。其他形式的惰性硫化物存在于再生混凝土骨料中；许多混凝土外加剂含有有机硫化物，石膏常被添加到水泥中，其重量甚至高达 3%，能够起到缓凝作用。

TRL 447 给出两种测定硫化物总含硫量的方法（测试方法 A 和测试方法 B）。方法 A 采用微波消解样品，然后采用电感耦合等离子体发射光谱（ICP-OES）测定总含硫量硫化物；方法 B 采用快速高温燃烧法（HTC）直接测定总含硫量硫化物。试验结果采用 %S 表示。在实践中，HTC 法更应用更广泛，因为该方法便捷、经济。测定总含硫量的化学方法见 BS EN 1744-1；在这种方法中，硫化物经盐酸和强氧化剂（过氧化氢）的处理转化为硫酸盐，硫酸盐含量采用上述重量分析法测定，结果采用 %S 表示。

在指导文件（如 TRL447 和《BRE 专刊 1》）中，硫化物总含硫量采用符号 TS 表示。它很少直接用作限值，而是用于计算两个作为限值的参数：

- 总潜在硫酸盐含量（TPS）是指样品中所有硫化物转化为硫酸盐后所能生成的硫酸盐含量。因此，该值代表了特定材料硫酸盐危害最严重的情况。计算方法为：
  TPS（%SO_4）= 3 × TS（%S）；

- 可氧化硫化物含量（OS）是指样品中所有硫化物被氧化成硫酸盐后所产生的硫酸盐。因此，它低于 TPS，通常由 TS 和 AS 间接计算：
  OS（%SO_4）=[3 × TS（%S）]−AS（%SO_4）

这三种试验（WS、AS 和 TS）是对岩土样品测试的主要常规试验。它们的优点是相对便捷和经济，所以能够确保被检测样品的数量，且不会产生过多的延迟和成本。因为岩土中硫化物极易发生变化，因此有必要进行一系列试验，以确定存在的浓度范围。TRL 447 和《BRE 专刊 1》（*BRE Special Digest* 1）建议，对于任何拟用于结构回填的材料至少应测试 5 个样品，并取两个最高值的平均值与限值进行比较。

37.3.5 还原硫化物总含量和一硫化物含量

还原硫化物的含量可以通过 TS 和 AS 的差值来估算（第 37.3.4 节）；然而，这一数字也包括其他惰性形式的硫，如有机硫化物硫或硫酸钡，因此，该值高估了硫化物含量。而且此方法的估值精度有限，特别是在低值时，因为测定 TS 和 AS 时会有误差。所以，直接测定还原硫化物含量可以提高估算的准确性。Reid 等（2005）研究了许多方法，并开发了用于测定还原硫化物总含量（TRS）（TRL 447 试验 3）和一硫化物含量（MS）（TRL 447 试验 5）的化学方法。但是这些专业的化学测试需要由熟练的技术人员进行操作。与 WS、AS 和 TS 等测试不同，这些方法不是自动化的，而且经济性差。在某些特定情况下，为了能更详细地识别材料中硫化物的性质，这些测试是有必要的。试验结果采用 %S 表示。与 TRS 测试类似，酸溶性硫化物测定方法见 BS EN 1744-1。

可氧化硫化物（OS）可直接根据 TRS 值确定：

$$OS\,(\%SO_4) = 3 \times TRS\,(\%S).$$

37.3.6 其他试验

对岩土中的黄铁矿、石膏和其他矿物，可以采用 X 射线衍射技术（XRD）进行定性测试。这项技术还可提供材料中其他矿物质的信息，如碳酸盐和黏土矿物。对岩土样品进行 X 射线荧光（XRF）分析可以给出总体的化学组成，包括总含硫量的估值，但不如直接化学测定准确。扫描电镜（SEM）可以用来研究细粒硫化物的晶体形态和晶粒尺寸，如图 37.5 所示。这对理解化合物在特定情况下的活性是非常有帮助的，然而这项技术由于非常昂贵而不适用于常规测试。

37.3.7 活性硫化物

在土木工程中，填筑材料中的硫化物氧化成硫酸盐是问题产生的症结所在；然而，在任何给定的情况下，氧化反应程度是很难估计的。表 37.2 给出了 4 个不同地层的测试结果，可以发现其氧化速率存在较大差异。而且大方量回填时，即使是少量的硫化物氧化也会造成严重后果，特别是涉及关键的结构构件，如金属筋材或锚杆。硫化物的限值通常基于 OS 值，假定材料中所有的硫化物都氧化为硫酸盐。在大多数情况下（表 37.2），这种假定情况很难发生，特别是当黄铁矿以粗粒晶体形式存在时，其氧化反应非常缓慢。在第 37.3.4 节和第 37.3.5 节中提到，准确测定硫化物含量是极其困难的，这也为采用该参数作为限值增加了难度。如果有类似于 WS 和 AS 测定硫酸盐的方法能测定活性硫化物和 OS 含量，这将是非常有用的。

为了解决这个问题，Reid 和 Avery（2009）研究了一种加速风化测试。试验步骤大致为：研磨样品、采用 2mm 的筛网对样品进行筛分，然后将它们放入一个温度为 40℃，湿度为 95% 的气候室中观察 28d，分别在 0d、7d、14d、21d、28d 和 35d 测定其 pH 值和电导率（依据英国标准 BS 1377-3 提供的方法）。其目的是提供有利于硫化物氧化的环境，而硫化物的氧化会导致其电导率上升，如果产生的酸超过了材料的中和能力，还会使 pH 值下降。对于石灰石，其他钙质材料和混凝土中含量较高的再生骨料，其中和能力可能会大于其产生酸的能力，因此 pH 值不会下降或下降很小；但硫化物的氧化速率可以通过测试期间电导率的上升来表示。

试验使用了 5 种市售石料，包括 2 种花岗岩，1 种石灰石，1 种用于公路的再生集料（混凝土和沥青），1 种从拆除材料中回收的再生集料（砖、混凝土和土）。试验样品还包括含肉眼可见黄铁矿的页岩和酸性煤矸石。pH 值和电导率的试验结果见图 37.6（a）和图 37.6（b）。在试验过程中，

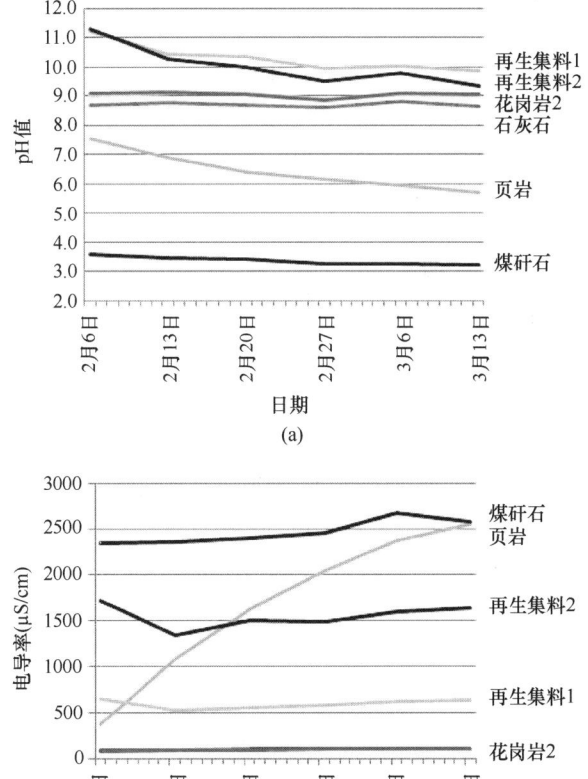

图 37.6 在加速风化试验过程中 pH 值和电导率的变化
（经矿物工业研究组织（Mineral Industry Research Organisation，简称 MIRO）许可摘自 Reid 和 Avery（2009））

集料样品的 pH 值和电导率没有变化，但页岩样品的 pH 值从 7.5 下降到 5.7，电导率从 380 μS/cm 上升到 2555 μS/cm。这表明，在测试过程中，页岩中的黄铁矿发生了氧化，且与现场材料的性质有较好的相关性，该页岩是来自采石场的覆盖材料，其暴露一段时间后会产生酸性排水（Reid 和 Avery，2009）。

试验表明，加速风化试验可能是一种区分活性硫化物材料和非活性硫化物材料的方法。还需要进一步的工作来确定这种方法是否可以发展成一种常规的测试方法。它的优点是操作简单，但需要 28d 的时间来监测。因此，它可能适合作为集料或填坑材料的特性测试，可与上面讨论的 WS、AS 和 TS 等测试方法相结合，以评价上述材料在不同环境下的适用性。

37.3.8 用于限值的试验方案

多年来，已经为不同的应用情况设定了硫化物的限定值。具体的限值将在第 37.4 节中讨论。以下是目前各规范中限值的主要参数：

- 地下水的 WS 和 pH 值；
- 岩石与土的 WS 和 pH 值；
- 岩石与土的 OS 值（根据 TS 和 AS 值估计）；
- 岩石与土的 TPS 值（根据 TS 值估计）；
- 岩石与土的 AS 值。

在特定情况下可能需要更多的资料，例如：

- 地下水或土体的镁含量；污染区混凝土用水（BRE，2005）。
- 锚固或加筋结构回填土的氯离子含量、有机质含量、电阻率、氧化还原电位和微生物活性指数（Highways Agency 等，2009a）。

值得一提的是，硫化物只是材料或水体的一种化学成分而已，有必要进行更广泛的分析，以确定是否可能存在其他问题，并提出应对措施。

应对足量的样品进行测试，以对地层内硫化物的分布和浓度有一个清晰的认识，便于选择一个恰当的特征值与对应的限值作比较［参见第 37.3.4 节 TRL447（Reid 等，2005）、《BRE 专刊 1》(Building Research Establishment，2005)］。然而，以 OS 作为限值是较为保守的（第 37.3.7 节），因此 TRL447（Reid 等，2005）规定，即使材料的 OS 和 TPS 超过限值，但如果能够满足如下要求，也是可以使用的：

- 该材料在过去的应用中没有出现由硫化物导致的问题；
- 基于对其化学和矿物性质的认识，明确这种材料不会造成问题。

以上规定包含在 NG600 系列《公路工程规范指南注释》（*Notes for Guidance for the Specification for Highway Works*）中（Highways Agency 等，2009b）。加速风化试验也许是能够评价活性硫化物危险性的量化方法。

37.4 工程与环境问题及相应评价方法

37.4.1 混凝土腐蚀

70 多年来，人们认识到土体中的硫酸盐和酸会腐蚀混凝土，甚至会导致混凝土开裂、膨胀和软化。早在 1939 年，英国建筑研究院（Building Research Establishment）就发布了混凝土腐蚀的评估方法及抗腐蚀混凝土的设计指导意见。最新的版本是 2005 年出版的《BRE 专刊 1》。该专刊明确了涉及混凝土结构设计和施工的各参与方职责，也包括岩土工程专家。岩土工程专家应负责现场勘察，评估硫酸盐等级（DS）和混凝土结构的化学环境腐蚀等级（ACEC），并将这些信息提供给建筑或结构设计师。

为进行 DS 和 ACEC 分级，岩土专家应进行案头研究和现场踏勘以确定土体类别，例如：场区是否为被污染场地，并评估土体条件是否对混凝土具有腐蚀性。如果土体内可能含有黄铁矿，则需要特别注意，因为这会增加混凝土腐蚀的风险。同时，必须对地下水进行评估，并将其分为静态、流动或动态。应测定土体和地下水中的腐蚀性化学物质浓度。然后使用一系列的流程图和表格来进行 DS 和 ACEC 分级，根据分级，设计人员进行配比和防护措施的设计，以确保混凝土能够抵抗预期的化学破坏。针对以下 3 种不同场地类别给出了流程图：

- 天然场地，土体中不含黄铁矿；
- 天然场地，土体中含黄铁矿，受扰动后可能产生额外的硫酸盐；
- 被污染场地，土体中不含黄铁矿。

DS 和 ACEC 分为 5 级，从低浓度的硫酸盐和硫化物以及中性 pH 值（DS-1 和 AC-1），到极高浓度的硫酸盐和硫化物以及高酸性 pH 值（DS-5 和 AC-5）。ACEC 等级标记为 AC-1 而不是 ACEC-1。该评价系统包括各种材料，同时为设计人员提供各种措施，以确保在不同环境下的混凝土抗腐蚀性能满足要求。根据地下水是静态的还是流动的等因素，AC 级别进一步细分。AC 等级越高，混凝土的价格就越贵，所以在满足安全性和经济性之间取得平衡是很重要的。因此需要进行足够数量的测试，以便能够在一定程度上确定场区的 DS 类别；当 WS 结果较少时，应以测得的最高硫酸盐浓度作为特征值。如果有 5~9 个 WS 结果，则硫酸盐浓度的两个最高值的平均值为特征值。

DS 和 AC 类的限值是为了辅助设计，而不是通过/不通过的标准。然而，英国《公路工程规范》（Highways Agency 等，2009a）第 601.14 条中给出了一些特定材料的限值，例如：混凝土周围的填土、水泥粘结材料、其他胶凝材料或永久工程的稳定覆盖层等。这些限值是根据《BRE 专刊 1》中 DS-2 级的最高值而得到的，大致对应于中性 pH 值下石膏的溶解度。2009 年 11 月版规范规定的限值为：

- WS 含量不超过 1500mg/L SO_4（TRL447 Test 1）；
- OS 含量不超过 0.5% SO_4（TRL447 Tests 2、4）；
- pH 值不小于 7.2。

这些限值是为了确保直接接触混凝土的材料不会造成硫酸盐或酸腐蚀；这与《BRE 专刊 1》的方法有细微差异，后者是基于现有地质条件。建筑物的回填料既可采用现场产生的废料，也可在现场没有合适材料的情况下采用外运料。因此，有必要为这个特定的应用设置可行或不可行的限值。

虽然《BRE 专刊 1》的规定涉及深埋混凝土，但混凝土结构可能经常暴露在环境中的填料，或水体渗透至上覆路堤填料，然后接触到基础混凝土，特别是桥梁。在评估 DS 和 AC 等级时，应考虑各种对混凝土有影响的填料组成。路堤可能是一个高度氧化的环境，因此，如果采用含有活性硫酸盐和硫化物的材料构筑路堤时，需要评估其对现场混凝土结构的影响。《公路工程规范》（*Specification for Highway Works*）中对回填材料的限值通常只适用于距结构 500 mm 以内的材料，因此，即使能够保证结构回填层的安全稳定性，但其后面的填料仍有可能产生酸性、富含硫酸盐的排水，侵蚀基础混凝土。

众所周知，采用含有高浓度硫酸盐和硫化物的煤矸石作为填料，可能会引发工程问题（第 37.2.3.3 节）。约克郡和亨伯塞德郡的两条公路改善计划就是这样的情况；两者都需要外运大量填料，而煤矸石是最容易得到的材料。化学测试表明，该煤矸石中含有高浓度的硫酸盐和硫化物；虽然它适合作为填料使用，但不适用于有排水并接触混凝土的地方。这个问题通过增加清洁结构填料（一种当地的灰岩）的面积得到了解决，以楔形填筑的方式将煤矸石与结构隔离。在这种情况下，煤矸石总是在结构回填土的下方，排水无法进入煤矸石中。这使煤矸石可以用于大方量填筑，节省了常规填料以供更有价值的结构回填。

37.4.2 金属结构构件腐蚀

构成永久工程的金属构件特别容易受硫酸盐、硫化物和酸的腐蚀。因此，要确保这些构件不会接触到含有上述物质填料的排水中。金属结构在土木工程中的应用包括：土体锚固和加筋土中加强筋，管沟埋设的波纹钢等。最常用的金属是镀锌钢和不锈钢。对于这些结构的填料及其化学性质是有限制要求的，例如不允许采用泥质岩进行填筑。主要参考资料包括《特种岩土工程施工：加筋填土》（*Execution of special geotechnical works-Reinforced fill*）BS EN 14475：2006 的表 B.1 以及英国《公路工程规范》（Highways Agency，2009a）的表 6/1 和表 6/3。相关指导建议见《英国道路和桥梁设计手册》中 BD12/01 对跨度介于 0.9~8m 的埋设波纹钢的管沟（Highways Agency 等，2001）和 BD70/03 加固/加筋土和用于挡土墙和桥台填土（英国标准 BS 8006：1995）（Highways Agency 等，2003）的陈述。最近发布的英国标准 BS 8006 修订版（British Standards Institution，2010）参考了 BS EN 14475 表 B.1 中关于使用金属筋材填料的电化学特性的要求。

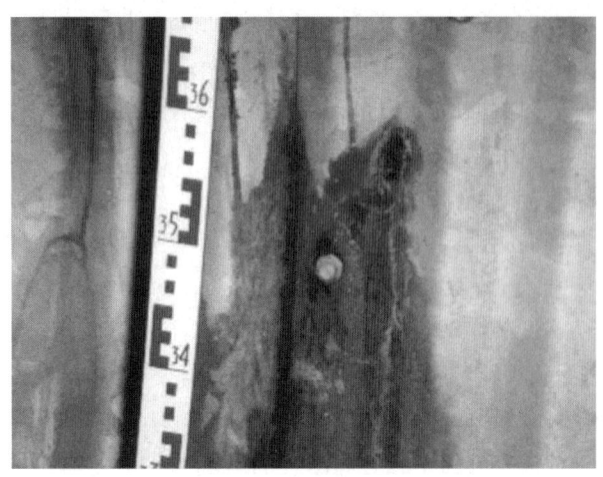

图37.7 含黄铁矿的冲积砂砾石作为回填土对埋设波纹钢结构的腐蚀

钢结构构件填料限值　　表37.3

参数	单位	钢结构构件500mm范围内填土要求（英国《公路工程规范》第601.15条）	
		镀锌钢	不锈钢
WS	mg/L SO_4	300	600
OS	% SO_4	0.06	0.12
pH值低限	—	6	5
pH值高限	—	9	10

多年来人们已经知道一些材料容易对金属结构构件产生腐蚀，例如煤矸石和常见的泥质岩（West 和 O'Reilly，1986）。在《公路工程规范》（*Specification for Highway Works*）（Highways Agency 等，2009a）中，这些材料不允许作为加筋土、锚固或埋设波纹钢结构的填料使用。然而，其他材料也存在类似问题，如冲积砂砾石（Reid 等，2005）。在英格兰一个高速公路项目中，黄铁矿氧化产生酸，导致许多埋设的波纹钢管被酸腐蚀（图37.7），因此在道路开通之前必须更换钢管及回填材料，造成了工期延误和费用增加。

对于镀锌钢和不锈钢材料而言，其回填材料的限值略有不同，具体见表37.3。

氯含量、有机质含量、电阻率、氧化还原电位和微生物活性指数的限值也有一定要求。这些限值不适用于附属金属结构的填料，如检查孔和排水井盖。当金属构件被混凝土包装，应采用混凝土填料

的限值（第37.4.1节）。由于对应用情况敏感，这些限值需非常严格执行且只适用于金属结构构件填料，不能用于其他，如非粘结性基层、覆盖层或一般填料。

尽管许多天然和再生填料的OS值都超过了表37.3的要求，但它们过去也曾被成功用于金属结构构件的回填。Reid 和 Avery（2009）通过加速风化试验进行的调查显示，5种市售填料似乎不含活性硫化物（第37.3.7节），但化学测试表明，其中3种填料的OS值超过了表37.3中的限值。加速风化试验表明，这些材料仍然适合作为金属结构构件的填料。因此，开采多年的料场生产的集料不太可能出现腐蚀问题，因为对其进行过详细的测试，查明了可能发生的问题。反而是新的料场或基坑挖土可能存在腐蚀性问题，因为这些材料成分复杂，且研究调查不全面。Reid 等（2005）讨论过的冲积砂砾石就属于这种有腐蚀性问题的填料。在这种情况下，不能采用外运的填料，而应该采用场区内土体作为填料。

37.4.3　钢板桩腐蚀

钢板桩在土木工程中应用广泛，易受酸、硫酸盐和硫化物的腐蚀。在氧化的情况下，例如在地下水位以上的砂砾土中，钢板桩遭受硫酸盐、酸的腐蚀（即由第37.2.2节中所述的化学反应形成的硫酸盐和酸）。然而，在氧气不足的情况下，可能会发生不同的反应；硫酸盐可以被还原成硫化物，在某些情况下会产生腐蚀性极强的硫化铁或气态硫化氢。这些反应可能发生在河口地区的有机质淤泥沉积物中，而这些地区的港口工程中往往大量使用钢板桩。与这些环境相关的高盐度，加上潮汐导致的日水位变化，为活性单硫化物的产生提供了适宜条件。Tiller（1997）描述了这些环境特有的腐蚀机制以及各种抗腐蚀方法。

37.4.4　填土劣化的岩土及环境问题

填土中黄铁矿氧化对混凝土和钢结构构件的腐蚀已经在第37.4.1节和第37.4.2节介绍过。然而，这些反应也会对填料本身产生重大影响，包括长期岩土性能恶化和受污染排水对附近水源的影响。

最易发生岩土工程性质劣化的材料是软岩，如泥岩和页岩，以及含有大量黄铁矿物的材料，如煤

砑石。这些材料广泛用于公路、路堤和堤坝的填筑；特别是堤坝，可能需要几百万吨的填料，堆填高度可以达到40m。它们的寿命周期预计为200年或更长，因此应充分重视各种潜在的长期岩石或土性质的劣化，因为这可能降低堤坝的安全性，甚至使其丧失使用功能。由于在英国进口大量填筑材料既不可行，也不经济，堤坝填料通常在拟建水库范围内就地取材。因此，了解填筑材料的潜在劣化特征，并通过堤坝设计来应对其劣化是非常重要的。

20世纪80年代和20世纪90年代，曾对英国两个主要堤坝的上述问题进行了详细调查，调查的堤坝分别是德比郡的Carsington大坝和德文郡的Roadford大坝；两者都是采用当地的石炭纪风化泥岩建造，其中含有大量的硫化物和硫酸盐矿物。调查发现的潜在问题包括：

- 由于硫酸浸出，填料抗剪强度降低；
- 硫酸对排水材料的化学腐蚀；
- 石膏或赭石沉淀造成排水通道堵塞；
- 硫酸浸出，填料压缩性提高；
- 对混凝土和金属造成腐蚀；
- 含高浓度金属和硫酸盐的酸性废水对下游河道造成污染。

Chalmers等（1993）以及Wilson、Evans（1990）和Reid（1997）分别对Carsington大坝及Roadford大坝的勘察结果和施工期间所采取的措施进行了详细介绍。结论显示，化学风化对填料强度或性能的影响甚微，但从长期来看，排水峰值摩擦角（φ'）降低了1.5°。对于可能存在的硫酸盐和pH值条件，应采取适当的保护措施避免对混凝土和钢材的腐蚀。最棘手的是排水系统可能受到化学污染，以及如何处理酸性废水以保护堤坝下游水质。

最初的Carsington大坝在1984年几近完工时发生了溃坝（Skempton和Vaughan，1993），大坝酸性泥岩填充物中的排水层所采用的石灰岩受到了化学腐蚀，其中积聚了大量石膏（图37.8），并产生了二氧化碳气体（第37.1节）。在大坝重建时，为了避免化学反应，放弃采用石灰岩作为排水层，基础排水和竖井排水均采用惰性石英砾石（Chalmers等，1993）。将基础排水设计在地下水位以下，以避免被富含铁质的水所氧化；因为当水从排水口流出时，其中的铁会被氧化并沉淀为赭石，这是一种橙色的含水铁氧化物沉积物（图37.3）。排出

图37.8 Carsington大坝酸性泥岩填充物中的石灰岩排水层，可见其中的石膏沉淀

水经氢氧化钠处理使pH值有所提高，其中的铁和其他金属氧化沉淀析出，然后排放到下游。

针对Roadford大坝，在后期发现用于基础排水的材料是钙质的，而堤坝采用含黄铁矿的风化泥岩填筑，这导致钙质的材料可能被坝体填料中的酸性水腐蚀（Davies和Reid，1997）。鉴于工地位置偏远，外运惰性填料不现实，因此进行调查，以评估酸性排水对排水层的潜在影响（Davies和Reid，1997）。研究发现，由于排水系统位于地下水位以下，且处于动水环境中，因此石膏沉淀造成的渗透性损失很小。在施工过程中监测到水的pH值呈中性，并且硫酸盐含量较高，而堤坝填料的排水具有明显的酸性pH值和更高的硫酸盐含量。说明坝体填料中的水和排水层之间发生了化学反应，但自建设以来，排水系统已有效运行了20多年（Hopkins等，2010）。

排出水中的铁、锰和悬浮物的含量也很高，在排放到下游的Wolf河之前必须进行处理。经过对排水20多年的化学监测，发现其化学特性以年为周期变化，冬季是坝体排水量最大的季节，其硫酸盐浓度达到峰值（图37.9）。而pH值则呈现相反的趋势，冬季较低，夏季较高，但一直保持在7.0以上，除了2000—2001年间的一小段时间，这与该年冬季异常潮湿的气候条件有关（图37.9）。钙的浓度基本保持不变，说明由于排水层中方解石的溶解作用，水中的碳酸钙已达饱和。

对于Carsington和Rordford大坝来说，许多关于可能发生化学反应的有效信息，都是通过在勘察期间建造的试验性堤坝观测获得的。设计堤坝试验

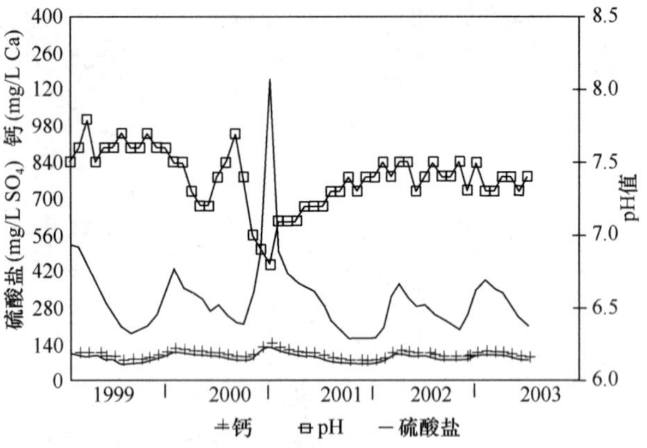

图 37.9 Roadford 大坝排水中的硫酸盐、钙的浓度和 pH 值
经 South West Water 许可摘自 Hopkins 等（2010）

主要是为了获取各种填料的压实特性，同时也可提供化学反应的性质和规模等信息。堤坝建成一段时间后，堤坝坡脚排水池沉积的赭石和石膏，以及堤坝表面沉积的白色粉末状石膏是化学反应发生的明显标志。当岩石或土体由于开挖而暴露于空气和水中时，开始发生这些化学反应。对水的化学分析能够说明化学反应的规模，以便通过设计措施来解决上述问题。这需要负责堤坝试验的检查人员和工程师细致的观察和敏锐的分析，以避免这些化学反应特征被忽视。对于工程地质学家和岩土工程师而言，能够识别这些化学反应的迹象并理解它们的意义非常重要。堤坝试验是评估填料潜在化学活性的一种有效方法。在试验期间，应随时记录材料变化和排水的化学分析结果。

当不能进行堤坝试验时，工程师应调研相似材料构筑的堤坝，并获得有关其性能的信息，包括所有造成排水性能差的相关问题。然后预测拟采用的堤坝填料性能。第 37.3.7 节中描述的加速风化试验也可以帮助评估路堤中可能的反应规模。

煤矸石是一种特别容易发生化学反应的材料。在 Aberfan 矿难的悲剧发生后，人们对煤矸石的岩土特性进行了大量研究，包括化学风化对其抗剪强度的影响；Taylor（1984）对研究结果进行了汇总。预估最不利情况下的长期残余抗剪强度，具体为：表观有效黏聚力 c' 为 0 kN/m^2，内摩擦角 φ' 为 22°。Anderson 和 Cripps（1993）研究了由于硫化物氧化产生的酸浸对泥岩抗剪强度的影响。但是，如果对煤矸石的性质比较了解，并能通过设计确保煤矸石不产生岩土或环境问题，就可以将其应用于路堤填筑，例如第 37.4.1 节所列举的两个公路实例。

37.4.5 固化土的膨胀变形

为了改善一些土体的岩土性质，通常采用石灰、粉煤灰、矿渣或水泥等胶粘剂来处理诸如砂土、粉土和黏土等土体。土体处理不仅是对土进行干燥以满足填料的要求，而且包括在原位形成更坚实的地层以作为覆盖层或替代砂砾土这类非粘结性基层。《道路和桥梁设计手册》（*Design Manual for Roads and Bridges*）（HA 74/07）的"采用石灰、水泥或两者一起处理填料和覆盖层"相关章节中对上述问题有更详细的介绍（Highway Agency 等，2007）。在 pH 值超过 12 的强碱性环境中，胶粘剂和土体发生化学反应生成胶凝材料。这些极端条件会导致各种化学反应，对处理过的材料产生不利影响。

在高 pH 值条件下，土体中的硫酸盐与胶凝材料发生反应，形成一种强膨胀性的硫酸铝酸钙水合物，称为钙矾石（$3CaO \cdot Al_2O_3 \cdot 3CaSO_4 \cdot 31H_2O$）和石膏，这些矿物质还会对混凝土造成膨胀性破坏（第 37.4.1 节）。这是因为高 pH 值条件加速了黄铁矿的氧化，从而产生更多的硫酸盐与固化土反应。这些反应通常不会立即发生，而是在几个月后才发生，这可能是由于水分含量的季节性变化造成的，这些水分为膨胀性矿物的形成提供了所需水分。此时，处理层已被铺装层、地基或底板覆盖，而固化土层隆起则会对铺装层或建筑物造成破坏。这种情况下的补救措施代价非常高昂，因为必须破坏上覆结构并更换底部的膨胀性材料。Snedke 和 Temporal（1990）给出了在英国一条主干公路中发生此类反应并需要补救的工程案例。

HA 74/07 手册（Highway Agency 等，2007）给出了如何评估填料和覆盖层材料潜在膨胀性的指导意见。该导则并未设特定的限值，而是要求工程师进行试配，将试配混合物浸泡 28d 后，测量其膨胀变形，如果膨胀超过可接受的范围，则不能使用这种材料。特别容易受这些反应影响的材料包括超固结黏土、漂流沉积物和煤矸石（第 37.2.3 节）。在原位固化土壤以形成水力粘合基底层的情况下，《公路工程规范》中规定了总潜在硫酸盐（TPS）含量限值为 0.25%（Highway Agency 等，2009a，第 840.3 款）。当土体 TPS 等于或大于 0.25% 时，只有在与监管机构达成一致的情况下方可进行处理。

如果使用常规填料（第 37.4.4 节），许多情况下的潜在问题都可以得到解决，但如果填料土体含有大量的硫酸盐或硫化物，则几乎没有有效的处理方法。有证据表明，与水泥或石灰相比，磨细的高炉矿渣引起的膨胀性较小（Higgins 等，2002）。但是，在评估黏土的固化效果时应格外注意，以确保其不会受到膨胀的影响。

37.4.6 底板隆起

在一定条件下，垫层填料中的石膏积聚也会引起建筑底板的隆起。这种情况可能发生在垫层填料富含硫酸盐和高地下水位的地方。当建筑物内部受热时，地下水通过毛细作用被吸入底板下的垫层填料中。水分蒸发导致石膏在填料的空隙中结晶。这会产生非常高的膨胀压力，导致底板的隆起和破坏。

当建筑物建于富含硫酸盐和硫化物的页岩、泥岩或超固结黏土之上时，底板隆起的问题特别常见。由于施工的扰动，致使一些硫化物发生氧化，氧化物在毛细作用下运移至底板下的填料中，并以石膏的形式积聚。Hawkins, Pinches（1987）和 Wilson（1987）报道了发生于英国的实例。研究者很久以前就认识到了这类问题，对此 Nixon（1978）给出了指导意见，建议限制底板填料中的黄铁矿含量不超过 1%。

虽然大多数事故是由于直接在高地下水位富含硫酸盐和硫化物的地层上施工造成的，但如果底板垫层填料中含有大量的硫酸盐、硫化物或其他膨胀性矿物，也会造成类似问题。BRE（1983）出版的指引规定，所有底板垫层填料必须是非膨胀性土。

37.5 结论

本章指出硫化物在岩土工程中的危害，如腐蚀混凝土和钢材、堵塞排水通道、降低填料抗剪强度、使路面和底板隆起或破坏、污染河流。如果能及早发现这些危险，并采取适当措施（如采取减轻措施或避免使用不合适的材料），就可以避免这些危害。大多数情况下都有有效的指导措施来应对，重点在于工程师应了解这些潜在的危险，并确保在项目勘察设计阶段对这些危险进行过适当的评估。这不仅需要将各种实验室测试结果与其限值进行比较，还需了解材料及其在拟建工程中使用时的性能。也就是说，应采用与其他各种岩土工程完全相同的思路开展设计与施工工作。

37.6 参考文献

Anderson, W. F. and Cripps, J. C. C. (1993). The effects of acid leaching on the shear strength of Namurian shale. In *Engineering Geology of Weak Rocks*, Engineering Geology Special Publication 8. Rotterdam: Balkema, pp. 159–168.

Bell, F. G. (1983). *Engineering Properties of Soils and Rocks* (2nd edition). London: Butterworths.

British Standards Institution (1990). *Methods of Test for Soils for Civil Engineering Purposes. Part 3 Chemical and Electrochemical Tests*. London: British Standards Institution, BS1377–3:1990.

British Standards Institution (2009). *Tests for Chemical Properties of Aggregates. Part 1 Chemical Analysis*. London: British Standards Institution, BS EN 1744–1:2009.

British Standards Institution (2006). *Execution of Special Geotechnical Works – Reinforced Fill*. London: British Standards Institution, BS EN 14475:2006.

British Standards Institution (2007). *Eurocode 7 – Geotechnical Design Part 2 – Ground Investigation and Testing*. London: British Standards Institution, BS EN 1997–2:2007.

British Standards Institution (2009). *UK National Annex to Eurocode 7 – Geotechnical Design Part 2 – Ground Investigation and Testing*. London: British Standards Institution, NA to BS EN 1997–2:2009.

British Standards Institution (2010). *Code of Practice for Strengthened/Reinforced Soils and Other Fills*. London: British Standards Institution, BS 8006–1:2010.

Building Research Establishment (1983). *Hardcore*. BRE Digest 276. 1983. Watford: BRE.

Building Research Establishment (2005). *Concrete in Aggressive Ground*. BRE Special Digest 1. 2005. Watford: BRE.

Chalmers, R. W. C., Vaughan, P. R. and Coats, D. J. (1993). Reconstructed Carsington Dam: design and performance. *Proceedings of the Institution of Civil Engineers: Water, Maritime and Energy*, **101**, 1–16, Paper No. 10060.

Davies, S. E. and Reid, J. M. (1997). Roadford dam: geochemical aspects of construction of a low grade rockfill embankment. In *Proceedings of the International Conference on the Implications of Ground Chemistry/Microbiology for Construction* (ed Hawkins, A. B), Bristol, 1992, Paper 2–5. Rotterdam: A. A. Balkema, pp. 111–131.

Hawkins, A. B. and Pinches, G. M. (1987). Cause and significance of heave at Llandough Hospital, Cardiff - a case history of ground floor heave due to pyrite growth. *Quarterly Journal of Engineering Geology*, **20**, 41–58.

Higgins, D. D., Thomas, D. and Kinuthia, J. (2002). Pyrite oxidation, expansion of stabilised clay and the effect of ggbs. In *Fourth European Symposium on the Performance of Bituminous and Hydraulic Materials in Pavements*, University of Nottingham, April, 2002.

Highways Agency, Transport Scotland, Welsh Assembly Government and the Department for Regional Development Northern Ireland (2001). Design of corrugated steel buried structures with spans greater than 0.9 metres and up to 8 metres. BD12/01. Volume 2 Section 2 Part 6 of the *Design Manual for Roads and Bridges*. London: The Stationery Office. [Available at www.dft.gov.uk/ha/

standards]

Highways Agency, Transport Scotland, Welsh Assembly Government and the Department for Regional Development Northern Ireland (2003). Strengthened/reinforced soils and other fills for retaining walls and bridge abutments use of BS 8006: 1995, incorporating Amendment No.1 (Issue 2 March 1999). BD70/03, Volume 2 Section 1 Part 5 of the *Design Manual for Roads and Bridges*. London: The Stationery Office. [Available at www.dft.gov.uk/ha/standards]

Highways Agency, Transport Scotland, Welsh Assembly Government and the Department for Regional Development Northern Ireland (2007). Treatment of fill and capping materials using either lime or cement or both. HA 74/07, Volume 4 Section 1 Part 6 of the *Design Manual for Roads and Bridges*. London: The Stationery Office. [Available at www.dft.gov.uk/ha/standards]

Highways Agency, Transport Scotland, Welsh Assembly Government and the Department for Regional Development Northern Ireland (2009a). Specification for highway works. Volume 1 of the *Manual of Contract Documents for Highway Works* (MCHW1). London: The Stationery Office. [Available at www.dft.gov.uk/ha/standards]

Highways Agency, Transport Scotland, Welsh Assembly Government and the Department for Regional Development Northern Ireland (2009b). Notes for guidance for the *Specification for Highway Works*. Volume 2 of the *Manual of Contract Documents for Highway Works* (MCHW2). London: The Stationery Office. [Available at www.dft.gov.uk/ha/standards]

Hopkins, J. K., Reid, J. M., McCarey, J. and Bray, C. (2010). Roadford Dam – 20 years of monitoring. In *Managing Dams: Challenges in a Time of Change. Proceedings of the 16th Biennial Conference of the British Dam Society* (ed Pepper, A.), June 2011, Glasgow. London: ice Publishing.

Krauskopf, K. B. (1967). *Introduction to Geochemistry*. New York: McGraw-Hill. Nixon, P. J. (1978). Floor heave in buildings due to the use of pyritic shales as fill material. *Chemistry and Industry*, 4 March, 160–164.

Perry, J., Pedley, M. and Reid, J. M. (2003). *Infrastructure Embankments – Condition Appraisal and Remedial Treatment* (2nd edition). CIRIA Report C592. London: Construction Industry Research and Information Association.

Reid, J. M. and Avery, K. (2009). *Measuring the Potential Reactivity of Sulfides in Aggregates*. Final project report for MIST Project MA/7/G/5/001, May 2009. [Available at www.mi-st.org.uk/research_projects/reports/ma_7_g_5_001/MA_7_G_5_001_Final%20report.pdf]

Reid, J. M., Czerewko, M. A. and Cripps, J. C. (2005). *Sulfate Specification for Structural Backfills*. TRL Report TRL447 (updated). Wokingham: TRL.

Sandover, B. R. and Norbury, D. R. (1993). Technical Note: on the occurrence of abnormal acidity in granular soils. *Quarterly Journal of Engineering Geology*, **26**(2), 149–153.

Skempton, A. W. and Vaughan, P. R. (1993). The failure of Carsington Dam. *Géotechnique* **43**(1), 151–173.

Snedker, E. A. and Temporal, J. (1990). M40 motorway Banbury IV contract – lime stabilisation. *Highways and Transportation*, December 7–8, 1990.

Taylor, R. K. (1984). *Composition and Engineering Properties of British Colliery Discards*. London: National Coal Board, 244 pp.

Thaumasite Expert Group (1999). *The Thaumasite Form of Sulfate Attack: Risks, Diagnosis, Remedial Works and Guidance on New Construction*. Report of the Thaumasite Expert Group. London: Department of the Environment, Transport and the Regions.

Tiller, A. K. (1997). An overview of the factors responsible for the degradation of materials exposed to the marine/estuarine environment. In *Proceedings of the International Conference on the Implications of Ground Chemistry/Microbiology for Construction* (ed Hawkins, A. B.), Bristol, 1992. Paper 4–1. Rotterdam: A A Balkema, pp. 337–353.

West, G. and O'Reilly, M. P. (1986). *An Evaluation of Unburnt Colliery Shale as Fill for Reinforced Earth Structures*. TRL Research Report RR97. Wokingham: TRL.

Wilson, A. C. and Evans, J. D. (1990). The use of low grade rockfill at Roadford Dam. The Embankment Dam. In *Proceedings of the 6th Conference of the British Dam Society*. London: Thomas Telford, pp. 21–27.

Wilson, E. J. (1987). Pyritic shale heave in the Lower Lias at Barry, Glamorgan. *Quarterly Journal of Engineering Geology*, **20**, 251–253.

Winter, M. G., Butler, A. M., Brady, K. C. and Stewart, W. A. (2002). Investigation of corroded stainless steel reinforcing elements in spent oil shale backfill. *Proceedings of the Institution of Civil Engineers (Geotechnical Engineering)*, **155**(1), 35–46.

37.6.1 延伸阅读

Hawkins, A. B. (ed) (1992). *Proceedings of the International Conference on the Implications of Ground Chemistry/Microbiology for Construction*, Bristol, 1992. Rotterdam: A A Balkema.

37.6.2 实用网址

英国《公路工程规范》(*Specification for Highway Works*) 和《道路和桥梁设计手册》(*Design Manual for Roads and Bridges*);www. dft. gov. uk/ha/standards.

建议结合以下章节阅读本章:
- 第7章"工程项目中的岩土工程风险"
- 第40章"场地风险"
- 第48章"岩土环境测试"
- 第49章"取样与室内试验"

本书以第1篇"概论"和第2篇"基本原则"为指导进行章节编排。如第4篇"场地勘察"中所述,各类岩土工程均应进行扎实的现场勘察工作。

译审简介:

李星星,1984年生,博士,主要从事岩土工程与地质工程方面的科研、生产工作。

崔溦,博士,教授,主要从事大型结构安全分析、软弱地基加固等方面的研究工作。

第38章 可溶岩土

托尼·沃尔瑟姆（Tony Waltham），工程地质学家，诺丁汉，英国
主译：李波（中科建通工程技术有限公司）
审校：黄志广（江西省建筑设计研究总院集团有限公司）

doi: 10.1680/moge.57074.0533

目录

38.1	引言	533
38.2	可溶性地基和岩溶	533
38.3	石灰岩岩溶地质灾害的影响	534
38.4	作用在石灰岩上覆土层上的工程	536
38.5	作用在石灰岩基岩上的工程	537
38.6	岩溶地貌的地质调查与评价	540
38.7	石膏岩层的地质灾害	541
38.8	盐渍土地区地质灾害	541
38.9	盐渍土中的岩溶地质灾害	543
38.10	致谢	544
38.11	参考文献	544

石灰岩、石膏、盐等多种岩石材料都可以溶于天然水，它们会因被溶蚀而形成地下空洞，进而导致地基破坏和地面沉陷。这些都是岩溶场地的地貌特征。溶洞上覆土层中新发育的坑洞是造成岩溶场地地质灾害的主要原因，此类场地虽然岩体保持稳定，但土体却被冲入张开的裂隙中。这些现象大多数是由工程活动引起的，因此是可以预防的。引起这些工程问题的主要原因在于显著不规则的岩体结构和地下空洞。岩溶地基评价是一个非常困难的问题，但岩溶的显著特征已为人们所熟知，并在实践中得到了重视。不太为人所知的是盐渍土地区的岩溶灾害，在中东地区的建设热潮中，遇到越来越多地基破坏案例，但记录却很少。

38.1 引言

天然存在的可溶性地基材料是石灰石（包括白云石和白垩地层）、石膏（含硬石膏）和盐（岩盐），这些材料按顺序饱和度会逐渐递减，而溶解度会逐渐递增。当这些材料暴露于雨水、溪水和地下水等水中时，通常会导致地下空洞的形成，并伴随着坍塌和地面沉降。而长期的地下溶蚀会形成网状的空洞，这些空洞网可以承受所有的地表径流。这些没有河川的地域，具有其独特的地貌组合，称为岩溶地貌。这些岩层中任何的岩溶组合都可能会引发一定程度的地质灾害，包括缓慢的地面沉陷、灾难性的崩塌和破坏性的深坑发育。

38.2 可溶性地基和岩溶

可溶性岩层可在地面以下数十米范围内（有时会在更深处）出现各种地质灾害。在有盐和少量石膏的情况下，岩石的直接溶蚀能够使建筑结构在其使用寿命内被破坏；在这两种情况下，只有在暴露于大量侵蚀性水流的情况下，才会发生显著的土体流失。石灰岩的溶蚀非常缓慢，以至于需要数千年的时间才能影响建立在其上的结构物。石灰岩和石膏的危害是由地层形成过程中岩石中溶蚀出来的裂隙和空洞引起的。由土壤填充裂隙的地下岩层通常会形成坚硬的地基，洞穴上岩体的坍塌也较为罕见。最主要的危害是由岩体内的空洞造成的，这些空洞可能使大量松散的覆盖土层在12h或数天之内产生塌陷，最终形成典型的坑洞。

38.2.1 坑洞

坑洞是封闭的洼地，直径和深度约1~100m，是岩溶场地的特征地貌（Waltham等，2005）；它们被地质学家称之为漏斗，但在美国和工程文献中，坑陷占主导地位。坑洞的意思是地面已经下沉；通常情况下，水也会渗入其中，但很少有可见的溪流会进入其中。认识到不同类型的坑洞是非常重要的（图38.1）。在大多数岩溶地貌中都能发现少量的塌陷坑洞，这些坑洞是在岩体塌陷到下面的洞穴时形成的，但在其他部位发生新的塌陷的可能性是很低的，对工程构成的风险可以忽略不计。几乎所有大型塌陷坑洞都是在一系列塌陷事故中扩展，进而降低了大规模破坏性地面沉陷的风险。

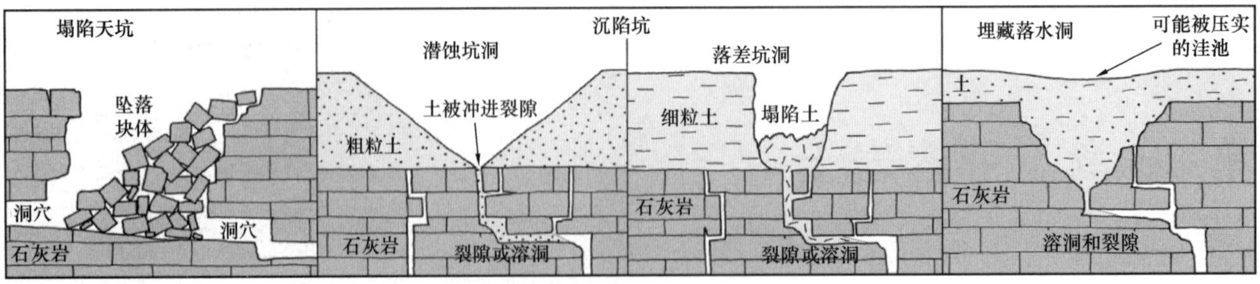

图38.1 岩溶地区溶岩中或溶岩上方发育的主要坑洞类型

修改自 Waltham 和 Fookes（2003）

主要的岩溶地质灾害是在有裂隙和洞穴状石灰岩的上覆土层中形成沉陷坑洞（图38.2）。这些坑洞不仅数量多，而且新的沉陷坑可以通过上覆土层的快速移动形成，因此，对工程结构的影响最大。潜蚀和脱落的类型主要取决于上覆土层的性质和破坏模式（在砂土中缓慢地剥落，在颗粒更细的土层中形成拱形塌陷）。土壤填充的地下坑洞构成了岩体顶面起伏的极端形式，可能被描述为一个软弱点，有时在地表形成一个浅的压实坑。坑洞也可能纯粹是由岩石溶蚀而形成，但与非岩溶地貌中的山谷相比，这是一个相当长的侵蚀过程，除了其下地层内比相邻区域有更多的洞穴外，并没有更多的工程意义。一个较浅的碗状坑，就像一个压实的坑洞，也可能是由局部岩石溶蚀形成，尤其是盐的溶解。沉陷、岩体崩塌的工程意义会在第38.3节和第38.4节中描述。

图38.2 最近在土耳其发现了在富含黏性土的冲积土中形成的沉降坑；这是由快速崩塌而形成的，但其斜坡已经延伸到更宽的范围；基岩是生石膏，在突露处可见

38.2.2 分布

可溶岩广泛分布于各沉积层中。英国提供了一个地层条件的汇总，显示了世界各地区具有可溶层地质灾害的陆地面积比例（图38.3）。在世界各地碳酸盐类多有分布，尤以石灰岩最为广泛，但它们产生的岩溶地质灾害规模却存在很大差异。值得注意的是，在英国的案例中，只有一些石灰岩是古老、坚固和洞穴状的，具有广泛的岩溶地质灾害特征，而较弱的石灰岩很少会给工程建设带来很大困扰。此外，白垩岩地层是一种特殊情况，岩石强度和风化作用通常比岩溶条件更重要（Lord 等，2002）。石灰岩岩溶地貌在世界范围内都带来了工程上的难题，其中主要包括中国南部大部分地区、美国东部大部分地区以及横跨前南斯拉夫各国的第纳尔喀斯特地区。

石膏的分布远不如石灰岩广泛。英格兰中部和北部的小范围出露意味着，相对于世界范围内，英国的代表性可能不足；美国中西部和乌克兰是受石膏岩溶影响最大的两大地区。无论是在英国还是在世界范围内，岩盐的分布范围都更为有限；在英国和美国等发达国家，岩盐所引起的地质灾害众所周知，但在亚洲西南部的中东地区，岩盐的分布面积最大。

38.3 石灰岩岩溶地质灾害的影响

溶蚀作用在纯净、坚硬的石灰岩（无侧限抗压强度，UCS > 70MPa）中会引起明显的岩溶特征，在这类石灰岩中，裂隙可以扩大，从而在完整的坚硬岩块之间形成裂缝和洞穴。较弱和较软的石灰岩，如英格兰的科茨沃尔德（Cotswold）鲕粒岩，孔隙更大，因此有更多通过微裂隙扩散的地下水流；白垩岩中也有扩散的地下水流，但其大部分地下水是通过开放裂隙疏泄的，也可能会产生洞穴（Lord 等，2002）。从广义上讲，石灰岩的年代无关紧要；英格兰石炭系灰岩、法国侏罗纪灰岩和东南亚第三系灰岩都具有相同的工程性质。白云岩和白云岩灰岩不太容易溶蚀，所以一般具有较小的岩溶规模。在侵蚀性水流从相邻不透水岩石出露处进入石灰岩的位置，会形成较大的溶洞，因此在地质

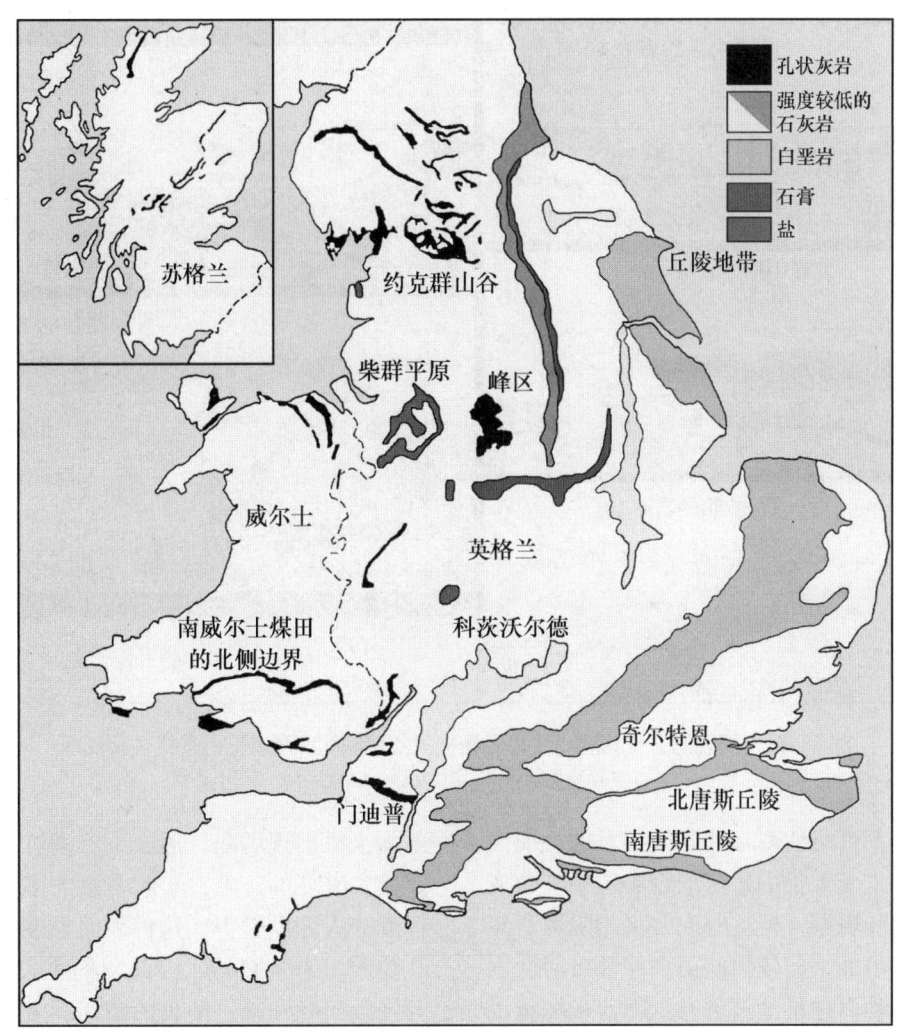

图 38.3 大不列颠岛可溶性地层的分布；所有地区都容易发生岩溶地质灾害，但可识别的岩溶景观仅在存在空洞的石灰岩和一些白垩岩出露上广泛发育

边界附近通常有岩溶发育增长的趋势。除此之外，岩石结构和岩性对空洞的发育也会有影响，空洞发育主要在大裂缝和化学作用有利的起始层位上，在大多数已绘制的空洞中可以识别出导向特征。但是，在自然地面条件巨大变化的结构中，洞穴的分布、格局和位置是无法预测的。

由于岩溶地层条件的分类不同，岩溶发育的规模可能会有很大的差异（图 38.4）。工程上对岩溶的描述和评价，不仅要确定石灰岩岩性和岩溶类型，而且还要确定或估算三个关键参数的近似值：典型溶洞大小、新塌陷的频率和基岩起伏度（Waltham 和 Fookes，2003）。石灰岩在水中的溶解依赖于二氧化碳生成可溶性的碳酸氢根离子，大部分溶解的二氧化碳来自土壤中的生物源。因此，岩溶地貌的规模、等级，与植被、气候以及历经的气候密切相关。在较冷的高纬度和高海拔地区，如英国和加拿大，岩溶的发育通常会受到制约，达到 kⅡ 或 kⅢ 级时，空洞的通道、岩体裂缝和罕见新形成的坑洞通常都小于 10m。这与潮湿的热带地区形成鲜明对比，例如东南亚或加勒比海地区，kⅣ 和 kⅤ 级的岩溶地貌发育得非常好，有巨大的空洞、突起的岩石和大量的坑洞，所有这些的尺寸都接近或超过了 100m。在炎热和干燥的环境中，如澳大利亚和中东地区，由于降雨量少，近代岩溶发育受到限制，但通常有孤立的大洞穴和其他在更新世湿润气候时期遗留下来的岩溶地貌。

尽管自然环境决定了岩溶发育的总体规模，但我们要认识到，个别地面沉陷或塌陷事件通常是由人类活动引起的，这些活动会突然改变土体的平衡状态。例如，抽水或引水、增加外加荷载，导致沉

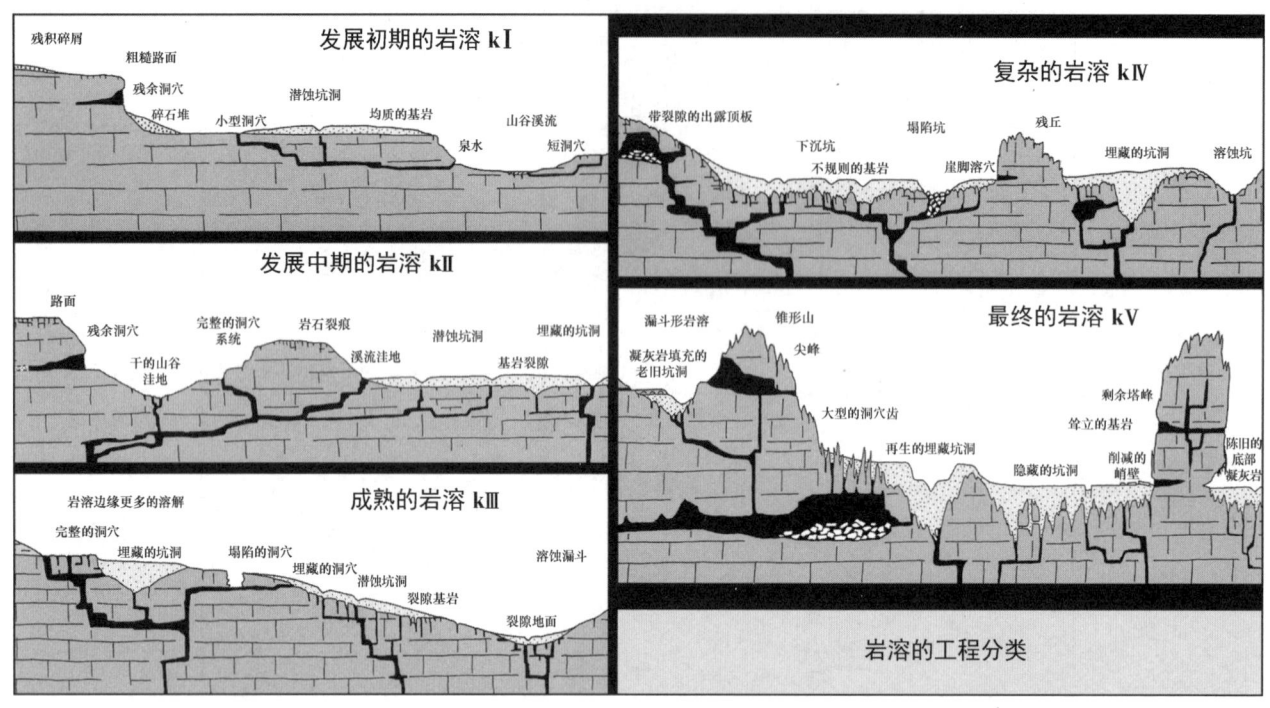

图 38.4　5 类岩溶，全面展示了与工程相关的地貌和地面条件的多样性和规模
修改自 Waltham 和 Fookes（2003）

陷、塌陷的发生率可能性都远远高于正常的地质演化。在天然的、未受干扰的岩溶地貌场地中，确实会发生地面运动和坍塌，但这些通常是相隔数百年或数千年的孤立事件。但任何此类事件都可能会因不恰当的工程活动而过早地被触发。除非采取适当的预防措施，避免对现有环境造成不适当的干扰，否则岩溶地质灾害随时都有可能发生；预防措施包括控制降排水，以避免加速土壤流失（第 38.4 节），以及避免在不稳定的岩石上施加过大的荷载（第 38.5 节）。

38.4　作用在石灰岩上覆土层上的工程

岩溶地区的主要地质灾害是在有裂隙基岩的上覆土层中形成新的沉陷坑，这一过程可以发展得非常迅速，在结构寿命期内，甚至在施工期内没有任何外加荷载的情况下都可能发生（图 38.5）。位于岩溶基岩上的松散土都很容易因向下移动而产生流失而进入基岩缝隙中，也就是所谓的潜蚀或剥落。纯砂很容易流动，因此会导致地面缓慢下沉，直到形成一个稳定封闭的坑洞轮廓，并在基岩开裂处形成一个通道（图 38.1）。几乎任何黏土含量的土体都会首先从岩体顶上方失稳，并且可以在不稳定的土拱下方形成一个较大的土洞。并且，直到逐渐变薄的土拱出现塌陷，形成下沉式坑洞，表面也没有要发生破坏的迹象，实际上，大多数土都具有一定程度的表面黏聚力，这种表面黏聚力一部分是由负孔隙水压力引起的，因此它们可以形成土体孔隙，并产生瞬时和渐进的表面破坏；大多数塌陷坑洞的形态会在塌陷后几天或更长时间内退化为潜蚀性坑洞。较厚的风化层有助于减少水的渗透，因此，在厚度远大于 10m 的土层中，新形成坑洞的数量大大减少，但这不是一个绝对限制条件，在洞穴状岩石位于地表以下超过 100m 的情况下，也有关于地面破坏的记录。

土体的潜蚀主要是由渗透水向下冲刷形成的。因此，可以粗略预测，在大暴雨期间或之后不久的时间内，会有许多新的坑洞出现。然而，新坑洞的位置是无法预测的，因为这些坑洞往往都存在于开放的裂隙部位，而在坑洞形成之前，由于上覆土层的覆盖，这些裂隙是看不到的（图 38.6）。然而，重要的是，当降雨入渗和地下水流动导致现有平衡发生变化时，沉陷性坑洞最有可能出现。这种水量的增加有可能出现在任何时候，比如建（构）筑物下的集中渗流、不适当地使用渗水坑或渗水池，或者是由于破裂的管道。同样，这种变化也可能是由于过度抽水导致含水层内的地下水位下降而导致

图38.5 宾夕法尼亚州冲积土中新出现的沉陷坑，导致桥上道路坍塌；这是在一个深采石场周围地下水位下降的区域内发生的众多地面破坏之一，采石场通过不断抽水来保持干燥，导致周围的地下水位不断下降

图38.6 在约克郡山谷的石灰岩上有许多小型沉降坑，这些沉降坑没有规律，与石灰岩路面上裸露的裂缝不同，每个沉降坑都是埋在地下的石灰岩中形成的

的。90%以上新坑洞的生成都与工程建设相关活动对排水平衡的干扰有关（Newton，1987；Waltham 等，2005）。

由于大多数的新坑洞和岩溶场地地面破坏都是由人类活动引起的，因此，工程实践的关键是通过控制排水系统来消除危害或使危害最小化。这包括将水从所有已建建（构）筑物和密封地面区域先收集起来，再将其妥善处理，并应避免其流入基岩，或远离现场，对所有管道和河道进行良好维护，以及避免施工过程中，在暴露的地面或用颗粒填料代替地面时减少渗透。任何一项不当的工程措施都将不可避免地导致土壤流失和深坑发育，而这些在未来将需要投入更高的成本进行修复。如果由于地下水位下降而导致出现坑洞，则可能无法在现场或施工项目范围内采用简单的补救措施。如果是由于市政降水或私人进行地下水抽水导致的水位下降，保持采石场或矿井干燥而进行降水，建设项目进行临时降水，则沉陷损害的成本应计入该项目的预算中，除非经济条件允许更换水源、关闭采石场或者采用深基础形式。

将结构基础置于岩溶地层的上覆土层中是不可避免的。在大多数情况下，通常会将一些小型建筑直接建在这些较厚的土层上。在排水措施得当，确保地面不会受到过度扰动的情况下，这种做法是合适的。每个工程需要单独处理；针对特定的场地应采用合适的地基（Sowers，1996；Waltham 等，2005）。这些处理方案可能包括地面硬化、土工格栅、筏板基础、局部开挖、置换土、将荷载转移至基岩和地基加固；所有这些措施的设计应尽量减少土体松动，并应弥合随后可能形成的任何小空隙（所用案例由 Vandevelde 和 Schmitt，1988；Lei 和 Liang，2005 提供）。

灌浆法虽然适用，但要使封闭岩溶石灰岩中的所有裂隙都注满是非常昂贵的，因为大量浆液可能会流失到巨大但却看不见的开放空隙中。在岩体上覆土体中进行压密灌浆，可以有效地防止土体向下流失，同时土体被挤密，这样通常会产生更好的效果（Henry，1987；Stapleton 等，1995）。

如果结构在稳定后出现了沉降破坏，修复的关键在于先阻止其发生新的变形。通常情况下，这种现象是由于排水管或管道故障造成的。为了恢复结构的完整性，只需进行维修即可。如果在沉降破坏严重之前未采取措施，则可以在土体内部进行压力注浆。新出现的坑洞通常需要修复，采用合适粒径的材料进行回填，以防土体进一步流失，同时也需要将地表水安全排入到基岩的裂隙中（Waltham 等，2005）。

38.5 作用在石灰岩基岩上的工程

可以通过地基处理的方式，消除覆盖土层中土体移动或坑洞发育造成的危害。但覆盖层以下的岩溶情况变化很大，不易评估。主要有两方面的困难，一方面存在不平坦、有固定或突起的岩石；另一方面，地基中的任何位置都可能存在开阔的洞穴。

石灰岩节理的溶蚀作用可能发生在上覆土层形成之前，但也可能在覆盖层下方发育，在埋藏的岩溶表面（即岩顶）内形成开放或充满填土的裂隙。这些裂隙可能分布广泛、不规则或密集，在它们之间留下块体或基岩尖顶；在宽裂隙网状的岩石之间，有一片狭窄的森林状石笋（图 38.7）。由于沿水平裂缝或层理的溶蚀性破坏，个别块体或岩石尖顶可能是松散的，仅由周围土体固定；土体中完全松散的块体称为浮块。裂隙的深度和岩石尖顶的高度在岩溶地区通常为几米，但在 kⅣ 和 kⅤ 级的热带岩溶地区则可达数十米。因此，在相距只有几米的邻近勘探钻孔或结构桩处发现岩石的深度相差数十米并非异常。在更大的范围内，基岩结构可能包括埋藏在地下的坑洞，在这些深坑中，直径达 100m 或以上的基岩凹陷完全被崩解物、沉积物和土壤填满。这些可能会在软土填充物上形成压实的坑洞，造成较小的地表沉降，并且可能会有高度裂隙的基岩，无法为深基础提供坚实有保证的基础。

大多数深部裂缝和洞穴状分布的岩溶灰岩都是坚固材料，因此当岩体尖顶有足够的宽度且未与下部基岩断开的情况下，承受一定的结构荷载也是安全的。在这种情况下，加强的地基可以设置在岩石尖部，并跨越中间充满填土的裂隙和埋藏的坑洞。具有端承性质的打入桩很难进入坚硬的石灰岩岩层（UCS＞70MPa）（图38.8），同样，让桩落在基岩的陡斜处也很困难。通常需要在岩层中使用钻孔套筒，即便如此，在陡斜的界面上成桩也是很困难的。在白垩岩场地中，从地层剖面上看，软土和坚硬的岩石之间没有明显界限，而风化的白垩岩会进一步弱化岩石岩面，因此基础只要达到一定深度，就会有足够的承载力。在白垩岩层上作用集中荷载是不合适的，岩层结构的细节也不太重要。不论土体的移动是否是由改良排水系统或管道渗漏引起的（Edmonds，2008），埋藏的坑洞和填满白垩岩的通道经常是地面发生沉陷的主要位置。

图38.7 中国南方的一个建筑工地中出露的 kⅣ 级成熟石灰岩的尖顶岩；一些尖顶已经被（用大锤）砸碎，为新酒店创造一个坚实且几乎平整的地基；右边尖顶的灰色顶部最初就突出在地表平面之上，背景中一些未受扰动的尖顶也是如此

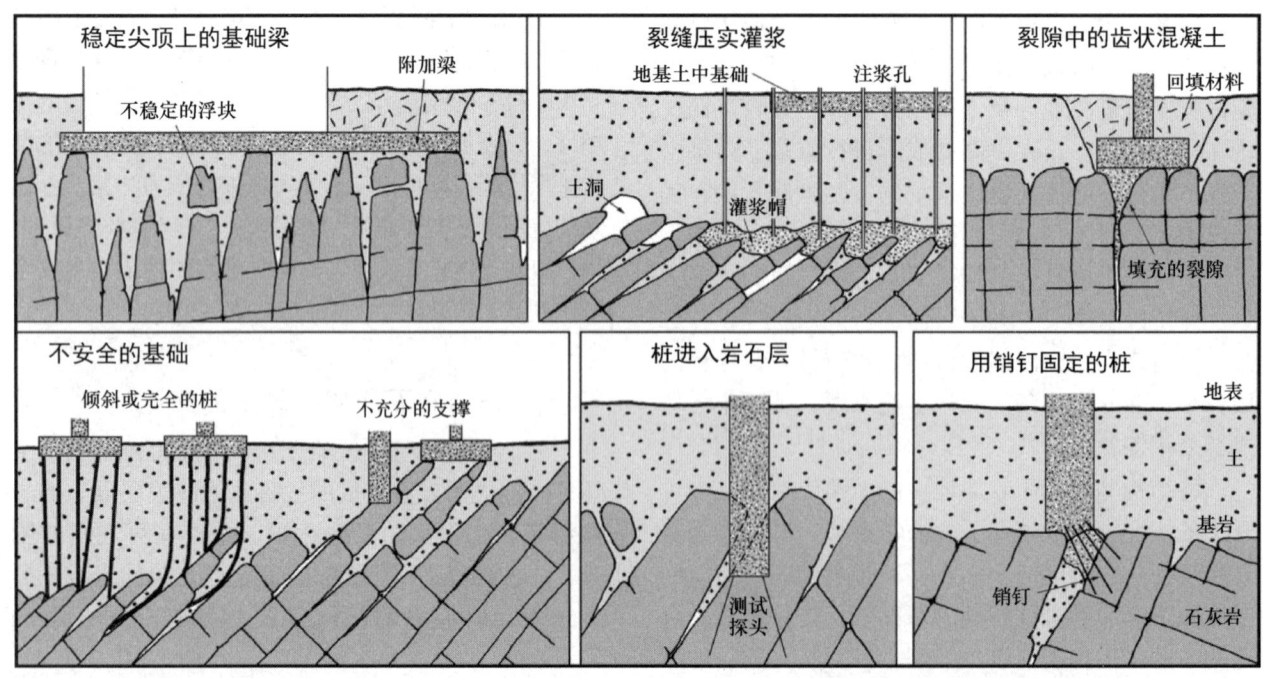

图38.8 根据 George Sowers 的想法和经验，总结的石灰岩岩溶上覆土层中基础的成功与失败案例

（Waltham 等，2005）

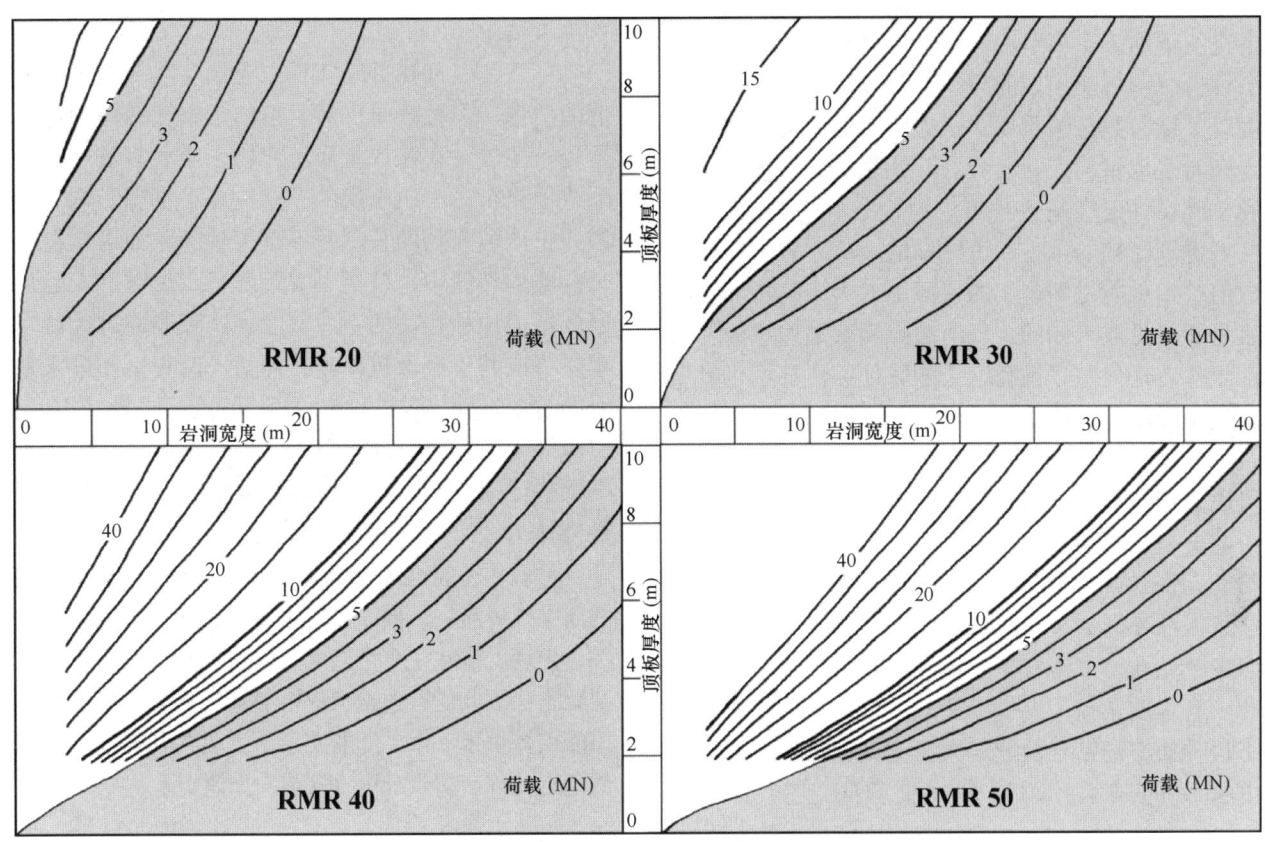

图 38.9 不同岩体等级的地表破坏载荷与岩洞宽度和顶板厚度关系的列线图；当在岩洞正上方施加 1 MN 荷载时，粉色或灰色阴影区域代表不安全的情况

修改自 Waltham 和 Lu（2007）

当结构荷载传递到基岩石灰岩中时，剩下的问题就是在正下方存在一个不可见的洞穴。在几乎所有岩溶场地中，只有少数的统计数据表明，建筑物会直接受到位于正下方、足够大且顶板岩层很薄的洞穴的威胁。在一些热带地区，许多建筑物都无意中修建在了大型洞穴上，但坍塌并不是由施加的荷载引起的，与岩石的自身荷载相比，这些荷载通常非常小。岩溶洞穴中的地质灾害主要是由承担了较高集中荷载的端承桩引起的，特别是重载钻孔桩或灌注桩。为了使荷载可以安全地跨越不同大小的洞穴，对不同质量石灰岩所需的顶板厚度也应有一定的指导原则（Waltham 和 Lu，2007）；通常当洞穴尺寸比顶板岩层厚度大得多的时候，才可能造成威胁（图 38.9）。这就意味着，除了热带岩溶地区的大型洞穴，通常只需要几米厚的完好岩石顶板就可以保证其完整性，使得较深的洞穴不会受到荷载的影响。与岩溶场地中的土体破坏相比，岩溶中的岩石破坏极为罕见，而且只发生在对于地面调查严重不足的情况下（Waltham，2008）。

当坝基和蓄水水库的基础全部或局部坐落在岩溶石灰岩上时，可能会引起一系列的问题。大多数石灰岩的强度足以承受所被施加的荷载，但渗透问题通常非常复杂，这些已超出本书的讨论范围。Milanovic 基于第纳尔岩溶的广泛经验，对地基问题和水文状况进行了全面的回顾（2004）。土耳其的卡列西克大坝为岩溶渗漏及其修复提供了一个容易理解的案例（Turkmen，2003）。

38.6 岩溶地貌的地质调查与评价

由于岩溶地貌变化非常大，因此几乎每次地面调查都是独一无二的，必须根据当地情况和现有数据进行评估。对当地的岩溶情况进行全面研究，对于评价坑洞可能出现的频率、洞穴大小和岩面起伏度等关键参数至关重要；这些因素的确定通常得益于在岩溶地貌的广泛经验。除此之外，合理的结构和基础设计也应基于对当前地质条件的合理评估，并考虑到已知的危害和可感知的风险。岩溶场地的数值模拟可能是不现实的，因为有太多的特征和因素是不可见或未知的。岩溶裂隙和溶洞形态的复杂性意味着任何基于钻孔记录的场地评估都不可避免地过于简单化；这适用于看不见的溶洞和岩层结构（图38.10）。即使进行了广泛的钻孔调查，但几乎可以肯定的是，任何大规模的岩溶场地在开挖过程中都会暴露出意料之外的空洞；这些空洞最好通过填充、密封或跨越的方式进行现场补救，而这些方法只能在暴露后进行评估。对于评估岩溶场地应钻多少个钻孔，并不应简单地确定；应根据地貌条件和了解程度选择一个可以适应项目风险，并能给予工程师信心的钻孔数量。太少的钻孔可能会产生不可接受的风险，而过多的钻孔可能也不必要

（Waltham等，1986）。如果涌水会导致石灰岩上出现潜蚀性土体流失，或导致石膏和岩盐的快速溶解，则需要格外小心；众所周知，钻机可能会陷入自生坑洞中。

尽管钻孔和探井确实可以为地层状况提供有价值的信息，但几乎每次对岩溶的调查性钻探中都会发现一些较大孔隙或土质填充物，而大多数这些孔隙或填充物对上质土层的完整性几乎没有影响。空洞或土质填充物的长度并不是关键的；如果它在一个狭窄的裂缝中，就更无关紧要了。关键因素是与岩体覆盖顶板相关的空隙宽度，这只能通过大量密集探头或井下摄像机来进行评估。调查钻孔进入基岩的深度应由要求的安全覆盖顶板厚度来决定（表38.1）。通常有必要用一个或多个探头探明每个桩位或荷载所在的岩层顶板的情况，并将每个探头都作为一个独立的勘察来处理。

钻孔中基岩孔隙的总体范围可用于指示上覆土层的潜在土体流失规模，尽管这种流失几乎任何岩溶中都会出现。排水一直是造成土体流失和深坑发育的主要因素，因此所有建设工程中应适当控制；钻孔数据可能仅提供了一个广泛的揭示，说明在开发场地内部或附近允许有多少降雨直接渗入土体中。

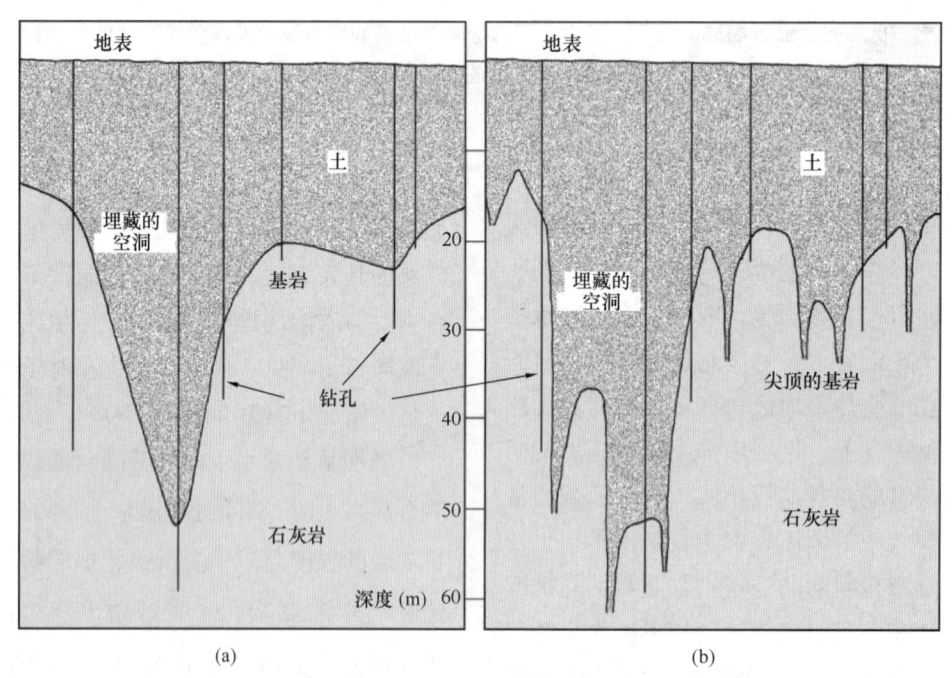

图38.10 马来西亚吉隆坡一座新塔楼下的岩顶剖面图的两种解释

(a) 是根据钻孔数据作出的基本解译；(b) 是一种可能性更大的解译，其根据是基于对该地区众所周知的突起岩层的了解得出的

适用于各种空隙情况的安全覆盖层厚度，
来源于施工前探测深度　　表38.1

岩石类型	施加荷载（kPa）	岩溶等级	空隙宽度，最大可能（m）	安全覆盖层厚度（m）
岩溶发育较强的石灰岩	2000	kⅠ～kⅢ kⅣ kⅤ	5 5～10 ＞10	3 5 7
岩溶发育较弱的石灰岩	750		5	5
石膏岩	500		5	5

数据取自 Waltham 等（2005）

在大面积岩溶场地上进行工程建设时，可以通过适当的地球物理勘探，将调查注意力集中在裂隙或坑洞部位的区域。各种方法都需要专家解释，即使这样，也只能识别地面的异常，这些异常必须通过钻孔或开挖掘进行单独验证；在异常与成因特征相违背的地方，验证可能会更加困难。只有微重力测量直接表明地面坑洞为质量缺失，但这些可能无法区分狭窄的裂缝网络和更危险的大空洞。在有钻孔的地方，2D 或 3D 地震或电层析成像可以提供更有用的数据（Waltham 等，2005）。

岩溶地质条件可能是土木工程师能遇到的最多变的情况，也可能是最困难的情况，因为面对极端和不可预测的变化时，处理方式还必须在合理预算范围内。如果在项目早期阶段没有认识到岩溶地质条件的特殊性，就会出现重大的错误、不合理的费用，还可能发生灾难。那些对岩溶没有经验或不了解的人可能会犯最基本的错误。通常情况下，只有在建设工程中出现第一个新的坑洞后，才会意识到现场属于岩溶场地。然而，如果及早发现岩溶地貌，给予适当考虑，并适当控制所有场地的排水系统，其地质灾害可能会被缓解，风险也能降低到可接受的程度。由于大多数岩溶塌陷是由工程活动引起的，所以良好的工程行为可以在很大程度上消除地质灾害。

38.7　石膏岩层的地质灾害

石膏岩岩溶与石灰岩岩溶非常相似，只是石膏溶蚀的程度和分布不受气候限制；由于石膏岩的物理强度较低，因此很少能形成陡峭的峭壁和岩石顶这种极端地貌。石膏岩层场地上最普遍的地质灾害是在土壤覆盖层内形成新的坑洞，在这方面，形成条件、过程、范围及其评价与石灰岩岩溶非常相似（Johnson 和 Neal, 2003）。

石膏岩与石灰岩的不同之处在于，石膏岩在天然水中溶解得更快，因此，在工程结构的使用寿命内，由于溶解而导致的岩石移动可能成为一个因素（尽管仅对于新坑洞的危害而言，溶解损失仍然比土壤移动要慢得多）。与石灰岩的情况一样，适当的排水控制是石膏岩岩溶地层稳定的关键。然而，简单地将大量水注入未填充的基岩裂缝中可能不适用于石膏岩地层，因为在石膏岩层中，溶解程度的提高可能会迅速产生新的空洞，并改变现有排水系统，进而产生副作用。同样，对石膏岩层内部的开放空洞或已探明的坑洞进行补救封闭或阻塞，可能只会使在未来出现问题和沉陷转移到邻近场地。石膏快速溶解的性质使其特别容易受工程造成的环境变化的影响，在中东的盐渍土地区，这种危险普遍存在（第 38.8 节）。建在石膏岩层的水库失败率很高，因为渗漏不仅是就像在任何岩溶中一样由基岩裂缝中的沉积物冲刷造成的，而且还会由于大量诱导水流导致溶解性侵蚀加剧。供水也会通过吸收非饱和水而加速溶解和地面沉陷，尽管规模要比盐渍土地区小得多。

石膏岩层中的洞穴和开阔的基岩空隙通常没有石灰岩中那么大，因为石膏岩是一种强度较低的材料，洞穴在早期会出现坍塌。另一方面，层状石膏岩的软弱性以及与硬石膏之间的转变，通过顶板渐进式破坏过程，使空洞向上迁移的速度更加迅速（图 38.11），因此小型岩石崩塌特征更为常见。在一些石膏岩溶中，直径超过 100m 的塌陷坑是由多个塌陷组成的，这些破坏使塌陷地面横向扩展，而不是由单一的大塌陷事件造成的。地面破坏也可由施加在石膏岩基岩上的工程荷载所引起。埋在地下的空洞通常很小，即使是较为合适的荷载，它们也需要相应厚度的覆盖层顶板，以确保作用在其上结构的稳定性，这也适用于大多数比石灰岩强度低的岩石；这决定了为验证石膏岩溶所需稳定地面以下的探测深度（表 38.1）。

38.8　盐渍土地区地质灾害

岩盐（也称为石盐）是一种蒸发岩物质，广

图38.11 在俄罗斯皮涅加，大量石膏岩中的洞穴通道上方，渐进式顶板破坏导致空洞迁移；从顶板剥落的薄片在破裂前变形并下垂

图38.12 伊朗南部一个盐丘上正在坍塌的地面（此人正站在一个活跃的坑洞旁边，由于下部严重溶蚀的洞穴状盐快速溶解，坑边大约4m的残积土正在破坏）

泛分布于干旱环境下的沉积岩中。由于其在雨水中的溶解很快，故其发生地质灾害仅限于三种环境：现代沙漠盐湖、半干旱地区的盐丘和其他地区的埋藏岩层中。

盐湖、盐田、干盐湖和陆地盐沼是新近沉积蒸发盐区，通常与较厚地层中的其他矿物一起沉积。地下水通常是饱和的，因此限制了溶解。几米宽的岩溶洞穴位于较浅的深度，可能由地表较小的塌陷开口揭露，这些洞穴通常局限于边缘区域，在这些区域里，盐已通过侵蚀性地表径流或相邻山丘的地下水流入而积累。由于活跃的盐渍土地区很容易发生季节性洪水，因此在盐渍土上的建设非常有限，但穿过盐渍土的道路和行驶路线可能会受到靠近边缘的隐蔽空洞的威胁。

挤入构造使几千米深的层状岩盐隆起形成盐丘。出露处的岩盐通常会因降雨而流失，因此出露处只有可溶性较差的石膏、硬石膏和黏土。活跃上升的挤入构造形成了显著的盐山，盐冰川可能从中流出，但除了伊朗南部半干旱的扎格罗斯山脉中有许多刺穿盐丘外，其他区域几乎没有刺穿盐丘(Talbot 和 Aftabi, 2004)。这些构成了不适合任何开发的移动和洞穴的场地(Bosak 等, 1999)。它们厚厚的残积土覆盖层被紧密堆积的沉陷坑侵蚀，这些沉陷坑不断坍塌，并在下层盐层中形成溶蚀洞（图38.12）。洞室直径可达15m，相比于石灰岩洞穴，块体破坏和顶板移动的速度要快几个数量级，因此基岩崩塌频繁地影响地表。只有当挤入构造的上升几乎停止时，地表才开始下降，然后残余的地幔才能变得足够厚，以防止大部分降雨下渗到达岩盐层，此时，其表面才会趋于稳定。到这个阶段，岩盐次生物位于具有混乱坑洞的低处，但它足够稳定，即使有公路穿过，沉降也很小。

38.8.1 盐层之上的沉陷

在大量降雨的环境中，盐分不会出现在出露处，只存在于残积土的覆盖层之下。在英格兰柴郡平原（Cheshire Plain），10~50m厚的冰川漂移物覆盖在大约50m厚的溶蚀角砾岩上，溶蚀角砾岩由崩落的泥岩块组成，这些泥岩最初夹杂着盐（Waltham, 1989）。在下面，厚厚的盐层保持原位，由于倾角较小，形成了较宽的亚作物。当岩盐中孔隙被饱和盐水填满时，地层的稳定性得到了保证，但是当淡水的流入使盐重新溶解时，地面就会下沉。这种最广泛的线性沉陷（通常深1~10m，宽100~400m，长1~5km），通过岩石顶部渗透溶解角砾岩形成富集地下水的"盐水流"。

当工业生产需将盐水从这些区域抽出时，沉陷速度会大大加快，从而将淡水吸入角砾岩。当从被水淹没的老矿井中抽出盐水时，则形成了更具破坏性的地面塌陷和巨大坑洞，导致这些柱状支撑被置换的水溶解。在柴郡，这种抽盐水的方式已经停止，因此灾难性的塌陷和快速沉陷实际上已经停止，但是在世界其他地方，类似的做法继续造成地表破坏。由于水和盐水可以从中流动，因此，没有出露的盐层也会造成地表沉降。许多事件是由于盐水作业管理不善造成的，在美国许多大型塌陷案例中，这些塌陷坑都是因为附近通过盐层钻取淡水或石油的水井未被填埋或填埋效果不良而造成的，从而使盐水流入以前没有联系的含水层中（Johnson

从柴郡和其他地方盐泉的水流可以看出，埋藏的盐可以在未受干扰的自然环境中继续溶解。其结果是导致自然不可控的地面沉陷，尽管规模不大。工程中恰当的做法是将房屋建造在筏板基础上，这样可以防止结构损坏，但是容易发生倾斜，需通过纠偏使其回到水平位置，在柴郡过去盐水活跃的时期，这种方式是很常见的，尽管目前盐水流动的幅度较小不值得采用这种方式。自然沉陷在美国的岩盐层上广泛存在，虽然一般规模较小，但局部仍有深坑发育（Johnson，2005），并可以扩展成罕见的大型塌陷坑洞，比如位于亚利桑那州偏远地区的麦考利天坑（Neal 和 Johnson，2003）。

38.9 盐渍土中的岩溶地质灾害

随着阿拉伯海湾周边地区建设活动的大量增加，干旱沿海平原盐渍土环境中的地质灾害变得越来越多。沿海的盐渍土是潮后的滩涂，由蒸发岩和碳酸盐岩组成，通常覆盖着一层薄薄的风积砂（Warren，2006）。内陆盆地中的盐渍土主要由岩盐组成，通常伴随着由于溶解而产生的危险（第 38.8 节）。沿海的盐渍土层通常只有几米厚，但可以沿着沉降盆地边缘累积到相当厚的厚度；在抬升过程中，碳酸盐和硫酸盐物质会受到侵蚀，从而形成更为常见的岩溶地质灾害。

对于盐渍土需要特别关注的是位于沿海平原下面的现代沉积物，其中包括残余和埋藏的盐渍土层，主要由风成砂组成，这些风成砂从活跃的盐渍土区域向内陆延伸数千米。沉积物包括碳酸盐砂、藻丛和白云岩，或以不同碳酸盐含量的碎屑为主的石英。通常情况下，它们在 5~10m 深度范围内固结较差，砂质物中有硬石膏、石膏、方解石等较弱的胶结物。当地下水状况发生变化时，这些胶结物容易因溶解而流失。密度更大、强度更低、岩化程度更高的沉积物存在于更深处，在这里，沿海盐渍土中的岩盐都可能在成岩过程中因溶解而消失。

盐渍土岩溶地质灾害的主要来源是岩化程度较低的浅层石膏。它既沉积在毛细带内，也沉积在浅水面之下。一般来说，纯石膏层的厚度不会超过 1m，它们含有硬石膏结构，具有小空洞和高渗透性的开放节理。岩盐是局部存在的，但不存在于块状地层中；碳酸盐岩也是存在的，但只存在于一些砂粒中。盐渍土层中的地下水主要是地下含水层中向上渗透的盐水，这些水使石膏呈饱和状态。因此，蒸发导致石膏间隙的积累，石膏容易转化为具有网状结构特征的硬石膏，导致局部地面承载力下降。

38.9.1 盐渍土中的坑洞

盐渍土中自然地面的沉陷现象似乎很少，因为很少有已知或有文献记载的案例，自然地面空洞几乎是未知的。在饱和水溶质沉淀未受干扰的环境中，溶解几乎是不可能的，而且降雨量太小，不足以破坏这种平衡。然而，岩溶地面沉陷，包括深坑发育，在墨西哥湾沿岸地区普遍存在，据报道，在那里的建筑工地上出现了多个坑洞。大多数新的坑洞直径不超过 5m，深度不超过 2m，出现在建筑工程周边的地面上，但很少影响建筑结构，因此它们很快被填满并被遗忘。一些更大的坑也会存在。

盐渍土中所有记录的新坑洞似乎都是由于工程活动引起的，这些工程活动包括管道泄漏、不受控制的排水处理、现场排水和使用未饱和硫酸盐水冲洗钻孔。其中许多似乎是由下伏富含石膏的新近纪层序中的溶蚀洞发育而来，而不是因为本身覆盖的盐渍土较薄。目前还不能明确有多少空洞是由第四纪岩层上多个层面的盐渍土石膏溶解造成的。当稳定的地下水被随后工程中输入的不饱和水所取代后，这一切似乎都是石膏层快速溶解的结果，并主要集中在地表以下几米范围内。松散覆盖砂层的淹没作用产生了坑洞（图 38.13）。

38.9.2 海湾地区的盐渍土岩溶

当新注入的水溶解了硫酸盐或岩盐胶结物，松散的材料局部被压实或置换，这就是第二种沉陷的发生机制。在沙特阿拉伯许多未记录的"坍塌点"中，朱拜勒附近一个大型钢结构海水淡化厂发生了一次事故，这起事故涉及许多柱基，这些柱基置于地面以下 1m 的土层上，每个柱基下的土体大约下沉了 50mm（Sabtan，2005）；这是由于旧的、腐蚀和断裂的管道泄漏造成的，在认识到其影响之前，已经观察了一段时间。通过 15m 长的微型桩深入稳定地基的形式修复了该结构。在一些盐渍土层的粉土中，崩塌可能性很高，但由于天然胶结物的溶

图 38.13 在阿拉伯海湾沿岸盐渍土地区的一个建筑工地中，由于施工原因导致位于基岩层或第四纪覆盖层内的石膏溶解，形成了一个新的坑洞，目前已经部分被回填

经由 Laurance Donnelly，Halcrow 提供照片

解需要时间，因此不会出现水溶性崩塌形式的瞬时压实，所以常规固结仪测试会因淹没而中断，不具有指导意义。

由于盐渍土及其下伏石膏层的溶解大部分或全部发生在浅层，可通过桩基础的形式避免这种地质灾害。这是海湾地区大型建筑的正常做法，因此，这些结构物没有受到因其施工引起的相邻地面上坑洞的影响。但是，对于缺乏深厚基础的道路和基础设施，以及无法控制所有水流的地方，这种地陷的危害依然存在。虽然直接降雨可以渗入地面而不会破坏化学平衡，但大型建筑和硬地面区域的任何局部径流点都可能置换饱和的地下水，并在罕见降雨后发生新的溶解。渗水坑和渗透池可能适合某些类型的透水地面，但不能用于盐渍土相关的沿海平原的雨水处理。如果检测到空洞或空洞变得明显，补救措施可包括压实、密封和采用扩展地基。

重要的是，在先前调查钻探未发现空洞或岩溶特征的场地上，已形成的深坑，并随后发现地面坑洞。只有在施工活动引起扰动和水文变化后，才可能形成较小的地面空洞，并随后出现较大的地表沉坑。这种时间尺效应可能出现在盐岩、硫酸盐存在的地方，但在碳酸盐岩中是不可能的。钻孔扰动也有可能加剧地质灾害，无论是通过化学侵蚀性水的冲洗，还是通过连接含水层和改变盐渍土地层内的地下水流。用水泥浆封闭地表区域可能只会将溶解活动转移到具有可溶物质的相邻地面，除非同时适当控制和处理导致水输入的原因。当水泥注浆用于此类快速溶解的地表时，通过灌浆修复沉降地面也可能存在一定的风险。

盐渍土中的溶蚀过程尚未完全清楚，在地质灾害方面，岩溶过程取决于洪水、坍塌和硫酸盐的侵蚀。但似乎盐渍土及其下伏石膏岩中所有坑洞的出现都有可能是由工程活动引起的，因此，"控制排水"的概念尤为关键。

38.10 致谢

感谢 Laurance Donnelly（Halcrow 集团）和 Andrew Farrant［英国地质调查局（British Geological Survey）］对鲜为人知的盐渍土环境的有益讨论。

38.11 参考文献

Bosak, P., Bruthans, J., Filippi, M., Svoboda, T. and Smid, J. (1999). Karst and caves in salt diapirs, S E Zagros Mountains, Iran. *Acta Carsologica*, **28**, 41–75.

Edmonds, C. N. (2008). Karst and mining geohazards with particular reference to the chalk outcrop, England. *Quarterly Journal of Engineering Geology and Hydrogeology*, **41**, 261–278.

Henry, J. F. (1987). The application of compaction grouting to karstic limestone problems. In *Karst Hydrogeology: Engineering and Environmental Applications* (eds Beck, B. F. and Wilson, W. L.). Rotterdam: Balkema, pp. 447–450.

Johnson, K. S. (2005). Subsidence hazards due to evaporite dissolution in the United States. *Environmental Geology*, **48**, 395–409.

Johnson, K. S. and Neal, J. T. (2003). Evaporite karst and engineering/environmental problems in the United States. *Oklahoma Geological Survey Circular*, **109**, 353 pp.

Lei, M. and Liang, J. (2005). Karst collapse prevention along Shui-Nan Highway, China. In (eds Waltham *et al.*) 2005, *op. cit.*, pp. 293–298.

Lord, J. A., Clayton, C. R. I. and Mortimore, R. N. (2002). *The Engineering Properties of Chalk*. CIRIA Publication C574, 350 pp.

Milanovic, P. T. (2004). *Water Resources Engineering in Karst*. Boca Raton, FL: CRC Press, 312 pp.

Neal, J. T. and Johnson, K. S. (2003). A compound breccia pipe in evaporite karst: McCauley Sinks, Arizona. *Oklahoma Geological Survey Circular*, **109**, 305–314.

Newton, J. G. (1987). Development of sinkholes resulting from man's activities in the eastern United States. *U S Geological Survey Circular*, **968**, 54 pp.

Sabtan, A. A. (2005). Performance of a steel structure on Ar-Rayyas Sabkha soils. *Geotechnical and Geological Engineering*, **23**, 157–174.

Sowers, G. F. (1996). *Building on Sinkholes: Design and Construction of Foundations in Karst Terrain*. New York: ASCE Press, 202 pp.

Stapleton, D. C., Corso, D. and Blakita, P. (1995). A case history of compaction grouting to improve soft soils over karstic limestone. In: *Karst Geohazards* (ed Beck, B. F.). Rotterdam: Balkema, pp. 383–387.

Talbot, C. J. and Aftabi, P. (2004). Geology and models of salt extrusion at Qum Kuh, central Iran. *Journal of the Geological Society London*, **161**, 321–334.

Turkmen, S. (2003). Treatment of the seepage problems at the Kalecik Dam, Turkey. *Engineering Geology*, **68**, 159–169.

Vandevelde, G. T. and Schmitt, N. G. (1988). Geotechnical exploration and site preparation techniques for a large mall in karst terrain. *American Society Civil Engineers Geotechnical Special*

Publication, **14**, 86–96.

Waltham, A. C. (1989). *Ground Subsidence*. Glasgow: Blackie, 202 pp.

Waltham, A. C. and Fookes, P. G. (2003). Engineering classification of karst ground conditions. *Quarterly Journal of Engineering Geology and Hydrogeology*, **36**, 101–118.

Waltham, A. C., Vandenven, G. and Ek, C. M. (1986). Site investigations on cavernous limestone for the Remouchamps viaduct, Belgium. *Ground Engineering* **19**(8), 16–18.

Waltham, T. (2008). Sinkhole hazard case histories in karst terrains. *Quarterly Journal of Engineering Geology and Hydrogeology*, **41**, 291–300.

Waltham, T., Bell, F. and Culshaw, M. (2005). *Sinkholes and Subsidence: Karst and Cavernous Rocks in Engineering and Construction*. Springer: Berlin, 382 pp.

Waltham, T. and Lu, Z. (2007). Natural and anthropogenic rock collapse over open caves. *Geological Society Special Publication*, **279**, 13–21.

Warren, J. K. (2006). *Evaporites: Sediments, Resources, Hydrocarbons*. Berlin: Springer, 1036 pp.

Parise, M. and Gunn, J. (eds) (2007). Natural and anthropogenic hazards in karst areas: recognition, analysis and mitigation. *Geological Society Special Publication*, **279**, 202 pp.

Waltham, T. (2005). Karst terrains. In *Geomorphology for Engineers* (eds Fookes, P. G., Lee, E. M. and Milligan, G.). Dunbeath: Whittles, pp. 318–342.

Younger, P. L., Lamont-Black, J. and Gandy, C. J. (eds) (2005). Risk of subsidence due to evaporite solution. *Environmental Geology*, **48**(3) Special Issue, 285–409.

Yuhr, L., Alexander, E. C. and Beck, B. (eds) (2007). Sinkholes and the engineering and environmental impacts of karst. *ASCE Geotechnical Special Publication*, **183**, 780 pp.

延伸阅读

Ford, D. C. and Williams, P. W. (2007). *Karst Hydrogeology and Geomorphology*. New York: Wiley, pp. 562.

Gutierrez, F., Johnson, K. S. and Cooper, A. H. (eds) (2008). Evaporite karst processes, landforms and environmental problems. *Environmental Geology*, **53**(5) Special Issue, 935–1098.

Jennongs, J. N. (1985). *Karst Geomorphology*. Oxford: Blackwell, 293 pp.

建议结合以下章节阅读本章：
- 第7章"工程项目中的岩土工程风险"
- 第40章"场地风险"

本书以第1篇"概论"和第2篇"基本原则"为指导进行章节编排。如第4篇"场地勘察"中所述，各类岩土工程均应进行扎实的现场勘察工作。

译审简介：

李波，中科建通工程技术有限公司，博士，高级工程师，出版专著1本，曾获"中央企业青年岗位能手"等多项荣誉称号。

黄志广，江西省建筑设计研究总院，教授级高级工程师，江西省地基基础专委会主任，曾获江西省优秀设计、科技进步奖多项。

第 4 篇　场地勘察

主编：安东尼·布雷斯格德尔（Anthony Bracegirdle）
译审：武威　等

第39章 导 论

Antbony Bracegirdle 岩土工程咨询集团，伦敦，英国
主译：武威（建设综合勘察研究设计院有限公司）
参译：李海坤

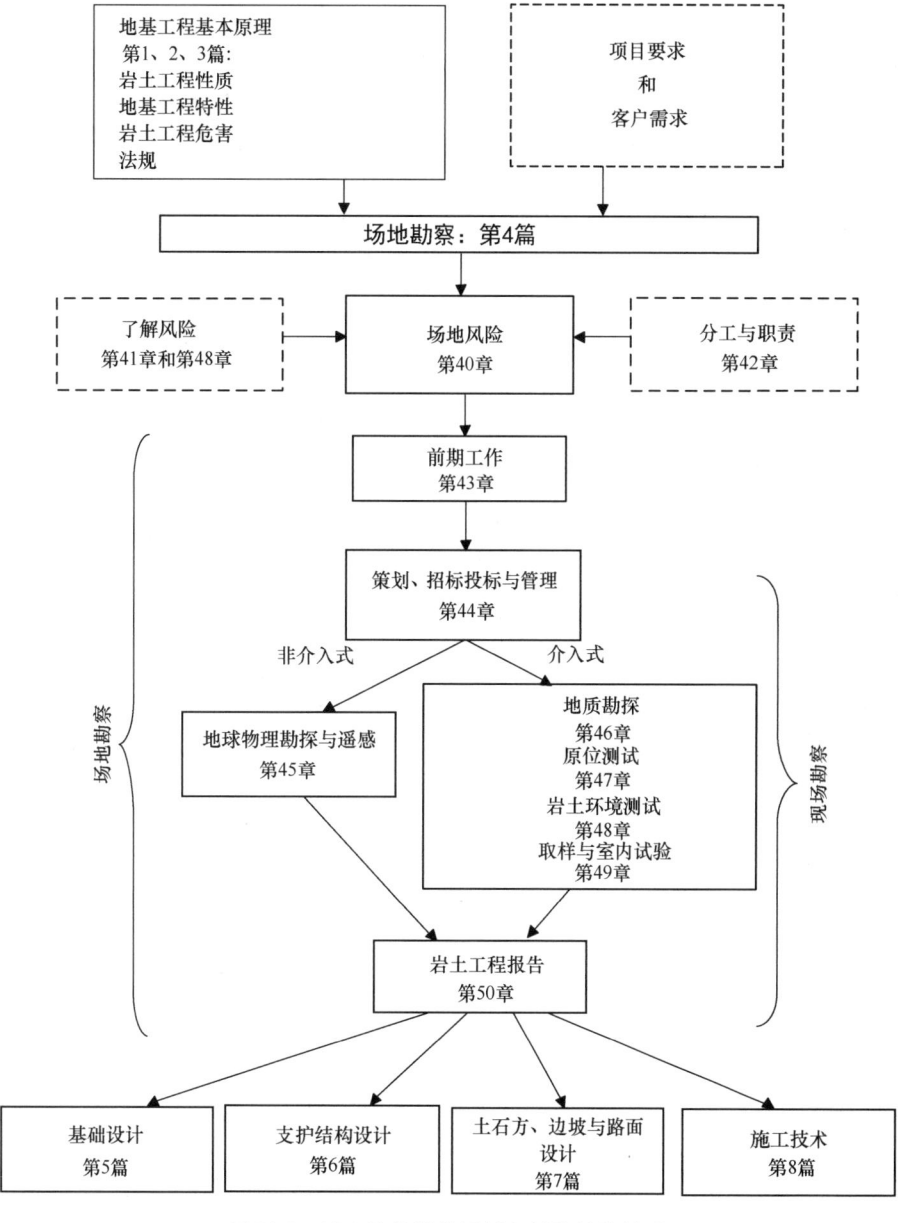

图 39.1 第4篇的结构及其与其他篇的关系

场地勘察是联系特定项目需求与成功的设计和施工的一座桥梁。首先，必须了解有关材料性质、场地风险、施工风险的基本原理，这些在前面的章节中已经进行了讨论。

在编写本篇时，作者侧重于一般性指导原则的研究，而没有过多追求细节。例如，土和岩石的分类可依据已有的标准，例如 BS EN ISO 14688（British Standards Institution，2002，2004）和 BS EN ISO 14689（British Standards Institution，2003），对于特定材料的分类可能需要参考其他具体标准。本篇重点是强调理念与知识对现场勘察实践的重要性，并首先倡导其应用。

必须了解场地形成过程、地形、地质以及人类活动对环境的影响。正如第 40 章"场地风险"、第 41 章"人为风险源与障碍物"以及第 48 章"岩土环境测试"中所述，从业人员应该对包括自然灾害、人为危害和污染在内的潜在危害具有基本的了解。应明确界定和理解各方的法律框架以及任务和责任，这些将在第 42 章"分工与职责"中进行论述。

如图 39.1 所示，"场地勘察"（site investigation）一词描述了一个包括案头研究和岩土工程报告编制的过程。"现场勘察"（ground investigation）一词是指进行介入式或非介入式勘察活动；室内试验和原位测试是此过程的一部分。案头研究、策划和招标投标在第 43 章"前期工作"和第 44 章"策划、招标投标与管理"中分别进行介绍。

第 45 章"地球物理勘探与遥感"到第 49 章"取样与室内试验"涉及现场勘察的手段，包括：地球物理勘探、介入式勘探、岩土工程和环境原位测试、取样和室内土工试验。当然，场地勘察工作的成果为岩土工程勘察报告，正如第 50 章"岩土工程报告"中所讨论的那样，报告必须清晰明确，在撰写后的数年内应与撰写完成时一样容易理解，内容完整。为此，必须明确界定所使用的标准或分类系统；不仅应该说明已经完成的工作，还应该解释无法实现的工作及其原因，并强调不确定或存在潜在错误的区域。

很多时候，正是这一重要过程的失误引发安全问题，造成经济损失。希望本篇的讨论会引起读者的兴趣，并帮助从业人员跨越愿望与项目成功实施之间的桥梁。

参考文献

British Standards Institution (2002). *Geotechnical Investigation and Testing. Identification and Classification of Soil. Identification and Description*. London: BSI, BS EN ISO 14688-1:2002.

British Standards Institution (2003). *Geotechnical Investigation and Testing. Identification and Classification of Rock. Identification and Description*. London: BSI, BS EN ISO 14689-1:2003.

British Standards Institution (2004). *Geotechnical Investigation and Testing. Identification and Classification of Soil. Principles for a Classification*. London: BSI, BS EN ISO 14688-2:2004.

译审简介：
武威，研究员，建设综合勘察研究设计院有限公司总工程师，全国工程勘察设计大师。

第40章 场地风险
——场地的全面调查

杰基·A·斯基珀（Jackie A. Skipper），岩土工程咨询集团，伦敦，英国

主译：韩煊（北京市勘察设计研究院有限公司）

审校：杨素春（北京市勘察设计研究院有限公司）

doi: 10.1680/moge.57074.0551

目录

40.1	引言	551
40.2	英国的场地风险	552
40.3	预判场地状况	553
40.4	地质图	553
40.5	结论	554
40.6	参考文献	554

人类与不良场地条件相互作用的方式决定了由此产生的场地风险。出于重要的美学或经济方面的考虑，工程经常在具有潜在风险的场地上进行建设。这类项目通过充足的投资、可靠的场地资料和合理的设计，大多获得了成功，然而对于不少项目来说，场地岩土是最不容易被认识的一种材料，这往往导致在施工阶段产生问题，并需要追加大量额外费用。

本章首先讨论了英国的工程项目或场地可能遇到的地质灾害的主要类型，并鼓励读者充分了解其项目所在场地；其次，讨论了场地信息的来源（其中许多现在可以在网上免费获得），介绍了可以查询到这些信息的系统，由此增加对场地条件的了解，从而有效设计场地调查工作。最后指出，在对场地条件全面了解的基础上，使用并沟通与交流这些信息对于工程项目的成功至关重要，由此能够避免工程师成为潜在风险场地的受害者。

40.1 引言

人们通常认为场地存在风险。然而，地球只是受到重力、水、炎热或寒冷、植物、动物以及太阳的影响。人类选择在哪里生活和工作，往往会使场地变得有风险，或者更确切地说，是我们的行为方式增加了风险。例如，陡峭的悬崖可能是危险的，但它们并不一定有风险，只有当人类喜欢从陡峭的悬崖上俯瞰大海的景色并在那里安家时才可能带来风险。人类作为一个强大的物种，经常出于经济或社会原因，推动了在陡峭的山区、沼泽地等以往无法居住的地区进行项目开发、生活和工作。人们很快忘记地质灾害引起的风险事件，经常过于感性地权衡利弊，只看到了例如"景色优美"这样的优势，而忽视了类似"不稳定场地"这样的劣势。幸运的是，由于现代土木工程的发展，如果投入充足的资金、深入了解场地的性质，并进行合理的设计，已经很少有人类无法进行工程建设的场地。最终，只有在那些未预见到或未得到有效治理的场地，不良场地条件才会形成风险（有关地貌的详细信息可参阅第13章"地层剖面及其成因"）。因此，本章建议人们在尝试对场地进行工程利用之前，要更深入地了解场地条件。

岩土工程是最具挑战性的工程专业之一，因为地质比任何人造材料都更加多样和多变。地质条件对大多数建筑项目的成功至关重要，它经常能使建筑物保持耸立长达数百年，这是多么令人惊奇！但在我们经常使用的材料中，它却是我们所知最少的一种。例如，在大多数项目中，我们对现场的混凝土和灌浆混合料性能的了解，远远多于对地质材料这种基本材料的了解。当然，承包商对未预见到的地质条件提出索赔时除外。

在一些项目中，人们未能充分了解和掌控场地条件，并深受其害。然而，"了解场地"并不等同于开展"初步勘察"（见第43章"前期工作"）或"设计阶段勘察"（见第44章"策划、招标投标与管理"）。"了解"是一个完整的过程，首先通过场地信息形成场地模型，需要时加以扩充，然后与项目所有相关方进行沟通交流，并在整个项目进行过程中不断补充完善。

为什么要费时费力更深入地了解场地呢？为什么不像一位工程师曾经问的那样，只需钻几个孔，把提取的试样做一些试验，然后以此为基础进行设计呢？我打个比方来回答这个问题：假设地质条件是放在一个黑色塑料袋底部的婚礼蛋糕，而钻孔就像是你伸进塑料袋的手，在完全看不到的情况下去抓一块，那么最终你的设计可能仅仅是基于蛋糕上

的一个玫瑰花蕾这一点点信息。钻孔仅反映场地极小范围内的地质条件，而且两个钻孔间的地层一般也不是线性变化。因此，钻孔之间的地质条件并不一定与钻孔所揭示的情况相同。

许多公司试图采用"廉价"的场地勘察来节省资金，这一过程极有可能导致信息遗失。正如查普曼（Chapman）在第 7 章"工程项目中的岩土工程风险"中充分讨论的那样，通过所谓"廉价"的场地勘察节省资金实际上是建筑业长期以来最糟糕的投资（因此对"廉价"一词打上了引号）。然而，尽管过去几年场地勘察技术标准有所提高（见第 42 章"分工与职责"至第 48 章"岩土环境测试"），但经济经常会衰退，因此人们总是无法避免地去寻求"廉价"的场地勘察，但由此却可能导致未能揭示重要的场地条件变化。这不仅是因为布置了更少的钻孔、采用更便宜的勘察手段、提供更少的数据，还因为低收入的勘察工作人员往往在现场编录、样本采集、试验等方面缺乏培训。即使完全符合《欧洲标准 7：岩土工程设计》的现场勘察工作，有关场地条件的重要信息也有可能由于规范和评价报告的不衔接而漏掉。因此充分利用每一条可获取的信息非常重要。

在岩土工程中，要弥补不充分的现场勘察工作，可以采用保守的设计从而不承担任何风险，也可以仅使用那些可获取的极少的基础信息，同时承担"地质条件尚好"这一假定所带来的风险。然而，这两种极端方式并非是最明智和最划算的解决方案，这点已被多次证明（Chapman 和 Marcetteau，2004）。尽可能地了解场地条件，并在设计时充分考虑这些因素，这才是最经济合理的方案（另见第 2 章"基础及其他岩土工程在项目中的角色"）。

40.2 英国的场地风险

本手册介绍了英国大多数常见的场地风险，并将相关章节进行了互引。这些场地风险一般可分为三类：地质灾害、地貌和地形相关灾害以及人为危害，下文将对此进行讨论。

40.2.1 地质灾害

这一类灾害包括地球上各种自然灾害所引发的结果。如可能导致崩塌或泥石流的火山活动，或可能导致海啸的地震作用等剧烈的地质灾害。由于英国距离构造活动中心很远，因此通常被认为是这类灾害的低风险地区。然而，在英国个别地区确实偶尔发生过地震，也曾经出现过由于地震或水下滑坡引发的海啸。因此，对于设计年限较长的项目或敏感项目（如大型隧道、核电站）、沿海项目仍需要考虑地震灾害。火山在英国更不常见，英国陆地上最后一次火山喷发大概是 5500 万~6000 万年前。但应注意，英国的许多土层和岩石层中都有富含膨胀黏土的火山灰层，膨胀黏土可能会引发或加剧滑坡，导致隧道施工工期延长，或很难对土进行处理和再利用（见第 40.2.2 节）。如果对此不确定，应对黏土矿物开展分析工作。

英国地质调查局（BGS）的网站上有关于这些地质构造灾害的非常有用的历史数据和风险分区图等信息。

本类灾害的第二部分包括那些较硬、较弱、较软、较松散或地层中有较多或较大的孔洞或洞穴的场地，这些场地具有多变、不稳定、侵蚀性等特点，或是含有高于正常压力的水或气体。这些类型的场地在第 3 篇"特殊土及其工程问题"中进行了详细讨论，而褶皱或断层岩体则在第 18 章"岩石特性"中进行了讨论。

在一个理想的工程世界里，所有的地质沉积层都水平向分布、厚度均匀且可预测、工程性质相同，但实际场地条件通常是多变的。尽管在整个项目场地分布一层数十米厚的性质良好、未风化且无裂隙的水平层状地层不是不可能，但这确实非常少见。其原因是影响土和岩石沉积的整个过程具有明显的不确定性因素，这些因素在沉积过程完成后仍可能会改变它们的性状（见第 13 章"地层剖面及其成因"）。一般来说，均匀性、各向同性和水平成层性分布规律最好的地层是海相沉积物，往往在几十万平方公里[①]的范围里，地层都基本上可以看作是同一类型的土或岩石。但不要因此产生错误的安全感，即使是巨厚的全海相沉积物，如白垩纪、石炭纪石灰岩和伦敦黏土，由于沉积时水深的变化，其强度、结构和渗透性在垂直方向上也各不相同。沉积环境离海岸越近，沉积物性质的变化就越大（比如沉积在沼泽或三角洲环境中的石炭纪煤系地层，又比如沙漠化或冲洪积等不同成因形成的麦西亚泥岩组）。此外，由于地质年代中全球海平面的波动和极端气候的变化，最终可能会形成很多不同种类的沉积物。如果再考虑火成岩的沉积或侵

---

① 译者注：原文为"公里"，疑似应为"平方公里"。

入，以及褶皱、断层和变质的过程，地质体性质就会更加复杂多变。但是我们要记住的是，即使没有预见到地质条件的多变性，也仅仅是潜在的风险，并不一定形成灾害。

40.2.2 地貌和地形相关灾害

包括主要由重力或侵蚀作用引起的灾害，或由接近或高于地表的水产生的各类灾害。崩塌、滑坡、泥石流、海岸侵蚀和洪水都属于这一类。构造运动（即地球构造板块相互运动的活动，会形成包括造山运动等在内的地质事件）往往是引起上述灾害的原因之一。从地质的角度，地势较高的岩层会在重力的作用下，在逐渐风化中崩落形成坡积物，进一步滚落并被冲入河流，最终分解成为砂并形成海相沉积物。人类喜欢在高地、海边等地方建设项目，但必须清楚在丘陵地区可能会产生崩塌，在沿海和低洼地区可能会发生洪水。

40.2.3 人为危害

在过去的几千年里，人类对地表和地下产生了巨大的影响。而在近200年里，我们对地球的改变超过了过去几千年的总和。在这短短的时间里，人类的技能使我们能够使用化石燃料来为运输和工业提供动力，由此留下巨大的坑洞，而在土木工程方面的技能，使我们能够掌控许多原来无法建造的环境和场地。

了解一个地区如何随着时间的推移而发生变化，可以揭示广泛的人类活动，其中许多活动对特定项目产生影响。例如，作者曾经居住的伦敦东部地区，按年代顺序有：一条青铜时代的古道（考古影响）、一个煤气生产厂（可能的污染影响）、约瑟夫·巴瑟杰特（Joseph Bazalgette）建造的北部排污系统（维多利亚时代的隧道和障碍物影响），以及与伦敦码头建设相关的不同时期的工业设施（考古、污染和障碍物影响）。同时，还有1939—1945年第二次世界大战期间投掷在该地区的未引爆的炸弹、年代相对较近的码头区轻轨（DLR）及其隧道，以及日常运营服务管线等。现在有不少公司可以收取合理的费用，提供特定场地的环境风险信息和场地的历史演化地图，从而协助客户找到解决这些潜在的多种人为危害问题的方法。

40.3 预判场地状况

使用个人电脑，我们能够比以往任何时候更快地获得更多拟建场地的信息。像谷歌地球（Google Earth）这样的网站可以给我们提供以前需要漫长时间等待或需要四处搜寻的航空影像，还提供了专门的浏览器。我们不仅可以迅速查找到我们的场地位置，而且只需点击几下鼠标，就能够看到场地附近曾发生过的火山或地震、大致的海拔高度以及任意两点之间的距离（如果想了解英国的地震，可在谷歌地球的Layers中勾选Gallery，然后找到肯特郡的Old Hawkinge）。使用谷歌的"街景"功能，我们可以获得该地区的地形和建筑物的详细信息。使用"视图"下拉菜单中的"历史影像"功能，甚至可以看到该地区在过去几年所发生的变化，这对于分析滑坡或重建类项目非常有帮助。

借助谷歌地球系统和所在区域的地质图，使用"地形-水-特殊地物"（topography-water-anything odd，简称TWA）系统收集大量高质量信息，可能仅用一个小时就可以使您了解项目所在区域的地质条件。包括：

地形：将光标放在场地和周围区域的鸟瞰图上，可以了解地形的变化。接下来需要考虑的是，地形看起来是否正常？如果看起来不合理，则要考虑为什么会这样？如果与地质图对照，是否能从中找到明显的原因？

水：该地区哪里有水？是否有河流、溪流、湖泊、沼泽、河口、大海？水对工程有影响吗？是因为不透水地层导致排水不畅吗？场地是否位于明显的洪水风险区（即场地高程与海平面接近，或与当地河流水位接近）？这个地区是否根本没有水？为什么？水去了哪里？

特殊地物：影像上是否有什么看起来不太正常，或场地影像的颜色或形状与一般自然或人类活动所形成的情况相比不合理？在本该有建筑的区域但影像上却没有？道路的名称有时可以显示地质或以往发生的工程灾害的相关信息，注意场地附近道路的名称是否包含以下字眼：草甸、洪水、泉水、洞穴、燕子或燕子洞（说明可能有洪水或溶洞的风险），或砖、窑、矿山或采石场（说明曾经是采矿或采石场），或是崖下、之字形、滑动（说明可能有场地不稳定问题）。洞或穴等字眼也往往表示场地有天然或人为形成的洞。谷歌地球软件的"街景"功能则是另一个有用的信息来源，可以发现地表的不平整、墙壁上的明显裂缝以及反复重建的道路。

如果出于种种原因无法使用谷歌地球软件，则有越来越多的其他网站可供用户远程免费使用，例如Yell.com网站以及必应地图（Bing Maps），采用这两种软件都可以对英国城市的已建场地进行三维漫游。

40.4 地质图

因为地质图使用的奇怪颜色和符号，一般工程师可能有点看不懂。不过，如果耐心一点，可以从中找到大量有用的信息。需要帮助时，可以咨询地质学家，或者直接在网络上搜索"如何阅读地质图"。但要注意，工程师通常认为地质图是"真理"，实际上并不是。地质图是由经验丰富的地质学家制作的，他们开展了大量的野外工作，尽可能多地收集高质量的钻孔信息，然后做出地质推断。虽然对地质组成做了最好的判断，但并没有X光那样的透射能力，因此偶尔也会出错。这里要提到的另一个要点是，如果一个地层被称为Kimmeridge黏土、Lias黏土，或Gault黏土等，并不意味着该地层只包含黏土。同样，名称结尾带有"砂"的地层（例如下海绿砂、Arden砂岩）也很少完全由砂组成。任何年代或任何名称的土和岩石通常都包含自然形成的相对硬层或软层以及含砂地层，因此需要认真准备并仔细阅读地质图。另外，英国地质调查局（BGS）网站上有非常有用的工具，比如岩石定名词典（词典也可以用于查询土，这里的"岩石"包含岩和土）。英国地质调查局（BGS）的"陆上钻孔数据库"现在也基本免费，将数据库与词典相结合，会获取远远超出你想象的项目场地所在区域丰富的地层信息，在精心设计的场地勘察的基础上，使用这些信息建立细化的场地模型。

40.5 结论

更好地了解场地是建设项目迈出的一大步，并可以为后续的科学规划和设计提供极大的帮助，但更有意义的则是将这种对场地的深入理解与其他相关人员沟通和交流（Skipper，2008）。2003年我在都柏林港隧道工程项目上工作时，第一次深刻体会到这一方法。在那里，我发现与各层级工作人员（从现场勘察人员到设计师，从工长到一般工人）沟通交流场地模型，对于他们之间的有效合作、沟通和反馈产生了明显的积极作用。对于一个地质条件复杂且具有挑战性的敏感场地，这种对场地了解程度的提高，使得观察法成为可能（Long等，2003）。从那时起，我在自己所参与的不同规模的各类项目中都使用了这一方法。我能够看到它带来的明显改进，不仅使现场勘察工作更有针对性，地质描述和解释更加详实，而且能够实现优化设计和更好的风险管理。总而言之，对地质的更好理解能够带来最好的技术和经济价值，同时，将这些成果与其他相关人员沟通和交流，则能为工程项目创造最大的价值。

40.6 参考文献

Chapman, T. and Marcetteau, A. (2004). Achieving economy and reliability in piled foundation design for a building project. *The Structural Engineer*, 2 June 2004, 32–37.

Long, M., Menkiti, C. O., Kovacevic, N., Milligan, G. W. E., Coulet, D. and Potts, D. M. (2003). An observational approach to the design of steep sided excavations in Dublin Glacial Till. *Underground Construction*. UK: London, 24–25 September 2003.

Skipper, J. A. (2008). Project specific geological training – a new tool for geotechnical risk remediation? *The Proceedings of Euroengeo 2008*, International Association of Engineering Geology Conference, Madrid.

40.6.1 延伸阅读

Bryant, E. (2004). *Natural Hazards*. Cambridge, UK: Cambridge University Press, 328 pp.

Griffiths, J. S. (2002) (Comp). *Mapping in Engineering Geology*. London, UK: The Geological Society, 287 pp.

Mitchell, C. and Mitchell, P. (2007). *Landform and Terrain, the Physical Geography of Landscape*. Birmingham: Brailsford, 248 pp.

40.6.2 实用网址

英国地质调查局（British Geological Survey），钻孔记录阅览器（borehole record viewer）；www.bgs.ac.uk/data/boreholescans/home.html

英国地质调查局（British Geological Survey），地球上的灾害信息及获取联系方式；www.bgs.ac.uk/research/earth_hazards.html

英国地质调查局（British Geological Survey），岩石定名词典；www.bgs.ac.uk/lexicon/

谷歌地球（Google Earth）；www.google.com/earth/index.html

Ground viewers/remote sensed imagery；www.yell.com/map/和www.bing.com/maps/

> 建议结合以下章节阅读本章：
> ■第7章"工程项目中的岩土工程风险"
> ■第8章"岩土工程中的健康与安全"
> ■第13章"地层剖面及其成因"
> 本书以第1篇"概论"和第2篇"基本原则"为指导进行章节编排。如第4篇"场地勘察"中所述，各类岩土工程均应进行扎实的现场勘察工作。

译审简介：

韩煊，北京市勘察设计研究院有限公司副总工程师，博士，教授级高级工程师，注册土木工程师（岩土）。

杨素春，北京市勘察设计研究院有限公司副总工程师，曾任全国注册土木工程师（岩土）考试命题组组长。

第41章 人为风险源与障碍物

约翰·戴维斯（John Davis），岩土工程咨询集团，伦敦，英国
克莱夫·埃德蒙兹（Clive Edmonds），彼得布雷特联合有限合伙企业，雷丁，英国
主译：高文新（北京城建勘测设计研究院有限责任公司）
参译：高涛，韩守程，刘昕，李世民
审校：邵忠心（合肥工大地基工程有限公司）

doi: 10.1680/moge.57074.0555

目录

41.1	引言	555
41.2	采矿	555
41.3	污染物	562
41.4	考古	562
41.5	爆炸物及未爆炸物	563
41.6	地下障碍物及构筑物	563
41.7	地下设施	564
41.8	参考文献	564

地下存在人为风险源有多种形式。本章主要讨论的是空洞、污染场地、未爆炸物、障碍物和地下埋藏设施。数千年来，英国许多不同种类的地下资源被开采，其中包括能源类（煤和油页岩）、各种金属矿、非金属矿和石材，采矿活动留下的空洞广泛存在于不同的地质环境中，采矿方法和空洞的性质也存在差异，提到了空洞的探测和处理方法。人为污染物在已开发过的场地很常见，尤其是在那些有工业历史的地区；战争遗留的危害是可能遇到未爆炸的弹药。本章将讨论如何尽量减小污染物和未爆炸物的相关风险。在勘察和土方施工过程中，通常会遇到以地下结构或部分地下结构形式构成的人为障碍物，如果其中包含空洞，则可能特别危险。在地下工程勘察过程中，经常会遇到危险。本章也讨论了针对此类危险将其风险最小化的技术。

41.1 引言

本章简要介绍了可能引起勘察时间拖延或者勘察工作无法全部完成的人为风险源与障碍物。这些人为的风险源与障碍物也会影响后续的设计和施工，坚硬区域或范围的不确定性会形成基础设计和施工的障碍。本章对这部分内容仅作有限讨论。

本章涉及的风险源，仅指勘察过程中可能对职业健康和安全造成伤害的地下人为风险源，对与地上操作有关的职业健康和安全隐患不作讨论。

本章涉及的障碍物，仅指有可能影响或阻碍勘察工作的地下人为障碍物。同时列举了一些在勘察前由于不重视官方手续而造成工作延误的案例。

在此提出的可能存在的实际问题或官方手续等都应在案头研究阶段予以处理解决，在随后的勘察过程中对勘察范围和形式做出相应调整。更多有关案头研究的工作范围和内容的详细信息见第43章"前期工作"。

41.2 采矿

英国有着悠久而丰富的采矿历史，其开采技术可追溯到罗马时代甚至新石器时代。人类对获取具有特殊价值和用途矿物的欲望一直推动着采矿活动的发展，其结果导致了许多地区成为采空区并引发了场地不稳定性的问题。

历史悠久的矿山开采活动对既有和新建建筑物会造成严重的塌陷危险，并存在人身伤害或死亡的风险。因此，从健康和安全方面考虑，有必要确定矿山井巷的位置、采空区的范围和性质以及对地面造成的危害程度。

对煤矿矿山井巷的勘察、治理工作，需事先获得英国煤炭管理局（Coal Authority）的准许。在煤矿范围之外，通常需要地方政府批准，地方政府可能会邀请矿产评估师（Mineral Valuer）和英国健康与安全执行局（HSE）参与论证。对相关法律的熟悉也很重要，例如《矿山和采石场法案1954》（*Mines and Quarries Act* 1954）。

41.2.1 矿产类型

从历史上的采矿情况上看，按照英国众多煤田地区开采的煤炭和伴生矿产（如耐火黏土和致密硅岩，铁矿和油页岩），以及煤田地区以外开采的其他矿产来划分矿产类型是很方便的（图41.1）。

在非煤田地区开采的矿物包括金属矿（如铁、铅、锌、铜、银、金、锡）、非金属矿（如萤石、方解石、重晶石）、蒸发岩（如石膏和盐）以及石

第4篇 场地勘察

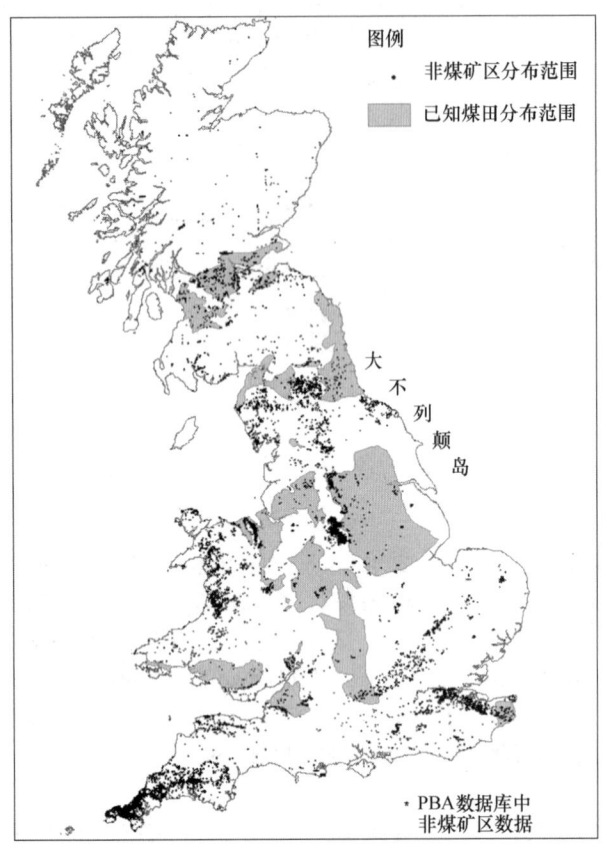

图41.1 大不列颠岛历史采矿概览图

材（如板岩、砂岩、石灰岩、白垩岩）。作用参考，图41.1也给出了非煤矿区的分布范围。

目前采矿仅限于煤、盐、碳酸钾、石膏以及其他矿产（包括石英砂、石灰岩、重晶石、萤石、板岩和赤铁矿）。从《英国矿物年鉴》（*United Kingdom Minerals Yearbook*）（Bide等，2008）等出版物中可以获得进一步详情。

41.2.2 采矿方法

采矿方法随着时间和技术的发展而变化，同时也反映出不同的地质环境。

露头的矿产可通过采石的方式来开采。然而，随着上覆岩土层厚度的增加，清表工作量随之增加，此时采用平硐直抵地下矿床开采面的开采方式将会更加有效（图41.2）。对于缓斜的浅层矿层，最简单的是被称为"小探井"的开采方式，通过狭窄、无支撑的竖井矿层，由竖井底部辐射状向外开采，形成"钟形"（图41.2）。其他区域也因地制宜采用了相应多样的开采方式，例如在英格兰南部和东部的白垩岩矿区，采用盲孔法、白垩岩井法和白垩岩斜井法（Edmonds等，1990）。

后来，出现了更先进的采矿方式，即"房柱式"井硐结合综合开采技术。通过一系列竖井和平硐向外开采，用在矿层中形成网格状分布的矿柱来支撑矿顶（图41.2）。煤炭开采过程中形成的隧道和支撑形式，在不同地区有不同的命名（Littlejohn，1979）。

对于许多矿物（如石灰岩、白垩岩和石膏）的开采，"房柱法"仍然是首选的采矿形式。然而，对于煤炭的开采而言，则应采用更为先进的"长壁开采法"。煤炭沿着"长壁"面被大面积开采出来，通过垂直相连的隧道来进行下井及运煤作业。作业面采用支撑设施进行支护。在隧道范围内，随着作业面向前推进，允许后方矿顶逐渐塌落。矿井最初为人工挖掘，随着时间的推移，开采过程逐渐机械化（Healy和Head，1984）。

为适应矿产的独特性质和所处地质环境，发展产生了其他采矿方法。如果矿物以不规则矿体或陡斜侵入岩脉的形式存在，通常会沿着容矿岩开采至矿体。在石灰岩地区，矿体或矿脉也可能存在于喀斯特溶洞中，较大岩体或岩脉可以采用梯段法开采。前述两种采矿方式的典型地区为奔宁山脉（Pennines）、北威尔士和南威尔士（North and South Wales）、峰区（Peak District）、湖区（Lake District）、门迪普丘陵（Mendip Hills）和康沃尔市（Cornwall）。

利用可溶岩的化学特征，部分地区采用"水溶采矿法"的开采方式，特别是在柴郡（Cheshire）（Bell，1975）、兰开夏郡（Lancashire）、萨默塞特（Somerset）、斯塔福德郡（Staffordshire）和伍斯特郡（Worcestershire）等地区。

41.2.3 采矿历史和信息来源

上述许多采矿技术可追溯到中世纪或更早，自17世纪后期、18世纪、19世纪到20世纪，采矿活动明显增加。很显然，在第一版英国地形测量局（Ordnance Survey，OS）地形图出版（通常可追溯到19世纪70、80年代）之前，采矿活动在某些区域已经断断续续进行了。因此，仅依靠英国地形图来研究历史矿区遗址时，应谨慎对待。

煤矿和非煤矿区信息的数据来源多种多样，通常不是主流来源或者不容易获取。充分解释和理解这些数据可能需要专业知识。然而，自20世纪90年代初以来，陆续有国家级或区域性研究出版物出版（如Arup Geotechnics，1990），使得相关数据和

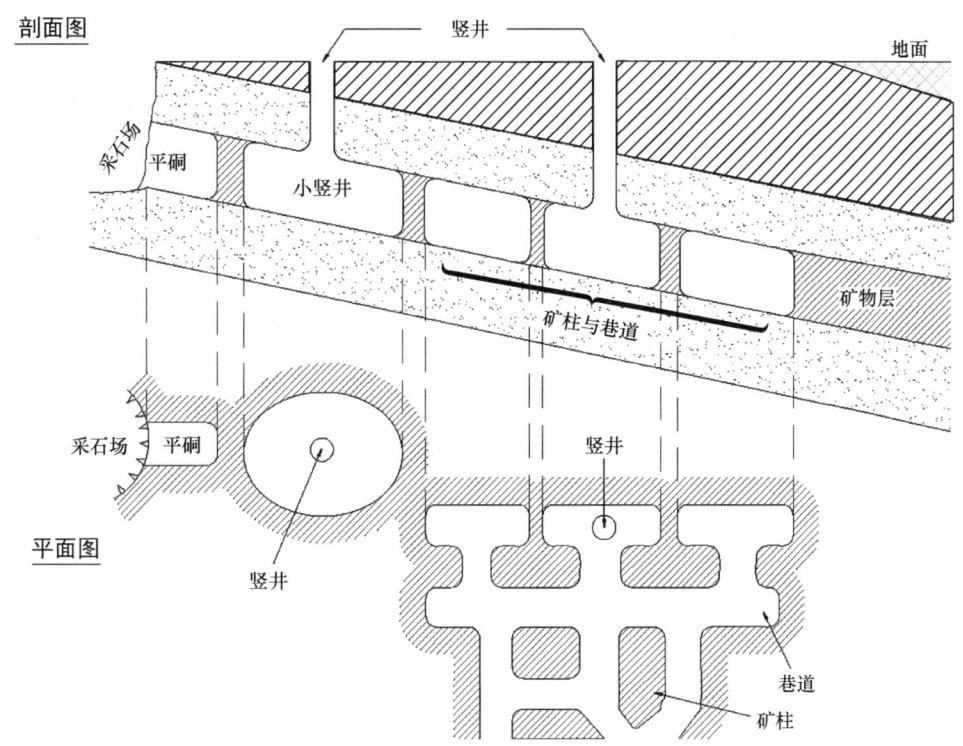

图 41.2　从上覆岩土层至开采面的开采技术

图 41.3　旧竖井井口坍塌示例
Peter Brett Associates LLP 提供

信息更加容易获得。由英国地质调查局（BGS）和彼得布雷特联合有限合伙公司采用数字化手段收集并处理的采矿数据，也是一个信息来源。对于煤矿地区，英国煤炭管理局有大量的采矿档案。各协会、采矿历史组织也持有其他小部分数据。从上述渠道获取的有关采矿资料，对于案头研究阶段了解可能存在的"潜在采矿区"及"历史矿区"至关重要。

41.2.4　地基失稳风险

废弃矿井坍塌是导致地基失稳的风险源。常见的诱因包括地下排水设施渗漏、地下水位变化、强降雨、开挖扰动和地面堆载等。

最常见的不稳定因素与旧竖井井口坍塌有关，这些矿井口通常没有经过合格的封堵和回填。如果竖井结构已破坏，可能会导致地面显著位移，会造成地面竖向沉降，或水平位移，最终在深处塌陷形成空洞（图 41.3）。浅层作业面及平硐入口也可能发生沉降，但同样取决于其破坏机理以及深部采空区残余部分的范围及其连通程度。

对连续煤层的大面积开采，可造成大范围的沉降槽，对地面的财产和基础设施造成威胁（Healy 和 Head，1984）。煤矿地区其他形式的长期地面位移可能与断层和断裂带的应力集中释放有关（例如 Donnell，等，2008）。

英国奥雅纳工程顾问公司（Arup Geotechnics，1990）编写的《技术审查案例研究报告》（*Technical Review Case Study Reports*）中介绍了一系列其他类型矿产废弃矿区导致的地基不稳定问题。该报告是英国开展某项相关研究的内容之一。

关于"在规划和建设过程中地方管理部门和开发商应如何考虑与采矿有关的地基不稳定问题"的讨论的章节位于"不稳定场地的开发建设"（PPG 14：Development on Unstable Land）（Department of the Environment, 1990)、附件 1 (Department of the Environment, 1996) 和附件 2 (Department of the Environment, Transport and the Regions, 2000)。

41.2.5 矿山井巷勘察

用于矿山井巷的勘察技术有各种各样的直接或间接方法。对矿山井巷进行勘察前，必须事先获得英国煤炭管理局的许可。

间接技术包括利用航空摄影和卫星图像寻找竖井、平硐、相关的地表采掘点、矸石堆及基础设施。通过查看历史图片或利用不同部位的电磁频谱进行调查工作非常有效。有许多文献描述了模拟或数字数据的类型以及图像处理和解译的方法（例如 Lillesand 等，2008）。

其他间接技术包括地球物理勘探。这些技术须对空矿洞、部分或完全坍塌的矿洞、充水矿洞、破碎或坍塌的岩土层、填土区和竖井的砖混或金属衬砌等反应敏感。如果要进行某项调查，选择哪种方法主要取决于矿山井巷的埋置深度及其调查地面环境条件。许多文献都介绍了地球物理勘探的理论与实践（Reynolds，1997）。

同样，还有一系列直接的技术手段应用于勘察矿山井巷。方法的选择取决于多种因素，如地质条件、矿井深度、矿业类型、是否完好无损或坍塌、进入条件以及职业健康和安全风险，还需要评估有害气体或污染水溢出的可能性。在可溶性地层或已

图 41.5　矿山井巷现场调查
Peter Brett Associates LLP 提供

塌陷的地层进行钻探作业时，合理选择泥浆配比非常重要。对于无法进入的矿洞可以使用孔内闭路电视（CCTV）摄像头对矿井类型和现状进行可视化探测和评估。

当需要调查露天矿山井巷的尺寸和走向时，可采用孔下激光测量技术（图 41.4）。这种技术安全可靠，且能实现直接目视探测（图 41.5）。本书其他章节对不同的探测技术进行了详细描述。

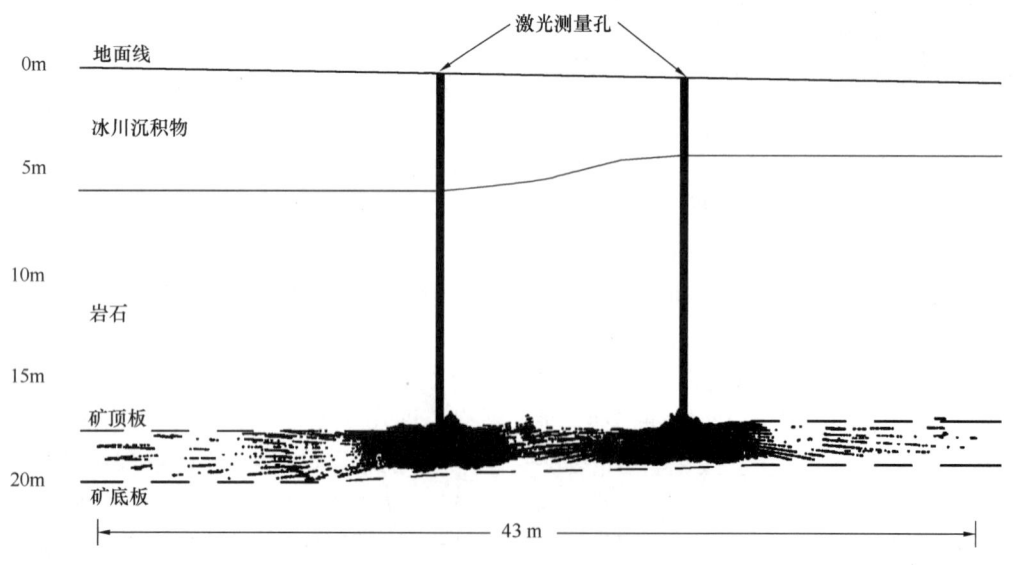

图 41.4　孔下激光测量技术成果

41.2.6 矿山井巷勘察案例

为说明如何有效利用间接和直接相结合的手段查明历史矿区，以下简要介绍在雷丁市 Coley 区 Field 路（SU710728 区域）使用过的勘察方法。

2000 年 1 月 4 日，该地发生了严重的地面塌陷，造成两所房屋的门脸及花园、人行道和邻近道路倒塌和损坏，塌陷范围直径约 9m，深达数米（图 41.6）。

完成塌陷坑的初步填埋后，即沿着塌陷区外围展开动力触探，以确定可能的发生原因。探测结果揭示了一系列空洞，为老白垩岩矿山井巷，其顶板埋深约 7.5～11m，底板埋深约 13～14m。典型剖面见图 41.7。随着勘察范围进一步扩大，按方格网逐步探测，又揭示了更多由不规则矿柱和空巷构成的矿山井巷。同时，也针对性地布置了少量冲击钻探钻孔，对动力触探揭露的地层剖面进行验证。结果能够很好地对应（图 41.7）。

为查明矿山井巷的延伸范围，最初在塌陷区南侧沿道路进行了微重力物理勘探。结果成功探查到了巷道轮廓，即存在一系列的布格重力异常。因此，微重力勘探工作继续沿道路向南开展，直至邻近的花园区域。物探结果用动力触探验证孔进行检验。图 41.8 为微重力物探勘探与动力触探实测矿山井巷结果对比示例。物探结果表明，微重力勘探技术可以很好地揭示矿山井巷的存在，尽管它不能确切定位矿山井巷的位置，但对于勘察来说非常有用。

目前，当需要对不规则矿山井巷绘制大比例尺房柱矿山井巷图并详细标明形状和范围时，倾向于使用方格网布置勘探孔。如果矿井处于塌陷临界状态或已塌陷时，便只能采用这种方式开展工作。然而，在有大量露天、完整矿山井巷的部位，有必要减少勘探孔的数量。

比如在 Field 路现场，当动力触探探头遇到矿洞时，采用岩芯管进行扩孔，孔内插入塑料套管至矿洞顶部。通过套管放入小直径钻孔 CCTV 摄像头，对矿洞进行可视化探测（图 41.9），从而推断其走向。沿走向间隔 5～10m 布置另一个探测点，重复上述过程，以此类推，完成整个探测工作。这

图 41.6 严重地面塌陷（2000 年 1 月 4 日）

Peter Brett Associates LLP 提供

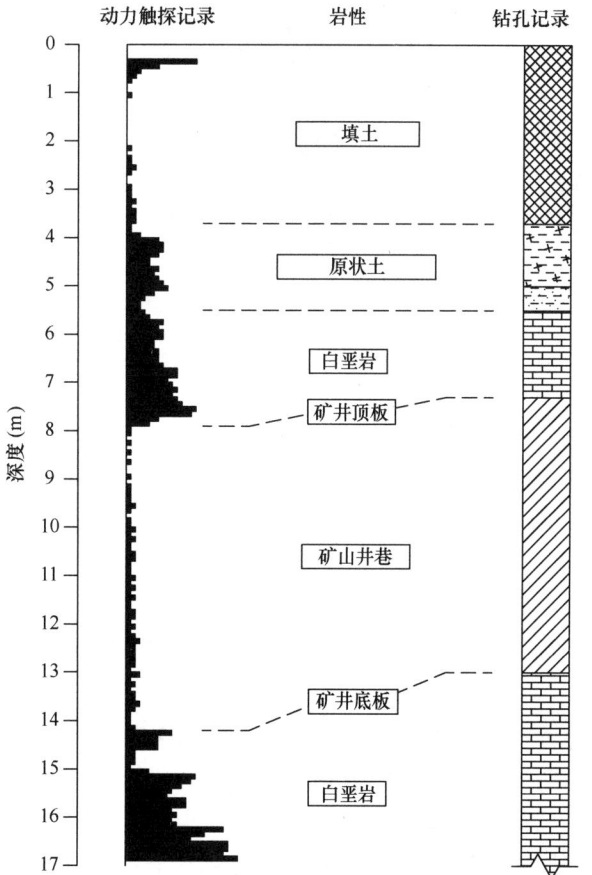

图 41.7 典型动力触探和钻探剖面

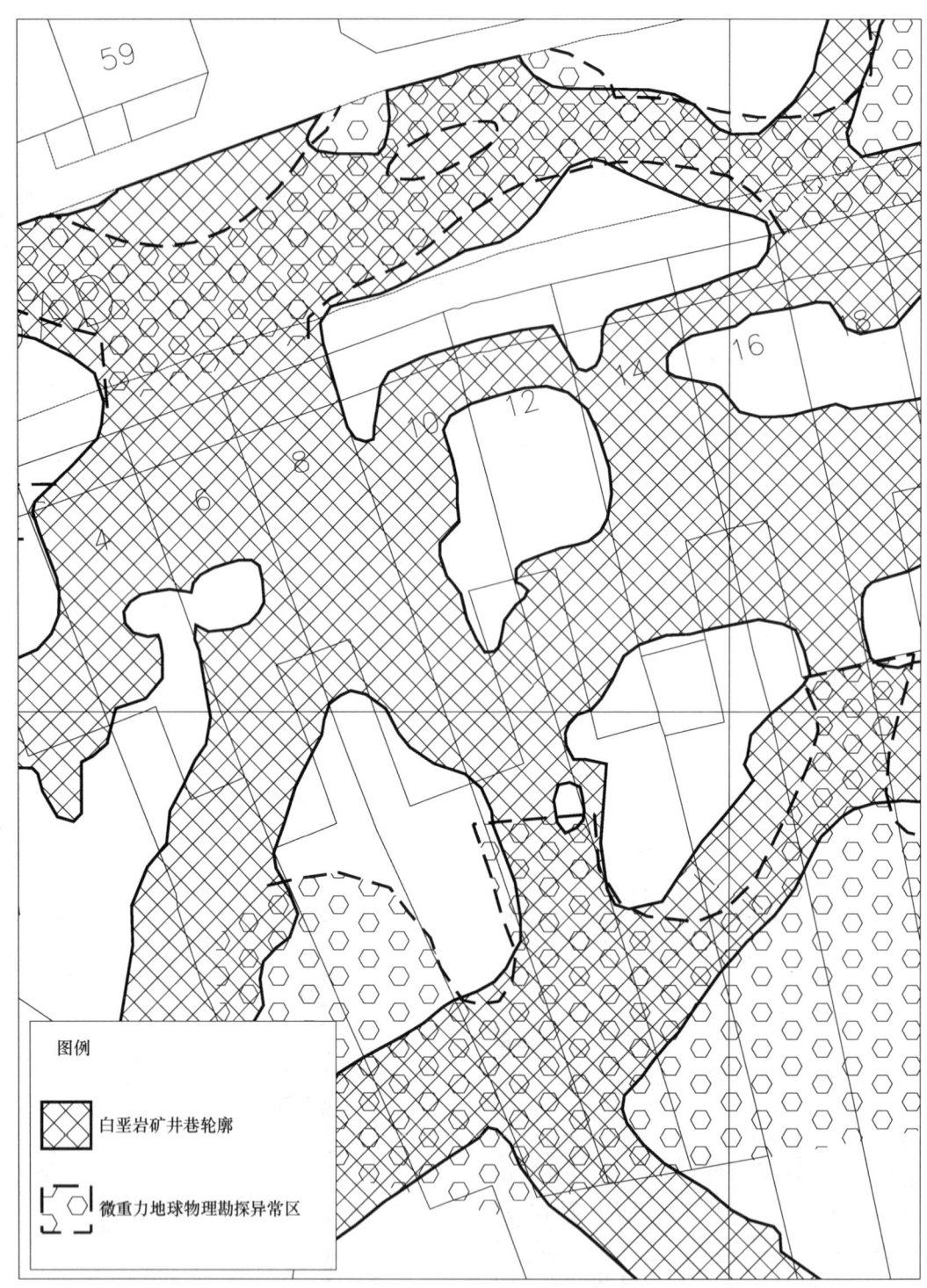

图 41.8 微重力勘探与动力触探实测矿山井巷结果对比图

种方式与传统的按方格网进行探测相比，可大大减少勘探点数量，有效降低成本。

当动力触探孔不满足矿山井巷探测深度要求，或探测点位于建筑物下方，需采用斜孔进行探测时，可使用旋转钻机钻孔（图41.10）。

41.2.7　矿山井巷处理措施

针对勘察所揭示的不同性质和范围的矿山井巷，有不同的处理措施，处理范围通常包括矿洞、塌陷区及其所影响的区域。

图 41.9　小直径钻孔 CCTV 摄像头空洞可视化探测

具备井下作业条件时，可采用灌浆技术直接对矿山井巷进行填充和加固。图 41.11 所示为使用模板结构逐步浇筑充填。

不过，通常情况下井下作业并不安全。此时灌浆工作须在地表开展，利用钻孔进行注浆处理。空洞可采用大面积浇筑的方式进行处理，如泵送水泥浆，或使用其他添加剂［如水洗砂或粉煤灰（PFA）］；对已崩塌矿井上覆的基岩破碎带，可采用压力注浆技术（要求浆体水灰比大）对裂隙进行填充和加固处理；对覆盖的松散堆积层，宜采用压实灌浆技术（要求浆体水灰比小）对松散土体进行压实和加固处理。

在竖井入口坍塌的地方，可用粒状材料填充，然后为减小其后期的沉降，可根据需要灌注水泥浆进行充填加固，并在顶部加盖钢筋混凝土板。钢筋混凝土板埋置深度及尺寸取决于近地面场地条件、竖井尺寸和施工方法（Healy 和 Head，1984）。

为避免沉降对结构的破坏，位于旧矿区的建（构）筑物设计常采用筏板基础。然而，当空洞有向地表进一步发育的潜势时，须慎重考虑筏板基础的尺寸和悬臂结构，以承担最大空洞所能带来的风险。对于浅层地质条件差，但沉降风险低的场地，设计可考虑采用桩基础。对于埋藏较浅的矿山井巷，桩宜穿过矿井底板，进入下部稳定的持力层，以抵抗地层沉降、坍塌引起的负摩阻力。穿过空洞的桩体要有足够的强度和刚度保证其完整直立。

设计时，需对基础设施采取相应的保护措施以

图 41.10　旋转钻机应用实例
Peter Brett Associates LLP 提供

图 41.11　采用灌浆技术对矿山井巷进行填充和加固
Peter Brett Associates LLP 提供

避免地面沉降引起的破坏，如在公路路基和运营设施范围内铺设高强度土工格栅。

有关各种地基处理技术和基础类型的详细信息，请见本书其他章节。

41.3 污染物

污染场地既可能是风险源，也可能对工程项目的开展形成阻碍。任何可能的污染类型都应在案头研究时明确提出，并持续到勘察设计师做完 CDM 风险评估，且不论对应 CDM 条例中何种勘察状态。英国土木工程师学会（ICE）《场地勘察规范》（*Ground Investigation Specification*）（Site Investigation Steering Group，1993）有一个简单但有点过时的"场地污染物健康和安全分类方案"，此"分类方案"可供合同谈判时研究和参考，但并不能由此而取代综合的设计安全风险评估。有关"潜在污染场地的原理、取样以及试验测试"的进一步讨论，请参阅第 48 章"岩土环境测试"。

在英国，场地污染不加以明确会在政府审批时遇到重大问题。尤其涉及地方政府规划（Local Authority Planning）的项目，第三方审查机构［地方政府、英国环境署（Environment Agency，EA）］或苏格兰环保署（Scottish Environment Protection Agency，SEPA）会格外关注现场勘察的内容，并以规划条件进行控制。详见可在网上查阅到的《规划政策声明 23 附件 2》（*Planning Policy Statement 23 Annex 2*）（见第 41.8.3 节①）。

勘察不考虑地方政府或英国环境署（EA）、苏格兰环保署（SEPA）的需求，或在策划时不与之协商，将被视为规划条件不详，需进一步查明，这属于重大事项。在这种情况下，需要进行补充勘察，待风险评估完成后，才能进行下一步规划审批。《规划政策声明 23 附件 2》附录 2B 列举了相关的特别条款。如果没有履行上述相关要求，将会导致工程大面积延误。上述要求适用于任何场地条件，即使"污染"风险明显很低的场地也适用。地方政府需要论证污染风险可忽略不计，或者对已查明的污染物来源、污染途径和污染范围给出相应的处理措施。下面列举了部分特别条款：

项目实施前需向英国地方规划主管机构（Local Planning Agency，LPA）提交土和（或）地下水污染的治理方案并获得批准，按照批准的方案实施完成后方能开始。如 LPA 未以书面形式明确免除执行，则方案应满足以下要求：

1. 由具备相应资格的人员开展案头研究，查明和评价场地内所有的潜在污染源，并对与之关联的土和（或）地下水进行影响分析。工作开展前，应充分了解和满足 LPA 的要求。完工后，要及时向 LPA 提交两份完整的案头研究成果报告和一份非技术总结。

2. 污染场地勘察须由具备相应资格的人员实施，要求能够充分有效地查明所有土和（或）地下水污染物的性质、范围及污染程度。场地勘察开始前，应先进行以下工作：

（1）已完成满足上述第 1 条要求的案头研究工作；

（2）LPA 对场地勘察的要求已全部落实；

（3）勘察范围和方法获得 LPA 书面认可。现场作业完工后及时向 LPA 提交两份完整的场地勘察报告。

3. 提前由具备相应资格的人员负责编写满足 LPA 要求的"场地土和（或）地下水污染修复方案"，提交给 LPA 并获其批准。未经 LPA 书面同意，必须按审批方案执行。最终向 LPA 提交两份关于修复工作目的、方法、成果和结论总结报告的完整副本。"

——《规划政策声明 23 附件 2》附录 2B

此外，勘察也可能造成污染物的转移。尤其需注意的是在流态污染源邻近含水层或地表水的情况下，勘察方案制定时要格外关注。处置不当将会被起诉。有关详细信息见第 48 章"岩土环境测试"。

41.4 考古

在英国，案头研究阶段应考虑到场地内存在考古遗迹的可能性，并最好与地方规划部门进行接洽。对于可能发现遗迹的场地，地方政府会干预场地勘察的内容和形式。这可能会对勘察工期、内容和组织实施产生重大影响。因此，强烈建议提前和地方规划部门进行协商咨询。在这种情况下，一般要求进行考古勘察，可以将考古勘察作为场地勘察的一部分，也可以单独进行。有关案头研究和考古的更多详细信息见第 43 章"前期工作"。

考古和岩土勘察联合进行的工作内容有：利用岩土勘察的试坑或钻孔对揭露的近地表沉积物进行鉴别，或者布置专门的考古钻孔和试坑，对近地表

---

① 译者注：原文"见第 41.11 节"可能存在错误，译者意见为"见第 41.8.3"节

沉积物进行连续取样。一般，所采样品进行室内试验时会破坏试样结构，不再适用于岩土勘察相关试验。英国土木工程师学会为考古勘察提供了适用的标准规范和合同条款及条件。

场地内发现考古遗迹，特别是人类尸骨或墓地，可能会对场地勘察造成重大工期延误。如发现疑似人类尸骨，应立即报警。警察会将该场地初判为犯罪现场，会导致工期延误。但是，不报警的后果可能更加严重。根据现场发现的情况，可能需要进行特定细菌和病毒的检测。

考古遗迹同样会给设计和施工造成重大限制。在很多情况下，考古遗迹必须就地保护，可采用架桥跨越或用桩基将扰动程度降至最小，请参阅英国遗产保护组织关于桩基与考古的指导书（English Heritage，2007）。考古对施工的影响与对场地勘察一样，会造成工期延误。

41.5 爆炸物及未爆炸物

显而易见，场地内遇到埋藏于地下的爆炸物，不仅会成为勘察的重大风险源，也会导致工期延误。英国建筑业研究与信息协会（CIRIA）C681报告（Stone等，2009）提出了关于此类风险评估和防范技术的指导意见。由于历史原因，未爆炸物位于潮间地带、被战争摧毁的区域或已损坏的建筑内时往往会被忽略。主要城市的市区或工业区也是典型的高风险区。可用于评估未爆炸物风险的案头研究信息包括：

- 历史地图（战前和战后地图的比较）；
- 战时轰炸破坏图；
- 战时"被遗弃的未爆炸物"记录。

详细的指导见英国建筑业研究与信息协会CIRIA C681报告（Stone等，2009）。

未爆炸弹以较快的速度冲击进入地面，或是落入大面积河滩上时，可以进入地面较深的位置，也有未爆炸弹在不知情的情况下被挖出后填埋，若干年后再次被挖出的例子。

经过填埋的爆炸坑，改变了原场地的地质条件，从而可能引发意想不到的地质问题，或增加错误使用岩土勘察手段的风险。因此，案头研究阶段应重点考虑。在预计有回填爆炸坑的区域，可采用简单又经济的勘察技术手段：对比试验坑内和附近自然沉积的土，分析相对中心位置填土厚度的变化。

市区内的爆炸坑通常被粗颗粒碎石填埋；而农村或机场的爆炸坑则更可能被撞击或爆炸翻出的土填埋，可采用物探进行查明。与天然土相比，勘察技术手段的选用取决于回填土的性质。

钻探过程中遇到未爆炸物，比通常遇到的风险要大。常见的做法是挪孔、弃孔，或在事前采用井下磁力探测技术探明炸弹位置。要求在磁力探测过程中使用不锈钢套管，因此必须提前计划周详。

由于场地勘察为首次进入场地，其进场要求往往比施工要高。不过，对于桩基施工来说，仍需对场地进行探查或开展进一步的磁力探测工作；此外，场地大规模开挖也应严格遵循相关程序。

41.6 地下障碍物及构筑物

填土可能含有由回填或就地拆除的天然卵石、漂石和人造材料组成的人工障碍物，特别是大体积的岩石、混凝土、砖块、钢材、木材等坚硬材料。这些障碍物可能会对钻探、现场测试及使用小型设备挖掘试坑造成一定程度的困难，而大型设备的使用也可能会因场地空间有限或使用轻型装载机进场困难受到限制。因此，案头研究阶段需明确遇到这类障碍物的可能性。

场地勘察可能遇到的障碍物还包括许多不同类型的地下结构，如建筑基础、原有地面、地下室、隧道、涵洞、设备层等。这些地下结构可能是实体，也可能带有被其他固体材料、液体或气体填满的空间，且充填可能带压。这些内容是案头研究需要考虑的基本事项，查明重大地下障碍物通常是场地勘察的明确目标。除动力触探或其他贯入式探测方法外，还可采用各种物探手段（见第45章"地球物理勘探与遥感"）。

在案头研究时，采用两分法对地下结构进行分类是很实用的，分为"正在使用的地下结构"或"已经废弃的地下结构"。正在使用的地下结构包括主下水道、主输水管道、通信光缆、铁路和公路隧道、地下储油罐、涵洞和水渠等，通常由相关人员看护，工作开展前需征求他们的意见。他们可能会对勘察方式、勘察内容等提出要求，比如禁止在靠近隧道位置钻探。

废弃的地下结构比较少见，也很难识别，可能是上述提到过的所有地下结构形式，也可能是防空洞或其他废弃的军用、民防设施。

人们通常对这些地下空间比较感兴趣，借助互联网可以搜索查询相关信息。在英国，大不列颠地下空间（Subterranca Britannica）网站是一个用来获取相关信息和更多链接的优秀渠道，特别是废弃的军事和民防设施（见第41.8.3节[①]）。

在场地勘察工作开展前，通过案头研究和踏勘（第43章"前期工作"）相结合的方式查明场地内废弃的地下结构是最佳阶段。每一个案头研究都应充分考虑这个问题。场地勘察很有可能造成地下结构的严重破坏，进而引发坍塌或液体、气体的泄漏，从而造成危险。案头研究应分析遇到地下结构的可能性，并制定应对这种情况的措施。即使现场勘察没有直接遇到地下结构，也可能会对其造成影响。比如开挖引起的沉降破坏、挖掘导致的树根损伤或抽取地下水引起的邻近建（构）筑物沉降。

如果场地勘察的目的是找到埋藏的地下结构，应基于安全考虑选择勘察手段。在确定勘察手段时，首先要考虑地下结构能否承受破坏以及各种程度的破坏后果。比如，对于浅埋但比较坚固的地下结构，可使用机械进行挖探；对于浅埋但不能被破坏的地下结构，则应采用适当的工具进行人工挖探；如果地下结构具有空间，可采用非介入式的物探技术，比如使用地质雷达（见第45章"地球物理勘探与遥感"）。

41.7 地下设施

地下设施是场地勘察中最大的健康与安全风险之一，一旦遇到并破坏，会造成巨大的经济损失和极大的工期延误，并可能导致场地污染。所有的场地勘察，特别是位于"棕色地带"和市区的项目，都应包含以下全部或部分内容：

- 风险评估；
- 向市政设施供应商查询确认；
- 对地下设施进行测量定位和追踪调查；
- 人工挖探。

以上工作职责应在合同中予以明确，并给出充足的时间和费用。有关分工和职责的更多信息，见第42章"分工与职责"和第44章"策划、招标投标与管理"。

[①] 译者注：原文"见第41.11节"译者认为是"见第41.8.3节"。

向市政设施供应商查询确认可能需要数周才能完成，因此案头研究过程中应尽早开始此项工作。甲方与设计院在这方面也负有职责，这一点在CDM条例中特别做了规定（详见第42章"分工与职责"）。场地勘察前应考虑地下设施调查。如果项目也需要进行地形测量，可将地下设施调查与之联合开展，从而降低成本。正常情况下，这种测量工作内容包含打开井盖进行调查和沿地下设施走向在地面做明显的追踪标记。测绘成果可在场地勘察过程中使用便携式扫描探测仪进行核实。然而，扫描仪并非对所有地下设施都有效，在缺少其他信息或者测量调查的情况下，须谨慎使用。

废弃或被遗弃的场地可能同时有废弃或在用的地下设施。废弃的地下设施仍旧可能危险，应像"在用地下设施"那样谨慎对待。如：废弃的煤气管道中仍可能含有爆炸性气体，燃油管道中可能含有燃油以及其他类似情况；老旧的高压（HV）电缆通常有石棉纸热绝缘，也可能有有毒的浸油外套层。此外，考虑场地"过去"和"现在"的用途是很有用的。

过去有过高压电缆吗？在哪里？

建筑物是怎样供暖的？

燃料（天然气/石油）在场地内是否分送？如何分送？

41.8 参考文献

Arup Geotechnics (1990). *Review of Mining Instability in Great Britain*. Contract No. PECD 7/1/271 for the Department of the Environment. Newcastle upon Tyne: Arup Geotechnics.

Bell, F. G. (1975). Salt and subsidence in Cheshire, England. *Engineering Geology*, **9**, 237–247.

Bide, T., Idoine, N. E., Brown, T. J., Lusty, P. A. and Hitchen, K. (2008). *United Kingdom Minerals Yearbook*. Keyworth: British Geological Survey.

Department of the Environment (1990). *Planning Policy Guidance Note 14: Development on Unstable Land*. London: DoE.

Department of the Environment (1996). *Planning Policy Guidance Note 14: Development on Unstable Land. Annex 1: Landslides and Planning*. London: DoE.

Department of the Environment, Transport and the Regions (2000). *Planning Policy Guidance Note 14: Development on Unstable Land. Annex 2: Subsidence and Planning*. London: DETR.

Donnelly, L. J., Culshaw, M. G. and Bell, F. G. (2008). Longwall mining-induced fault reactivation and delayed subsidence ground movement in British coalfields. *Quarterly Journal of Engineering Geology and Hydrogeology*, **41**, 301–314.

Edmonds, C. N., Green, C. P. and Higginbottom, I. E. (1990). Review of underground mines in the English chalk: form, origin, distribution and engineering significance. In *Chalk: Proceedings of the International Chalk Symposium*, 4–7 September, 1989, Brighton. London: Thomas Telford.

English Heritage (2007). *Piling and Archaeology: An English Heritage Guidance Note*. Swindon: English Heritage Publishing.

Available online: www.english-heritage.org.uk/publications/piling-and-archaeology/

Healy, P. R. and Head, J. M. (1984). *Construction over Abandoned Mine Workings*. CIRIA Special Publication 32, PSA Civil Engineering Technical Guide 34. London: Construction Industry Research and Information Association.

Lillesand, T. M., Kiefer, R. W. and Chipman, J. W. (2008) *Remote Sensing and Image Interpretation* (6th edition). New York: Wiley.

Littlejohn, G. S. (1979). Surface stability in areas underlain by old coal workings. *Ground Engineering*, **12**(3), 22–30.

Reynolds, J. M. (1997). *Introduction to Applied and Environmental Geophysics*. New York: Wiley.

Site Investigation Steering Group (1993). *Site Investigation in Construction. Part 3: Specification for Ground Investigation*. London: Thomas Telford [new edition 2011]

Stone, K., Murray, A., Cooke, S., Foran, J. and Gooderham, L. (2009). *Unexploded Ordnance (UXO): A Guide for the Construction Industry*. CIRIA Report C681. London: Construction Industry Research and Information Association.

41.8.1 法律法规

Her Majesty's Government (1954). Mines and Quarries Act 1954 (Great Britain). London, UK: TSO.

Her Majesty's Government (2007). The Construction (Design and Management) Regulations 2007. SI 320 2007 (Great Britain). London, UK: TSO.

41.8.2 延伸阅读

Atkinson, B. (1988). *Mining Sites in Cornwall and South West Devon*. Redruth: Dyllansow.

Atkinson, B. (1994). *Mining Sites in Cornwall*, vol. 2. Redruth: Dyllansow.

Bell, F. G. and Donnelly, L. J. (2006). *Mining and its Impact on the Environment*. London: Spon Press.

British Geological Survey (2008). *Directory of Mines and Quarries* (8th edition). Keyworth: British Geological Survey.

Burgess, P. (2006). *East Surrey Underground* (self-published)

Culshaw, M. G. and Waltham, A. C. (1987). Natural and artificial cavities as ground engineering hazards. *Quarterly Journal of Engineering Geology*, **20**, 139–150.

Department of the Environment (1983). *Limestone Mines in the West Midlands: The Legacy of Mines Long Abandoned*. London: DoE.

Edmonds, C. N. (2008). Karst and mining geohazards with particular reference to the Chalk outcrop, England. *Quarterly Journal of Engineering Geology and Hydrogeology*, **41**, 261–278.

Ford, T. D. and Rieuwerts, J. H. (2000). *Lead Mining in the Peak District*. London: Landmark Publishing.

Howard Humphreys and Partners Ltd. (1993). *Subsidence in Norwich*. Contract No. PECD7/1/362 for the Department of the Environment. London: HMSO.

Joyce, R. (2007). *CDM Regulations 2007 Explained*. London: Thomas Telford.

Lord, J. A., Clayton, C. R. I. and Mortimore, R. N. (2002). *Engineering in Chalk*. CIRIA Report C574. London: Construction Industry Research and Information Association.

McAleenan, C. and Oloke, D. (2010). *ICE Manual of Health and Safety in Construction*. London: Thomas Telford.

National Coal Board (1975). *Subsidence Engineers Handbook*. London: NCB Mining Department.

National Coal Board (1982). *The Treatment of Disused Mine Shafts and Adits*. London: NCB Mining Department.

Price, L. (1984) *Bath Freestone Workings*. Bath: Resurgence Press.

Richards, A. J. (2007). *Gazeteer of Slate Quarrying in Wales* (revised edition). Pwllheli: Llygad Gwalch.

Site Investigation Steering Group (1993). *Site Investigation in Construction*. (4 parts). London: Thomas Telford.

Tonks, E. (1990). *The Ironstone Quarries of the Midlands. Part IV: The Wellingborough Area*. Cheltenham: Runpast Publishing.

Tonks, E. (1991). *The Ironstone Quarries of the Midlands. Part V: The Kettering Area*. Cheltenham: Runpast Publishing.

Tonks, E. (1991). *The Ironstone Quarries of the Midlands. Part VIII: South Lincolnshire*. Cheltenham: Runpast Publishing.

Tuffs, P. (2003). *Catalogue of Cleveland Ironstone Mines* (self-published).

Tyler, I. (2006). *The Lakes & Cumbria Mines Guide* (self-published).

41.8.3 实用网址

英国地质调查局（British Geological Survey[①]）；www.bgs.ac.uk

英国煤炭管理局（Coal Authority）；www.coal.gov.uk

Cornish Mining World Heritage；www.cornish-mining.org.uk

英国环境署（Environment Agency）；www.environment-agency.gov.uk

History ofBathstone Quarrying；www.choghole.co.uk/Main%20page.htm

Kent Underground Research Group；www.kurg.org.uk

Mine-Explorer, The Home of UK Disused Mine Exploration；www.mine-explorer.co.uk

Planning Policy Statement 23：Planning and Pollution Control-Annex 2；www.communities.gov.uk/publicationsplanningand building/pps23annex2

苏格兰环保署（Scottish Environment Protection Agency, 简称 SEPA）；www.sepa.org.uk

The Slate Industry of North and Mid Wales；www.penmorfa.com/Slate

Subterranea Britannica, a good source of information and further links, particularly for disused military and civil defence infrastructure；www.subbrit.org.uk

UK Minerals Yearbook；www.bgs.ac.uk/downloads/browse.cfm?sec=12&cat=132

建议结合以下章节阅读本章：
- 第7章"工程项目中的岩土工程风险"
- 第8章"岩土工程中的健康与安全"
- 第48章"岩土环境测试"

本书以第1篇"概论"和第2篇"基本原则"为指导进行章节编排。如第4篇"场地勘察"中所述，各类岩土工程均应进行扎实的现场勘察工作。

译审简介：

高文新，北京城建勘测设计研究院有限责任公司副院长。

邵忠心，高级工程师，注册土木工程师（岩土），合肥工大地基工程有限公司副总经理、总工程师。

[①] 译注：原文为British Geological Society，疑似有误，应为British Geological Survey。

第 42 章　分工与职责

吉姆·库克（Jim Cook）英国标赫有限公司，伦敦，英国
主译：王笃礼（上海勘测设计研究院有限公司）
审校：张彬（中国地质大学（北京））

doi: 10.1680/moge.57074.0567

目录

42.1	场地勘察指南简介	567
42.2	《建筑（设计与管理）条例 2007》	569
42.3	公司过失致人死亡	570
42.4	健康安全	571
42.5	聘用条件	571
42.6	场地勘察阶段划分	572
42.7	顾问（咨询）公司与现场勘察	573
42.8	地下公用设施	575
42.9	污染场地	575
42.10	附注	575
42.11	免责声明	576
42.12	参考文献	576

本章为场地勘察有关各方的分工与职责的指南，这些指南是以本行业多个组织机构发表的重要文献为基础进行编制的。相关文献已在文中进行了引用标注，读者可查阅这些文献进一步阅读。

本章重点讨论了有关场地勘察工作的非技术性问题，对英国土木工程师学会场地勘察指导小组编制的指南、《建筑（设计与管理）条例 2007》、《企业过失致人死亡与健康安全》相关职责进行了解读。

在聘用条件一节中对招标要求和投标文件进行了解读，其中还包含了对合同条款目前情况的评价。

本章还讨论了进行场地勘察的时机选择，并对比分析了英国工程咨询协会及英国皇家建筑师学会各自对设计阶段划分的建议。

本章在评价了传统的采购方法、一站式采购方法和顾问（咨询）公司进行地质勘察情况的基础上，讨论了与顾问（咨询）公司和场地勘察有关的商务问题。

此外，本章还涉及了地下设施，最后就需要考虑的其他商业问题（例如保险）也给出了指导性意见。

42.1　场地勘察指南简介

对于场地勘察工作而言，了解其构成要素以及哪些人需要做哪些事和他们各自的职责是非常重要的。场地勘察工作通常由不同的组织来承担，一般有两个实体单位，即顾问（咨询）公司和专业承包商，二者都为建设单位（雇主）工作。

建设单位除了承担正常的义务外，还有责任在开始踏勘或介入式勘探等工作之前，获得所有相关的规划和建设许可，并取得场地所有权。

编制场地勘察招标文件的组织［通常是顾问（咨询）公司］有责任提供包括建设单位提供的信息在内的所有可用信息，或者提供在何处可以获取或查看到这些信息的建议。

场地勘察的目的和范围应反映拟建（构）筑物的需求。特别是招标文件的概况部分应提供所有相关信息、所有特定要求或采用介入式勘探的潜在风险，例如，当钻孔或试坑邻近或接近地上、地下既有构筑物施工时面临的风险等。

进行场地勘察所采用的方法应与现场的地面条件以及岩土工程测试和取样的要求相适应。这些方法通常由批准专业承包商勘探方案的顾问（咨询）公司指定。

Cottington 和 Akenhead（1984）曾就参与场地勘察各方的合同责任提供过有益的指导。

图 42.1 中明确了场地勘察的工作流程。值得注意的是，这是一个需要不断循环往复的流程。

首先，进行案头研究，这个工作通常由顾问（咨询）公司进行，然后是现场工作，通常称为现场勘察，再之后是实验室开展土工试验，最后编制原始资料报告。场地勘察通常采用介入式勘探和地球物理非介入式勘探方法（或两者相结合）开展工作，并分为几个阶段进行。勘察工作通常由专业承包商承担。专业承包商提供的原始资料报告一般由顾问（咨询）公司审查，并由顾问（咨询）公司提出评价报告和建议。

上述情况也有可能发生相应的变化，这通常取决于项目的规模以及建设单位的要求等。

被委托代表建设单位安排和完成勘察工作的顾问（咨询）公司的基本职责是确保按照适当的规

第4篇 场地勘察

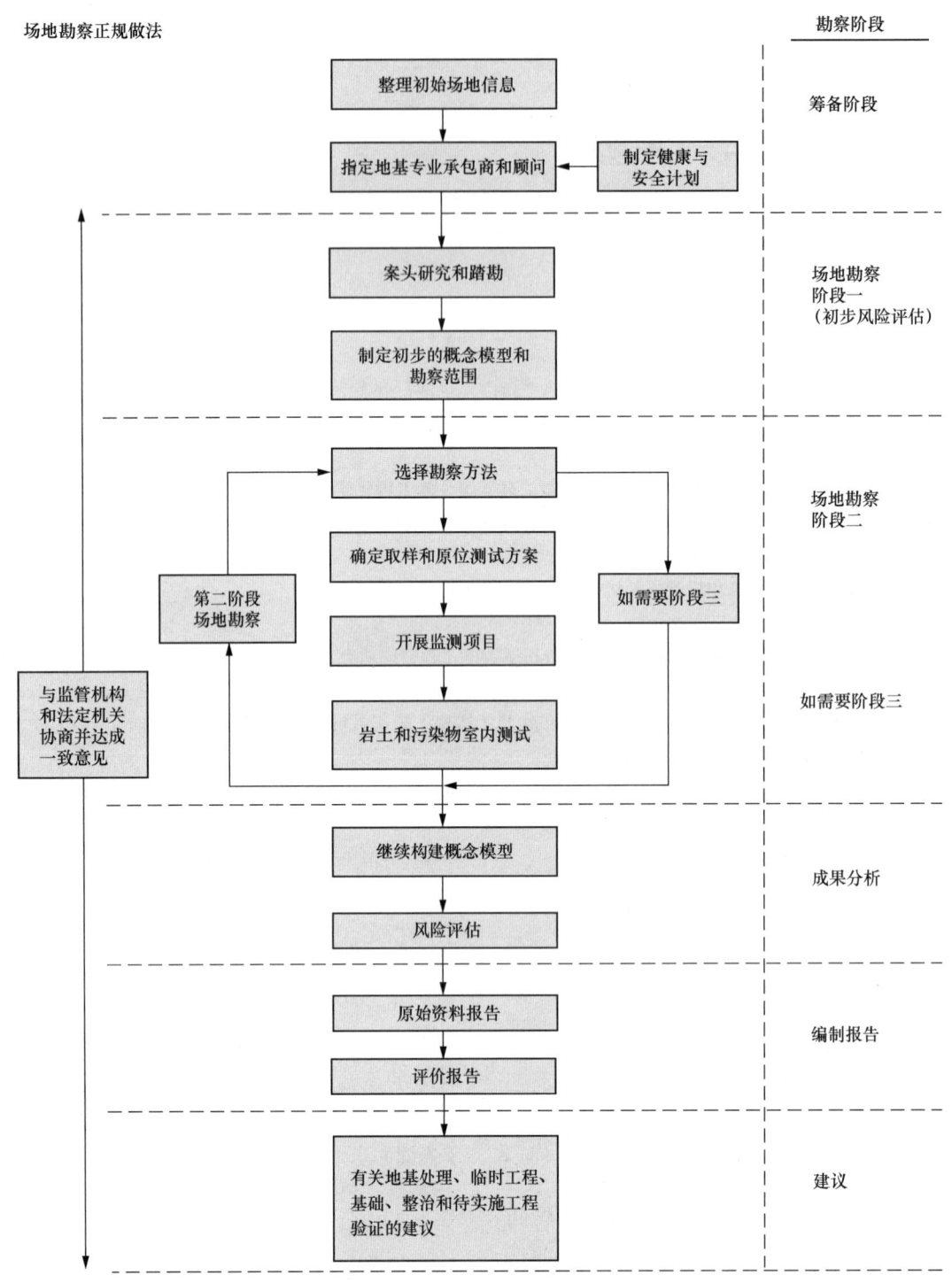

注：重要的是理解场地勘察是一个分阶段和不断循环往复的过程，需要分析所获得的阶段成果，并在必要时修改勘察方案。

图42.1 场地勘察活动

摘自 AGS（2006）

范、标准和约定条件开展工作。所有工作都应遵循所谓的"最佳实践"原则。英国土木工程师学会（ICE）编制了合同文件的规定和适用条件，岩土及岩土环境工程专业协会（Association of Geotech-nical and Geoenvironmental Specialists，AGS）就这些事项提供了非常好的指导（详见第42.12.1节延伸阅读）。关于规范和标准及其关联性的详细情况见第10章"规范、标准及其相关性"。

英国土木工程师学会场地勘察指导小组（Site Investigation Steering Group，SISG）（该小组由来自不同学术团体和行业协会人员组成）编制了涉及勘察的文件，如《工程建设之场地勘察系列》(*Site Investigation in Construction Series*)（ICE，1993）。这些文件得到了诸如英国工程咨询协会（Association of Consultancy and Engineering，ACE）、英国岩土工程协会（British Geotechnical Association，BGA）、英国土木工程师学会、英国交通部（DfT）、英国环境交通区域部（Department of the Environment, Transport and the Regions，DETR）、英国建筑业研究与信息协会（Construction Industry Research and Information Association，CIRIA）以及国家房屋建设委员会（National House Building Council，NHBC）等许多主要机构的支持和认可。上述文件也很快被接受并成为行业规范。但自该文件发布以来，相关场地勘察的技术与方法已发生了巨大变化，同时因待重新开发的城市用地的增加，城市地质环境问题也变得更加突出，因此指导小组目前正在对该系列丛书进行修订，并充分考虑了这些因素，预计于2011或2012年由ICE出版社出版。修订后的《工程建设之场地勘察系列》将成为主要的行业技术指南。

42.2 《建筑(设计与管理)条例2007》

场地勘察是在某一特定场地对建（构）筑物地基条件进行的勘察，该场地可能是从未开发的土地，在英国也可能是将被重新开发的棕地。在现场开展的任何工作，无论是作为案头研究部分的踏勘，还是全面开展的介入式勘察工作，都可能面临不同程度的风险（详见第43章"前期工作"）。

《建筑（设计与管理）条例2007》[*Construction (Design and Management) Regulations*，简称CDM条例]适用于包括场地勘察在内的所有现场施工项目。条例第2.1节详细说明了其适用情况，并规定了各方职责，见下文。

42.2.1 《建筑(设计与管理)条例2007》的适用

岩土及岩土环境工程专业协会（AGS）编制了《建筑（设计与管理）条例2007之现场勘察客户指南》(*Client's Guide to Construction (Design and Management) Regulations (CDM) 2007 for Ground Investigations*，简称AGS指南）(AGS，2008)，该指南对建设方在现场勘察方面的职责义务作了全面说明。该指南出版于2007年4月6日生效的CDM条例之后。以下各节内容主要基于AGS指南的规定，并结合作者的支撑性意见。作者对此部分内容也做出了具体评价。

必须指出，根据CDM条例，即使勘察是由第三方完成或计划实施的，建设方也负有最终责任。在进行现场勘察时，诸如坑探、钻探等的任何介入式勘探都被视为施工。

CDM条例适用于任何形式介入式勘探的现场勘察工程。一个与CDM条例有关的关键问题是现场勘察工作是否应向英国健康与安全执行局（Health and Safety Executive，HSE）申报。如果施工期间有可能达到500人·日及以上规模，或施工工作可能持续30个工作日及以上，则现场勘察工作是需要申报的。建设方需要为申报的现场勘察项目指定一名称职的CDM协调员和总承包商。如果场地勘察包含在施或拟建的项目中，则应作为该特定项目的一部分予以申报。

对于没有具体的开发规划，且完全是采用非介入式勘探的勘察工作，上述《建筑（设计与管理）条例2007》可能并不适用。但是，如果要进行现场调查或踏勘，就必须适当考虑从事这类工作人员的健康安全问题，即都要进行现场调查的风险评估和工作方法声明。

对于在潜在高风险环境中进行的场地勘察，例如在水上、毗邻铁路、公路和地铁或在这三者之上的场地勘察，可能需要从业人员遵循更为严格的健康安全制度，并对其进行专业培训。

42.2.1.1 建设单位职责义务

应当指出，与1994年以前的条例相比，最新的《建筑（设计与管理）条例》规定的建设单位的职责义务有所增加。其中一个关键问题是规定了法定义务，任何违反法定义务的行为都将视为刑事犯罪。建设方不能失责，但可以将特定的义务委托给包括第三方的其他人。对于需申报的项目，CDM协调员有义务建议和帮助建设方履行职责。

建设方的主要职责是需要建立完备的健康安全制度。而实现这一目标的具体方法是对所有项目开展以下工作：

- 聘请经过全面能力评估的、称职的、有资质的设计师和承包商；
- 确保所有相关方（包括设计师和承包商）及时获得适当的施工前信息；
- 确保所有各方（包括建设方）在项目的各个阶段都有足够的资源；
- 确保项目进度表适用于项目的每个阶段。

如果一个项目被认定是需要申报的，则还应当承担额外的职责：

- 聘请一名合格的 CDM 协调员和总承包商。这应该在设计阶段，最好在设计之前进行。
- 确保 CDM 协调员能及时获得所有相关项目信息。
- 确保现场工作的健康安全计划到位。该计划应由 CDM 协调员和建设单位联合制定。在这一切就绪之后，现场工作方可实施。
- 确保在勘察工作开工前，作业现场配备了足够的安全保护设施。
- 确保 CDM 协调员编制了"健康与安全档案"。该文件应在项目结束时提交给建设单位，如果对文件结构进行了修改，则需要及时更新。

如果建设方未指派 CDM 协调员或总承包商，这些当事方的职责就默认由建设方承担。设计方有义务使建设方了解其在《建筑（设计与管理）条例》方面的职责。反之，对于建设方做出的任何设计决定，设计方也具有《建筑（设计与管理）条例》规定的义务。

42.2.1.2 给建设方的建议

如果介入式勘探工作是作为场地勘察工作的一部分实施的，即使该项目无需申报，上述《建筑（设计与管理）条例》仍然适用。建设方应做好以下工作：

- 向设计师、承包商或其他人提供施工前信息，使他们能够有效地规划和管理工作，并遵守第 10 条（该条规定了建设方在信息提供方面的职责），具体内容如下：
  - 包含管理项目策划、关键日期和健康安全管理方案说明；
  - 现有的"健康与安全档案"中可用的信息（如有）；
  - 现有法定服务［和私人服务（如有）］的详细信息；
  - 现有建筑物的详细信息（包括图纸、规定等）（如有）；
  - 任何环保限制条件和任何现有现场风险的细节；
  - 可能影响场地勘察的现场或附近工程活动的细节。
- 确认项目是否应向英国健康与安全执行局（HSE）申报。
- 确保总是任命具备能力的设计师和承包商、CDM 协调员和总承包商。
- 确保在整个项目中进行合理的管理安排，确保在合理可行的范围内进行施工作业，安全且无健康风险。
- 确保承包商或总承包商（视情况而定）从工程开始乃至整个工程阶段都能够提供配套的福利设施。
- 对于需申报的项目，以书面形式任命 CDM 协调员和总承包商。
- 确保工程在编制完成合理的建造计划并准备好福利设施后才开始。
- 确保健康与安全档案保存完好，并在其描述的内容被修改时进行更新。

42.3 公司过失致人死亡

根据《公司过失致人死亡法案 2007》（Corporate Manslaughter and Corporate Homicide Act），公司过失致人死亡现在已经列入英国的法律，这是法律上的一个里程碑，该法案于 2008 年 4 月 6 日生效。根据该法案，公司可被判犯有公司过失致人死亡罪（在苏格兰称为公司凶杀罪，因为苏格兰法律中没有"过失致人死亡罪"），其具体原因是严重的管理失误导致死亡或直接因严重违反其看护义务而造成的死亡。该法明确了包括大型组织在内的公司在健康与安全管理方面严重失误导致死亡的刑事责任。

如果由于一个组织的活动管理或组织方式导致死亡，并严重违反了对死者的相关照顾义务，则该组织即被判过失致人死亡罪。公司和组织应持续审查其健康与安全管理体系，其中尤其关注高级管理层管理和组织其活动的方式。

令人遗憾的是，该法案在 2011 年 2 月进行了首次定罪，当时一名年轻的地质学家在无支撑的开挖工作中死亡，一家岩土工程公司被认定应对其死亡负责。关于这一非常重要的立法，读者可参考英国司法部发布的《公司过失致人死亡法案 2007 指南》以及参考文献中提供的英国健康与安全执行局和皇家检察署网站。

42.4 健康安全

经修订的英国土木工程师学会《工程建设之场地勘察系列》（ICE，1993）提供了关于健康安全问题的指导，其中一些是基于 2008 年出版的英国钻探协会（British Drilling Association，BDA）文件《关于污染场地或潜在污染场地安全侵入活动指南》（*Guidance for Safe Intrusive Activities on Contaminated or Potentially Contaminated Land*）（BDA，2008）编制的。英国钻探协会文件提供了关于现场勘察最佳做法的健康安全信息与建议。

上述文件阐述了场地勘察新指南的合理性和必要性，主要是由于法规和监管立法的增加、工作实践的变化和棕地开发的增加。

该指南内容全面，共有 17 个章节，涵盖了适用的法规，包括 4 个法案和 11 个条例，然后是关于能力、培训和资格、健康与安全管理、风险评估等章节。

有关健康与安全的更多信息请参阅第 8 章"岩土工程中的健康与安全"。

42.5 聘用条件

可以依据专门为特定项目定制的条款或由公共机构［如英国公路局（Highways Agency）］制定的合同条款，来聘请现场勘察专家。

英国土木工程师学会制作了两套《ICE 现场勘察合同条款》（*ICE Conditions of Contract for Ground Investigation*），第一套于 1983 年出版，最新一套（第二版）于 2003 年 11 月出版，并附有一套指导说明（ICE & CECA，2003）。

英国土木工程师学会、英国工程咨询协会和英国土木工程承包商协会（Civil Engineering Contractors Association，CECA）是合同条款常设联合委员会（Conditions of Contract Standing Joint Committee，CCSJC）的主办机构。合同条款常设联合委员会的成员代表、英国岩土工程协会（BGA）以及岩土及岩土环境工程专业协会（AGS）的成员代表都为第二版提供了素材和指导。

第二版是专门针对现场勘察的合同要求而编写的，尤其是针对现场工作，包括实验室试验和原始资料报告编制。编制评价报告不适合采用第二版合同条款，而应采用其他格式的协议，如可采用英国工程咨询协会（ACE）的协议格式。

建议现场勘察合同尽可能采用第二版合同条款。

ICE 合同条款（ICE conditions of contract）可用于各种类型和大小规模的现场勘察。通常对于建筑项目，工程师代表建设方工作应有一个"内部"（in-house）岩土工程专业团队。该团队将与结构工程师和建筑师一起评审建设方的要求，然后设计合理的包括现场勘察的场地勘察方案。

现场勘察包括现场工作、实验室试验和编制原始资料报告。勘察项目的管理、现场监督、技术审核及所有工程报告均由工程师所带领的岩土工程团队负责实施。

该专业团队需要编制一份现场勘察招标文件，附录中包括技术要求、工程量清单和基于英国土木工程师学会《ICE 现场勘察合同条款》（第 2 次修订）编制的商业文件包。在招标文件中提供辅助附录是一种很好的做法，附录中可包括对潜在危险场址的评估、CDM 危险问题调查表，以及建设方能提供的类似地下设施等可能影响勘察项目实施的附加资料。

商业文件包括建设方认为必要的所有方面，包括：成本、方案、保险、损害赔偿、负债、付款条件和保留金。包含合同条款的招标文件应在发出前与建设方充分沟通。

招标文件发送给现场勘察专业承包商，这些承包商及其数量须由建设方确认。作为提交投标文件的一部分，除了完成商业文件包外，专业承包商还应提交如何开展有关工作的说明文件，例如施工方案。大多数规范建议勘察应分阶段实施，英国皇家建筑师学会（RIBA）划分的阶段（见第 42.6 节）是对各阶段要求的有用指南。

以上流程也适用于土木类工程以及各种建筑类工程。

依据 ACE 合同条款（ACE Conditions of Contract），当专业团队的首席工程师代表建设单位进行工程分配时，场地勘察工作包含的案头研究和场地勘察规定编制需要的费用，也应被计入总费用中。而场地勘察的任何其他要求，如现场监督、现场工作、实验室试验和评价报告等，都应列入额外的工作费用，并需要依据 ACE 协议定价。此外，岩土工程设计（含基础设计说明）发生的费用被认为是包含在商定的总费用中。

对于较小的现场勘察项目，代表建设方工作的建筑师或结构工程师同场地勘察承包商之间，也常常以日常信件的交流方式来达成合同。

在这种情况下,特别需要强调的是,场地勘察专业承包商应具备足够水平的资源、能力和经验才能胜任这些工作,这些工作包括案头研究、编制勘察规定、现场工作、实验室试验和地基工程咨询报告编制等。

应该指出的是,英国土木工程师学会已撤销了对ICE合同条款的技术支持,预计英国工程咨询协会和英国土木工程承包商协会将接管对这些条款的技术支持。新工程合同(NEC3)的雇用条件部分(Institution of Civil Engineers,2005)可能会包括现场勘察工作。地基工程行业和新工程合同(NEC)将需要考虑是否采用NEC3合同条款(NEC3 conditions of contract)中的一些主要选项,或者是否采用NEC3短期合同(ECSC;ICE,2005)以适应这项专业工作。

42.6 场地勘察阶段划分

场地勘察的介入式勘探工作可以一次完成或分几个阶段实施。通常情况下,根据ODPM PPS 23 (ODPM,2004)的要求,对于将要提交规划批准的项目,至少要开展案头研究工作。这被称为场地勘察的第一阶段。

根据项目的要求,需要对重新开发的城市用地进行初步的环境勘察。

场地勘察的第一阶段同时包括岩土与环境岩土方面的工作。因此,综合考虑这两方面工作的第一阶段场地勘察将更为经济和高效。

岩土及岩土环境工程专业协会(AGS)目前正向建设监管机构建议,在规划审批期间,必须进行联合现场勘察。

现场勘察应该分阶段进行,并应与设计进程相匹配。建筑设计的几个设计阶段通常包括:

(1) 可行性和概念设计;
(2) 方案设计;
(3) 初步设计;
(4) 最终(详细)设计;
(5) 生产信息和投标;
(6) 施工到实际竣工;
(7) 实际竣工后。

英国皇家建筑师学会(RIBA)划分的设计阶段有A、B、C、D到L,英国工程咨询协会(ACE)将设计阶段划分为C1、C2、C3、C4到C8。以下参考文献提供了这些资料:《RIBA工作计划大纲2007》(2008年修订版)、《ACE协定B(1)2002》(2004年修订版)《土木/结构工程非引导咨询》。

上述英国工程咨询协会(ACE)2004年的文件于2009年进行了修订,并将ACE服务时间表第G(a)部分"土木和结构工程独立咨询或非主导顾问(咨询)公司"更名为"土木工程师学会协议1-设计2009"。这些修订后的工作阶段见图42.2第4栏。目前早期的2004年版本仍在业界广泛使用。图42.2比较了不同的阶段和服务。根据RIBA划分的各阶段所需的岩土工程服务如图42.3所示。

从图42.3可以看出,场地勘察跨越了RIBA设计的早期阶段(A~C阶段)。第一阶段场地勘察通常在A或B阶段现场评估期间进行,第二阶段

阶段	RIBA	ACE B1 2002, 2004年修订	ACE Part G (a) 2009
可行性	A(评价)	C1	G2.1
可行性	B(战略简报)	C2	G2.2
施工前	C(大纲建议)	C3	G2.3
施工前	D(详细建议)	C4	G2.4
施工前	E(最终建议)	C5	G2.5
施工前	F(产品信息)	C6	G2.6
施工前	G(投标文件)	C7	G2.7
施工前	H(投标行动)	C7	G2.7
施工	J(施工准备)	C8	G2.8
施工	K(施工)	C8	G2.8
施工	L(实际竣工后)		

图42.2 RIBA阶段和ACE服务的比较

由Buro Happold有限公司提供

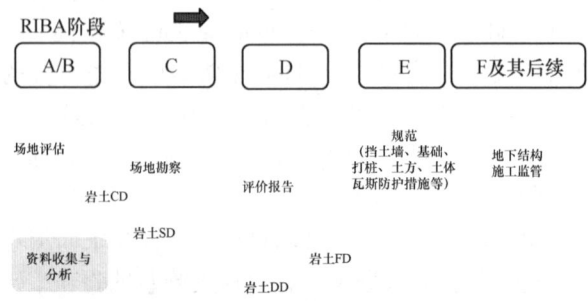

图42.3 RIBA各阶段所需的典型岩土工程工作;CD概念设计、SD方案设计、DD详细设计和FD最终设计

由Buro Happold有限公司提供

详细勘察最好在 D 阶段开始之前完成。

42.7 顾问（咨询）公司与现场勘察

42.7.1 背景

顾问（咨询）工程师常被要求提供"一站式服务"（one-stop shop），并将提供现场勘察和实验室服务纳入其与建设方或建设方代理人的设计合同范围内，并且这种情况已变得越来越普遍。

因此，在这种情况下，顾问（咨询）公司必须直接雇用现场勘察承包商，或用自己的工作人员和自有或租用的设备进行现场勘察。因此，顾问（咨询）公司成为现场勘察专业承包商的雇主，并在建设单位或其代理面前担任了承包商［而不仅仅是顾问（咨询）公司］的角色。对顾问（咨询）公司而言，担任承包商是一种全新的情况。

岩土及岩土环境工程专业协会（AGS）在"AGS 工具箱指南"（AGS, Toolkit）中编制了一份文件，即《承揽现场勘察合约的顾问（咨询）》（*Consultants Undertaking Ground Investigation Contracting*），其中涉及这种角色的转变。以下的讨论旨在提高对咨询工程师将面临的一些新问题的认识，以便获得进一步的指导，对于如何处理所有与咨询工程师现在必须接受这种转变相关的所有问题未全面描述。

这里的一个关键问题是顾问（咨询）公司须承担场地勘察专业承包商费用的财务风险。该指南确定了在这种情况下顾问（咨询）公司与建设单位需要制定适当的标准合同格式。

传统意义上场地勘察的做法是顾问（咨询）公司担任 ICE 合同条款（ICE & CECA, 2003）和其他如 ACE（2004）的类似格式合同中定义的工程师角色。根据这一安排，顾问（咨询）公司与场地勘察承包商之间没有直接的合同关系。

如果顾问（咨询）公司代表建设单位在合同供应范围内采购场地勘察服务，需要在与场地勘察、试验承包商的合同中明确其义务。顾问（咨询）公司将因额外的工作和业务风险而获得报酬。

一般来说，最成功的现场勘察工作是在合同关系中相对灵活地规定工作范畴，由此适应多变的场地条件。

建设单位或其代理人也有要求现场勘察（包括室内测试）实行"总价合同"的倾向。这种限制了现场勘察工作范围的"总价合同"模式可能会导致工作缺乏灵活性，从而可能使持有总价合同风险的一方在商业义务和专业义务之间陷入两难境地。

AGS 指南（AGS, 2008）提供了传统现场勘察采购方式的背景，并对一站式服务和总价合同进行了评价。

有不同类型的合同可用于现场勘察工作，最近应用最广泛的是英国土木工程师学会《ICE 现场勘察合同条款》（ICE & CECA, 2003）。这些合同条款一般为顾问（咨询）公司和场地勘察承包商所熟知，并已用于许多现场勘察项目。这些合同条款可能会为一站式服务角色进行适当的修改。其他形式的合同，如土木工程师学会"ICE 小型工程"（ICE Minor Works）(Institution of Civil Engineers, Association of Consulting Engineers, Civil Engineering Contractors Association, 2001) 和 NEC 都可以使用。

有关内容也可参阅第 44 章"策划、招标投标与管理"。

42.7.2 传统方式

传统的聘用采购方式是建设方聘请顾问（咨询）工程师，由顾问（咨询）工程师代表建设方选择现场勘察承包商进行现场勘察。这一过程在 AGS 指南（AGS, 2008）中有充分描述。

这种确定承包商的方法有其优点和缺点，在上述指南中有很好的介绍。建设单位面临的风险（例如总合同成本的增加）和建设单位的责任（例如及时付款）都已列出。此外，亦详列了工程师的职责（例如发票认证）和承包商的责任（例如按照既定的计划开展工作）。

这种做法对建设单位做出的商业安排意味着，对顾问（咨询）公司须有一份单独的合同来处理现场勘察的要求，对现场勘察承包商须有另一份勘察合同。

这种双合同的做法似乎很麻烦，因此这可能导致采用单一指定的做法，即一站式服务。

在这种模式中，建设单位与顾问（咨询）公司之间的协议可以是英国工程咨询协会（ACE）或土木工程师学会（ICE）格式的咨询协议，建设单位与现场勘察承包商之间的协议可以为英国土木工程师学会《ICE 现场勘察合同条款》（ICE & CECA，2003）。

42.7.3 一站式服务方式

一站式服务方式是一种非传统方式，允许建设方与顾问（咨询）公司达成单一协议以处理现场勘察和现场勘察承包商的需求。

这种安排将建设方一定程度的商业风险转移给顾问（咨询）公司，通常由顾问（咨询）公司主导这种商业安排。这些问题包含的风险如现场勘察承包商的付款责任等风险，承包商对项目的投入费用通常大大超过顾问（咨询）公司投入的费用。建设单位的违约风险和额外工作的资金索赔可能是巨大的。

顾问（咨询）公司需要认真考虑承担的额外责任，这可能被视为不公平。从现场勘察承包商的立场来看，也可能存在一些担忧。

AGS 指南（AGS，2008）讨论了顾问（咨询）公司和现场勘察承包商采用一站式服务勘察的关键问题。

42.7.4 顾问（咨询）公司承担现场勘察

顾问（咨询）公司已经成功地进行了多年的现场勘察，但一直没有针对这种组合角色制定的合同模式。这种模式存在的风险，与现场勘察承包商可能在正常咨询协议之外面临的风险相同。

这些风险列于 AGS 指南（AGS，2008）中，其中包括对地下服务设施的损害、健康安全问题（见第 42.2 和 42.4 节），以及岩土试样丢失等。

指南中列出了顾问（咨询）公司应关注的其他问题，主要为提供必要和适当的保险，因为标准的保险项目可能不够充分。建议顾问（咨询）公司确保项目保险到位（通常是通过项目承包商的全险策略来保证）。

指南就如何进行现场勘察提供了三种选择，即分包、总包和项目管理，但这三种方式都由顾问（咨询）公司主导。

开展这类工作的合同有多种形式，但可能需要作一些修改。可以考虑使用 ICE 的协议格式。但应谨记，英国土木工程师学会《ICE 现场勘察合同条款》（ICE & CECA，2003）是专门为现场勘察承包商进行现场工作、实验室试验和原始资料报告编写而制定的。

42.7.5 顾问（咨询）公司采用 ICE 合同雇用现场勘察承包商时的特殊问题

在顾问（咨询）公司雇用现场勘察承包商的情况下，使用 ICE 合同条款（ICE & CECA，2003）时有几个基本要点需要注意。顾问（咨询）公司同时成为雇主和实施工程师，这可能引起重大关切，特别是合同中明确规定工程师必须公正行事和解决争议，这两个事项需要修改 ICE 合同条款的第 2(7) 条和第 66 条。

在 AGS 指南（AGS，2008）中至少列出了 10 项影响顾问（咨询）公司担任雇主的关键责任；包括付款、因不可预见的地基条件而产生的负债、通行权和许可等。

该指南为顾问（咨询）公司提供了在订立合同时可能采用的意见和行动方案，这些意见和行动方案有可能将顾问（咨询）公司的风险水平降至最低。如果顾问（咨询）公司准备使用英国土木工程师学会《ICE 现场勘察合同条款》（ICE & CECA，2003），该指南还给顾问（咨询）公司提供了建议和"健康警告"。

42.7.6 其他保险

除了上文提到的承包商的全部风险保险外，顾问（咨询）公司和现场勘察承包商还应考虑三种重要的保险类型：专业赔偿（PI）险、公共责任（PL）险和雇主责任险。

专业赔偿（PI）险通常由顾问（咨询）公司或场地勘察承包商承担，以涵盖他们对项目的分析、建造、设计和建议所产生的责任。在环境岩土方面，由于人们认为处理污染场地的风险较高，保险公司提供的保险水平可能比岩土方面的保险水平低得多。

公共责任（PL）险通常由公司投保，以弥补在开展业务活动中对第三方造成的潜在影响。这包括对公众的身体伤害、死亡或财产损害。

关于专业赔偿（PI）险和公共责任（PL）险，

相关方应考虑所有潜在风险，以决定所需的保险水平和合适的保险金额。必须指出的是，除非具体商定，合同中提供的保险金额并不一定限制承保的风险程度（总赔偿额度）。

《雇主责任（强制保险）法案1969》[*Employer's Liability (Compulsory Insurance) Act* 1969] 规定了雇主责任保险的最低水平，目前为500万英镑。这种保险是必须的，因为雇主要对雇员在工作时的利益负责，无论是在办公室还是在现场。

进一步的信息可从各保险公司和经纪人那里获得，他们可以提供咨询和指导。伦敦保险学会提供关于上述和其他类型保险的出版物。

42.8 地下公用设施

位于建成区的场地存在地下公用设施的可能性极高，而尚未开发的土地存在地下公用设施的可能性较低。值得一提的是，地上的公用设施也应该加以考虑，在此不作讨论。通过任何介入式勘探手段进行地基勘察时，即使是探坑或钻孔，都有遇到公用设施的风险。

一般来说，建设单位的工程师会向现场勘察承包商提供平面位置图，显示项目现有的设施，这些可以由服务或公用事业的产权公司提供给工程师。然后，现场勘察承包商还应安排一次非介入式调查（电缆和管道定位），并确认其对应地表的位置，然后挖掘一个试坑，以确认每个钻孔或探坑位置以下是否有地下公用设施。

责任问题是一个需要认真考虑的问题。最近出版的英国健康与安全执行局（HSE）的文件《避免地下设施伤害》(*Avoiding Danger from Underground Services*)(Health and Safety Executive, 2000) 提供了具体的指导，并概述了减少危险和风险的方法。

该文件特别关注健康安全，但也指出，考虑这些问题也会降低地下设施和财产受损的风险。该文件适用于可能涉及的各方，包括产权方、建设单位、设计师、规划监理、承包商、运营商及各方的雇员。

文件还提到了破坏地下设施和安全工作系统的危险，并附有流程图。内容还包括关于培训和监督、规划、设计的章节，也包括《建筑（设计与管理）条例》适用的职责和责任。该文件内容全面，并载有立法附录和建议，供现场人员参考。

42.9 污染场地

场地的污染程度通常在场地环境勘察的第一阶段，即场地勘察阶段一中确定。这项工作通常会在项目早期进行，以满足PPS23（ODPM，2004）中规定的获得规划纲要批准的要求。

在场地勘察阶段一之后，如果发现潜在污染物并认为有必要，则可能需要进行更详细的环境岩土工程勘察，同时进行岩土工程场地勘察。根据案头研究、现场工作和实验室化学测试的结果，将对现场进行场地环境风险评估，并在必要时建议处理方案。

如果在施工期间发现场地先前未确认的污染物浓度升高，处理这些污染物的责任将取决于承包商、顾问（咨询）公司和建设单位之间的合同安排。总的原则是"谁污染谁付费"，无论如何，这取决于原产权方和买方之间的商业安排以及新开发项目的任何土地使用性质的变化。

岩土及岩土环境工程专业协会（AGS）联合环境工业委员会（EIC）和英国工程咨询协会（ACE）编写了一份《受污染土地顾问（咨询）公司的雇用条款》(*The Terms upon which Contaminated Land Consultants are Employed*)（AGS，EIC & ACE，2007）。该文件可在AGS网站上查阅。编写该文件是为了指导开展污染场地相关工作的商务模式，更具体地说是为了突出顾问（咨询）公司应考虑的一般合约问题。它为关键的合同问题提供了指导，如责任限制、附带担保、严格的义务和目的适用、保险条款、赔偿、标准形式的并入、转移和风险持续时间。

42.10 附注

本章主要以岩土及岩土环境工程专业协会（AGS）等组织出版的文献为基础，这些文献已被参考和认可，通常可以在各组织的网站上下载。在编写本章时，参考的一些文献和指导说明有继续更新和更改的可能。同时，在立法方面也发生了变化，未来可能还有更多的变化。

最近，针对岩土工程行业引入的《欧洲标准7》第1部分和第2部分，正在逐步通过设计和实施过程得以运用，这可能带来一些问题，因为众所周知英国标准将被废止。

42.11 免责声明

虽然已尽力对本章和参考的岩土及岩土环境工程专业协会（AGS）文献中提供的信息和指导的有效性进行了核对，但无论作者、任何个人、Buro Happold 的成员、工作组成员还是岩土及岩土环境工程专业协会（AGS）都没有就内容的准确性提供任何担保或保证，且对本章中的任何不准确、错误陈述或失实陈述，或因本章相关内容而直接或间接产生的任何损失、损害、费用、成本、索赔或类似情况，无论以何种方式产生，均不承担任何责任。

42.12 参考文献

ACE (2004). *ACE Schedule of Services Schedule of Services from Agreement B (1)*, 2002 rev. 2004. London: Association of Consulting Engineers.

ACE (2009). *ACE Schedule of Services Part G (a) Civil and Structural Engineering Single Consultant or Non Lead Consultant for Use with ACE Agreement 1 – Design 2009*. London: Association of Consulting Engineers.

AGS (Toolkit). www.ags.org.uk. [The Toolkit series of advisory notes are provided for the exclusive use of members of the AGS, consultants wishing to review this document should contact the AGS.] Association of Geotechnical & Geo-environmental Specialists.

AGS (2006). *AGS Guidelines for Good Practice in Site Investigation (Issue 2)*. Beckenham, Kent: Association of Geotechnical and Geoenvironmental Specialists.

AGS (2008). *Client's Guide to Construction (Design and Management) Regulations ('CDM') 2007 for Ground Investigations*. Beckenham, Kent: Association of Geotechnical and Geoenvironmental Specialists.

AGS, EIC & ACE (2007). *The Terms upon which Contaminated Land Consultants are employed*. Beckenham, Kent: Association of Geotechnical and Geoenvironmental Specialists.

BDA (2008). *Guidance for Safe Intrusive Activities on Contaminated or Potentially Contaminated Land*. Upper Boddington, UK: British Drilling Association.

Construction (Design and Management) Regulations, The 2007. SI2007/320. London, UK: TSO.

Corporate Manslaughter and Corporate Homicide Act 2007. Elizabeth II – Chapter 19. London, UK: TSO.

Cottington, J. and Akenhead, R. (1984). *Site Investigation and the Law*. London, UK: Thomas Telford.

Health and Safety Executive (2000). *Avoiding Danger from Underground Services*, Series HSG47. London, UK: HSE.

Institution of Civil Engineers (ICE) (1993) *Site Investigation in Construction Series* (4 parts). London, UK: Thomas Telford [new edition in development]

Institution of Civil Engineers (2005). *NEC3 Professional Services Contract PSC* (3rd Edition). London: Thomas Telford, 2005.

Institution of Civil Engineers, Association of Consulting Engineers, Civil Engineering Contractors Association. (2001). *ICE Conditions of Contract. Minor Works* (3rd Edition). London: ice publishing.

Institution of Civil Engineers and Civil Engineering Contractors Association (ICE & CECA) (2003). *ICE Conditions of Contract Ground Investigation* (2nd Edition). London, UK: Thomas Telford.

Office of the Deputy Prime Minister (ODPM) (2004). *Planning Policy Statement 23: Planning and Pollution Control (PPS 23)*. London, UK: HMSO.

Ministry of Justice (2007). *A guide to the Corporate Manslaughter and Corporate Homicide Act 2007*. London, UK: TSO.

42.12.1 延伸阅读

AGS (2005). *Client's Guide to Site Investigation*. Beckenham, Kent: Association of Geotechnical and Geoenvironmental Specialists.

AGS (2007). *Client's Guide to Professional Indemnity Insurance*. Beckenham, Kent: Association of Geotechnical and Geoenvironmental Specialists.

Clayton, C. R. I. (2001). *Managing Geotechnical Risk*. London, UK: Thomas Telford Ltd.

Clayton, C. R. I., Matthews, M. C. and Simons, N. E. (1995). *Site Investigation* (2nd Edition). London, UK: Blackwell Science Ltd.

Environmental Protection Act 1990. London, UK: HMSO.

Environmental Protection Act 1990 Part 2A. London, UK: HMSO.

McAleenan, C. and Oloke, D. (eds) (2009). *ICE Manual of Health and Safety in Construction*. London, UK: Thomas Telford Ltd.

42.12.2 实用网址

公司过失致人死亡，英国健康与安全执行局（HSE）；www.hse.gov.uk/corpmanslaughter/

公司过失致人死亡，CPS（英格兰/威尔士）指南；www.cps.gov.uk/legal/a_to_c/corporate_manslaughter/

英国工程咨询协会（ACE）；www.acenet.co.uk

岩土及岩土环境工程专业协会（AGS）；www.ags.org.uk

AGS 客户指南；www.ags.org.uk/site/clientguides/client-guides.cfm

英国岩土工程协会（BGA）；http://bga.city.ac.uk/cms

英国建筑业研究与信息协会（CIRIA）；www.ciria.org

英国土木工程承包商协会（CECA）；www.ceca.co.uk

英国土木工程师学会 Institution of Civic Engineers（ICE）；www.ice.org.uk

英国伦敦保险学会 Insurance Institute of London；www.iilondon.co.uk

英国国家房屋建设委员会（NHBC）；www.nhbc.co.uk

英国皇家建筑师学会（RIBA）；www.architecture.com

建议结合以下章节阅读本章：
- 第 8 章"岩土工程中的健康与安全"
- 第 96 章"现场技术监管"

本书以第 1 篇"概论"和第 2 篇"基本原则"为指导进行章节编排。如第 4 篇"场地勘察"中所述，各类岩土工程均应进行扎实的现场勘察工作。

译审简介：

王笃礼，研究员级高级工程师，中国三峡集团上海勘测设计研究院有限公司首席专业师，全国工程勘察设计大师。

张彬，博士，教授，博士生导师，中国地质大学（北京）工程技术学院副院长，从事岩土、地下工程方面教学科研工作。

第43章 前期工作

维姬·奥普（Vicki Hope），奥雅纳工程顾问岩土工程部，伦敦，英国
主译：张雪婵（中国建筑科学研究院有限公司地基基础研究所）
参译：杨成
审校：蒋建良（浙江省工程勘察设计院集团有限公司）

doi: 10.1680/moge.57074.0577

目录

43.1	本书的适用范围	577
43.2	岩土工程前期工作的必要性	577
43.3	岩土工程前期工作的内容	577
43.4	岩土工程前期工作报告的编制者	579
43.5	岩土工程前期工作报告的受众	579
43.6	如何开始：英国信息来源	580
43.7	利用互联网	581
43.8	现场踏勘	581
43.9	报告撰写	582
43.10	小结	583
43.11	参考文献	583

岩土工程的前期工作是建设过程中管理场地风险的关键要素。该工作通常采取案头研究的形式，在案头研究中需要识别、获得及评估场地的相关可用资料。除此之外，现场踏勘也具有非常重要的价值。前期工作应在场地勘察（GI）范围和任务确定之前完成，这样会使地勘察工作更有针对性，使其价值和相关性最大化。

43.1 本书的适用范围

没有一本书可以提供各种必要的知识、技能和经验适用不同场地、不同工程的全部岩土工程前期工作。因此，本书的这一部分旨在：（1）概述编写岩土工程前期工作报告时通常应审查的信息类型和来源；（2）希望前期工作报告的撰写者将其报告视为管理建设项目与场地相关风险过程中最重要的一步。本书主要针对英国本土的岩土工程前期工作，但大部分内容也同样适用于海外场地。

43.2 岩土工程前期工作的必要性

前期工作，通常称为案头研究，是在项目最初阶段为了掌握场地情况和与场地相关的灾害，而收集和分析可用信息的有效且经济的方法。在建设领域，项目延期和成本超支通常与现场施工时遇到的"不可预见的场地条件"有关（参见第7章"工程项目中的岩土工程风险"）。计划周密、执行良好的前期工作可以极大地帮助减少（尽管它永远无法完全消除）在建设期间遇到的场地意外问题的可能性。

英国所有相关法规都要求进行前期工作。

- 英国标准 BS 5930：第6.1.1条和第6.2节（BSI，1999）；
- 《欧洲标准7》BS EN 1997-1：第3.1节和第3.2.2条（BSI，2004）；
- 《国家房屋建设委员会标准》（*National House Building Council Standards*）第4.1节（NHBC，2011）。

前期工作应被视为岩土工程风险管理链中必不可少的第一个环节（图43.1）。该链条贯穿于建设项目的岩土工程的每个阶段（见第42章"分工与职责"）。图43.1大致内容为：

- 前期工作识别可能与场地有关的灾害。
- 场地勘察探测灾害及其相关风险（见框43.1）。
- 岩土工程设计再次评估场地风险，并将相关灾害降低到适当的水平。
- 在设计阶段未解除的任何其他（已知）与场地相关的灾害，都可以与项目管理团队联系，通过规范和其他合同文件通知施工团队，以帮助确保这些问题在现场施工期间不会发生。

框 43.1　灾害和风险是不一样的

灾害是潜在伤害的来源。与危险相关联的风险是灾害发生的可能性，如果发生还要考虑灾害带来的影响。例如，洪水是一种灾害，而风险则是一个区域发生洪水的可能性，以及洪水事件将造成的损害和损失的程度。

43.3 岩土工程前期工作的内容

岩土工程前期工作的主要核心内容通常包括以下几方面：

第4篇 场地勘察

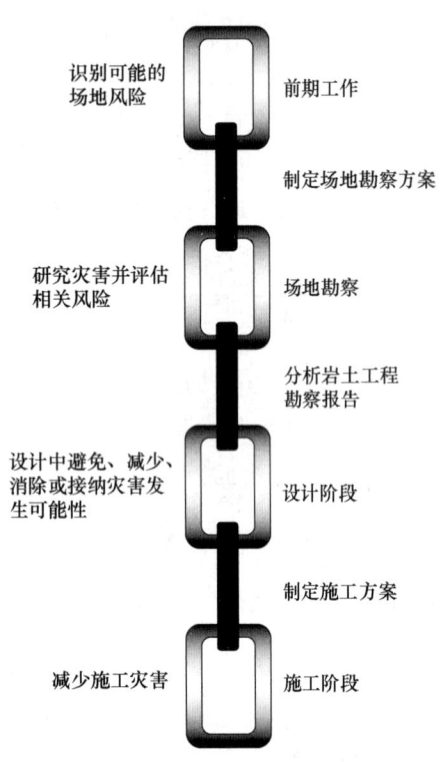

图 43.1 岩土工程风险管理链

- **现场详情**：包括其位置、地址、场地坐标、边界条件、地形、现状条件、项目用途、进场路线、土地所有权、邻近土地使用情况等。
- **场地历史**：包括利用航空照片和卫星影像对历史地图的解释性回顾，理想情况下可以延伸到农村用地；场地之前的用途；是否具有考古价值；受保护建筑或列明的古迹情况；河流情况；隧道情况；矿山巷道情况（见第41章"人为风险源与障碍物"）；可能的不稳定场地（如 PPG14, 1990）；地下基础设施情况；洪水记录；地下障碍物情况；废弃基础情况；地下公共服务设施情况；当前或以前场地活动可能产生的污染源情况，以及对这些污染的初步评估情况；地形历史变化；植被变化情况等。
- **现场踏勘**：包括对现场及其周边环境的踏勘。
- **场地地质**：包括对所有可用的地质地图及地区志的总结说明（包括旧地图系列）；探井记录和钻孔记录；场地及周边地块之前的地质勘察数据；场地可能的地层判断；地下水及水文地质条件；地震活动（如果相关的话）等。

除了以上核心问题外，针对具体工程和具体场地还会有些具体问题需关注。

考古学家协会在《考古案头评估标准和指南》（2008）中发布了有关场地考古评估的指南，

此处不再赘述。关于场地污染，前期工作称为第一阶段工作，而地质勘察则为第二阶段工作，这些必须遵循法律法规的要求。有关第一阶段工作要求的指导意见详见英国标准《潜在污染场地勘察》BS 10175（*Investigation of Potentially Contaminated Sites*）（BSI, 2011）、环境署（Environment Agency）CLR11《污染土地管理示范程序》（*Model Procedures for the Management of Contaminated Land*）（Environment Agency, 2004）以及英国土木工程师学会（ICE）的《设计与实践指南——污染土地、调查、评估和修复措施》（*Design & Practice Guide Contaminated Land, Investigation, Assessment and Remediation*）（Strange 和 Langdon, 2007）。对于第二阶段工作详见第48章"岩土环境测试"。

岩土工程的前期工作报告还应包含以下内容，每项内容都要求对场地后期的用途以及场地本身有所了解：

- **对场地勘察的建议**：概述拟建现场勘察的规模和范围，并突出显示案头研究中确定的在现场勘察时需要处理的特殊场地或工程方面的问题。
- **场地相关的详细限制条件**：对可能影响场地勘察、基础选型与基础建设的特定场地因素进行分类。
- **与场地有关的灾害清单**：描述并确定已识别的场地灾害的优先级（有关示例见框43.2），并概述如何进一步调查并减轻这些灾害以及如何减轻这些灾害。场地灾害可分为三类：地形、地质和人为灾害。灾害清单应优先重视和强调特定地点和特定项目特有的地质灾害，这些灾害不应该被可能适用于任何地点的众多常规地质问题所淹没。

在岩土工程前期工作中列入一份与场地有关的灾害清单对甲方和项目组都有很大的帮助，原因是：

- 通过确定可能影响项目成本和项目进展的与场地相关的因素，这份清单有助于将前期工作成果转换为从项目最早阶段就可以直接使用的风险管理信息；
- 清单将前期工作成果转换成了简单实用的格式，使得非岩土工程部门的同事和客户很容易理解；
- 清单认可了风险分析方法在当代项目规划中的重要性，并从项目开始时就将岩土工程前期工作纳入项目规划中；
- 清单可以为项目带来相当大的价值，岩土工程团队已经收集并考虑过的材料还可以为项目所用。

框 43.2　部分灾害列表：需要考虑的因素

地形因素
边坡稳定问题
交通
地质钻孔的可能位置
潜在的洪水风险

地下水
是否需要降水，有哪些影响？
地下水位上升
动态变化
潜在的含水层污染
地下水抽水量

空洞/软弱区域
采矿
岩溶
采石场回填区
地下室回填区
老井

树木
现在还存在吗？——现场踏勘
是否已移走？——现场照片
黏土：收缩/膨胀性质
品种、高度和成熟度
移除还是保留

地下障碍物
运营和废弃的隧道
服务和公共设施
基础、地下室、贮水池
未爆炸弹药

遗迹问题
保护建筑
考古规划限制
勘察期间需要保护的对象
场地规划范围内的保护对象
保护文物

周边
邻近既有结构
周边敏感结构
开挖引起的地层位移
噪声和振动
是否需要共用墙（party wall）协议？

43.4　岩土工程前期工作报告的编制者

岩土工程前期工作报告应由经验丰富的岩土工程师或工程地质专家撰写。可以推测，如果一位工程师和一位地质专家相互独立地对同一场地进行案头研究，他们很可能写出侧重点不同的报告。实际上，针对任何场地，将两种技术角度相结合对场地进行分析，其价值是巨大的：专家们可以通过相互联系和协作来获得对场地更深入的了解。每位专家需要投入多少，这很大程度上取决于现场位置和地质条件：偏远山区的管道工程通常地质学家更加擅长，而在冲积平原上的城市建筑则可能岩土工程师更加了解。

要充分理解所收集的信息，必须具备适当的知识和经验。因此，尽管在经验丰富的高级同事的指导下进行前期工作，对初级工程师和地质学者来说是宝贵的学习机会，但仍然不建议把前期工作的内容分配给团队中缺乏经验的年轻工程师。

除了知识和经验，保持敏锐的好奇心、对寻求数据的执着和创造性态度，以及能够运用条理清晰和细致的数据分析方法是从事前期工作的人员应该具备的良好素质。这是因为前期工作通常需要将不同的（有时是不完整的）数据汇总在一起，以形成尽可能完整的成果，而常规或公式化的方式无法实现，这需要以系统方法来获取和整合相关信息为基础的探索精神。

43.5　岩土工程前期工作报告的受众

报告应发送给客户和设计团队，包括建筑设计团队。一份完整有效的前期工作报告应该是：

- 对于负责界定勘察范围和任务的人来说，是必不可少的阅读材料；
- 可能包含一些设计团队的其他人以前不知道的信息，这些信息有可能会影响他们的思维；
- 以一种便捷的形式总结目前可用的场地信息，包括与场地相关的灾害；
- 激发客户的兴趣，特别是关于场地属性的历史。

岩土工程前期工作的内容或内容摘要通常应与现场勘察原始资料报告一起提供给施工方（承包商）。任何有关向第三方提供解释性报告的相关关切问题，都可以采用报告中措辞恰当的第三方警告的方式。就控制项目中的场地风险而言，施工方越全面了解场地的历史和场地未来的条件越有利。他们可以评估这些因素对现场工作可能存在和潜在的影响。

43.6 如何开始：英国信息来源

在英国，当需要收集数据以开展岩土工程前期工作时，以下是首先可以查阅的一些资源。

这一列表并不详尽，并且每年都有新的信息来源，尤其是在线来源。

- 英国地质调查局（British Geological Survey，BGS，www.bgs.ac.uk）以 1:10 000 和 1:50 000 比例尺发布的地图和剖面图。地表地质图和基岩图应与相关的地质回忆录一起进行分析。尽管地质构造的名称有所变化，但老地图也可以提供大量信息。其他信息可以从采矿图获得。

- 英国国家地球科学数据中心（www.bgs.ac.uk）的 GeoRecords 服务可用于从英国地质调查局（BGS）的档案中获取旧的井记录和钻孔记录，档案文件可以通过在线地图搜索。

- 始于19 世纪中叶的英国地形测量局（Ordnance Survey，OS）地图（www.ordnancesurvey.co.uk）可以极大地帮助跟踪一个地点的历史变化。大比例尺的 OS 地图（比例尺为 1:1 250 和 1:2 500）显示了本地详细信息，包括街道名称（见框 43.3）和各个建筑物的轮廓。OS 地图包括以相对于海平面的高程和等高线表示的地形数据（见框 43.4）。

框 43.3 地区名称

地区的名称可以为了解这个场地的历史、地形，甚至水文地质条件提供有用的信息。如果碰到一个不常见的地域名称，我们应该了解一下它以前曾用过的名字，并评估其对于待建项目的影响。比如 Hampstead 有一条靠近 Well Lane 和 Well Walk 的街道，名字叫"Flask Walk"，这三条街都是由于17 世纪开始在这里发现并开采富含铁的矿泉水而得名。很多古老的地名，特别是盎格鲁－撒克逊（Anglo-Saxon）地名，提供了这个区域有关自然景观的信息。以下是在英国地名中使用的凯尔特语、撒克逊语和维京语词汇词根的一些示例：

- allt：山坡上；
- beck, bourne, burn：溪流；
- glan：河岸；
- gill：山谷；
- hamps：夏天干涸的小溪；
- ings：草地或沼泽；
- keld, kelda：泉水；
- mere：水池或湖；
- moss：沼泽、湿地；
- pant：山谷、洼地；
- slack：山谷中一条小溪。

框 43.4 利物浦和纽林（Newlyn）

当使用 20 世纪 20 年代以前的英国地形测量局地图或旧测井数据时，应注意英国高程基准系统在20 世纪 20 年代发生了变化。从 1844 年开始，高程基准点位于利物浦的维多利亚码头。1921 年以后，英国国家高程基准系统以康沃尔（Cornwall）郡纽林的潮汐测量为基础。利物浦系统和纽林系统之间的高程差异并不大，但如果不把它考虑进去，就会引起混乱。在全国范围内，两种系统之间的高度换算系数不同。英国地形测量局有一个在线换算计算器，网址是 www.ordnancesurvey.co.uk。

- 历史地图是由不同的地图制作者绘制的。有些地图格式不够严谨，是半图形视图，有些地图格式比较严谨，特别是 Roque、Cary、Horwood 和 Stanford 制作的地图。可以从在线供应商处获得旧地图的副本，其中一些已作为图集出版。

- 从 19 世纪 30 年代后期开始，教会什一税地图显示了地块边界和建筑轮廓，但地图的质量参差不齐。大多数当地历史博物馆都拥有其所在地区的什一税地图。

- Charles E. Goad 有限公司从 19 世纪 80 年代中期到 20 世纪 70 年代为消防保险目的制作的地图显示了英国许多城镇的商业区。它们以 1:480 的比例尺逐个展示了建筑物的属性，其中包括工业用途、建筑材料、层数和地下室等详细信息。大英图书馆（British Library）（www.bl.uk）的地图图书馆（Map Library）收藏了大量英国 Goad 消防地图，扫描版的电子地图也可以从在线地图供应商处购买。

- 从英国煤炭管理局（Coal Authority）的采矿报告办公室（Mining Reports Office）（www.coal.gov.uk）可获取详细的采矿作业记录和开采场地稳定性报告（详见第 41 章"人为风险源与障碍物"）。该网站上有一份地名录，显示了英国与采矿有关的可能存在场地稳定问题的地区。

- 地形数据可从多个来源获得，包括覆盖英国地区的英国地形测量局地形地貌档案服务系统（Land-Form Profile Service）（www.ordnancesurvey.co.uk）。数据以 x、y、z 坐标（来自摄影测量）表示，水平方向精度约 ±1m，垂直方向精度约为 ±1.8m。

- 可委托商业检索公司对地下管线和设施平面图进行检索（见框 43.5）。除浅层公用服务设施外，检索还应包括交通和管廊隧道。

框 43.5　商业公司进行的公用设施检索

在英国，一些商业机构提供公用设施平面图（燃气、水、电力、电信等）的获取、整理和报告"一站式"服务。要求机构进行文献检索之前，应把检索的目的和深度说明清楚。检索工作可能需要几周时间才能完成，因为需要等待第三方确认。请注意，检索结果只能显示埋在地下的公用设施的大致位置，而不是确切位置，它们不会显示私人财产边界内或建筑物范围内的地下公共基础设施。

- 可能存在的废弃隧道不容忽视（例如伦敦的邮局铁路隧道或利物浦的 Williamson 隧道）。识别此类基础设施通常依赖于对当地情况的了解。
- 公共图书馆通常会收集一些当地历史书籍，包括绝大部分其他地方可能不容易买到的绝版出版物。
- 从本质上讲，某些地下基础设施（例如紧急避难所和战略电信隧道）并未公开。热情的业余爱好者收集了一些废弃的设施（例如 Subterranea Britannica，www.subbrit.org.uk）。对于运营设施，应向相关机构查询，以确定与待开发项目相关的任何"潜在的"基础设施。
- 英国土木工程师学会（www.ice.org.uk）的档案是获取历史工程信息和记录的宝贵资源（Chrimes，2006）。
- 英格兰列入保护等级的建筑物和在册古迹的详细资料可从英国遗产（www.english-heritage.org.uk）获得，列入保护等级的建筑物还可以从在线网站（www.imagesofengland.org.uk）获得图像信息。
- 从国家古迹记录中心（英国遗产）可以获得 19 世纪 40 年代以来英格兰的航拍资料，包括被炸弹损坏的战时图像。每个人都可以访问国家古迹记录中心的档案。或者可以订阅"优先搜索封面"，其中列出了航空影像的日期、位置、比例、三维图片和垂直度。航空照片的详细解释需要专业技能，对空间图像进行摄影测量分析以量化航空图像的尺寸和水平也需要专业知识。
- 威尔士和苏格兰的类似服务分别由威尔士皇家古代历史遗迹委员会（www.rcahmw.gov.uk）和苏格兰皇家古代历史遗迹委员会（www.rcahms.gov.uk）提供。
- 有关战时炸弹损坏和未引爆弹药（UXO）的信息可从多个来源获得。在伦敦，有手工绘制的地形图用于记录炸弹的损坏程度，这些地图都已经编制成册。英国社区与地方政府部（Department of Communities and Local Government）（www.communities.gov.uk）保存了一份已知被遗弃的未爆炸弹清单。关于某一具体已知未爆炸弹的详细信息可通过邮件方式向相关部门获取（地址、网格图、地图）。某个地点存在未爆炸弹的可能性一部分取决于该地区的炸弹密度。英国各地区的炸弹密度可随时查阅网站 www.zetica.com。

43.7　利用互联网

互联网是一个强大但并不万能的工具。互联网搜索可以提供一种快速和低成本的方法来查找有关现场的信息。地图、卫星图像（例如在 www.google.co.uk 上搜索的卫星图像）、报告、期刊论文和图片通常可以在网上找到和下载。只要合理利用，互联网可以直接或间接高效而且低成本地提供有用的信息。如果应用不合理，互联网只能提供意义不大、无法核实，有时甚至是错误的信息。

当使用互联网作为前期工作的一部分时，要注意以下几点：

- 互联网上可用的数据经常存在不完整、未注明日期的和未被引用的情况，因此可能不可靠。应尽可能检查在线数据。要注意到有些网站只是转载其他网站的信息，而源文件可能就存在错误。
- 互联网搜索的关键是选择合适的关键词，然后随着搜索不断地细化和重新聚焦。
- 互联网搜索可能无法得到出现互联网之前的资料。仍然可能需要传统的案头研究方法和野外工作的辅助。例如，当地的历史博物馆和档案馆经常在网上列出它们拥有的资源目录，但是可能还是需要亲自访问馆藏才能查看资料。要注意到在线搜索只会显示与搜索中使用相同关键字进行分类的文档。与知识渊博的馆长讨论可能会发现其他相关材料，而这些内容可能无法通过简单的关键字搜索来发现。

43.8　现场踏勘

如果条件允许，在可能的情况下，应进行现场踏勘。理想情况下，在前期工作指定的工作周期三分之二进程内，完成现场踏勘工作，这样可以收集到足够的资料有针对性地了解现场的情况，同时，如果现场踏勘情况与收集到的资料差异较大，还有足够的报告修改时间。

现场踏勘的计划应包括对安全性的适当考虑，并应事先进行适当的风险评估和应对措施。潜在灾害取决于场地情况，比如在乡村应避免野兽袭击，在城市里应避免一些不友好的人。在大多数情况下，至少应该两个人一起进行走访，以避免孤身工作的危险。

现场踏勘的内容取决于所在环境：在山地农场和城市街道上的调查会大不相同。经验丰富的从业人员都会准备一份清单（如地下管线井盖情况；道路和人行道的维修情况；排水沟和沟渠分布情况；湿地；不平坦的场地；结构裂缝；地貌；岩石裸露情况；边坡和边坡稳定性问题；挖填方情况；树木的种类；建筑物的类型；地下室情况；污染物情况；钻机行驶路线；可能的钻孔位置；高架限制等），以及一份详细针对具体地点、具体项目的清单。

在现场，应注意记录所有相关特征记录并拍照。现场地图或卫星图像的复印件可附有观察和评论注释。对于大型或乡村地区，可以借用手持 GPS 记录场地坐标。照相机是必不可少的工具，应该拍摄大量照片，虽然并非所有照片都需要在报告中使用，但在办公室查看数据时，照片通常可以帮助回答不可预见的问题。前期工作报告应包括摄影平面图，用以说明报告中引用的每一张照片的位置和方向。

现场踏勘不应局限于本场地，还应包括场地周边。如果无法进入周边地块，则通常可以在边界线上进行视觉评估。

现场踏勘时也应多跟当地人交流，因为他们通常比较了解他们所在的地区及其历史。但是，重要的是要验证一些口头说的轶事的真实性以及在报告中清楚明确地阐述这些事情。在现场踏勘的时候，尤其是在与当地人交谈时，应加倍谨慎。在现场踏勘之前，应该了解拟建项目中有多少信息是已公开发布的，以及该项目是否在本地或商业上被视为敏感项目，特别是在尚未获得规划许可的情况下。

43.9 报告撰写

在撰写前期工作报告时，可以参考学习其他项目的优秀前期工作报告，但也不能过于依赖以往的报告。每个场地都是独一无二的。在一个场地可能不相关、容易被忽视的因素，在其他场地有可能至关重要。

与所有技术报告的撰写一样，前期工作报告应清晰仔细地撰写。岩土及岩土环境工程专业协会（AGS）发布了 3 份有关编写岩土工程报告的指南，可在 www.ags.org.uk 网站查阅：

- 《如何撰写优秀的岩土工程报告》（Guide to Good Practice in Writing Ground Reports）；
- 《岩土工程报告中的风险管理》（Management of Risk Associated with the Preparation of Ground Reports）；
- 《岩土工程报告撰写指南》（Guidelines for the Preparation of the Ground Report）。

AGS 指南强调了在撰写科技报告时应注意严谨性，因为一个疏忽或致命的错误可能导致对发布报告方的索赔。

前期工作报告的结构将部分取决于所调查的材料。在"岩土工程前期工作的内容"小节（第43.3 节）中的项目清单可以作为整个报告的结构基础，也可以作为章节和小节的标题。

与任何专业技术报告一样，岩土工程前期工作报告必须区分事实要素和解释性要素。报告应明确说明在编写报告时的分析依据。同样，如果任何一份关键资料没有被调查到（也许是一份已知存在但未及时收到的文件，或被第三方扣留的文件），则应在报告中说明这一点，因为它会影响报告的准确性和完整性。

应明确说明报告中使用的所有资料的来源，即使该资料没有版权（见框 43.6），目的是为读者提供足够的信息，使他们能够再次找到相同的资料。至少应包括材料的来源和日期。这样，有关前期工作所基于的信息可靠性就能够传递给读者。

框 43.6　版权问题

在使用材料时，特别是有版权保护的图片时，需要小心。前期工作是为客户制作的，因此属于商业技术报告。根据英国版权法，如果要在商业报告中摘录或改编某作品，必须征得其版权所有者的同意。此外，在报告中应该清楚地说明该版权的所有者。有关版权问题和英国版权法的更详细信息，请查看英国知识产权局的网站（www.ipo.gov.uk）。如果复制英国地形测量局地图，应明确标明为皇家版权（Crown copyright）材料。地形测量局为希望在专业报告中复制其地图做商业用途的企业提供许可系统。英国地形测量局地图复制许可证（Paper Map Copying Licence）可从网站 www.ordnancesurvey.co.uk 下载。

43.10 小结

岩土工程前期工作报告是岩土工程项目风险管理链中必不可少的第一环节（见图43.1）。前期工作中确定的场地信息、场地模型、地质灾害、不确定性和与场地相关的风险将构成项目下一阶段的工作基础，并可能影响项目的方向和采用的工程解决方案。

经过精心计划、较好开展的前期工作，配合适当的地质勘察，尽管不能将施工过程中意外遇到地基问题的可能性降为零，但可以显著帮助降低其可能性。

43.11 参考文献

BSI (1999). *BS 5930:1999 Code of Practice for Site Investigations*. London, UK: British Standards Institution.

BSI (2004). *BS EN 1997–1:2004 Eurocode 7. Geotechnical Design. General Rules*. London, UK: British Standards Institution.

BSI (2011). *BS 10175:2011 Investigation of Potentially Contaminated Sites. Code of Practice*. London, UK: British Standards Institution.

Chrimes, M. (2006). Historical research: a guide for civil engineers. *Proceedings of ICE Civil Engineering*, **159**(1), 42–47.

Environment Agency (2004). *Model Procedures for the Management of Contaminated Land*. (CLR 11). Bristol, UK: Environment Agency. [Available at: www.environment-agency.gov.uk/static/documents/SCHO0804BIBR-e-e(1).pdf]

Institute for Archaeologists (2008). *Standard and Guidance for Desk-Based Assessment* (3rd revision), October 2008. Institute of Field Archaeologists.

NHBC (2011). *NHBC Standards 2011*. Milton Keynes, UK: National House Building Council. [Available at: www.nhbc.co.uk/Builders/ProductsandServices/TechnicalStandards/]

PPG14 (1990). *Planning Policy Guidance 14: Development on Unstable Ground*, April 1990, ISBN 9780117523005. Department of the Environment.

Strange, J. and Langdon, N. (2007). *ICE Design and Practice Guides: Contaminated Land – Investigation, Assessment and Remediation* (2nd edition). London, UK: Thomas Telford Ltd.

43.11.1 实用网址

岩土及岩土环境工程专业协会（AGS）；www.ags.org.uk
英国地质调查局（British Geological Survey[①], BGS）；www.bgs.ac.uk
大英图书馆（British Library）；www.bl.uk
英国标准协会（British Standards Institution, BSI）；http://shop.bsigroup.com/
英国煤炭管理局（Coal Authority）；www.coal.gov.uk
英国社区与地方政府部（Department of Communities and Local Government, UK）；www.communities.gov.uk
英国遗产；www.english-heritage.org.uk
英国遗产列入保护等级的建筑物在线档案；www.imagesofengland.org.uk
Google（搜索引擎）；www.google.co.uk
英国土木工程师学会（ICE）；www.ice.org.uk
英国国家房屋建设委员会（National House Building Council, NHBC）；www.nhbc.co.uk
英国地形测量局（Ordnance Survey，简称OS），包括地形地貌档案服务系统（Land-Form Profile Service）；www.ordnancesurvey.co.uk
威尔士皇家古代历史委员会；www.rcahmw.gov.uk
苏格兰皇家古代历史委员会；www.rcahms.gov.uk
大不列颠地下空间；www.subbrit.org.uk
英国各地区的炸弹密度；www.zetica.com
英国知识产权局；www.ipo.gov.uk

建议结合以下章节阅读本章：
■ 第7章"工程项目中的岩土工程风险"

本书以第1篇"概论"和第2篇"基本原则"为指导进行章节编排。如第4篇"场地勘察"中所述，各类岩土工程均应进行扎实的现场勘察工作。

译审简介：

张雪婵，博士，教授级高级工程师，注册土木工程师（岩土）。主要从事岩土工程设计、咨询和研究工作。

蒋建良，教授级高级工程师，全国工程勘察设计大师，浙江省工程勘察设计院集团有限公司首席总工程师。

[①] 译者注：原文为British Geological Society，疑似有误，应为British Geological Survey。

第44章 策划、招标投标与管理

蒂姆·查普曼（Tim Chapman），奥雅纳工程顾问，伦敦，英国
阿利斯特·哈伍德（Alister Harwood）巴尔弗贝蒂土木工程公司，
　　雷德希尔，英国
主译：郭明田（中勘三佳工程咨询（北京）有限公司）
审校：李耀刚（建设综合勘察研究设计院有限公司）

doi: 10.1680/moge.57074.0585

目录

44.1	概述	585
44.2	现场勘察策划	585
44.3	承揽场地勘察项目	593
44.4	场地勘察管理	598
44.5	参考文献	600

　　每一次场地勘察都需要协调一致的策划，以确保简单、经济有效地开展勘察工作，并提供所有必要的信息。 策划不周的场地勘察会造成严重的问题，包括破坏邻里关系和损坏埋设的公用设施，后者使现场作业人员面临严重的安全风险。 一个策划周密的两阶段勘察工作可以为更长周期和更复杂场地的勘察提供有利条件，因为在第一阶段发现的资料可以在第二阶段进一步调查研究。 明确的合同形式和技术要求降低了纠纷的风险。 定期审查收到的资料是一个大规模勘察项目最终成功的保证。
　　周密策划的活动对于预测未来可能发生的变化至关重要。 可以在早期阶段揭示重要的场地特征，然后进行规划，从而节省成本和缩短工期。

44.1 概述

　　场地勘察的成功取决于事先策划程度、所用招标投标流程的清晰程度和管理的谨慎程度。对于大规模的场地勘察，这些因素变得更加重要。目前向框架工程和大型基础设施项目发展的趋势意味着场地勘察规模确实越来越大。

　　如果出现以下情况，可认为场地勘察是失败的：

- 该勘察工作没有收集所有预期的资料，或者一方随后意识到应该同时收集更多或其他资料（而没搜集到），或者场地勘察揭示了该场地以前应该考虑的方面（而没有考虑到）。场地勘察永远不会获取该场地的所有资料，未能预料的可能性永远不应该被低估。在勘察中发现合理的新资料应被视为成功而不是失败。
- 勘察工作导致涉及客户、承包商、土地所有者、当局或其他机构的重大误解或争议。

　　这些方面应事先加以考虑，合同文件应规定明确的规则，以避免这种情况发生。
　　场地勘察的标准指导文件是由场地勘察指导小组（Site Investigation Steering Group）编写的《工程建设场地勘察系列》（*Site Investigation in Construction series*），详见第42章"分工与职责"。
　　本章的关键信息：

- 如果事先策划得当，场地勘察工作效率最高。
- 策划场地勘察是建立在逻辑基础上的，但有时要平衡许多相互冲突的限制和优先次序，以致类似于一种艺术形式。规划人员不可忽视主要目标，即要为已计划开发项目的设计搜集足够的数据，并将场地风险降至最低。对场地勘察施加的各种限制绝对不能使最终资料妥协到任何不可接受的程度。
- 安全是一个关键目标。在某些情况下，现场勘察人员的安全与收集资料以尽量减低主要发展项目对工作人员的风险之间，可能存在一些冲突，在这种情况下需要仔细考虑。场地勘察中的任何剩余风险必须充分告知所有现场人员，必须尽一切努力将剩余风险降低到可容忍的水平。
- 场地勘察的时间往往比许多人所期望的要长。完成现场工程并不是整个工作的结束。总体工程计划中应留出足够的时间，以便在设计需要资料之前及时完成场地勘察。
- 选择合适的人员进行设计和调查等各种岩土技术工作，这取决于各个项目参与者的相对优势。但重要的是尽可能促进连贯的岩土工程设计过程，该过程中的步骤脱节是项目风险的主要来源。
- 对于任何建设活动，明确的要求和条款公平的合约会减少争议的风险。
- 在场地勘察中发现未预料到的情况应被视为成功而不是失败，即使场地勘察超出了预算。

44.2 现场勘察策划

44.2.1 勘察工作策划

44.2.1.1 满足客户、设计师和承包商的需要

　　只有在了解了可能的地质情况（见第40章

"场地风险"），且案头研究确定了现场的主要不确定性和风险（见第 43 章"前期工作"）后，才能进行场地勘察策划。鲁道夫·格洛索普（Rudolf Glossop）在 1968 年的朗肯（Rankine）讲座中说："如果你不知道你应该在现场勘察中寻找什么，你就不太可能找到太多的价值"（Glossop, 1968）。

场地勘察策划应针对所提出的项目发展计划，重要的是要知道该项目的所有方面及其可能的影响，例如：

- 一栋 6 层建筑，有两层地下室；北侧需设置挡墙；采用深达 30m 的桩基础，西边是大型地面停车场。

如果增加一座高楼，或如果建筑物位置发生变化，则需要进一步补充场地勘察。埋设的公用设施、公路工程和必要的交通管理对勘察的影响也需要尽早考虑，因为这些问题往往需要冗长的谈判和协议（见第 41 章"人为风险源与障碍物"和第 42 章"分工与职责"）。把这些方面推迟到太晚，例如把它们委托给承包商，承包商在被任命之前不能开始谈判，可能会导致延误和额外费用。

顺利进行一项场地勘察工作需要全面策划，特别是当第三方业主认为他们将受到现场工程的影响时。现场居住者和近邻将受到直接影响。一般来说，场地勘察是他们所经历的开发项目的第一个回合，对开发项目的任何反对或关切都可能集中在场地勘察工作上。因此，在这一阶段需要特别注意，因为一个不小心进行的场地勘察所造成的极大不便，可能导致一段时间的恶劣邻里关系，进而使主要的施工过程复杂化。

场地勘察往往是在现有建筑物仍被完全占用和运营的情况下进行的。这是因为通常只有在准备拆除时才腾出场地；很少有客户会在继续收取租金的同时承诺拆除，他们会推迟清走房屋的使用者，直到他们签下建造新结构物或建筑物的合同。结构设计依赖于场地勘察的完成，在结构设计完成之前不让拆除。因此，场地勘察必须适应居住者和运营企业。这可能是造成冲突的一个重要原因，除非现场勘测的策划可以确保居住者不会受到不适当的干扰，设施的运行不会受到不适当的损害，以及正常现场居住者的安全不会受到影响。这些方面在第 44.2.3 节中有更详细的讨论。

通常需要正式的许可或批准才能进行勘察工作，特别是当通道需要穿越邻近土地时，或勘察必须在拟建场地以外进行，例如在公路上进行。勘察方案中需要留出时间，以便达成所有协议，获得所有必要的许可证，并遵守有关各方对行动的任何合法限制。

在运营铁路旁的场地勘察往往受到最严格的监管，因为如果钻机倾覆或运营铁路旁的边坡失稳，将会造成严重后果。策划勘察的人员需要了解所有可能影响该工作的与铁路有关的具体规定和程序，包括现场工人的培训和铁路瞭望员的任命。在策划过程中，应同样注意邻近水域的场地勘察。

在进行任何形式的建筑工程时，《共用墙法案 1996》（*Party Wall Act*）等对邻居之间的行为准则作出规定。英国社区与地方政府部（DCLG）于 2002 年 3 月出版了一份非常详尽的解释性小册子。

该法案的第六节适用于土地所有者拟建造新的建筑物或开挖结构基础的以下情况：

- 拟建工程与邻近业主的建筑或结构距离小于 3m，拟建工程开挖深度比邻居的基础更深；
- 拟建工程与邻近业主的建筑或结构距离小于 6m，开挖深度低于从邻居的基础底部向下 45°线（图 44.1）。

对开挖的限制有时被用于为进行现场勘察而开挖的情形，尽管人们认为这不是该法案的意图。遗憾的是，该法案没有明确排除为进行现场勘察而开挖的情形，该法案有时被认为甚至适用于小钻孔或小的试坑。因此，在可能适用《共用墙法案》的情况下，要谨慎地获得必要的许可，尤其是在邻里关系不好的情况下。

44.2.2 考虑场地勘察所有方面及数据使用者

理想的情况是，现场勘察策划同时满足若干需要，例如：

- 为新开发项目进行地基和基础的岩土工程设计，包括所有重要的附属工程，如挡土墙和停车场。
- 为临时建筑工程的设计提供资料，如施工期间的开挖边坡稳定措施或降水，否则投标承包商将没有其他数据来源，并因此可能作出保守的假设，从而增加了施工造价。
- 了解现有建筑物的基础，以便进行必要的结构设计调整，使新开发项目得以进行。
- 了解土或地下水的污染状况，或确定场地中有害物质的水平。

第44章 策划、招标投标与管理

保场地勘察能够避开这些设施，但通常是为了确定（确保）这些设施的位置，以便能够避开、迁移或保护这些设施。

- 检查考古遗迹的信息，并协调配合必要的考古挖掘活动。

在这种情况下，现场勘察需要组织和分阶段进行，以便所有相关顾问都有机会参与其中。在策划时应整合所有需求，并且在现场实施期间，应（切合）他们的需求。全面地获得正确的资料、有效和最大限度地减少勘察对人们的影响。有时这些工作相互脱节，几乎没有协调——这种情况通常会导致成本高但获得数据少，而且干扰增多。有时有一些地方会被忽视，例如临时工程——这些遗漏可能会导致极大代价，因为要么是缺乏给投标人的准确（资料），要么是在施工期间发现了之前未能识别的关键问题。

在复杂的场地，这些需求中有许多不是短时间就能了解的，应该有人负责确保勘察工作连贯实施。此人可以是雇主的工程师代表，也可以是承包商的知情代理人，这取决于哪种方法最合适。

分两阶段进行的场地勘察活动被认为是一种很有价值的方法，特别是存在较大不确定性的场地，因为它允许第二阶段在第一阶段结果的基础上进一步完善所发现的情况，并对新的信息（资料）作出反应。一般来说，第一阶段应是一次稀疏但深入的勘察，以探测主要的地质问题，并确定那些在第二阶段需要最大关注的地质问题。第二阶段可进一步完善第一阶段的成果，为每个主要地层进行详细描述和提供适当的设计参数。当场址地质存在重大不确定性时，这种方法最有价值，而这些不确定性至少可以在第一阶段得到初步澄清。大型基础设施项目可能会分几个阶段进行勘察。《欧洲标准7第2部分》BS EN 1997-2：2007（BSI，2007）也支持对更大和更复杂的勘察采取两阶段方法。

应确定进行场地勘察的主要限制因素，例如需要避开的场地下方现有隧道，以便策划最佳作业方案。

有时场地限制妨碍了一个计划好的连续的勘察作业。在这种情况下，有两种可能的选择：

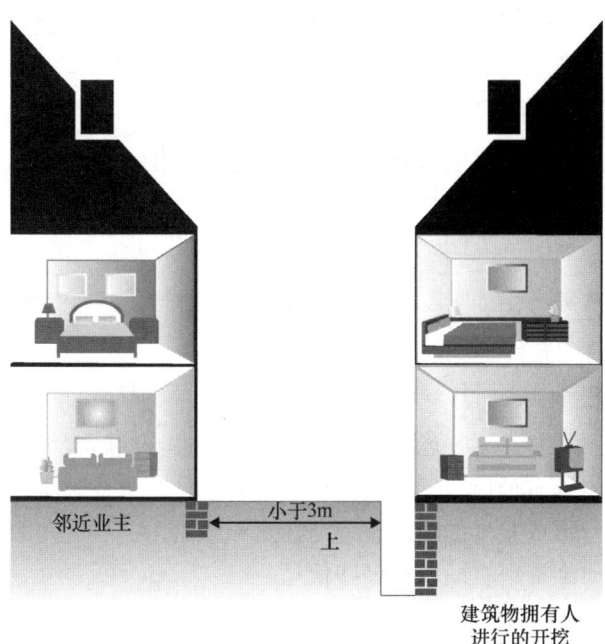

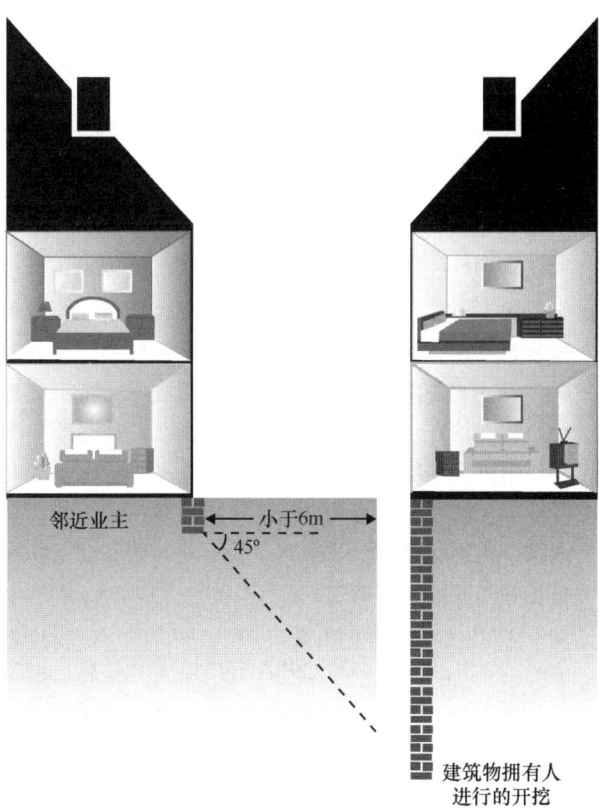

图44.1 《共用墙法案》应用实例
摘自 DCLG（2004）ⒸCrown Copyright

- 确定场地或周围的地表水流动情况。
- 收集关于现有埋藏设施的（数据），有时只是为了确

- 把复杂的作业推迟到以后可能的时候进行，例如，

等待在场地腾空和开始拆除之间的时机。这意味着重要的信息直到设计过程中相对较晚的时候才会被收集到。如果第一阶段的勘察能为设计收集足够的资料，这可能不构成重大影响，但可能忽略了与建筑规划有关的资料；无论如何，收集资料有所延误是不合适的，因为这可能导致在设计时对场地情况产生误判。

- 接受不断增加的风险，减少项目开展对风险控制的依赖，例如采用更保守的设计，以适应更大的不确定性。这可能会有较高的直接成本，但可能有利于工程进度，因为就客户的总体成本而言更经济。

第一种方法的一个例子是，在某一特定地层界面的水平变化存在疑问的场地，第一阶段勘察确定地层界面大体分布位置和设计参数。仅需在签订施工合同之前，充分证明界面的水平变化以供施工使用，例如为打桩选择临时套管长度，以便从投标承包商处获得准确的价格。

在一些场地，特别是有较大环境问题的小场地，有时初步的岩土工程勘察被合并为一个联合的"第一阶段"岩土工程和场地环境调查，如第42章"分工与职责"所解释的那样。这种勘察有时无法收集重要的岩土工程资料，如足够的勘探深度，准确的土的描述、水位测量和强度测定。未能及时收集这些信息就是错失了一次机会，由此增加了项目风险——应尽一切努力确保第一阶段的环境调查也能提供有意义的岩土工程资料。

提供对产生的所有数据的便利访问，可能是一项具有挑战性的任务，特别是对大型场地勘察而言。因此，考虑如何管理数据是很重要的。对于规模较大的勘察，将勘察结果纳入地理信息系统可以在随后的设计阶段产生效益。

44.2.3 时间、方案和空间：场地限制和项目的平衡

信息越早获得越有用。然而，场地勘察通常必须推迟，直到满足以下条件：

- 它要解决的方案已经具体化为可能建造的项目，至少在广义上是这样——过早进行勘察可能意味着以后需要进行补充场地勘察。
- 客户充分致力于该方案，将重要的资源投入其中——虽然场地勘察在项目总成本中所占的比例很小，但它们往往是现场第一项与工程有关的活动，因此代表了客户对承包商的第一大笔付款。因此，这一环节有时是衡量客户对项目承诺的有用指标。
- 场地勘察开始并不会引起目前现场的居民或邻居的恐慌，因为在某些情况下，他们可能会反对开发目标和计划。

减少这些影响并允许更早地搜集场地勘察数据的一种方法是使用第44.2.2节所介绍的场地勘察的两阶段方法：

- 第一阶段调查关键风险，确认现场地形的任何变化，并获得初步设计参数。
- 第二阶段提供更完整的内容并确认设计参数的适用性。

对于一开始就不为人所知的场地，两阶段方法特别有价值，因为它使场地勘察设计人员在收集用于形成基本的场地模型的数据和编制每一层所需的详细资料之间获得一些信息。

早期的场地勘察通常在场地仍被占用的情况下进行，因此需要小心以避免对居住者、用户和邻居造成较大损害。损害的主要形式有：

- 占用空间——除了每个勘探点所需的空间外，场地勘察承包商还需要额外空间用于存储、备用钻孔设备（例如备用套管）、废料箕斗、办公室和停车场。
- 妨碍通行或妨碍现场作业——某些勘探位置可能会阻碍车辆和行人的主要进出路线，或阻塞装卸区。
- 噪声和振动——勘探往往是新开发项目的第一项重大建设活动，因此噪声和振动可能成为邻居和居民关心的问题。在非常受限制的地点，钻孔或探井将不可避免地遇到埋在地下的钢筋混凝土或砌石，这必须用气动工具进行挖掘——将它们的使用限制在特定时间内可以大大改善邻里关系，但会增加勘察的成本和计划内容。英国标准 BS 5228 第 2 部分《建筑和露天场地振动噪声和振动控制规程》（Code of Practice for Noise and Vibration Control on Construction and Open Sites-Vibration）（BSI，2009）和 CIRIA TN142《桩基施工引起的地面振动》（Ground-Borne Vibrations arising from Piling）（Head 和 Jardine，1992），虽然主要用于打桩作业，但为噪声控制和振动控制以及场地勘察的适当限制提供了有用的指导。
- 设施中断——勘探可能导致埋设的管线设施被损坏或切断，这将影响现场使用者，并可能因服务中断造成经济损失。理想的情况是，当拟建工程与这些设施非常接近时，这些设施应当被识别和停用。
- 额外车辆流动或对其疏于管理导致的安全方面伤害。

- 修复程度——柏油路是否完全修复；水位观测管管顶是否与地面齐平或升高等，这些方面最好事先商定，以便承包商的费用能够满足所需，并避免在后面的阶段迫切增加费用。

场地勘察方案可以修改从而减少使用空间，但成本和工作内容会因此而增加，技术成果也会受到影响。例如：

- 一个普通的冲击（"套管和螺旋钻进"）钻孔钻机需要至少 7m×3m 的工作区域和能直接进入工作区的车辆通道。可以人工操作的便携式钻机虽可用于狭窄的区域，但会受孔径、深度和可下入套管数的限制。
- 机械挖掘的探井大约需要 $3m^2$ 的空间；人工挖掘探井可以在较小的区域内进行，但需要支撑，而且由于安全风险增大，挖掘速度要慢得多。因为需要破碎埋在地下的钢筋混凝土，因此会产生噪声，而且如果工作缓慢，会延长对邻居的干扰。

图 44.2 给出了招标投标和执行场地勘察的典型施工计划。这个过程往往比客户预期的周期要长得多，因此，有必要尽早解释每一过程要求的理由，以便尽早适当地发出继续进行的指示，并在需要时提供结果。

44.2.4 所需参数和资料

在场地勘察中收集的参数取决于场地的性质和在其上的建造计划。特别危险的场地或复杂的开发项目显然需要更详细的分析，以最经济的方式应对关键的风险。分析越详细，通常需要确定的参数越多，分析结果才有意义。需要围绕方案—分析—参数—勘察循环进行一定程度的迭代，以确保场地勘察目标清晰。具有所有这些专业经验的岩土顾问最适合策划场地勘察，他们可以综合考虑不同的问题，而不是对最迫切的勘察要求做出不成比例的反应。

场地勘察的需要取决于准备建造什么；反过来，在极端情况下，可以建造什么取决于场地勘察的结果。因此，现场勘察需要正确地预料可能的基础形式。该循环如图 44.3 所示。

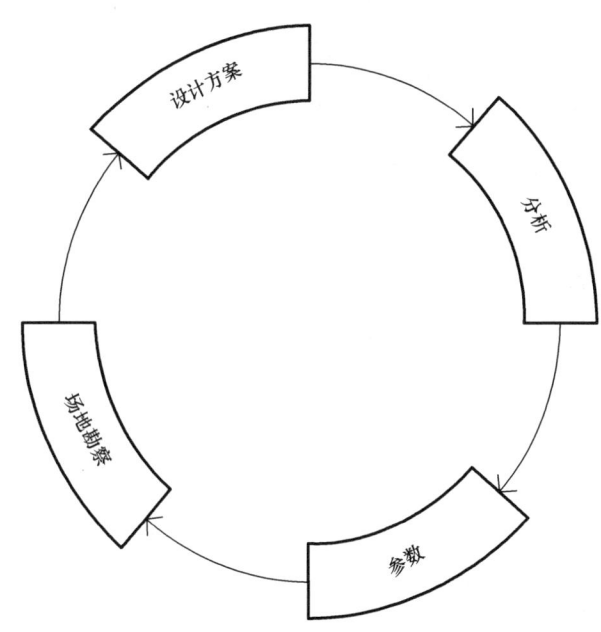

图 44.3 方案设计与岩土分析、土工参数、场地勘察之间的循环

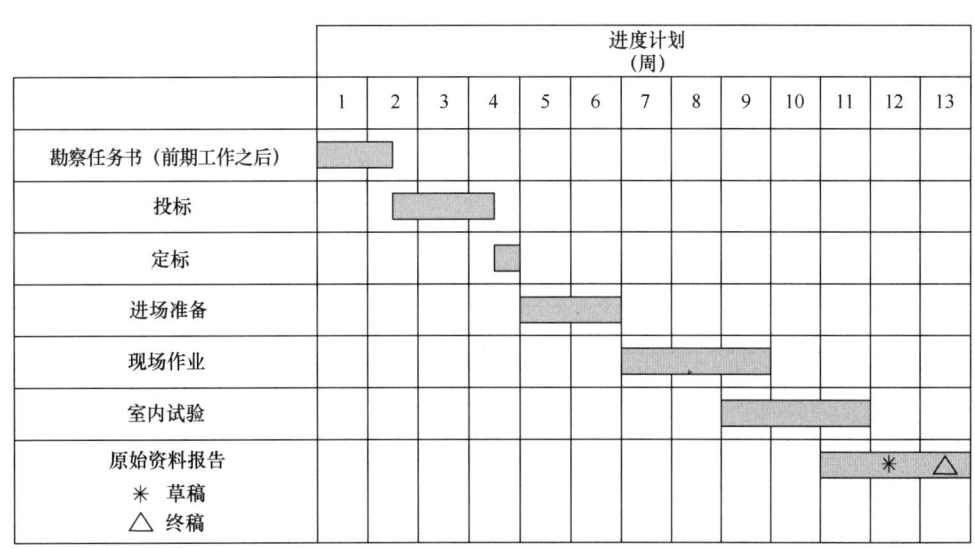

图 44.2 典型的勘察工作计划

场地勘察至少应确定以下特征：

- 地层及其在整个场地的变化；
- 场地及周围地下水状况；地下水水压力随深度和时间的变化；在场地内的流向；
- 主要地层的性质及其特性；
- 关键地层的强度、刚度、原位应力和渗透性。

需要进一步勘察的是浅层，主要是为了检测：

- 障碍物和埋设设施——见第41章"人为风险源与障碍物"；
- 相邻基础的范围和埋深；
- 可能对打桩平台造成危险（参见 Building Research Establish, 2004）或其他相关临时需求的软弱场地；
- 塑性黏土中的树根，会导致浅基础的干燥收缩和位移。

场地勘察应该认识到实际地质变化的可能性，而不是仅仅期望验证规划师的先入之见。在第40章"场地风险"中更详细地解释了各种变异性，但也可能包括，例如，在河口沉积物中存在大的砂槽，如兰贝斯（Lambeth）组，或被搬运的砂或黏土，如伦敦黏土中偶尔出现的非常深的冰川后冲刷特征，其往往与古老河流的汇合有关。

从一开始，场地勘察的策划者就必须清楚了解以后的分析所需要的信息，这一点很重要。如果没有大的干扰、费用问题和其他困境的情况下，一般不会重复开展场地勘察工作。

所需要获取的参数取决于完成设计所需的分析。如表44.1所示，它们必须应对所有关键的设计问题，以便采用最经济的施工方法和最小的项目风险。

44.2.5 工作范围问题的例子

在确定场地勘察的工作内容范围时，需要考虑以下几点：

- 如果预期有桩，钻孔通常需要更深。
- 如果黏土上的地基紧邻树木，则需要评估黏土的干燥程度。
- 如果主要建筑工程可能需要广泛降水，则需要估计每一地层的渗透性。

显然，在任何地点，对于低层住宅开发的场地勘察与地下室埋深很大的高层办公大楼截然不同。因此，现场勘察报告主要是针对特定方案的，而不是针对场地的。虽然一份旧的岩土工程报告应该提供关于一个场地的非常有用的资料，但在随后和邻近的开发中，应谨慎使用其特定方案的建议。

场地勘察领域总是在更全面的工作内容范围和有限的预算之间取得平衡。一方面，在任何项目上，资金都会紧张，特别是前期准备活动。另一方面，由于少开展了部分场地勘察而现场作业不得不重复，这并不划算。因此，岩土工程咨询师在完成工作内容之前，应与其他团队成员广泛协商，以便：

- 包括了所有需求，而不仅仅是本章开头所解释的那些关心基础的结构工程师的需求。其他的可能包括整个场地基础设施的工程师规划道路和停车场，可能正在考虑可持续城市排水系统的公共卫生工程师，可能希望通过探井调查现有地下管线的市政工程师，以及关心场地可能存在考古价值的地区建筑师。
- 考虑整个发展对场地的影响。因此，按照停车场的要求可能需要考虑设置分层挡土墙；建造地下室的最经济的方法可能是大开挖，因此需要更深入了解场地的水文地质条件和地层的渗透性。

因此，在策划场地勘察时，必须考虑一些方案的可能性，如：

- 浅基础或深基础；
- 挡土墙或放坡开挖；
- 不同的进场道路；
- 场地存在污染或有考古遗迹。

桩基设计与场地勘察资料需求之间的关系　　　　表44.1

正在设计的元素	分析方法	需要测量的参数	测量方法
桩基设计	手工计算	地层、水压、地基强度	钻孔标准贯入试验（SPT）/静力触探试验（CPT）；从钻孔中获得的土样做实验室测试
桩的可施工性		钻孔过程中的渗漏、施工时钻孔坍塌情况	钻孔取样的指标测试以确定土样的变化
混凝土耐久性	BRE SD1	硫酸盐含量	钻孔取样的室内试验

44.2.6 适当的试验

44.2.6.1 将试验方案与资料需求相匹配

岩土及岩土环境工程专业协会（AGS）的《岩土实验室试验选择优秀指南》（*Guide to the Selection of Geotechnical Soil Laboratory Testing*）（Association of Geotechnical and Geoenvironmental Specialists, 1998）论述了这一问题。

土工试验要实现两个基本目标：

- 定量确认每个地层在空间和深度上的性质变化，这使得在工程设计中可以更简单地将特定地层结合在一起考虑，或者指出考虑更复杂的地层序列的需要（地质学家倾向于更详细，而土木工程师在考虑不同地质层的工程特性方面倾向于简化）。
- 为基础和结构的设计提供数据，地下结构需要在强度和刚度方面为后续分析提供定量依据。

在策划试验时，通常应考虑将以上两个方面分开考虑。例如遵循国家房屋建设委员会（NHBC）房屋基础设计规则的一个简单勘察，将主要关注场地土层的一般特性，而具有深层地下室的大型建筑则需要更精确地量化各层土的强度和刚度，还可能需要如渗透性之类的参数。在制定试验方案之前，明确划分可能的关键土层是有用处的。

根据当地的常规，不同国家对现场和实验室测试的相对依赖程度不尽相同。必须在以下两者之间达成平衡：

- 在天然密度、原位应力、相对未扰动的状态下，就自然状态粗略地进行测量。
- 将个别样品带回实验室，在那里可以在更受控的条件下进行测试，尽管样品在现场作业和随后的运输和检验过程中可能受到干扰。

勘察工作中一直在尝试使用能够提高现场试验水平的技术，如旁压试验，也力图使得室内实验室试验更具代表性，如应力路径三轴试验。事实上，对于大多数典型的设计来说，所有土工测试的有效性取决于他们是否能将先前观测到的基础的实际行为简单地应用于新情况。

表 44.2 给出了英国所有常见的土工试验类型的简单分类。

污染测试的范围会非常广泛，这会在第 48 章"岩土环境测试"中加以叙述。

对于计划进行更复杂分析的大型结构，需要准备场地勘察中收集的数据——将准确度低的数据输入复杂分析可能会导致无意义的结果。因此，需要一些冗余以允许更精确地选择参数，有时应从几种试验类型（现场和实验室）中推断参数。

与实验室试验相比，现场试验的一个优点是其结果可以较快地获得。先进的实验室试验的一个缺点，特别是在三轴室或剪切箱中对黏土进行排水剪切试验，就是其结果可能需要相当长的时间才能获得，甚至可能在整个项目的重要设计决策已经做出之后才获得。岩土设计师不应等待这些参数作为保守分析的基础，以便保持设计团队其他成员的信心，并能够正确影响设计。

实验室和现场勘察技术在第 47 章中"原位测试"到第 49 章"取样与室内试验"中有更详细的描述。

44.2.7 现场工作数量和深度

44.2.7.1 选择合适的技术和设备

适当的勘察工作量取决于遗漏地层可能的变异后果。如果仅基于一个勘探点开展设计工作，则地层边界在整个场地范围都是平坦的，土的性质不会发生变化。在以前未勘探的情况下，假设关键地层界面没有褶皱或断层，则需要三个钻孔来确定关键地层分界面的倾角。

常用土工试验　　　　表 44.2

	现场试验	室内试验
土的分类	SPT 锥	颗粒分析（筛子和移液管）阿太堡界限矿物学
强度	从 SPT 间接获得的手摇叶片袋式贯入仪锥体压力计	三轴剪切箱
刚度	SPT 压力计	三轴局部应变测量
渗透性	用抽水井和观测井（立管）进行抽水试验 上升/下降水头试验	侧限（Oedometer）试验渗透仪

任何勘察的关键目的是准确地调查对设计很重要的地层及其标高。因此，对采用桩基的建筑物比只考虑浅基础的勘察可能要复杂得多。这些场地勘察策划的考虑应向设计团队的其他成员说明，以便探索那些可能导致他们设计作废的因素。

如果参数的不确定性是唯一的变量，那么质量差或不太全面的勘察可以用更保守的设计来弥补，尽管项目的总体直接成本可能会更高。例如，在桩基设计中对桩侧摩阻力的保守评估可以减少钻孔和测试的数量。然而，减少现场勘察的工作量可能会导致未能揭示地基条件的重大变化，从而使桩型的选择无效，项目将因此遭受严重的成本和工期损失，而重新设计一个更合理的桩基方案，承包商待工以及昂贵施工设备闲置。

英国标准 BS 5930：1999（BSI，1999）第 12.6 条建议勘探点间距如下：

- 对一般建筑结构，勘探点之间的间距相对较近，例如 10~30m 比较合适；
- 对于平坦场地的小型结构，应至少布置三个勘探点，除非有邻近场地的可靠资料；
- 如果一个结构由若干相邻单元组成，则每个单元一个勘探点可能就够了；
- 某些工程，如大坝、隧道和深基坑，对地质条件特别敏感，为了更详细地了解地质条件，勘探点的间距和位置应比其他工程更接近该场地的详细地质情况。

《欧洲标准 7　第 2 部分》BS EN 1997-2（BSI，2007）第 2.4.1.3 条建议：

勘探点的位置和勘探深度应在初步勘察的基础上，根据地质条件、结构尺寸和涉及的工程问题确定。

它还要求：

勘探深度应扩展到所有会影响工程或受施工影响的地层。对于水坝、围堰和地下水位以下开挖的工程，以及涉及降水的地段，还应根据水文地质条件确定勘探深度。存在斜坡和台阶的场地应勘探到任何潜在滑动面以下的深度。

《欧洲标准 7　第 2 部分》BS EN 1997-2 的附录 B3 为一系列工况提供了有用的勘探点间距建议，如"高层及工业建筑物"的间距为 15~40m，"大面积建筑物"的间距为 60m，而"道路、铁路、挡土墙、管道或隧道等线状构筑物"的间距为 20~200m。应当指出的是，以上间距的建议并不一定表示需要更多的或更昂贵的深孔——只要有足够的勘探点来确定场地关键条件的地层变化就可以了。对于伦敦黏土中的桩基设计，变化最大的关键变量是伦敦黏土层面的水平变化：由于老河道的不同，它有时会有几米的变化，甚至由于冲刷凹陷而有几十米的变化。这意味着需要更多的钻孔来查明伦敦黏土层表面的变化情况，而不是直接穿过整个地层并证明其基础底部的钻孔。同样，人工填土变化很大，可能在很短的距离内发生变化。因此，它的地层变化需要较多钻孔加以确定，设计中应认识和考虑这一点。采用这种方法，应该可以使现场工作达到最具成本效益的程度——既经济又能有效地降低关键风险。

如果场地开发建设程度不确定，必须在最完善的开发项目所需的适当的场地勘察，与规划一个更为适度的开发项目所能节省的成本但有可能会二次进场之间达成平衡。有关选择可能需要与客户商讨以确定最合适的做法，客户可能已准备好承受日后为实现潜在的节省而需要付出更多努力的风险。特别是在成本差异相对较小和项目进度紧张的情况下，客户可能无法承担漏掉关键资料的风险。有时也存在一种折中的方案，即收集了足够的数据可以对所有方案进行设计，但只有足够的数据可以对不太全面的方案进行完整的设计。这还取决于主合同的采购思路和风险转移机制。

如前所述，场地勘察应为可能的临时工程提供数据（只要当时可以预计到）。在临时工程设计中不可能在很晚的时候才获取所需的信息，因此如果早期阶段未取得足够数据则项目的总体风险（可能还有成本）将更高。

44.2.8　明确的工作目标

一旦决定进行场地勘察，就必须有明确的实施策略。对于规模更大和更复杂的勘察，最好是根据场地平面图和理想的地质剖面制定计划。随着每个钻孔的完成，对整个勘察的作用都可以被追踪。当勘察中有许多方面的问题需要在钻孔的位置和深度上加以解决时，这一点尤其重要。如果这一策略得以恰当实施，就可以确保在不超出预算的情况下取得足够的成果。在勘察工作开始时，通常需要正式策划的内容包括：

- 地层——对各重要地层的分布进行验证，得到准确的空间分布情况；
- 水压——随深度、空间和地层的变化；
- 岩土工程试验结果——地层随深度的变化；确定空间的变化；
- 污染测试结果——可能污染的每个地区不同化学物质含量的变化。

请见图44.4中的示例。

如果一开始就没有明确的目标，场地勘察很快就会陷入混乱，因为大量未经处理的数据会让接收者不知所措。

44.3 承揽场地勘察项目

44.3.1 典型费用

就降低建设项目风险而言，案头研究和现场勘察是场地勘察最有价值的工作。俗话说得好，"不管是否做场地勘察，你都要为之支付费用"。构思不周或计划不周的场地勘察最终往往比好的勘察成本更高，因为随着项目的进展，项目变更的成本通常会增加。

场地勘察的典型费用见表44.3。虽然这些数据有些陈旧，但建筑工程的数据与当前的经验相符合。

目前的建筑场地勘察费用占建筑总投资的0.1%~0.2%。对于小型国内工程，勘察成本往往可以更高——可能是工程成本的0.5%~1.0%。

因此，对于总投资3000万英镑的工程来说，场地勘察的成本通常为3万~6万英镑。如果场地既有的地质灾害较大或拟采用的基础形式对场地的要求高于普通的情况，价格会比较高。低比例通常是场地内有若干个相邻建筑物的现场勘察，因此可以提高效率，或者选择的建筑结构形式特别昂贵，但基础采用较简单的技术。

目前对于重大基础设施项目，施工前场地勘察阶段的成本占项目造价的0.1%~0.15%。这不包括在初步设计阶段进行的任何初步勘察阶段的费用。

场地勘察必须针对特定场地的风险，因此根据固定总价或一般造价比例对其成本进行限制可能会导致项目面临更大的风险。正如第7章"工程项目中的岩土工程风险"和第40章"场地风险"所述，场地风险是大多数项目面临的最严峻的风险，在调查风险方面进行节约往往会导致以后成本的增加，因此这种节约是毫无意义的。

场地勘察本质上是一个探索性的过程，因此它的产出成本会因不同的发现会有很大的不同。所有各方在一开始就必须认识到，场地勘察钻机因障碍物而造成的延误要比例如打桩钻机因同样障碍物而延误要便宜得多，而且工期延误也要小得多。

实验室试验是场地勘察预算的一个重要组成部分，因此在编制预算时不应压缩测试的内容。

根据粗略的经验估计，每延长米钻孔需100~200英镑用于试验，包括大多数类型的现场和室内试验。因此，对于一个造价3亿英镑的公路项目的勘察涉及120个平均深度为20m的钻孔，预计试验将花费约36万英镑。

由于遇到未预计的场地条件而造成的场地勘察费用超支应被视为成功，因为较早发现了潜在的问题，可以采取措施防止这些问题在施工中发生。岩土工程师对勘察工作进行随时而主动的控制和场地

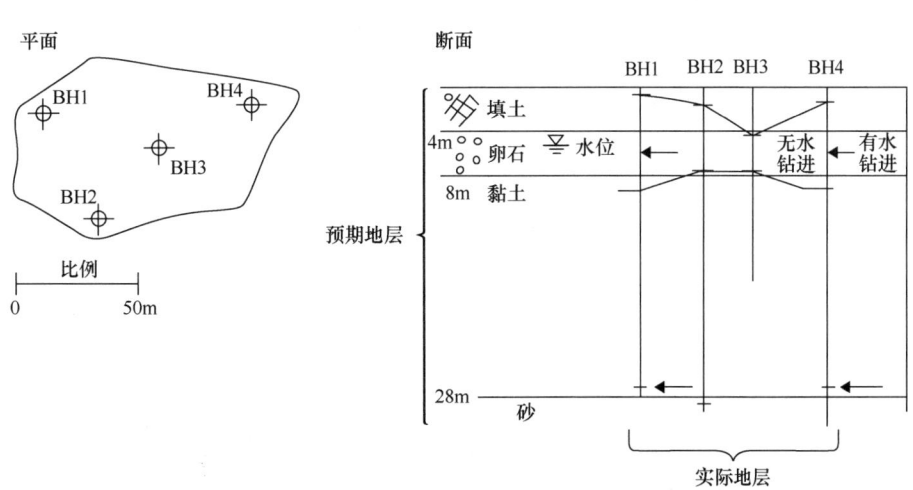

图44.4 预期和实际地层对比以协助策划场地勘察的示例

勘察承包商的对应能让正确的参数在整体勘察预算内确定。

为审慎起见,应容许在进行场地勘察期间,因应对场地不断获得的认知,支出合理的备用金。通常情况下,这种备用金部分来自于较为充裕的费用预算,也就是有可能超过的部分,加上额外的10% 以应对意外情况。所有试验项目均应包括在场地勘察投标文件的费率表里。

如果发现异常的场地情况,项目组需要重新评估并商定新的场地勘察预算。合同形式应允许勘察工作根据发现的情况进行变更。

44.3.2 甄选顾问公司和承包商

购买场地勘察服务与其他任何交易一样——买家希望确保自己能得到想要的东西,以及何时得到,并期望在价格或项目计划上不会出现令人不快的意外。购买任何商品都是类似的:购买者希望得到保障,免受他们意想不到的事情的影响。更谨慎的买家会阅读所有的细微条款,并会谈判以得到他们想要的东西。一旦签订了合同,他们就要按照合同要求执行。

第一步是确保准备好适当的勘察要求。很少有客户是购买场地勘察服务方面的专家,所以需要专业人士协助。招标投标成功与否,取决于是否清楚地知道需要什么,以及是否清楚地向供应商提出要求。接下来的两节讨论如何选择必要的专业人士协助。之后的内容论述如何在合同框架中保护客户利益。

对于大型建筑工程,建筑师可以担任《工程建设之场地勘察》系列(Site Investigation Steering Group,1993)第 2 部分所建议的"主要技术顾问"角色,即策划、招标投标和质量管理(见第 42 章"分工与职责")。然而,一般而言,建筑工程通常由结构工程师负责,他们确定需要提供岩土工程技术的内容,并建议何时提供服务。大多数开发团队依靠他们的结构工程师来推荐岩土工程勘察和设计的方法。他们的建议主要考虑以下因素:

- 结构工程公司的岩土工程能力——尤其是该公司是否聘用具备足够技能的岩土工程专业人员,并具备评估场地变异和风险方面的经验。
- 结构工程师对岩土工程风险的态度——有些人倾向于尽量委派其他单位负责,因此自己承担的岩土工程风险会相应减少,但如果这会导致项目设计脱节而面临更大的总体风险,那么显然是不正确的。如果整个项目的风险增加,那么所有工作将受到影响。
- 特殊开发项目需要特殊的技术,例如需要特别的勘察技术或先进的岩土分析技术。

同时担任勘察承包商的结构工程顾问,则可提供完整的"一站式"服务,提供综合的结构及岩土设计和岩土勘察服务。

在某种程度上,是否就岩土工程事宜征询结构工程师的意见,应由项目开发者自行决定。这将取决于他对结构工程师的信任,以控制什么是项目潜在的最高风险。评估结构工程师对场地风险控制能力的关键因素是了解其公司的岩土工程能力。如果他们直接聘用岩土工程师或可随时获得经验丰富的岩土工程咨询意见,他们便更有可能降低场地风险。

本章开始部分概述的项目角色为评估备选公司的岩土技术能力提供了一种方法。岩土工程顾问应对此发挥关键作用;以往类似项目的成功经验和工作经历是考察个人是否适合的良好指标。在任命岩土工程顾问之前,应考察一下他们下述能力:

- 具有类似结构复杂性和场地需求的工程项目经验;
- 熟悉预期的场地条件和所面对的特殊风险环境;
- 了解全面的勘察、设计和施工过程——慎防勘察工作人员不了解地下室的设计条件和基础类型;
- 以往项目的客户意见:他们是否良好地履行了他们的职责?他们是否主动发现问题并降低风险?
- 为项目增加价值和在需要时调用额外资源的能力。

一个尽职的岩土顾问应该为完成项目的所有岩土工程提供一个方案,并就如何在每个阶段减少风险和提高可建造性提出具体的想法。新的英国"岩土工程专业人员注册"制度(RoGEP)提供了适当的资格认证路线。

典型的场地勘察费用　　表 44.3

工程类别	占项目总投资的比例(%)	占土石方和基础费用的比例(%)
土坝	0.89 ~ 3.30	1.14 ~ 5.20
堤防	0.12 ~ 0.19	0.16 ~ 0.20
码头	0.23 ~ 0.50	0.42 ~ 1.67
桥梁	0.12 ~ 0.50	0.26 ~ 1.30
建筑物	0.05 ~ 0.22	0.50 ~ 2.00
道路	0.20 ~ 1.55	(1.60) ~ 5.67
铁路	0.60 ~ 2.00	3.50
总体平均数	0.70	1.50

数据取自 Rowe(1972)

《工程建设之场地勘察系列》文件（Site Investigation Steering Group，1993）对雇用岩土工程顾问来监督一个连贯的岩土工程设计过程作出了合理的建议。他们建议首席技术顾问应向客户建议岩土工程顾问的需要，因为在许多项目中，首席技术顾问会是建筑师。

图 44.5 给出了场地勘察指导小组（Site Investigation Steering Group，SISG）提出的现场勘察的典型决策过程。

一些岩土工程顾问为纯咨询公司工作，也就是说，他们需要另外单独雇佣现场勘察承包商，而另一些岩土工程顾问则为同时拥有勘察设备和实验室的公司工作。两种方式都有利有弊，但一般而言，综合模式对于较小和较简单的委托和场地勘察具有优势，而对于较大和较复杂的勘察，特别是在客户怀疑综合勘察机构提议进行额外场地勘察纯粹是为了增加自己的收入和利润的情况下，分开的办法更好。

44.3.3 界定工作范围

工程范围可由为工程项目提供岩土工程服务的顾问工程师或场地勘察承包商界定。前者允许公平地进行工程的竞争性投标——邀请投标承包商就工程范围进行竞争是不公平的（也是不良的做法），因为这会让那些愿意建议最少工作的承包商中标。这种表面看似的节省将意味着对风险的调查不够彻底；主体工程的承包商投标将面临更大的不确定性和风险，他们将为此付出代价，或者在施工过程中出现没有预计的情况才会发现。

场地勘察的范围取决于计划建设的范围。

在规划场地勘察所需的工作范围时，要小心过分注重成本的客户人为地限制勘察范围，因为他们不明白这些限制可能会增加风险。如果对范围进行了限制，则应在报告中说明这些限制：预算限制或由于无法进场而存在限制。这使得：

- 其他人能够理解已识别但没有跟进的风险，以便设计能够解决额外的不确定性；
- 合理分配覆盖范围不足的责任。

44.3.4 场地勘察合同文件

任何场地勘察都需要一套明确的合同文件来描述任务并规范任务的执行，这些文件在第 42 章"分工与职责"中作了介绍。从广义上讲，将这些内容列入规范和合同是有帮助的。规范要求应提供技术要求和范围，而合同条款则是规范工作的开展方式，以避免争议。这两个部分是不同的，分开叙述是为了各自的目的，而不能混合。工程量清单将反映这两者。

44.3.4.1 技术要求

技术要求的目的是从范围和质量两方面明确界定将要开展的工作。明确的技术要求具有以下优点：

- 在投标之前，它允许设计团队讨论并就需要做的工作达成协议；
- 在投标过程中，它明确地告知每个投标人报价中应该包括什么；
- 在工程实施期间，如果出现任何分歧，它为客户和承包商之间的讨论提供了基础；
- 在工程完成后，它能保证公平支付。

诸如"使工程师满意"这样的语句在技术要求中出现是没有好处的，因为承包商永远不知道令工程师满意是否容易。它把合约授予了那些不严谨的承包商，这些承包商可能采用较低的标准，而不授予那些更负责任或更有经验的承包商，虽然这些承包商可能会提供更实际或充足的工资。一般不要使用这样的语句，因为工程师通常可以用他希望使用的标准来代替。

一个明确的技术要求应包括：

- 工程的背景——其目的，即将建造什么；预期的场地条件；场地目前的使用情况等，包括通行情况和必要的限制条件；
- 需要完成的工作；
- 工程应遵循的标准，尽可能参照国家标准。

《工程建设之场地勘察系列》（Site Investigation Steering Group，1993）第 3 部分《现场勘察规范》（*Specification for Ground Investigation*）（"黄皮书"）提供了一个格式良好的英国国家标准。国家标准要优于客户或工程师的技术要求，因为：

- 承包商应按要求的标准自觉开展工作；
- 承包商应了解一般的要求，这有利于在投标中减少遗漏的风险；
- 英国范围内的所有工作都应符合最低标准，这样当一份完整的现场勘察报告提交给新的顾问时，顾问应该会更容易接受其勘察结果。

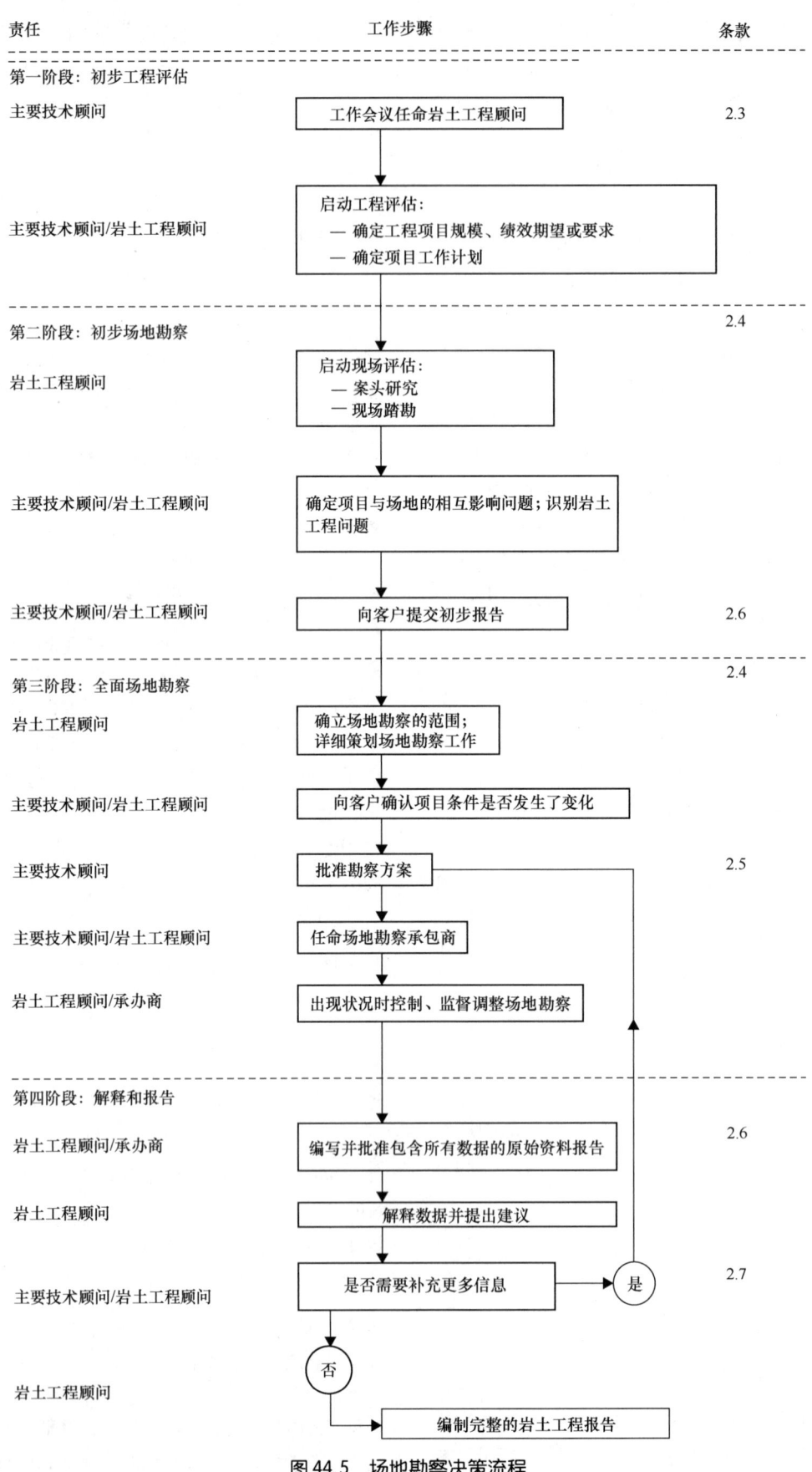

图 44.5 场地勘察决策流程

摘自 Site Investigation Steering Group（1993）第 2 部分：《策划、招标投标和质量管理》 *Planning, Procurement and Quality Management*

这本黄皮书包括一个一般性技术要求，它涵盖了大多数场地勘察所会遇到的问题。它还包括工程量清单草案。它允许在以下系列附表中自由地填写，从而完整体现勘察计划的具体细节：

- 附表1提供了项目的背景，并用文字描述了勘察需求，以及主要限制条件，例如通行条件等。
- 附表2是一个表格，列出了每个勘探孔所需的内容。它可以给出选择，比如钻孔深度（可以是绝对值），也可以要求场地勘察承包商根据地层要求穿透指定地层而确定。
- 附表3是根据ICE合同格式，现场监理人员（通常是工程师代表）所需的设施清单。
- 附表4是对标准的技术要求作出的各种修改的清单。
- 附表5是对标准的技术要求的补充清单，要么是附加要求，要么是标准的技术要求未涵盖的新工作领域。

44.3.4.2 合同格式

对于所有形式的施工，必须事先商定合同以明确客户和承包商之间的风险分担。对于场地勘察也是这样，当出现问题时合同有助于解决问题。场地勘察中常见的争议是付款（就像所有合同一样），以及如果地下管线遭到损坏应该由谁负责。

合同条款必须包括：

- 承包商需要做什么；
- 授予决策权；
- 开工日期、进度及竣工日期；
- 变更和变更流程；
- 延期处理程序；
- 计价协议；
- 验收标准；
- 保险、工程和安全设施的所有权；
- 付款方法（包干价或工程量清单计量），包括质保金部分（例如为了保护客户，在承包商提交原始资料报告之前或现场没有恢复原状的情况下，他们几乎不能从勘察工作中获利）和履约保证金；
- 缺陷修复工作；
- 合同终止条款；
- 争端的解决。

有许多不同的格式合同。勘察从开始就可以预见有些因素是不确定的，因此合同应该允许监督人改变工作顺序和范围，而不需要过于繁琐的控制和审批程序。

由于许多客户不喜欢在未经其同意的情况下，监督工程师进行变更，ICE合同格式最近已经不大受欢迎了。然而，这一特点使得它成为一个非常适合现场勘察的合同，因为勘察工作要迅速应对意外的情况。正常情况下，在整个项目中勘察花费的金额相对较小，因此控制程度不是问题。《ICE合同标准条款》（ICE Standard Conditions of Contract）第7版（Institution of Civil Engineers，2003b）需要一些修改（目前正在编写），以使它适用于场地勘察。英国土木工程师学会（ICE）又发布了第二版的《现场勘察标准合同条款》（Conditions of Contract for Ground Investigations，CCGI）（Institution of Civil Engineers，2003a），建议在可能的情况下尽量使用这一版本。如果使用其他形式的合同，很重要的是在发现没有资料的情况时能作出迅速反应。其他形式的合同，如JCT合同往往不能得到很好地使用，因为它们旨在限制现场的灵活性，这可能会适得其反。"新工程合同"（NEC）到目前为止还没有在场地勘察市场得到广泛使用。勘察承包商可能会对不熟悉的合同条款增加风险报价。

理想的情况下，对于场地勘察，来自设计方的驻场工程师在现场见证工作的关键要素，并了解现场情况，但如果只是部分时间驻场，那么承包商必须获得明确的指示，说明没有预料的情况发生时如何处理，并取得公平合理的支付，以便个人能主动为整个项目取得最佳结果。关键是要让设计人员、岩土工程顾问和场地勘察承包商参与协作解决问题，并为项目获得适当的参数。

完整的合同文件应包括：

- 合同条款，包括协议书；
- 技术要求；
- 标价工程量清单；
- 附图，可能包括现场平面图、钻孔位置图、服务路线以及来自案头研究的历史或地质图表。

44.3.4.3 工程量清单

工程量清单（或有时附有暂定工程量的费率表，以强调变更的可能性）允许商定投标价格。还应该规定工程量计量方法，否则在计量理解上的差异可能会导致争议。应谨慎使用暂定量报价或"仅约定费率"项目，因为前者并未就费用达成一致，后者承包商的投标总额不会因使用高费率受到惩罚。

44.3.5 分担风险

在大多数合同关系中，客户试图将风险传递给承包商。在场地勘察中，由于对可能发生风险具有较大的不确定性，存在更大的风险分担，客户必须接受需要更多工作量的可能性。场地勘察若能辨出值得注意的重要特征而导致费用超支和工期延长，应被视为一项巨大成功而不是一项失误。如果在施工前这些问题才被发现，造成的后果要远远严重过在早期阶段就发现它们。

如果主体承包商已经进场，并有合适的机械设备可用，主体承包商可能更有能力与土地所有者谈判场地勘察的进场条件，并为勘察设备进场提供临时交通。这样就可以从场地勘察承包商的合同中删除进场的责任和风险，从而使勘察的价格更具竞争力。

44.3.6 评标和授标

重要的是所有的投标都要在同一基础上得到公平的评估。因此需要认真考虑，确保每一项限制或例外条件都得到评估。虽然应当根据对场地和任务的了解程度对标书进行评审，但如果定标给一个能力差而恰好提交最低价格的承包商，那遗憾就太迟了。因此如果对承包商的能力有所怀疑，就不应邀请他们投标。

44.4 场地勘察管理

44.4.1 安全管理

所有的建筑工地都有潜在的危险。本节强调了现场勘察安全的一些基本特征，但不应被作为决定性的指南。因为法定指南会随时间而改变，使用者必须确保遵守最新的条例，特别是《建筑（设计与管理）条例》（*Construction (Design and Management) Regulations*，简称CDM条例），详见第42章的"分工与职责"。

场地勘察中的典型危险包括：

- 探井坍塌，往往是由于支撑不足。关于这一主题详见小册子《挖掘安全》（*Safety in Excavations*）（Health and Safety Executive，1997）。《建筑（健康、安全和福利）条例 1996》[*Construction (Health, Safety and Welfare) Regulations*]（SI 1592）第12条规定"在必要时，应采取一切可行步骤，以防止任何人发生危险，并确保任何新的或现有的挖掘，由于进行工程（包括其他挖掘工程）而可能暂时处于不牢固或不稳定状态的挖掘部分。因此，无支撑条件下的安全开挖深度通常被设置为1.2m，但是现行的条例更加全面。
- 在缆绳冲击钻中使用重物造成的伤害——特别是手指。
- 钻探损坏地下设施——这可能导致工地工人严重受伤、邻居和公司造成争端和破坏的潜在原因。这种危险很大，因此在工程开始之前，必须花时间从所有地下管线的拥有人处取得管线平面图，并进行管线探测。
- 调查可能受到污染的场地。

在场地钻探之前，调查地下设施的位置至关重要。应该采取的步骤是：

- 联系所有可能的地下设施拥有者，获得现状管线平面图——这些位置往往不太准确，也很少显示内部联系。有时可能遇到不寻常的管线设施，如关键石油管道，就需要各方查询。上 groundwise.com 网站了解公共事业设施正常埋设范围，或上 linesearch.org 网站了解英国的管道埋设情况。对于业主设有维护部门的现场，可与在现场工作年限较长的人多交流。
- 打开工地上的检查井盖及排水井盖，以确定管网走向。翻新的混凝土或柏油路面通常与进行地下管线设施铺设有关。
- 使用扫描仪尝试探测管道和电缆位置——需要注意的是塑料管道很少能探测到。塑料管道可以与拥有该项服务公司的代表一起确定，以取得最佳结果。
- 根据地下管线的可能位置，在每个位置人工挖掘"启动探坑"，可以减少造成管线损害的可能性。采用真空开挖技术，也可确保现场工作人员的安全。

无论是地下管线还是架空电缆有时候主要管线设施是场地勘察工作的一个重大限制——无论是地下管线还是架空电缆。详见第41章"人为风险源与障碍物"。

《有害化学物质控制条例 2002》（Control of Substances Hazardous to Health，COSHH）要求雇主控制接触可能威胁人们健康的有害物质。

在建于20世纪80年代中期的建筑中，管道、墙壁和顶棚上均有可能使用石棉。如果怀疑有石棉，则在通过查阅建筑物的石棉使用登记表并确认其不存在之前，不应进行介入性工作。

如果有其他相对安全的地点可供选择，策划场地勘察的人不得把钻孔和探井定位在可能更危险的地点。例如：

- 架空电力线路下的钻孔，会对架设和使用钻机的人构成重大危险；
- 悬崖边的探井，会对挖掘机操作人员构成重大威胁；
- 在使用中的地下管线上方采用机械挖掘探井，会对附近所有人构成威胁。

当考虑了场地勘察的目标后，没有其他勘探点可以替代时，勘探设计人员必须尽量减少风险，例如遵循管线附近挖掘的指导，或使用风力或水力真空开挖技术，或人工挖掘技术直至确定所有管线设施的位置。

计划在建筑物内勘探时需要特别注意。在需要从地面钻穿地下室时，需要进行一些检查：
- 确保任何位置的电缆、管线或通风管道不会因拆除或钻孔作业而损坏；
- 确保支撑楼板能够承受钻机的重量，尤其是在楼板上破孔时。

44.4.2 监督

场地勘察承包商很少安排全职的现场技术监管人员。此人将参与技术质量保障、工作安排，对异常情况做出反应，探井描述、钻孔样品和对钻孔施工进行监督，并选择合格的试样用于以后的实验室测试。对于随后的化学分析样品需要迅速采取行动，这些活动通常是必需的。必须指出的是，提供这样的人员需要费用，而标准现场工作费率往往很少允许勘察承包商提供该类人员。因此，如果能在技术要求和工程量清单中明确这些要求，将是有用的。

此外，通常由设计师或岩土顾问免费进行额外审查，以确保监督工作正确进行并可靠地遵守技术规范。这种审核既适用于现场工作，也适用于实验室的测试。但实验室检查常常被忽视，因为很难安排时间监督来自现场的特殊试样。

如果岩土设计师能在现场看到场地实际情况也很有价值，因此应为此目的安排专门的现场考察。在探井开挖同时进行的考察最有价值，因为可以评估开挖的稳定性和涌水量。

44.4.3 质量管理和质量控制

顾问公司及勘察承包商应采用符合 ISO 9001 标准的注册质量体系进行质量管理。质量控制对于确保勘察工作的认真实施和符合一系列可靠的程序是至关重要的。这种质量控制程序对于在土工实验室进行的简单重复的试验工作是非常重要的，因为操作员在程序上的微小变化就可能对结果产生重要的影响。

44.4.4 数据管理

场地勘察产生大量数据，这些数据通常最好以电子文件形式管理。场地勘察合同应规定所有资料应以岩土及岩土环境工程专业协会（AGS）格式制作。这种简单、标准化的格式允许将数据导入所有电子表格包和专业钻孔管理软件。从这里，数据可以导入地理信息系统（GIS）和三维虚拟建造模型，以帮助和设计模型的集成。

目前正在开发的产品包括强大的现场记录平板电脑。场地勘察人员能够直接从钻孔或探井输入数据，并将数据实时传送给岩土技术顾问。其他有用的创新方法包括对现场照片进行 GPS 标记和对样品进行条形码编制等。

44.4.5 履行重要的勘察目标

场地勘察应该有明确的目标，目标有时也会随着工作的进展而改变，但应保持其可见性和连贯性。因此在关键阶段，有必要检查这些目标是否已经达到，以免错失良机。这样的检查往往会很困难，因为在关键阶段通常有大量的资料，且还未得到清晰的整理。正式检查目标是否实现应在场地勘探承包商撤场一周之前进行，在安排最后一批室内试验之前进行，否则任何现场工作的增加都将变得极其昂贵和具有破坏性，场地的主要勘察成果，即承包商的原始资料报告交付也有严重的延误风险。

44.4.6 对现场居住者和邻居的影响

场地勘察工作通常是新项目在某个地方的第一个体现。按第 44.2.3 节所列的原因，场地拥有者和邻居可能不欢迎场地勘察。因此场地勘探需要谨慎启动，并在良好的监督下进行，介入现场操作人员跟焦虑的居民之间的调解工作，以一致和专业的方式处理询问、投诉和信件，形成一个简单的沟通计划通常是个好办法。

应该尽一切合理的努力来降低干扰的程度。否则英国各地的环境卫生官员（EHO）可能会介入，并对工作时间施加严格限制。如果不可避免地出现嘈杂的作业，最好事先通知利益相关者，包括环境卫生官员，然后信守各种承诺。

需要慎重考虑恢复的标准。一方面，它可以被视为浪费开支，因为主体开发又将其清除。另一方面，未恢复的场地环境会降低场地对用户的吸引力，可能导致场地的某些部分无法使用且并不安全。需要考虑的问题包括：

- 恢复石板、硬化地面、道路和草地；
- 立管和压力表旋塞盖的未来保护。

44.4.7 恢复原状

现场工作完成后的场地状况必须让场地拥有者/业主可以接受，这个很重要。这意味着：

- 道路铺装的区域应按要求恢复。
- 应修复草地，包括道路上的车轮痕迹。
- 结构物应该修复，至少要保障安全。在建筑物内勘察时，从一层穿过地下室进行钻孔并不罕见：在这种情况下，钻孔应安全固定，并可能需要防风雨，以防止水渗入地下室造成进一步的安全隐患。
- 应清除所有废弃物，甚至有承包商在工地弃置设备。

此外，勘察工作不应让地基土在未来产生问题：

- 钻孔应在工程完工时灌浆。未灌浆的钻孔会连通不同的含水层而扩散污染，也可能成为打桩和挖掘隧道工程的危险源。
- 探井应夯实。未压实的探井以后会成为令人意外的软弱场地，这可能对浅基础和临时打桩平台构成危险。因此对于住宅开发来说，最好在已知的房屋基础以外的地方布置探井。

44.4.8 合同管理和完成

与所有合同一样，应保留驻场工程师（RE）的标准记录，以便公平评估付款项目。可能需要驻场工程师来解决与邻居之间的误解，特别是当承包商现场没有专业人员时。付款需按合同规定办理，必要时需提供证明。

应保留驻场工程师记录，因为这可能有助于了解随后在现场探测到的任何异常情况，例如，当一段回转取芯钻孔未有取到岩芯时，可能被认为是由于钻探原因而丢失的，但后来也可能发现是由于地下的空洞造成的。

44.5 参考文献

Association of Geotechnical and Geoenvironmental Specialists (AGS) (1998). *Guide to the Selection of Geotechnical Soil Laboratory Testing*. Beckenham, UK: AGS.
British Standards Institution (1999). *Code of Practice for Site Investigations*. London: BSI, BS 5930:1999.
British Standards Institution (2004). *Eurocode 7 – Geotechnical Design: General Rules*. London: BSI, BS EN1997-1:2004.
British Standards Institution (2007). *Eurocode 7 – Geotechnical Design: Ground Investigation and Testing*. London: BSI, BS EN1997-2:2007.
British Standards Institution (2009). *Code of Practice for Noise and Vibration Control on Construction and Open Sites: Vibration*. London: BSI, BS 5228-2:2009.
Building Research Establishment (BRE) (2004). *Working Platforms for Tracked Plant*. Report 470. Bracknell: BRE.
Department for Communities and Local Government (DCLG) (2004). *The Party Wall etc. Act 1996: Explanatory Booklet*. London: DCLG. www.communities.gov.uk/publications/planningandbuilding/partywall [Accessed 3 August 2011].
Glossop, R. (1968). The rise of geotechnology and its influence on engineering practice. Eighth Rankine Lecture, Institution of Civil Engineers. *Géotechnique*, **18**, 105–150.
Head, J. M. and Jardine, F. M. (1992). *Ground-Borne Vibrations arising from Piling*. CIRIA Report TN142. London: Construction Industry Research and Information Association
Health and Safety Executive (HSE) (1997). *Safety in Excavations*. Construction Information Sheet No. 8, Revision 1. London: HSE. www.hse.gov.uk/pubns/cis8r.htm
Institution of Civil Engineers (ICE) (2003a). *Conditions of Contract for Ground Investigations* (2nd Edition). London: ICE.
Institution of Civil Engineers (ICE) (2003b). *Conditions of Contract* (7th Edition). London: ICE.
Rowe, P. W. (1972). The relevance of soil fabric to site investigation practice. Twelfth Rankine Lecture, Institution of Civil Engineers. *Géotechnique*, **22**, 195–300.
Site Investigation Steering Group (1993). *Site Investigation in Construction* (4 volumes). London: Thomas Telford.

延伸阅读

Health and Safety Executive (HSE) (2002). *Control of Substances Hazardous to Health* (5th Edition). London: HSE.
McAleenan, C. and Oloke, D. (2010). *ICE Manual of Health and Safety in Construction*. London: Thomas Telford.
Site Investigation Steering Group (2011). *UK Specification for Ground Investigation* (2nd Edition). Site Investigation in Construction series. London: ICE Publishing.
Site Investigation Steering Group (in press). *Effective Site Investigation* (2nd edition). Site Investigation in Construction series. London: ICE. [The 2nd edition of *Planning, Procurement and Quality Management* (Part 2 of the original series), which is, at the time of writing, in development].
Site Investigation Steering Group (in press). *Guidance for Safe Investigation of Contaminated Land* (2nd edition). Site Investigation in Construction series. London: ICE. [The 2nd edition of *Guidelines for the Safe Investigation by Drilling of Landfills and Contaminated Land* (Part 4 of the original series), which is, at the time of writing, in development].

> 建议结合以下章节阅读本章：
> - 第 8 章 "岩土工程中的健康与安全"
>
> 本书以第 1 篇 "概论" 和第 2 篇 "基本原则" 为指导进行章节编排。如第 4 篇 "场地勘察" 中所述，各类岩土工程均应进行扎实的现场勘察工作。

译审简介：

郭明田，教授级高级工程师，注册土木工程师（岩土），中勘三佳工程咨询（北京）有限公司总工程师，住建部勘察与测量标准化技术委员会委员秘书长。

李耀刚，全国工程勘察设计大师，教授级高级工程师，注册土木工程师（岩土），建设综合勘察研究设计院有限公司总经理。

| 第 45 章　地球物理勘探与遥感

doi: 10.1680/moge.57074.0601

目录

45.1	引言	601
45.2	地球物理学的作用	601
45.3	地球地表物理学	604
45.4	位场法勘探	604
45.5	电测法	606
45.6	电磁法	607
45.7	地震法勘探	609
45.8	钻孔地球物理勘察	613
45.9	遥感	614
45.10	参考文献	618

第 45 章　地球物理勘探与遥感

约翰·M. 雷诺兹（John M. Reynolds），国际有限公司，莫尔德，英国

主译：冯文辰（中国建筑科学研究院有限公司地基基础研究所）
参译：韩莹，田飞
审校：王丹（建设综合勘察研究设计院有限公司）

本章简要概述了一系列可用于工程勘察的地球物理方法（地表、井下）和遥感技术。上述技术已经得到了充分的证明，并且在一个设计可行的，特别是在与介入式方法结合使用的场地勘察工程中使用该技术，可以显著提高可靠性和控制成本效益。

本章介绍了地球物理学的作用，并阐述了如何更好地进行地球物理勘探。目前的最佳方法是聘请一名独立的地球物理勘探专家，负责项目设计、监督实施，以及进行详细分析、建模，并提供完整的评价报告。本章为如何在具体应用中选择最恰当的地球物理技术提供了指导。

本章描述了最常用的地球物理技术，并举例说明可获得的成果。这些方法包括微重力和磁测法、电法勘探（电阻率法、激发极化法、自然电位法）、电磁法（探地雷达法）、地震法（折射法、反射法、面波和地面刚度）、水上测量（水文和海底剖面），以及钻井地球物理勘探技术。

本章同时简要介绍了包括光学卫星（例如，Landsat、SPOT、ASTER）、合成孔径雷达（SAR）、激光雷达（LIDAR）和热红外遥感（TIR）在内的遥感图像分析方法。

45.1　引言

远程地面调查可通过一系列技术实现，如利用地球同步轨道卫星拍摄的光学影像，使用手持传感器的无线电波来探查建筑物混凝土板内的钢筋位置等。传感器可以部署通过在不同的平台上，为数千公里范围的区域分米级别的超高分辨率测试提供信息。

近年来，随着技术的进步，技术部署模式间的界限开始变得模糊。例如，最初的机载激光雷达（光探测和测距）是固定翼飞机上用于制作高分辨率地表数字高程模型的，现在同样的技术不仅被用于从地面站观察岩壁以监测其斜坡稳定性，还可以用于从船只上拍摄海洋基础设施影像。随着现代电子技术和计算机技术的发展，单个的地球物理传感器的体积越来越小，灵敏度越来越高，可以更快地捕获数据。许多观测平台都能够支持多个传感器的同时搭载与观测（手持式、拖曳设备、吊舱推进器、小鸟直升机；单传感器、水平仪和垂直梯度仪，以及许多传感器安装在一系列配置中的多通道系统）。

近几年，随着数据采集效率的提升，许多地球物理勘探技术也得到了长足的发展，能够在更短的时间内获得更多的信息，且空间分辨率也提升了至少一个数量级。传感器灵敏度的提升则使得人们能够对更小的目标进行探测。同时，地球物理数据的处理能力得到了巨大的提升，并且出现越来越多可用于复杂处理的操作软件。如今，将地球物理和井下数据进行有机融合以实现三维场地模型的构建已成为一种可行的方法。

本章简要概述了现有的地球物理和遥感方法。每个当代工程师都应该熟悉这些已经非常成熟并得到了充分验证的技术。本章分为地球物理方法（包括陆上和水上、空中和井下钻孔）的概述以及关键遥感技术的简要说明。

45.2　地球物理学的作用

地球物理学的主要作用是降低风险。一个经专业设计和实施的勘探工作可以做到：

■ 减少健康安全风险——避开地下公共设施、不良地质

条件等；

- 减少专业赔偿风险——不遗漏场地的关键特征；
- 减少采用工程保守结构设计（手段）来掩盖现场勘察工作的不确定性；
- 减少由于"不可预见的地质条件"带来的项目延误和相关的成本。

它还可以做到：

- 提高场地勘察资料的技术可靠性；
- 通过对异常区域进行针对性介入式测试，提高场地勘察的成本效益；
- 通过集成多种数据集和数据类型，提高场地模型的可靠性。

地球物理勘探的主要优点（Reynolds，1996）包括：

- 快速的区域覆盖（每天可达数公顷）；
- 精细的空间分辨率（≪1m）；
- 采样以体积为单位而不是以测点为单位；
- 非侵入式探测，对环境友好；
- 延时测量；
- 提供定量数据而不是定性数据。

地球物理勘探的主要优点之一是非介入式测试，对环境（探测对象）无害。通常需技术人员在地面或地表上方移动传感器，或将金属电极或带尖刺的地震检波器插入地表几厘米。考虑到探测过程不干扰地下环境，部分勘探方法也非常适合用于进行延时测量，即在一段时间后对剖面进行重新探测，以确定地下环境的变化。反之，例如一个钻孔可能造成导水通道，从而影响当地水文条件，且拆除钻孔套管无法使其恢复至未钻孔前的状态。

地球物理方法能够以很小的空间间隔进行采样，通常每10cm采样一次，或者在使用探地雷达的情况下，以不到1cm的间隔进行采样，这些技术几乎可以覆盖全部的可探测区域。这种方法提供了一种最基本的二维勘测手段，可用于对异常区域进行识别，其自身也是一种定性的使用。这种方法或许可以指示出视电导率高低值的相对异常，但不能提供产生此类异常的原因，而这正是介入式试验的价值所在。正如后面所验证的那样，足够深度、较为详细的介入式测试可以对地球物理探测技术进行有益补充，并可从地球物理参数的变化中解译出

特定的地面情况（Reynolds，2004）。例如，通过分析岩土类型与视电导率异常之间的关系，可以标识出岩土体的空间范围。

当利用物探技术提供剖面的水平和垂直变化信息以及分析确定地下目标埋设深度时，详细的钻孔描述记录所提供的剖面真实数据是非常宝贵的。钻孔记录可以确定土层厚度和岩土类型，将其用于地球物理建模可以减少主观因素对定性结论的影响。须强调的是，物探方法并不一定减少所需的介入式试验的数量，但允许在需要的地方进行这些试验，这种结合的方法比独立进行介入式试验要更加有效，而且可以显著降低总成本。

然而，至关重要的是，地球物理勘探的设计目的是达到特定的技术目标，如绘制已封闭垃圾填埋场的边界。这就确定了勘探工作所需的空间采样方法、可能使用的技术、使用什么分析方法获取必要信息，以及如何进行调查等。在进行物探时，一个常见的错误是指定的或普遍熟练使用的仪器设备的可用性来选择探测方法，而不是选择最合适的方法来满足勘探要求。数据采集是达到目的的一种手段，而不是目的本身。许多不成功的地球物理勘探都是浪费资金，因为它们没有正确的作业要求、规定，设计不当或在现场勘探实施不细致、不充分（有时使用了不适宜的技术方法），定位不精确和/或甚至滥用设备。此外，还有许多例子表明，因为在设计和论证阶段很少考虑数据采集后所需的分析方法，导致详实的现场数据解译错误。对于一个完整的地球物理勘探项目而言，首先考虑的是对地球物理勘探成果的分析、数据处理和解译的设计和执行，其次才是数据采集的规范。根据《工程地球物理学指南》（McDowell等，2002）的建议，对于目前的许多勘测项目，应指定一名工程物探顾问（EGA）和一名岩土工程顾问参与其中。最好的办法是由工程物探顾问设计整体的地球物理调查（从数据采集直到整合成果和解译），同时监督现场实施，并承担最终结果的详细解译。数据采集工作可由经验丰富的地球物理探测承包商完成。Schoer（1999）、Darracott 和 McCann（1986）、Anon（1988）、Reynolds（1996）、McCann 等（1997）以及用于考古调查的 David 等（2008）提供了有关工程师使用地球物理学的很多建议。

基于一般可用的地球物理方法，我们可以对物探方法的可应用场景进行分类。表45.1给出了各

种方法的使用指南。在一般情况下，本书建议使用一种以上的方法，一方面可以减少结论中可能出现的歧义问题，另一方面也能够对同一环境中不同的物理-化学特性做出判断。例如，在旧垃圾填埋场的勘探过程中，电阻率层析成像技术就是一种理想的物探方法，可以探测到导电的废弃物、渗滤到基底或侵蚀周边的污水。电阻率物探成果可反映目前流体的导电性，而不是反映岩层界面。对于岩层界面探测，地震折射法可能更适合。因此，这两种技术既适用又互补。同样，在棕地（伴随城市产业结构调整，遗留的、无法被直接利用的土地）环境调查中，电磁法和磁法是常用的物探组合。此外，并发的异常现象也可提高解译的可信度。表45.1中的信息不能作为勘察设计或规范的依据。为了提高地球物理勘探效益，物探的方案设计和技术要求应由经验丰富且具备执业资格的工程物探顾问编制。表45.2列出了岩土的物理特性和与其相适应地球物理探测技术指南。

地球物理方法在浅层工程应用中的适用性 表45.1

物探方法		基岩埋深	地层分层	岩性分类	断裂带探测	断层位移	暗河探测	天然溶洞探测	矿井、巷道、竖井探测	地下水勘探	垃圾填埋区调查	渗滤液探查	污染场地范围调查	未爆炸弹探测	埋藏文物/地下储库
位场法	重力法	1	0	0	0	2	2	4	4	1	3	0	1	0	1
	磁法	0	0	0	0	2	1	0	2	0	3	0	4	4	3
电测法	电阻率-水深测量	4	3	3	2	2	3	2	2	4	4	4	0	0	1
	电阻率-断层扫描	3	2	2	4	3	3	3	3	4	4	4	2	0	3
	激发极化法	2	2	3	1	1	2	0	0	3	3	2	2	0	0
	自然电位法	0	0	0	2	2	1	1	1	4	4	4	2	0	0
电磁法	频率域电磁法	2	2	2	4	2	3	4	4	4	4	4	4	4	3
	瞬变电磁法	2	2	2	3	2	3	1	1	3	3	3	1	0	1
	超低频法	0	0	0	1	1	1	2	2	3	3	0	1	0	0
	探地雷达法	2	3	1	2	3	2	3	3	2	2	0	2	3	4
地震法	折射法	4	3	2	3	4	4	1	1	2	4	0	1	0	1
	浅层面波法	3	4	3	4	3	3	2	2	2	4	0	2	0	1
	地表反射法	2	2	2	1	2	1	2	2	2	2	0	0	0	1
	水面反射法	4	4	2	2	4	4	0	0	0	0	0	0	0	2

关键字：0—被认为不适用或未经验证；1—有限使用；2—已使用，或可使用，但不是最佳方法，或有局限性；3—潜力极大但未充分开发；4—通常认为是优秀的方法，技术很好。

注：技术的适用性取决于一系列作业参数，包括与解译标志的物理/化学对比、目标尺寸、探测规模及预期深度、场地适宜性、场地或通道的大小、地貌和地物种类、现场噪声等。最好是根据特定环境和探测对象的性质来选择物探方法。需要强调的是，本表格只是一个普遍性的指南，技术方法在某一特定区域的适用性可能与表中数值有所不同，应向工程物探专家寻求指导、帮助。

数据取自McCann等（1997）

常用地球物理方法的相关物理特性及其工程应用范围　　　表45.2

物探方法		技术指标	碳氢化物（烃）勘探	区域地质探究	矿产开发勘探	工程场地勘察	环境调查	水文地质勘察	地下空洞探测	渗滤液及污染物范围普查	地下金属物探测	考古探测	法医地球物理/法证地球物理
位场法	重力法	密度	P	P	s	s	s	s	s	!	!	s	!
	磁法	敏感性	P	P	P	s	P	!	m	!	P	P	!
电测法	电阻率法	电阻率	m	m	P	P	P	P	P	P	s	P	m
	激发极化法	电阻率、电容	m	m	P	m	s	m	s	m	m	m	m
	自然电位法	电位差	!	!	P	m	s	P	m	P	m	!	!
电磁法	频率域电磁法	电导率、电感	s	P	P	P	P	P	P	P	P	P	m
	瞬变电磁法	电导率、电感	P	P	P	P	P	P	!	P	!	!	!
	超低频法	电导率、电感	m	m	m	m	m	m	s	s	!	!	!
	探地雷达法	介电常数、导电率	!	!	m	P	P	P	P	s	P	P	P
地震法	折射法	弹性模量密度	P	P	m	P	m	s	s	!	!	!	!
	多道面波分析/地面刚度法	弹性模量密度	!	!	!	P	!	s	m	!	!	!	!
	反射法	弹性模量密度	P	P	m	s	!	s	m	!	!	!	!

关键字：P=主要方法；s=次要方法；m=可使用，但不一定是最好的方法或尚未开发本项应用；!=不适用。
数据来自 Reynolds（2011）

45.3 地球地表物理学

常用的物探技术有四大类，下面将依次对其进行简单的介绍。这类物探技术一般在地面（或水面）上使用，但其中的一些技术也可很容易地在空中和/或井下模式进行部署，如最常见的一维水深和二维剖面数据的获取等。密集采样的二维剖面数据可以叠加为三维立体模型。对于专业的应用来说，可通过部署传感器网络来获取真实的三维数据集，所有传感器的感知信号都来自同一个发射源（如三维电阻率层析成像和地震波反射层析成像）。在一段时间后对剖面（或立体空间）进行再次探测可实现延时探测，从而获取剖面或立体空间的时序变化。相关操作的详细描述不在本章范畴，读者想获取更多内容可参考一些更详尽的文献（例如 Milsom，2003；Reynolds，2011）。

45.4 位场法勘探

45.4.1 重力法

重力法勘探对地质体密度的变化很敏感，重力仪的设计是为了探测地球重力场的变化。重力法勘探的原理是：悬挂在弹簧上的物体受重力作用会改变弹簧长度，可通过测量其长度变化计算得到重力的变化。目前微重力测量精度可达 $5\mu\text{Gal}$（微伽）以上，每天可进行 $50\sim80$ 个台站测量；在工程勘察中，典型异常振幅值可达数十微伽（$1\text{Gal}=1\text{cm/s}^2$）。要取得最佳的测量结果，每个测点水平方向测量精度须优于 $\pm0.1\text{m}$，垂直方向测量精度须优于 $\pm0.02\text{m}$。由于灵敏度很高，现代重力仪可捕捉到噪声和振动，包括远处的地震，但这些会使数据质量出现下降并减慢调查速度。重力加速度仪可提供在离散时间段内的重力测量值，通常每个

"测点"时间为60s。重力测量值要么取规定时间段内平均值,要么取标准差达到指定数值时的平均值。同时,重力的测量还必须建立一个基准站,并在该站上以不超过每两小时一次的间隔进行重力值测量,具体情况视所使用仪器的类型和特点而定。基准站测量数据可用于检测仪器的日漂移情况,并在数据校对时进行"零漂"补偿。

重力值(g_{obs})受地球潮汐,地球表面相对于其形状(扁球体)的位置和表面高程、地形、地壳均衡(大比例勘测),物理运动[如果在移动平台(船舶或飞机上)使用重力计]以及地质体自身物理特性的影响。在应用中,我们需要对上述因素进行修正以将g_{obs}降低到布格(Bouguer)重力异常(Δg_B)数值。这可能需要去除区域重力梯度,并对建筑物和墙壁的存在进行校正,以便消除所有地上部分的影响。而由此产生的异常称为残余布格重力异常,它仅反映给定站点重力仪下方的物质密度变化。

残余布格重力异常数据可通过二维等值线图的方式展示站点重力值的变化情况。低值代表密度较小的区域,可能存在孔隙或固结不良的回填层,高值可能表示密度较高填充层或高密度的基岩。通常,可以根据提取的剖面数据建模,生成二维剖面,这些截面可显示出目标的尺寸、埋深以及其与周围材料的密度对比(如显示空隙是否充满空气或部分被松散材料填充等)(图45.1)。

45.4.2 磁法

现代铯蒸气磁力仪可测量地球磁场的总强度,地球磁场的强度范围可从赤道的约30000nT(毫微特斯拉,磁场强度单位"特斯拉",简写"T",$T = 1 \times 10^9 nT$)、球两极约60000nT(Finlay等,2010)。如果有可磁化物质存在,它们会以特有的方式扭曲地球的磁场。磁力仪的测量精度约0.01nT,采样速率10次/s,通常异常振幅在几十毫微特斯拉到几百毫微特斯拉之间。可覆盖的地面范围取决于仪器沿剖面的传输速度,以步行速度计算,这相当于每10~20cm测量一次。使用差分全球定位系统(GPS)可在记录磁场强度值的同时记录其位置信息。磁力计可以单独使用,也可以多个一起使用来对水平、垂直磁场梯度进行测量。

记录的数据可以显示为磁场强度和水平或垂直磁梯度(nT/m)的二维彩色轮廓图,也可以显示为离散剖面图。与微重力相比,磁场解译工作要复杂得多,因为磁性测量与目标磁化率(磁化强度与磁场强度的比值)的感应磁化函数和任何固有的永久磁化的函数均存在关系。其中,感应磁化是最主要的原因,异常影像的形状、大小也取决于目标的方位、尺寸和埋深。我们可以对磁探测剖面进

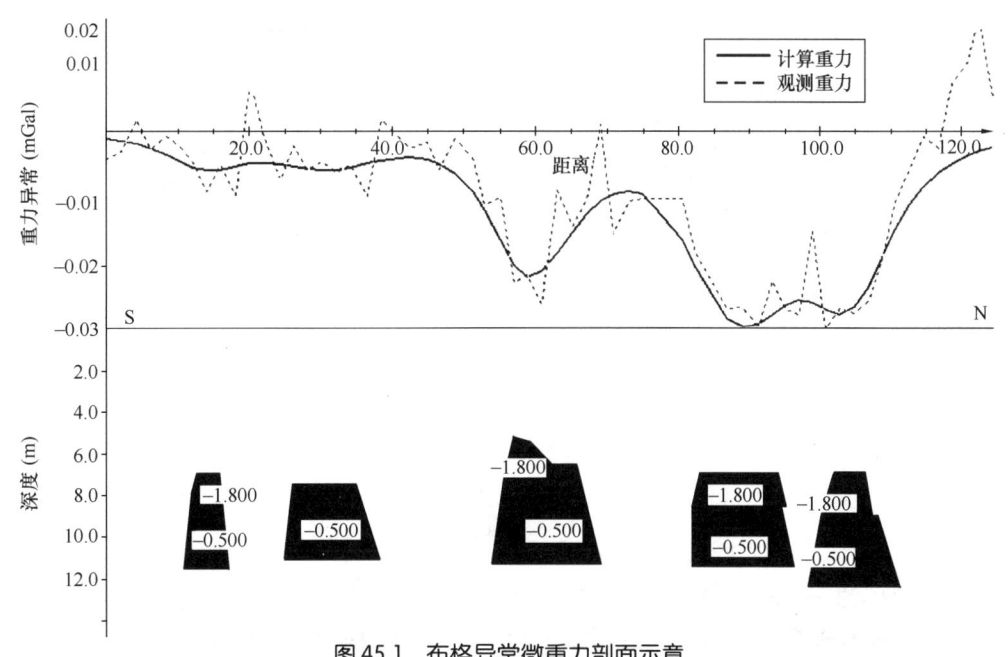

图45.1 布格异常微重力剖面示意

图示矿体轮廓的观测值和模型值,负值为与周围主岩层密度对比,其中 $-1.8mg/m^3$ 为充气空洞,$-0.5mg/m^3$ 为部分回填空洞。这些结果被随后的钻孔探查所证实。

行模拟,并将磁场值与用户选择模型的合成值进行对比,直到观测数据与模型数据的误差落于预定的标准差或均方根误差之内(图45.2)。

在工程勘察中,磁力探测常用于黑色金属物体(地下储油罐、铁管、钢桶等)的定位,也可以用于测绘磁敏材料(如灰熟料、砖等),并划分填埋场内不同材料的空间范围。磁法也被越来越多地用于未爆炸弹药(战争遗留弹药)的探测工作,如黑色金属弹壳、迫击炮弹等。然而,这种技术尚无法对具有反探测设计的未爆炸弹药进行探测,例如现代地雷。

45.5 电测法

45.5.1 电阻率法

电阻率物探技术是探测一个电阻在另一对注入低频交流电的独立电阻作用下的电势变化。通过增加电极间距,电阻率物探技术可获得更大的穿透深度。该技术可有效测量给定电极阵列产生的视电阻率(ρ_a)。视电阻率自身是对体积的平均,没有直接的物理意义。电阻率物探技术有两种主要的用法:垂直电探测(VES)和电阻率层析成像(ERT)。

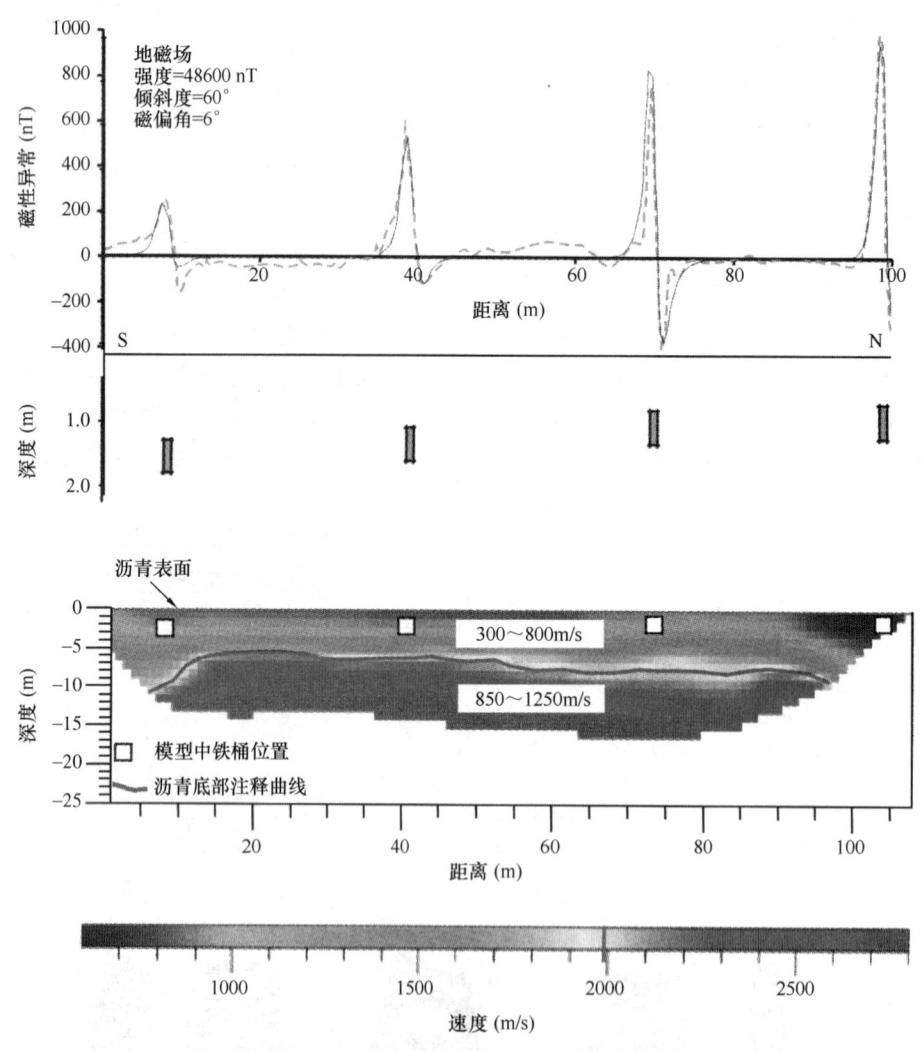

图45.2 上图为磁场强度剖面图,显示探测成果(实线)与掩埋在沥青潟湖内的目标钢桶的模拟埋深曲线(虚线)。下图小方格表示由磁模型推导得出的钢桶位置,叠加在地震折射速度模型结果上,表明在固体基础上的这些钢桶位于沥青潟湖的具体位置

摘自 Reynolds(2002),欧洲地球科学家和工程师协会(European Association of Geoscientists and Engineers)

垂直电探测法可通过拓展电极阵列测量 ρ_a 的方式实现，其中，ρ_a 是电极距离的函数，可通过扩展电极阵列方法生成其一维垂直剖面。利用商业软件（例如 IX1D，Interpex 有限公司）可以分析 VES 曲线（"反演"过程），并对一系列水平层进行解释，这些水平层的厚度和真电阻率由反演过程推导而来。真电阻率是某种材料真正的电阻率。

电阻率层析成像技术是使用一系列的电极阵列，一般为 72 个或更多。各电阻率计由一根多芯电缆连接，可形成一个二维的视电阻率值平面图形。使用专业软件（例如 RES2DINV、Geotomo 软件公司）可将电阻率数据反演成二维剖面，并将剖面电阻率的模拟值表示为深度的函数（图 45.3）。专业软件还具备地形校正功能。

目前，电阻率层析成像技术比垂直电探测法使用更为广泛，虽然垂直电探测法在层级结构探测时具有更高的垂直分辨率，但是测深对三维结构很敏感，在这种情况下，一维反演是不可靠的。专业软件可以生成二维和三维电阻率模型，以保证特定结构和对象的可探测性。

电阻率技术特别适用于材料孔隙中电阻率相差较大的情况，例如在绘制渗滤液污染源垃圾填埋场空间范围成像中的应用。该技术还可应用于自然或人为的空洞、矿井探查工作，水文地质调查以及山体滑坡和地质灾害等方面研究。

还有另外两种电测法也经常应用于地质工程或是环境工程，即激发极化法（induced polarization method，IP）和自然电位法（spontaneous polarization method，SP）。

45.5.2 激发极化法

激发极化剖面的获取方法和 ERT 剖面类似，不同的地方在于其除了需要测量视电阻率外，还需测量极化量，即极化率。激发极化法常用于贱金属、地热和地下水的勘探工作，但也被越来越多地用于环境调查工作。

45.5.3 自然电位法

自然电位法是使用两个非极化电极测量由离子自由扩散所形成的电动势。该方法可用于填埋场探测、堤坝和天然大坝的渗漏监测以及水文地质调查。

45.6 电磁法

45.6.1 电磁法——非探地雷达

目前有很多电磁技术，其中最常见和最广泛使用的是探地雷达技术（GPR）。在本节中，我们介绍的是非探地雷达技术。电磁设备主要有两种类型：频域电磁法（FEM）和时间域电磁法（瞬变电磁法，TEM）。频域电磁法是使用一对固定间距（偶极子长度）的线圈；其中一个线圈用来产生初级磁场，该磁场传播到地层。地下的导体通过在自身内部建立涡流对初次磁场做出反应，从而产生次级磁场，并传回到地表，并由接收线圈进行测量。初级场和次级场的比值是被采样体视电阻率的度量

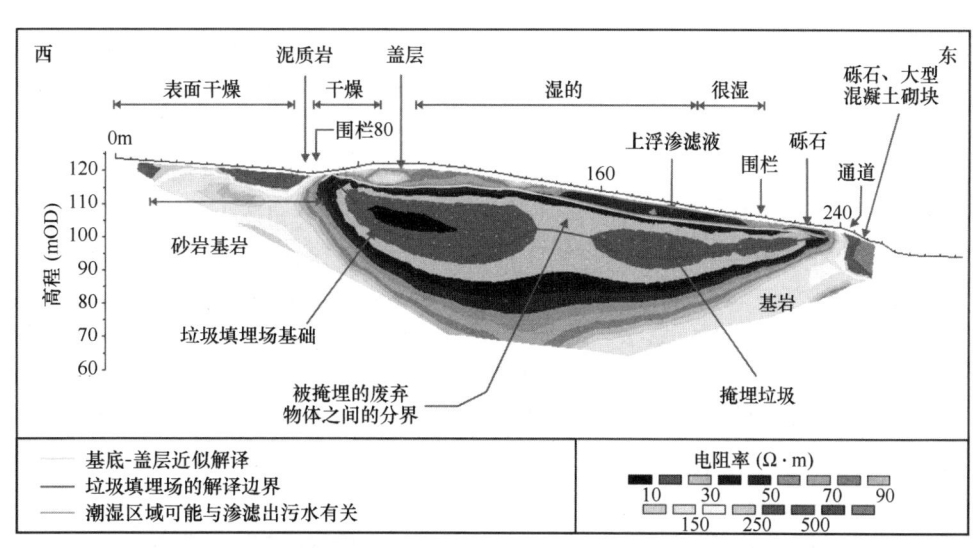

图 45.3 封闭填埋场的电阻率断层扫描图

图 45.4　Geonics 电磁地面电导率仪

(a) EM31（带 GPS 天线）；(b) EM34（白色线圈）

值，电导率是电阻率的倒数；视电阻率是地面电阻率和偶极子排列几何形状的函数，其本身并不能判断探测体的物质特性。Geonics 有限公司生产的电磁设备最受欢迎。该公司生产了一系列电磁地面电导率仪，范围从最小的 EM38 型大地电导率仪（有效探测深度约 1.5m），主要用于考古和农业勘察；到 EM31 型大地电导率仪（有效探测深度约 6m），其发射线圈和接收线圈均在同一个探管上（图 45.4a）；再到 EM34 型大地电导率仪，发射线圈和接收线圈相互分离（图 45.4 b），具有 3 组间距（10m、20m 和 40m），有效探测深度分别为 15m、30m 和 60m。其他制造商开发的仪器（如美国 Geophex 公司生产的 GEM2 电磁勘探仪）它包含固定在传感器吊臂的两个线圈，通过使用不同频率达到探测不同深度的目的，最高频率用于最浅层的地质勘探，降低频率则可增加勘探深度。通常，这些仪器有 5~8 种不同的发射频率。所有这些仪器都是测量电磁场的两个分量，即同相分量和正交分量，后者与前者相差 90°，是视电导率的量度值。同相分量给出了金属材料（黑色和有色）的存在指标。探测数据可以与差分全球定位系统定位数据同时记录，能非常迅速地覆盖探测区域，并显示每个测量点的视电导率和同相分量。这些系统能每秒记录多达 10 个数值，这会显示每一个测点视电导率的相对变化，在勘察阶段非常有用。

频域电磁法的探测在目标体具有导电性的情况下非常有效，例如在垃圾填埋场范围探测、渗滤液调查、棕地勘察、金属管涵探测、带电电缆探测等方面。

时间域电磁法（瞬变电磁）与频域电磁法的工作原理不同，当一个线圈有电流通过时，向地下发送一次脉冲磁场（通常称为一次场），在其激发下，地下地质体中激起的感应涡流将产生随时间变化的感应电磁场（通常称为二次场），利用接收线圈测量二次场的衰减频率，衰减速率受探测体的导电性能影响；二次场的测量数据是切断电源后随时间变化的函数。在探测很深（几百米）的区域时，需大尺寸线圈；时域电磁探测系统是一种非常早期的时间域电磁系统，用于较高分辨率的浅层勘探，通常探测深度十多米。使用瞬变电磁系统可在每个测点上产生一维垂直探测，剖面图是沿着一个断面（测线）进行一系列探测，然后将探测结果网格化，形成一个二维剖面图。瞬变电磁法探测结果可以像一维剖面一样进行反演，解译地层厚度和实际电导率，从而对被探测体进行物理判断。相邻测深（一维）成果可以相互关联并能进行网格化处理，形成二维电导率 - 深度模型。

Geonics 公司还生产出基于瞬变电磁法原理的地球物理金属探测器（EM61 - MK2 和 EM63），两个相互垂直安装的小型平放线圈作为发射线圈，通过测量来自于目标体的响应衰减速率的高低，判断目标大小。这些仪器的穿透能力较弱（<5.5m），但横向分辨率很高，被广泛、有效地用于探测未爆炸弹药和地下储油罐。

45.6.2　电磁法——探地雷达

探地雷达的工作原理是从天线发射中心频率已

知的无线电波，并测量信号反射回接收天线所需的时间。通过测量双向传播时间（TWTT，双向行程时间），且已知（或假设）无线电波在探测物质中的传播速度，就可获取目标深度。在许多方面，该技术在概念上类似于使用声波的地震法。

探地雷达系统是为特定用途而开发的。广义上讲，该系统的极低频（频率 < 10MHz）用于深度探测≫100m 的区域，尤其是极地冰原和冰川探测；工程勘察应用 25～500MHz；无损探测调查系统应用 900MHz～2.5GHz；其中所需的穿透深度属于分米波，但所需的分辨率降至 1cm，甚至更低。目前，已开发了专门为公用管线测绘的探地雷达系统，可供非专业技术人员使用。探地雷达天线可以在地面移动，可以拖曳在车辆后面或在船、飞机上部署。一般规律是：频率高，垂直分辨率高；频率低，垂直分辨率低。由于雷达信号的高衰减特性，探地雷达技术在高导电环境中并不有效，即不应在含盐或导电黏土丰富的环境中使用。

探地雷达测量工作的原理是：电磁波遇到介质的分界面被反射或折射，通过回波信号及其传播时间判断相对介电常数的存在及其埋深。因此，反射特性在解译中可以和双向行程时间值（TWTT）一样重要。探地雷达数据解译中最大的不确定性是将时域雷达图像（原始数据图像）转换为深度图像时，无线电波速度的变化。在高导电区域，例如盐碱环境或海面上，探地雷达不能达到较大的传播深度。然而，它能穿透淡水进行成像。在英国，典型穿透深度约有几米；在低电阻环境中，使用低频系统可获得深度超过 10m 的成像。

探地雷达应用广泛，例如：地质测绘，环境、工程和考古勘探，公路与机场勘测，铁路、桥梁测量，以及动物洞穴测绘。它可以用来测量地下水位及其特征，以及地下水和污染物的运动（DNAPLs 和 LNAPLs，分别为浓稠非水相液体和轻非水相液体）。在适当的条件下，可以对漂浮在地下水面上的碳氢化合物进行成像。

原始雷达数据的处理方式与地震波数据处理方式大致相同，利用各种处理技术对数据进行滤波、放大、增强和偏移，可有效提高雷达影像判读、解译效果（图 45.5）。与地震波数据处理一样，地质雷达数据处理、判读、解译工作也充满了潜在的陷阱和不小心犯错误的可能，只有经验丰富的技术人员才能对雷达探测数据进行处理、解译。

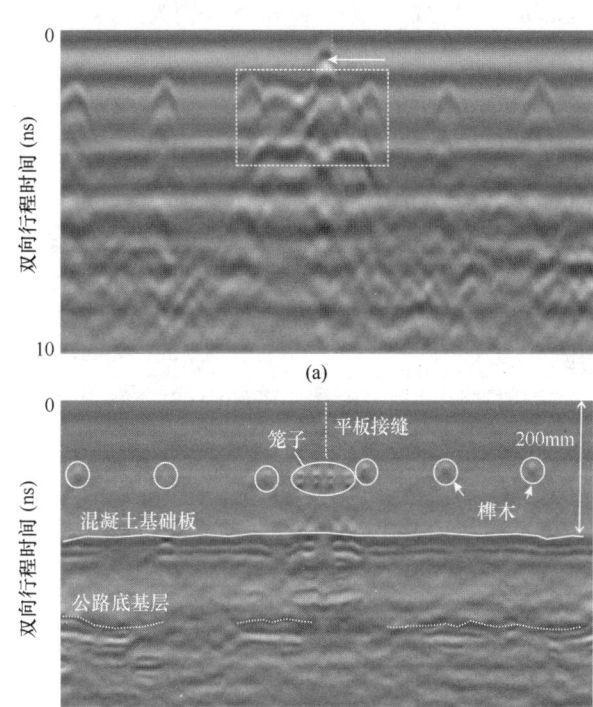

图 45.5 （a）人行道内两块相邻钢筋混凝土板交界处的雷达原始影像；（b）人行道内两块相邻钢筋混凝土板交界处迁移后的影像

摘自 Reynolds (2011), John Wiley & Sons, Inc.

45.7 地震法勘探

地震法勘探利用弹性体波在地层中的产生和传播，并测量其各自的传播时间。震动波的来源多种多样，如用大锤敲击地板，用猎枪（如"Buffalo"枪）空弹垂直射入地面，加速重物的锤击以及爆破等。信号可通过地震检波器（路上）或水听器（水中）进行检测。震源的类型是根据预计的地面条件和目标深度来选择的。与探地雷达技术一样，垂直分辨率和勘探深度之间也存在权衡问题。我们将依次介绍地震勘探的三种主要类型，分别为地震折射波法、反射波法和面波法（瑞利波）。

45.7.1 地震折射波法

地震折射波法包括一组地震检波器和一个能量源（例如用锤子敲击地板）。每个锤击产生的地震波会传播到一个边界上，假设越过这个边界后地震速度会增加；此时的能量会在折射面上发生折射，并在临界角度上辐射回地表。临界角 i_c 存在的条件：$\sin i_c = V_1/V_2$，其中 V_1 和 V_2 分别为地震波在界面上、下介质中的传播速度，且满足 $V_1 < V_2$。通过测量从产生折射到信号传播至每个检波器的时间，可以建立折射波的传播时间与观测距离之间的关系（折射波时距曲线），从而计算地表以及更深折射层的地震速度。经处理后，地震速度图像也可用于展示声波在剖面水平、垂直方向上的速度变化情况（图 45.6）。折射界面的深度也可通过推导得到。

折射波法勘探一般被用于确定基岩深度，定位显示断层的扰动效应区域，测量填埋场和回填采石场的深度，勘察大坝地基情况，确定溶蚀特征以及对其他工程（隧道、道路、堤坝等）的结构探测等。浅层工程的勘察深度通常小于 20m。

45.7.2 地震反射波法

地震反射波测量的是地震波从震源垂直向下传播后返回地表所用的时间。地震反射波的测量可提供地下构造的几何形状信息以及目标体的物理特性。反射波勘探技术不仅在油气行业中得到了高速发展，也越来越多地被高分辨率浅层建设工程和环境保护部门采用。

反射法与折射法使用同类型的震源，调查深度从 20m（最浅处）到数百米不等。勘测记录数据的处理方法很多，有很多成熟的商业软件可以选择。一般来说，原始数据需要经过编辑、过滤、叠加、处理环节，以消除检波器阵列几何形状的影响；然后，对地震波速度进行分析，生成二维剖面并用于后续解译。对数据进一步的增强处理不仅可以提高解译的可靠性，还可将时间剖面转换为深度剖面。Yilmaz（2001）详细描述了可用于数据处理的各种方法。地震波反射测量通常被用于深水桥梁基础设施的工程研究，以及用于制作工程地质构造图的道路、隧道线路测量。

45.7.3 面波法

利用表面剪切波（surface shear waves）或瑞利波（Rayleigh waves）确定地下物质的物理特性的方法有很多。在本章仅讨论两种常用的方法，即地基刚度检测和多道面波分析。

45.7.3.1 地基刚度检测

在工作荷载作用下，地基产生的应变量通常都小于 0.1%。因此，小应变量的测量能力对岩土工程刚度值的计算十分重要。基础刚度检测或连续表面波地震检测（CSW）是测量极小应变刚度 G_{max} 的方法之一，是一种非侵入式模拟贯入试验（CPT）或标准贯入试验（SPT）的方法（Butcher 和 Powell，1996）。垂直一维检测是确定 G_{max} 随深度的变化过程，可提供地层的岩土力学特性（例如硬脆、软塑等）。该技术的工作基础是使用一个多频率振动源，通常重 70kg（图 45.7a），调频范围可从 1Hz 到几百赫兹。在设定频率下，地震振动器可产生穿过地面的瑞利波，并可被由 2~6 个检波器组成的短阵列探测到。振动器穿透的深度相当于波长的三分之一，可通过源波频率进行控制。通过对检波器阵列在给定频率下的相位差和波长进行测量，我们还可以推导得到一定深度范围的地基刚度。一维地基刚度检测需要测量从高到低的多个离散频率，并以抗剪切力的方式给出物质的机械强度。鉴于瑞利波速度（V_r）通常比剪切波速（V_s）低 5%，且 G_{max} 又与 V_s^2 成正比，需要对提取的速度数值进行相应的调整（Butcher 和 Powell，1996）。现有资料表明，地基刚度探测可达 20m 或更深（图 45.7b），具体取决于介质的性质，并可揭示数值的详细变化，最高达数百兆帕。

多道面波分析法（MASW）与折射（地震学）法采用相同的设计框架，即通过产生和记录振动波传播过程的方式构建剪切波波速随深度变化（检

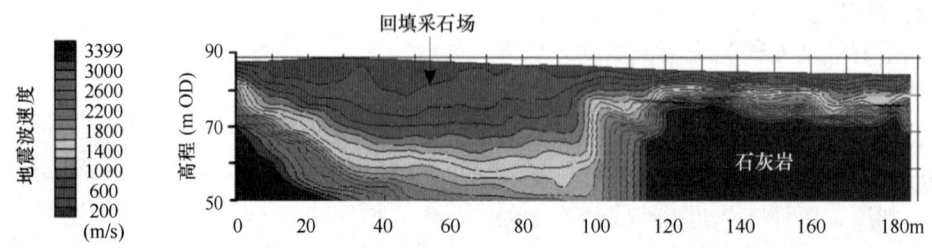

图 45.6　石灰石采石场旧址内已封闭堆填区的地震折射波速剖面图

波器下方）的函数。多道面波分析法可采用并置测量结果的方式形成剪切波波速随深度和阵列位置变化的二维剖面（图45.8）。多道面波分析方法常用于绘制软土层、破碎岩石和空洞等区域影像图。

45.7.3.2 水上水文调查和地震勘探

对于水上工程勘探来说，例如桥梁基础勘察、古河道测绘、海上风电场探测等，水文调查和地震勘探是目前最常用的两种方法，其工作原理与油气资源勘探类似，只是针对应用场景特点降低了其应用规模及作业范围。例如，在对湖泊和人工潟湖、河流、河口、码头和运河进行水上水文调查和地震勘探时，水深最浅仅需0.5m。

（1）侧扫声呐

侧扫声呐是一种水上探测技术，通过安装在船身一侧的拖曳式换能器线阵传感器，可将高频（100～600kHz）声波脉冲沿垂直船体的水下及前进方向的两侧进行发射，并接收经下方表层沉积物和海床表面物体反射的回波。水下表层沉积物和海床的位置及声学特征可以在声谱仪上进行显示。侧扫声呐图像经过处理，可形成依比例的马赛克图像（类似于地面的航拍图像），从这些图像中可以识别海床特征（例如沙波和波纹、砾石和黏土块、冰山和拖网冲刷、巨石、沉船、锚链等）。侧扫声呐也可对个体特征进行成像，如小到0.3m的卵石等。

（2）水深测量

传统的回波水深测量方法可提供垂直于声波换能器下方的水深估计，并通过绘制区域内回波探测等深线的方式制作得到水深图。但是，与传统方法相比，基于多波束的回波测深系统（MBES；条带测深法）可以获得更高的空间精度。多波束回波测深系统使用的是一个倾斜于地面且与移动方向垂直的传感器，可绘制0.5m像素大小的水深值图，垂直分辨率为0.1m，图幅宽度通常为水深的4倍。该系统还可以生成反向散射图像，类似于侧扫声呐生成的海底或湖床的声波图像。通过对每个像素进行地理定位，二维侧扫声呐图像可以在水深测量结果上进行叠加，从而生成海底或湖床的三维声学图像。

研究海底或湖底以下的构造还需要部署高分辨率的海底剖面分析系统。地震震源通常由分辨率很高的单个传感器系统（声波发射器）或者一个突爆（冰上）震源组成，并与一串水听器一起装在一个充满油的浮力柔性管（拖缆）中，垂直分辨率约30cm。如果需要更深的穿透深度（以降低垂直分辨率为代价），可使用更高能量的震源，如电火花（在盐水中放电产生声脉冲）、空气枪或水枪。声源产生的声波可向各个方向传播，而穿透地下的部分反射后可被震源附近的水听器接收，并用于制作地震图像。在基本解译层面，例如疏浚工程调查，我们仅使用部分反射波来进行简单的线性解译工作，如绘制每个测线上选定面的高程。但是，当数据被转换成符合国际标准的SEG-Y格式时，我们便可以使用更多、更复杂的数据处理和分析方法，如对多重反射效应的抑制以及对主反射波的滤波增强等。此外，我们还可以使用基于石油工业标准的二维和三维软件对测井数据进行展示和分析。岩性边界可以被识别并投影到地震数据上，以方便

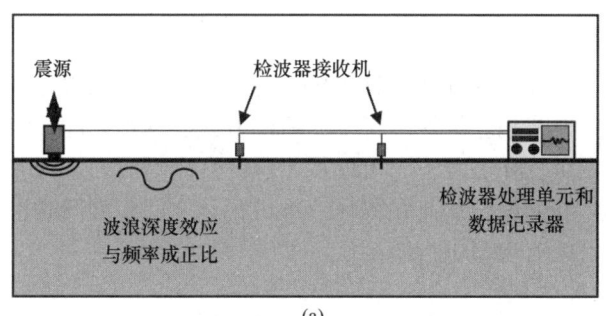

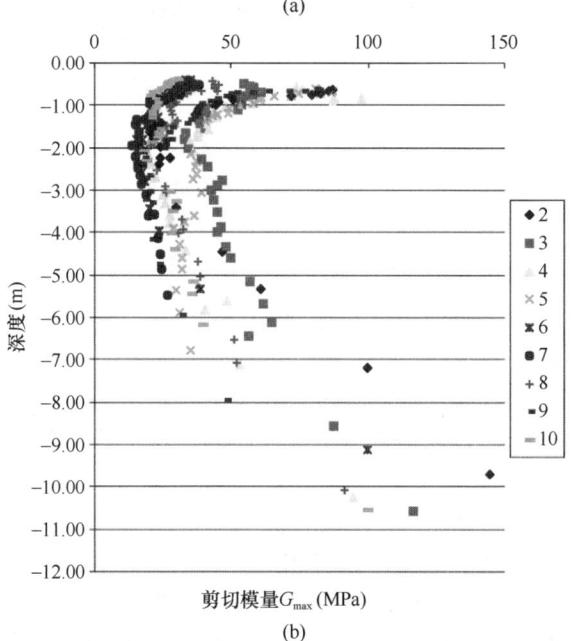

图45.7 （a）采用瑞利波发生器获取地基刚度垂直剖面的设备布置图；（b）垃圾填埋场一维地基刚度剖面图

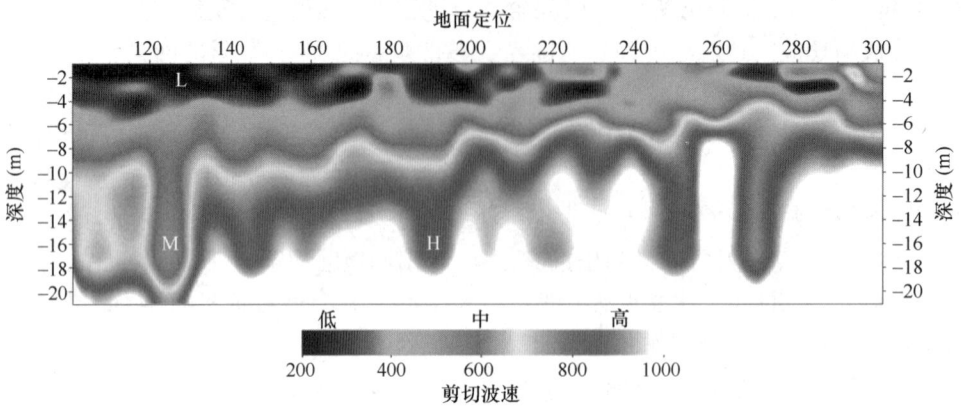

图 45.8 软弱地基 MASW 的剪切波速剖面图

选择相应的反射同相轴，并使其网格化，生成三维地震面。鉴于后处理和分析技术的级别要远高于最基本的单通道图（灰度图）解译，其得到的解译结果也往往具有更高的可信度和技术可靠性。高水平的分析技术在重大工程勘探中也得到了有效应用，例如，伦敦的大直径隧道施工（如横贯铁路和泰晤士潮汐隧道工程），以及海上风机桩基础有限元分析之前的勘探等。

45.7.3.3 与其他数据集的集成

地球物理数据的解译一般不需要其他参考信息，即无约束的解译（满足统计误差限差要求、物理上可信、内部一致）。许多地球物理模型可以有几乎无限个同等有效的解译方案。如果在同一区域使用了互补的地球物理技术时，可以对每种方法进行单独的解译，通过相互比较以实现一致性。例如，使用地震波折射法我们可得到的是对基岩深度的估计，而通过电阻率剖面我们可能发现的是导电渗滤液会渗入或穿透基岩部分，除非该基岩为电阻性基岩。这是因为电阻率剖面响应的是孔隙流体成分，而不是地震方法所依赖的固体基质。虽然，我们也在结合不同的地球物理数据集的基础上得到单一的解译结论，但目前缺少相应的标准。

一种更加全面的解译方法是考虑对各类信息进行有效整合，例如来自案头研究的历史数据、航空照片（航片）、遥感影像（卫片）、航拍或井下地球物理勘探等，整合后的数据将有助于得到更加全面、整体的解译结论。在信息整合方面，每个数据集都引用共同的坐标系统，那么便可在适当的情况下通过地理信息系统（GIS）软件统一管理这些数据。一些专业的地球物理软件也允许采用这种方法，例如 Oasis Montaj 软件（加拿大 Geosoft 公司）和 Surfer 软件（美国 Golden Software 公司）。此外，将地球物理软件与地理信息系统（GIS）集成也是一种可能的方案，地理信息系统也可以将钻孔勘探资料以 AGS 格式集成在一起（图 45.9）。

45.7.3.4 三维可视化

如果二维地球物理数据可以整合到三维解译包中，我们就可使用三维插值的方式实现地表的三维展示。在三维下，可以从不同的角度对曲面进行着色和照明，从而在构建三维可视化空间模型同时也可以对模型进行漫游。

45.7.3.5 战争遗留未爆炸弹（UXO）调查

战争和其他军事冲突留下的一个可悲遗产是未爆炸弹的存在。例如，在英国，第二次世界大战期间大部分炸弹是通过空中投送的。然而，在军事轰炸区域和射击场也都发现了未爆炸的弹药。因此，准确检测残留弹药并进行无害化销毁、清除处理技术是一项正在开展的长期研究。2008 年，英国建筑业研究与信息协会（CIRIA）发布了第一份关于未爆弹药的建筑业综合指南（Stone 等，2009），尽管地球物理技术是远程探测未爆炸弹最重要的方法之一，但该指南几乎没有提到这些技术。更令人担忧的是，文中也没有提示各种探测方法的局限性。

磁场、电磁（FEM 和 TEM）和探地雷达技术是探测未爆炸弹药的主要手段。通常情况下，探测仪器由一个操作员进行部署，例如一个操作员可携带多个磁传感器并沿着场地进行部署；或者以传感器阵列的方式在不同平台进行部署，从而一次性地

第45章 地球物理勘探与遥感

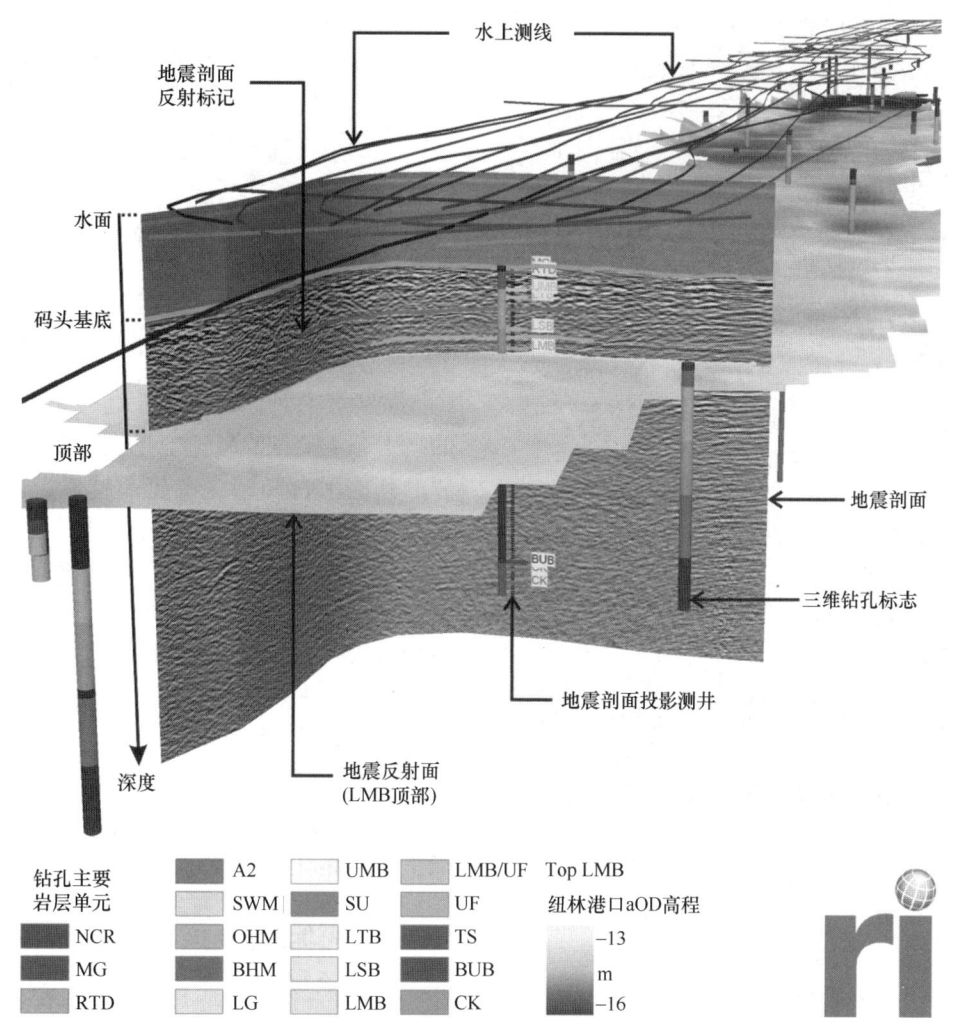

图45.9 集成了Boomer地震反射数据、Boomer测量轨迹图和钻孔数据的三维解译

探查整个地带。对于大面积的调查区域，例如轰炸区域，可以在直升机上安装磁强计或瞬变电磁线圈等多传感器阵列，并在距离地面1m高处进行飞行观测（图45.10）。当怀疑水下沉积物中存在未爆炸物时，可以部署适当的潜水传感器，如海洋磁力仪或梯度仪，或电磁系统（如Geonics公司生产的EM61-SS）。

当传感器推入地下或插入预钻孔（使用非磁性套管）中时，磁力计还可与圆锥贯入仪一起使用，钻孔通常以1.0~1.5m的间隔分段进行，传感器沿每个钻孔逐步向下延伸探测。钻孔和CPT方法（圆锥静力触探方法）都要求传感器能够探查到孔洞周围1~1.5m范围内的未爆炸弹药。

一些软件包也提供了可辅助探测潜在未爆炸弹药目标的相关工具。然而，该探测方案不能保证所有未爆炸弹药都能被识别出来，即使有军方探测队参与，也不能保证探测质量的可靠性。可见，为降低解译成果中存在的不确定性，我们仍需借助探测经验丰富的地球物理学专家来进行人工解译工作。在对未爆炸弹药进行风险评估时，委托方须花时间详细考察承担探测项目的单位能力和探查经验，具体可参考2008年英国建筑业研究与信息协会（CIRIA）发布的关于未爆弹药的建筑业综合指南。

45.8 钻孔地球物理勘察

场地勘察的一个重要辅助手段是在钻孔中布置地球物理传感器。可以是单个传感器，也可以是安装许多不同传感器的井下探测装置。地球物理传感器主要有两种布置形式：(a) 单井技术（测井数据采集），其输出是以井深为测量参数的垂直深度

图 45.10　用于未爆弹药探测的直升机载系统
(a) FEM；(b) 机载磁性多传感器梯度仪系统
由美国 Batelle 公司提供

测井曲线；(b) 井间层析成像，利用一对竖直钻孔，以某种形式布置的地球物理震源被放置在一个测井的不同深度，一系列探测器放置在另一个井的相对应深度。信号在测井间传播，可生成井间二维平面数据。井间层析成像通常采用地震、电子或雷达方法进行。两井间距离通常不超过所探测目标最小尺寸的 10 倍，因此，为便于对直径约 1m 的目标进行成像，井间距通常不超过 10m。井间层析成像使用的技术与地表探测技术相类似，这里不再作进一步讨论。

目前，井下探测仪器种类繁多（表 45.3），可广泛应用于不同行业。测井技术与地表地球物理探测技术一样，应根据探查目标所具有的物理性质选择合适的探测设备（传感器）。测井具有很高的纵向分辨率，但井壁外的横向穿透能力非常有限。通过井间对比，可以获取相关区域的地质构造数据（图 45.11）。岩土工程勘察设计中，在采用传感器

（如土壤湿度探头、地震锥）等土层勘察方法的同时，还应考虑使用传统的井下勘探工具。

我们可向专门的井下探测承包商咨询如何为特定探测对象选择最适用的探测设备。钻井施工前，还应确定井下探测设备的尺寸大小，以及能否在套管或无套管钻孔中工作，或者在充满气体或流体的钻孔中正常作业。

45.9　遥感

遥感是一种涉及光学、红外和雷达成像等方面的技术，主要依靠轨道卫星。然而，可用于遥感观测的其他平台开始变得越来越多，如飞机（用于航空摄影、激光雷达、热红外成像、高光谱成像的固定翼飞机和直升机）、飞艇（无动力的无人驾驶充气式平台）、无人机和自动驾驶飞行器（AUV-机载和潜水式），以及地面车辆的高架空中平台和桅杆，如近地表热红外成像。高光谱成像使用 100～200 个宽度相对窄（5～10nm）的光谱波段，而多光谱数据集通常包含 5～10 个相对较宽（70～400nm）的波段。在本章中，仅讨论卫星成像、激光雷达和热红外成像方法。

45.9.1　光学遥感

光学遥感技术使地球科学发生了革命性的变化，它能够以更高的精度和地面分辨率对大区域的地球表面进行成像。光学遥感除了能够提供地表的"照片"外，还可提供相应的多光谱数据集，这些数据集可以用更加复杂的方式进行分析，以确定地球表面的一些性质。光学遥感影像的选择要考虑需覆盖的面积、所需的地面分辨率以及获取图像的目的（大比例尺的影像地面分辨率低）。例如，不同的应用可能需要全色（黑白）、四色（红、绿、蓝和近红外）或更多的光谱波段。图像数据的加工、处理水平也取决于应用，即从利用图像进行解释说明（影像处理的最低层次），直至完整的正射校正，正射影像制作是一种对遥感影像进行投影改正（地形高程变化引起的像点移位）和倾斜改正（传感器误差而引起的像点位移）的消除畸变的技术。通过正射校正可将影像融入地理信息系统，并能在指定坐标系中保存完整的空间信息资料。

第45章 地球物理勘探与遥感

孔内物探法在浅层工程应用中的适用性 表 45.3

钻孔地球物理勘探法	基岩深度	土层探测	岩层性质	断裂带探测	断层移位探测	暗河探测	空洞探测	矿井探测抗道/竖井	地下水勘察	垃圾填埋场调查	污水渗漏/流动	棕地范围探测	遗物探测	埋藏的文物/物品
传统钻孔测井探测	4	4	4	3	4	3	2	2	4	1	2	2	2	0
井间震动波	0	2	3	4	4	3	3	3	0	0	0	0	0	0
井间雷达探测	0	3	3	4	4	3	4	3	0	0	0	0	0	0
铝孔磁力仪探测	0	0	0	0	0	0	0	0	0	0	0	0	3	1

	河床边界	河床厚度	河床类型	孔隙度	密度	渗透带	井中流体质量	形成液体质量	流体运动	倾斜度	页岩/砂岩指标	断裂/结合处	套管	直径	孔型
自然电位法	•	•	•				•			•					O. W
长短电阻率及横向电阻率	•	•	•	•			•					•	•	•	O. W
自然伽马测井	•	•	•								•				A
伽马射线测井	•	•	•	•	•						•				A
伽马能谱测井	•	•	•								•				A
中子测井	•	•	•								•				A
流体成像测井						•	•		•			•			L. O. W
流体温度测井						•	•		•			•			L. O. W
流量计测井						•	•		•			•			L. O. W
地层倾角测井	•									•		•			O. W
波速（速度）测井	•	•	•	•								•			L. O. W
卡尺测井	•	•			•							•	•	•	A
井下电视测井	•											•			O. W

关键词：0 = 不适用或未试用；1 = 有限使用；2 = 使用，或可以使用，但不是最好的方法，或有一定局限性；3 = 极好的潜力，但尚未充分开发；4 = 普遍认为是极好的方法，技术发展良好。

注：见表 45.1 的注释。

陆地卫星 Landsat 最早实现了对地球表面大范围的观测覆盖，其第一颗卫星于 1972 年 7 月 23 日发射。Landsat-5 于 1984 年 3 月 1 日发射，为后续的观测任务提供了更先进的传感器，该卫星搭载有多光谱传感器（分辨率 57m×79m）和专题制图仪（TM，分辨率 30m），热成像影像分辨率为 120m。1999 年 4 月 15 日发射的 Landsat-7 有 8 个光谱波段（3 个可见光波段、2 个近红外波段、1 个红外波段和 1 个全色波段），地面分辨率均为 30m，外加一个地面分辨率为 120m 的热成像波段。Landsat-5 和 Landsat-7 号都可提供单景影像幅宽为 170km×185km 的卫星图像。自 2009 年 10 月以来，所有的 Landsat 卫星影像都可以免费获取。Landsat-8 计划于 2012 年推出，可提供至 2020 年的相关卫星图像。

ASTER 系统（搭载在 Terra 卫星上的星载高分辨率地表成像仪）包括三个独立的传感器——可见光、近红外（如 VNIR，地面分辨率 15m）、短

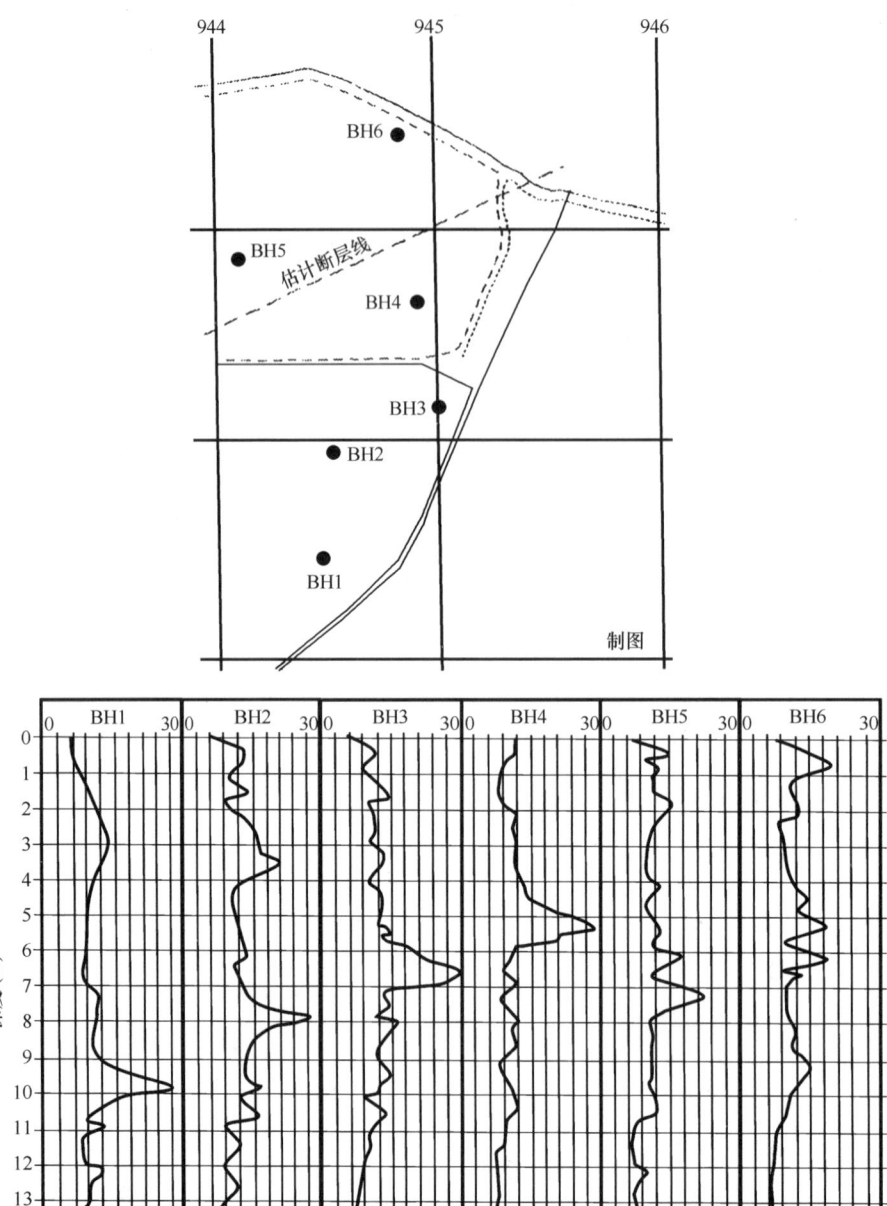

图 45.11　工程勘察中近距离钻孔间的相关自然伽马测井曲线

摘自 Reynolds（2011），John Wiley & Sons, Inc（修改自 Cripps 和 McCann，2000，Elsevier）

波红外（SWIR，地面分辨率 30m）；以及 TIR（地面分辨率 90m），单景影像幅宽 60km×60km。系统可成像范围为南北纬 ±83°之间。2009 年，ASTER 系统可提供 30m 分辨率的全球数字高程模型（DEM），经地理校正（正射影像纠正处理）的高分辨率遥感图像可与 DEM 结合生成三维可视化数字地形模型（DTM），见图 45.12。

高分辨率多光谱和全色影像可从许多卫星平台获得，例如（按地面分辨率从低到高排序）SPOT、IKONOS、FORMOSAT-2、KOMPSAT-2 和 QuickBird。最新的 SPOT 图像（SPOT5）全色和彩色影像地面分辨率分别为 2.5m、5m、10m 和 20m，单景影像幅宽 60km×60km，另有 20m 地面分辨率的短波红外波段，并支持立体成像以获取数字高程模型（DEM）。但为了得到高精度的 DEM 模型，用户需要利用影像覆盖区域内精确地面控制点对 DEM 模型进行校正。IKONOS 于 1999 年 9 月开始提供全色和彩色影像，分别为 1m 和 4m 地面分辨

图 45.12 西藏某彩色 ASTER 锐化影像融合生成数字地形模型（以灰度表示）

率，重访周期为 3 天。FORMOSAT-2 在全色和彩色影像下分别拥有 2m 和 8m 的地面分辨率，且具有每日重访能力，非常适合自然灾害后的快速成像。KOMPSAT-2 的全色和彩色影像具有 1m 和 4m 的地面分辨率，重访周期为 28 天，单景影像幅宽为 15km × 15km。目前，地面分辨率最高的卫星是 2001 年 10 月发射的 QuickBird，其全色和彩色影像的地面分辨率分别达 0.61m 和 2.44m，单景影像幅宽超过 16.5km × 16.5km。虽然 EROS 卫星的全色分辨率为 1.8m，单景影像幅宽为 13.5km × 13.5km，但通过超采样方法可得到幅宽 9.5km × 9.5km、1m 分辨率的全色影像。

通常来说，从图像解译判读技术到使用软件进行的地形分析工作，都属于影像解译的范畴。而多时相的遥感影像还可以通过跟踪地表物体变形（位移）或地表发射率的变化情况来测量其变化率。

45.9.2 合成孔径雷达

与光学卫星成像会受日照、云层影响的特点不同，雷达成像技术不仅不受时间限制而且可穿透云层对地表进行观测。目前已经有许多雷达卫星成像系统，例如 INSAR 和 TerraSAR－X（携带一台高频率的 X 波段合成孔径雷达）。以 TerraSAR－X 为例，其可提供三个范围的地面分辨率：聚束式（Spotlight），分辨率 ≤ 1m，单幅影像 10km 宽、5km 长；条带式，分辨率 ≤ 3m，成像范围 30km 宽、50km 长；推扫式，分辨率 ≤ 18m，单幅影像 100km 长、150km 宽。

雷达遥感除可用于获取大量云层遮挡下的地表影像外，还可以通过干涉测量的方法推导出因地震或油气开采引起的地表高程变化。通过对同一区域快速、重复的雷达成像，也可得到其区域地表的水平位移速率，如基于 SAR 影像的研究表明，喜马拉雅山坡覆盖的软物正在以 2cm/d 的速度移动。

45.9.3 激光雷达

目前，光探测和测距（激光雷达）已成为一种成熟的、高分辨率的遥感测绘装备。激光雷达主要通过飞机进行部署，但也越来越多地被用于地面的近垂直面横向扫描。通常来说，当测量飞机飞越指定调查区域时，激光雷达的大孔径激光束将沿着飞行路线对地面进行扫描并测量 4 次光束经地面反射后返回传感器的时间，每次返回都将生成一个点云数据，通过光束的往返耗时，我们可以计算出传感器与地面的距离，若同时已知飞机的准确高度和方位信息，则可进一步计算得到反射物的高度和位置，从而完成数字表面模型（DSM）。在 4 次测量中，第一次的光束返回所包含的信息通常与树木和植被遮挡有关；而最后一次则是与地面（地形属性）有关。基于这一点，我们可利用不同时间的测量信息构建出数字地形模型（DTM）；中间的两次测量主要是树木遮挡内部的信息（如，给出树木种类的信息）。使用专业软件可以在 DSM 中对树木和建筑物等附着物进行纠正，从而生成 DTM。相比 DSM，DTM 可提供被植被掩盖的详细地形信息。激光雷达已被有效地用于绘制山体滑坡和发掘隐藏在浓密丛林下的考古遗迹。当生成地面分辨率约为 0.25m、高程精度 0.1m 以内的数字地形模型时，须引入控制测量成果。

类似技术现在也用于地面侧向激光雷达扫描，通过该技术可获得在悬崖峭壁或人造（构）建筑结构立面约 1.2km 范围以内的详细点云数据。点云数据可生成三维模型，也能绘制随时间变化的地表高程变化影像图，并用于边坡稳定性的实时监测等。目前激光雷达扫描仪也可以在船上进行部署。利用高分辨率多波束测深仪测量得到的海底基础设施或水下部分的影像能够与基于船载激光雷达测量得到的水上建筑部分的图像，进行无缝拼接与融合、镶嵌，并最终形成连续的影像。

激光雷达图像可用于制作地形图、数字地形模型、其他多种地形产品，并可通过航空摄影或卫星图像的方式进行三维等距格网图像和动态浏览图的制作。由于生产的数据往往是经过地理配准的，它们可以集成到 GIS 数据库中，并与其他经过空间校正的数据在统一坐标框架中进行融合使用。例如，激光雷达数据可以与航空地球物理数据集进行融合。而航空地磁数据可以以彩色等高线的形式，覆盖在全色卫星图像上以及基于激光雷达绘制的数字地形模型上。

45.9.4 热红外

热红外成像可通过在卫星、空中或地面安装平台（如伸缩式桅杆）上安装传感器的方式实现，其成像原理是将物体表面辐射或反射的热量转换成实时的图片或图像。热红外成像的特点表明，有效的热红外影像需要目标表面与背景间存在可被识别的热反差，如热熔岩流、填埋场垃圾发热生成甲烷、轮胎堆积场或人造基础设施（管道、建筑、电缆等）内的地下火灾。在工程应用方面，热红外成像技术已被用于开展地面或空中勘测。例如，在热传递的作用下，我们可以通过对地表辐射进行观测的方式开展地下热源的分析工作。此外，针对勘测时间的规划也十分重要，因为合理的观测时间可有效增强目标表面与周围环境的热反差，如黎明时分。虽然热成像可以在夜间进行，但更多时候是在白天与光学成像（摄影/视频）一起进行，以增加辅助解释，提高解译的可靠性。

45.10 参考文献

Anon. (1988). Engineering geophysics. Report of the Engineering Group Working Party. *Quarterly Journal of Engineering Geology*, **21**, 207–271.

Butcher, A. P. and Powell, J. J. M. (1996). Practical considerations for field geophysical techniques used to assess ground stiffness. In *Advances in Site Investigation Practice* (ed. Craig, C.). London: Thomas Telford, pp. 701–714.

Cripps, A. C. and McCann, D. M. (2000). The use of the natural gamma log in engineering geological investigations. *Engineering Geology*, **55**, 313–324.

Darracott, B. W. and McCann, D. M. (1986). Planning engineering geophysical surveys. In *Site Investigation: Assessing BS5930* (ed. Hawkins, A. B.). Engineering Geology Special Publication No. 2. London: Geological Society, pp. 85–90.

David, A., Linford, N. and Linford, P. (2008). *Geophysical Survey in Archaeological Field Evaluation* (2nd Edition). Portsmouth: English Heritage.

Finlay, C. C. and other IAGA Working Group V-MOD Members (2010). International geomagnetic reference field: the eleventh generation. *Geophysical Journal International*, **183**(3), 1216–1230.

McCann, D. M., Culshaw, M. G. and Fenning, P. J. (1997). Setting the standard for geophysical surveys in site investigation. In *Modern Geophysics in Engineering Geology* (eds McCann, D. M., Eddleston, M., Fenning, P. J. and Reeves, G. M.). Geological Society Engineering Geology Special Publication No. 12. London: Geological Society, pp. 3–14.

McDowell, P. W. and Working Group Members (2002). *Geophysics in Engineering Investigations*. Engineering Geology Special Publication No. 19. London: CIRIA, Geological Society.

Milsom, J. (2003). *Field Geophysics* (3rd Edition). Chichester: Wiley.

Reynolds, J. M. (1996). Some basic guidelines for the procurement and interpretation of geophysical surveys in environmental investigations. In *Proceedings of the Fourth International Conference on Construction on Polluted and Marginal Land* (ed. Forde, M. C.), Brunel University, London, pp. 57–64.

Reynolds, J. M. (2002). The role of geophysics in the investigation of an acid tar lagoon, North Wales, UK: Llwyneinion. *First Break*, **20**(10), 630–636.

Reynolds, J. M. (2004). Environmental geophysics investigations in urban areas. *First Break*, **22**(9), 63–69.

Reynolds, J. M. (2011). *An Introduction to Applied and Environmental Geophysics* (2nd Edition). Chichester: Wiley.

Schoer, B. (1999). *Briefing – Geophysics for Civil Engineers: An Introduction*. ICE Briefing Sheet. London: ICE.

Stone, K., Murray, A., Cooke, S., Foran, J. and Gooderham, L. (2009). *Unexploded Ordnance (UXO): A Guide for the Construction Industry*. London: CIRIA.

Yilmaz, O. (2001). Seismic Data Analysis: Processing, Inversion, and Interpretation of Seismic Data. Investigations in Geophysics, no. 10 (2 volumes). Tulsa, Ok: Society of Exploration Geophysicists.

45.10.1 实用网址

ASTER；www.asterweb.jpl.nasa.gov
Landsat；www.landsat.usgs.gov
Satellite images-SPOT；www.spotimage.com
Satellite images-other；www.infoterra.co.uk

建议结合以下章节阅读本章：
- 第 13 章 "地层剖面及其成因"
- 第 24 章 "土体动力特性与地震效应"

本书以第 1 篇 "概论" 和第 2 篇 "基本原则" 为指导进行章节编排。如第 4 篇 "场地勘察" 中所述，各类岩土工程均应进行扎实的现场勘察工作。

译审简介：

冯文辰，北京人，大学本科，高级工程师，研究方向测绘工程管理及地球物理勘探技术。

王丹，研究员，全国工程勘察设计大师，享受国务院政府特殊津贴专家，夏坚白测绘事业创业与科技创新奖获得者。

第46章 地质勘探

约翰·戴维斯（John Davis），岩土工程咨询集团，伦敦，英国
主译：徐杨青（中煤科工集团武汉设计研究院有限公司）
审校：殷跃平（中国地质调查局地质环境监测院）

doi: 10.1680/moge.57074.0619

目录

46.1	引言	619
46.2	主要技术	619
46.3	挖探技术	619
46.4	触探技术	620
46.5	钻探技术	620
46.6	钻孔原位测试	624
46.7	监测装置	624
46.8	其他方面	626
46.9	标准	626
46.10	参考文献	627

本章描述地质勘探中主要运用的介入式勘探技术，通过这些技术可以用于获取"岩土工程三角形"中的地层剖面和岩土体特性。

46.1 引言

地质勘探是指运用介入式勘探技术获取地质数据信息的活动。这里不讨论诸如地球物理勘探或地面载荷试验等非介入式勘探技术。

地质勘探包括揭露地层或取样以进行观察或测试的技术、不取样而只进行介入式测试的技术以及在地层中安装监测仪器的技术。对采集岩土试样的描述和试验以及原位测试或监测数据的解译等将在其他章节中进行介绍（第49章"取样与室内试验"以及50章"岩土工程报告"）。

主要的地质勘探活动可分为两大类：一类是采用介入式方法对地层岩土体进行描述或取样的活动，另一类则是随后对地层岩土体的监测活动。

在策划场地勘察时，最为关键的是选择一套适用于潜在地层条件并能提供项目所需参数信息的地质勘探技术。关于这些内容，本书第43章"前期工作"、第47章"原位测试"、第48章"岩土环境测试"和第49章"取样与室内试验"提供了相关指导。

重要的是要认识到，用于获取地质信息数据的任何技术都有其优势和局限性。地质信息数据要求的范围从土体或岩体的定性描述到参数量化（通过室内和现场原位测试），再到提供后续的监测机会。对于这些问题，其他章节会进一步说明。此外，关于各种地质勘察技术的适用性，还可以向专业地质勘察承包商进行咨询，他们可以给出详细的建议。

46.2 主要技术

本章主要从以下几方面概述勘探技术的特性及其优缺点：

- 不同类型的岩土体；
- 取样、原位测试；
- 监测。

主要勘探技术大致可分为三大类：挖探技术、触探技术和钻探技术。以上所列的技术并不详尽。

46.3 挖探技术

46.3.1 探坑

探坑可以采用人工或机械进行开挖。人工开挖的探坑通常被用作试坑，主要用于确认和避让地下公共服务设施，或者用于揭露既有浅基础的具体布置情况。通常，由于人工开挖过程中需要进行支撑或加固，且开挖进度较为缓慢，因此，人工开挖试坑主要适用于易开挖的土层及开挖深度较浅等条件。

动力机械的自身性能决定了机械开挖试坑技术适用的地层条件及开挖深度，一般而言，其适用于所有的天然土层及一些弱风化、破碎的岩层。但是，在软土层及地下水位以下饱和的砂砾石层中采用机械开挖探坑时须特别注意，因为在这些地层条件下开挖探坑极易发生坍塌，一旦土层坍塌，通常不可能再从地下水位以下获取所需的探坑剖面信息。

探坑是用于直观揭露地层结构和获取大型扰动样土样（如某些压缩试验所需的样品）的有效途径。一般来说，探坑主要用于获取扰动土样，当然，浅探坑（深度小于1m）也经常用来进行平板载荷试验或原位加州承载比（CBR）试验。需要注意的是，探坑位置应选择在回填后的探坑不会对后

续施工产生影响的区域，同时，在回填探坑过程中，可在探坑中安装立管用于监测地下气体和地下水。

46.3.2 探槽

探槽与探坑类似，但与其宽度相比，长度较长，有利于揭露浅层一定平面范围内的地层变化特征，例如旧的基础或者基岩面突变（隐伏的深槽边缘）等情况。

46.3.3 试验性挖掘

试验性挖掘包含利用大型开挖设备进行的挖掘活动，其通常用于验证整体大开挖方案是否可行。

46.4 触探技术

触探技术是一类无需通过取样测试就能获取地层特征的原位测试技术。主要类型有：

- 动力触探；
- 静力触探测试。

动力触探是利用一定质量的标准落锤、以一定高度的自由落距，将配有触探杆的标准圆锥形探头快速击入土层中，并以贯入单位深度的锤击数表征贯入阻力，通常记录每贯入100mm的锤击数。对于落锤重量及落距的要求各规范标准不尽相同，有关落锤类型及规格的更多详情，请参阅英国标准或欧洲标准。动力触探技术与标准贯入试验（SPT，见下文）大致类似，但值得注意的是动力触探的锤击数不能轻易地等效为标准贯入试验的击数 N 值。动力触探技术能够快速、经济地测定土层贯入阻力的变化，并有助于确定软弱层的位置及范围，同时，其触探试验设备简单、轻便，非常适合在地下室等狭窄空间环境内使用。另外，由于贯入困难，该项技术一般不适用于坚硬黏土或密实卵砾石层。

静力触探试验通常利用特制载重汽车自重作为液压推力的反力，以液压方式将触探杆连续压入地层中。触探杆的底部（圆锥形探头）包含各种用于量测其贯入地层性质的传感器，其中，最为常见的有测量圆锥形探头贯入地层过程中锥端阻力和锥侧摩阻力的传感器。通过这些传感器测读的瞬时和连续数值，能够指导解译所贯入的土层类型，并提供各种强度和变形指标参数，同时获得的锥头阻力和锥侧摩阻力值也能直接被用于工程设计计算。静力触探试验的最大优点之一是能够辨别出地层中厚度较薄的黏土或砂砾土夹层，这些夹层对岩土工程技术方法的应用具有显著影响，但利用其他勘探技术时这些夹层极易被忽略。

通过在探头内置相应的传感器，静力触探试验还能量测孔隙水压力和地震波速，当然，还有许多其他不同功能的触探探头，下文中第46.5.3.3节将对此进行详细介绍。另外，静力触探车还能采集直径较小的连续扰动土样，但其不能与静力触探试验同时或同一位置进行。

静力触探试验一般适用于绝大多数土层条件，但触探测试的深度则主要取决于待测土层的强度及试验所采用的反力装置。静力触探试验一般适用于坚硬以下的黏性土和中密以下的砂土，且无论相对密度大小，静力触探在粗粒土中的贯入能力较为有限，因此，与粗粒土相比，静力触探试验在细粒土中可贯入的深度更大；另外，地下水对触探试验贯入深度基本没有太大影响。在软土或松散土层中，静力触探能够很快贯入较大深度（40m左右），在这种条件下，一台静力触探车每天能够完成几百米的土层测试工作。常见的静力触探车是一辆重约18t的高速公路合法载重汽车，在软弱土分布的测试场地则可采用配备大型低压轮胎的轻型车辆。静力触探试验设备可以很容易地安装在浮筒或自升式钻井平台上，用于进行海上作业，同时也能通过橇装在进出空间受限的条件下进行作业，但这些情况下，往往还需要使用立柱、锚或重块作为反力装置。

动力触探和静力触探试验都无法提供仪器安装或现场测试后的监测工作。

46.5 钻探技术

46.5.1 窗式取样

窗式取土器为一侧开槽或敞口的管子，可通过高速冲击将其击入地层。取土器一般长度为1～3m，直径小于100mm，管内可能包含也可能不包含硬塑料衬管。利用取土器的窗口可以描述土层，当然无窗口的取土器也同样可以。在自稳性较好的地层中，通过反复抽出及插入直径逐渐缩小的取样管，并逐步接长外杆的形式可以使取样深度达到7m以上，但上述取样方法仅适用于采取扰动土样。通常，利用窗口式取样还能为地下水和气体监测设备安装提供便利。窗口取样的主要优点是速度快、成本低，且设备体积小、便于携带，适用于作业空间受限环境。通常与其他取样技术联合使用，能够为污染土场地这类面广、量大的取样测试工作提供较为经济的作业方式。

地下水的窗口取样较为困难。对于颗粒最大粒径与管内径相近或大于管内径的土层（如砾石）中进行取样也极为不容易，另外，地下水位以下的粗粒土取样也非常困难。不仅如此，土体的强度及相对密实度也制约了该技术的取样深度，此外，该项技术还存在取样过程中设备噪声较大的缺点。

46.5.2 螺旋钻探

对应于矿产勘查，在岩土工程勘察中，螺旋钻通常使用空心的长螺旋钻杆，该空心钻杆底端设有一个可拆卸的活门，螺旋钻头以"旋入"方式钻进地层中。提钻时在螺旋叶片上的岩土体能够大致反映所钻地层的结构，并且空心钻杆和活门可以在地面上拆卸以在空心钻杆内放置取样器进行取样。螺旋钻探速度较快且适用于绝大多数土层类型，但在砂土和碎石土层通常不建议使用空心螺旋钻杆。此外，除在相对浅的钻进深度情况外，其他条件下螺旋钻探一般还需要配备钻机以提供钻进动力。当前，螺旋钻探技术在岩土工程勘察中并不常用，且往往仅限用于污染土测试的取样。

46.5.3 钢绳冲击钻探与回转钻探

46.5.3.1 套管

套管在钢绳冲击钻进和回转钻进过程中主要起护壁和封堵地下水的作用。套管通常由一定长度的坚固钢管制成，端部带有螺纹以便于接长，且在套管的最下段底部往往装有切削靴或钻头。当然，并不是所有的钻进过程都需要下放套管，但对于钻进过程中下放的套管，管顶一般略高于孔口。套管的安装通常主要采用钢绳冲击钻机的冲击钻进和回转钻机上的回转钻进技术。

46.5.3.2 钢绳冲击钻探

钢绳冲击钻也俗称"冲击与螺旋钻"，是英国岩土工程勘察行业主要使用的钻探方法，其地层适用性非常广泛，从软弱的有机软土直至软岩地层条件均可使用。但是专业术语"冲击与螺旋"具有误导性，因为在英国螺旋钻从未在钢绳冲击钻探中使用过。

钢绳冲击钻机由带有摩擦离合器或制动器的卷扬机组成，该卷扬机将钢绳缠绕在两个相连的 A 形框架顶点处的滑轮上，卷扬机通过钢绳将各种钻具反复提升以冲击成孔，并清除钻渣。

"黏土切削器"主要被用于改善黏土层中钻进成孔，它与窗式取样器形状类似，是一个底部敞口且装有切削靴、侧面有两个开槽的钢制圆筒。当较重的钻具从孔口向孔底冲击时，孔底黏土就被钻入"黏土切削器"内，然后将切削器提升至地表，将金属条插入槽口的缝隙中可把钻取的黏土样品从切削靴内敲出。

用于砂土、砾石取样的取土器通常为一底部敞口的钢制圆筒，圆筒底部内装有铰接圆板以形成止回阀或"阀瓣"，通过在孔底附近上下提升取样器以采集孔底砂土和砾石土样。这个过程往往可使地下水进入孔内，并松动孔底土体以使其顺利通过取样器止回阀，进而保留土样，通常为加快取样过程还可向钻孔内注水。显然，该取样技术的缺陷是其采集的土样往往难以准确反映砂和粉土中实际的细颗粒含量。

同时，各式各样的凿钻也可以用于穿透硬层。

从取样器或"黏土切削器"上掉下或敲下到孔口邻近平板上的土样要经常清理（至少每 0.5m 一次），部分或全部土样通过小（"罐"）和大（"袋"）样品的形式收集保存，并由工程师或地质人员在钻机现场或其他地方进行记录，同时，这些土样也可用于室内试验测试。

另外两个经常使用的重要工具：适用于多种土层条件的标准贯入试验落锤和适用于黏土层的 U100 采样器。

46.5.3.3 标准贯入试验

标准贯入试验（SPT）是一种常见的原位测试技术，其适用于几乎所有的土层和一些软岩地层条件。标准贯入试验设备包括一个重 63.5kg、落距 760mm 的标准落锤，落锤驱动：

- 一根标准长度 610mm、直径 50.8mm 且底部为标准圆锥状的实心触探杆；
- 一个标准长度、直径及底部为标准形状切削靴的对开取样管。

实心触探杆一般用于岩层和砾石、漂石含量较大的土层，而对开取样管则常用于细粒土中，且标准贯入试验采样一般为微扰动样。

标准贯入试验通过反复下落落锤将贯入器击入土层中，记录连续6次贯入土中75mm的锤击数，将贯入深度为150mm的4组最小锤击数相加即得到标准贯入试验的锤击数 N 值。考虑粒度级配、上覆压力及落锤标定的影响，可以对锤击数 N 值进行进一步修正。N 值与岩土体的许多指标参数密切相关，关于此方面的详细内容，请参见第46.6节。对于贯入困难的地层，其等效 N 值往往可以从低于正常贯入要求的试验外推取值。

在软土地层条件下，由于试验设备会因自重太大而沉陷以及一次锤击就贯入土层几百毫米以上，因此，软土地层中标准贯入试验往往并不适用；另外，在含有较多粗颗粒（砾石和较大碎石）的土层中由于大块石强度的影响，标准贯入试验结果可靠性也较差。然而，对于某些非常软弱的岩石（如高孔隙度的砂岩），标准贯入试验往往极为有效，有时甚至是进行定量测试的唯一途径，但值得注意的是目前认为在白垩地层中利用标准贯入试验获得的岩土体力学性质指标并不可靠。此外，标准贯入试验还可以在回转钻孔内进行。

46.5.3.4 U100 取土器

U100 土样是通过将敞口的金属取样管击入地层中而获得的较低品质的原状土样。U100 取土管长 450mm，内径 100mm，取样管底部位于设有弹簧夹芯器的钢制切削靴内，顶部则与驱动端和钻杆相连。与钻机卷扬机相连的滑动落锤可沿钻杆上下移动，通过落锤重复下落可将 U100 取样管击入地层中。切削靴内的岩土体通常作为微扰动样单独取样，而 U100 取样管因底部用蜡密封且有塑料盖封盖，因此其管内土样通常被作为原状样，但也并非严格意义上的原状样，对于需要高品质原状土样的精密三轴试验，还是应采用薄壁压入或回转取芯所获得的原状土样。U100 取样适用于所有黏性土地层，但是在非常软或非常坚硬的黏性土及碎石含量较高的黏性土地层中应用往往成效不佳。值得注意的是，不要以任何方式将用于填充取样器的锤击数与标准贯入试验的锤击数 N 值相关联。

《欧洲标准7》（Eurocode 7，EC7）将 U100 取土器划定为厚壁取土器（见 British Standards Institution，2006，表3），这实际上就是不允许将其作为定量设计（多数 EC7 要求的标准设计方法）的取样方法。改进的薄壁型 U100 取样管目前已经面市，使用这些取样管可解决部分问题，但是这些取样管难免不如之前的取样管坚固，在一些传统上用 U100 取样的地层（如耕植土和软弱黏土岩）中可能还存在问题。对于在这些地层中，大多数情况下 EC7 要求的标准取样方法还是回转取芯取样方法。

46.5.3.5 薄壁取土器和活塞式取土器

薄壁取土器通常用于在软黏土地层中以获取高品质的原状土样，在软黏土中采用其他取样方法可能造成土样的过度扰动。这类取样器长度、直径不定，但常用的为直径 100mm 及以上取样器。薄壁取土器在其取样筒顶部设有一个止回阀，可在取样过程中排出水或空气。薄壁取土器一般采用液压千斤顶或带滑轮的钻机卷扬机从地面连续压入土层中。活塞取土器也属于一种薄壁取土器，其通过钻杆将取样管压入紧贴的活塞头上方的土体中，且该活塞头可通过表面的夹具固定在特定位置。这两种类型的取土器均可搭配回转钻机和钢绳冲击钻机使用，同时，适用于坚硬黏土层的活塞式取土器也已经研制出来。

46.5.3.6 回转钻探

在地质勘探领域有许多不同类型的回转钻探技术，它们的主要区别在是否取芯，其中取芯技术又可进一步分为常规取芯、绳索取芯及振动取芯。回转钻进中冲洗材料的选择也是一个重要的考虑因素。以下各节对这些技术进行了简要介绍。然而，取芯技术和冲洗材料的选择是个复杂的问题，建议在勘察工作采购过程的早期阶段就这些选择问题与潜在的地质勘察承包商进行详细探讨。

46.5.3.7 冲洗材料

大多数回转钻进系统都会使用某类冲洗材料（空气或液体，液体包括泥浆、泡沫和喷雾）。冲洗材料通过泵送向下经过钻头，然后通过孔壁与"钻柱"（在钻孔内依次为岩芯管、钻杆及钢绳）之间的环空返回到地表。洗孔的主要目的之一是清洁钻头处的钻渣，并将其悬浮携带至孔口排出，洗孔的另一个显著作用是用以平衡钻孔内土水压力。

46.5.3.8 裸孔回转钻探

不涉及取芯的回转钻探通常被称为"裸孔"钻探。在裸孔钻进过程中，钻头占据了钻孔的整个横截面空间，钻头前方的岩土体被完全破碎，并通过冲洗材料携带钻屑且将其清出孔内。裸孔钻进速度较快，常应用于不取芯的深孔钻进，例如寻找废弃矿山中的空洞以及已知地层条件下快速成孔以安装仪器设备的情形。裸孔回转钻探技术也被用于短进尺钻孔钻进，主要是为了打穿取芯回转钻进较为困难的地层。

记录裸孔回转钻探反映地层情况的唯一手段就是检查冲洗介质悬浮出的钻渣。土层钻进时，钻渣极少；岩层钻进时，通过观察、测试冲洗介质悬浮出的钻渣则可大致了解所钻岩层的性质，但这些工作必须是在钻机钻进过程中进行。煤矿采空区（采煤遗留下的地下空洞）可以通过钻进过程中冲洗介质的漏失情况予以确定，而遗留的煤柱则可根据钻渣中明显的黑煤屑予以判定。

当采用裸孔回转钻进技术成孔时，往往还会用到一套名为ODEX的系统，ODEX是一套允许钻孔套管与钻头同时推进的设备系统的商品名，且该系统通常利用潜孔锤（DTH）来提高钻进速率。

46.5.3.9 回转取芯

回转取芯技术主要可分为三类：常规取芯、绳索取芯及声波取芯。常规取芯和绳索取芯两者有许多共同的特点，因此这里首先对其进行讨论。土层和岩层取芯主要包括利用回转的岩芯钻头和岩芯管从地层中取回圆柱状的岩土样，其中，岩芯钻头和岩芯管组合形成一个底部具有切削端面的取样圆管。在岩土工程勘察中，取样岩芯管一般为双层岩芯管。在这种岩芯管中，内管与带有切削刃的旋转外管分离，以最大程度地减少对岩芯的扰动。通常，内管中还装有一个硬性岩芯衬管，该衬管是一个塑料管，将其放置在岩芯末端取样管中以采集并保留岩芯。

每一个钻进进尺都需要下放新的衬管。在取芯进尺结束后将岩芯提取至地表的过程中，弹簧系统主要被用于将岩芯固定在取样管内。各种岩芯管长度和直径各异，岩土工程勘察通常采用的岩芯管直径为70~100mm左右，一般而言，岩芯管直径越大，岩芯取样率就越高。岩芯管长度一般小于3m，取芯长度（钻孔一次进尺长度）通常限制在岩芯管长度范围以内。

常规取芯与绳索取芯的主要区别在于对深孔（孔深大于30m）的取芯钻进速率。在常规的回转取芯中，利用连接杆将岩芯管推入孔底，且该连接杆还起到将旋转运动和冲洗介质传至钻头的作用。如果因地层条件原因需在钻孔内下放套管时，则典型的操作顺序为：

- 岩芯管与钻机的动力旋转头连接，并将其下放孔内直至动力旋转头正好位于地表孔口处；
- 将岩芯管顶部用夹具夹紧固定，移开动力旋转头，吊起钻杆，将钻杆与岩芯管顶部连接，松开夹具，将钻杆和岩芯管下放孔内直至动力旋转头正好位于地表孔口处；
- 重复上述步骤直至钻头到达孔底；
- 打开冲洗介质循环泵，钻取一定长度岩芯（"回次进尺"），然后反向重复前述操作以取出岩芯，并清空岩芯管；
- 在入孔的套管上接一截套管，并将其向下转至刚由岩芯管形成钻孔的底部；
- 重复前述操作直至预定孔深。

在钢绳取芯系统中，在孔口下放一定长度的套管，然后利用钢绳将取芯管放入套管中。在钻孔底部，岩芯管锁定在套管最下面一截土，套管主要用于给钻头传递回转运动和输送冲洗介质。当一回次钻进完成后，将岩芯管与套管解锁，并利用钢绳将其取出，这比需要反复接长、拆卸钻杆操作的常规取芯技术要快得多。

对于大多数硬质岩层而言，岩芯取样非常简单，可以直接从内衬管或岩芯管中取样。对于在强度试验前可能会脱水干燥的岩样（大多数岩石），应立即擦掉多余的钻井液，用保鲜膜包裹并用石蜡密封以防止其含水率变化。更为重要的是对于超固结黏土，当土样从取芯管中取出后，除了进行简单的指标测试外应尽快对土样进行类似处理。

标准贯入试验（SPT）也可以在回转取芯或裸孔钻孔内进行，但与正常钻进相比，该过程可能耗时较长。对于某些软质岩石，特别是软弱破碎的砂岩，由于其在钻进取芯过程中结构破坏且岩芯往往散裂成砂，因此采用标准贯入试验可能是获取其地层特性为数不多的方法之一。用于获取高品质黏土样的薄壁压入式取土器，通过利用回转取芯钻机也可以在一些合适的土层中使用。

46.5.3.10 声波取芯

声波取芯是一个完全不同的取芯工艺，这是一种快速取芯技术，能够穿越几乎所有地层并实现深孔连续取芯。该技术通过利用回转或不回转的高频振动来推进单管岩芯管（在某些情况下可以使用刚性衬管），且无需使用冲洗介质。与前述讨论的取芯钻进技术一样，声波取芯钻进技术能为常规取芯、标准贯入试验、活塞式取土器取样或U100取土器取样提供条件。但是，声波取芯钻进技术在岩土工程勘察实践中并不常用，而是越来越多地用于岩土工程施工期间仪器设备的安装。许多限制因素制约了其在岩土工程勘察中的使用：

- 高频造成岩土样高温，使得某些土样更趋密实。这意味着从试验测试的角度来看，在土层或软质岩层中利用振动取芯技术采集样品均属扰动样。对于许多土样振动和温度甚至会使简单的室内试验结果失真。
- 与回转取芯技术相比，相同地层条件下振动取芯技术岩芯采取率更低。
- 由于使用单管岩芯管且缺乏平衡孔内土水压力的冲洗介质，致使在含承压水或半承压水的地层取芯时往往会缺失许多关键的特征信息。
- 通过振动将岩芯从岩芯管中取出，增加了样品扰动的可能性。

46.6 钻孔原位测试

钻孔原位测试技术内容在其他章节详细讨论，以下主要就应用这些技术过程中涉及的一些实际问题进行简要说明。

动力触探、静力触探和标准贯入测试等原位测试技术内容，前文已进行了详细说明，在此不再赘述。

46.6.1 渗透性试验

裸孔钻孔、部分或全套管钻孔、水位管和立管式压力计均可用于开展变水头法渗透试验。采用单个或双个封隔器（即在空心钻杆上缠绕橡胶膜，通过充气实现对裸眼孔隔离密封）的注水试验可在孔壁稳定的裸孔取芯钻孔中进行。

46.6.2 十字板剪切试验

钻孔十字板剪切试验与室内十字板剪切试验十分类似，主要将十字板探头压入孔底以下土体内（通常是软黏性土），并以一定速率扭转，量测并记录其转动时的扭矩，通过换算能够得到土体的不排水抗剪强度。实际应用中通常采用钢绳冲击式钻机来完成现场十字板剪切试验。

46.6.3 平板载荷试验

在钻孔中开展平板载荷试验是有可能的，然而，要获得平整的孔底以及孔底的土体与平板间的严密接触尚存在诸多困难，因此这类测试实际很少开展。

46.6.4 旁压仪和扁铲

旁压仪和扁铲都是利用弹性膜膨胀以测求土体强度、刚度和土压力的试验仪器。大多数这些仪器都是通过将其放入已取芯且直径仅略大的钻孔试验段内以开展测试。仪器与孔壁间的空隙较小，要尽可能减少仪器在与孔壁接触之前自身产生的膨胀量。因此，对于易塌陷或膨胀的介质，如果钻孔未进行加固处理，则很难通过预先钻孔的方式进行测试。目前利用自钻式旁压仪能够很好地解决上述难题，但是，对于容易形成粗糙、不规则孔壁的地层则适用性不强，因为其很容易刺破旁压仪的弹性膜；与此同时，旁压仪的压力量程也需要大致与被测地层的强度和刚度要求相匹配。

46.7 监测装置

46.7.1 地下水

测量地下水位和地下水压力是几乎所有岩土工程勘察的主要目的之一。成功的地下水测试仪器设计方案必须是基于水文地质学基本理论知识，特别是在潜水与承压水含水层以及地下水的"水位"与地下水压力之间的差异方面（见第15章"地下水分布与有效应力"；第16章"地下水"；第80章"地下水控制"）。

测量地下水的仪器主要有两种：水位管和测压计。当然，有许多不同类型的测压计，后文详细介绍。这些测压计的共同特征是仪器内部存在一个允许地下水进入或感应地下水压力的部位，该部位通常被放置于被测水文孔内以获取相关地下水信息。

所有类型的测压计都以类似方式安装在钻孔中，即通常用膨润土水泥浆将钻孔回填至测压计感应部位的底端，然后，依据仪器类型选择不同的透水性滤料将测压计感应部位周围回填密实，最后，在感应部位上方采用膨润土水泥灌浆进行隔离密封。根据不同测压计类型，感应部位上方密封段与地下水位的相对位置会有所差异。

46.7.1.1 水位管

水位管法可测量非承压含水层（即相对透水层）中的地下水位。水位管通常采用直径为19～

50mm 管子，管子开槽，开槽段则置于水位响应区内。在水位管中，响应区和开槽段延伸至非承压地下水水位以上，水位管中测量水位即为地下水位。水位是通过水位仪进行测量的。水位仪是包含与电源相连的电线和地面蜂鸣器的卷尺，另一端则是一个水位传感器，当传感器接触到水面时，电路接通，水位仪接收系统便会发出蜂鸣声，此时电缆在管口处的读数即为水位管内水面至管口的距离。

土壤气体成分测试也是岩土工程勘察中的一项常规测试内容。该项测试通常采用直径为 50mm 的水位管，将开槽管段置于地下水位以上，且靠近地表的管段周围采用膨润土密封，水位管顶端装有一个密封塞，密封塞上有与气体分析仪和流量计连通的接口。

46.7.1.2 测压计

测压计主要用于测量钻孔特定部位的地下水位或孔隙水压力。测试部位的确定主要取决于勘察的目的和钻探过程中的观测成果。以下主要介绍几种不同类型的测压计。

46.7.1.3 立管式测压计

立管式测压计最为常见，结构也最简单。立管通常为直径为 19mm 或 24mm 的管材，且管材底部装有已知渗透率（通常为 $1.0 \times 10^{-4} m^3/s$）的多孔过滤器，多孔过滤器的长度不定，但在英国岩土勘察工程实践中通常小于 300mm。多孔过滤器周围采用砂土回填，回填砂土层上下用膨润土密封隔离，以保证地下水通过多孔过滤器进入立管测压计内。立管内的水头高度即反映了被测区的孔隙水压力。如果能准确定位被测区上下任一侧膨润土封隔层位置，则能够将孔隙水压力与地表其他形式的压力区分开来。

考虑到被测区上下密封隔离，因此，通常在一个测试孔内不会安装超过两个以上立管式测压计。

立管式测压计适用于任何地层条件，但是，对于相对不透水地层，管道中的水头高度要与地下水孔隙水压力达到平衡往往需要花费很长的测试时间。立管式测压计也能被用于开展变水头渗透性试验，其中，立管中的水位可以利用前述介绍的水位仪进行测量。

46.7.1.4 其他类型的测压计

气动式测压计通常由两根充气管从测压计端延伸至地表，其中，测压计的端部设置了一个隔膜，隔膜的作用是将水压和与充气管连通的气压区分开来。利用瓶装氮气提供气压，通过调节气压与水压平衡以获得地下水压力读数。当压入充气管中的气压与水压平衡时，在地表即可检测到并记录该压力值。这些测试系统通常作为钻孔长期监测系统的一部分，在该系统中，通过设置数据采集仪和气压控制系统即可采集并记录多个钻孔的地下水压力信息。当然，气动式测压计也能被用于测试地层中短期的负孔隙水压力。

振弦式测压计的端部的受拉钢弦在电磁场作用下产生激振，外部水压作用于承压膜上使钢弦拉力发生变化，导致钢弦的自振频率随之变化，因此，通过测量钢弦振动频率的变化即可获得作用于测压计上的水压力。振弦式测压计数据可以利用数字自动采集仪或手持式读数器获取。振弦式测压计的主要优点是其在相对不透水地层中也能快速达到压力平衡并获得孔隙水压力信息，这使得可以将它直接用膨润土水泥浆回填，而不需要砂滤层。但是，振弦式测压计不能准确地量测负孔隙水压力，且如果置于负压条件下，其测量的正孔隙水压力也不准确。因此，在安装振弦式测压计时需格外注意。

岩土工程勘察开展抽水试验时，抽水井内往往会布置一系列相关的测压计，以保证试验能够提供含水层渗透系数、导水系数、储水系数等关键参数，而这些参数对于涉及抽排地下水的项目是至关重要的。抽水井与测压计的不同之处在于：抽水井具有更大的直径用于潜水泵下放，且布置有过滤网。滤管通常布置在钻孔进水段，其余孔段则主要设置不透水套管。滤管的主要作用是在透水的同时加固井壁，并防止渗流过程中细颗粒流失。滤管设计十分复杂，在安装和测试之前，应考虑征求专家意见。

46.7.2 变形和荷载监测

46.7.2.1 水平位移监测

测斜仪可测量和监测地层的水平位移，常应用于不稳定边坡、基坑开挖以及支挡结构的监测。钻孔测斜管采用圆管的形式沿钻孔深度通长布置，且钻孔要穿过潜在变形区域。钻孔与测斜管的间隙需灌浆充填，且测斜管底部密封，以保证管内充满清水或空气。测斜管内部以 90° 的间隔设置 4 个凹槽或导槽，测斜管采用外部套管连接以确保 4 个导槽在钻孔段通长连续且每个导槽方向一致。

当地层变形移动时，测斜管也随之弯曲，利用测斜仪即可测量测斜管发生弯曲变形的程度及位置。测斜探头类似"鱼雷"形状，其两端弹簧支架上分别装有一对导向轮，两对轮子均在同一平面内。测量时，导向轮位于测斜管中一对导槽内，而弹簧支架则保持整个探头处于测斜管中央。测斜探头内部有一组伺服加速度计，且加速度计与导向轮所在平面成90°布置。这些加速度计可测量探头的倾斜度，利用探头倾斜度则可以计算测斜管的水平位移。测试过程中，利用电缆将测斜探头下放至孔底，然后，每提升0.5m测读一次，并用数据采集仪记录测试信息。测读完毕后，将探头旋转90°插入另一对导槽内，重复上述方法再测一次。测试数据通过专有的软件程序进行处理，以得到随孔深的水平位移曲线。若通过定期监控方案重复进行上述操作，就可以获得位移、深度与时间的关系曲线。测斜仪也可水平方向使用，偶尔被用于监测填方工程中的沉降特征。

46.7.2.2 竖向位移监测

引伸仪可测量地层的竖向位移，包括隆起和沉降。引伸仪通常采用钻孔安装，将类似于测斜管的管子放置于潜在变形区域以下，在管与孔壁间注浆回填过程中，将一系列磁环以一定间隔沿管外壳依次滑入钻孔内，然后依次注浆回填至地表。当地层向上隆起或向下沉降变形时，被水泥浆与地层固定的磁环也相对于管道向上隆起或向下沉降，并通过管子下放测量探头可以测量出磁环与管子的相对位置。

深部基准测量也可以用于监测地表相对于变形区域以下固定基准点的位移，其通常在产生区域性的大范围沉降或隆起且与可靠的测量基准点距离场地较远的条件下采用。深部基准测量包括将不锈钢或玻璃纤维棒的一端锚固到地层深处，同时通过某种方式（通常采用内套管或套筒）将不锈钢或玻璃纤维棒的其余部分与地层和钻孔注浆体隔离开来，而且不锈钢或玻璃纤维棒伸出地面的顶部通常还作为常规地形测量的地表基准点。

因土石方回填引起的超载监测由回填工程施工方开展，其并不是岩土工程勘察的内容。布置在被测区域内的土压力盒（通常为振弦式土压力传感器），通过与远程数据采集仪相连，可实现土压力的长期动态监测。另外，这类土压力盒常常也被布置于支挡结构后侧测量其土压力值，以验证主动土压力和被动土压力的设计值。

46.8 其他方面

在开展案头研究和野外踏勘中发现的许多问题也可能对开展岩土工程勘察具有重要影响。以下列出其中的部分问题：

- 钻机的进场通道；
- 钻机的工作空间；
- 地下设施的位置；
- 水源和电源；
- 地下及架空障碍物；
- 影响勘察设备稳定性的软弱场地；
- 许多钻机在斜坡上作业的困难；
- 铁路勘察作业有许多特殊的管理要求和准入许可；
- 水上或潮间带勘察作业需要特定部门的准入许可。

46.9 标准

适用于岩土工程勘察的英国标准是《欧洲标准7》第2部分（British Standards Institution，2007）。先前的标准 BS 5930：1999（British Standards Institution，2010）已经修订过，后期还会进一步修订，因此，现将其作为参考性规范予以保留。

《欧洲标准7》第2部分有大量"附件"（文后详细列出）。在撰写本手册时，由于欧洲标准中许多新标准还尚未发布，因此，一些较旧的英国标准仍然适用。这其中的情况较为复杂，建议与英国标准协会（British Standards Institution）定期核查这些文件的适用状态。

46.9.1 岩土工程勘察与测试：取样方法与地下水测试

BS EN ISO 22475-1 第1部分：执行的技术原则

BS EN ISO 22475-2 第2部分：企业与人员的资格标准

BS EN ISO 22475-3 第3部分：第三方对企业和人员的资格评定

46.9.2 岩土工程勘察与测试：现场试验

BS EN ISO 22476-1 第1部分：电圆锥和孔压静力触探试验

BS EN ISO 22476-2 第 2 部分：动力触探

BS EN ISO 22476-3 第 3 部分：标准贯入试验

BS EN ISO 22476-4 第 4 部分：梅纳（Menard）旁压测试

BS EN ISO 22476-5 第 5 部分：柔性膨胀计试验

BS EN ISO 22476-6 第 6 部分：自钻式旁压试验

BS EN ISO 22476-7 第 7 部分：钻孔千斤顶试验

BS EN ISO 22476-8 第 8 部分：全位移压力计试验

BS EN ISO 22476-9 第 9 部分：现场十字板剪切试验

BS EN ISO 22476-10 第 10 部分：重力探测试验

BS EN ISO 22476-11 第 11 部分：扁铲侧胀试验

BS EN ISO 22476-12 第 12 部分：机械式触探测试

BS EN ISO 22476-13 第 13 部分：平板载荷试验

46.9.3　岩土工程勘察与测试：岩土水力学试验

BS EN ISO 22282-1 第 1 部分：总则

BS EN ISO 22282-2 第 2 部分：无封隔器的钻孔渗水试验

BS EN ISO 22282-3 第 3 部分：岩石水压试验

BS EN ISO 22282-4 第 4 部分：抽水试验

BS EN ISO 22282-5 第 5 部分：渗透计试验

BS EN ISO 22282-6 第 6 部分：密封式封隔器系统

46.9.4　岩土工程勘察与测试：室内试验

BS 1377:1990 第 1~8 部分一直有效，直到另行通知为止（这种情况应与英国标准协会核实）。

46.9.5　岩土工程勘察与测试：土的鉴别与分类

BS EN ISO 14688-1:2002 第 1 部分：鉴别和描述

BS EN ISO 14688-2:2004 第 2 部分：分类原则

46.9.6　岩土工程勘察与测试：岩石鉴别与分类

BS EN ISO 14689-1:2003 第 1 部分：岩石鉴别与描述

46.9.7　其他标准

英国钻探协会（British Drilling Association, BDA）负责为英国的钻工实施资格认证，多年以来，英国岩土工程勘察实践过程中，使用经合格认证的钻工一直是一项常规的合同要求。同时，英国钻探协会（BDA）也出版了许多与岩土工程勘察相关的操作指南，详细资料在其官方网站上可以获取。

英国土木工程师学会（ICE）也发布了使用较为广泛的标准规范（Site Investigation Steering Group，1993）和现场勘察合同的标准形式（ICE & CECA，2003）。

岩土工程专业协会（Association of Geotechnical Specialists，AGS）为数字岩土工程勘察数据（即"AGS 数据"）提供了一种标准格式，这种数据格式在英国已被广泛采用，且有许多用于处理此数据格式的商业软件包，这类程序软件可以大大加快岩土勘察成果的解译速度。更多详细信息可以查询 AGS 网站。

46.10　参考文献

British Standards Institution (1990). *Methods of Test for Soils for Civil Engineering Purposes (Parts 1–9)*. London: BSI, BS 1377.

British Standards Institution (2002). *Geotechnical Investigation and Testing: Identification and Classification of Soil – Identification and Description*. London: BSI, BS EN ISO 14688-1.

British Standards Institution (2003). *Geotechnical Investigation and Testing: Identification and Classification of Rock – Identification and Description*. London: BSI, BS EN ISO 14689-1.

British Standards Institution (2004). *Geotechnical Investigation and Testing: Identification and Classification of Soil – Principles for a Classification*. London: BSI, BS EN ISO 14688-2.

British Standards Institution (2005a). *Geotechnical Investigation and Testing: Field Testing – Dynamic Probing*. London: BSI, BS EN ISO 22476-2.

British Standards Institution (2005b). *Geotechnical Investigation and Testing: Field Testing – Standard Penetration Test*. London: BSI, BS EN ISO 22476-3.

British Standards Institution (2006). *Geotechnical Investigation and Testing: Sampling Methods and Groundwater Measurements – Technical Principles for Execution*. London: BSI, BS EN ISO 22475-1:2006.

British Standards Institution (2007). *Eurocode 7: Geotechnical Design – Ground Investigation and Testing*. London: BSI, BS EN1997-2:2007.

British Standards Institution (2009). *UK National Annex to Eurocode 7: Geotechnical Design – Ground Investigation and Testing*. London: BSI, UK NA to BS EN1997-2.

British Standards Institution (2009). *Geotechnical Investigation and Testing: Field Testing – Mechanical Cone Penetration Test (CPTM)*. London: BSI, BS EN ISO 22476-12.

British Standards Institution (2010). *Code of Practice for Site Investigations*. London: BSI, BS 5930:1999+A2.

ICE & CECA (2003). *ICE Conditions of Contract Ground Investigation Version*, second edition. London: Thomas Telford.

Site Investigation Steering Group (1993). *Specification for Ground Investigation*. London: Thomas Telford (new edition 2011).

46.10.1 实用网址

岩土工程专家协会（AGS）出版物；www.ags.org.uk/ite/publications/pubcat.cfm

英国钻探协会（BDA）；www.britishdrillingassociation.co.uk/

英国标准协会（BSI）；http://shop.bsigroup.com/en/ BSI Committee B/526/3 Site investigation and ground testing (lists standards proposed and in development in this area); http://standardsdevelopment.bsigroup.com/Home/Committee/50001991?type=m&field=Ref

> 建议结合以下章节阅读本章：
> - 第13章"地层剖面及其成因"
> - 第95章"各类监测仪器及其应用"
>
> 本书以第1篇"概论"和第2篇"基本原则"为指导进行章节编排。如第4篇"场地勘察"中所述，各类岩土工程均应进行扎实的现场勘察工作。

译审简介：

徐杨青，博士，中国煤炭科工集团首席科学家，全国工程勘察设计大师，从事岩土工程勘察、设计与研究工作。

殷跃平，研究员，中国工程院院士，注册土木工程师（岩土），从事工程地质与地质灾害防治研究，获国家科学技术进步奖2项。

第 47 章 原位测试

约翰·J. M. 鲍威尔（John J. M. Powell） 独立顾问和 Geolabs 有限公司（Geolabs Ltd），原受雇于英国建筑研究院，沃特福德，英国

克里斯·R. I. 克莱顿（Chris R. I. Clayton） 南安普敦大学，英国

主译：蔡国军（东南大学）

参译：赵泽宁，常建新，冯华磊

审校：刘松玉（东南大学）

doi: 10.1680/moge.57074.0629

目录

47.1	引言	629
47.2	触探试验	630
47.3	载荷和剪切试验	640
47.4	地下水试验	648
47.5	参考文献	650

有关岩土场地的信息资料可通过若干方式获得，例如遥感、钻孔、取样和室内试验。本章介绍了常用的原位测试方法，包括触探试验、十字板试验、平板载荷试验、旁压试验和原位渗透试验。主要介绍了试验设备和测试方法，并指出了可能出现的困难及其修正措施。本章也提供了更多有关信息的解译方法和相关标准的参考文献。

47.1 引言

在岩土工程设计开始之前，工程师需要收集或通过勘察获得大量关于现场场地条件的信息。这通常通过现场踏勘和案头研究、钻孔、取样与室内试验，以及原位测试来完成。英国标准 BS EN 1977-2（British Standards Institution，2007b）和 BS 5930（British Standards Institution，2010）清楚地描述了完成这一过程的最佳实践方案。本章介绍了一些可供勘察方案选用的岩土工程原位测试方法。在这一领域，预计在未来几年内会出版许多标准和规范，工程师需要核对他们手头所使用相关标准的最新状态。

原位测试主要通过以下成果对场地特征和场地模型分析使用发挥重要作用：

- 岩土指标和土分类；
- 土层剖面；
- 岩土参数确定。

虽然这些成果可以从室内土工试验或现场岩土试验中获得，但通常建议这两种方法要联合使用。

工程师应该慎重考虑什么时候使用什么测试方法。表 47.1（Lunne 等，1997；表 1.1）和 BS EN 1997-2（British Standards Institution，2007b）中的表 2.1 列出了各种现场试验能获得的参数以及他们适用的土层条件。原位测试具有以下优点：

- 可用于无法取样（如粗粒土）或取样扰动会显著影响室内试验结果的情况。
- 可以测试比室内试验更大规模的地层。
- 测试地层存在于现场原位，即在原位有效应力水平，具有代表性的粒径和裂隙分布。
- 从一些试验中可以获得近乎连续的随深度测试记录，可以进行土分类，并得到非常好的地层剖面。
- 原位测试通常比取样、室内试验更快捷，因此可能更便宜。

另外，原位测试也存在一些明显缺点：

- 在许多试验中，所测试的土体是看不到的，也无法描述。
- 试验结果可能会受到测试速率影响，因其加载速率往往快于室内试验加载速率，特别是快于施工加载速率。
- 应力、应变和排水的边界条件往往控制得很差，限制了此类试验的适用性（例如能确定不排水强度或刚度参数）。
- 原位测试条件下的土体变形可能与拟建建筑的情况不同（例如，在基础下产生水平变形而不是垂直变形），加上施加的非均匀应力和应变场，以及缺乏排水控制，可能会使解译结果具有不确定性。
- 扰动可能发生在孔内试验钻孔期间以及安放设备过程中。

因此，通过室内试验和原位测试相结合来确定关键岩土参数是明智的，这与 BS EN 1997-2（British Standards Institution，2007b）的要求是一致的。

岩土工程欧洲标准（Eurocode）和相关标准的采用将在未来促使测试和现场勘察（GI）更加协调（见第 10 章"规范、标准及其相关性"）。以下章节将参考当前和即将出台的 EN（欧洲）标准，

后一种情况的许多文件已定稿，但尚未出版。一旦出版，它们将取代现有的英国标准。

原位测试方法的适用性和实用性　　　　表 47.1

分类	设备	土体参数												场地类型						
		岩土分类	剖面	u	φ'①	s_u	I_D	m_v	c_v	k	G_0	σ_h	OCR	$\sigma\text{-}\varepsilon$	硬岩	软岩	砾石	砂土	粉土	黏土	泥炭
触探仪	动力触探	C	B	—	C	C	C	—	—	C	—	C	—	—	C	B	A	B	B	B
	机械式静力触探	B	A/B	—	C	C	B	C	—	—	C	C	C	—	—	C	C	A	A	A	A
	电测式静力触探（CPT）	B	A	—	C	B	A/B	C	—	—	B	B/C	B	—	—	C	C	A	A	A	A
	孔压静力触探（CPTU）	A	A	A	B	B	A/B	B	A/B	B	B	B/C	B	C	—	C	—	A	A	A	A
	地震波静力触探（SCPT/SCPTU）	A	A	A	B	A/B	A/B	B	A/B	B	A	B	B	B	—	C	—	A	A	A	A
	扁铲侧胀仪（DMT）	B	A	C	B	B	C	B	—	—	B	B	C	C	C	C	—	A	A	A	A
	标准贯入试验（SPT）	A	B	—	C	C	B	—	—	—	C	—	—	—	—	C	B	A	A	A	A
	电阻率探头	B	B	—	B	B	A	C	—	—	—	—	—	—	—	C	—	A	A	A	A
旁压仪	预钻式（PBP）	B	B	—	C	B	—	C	—	—	B	C	—	C	A	A	B	B	B	B	B
	自钻式（SBP）	B	B	A②	B	B	—	B	A②	B	A③	A/B	A/B③	B	C	—	B	B	B	B	B
	全位移（FDP）	B	B	—	C	B	C	C	—	—	A③	C	C	—	—	—	—	C	B	B	B
其他	十字板	B	C	—	—	A	—	—	—	—	—	—	B/C	B	—	—	—	—	—	A	B
	平板载荷	C	—	—	C	B	B	B	C	A	C	B	B	A	B	A	B	A	A	A	A
	螺旋板	C	C	—	C	B	B	C	B	A	C	B	B	A	—	—	—	A	A	A	A
	钻孔渗透	C	—	A	—	—	—	—	B	A	—	—	—	A	A	A	A	A	A	A
	水力压裂	—	—	B	—	—	—	—	—	C	C	B	—	B	B	B	—	C	A	C
	跨孔/下孔/面波	C	C	—	—	—	—	—	—	—	A	—	—	A	A	A	A	A	A	A	A

适用性：A = 高；B = 中等；C = 低；— = 不适用
① φ'取决于土体类型。
② 仅适用于安装了孔隙水压力传感器的情况。
③ 仅适用于安装了位移传感器的情况。
土体参数定义：u 为原位静孔隙水压力；φ' 为有效内摩擦角；s_u 为不排水抗剪强度；m_v 为侧限压缩模量；c_v 为固结系数；k 为渗透系数；G_0 为小应变剪切模量；σ_h 为水平应力；OCR 为超固结比；$\sigma\text{-}\varepsilon$ 为应力-应变关系；I_D 为密实度指数。
摘自 Lunne 等（1997）；Taylor & Francis Group

47.2 触探试验

触探试验在岩土工程实践中应用广泛，可以提供几乎所有场地条件下有价值的数据。触探试验可以用多种方式进行分类，例如：

- 动力（冲击方式）或准静力（静压方式）；
- 是否需要钻孔；
- 连续或间歇贯入。

47.2.1 标准贯入试验

标准贯入试验（SPT）可能是世界上应用最广泛的岩土工程试验方法。在撰写本文时，英国的 BS EN 1997-2：2007（British Standards Institution，2007b）和 BS EN ISO 22476-3（British Standards Institution，2005b）对这一方法进行了标准化，注意这两个文件都有修正。在美国，它被 ASTM D1586（ASTM，2008a）标准化。

SPT 是动态的、间歇性的，通常在钻孔中按照深度为 1.5m 的间隔进行测试。当达到所需的测试深度，把连接在钻杆上标准的 50mm 外径对开式取土贯入器（图 47.1）放到钻孔底部，然后使用 63.5kg 的重锤，以 760mm 的落距自由落体反复锤击将贯入器打入土中（注意，SPT 全球普遍使用，但各个国家的具体尺寸规格可能会略有不同，采用 EN ISO 标准应该会使试验更加接近一致）。SPT 的 N 值是在预贯入 150mm 后，贯入 300mm 所需的锤击次数；然后，可以通过标准锤击能量或上覆土压力（粗粒土）修正（见下文）来获得修正后的 N 值。

尽管存在一些争议，SPT 仍然在世界范围内广泛使用，主要原因是：

1. 设备简单。
2. 几乎可用于任何土质条件（包括黏土、砂土、粗颗粒土和破碎的软弱岩石）。
3. 可以获得土样，用于基本的肉眼观察。

通过经验关系公式，它可以用来估计许多设计所需的强度和刚度参数。

除了地基条件外，标准贯入试验的结果还受三个主要因素的影响：

- 为达到测试深度而采用的钻孔或钻孔技术；
- 用于测试的 SPT 设备；
- 测试步骤。

这些影响因素中最重要的在以下进行讨论（如果坚持广泛采用 EN ISO 标准，这些因素的影响会有所改善；但在使用历史数据时需要考虑这些因素）。更完整的介绍见 Clayton（1995）或 Clayton 等（1995）的文献。

在粗粒土中，钻孔扰动可能很大。经验表明，英国的实践中，使用"管钻"和轻型冲击钻探可以将 SPT 的 N 值降低高达 5 倍。空心螺旋钻如果使用不当时，会使土松动，造成 N 值减小约 3 倍。在钻具施工前对粗粒土的压实也可能会提高 SPT 的 N 值。控制土体松动可以采取以下措施：

1. 确保钻孔始终充满水，这样就不会由于地下水向上流动而出现管涌。
2. 使用小直径钻孔，以限制钻孔扰动深度（通常为钻孔直径的 1.5~3 倍），最好小于 150mm 的预贯入深度（BS ISO EN 22746-3 要求全程记录钻孔直径）。
3. 避免使用套管（例如，用钻井泥浆稳固孔壁），从而减少地下水的集中涌入。
4. 降低司钻员推进的速度，如在 SPT 之前，严格控制空心螺旋钻塞从螺旋钻中心拔出的速度。

在大多数黏土中，采用 SPT 测试是合适的，因为在黏土中钻孔扰动不会像在粉土和砂土中那么严重。通常认为 SPT 在软土和灵敏性土中测试是不合适的，因为其扰动影响可能很大，且其 N 值太低，在设计中没有多大用处。

SPT 设备对结果有重要影响，其中两个最重要的因素是：

- 落锤的设计与使用；
- 对开式取土器的设计。

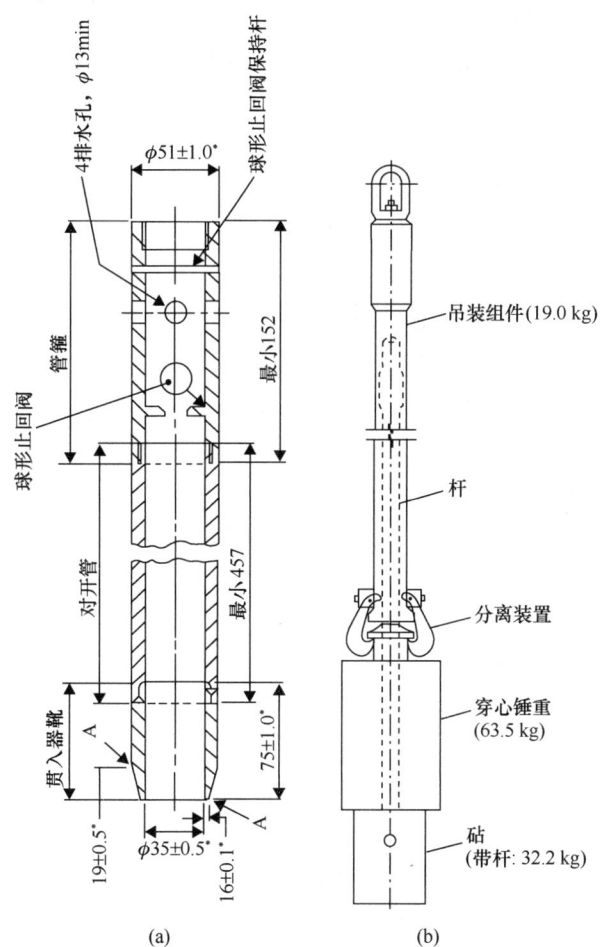

图 47.1　标准贯入试验（SPT）：对开式取土贯入器（左），自动落锤（右）。标记为 A 的角可以稍圆（左）

（左）经许可摘自英国标准 BS 1377-1ⓒ British Standards Institution1990；（右）经许可摘自 CIRIA R143（Clayton，1995）

（a）对开式贯入器；（b）自动跳闸锤

世界各地使用各种各样的落锤设计，大多数可以以多种方式使用。不同落锤每击产生不同的能量，而且根据设计的不同，每一击都基本保持一致。由于 SPT 的 N 值与每次锤击能量成反比，这意味着 SPT 的 N 值主要取决于落锤的类型和使用方法。因此，必须测量和报告 SPT 落锤传递的能量。BS EN ISO 22476-3（British Standards Institution，2005b）要求所有 SPT 落锤要定期校准。《国际参考测试程序》（International Reference Test Procedure，IRTP）（ISSMGE，1999）建议 SPT 的 N 值应修正为自由落体能的 60%（N_{60}），目前英国的实践通过 BS EN ISO 22476-3（British Standards Institution，2005b）也是这样考虑的。据估计（Clayton，1995），世界各地落锤能量的变化可以导致 N 值变化从 -25% ~ +35%。

在英国，常规做法是使用带有较大铁砧的自动落锤。测量表明，这通常会提供大约 70% 的自由落体能量，比 60% 的标准能量其 N 值低 15% 左右。Reading 等（2010）的研究清楚地表明，英国所谓标准落锤的能量差异也很大，在某些情况下这与落锤缺乏维护有关，但也与设备类型有关。

当落锤和对开式贯入取土器之间的钻杆长度很短时，能量传递会有所减小。BS EN ISO 22476-3（British Standards Institution，2005b）建议在砂土中应考虑对 N 值的修正。

如果对开式贯入取土器的设计与标准规格不同，也会对贯入阻力产生影响。使用者应注意两方面的问题。在一些国家（包括英国），在砾石土中进行测试时，通常采用 60°实心锥头代替对开式取土贯入器切割靴。英国经验证明，在砂土中，这大约可以使测得的贯入阻力提高一倍。因此如果可能的话，应避免使用实心锥头。并且，如果使用实心锥头，则应按照 BS EN ISO 22476-3（British Standards Institution，2005b）明确标明为 SPT（C）测试。

另一个潜在的问题是，在一些国家对开式贯入器装有内衬，以便于采集样品。如果取消内衬，结果发现其 N 值下降 10% ~30%。

在英国，测试程序相当统一，锤击计数通常由操作领班记录 6 个 75mm 贯入击数部分（前两个作为预贯入，后 4 个作为正式试验击数），最近对 BS EN ISO 22476-3（British Standards Institution，2005b）预贯入长度 150mm 进行了修正，允许仅预贯入 75mm。然而，在松散或软弱的土体中或在密实的土和软弱的岩石中测试时，步骤可能会有所不同。在前一种情况下，钻杆和落锤在自重下的贯入量以往可能记录，也可能不记录，但现在根据 BS EN ISO 22476-3 的要求，必须记录。在后一种情况下，可能无法达到 450mm 的全部贯入深度，此时按照 BS EN ISO 22476-3（British Standards Institution，2005b）规定实际记录锤击次数和实际达到的贯入深度，但报告中需要明确标注。

与其他原位触探试验一样，SPT 可用于土层剖面划分、土分类和参数确定等方面。当用于土层剖面划分时，理想情况下，应该进行比英国实践中常见的更多的测试，比如按 1m 间隔测试。与动力触探测试（如下所述）一样，SPT 对开式贯入器可以连续贯入，但这不是常规做法，因为驱动钻杆上的摩擦和粘附会增加深处贯入阻力。可通过取样做试验（尽管在黏土中取样质量很低，并且在粗粒土中不能提供代表性级配）结合测量的贯入阻力来进行土的分类。分类可基于粗粒土的相对密度、细粒土的稠度和软弱岩石的强度（例如，可参见 Clayton，1995）。

由于 SPT 是一种小直径动力、快速测试至破坏的方法。因此影响 N 值的主要土体性质是：

- 有效内摩擦角（无黏性土）；
- 相对密度（无黏性土）；
- 有效应力水平（无黏性土）；
- 粒度（粗粒土和粉粒土）；
- 排水抗剪强度（黏性土）；
- 胶结（软弱岩、无黏性土）；
- 岩石节理（软岩）。

因为解译取决于土体类型，所以必须了解以上影响。幸运的是，如上所述，在大多数场地条件下，都可从 SPT 对开式贯入器中提取少量的土样。

在粗粒土试验成果解译时，需要考虑有效应力水平。比如，在原地面进行的 SPT 的 N 值比施工开挖后做的 SPT 的 N 值高，有时会高很多，这是因为施工开挖导致竖向有效应力降低。现在的做法是将粗颗粒土中测定的 N 值修正到竖向有效应力为 100kPa（1t/ft^2）的条件下其等效值，即"N_1"。同时考虑落锤能量和有效上覆应力修正后的 N 值表示为"$(N_1)_{60}$"。

在解译 SPT 数据时，土体粒径是一个重要的考虑因素。在粗粒土中使用的标准关系式和解释适用于砂土。证据表明（Tokimatsu，1988），一旦平均粒径（D_{50}）超过约 0.5mm 后，贯入阻力就会迅速上升，当 D_{50} = 10mm 时，贯入阻力几乎会增加一倍。对于砂土中所获得的关系式不能认为也完全适用于砾石类土。因此砾石类土的液化势评价中，使用较大直径的贯入器。并不是只有粗颗粒才会有问题，细粒含量也会降低粉砂中的贯入阻力（由于在压入过程中孔隙压力的发展）。

在黏土中，贯入阻力主要由不排水抗剪强度控制。除非钻探扰动非常显著（这可能是软弱土和灵敏土体的一个因素），否则贯入阻力钻探期间不会发生显著改变。因此，黏土中 SPT 的 N 值不用进行上覆压力的修正，N_{60} 可直接用于设计。在查看 N 值的关系式或设计过程中，必须始终注意 N 值的形式（看看修正与否，如果修正了，具体如何修正，文献中可找到针对同一问题不同形式的修正，见 BS EN 1997-2）。关于岩土参数（表 47.1）和直接设计方法的解释指南在相关文献中随处可见（例如 Clayton，1995；参见第 47.5 节延伸阅读中列出的会议文献），还可参见 BS EN 1997-2 附录 F（British Standards Institution，2007b），以及《欧洲标准7》的英国附件（British Standards Institution，2009a）的相关说明，但必须始终注意它们对正在勘察的场地适用性。

47.2.2 动力触探试验

因为不需要钻孔，动力触探试验（DPT）提供了一种简单、快速和相对便宜的现场剖面测试方法。这是一个动力的、间歇性的测试。它适合小深度的勘探工作，采用与场地特性有关的经验关系式，可为相对昂贵和复杂的测试中补充或推断数据。该设备通常重量轻、结构紧凑，非常适合在出入受限的场地工作。

动力触探试验是用自由落锤连续锤击，通过铁砧和延长钻杆将实心触探头垂直打入地层。轻型锤可以人工举起，但在大多数情况下，使用的是带有自动锁扣和释放机制的电动装置。图 47.2 所示为一个电驱动动力触探设备。

试验时记录将贯入触探头贯入固定深度（10cm 或 20cm，取决于测试要求）所需的锤击次数。触探头可以固定在钻杆上，也可以不固定，在

图 47.2 电驱动动力触探设备

后种情况下，当测试结束钻杆被拔出时，触探头就留在土中（弃掉触探头）。每贯入 1m 就要暂停以接长一根钻杆；此时，可以测量旋转钻杆所需要的扭矩，以评估作用于钻杆上的摩擦力，这对随后的测试也有减少摩擦力的作用，该扭矩值可以用来修正锤击数以补偿摩擦。

近年来，已经开发和标准化了多种动力触探设备，具有不同大小的圆锥和锤重。在英国，动力触探试验已经通过 BS EN ISO 22476-2（British Standards Institution，2005a）进行了标准化，该标准列出了 5 种不同锥尺寸和落锤重量的设备配置（英国不使用其中的 DPSH – A）。这些配置通常与多年来在英国和其他国家应用普遍（基于 ISSMFE，1989）的规格相同，但 DPM 除外，现在改为使用一个较大的锥。考虑到早期版本的英国标准 BS 5930（British Standards Institution，1999），DPM 现在的配置是 DPM15。从 CPL 到 DPSH 具体工作内容不断增加。

表 47.2 列出了 BS EN ISO 22476-2（British Standards Institution，2005a）中详细列出的不同设备配置。轻型动力触探（DPL）、中型动力触探（DPM）和重型动力触探（DPH）的标准锤击范围为 3~50，DPSH 的标准锤击范围为 5~100；建议

如果未达到最小值,则不能将测试结果用于定量目的。

图47.3给出了固定锥头和可更换锥头形状。在英国,许多公司使用与固定锥头相同形状的可更换式锥头。一般来说,DPL、DPM和DPH具有相同的落锤高度,但锤重不同,DPH和DPM使用相同的钻杆质量。从表47.2可以看出,DPSH-B试验的设计与标准贯入试验(SPT)极为相似,但与其他试验不同,因为它计算的是每贯入20cm的锤击次数,而不是10cm。BS EN ISO 22476-2(British Standards Institution,2005a)建议,应以类似SPT的方式测量每个新设备的传递能量。此外,他建议,当测试结果用于定量评价时,如需确定参数时,应通过标定确定传递到钻杆贯入的实际能量 E_{meas}。

47.2.2.1 结果与数据分析

触探试验结果记录为10cm(N_{10})或20cm(N_{20})的贯入击数,应在BS EN ISO 22476-2(British Standards Institution,2005a)规定的标准范围内。注意锤击数与所使用的设备规格有关,因此规范附录建议使用一个额外的下标,例如 N_{10L} 或 N_{10M},避免在显示结果时出现任何混淆。根据BS EN ISO 22476-2(British Standards Institution,2005a),现在要求至少每米测量一次杆上的扭矩并必须记录和报告。杆的摩擦对 $N_{10/20}$ 值的影响是显著的,现在标准中要求考虑这一点,但未给出应该如何修正。在该标准的附件中给出了影响的例子。

N_{10} 值可以转换为单位锥阻(r_d)或动锥阻(q_d),这可以使不同规格的设备在同一个基准上比较;这两个参数均可由桩基贯入公式导出,参见BS EN 22476-2附录E:

$$q_d = \frac{M}{M+M'} r_d \tag{47.1}$$

$$r_d = \frac{Mgh}{Ae} \tag{47.2}$$

动力触探测试规格的详细数据　　表47.2

要素	DPL	测试规格			
		DPM	DPH	DPSH-A	DPSH-B
落锤质量,kg	10 ± 0.1	30 ± 0.3	50 ± 0.5	63.5 ± 0.5	63.5 ± 0.5
下落高度,m	0.5 ± 0.01	0.5 ± 0.01	0.5 ± 0.01	0.5 ± 0.01	0.75 ± 0.02
铁砧和导杆的质量(最大),kg	6	18	18	18	30
回弹(最大),%	50	50	50	50	50
杆长度,m	1 ± 0.1%	1 ± 0.1%	1 ± 0.1%	1 ± 0.1%	1 ± 0.1%
杆质量(最大),kg	3	6	6	8	8
杆偏心量(最大),mm	0.2	0.2	0.2	0.2	0.2
杆外径(d),mm	22 ± 0.2	32 ± 0.2	32 ± 0.2	32 ± 0.3	32 ± 0.3
杆内径,mm	6 ± 0.2	9 ± 0.2	9 ± 0.2	9 ± 0.2	9 ± 0.2
锥尖角	90°	90°	90°	90°	90°
锥面积(A),cm²	10	15	15	16	20
圆锥直径(D),mm	35.7 ± 0.3	43.7 ± 0.3	43.7 ± 0.3	45.0 ± 0.3	50.0 ± 1.0
磨损后的圆锥直径(最小),mm	34	42	42	43	49
表面长度,mm	35.7 ± 1	43.7 ± 1	43.7 ± 1	90 ± 2	50.5 ± 2
每x厘米贯入的锤击次数(N_x)	N_{10}:10	N_{10}:10	N_{10}:10	N_{20}:20	N_{20}:20
锤击数的标准范围	3~50	3~50	3~50	5~100	5~100
每次锤击的功(Mgh/A),kJ/m	50	98	167	194	238

注:DPL—轻型动力触探;DPM—中型动力触探;DPH—重型动力触探;DPSH-A—超重A型动力触探;DPSH-B—超重B型动力触探。

数据取自BS EN ISO 22476-2:2005(British Standards Institution,2005a)

式中,r_d 和 q_d 为阻力值(Pa);M 为锤的质量(kg);g 为重力加速度(m/s²);h 为锤子下落的高度

(m);A 为锥的投影面积（m^2）；e 为平均每击贯入深度（DPL、DPM15、DPM 和 DPH 为 $0.1/N_{10}$，DPSH 为 $0.2/N_{20}$）；M' 为钻杆、铁砧和导引杆的总质量（kg）。

r_d 的值表示贯入地层所做的功，q_d 量是对 r_d 值的修正（考虑到在冲击过程中驱动杆、砧和锤的惯性）。通过 r_d，包含锤重量、落锤高度和锥尺寸，可以比较不同规格下的 r_d，但在不同的设备配置下，包含的接杆的大小和质量在计算 q_d 时有更好的正常化的结果。如图 47.4 所示为使用三种设备规格（DPL、DPM15 和 DPH）时硬黏土场地的典型数据。结果表明，当不同的 N_{10} 剖面绘制为 r_d 和 q_d 时大致相同。

47.2.2.2 触探杆摩擦

触探杆摩擦会影响 N_{10} 或 N_{20} 的测试值。经验表明，扭矩读数超过 200N·m 通常意味着钻杆已接近临界，进一步贯入将永久压弯钻杆，可能导致压入杆不再符合 BS EN ISO 22476-2（British Standards Institution，2005a）标准要求。为了避免这种情况，当扭矩读数达到 120N·m 时，测试应终止。

BS EN ISO 22476-2（British Standards Institution，2005a）规定了采用泥浆（膨润土泥浆）以减少钻杆摩擦。一根穿孔的触探杆携带着锥头，钻探泥浆从空心钻杆向下导入并通过孔眼排出。对于硬黏土场地，可将泥浆灌入钻杆中，通过重力将其吸出，或者挤出至触探头后的环空中。每增加一根钻杆后，都应填满膨润土泥浆。对于软黏土，需要施加略高于平均原位地应力的压力，以迫使泥浆进入触探头后面的空间。

动力触探试验最常用于探察土层剖面的变化，并确定其横向范围；但是，许多国家积累了大量的经验将结果转换为其他参数（表 47.1），特别是在粗粒土方面。例如，在 BS EN ISO 22476-2（British Standards Institution，2005）的附件中有可以影响 DPT 结果的各种因素的例子；在 BS EN 1997-2 附录 G（British Standards Institution，2009）中，给出了一些粗粒土 DPT 结果解译的例子。其他的例子可以在文献中找到（参见本章的延伸阅读）。至关

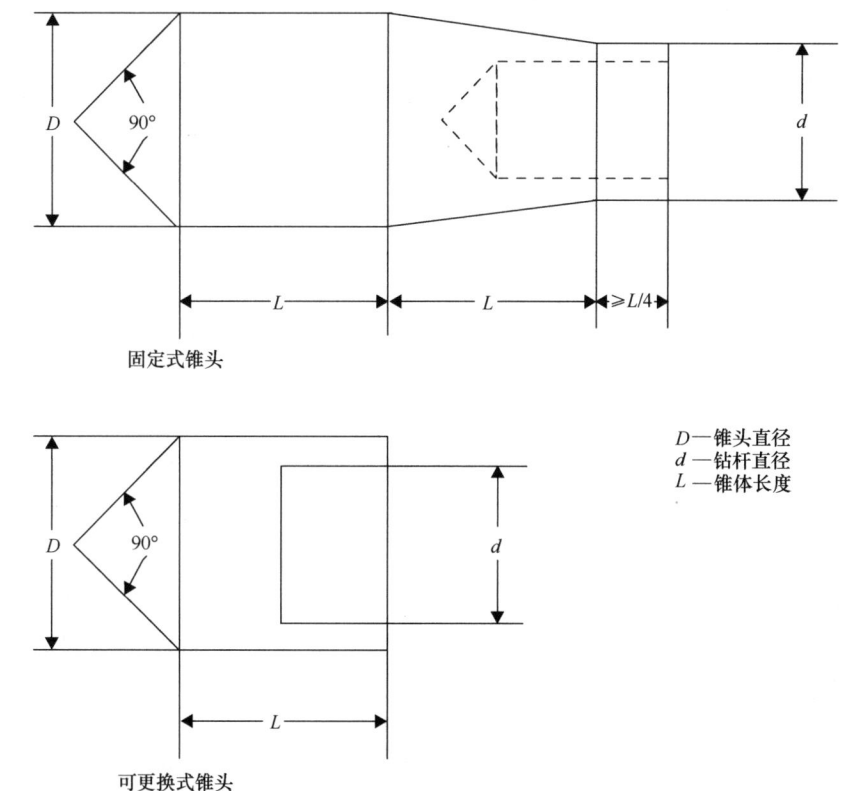

图 47.3 固定式和可更换式 DPT 锥的标准形状

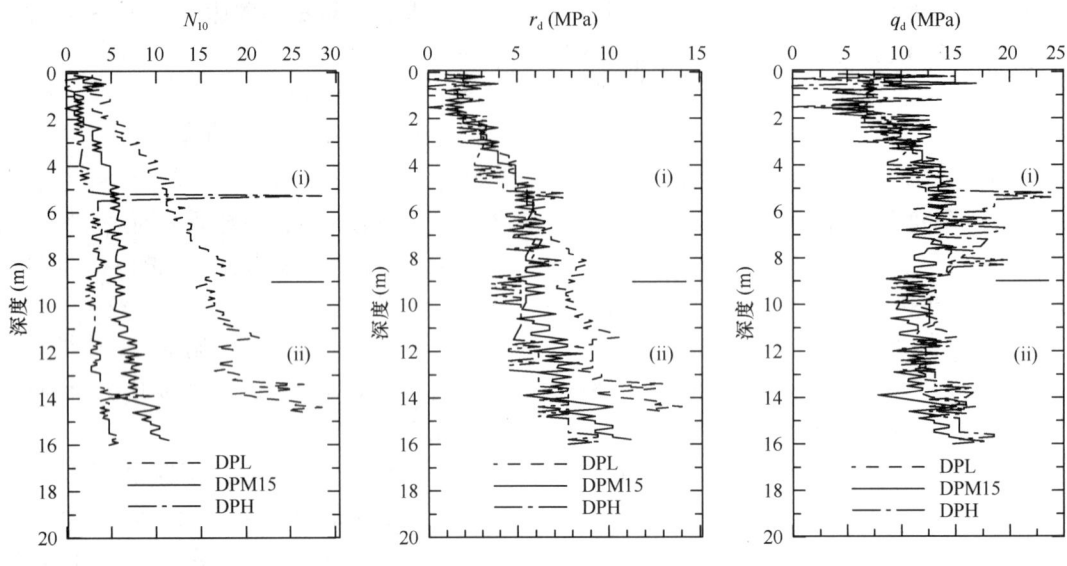

图47.4 硬黏土场地的三种规格的动力触探试验结果（N_{10}、r_d 和 q_d 值）

i—风化的伦敦黏土；ii—未风化的伦敦黏土

重要的是，要确保所使用的任何经验关系式都已对当地土体类型和DPT规格进行了验证；在未来，随着更好的校准和能量测量，可能在不同规格之间构建相关关系。关于它们在黏土中的解释的结果发表很少，但是Butcher等（1995）给出了在黏土中进行解释以确定岩土参数的可能性的例子。BS EN ISO 22476-2（British Standards Institution，2005a）确实指出，由于锤子下落能量损失，建议在以定量分析为目的的测试中，通过校准了解传递给压入杆的实际能量 E_{meas}。

47.2.3 静力触探试验（CPT）

在现有的众多原位测试方法中，静力触探（CPT）和孔压静力触探（CPTU）是最好的方法之一。CPT是近似连续的准静态试验；它通常是在没有钻孔的情况下进行的，但也可以配合钻孔一起使用，以穿透障碍物或增加测试深度。试验速度快，能生成详细的地层剖面，能对地层进行分类，并且可用于确定各种岩土参数，准确地反映土体性质。该试验参照《国际参考试验规程》（IRTP）（ISSMGE，1999）、英国标准 BS 1377（British Standards Institution，2007a）第9部分、BS EN ISO 22476-1（British Standards Institution，在编，f；一旦发布将取代IRTP和英国标准BS 1377第9部分）和BS EN 1997-2（British Standards Institution，2007b）。在一些国家，可能会采用远程机械系统进行测力的旧式探头（CPTM），BS EN ISO 22476-12（British Standards Institution，2009b）中纳入了以上方法。

47.2.3.1 试验设备

标准的60°圆锥直径为35.7mm（其横截面积为10cm²），摩擦套筒的面积为150cm²。锥头阻力和侧壁摩阻力通常通过应变式测力元件来测量。图47.5所示为静力触探的主要部件以及相关术语。CPT和CPTU系统通常配置有测斜仪，能及时警示遇到硬障碍物时探头发生倾斜的情况。

尽管在《国际参考试验规程》（ISSMGE，1999）和BS EN 22476-1（British Standards Institution，在编，f）中指定了10cm²截面积和60°圆锥角的探头作为参考试验（与原机械探头大小相同），其他尺寸的圆锥依然存在。除了10cm²设备外，15cm²圆锥探头在陆地工程中经常使用，在海洋环境中也会使用2cm²和5cm²（以及更大尺寸）的设备。

以上标准详细说明了包括形状、尺寸、面积、允许误差以及操作程序在内的所有必要信息，当设备尺寸在误差范围内时，测量参数的误差就仅仅来源于磨损，可以控制在百分之几的范围内。

在CPT中加入孔隙水压力测量系统（即CPTU）大大提高了其测定剖面和参数的能力。如图47.5所示，孔隙水压力可以在"u_1"（锥尖）、

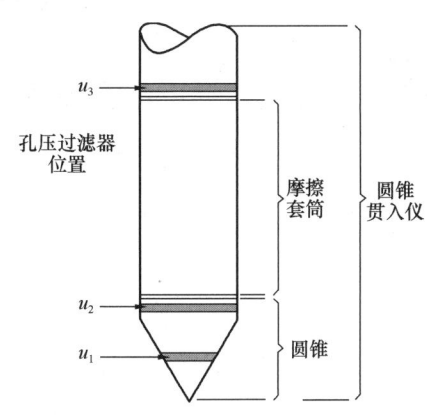

图 47.5 CPT 探头的主要部件以及
孔隙水压力测量的位置

"u_2"（锥肩）和"u_3"（侧壁摩擦套筒上方）等几个位置测量。一般来说，由于以下原因，建议在锥肩后面（"u_2"位置）测量孔隙水压力：

1. 相对于"u_1"，该位置可得到良好的保护免受损坏；
2. 相对容易饱和；
3. 给出良好的剖面详细数据；
4. 整体良好的孔压消散数据；
5. 确定 q_t 的正确位置（见下文）。

然而，其他测量部位在某些条件下可能是有用的（见 Lunne 等，1997）。

孔隙水压力测量系统的设计应使其易于饱和并保持饱和。这是因为 CPTU 的成功很大程度上取决于孔隙水压力测量系统的饱和度，特别是在黏土中。

为了获得满意的精度，必须定期对仪器进行标定，并标定与测试地层相适应的过载范围。针对每个项目，工程师应检查所使用的标定信息是否是实时和适当的，大型项目更应定期进行。同样重要的是，在每次完整贯入前后，需要测量、报告和检查传感器的基准读数——这是《国际参考试验规程》（IRTP）和 BS EN ISO 22476-1（British Standards Institution，在编，f）中的一项要求。标定可以评估传感器的稳定性和任何由于损坏而发生的变化。在这两种情况下，压力传感器基本读数的明显变化可以转化为测量负载，然后对结果中可能的误差进行分析。IRTP 和 BS EN ISO 22476-1（British Standards Institution，在编，f）引入了精度等级（前者）和应用等级（后者）的概念，并根据土层类型和结果的可能最终用途，如绘制剖面或者确定土体性质，而设定了静力触探设备精度的要求。它们要求在根据结果确定岩土参数时使用 CPTU。这些等级是确定合理的测试方法和对其进行解译的关键。表 47.3 给出了这些等级与设备和使用要求的关系。

47.2.3.2 试验方法

试验时将钻杆末端的圆锥头以恒定速率贯入地层，并对锥体尖端的贯入阻力进行近乎连续或间歇的测量。同时也测量圆锥上部摩擦套筒的贯入阻力，当进行孔压静力触探时，还要测量孔隙水压力。

探头通常以 20mm/s±5mm/s 的速度贯入地层。多年来，在陆地和海上都开发了一系列的系统来进行贯入作业，在陆地上，推力通常由专门建造液压顶升反作用力系统组成；有时也使用锚定钻机进行贯入。液压千斤顶的行程一般是 1~1.2m，但在有限的净空下工作时，可以采用较短的行程。海上试验系统既可以用钻杆进行连续贯入，也可以在海床上由液压进行贯入。

在贯入过程中，以固定频率采集各传感器数据，以便根据要求（即精度或应用等级）给出力、孔隙水压力和倾角的离散读数。通常，最小频率是每秒或每贯入 2cm 一次；频率提高可用于获取土层剖面更详细的情况（见 Lunne 等，1997）。这样就可得到所测试参数近似连续曲线。图 47.6 所示为一个典型的多参数剖面图。

在试验期间的任何时候，都可以停止贯入，CPTU 保持静止，测量孔隙水压力随时间的变化（许多标准还要求记录锥头阻力和侧壁摩阻力）；这被称为孔隙水压力"消散试验"，可用于确定固结系数。当孔隙水压力消散时，可以评价原位静孔隙水压力-深度关系。

47.2.3.3 试验参数

作用在探头端部的总力 Q_c 除以探头体的投影面积 A_c，得到锥头阻力 q_c。作用在侧壁摩擦套筒上的总力 F_s 除以其表面积 A_s，得到侧壁摩阻力 f_s。对于 CPTU 试验，由上所述方法可得到孔隙水压力。摩阻比 R_f 是通过将侧壁摩阻力除以锥头阻力得到的，用百分比表示。

根据 EN ISO 22476-1 的应用等级 表47.3

应用等级	测试类型	测量参数	允许最小精度①	测试之间的最大距离	应用 土体②	应用 解译与评价③
1	TE2	锥头阻力 侧壁摩阻力 孔隙水压力 倾斜度 贯入长度	35kPa 或 5% 5kPa 或 10% 10kPa 或 2% 2° 0.1m 或 1%	20mm	A	G, H
2	TE1 TE2	锥头阻力 侧壁摩阻力 孔隙水压力 倾斜度 贯入长度	100kPa 或 5% 15kPa 或 15% 25kPa 或 3% 2° 0.1m 或 1%	20mm	A B C D	G, H* G, H G, H G, H
3	TE1 TE2	锥头阻力 侧壁摩阻力 孔隙水压力④ 倾斜度 贯入长度	200kPa 或 5% 25kPa 或 15% 50kPa 或 5% 5° 0.2m 或 2%	50mm	A B C D	G G, H* G, H G, H
4	TE1	锥头阻力 侧壁摩阻力 贯入长度	500kPa 或 5% 50kPa 或 20% 0.2m 或 2%	50mm	A B C D	G G G G

注：对于极软土，可能需要更高的精度要求。
① 被测参数的允许最小精度为引用的两个参数中的较大值。相对精度适用于测量值，而不是测量范围。
② 根据 EN ISO 14688-2：
    A 均质层状土，含极软至坚硬的黏土和粉土（通常 q_c < 3MPa）；
    B 混合层土，含软至硬黏土（通常 q_c ≤ 3MPa）和中密砂（通常 5MPa ≤ q_c < 10MPa）；
    C 混合层土，含硬黏土（通常为 1.5MPa ≤ q_c < 3MPa）和非常密实砂（通常为 q_c > 20MPa）；
    D 非常坚硬至坚硬的黏土（通常 q_c ≥ 3MPa）和非常密实的粗粒土（q_c ≥ 20MPa）。
③ G 具有低相关不确定度水平的剖面和材料识别；
    G* 具有高相关不确定度的指示性剖面和材料识别；
    H 低相关不确定度设计的解译；
    H* 高相关不确定度设计的指示性解译。
④ 只有使用 TE2 才能测量孔隙水压力。

数据取自 BS EN ISO 22476-1（British Standards Institution，在编，f）

孔隙水压力测量可用于校正探头的几何效应的测量结果（见下文）。然而，孔隙水压力测量可能并不总是可以实现的，例如在非饱和土和地下水位之上。

47.2.3.4 贯入速率、孔隙水压力和垂直度的影响

测试的结果在某种程度上取决于贯入仪贯入地层的速率。根据《国际参考试验规程》（ISSMGE，1999）和 BS EN ISO 22476-2（British Standards Institution，2005a），贯入速率应为 20mm/s ± 5mm/s。贯入速率，特别是在细粒土中使用 CPTU 时，影响孔隙水压力的产生，此外还可能对 q_c 和 f_s 产生黏滞效应。贯入速率也可能影响蠕变和颗粒破碎。通常，贯入速率每增加 10 倍会导致硬黏土中测得的锥头阻力增加 10%～20%，软黏土中增加 5%～10%（例如 Powell 和 Quarterman，1988）。根据标准，在黏土和砂土中，这个比率不应该是一个问题；然而，在介于两者之间的土体中，贯入速率变化的影响可能对测量参数的影响更加显著，当贯入设备达到极限时，速度可能发生最明显的变化，并可能减慢。

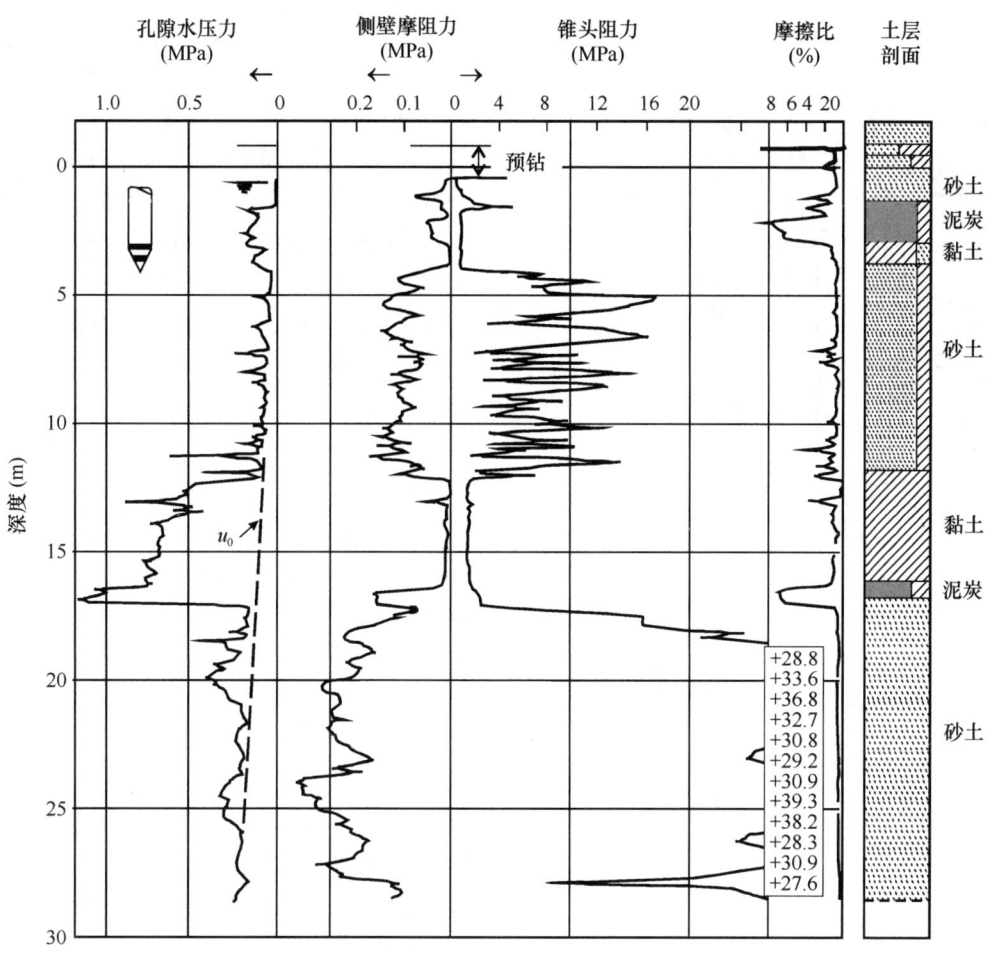

图 47.6 CPTU 测试和导出参数的剖面图示例

正如前文说的那样，最常见的陆上贯入方法是使用带有液压千斤顶的钻机将贯入仪压入土体中，行程长度约为 1m。在每一次行程结束时，贯入停止，千斤顶回到初始位置，这被称为"间歇测试"。在一些土体中，在每次测试停止，增加一个新杆时，会导致"非代表性读数"。由于孔隙水压力的下降和由此产生的土体固结，会出现局部 q_c 和 f_s 的增加，因此在因孔压消散试验暂停时，这些影响更加明显。孔隙水压力响应的测量也可能有延迟。如果没有提前意识到，这种现象可能被误解为当地土体的基本特征。

锥头阻力的测量受作用于锥头的孔隙水压力的影响（图 47.7）。这种影响的程度将因探头的几何形状而异，会使同种软的细粒土中 q_c 的测量结果显著不同（可达 40%）。使用 CPTU 可以避免结果的这种变异性，因为孔隙水压力效应可以通过使用以下方法加以修正：

$$q_t = q_c + u_2(1 - a) \quad (47.3)$$

式中，q_t 为孔压修正的锥头阻力；q_c 为实际测量的锥头阻力；u_2 为锥肩部位测量的孔隙水压力；a 为面积比（受孔隙水压力影响的面积范围为 0.35 ~ 0.95，通常为 0.7 ~ 0.85，见 Lunne 等，1997）。

这一修正是 IRTP 和 BS EN ISO 224476-1（British Standards Institution，在编，f）中对某些精度等级和应用等级，以及将结果用于解释岩土参数时的要求。侧壁摩阻力也受到孔压效应的影响，但校正更困难，因为它需要测量 u_2 和 u_3，如图 47.7 所示。如果末端面积 A_{st} 和 A_{sb} 相等，则影响会显著降低。

另一个需要考虑的修正是由于锥体沿垂向的偏差而导致的深度测量的误差。大多数电测试探头都含有简单的测斜传感器来测量贯入的垂直性。这对于避免因突然的倾斜而造成设备损坏是有用的。在贯入很深时，倾斜超过 45°并不罕见，特别是在层

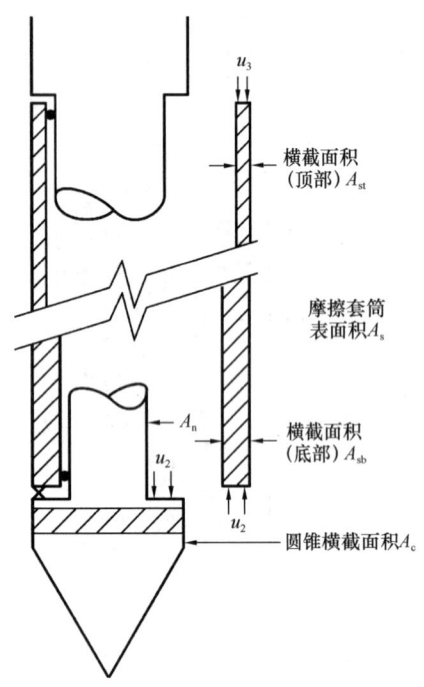

图47.7 孔隙水压力对锥头阻力的影响

状土中,可能会错误识别地层变化的深度。这一修正是 IRTP 和 BS EN ISO 224476-1（British Standards Institution,在编,f）中对某些精度等级和应用等级的要求。

从 CPT 和 CPTU 测试结果中可能得到最广泛的土体参数,主要是通过相关关系式（表47.1）。如果要保证结果参数的有效性,就必须确保所使用的相关关系的适用性。获得针对"特定场地"的相关关系通常是有用的。CPT 和 CPTU 测试的结果也可以直接用于工程设计,例如桩基承载力、沉降预测、评估液化可能性或地基处理的效果评价。有许多资料可以参考,例如 Lunne 等（1997）、BS EN 1997-2 附录 D（British Standards Institution, 2007b）,以及涉及 CPT 的各种技术会议论文集,其中一些在第47.5节"延伸阅读"中列出。

47.3 载荷和剪切试验

当不能取得代表性岩土样时,载荷试验和剪切试验是最有效的,例如,在人工地基、极软和敏感的黏土、粒状或石质土、破碎的岩石中,一些试验（例如十字板试验）相对容易,且成本低,其他试验（例如大直径平板载荷试验和更复杂的旁压试验）费用昂贵,可能很耗时,在常规勘察中不使用。

47.3.1 十字板剪切试验

十字板剪切试验（VST）用于确定软土的不排水抗剪强度（尽管它在一些国家被用于较硬的材料中）。它在英国标准 BS 1377（British Standards Institution, 2007a）第9部分、BS EN 1997-2（British Standards Institution, 2007b）和将发布的 BS EN ISO 22476-9（British Standards Institution,在编,d;公布后,将取代 BS1377 第9部分）中得到了标准化。常用的测试方法一般是将安装在实心杆上的十字形叶片压入土层中,在地面旋转并测量其转角和扭矩。在不同的国家,十字板试验可以从地面压入,也可在钻孔的底部推入,或两者兼而有之。使用钻孔时可能会由于钻孔扰动而使测到的强度降低,必须认识到这一点并采取措施。对于海上工业来说,在表面测量是不现实的,目前已具有可用于陆地和海上工作的设备,其中扭矩和转角在接近十字板头（孔下）通过电子测量。

对于其常规形式（图47.8）中,场地十字板仪器有4个高径比（H/D）为2的矩形叶片。在英国,场地十字板的尺寸由英国标准 BS 1377（British Standards Institution, 2007a）和 BS EN ISO 22476-9（British Standards Institution,在编,d）规定。根据经验,英国标准 BS 1377 给出了合适的全部尺寸,如表47.4所示。

因此,英国标准 BS 1377 推测认为十字板试验不适合不排水抗剪强度大于约75kPa 的土层。然而,在一些国家十字板试验也用于较硬的土体,BS EN ISO 22476-9（British Standards Institution,在编,d）也认同这一点,见表47.5。

试验一般不适用于纤维泥炭、砂或砾石,或含有淤泥层、砂土、石头的黏土。

目前在世界各地使用的十字板有4种类型。第1种,十字板无防护地从钻孔底部或地面压入。第2种,在贯入过程中使用十字板外壳来保护十字板,在试验开始之前将十字板推到十字板外壳的底部。第3种,十字板杆外套筒,以尽量减少试验期间地层和杆之间的摩擦。最后一种,一些在叶片上方的十字板有一个旋转装置,在十字板旋转前允许杆旋转约90°。这种简单的设备将测量杆的摩擦力（当叶片从地面推下时,这可能是有意义的）作为测试的一部分。

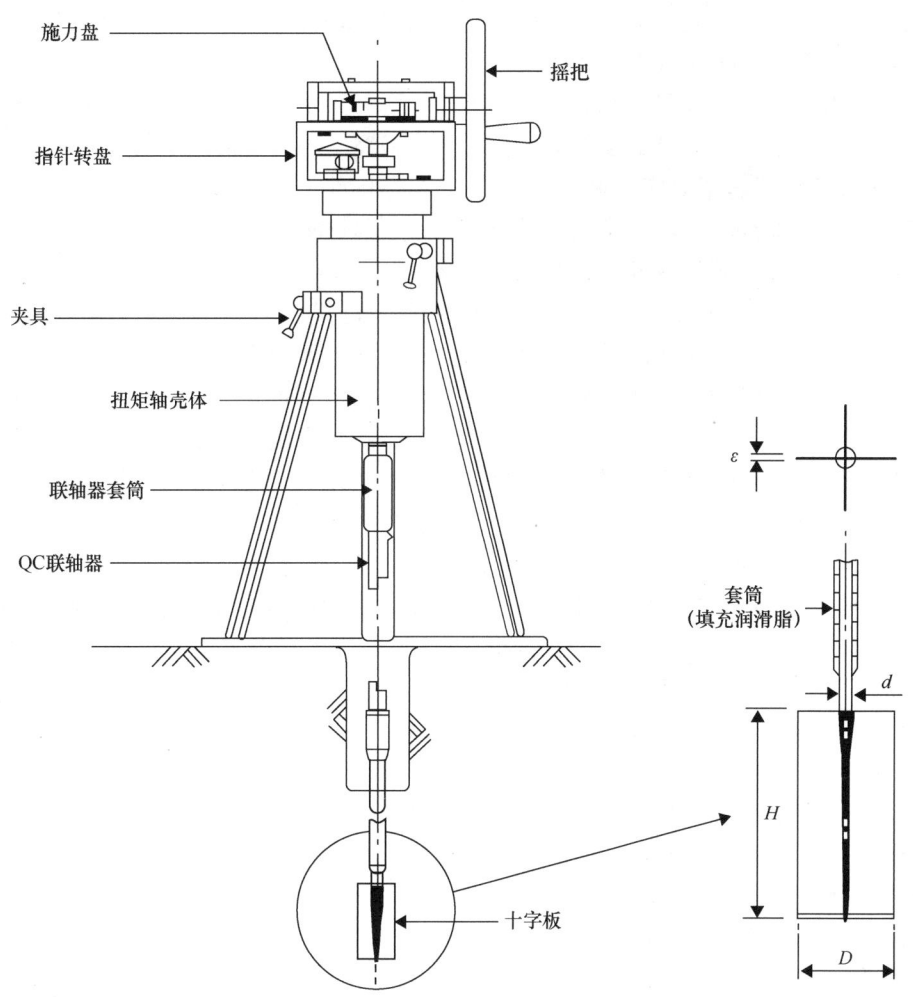

图 47.8 现场十字板试验设备

摘自 Clayton 等（1995）；Wiley-Blackwell

英国十字板规范			表 47.4
不排水抗剪强度（kPa）	十字板直径（mm）	十字板高度（mm）	杆直径（mm）
<50	75	150	<13
50~75	50	100	<13

引自 British Standards Instituiton，2007a。

在所有试验中，重要的是在十字板卡套或钻孔操作引起干扰之前将十字板推入，ASTM D2573（ASTM，2008b）规定，在试验前，应将十字板推到十字板套管前5倍套管直径处；当使用钻孔到达试验深度时，应将十字板推到钻孔底部前至少5倍钻孔直径处。BS EN ISO 22476-9（British Standards Institution，在编，d）也有类似的要求。在此过程中，十字板旋转必须遵循相关标准。

BS EN ISO 22476-9 十字板标准		表 47.5
土体类型	不排水抗剪强度（kPa）	十字板建议直径[①]（mm）
非常坚硬到坚硬的黏土和粉土	50~300	30~50
中等硬度黏土和粉土	20~50	50~75
软黏土和粉土	10~20	75~100
极软黏土和粉土	<10	≥100

① 高径比 H/D 为 2

数据取自 BS EN ISO 22476-9（British Standards Institution，在编，d）

当十字板被推到所需的试验深度后，试验程序如下：

1. 将扭矩扳手或专用齿轮传动装置连接到十字板杆顶部，并以稳定连续的速率转动杆，它的速度应足够快以确保测试不排水，也要足够慢以确保可以读取读数，并且潜在的速率效应影响不显著，通常旋转速率使用 6°~12°/min。在此阶段，通过每隔 15~30s 读取的两个读数，记录杆旋转和测量扭矩之间的关系。

2. 一旦明确达到最大扭矩，或按照 BS EN ISO 22476-9 的要求达到旋转 180°后，快速旋转十字板至少 10 圈。

3. 然后以先前的低速率重新开始剪切，以确定重塑土的强度。

十字板试验通常仅用于获得软土的"未扰动"峰值不排水抗剪强度（基于最大或峰值扭矩）和重塑不排水抗剪强度（使用重塑土试验中的扭矩），从而评估土体的灵敏度。BS EN ISO 22476-9（British Standards Institution，在编，d）也定义了从初始阶段 180°旋转扭矩得出的"残余"不排水抗剪强度。试验结果应报告为"十字板"抗剪强度。BS EN 1997-2（British Standards Institution，2007b）和 BS EN ISO 22476-9（British Standards Institution，在编）使用 c_{fv} 表示"未扰动"抗剪强度，c_{Rv} 表示残余值，c_{rv} 表示重塑值。在 BS EN ISO 22476-9（British Standards Institution，在编）中，灵敏度为 c_{fv}/c_{rv}。在分析中，除其他因素外，假设十字板的贯入造成的扰动可忽略，剪切过程中不排水，土体在圆柱形剪切面上发生破坏，其直径等于十字板的宽度。

十字板剪切试验的结果可受到许多因素的影响，即：

1. 土体类型，尤其是存在透水织物或石块时；
2. 强度各向异性；
3. 十字板插入引起的扰动；
4. 旋转速率（应变率）；
5. 插入十字板和开始试验之间的时间间隔；
6. 十字板周围土体的渐进式破坏。

十字板试验应以较快速度进行，以确保剪切面保持合理的不排水状态。但试验段内的砂或淤泥透镜体或夹层会使这一假设不成立，但（与许多现场试验一样）通常不可能知道将要试验的材料类型。无法测试自由排水材料。在高塑性黏土中，剪切强度可能因黏滞效应而增大，有研究表明（Parry 和 McLeod，1967）黏滞效应会使结果偏大很多。

如果出现石块或纤维状泥炭则假设直径等于十字板宽度的圆柱形剪切面是无效的。同时，往往会高估抗剪强度。

最严重的问题可能是由于插入十字板引起的扰动。La Rochelle 等（1973）报告说，较厚的十字板会导致较低的不排水抗剪强度值，因为土体扰动较大，也因为会引起周围土体中孔隙水压力的增加。在典型的测试中，扭矩是在插入后不久施加的，孔隙水压力是没有时间消散的。因此十字板插入和土体失效之间的时间间隔对测量强度也有重要影响。英国标准 BS 1377（British Standards Institution，2007a）第 9 部分规定了面积比（位移的土体体积除以假定的圆柱形剪切面内的土体体积）[不得超过 12%]，由下式给出：

$$A_r = \frac{[8t(D-d) + \pi d^2]}{\pi d^2} \quad (47.4)$$

式中，t 为十字板厚度；D 为十字板直径；d 为套筒下方测杆的直径，包括由于焊接接头造成的直径扩大。

十字板插入引起的扰动是一个值得关注的问题，工程师应确保记录所使用的十字板的尺寸。

扭矩－旋转曲线通常从旋转和扭矩的测量中获得，但其可靠性将取决于旋转测量（或假设旋转）的精度；BS EN ISO 22476-9（British Standards Institution，在编，d）给出了这些测量精度的要求。

在设计中使用"十字板"不排水抗剪强度之前，通常会对其进行校正，BS EN 1997-2 附录 I（British Standards Institution，2007b）中给出了几个示例作为指南。必须始终针对勘察中的场地条件检查这些修正的适用性。

47.3.2 平板载荷试验

ASTM D1194-72（ASTM，1972）、BS EN ISO 22476-13（British Standards Institution，在编，e）和 BS 5930（British Standards Institution，2010）以及英国标准 BS 1377（British Standards Institution，2007a）第 9 部分中描述了平板载荷试验技术。BS EN ISO 22476-9（British Standards Institution，在编，d）在出版后，将替代英国标准 BS 1377 第 9 部

分。在常规测试中，使用相对较硬的金属板（最小直径300mm）放在要测试的土层上或铺设一层砂/水泥砂浆或石膏，以大约设计荷载的五分之一的连续增量在平板上施加荷载，并保持直到沉降速率降低到可接受的水平为止（图47.9）。

BS 1377 第 9 部分（British Standards Institution，2007a）建议，"最好在每级荷载下维持荷载直到板的沉降停止为止。对黏性（细粒）土进行测试时应维持荷载根据沉降与对数时间图判断，至少直到主固结完成为止。"Calyton 等（1995）建议每次荷载至少保持60min，直到沉降速率小于0.004mm/min，并且施加荷载增量直到：

1. 土体发生剪切破坏；
2. 平板压力达到为基础设计承载力建议值的两倍或三倍，这种情况更常见。

荷载通常通过校准的液压荷载传感器和液压千斤顶施加到板上。液压千斤顶可以靠在支撑混凝土块的梁上，或者最好通过安装在荷载位置两侧的拉力桩或地锚来提供反作用力。对于较小的荷载，也可以采用合适的设备提供反力。

在每次增加荷载时，记下板上的荷载，并在载荷后以"整数平方"（即 1、4、9、16、25mm等）记录百分表读数。这将确保在每级荷载施加的早期，当位移发生得较快时，都有足够的读数。

测量的结果通常以两种形式绘制：每级施加载荷的时间 - 沉降曲线和整个测试的荷载 - 沉降曲线。

所需的测试数量取决于土的变异性和数据不足时/岩土工程设计结果影响的大小。通常一组测试不应少于3个，并且为了进行场地变异性评估，应在现场勘察结束时或作为补充勘察的一部分进行平板载荷试验。

平板载荷试验的尺寸和位置应根据所测试的土

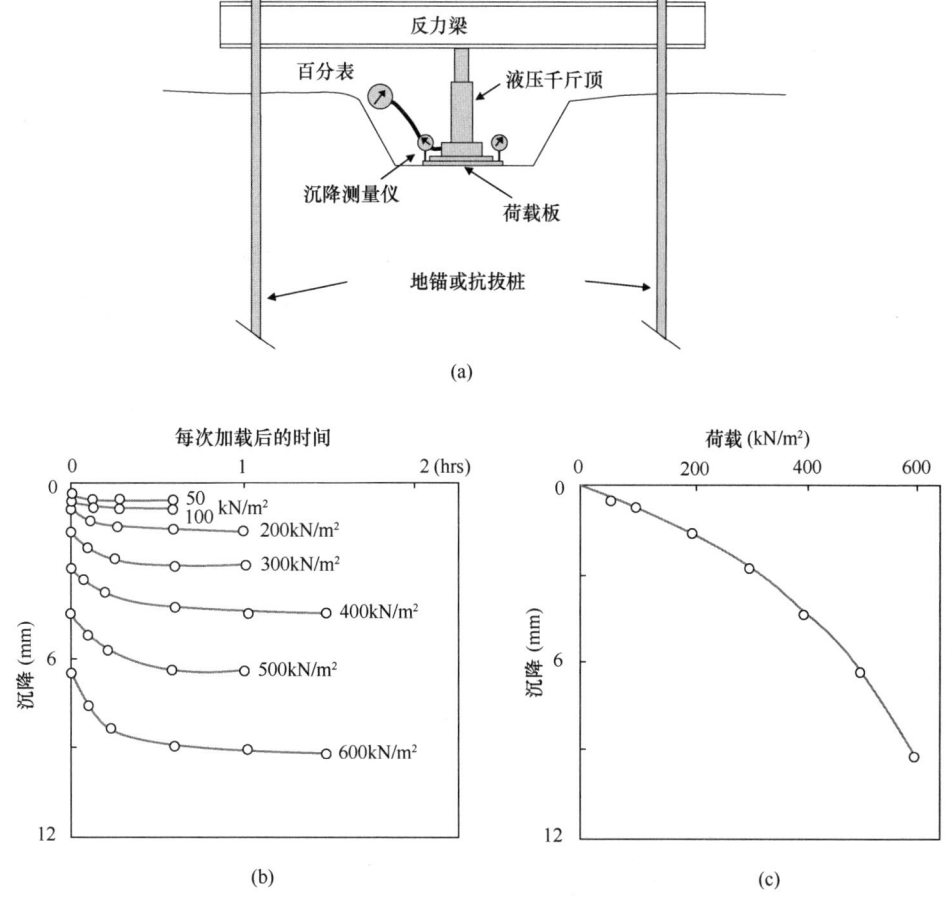

图47.9 平板载荷试验设备及结果

(a) 试验设备；(b) 时间 - 沉降曲线；(c) 荷载 - 沉降曲线

(b), (c) 摘自 Clayton 等（1995）；Wiley-Blackwell

或岩石的情况进行确定。根据一般经验，板的直径不得小于最大土粒径尺寸的6倍或最大完整岩石块尺寸的6倍。使用此经验法则可确保在受力区域中存在足够的不连续性或颗粒间接触，从而得到具有代表性的结果，但仅在建议的基础级别进行测试时，这无助于推断结果。

从文献中可以很清楚地看出，对于粗颗粒土，根据小平板外推大载荷区域的沉降是很不可靠的，因此，对粗颗粒土的小平板载荷试验应视为给出其下方土的压缩模量测试值。弹性应力分布表明，土体仅在平板下方的约为方形或圆形加载宽度的 1.0～1.5 倍深度以内受到明显的应力。

在岩石上进行平板载荷试验更具有挑战性，部分原因是目前几乎还没有可靠的预测岩体沉降的方法，而且对岩体沉降进行良好估算的试验结构通常都需要高额的费用。大多数土木工程结构建在风化程度较高且较浅的岩体之上。Ward 等（1968）和 Hobbs（1975）的研究表明，在这些区域中，岩体的可压缩性是其中的不连续结构面的压缩性，而不是完整岩石。节理和层理面的可压缩性可以根据经验进行目测评估，但是令人满意的在工作荷载下的实际值只能通过（足够大的）原位载荷试验获得。

解决该问题的一种合理方法是使用一块足够大的平板来确定模量值，或者进行不同级别的测试，或者将不同材料的试验与其风化等级相关联。然而，大平板载荷试验的费用通常是很高的。对于用于确定土或岩石弹性模量值的平板载荷试验，BS EN 1997-2 附录 K.2（British Standards Institution，2007b）使用方程式对半无限弹性各向同性固体上的均布荷载刚性板进行了计算：

$$E = \frac{\pi q B}{4} \frac{(1-\nu^2)}{\rho} \quad (47.5)$$

式中，E 为弹性模量；q 为在平板和土上施加的压力；B 为平板宽度；ρ 为施加压力 q 引起的沉降；ν 为泊松比。

对于粒状土和软岩，泊松比通常为 0.1～0.3，因此 $(1-\nu^2)$ 项的影响相对较小。如果在拟建基础的受力范围中进行平板载荷试验，则可以将未来的竖向基础应力值作为在平板载荷试验水平上施加的压力 q，或者纳入一定的安全余量可以将 q 取为比估算的施加应力高 50%。

如果平板载荷试验是用于给出细颗粒土的抗剪强度或承载力，则不用分阶段施加荷载。以恒定的速率向下压入载荷板，通过极限承载力可以推导出不排水抗剪强度。参见 BS EN 1997-2 附录 F（British Standards Institution，2007b）。

对于一些在软岩中的重大工程的勘察（如反应堆基础或地下洞室），有时采用将下列两个增强功能与更大尺寸、更昂贵的平板载荷试验共同使用：

■ 可以在板下放置多点钻孔伸长计，以便确定距荷载不同距离的应变水平（例如，参见 Marsland 和 Eason，1973；Barla 等，1993）。即使可能不太可靠，也应根据弹性理论确定测量点的应力变化。

■ 可以在板和岩石之间放置一个注油的垫板（类似于平顶千斤顶），以消除由于其刚度而在板边缘产生的应力集中。这样可以改善应力变化的估计值，但是应根据弹性半空间上完全柔性加载的沉降理论来分析地表沉降。

在一些国家中，勘查中通常会在井下进行小尺寸的平板载荷试验，而这些试验都依赖于目视描述。在坚硬碎石、不饱和土和腐殖质土中，这种方式在地下水位以上被证明特别有价值，因为以上情况很难取样做试验。平板载荷试验是在一个用螺旋钻机形成的大直径钻孔中进行，平板试验的另一种改型是"定期试验"。如使用重型垃圾处理斗来模拟相对较低的荷载水平，如低层房屋。此类试验现已纳入标准 BS 1377 第 9 部分（British Standards Institution，2007a）。其沉降采用水准仪测量。

47.3.3 马氏扁铲侧胀试验

马氏扁铲侧胀试验（DMT）[DD CEN ISO/TS 第 11 部分（British Standards Institution，2006），BS EN 1997-2（British Standards Institution，2007b），ASTM D6635(2007)（ASTM，2007）] 是一个广泛采用的原位测试方法。它相对快速且功能强大，可以生成土层信息剖面，并且能够解译各种岩土参数或直接用于设计。尽管如此，在英国相对很少使用，因此，本章仅对此简要介绍。

使用钻杆将扁铲（图 47.10）垂直贯入土体。扁铲长 250mm，宽 94mm，厚 14mm，尖端角度为 16°。它具有平整的圆形钢膜，齐平安装在一侧。通常，使用现场贯入设备将扁铲静压入土中，例如通常采用 CPT 贯入设备或钻机。扁铲侧胀仪测试的总体布置如图 47.11 所示。以固定的间隔（通常

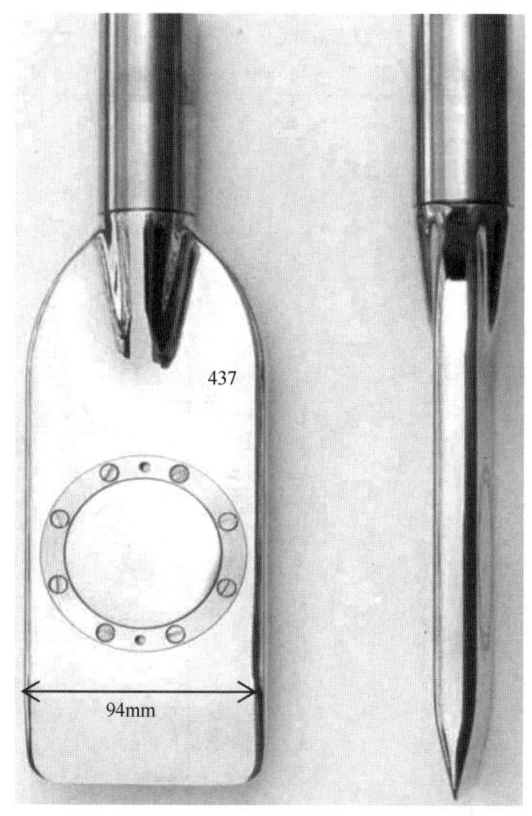

图 47.10　马氏扁铲侧胀仪

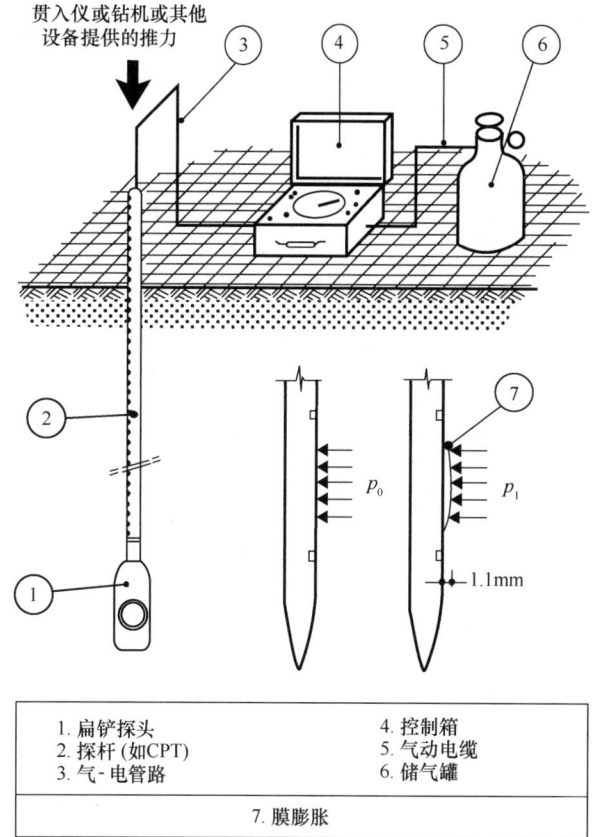

1. 扁铲探头	4. 控制箱
2. 探杆（如CPT）	5. 气动电缆
3. 气-电管路	6. 储气罐
7. 膜膨胀	

图 47.11　马式扁铲侧胀试验设备配置图

每 0.2m）暂停贯入，然后通过气压对膜充气进行测试。

扁铲通过一根管子连接到地面的控制箱，该管子通过钻杆传递气压和电信号。贯入测试深度后，操作员使用控制单元给膜充气，并在大约 1min 内获取以下 2 个（或 3 个）读数：

- 使紧贴土体的膜开始外扩移动所需的压力，即"初始"压力，表示为压力 A，通过声音信号的停止来识别；
- 使钢膜的中心外扩位移至土变形 1.1mm 所需的压力，记为压力 B，压力通过声音信号重新启动来识别；
- 作为可选读数，可以通过在到达 B 点之后打开微排阀使其缓慢放气，直到膜返回到"初始"位置，来获得第三种"终止压力"，即压力 C。该压力由放气后再次开始的声音信号标识。

通过校准校正压力读数 A、B 和 C，以考虑膜的刚度。然后将它们转换为压力 p_0、p_1 和 p_2。利用 p_0、p_1、p_2，以及原位孔隙水压力和竖向应力，得出 3 个"扁铲侧胀仪中间参数"，即：

- 材料指数，I_D；
- 水平应力指数，K_D；
- 扁铲侧胀仪模量，E_D。

这些扁铲侧胀仪参数形成了通过与岩土性质（例如土类、抗剪强度、超固结比、刚度、密度等）的各种相关关系进行解译的基础。图 47.12 所示为层状砂土和黏土沉积物的典型扁铲侧胀试验结果。这种方法适用于土的粒径比膜直径（60mm）小的砂土、粉砂和黏土，可试验的强度范围很广，从极软的黏土到坚硬的土或软岩。尽管扁铲测头足够坚固，可以贯入厚度不超过约 0.5m 的砾石层，但它不适用于砾石。试验成果还可直接用于多种工程设计计算中，例如黏土和砂土中浅基础的沉降计算、桩的轴向承载力、桩的水平受力性能、压实控制，以及砂土液化和滑移面检测。

进一步的 DMT 信息可以参考 Marchetti 等（2001）。Powell 和 Uglow（1988b）描述了土的扁铲侧胀仪试验英国经验。有关更多信息请参见第 47.5 节"延伸阅读"中列出的原位测试会议论文集。同对任何现场测试的解译一样，重要的是要确保充分了解所使用的相关关系提出的背景，并确保其与所勘察的场地条件相适应。

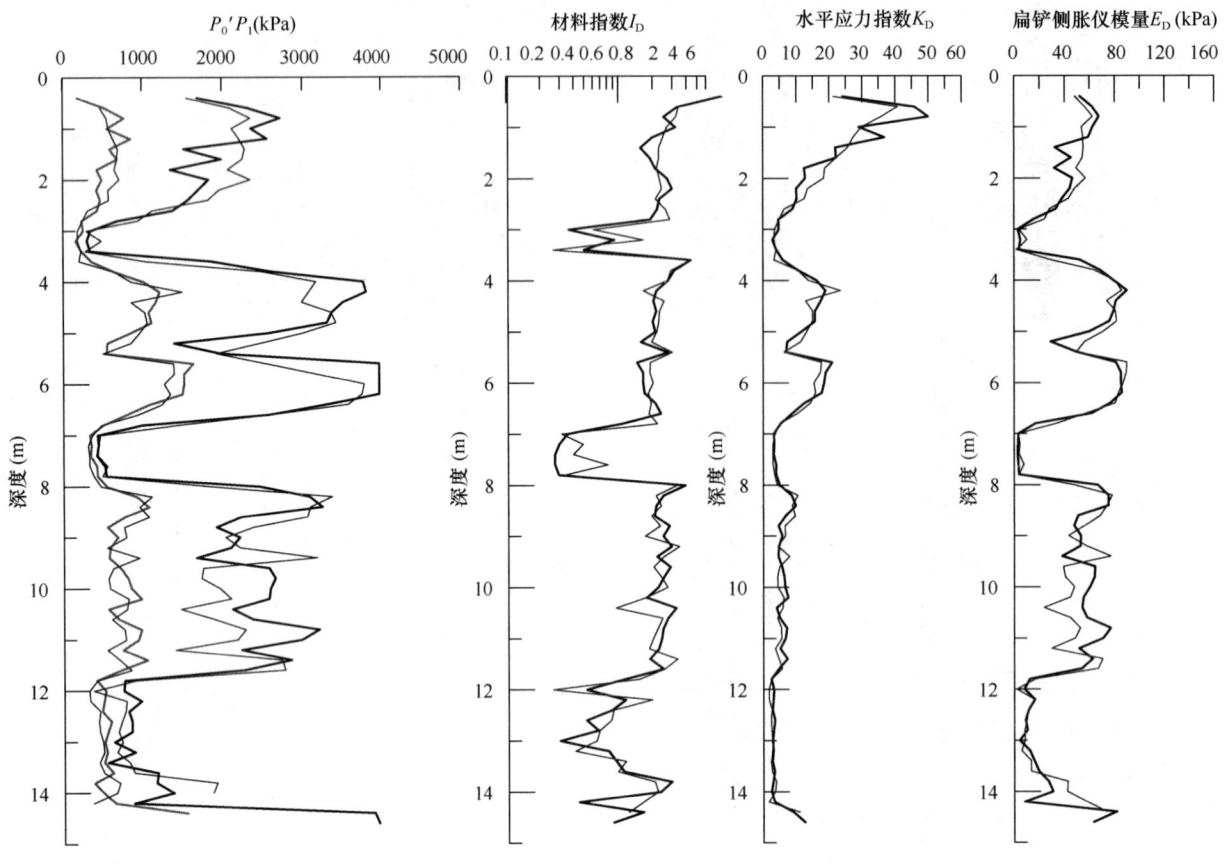

图47.12 层状砂土和黏土中的典型DMT曲线

47.3.4 旁压仪和膨胀仪

尽管存在许多不同的仪器类型和测试方法，但所有旁压仪均有一个竖向放置的骨架，其外部套的柔性膜片可以向土体周围施加均匀的径向压力，并通过电缆和管道连接到地面的控制系统和测量系统。这种专为硬土或岩石设计的压力较高的装置有时也被称为"膨胀仪"。旁压试验的目的是通过测量所施加的径向压力与所产生的变形之间的关系来获得土层的刚度，对于较软弱的土还可获得其强度。英国标准BS 5930（British Standards Institution，2010）和BS EN 1997-2（British Standards Institution，2007b）给出了一些相关要求。

旁压仪的主要类型有3种：

- 预钻式旁压仪：使用能够产生光滑侧面测试腔的任何常规类型的钻机形成钻孔。旁压仪的外径略小于孔的直径，因此可以在充气之前将其下沉到测试位置。预钻式旁压仪在世界范围内得到了广泛使用，但在英国并不常用，典型测试装置如图47.13所示，BS EN ISO 22476-5（British Standards Institution，在编，g）对这一方法进行了规定。全世界最常用的类型是梅纳（Ménard）旁压仪（MPM），在BS EN ISO 22476-4（British Standards Institution，在编，a）中进行了规定。

- 自钻式旁压仪（SBP）：如标准贯入试验中所述的那样，钻孔扰动会对现场测试确定的土的特性产生很大影响。自钻式旁压仪的底部装有内部钻进系统。探头从地表以液压方式贯入土体，同时旋转切刀并提供冲洗液。随着自钻式旁压仪的钻进，土屑通过探头的中空中心冲洗到地面。自钻式旁压仪已在英国广泛用于硬黏土的高质量勘察。这一方法在BS EN ISO 22476-6（British Standards Institution，在编，b）中进行了规定。

- 全位移旁压仪（FDP）：位移旁压仪是被推入到测试位置的，迄今为止，在常规的陆上现场勘察中很少使用，但越来越引起人们的重视。推入式压力仪（PIP）主要用于海上勘测，与电缆钻探设备一起使用。静探旁压仪（CPM）是一种安装在CPT上方的全位移旁压设备，引起了越来越多的关注。全位移旁压仪在

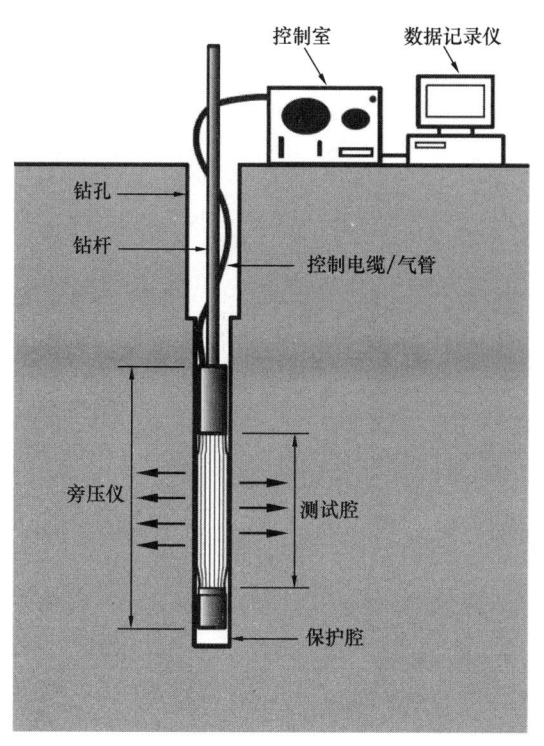

图 47.13　预钻式旁压仪设备

BS EN ISO 22476-8（British Standards Institution，在编，c）中进行了规定。

由于这种类型的试验设备种类繁多，而且非常复杂，因此本章不再对其进行详细的描述（更多信息可参考 Clarke，1995）。

具体试验方法是将旁压仪插入预定深度，然后加压使膜片膨胀。膨胀可以通过压力控制（最常见）或通过应变/膨胀量控制。压力控制测试是用压力增量使膜膨胀，在记录膨胀的同时，将每个压力保持一小段时间。持续增大压力，直到达到系统最大压力或膜达到最大膨胀。在采用膨胀量控制的试验中，控制径向膨胀的速率，因此这类试验通常需要更复杂的系统（SBP 与许多全位移系统一样，通常属于这种类型）。试验完成后，可以绘制所施加压力与径向膨胀量的曲线图，其示例如图 47.14 所示。三种类型的设备所得到的压力和径向应变之间的关系差别很大，尽管它们本质上是同一个压力-膨胀曲线的不同部分。

上述三类旁压仪之间的主要区别在于试验开始时施加在探头上的应力。预钻式旁压仪是从接近或等于零的水平总应力水平开始。自钻式旁压仪是在钻入前大致相当于地层总水平应力下开始试验，位移式旁压仪（因为它们在安装过程中会将土推开）开始的地层应力大得多。在试验过程中施加的水平总应力的增加旨在使土体达到破坏，而在岩石中由于系统压力有限，这可能无法实现。在试验期间可以随时执行卸载/重新加载迭代。

旁压仪试验数据的解译往往是半经验性的（特别是对于预钻式旁压仪和梅纳（Ménard）旁压仪试验），也是基于基本原理获得的（因为边界条定义明确，因此可以基于圆柱空腔膨胀理论进行比其他原位测试更为严格的理论分析，有许多方法可以解译这些测试的结果，甚至可以从测试结果中得出完整的土应力-应变曲线）。但实际上，所有类型的旁压仪给出的数据都通常用于计算或估算下列参数：

- 原位水平总应力；
- 刚度，通常是水平杨氏模量或剪切模量；
- 强度（当最大系统压力和体积应变能达到时）；
- 砂土的排水参数（尽管比在黏土中试验困难一些）。

所有这三种类型的设备都是可行的，应在成本、可靠性和数据一致性方面加以选择。

如果要成功使用 SBP 试验，则需要丰富的经验。它们可能会给出最佳试验结果，但价格昂贵。MPM 和预钻孔试验较为简单，但需要钻孔和安装符合条件。往往钻孔壁周围的土会发生扰动软化。FDP 试验通常可以在"可重复"的干扰下进行测试，但是它们在某些解译领域需要进一步发展。

原则上，如果能够控制干扰的情况下（一般都能做到），自钻式旁压仪测得的现场水平应力和剪切模量估算值效果最好。预钻式旁压仪和膨胀仪是最坚固的设备，但是钻孔的扰动以及传感器与孔壁之间的界面使原位应力的解译有很大不确定性，这可能导致对刚度的严重低估。全位移旁压仪会在土中施加非常大的应变，并可能破坏土的结构。但是这种扰动通常是"可重复的"。经验表明，如果安装得当，则在黏土中，这三种类型试验得到的强度都是相似的，并且如果土为非胶结土，则可以通过卸载/加载迭代获得非常相似的刚度结果。预钻式设备无法测量与其他类型设备那样的较小的应变水平。如果能够获得可靠的解译方法，则预钻式旁压仪和全位移旁压仪可以可靠地评价现场水平应力（参见表 47.1）。

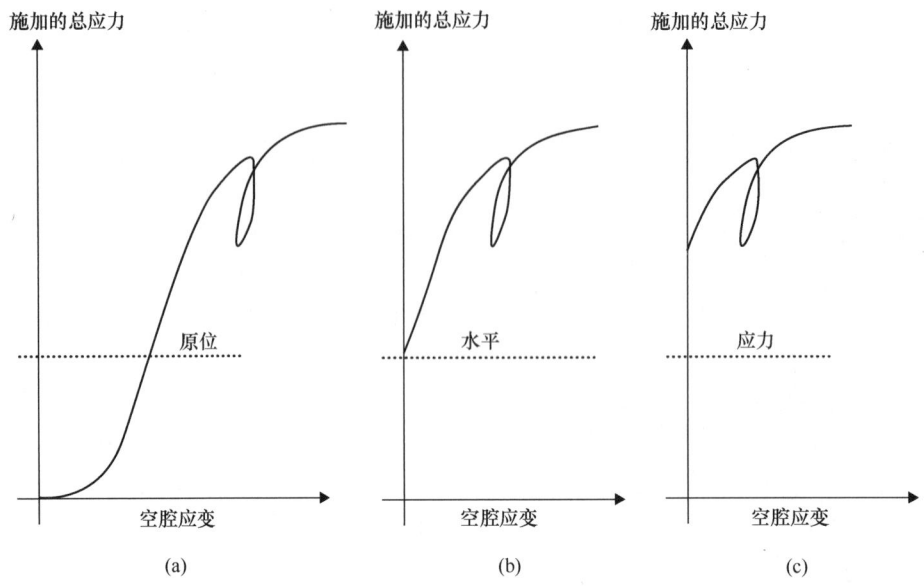

图 47.14 三种旁压仪的压力/径向膨胀曲线
(a) 预钻式旁压仪；(b) 自钻式旁压仪；(c) 全位移旁压仪
摘自 Clayton 等 (1995)；Wiley-Blackwell

梅纳（Ménard）旁压仪的试验通常依赖于确定具体的试验方法的特定参数，详见 BS EN ISO 22476-4（British Standards Institution，在编，a），在设计中将其用于"规律"等，请参阅 BS EN 1997-2 附录 E（British Standards Institution，2007b）。与所有试验一样，应针对所勘察的土类对这些规律进行验证。

有关岩土参数的旁压仪试验结果解译及其在岩土设计中应用的更多资料，参见本章末尾的"延伸阅读"部分。

47.3.5 现场地球物理方法

地震剪切波速的现场测量是确定人工地基、天然地基和裂隙岩体剪切模量的有效方法，因为剪切波速与小应变剪切模量之间存在简单关系

$$G_0 = \rho V_s^2 \qquad (47.6)$$

式中，G_0 为小应变剪切模量；V_s 为剪切波速；ρ 为密度。

确定所需参数的合适的试验方法包括：

- 连续表面波测试；
- 下孔法试验（在合适的地层条件下可以使用 CPT 或 DMT 测试方法）；
- 跨孔法试验。

本书的第 45 章"地球物理勘探遥感"简要讨论了表面波测试。在 Clayton 等（1995）、McDowell 等（2002）和 Clayton（2011）等文献中可以找到这些方法的简要介绍，以及它们的用法和解译示例。

47.4 地下水试验

对于任何实际的岩土工程项目设计而言，对地下水状况和地层渗透性的充分了解至关重要。可以使用其他形式的原位测试来确定某个位置的孔隙水压力范围（例如，参见以上有关 CPT 测试的内容），但是对于大多数场地，必须安装孔压计来测量场地的地下水位。对于岩石场地，则可采用压水试验来确定渗透性及其空间变异性。

对于粗颗粒、层状、各向异性或裂隙土采用常规孔径的钻孔中获得的样本进行室内试验，难以得到足够精度的土的渗透性指标。因此，现场渗透性测试得到了广泛应用。它们可以在土或岩石中、在钻孔中使用孔压计或在由充气式栓塞密封的钻孔中进行。两种常见的测试类型是：

1. 注水试验（升降水头渗透试验）
2. 压水试验或吕荣试验。

47.4.1 注水试验（升降水头渗透试验）

注水试验通常用于渗透性相对较大的土层，例如砂土和砾石，可参见英国标准 BS 5930（British Standards Institution，2010）和 BS EN ISO 22282-2（British Standards Institution，在编，h）。通常在带套管的井中或设置在密封井中的孔压计进行试验，例如 Casagrande 孔压计。如果地下水位低于钻孔底部或孔压计的底部，则通过从量水器中加水开始测试。在地下水位高于钻孔底部的情况下，最好将水抽出来再开始测试，这可减少钻孔的涂抹效应。然后以适当的时间间隔测量水位，直到水位恢复平衡为止（图 47.15）。

数据解释可采用 Hvorslev 的基本时距法（图 47.15c）。这要求知道平衡水位 H_0，以便可以计算出试验开始时的水位。如果平衡水位值未知，则可以通过反复试验找到平衡值，因为对于正确的 H_0 值，$\log_e(H/H_0)$ 与时间的关系曲线应是一条直线（线性）。当时间等于基本时距 T 时，则：

$$T = \frac{A}{Fk} \text{ 即 } k = \frac{A}{FT} \quad (47.7)$$

式中，k 为土的渗透系数；T 为基本时距；F 为试验断面形状系数。

对于圆柱形测压计或立管式砂袋或套管井，其长度为 L，直径为 D，则：

$$F = \frac{2\pi L}{\log_e\left[\frac{L}{D} + \sqrt{1 + \left(\frac{L}{D}\right)^2}\right]} \quad (47.8)$$

如果将 $\log_e(H/H_0)$ 绘制为时间的函数，则基本时距 T 值可以从 $\log_e(H/H_0) = -1.0$ 的直线上获得。

试验结果的解译是假设土不会膨胀或固结，试验容器的几何形状已知，并且容器内材料的渗透性远大于被测土，孔壁上无涂抹，并且不会发生其他试验误差，例如由于土或管道中的空气而导致的误差。

随着土渗透系数的降低，进行注水测试所需的时间急剧增加。在黏性粉土和粉质黏土中，测试时间会过长。此时，假设膨胀或固结对渗流没有影响是不合理的。这时可以采用原状样在实验室试验，但样品尺寸应足够大以包含典型的组构（例如纹理、纹泥和裂隙）。

47.4.2 压水试验

压水试验（有时也称为吕荣试验）用于确定裂隙岩体的渗透率，可参见英国标准 BS 5930（British Standards Institution，2010）和 BS EN ISO 22282-6（British Standards Institution，在编，i、j）。试验在钻孔底部进行时，可以使用一个气压式栓塞封隔器（单栓塞试验）密封测试段，或者在钻孔完成后，使用双栓塞试验双封隔器密封顶部和底部以进行不同深度的试验。

如果要避免泄漏，栓塞的结构至关重要，栓塞的长度越大，试验越有效。试验时通过将一个或两个栓塞下放到所需深度，并使用氮气瓶进行充气，栓塞膨胀后，每个栓塞的长度应至少为钻孔直径的 5 倍。试验部分通常长度约 3m。栓塞由钻杆支撑在上，钻杆还用于在压力下向测试部分供水。在钻孔的顶部，钻杆通过水龙头连接到用于测量压力和体积的系统以及水泵。

试验是在一定压力阶段进行的，在某阶段先加载到最大压力，然后下降。试验段最大压力应经过专门分析确定，以避免产生水力劈裂。通常使用最大允许压力的 1/3、2/3、1、2/3 和 1/3 等阶段进行试验。在每个阶段，压力保持恒定，试验两个或更多个 5min 间隔的流量。透水率是根据试验部分的长度和直径测得的流量和施加到试验部分的动态压头计算得出的。对于深部的测试段，透水率可以用"吕荣"来表示，其中一个吕荣（lugeon）是 1MPa 压力下 1m 试验段的压入流量为 1L/min。

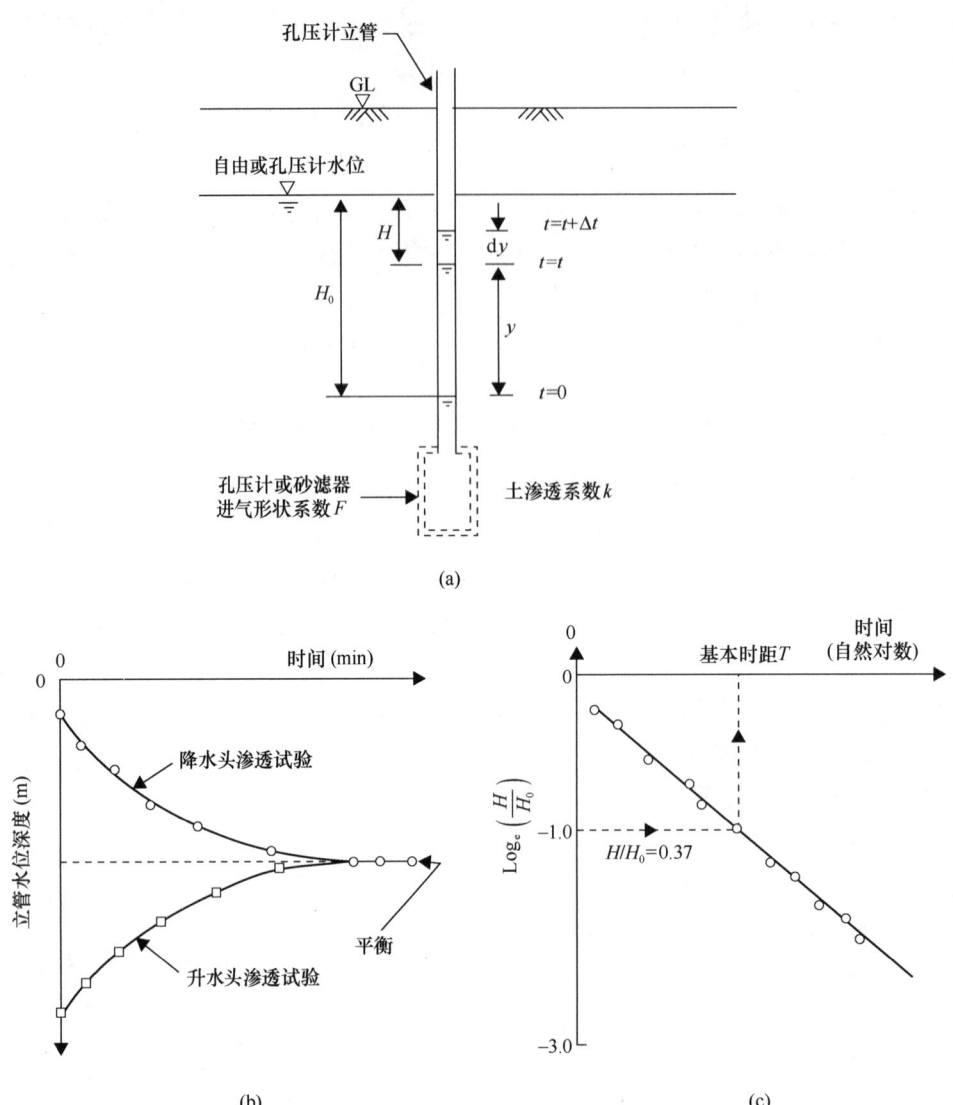

图 47.15　升降水头渗透试验

(a) 升降水头渗透试验-变量定义；(b) 升降水头渗透试验结果；(c) 基本时距法

摘自 Clayton 等（1995）；Wiley-Blackwell

47.5　参考文献

ASTM (1972). *Standard Test Method for Bearing Capacity of Soil for Static Load and Spread Footings*. Philadelphia, USA: ASTM, D1194-72 (withdrawn 2003).

ASTM (2007). *Standard Test Method for Performing the Flat Plate Dilatometer*. Philadelphia, USA: ASTM D6635–01.

ASTM (2008a). *Standard Test Method for Standard Penetration Test (SPT) and Split-Barrel Sampling of Soils*. Philadelphia, USA: D1586-8a (revision A).

ASTM (2008b). *Standard Test Method for Field Vane Shear Test in Cohesive Soil*. Philadelphia, USA: ASTM D2573–08.

Barla, G., Sharp, J. C. and Rabagliata. (1993). Stress strength and deformability assessment for the design of large storage caverns in a weak Eocene chalk. In *Proceedings of the 3rd Conference on 'Meccanica e Ingegneri dell Rocce'*. Torino, pp. 22–1 to 22–21.

British Standards Institution (1999). *Code of Practice for Site investigations* (now amended). London: BSI, BS5930:1999.

British Standards Institution (2005a). *Geotechnical Investigation and Testing. Field Testing. Part 2. Dynamic Probing*. London: BSI, BS EN ISO 22476-2:2005.

British Standards Institution (2005b). *Geotechnical Investigation and Testing. Field Testing. Part 3. Standard Penetration Test*. London: BSI, BS EN ISO 22476-3:2005.

British Standards Institution (2006). *Geotechnical Investigation and Testing. Field Testing. Part 11: Flat Dilatometer Test*. London: BSI, DD CEN ISO/TS 22476–11:2006.

British Standards Institution (2007a). *Methods of Test for Soils for Civil Engineering Purposes. Part 9 In-situ Tests. Incorporating Amendments Nos.1 and 2*. London: BSI, BS 1377-9:2007.

British Standards Institution (2007b). *Eurocode 7. Geotechnical Design. Part 2. Ground Investigation and Testing*. London: BSI, BS EN 1997-2:2007.

British Standards Institution (2009a). *UK National Annex to Eurocode 7. Geotechnical Design. Ground Investigation and Testing*. London: BSI, UK NA to BS EN 1997-2:2007.

British Standards Institution (2009b). *Geotechnical Investigation

and Testing. Part 12. Mechanical Cone Penetration Test (CPTM)*. London: BSI, BS EN ISO 22476-12 (2009).
British Standards Institution (2010). *Code of Practice for Site Investigations. Incorporating Amendments No.1 & 2*. London: BSI, BS 5930:1999+A2:2010.
British Standards Institution (in preparation, a). *Geotechnical Investigation and Testing. Field Testing. Part 4. Ménard Pressuremeter Test*. London: BSI, BS EN ISO 22476-4.
British Standards Institution (in preparation, b). *Geotechnical Investigation and Testing. Field Testing. Part 6. Self Boring Pressuremeter Test*. London: BSI, BS EN ISO 22476-6.
British Standards Institution (in preparation, c). *Geotechnical Investigation and Testing. Field Testing. Part 8. Full Displacement Pressuremeter Test*. London: BSI, BS EN ISO 22476-8.
British Standards Institution (in preparation, d). *Geotechnical Investigation and Testing. Part 9. Field Vane Test*. [draft 09/30211159 DC (2009)]. London: BSI, BS EN ISO 22476-9.
British Standards Institution (in preparation, e). *Geotechnical Investigation and Testing. Part 1. Plate Loading Test*. London: BSI, BS EN ISO 22476-13.
British Standards Institution (in preparation, f). *Geotechnical Investigation and Testing. Field Testing. Part 1. Electrical Cone and Piezocone Penetration Tests*. [draft 05/30128302 DC (2005)]. London: BSI, BS EN ISO 22476-1.
British Standards Institution (in preparation, g). *Geotechnical Investigation and Testing. Field Testing. Part 5. Flexible Dilatometer Test*. London: BSI, BS EN ISO 22476-5.
British Standards Institution (in preparation, h). *Geotechnical Investigation and Testing. Geohydraulic Tests. Part 2. Water Permeability Test in Borehole without Packer*. London: BSI, BS EN ISO 22282-2.
British Standards Institution (in preparation, i). *Geotechnical Investigation and Testing. Geohydraulic Tests. Part 3. Water Pressure Test in Rock*. London: BSI, BS EN ISO 22282-3.
British Standards Institution (in preparation, j). *Geotechnical Investigation and Testing. Geohydraulic Tests. Part 6. Water Permeability Tests in a Borehole with Packer*. London: BSI, BS EN ISO 22282-6.
Butcher, A. P., McElmeel, K. and Powell, J. J. M. (1995). Dynamic probing and its use in clay soils. *Proceedings of the International Conference on Advances in Site Investigation Practice*. London: Institute of Civil Engineering, pp. 383–395.
Clarke, B. (1995). *Pressuremeters in Geotechnical Design*. London: Blackie.
Clayton, C. R. I. (1995). *The Standard Penetration Test (SPT): Methods and Use*. CIRIA Report 143. London: CIRIA, 143 pp.
Clayton, C. R. I. (2011). Stiffness at small strain – research and practice. *Géotechnique*, **61**(1), 5–37.
Clayton, C. R. I., Matthews, M. C. and Simons, N. E. (1995). *Site Investigation* (2nd edition). Oxford: Blackwell Science. [Available online at www.Géotechnique.info]
Hobbs, N. B. (1975) Factors affecting the prediction of settlement of structures on rock: with particular reference to the chalk and trias: general report and state-of-the-art review for Session 4. In *Proceedings of the Conference on Settlement of Structures*, BGS Cambridge. London: Pentech Press, pp. 579–610.
ISSMFE (1989) Report of technical committee on penetration testing of soils TC 16 with Reference Test Procedures. Swedish Geotechnical Institute, Information 7.
ISSMGE (1999). International reference test procedure for the Cone Penetration Test (CPT) and the Cone Penetration Test with Pore Pressure (CPTU). Report of the ISSMGE Technical Committee 16 on Ground Property Characterisation from In-Situ Testing. In *Proceedings of the 12th European Conference on Soil Mechanics and Geotechnical Engineering*, Amsterdam (eds Barends *et al.*), Vol. 3, pp. 2195–2222.
La Rochelle, P., Roy, M. and Tavernas, F. (1973). Field measurements of cohesion in Champlain Clays. In *Proceedings of the 8th International Conference on Soil Mechanics and Foundation Engineering*. Moscow, Vol. 1.1, pp. 229–236.
Lunne, T., Robertson, P. K. and Powell, J. J. M. (1997). *Cone Penetration Testing in Geotechnical Practice*. London: Spon Press.
Mair, R. J. and Wood, D. M. (1987). *In-situ Pressuremeter Testing: Methods Testing and Interpretation*. CIRIA Ground Engineering Report. London: Butterworths.
Marchetti, S., Monaco, P., Totani, G., Calabrese, M. (2001). *The Flat Dilatometer Test (DMT) in Soil Investigations*. ISSMGE TC16 Report. Bali: Proceedings Insitu, 41 pp.
Marsland, A. and Eason, B. J. (1973). Measurements of the displacements in the ground below loaded plates in deep boreholes. In *Proceedings of the BGS Symposium on Field Instrumentation in Geotechnical Engineering*, vol. 1, pp. 304–317.
McDowell, P. W., Barker, R. D., Butcher, A. P. *et al.* (2002). *Geophysics in Engineering Investigations*. CIRIA Report C592. Engineering Geology Special Publication No. 19. London: Geological Society.
Parry, R. H. G. and McLeod, J. H. (1967) Investigation of slip failure in flood levee at Launceston, Tasmania. In *Proceedings of Australia–New Zealand Conference on Soil Mechanics and Foundation Engineering*, pp. 294–300.
Powell, J. J. M. and Quarterman, R. S. T. (1988). The interpretation of cone penetration tests in clays, with particular reference to rate effects. In *Proceedings of the International Symposium on Penetration Testing*, ISPT-1, vol. 2, pp. 903–910.
Powell, J. J. M. and Uglow, I. M. (1988a). Marchetti dilatometer testing in UK soils. In *Proceedings of the 1st International Symposium on Penetration Testing (ISOPT)*, Florida, vol. 1, pp 555–562.
Powell, J. J. M. and Uglow, I. M. (1988b). The interpretation of the Marchetti Dilatometer test in UK clays. In *Proceedings of the Conference on Penetration Testing in the UK*, Birmingham, July 1988, pp 269–273.
Reading, P., Lovell, J., Spires, K. and Powell, J. J. M. (2010). The implications of measurement of energy ratio (Er) for the Standard Penetration Test. *Ground Engineering*, May 2010, 28–31.
Schnaid, F. (2009). *In Situ Testing in Geomechanics*. Abingdon: Taylor & Francis.
Tokimatsu, K. (1988). Penetration testing for dynamic problems. In *Proceedings of ISOPT-1*, pp. 117–136.
Tomlinson, M. J. (1980). *Foundation Design and Construction*. London: Pitman Publishing.
Ward, W. J., Burland, J. B. and Gallois, R. W. (1968). Geotechnical assessment of a site at Mundford, Norfolk, for a large proton accelerator. *Géotechnique*, **18**, 399–431.

延伸阅读

有关原位测试的更多信息，请参阅：

Briaud, J-L.（1992）. *The Pressuremeter*. Rotterdam, The Netherlands: A. A. Balkema, p. 322.

Clarke, B. G.（1995）. *Pressuremeters in Geotechnical Design*. London: Blackie.

Clayton, C. R. I.（1995）. *The Standard Penetration Test (SPT): Methods and Use*. R143. London: CIRIA.

Clayton, C. R. I., Matthews, M. C. and Simons, N. E.（1995）*Site Investigation: A Handbook for Engineers*. Oxford: Blackwell Science.

CPT'95（1995）. *Proceedings of the International Symposium on Cone Penetration Testing*, Linköping, Sweden, October 1995.

CPT'10（2010）*Proceedings of the Second International Symposium on Cone Penetration Testing*, Huntington Beach, California USA. DMT2（2006）. *Proceedings of the Second International FLAT DILATOMETER Conference*. R. A. Failmezger and J. B. Anderson（eds）, Washington, D. C., April 2-5, 2006.

ISC-1（1998）. *Geotechnical and Geophysical Site Characterization. Proceedings of the Second International Conference on Site*

Characterization. P. K. Robertson and P. W. Mayne (eds). Atlanta, Georgia, USA. Rotterdam, The Netherlands: A. A. Balkema.

ISC-2(2004). *Geotechnical and Geophysical Site Characterization. Proceedings of the Second International Conference on Site Characterization*, A. Viana da Fonseca and P. W. Mayne (eds), Porto, Portugal, September 19-22, 2004.

ISOPT 1(1998) *International Symposium on Penetration Testing. Proceedings of the First International Symposium on Penetration Testing (ISOPT)*. Florida. Rotterdam, The Netherlands: A. A. Balkema.

ISP 5(2005). '50yrs of Pressuremeters' *Proceedings of the Fifth International Symposium on Pressuremeters (ISP-5)*. Paris, August 2005.

ISP 4(1995). *The Pressuremeter and its New Avenues Proceedings of the Fourth International Symposium on Pressuremeters (ISP 4)*. Sherbrooke, Canada, May.

ISP 3(1990). 'Pressuremeters' *Proceedings of the Third International Symposium on Pressuremeters (ISP 3)*. London: Thomas Telford.

Lunne, T., Robertson, P. K. and Powell, J. J. M. (1997). *Cone Penetration Testing in Geotechnical Practice*. London: Taylor & Francis.

Mair, R. J. and Wood, C. M. (1987). *In-situ Pressuremeter Testing: Methods Testing and Interpretation*. CIRIA Ground Engineering Report. London: Butterworths.

Marchetti, S., Monaco, P., Totani, G., Calabrese, M. (2001). *The flat dilatometer test (DMT) in soil investigations*. ISSMGE TC16 Report; Bali: Proc. Insitu, 41pp.

Meigh, A. C. (1987). *Cone Penetration Testing: Methods and Interpretation*. CIRIA Ground Engineering Report. London: Butterworths.

Schnaid, F. (2009). *In Situ Testing in Geomechanics: The Main Tests*. Oxford: Spon Press.

建议结合以下章节阅读本章：
- 第13章"地层剖面及其成因"
- 第17章"土的强度与变形"
- 第18章"岩石特性"

本书以第1篇"概论"和第2篇"基本原则"为指导进行章节编排。如第4篇"场地勘察"中所述，各类岩土工程均应进行扎实的现场勘察工作。

译审简介：

蔡国军，安徽建筑大学二级教授，东南大学博士生导师，全国百篇优秀博士论文获得者，享受国务院特殊津贴专家，主持国家杰出青年科学基金、国家重点研发计划项目。

刘松玉，东南大学首席教授，全国创新争先奖状获得者，"百千万人才工程"国家级人选，享受国务院特殊津贴专家。

第48章 岩土环境测试

尼克·兰登（Nick Langdon），Card 岩土工程有限公司，奥尔德肖特，英国

凯茜·李（Cathy Lee），（nee Swords）Card 岩土工程有限公司，奥尔德肖特，英国

乔·斯特兰奇（Jo Strange），Card 岩土工程有限公司，奥尔德肖特，英国

主译：汪成兵（交通运输部公路科学研究院）

参译：张翾

审校：施斌（南京大学）

doi: 10.1680/moge.57074.0653

目录

48.1	引言	653
48.2	理念	653
48.3	取样	654
48.4	测试方法	656
48.5	数据处理	659
48.6	质量保证	662
48.7	参考文献	663

根据目前英国的立法和规划法规，场地评估必须解决潜在污染及其相关环境风险以及废弃物管理问题。这通常将涉及定性和/或定量风险评估，需要收集和处理环境岩土数据、进行相关的环境调查。调查内容除可能受到影响的潜在受体外，还包括与污染源有关的数据，如土、地下水以及土中气体的化学成分。风险评估的价值取决于数据的处理和解译，而样品的选择、收集、处理、存储和分析的良好实践经验对数据质量至关重要。在地质勘察工作中，通过恰当和有针对性地方式，将环境岩土数据收集与岩土工程需求结合起来具有显著的益处。

48.1 引言

环境岩土测试通常是地质勘察的一部分，其目的是提供信息以支持岩土工程设计和污染处置（如风险评估、修复设计）。英国标准 BS 10175：2011 中提供了对潜在污染场地进行调查的现行指南。对场地条件的了解程度对于调查成功与否至关重要，而岩土环境测试是获取数据来加深对场地条件了解的主要方式。岩土环境测试的需求由多种因素决定，其范围通常由最初的案头研究并辅以实地踏勘来确定，案头研究时应根据场地潜在化学危害确定测试的取样地点。在计划和进行调查正式开始前，必须解决样品的取样、运输、处理、制备和测试问题。

在岩土环境测试时，通常可依据英国现行指南和评估标准（如**土指标值 SGVs 和通用评估标准 GACs**）对污染物链进行定性和定量风险评估，这些评估标准是通过**采用健康标准值（HCV）**进行污染物暴露建模的**污染土地暴露评估模型（CLEA）**得出的。建模前，还需要通过试验来得出修复目标和废弃物处置材料分类。尽管采用通用套件便于实验室开展工作并可最大化降低成本，但还是应根据现场条件和测试目的定制适用于样品的分析套件。然而，如果不充分了解岩土环境测试背后的原因、测试目的以及影响数据质量及其评估的因素，则岩土环境测试的有效性和价值是有问题的。

48.2 理念

岩土环境测试背后的理念和传统的岩土工程试验截然不同。首先，岩土环境测试的目的是与国家监管机构制定的标准进行比较分析，而不是为了纯粹研究某一特定特性，如抗剪强度或粒径。其次，这些测定量的准确性取决于设备、样品制备和实验室，即使最前沿的岩土工程测试也无法做到完全准确，空白样品的测试和商业分析实验室结果的常规重新评估在岩土工程测试中并不常见。第三，监管机构制定的一些标准，特别是在与水有关的标准方面，商业实验室通常无法实现。最后，需要通过定期测试以证明不存在某种特定污染物，这类似于对砂进行塑性极限测试以证明它是非塑性材料。

除了理念上的这些细微差别之外，监管机构的指导方针也发生了很多变化，而且测量任何特定极小浓度的污染物的能力也在稳步提高。

当被测对象为填土或动态变化的流体源等完全

非均质且无法复现的材料时，孤立地将测试结果视为"绝对"（absolute）是毫无意义的。

获得的测试结果采用一种常规方法进行统计处理，这种处理方法是 2011 年才由《欧洲标准 7》引入英国岩土工程试验中。

测试目的是量化污染物对人体健康、建筑物、建筑材料、受控水域的风险及进行废弃物分类，这些一旦确定并明确了修复方法，就需要根据修复实施计划中列出的标准进行验证测试。这有些类似土方工程控制试验，但往往有数十个需测试的量，比土方工程合同中给出的量多得多。

因此，需要清楚地了解采样和测试的要求以及其他因子的影响。

图 48.1　从探坑取样

48.3　取样

对岩土环境测试而言，由于土不同，采样并不是一门精确的科学。然而采样的目的是获取"合适的"（appropriate）样品进行测试，即"有针对性地"（targeted）评估可能最严重的污染，或者对"有代表性的"（representative）废弃物进行分类或验证。

有针对性地采样建立在案头研究的背景信息（见第 43 章"前期工作"）以及对特定场地条件的视觉和嗅觉观察的基础上，可在勘探孔或土体中以固定的间隔进行代表性采样，如图 48.1 所示。

混合样品很少用于岩土环境测试，除非用于测试大块、基本均匀的材料。虽然采样中涉及的人为因素无法消除，但良好的实践经验可以减小误差范围。

48.3.1　规定

48.3.1.1　土壤

正如第 46 章"地质勘探"中所述，从地层中获取土样本的方法很多。取样方法的选择对样品测试的有效性或环境保护至关重要，以下列举了一些典型的好的做法。

- 在某些地质条件下钻探可能会导致污染物沿着钻孔进入更深的土层。这种情况下，在污染土中可能需要使用带有适当密封件的双管套管进行钻孔。
- 通常需要向冲击钻孔中加水以辅助钻孔，水量应保持在最低限度且只能使用干净的水。
- 在钻孔过程中，应尽量减少对钻具的润滑。如果确有

图 48.2　从窗口取样器取样

必要，只能使用植物油润滑，并要记录其使用情况。
- 如果是旋转钻孔，要仔细考虑和记录钻井液的使用情况。
- 在窗口取样期间，也可以使用塑料芯内衬来降低交叉污染的可能性（图 48.2）。
- 所有样品必须使用干净的工具进行采集，包括抹泥刀、铲子、手套，必要时应使用高压水枪和清洁剂（如 Decon 90）进行清洗。如有必要，钻孔和样品之间应进行设备清洁，以最大程度减少交叉污染。

岩土环境样品通常是小扰动样品，但也不宜将其收集到塑料袋中。应将样品在容器中尽量压实以尽量减少顶空，并应采集足够的样品量以便进行所需的测试。一般来说，一个 1kg 的塑料桶和一个 250mL 的玻璃瓶就足够了，但是一些测试套件可能需要更大的样品。某些有机物测试需要玻璃容器，挥发性有机物可

能需要麦卡特尼瓶（McCartney vial）。

当确定了要取样的材料后，建议按照英国标准 BS 5930：1999 的要求对取样过程进行全程记录和拍照。此外，任何可能需要实验室采取预防措施的事宜都应进行记录，例如碎玻璃、可能存在的石棉或潜在的生物污染（详细信息可以在英国健康保护局的网站上找到）。此类样品应采用双层包装密封，并根据潜在危险清楚地贴上标签。

48.3.1.2 水

地下水（和气体，见第 48.3.1.4 节）监测装置应安装在钻井或窗口取样孔中，而不是安装在探坑内。钻井中监测装置的正确安装至关重要，具体安装细节应根据现场条件确定。相关问题如下：

- 钻井的大小必须适合拟采用的采样方法。
- 为了在含水层的正确位置监测地下水，应确定响应区，同时应考虑浮于水面的液相有机化合物（即液态或非液态的有机化合物）、潮汐波动、季节波动等的可能影响。对于水面液相有机化合物，井滤网应延伸到地下水位上方，以便捕获该物质。
- 如果存在多个含水层（如上层滞水和较深含水层），响应区不得穿过两个含水层。另外必须在两个含水层之间放置密封材料（通常是膨润土或类似材料），以避免发生交叉污染的可能性。
- 钻井施工材料不得影响地下水，PVC 套管必须带有螺纹且不得使用胶水或其他胶粘剂来密封接头，过滤材料应采用清洗过的化学惰性颗粒材料。

安装完成后，应保留一份完整的钻井设计书面记录。开始钻井后，铺设砾石层，滤除任何不具代表性的水，并清理钻井周围的地层。该过程需要对钻井抽水，直到抽出的水中没有悬浮固体为止，抽出的水体大概要达到 10 个或以上钻井的体积。理想情况下，应将钻井静置一周后进行洗井和采样。

如有需要，应在取水样之前完成气体监测。采样时应记录现场状况，充分洗井以确保采集有代表性的水样。采样前通常需要至少 3 倍钻井体积的水进行洗井，或者在洗井过程中连续监测诸如电导率、pH 值、温度、溶解氧和氧化还原电位等岩土化学参数直到这些参数稳定为止，在洗井和采样期间记录上述参数是一个好的习惯。

可以根据现场条件使用水斗（不锈钢或聚四氟乙烯材质）或泵送技术采集地下水样品。采样时应尽量减少对样品的干扰和曝气，以免水中发生化学变化。在每个采样点采样之前应彻底清洁所有设备，并为每口钻井使用专用的水斗（和细绳）或管子。

应使用实验室提供的适合试验类型且体积足够的样品容器。用于挥发性有机物分析的容器应首先装满，直到容器顶部形成正液面，以免样品中出现空气或顶空。

48.3.1.3 地表水

采集地表水样本时应考虑以下几点：

（1）除非对漂浮的液相有机化合物取样，否则应避免在水面取样；

（2）样品容器必须浸没在水面以下，并且应清除固体物质如植物碎屑；

（3）避免从河流或溪流的岸边取样；

（4）应沿水流方向在采样点的下游采样；

（5）尽可能对河道的流动部分进行采样，避开死水或积水区域。

48.3.1.4 气体

气井的安装应符合 CIRIA 665 和英国标准 BS 8485：2007 的要求，最终设计应根据遇到的场地情况而定，设计时应注意以下几点：

（1）在钻孔顶部周围设置足够的膨润土密封层，密封层最小深度为 0.5m，这一点至关重要；

（2）使用螺纹接头连接管材，不得使用胶水或胶粘剂来密封管材。

通常气体检测都是在现场完成（见第 48.4.2.3 节），但是当进行实验室分析，尤其是需关注对痕量气体时，就需要采集样品。采样的方式很多，常用的容器是 Gresham 管（密封的钢容器，可以收集加压的气体样品）或通过监测设备上的泵进行填充的 Tedlar 袋（对于痕量气体样品通常为 1L 的容量）（图 48.3）。

采样期间必须牢记气体监测井中的各种情况，因为这些情况可能会影响测试的结果。首先，由于甲烷比空气轻，而二氧化碳比空气重，因此气体可以在井中分层。另外，在施工期间，井内的土壤气会冲挤大气中的气体，随着时间的推移，二氧化碳和甲烷等会扩散到井中。在高渗透性土中可以很快达到平衡，低渗透性土中的井可能需要更长的时间才能达到平衡。在制定监测方案时应考虑这一点。

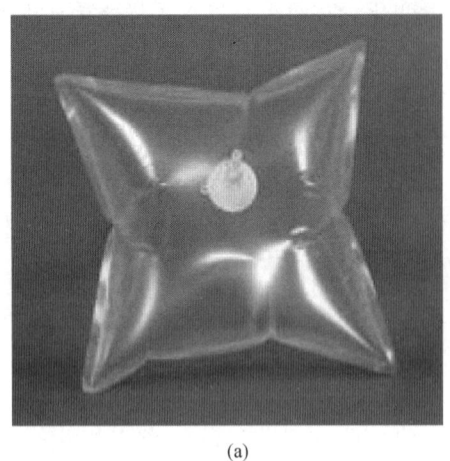
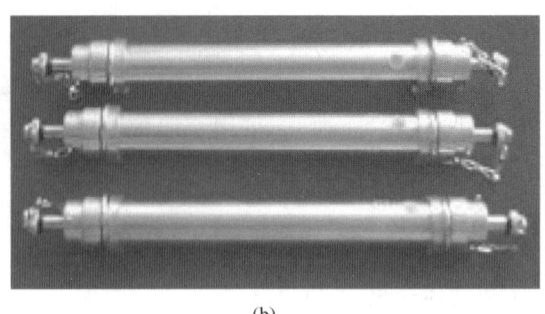

图48.3 (a) Tedlar 袋；(b) Gresham 管

48.3.2 处理和运输

所有样品容器上都应相应地加上耐磨的标识，但不应仅在容器盖子上进行标记。样品容器应立即放入装有冷冻冰袋的冷藏箱中（最好保持在4℃以下）送往实验室，所有样品应仔细包装以防止在运输过程中损坏。

每个样品都应记录在"监管链"文件中，样品运输时必须随附这些文件。"监管链"文件是在环境采样过程中验证质量保证的最重要文件之一，通常也是规定操作中的关键弱点。该文件记录了样品的运输和到达实验室的日期，以及样品接收时的状态，每个实验室都有其标准版本。

文件中要求的所有信息均应详细填写，并保留一份副本作为项目文件以供追溯。实验室收到样品后应签收确认，同时根据情况确认实验安排。

48.3.3 存储

样品保存时间会显著影响测试结果的质量，这对于某些保存时间有限的测试尤其重要，例如生物耗氧量或挥发性有机物的测试，在推荐的保存时间外进行的测试分析通常被认为是无效的或不具有代表性。实验室会根据具体的测试分析提出样品保存时间的建议，如果合适可以使用带有防腐剂的样品容器。

48.4 测试方法

48.4.1 目的

环境岩土测试不仅可以量化各种介质中的污染物，还可以加深对土和地下水中的岩土化学环境的理解，进而预测污染物的去向和迁移规律。确定环境岩土测试内容非常重要，测试内容应根据案头研究的结果确定，并适当考虑未来的需求或更详细的评估要求。

所用的测试方法得到的结果应对评估有价值，检测限低于适当的评估标准，这些是非常关键的。不当的测试不但会浪费时间和金钱，好的情况下只会导致评估结果过于保守，而最坏时会导致错误的解释。

48.4.2 原位测试

原位测试是岩土环境评估的辅助手段，主要作为室内试验的补充。原位测试的好处在于它可以用经济有效的方式提供大量数据，实时结果还可以使"当场"决策成为可能。但是，由于准确性、检测极限和可靠性等问题，原位测试并不能取代室内试验。

48.4.2.1 土

土的原位测试通常用于填补常规实验室测试中的数据空白，也是划定污染区域以进行修复或验证的有用方法。

目前有多种原位测试方法，但一般分为如下三类：

（1）手持式现场测试工具

便携式手持现场测试工具可用于各种污染物测试，如有机化合物和重金属（图48.4），但在使用之前必须考虑手持现场测试工具的局限性。由于许

图 48.4　原位测试

图 48.5　移动实验室

多手持式检测试剂盒对各种参数敏感，有一系列的限制，并且涉及使用危险或受控物质（溶剂、X射线技术），因此只能由经过专业培训的人员操作。

（2）移动实验室

移动实验室是一种有用的资源，尤其是在需要准确实时数据的大型项目上。移动实验室分析样品的方式与实验室相似，且由具有相应资格的实验室化学专业人员负责。不同规格的移动实验室可以测量不同种类的污染物，其化学测试结果可以由英国皇家认可委员会进行认证。然而移动实验室通常仅在大型项目或具有严格程序约束的项目上才是经济的（图48.5），使用前建议与监管机构进行详细的讨论，以确保事先就测试方法达成一致并解决相关问题。

（3）改良探针

原位探针能够快速、有效、经济地提供表征土和地下水大面积污染的实时数据，有助于就场地勘察或场地修复做出决定，并可以提供数据以快速估算地下污染量。

对广泛应用于岩土工程的圆锥贯入试验（CPT）进行了改良，以用来检测地层中的一系列污染物，目前已经开发出一种使用标准的CPT试验设备驱动的改良圆锥探头，利用荧光技术识别土和地下水中石油碳氢化合物，可以检测出游离相烃产物以及土中的残留浓度，还可以提供存在石油碳氢化合物类型的指示（例如柴油、汽油、石油），氯代烃和苯系物（BTEX）等挥发性有机污染物也可以使用膜界面探针检测。

48.4.2.2　水

通常还需要对水进行各种物理化学参数的原位测试以提供有关水体中岩土化学条件的信息，这些参数可用于确定条件是否适合促进污染物的自然降解，进而支持污染修复决策过程。表48.1总结了通常在地下水和地表水中检测的原位岩土化学参数。

这些参数虽然可以在实验室检测，但是最好对其进行原位测试，因为某些参数如溶解氧和pH值对暴露于大气中和压力变化非常敏感，这可能是由于将水样从地下带到地面造成的。基于这些原因，直接从地下水赋存深度处读取具有代表性的数据可以规避以上各种问题。

在长电缆上配备探头的手持式仪表可以放置到地下水监测井中，这些仪表可以提供准确的原位读数，但通常价格昂贵。

手持式探头需要将水样带到地面，然后倒入容器中进行检测。这种方法价格相对便宜，并可提供有关含水层状况的指示性信息，但是在采样过程中造成的干扰降低了测试结果的可信度，所以不应依赖这些结果来得出结论。

目前的最佳实践是将低流量采样技术与流通池法相结合，低流量采样在采样过程中对含水层的扰动和曝气最小，流通池法在读取读数时可最大程度地减少与大气的接触。

水体中的典型岩土化学参数汇总　　　　　表48.1

参数	含义	测量原因
pH值	测量水的酸碱度	可影响微生物活性、污染物溶解度、金属形态，并干扰还原/氧化过程
氧化还原电位	描述水体的氧化状态	确定水体中的条件是否可能是氧化或还原，这两者都会影响污染物的降解。例如，一些氯代烃的自然降解可以通过还原条件来增强。对于其他污染物（如苯），还原条件会抑制自然降解
温度	水体温度	会影响微生物的活性和污染物的溶解度
电导率	水传导电流的能力	可以表明水是淡水、微咸水还是盐水
总溶解固体	水中溶解离子浓度	这基本上是通过使用转换因子转换电导率测量值来测量的。这有助于确定水是淡水、微咸水还是盐水
溶解氧	测量水中溶氧量	指示水体中的条件是有氧还是厌氧

48.4.2.3 气体

通常采用能够测量气体浓度和流量的专业设备在钻孔中对气体进行现场测量。在评估施工期间气体风险方面，仅监测气体浓度而没有相应的流量读数是没有价值的。

在监测前，使用清洁的大气对仪器进行检查。首先进行气体流量测量，随后以一定的时间间隔测量气体成分直至达到稳态条件。测量时要记录大气压力和气温，测量完成后记录地下水位。

某些条件可能会影响监测结果的有效性，吹过流量计排气孔的风会严重影响流量读数，检测时应考虑钻孔内的气体分层，并利用足够的时间观察从整个井深提取的气体中成分的变化。

气体测量不限于钻孔，如果需要了解直接地表释放量可以使用通量盒测试。将密封的容器放在地面上，排放的气体被捕集在容器内以进行后续测量，建议可使用火焰离子化检测器测量地表痕量气体。

在垃圾填埋场项目中，气体浓度变化的信息非常关键（如燃烧或利用），采用现场监测是很有价值的。在线测量和数据记录器设备（如GasClam地下气体监测仪）可以用来替代手持式监测仪开展定期测量。

48.4.3 实验室测试

实验室测试可以准确测量土、水、渗滤液或气体等样品中特定化学品或物质的浓度，通常只测试所采试样的一小部分，样品都是随机抽取的，因此测试的有效性依赖于良好的采样经验和抽样方法的选择。还应注意的是，大多数用于化学测试的样品都需要在实验室中通过粉碎、干燥、溶剂萃取或浸出的方法进行细分和制备。因此样品在到达实验室和测试程序开始之间会有一定的时间间隔，在英国该过程通常可以在5~8天内完成，加快周转速度则需要额外的费用。

48.4.3.1 测试方法

测试方法直接影响结果的准确性，因此方法选择很重要。有些筛查方法测试速度快、价格低，可提供所需数据，它们可能比速度慢、价格贵、更复杂的精确测试方法更适合。所选的测试方法应反映数据的未来用途，并能达到相关评估标准下的检测限（LOD）。如果检测限太高，则所有样品的测试结果可能都超过了允许浓度，导致假阴性和过度保守的风险评估。相反，过于严格的检测限可能导致不必要的开销。本书不详细讨论所有可用的方法，所有实验室都有他们可提供的测试方法清单以及与每种方法相关的质量认证和检测限，这也应作为任何新实验室的制度规定。应当指出，检测限也应具备质量程序和数据统计处理的功能，以满足质量认证的要求。检测限不一定反映测试设备的分辨率，这就意味着实验室可能无法达到足够的测试分辨率，尤其是在由于科学进步细化了评估标准，实验室必须调整试验方法的情况下。如果检测限超过了评估标准对评估至关重要，则应在测试安排之前与实验室核实。

为保持测试结果的一致性，建议在整个项目中使用同一个实验室，如果不可能，则各个实验室之间的测试方法应保持一致，以确保数据具有可比性。

48.4.3.2 测试套件

实际操作中环境岩土测试通常被分解为标准套件，以便于对相似的物质（如金属、多氯联苯、碳氢化合物、农药）一起测试。也可以将标准套件组合到一起，组成某个实验室的通用套件，或者为特定客户或特定项目定制套件。通常情况下，开展套件测试比每个样本的指定单个测试更节约成本。

需要根据场地概念模型确定的关注污染物检查每个项目套件的合理性，并在必要时从通用套件中增加或减少部分测试参数。通常需要对没有任何已知污染历史的场地进行基本通用套件测试，测试内容包括金属（如砷、镉、铬、铜、镍、锌、铅、汞、硒、钒）、基本无机物（如 pH 值和硫酸盐）和基本有机物（如多环芳烃和苯酚），并根据场地或周围条件，增加氰化物、总石油烃、溶剂、农药、除草剂、多氯联苯、石棉或任何其他相关的潜在污染物的测试。对于要在异地处理废弃物的施工项目，对所有填土都必须进行通用套件测试和目标套件测试，还可能需要进行废弃物可接受性标准测试。

对于不常见的物质，实验室聘请的分析化学专业人员通常可以就可用测试的类型和适用性提供建议。

对于某些测试，测试方法必须符合指导文件和法规中规定的规范。例如，废弃物可接受性测试需要对样品制备阶段的特定方法进行测试。

48.4.3.3 实验室认证

所有环境岩土测试均应使用英国皇家认可委员会认证的实验室，此外，所有用于法律或监管目的的测试都应使用英联邦认证体系认可的测试程序。然而目前英联邦认证体系只覆盖土领域，某些测试或测定可能目前尚未得到认可，具体每个实验室的情况都会有所不同。

48.4.4 补充测试

除化学测试外，尤其是环境岩土评估和详细的地下水定量风险评估还需要一些基本的岩土工程信息，通常此类信息与孔隙度、渗透率和含水率有关。

48.5 数据处理

48.5.1 评估标准

48.5.1.1 人体健康

《污染土地报告11》（CLR 11）中的流程模型给出了目前评估人体健康风险的岩土环境数据的最佳实践，在这些流程中，土数据的处理应采用英国环境卫生协会（Chartered Institute of Environmental Health，CIEH）的统计方法。有必要了解如何应用这些统计测试以及它们的基础和局限性，以便环境岩土测试的范围适合完成该类评估。当前方法是用95%置信度下的计算平均值与土指标值（SGVs）进行比较。这些计算值来自污染土地暴露评估模型（CLEA），该模型使用毒理学方法计算各种土地用途的可接受土污染浓度，并假设土有机物含量为6%来代表典型的表层土。在编写本书时，仅针对三种特定用途的土地公布了相对较少的土指标值，这些土指标值也是基于英国默认标准受体和暴露途径的通用保守数值。如果希望对不同参数或不同土有机质进行评估，英国环境卫生协会（CIEH）与土地质量管理公司（LQM）联合发布了一套通用评估标准，在土有机质（soil organic matter，SOM）分别为1%、2.5%和6%的条件下使用 CLEA 模型得出了 40 个推定值。然而，这些也是一般标准，如果对于特定场地需要确定特定的值，则必须使用环境卫生特许协会的 CLEA 模型根据基本原则导出通用评估标准。

48.5.1.2 废弃物分类

废弃物分类所需的环境测试的范围和某些情况下的测试方法与环境风险评估的范围与方法虽然相似，但又有不同。按照英格兰和威尔士的法律：有害废弃物指令（Hazardous Waste Directive，HWD）——《有害废弃物条例（英格兰和威尔士）2005》[*Hazardous Waste (England and Wales) Regu-*

lations (2005)]和填埋指令（Landfill Directive）——《填埋条例（英格兰和威尔士）2002》[Landfill (England and Wales) Regulations] 的规定，必须进行岩土环境测试（苏格兰有单独的废弃物管理条例）。

根据 HWD 的定义，有害废弃物为具有 14 种已识别危险特性中的一种或多种的废弃物。所有废弃物都列在《欧洲废弃物名录》（European Waste Catalogue, EWC）（2002）中，其中包括一份自动被视为有害废弃物的清单，被称为"绝对条目"（absolute entries）。有些废弃物可能是有害的也可能是无害的，在《欧洲废弃物名录》中被称为"镜像条目"（mirror entries）。其他所有废弃物都被归为无害废弃物，但其下包含一个子类——惰性废弃物。

填埋场的三个类别与上述废弃物分类相关，即获准接受有害、无害或惰性废弃物的填埋场。在有害废弃物类别中，有些废弃物如果超过一定限值则不可进行填埋处理。此外，根据《填埋条例》，某些废弃物如液体、轮胎、医疗、易燃、易爆、腐蚀性、氧化性和化学废弃物禁止填埋处理。废弃物分类流程如图48.6所示。

当废弃物被确认为可处置，接下来将评估其是否有害。确定其有害或无害后，则需要进行填埋可接受性测试。"绝对条目"中的废弃物只需要进行填埋可接受性测试，无害和惰性的废弃物则不需要进行填埋可接受性测试。然而，在大多数环境岩土/岩土工程中，废弃物主要为天然土或人工填土，其为"镜像条目"中的一种，在《欧洲废弃物名录》中代码为 17 05 03* 或 17 05 04 土和岩石。星号（*）表示含有危险物质的有害废弃物，需要进行测试以确定其组成成分并证实其是否有害。上述过程按照现行的分类、标签和包装条例（classification, labelling and packaging regulations, CLP 条例）中的化学物质的要求，根据各种化学物质的限值对废弃物进行评估分类，并使用危险品标志和风险术语来确认废弃物中的各种物质。

可接受性测试通常被称为废弃物可接受性标准（WAC），这是一套土和渗滤液试验，后者是在规范规定的两阶段流程制备的渗滤液上进行的（EN 12457-1 至 12457-3）。

在废弃物可接受性标准测试之前或同时开展土中污染物总浓度的测试至关重要，通常仅进行废弃物可接受性标准测试是没有意义的，因为该测试主要是浸出性测试，且其评估范围主要与惰性或有害废弃物类别相关。如果没有土总浓度的数据，就无法确定废弃物类别，见图 48.6。

废弃物可接受性标准测试可以作为一个完整的套件进行，用于废弃物的类型未知，而为方便起见需要少量数据，或用于已知的惰性或有害废弃物的专用简化套件。无害废弃物不需要进行废弃物可接受性标准测试。

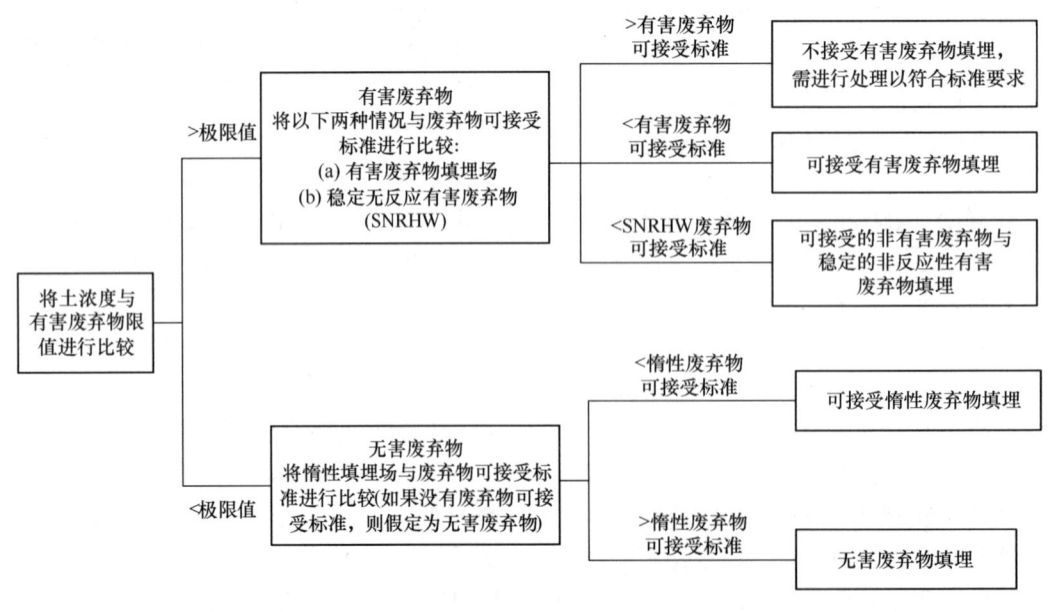

图 48.6　废弃物分类流程

48.5.1.3 水

依据现场的水体敏感性，通常根据一系列相关标准对水试验结果进行评估。对于位于地下水保护区内或以其他方式提供饮用水的场所，则使用与饮用水有关的标准，通常为欧盟或世界卫生组织标准。对于不影响饮用水供应的地下水或地表水，环境质量标准更适用，但标准并不一定更宽松。

水的评估与土评估不同，不需要强制性的统计分析。如果存在可能对地下水造成风险的土污染，可通过比较渗滤液测试结果与相关水质标准进行初步评估。为了进行更详细的定量评估，环境署（Environment Agency）提倡使用两种英国常用的模型。修复目标方法是一种确定性的地下水污染扩散和运移模型，该模型可估计最大允许土和/或地下水浓度，以将受控水域的污染限制在规定的最大值。ConSim 是一种概率性的污染物扩散和运移模型，可计算已知污染源超过地下水污染浓度的概率。

48.5.1.4 建筑材料

为评估土对地下工程建设中管道、混凝土、薄膜等建筑材料的适宜性，需要对土和地下水进行一些化学测试。

为了保护处于地下环境中的混凝土，需要对土和地下水的 pH 值和硫酸盐进行专门测试，并根据确定的地下水和土条件以及《BRE 专刊 1》（*BRE Special Digest 1*）(2005) 中的相关流程图和表格进行评估。土和地下水中 pH 值、硫酸盐以及少量情况下镁的测试结果可用于确定混凝土场地分类的设计硫酸盐等级和侵蚀性化学环境。

如果与结构混凝土接触的土或地下水中酚含量很高，则应咨询混凝土设计方面的专家获取处理建议。

供水管对场地污染特别敏感。一般来说，由于塑料管道可能损坏进而造成水源污染，因此不允许在污染土中使用塑料管道。管道材料选择可根据英国水工业研究有限公司（UK Water Industry Research Ltd, UKWIR）发布的调查和分析指南来确定。此外，各供水公司可能对铺设供水管道的土测试和评估有具体的要求，这些工作可能是相当繁重的。如果建议使用塑料管，应联系供水公司，以确保条件是可以接受的。

当要将隔离膜安装在场地上，或与地层中的液体或气体直接接触的情况下，必须针对场地存在的化学物质检查隔离膜的耐久性和耐用性。这类信息一般可从数据表或制造商处获得，但对于不常见的化学药品或低规格的膜，这类信息可能是没有的。

48.5.1.5 验证

为确认修复工程是否达到目标浓度应进行验证测试，目标浓度通常是与地方政府或英国环境署等监管机构商定的一组值，低于或等于这些值的土浓度是可接受的，高于这些值的土浓度是不可接受的。目标浓度通常是基于定量风险建模结果得出的，用土指标值（SGVs）和水质标准作为修复标准可能过于严格且不适用。由于可获得的土验证数据有限，且验证数据直接与目标浓度进行比较，因此关于此类数据的统计分析很少见，但如果大批量测试中的有限数据稍微超过限值，或这一方法适合于给定的现场条件和使用情况，可偶尔使用统计分析的方法，前提是需要和监管机构达成一致。

通常情况下应收集 3 个月至 5 年的地下水验证数据，以直接将浓度值与目标值进行比较并对发展趋势进行评估。

48.5.2 异常数据

所有分析结果应由具有相应资质的专业人员进行审查，以检查潜在的错误或异常结果，主要包括：

- 查找抄错和丢失的数据；
- 检查数据是否在该污染物或场地的预期或有效范围内（基于之前的监测结果）；
- 了解场地条件（如潜在污染、土类型），检查结果是否与观察到的污染物如液相有机化合物相匹配；
- 检查结果之间是否存在冲突（如多环芳烃 PAH 浓度低但芳香族总石油烃 JPH 浓度高，或存在氨和高溶解氧）；
- 评估对其他现场测量结果的错误解译（例如悬浮固体含量高）。

已识别的异常数据应与实验室数据进行核对，如有必要应重新测试样品或重新采样以确认结果。大多数异常数据都可以通过重新测试或应用常识来解释，有些异常数据实际上是正确的，只是人的认识还不到位。污染物的浓度可能会在相对较小的区域内产生很大的变化，例如在一个"热点"地区。

此外在某些情况下，例如挥发性物质，浓度也会随着时间和暴露而显著变化。

48.6 质量保证

48.6.1 场地模型

在英国，作为规划条件的一部分，需要为单个场地建立场地概念模型（CSM），确定已识别的污染物的来源、途径和目标。将场地概念模型与任一调查中所做的测试类型和数量进行比较是质量保证检查最简单的过程之一，如果没有在多个地点对现场特定范围内水中的有机化合物进行补充测试便确定有机化合物污染运移的可能性，则会立刻造成勘察的质量不可信。

48.6.2 抽样策略

抽样位置的分布模式深受统计人员和学者的喜爱，他们假设污染物所在的介质是均质的，而且客户对测试的预算非常高，但这两种情况都很少见。因此从历史地图和图纸中确定先前污染所在的位置至关重要，判断测试的数量成为关键，而不是简单的统计随机抽样。也就是说，识别错误的策略比给出一个无针对性的不充分的理想状态的抽样策略更容易。抽样工作可按以下原则进行：

- 流体污染物（例如柴油）可能向深层扩散到自然层位，因此不能仅从浅层取样。许多环境调查仅对场地浅部 500mm 进行取样。
- 不仅要测试人工填土，还要测试下覆的天然土，以确定污染物是否已迁移并影响了其他土。
- 不要只把测试的重点放在潜在的"热点"地区上，比如埋在地下的储罐或工艺厂房周围，而是要同时确定"背景值"或"未受影响"的程度。
- 不要忽视地下水，修复地下水的费用比处理土的费用要高很多。
- 不要忽视土气体本身作为修复目标和作为其他污染的指标。
- 样本数量可能太少，特别是对于小型场地，在没有对污染分布原因有清晰分析的情况下，对小场地的理解可能会超过较大场地。

48.6.3 实验室

实验室是商业组织，尽管都有认证和不同层级的质量保证程序，但其能力和可靠性也有很大差异。即使在最好的实验室，有时也会出现人为和设备误差，所以仅靠质量保证程序是不够的。

原则上，一个实验室应负责一个场地从调查到修复全过程的测试。实际上，出于经济效益考虑，一个场地的测试并非都是由一个实验室负责。

对于大型项目，建议对实验室进行现场考察，并对测试要求、期限和测试分析的备选方案进行讨论。在某些情况下，还可能需要确定备用实验室，并彻底检查分析技术和样品制备的兼容性。

实验室应具备在广泛的测试套件中提供适当认证的能力。实验室质量保证的主要保障措施是由经验丰富的环境岩土工程师进行"可信度"检查，该工程师应能够对收到的结果进行评估并识别异常数据。

在某些项目中，可能需要进行质量控制抽样，以测量抽样中的数据误差和变异。质量控制样品的抽样方法有很多种，包括互检样品、空白样品和标准样品/加标样品。表 48.2 总结了质量控制样品的类型及其检测到的误差类型，表 48.3 总结了这三种质量控制样品类型的优缺点。

质量控制样品类型汇总　　　　　表 48.2

样品位置	互检样品	空白样品	标准样品/加标样品	误差或变异
水体	抽样相同（即整个抽样程序相同）	不可能	不可能	总计：洗井/短期自然变异及其他误差
采样设备	设备相同（设备重复使用）	设备现场空白1	设备现场标准/加标1	总计：采样设备/一些短期自然变异（互检样品情况下）及其他误差
处理前（例如过滤/防腐）	预处理互检样本（处理前分离样品，再对两个样品单独处理）	预处理现场空白	预处理现场标准/加标	总计：现场处理（过滤/防腐）及其他误差

续表

样品位置	互检样品	空白样品	标准样品/加标样品	误差或变异
装瓶前	后处理互检	后处理现场空白	后处理现场标准/加标	总计：环境条件及其他误差
运输前	不可能	行程空白	行程标准/加标	总计：处理和运输及其他误差
样品瓶	不可能	瓶库（将去离子水装入瓶中并提交分析）	瓶标准/加标（将标准或加标样品装入瓶中并提交分析）	总数：瓶子的材料和准备及其他误差
送检实验室	实验室副本	实验室空白	实验室标准/加标	实验室误差[①]
检测误差类型	随机	随机和系统增益	随机和系统损益	

① 只有在设备可移动的情况下才可能。对于专用的采样设备，质量控制样品不那么重要。注意：本表仅涉及抽样过程。为在实验室处理和分析过程中检测出误差，应在实验室制备更多的质量控制样品。

数据取自英国环境署（Environment Agency，2000）ⓒ Crown Copyright

质量控制样品类型比较　　　　　　　　　　　　　　　　　表48.3

质量控制样品类型	优点	缺点
互检	• 取样过程本身可以复制（取样复制），提供整个取样/分析过程中的错误信息 • 相对容易执行 • 可以应用于所有确定因素	• 仅能检测随机误差，不能检测系统误差
空白	• 容易执行 • 可以应用于所有确定因素 • 检测一些随机和系统误差	• 不能应用于初始采样 • 仅能检测确定的收益，不能检测到损失
标准/加标	• 检测所有随机和系统误差	• 需要实验室准备的标准溶液，执行较困难 • 每个样本仅适用于一个确定因素

48.6.4 核对与审核

数据点的数量及其统计处理会掩盖核对和审核过程中的随机误差，因此，在从处理后的原始数据得出结论之前，必须进行详细的独立数据验证核对，这一点很重要。上述验证核对最好由经验丰富的工作人员在初始计算过程中完成。负责审核已处理数据的更高级的工作人员只能选择随机样本，按照既定的流程进行审核。与所有核对工作一样，核对的过程与负责核对人员的经验同样重要。最终审核应由环保专家或持有相关职业资格的个人签署。

48.7 参考文献

BRE (2005). *Special Digest 1*.
British Standards Institution (1999). *Code of Practice for Site Investigations*. London: BSI, BS 5930:1999.
British Standards Institution (2002). *Characterisation of Waste. Leaching. Compliance Test for Leaching of Granular Waste Materials and Sludges. Two Stage Batch Test at a Liquid to Solid Ratio of 2 l/kg and 8 l/kg for Materials with a High Solid Content and with a Particle*. London: BSI, BS EN 12457-3:2002.
British Standards Institution (2007a). *Code of Practice for the Characterisation and Remediation from Ground Gas in Affected*

Developments. London: BSI, BS 8485.

British Standards Institution (2007b). *Geotechnical Design. Ground Investigation and Testing*. London: BSI, BS EN 1997–2:2007 Eurocode 7.

British Standards Institution (2011). *Investigation of Potentially Contaminated Sites – Code of Practice*. London: BSI, BS 10175:2011.

CIEH/CL:AIRE (2008). *Guidance on Comparing Soil Contamination Data with a Critical Concentration*. Version 2. The Chartered Institute of Environmental Health and Contaminated Land: Applications in Real Environments, May 2008.

CIEH/LQM (2009). *The LQM/CIEH Generic Assessment Criteria for Human Health Risk Assessment* (2nd Edition). Land Quality Press.

CIRIA (2007). *Assessing Risks Posed by Hazardous Ground Gases to Buildings*. CIRIA Report 665.

Environment Agency (2000). *Guidance on Monitoring of Landfill Leachate, Groundwater and Surface Water*. London, UK: Environment Agency.

Environment Agency (2004). CLR 11. *Model Procedures for the Management of Land Contamination*. London, UK: Environment Agency.

Environment Agency (2006). *Remedial Targets Methodology. Hydrogeological Risk Assessment for Land Contamination.*. London, UK: Environment Agency.

Environment Agency (2009). *Contaminated Land Exposure and Assessment (CLEA)* version 1.04, *Human Health Toxicological Assessment of Contaminants in Soils* C050021/SR2 and *Updated Technical Background to the CLEA Model* SC050021/SR3). London, UK: Environment Agency.

Environment Agency. *MCERTS (Monitoring certification scheme)*. This standard is an application of ISO 17025:2000, specifically for the chemical testing of soil. London, UK: Environment Agency.

EU (1991). *Hazardous Waste Directive*. Council directive 91/689/EC.

EU (1998). *Drinking Water Directive*. Council Directive 98/83/EC.

EU (1999). *Landfill Directive*. Council Directive 1999/31/EC.

EU (2002). *European Waste Catalogue*.

EU (2008). *European Regulation* (1272/2008). (CLP Regulations), Ref. 3.2 of Annex VI.

Golder Associates (UK) Ltd (2003). ConSim version 2.0.

HMSO (1998). *Groundwater Regulations*. Statutory Instrument 1998 No. 2746.

HMSO (2002). *Landfill (England and Wales) Regulations*.

HMSO (2005). *The hazardous waste (England and Wales) Regulations*. Statutory Instrument 2005 No. 894.

UKWIR (2010). *Guidance for the Selection of Water Supply Pipes to be Used in Brownfield Sites*, Report Ref. 10/WM/03/21 (Revised edition).

WHO (2006). *Guidelines for Drinking Water Quality*, Vol. 1, 3rd edition incorporating 1st and 2nd addenda.

48.7.1 延伸阅读

CIRIA (2002). *Brownfield – Managing the Development of Previously Developed Land*. A client's guide. CIRIA Report C578.

DCLG November (2004). *Planning and Pollution Control*. Planning Policy Statement 23.

DEFRA September (2006). Environmental Protection Act 1990; Part2A. Contaminated Land. Circular 01/2006.

DOE (1994). *CLR4: Sampling Strategies for Contaminated Land*. The Centre for Research into the Built Environment, Nottingham Trent University.

NHBC/CIEH (2008). *Guidance for the Safe Development of Housing on Land Affected by Contamination*. R&D Publication 66, 2 vols. National House Building Council and the Environment Agency.

Strange, J. and Langdon, N. (eds) (2008). *ICE Design and Practice Guide: Contaminated Land: Investigation, Assessment and Remediation* (2nd edition). London: Thomas Telford.

48.7.2 实用网址

CABERNET（Concerted action on brownfield and economic regeneration network）；www.cabernet.org.uk/index.asp?c=1124

CL：AIRE（Contaminated land：applications in real environments）；www.claire.co.uk

ContamLinks, portal for quality information about the assessment, management and remediation of contaminated land；www.contamlinks.co.uk/index.htm

英国环境署；www.environment-agency.gov.uk

英国环境署出版物；http://publications.environment-agency.gov.uk

EUGRIS, portal for soil and water management in Europe；www.eugris.info/index.asp

英国健康保护局；www.hpa.org.uk

NICOLE（Network for industrially contaminated land in Europe）；www.nicole.org/index.asp

Portal for contaminated land information in the UK，CIRIA；www.contaminated-land.org/index.html

---

建议结合以下章节阅读本章：
- 第8章"岩土工程中的健康与安全"

本书以第1篇"概论"和第2篇"基本原则"为指导进行章节编排。如第4篇"场地勘察"中所述，各类岩土工程均应进行扎实的现场勘察工作。

译审简介：

汪成兵，博士，交通运输部公路科学研究院正高工，主要从事隧道及地下工程检测评定、科研和工程咨询工作。

施斌，南京大学特聘教授，国际环境岩土工程学会（ISEG）主席，中国岩石力学与工程学会地质与岩土工程智能监测分会理事长，国家科技进步奖一等奖获得者。

词汇表

BOD	生物耗氧量
BTEX	苯、甲苯、乙苯和二甲苯。BTEX 是汽油的成分
CLEA	污染土地暴露评估
CLR	污染土地报告
CPT	触探试验
CSM	场地概念模型
FID	火焰离子化检测器
Free Product	液相有机化合物，即"游离"或非水相
GAC	通用评估标准，非政府机构使用污染物归宿和迁移模型得出的评估值，在英国通常为污染土地暴露评估
Hazardous waste	有害废弃物，由于其数量、浓度或特性，如果处理、储存、运输或处置不当，可能对环境或人体健康造成危害的废弃物
HCV	健康标准值，通常以指数剂量（ID）或可耐受每日摄入量（TDI）的形式表示，这是对一种污染物的每日摄入量的估计，这种污染物在一生中可能会经历而不会有明显的健康风险（或在 ID 情况下会有癌症风险）
Inert waste	惰性废弃物，既不具有化学活性也不具有生物活性且不会分解的废弃物
LOD	检测限，可从样品中测出的最小值
MCERTS	环境署（Environment Agency）推行的监测认证计划
MIP	膜界面探针
Non-hazardous waste	无害废弃物，既不危险又无惰性的废弃物
PAH	多环芳烃
Pollutant linkage	污染物链，污染源、转移途径和脆弱受体之间的相互作用，只有当三者共存时链才存在
Purging	洗井，从钻孔中清除死水以确保代表性取样的过程
QC	质量控制
Redox	水的氧化还原电位，发生化学反应可能性的度量
RIP	修复实施计划
SGV	土指标值，环境署使用污染土地暴露评估模型得出的评估值
TPH	石油烃总量
UKAS	英国认可计划
VOC	挥发性有机化合物对人体健康的评估价值
WAC	废弃物可接受标准
XRF	X 射线荧光

第49章 取样与室内试验

克里斯·S. 拉塞尔（Chris S. Russell），Russell 岩土技术创新有限公司，乔巴姆，英国

主译：刘乐乐（中国海洋大学）
参译：成怡冲
审校：吴才德（浙江华展研究设计院股份有限公司）

良好的场地模型依赖于成功的地质勘察，其中非常关键的是选用合理的现场取样技术与室内试验方法。全员参与、开放交流和监督管理是高质量确定建筑基础或临时结构设计参数的重要基础。本章以基于流程的方式，系统探讨各种现场取样技术及其参数确定的有效性，深入理解各种可用的室内试验方法。本章的室内试验方法清单不会列举出所有的室内试验项目，而是仅给出常见高、低层建筑中结构现代设计所常用的室内试验项目。本章介绍各种现场取样技术的基本原理，还以室内试验结果和参数定值效果为参考评价取样技术对样品的扰动情况，而这些被确定的参数往往在世界范围内被广泛使用与参考。

doi: 10.1680/moge.57074.0667

目录

49.1	引言	667
49.2	施工设计对取样与试验的要求	667
49.3	设计参数及其相关试验项目	668
49.4	基本指标试验	668
49.5	强度试验	670
49.6	刚度试验	674
49.7	压缩性试验	677
49.8	渗透性试验	679
49.9	非标准和动态测试	679
49.10	试验证书与结果	680
49.11	取样方法	681
49.12	散装样品	681
49.13	块状样品	682
49.14	管状样品	682
49.15	回转式管状样品	684
49.16	运输	685
49.17	检验实验室	685
49.18	参考文献	686

49.1 引言

在之前的章节里，工程师已在着手创建和策划场地勘察，并且提出了一个满足从案头研究到施工完工各个阶段建设方案的需求清单（见第4章"岩土工程三角形"）。这些勘察方案策划是以"最佳实践"为目标制定的，但是应该允许其有一定的调整，特别是在处理地表之下的"自然未知"地层时。过于严格的规定可能会导致后续在项目运行时出现种种问题，当然也可能在勘察阶段造成问题。勘察预算通常只占整个项目成本的百分之几，但如果勘察考虑周全，则在整个设计阶段可以节省大量的项目成本。

地质勘察的方案设计从案头研究开始，案头研究将确定预期的地层和场地条件。地质勘察将核实这些条件，确定可能需要进一步关注或分类的各种偏差，从而形成适合工程或设计目的的场地模型。室内试验通常用于建立场地模型，然而，现场条件（有时由不连续或复杂地层来控制）可能需要更昂贵和更耗时的现场测试才能进行全面分类（见第47章"原位测试"）。这听起来很简单，但是对于设计和施工阶段至关重要。地质勘察的失败可能会带来灾难性的后果。因此，如有疑问应寻求咨询建议。应该指出，本章关注土体的物理性质，因此不涉及化学性质或场地污染的测试（见第48章"岩土环境测试"）。对于在手的任务或项目，可进一步参考第13章"地层剖面及其成因"、第3篇"特殊土及其工程问题"、第43章"前期工作"至第46章"地质勘探"。

49.2 施工设计对取样与试验的要求

无论是对条形基础进行简单的承重计算，还是针对更复杂或脆弱的结构进行的有限元分析，场地的分类应是综合全面的，并为基础设计提供最好的参数。所需的众多参数决定了实验室测试方案，目的是获得对场地（场地模型）物理特性（和化学特性，见第48章"岩土环境测试"）的准确认识，揭示地基在水平方向和深度方向上的均匀性或不均匀性。这是各种形式的基础设计或物理建模所需的覆盖范围。应确定土工试验的类型以提供设计所需的参数。地基的基本分类可以在现场通过坑探进行，但深度剖面需要钻探和取样才能确定。每个场地或合同应被视为独特的，必须根据这一点审核每

个合同的技术要求。施工的复杂性和地基的性质决定了所需的参数起着最重要的决定性作用。本章的整体布局和内容顺序是经过仔细思考的，具体以案头研究为开始，随后是现场勘察，最后是实验室测试。这个顺序是由设计所需参数决定的，在最初的地质勘察阶段就需要决定取样的类型，如果施工复杂或风险很大，可能需要在两阶段的地质勘察中决定取样的类型。从这方面来说，本章的内容顺序必须颠倒，因为设计参数决定测试类型，而样品质量决定取样方法和样品制备。换句话说，在尝试完成某项工作之前，先想明白所需要的参数是什么。在此过程中需要考虑节省成本，但如果需求搞错的话，代价可能是高昂的。项目中可能需要的各种参数（和相关试验项目）总结如下。

49.3 设计参数及其相关试验项目

最简单常见的室内试验获得的结果，可用于对我们感兴趣的场区地质进行分类，并确定地基在横向和纵向上的均匀性或不均匀性；而更复杂的参数则是基于土体在施工的短期或长期加载（或卸载）时呈现出的稳定性与响应行为。这些参数的大小与土体强度和刚度（可能是各向异性）、压缩性和渗透性有关。对于短期加载和低渗透性的材料，我们更关注其不排水条件，而对于长期加载或高渗透性的材料，则更关注完全排水条件。土体的这些力学性质都因不同的应力状态而变化，因此地质勘察应该有针对性地获得应力状态数据，以便实验室试验能够重现真实的现场条件，并在基础设计阶段合理使用。本章附录列出了大多数常见实验室试验的技术标准，这些试验方法的发展历史、背景及其基本方法可参考《土工室内试验手册》（*Manual of Soil Laboratory Testing*）（Head，2009）。

49.4 基本指标试验

指标测试是所有现场地质特征描述技术中最常见和最例行的项目，它被用于描述场地深度方向和水平方向的特征，目的在于建立项目适用的场地模型。这些试验可以使用扰动样或非扰动样进行，相对便宜且快速。指标测试可以用来验证"预想"的地基基本性能，还可以用来确定设计需要的高级测试项目或更多的参数。这种常规的指标试验通常包括含水率试验、颗粒分析试验和阿太堡界限试验等。这些试验结合起来提供了非常有用的数据，用来校准场地模型和验证其他各种复杂的室内试验结果。它们提供的数据可以与钻孔日志相结合，识别和证实地基中的水位高度、土体类型和土体性能，从而使场地模型更加清晰。

49.4.1 含水率试验

这是在实验室进行的最简单和最便宜的土工试验，可以采用原状和扰动样品进行。试验步骤主要包括干燥前后分别称重土样，以确定水与固体颗粒的质量比例，即含水率。土体或软弱岩石的含水率往往决定或至少主导了它们的工程特性。土体的含水率不仅决定了它的工作性能和堆放位置（例如填埋场衬砌或坝芯的压实性），还会引起它的抗剪强度和黏性丧失而导致灾难性的破坏后果。深度方向和水平方向上的含水率变化可以用来划分不同性质的场地分区。与干燥的黏土（具有相同的矿物成分）相比，含水率"高"的黏土通常较软（或软化的），也更容易被压缩和坍塌。通过附近的植被或水位下降情况引起的含水率分析，可以确定干燥的影响和地面隆起的可能性。更高的局部含水率甚至可以用来确定破裂的排水沟和水管的位置，而这些可能是地基发生破坏的原因。

"天然"状态下的原始含水率试验需要被测土样在其天然状态下被密封和封装，这看起来很简单，但是却很容易搞错。任何深度的样品从地面取出来后不应受外界水和钻井液及蒸发的影响，并应立即以完全密封的方式保存。如果样品没有被立即完全密封，样品中的含水率将会改变，导致含水率的数据不具有代表性（如果下雨，水可能进入样品；如果日晒升温，那么水可能从样品中蒸发）。对于从旋转岩芯中回收的黏性土样品或是与钻孔冲洗液接触的黏性土样品，含水率试验应在远离样品外围的内部进行采样。由于这些黏性土的渗透性低，其天然含水率可在样品的中心保存一段时间。相反，几乎不可能获得许多无黏性土（特别是砾石）的天然含水率，因为这种无黏性土的高渗透性决定了孔隙水在取样时难以滞留在样品内。需要特殊关注可能含有水化矿物的样品含水率试验，例如石膏。如果这种矿物存在"脱水"或从其晶体基质中释放出水的温度，那么在实验室中使用的烘箱干燥温度应低于这个温度。如果干燥箱的温度高于110℃，土样中其他挥发性的流体将被蒸发，而不只是水，进而导致错误的含水率测试值，这正是英国标准 BS 1377 规定干燥温度为 105～110℃ 的原因。对于含有或可能含有石膏的土样，烘箱温度不应大于 80℃。当每 4 个小时间隔测试的含水率差别在 0.1% 以内时，干燥阶段就完成了（英国标准 BS 1377 第 2 部分，1990）。含有盐分的孔隙水也可能导致土样含水率测试数据的不正确，对于这种土样，应选用其他合适的测试项目。

49.4.2 阿太堡界限试验

塑限和液限这两个界限含水率被用来对细粒土进行分类，它们来源于由艾伯特·阿太堡（Albert Atterberg）提出的 7 个限值。这两个限值既可使用原状土体进行测试，也可使用扰动土体进行测试。塑限是黏性土从半固体状态变为可塑状态时对应的界限含水率，而液限是黏性土从可塑状态变为流塑状态时对应的界限含水率。

液限测试可以采用四点圆锥法，即测量校准圆锥进入 4 个不同含水率的已知土样，也可以采用卡萨格兰德（Casagrande）法，即在校准的卡萨格兰德碟式仪中使用开槽器在 4 个不同含水率土样中使其再次"合拢"来进行。这里所述的四点体系有很多替代方法，但它们并不理想。塑限（PL）测试是将土体以校准的方式"滚搓"形成直径为 3mm 的土条，此时对应的含水率即为塑限。由于不同的实验人员存在水平和经验差异，塑限测试可能会产生不同的结果。虽然塑限测试是一个基本的常规测试，但是操作起来并不容易！

塑限（PL）和液限（LL）之间的差值称为塑性指数（PI），它被用来近似确定黏性土的压缩性、渗透性和强度特性，在土体分类中非常有用。此外，塑性指数（PI）还可用于确定土样中黏粒的含量。较高的 PI 值代表黏粒含量较多，而较低的 PI 值代表黏粒含量较少，即粉土颗粒占主导。当 PI 值为零时说明土样中没有黏粒和粉粒，被称为"非塑性"土。一般来说，土体的 PI 值越高，其发生变形的潜力就越大。较高的 PI 值还意味着土吸水时体积膨胀，而干燥时体积收缩等。然而，这些经验认识没有考虑大于 425μm 土颗粒的存在，因为在试验开始前已通过筛分将此类土颗粒去除，因此修正后的塑性指数（I'_p）通常更合理，但仅适用于超固结黏土。

① 译者注：原著为 HSBC，疑似笔误，应为 NHBC。

修正塑性指数（I'_p）的计算公式由英国建筑研究院（BRE）建立，其具体形式为：

修正塑性指数(I'_p) = PI ×（<425mm/100%）。

英国国家房屋建设委员会（NHBC）采用了此计算方法，但修改了确定高、中、低体积变化即收缩潜力的百分比。考虑到英国建筑研究院（BRE）和英国国家房屋建设委员会（NHBC）① 在高、中、低塑性指数的术语上存在小的差别，因此塑性指数的数值应记录为百分比的形式。这种测试对于细粒土材料性质可获得非常好的数据与可信度，特别是用于定性描述时更是如此。

49.4.3 颗粒分析试验

颗粒分析（PSD）试验既可采用未扰动样品进行也可采用扰动样品进行。颗粒分析是指在指定粒径范围内的颗粒质量分布情况，通常以占整个样品质量的百分比表示。土体被分成从黏粒到粉粒的黏性组，以及从砂到砾石的无黏性组。为了完成土的颗粒分析，需要针对上述两组执行两种不同的试验类型。对于粒径大于 63μm 的颗粒（英国测试标准，而美国 ASTM 标准为 75μm），土依次通过筛孔尺寸逐级减小的筛子进行分级。这些粗颗粒的分析方法是采用"湿筛"，而（对于含有少量粉土和黏土的土体）定量试验可以采用干筛法进行。对于"湿筛"，将小于最小筛子孔径的颗粒从土料中洗出，并用于第二部分测试。然后，采用相对密度计试验或移液管方法分析细颗粒，通过悬浮液随时间的沉降分析，对小于最小测试筛的细颗粒进行分级。

从对土的直观描述中，我们可以对构成土样的各种粒径的土颗粒所占质量百分比进行大致估计。而颗粒分析试验则科学地测定了土样中每级土颗粒确切的百分比。因此，直观描述结果可能与颗粒分析试验结果略有不同，但它们可以用来相互校准，并揭示测井和钻孔记录中的不准确之处。土体的粒径分布也能用于校核从其他试验中获得的土体渗透性和压缩性指标数据，并针对所分析的土的类别设计相关试验要求。

注意，我们了解到对于一些取样的操作是不当的，特别是当从深层取粗粒土样时，钻井液很容易带走土中的细颗粒或土样排水而将悬浮的细颗粒带走，这都将导致颗粒分析试验结果不准确。甚至有些初级实验技术人员从样品容器或袋子中倒出粗颗粒进行试验时，将底部的细颗粒土丢弃。这将导致非常不准确的颗粒分析试验结果及其对土性质的错误判断。

还有许多其他指标试验，可以与上面列出的三项指标试验结合起来一起使用，以达到补充试验土体特性的目的。需要特别强调的是，任何测试结果都只能对所采集并交付到实验室的具有代表性的样品负责，并且该样品需要能够代表所取样的地层。对于粗粒土应增大样品量，以保证试验数据具有代表性（参见英国标准 BS 1377 第 2 部分，1990，其中关于颗粒分析试验和其他试验对试样尺寸的规定）。

49.4.4　压实度相关试验

压实度相关测试是确定土体密度（通常伴随着含水量的改变）与已知外力间关系的一系列试验，主要是在扰动土或工程填料上进行。土体压实本身是一个通过将土颗粒紧密地堆积在一起，从而减少空气体积（而不显著改变含水率）以增加土体密度的过程。每个试验阶段的含水率增加或降低只会改变土体的强度特性及其"可压缩性"。压实度相关测试对于工程填土的现场设计很常见，因为这些试验可确定填土材料在所用的压实功作用下的最优含水率（见第 75 章"土石方材料技术标准、压实与控制"）。针对不同工程用途的土体类型开展压实度试验，其常见的形式如下：

- 测定干密度与含水率关系（2.5kg 击实筒）；
- 测定干密度与含水率关系（4.5kg 击实筒）；
- 测定干密度与含水率关系（振动锤）；
- 最大和最小干密度的测定；
- 水分条件值（MCV）的测定；
- 加州承载比（CBR）的测定；
- 白垩土压碎值（CCV）的测定。

有关上述土工试验方法的完整说明，请参阅有关现行标准。在上面列出的试验中，只有 CBR 试验能提供一个经验性的强度指标，通常用于路面工程（见第 76 章"路面设计应注意的问题"）。

49.5　强度试验

土的强度被定义为土体承受较大剪切应变时可以承受的极限剪应力（Atkinson，2007）。土的强度和刚度响应与土的"状态"有关。这种状态与土体的密度和有效应力水平有关，而有效应力又与孔隙水压力有关，最终都受到有效应力原理的控制，即应力变化的所有可测量影响，如压缩、变形和抗剪强度的变化，完全是由土体有效应力变化引起（Atkinson，2007）。以下列出了强度试验的一些方法，包括了三轴剪切试验和直接剪切试验以及其他类型。其中，三轴剪切试验包括一系列的试验，试验结果因不同的边界、排水和加载条件的不同而不同，但基本上都使用类似的试验设备。

49.5.1　三轴剪切试验

三轴试验基本的边界、排水和加载条件如图 49.1 所示。

- 无侧限抗压强度（UCS）。这是一个总应力测试（没有孔隙压力测量），是在没有径向约束的条件下进行的。它也可以被称为"未经证实"的抗压强度，不巧的是，它与岩石的单轴抗压强度（UCS 试验）有相同的缩写。虽然在这些试验中施加的应力都是相同的，但用于土体及岩石试验的技术标准、方法和试验设备都有明显的不同。
- 不固结不排水三轴剪切试验（UU）。这也是一个总应力测试，因为不测量孔隙水压力。此试验沿被测样品径向施加周围压力（σ_3），即所谓的围压，其大小与土样在自然界原位的深度有关。试验时采用标准的剪切速率，进一步的信息可参考相关的标准。请勿将该试验与下述 UUP 试验混淆，后者通常也采用 UU 的简称。
- 带孔隙压力测量的不固结不排水三轴剪切试验（UUP）。这是一种有效应力的试验，给出了土体的不排水抗剪强度。请注意，由于被测土样扰动的影响，该试验的有效应力可能不能代表土体原位的平均有效应力。对于高级测试，该试验可量测样土底部和中部的孔隙水压力。
- 各向等压固结不排水三轴剪切试验（CIU）。与上述 UU 试验类似，但土样是经过等向固结的，平均固结有效应力按其原位深度或所模拟的特定应力与深度条件确定。
- 各向等压固结排水三轴剪切试验（CID）。该试验相当于上述 CIU 试验的"排水"或长期条件。对于黏性土，这是一个耗时非常长的试验，因为土的渗透率非常低；但对于砂性土和可自由排水的材料，通常进行排水三轴剪切，而不是不排水剪切，因为这种土的渗透性强，其短期和长期条件下行为近似。不排水的条件对于地基中砂性土而言是不常见的，除非砂性土处于完全封闭的状态，或是用来模拟一个非常特殊的场地或施工条件。在无黏性土中进行不排水剪切试验会使土产生体积膨胀，这往往不代表真实的现场条件。
- 各向等压固结三轴试验（CAUC、CAUE、CADC、CADE，见第 49.6 节）。

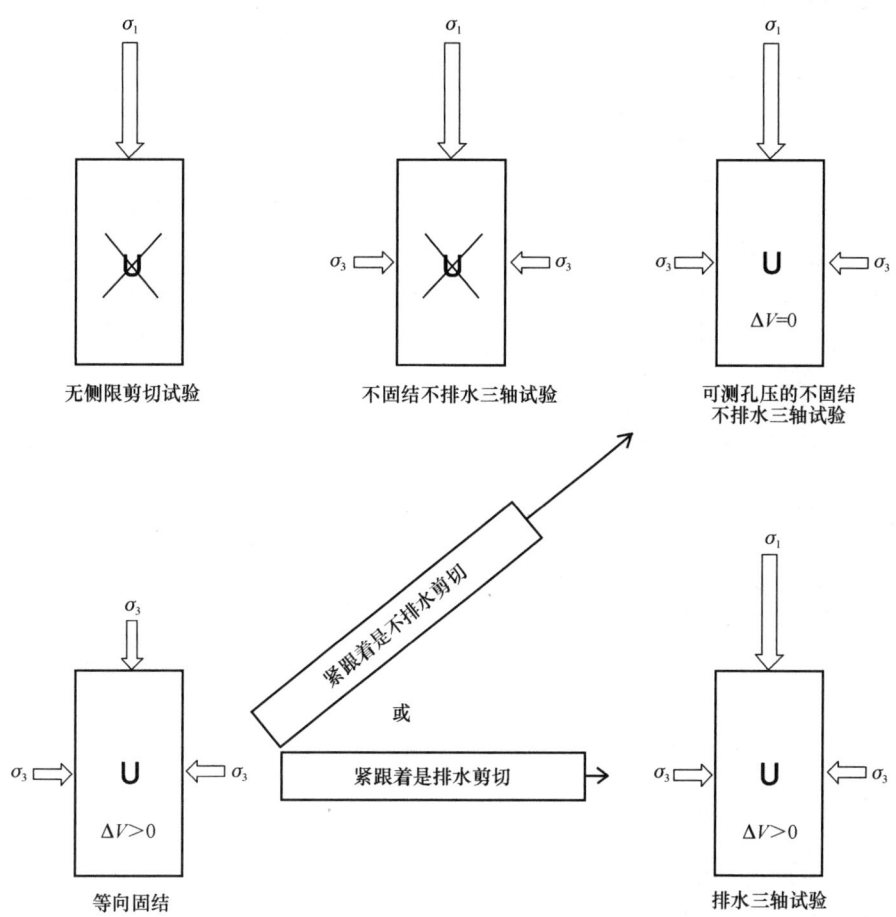

图 49.1 三轴试验：边界条件与加载条件

在解释不同强度参数和"理想"三轴剪切试验时，可参考第 17 章"土的强度与变形"。以上列出的所有三轴剪切试验都要求使用非扰动土样，否则试验数据无法代表真实的土的性质。本章后面将介绍从勘察伊始就应策划的取样类型和取样方法。上面所述试验介绍提到了剪切速率的要求。对于有效应力试验，应测试孔隙水压力，这样才能正确获得土的强度和刚度数据（见第 49.6 节）。

图 49.2 给出了一个典型的三轴剪切试验框架，左边是一个现代化的单元压力和反压力控制系统，右边是传感器记录系统。从前，压力是手动施加的，应变是人工读取的。现代技术的发展改进了三轴剪切试验装置，使应力控制传感器的实时测量越来越成为常态。应力测量传感器也可采用几种不同的方式进行，常用应力测量传感器如图 49.3 所示。

通常使用的外荷载测量装置是量力环，其数值由操作者人工读取。这些量力环后来被有电子读数功能的量力环取代，可以手动或自动输出数据或远程读取。电子量力环现在已经很常见，但与所有以前的量力环一样，其共同缺点是不防水，因此需要安装在压力室外部，这导致量力环测量的荷载包括了活塞在加压中产生的摩擦力，产生应力测量误差。实际使用时可以对上述摩擦进行校准，以尽量减少这一测量误差；然而，轻微的非同心荷载还可能导致活塞被"卡住"而给出"假"的应力读数。还可以采用导套辅助活塞进入压力室，但是导套自身还存在其他的问题。可浸水式传感器的诞生解决了这个问题，它安装在活塞底端并保持与样品的直接接触。理论上，可浸水式应力传感器可测量任何加载到土样上的应力，而不会受到摩擦力等任何外部的影响，最终的荷载测量效果的确如此。然而，这种传感器较以往的量力环而言，其成本往往是十分昂贵的，目前使用活塞顶部的外荷载测量仍然十分普遍。

应该指出的是，与砂土及黏土相比，对有机土（特别是泥炭）的试验可能会产生相当"意外的"结果。这主要是有机土样中的有机质类型、构造、百分比和取向差异所引起。不排水试验未考虑有机土的高压缩性，因此会得到较低的抗剪强度，而排水剪切阶段土样会产生较高的应变，再加上有机土的复杂性质以及三轴剪切试验的边界条件，也可能会测得不真实的抗剪强度。针对有机土的三轴剪切试验当然是可行的，但在设计试验和处理抗剪强度试验数据时应该特别注意。本章节后续将更多地讨论这些问题。

岩石强度受其矿物成分、胶结作用以及不连续结构面的存在及其方向支配。可参考第18章"岩石特性"以进一步理解和划分岩石类别。岩石的强度通常采用单轴抗压强度试验（无侧限），但也可以使用专门的高压设备进行侧限甚至有效应力试验。请参阅本章附录中关于此类常见测试类型的主要技术标准。应该指出，岩石与土的试验需要不同的准备和试验设备；然而有一个交叉区域，即可以将土归类为软弱岩石，反之亦然。此时，经验与采用哪些试验设备相比显得更为重要，这需要具有丰富技能和经验的专业人员。岩石试验的"艺术"在于样品制备和所使用的试验设备，以及样品不连续和优势组构有关的方向性。可以检查委托指定的实验室，核实其是否有合适的试验设备和相关的专业能力来进行试验。

如果不正确地进行土样切削或表面处理，会在加载时形成点载荷和非平行面，可以使试样的强度降低三分之二。切削设备应采用非常薄的金刚石刀片，并使岩芯在被刚性支撑的切割刀片上移动，而不是像切割混凝土的设备那样移动切割刀。所有的切割痕迹都须通过表面处理去除，对样品表面进行

图 49.2　三轴试验装置
VJ Tech 有限责任公司提供

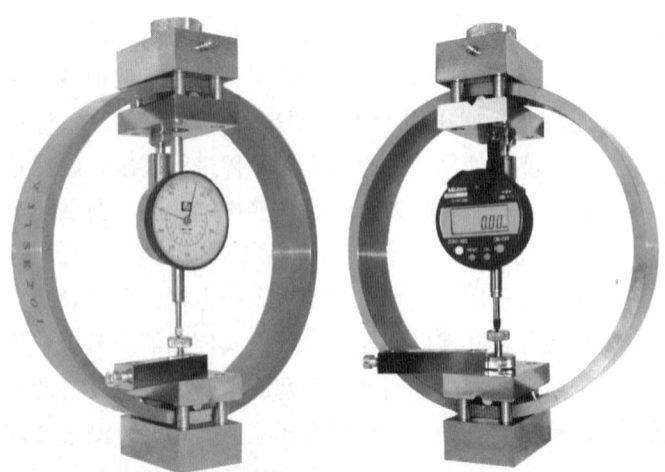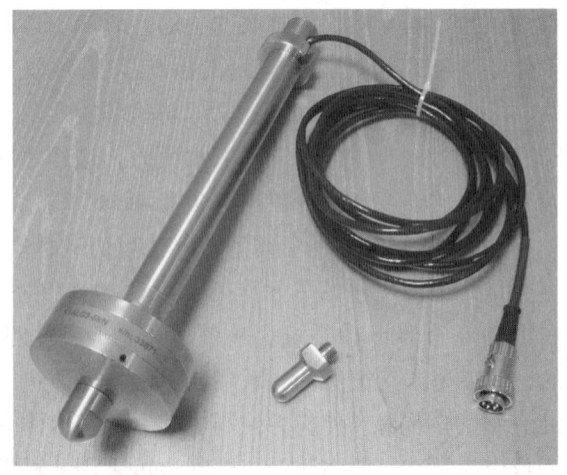

图 49.3　三轴载荷测量装置（左：带人工读数表头量力环；中：带电子读数表头量力环；右：水下电子测力传感器）
VJ Tech 有限责任公司提供

抛光处理，直到样品两端完全平整和平行（误差限值要求可在本章附录中列出的标准内找到）。然后，样品应安装在专门经平面度校准的硬化压板上，其直径等于或大于试样直径，其差值不大于2mm。其中一个采用球形座，放置在试样顶部。加荷设备自身的加载面是刚性、平行且无法旋转的。岩石试验是高度专业化的试验，很少有实验室能够轻易正确地开展这方面的试验。

49.5.2 直接剪切试验

当设计需要土的内摩擦角或黏聚力参数时，采用其他类型的强度试验如直接剪切试验也是很常见的。这种试验使用的土样根据其工程用途的不同，可选择使用原状样或扰动样。直接剪切试验采用剪切盒测定内摩擦角和黏聚力（测试原理如图 49.4 所示）。

直接剪切试验设备最初是为砂土设计的，现在既可用于无黏性土也可用于黏性土。该设备有不同的尺寸，用来测试从细粒到粗粒不同土体的性质。剪切盒由一个"空心箱"组成，它是水平上下分开的，被测样品置于其中。被测样品先被加载到所需的法向应力，然后进行水平剪切。盒子的下半部产生位移，而上半部接触测力计测量剪切阻力。一组直接剪切试验通常测试 3 个样品，第一个试验有效固结应力为目标值的一半，第二个有效应力与目标值相同，而第 3 个有效应力是目标值的两倍。虽然有一些争议，但直接剪切试验的数据通常仅用于总应力指标的计算。试验期间唯一可知的土体有效应力是在固结阶段结束时。由于随后的剪切阶段未测量孔隙水压力，因此无法确定被测样品在破坏时真实的有效应力，其剪切面上的有效应力当然也无法确定。

直接剪切试验设备可获得被测样品的固结峰值强度和残余强度。

由直接剪切试验设备确定的黏性土样品的残余强度往往误差较大，主要是因为黏性土内很难形成一个完全平整的剪切面。与峰值强度比，残余强度只有在被测样品出现非常高的应变时才能获得，而剪切盒的剪切行程却十分有限。为克服这一点，将直接剪切变为扭转剪切来获得足够大的剪切应变。对于无黏性土和粉土，这种扭转剪切的方法可能起作用，但由于黏性土颗粒的"板状"性质，理想的剪切平面平坦且光滑，只能通过单向的持续剪切来实现（像普通直剪那样，没有反向剪切）。基于此发明了环形剪切试验装置（E. Bromhead），在试验过程中引起的法向应力和相对位移如图 49.5 所示，而商业化的环形剪切试验装置如图 49.6 所示。

49.5.3 环形剪切试验

与一块土样线性剪切位移不同，环形剪切的土样不断旋转，因此在某个单一方向上的线性剪切位移是无限的，或至少直到圆环内所有的土体被剪切。需要注意的是，环形剪切试验装置上需要使用成对的应力传感器。这是十分必要的，因为圆环被旋转，实际上测量的是扭转。使用两个刚度匹配的应力传感器对旋转顶帽起到平衡作用，能够排除旋转情况下中央定位销与顶帽摩擦力对测量结果的干扰。

如果要测试黏性土的残余强度值（比如用于边坡稳定性计算），则应开展环形剪切试验。采用 Bromhead 环剪试验（即小尺寸环剪）通常难以测量土的峰值强度，其主要原因在于制备土样时土是

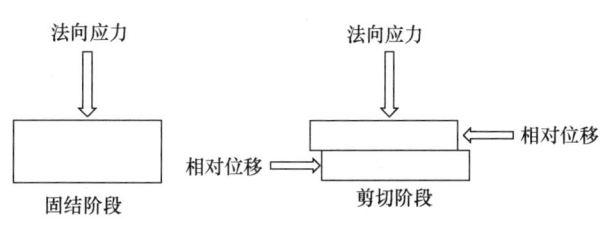

图 49.4 直剪试验中轴向应力加载与剪切位移

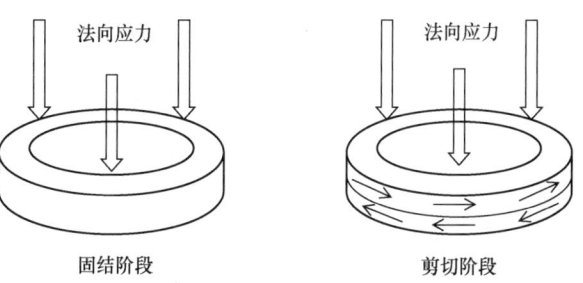

图 49.5 环剪试验中轴向应力加载与剪切位移

重塑的。制样时土被压入一个圆环空间中，土的结构或胶结被破坏。黏土颗粒被单向环形剪切加速定向，在缩短试验耗时的同时还能保证样品的均匀性，确保获得更多可重复的试验结果。本试验装置仅适用于纯黏土，如果存在粗颗粒，则在试验中，它可能沿着剪切表面发生滚动，通过改变黏土颗粒的方向来破坏剪切面，这将导致试验获得的残余强度比真实残余强度更高，而且平行试验结果重复性差，如果直接使用将会给工程带来灾难。因此对于含有粗颗粒的黏土或无黏性土，工程师应选用直接剪切试验。

49.6 刚度试验

刚度的定义有很多种，但它们都与应力-应变曲线的梯度有关，而土的应力-应变曲线通常都是非线性的。需要说明的是，土体强度表征的是土体产生较大应变时的极限承载能力，而土体刚度表征的是土体在工作荷载条件下的压缩性（图49.7）。

一般来说，土体刚度等参数不能由上述常规试验确定，而是需要质量最好的未受扰动土样、专家能力、装置条件（图49.7）、渊博的知识与丰富的经验。对于岩石刚度，请参阅第18章"岩石特性"。可以用来测定杨氏模量的三轴剪切试验包括UUP、CIU和CID。土样的剪切既可能由于受压缩也可能由于受拉伸，因此上述三个缩写可加后缀C（压缩）或E（拉伸）进行区别。

最复杂的土体有效应力三轴剪切试验是应力路径试验或各向不等压固结不排水或排水三轴剪切试验（CAU或CAD），根据最终剪切发生的方向，其

图49.6 环剪试验装置

VJ Tech 有限责任公司提供

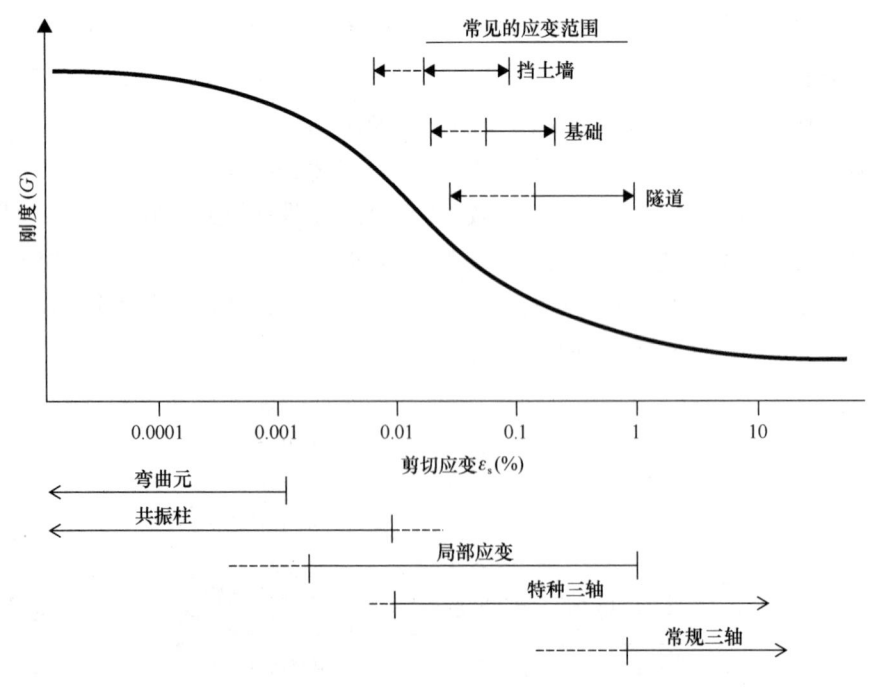

图49.7 理想的刚度与应变关系

后缀使用 C（压缩）或 E（拉伸）。高分辨率的传感器直接贴在土样上，用于测量轴向应变以确定杨氏模量，当同时采用径向应变传感器时，还可用于测定泊松比、不排水剪切模量（G）和排水体积模量（K）。此外，还可以使用声学弯曲元技术测量最大剪切模量（G_{max}），弯曲元技术超越了局部小应变传感器分辨率的限制（典型的先进仪器结构如图 49.8 所示）。

这些试验旨在使样品重新经历其近期的应力历史，将样品恢复到其真实的原位平均有效应力水平或者需要模拟的特定应力水平，尽量减少样品扰动对试验结果产生的影响。

图 49.9 所示为一种先进的三轴剪切试验装置，装备有局部轴向与径向应变传感器，底面及中面孔隙水压力测量传感器，以及三分量的弯曲元探头以测量 G_{max}。这个试验装置不仅能够用于测量小应变条件下的土体刚度，而且还能利用底面及中面孔隙水压力测量数据校验有效应力测量结果。

使用局部轴向和径向应变传感器直接贴在样品上测量小应变，能够将土体与坚硬端板接触引起的边界效应最小化。弯曲元探头在比局部应变传感器更小的应变条件下测量刚度，测量的是完全无损条件下的土体刚度。它们可以安装在三轴试样的三个方向上，为常规样品状况或可能的各向异性结构提

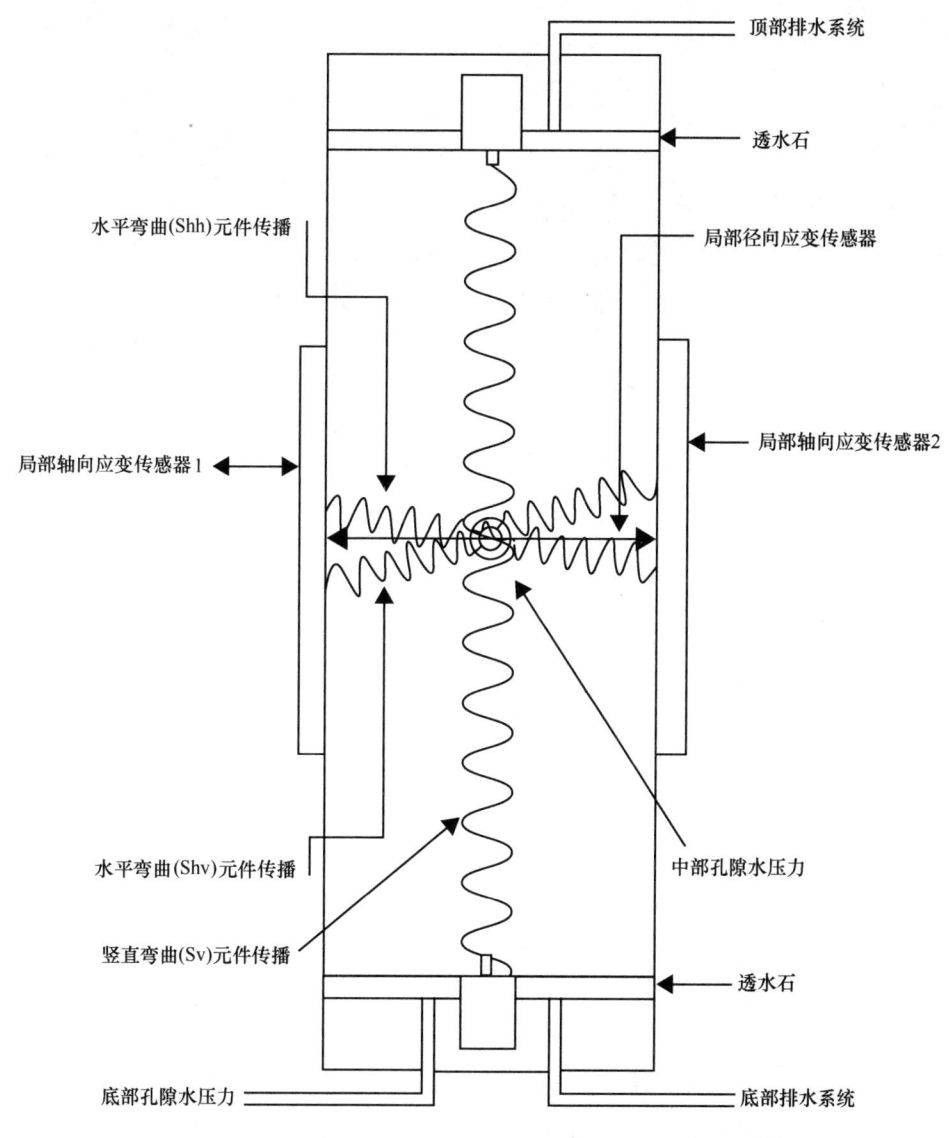

图 49.8 CAUC、CAUE、CADC 和 CADE 试验典型的三轴试验装置

图 49.9　三轴应力试验所用高端装置

Russell 岩土技术创新有限公司提供

供了一个很好的指示。

在常规三轴剪切试验的整个试验过程中，仅仅测量土体底部的孔隙水压力。由于样品与坚硬的基座和顶盖接触，其两端会受到边界效应的影响。根据英国标准 BS 1377：1990 计算剪切速率，样品破坏时的孔隙水压力消散度为 95%。样品中部平面处孔隙水压力测量提供了另一个参考，该处样品不受金属基座的影响，还可以用于指示整个样品内孔隙水压力是否均衡。试验时排水剪切阶段最理想的状态是，采用合适正确的剪切速率以保证土样底面和中面孔隙水压力的平衡。如果土样中面的孔隙水压力开始高于底面的孔隙水压力，那是因为土样被剪切的太快而产生了额外的孔隙水压力。对于不排水剪切试验，土体的孔隙水压力应该是单调的变化，此时代表使用了合适正确的剪切速率。有趣的是，土体底面与中面孔隙压力之间的偏差在剪切破裂过程中可能会发生滞后，这是因为土体的孔隙水压力可能以不同的方式产生或消散，这取决于土体中可能形成的剪切面倾角与方向。

对于岩石，可以采用更先进的单轴抗压强度试验来测量其刚度，同样使用高分辨率传感器测量岩石轴向和径向的应变。由于岩石样品发生破坏对应的应变通常小于土体样品的破坏应变一个数量级，需要配套专用应变传感器来测量岩石样品的轴向和径向应变，而这些传感器是不适用于土体样品的。这些应变在整个剪切试验过程中被测量与记录，可以用于计算岩石的杨氏模量和泊松比。

同样地，这些测试也需要较强的专业技术能

力。例如，对于粘连应变传感器与土样的胶粘剂，不仅要求必须能够将传感器与样品在整个试验过程中完美粘合以避免传感器在样品表面的蠕变行为，还要求胶粘剂刚度低于样品本身刚度，以便胶粘剂在荷载作用下自然变形，保证被测量的应变是样品的真实应变，而不是由较硬的胶粘剂填充样品孔隙而引起的人工应变。

49.7 压缩性试验

压缩性是土力学中经常使用的术语，主要描述应力和应变之间的关系。地基刚度决定了荷载应力作用下的应变和变形情况，因此地基压缩性可根据地基土体的应力水平和刚度来确定。与压缩性有关的室内试验有：

- 侧限（Oedometer）固结试验。用于测量 C_V 和 M_V 参数。固结系数（C_V）的单位是 M^2/a，代表从室内试验到全尺度场地条件的"扩尺"时间。体积压缩系数（M_V）的单位是 M^2/kN，代表孔隙度与有效应力关系曲线的斜率。由于孔隙度和孔隙比是相关的物理量，因此 M_V 可以根据孔隙比与有效应力的关系曲线计算。需要强调的是，体积压缩系数 M_V 的大小是由试验施加的应力水平决定的。
- 液压计固结仪（Hydraulic cell）固结试验。这是上述试验的有效应力版本。该试验能够在试样上施加各种加载条件和排水路径。此外，液压计固结仪可用于测量样品在每个固结应力条件下沿排水路径的渗透率。

这两种典型的试验装置如图 49.10 所示，图 49.11 给出了相关的加载路径和边界条件示意。

图 49.12 给出了理想的典型固结试验曲线。第一阶段为主固结阶段，是土体颗粒随着孔隙水排出而重新定向和重新堆积的结果。次固结是土体颗粒本身在进一步排水情况下的实际压缩。识别土体中的有机成分非常重要，特别是识别泥炭的存在，并了解其压缩性特征，因为有机土的压缩性很可能比非有机土高出几个数量级。侧限固结试验和液压计固结试验均可用于次固结或"蠕变"行为的测试。次固结是指土体在主固结压缩完成后继续压缩，本质上是由含水土体颗粒系统的黏滞性或有机质的物理压缩性引起的。对于石英砂，因其颗粒通常是不可压缩的，这种蠕变（次压缩）可以忽略不计。其他类型的砂土（如钙质砂或碳酸盐砂），如果施加应力超过了砂颗粒的极限强度，砂颗粒本身被压碎。则可能表现出与石英砂不同的行为甚至发生"突然塌陷"。对于泥炭和有机土来说，土体骨架本身就是高度可压缩的，因此该类型土体通常会出

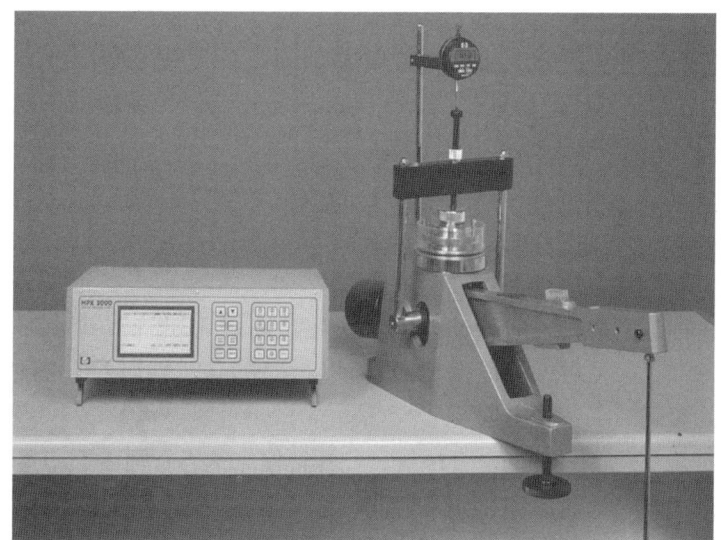

图 49.10 侧限固结仪（左）和液压计固结仪（右）
VJ Tech 有限责任公司提供

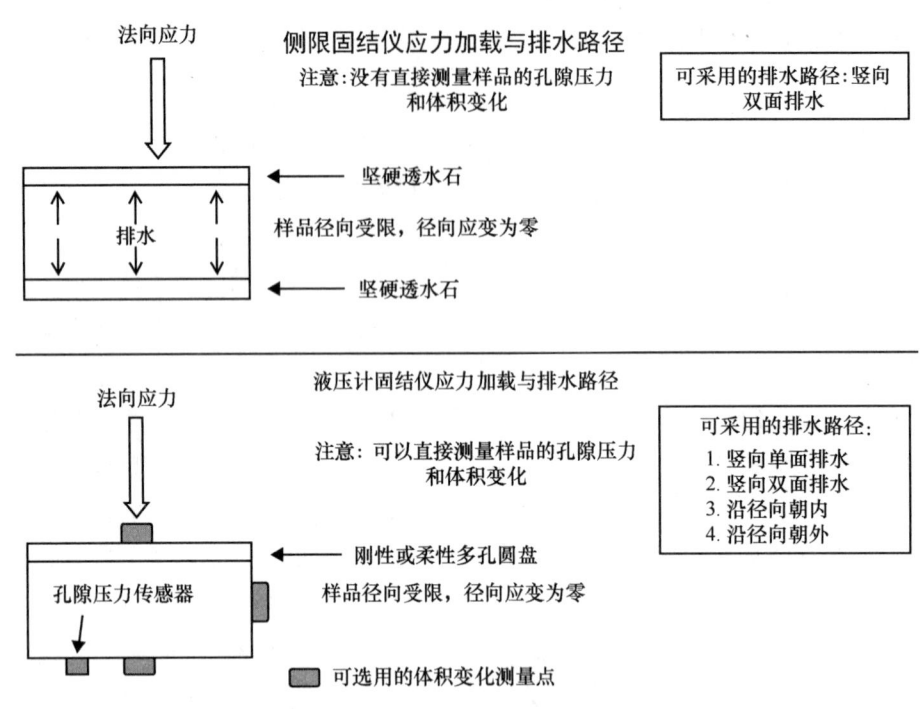

图 49.11 侧限固结仪（上）和液压计固结仪（下）应力加载和排水路径

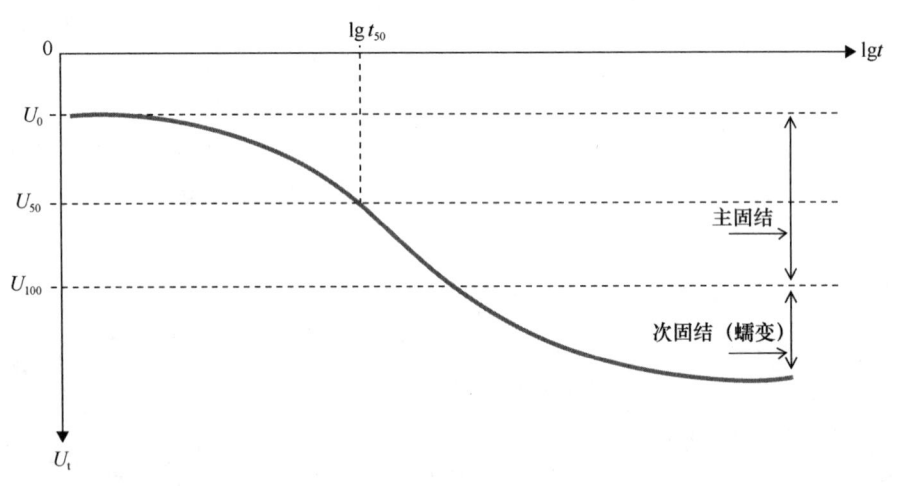

图 49.12 对数时间坐标轴下的固结曲线

现两阶段固结过程。次固结也发生在黏土中，特别是对于非常软的黏土，次固结形成的压缩通常更为重要。当采用试验确定土体的次固结相关参数时要记住，这些试验每个加载阶段可能需要几天，甚至几周，与只关注主固结的试验相比，次固结试验的时间和成本要求更高。还应指出的是，由于泥炭的结构性，它们可能表现出高度的各向异性，特别是在排水路径方向上，由泥炭中原植物材料的长轴方向来决定。在确定了主要排水路径后，可以采用液压计固结仪，并设计适当的排水路径方向。

对于岩石材料，经常根据完整岩石强度、不连续面的间距及裂隙开度等指标（岩石质量指标 RQD）来评估其压缩性。室内测量岩石的压缩性试验装置，可以采用具有较高加载能力的来测试，但注意，所测试的只是完整岩石。现场岩石材料的体积强度和压缩性通常由其不连续面的间距及方向、裂隙开度的间距及方向及其接触面积所决定。因此应采用其他测试手段（最好是现场试验）来评估岩体的工程特性。

从上述试验得到的参数可以看出，土体结构及控制排水路径的构造是试验结果的主要控制因素。已知其具体取样位置和方向的未扰动样品是获得可靠试验结果的基本前提。如果施工需要土作为一种"工程"材料，则上述试验可使用重塑样品。对样品质量和测试准备的关注是至关重要的，特别是当测试小样本时，如果试验结果扩大应用到现场实际工程，那么试验结果的微小错误将被放大！

49.8 渗透性试验

基于建筑设计要求或是需要关注渗流问题，则在室内试验中需要考虑地基排水和不排水条件或短期和长期行为。这主要取决于土体颗粒的粒径、排列方向和堆积方式，以及它们之间是否存在胶结，黏性的还是非黏性的。对这些土的取样应该非常谨慎，如土体颗粒的大小、方向和堆积方式都会导致土体的明显各向异性，导致原位渗透率随流动方向的不同而不同。如果要建立具有代表性的场地模型来模拟真实的地基条件，取样时选择正确的土样及其方向至关重要。与渗透性测试有关的室内试验有：

- 常水头渗透试验。用于测量非黏性土的渗透性。土样品受径向约束，因此其侧向应变为零。
- 常水头三轴渗透试验。通常用于模拟在有效应力作用下黏性土渗透性的测量。样品等向固结，驱动压差分别施加到土样顶部和底部的排水管，从而使孔隙流动发生。
- 液压计固结仪渗透性试验。如前所述此设备可用于测量沿垂直或水平不同排水路径下的土体渗透率，还可以测固结参数。可能的流动方向如图 49.10 所示。

对于岩石样品，通常可以采用常水头渗透性试验对完整岩石试样进行测试，但是原位岩石渗透性可能主要受不连续面及裂隙方向、填充、间距和持久性的控制。

49.9 非标准和动态测试

在上述介绍的可以确定的众多基础性（和一些复杂的）参数的试验之外，这里介绍一些更"先进"的室内试验项目，这些试验在一些专门实验室中可以开展。这些试验当然不是常规的，需要高度专业化的试验装置和经验丰富的工作人员。

由于现代施工要求和建筑设计需要考虑动荷载，岩土工程师越来越多地被要求提供与地震区地基设计相关的动力参数。另外一些试验不一定都是"动力的"的，但同样往往用于研究目的。与各向异性三轴试验及其先进装置一样，这些试验往往用于复杂的数值分析设计和研究。这些试验都是非常规试验，通常都需单独收费，但是只要针对试验保持开放和清晰的沟通，为这类试验的资金投入都是有价值的。

以下所列试验并不是详尽无遗的，而是为了突出一些常见的具有研究价值的室内试验以及相关的试验装置。

49.9.1 循环三轴试验

顾名思义，这是一个"混合"三轴试验类型，针对常规土体和软岩试样，通过应力或应变控制不断循环加载，其平均频率通常为 0.3Hz，试验过程中每秒内传感器可进行很多次的测量。土体动强度取决于许多因素，主要包括密度、围压、施加的循环剪应力、应力历史、土颗粒结构、土体沉积年代、试样制备过程、循环剪切波形的频率、均匀性和形状等（ASTM D5311）。此外还应注意，由于被测样品端板施加的不均匀应力条件可能导致样品孔隙率在试验过程中发生重分布。循环三轴试验通常是针对无黏性土进行的，由于土样无法承受拉力，施加于样品的最大循环剪应力等于初始总轴向压力的一半（ASTM D5311）。显然，在设计这种试验时应注意，剪切试验过程中整个样品孔隙水压力分布的不均匀可能取决于土体的渗透性和循环速度。土体的杨氏模量和阻尼性能也可采用循环三轴剪切试验（ASTM D3999）确定。

49.9.2 单剪试验

单剪试验既可作为单调加载试验进行，又可作

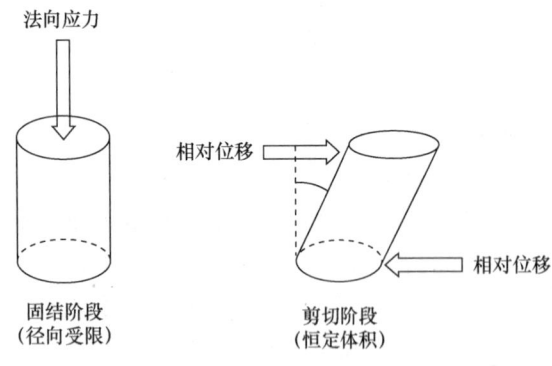

图 49.13 单剪原理

为动态循环试验进行。抗剪强度是在土样体变为零条件下测定的，相当于饱和试样的不排水条件；因此，该试验适用于模拟土体在一组应力作用下发生完全固结后，没有时间发生进一步排水的条件下承受应力变化的现场条件（图 49.13）。等体积条件（不排水强度）是应力条件（平面应变）的函数，主应力轴因剪切应力的施加而不断发生旋转。这种简单的剪应力条件发生在许多现场情况，包括长堤以下的区域和轴向受力的桩周围（ASTM D6528）。

49.9.3 共振柱试验

图 49.14 显示了一个拿掉顶盖的共振柱试验装置。该装置的顶部通过电磁驱动系统产生扭转运动传递至被测样品的顶部，调节电磁激振系统的频率，以确定样品的共振频率。共振柱试验用于测定土体在非常小的应变条件下的土体剪切模量和阻尼特性。

共振柱试验有两种不同的类型，但都是在被测样品的顶部施加扭转或者旋转，以找到被测样品在受控应力条件下的共振频率。如果土体应变振幅小于 1.0×10^{-4}，这些试验方法是无损的，可在同一样品上进行许多次试验，还可施加不同的围压（ASTM D4015）。

49.9.4 空心柱试验

这是最为罕见的商业化试验项目，空心柱试验装置对一个"空心"圆柱形样品施加旋转位移，试验时可以对土样所有的三个主应力进行独立控制（不像三轴试验只能独立控制三个主应力中的两个，其中 $\sigma_2 = \sigma_3$）。因此，该装置可以用来研究中间主应力（σ_2）的影响，以及样品各向异性和主应力轴旋转的影响。这种试验一般都是用于研究，得到的参数通常只用于先进的数值分析。该试验对

图 49.14 共振柱试验装置
Russell 岩土技术创新有限公司提供

于土体和岩石均适用，特别适用于样品各向异性的测定与研究。

简单而非常规的室内试验可用来模拟土样和其他材料的特定行为。剪切盒试验可用于模拟土体与土工织物、钢材及混凝土之间界面发生的摩擦行为。环剪仪可用于模拟土体与钢桩之间的界面行为（Jardine 等人，2005）。此外，还可以通过试验确定土体和岩石在持续高含水率或流动水作用下的分散性或可侵蚀性。本节中并未列出所有的室内试验，室内土工试验和相关参数确定内容均可单独成书。在此推荐阅读海德（Head，2009）编著的《室内土工试验手册》（*Manual of Soil Laboratory Testing*）。

49.10 试验证书与结果

试验证书用于说明通过试验确定的参数、试验原始数据和图表及其依据的规范标准和采用的方法等。进行这些试验的有关实验室应能够提供进一步

的详细资料，方便试验结果使用者了解或核实特定的试验条件或方法。开放式的沟通交流是非常重要的，不要忘了付费客户在沟通交流中的主导地位。这种开放式的沟通交流方式还应允许实验室人员自由反馈任何观察到的可能导致工程意外结果的试验现象或潜在的样品问题。这种知识的共享和思想的碰撞是提高结果参数和整体设计质量的基本保障。

为了完善地基模型与细化设计要求，需要仔细策划各阶段的场地勘察过程，这也是本章的内容顺序较以往常规方式有所不同的原因。涵盖从取样技术到样品储存、运输和室内土工试验全流程的勘察研究过程需要精细的规划和认真的监管。在这个过程的任何阶段，样品特性的完整性方面出现任何损失都可能对试验参数的质量产生重大影响。土工试验获取的这些参数在很大程度上是相互关联的，特别是含水率和样品的物理特性，往往决定了土体的有效应力特性。岩土工程是一门独特的学科，它从自然界稳定的环境中取出样品，通过一系列潜在的破坏过程，如增湿与脱湿、暴露在空气中、机械振动处理及冷热循环等，最后再回到一个"稳定"的环境，即在室内开展样品的各种特性试验，获得的各种参数被用来代表天然地层的特性。这个过程具体是怎么做的，往往决定了工程现场场地勘察质量水平的高低。

高水平的场地勘察的关键是保存样品的含水率。只有当样品保持与原位条件相同的含水率时，在实验室内测定的含水率才是准确的。举几个例子，体积密度、强度、有效应力和刚度等试验结果都由样品含水率所控制。如果在现场取样和室内土工试验之间允许样品含水率的改变，那么工程设计使用的土工参数将是错误的。

从场地勘察的策划阶段认识到保存含水率的重要性有助于发现潜在的问题并将其写入试验要求，也可以从勘察伊始就做好正确的准备。如果初始阶段的参与者涵盖范围足够广泛，并且工程项目的目的和责任明确，那么这些潜在问题中的大多数都可以最小化。室内土工试验使用的样品最多只能基于接收到的样品质量来开展，还要同时确保土工试验方案正确，并且相关的实验室也非常精通这些试验。

49.11 取样方法

工程项目取样部分的策划需要在早期阶段完成，主要是因为场地勘察单位需要对此配备相应的设备与合适的人员。勘察单位从场地中取出样品，并将它们运送到实验室，使土样在尽可能好的状态下进行试验。此过程是一条典型的"监管链条"，其顺利操作很大程度上取决于信息的共享和开放的沟通，并为工作的改进提供了一定的灵活性。在理想的情况下，室内土工试验使用的样品，应该与其原位状态完全相同，即具有完全代表性的被测样品。这一链条从试坑开挖或钻孔开始，然后以不同方式采集样品（后文详述）并进行密封，以保持土样的完好性。这些样品接下来要么被存储，要么立即被运送到实验室进行土工试验，而在实验室，这些样品可能再次被存储以等待后续的土工试验。化学和污染试验的取样要求见第48章"岩土环境测试"，必要时可进行参考。本章内容聚焦场地取样以及以获取设计参数为目的的土工试验。全球范围内存在许多种取样方法，取出的样品可大致分为散装样、块状样、压入式管状样和旋转式管状样。每种样品都存在不同程度的扰动，样品保存的基本要求也不尽相同。同样的，以下列出的取样技术并不是详尽无遗的，目的在于说明"良好取样"操作的主要原则。此外还必须遵守《欧洲标准7》或其他现行标准的规定，这取决于勘察的具体位置或预先商定的项目要求等。与许多其他在世界各地通常使用的标准一样，《欧洲标准7》对各种类型土工试验的取样有很详细的规定。

49.12 散装样品

散装样品可能是操作最简单但受扰动最大的样品类型。该类型样品通常是人工或者机械挖掘，从试坑或破坏堆中挖出后放置在袋子中，仅用于地质记录或土工指标试验。这些样品应具有足够大的尺寸，不受其他材料的污染，具有足够的量进行所需的土工试验。

对于散装样品，土料应密封在一个袋子中，并尽可能将空气挤出以防止样品内水分在储存过程中蒸发或是产生霉菌。即使是完全密封的散装样品，也不应直接暴露在阳光下，主要是因为日晒不仅会导致样品水分蒸发，还会导致样品因不均匀受热而产生裂缝、膨胀和收缩，破坏样品结构，又或许滋生霉菌、真菌或微生物等，从而改变了土的材料性质。因此，所有的散装样品应保持在恒定温度环境下,远离任何局部的热源。在英国,这种恒定的温度不应超过20℃,也不应低于5℃(温度太低将导致样品的冻结),这是一个散装样品可以得到良好保存的温度范围,但如果可能的话,储存的平均温度波动不要超过3℃。

49.13 块状样品

块状样品是不受扰动的手工挖掘块,通常0.5m见方(如果是圆形则为直径),高度至少为0.3m。将用不透水材料密封的块状样品放置于刚性容器内,然后小心地从土层上分离和移除,并进行完整密封,为储存和运输做好准备。需要注意,考虑到块状样品的保存要求需要根据场地与环境的条件选择取样的方法,以使其能够保持原位的特性,因为,此类型样品需要人员能够在合适的空间内安全切割并取出,块状样品的取样深度受到限制。

49.14 管状样品

管状样品依据取样方式和取样设备的不同存在多种多样的类型。在英国最常用的管状取样器是U100,它通常与轻型冲击钻孔技术(三脚架式钻机)一起使用,取样管能够被压入取样地层。可以想象,这种类型的样品是锤击获得的,最容易受到扰动。这正是U100管状样品不适合原状样试验的部分原因,仅适用于指标试验和钻孔编录。也可以使用活塞式设备将其压入钻孔底部,这种方法当使用薄壁取样管时可获取扰动较小的样品,因此具有一定的优势,对于薄壁取样器,要确保取样管的末端已经锐化,没有毛刺,并且它是直立没有变形的(至少在使用之前)。取样后,还要检查取样管是否保持平直。如果取样管在取样过程中发生了弯曲或变形,那么其内部的土体也会发生变形,导致其不适合原状样参数测定的土工试验。对于管状样品,取样的基本阶段如图49.15所示(Hight,2000),由此可以确定样品承受的应力。在取样过程的各阶段都可能对土样造成扰动,但是最具破坏性的发生在取样管穿透钻孔底部时(Hight,2000)。

为了取出管状样品,需将取样管(对于U100还有切割靴)被压入地层。由于取样管从钻孔底部进入自然状态的土体,导致土体的体积密度发生

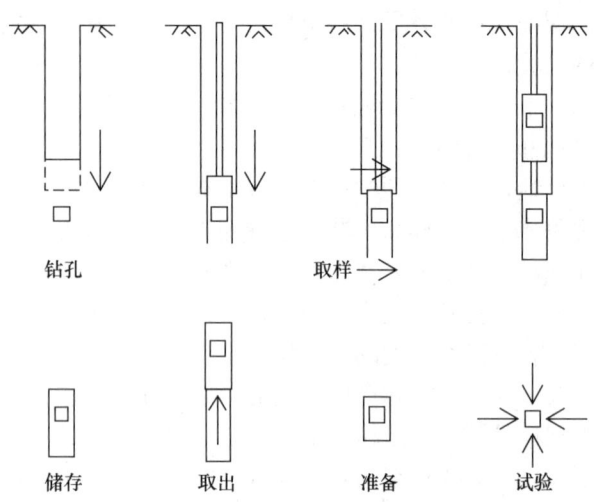

图49.15 U100取样器工作阶段
摘自 Hight(2000)

了变化。因此,在理论上取样器应该具有尽可能薄的管壁和尽可能锋利的切割尖,以防止地层局部致密、过大应变或结构干扰。取样器在压入地层时应保持平稳,需要避免侧移或振动(非冲击技术)。取样器的面积比(%)对所取样品受扰动程度有很大影响。面积比定义为被取样器置换的体积与取出样品体积的比例,实际通过测量切削靴或边缘的内外直径来计算。理论上,取样器的面积比数值越低则其内部的土料受扰动就越小。克莱顿和西迪基(Clayton和Siddique,1999)研究了不同几何形状取样器的影响,使用了英国当时常用的4种取样器的几何形状,和第5种试验性的几何形状,如图49.16所示。

取样器1是标准的金属U100取样管的切割靴几何形状,其面积比为27%。内部间隙是通过切割靴上的一个台阶实现,并与其上的取样管通过螺栓连接。

取样器2是取样器1的升级版,与其面积比很接近,内部台阶改为轻微的倾斜,切割边缘角度变小,更锋利。

取样器3是英国的版本,用于U100取样器与塑料内衬。面积比较大,为48%,采用更小的台阶结构制造靴和内衬间隙。

取样器4是一种"薄壁"取样器,在许多情况下被广泛应用于获取扰动小的样品。这类取样管最早是由Harriso(1991)提出的,由一根通常为不锈钢材质的管子组成,刀刃锥度为15°,确保取样器可以被"压入"钻孔的底部,而不用像以前

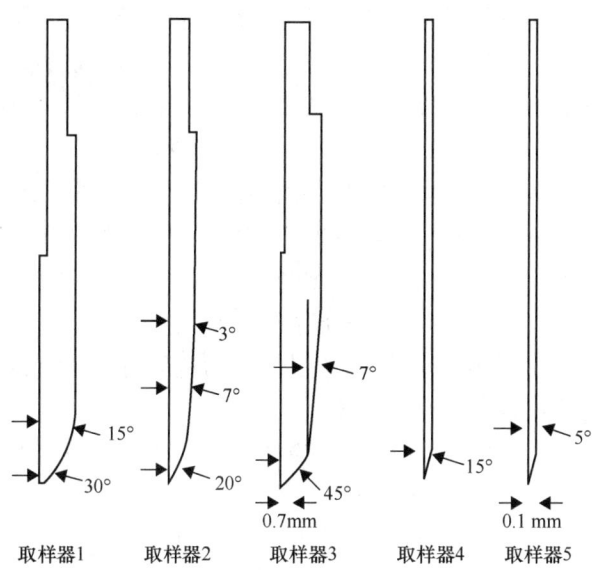

图 49.16　管状取样器的各种几何形状

摘自 Clayton 和 Siddique（1999）

的取样器那样需要"锤击"。

取样器 5 是一种试验性的取样器（Hight，2000），结构类似于取样器 4，但是更锋利，刀刃锥度仅为 5°，在切割尖端为 0.1mm 的平面。

虽然本书的定位不是服务科学研究，但是就取样扰动理应提供一些背景介绍，并将它们与样品所需的参数联系起来。根据研究性试验和一些高级商业试验，天然硬黏土（如伦敦黏土）的破坏应变发生在 0.75%～2.0% 水平上。克莱顿和西迪基（Clayton 和 Siddique，1999）研究了取样器几何形状的影响，并沿样品的中心线进行了不同几何形状下的应变预测（图 49.17）。

可以看出，对于天然硬黏土，取样器 1 和取样器 3 在取样中使样品产生较大应变而被破坏，取样器 3 是迄今为止对样品影响最大的。薄壁取样器的性能优于其他不同几何形状的取样器，如果需要获取刚度参数，则应至少采用取样器 4。对于正常固结黏土和轻微超固结黏土，海特（Hight，2000）指出样品周围土的应变会导致土体重塑，重塑区与剪切联合引起孔隙水压力在整个样品中升高，并且在样品外围达到最高值。平均孔隙水压力的增加导致了平均有效应力的减小，这主要是由于样品重新平衡及样品中心的含水率增加引起的。同样的结果也适用于超固结黏土以及受扰动的土。

砂土具有高渗透性，取样时样品排水，将发生体积和剪切应变（Hight，2000）。由于颗粒接

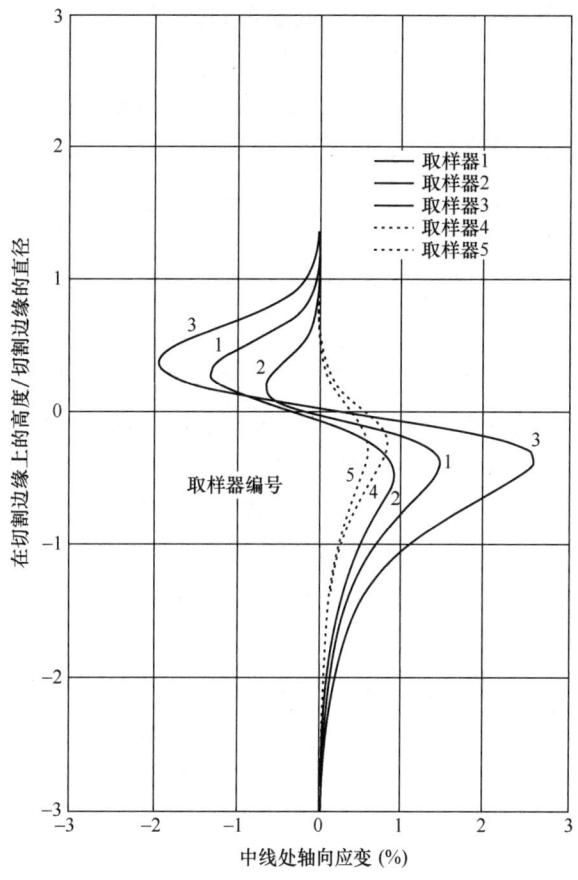

图 49.17　取样器预测的轴向应变

摘自 Clayton 和 Siddique（1999）

触处的屈服应变很低，会导致土的结构和密度的变化。样品实际受扰动的水平随土的原位密度而变化。

对于所有的管状取样方法，取样前必须清除钻孔底部的残留土。如果不清除，取样管可能会填充有不同体积的高度扰动土，这些扰动土很可能具有较高的含水率，导致错误的钻孔记录以及不具代表性的土体参数。

在从钻孔中提取取样管时应进行清洗，并应立即擦除多余的水分。获取的完整样品应在其末端涂上低熔点蜡，在管的顶部贴上不可擦除的识别标签，标明样品"顶部"即方向性。如果没有取得完整样品，则应使用惰性的非可压缩材料在密封盖到位之前填充管中留下的空隙，防止样品在管内发生滑动。存储和运输取样管时，取样管与其内部样品应顶部朝上。运输过程中的敲击和振动等可能导致软土样向下发生流动。即使是整体质量再好的样品，如果侧向储存与运输，也可能会出现裂缝。样

品管的端密封帽上应使用不可擦除的墨水清楚地标记所有样品的细节信息。取样管的两端最好都有标记，以防一端的标识无法读取或被移除（管侧面的标记在搬运和运输过程中经常被擦掉）。防水标签也应放置在管顶部以防万一。

49.15 回转式管状样品

这种取样方法是英国最广泛使用和常见的高质量取样方法，在许多情况下其取样效果优于薄壁取样。其优点在于，钻头切割面上的土被移除，因此取样器只是从地层中切出完整土样，而不会在插入土体时导致土体致密。其缺点是需要使用钻头冲洗润滑，这可能会在样品中添加额外的水分；然而，如果有足够的专业知识和经验，这在很大程度上是可以避免的。

旋转钻机根据场地交通条件和所需钻孔的深度可选择不同的大小。图 49.18 中为安装于一辆卡车的旋转钻机外观情况，而较小的履带式旋转钻机（图 49.19）可以用于斜坡或通行受限场地的钻探取样。

根据遇到的地层土的类型，旋转钻机可使用不同的钻头和钻孔冲洗液。钻头和钻孔冲洗液的种类太多，本章无法完全列出，但如果有疑问，可以在场地勘察策划中写入试钻探，以便在主体勘探阶段开始之前验证样品质量和取样率。通常使用三重芯管，其中最里面的是一个半刚性的塑料内衬，使样品能够在不过度受力的情况下被移除。正确和安全地使用这种设备需要具备专业知识和经验的专业承包商，在选择承包商时应谨慎。采用这种方法可以对岩石、坚硬黏土和密实砂土进行取样。如果钻孔设备选用正确，切头和冲水恢复应该效果很好。

为了明确取样的核心流程，以下给出现场取样的流程概述。工程实际取样的流程根据实际需求有所变化是允许的，但必须经客户同意。

1. 从场地中获得合适的样品。
2. 在保持样品原位强度和构造等特性不变的前提下清洁样品。
3. 根据室内土工试验样品尺寸要求进行分割或切削样品（通常 $H:D = 3:1$）。
4. 储存样品，直到被土工试验所使用。
5. 保证样品免受时间和环境条件变化导致的任何影响，如储存温度、环境温度、运输冲击和振动、紫外线等，否则样品性质或完整性将会发生改变。

在实验室内对旋转式钻孔样品开展土工试验的准备和储存可以按照以下（但不局限于）要求：

- 在从地层中提取样品时，应立即从衬垫中取出岩芯并去除所使用的钻井液，目的在于保持岩芯的天然含水率和物理完整性。衬里应该具有对开两半的结构，具体使用某种形式的反向旋转的对立叶片设置，以便切割塑料管衬里时不会切割样品。不仅为了健康和安全起见，还为了避免拉扯力的影响，取样过程中应禁止使用尖刀利器，因为它不仅可能损坏样品，而且还可能发生滑移时伤害操作人员。
- 用吸水布擦净外部的钻井液或冲洗水。
- 记录岩芯和室内试验所需的二次取样信息。用于三轴剪切试验的样品高度与直径之比大体上为 3:1，以便于以后在实验室中进行进一步修样。
- 二次取样获得的子样品的两端应该准备好密封。如果旋

图 49.18　装配在卡车上的旋转式钻探装备

Soil Engineering（原 Norwest Holst Soil Engineering 有限公司）提供

图 49.19　装配在履带上的旋转式钻探装备

Soil Engineering（原 Norwest Holst Soil Engineering 有限公司）提供

转式钻孔样品的渗透性很高，如密砂，应在取样冲洗后立即密封。黏土子样品应对其外部5mm范围进行仔细切修以露出未受钻井液污染的土料。对于这两种类型的土样，此处理过程都应该尽可能快速进行，但原因略有不同。对于砂土样品，快速处理的目的是防止水分流失；对于黏性土样品，快速处理的目的是防止水分进入而软化样品，并减小其有效应力。此过程应该在一个适合减少蒸发和局部加热样品的环境中进行。

- 子样品在密封时应尽可能排出空气，不仅要保持其天然含水率，还要保持其结构在储存和运输过程中的完整性。通常地，样品外包裹一层铝箔，可以轻轻包裹并排出空气，使其与样品接触面形成一个不渗透的屏障，对大多数类型土样均可使用这种方法。需要说明的是，某些盐类与碱性孔隙水及碱矿物可以与铝反应，将造成密封不好而与样品本身反应。在这种情况下，应使用非渗透塑料薄膜作为第一层包裹材料。如传统上经常采用塑料食品包装膜（因为可以很方便地从便利店买到），这种包装膜唯一的问题是其本质上是渗透的或半渗透的，因此并不十分理想。研究发现，用于包装托盘的塑料薄膜不仅具有弹性、坚固性和密封性，而且具有很好的非渗透性和抗渗性。因此可使用这种材料将样品外部包裹2~3次，使样品被完全包裹。另外应附上标签以提供样品的标识和方向信息。然后，整个样品应该涂上低熔点蜡（通常为50%凡士林与50%石蜡的混合物），这种蜡很软且比较黏稠。不能使用纯蜡烛蜡的原因是它的熔点太高。涂抹这种蜡时应该只将其加热到融化所需的温度，而不能加热到沸点。其主要原因不仅是出于健康和安全的考虑，还在于高温的蜡液在接触温度较低的样品时会凝固并将热量传递给样品，对其质量造成不必要的影响。涂抹时还不应把样品浸在热蜡壶中，而应使用刷子将热蜡均匀涂抹在样品外部，可以多涂几层以进一步保护样品，但应保持样品标签清晰可见。使用结实的胶带包裹在样品的末端，以保护蜡和分层涂层免受损坏。最后，样品可以放置在对开的衬里内并做好记录。这种衬垫或适当的刚性材料应切割到样品的长度，以便保护样品在运输过程中不晃动。两端使用密封盖封装。样品应以不可擦除的方式在顶部、底部和侧面等多处做标记。
- 从本质上讲，样品保存应尽可能地接近其原位的条件，但是其应力已被卸载。样品保存必须能够承受装卸、运输和较长时间的储存因素的影响。

49.16 运输

样品运输是一个简单的过程，但经常被忽视。样品运输方式应保证样品不受振动、跌落或晃动的影响。如果样品的完整性是一个需要关心的问题，那么样品在运输过程中应受到相应的保护。整个运输过程中采用专人搬运和运输是保持高度完整性的唯一途径。外部运输承包商往往不理解一块"土样"所需的保护，因此应避免这种运输方式。许多运输人员认为这些样品只是很"沉重"，而不是高度脆弱的科学样品。样品在运输过程中应直立，并使用衬垫盒横向支撑样品，防止其倾倒、碰撞和振动。样品不应放置在靠近冷风或热风进出口处，否则样品局部可能会被冷却或加热。做到这些就完成了对试验样品从取样到土工试验链条的最后一环，后续的土工试验才能获得需要的设计参数。

49.17 检验实验室

世界各地有许多土工实验室与测试机构，能够提供多种标准和级别的土工试验服务。应注意选择合适的实验室，因为实验室购买试验设备相对容易，但这并不意味着他们精通于某种试验。要确保对试验所需要获取参数和测试的特性非常清楚，还要确保被测试样品的数量和质量，以便土工试验结果具有代表性。如果可能的话，实地考察有意向的实验室是一个好的做法，这样可以充分交流，了解试验和工作的最新进展，还能够评估您的试验可能涉及的试验人员的专业知识水平、试验设备条件以及工作流程等。有些测试可能合同超出了外部认证的范围，在这种情况下，应主要考虑试验专家的信誉和经验。

多年来，作者在很多土工实验室看到一些"非常有趣的"现象，其中一些还具备高等级的外部认证，但这些认证并不一定能保证试验的质量，而仅仅证明了审查当天试验人员的熟练程度和实验室的管理体系。这些实验室的试验程序、系统和项目类型都是经过审查的（通常由外部审核员审核），并出具证书以证明工作的合规性和可重复性。然而，这并不一定意味着所发布的试验结果也是正确的。很可能重复使用一个不正确的方法，重复获得不正确的试验结果，但是仍然可能被认证。世界上有很多好的土工实验室，找到它们并使用它们。

新的欧洲标准强调了现代钻孔和取样的标准化问题，体现了它们在控制室内试验样品质量方面的优点。希望取消或者禁用U100塑料内衬取样系统，因为这些取样管获得的样品是"高度扰动的"，除了指数特性外，试验获得的强度、压缩性和渗透性数据与其原位特性都存在不同程度的差异，因此对室内土工试验几乎没有任何价值。如果试验目的是揭示土工参数随深度的变化规律，使用U100管状样品效果不好，因为得到的数据随深度离散性很大。这与从现场取样到室内土工试验全链条中的其他细节引起的误差一起，会使误差累积或成果很离散。通过关注细节可以避免大部分这种情况。而不幸的是，注重细节的要求有时会在工作进度的压力下消失。室内试验获得的设计参数应该代表土在原位的性质，而不是代表土从场地到实验室过程中所处的外部环境。

至此就完成了包括取样和室内土工试验的勘察工作。如果可能的话，钻探取样时应该准备备用样品，以备需要时开展替代试验或重复试验。否则重新钻孔或再次取样是非常昂贵的。如果需要进一步分析，则应能获取所有的试验数据，包括用于确定阿太堡界限的含水率、锥的数据等。

在世界上的某些地区和某些情况下，实际工程中与本章所述的这些准则可能不完全一致；然而，应该遵循这里的基本原则与目标。注意完整保留所使用的取样方法和取样密封环境的记录，包括日期、时间和人员等。作为专业的岩土工程人员所做的一切工作都应该能够经得起推敲与审查，也应该提供足够的细节与数据来重复或改进岩土工程，这也有利于前瞻性科学的发展。在整个取样和试验的链条中对细节的关注将有助于后续土工试验和参数的质量。

49.18 参考文献

American Society for Testing and Materials (ASTM) (2000). ASTM D6528-07. *Standard Test Method for Consolidated Undrained Direct Simple Shear Testing of Cohesive Soils*. West Conshohocken, PA: ASTM.

American Society for Testing and Materials (ASTM) (2000). ASTM S4015-92. *Standard Test Methods for Modulus and Damping of Soils by the Resonant Column Test*. West Conshohocken, PA: ASTM.

American Society for Testing and Materials (ASTM) (2003). ASTM D3999-91. *Standard Test Methods for the Determination of the Modulus and Damping Properties of Soils Using the Cyclic Triaxial Apparatus*. West Conshohocken, PA: ASTM.

American Society for Testing and Materials (ASTM) (2004). ASTM D5311-92. *Standard Methods for Load Controlled Cyclic Triaxial Strength of Soil*. West Conshohocken, PA: ASTM.

Atkinson, J. H. (2007). *An Introduction to the Mechanics of Soils and Foundations*. London: Routledge.

Clayton, C. R. I. and Siddique, A. (1999). Tube sampling disturbance – forgotten truths and new perspectives. *Proceedings of the Institution of Civil Engineers Geotechnical Engineering*, **137** (July), 127–135.

Harrison, I. R. (1991). A pushed thinwall sampling system for stiff clays. *Ground Engineering*, April, 30–34.

Hight, D. W. (2000). Sampling methods: evaluation of disturbance and new practical techniques for high quality sampling in soils. Keynote lecture. In *Proceedings of the 7th National Congress of the Portuguese Geotechnical Society*, Porto, Portugal.

Jardine, R., Chow, F., Overy, R. and Standing, J. (2005). *ICP Methods for Driven Piles in Sands and Clays*. London: Thomas Telford.

49.18.1 延伸阅读

British Standards Institution (1990). *Methods for Soil Testing*. London: BSI, BS1377: Parts 1 to 8.

British Standards Institution (2006). *Geotechnical Investigation and Testing – Sampling Methods and Groundwater Measurements*. London: BSI, BS EN ISO 22475-1:2006.

British Standards Institution (2007). *Eurocode 7: Geotechnical Design – Part 2: Ground Investigation and Testing*. London: BSI, BS EN1997-2:2007.

Clayton, C. R. I., Simons, N. E. and Matthews, M. C. (1982). *Site Investigation*. London: Granada.

Head, K. H. (1986). *Manual of Soil Laboratory Testing*, 3 vols. London: Pentech Press.

Simons, N. E., Menzies, B. and Matthews, M. C. (2002). *A Short Course in Geotechnical Site Investigation*. London: Thomas Telford.

49.18.2 实用网址

ASTM国际（原美国材料试验学会（American Society for Testing and Materials，简称ASTM）网站），包含许多国际公认的岩土试验相关文献；www.astm.org

英国岩土工程协会（British Geotechnical Association）门户网站，包含许多相关技术标准的更新信息，并有许多其他相关网站的链接；http：//bga.city.ac.uk

英国标准协会（British Standards Institution），包含英国和欧洲标准参考资料，包括培训和认证；www.bsigroup.com

伦敦地质学会工程组（Engineering Group of the Geological Society，简称EGGS），包含许多有用的岩石性质及分类的文献；www.geolsoc.org.uk

国际岩石力学协会（International Society for Rock Mechanics），包含欧洲各种岩石试验方法["蓝皮书"（Blue Book）]；www.isrm.net

---

建议结合以下章节阅读本章：
- 第17章"土的强度与变形"
- 第18章"岩石特性"

本书以第1篇"概论"和第2篇"基本原则"为指导进行章节编排。如第4篇"场地勘察"中所述，各类岩土工程均应进行扎实的现场勘察工作。

译审简介：
刘乐乐，博士，中国海洋大学教授，山东省泰山学者青年专家，山东省优秀青年基金获得者。从事海洋能源资源开发、岩土力学与渗流力学研究。

吴才德，浙江华展研究设计院股份有限公司总裁，教授级高级工程师，享受国务院特殊津贴专家，宁波岩土工程领域学术带头人。

附录 A 标准岩土试验

这里列出的标准一般适用于英国，并应与适用于《欧洲标准 7：岩土工程设计》第 2 部分：场地勘察与土工试验（英国标准 BS EN1997-2：2007）的现行指南结合使用。《欧洲标准 7》适用于欧洲建筑设计，也可被世界其他地区接受。应当指出，工程所处地区不同，可能适用不同的标准。世界范围内另一个主流标准体系是 ASTM 标准，在适用的条件下应该使用这些标准。

以下的列表只是给出一些相对常见的岩土试验，并非全部。此外，2007 年在英国正式实施的欧洲岩土识别和分类标准［BS EN ISO 154688-1（2002）、BS EN ISO 154688-2（2004）和 BS EN ISO 14689-1（2003）］被编入英国标准 BS 5930：1999 第一修订版，其中包括修订后的第 6 节（2007 年出版）。早期版本的英国标准 BS 5930：1990 不符合新的欧洲标准要求，与现行标准不符。

土工试验	参考
分类/指标试验	
含水率（moisture content，MC）的测定	BS 1377-2：1990, **3**
阿太堡界限（液限和塑限，通常是四点锥法）的测定	BS 1377-2：1990, **4, 5**
密度的测定	BS 1377-2：1990, **7**
颗粒密度的测定	BS 1377-2：1990, **8**
粒度分布（particle size distribution，PSD）的测定	BS 1377-2：1990, **9**
压缩—相关试验	
干密度/含水率关系的测定（压实试验）	BS 1377-4：1990, **3**
颗粒土的最大和最小干密度的测定	BS 1377-4：1990, **4**
压缩性试验	
用液压计固结仪测定一维固结性能	BS 1377-5：1990, **3**
固结和渗透有效应力试验	
液压计固结仪中渗透率的测定	BS 1377-6：1990, **4**
三轴仪中各向同性固结的测定	BS 1377-6：1990, **5**
三轴仪中渗透率的测定	BS 1377-6：1990, **6**
抗剪强度试验（总应力）	
直接剪切箱测定剪切强度	BS 1377-7：1990, **4, 5**
用小环检仪测定残余强度	BS 1377-7：1990, **6**
三轴试件不排水抗剪强度的测定，而不测量孔隙压力（QUU）	BS 1377-7：1990, **8**
多段加载三轴试件不排水抗剪强度的测定和孔隙压力（QUU 多）的测量	BS 1377-7：1990, **9**
抗剪强度试验（有效应力）	
带孔隙水压力测量的固结不排水三轴压缩试验（CIU）	BS 1377-8：1990, **7**
带孔隙水压力测量的固结排水三轴压缩试验（CID）	BS 1377-8：1990, **8**

续表

岩石试验	参考
岩芯试样的制备及尺寸和形状公差的测定	ASTM D4543-08 或 ISRM 推荐的方法（2007）
含水率的测定	ASTM D2216-10 或 ISRM 推荐的方法（2007）
用浮力技术测定孔隙率/密度（规则形状和不规则形状）	ISRM 推荐的方法（2007）
页岩耐久性指数的测定	ASTM D4644-08 或 ISRM 推荐的方法（2007）
径向和轴向试验点荷载强度的测定	ASTM D5731-08
完整岩芯试件劈裂（巴西试验）抗拉强度的测定	ASTM D2936-08
不同应力和温度下完整岩芯试件抗压强度和弹性模量的测定	ASTM D7012-10

第50章 岩土工程报告

海伦·斯科尔斯（Helen Schole） 岩土工程咨询集团，伦敦，英国
菲尔·史密斯（Phil Smith） 岩土工程咨询集团，伦敦，英国
主译：聂庆科（中冀建勘集团有限公司）
参译：杨海朋，王伟，贾向新，李建朋
审校：王长科（中国兵器工业北方勘察设计研究院有限公司）

doi: 10.1680/moge.57074.0689

目录

50.1	原始资料报告	689
50.2	电子资料	693
50.3	评价报告	695
50.4	其他岩土工程报告	695
50.5	报告成果和时间计划	696
50.6	参考文献	697

岩土工程报告（Geotechnical report）有许多不同的形式，每一种形式都有其特定用途。无论哪一种形式的岩土工程报告，在编写时都应了解报告所用于的项目以及报告的用途。所有形式的岩土工程报告必须清晰、简明，以便其中所包含的信息浅显易懂和无歧义。如果项目建设紧急需要报告中的一些资料，可以酌情以多个报告或主报告附录的形式进行编写提供，不应推迟提供而耽误关键时间节点的资料需要。由于一份报告在首次委托完成后，需要长期提供有用的信息，因此，很重要的一点就是要妥善存档保存报告，并考虑如何能随时方便地查阅报告。

50.1 原始资料报告

50.1.1 引言

岩土工程原始资料报告（factual report）的主要目的是准确、清晰地描述在拟建场地"现场发现"的情况，而这些描述应当结合报告最终用户用于设计和建造建筑的需要。原始资料报告不需要解释评价，报告应真实准确和尽可能完整，且不应是基于假设建筑是某一特定形式或假设使用某一特定技术的情况下编写。原始资料报告是记录场地或现场勘察的主要方法，这些勘察工作通常是在项目的早期阶段进行，而从场地或现场勘察得到的资料可能会导致拟建建筑物的布置、功能或建造方法发生改变，因此，一份原始资料报告应该是对所能获得的所有真实信息的完整记录，而不应试图评价数据、指定设计参数或给定设计建议。如果需要评价或建议参数，就需要完成一份评价报告（见下文）。

因此，原始资料报告应该是对拟建场地清晰、简明、完整和准确的"现场发现"的描述，描述的准确性取决于为获取报告资料而使用的方法和技术。

必须认识到，真实的场地特性及其与拟建各种工程建筑的互相作用，很少能通过勘察技术精确地确定。所有对土的检测、取样和测试，都是针对有限体积土进行的试验，试样都是有局限的，这就相当于在现场原位测试时的几十立方的土，在试验室试验的仅为几克土。无论怎样，还没有哪一种测试方法能在各种条件下准确确定现场土体的全部特性。土样试验尺寸的不同，可能使试验结果与原始数据明显不一致。例如，众所周知，试验室土体渗透系数试验给出的实际结果就不同于在钻孔内进行的变水头试验测试的结果，这反映了尺寸效应的影响。与现场原位的变水头试验影响的土体相比，一个小的完整试验室原状土样结构几乎不可能含有大的裂隙结构，因此室内试验给出的渗透系数通常比现场试验小两个数量级。这两个试验看似都是"正确"的，因为都给出了真实结果，但又都不一定能给出完全真实和正确的土的渗透系数。因此，很显然，每个给出土体实测渗透系数的报告，还需要提供用于确定渗透系数试验方法特征的完整资料，以便报告的最终用户可以得到一些提示，试验结果是源自一个小土样还是更大的土体。

原始资料报告还需要提供关于取样和试验的技术原理。因为有必要考虑这些技术是如何影响试验结果的。例如，从回转钻进钻孔中取得的土芯和岩芯可能存在钻进过程中导致的破裂，这就造成土样不能反映现场的状态；取样方法可能导致在样品中产生应力或变形，影响含水率和土体基质吸力等。因此，如果取样的扰动已严重影响试验结果，而报告只提供室内试验结果而不提供土样获取方法，可能会使整个试验毫无价值。

在编制原始资料报告方面已经有许多指南。大多数现场勘察方法，以及用于确定土体参数的室内试验方法，都是采用英国标准确定，最近才用欧洲标准进行补充或取代。欧洲标准与英国标准的要求虽然不完全相同，但在确定现场工作和编制报告的方法上是相同的。除此之外，还有国家资格认证，为报告格式和内容编写提供了进一步指导，特别是岩土和环境方面的测试报告。其他出版物，如《场地勘察规范》(*Specification for Ground Investigation*) (Site Investigation Steering Group, 1993)，也对哪些数据应作为原始资料报告的一部分提出了指导做法。然而，仍然有许多勘察技术或测试方法没有完整的指南，甚至是缺失的，以及项目或顾客的特殊要求，或对一项试验或测试技术机理的新认识都可能导致非标准格式的原始资料报告的需要。

50.1.2 获取详细资料的方法

很显然，原始资料报告中提供的资料取决于所要报告工作的性质。

50.1.2.1 非介入式

有各种为了工程或岩土工程目的而进行的非介入式工作需要报告。最典型的就是简单的现场踏勘，既可用于相对较小的场地，也可以用于非常大的场地。尤其是对于大型基础设施项目，场地在特征上可能是线状的。在地形开阔的场地，可采用简单的现场踏勘，也可采用航空摄影测量，还可采用地球物理勘探的方法，可以在地面（使用手持或车载设备）或空中进行，也可以在海上（水上）环境中进行。

现场踏勘和航空摄影测量都是重要的目测调查方法，目的是识别并记录同一地物类型，辨识和记录那些对拟建项目构成潜在危险的场地特征。最常见的情况是场地的不稳定区域，如活动性滑坡或古滑坡。因此，报告这类调查就需要查明当前和过去可确认的地层位移标志，如扭曲的篱笆、倾斜的墙壁，或树木滑动及损伤痕迹都是比较明显的特征。识别现场排水情况也很重要，可调查明显的排水沟、渠或大型的河流，包括在调查期间干枯的河道。一般的地貌和场地利用情况（特别是这一区域植被生长情况）也可为判断是否存在地下水提供有用提示。

地质填图是一种特殊的目测调查形式。在许多情况下，地质情况的特征通过案头研究确定就足够了，但有时也需要准确识别地质边界。

因此，可以看出，对于完成并记录一个目测现场调查工作，没有一个固定的工作清单。比如，在一个现场，植被特征可能无关紧要，而在另一个现场，就可能是存在地下水的关键性标识。目测现场调查报告需要尽可能的完整和准确，且须在熟知和理解项目的情况下进行。就其性质而言，每个项目的目测现场调查报告都仅限于用于被调查的场地。

对于已经采用地球物理勘探方法的项目，所报告的信息显然取决于所采用的地球物理勘探方法及应用情况。然而，地球物理勘探经常由专业分包单位完成并提供报告。报告中通常包含某种程度的数据处理和解释，这在原始资料报告中是可接受的。此外，地球物理勘探报告中应该包含用于测试时的校正资料，以及完整的测试原始数据（可以作一个附录，由于数据量较大，建议使用电子格式），以便对这些测试数据做进一步的分析和再分析。

50.1.2.2 介入式，大断面挖探

"大断面挖探"是指在场地某一位置可以观察贯穿场地的剖面来查明场地条件，现场勘察中最常见的是通过挖掘探坑和探槽来实现。相关规范和标准对此也明确了应该记录的内容。此外，也可以从天然露头（例如海崖）和较大规模的人工开挖中获得可靠的地层信息，这样的开挖或许可以与正在勘察的项目施工相结合，采取开挖大型方形探坑或竖井的形式，从地表自上而下给出一个剖面。地表（如岩屑、沟渠）或地下深处（如隧道）也可能会提供更多的线性地层特征。采石场和砂坑（无论是运营还是关闭）也可以提供可能贯穿场地的观察剖面。

无论以何种形式进行挖探，基本信息都应记录。对于这样的挖探工作，应评估探坑报告的合规性，因为无论开挖是怎么形成的，在性质上它是一个探坑，必须提供精确的位置（平面图和高程图），以及详细的日期和天气。还应绘制挖掘剖面草图（显示比例/尺寸），同时最好附上照片。在取样点上，必须准确标注取样地点，并显示出开挖面、深度和方向；再有，也可以在取样位置拍摄取样"之前"和"之后"的影像。同样，各种原位

测试也都需要精确定位。关于大断面开挖的报告还应包括该断面何时、由谁、如何形成（以及用途）等详细资料。在大断面开挖中，缺失的东西往往和存在什么东西同样重要。例如，在探井或探槽中一般都应标明遇到地下水的位置。如果没有遇到，也应明确说明。在其他情况下，记录节理的缺失或遇到的特殊地层，或污染的证据都应给予特别的注意。

50.1.2.3 介入式，取样勘探

介入式取样勘探是指以某种形式的钻孔进行的勘察。形成钻孔的技术多种多样，但以工程建设为目的形成的任何钻孔都应明确依据英国或欧洲标准进行，并编制报告。如果报告没有依据相应的标准，则需要特别说明。因此，在现场工作开始之前，必须了解工作所需执行的标准，并熟悉该标准对编制报告的要求，以便在需要改变标准时可以及时得到提示。

50.1.2.4 介入式，无取样：原位测试

除了钻孔取样技术外，还有许多对土体进行现场测试的方法。这些方法在测试土样的规模上差别很大：如小型钎探仪和手动十字板测试仪可在较浅的深度（通常是在试坑坑壁内）测试局部土体；圆锥动力触探试验既可适用于测试相对较小范围的土体，也可以连续测试几十米深的土体；平板载荷试验可以在地面或在较浅试坑内完成，但其影响的土体为载荷板下某一深度内的土体。因此，这类测试报告仅是针对所采用的方法。大多数此类现场测试完全由英国或欧洲标准定义，同时相应地明确了报告要求。

虽然有些原位测试的数据相对简单明了（如小型钎探仪），但有些原位测试的数据量巨大（如旁压试验）。对这些测试数据量大的原位测试需要考虑如何报告所有的数据，通常需要附上相关的电子或数字报告或者打印报告（见第50.2节）。

在现场测试报告中，应包括校准记录。如果报告结果是通过处理现场读数后生成的，实际仪器读数也应作为原始资料报告的一部分提供，以便日后发现某些差异时可重新分析数据。此外，在原位测试报告中，应特别突出地描述测试过程中遇到的各种问题及异常结果。

对比较复杂的原位测试（如旁压试验）可在主要原始资料报告后附分报告，作为原始资料报告的一部分提交。专业的测试报告通常是原始资料报告和评价报告的结合，因为测试直接结果很少能被工程师直接利用。如：测试给出仪器压力或仪器传感器的位移读数，需要对其进行校准后才能给出土的参数。

50.1.2.5 专业孔内测试

除了钻探过程中进行的一系列标准试验外，还有许多在钻孔完成后进行的试验。这些试验通常涉及某种形式的地下水监测，包括抽水试验、变水头渗透性试验和分层地下水试验。所有这些类型的试验都有相应的标准和规程，其中也包括对记录的要求。

另一种测试是地球物理勘探，可以在钻孔过程中进行，但通常在钻孔完成后进行。这些测试能生成各种各样的数据，因此，这些测试都有特定的记录要求。通常情况下，孔内地球物理勘探给出的数据会随深度而变化。报告的资料通常包括所用设备的详细全面信息及安装细节，以便能根据报告的信息重复测试。与原位测试和非扰动性地球物理勘探一样，非介入式地球物理勘探的专业性质意味着野外工作报告通常是将原始信息与对这些信息的解释结合起来，对这一综合原始资料和解释性资料的地球物理勘探报告，应将其作为原始资料报告中的一个独立小节。还有，校准信息和测试的原始数据也应收录到报告中。

50.1.3 现场技术报告

如上所述，英国和（或）欧洲标准几乎涵盖了所有可能使用并因此需要编制报告的现场勘察技术，也充分明确了报告要求。虽然这些标准为最佳实践提供了指导，但它们相互之间可能存在差异。无论是否严格遵守了某项标准的要求，相关的数据必须记录在报告中。

任何关于现场勘察技术的原始资料报告都需要清楚地说明获取数据所使用的方法。而且，还应报告实际使用的设备类型。不同尺寸或不同厂家的设备可能操作不同，从而产生不同的结果。例如，人们早就认识到，标准贯入试验中的钻杆类型会影响测试结果。因此，无论怎样，准确记录设备类型和相应的具体钻机的情况有利于工作质量的控制，并且对解释重复试验获得的数据也至关重要。再举一

个例子，一台回转钻机多次在一个特定地层内没能取出土芯，而其他钻机则没有这类问题，在了解到未能达到岩芯采取率的是同一类型的钻机时，则意味着钻探记录上显示的"未达到采取率"的土层可归因于钻进方法问题，而不是土层条件。

同样，操作设备的实际钻探工也应被记录。在上述例子中，操作钻机的是不同的钻探工，因此我们能判断，问题不在于钻探工。但在某些情况下，可能会发现明显取决于钻探工的问题。例如，有过这样的案例，在同一场地使用同一类型的设备，尽管在同样的土层条件下钻孔，其中一个钻探工的标准贯入试验结果始终显著高于另一个钻探工获得的结果。如果对标准贯入试验锤的能量比在测试前进行了相关校准工作，且在施工时进行了这种形式的校准，就有可能解释所记录数据的差异。这样，通过了解哪个钻探工施工了哪一个钻孔，就有可能对整个现场明显不一致的测试数据进行解释。

所有勘探点需要准确定位和定向（如适用）。确保今后任何时候，不管是一年还是一百年，只要翻开工作报告，就应该能够准确地知道勘探的位置。因此，仅凭工地的简单草图是不够的。如果对场地重新规划，草图上显示的道路布局、建筑物、树木等可能会完全改变。挖方或填方作业可能会改变地面高程，从而也无法确定工程的高程。

因此，较好的做法是确保工程都按照公认的基准进行测量。在英国，最好且最直接的选择是国家地形测量基准网（Ordnance Survey National Grid），因为它比较完善，已被广泛认可，且在可预见的未来不可能被废止。也可以使用特定项目网格或数据，但在选择此选项时应慎重，因为项目基准网的详细信息可能在将来不能再利用（由于处置或其他记录丢失），从而导致记录的信息无法使用。利用特定项目网格或数据时，应明确说明位置和高程信息是哪一个项目基准网，并在报告中应包含该项目基准网的详细信息。

对于规模较大的项目，或超出 O/S（或其他）国家地形测量基准网范围的项目，需提供海拔和经纬度信息，以及高于平均海平面的高度，这通常可通过全球定位系统（GPS）确定。然而，即使在现场，也有不同的测绘和坐标测量系统，因此，应明确说明确定场地位置所所用的设备和方法。

虽然仅有草图是不够的，但是每个报告中都应包含这样的草图，或最好是一张标有比例尺的图纸或现场总平面图。这类图纸对具有一定方向性的工作更具价值。例如：探槽或倾斜钻孔会具有明确的定向，而地层地质填图有可能需要标注地层倾向。

所有工作都应该给出日期，并附上叙述整个工作期间某个日期的原始资料记录的文本，以及记录了特别作业日期的独立现场测试或钻孔日志。在适当的情况下，还应给出时间。例如，在临近潮汐水道附近监测地下水位，可能因此要显示潮汐随时间的变化。

天气条件也是一个应记录的外在因素。现场测试或监测结果可能会受到温度、湿度或大气压力的影响。

要报告的每一个测试或勘察方法都应含有用于测试的校准系数的完整记录，以及所用仪器的清洁、维护或校准的完整记录（如果可以）。如果没有定期和正确维护，某些仪器可能会显示与实际数据有显著偏差的读数。因此如果没有校准记录，这类仪器的数据就不能视作可靠的数据。

零点读数以及某些资料或特性的缺失都应进行适当的记录。举例来说，任何确定地下水的介入式勘察都应标明地下水出现的位置，未遇到地下水时也应记录。如果进行气体监测，应明确记录特定气体浓度为零的读数。因为知道某些物质的缺失可能比知道在某一地方存在的浓度更有价值。

就特点而言，每一个记录的特点必须与所要记录的信息相适应。例如像钻孔记录这样的资料通常按标准比例记录（通常为5m/页或10m/页），但重要的是，记录的信息应清晰无误。例如，如果使用4m/页的比例记录从钻孔中获得的数据更合适，那么这就是最佳使用比例，然后再清楚的说明所使用的比例。

50.1.4 室内试验报告

大多数室内试验都是按照已有的规范或标准进行，因此关于报告的格式通常也有规定。然而，当项目有具体要求时，也可以不采用标准格式的报告。在这种情况下，需要注意的是要确保这种非标准报告始终保持统一。还应注意的是，即使实际试验阶段完全符合标准，但与标准要求不相符的报告也是非标准报告。如果报告的资料要提供给第三方，而第三方可能会要求试验符合特定标准，这样非标准报告可能会导致整个试验不被接受。

非标准报告可能是需要的，这是因为报告标准尚存在不足，或许因为标准报告过于规范性而无法为正在进行的项目提供足够的自主判断，或者因为非标准报告可能表达了对特定试验或一般土体特性的理论认识的提高，只是尚未纳入标准。

与现场监测技术一样，室内试验会有用于输出数据的校准系数、设备校准要求或代表可检出最小量的检测限值，此类信息也应当记录。如果被检测值小于检测限值，则应明确清楚地记录，而不应记录为零浓度，因为所用的试验无法区分零浓度和极低的非零浓度。

50.1.5 孔内测试报告

除了各种必要的现场技术和室内试验外，在野外主要阶段的工作完成后，还可能会在现场进行各种试验。典型的如与地下水有关的试验，包括确定土体渗透性的试验。与介入式现场勘察和室内试验一样，这些试验的实施和报告应遵守已颁布的规范和标准。

这类试验也可能包括地球物理勘探、环境岩土采样和地下水或地下气体的现场试验等。这类试验的报告可能不在已颁布的导则范围内，但会被视为在现场工作期间进行的现场试验，同样要求记录所用设备、校准系数、位置和方向、日期和天气等。

如第50.4节和第50.5节所述，在主要野外工作之后进行的现场测试确实存在报告时间过长的问题。

50.2 电子资料

无论是原始资料报告还是评价报告，交付报告的习惯方法都是以装订成册的打印件形式。较小的报告可能只有几页，以"信函报告"（letter reports）的形式交付。大型勘察报告可能需要包含许多卷。然而，就原始资料报告而言，这种仅以打印的报告形式不一定是最方便的形式，因为从中提取和处理数据很不容易。此外，制作多卷报告的多份副本常常需要大量的纸张，这不符合良好环保作业的现代标准。由于这些原因，越来越多的人接受了使用电子媒介进行电子数据传输和报告。

在英国，最常见的电子资料传输形式是AGS格式，即根据岩土及岩土环境工程专业协会（AGS）的岩土工程与环境岩土工程电子传输数据格式（AGS，1999）进行数据传输，它为岩土工程与环境岩土工程的数据传输提供了一个通用框架，使数据的传输和处理以及存储入库变得容易。虽然在理论上，使用这种格式意味着数据可以无缝传输，但实际上，在这些数据能被使用之前，仍然需要大量的处理工作。

虽然实验室和现场勘察承包商越来越倾向于在编制报告过程中使用自动生成AGS数据，但这并不是普遍的。一些机构会通过人工输入数据生成AGS。因此，就有可能由于错误输入数据，导致在数据文件中出现原始资料不准确和前后矛盾的情况。即便有可以用于后期检查的软件，但也很难确认数据中是否存在不准确的原始资料。因此，必须了解数据是如何生成的，以及数据生成公司或个人所采用的质量管理体系标准的有关信息，应抽查接收到的电子数据是否与打印的原件相一致。但如果对数据生成过程的质量控制有任何疑问，则必须进行广泛的数据检查。但这样的检查不仅费时费力，还经常无法完全满足标准。因此，只要对电子数据的准确性有疑虑，就不得使用该数据。

尽管AGS格式非常全面，但仍然有某些试验或试验的某些方面不能完全使用它描述，尤其是地球物理勘探的试验结果很难通过AGS描述。在这种情况下，数据通常采用电子表格的格式，但仍然需要对这些数据进行彻底检查。

虽然电子数据格式可以快速和方便地传输数据，但其真正的价值在于能够创建项目信息数据库，这些数据库可以方便地查询，对一些特定数据能够全面及时地存取。然而，数据提取的便捷性意味着，如果使用这个数据库，那么在一定程度上它可能成为数据的唯一来源，并且这些数据也可能没有与打印的原件相对照，因此，必须严格管理使用数据库。虽然提取数据的权限需要被限于所涉公司的正常操作程序，但为了服从适当的商业机密要求，需要控制在数据库内输入或更改数据的权限，任何要输入数据库的数据都需要事先得到充分的检查。

上述各点主要是指利用电子数据传输或存储常规岩土工程原始数据。数字技术的发展使人们能够获得一系列新的信息。例如，现在可以从回转钻机的监测仪器上获取数字信息，这些数据显示了钻进速率、转速和各种压力等钻进参数。到目前为止，这些信息似乎主要对钻探承包商在进行现场工作时具有价值，但可能在解释地层条件上同样具有价值。由于这种仪器设备的使用尚未普及，在撰写本文时，这类数据也并不常见。然而，这说明了可用于报告的数据范围不是一成不变的，而是随着技术和工作方法的变化而变化的。

现在经常看到的一种数字报告形式是 Adobe Acrobat 格式（PDF 文件）。目前越来越普遍的做法也是以这种格式提供主副本报告，也可以直接从创建报告的文字处理软件中生成。这类电子报告非常有价值，因为它们一般可以通过 CD 光盘、闪存或电子邮件方便地传送。可以在绿色环保且无额外费用的情况下，实现一份正本报告多份副本的创建和发送。然而，一份高质量的报告电子副本需要经过一定程度的处理，如这种报告格式允许对页面添加书签，或通过选择适当的屏幕按钮可以找到每一章的第一页。与完全标记了书签的大型报告相比，没有做这样处理的大型报告会非常不方便，因为使用电子报告所节省的大部分时间都被浪费了。虽然 PDF 文档为报告的存储和传输提供了方便的形式，但里面的信息通常不容易提取和处理，因此 PDF 格式的报告可以作为补充，但不能取代 AGS 格式的数据传输。

数字资料的另一种形式是数字摄影和数字成像，它代表了数据呈现的新形式。长期以来，提供岩芯照片一直是对回转钻机取岩芯的现场勘察的标准要求。由于高质量数码相机的广泛采用，大多数此类岩芯照片不仅能以打印件的形式提供，还可以以数字图像文件的形式提供。与电子格式报告一样，数字图像文件在复制或传输图像方面具有相当大的优势。需要注意的是，在使用数码摄影时，每一份打印的图片都是实际土体的真实写照。但因为印刷品通常是使用标准的办公打印机打印的，彩色复制的质量可能会参差不齐。这些问题在传统胶片显影和打印中也会出现，因此这不是禁止使用数码成像的理由。数码照片还可以灵活处理图像颜色或对比度，这对检查和识别土体结构细节有很大帮助。现在的土样品照片也往往是使用数码相机完成的，它与岩芯照片具有同样的优势和局限性。

在提供数字图像的情况下，图像文件应以明确和一致的方式命名，以便从文件名就可以看出图像的内容。

岩芯摄影中一个相对较新的技术是进行高分辨率岩芯扫描，它可以生成完整的高质量岩芯图像，利用相关软件可以很容易对其进行编辑，图像的质量和分辨率使土体结构的细部得以识别，这种图像远优于传统的岩芯照片。然而，目前扫描仪仍不是完全普及，扫描过程也比摄影更复杂，需要更多的现场资源，而且图像的数字存储空间非常大，导致存储或传输图像时存在一些问题（由于存储图像所需空间太大，常常无法通过电子邮件发送）。

在任何形式的电子或数字数据存储或传输中，都有许多必须解决的问题。AGS 是涵盖整个行业的标准格式，而 Microsoft Office 软件的广泛使用，使得任何基于电子表格的数据也很容易存取。但是，其他电子数据格式可能需要专业软件来查看或提取数据。如果软件很难获得和（或）价格昂贵，或很难操作，或者可能占用计算机上的大量存储空间，这样就不可能让所有潜在的数据用户都运行该软件。即使是通用软件，也必须注意软件存在不同版本。虽然较新版本的软件都可以与早期版本兼容，但如果数据是用新版本生成，则使用较旧版本的用户可能无法完整访问数据。

因此，当考虑使用电子报告时需要考虑两个相关问题。如果一个项目预计需要运行很长一段时间，那么在项目开始时用于处理数据的商用软件可能在工程进行期间需要升级，这就需要决定是否升级软件，如果升级软件，则需允许项目数据中存在某种程度的不一致。如果继续使用旧版软件，而软件商已经更新了他们的软件系统，或软件商不再支持该版软件，这可能会导致许多问题。

此外，还必须考虑软件的长期有效性。现场勘察的原始资料报告通常在完成后不久就要使用，且常常在多年以后仍然在使用。如果使用的软件不通用，那么随着时间的推移，使用原有软件访问数据的问题可能会越发明显。如果该软件的操作需要许可证才能运行，但供应商已停业了，则该软件将可能完全无法使用，由此会导致数据资料的丢失。即使没有出现这种情况，如果数据是以不常见的格式提供，就需要（以非数字方式）记录数据格式和访问数据所需软件，以便在将来任何时候都可以识别这种格式并访问数据。

在重点讨论了由于软件导致的长期数据访问的潜在难题之后，有必要将长期数据存储作为影响报告的另一个问题加以论述。打印版报告的使用寿命已经得到充分的证明，而光盘、闪存和磁性存储器的使用寿命还没有得到很好的证明。如果要对数字资料进行归档，则需要考虑存储数据的环境条件，这样就可以最大限度地延长存储介质的使用寿命。还需要考虑安全性和备份副本，只有得到授权访问数据的人，才能访问已归档资料，且应根据相关数据的价值，考虑将备份副本与正本分开存储。

关于电子报告，存在一个值得关注但并非其特有的问题，即需要对软件使用人员进行熟练地操作培训。了解一个软件的功能可以减少在生成或输入数据时出错的可能性，并使操作员更好地了解问题最有可能出现在哪里。因此，重要的是，从事报告编制的人员要非常熟悉正在使用的相关软件。

如果软件用于任何类型的分析或解释功能，则还需要确保这些功能的运行得到充分验证确认。商业软件并不总是提供详细的软件操作说明和验证以确保其应用符合合理的质量要求，其可靠性往往需要得到验证。

50.3 评价报告

评价报告（Interpretative report）是在原始资料报告的基础上编制，并将原始资料与这些资料将服务的具体项目联系起来。因此，了解场地的开发建设方案，对编写原始资料报告有益，对评价报告来说更是至关重要。

然而，评价报告的具体内容依然要适应一些变化。报告可能是为一个已全面规划和拟开发计划编制，也可能是为一个还很不具体的建议而编写。在第一种情况下，计划书中可能已经确定基础采用桩基，那么，就需要在评价报告中给出有关桩基的详细建议，而对后一种情况，评价报告的部分作用是对基础的基本类型（如筏板基础、桩基础等）提出建议。因此，必须充分确定和了解客户对评价报告的内容和使用的需求，这一点很重要。

评价报告中通常也会给出有关土体设计参数的建议。同样，要做到这一点，就需要充分了解客户的需求。设计参数可表示为推荐值、设计值（应显示参数随深度的变化）、最大/最小可靠值的上限和下限、最大/最小许可值的上限和下限等。计划开发项目的性质和拟定的设计方法也会影响报告资料所需的格式。有的项目可能不需要具体的设计参数，只需给出实际现场与室内试验数据相结合的统计结果，使设计咨询顾问能够审核数据并选择自己的设计值。或者，根据具体的设计规范、标准或方法规定选择岩土工程设计参数。现有数据也可能会影响选择设计参数的方法，许多现场试验的成果往往表现出明显的离散性，这样给出的范围值可能比单一的设计值更合适。相反，如果现有数据的数量非常有限，则保守地选择单一值可能更合适。

评价报告也可对原始资料报告的详细资料进行综述和说明。原始资料报告可能包括多个钻孔记录，这些钻孔记录可能展现了一个地层剖面，但在原始资料报告中不需要解释钻孔之间的地质情况。而在评价报告中，解释钻孔之间的地质条件则是报告的基本内容，因为它给出了土体构成和性质。通过编制评价报告可以识别各种地质灾害。例如从垂直位移的地层边界识别出断层，或者从钻孔中遇到的特别土体类型中判断可能存在大量地下水的暗河。因此完成一份原始资料报告相对简单，因为它只需要完整和准确地报告所有满足合格标准的资料。而评价报告不是简单地复述原始资料报告中的信息，是需要对原始资料与收集到的拟建项目资料的关系做出理性和经验性的评价。此外，由于场地勘察和报告的各环节往往发生在项目的早期，此时项目可能会发生根本性的变化，因此报告摘要需要考虑多种设计方法、施工技术、建筑布局等。当对现有原始资料的评价发现存在质量或数量的不足时，评价报告通常要提出进一步勘察的建议。

应当指出，当要求报告既要包括充分和完整的原始资料，又要给出符合评价报告标准的对原始资料的评价时，可以将评价报告与原始资料报告整合一起。

50.4 其他岩土工程报告

岩土工程报告最常见的形式是基于场地或现场勘察做出的原始资料报告和评价报告。但是，也存在一些其他形式的岩土工程报告。

概括而言，本书对报告的讨论主要集中在岩土工程报告上，并考虑了一些岩土环境问题。然而，在许多场地，岩土工程问题并不是唯一关注的问题，而最高效的做法是将一个场地的所有勘察及其报告相结合并合并到一个工作包中，这就要求原始资料报告和评价报告还要考虑诸如地质和地质灾害、环境污染物（土壤、水和空气中的污染物）、更广泛的环境问题（例如洪水风险、自然产生的氡气）以及遗址和考古问题（包括可能的爆炸物问题）等。这类问题通常应在案头研究时就已得到辨识和妥善处置，但仍需要给出其对现场特别地点相关工作的潜在影响，讨论对这一发现的建议。

在《欧洲标准7》中已明确了现场勘察报告（Ground Investigation Report，GIR）和岩土工程设计报告（Geotechnical Design Report，GDR）的生成。现场勘察报告是将原始资料报告与评价报告相结合，给出设计参数。这些设计参数又被岩土工程设计报告所引用，这样现场勘察报告实际上构成了岩土工程设计报告的一部分。在《欧洲标准7》中还规定了资料表达的格式，并要求说明测试成果存在的局限性，以便成果用户能够了解其可靠性。岩土工程设计报告需要给出原来在评价报告中给出的基础设计和建议，必须包括设计假定及资料、设计中使用的方法以及安全性和适用性验证，以及对已完工结构的管理、监测及维护要求，并提供给业主或客户。现场勘察报告和岩土工程设计报告的具体要求在《欧洲标准7》中有更详细的说明。

岩土工程场地现状报告（Geotechnical Baseline Report，GBR）是一种专业形式的岩土工程报告，是为商业目的而非技术目的编制，它们也被称作场地环境现状说明，是利用并分析已获得资料，给出与拟建建筑物有关的场地现状环境条件。这些环境条件可应用于具体的合同，使承包商可以预见根据该合同在现场工作时将会遇到的情况。如果实际情况比这更糟，并且承包商可以证明因此造成了损失或延误，则可能触发索赔事件。岩土工程场地现状报告必须包含简明、可测量和定义清晰的声明，没有歧义或不确定性，并且是基于对将会遇到的情况合理且符合实际的评价。它们界定了哪些场地条件在以后的工作中是可以预见的，哪些场地条件是不可预见的，哪些条件又和工程有关。岩土工程场地现状报告不是评价报告，也不是设计的基础，它是承包商和客户之间分配场地风险的一种手段。一般情况下，场地现状条件应尽可能准确地描述。如果描述得地现状条件比实际情况要好，客户可能会承担增加索赔的风险；更坏的情况是场地现状条件描述的比实际情况恶劣，承包商将认为风险较大，如果以此确定工程造价，也同样会造成客户的经济损失。然而，在实践中，岩土工程场地现状报告的商业性质有时会导致对场地现状条件不符合实际的评估，这也反映出客户对财务风险的认识程度。

另一种专业形式的岩土工程报告是风险登记表（risk register）。实际上，风险登记表并不是专门的岩土工程报告，可用于项目的各个环节，列出项目所有风险清单。顾名思义，风险登记表是识别和跟踪项目风险的一种手段。通常情况下，登记表会详细描述风险的性质、发生的可能性及其对项目的潜在影响，并利用标准风险评估程序给出风险的总体状况，然后就如何降低风险提出建议，明确承担已确认风险的相关责任人和采用风险控制措施之后的剩余风险，以及剩余风险所在的环节。虽然风险登记表不是专门的岩土工程报告，但由于场地的不确定性，与岩土工程相关的风险通常对项目也非常重要，因此，风险登记表是岩土工程需要完成的一项必要工作。

对安装有现场监测仪器的工程，常常需进行持续监测，对这类监测需要记录。提交这些记录的频率和方式取决于监测频率和项目要求。有代表性的监测，如在现场勘察后，在现场安装地下水监测仪器以监测地下水。当现场工作正在进行时，这类监测往往需要每天进行，而在现场工作完成之后就不需要频繁监测，每月或每三个月进行一次监测也是允许的。虽然每次现场监测的结果应在监测后的1~2天内提供给工程师，但通常要求承包商在监测期结束时只提交一份有关监测的原始资料报告即可。然而，对可能在整个施工期和施工之后的一段时间持续监测，可能需要定期和不定期地提交监测记录。例如，可能需要定期提交每日地下水监测数据，或实时远程监测挡土墙的位移。对于这类监测项目的资料生成和提交形式，最好是电子形式，或者定期打印一份摘要报告。在生成和提交此类资料时，要确保关键数据突出显示，并且不允许生成并提交过于大量的数据给报告的接收者，因为这可能会导致一些值得注意的信息没有被及时识别和处置。监测报告的频率和格式要求一般会在相关工作规范中加以明确。

50.5 报告成果和时间计划

鉴于在岩土工程报告中可能报告的内容性质以及如何报告这些信息，因此，需要考虑报告的时间性。

在项目的早期阶段，或在拟建项目设计之前通常需要源于现场勘察的岩土工程报告。因此，报告的时间安排是很重要的。如果现场勘察的工作量非常大，那么全面检查和校核报告就需要大量时间，这样完成和提交报告所需的时间可能很长。因此，在每一时间段的项目计划中需要列出时间定额需求。在某些情况下，可以分阶段提交报告。如根据规定，长期监测是在现场勘察的野外工作完成几个月之后要完成的工作，因此，就不能在监测完成之后才提交源于野外工作的原始资料报告。同样（但不完全），如一些室内试验（尤其像黏土的排水试验）可能需要较长时间才能完成。如果完成这些试验可用的实验室资源有限，并且需要多次测试，则完成这部分试验可能需要几个月的时间。在这种情况下，对基本地层信息的需求可能要求这些实验室报告作为原始资料报告的补充报告进行提交。

评价报告的成果和发送方案也是一个需要注意的因素。评价报告需要引用多份报告的资料，如案头研究、项目有关阶段的现场勘察资料以及各种历史数据等。如前所述，评价报告在某些方面比原始资料报告更难编写，因为它不是简单的原始资料翻版。因此，编写评价报告可能比编写其所引用的原始资料报告需要更长的时间。

编制报告时，必须考虑需要提供多少份报告。设计工程师及其他相关方（如建筑师、保险公司等）可能需要一份或多份副本，因此，仅向客户提供一份副本是不够的。但是，基于经济利益和环境因素考虑，应尽量只提供实际需要的报告数量。因此，可以采用制作电子报告副本的办法。因为这样可以按要求随时发送报告的全部或部分内容。

在某些情况下，需要认真考虑工程费用的支付问题。对于典型的小型现场勘察，由于原始资料报告相对简单，可以简单地采用一次性支付总费用。但是，如果工程范围较大或需要按定期合同完成，并且工作性质和程度可能会发生相当大的变化，如果采用一次性支付总费用的办法可能有失公平。在这种情况下，可以采用根据所完成的现场工作计算工程费用的方法。

50.6 参考文献

Association of Geotechnical and Geoenvironmental Specialists (AGS) (1999). *Electronic Transfer of Geotechnical and Geoenvironmental Data* (3rd Edition). Beckenham, Kent: AGS.
Site Investigation Steering Group (1993). Site Investigation in Construction 3: *Specification for Ground Investigation (Site Investigation in Construction series)*. London: Thomas Telford [new edition published late 2011].

50.6.1 延伸阅读

Association of British Insurers and British Tunnelling Society (2003). *Joint Code of Practice for Risk Management of Tunnel Works in the UK*. London: British Tunnelling Society.
Association of Geotechnical and Geoenvironmental Specialists (AGS) (2003). *Guidelines for the Preparation of the Ground Report*. Beckenham, Kent: AGS.
British Standards Institution (1990). *Methods of Test for Soils for Civil Engineering Purposes (various parts)*. London: BSI, BS 1377.
British Standards Institution (1999). *Code of Practice for Site Investigations*. London: BSI, BS 5930:1999.
British Standards Institution (2002). *Geotechnical Investigation and Testing: Identification and Classification of Soil – Part 1: Identification and Description*. London: BSI, BS EN ISO 14688-1:2002.
British Standards Institution (2003). *Geotechnical Investigation and Testing: Identification and Classification of Rock – Part 1: Identification and Description*. London: BSI, BS EN ISO 14689-1:2003.
British Standards Institution (2004). *Geotechnical Investigation and Testing: Identification and Classification of Soil – Part 2: Principles for a Classification*. London: BSI, BS EN ISO 14688-2:2004.
British Standards Institution (2004). *Eurocode 7: Geotechnical design – Part 1: General Rules*. London: BSI, BS EN1997-1:2004.
British Standards Institution (2004). *UK National Annex to Eurocode 7: Geotechnical Design – Part 1: General Rules*. London: BSI, NA to BS EN1997-1:2004.
British Standards Institution (2005–9). *Geotechnical Investigation and Testing – Field Testing (various parts)*. London: BSI, BS EN ISO 22476.
British Standards Institution (2006). *Geotechnical Investigation and Testing: Sampling Methods and Groundwater Measurements – Part 1: Technical Principles for Execution*. London: BSI, BS EN ISO 22475-1:2006.
British Standards Institution (2007). *Eurocode 7: Geotechnical Design – Part 2: Ground Investigation and Testing*. London: BSI, BS EN1997-2:2007.
British Standards Institution (2007). *UK National Annex to Eurocode 7: Geotechnical Design – Part 2: Ground Investigation and Testing*. London: BSI, NA to BS EN1997-2:2007.
Building Research Establishment (BRE) (1987). *Site Investigation for Low-Rise Building: Desk Studies*. BRE Digest 318. London: IHS BRE Press.
Building Research Establishment (BRE) (1989). *Site Investigation for Low-Rise Building: The Walk-Over Survey*. BRE Digest 348. London: IHS BRE Press.
Building Research Establishment (BRE) (1993). *Site Investigation for Low-Rise Building: Trial Pits*. BRE Digest 381. London: IHS BRE Press.
Building Research Establishment (BRE) (1993). *Site Investigation for Low-Rise Building: Soil Description*. BRE Digest 383. London: IHS BRE Press.
Building Research Establishment (BRE) (1995). *Site Investigation for Low-Rise Building: Direct Investigations*. BRE Digest 411. London: IHS BRE Press.
Building Research Establishment (BRE) (2002). *Optimising ground investigation*. BRE Digest 472. London: IHS BRE Press.
Clayton C. R. I., Matthews M. C. and Simons. N. E. (1987) *Site Investigation* (2nd Edition). Oxford: Blackwell Science.
Driscoll, R., Scott, P. and Powell, J. (2008). *EC7: Implications for UK Practice – Eurocode 7 Geotechnical Design*. CIRIA Report C641. London: Construction Industry Research and Information Association.
Essex, R. J. (2007). *Geotechnical Baseline Reports for Construction: Suggested Guidelines*. Prepared by the Technical Committee on Geotechnical Reports of the Underground Technology Research Council. Reston, VA: American Society of Civil Engineers.
McDowell, P. W., Barker, R. D., Butcher, A. P., Culshaw, M. G., Jackson, P. D., McCann, D. M. *et al.* (2002). *Geophysics in engi-*

neering investigations. CIRIA Report C562. London: Construction Industry Research and Information Association.

Site Investigation Steering Group (1993) *Site Investigation in Construction 2: Planning, Procurement and Quality Management*. Site Investigation in Construction. London: Thomas Telford.

50.6.2 实用网址

岩土及岩土环境工程专业协会（AGS）；www.ags.org.uk/site/home/index.cfm

建议结合以下章节阅读本章：
- 第 9 章 "基础的设计选型"
- 第 44 章 "策划、招标投标与管理"
- 第 52 章 "基础类型与概念设计原则"

本书以第 1 篇 "概论" 和第 2 篇 "基本原则" 为指导进行章节编排。如第 4 篇 "场地勘察" 中所述，各类岩土工程均应进行扎实的现场勘察工作。

译审简介：

聂庆科，中冀建勘集团有限公司总工程师，正高级工程师，主要从事岩土工程勘察、设计、施工与检测。

王长科，工学硕士，正高级工程师，河北省工程勘察设计大师，中国兵器工业北方勘察设计研究院有限公司。

ICE manual of geotechnical engineering

岩土工程手册 下册

岩土工程设计、施工与检验

[英] 约翰·伯兰德　蒂姆·查普曼
　　希拉里·斯金纳　迈克尔·布朗　编

高文生 等 译审

中国建筑工业出版社

京审字(2024)G 第 1433 号
著作权合同登记图字：01-2022-5867 号
图书在版编目(CIP)数据

岩土工程手册. 下册, 岩土工程设计、施工与检验 / (英) 约翰·伯兰德等编；高文生等译审. — 北京：中国建筑工业出版社, 2024.4
ISBN 978-7-112-29821-1

I. ①岩… II. ①约… ②高… III. ①岩土工程 - 手册 IV. ①TU41 - 62

中国国家版本馆 CIP 数据核字(2024)第 087617 号

ICE manual of geotechnical engineering
ⓒ Institution of Civil Engineers (ICE). 2012
First published 2012. Reprinted with amendments 2013
ISBN: 978-0-7277-5707-4 (volume I)
ISBN: 978-0-7277-5709-8 (volume II)

Chinese translation ⓒ China Architecture & Building Press 2022
China Architecture & Building Press is authorized to publish and distribute exclusively the Chinese edition. This edition is authorized for sale in China. No part of the publication may be reproduced or distributed by any means, or stored in a database or retrieval system, without the prior written permission of the publisher.

本书中文翻译版由英国土木工程师学会出版社授权中国建筑出版传媒有限公司独家出版，并在中国销售。

目　录

上册　岩土工程基本原则、特殊土与场地勘察

第1篇　概论 ………………………………… 3

第1章　导论 ………………………………… 5
第2章　基础及其他岩土工程在项目中的角色 …… 7
- 2.1 岩土工程与整个结构体系中其余结构的联系 ……………… 7
- 2.2 岩土工程的关键要求 ……………… 8
- 2.3 与其他专业人员的交流 …………… 8
- 2.4 岩土工程的设计寿命 ……………… 9
- 2.5 岩土工程设计及施工周期 ………… 10
- 2.6 与岩土工程成功相关的常见因素 … 11
- 2.7 参考文献 …………………………… 12

第3章　岩土工程发展简史 ……………… 13
- 3.1 引言 ………………………………… 13
- 3.2 20世纪初的岩土工程 ……………… 13
- 3.3 太沙基——岩土工程之父 ………… 14
- 3.4 土力学对结构工程及土木工程的影响 … 16
- 3.5 结论 ………………………………… 17
- 3.6 参考文献 …………………………… 17

第4章　岩土工程三角形 ………………… 19
- 4.1 引言 ………………………………… 19
- 4.2 地层剖面 …………………………… 20
- 4.3 量测或观察到的地层特性 ………… 20
- 4.4 合适的模型 ………………………… 20
- 4.5 经验流程和经验 …………………… 20
- 4.6 岩土工程三角形的总结 …………… 21
- 4.7 重温威斯敏斯特宫地下停车场案例 … 21
- 4.8 结语 ………………………………… 27
- 4.9 参考文献 …………………………… 28

第5章　结构和岩土建模 ………………… 29
- 5.1 引言 ………………………………… 29
- 5.2 结构建模 …………………………… 29
- 5.3 岩土建模 …………………………… 31
- 5.4 结构和岩土建模的比较 …………… 32
- 5.5 地基与结构的相互作用 …………… 33
- 5.6 结论 ………………………………… 35
- 5.7 参考文献 …………………………… 35

第6章　岩土工程计算分析理论与方法 … 37
- 6.1 概述 ………………………………… 37
- 6.2 分析方法的理论分类 ……………… 37
- 6.3 解析解 ……………………………… 39
- 6.4 经典分析方法 ……………………… 39
- 6.5 数值分析 …………………………… 40
- 6.6 有限元法概述 ……………………… 42
- 6.7 单元离散 …………………………… 42
- 6.8 非线性有限元分析 ………………… 45
- 6.9 平面应变分析中的构件模拟 ……… 52
- 6.10 莫尔-库仑模型的缺陷 …………… 56
- 6.11 小结 ………………………………… 58
- 6.12 参考文献 …………………………… 59

第7章　工程项目中的岩土工程风险 …… 61
- 7.1 引言 ………………………………… 61
- 7.2 开发商的目的 ……………………… 61
- 7.3 政府对"乐观偏差"的指导 ……… 63
- 7.4 与地基有关问题的典型频率和成本 … 66
- 7.5 有备无患 …………………………… 67
- 7.6 场地勘察的重要性 ………………… 67
- 7.7 场地勘察的成本和收益 …………… 69
- 7.8 缓解而非应急 ……………………… 70
- 7.9 缓解步骤 …………………………… 70
- 7.10 示例 ………………………………… 72
- 7.11 结论 ………………………………… 72
- 7.12 参考文献 …………………………… 74

第8章　岩土工程中的健康与安全 ……… 77
- 8.1 引言 ………………………………… 77

8.2	法规简介	77
8.3	危险	80
8.4	风险评估	82
8.5	参考文献	82

第9章　基础的设计选型　85
9.1	引言	85
9.2	基础的选型	85
9.3	基础工程整体研究	89
9.4	保持岩土工程三角形的平衡——地基风险管理	91
9.5	地基基础实际工程案例	98
9.6	结论	105
9.7	参考文献	106

第10章　规范、标准及其相关性　107
10.1	引言	107
10.2	规范标准的法定框架、目标和地位	107
10.3	规范和标准的优点	108
10.4	岩土工程规范和标准的制定	109
10.5	岩土工程与结构工程在规范和标准方面的差异	110
10.6	岩土工程设计	113
10.7	《欧洲标准7》中采用的安全要素	114
10.8	岩土工程设计三角形和岩土工程三角形之间的关系	114
10.9	岩土工程规范和标准	115
10.10	结论	125
10.11	参考文献	126

第11章　岩土工程与可持续发展　127
11.1	引言	127
11.2	可持续发展目标的背景	127
11.3	岩土工程可持续发展主题	130
11.4	岩土工程实践中的可持续发展	136
11.5	小结	137
11.6	参考文献	137

第2篇　基本原则　139

第12章　导论　141

第13章　地层剖面及其成因　143
13.1	概述	143
13.2	地层剖面	143
13.3	剖面的重要性	145
13.4	剖面的形成	147
13.5	剖面的勘察	149
13.6	连接剖面	152
13.7	剖面解释	152
13.8	结论	153
13.9	参考文献	154

第14章　作为颗粒材料的土　155
14.1	引言	155
14.2	三相关系	155
14.3	一个简单的底面摩擦装置	156
14.4	土颗粒及其排列	158
14.5	饱和土中的有效应力	160
14.6	非饱和土的力学特性	162
14.7	结论	163
14.8	参考文献	163

第15章　地下水分布与有效应力　165
15.1	孔隙压力和有效应力竖向分布的重要性	165
15.2	地层竖向总应力	165
15.3	静孔隙水压力条件	165
15.4	承压水条件	166
15.5	地下排水	166
15.6	地下水位以上的状况	167
15.7	原位水平向有效应力	167
15.8	小结	168
15.9	参考文献	168

第16章　地下水　169
16.1	达西定律	169
16.2	水力传导系数（渗透系数）	170
16.3	简单流态的计算	171
16.4	更复杂的流态	173
16.5	基坑稳定性与地下水	173
16.6	瞬态流	175
16.7	小结	175
16.8	参考文献	176

第17章　土的强度与变形　177
17.1	引言	177
17.2	应力分析	177
17.3	土体排水强度	179
17.4	黏性土的不排水抗剪强度	183
17.5	莫尔-库仑强度准则	185
17.6	设计时强度参数的选择	186
17.7	土体的压缩性	186
17.8	土体的应力-应变特性	188
17.9	结论	193

| 17.10 | 参考文献 | 195 |

第18章 岩石特性 **197**
18.1	岩石/岩体	197
18.2	岩石的分类	197
18.3	岩石的成分	198
18.4	孔隙率、饱和度及重度	198
18.5	应力与荷载	199
18.6	岩石流变性	199
18.7	弹性与岩石刚度	200
18.8	孔隙弹性	202
18.9	破坏与岩石强度	202
18.10	强度试验	204
18.11	结构面的特性	205
18.12	渗透性	205
18.13	由裂隙控制的渗透率	206
18.14	岩体的表征	206
18.15	隧道岩体质量指标 Q	207
18.16	各向异性	207
18.17	参考文献	208

第19章 沉降与应力分布 **209**
19.1	引言	209
19.2	总沉降、不排水沉降和固结沉降	209
19.3	承载区域下的应力变化	210
19.4	黏性土沉降计算方法综述	214
19.5	弹性位移理论	216
19.6	沉降预测的理论精度	218
19.7	不排水沉降	220
19.8	粗粒土的沉降	220
19.9	小结	221
19.10	参考文献	222

第20章 土压力理论 **223**
20.1	引言	223
20.2	简单的主动和被动极限	223
20.3	墙面摩擦(粘结)的影响	226
20.4	使用条件	227
20.5	小结	228
20.6	参考文献	228

第21章 承载力理论 **229**
21.1	引言	229
21.2	竖向荷载作用下地基承载力公式——形状和深度修正系数	229
21.3	倾斜荷载	230
21.4	偏心荷载	231
21.5	地表基础竖向荷载、水平荷载和弯矩组合作用效应图	231
21.6	小结	232
21.7	参考文献	232

第22章 单桩竖向承载性状 **233**
22.1	引言	233
22.2	基本荷载-沉降特性	233
22.3	黏土中评估桩的竖向承载力的传统方法	235
22.4	黏土中基于有效应力的桩侧摩阻力	237
22.5	颗粒材料中的桩	243
22.6	总体结论	246
22.7	参考文献	246

第23章 边坡稳定 **249**
23.1	自然边坡和工程边坡稳定性的影响因素	249
23.2	常见的破坏模式和类型	250
23.3	边坡稳定性分析方法及其适用性	251
23.4	不稳定边坡的治理	255
23.5	边坡安全系数	257
23.6	失稳后调查	258
23.7	参考文献	258

第24章 土体动力特性与地震效应 **261**
24.1	引言	261
24.2	土体中波的传播	262
24.3	动力试验技术	263
24.4	土体动力特性	264
24.5	土体液化	268
24.6	要点总结	269
24.7	参考文献	270

第25章 地基处理方法 **273**
25.1	引言	273
25.2	查明地基情况	274
25.3	排水加固法	274
25.4	土的机械加固法	277
25.5	化学加固法	279
25.6	参考文献	282

第26章 地基变形对建筑物的影响 **283**
26.1	引言	283
26.2	地基变形和基础变形的定义	283
26.3	损伤分类	284
26.4	建筑物允许变形的一般指南	285
26.5	极限拉伸应变的概念	286
26.6	矩形梁的应变	287

26.7 隧道和基坑引起的地基变形 ············ 288
26.8 沉降对建筑物造成损伤的风险评估 ····· 293
26.9 保护措施 ································ 295
26.10 结论 ··································· 296
26.11 参考文献 ······························ 296

第27章 岩土参数与安全系数 ·············· 299
27.1 引言 ··································· 299
27.2 风险的综合考虑 ······················· 301
27.3 岩土参数 ······························ 302
27.4 安全系数、分项系数和设计参数 ····· 305
27.5 结语 ··································· 308
27.6 参考文献 ······························ 308

第3篇 特殊土及其工程问题 ············· 311

第28章 导论 ······························ 313

第29章 干旱土 ···························· 315
29.1 引言 ··································· 315
29.2 干旱气候 ······························ 316
29.3 干旱土地貌及地貌形成过程对干旱土工程性质的影响 ······················ 317
29.4 干旱土的岩土工程特性 ··············· 331
29.5 干旱土中的工程问题 ················· 335
29.6 小结 ··································· 339
29.7 参考文献 ······························ 339

第30章 热带土 ···························· 343
30.1 引言 ··································· 343
30.2 热带土形成的控制因素 ··············· 345
30.3 工程问题 ······························ 349
30.4 结语 ··································· 360
30.5 参考文献 ······························ 360

第31章 冰碛土 ···························· 363
31.1 引言 ··································· 363
31.2 地质过程 ······························ 363
31.3 冰碛土的特征 ························· 369
31.4 岩土分类 ······························ 373
31.5 岩土性质 ······························ 375
31.6 常规勘察 ······························ 383
31.7 建立场地模型和设计剖面 ············ 383
31.8 土方工程 ······························ 386
31.9 小结 ··································· 387
31.10 参考文献 ····························· 387

第32章 湿陷性土 ·························· 391
32.1 引言 ··································· 391
32.2 湿陷性土的分布 ······················· 392
32.3 湿陷性的控制因素 ···················· 394
32.4 调查与测评 ···························· 398
32.5 关键工程问题 ························· 403
32.6 结语 ··································· 407
32.7 参考文献 ······························ 407

第33章 膨胀土 ···························· 413
33.1 什么是膨胀土？ ······················· 413
33.2 为什么会有膨胀土问题？ ············ 413
33.3 膨胀土在哪发现的？ ················· 414
33.4 膨胀土的胀缩性 ······················· 416
33.5 膨胀土的工程问题 ···················· 418
33.6 结论 ··································· 438
33.7 参考文献 ······························ 438

第34章 非工程性填土 ····················· 443
34.1 引言 ··································· 443
34.2 疑难特征 ······························ 444
34.3 分类、测绘和人造场地的描述 ······· 444
34.4 非工程性填土的类型 ················· 446
34.5 结论 ··································· 458
34.6 致谢 ··································· 459
34.7 参考文献 ······························ 459

第35章 有机土/泥炭土 ···················· 463
35.1 引言 ··································· 463
35.2 泥炭土和有机土的形成 ··············· 463
35.3 泥炭土和有机土的特性 ··············· 465
35.4 泥炭土和有机土的压缩性 ············ 467
35.5 泥炭土和有机土的抗剪强度 ········· 471
35.6 泥炭土和有机土的关键设计问题 ···· 473
35.7 结论 ··································· 476
35.8 参考文献 ······························ 477

第36章 泥岩与黏土及黄铁矿物 ··········· 481
36.1 引言 ··································· 481
36.2 泥岩特性的影响因素 ················· 484
36.3 工程特性及性能 ······················· 495
36.4 工程注意事项 ························· 509
36.5 结论 ··································· 512
36.6 参考文献及延伸阅读 ················· 513

第37章 硫酸盐/酸性土 ···················· 517
37.1 引言及背景知识 ······················· 517
37.2 岩石与土中的硫化物 ················· 518
37.3 硫化物取样与试验 ···················· 523
37.4 工程与环境问题及相应评价方法 ···· 526

37.5	结论	531
37.6	参考文献	531

第38章　可溶岩土　**533**
38.1	引言	533
38.2	可溶性地基和岩溶	533
38.3	石灰岩岩溶地质灾害的影响	534
38.4	作用在石灰岩覆土层上的工程	536
38.5	作用在石灰岩基岩上的工程	537
38.6	岩溶地貌的地质调查与评价	540
38.7	石膏岩层的地质灾害	541
38.8	盐渍土地区地质灾害	541
38.9	盐渍土中的岩溶地质灾害	543
38.10	致谢	544
38.11	参考文献	544

第4篇　场地勘察　**547**

第39章　导论　**549**

第40章　场地风险——场地的全面调查　**551**
40.1	引言	551
40.2	英国的场地风险	552
40.3	预判场地状况	553
40.4	地质图	553
40.5	结论	554
40.6	参考文献	554

第41章　人为风险源与障碍物　**555**
41.1	引言	555
41.2	采矿	555
41.3	污染物	562
41.4	考古	562
41.5	爆炸物及未爆炸物	563
41.6	地下障碍物及构筑物	563
41.7	地下设施	564
41.8	参考文献	564

第42章　分工与职责　**567**
42.1	场地勘察指南简介	567
42.2	《建筑（设计与管理）条例2007》	569
42.3	公司过失致人死亡	570
42.4	健康安全	571
42.5	聘用条件	571
42.6	场地勘察阶段划分	572
42.7	顾问（咨询）公司与现场勘察	573
42.8	地下公用设施	575
42.9	污染场地	575
42.10	附注	575
42.11	免责声明	576
42.12	参考文献	576

第43章　前期工作　**577**
43.1	本书的适用范围	577
43.2	岩土工程前期工作的必要性	577
43.3	岩土工程前期工作的内容	577
43.4	岩土工程前期工作报告的编制者	579
43.5	岩土工程前期工作报告的受众	579
43.6	如何开始：英国信息来源	580
43.7	利用互联网	581
43.8	现场踏勘	581
43.9	报告撰写	582
43.10	小结	583
43.11	参考文献	583

第44章　策划、招标投标与管理　**585**
44.1	概述	585
44.2	现场勘察策划	585
44.3	承揽场地勘察项目	593
44.4	场地勘察管理	598
44.5	参考文献	600

第45章　地球物理勘探与遥感　**601**
45.1	引言	601
45.2	地球物理学的作用	601
45.3	地球地表物理学	604
45.4	位场法勘探	604
45.5	电测法	606
45.6	电磁法	607
45.7	地震法勘探	609
45.8	钻孔地球物理勘察	613
45.9	遥感	614
45.10	参考文献	618

第46章　地质勘探　**619**
46.1	引言	619
46.2	主要技术	619
46.3	挖探技术	619
46.4	触探技术	620
46.5	钻探技术	620
46.6	钻孔原位测试	624
46.7	监测装置	624
46.8	其他方面	626
46.9	标准	626
46.10	参考文献	627

第47章	原位测试	**629**
47.1	引言	629
47.2	触探试验	630
47.3	载荷和剪切试验	640
47.4	地下水试验	648
47.5	参考文献	650

第48章	岩土环境测试	**653**
48.1	引言	653
48.2	理念	653
48.3	取样	654
48.4	测试方法	656
48.5	数据处理	659
48.6	质量保证	662
48.7	参考文献	663

第49章	取样与室内试验	**667**
49.1	引言	667
49.2	施工设计对取样与试验的要求	667
49.3	设计参数及其相关试验项目	668
49.4	基本指标试验	668
49.5	强度试验	670
49.6	刚度试验	674
49.7	压缩性试验	677
49.8	渗透性试验	679
49.9	非标准和动态测试	679
49.10	试验证书与结果	680
49.11	取样方法	681
49.12	散装样品	681
49.13	块状样品	682
49.14	管状样品	682
49.15	回转式管状样品	684
49.16	运输	685
49.17	检验实验室	685
49.18	参考文献	686

第50章	岩土工程报告	**689**
50.1	原始资料报告	689
50.2	电子资料	693
50.3	评价报告	695
50.4	其他岩土工程报告	695
50.5	报告成果和时间计划	696
50.6	参考文献	697

下册 岩土工程设计、施工与检验

第5篇 基础设计 701

第51章	导论	**703**

第52章	基础类型与概念设计原则	**705**
52.1	引言	705
52.2	基础类型	706
52.3	基础选择——概念设计原则	707
52.4	基础允许变形	719
52.5	设计承载力	724
52.6	参数选择——基础说明	725
52.7	基础选择——历史案例简介	731
52.8	总体结论	735
52.9	参考文献	735

第53章	浅基础	**737**
53.1	引言	737
53.2	基础产生位移的原因	737
53.3	施工和设计要点	740
53.4	基底压力、基础布置及相互作用	745
53.5	地基承载力	746
53.6	沉降	750
53.7	资料需求和参数选择	761
53.8	冰碛土地基案例	768
53.9	总体结论	770
53.10	参考文献	772

第54章	单桩	**775**
54.1	引言	775
54.2	桩型的选择	775
54.3	竖向承载力（极限状态）	776
54.4	安全系数	786
54.5	桩的沉降	786
54.6	水平荷载下桩的性能	788
54.7	桩载荷试验方法	790
54.8	桩破坏的定义	792
54.9	参考文献	792

第55章	群桩设计	**795**
55.1	引言	795
55.2	群桩承载力	796
55.3	桩-桩相互作用：竖向载荷	799
55.4	桩-桩相互作用：水平载荷	806
55.5	简化的计算分析方法	806
55.6	差异沉降	813

55.7	沉降的时间效应	813
55.8	群桩布置方案优化	813
55.9	设计条件与设计参数的确定	815
55.10	关于延性、冗余度和安全系数	818
55.11	群桩设计责任	819
55.12	工程案例	819
55.13	总体结论	822
55.14	参考文献	822

第56章 筏形与桩筏基础 **825**

56.1	引言	825
56.2	筏板性能分析	826
56.3	筏板结构设计	832
56.4	实际筏板设计	833
56.5	桩筏，概念设计原则	835
56.6	筏板增强型群桩	840
56.7	桩增强型筏板	851
56.8	桩增强型筏板案例——伊丽莎白女王二世会议中心	855
56.9	要点	856
56.10	参考文献	857

第57章 地基变形及其对桩的影响 **859**

57.1	引言	859
57.2	负摩阻力	860
57.3	地基隆起引起的拉拔作用	863
57.4	受地基水平变形影响的桩	865
57.5	结论	869
57.6	参考文献	869

第58章 填土地基 **871**

58.1	引言	871
58.2	填筑体的工程特性	871
58.3	填筑体的勘察	872
58.4	填土性质	874
58.5	填筑体的体积变化	877
58.6	设计问题	879
58.7	工程填筑体的施工	881
58.8	小结	882
58.9	参考文献	882

第59章 地基处理设计原则 **883**

59.1	引言	883
59.2	地基处理的总体设计原则	884
59.3	空洞注浆设计原则	885
59.4	压密注浆设计原则	887
59.5	渗透注浆设计原则	888
59.6	旋喷注浆设计原则	896
59.7	振冲密实和振冲置换设计原则	901
59.8	强夯加固设计原则	905
59.9	深层土搅拌（DSM）设计原则	906
59.10	参考文献	909

第60章 承受循环和动荷载作用的基础 **911**

60.1	引言	911
60.2	循环荷载	911
60.3	地震效应	912
60.4	海工基础设计	920
60.5	机械基础	922
60.6	参考文献	924

第6篇 支护结构设计 **927**

第61章 导论 **929**

第62章 支护结构类型 **931**

62.1	引言	931
62.2	重力式支护结构	931
62.3	嵌入式支护结构	933
62.4	混合式支护结构	938
62.5	支护结构的对比	938
62.6	参考文献	940

第63章 支护结构设计原则 **941**

63.1	引言	941
63.2	设计理念	941
63.3	设计参数的选择	945
63.4	土体位移及其预测	949
63.5	建筑物损坏评估准则	951
63.6	参考文献	952

第64章 支护结构设计方法 **953**

64.1	引言	953
64.2	重力式挡土墙	953
64.3	加筋土挡墙	960
64.4	嵌入式挡墙	960
64.5	参考文献	971

第65章 支锚系统设计 **973**

65.1	引言	973
65.2	设计要求和性能准则	973
65.3	支锚系统类型	974
65.4	支撑	975
65.5	拉锚系统	977
65.6	预留土台	978
65.7	其他类型的支锚系统	980

65.8	参考文献	981

第66章 锚杆设计 **983**
- 66.1 引言 983
- 66.2 设计责任检视 986
- 66.3 挡土墙支护的锚杆设计 987
- 66.4 锚杆设计细节 989
- 66.5 参考文献 1001

第67章 支挡结构协同设计 **1003**
- 67.1 引言 1003
- 67.2 与结构设计及其他专业学科的配合 1003
- 67.3 抵抗侧向作用 1005
- 67.4 抵抗竖向作用 1006
- 67.5 用于支撑/抵抗底板下方竖向荷载的钻孔桩和墙基础设计 1008
- 67.6 参考文献 1009

第7篇 土石方、边坡与路面设计 **1011**

第68章 导论 **1013**

第69章 土石方工程设计原则 **1015**
- 69.1 历史回顾 1015
- 69.2 土石方工程的基本要求 1015
- 69.3 分析方法的发展 1016
- 69.4 安全系数和极限状态 1017
- 69.5 参考文献 1018

第70章 土石方工程设计 **1019**
- 70.1 破坏模式 1019
- 70.2 典型设计参数 1022
- 70.3 孔隙水压力和地下水 1025
- 70.4 荷载 1027
- 70.5 植被 1029
- 70.6 路堤施工 1030
- 70.7 路堤沉降和地基处理 1031
- 70.8 监测仪器设备 1034
- 70.9 参考文献 1035

第71章 土石方工程资产管理与修复设计 **1037**
- 71.1 引言 1037
- 71.2 土石方工程稳定性及性能演化 1039
- 71.3 土石方工程条件评估、风险消减与控制 1043
- 71.4 维护和修复工程 1045
- 71.5 参考文献 1055

第72章 边坡支护方法 **1057**
- 72.1 引言 1057
- 72.2 嵌固式支护 1057
- 72.3 重力式支护 1058
- 72.4 加筋/土钉支护 1059
- 72.5 边坡排水 1060
- 72.6 参考文献 1061

第73章 加筋土边坡设计 **1063**
- 73.1 简介和范围 1063
- 73.2 筋材类型和性能 1063
- 73.3 加筋的一般原则 1064
- 73.4 设计总则 1066
- 73.5 加筋土挡墙和桥台 1067
- 73.6 加筋土边坡 1072
- 73.7 基底加固 1074
- 73.8 参考文献 1076

第74章 土钉设计 **1079**
- 74.1 引言 1079
- 74.2 土钉技术的历史与发展 1079
- 74.3 适用于土钉的地基条件 1079
- 74.4 土钉成孔类型 1080
- 74.5 土钉的特性 1080
- 74.6 设计 1080
- 74.7 施工 1082
- 74.8 排水 1082
- 74.9 土钉防腐 1083
- 74.10 土钉试验 1083
- 74.11 土钉结构的维护 1083
- 74.12 参考文献 1083

第75章 土石方材料技术标准、压实与控制 **1085**
- 75.1 土石方工程技术标准 1085
- 75.2 压实 1094
- 75.3 压实设备 1098
- 75.4 土石方工程控制 1100
- 75.5 土石方工程的合规性测试 1102
- 75.6 特定材料的管理与控制 1105
- 75.7 参考文献 1111

第76章 路面设计应注意的问题 **1113**
- 76.1 引言 1113
- 76.2 路面基础作用 1114
- 76.3 路面基础理论 1115
- 76.4 路面基础设计回顾 1115
- 76.5 现行设计标准 1116
- 76.6 路基评估 1120
- 76.7 其他设计问题 1122
- 76.8 施工规范 1123

76.9	结论	1124
76.10	参考文献	1124

第8篇 施工技术 ... 1127

第77章 导论 ... 1129

第78章 招标投标与技术标准 ... 1131
- 78.1 引言 ... 1131
- 78.2 招标投标 ... 1131
- 78.3 技术标准 ... 1133
- 78.4 技术问题 ... 1134
- 78.5 参考文献 ... 1135

第79章 施工次序 ... 1137
- 79.1 引言 ... 1137
- 79.2 设计施工次序 ... 1138
- 79.3 场地交通组织 ... 1138
- 79.4 安全施工 ... 1138
- 79.5 技术要求的实现 ... 1140
- 79.6 监测 ... 1142
- 79.7 变更管理 ... 1142
- 79.8 常见问题 ... 1142

第80章 地下水控制 ... 1143
- 80.1 引言 ... 1143
- 80.2 地下水控制目的 ... 1143
- 80.3 地下水控制方法 ... 1145
- 80.4 截渗法控制地下水 ... 1145
- 80.5 抽水法控制地下水 ... 1147
- 80.6 设计问题 ... 1155
- 80.7 法规问题 ... 1158
- 80.8 参考文献 ... 1159

第81章 桩型与施工 ... 1161
- 81.1 简介 ... 1161
- 81.2 钻孔灌注桩 ... 1162
- 81.3 打入桩 ... 1175
- 81.4 微型桩 ... 1187
- 81.5 参考文献 ... 1192

第82章 成桩风险控制 ... 1195
- 82.1 引言 ... 1195
- 82.2 钻孔灌注桩 ... 1196
- 82.3 打入桩 ... 1200
- 82.4 识别与解决问题 ... 1203
- 82.5 参考文献 ... 1204

第83章 托换 ... 1207
- 83.1 引言 ... 1207
- 83.2 托换类型 ... 1207
- 83.3 影响托换类型选择的因素 ... 1210
- 83.4 托换和相邻基础的承载力 ... 1211
- 83.5 临时支撑 ... 1212
- 83.6 砂土和砾石土中的托换 ... 1213
- 83.7 地下水控制 ... 1213
- 83.8 与沉陷沉降相关的托换 ... 1214
- 83.9 托换的安全因素 ... 1215
- 83.10 经济因素 ... 1216
- 83.11 结论 ... 1216
- 83.12 参考文献 ... 1216

第84章 地基处理 ... 1217
- 84.1 引言 ... 1217
- 84.2 振冲技术（振冲密实和振冲碎石桩） ... 1217
- 84.3 振冲混凝土桩 ... 1229
- 84.4 强夯法 ... 1231
- 84.5 参考文献 ... 1238

第85章 嵌入式围护墙 ... 1241
- 85.1 引言 ... 1241
- 85.2 地下连续墙 ... 1241
- 85.3 咬合桩墙 ... 1246
- 85.4 排桩墙 ... 1250
- 85.5 板桩围护墙 ... 1250
- 85.6 组合钢板墙 ... 1254
- 85.7 间隔板桩墙（主柱或柏林墙） ... 1255
- 85.8 其他挡土墙类型 ... 1257
- 85.9 参考文献 ... 1258

第86章 加筋土施工 ... 1259
- 86.1 引言 ... 1259
- 86.2 施工前阶段 ... 1259
- 86.3 施工阶段 ... 1260
- 86.4 施工后阶段 ... 1264
- 86.5 参考文献 ... 1264

第87章 岩质边坡防护与治理 ... 1265
- 87.1 引言 ... 1265
- 87.2 管理对策 ... 1266
- 87.3 工程解决方案 ... 1267
- 87.4 维护需求 ... 1270
- 87.5 参考文献 ... 1272

第88章 土钉施工 ... 1273
- 88.1 引言 ... 1273
- 88.2 平面布置 ... 1273
- 88.3 边坡/场地准备 ... 1275

88.4	钻孔	1276
88.5	土钉增强体安放	1277
88.6	注浆	1277
88.7	完工	1278
88.8	边坡面层	1278
88.9	排水系统	1280
88.10	检测	1281
88.11	参考文献	1282

第 89 章　锚杆施工　1283

89.1	引言	1283
89.2	锚杆应用	1283
89.3	锚杆的种类	1284
89.4	锚杆杆体	1285
89.5	各种地基类型的施工方法	1286
89.6	锚杆检测与维护	1290
89.7	参考文献	1291

第 90 章　灌浆与搅拌　1293

90.1	引言	1293
90.2	渗透灌浆	1294
90.3	劈裂灌浆和补偿灌浆	1297
90.4	压密灌浆	1298
90.5	高压喷射注浆法	1300
90.6	搅拌	1303
90.7	灌浆和搅拌的质量检验	1308
90.8	参考文献	1310

第 91 章　模块化基础与挡土结构　1313

91.1	引言	1313
91.2	模块化基础	1314
91.3	场外建造方案的合理性	1314
91.4	预制混凝土系统	1315
91.5	模块化的挡土结构	1319
91.6	参考文献	1319

第 9 篇　施工检验　1321

第 92 章　导论　1323

第 93 章　质量保证　1325

93.1	引言	1325
93.2	质量管理系统	1325
93.3	岩土工程规程	1325
93.4	驻场工程师的作用	1326
93.5	自行检验	1326
93.6	查找不合格项	1327
93.7	鉴定调查	1329
93.8	结论	1330
93.9	参考文献	1331

第 94 章　监控原则　1333

94.1	引言	1333
94.2	岩土工程监测的优势	1333
94.3	使用岩土工程仪器来策划监测方案的系统方法	1336
94.4	规划监测方案的系统方法示例：对软土地基上的路堤使用岩土仪器	1340
94.5	执行监测方案的一般准则	1342
94.6	小结	1346
94.7	参考文献	1346

第 95 章　各类监测仪器及其应用　1349

95.1	概述	1349
95.2	地下水压力监测设备	1349
95.3	变形监测设备	1353
95.4	监测结构构件荷载和应变的仪器	1358
95.5	监测总应力的仪器	1361
95.6	仪器的一般作用，以及有助于解决各类岩土工程问题对应的仪器汇总	1362
95.7	致谢	1371
95.8	参考文献	1372

第 96 章　现场技术监管　1375

96.1	引言	1375
96.2	岩土工程监管的必要性	1376
96.3	现场岗位的准备工作	1378
96.4	现场施工管理	1380
96.5	健康和安全责任	1383
96.6	现场勘察工作的监督	1385
96.7	桩基施工作业的监管	1386
96.8	土方工程监管	1387
96.9	参考文献	1388

第 97 章　桩身完整性检测　1391

97.1	引言	1391
97.2	桩基无损检测的历史与发展	1392
97.3	无损检测（NDT）中桩身缺陷的研究进展	1393
97.4	低应变完整性检测	1394
97.5	声波透射法	1408
97.6	旁孔透射法检测	1412
97.7	高应变完整性检测	1413
97.8	桩身完整性检测的可靠性	1413
97.9	选择合适的检测方法	1418

97.10	参考文献	1418	99.12	钻孔泥浆	1453

第 98 章　桩基承载力试验　1421

- 98.1　桩基试验技术简介　1421
- 98.2　桩基静载荷试验　1422
- 98.3　双向荷载试验　1428
- 98.4　高应变动力试桩法　1430
- 98.5　快速加载试验　1433
- 98.6　桩基试验的安全性　1436
- 98.7　桩试验方法的简单总结　1437
- 98.8　致谢　1438
- 98.9　参考文献　1438

第 99 章　材料及其检测　1441

- 99.1　概述　1441
- 99.2　欧洲标准　1441
- 99.3　材料　1441
- 99.4　检测　1442
- 99.5　混凝土　1442
- 99.6　钢材和铸铁　1445
- 99.7　木材　1447
- 99.8　土工合成材料　1448
- 99.9　地基　1449
- 99.10　骨料　1451
- 99.11　注浆材料　1452
- 99.12　钻孔泥浆　1453
- 99.13　其他材料　1454
- 99.14　地基基础的再利用　1455
- 99.15　参考文献　1456

第 100 章　观察法　1459

- 100.1　概述　1459
- 100.2　观察法的基本原理及其应用的利弊　1461
- 100.3　观察法的概念和设计　1462
- 100.4　在施工期间实施计划的修改　1467
- 100.5　观察法的"最优出路"实施方式　1469
- 100.6　结语　1470
- 100.7　参考文献　1470

第 101 章　完工报告　1473

- 101.1　引言　1473
- 101.2　撰写完工报告的理由　1473
- 101.3　完工报告的内容　1475
- 101.4　质量问题的论述　1476
- 101.5　健康和安全问题的论述　1476
- 101.6　文件系统和数据保存　1477
- 101.7　小结　1477
- 101.8　参考文献　1477

索引　1479

下 册
岩土工程设计、施工与检验

Geotechnical Design, Construction and Verification

第 5 篇　基础设计

主编：安东尼·S. 欧布林（Anthony S. O'Brien）
译审：高文生　等

第 51 章 导 论

安东尼·S. 欧布林（Anthony S. O'Brien），莫特麦克唐纳公司，克罗伊登，英国
主译：高文生（中国建筑科学研究院有限公司地基基础研究所）

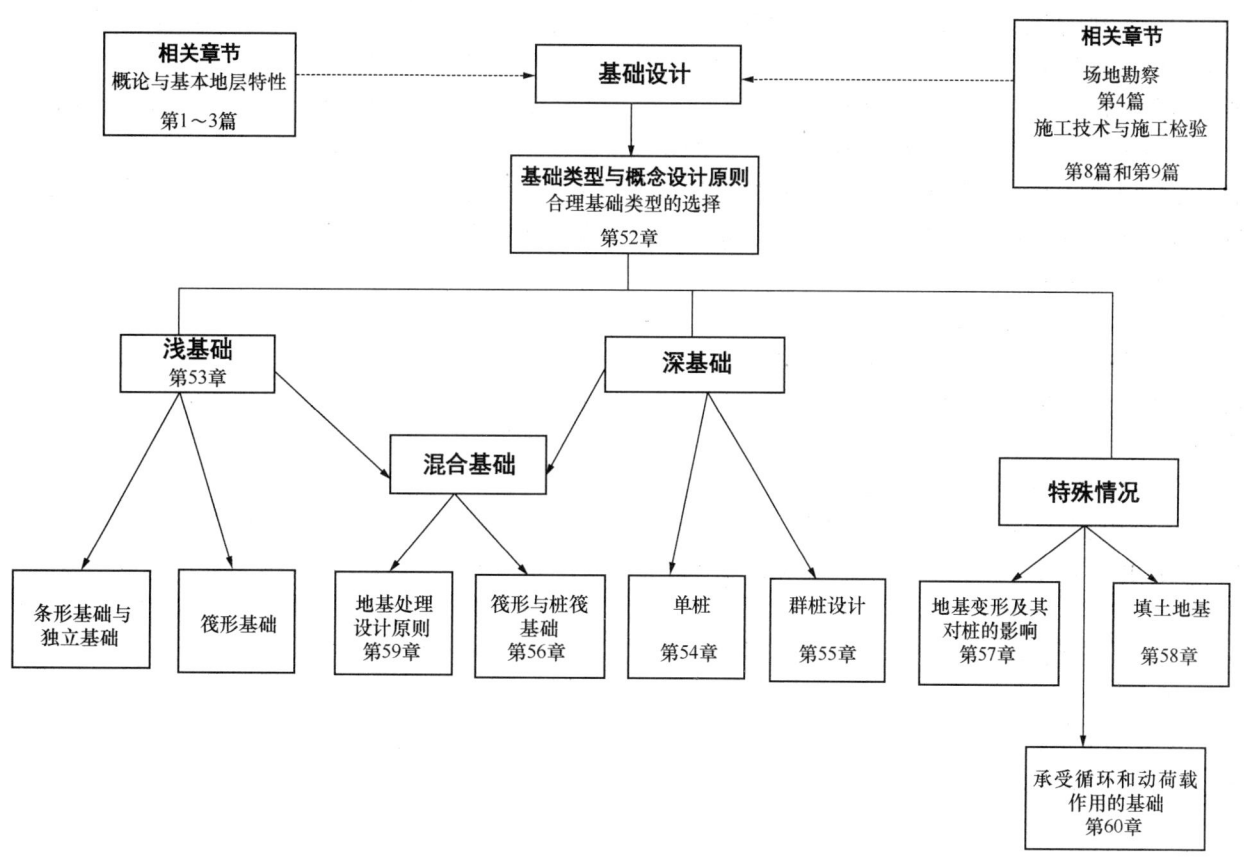

图 51.1　第 5 篇各章组织架构

图 51.1　展现了第 5 篇 "基础设计" 的内容目录与提纲。

基础设计通常分为两大类：浅基础和深基础，本篇内容也按此分类。在现代基础工程中，可能需要考虑第三类：混合类。混合基础有其独特性，即其设计需要综合考虑浅基础和深基础的承载特性。深层地基加固和桩筏基础都属于组合基础的例子。

最后一章，特殊情况包括填土地基建筑，地基整体变形对深基础的影响，以及承受循环和动荷载的基础，包括地震。

与手册的其他篇一样，本篇也旨在为执业工程师提供指导。考虑到本篇内容涉及面广，以及基础设计人员可能遇到的各种各样的地基条件和结构形式，因篇幅所限，本篇不可能对上述内容全面深入展开。本篇内容提纲如下：

- 一个好的设计应遵循的基本原则；
- 需要考虑的地基及地基-结构相互作用行为的关键机制；

第5篇 基础设计

- 常规的设计方法；
- 需要在设计的不同阶段综合考虑的各专业要求。

并需提供以下资料：

- 用于详细研究的参考资料；
- 聚焦关键问题的经典案例。

在此引用太沙基在1936年说的一段话：

"如果有人指望从土力学中得到一套简单、固定、快速的沉降计算规则，那他一定会大失所望，因为问题的本质决定了不可能存在这样的规则。"

因此，基础设计人员必须仔细分析可能产生的变形及施工过程中与完工后可能发生的失效机理；然后编制一份需要研究和解决的问题清单。

在过去的几十年里，基础工程有了巨大的发展。尽管有了这些发展，失败工程仍然时有发生，也有许多过于保守的设计案例和施工质量差的工程。导致这些问题的原因有商业因素也有技术因素。技术方面的问题主要有：

（1）没有认识到岩土工程是一个过程，工程成功与否取决于从设计到施工的一系列相关环节完成的好坏。

（2）在地基风险管控方面有一个系统完整的方法，这个方法的核心框架就是"岩土工程三角形"。了解场地的形成过程和地下水状况至关重要。

（3）不同设计团队和施工单位之间的良好沟通。

（4）建立起良好的地基－结构相互影响的理念，岩土工程师与结构工程师尽早沟通讨论非常重要，以便更好地了解拟建工程整体情况。尤其对于基础优化设计，及早沟通讨论是设定一个符合实际（不是主观或通常过于保守）的基础位移限制值的最佳时机。

（5）对既有类似的基础变形案例有一个很好的了解，并仔细评估确定稳定性分析的相关参数，特别是基础变形相关的参数。复杂的分析不能代替设计参数的准确选择，而应建立在良好的设计和有监理的现场勘察基础上。

第9章"基础的设计选型"对这些内容有过介绍，但在第5篇中则阐述得更为详尽。

虽然这是一种简化，但客观地说，常规的现场勘察和分析方法会导致：

（1）对于像坚硬的黏土这样严重超固结的土，基础设计过于保守；

（2）对于像软黏土这样正常和轻微超固结的土，基础设计偏于不安全。

现场勘察和岩土工程分析技术的现代化发展能够避免这些问题，尽管这些现代技术在土木工程行业中还没有得到充分应用。第5篇中的这些章节重点介绍了那些足够成熟可用于常规勘察的现代技术。希望第5篇的内容能够促进基础设计人员实际操作水平的提高。

译审简介：

高文生，博士，研究员，中国建筑科学研究院有限公司专业总工程师、地基基础研究所所长。

第52章 基础类型与概念设计原则

安东尼·S. 欧布林（Anthony S. O'Brien），莫特麦克唐纳公司，
　　克罗伊登，英国
主译：杨生贵（中国建筑科学研究院有限公司地基基础研究所）
参译：杨鹏程
审校：滕延京（中国建筑科学研究院有限公司地基基础研究所）

doi: 10.1680/moge.57098.0733

目录

52.1	引言	705
52.2	基础类型	706
52.3	基础选择——概念设计原则	707
52.4	基础允许变形	719
52.5	设计承载力	724
52.6	参数选择——基础说明	725
52.7	基础选择——历史案例简介	731
52.8	总体结论	735
52.9	参考文献	735

基础主要类型有：浅基础（扩展基础，条形基础，筏形基础）、深基础(桩基，沉井，异形截面桩)和混合式基础(深层地基改良，桩筏)。 基础工程涉及地质学、水文地质学和结构工程等较多学科。 基础的性能不仅取决于设计，还取决于建造。设计过程需要良好的管理，以确保不同的设计团队之间、设计和施工之间有良好的沟通配合。 本章提供了一个选择最适合基础类型的框架，即"5S"（Soil—土；Structure—结构；Site—场地；Safety—安全性；Sustainability—可持续发展）方法。
基础变形允许值是决定基础类型、尺寸和费用的关键因素，本章提供了对变形限值的指导建议。 参数选择通常较为困难，本章描述了关键资料的需求。

52.1 引言

本章概述了常用的基础类型，以及在选择特定的基础类型之前需要考虑的主要因素。

基础工程要求具备以下知识：

- 岩土工程；
- 施工方法；
- 地基基础-结构相互作用。

派克（Peck）教授（1962）概述了岩土工程所需的三个知识领域：

（1）对已有案例的了解，即对历史案例的了解；

（2）地质学应用知识；

（3）熟悉土力学。

在大多数情况下，基础根据场地地质、结构特性和场地的特殊限制条件进行设计。分析的目的是检查拟定基础设计方案是否合理。虽然分析工作至关重要，但它只是整个设计过程的一部分。

许多年轻的土木工程师会对上述第（3）项知识领域有所了解，但他们必须努力拓展上述第（1）和第（2）项的知识。地质学（包括水文地质学）非常重要，可以用来评估特定的场址与基础工程相关的风险。在进行任何分析（包括复杂的计算机建模）之前，须进行简化。场地地质和水文地质必须在项目中尽早考虑和了解，应与有经验的地质学家进行讨论。应查阅相关技术文献，特别是当地案例。这样做可以判断特定计算方法中某些假设是否适当，并评估与计算预测有关的可能错误。案例历史知识可能是这三个属性中最重要的，因为这使工程师能够理解：

（1）在过去哪些有效，哪些无效；

（2）特定建设活动和随后性能影响的重要方面；

（3）已有经验可与较可靠的方法进行对比；

（4）当拟定的建设活动超出以前所尝试的范围时——这就需要特别努力和听取专家意见，以便安全地开展设计。

基础是一种结构构件，支承上部建筑结构。因此，还需要认识结构荷载的来源和性质，结构对基础变形的承受能力，以及了解基础与结构的相互作用。最后，必须实现基础的经济性和安全性。因此，设计师需要熟悉施工方法和设备才能做出实用的设计。

基础设计人员需要拥有极其全面的专业知识，一般人很难做到。作者还没有遇到过对所有这些问题都了如指掌的人。因此，最重要的是基础设计工程师必须准备提出问题，并与其他设计和施工专家

（如地质学家、结构和材料工程师、专业分包单位等）讨论这些问题。良好的基础设计通常是多学科团队共同努力、相互交流得出的结果。

52.2 基础类型

基础有两种主要类型：浅基础和深基础。在改良地基上建造的基础可以被认为是浅基础和深基础的组合，地基改良设计需要考虑其他的控制条件。表52.1概述了不同基础类型的优缺点。

（1）浅基础：一般包括扩展基础、条形基础或筏形基础，见图52.1。扩展基础（图52.1a）可以是方形、圆形或矩形。扩展基础通常只支承一根或两根柱子。条形基础（图52.1b）通常用于支承承重墙或若干间距较小的柱子。条形基础的长度远大于其宽度。筏形基础（图52.1c）可以支承整个结构或结构的大部分。"补偿"式筏基（也被称为"浮式"筏基）是一种特殊类型的筏板基础。它包括一个空腔，从而减少基础下地基承受压力的"净"增加量（第52.5节）。与常规筏板相比，这将增大抵抗承载力破坏的安全系数，减少基础沉降。浅基础的结构形式各不相同，扩展基础和条形基础可以是大体积素混凝土或钢筋混凝土，而筏形基础通常是钢筋混凝土。地基抵抗结构荷载的抗力主要是由基础下的持力层提供。浅基础通常使用简单的开挖设备和一般的人工施工。Tomlinson等（1987）对低层建筑的常规基础设计提出了实用的建议。

（2）深基础：对于大多数常规结构，深基础应用桩基础，参见图52.2。虽然桩通常分为预制桩和钻孔桩，但是桩有许多不同类型，在第54章"单桩"中进行讨论。桩基施工是一项专业施工，只有拥有适当设备和经验的承包商才能进行。

桩基的布置可以有很大的不同，从单柱单桩到通过桩承台（将荷载从结构直接转移到桩上）支承整个结构数量较大的群桩。对于传统设计的群桩，假定全部荷载由桩承担。

深基础还包括异形截面桩、沉井和沉箱，其往往是为特殊情况定制的基础。与常规截面桩相比，沉箱、异形截面桩、沉井的直径或截面相对于它们的深度通常较大。异形截面桩的平面是几个矩形的组合，可用地下连续墙施工。沉井和沉箱平面均为圆形，但它们通常是由不同的方法建造的。沉井可以用人工挖，也可以用反铲挖掘，使用预制混凝土环或现浇混凝土衬砌，从上至下开挖施工。沉箱通常是加压、挖土和周边润滑（使用膨润土）一起顶入或埋入到位的。无论是桩基础还是深的沉井，荷载都是通过沉井或桩的侧阻力和端阻力传递到地基。

桩筏是一种将结构荷载通过筏板（浅基础）和桩（深基础）传递到地基上的混合式基础。桩筏和常规群桩的主要区别是，桩基的设计是为了最大限度地发挥其极限承载力，起到减少沉降作用，而筏板提供了适当的整体抗承载力破坏安全系数。与常规群桩相比，桩筏基础群桩间距较大，桩数较少（图52.3）。桩筏设计需要专家的参与。

（3）改良地基上的基础：一般而言，改善地基的目的是增加拟建结构下方地基的强度和刚度，然后在改良地基上建造多层结构基础（图52.4）。在结构基础下面，粗颗粒垫层（有时用土工格栅加固）经常被用来将荷载传递到加固结构（图52.4）。地基改良的机理通常是：

① 整体加固——通常用于黏土、粉砂或人造地基。在可压缩层中加入了大量的刚性材料。

② 加密——通常用于砂或砾石。压实过程使土颗粒重新排列成一种更致密的状态。

加固：采用碎石桩或深层土搅拌等技术，通过专业设备引入更强的材料来替代较软的可压缩材料。这些较强的材料承担了大部分基础荷载。但剩余的较软可压缩材料也将承受一些基础荷载，因此术语叫"加固"。值得注意的是，加强材料通常具有可忽略不计的抗拉性和抗弯性。有时，像碎石圆柱这样的加固材料被称为"石桩"；然而，这是非常不正确的和误导性的。建在改良地基上的基础与桩基础有很大不同（图52.5）。

加密：低粉砂或黏土含量的松散砂土，可被压实成较密实的状态。一旦密实，砂土将成为更高承载能力的土层，能够直接承受基础荷载。因此，传统的浅基础可以放在密实层上。可以通过很多的专业设备进行加密。加密工程的关键问题通常是可达到的相对密度与保证地基沉降可接受的相对密度的比较。

地基改良的成功与否（无论是通过加固还是密实化）与地层剖面和地基土宏观结构的性质是紧密相关的。例如，如果砂是均匀的，粉砂或黏土含量较低，通过振冲密实可能是很简单的。如果砂土中有大量的淤泥或黏土，压实就会困难得多，而且往往效果较差。这些地基土特征很容易被常规勘察钻孔和离散的间隔取样所忽略。在地基改良设计中，连续取样或原位测试（如静力触探试验）通常是非常有益的。类似的思考也适用于加固技术。为验证地基改良效果而进行的质量控制和现场试验是地基改良工程的重要组成部分。

52.3 基础选择——概念设计原则

52.3.1 资料需求及基础设计流程

图52.6概述了项目各阶段设计和建造基础所遵循的典型资料需求、设计可交付成果（报告等）。在早期阶段，关键问题是：

（1）场址工程地质，水文地质及历史：场地下主要沉积物的地质年代及沉积环境如何？随后可能发生的变化（例如：滑坡，人类的影响）？

（2）将建造什么？结构形式、可能的施工方法、主要场地限制、荷载、主要约束条件（例如：允许的结构变形）？

（3）工程知识：我们现有的知识有哪些？例如：相关技术文献、优秀案例、当地习惯、经验或专长。

将现有数据整理成案头研究报告是管理项目地基风险的一种重要的和经济的手段。在没有适当案例研究的情况下，仅依靠钻孔资料可能是非常危险的。从案例研究可以确定主要的地质危害，并可以评估地基性状的关键特征。这将为侵入式勘察的设计提供依据（参见第40章"场地风险"、第41章"人为风险源与障碍物"、第43章"前期工作"、第44章"策划、招标投标与管理"）。通常情况下，设计师"继承"已有或邻近项目和研究的现场勘察报告。在当前项目需求的背景下，评估这些资料的范围、充分性和可靠性是非常重要的。如果建筑物结构位置变化或荷载非常大或允许变形很严格，那么可能需要补充现场勘察（可能使用更复杂的勘察调查技术）。

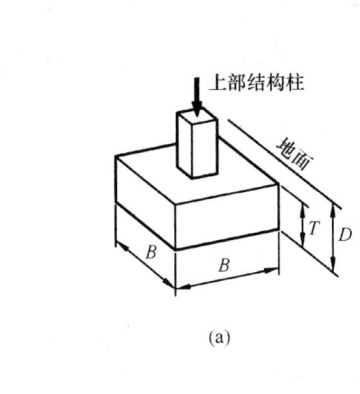

(a)

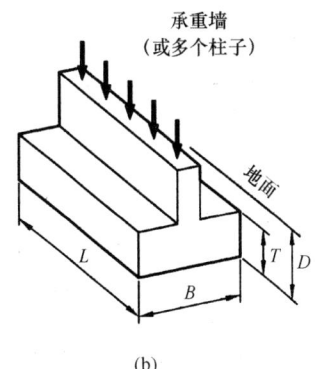

(b)

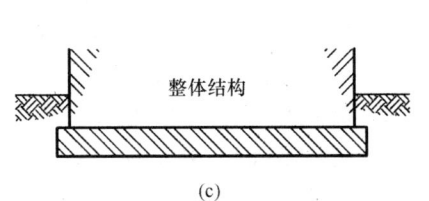

(c)

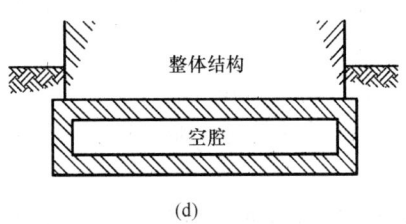

(d)

图52.1　浅基础类型

(a) 扩展基础；(b) 条形基础；(c) 筏形基础；(d) "补偿"筏形基础

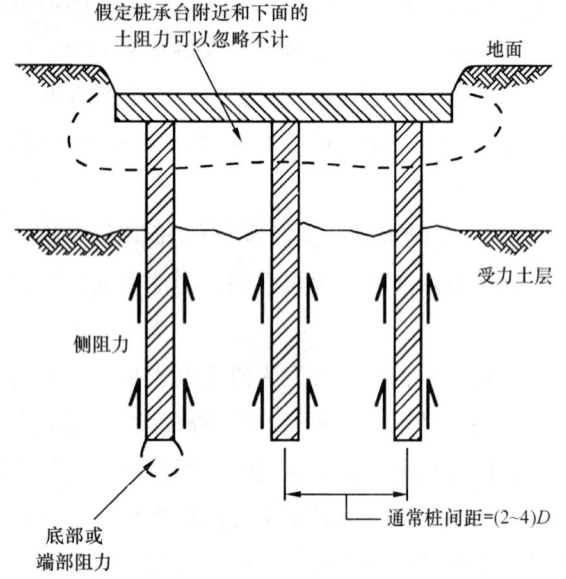

图52.2 深基础，常规群桩

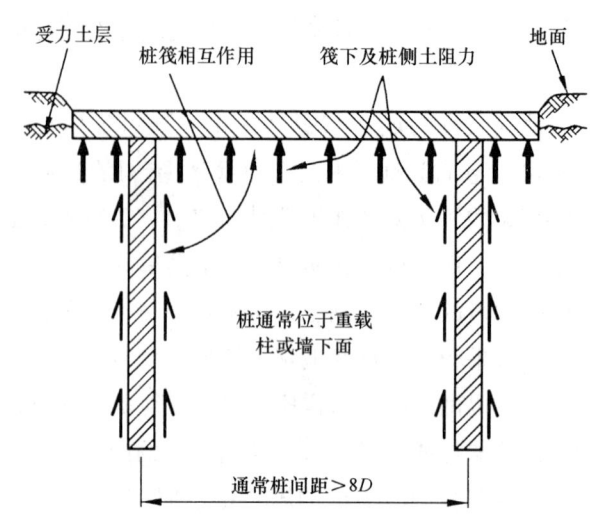

图52.3 混合式基础，桩筏

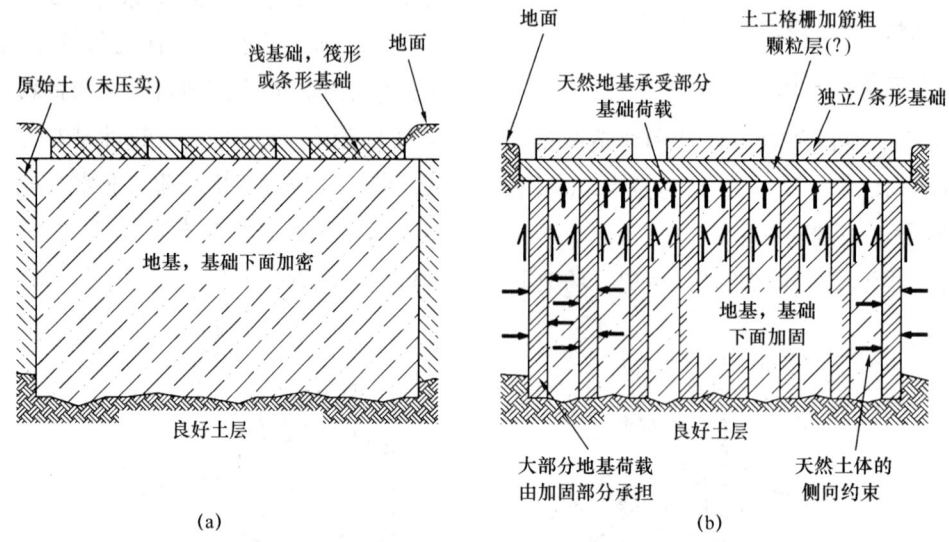

图52.4 混合式基础——深层地基改良
(a) 通过加密进行土体改良；(b) 通过加固进行土体改良

基础设计是一个反复研究的过程。一旦获得了场地的相关信息，就应该在平面上和垂直截面上总结关键数据。按比例尺绘制，至少应根据适当的调查基准点绘制以下特征：

（1）已有和拟建的场地地基情况；

（2）任何已有和邻近的建筑物和地下设施情况；

（3）地基剖面，地层边界（包括测试中选定的地基土性质）；

（4）地下水位；

（5）拟建结构及基础位置概况；

（6）列出主要场地的限制条件和危害。

根据对场地条件、结构类型和关键场地限制的了解，有经验的工程师应该能够确定合理的基础方案。然后进行分析，以检查稳定性和基础变形。如果不能接受，则会修改设计（例如，加深桩基或拓宽浅基础），并重新检查。考虑不同的选择是很常见的。一旦确定了在技术上可以接受的基础方案，就会对费用进行评估。在整个概念设计过程中，需要考虑如何最好地管理不确定性，以尽量减

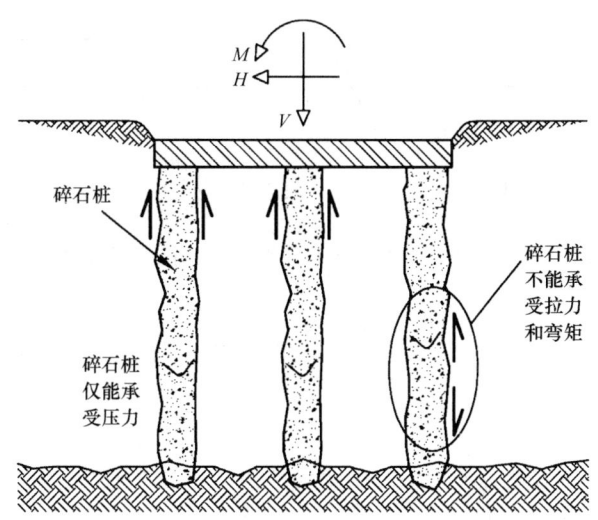

图 52.5　地基加固作为一种加固方法，其抗弯、抗拉能力有限

少风险，以及概念的可建造性（本质上"可建造性"是考虑提出的设计在建造时如何简单、快速和安全）。一旦确定了可以接受的基础设计，就会进行更详细的分析，以便最终确定设计内容，并准备施工图纸和专业说明。地基风险的性质通常会影响特定场地建设标准的制定，这可能需要有经验的工程师或地质学家在关键施工阶段进行观察或特定的现场测试。

设计图纸发布时，基础设计过程并未结束。考虑到与地基条件变化相关的不确定性，以及不同施工过程可能影响后续地基状况，这需要设计师有机会验证关键的设计假定。然而，在某些形式的现行合同和采购（如设计和建造）中，设计师很难获得足够的现场监督机会，但还是需要做到这一点。

52.3.2　常规考虑

任何基础设计都必须考虑以下因素：
（1）可接受的稳定性和变形；
（2）风险管理；
（3）建设成本和方案。

不同基础类型的优缺点　　　　表 52.1

基础类型	优点	缺点
扩展/条形基础	（1）结构简单； （2）费用少且施工快	（1）合适的底层①，必须接近地表（一般不超过 3m 或 4m）； （2）如果地下水位在基础之上，且有透水层，则施工时需要设置截水帷幕或降水； （3）如果施加的荷载包括较大的水平力或倾覆力矩，则应用范围有限； （4）当施加荷载在结构上的分布不均或地基条件有差异时，结构容易产生较大的差异沉降； （5）间距很近的相邻基础之间是否存在相互作用
筏形基础	（1）构造简单； （2）不需要专业设备和分包单位； （3）如果有足够的刚度，则可显著减小差异沉降； （4）可以"搭桥"跨过所处的软土区	（1）如上所述； （2）如上所述； （3）由于挖掘面积大，因而产生大量的废弃物（特别是挖掘出的土已被污染）； （4）压力显著增加时深度影响相当大，是否影响其他地下基础设施？影响深度内是否存在薄弱夹层； （5）需要仔细检查筏板变形，变形是否可以接受
浅基础共同点	（1）简单； （2）在适当的条件下造价低	（1）若场地受地基"整体"变形影响，则不适合②； （2）如果基础处于含水率受季节变化或冻土层影响范围，靠近河流潜在的冲刷深度，可能需要过大的深度③； （3）不适当的基础深度会导致现有基础、公用设施、道路、运河、铁路等的破坏

续表

基础类型	优点	缺点
桩基础	（1）桩的类型、直径、长度较多，可以抵抗很大的荷载； （2）如果近地表的地层很软或厚度变化，那么可以很容易地调整桩长满足要求； （3）如果近地表地层受到污染，则可以通过选择适当的桩型来减少接触； （4）若场地边界限制了浅基础宽度，则桩基础可能更为适宜； （5）可以抵抗水平荷载和弯矩荷载作用（群桩可能比单桩更合适）	（1）可能相对造价高； （2）施工需要专业分包，施工顺序可能会变得复杂； （3）地基和地下水条件的局部变化会对打桩施工产生不利影响，应考虑施工技术和造价的影响； （4）施工方法、施工设备和关键工序的把握对桩承载力有显著影响； （5）试桩费用和时间； （6）桩施工可能会对邻近建筑物、公用设施等造成不利影响
异形截面桩、沉井和沉箱	（1）可为"特殊"结构提供较高承载能力的基础； （2）可以提供相对较高的抗弯刚度/能力，以抵抗大的水平荷载或倾覆力矩； （3）沉井在适当的情况下，可提供较高能力的基础	（1）建设过程可能比较复杂或昂贵； （2）设计和施工需要专家参与，某些特殊技术通常供不应求； （3）验证设计时的假设可能具有挑战性； （4）变形需要仔细评估，常规分析方法可能并不适用
深层地基改良	（1）可以在较差的地质条件下建造具有较高要求的基础； （2）现有技术种类繁多，可以对各种地基条件进行改进； （3）该技术具有优化原地基的特性，因此是一个"可持续的"解决方案，具有相对低的碳排放	（1）对非专业人士来说，很难理解各种技术，因此，选择合适的方法是有挑战性的； （2）地基改良的有效性对地基条件的局部变化以及"工艺"、安装方法和设备的变化非常敏感； （3）需要大量的工作来验证地基改良的有效性（在成本/时间和复杂性方面），这常常会被低估
桩筏基础	（1）比传统设计群桩更经济； （2）由于要设置的桩数少，施工速度快； （3）在柱荷载作用下，适当布置桩位，可以显著降低筏板结构受力，从而使筏板更薄，钢筋更少	（1）进行复杂的地基与结构相互作用分析，需要专家参与； （2）由于上述第（1）项，故需要更详尽的地质勘察和地质条件分析； （3）筏板性能很重要。因此，对于筏基，需要在地表以下合理深度并具有合适的持力层； （4）由于上述第（3）项，如果邻近的建筑活动导致筏板地基"破坏"，则该方法可能不适合

① "适合的土层"取决于基础的荷载和允许变形。一般来说，适合的土包括硬黏土，或中等密度到非常密的砂土。
② 地基整体变形可能是由各种各样的原因引起的，这些原因与拟建的基础荷载无关，参阅第53章"浅基础"。例如：老矿井巷道的存在、溶蚀、相邻边坡的滑动等都可能导致地基"整体"变形。
③ 当地建筑法规和规范给出了冻结的最小深度和季节含水量（孔隙水压力）变化，也参阅第53章"浅基础"。季节含水量变化主要受现场植被类型的影响；如果高塑性黏土上有需要较大水量的树木，则影响可能非常显著（参见《国家房屋建设委员会标准》（NHBC Standards, 2003）和第53章）。

52.3.2.1 可接受的稳定性和变形

为安全地承受基础荷载，基础需要足够的安全系数来防止破坏，并且必须防止过大变形。需要考虑各种不同的崩塌或变形机制（图52.7）。独立存在的基础由于只受上部结构施加的荷载，是否可以不考虑崩塌或变形带来的问题值得研究。由于地层和地下水的性质、场地的位置（毗邻不稳定斜坡）、该场址的历史（例如，是否因采矿或采石而受到影响），或由于地区灾害（如地震、洪水等），可能存在其他的破坏和变形模式。在许多情况下，仅详细地分析是不合适的，而消除危险（例如重新选择基础位置、稳定地基、防止侵蚀等）是最好的方法。同时需要考虑场地的地基"整体"变形。图52.7（g）说明了一种常见的情况，即坡地需要开挖和填方，以创造一个水平场地

第52章 基础类型与概念设计原则

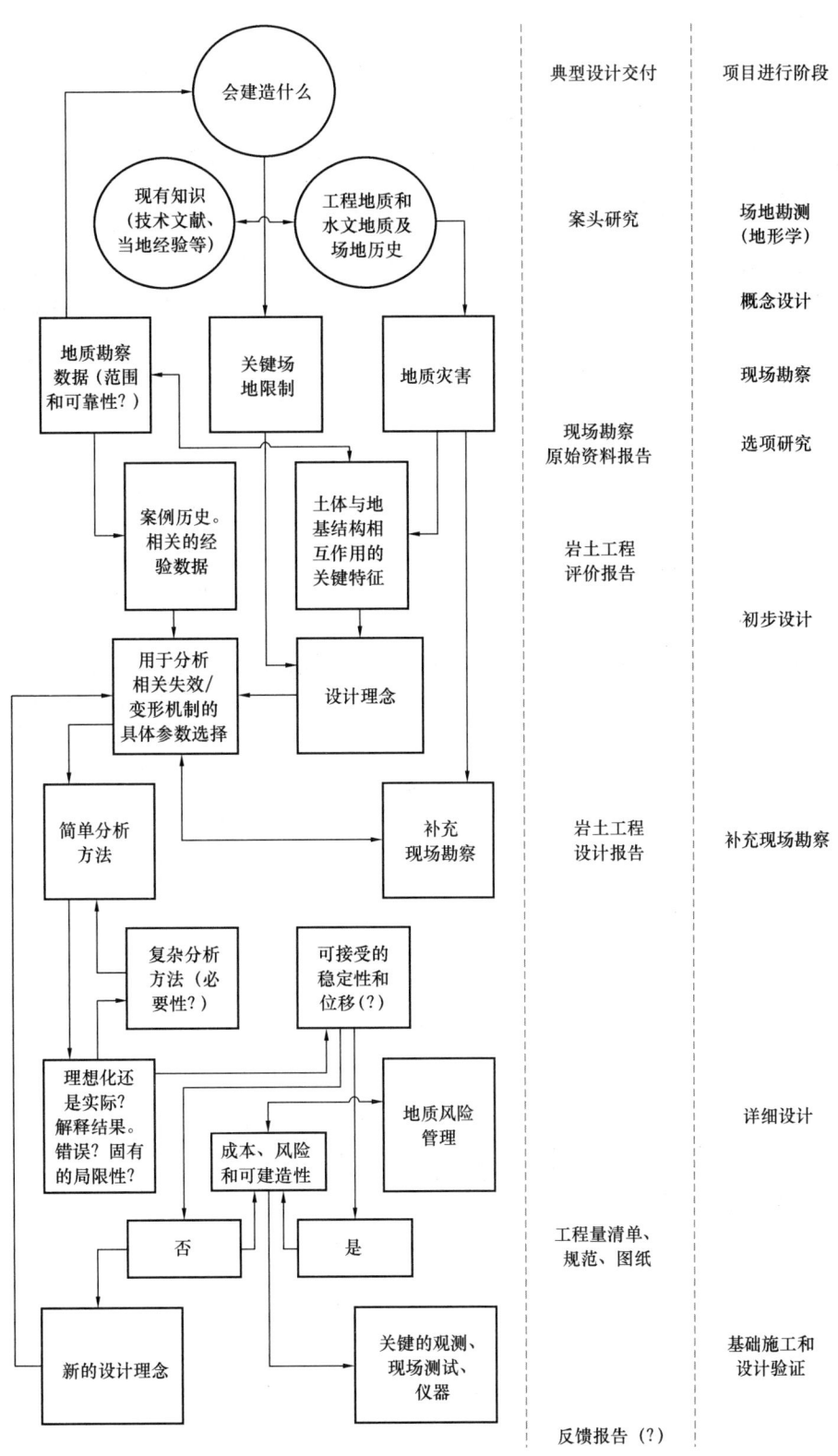

图 52.6 资料需求和基础设计流程

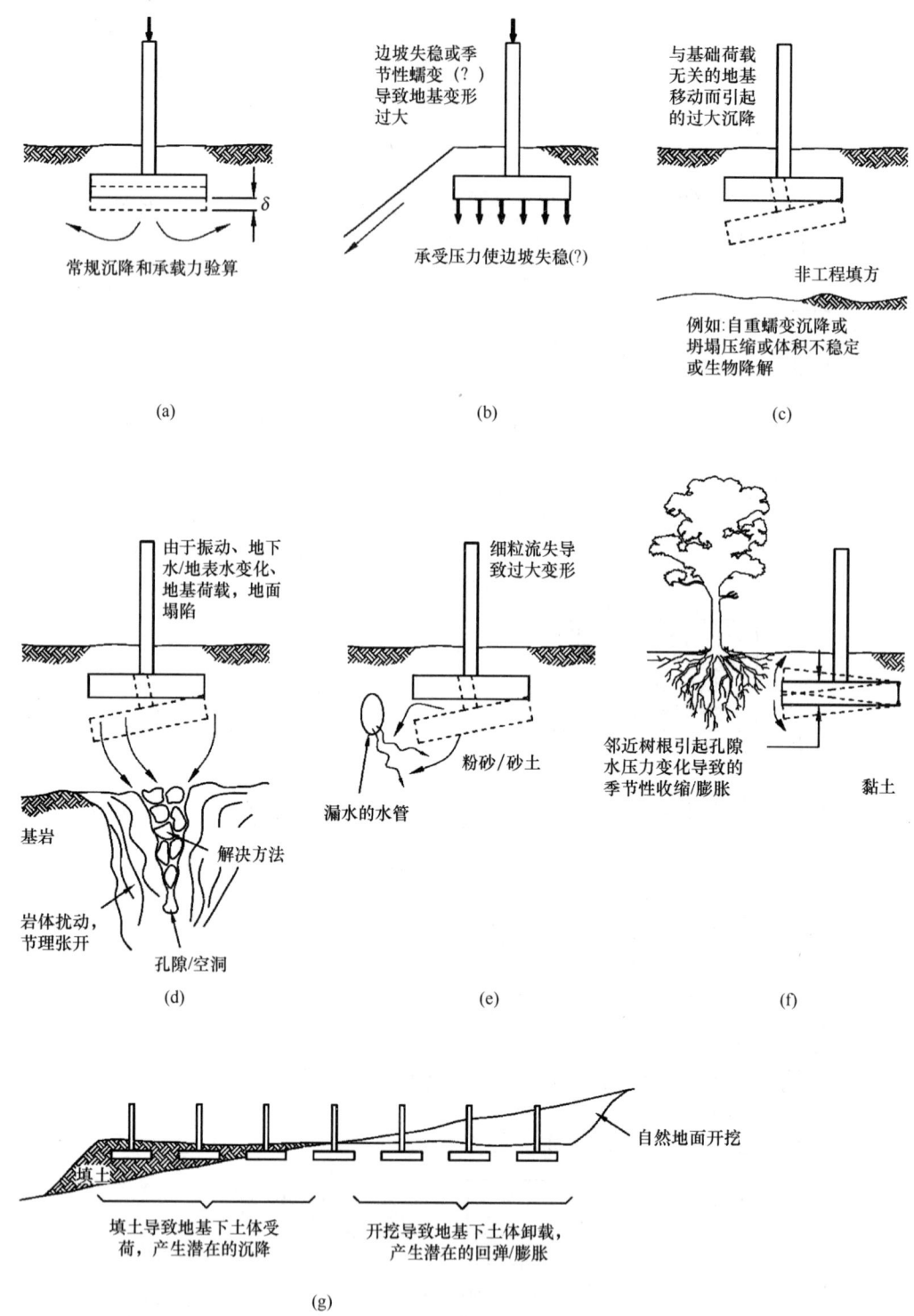

图 52.7 各种变形和破坏形式的案例

（a）在施加上部结构荷载下可接受的稳定性和变形；（b）与邻近边坡（或邻近挡土墙，地基等）的潜在相互作用；（c）与地基荷载无关的非工程填土过大变形；（d）由于溶蚀（或巷道）中的孔隙/空洞塌陷而造成的过度变形；（e）渗透侵蚀和细粒流失，造成过大变形；（f）树木的季节性收缩/膨胀；（g）地基"整体"变形，为形成水平场地进行挖掘/填方

注：这不是对所有潜在变形和破坏模式的全面总结。重要的是要认识到，有各种原因导致过大的变形/崩塌，其中一些原因与基础荷载无关。

来建造新结构。新结构的基础采用条形基础,在这种情况下,即使很好地设计和建造土方工程,还是会发生严重的地基整体变形,因为:

(1) 在填土区下方,由于填土的重量,下方天然土体的垂直应力将增加,这将导致沉降(除了由于条形基础承受压力造成的沉降)。

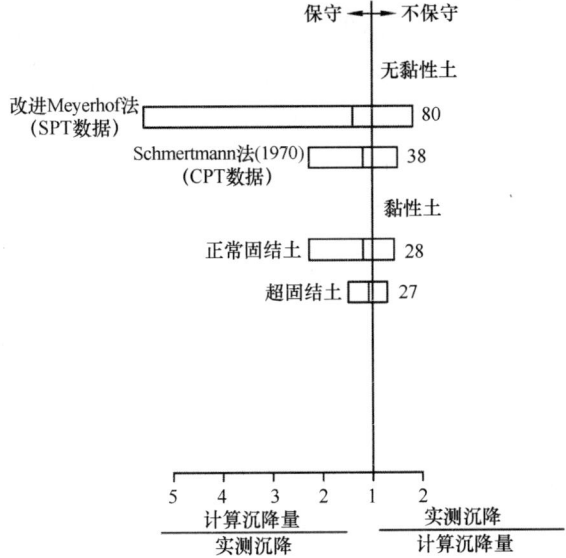

图 52.8 变形计算的可靠性

图中给出了扩展基础沉降的计算值与实测值的比较。每个条形图代表90%的置信区间(即90%的沉降预测将在这个范围内)。每个条形图中间的线表示平均预测值,右边的数字表示用于评估每种方法的数据点的数量。
基于 Burland 和 Burbridge(1984)、Schmertmann(1970)、Wahls(1985)、Butler(1975)的数据。

基础设计的典型安全系数　　表 52.2

失效模式	基础类型	历史经验:典型的整体安全系数	极限状态参数,如 EC7 中地基土强度的分项系数		
			$\tan\varphi$	c'	S_u
基础滑移	浅基础	1.5~2.0	1.25	1.25	1.4
承载力		2.5~3.5	1.25	1.25	1.4
整体稳定性		1.3~1.5	1.25	1.25	1.4
侧阻力	深基础	1.5~2.5	桩阻力		
			侧阻力	端阻力	
			根据桩型和测试情况有所不同		
桩端阻力	深基础	2.0~3.5			

安全系数选择时应考虑的因素　　表 52.3

特定场地因素	典型的问题
工程地质和水文地质的复杂性	地层是否均匀?地下水压力是否具有承压性或微承压性?地基土特性是否具有特殊性(例如超灵敏黏土)
强制性的设计标准	允许沉降非常小?水平位移或转动是否为关键值
失效的后果	潜在生命损失?主要的经济损失
施加荷载的性质	大而频繁的循环载荷?偶尔的风荷载?还是意外的冲击载荷
当地经验和案例历史数据的可用性	发表了什么?工程师根据过去的经验能知道什么
现场勘察的范围和可靠性	勘察和测试地点合适吗?有监督吗?对实际数据检查了吗
岩土工程风险等级	延性还是脆性破坏?土-结构相互作用的复杂性
建设的不确定性	设计假设可以被验证吗?现场监督的水平和质量?基础对工艺的内在敏感性如何

(2) 与(1)类似,在开挖区下方,下方天然土体的垂直应力将减小,从而导致回弹和膨胀。这可能比由条形基础承受压力引起的沉降都要大,并可能导致基础的上浮。

基础的变形计算需要考虑开挖和填筑活动所引起的应力变化,以及条形基础荷载直接引起的应力变化。填方区域下的基础可能会有较大沉降,开挖区域的基础可能会产生较大的向上变形。因此,在开挖和填方区交界处可能出现显著的变形差异。变形取决于:自然土体的压缩性和刚度;所需开挖和填土面积;浅基础的平面尺寸和基础承载力的大小。如果变形差异过大,则可考虑:结构设变形缝;结构重新选址,使其要么完全位于填方区,要么完全位于挖方区;使用筏形基础而不是扩展基础或条形基础;打桩。选择桩时,桩身设计应考虑填土区的负摩阻力和挖方区的张力。非基础荷载引起变形的原因,与一些土、岩石和填方有关,相关问题在第3篇"特殊土及其工程问题"、第40章"场地风险"和第41章"人为风险源与障碍物"中进行了讨论。

在整个结构的设计寿命中,基础变形必须在可接受的范围内,允许变形通常是控制设计的标准。历史上,人们对变形计算的可靠性几乎没有信心。图52.8提供了在一系列地基条件下几种不同基础的计算和实测沉降之间的比较。由此可见,实际沉降量与预测值可能存在较大差异。因此,为了控制基础变形,规程常推荐较大的安全系数。最近,基于极限状态的规程已经发布[例如,《欧洲标准7》(Eurocode 7,简称EC7)],其中对各种破坏模式(例如,承载能力极限状态)的分项安全系数低于以前推荐值,见表52.2。表52.3概述了在选择安全系数前应考虑的现场特定问题。法规中给出的安全系数是最小值,如果存在较大的不确定性,则可能需要更大的安全系数。在有利的情况下,新的基于极限状态的规范可以促进设计更经济。然而,当使用极限状态参数时,设计者需要进行更多的判断,特别是关于变形计算的可靠性(正常使用极限状态)。例如,自20世纪80年代以来,对应力单调增加的超固结黏土变形刚度特性的认识有了很大的提高,相反,受周期性变化荷载作用基础的变形特性仍然存在很大的不确定性。

评估变形特性的首要因素是对过去基础性能观测结果的了解。这一经验需要在类似工程地质和水文地质条件下,对类似基础类型在类似荷载作用下的基础性能进行仔细分析,才能具有实际价值。案例历史数据可以用来校准提出的计算模型,在实际应用中,模型需要尽可能简单,同时仍能体现土-基础相互作用的关键特征。如果需要在现有的知识数据库之外进行推断(例如,由于基础的负荷、规模或复杂性等),就需要非常小心。在这种情况下,可能需要专家建议、特殊调查、现场试验等。当使用过去的数据库和相关的计算模型时,验证地基情况与考虑的场地是否相关是至关重要的。例如,Burland and Burbidge (1984) 开发了一种计算硅砂沉降的经验方法,使用这种方法来计算不同矿物质砂(如钙质砂或云母砂)的沉降是相当危险的。

52.3.2.2 风险管理

需要对基础施工期间和之后的风险进行评估和管理。风险可以有很多不同的类型:

- 健康和安全;
- 技术问题,例如地基、地下水和基础性能;
- 基础施工人员的能力;
- 环境;
- 经济性(方案和成本);
- 设计联络(沟通)。

由于需要评估的问题范围广泛,通常由包括岩土工程师和结构工程师在内的项目团队主要成员参加的风险研讨会对项目风险进行正式评估。此外,在项目的早期阶段,实施"同行协助"(Powderham, 2010; SCOSS, 2009)是有帮助的。同行协助包括1~2名高级工程师对现有的项目数据(包括案例分析和地基勘察数据)、项目概要和限制条件进行积极主动的独立审查,并评估由项目设计师确定的基础工程方案。对风险记录的审查以及质疑设计师使用的假设和设计方法也是同行协助的重要方面。同行协助最好在项目设计团队的工作环境中进行,持续时间从简单项目的半小时到复杂项目的几天不等。

岩土工程三角形是地基风险管理的一个有价值的框架。在第4章"岩土工程三角形"中介绍了岩土工程三角形,在第9章"基础的设计选型"中讨论了岩土工程三角形及实际应用。三角形的各个要素都必须考虑。如果三角形的一个或多个要素被忽略或实施不当,那么基础失效的可能性就会增大。识别地基风险需要深入了解地层特性(考虑场地历史、工程地质和水文地质的情况下)和设想的施工过程。

不确定性是基础工程的一个重要组成部分。因此,有必要意识到哪些可能会出错并评估后果。风险管理最关键的内容是确定可在现场验证和实施切实可行的降低风险的措施。稳妥的设计应该是使基础对地基或地下水条件的微小变化相对不敏感。建筑尤其是地下建筑,很少是完美的。因此,设计应该是简便容易操作,允许工艺有正常的施工偏差。基础设计师通常需要做多个假设,并且在基础施工过程中需要确保这些关键假设可以很容易地得到验证。这个验证过程可能包括测试、监测和观察。

表 52.4 选择基础——5S 原则

土（Soil）	结构（Structure）	场地（Site）	安全性（Safety）	可持续发展（Sustainability）
地层剖面什么样？	结构性质（结构形式、材料）	可供建造的空间	基础稳定性，短期或长期稳定性如何？	现场材料是否可以重复使用？
"适合"的基础埋深	施加荷载的大小	可用空间多少？	基础施工是否会对邻近地区造成不良影响？	现有基础（如果存在）能否重复使用？
地下水位的深度是多少（加上季节性波动）？	荷载是否会随时间发生变化（循环荷载、较大活荷载、冲击荷载或动载荷）？	现场附近是否有不稳定地基	基础施工中可接受的风险	尽量减少施工造成的浪费，有备选办法吗？
验证设计假设的可能性	可接受总沉降和沉降差多少？	设备准入	场地是否因过去/现在的活动而受到污染？	是否使用低碳排放材料？
地下水对基础施工的影响	是否主要是竖向荷载？	历史上是否进行过采矿/采石活动？深层是否存在空洞/不稳定土体？	近地表土是否足够稳定支持设备进场？	是否将基础作为地热系统的组成部分？
当地基础施工经验，是否有长期经验？	是否有较大水平荷载、力矩或扭转载荷？	邻近的建筑物和公共设施是否对变形/振动敏感？	施工是否涉及重大的临时工程？稳定性问题？	
可能的"障碍物"（自然的或人为的）	结构有什么特殊的特点或脆性吗？		施工是否涉及大型填方或挖方？土体稳定还是有移动的风险？地下水/地表水的影响如何？	
土是否表现出特殊特性？（例如体积不稳定性；高灵敏性）				
浅层地基土是否可以经过处理/压实以改善其工程性能？				

验证过程可以从简单的检查和观察基础底面同标高的场地开挖面，以及验证基础将被埋置在与设计假定一致的坚固和坚硬地基上，直至采用复杂的仪器加载测试。这些观察和测试是基础设计过程的重要组成部分。如果设计假设不能很容易地得到验证，并且这个假设不成立会产生严重的后果，则应考虑将设计改为更容易验证的设计。在地下水位以下或海洋环境施工基础，这种验证难度具有挑战性。例如，如果在基础施工前要在水下清除软土，设计者如何检查所有的软土是否已经被清除？如果留下软土，可能导致基础不稳定。

52.3.2.3 费用和方案

如果长期性能和相关风险可以被接受，那么通常首选最经济的基础解决方案。基础费用的计算可基于永久工程评估的工程量（例如条形基础的混凝土方量，桩的数目、深度等），以及每一主要基础元素的单价（例如每立方米条形基础的成本）。这种方法的一个主要问题是它可能不适用于下列情况：

（1）临时工程的费用，例如需要在地下水位以下挖方时，降低地下水位；

（2）邻近有易受影响的建筑物或公用设施，

为开挖工程提供支护的费用；

（3）清除障碍物的费用，如现场有冰川期的大石块或以前建筑物的既有基础；

（4）处理或清除受污染土（如存在）的费用；

（5）检查测试的费用（例如，地基改良或打桩、检测费用可能会很高）。

因此，通常用于评估土木工程建设成本的方法在用于地基基础施工时可能是相当不可靠的。为了可靠地估算基础费用，重要的是必须考虑到必要的临时工程，并了解场地的历史和地质情况可能影响基础建造费用。基础施工往往是工程的关键环节。由于项目的总体成本通常由施工的总体工期决定，因此首选的基础解决方案往往是建造速度最快、对其他场地活动影响最小的方案。"不可预见"的地质条件是项目延误和成本增加的最常见原因（TRL，1994）。

特别是地下水引起的问题往往是引起现场岩土问题的根本原因。因此，基础施工的可靠成本和方案概算在很大程度上取决于开展良好的项目风险管理及岩土工程师的建议。

52.3.3 基础方案确定——5S原则

表52.4提供了基础工程师在进行概念设计之前应该问自己的一系列问题，这些问题可以概括为5个S：土、结构、场地、安全性和可持续发展。下面依次对每一项进行简短的讨论。

52.3.3.1 地基土（地下水）

一旦知道了地层剖面和地下水状况，了解了当地的工程地质和水文地质情况，那么可以轻松决定用浅基础还是深基础或地基改良。建筑规划也要依赖于对地层剖面和地下水状况的了解。对工程地质年代的了解，往往有助于考虑以下4种土层类型：

（1）地质年代久远的冰川期前沉积物——这些通常是超固结"合格"的基础材料。当它们埋深较浅时（比如在4m内），通常可以使用浅基础。

（2）冰川期沉积物——这些土通常非常不均匀。有些冰川期沉积物，如沉积冰碛，可能是坚硬或非常坚硬的黏土，也可能是致密或非常致密的砂，压缩性很低。如上述第（1）项所述，若该土层接近地面，则简单的浅基础通常是合适的。然而，一些冰川期沉积物（如冰水或融出堆积物）可能非常软并且是可压缩的。在10~20m或更小的横向距离内，可以从一种地层很快变化到另一种地层。地质勘察数据的解释具有挑战性，经验丰富的地质学家的参与很重要。通常会遇到大而坚硬的卵石，会对打桩造成困难。

（3）冰川期后沉积物——这类物质很少适合作为建造材料。这些都是近期（不到1万年）的沉积物，通常由可压缩的软黏土、泥炭、非常松散的砂或粉砂组成。在地质学上，它们通常视为正常固结的。然而，在土力学上，这些沉积物中有许多可能是轻微超固结（即先期固结压力或屈服应力高于当前的竖向有效应力，但基础承载压力可能超过先期固结压力）。这意味着浅基础对于轻载建筑物是可行的，特别是在使用"补偿"基础的情况下（图52.1），但需要专家咨询和特别地质勘察（以核实先期固结压力的大小）。对于荷载小的结构，更常见的是利用改良地基。对于荷载较大的结构，用桩将基础荷载带到冰川期后沉积物下较深合适的地层。

（4）人造地基和非工程填土——基础的施工通常在受以往人类活动影响的地区进行。这可能涉及挖掘浅层的天然土和岩石，并用现成的材料包括生活垃圾和工业废料进行回填。除非填方工程设计合理，使用可接受的惰性材料并压实良好，否则不太可能是合适的地基。有时，轻载荷基础可以是非工程填土，但仍需要特殊措施；填土基础工程在第58章"填土地基"中进行更详细的讨论。

对于上述任何一种情况，特别是上述第（1）项和第（2）项中可能使用浅基础的情况，必须检查后续事件（无论是由于人类活动还是地质过程）是否对场地产生重大影响，如采矿、采石或滑坡。

地下水状况：考虑地下水状况一直是一个重要问题，它的重要性再怎么强调也不为过。太沙基（Terzaghi，1939）的一段令人难忘的话对其进行了最好的总结：

……在工程实践中，与土有关的困难几乎完全是由于孔隙中所含的水，而不是由于土本身。在一个没有水的星球上，就不需要土力学。

尽管地下水很重要，但许多地质勘察并不能提供关于一个场地的地下水状况的可靠数据。在钻孔时，通常不应依赖某一特定土层是否"干燥"来判断地下水走向信息。要得到可靠的地下水信息需要仔细安装压力计，然后在一段较长的时间内监测压力计,最好是在地下水压力可能达到最大值的冬季和春季期间监测。在岩土工程实践中,压力计监测的时间往往不够。如果不充分了解场地的地下水状况,任何基础工程活动都会有很高的风险。除了测压数据外,还应考虑地下水问题的当地经验,并与有经验的水文地质专家进行讨论。

正如 Day(2000)所指出的:"可能很多岩土和基础工程的失败是直接或间接与地下水和地下水渗透有关,而不是其他任何因素。"下面给出了基础工程中的一些简单例子:

(1)浅基础:在地下水位上方使用常规的设备和一般的作业形成一个浅坑,相对来说是快速和经济的。然而,在透水性地层中,如果地下水位高于基础底面,则工程将更加复杂、昂贵和费时。通常需要降排水,例如,建造截水帷幕或建造降水井抽水降低地下水位,这两种工程通常都需要专门的分包单位。地下水位下降可能会导致地面沉降,抽出水的处理问题也很敏感(特别是当抽出水被污染时)。以打桩方式施工截水帷幕可能会引起噪声和振动问题。如果地下水没有得到适当的控制,开挖的边坡或地基可能会变得不稳定,这将对其承载能力和长期沉降性能产生不利影响。

(2)深基础:钻孔灌注桩在英国很常见,但地下水的涌入和不平衡的地下水压力会严重降低钻孔灌注桩的桩身摩阻力和桩端阻力。如果钻孔灌注桩要穿过无黏性土、软弱破碎岩石、低塑性粉砂或地下水位以下的黏土,则通常需要将临时套管、护壁浆液(如聚合物或膨润土)组合使用。桩的试验数据如图 52.9 所示,这说明了在软弱岩体和超固结黏土、砂土按层分布地基中,地下水压力不平衡导致桩承载力急剧下降。替代传统钻孔灌注桩的一种常用方法是长螺旋桩(CFA),使用传统钻孔灌注桩或 CFA 桩通常取决于与地下水相关的风险。

52.3.3.2 结构

结构的大小、高度、结构形式、结构承重构件的布置(柱间距)以及施加荷载的类型、大小和方向对基础的选择都有重要影响。例如,现代的多层建筑设计趋势是创造大的内部空间,这就导致了相对大的柱荷载,进而对桩基提出了相应要求。除了荷载的大小和分布,荷载随时间变化的方式也很重要。对于活荷载小于恒荷载 15%~30% 且变化不频繁的结构,已取得了大量的基础设计经验。另一类基础问题往往与储罐、筒仓和工业装置有关,它们的活荷载与恒荷载比高,活荷载变化频繁。当循环荷载较大时,变形预测的可靠性较差。如果施加较大的循环水平或弯矩荷载,会加剧这些潜在的风险。

一个最重要但经常被忽视的问题是,基于结构的目标和薄弱环节的实际评估,拿出一个合理的满足沉降限制的结构(与结构工程师)。对总沉降量的要求常常过于保守,从而导致基础费用不必要地增加。第 52.4 节详细地讨论了基础允许变形这一重要问题。岩土工程师设计经济合理基础的要素是合理确定基础变形的实际限值,通过基础变形的实际限值设计出经济合理的基础方案。

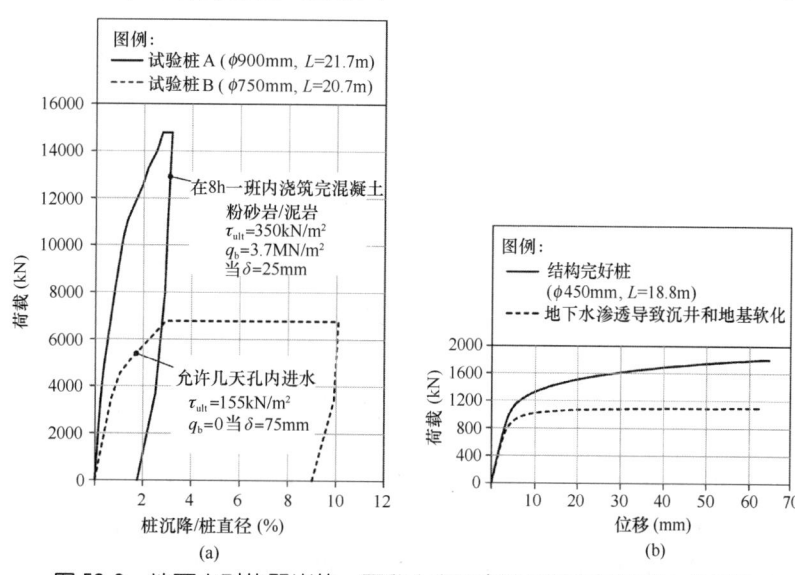

图 52.9 地下水对软弱岩体、硬黏土和致密砂地基中桩承载力的影响
(a)软弱岩体;(b)按层分布的硬黏土和致密砂

52.3.3.3 场地

在大多数工业化国家，如英国，基础设施建设（建筑、铁路、公路）经常在现有结构附近进行。场地可能埋有既有基础。此外，场地可能有旧建筑物，必须在新基础施工前拆除。因此，建造新基础的空间往往受到严重限制。这可能意味着要么没有足够的空间来施工扩展基础或条形基础，要么有限的净空使打桩或地基处理设备无法作业。

在城市环境中的建设工程，经常有邻近的结构或公用设施可能对位移或振动很敏感。如果这个问题存在，某些类型基础和施工方法将无法采用。

场地的历史可能意味着，由于过去的采矿或采石活动导致其地基不稳定；完善的案例研究（参考第43章"前期工作"）是必要的。基于上述考虑，通常重要的是实地考察场地，了解可能影响基础确定的约束条件。实地考察场地时，应仔细检查邻近地区，因为这可能提供证据证明以往由于不稳定的地基或长期滑动而造成问题。完成案例研究后，应了解主要的环境限制因素（如生态敏感地区或具有特殊环境分类的地区），以及这些因素对基础建设的影响。

52.3.3.4 安全性

根据CDM条例（参见HSE，2007），设计师有责任评估施工过程中可能出现的风险。考虑到地质危险的不确定性和特定地点的性质，基础设计师需要仔细审查以下所有可用信息：

- 案头研究；
- 现场勘察；
- 现场调查；
- 当地经验。

并结合以下情况考虑：

- 计划在现场进行的施工活动；
- 邻近场地及建筑物状况等。

在英国（以及其他工业化国家）许多场地开发时，一个特别令人担忧的问题是，过去的工业活动留下了化学或生物污染。这种污染可能已经影响了土、地下水和土中气体。在这种情况下，基础工程将需要协调和整合各种方案，以最大限度地减少受污染土造成的风险。但这往往会影响基础类型的选择，取决于是否会对受污染的近地表土进行大规模的清除和处理，或是否将场地封闭使受污染土留在原地。例如，使用打入桩工艺可能比钻孔灌注桩更好，这样污染土就不会被带到地表。同样，如果考虑地基处理，那么干式振冲工艺可能比湿式振冲工艺更好，因为湿式振冲工艺需要对污染泥浆进行后续处理。

52.3.3.5 可持续发展

可持续发展包括三个主要因素：

- 环境；
- 社会；
- 经济。

环境影响范围广泛，包括在环境敏感地区附近工作所带来的困难和限制；通过最大限度减少高能耗或碳排放材料的使用，减少土地或地下水受污染的潜在影响。

社会影响可能包括，例如在市区打桩导致的噪声和振动的影响，运送土方挖掘的弃土或钻孔打桩所产生的废渣，或筏形基础开挖产生的渣土形成的货物运输影响。

在高度敏感的地区，环境和社会问题可能决定基础选择方案。一般而言，我们的目标是尽量减少项目对环境和社会的影响，同时以合理的成本实施项目。基础工程目前的主题是：

（1）基础再利用；
（2）将基础作为地热系统组成使用（参见Adam和Markiewicz，2009）。

基础再利用：可以将旧桥或旧建筑的现有基础再利用，用于新的上部结构。在许多实际应用中，既有基础的再利用方式，一是补充新基础，二是对其进行加固。基础再利用适用于浅基础和深基础。基础再利用在交通工程中是相当普遍的，例如铁路桥的翻新，而且越来越多的建筑工程都在考虑基础再利用。CIRIA C653报告（2007）介绍了该主题，Butcher等（2006）提供了更详细的背景资料。目前的技术文献主要集中在与桩再利用相关的问题上。浅基础的实地调查和检查往往比桩基础容易，类似的问题也适用于浅基础再利用。基础再利用的关键技术问题有：

（1）既有基础是否在合适的位置？既有基础的平面位置相对于新的上部结构荷载的位置怎样，例如新建筑柱网是否会与旧桩基偏离？是否可以经济地建造新的下部结构（例如新的梁或筏板），把上部结构的荷载转移到既有基础上？

（2）承载能力和沉降特征：需要评估既有基础的基础承载力和结构承载力，以及它们在新的上部结构荷载下可能的变形。由于地基在既有基础荷载作用下已固结（并加固），将受一个卸载-再加载循环（因旧的上部结构已拆除，由新的上部结构重新加载）。新荷载超过既有基础荷载之前，既有基础的沉降通常会相对较小。一旦超过这个荷载，就会产生较大的沉降。与通常的情况一样，如果新上部结构有新既有基础的组合，那么需要仔细考虑不同基础的不同沉降特性。通常是使新上部结构作用下的净基底压力小于旧结构作用下的净基底压力。因此，对旧结构曾经承受的荷载进行评估是非常重要的。

（3）耐久性：随着时间的推移，既有基础性能可能已经退化，例如钢可能已经腐蚀，混凝土可能已经受到硫酸盐的侵蚀。评估既有基础剩余设计寿命是基础再利用评估中最复杂的部分，岩土工程师通常需要从材料专家那里得到更多的建议。

52.4 基础允许变形

允许沉降的大小是决定所需基础类型和大小的关键，因此也是决定基础费用的关键（见第19章"沉降与应力分布"对沉降预测方法的介绍）。重要的是在确定允许沉降前，基础工程师应与结构工程师进行讨论，并对不合理的较小数值提出质疑。参考第5章"结构和岩土建模"，将有助于理解结构工程师和岩土工程师在方法上的差异。Burland等（1977）指出：

回顾基础变形预测的有关文献，基础变形对结构和建筑物功能与使用性能的影响还没有得到足够的重视。而且，在基础设计时，往往单纯根据总沉降和沉降差限值做出代价昂贵的重大决定。

理想情况下，基础工程师应该能够预测一个结构能够承受的沉降差，然后预测由于施加的结构荷载和基础下地基的响应而实际发生的沉降差。但在大多数实际情况下，做出这种预测是不可能的。Fang（2002）指出：

这是一个极其复杂的不确定分析问题。

他警告说：

如果试图对结构进行建模分析并计算沉降差的影响，则考虑沉降差后计算的基础弯矩非常大，因此允许沉降差会非常小。

影响实际地基-基础-上部结构相互作用特性的因素（Boone，1996）包括：

- 地基土性质的变化；
- 基础和上部结构施工顺序的变化；
- 基础和上部结构连接刚度的不确定性；
- 上部结构的抗弯和抗剪刚度；
- 施工过程中上部结构刚度的变化，以及对基础的荷载重分布的影响；
- 基础与地基之间的位移（或滑动）程度；
- 地层运动剖面的整体形状和内部结构的位置；
- 建筑外形（包括平面和高度）；
- 随着结构出现沉降差，荷载长期的重分配方式存在不确定性；
- 随时间变化的影响，包括地基沉降速率，以及结构内蠕变和屈服发展情况。

由于上述复杂性，需要根据以往的经验制定简单的指导方针。在对实际结构的沉降和破坏情况观测的基础上，对允许沉降进行了评估，并制定了关于允许沉降的常规限值标准。下面各段落总结了这些观点，并提供了简单的指导方针。应该强调的是，这些是对传统结构的"常规限值"，并不是硬性规定，它们并不适用于所有结构，Burland等（1977）和Powderham等（2004）描述了简单指导方针不适合的情况。这是一个岩土工程师和结构工程师必须紧密合作的工程领域。

首先，必须区分以下几点：

（1）总沉降——这可能会对关联到结构中的服务设施造成损坏，但不会导致结构本身的损坏。

（2）差异沉降——在高层建筑中，由于刚体旋转或倾斜，可能会明显影响电梯或自动扶梯等。

（3）差异沉降——由于结构内部的相对位移，

会导致结构损伤。例如，相邻的柱或桥墩之间可能会有不同的沉降。

在文献中有许多术语，最常用的术语见第 26 章"地基变形对建筑物的影响"。

在评估允许的沉降或变形限值时，可能会对需要满足的标准产生混淆（关于建筑物对地基变形的反应的完整讨论，见第 26 章"地基变形对建筑物的影响"）。一般来说，需要考虑三个基本标准：

（1）外观视觉感受——这包括墙、柱、楼板的垂直或水平偏差，以及墙壁或抹灰层的开裂。这些问题是非常主观的，在不同的人之间和全世界不同区域之间有所不同。Burland 等（1977）提出了一种适用于可见损坏的五点分类系统，得到了广泛的应用。应该注意的是，该系统不是用来直接衡量损坏程度的，而是具体涉及砌砖、砌体和石膏是否易于修补。损伤程度最低的两种类型是非常轻微（裂缝宽度小于 1mm）和轻微（裂缝宽度小于 5mm）。在这些损坏类别下，建筑物远未达到结构不稳定，但 3~5mm 的裂缝是不美观的。当墙、柱和楼板垂直度或水平度偏差超过 1/250 时，通常会被注意到并认为是不可接受的。这些变形是否影响结构的功能或性能取决于结构的性质和构造。

（2）正常使用极限状态（SLS）——正常使用损坏通常表现为：

- 气密性丧失；
- 耐火性能损失；
- 丧失隔热性或隔声性；
- 与外部连接的管道（水、气等）损坏；
- 电梯、起重机或内部机械不能正常工作；
- 门窗开启困难。

（3）承载能力极限状态（ULS）——这意味着单个结构可能会失效，或在极端情况下整个结构可能发生倒塌。结构的破坏通常与上部结构的过度弯曲或剪应力有关，这些极限应力在有关的结构设计规范中有规定。

对于大多数建筑物，允许沉降量由上述第（1）项或第（2）项控制，即外观视觉感受或正常使用极限状态，而不是由结构破坏来限制。对于民用建筑第（1）项可能是最重要的，而对于工业建筑第（2）项则更为重要。对于桥梁来说，基础的使用极限状态通常是通过避免达到桥面以及墩台变形的正常使用极限状态或最终极限状态限值来控制的。

52.4.1 沉降限值的常规指南

已发表的允许沉降的常规限值准则将砂土与黏土分开考虑。其原因是，与多年缓慢沉降相比，快速沉降的建筑物更容易破坏。因此，砂土的允许沉降限值低于黏土。图 52.10（a）为筏形基础上的建筑物的最大沉降量与最大沉降差关系，图 52.10（b）为在扩展基础上的框架建筑物（例如扩展基础、条形基础等）的示意图。

大部分数据来自 Skempton 和 MacDonald（1956）以及 Grant 等（1972）的研究，分开表示了持力层为黏土的建筑数据与持力层为黏土之上的坚硬层（如密实的砂或砾石）的建筑数据。在少数极端情况下，沉降差（筏基、扩展基础、条形基础）几乎与最大沉降量一样大，并且高于 Bjerrum（1963）提出的关于沉降差和最大沉降之间关系的准则。然而对于绝大多数情况，Bjerrum 是保守的。Morton 和 Au（1974）在报告中说，在伦敦 Lambeth 区超固结黏土上建造的筏基的沉降差约为最大沉降的 25%。当考虑到基础和上部结构的整体相互作用时，扩展基础和条形基础通常被认为是"柔性的"。但作为单独结构，当用常规方法计算沉降时，它们可能被认为是刚性的（请参阅第 53 章"浅基础"）。

表 52.5 概述了建筑物最大总沉降的常规限值。

由于应力单调增加，砂土上的基础很少表现出大的沉降，通常沉降小于 75mm（Bjerrum, 1963; Terzaghi, 1956）。砂土上基础的大多数问题是振动或其他形式的循环荷载，或地下水的渗透和侵蚀。在世界上地震活动频繁的地区，地震震动会导致砂土上基础大规模失稳和产生高度破坏性的位移（参见第 60 章"承受循环和动荷载作用的基础"）。

根据图 52.10（b）中显示的扩展基础框架建筑的数据，通常在沉降差超过约 50mm 或最大沉降超过约 150mm 时发生破坏。Ricceri 和 Soranzo（1985）通过对 69 个案例的分析，为避免结构损伤提出了 80mm 的沉降量限值。对于筏板上的建筑物（图 52.10a），似乎可以允许较大沉降，只有最大沉降超过 250mm 时才有记录发生破坏。值得注

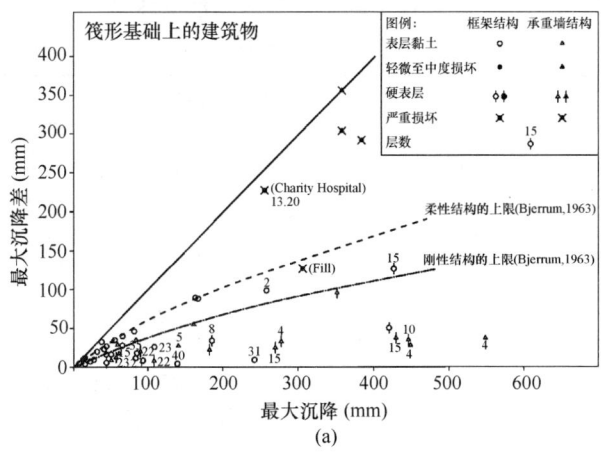

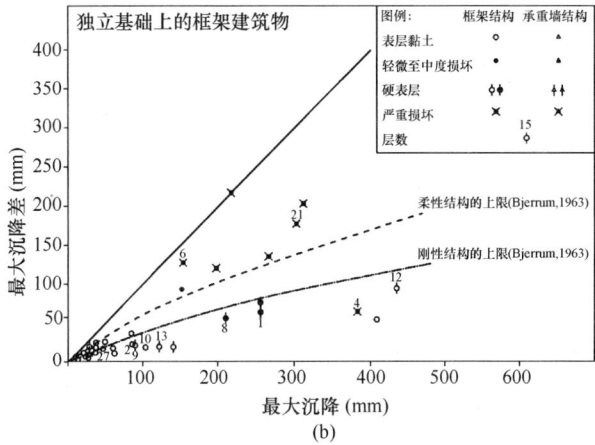

图 52.10 对损坏、沉降、沉降差的观测
（a）筏形基础；（b）独立基础和条形基础
数据取自 Burland 等 （1977）

意的是，一些建在相对坚硬地基的筏板上的建筑物可以承受超过 400mm 的最大沉降量，却不会受到重大破坏。对于这些结构，筏板的刚度将沉降差限制在最大沉降的 10% 左右。最近，Zhang 和 Ng（2005）整理了一个大型的建筑破坏数据库。这个数据库包括约 300 幢建筑，其中约 100 幢位于中国香港，包括各种不同类型的建筑（写字楼、仓库、工厂、酒店、医院等），主要是扩展基础。结构类型包括钢、钢筋混凝土框架、承重墙结构。下面地基条件包括砂土、黏土和冲积土。图 52.11（a）显示了 95 座建筑物（包括浅基础和深基础）的沉降直方图，将损坏分为不可接受（需要对结构进行修理）和可接受的，因此，这些类别与图 52.10 所示的损坏类别不同。沉降小于 50mm 的建筑没有损坏记录，大多数沉降小于 100mm 的建筑都没有损坏，然而，当沉降量超过 200mm 时，不可接受的破坏变得常见了，见图 52.11（a）。对于倾斜角

建筑物最大总沉降的常规限值 表 52.5

基础类型	土体类型	常规限值：最大总沉降 S_{max}[6] (mm)	典型沉降差
扩展基础、条形基础[1]	黏土	65	如果 $S_{max} \leq 50mm$，则 $< 0.66 S_{max}$ 如果 $S_{max} > 200mm$[2]，则 $< 0.5 S_{max}$[3]
筏形基础	黏土	100	$< 0.33 S_{max}$[4]
扩展基础、条形基础[1]	砂土	40	$< 0.75 S_{max}$[5]
筏形基础	砂土	65	—

[1] 当评估基础和上部结构的整体相互作用时，扩展基础和条形基础通常被认为是"柔性的"。作为单独结构，它们可能是刚性的，这取决于它们的厚度与长度或宽度的比（参考第 53 章）。
[2] 这些限值适用于黏土为基础持力层的情况。当基础和黏土之间有一层较硬土层时，可大幅度减小基础沉降差，特别是基础沉降差 $< 0.5 S_{max}$ 时。这个较硬土层可能是天然的（比如密实的砂或砾石层），也可以作为基础设计的一部分来利用。
[3] 当最大沉降在 50~200mm 之间时，采用线性插值方法来评估沉降差。
[4] 随着筏板相对抗弯刚度的增加（参考第 53 章"浅基础"），沉降差可以大幅度降低，使其值小于 $0.15 S_{max}$，这通常是保守的。
[5] 砂土上的沉降差可以超过 $0.75 S_{max}$（Bjerrum，1963）。
[6] 这些常规限值仅用于低风险情况和简单结构，请参见表 52.7。

度，Zhang 和 Ng 的报告中指出，数值超过 1/400 时通常是不能接受的。因此，根据图 52.10 和图 52.11（a）所示的案例数据，表 52.5 给出的最大沉降的常规限值通常是保守的，使用筏形基础时更是如此。

Moulton（1985）对美国和加拿大公路桥的可接受变形进行了全面研究。桥的类型有钢桥、混凝土桥和复合材料桥，有连续跨桥和简支桥。它们都是中小型桥梁（跨度小于 50m），结构形式简单（不考虑斜拉桥和悬索桥）。这些桥是建在土（黏

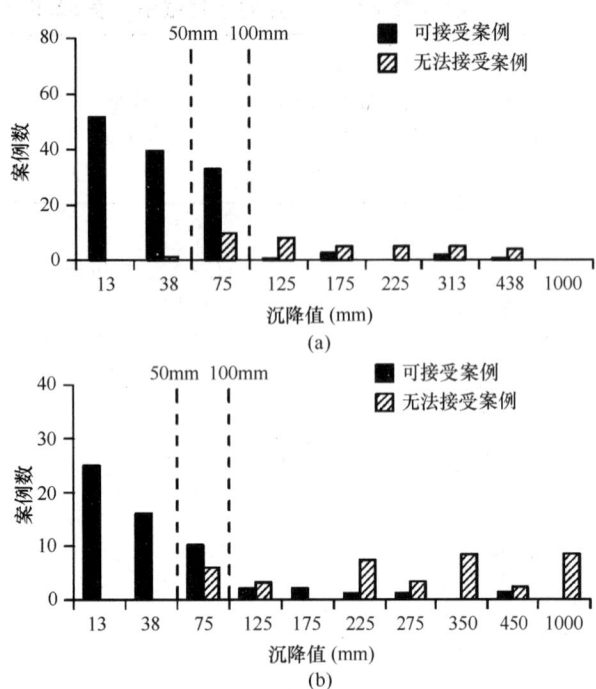

图 52.11 （a）建筑物损坏和沉降的观测；
（b）桥梁损坏和沉降的观测

见 Zhang 和 Ng（2005）

土、砂土）和岩石上的。在研究的 580 座桥梁中，439 座有过某种形式的显著变形，主要原因是路堤变形过大、侧阻力不足或基础变形过大。图 52.11（b）提供了 171 座桥梁的沉降量直方图，由图可以看出，如果沉降超过约 75～100mm，通常会观察到无法接受的损坏。Zhang 和 Ng 在报告中还指出，如果倾斜超过 1/250，那么就会造成无法接受的损坏。

如果沉降小于 50mm 或倾斜小于 1/500，变形通常是可以接受的。Barker 等（1991）指出，当伴随着水平位移时（如果结构水平强度不足），沉降更具有破坏性。

表 52.6 总结了一系列建筑物及相关基础设施（如排水渠、电梯等）的常规容许变形极限。

52.4.2 特定场地评估

应强调的是，表 52.5 所列的常规限值只适用于低风险场地条件和简单结构。对于更复杂的情况（表 52.7 列出了一些例子），可能需要更详细地考虑基础设计的沉降差和允许限度。如前所述，由沉降差引起结构内部应力的分析很少有实用性或必要性。如有需要进行更详细的评估，则应首先考虑：

可能因地基差异变形增加损坏
风险的因素　　　　　　　表 52.7

因素	注释
不均匀地基条件	基础不同位置的土层类型、土层厚度或土层承载能力有显著变化
荷载的变化	不同的荷载作用在基础上
施工工期的变化	如果黏土层的固结程度差异很大，会引起沉降差的增加
场地历史的变化	部分场地已受原基础预压，或部分场地已开挖，基础下的黏土已膨胀软化
场地地形的变化	如果是倾斜基础，那么不同的开挖量可能会导致基础净承载力发生较大的变化
连接基础上部结构刚度的变化	结构形态、连接节点刚度或连接材料的变化，例如柱、墙的高度、厚度或间距等，可能导致局部应力集中，并增加对地基差异变形的敏感性
结构形式，潜在的"脆性"	某些结构形式，例如短或厚的柱和柔性楼板，容易受到相对较小的沉降差的影响，例如：Burland 等（1977）

（1）确定对基础沉降最敏感的结构部位，以及它们何时建造（或可能的施工顺序），以及结构主要部件的相对重量。

（2）假定结构是柔性的，由施工顺序和结构各主要部分的重量可能产生的初始沉降或沉降差。

（3）结构的每个组成部分都很容易受到沉降差产生损坏，这些损坏发生在结构其他部分安装之后。

（4）根据（2）及（3），评估基础或子结构的相对刚度，并进行校正，以得出适当的沉降差（请参阅第 53 章"浅基础"）。

（5）将由此得到的沉降差和倾斜与结构相应组件常规限值（如上所述）进行比较。

允许变形的常规限值　　　　　　　表 52.6

结构类型	破坏类型	标准	常规限值	注释
框架结构和加筋承重墙	最终极限状态下结构破坏	倾斜	1/250 ~ 1/150	最终极限状态考虑这些限值
框架结构和加筋承重墙	正常使用极限状态下墙壁、围护、隔墙开裂	倾斜	1/500 ~ 1/300	通常正常使用极限状态考虑这些限值
无筋砌体墙	表面开裂	倾斜	沉降 1/2500 ($L/H=1$) 1/1250 ($L/H=5$) 挠度 1/5000 ($L/H=1$) 1/2500 ($L/H=5$)	在这些极限时，只是开始开裂，损坏很小。可接受的位移量要大好几倍 L = 结构长度，H = 结构高度
钢材，液体储罐	正常使用极限状态下泄漏	倾斜	1/500 ~ 1/300	
公共工程	正常使用极限状态	最大沉降	150mm	对于敏感的公用设施，如煤气管道，则要小一些
吊车轨	正常使用极限状态下操作起重机	倾斜	1/300	取决于具体的起重机配置
地板，板	正常使用极限状态下漏水	倾斜	1/100 ~ 1/50	取决于具体排列方式
货物堆放	最终极限状态，倒塌	倾斜	1/100	
机械设备	正常使用极限状态，高效操作	倾斜	1/5000 ~ 1/300	取决于机械类型和灵敏度。Bjerrum(1963)认为 1/750 是"典型值"
塔，高楼	可视的	倾斜	1/250	超过倾斜限值是非常明显和令人担忧的，尽管结构远远不会坍塌。如比萨斜塔的倾斜度为 1/10
塔，高楼	电梯及自动扶梯运转	安装后倾斜	1/2000 ~ 1/1200	电梯或自动扶梯安装顺序和时间是很重要的
桥梁	正常使用极限状态	倾斜	1/500 ~ 1/250	取决于桥面特性和连接方式
桥梁	正常使用极限状态	最大沉降	60mm	典型值
桥梁	正常使用极限状态，荷载	水平位移	40mm	典型值

注：上述限值基于 Burland 和 Wroth (1974)，Day(2000)，Barker 等 (1991)，Boone(1996)。

下面给出了筏板上框架建筑和单跨桥梁的简单例子。某一特定阶段需要考虑相关沉降，包括在前期施工阶段随时间变化的沉降，以及在后期施工阶段随时间变化的短期沉降。图52.12表示了框架建筑不同部分施工时的沉降随时间的变化曲线图。由图可知，在基坑开挖过程中会出现一定程度的回弹。先施工的筏板，会受到随后的沉降差的影响。随着结构的其他部分的施工，由于结构重量的增加而产生短期沉降。考虑各部分在建成后产生的沉降，被连接在一起的结构部分将会受到不同的沉降（并且可能易受到损坏）。在施工期间，将建造围护结构，电梯和自动扶梯等内部部件，并与外部公用设施进行连接，最后施加活载。因此，建筑不同部分的最大沉降和沉降差可能会有很大的不同。筏板的沉降差比内部结构构件大，比围护结构或电梯等部件大得多，这些部件通常对沉降差最敏感。随着活载与恒载比率的降低，结构损坏的风险降低。如果围护结构和其他敏感部件的施工尽可能推迟，则出现肉眼可见的或可维修损坏的风险将会降低。

图52.13为单跨桥梁沉降和水平位移随时间变化曲线图。桥梁的大部分重量和由此产生的沉降都是来自桥台及其回填材料。沉降尤其是桥面的沉降差通常是主要考虑因素，而桥面的残余沉降差可能只占桥台最大沉降的一小部分。桥台回填时间对桥面沉降和桥面支座水平位移的影响也明显高于桥面施工时间造成的影响。如果先回填桥台，那么后续影响桥面和桥梁支座的位移将比在回填桥台前先建造桥面时小得多。

52.5 设计承载力

由结构工程师计算的上部结构荷载可以确定基础总压力（承载力理论导论见第21章"承载力理论"）。但承载力和沉降计算均应采用基础净压力（图52.14），而不是总压力。净压力是总压力的一部分，需要地基有足够的抗剪强度。因此，应始终只在净压力的情况下考虑安全系数。关于基础承载力的术语可能会有混淆，因此，以下定义是重要的：

q 基础总压力——基础底面上（包括上部结构、下部结构和基础的重量）按基础平面面积划分的总荷载；

q_n 净基础压力——总压力减去上覆盖层压力；

q' 有效基础压力——总压力减去地下水浮力；

q_f 或 q_u 极限承载力——地基在剪切破坏时的承载力值；

q_s 最大安全承载力——可接受的低剪切破坏风险下的承载力值；

q_a 允许承载力——可接受的较低变形和剪切破坏风险下的承载力值；

q_w 工作压力——实际施加在基础上的压力值。

按极限状态规范计算时，q_s 为最终极限状态，q_a 为正常使用极限状态。

瞬时荷载作用既要考虑地基的类型，又要考虑最终极限状态或正常使用极限状态。黏土的总沉降通常只考虑恒载加上一部分活载（通常约为25%），因为黏土固结不会受到短期瞬时荷载（如风荷载）的重大影响。相比之下，黏土上基础的稳定性应该同时考虑恒载和活荷载，这是由于最大基底压力通常包括短期瞬时荷载，黏土的强度应该基于不排水

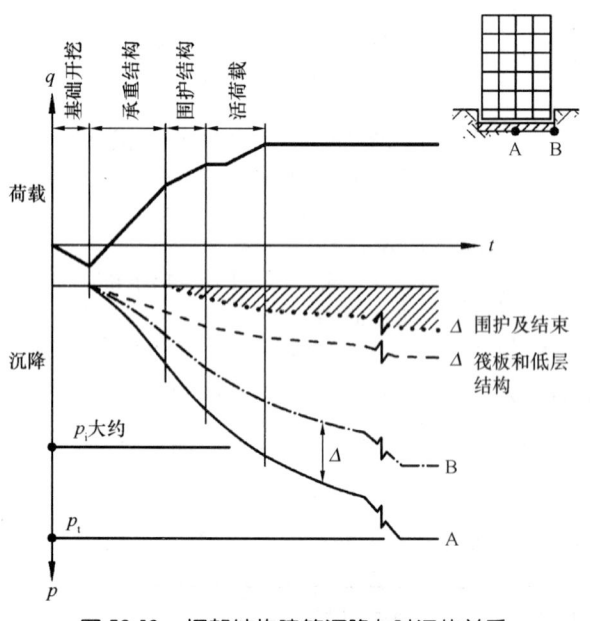

图52.12 框架结构建筑沉降与时间的关系

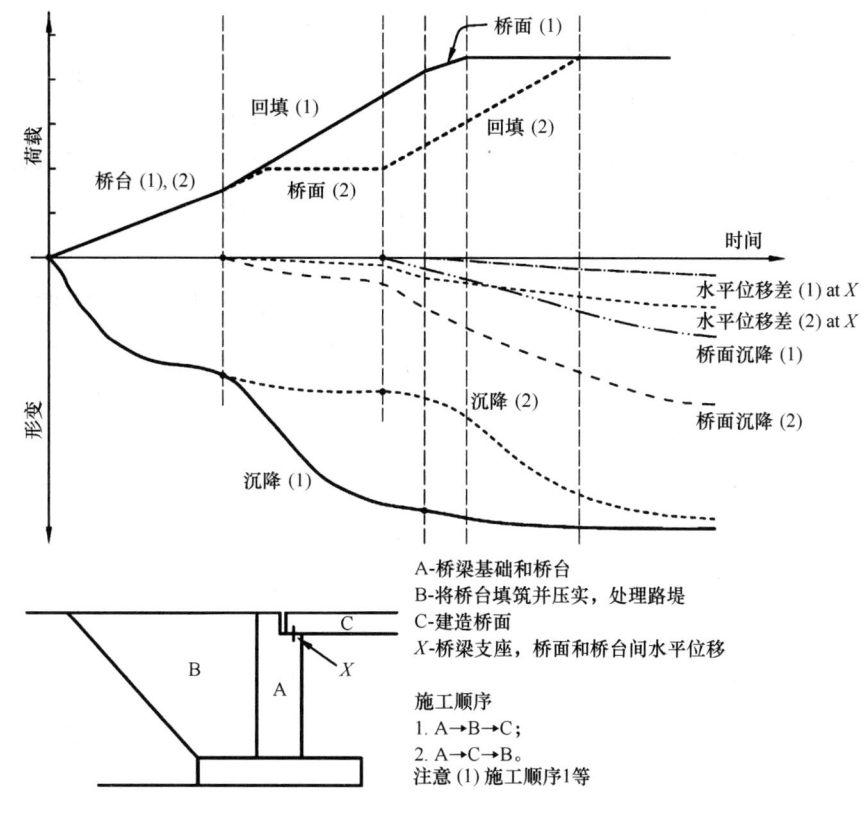

图 52.13 桥台位移与时间的关系

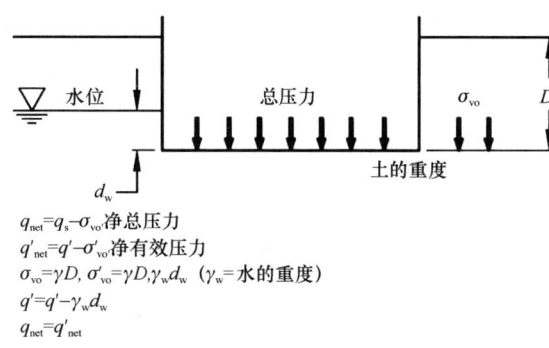

图 52.14 总压力和净压力的定义

而不是排水（有效应力）参数。对于黏土和其他黏性土，不排水承载力通常比排水承载力更重要。不过，如果存在疑问（特别是在倾斜荷载条件下），则应同时检查不排水和排水情况。对于无黏性土，排水承载力更重要。

必须明确定义使用的安全系数。不同的式子中使用不同的定义，它们不一定是等价的。例如，对于无黏性土（砂、砾石等），有两种常见的定义：

(1) 强度安全系数（有效摩擦角 φ'）

$$F_{sd} = \frac{\tan\varphi'}{\tan\varphi'_{mob}} \quad (52.1)$$

(2) 极限承载力安全系数

$$F_{bd} = \frac{q'_{f(净)}}{q'_{w(净)}} \quad (52.2)$$

从图 52.15a 可以看出，F_{bd} 比 F_{sd} 大得多。

而对于不排水极限承载力，$F_{bu} = F_{su}$（图 52.15b），其中

$$F_{bu} = \frac{q_{f(净)}}{q_{w(净)}} \text{ 和 } F_{su} = \frac{S_u}{S_{umob}}$$

式中，S_{umob} 为 $q_{w(净)}$ 作用下的不排水抗剪强度。

52.6 参数选择——基础说明

参数选择不当是基础工程中常见的隐患。对于年轻的岩土工程师以及一般的土木和结构工程师来

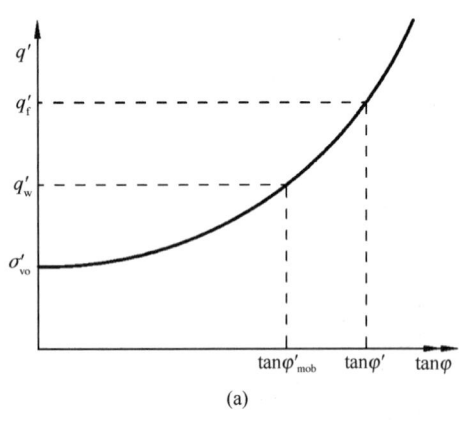

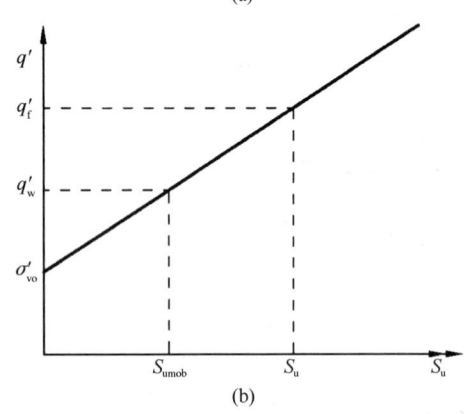

图 52.15 承载力和动强度
(a) 排水极限承载力和有效摩擦角；
(b) 不排水极限承载力及不排水强度

说，参数的选择似乎是一种神秘的艺术。土的强度和压缩性等参数受多种因素的显著影响，如测试方法、加载速率和方向、测试土体体积等。

取样扰动影响许多实验室测试的可靠性，而现场测试可能难以解释参数。参数不能轻易和准确地测量，在各种不同条件的计算中不能不加区别地使用。

地质勘察至少需要确定以下几点：

(1) 土的主要特性，包括强度，压缩性，含水层(砂或粉砂)的存在，以及软弱层的存在。

(2) 可能的性质变化：土层厚度、相对密度、强度等的变化。

在常规的地质勘察中，地基土强度通常可以比较可靠地确定，而地基土的压缩性或刚度则不然。常规取样经常引起显著扰动，故在实验室测量的强度和刚度会发生变化。因此，最好通过原位测试方法评估易变的属性，如静力触探(CPT)分析或通过连续取样以及分离、描述、拍摄和高频分类测试(如含水量、阿太堡界限、颗粒级配等)。了解土壤结构性质对于评估整体特性很重要，例如排水率和软化率等(Rowe，1972)。

在选择设计参数时，除了地质勘察方法外，还需要考虑以下因素：

(1) 土质类型、地质成因及应力历史；
(2) 所选择分析方法的性质；
(3) 加载的大小、方向和类型；
(4) 破坏的规模和类型，以及对施工影响；
(5) 用整体理念进行安全系数的选择。

一旦获得了地质勘察的所有实际资料，数据判读主要遵循 4 个步骤：

(1) 从实际数据中导出强度和压缩性数据，通常直接从实验室数据中获得，或间接通过现场测试(从理论分析或相关经验)获得。

(2) 确定每层的代表值，通常删除过高或过低的值(由于取样或测试错误或局部"硬"层)。

(3) 交叉关联不同类型的数据，以检查得到的强度和压缩性数据的一致性和逻辑性。

(4) 一旦整理出可靠数据，就可以确定设计剖面；这可能涉及一些统计分析(特别是涉及指标特性试验或渗透试验)，但在很大程度上依赖经验判断。

表 52.8 给出了一些影响土壤强度和压缩性参数选择常见问题的评议。这些基本参数总是需要评估的。黏土的强度和压缩性特征从根本上与它的下列特征有关：

- 塑性指数；
- 整体宏观结构(存在淤泥、粉砂层；裂缝的存在、间距和方向)；
- 应力历史，特别是超固结比。

液性指数与黏土的超固结比近似相关，如近地表黏土(在 10~15m 深)液性指数接近于零或负值，可能严重超固结，而液性指数是较大正值的黏土(比如超过 +0.3)可能是轻微超固结或正常固结状态。Burland(1990)引入了一个类似的(更稳妥的)

影响土强度和压缩性参数选择的因素	表 52.8
土壤类型、地质成因及后续历史	由于层理和应力历史的影响，土体的强度和刚度通常是各向异性的。如果屈服应力在基础承受压力范围内，屈服后压缩性将发生实质性变化（图 52.18b）。地基剪切模量（或杨氏模量）随应变幅值下降一个数量级（图 52.18c）。薄的低强度土层可能会严重影响安全承载压力或整体稳定性
分析方法	地质勘察数据通常提供简化的参数：实验室数据在一定程度上受扰动的影响，而现场测试则很难与基础行为相关联。必须核验分析方法对所考虑的土壤类型和设计情况的相关性和可靠性。所有方法（甚至是第 3 类方法）的参数选择在一定程度取决于根据良好的历史案例数据仔细校准所选的结果
荷载的大小、方向和类型	变形估算严重依赖于刚度和压缩性参数的选择（例如杨氏模量）。如果它们是线弹性，那么模量必须与应力-应变范围和加载方向相适应。在不同的加载机制下，如持续循环荷载、冲击荷载或长期单调的"静态"荷载下，动强度和变形模量是完全不同的
破坏的规模和类型，以及对施工的影响	如果破坏可能发生在一个小的地基土区域，例如在一个狭窄的扩展基础，或小直径端承桩的狭小区域，则需要谨慎的方法。如果破坏不可避免地涉及跨越大量土体的剪切，例如在摩擦桩上存在较大的筏板或侧阻力的位置，应采用较保守的方法比较合适。在施工过程中，特别是当暴露在地表水或地下水中时，地基可能会发生软化、松动和重塑
定义的安全系数和大小	为了限制变形以及允许采用粗略的地质勘察方法，许多规范采用了较大的安全系数（2.5～3.5）。一些现代规范采用较低的安全系数（1.25～1.4），这些规范更仔细地说明了强度和设计者可能需要考虑的因素，如应变率，各向异性等

参数，称为孔隙指数。孔隙指数与垂直有效应力的关系图（可以从基本指标测试中很容易得到）可以很好地表明黏土的压缩性（图 52.16）。远低于固有压缩线（ICL）的黏土很可能是严重超固结的，并形成了适合的基础持力层。靠近 ICL 的黏土很可能是轻度超固结或正常固结状态的，并且有中到低灵敏度（灵敏度是峰值抗剪强度与重塑不排水抗剪强度的比值）。接近或高于沉降压缩线（SCL）的黏土也可能是轻度超固结的或正常固结的，但灵敏度高。在由 SCL 之上的黏土构成的场地都可能是极危险的，这类黏土与重大的岩土工程问题有关联。传统的经验方法在这些土壤中可能是不可靠的，专家建议和更复杂的调查与分析是必要的。其他参数的选择，如渗透性、固结系数、土压力系数等，往往要求较高。如需要，则通常要更复杂的地质勘察方法和专门的工程知识来选择适当的值。如图 52.17 所示，一些常见的基础设计情况会导致设计时假定不同的强度或刚度参数。

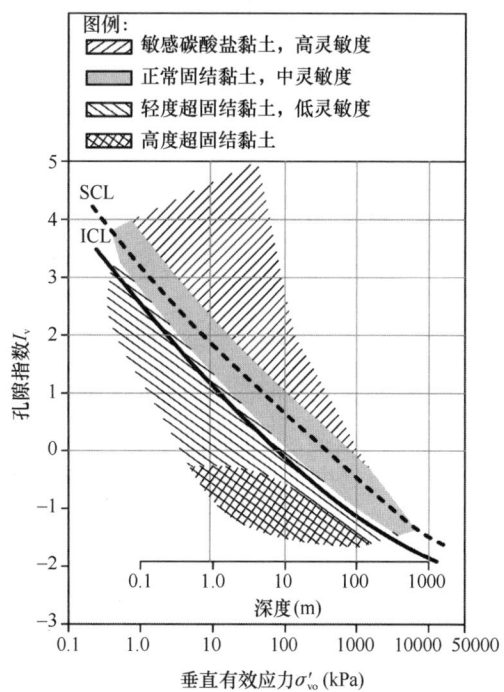

注：
1. 孔隙指数 $I_v \sim 2I_L - 1.0$，I_L = 流动性指数。
2. 在黏土绘制的 ICL 范围内，屈服应力约等于 $3S_u$，S_u 为三轴压缩下的峰值不排水强度（优质试样）。
3. ICL=固有压缩线，SCL=沉降压缩线。

图 52.16 用孔隙指数表示的不同黏土类型的原位应力状态
数据取自 Chandler 等（2004）

表 52.9 列出了不同的分析方法，值得牢记的是，即使是理论上比较可靠的分析方法（类别 2B 或 3B）也依赖于一些经验（例如，根据历史案例进行反演分析和校准）。分析方法（及其相关输入参数）通常只适用于有限的一组设计情况，地质学家或工程师了解什么情况下特定的分析方法（及其相关参数）与所考虑的问题相关是至关重要的。

大多数基础分析涉及类别 1 或类别 2A。对于简单的变形分析，通常假定土具有线弹性特性，经常需要评估弹性模量，如杨氏模量。关于线弹性多孔材料性质的讨论，请参阅第 17 章 "土的强度与变形"。过去 25 年的研究已经澄清了许多影响土的动刚度和压缩性的因素。从实际应用的角度来看，严重超固结土通常作为地基时具有非线性弹性特性。区分不同的弹性模量（剪切、杨氏、体积）以及考虑是割线模量还是切线模量是很重要的，见图 52.18a。非线性弹性特性的主要特征是：

（1）在很小应变（小于 0.001% 的应变）下的刚度（G_0小应变剪切模量）在静、动荷载下实际上是相同的。

（2）G_0既适用于排水条件，也适用于不排水条件。

（3）对于超固结土，水平荷载作用下的G_0值大于竖向荷载作用下的G_0值。

G_0为评估超固结土的刚度提供了一个有用的参考值（或"定位点"）。第 47 章 "原位测试"中描述了适当的测试方法。

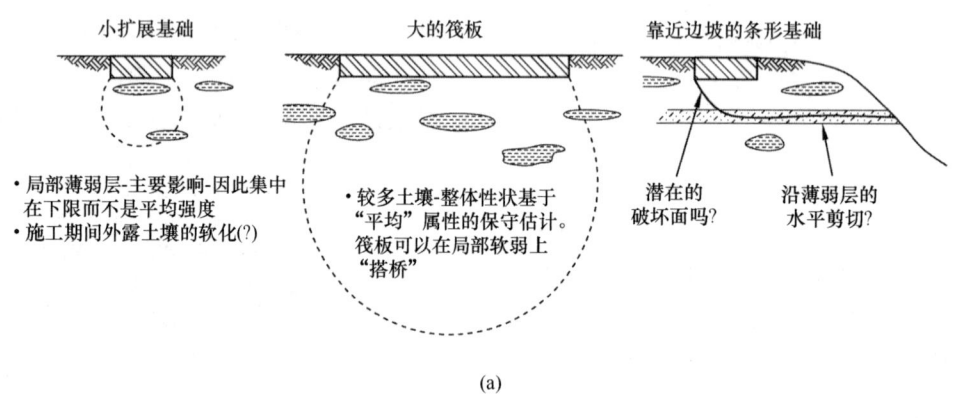

(a)

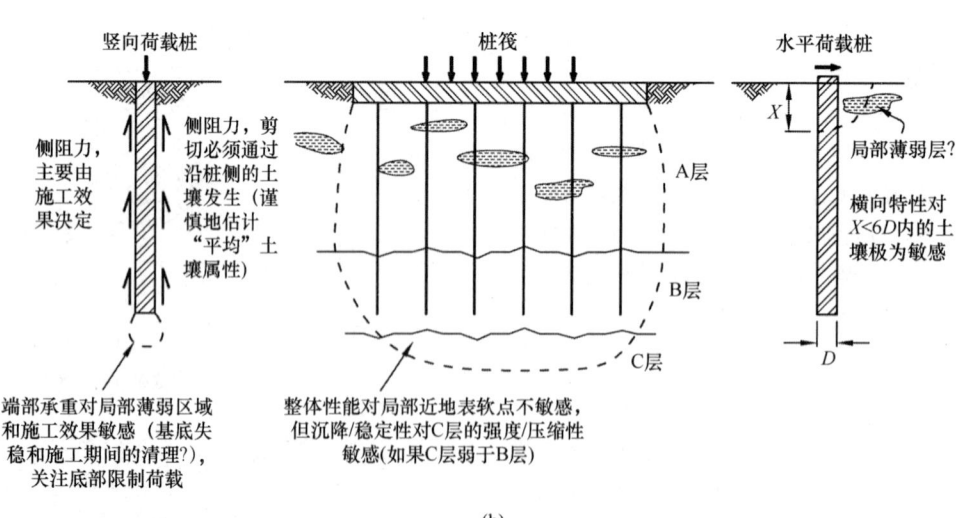

(b)

图 52.17　参数选择中的一般问题

（a）浅基础；（b）深基础

分析方法类别　　　　　　　　　　　　　　　　　　　　　　　表 52.9

类别	细分	特点	参数选择的典型方法	复杂程度/经验主义
1	A	经验（直接）	简单的原位测试，例如渗透测试（SPT "N" 或 CPT "q_c"）。直接应用原位测试数据	
1	B	经验（间接），加上一些基本理论	原位测试（同 1A）加上与土壤参数（如杨氏模量）有关测试	
2	A	简化理论，采用土力学原理，如承载力（塑性）或沉降（弹性）	常规原位测试和实验室检测，以及相关经验	
2	B	同 2A，但理论以一种简化的方式考虑了非线性	可以使用与常规测试、更复杂的测试或已有数据和反分析的相关方法	
3	A	"基本"的数值模型。理论是各向同性、线弹性或完全塑性的。允许一些相互作用或地形变化	依靠土壤刚度和压缩性相关经验方法。历史个案的反分析。基础变形预测的可靠性主要取决于弹性模量的选择。远离基础的地基变形可能不可靠，出现沉降差的可能性被低估	
3	B	非线性或各向异性以简化的方式使用。更实际的相互作用评估。通常单调加载	通常需要复杂的检测数据（现场和实验室），以及对历史案例的反分析	
3	C	通过适当的本构模型允许非线性或各向异性。在目前的实践中较少使用	需要专业测试（是否能确认实验室能力？）和选择数据的建议。对这些结果的注释可能会很困难	

注：如果有当地经验或历史案例数据较差、存在高水平的岩土风险、设计目标复杂，或有较高的成本节约潜力，则先进的地质勘察和分析方法往往更合适。

在 20 世纪 80 年代之前，人们对土壤的动刚度有相当大的困惑。在认识到应变幅值对动弹性模量的重要性后（Jardine 等，1984），才提出了合理选择弹性模量的基础。在地基中的有效应力与土体的预固结压力（或屈服应力）（图 52.18b）相差较大的前提下，假定土体为非线弹性材料是合理的。随着应变幅值的增加，土壤的"弹性"模量会从 G_0（或等效 E_0 值）下降超过一个数量级（图 52.18c）。因此，为线弹性分析选择适当模量很大程度上与基础荷载引起可能的应变幅值相关联。

对于砂土来说，弹性模量和贯入阻力之间的相关性并不明确。贯入阻力和 G_0 之间关系更有用，见图 52.19 和框 52.1，但仍然需要格外注意。贯入阻力和剪切（或杨氏）模量均受多种因素的影响，这些因素对贯入阻力和剪切模量的影响差异很大。因此，贯入阻力只能是土体刚度的一个粗略指

框 52.1　砂土和黏土中 G_0 的经验关系

注意：建议使用多种方法对 G_0 进行评估；也可参考图 52.19 和图 52.20。在适当情况下，还应通过现场和实验室测试来测量 G_0。

砂土和粉土

(a) SPT' N' $G_0 = a\,('N')^b$

基于 Clayton (1995)。对于冲积和冰川粉土和砂：
a 在 12 ~ 17 之间变化；
b 在 0.6 ~ 0.7 之间变化。
砾石中的相关性缺乏可靠性。

注："N" 为 SPT 锤击次数，G_0 的单位为 MN/m^2。

(b) 平均有效应力：$G_0 = 220k\,(p_0')^{0.5}$

根据 Seed 和 Idriss (1970)，其中 k 是砂土相对密度的函数。

相对密度	k
中等密实	35 ~ 55
密实	55 ~ 65
非常密实	65 ~ 75

注：G_0、p_0' 单位为 kN/m^2，p_0' 为平均有效应力。

> **框 52.1　砂土和黏土中 G_0 的经验关系（续）**
>
> （c）CPT 平均 $G_0 = q_c [1634/q_c (\sigma'_{vo})^{0.75}]$，未胶结石英砂，Rix 和 Stokoe，1992。G_0 的可能范围 = 平均值 ± 0.5（平均值）。对地质年代久远、致密的砂价值较高，而对地质年代较短、疏松的砂价值较低。注：G_0、q_c 和 σ'_{vo} 的单位均为 kN/m^2。
>
> 黏土
>
> 基于 Larsson 和 Muladic（1991）。对于中至高塑性黏土：
>
> $$G_0 = 20000/PI + 250$$
>
> 式中，PI 为塑性指数（%），取值在 25%~50% 之间。
>
> 注：G_0 的单位是 MN/m^2。

标。强烈建议在砂土不同的评估方法之间进行交叉检查 G_0。对于黏土，不排水抗剪强度与 G_0 之间的关系已经建立，G_0 与塑性指数、平均有效应力和超固结比之间的关系分别见框 52.1 和图 52.20。后一种关系适用范围更广泛。

Poulos 等（2001）提供了模量退化与安全系数之间的一些近似关系，如图 52.20 和图 52.21 所示。根据这些数据，可以得出以下结论：

（1）割线剪切模量随安全系数的减小而减小。

（2）在一定的安全系数下，浅基础的割线剪切模量小于横向荷载作用下的割线剪切模量，而横向荷载作用下的割线剪切模量小于竖向荷载作用下的割线剪切模量。这种差异反映了特定类型的基础周围应变的不同。

图 52.21 所示的关系主要是用于初步评估，应当强调的是，为了绘制曲线已经作了许多简化的近似处理。这些关系强调了不同的基础应假定不同的弹性模量，并且随着安全系数的降低，使用的割线模量将迅速下降。

非线性弹性特性的一个实际意义是，对于大多数基础工程应用，即使在地基土强度被判定为相当恒定的情况下，动"弹性"模量也会随着深度而增加（Jardine 等，1986）。在许多实际应用中，土的强度也会随着深度的增加而增加。因此，如果使用线弹性分析，则弹性模量的合理趋势通常会随深度迅速增加，如图 52.22 所示。举个例子，在伦敦 QE2 会议中心（Burland 和 Kalra，1986），选择了伦敦黏土弹性模量（基于几个在伦敦市中心案例数据分析），筏板的大致平面尺寸为 65m×75m，垂直荷载下，杨氏模量随深度变化而变化，表层黏土的不排水抗剪强度 S_u 约为黏土的 100 倍，黏土表

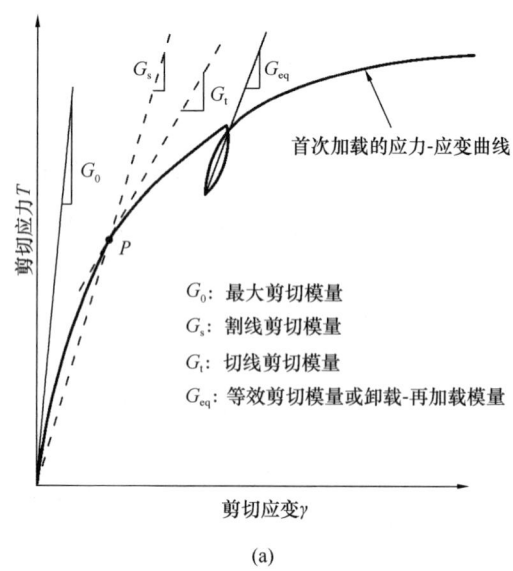

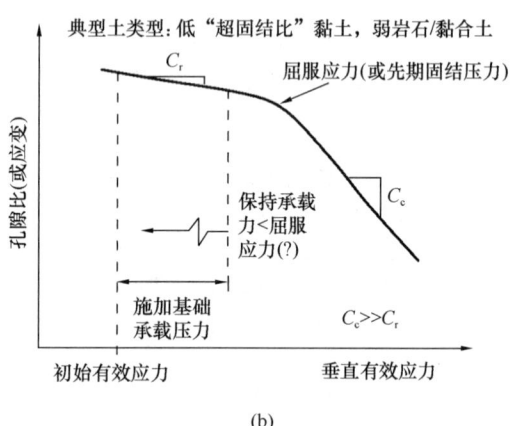

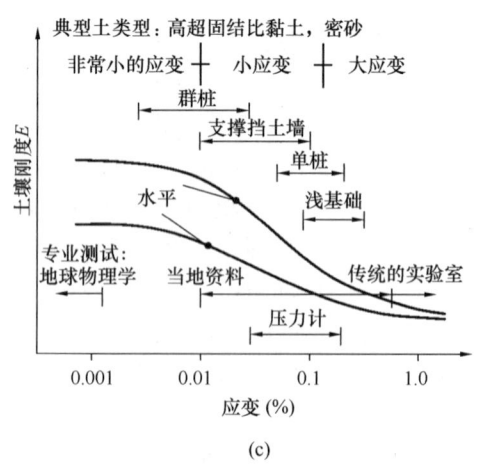

图 52.18　地基刚度和压缩性——基本考虑因素

（a）土刚度的定义；（b）土压缩性；（c）非线性地基刚度

面以下20m深处为$450S_u$。这些排水刚度平均来说，比从常规测试中得到的高出几倍。

当基础的特性可以"独立"考虑时，线弹性假设通常是可以接受的，例如，计算在硬黏土上筏板弯矩或条形基础的整体沉降。如果评估一个新的基础和相邻的基础设施之间的相互作用，或者当一个加载区域内外的地基变形变得重要时，或者当基础特性对非线性本质上敏感时，线弹性假设通常是不合适的，如在群桩内桩之间的相互作用或基础和相邻挡土墙、土体间的相互作用（比方说新的路堤）。

在这些情况下，可能需要使用非线性弹性（或更复杂的应力-应变模型），更早得到专家的建议和指导也很重要。

52.7 基础选择——历史案例简介

拟建一座跨越在现有道路上的单跨铁路桥梁，承担重型货运。这座新桥将建在一座状况很差的旧铁路桥旁边。原基础设计设想为一组常规桩（图52.23），由24根直径为600mm的钻孔灌注桩组成（6×4），桩深约6m，进入软煤岩层中约1m。由于存在引路路堤，需要临时开挖来建造桩基承台。该基坑开挖工程将由钢板桩支护。工程开展时，由于发现拟建的桩承台下有一根132kV的电力电缆，因此该方案无法进行。此外，还发现有许多其他服务设施，而这些服务设施的业主不允许打钢板桩。故原来的基础设计方案不得不放弃。后来任命了一名新的基础设计师，改进了基础设计方案。改进后的基础设计是在咨询原设计人员并征得同意后实施的，原设计人员规定了基础荷载和允许变形。新设计师的调查表明，现有的岩土数据是不充分的：报告指出"怀疑"在该地区开采过煤矿，并没有进行全面的案例研究；已经钻了4个钻孔，但都太浅了，只钻到岩层浅部几米；缺乏关于岩石强度、地下水和地层污染的资料，煤层的状况也不清楚。

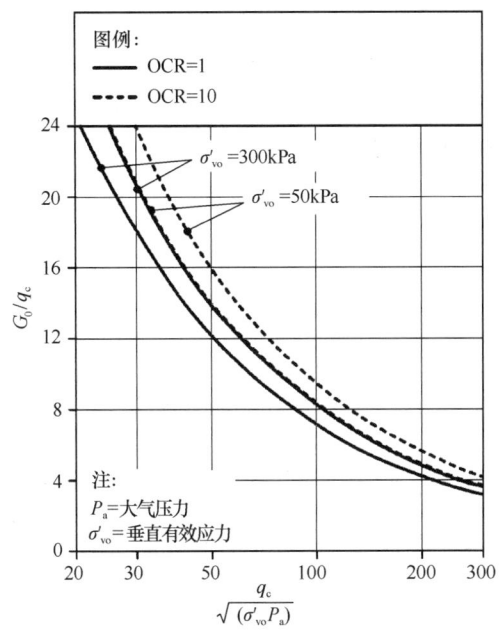

图 52.19 砂土中 G_0 和 CPTq_c 间关系

摘自 Baldi 等（1989）；版权所有。

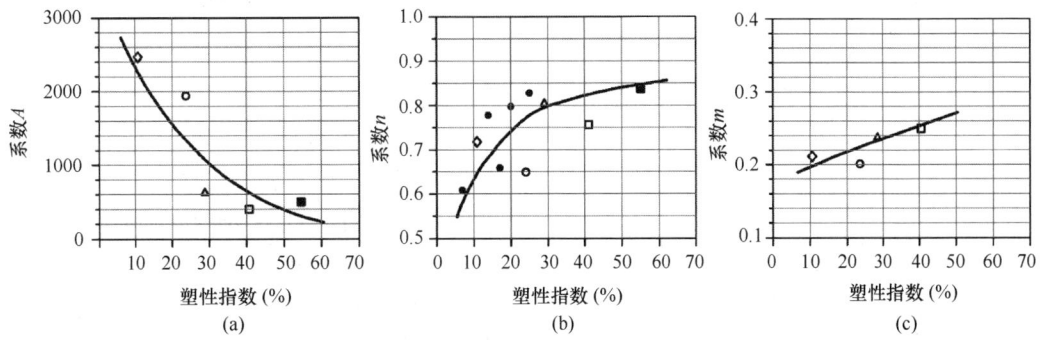

注：$\frac{G_0}{p'} = A\left(\frac{p_0'}{p_2'}\right)^n (OCR)^m$；式中，$G_0$为非常小应变时的剪切模量（参数$A$、$n$、$m$为依赖塑性指数的材料参数；$p_0'$为原位平均有效应力=$(\sigma_v' + 2\sigma_h')/3$，$\sigma_v'$为垂直有效应力，$\sigma_h'$为水平有效应力；OCR为超固结比。$G_0$对$A$的变化最敏感，对OCR的变化最不敏感；$p_2'$为参考应力（等于$1.0\text{kN/m}^2$）。

图 52.20 黏土中 G_0 塑性指数和原位应力状态间关系

数据取自 Atkinson（2000）。

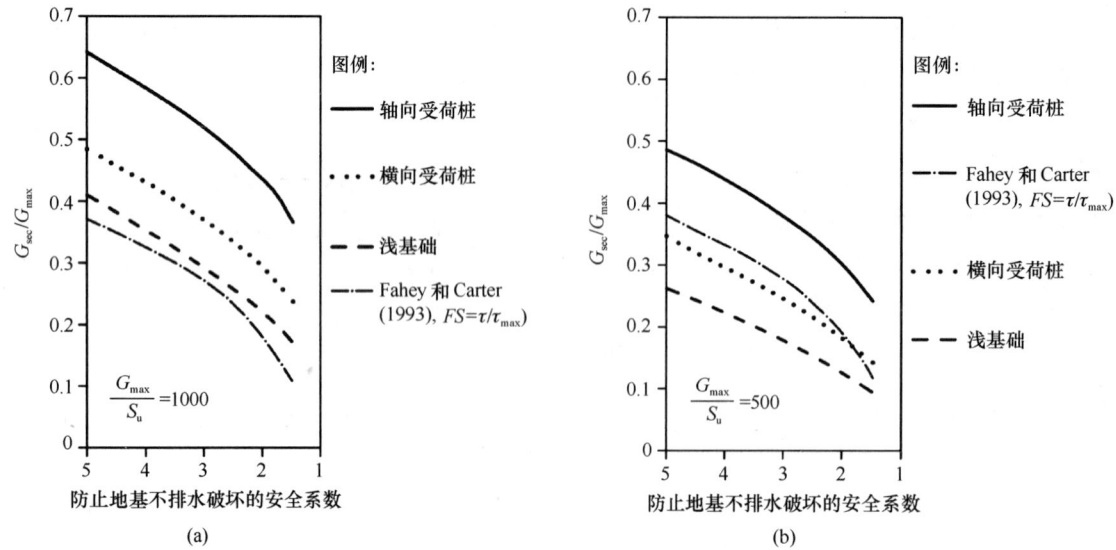

图 52.21　各种黏土上基础的割线剪切模量

(a) $G_0/S_u = 1000$；(b) $G_0/S_u = 500$

摘自 Poulos 等（2000）；版权所有。

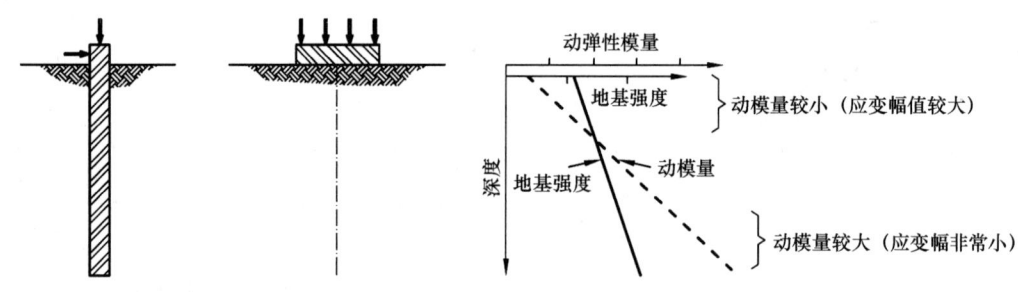

图 52.22　典型的动"弹性"模量与深度的关系

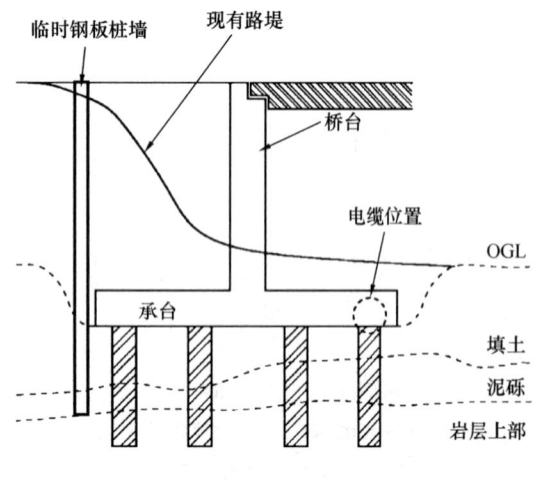

图 52.23　基础选择，案例历史。原（不可建）基础设计

52.7.1　土体条件和场地历史

案例研究表明，在 19 世纪末和 20 世纪初，曾在该地点地面以下开采过几层煤矿，附近曾有一家化工厂。在 35m 范围内发现了 3 个煤层，预计其中一些或全部已被普遍开采，并在现场边界附近发现了 2 个竖井。随后的勘查包括 4 个直径 100mm 的三管旋转取芯钻孔（2 个 25m 深，2 个 40m 深），一名经验丰富的地质学家采用井下地球物理测井补充测试岩体状况。随后的地质勘察证实，在 20m 存在两个已开采煤层（存在大量空洞和较软开采回填材料），以及不稳定的废弃矿井。第三个煤层位于 35m 深，似乎尚未开采。煤层岩石以泥岩为主，强度变化大、强度较低（介于极硬黏土和极弱岩石之间），在上两个煤层上覆的煤层岩石发生了严重的断裂（岩石质量指标RQD值较低）。有证据表明，一个区域的煤矿工作面已经坍塌，对上覆岩体造成了重大破坏。在深处第二煤层以下泥岩强度显著增加，从软到硬，RQD值较高。在岩顶上方发现了厚度不等的松散土层（3.5m厚）和不连续坚硬的冰川层，厚度可达4m。填土由工业废料、倾倒的黏土和砂（可能来自旧竖井挖掘）组成，并受到化学污染。

52.7.2 场地准备

该场地处于不安全和不稳定的状态。因此，在基础施工开始前，必须进行前期工作对老矿井进行充填和加固，清除可能对环境造成严重污染的材料。由于工程规模的必要性（以及完成这些工程所需的不确定时间），在基础施工主合同之前，将这些视作一个单独的施工合同。加固工程主要包括：

（1）用不同稠度的浆液填充工作煤层和上覆扰动岩体；

（2）探测及挖掘竖井，灌注大体积混凝土及建造新的钢筋混凝土承台。

深层注浆包括垂直和倾斜旋转开孔钻井（由于通道有限，需要倾斜孔以稳定基础下方区域和路堤）。然后进行低压注浆。注浆量从每孔约0.2t到每孔最大29t不等（在三个不同的注浆阶段灌入）。这些浆液反映了煤层局部坍塌对岩体的扰动。

注浆的质量控制，包括注浆区渗透性测试和高质量回转取芯以检查煤层注浆后的状况，对于验证地基加固有效性至关重要。

52.7.3 基础选型、设计验证、施工控制

基础类型主要取决于：

- 沿场地边界有限的可用空间（以及现有的不能改移的公用设施）；
- 在填土可能遇到较大的障碍物（拆除瓦砾、旧混凝土基础等）时，需要钻透深层中等强度的泥岩；
- 尽量减少临时工程，特别是避免使用钢板桩。

最初的基础方案是在每个桥台处建造4个直径1200mm、深26m的钻孔灌注桩（桩端位于第二个开采煤层下方，但远高于第三个未开采煤层），紧邻新桥面支座设计位置。这些桩形成了连续的钻孔灌注桩挡土墙（图52.24a）。遗憾的是，最初的设计者坚持不允许改变桥梁支座，并且这些支座不能承受超过6mm的水平位移。尽管进行了几次讨论，并提出了替代的桥梁支座方案（能承受更大的基础变形），但并未取消这一限制。这种允许变形限制对基础成本产生了重大影响，最终的设计方案包括12根直径1200mm的桩。通过在平面上形成U形的桩翼墙，再加上1.5m深的承台，确保桩头固定，使基础水平刚度达到最大（图52.24b、图52.25）。打桩设备必须有足够的动力能穿透障碍物。相邻的钻孔灌注桩墙也可作为临近路堤的挡土墙。

用于设计检查的分析相对简单：

（1）竖向承载力：忽略第一煤层上方扰动地基中的桩侧承载力。在第一个煤层以下，桩侧承载力受到限制，以避免对深部开采过的煤层产生过大应力，见下述第（5）项。在第二煤层下方合适的泥岩中，最大极限桩侧阻力为240kPa；在第一煤层与第二煤层之间的风化泥岩和扰动地基中，最大极限桩侧阻力为70kPa。为了使桩身沉降最小化，允许端承压力被限制在2000kPa。考虑到复杂地质、场地历史和其他不确定性，桩侧和桩端阻力的总体安全系数为3.0。"U形"块规划面积内的整体能力比单桩能力的总和更关键。

（2）竖向变形：由于假设端部承受压力有限，并且使用了较高安全系数，预计总沉降小于10mm（考虑到群桩效应），桥面施工后总沉降小于5mm。

（3）水平承载力：基于Broms方法，参考Fleming等（1992）。

（4）水平变形：基于线弹性群桩分析，参考Fleming等（1992）。

（5）假设煤层上的最大允许承载力小于150kPa。这是通过假设在2/3的工作竖井深度（第一层以下）有一个等效的筏板，在"筏板"上方有1/4（该平面的垂直方向）的荷载，在"筏板"下方有1/2（该平面的垂直方向）的荷载来估计的。

桥台的桩数相对较少，因此，进行初步的试

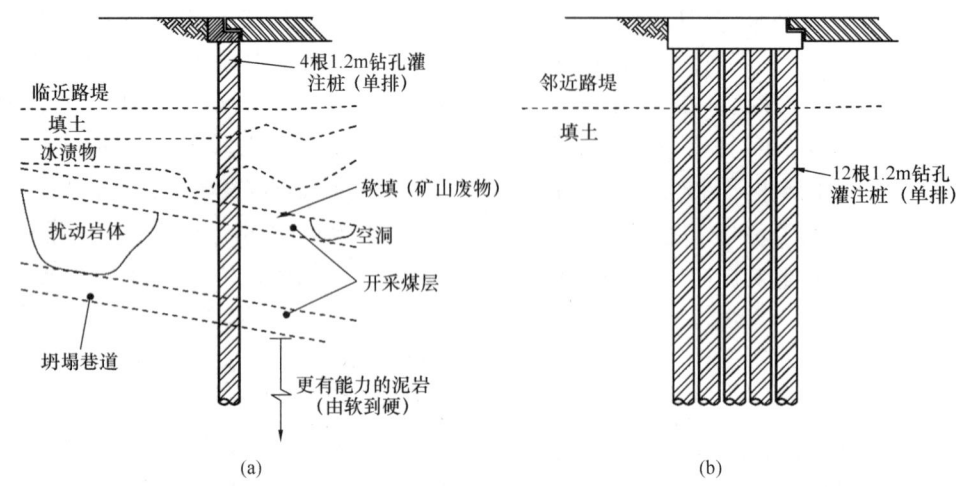

图 52.24 基础选择，案例历史。修改基础设计方案

(a) 改进的设计（初步选择）；(b) 改进的设计（达到允许水平变形 6mm）

注：这将达到所有的设计要求，除了替代支座需要承受更大的水平变形。

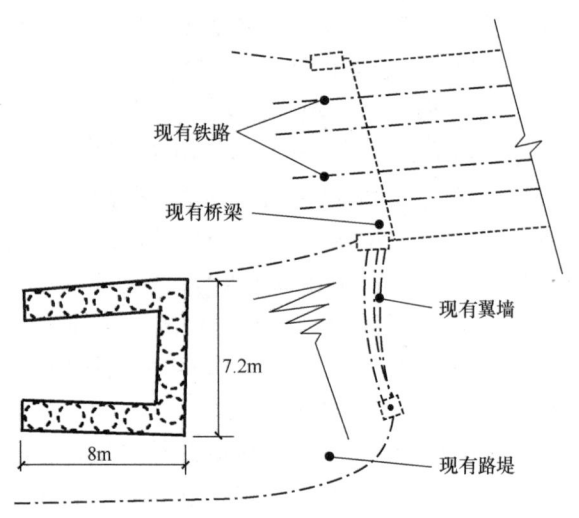

图 52.25 基础选择，案例历史。修改基础设计平面图

验桩试验或工作桩试验是不划算的。使用一个较大的安全系数比在大直径桩上进行相对昂贵的载荷测试更经济（如果打桩合同中桩数很多，那么先进行初步的试验桩试验和降低安全系数，性价比更高）。

因此，主要的施工控制是：

(1) 桩身钻孔记录，并验证其深度是否低于最深的开采煤层，以及桩身是否进入指定深度适合的泥岩中；

(2) 进行桩全长范围声波检测，检查桩身混凝土是否完整。

52.7.4 结束语

本案例强调了以下方面的重要性：

(1) 认真整理一个场地的所有相关信息，形成案头研究报告，包括地质、历史活动（本例中为采煤）和现有场地约束条件（如现有服务设施）。因为有 132kV 电缆，原来的基础设计是不可行的。原设计人员没有发现拟建桩群下存在不稳定的矿井。

(2) 高质量的地质勘察数据。最初的勘察方案在设计和监督上难以实现，钻孔太短，也没有安排确定地基土和岩石特性以及化学特性的重要测试。在第二次地质勘察中，由经验丰富的地质学家对岩体特性进行高质量的作业，对于确定桩端的合适位置具有非常重要的意义。

(3) 风险管理。该场地处于不安全状态，在将大型（100t）打桩钻机运进该场地之前，必须通过注浆来加固矿井巷道。注浆工程存在一些内在的不确定性（工期、注浆量等），因此，从商业角度来看，最好在桥梁主施工合同之前，将这些工程作为初步合同来实施。

(4) 变形控制指标。严格的限制允许水平变形意味着最终设计桩数是另一种可选方案的 3 倍（如果变形限值是 15mm 而不是 6mm，这在技术上是可行的）。

52.8 总体结论

- 基础工程设计需要掌握有关施工方法、基础-结构相互作用、地质学、岩土力学等方面广泛的知识和技能，并了解类似工程案例。基础工程设计者必须能找准问题、提出问题，并与其他专家讨论这些问题。优质的基础设计通常是多学科团队共同努力的结果。

- 基础类型主要有：浅基础（扩展基础、条形基础、筏形基础）和深基础（常规截面桩、沉箱、异形截面桩）。混合式基础包括浅基础和深基础两方面，例如深层地基改良和桩筏基础。

- 基础设计需要考虑以下问题：①基础的稳定性和变形；②风险管理；③建造费用和施工方案。"岩土工程三角形"是地基基础工程风险管理一个有价值的框架，三角形的各个要素都必须考虑。在设计的早期阶段进行同行协助（Peer Assist）可带来显著的好处。

- 基础方案的选择需遵循"5S"原则：①Soil，土或岩石类型（以及地下水）；②Structure，结构类型，包括荷载、允许变形；③Site，场地，包括可用空间、净空、邻近建筑物及敏感的环境区域；④Safety，安全性，特别是场地的历史可能使场地处于不稳定或受到化学污染的状态；⑤Sustainability，可持续发展，在设计基础时经常有较多机会使开挖出的材料再利用，既有基础再利用和地基作为能源载体的使用。

- 对总沉降和沉降差不合理和过度保守的规定，通常使基础设计方案的造价较高。总沉降视土质和基础类型而定，常规限值在 40～100mm 之间。实际的结构损坏风险取决于不同变形和施工顺序。敏感部件（如建筑围护结构）、内部机械（如电梯和自动扶梯）的施工和安装时机尤为重要。

- 参数的选择（如强度和变形模量）具有挑战性，因为许多因素可能会影响它们在特定设计中的数值，以及分析方法模拟实际地基复杂特性时固有的局限性。常规的勘察方法会对土样造成明显的扰动，这加剧了取得真实数据的困难。地质勘察应包括现场原位测试和实验室测试。通过 CPT 或连续取样和详细记录等方法对地基土性质进行连续分析，对于了解地基结构至关重要。

- 在过去 25 年左右的时间里，对地基变形特性的理解有了重大的进步。应力-应变特性是高度非线性的，在非常小的应变（通常称为 G_0 或 G_{max}）下的刚度是一个有用的参考点或"定位点"。刚度随着应变幅值的增加而迅速退化，在大应变时刚度往往要比小应变下小一个数量级以上。传统的测试，如压缩试验，测量的是大应变下的刚度（或压缩性）。不同的基础类型（或不同的施加荷载）会在地基上产生不同的应变幅值，因此动变形模量会有显著的变化（即使对于相同类型的地基土）。一般情况下，动变形模量会随埋深的增加而迅速增加。

52.9 参考文献

Adam, M. and Markiewicz, A. (2009). Energy from earth-coupled structures, foundations, tunnels, and sewers. *Géotechnique*, **59**(3), 229–236.

Atkinson, J. H. (2000). Non-linear soil stiffness in routine design. *Géotechnique*, **50**(5), 487–508.

Baldi, G., Bellotti, R., Ghionna, V. N., Jamiolkowski, M. and Lo Presti, D. F. C. (1989) Modulus of sands from CPTs and DMTs. In *Proceedings of the 12th International Conference on Soil Mechanics and Foundation Engineering*, Rio de Janeiro. **1**, 165-170. Rotterdam: Balkema.

Barker, R. M., Duncan, J. M., Rojiani, O., Ooi, P. S. K. and Tan, C. K. (1991). Manuals for the design of bridge foundations NCHRP report 343. Washington: Transport Research Board.

Bjerrum, L. (1963). Discussion. In *Proceedings of the European Conference SMFE*, Wiesbaden, vol. 2, p.135.

Boone, S. T. (1996). Ground movement related building damage. *Geotechnical and Geoenvironmental Engineering ASCE*, **122**(11), 886–896.

Burland, J. B. (1990). On the compressibility and shear strength of natural clays. *Géotechnique*, **40**, 329–378.

Burland, J. B. and Burbidge, M. C. (1984). Settlement of foundations on sand and gravel. *Proceedings of the Institution of Civil Engineers*, **1**, 1325–1381.

Burland, B., Broms, B. B. and De Mello, V. F. B. (1977). Behaviour of foundations and structures. In *Proceedings of the 9th International Conference on Soil Mechanics and Foundation Engineering (ICSMFE)*, Tokyo, vol. 1, pp. 495–546.

Burland, J. B. and Kalra, J. C. (1986). Queen Elizabeth II conference centre. *Proceedings of the Institution of Civil Engineers, Part 1*, **80**, 1479–1503.

Burland, J. B. and Wroth, C. P. (1974). *Settlement of Buildings and Associated Damage. Settlement of Structures*. Cambridge: Pentech Press, pp. 611–654.

Butcher, P. S., Powell, J. J. M. and Skinner, H. D. (2006). *Reuse of Foundations for Urban Sites. A Best Practice Handbook*. BRE Press.

Chandler, R. J., de Freitas, M. H. and Marinos, D. (2004). Geotechnical characterisation of soils and rocks: a geological perspective. *Proceedings of the Skempton Conference*, **1**, 67–102.

CIRIA C653 (2007). *Reuse of Foundations* (eds Chapman, T. Anderson, S. and Windle, J.). London: CIRIA.

Clayton, C. R. I. (1995). *The Standard Penetration Test (SPT): Methods and Use*. CIRIA Report 143. London: CIRIA.

Day, R. W. (2000). *Geotechnical Engineer's Portable Handbook*. New York: McGraw-Hill.

Fang, H. Y. (2002). *Foundations Engineering Handbook* (2nd Edition). Dordrecht: Kluwer Academic.

Fleming, G. K., Weltman, A. J. and Randolph, M. F. (1992). *Piling Engineering* (2nd edition). Halsted Press.

Grant, R., Christian, J. T. C. and Vanmarke, E. H. (1974). Differential settlement of buildings. *Geotechnical and Geoenvironmental*

Engineering ASCE, **100**(GT9), 973–991.

HSE (2007). *Managing Health and Safety in Construction. Construction (Design and Management) Regulations*. London, UK: HSE.

Jardine, R. J., Potts, D. M., Fourie, A. B. and Burland, J. B. (1986). Studies of the influence of nonlinear stress-strain characteristics in soil-structure interaction. *Géotechnique*, **36**(3), 377–396.

Jardine, R. J., Symes, M. J. and Burland, J. B. (1984). The measurement of soil stiffness in the triaxial apparatus. *Géotechnique*, **34**(3), 323–340.

Larsson, R. and Mulabdic, M. (1991). Shear Moduli in Scandinavian Clays. Swedish Geological Institution Report No. 40. Uppsala: SGI.

Morton, K. and Au, E. (1974). Settlement observations on eight structures in London. In *Proceedings of Conference Settlement and Structures*. Cambridge: Pentech Press, pp. 183–203.

Moulton, L. K. (1985). *Tolerable Movement Criteria for Highway Bridges*. Report No. FHWA/RD-85/107. Washington: Federal Highway Administration.

Peck, R. B. (1962). Art and science in subsurface engineering. *Géotechnique*, **12**, 60–68.

Poulos, H. G., Carter, J. P. and Small, J. C. (2001). Foundations and retaining structures – research and practice. In *Proceedings of the 15th ISCMGE*, Istanbul, vol. 4.

Powderham, A. J., Huggins, M. and Burland, J. B. (2004). Induced subsidence on a multi-storey car park. In *Proceedings of the Skempton Conference*, London, **2**, pp. 1117–1130.

Powderham, A. J. (2010). Managing risk through safety driven innovation. In *Proceedings of the Deep Foundations Institute*, London.

Ricceri, G. and Soranzo, M. (1985). An analysis of allowable settlements of structures. *Rivista Italiana di Geotecnica*, **19**(4), 177–188.

Rix, G. J. and Stokoe, K. H. (1992). Correlation of initial tangent modulus and cone resistance. Proceedings of the International Symposium on Calibration Chamber Testing, Potsdam, New York. Amsterdam: Elsevier, pp. 351–362.

Rowe, P. W. (1972). The relevance of soil fabric to site investigation practice. 12th Rankine Lecture. *Géotechnique*, **22**(2), 195–300.

SCOSS (2009). Guidance Note: Independent Review through Peer Assist. www.scoss.org.uk

Seed, H. B. and Idriss, I. M. (1970). *Soil Moduli and Damping Factors for Dynamic Response Analysis*. EERC Report No. 70-10. Berkeley, Calif.: EERC.

Skempton, A. W. and MacDonald, D. H. (1956). The allowable settlements of buildings. *Proceedings of the Institution of Civil Engineers*, **III**(5), 727–768.

Terzaghi, K. (1936). Settlement of structures. *1st ICSMFE*, **3**, 79–87.

Terzaghi, K. (1939). Soil mechanics – a new chapter in engineering science. *Proceedings of the Institution of Civil Engineers*, **7**, 106–141.

Terzaghi, K. (1956). Discussion. *Proceedings of the Institution of Civil Engineers*, **III**(5), 775.

Tomlinson, D. B. (1987). Foundation for low rise buildings. BRE CP 61/78. DOE.

TRL (1994). *Study of the Efficiency of Site Investigation Practices*. TRL Project Report 60. Crowthorne: TRL.

Zhang, L. M. and Ng, A. M. Y. (2005). Probabilistic limiting tolerable displacements for serviceability limit state design of foundations. *Géotechnique*, **55**(2), 151–161.

建议结合以下章节阅读本章：
- 第9章"基础的设计选型"
- 第19章"沉降与应力分布"

本书以第1篇"概论"和第2篇"基本原则"为指导进行章节编排。如第4篇"场地勘察"中所述，各类岩土工程均应进行扎实的现场勘察工作。

译审简介：

杨生贵，建研地基基础工程有限责任公司总工程师，享受国务院特殊津贴专家，主要从事岩土工程科技创新和实践工作。

滕延京，曾任中国建筑科学研究院顾问总工程师、地基基础研究所所长，研究员，一级注册结构工程师，一级注册建造师，注册土木工程师（岩土），从事建筑地基基础工程设计、施工、检测及咨询等技术工作，主编《建筑地基基础设计规范》GB 50007—2011。

第 53 章 浅基础

安东尼·S. 欧布林（Anthony S. O'Brien），莫特麦克唐纳公司，克罗伊登，英国

伊姆兰·法鲁克（Imran Farooq），莫特麦克唐纳公司，克罗伊登，英国

主译：李伟强（北京市建筑设计研究院股份有限公司）
参译：王媛
审校：孙宏伟（北京市建筑设计研究院股份有限公司）

doi: 10.1680/moge.57098.0765

目录

53.1	引言	737
53.2	基础产生位移的原因	737
53.3	施工和设计要点	740
53.4	基底压力、基础布置及相互作用	745
53.5	地基承载力	746
53.6	沉降	750
53.7	资料需求和参数选择	761
53.8	冰碛土地基案例	768
53.9	总体结论	770
53.10	参考文献	772

浅基础应用广泛，从一般民用建筑条形基础到大型核电站的筏形基础均可应用。不管项目规模如何，必须进行场地地质灾害影响评估；最好由经验丰富的专家进行全面的案头研究和现场踏勘。要出色地完成一个项目的设计和施工，前提是了解场地历史状况以及场地地表和地下水情况。如果缺少以上资料，再精细的分析也于事无补。在进行详细分析前，要考虑场地地形地貌、地质条件、相邻结构条件，以确定整个结构基础（条基或独立基础）的可行性，还要考虑拟建建筑物结构自身以及周围相互影响造成的潜在风险。相比地基承载力，基础沉降更需严格控制。简单分析方法通常就足够了，其最大的问题是地基土压缩性参数的可靠性。岩石地基的承载力和沉降与岩体不连续面的方向、间距和特征以及岩层的风化程度及裂隙（不管是自然形成还是人为影响）关系密切。

53.1 引言

浅基础的设计从一般民用建筑的简单条形基础到核电站的复杂筏形基础均有涉及。表53.1提供了一些设计要点用来帮助基础设计者确定勘察要求、计算分析、后续监理和监测工作。该表以《欧洲标准7》中提出的岩土工程类别为依据。对于1类结构，通常不需要进行特别计算，设计可基于当地规范或以往经验中的"推测地基承载力"。如有必要，仅需要最基本的计算。在项目开始需对岩土工程类别进行评估，当获得更多的信息后加以修正。设计和施工阶段的所有工作与岩土工程师的专业水平息息相关。值得特别注意的是岩土工程类别不仅仅与上部结构的尺寸和复杂性有关。例如，如果场地地质条件特别复杂，简单结构也可能属于3类。对于浅基础设计，许多教材侧重于地基承载力和沉降变形分析；然而，在设计之前必须仔细地核对整个场地地质条件，场地历史以及相关的不良地质作用等。如在第52章"基础类型与概念设计原则"中所讨论的，确定浅基础是否为最合理方案前，需要遵守基础方案类型的"5S"原则。

为了便于做出这些决定，应针对场地进行全面的案头研究。这也为勘察方案提供参考，特殊情况下（如果地质情况非常了解）可作为初步设计的依据。

本章首先介绍了基础位移的原因（它可以独立于上部结构荷载），介绍了设计者需要考虑的一些施工影响，概述了基础的布置及相互影响。本章第53.5节和第53.6节概述了基础持力层位于黏土、砂土和岩层中的地基承载力和沉降变形分析方法。最后，在第53.7节中讨论了参数选择的关键问题。

因为篇幅受限，软黏土中的表现（包括相关的分析方法和参数）没有详细讨论。通常情况下，软黏土也不认为是合适的基础持力层。但是，如果基础范围内存在软黏土的影响，那么需要格外小心（参见第17章"土的强度与变形"，以及第19章"沉降与应力分布"），并应寻求专家建议。

53.2 基础产生位移的原因

首先要认识到，地基基础沉降过大的原因很多，有些原因与上部结构施加在基底的压力无关。表53.2总结了浅基础沉降的地质原因，还应该参见第52章"基础类型与概念设计原则"（第52.2

浅基础设计要点及岩土工程对策　　　　表 53.1

问题	第1类：简单	第2类：适中	第3类：复杂
1	小型、简单结构？	非第1类和第3类问题	大型、复杂结构？
2	对场地地质条件非常清楚？		场地地质条件复杂或不清楚？
3	通过工程经验获知的地质条件能否直接用于勘察、设计与施工？		是否涉及特殊地质条件？
4	如果基底位于地下水以下，以往经验是否可行？		是否涉及特殊风险？
5	场地是否有特殊风险：如严格的沉降控制标准，非常大的循环荷载作用，或地震作用？		是否需要采用第3类的方案来节约工期、减少造价？
6	如果满足以上条件，就是第1类		采用第3类的方案是否会增加安全性和耐久性？
7			差异沉降标准是否严格（参考第52章"基础类型与概念设计原则"）？
8			是否有非常规加载条件（例如，活荷载所占比例高、大循环荷载频繁、较大水平荷载）？
9			是否受地震作用？
可能采取的勘察要求	通过案头研究加上地面做一些探坑、贯入试验来了解场地地质条件	通过案头研究加上一系列勘察手段确定基底以下土的特性，特别是基础宽度2/3深度内的土的特性，包括施工方法和项目风险	通过案头研究加上一系列综合勘察手段，包括高质量的取样、现场测试和室内试验，有可能需要足尺试验
可能采取的分析方法	如有必要： 黏土：承载力取大于3.0的安全系数以保证较小沉降（参见第53.5节） 砂岩地基：经验验证来保证沉降较小（对于砂土参见第53.6节）	分析方法，见第53.5节和53.6节	非线性数值计算或更先进的承载力和沉降评估分析方法
可能采取的施工、监理要求	基底验槽	为控制风险需要关键工序，如现场试验和验证、地下水位监测时，监理工程师须在现场	全过程专业监督和监测

节图 52.8）和第 9 章"基础的设计选型"（表 9.1）。这些地质原因引起的地面运动可能非常大（有些可能超过 1.0m，通常会大于 100mm），并可能最终超过正常使用极限状态甚至破坏。对这些地

与荷载无关的基础位移原因　　　　　　　　　　　　　　　　　　　表 53.2

变形原因	分析	控制措施
非工程性填土	物理、化学和生物降解均可能使基础产生大的位移。参阅第 29 章和第 58 章的例子：湿陷破坏、钢渣膨胀、有机物和气体的分解或渗滤液的产生	松散填方需进行有效的地基处理，例如动力或振冲密实、预压/堆载等方法，处理前保证不含有机质土。当变形由于化学或生物因素引起，常规的压实方法可能是无效的
相互影响	新建工程可能引起地基整体变形，进而产生基础位移	新建工程需要在设计阶段评估对既有建筑的相互影响，并采取设计措施或施工顺序来减小相互影响
振动	松散或非常松散的粗粒土（粉砂、砂石和砾石）在受到来自外部因素（如道路交通、机械等）的振动时，很容易产生较大的差异沉降	要将粗粒土压实到密实或非常密实的状态，例如用动力或振冲密实，请参阅第 59 章"地基处理的设计原则"
侵蚀	均匀的细砂或淤泥特别容易受到地表或地下水流动的侵蚀	使用侵蚀保护措施：天然颗粒级配良好过滤层或土工布产品
植物收缩与膨胀	随着树木水分需求量变化，黏性土的塑性指数变化导致土体变形与非塑性土无关，参见 NHBC，2003	对于受树木影响或可能受树木影响的场地，则需要采取特殊的基础设计措施，参考 NHBC，2003。这可能包括桩基础（能够抵抗隆起和膨胀力）和结构架空层
邻近边坡	边坡即使不受基础荷载的影响也可能因土体随时间的蠕变而破坏，基础的存在会增加边坡丧失承载力的风险	对边坡承载力和稳定性进行详细检测与评估。如果安全度不足，需要进行边坡加固处理
挖填方	大面积挖方和填方会改变土体应力，产生沉降和回弹。填土本身也会产生沉降或膨胀	如果条件允许，施工前留足时间让地基变形稳定，否则设计时需要考虑此部分的影响
采空区或岩溶	采空区带来的地基不稳定或天然形成的岩溶	需要有详细、专项勘察，通常需要大规模注浆来处理空洞，参考第 59 章
冻胀	粉土、粉细砂易受冻胀影响	基础埋置深度大于冻深，英国一般是 0.5m

注：地下水变化也是地基整体变形的一个常见原因，参见第 9 章"基础设计因素"表 9.1。

质危害的识别非常重要，通常最好由经验丰富的专家进行案头研究（了解现场地质和历史）并现场踏勘。如果存在地质危害风险，通常要治理，或者有必要重新选择场地。

在英国，浅基础的位移最常见的原因可能是树木的季节性收缩膨胀引起的。这些会影响黏性土地基，特别是树木生长的高塑性黏性土中，或者之前树木的生长使黏性土干燥的地方。例如，如果在基础建设之前移除树木，黏性土将随着土的含水量增加到饱和状态而体积膨胀，这将会导致基础位移和结构破坏。如果黏性土地基基础附近有一棵树，那么树木的季节性收缩膨胀将会导致基础位移，进而导致结构破坏。对于开阔场地上的黏性土地基（远离任何明显的植被，如树篱、树木等），通常情况下基础埋置深度 0.9m 就可大幅减小过度收缩膨胀带来的风险。对于可能受植被影响的黏性土地基，英国国家房屋建设委员会（NHBC，2003）提出了简而有效的指导方法。图 53.1 给出了需水量大的树木引起的高塑性黏性土季节性含水量变化示例。图 53.2 给出了在高塑性黏性土场地中，远离树木的位置和受树木影响的区域，土壤含水量和土壤吸力的关系的比较。树木在埋深 3m 位置引起的应力变化（相当于测量距离树木远近位置引起的吸力差值）最大值为 500kN/m^2，远大于传统结构

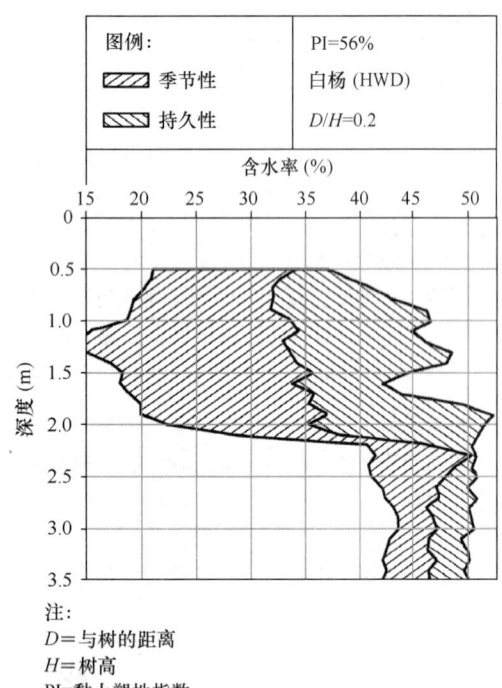

注：
D=与树的距离
H=树高
PI=黏土塑性指数
HWD=高水标
持续性：有树的存在，土的含水率逐渐减少，树木死亡或被砍伐后，又增加回来。
季节性：含水率在夏天和秋天之间变化。

图53.1 含水量受树木因素变化的实例（重黏土）

体积变化潜力　　　表53.3

修正塑性指数	体积变化潜力
≥40%	高
20%~40%	中
<20%	低

注：1. MPI 修正塑性指数 = [（塑性指数）（粒径 < $425\mu m$,%）]/100；如果 MPI = 30% 且粒径 < $425\mu m$ 大于 50%，则 MPI = 15%；
2. 收缩性土易受体积变化的含水率变化。
数据取自 NHBC（2003）。

施加的应力值。所以，产生的地面位移很大，可能在100~150mm之间。英国国家房屋建设委员会（NHBC）提出了简单的规则：适当的基础深度可以减小结构破坏。将黏粒含量大于35%（粒径<60um）且修正塑性指数（MPI）大于10%的土定义为收缩性土，详见表53.3。地基变形过大的风险取决于基础周边树木的种类。根据不同树种的需水量不同对基础进行分类，英国国家房屋建设委员会（NHBC）对常见树种提出了相对应的"需水量"（water demand）分类以及相对应的成龄树高度。例如，橡树、杨树和柳树被划分为高需水量树种。适当的基础埋置深度取决于土壤的 MPI、含水量以及现有植被和未来植被的成熟树高度。图53.3提供了英国国家房屋建设委员会（NHBC）的图表示例。

53.3 施工和设计要点

53.3.1 基坑开挖

基坑开挖是整个项目施工方案的重要一步，因为在基坑开挖完成之前很多工序无法开展。因此，基坑开挖表面上简单，实际上有一些问题需要思考。图53.4提供了一个流程图，介绍了必做事项。尽管临时基坑工程的很多细节会由承包单位负责，但是基础设计工程师需要考虑这些细节，最起码从概念上校核基坑工程可实施性、安全性且不会对临近的基础设施、建筑物等造成危害。事实上，开阔场地基坑开挖比狭小场地基坑开挖要更快、更便宜。在很多土层和岩层中，开挖面可以在开挖后短时间内保持陡直（超过45°）。随着基坑开挖后时间推移（可能从几分钟到几个月不等），临时边坡将会发生破坏，坡角接近永久边坡的坡角（参见第72章"边坡支护方法"；Chandler，1984）。仅凭理论计算无法预测临时边坡破坏前的具体时间，利用当地经验选择适当的临时边坡坡角非常重要。图53.5展示了一些典型地层的边坡稳定问题。边坡的健康和安全条例要求所有超过1.2m深度的基坑开挖应由专业工程师设计。基坑开挖应由专业人员定期巡查并制定应急预案。如果监测到边坡位移存在风险，及时实施应急措施。

53.3.2 地下水控制

当地下水位高于基础开挖面时，地下水控制是必须的。在英国大部分区域，地下水位位于地面以下几米。在施工过程中，地基问题往往是因为地下水控制不利引起的。地下水控制不利直接导致工期拖延甚至基坑坍塌。地下水控制不利对基坑的不利影响被划分为以下几类：

（1）渗流效应——如果渗流集中在相对小的区域，水力坡度将会陡升。陡升的水力坡度有可能导致：①开挖边坡的不稳定性，因为孔隙水压力会

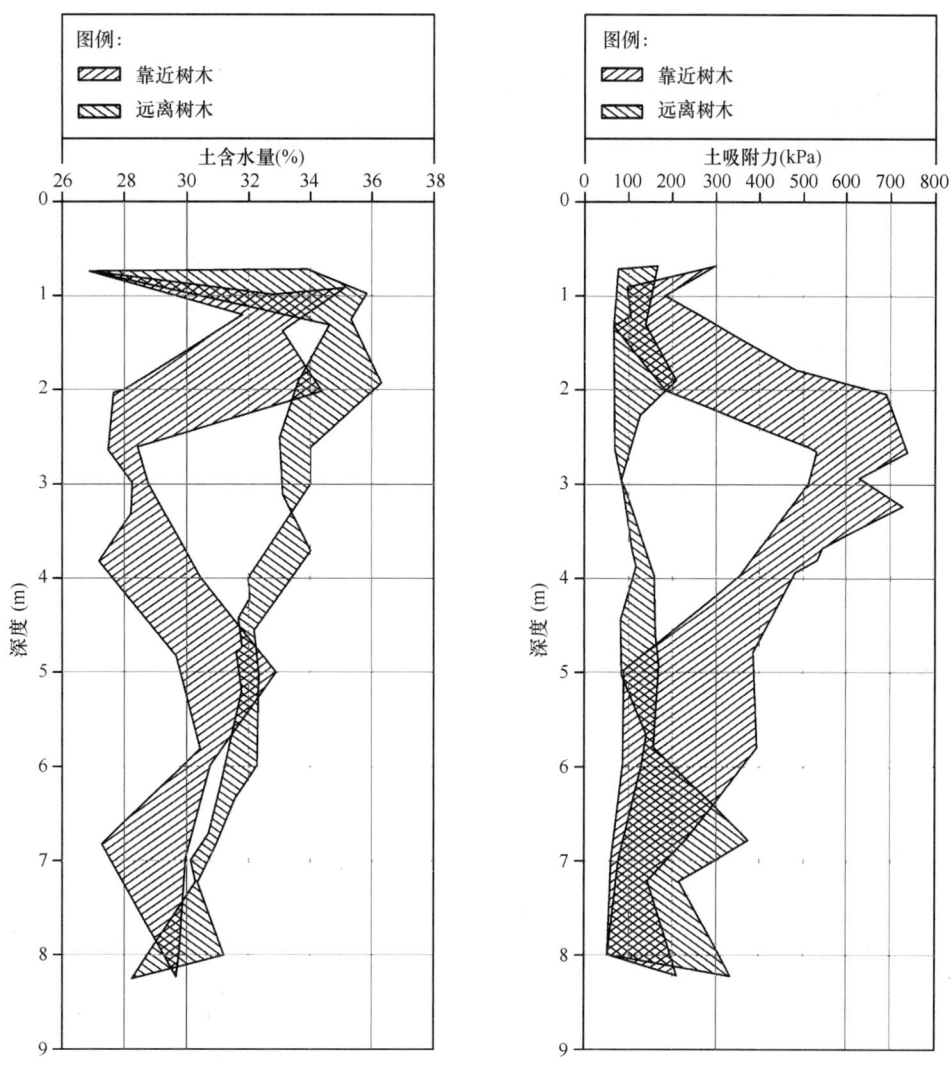

图 53.2　土含水量和土吸附力与树木远近的关系

修改自 Crilly 和 Driscoll（2000）

减小抗倾覆和抗滑移的阻力；②粉土和砂土的流失导致管涌，从而导致开挖后基底失稳或挡土墙侧向支撑的失效；③其他土层的强度快速削弱（如硬黏土、软岩）——交替的低渗透层和高渗透层的互层土层（例如具有薄粉土或砂层的硬黏土）特别脆弱。

（2）水压上升——在交替的黏土层和砂层中，如果砂土层中的地下水压力（基坑开挖基底以下）超过上覆黏土层的覆盖应力，基坑开挖面和砂层之间的不稳定性就会出现。

（3）附加基础沉降——不会出现地基不稳定。

良好的地基土，如密实砂土、硬黏土或者软岩受到地下水渗透的影响，会导致砂土和卵石的相对密实度减小，硬黏土软化，裂隙岩石节理张开。一旦承受荷载立刻产生沉降，此时的沉降与天然、未受扰动状态下的岩土参数已没有关系。一个地下水引起地基问题的案例将在第 9 章"基础的设计选型"中给出。

图 53.6 提出了一系列关于强地下水渗透和水压上升带来的问题和可能的解决方法。避免地下水引起严重事故的两个主要方法如下：

（1）通过在基坑周围设置抽水井或者降水井

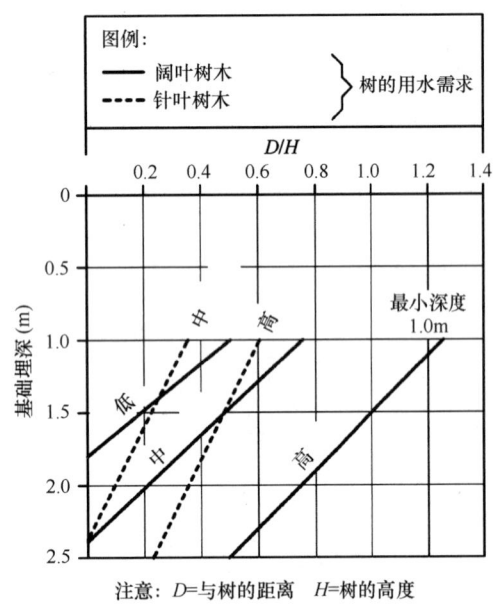

图53.3 英国国家房屋建设委员会（NHBC）基础深度图示例（高体积变化土壤，MPI≥40%）。收缩性土是指细粒含量大于35%（小于60μm）、MPI大于10%的土

摘自国家房屋建设委员会（NHBC，2003）

来降低地下水位；

（2）增加地下水渗流路径的长度，通过设置地下连续墙、大面积注浆，或者在基底适量级配材料压重。

减压井（通过钻孔采用渗透性过滤材料回填）可以降低水压上升风险，因此地下水压力梯度将从亚自流压力减弱成静水压力，在高渗透性土层中，减压井可能因为被淹没而失效。

对于降水和减压方案，需要考虑三个主要因素：

（1）目前地下水总量和地下水流量。换言之，这取决于地基土层的渗透性、渗透土层的连续性、自由水源（河水和湖水）以及渗透层之间的连通性。

（2）基坑开挖对坑内以及周边土层影响程度。如孔隙水压力减小引起细颗粒土流失带来沉降风险。

（3）需要处理的地下水范围。地下水的处理需要获得监管部门的支持。地下水的状态，尤其是可能被污染的程度，是一个至关重要的因素。

如果没有以上问题，相比地下连续墙或者注浆，降水方案更加经济。对于其他复杂情况，地下连续墙、注浆和减压联合方案是必要的。第80章"地下水控制"提供更详细的地下水控制指南。从抽水井到井点降水，各种各样的降水系统都是可行的，利弊将在第80章"地下水控制"中讨论。一般来说，地下水控制系统的位置选择也很重要，因为当地下水抽取发生在基坑外侧，可以有利地减少基底以下的水力梯度。通常情况，在基底位置设置浅孔抽水井，相对简单经济。但是，除非风险较低，否则不推荐这样做。例如，短期抽取局部砂土层卵石层的少量渗透水是可以的，长期连续在基坑范围内抽取地下水则风险很高，不但水位没有降低，反而可能由于细颗粒流失而发生管涌。

53.3.3 浮力

对于地下水位高的场地，校核施工期间和永久状态下结构能否抵抗浮力是非常重要的。有地下室的结构和筏形基础（补偿地基）尤其敏感。地下水压力超过基础底面示意见图53.7。降低抗浮失效风险的4个方面如下：

（1）确保地下结构（地下结构施工完成形成密闭空间抵抗地下水时）的竖向压力总是大于水浮力。地下结构必须足够坚固以承受作用于所有侧面的水压。

（2）一旦水位超过抗浮的临界水位，允许地下室被淹。这种情况施工期间可能被接受，但不适用于使用期间。实现目标的简单方法是在地下结构（图53.7）中设置减压井或者在地下结构的侧面设置排水孔。减压井的"溢出"水位将设置在保证抗浮安全系数的水平。

（3）提供降水或者降压系统来保证地下水水位永远低于抗浮设防水位。然而，这些系统的可靠性和可维护性需要仔细考虑。降水对地下水有作用，但不会有效防止地表水泛滥。

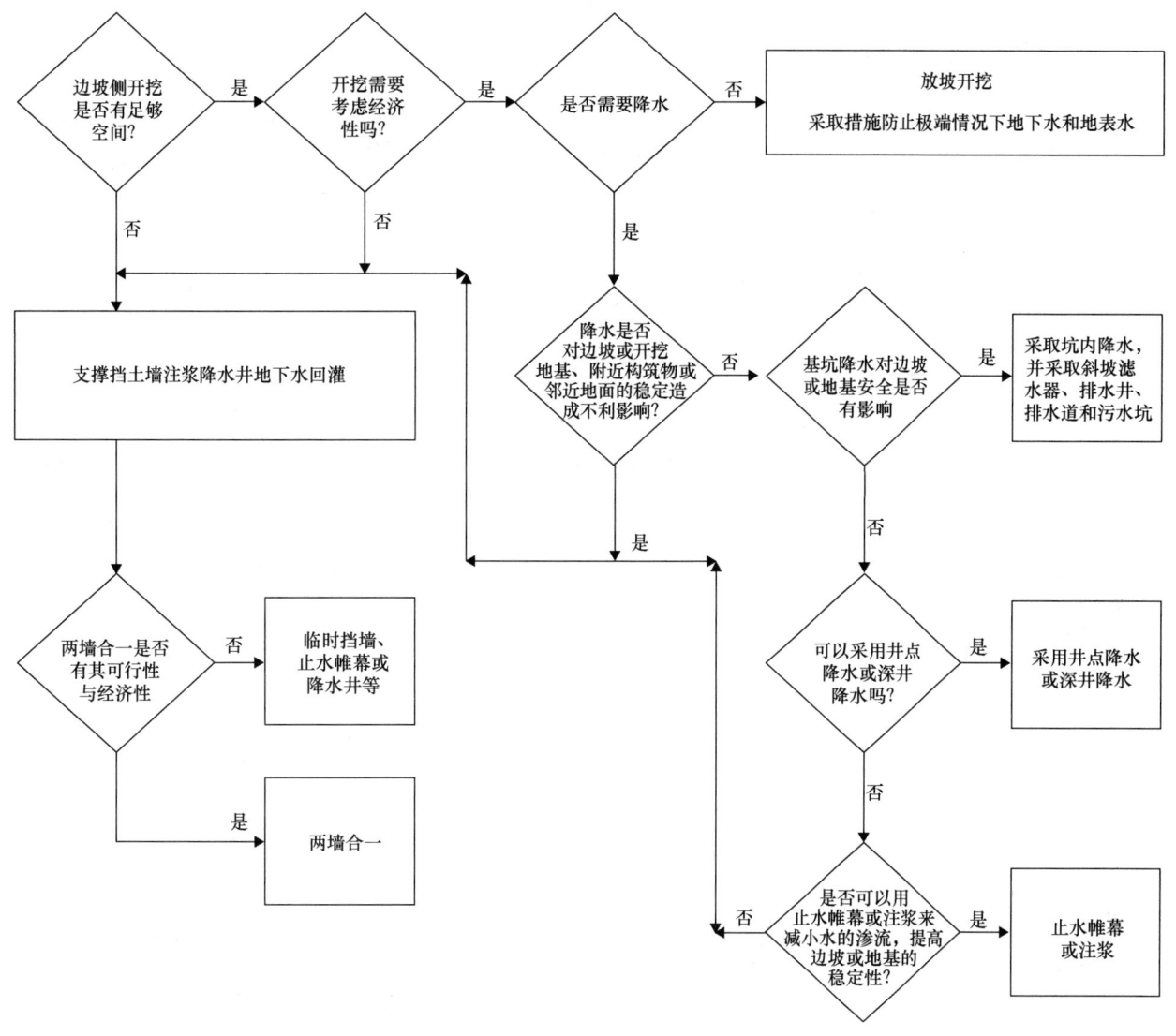

图 53.4 开挖方案选择流程

摘自 Cole (1988)

(4) 设置抗浮锚杆 (图 53.7)。

在施工期间，结构施工未完成，可使用附加的稳定荷载（如颗粒填料、混凝土块等）。一旦永久性结构有足够的竖向荷载，附加的稳定荷载可移除。为了防止基础倾斜，水浮力引起的上拔力的中心应接近结构的重心。

53.3.4 基础施工准备

基础混凝土浇筑前，精心准备基坑开挖面以避免对浅基础的沉降造成影响。比如在潮湿的气候下，如英国，除了正确处理地下水外，在恶劣天气下开挖时要尽量减小雨水对土层的软化。减小软化的实用方法是进行大面积基坑开挖时，预留 0.5～1m 土体，预留土开挖后立即施工混凝土垫层。当采用降水时，地下水位应至少低于基底以下 0.5m，最好低于 1m。

许多场地的基础工程可能需要拆除旧地基、清除大卵石和存在"软弱土（俗称橡皮土）"。这可能导致部分基础持力层被超挖。应清除扰动土层，采用优质粗粒土或者混凝土填充。粗粒土回填时应分层夯实。软弱土的部位可以通过探测（第 47 章"原位测试"）或观察是否有大型植物

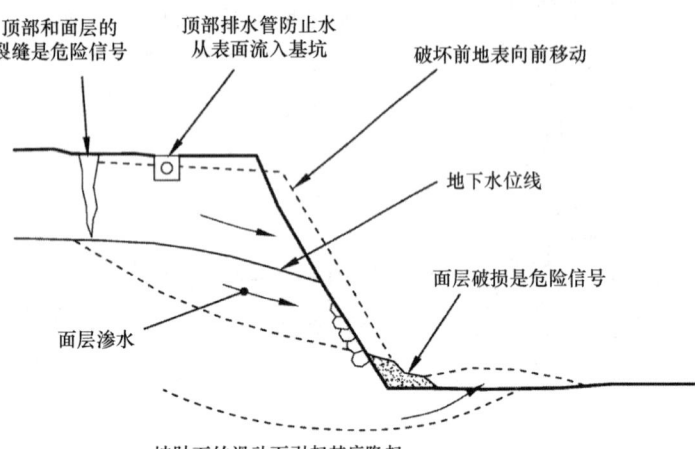
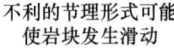
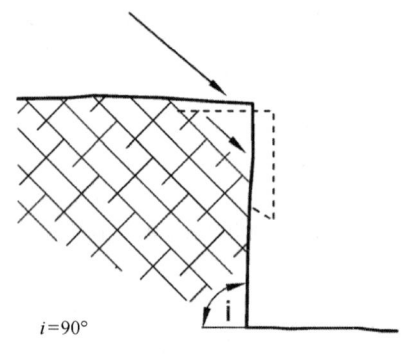

图 53.5　开挖边坡稳定性示意

摘自 Cole（1988）

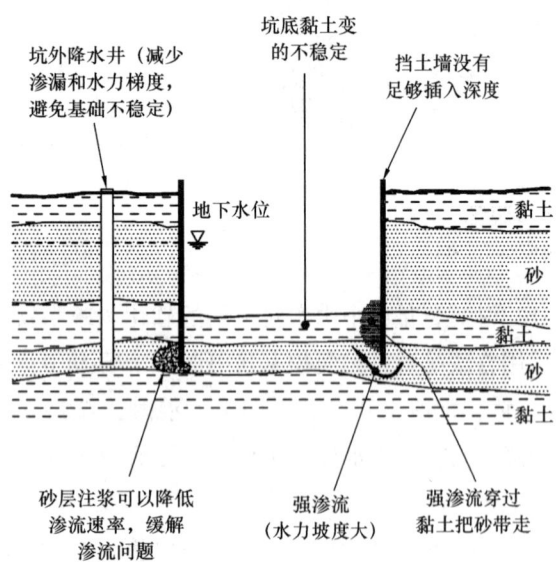

图 53.6　地下水引起基坑失稳与常用处理措施

修改自 Cole（1988）

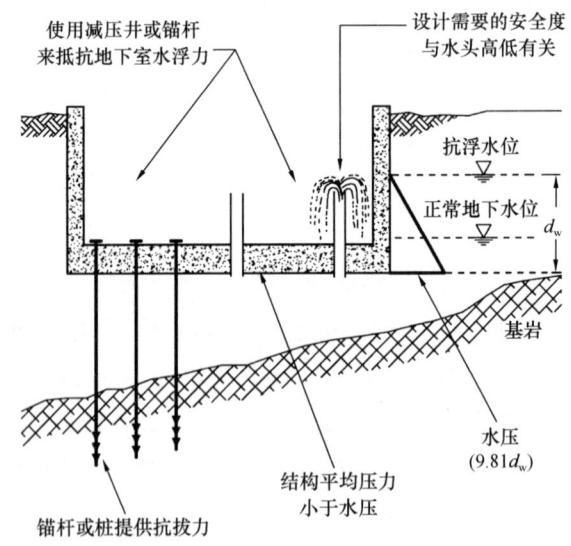

图 53.7　地下室抗浮失效和常用处理措施

修改自 Cole（1988）

跨过基础确定。现场情况与设计预估不符时必须告知设计师，有必要时修改基础方案。

53.4 基底压力、基础布置及相互作用

53.4.1 基底压力

基底总压力和净压力的定义见第 52 章"基础类型与概念设计原则"（第 52.5 节）。基底净压力用于核算承载力破坏时的安全系数和预估基础总沉降。设计抗浮和补偿基础的原则是（第 52 章"基础类型与概念设计原则"，图 52.1）：当结构自重等于被开挖土的重量，那么基底净压力为零。D'Appolonia 和 Lambe（1971）总结了在软土地层中观测到的补偿基础的位移，所有这些观测到的沉降非常小，且在施工后很快完成。

施加在基础上的荷载有不同类型，包括恒载（地下结构和上部结构的自重）和偶然（或活）荷载（风、冲击（或意外）荷载等）。考虑不同荷载工况下地基土的表现是非常重要的。例如，当荷载组合中包括持续几分之一秒的冲击荷载时，黏土地基采用排水承载力分析是不合理的。相反，如果砂土地基承受规律性偶然荷载的影响，沉降量受到循环蠕变沉降变形效应（例如，承受大风荷载的高塔或烟囱）会显著增加。当计算黏土的长期沉降时，偶然荷载可以忽略，通常只考虑活荷载的一部分（例如 25% ~ 30%）。

53.4.2 基础布置及相互作用

当进行基础的承载力和沉降计算时，需考虑整个建筑物结构特点；对于独立基础应考虑场地、相邻建筑物及地形地貌信息。图 53.8a 和图 53.8b 是一个浅基础形式且其条形基础与相邻建筑紧邻的案例。在这种情况下，应分别进行如下两次校核：

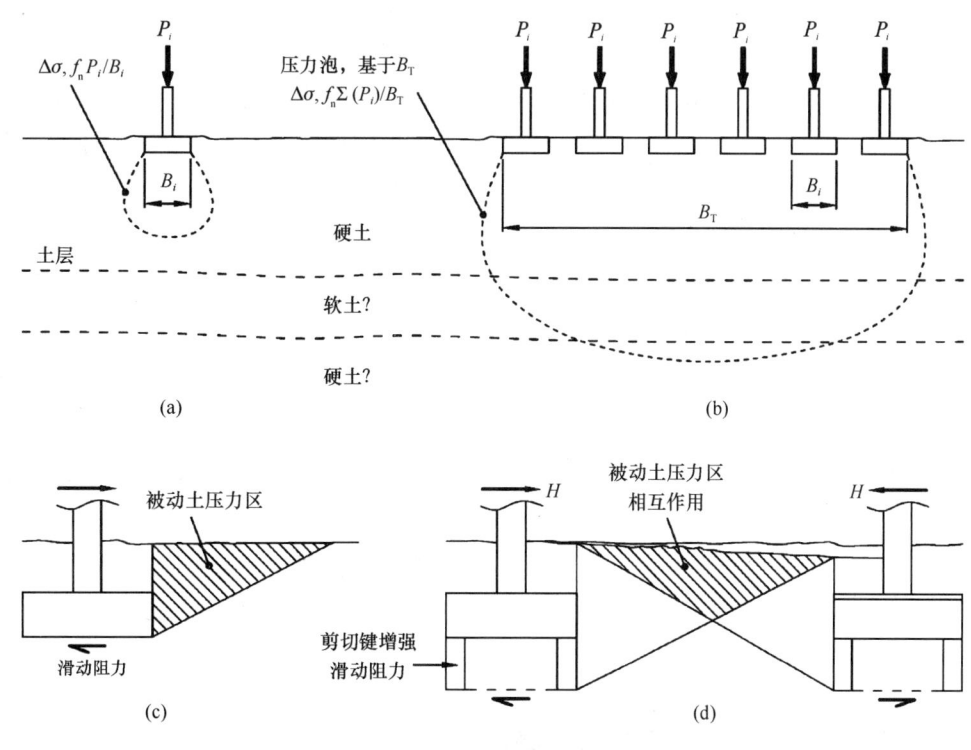

图 53.8 多个浅基础在竖向和水平荷载作用下相互作用

(a) 竖向荷载下独立基础；(b) 竖向荷载下多个基础相互影响；
(c) 水平荷载下独立基础；(d) 水平荷载作用下的不利相互作用

（1）校核单个独立基础的地基承载力和沉降；

（2）校核整体建筑（受到净压力）的筏形基础假设的地基承载力和沉降（基于整个建筑物重量、长和宽）。

如图 53.8（c）和图 53.8（d）所示，如果地基受到水平作用，则需要特别小心，这会增加不利相互作用影响。图 53.8（d）说明一种建立在浅墩基础的单跨小桥，抗剪键可设计为抵抗施加的水平荷载。但是，如果每个桥墩抗剪键的"被动楔"相互作用，这种被动的相互作用将会远小于一个独立基础。同时，也要注意与浅基础相邻的现有浅基础、相邻的边坡、排水沟、维修管道等。对于这些情况，必须要考虑潜在的不良相互作用效应对基础地基承载力和沉降的影响。

53.5 地基承载力

53.5.1 概述

承载力可定义为在特定深度使土体产生破坏的单位面积最大荷载。承载力受很多因素影响，包括土层的物理力学参数、基础几何尺寸、基础埋深、土层的破坏机理以及上部荷载的倾斜或者偏心。主要参数示意图如图 53.9 所示。

53.5.2 近地表的条形基础的基本公式

承载力理论研究在第 21 章中作了专题介绍。

在已经出版的各类刊物中，有效应力承载力公式中参数 N_γ 存在争议也令人费解。需要注意的是，太沙基（Terzaghi）和 Vesic 的公式现在公认偏于不安全（Poulos 等，2001），推荐使用 Brinch 和 Hansen（1970）或 Davis 和 Booker（1971）的较为保守的公式。第 21 章"承载力理论"中给出了 Brinch-Hansen 公式。

应该注意的是，当摩擦角超过 30°时，地基承载力迅速增加，即使摩擦角增加很小也会导致地基承载力大幅增加。

53.5.3 一般承载力公式

对于许多实际情况，第 21 章"承载力理论"中给出的简单承载力公式应考虑以下因素并加以修正：

（1）土层压缩性：对于松散砂土、含有矿物质的砂土、有机质土和黏土层等土层，考虑土层压缩性是必要的，这些因素导致地基承载力降低。

（2）应力水平：地基失效时，随着平均有效应力的增加，砂土层的膨胀能力降低。因此，随着基础深度和宽度的增加，动摩擦角逐渐减小。

（3）地下水位和地下水压力：对于砂土，地下水位和地下水压力将导致地基承载力大幅降低，尤其当存在承压水或弱承压水时。

（4）基础形状和埋深修正：适用于所有地层，取决于基础的形状和埋深。

（5）地基承载力随着埋深逐渐增加：一般地基承载力公式中黏性土的强度随深度而恒定，并且是各向同性的。很多情况下这种承载力公式是不适用，且偏于不安全。

（6）当同时承受竖向荷载、水平荷载、弯矩时：对于砂土和黏性土，规范和教科书中所列的经验修正系数适用于合力倾斜不大的情况（合力作用在基础中间 1/3 的宽度内或者小于 18°），超出这个范围将不再可靠。处理复杂组合荷载的新方法在过去 20 年左右发展起来（主要是近海工程的需求激励），这些方法在第 21 章"承载力理论"中简要概述。特别对于砂土地基，合力倾斜会导致地基承载力大幅降低。

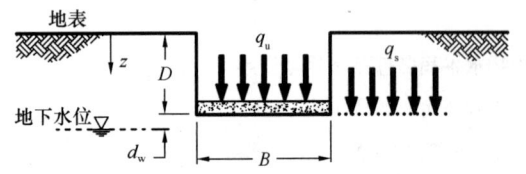
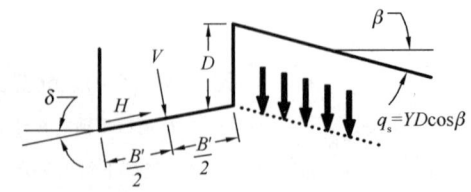

图 53.9　极限承载力几何尺寸和参数

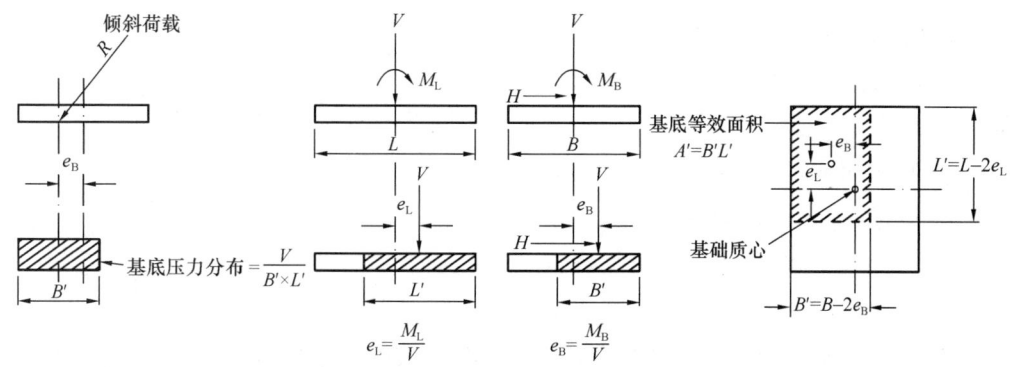

图 53.10 偏心荷载作用下的浅基础及等效面积

Poulos 等（2001），和 Randolph 等（2004）对近年地基承载力的发展进行了很好的综述。

第 21 章"承载力理论"概述了不排水饱和黏土地基和排水地基承载力的一般公式。给出了考虑基础形状和埋深的计算公式，还概述了处理倾斜和偏心荷载的计算方法。图 53.10 概述了 Meyerhof 的计算偏心、偏移竖向荷载的简化方法。对于偏心荷载基础，基础的平面尺寸应减少：

$$B' = B - 2e_B \tag{53.1}$$

$$L' = L - 2e_L$$

等效总压力为：

$$q_e = w/(B' \times L') \tag{53.2}$$

式中，B' 是修正后的宽度；e_L 和 e_B 分别为荷载作用于基础长度和宽度方向的偏心距；w 是基础竖向荷载；B 和 L 分别是基础的实际宽度和长度。

基于 q_e，计算偏心荷载基础上有效面积的净压力需要考虑 q_{ne}；q_{ne} 用于地基承载力和沉降校核。当偏心合力作用点落在基础宽度的 1/3 内（即 $e < B/6$）时，推荐上述推导的有效基础面积计算方法，不推荐假设基底压力线性变化的方法（梯形或者三角形）。如果偏心合力作用点落在基础宽度的 1/3 以外，通常更好的方法是修改基础尺寸确保上部荷载均匀分布而不是应用复杂的计算。当基础长期承受偏心荷载时，可将上部结构柱设置在远离中心的位置以保证基础安全，使竖向和水平荷载的合力通过基础的质心。

53.5.4 考虑土的压缩性和应力水平

通常认为，地基承载力完全取决于地基强度，实际上它与土的压缩性有关（图 53.11）。砂土地基的压缩性与相对密度、矿物成分和局部黏性土透镜体有关。密实硅砂或硬黏土的极限承载力和整体剪切破坏有关。相反地，压缩性较大地基的特点是缓慢竖向变形，通常称为冲切破坏或者局部剪切破坏。传统意义上的承载力理论是基于整体剪切破

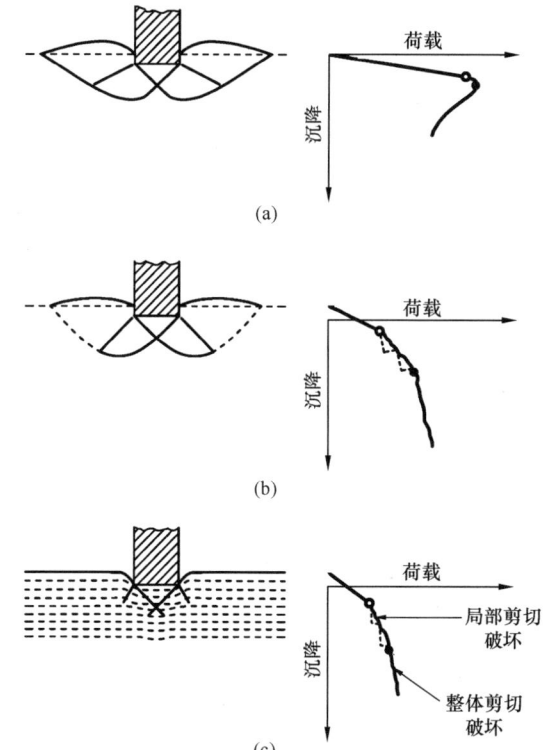

图 53.11 土的压缩性与承载力破坏模式

（a）整体剪切破坏（密砂）；（b）局部剪切破坏（中等密实砂土）；（c）冲剪破坏（松散砂土）

坏，但仅适用于密实或非常密实硅砂地基的排水破坏和黏土地基的不排水破坏。冲切破坏通常发生在松散至中密的硅砂地基或可压缩性的砂土地基（如含有钙质或者云母砂土地基）或排水固结的黏土地基中，此时整体剪切破坏的地基承载力需要修正。考虑土层压缩性的一个简单方法是，降低土层排水地基承载力公式中的摩擦角。松散和非常松散的砂层，修正摩擦角为特征值的 2/3（参考勘察数据）；密实和非常密实的砂层，修正摩擦角等于摩擦角特征值；中密砂土层，修正摩擦角通常是特征值的 80%左右。

53.5.5 地下水位和地下水压力影响

一般地基承载力公式假设地下水位远低于基底（$d_w \geq B$）。当地下水接近基底，根据水位情况，需要对重度和边载值（γ 和 q）进行修正（图53.9）。

第 1 种情况：如果地下水位位于基底以上，则有效边载是 $q = q'$（基底的竖向有效应力是 $\gamma D - u$，u 是基底处压力），土的重度需要按下式调整：

$$\gamma' = \gamma_{sat} - \gamma_w \quad (53.3)$$

式中，γ_{sat} 为饱和重度；γ_w 为水的重度；γ'为浮重度。

第 2 种情况：如果地下水位和基底持平，即 $d_w = 0$，那么 q 是基底的总竖向压力（因为地下水压力为 0）。

$$\gamma' = 浮重度（如第 1 种情况） \quad (53.4)$$

第 3 种情况：如果地下水位深度 $d_w \geq B$，那么 q 为基底的总竖向压力而且

$$\gamma_{sat} = 饱和重度 \quad (53.5)$$

第 4 种情况：假设没有渗流，地下水位深度 $d_w < B$（地下水位的深度小于基础宽度）那么在第 2、3 种情况中：

$$q = \gamma D（同第 3 种情况） \quad (53.6)$$

地基承载力公式中的重度用下式替换：

$$\gamma_{mod} = \gamma' + d_w/B(\gamma - \gamma') \quad (53.7)$$

第 5 种情况：如果地下水位位于基础底面 $d_w = 0$，存在均匀向上的渗流（水力梯度 $d_u/d_z > \gamma_w$），则

$$\gamma' = \gamma - \frac{d_u}{d_w}$$

$$\gamma' = \gamma - \gamma_w(1 + i) \quad (53.8)$$

式中，i 是水力梯度（因此，向上的水力梯度将大幅度降低地基承载力）。

53.5.6 砂土上覆的黏土层

为确定砂土上覆黏土层的极限承载力，进行了大量理论和试验研究，比如说 Hanna 与 Meyerhof（1980）和 Okamura 等（1998）。砂土上覆的黏土层地基非常常见，需要关注冲切破坏。

砂土上覆的黏土层地基承载力常规分析方法是极限平衡法，如图 53.12 所示通常有两种破坏模式。砂土强度采用与有效重度（γ）和摩擦角（φ）有关的有效应力法分析，而黏土采用不排水剪切强度（S_u）为表征的总应力分析方法。对于"压力扩散法"，需要提供扩散角度 α（图53.12a），通常默认为 30°。

Okamura 等（1998）评估了这两种破坏模式的有效性并提出了另外一种新的破坏模式，如图53.12c 所示。

53.5.7 岩石地基

当地基持力层为完整岩体时，地基承载力与岩石无侧限抗压强度有关，大多数情况下岩石地基满足承载力要求。实际上多数岩体不完整且不连续，包括岩体节理和裂隙、岩溶，这些均对岩石承载力产生很大影响。Franklin 和 Dusseault（1989）描述了几种不同的破坏模式：

（1）类似于土的整体承载力破坏，在岩石中并不多见。重载作用下这些破坏可能在高度风化、软弱、极破碎的泥岩层上发生。

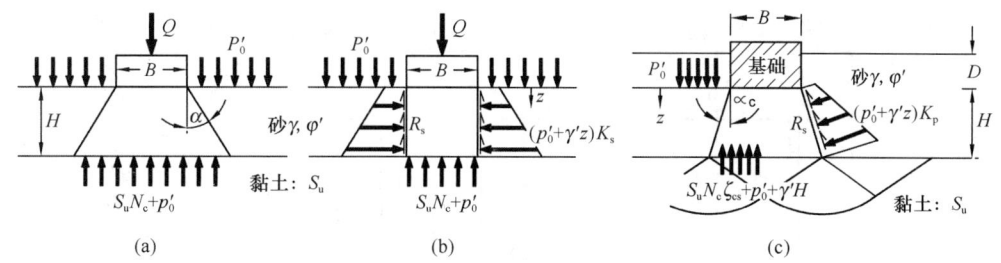

图 53.12 上覆砂土黏土层的几种破坏模式

(a) 应力扩散法；(b) Hanna 和 Meyerhof 法；(c) Okamura 等（1998）法

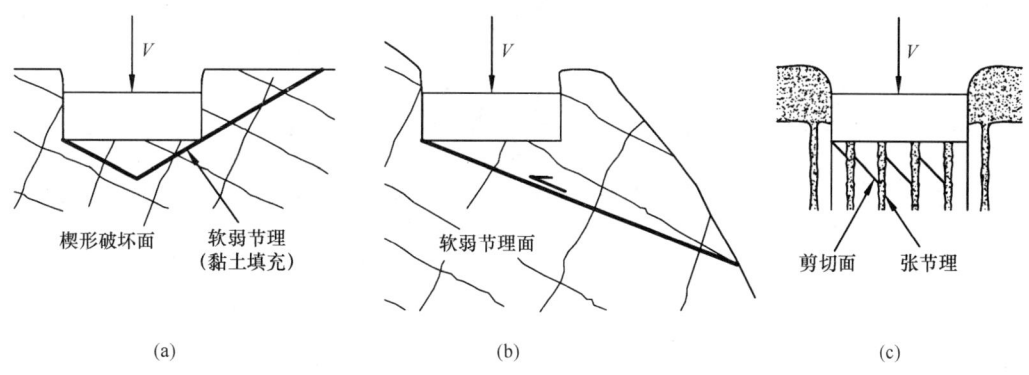

图 53.13 节理岩体的典型破坏机制

(a) 楔形破坏；(b) 滑动破坏（外倾节理面）；(c) 无侧限破坏（垂直张节理）

（2）风化破碎岩石中的"固结破坏"，其中未风化的岩石岩芯失效是因为含黏土竖向节理或空洞部位抗剪强度较低导致，或者是水平节理中由可压缩性土层填充引起的。

（3）多孔岩石中的冲切破坏，如火山岩凝灰岩、石灰岩，是因为岩石受到超大应力时紧邻空隙的岩石产生局部破碎。

（4）沿不利倾斜节理方向的挤压或者滑动破坏（图 53.13）。在这种情况下地基基础的总体平衡由沿着不连续节理的潜在滑动力和临界抗剪强度决定。如果节理中填充物为黏土、断层泥岩或者节理是光滑的，抗剪切力可能非常低。

（5）岩溶或采空区引起的沉陷。岩溶可能是由可溶物质的溶解物风化形成的岩石，如石膏、岩盐、白垩或石灰岩。这些岩溶可以形成稳态土拱下的深沟或者洞穴，最后由于应力或者地下水状况的变化而坍塌。

Wylie（1991）对含节理的岩体承载力、岩石边坡和陡峭岩床上的基础稳定性评估进行了讨论。如果岩体中含有大量的张节理，那么岩层极限承载力等于岩块的无侧限抗压强度（图 53.13c）。

对于相对软弱和破碎的岩石，英国标准 BS 8004 提供了一组简单图表初步评估容许承载力，如图 53.14 所示。图 53.14 中曲线为"第 3 组"和"第 4 组"岩石。第 1 组和第 2 组中大部分岩石的容许承载力更高（英国标准 BS 8004）。这些曲线仅适用于简单、小型建筑。图表假设节理是闭合的，如果存在张节理则容许承载力应减小，甚至减半。对于其他类型结构需要更多的精细化分析。（例如，参考 Wyllie，1991）。

当岩石特性很弱且密布有不连续的节理或者风化破碎非常严重时，岩石层可当作土层处理，并根据常规地基承载力公式计算。在某些情况下，有软硬岩混合且存在复杂的不连续性，应采用 Hoek-Brown 强度准则（Hoek 和 Brown，1997）评估岩体承载力（Hoek，1999；Hoek 等，2002）。基础受

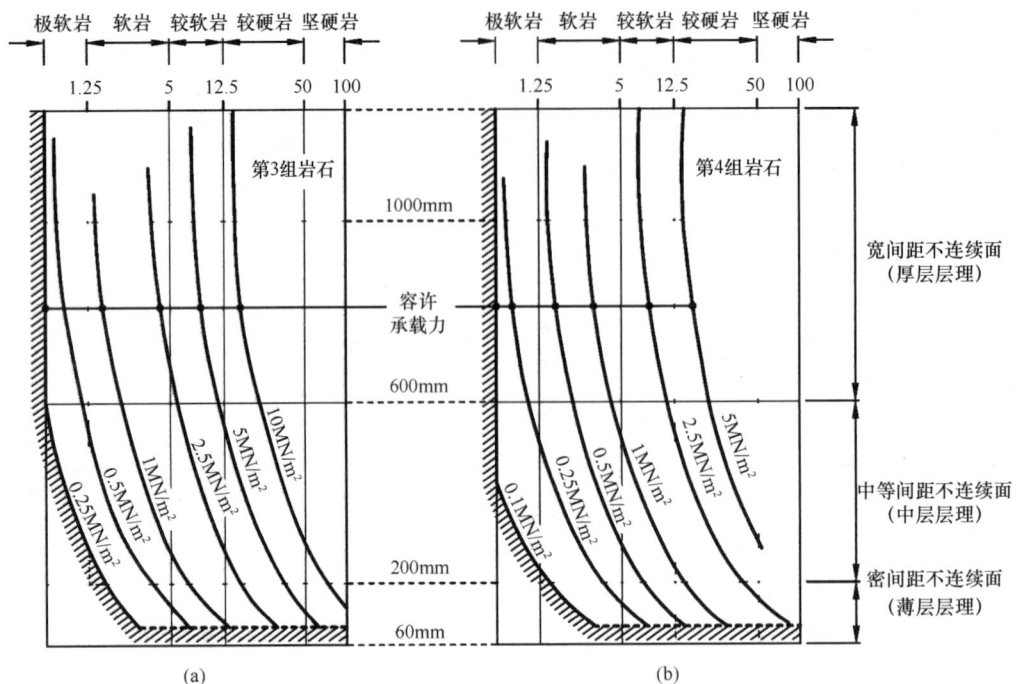

注：岩石试验后评估阴影区域的容许承载压力。
第3组：泥质灰岩、胶结不良的砂岩、胶结泥岩/页岩、板岩和片岩。
第4组：未胶结泥岩和页岩。
第1组和第2组中更具活性的岩石（如石灰岩、火成岩）具有更高的容许承载压力，参见BS 8004。

图 53.14　岩石地基方形独立柱基允许承载力（基础沉降不超过 0.5% 基础宽度）
（a）第3组岩石；（b）第4线岩石
经许可摘自英国标准 BS 8004 © British Standards Institute 1986

偏心荷载作用，怀疑存在空洞和孔隙（易发生岩溶作用的岩石如石灰岩、白垩质岩和碳酸岩）时，应寻求专家意见。泥质岩（泥岩、页岩和砂岩）在基坑开挖过程中，卸载容易产生膨胀，暴露于水或者干湿循环环境会导致软化承载力降低。

53.6　沉降

53.6.1　概述

如第 52 章"基础类型与概念设计原则"中所述，地基基础的沉降须控制在允许范围内。对于浅基础，沉降预估是比承载力计算更加重要的设计考虑因素。沉降估算的方法很多，本节只阐述常用的几种。

所有的沉降计算方法，最重要的是土或岩层的物理力学参数与沉降参数的选取。如果勘察数据不足或地质参数不合理，再精细的分析也于事无补。如果地面沉降不是由于地质环境条件产生的（第 53.2 节），则由基础荷载引起地面沉降的主要几类因素在表 53.4 中进行了总结。砂土地基和黏土地基的沉降计算基本方法在第 19 章"沉降与应力分布"中已阐述。

黏土和粉土（通常为地基受力层）同时存在瞬时沉降和主固结沉降。对于超固结黏土和粉土（通常为地基受力层）蠕变沉降通常忽略不计，但对于正常或者轻度固结黏土和粉土（尤其是有机质含量很高的物质，如泥炭），蠕变沉降是需要计入总沉降的。

沉降分析的常用方法是假设地基为线弹性，或者是简单非线性，即通过非线性弹性响应或区分压缩性的变化来实现，这些通常发生在超固结与正常固结土状态之间（或部分黏土或软岩屈服前和屈服

压力作用下沉降组成部分　　　　表53.4

沉降组成	相关地质条件	注释
1. 瞬时不排水剪切变形体积，孔隙比不变①	黏土，黏质粉土，非常软弱和软弱的泥质岩石	随着安全系数的降低，沉降变得越来越明显，通常，软黏土的EOC沉降为总沉降的10%~20%，硬黏土的EOC沉降约为总沉降的50%~75%②
2. 主固结沉降 由于体积/孔隙比或小，有效应力增加	所有岩土与岩石	大多数情况下沉降的主要组成部分，实例表明，对于超固结黏土、砂和岩石，施工过程中会发生显著的主固结沉降
3. 蠕变或次固结 在恒定有效应力下，由于体积/孔隙比减小而产生的沉降	超固结和正常固结黏土和泥类	一旦超过先期固结压力，则变形明显。蠕变随着有机物含量的增加和黏土敏感性的增加而增加
4. 沿着或穿过岩石节理，裂隙或不连续面的变形		如正文所述高应力作用下蠕变明显，一旦超过屈服应力，白垩很容易发生蠕动，表现为与时间相关的"蠕动"沉降，开挖过程中的膨胀，或地下水条件控制不当，会加剧后续加载过程中的"蠕变"
5. 由循环荷载或振动引起的体积，孔隙比变化	砂、砾石和砂质粉土	沉降观测结果（如Burland或Burbdge，1984）表明，传统基础即使在"静态"荷载下也会出现随时间变化的沉降（即"蠕变"变形，见第3点）。但是，如果施加动荷载，沉降会显著增加

① 饱和土；
② 施工结束沉降（EOC）包括不排水沉降和一部分主固结沉降。

后的状态）。如 Burland 等（1977）所述，对于承受垂直荷载的地基，当安全系数超过 3 时，主应力增量在大多数荷载区域保持垂直，应力和应变增量的轴是重合的。因此，在这种情况下弹塑性和黏性材料的表现实际上是相同的，而且相对简单的应力-应变关系就足够了。如果基础承受大的倾斜荷载（由较大弯矩和水平荷载组成），此时情况复杂，主应力产生旋转，主应变增量不一定与主应力增量一致。应始终牢记的是，浅基础主要承受竖向荷载（有时会承受部分水平荷载或者弯矩，比如风荷载，一般情况下此部分荷载较小且持续较短）。对于其他情况，需要更严谨的计算方法。

如果基础受到偏心荷载，则可以应用第53.5节（图53.10）中 Meyerhof 提出的计算等效平均基底压力的方法，然后使用常规方法评估地基基础的总沉降量。

53.6.2　竖向压力引起的应力变化

理论分析详见第 19 章"沉降与应力分布"。实际应用时应力随深度的变化是基于均匀、各向同性的线性理论，例如 Boussinesq 解或类似公式。Burland 等（1977）详细讨论了应力随深度变化的多种影响因素。对于多数场地，应用应力随深度变化线弹性计算公式是合理的。

Janbu, Bjerrum 和 Kjaernsli（1956）制作了估算竖向应力随深度变化的图，如图 53.15 所示。这张图给出了条形、矩形和圆形基础的中心点以下承受均布荷载时竖向应力的分布。

53.6.3　弹性方法

当最终应力状态超过地面预固结或者屈服应力（如 $\sigma'_{voi} + \Delta\sigma_{vi}' > p'_{ci}$）时弹性方法是不适用的，其中 σ'_{voi} 是初始竖向有效应力，$\Delta\sigma_{vi}'$ 是某层土固结状态下的应力增量，p'_{ci} 是预固结压力或者屈服应力。

黏土瞬时变形经常被误认为是"弹性沉降"，因为弹性理论已经被广泛应用于计算，这个错误观念不应被继续使用。人们普遍将超固结土和岩石视

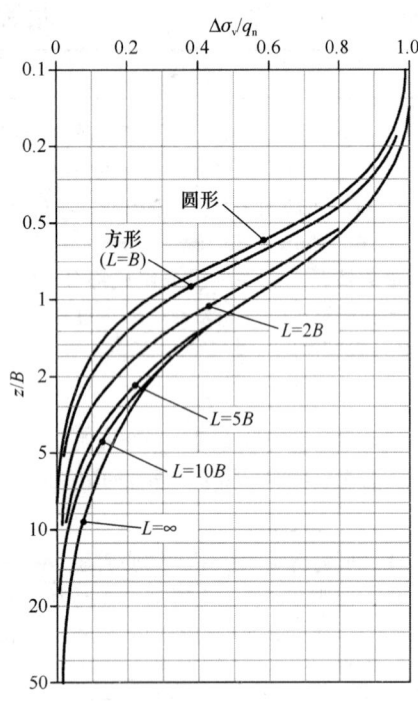

图 53.15 不同几何形状的柔性基础中心点竖向应力
摘自 Janbu 等（1956）

为"弹性"进行总沉降量预测（总沉降量是瞬时加上与时间有关的沉降）。如 Burland 等（1977），Mayne 和 Poulos（1999）。

浅基础沉降可以使用弹性理论加以修正的方法快速得到。不幸的是，许多论著假设杨氏模量（又称为压缩模量）随深度不变，而且材料的厚度是无限的。不推荐使用此类弹性方法。Mayne 和 Poulos（1999）提供的浅基础的沉降方案是基于有限厚度内各向同性的弹性材料，且杨氏模量随深度线性增加（如 $E = E_0 + kZ$，其中，E_0 是 $Z=0$ 处地基正下方的杨氏模量，kZ 是杨氏模量随深度的增值）；如第 52 章"基础类型与概念设计原则"所述，刚度变化与许多因素相关：

$$S = qD\,I_G(1-\nu^2)f_R f_d / E_0 \quad (53.9)$$

式中，S 为基础沉降；q 为净基底压力；D 为圆形基础的直径；I_G 为非均匀地基刚度的影响因素，如图 53.16 所示；ν 为泊松比；E_0 为基础下面的杨氏模量；f_R 为基础刚度修正系数，参考第 53.6.7 节；f_d 为基础深度修正系数，参考 Mayne 和 Poulos（1999）。

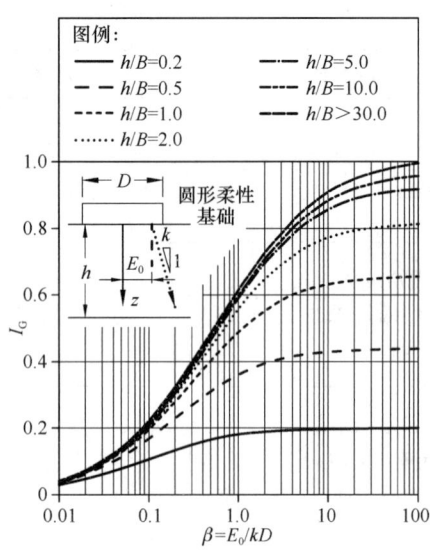

图 53.16 圆形柔性基础沉降影响因素

非均匀地基刚度的影响因素根据无量纲参数绘制，$\beta = E_0/kD$，其中 k 是杨氏模量随深度的增加。尽管公式针对圆形基础，但同样适用于方形和矩形基础（$L \leq 3B$，其中 L 是基础的长，B 是基础的宽），且已证明与更加严谨计算方法的结果吻合较好。对于矩形基础 $L > 3B$，Meigh（1976）给出了合适的弹性解。

53.6.4 黏土地基沉降

本节只涉及超固结黏土。黏土估算沉降的常用方法在表 53.5 中进行了总结。弹性方法如前所述，对于经典的一维计算地基沉降方法，如下：

$$S_{oed} = \sum_{i=0}^{i=n} (m_{vi} \Delta \sigma'_{vi} H_i) \quad (53.10)$$

式中，m_{vi} 为固结试验中的体积压缩系数。一维方法只能提供粗略的计算结果，应该首选相对精确的方法。在第 19 章"沉降与应力分布"中 Burland 等（1977）对各种方法的精度进行了客观分析。随着应力增加表现为近似弹性应变的土体，一维方法的计算结果通常比精细的方法所得结果更加准确。因此，对于超固结黏性土（通常具有水平刚度大于竖向刚度的各向异性，其刚度通常随深度增加具有非线性弹性应力-应变特性），一维方法对于大多数情况是可行的。传统一维方法的主要问题是超固结黏性土依赖于固结仪试验数据，而固结仪

计算黏土沉降的常用方法   表 53.5

方法	压缩参数	优缺点	注释
（1）一维固结理论	见下	应用简单，可考虑成层土，大部分情况可靠	Burland 等（1977）的研究表明，如果土体应力和应变曲线与土的压缩性一致，应用一维方法比更精细的方法更可靠
（a）压缩模量法	压缩模量 m_v	主要问题是 m_v 往往由于试样的扰动而不准确	对于超固结黏土，由于传统压缩试验的缺陷，计算的沉降偏大
（b）修正系数法	侧限压缩模量 D'	侧限压缩模量可与从各种试验中得到的模量相关，如压缩试验、三轴和弯曲元件（见第53.6.4节）	适用于超固结黏土，可得到每层土的模量，见第53.7节和第53.8节
（c）压缩指数法	再压缩指数 C_r，压缩指数 C_c	压缩指数与固结试验认真程度和经验有关	适用于软土，再压缩指数是关键参数
（d）Skempton 和 Bjerrum 法	m_v 和修正系数 U_g	压缩试验只能用于计算固结沉降，瞬时不排水沉降需要额外计算	正如 Burland 等人（1977）所指出的，这种方法是过时的，并不能提高预测的可靠性
（2）线弹性 (a) 经典公式法	杨氏模量和泊松比	缺点是与水平应力的变化有关，许多情况下（包括各向异性、随深度增加的刚度和非线性）不可靠。经验表明，随着深度增加，杨氏模量迅速增加	不适用于软黏土。在有限元的简单模型中使用可以接受，可用于模量参数可靠的相似案例（相似的基础尺寸和应力）
（b）变形影响系数法	杨氏模量和泊松比	计算简单快速。各类图表通常假定深度范围内模量不变；大多数实际情况下不可靠	随着深度增加刚度对于初步设计和一般校核可用，如果基底下是成层土不太适合
（c）应力路径法	杨氏模量，泊松比和修正系数	理论简单，应用复杂，可靠性有待提高	正如 Burland 等人（1977）所指出的，当各向异性或非线性显著时，方法的可靠性可能很差

试验给出的数据通常高出 m_v 值（即为总沉降量的高估值），这是取样、试验误差和测试方法的固有缺陷。这些问题可以通过修正的一维方法解决：

$$S_{od} = \left[\sum_{i=0}^{i=n}(\Delta\sigma'_{vi}H_i/D'_i)\right]f_R f_d \quad (53.11)$$

式中，D'_i 为第 i 层的侧限压缩模量；$\Delta\sigma'_{vi}$ 为第 i 层的竖向有效应力的改变；H_i 为层厚；f_R 和 f_d 为地基深度和刚度的修正系数（第53.6.7节）；S_{od} 为地基沉降。

侧限压缩模量 D' 与其他各向同性参数有关，如下：

$$D' = 3K'(1-\nu')/(1+\nu') \quad (53.12)$$
$$D' = E'(1-\nu')/(1+\nu')(1-2\nu') \quad (53.13)$$

式中，K' 是体积模量；E' 是排水杨氏模量；ν' 是排水泊松比。对于超固结黏性土，ν' 接近于 0.1，因此 D' 约等于 $2.5K'$ 或者等于 E'。对于竖向应变的再压缩部分与 $\log\sigma'$ 固结曲线（即黏性土是超固结的），可以看出：

$$D' = \frac{1}{m_v} = (1+e_0)\sigma'_{v0}\ln(10)/C_r \quad (53.14)$$

式中，e_0 为初始孔隙比；σ'_{v0} 为初始竖向有效应力；C_r 为再压缩指数。对于各向异性土层：

$$D' = E'_v \Big/ \left[1 - 2\nu'^2_{VH}\left(\frac{n'}{1} - \nu'_{HH}\right)\right] \quad (53.15)$$

式中，E'_v 为竖向杨氏模量；ν'_{VH} 为水平应变方向上竖向应变影响的泊松比；v'_{HH}是互交水平应变方向上水平应变影响的泊松比 $n' = E'_H/E'_V$，其中 E'_H 为水平方向的杨氏模量。

通过以上关系，一维方法可以应用于多种测试类型的数据，以便评估应力和应变幅值变化范围很大的地基可压缩性特征。对于超固结黏性土：

$$S_{od} = S_T \quad (53.16)$$

式中，S_T 为总沉降。

$$S_{PC} = S_T - S_U \quad (53.17)$$

式中，S_{PC} 是主固结沉降，S_U 是瞬时沉降。

对各种情况下的瞬时沉降占总沉降的比例的研究（例如 Burland 和 Wroth，1974）表明：土的刚度随深度增加而不断增加，瞬时沉降占总沉降的比例不断减小。在典型刚度增加情况下，伦敦黏性土瞬时沉降占总沉降的 1/3。超固结黏土地基上大量建筑物的沉降观测（伦敦黏土、Lambeth 组和 Gault 黏土）表明，施工完成时的沉降占总沉降比例一般是 60%。所以主固结沉降很快完成，施工完成时的沉降包括部分固结沉降和瞬时沉降。相关研究（Atkinson，2000）也表明施工完成时的沉降包括部分固结沉降。因此，工后沉降即施工完成后产生的沉降往往要比理论计算假设黏性土施工过程瞬时沉降计算值要低得多。表 53.6 总结了高塑性和低塑性超固结土浅基础沉降的一些案例，其沉降数据被绘制成图 53.17。塑性指数的影响非常明显，高塑性黏土地基的沉降量远大于低塑性土地基。超固结比的影响也很重要。纽约 Varved 黏性土是低塑性黏性土和粉土，它是中度的超固结，超固结比（OCR）为 3~6，沉降表现与高塑性（有高塑性指数）超固结黏性土（如伦敦、法兰克福和重黏性土）相似（OCR > 10）。表 53.7 总结了图 53.6、图 53.17 中包含的黏性土的典型指标。

53.6.5 砂土地基沉降

砂土地基的沉降一般不会太大，大量沉降观测数据表明砂土地基沉降量不大于 40mm。当砂层松散或非常松散，当含有大量的有机物或黏土夹层时沉降通常很大。砂土地基大部分沉降发生在施工期间，因此导致结构损坏的工后沉降相对较小。砂土地基上的基础结构损坏案例也极为罕见。因此，执业工程师的首要任务是判断可能导致沉降的真正原因。基于 Clayton（1988）的研究，表 53.8 总结了导致沉降过大的普遍情况。针对多数情况，用简单方法估算沉降就足够了。图 53.18 是基于砂土地基沉降观测汇编，按平均标准贯入试验（SPT）N 值分了三类：松散（$N < 10$），中密（$N = 10~30$），密实（$N > 30$）。中密和密实砂土界限明确。松散砂土离散性要大得多，通常不适合做地基（除非采取加密、加固等地基处理措施）。因此，对于常规结构，首先用表 53.8 评估是否为此类情况，排除后再使用图 53.18 评估中密和密实砂土的沉降。有时"可能"（probable）沉降是上限沉降的一半。Burland 等（1977）基于沉降观测指出，基于小尺寸平板载荷试验（小于 1m 宽的）评估宽大基础沉降不太可靠。但此类试验可用于评价地基处理方法的有效性。平板载荷试验作为现场试验方法用于质量检验，并不用于评估地基沉降。

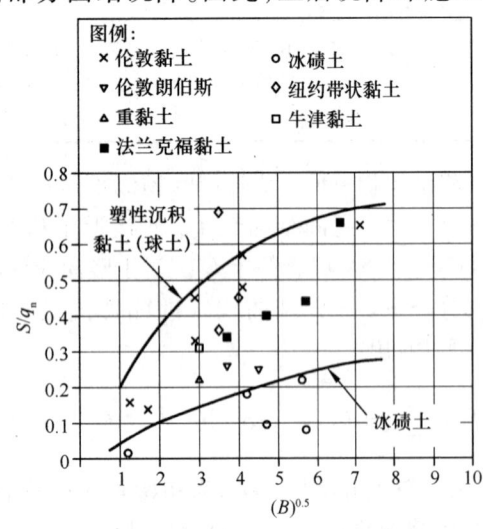

图 53.17　硬质黏土，沉降观测值与基础宽度的平方根关系

注：所有黏土为超固结（除纽约带状黏土 OCR 为 3~6）。S 为基础沉降；q_n 为净压力；B 为基础宽度。

各类硬质超固结土场地浅基础沉降观测值 表53.6

场地	基础尺寸（m）				岩土类型	厚度	净基底压力	沉降观测（mm）	
	D	B	L	Type	Type[①]	(m)	(kN/m²)	EOC[②]	Final
Clapham Rd	1.5	17	28	筏基	SG	7	190	58	91
					LC	25			
					LG	15			
Hurley Rd	1.5	17	26	筏基	SG	5	190	68	109
					LC	24			
					LG	14			
King Edward	1.7	20	27	筏基	LC	4	210	32	52
					LG	15			
Addiscombe Rd	11	14	14	筏基	LG	5	226	48	59
Waterloo Brideg	7	8.3	36	桥墩	LC	25+	290	—	90~130[③]
Elstree	2.1	1.5	3.0	独基	LC	15	85	—	14
Bracknell	1.0	3	3	独基	LC	10+	110	—	17
Britannic House	18	27	70	筏基	LC	13	100	15~20	30~45
					LG	10			
Didcot	6~7.5	9	9	独基	GC	30+	180per footing	20~25	30~40[④]
New Wembley	1.5	50	50	岸堤	LC	—	180	—	100~110
					LG				
CN Tower	7.3	32	47	筏基[③]	Till	19	370	20	30
					SG	9			
Toronto Hospital	5	18	70	筏基	Till	12	85	—	15
					Interglacial Till	30+			
Corlev Silos	4.0	22	22	筏基	Till	—	250	—	18~24
Scotia Centre	7.3	31	32	筏基	Till	12	225	32	49
					Shale	20+			
都柏林	<0.5	1.5	1.5	独基	Till	>20	1010		16
Afe，法兰克福	13	43	43	筏基	FC	100	350	150	230
Library，法兰克福	8	32	52	筏基	FC	100	45	12	20
University，法兰克福	7	14	96	筏基	FC	100	200	42	67
Bureau，法兰克福	7	22	22	筏基	FC	100	250	65	100
Grant，纽约	—	12.2	70.2	筏基	MS	9.2	140	43	51
					VSC	27.5			
Madison，纽约	—	12.2	55	筏基	MS	4.6	140	71	97
					VSC	19			
Roosevelt，纽约	—	16	48	筏基	MS	6.1	180	63	81
					VSC	15			

① SG 砂砾石；LC 伦敦黏土；LG 伦敦朗伯斯；GC 重黏土；Till 冰碛土；FC 法兰克福黏土；MS 中砂；VSC 纽约带状软黏土（冰川潮沉积）。
② 施工结束（EOC）沉降占总沉降的百分比在 50%~75% 之间变化，通常约为 60%。
③ 施工问题导致一些桥墩的沉降增加。
④ 多个基础且间距很近。
参考文献：COSOS（1974），Clark（1997），De long and Harrts（1971）和 Parsons（1976）。

硬质黏土典型参数　　　　表53.7

岩土类型	含水量（%）	塑性指数（%）	液性指数	不排水强度（kN/m²）	描述
风化伦敦黏土	30~35	50	0~+0.1	40~70	较硬—硬
未风化伦敦黏土	25~30	40~50	-0.1~0	70~250	硬—较硬
重黏土	20~30	50	-0.2~0	100~300	硬—较硬，坚硬
伦敦朗伯斯	20~30	20~50	-0.1~0	150~400	较硬—坚硬
法兰克福黏土	30~35	35~55	-0.1~+0.1	80~200	硬—较硬
冰碛土	10~15	10~20	-0.5~0	150~500	较硬—坚硬
纽约带状软黏土	30~45	5~40	+0.1~+0.3	95~140	硬—坚硬黏土

注：对于纽约带状黏土，超固结比，OCR为3~6；对于其他黏土，浅层深度的超固结比，一般OCR>10。

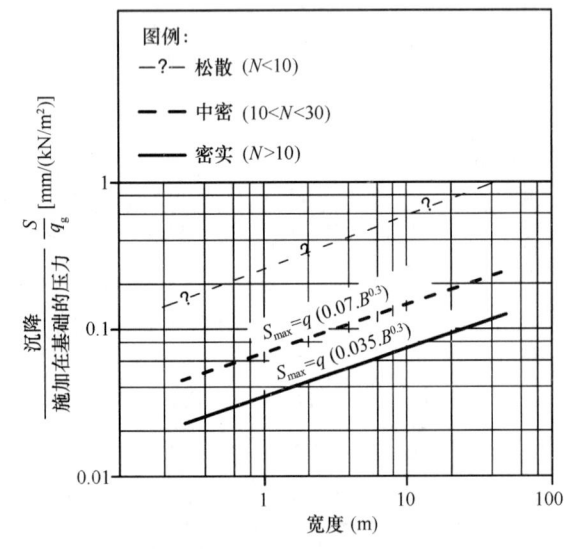

图53.18　砂土，上限沉降比

注：q_g = 基底压力；S = 沉降；N 是基底 1.5B 深度 SPT 平均值。可能沉降约为上限的一半。沉降是短期（short-term）沉降，估计蠕变（creep）可参见 Burland 等（1984）。

当需要详细计算砂土地基沉降时，推荐两种方法：

（1）Burland 和 Burbidge（1984）；

（2）Schmertmann 等（1978）。

导致砂土地基过大沉降的高风险情形　　表53.8

因素	注释
1. 条基（<1.5m），高应力基础	仔细核算承载力，尤其是砂土在不密实情况下，需要良好的施工控制措施来避免带来高风险或安全系数降低
2. 很宽的基础（>10m）上	仔细评估土的压缩随深度的变化，例如软弱层
3. 亚稳态砂（"坍塌"砂），如沙丘砂和轻度固结砂	对地质条件充分了解，轻微胶结砂触探可能会误导，这时需要平板载荷试验来评估
4. 含有机质或黏土的砂	可使用静力触探试验，需要对松散层取样进行室内试验，使用SPT可能会错过关键数据
5. 非硅砂（矿物学）	基于经验贯入试验的沉降方法仅适用于硅砂。云母或钙质砂沉降可能更大。当有疑问时应检查砂矿物成分。需要考虑更加专业的测试和分析方法

摘自 Clayton（1988）。

Burland 和 Burbidge（1984）主要基于标准贯入试验 N 值的经验计算（提供 SPT N 和 CPT q_c 值的关系）。而 Schmertmann 则直接采用 CPT q_c 值。这两种方法在一些文献中进行了详细描述（例如 Clayton，1999 和 Lunne 等，1997），此处不再赘述。

相关研究表明，两种方法可靠性与精度基本一致。许多其他大量预测砂土沉降的计算方法已经发表。Tan 和 Duncan（1991）对 12 种不同计算方法进行了可靠性评估，部分方法在沉降预测时会出现偏差。相对复杂的分析方法（包括有限元分析）不一定能提高沉降预测的可靠性。在一次研讨会上 Briaud 和 Gibbons（1994）讨论过一个案例：砂土地基上尺寸为 3m×3m 的基础，承受 4000kN 竖向荷载（安全系数取 2.5），砂土标准贯入击数平均值 N 为 20，实测沉降 14mm，有限元分析沉降值是 75mm。

53.6.6 岩石地基沉降

岩石地基沉降的常用方法是线弹性方法（第 53.6.3 节），评价岩石变形特性的过程和概念与土层完全不同。土层通常被认为是一个连续体，而岩石节理和其他不连续面的特征、走向和频率的判断对岩体变形特性评估至关重要。岩体走向与加荷方向对变形有重大影响。根据原位载荷试验，Barton（1986）确定了岩体变形的三种基本模式。荷载跨越不规则节理导致接触面减少，随着地基压力的增加，跨越节理接触面的应力变得非常高，这可能导致局部屈服和蠕变。

工程师常常错误地认为"岩石"地基非常好，然而事实并非如此。提到岩石，工程师常常想成火成岩，比如大块未风化花岗岩（节理间距很大）。然而，许多岩石尤其沉积岩可能是各向异性的，其质量很差。在基础设计之前，软岩比土更需进行详细调查和评估。用于评估岩体质量的指标是 RQD 值，Hobbs（1974）使用"质量系数" j，通过 RQD 值将岩体模量 E_m 与岩石的完整性质联系起来（第 53.7.4 节）。然后在经典线性弹性法（第 53.6.3 节）或修正一维法（第 53.6.4 节）中使用岩体模量来评估沉降。对于绝大多数软岩，岩体的杨氏模量随深度增大，尤其是深埋的风化岩。Meigh（1976）采用一个线弹性方法反分析软弱岩层上的基础沉降。

英国三种常见的软弱岩石类型如下：

（1）三叠系（麦西亚泥岩和 Sherwood 砂岩），存在于英国中部的大部分地区、英格兰西北部和英格兰西南部的部分地区、南威尔士。

（2）白垩，存在于英格兰的南部和东部大部分地区，以及约克郡和林肯郡丘陵地带的部分地区。

（3）石炭纪煤系岩石横跨英格兰北部的许多地区。

此类岩石地基设计最主要的挑战是岩石强度和压缩性的变化，常常包括从强风化岩到微风化岩各个类型。

英国一系列岩层的浅基础沉降观测如表 53.9 所示。图 53.19 给出了建于麦西亚泥岩上实测沉降与结构基础宽度的关系曲线。对于麦西亚泥岩，当基底压力和基础宽度一定时（基底压力小于 300kN/m²，基础宽度小于 10m），独立基础的实测沉降值通常小于 25mm，前提是几乎不存在Ⅳ类泥岩。沉降主要发生在施工阶段，所以不均匀沉降在此阶段基本完成。

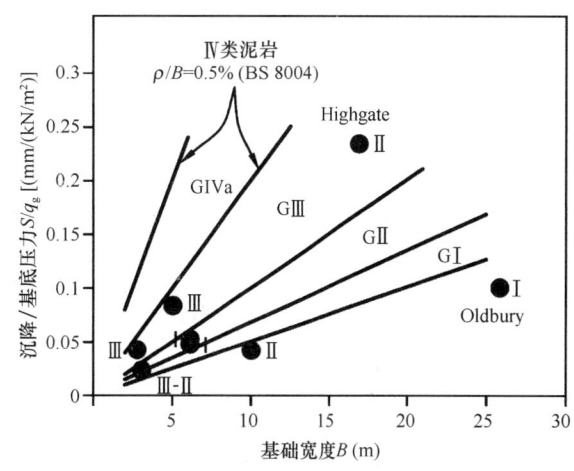

图 53.19 麦西亚泥岩，沉降观测值与基础宽度关系

修改自 CIRIA C570，Chandler 和 Forster，(2002)，www.ciria.org

软岩场地浅基础沉降观测值　　　　表53.9

场地	基础尺寸			地层	基底压力 (kN/m^2)	沉降观测值 (mm)
	B (m)	L (m)	类型			
M1 桥梁	6.1 2.7	11.6 41	独基 条基	1级，麦西亚泥岩 3级，麦西亚泥岩	240（净） 160（净）	14~15 10
34层 AGT Tower，埃德蒙顿	18	19	筏基	层状膨润土泥岩（页岩）和砂岩	160（净） 430（估）	48[3]
20层高层建筑（1层地下室）	17	35	箱基	3级，麦西亚泥岩（随深度不同，1~2级）	210（净）	55
塞汶河第二大桥	6	27	沉箱	2级，局部4级麦西亚泥岩	600（估）	<25
Oldbury 核电站	直径26		圆形筏基	1级麦西亚泥岩	1100（净）	105~125[1]
四筒仓，Bury St. Edmonds	直径22.9		四圆形筏基	低密度石灰石	350	45~75
泰晤士河南岸桥墩	14.7	31.5	独基	高密度石灰石	480	20
4层楼房	3.3	3.3	独基	低密度石灰石	365	7
Basingstoke 大桥，Luton	8.5	20	独基	低密度石灰石	300	9
Hinckley 核电站B点	直径19		圆形筏基	层状泥岩和石灰岩，Lower Lias	1200（净）	反应堆3，14~16[2] 反应堆4，30~35[2]

① 施工完成时沉降约80~95mm，后期徐变沉降持续了9年。
② 施工完成时沉降约7~8mm（反应堆3）16~18mm（反应堆4）后期沉降持续了10年才稳定。
③ 泥岩层13.7m深基坑开挖回弹量约55~60mm，施工完成沉降约35mm。

石灰岩上的基础沉降比（基础沉降除以基础宽度）与承受压力的关系曲线如图53.20所示。对于石灰岩，一旦基底应力超过屈服应力q_y，基础沉降会迅速增加（第53.7.4节）。因此，为了满足沉降限值需要保证基底压力小于q_y。一般应力小于q_y、宽度5m的独立基础沉降小于10mm（CIRIA C574，Lord等，2002），前提是几乎不存在 Dm 风化等级的石灰岩。当基础底面较大或基底压力较大时，CIRIA C574 提供了更加合理的估算沉降方法。

在以往工程案例中发现一个有趣现象，当基底压力非常大时长期沉降很大。奥尔德伯里的一个微风化 Keuper 石英砂岩和粉砂岩基础，净基底压力为1100kN/m^2（与 UCS 相比超过 10 MN/m^2），工后沉降持续了10年，沉降量是施工期间沉降的50%~60%。长期沉降主要是因为13m厚的影响区域（石灰岩由于石膏溶解形成许多小洞）产生蠕变（Meigh，1976）。在欣克利角，两个大型基础建在上侏罗系下侏罗统未风化泥岩和石灰岩互层的基础上。两个基础的净基底压力大约2000kN/m^2（小于 UCS 坚硬岩石的10%）。4号反应堆几乎没有工后沉降；而同样岩层上的3号反应堆，占最终沉降50%的工后沉降持续了12年，最终沉降是4号反应堆的2倍。3号反应堆沉降主要原因是水位高、降水效果差导致石灰岩裂隙节理扩大、泥岩软化（Haydon 和 Hobbs，1974）。3号反应堆沉降是预测值3倍多。

53.6.7 地基刚度随深度的修正

经典的一维弹性公式是针对位于可压缩性土层表面的柔性基础。因此，有必要对以下各项内容进行修正：

（1）基础的实际刚度；
（2）地表以下基础的实际影响深度。

刚性基础沉降通常认为是柔性基础的0.8倍。

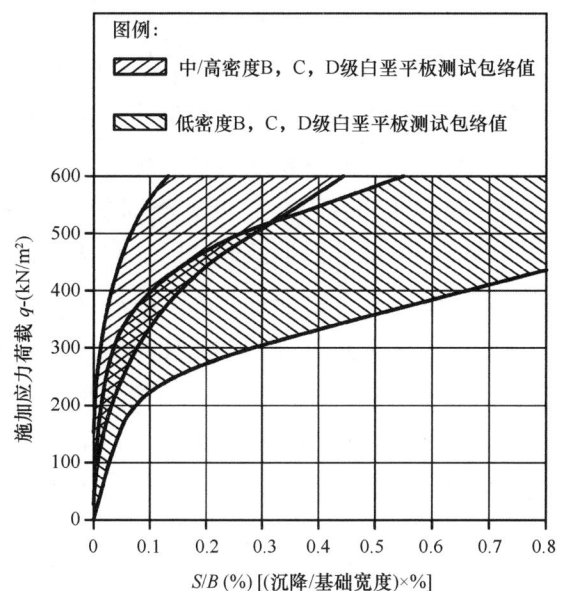

图 53.20　石灰岩上的承受压力与基础沉降比

摘自 CIRIA C574，Lord 等 (2002)，www.ciria.org

注：如果参考 CIRIA C574，考虑合适的尺寸修正系数，
上述白恶土上基础观测沉降值均在包络线内部。

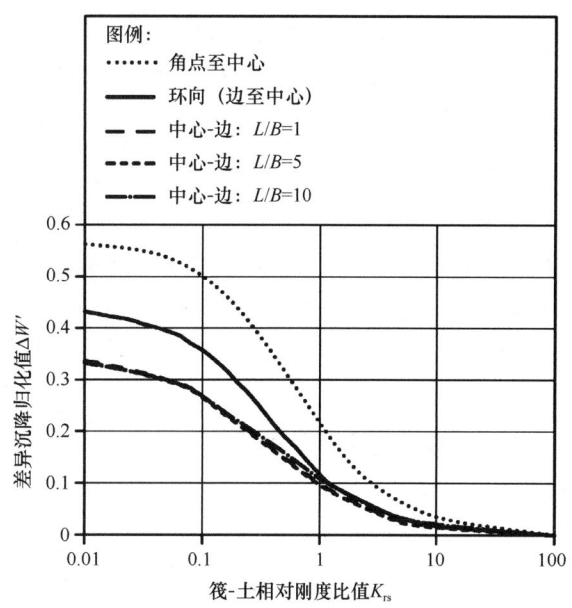

图 53.21　差异沉降归化值与筏板刚度比率函数关系

Horikoshi 和 Randolph (1997) 提供了基础刚度（完全刚性和完全柔性基础）和几何形状（圆形、方形、条形）的修正关系。

图 53.21 提供了不均匀沉降与相应筏-土刚度比 K_{rs} 的关系曲线：

$$K_{rs} = 5.57 \left(\frac{E_f}{E_{Sav}}\right)\left[(1-\nu_s^2)/(1-\nu_f^2)\right]$$
$$(B/L)^{0.5}(t_f/L)^3 \quad (53.18)$$

$$\Delta S^* = (S_A - S_B)/S_{av} \quad (53.19)$$

式中，S_A 是中心点沉降量；S_B 是基础短边的中点沉降量或角点沉降量（图 53.21）；S_{av} 是平均沉降量；E_f 是基础或者筏形基础（钢筋混凝土）的杨氏模量；E_{Sav} 是基底以下土的杨氏模量代表值（等于圆形独立基础半径或者其他基础宽度一半深度的杨氏模量值）；t_f 是独立基础厚度；B 是基础宽度；L 是基础长度；ν_s 是土的泊松比；ν_f 是基础材料的泊松比。

采用式 (53.18) 和式 (53.19)，假定基础初始刚度（修正系数 0.8），且修正结果与图 53.21 和式 (53.18)、式 (53.19) 一致。由图 53.21 中可以明显地看出基础刚度会随着 t_f/L 的比值改变而急剧变化。因此，许多基础要么是柔性的（$K_{rs} < 0.1$），要么是刚性的（$K_{rs} > 5$）。

基础埋置深度对降低沉降量的作用往往被高估了，许多教科书中都有提及，福克斯深度修正系数过大估计了浅基础埋设的影响。Maybe 和 poulos (1999) 提出的修正系数更加真实。

53.6.8　隆起和膨胀

基坑开挖土体因卸载产生瞬时隆起，伴随土体膨胀也会导致向上隆起。对于砂土和砾石，隆起和膨胀可忽略不计；但对于黏性土和泥质岩（特别是泥岩、页岩等），隆起和膨胀会非常显著。现有资料大多针对中—高塑性超固结黏性土的瞬时隆起。在膨土页岩 14m 和 20m 深的基坑处，测得的隆起和膨胀变形分别是 60mm、100mm（如 Chan 和 Morgenstern，1987；De Jong 和 Morgenstern，1973）。据报道法兰克福黏性土中含有遇水快速膨胀的石灰岩夹层，25m 深基坑产生了高达 140mm 的隆起（Breth 和 Amann，1974）。

超固结裂隙黏土、泥岩或页岩的隆起和膨胀机理比沉降机制更加复杂。一些含有活性黏土矿物（如蒙脱石）的页岩或泥岩在应力释放后，黏土矿物暴露在空气吸收水分会膨胀。氧化细菌加速硫化铁矿物（如黄铁矿）的风化也可能导致附加的体积膨胀发生（通常与地下水位降低有关）。太沙基等（1996）对上述机理进行了非常详细的讨论，这些机理可能导致土层或岩体逐渐软化。这意味着当坑底土体长时间暴露时会趋于恶化。基于"未受扰动"地基的特性，此时浅基础的沉降比预计的大得多。所以对基底预留土的保护非常重要，参考第53.3.4节。

53.6.9 非线性简便方法和数值方法

自20世纪80年代中期，针对土和软岩的非线性刚度特性进行了大量研究并发表了相关论文。然而，常规分析方法、有限元法或有限差分法中常用的应力应变模型，通常假定为线弹性或线弹性理想塑性特性。此非线性模型应用起来比较复杂，操作数值软件需要训练有素的专业能力，而且定义模型输入和检查输出均需要高水平的专业知识，以便获得可靠的预测结果。对于基础设计，很少需要复杂的建模；然而如下所述，当工程师需要考虑非线性的影响时，复杂建模就非常必要。表53.10总结了文献中总结的一些简化的非线性方法。每种方法都有优缺点，使用的经验仍然非常有限，所以需要在经验丰富的专家指导下谨慎使用。这些方法的优点之一是可以评估沉降随压力的变化。以下情况需要应用非线性方法计算：

（1）相邻结构的相互作用；

（2）浅基础附近或下面的差异沉降；

基础沉降计算非线性简便方法　　　　　表53.10

方法	分析类型	非线性参数	基础形状	多层土	注释
Stroud（1990）	弹性理论承载力	标准杨氏模量与荷载	单个条形、圆形、独立基础	不是需要典型杨氏模量	承载力理论通过假定荷载等级（与安全系数相反）估计标准杨氏模量（$E'N$或E/S_u）。用弹性方程来估算黏土或砂土总沉降
Osman and Bolton（2005）	塑性理论	不排水应力-应变（通过缩放系数与荷载-沉降联系）	黏土上单独圆形基础	不是典型应力-应变曲线	基础荷载-沉降曲线和三轴试验应力-应变曲线有关，通过承载力理论和缩放系数可以联系起来。也可以估算在水平荷载或弯矩下的水平变形或扭转变形。只适用不排水黏土
Atkinson（2000）	弹性理论	标准杨氏模量（E_s/E_q）（通过缩放系数与荷载-沉降联系）	单个条形、圆形、独立基础	不是典型应力-应变曲线	基础荷载-沉降曲线和三轴试验应力-应变曲线有关，通过承载力理论和缩放系统可以联系起来，也可以估算在水平荷载或弯矩下的水平变形或扭转变形。适用于不排水黏土，砂土总沉降
O'Brien and sharp（2001）	修正一维固结方法	侧限压缩模量与轴向（竖向）应变	任何形状，单独或多个基础	是多层土，随刚度参数变化	弹性理论计算应力变化，有侧限的弹性模量可通过压缩试验、三轴试验、现场试验或经验得到，还包括平均有效应力和随深度变化的刚度参数，仅适用于黏土

数值计算需要考虑的几个问题 表53.11

要点	注释
1. 数值建模的主要目标是什么，竖向或水平变形，要不要考虑结构受力或应力	数值计算可能产生不同的计算结果，因为大多数本构模型都有一定的局限值，如果要计算结果可靠，分析判断是必须的
2. 有没有相关案例进行模型参数和校验	未经校验的模型可能会产生错误的结果
3. 勘察报告能否提供足够的计算参数	没有详细的勘察数据支撑，进行复杂的模型计算是没有价值的。输入的参数有时需要特殊的试验才能完成
4. 如何检查像强度和压缩指标等关键参数？尤其是应用复杂的应力－应变模型时检查关键参数更加重要	考虑排水条件或应力路径进行单元模拟非常重要。例如三轴压缩试验的不排水或排水强度，压缩试验的压缩或膨胀，进行计算与试验比较，并考虑扰动的影响。注意现场试验与室内试验的差别
5. 要不要考虑地下水渗流（不排水分析与实际情况不符）	渗透地层中局部排水固结对结果有很大的影响，需要进行流固耦合分析
6. 考虑施工顺序和其他的影响因素	施工顺序对地基与结构相互作用影响显著，因此需要制定可行的施工顺序。例如在砂土中振动的施工影响很大

（3）需要考虑基础设计的经济性，例如极限承载力安全系数不超过3；

（4）对总沉降和差异沉降敏感的结构（例如，最大沉降小于25mm）；

（5）硬黏土层中抗拔桩的负摩阻力和沉降（第57章"地基变形及其对桩的影响"）；

（6）硬黏土开挖后桩的隆起拉力和位移（第57章"地基变形及其对桩的影响"）

非线性比线弹性预测沉降的一个好处是可以考虑土体变形和邻近基础的相互影响（Jardine等，1986）。在第53.8节中将要介绍一个案例，通过修正一维方法，对既有建筑基础加以利用来解决结构对沉降敏感问题。当使用数值模拟时，需要非常仔细地考虑表53.11中所列问题。

53.6.10 非饱和土和非工程性填料

在世界许多地区（如中亚、南非、美洲等）会遇到深厚非饱和土，但在英国这样的温带气候区很少受到重大关注。对于浅基础，主要关注非饱和土的体积变化潜力，如图53.22所示。在应力限值以下，当非饱和土含水量（或孔隙水压力）增加，则会产生隆起；在临界应力之上，当含水量（或孔隙水压力）增加，则会发生大的坍塌型沉降。随着含水量的增加，这些变形会迅速发展，并造成严重的结构破坏。非饱和土特性的评估是一项专项内容，Fredlund和Rahardjo（1993）在理论和实践问题上提供了详细的指导。

在英国，与非饱和土相关地基问题通常与非工程性填土（第34章"非工程性填土"和第58章"填土地基"的详细论述）或已被植被干化的黏性土相关（在第53.2节中讨论）。

53.7 资料需求和参数选择

53.7.1 地质概况和场地历史

经常由于对场地历史或地质情况的误判，导致浅基础发生问题，这意味要充分了解基底是否存在软弱土而不仅是压缩性指标。下面给出两个简单例子：

（1）一栋低层建筑采用条形浅基础。当地地质情况是坚硬的伦敦黏性土上覆岩屑岩（夹层硬黏土和致密砂土），在勘察时就发生钻孔下沉现象。条形基础刚开挖就遇到了非常软—软的黑色砂质黏土，而不是最初预估的硬黏性土和致密砂。开挖到5m深度土体强度未发现任何提高，浅基础方

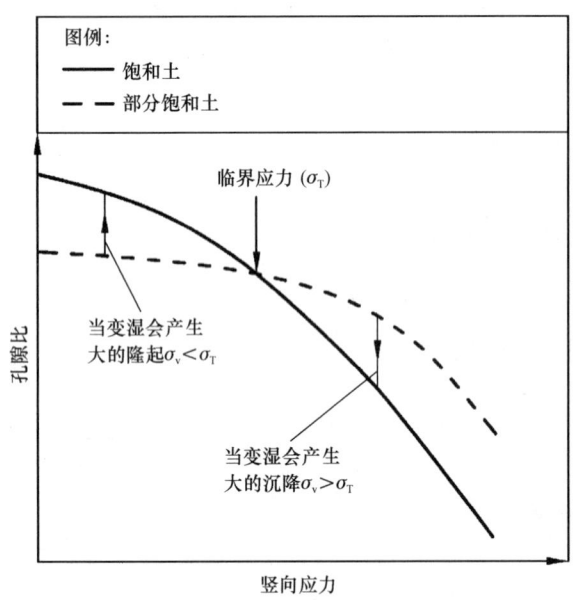

图 53.22 部分饱和土沉降和隆起特性

案不得不放弃而改为桩基础,成本大幅度增加并延误工期。随后的调查发现,该地区曾被用作砖坑,原状土早被挖除。当砖块制作完成,弃土就会松散地倒入坑中。结果证实钻孔数据完全不可靠。

(2) 通过对一栋低层建筑邻近场地调研,采用条形基础进行设计和建造没有问题。拟建场地为农业用地,因土地所有权问题无法勘察。前期工作经验预估没有出现任何问题,决定一旦场地条件允许马上施工。不幸的是,基础开挖时发现了非常软的土层,故建筑物最终采用桩基而不是条形基础。该地区的卫星照片显示此场地存在一个旧池塘,后被填埋。

事后看来,这些问题的出现似乎令人惊讶,尤其是在这两个场地都有经验丰富的设计师参与。因此案头研究和现场勘察都必须认真对待,并进行全面校核。即使拥有原勘察报告,也应谨慎地进行一些补充勘察,以校核原数据的可靠性。由经验丰富的人员进行全面校核是非常重要的。

地质勘察的范围和规模与拟建建筑的规模大小、复杂性、当地经验以及场地地貌、工程地质、水文地质条件密切相关。全面的案头研究是必要的。一般勘察的目的包括如下:

(1) 通过案头研究确定地质条件和地下水条件;

(2) 评定当地地基参数的变化范围;

(3) 强度和压缩参数的简单推导(对贯入试验或室内试验参数进行修正);

(4) 评估施工条件的可行性(尤其是与地下水相关的问题)。

对已知场地地质条件的简单(第1类)项目(独立基础或条形基础),进行探坑、动力触探或静力触探试验就足够了。对于第2类和第3类项目,需要更广泛的更精细的现场和室内试验。一般来说,对于黏性土场地,进行室内的强度和压缩性试验,重点应对高质量试样进行少量试验(高质量试样由推入式薄壁管、三管旋转取芯和泡沫冲洗硬黏土或推入式活塞管软黏土取得),而不是对厚壁U100管取得的低质量试样进行大量常规三轴试验和固结试验。第53.8节中的案例说明了这种方法的优点。

对于砂土地基,如果对地基要求特别高且含有少量的矿物质(云母或钙质)或含有明显的黏土或有机质,应考虑测试扰动样的强度和压缩性。如下文所述(第53.7.3节),贯入阻力和砂土压缩性之间的经验关系不见得可靠。特殊情况下可能需要考虑更复杂的试验,如平板载荷试验和旁压试验。

地下水位测量通常需要在钻孔中安装水压计,观测时间应持续几个月(最好包括冬季和春季)。原位渗水试验也应包括更多渗透土层,这些渗透土层可能是施工期间地下水问题的根源。

对于所有项目,无论规模和复杂性如何,地质勘察应包括原位试验、取样和室内试验,每类试验发挥各自优点互相补充。原位试验更适合评估场地的变化,室内试验更适合评估地基的强度和压缩性特征,条件是取样质量足够高。对土层进行取样和观察,并采用规范术语进行描述非常重要(Rowe,1972)。

传统做法的主要缺点是取样深度间隔过大,通常为1.5m。大部分地基沉降是由土体压缩引起。

因此，建议对深度 1.0 倍基础宽度范围内进行连续取样。认真对待深度在基础宽度 2/3 范围内试样的室内试验和渗水试验。

英国大部分地区被冰碛土覆盖，这些土层通常适合浅基础，事实上，桩基施工有更大的问题；请参阅 CIRIA C504（Trenter，1999）；以下问题会加大地质勘察难度：

（1）土层类型的显著空间差异（表现为强度、超固结比、压缩性和固结特性的巨大改变）；

（2）基岩深度变化大，上覆可压缩性土层厚度变化大；

（3）含水层位于不同厚度和连续性的粉土、砂土、砾石土中；

（4）承压水；

（5）卵石和巨型漂石。

图 53.23 显示了英格兰东北部冰碛土剖面，一个较弱的、轻度固结的、冰湖相沉积层位于一个非常坚硬、超固结的沉积层之下。在这些地质条件区域，为了充分了解地质条件需要全方位勘察手段。

53.7.2 黏土地基强度和压缩性

分类：如第 53.6.4 节（表 53.6、表 53.7 及图 53.17）所述，浅基础的沉降观测数据与下伏黏土层的塑性指数（PI）和超固结度（OCR）密切相关。黏土的抗剪强度同样取决于 PI 和 OCR，并且也受到其宏观组织和结构的影响（即淤泥和砂土透镜体、裂缝和粘结）。分类试验数据可用于推导孔隙指标（Burland，1990），并将其与固有压缩曲线和沉积压缩曲线（分别为 ICL 和 SCL）进行比较；参考第 52 章"基础类型与概念设计原则"以及图 52.21。孔隙指标可以很可靠地用于评估黏土尤其是软黏土的沉降特性。

有关黏性土强度和变形特性的介绍，请参考第 17 章"土的强度与变形"。

超固结黏性土——不排水强度（S_u）：在英国，测试强度的常用方法是采用厚壁取土器（U100）取样，并进行快速不排水三轴试验（QUT）（要求 2～5min 内将试样剪坏）。这种方法

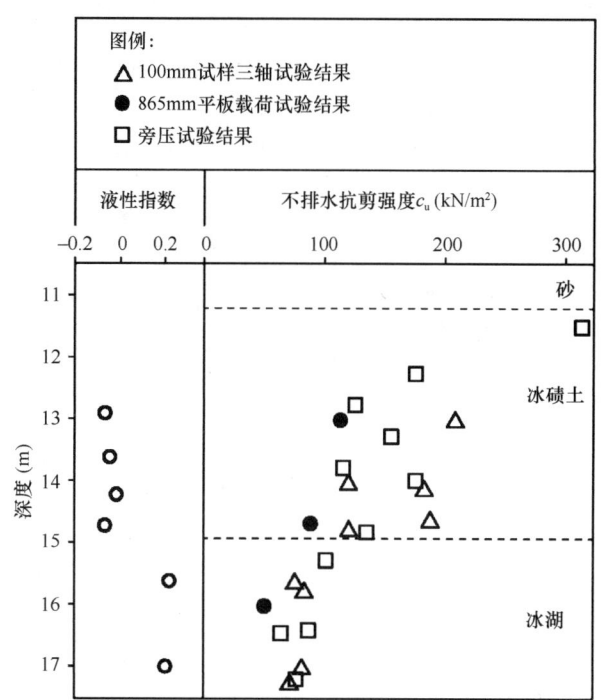

图 53.23 冰川沉积土，硬质黏土下为软弱土层

摘自 CIRIA C504，Trenter（1999），www.ciria.org

比较粗犷，测试结果离散性较大。图 53.24 提供了不同试验数据之间的差异示例。对于冰碛土，平板载荷试验表明强度随深度增加，而 U100 QUT 试验数据表明强度随深度减小。一个常见的错误是没有识别出软土层，尤其是在含有淤泥或砂土透镜体的黏土层。这是因为取样后水分从淤泥或砂土层渗透到紧邻的黏土层使其软化。原位试验（CPT 或者 SPT）的价值在于可提供强度随深度的变化。标准贯入试验（SPT）是一种简单可靠的方法，用于评估各种硬黏土的不排水强度。Stroud（1990）提供了强度与 SPT 的关系：S_u-f_1（N）。其中，N 是标准贯入试验锤击数；f_1 是相关系数，高塑性超固结黏性土的相关系数约为 4～4.5，低塑性超固结土的相关系数约为 5.5～5.6。Lunne 等（1997）给出了从硬黏性土中 CPT 试验得出的不排水强度关系，主要与试验点间距有关。

如果项目相对简单，对极限承载力取较大的安全系数（例如大于 3.0），常规取样和试验带来的误差不会有很大影响。然而，当项目经济指标敏感，安全系数取值较低时（例如，《欧洲标准 7》

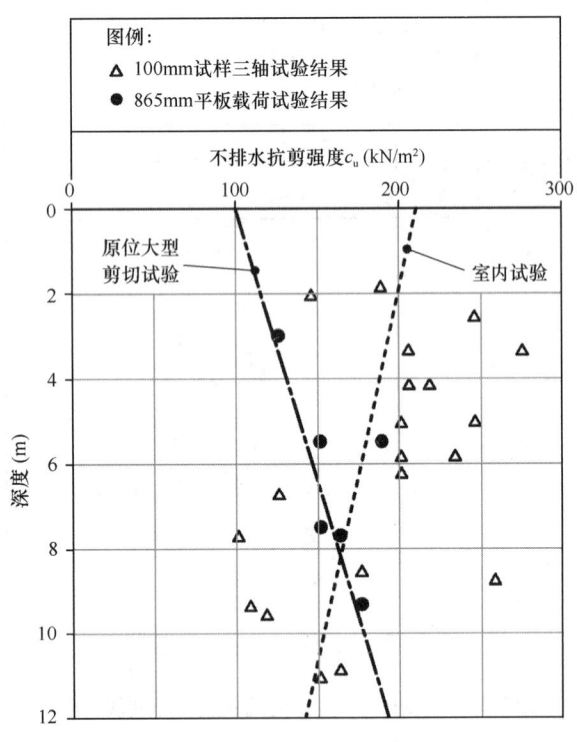

图 53.24 重黏土不排水抗剪强度

允许使用不排水强度的安全系数为 1.4），试验误差对项目影响至关重要，此时建议提高取样质量采用先进试验方法。

超固结黏土的压缩性：当进行总沉降的初步估算可使用线弹性分析方法时，则（基于 Stroud，1990）：

高压缩性黏土　　$E'_v = 200 S_{um}$　　(53.20)

低压缩性黏土　　$E'_v = 250 S_{um}$　　(53.21)

式中，E'_v 为竖向加载的排水杨氏模量；S_{um} 为平均不排水强度的保守值。

众所周知，土的变形模量（或压缩性）是高度非线性的，在非常小的应变和大应变幅度之间变化可能超过一个数量级。所以各种出版物中引用的土层刚度范围比较混乱。研究表明，变形模量随着应变或剪应力的增加逐渐固定；图 53.25 绘制了不排水和排水条件下各类土的数据。Alkinson（2000）

与 Clayton 和 Heymann（2001）提供了有关该主题的更多信息。图 53.26 为伦敦市中心某场地的固结试验和物探试验（即分别在大应变和非常小应变下）得出排水的杨氏模量（QE2 会议中心，Burland 和 Kalra，1986），还提供了从地基沉降观测反分析得到的杨氏模量。可以看出，在浅层动刚度趋于大应变值（来自固结试验），随着深度的增加，动刚度迅速增加并趋于非常小的应变值（来自物探试验）。说明基于式（53.20）的杨氏模量低估了动刚度随深度的增长速率。

53.7.3　砂土地基强度和压缩性

分类：为了评估砂土层的强度和可压缩性，需要提供以下基本信息：

（1）地质年代（如冰期后、冰期或冰期前）以及 OCR（超固结或正常固结）；

（2）颗粒级配和颗粒棱角；

（3）矿物质（二氧化硅或非二氧化硅）；

（4）相对密度。

Clayton（1995）和 Lunne 等（1997）提供了关于 SPT "N" 和 CPT q_c 与相对密度的关系。

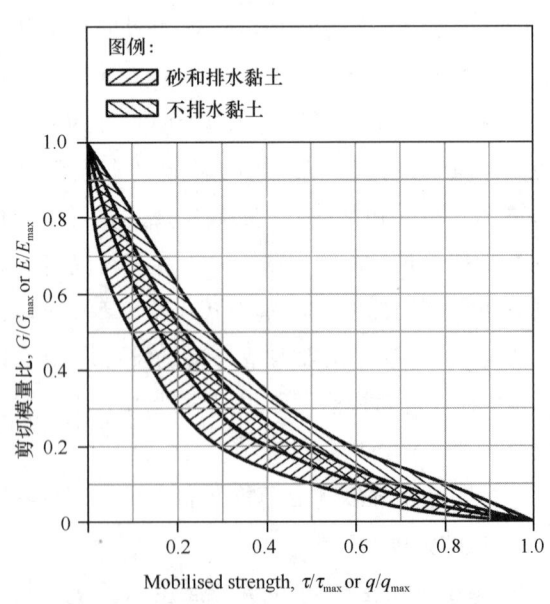

图 53.25　黏土和砂土的模量与发挥强度的关系

修改自 Mayne（2007）

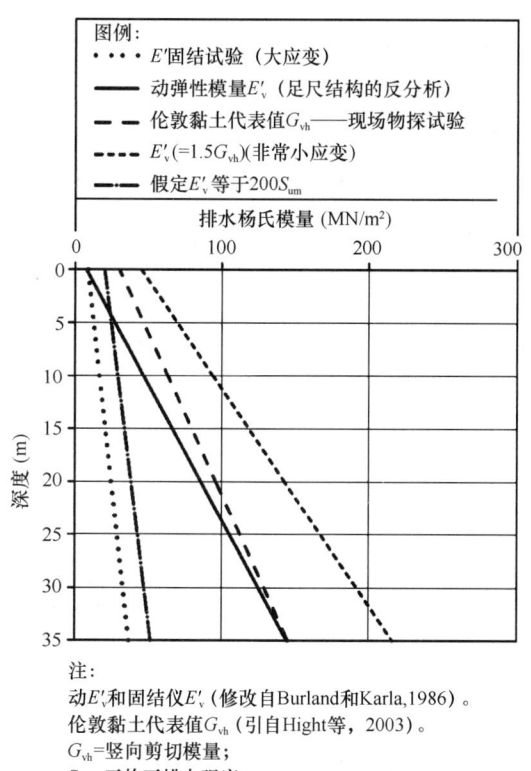

图 53.26 塑黏土排水杨氏模量与深度关系

第 17 章"土的强度与变形"介绍了砂土层的强度和变形特性。

强度：Bolton（1986）描述了评估砂土强度的一种简单清楚的方法：

最大摩擦角：

$$\Phi'_p = \Phi'_{cv} + \Psi_d \quad (53.22)$$

三轴条件：

$$\Psi_d = \Phi'_p - \Phi'_{cv} = 3 I_R \quad (53.23)$$

$$I_R = I_D(Q - \ln p') - 1 \quad (53.24)$$

式中，Φ'_{cv} 为摩擦角的临界状态角，主要取决于颗粒形状、级配和矿物质（表 53.12）；Ψ 为砂土的剪胀角，主要取决于相对密度和破坏时的应力水平；I_R 为相对密度指数，其值介于 0～4；I_D 为相对密度；p' 为破坏时的平均应力（$p' \geq 150 \text{kN/m}^2$）；$Q$ 主要取决于颗粒强度及可破碎性（表 53.13）。

对于石英砂和长石砂，关于相对密度和平均有效应力的剪胀性公式如图 53.27 所示。对于云母砂和钙质砂，因为 Q 较低（即颗粒更容易破碎）特别是在高应力下剪胀性将大大减少。

一般来说，不建议通过贯入试验直接估算摩擦角峰值。临界状态摩擦角的评估应基于砂矿物成分（如地质报告）、颗粒棱角和颗粒级配的描述，参考表 53.12。可通过式（53.23）和式（53.24）（或图 53.27）来评估强度的剪胀系数，可适当使用贯入试验来评价相对密度（即式（53.24）和图 53.27 中的 I_D）进而评估强度的剪胀系数。如有必要，（Bolton，1986）可进行室内试验。评估剪胀性时需要特别谨慎。对密实砂土而言完全忽略剪胀是过于保守的。

可压缩性：建议对 Burland 和 Burbidge 的原始论文以及随后发表的讨论（Proceedings of ICE，December，1986）进行研究，这些讨论对影响砂土沉降的各种因素提供了见解。基于贯入试验的任何沉降预测方法，工程师都要了解其局限性。特别注意是，砂土的应力历史对其压缩性影响显著，但对贯入阻力影响甚微。除了贯入试验的固有问题外，砂土的自然变异性也很高。图 53.28 给出了 Burland 和 Burbidge（1984）对 13 个场地的统计结果。数据表明，同样的基础（承受相同荷载）最大沉降与最小沉降之比很大，最大沉降与平均沉降之比为 1.6 是在合理范围。

如果有必要从 SPT "N" 值中得出杨氏模量，则表 53.14 提供了一些指导，Lunne 等（1997）也提供了对 CPT 数据解释的指导（对于应变振幅约为 0.1% 的 E'，以及不同 CPT q_c 值的杨氏模量随加载的变化）。许多先前出版的有关贯入试验值与杨氏模量的关系是不可靠的。

53.7.4 岩石地基强度和压缩性

分类：评价岩石的强度和压缩性首要问题是确定岩石的不连续性和风化程度。当基岩较浅时，则探坑或探沟就足够；对于较深情况，建议采用大直径（P 或 S 尺寸的岩芯，即直径 90～100mm）三管

砂和碎石的临界摩擦角 q_{cv} 表53.12

砂土类型	颗粒大小[1]	矿物成分[2]	颗粒形状[3]	D_{50} (mm)	D_{10} (mm)	Unif coeff	e_{max}	e_{min}	ϕ'_{cv}
渥太华	c	q	wellrnd	0.75	0.65	1.2	0.8	0.49	29.5
渥太华	m	q	rnd	0.53	0.35	1.7	0.79	0.49	30.0
查特胡奇河	m	q	s ang	0.37	0.17	2.5	1.10	0.61	32.5
摩尔	t-m	q	s rnd	0.19	0.14	1.5	0.89	0.56	32.5
提契诺州	c	q	s rnd	0.53	0.36	1.6	0.89	0.6	31.0
萨克拉门托	f-m	q + f	s ang/s rnd	0.22	0.15	1.5	1.03	0.61	33.3
瑞德贝德福德	f-m	q + sf	s ang	0.24	0.16	1.6	0.87	0.55	32.0
霍克松	c	q + f	s ang	0.39	0.21	2.0	0.91	0.55	32.0
丰浦	f	q	s ang	0.16	0.11	1.5	0.98	0.61	32.0
默西河	f-m	q	s ang/s rnd		0.1	2.0	0.82	0.49	32.0
弥尔顿煤矿	f-m	q + f	ang	0.2	0.11	2.0	1.05	0.62	35.0
绍斯波特	f-m		ang	0.2	0.12	1.8	0.88	0.53	35.0
碎石英石	f	q	v ang	0.12	0.07	2.0	1.15	0.55	36.4
碎长石	f	f	v ang	0.12	0.07	2.0	1.21	0.49	38.7
河砂和砾石	37mm到细砂	f + q	s rnd/s ang	4.8	0.6	8			35.0
冰水沉积砂	f-c		s ang	0.75	0.15	6	0.84	0.41	37.0
旧金山	50mm到细	玄武岩	ang						38.0
弗纳斯大坝花岗岩	10mm到细	石英岩							39.0
片麻岩	4~37mm		ang						40.8

① 颗粒大小：f = 细，m = 中，c = 粗。
② 矿物成分：f = 长石，q = 石英，s = some。
③ 颗粒形状：rnd = 圆，s ang = 次棱角形，s rnd = 亚圆形，v ang = 非常圆。
④ 基于 Stroud (1990) 和 Bolton (1986)。

砂的可破碎性 表53.13

砂矿物成分	Q[①]
石英和长石	10
石灰岩	8
石英和长绿石	7.8
碳酸钙	7.5
白垩	5.5

① Q 为天然抗压强度（kN/m^2）。
来自 Bolton (1986) and Randolph 等 (2004)。

取芯，并由经验丰富的岩土工程师进行。一个常见的错误是旋转取芯的直径太小，会产生很大误差。

评估岩体性质的步骤通常包括：

（1）根据地质成因对岩体进行分类（即火成岩、变质岩或沉积岩）。

（2）通过评估所有不连续面和节理的性质、方向和间距来评估岩体质量，包括节理是否张口、不连续面和节理填充物（可能包括软黏土）的强度和压缩性。实际应用通常使用岩体分级标准（如地质强度指数，GSI，Hoek 等，1995）

（3）评估岩石的风化等级；在 Chandler (1969) 之后发展了许多评估风化等级的方法，但没有普遍适用的方法。在复杂的交互岩层中（如泥岩和砂岩夹层），强风化岩可能位于微风化岩之下。

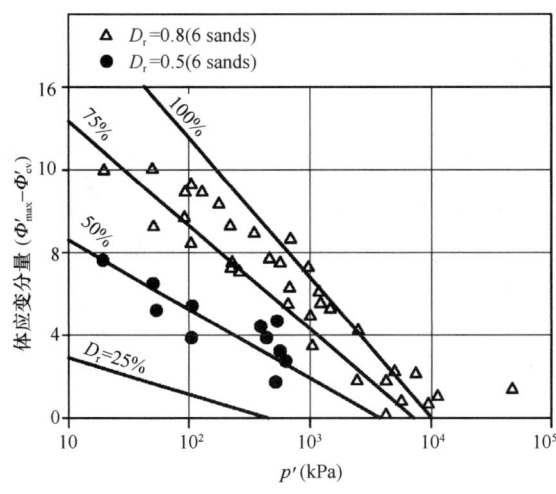

图 53.27 体应变分量 ($\Phi'_{max} - \Phi'_{cv}$)
与相对密度和平均有效应力的关系

数据取自 Bolton（1986）

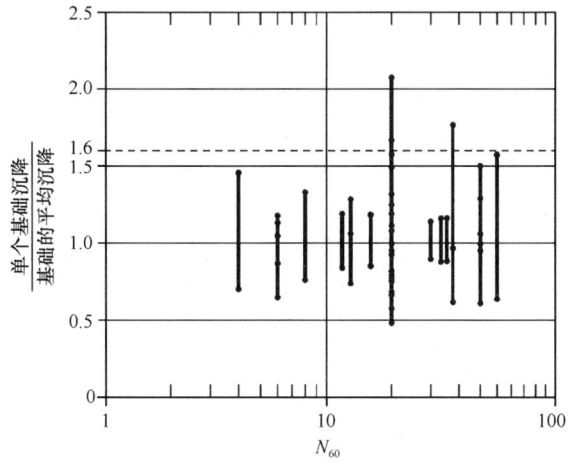

图 53.28 一个场地基础沉降
与砂土 N_{60} 的关系

摘自 Burland 和 Burbidge（1984）

极软岩和软岩的一个普遍问题是，破碎区域往往无法取样。依赖室内试验得到的强度和压缩性参数偏于不安全。因此，现场测试如旁压试验或物探等手段值得采用。

SPT "N" 和杨氏模量的修正系数

表 53.14

标准贯入击数（击数/300mm），N	E'/N (MN/m^2)		
	下限（大应变）	平均（小应变）	上限[①]（非常小的应变）
<4	0.4 ~ 0.6	1.6 ~ 2.4	3.5 ~ 5.3
10	0.7 ~ 1.1	2.2 ~ 3.4	4.6 ~ 7.0
30	1.5 ~ 2.2	3.7 ~ 5.6	6.6 ~ 10.0
>60	2.3 ~ 3.5	4.6 ~ 7.0	8.9 ~ 13.5

① 上限值需要通过现场试验，其他测试或修正才能应用于工程实践中。

注：1. 基于对 Burland 和 Burbidge（1984）数据库的反分析，仅作初步参考。

2. $E' = 'N'$ 和 $E' = 2'N'$ 在英国通常用来区分普通砂和超固结砂。

3. 对于重要的项目，可能需要进行现场专项测试。

数据取自 Clayton（1995）

强度：需要了解岩体的不连续性特征、方向和间距。Wylie（1991）讨论了勘察技术。

Hoek-Brown 破坏准则（Hoek 和 Brown，1997）提供了行之有效的方法来评估大部分岩石的强度参数。CIRIA C574 报告（Lord 等，2002）和 C570 报告（Chandler 和 Forster，2001）分别对白垩和麦西亚泥岩提供了具体指导。

压缩性：岩体的压缩性（由于不连续面的影响）可能远远高于完整岩块。如图 53.29 所示，将实验室中白垩的完整试块与波速试验和平板载荷试验（直径 1.8m）得出的强度进行了比较。在一定的应变范围内，完整岩块的室内试验强度是岩体强度的数倍。Hobbs（1974）通过 RQD 将岩体质量与岩体系数 j 联系起来，后者将完整岩块的杨氏模量（通常在实验室测量）降低为"岩体"模量：

$$E_m = j(E_i) \qquad (53.25)$$

式中，E_m 为岩体模量；j 为质量因数；E_i 为完整岩块模量。岩石质量与 j 的关系见表 53.15。使用 RQD 时需要小心，因为其不考虑节理张口或填充物（在更全面的岩体分级体系（如 GSI 或 RMR

体系）中进行评估）。用黏性土填充的张节理比封闭节理的岩体模量小得多。Hoek 和 Diederichs（2006）总结了基于 GSI 的更复杂的经验方法。

对于简单结构的沉降估算或一般设计，可以假设 $E_i = Mq_{uc}$，其中 M 是岩块模量 E_i 和无侧限抗压强度 q_{uc} 之间的比率。不同岩石类型的 M 值见表53.15。对于极软岩，如麦西亚泥岩，可能无法获得恰当质量的试样进行室内刚度和压缩试验，因此

需要更多地依赖于原位试验，如旁压试验。竖向排水模量由不排水水平模量推导得出，沉降估算时需要谨慎处理。表53.16给出了白垩岩浅基础岩体压缩参数经验值。

对于麦西亚泥岩，基于未风化泥岩中地基沉降的反演分析，得到岩体的杨氏模量与埋置深度的关系，如图53.30所示给出了粉砂岩（典型的Ⅰ级和Ⅱ级）和砂岩的曲线图。Meigh（1976）认为，对于风化泥岩/粉砂岩而言，岩层表面的典型的动排水杨氏模量约为 $4MN/m^2$，并以约 $4MN/m^2$ 的速度随深度增加（类似于硬黏土）；因此，风化可使软岩中的动排水杨氏模量的数值变化一个数量级以上。

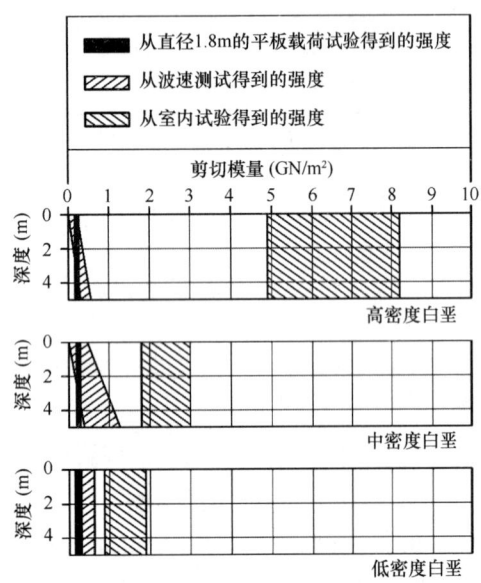

图53.29 平板载荷试验、波速、室内试验白垩石强度对比

摘自 Clayton 等（1994）

53.8 冰碛土地基案例

53.8.1 概述

一栋大型城市公共建筑，一个重要建筑特征是在角部应用玻璃幕墙，因此需要严格控制差异沉降，最大净基底压力为 $250kN/m^2$。

通过案头研究和初步现场勘察了解到地面以下 2~3m 为松散土层。松散土层下面是非常坚硬的冰碛土。拟建场地上的建筑对勘察和新建建筑均造成影响（因为拆除在总体项目关键路径上）。

该建筑物签订"设计施工总承包"合同，根据合同条款，如果不能按时完工，将受到巨额赔付。

岩体刚度的近似相关　　　　　　　　　　　　　　表53.15

岩体完整程度[①]	RQD（%）	每米包含裂缝数	波速比（V_f/V_l）[②]	质量系数（j）
极破碎	0~25	15	0~0.2	0.2
破碎	25~50	15~8	0.2~0.4	0.2
较破碎	50~75	8~5	0.4~0.6	0.2~0.5
较完整	75~90	5~1	0.6~0.8	0.5~0.8
完整	90~100	1	0.8~1.0	0.8~1.0
	岩石类型		模量比，M_r[③]	
Group 3	灰白色石灰岩，胶结不良的砂岩，胶结的泥岩和页岩，板岩和片岩（陡峭的分裂和叶面化）		150	
Group 4	未胶结泥岩和页岩		75	

[①] 详见 BS 5930。
[②] V_f 为现场波速，V_l 为实验室波速。
[③] M 为模量比，这里 $E_m = jM_r q_{uc}$，E_m 为岩石模量，j 为质量系数，q_{uc} 为无期限抗压强度。
这些近似相关性仅用于初步沉降估算，根据项目要求需要进行现场特定测试。

白垩岩浅基础岩体压缩参数经验值　　　　表 53.16

密度	等级	$E_s^①$（MPa）	q_y（kPa）	$E_y^②$（MPa）	$q_u^③$（MPa）
中/高	A	1500～3000	>1600～2400	—④	>16
中/高	B	1500～2000	300～500	35～80	4.0～7.7
中/高	C	300～1500	300～500	35～80	4.0～7.7
低	B 和 C	200～700	250～500	15～35	1.5～2.0
低	Dc	200⑤	225～500	20～30	—
低	Dm	6	—	—	—

① E_s 施加 200kPa 净荷载时初始模量，q_y 屈服应力。
② E_y 屈限模量，当 ρ/D 超过 0.4% 时可以完全发挥。
③ q_u 极限应力，对应 ρ/D = 10%～15% 载荷板直径。
④ 本等级没有得到白垩岩的极限应力。
⑤ 表中数值基于平板载荷试验，是短期的。从长期看，压力降低到 75MPa。
以上数值仅供参考，可能需要进行现场测试。
数据取自 CIRIA C574，Lord 等（2002），www.ciria.org

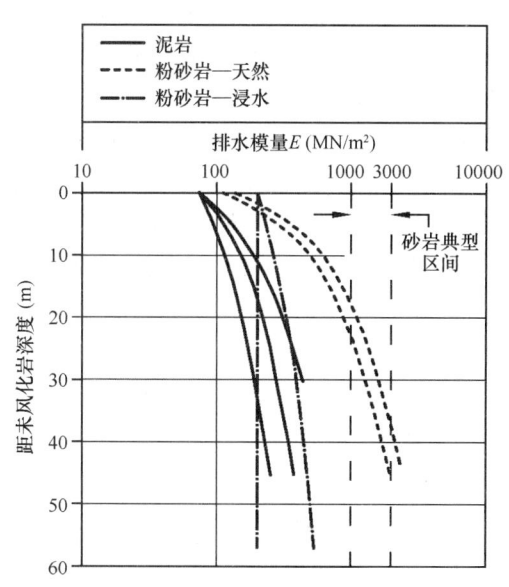

图 53.30　未风化岩排水模量
数据取自 Meigh（1976）

负责建筑设计（包括地基）的顾问由总承包委托。

53.8.2　场地概况与历史

案头研究结果表明本场地不受采空区的影响。勘察时发现冰碛土中含有大量巨石，对冰碛土的描述是坚硬或非常坚硬，顶面 5m 范围土液性指数是 -0.2（±0.1）。天然冰碛土是完全超固结状态，加上其塑性指数（%）为 15，表明其可压缩性非常低。通过案头研究，以上勘察结果与相关技术文献和当地经验相符。

53.8.3　基础选型风险

最初的基础选型标准是地基沉降不大于 5mm，选择桩基础方案。巨石的存在对桩基施工造成影响，工期延误的风险很大。以往经验表明，在预估的基底压力下，应用坚硬的冰碛土作为基础持力层沉降不会太大。既有建筑为独立基础，故决定对既有基础进行加大，此外，与建筑幕墙供应商协商后确定了一个较为宽松的 10mm 差异沉降标准。

53.8.4　补充现场勘察和岩土工程分析

进行了补充现场勘察，包括 3 个 4m 深的探坑，以揭示冰碛土并保证试样质量。然后进行了室内试验确定排水强度。冰碛土变化较大，受既有建筑场地条件所限，有几个区域无法获得岩土数据。为降低风险，在既有建筑拆除后，立即进行静力触探试验（CPT）。CPT 试验可以很快得知结果。由于存在巨石，CPT 只能做到 7～8m，考虑到基础宽度约 2m，受压层影响深度有限，试验得到的冰碛土地基承载力可满足设计要求。

不排水强度和压缩指标详见图 53.31 和图 53.32。第一次勘察获得的常规三轴试验（U100 样本）结果与现场探坑采集的试验结果相比，不排水强度较低。随后的 CPT 试验表明，冰碛土分布特别均匀,强度随着深度增加。设计剖面依据探坑试样与 CPT 试验结果进行。

为了在大范围的应变幅度上评估冰碛土的压缩性,指定了几种不同的测试技术:弯曲元试验(bender element)可用于测试小应变下土的压缩性,三轴试验可用于测试中等应变下土的压缩性,固结试验可用于测试大应变下土的压缩性。图 53.32 显示了从这些试验中得出的结果。值得注意的是,首次勘察采集 U100 试样进行固结试验(应用荷载增量/减量 100kN/m² 以上)得到的平均体积压缩系数 m_v,比块状试块固结试验(应用加载—卸载—重新加载循环试验,荷载增量为 20 ~ 30kN/m²)给出的 m_v 值小 2 ~ 4 倍。

载荷试验结果表明安全系数大于 3。鉴于多个令人头痛的沉降控制标准,仔细地进行地基沉降计算分析是必要的。沉降分析的主要方法是修正一维方法,即在荷载作用下,允许变形模量随深度和平均有效应力而变化(O'Brien 和 Sharp, 2001)。虽然独立基础和条形基础的构造相当复杂,然而计算

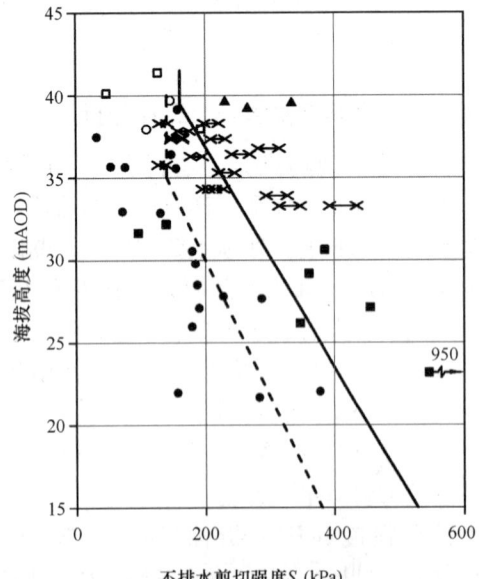

图 53.31 应力历史,冰碛土不排水剪切强度数据

时考虑垂直应力增量的叠加(根据 Boussinesq 理论)还是很容易实现。

53.8.5 设计验证和施工控制

冰碛土的一个潜在风险是遇水(地下水或降雨)迅速软化。现场试验时没有这个问题,但施工交底时要求对基底土进行有效保护,特别指出要预留 0.6m 保护层,在开挖后马上施工 100mm 混凝土垫层。

浅基础施工很快,整个项目也提前完工。随后的沉降观测表明基础沉降小于 10mm,与根据补充现场勘察推得的预测结果相符。

53.8.6 小结

该建筑采用特殊的玻璃幕墙,沉降控制标准高。签订了设计施工总承包合同。如果采用桩基础,冰碛土中的大量巨石对桩基施工造成巨大影响,会使项目工期大大延误。根据当地经验,采用浅基础的建筑沉降很小。当基础在完全超固结冰碛土上时,使用常规取样和测试方法得到的结果表明沉降会超过设计允许值。当采用现代化试验方法进行高质量采样与室内试验,再应用修正沉降计算方法(第 53.6.4 节),同时考虑土的非线性后,最终证明浅基础可以满足要求。既有建筑基础被重新利用,即对既有基础进行扩展形成新的基础,并完成新建筑的施工。

53.9 总体结论

(1)引起浅基础变形有多种原因,有时与上部结构传来的竖向力无关(表 53.2)。这些地质灾害引起的地基整体变形会导致结构超过正常使用极限甚至破坏。由树木引起的黏土层的季节性收缩膨胀是一般浅基础位移的常见原因。

(2)基于安全与经济方面的考虑,基坑的稳定性与地下水的影响需要仔细考虑。

(3)在基础上施加的荷载通常包括不同类型,如恒载和瞬时荷载(包括风、冲击和意外荷载)。在进行承载力和沉降计算之前,了解施加荷载的性质非常重要。例如,在计算黏土的长期沉降时,通常会忽略瞬时荷载。

(4)当进行地基承载力和沉降计算时,需考虑整个建筑的结构特点;对于独立基础应考虑场地条件、相邻建筑及地形地貌信息。如果基础承受侧向荷

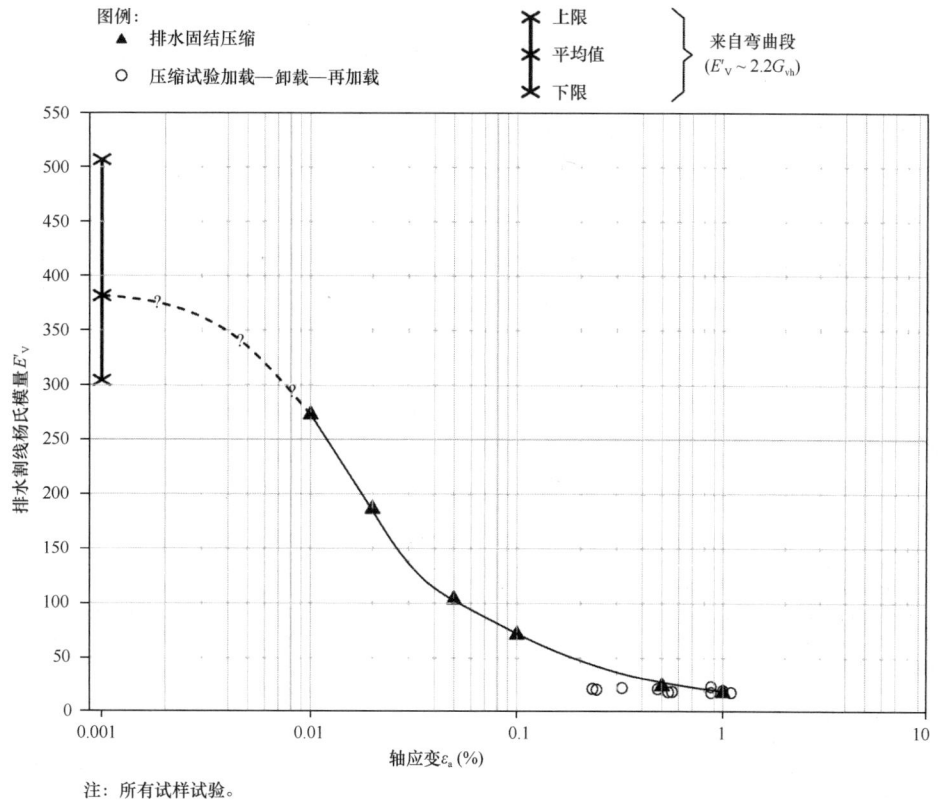

图 53.32　冰川沉积土不同应变等级下排水割线杨氏模量

载，相邻结构之间发生不利相互影响的风险较大。

（5）太沙基和斯肯普顿提出一般承载力公式后，承载力理论有了很大发展。可以分析多种因素，如强度随深度变化、各向异性、多层土、压缩性与应力的变化。基础承受竖向力、水平力、弯矩等组合荷载通常用考虑倾斜系数的竖向公式来计算。但是，这些倾斜系数的可靠性会随着荷载倾斜比（H/V）的增加而降低，并且不建议与垂直方向呈 18°以上的角度进行修正。此时应用基于 $V/H/M$ 破坏准则的最新承载力理论（第 21 章"承载力理论"）更为恰当。

（6）岩石地基承载力和沉降与岩体完整性、岩石节理和裂隙（图 53.13）、岩溶发育程度、风化程度有关。

（7）虽然地基土强度涉及各向异性、非线性并随深度增加，但竖向荷载作用下采用均质、各向同性、线弹性理论计算地基应力变化是符合实际的。相比之下，弹性理论预测的水平应力变化往往不够准确。

（8）基础沉降可用弹性理论的修正系数法计算。不推荐使用杨氏模量随深度不变且土层无限厚度的方法。推荐使用杨氏模量随深度增加且土层厚度有限的方法。

（9）超固结黏土用一维理论计算沉降，与复杂的方法一样准确，多数情况比复杂方法更好。沉降计算最重要的是土层压缩参数的可靠性，即合适的应力应变关系。在这方面，使用侧线压缩模量 D 对修正一维方法是可行的，因为 D 适用于大范围应变振幅相对应的测量参数。

（10）中密或密实硅砂沉降通常很小（表 53.8 总结了部分例外），对于简单的结构，使用图 53.18 中的经验曲线往往足以估计沉降的范围。还有更加复杂的方法，主要依据相关贯入试验（如 SPT 或 CPT）得到砂土压缩性指标，但可靠性也是有限的。

（11）由于场地历史、工程地质、水文地质资料的缺乏对浅基础的设计造成一定困难。因此，全面的案头研究非常重要，必须进行认真的勘察。

（12）超固结黏土上的浅基础，沉降主要产生在基础下方，一半以上沉降量来自基础底大约一半基础宽度的深度范围内。因此，要重视这个范围的测试工作。地基土动刚度随深度快速增加（通常从基底的"大应变"直到远离基底的"小应变"值）。

（13）对软黏土和粘结材料（如石灰石），基础设计的关键参数是对屈服应力的评价（对软黏土通常是先期固结压力）。石灰石的屈服应力很好确定（表53.16），当净压力小于屈服应力时沉降很小。岩体不连续性导致其压缩性通常会远远高于岩块。

53.10 参考文献

Atkinson, J. H. (2000). Non-linear soil stiffness in routine design. *Géotechnique*, **50** (5), 487–508.

Barton, N. (1983). Application of Q system and index tests–estimate shear strength and deformability of rock masses. In *Proceedings International Symposium on Engineering Geology and Underground Construction*, 1, LNEC, Portugal, pp.51–70.

Barton, N. (1986). Deformation phenomena in jointed rock. *Géotechnique*, **36** (2), 147–167.

Bolton, M. D. (1986). The strength and dilatancy of sands. *Géotechnique*, **36** (1), 65–78.

Breth, H. and Amman, P. (1974). Time settlement and settlement distribution with depth in Frankfurt Clay. In *Proceedings of the Conference on Settlement of Structures*, Cambridge. London: Pentech Press, pp. 141–154.

Briaud, J. L. and Gibbons, R. M. (1994). Test and prediction results for five large spread footings on sand. *Geology Speciality Publication ASCE*, **41**, 92–128.

Burland, J. B. (1990). On the compressibility and shear strength of natural clays. *Géotechnique*, **40**, 329–378.

Burland, J. B., Broms, B. B. and De Mello, v. F. B. (1977). Behaviour of foundations and structures. In *Proceedings of the 9th ICSMFE*, Tokyo, Vol. 1, pp. 495–546.

Burland, J. B. and Burbidge, M. C. (1984). Settlement of foundations on sand and gravel. *Proceedings ICE*, **78**, 1325–1381.

Burland, J. B. and Kalra, J. C. (1986). Queen Elizabeth II Conference Centre. *Proceedings ICE*, Part 1, **80**, 1479–1503.

Burland, J. B. and Wroth, C. P. (1974). *Settlement of Buildings and Associated Damage. Settlement of Structures*, Cambridge: Pentech Press, pp. 611–654.

Chan, D. H. and Morgenstern, N. R. (1987). Analysis of progressive deformation of the Edmonton Convention Centre excavation. *Canadian Geotechnical Journal*, **24**, 430–440.

Chandler, R. J. (1969). The effect of weathering on the shear strength properties of Keuper Marl. *Géotechnique*, **19**, 321–334.

Chandler, R. J. (1984). Recent European experience of landslides in overconsolidated clays and soft rocks. In *Proceedings of the 4th International Conference on Landslides*, Toronto, 1984, vol-1, pp. 61–81.

Chandler, R. J. and Forster, A. (2001). CIRIA C570: Engineering in Mercia Mudstone. London: CIRIA.

Clark, J. I. (1997). The settlement and bearing capacity of very large foundations on strong soils. *Canadian Geotechnical Journal*, **35**, 131–145.

Clayton, C. R. I. (1995). *The Standard Penetration Test (SPT). Methods and Use*. CIRIA Report 143. London: CIRIA.

Clayton, C. R. I. and Heymann, G. (2001). Stiffness of geomaterials at very small strains. *Géotechnique*, **51**, 245–255.

Clayton, C. R. I, Simons, N. E. and Instone, S. J. (1988). Research on dynamic penetration testing of sands. *Proceedings ISOPT-1*, Vol. 1, pp. 415–422.

Clayton, C. R. I. Gordon, M. A. and Matthews, M. C. (1994) Measurement of stiffness of soils and weak rocks using small strain laboratory testing and field geophysics. In *Proceedings of the 1st International Conference on Pre-failure Deformation Characteristics of Geomaterials*, vol. **1**. Rotterdam: Balkema, pp. 229-234.

Cole, K. W. (1988). *Foundations. ICE Works Construction Guides*. London: Thomas Telford.

COSOS (1974). *Proceedings of Conference on Settlement of Structures*, Cambridge, April 1974.

Crilly, M. S. and Driscoll, R. M. C. (2000). The behaviour of lightly loaded piles in swelling ground and implications for their design. *Proceedings of the Institution of Civil Engineers, Geotechnical Engineering*, **143**, 3–16.

D'Appolonia, D. J. and Lambe, T. W. (1971). Floating foundations for control of settlement. *ASCE, SMFD*, **97**, SM 6, 899–915.

De Jong, J. and Harris, M. C. (1971). Settlement of two multi-storey buildings in Edmonton. *Canadian Geotechnical Journal*, **8**, 217–235.

De Jong, J. and Morgenstern, N. R. (1973). Heave and settlement of two tall building foundations in Edmonton, Alberta. *Canadian Geotechnical Journal*, **10**, 261–281.

Franklin, J. A. and Dusseault, M. (1989). *Rock Engineering*. New York: McGraw Hill.

Fredlund, D. G. and Rahardjo, H. (1993). *Soil Mechanics for Unsaturated Soils*. New York: Wiley and Sons.

Hanna, A. and Meyerhof, G. G. (1980). Design charts for ultimate bearing capacity of sand overlying soft clay. *Canadian Geotechnical Journal*, 17.

Hight, D. W., McMillan, F., Powell, J. J. M., Jardine, R. J. and Allenou, C. P. (2003). Some characteristics of London Clay. *Characterisation and Engineering Properties of Natural Soils*, **2**, 851 – 908.

Hobbs, N. B. (1974). The factors affecting the prediction of the settlement of structures on rock, State of the Art review. In *Proceedings of the Conference on Settlement of Structures*, Cambridge. London: Pentech Press, pp. 579–610.

Hoek, E. (1999). Putting numbers into geology – an engineer's view point. (2nd Glossop Lecture). *Quarterly Journal of Engineering Geology*. **32**, 1–19.

Hoek, E. and Brown, E. T. (1997). Practical estimates of rock mass strength. *International Journal of Rock Mechanics, Mining Sciences and Geomechanics Abstracts*, **34**, 1165–1186.

Hoek, E., Caranza-Torres, C. T. and Corkum, B. (2002). Hoek-Brown failure criterion – 2002 edition. In (eds Bawden, H.R.W., Curran, J. and Telsenicki, M.) *Proceedings North American Rock Mechanics Society (NARMS-TAC 2002)*. Toronto: Mining Innovation and Technology, pp. 267–273.

Hoek, E. and Diederrichs, M. S. (2006). Empirical estimation of Rock Mass Modulus. *International Journal of Rock Mechanics, Mining Science*, **43**(2), 203–215.

Hoek, E., Kaiser, P. K. and Bawden, W. F. (1995). *Support of Underground Excavation in Hard Rock*. Rotterdam: A. A. Balkema.

Horikoshi, K. and Randolph, M. F. (1997). On the definition of raft-soil stiffness ratio for rectangular rafts. *Géotechnique*, **47** (5), 1055–1061.

Janbu, N., Bjerrum, L. and Kjaaernsli, B. (1956). N.G.I Publication No.16. 93 p.

Jardine, R. J., Potts, D. M., Fourie, A. B. and Burland, J. B. (1986). Studies of the influence of non-linear stress-strain characteristics in soil-structure interaction. *Géotechnique*, **36**, (3) 377–396.

Lord, J. A., Clayton, C. R. I. and Mortimore, R. N. (2002). *CIRIA C574: Engineering in Chalk*. London: CIRIA.

Lunne, T., Robertson, P. K. and Powell, J. J. M. (1997). *Cone Penetration Testing in Geotechnical Practice*. London: Spon Press (reprinted in 2004).

Mayne, P. W. (2007). Insitu test calibrations for evaluating soil parameters. *Proceedings of the Characterisation and Engineering Properties of Natural Soils*, **3**, 1601–1652.

Mayne, P. W. and Poulos, H. G. (1999). Approximate displacement influence factors for elastic shallow foundations. *Journal of Geology and Geoenvironmental. Engineering ASCE*, June, pp. 453–460.

Meigh, A. C. (1976). The Triassic rocks, with particular reference to predicted and observed performance of some major foundations. *Géotechnique*, **26**(3), 391–452.

NHBC (2003). *Building Near Trees*. London: National House Builders Council Standards, Chapter 4.2.

O'Brien, A. S. and Sharp, P. (2001). Settlement and heave of over-consolidated clays – a simplified non-linear method of calculation. *Ground Engineering*, October, pp. 21–28 and November, p. 48–53.

Okamura, M., Takemura, J. and Kimura, T. (1998). Bearing capacity predictions of sand overlying clay based on limit equilibrium methods. *Soils and Foundations*, **38**, 181–194.

Osman, A. S. E. K. and Bolton, M. D. (2005). Plasticity based method for predicting undrained settlement of shallow foundations on clay, *Géotechnique*, **55** (G), 435–447.

Parsons, J. D. (1976). New York's glacial lake formation of varved silt and clay. *ASCE Journal of Geotechnical Engineering*, **102**, GT6, June, pp. 605–638.

Poulos, H. G., Carter, J. P. and Small, J. C. (2001). Foundations and retaining structures – research and practice. In *Proceedings 15th ISCMGE*, Vol. 4, Istanbul.

Randolph, M. F., Jamiolkowski, M. B. and Zdravkovic, L. (2004). Load carrying capacity of foundations. Vol. 1, *Advances in Geotechnical Engineering The Skempton Conference*. London: Thomas Telford, pp. 207–240.

Rowe, P. W. (1972). The relevance of soil fabric to site investigation practice. 12th Rankine Lecture. *Géotechnique*, **22**(2), 195–300.

Schmertmann, J. H., Hartmann, R. and Brown, T. (1978). Improved strain influence factor diagrams. *ASCE Journal, GE*, **104**(8), 1131–1135.

Stroud, M. J. (1990). The Standard Penetration Test – its application and interpretation. In *Proceedings of Penetration Testing in the UK*. London: Thomas Telford, pp. 29–49.

Tan, C. K. and Duncan, J. M. (1991). Settlement of footings on sands – accuracy and reliability. In *Proceedings of Geotechincal Engineering Congress, ASCE, Geotechnical Speciality Pub*, **27**, 2, 446–455.

Terzaghi, K., Peck, R. B. and Mesri, G. (1996). *Soil Mechanics in Engineering Practice* (3rd Edition), new York: Wiley and Sons.

Trenter, N. A. (1999). *CIRIA C504: Engineering in Glacial Tills*. London: www.ciria.org.

Wylie, D. C. (1991). *Foundations on Rock*. London: Spon Press.

建议结合以下章节阅读本章：
■ 第 19 章 "沉降与应力分布"
■ 第 21 章 "承载力理论"

本书以第 1 篇 "概论" 和第 2 篇 "基本原则" 为指导进行章节编排。如第 4 篇 "场地勘察" 中所述，各类岩土工程均应进行扎实的现场勘察工作。

译审简介：

李伟强，北京市建筑设计研究院股份有限公司，正高级工程师，注册土木工程师（岩土），从事岩土工程方面设计与咨询工作。

孙宏伟，北京市建筑设计研究院股份有限公司副总工程师，北京土木建筑学会岩土工程委员会主任委员，教授级高级工程师，注册土木工程师（岩土）。专注于地基基础勘察设计与咨询，致力于推动地基岩土与结构相互作用研究与实践。

第 54 章　单桩

安德鲁·贝尔（Andrew Bell），斯堪斯卡水泥有限公司，唐卡斯特，英国

克里斯多夫·罗宾逊（Christopher Robinson），斯堪斯卡水泥有限公司，唐卡斯特，英国

主译：席宁中（中国建筑科学研究院有限公司地基基础研究所）
参译：席锋仪，李亦卓，于海成
审校：范重（中国建筑设计研究院有限公司）

doi：10.1680/moge.57098.0803

目录

54.1	引言	775
54.2	桩型的选择	775
54.3	竖向承载力（极限状态）	776
54.4	安全系数	786
54.5	桩的沉降	786
54.6	水平荷载下桩的性能	788
54.7	桩载荷试验方法	790
54.8	桩破坏的定义	792
54.9	参考文献	792

本章从合适桩型的选择到桩承载力的检测方法来阐述单桩的设计。共讨论了3种主要场地类型以及地层情况下用于估算单桩轴向承载力的方法，包括经验方法和理论方法。本章还介绍了单桩设计的其他方面如安全系数、桩沉降和桩对水平荷载的响应。

54.1　引言

桩通常用来穿透软弱地层、可压缩地层或水体，将上部结构荷载传递到较坚硬且压缩性较小的土层和岩石上。还可以使用桩来减少支承结构的总沉降和差异沉降，也可用于自上而下的施工（逆作法施工）。当桩用于高层结构以承受风荷载引起的较大倾覆力时，还可能需要其同时抵抗上拔载荷以及受压载荷。在要建造地下室的地方，桩也可能会承受隆起引起的拉力。作为开发可再生能源策略的一部分，最近在桩上额外加上了地源加热和冷却系统。

用于海洋结构的桩经常受到船舶撞击和波浪引起的横向荷载。许多陆地上的桩也受到横向力的影响，例如在桥梁工程中就存在土压力、膨胀和收缩力以及制动和牵引力。竖向力和水平力以及弯矩的组合是常见的，除了岩土方面的考虑之外，还必须根据相关的结构规范来设计桩截面。机械设备下方的地基也可能受到循环和振动的作用力。

在准备进行桩基设计之前，必须对所有可能影响桩性能的相关因素有充分的了解。

桩基设计传统上基于简单的经验方法和当地经验相结合的方法，但在过去的几十年中，逐渐向着更为可靠的理论方法进行转变。从简单的经验方法到最为复杂的非线性数值分析方法，Poulos（1989）总结了可用于桩基分析和设计的方法类型。如何选择适当的设计方法，应考虑以下因素：

- 现场勘察的质量和可用的岩土数据范围；
- 设计阶段，例如概念设计或详细设计；
- 基础设计的预算和时间表；
- 结构的规模和敏感程度，特别是允许的总沉降量和不均匀沉降量；
- 场地条件和荷载分布的复杂性。

54.2　桩型的选择

在第9章"基础的设计选型"和第52章"基础类型与概念设计原则"中讨论了基础的选择。

通常影响桩型选择并最终影响桩设计的关键因素如下：

1. 场地条件
（1）上覆土层和持力层的强弱；
（2）场地不均匀性；
（3）潜在的下拉、隆起或水平荷载；
（4）存在的障碍物；
（5）特殊的场地条件。
2. 施工限制
（1）位置；
（2）道路；
（3）施工区域；
（4）相邻建筑物的影响；

（5）地下公用设施和结构。

3. 安全和环境限制

（1）对操作人员和公众的风险；

（2）对相邻建筑物和地下公用设施的风险；

（3）对周围环境造成污染的风险；

（4）噪声影响；

（5）振动影响。

4. 荷载特征和大小

（1）基础荷载的方向（例如：横向、拉伸、压缩）；

（2）荷载的来源和特征（例如：隆起、下拉、循环、静态）。

5. 经济性考虑

桩基造价，是否还有更经济的解决方案？

在准备进行桩设计之前，至关重要的是，设计师首先要评估所考虑的特定地点最适合的桩型和施工方法。在限制噪声和振动的区域进行打入桩设计显然没有意义。同样，当可用设备仅能到达 30m 时，设计一个 35m 深的长螺旋钻孔桩同样是徒劳的。根据现行的健康与安全条例（Health and Safety Executive，2007），在设计和执行规程过程中，设计师还必须考虑与拟采用的桩方案施工相关的风险。为了可以令人满意地完成此任务，设计人员至少需要对各种可用桩型以及每种桩的优缺点和主要安全注意事项有一个基本了解。

在进行任何设计工作之前，必须对桩的施工可行性进行评估。这方面内容应参考第 52 章"基础类型与概念设计原则"，第 79 章"施工次序"和第 81 章"桩型与施工。"

重要的是要认识到每种桩型和施工方法都会以不同方式扰动地层结构，因此，不同系统之间的设计方法和注意事项可能会有所不同。这种扰动会增加或减少桩的摩阻力和端承力，从而影响整个桩的承载能力。

如果对可能的差异沉降进行适当的评估，则可以在现场尝试使用各种适宜类型和长度的桩。评估内容应包括：

- 桩的尺寸（直径和长度），即单桩受压和受拉时的竖向承载能力；
- 工作荷载下单桩的位移；
- 相邻基础之间的沉降差异；
- 横向荷载的影响，岩土和结构承载力评估以及横向位移大小；
- 竖向和横向荷载下的群桩效应（第 55 章"群桩设计"）；
- 桩的目标——如果要减少筏基中的沉降/弯矩，则应考虑桩筏基础（第 56 章"筏形与桩筏基础"）；
- 施工期间和后期任何地基"整体"变形的影响（第 57 章"地基变形及其对桩的影响"）；
- 桩身完整性检测方法；
- 竖向和水平承载力检测方法；
- 基础再利用的可能性。

54.3 竖向承载力（极限状态）

本节中描述的评估单桩抗压承载力的方法是在轴向荷载作用下桩的静态"岩土力学"方法。本节未涉及动载设计和分析方法，将注意力集中在涉及单桩静力作用或准静态轴向荷载的问题上。

用于设计承重桩的通用简化公式一般采用以下形式：

$$Q_{ult} = Q_b + Q_s - W_p \quad (54.1)$$

式中，Q_{ult} 为桩的极限承载力；Q_b 为桩端承载力；Q_s 为桩侧承载力；W_p 为桩身自重。

此外，$Q_b = q_b A_b$，$Q_s = q_s A_s$，q_s 为单位面积桩侧摩阻力，q_b 为单位面积桩端阻力，A_b 为桩端面积，A_s 为桩侧面积。

图 54.1 表示了圆形桩的这种关系。

以上方法将桩侧和桩端承载力分开进行评估，构成了所有静载作用下桩承载力计算的基础。这些组成部分可以进一步分解为单位桩侧或桩端面积的阻力，其值取决于桩的几何形状、桩的施工方法以及场地条件。

通常情况下，桩侧承载力发挥所需的位移比桩端承载力小得多。在 0.5% ~ 2% 桩径的位移下，桩侧承载力即可完全发挥；而桩端承载力的发挥可能需要约 10% ~ 20% 桩径的位移。如果桩端的土体在施工过程中受到扰动，则所需位移更大。在桩的设计过程中，必须提前考虑桩侧和桩端承载变形特性之间的诸多差异。理想的荷载 - 位移响应曲线如图 54.2 所示。通常情况下，在沉降控制方面，长而细的桩要比短而粗的桩更有效，但施工技术的限制通常决定了桩的几何尺寸。

桩的设计可能会涉及桩在上拔荷载下的承载能

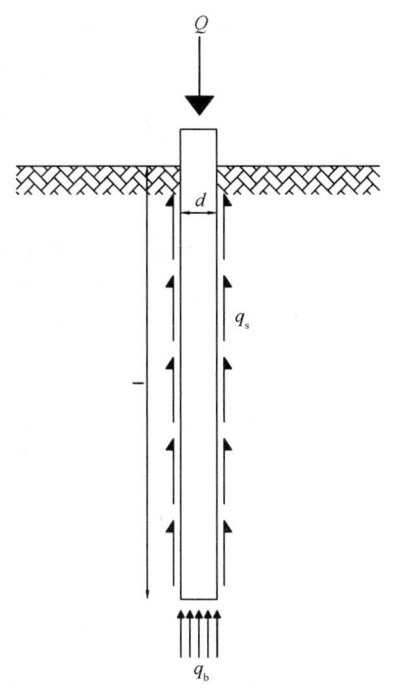

图54.1 轴向荷载下的桩

由 Cementation Skanska 提供

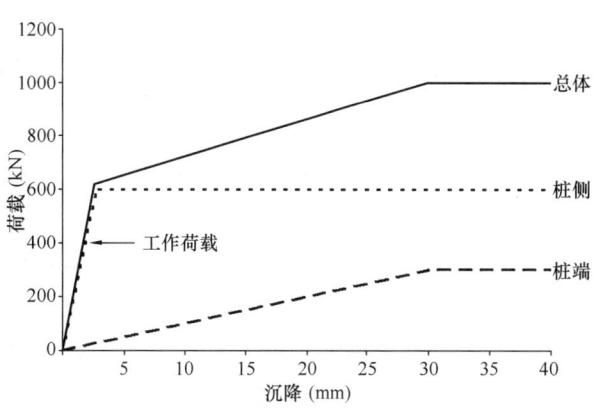

图54.2 理想的荷载位移响应

由 Cementation Skanska 提供

力。De Nicola 和 Randolph（1993）指出，在上拔荷载作用下的桩侧承载力大约是在受压荷载作用下的70%～90%（取决于土/桩的相对可压缩性）。但是，与受压桩相比，大多数规范会对受拉桩提出更高的安全系数。如果使用这些较高的安全系数，则无需减少通过常规方法计算得出的桩侧承载力，因为使用较大的安全系数已经考虑到了潜在的不利影响。对于受拉桩，不考虑桩端承载力。

54.3.1 细粒土

54.3.1.1 总应力

（1）端承力

尽管黏土中的桩在长期"有效应力"排水条件下的端承力会比不排水的端承力大得多，但不幸的是，产生这种承载力所需的位移对于大多数结构而言都是不可接受的。此外，桩在短期内需要有足够的承载力，以提供所需的初始承载能力，并且随着时间的推移，荷载累积速度将取决于施工速度。随着施工技术的发展，这一速度将持续加快。基于这些原因，通常使用总应力法，根据黏土的不排水抗剪强度 S_u 和承载力系数 N_c 来考虑桩在细粒土中的端承力。

$$q_b = N_c S_u \tag{54.2}$$

斯肯普顿（Skempton，1951）之后，大多数与桩底深度相关的承载力系数通常取9。在某些情况下，应考虑到桩底土层软化或受扰动的可能性，特别是在考虑扩底桩对桩端土影响的情况下，应减小 S_u。当桩尖刚刚进入细粒土持力层较浅时，也应考虑降低 N_c 值，建议在此类持力层的顶部取 $N_c = 6$，在进入持力层至3倍桩直径的范围内，线性增加至 $N_c = 9$。

（2）桩侧摩阻力

一般情况下，细粒土中的桩通过侧摩阻力来获得大部分承载力，在工作荷载下，尤其是在短期内，桩端阻力通常不起作用。

根据总应力法，桩侧摩阻力通常使用经验系数 α 计算，其中：

$$q_s = \alpha S_u \tag{54.3}$$

钻孔桩的 α 值通常取 0.3～0.6；对于带肋桩或异形桩，已经证明 α 需要取更高的值；对于坚硬的超固结黏土中的钻孔桩，α 值通常取 0.45～0.6，但对于打入桩，其值可高达 0.7。α 值取决于桩的类型和施工方法，以及细粒土的性质。在英国，伦敦地区测量师协会（London District Surveyors Association，简称 LDSA）的《指南1》（*Guidance Note 1*）（2009）给出了关于钻孔桩和CFA桩在伦敦黏土中 α 值的明确建议。α 值对于更为复杂多变的细粒土（如冰碛土）也很重要，可参考 Weltman 和 Healy（1978）以及 Trenter（1999）等的专项指南。图54.3详述了 Weltman 和 Healy（1978）冰碛土层中 α 值随不排水抗剪强度的变化情况。

Poulos（1989）总结了一些在计算打入桩 α 值时的常用方法，表 54.1 包含了其中的一部分。

通常可以认为，宜将细粒土的平均桩侧摩阻力限制在 100 kPa 以内，除非通过桩载荷试验或参考类似场地条件下桩性能的适用经验证明其可以取更高的值。

式（54.3）中的 S_u 值实际上是一个经验指标值，它与采样历史/实验室测试方法紧密联系在一起，并且与桩测试数据进行了对比分析，而不是"基本"的土体参数。在英国，该方法主要基于伦敦黏土的经验，将 U100 样品的快速排水三轴（QUT）测试结果与维持荷载法测试的结果进行了比较（更多相关背景信息，参见 Patel，1992）。桩侧破坏形式表现为大量土层发生剪切。因此，为设计选择的 S_u 值为"平均值"（平均值基于代表性数据，不包括虚假的高值或低值）。

54.3.1.2 有效应力（细粒土）

从历史上来看，对于细粒土中桩的设计，有效应力计算方法的应用一直受到限制，但是最近的研究提供了使用这种计算方法的更为准确的设计方法。帝国理工学院的设计方法（Jardine 等，2005）基于有效应力，对适用于打入钢桩的端承力和侧阻力的计算方法提供了建议。第 22 章"单桩竖向承载性状"为有效应力设计方法提供了指导，以评估单桩在竖向荷载下的承载力。对于这种方法，重要的是将桩的端承力和桩侧摩阻力的计算值限制在现场对应于所使用桩型和施工方法可达到的实际值以内。

有效应力方法的重要应用是用于深基坑（例如深度超过 4m）下方或邻近的桩，而总应力方法此时可能不安全。

（1）端承力

通常，不建议使用有效应力方法来计算黏土中桩的端承力。当基于单桩静载试验结果或类似场地条件下的经验进行设计时，才能应用这种方法。

（2）侧摩阻力

假设荷载发生在完全排水的条件下，那么桩-土界面处的重塑和排水会破坏所有黏聚力，因此 $c' = 0$，则可以使用以下公式计算单位桩侧摩阻力：

细粒土中打桩常用因子 α 取值汇总

表 54.1

阿尔法因子	参考依据
$\alpha = 1.0$（$S_u \leqslant 25 \text{kN/m}^2$）	API（1984）
$\alpha = 0.5$（$S_u \geqslant 70 \text{kN/m}^2$）	
在之间线性变化	
$\alpha = 1.0$（$S_u \leqslant 35 \text{kN/m}^2$）	Semple 和 Bigden(1984)
$\alpha = 0.5$（$S_u \geqslant 80 \text{kN/m}^2$）	
在之间线性变化	
长度系数适用于 $L/d > 5$	
$\alpha = \left(\dfrac{c_u}{\sigma'_v}\right)_{nc}^{0.5} \left(\dfrac{c_u}{\sigma'_v}\right)^{-0.5}$ 当 $\left(\dfrac{c_u}{\sigma'_v}\right) \leqslant 1$	Fleming 等（1985）
$\alpha = \left(\dfrac{c_u}{\sigma'_v}\right)_{nc}^{0.5} \left(\dfrac{c_u}{\sigma'_v}\right)^{-0.25}$ 当 $\left(\dfrac{c_u}{\sigma'_v}\right) > 1$	

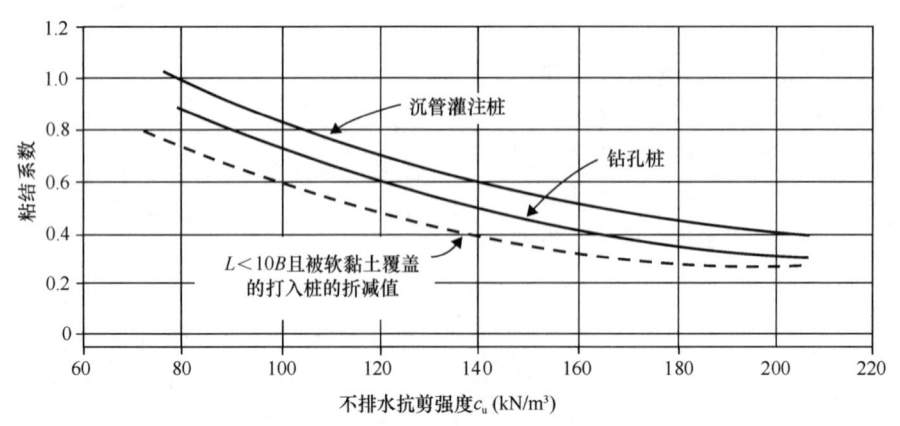

图 54.3　冰碛土中桩的粘结系数 α

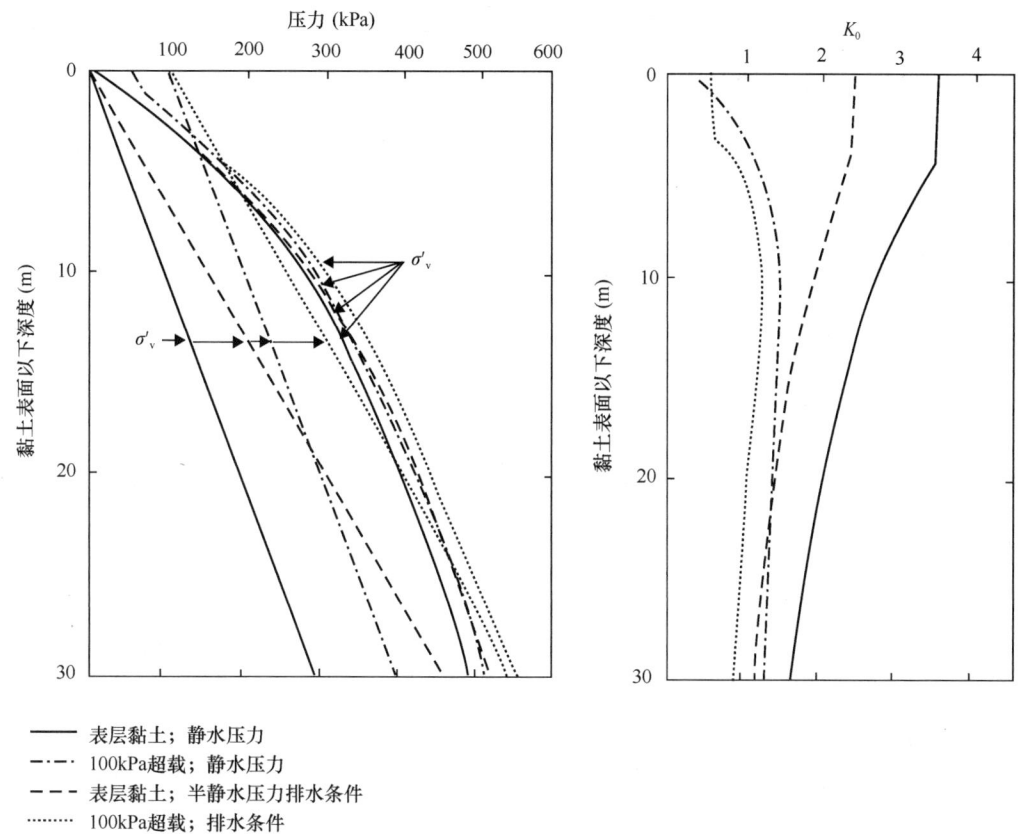

图 54.4 应力历史对超固结黏土中 K_0 和 σ'_h 的影响

图例：
—— 表层黏土；静水压力
—·— 100kPa超载；静水压力
— — 表层黏土；半静水压力排水条件
……… 100kPa超载；排水条件

$$q_s = \sigma'_h \tan\delta \quad (54.4)$$

式中，σ'_h 为打桩后桩的水平有效应力；δ 为有效界面摩擦角。

对于钻孔桩，通常假定 δ 等于临界状态摩擦角 φ'_{cv}，而对于打入桩，则假定 δ 等于残余摩擦角 φ'_{res}。

如果假设 σ'_h 等于 $\sigma'_v K$，则可对式 (54.4) 进行简化，在这种情况下，$q_s = \sigma'_v K \tan\delta$，令 $K\tan\delta = \beta$ 进一步简化可得 $q_s = \beta\sigma'_v$。β 值随固结历史 (即正常固结或超固结) 和桩的施工方法 (打入或钻孔) 发生显著变化。表 54.2 和表 54.3 给出了 β 和 K 的典型值示例。

应用上述式 (54.4) 的主要挑战是估算 σ'_h 或 K 的合理值。如图 54.4 所示，K 值对现场的应力历史非常敏感，并且还取决于桩施工过程中的应力变化。进一步的讨论可参见 Bown 和 O'Brien (2008)。

β 方法特别适用于正常固结或轻度超固结土，其中 K_0 可假设接近 $1-\sin\varphi'$。例如，在打入桩的情况下，如果将有效摩擦角设为 21°，则极限侧摩阻力为 $0.25\sigma'_v$。对于很大范围的正常固结土，β 值可能在 0.2~0.3 之间。该值通常用作桩身下拉力或"负摩阻力"计算的基础。

54.3.2 粗粒土

粗粒土中桩的近似设计方法有大量文献资料，想广泛了解可行的设计方法，可参见 Fleming 等 (2008) 和 Tomlinson (2004) 的相关成果。最近的研究主要集中在打入钢桩上，主要应用于近海工程、工业项目，可参见 Randolph 和 White (2008)、Jardine 等 (2005) 的文献。

细粒土中钻孔桩的典型 K 值	表 54.2
K 值	参考依据
K 是 K_0 和 $0.5(1+K_0)$ 的较小者	Fleming 等(1985)
$K/K_0 = 2/3 \sim 1$；K_0 是 OCR 函数	Stas 和 Kulhawy (1984)

细粒土中打入桩的典型 β 值	表 54.3
β 值	参考依据
$\beta = (1-\sin\varphi')\tan\varphi'(OCR)^{0.5}$	Burland(1973)
Meyerhof's value	Meyerhof(1975)

54.3.2.1 端承力

粗粒土中的桩端承载力可用以下公式计算：

$$q_b = \sigma'_{vB} N_q \quad (54.5)$$

式中，σ'_{vB} 为桩端有效竖向应力；N_q 为承载力系数。

N_q 通常基于与 φ 的相关性导出。常用的是 Berezantzev 等（1961）的方法（图 54.5）。这种方法的主要问题是，对 φ' 的微小变化过于敏感，并且不允许 φ' 随着有效应力水平的增加而相应减小，这意味着端承力将随深度的增大而按比例增大。另一种是 Fleming 等（2008）给出的方法，该方法将 N_q 与相对密度、有效应力和临界状态的摩擦角 φ'_{cv} 联系起来，如图 54.6 所示，$\varphi'_{cv}=30°$。Stroud (1989) 和 Bolton (1986) 总结了一系列砂土的 φ'_{cv} 值。相对密度可根据标准贯入试验（SPT）N 值或静力触探试验（CPT）q_c 值进行评估（第54.3.4节）。

表 54.4 总结了可用于端阻力计算的常规方法。

对于任何设计方法，将计算所得端阻力限制在可达到的值以内，对确保达到正常使用极限状态非常重要；这将在第 54.3.5 节中进一步讨论。基于理论承载力的设计方法可能会显著高估桩的端阻力，特别是对于可能扰动桩端土的打桩方法或高度依赖端阻力的短桩。

均匀粗粒土层中桩的端阻力不会随深度成比例增加。研究表明：通常对于超过 $20D$ 的桩长（其

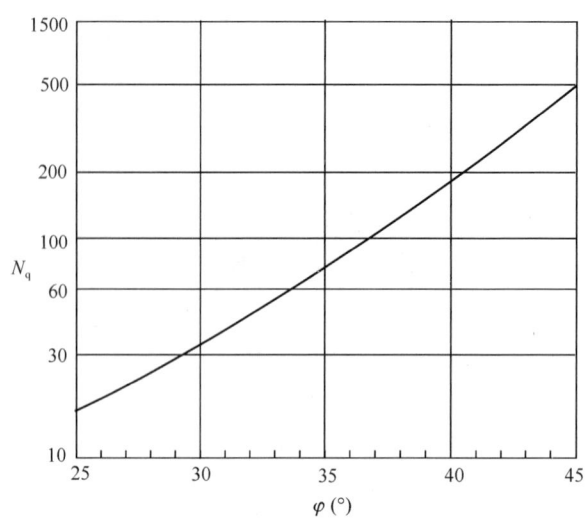

图 54.5 N_q 随 φ 的变化

摘自 Berezantsev 等（1961）

中 D 为桩直径），端阻力很快达到极限值（Vesic, 1977）。因此，对于密实砂或砾石，通常偏于保守地将端阻力限制在 $10 \sim 15 MN/m^2$ 范围内，其与桩的具体施工方法有关，对于中密砂或砾石，端阻力通常限制在以上值的一半左右。根据足够的桩载荷

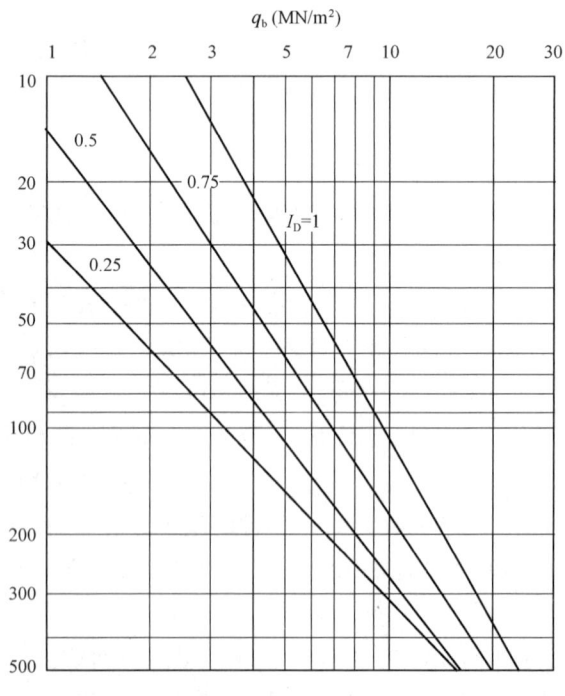

图 54.6 端承力，粗粒土，$\varphi'_{cv}=30°$

摘自 Fleming 等（2008），Taylor & Francis Group

端承力计算方法 表54.4

材料	N_q 值	参考依据
硅砂	$N_q = 40$	API(1984)
	N_q 与 φ' 作图	Berezntzev 等(1961)
	N_q 与 φ' 相对密度和平均有效应力有关	Fleming 等(2008)
	扩孔理论中的 N_q，作为 φ' 和体积压缩率的函数	Vesic(1972)
非胶结钙质砂	$N_q = 20$	Datta 等(1980)
	N_q 的典型范围 = 8 ~ 20	Poulos(1988)
	确定 N_q 来降低 φ' 的值	Dutt 和 Ingram(1984)

试验结果或类似场地条件的经验，可采用更高的端阻力。对于松散的粗粒土，在满足地基正常沉降要求时，仅有很小部分的端阻力可以发挥作用。

54.3.2.2 桩侧摩阻力

砂土或砾石中桩的极限侧摩阻力通常采用下式计算：

$$q_s = K_s \sigma'_v \tan \delta \quad (54.6)$$

式中，K_s 为桩施工后的侧向土压力系数；σ'_v 为有效竖向上覆土层压力；δ 为桩的表面摩擦角。

δ 一般由 φ'_{cv} 导出，其相关性取决于桩-土界面的粗糙度，与桩施工方法和土特性有关，φ'_{cv} 一般在 $0.75\delta \sim 1.0\delta$ 之间。对于大多数钻孔桩，表面摩擦角可近似等于土的临界状态内摩擦角。对于均匀级配砂，φ'_{cv} 值通常在 $30° \sim 33°$ 之间；$34°$ 和 $37°$ 适用于级配良好的砂和砾石；较低的值适用于圆形颗粒的粗粒土，而对于棱角形颗粒的粗粒土则应取较高值；上述建议假设粗粒土中黏土的含量较低，小于 $5\% \sim 10\%$。更多细节可参见 Fleming 等 (2008) 的成果。对于完全挤土的打入桩，假设 δ 等于 $0.75^{-1}\varphi'_{cv}$ 通常是合适的。

对于大多数钻孔桩，$K_s = 0.7$ 是合适的，但对于 CFA 桩，K_s 值对土性更敏感，并且似乎取决于成桩工艺。建议将以下值用于 CFA 桩的设计：

纯净中粗砂 $K_s = 0.9$
细砂 $K_s = 0.7 \sim 0.8$
粉砂 $K_s = 0.6 \sim 0.7$
夹层粉砂 $K_s = 0.5 \sim 0.6$

对于完全挤土的打入桩，K_s 可估计为 $N_q/50$，该公式给出了此类桩的典型值 $K_s = 1.2$，此外建议其上下限值分别为 2.0 和 0.7；对于部分挤土桩，K_s 值将低于完全挤土桩，并且 K_s 值通常约减小 20%；对于沉管灌注桩，在拔出套管时，土的水平应力会有所降低，通常假设 K_s 值为 1.0（如果湿法浇筑混凝土）。

对于螺旋或旋转挤土桩，桩荷载测试得出的 K_s 值超过 1.2（Bell, 2010）。与传统的钻孔桩或打入桩相比，这种施工方法可以显著改善桩侧摩阻力，但使用这种高值必须谨慎，并应与足够多的桩载荷检测结果结合使用。这种桩的桩侧摩阻力也高度依赖于钻具的形状，目前市场上有许多不同形状的钻具。

计算 q_s 的基本公式可进一步简化为 $q_s = \beta \sigma'_v$，表 54.5 和表 54.6 中包括了一系列典型的 β 值。

重要的是，尤其是粗粒土中的长桩，应将桩侧摩阻力计算值限制在可达到的实际值以内：将平均桩侧摩阻力合理限制在 110kN/m^2 以内。通过各种施工技术可获得远高于合理限值的侧摩阻力，但最好通过足量的桩载荷试验或类似场地条件下的相关经验加以验证。

如果桩长超过 20 倍桩直径，则粗粒土中打入桩的最终桩侧摩阻力将接近极限值，这一现象与端阻力类似。极限值取决于几个因素（包括施工方法，摩阻力疲劳效应等）。White 和 Lehane（2004）对此提供了有用的参考，Jardine 等（2005）的工作成果也对此给出了相关的建议。

同样重要的是，对于砂土中的钻孔桩和 CFA 桩，尤其是粉砂中的钻孔桩和 CFA 桩，不应过多地依赖工作荷载下的桩端承载力。通常设计此类桩

打入桩的 β 值（其中 $q_s = \beta \sigma'_v$） 表 54.5

材料	β 值	参考依据
硅砂	$\beta = 0.15 \sim 0.35$（压缩） $\beta = 0.10 \sim 0.24$（拉伸） $\beta = 0.44$ 当 $\varphi' = 28°$ 时 $\beta = 0.75$ 当 $\varphi' = 35°$ 时 $\beta = 1.2$ 当 $\varphi' = 37°$ 时	McClelland（1974） Meyerhof（1976）
非胶结钙质砂	$\beta = 0.05 \sim 0.1$	Poulos（1988）

钻孔桩的 β 值（其中 $q_s = \beta \sigma'_v$） 表 54.6

材料	β 值	参考依据
硅砂	$\beta = 0.1$ 当 $\varphi' = 33°$ 时 $\beta = 0.2$ 当 $\varphi' = 35°$ 时 $\beta = 0.35$ 当 $\varphi' = 37°$ 时 $\beta = F\tan(\varphi' - 5°)$ $F = 0.7$（压缩）& $F = 0.5$（拉伸）	Meyerhof（1976） Kraft 和 Lyons（1974）
非胶结钙质砂	$\beta = 0.5 \sim 0.8$ 极限桩身阻力 = $60 \sim 100$ kN/m²	Poulos（1988）

的实用方法是将桩侧承载力除以大于 1.0 的安全系数，使得工作荷载下的沉降不大于正常使用极限状态的限值。如果需要在工作载荷下调动桩端承载力（特别是打入桩），则必须进行单独的可能性分析，以评估在容许的沉降量下工作荷载的发挥程度。

54.3.3 层状土

从上述第 54.3.1 节和第 54.3.2 节可以看出，与细粒土相比，粗粒土中的桩可能具有相对较高的端承力。因此，在砂土和黏土互层土中设计桩时，桩尖的位置至关重要。在设计打入桩时，通常情况是要尽量利用粗粒层的潜在高端承阻力。但是，如果桩尖靠近相邻细颗粒土层的界面，则桩将无法发挥其全部端承能力（可以通过上述第 54.3.2 节中概述的方法计算出端部承载力）。

Meyerhof（1976）首先考虑了这一重要问题，并提出如果桩尖位于相邻薄弱层 $10B$（其中 B 为桩径）范围以内，则端部承载力将降低（图 54.7）。Meyerhof 和 Sastry（1978）以及 Matsu（1993）随后的工作表明：Meyerhof 最初的指南总体上过于保守，尽管如此，它仍然是初步设计时的有用指南。

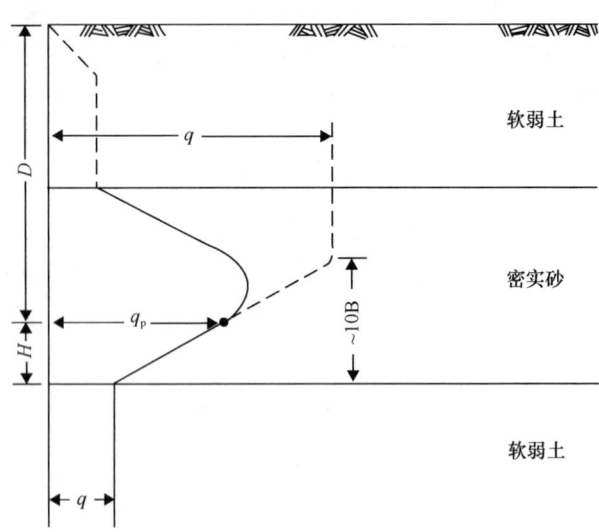

图 54.7　薄砂软弱地基上桩极限承载力与深度的关系

当桩端位于相邻薄弱层的影响区内时，可通过在粗粒基础层和相邻薄弱层的承载力之间进行内插取值，可参照图 54.7 评估端部承载力。

对于层状沉积土中的桩设计，一个关键的实际问题是如何可靠地确定粗粒持力层的深度、厚度和连续性。因此，可能需要大量的钻孔/静力触探试验（CPT）来验证持力层有没有（变薄）缺失或夹层。

如果存在显著的不确定性（这可能是冰川沉积物中的一个特殊问题），那么，除非通过足尺试验证明，否则在最不利的分层上进行基桩设计才是合适的。一种常见的方法是，根据最不利情况下的地层承载力，取超过 1.0 的桩侧承载力安全系数，并对端部承载力进行限制，例如假设桩端处为黏性土。

54.3.4 与标准贯入试验（SPT）/静力触探试验（CPT）的相关性

一般来说，可以使用"间接"或"直接"两种关联性方法。在"间接"方法中，通过标准贯入试验或静力触探试验将测得的原位测试值与实验室试验参数或土体特性的其他指标（如砂/砾石的相对密度）相关联，然后使用第 54.3.1 节或第 54.3.2 节中概述的方法。在"直接"方法中，现场测量值与桩侧摩阻力或端承力直接关联。这两种方法都是有价值的，特别是当预测的极限桩承载力存在高度不确定性时，例如粗粒土中的打入桩。

许多最近发展起来的打入桩设计方法直接使用静力触探试验（CPT）数据来推导桩的承载力，现有的证据表明，这些方法比既有的经验方法更可靠。如果是打入桩，强烈建议大范围地去实际使用静力触探试验（CPT）成果。

54.3.5 标准贯入试验（SPT）

54.3.5.1 细粒土

粉土和黏土的标准贯入试验（SPT）结果（N值）与其原位不排水强度S_u二者间的相关性已提出了许多成果。在英国，对于重度超固结黏土，最常用的相关性是 Stroud 和 Butler（1975）提出的 $S_u = 4 \sim 6 \times "N" \text{kN/m}^2$。

其他已发表的相关性成果虽然具备一定道理，但可靠性不高。这些相关性中的差异可能是由于现场进行标准贯入试验（SPT）时采用的方法不同，或桩试验方法及成果分析方法不同，而不是被测土体中存在显著差异的原因。值得注意的是，任何相关性都应该与所有其他可用数据进行比较，例如：三轴试验结果、现场十字板剪切试验结果等。

可以根据在细粒土中进行的标准贯入试验（SPT）结果直接计算单桩承载力，但在英国使用它们的经验较为有限，因此应用时需要谨慎。

Poulos（1989）提出了这种关系：

$$q_s = \alpha + \beta N \tag{54.7}$$

式中，q_s为单位极限桩侧摩阻力；N是标准贯入试验（SPT）贯入阻力；α和β为取决于土和桩类型的常数。

Poulos 提出的标准贯入试验（SPT）的N值与单位极限端承力之间的关系为：

$$q_b = KN \tag{54.8}$$

式中，K为一个常数，取决于土和桩的类型；N为标准贯入试验（SPT）贯入阻力。

α、β和K的值高度依赖于桩型和桩的施工方法。CIRIA 143 报告和 Poulos（1989）给出了α、β和K的建议值。

54.3.5.2 粗粒土

标准贯入试验的N值和摩擦角峰值之间存在相关性，Peck 等（1967）的相关性经常被使用，并且通常被认为是保守的。这种相关性如表54.7所示，尽管相当粗糙（它忽略了控制粗粒土中动摩擦的许多基本因素），但对于中等长度（如10~15m 长）的小直径（如小于0.5m）打入桩，其对桩端承载力的初步评估是实用的。上述标准贯入试验N值是未经修正的。

通常也可以使用标准贯入试验（SPT）的N值来评估相对密度，包括：

（1）覆盖层校正，$N_1 = C_N N$；

（2）覆盖层修正系数，$C_N = 2/[1 + (\sigma'_v/100)]$；

（3）相对密度，$D_r = [(N_1)_{60}/60]^{0.5}$。

式中，N为标准贯入试验的N值，σ'_v是竖向有效应力；$(N_1)_{60}$是以100kN/m^2的垂直有效应力下归一化的标准贯入试验锤击数，并校正为自由落体能量60%时的锤击数。上述关系适用于未胶结、正常固结的砂土（粒径中值小于0.5mm）。对于大粒径土（即砾石/卵石），上述相关性并不保守。CIRIA 143 报告提供了进一步的指导。

Meyerhof（1976）提出了一组标准贯入试验（SPT）的N值与桩端阻/桩侧摩阻力之间的直接相关性，如下所示：

当$P > 6D$，对于砂土 $q_b = 0.4 "N" \text{(MN/m}^2)$
$$\tag{54.9}$$

当$P > 6D$，对于粉土 $q_b = 0.3 "N" \text{(MN/m}^2)$
$$\tag{54.10}$$

注：P为粗粒土表面以下桩端的贯入长度。N值为桩端上方/下方约3倍桩直径范围内土层标贯击数的平均值。对于桩侧摩阻力，Meyerhof 建议如下：

对于打入桩，$q_s = 2N \text{(MN/m}^2)$ (54.11)

对于钻孔桩，$q_s = 1N \text{(MN/m}^2)$

54.3.6 静力触探试验（CPT）

54.3.6.1 间接法——细粒土

与标准贯入试验（SPT）一样，也提出了许多原位不排水抗剪强度c_u和静力触探试验（CPT）锥头阻力q_c之间的相关性成果。

SPT N 与 φ' 的相关性   表 54.7

静力触探试验（SPT）"N"	φ'（°）
<5	28
5	29
10	30
15	31.5
20	33
25	34.5
30	36
35	37
40	38
>40	38

注：谨慎使用 $\varphi' > 38°$

c_u 与 q_c 的一般关系如下：

$$c_u = q_c/N_k + p_0 \quad (54.12)$$

式中，N_k 为锥尖因子；q_c 为单位锥尖阻力（kN/m^2）；p_0 为覆土层总压力（kN/m^2）。

值得注意的是，覆土层压力 p_0 与锥尖因子 N_k 之间存在一定关联，一些相关性在（孔压）触探仪使用中有说明。

N_k 是一个受许多因素影响的变量，包括贯入速率、强度各向异性、土体结构（例如裂缝、分层）、黏土沉积的超固结程度以及与 CPT 进行比较的参考试验。超固结黏土通常比正常固结的黏土表现出更高的 N_k 值（尤其有裂缝时）。

如何选择合适的 N_k 值，可参见 Lunne 等 (1997) 的综合指南。

54.3.6.2 直接法——细粒土

单桩极限端承力 q_{bu} 与 CPT 试验确定出的单位锥尖阻力 q_c 具有相关性。测试尺度和速率的影响意味着 q_{bu} 与 q_c 的比值通常小于 1（Poulos 等，2000）。

帝国理工学院桩基（ICP）设计方法（Jardine 等，2005）是根据 CPT 试验结果分别计算桩端封闭和敞开时打入桩承载力的方法。然而，这种设计方法并没有提供 CPT 试验结果与桩侧摩阻力的直接相关性。

打入桩的桩侧摩阻力可以通过 CPT 套筒摩擦力来估算，例如 $q_s = f_c$，但值得注意的是，与 CPT 试验相比，桩周土体的固结程度可能有很大差异。桩基试验结果表明：打入桩长时间的桩侧摩阻力可以比打桩过程中的测量值高出 500% 之多（Fleming 等，2008）。

通过单位锥尖阻力（q_c）和单位桩侧摩阻力（q_s）之间的相关性对桩侧摩阻力进行估算，通常比由 CPT 试验中的套管摩擦力得出的结果更为可靠。这些相关性本身具有合理的变化范围，例如：$q_s = q_c/10$（Fleming 和 Thorburn，1983）和 $q_s = q_c/40$（Thorburn 和 McVicar，1971）。

若想准确得出上述两者之间关系可参见第 54.3.1 节中概述的方法。

54.3.6.3 粗粒土

如第 22 章"单桩竖向承载性状"中所述，当桩端位于粒状土层中时，CPT 锥尖可以作为桩端的模型，因此端承力 q_b 与锥头阻力 q_c 相关。考虑到 q_c 的多变性，如何准确地推导出 q_c 值需要深入研究。White 和 Bolton（2005）细致地比较了桩基试验中极限承载力与 CPT 中 q_c 值之间的关系，推导出：

$$q_{bu} = 0.9 q_{cm} \quad (54.13)$$

式中，q_{bu} 为极限承载力或者发生刺入破坏时的荷载（详见第 54.8 节）；q_{cm} 为基于 Dutch 方法得出的桩端影响范围（桩端以上 $8D$ 和桩端以下 $4D$ 之间，D 为桩径）内 q_c 值的加权平均值。

Lehane 等（2005）根据大量桩试验数据和资料做了进一步的分析，发现：

$$q_{b0.1} = 0.6 q_{cm} \quad (54.14)$$

式中，$q_{b0.1}$ 为沉降等于 10% 桩径时的承载力；q_{cm} 由式（54.13）给出。

上述两项研究都强调了相邻软弱土层的重要影响，基于 Dutch 方法选择 q_{cm} 时也很容易考虑到这一点。在 ICP 设计和 UWA 设计方法中，摩阻力都与 q_c 相关（Lehane 等，2005）。

54.3.7 岩石

对于软岩中桩的设计，置换桩（钻孔桩和 CFA 桩）与挤土桩（打入桩和钻压桩）的考虑因素有很大不同。这主要是因为置换桩利用钻孔技术可在岩石中形成嵌岩孔，尤其是现代高扭矩钻机的使用更提高了这种能力，而挤土桩通常在软弱岩石地层的顶部或进入岩层很浅的深度时就遇到了极大的前进阻力。一般来说，端承桩并不需要进入坚硬岩层太深的距离。当然，也会有特殊情况，例如，相邻的铁路运行隧道需要通过滑动衬垫与承载桩的荷载进行隔离时。

54.3.7.1 嵌岩段桩侧摩阻力（一般只适用于置换桩）

桩荷载沿桩岩界面的剪切传递机理是比较复杂的，取决于许多因素，包括：

- 岩石强度；
- 岩层钻孔的粗糙程度；
- 岩层与混凝土的粘结强度；
- 岩层孔底沉积物的"污染"程度；
- 在钻掘孔过程中，岩层钻孔侧壁潜在的损毁（润滑效应/抛光效应)。

荷载传递机制的相关研究可参见 CIRIA R181 报告（Gannon 等，1999）。

打入桩嵌入中风化岩体的深度不宜太深。对于弱—中风化岩体条件下的打入桩，桩侧摩阻力可由下列公式计算：

$$q_s = 0.5 K_s \sigma'_{vo} \tan\delta \tag{54.15}$$

式中，K_s 为侧向土压力系数；σ'_{vo} 为有效上覆土层压力；δ 为岩石和桩身界面的摩擦角。

一般来说，在泥岩中打桩，桩身周围会形成重塑土的"表皮"，此时所发挥的桩侧摩阻力仅为钻孔（置换）桩的一小部分。

对于风化泥质岩，特别是风化泥岩/粉砂岩中的桩侧摩阻力，可以使用第 54.3.1 节（细粒土中的桩承载力）中描述的方法进行计算，但需要充分考虑桩与岩层表面材料重塑的影响。

对于钻孔灌注桩（置换桩），现有研究普遍认为岩石的无侧限抗压强度和嵌岩孔表面摩擦存在一定联系。相关研究可见 Horvath（1978）、Rosenberg 和 Journeaux（1976）、Williams 和 Pells（1981）以及 Rowe 和 Armitage（1987）。

Whitworth 和 Turner（1989）总结了目前提出的单位极限桩侧摩阻力的计算公式（表 54.8）。

q_{uc} 与极限单位桩侧摩阻力的相关关系　　表 54.8

桩设计方法	单位极限桩侧摩阻力 q_s（kN/m²）
Horvath（1978）	$0.33 (q_{uc})^{0.5}$
Horvath 和 Kenney（1979）	$0.20 \sim 0.25 (q_{uc})^{0.5}$
Meigh 和 Wolski（1979）	$0.22 (q_{uc})^{0.6}$
Rowe 和 Armitage（1987）	$0.45 (q_{uc})^{0.5}$
Rosenberg 和 Journeaux（1976）	$0.375 (q_{uc})^{0.515}$
Williams 和 Pells（1981）	$\alpha \beta (q_{uc})$

表 54.8 中 q_{uc} 为无侧限抗压强度；α 为与无侧限抗压强度相关的折减（黏附）系数；β 为与岩体内部不连续间隙相关的（嵌岩段侧摩阻力）修正系数。

通过上述相关研究可以得出变化范围较大的单位极限桩侧摩阻力。可见相关公式存在一定差异，这可能是由试桩的施工工艺、分析方法或试验岩层不同而导致的。但可以从上述不同研究中取得相关参数的平均值，以获得设计的初始参数，并结合给定地质区域或岩层成因中类同成桩施工的以往试桩资料加以考虑。

在计算泥岩侧摩阻力设计值时必须格外注意。实践表明：由于入岩孔施工过程中的软化/抛光效应，实际值很少能达到基于泥岩强度的单位桩侧摩阻力计算值。

最近一项研究表明根据有效应力可以求出白垩岩中的桩侧摩阻力。具体细节参见 CIRIA PR86 报告（Lord 等，2003）。

54.3.7.2　端承力（适用于挤土桩和置换桩）

如果将桩打入坚硬岩石上，桩承载力的控制因素通常是桩身截面的最大容许应力。在英国，这通常被认为是 $0.25 f_{cu}$。预制混凝土桩施工时需注意，桩不要打得过深，因为这可能导致桩截面的破坏。打钢桩时，同样应注意不要打桩过深，以免造成持力层破碎，从而降低桩的承载力。还应注意确保岩石材料的相关设计条件（如强度）与实际岩体特征（如节理充填、节理方向、节理孔径、溶蚀特征、软弱下卧层）相一致。

钻孔灌注桩也可以在坚硬岩层中施工，满足终孔的标准必须事先征得工程师同意，表明其确实达到要求的岩层。在特定的情况下，终孔标准一定程度上可由维持荷载试验结果确定。

无论是在岩层内施工打入桩还是钻孔桩，通常都将岩层的 UCS 值作为单位端部极限承载力设计依据，例如允许单位端承力 $q_{b\,all}$ = UCS/FoS。安全系数通常是一个比较高的值，一般为 2.0 ~ 2.5，这将确保桩端处的岩石不会受力过大，即使以端承为主的桩，同样以保持桩端岩石材料与岩体的匹配性为前提。

当桩的承载力有很大一部分来自桩侧摩阻力时，根据桩的荷载-沉降性状，考虑端阻力部分的作用影响不大，特别是当桩侧承载力的安全系数单独取为 1.5 或更大值时。

当桩的总承载力很大部分来自桩端部时，必须注意确保桩端与岩层面保持良好接触。诸如土的隆起（移除上覆土层或打入更多的挤土桩）和挤土引起的扰动等因素都会导致桩端上浮，这将使得特定荷载作用下的沉降大于以往的经验。对于这种情况，一般认为对打入桩进行复打是比较好的做法（视打桩方案和场地通道条件而定），以确保桩端与持力层保持良好接触。

倾斜的基岩会对桩施工造成特别的风险。打入桩和钻孔桩会因陡峭的岩层面而发生偏斜。在荷载作用下，由于岩块向下滑动，倾斜岩体失稳，打入桩可能无法打入持力层。桩在采石场回填区施工可能存在特别的风险：采石坑的陡边坡的位置对评估所需的桩长和特定施工工艺的适用性至关重要。在陡边坡区域内沉桩不一定可行。

在岩石内施工钻孔桩时，应注意确保桩孔底部清理干净，以达到设计的桩端承载力，避免对桩的荷载-沉降性状产生不利影响。通常只有采用大直径钻孔桩施工技术时，才便于使用清孔设备，从而真正做到孔底清理干净。一般来说，大直径钻孔桩的直径范围为 0.6~3m。

关于白垩土中桩施工的具体指南可参见 CIRIA PR86 报告（Lord 等，2003）。

54.4 安全系数

54.4.1 整体安全系数

一直以来，英国桩基设计采用综合安全系数法，其中安全工作荷载 SWL 如下所示：

$$\mathrm{SWL} = Q_b/F_b + Q_s/F_s \quad (54.16)$$

尽管综合安全系数法不是控制桩性能的必要最佳方法，但其使用广泛，通常综合安全系数取值原则如下：

（1）整体最小值取 2.0——通常采用专门的试验桩的载荷试验进行验证；

（2）整体取 2.5 或取 1.5（桩侧）与 3.0（桩端）——通常可采用工程桩进行荷载试验；

（3）整体取 3.0——可不需要进行任何荷载试验。

根据英国标准 BS 8004 的规定，对于扩展基础安全系数通常取为 3，对于桩基础常采用 2~3 之间的安全系数，较低的取值代表具有可靠的场地信息和基桩性能参数。上述安全系数只可作为指导，不同的取值和组合可结合相应的工程经验确定。

安全系数的取值更多地依据在不同的地质条件下桩是端承型还是摩擦型。例如白垩土中的桩，其端承力安全系数较大，最高可达 10，这是考虑到在桩尖周围岩中潜在的软斑和溶解特性。

类似地，在软弱岩层中设计钻孔桩或 CFA 桩往往需要保证桩侧摩阻力安全系数高达 1.5，以考虑机械施工/抛光、软化/重塑对桩侧，以及扰动对桩底的影响，并限制工作荷载下的沉降。

如果桩主要依靠端部承载力，则在设计和施工时都需要非常小心，通常还需要更多的专业技术和经验。除非对类似的场地条件和成桩技术等具有丰富的过往经验，否则通常需要在现场先进行专门的试验桩载荷试验。

54.4.2 分项安全系数

在结构设计中通常采用分项安全系数法，它适用于特定的参数和荷载条件，可以更准确地反映出不确定性所在。大多数现代设计规范，特别是《欧洲标准 7》（BS EN 1997-7，简称 EC7）等欧洲标准推荐根据分项安全系数法进行桩设计，此规范也允许在现场进行多个单桩试验的情况下降低安全系数。这种方法鼓励先进行试验桩的载荷试验。

安全系数，不论是分项系数还是整体系数，都是关于强度的一个系数。然而，正如 Atkinson（2000）所描述的那样，控制桩性能的关键参数是地基和桩的刚度。安全系数仅与满足在工作荷载下的性能要求的可靠性有关。例如，由于刚度较小，端承桩在工作载荷下可能因刚度小无法满足性能的要求，但其仍然具有规定的安全系数。相反，端承桩也可以在工作载荷下满足性能要求，但不一定能达到规定的安全系数。在任何一种情况下，都有必要确定这种状态是否对结构造成损害。

主要的困难在于在考虑场地变化因素的前提下如何兼顾沉降和安全系数选择控制标准。这只能基于对土层参数的最佳估计以及考虑场地自然变化因素而给出合理的允许试验限值范围下对桩的性能的预估。

54.5 桩的沉降

结构一般不受总沉降量影响。最需关注的是建筑物的差异沉降，以及与之相关的使用功能的脆弱性。参见第 52 章"基础类型与概念设计原则"。

在考虑桩容许承载力时引入整体安全系数（此类综合安全系数用于计算桩极限承载力时常在

2.0~3.0的范围内）的原因之一，是确保单桩在工作荷载下（即正常使用极限状态）的沉降在大多数结构的容许范围内。

相关公式给出的安全系数并不能确保控制沉降量，评估过大沉降产生的风险是桩设计过程中的一个重要环节。对于不同场地条件下的大多数成桩工艺，除主要依靠端承力的桩之外，最好的做法是确保桩身承载力选取适当的安全系数，以限制工作荷载下的沉降，即确保合理的使用状态性能。建议施工过程中持续进行端承桩的沉降评估。群桩沉降需要单独考虑，以确保群桩沉降满足结构允许要求（第55章"群桩设计"）。

人们普遍认为，发挥端承力比发挥桩侧摩阻力需要更大的沉降。可以预见的是，主要依靠端承力的桩（桩侧摩阻力承担的荷载占总荷载的比例较低）在荷载作用下的沉降量将超过摩擦型桩（即荷载大部分由桩侧摩阻力承担的桩）。Patel（1992）总结了伦敦黏土中摩擦桩的测试数据（图54.8），表明在典型工作荷载（安全系数大于等于2）下，单桩沉降小于桩径的1.0%。相关性状也可以在类似的坚硬超固结含裂隙黏土（如高尔特黏土、威尔德黏土等）中得到。

在任何桩沉降的评估中，必须考虑的另一个因素是荷载作用下桩身弹性压缩引起的桩顶位移量。这可能占荷载作用下桩顶总沉降量的很大部分，尤其对于穿过深厚软弱沉积层的细长桩（即将所施加荷载的大部分传递到合适持力层），这一部分将显得更重要。

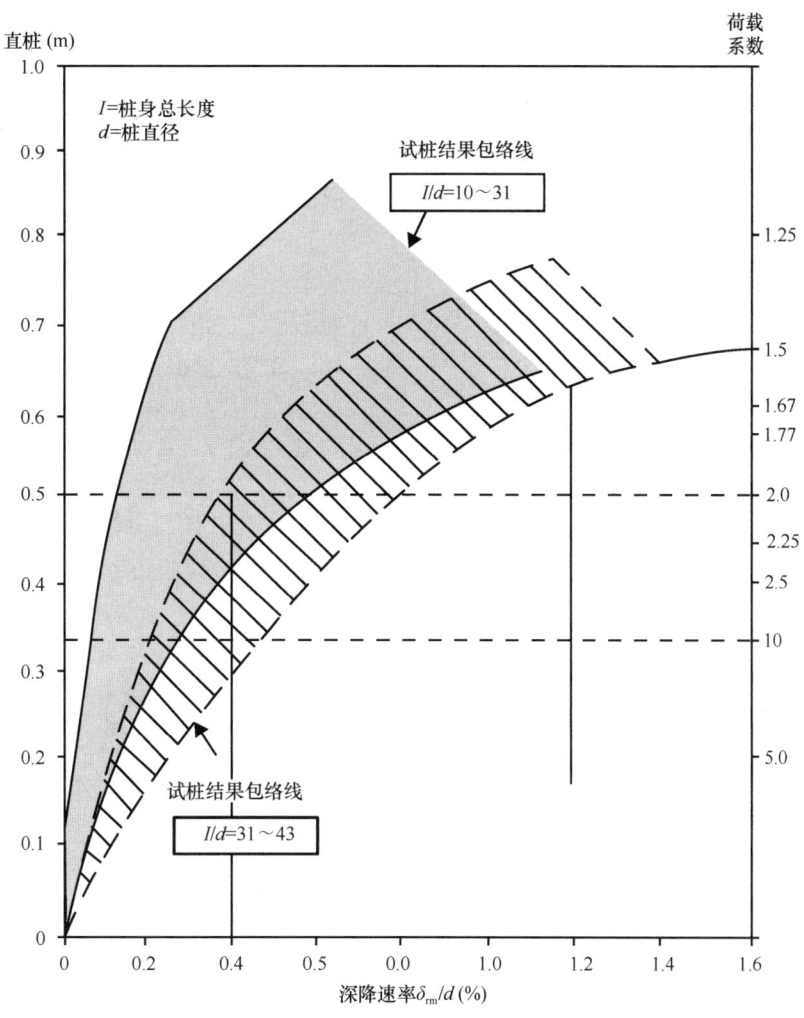

图54.8 伦敦黏土区等直径钻孔桩载荷试验结果——归一化的荷载沉降图

近年来，人们提出了许多不同的桩沉降计算方法：弹性方法（如 Poulos 和 Davis，1968，Tomlinson，2004），简化经验方法（如 Burland 等，1966），有限元/边界元分析和双曲线分析方法（如 Fleming，1992）。

Burland 提出的简化经验方法专门用于评估伦敦黏土中端承扩底桩的沉降（Burland 等，1966）。Burland 指出：在平板荷载试验加载至破坏的情况下，可以绘制归一化荷载-沉降曲线，并且只要基底安全系数超过 3 时，就可以得到任意桩径桩的桩端沉降量。Burland 等的论文具体介绍了这种经验方法，同时也可以参见 Tomlinson（2004）的相关论文。

Fleming（1992）在论文中指出，复杂的分析技术需要复杂的输入数据（例如特定的岩土参数），而这些数据通常无法从常规的现场勘察中获得。Fleming 的方法结合了双曲线函数来描述桩侧和桩端的承载力分量，以及由桩的弹性压缩而引起的桩沉降分量，该方法所采用的双曲线函数只需要定义它的原点和初始斜率或某个单点。在许多桩型和场地条件下，桩柔度参数 M_s 变化不大，M_s 值通常在 0.0010～0.0025 之间。然而，正如预期的那样，对于不同的桩和土/岩类型，基础刚度参数 E_b 在很大范围内变化，并且对桩的施工方法和工艺特别敏感。E_b 不应与文献中引用的其他"弹性"土体参数混淆：它本质上是基于桩试验结果反演推导出来的经验参数，对桩施工方法和基本的土体特性同样敏感。有关参数选取的指导可参见 Fleming（1992）。在 Fleming 的方法中，桩轴向承载力的定义采用的是刺入破坏（或沉降不稳定）模式，即在土体阻力完全被激发后，沉降将无限递增。Corke 等（2001）在对桩载荷试验性状准则分析研究后，提供了采用 Fleming 方法的有趣实例。

Fleming 方法是分析单桩沉降的一种简单有效的方法；它特别适用于大直径桩（如直径超过 1.0m）和端承桩。

Fleming 方法还有另一个显著的优势，那就是它可用于反演维持荷载试验的结果，以确定桩的侧摩阻力、端承力和弹性压缩量，前提是在试验中使桩发生充分位移，以便端承力充分发挥，该位移量一般大于桩径的 5%。

54.6 水平荷载下桩的性能

54.6.1 引言

桩可以承受不同作用的水平荷载，这些荷载通常分为两大类：主动荷载（施加在桩上的外力）和被动荷载（桩侧土移动对桩施加的弯曲应力）。水平荷载进一步细分可包括以下几个方面（修改自 Elson，1984）：

（1）静态力：例如结构反力、侧向土压力。
（2）动态——循环：例如往复式运行设备、地震、周期性风荷载（风力涡轮机）、波浪作用。
（3）动态——瞬态：例如一般风载荷、船停泊、车辆制动（冲击）荷载。
（4）其他：例如不排水土体变形、桩附近土体固结、热变形、土体蠕变、土体收缩/膨胀（土体水分变化）。

即使在软岩/软土中，岩土的承载力很少成为问题。问题通常是影响桩的使用性能（即桩的挠度/变形）或桩的结构承载力。在软土中，被动荷载产生的风险特别高，因为在软土中很容易发生大规模的地基整体变形（第 57 章"地基变形及其对桩的影响"）。

承受往复荷载的桩需要特别注意，因为往复荷载会改变土体特性，并可能导致进一步的破坏。动态往复和动态瞬时荷载作用不在本章节考虑范围内（第 60 章"承受循环和动荷载作用用的基础"）。

54.6.2 "主动"荷载下的变形/破坏模式

在水平荷载作用下，桩前（沿水平荷载方向）的法向应力增大，桩后的法向应力减小。桩的变形通常限制在地面以下约 10 倍桩径范围内；临界桩长（取决于土与桩刚度的比值）的概念在此特别有用（参见 Fleming 等，2008）。

对于承受"主动"水平荷载的无约束（或桩顶自由）单桩，有两种主要的破坏模式（图 54.9）。无约束短刚性桩在超过土的被动阻力（桩前旋转点以上，桩后旋转点以下）时，将发生转动破坏。长桩则在桩身下方的某个深度处容易发生断裂。为便于分析，假定形成一个能够传递剪力的塑性铰。塑性铰上方的桩身将发生变形，而塑性铰下方的桩身将不会有明显的移动。

对于有约束桩（或桩顶固接）（图 54.10），

有 3 种可能的破坏模式：

（1）平移；

（2）单铰破坏（桩帽/约束装置下侧）；

（3）双铰破坏（桩帽/约束装置下侧和桩身某个深度处）。

54.6.3 桩顶固接和桩顶自由

桩顶固接通常通过桩帽（三桩或三桩以上的群桩）或地基梁（双桩或单桩）或可能由结构板（如果这样设计）等在桩顶部进行约束。桩必须在两个正交方向上受到约束，才能被视为理想的桩顶固接。

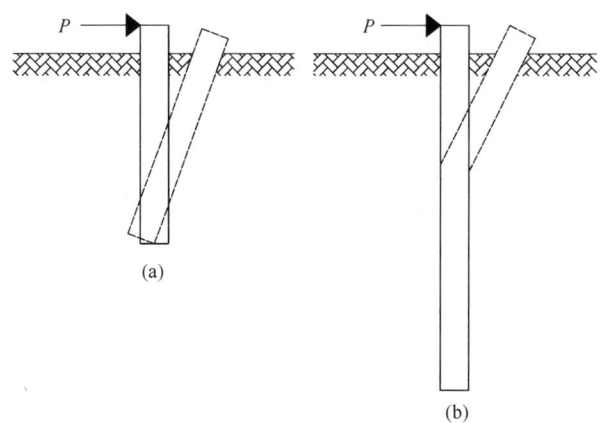

图 54.9 桩顶自由的可能破坏模式

(a) 旋转；(b) 铰失效（Broms，1964a，b）

桩顶自由的桩可以自由旋转，不受正交约束。

桩顶自由时，桩身在地平面处的弯矩为正，作用方向与施加的水平荷载相同。

桩顶固接时，桩身在地平面处的弯矩为负，作用方向与施加的水平荷载相反。

54.6.4 单桩水平承载力

根据 Broms（1964a，1964b）提出的解决方案，可以很容易地估算出极限单桩水平承载力。虽然此方案被认为是保守的，但考虑其使用相对简单，且单桩水平承载力的控制标准很少为极限侧阻力，故该解决方案经常被推荐用于常规设计。

其他作者提供了更详细/完善的解决方案。这些解决方案的全部细节参见 CIRIA 103 报告（Elson，1984）附录 A。

一旦采用合适的分析方法推导出弯矩和剪力的包络线，就可以根据相关的结构设计规程（如 BS EN 1997 第 2 部分）进行桩的设计。

54.6.5 水平变形

在考虑承受水平力的桩的变形时，应特别注意近地表土体的参数。这通常会导致一些问题，因为地表沉积层（一般为上部 2~3m）数据通常是在场地勘察期间获得的，内容非常有限。

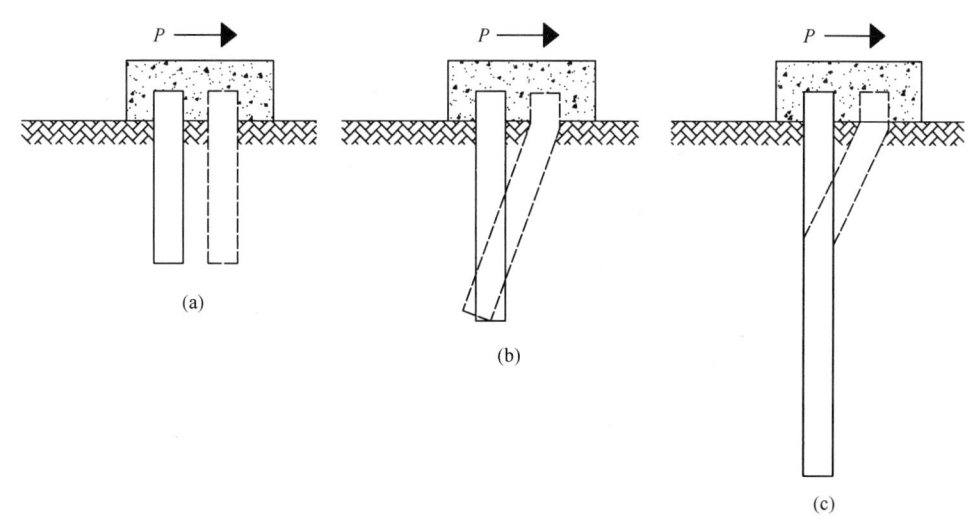

图 54.10 桩顶固接的可能破坏模式

(a) 平移；(b) 单铰破坏；(c) 双铰破坏（Broms，1964a，b）

有时规定需对桩进行水平载荷试验。根据作者的经验，在试验过程中往往没有充分考虑桩头在最终建造完成后的固定情况。桩顶固接时的水平荷载－变形性状与桩顶自由时的水平荷载－变形性状有很大不同，在考虑如何分析水平荷载试验（通常为桩顶自由）结果并将其用于工程桩（通常为桩顶固接）设计时需要特别注意。水平荷载试验和永久工程的设计方法必须足够周全以适应以下情况：

（1）桩头固结条件的潜在变化；

（2）试验桩与永久工程桩之间荷载偏心距的潜在差异；

（3）试验桩与永久工程桩之间近地表场地条件的潜在变化。

如果有一致的试验和分析方法，那么对桩进行水平载荷试验，特别对于那些荷载－挠曲性状被认为具有重要意义的桩，或承受很大水平力的桩（相对于场地条件和桩的几何形状），可以提供非常有用的桩的性能分析和桩设计分析技术。

计算水平荷载作用下的单桩水平位移常使用地基反力法和弹性连续体法两种分析方法。即使在中等水平荷载作用下，桩的水平荷载－变形性状也具有很强的非线性，而对于承受较大水平力的桩，线弹性方法通常是不合适的。忽略非线性将导致水平变形难以准确估计，计算值偏于不安全。

地基反力法将地基模拟成沿桩身分布的一系列离散弹簧，也就是温克尔（Winkler）理想化土体模型。早期模型的改进允许弹簧刚度沿着桩长度变化（Reese 和 Matlock，1956），进一步的改进是温克尔土体模型的 p-y 形式（Matlock，1970；Reese 等，1974，1975）。p-y 曲线模型的不足是需要仔细判断以选择可靠的 p-y 曲线。Reese 等在 1974 年提出了砂土中的典型曲线形式，Matlock 在 1970 年提出了黏土中的典型曲线形式，并且上述形式在美国石油协会（API）规范（American Petroleum Institute，2000）中进行了总结。

Poulos（1971）和 Randolph（1981）都发表了基于弹性连续体模型的桩在水平力作用下的特性研究。与地基反力模型相比，弹性连续体模型的主要优点是可以对相邻桩之间的相互作用进行模拟，因此该方法可以推广到群桩。当需要用桩基来抵抗较大的水平荷载时，例如海上/近岸结构物或复杂/特殊的上部结构物，更适宜采用非线性弹塑性方法来评估水平位移。Brettmann 和 Duncan（1996）提出了估算水平荷载-变形性状的实用方法——"特征荷载"法，并提供了砂土和黏土中桩顶自由和桩顶固接时的相关参数。

54.7 桩载荷试验方法

桩的载荷试验通常缺乏明确的目标，试桩要求通常遵循法规和惯例执行。试验很少被视为有价值的工程程序，因此常常会错过利用试桩成果优化基础方案的机会。

应尽早考虑进行桩的载荷试验，并将其纳入预算计划和方案阶段的工作。方案阶段必须有足够的时间进行必要的试验，并对试验结果进行客观评价，以进行后续的设计修正或工程造价分析。

如果没有这样一个早期的审查以明确试桩目的，再加上试桩要求不明确，就容易出现本可以避免的一些问题。常见的问题包括：

■ 规定试验方法不当，测试方案缺乏灵活性；
■ 载荷试验未能模拟最终工作条件；
■ 未对桩进行破坏试验或荷载不足，无法进行恰当评估；
■ 进行试验和分析结果的时间不足；
■ 不符合实际或无法获得特定的性能指标；
■ 没有得到有工程价值的成果；
■ 对试桩可能带来的好处期望过高。

54.7.1 目的

试桩方案需要在进行桩基设计时就确定。对大多数工程来说，试桩的主要目的是在施工前验证设计，并在施工期间检验其是否符合规范。在许多情况下，为了确定最佳的解决方案，在设计过程中进行试桩是具有相当大的好处的。所以试桩方案可以分为 4 大类：

■ 设计完善；
■ 设计验证；
■ 质量控制；
■ 研究。

试桩的范围取决于基础方案的复杂性、场地的性质以及桩不满足规定要求时的风险。因此，设计者需要评估风险并制定相应的测试内容。那么，在评估风险时，主要考虑哪些因素呢？

- 现场调查数据——是否足够？
- 以往经验——之前是否有类似的桩在相邻场地进行过测试？
- 时间——是否有足够的时间验证设计？否则，就需要采取保守的方法。
- 造价——试验能否节省造价？试桩失败对造价、施工计划有何影响？

当结构简单、地质情况已被充分掌握、有类似施工项目的测试数据时，工程风险是较低的，通常试桩可限于常规检查，符合规范即可。当地质条件不明或结构要求复杂，且缺乏类似桩基施工作业经验时，在开始主要的桩基施工作业之前，必须仔细评估打桩方案。因此，试桩内容需要分两个阶段来考虑，包括桩基施工前的前期试桩和工程桩的试验。

54.7.2 试验桩检测

在主要的桩基施工作业之前进行前期试桩，以验证设计假定和施工方法能否达到所需性能。前期试桩的试验方案应针对一组特定的目标，其中应包括以下内容：

- 风险最小化——场地条件、承包单位经验、新技术的不确定性；
- 优化设计——桩径、桩长和安全系数；
- 确认桩基施工标准——持力层判断、桩组、终止标准；
- 评估可建性——场地差异性、桩的完整性、桩的上浮和位移、土体重塑；
- 评估桩的性能是否符合结构要求——荷载/沉降性状、压缩、拉伸和水平荷载；
- 确认安全措施——施工平台、施工方法、检查、测试方法；
- 评估环境影响——噪声、振动、污染。

当设计桩需要承担非常大的荷载时，进行足尺荷载试验可能不切实际。在这种情况下，应考虑使用相同施工方法的较小直径桩进行试验，前提是试验结果可以在一定程度上进行外推，以预测较大桩的荷载-沉降性状。试验桩应与工程桩应该控制在相同土层中同一标高。

对于前期桩试验，必须在试桩附近设置钻孔和/或进行CPT试验，以便可靠地评估试验结果。

54.7.3 工程桩检测

工程桩检测主要在主要的桩基施工作业期间进行，以验证工艺和材料是否符合规定的要求。对工程桩的检测包括一系列质量控制检验。这些检验通常包括承载力测试、桩身完整性测试和材料检验。

工程桩检测方案应解决以下问题：

- 荷载-沉降性状——如果规定了沉降控制标准，则应进行载荷试验；
- 整体性风险——检测数量应反映出特定的场地条件和群桩可能增加的风险；
- 施工标准——根据适宜的桩的施工记录、设备状态和桩的动力测试，确认是否符合施工标准。

工程桩的检测方案应与风险水平和桩基工程的特点相符合。施工过程中应不断检查测试结果和打桩记录，以重新评估风险水平。

54.7.4 检测数量

在工程桩施工前或新区域中的大型项目桩基施工前，应根据施工、检测和结果分析所需的成本和时间来权衡是否要进行前期试验。采用更保守的设计方法可能更经济、更合乎逻辑，例如采用更大或更长的桩，或减小桩上荷载。此外，通过进一步现场调查，获取对桩施工成功至关重要的信息从而对桩施工获得足够信心。当场地条件等相关信息足够明确、允许将现场其他地方的桩的工程经验应用于设计时，则没有必要进行前期试验。

从桩基施工质量控制要求的角度出发，工程桩检验数量应逐区考虑场地条件的差异性。确保选择有经验的监理和监测人员，加上良好的桩施工记录，其控制效果可能比将检测数量提高至总桩数的1%以上要更好。

54.7.5 载荷试验方法

桩的各种测试方法的最大特征是施加于桩上力的持续时间和在桩身引起的应变。在数分钟或数小时内施加较大作用力的试验，如静载荷试验（也称维持荷载试验）用于评估桩的承载能力，小能量低应变试验用于评估桩身的完整性。在动态和动力试验中，虽然力的大小与静态试验相当，但施加的时间比静态载荷试验短得多。因此，在分析动力效应得到的试验结果时需要特别注意这个区别，以推导出合理的静态承载力。各种试验方法及其应用详见本手册第98章"桩基承载力试验"。已发表的专门针对桩检测的文献有很多，如 Weltman（1980）和 Handley 等（2006），有关桩载荷试验的更多详细信息可参考这些内容。本手册第 98 章"桩基承载力试验"专门介绍了桩载荷试验相关内容。

54.8 桩破坏的定义

需要确切理解桩轴向承载力（或桩"破坏"）的定义，因为这可能会引起混淆。尤其是对于主要依靠端承力的桩，明确定义非常重要。通常使用以下两种定义方式：

（1）极限承载力法，"刺入破坏"——破坏是指沉降持续增大时对应的荷载，如图 54.11 所示的 P_u。这通常是一个理论概念而不是实际情况，因为大多数试桩并未加到该载荷值。基于承载力理论的计算方法通常可以推导出"刺入破坏"对应的荷载。

（2）变形控制法，"10% 对应的破坏荷载"——因为没有发生明显的"刺入破坏"现象、极限承载力在试桩过程中通常无法实际测试出来。大多数规范/标准将破坏定义为沉降量等于桩直径 10% 时对应的荷载，如图 54.11 所示的 $P_{F0.1}$。

对于摩擦桩，上述定义之间的实际差异可能很小。然而，对于端承桩，上述第（1）项和第（2）项推导出的承载力之间可能存在相当大的差异。参照图 54.11 中 A 桩和 B 桩具有相同的"极限"承载力，但就变形控制的承载力而言（与大多数规范关于破坏的定义一致），A 桩比 B 桩具有更高的承载力，对于端承桩，变形控制的承载力是桩尖正下方土体动态变形模量的函数。

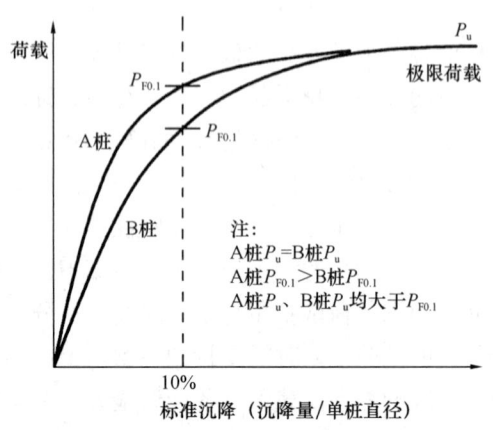

图 54.11 桩破坏的定义

54.9 参考文献

American Petroleum Institute (2000). *Recommended Practice for Planning, Designing and Constructing Fixed Offshore Platforms: Working Stress Design*. API RP 2A-WSD. Washington, DC: American Petroleum Institute.

Atkinson, J. H. (2000). Non-linear soil stiffness in routine design. *Géotechnique*, **50**(5), 487–508.

Bell, A. G. (2010). Foundation solutions for the urban regeneration of Glasgow city centre. In *Proceedings of the DFI/EFFC 11th International Conference on Urban Regeneration*, 26–28 May, 2010, London.

Berezantsev, V. G. *et al.* (1961). Load bearing capacity and deformation of piled foundations. In *Proceedings of the 5th International Conference of the International Society for Soil Mechanics and Foundation Engineering*. Paris: ISSMFE, vol. 2, pp. 11–12.

Bown, A. S. and O'Brien, A. S. (2008). Shaft friction in London Clay – modified effective stress approach. In *Foundations: Proceedings of the Second British Geotechnical Association International Conference on Foundations*, ICOF 2008 (eds Brown, M. J., Bransby, M. F., Brennan, A. J. and Knappett, J. A.). Watford: IHS BRE Press, vol. 1, pp. 91–100.

Brettman, T. and Duncan, J. M. (1996). Computer application of CLM lateral analysis to piles and drilled shafts. *ASCE, Journal of Geotechnical Engineering*, **122**(6), 496–498.

Broms, B. (1964a). Lateral resistance of piles in cohesive soils. *Journal of the Soil Mechanics and Foundations Division; Proceedings of the American Society of Civil Engineers*, **90**(SM2).

Broms, B. (1964b). Lateral resistance of piles in cohesionless soils. *Journal of the Soil Mechanics and Foundations Division; Proceedings of the American Society of Civil Engineers*, **90**(SM3).

Burland, J., Butler, F. G. and Dunican, P. (1966). The behaviour and design of large diameter bored piles in stiff clay. In *Proceedings of the Symposium on Large Bored Piles*, Institution of Civil Engineers and Reinforced Concrete Association. London: Institution of Civil Engineers, pp. 51–71.

Burland, J. B., Simpson, B. and St John, H. D. (1979). Movements around excavations in London Clay. In *Proceedings of the 7th European Conference on Soil Mechanics and Foundation Engineering*, Brighton, vol. 1, pp. 13–29.

Corke, D. J., Fleming, W. K. and Troughton, V. M. (2001). A new approach to specifying performance criteria for pile load tests. In *Symposium Proceedings of Underground Construction*, pp. 401–410.

Elson, W. K. (1984). *Design of Laterally Loaded Piles*. CIRIA Report 103. London: Construction Industry Research and Information Association.

Fellenius, B. H. (2001). *What Capacity Value to Choose from the Results of a Static Load Test*. Deep Foundation Institute, Fulcrum.

Fleming, W. G. K. (1992). A new method for single pile settlement prediction and analysis. *Géotechnique*, **42**, 411–425.

Fleming, W. G. K. and Thorburn, S. (1983). Recent piling advances: state of the art report. In *Proceedings of the Conference on Advances in Piling and Ground Treatment for Foundations*. London: ICE.

Fleming, W. G. K., Weltman, A. J., Randolph, M. F. and Elson, W. K. (2008). *Piling Engineering* (3rd edition). London: Spon Press.

Gannon, J. A., Masterton, G. G. T., Wallace, W. A. and Muir Wood, D. (1999). *Piled foundations in weak rock*. CIRIA Report R181. London: Construction Industry Research and Information Association.

Handley, B., Ball, J., Bell, A. and Suckling, T. (2006). *Handbook on Pile Load Testing*. Beckenham, Kent: Federation of Piling Specialists.

Health and Safety Executive (2007). The Construction (Design and Management) Regulations 2007 (CDM 2007). London: HSE.

Horvath, R. G. (1978). *Field Load Test Data on Concrete to Rock Bond Strength for Drilled Pier Foundations*. Department of Civil Engineering, University of Toronto, publication 78-07.

Horvath, R. G. and Kenney, T. C. (1979). Shaft resistance of rock socketed drilled piers. In *Proceedings of the ASCE Annual Convention*, Atlanta, Georgia. Pre-print No. 3698.

Jardine, R., Chow, F., Overy, R. and Standing, J. (2005). *ICP Design Methods for Driven Piles in Sand and Clays*. London: Thomas Telford.

London District Surveyors Association (2009). *Foundations No. 1: Guidance Notes for the Design of Straight Shafted Bored Piles in London Clay*. London: LDSA.

Lord, J. A., Hayward, T. and Clayton, C. R. I. (2003). *Shaft Friction of CFA Piles in Chalk*. CIRIA Report PR86. London: Construction Industry Research and Information Association.

Lunne, T., Robertson, P. K. and Powell, J. J. M. (1997). *Cone Penetration Testing in Geotechnical Practice*. London: Blackie.

Matlock, H. (1970). Correlations for design of laterally loaded piles in soft clay. In *Proceedings of the 2nd Offshore Technical Conference*, Houston, Texas, vol. 1, pp. 577–594.

Meigh, A. C. (1987). *Cone Penetration Testing: Methods and Interpretation*. London: CIRIA and Butterworth.

Meyerhof, G. G. (1976). Bearing capacity and settlement of pile foundations. *Journal of the Geotechnical Engineering Division, ASCE*, **102**(GT3), 197–228.

Patel, D. C. (1992). Interpretation of results of pile tests in London Clay. In *Piling: European Practice and Worldwide Trends* (ed. Sands, M. J.). London: Thomas Telford, pp. 100–110.

Peck, R. B., Hanson, W. E. and Thornburn, T. H. (1967). *Foundation Engineering*. New York: Wiley.

Poulos, H. G. (1971). Behaviour of laterally loaded piles – I: single piles. *Journal of the Soil Mechanics and Foundations Division; Proceedings of the American Society of Civil Engineers*, **97**(SM5).

Poulos, H. G. (1989). Pile behaviour – theory and application. 29th Rankine Lecture, Imperial College London *Géotechnique*, **39**, 363–416.

Poulos, H. G. and Davis, E. H. (1968). The settlement behaviour of single axially loaded incompressible piles and piers. *Géotechnique*, **18**, 351–371.

Randolph, M. F. (1981). Response of flexible piles to lateral loading. *Géotechnique*, **31**(2), 247–259.

Randolph, M. F. and White, D. J. (2008). Offshore foundation design: a moving target. In *Foundations: Proceedings of the Second British Geotechnical Association International Conference on Foundations*, ICOF 2008 (eds Brown, M. J., Bransby, M. F., Brennan, A. J. and Knappett, J. A.). Watford: IHS BRE Press.

Reese, L. C. and Matlock, H. (1956). Non-dimensional solutions for laterally loaded piles with soil modulus proportional to depth. In *Proceedings of the 8th Texas Conference on Soil Mechanics and Foundation Engineering*, pp. 1–41.

Reese, L. C., Cox, W. R. and Koop, F. D. (1974). Analysis of laterally loaded piles in sand. In *Proceedings of the 6th Offshore Technical Conference*, Houston, Texas, Paper 2080, pp. 473–483.

Reese, L. C., Cox, W. R. and Koop, F. D. (1975). Field testing and analysis of laterally loaded piles in stiff clay. In *Proceedings of the 7th Offshore Technical Conference*, Houston, Texas, vol. 12, pp. 671–690.

Rosenberg, P. and Journeaux, N. L. (1976). Friction and end bearing tests on bedrock for high capacity socket design. *Canadian Geotechnical Journal*, **13**, 324–333.

Rowe, R. K. and Armitage, H. H. (1987). A design method for drilled piers in soft rock. *Canadian Geotechnical Journal*, **24**, 126–142.

Skempton, A. W. (1951). The bearing capacity of clays. In *Proceedings of the Building Research Congress*. London: ICE, vol. 1, pp. 180–189.

Stroud, M. A. and Butler, F. G. (1975). The standard penetration test and the engineering properties of glacial materials. In *Proceedings of the Symposium on the Engineering Behaviour of Glacial Materials*, University of Birmingham, pp. 117–128.

Thorburn, S. and McVicar, R. S. L. (1971). Pile load tests to failure in the Clyde alluvium. In *Proceedings of the Conference on Behaviour of Piles*. London: ICE, pp. 1–7, 53–54.

Tomlinson, M. J. (2004). *Pile Design and Construction Practice* (4th edition). London: Spon Press.

Trenter, N. A. (1999). *Engineering in Glacial Tills*. CIRIA Report C504. London: Construction Industry Research and Information Association.

Vesic, A. S. (1977). *Design of Piled Foundations*. NCHRP Synthesis 43. Washington DC: Transport Research Board.

Weltman, A. J. (1980). *Pile Load Testing Procedure*. CIRIA Report PG7. London: Construction Industry Research and Information Association.

Weltman, A. J. and Healy, P. R. (1978). *Piling in 'Boulder Clay' and Other Glacial Tills*. CIRIA Report PG5. London: Construction Industry Research and Information Association.

White, D. J. and Lehane, B. M. (2004). Friction fatigue on displacement piles in sand. *Géotechnique*, **54**(10), 645–658.

Whitworth, L. J. and Turner, A. J. (1989). Rock socketed piles in the Sherwood Sandstone of central Birmingham. In *Proceedings of the International Conference on Piling and Deep Foundations* (eds Burland, J. B. and Mitchell, J. M.), London. Rotterdam: Balkema, pp. 327–334.

Williams, A. F. and Pells, P. J. N. (1981). Side resistance rock sockets in sandstone, mudstone and shale. *Canadian Geotechnical Journal*, **18**, 502–513.

建议结合以下章节阅读本章：
- 第 19 章 "沉降与应力分布"
- 第 22 章 "单桩竖向承载性状"
- 第 82 章 "成桩风险控制"

本书以第 1 篇 "概论" 和第 2 篇 "基本原则" 为指导进行章节编排。如第 4 篇 "场地勘察" 中所述，各类岩土工程均应进行扎实的现场勘察工作。

译审简介：

席宁中，男，1968 年生，博士、教授级高级工程师，现任建研地基基础工程有限责任公司主任工程师、工程技术委员会委员。

范重，男，1959 年生，博士、教授级高级工程师、全国工程勘察设计大师，现任中国建筑设计研究院有限公司总工程师。

第 55 章　群桩设计

安东尼·S. 欧布林（Anthony S. O'Brien），莫特麦克唐纳公司，
　　克罗伊登，英国
主译：迟铃泉（中国建筑科学研究院有限公司地基基础研究所）
参译：朱肇京，李宁，冯彬
审校：张雁（建华建材（中国）有限公司）
　　　李卫超（同济大学）

doi: 10.1680/moge.57098.0823

目录

55.1	引言	795
55.2	群桩承载力	796
55.3	桩-桩相互作用：竖向荷载	799
55.4	桩-桩相互作用：水平荷载	806
55.5	简化的计算分析方法	806
55.6	差异沉降	813
55.7	沉降的时间效应	813
55.8	群桩布置方案优化	813
55.9	设计条件与设计参数的确定	815
55.10	关于延性、冗余度和安全系数	818
55.11	群桩设计责任	819
55.12	工程案例	819
55.13	总体结论	822
55.14	参考文献	822

　　在桩基设计过程中，往往更加重视桩基的极限承载力。但当基桩处于群桩之中后，还需要考虑更多其他的因素，包括群桩的变形以及由此产生的群桩与承台的结构内力问题。相邻桩之间的相互作用效应取决于多个因素，还包括荷载的施加方向等。当加载一个很大的水平荷载时，有可能需要考虑一系列复杂的相互作用效应。群桩分析采用计算机程序计算分析是目前较为常见的手段；然而在初步设计阶段，很有必要使用简化计算分析方法来判断软件程序计算成果的可靠性。群桩基础的变形计算通常比群桩承载力计算更为重要，因此，选择合适的变形模量参数是尤其重要的。在本章将线弹性模型计算结果，与工程案例的实测统计数据和非线性模型计算结果进行了比较。群桩设计委托的相关责任是需要谨慎判断和评估的，这里也展开了讨论。

55.1 引言

　　在第 54 章"单桩"中讨论了单桩设计问题，重点是评估和检测桩周土体对单桩的极限承载力。对于群桩设计来说，需要考虑的因素更多、范围更广。设计必须全面地考虑基础整体性能（图 55.1）。通常情况下，特别是对于较大型的群桩，群桩基础变形和基桩结构内力（如弯矩和剪力）是设计考虑的主要问题，而不是群桩的极限承载力。群桩要比单桩的应力影响区域更大（图 55.2），因此，在考虑如何构建合理的计算分析模型和输入参数，以及评估潜在的失效模式和变形机理时，这一点显得极为重要。例如，如果在距桩端一定深度处有软弱下卧层，可能对单桩的影响不大，但对群桩来说可能会引起过大变形甚至失稳破坏。群桩的整体受荷响应受其几何形状的影响。一个重要的参数是群桩布置比例系数 R（Randolph 和 Clancy，1993），定义为 $R = (nS/L)^{0.5}$，其中 n 是群桩中的桩数，S 和 L 分别是桩间距和桩长（单位均为 m）。当群桩布置比例系数较大时（图 55.3a），那么大部分施加的荷载可能会通过桩端以下的土层压缩传递到地基中。相反，

如果 R 值较小（图 55.3b），那么大部分施加的荷载会通过群桩周边接触面的剪切力传到地基中。

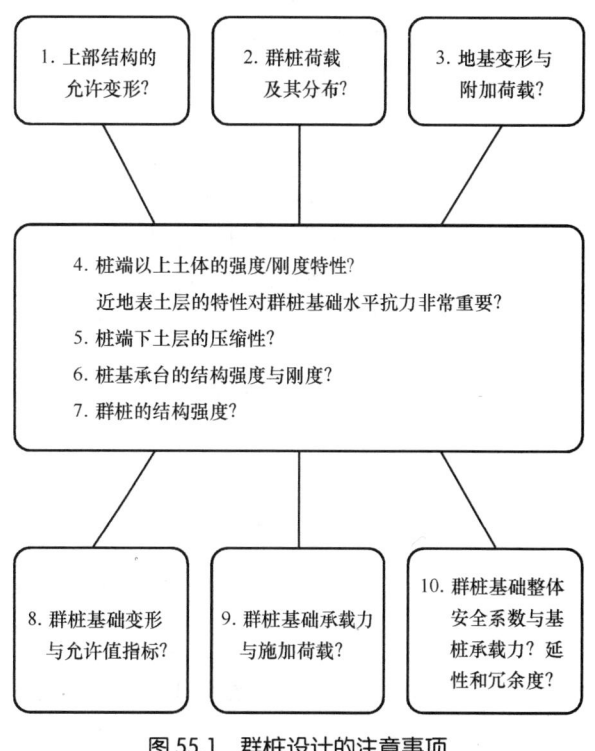

图 55.1　群桩设计的注意事项
修改自 O'Brien 和 Bown（2010）

在现代工程实践中,对群桩的性能分析通常是采用商用计算机软件来进行。然而,大多数商用软件都存在一些不足,比如:

(1)地基的土力学性状被假定为线弹性;

(2)桩端下卧层的影响被模拟得不好。

群桩计算分析往往比较复杂,因此,本章的主要目标是强调以下内容:

(1)影响群桩性状的关键因素;

(2)可以用于初步设计,或校核计算机结果的几种简化分析方法;

(3)在工程设计实践中,何种情况下采用线弹性模型计算方法能够满足工程需要,以及何种情况下必须采用更加复杂精确的计算方法;

(4)如何选用计算输出结果,特别是群桩中的桩顶轴力分布,以实现更为经济的群桩设计。

55.2 群桩承载力

应根据以下情况,分别对极限承载力进行验算:

(1)按照单桩承载力总和(根据独立的单桩承载力,见第54章"单桩",如图55.4a所示);

(2)按照群桩四周围合的"整体"破坏模式,如图55.4(b)所示;

(3)按照排桩的破坏,如图55.4(c)所示。

对于竖向荷载作用下的群桩,通常只需按第(1)项和第(2)项进行验算;如果每排桩的间距是变化的,或者群桩承担较大的水平荷载或弯矩,那么第(3)项代表的破坏模式就必须加以计算和考虑。

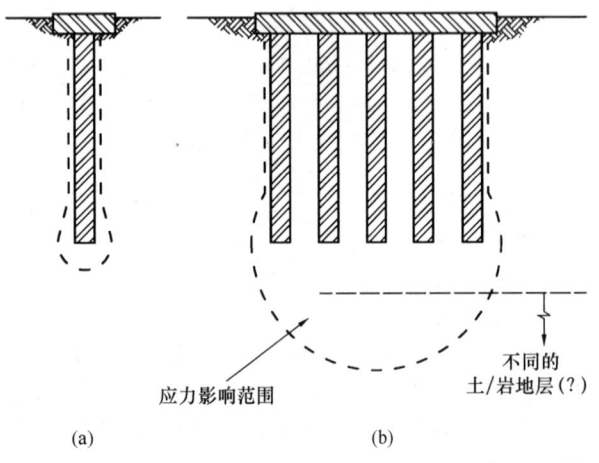

图 55.2 单桩和群桩基础下应力影响范围的比较

(a)单桩;(b)群桩

需考虑的设计问题
— 基础荷载显著地重新分配到桩端土层中。
— 桩与桩发生显著的相互作用。
— 群桩沉降 >> 单桩沉降(在相同平均荷载作用下)。
— 桩基承台的弯曲刚度。
— 桩端下压缩土层影响?

需考虑的设计问题
—(超)长桩的施工可行性。
— 吊装(超)长钢筋笼(如有需要)。
— 竖向荷载作用下,忽略桩端阻力而仅考虑桩侧阻力(过于保守吗?)。
— 桩位偏差和桩身结构完整性。
— 钻孔是否足够深?

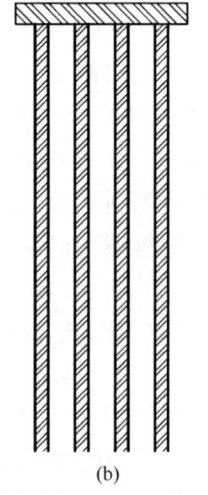

(a)   (b)

图 55.3 群桩布置比例系数 R 和需要考虑的设计问题

(a) R 较大的情况;(b) R 较小的情况

$R = (nS/L)^{0.5}$,式中,n 为群桩中的桩数;S 为桩间距;L 为桩长。

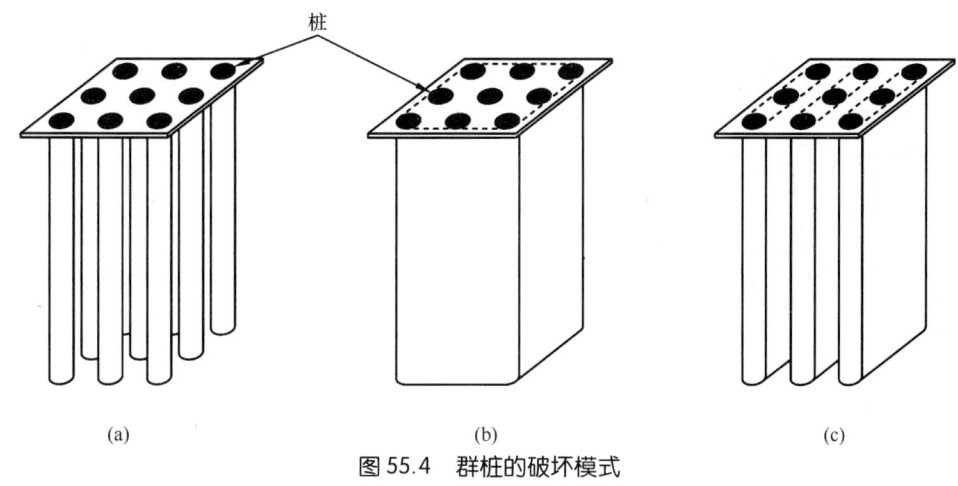

图 55.4 群桩的破坏模式
(a) 单桩破坏；(b) 整体破坏；(c) 排桩破坏
摘自 Fleming 等（2009）

群桩失效的情况很少发生，但以下几种情形需要特别注意：

（1）当群桩周围出现较大的地基整体水平变形时，变形通常是由于软黏土或泥炭层在某个方向加载失衡所致（图 55.5a），失衡的原因是在群桩附近进行地面堆载或者开挖。

（2）当桩端落在较好、但较薄的持力层上，而该持力层下有压缩性较高的软黏土层时（图 55.5b）。

（3）当端承桩嵌入黏土填充的倾斜断层中，或含有空洞的基岩时（图 55.5c）。基岩中的空洞，或产生于自然风化岩溶地貌等条件，或产生于历史上的采矿活动。

根据笔者的经验，上述第（1）项是群桩失效最常见的原因（通常是由于桩身结构强度不足）。发生这种情况的原因是桩的设计方或施工方没有认识到地基整体变形的潜在影响，完全忽视了这种破坏模式。第 57 章"地基变形及其对桩的影响"讨论了地基整体变形（包括竖向和水平方向）对群桩性能的影响。这种破坏模式通常可以通过适当的地基加固（第 59 章"地基处理设计原则"），或适当的施工组织计划和工序安排来避免。例如，在邻近群桩区域的回填或者开挖施工完成后，再进行打桩作业。

群桩基础极限承载力的计算分析方法是基于传统的地基承载力理论（第 21 章"承载力理论"和第 53 章"浅基础"）。因此，在黏土中受竖向荷载作用的群桩基础，其所包围土体的极限承载力采用如下公式计算：

$$Q = 2D(B+L)S_{uave} + S_{ub}f_sN_cBL \quad (55.1)$$

式中，D 为桩长或埋深；B 为群桩基础的宽度；L 为群桩基础的长度（即平面尺寸），S_{uave} 为群桩四周土体的不排水抗剪强度平均值；S_{ub} 为群桩桩端以下一定深度范围的土体不排水抗剪强度（按均质地层条件，为桩端与桩端下 $0.5B$ 之间的平均值）；f_s 为群桩平面形状系数，群桩基础平面的尺寸 B 和 L 相关（图 55.6b）；N_c 为地基承载力深宽修正系数（图 55.6a）。图 55.6 全面给出了合理的地基承载力修正系数和群桩平面形状系数。总应力法通常用于黏土地基。另外，也可以采用有效应力法（第 54 章"单桩"）；如果在群桩基础上方或邻近位置进行深开挖施工（一般超过 4m），推荐采用有效应力方法（因为从长期来看开挖卸载会降低黏土的工作强度）。

下卧层的压缩性对群桩极限承载力的影响（作为块体或等效墩体，参见第 55.5.4 节），可按如下公式评估计算［基于 Matsui（1993）的研究］：

$$Q_b = Q_{u2}, \quad 当 Z_c/d_b \leq 0.5 \text{ 时} \quad (55.2)$$

$$Q_b = Q_{u1}, \quad 当 Z_c/d_b \geq 3 \text{ 时} \quad (55.3)$$

$$Q_b = Q_{u2} + (0.4Z_c/d_b - 0.2)(Q_{u1} - Q_{u2})$$
$$当 0.5 \leq Z_c/d_b \leq 3 \text{ 时} \quad (55.4)$$

式中，Q_b 为群桩基础基底极限承载力；Q_{u1} 为桩端持力层的极限承载力；Q_{u2} 为桩端软弱下卧层的极限承载力；Z_c 为桩端底标高到软弱下卧层顶面的深度；d_b 为等效墩体直径（图 55.6c）。

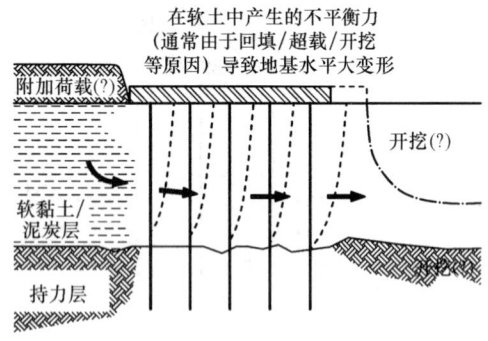

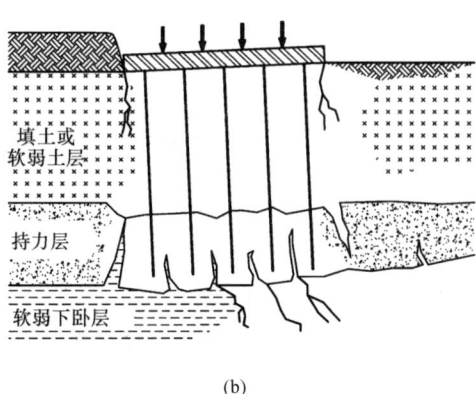

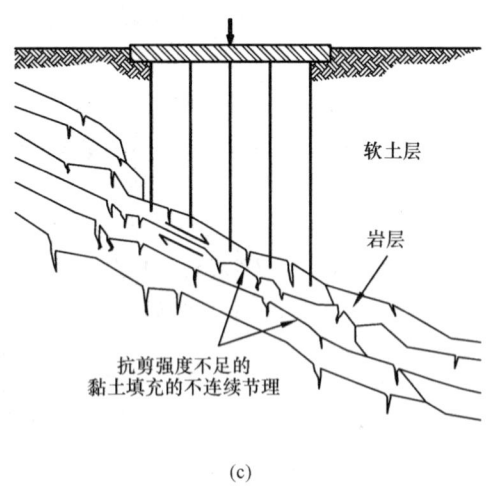

图 55.5　一些极其危险的群桩破坏模式
(a) 地基整体运动引起附加荷载和群桩变形；
(b) 群桩基础的加载导致软土剪切破坏的情况；
(c) 群桩桩端嵌入倾斜岩面，且岩石节理
充填黏土导致的剪切破坏情况

如果桩长深度范围内地基是砂或碎石层的情况，确定 Q_{ul} 可以采用传统承载力计算理论，相关计算参数采用有效应力参数，并结合合理的形状和深度修正系数（第 21 章 "承载力理论" 和第 53 章 "浅基础"）。对于软岩地基，需要考虑岩体不连续变化特性和裂隙的大小，详见第 53 章 "浅基础"。对于黏土地基，可采用传统的承载力理论，并对形状和深度进行适当的修正，如下所示。

$$\text{极限支承压力，} q_b = f_s N_c S_{ub} \quad (55.5)$$

式中，f_s，N_c 和 S_{ub} 的定义同式 (55.1)。

对于受水平荷载或弯矩控制的且下卧有软弱土层的群桩基础，应通过计算外排桩（承担更重荷载的一侧）的桩底承载能力，来核算潜在的边缘失效可能性。通常情况下，只要计算出作用在排桩桩端处的平均压力（基于使用状态下桩端应力水平）就足够了。局部失效破坏的安全系数可按上述式 (55.2)～式 (55.5) 计算校验。

从历史上看，有一些人常把群桩基础承载力与单桩基础承载力之和联系起来，一些教科书中也讨论过 "群桩效应" 一词。这个概念已经导致了混淆。值得注意的是，该效应系数是基于有限数量的小比例模型试验数据提出的，但根据一般工程经验（以及足尺的试验，例如 O'Neil 等，1982）表明，使用群桩效应系数并没有什么优点。对于在砂层中的打入预制桩来说，群桩承载力很可能远高于单桩承载力之和。然而工程中对沉降控制的考虑通常是关键因素，实际的极限承载力不会作为群桩基础设计的控制指标。对于钻孔灌注桩来说（在砂土或黏土中），可以认为（有一定的理由）群桩周边地基因施工而被扰动，即水平应力会产生整体松弛（从而降低群桩的承载力）。然而，剪切失效主要发生在未受扰动的土体（而不是发生在单桩桩侧附近的高度扰动或重塑土层），土层强度降低与增强因素引起的作用将会被抵消。因此，综上所述，在计算极限承载力时，不建议使用群桩效应系数这个概念。

对于水平荷载作用的群桩基础，最可能的破坏模式如图 55.4 (c) 所示；由于排桩内相邻桩的 "遮帘" 叠加效应作用，这种破坏模式的验算比按单桩承载力总和验算更为关键（图 55.7）。Fleming 等 (2009) 讨论了水平荷载下的排桩破坏模式。

群桩的水平极限承载力按照以下三项中较小者来计算，能够满足实际工程应用。

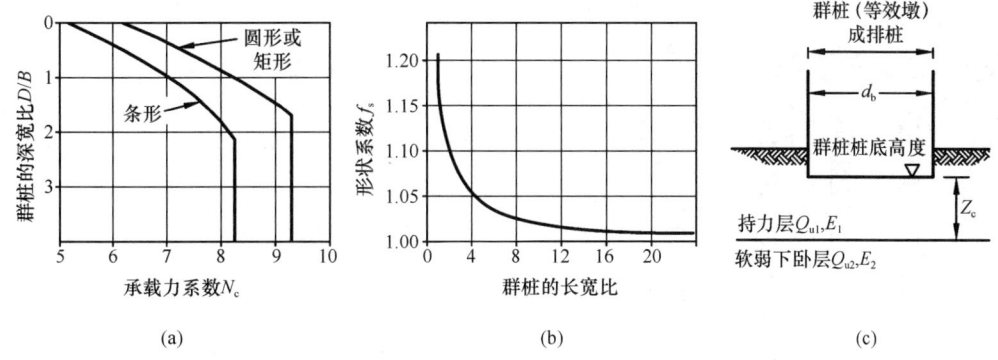

图 55.6 群桩的承载力系数和形状系数（修改于 Tomlinson，1987）
（a）地基承载力系数 N_c（修改自 Meyerhof）；（b）矩形平面布置的群桩形状系数（Meyerhof-Skempton）；
（c）群桩（或排桩）桩端持力层下卧有软弱层（修改自 Matsui，1993）

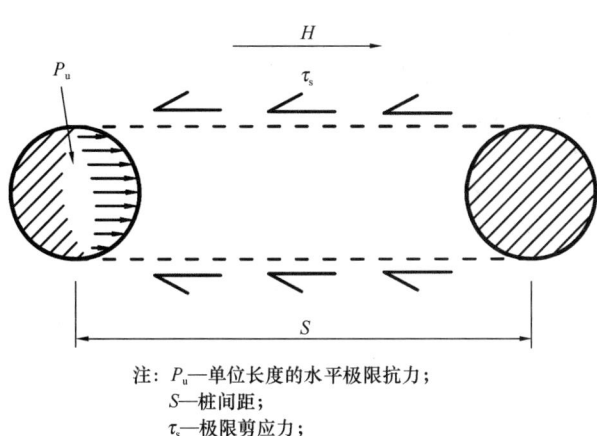

注：P_u——单位长度的水平极限抗力；
S——桩间距；
τ_s——极限剪应力；
H——水平力。

图 55.7 水平荷载作用下的排桩破坏和变形机制（"遮帘"效应）。

（1）群桩中各桩的极限承载力之和（第 54 章"单桩"）；
（2）包含在群桩范围内的桩土等效块体的极限承载力；
（3）排桩的极限承载力总和。

对于上述第（2）项，只有"短桩"情况与之相关（Fleming 等，2009）。破坏模式（2），一般只发生在大量的密布且相对较短桩的群桩基础中。在这种情况下，群桩水平承载力计算忽略桩顶以下 1.5 倍桩径深度范围的土层抗剪强度。

在水平荷载作用下，群桩破坏通常会表现为群桩的转动和水平变形。因此群桩的极限承载力也将是轴向承载力和水平承载力的函数，群桩旋转轴之后的桩将受拉力作用而破坏，而旋转轴之前的桩将受压力作用破坏。在较大的水平荷载或弯矩作用下的群桩基础，所产生的结构内力（弯矩、剪力、轴力，以及拉力或压力）和水平或转动变形结果，通常会比群桩的极限承载力更为关键。群桩变形和相应结构内力将在本章后面讨论。

55.3 桩-桩相互作用：竖向荷载

当群桩的桩间距较小时，其后续承载阶段的荷载-变形性状将受相邻桩的影响。图 55.8（a）是"桩-桩"相互作用的一个简单例子，示意了 4 根桩在相同竖向荷载作用下的情况（通过一个柔性桩顶承台连接）。每根桩在荷载作用下都会发生沉降，并且每根桩周围的土体都会形成一个漏斗形状的沉降发展区。桩周土的沉降区互相叠加和相互作用，导致中部桩比外部桩的沉降量大（而且所有的"群"桩都比单桩沉降量大得多）。如果群桩有刚性承台，如图 55.8（b）所示，每根桩必有相等的沉降量（因为承台是刚性的），但在此情况下每根桩的轴力将在群桩中不同，即外部桩的轴力高于中部桩（因为外围桩比内部桩的刚度大，因此相同变形条件下承受更大的荷载）。因此，桩与桩之间的相互作用，以及它如何影响群桩变形和群桩内各桩之间的受力重分布（并影响承台内力）是至关重要的。在实践中，桩桩相互作用取决于很多因素（表 55.1）。

在计算群桩基础沉降时，有两个参数是有用的：

$$\text{群桩沉降比例系数 } R_s = \frac{\text{群桩基础平均沉降}}{\text{单桩基础的沉降量（按群桩中平均每桩承担的荷载）}}$$

(55.6)

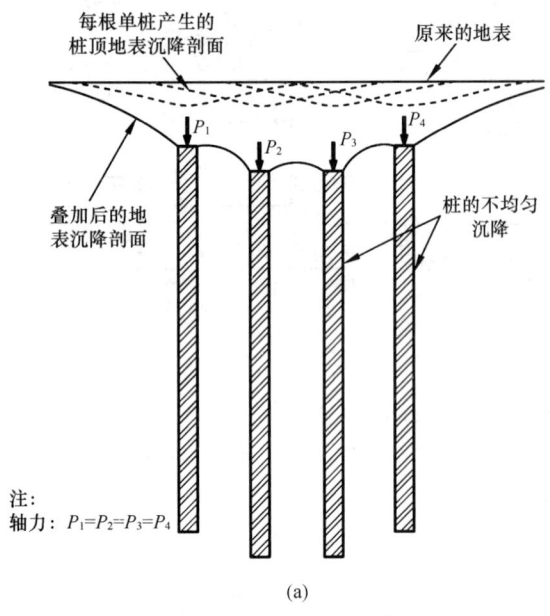

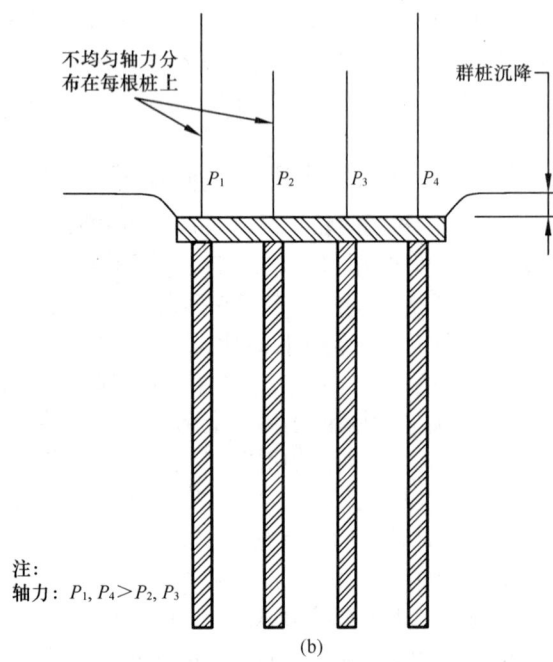

图 55.8 竖向荷载作用下的桩桩相互作用结果
(a) 柔性承台群桩的不均匀沉降；
(b) 刚性承台，不均匀轴力分布

$$群桩沉降折减系数\ R_g = \frac{群桩基础平均沉降}{单桩基础的沉降量（按群桩基础总荷载）} \quad (55.7)$$

R_g 在概念上很难理解，因为它只在将地基认为是理想弹性体且不会破坏失效时才有物理意义。然而，当比较不同群桩（不同几何形状或桩数）的受荷性能时，R_g 是有用的。R_g 与 R_s 的简单关系是 $R_s = nR_g$，其中 n 是桩群中的桩数，R_g 的值在 $1/n \sim 1.0$ 之间变化。

从各种研究（如 Butterfield 和 Douglas，1981）中得出的一个重要且实用的结论是，群桩的平面布置方式对群桩沉降比例系数 R_s 的影响几乎可以忽略不计；例如，在具有相同平均桩间距条件下，正方形布置方式，与矩形或圆形布置方式群桩的 R_s 值相同。

R_s 是评估相互作用对群桩效应影响的一种便捷方法。影响 R_s 的两个最重要因素是：

（1）地基刚度随深度的变化（可以用剪切模量 G 或杨氏模量 E 的形式表示）；

（2）群桩桩端下一定深度的刚性（或相对更硬或更强的）下卧层的影响。

图 55.9 和图 55.10 给出了这些因素的影响。图 55.9 比较了刚度随深度不变（$\rho = 1$）的土层，以及刚度随深度线性增加（$\rho = 0.5$）的土层中群桩的 R_s 值变化。在这两种土层条件下，土层深度均按无限深。可以看出，当地基刚度随深度线性增加时，桩-桩相互作用的程度（以及 R_s 的值）要小得多（这种情况在实践中经常发生，原因是许多工程场地中随着土层深度增加，有效应力会相对增加而风化程度会相应减少）。图 55.10（a）是双层地基深度修正系数 F_h 和可压缩性土层厚度 h 与桩长 L 之比的关系曲线图，其中 F_h 的定义见式（55.8）：

$$F_h = \frac{有限深度\ h\ 土层的\ R_s}{无限深度土层的\ R_s} \quad (55.8)$$

对于较大规模的群桩，这种效应将变得更加明显，这时双层地基深度修正系数 F_h 值在 $0.6 \sim 0.8$ 之间，并将随着桩距的增加而增加（Poulos 和 Davies，1980）。

图 55.10（b）显示，在无限厚的均质土层中"悬浮"的摩擦桩，与双层地基中桩端具有不同刚度持力层的端承桩相比，端承桩的下卧层与上覆土层的变形刚度比表示为 (E_b/E_s)，其 R_s 值将存在潜在差异（差异调整采用双层地基刚度校正系数 F_b 表示）。从图 55.10（b）可以看出，随着桩端持力层相对刚度的增加，R_s 相应减小（即桩间的相互作用减小；同样，群桩中的各桩的桩顶轴压力分布也将变得更加均匀）。对于短刚性桩来说，这种现象最为明显。然而，对于细长桩（如 $L/d = 100$），持力层对 R_s 值影响不大，因为在正常的工作荷载作用下，能够传递至桩端的荷载可能已很小了。

第55章 群桩设计

桩-桩相互作用及影响因素　　　　　表 55.1

因素	竖向荷载		水平荷载	
	群桩沉降比例系数	不均匀分布的轴向荷载	群桩变形	桩身应力
土层刚度随地基深度增加	−	−	−（如果 $<L_c$）	−（如果 $<L_c$）
分层地基，桩端以下一定深度存在相对刚性土层	− −	− −	NE	NE
端承桩（与摩擦桩比较）	−	−	NE	NE
分层地基，桩端以下深度存在相对可压缩性（软弱）土层	+ + +	+ + +	+	+
土层按非线性应力-应变性状	−①	−①	+ +	+ +
桩的施工影响	− −	− −	+	+
群桩布置方案	NE	NE	+	+
桩间距（$S>3d$）	−	−	−	−
（$S<3d$）	+	+	+	+
增加位移量	−	−	+ +	+ +
近地表土层（按 $<6d$）（为相对软弱层）	NE	NE	+ + +	+ + +
降低承台刚度	NE	− −	NA	NA
桩头嵌固条件，固定至自由状态	NA	NA	+ + +	取决于桩在群桩中的位置

注：− 表示桩-桩相互作用减弱，例如较小的群桩沉降、更均匀的轴向荷载分布。
　　+ 表示桩-桩相互作用增强，例如较大的群桩变形、更不均匀的轴向荷载和应力分布。
　　− − 或 + + 表示主要的影响因素。
　　NE = 可忽略的影响。
　　NA = 不适用。
　　L_c 是水平荷载作用下，桩的临界桩长。
　　① 对于大型群桩尤其重要。

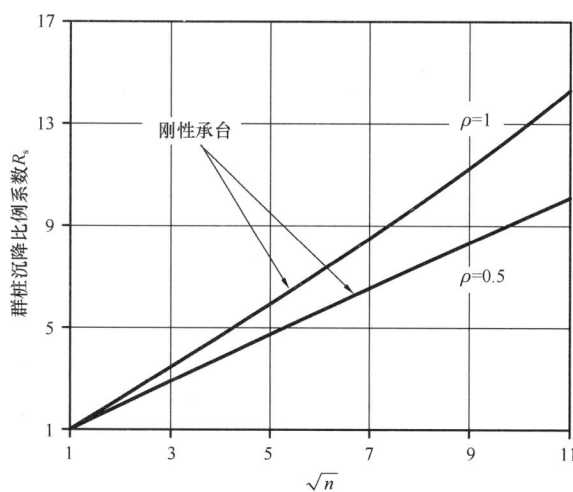

图 55.9　地基刚度随深度变化情况
　　　　对群桩沉降的影响

摘自 Fleming 等（2009）

注：$\rho=1$，杨氏弹性（或剪切）模量随深度不变；$\rho=0.5$，杨氏弹性（或剪切）模量线性增加；n = 群桩中桩的个数；$R_s = W/W_s$，式中，W 为群桩沉降，W_s 为单桩沉降（在相同的桩顶平均荷载作用下）。

在工程实践中，桩身通常穿越各种地层，表现为随着深度增加，地基土的"分层"变化，相应其刚度也不同。桩端下卧土层比桩端持力层更硬或更软，虽然这是一种常见的工程地质现象，但计算机程序往往不能够准确模拟这些分层对群桩性状的影响。图 55.11 说明了两种不同的情况，首先是图 55.11（a）显示了群桩沉降的增加或减少（群桩基础的桩数最大增加到 121 根桩，桩间距为 3D，桩长为 25m），分别是由于较低或较高的下卧土层刚度造成的。图 55.11（b）所示为刚度较低的下卧土层引起的沉降量增加（群桩基础的桩数最多达到 64 根，桩间距为 4D，桩长为 15m）。观察图 55.11 可以得到以下结论：

（1）群桩规模越大，下卧土层的影响将越明显；

（2）对于大型群桩，下卧高压缩性土层将可能导致基础沉降量增加 3 倍或更多；

（3）如果桩端下卧层是中低压缩性土层，群桩沉降量可能会减少一半以上。

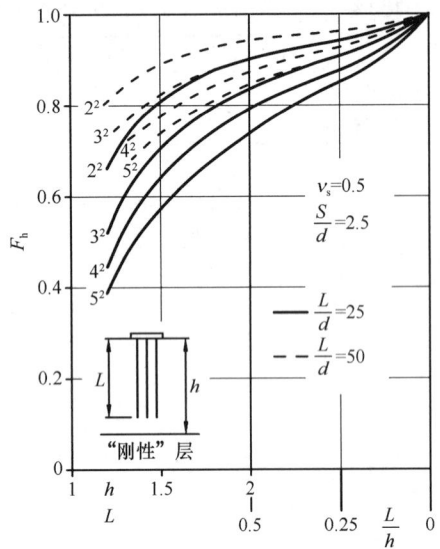
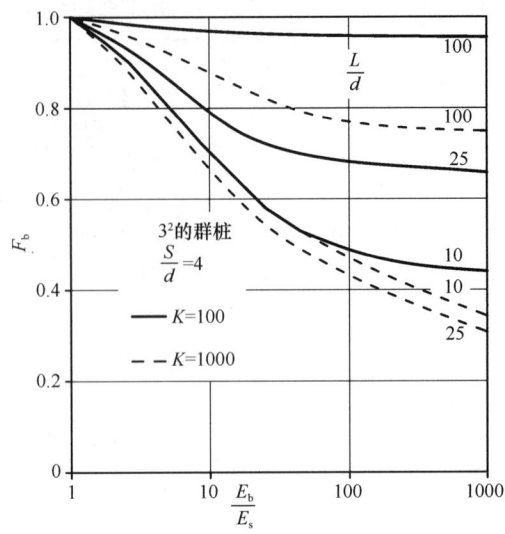

注：h=土层厚度；L=桩长；d=桩的直径；S=桩间距，3^2=3×3的群桩基础

(a)

注：K=土/桩的相对刚度，$K=(E_bR_A)/E_s$，E_b=桩身杨氏模量，R_A=桩身有效面积率（实心桩为1.0）$=A_p/(\pi d^2)/4$；A_p=桩的净截面面积

(b)

图 55.10　有限厚度土层和持力层刚度对群桩沉降的影响

（a）有限厚度与无限厚度的土层对双层地基深度修正系数 F_h 的影响；（b）桩端持力层杨氏模量 E_b 和其上覆土的变形模量 E_s 之比对双层地基刚度折减系数 F_b 的影响

摘自 Poulos 和 Davis（1980）

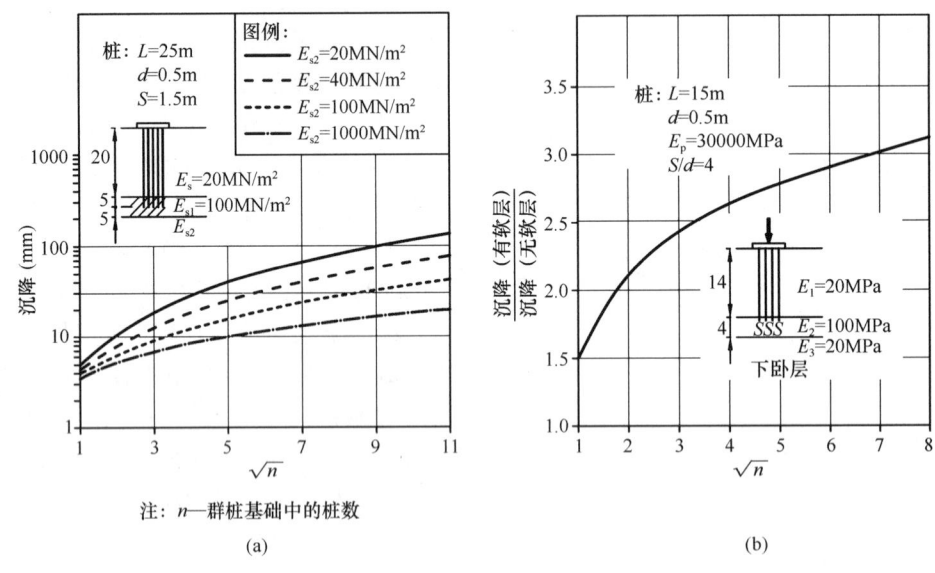

注：n—群桩基础中的桩数

(a) （b）

图 55.11　分层地基对群桩基础沉降的影响

（a）桩端可压缩性下卧层的杨氏模量 E_{s2} 对群桩沉降的影响；

（b）桩端可压缩下卧层对不同桩数的群桩沉降的影响

摘自（a）Poulos（2005），经 ASCE 许可；（b）Poulos 等（2001）

因此，如果忽略或者根本没有探明到桩端下卧层的存在，就有可能严重高估或低估群桩沉降。群桩中的单桩轴向压力分布也会受到类似的影响：较高的可压缩性下卧层会导致群桩的桩顶轴向压力分布更加不均匀（群桩外围桩的轴压较高，中心区域桩的轴压较低），而较硬的下卧层会导致群桩的轴向荷载分布更加均匀。

群桩分析往往假设土是线弹性的，且打桩施工过程对地基土的性质没有影响。这两个假设都会导致高估桩-桩相互作用效应。图55.12说明了土层的非线弹性与线弹性假设的影响；其中，图55.12（a）表明，将地基土假设为线弹性将倾向于高估邻近桩侧土的沉降。图55.12（b）绘制了桩周土层应变的等值线（从一个复杂的非线性土体模型中计算得出），这表明邻桩周边的大部分土体产生的应变小于0.01%，而在靠近桩顶周边的相对可压缩性土已经进入塑性。因此，在地表下的任何深度，靠近桩侧土体的工作刚度会低于离桩远处未受扰动土层的工作刚度。加上打桩施工的作用，对桩周土的刚度影响将更加显著。无论是钻孔灌注桩还是打入式预制桩，都会有一个紧邻桩体区域的土体被严重扰动和重塑。针对群桩基础的沉降，图55.13给出了采用一系列不同计算软件得到的计算值与实测值的对比（Poulos，1989）。图55.13（a）表明，虽然一些软件能准确预测单桩沉降，但群桩沉降量被高估了，也即桩桩或者桩土相互作用效应，或者说等效的群桩沉降比例系数R_s值被高估了。图55.13（b）绘制了R_s与群桩基础内桩数的变化关系。这表明传统的线弹性分析高估了R_s，而且随着群桩桩数的增加，这种高估情况变得更加严重。在修改后的分析中，即假定桩间的土层比紧邻桩周的土层刚度模量更大，就可以得到相对接近实际的计算预测。图55.13（b）（O'Neil等，1982）中使用的是美国得克萨斯州的地层条件，该场地的下层是坚硬、超固结的低—中等塑性黏土，优化分析中假设紧邻打入钢管桩重塑土的杨氏模量为$750S_U$，桩周重塑区以外土体的杨氏模量取值$2500S_U$（该值与跨孔物探试验得到的小应变模量相当）。

如上所述，桩与桩之间的相互影响会导致轴力在群桩中的重新分布。它与群桩沉降的影响因素相同，即相互作用影响越大，群桩中边桩的轴力越大，中心桩的轴力越小。端承桩嵌入相对刚性土层中，其群桩中的桩顶轴力分布将比刚度为常数的深厚地基中"悬浮"的摩擦桩更为均匀（图55.14）。群桩中桩身轴力的实测工作开展得很少，然而难能可贵的是，Mandolini等（2005）已经整理了现有可用的数据，并在图55.15中绘制相

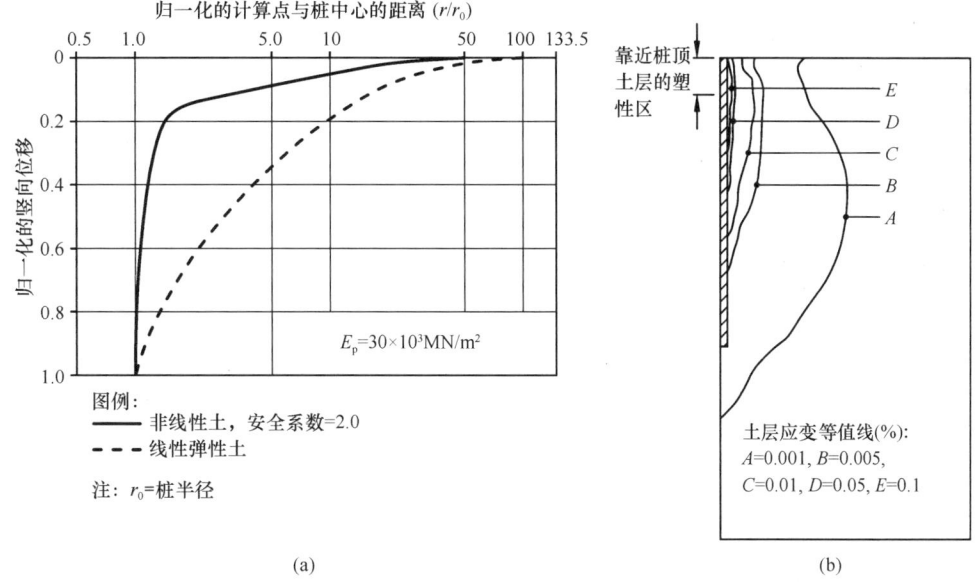

图55.12 桩周土体非线性本构关系对桩-桩相互作用的影响
（a）30m长桩的周边地表沉降曲线图；（b）安全系数为2.0时，30m长桩周边的偏应变等值线
摘自Jardine等（1986）

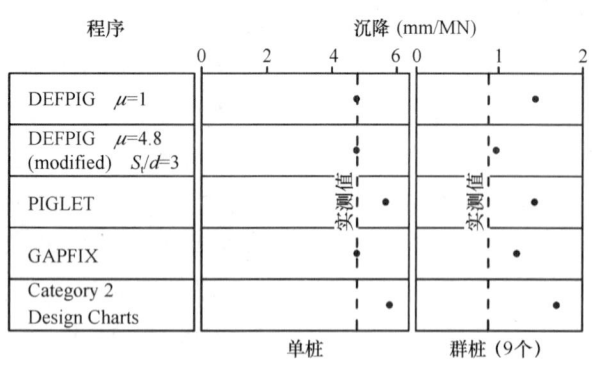
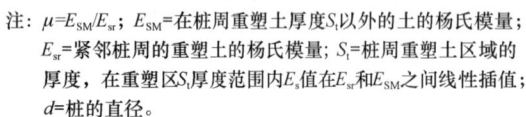
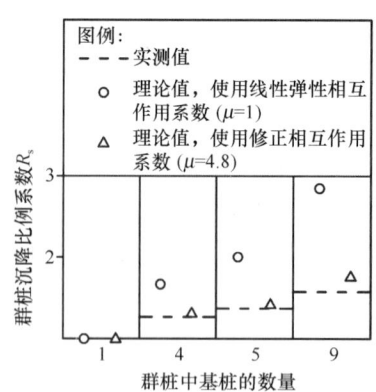

注：$\mu=E_{SM}/E_{sr}$；E_{SM}=在桩周重塑土厚度S_r以外的土的杨氏模量；E_{sr}=紧邻桩周的重塑土的杨氏模量；S_r=桩周重塑土区域的厚度，在重塑区S_r厚度范围内E_s值在E_{sr}和E_{SM}之间线性插值；d=桩的直径。

(a)   (b)

图 55.13 分析方法对单桩和群桩基础沉降的影响

(a) 分析方法对单桩和群桩沉降的影响；
(b) 理论计算与 O'Neill 等（1982）实测的群桩基础沉降特性比较

摘自 Poulos（1989）

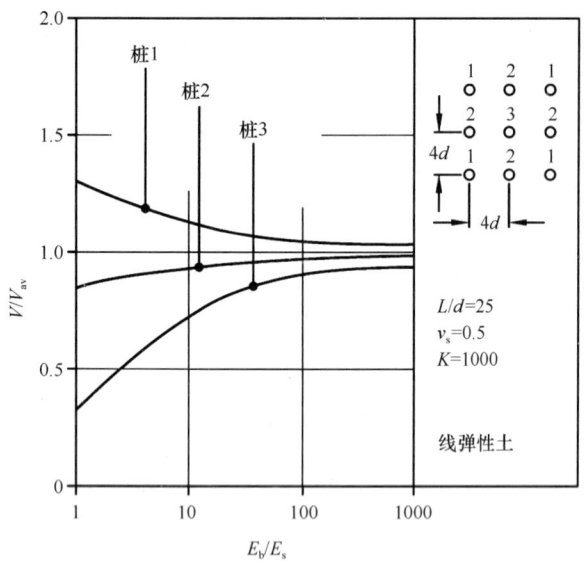
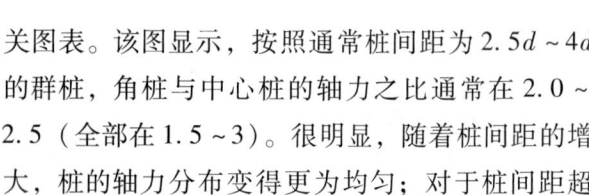

图 55.14 桩端持力层刚度对桩顶轴力分布的影响

注：K，E_b，E_s的定义与图 55.10 中 3×3 群桩基础相同。

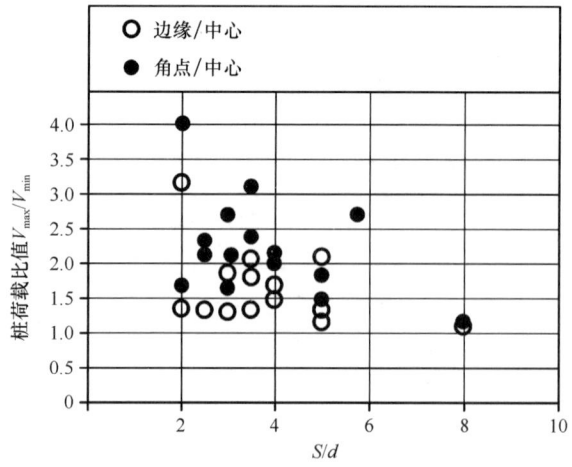

图 55.15 群桩基础桩顶轴力分布实测结果

摘自 Mandolini 等（2005）

注：V_{max}—桩顶轴力最大值；V_{min}—桩顶轴力最小值；
根据 22 个工程案例实测的轴力。涉及多种桩型和不同地质条件，以及其他条件；S—桩间距；d—桩的直径。

关图表。该图显示，按照通常桩间距为 2.5d~4d 的群桩，角桩与中心桩的轴力之比通常在 2.0~2.5（全部在 1.5~3）。很明显，随着桩间距的增大，桩的轴力分布变得更为均匀；对于桩间距超过 8d 的群桩，相互作用效应似乎可以忽略不计。表 55.2 给出了一些具体工程实例的测量轴力比（V_{max}/V_{min}）。在石桥公园工程中，由于群桩布置比例系数大，相应 V_{max}/V_{min} 比值就会大得多。在这种

实测桩身轴力分布实例

表 55.2

群桩工程	地层条件	桩型	桩长 (m)	桩直径 (m)	桩数	间距 (m)	群桩布置宽/长比例系数	轴向荷载比 C/I	轴向荷载比 E/I	承台刚度
石桥公园 (Cooke 等, 1981)	深层超固结黏土 (伦敦黏土)	灌注桩 (摩擦型)	13	0.45	351	1.61	6.6	2.2	1.7	柔性
卡里亚诺桥 (Mandolini 等, 2005)	软黏土和粉土互夹层, 下卧砂和碎石层	打入管桩 (端承型)	48	0.38	144	1.14	1.1	1.6	1.3	刚性
群桩试验 (Koizumi 和 Ito, 1967)	深层超固结黏土	打入闭口预制桩 (摩擦型)	5.5	0.3	9	0.9	1.2	2.6	1.9	刚性

注：C 是角桩承担的轴向荷载；I 是中心桩承担的轴向荷载；E 是边桩承担的轴向荷载。

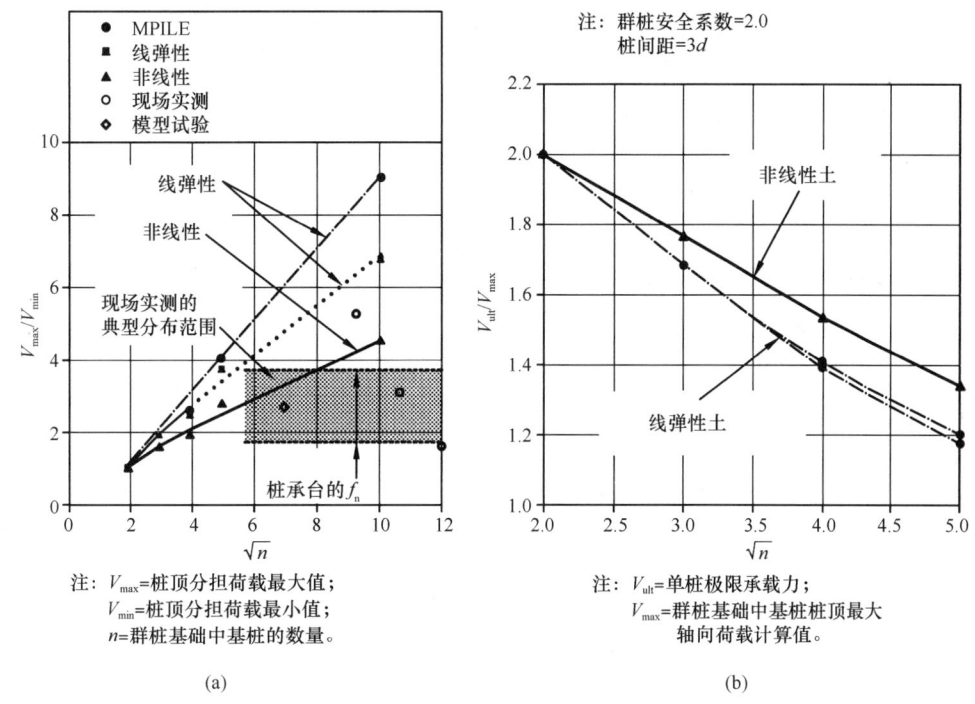

图 55.16 按线弹性和非线性模型计算的群桩桩顶轴力分布随群桩规模（桩数）的关系
(a) 根据线弹性土、非线性土模型计算值和现场实测值得到的不同轴力分布比值（V_{max}/V_{min}）；
(b) 边桩的安全系数（V_{ult}/V_{max}）。针对群桩基础整体安全系数为 2 的情况，线弹性和非线性模型计算值
摘自 O'Brien 和 Brown (2010)

情况下，桩顶承台的刚度相对轻柔，也会导致桩的轴力更加均匀。对于卡里亚诺桥大桥工程，端承桩会导致 V_{max}/V_{min} 比值相对较低。根据 Koizumi 和 Ito 报道的群桩基础试验结果显示，在深厚可压缩性地基中的摩擦桩，以及桩顶刚性承台条件下，V_{max}/V_{min} 比值相对较高。

图 55.16 (a) 总结了 O'Brien 和 Bown (2010) 的研究成果，绘制了角桩和中心桩的轴力比相对群桩规模关系曲线。V_{max} 是预估的最大桩顶轴力，对于正方形布置的群桩基础来说，这个最大荷载出现在角桩上。V_{min} 为预估的最小桩顶轴力，它发生在靠近桩群中心位置的桩上。这表明，与采用非线性模型计算的结果和工程实测数据相比，线弹性分析计算高估了整个群桩的桩顶荷载重分

布，而且这种差异随着群桩规模或桩数的增大而增大。

对于大型群桩，如果桩的轴力是用线弹性方法计算得到的，那么根据计算结果，即使群桩整体安全系数是 2 或更大，不可避免的现象是群桩中角桩的地基承载"安全系数"会明显偏低（图 55.16b）。在考虑如何符合规范要求时，这可能是一个棘手的问题。这将在第 55.10 节中专门讨论。

55.4 桩-桩相互作用：水平载荷

对于受水平荷载控制的桩基础，其设计主要问题通常是相应于结构强度的桩身应力发展。

Mandolini 等（2005）总结了几项关于施加水平荷载时群桩特性的研究。在竖向荷载下，桩与桩之间的相互作用影响，在相对较小的位移下就已充分显现；较大位移下的非线性发展区域集中在桩-土界面较薄土层区域中（在较大位移下也不会放大群桩相互作用效应）。相反，在水平荷载作用下，随着群桩位移的增加，桩-桩的相互作用效应也会增加。图 55.17 提供了在桩顶自由条件下，装有测试元件的群桩在离心机试验中（Mandolini 和 Viggiani，2005）的一些试验测量数据。给出了群桩试验中的最大桩身弯矩与单桩试验得到的最大桩身弯矩比值，相对于群桩基础位移并绘制关系曲线（该比值是按每根桩承担相同的平均水平荷载得出的）。群桩内的单桩，一般比单桩试验中测得的桩身弯矩更大，且比值会随位移增大而增大。与中排桩（MR）或后排桩（TR）相比，群桩中的前排桩（LR）产生的弯矩更大（图 55.17）；这种现象被认为是由于同排内相邻桩之间的"遮帘"或"阴影"效应造成的（图 55.7）。这意味着，对于水平荷载作用下的群桩基础，即使桩数和平均间距相同，不同的群桩平面布置，如方形、矩形与圆形等，也会表现出不同的群桩效应（这与竖向荷载作用下的群桩相互作用效应形成鲜明的对比，即在给定的桩数和类似平均桩间距的情况下，其群桩效应实际上不受群桩平面布置的影响）。因此，对于水平荷载作用下的桩基础，根据水平荷载作用下单桩性状表现来评估群桩的桩身弯矩是不安全的；此外，基于线弹性的理论分析假设也是不安全的。使用 p-y 曲线来预测单桩在水平荷载下的性状已经很成熟了。然而，使用单桩 p-y 关系及其因子来考虑

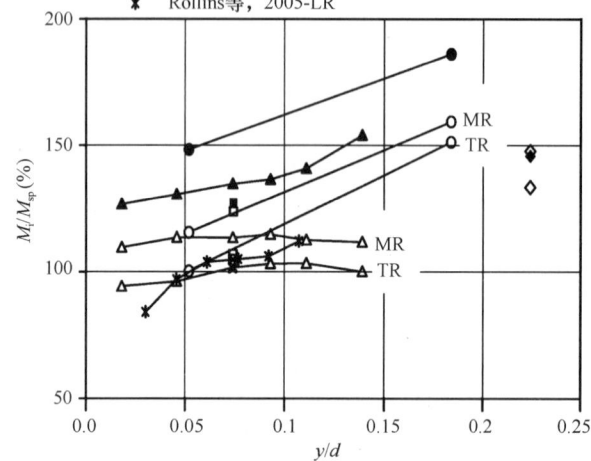

图例：
- ◆ Brown 等，1987-LR
- ◇ Brown 等，1987-TR
- △ Brown 等，1988-MR+TR
- ■ Ruesta 和 Townsend，1997-LR
- × Ruesta 和 Townsend，1997-MR
- ● Rollins 等，1998-LR
- ○ Rollins 等，1998-MR+TR
- ▲ Brown 等，1988-
- □ Ruesta 和 Townsend，1997-MR
- ⊠ Ruesta 和 Townsend，1997-TR
- ✱ Rollins 等，2005-LR

注：M_t=群桩的桩身最大弯矩；M_{sp}=单桩的桩身最大弯矩；LR=排桩中的前排桩；MR=排桩中的中排桩；TR=排桩中的后排桩。

图 55.17 群桩和单桩的弯矩比随位移的变化
摘自 Mandolini 等（2005）

群桩相互作用效应，其有效性值得怀疑，因为在水平荷载下，有大量的复杂因素会影响实际的群桩性状。

55.5 简化的计算分析方法

55.5.1 概论

有以下 4 种简化的计算方法可以用来评估群桩基础沉降。
（1）群桩沉降比例系数；
（2）弹性相互作用系数；
（3）等效墩体；
（4）等效筏板。

每种计算方法都有其独特的优缺点（表 55.3 概述了这些优缺点）。如果应用得当，这些方法是计算机程序计算方法的有益补充工具（计算机程序计算方法在某些情况下也可能存在严重的局限性），

群桩基础沉降：简化计算方法的优缺点　　　　　　　　　　　　　　表 55.3

简化方法	优点	缺点
经验的沉降比例系数法	非常快速和简单。最适合地基中强度、刚度随深度增加的摩擦桩； 可用作更复杂计算方法正确与否的"直觉"核验方法	无法评估特殊地质、桩或地基特性的影响； 如果桩端下卧层是软弱或可压缩土层，则可能偏于不安全。如果桩端下卧层是相对坚硬土层，则可能过于保守
弹性相互作用效应系数法	通过弹性归一化计算，可以快速检查不同桩长、直径和间距的相互影响； 最适合地基中强度和刚度随深度增加的摩擦桩	不能直接检查桩底下卧层强弱的影响（图 55.10 和图 55.11）； 按照单桩沉降估算大型群桩的沉降时需要注意，应使用桩的初始切线刚度，而不是割线刚度，否则可能过于保守
等效墩体法	非常适合群桩布置比例系数相对较小的群桩，如 $R<3.0$； 如果单桩沉降计算使用弹性解，那么会很快给出结果； 这是灵活的方法，也可用于构建复杂的数值模型，如轴对称计算模型	不适用于较大的群桩布置比例系数，如 $R>3.0$；当群桩中桩长变化较大时也不适用
等效筏板法	特别适合检验桩底强、弱下卧层影响的方法	对于群桩布置比例系数较小，如 $R<3.0$ 的群桩计算过于保守； 等效筏板的标高和尺寸的确定是十分重要的

并可方便快速地检查更复杂方法的有效性（更复杂方法也可能更容易出错）。也许可以说，上述方法（1）～方法（3）使用不足，而方法（4）则使用过度。

虽然没有简单的方法来核查群桩竖向轴力分布情况，但图 55.15 和图 55.16 给出了至少可以合理预判的群桩竖向轴力比值 V_{max}/V_{min} 的范围，图 55.14、表 55.1 和表 55.2 列出了可能影响轴力分布的一些因素。

应该指出，因为桩与桩之间的相互作用效应没有被计算机程序模拟，因此不建议使用常规的结构计算软件进行分析（软件通常将桩模拟为独立的弹性弹簧）。Poulos 和 Davis（1980）举例说明了可能产生的一些错误。

55.5.2　群桩沉降比 R_{Se}（采用经验归一化拟合法）

Mandolini 等（2005）根据 63 个工程案例数据进行分析（针对不同地质中的群桩，以及不同桩长、桩型和直径等），对群桩沉降经验比 R_{Se} 与群桩布置比例系数的经验相关性采用归一化进行拟合，如图 55.18 所示。按照上限估值、最佳估值和下限估值对沉降修正，得到了相关公式。

最佳估值修正系数，$R_{Se}=\dfrac{a}{(R)^b}=\dfrac{0.29}{(R)^{1.35}}(n)$ 　(55.9)

式中，n 为群桩内的桩数；群桩布置比例系数 $R=(ns/L)^{0.5}$；R_{Se} 为经验群桩沉降比。

群桩沉降量，$W=R_{Se}W_S$ 　(55.10)

式中，W_S 为群桩基础中平均工作荷载（Q/n）作用下的单桩基础沉降量；Q 为施加在群桩上的总竖向荷载。

单桩沉降量 W 可以用相关单桩荷载试验的测试数据，或 Fleming（1992）的单桩沉降计算方法确定。后者经过验证，对各种桩型和地层等条件都是可靠的（第 54 章"单桩"）。R_{Se} 的上限值和下限值分别是：

上限估值修正系数，$R_{Se}=\dfrac{0.5}{R}\left(1+\dfrac{1}{3R}\right)n$ 　(55.11)

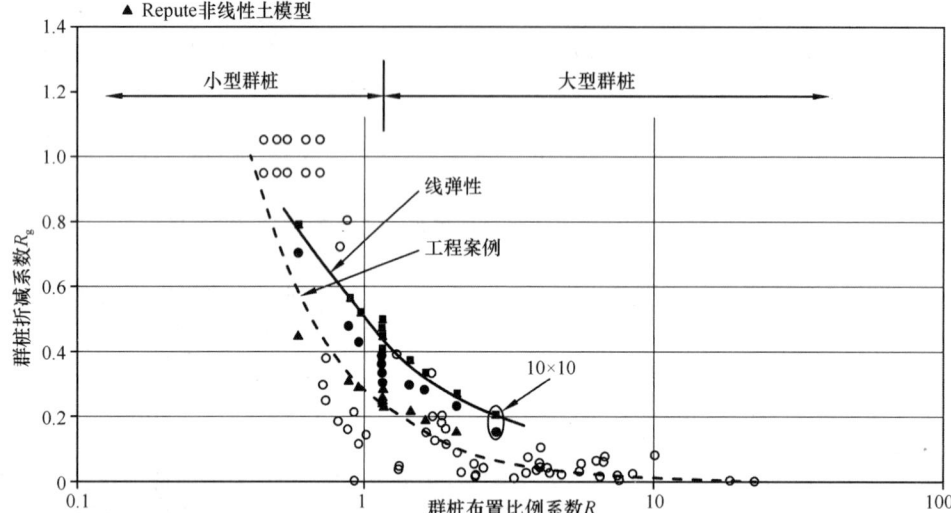

图 55.18 群桩沉降折减系数 R_g 与群桩布置比例系数 R 的关系曲线：现场实测和参数分析

数据取自 Mandolini 等（2005）、O'Brien 和 Bown（2010）

下限估值修正系数，$R_{Se} = \dfrac{0.17}{(R)^{1.35}}(n)$ （55.12）

因此，应用上述公式可以快速估算出群桩沉降的可能范围。

经验表明，式（55.9）一般适用土层中强度和刚度随深度逐渐增加的摩擦桩；式（55.11）适用于群桩下地基较深且均匀的情况；式（55.12）适用于群桩桩底下土或岩石强度和刚度快速增加的情况。

55.5.3 弹性相互影响效应系数（设计图表）

弹性相互作用影响效应系数已经广泛研究（例如 Poulos 和 Davies，1980）。然而，许多早期的解决方案依赖于一些不切实际的假设（如杨氏模量为常数的无限连续弹性介质、刚性桩等），这些都高估了桩-桩的相互作用效应，因此，群桩沉降（以及桩顶竖向力的非均匀性）被高估。桩基施工和土的非线性因素导致了桩桩的相互作用效应减小。Randolph（1994）阐述了一种简单实用的方法来提高弹性相互作用效应系数的可靠性，如图 55.19 所示。由单桩荷载-沉降试验（图 55.19）得出的初始刚度由切线 OA 给出（也是土的小应变刚度的函数），塑性应变将会在较高荷载水平下逐渐发展，并导致偏移量 AB，这种塑性应变将在桩侧周边局部土层中发展。竖向荷载作用下的群桩桩间相互影响效应，主要是由于弹性应变而不是塑性应变造成的。因此，群桩沉降比例系数（由线弹性理论推导）R_{St} 只适用于单桩沉降中的弹性部分。图 55.19 中群桩弹性沉降量显示为 OC，其中 OC = R_{St} OA，群桩基础的总沉降量表示为 OD = OC + CD（其中 CD = AB）。对于大多数常规群桩基础的设计，其总体安全系数将远远超过 2.0，总沉降中的塑性沉降部分的占比相对较小。Mandolini 和 Viggiani（1997）对大量的工程案例进行反分析后得出结论，Randolph 方法计算的群桩沉降结果，通常比按群桩沉降弹性比例系数 R_{St} 乘平均工作荷载作用下的单桩切线刚度得到的计算结果更为合适。

一个更为合理的近似计算公式，群桩沉降弹性比例系数是（Fleming 等，2009）：

$$R_{St} = n^e \quad (55.13)$$

和

$$W = R_{St} W_{Se} + W_{Sp} \quad (55.14)$$

式中，W 为群桩沉降量；R_{St} 为线弹性理论得到的群桩沉降弹性比例系数；W_{Se} 为群桩内桩顶平均工

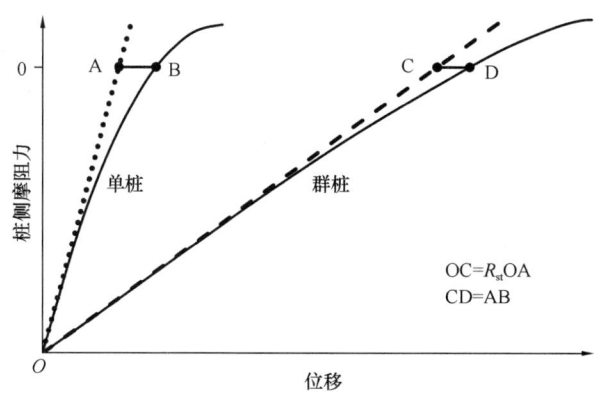

注：R_{st}=群桩沉降弹性比例系数（从弹性理论得来）=W_e/W_{se}。
式中W_e=群桩基础弹性沉降量，W_{se}=单桩基础弹性沉降量
（在相同单桩平均荷载作用下）。

图 55.19　应用弹性理论的桩间相互影响
效应以及非线性的竖向加载-沉降的性状
摘自 Randolph（1994）

作荷载（Q/n）作用下的单桩弹性沉降量，n 为群桩内的桩数，Q 为施加在群桩基础上的总竖向力；W_{Sp} 为单桩基础在竖向力 Q/n 作用下的塑性沉降量。

对于摩擦型桩，指数 e 通常在 0.3～0.5 之间。根据 Randolph（1994），图 55.20 给出了一组设计图；群桩效应指数 e 由一个基值（取决于桩的长细比 L/d）e_1 和 c_1～c_4 四个修正系数给出：

$$e = e_1 c_1 c_2 c_3 c_4 \quad (55.15)$$

式中，c_1 为桩土刚度比（E_p/G_L）的函数，E_p 为桩的杨氏模量，G_L 为桩底标高处的土层剪切模量；c_2 为桩间距 S 与桩径 d 的函数；c_3 为土层剪切模量随深度的比例函数，均匀系数 rho = G_{av}/G_L，G_{av} 为桩身半段处的土层剪切模量；c_4 为泊松比 ν' 的函数。e_1 的值是基于 $E_p/G_L = 1000$，$S/d = 3$，$\rho = 0.75$ 和 $\nu' = 0.3$。这些图假设了一个无限深的弹性地基。参照图 55.10 和图 55.11，可以判断桩端下卧层厚度变化的影响，以及软硬变化的影响。Poulos（1989）指出，对于典型工作荷载作用下（安全系数超过2.0）的摩擦型桩基础，与按弹性阶段桩的初始刚度计算而得到的桩基沉降相比，塑性变形预计只会使单桩沉降增加 10%～25%。

55.5.4 等效墩基和等效筏基

等效墩基：等效墩基方法是采用一个适当尺寸和刚度的"圆柱体"埋置于地基中来近似模拟群

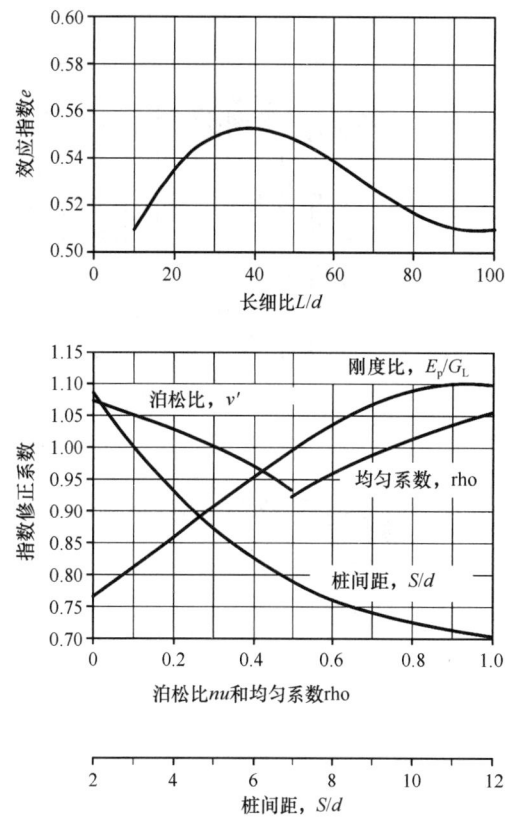

注：适用于在无限厚度可压缩土层中的摩擦型桩。

图 55.20　群桩沉降比例系数 R_{st} 的设计图（线弹性土）
摘自 Fleming 等（2009）

桩基础（图 55.21）。计算单桩沉降量的方法可用于计算等效墩基的沉降量（前提是要适当考虑这个圆柱体的压缩性、基底以下土体的刚度以及圆柱体周边界面土体的剪切刚度）。另外，也可以按轴对称数值计算模型来模拟等效墩基的沉降。

对于面积为 A_g 的群桩基础，等效墩基的直径 d_{ep} 为：

$$d_{ep} = \left(\frac{4}{\pi} A_g\right)^{0.5} = 1.13 (A_g)^{0.5} \quad (55.16)$$

等效墩基的杨氏模量 E_{eq} 为：

$$E_{eq} = E_S + (E_p - E_S)(A_p - A_g) \quad (55.17)$$

式中，E_p 为桩的杨氏模量；E_S 为桩身所穿透土体的平均杨氏模量；A_p 为群桩的桩身总截面积；A_g 为群桩外围包含的总平面面积。

Randolph（1994）提出的单桩沉降弹性解，适

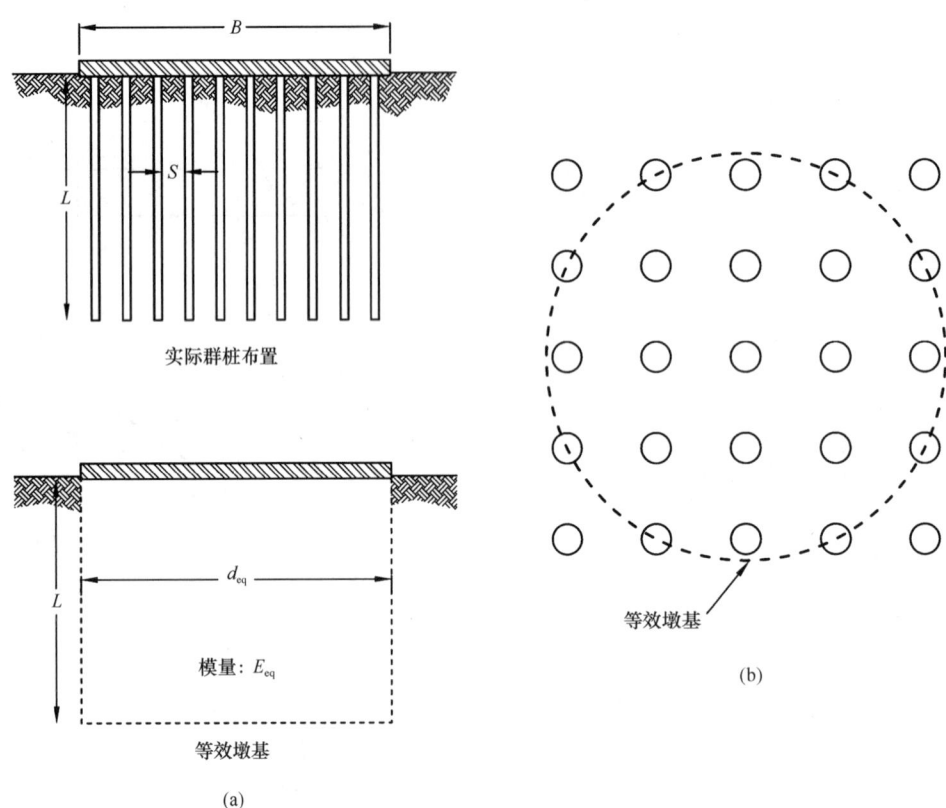

图 55.21　用等效墩基替代群桩基础

(a) 用等效墩基代替群桩；(b) 5×5 群桩例子

用于群桩布置比例系数相对较低的等效墩基（对于典型的群桩布置几何形状），可以很方便地用现代电子表格来编程，以方便快速计算和分析群桩沉降。另外，也可以使用 Fleming (1992) 提出的非线性计算方法（第 54 章 "单桩"），不过应该注意的是，等效墩基的基底和墩侧土的强度和刚度特性应该主要采用有代表性的未受扰动土体，而不是紧邻每个单桩的已受扰动的重塑土。

按照图 55.22 可以评估墩底下卧层的可压缩性对等效墩基的荷载 - 沉降性状的影响（基于 Poulos 的研究，2005）。图 55.22 是墩底地基刚度折减系数与 z_c/d_b、E_2 和 E_1（其中 E_2 和 E_1 分别是下卧层和上层的杨氏模量）的函数关系图，参见图 55.6 (c)。墩底地基刚度折减系数被定义为有下卧层的地基刚度 E_2 与仅有基底地基刚度 E_1 之比（即不存在基底下卧层）。

等效筏基：等效筏基方法已被广泛用于群桩沉降估算，在许多教科书中都有介绍。群桩基础被一个处于地表以下有代表性的深度，且具有等效尺寸的筏基代替。这里有多种方法可供选择，其中 Tomlinson (1987) 的方法相对简单并被广泛使用，如图 55.23 所示。正如 Poulos 等 (2001) 所指出

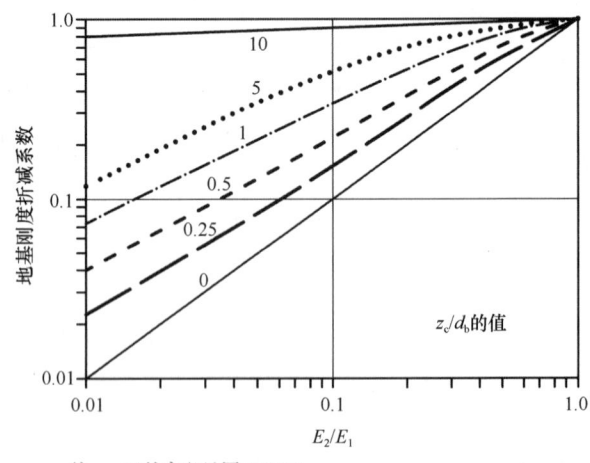

注：z_c/d_b 的定义见图 55.6 (c)。

图 55.22　群桩（等效墩基）的可压缩下卧层的地基刚度折减系数

经 ASCE 许可摘自 Poulos (2005)

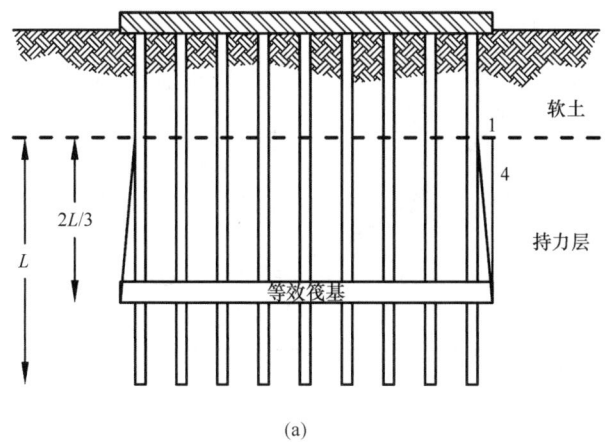

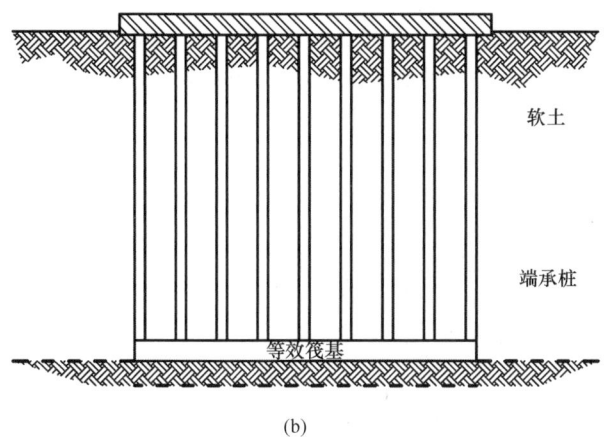

图 55.23 用等效筏基模拟代替群桩基础
（a）模拟通常的摩擦型桩；（b）模拟通常的端承型桩

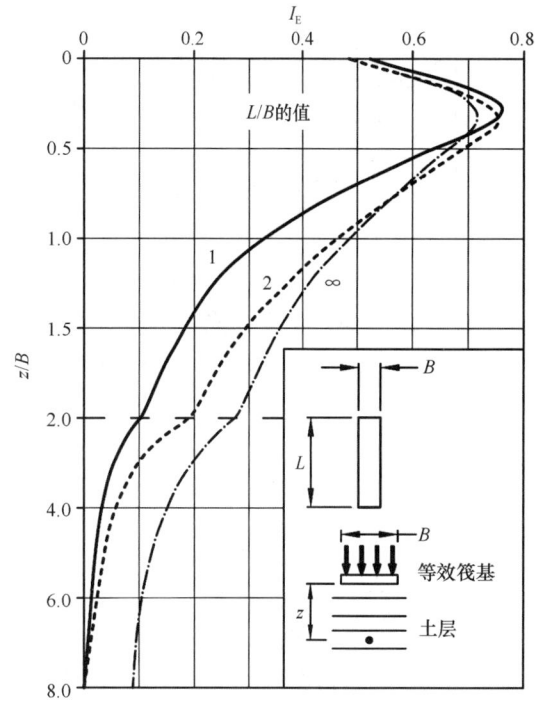

注：I_E=竖向应变影响系数，假设泊松比ν_s=0.3

图 55.24 采用弹性理论计算群桩的等效筏基沉降中的应变影响系数与深度的关系曲线

数据取自 Randolph（1994）

的，这种方法依赖于大量的工程经验判断以选取有代表性的筏基埋置深度和适当的筏基代表尺寸，确定这些参数取决于对所考虑的群桩相关荷载传递机制的理解。一旦确定了等效筏基，就可以使用浅基础的分析方法来计算沉降量。

由此，群桩的平均沉降量 W_{av} 表示为：

$$W_{av} = W_{raft} + \Delta W \quad (55.18)$$

式中，ΔW 为等效筏基以上桩的弹性压缩量（这些桩就像自由立柱）。这里假设土的本构关系为线弹性：

$$W_{raft} = F_{av} F_D q \sum_{i=1}^{n} \left(\frac{I_E}{E_S}\right) h_i \quad (55.19)$$

式中，W_{raft} 为等效的筏基沉降；q 为施加在筏上的平均压力；I_E 为第 i 层的应变影响系数（图 55.24）；h_i 和 E_S 分别为第 i 层的层厚和割线杨氏模量；F_D 为深度修正系数（由 F_{ox} 得出，参见图 55.25），F_{av} 等于 0.8（将筏基中心线位置的沉降修正为筏基平均沉降）。筏基的埋置深度应假定位于满足承载要求的持力层中，而不是地表位置（图 55.23）。

应该注意的是，在计算方法和输入参数的选择上都要小心谨慎；例如，纯粹根据经验从浅基础的沉降观测而得出的分析方法和参数都可能是不合适的。一般来说，使用线弹性计算方法，如式（55.19）（如 Poulos，1993）可能适用于大多数情况。对于超固结的黏土，如果使用排水的杨氏模量，那么计算的是总沉降量（即不排水沉降加上固结沉降量）。如果在桩端标高以下位置有一层正常或轻微超固结的黏土，并且群桩基础传递至桩底持力层的压力超过土层的前期固结压力（或屈服

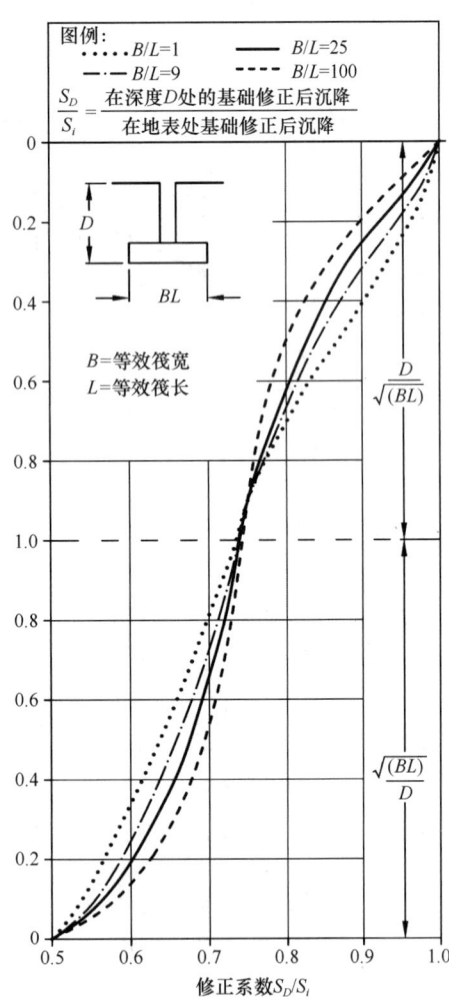

注：D=桩底持力层底面深度，忽略上覆土的软弱层。

图 55.25　利用弹性理论法计算群桩等效筏基沉降的福克斯深度修正系数

数据取自 Randolph（1994）

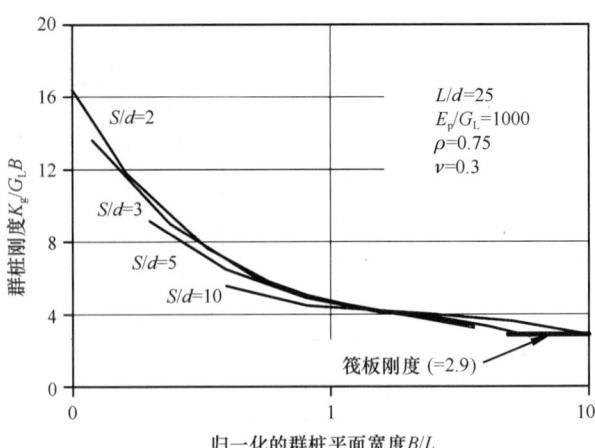

注：G_L=桩底土剪切模量；B=群桩的宽度；K_g=群桩刚度=总荷载/平均沉降；ρ=剪切模量随深度增加系数=G_{AV}/G_L，G_{AV}=桩下半段所在土层的剪切模量。

图 55.26　群桩和等效筏板的归一化刚度与归一化宽度之间的对应关系

摘自 Randolph（2003）

应力），则不适合采用弹性的分析方法。

等效筏基方法的主要优点是能以简单明了的方式计算评估群桩桩底标高处软硬不同土层的影响。在群桩桩底以下某个位置可能存在较软土层的情况，选择这种方法就尤为重要。如上所述，一些商业软件不能可靠地计算分析这种工程情况，因此就必须增加独立验算。

55.5.5　等效筏基和等效墩基哪个更合适？

在决定采用等效墩基还是等效筏基时，必须认真考虑荷载传递机制。如果桩基承载力以桩侧摩阻力为主，且群桩桩长相对较长、平面布置相对较窄时，则群桩等效墩体周边的相应侧阻承载能力可能大大超过所施加的群桩工作荷载，那么，到达群桩底面的荷载很可能微乎其微，工作荷载将在群桩周边土的剪切力作用下随深度衰减。在这种情况下，采用等效墩基是合适的。相反，如果群桩主要是端承桩或群桩布置平面范围相对较宽，那么相当大一部分施加的群桩工作荷载必然传递至桩底平面并由持力层承担。在这种情况下，采用等效筏基方法是比较合适的。

选择使用等效筏基或是等效墩基方法，主要取决于群桩布置比例系数或归一化的宽度，图 55.26 很清楚地说明了这一点。当群桩的归一化宽度（B/L；B 为群桩平面布置宽度，L 为桩长）小于 1.0 时，归一化群桩刚度要比群桩按等效筏基方法计算的刚度高。因此，等效筏基的方法将趋于过度保守，这时应采用等效墩基方法。一旦归一化宽度超过 1.0，那么群桩刚度就会趋于等效筏基的刚度。Randolph（1994）建议，对于摩擦型桩，如果群桩布置比例系数（R）超过约 3 或 4，则采用等效筏基方法；而对于较低的 R 值，则采用等效墩基更为合适。等效墩基的计算精度，其偏差通常能够控制在某些更严格解的 20% 以内，Randolph（2003）的解法已相当完美，完全能够满足实际工程设计要求。

55.6 差异沉降

群桩分析通常假设桩顶承台是完全刚性的，或者偶尔假设承台是完全柔性的。大多数群桩分析软件都不能对半刚性的承台进行分析。当承台的平面面积较小时，假定它们是刚性的，对于实际工程来说通常是合理的。然而，随着群桩平面尺寸的增加，核算承台的刚度将非常重要，原因有以下两点：

（1）随着承台刚度的减小，群桩基础的差异沉降量将增大。

（2）随着承台刚度的减小，桩顶轴向力分布将变得更加均匀。

使用群桩基础方案往往是出于减少沉降，特别是减少差异沉降的目的，以减少上部结构损害的风险（第52章"基础类型与概念设计原则"）。因此，对可能出现的差异沉降进行校验是很重要的，特别是对于大型群桩基础或对变形敏感结构。

群桩基础的差异沉降取决于群桩布置比例系数和承台刚度大小。Randolph 和 Clancy（1993）已经证明，在完全柔性承台的情况下，群桩的归一化差异沉降主要是群桩布置比例系数 R 的函数，而与具体桩数和桩间距无关。因此，对于一个柔性承台：

$$\Delta W_{\text{flex}} = f(R/4) W_{\text{av}} (R \leq 4) \quad (55.20)$$

$$\Delta W_{\text{flex}} = f W_{\text{av}} (R > 4) \quad (55.21)$$

式中，$f=0.3$ 为群桩基础的中心桩与边桩间的差异沉降系数，$f=0.5$ 为中心桩与角桩间的差异沉降系数；ΔW_{flex} 为柔性承台的差异沉降；R 为群桩布置比例系数；W_{av} 为群桩平均沉降。群桩差异沉降量 ΔW 为：

$$\Delta W = F_R \Delta W_{\text{flex}} \quad (55.22)$$

式中，ΔW_{flex} 由式（55.20）或式（55.21）得出；F_R 为承台刚度，可根据第53章"浅地基"（对于不同的筏板弯曲刚度）给出的相关解决方法进行计算。

55.7 沉降的时间效应

在基础荷载作用下，群桩会发生与时间相关的沉降，原因是：

（1）在黏土和粉土中由于超孔隙水压力的消解而产生的主固结（Hooper，1979；Katzenbachet 等，2000）；

（2）在砂土、碎石和软弱岩中由于蠕变引起的沉降（Mandolini 和 Viggiani，1997）。

群桩布置比例系数和荷载传递机理，是控制时间相关沉降量的重要因素。在群桩布置比例系数较小的情况下，荷载传递主要是剪切力形式，在正常工作荷载下群桩基础的时间相关沉降量预计会很小。Poulos（1993）的研究表明，固结沉降量将小于总沉降量的15%左右。相反，当群桩布置比例系数增加到较大值时（例如，超过3或 B/L 值大于1.0），群桩基础以下土层的压缩性将变得越来越重要，与时间的相关性将接近于筏基的性状。Mandolini 等（2005）比较了筏基和桩筏基础在"施工完成"时的沉降观测，并进行时间-位移相关性的观测，两个工程分别位于法兰克福和伦敦，均是黏土地基（都是超固结硬塑性黏土）。施工末期沉降量（可能包括一些主固结沉降）占总沉降量比例为 50%~75%，随着 B/L 的降低（从2.5~1.0），这个比例会增加。Poulos 和 Small（2001）认为，在较低安全系数时，即大约小于1.4时，蠕变沉降可能会变得很重要。但在正常工作荷载作用下，蠕变可忽略不计了。

当完全挤土的大型群桩（桩底闭口）以小桩间距打入黏土、粉土或泥炭土时，这是另一个可能产生相对较大且与时间相关沉降的特殊问题（施工问题）。在打桩施工过程中会出现明显的地面隆起和地基土侧移。软土的剪切和重塑会产生大量超孔隙水压力，而超孔隙水压力的消散将导致隆胀黏土产生大量沉降。如果群桩为端承型桩，则会产生负摩阻力；如果是摩擦型桩，则会产生较大的群桩沉降量（Bjerrum，1967；Adams 和 Hanna，1970；以及 Brzezinski 等，1973）。这是不同于基础或结构荷载效应产生的沉降，属于额外附加的沉降。

55.8 群桩布置方案优化

一旦确定采用群桩基础方案，就要考虑如何优化群桩布置，如桩长、桩径和桩间距等多个设计参数。这将取决于若干因素。

（1）浅基础能够具有足够的承载能力要求，但是否会产生过大沉降的危险？如果一个浅基础如筏板基础，具有足够的承载能力，为了沉降、差异沉降或筏基弯矩的控制要求，那么桩筏基础可能是合适的解决方案；这将在第56章"筏形与桩筏基础"中进行更详细的讨论。桩筏基础通常由少量且桩间距较大的桩组成，通常布置于上层结构的柱下。

（2）浅基础是否有足够的承载力？如果没有，将采用传统的桩基设计方法。有时按一根桩设计就能满足承载力要求了（第54章"单桩"），但对于重载作用下的基础，可能需要设计成一根非常长的大直径桩。因此可选择群桩基础，即布置几根较小的桩加上一个桩顶承台。这可能是较为有利的方案，因为较小型打桩机的施工运行成本较低；选择不同打桩方案的总体成本效益将取决于几个工程现场特定的条件因素（第52章"基础类型与概念设计原则"），特别是现场道路条件以及施工净空。在综合考虑整体建设场地开发时，需要满足包括工程内所有地基基础的不同要求、整体施工顺序和工艺方案、基础施工设备和承台施工的有效作业空间等多个问题。

（3）工程地质条件：如果在地基一定深度有明确合格的持力层，而且桩型主要是端承桩，那么确定适当的桩长是显而易见的，而主要的设计变量将是桩径和桩间距。相应地，如果持力层的强度或刚度随地基深度逐渐增加，相对于调整桩数或桩径，增加桩长的优化方案可能就不能马上确定了；下文将详细讨论这个问题。

（4）施加的荷载：如果施加较大的水平荷载，那么增加桩径一般比增加桩长更有效。对于水平荷载作用下的桩基，可以定义一个临界桩长 L_C（Fleming 等，2009）。L_C/d 取决于桩侧土与桩身的相对刚度，但通常 L_C 在 $6d \sim 10d$ 之间（这里 d 是桩直径）。桩长大于 L_C 的桩不会减少桩的侧向变形。对于水平荷载作用下的群桩来说，桩身结构强度往往更为关键，桩身强度（水平承载力）随着桩径增大而迅速提高。对于摩擦型群桩来说，如果竖向荷载和相应的沉降量是关键控制因素，那么增加桩长通常比增加桩径更为经济。对于摩擦型桩来说，有一个临界桩长 L_t，超过这个长度，进一步增加桩长将不会减少沉降（Fleming 等，2009）。L_t 约为 $1.5 (E_p/G_L)^{0.5} d$，其中 E_p 是桩身混凝土的杨氏模量，G_L 是桩端土持力层的剪切模量，d 是桩径。对于摩擦型桩来说，桩间距是一个同样重要的因素。在群桩极限承载力足够的前提下，相对桩数较少的大桩距群桩与桩数较多、桩距较密的群桩相比，可以提供相近的群桩竖向刚度。如图55.20所示的设计图表可以方便快速地比较改变群桩方案的桩长、桩径和桩距中任何一项参数对群桩沉降性能的影响。对于常规设计的群桩基础，通常的桩间距为 $3d$；为了将桩间相互作用效应大大降低，可以将桩间距增加到 $4d$ 或 $5d$，这也是值得考虑的。桩间距低于 $3d$ 通常是不合适的，因为桩的相互作用效应会变得更加明显，相对于需要增加的工程成本而言，潜在的好处（在满足承载力和沉降控制方面）可能是微不足道的。

一般来说，根据观察到的群桩性能表现（例如 Mandolini 等，2005），有理由认为在竖向和水平荷载作用下，桩间距为 $8d$ 或更大时，桩与桩之间的相互作用可以忽略不计。在这些间距下，桩的设计可以按单桩基础设计；参考第54章"单桩"。

斜桩：斜桩有时用于支撑承受水平荷载的基础，它们可以提供一个非常坚固的支撑系统。虽然斜桩的水平变形量比垂直桩小（在相同的水平荷载作用下），但由于以下工程实际条件和技术难度等原因，大家通常更倾向于使用垂直桩：

（1）斜桩施工误差控制往往比垂直桩难得多。相关的容许误差为桩位和轴线间容许偏差，也就是将设计桩底位置与实际施工后桩底位置进行比较。

（2）施工问题：如预制桩打桩造成的桩身损坏，或者钻孔灌注桩产生的桩身完整性问题。以及任何与桩的施工有关的潜在问题，包括地下水渗流、钻孔孔壁不稳定、打入或穿过坚硬地层或障碍物等，对斜桩来说这些都比垂直桩更具挑战性。正因如此，斜桩的施工成本往往比垂直桩高，施工速度也比垂直桩慢。

（3）不应在可能发生大范围地基整体变形的情况下使用斜桩，例如软土上的桥墩基础，相邻引桥堤岸可能引起较大的竖向和水平地层位移（或出于类似原因，在邻近场地进行深层挖掘）；也不应在较大荷载下可能会发生较大沉降的地层中使用斜桩。在这两种情况下，土与桩的相对运动都有可能引起斜桩的弯曲应力。在这种使用工况下，斜桩容易受力过大而损伤。

由于缺乏足够的分析工具来评估垂直桩的水平荷载 – 变形性状，过去经常使用斜桩。如今，专业人员可以使用多种弹性（和非线性）的连续介质群桩计算机分析软件随时分析群桩的侧向荷载性状。在大多数使用环境下，垂直的群桩基础应该是足够满足要求的。然而，在某些情况下，斜桩可能仍具有成本效益优势，例如在海洋工程应用中，竖向荷载可能微不足道，但水平荷载却很大，例如船舶停泊设施。海洋工程也倾向于使用打入预制桩，因为打入预制桩比钻孔灌注桩更适于斜向作业施工。

55.9 设计条件与设计参数的确定

Golder 和 Osler（1968）描述了用于支撑工业设备的 5 个群桩基础的受荷性状（每个群桩有 32 根桩，桩长 20m）。这些桩设置在密砂土层的上部。桩基试验检测表明，在工作荷载下的沉降量约为 1mm，群桩最大沉降量预计小于 10mm。施工 15 年后，观测到的沉降量超过了 70mm，并有继续增大趋势。组成一排的 5 个群桩基础，由于与相邻群桩的相互作用，在其两端的群桩基础出现了明显的侧倾。随后的计算分析表明，可压缩性黏土层（桩底以下约 3m）是造成这 5 个群桩过大沉降的主要原因，预计沉降量将达到 90mm。在 90mm 的总沉降量中，约有 80mm 是由于桩端下卧黏土层的沉降造成的。这个（和其他）经验表明，虽然结构采用大型群桩基础来支撑，也不一定能消除地基变形过大的风险。它还强调了正确理解工程整体地质条件和地基-结构相互作用的重要性。显然，如果孤立地考虑，直接将单桩载荷试验成果用于群桩基础的响应预测可能会产生误导。

桩基工程需要适当的案头研究和全面深入的现场勘察，这与岩土工程的其他方面工作一样重要。对于群桩基础来说，深入了解群桩桩底以下土层的相对强度和压缩性指标是尤为重要的。岩土工程勘察范围至少延深至桩底以下一倍群桩宽度，并根据整体地质条件，最大勘察深度需要达到桩底以下 2~3 倍群桩宽度。因此，可能有必要进行加深勘察钻探，在靠近基础中心位置仔细做好钻探记录以及相关土层的土工试验，以查清桩端持力层和下卧层中的薄弱土层情况。如果存在显著的水平荷载，那么近地表土层（通常是最上层的 $6d$ 深度，其中 d 是桩的直径）的强度和可压缩性是特别重要的。这很有挑战性，因为近地表土层的均匀性较差。具有成本优势的近地表工程地质勘探手段包括标贯、静力触探等试验（第 47 章"原位测试"），快速和经济地覆盖整个场地工作，同时还可包括开挖一些探坑，以方便直观了解地层。

群桩设计的临界荷载（特别是桥梁和沿海工程结构）往往包括显著的瞬时活荷载（例如车辆冲击荷载或风荷载）。这种类型的短期荷载作用下，黏土地层中的群桩基础计算应该使用不排水强度和刚度参数。

Randolph（1994）讨论了按非线性土体本构假设对单桩和群桩基础沉降计算的影响。图 55.27 总结了这些分析成果，绘制了一个大型群桩基础归一化的割线刚度与安全系数的关系曲线。从群桩基础荷载-沉降性状表现看，直到整体安全系数降低到大约 1.6 仍保持相对线性。当安全系数为 2.0 时，群桩内土体的割线刚度大于初始切线刚度的 80%。弹性模量的选择与群桩基础尺寸之间的关系示意见图 55.28。在不同安全系数条件下，表 55.4 为单桩

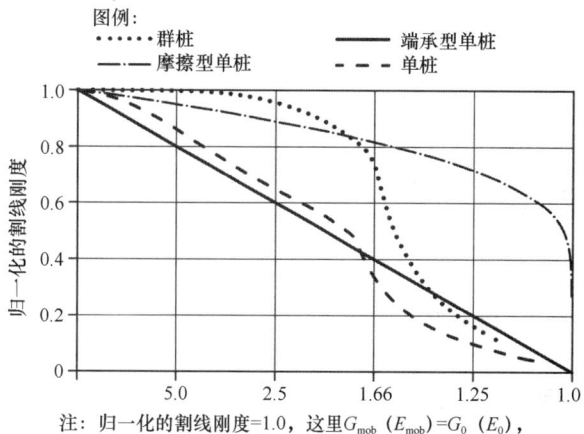

注：归一化的割线刚度=1.0，这里 G_{mob}（E_{mob}）=G_0（E_0），G_{mob}=工作状态对应的剪切模量，G_0=小应变剪切模量；E=杨氏模量。对于大型群桩（>25 根桩）。

图 55.27　单桩和群桩的非线性沉降性状：归一化的割线刚度和安全系数的关系曲线

修改自 Randolph（1994）

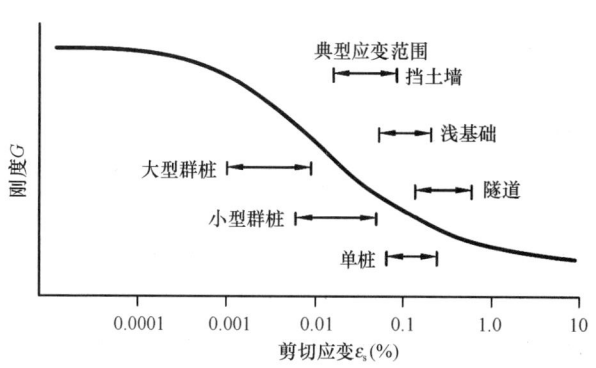

图 55.28　群桩尺寸对选择合适的"弹性"模量的影响

剪切模量比例系数（G/G_{max}）的试用值　表 55.4

安全系数	G/G_{max}		
	单桩	小型到中型群桩	大型群桩
<5.0	>0.6	0.7~0.8	>0.9
3.0	0.4~0.5	0.6~0.8	0.8~0.9
2.0	0.3~0.45	0.5~0.7	0.7~0.8

注：以上数值为竖向力作用，并仅作为初步建议。一个中小型群桩有 5~25 根桩，大型群桩有 25 根以上的桩。G_{max} 是垂直剪力作用下的微小初应变时的剪切模量。这些数值与线弹性分析有关，它们设定桩间距为 3d。随着桩间距的增大，建议值将趋于保守。

以及不同尺寸规模的群桩选择合适的线弹性模量提供了指导。

水平荷载作用下，群桩性状可能受土层刚度软化的影响更大。采用线弹性模型计算分析，可以粗略地模拟这种工况，在桩顶相邻的土层选择一个大应变对应（例如应变量为 1% 或以上）的刚度，在临界桩长 L_c 深度位置的土层选择一个中等大小应变（例如应变大小为 0.1%）对应的刚度，桩顶与临界深度之间的土层刚度可在这两者之间进行线性插值。处于水平加载的群桩，应检查涉及桩身弯矩和群桩变形相应浅层土体（在上部为 6d~10d 内，其中 d 为桩径）刚度变化的敏感性，或许可以通过将土体刚度比最佳估值增加一倍或者取半来计算，并应在关键工况寻求专家建议，以及需要更为复杂的非线性分析。Fleming 等（2009）建议，可以假设水平受荷情形的土体剪切模量比轴向受荷情形小一半，因为水平荷载会在桩顶附近土层局部达到高应变水平。Fleming 等（2009）的另一个建议是假设地表处土体的剪切模量为零，在深度为 L_c（水平受荷桩的临界桩长）时增加到按轴向荷载计算所取剪切模量的全值。Hardy 和 O'Brien（2006）讨论了按照土体非线性模型，水平荷载对计算群桩弯矩的影响。如图 55.29 所示，桩身弯矩对土体本构模型（双曲线或线弹性）很敏感，采用线弹性模型计算时，对所选取的模量值大小很敏感。如果桩基设计工况受到水平荷载的控制，那么非线性分析提供了更经济的设计以及切合实际的桩群变形估算的可能性（O'Brien，2007）。然而，这些分析都更具挑战性，需要专家的意见和指导。上述观测到

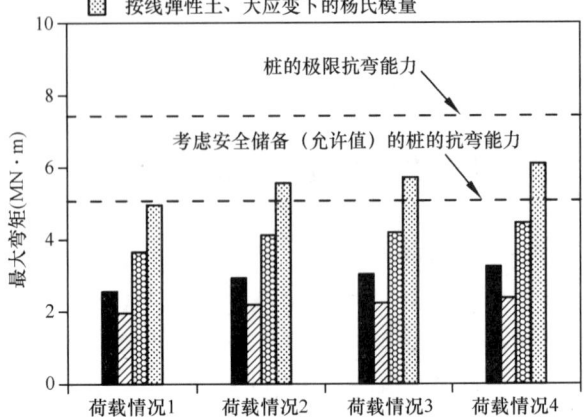

图 55.29　在水平荷载作用下选择土体本构模型和杨氏模量值对桩身弯矩峰值的影响

摘自 Hardy 和 O'Brien（2006）

的结果与其他来源的资料较为一致（如 Mandolini 等，2005）。显然，对于使用线弹性模型分析水平荷载作用下的群桩，需要采取谨慎的方法，分析验算群桩变形和桩身应力对土层剪切模量大小的敏感性是必不可少的。

在考虑如何选择群桩基础计算分析的输入参数时，特别是比较单桩和群桩性状时，考虑影响桩基性状的不同物理环境将是非常有帮助的，图 55.30 提供了相关信息，这些都是选择参数时需要确定的。以下 5 个独立的区域及相关模量的取值，会影响桩基性状：

（1）紧邻桩身的土层或岩石的割线刚度。该区域土体的刚度将明显影响在典型工作荷载作用下单桩的沉降。这个区域土体会受到施工过程的影响（重塑和水平应力的变化），不是由于桩的钻孔施工就是打入施工造成的。

（2）靠近桩基底部的土层或岩石的刚度。这个区域土体的刚度受施工过程的影响，其对施工过程的敏感度比桩身轴向刚度高。桩底地基刚度对端承桩很重要；然而，对许多桩（通常具有明显侧摩阻力，即摩擦型桩）来说，基底刚度只有在低安全系数时才会变得重要。对于打入式预制桩来说，与原状地基土刚度相比，桩端地基刚度会相对更高。对于钻孔桩，地基刚度往往会低于、甚至有

时会远远低于原状土层或岩石的刚度，并取决于桩底沉渣清理的有效性等因素（Fleming，1992）。

（3）水平荷载作用下的桩基性能受接近地表土层刚度的影响显著。工程地质勘察往往忽略了这一区域的特点，而且它可能是离散且不均匀的。还应强调的是，工程场地的开发建设（开挖和回填）往往会改变这个区域地层的性质。桩身混凝土在水平荷载作用下的刚度（由于屈服、徐变和开裂）往往会低于轴向压力作用下的刚度。

（4）桩间土的刚度。这个区域的刚度对群桩基础的沉降很重要。这个区域不会受到施工活动的明显影响。如前所述，按照线弹性模型分析采用的相关模量将接近于土层或岩石的初始小应变阶段刚度，并且还取决于群桩基础的尺寸大小。

（5）桩底标高以下的土层刚度。根据第（4）项，该区域不会受到施工活动的影响。它不会影响单桩的性状，但会影响群桩基础性状。群桩布置比例系数较大的群桩沉降，会受到桩底以下深层地基的显著影响。

因此，设计需要考虑的因素或条件：

（1）施工影响和单桩性状的反分析（例如，Fleming，1992；England，1999）。对于水平荷载作用下的桩基，单桩承载力检测时，桩顶通常是自由端，而群桩基础中的桩与承台间通常是固接。在比较独立的单桩和群桩基础的性状时，必须考虑这种不同的桩头连接形式。

（2）来自相关工程案例的数据（例如，Mandolini等，2005）。工程案例对校验软件计算结果是否与实际相符特别有用，软件校准对于大型群桩或更复杂的非线性分析方法也尤其重要。

（3）工程现场特定的勘察数据。额外测试得到的 G_0 或 G_{max} 数据（尽管一般勘察报告很少提供）是很有用的。现代的经验相关性拟合方法（例如 Atkinson，2000）有助于选择合适的岩土模量。

单桩的承载力主要取决于桩-土界面的局部土层，而这些局部土层性状受施工工艺的影响很大，并表现出明显的变化（NCHRP 报告 507，2004）。相反，群桩基础刚度主要由远场土层条件决定，相对来说不太受施工过程的影响（图 55.31）。因此，群桩基础变形的预测计算比单桩的极限承载力更为可靠（Randolph，2003）。这与岩土工程的许多其他领域（如计算挡土墙周边的变形或浅基础的变形）形成了鲜明的对比，在这些领域一般认为变形计算比极限承载力计算更加困难。

群桩基础的边桩往往比中心桩承担更大的竖向荷载。因此，通常宜将桩的检测工作重点（包括桩的完整性和承载力载荷试验）集中在边桩上。

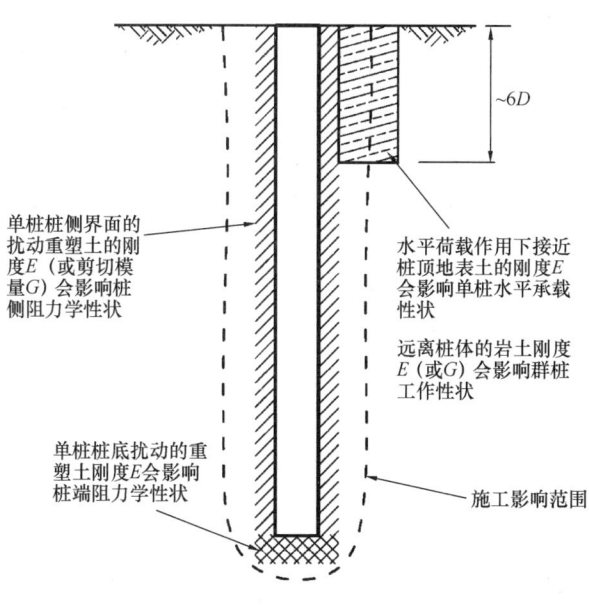

图 55.30　可能影响单桩和群桩性状的不同地基模量

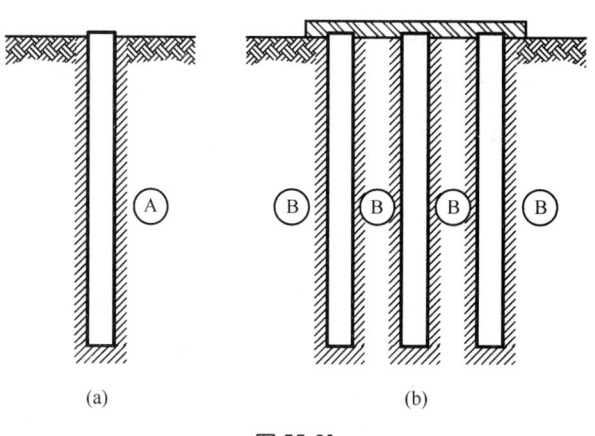

图 55.31

（a）桩土界面对单桩承载性能的影响，Ⓐ；

（b）远场土层条件对群桩沉降的影响，Ⓑ

摘自 Randolph（2003）

55.10 关于延性、冗余度和安全系数

Burland（2006）强调了理解地基破坏机理的深刻重要性。常规的岩土工程和结构工程实践都是基于其具有延性的假设。桩基的荷载-沉降性状通常是缓变型的。然而，现实情况并非总是如此；例如，经验表明，一些岩石地基中的嵌岩桩可能会表现出陡降型脆性破坏，包括：桩底嵌入某些岩石，如石灰岩和砂岩；或端承桩嵌入较薄的硬持力层，但下卧软弱软土层。如果预计可能出现脆性破坏行为，则必须采取谨慎的措施方法。与其将桩侧摩阻力和桩端阻力相加，不如考虑基于变形的确定承载力方法（即扣除部分侧摩阻力或端阻力）。前期试桩要求加载至破坏显然会有帮助。群桩基础设计需要控制群桩基础的变形，以确保不会引起脆性破坏。

对于更为普通的工程情况，当桩的荷载-沉降性状表现为较大延性时，以下问题将影响设计的安全系数：

（1）承台和下部结构的整体刚度；
（2）群桩内的桩数（即冗余度）；
（3）规范要求；
（4）加载的性质和方向，如循环加载或单调荷载、竖向或水平荷载；
（5）分析方法；
（6）工程地质勘察结果的可靠性和范围。

针对上述问题表 55.5 给出了相关解释。

许多规范和标准没有对群桩基础设计的安全系数给出具体说明。然而，《欧洲标准 7》规定了以下内容（第 7.6.2.1 条）：

- 当计算地基基础的设计反力时，应考虑与群桩连接结构的刚度和强度的影响。
- 如果桩基支承的是刚性结构，则可利用结构刚度会在桩间重新分配荷载的能力。只有当有明显数量的桩一起破坏时，才可能出现极限承载状态；因此，这种条件下不必单独考虑只涉及某一根桩的破坏模式。
- 如果群桩桩基支撑的是一个柔性结构（或柔性承台），则应假定由其内部最弱单桩的承载能力控制着群桩基础的极限承载状态。
- 应特别注意由上部结构倾斜或偏心荷载引起的群桩基础的边桩失效。

可能影响群桩基础安全系数的因素　　表 55.5

因素	意见
承台和下部结构刚度	刚性承台或下部结构的刚度可以重新分配桩顶轴向力，因此，单桩的安全系数不起控制作用。如果承台是柔性的，则需要考虑单桩的安全系数
群桩桩数	如果桩数超过 5 根，则存在冗余度，群桩中某根桩的"失效"并不意味群桩的破坏。对于大型群桩基础来说，有相当大的冗余度
规范要求	许多规范没有详细讨论群桩性状，主要关注在单桩。EC7 提供了一些指导，见正文。AASHTO（和 NCHRP 第 507 号报告，2004）就降低与不同水平冗余度相应失效风险，提供了指导意见
荷载方向	对于水平荷载和弯矩荷载，要认真检查桩、承台和桩与承台间连接的结构强度。如长期承受大弯矩荷载，周边排桩的安全系数应大于 1.4，以避免群桩基础长期工作下出现过大倾斜（蠕变）
分析方法	对于非线性方法来说，计算模型的可靠性非常重要。比如，使用简单的方法来验算基于破坏的安全系数。基于计算机程序的方法更适合评估桩基的变形和应力
工程地质勘察的可靠性和范围	这是最重要的考虑因素，特别在验证群桩桩底以下各土层的强度和刚度时是尤为重要的。近地表土层性质对受水平荷载作用的群桩基础很重要。最大的不确定性在于构建地质模型、用于分析的地层剖面的理想化以及选择合适的岩土参数
荷载的性质	本章的指导建议仅适用于以静态单调加载为主的群桩。在长期周期性荷载下，桩侧阻力将明显减小，并伴随着变形大幅增加和极限承载能力降低（Jardine，1991）

一般情况下，按线弹性分析方法计算得出的群桩内各个基桩竖向轴力，不必与按勘察报告参数计算的单桩承载能力保证一致。正如 Burland（2006）所指出的，当试图满足群桩中每根桩的常规安全系数时（与按弹性分析得到桩顶轴向力相比），结果将使群桩基础设计严重保守，成本明显增加（显然是不必要）。对于承受较小竖向荷载的群桩，一个实用的解决方案是将桩身和承台设计成具有足够的结构强度（与弹性分析计算得到的受力相比），然后再验算群桩基础的总体地基承载能力（群桩内单桩承载力之和，或按群桩围合的墩体计算的承载力，取较小值）检查是否满足规范规定的岩土工程安全系数，以避免地基失效。对于有刚性承台的大型群

桩（超过 25 根桩），非线性分析可以提供更符合实际的桩顶轴力分布情况。对于大型群桩，应检查由于承台的刚度作用而大大影响的群桩轴力重分布。因此，对于竖向荷载作用下的群桩，关键点是确定承台和结构是否具有足够的强度和刚度，能够保证安全地将轴向荷载重新分配至整个群桩，相应的岩土安全系数也是针对群桩的整体抗力，而不是针对群桩中的单桩。对于弯矩或水平荷载起控制作用的群桩，应验算外排桩的土层阻力情况（同样，每根单桩的承载力不必考虑）。

在选取合理的地基基础轴向承载安全系数时，地基基础的整体冗余度也是一个重要的参考指标。美国的设计指南（NCHRP 报告 507，2004）建议，一个保证足够冗余度的群桩基础（由超过 5 根桩组成）在满足相同的整体可靠性条件下（即具有相同的失效统计概率），此时需要的安全系数约为按单桩基础（设计成更大直径和更长长度的单桩）计算的相应安全系数的 70%。鉴于施工工艺对每个单桩极限承载力的重大影响，并造成单桩承载力的随机性，故其是引起单桩承载力不确定性的根本原因。如果桩的失效后果很严重，比如用一根桩支撑整个桥墩（相应也基本不存在荷载重分配），那么这种情况，合理的安全系数可能要大于一般规范的要求。由此可见，对于配置桩顶刚性承台的大型群桩（如 25 根或更多桩），合理的地基承载能力安全系数可能会低于正常要求。因而，对于大型群桩来说，地基承载能力的安全系数不太可能是关键因素；群桩基础变形，以及桩与承台中产生的结构内力更可能起控制作用。

通常应验算桩身、承台和桩与承台之间连接构造的结构强度，并确保其轴向力、弯矩和剪力作用下的结构承载能力。对于承受较大弯矩或水平力起控制作用的群桩，这一点尤其重要，因为整个基础系统中任何部分的结构强度不足都可能导致结构的脆性破坏和连续倒塌。

55.11 群桩设计责任

通常会考虑两种设计委托方案：承包单位自行设计或委托工程师设计。

（1）承包单位自行设计——这种更为常用，尤其是小型建筑项目。客户聘用的工程师作为项目总体设计师，会向桩基承包投标人提供相关招标信息，包括：场地历史、工程地质条件、施加的结构荷载、桩基荷载试验的验收标准等。然后，桩基承包单位负责设计能承受特定荷载的适当桩长、桩径和配筋等详细施工图设计。桩顶承台通常由项目总体设计师来设计。

（2）工程师设计——在这种安排下，设计责任由项目总体设计师来承担，设计图纸包括设计详细说明、桩的长度、配筋等细部设计。这种工程安排经常用于大型土木工程如桥梁和大型建筑工程，由承包单位对施工工艺和施工方法负责。

两种方案各有优缺点。专业的打桩承包单位在如何最好地利用材料、设备和劳动力方面有很多专业知识和经验。他可能具有本地特有的工程经验，比如了解在特定工程地质条件下的桩基承载力。因此，方案（1）将有利于某些因素需要重点考虑的工程，如确定桩基承载力需重点考虑、桩基施工能力更具有挑战性（由于交通不便等原因），或需要某些专有打桩设备且非常适合当地条件的情况。如果群桩基础的变形是关键控制因素，或者存在更广泛的地基-结构相互作用的问题（由于复杂加载工况或存在地基整体变形等），方案（1）就不太合适了。群桩基础设计按方案（1）的一个特殊问题是，如何确定合适的桩基承载能力和桩基检测验收标准。例如，整个群桩中的各个单桩轴向荷载不会是均匀的，桩和承台所引起的内力将是由桩长、桩径和承台弯曲刚度等多种因素综合作用的结果。群桩的变形取决于多种因素，而不仅仅是依据单桩的沉降特性。因此，总体设计师需要对这些土与结构的相互作用问题有很好的理解，然后才能对桩的承载力和沉降量（对单桩而言）制定切合工程实际的标准与要求。如果要明确设计责任，将责任范围界线划分在承台顶标高位置比在桩顶标高位置更合适。这时，总体设计师只需规定承台层顶面荷载分布要求，以及整个群桩变形和承台差异沉降的控制标准。方案（2）也更适用于大型群桩或群桩桩底下卧层为可压缩性土的情况（此时群桩与单桩的性状表现完全不同）。

55.12 工程案例

这里简要介绍了迪拜阿联酋双子塔的群桩基础分析，并对其受力特性与已经得到的相关观测资料进行比较。Poulos 和 Davids（2005）对这个项目的

工程案例：地层剖面　　表55.6

地层编号	地层名称	地层基底的典型深度（自地面向下）(m)	描述
①	粉砂	5	未胶结的钙质粉砂，松散—中等密实度
②	砂	10	不均匀的弱胶结的钙质粉砂
③	钙质砂岩	29	钙质砂岩，微风化—强风化，胶结良好
④	胶结砂	35	钙质粉砂，胶结程度不一，局部形成良好的胶结带
⑤	钙质粉砂岩和砾岩	56	不同程度的风化，非常弱—中等程度胶结
⑥	同⑤	70	同⑤

本案例采用REPUTE程序使用线弹性和非线性模型所输入的力学参数

表55.7

地层	线性[①]	非线性[②]	
	杨氏割线模量（MN/m^2）	杨氏切线模量（小应变）（MN/m^2）	桩侧阻力 τ（kN/m^2）
粉砂	15	$20+8Z$[③]	$20+5.5Z$[③]
砂层	50		
钙质砂岩	250	$1500+40Z$[③]	$150+12Z$[③]
胶结砂	50		
钙质粉砂岩和砾岩	200	$3000+50Z$[③]	500

① 线弹性模型，桩底地基刚度 $E'=40MN/m^2$。
② 非线性模型，双曲线常数 $R_{shaft}=0.65$，$R_{base}=0.99$，桩侧最大摩阻力 $=500kN/m^2$，桩端最大土反力 $=2700kN/m^2$，桩底地基模量 $E'_0=750MN/m^2$（$E'_0=$小应变切线刚度）。
③ Z 是距地表埋深。

基础设计进行了详细描述。

场地地层主要由钙质砂岩和泥岩的互层组成。测得的无侧限抗压强度是不同的，一般在 $0.5\sim1.5MN/m^2$ 之间。通过跨孔物探试验测量在小应变下的刚度，确定剪切模量在 $2\sim3.5GN/m^2$ 之间。表55.6列出了地层剖面情况。双塔建在两组三角形平面布置的群桩基础上，分别由92根和102根直径为1.2m、长度40m的桩组成。预估单桩极限承载力约为42MN。

根据 Poulos 和 Davids（2005）公布的数据，他们进行了两种不同的分析，一种使用计算机程序计算方法，另一种使用简单的经验方法。计算机程序分析软件为 REPUTE，分别采用两种不同的模型来模拟地基的应力-应变特性。模型为线弹性模型和非线性的双曲线计算模型。输入参数汇总见表55.7。在对整个群桩基础进行建模之前，先对单桩的荷载-沉降关系性状进行建模分析，并依据桩径0.9m、桩长40m的试桩荷载试验数据进行标定，见图55.32。基于单桩标定结果，按 Fleming 方法（Fleming，1992）可以得到合理的非线性参数，用于双曲线模型计算。

图55.33总结了群桩基础各桩桩身轴力分布和群桩沉降的预测值。线弹性计算分析得到的轴向荷载分布极不均匀，尤其是角桩分担的轴向荷载特别大。线弹性分析得到的单桩桩顶最大竖向轴力为43MN，而非线性分析的最大轴向力为31MN。线弹性分析得出的角桩与中心桩轴力之比约为5，非线性分析得出的值约为2，因此，虽然群桩的整体

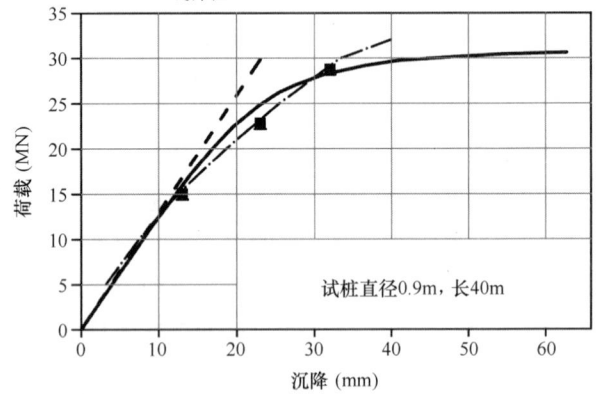

荷载15MN，地基承载的安全系数=2.0	
分析方法/数据来源	沉降 (mm)
线弹性	11.6
非线性	12.3
试桩	12.9

图55.32　工程案例：软岩中基桩试验结果

安全系数约为 2.0，但群桩的局部安全系数（基于线弹性分析）小于 1.0。这与 Poulos 和 Davids（2005）报告中采用边界元方法计算结果相似，他们指出"部分桩受力已达到了设计极限承载能力（即一些桩的安全系数仅约为 1.0），但群桩基础作为一个整体仍能承受设计荷载"。在施加 70% 的荷载后，观测到的群桩基础沉降量约为 8~10mm，而估算的最终沉降量在 20~40mm。非线性模型计算得到的沉降量为 25mm，而线弹性模型计算的沉降量为 55mm（图 55.33）。

群桩布置比例系数约为 2.9，按 Mandolini 的群桩沉降经验关系公式（第 55.5.2 节）得出沉降比例系数 R_{se} 在 4~7 之间。根据本工程地质条件（软弱岩石且刚度随深度线性增加），按最佳估值和下限估值计算的桩群沉降比例系数具有相关一致性[式（55.9）和式（55.12）]。平均工作荷载为 21MN 时的单桩沉降量约为 10~11mm。因此，根据 Mandolini 的经验关系公式，群桩沉降量预计为 40~75mm。尽管实际工程位移观测成果的实测值相对于经验估计值来说比较保守，但比设计者最初计算得到的约 90~140mm（基于线弹性边界元分析方法）的结果要准确得多。Poulos 和 Davids 给出了最初使用边界元方法分析高估沉降的两个主要原因：

（1）高估了桩与桩之间的相互作用；
（2）低估了第⑤层土的地基刚度（表 55.6）。

Poulos 和 Davids 重新修改了相关分析参数，如设定桩侧地基刚度沿桩径方向变化，桩与桩之间土层刚度比紧邻桩侧的土层刚度大 5 倍（数值约为 2~2.5GN/m²，即接近物探检测得到的 G_0 值），且第⑤层土的地基刚度由 80MN/m² 提高到 600MN/m²。修改后的分析表明，沉降量在 23~40mm（允许整个承台产生差异沉降）。事后看来，由于土样受扰动，由土工试验得到的第⑤层土的刚度参数可能太低了。

这个工程案例再次强调了，取得切合实际的地基刚度值是非常具有挑战性的，特别是在软岩地层，即使采用复杂的分析模型也可能会出现误差。同时，还强调了用简单的经验方法来校验计算机数值分析结果的价值。本案例中群桩基础的周边桩的桩顶轴向力会很高，周边桩的承载力安全系数远低于规范要求值（非线性分析计算的周边桩"局部"安全系数约为 1.3~1.4）。尽管如此，整体群桩基础的安全系数仍符合规范要求（约等于 2.0），桩和承台具有足够的强度和刚度以重新分配各桩的反力，因此，群桩整体性能满足设计要求。

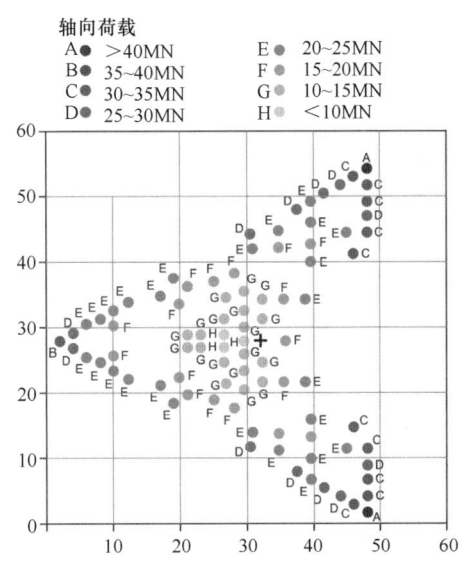
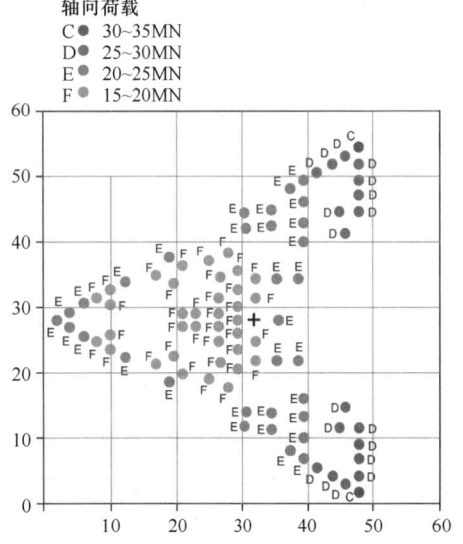

单桩直径1.2m，极限承载力42MN，群桩基础安全系数2.0		
	轴向荷载峰值（MN）	沉降（mm）
线弹性	43	55
非线性	31	25
预估沉降量（现场实测）20~40mm		

图 55.33 工程案例：软岩地基中的群桩线弹性和非线性计算模型得到的桩顶轴向力分布和沉降量分布

55.13 总体结论

- 群桩的整体工作性状受其几何形状影响。一个重要的参数是群桩布置比例系数（R）（图55.3）。当R较大时，桩群沉降量将比独立单桩的沉降量大很多倍（在相同的平均荷载下）。对于群桩布置比例系数大的桩群，如$R \geqslant 3$，可按"等效筏基"进行类比简化分析；当$R<3$时，按"等效墩基"进行类比分析更合适。

- 群桩整体破坏失效的情况比较少见。当出现以下情况时，破坏的风险就会增加：群桩周围地基出现整体移动（一般为在软土和泥炭土中产生的不平衡荷载所导致）；端承桩桩端嵌入有软黏土下卧层的薄持力层中；或桩端嵌入有裂隙的大倾角基岩面或含较多空洞的岩石中。

- 在竖向或水平荷载作用下，桩与桩之间的相互作用取决于许多因素（表55.1），包括桩间距和地基刚度随深度的变化，特别是桩端以下（竖向荷载）或桩顶附近（水平荷载）的"硬"或"软"层。对于水平荷载，桩头的嵌固条件很重要，而对于竖向力作用下的大型群桩基础，承台刚度很重要。

- 对于受竖向荷载作用的中小型群桩（例如，少于16根桩），线弹性分析通常足以满足实际设计需要。但对于较大型的群桩或承受较大水平力的群桩基础，线弹性分析可能就不合适了。对于中小型群桩，简化分析方法（基于经验沉降比、弹性相互影响系数或等效墩基）的精度，通常可以满足群桩沉降计算的实际工程需要。

- 在选择群桩分析的输入参数时，考虑可能影响群桩工作性状的5个独立区域（和相关的变形模量）是有帮助的（图55.30）：①紧邻桩身周边地基土的刚度；②紧邻桩端标高以下的区域；③靠近桩头位置的周边地基刚度；④桩与桩之间的地基刚度；⑤桩端以下一定深度的地基刚度。

- 群桩设计时合理选择安全系数取决于多个因素，见表55.5。这些因素包括桩顶承台和下部结构的刚度、群桩内的桩数（冗余度）、规范要求、荷载类型和方向、分析方法以及地质勘察的可靠性和范围。此外，桩基的荷载-沉降工作性状的延性或脆性也是一个重要的考量因素。

- 如果对群桩基础的设计责任进行划分，那么需要仔细考虑最合适的责任划分界面（桩头或桩顶承台标高）。当群桩变形至关重要，或者可能发生地基整体变形，或者承担复杂的荷载时，那么桩和桩顶承台的设计应合并考虑，以便更好地考虑地基土与结构的相互作用影响。

55.14 参考文献

Adams, J. I. and Hanna, T. H. (1970). Ground movements due to pile driving. In *Proceedings of the Conference on the Behaviour of Piles*. London: ICE, pp. 127–133.

Atkinson, J. H. (2000). Non-linear soil stiffness in routine design. *Géotechnique*, **50**(5), 487–508.

Bjerrum, L. (1967). Engineering geology of normally-consolidated marine clays as related to the settlement of buildings. *Géotechnique*, **17**(2), 83–117.

Brzezinski, L. S., Shector, L., MacPhie, H. L. and Vander Noot, H. J. (1973). An experience with heave of cast-insitu expanded base piles. *Canadian Geotechnical Journal*, **10**(2), 246–260.

Burland, J. B. (2006). Interaction between structural and geotechnical engineers. *The Structural Engineer*, 18 April, 29–37.

Butterfield, R. and Douglas, R. A. (1981). *Flexibility Coefficients for the Design of Piles and Pile Groups*. CIRIA Technical Note 108.

Cooke, R. W., Bryden Smith, D. W., Gooch, M. N. and Sillet, D. F. (1981). Some observations of the foundation loading and settlement of a multi-storey building on a pile raft foundation in London Clay. *Proceedings of the ICE*, Part 1, **70**, 433–460.

England, M. (1999). *A Pile Behaviour Model*. PhD Thesis, Imperial College, University of London.

Fleming, W. G. K. (1992). A new method for single pile settlement prediction and analysis. *Géotechnique*, **42**(3), 411–425.

Fleming, W. G. K., Weltman, A. J., Randolph, M. F. and Elson, W. K. (2009). *Piling Engineering* (3rd Edition). London: Taylor & Francis.

Golder, H. Q. and Osler, J. C. (1968). Settlement of a furnace foundation. *Canadian Geotechnical Journal*, **5**(1), 46–56.

Hardy, S. and O'Brien, A. S. (2006). Nonlinear analysis of large pile groups for the New Wembley Stadium. In *Proceedings of the 10th International Conference on Piling and Deep Foundations*, 31 May to 2 June 2006, Amsterdam.

Hooper, J. A. (1979). *Review of Behaviour of Piled Raft Foundations*. CIRIA Report No. 83.

Jardine, R. J. (1991). The cyclic behaviour of large piles with special reference to offshore structures (Chapter 5). In *Cyclic Loading of Soils*. Blackie, pp. 174–248.

Jardine, R. J., Potts, D. M., Fourie, A. B. and Burland, J. B. (1986). Studies of the influence of non-linear stress-strain characteristics in soil structure interaction. *Géotechnique*, **36**(3), 377–396.

Koizumi, Y. and Ito, K. (1967). Field tests with regard to pile driving and bearing capacity of piled foundation. *Soil and Foundations*, **3**, 30.

Mandolini, A. and Viggiani, C. (1997). Settlement of piled foundations. *Géotechnique*, **47**(3), 791–816.

Mandolini, A., Russo, G. and Viggiani, C. (2005). Pile foundations: experimental investigations, analysis and design. In *Proceedings of the 16th ICSMGE*, vol. 1. Osaka, pp. 177–213.

Matsui, T. (1993). Case studies on cast-in-place bored piles and some considerations for design. In *Proceedings of BAP II*, Ghent. Rotterdam: Balkema, pp. 77–102.

NCHRP Report 507 (2004). *Load and Resistance Factor Design (LRFD) for Deep Foundations*. Washington: Transportation Research Board.

O'Brien, A. S. (2007). Raising the 133 m high triumphal arch at the New Wembley Stadium, risk management via the observational method. In *Proceedings of the 14th European Conference on Soil Mechanics and Geotechnical Engineering*, **2**, Madrid, pp. 365–370.

O'Brien, A. S. and Bown, A. (2010). Pile group design for major structures. In *Proceedings of the 11th International Conference on Piling and Deep Foundations*. London: DFI.

O'Neill, M. W., Hawkins, R. A. and Mahar, L. J. (1982). Load transfer mechanisms in piles and pile groups. *Journal of the Geotechnical Engineering Division*, **108**(GT12), 1605–1623.

Poulos, H. G. (1989). Pile behaviour – theory and application. *Géotechnique*, **39**(3), 365–415.

Poulos, H. G. (1993). Settlement prediction for bored pile groups. In

Deep Foundations on Bored and Auger Piles. Rotterdam: Balkema, pp. 103–189.

Poulos, H. G. (2005). Pile behaviour – consequences of geological and construction imperfections. *Journal of Geotechnical and Geoenvironmental Engineering*, **131**(5), 538–563.

Poulos, H. G. and Davids, A. J. (2005). Foundation design for the Emirates Twin Towers, Dubai. *Canadian Geotechnical Journal*, **42**, 716–730.

Poulos, H. G. and Davis, E. H. (1980). *Pile Foundation Analysis and Design*. New York: Wiley.

Poulos, H. G., Carter, J. P. and Small, J. C. (2001). Foundations and retaining structures – research and practice. In *Proceedings of the XV International Conference on Soil Mechanics and Foundation Engineering*. Istanbul, **4**, pp. 2527–2606.

Randolph, M. F. (1994). Design methods for pile groups and piled rafts. In *Proceedings of the 13th ICSMFE*, New Delhi, vol. 5, pp. 61–82.

Randolph, M. F. (2003). Science and empiricism in pile foundations design. The 43rd Rankine Lecture. *Géotechnique*, **53**(10), 847–875.

Randolph, M. F. and Clancy, P. (1993). Efficient design of piled rafts. In *Proceedings of the 2nd International Geotechnical Seminar on Deep Foundations on Bored and Auger Piles*, Ghent, 1–4 June, 1993, pp. 119–130.

Tomlinson, M. J. (1987). *Pile Design and Construction Practice* (3rd Edition). Farnham: Palladian.

建议结合以下章节阅读本章：
- 第19章"沉降与应力分布"
- 第22章"单桩竖向承载性状"
- 第54章"单桩"

本书以第1篇"概论"和第2篇"基本原则"为指导进行章节编排。如第4篇"场地勘察"中所述，各类岩土工程均应进行扎实的现场勘察工作。

译审简介：

迟铃泉，研究员，主持和参与多项桩基工程勘察、设计咨询、施工和检测项目。从事桩土结构相互作用研究与应用工作。

张雁，研究员，建华建材集团总裁。硕士研究生毕业。曾在中国建筑科学研究院、中国土木工程学会工作。

李卫超，博士，同济大学土木工程学院副教授，博士生导师。主要从事桩基方面的教学与研究，主持国家级等课题十余项。

第 56 章 筏形与桩筏基础

安东尼·S. 欧布林（Anthony S. O'Brien），莫特麦克唐纳公司，
　　克罗伊登，英国
约翰·B. 伯兰（John B. Burland），伦敦帝国理工学院，英国
蒂姆·查普曼（Tim Chapman），奥雅纳公司，伦敦，英国
主译：朱春明（中国建筑科学研究院有限公司地基基础研究所）
参译：朱肇京，李卫超
审校：任庆英（中国建筑设计研究院有限公司）
　　　杨敏（同济大学）

doi: 10.1680/moge.57098.0853

目录

56.1	引言	825
56.2	筏板性能分析	826
56.3	筏板结构设计	832
56.4	实际筏板设计	833
56.5	桩筏，概念设计原则	835
56.6	筏板增强型群桩	840
56.7	桩增强型筏板	851
56.8	桩增强型筏板案例——伊丽莎白女王二世会议中心	855
56.9	要点	856
56.10	参考文献	857

筏板可以提供一个非常经济的基础解决方案。它们的设计需要对土与结构的相互作用进行仔细评估，包括土和筏板的刚度、上部结构和下部结构的刚度、局部屈服和土非线性以及时间效应等许多因素都会影响筏板的差异沉降和结构内力。本章讨论了与均匀土"弹簧"上筏板假设有关的错误，并概述了一种实用的替代方法。

桩筏是一种由筏和群桩组成的混合基础，具有许多优点。目前在规范中几乎没有什么指导，而且没有清晰给出适当的设计方法。桩筏性能可能非常复杂。为有利于实际工程的设计和分析结果的可信度，可能要进行有效的简化。一个关键的方面是明确界定两种不同类型的桩筏：筏板增强型群桩和桩增强型筏板（以前称为减沉桩）。每种桩筏的设计理念都有很大的不同，应避开这两种类型之间的中间地带。

56.1 引言

本章对筏板与桩筏基础的设计进行指导。

第 52 章"基础类型与概念设计原则"介绍了主要的基础类型，其中包括浅基础，如独基或条基，以及深基础，如桩。如果单个独基或条基尺寸相对较大或间距较近，那么在结构下面建立一个整体的钢筋混凝土筏板可能更实用和更经济。通常使用的经验法则是，如果独基或条基占据了上部结构基底面积的一半以上，那么通常使用筏基更为合适。然而，现场特定的条件可能会改变这个简单的标准。使用筏板基础的 4 个主要原因是：

（1）众多的独基或条基的单体开挖距离比较近，为了施工方便采用单体大开挖比较容易。

（2）独基之间的差异沉降量过大，需要使用相对刚性的筏板将差异沉降量降至可接受的限值。如第 53 章"浅基础"（图 53.8）所述，在评估结构的整体沉降和差异沉降时，有必要检查独基和条基之间相互作用的影响。图 52.10 表明，由于筏基的抗弯刚度足以将差异沉降降低到允许的水平，筏基上建筑物能够承受较大的总沉降量（超过 100mm），而损坏程度可以忽略不计。

（3）在不均匀的场地条件下，降低了破坏性差异沉降的风险。在某些情况下，很难准确地评估可能的总沉降和差异沉降，过去的经验表明，筏板可以作为有效和经济的基础，可以降低这种风险。例如，在深厚的非工程回填土中使用筏板作为房屋的基础（第 58 章"填土地基"），有时通过部分开挖来平衡建筑物的重量，以减少净外加荷载。在其他情况下，为了最大限度地降低因现场特定地质灾害而造成破坏的风险，使用筏板基础可能更为合适，请参阅第 52 章"基础类型与概念设计原则"。

（4）通过在软土地基中使用蜂窝式筏板，可以减少承载力失效和过度沉降或差异沉降的风险。将筏板放置在开挖的底部，建筑重量由开挖的土重量来补偿。

尽管筏板对承载力失效的安全系数（FoS）可以接受，但是人们还是担心浅基础的过度沉降，所以桩基经常被使用。传统的群桩设计就会忽略承台或筏板所提供的抗力，而只考虑桩所提供的抗力（第 54 章"单桩"和第 55 章"群桩设计"），即所有的设计荷载都通过桩来传递。在过去的 20 年里，人们越来越认识到，当浅基础可以建立在较好的土层（如硬土）时，这种传统的假设是过于保守的。

现在已经知道，可以设计一种混合基础，即同时使用筏和桩，并允许筏板和桩间土分担荷载。这种基础类型通常被称为桩筏。遗憾的是，目前的规范和标准没有对桩筏设计提供具体的指导，对桩筏的设计还存在一些误解。本章的主要目的是为桩筏设计应采用的关键概念提供明确和一致的指导。

使用桩筏有如下几个原因：

（1）最大限度地减少总沉降量，特别是差异沉降量。

（2）减少筏板的弯矩和剪力（特别是存在少量大荷载柱子的情况下有效）。

（3）前述第（2）个原因的另一个实际好处是，筏板的厚度可以最小化，过度拥挤的钢筋也可以减少，也许还可以避免在地下水位以下开挖。

本章是在第53章"浅基础"、第54章"单桩"和第55章"群桩设计"中介绍的许多设计问题的基础上进行的，假定读者会参考这些内容。本章分为以下几节：

56.2——筏板性能分析：描述主要影响筏板设计的土-结构相互作用问题，特别是与"弹簧上的筏板"设计方法有关的缺陷。

56.3——筏板结构设计：介绍筏板设计的关键实用设计方法和相关细节问题。

56.4——实际筏板设计：回顾设计的主要步骤和可建造性的考虑，包括一个小型案例。

56.5——桩筏，概念设计原则：概述了不同类型的桩筏在性能上的基本差异，提供了一个新的桩筏术语，并就适当的场地条件提供了指导。

56.6——筏板增强型群桩：总结主要的设计问题，概述适当的设计方法，包括补偿式筏板增强型群桩的设计方法。

56.7——桩增强型筏板：介绍一种简单的设计方法。

56.8——案例分析：桩增强型筏板。

56.9——要点：对主要设计问题进行了总结。

56.2 筏板性能分析

56.2.1 设计要求

筏板设计需要评估：

（1）总沉降，特别是差异沉降；

（2）由均布荷载或来自上部结构柱的集中荷载产生的横跨筏板的弯矩和剪力；

（3）筏板厚度、钢筋布置密度、地下水位位置、基坑开挖大小等相关的实际问题。

总沉降可通过第53章"浅基础"中讲述的分析方法进行评估；上述第（3）条中的内容将在第56.4节中详细讨论。下一节重点讨论不均匀沉降、弯矩和剪力的验算评估。本节开始将讨论一些关键的土-结构相互作用问题，以及与常用的"弹簧上筏板"方法相关的缺陷。最后，将介绍一种实用的筏-土相互作用分析方法。

56.2.2 筏-土相互作用

影响筏板不均匀沉降、弯矩和剪力的几个因素包括：

（1）土-筏板相对刚度，见图56.1和图56.2；

（2）上部结构或下部结构刚度对"有效"筏板刚度的影响，见图56.3；

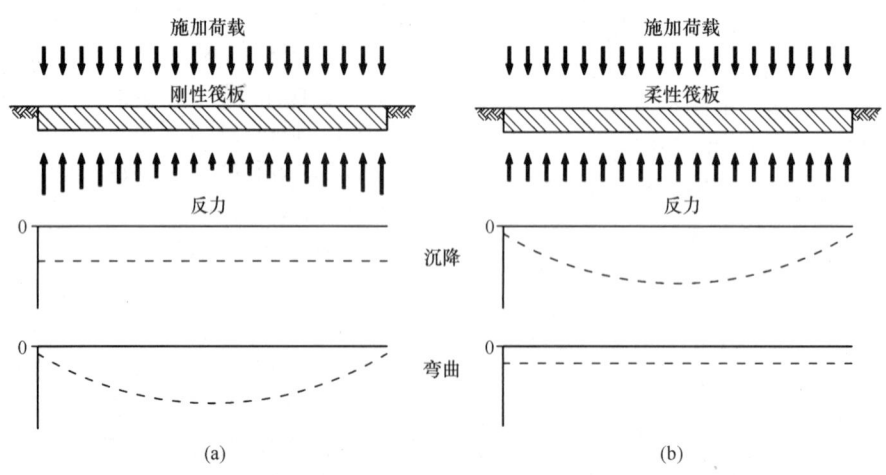

图56.1 筏板刚度对性能的影响
（a）刚性筏板；（b）柔性筏板

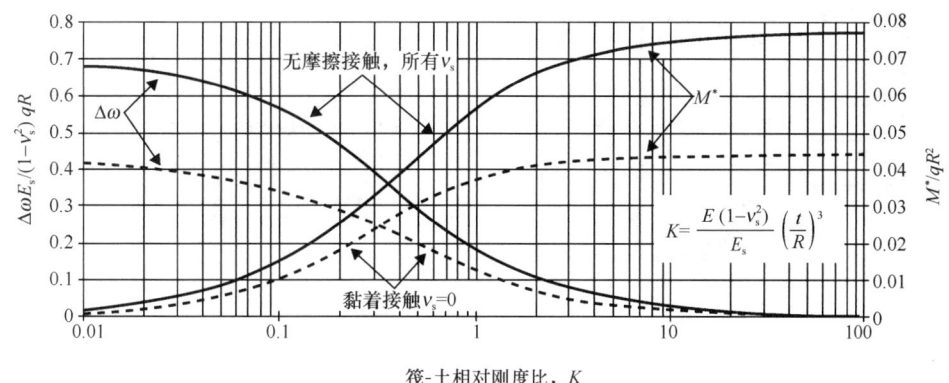

图 56.2　深厚弹性地基上均布荷载下圆形筏板的最大不均匀沉降（$\Delta\omega$）和弯矩（M^*）

数据取自 Brown（1969）、Hooper（1974）

注："黏着"接触是指筏板-土界面土体强度完全发挥，针对设计这不是适合的假设。

M^*=最大筏板弯矩，$\Delta\omega$=差异沉降；

E、ν=筏板的杨氏模量和泊松比；

E_s、ν_s=土的杨氏模量和泊松比；

t=筏板厚度，R=筏板半径。

（3）土体刚度和可压缩层厚度变化的影响；

（4）土体非线性和局部屈服的影响，见图 56.4。

图 56.1 说明了筏板刚度对不均匀沉降和弯矩的基本影响。对于刚性筏板，如图 56.1a 所示，不均匀沉降可以忽略不计，但最大弯矩非常高。相比之下，对于柔性筏板，如图 56.1b 所示，不均匀沉降较大，弯矩为零。许多实际筏板的刚度介于图 56.1 所示两个极端之间，因此需要考虑土-筏板的相对刚度和土-结构的相互作用。

根据 Brown（1969）和 Hooper（1974）的研究，图 56.2 显示了在深厚弹性土层上均匀加载圆形筏板的不均匀沉降和最大弯矩的变化。这表明，对于土-筏板相对刚度 $K<0.1$，筏板足够的"柔"（因此在减少不均匀沉降方面无效），对于 $K>5$，筏板实际上是刚性的（因此不均匀沉降可以忽略不计）。对于 $0.1<K<5$ 的区域，筏板弯矩与不均匀沉降之间的关系变化迅速。这些图表的实用价值在于：

- K 的简单计算就可以表明筏板是否足够刚，以将不均匀沉降限制在可接受的值。
- 对于任一极端情况的筏板，由于土-结构相互作用的影响是有限的，非常简单的模型就可以用来评估结构内力和地基沉降。
- 对于中等刚度（$0.1<K<5$）的筏板，由于土-结构相互作用将对筏板的性能产生主要影响，故需要更复杂的分析方法。

第 53 章"浅基础"给出了变长宽比矩形筏板 K 值的一般计算方法。

图 56.3 说明了正确评估下部结构或上部结构如何影响筏板"有效"刚度的重要性。筏板厚度仅为 0.76m，考虑到其较小的 t/B 值（t 为筏板厚度，B 为筏板宽度或长度），预计筏板是柔性的。然而，只有考虑到结构最底部两层（包括刚性连续剪力墙）的高抗弯刚度，实测和计算的不均匀沉降才一致。实际不均匀沉降可以忽略不计，但以相对较高的弯矩为代价，如果忽略下部结构刚度，则会低估弯矩。正如 Brown 和 Yu（1986）、Lee 和 Brown（1972）、Fraser 和 Wardle（1975）等所讨论的，上部结构或下部结构对筏板性能的影响将取决于它们的相对刚度。因此，对于上述情况，刚性钢筋混凝土剪力墙对筏板的刚度增强效果显著；而柔性轻钢框架结构，对筏板性能的影响较小。这个

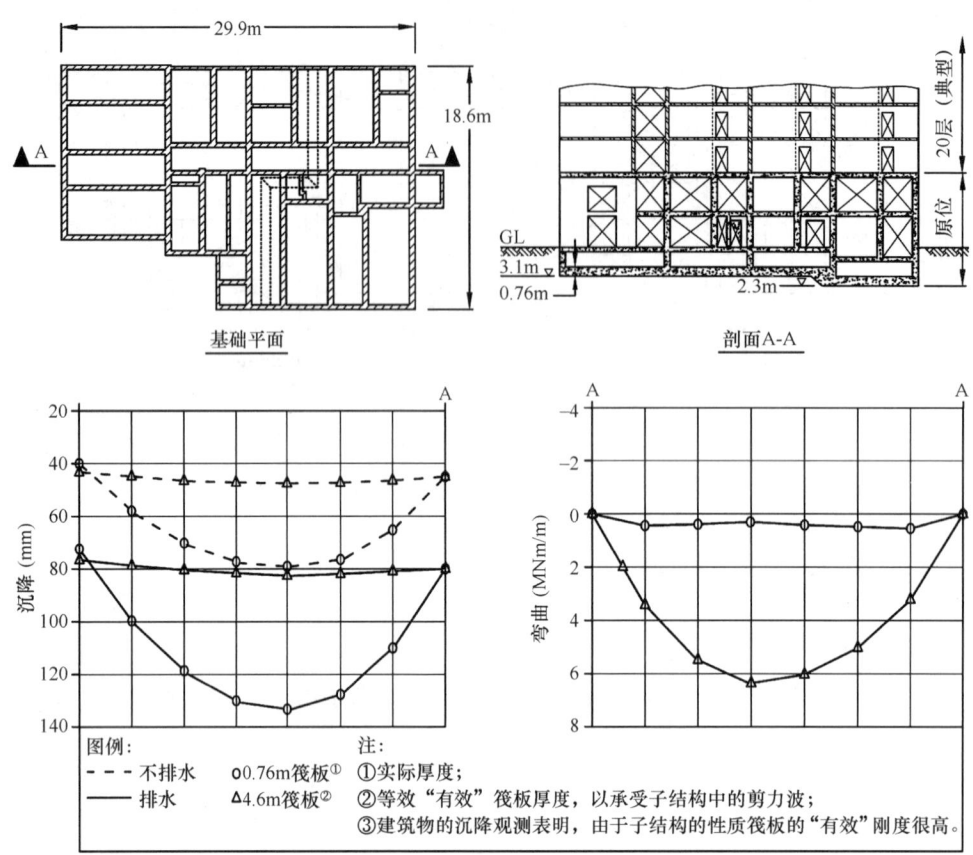

图 56.3 下部结构刚度对"有效"筏板刚度的影响

修改自 Hooper 和 Wood (1977)，版权所有

例子说明了剪力墙在减少筏板不均匀沉降方面的优势。

一般来说，随着土体刚度的增加，筏板沉降和不均匀沉降将趋于减小，从而筏板弯矩也将减小。因此，必须仔细评估土的压缩性，尤其是靠近筏板基础的土体（通常厚度在筏板宽度的一半以内）。对于宽筏，深处相对坚硬的土（如密实砂或软岩）的影响可能很重要（尤其是在筏板宽一倍的深度内）。这些硬土层将减少筏板沉降、不均匀沉降和弯矩。图 56.4 说明了局部屈服对筏板底面接触应力分布的重要影响。对于理想的线弹性土，筏板中心的接触应力相对较低，然后向筏板边缘逐渐增加，达到极高的 p/q 值（其中 p 是局部接触应力，q 是施加在筏板上的垂直压力）。对于实际的土（一旦接触应力充分接近土的强度，就会发生局部破坏），接触应力的分布不同于理想的弹性曲线。当施加的垂直压力增加时（从相当于不排水的承载能力失效安全系数约为 10 的值变化到 1.1 的值），接触应力变得更加均匀，特别是在排水条件下。设计师常用的经验法则是将接触应力限制在高于结构平均施加压力的 50%～100% 之间，这似乎是合理的。

参照图 56.2 可以看出，如果假设在筏-土界面处的土发挥抗剪强度，则预测的最大弯矩将大幅降低。然而，正如 Hooper (1983) 所指出的，在结构设计中依靠筏-土界面处土的强度通常是非常不明智的。通常，应假定无摩擦或极低的界面强度，以避免不安全地设计筏板钢筋。如果数值模型（有限元等）用于筏板设计，则应记住这一点，并且必须包括沿筏板模型下侧的特殊界面单元，并规定适当的低强度值。

56.2.3 用于分析的土体模型：弹簧与连续体

结构工程师通常希望将土模拟为一系列弹簧，因为这样可以使用传统的结构分析软件。传统上，土弹簧具有与基床反力模量相等的均匀刚度。这种方法存在一些问题，这在岩土工程界是众所周知的，例如，弹簧刚度不能直接与可测量的土参数相

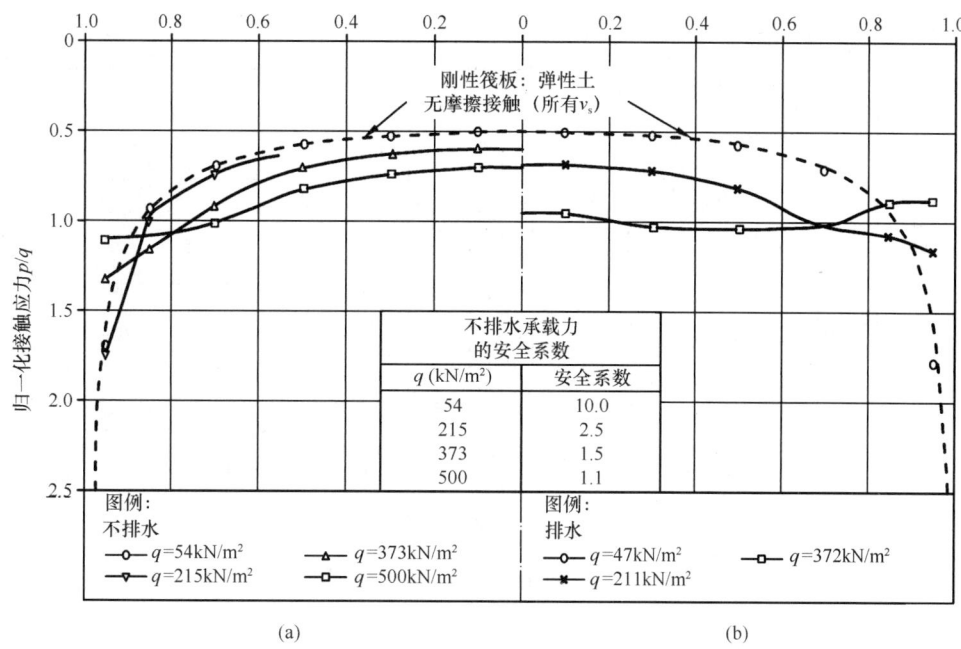

注：p=局部接触应力；q=施加的压力。

图 56.4　局部屈服对筏板接触应力分布的影响

（a）不排水条件下接触应力分布；（b）排水条件下接触应力的分布

修改自 Hooper（1983）

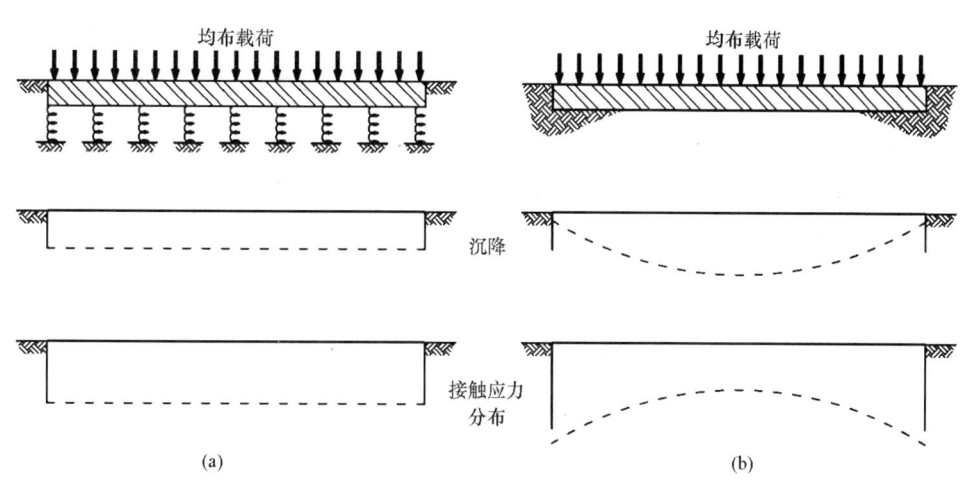

图 56.5　弹簧上筏板与土上筏板的比较

（a）弹簧上筏板；（b）土上筏板（连续）

关，因为诸如基床反应模量等参数也受基础宽度的影响。此外，弹簧刚度不能直接考虑土分层的影响。然而，"弹簧"模型更基本的问题往往没有被深入的理解。图 56.5 说明了弹簧模型中的重要缺陷：如果刚度均匀的筏板承受均布荷载，并使用土"弹簧"进行分析，则计算得到的沉降量均匀，如图 56.5(a) 所示。这与筏板的实际性能不一致：具有有限刚度的筏板在中心的沉降量大于边缘的沉降量，如图 56.5(b) 所示。对于生成此曲率的弹簧模型，中心处土弹簧的刚度必须小于边缘处的土弹簧。因此，适合的土弹簧刚度不可能是均匀的，并且取决于一系列因素：筏板和结构、土和施加荷

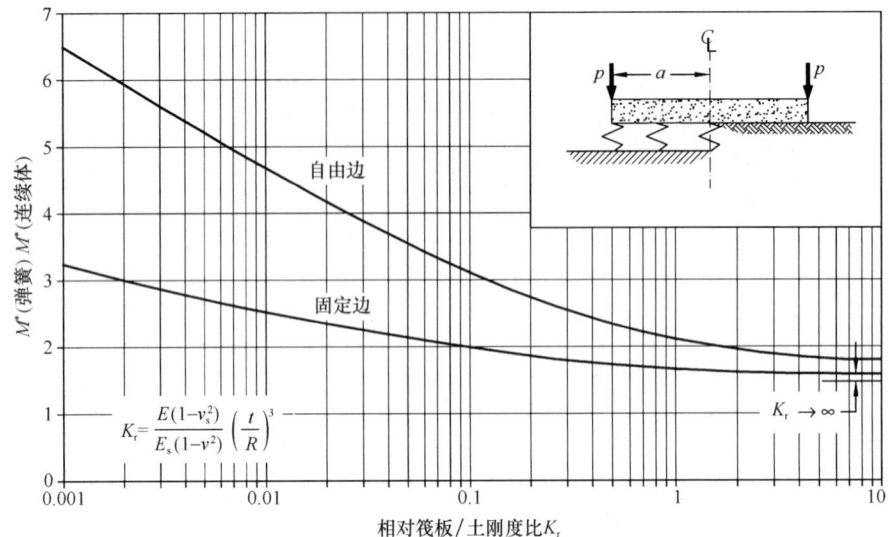

注：M^*=最大筏板弯矩；
E、v=筏板的杨氏模量和泊松比；
E_s、v_s=土的杨氏模量和泊松比；
t=筏板厚度，R=筏板半径。

图 56.6　变刚度（K_r）边缘加载圆形筏板的最大弯矩比（弹簧模型与连续模型）

修改自 Hemsley（1987）

载的分布。图 56.6 和图 56.7 说明了不考虑相互作用的方法可能导致的严重错误。对于承受边缘荷载的筏板，如图 56.6 所示，与弹簧模型相关的误差取决于筏-土相对刚度和筏板边缘的扭转刚度（例如，它可能被刚度较大的边墙"固定"）。在这种情况下，弹簧模型是保守的。然而，由于施加荷载的大小和分布不同，弹簧模型可能明显高估或低估弯矩，因此不可能提供任何广义的"校正"系数集（Hemsley，1987）。如图 56.7 所示，弹簧模型预测的筏板不均匀沉降和弯矩与更能反映实际情况的连续体模型大不相同（符号相反）。

关键的实用结论是，基于具有"均匀"基床反力模量值的土弹簧模型并进行独立结构分析的传统方法可能会导致严重错误，不应该用于筏板设计。

56.2.4　筏－土相互作用分析的简化方法

对于均匀加载的矩形筏板这一简单情况，最大弯矩和不均匀沉降可根据 Horikoshi 和 Randolph（1997）编制的图表进行评估。第 53 章"浅基础"（图 53.21 和第 53.6.7 节）讨论了不均匀沉降的估算。Hemsley（1998）还提供了用于初步估算的图表。遗憾的是，发表的各种图表通常过于理想化，不足以进行详细的结构设计。通常，特定结构的荷载分布、墙、柱等的空间布置与已发表求解结果的假设有很大不同。如今，可以对筏-土系统进行三维数值模拟；尽管对大多数结构进行高度复杂的分析通常是不可行的（由于复杂性、成本、时间和缺乏必要的特定输入）。图 56.8 给出了一种实用方法，该方法避免了与无相互作用的独立弹簧模型（如上所述）相关的缺陷。这依赖于一个结构弹簧模型和一个土连续体模型串联计算，并经多次迭代，直到弹簧刚度值收敛（比如 95% 的收敛性）。根据不同设计阶段（初步或详细设计），现场的岩土体类别、结构等，结构和土模型的复杂程度可能不同。"相互作用弹簧刚度" S_i 定义为：

$$S_i = \frac{结构弹簧反力}{弹簧所在位置连续体局部沉降} \quad (56.1)$$

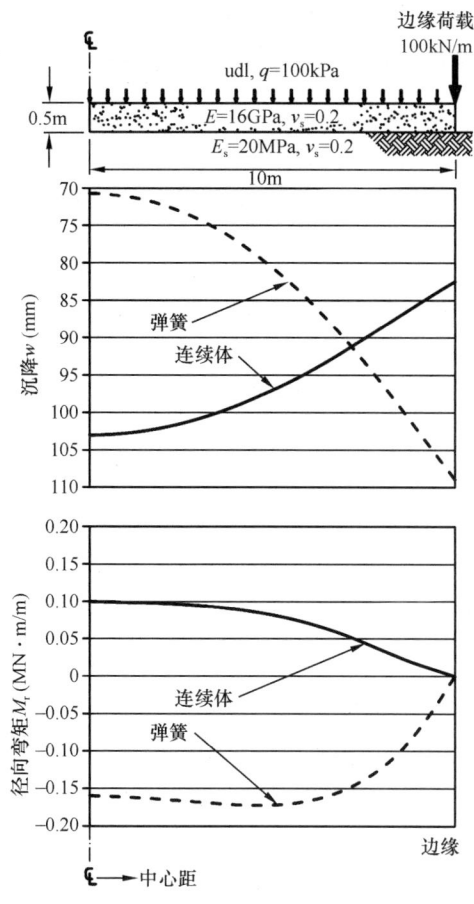

图 56.7 均布压力和边缘荷载作用下圆形筏板的沉降和弯矩（连续体模型与弹簧模型）

数据取自 Hemsley（1987）

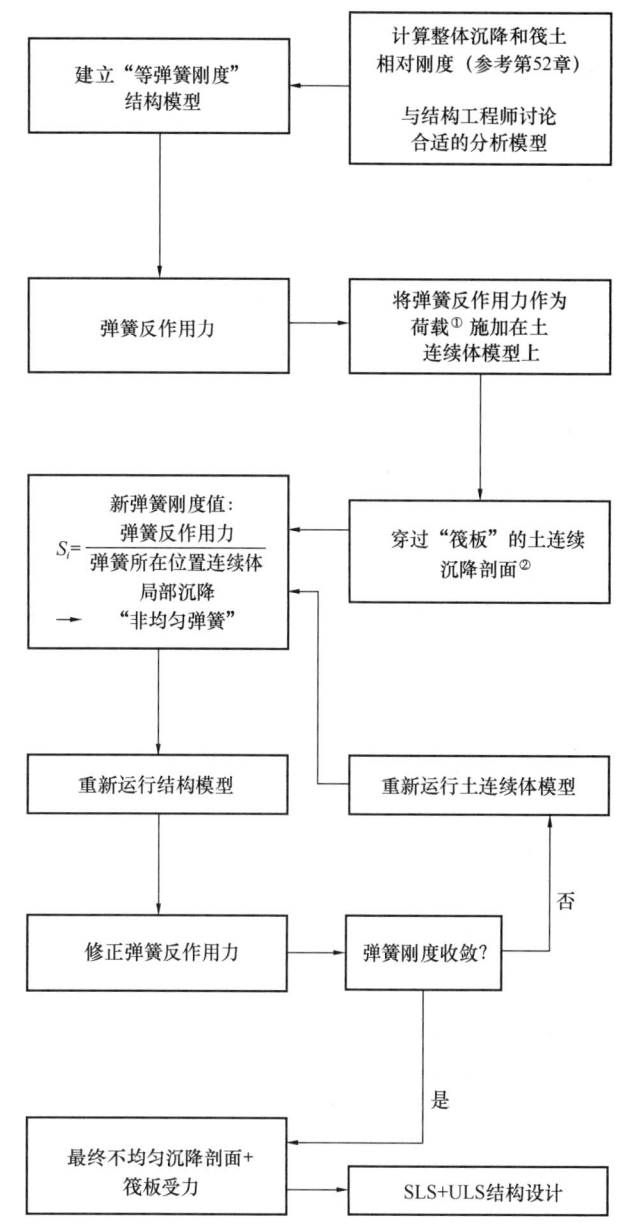

图 56.8 筏－土－结构相互作用分析流程

① 假定筏板在土连续体模型中为"柔性"；
② 在瞬时和长期沉降计算中分别采用总压力和净压力，见书中叙述。

土连续体模型假定筏板是柔性的。

迭代分析通常从估算筏板总沉降的弹簧刚度开始（用常规土力学方法计算，第 53 章"浅基础"），然后在结构模型中使用这些弹簧刚度（适当的筏板和下部结构刚度，对柱、墙等施加荷载）。最后将弹簧反作用力作为荷载施加在具有合理工程特性（刚度、分层等）的土连续体模型中。这将得到"筏"基的非均匀沉降曲线，然后用于重新计算式（56.1）中的新弹簧刚度。这些值将重新输入到结构模型中并再次运行。重复此过程，直到土连续体和结构模型的变形在所有弹簧位置相近。筏板下不同位置处土弹簧的刚度通常会差别很大，一般呈现筏板中心处弹簧较柔、筏板边缘处弹簧较刚的规律。

当筏板位于基坑底时需要注意，因为总压力和净压力之间存在显著差异（有关定义，请参阅第 52 章"基础类型与概念设计原则"）。结构分析需要采用总压力，但是土体长期沉降取决于净压力（基于有效应力的变化）。对于黏土上的筏板，总压力用于不排水沉降，而净压力用于排水（总）沉降（或回弹，如果净有效压力为负，考虑上覆荷载移除和地下水位改变的情况）。

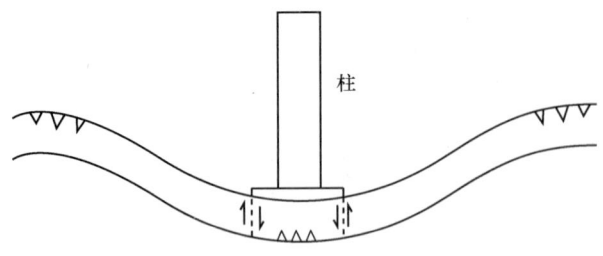

图 56.9 筏板的破坏模型

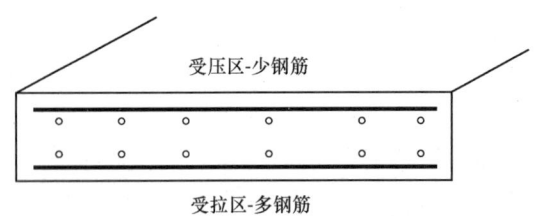

图 56.10 下垂筏板中钢筋的典型弯曲

56.3 筏板结构设计

如同所有基础，筏板必须保持结构完整性，不得变形过大及造成上部结构中不可接受的倾斜变形。结构潜在的失效模式主要有两种（图 56.9）：

（1）弯曲；

（2）剪切。

针对这两类内力，虽然素混凝土具有一定的抵抗能力，但通常使用钢筋来增强承载力并提供足够的抗力。在这两种情况下，结构规范（如英国标准 BS 8110 或《欧洲标准 2》）对如何设计钢筋混凝土提供了详细的指导。本章中这一部分的目的是概述基本原则。

简支梁理论指出：

$$\frac{f}{y} = \frac{E}{R} = \frac{M}{I} \tag{56.2}$$

式中，f 为断面上最外侧边缘距离中性轴 y 处峰值应力；E 为混凝土的杨氏模量；R 为曲率半径（注意，对于小曲率，曲率半径较大）；M 为施加在混凝土截面上的弯矩；I 为混凝土的截面惯性矩，对于矩形截面为 $bd^3/12$，其中 d 为深度，b 为宽度（对 1m 宽度板进行计算时 b 取 1m）。

式（56.2）常被简化为：

$$M = EI/R \tag{56.3}$$

从而使弯矩与曲率半径的乘积等于截面的抗弯刚度 EI，由此可推导出任意截面的弯矩与曲率半径成反比关系。因此，增加更多的钢材（筋）可以使截面能够承受更大的弯矩、将减小曲率半径，即增加实际曲率，从而产生不均匀沉降。但是，刚性截面也可能会分担更多的荷载，因此不断增加钢材带来的益处也可能会减少。

结构构件中的过度弯曲也会导致断面最外侧混凝土出现裂缝，从而降低耐久性。暴露在没有游离氧的饱和土中的结构构件裂缝的严重性是一个有争议的话题，但结构规范提供了明确的指导。

抗弯性能由受拉面上的钢筋提供，有时也由受压面上的钢筋提供。因此，筏板通常包括两个垂直方向的两层不同的钢筋，如图 56.10 所示。对于配筋率低的筏板，有时会使用钢筋网。

弯曲的一个严重后果是产生曲率，进而导致筏板不同区域之间的不均匀沉降。筏板设计中的一个关键问题是控制这些不均匀沉降，以使上部结构保持完整的功能，即结构倾斜是可以接受的，表面没有损坏，并且建筑功能不会因过度倾斜而受影响。

如图 56.11(a) 所示，当柱或桩可能刺穿构件时，需要在混凝土筏板中布置抗剪钢筋。如果在柱下方添加底板，则可能的破裂面将进一步扩大，并产生更大的混凝土周长来抵抗破裂，见图 56.11(b)。图 56.12 给出了简化的剪应力示例。向下剪力为 $5000kN - 200kN/m^2 \times 1m^2 = 4800kN$，混凝土抗力面积为 $1.2 \times 1 \times 4 = 4.8m^2$。因此，剪应力为 $4800kN/4.8 m^2 = 1000kN/m^2 = 1 N/mm^2$。由于素混凝土可以抵抗高达 $1N/mm^2$ 的剪应力，故通常不需要特殊的抗剪钢筋。对于产生的更高剪应力，可能需要额外的钢筋来抵抗这些剪应力。

在图 56.12 所示的情况下，混凝土 v_c 中产生的剪应力为 $1N/mm^2$，这是通常需要布置抗剪钢筋的一个界限值。由于抗剪钢筋难以施工，避免或减少使用抗剪钢筋的其他可能选择有：

- 加宽柱脚以增大剪切周长；
- 加厚筏板，尽管额外的开挖和混凝土是昂贵的，并且在地下室开挖过程中也可能需要更深的挡土墙；
- 在柱子位置下方添加一个"减剪"桩，以增加局部土抗力，从而减少需要转移到邻近筏板的净荷载。

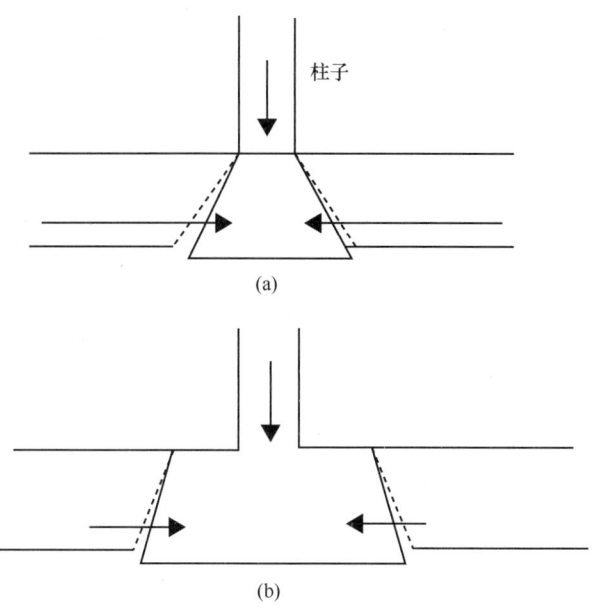

图 56.11 柱在筏板上产生的冲切

(a) 无底板;(b) 有底板

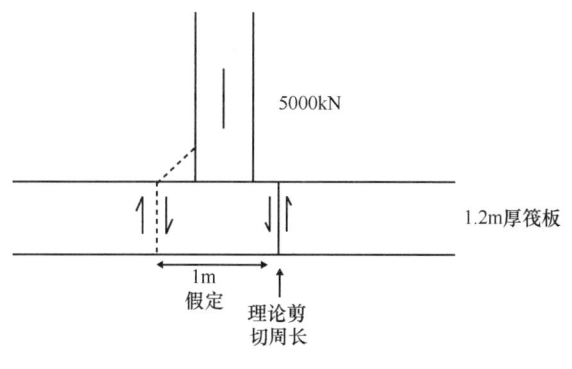

图 56.12 简化剪应力示例

56.4 实际筏板设计

56.4.1 荷载工况包络

筏板设计需要满足大量的设计工况,并且筏板中产生的内力和挠度对这些荷载工况非常敏感。设计工况包括来自结构的荷载和来自地基的荷载与反力。来自结构的荷载从最小恒载到满布最大恒载和活载。地基荷载包括来自筏板下水压力和隆起压力(可以是最大值或最小值),以及基于上下限地基刚度的一系列场地反应。这些不同的组合提供了一系

列的曲率值,对于不同的情况通常在同一位置出现下垂或拱起,因此,筏板中上、下钢筋层所需的钢筋可能是基于明显出乎意料的荷载组合得到的。针对筏板设计,表 56.1 给出了一组荷载组合的示例。

56.4.2 设计步骤

筏板的设计几乎比任何其他岩土工程构件的设计更依赖于岩土工程师和结构工程师之间的相互沟通和理解。由于筏板设计过程更为复杂,通常会在筏板之前设计桩,尽可能满足筏板设计在成本、施工方便性、施工计划、风险降低甚至碳节约方面的要求。

设计复杂性取决于以下因素:

- 荷载大小,与建筑物高度和柱网布置有关;
- 是否有地下室,是否有水或隆起压力;
- 应考虑的荷载工况数量;
- 荷载变化幅度,尤其是相邻柱之间的荷载变化幅度;
- 地基是否较软;
- 在筏板上追求极大经济效益。

所需分析的复杂性主要取决于结构分析和岩土工程分析之间的协调性。典型设计过程如图 56.13 所示,如果两组分析在第一次迭代时产生相对接近的结果,则可以遵循不那么严格的设计过程。

如前所述,结构分析通常假设地基反应可以由简单的弹簧模拟,而岩土工程分析则根据 Boussinesq 或类似原理(例如 OASYS PDISP 分析程序)模拟地基反应,这些原理可以更准确地模拟相邻荷载区之间的沉降相互影响。上述第 56.2.3 节描述了与弹簧模型相关的误差。岩土工程分析通常严重限制了其模拟结构响应的能力。

有时可以通过执行第二次结构计算迭代来实现足够精确的简化,使弹簧可以更好地模拟合理的土体位移。否则,需经过结构和岩土工程分析之间的一系列较长的迭代才将产生更好的结果,如第 56.2.4 节所述和图 56.8 所示。首先进行结构分析,给出多个荷载区域的荷载分布,然后将这些荷载作为输入进行岩土工程分析,从而岩土工程分析给出考虑相邻影响的沉降新分布;这些沉降用于更

用于筏板设计的荷载组合例子　　　　表 56.1

基本荷载工况[1]	附加荷载工况[4]
ULS	风和 SLS
1.4A1 + 1.4A2 + 1.6A3 + 1.4A4 + 1.4A5 + 1.6A6	DL + SDL + IL + 水箱 + 土压力 + 上覆荷载
	DL + SDL + IL + 水箱 + 土压力 + 上覆荷载 + 风（X）
	DL + SDL + IL + 水箱 + 土压力 + 上覆荷载 + 风（-X）
	DL + SDL + IL + 水箱 + 土压力 + 上覆荷载 + 风（Y）
	DL + SDL + IL + 水箱 + 土压力 + 上覆荷载 + 风（-Y）最为严重
SLS	SLS - DL[2]
A1 + A2 + A3 + A4 + A5 + A6	SDL + IL + 水箱 + 土压力 + 上覆荷载
	SDL + IL + 水箱 + 土压力 + 上覆荷载 + 风（X）
	SDL + IL + 水箱 + 土压力 + 上覆荷载 + 风（-X）
	SDL + IL + 水箱 + 土压力 + 上覆荷载 + 风（Y）
	SDL + IL + 水箱 + 土压力 + 上覆荷载 + 风（-Y）最为严重
	临界风[3]
	SDL + IL + 水箱（1, 2）+ 土压力 + 上覆荷载 + 风（-Y）
	SDL + IL + 水箱（1, 3）+ 土压力 + 上覆荷载 + 风（-Y）
	SDL + IL + 水箱（2, 3）+ 土压力 + 上覆荷载 + 风（-Y）
	SDL + IL + 水箱（3, 4）+ 土压力 + 上覆荷载 + 风（-Y）

[1] A1：恒载（DL）；A2：叠加恒载（SDL）；A3：附加荷载（IL）；A4：水箱（例如，一级处理厂建筑有几个水箱，在不均匀沉降检查中考虑了满载水箱的不同组合）；A5：土压力；A6：上覆荷载（来自屋顶以上覆土）；A7：风 X；A8：风 -X；A9：风 Y；A10：风 -Y。

[2] 假设拟定的公用设施和管道连接将在 DL 施加后安装，则在沉降和不均匀沉降检查中省略 DL。

[3] 基于 -Y 风向是对公用设施和管道连接的不同储罐荷载组合最为关键的影响。

[4] 荷载工况为污水处理设施。

新结构分析中假设的弹簧刚度，然后再次进行迭代计算。该过程持续进行，直到结构和岩土工程分析之间达到合理的收敛状态。

有限元（FE）技术可以用来给出更精确的结果。有限元方法将结构和岩土模型结合到单一分析中。但即使是二维有限元建模也可能需要太多的简化，因为建筑结构布局和沉降明显都是三维的，因此通常需要进行三维分析。一旦三维分析应用于各种荷载组合，整个设计过程将变得非常耗时和昂贵。

除了这些相互作用，还需要在早期阶段对整体和局部承载力失效进行粗略检查。因为更可能的失效模式是过大位移或结构失效，很少发现筏板表现出承载力失效模式，但这种相对快速的检查作为潜在设计问题的指标仍然很重要。

当存在明显的水荷载时，还应检查临界荷载阶段的净浮力，这可能包括未来对上部建筑结构的部分拆除。

56.4.3 安全系数

通常筏板设计中安全系数计算的重要性不如其他类型岩土工程设计，因为通常筏板基础的变形（适用性）比最终失效考虑因素更重要。至于设计的其他方面，很容易混淆岩土和结构的安全系数和设计规范。英国标准和欧洲标准都没有提供什么指导。因此，需要仔细考虑以确定和解决这些潜在的不一致。一般来说，由于抗力值非常大，综合安全系数 2 被认为可以足够预防承载力失效。

简单地说，对于纯筏板，结构分析考虑了变形

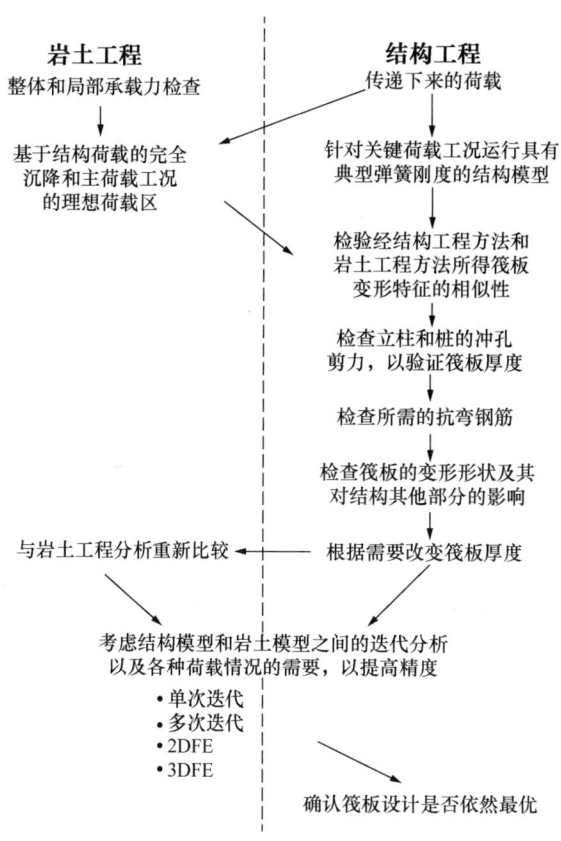

图 56.13 简化的筏板设计过程

的形状和作用在构件上的外力,而岩土工程分析考虑整个筏板基础的沉降和整体承载能力失效。局部承载力计算有时可能是相关的,但通常可以排除,因为结构失效检查可防止筏板局部不可接受的变形导致的局部失效。

56.4.4 筏板施工的可行性考虑

第一组施工可行性选择与筏板的底面标高有关,相对应于所选筏板厚度。理想情况下,筏板底面处应干燥,排水良好,并高于地下水位。通常有必要对筏板进行减薄,以使筏板底面高于可能的地下水位。从结构角度来看,在柱下加厚筏板以抵抗增加的剪切力是有利的,但这种阶梯式结构很难施工,而且可能为施工带来潜在的不安全因素。

钢材价格相对较高,绑扎钢筋的速度较慢,尤其是大量的抗剪钢筋。用较少的钢材建造较厚的筏板和用较多的钢材建造较薄的筏板之间总有一个折中的办法。如果筏板的钢筋过多,则很难振实混凝土,因此筏板更容易出现缺陷,从而发生长期耐久性和渗水问题。

如果场地含有一些污染物或存在可能的风险,则采用需要较少开挖的薄筏板可能更好。地下气体渗透可能是一个问题,尤其是在接缝处,例如通过挡土墙或筏板的任何渗透处。

如果设计要求设置板下排水层以降低设计水压,则需要仔细考虑该层。仅考虑价格就意味着砾石填充的排水沟,而考虑更易于施工和安全施工时,可选择无砂混凝土排水层,也可作为垫层。必须注意确保无砂混凝土具有高渗透性,而不仅仅是多孔,还应确保不容易堵塞。作为预防措施,通常还会设置一个带疏通杆的管网与检查井盖相连,如果水压超过设计水平,检查井盖可以升起。

56.5 桩筏,概念设计原则

56.5.1 不同类型的桩筏和关键定义

在适宜的场地条件下使用桩筏有显著的好处:

(1) 可大幅度降低造价(桩数、筏板厚度、钢筋数量均可减少);

(2) 可以简化施工,减少基础施工的时间。

与(1)和(2)相关的还有安全和可持续性效益。许多不同的术语被用来描述桩筏和相关的设计理念。在本章中,将使用以下术语:

(1) 筏板增强型群桩:桩和筏板都将在拟弹性范围内工作。在预期工作荷载(基于预期的筏板或桩的荷载分担)下,群桩承载力不会完全发挥作用。控制性能的关键参数是群桩与筏板的相对刚度。评估筏板和群桩的上下限刚度非常重要。虽然桩通常比筏板刚度更大,并承担大部分设计荷载,但筏板也可设计为能分担相当大比例的设计荷载。桩和筏板的刚度将是地基刚度以及地基刚度随深度变化的函数。

(2) 桩增强型筏板:桩的设计将基于其极限承载力完全发挥的假定。筏板通常承担大部分的设计荷载。桩通常布置在承受大荷载的结构柱下方。对于这种类型的设计,重要的是以高度的可信度评估桩承载力下限和上限,桩的荷载沉降特性必须是延性的,即在相对较大沉降(约 50~100mm)时桩必须依然能维持其抗力。

图 56.14 给出了这些不同的响应模式,包括筏板(曲线 1)、常规设计群桩(曲线 2)、筏板增强

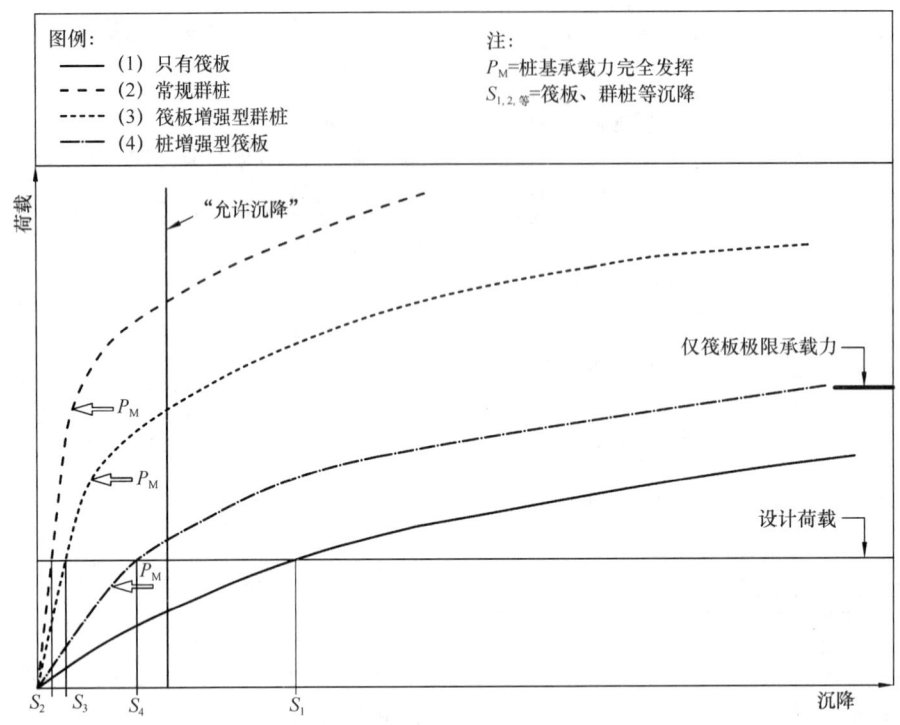

图 56.14　筏、常规群桩和不同类型桩筏的荷载沉降特性

型群桩（曲线 3）和桩增强型筏板（曲线 4）的荷载-沉降曲线。筏板具有相当大的极限承载力，但工作荷载下的沉降被视为过大（如第 52 章"基础类型与概念设计原则"中所述，需要仔细检查"允许"沉降的大小）。传统设计的群桩刚度非常大，其在工作荷载下的沉降远远小于"允许"沉降（如第 55 章"群桩设计"中所述，群桩的传统分析通常明显高估群桩沉降）。筏板增强型群桩（曲线 3）也相对较刚，这是通过在传统设计群桩基础上减少桩数实现的，归功于桩的利用效率更高。桩增强型筏板（曲线 4）比常规群桩和筏板增强型群桩具有更大的沉降，但比筏板的刚度大，可以控制结构的沉降在容许范围内。桩增强型筏板的荷载-沉降曲线在非线性范围内。很明显，如果容许沉降值设置得太小，那么使用桩筏，尤其是"桩增强型筏板"的机会通常会丧失。因此，确定合理的沉降容许值非常重要；第 52 章"基础类型与概念设计原则"（第 3 节）更详细地讨论了这一点。Burland 等（1977）使用术语"减沉桩"来描述桩增强型筏板的概念，他们指出：

传统上，从事群桩设计的工程师会问自己"需要多少桩来承载建筑物的重量？"当沉降是选择桩的前提条件时，设计师也许应该问这样一个问题："需要多少桩才能将沉降减少到可接受的程度？"回答第二个问题的桩的数量总是明显少于回答第一个问题的桩的数量，前提是每根桩的承载力将充分发挥。

针对筏板增强型群桩和桩增强型筏板必须予以明确区分，因为对应的设计理念和方法完全不同。如图 56.15 所示，在筏板增强型群桩和桩增强型筏板之间存在一个中间区，这是需要避免的。由于一系列的荷载工况，如果不能避免，很可能出现一根柱子的支撑较柔而邻近柱子的支撑较刚的情况，从而使结构产生较大的差异沉降。

在筏板增强型群桩或桩增强型筏板中，需要同时考虑两组构件，两组承载力的总和有助于抵抗施加的荷载。然而，考虑的细节在理念上是不同的，需要明确每个组成部分的作用。下文第 56.6 节和第 56.7 节讨论了这些内容。

对于桩增强型筏板，基础的整体极限承载力通

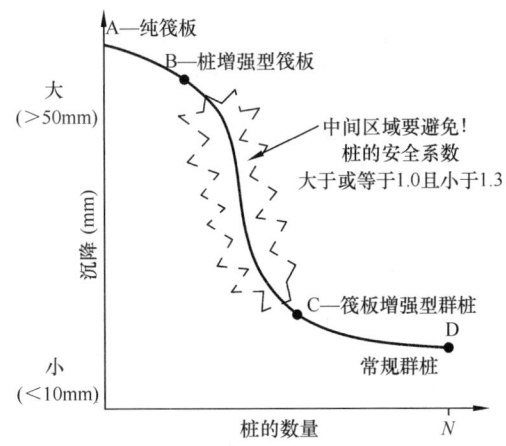

图 56.15　桩增强型筏板与筏板增强型群桩（避免中间区域）

常不是问题，桩的设置是为了减小筏板位移或筏板剪应力的峰值。对于这些情况，通常不需要将桩的承载力单独添加到整体承载力计算中。

然而，对于筏板增强型群桩，考虑两者的主要优点是，额外的筏板承载力允许较少的桩提供相同的整体抗破坏富裕度。显然，筏板构件提供的极限承载力必须与桩的性能匹配，因此可能需要根据两者之间的变形协调性进行减小，见（式56.4）。

筏板和桩筏设计中使用了一些附加术语，包括：

（1）补偿式筏板：参考图 52.1（d），设计为"深箱"的筏，筏内的空间减少了基底压力的净增加值。

（2）补偿式桩筏：参照图 56.16，这种类型的基础位于深基坑内，并且由于覆土应力大大减小，与靠近地表的桩筏相比这种类型的桩筏有附加的设计考虑（在第 56.6 节中讨论）。隆起引起的拉力可能是桩设计和筏板/桩荷载分担的一个问题，应参考第 57 章"地基变形及其对桩的影响"。

（3）蠕滑桩：术语"蠕滑桩"用于描述桩增强型筏板的性能，该筏板位于轻度超固结软黏土上，其中包括足够的桩，以将筏板底的净压力降低至小于软黏土先期固结压力或屈服应力的值（参考第 52 章"基础类型与概念设计原则"，以及图 52.24b）。这是桩筏设计的一个高度专业化的应用。它需要高水平的专业知识才能安全地实施，本章将不再详细讨论。虽然这是桩增强型筏板的特殊应用，但并不是刚刚出现，Zeevaert（1957）描述

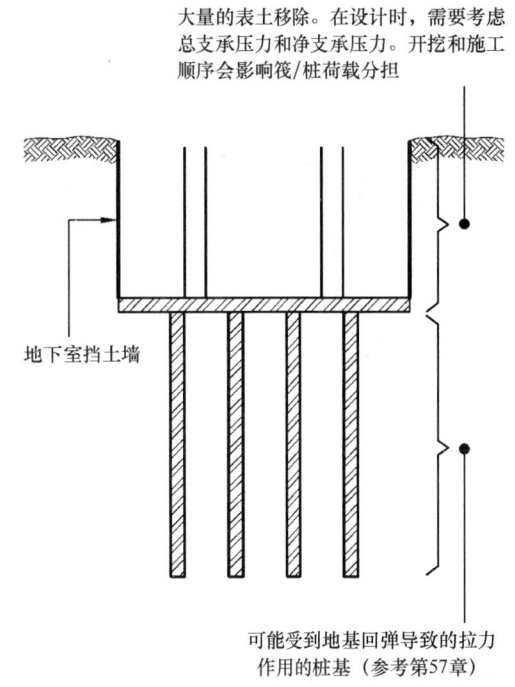

图 56.16　补偿式桩筏

了在墨西哥城可压缩性火山软黏土中使用带摩擦桩的补偿式筏板。

56.5.2　桩筏的适用桩型和场地条件

桩荷载-沉降（刚度）特性的潜在变化对筏板增强型群桩非常重要，而桩极限承载力的变化是桩增强型筏板的关键考虑因素。第 54 章"单桩"讨论了摩擦桩（桩侧摩阻力≫桩端承载力）和端承桩之间的基本区别。有时在同一场地观察到桩极限承载力和桩刚度的差异；这些差异通常是由于桩施工方法的不同（或工艺问题）或整个场地土性质的变化。一些例子如图 56.17 所示。图 56.17（a）说明了冲积土中 CFA 桩的性能，可以看出，尽管极限承载力有很大变化（由于施工方法的变化），但刚度相当接近。然而，图 56.17（b）说明了土中打入桩的刚度和承载力的大幅变化，这在砂质黏土和黏土质砂之间有所不同。这种变化主要是由于当桩端插入"砂土"而不是"黏土"时，桩端承载力的差异很大。如果桩在桩侧阻安全系数介于 1.0~1.3 的情况下工作，则在特定筏板变形时，桩反力可能变化极大，这可能导致筏板的过大不

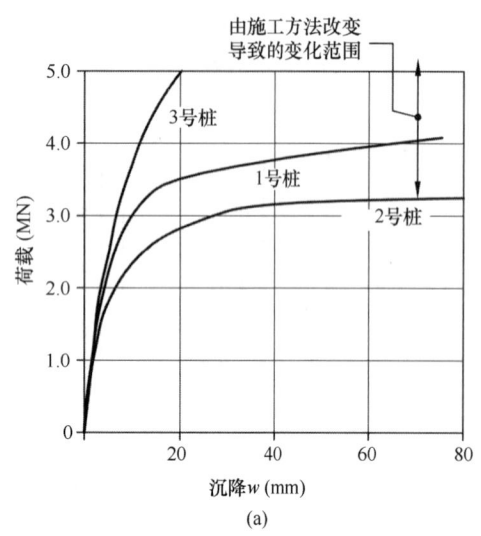
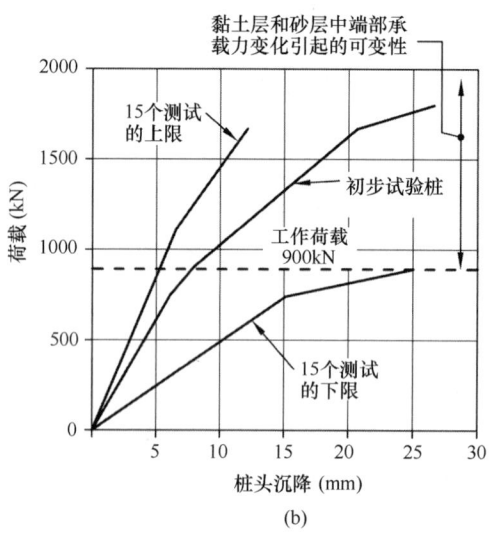

图 56.17　CFA 和打入桩的荷载－沉降曲线示例

(a) 冲积土中 CFA 桩（修改自 Mandolin 等，2005）；(b) 冰碛土中打入桩（修改自 Corke 等，2001）

均匀沉降。许多筏板设计采用各种荷载工况，因此相邻柱之间存在过大不均匀沉降的高风险。图 56.18 表明，当桩侧阻安全系数大于 1.3 时，桩沉降会变得更小，更均匀。因此，它不是整体安全系数（即侧阻力加端阻力），而是主要控制其刚度的桩侧阻安全系数。对于端承桩而言，其刚度和极限承载力往往比摩擦桩的变化更大，因为桩端承性能比桩侧阻性能对场地条件和施工方法的局部变化更敏感。因此，在决定使用筏板增强型群桩或桩增强型筏板之前，必须考虑可使用的桩类型、施工场地的地层条件、桩承载力（尤其是桩增强型筏板）和刚度的潜在变化以及可用于最小化这些变化的方法。筏板增强型群桩通常更能适应场地条件和桩性能的变化；然而，桩增强型筏板通常比筏板增强型群桩更经济。

如图 56.19 所示为筏板增强型群桩和桩增强型筏板，以及最适合其应用的地层剖面建议。筏板增强型群桩可在大多数场地条件中使用，前提是筏板下方的土具有足够的承载力（即硬黏土或密实砂），以确保筏板在整个结构设计寿命内能够可靠地承载一定比例的设计荷载。摩擦桩和端承桩均可使用。对于桩增强型筏板，需要相对均匀的场地条件，通常包括相对较深厚坚硬的均质黏土层。在这些场地条件下，摩擦桩的极限承载力（以及上下限范围）在整个场地上应完全一致（前提是在桩施工期间保持良好的工艺标准），并且其荷载沉

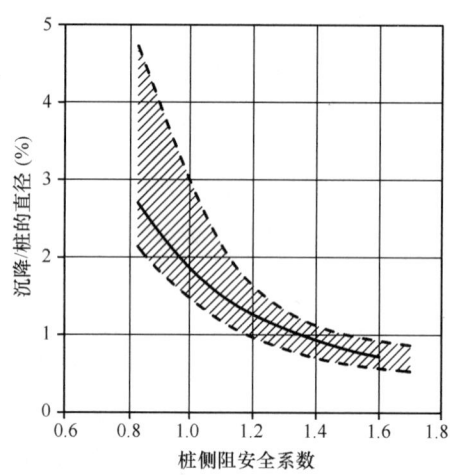

图 56.18　桩沉降与桩侧阻力安全系数

修改自 Corke 等（2000），版权所有

降特性应具有延性。如图 56.19 所示，筏板增强型群桩和桩增强型筏板的起点通常有明显的不同。前者通常是一个大型的群桩，应用价值工程以利用桩承台抵抗施加的荷载。相比之下，后者是一个不符合所有设计标准的筏板，因此使用了一些桩来满足相应的要求。表 56.2 总结了文献中报告的一些桩筏。值得注意的是，其包含的桩筏几何尺寸、场地条件和沉降观测范围较广。桩

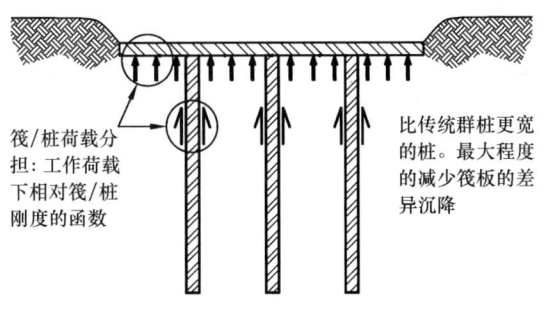

(a)

(b)

图 56.19　筏增强型群桩与桩增强型筏板
(a) 筏板增强型群桩；(b) 桩增强型筏板

筏的长期性能是令人满意的，其应用与传统的基础设计相比具有显著的经济性。

以下场地条件不宜使用桩筏：

（1）地层剖面在靠近筏底部为含有不均匀非工程填土、软黏土或松散砂土，在深部桩端所在处为工程特性较好的土层。在这种情况下，与桩相比，筏板不会提供明显的刚度或承载力。因此，应按常规设计桩。

（2）由于外部原因可能容易发生严重沉降的场地和地层。第 9 章 "基础的设计选型"、第 52 章 "基础类型与概念设计原则"、第 53 章 "浅基础" 均介绍了一些与结构荷载无关的地层明显变形的情况。在采用桩筏基础之前，这些情况应认真考虑。

上述（1）和（2）存在一种特殊风险，即提供给筏板的地基承载力将随着时间的推移而丧失或

选出的桩筏案例 表56.2

建（构）筑物 （参考文献）	地层条件	桩间距 (s/d)	桩长 (m)	筏板宽度 (m)	群桩范围 筏板范围	沉降 (mm)	筏板荷载 (%)
Urawa 大厦 （Yamashita 等，1994）	夹砂黏土	8	15.8	23	0.9	15	51
石桥公园大厦 （Cooke 等，1981）	London 黏土	3.6	1.3	21	0.95	12	23
卡里利亚诺大桥 （Russo 和 Viggiani，1995）	黏土或砂	3.0	50	10.5	0.88	52	20
法兰克福， 商品交易大厦 （Summer 等，1991）	Frankfurt 黏土	3.5~6.0	27~35	59	0.85	140	45
伦敦日本中心 （Katzenbach 等，2000）	Frankfurt 黏土	5.5	22	43	0.45	60	60
柏林 DG 银行大厦 （Katzenbach 等，2000）	Frankfurt 黏土	4~6	30	54	0.52	110	50
海德公园军营 （Hooper，1979）	London 黏土	4.3	25	33	0.72	20~25	40
伊丽莎白女王二世 会议中心[①] （Burland 和 Kalra，1986）	London 黏土	N/A	16	33.5	N/A	16~20	>90
那不勒斯蓄水池 （Mandolini 等，2005）	中密砂	5/5.8	13.7/9.7	12.5/10.5	0.82	10~15 — 29~25	46/50
金丝雀码头南 （Nicholson 等，2002）	硬土（板底） 密实砂（桩端）	4	25.5	25	0.9	45	16

① 基桩是仅仅用来减小个别承担较大荷载结构柱下筏板中剪应力和弯矩的。

严重减少。表56.3总结了设计师需要考虑的关键问题。

56.6 筏板增强型群桩

56.6.1 设计过程

Poulos（2001）概述了桩筏设计的主要步骤：

（1）"概念"设计：评估使用桩筏的可行性和所需桩数以大致满足设计要求（沉降和承载力）。

（2）"初步"设计：评估需要布桩的位置、桩的参数（长度、直径等）和筏板的不均匀沉降。

（3）"详细"设计：确定桩的最佳数量、位置和参数，并详细计算筏板沉降、弯矩和剪力的分布，以及桩荷载、弯矩等。

步骤（1）和（2）应基于对场地条件、适用桩型的预估和相对简单的计算（概述如下）。详细设计阶段将需要适当的分析软件，该软件可以考虑桩、筏、土和上部结构之间的相互作用。这可能不同于上述迭代和相互作用弹簧方法的修改版本，用于评估筏板性能，也可能不同于三维非线性数值模拟。即使使用复杂的分析方法，通常也会有两个独立的模型：一个主要关注结构特性，另一个主要关注土特性。

在概念设计阶段，必须首先考虑：

设计师需要考虑的关键问题　　表56.3

地层条件	是否全面了解场地的水文地质条件，筏板基础地层处持力层是否具有足够的承载力（硬黏土，中密或密实砂层）
地基整体变形	周边场地变形是否会显著发展影响到筏板基础，而这会削弱筏板地基支撑力
筏板基础承载力和沉降	在可预见的荷载条件下筏板基础是否具有足够的承载力（安全系数取2.0）。承载力和沉降量可能的上限值
允许沉降及沉降差	筏板基础沉降是否在容许范围内，允许沉降量是否可增加
桩基类型	在给定场地条件下哪种桩合适，摩擦桩或端承桩？桩的刚度和承载力是否存在潜在的可变性？这种变化是否不可以恢复
桩筏基础	筏板底标高处的地基是否具有足够的承载力，如果筏板基础沉降过大，是否可以采用桩筏基础。筏板的弯矩或剪力过大时，应采用什么形式的桩筏基础：筏板增强型群桩基础或桩基增强型筏板基础
分析要求和设计能力	是否有合适的分析工具？是否有专业员工实施设计工作
补充现场试验	是否要求进行补充现场勘察（例如验证筏板地基的场地条件或者场地密实程度）？桩基补充试验是否需要进行

（1）无桩筏板的性能（承载力、沉降和不均匀沉降）；

（2）无筏板的群桩特性（极限承载力、沉降和不均匀沉降）。

对于上述（1）和（2），相对简单的方法（在第53章"浅基础"和第55章"群桩设计"中描述）是合适的。如果筏板本身的极限承载力仅为所需极限承载力的一小部分，或会受到独立于所施加结构荷载的地基整体变形的不利影响，则常规的群桩设计通常是合适的。然而，如果筏板能够位于合理的、能提供可靠长期承载力的地基上，那么筏板可以用来显著降低达到设计标准（极限承载力、沉降等）所需的打桩要求。

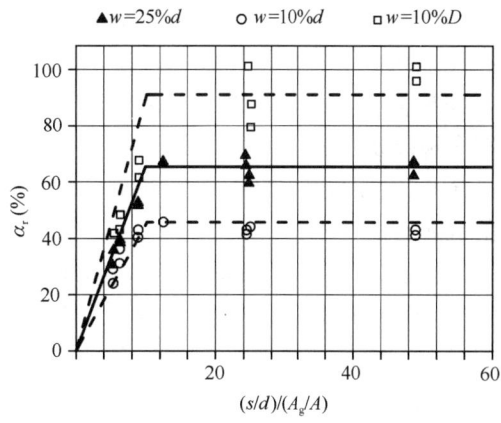

注：w = 桩筏沉降；d = 桩基直径；D = 筏板直径或宽度。

图56.20　桩筏极限承载力系数α_r
与桩间距和面积的关系

修改自 Mandolini 等（2005），版权所有

下一步是评估桩筏组合系统的极限承载力和沉降。该过程的关键部分是在不同荷载工况条件下估算筏板和桩之间的荷载分担。

56.6.2　荷载分担和桩筏性能的简单模型

1. 极限承载力：

竖向承载力可取以下较小值：

（1）包含桩和筏的整体承载力，加上超出群桩的部分筏板承载力；

（2）筏板和桩的极限承载力组合值，如式（56.4）所示。

Mandolini 等（2005）指出，在桩间距较小的情况下，群桩实体破坏可能发生在桩间距小于S_{crit}的情况，其中S_{crit}/d在2.5（3×3群桩）和3.5（9×9群桩）之间变化，d是桩直径。如果桩间距大于S_{crit}，则桩筏极限承载力Q_{PR}可取以下较小值：

$$Q_{PR} = \alpha_R Q_R + \alpha_P Q_P \quad (56.4a)$$

式中，α_R变化如图56.20所示，$\alpha_P = 1.0$。从图56.20可以清楚地看出，α_R的值取决于失效的定义（即"失效"时桩筏沉降的大小）。桩筏沉降等于d的25%时，α_R的极限值为0.65通常适用于该承载力检查，尽管在典型桩间距和群桩几何条件下α_R介于0.3和0.5之间；或：

$$Q_{PR} = f_{PR}(Q_R + Q_P) \quad (56.4b)$$

式中，$f_{PR} = 0.8$（基于 Mandolini 等，2005）。

式（56.4a）或式（56.4b）的较小值应作为基础的极限承载力，用于 ULS 验算。基础的单个构件（即筏板、群桩或单个桩）的极限承载力不需要符合规范要求。

请注意，Q_R 为筏板的极限承载力，Q_P 为群桩的极限承载力。

工作荷载下的荷载分担：根据对 22 个桩筏（主要是伦敦黏土和法兰克福黏土中的桩筏）荷载分担的观察，Mandolini 等（2005）给出了一个有用的筏板荷载分担比（%）与无量纲参数 $(s/d)/(A_g/A)$ 的关系图（图 56.21），s 和 d 分别为桩间距和直径，A_g 为群桩的面积（群桩"整块"的平面面积，即不是所有桩横截面的总和），A 是筏板的面积。通常，筏板承受筏板增强型群桩总荷载的 20%~50%；如果预测的筏板荷载分担超过 50%，则需要谨慎。

根据弹性理论，Randolph（1994）证明了筏板承担的荷载比是

$$\frac{P_r}{P_t} = \frac{P_r}{P_r + P_P} = \frac{(1-\alpha_{rp})K_r}{K_p + (1-2\alpha_{rp})K_r} \quad (56.5)$$

式中，P_r 为筏板承担的荷载；P_p 为桩承担的荷载；P_t 为总荷载；K_r 为筏板刚度；K_p 为群桩刚度；K 为刚度（荷载除以沉降）；α_{rp} 为筏板和桩之间的相互作用系数。

筏板和群桩的刚度可分别采用第 53 章"浅基础"和第 55 章"群桩设计"中所述的方法进行评估。如果桩间距大于 $8d$，则桩与桩之间的相互作用可以忽略不计，群桩刚度将是所有桩刚度的总和，采用第 54 章"单桩"中所述方法估算。

应注意，由于以下因素的影响，筏板和桩之间的荷载分担将随时间而变化：

（1）黏土从不排水状态过渡到排水状态引起的地基刚度变化，以及砂土地基蠕变的影响。通常，这会导致筏板承载的荷载随时间减少。

（2）地下水压力随时间的变化。这对于补偿式桩筏尤其重要，因为浮力通常占总荷载的比例很大，因此筏板承载的总荷载比例更大（如 Sales 等，2010）。

因此，桩筏荷载分担分析需要考虑短期和长期条件下地基刚度的变化，特别是对于补偿式桩筏，还要考虑外加荷载和浮力随时间的变化。例如，在石桥（Stonebridge）公园，筏板最初在施工过程中承载 40% 的总荷载，随着伦敦黏土的固结，长期荷载下减少到 25% 以下。对于筏板和群桩承担的荷载比例随时间变化的情况，必须针对其更大的荷载百分比进行设计，并且必须注意，组合解决方案最终不会比纯桩解决方案或纯筏板更昂贵。

图 56.22 总结了 α_{rp} 随桩间距、群桩尺寸和

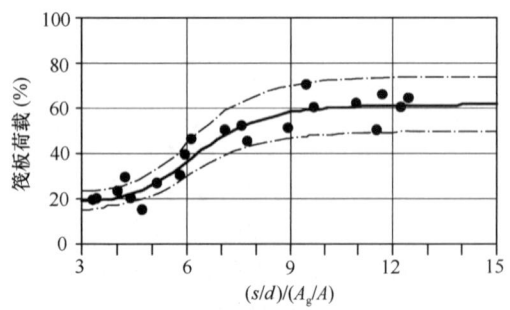

图 56.21 22 个案例中观测到的荷载分担

修改自 Mandolini 等（2005），版权所有

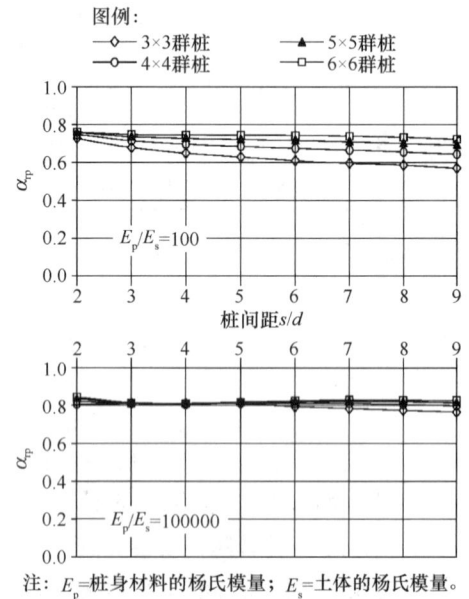

注：E_p=桩身材料的杨氏模量；E_s=土体的杨氏模量。

图 56.22 桩筏相互作用系数（α_{rp}）与桩间距和群桩尺寸的关系

数据取自 Clancy 和 Randolph（1993）

土-桩刚度的变化。可以看出，α_{rp}仅在0.65~0.8之间的小范围内变化（Randolph，1994）。

Poulos（2001）建议采用简化的三折线荷载-沉降曲线进行初步分析，如图56.23所示。对于简单的初步计算可以假设筏板和群桩的性能为线弹性，在这种情况下，桩筏的刚度K_{pr}为：

$$K_{pr} = [K_p + (1 - 2\alpha_{rp})K_r]/[1 - (\alpha_{rp})^2 (K_r/K_p] \quad (56.6)$$

在施加总荷载P_1（图56.23）下，群桩承载力充分发挥，如下所示：

$$P_1 = (Q_p)/(1 - P_r/P_t) \quad (56.7)$$

式中，P_r/P_t使用式（56.5）计算，Q_p为群桩的极限承载力。

对于荷载超过P_1的情况，桩筏的刚度仅等于筏的刚度（K_r），直到达到桩筏的极限承载力（根据式（56.4））。筏板和群桩之间的相对刚度控制荷载分担、筏板增强型群桩的整体刚度和P_1的大小，如图56.23所示。筏板刚度K_r和群桩刚度K_p的合理上下限需要仔细评估，以便在式（56.5）和式（56.6）中应用（图56.24）。

强烈建议对任何桩筏计算简化的整体荷载沉降响应。在后期设计阶段，筏板和桩的构件性能可通过非线性弹性模型来计算。筏板增强型群桩应在设计荷载≤P_2的三折线荷载-沉降曲线（图56.23）的初始相对刚性阶段工作，而桩增强型筏板应在荷载-沉降曲线的"较软"第二阶段（设计荷载>P_3）内工作。对于施加的合理荷载范围，筏板增强型群桩响应不得穿过图56.23中的P_1。为降低穿越P_1的风险，应将发挥系数应用于极限群桩承载力Q_P。对于摩擦桩和端承桩，合适的系数分别约为0.75和0.6。发挥系数不应与安全系数混淆：它只是确保筏板或桩荷载分担（和相关结构内力）限制在合理可预测范围内的实用参数。传统设计的大型群桩通常具有超过2.5~3.0的整体安全系数。假设筏板承载约30%的总荷载（相当典型的值），则上述发挥系数通常允许桩的数量减少到常规设计群桩数的1/2~2/3。

56.6.3 桩筏相互作用

Randolph（1994）、Poulos（2001）和Katzenbach等（1998）的参数研究为桩筏特性提供了有用的见解，表56.4总结了桩筏特性的一些关键要素。一般情况下，桩筏的各种构件之间会发生非常复杂的相互作用。图56.25总结了这些情况，图中显示了非均匀荷载作用下位于地基上的桩筏示意图。图中显示了以下相互作用：

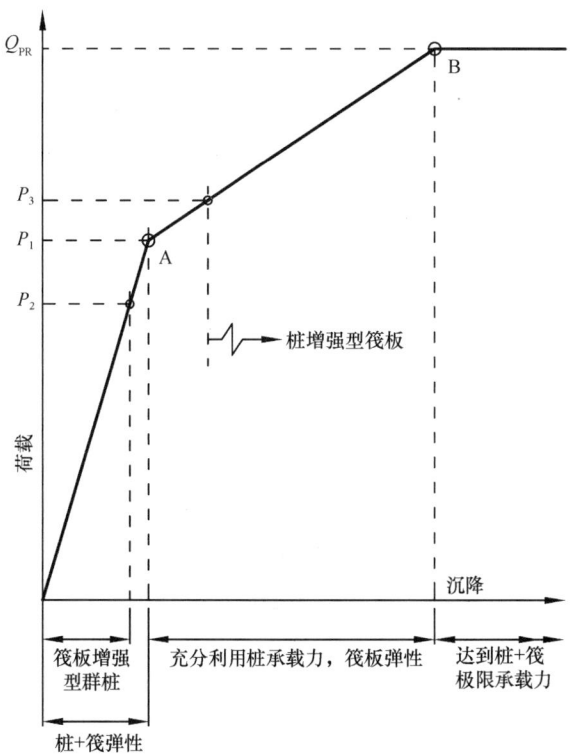

图56.23 桩筏的简化荷载-沉降曲线

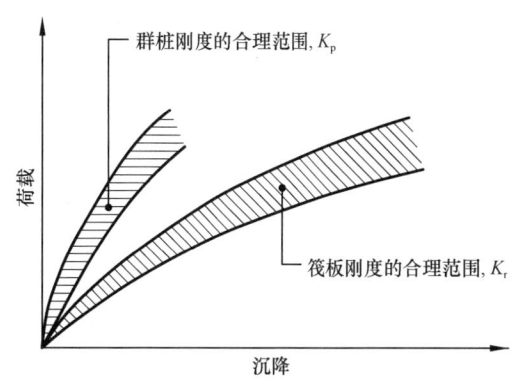

图56.24 筏板增强型群桩，桩筏相对刚度的关键设计检查

影响桩筏受荷性能的因素　　表56.4

设计要点	注释
桩数	一旦超过临界值，通过增加桩数提升的基础性能是有限的
桩位	通常，为获得最佳效果，应将重点放在最重荷载柱下方和筏板中部区域
桩长与间距	少量的长桩比大量的短桩更有效。尽可能加大桩间距，通常大于$4d$
筏板厚度	较厚的筏板将减少不均匀沉降，但以产生更高的弯矩为代价。筏板厚度对荷载分担和最大沉降的影响可以忽略不计
荷载分布	对不均匀沉降和筏板弯矩的评估非常重要，对最大沉降和筏板/桩荷载分担的影响可以忽略不计
土-结构相互作用分析	大多数方法往往会高估桩承担的荷载比例，从而低估筏板承担的荷载。因此，筏板的结构设计需要谨慎。复杂的二维分析可能不如考虑问题本质的三维效应的近似方法精确

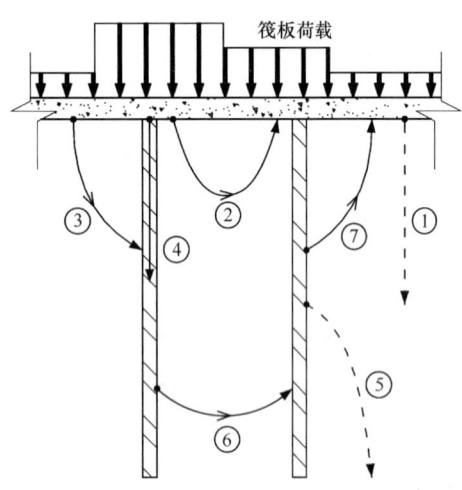

图 56.25　桩筏不同构件之间的相互作用

（注：数字的意义见正文叙述）

① 筏-土相互作用：筏与土之间的接触应力传递到土中，筏板发生沉降。

② 筏-土-筏相互作用：不同位置处筏板单元通过地基土发生相互作用。

③ 筏-土-桩相互作用：筏板接触应力也通过地基土传递并与桩相互作用。

④ 筏-桩相互作用：荷载通过筏板直接传递到桩身。

⑤ 桩-土相互作用：桩荷载分散到桩周土地基。

⑥ 桩-土-桩相互作用：桩通过地基土与其他桩相互作用。

⑦ 桩-土-筏相互作用：桩通过地基土与筏板底部也会发生相互作用。

筏板增强型群桩性能的综合分析需要复杂的三维数值模拟，其中需要包括：

- 土的非线性应力-应变模型：如第55章"群桩设计"中所述，基于小应变非线性模型可获得更经济的群桩设计，因为桩之间的相互作用效应更真实地被模拟（并且将低于线性弹塑性土模型的预测）。同样，桩与筏板之间的相互作用效应也将得到更真实的预测。
- 下部结构刚度的合理模拟：如第56.2节所述，由于上部结构的影响，筏板的"有效"刚度通常相对较高。
- 土-筏和土-桩之间的界面单元：需要选择适当的强度和刚度参数，否则可能出现结构内力的错误预测和存在潜在不安全的结果（例如，参考图56.2）。

上述要求具有挑战性，需要具备相应资历的专家提供重要意见。仔细校准以下复杂模型非常重要：

（1）检查筏板和单桩的荷载-沉降特性是否真实模拟；

（2）检查纯群桩的荷载-沉降特性（无筏板贡献）是否真实模拟；

（3）类似筏板增强型群桩案例的反分析。

Poulos（2001）报告中的一个重要发现是，大多数土-结构相互作用分析（通常假设筏板下地基土为线弹性或线弹性理想塑性材料）低估了筏板在工作荷载下所承受的荷载。这可能是由于非线性小应变刚度的影响，这将改变工作荷载下的土-结构相互作用特性，并导致筏板的初始荷载-沉降响应更刚（Jardine 等，1986）。因此，式（56.5）中的筏板刚度 K_r 通常高于传统线弹性方法和土刚度相关性的估计值。正如 O'Brien 和 Sharp（2001）

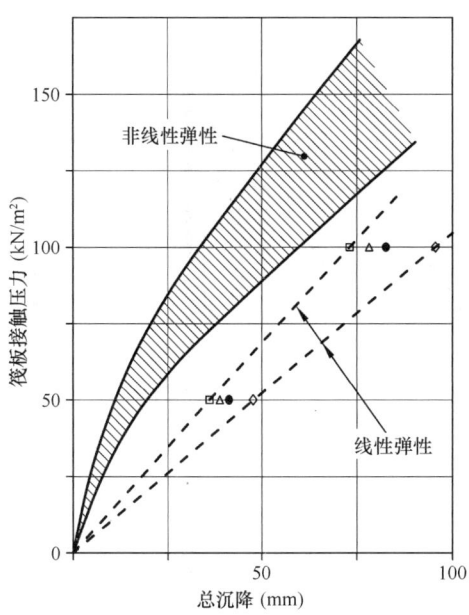

图 56.26 小应变非线性对筏板沉降的影响
修改自 O'Brien 和 Sharp（2001），Emap

所讨论的，改进的一维方法（第 53 章 "浅基础"）提供了一种简单实用的方法来评估非线性的影响，如图 56.26 所示。这表明，在适度的沉降（25～50mm）下，典型的筏板增强型群桩，非线性方法得到的筏板刚度几乎是线弹性方法给出值的两倍，而近似的刚度值则出现在沉降较大时（因为通常在线弹性方法中使用的经验推导刚度是从沉降相对较大的筏板中推导出来的，即该模量值对应于土体"大应变"刚度）。

当桩间距小于 $6d～8d$（d 为桩径）时，会发生桩-土-桩相互作用，这种情况通常适用于筏板增强型群桩。因此，筏板下方的桩将有效地作为一个整体。桩-土-桩相互作用效应在第 55 章 "群桩设计"中讨论。群桩中的外围桩将比中心桩的刚度更大，因此承担更多的荷载。因此，对于有效设计的群桩，尤其是在筏板增强型群桩中，周围的一些桩必然接近完全发挥其极限承载力。反过来，这意味着在详细设计中需要使用非线性方法（非线性效应在第 55 章 "群桩设计"中讨论）。然而，如上所述，群桩的极限承载力不应在筏板增强型群桩中完全发挥。如下所述，这将简化分析和设计。

Burland（1995）和 Katzenbach 等（2000）的研究表明，与 "传统"桩相比，筏-桩相互作用如何改变筏板下桩的性能（即筏板与土没有接触），以及筏板下的接触应力如何被桩改变。

分别针对直径 1m、长度 20m 的独立单桩和一个非常宽的刚性筏基下相同单桩，Burland（1995）介绍了一个初步的数值研究（后来扩展），对比了两根单桩加载至侧摩阻力完全发挥时的受荷特性，如图 56.27（a）所示。研究了三种类型的地基土：（1）均质、理想线弹塑性土；（2）刚度随深度增加、理想线弹塑性土；（3）非线性理想弹塑性土。类型（2）和（3）代表了多数实际地层情况。假设为完全排水条件，最大桩侧摩阻力为 50kPa，相当于不排水强度的一半（$\alpha=0.5$）。图 56.27（b）显示了独立单桩的荷载/沉降特性，与上述三种类型地基土筏板下桩的荷载/沉降特性进行了比较。可以看出，对于类型（2）和（3），与独立单桩相比，筏板下单桩抗力的发挥稍慢。图 56.27（c）显示了筏板下无量纲化沉降与深度以及筏板下刚性桩的相对位移（桩与土之间）的关系图。桩侧摩擦力的充分调动需要土和桩之间一定量的相对位移（通常在 5～10mm）。对于筏板下的桩，相对位移从桩顶的零到桩尖的最大值不等。随着筏板沉降的增加，桩端的侧摩阻力被调动，并随着筏板沉降的增加而逐渐向上扩展。桩身摩阻力的移动速率主要取决于地基土刚度随深度的变化。当地基土刚度随深度快速增加时（实际中经常出现），桩身摩擦力的调动将比刚度随深度不变的情况更快。然而，在靠近桩顶的一个小区域，桩身摩擦力没有被完全调动。

图 56.28 给出了类型（2）土层中单桩和筏板下相同单桩在沉降为 50mm 时的桩周土体竖向剪应力分布。很明显，两个桩之间的差异很小，但筏板下桩周应力稍集中些。在半径约为 6 倍桩直径的范围内，竖向剪应力已减小到桩侧摩擦力的 5%。值得注意的是，在筏板下方的桩顶附近，由于筏-土-桩的相互作用，桩身侧摩阻力没有被完全调动。

筏板下的桩也影响筏板的性能。摘自 Katzenbach 等（2000）的图 56.29 显示，筏板下侧的接触应力在桩身周围局部减小（在桩中心线的 $2D～2.5D$ 范围内，其中 D 是桩直径）。

Katzenbach 等（2000）评估了非线性应力应变特性对桩筏相互作用的影响。图 56.30 总结了两个

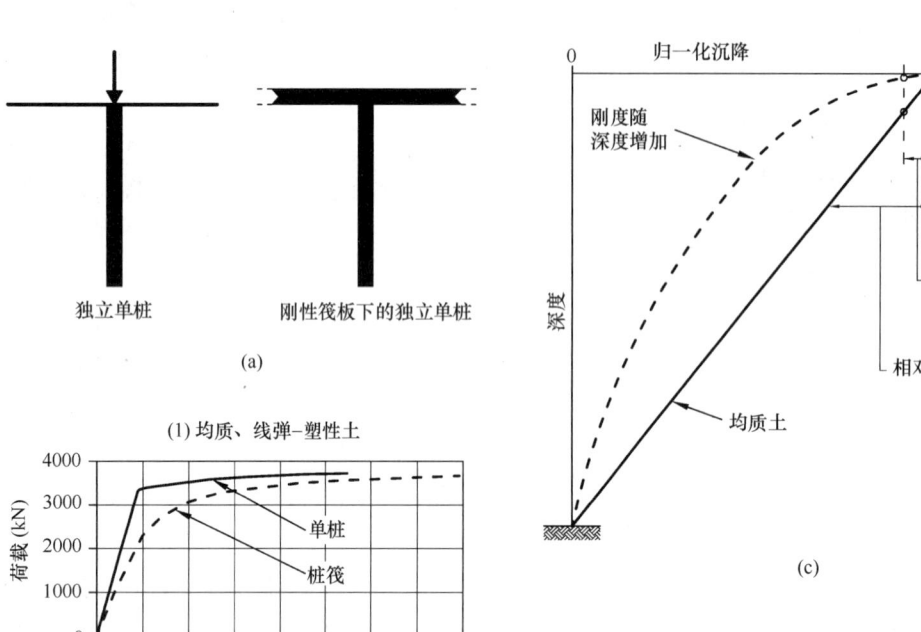
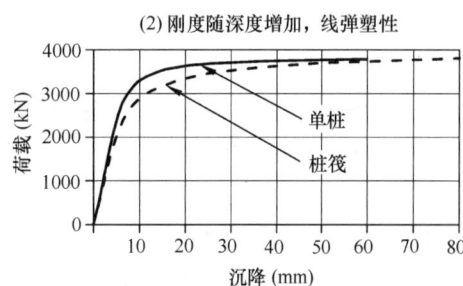
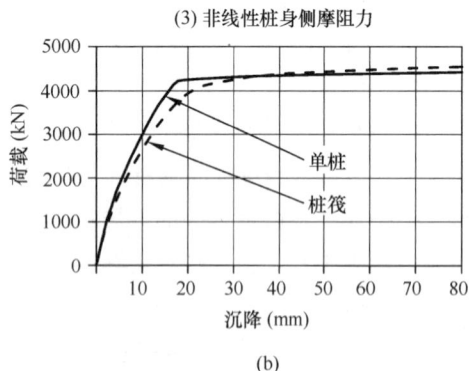

图 56.27 筏 – 土 – 桩相互作用对桩沉降特性的影响

(a) 考虑的情景；(b) 调动的荷载 – 沉降曲线，三类地基中单桩与刚性筏板下单桩的对比
（注意，筏板沉降＝筏板总沉降 – 远场处桩端深度处的沉降）；(c) 宽筏板下土和桩的相对位移

修改自 Burland (1995)，版权所有

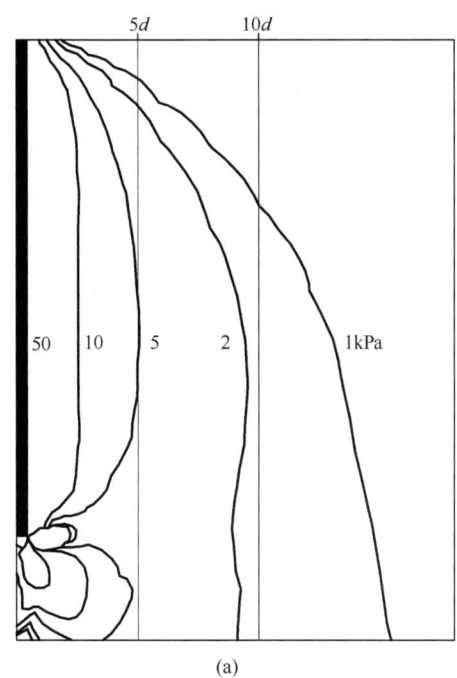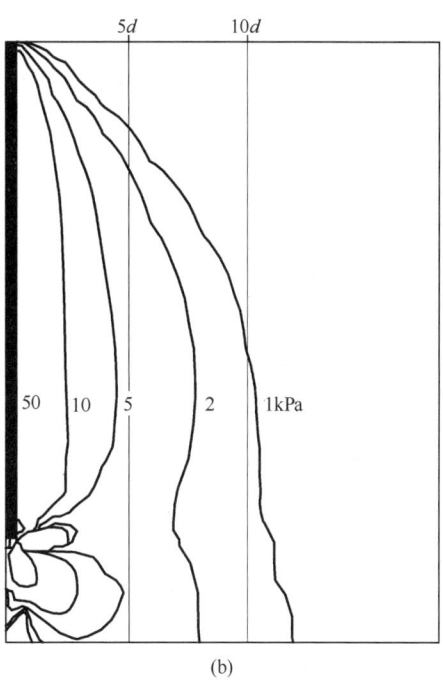

图 56.28　桩基沉降为 50mm 时，刚度随深度增加的线弹性
理想塑性土层中桩周竖向剪应力的等值线

(a) 独立单桩；(b) 刚性筏板下的单桩

修改自 Burland (1995)，版权所有

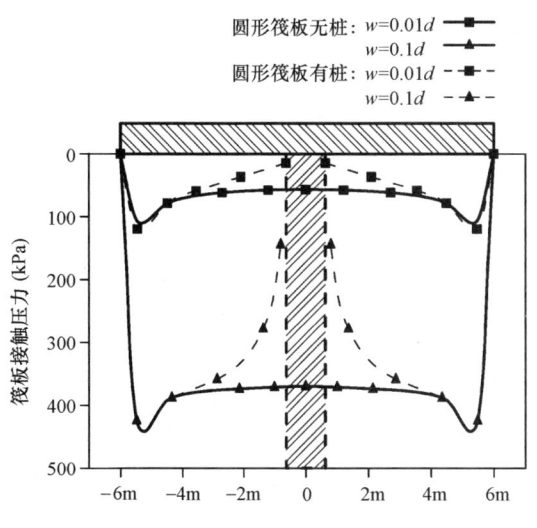

图 56.29　桩-土-筏相互作用对桩筏
下接触应力分布的影响

修改自 Katzenbach 等 (2000)，版权所有

桩筏的荷载沉降特性。两个筏板都是 45m 宽，建在一层深厚的硬黏土上。模型 M1 有 64 根桩，模型 M2 有 16 根桩。模型中考虑了筏板和群桩的非线性荷载沉降特性。图 56.30(c) 总结了 M1 和 M2 的桩和筏板之间的荷载分担。可以看出，在施加的荷载范围内 M1 的筏板荷载分担比是恒定的。图 56.30(a) 表明 M1 的群桩极限承载力大于施加的荷载。对于模型 M2，荷载分担也是相对恒定的，直到群桩极限承载力完全发挥（如图 56.30b 和图 56.30c 所示，超过 A 的荷载）。在较大的荷载作用下，筏板和桩之间的荷载分担表现出明显的非线性。因此，如果群桩承载力没有充分发挥，那么筏板增强型群桩的分析可以简化，因为非线性对桩/筏板荷载分担的影响可以忽略不计。因此，可以假设如图 56.22 所示的弹性相互作用系数在实际设计中足够准确。

56.6.4　桩筏中桩的最佳布置和数量

Randolph（1994）和 Katzenbach 等（1998）的研究为筏板增强型群桩的布置和桩数优化提供了一些有用的参考。图 56.31 绘制了相对沉降（桩筏与无桩筏板沉降之比）与桩数量及其长径比（L/d）的关系图。在本例中，常规群桩设计需要 50 根桩。布置 10 根桩可显著减少沉降，特别是当这些桩相对较长（$L/d > 20$）时；然而，使用 20 根

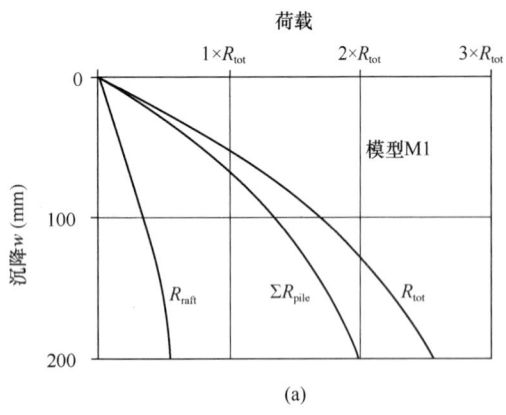

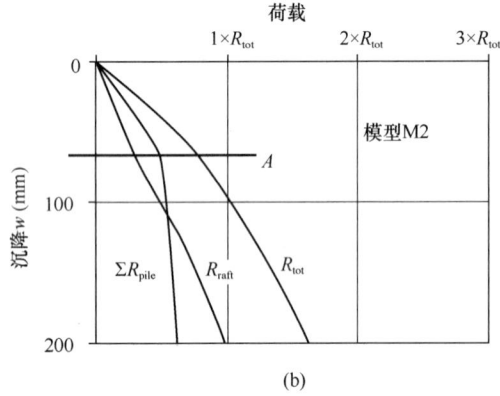

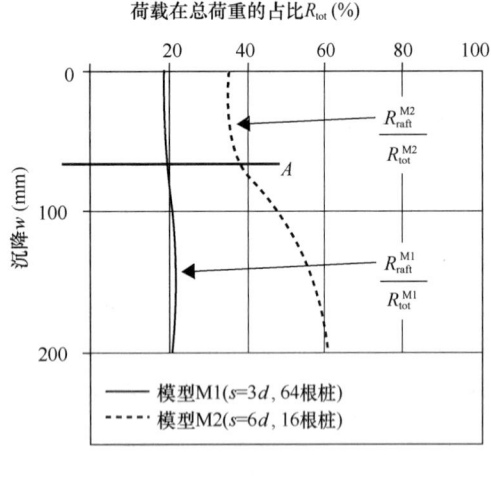

图 56.30　群桩承载力对筏板和
群桩之间荷载分担的影响

(a) 模型 M1；(b) 模型 M2；
(c) 筏/桩荷载分担

修改自 Katzenbach 等（2000），版权所有

以上的桩只能轻微减少沉降。对于非常大的群桩也观察到了类似的规律。Viggiani（1998）对伦敦石

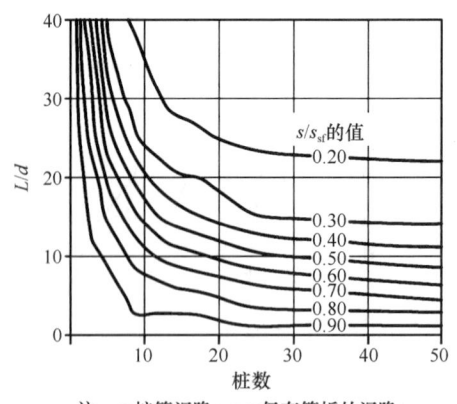

注：s=桩筏沉降；s_{sf}=仅有筏板的沉降；
L=桩长；d=桩径。

图 56.31　桩筏相互作用关系
（沉降减少与桩长和桩数的关系）

桥公园大厦的群桩进行了反向分析（含有 350 根直径 450mm、长 13m 的桩），发现桩数减少到原始值的 1/3（即 117）只会导致沉降量的小幅度增加（约 5~10mm）。然后，筏板将承载大约 20%~25% 的建筑荷载。

传统的群桩设计方法倾向于在筏板下均匀布桩。桩将减少总沉降，总沉降降低将减小不均匀沉降。一种更直接有效的方法是使不均匀沉降直接最小化的布桩。桩筏中桩的最佳位置主要取决于所施加的结构荷载是均匀分布（例如通过刚度较大的下部结构）还是集中在少量荷载大的柱下。对于均匀分布的荷载，不均匀沉降的控制原则如图 56.32 所示：如果少量桩位于筏板中心区域下方，则可将不均匀沉降降至最低。均布荷载下相对较柔的筏板有"下垂"趋势。通过将桩布置在中间的位置，可以减少下垂。同样，对于刚性筏板，边缘附近会产生集中的接触应力。再次，通过将桩布置在筏板中心附近，可以实现更均匀的接触应力分布，从而减少筏板弯矩和剪应力。来自 Randolph（1994）的图 56.33 显示了这种方法有效性的一个例子。与无桩筏板相比，常规群桩（81 根直径为 0.8m、长 20m、间距为 $5d$ 的桩）减少了少量不均匀沉降。相比之下，仅在筏板中心 1/3 处布置 9 根直径为 1.5m、长度为 30m 的桩，可更有效地减少各种荷载下的不均匀沉降。对于上部结构产生的集中荷载，Poulos

(2001)提供了一组线弹性解,这可能对初步分析有用。与均布荷载相比,集中柱荷载会产生较大的筏板弯矩,而筏板/桩荷载分担和总沉降几乎不受影响。筏板钢筋的细节需要仔细考虑。筏板钢筋和从下面的桩伸上来的钢筋之间的连接通常是一个问题。如果筏板钢筋特别多,则需要特别小心地定位桩的主筋,以保证其具有同样的正交方式,例如,在桩的上部使用矩形钢筋笼。

在实际工程设计中,图 56.31~图 56.33 中给出的示例相当理想化;然而,重要的实际结论是为了尽量减少总沉降和不均匀沉降,在筏板中心区域使用数量较少的长桩通常比在整个筏板下均匀布置大量短桩更加有效。

56.6.5 补偿式桩筏

当桩筏位于深基坑底部时(称为"补偿式桩筏"),其特性与位于地表附近的桩筏在如下方面有所不同(如 Sales 等,2010 所述):

- 补偿式桩筏沉降较小;
- 桩仅分担较小比例的荷载,筏板分担的荷载比例较大;
- 桩的性能以及筏板和桩之间的荷载分担将根据开挖和桩施工顺序发生变化;
- 浮力的存在和大小(由于筏板位于地下水位以下)将显著影响整体性能,并且筏板荷载对浮力的大小特别敏感。

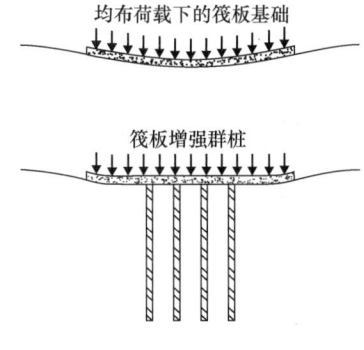
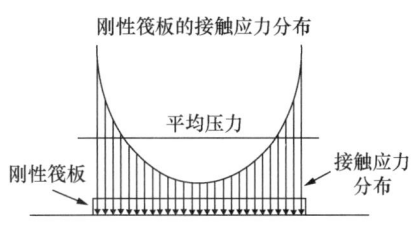
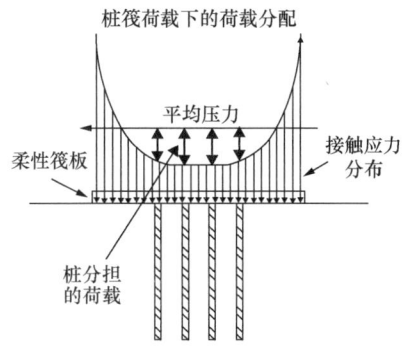

图 56.32 均匀荷载下桩筏的桩位优化

修改自 Randolph(1994),版权所有

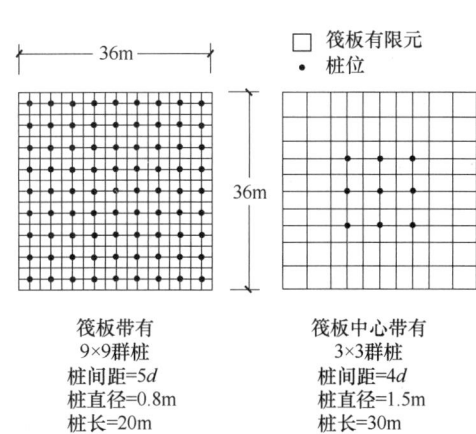
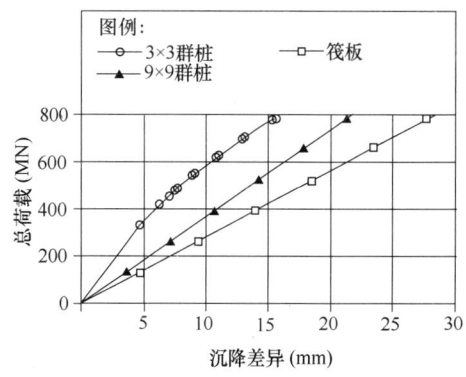

注:差异沉降为筏板角点和中心处的沉降差。

图 56.33 群桩布置对筏板不均匀沉降的影响

修改自 Randolph(1994),版权所有

补偿式桩筏案例——海德公园兵营　　　　　表 56.5

施工阶段	时间（月）	土的条件	荷载（MN）			土和地下水	
			结构		活载	开挖土	浮力
			恒载				
			筏	结构			
1A	2.5	不排水	22	—	—	-77.3	—
1B	4.4	不排水	22	37.7	—	-77.3	-0.99
1B	8.5	不排水	22	47.3	—	-77.3	-11.14
1B	10.25	不排水	22	70.7	—	-77.3	-15.42
2	12.7	不排水	22	103.5	—	-77.3	-21.5
2	15.7	不排水	22	159.3	—	-77.3	-28.96
2	18.8	不排水	22	168.8	—	-77.3	-29.7
2	24.8	不排水	22	205	—	-77.3	-29.7
3	>24.8	排水	22	206	17	-77.3	-29.7

数据取自 Sales 等（2010）。

表 56.5 显示了伦敦海德公园兵营建筑荷载与开挖土重量和地下水浮力的对比。Hooper（1973）描述了该工程案例，Sales 等（2010）对其进行了反向分析。地下室深约 9m，地下水位约位于地表下 4m。本工程开挖土重约占结构总荷载的 32%，开挖土重加浮力约占结构总荷载的 44%。显然，对于补偿式桩筏，任何忽略开挖土重量和浮力影响的分析都会给出错误的桩筏性能预测。施工过程的建模应分为以下几个关键阶段：

第 0 阶段：开挖至筏板底面。

第 1A 阶段：筏板混凝土浇筑，湿混凝土将在开挖基坑底部施加荷载。在这个阶段，筏板是完全柔性的，"桩筏"是无效的。砂土地层的沉降可能在混凝土硬化之前基本完成，而对于黏性土层，在筏板混凝土硬化之后产生部分不排水沉降和随时间变化的固结沉降（从而使桩筏在一定程度上分担荷载）。

第 1B 阶段：在筏板硬化后，在起作用的桩筏上进行结构的后续施工，筏板和桩之间将进行荷载分担。在这一阶段，结构的重量小于开挖土的重量和浮力；只有在 1B 阶段结束时，净有效重量才为正。

第 2 阶段：在整个阶段，结构重量超过开挖土的重量加上浮力。产生的地基沉降增量应基于净荷载，即结构重量减去开挖土重量和浮力。相反，通过筏板和桩传递的荷载应仅基于结构的重量。

第 3 阶段：这是土固结后的长期状态。

桩身竖向荷载将直接受到施工顺序的影响。如果在地下室大开挖之前打桩，则由于桩的短期隆起，桩内将产生隆起导致的拉力（这在第 57 章"地基变形及其对桩的影响"中讨论）。如果桩体是在地下室基坑开挖后施工，则不会在桩体中产生短期隆起导致的拉力。在第 1 阶段，当结构物重量小于开挖土的重量和浮力时，地基土竖向变形将包含两部分：由于结构物施工荷载增加而产生的不排水沉降，以及由于开挖导致的底部竖向净有效应力减小而引起的随时间增加的隆起（即向上移动）。整体"净"效应（即整体向下或向上运动）将取决于土的渗透性，而不是施工速度。如果土相对透水，则会有净向上运动，而对于相对低渗透性土，则会有净向下运动。对海德公园营房的反分析，Sales 等（2010）使用了连续模型（筏板采用有限元，土和桩采用边界元）。假定筏板下方的土体为线弹性-理想塑性材料。为了与观测到的响应一致，以下几点很重要：

（1）筏板正下方土体的"弹性"模量增加（从约 57MN/m^2 增加到 284MN/m^2，即高出 5 倍，接近非常小的应变对应的模量 E_o 或 E_{max}，参见第 52 章"基础类型与概念设计原则"）。

（2）增加筏板的抗弯刚度，以等效上部结构剪力墙的加强效果；实际筏板厚度为1.5m，但在模型中局部增加到10m，以模拟地下室结构更高的有效刚度。

地下水压力随时间的变化通过假设浮力从第4个月（开挖后）线性增加到第16个月后的全部浮力来模拟。这是一种简化的方法，可以考虑硬黏土中的超静孔隙水压力随时间消散。对于其他（渗透性更强的）土，这种情况可能发生得更快。

56.6.6　水平荷载作用的筏板增强型群桩

筏板底面可能产生摩擦，这意味着筏和桩之间可以以与垂直荷载类似的方式分担水平荷载。然而，需要更谨慎的方法以确保桩的结构足够坚固，以抵抗承担的水平荷载。否则，桩可能会以脆性和渐进的方式失效。水平荷载的关键方案是仔细评估作用在筏板底的下限接触应力。这可能发生在靠近筏板底面的下限土体刚度（因此相对"较软"的筏板刚度）和深层的上限土体刚度（因此相对较刚的群桩基础）。在第55章"群桩设计"中介绍了群桩在水平荷载作用下的性能。

56.7　桩增强型筏板

56.7.1　简介

第56.2节和第56.3节分别描述了分析筏板基础沉降和结构性能的方法。通常，对于筏板基础来说，承载力不是限制因素。当分析表明沉降（总沉降或差异沉降）过大或局部超过筏板的结构抗力时，必须考虑如何改进设计。筏板的结构性能可以通过增加其厚度来改善。然而，这可能代价高昂。此外，为了避免开挖深度的变化，局部加厚相关的加固细节可能很难实施，成本也很高，所以局部加厚通常是不可取的。

减少沉降通常需要桩。传统的桩基设计方法基本上是基于提供足够的抗承载力破坏安全系数。正如第56.1节所指出的，这导致了"需要多少桩来承载建筑物的重量？"因此，本质上是一个极限沉降问题转化为承载力问题，这可能导致造价非常高的解决方案。当沉降是控制因素时，更合适的问题是"需要多少桩才能将沉降减小到可接受的量？"采用足够数量的桩以限制沉降的方法也可用于控制筏板中的不均匀沉降、弯矩和剪应力。按照这些目标设计的筏板称为桩增强型筏板。注意，这一术语比最初由Burland等（1977）和Burland（1995）提出的减沉桩更合适。

56.7.2　桩的荷载沉降延性特性

垂直打入桩用于桩增强型筏板，其基本要求是其荷载-沉降特性应具有延性。黏性土中的垂直桩通常是这种情况。正如第22章"单桩竖向承载性状"所指出的，轴向阻力本质上是一种摩擦现象，一旦完全发挥，通常不会随着位移的进一步增加而发生显著变化。下面给出了在各种黏土上进行桩试验的一些例子。

Reese和O'Neill（1988）给出了黏土中垂直钻孔桩的大量荷载沉降结果。这些表明，承载能力在约10mm的沉降处充分发挥，然后随沉降的增加而承载力保持大致不变。Whitaker和Cooke（1966）对伦敦黏土中钻孔桩的经典研究结果与桩增强型筏板非常相关。图56.34显示了伦敦黏土中扩底钻孔桩的试验结果，其中使用荷载传感器将桩端阻力与

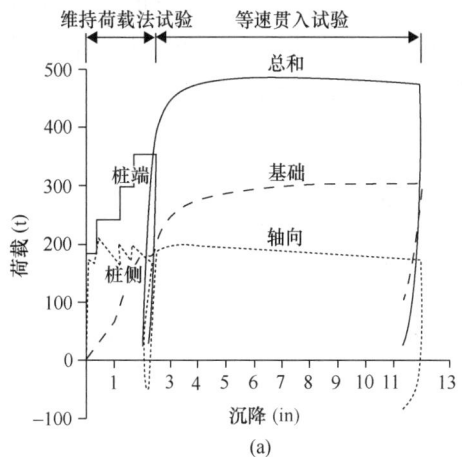

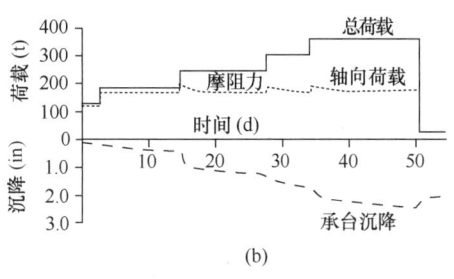

图56.34　伦敦黏土中安装传感器扩底钻孔桩的载荷试验。桩长12.2m，桩径0.79m，底部扩大头直径为1.68m（Whitaker和Cooke，1966）

桩侧阻力分开。对于试验的第一部分，将荷载分级施加在桩上，每级荷载保持恒定，直到沉降几乎停止。在某些情况下，荷载保持恒定 15 天或更长时间。试验的第二部分包括对桩进行恒速贯入试验，以确定其极限承载力。图 56.34(a) 中的实线显示了试桩整体的荷载沉降特性。

图 56.34(a) 和图 56.34(b) 中标有"桩侧"的虚线显示了桩侧的实测荷载沉降特性。很明显，桩侧的承载能力在非常小的沉降（小于 10mm）下充分发挥。荷载-沉降曲线的"锯齿"形状是值得关注的。当向桩施加额外的荷载增量时，桩身承载的荷载最初增加，然后随着沉降的发生而减少，如图 56.34(b) 所示。桩侧所承载的荷载临时增加是一种"速率效应"，这是由于随着时间的推移，最初的沉降速率很高（Burland 和 Twine，1988）。随着沉降速率的稳步降低，桩侧所承载的荷载也会随着桩侧阻力的减少而降低到原来的值。可以看出，随着沉降的增加，桩侧阻力被充分调动并保持恒定，证实了桩侧性能的延性性质。Whitaker 和 Cooke 报告的所有桩试验结果都显示了类似的性质。如第 22 章"单桩竖向承载性状"所述，图 56.34(a) 中值得注意的是，对于超过约 170t 的工作荷载，桩在充分调动桩侧承载力的情况下工作。全世界一定有成千上万的大直径钻孔桩以这种令人满意的方式工作。

图 56.35(a) 显示了在英格兰 Pentre 得到的软弱低塑性黏土中直径 762mm，长 55m 打入开口管桩的荷载-沉降特性（Cox 等，1992）。虚线表示测得的桩的弹性压缩。可以看出，峰值阻力在约 10mm 的相对沉降（总沉降减去弹性压缩量）处形成。此后，对于约 60mm 的额外沉降，承载力略有降低，降低不到 10%。

图 56.35(b) 显示了在英格兰 Tilbrook Grange 得到的硬土覆盖的牛津黏土中直径 762mm、长 33.5m 的打入开口管桩的荷载-沉降特性（Cox 等，1992）。其特性与 Pentre 软黏土中的桩极为相似。峰值阻力在约 10mm 的相对沉降处形成，此后随着沉降增加到 70mm 以上，承载力略有降低。

总之，桩身阻力本质上是一种摩擦现象，因此，只要垂直于桩身作用的有效应力没有显著变化，桩身阻力是永久可靠的。在黏性土中对等截面打入桩和钻孔桩的大量试验结果表明，桩身阻力在约 5mm 和 10mm 的沉降处充分发挥，而在较大沉降

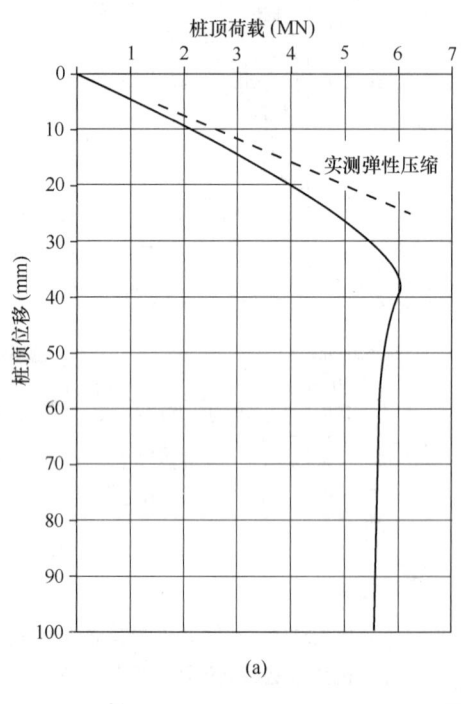
(a)

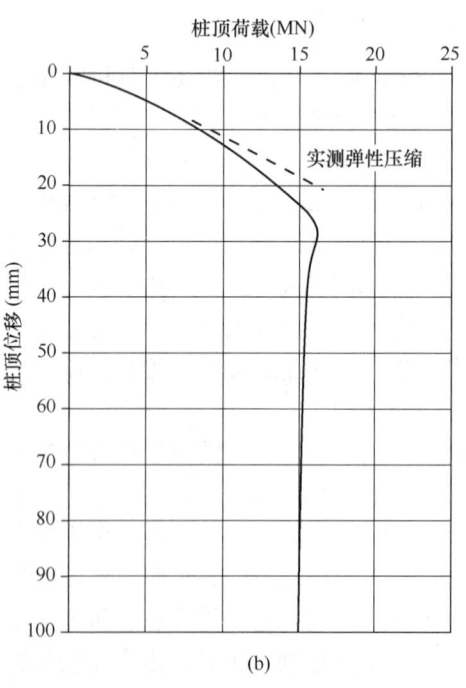
(b)

图 56.35

(a) 位于 Pentre 的直径 762mm，长 55m 的桩打入至正常固结硬塑黏土的开口管桩载荷试验；
(b) 位于 Tilbrook Grange 的直径 762mm，长 33.5m 的桩打入至超固结牛津黏土的开口管桩载荷试验

时，桩身阻力几乎没有减少或增加。如果建议使用桩增强型筏板，则应谨慎地对建议类型的桩进行大沉降的荷载试验，以确认荷载沉降特性具有足够的延性。

56.7.3 桩增强型筏板性能的基本机理

回到前面提出的问题，但稍作扩展：

为了将筏板的沉降（总沉降和差异沉降）或应力降低到可接受的水平，需要多少桩及如何布置？

这个问题是桩增强性筏板设计的核心。

首先讨论将沉降量限制在可接受范围内所需的桩数问题。图 56.36(a) 和图 56.36(b) 分别显示了深厚黏土层上的筏板基础和沉降量与桩数的关系图。在无桩情况下，图 56.36(b) 中 A 点给出了计算的最大的最终长期沉降。在考虑了由筏板支撑的建筑物的结构和建筑要求后，得出的结论是沉降（或通常是不均匀沉降）大得令人无法接受，因此需要用桩来减少沉降。在这种情况下，通过传统方法设计的完整群桩可以用等效墩基表示，如图 56.36(a) 所示——见第 55 章"群桩设计"（第 55.5.4 节和第 55.5.5 节）。基于等效墩基的沉降计算给出图 56.36(b) 中 B 点所示的大大减小的沉降，但成本相当高。

如果不采用传统方法，而是决定采用桩增强型筏板解决方案，则首先需要确定可接受的最大沉降——见第 52 章"基础类型与概念设计原则"（第 52.4 节）。图 56.36(b) 中的 C 点表示这种情况下最大容许沉降量。使用垂直打入（延性）桩，并计算充分发挥每个桩的竖向承载力所需的荷载。如果使用少量桩，筏板的沉降将足以充分发挥桩的竖向承载力。桩筏基础中桩的向上反力将减少传递到筏板下地基的荷载。如果一次增加一根桩，会发现筏板的沉降量最初会与桩的数量成反比减少，如图 56.36(b) 所示。这是因为桩之间的间距很大，桩与桩之间很少或没有相互作用。随着桩数的增加，它们之间的间距减小，直到桩和筏基础之间的相互作用开始变得明显，沉降与桩数之间的关系变为非线性，接近等代墩基的沉降。如果选定的容许总沉降量足够大，与第 52 章"基础类型与概念设计原则"中总结的指南一致，则桩的数量可能足够小（且桩间距足够大），以便它们之间的相互作用可以忽略不计。

Burland（1995）通过对桩筏相互作用的研究得出以下结论（见第 56.6.3 节）：

（1）筏-土-桩的相互作用导致筏下的桩在沉降时，其侧阻力的变化速度小于独立单桩。然而，对于大于 20mm 的筏板沉降，超过 90% 的等效独立单桩的总竖向承载力被调动。

（2）筏板下桩周竖向剪应力的计算结果表明，如果土体刚度随深度的增加而迅速增加，当桩间距系数大于 6 时，桩-土-桩的相互作用可以忽略。

（3）桩-土-筏相互作用和筏-土-桩相互作用在设计中可以简化计算，即将桩充分发挥的承载力降低约 10%。

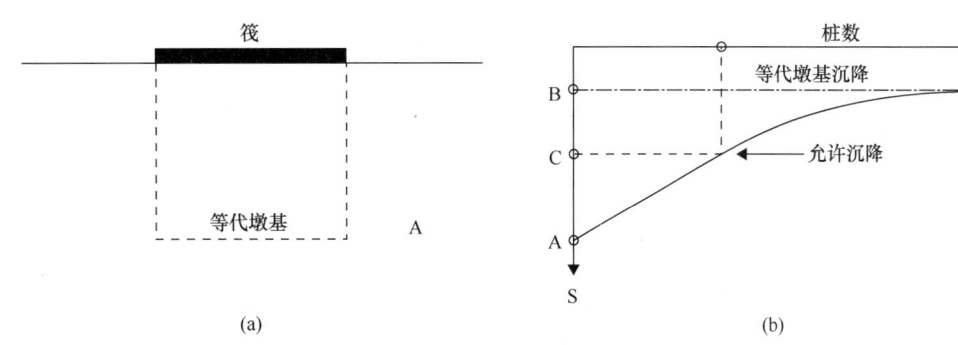

图 56.36　桩筏基础桩数与沉降关系

(a) 筏、桩筏及传统群桩几何尺寸；(b) 筏、桩筏及传统群桩沉降

Mandolini 等（2005）通过对不同类型土中桩-土-桩相互作用的广泛观测表明，超过约 8d 时，相互作用可以忽略不计。桩-土-桩相互作用可以忽略不计时，对应的临界间距系数取决于场地刚度随深度的变化。如果土体刚度相对均匀，则间距系数 8 较为合适，而如果土体刚度随深度迅速增加，则间距系数 6 是合适的。

56.7.4 简单设计方法

这些结论的实际重要性在于，可通过标准筏板计算机程序（第 56.2 节）对桩增强型筏板进行分析，其中筏板被建模为板单元，场地的变形由弹性半空间理论或一维方法得出（第 53 章"浅基础"）。承载力充分发挥的桩的抗力简单地模拟为在选定桩位置施加向上的力。对于给定的筏板几何形状和荷载分布，可以依次调整桩的位置，以最小化筏板中的不均匀沉降、弯矩和剪应力。

上述方法如图 56.37(a) 所示，给出了相对均匀深厚黏土上，筏板基础承受大的局部柱荷载。如图 56.37(b) 所示，筏板基础将在下垂模式下发生明显沉降，柱下方筏板内会出现高的局部弯矩，如图 56.37(c) 所示。通过在每个柱下放置设计适当的延性桩，不仅可以减少筏板中的弯矩［图 56.37(c)］，而且还可以减少总沉降量，特别是不均匀沉降量，如图 56.37(b) 所示。

图 56.32 和图 56.33 说明了如何优化桩位置，以最大限度地减少筏板增强型群桩的不均匀沉降。对于桩增强型筏板，可以采用完全相似的方法，但由于可以忽略桩-筏和桩-桩相互作用，因此分析会简单得多。如果桩间距系数小于 6～8（取决于土体刚度随深度的变化），则桩增强型筏板不合适。然而，选择最大允许沉降量的依据值得重新探讨。增加允许的总沉降量将减少桩的数量，但这并不一定会导致不均匀沉降或筏板应力的增加，前提是桩的布置适当。

Love（2003）描述了一个在伦敦黏土上设计桩增强型筏板的实例，与常规桩筏刚性筏板设计相比，在桩的数量和筏板厚度方面都有相当大的节省。这栋楼是钢筋混凝土框架结构，7 层高，有地下室。Love 强调以下设计要求：

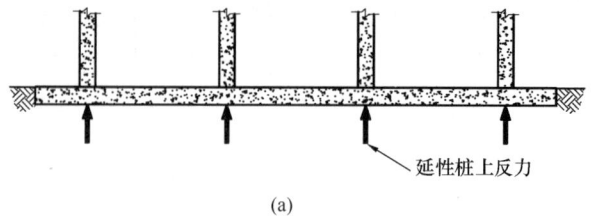

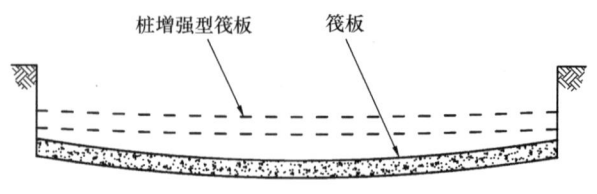

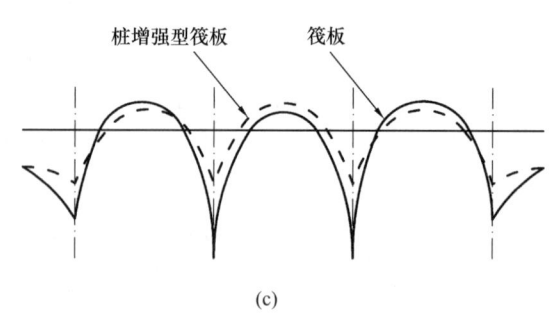

图 56.37　以桩增强型筏板为例说明如何在重载荷柱子下布置延性桩以减少总沉降、差异沉降及弯矩
(a) 重载荷柱下的筏板；(b) 沉降；
(c) 筏板弯矩

（1）充分发挥后的荷载-位移特性应尽可能保持恒定。

（2）在实践中，实际的荷载-位移关系不是完全恒定的，如图 56.35 所示。与传统的桩设计不同，承载力使用过量和使用不足一样是问题，见图 56.38。

（3）筏板沉降应始终大于全部发挥桩身摩阻力所需的量。

（4）应为充分发挥的桩反力设置合理的上限和下限，如图 56.38 所示，并针对这两个极端情况检查筏板设计。图 56.39 摘自 Love 的论文，说明了筏板各部分的设计上下限沉降曲线。需要注意的是，并非每根柱子下面都需要一根桩。

（5）为了减少桩承载力上下限之间的潜在变化，消除桩端阻力。如有必要，可采用多种不同的方法消除或减小桩端阻力。

（6）进行了三次试桩，要求试验通过设计上限和下限荷载沉降标准，即图 56.38 中的第 1 点和第 2 点。为了获得桩的全荷载沉降特性，荷载试验以荷载控制的方式加载至屈服和后续的位移控制方式进行。如第 56.6.2 节所述，应注意的是，桩身承载力与加载速率有关，2mm/min 的恒定位移速率试验得到的桩身承载力可能会比静载试验得到的高出约 15%（Burland 和 Twine，1988）。

56.7.5　水平荷载作用下的桩增强型筏板

对于承受横向荷载的筏和基础，使用桩加强有可能实现非常显著的经济效益。在传统的群桩设计方法中，大多数竖向荷载都是由桩承担的。因为不能依赖筏基和板下地基之间的摩擦阻力，如无桩基础的情况，这导致在承载横向荷载时的差异。因此，群桩必须设计考虑承受水平荷载，或者必须引入斜桩。由于各种原因，这两种解决方案都很昂贵，而且不令人满意。很明显，一个"恶性循环"已经发展，其中过多的竖向桩抑制了基础向地基传递水平荷载的能力。

然而，如果采用桩增强型筏板设计，桩的数量可以大大减少，并且筏板和土体之间的接触应力可以保留。因此，基础和土体之间的摩擦阻力可以用来将水平剪应力传递到土体，并且消除了对垂直桩或斜桩的额外需要。这种方法需要仔细评估筏板的可能水平位移以及桩顶部产生的对应弯矩。值得注意的是，需要考虑桩和筏板在横向荷载下的相对刚度（而不仅是其极限承载力），以便评估筏板和桩之间的荷载分担。读者可参阅第 54 章"单桩"，了解受水平荷载作用下的单桩设计。

56.8　桩增强型筏板案例——伊丽莎白女王二世会议中心

桩增强型筏板早期应用于伦敦威斯敏斯特伊丽莎白女王二世会议中心的基础设计（Burland 和 Kalra，1986），见图 56.40。会议中心建在一个 2m 厚的筏板上，开挖相对较浅。计算的最大总沉降量超过约 20mm。上部结构总重量的一半以上通过几个立柱传递到筏板上，这些立柱位于筏板边缘，承担高达 26MN 的荷载。对筏板的初步分析确定了产生大弯矩和剪力的区域，并注意到其中一些柱下的压力可能会导致局部屈服和下卧黏土的过度沉降。

处理上述问题的一种方法是局部加厚筏板。这将是一个昂贵和耗时的方法，可能导致潜在的工期延长和主筏板基础的施工困难。局部加厚应在筏板边缘，挡土墙设计中存在明显的"附带"成本。

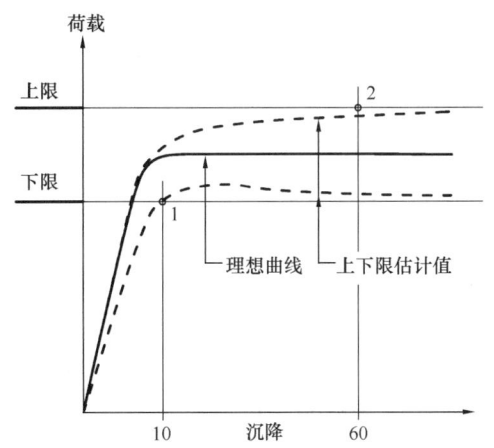

图 56.38　桩增强型筏板 – 桩荷载 – 沉降曲线

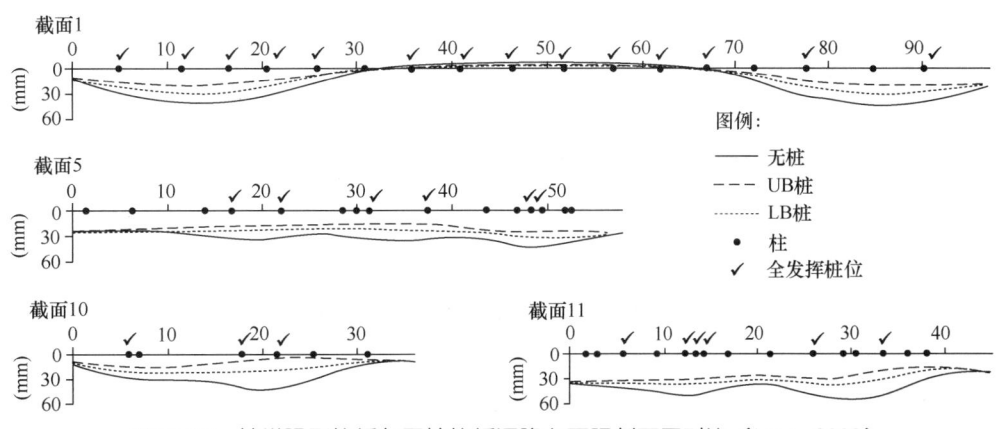

图 56.39　桩增强型筏板与无桩筏板沉降上下限剖面图对比（Love，2003）

桩增强型筏板似乎是一个合适的解决方案。在筏板沉降足以充分调动桩的竖向承载力的情况下，将单根等截面桩直接放置在最重荷载柱的下方。其效果是在每根柱子下面施加一个恒定的向上的力。通过这种方式，从立柱传递到筏板的组合荷载显著降低。每根桩长 16m，直径 1.8m。计算出的桩侧极限承载力为 6.4MN，有效降低了 25%～46% 的柱组合荷载效应。

图 56.41 所示为沿 3m 宽边缘带计算的弯矩，柱的位置用箭头表示。标有 1 的弯矩对应无桩、不排水情况。"+"号是指考虑的其他一些情况下的最差值，包括完全排水的长期情况和部分排水的情况，涉及一些隆起。标有 2 的弯矩对应在柱下布置了用于减少应力的延性桩的不排水情况。事实证明，这是考虑使用此类桩的最坏情况。可以看出，每根立柱下方延性减压桩的存在导致弯矩显著减小，尤其是立柱下方。

鉴于这种方法的新颖性，邀请了英国建筑研究院（Building Research Establishment）对测量通过筏板基础传递给其中一根桩的荷载大小。Price 和 Wardle（1986）对该研究进行了全面描述。

图 56.42 显示了实测结果。实线和虚线分别表示测得的桩顶荷载和计算的柱荷载，注意它们按不同比例绘制。在施工初期，桩顶荷载表现出一些波动，这是由于间歇荷载作用造成的，其间底层黏土有膨胀的趋势。从柱荷载的快速增加可以看出，主体施工始于 1982 年中期。测得的桩顶荷载反映了柱上的荷载。工程于 1984 年建成。可以看出，到 1986 年，测得的桩顶荷载与全部发挥的竖向阻力的计算值 6.4MN 非常吻合。测量一直持续到 1996 年，很明显，在大约 10 年的时间里，桩承担的荷载没有发生明显变化。

56.9 要点

（1）筏板——筏板中产生的不均匀沉降和弯矩从根本上受其刚度的影响。筏板刚度是土和混凝土刚度的函数，尤其是筏板厚度与筏板宽度（或直径）的比值。

（2）弹簧上的筏与土连续体上的筏——结构设计通常假设筏下的土为均匀弹簧基床模型。这种方法存在许多缺陷和相关误差，因此不建议使用。一种实用且更现实的方法是采用"交互式"弹簧刚度，结构弹簧模型与土连续体模型结合运行。

图 56.40 伊丽莎白女王二世会议中心

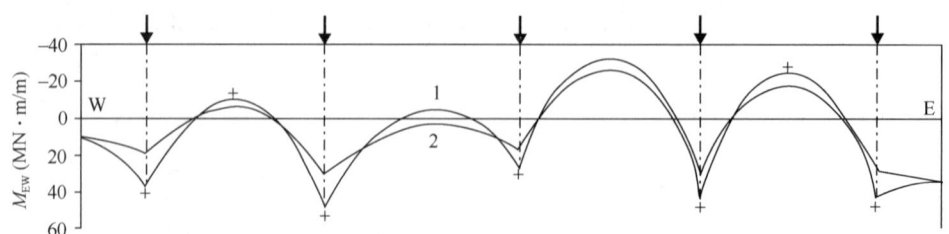

图 56.41 伊丽莎白女王二世会议中心：筏板边缘 3m 宽板带的计算弯矩

1—无桩筏板；2—表示了加延性桩的效果

修改自 Burland 和 Kalra（1986）

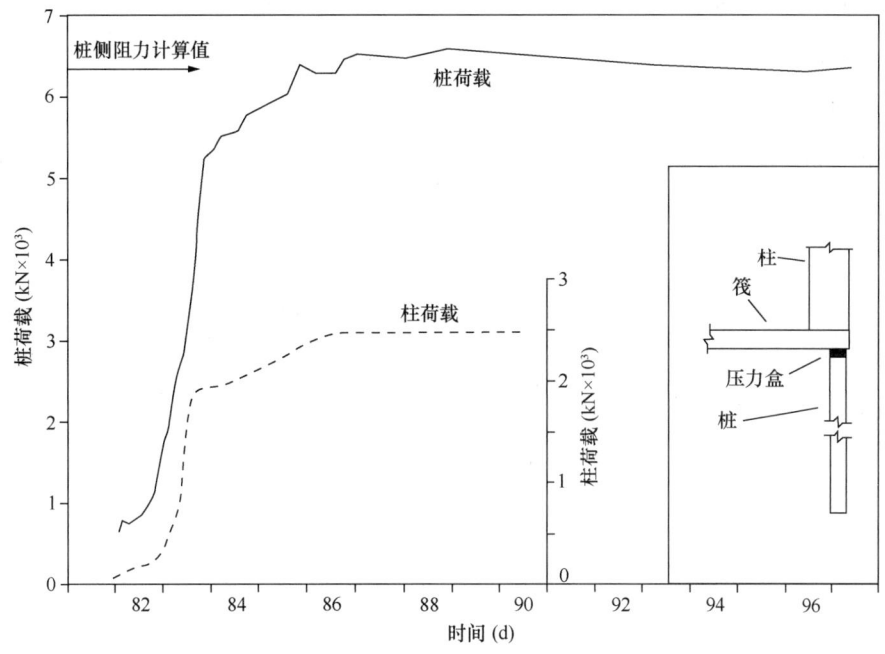

图 56.42　伊丽莎白女王二世会议中心：重载荷柱下筏板边缘桩荷载与时间关系图
数据取自 Burland 和 Kalra（1986）

这将产生不均匀的弹簧分布，通常筏板边缘处弹簧更硬，中心处弹簧更软。

（3）桩筏——与传统设计的筏和群桩相比，桩筏在合适的场地条件下使用可提供许多好处，例如降低成本和更容易、更安全的施工。桩筏主要有两种类型，筏板增强型群桩和桩增强型筏板。设计理念截然不同，不能混为一谈。

（4）筏板增强型群桩——筏板和群桩均以拟弹性方式工作。桩基与筏板之间的一个关键问题是桩筏荷载的分担，取决于群桩与筏板的相对刚度。需要评估群桩和筏板的刚度上下限。这种类型的桩筏可被视为"应用价值工程的群桩"，在一定程度上可将筏板反力作为安全储备。

（5）桩增强型筏板——桩将充分发挥其承载力。桩荷载-沉降特性必须是延性的。一个关键问题是评估桩承载力的上下限。这种类型的桩筏主要由筏起作用，在大荷载的柱下，由桩提供额外的局部支撑。术语"桩增强型筏板"被认为比术语"减沉桩"更合适，因为其主要益处可能不仅仅是减少沉降。当筏板无法单独工作时，通常选择桩增强型筏板。

56.10　参考文献

Brown, P. T. (1969). Numerical analysis of uniformly loaded circular rafts on elastic layers of finite depth. *Géotechnique*, **19**(2), 301.

Brown, P. T. and Yu, S. K. R. (1986). Load sequence and structure foundation interaction. *Journal of Structural Engineering*, ASCE, **112**(1), 481–488.

Burland, J. B. (1995). Invited special lecture: Piles as settlement reducers. In *Proceedings of the 19th National Conference on Geotechnics*, Associazione Geotecnica Italiana, Pavia, pp. 21–34.

Burland, J. B., Broms, B. and de Mello, V. F. B. (1977). Behaviour of foundations and structures. In *Proceedings of the 7th International Conference on Soil Mechanics and Foundation Engineering*, Tokyo, vol. 1, pp. 495–548.

Burland, J. B. and Kalra, J. C. (1986). Queen Elizabeth II Conference Centre: geotechnical aspects. *Proceedings of the Institution of Civil Engineers*, **1**(80), 1479–1503.

Burland, J. B. and Twine, D. (1988). The shaft friction of bored piles in terms of effective stress. In *Conference on Deep Foundations on Bored and Augered Piles*. Rotterdam: Balkema, pp. 411–420.

Clancy, P. and Randolph, M. F. (1993). An approximate analysis procedure for piled raft foundations. *International Journal for Numerical and Analytical Methods in Geomechanics*, **17**(12), 849–869.

Cooke, R. W., Bryden Smith, D. W., Gooch, M. N. and Sillet, D. F. (1981). Some observations on the foundation loading and settlement of a multi-storey building on a piled raft foundation in London. *Proceedings of the Institution of Civil Engineers*, **107**(1), 433–460.

Corke, D. J, Fleming, W. K. and Troughton, V. M. (2001). A new approach to specifying performance criteria for pile load tests. In *Symposium Proceeding of Underground Construction*, 2001, pp. 401–410.

Cox, W. R., Cameron, K. and Clarke, J. (1992). Static and cyclic axial load tests on two 762 mm diameter pipe piles in clay. In *Proceedings of the Conference on Large-scale Pile Tests in Clay*. London: Thomas Telford, pp. 268–284.

Fraser, R. A. and Wardle, L. J. (1975). A rational analysis of shallow footings considering soil–structure interaction. *Australian Geomechanics Journal*, **1**, 20–25.

Hemsley, J. A. (1987). Elastic solutions for axisymmetrically loaded circular raft with free or clamped edges founded on Winkler springs or a half space. *Proceedings of the Institution of Civil Engineers*, **2**(83), 61–90.

Hemsley, J. A. (1998). *Elastic Analysis of Raft Foundations*. London: Thomas Telford.

Hooper, J. A. (1973). Observations on the behaviour of a piled-raft foundation on London Clay. *Proceedings Institution of Civil Engineers*, **55**(2), 855–877.

Hooper, J. A. (1974). Analysis of a circular raft in adhesive contact with a thick elastic layer. *Géotechnique*, **24**(4), 561.

Hooper, J. A. (1979). *Review of Behaviour of Pile Raft Foundations*. Construction Industry Research and Information Association, London, Report 83.

Hooper, J. A. and Wood, L. A. (1977). Comparative behaviour of raft and piled foundations. In *Proceedings of the 9th International Conference on Soil Mechanics*, vol. 1, pp. 545–550.

Hooper, J. A. (1983). Nonlinear analysis of a circular raft on clay. *Géotechnique*, **33**(1), 1–20.

Horikoshi, K. and Randolph, M. F. (1997). On the definition of raft–soil stiffness ratio for rectangular rafts. *Géotechnique*, **47**(5), 1055–1061.

Jardine, R. J., Potts, D. M, Fourie, A. B. and Burland, J. B. (1986). Studies of the influence of nonlinear stress–strain characteristics in soil–structure interaction. *Géotechnique*, **36**(3), 377–396.

Katzenbach, R., Arslan, U., Moorman, C. and Reul, O. (1998). Piled raft foundation: Interaction between piles and raft. *Darmstadt Geotechnics* (Darmstadt University of Technology), no. 4, pp. 279–296.

Katzenbach, R., Arslan, U. and Moorman, C. (2000). Piled raft foundation projects in Germany. In *Design Applications of Raft Foundations* (ed Hemsley, J. A.). London: Thomas Telford, pp. 323–391.

Lee, I. K. and Brown, P. T. (1972). Structure-foundation interaction analysis. *Journal of the Structural Division, ASCE*, **98**(ST11), 2413–2430.

Love, J. P. (2003). Use of settlement reducing piles to support a raft structure. *Proceedings of ICE, Geotechnical Engineering*, **156**(GE4), 177–181.

Mandolini, A., Russo, G. and Viggiani, C. (2005). Pile foundations: experimental investigations, analysis and design. In *Proceedings of the 16th International Conference on Soil Mechanics and Geotechnical Engineering,* 12–16 September, 2005, Osaka, Japan, vol. 1, pp. 177–213. Rotterdam, the Netherlands: Millpress.

Nicholson, D. P., Morrison, P. R. J. and Pillai, A. K. (2002). Piled raft design for high rise buildings in East London, UK. In *Proceedings of the 9th International Conference on Piling and Deep Foundations*, Nice, France (DFI).

O'Brien, A. S. and Sharp, P. (2001). Settlement and heave of over-consolidated clays – a simplified nonlinear method of calculation. *Ground Engineering*, October, pp. 21–28 and November, pp. 48–53.

Poulos, H. G. (2001). Piled-raft foundation: design and applications. *Géotechnique*, **51**(2), 95–113.

Price, G. and Wardle, I. F. (1986). Queen Elizabeth II Conference Centre: monitoring of load sharing between piles and raft. *Proceedings of the Institution of Civil Engineers*, **1**(80), 1505–1518.

Randolph, M. F. (1994). Design methods for pile groups and piled rafts. In *Proceedings of the 13th International Conference on Soil Mechanics and Geotechnical Engineering,* 5–10 January, 1994, New Delhi, India, vol. 5, pp. 61–82. Rotterdam, the Netherlands: Balkema.

Reese, L. C. and O'Neill, M. W. (1988). Field load tests on drilled shafts. *Conference on Deep Foundationss on Bored and Augered Piles*, Balkema, pp. 145–191.

Russo, G. and Viggiani C. (1995). Long term monitoring of a piled foundation. In *4th International Symposium on Field Measurements in Geomechanics,* Bergamo, pp. 283–290.

Sales, M. M., Small, J. C. and Poulos, H. G. (2010). Compensated piled rafts in clayey soils: behaviour, measurements, and predictions. *Canadian Geotechnical Journal*, **47**, 327–345.

Sommer, H., Tamaro, G. and DeBeneditttis, C. (1991). Messe Turm, foundations for the tallest building in Europe. In *Proceedings of the 4th DFI Conference on Stresa,* pp. 139–145.

Viggiani, C. (1998). Pile groups and piled rafts behaviour. In *Deep Foundations on Bored and Auger Piles* (eds van Impe, W. F. and Haegman, W.). Rotterdam: Balkema, pp. 77–90.

Whitaker, T. and Cooke, R. W. (1966). An invesitgation of the shaft and base resistance of large bored piles in London Clay. In *Proceedings of the Conference on Large Bored Piles*, ICE, London, pp. 7–49.

Yamashita, K., Kakurai, M. and Yamada, T. (1994). Investigation of a piled raft foundation on stiff clay. In *Proceedings of the International Conference on Soil Mechanics of Foundation Engineering,* New Delhi, vol. 2, pp. 543–546.

Zeevaert, L. (1957). Compensated friction pile foundation to reduce settlement of buildings on the highly compressible volcanic clay of Mexico City. In *Proceedings of the 4th International Conference on Soil Mechanics and Foundation Engineering,* 12–24 August, 1957, London, vol. 2, pp. 81–86. London: Butterworth Scientific Publications.

建议结合以下章节阅读本章：
- 第19章"沉降与应力分布"
- 第21章"承载力理论"
- 第22章"单桩竖向承载性状"
- 第53章"浅基础"

本书以第1篇"概论"和第2篇"基本原则"为指导进行章节编排。如第4篇"场地勘察"中所述，各类岩土工程均应进行扎实的现场勘察工作。

译审简介：

朱春明，研究员，中国建筑科学研究院地基基础研究所，从事结构、岩土及软件工程，PKPM软件创始团队成员。

任庆英，中国建设科技集团首席专家，中国建筑设计研究院有限公司总工程师，全国工程勘察设计大师，享受国务院政府特殊津贴专家。

杨敏，同济大学岩土工程教授，主要从事桩基础、基坑工程和土木工程信息化工作，主持研制开发了同济启明星岩土工程系列软件。

第 57 章 地基变形及其对桩的影响

爱德华·埃利斯（Edward Ellis），普利茅斯大学，英国
安东尼·S. 欧布林（Anthony S. O'Brien），莫特麦克唐纳公司，克罗伊登，英国
主译：赵晓光（中国建筑科学研究院有限公司地基基础研究所）
审校：邱明兵（中国建筑科学研究院有限公司地基基础研究所）

doi: 10.1680/moge.57098.0887

目录

57.1	引言	859
57.2	负摩阻力	860
57.3	地基隆起引起的拉拔作用	863
57.4	受地基水平变形影响的桩	865
57.5	结论	869
57.6	参考文献	869

地基整体变形可能由多种原因造成，最常见的是地基挖填作业，尤其是在黏性土中。对桩基等结构构件的影响主要取决于施工顺序，通常软黏土或泥炭土地基应引起重视，因为软土地基可能会在几个月或几年内发生显著的地基变形。本章考虑了负摩阻力、地基隆起引起的拉力和水平向变形引起的相互作用。尤其应重点关注地基的水平向变形，因为这可能会使桩基结构发生破坏。

57.1 引言

本章主要考虑以下几方面：

1. 负摩阻力（发生沉降的地基，例如路堤地基）。这将增加桩身轴向荷载，并且会显著增加桩身沉降。

2. 地基隆起引起的拉力（发生隆起的地基，例如开挖地基）。这将造成桩身的受拉破坏。

3. 水平向相互作用（发生水平位移的地基，例如邻近路堤或基坑，或者失稳的边坡）。这种情况下，桩身可能发生弯曲或剪切破坏，因此其破坏后果往往比较严重。这种地基变形是桩基结构失效破坏的常见原因。

在考虑上述因素对桩身的影响时，首先分析单桩，再分析群桩。一般而言，位于群桩中心的桩往往不会受到相互作用的影响，按照单桩评估群桩是保守的。当发生水平向相互作用影响时，结构失效可能导致更加严重的后果（因为结构失效时通常是脆性的）。因此，应谨慎对待此问题。

鉴于施工顺序的重要性，施工方或项目经理与设计人员之间应保持密切的沟通。尤其是在施工方可能不理解或不愿理会施工顺序含义时，加强现场管理就显得更为重要。

由于上述问题的复杂性以及结构与土体相互作用间的微妙关系，岩土工程专家的意见至关重要。下面将就相关问题，给出更多详细的关键指引以供参考。以下大多数参考资料均发表在专业岩土期刊上。

通常，最实用的方法是一个实际的"工程解决方案"，它可以从根本上"消除"问题。例如：

1. 从根本上减少地基变形，如采取地基处理措施；
2. 在地基变形基本完成后再进行桩基施工；
3. 将桩与可能发生变形的地基隔开。

上文第 1 条通常要求大幅消除地基变形，例如，通过填筑轻质材料或采取地基处理措施等。

第 2 条针对渗透性低的黏土，这可能需要数月或数年才能完成固结，而等待这么长时间显然是不实际的。随时间变化的地基变形往往主要是垂直变形，而显著的水平向地基变形主要发生在施工过程中（除非施工过程较长）。因此，第 2 条主要针对水平向地基变形。

第 3 条的一个示例是在钻孔灌注桩中使用双套管，即设置的两套管之间空隙可以将桩与外部套管隔离，外部套管可以随土体自由移动。

图 57.1 说明了一个地基整体变形对基础产生

的极端后果。水平向相互作用（一方面是由于基坑开挖，另一方面是由于堆载）应该是造成这种后果的主要影响因素，这已经导致灾难性的倒塌（中国日报，2009）。此示例说明了一些关键原则：

（1）至关重要的是，要了解整个场地以及场地之外所有施工过程及其与场地地形、既有结构和基础设施之间的关系；

（2）施工顺序和时间安排很重要；

（3）仅按竖向荷载设计的桩（建筑物常见）极易受到水平向地基变形的影响。

此示例也说明临时工程可能会对永久工程产生较大影响，临时工程和永久工程一般由不同人员设计。此外，经济和技术也是一个影响因素。尽管事后看来，避免发生重大危害的措施是显而易见的，但在设计和施工过程中却需要进行大量的协调工作。

57.2 负摩阻力

57.2.1 引言

如图57.2（a）所示，对于常规桩基而言，施加在桩顶（Q_h）上的竖直载荷是由桩身（Q_s）和桩端（Q_b）的阻力共同抵抗。有关更多详细信息，请参见第10章"规范、标准及其相关性"和第54章"单桩"。因此：

$$Q_h = Q_s + Q_b \quad (57.1)$$

式中，Q_h 为桩承受的最大轴向荷载。

图57.1 桩基破坏导致的建筑物倒塌（上海，2009）
来源：中国日报 www.chinadaily.com.cn

当桩身向下移动时，除了紧邻桩身部分的土体会随桩身移动外，桩周土体基本处于静止状态。但是，如图57.2（b）所示，如果沿桩身部分土体发生的沉降量比桩身多时，桩侧摩阻力的方向将同时呈现"正"和"负"摩阻力（分别为 Q_{s+} 和 Q_{s-}）。在正摩阻力到负摩阻力逐步过渡的范围内，桩身与土体沉降量相等的点，称为中性点。当桩身存在负摩阻力（NSF）时，桩身承受的最大轴向载荷（Q_{max}）发生在中性点处，并将大于 Q_h：

$$Q_{max} = Q_h + Q_{s-} = Q_{s+} + Q_b \quad (57.2)$$

因此，桩侧承受的负摩阻力（NSF）将会增加桩身的最大轴向荷载，并将影响桩身的结构设计。同时，桩身的沉降量也会增加，有可能成为桩基设计的控制工况（Poulos，2008）。

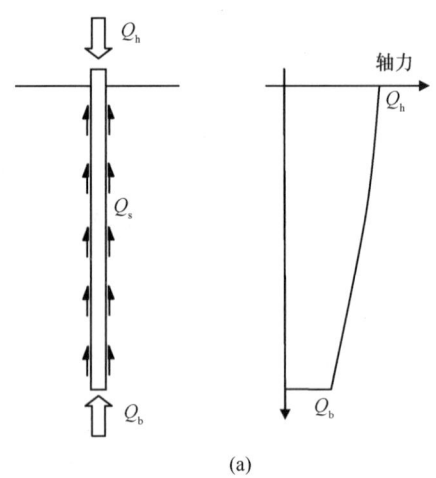

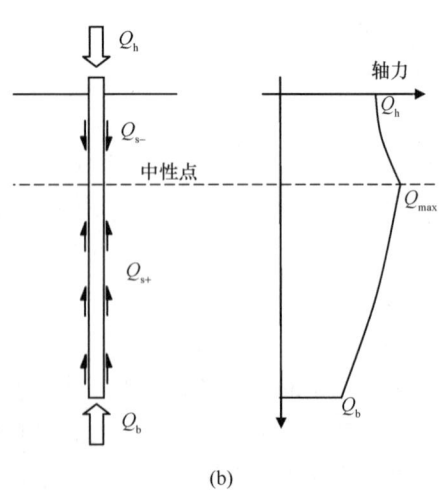

图57.2 负摩阻力与常规桩侧阻力对比
（a）常规桩侧阻力与桩端阻力；（b）桩侧负摩阻力

土层发生沉降大多是由地面堆载（例如回填土）引起的；再者，地下水位的降低也可能导致地基在没有地面堆载的情况下也发生显著沉降（特别是对于软黏土或泥炭土）。此外，植被引起的土体有效应力变化也会使地基发生沉降与隆起，请参阅第53章"浅基础"。本身也会发生沉降变形的土体孔隙材料，同时也将作为堆载引起下卧层发生沉降；尤其黏土地基沉降发生的时间很长。如果地基土体的厚度不均，例如下覆含有陡峭露头基岩的软黏土地基，地基除了发生沉降外，还可能发生水平向位移。这就需要考虑水平向的相互作用影响，请参阅第57.4节。

57.2.2 单桩：端承桩和摩擦桩

57.2.2.1 端承桩

如图57.3（a）所示，桩侧负摩阻力的简单形式就是端承桩的桩基承载模式，即桩基的持力层（例如岩石）比上覆土层坚硬得多。当中性点接近发生沉降的土层底部时，就可以保守地认为桩身仅存在负摩阻力（$Q_{s-} = Q_s$，$Q_{s+} = 0$）。则式（57.2）将变化为：

$$Q_{max} = Q_h + Q_{s-} = Q_b \quad (57.3)$$

当桩身下部也可获得较大的侧阻力时（即 $Q_{s+} > 0$），则适用式（57.2）。但需假设中性点仍然出现在土层间的交界处，这样就可以比较直接地确定 Q_{s-} 和 Q_{s+}。

对软黏土或泥炭土变形引起的桩侧负摩阻力，通常使用总应力法对其进行评估。但仍存在许多问题：首先，文献中引用的经验 α 值与 NSF 并不直接相关（因为它们仅来自于采用常规载荷试验测量正向摩擦力的数据）；其次，α 和 c_u 值范围很广，选择合适的设计值还很难。根据附加应力的大小，总应力法可能是不安全的或过于保守的。

对于软黏土或泥炭土，建议使用有效应力（β）方法计算负摩擦力（请参阅第22章"单桩竖向承载性状"和第54章"单桩"）。

57.2.2.2 摩擦桩

如图57.3（b）所示，随着深度增加土体强度或刚度会逐渐增加，这种情况将使负摩阻力问题变得更加复杂，因为此时中性点的位置很难确定，取决于对土体变形与桩身沉降的比较结果。

57.2.2.3 端承桩和脆性反应

由于端承桩可以更加容易地确定中性点的位置，因此端承桩的设计通常更为简单。尽管确定摩擦桩的中性点位置很复杂，但这对负摩阻力的影响会相对有限（或称为"可以自我校正"）。因为当摩擦桩的实际负摩阻力 Q_{s-} 大于理论计算值时，桩身的沉降量增加，这会使中性点反过来向上移动，从而减小负摩阻力 Q_{s-}。但是对于端承型桩，情况却并非如此，桩基承载力必须具有足够的储备，以应对负摩擦力的不确定性。对于嵌岩桩，如果其承受负摩擦力，则需格外小心。某些岩石（砂岩、石灰岩）中产生的桩侧摩擦力可能表现为脆性

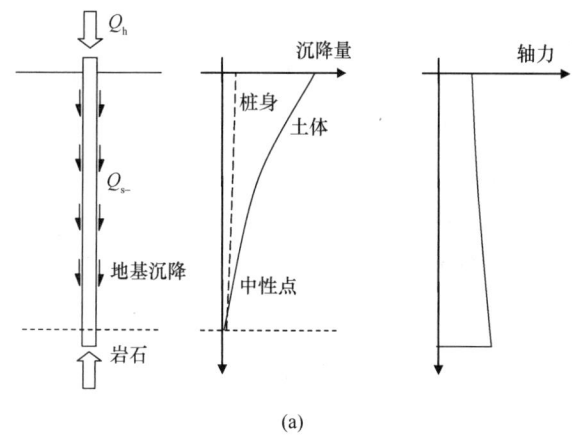

(a)

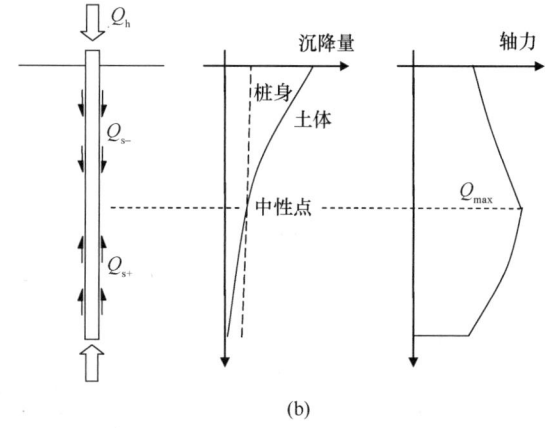

(b)

图57.3 端承桩与摩擦桩
(a) 端承桩——刚度大/坚硬的桩端持力层；
(b) 摩擦桩——土体刚度或强度随深度逐渐增加

（即发生一定位移后，桩侧摩擦力将显著降低）。因此，目前所使用的"安全系数"法（FoS）都应根据上述三种情况区别对待（即摩擦桩的相对较低值，端承桩的中间值和具有"脆性"阻力特性桩的相对较高值三种情形）。

57.2.3 单桩设计的注意事项

群桩的设计往往是从单桩开始的。

57.2.3.1 桩侧摩阻力的确定

Q_{s+}和Q_{s-}（和Q_b）应按照第54章"单桩"中概述的常规方法确定，自由排水条件下土体采用有效应力法确定桩侧阻力，而在黏土中通常采用总应力法确定桩侧摩阻力。若在黏土中使用有效应力法确定摩阻力，有可能会使估计的负摩阻力Q_{s-}较低（Cheong，2007）。如果在超固结黏土中使用有效应力法，则需仔细考虑土压力系数以及与桩基施工有关的各种因素（Bown和O'Brien，2008）。

由于桩侧摩阻力是在桩－土相对小位移时产生的，因此可以保守地认为桩侧摩阻力从Q_{s+}到Q_{s-}在中性点位置处的"转换"是瞬时发生的。如下所述，随着桩身沉降量的增加，桩基承载力的估算将更为重要。

57.2.3.2 土体沉降随深度变化的确定

土体的沉降分布曲线是桩侧负摩阻力设计的重要依据。它需要了解竖向有效应力的增量以及沿深度变化的地基刚度（第19章"沉降与应力分布"以及第53章"浅基础"），继而可以导出土体应变以及沉降量随深度的分布曲线。最终的轮廓曲线可能是如图57.3（b）所示的沉降曲线，应变随深度逐渐减小；尤其是分析深度相比地面荷载的水平范围更大时，竖向应力的增加也会在到达某一深度后逐步减小。此外，土体刚度一般会随深度的增加而增加。但由于应变的增加，土体刚度会显著降低（第53章"浅基础"）；因此，当应变随深度减小时，多种效应影响下的土体刚度也将增加，这使得该问题更加复杂。此外，沉降分布曲线的不确定（图57.3b）可能会显著高估负摩阻力（Cheong，2007）。

应变与刚度的相互依赖性可以采用有限元分析中土体的本构模型来描述，但需要注意的是，非线性响应往往采用增量分析来实现（Potts，2003）。O'Brien和Sharp（2001a和2001b）开发的一种扩展电子表格迭代分析方法就可以实现这种增量分析。

"自由场地"（即在没有考虑桩影响时）的土体沉降曲线可以作为后续分析的输入条件，即假设其始终保持不变。这是相对保守的，特别是对于大型群桩（见下文），因为桩基的存在会在一定程度上减少地基沉降。包含桩基的有限元分析通过直接分析桩－土相互作用，可以避免采用这一假设条件。然而，具体分析仍需有工程经验的用户以及适用于岩土工程的专业软件来实现。此外，合适的土体本构模型、桩－土交界面处的接触特性均需仔细考量。

57.2.3.3 确定随深度分布的桩身沉降

一般来说，当桩周土体发生显著沉降时，桩身混凝土的竖向应变将比桩周土体应变低1~2个数量级。因此，桩身为刚性的假设是合适的，即桩身随深度变化的沉降分布曲线应该是竖直线（图57.3）。

除了桩端持力层非常坚硬的情况以外，通常桩端处的沉降量较为明显。弗莱明（1992）提出了一种基于双曲线函数的简单基频响应分析方法。另外，可以通过控制极限承载力的安全系数来限制桩端处的沉降量（第54章"单桩"）。

57.2.3.4 确定桩长

桩基的常规设计（图57.2a）一般需要多次迭代，因为即使对于给定的桩直径，所需的桩身长度仍未知，需由针对极限承载力的安全系数FoS或桩顶的容许沉降决定。

如上所述，对于端承桩（图57.3a）设计可能遵循此方法。总荷载（$Q_h + Q_{s-}$）应该由坚硬的桩端持力层承担。请注意，桩端进入持力层的深度应当至少是几倍桩径（大约3~6倍），这样在任何情况下均可以发挥持力层的承载能力（第54章"单桩"和第55章"群桩设计"）。浅部持力层的风化现象也是一个需要重视的问题，应当根据具体情况加大桩长，使其进入更坚硬的土层，以便可以充分利用桩侧摩阻力 Q_{s+}。但是，桩工机械设备的能力也是限制桩端进入（打入或钻孔）持力层深度的制约因素，尤其是对于大直径桩更是如此。

摩擦桩的设计主要由使用要求决定。设计的实际出发点是假设桩身是刚性的，桩身沉降主要由桩顶的最大容许沉降量决定。利用土体沉降曲线可以确定 Q_{s-} 以及为平衡负摩阻力所需的 ($Q_{s+}+Q_b$)。Q_{s+}估算值对于桩身设计的影响较小；但是如上所述，应当更加重视确定 Q_b 值，因为它将显著影响桩端的沉降发展。对处于硬黏土中的桩，Q_b 通常会比 Q_{s+} 小；因此，如果只是简单估算，则可以保守地忽略 Q_b。应当重视估算沉降随深度变化的准确性，因为沉降分布可能会对 Q_{s-} 的确定产生较大影响。

Poulos（2008）给出了所需安全系数的参考值，该参考值可将沉降限制在可接受范围内。在对该文件的讨论中，Bourne Webb（2009）强调了限制桩端沉降的重要性，认为除非有其他理由，否则不应只依赖 Q_b 来设计桩。如果桩端持力层为非黏性土或岩石，则 Q_b 值将非常重要（此时 Q_b 相比 Q_{s+} 会大很多）。

57.2.4 群桩

Lee 等（2002）给出了一种考虑负摩阻力的群桩有限元分析模型。他们发现了大型群桩的中心区域桩体不受负摩阻力影响的结论。因此，上述采用单桩负摩阻力估计群桩的方法是保守的。

Lee 等（2006）进一步考虑了承台对群桩性状的影响。同样，边桩最容易受负摩阻力影响，并将会导致群桩发生沉降，而群桩的沉降则主要由中心区域桩承担。在群桩没有较大垂直荷载的情况下，负摩阻力可能会使外围桩顶承受上拔拉力，因为它们将承台往下拉。在桩顶与承台连接的结构设计中，需要重视这一点。

地基整体变形会影响群桩的轴力分布。例如，纽黑文桩基桥台的轴向力观测（Reddaway 和 Elson，1982）表明整个桥台群桩的荷载分布相对均匀；而传统的线弹性分析（忽略了相邻路堤沉降的影响）

表明前排桩的轴向力几乎是后排桩的3倍。

57.2.5 减少 NSF 的方法

对于预制打入桩，可在预计发生 NSF 的桩身范围内涂上低摩擦材料（如沥青），从而减少 Q_{s-}。但是，在打桩过程中，涂层有被清除的风险。即使涂层未受损，此长度范围内的负摩阻力也不会完全为零。

对于钻孔桩，可在桩身上部采用双套管。外护筒直接与发生沉降的土体接触，而不是内护筒或桩身。内部套管允许与桩身全长浇筑在一起。然而，桩体在负摩阻力发生长度范围内没有侧向约束，这可能将导致桩身在轴向荷载下发生屈曲，或者可能会显著降低桩基的水平承载力。

57.3 地基隆起引起的拉拔作用

57.3.1 单桩

在开挖引起黏土地基回弹变形的深基坑内或者在膨胀土地基（例如地下水位或饱和度变化）中打桩，均会对桩基产生拉拔力（HIT）——见第 57.3.3 节。

这里的主要问题是，如果桩顶竖向受压荷载较小，则桩顶会产生拉力；如果抗拉钢筋不足，则会导致桩身混凝土开裂。图 57.4（a）即为桩顶无荷载情况。桩身上部受拉，桩侧摩阻力相应的为"正"向，而嵌入更深处地基的桩身部分，因为深部地基隆起较小，则会对桩身产生负摩阻力以平衡桩身内力。受上拔力的桩身自认没有桩端阻力。由于土体强度会随深度增加而增加，所以中性点可能位于桩长的 1/2～2/3 之间。图 57.4（a）所示的情况如下：

$$Q_{s+} = Q_{s-} = \frac{Q_s}{2} \qquad (57.4)$$

因此，防止桩身因地基隆起发生拉伸破坏的实用保护措施是提供足够的抗拉钢筋，以便在整个桩长范围内承载相当于桩身承载力一半的荷载。

如图 57.4（b）所示，如果桩顶有竖直受压载荷 Q_h，除非 $Q_h > Q_s$，否则桩身拉力仍会出现在桩端附近。但中性点位置较低，桩身受到的拉力较小。

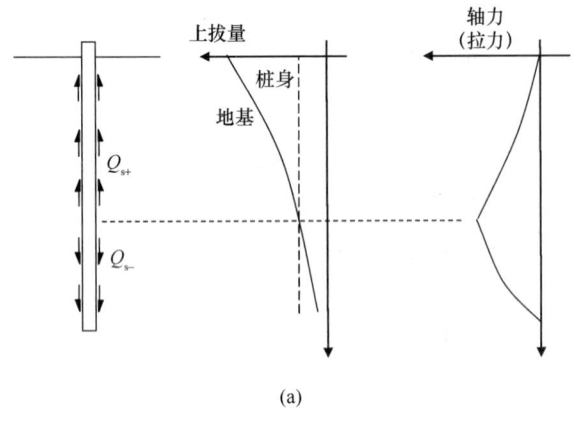

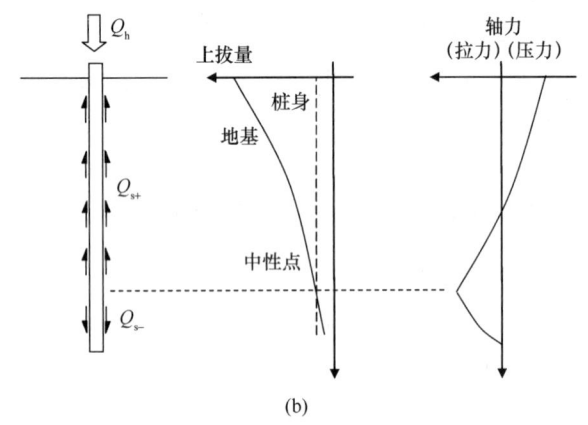

图 57.4 地基隆起引起的拉拔作用

(a) 桩顶无荷载；(b) 桩顶受压荷载

对于黏土地基中的基坑开挖，土体强度和有效应力随膨胀的发生而降低。因此，如果在基坑开挖前打桩，则应核算在短期和长期条件下地基隆起引起的拉拔作用力大小。通常，短期条件对桩基结构设计至关重要，并且短期或长期条件均会对桩基的使用要求（即向上移动）产生重要影响，这取决于桩顶受压荷载的大小。如果在基坑开挖后打桩，桩基的结构设计核算同上述过程一样；但桩身的上拔完全是由与时间相关的相对变形所决定（总变形减去不排水变形）。

如第 57.2 节所述，根据有效应力降低原理，可以计算出土体隆起随深度变化的自由场曲线。土体膨胀曲线将趋向于强非线性，这是可以合理估计土-结构相互作用的重要因素。

57.3.2 群桩和底板

如果底板在地面上方浇筑，则最好将其设计为悬挂在桩帽上的底板，底板与地基脱空。当地基隆起时，底板在隆起荷载下也可能发生破坏。如果底板不能与下覆地基的隆起和膨胀力隔离时，则需要由各基桩共同承担上拔力，底板需要设计为能够承受由土体隆起产生的弯矩。

群桩承台一般也会承受上拔力，除非底板与下层土体脱空。在群桩中心的基桩在一定程度上可能不会受到土体隆起的上拔作用，而边桩容易受土体隆起的影响而使承台隆起。如果承台（包括其重量）的荷载较小，当承台受外部桩的拉拔作用发生隆起时，中心桩桩顶也会受到明显的拉力。这基本上与上述受负摩阻力的群桩情况相反，外部桩可能会受到拉拔作用影响。无约束隆起（即脱空底板）群桩与受约束隆起（与地表接触的底板或承台）群桩的重要区别在于桩周摩阻力沿深度的分布情况。对于无约束隆起，桩土相对位移（桩侧阻力）主要发生在桩顶附近并逐渐向下移动。相反，对于受约束隆起的群桩，因为底板或承台会约束桩顶附近的桩-土相对位移，故桩侧阻力主要在深部发展并向上移动。

土-结构相互作用发生在底板、桩以及与底板接触的膨胀土之间。这个膨胀力由两部分组成，土体的"有效"应力与地下水压力。土体的"有效"膨胀力以及桩身拉力和位移将取决于结构的刚度、桩身长度和土体的膨胀特性。图 57.5 说明了这些因素的内在关系。膨胀力将会导致桩身拉力的增加，如图 57.5（a）所示，同时中性点向上移动，桩身上拔位移增加。随着结构向上位移的增加，底板的膨胀力减小，见图 57.5（b）。因此，相比结构（A），刚度更大的结构（B）的位移 S_B 较小，但会受到更大的膨胀力 P_B，见图 57.5（b）。因此，需迭代分析评估膨胀力、地基和结构位移以及桩和结构中产生的内力。不管结构的"内部"刚度如何，整体向上位移 S_g 将随地下室墙体和桩身摩擦力的发展而增加。通常这种情况发生在埋深较大的地下室结构中，需考虑结构的"整体"刚度和位移，以及桩、板和地基之间的局部相互作用，见图 57.5（c）。特别重要的是需保证桩、底板和地下室墙体之间有足够的连接强度。地下水压力不受土-结构相互作用的影响，需要添加到土体的有

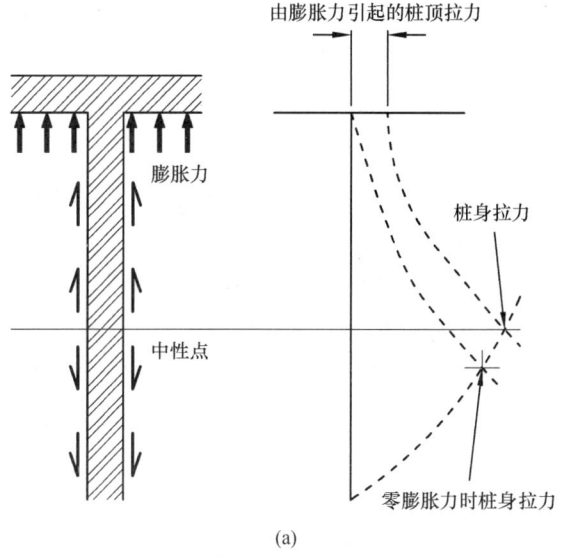
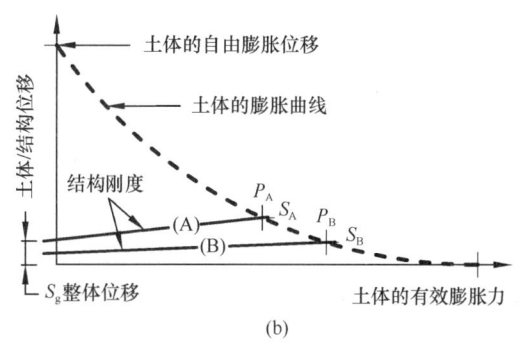
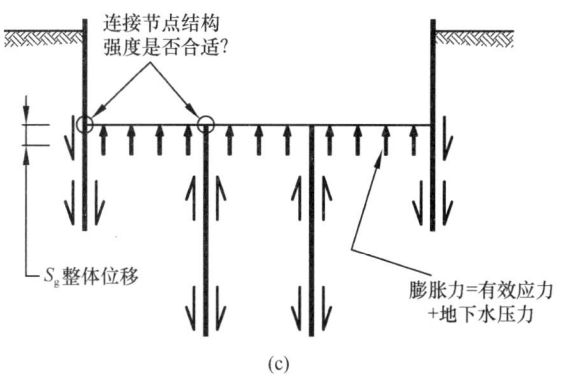

图 57.5 地基隆起引起的拉力，坐落在膨胀土上的底板
(a) 膨胀力和桩身拉力；(b) 结构刚度、土体膨胀和
膨胀之间关系；(c) 深埋地下室，整体相互
作用–膨胀压力/在顶部引起的上拔力

效膨胀压力中。底板下有利的排水条件可以消除直接作用在板底的地下水压力作用，同时可减小土体的膨胀位移、膨胀力以及由膨胀引起的结构内力。但是，排水设施必须易于维护以便其在结构的整个设计周期内均可保持有效。

57.3.3 膨胀土和湿陷性土

湿陷性土和膨胀土分别在第 32 章"湿陷性土"和第 33 章"膨胀土"中说明。

此类土体的特性非常复杂，在某些情况下，可能不清楚会出现哪种情况（即负摩擦或隆起引起的拉拔作用），见第 53 章"浅基础"。这种情况下需对桩采用可靠的结构设计，以此来应对两种可能的情况（分别为 NSF 和 HIT）。此外，要求桩身有足够的入土深度，同时需判断土体会不会膨胀或是否有破坏趋势。

57.4 受地基水平变形影响的桩

57.4.1 单桩

本节说明的桩土相互作用主要是研究垂直于桩身轴线（通常为竖直线）的水平面（参考平面），如图 57.6（a）所示。最简单的情况是"单独"的单桩，即桩间距与桩直径相比非常大。参考水平面上的桩土相对位移称为 δ。一般来说，当桩顶受到水平力时，桩身会发生相对于静止土体的变形，土体则会抵抗这种水平变形，见第 54 章"单桩"。而本章是反过来考虑，即土体的水平变形作为荷载直接作用在桩身上。这种相互作用类型的实例将在第 57.4.2 节中叙述。

对这种相互作用的分析，土体的水平变形 Δ 如何产生并不重要，重要的是如何确定作用在桩身的水平荷载（通常简化为等效压力 p），如图 57.6（b）所示。通常情况下，相互作用关系可被理想化为弹性，最终达到塑性屈服值。但实际上这是在临界点间的逐渐过渡过程。

这种水平变形荷载对桩基的影响可能较大，因为它会产生桩身弯矩和剪力，要求桩身具有足够的抗弯承载力。最早的半经验方法主要是通过估计地基土变形作用来估算桩身的荷载或最大弯矩。但这样的方法往往适用于简单的一般情况，而在具体条件下，这种半经验方法就不一定合适了。有限元分析方法可以适当考虑土–结构相互作用以分析其破坏机理，但这种方法较为复杂（第 57.4.3 节），应在作复杂精确有限元分析前，首先使用一个或最好两个可行的简化方法进行初步分析。

下文将首先考虑产生地基水平变形的情况。如第57.1节所述，通常最好的做法是应当重视分析施工顺序等可能会引起地基水平变形的各种因素，并采取相应措施尽量从源头上避免地基发生水平向变形，而不是进行复杂的分析。参考文献列出了一些用于简化计算和初步设计的指引；考虑相互作用的有限元分析也包含在其中。

桩基础通常是成排或成组布置的。下文的一些参考文献专门考虑了群桩间的相互影响效应。受相互作用影响明显的多排桩，其破坏模式往往表现为渐进式的结构破坏。如果结构破坏模式（通常包括弯曲和剪切）表现为脆性，则应重视并极力避免这种破坏模式。

57.4.2 受地基水平变形作用桩基实例

57.4.2.1 软黏土路堤的桩基

在软黏土或泥炭地基上修建路堤时，下覆地基土容易发生向外的水平滑动。如图57.7所示，紧邻路堤坡脚的桩基除了桩顶受结构荷载外，软黏土的水平向移动也会作用在桩身上。此时，应当考虑桩顶的约束效应，这可以减少桩身位移，但会增加作用在桩身的土体荷载。当桥台结构采用桩基础时，由于软黏土地基易发生水平向挤出，路堤填土将会产生拱效应，并直接作用在桥台结构上（Ellis 和 Springman，2001）。

在这种情况下，路堤可能会很快发生较大的位移（不排水条件），这与路堤的施工过程密切相关，尤其是施工顺序。解决的方法有很多，如路堤材料可使用轻质填料（例如，发泡聚苯乙烯块）；或者设计的路堤填土荷载完全由桩基承担或由经过人工处理的地基承担（第59章"地基处理设计原则"）；或者也可将桩与可能发生水平向位移的桩周土隔离，例如桩身周围使用软膨润土或大直径的套管隔离，但此时隔离深度范围内桩侧没有桩周土的约束。一般来说，最好从源头解决问题，例如在填土施工完成后再进行桩基施工，并允许桥台可发生部分沉降，或路堤采用轻质填料，或者对下覆软弱地基进行地基处理等。

关键参考文献

DeBeer 和 Wallays（1972）（Fleming 等也提出，

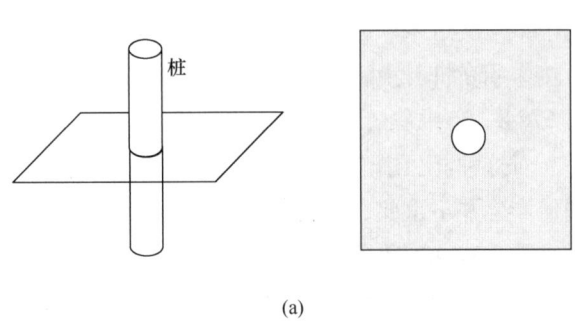

(a)

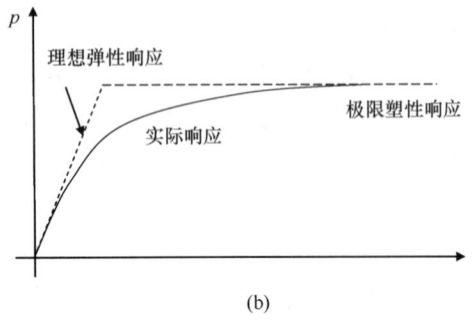

(b)

图 57.6 水平向桩-土相互作用的基本概念

(a) 垂直于桩身轴线水平面内的土-桩相互作用；

(b) 桩身荷载 (p) 随桩-土相对位移 (δ) 的增加

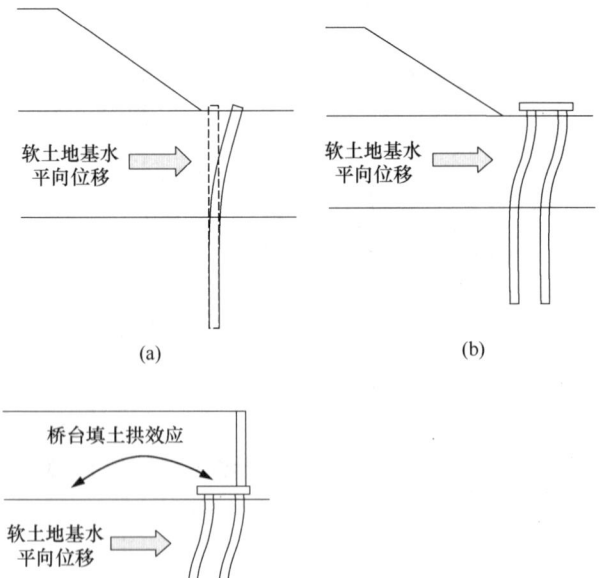

图 57.7 邻近软黏土路堤桩基

(a) 桩顶自由；(b) 桩头受承台约束；

(c) 桥台桩基

2008）给出一个"基于应力模式"的实例，通过对路堤荷载施加额外的竖向应力（q），来直接估算路堤邻近桩受到的水平向压力，具体通过 q 与软土的不排水抗剪强度（c_u）的比值来分析计算，其他许多后续方法（见下文）也使用了该比值。极限值一般发生在 $(q/c_u)=5$ 时，但通常认为 $(q/c_u)=3$ 时，桩基将发生破坏。

Springman 和 Bolton（1990）提出了一种计算地基变形的简单方法，其可以计算桩身由软黏土层引起的压力荷载，这个方法还可以计算桩身的弯矩分布。

Stewart 等（1994）通过对目前现有分析方法的总结，提出了一种直接近似估算桩身最大弯矩的方法，并采用 Springman 和 Bolton（1990）提出的方法对其进行了验证，并提出了修改意见。

Goh 等（1997）给出了一个计算桩身受压和受弯的数值程序，受压和受弯荷载是基于假设的"自由场"土体变形（没有桩的情况下）得出，将其结果与一些案例作了对比研究，提出桩身最大弯矩的简单估算公式。

Chen 和 Poulos（1997）采用边界有限元程序，分析"自由场"地基位移作用在桩身的荷载。他们采用这种方法开展大量计算研究得到一些图表，用于邻近路堤或边坡桩基的"初步分析"（见下文）。Leroueil 等（1985）主要研究软土路堤施工过程引起的地基水平向变形案例。

Ellis 和 Springman（2001）描述了软土地基上桥台高桩的物理模型试验和平面应变有限元分析模型。这种方法也被主要用于桩承台结构上填土的拱效应机理研究（图 57.7c）。他们得出的结论：一般经验方法由于不考虑桩身特定边界条件，故不足以估算复杂情况下的桩身弯矩。但在实际边界条件下，由以上方法得到的桩身荷载对桩身结构进行初步设计还是可行的。对于深化设计应采用有限元法，这篇论文也提出在有条件的情况下，可以采用平面应变分析来分析土体和排桩之间的水平向相互作用（第 57.4.3 节）。

57.4.2.2 邻近开挖土体的桩基

对于采用桩基的建（构）筑物，如果其附近有基坑开挖（如采用明挖或悬臂式支挡结构开挖），那么基坑周边的土体会向坑内方向移动，对周边建筑物的桩身变形会产生影响（图 57.8），同样，桩顶承台的约束效应（限制桩头转动、减小桩顶水平位移）也会影响桩身的变形和反力分布。

对于单一的悬臂式挡土结构，基坑开挖影响的变形区域可假设为"楔形区域"（图 57.8）。如果基坑支护采用支撑式或锚拉式支挡结构，基坑的变形量将会显著减少，变形区域也会受到影响。

对挡土墙和排桩开展平面应变有限元分析（第 57.4.3 节），同时估算"自由场"的土体变形，继而获得桩身的变形和弯矩内力。Long（2001）和 Clough、O'Rourke（1990）发表的文献综述给出了多种地质条件下深基坑开挖引起的地基变形模式。对于软黏土地基的基坑开挖，基坑变形对基坑底部隆起的安全系数影响很大。桩身移动趋向于减少桩土相对位移及其相互作用力。因此，桩身不移动的假设是保守的。

一般采取如大直径套管等措施将桩身与桩周土体隔离。此时，桩身的结构设计需考虑隔离范围内的桩身水平向无约束。

主要参考文献

Poulos 和 Chen（1997）提出了一种研究基坑开挖对邻近桩基响应的分析方法，而且主要研究黏

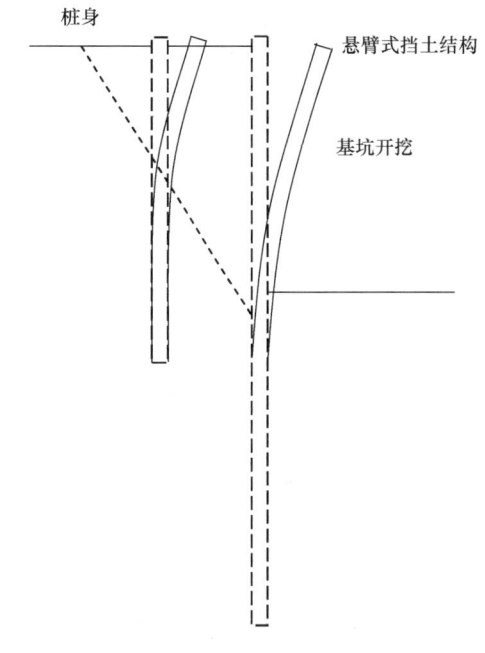

图 57.8 基坑开挖周边桩基

土中支挡结构开挖对桩基的影响，并给出了桩身最大弯矩和挠度的设计图表。

57.4.2.3 边坡工程中的桩基

抗滑桩通常用于防止发生滑动破坏的边坡工程（图57.9a）。出于经济成本和资源环保方面的考虑，抗滑桩一般设计为设有一定间距 s 的排桩，桩间距通常为桩径（d）的2~5倍。由于相邻桩之间的土体存在拱效应，故桩后土体不会"穿过"抗滑桩（图57.9b）。因此，边坡滑动区域的土体荷载几乎全部由抗滑桩承担。

抗滑桩的设计要点主要有以下几方面：

- 确定临界滑动面以及所需的抗滑力，以给出边坡安全系数。
- 抗滑桩的布置，其可能会受现场实际情况、坡顶或坡脚基础设施保护的影响。
- 桩间距（s/d）的选择。
- 桩身抗弯承载力设计（应注意到，单根桩承受的荷载是随桩间距 s 的增大而成比例增加）。
- 桩端需嵌入稳定持力层足够的深度，以提供所需的抗滑力，从而使桩端以下可能发生的深层滑动面无法形成。

- 通常采用冠梁来为桩顶提供水平约束，冠梁本身也被地基或排桩所约束，可减少桩顶位移和桩最大力矩。

请注意，设计上采用估算"自由场"土体位移确定桩身荷载（如Chen和Poulos，1997）并不容易。相反，设计滑动面以上抗滑桩受到的滑动力往往是由所需的抗滑力决定的。

主要参考文献

Viggiani（1981）通过计算滑动荷载引起桩身力矩与抗滑力矩相同时的深度位置，给出一种确定桩身弯矩的简易方法。

Chen和Poulos（1997）给出一种已知"自由场"土体位移分析桩身受荷的边界元程序。他们采用该程序给出了可用于边坡抗滑桩设计的图表。

Hayward等（2000）通过分析土工离心试验结果，研究桩间距对黏土路堑稳定性的影响。

Carder和Temporal（2000）对相关期刊文献开展了较全面的文献综述总结研究。

Smethurst和Powrie（2007）给出了一个关于近期监测数据案例的研究成果。

Ellis等（2010）给出了近期数值方面的研究成果，并就相关问题给出了包括确定临界桩间距等设计准则。

57.4.2.4 隧道开挖附近的桩基

隧道开挖对周边地层的影响较为显著，它取决于隧道开挖的方法和具体开挖量。当既有桩基位于开挖隧道的附近时，应当评估隧道开挖对既有桩基的影响程度（图57.10）。

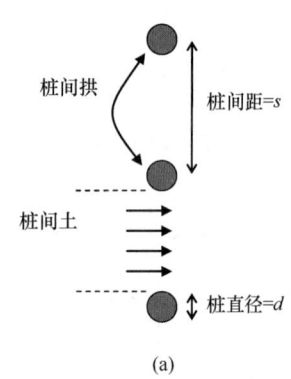

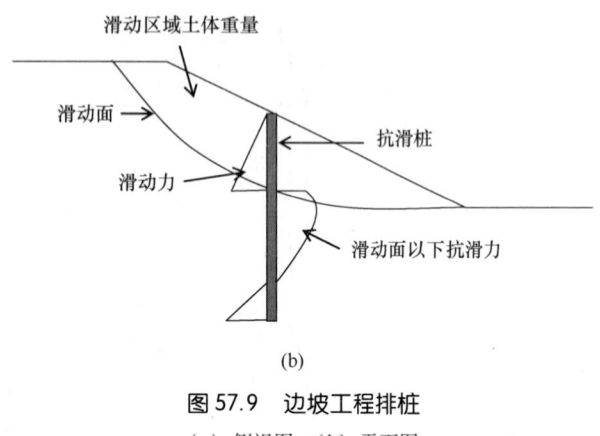

图57.9 边坡工程排桩
(a) 侧视图；(b) 平面图

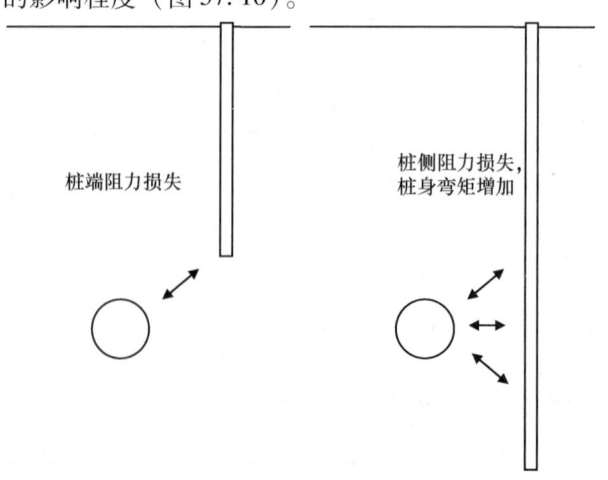

图57.10 桩基附近的隧道

一般来说，隧道开挖会引起土体向隧道移动，继而使土中垂直和水平应力发生松弛（图57.10）。这将对桩基承载力产生不利影响，特别是当隧道开挖面位于端承桩的桩端时，这种不利影响将更为显著。当桩顶主要承受竖向荷载时，桩基承载力的降低将显著增加桩基沉降量，极端情况下甚至会直接导致桩基的破坏。

此外，土体的水平向位移也会使桩身产生弯矩和剪力。

主要参考文献

Chen 等（1999）主要研究隧道开挖对邻近桩的影响效应，并针对其对桩身水平向与轴向两方面的作用效应，给出简单的设计图表（例如桩顶沉降影响）。

Jacobsz 等（2003）研究了隧道开挖对打桩的影响。Selemetas 等（2005）对桩基-隧道开挖影响效应开展原型研究，而 Chung 等（2006）给出了桩基-隧道的相互作用物理建模方法。

57.4.3 数值分析

早期的计算分析是基于某一特定分析方法的专用程序。此类方法通常依赖于对"自由场"地基变形的估算（在没有桩的情况下），就此推导桩身荷载反力，或者可直接估算出反力。这些完成后，仍需将反力荷载与桩身受到的其他约束条件（包括结构和没有发生位移的土体部分）结合，从而获得桩身的弯矩分布。一般桩身的移动趋向于桩土变形一致，因此可能需要多次迭代，或直接保守地假设桩身不会发生移动。

近年来开展的有限元计算分析应用越来越多，它可自然地考虑桩-土相对位移、边界约束、结构荷载之间的耦合。一般平面应变模型采用"连接"单元来模拟土-结构相互作用，同时还需考虑能够反映实际复杂三维情况下的影响因素（例如 Ellis 和 Springman, 2001），或可以直接采用能够消除这些复杂因素的三维模型。但是，除了运行分析所需的计算工作量外，这些复杂因素信息也会增加运行分析所需的计算工作量（例如 Ellis 等, 2010）。

需要强调的是，这种类型的土-结构相互作用分析需要极其复杂的数值模型，在工程实践中的应用难度较大。

57.5 结论

一般情况下，桩基础是比较安全可靠的，而桩基发生破坏失效的情况往往是受到"意外"非常规荷载的影响，比如地基整体变形的影响就可能引发桩基发生严重事故，事实上也发生了许多破坏的案例，例如最近上海的一座建筑物发生灾难性倒塌，见图57.1。

通常情况下，这些破坏往往是忽略了某些重要因素，而这些因素往往是设计人员和施工方应当重视的部分，例如地基的整体变形就是可能会发生的。此外，设计人员和施工方之间的协调不畅也会引发类似问题。因此，项目管理过程中应当重视协调设计与现场具体情况。以下几点问题尤为重要：

（1）认识到在施工期或今后正常使用期内可能出现的地基整体变形。这需要岩土工程专家在项目早期阶段就提供针对性意见。

（2）认识到临时工况与永久工况之间的区别联系；这需要及时调整临时工况，并指导设计永久工况。因此，需根据具体情况调整设计或规范中的工况荷载。

（3）认识到既有结构和新建结构之间可能产生相互作用或由于现场实际情况可能产生相互作用的变更情况（如堆料，见第58章"填土地基"，或场地历史、地质条件等）。

（4）如前所述，通常明智的做法是避免由于地基整体变形而产生不利影响，例如规定合适的施工顺序［应在图纸、CDM 登记表（CDM register）等上作出具体说明］，尽量避免进行复杂的分析。

57.6 参考文献

Bourne-Webb, P. (2009). Discussion: A practical design approach for piles with negative skin friction. *Geotechnical Engineering*, **162**(GE3), 187–188.

Bown, A. and O'Brien, A. S. (2008). Shaft friction in London clay – modified effective stress approach. *Proceedings of the Second BGA International Conference on Foundations*, pp. 91–100.

Carder, D. R. and Temporal, J. (2000). *A Review of the Use of Spaced Piles to Stabilise Embankment and Cutting Slopes*. Transport Research Laboratory (TRL Report 466).

Chen, L. T. and Poulos, H. G. (1997). Piles subjected to lateral soil movements. *Journal of Geotechnical and Geoenvironmental*

Chen, L. T., Poulos, H. G. and Loganathan, N. (1999). Pile responses caused by tunnelling. *Journal of Geotechnical and Geoenvironmental Engineering*, ASCE, **125**(3), 207–215.

Cheong, M. T. (2007). Case study: Negative skin friction development on large pile groups for the New Wembley Stadium. *Ground Engineering*, November 2007.

China Daily (2009). *Pressure difference cause of Shanghai building collapse*; article by Hou Lei 03/07/2009. (www.chinadaily.com.cn/china/2009–07/03/content_8376126.htm)

Chung, K. H., Mair, R. J. and Choy, C. K. (2006). Centrifuge modelling of pile-tunnel interaction. In *Physical Modelling in Geotechnics – 6th ICPMG '06* (eds Ng, C. W. W., Wang, Y. H. and Zhang, L. M.). London: Taylor & Francis Group, pp. 1151–1156.

Clough, G. W. and O'Rourke, T. D. (1990). Construction induced movements of *in situ* walls. ASCE Special Publication 15, In *Proceedings of Design and Performance of Earth Retaining Structures*, Cornell University, pp. 439–470.

DeBeer, E. E. and Wallays, M. (1972). Forces induced in piles by unsymmetrical surcharges on the soil around piles. In *Proceedings of 5th European Conference on Soil Mechanics and Foundation Engineering*, Madrid, Vol. 1, pp. 325–332.

Ellis, E. A., Durrani, I. K. D. and Reddish, D. J. (2010). Numerical modelling of discrete pile rows for slope stability and generic guidance for design. *Géotechnique*, **60**(3), 185–195.

Ellis, E. A. and Springman, S. M. (2001). Full-height piled bridge abutments constructed on soft clay. *Géotechnique*, **51**(1), 3–14.

Fleming, W. G. K. (1992). A new method for single pile settlement prediction and analysis. *Géotechnique*, **42**(3), 411–425.

Fleming, W. G. K., Weltman, A. J., Randolph, M. F. and Elson, W. K. (2008). *Piling Engineering* (3rd edition). Blackie Academic and Professional.

Goh, A. T. C., The, C. I. and Wong, K. S. (1997). Analysis of piles subjected to embankment induced lateral soil movements. *Journal of Geotechnical and Geoenvironmental Engineering*, ASCE, **123**(9), 792–801.

Hayward, T., Lees, A. S., Powrie, W., Richards, D. J. and Smethurst, J. (2000). *Centrifuge Modelling of a Cutting Slope Stabilised by Discrete Piles*. Transport Research Laboratory (TRL Report 471).

Jacobsz, S. W., Standing, J. R., Mair, R. J., Soga, K., Hagiwara, T. and Sugiyama, T. (2003). Tunnelling effects on driven piles. In *Proceedings of International Conference on Response of Buildings to Excavation-Induced Ground Movements* (ed Jardine, F. M.). London, UK: Imperial College, July 2001, pp. 337–348. CIRIA Special Publication 199, RP620, ISBN 0–86017–810–2.

Lee, C. J., Bolton, M. D. and Al-Tabbaa, A. (2002). Numerical modelling of group effects on the distribution of dragloads in pile foundations. *Géotechnique*, **52**(5), 325–335.

Lee, C. J., Lee, J. H. and Jeong, S. (2006). The influence of soil slip on negative skin friction in pile groups connected to a cap. *Géotechnique*, **52**(5), 325–335.

Leroueil, S., Magnan, J. and Tavenas, F. (1985). Remblais sur argiles molles (English translation: *Embankments on Soft Clays*). Chichester: Ellis Horwood, 1990.

Long, M. (2001). Database for retaining wall and ground movements due to deep excavations. *Journal of Geotechnical and Geoenvironmental Engineering*, ASCE, **127**(3), 203–224.

O'Brien, A. S. and Sharp, P. (2001a). Settlement and heave of over-consolidated clays – a simplified non-linear method of calculation – part 1 of 2. *Ground Engineering*, October 2001, 28–21.

O'Brien, A. S. and Sharp, P. (2001b). Settlement and heave of over-consolidated clays – a simplified non-linear method of calculation – part 2 of 2. *Ground Engineering*, November 2001, 48–53.

Potts, D. M. (2003). Numerical analysis: A virtual dream or practical reality? *Géotechnique* **53**(6), 535–573.

Poulos, H. G. (2008). A practical design approach for piles with negative skin friction. *Geotechnical Engineering*, **161**(GE1), 19–27.

Poulos, H. G. and Chen, L. T. (1997). Pile response due to excavation-induced lateral soil movement. *Journal of Geotechnical and Geoenvironmental Engineering*, ASCE, **123**(2), 94–99.

Reddaway, A. L. and Elson, W. K. (1982). The performance of a piled bridge abutment at Newhaven. CIRIA Technical Note 109.

Selemetas, D., Standing, J. R. and Mair, R. J. (2005). The response of full-scale piles to tunnelling. In *Geotechnical Aspects of Underground Construction in Soft Ground* (eds Bakker *et al.*). London: Taylor & Francis Group, 2006, pp. 763–769.

Smethurst, J. and Powrie, W. (2007). Monitoring and analysis of the bending behaviour of discrete piles used to stabilise a railway embankment. *Géotechnique*, **57**(8), 663–677.

Springman, S. M. and Bolton, M. D. (1990). The effect of surcharge loading adjacent to piled foundations. UK Transport and Road Research Laboratory Contractor Report 196.

Stewart, D. P., Jewell, R. J. and Randolph, M. F. (1994). Design of piled bridge abutments on soft clay for loading from lateral soil movements. *Géotechnique*, **44**(2), 277–296.

Viggiani, C. (1981). Ultimate lateral load on piles used to stabilise landslides. In *Proceedings of 10th International Conference on Soil Mechanics and Foundation Engineering*. Stockholm, **3**, 555–560.

建议结合以下章节阅读本章：
- 第 53 章 "浅基础"
- 第 55 章 "群桩设计"
- 第 94 章 "监控原则"

本书以第 1 篇 "概论" 和第 2 篇 "基本原则" 为指导进行章节编排。如第 4 篇 "场地勘察" 中所述，各类岩土工程均应进行扎实的现场勘察工作。

译审简介：

赵晓光，高级工程师，工学博士，从事桩基础与土工抗震等岩土工程方向的工作。

邱明兵，高级工程师，岩土工程博士，从事桩基础和结构抗震研究和咨询设计工作。

第58章 填土地基

希拉里·D. 斯金纳（Hilary D. Skinner），唐纳森联合有限公司，伦敦，英国

主译：刘林（中国建筑科学研究院有限公司地基基础研究所）
审校：陈云敏（浙江大学）

doi: 10.1680/moge.57098.0899

目录		
58.1	引言	871
58.2	填筑体的工程特性	871
58.3	填筑体的勘察	872
58.4	填土性质	874
58.5	填筑体的体积变化	877
58.6	设计问题	879
58.7	工程填筑体的施工	881
58.8	小结	882
58.9	参考文献	882

本章简要介绍当建筑物建造在填土地基上时需要考虑的主要问题，及其需进一步阅读了解的相关文献。安全建设不仅取决于填筑体的承载力，还取决于结构对地基变形的敏感性。因填筑地基具有多样性，岩土工程三角形（第4章"岩土工程三角形"）的应用就尤为重要。

58.1 引言

实际工程中往往需要将建筑物建造在填筑体上，而填筑体的填土通常比原地基土工程性质要差。本章将主要介绍填筑体施工时需要考虑的相关问题，当然也不应忽视设计中需要考虑的诸如倾斜场地等其他问题（具体可参阅第9章"基础的设计选型"）。通常来说，非工程填土在填筑时不进行处理，会造成其在成分、填筑方式及几何形状上存在很大的差异，难以预测其工程性质，导致无法判断是否可以承载其上部的建（构）筑物。以上这些均给工程建设带来了潜在的风险。

工程填土应用到不同工程中时，必须通过其力学特性和工程性质来确定是否适用于该工程。如果工程建设需要填筑土体，选择填土类型和填筑方法时应考虑结构的要求和填土下土体的性质。

即使在均匀加载条件下，整个填方区的沉降分布也可能会不规则，故通常必须通过设计来限制总沉降、差异沉降或地基不发生破坏。因而，结构应当具有足够的刚度，使荷载重分布而减小相对沉降，或者结构本身应具有较大的容许变形能力，使其不会产生裂缝。因此，基础设计必须考虑填土-结构的相互作用。为了避免使用长的连续结构，设计时应将其划分为多个部分，每部分采用柔性节点连接，节点要完全穿过结构和基础。普通的独立基础和条形基础一般很少能够满足设计要求。宽的加筋条形基础可能会满足条件，如果不满足条件则需要采用加筋筏板基础。如果填筑体相对较薄，可以穿透达到合适的地层上，则可选用梁墩或梁桩基础。

本章将从勘察、填土特性、体积改变的原因和基础设计等几方面概述在填筑场地上建造建筑物时需要考虑的主要问题。

所有工程施工之前都应当先进行合理的勘察和设计。在以下章节中，只强调和解释那些与"正常"设计过程不同的问题。

第3篇"特殊土及其工程问题"中深入讨论了填土的性质，所以此处只进行简述。

58.2 填筑体的工程特性

与地基设计相关的填筑体特性不仅与填土的组成成分有关，还与土层的性质和范围有关。应通过案头研究尽可能地确定这些特征，并通过勘察进一步证实（这方面的相关内容请参阅第4篇"场地勘察"）。

58.2.1 范围和深度

需要确定填方区的边界。对于挖填方断面明确的工程，如旧码头，确定边界比较简单，但对于其他填挖方工程，确定边界可能比较困难。填筑体的深度在评估其性质以及各种地基处理方法和地基设计的适用性方面非常重要。

填筑体深度的突变很可能导致差异沉降。为了减小后期的差异沉降，可能需要将一些旧的挖方（如码头的垂直边）开挖成一个较平坦的坡面。

58.2.2 龄期

填筑体的龄期对其工程性质有以下多方面的影响：

- 环境。旧填筑体的含水率、水位及加载条件很可能已经发生改变，使其在未来变化时不太容易受到大变形的影响。
- 填土。对于含有大量生物可降解材料的填土，沉降与降解有很大关系，因此填筑填土后时间的长短非常重要。
- 沉积。自重作用下的长期固结速率与填筑后的时间有关。与时间相关的影响因素还包括干燥和风化，这些因素可以使填筑体表面形成硬壳。

58.2.3 填筑方法

填筑方法对填筑体后期性质有很大影响。填筑方法包括分层压实、在干燥条件下把填土从高处倾倒沉积和将填土倾入静水中沉积。填筑方法影响填土的密度和均匀性。非工程填土的许多问题都与其均匀性有关。依据填筑方法和填筑过程中的控制程度，材料、密度和龄期可能存在差异。

大部分地基处理方法（第59章"地基处理设计原则"）都会减少这种差异。图58.1 给出了一个在填筑过程中采取一些控制措施的例子。

水力冲填通常会在相对疏松或松软的条件下产生高含水率的填土，且土颗粒具有明显的粗细沉积之分。

58.2.4 地下水位

填筑场地的地下水位受多种因素影响，如周边水文地质条件、填筑体表面是否有不透水层，填土的渗透性以及是否有排水设施等。

当前水位、历史水位变化幅度以及未来可能的水位变化幅度都可能对填筑体产生很大的影响。第一次淹没填筑体的地下水位上升可能会导致其塌陷。降低地下水位会增大填土的有效应力，从而引起沉降。

58.3 填筑体的勘察

非工程填土具有多样性，导致其难以被量化，所以非工程填筑体很难进行勘察。工程填土种类较少，但也应当通过记录和钻探来确定。此外，当勘察过程中钻孔穿过填土时通常会改变其性质，因此基于天然土得到的相关指标几乎是不适用的。确定填土类型和填土性质难度较大，应先通过案头研究确定填土可能存在的性质，得到一个明确的指标。通过口头描述可能无法准确表达填土的性质，所以应给工程师提供相应的指标。勘察只能在短期内进行，得到短期内填土的性质，因此它不能说明填土性质或后期沉降的变化（另见第4篇"场地勘察"）。

58.3.1 案头研究和踏勘

案头研究是填土勘察的一个关键组成部分。通过以前的场地或当地土地使用情况和英国地质调查局（BGS）的测绘（第32章"湿陷性土"）能确定填筑场地大概的区域。填料不太可能被运输到很远的地方，一般采用就地取材，因此可以确定出当地的废弃物。由不同过程产生的填土类型在第34章"非工程性填土"中讨论。此外，还应确定过程中可能产生的污染，可参考英国环境局（DoE）行业资料，该资料可在环境署（Environment Agency）网站上在线获得。填筑体的深度可以通过场地的变化来确定，也可以从产生较大深度的非工程（或深洞）过程中辨别出来，例如露天开采、深部开采、采石或垃圾填埋。景观美化等通常产生的填土深度较浅。

现场踏勘可以确定出小丘或山丘的分布情况，标示出人造区域的起点、植被的变化或居民区附近"空置空间"的重要区域。案头研究和踏勘相结合，也可以帮助确定填充地下空间的区域。

对场地和当地区域的勘察必不可少。通过这些勘察可以确定可能存在的填土类型和历史以及需要勘察和设计的其他场地问题。这能够及早发现工程开发的关键风险，并确定进一步勘察范围。

图58.1 水力填筑

58.3.2 物探

当填筑体与天然地基在刚度、密度或含水率方面存在显著差异时，可以借助一些地球物理勘探技术来确定填方深度，参见第45章"地球物理勘探与遥感"。需要注意的是，在指定该技术之前检测到的每一个特性变化，例如刚度的变化，都应查明是否有足够大的改变，以使该技术能够定位所需的特征。在每种情况下，都建议结合一些钻探来确认。

58.3.3 钻探

工程师可以使用的技术包含：

58.3.3.1 探坑

低（浅）填筑体的一个关键技术是简单挖些探坑，这样可以直接进行观察和描述（所需的试坑数量取决于该填筑体的变化程度和施工类型）。填土的基本特性可以通过对大量扰动土样的成分描述、粒径、含水率和阿太堡界限来确定。试坑可以看到填土分层情况，如分层均匀或起伏较大，还可能需要进行一些化学试验。

根据施工要求，浅层原位试验（如载荷板试验或载荷筒试验）可能是得到承载力和瞬时沉降的有效途径。必须要到现场取足够多的填土，因为需要进行大量的试验来评估填土。原位承载比试验（CBR）尺寸较小，对其结果进行分析时需要特别谨慎细致。如果填土已经进行了处理，对土样也应进行试验。如果采用混合填料的处理方法，那么要考虑击实试验和化学试验。

58.3.3.2 钻孔取样（WS）和动力触探（DP）

如果在取样过程中没有遇到大的或平的硬障碍物，动态开窗取样器可以穿过填土几米。由于获得的土样较小，该取样器不适用于颗粒粒径较大的填土。使用这种取样器在推动过程中会扰动土样，很可能加密填土，甚至导致一些颗粒发生破碎。从这类土样中获得的信息，无论是描述性的还是分类性的，都应该给出详细的解释。

动力触探试验可能是唯一有效的试验之一。该试验将一个圆锥探头打入填土中，记录贯入每100mm深度的击数。通过击数来评估填土的密度，或得到遇到障碍物等类似的信息。经过大量的试验可以得到填土层的变化，并帮助完善其他测试所需的位置。

58.3.3.3 深层原位试验

深层原位试验可分为推入（CPT、CPTU）、钻入（自钻式旁压试验）和在钻孔中实施的试验（DMT、PMT、SPT），详见第48章"岩土环境测试"。

与填土相关的CPT很少，应慎重使用。CPT遇到障碍物时会停止工作或损坏仪器，因此很少使用。但是，如果填土类似于天然土（特别是一些细粒状填土），CPT则是一种有效的测试方法，可以很容易地确定诸如强夯等的处理效果。

旁压试验和侧胀试验的土样大小不能代表变化幅度较大的土层，所以也很少使用。另外，大量试验所需的费用较多，加上钻孔过程可能扰动土体，因此这些试验一般都不适用。

SPT试验通常在可以钻孔的地方进行，并且可以提供随钻孔和试验过程变化的一些填土强度信息。由于样本较少，缺乏相关性，因此分析这些试验结果时应谨慎。然而，SPT可能是唯一容易获得数据的试验。

58.3.3.4 钻探和取样

钢绳冲击（CP）钻探可能会破坏并压实填土。在钻孔过程中加水，通常会加速填土破坏。CP钻进容易取得扰动土样，应该仔细分析和描述。

螺旋钻进可回收的填土很少，同时钻进和钻进液还会改变填土，因此土样不适用于测试其强度或刚度。

58.3.3.5 监测

水位、气体和长期沉降的监测是了解填筑体当前状态和未来性状的重要方法，参见本章第58.6.4节。

58.3.3.6 可行性试验

如果初始试验区属于高/深填筑区，应加大其监测密度。这有助于优化处理方法或增强对其处理效果的信心。

总之，在勘察填筑体时，常规的钻探和测试方法在确定其性质或设计参数方面通常用处不大。通常最有用的方法是通过试坑确定填土的性质（需要确保取样和所观察的填土具有代表性），同时结合详细的案头研究和监测数据。填筑体边界的一些情况通常可以通过直接勘察获得。表58.1列出了勘察可以确定的性质。

不同钻探方法确定的填土性质　　　　　表58.1

性质	扰动样				原位试验		载荷试验
	试坑	WS	CP	螺纹钻进	DP	SPT	平板
密度	x	x	x	x	部分适用		推断
压实状态	观察	x	x	x	x	x	推断
含水率	y	y	受钻孔影响		x	x	x
粒径	y	y			x	x	x
可塑性	y	y—细粒可能受钻孔的影响			x	x	x
强度	x	x	x	x	部分适用		y 取决于荷载
刚度	x	x	x	x	x	x	y
超固结度	x	x	x	x	x	x	x
变异系数	取决于测试孔的数量						

注：y—适用；
　　x—不适用。

以前的类似填土或大型试验的相关资料非常有用。同样，要注意试验是否能达到所期待的规模和类型。在自重沉降或蠕变仍在发生的填筑体上进行小的短期载荷试验，不太可能揭示建设大型结构数年后填筑体的性能。

58.4 填土性质

填土性质很难通过勘察得到，因此类似材料的试验结果对设计人员来说至关重要。

58.4.1 土性指标和分类

根据与工程特性相关的指标和等级可以对填土进行分类。英国标准 BS 1377-2：1990（British Standards Institution，1990）介绍了土的分类试验。

58.4.1.1 颗粒级配

颗粒粒径对填土性质具有很大的影响，是一种有效的分类方法。通过筛分法和比重计法可以确定颗粒级配。粗"粒"土和细"黏"土的性质具有根本性的差异。粗粒土比细粒土具有较高的抗剪强度和渗透性。粉砂和黏粒（即粒径 < 0.06mm）含量的百分比非常重要。当百分比较高时（通常取 $F_c > 35\%$），土不属于粗粒土。实际上，"粒状"和"黏性"不仅与颗粒粒径相关，而且与其他性质相关。对于级配良好的土，可能难以立刻区分出是粗粒土还是细粒土的性状。英国标准协会《场地勘察规程》（*Code of Practice for Site Investigations*）（British Standards Institution，1999）提供了有关此界限建议。

由硬黏土块组成的未压实的黏土在没有水的情况下加载时，可能更像粒状填土而不是黏性填土，但一旦被水浸泡，它可能会发生塌陷，随后表现为像软的饱和黏性填土。

58.4.1.2 含水率和饱和度

填土的孔隙中始终会存在水，饱和填土的含水率一般为 20%~80%。填筑体的性质受填筑时填土含水率的影响。黏性填土的力学性质与含水率密切相关。含水率的改变会引起填土的体积发生改变。

58.4.1.3 密度

填筑体的密度或"压实度"对其力学特性有很大影响，其受填筑方法和应力历史的影响。"压实"一词是指用设备将填土压缩成更小的体积，从而增大其密度的过程。通常，工程性质会随密度的增加而改善，因为土颗粒和水是不可压缩的，压实降低了孔隙中空气的含量。

58.4.1.4 粗粒填土

对于比较纯的粗粒吹填土，干密度一般为 $1.6 \times 10^3 \text{kg/m}^3$。压实良好的粗粒土可用于堤坝，其孔隙率通常在 20%~25%。相反，相似材料的回填土，若未经压实，其孔隙率则要高得多，约为 40%。

58.4.1.5 细粒填土

对于黏性土，一定击实功所能达到的密实度与含水率有关。室内压实试验结果通常会绘制干密度随含水率变化的曲线。该曲线能够有效表示非饱和填土的状态。在一定击实功下黏性填土所能达到的密度取决

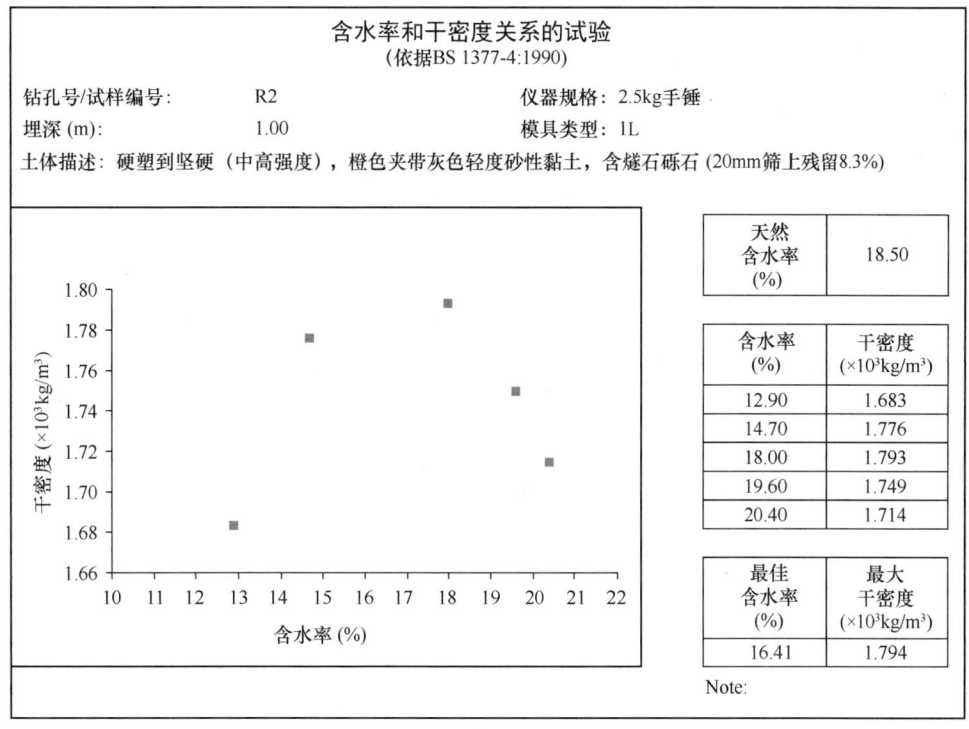

图 58.2　细粒填土的普罗克特击实试验结果

于填土的含水率。在给定的击实功下可以得到一个最大干密度，该干密度所对应的含水率为最佳含水率。"最大干密度"和"最佳含水率"的表述必须基于指定的击实试验规程，如果不指定规程，便会产生误导。当含水率低于最佳含水率时，按照指定规程将导致填土孔隙中具有较多的空气。对于含水率明显高于最佳含水率的填土，按照指定规程将使得空气孔隙最小，通常在 2%~4%（图58.2）。

以上列出的基本因素表明，填筑过程中填土的含水率是影响密度和工程性质的关键因素。

58.4.1.6　液塑性指数

塑性一词反映了细填土（或更细的部分）对含水率变化的响应，与天然土具有相同的性质。

与天然土相比，填土母岩的影响是不同的，因此在评估与母岩有关的指数试验时应谨慎。

58.4.1.7　压缩性和刚度

填土压缩的范围很广。高于和低于最佳含水率，可以使用不同的关系。这些关系取决于填土的性质以及可以表示孔隙是否被填充的级配包线。当填土没有达到破坏时，虽然填土一般表现为非线性的不可恢复的应力依赖特性，但用弹性参数来描述其力学特性往往很方便（见 Charles 和 Skinner，2001b）。杨氏模量 E 和泊松比 ν 通常用来描述线弹性行为。然而，这些参数几乎与填筑体相关的应力条件无直接关系。实际工程中，许多填筑体的沉降与一维压缩关系密切，可以直接应用侧限压缩模量 D 来表示。

通常对于非工程填土，可以假设 $D = 1.3E \sim 1.8E$。

当在大面积填土表面施加均布荷载时，很大程度上是产生一维压缩。在非饱和填土上施加荷载会产生瞬时压缩。对非饱和土来说，有效应力不是一个简单的概念。对于大多数实际工程，压缩系数最好用总应力表示的侧限压缩模量来描述。侧限压缩模量是施加的总竖向应力增量 $\Delta\sigma_v$ 与排水条件下产生的竖向应变增量 $\Delta\varepsilon_v$ 的比值：

$$D = \Delta\sigma_v/\Delta\varepsilon_v \tag{58.1}$$

其中，$D = 1/m_v$。

侧限压缩模量可以通过侧限压缩试验确定，但由于试验尺寸较小，通常不能代表土体原位性质（表58.2）。

竖向应力增量为100kPa(初始应力为30kPa)时侧限压缩模量(D_{sec})和应变的典型值　　表58.2

填料	D_{sec}（MPa）	ε_v（%）
砂岩碎石（$I_D=0.8$）	12	0.83
砂岩碎石（$I_D=0.5$）	6	1.67
煤渣（压实）	6	1.67
煤渣（未压实）	3	3.3
黏性填土（$I_P=15\%$，$I_L=0.1$）	5	20

58.4.2　细粒填土的时间依赖性

细粒填土（如黏性填土）与粗粒填土（如砂或石料）变形的根本区别在于渗透性。

随时间变化产生的变形取决于填筑体的性质和厚度，填筑方法和下卧层自然条件，特别是地下水条件。因此，最好的填筑材料是级配良好且坚硬的粒状土。相比之下，含有大量细颗粒的填土可能需要很长时间才能沉降稳定。同样，除非进行相关试验证明或者将结构设计调整为满足低承载力和不均匀沉降的条件，否则不能使用旧填筑体和那些填筑在可压缩或软弱低洼地区的填筑体。通常压实不好的旧填筑体会由于次固结而持续沉降数年。混合填料中含有易腐烂的材料，可能会留下空隙或自燃的风险，使得持力层复杂多样，一般应避免选用这类场地。如灰烬和工业废料等材料可能含有硫酸盐和其他可能对混凝土有腐蚀性的化学元素，也不应使用。

对于未经压实的填筑体，碎石填土的沉降量通常约为其厚度的2.5%，砂性填土的沉降量约为5%，黏性填土的沉降量约为10%。沉降速度随着时间的推移而减小，但在一些情况下，可能需要10~20年的时间才能达到建筑物地基的变形容许范围内。粗粒填筑体的大部分沉降发生在填筑完成后的早期，并且通常在5年之后沉降量能够达到较小。

58.4.3　强度

58.4.3.1　不排水抗剪强度

当施加荷载速度比孔隙水压力消散快时，饱和黏性填土的不排水特性具有实际意义。不排水抗剪强度（c_u）受填土的含水率、结构和有效应力的影响。可塑的粉土和吹填黏土具有黏性，不排水的抗剪强度可通过与深度的关系来表征。地下水位较高时，吹填土的有效应力就会较低。填土表面会逐渐变干而形成坚硬的外壳。

58.4.3.2　排水抗剪强度

非工程填土一般为松散状，因此其强度可能接近排水有效内摩擦角（φ'_{cv}）。对于粒状填土，这个内摩擦角通常与休止角接近。如果发生失稳，松散填土可能会发生液化和泥流。

> **框58.1　例：煤渣**
>
> 粗粒煤渣的抗剪强度参数不随煤渣堆深度的变化而变化，因此与龄期无关。这也表明粗粒煤渣受风化影响不大。粗粒煤渣的有效内摩擦角一般处于25°~45°之间。因此，有效内摩擦角和强度在煤渣燃烧后会增大。随着细煤颗粒含量的增加，内摩擦角会减小。同时，随着煤渣中黏土矿物含量的增加，其抗剪强度会降低。
>
> 煤渣堆的抗剪强度及其稳定性取决于煤渣堆内形成的孔隙水压力。煤渣堆的孔隙水压力可能是由于施工过程中填加的材料重量增加或天然水渗入煤渣堆内产生的。高孔隙水压力通常与具有低渗透性和高含水量的细粒材料有关。因此，渗透性与孔隙水压力之间的关系非常重要。实际上，在渗透系数小于5×10^{-9}m/s的土体中，孔隙水压力的消散不明显，而在渗透系数大于5×10^{-7}m/s的土体中，孔隙水压力基本能够完全消散。煤渣的渗透性主要取决于其级配和压实度，其渗透系数受剥蚀等影响通常在5×10^{-8}~1×10^{-4}m/s之间变化。

58.4.4　渗透性

许多重要的土工作用和过程都受到水的流动性和渗透性的影响，包括：

- 饱和黏土填料的超静孔隙压力的消散速率和与之相关的主固结；
- 不排水或排水行为的影响；
- 松散非饱和填土的塌陷；
- 饱和填土的液化；
- 由填充物颗粒的流失而造成的地面下沉。

如果不控制渗流，则会导致细颗粒从填土中流失，或进入较粗的颗粒孔隙中。当水从填土中流出时，流出点可能会发生局部不稳定。如果水流过易受侵蚀的填筑体，应采用合适的过滤器来保护填土，阻止填土细颗粒的流失，防止或控制填土侵蚀。

58.5 填筑体的体积变化

对于任何以建造为目的的填筑体，评估其适用性最重要的标准是填筑体内部可能发生的体积变化，如观察到的沉降、隆起或横向移动等。时间、应力或环境条件的变化是引起体积变化的主要原因。

58.5.1 自重

大面积填土填筑引起的应力变化与建筑基础引起的应力变化不同，通常后者施加荷载的面积较小。填筑面积大会引发以下后果：

- 主要表现为一维加载和压缩特性；
- 现有填筑体的整个深度可能会受到新填土荷载的影响；
- 下伏天然地层可能受到填土荷载的显著影响。

移除填土层也可以得到类似的结论，尽管卸载时的刚度特性与加载时有很大的差异，且前者通常明显较大。

由填筑体沉降或隆起引起的变形分为两个阶段：

- 随着施加应力的增加或减少产生的"瞬时"变形；
- 施加应力后随时间的变形。

58.5.1.1 填筑期间和填筑后短期变形

在填土施工之前，土方作业过程中发生的任何瞬时压缩都不会对结构产生实际影响。

当进行填筑时，粗粒填土大部分压缩会立即发生。粗粒填土的一维压缩性质可以通过侧限压缩模量 D 来描述。侧限压缩模量 D 受填土类型、初始密度和含水率、填筑条件、应力水平和应力历史的影响。然而，饱和或接近饱和的黏土填料，在其上进行填筑填土时，其表现与粗粒填土具有很大的差别。加载初期，在黏土填料中可能会产生超静孔隙水压力，此时几乎不会产生沉降。随后会由于压缩了孔隙中的空气而立即产生部分沉降。接着会随着孔隙压力的消散而发生主固结。任何勘察都应确定是否仍在发生主固结，通常可以通过孔隙压力的变化来确定。

58.5.1.2 长期变形

如果填土自重引起的变形发生在上部建筑施工完成后，可能会导致建筑结构损坏。因此，填筑填土后的变形量和变形速度非常重要。

工程填土与非工程填土的蠕变率 α 表58.3

填土类型	压实机具	α（%）[1]	案例[2]
砂砾	重型振动压路机	$0.04\sigma'_v$	Megget
泥岩	重型振动压路机	$0.12\sigma'_v$	Brianne
砂岩或泥岩堆石料	重型振动压路机	$0.13\sigma'_v$	Scammonden
泥岩堆石料	没有系统地进行碾压	0.9~1.5	8
坚硬黏土填料	严格系统地碾压	0.5	2

[1] σ'_v 的单位为 MPa。
[2] 前三个是有关大坝施工的案例，Megget（Penman 和 Charles，1985a），Brianne（Penman 和 Charles，1973）和 Scammonden（Penman 等，1971）。
数据摘自 Charles 和 Watts（2001）

对于大多数填筑体，蠕变与时间的对数近似呈线性关系，通常表示为：

$$\alpha = \Delta s / [H\log(t_2/t_1)] \quad (58.2)$$

式中，H 为填筑体高度；$\Delta s/H$ 为时间 t_2 和 t_1 之间的压缩量。

Charles 和 Watts（2001）得到的结果见表58.3。

58.5.2 建筑物自重引起的附加应力的变化

通常填方面积较大，而建筑物的自重一般会集中在相对较小的地基区域。当基础尺寸较小时，在相对较浅的深度范围内应力将显著增加。在预测沉降时，必须知道对填筑体加压的影响深度，因此对建筑物自重引起的地面变形进行评估时，了解基底压力分布非常重要。基底压力分布将在第53章"浅基础"中讨论。此外，对于50kN/m的基底压力，仅在地面下 2~3m 深度处存在明显的应力。

除了在不排水条件下会产生瞬时沉降外，黏土填料的大多数沉降是由于结构自重引起有效应力增加而导致体积减小引起的。填筑体在施工期间和之后都可能发生变形。在施工期间如果变形非常大可能导致结构损坏。这些事故虽然经常发生，但一般造成的损害较小。相反，如果施工后发生了较大的沉降，会严重破坏结构。

此外，在恒定的基底压力下，还会因时间因素产生一些变形：

- 对于粗粒填土，在恒定的有效应力作用下会由蠕变引起沉降。

- 对于细粒填土，由施工荷载引起的孔隙压力缓慢消散时，主固结会引起沉降，然后是在恒定有效应力下的次固结引起沉降。

恒定荷载作用下的长期沉降往往与施工开始以来时间的对数呈线性关系，类似于填土自重条件下产生的蠕变。

58.5.3 含水率的变化

58.5.3.1 地下水位的变化

填筑体内的有效应力与地下水位密切相关。地下水位升高会降低有效应力，地下水位下降会增大有效应力。填土的密度越小，地下水位变化引起的有效应力变化百分比越大。由有效应力改变引起的变形量取决于填土的刚度。有效应力的变化一般发生在大面积填土区，因此很大程度上是一维变形。这种变形可以用侧限压缩模量来描述。水位的变化通常会导致填筑体卸载或重新加载，其刚度会变得比第一次加载时的刚度大得多。填筑体内地下水位适应外部约束变化的速率受填土渗透性的影响。当地下水位上升时，非饱和黏土填料初期可能变化较快。随着黏土块的软化及较大沉降的发生，其渗透性会降低，使得后期变化变慢。

58.5.3.2 膨胀和收缩

饱和黏土填料，特别是高塑性黏土填料，其体积变化与含水率密切相关。干燥会引起相当大的收缩。当填土发生干缩时，土中的水分将产生更大的吸力。如果填土接触水分会吸收水分，黏土就会发生膨胀。胀缩变形已经对天然黏土地基上的浅基础房屋造成了破坏，黏土填筑体也同样容易受到破坏。收缩可以通过以下方式发生：

- 水分由于蒸发和补给作用，在地表附近移动；
- 植被根系的作用：干旱天气下对水分的需求量会随植被数量的增加而增加；
- 地层加热。

58.5.3.3 湿陷变形

非饱和填土在被水浸没时可能会发生体积减小，即湿陷变形。地下水位上升或地表水向下流入，都可能会发生湿陷变形。大多数非饱和填筑体如果处于足够宽松或干燥的条件下，在第一次被淹没或浸湿时，在大范围的附加应力下都容易发生湿

图58.3　湿陷变形引起的建筑物破坏

陷变形。这种现象可以在总应力不变的情况下发生。当在此类填筑体上施工时，施工完成后可能发生湿陷变形，使得建筑物受到严重破坏（图58.3），因此填筑体易发生湿陷变形可能是最大的危害。Charles和Watts（2001）对填筑体的这一最重要的方面进行了详细的研究。

58.5.4 生物降解

垃圾填埋的龄期对评估后期沉降很重要。旧的垃圾填埋场不仅有更多的时间让有机物分解，而且通常是一种本质上更好的材料，比新垃圾填埋场的填土灰分含量高得多。垃圾填埋场的沉降也受到其他一些因素的影响：

- 垃圾成分；
- 初始重度；
- 初始含水率；
- 填土内渗滤液的含量；
- 填土填筑的时间。

除了填土本身的蠕变，由于生物降解引起体积减小也会导致长期发生变形（两者都可以通过对数变形率来描述，见 Watts 和 Charles，1999）。

58.5.5 化学作用

填土内的化学反应会使体积发生变化，通常是发生膨胀。一些填筑体会因为碳酸盐的溶解而发生材料的损失。除了垃圾填土的体积变化外，建筑材料和化学侵蚀的地面之间可能相互影响。

由于垃圾填土的沉积，可能会导致慢慢发生化学反应。然而，由于施工的影响，场地上的建设开发可能会加速这些反应，例如：

- 土方搬运可能会导致垃圾混合，使不同的物质发生接触，并可能将氧气引入垃圾填土；
- 漏水的下水道可能会导致水渗入垃圾填土。

特别易发生化学反应的填土包括：

- 含硫酸盐的废弃物；
- 钢铁渣；
- 黄铁矿的页岩；
- 碱性废弃物。

对于这些填土，需要咨询相关专家。

58.6 设计问题

基础设计中，区分由建筑物自重引起的沉降和由其他原因（如填土自重或塌陷）引起的沉降非常重要。

承载力的概念是在建筑自重是引起沉降的关键因素这一前提下提出的。对于位于高（深）填筑体上的小型结构，主要沉降是由填土自重或塌陷等原因引起，因此承载力可能是一个误导性的概念。基础设计应基于对工后填方不同变形量的评估来进行。首先要明确沉降的原因。许多开发项目的规模很小，很难确保对填筑体进行充分的勘察。

58.6.1 承载力

尽管填筑体上建筑地基的性能很少由承载力决定，但这是一个设计问题。对于沉降敏感性较低的结构（如路堤或重力式挡土墙），承载力至关重要。在计算挡墙土压力（主动和被动土压力）和边坡稳定性时，由填土所施加的最大应力与填土本身相关。

可以使用标准的承载力计算，但应谨慎使用填土的力学参数，且必须考虑力学参数的范围（第53章"浅基础"）。

58.6.2 沉降

在本章前面已经讨论过荷载作用或其他因素引起的填土沉降。设计必须评估在当前情况下应考虑哪种类型的沉降。据此，必须计算沉降（或隆起）及其分布的预估值和可能的变化。

计算方法通常由现场填土数据的数量和质量决定，一般采取简单的估算方法，如基于弹性类比法（布辛奈斯克应力分布），基于半经验方法（如 Charles，1996）或完全经验法（Burland 和 Burbidge，1985）。

58.6.3 几何形状

建筑物的变形和破坏与其不均匀沉降量有关，而与总沉降量无关。建筑物下填土深度的变化可能是引起不均匀沉降的一个原因，并可能导致产生破坏性的水平移动。与填筑体边缘处的不均匀沉降相关的问题一般都是非常严重的问题。

在回填开挖中，差异沉降的严重程度取决于开挖面的坡度和许多下列通常会遇到的不同情况：

- 具有直立边的旧码头；
- 采石场中具有近竖直面的坚硬岩石；
- 坡度不大的砾石和黏土坑；
- 斜坡坡度的埋深变化；
- 基坑倾斜基底。

填土厚度的变化很可能会导致不可估量的长期差异沉降，因此需要将填土厚度变化率较高的区域确定为不可建造建筑物的区域。一方面，如果做出了错误决定或确定的此区域范围太小，都可能会造成建筑损害，最终承担法律责任。另一方面是需要对大片土地进行不必要的处理，给开发商造成经济损失。确定由填方深度的变化引起地表变形较大的土地面积时，需要同时考虑填土的性质和填筑体的几何形状。Charles 和 Watts（2001）、Charles 和 Skinner（2001a）对由于填筑体深度变化造成的沉降模式进行了进一步的研究和预测。

58.6.4 监测

监测有助于评估填筑体的性状、处理效果或结构的性状。监测内容一般包括：

- 利用地面水准基站去测量填土表面沉降；
- 利用应变计（磁环或杆）测量填土的分层沉降；
- 用立管式水压计测量填筑体的地下水位（也可用当地气象观测）；
- 利用载荷试验直接估算荷载产生的沉降（图58.4）。

此类测量是对填土场地进行勘察的重要组成部分。

地表沉降可采用光学水准仪进行监测。水准基站的沉降是由基站所在填土竖向压缩以及下卧原始天然地面的变形引起的。水准基站非常简单且易于安装。水准基站应足够坚固，以抵抗因施工车辆造成的破坏。如果水准基站设置在地面以上时，应采用如混凝土井环等进行保护。

填土场地可能会发生较大的沉降，但通常只是在短时间内或间歇性地进行监测。为了在相对较短的时间内确定可靠的沉降速度，需要精确测量，测量精度应至少达到1mm。将水准基站定位在多个横纵断面中，且间隔很近会有助于得到建筑物区域范围内可能存在的差异沉降。

通过安装磁力应变计可以测量高（深）填筑体中不同深度的沉降，而低（浅）填筑体可以采用杆式应变计进行测量。

填筑体的水位测量也很重要，可以将简单的立管式压力计密封在钻孔中进行测量。在低渗透性填土中，立管式水压计对压力变化的响应时间可能会过长。气动或振动式线压力计也可安装在钻孔中，且响应速度更快。

监测的时间视情况而定。例如，要确定某个地方的沉降和地下水位趋势，至少需要一年甚至几年的时间。勘察建设场地时，很少能够进行这么长时间的监测。但是，即使在周期很短的情况下，进行监测也非常有用。监测可识别何时进行处理和沉降速率何时达到设计要求。每种情况下监测的时间间隔、周期和类型都应该与测量的参数相关。关于监测的详细指导见第94章"监控原则"和第95章"各类监测仪器及其应用"。

条件允许的情况下，应监测填筑体上建筑物的工后沉降。《BRE 文摘 343》及《BRE 文摘 344》（BRE，1989，BRE 和 Longworth，1989b）给出了测量低层建筑物的变形指南。

58.6.5 浅基础

浅基础（第53章"浅基础"）一般埋深小于3m，因此对于低（浅）填方（深度<3m），浅基础只需要找到下卧原始天然地层作为持力层即可。对于中高填方（3～10m）和高填方（>10m），可以采用深基础插入下卧天然地层，也可以采用建在填土上的浅基础。如果要在中高填方或高填方上建立小型建筑物，最经济的办法是采用建在填土上的基础，但应保证：

- 填土承载能力是否足够；
- 工作荷载作用下的沉降不会破坏结构；
- 由建筑物荷载以外的原因造成的沉降不会损坏结构。

如果填筑体易产生变形，则应考虑在填方施工前对其进行处理。合理使用地基处理方法能限制和控制沉降，但通常不会消除沉降（第59章"地基

(a)

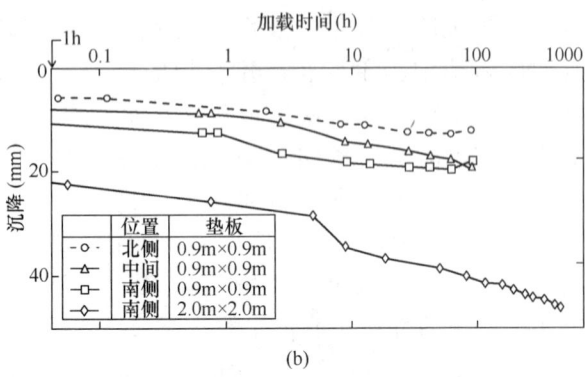

(b)

图 58.4 （a）分级加载试验；（b）试验结果

摘自 Charles 和 Watts（2001）

处理设计原则"）。许多的地基处理方法不会改善高（深）填方（>10m）整个深度内的土体，但可以使填筑体上部土体变硬，以防止产生过大的差异沉降。

浅基础设计可采用以下基本方法：

- 在已处理的填方地基上采用浅基础，使地基变形较小。
- 设计刚度较大的浅基础，抵抗填土中预期的变形，这种方法对小型建筑来说不难实现，但可能存在倾斜问题。
- 设计足够适应能力的浅基础和结构，增大其容许变形。

实际上，解决方法包括地基处理和特殊地基设计两方面。特别要注意的是湿陷性填土。下面列出了几种处理湿陷性填土的方法，这些方法可能组合起来使用会更有效：

- 通过预浸水消除填土的湿陷性（一般来说不可行）；
- 通过一些其他地基处理方式消除或大大降低湿陷的可能性（有效深度可能有限）；
- 在结构寿命期内防止填土被淹没（这通常无法保证）；
- 设计基础和结构以抵抗湿陷变形（如果潜在变形较大，则比较困难）。

带边梁的钢筋混凝土筏板，有时称为加肋筏板，通常用于在非工程填土上的房屋。通常将它们设计为部分长度悬空的悬臂结构。但是，在可能发生较大差异变形的地方，需要刚度较大的基础，但其倾斜仍可能较大。Atkinson（1993）给出了这类基础的典型设计。

填筑体上低层建筑的浅基础问题可以总结为：

- 避免将建筑物部分建在填土上，部分建在未扰动的天然地基上，即避免在填土区的边缘建造建筑物；
- 建造小单元建筑，不要建造带长露台的建筑。

建筑物与建筑物内的管道之间以及管道与管道之间的相对变形都需要考虑。如果变形不大，可使用具有柔性连接的短管。如果情况严重，有必要使用柔性管或设置承载这些管道的桩。排水沟的水位差应足以减少因沉降引起水位下降的风险。

58.6.6 深基础

如果大型结构建造在低或中等高度的填筑体上，可以通过使用桩基础和承台来规避填土的低承载力。设计桩的目的是将建筑物荷载通过桩向下传递到填方下的合适地层（请参阅第54章"单桩"和第55章"群桩设计"）。

在打桩过程中可能会遇到障碍物。如果不了解此处准确的填土深度，就可能误判为桩已经达到下卧天然地层。

桩设计应考虑填土沉降引起的负摩阻力，负摩阻力可以根据有效应力进行计算（Burland，1973）（第55章"群桩设计"）。在某些情况下，应考虑负摩阻力会导致桩身产生过大的沉降。使用润滑涂层或永久套筒会降低其作用，但需要进行详细的设计以确保有效，且施工过程会变得复杂。通常，增加桩长会更经济。

设计服务范围是从填筑体到建立在桩基上的建筑物。

当填筑体因有机物的腐烂和分解而产生甲烷气体或其他危险气体时，桩可能形成气体逸出的路径。

58.7 工程填筑体的施工

在某些情况下，填筑填土是为了在其上建造建筑物或其他结构。场地的特性应考虑到填筑体和其他施加荷载的影响。理想情况下，填筑填土应方便采用简单的基础。有时情况并非如此，在这种情况下，填土应满足设计需求，例如，填土既能被桩穿透，也能支撑住地板，或者可以填筑后振冲压实。

如果将填土按照适当的要求进行填筑，那么即使不能消除也可以大大减少与填筑体施工相关的问题。需要考虑两方面：第一，准备一本合适的规范；第二，提供充分的现场施工准则，以确保遵守它。

应明确定义所需要的填土特性，并应能够估算工作荷载下产生的沉降（包括长期沉降和承载力）。然而，有时会因为采用了不适用的规范或对填土施工过程没有合理控制导致在使用中出现过大的沉降或隆起。

虽然设计指定的填土可以支撑建筑物，但必须考虑其他原因引起的沉降或地面塌陷：

- 天然地基的稳定性；
- 由填筑体自重引起的下卧原始天然地面的沉降；
- 工程填土的自重沉降；

- 由地下水位、孔隙压力或季节性变化引起含水率变化导致填筑体产生变形。

工程填筑体的规范应定义可采用的填料及其填筑和压实的方法。公路建设规范经常作为建造建筑物或其他结构填筑体的参考规范，但可能不充分。Trenter 和 Charles（1998）已经为以建造建筑为目的的填筑体制定了一个相应的模型规范。

58.8 小结

在填筑体上施工往往比在天然地基上建造类似结构更具挑战性。但是，如果满足以下条件，则可以将其风险降至最低：

- 了解与各种类型的填筑体及其土层有关的问题；
- 合理施工；
- 进行详细的勘察；
- 设计师应能识别变形可能不仅仅与建筑有关；
- 编制足够的施工和监测规范；
- 根据规范施工，并进行适当的质量控制和反馈。

58.9 参考文献

Atkinson, M. F. (1993). *Structural Foundations Manual for Low-rise Buildings*. London: Spon.
BRE (1989a). Simple measuring and monitoring of movement in low-rise buildings. Part 1: cracks. In *BRE Digest 343*. Watford, UK: BRE Press.
BRE and Longworth, I. (1989b). Simple measuring and monitoring of movement in low-rise buildings. Part 2: settlement, heave and out of plumb. In *BRE Digest 344*. Watford, UK: BRE Press.
British Standards Institution (1990). *Methods of Test for Soils for Civil Engineering Purposes. Classification Tests*. London: BSI, BS 1377-2:1990.
British Standards Institution (1999). *Code of Practice for Site Investigations*. London: BSI, BS 5930:1999.
Burland, J. B. (1973). Shaft friction of piles in clay – a simple fundamental approach. *Ground Engineering*, **6**(3), 30, 32, 37, 38, 41, 42.
Burland, J. B. and Burbidge, M. C. (1985). Settlement of foundations on sand and gravel. *Institution of Civil Engineers. Proceedings P.1. Design and Construction*, **78**, Dec, S1325–1381.
Charles, J. A. (1996). Depth of influence of loaded areas. *Géotechnique*, 46(1), S51–61.
Charles, J. A. and Skinner, H. D. (2001a). The delineation of building exclusion zones over highwalls. *Ground Engineering*, **34**(2), 28–33.
Charles, J. A. and Skinner, H. D. (2001b). Compressibility of foundation fills. *Proceedings of Institution of Civil Engineers, Geotechnical Engineering*, **149**(3), 145–157.
Charles, J. A. and Watts, K. S. (2001). Building on fill: geotechnical aspects (2nd Edition). In *BR 424*. Watford, UK: BRE Press.
Trenter, N. A. and Charles, J. A. (1998). A model specification for engineered fills for building purposes. *Proceedings of Institution of Civil Engineers, Geotechnical Engineering*, **119**, October, 219–230.
Watts, K. S. and Charles, J. A. (1999). Settlement characteristics of landfill wastes. *Proceedings of the Institution of Civil Engineers, Geotechnical Engineering*, **137**, 225–233.

实用网址

英国地质调查局（British Geological Survey，简称 BGS）：www.bgs.ac.uk

英国环境部（Department of the Environment，简称 DOE）行业资料：www.environment-agency.gov.uk/research/planning/33708.aspx

---

建议结合以下章节阅读本章：
- 第26章"地基变形对建筑物的影响"
- 第34章"非工程性填土"
- 第32章"湿陷性土"

本书以第1篇"概论"和第2篇"基本原则"为指导进行章节编排。如第4篇"场地勘察"中所述，各类岩土工程均应进行扎实的现场勘察工作。

译审简介：

刘林，高级工程师，博士，注册土木工程师（岩土），从事地基基础工程及加固设计和咨询工作。

陈云敏，教授，中国科学院院士，主要研究方向为环境土工基础工程、土体超重力物理模拟等。

第59章 地基处理设计原则

罗伯特·艾斯勒（Robert Essler），RD 岩土工程公司，斯基普顿，英国
主译：孙训海（中国建筑科学研究院有限公司地基基础研究所）
审校：宋强（中国建筑科学研究院有限公司地基基础研究所）

doi: 10.1680/moge.57098.0911

目录

59.1	引言	883
59.2	地基处理的总体设计原则	884
59.3	空洞注浆设计原则	885
59.4	压密注浆设计原则	887
59.5	渗透注浆设计原则	888
59.6	旋喷注浆设计原则	896
59.7	振冲密实和振冲置换设计原则	901
59.8	强夯加固设计原则	905
59.9	深层土搅拌（DSM）设计原则	906
59.10	参考文献	909

随着地基处理工程的设计和应用越来越普遍，地基处理工程在世界范围内有所增加。目前，地基处理技术已经被应用于许多重大项目，这些工程经验通过技术出版物得以传播，增进了我们对这一技术的认识。由此，可以更好地了解如何以及何时在项目中应用这些技术，并了解由此可能带来的风险。在英国，一些人仍然认为，可靠地设计地基处理技术是困难的，设计知识仅限于少数工程师，或者只有工程出现非常规问题时才使用。因此，年轻的执业工程师必须具备地基处理技术的基本知识，这样，当地基处理技术可以用于优化他们的项目时，能够在项目设计初期意识到这类选项，并有信心提出这些方案。同样重要的是，当出现这种情况时，工程师能够通过与专家合作或推荐公司内外有经验的工程师有针对性地进行设计。

59.1 引言

相对于如此之多的、应用不同路径和不同手段的处理方法，笼统地概括它们的设计原则是困难的。因此，希望下面列出的技术和概述能使工程师们至少了解哪些过程可能是适用的，以及从何处可以寻求进一步的深入理解，以便为决策过程提供更有价值的参考。表 59.1 从适用性、性能和风险方面给出了选择地基处理方法的一些见解。

59.1.1 背景

通过注浆进行地基处理的方法至少可以追溯到 1802 年（Littlejohn，2003）。这就意味着，在 21 世纪，此种技术应该已经被充分地实践并已得到了充分的理解。然而令人惊讶的是，地基处理特别是注浆技术，仍然被认为是一个没有被很好理解的技术，并且很难被作为一个有保障的处理技术应用于工程项目。毫无疑问，直到二十世纪七八十年代，关于地基处理技术的知识很少见诸公共领域。也是从那时起，技术文献开始大量增加。在美国，第一次注浆技术学术会议（新奥尔良，1982 年）共收到了 64 篇论文。到第三次会议（新奥尔良，2003 年），论文数量已经上升到来自 21 个国家的 127 篇。因为英国建筑市场的规模要比欧洲和美国小得多，这些更依赖于经验的技术在英国没有取得相应

的进步，而且掌握它的人仅限于那些通常在世界各地工作大公司的专家。2008 年，欧洲地基处理（注浆）市场的规模可能超过每年 5 亿英镑。在英国，平均的市场规模可能是每年 1000 万~2000 万英镑，而且当大型项目占用可用资源时，市场还会扩大。因此，对这些技术的发展来说，关键是要让它们更容易被理解，从而成为便于工程师在设计中应用的工具。

59.1.2 地基处理的定义

地基处理可以定义为向地基土中引入材料或能量来影响场地性能的变化，使其更加可靠，并可以在工程设计中应用。

59.1.3 地基处理的类型

本章讨论的主要地基处理形式如下：
(1) 空洞填充；
(2) 注浆（渗透、压密、喷射）；
(3) 挤密或置换（振冲密实、强夯和碎石桩）；
(4) 泥土搅拌。

还有其他形式的地基处理技术，但上述处理技术可被视为在实施的地基处理项目中使用比例非常高的主要技术。所有这些技术中，旋喷、泥土搅拌、振冲挤密和振冲置换可能代表了大部分应用中

地基处理技术选择 表59.1

技术	适用深度					适用土层					水泥基注浆			化学注浆	
	0~2	2~5	5~10	10~20	>20	黏土	淤泥	砂土	砾石	岩石	水泥粉煤灰	水泥膨润土	其他水泥基注浆	硅酸盐	树脂类
渗透注浆															
喷枪注浆	✓	✓				无	无	✓	✓		✓	✓			
管端注浆	✓	✓	✓	✓		无	无	✓	✓		✓	✓		✓	
管壁注浆	✓	✓	✓	✓	✓	无	<10%	✓	✓		✓	✓		✓	✓
高压喷射注浆															
单元系统	✓	✓	✓	✓	✓	✓	✓	✓	✓	✓	✓	✓	水泥/矿渣	不常见	不常见
双元系统	✓	✓	✓	✓	✓	✓	✓	✓	✓	✓	✓	✓	水泥/矿渣	不常见	不常见
三元系统	✓	✓	✓	✓	✓	✓	✓	✓	✓	✓	✓	✓	水泥/矿渣	不常见	不常见
压密注浆															
钻孔压密注浆	✓	✓	✓	✓	✓	✓		✓	✓		✓				
冲孔压实注浆	✓	✓	✓			✓					✓				
振冲密实	✓	✓	✓	✓	✓			✓							
振冲置换	✓	✓	✓	✓	✓	✓ C_u>15kPa	✓	✓	✓						
泥土拌和															
干法拌和		✓	✓	✓		✓ C_u>15kPa	✓	✓(松散)							
湿法拌和		✓	✓	✓		✓	✓	✓							

的地基处理技术，应该仔细考虑。

59.2 地基处理的总体设计原则

以下一般原则适用于地基处理。为保证设计适当以及应用成功，需要遵守这些原则。

59.2.1 地基条件

由于大多数地基处理技术都要求与土体有一定的相互作用，对现有地基土的正确识别是至关重要的。因此，在进行任何地基处理设计之前，首先要进行充分的场地勘察，以确保正确选用最为适宜的技术。

容易出现问题、需要仔细加以考虑的土包括非常软的有机黏土、泥炭土以及级配不良的砂土或粉土。

土的化学试验和常规的室内力学试验一样重要，因为一些化学物质会影响某些胶粘剂的强度增长。

表59.2列出一些土，对这些土须仔细调查，以保证能够设计出正确的地基处理方案。需要强调的是，详细的地质勘察始终是地基处理成功的先决条件。

与地基处理相关的场地因素　　表 59.2

土的类型	问题	调查技术	地基处理技术
砂和砾石	细颗粒含量和崩解潜力	取具有代表性的土样做实验室试验	所有形式的地基处理方法
软黏土	长期固结	取未受扰动的土样，进行 CPT 测试	压密注浆，振冲密实和振冲压密，泥土搅拌和振冲置换（非灵敏性黏土，$C_u > 15\text{kPa}$）
泥炭和有机质黏土	酸性土层，二次压缩	化学试验，如果可能的话，取未受扰动的大直径土样	高压喷射注浆和泥土搅拌
喀什特溶岩	溶解特性的存在	物探	压密注浆
填充物	存在有机物、障碍物及化学物	化学试验和物探	振冲密实或振冲压密，压密注浆

59.2.2 现场试验

在某些应用中，不可避免地会对可能得到什么样的改善程度存有疑问。对基于特定项目的设计，现场试验所提供的信息的价值是无可估量的，我们总会建议进行某种形式的试验，无论是在初期进行大量的监测、在工程开始时进行验证试验，还是进行完全独立的更深入的试验。试验的确切形式是设计成败的关键，既取决于对所处理地基土特性的熟悉程度，也取决于地基处理效果。制定作业流程时应预留一段时间进行初步试验，以容许根据试验结果变更设计。如果地基处理的效果对整个项目的成功非常关键，最好在流程中为前期试验留出足够的时间，不仅仅是现场施工的时间，也包括现场和非现场试验及评估的时间。

这方面一个很好的例子是在格拉斯哥的金斯敦大桥实施旋喷注浆处理（Coutts 等，1992），旋喷注浆处理技术对一座主桥的稳定至关重要，值得单独进行提前试验以确认其处理效果。最近的一个例子是在阿姆斯特丹建造的夹层墙，其中旋喷注浆对支撑一座历史建筑很关键，在实际工程之前进行了一系列的现场试验（De Wit 等，2007）。

59.2.3 处理效果

在设计地基处理工程时，对处理指标的要求必须加以书面说明，并使这些要求能够在现场得以验证。这一点非常重要。无论如何，地基处理方案所要求的设计参数都必须正确地转化为可评估的现场处理效果，以保证设计要求的实现。例如，设计者须确定设计参数取现场数据的平均值、最小值、最大值，或其他相关的数值。

59.2.4 环境问题

由地基处理引起的环境问题可能是由于所使用的水泥或化学材料污染了土，或造成了地下局部水文地质条件的改变。因此，在考虑地基处理设计时，评估这些潜在的影响是重要的。

59.3 空洞注浆设计原则

59.3.1 方法和要点

空洞注浆常用来处理废弃矿井或冗余的地下空间。所涉及的处理方法包括在规则网格上钻孔，以及注入液体浆液或膏体。

项目的设计一般是先围绕待处理的区域设立一个周围边界帷幕，以节省材料。通常采用大直径的钻孔（直径 100～250mm），使用粒度为砾石的材料，通过浆液将砾石搅拌粘合在一起后注入。

图 59.1 显示了如何使用砾石和浆液的混合物构筑周围边界钻孔，这些砾石和浆液不会移动，固化之后可以形成一个屏障，阻挡具有更高流动性的浆液。典型的周围边界孔布置在一个 2～3m 的网格上。

主体工程的设计是在一个规则的网格上钻孔（直径 50～75mm），孔距通常在 3～6m 之间，然后注入水泥基浆液或膏体。所采用的网格是根据空隙的开放程度即浆液在其中流动的难易程度来设计的。通常，工程是按照《CIRIA 特别出版物 32》（*CIRIA Special Publication 32 Construction over Abandoned mines*）（Healy 和 Head，1984）的建议进行的，该出版物给出了须延伸于所关注的结构之外的处理范围。

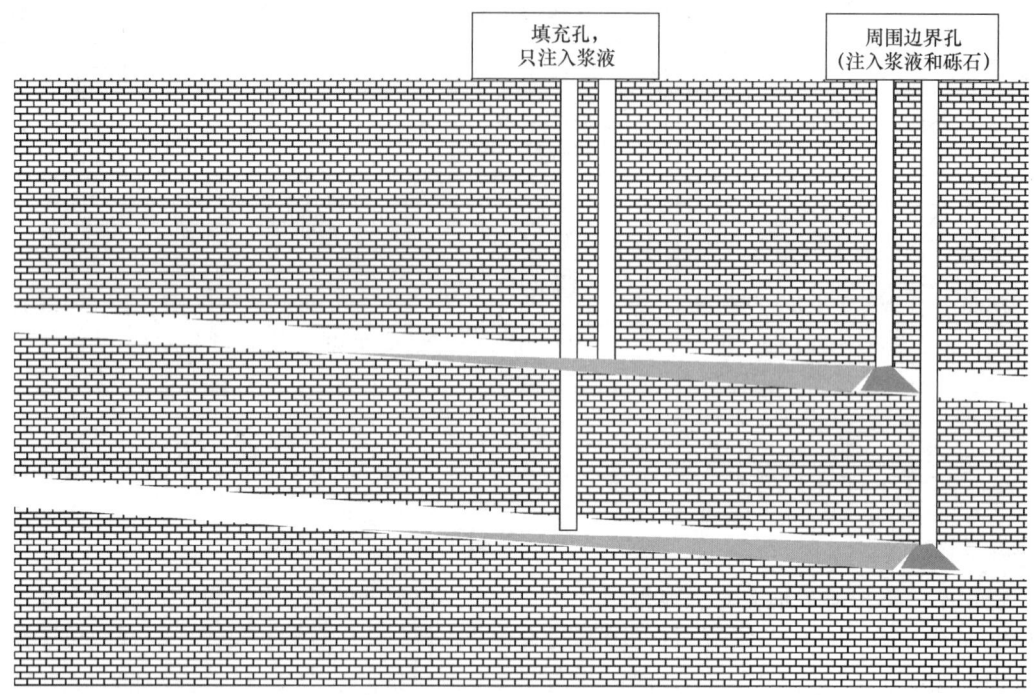

图 59.1 空洞填充工程的周围边界孔和填充孔示意

设计关键的问题在于控制滞留在空洞内的地下水。这些地下水可能需要在填补空洞的时候泵出，因为这些滞留地下水会成为今后引起沉降的隐患。为此要保证排水井的正确设置和处理。从这些空洞中抽出的地下水可能受到了污染，应适当处置。

矿井通常有地下掘进记录，这些记录可用于工程设计，以及评估所需的填充量和预计的钻井深度。过去曾使用水泥和粉煤灰（PFA）的混合物作填充，以一份水泥兑10～20份粉煤灰。环境署（Environment Agency）现在不愿批准使用粉煤灰，因为它含有重金属，本身就可以造成地下污染。替代的浆液材料可以是泡沫混凝土，也可以是简单的水泥砂浆。

59.3.2 设计原则

空洞注浆设计基本上是先做勘察，在一个规则的网格上打探孔，以定位空洞，然后进行注浆。设计过程应保证钻孔深度足以探查到所有已知空洞，以及保证处理平面的范围包括场地边界处潜在的空洞塌陷区。因此，正确的地质勘察非常重要。由于探知的空洞将会被填满，浆液充盈，低于5MPa的强度通常就足够了。

在开发新的场地前检查现有的采煤记录是一个必要步骤。这些记录可以从位于曼斯菲尔德的开矿记录处获取。

59.3.3 施工控制

施工过程是通过记录全部钻孔并利用钻孔信息建立地下空洞剖面来控制的。注入的浆液或膏体是依照测试和检验计划来控制的，由试验结果设定注浆密度、黏性、渗出量等性能参数的界限值。

59.3.4 检验

检验通常通过在二级或三级网格上的即时探孔和试压浆来完成。如果充分填充对该项目很重要，可用流动性更好的浆液实施二次注浆。

59.3.5 可获取的典型处理效果

因为可能出现原位渗出，故通常可期望大约95%的空隙被填充。填充物的强度范围很大，这取决于具体的项目设计。从历史上看，充填矿井巷道被认为是一种低技术含量的解决办法，由这类施工引起的问题很少。然而，有些需要填充的空洞是另一种类型如城市环境中的废弃隧道，须谨慎处理，因为充填效果在这里更为重要，并可能需要二次压力注浆。在被填充的空洞有可能承受后续施工荷载时，需要更具体地设定浆液的性质，因为有可能需要更高的强度。

第59章 地基处理设计原则

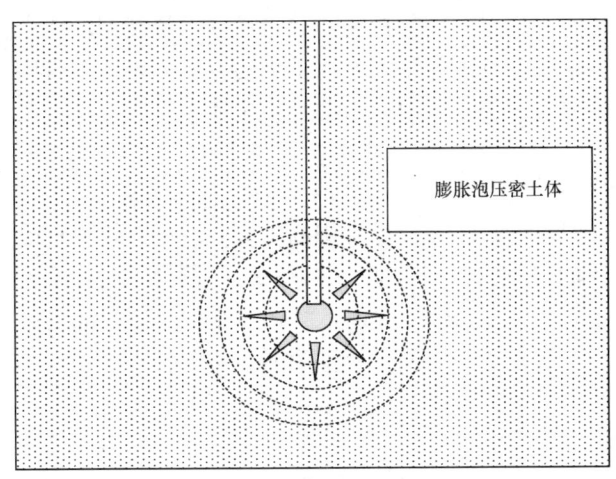

图 59.2 压密注浆

59.4 压密注浆设计原则

59.4.1 方法和要点

压密注浆可能起源于美国，最常用于增加颗粒材料的相对密度，借此提高刚度或减少未来发生沉降的可能性。压密注浆原则上是注入低坍落度（通常是 25～100mm）的浆液以形成一个膨胀的摩擦泡。图 59.2 是这项技术的简要图解。泡的膨胀导致其周围土体的变形以及密度增加，最终改良了地基。这种膨胀将持续下去，直至土体密实到足以抵抗膨胀的压力。在注浆过程中，这一现象可以通过注浆压力的增加和地表隆起而被观测到。如果坍落度相对较高，则可采用膨胀和水力破裂同时发生混合形式的注浆。

因此，这种设计是基于扩张土体内部的空腔直至土体达到其最大相对密度。在设计过程中，通常关注注浆点之间的改良效果，因为这里的改良最少。在英国，压密注浆主要用于既不需要防水，也不需要基础加固情况下的地基处理。它有时也用于沉降控制，但由于其施工控制的难度高于裂隙注浆，所以它不是首选方案。另一方面，压密注浆在美国普遍用于纠偏、地基加固和减小地震风险，它有很长的成功应用的历史。压密注浆法在英国的典型应用局限于改善回填场地，以及改善石灰石或白垩石的溶蚀缺陷。压密注浆法的优点在于压密效应加上相应的高压力使得孔间距可以比渗透注浆法更大，从而使其在处理粒状土时更为经济。

用压密注浆稳定溶蚀缺陷的另一个好处是不需要引入大量的浆液或水就可以达到改善的目的，大量注浆或注水有可能使溶蚀更加不稳定。对历史建筑或住宅建筑而言，这种技术还有一个优点，就是原来的基础可以留在原地不做重大改造，因为土体得到了改良，且无新增荷载。

压密注浆技术更适合于粒状土的处理，因其压密效果最为显著。在粉土中，这种技术似乎有效，有助于将水分挤出粉土并提高土的强度。对于黏性土，这一过程可能引起孔隙水压力的显著变化。虽然从长期看这种变化能改善黏土的性质，但也会造成沉降。所以，压密注浆不常用于黏性土，除非黏性土是以薄层或带状的形式存在于被处理的范围之中。

过去压密注浆所使用的泥浆是水泥、膨润土和砂子的混合物。按重量计算，水固比约为 0.1～0.2。泥浆设计为可泵送的，但坍落度低。条件允许时可以添加粉煤灰来增加可泵性，可是环保因素也许会阻止其在未来使用。现在欧洲已经有了专利混合物，比如海德堡水泥公司生产的 Blitzdammer，它以预先拌和的干态形式供应，可进一步节省场地。

59.4.2 设计原则

压密注浆一般是在膨胀泡压密周围土体的基础上设计的。改善程度取决于土的类型和现有的上覆压力，因为当地面开始隆起时压密效应就会丧失。在进行压密注浆设计时，孔间距与压密注浆的深度和需要改进的区域有关，一般为 1.5～3.5m。对侧向压力极小或浅层处理的情况，应采用更紧密的间距。直达地表的处理不可能实现，因为浅层的压密效应很弱。对于这种情况，可以开挖浅层土之后分层压实回填，或采用其他方式处理。

表 59.3 给出了孔距和可能的改进程度的大致范围。回填土须谨慎处理，因为其中的各种不同成分可能会导致无法预测的结果。

通常，如用标准贯入（SPT）值表示地基土密度的改善程度，则其增加量可达 3 倍。改善程度依土的细颗粒含量不同而不同。孔距越近，改善程度越高，但一个重要的条件是上覆荷载对膨胀泡提供必要的约束。

设计注浆压力的范围从处理深度大于 15m 时的 4MPa 到深度小于 5m 时的不超过 1MPa。钻孔至设计深度后，回抽套管 0.5～1m，开始注浆。灌注量通常由灌注压力或注浆引起的位移控制，注入浆液直到达到设计压力或引发土体位移。

压密注浆的孔距　　　　表 59.3

土的种类	处理深度 (m)	孔距 (m)	处理效果的范围 (%)
松散砂土和砾砂	<3 5~10 >10	1 1~2 2~3	150~200 150~300 <300
中密砂土	<3 5~10 >10	1 1~2 2~3	125~150 150~175 <200
粉土	<3 5~10 >10	1 1~2 2~3	<150 <200 <200

注浆强度通常不是问题，因为混合物中的水泥足以提供超过 10MPa 的强度。低强度的压密注浆可以用非胶凝材料替代水泥。

使用压密注浆的一个很好的例子是诺里奇的城堡购物中心。该场地下面是浅层白垩石，其中含有大小和深度不一的溶蚀缺陷。溶蚀内的充填物种类很多但强度很低。该项目包括一个 18m 深的基坑，基坑周边是高桩挡土墙。场地内溶蚀缺陷的存在使基础设计变得复杂。由于现场调查已经确定了一些溶蚀（68 个钻孔中有 8 个），但很可能还存在其他溶蚀，所以基础设计必须考虑到随处可能出现的溶蚀缺陷及其特性。基础设计中考虑了三种解决方案：

（1）桩基础，全部穿过溶蚀；
（2）筏板，跨过溶蚀；
（3）换填垫层结合压密注浆改良溶蚀中的填充材料。

最后选定的方案是换填垫层基础加地基处理，因为这样可以用白垩石基岩支撑大部分的基础，而压密注浆则可以安全地支撑其余的基础。

工程师根据溶蚀的位置和大小制定了处理方案，如图 59.3 所示。现场施工依此实施，采用的方法是简单地探入充填，使用低压注浆或高压压密注浆。

压密注浆的效果是基于 SPT 试验判定的。设定值为平均 15 击，最少 10 击。发现的此类溶蚀缺陷约占场地面积的 7%，共有 60 个，最大直径为 12m。最大的溶蚀面积为 200m^2。每米钻孔的浆液体积从 0.26~1.0m^3 不等。

59.4.3　施工控制

与大多数地基处理一样，施工控制是双重的，即所用材料的质量控制和处理后的效果控制。压密注浆是通过确保浆液维持低坍落度，同时监测管内压力大于控制压力或由此产生土体位移来控制。

59.4.4　检验

对压密注浆，最常用的检验方法是比较处理前后的原位试验结果。一般采用静力触探试验（CPT）或标准贯入试验（SPT）。设计师通常根据需要改良的程度设定处理后的最小值。在一些合适的项目中，可以进行压载试验——虽然无法认定从压载试验中获取的进一步信息与试验的高昂成本相比是否是合理。图 59.4 和图 59.5 为处理前后 SPT 和 CPT 检测的典型结果。

59.5　渗透注浆设计原则

59.5.1　渗透注浆方法和要点

按照定义，渗透注浆要求将注浆液注入地基土的孔隙中，以取代其中空气或水，从而将单个颗粒粘结在一起。

可供渗透注浆采用的技术有许多，将在第 59.5.2 节予以描述。

59.5.1.1　浆液选择

对于渗透注浆，浆液的设计很重要，因为它必须以最小的扰动穿透孔隙。如果浆液黏度太高或颗粒尺寸太大，则完全均匀渗透是不可能的，这将影响处理质量并引起变形。

使用浆液的设计既取决于地基条件，也取决于使用的技术。在采用渗透注浆时，对于喷枪注浆和套管注浆，由于输送系统的性质相对较差，最终可供采用的浆液类型有限，下面将对上述系统进行讨论。只有袖阀管（Tube A Manchette，TAM）注浆才能使用多种浆液，该系统浆液的选择对最终产品的质量有很大的影响。

图 59.6 为各种浆料渗透性的范围，通常使用水泥、膨润土或硅酸盐基浆液。例如，泰晤士砾石通常是用水泥、膨润土或硅酸盐基浆液或两者的组合来处理。

59.5.1.2　水泥膨润土

对用作成桩和注入的浆液，水泥膨润土典型混合物的水灰比为 2，膨润土含量为 10%。无侧限

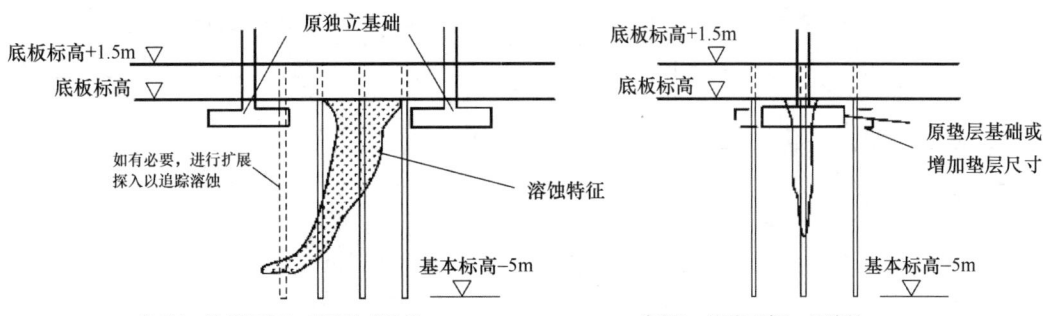

案例1：基础间宽4m的溶蚀或靠近
连续桩墙宽至3m的溶蚀

处理：在底板标高以上1.5m探入注浆

案例2：基础下宽2m的溶蚀

处理：在底板标高以上1.5m探入注浆

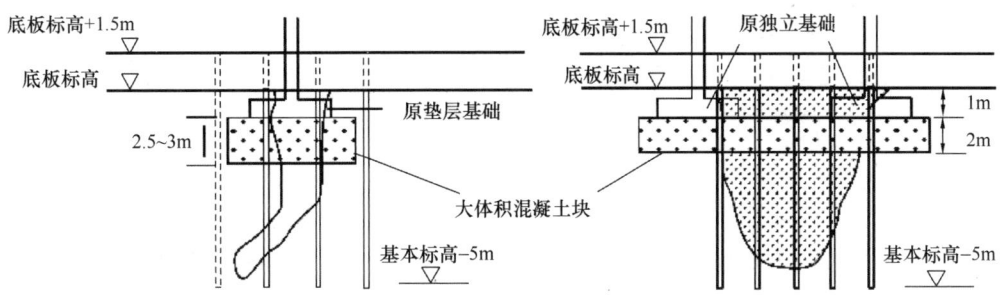

案例3：基础间宽2~4m的溶蚀

处理：■在底板标高以上1.5m探入注浆
●将原有基础置于混凝土块体之上

案例4：基础下宽4m以上的溶蚀

处理：■在底板标高以上1.5m探入注浆
●将原有基础置于混凝土块体之上

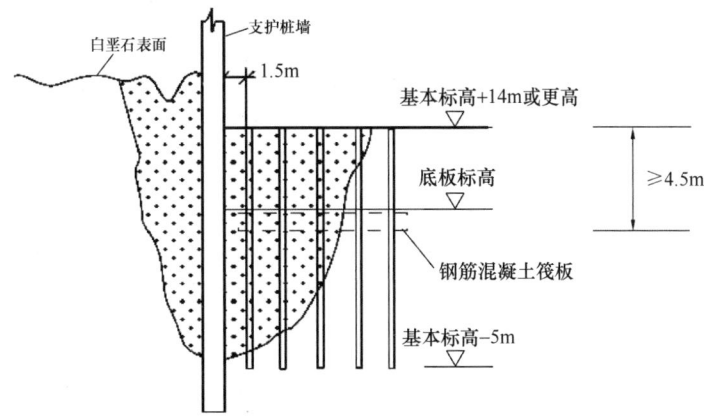

案例5：连续桩墙处直径大于3m的溶蚀

处理：■由高位探入和压密灌浆
●通过处理材料将基础与筏板结合

图59.3 解决方案的截面图

摘自 Francescon 和 Twine（1992）

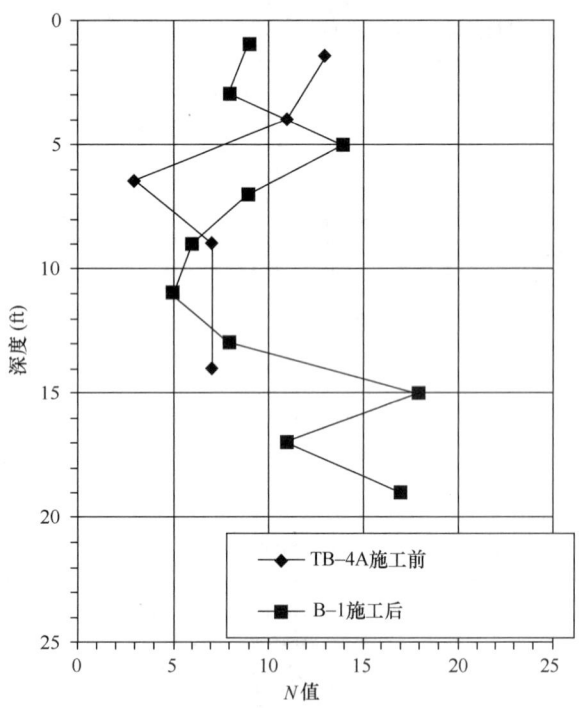

图 59.4　压密注浆前后 SPT 试验实例
摘自 Wilder、Smith 和 Gómez（2005）

抗压强度在 $2\sim 4N/mm^2$ 范围内，渗出率 <5%。

有时，在强度要求较低的情况下，可以用水泥/粉煤灰预混合物取代水泥。例如对注浆后要打桩穿透已注浆土体的情况。

59.5.1.3　硅酸盐

在英国，用于注浆的硅酸盐通常是专利品牌，不同品牌的相对密度不同。硅酸盐溶液与基于有机酯固化剂混合，发生反应并使混合物胶凝化。胶凝时间取决于所使用的硅酸盐类型（相对密度）和添加的固化剂的百分比，固化时间约为 20～45min，大体上取决于固化剂的比例，但也对温度敏感。

在选择混合物时，了解其相对密度是很重要的，因为不同的稀释率需要不同量的硬化剂。典型的混合物将包含 35%～45% 的硅酸盐溶液，5%～7% 的硬化剂和 50%～60% 的水。

59.5.1.4　超细水泥

超细水泥在英国有许多等级。

水泥的细度用布莱恩（Blaine）值表示，布莱恩值是单位重量颗粒的表面积，通常用 m^2/kg 表示。数值越大，颗粒越细。

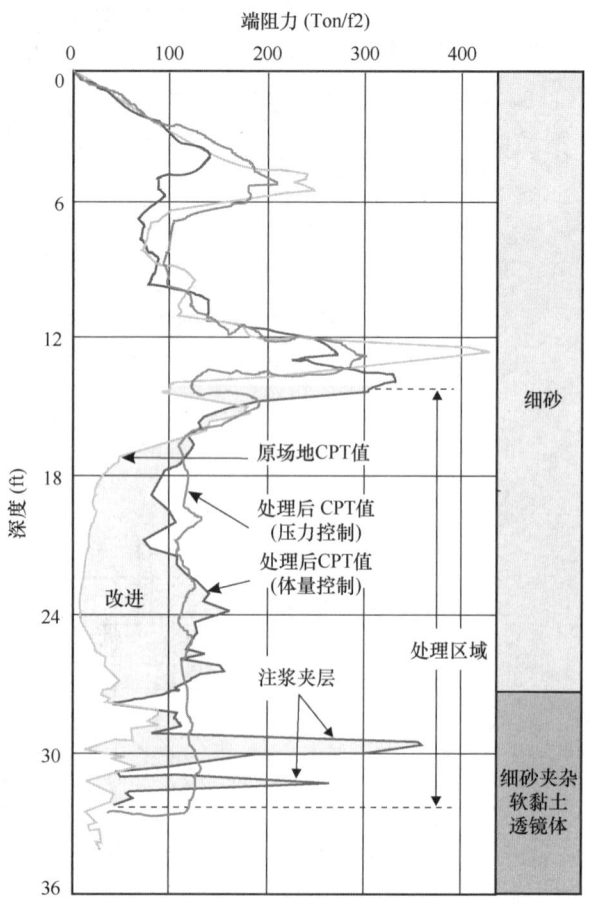

图 59.5　压密注浆前后 CPT 试验示例
摘自并感谢 Hayward Baker Inc ⓒ 2004

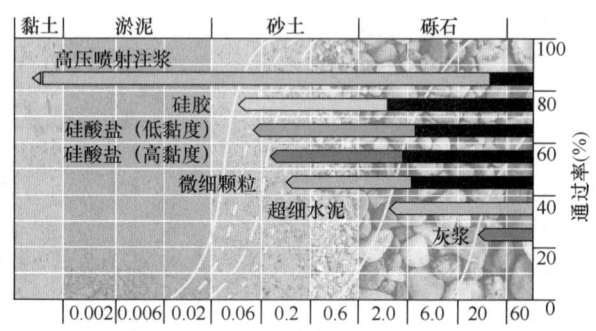

图 59.6　各种浆料的渗透性范围
根据 Keller 手册 67-03 E：Soilcrete®（旋喷注浆工艺）的插图；Keller Group plc

作为一个粗略的指南，下面列出了一些水泥基材料的布莱恩值。

材料	布莱恩（Blaine）值（m^2/kg）
O.P. 水泥	290～390
Rheocem（莱奥西姆）650	625
Rheocem（莱奥西姆）900	900

超细水泥通常以相对较高的水灰比（1~3）使用，使用时必须加入增塑剂和抑制泌水的添加剂，以降低堵塞风险和减轻泌水。材料越细，凝结时间越快，例如 Rheocem 900，搅拌 1h 后，就变得难以穿透了。

超细水泥胶结物有些特殊，当取出试块做强度试验时，试块会大量泌水以致无法正常固化。但如果混入砂子，它就会迅速固化并产生高强度。如果工程师不熟悉这种特性，有时会在现场出现问题。

59.5.1.5 硅胶

硅胶是一种相对较新的浆液，是一种基于纳米胶体二氧化硅悬浮液的"双组分"注入系统。可以用促凝剂来调节工作时间。这个产品可在 +5 ~ +40℃之间使用，不含溶剂或有毒成分。

这种浆液可以穿透非常细的材料，如塞尼特（Thanet）地层、哈里奇（Harwich）地层，或奥伯纳（Upnor）地层。它已经作为注浆材料应用于英吉利海峡隧道连线铁路（CTRL）。

59.5.2 设计原则

59.5.2.1 喷枪注浆

喷枪注浆是最简单的技术之一，但如果应用于适当的场合，它也可以是有效的。当开挖位于地下水位以下且水头很低时，通常用这种技术作短期地下水控制。图 59.7 显示了如何打一个斜孔插入基础之下注浆以提高承载能力。喷枪注浆可以用于加固基础，但有风险，因为注浆质量可能有差异，这种差异会导致沉降甚至失稳。喷枪注浆最常见的用途是在底板发生沉降、荷载增加或底板下出现空隙时，在底板下做保护性注浆。喷枪注浆的做法是以小孔距（通常小于1m）插入空心管或喷枪，并在拔出喷枪时从末端注入浆液。喷枪的直径一般为 25~38mm。管子的驱动端用一个护帽封住。使用手持式风钻将喷枪打入，当到达所需深度时将管子少许回抽，在喷枪中插入一根绞线来敲除护帽。钻入深度通常限制在 1~2m，但在适当的场地条件下可以增加到 3m 甚至 4m。注入的浆液可以是水泥、膨润土或硅酸盐浆液。

喷枪注浆法的应用局限于孔隙开放的土质，如干净的砾石和某些形式的填土。喷枪注浆还

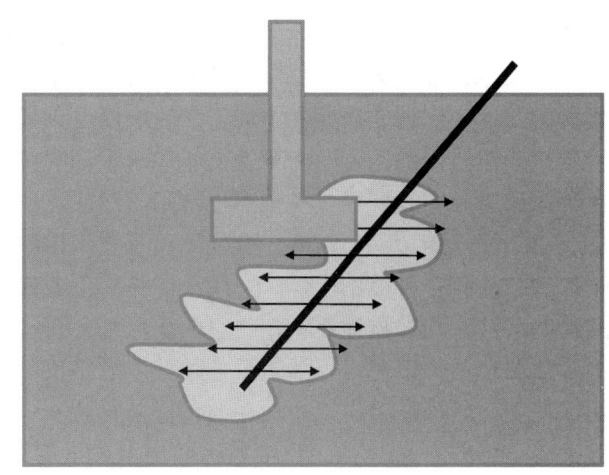

图 59.7　喷枪注浆提高土体承载力的实例

可以用来填充场地中的空洞，这种方式的成本非常低。

目前，喷枪注浆不作为优先选项，也不应在设计阶段考虑。因为长期使用气动工具会导致一种称为"白指"的情况，即操作者的手指失去感觉。这会导致索赔。健康和安全问题意味着这项工艺的应用非常受限，建议佩戴防振手套。这使得工作成本更高，且其有限的穿透性也意味着它的应用越来越少。

由于穿透深度有限，须相应地设计孔距。孔心间距一般为 0.5~0.75m，当进行板下保护注浆时，间距可以增加到 1m 或 1.2m。作为一个指导，预期的灌注量只是土体体积的 10%~15%。在土的孔隙非常开放或存在空洞时，灌注量可以提高到 25%。

59.5.2.2 套管注浆

套管注浆（EOC）通常用于孔隙开放或有空洞的场地的前期注浆，在二期的袖阀管（TAM）注浆或压密注浆之前进行。使用 TAM 注浆或压密注浆来填充空洞和处理孔隙开放的场地会比较耗时及昂贵。套管注浆可用于探查和填注孔洞，或处理深层孔隙开放的土体。例如，当板桩打入后，如果对桩脚约束存有疑虑，可以用这种工艺在板桩周围进行注浆，船闸和闸门结构遇有地下空洞时也可以用套管注浆，或把套管注浆作为实施更复杂注浆技术时的前期处理。

套管端注浆是在开放孔隙土体中较为常用的一

种注浆技术。顾名思义，该系统的施工包括钻进或插入75~114mm的套管至设计深度，收回钻杆或移除钻头，以及注入浆液。套管端注浆可以用于相当大的深度，但通常限制在10m。它的应用受到套管周围浆液漏出的限制。由于上文所述的手动喷枪注浆的健康和安全问题，它现在也常用于浅层。

由于注入压力相对较低，套管端注浆技术仅限于处理孔隙相对开放的土体。常用水泥膨润土或硅酸盐基浆液。与喷枪注浆相比，它的优点是套管在大多数场地条件下都可以插入。各种尺寸的钻机都可以使用，因为套管可以用最小的钻机来安装。一般来说，EOC注浆可选用比喷枪注浆更宽的孔距，因为围压有所增加，并可以对套管进行一定程度的密封，根据土类型的不同，典型的孔距为1.0~1.5m。浆液类型有水泥基（常见）和硅酸盐基（罕见）。混合浆液的成分可以在用于孔隙开放土体的水泥/膨润土到用于含有空洞土体的水泥/粉煤灰之间变化。浆液的选择取决于孔隙的大小，也取决于注入的难易程度。

59.5.2.3 袖阀管（TAM）注浆

袖阀管（TAM）注浆，在美国又称Sleeve port pipe grouting，是渗透注浆技术中较为复杂的一种。它和喷枪注浆都是地基处理中最常用的处理技术。在其常规形式下，它是用于渗透注浆的，但也可以用于补偿注浆——此处它被作为一种置换注浆技术而得到了有效的应用。由于管道被密封在地下，TAM注浆克服了EOC注浆存在的浆液泄漏问题，提高了注浆质量，扩大了应用范围。它可用于控制地下水、托换、支护、边坡稳定，以及提高承载能力。

TAM注浆在全世界广泛使用，是大多数国家普遍使用的技术，因此预计可由当地专家提供。正因为技术的多样化，则质量控制是重要的。

图59.8显示了袖阀管注浆的工作原理。该系统包括一个直径为50~60mm的钢管或塑料管，在一定的间距开孔，通常每米长度2或3个孔，通过这些孔来灌注浆液。这些孔用柔性的袖阀覆盖，当浆液加压时袖阀打开，当压力消除时再次密封。注入管或TAM管安装在直径90~150mm的钻孔中，并用水泥/膨润土浆液封入钻孔。密封浆液的无侧限抗压强度（UCS）通常在3~5N/mm²范围内。

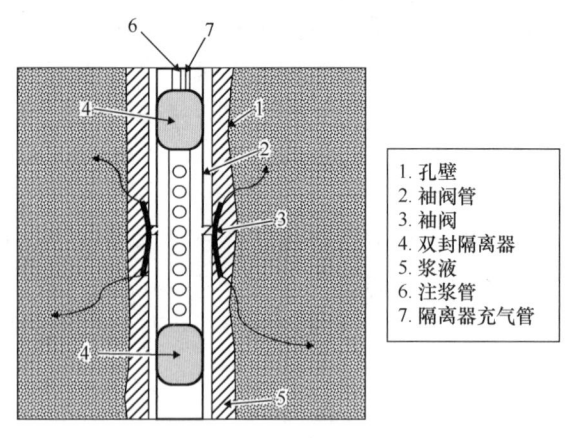

图59.8 袖阀管灌浆工作原理

1. 孔壁
2. 袖阀管
3. 袖阀
4. 双封隔离器
5. 浆液
6. 注浆管
7. 隔离器充气管

通过使用双封隔离器，每个灌注点都可以与管中的其他袖阀隔离。这些装置可以下降以使袖阀打开，并给两个柔性的袖阀充气，封闭注浆。浆液从封隔器中心向下注入，通过袖阀流出。有时，对于小直径管，可以使用带皮革垫圈的机械封隔器。这样就可以在更大程度上控制注射量、注射压力和注射位置。对于较大的项目，一些大型专业公司使用计算机控制的注入模块，这样可以实现更好地控制和检验。但最终，现场主管和工程师的经验将对所完成的工作质量有很大的影响，且应将对这些模块的依赖限制于仅使它能够将设计师的方案转化为实践。

TAM注浆已应用多年，图59.9为20世纪60年代某工程的布置图。图59.10和图59.11显示了隧道和大坝施工的典型布局。

因为注浆管是密封在钻孔中的，所以浆液除了进入地下外没有其他路径。在某些情况下，这将不可避免地导致浆液注入无法渗透的土体中，或再注入已经没有可用孔隙空间的土体中。这两种情况最终都会导致地面或结构隆起，在设计和操作说明中都应该顾及这一点。应当对有危险的设施或结构进行评估，并采取合适的监测方案。当向砾石中注入硅酸盐浆液时，如果没有仔细的控制，会出现10~20mm的隆起，而水泥基浆液的隆起程度更高。通过仔细的排序和容积控制，有可能消除大多数隆起。这种隆起对于补偿注浆可能有用，以后将对此进行讨论。

在设计过程中，应仔细注意所有市政设施和地下结构的位置，因为浆液可能侵入市政设施中，尤其是衬砌不完善的旧下水道。必须在注浆前确认此类设施，并考虑注浆对它们的影响。特别地，对于

第59章 地基处理设计原则

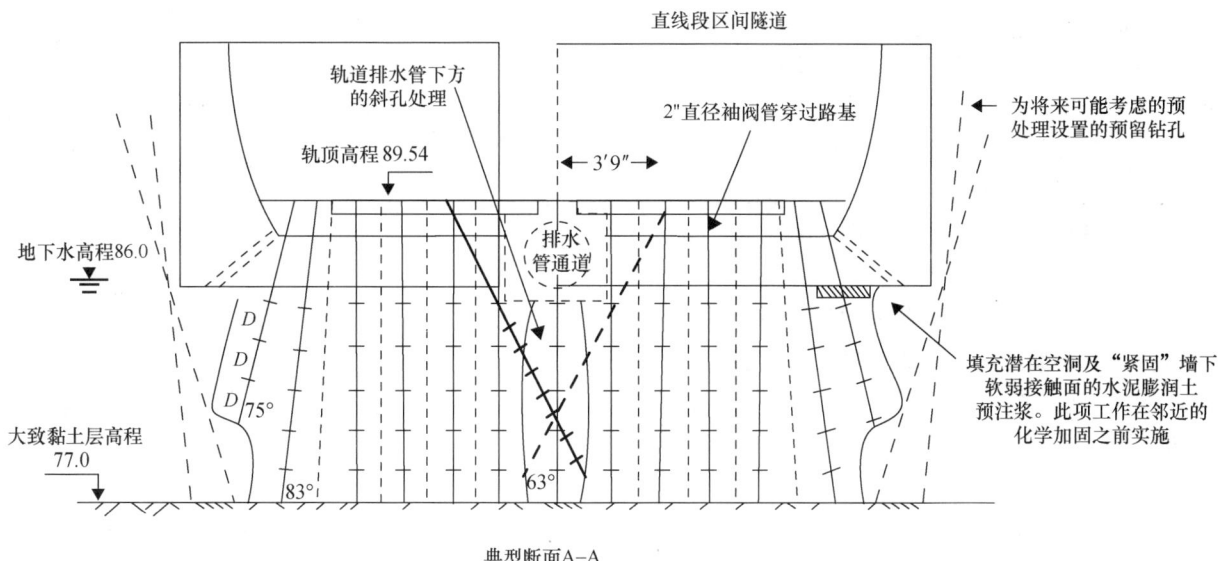

图 59.9 注射管布局示例

经由 London Underground Ltd 提供

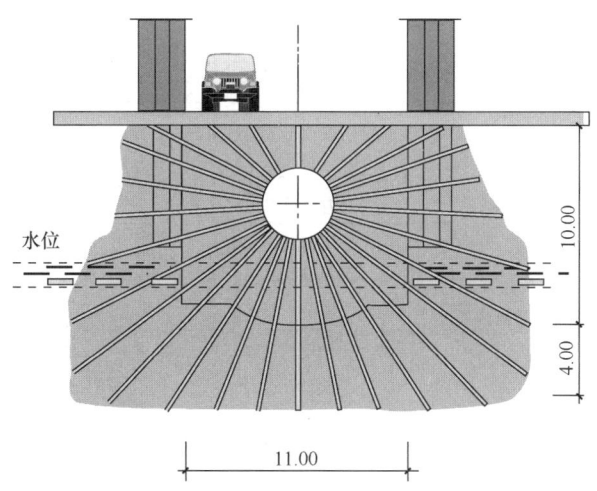

图 59.10 用前导隧道实施隧道施工时的注浆布置图示例

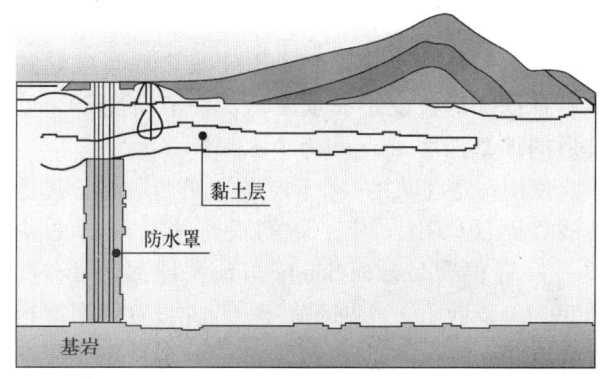

图 59.11 采用渗透注浆为大坝提供防渗截流示例

敏感的服务设施（即气体或化学管道），需要进行额外的监测和控制。对于临近隧道的注浆，特别是在分段施工时，应充分考虑注浆压力的影响。

注入的顺序需要仔细设计，以避免造成封闭地下水的风险。如果注浆顺序不合理，使在注浆流程进行时地下水没有排出的通道，那么它可以出现在建筑物内或地面以上，或者如果水不能排出，它会妨碍地基处理的进程，因为浆液将无法进入土体。在考虑注入顺序时，需要留有排水路径，同时需要按计划监测超孔隙水压力。

孔间距一般在 1.2~1.7m 范围内，通常采用三角形网格。更宽的间距很少使用，因为浆液渗过这个距离的能力会出现问题。孔偏的影响将在下面介绍旋喷注浆时讨论，届时会详细考虑孔偏，这些考虑也适用于渗透注浆。

设计时必须考虑孔距、浆液类型和目标浆液注入量。

大多数情况下，注浆孔设置在三角形网格上，目标注入量由下式给出：

$$Q = \frac{D^2 \sin 60° n}{N} 1000 \qquad (59.1)$$

式中，Q 为每个套筒的目标注浆量（L）；D 为孔网间距（m）；n 为土体的孔隙率；N 为每米管长内袖阀的数量。

一般来说，对一个在类似于泰晤士砾石土体中的1.5m间距的网格，目标注浆量约为150L。

图59.12显示了土体孔隙率和孔间距变化时每米所需的注入量。

注入速率也很重要，通常使用8~12L/min的注入速率，这样每个套筒的注入时间为10~20min。硅酸盐浆液应该以较低的速度注入，因为在较细的土体上渗透比较困难。

注入压力通常以孔的顶部或灌注模块上测得的压力为基准。典型的注入压力为每米覆盖层0.25~0.5bar。一些更复杂的模块可以进行线路校准，以确定浆液通过系统到达封隔器时的压力损失，并在压力记录系统上进行校正。这样做是有用的，因为大多数历史研究都是基于在钻孔或靠近钻孔处通过分配器（Banjo）手动注入。这样的校正可以有效地消除泵与钻孔之间的线损，在此基础上实现0.25~0.5bar的注入压力。过度校正可能会导致土体压力过大，从而导致水力压裂，而不是渗透。

与水泥基浆液相比，使用硅酸盐浆液会导致地基强度降低，变形模量降低。一般情况下，处理后的地基强度UCS约为1~3MPa。

使用渗透注浆的一个例子是在英吉利海峡隧道连线铁路（CTRL）上，新的铁路线从现有的伦敦—索森德（London-Southend）铁路线下经过。图59.13显示了交叉点的截面。为此设置的围堰预计会给邻近高架桥造成过大位移，所以决定安放一个注浆塞以减少位移。由于存在冲积层，注浆塞不必提供防水功能，因此决定采用渗透注浆。

图59.14显示了TAM的布局和注入浆液的分布。施工采用了硅酸盐基和水泥基浆液，图59.15显示了注浆后SPT测试结果的改善。挖掘围堰时的位移不到10mm。

59.5.3 施工控制

大多数的施工控制包括在初期确保注浆孔安置在正确的位置上，然后监测浆液的注入。二次控制可以评估由注浆引起的土体变形。

对于更简单的系统，如喷枪注浆或EOC，施工控制有限，通常只是基于纸面上的对孔数和注入浆液体积的简单记录。此外，还可以记录每个注入阶段的注入量。

TAM注浆往往会突破地基处理能力的最高水

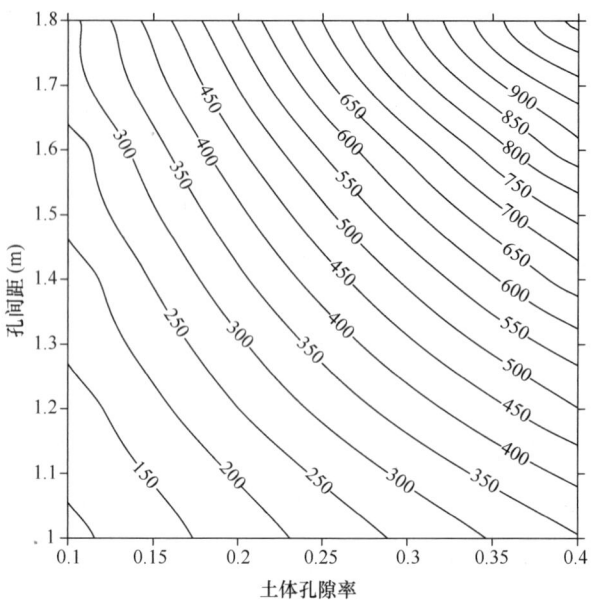

图59.12 对于不同的土体孔隙度和孔间距所需的每米注浆体积

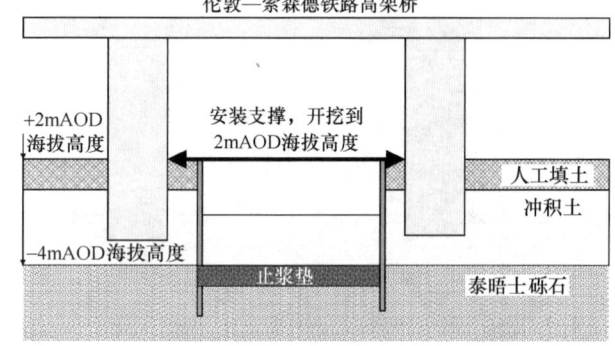

图59.13 CTRL铁路十字路口的断面

平，因此需要仔细控制，避免在现场发生错误。特别是大量注浆需要严格的现场控制，以确保每个套管都置入正确的孔中。随着现场计算机的出现，现在可以更容易和更有效地满足这一要求。现在，对于大多数项目，使用计算机应该被列入规程。

59.5.4 检验

对手工喷枪注浆，除在注浆网格当中钻孔和试注浆外，通常不进行其他检验。当喷枪注浆用于底板下的保护注浆或空洞填充时，在注浆网格中补加钻孔有助于检验注浆的覆盖程度。

EOC注浆的检验通常仅限于观测为测试目的

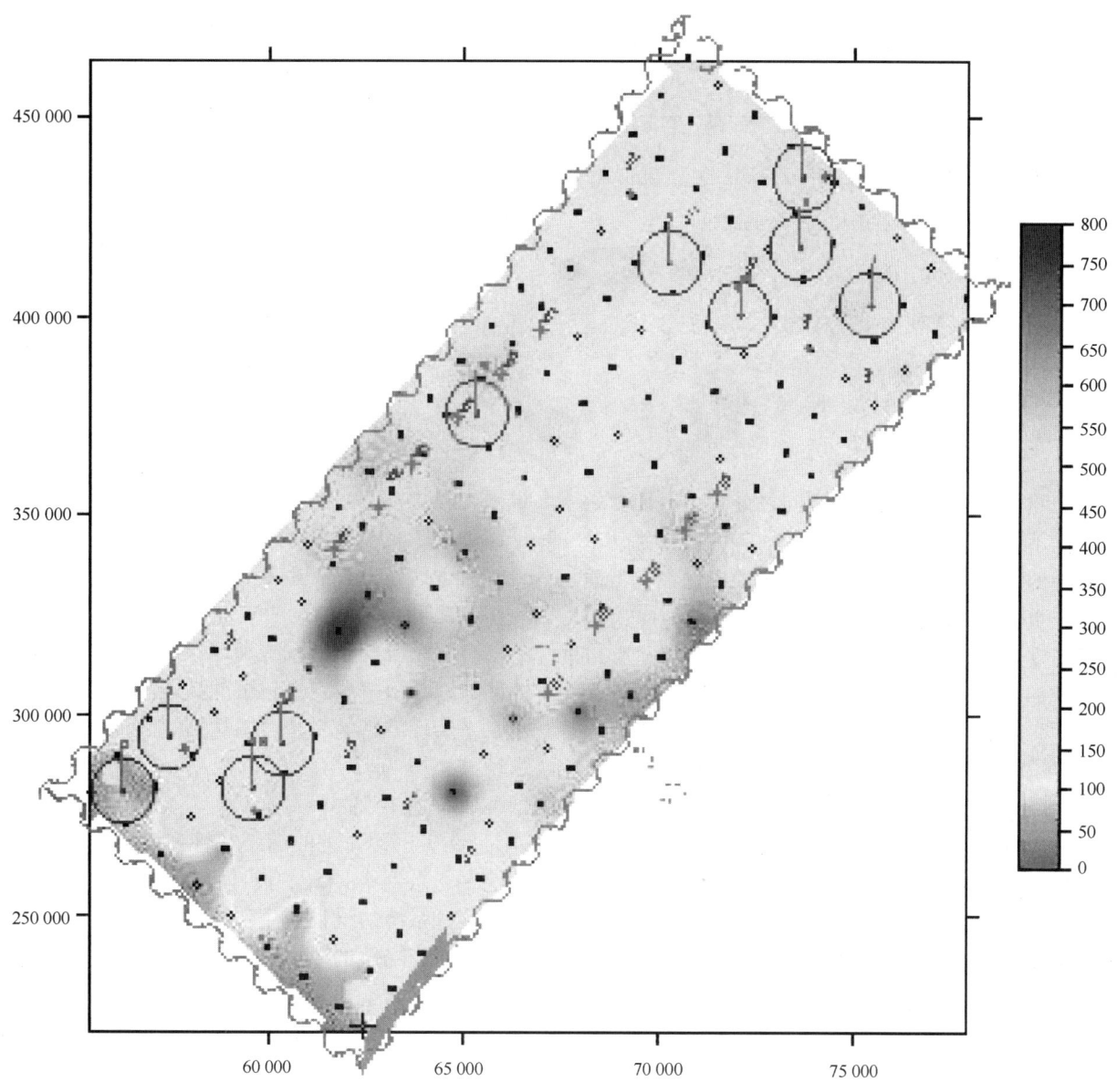

图 59.14 通过注浆资料验证渗透注浆示例

而安装的套管内的下降或上升水头，或通过在地基处理完成后安装的压力计进行验证。另外，可以在套管中再次注浆以检验灌入量和注浆阻力，也可以在网格中间钻孔做进一步的测试，用钻孔中取出的浆体来判定效果。如果需要关注强度或变形，可进行钻孔取样或旁压试验。但由于地基材料是由高强度骨料和低强度浆液组成的，测孔的成型是个难题，所获取岩芯的质量也不好。

当检验 TAM 注浆项目的效果时，常用做法是复核一次注浆和二次注浆的灌入量。通常可以发现二次注浆的注入量较一次注浆有所减少，同时灌入阻力增加。图 59.14 显示了注浆完成后对浆液体积

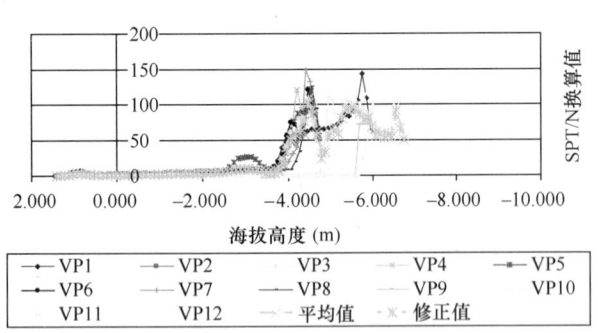

图 59.15 试验前和试验后的比较

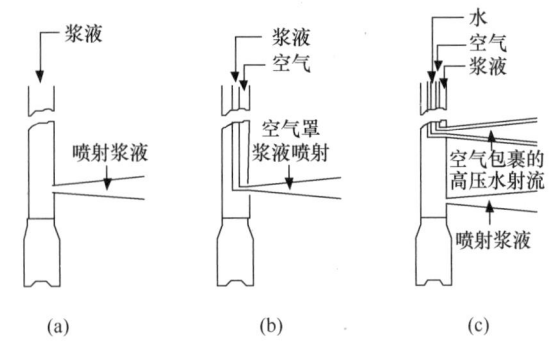

图 59.16 旋喷注浆系统
（a）单管；（b）双管；（c）三管

摘自 Essler 和 Yoshida（2005）；Taylor & Francis Group

的验证，图 59.15 显示了原位测试的验证。

59.6 旋喷注浆设计原则

59.6.1 方法和要点

旋喷注浆与渗透注浆的不同之处在于，后者的初衷是不扰动土体结构，而对于前者，造成扰动是其成功的必要条件。由于旋喷注浆的产物在其特质上趋于更具结构性，因此旋喷具有广阔的应用范围。当安置在建筑物下面时，它可以将基础延伸以穿过较差的土体，或在邻近场地进行开挖（经常没有支护）时为基础提供支撑。旋喷注浆可以在需要开洞的地下提供支撑，如在隧道掘进机（TBM）掘进、退出、横穿隧道或进行其他类似作业时支撑隧道工作面。因为旋喷注浆不依赖土体中的渗透通道，所以它的结果通常是更可预测的，而且土体强度或成分对其影响很小。它既可以控制基坑开挖时坑底的地下水，同时又可以支撑挡土墙。它是一种可用于支护和地下水控制的多用途工具，同时还提高了场地的使用效率。

有三种基本系统可供选用：

（1）单管系统；

（2）双管系统；

（3）三管系统。

图 59.16 显示了上述三种系统。

单管系统注浆是以高压注入单纯的浆液。这是第一个应用的系统。成桩直径有限，钻孔易被堵塞，常造成地面隆起。它的设计直径通常很小，最多到 1.2m。一些设计师认为，单管系统做出的桩体强度最高，而其他系统的桩体中混有气泡，会降低强度。

双管系统实际上就是在单管系统的喷嘴上增加了一个空气套管。空气套管的加入极大地提高了喷射效率，通常在相同的喷射能量下，可以将设计直径增加 30%。这个系统非常强大，通用性很好，在大多数土中，旋喷桩直径可达 4～5m，尽管如此大的直径只有在没有场地限制的大型项目中才适用。正常情况下，典型的成桩直径在 1～3m 之间。

三管系统与单管系统和双管系统不同，它对土体的冲蚀是由一股空气包裹的高压水射流辅以低压泥浆来实现的。该系统可以达到的设计直径比单管系统大，但与双管系统相比，由于其能量相对较低，成桩直径通常只有 1.7～2m（特殊地基除外）。在美国，先进的超级三管系统可以提供更高的能量，做到 3～4m 的设计直径。

这些系统的设计应用范围是相似的，如何选择应根据特定场地的要求。单管系统最常用于水平钻进，因为这时空气可能会引起麻烦。对于大多数其他工程应用，通常在双管系统或三管系统之间进行选择。

一般来说，三管系统会溢出更多的废料，但通常黏性较小，因此，堵塞和可能出现结构或地基移动的风险较小。

由于高压以及产生的废料，旋喷注浆在过去一直被认为是一种高风险的地基处理方法。而在有了足够的经验并有了良好的施工操作、现场控制和设计之后，旋喷注浆并不比其他工艺风险高。

与此过程相关的主要风险是使用高压和可能造成的变形。当在建筑物下面进行旋喷注浆时，必须注意确保将墙壁或底板的隆起维持在限定的范围

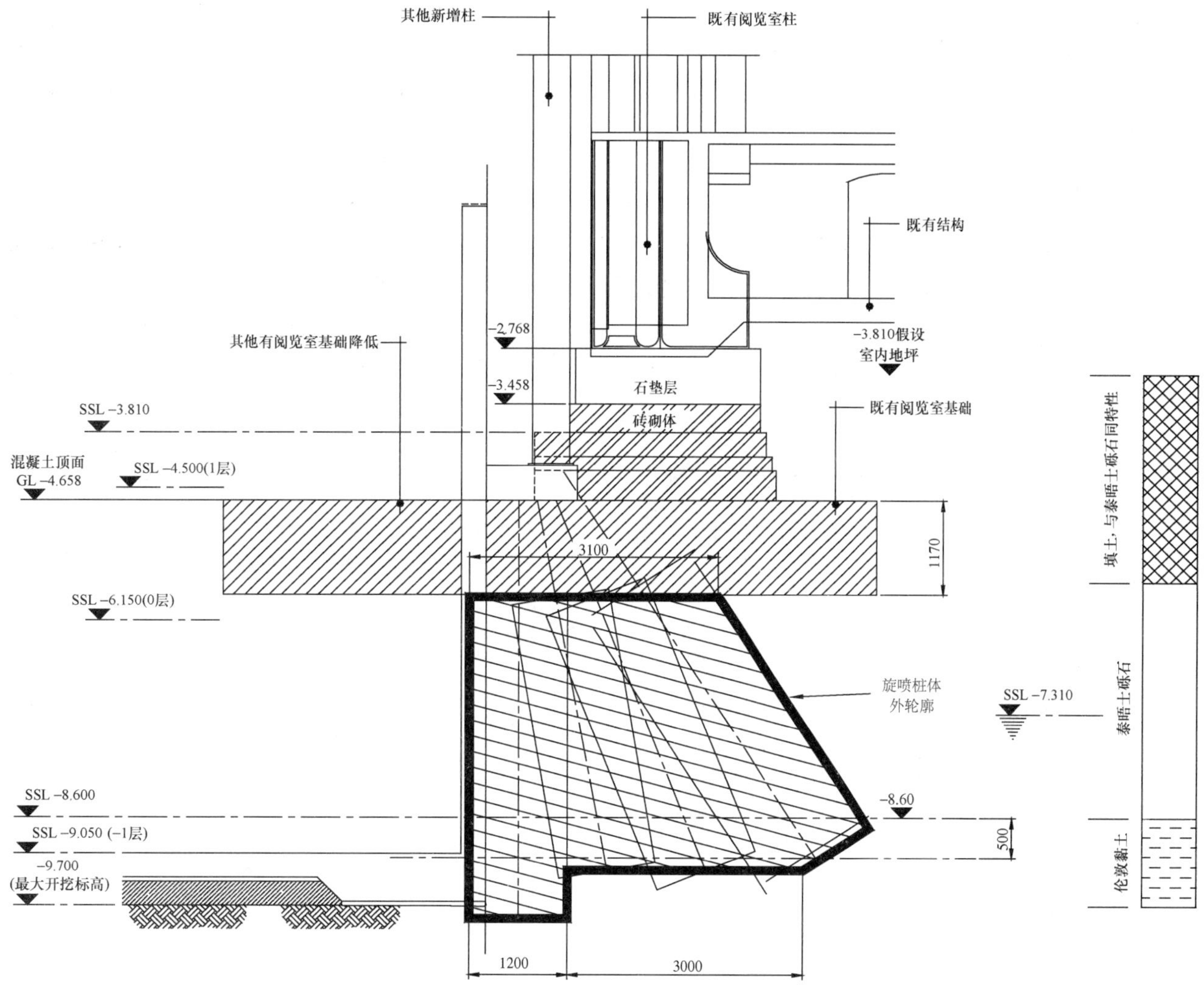

图 59.17 大英博物馆旋喷注浆支撑截面

经许可摘自 CIRIA SP199，Scott 和 Essler (2003)，www.ciria.org

内。特别关键的一点是必须了解楼板和墙体的施工细节，这样才能考虑旋喷注浆的影响。如果楼板施工质量不好且未密封，则建议在旋喷注浆过程中进行目视检查和持续监测。旋喷注浆过程中的墙体位移可以通过精密水准测量做长期控制，短期位移可以利用固定在墙上的旋转激光靶来监测。

注浆顺序的设计对于托换操作非常重要，因为如果喷射的面积太大，就有可能使基础失去支撑。在结构的基础条件较差的情况下，例如砌体或砖胶结不良的情况，可以考虑使用喷枪或套管注浆实施预注浆，以加强现有的粘结，减少墙体部分倒塌并侵入新完成桩体的风险。对于托换工程，通常将相邻桩的喷射间隔限制为至少 24h 或 48h。对于独立基础，喷射顺序的设计必须考虑防止支撑缺失，在极端情况下，在喷射过程中应提供临时支撑。旋喷桩和基础之间通常有良好的粘结，因为后续施工的相邻桩总是对连接区域进行处理以确保完好地接触。

对于靠近地下结构的注浆需要慎重考虑，距离地下结构 3~5m 以内的注浆需要进行具体的风险评估。在可能的情况下，建议与原设计师协商，对地基处理的具体要求达成一致。

旋喷注浆最常见的应用是托换或限制基坑内的土体位移。图 59.17 显示了将旋喷注浆用于托换大英博物馆阅览室基础（Scott 和 Essler，2001，2002）。这是一座一级建筑，旋喷注浆提供了永久的支撑。图 59.18 显示了在基坑内设置深旋喷注浆支护在显著减少地基移动方面的效果（Driesse 等，2006）。这种旋喷注浆的支护结构被广泛应用于世界各地，但迄今为止在英国极少使用。

59.6.2 设计原则

由于高压旋喷注浆具有粘结地基并形成较强土体（UCS 范围为 2~10MPa）的能力，它的设计过程与砖或砌体的设计类似。

处理后的地基强度通常根据取芯试样的无侧限抗压强度（UCS）试验来评定。图 59.19 给出的直方图显示了砂土和黏性土的无侧限抗压强度试验值。日本喷射注浆协会（Japan Jet Grouting Association）采用了这些分布图，限定在设计中作为最小安全值的无侧限抗压强度应在这些图示值的 1%~3% 范围内采用。

这个限定给出了表 59.4 中所设的标准无侧限抗压强度（其中浆液的水灰比通常为 1）。

必须指出，在某些条件下采用这些设计值可能导致对粒状土地基的设计过于保守。对粒状土，英国设计中采用的 UCS 的典型值为 5~10MN/m^2。通常只是对（深挖或隧道工程的）底板和进、出竖井才需要考虑强度。在这些情况下，注浆强度会影响设计，因为旋喷注浆需要跨越开口，所以它需要在考虑最小结构整体性的条件下设计。

旋喷桩的布置是根据孔偏差（即垂直公差）和桩体直径设计的。

在大多数作业中，钻孔时的允许偏移一般不小于 1/100，通常规定为 1/75。对于浅孔，这不会产生问题，但随着深度的增加，它就成为旋喷注浆布置设计的一个重要影响因素。

当需要对底板旋喷注浆时，通常基于三角形网格来设计。

单桩偏离设计位置的影响如图 59.20 所示，解决方案是减小桩距。这对成本有很大影响，因为桩径和桩距影响桩的数量。

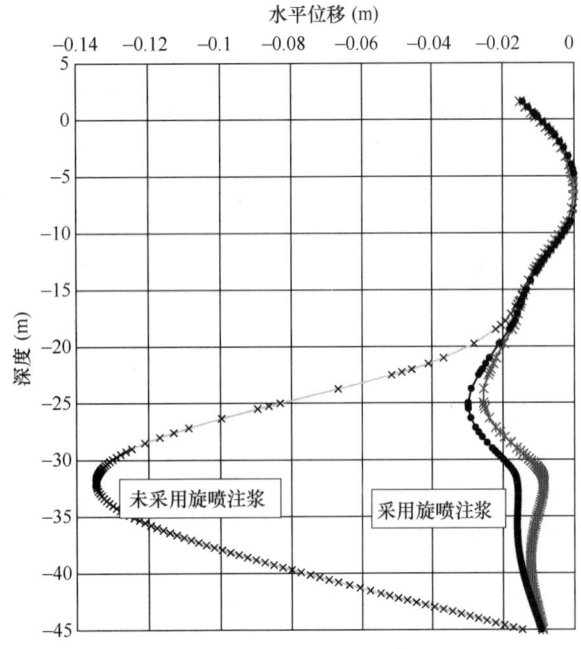

图 59.18　33m 喷浆支撑安装效果

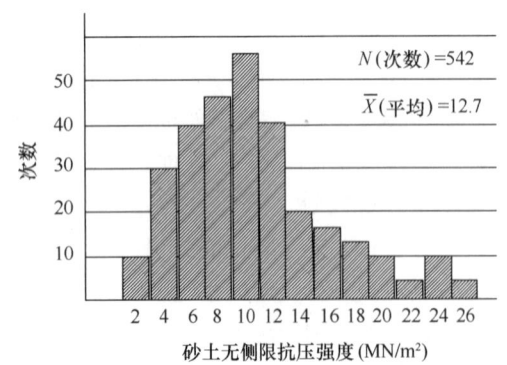 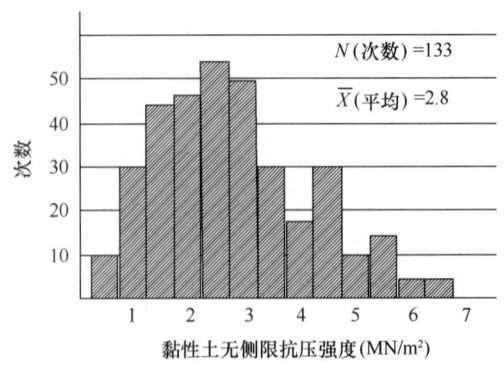

图 59.19　砂性和黏性喷注土的典型强度分布

摘自 Shibazaki（2003）

考虑两个设计，底板 20m×20m，深度在地面以下 10m（案例 A）和地面以下 20m（案例 B）。

59.6.2.1 案例 A

如果假设当前的旋喷注浆系统将生成 1.5m 的桩径，并且预期孔径公差为 1/75，则：

假设无偏差喷射注浆设计间距	1.2m
预计孔斜	0.133m
考虑偏差的孔距	1.0667m
X 方向的孔距	1.0667m
Y 方向孔距（60°格栅）	1.0667sin60° = 0.924m
每行列数	20/1.0667 = 19
行数	20/0.924 = 22
10m 深处行列总数	22×19 = 418

旋喷注浆材料的典型设计值 表 59.4

土的种类	无侧限抗压强度 Q_u	黏聚力 c	粘结强度 f	弯曲抗拉强度 σ_t
黏性土	1	0.3	0.1	0.2
颗粒土	3	0.5	0.17	0.33

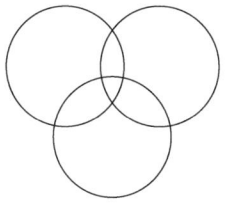
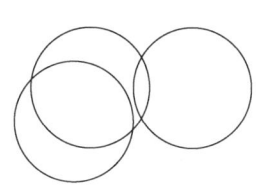

图 59.20 钻孔偏差对桩重叠的影响

59.6.2.2 案例 B

做相同的计算，但深度改为 20m，同时允许更大的偏差，桩数增加到 550，增加 32% 的桩。

因此，重要的是应当理解在决定成本和拟选用的旋喷注浆系统时，深度起着显著的作用。当孔深成为一个考虑因素时（通常在深度大于 15m 时），测量孔斜是一个很好的做法，一些专家可以使用旋喷注浆设备提供孔斜测量，从而将工作的延迟减少到最低限度。

另一方面，如果我们考虑相同的情况，但这次使用的是一个更强劲的系统，它能够打出 3m 直径的桩，则桩的数量变化如表 59.5 所示。

由表 59.5 可以清楚地看到其中的差异。对于直径为 1.5m 的桩，从案例 A 到案例 B，桩数增加了 132，但是对于直径为 3m 的桩，桩数只增加了 18 个。

以上讨论凸显了增加桩直径的优势，因为这不仅降低了成本，而且在深层提供了更多的安全性，因为桩的联锁不是那么关键。

另一个影响成本和设计的因素是相对于所需处理的体积，实际的桩体积减小了。

如果考虑以上两个例子，直径为 1.5m 和 3m 的桩体每延米的体积分别为 1.767m³ 和 7.069m³。比较情况见表 59.6。

喷射量会同时影响成本和废料溢出，因为它们都与喷射量成正比。

深度和直径对所需桩数的影响 表 59.5

实例	深度（m）	桩直径（m）	名义设计间距（m）	桩数量	随深度增加百分比
A	10	1.5	1.2	418	
B	20	1.5	1.2	550	32
A	10	3.0	2.7	72	
B	20	3.0	2.7	90	25

桩体直径和深度对所需桩体积的影响 表 59.6

实例	深度（m）	桩直径（m）	名义设计间距（m）	桩数量	每米喷射的桩体积（m³/m）	桩体积为板上土体积的百分比（%）（400m³/m）
A	10	1.5	1.2	418	739	185
B	20	1.5	1.2	550	972	243
A	10	3.0	2.7	72	509	127
B	20	3.0	2.7	90	636	159

正确设计旋喷注浆的两个好例子，是在阿姆斯特丹地铁南-北线项目中央车站的站箱（Driesse等，2008 a，b）和夹层墙（De wit等，2006，2007）。如图59.18所示，如果失去旋喷桩的支撑，墙体会过度变形，并导致相毗邻的历史建筑受损。旋喷注浆的初始设计如图59.21所示，基本模拟了常规加固；然而对于进入地面以下33m左右的支撑桩，这个设计忽略了精确定位的困难。如果没有精确定位，支撑桩就不能传递所要求的荷载。最终的重新设计假定站房内的桩以设定的重叠均匀分布。根据设定的直径和定位精度，对超过1000种随机定位的布桩方式进行了大量的有限元分析，结果表明桩的性能符合设计要求。图59.22显示了修改后的布局。依据对桩体直径和位置进行的统计调查来设计旋喷桩是很重要的，在深度和土体条件对注浆设计有显著影响的任何情况下，都建议依此进行设计。尤其是对需要用旋喷注浆来防水的设计，因为桩的偏差和由此引起的间隙实际上控制着水流。

59.6.3 施工控制

施工控制包括对浆液材料和注浆过程的质量保证。一般来说，大多数旋喷注浆机都配有复杂的仪器来记录所有要求的工艺参数。这就给了设计者信心，相信旋喷桩已经可靠地成桩。有一些系统带有一个内置的钻孔偏差检测系统，可以用来实际监测单个桩的实际成桩位置。由于钻机上装有仪器，钻入功率可以很容易地根据深度绘制，这就能为设计师提供有价值的关于土体变化的深入描述，它可以推进工艺的调整。

59.6.4 检验

旋喷桩的检验一般与TAM注浆相同。检验过程包括浆液材料质量控制和注浆参数控制，辅以二次注浆试验。由于旋喷注浆通常在结构上更坚固，如果小心操作，取芯会比较成功。此外，这一处理工艺本身使其适用于试开挖，即在现场喷射若干初始桩，然后在24~48h后开挖，以确定桩的尺寸和均匀性。在旋喷注浆中，桩直径往往是需检验的最重要的参数，因为这是重力或托换块体施工的基础。对粒状土地基，桩的强度通常不是问题。

可以对岩芯进行实验室试验，但是在以岩芯的性质来判断批量成型的桩体的性质时，设计者须谨慎。图59.23显示了破坏性钻探的结果，这种方法

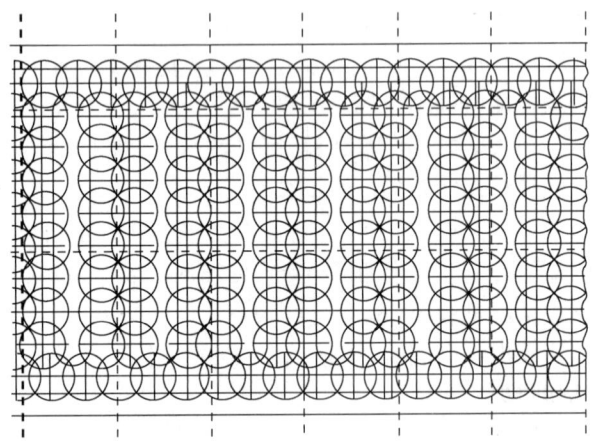

图59.21 阿姆斯特丹南北向线路旋喷桩初步设计布局

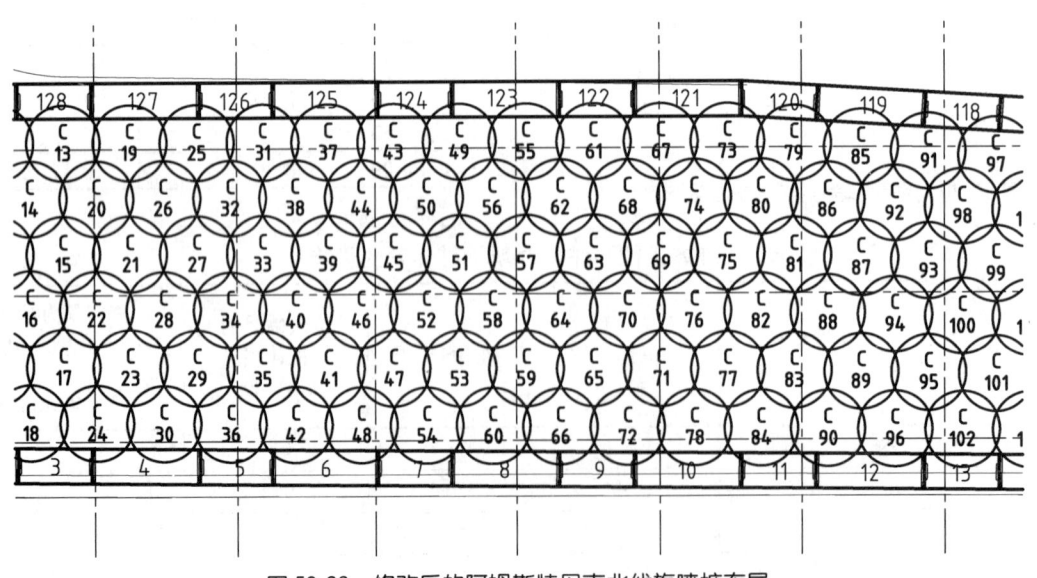

图59.22 修改后的阿姆斯特丹南北线旋喷桩布局

相对快速和经济。在设计过程中，破坏性钻探是一个强有力的验证工具，可以根据取芯和随后的实验室试验进行校准。破坏性钻探必须使用测量仪器并将钻探功率按深度进行标注。钻探功率与岩芯强度具有相关性，可用于识别低强度区域。在所有需要重复测试大量桩体的大型工程项目中，都应该考虑使用这种方法。

59.7 振冲密实和振冲置换设计原则

59.7.1 方法和要点

Kirsch（1993）详细描述了振冲密实技术。振冲密实一般是将直径为 300~500mm 的封闭振动钢管（通常称为振冲器）插入地下，从而使周围的土体因振动而被挤密。不同振冲器的具体设计在商业上是敏感的，但原理上它们都是通过液压在振冲器内水平旋转一个偏心块来操作的。通过这种途径使振动具有明显的水平振幅，并使土体挤密。

振动使土壤颗粒重新排列成更致密的土块，从而提高土壤密度。水射流可与振冲器结合使用，以帮助振冲器的插入，并冲出软弱的细粒材料。振动还具有局部减轻有效应力和促进土体重构的作用。

通常，振冲器先下降到一定深度，然后在挤密土体的同时逐级提升。在挤密过程中可以监测所施加的功率，因为周围土体被压实之后，需施加的功率更高。可以分阶段提升和插入振冲器，在插入段判断下覆土体的挤密程度。

这一操作过程需要仔细控制，以确保地基的密实仅是通过压缩而达成。如果淤泥和黏土的含量太高，就会出现问题。如果出现淤泥或黏土夹层，这些夹层不太可能得到改善，并会导致意外的沉降。贯入点的布局通常是三角形的，间距一般根据土类型和振冲器的功率而定。一般来说，振冲器功率越高，间隔就越宽。在过去的几年里，人们

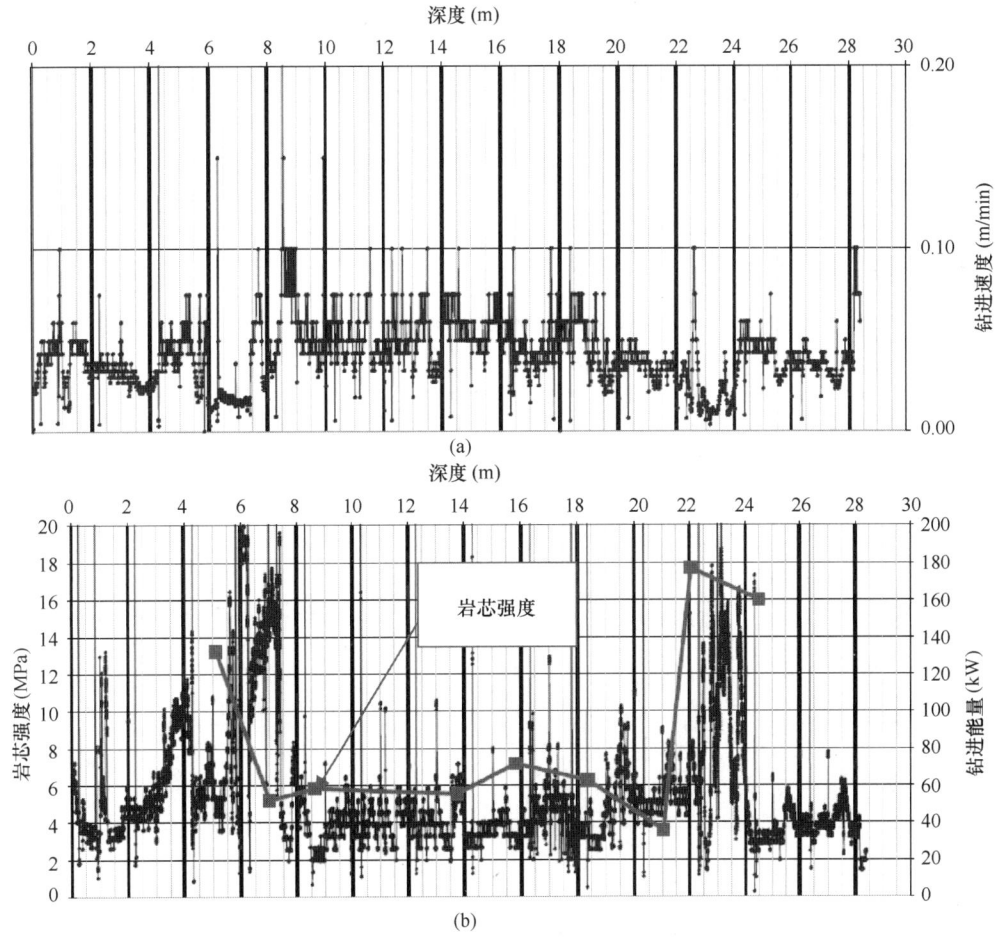

图 59.23　使用破坏性钻孔检查旋喷桩

已经开发出了功率非常强大的振冲器，可以更经济地采用大孔距来处理大面积的海砂和回填材料。

振冲置换或振冲碎石桩是一个类似于振冲密实的过程，但它依赖的是制成挤密碎石桩来传递荷载或抵抗剪切。在所达到的孔深，碎石可以在孔顶注入，或通过一个安装在振冲器上的特殊管道从孔底注入。这两种方法分别称为顶进给和底进给。振冲器拔出时，碎石被挤密，从而改善地基。当遇有高地下水位的软弱土体时，碎石桩可能不稳定，这时要使用底进给。

59.7.2 振冲密实及振冲置换设计原则

振冲密实通常用于减少基础总沉降或基础差异沉降，或改善软弱地基的抗震性能。图 59.24 显示了适合处理的土的范围。

通常，设计方法依据的是地基密度的总体改善（振冲密实），或以被改善的地基面积所占百分比为地基的总体改善。

典型的预期地基变形见表 59.7。

1995 年，普里布（Priebe）发表了一篇关于振冲置换的优秀论文，在图 59.25 中给出了可能获取的改良效果。

将面积比定义为桩的面积（A_c）占这根桩所支撑面积（A）的百分比。改良系数是指在原有土体上刚度或抗剪承载力的增加。因此，如果将 20% 左右的面积用碎石桩替换，便可减少约 200%~250% 的沉降量。

假设桩径的范围是 0.5~0.75m，面积比的引入为选取桩距提供了指导。

最初的简单设计概念是将振冲碎石桩考虑为相对较强的弹簧（尽管刚度小于混凝土桩），它的周围被一些代表待处理土体的较弱的弹簧包裹。所施加的荷载被一个由石柱和土体构成的组合结构按面积分担，可以表示为：

$$Aq = Q_c + (A - A_c)\sigma_s \tag{59.2}$$

式中，A 为每根碎石桩所支撑的荷载面积；q 为所施加的单位面积荷载；Q_c 为碎石桩的允许承载力；A_c 为碎石桩的横截面积；σ_s 为周围土体的允许承载力。

在该公式中，为了使处理之后的沉降性能更好，有时将原土体的允许承载力取为零。

振冲地基承载力和沉降　　表 59.7

土的种类	承载力（kPa）	沉降（mm）
人工地基：黏性土和粒状土拌和	100~165	5~25
人工地基：粒状土加灰土，砖渣	100~215	5~20
天然砂或者砂加砾石	165~500	5~25
冲积的软黏土	50~100	15~75

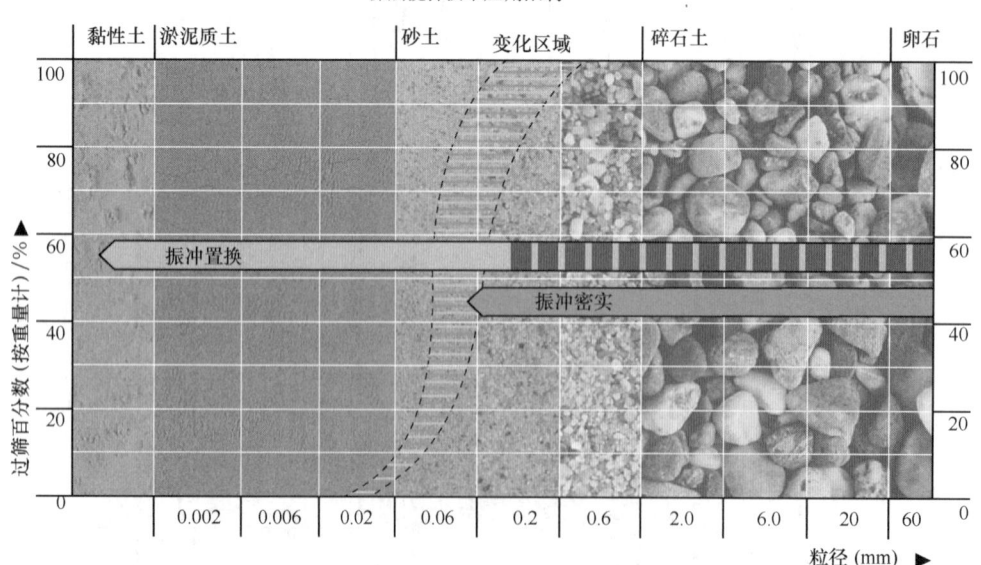

图 59.24　振冲置换和振冲密实的应用范围

摘自凯勒（Keller）小册子 10-02 E《深度振动技术》（Deep Vibro Techniques）；
凯勒集团股份有限公司（Keller Group Plc）

在英国使用的主要设计方法有以下三种：

（1）休斯和威瑟斯（Hughes 和 Withers，1974）；

（2）鲍曼和鲍尔（Baumann 和 Bauer，1974）；

（3）普里布（Priebe，1995）。

初步计算碎石桩允许承载力最常用的方法是休斯和威瑟斯的方法：

$$\sigma'_v = (1+\sin\varphi_c)(\gamma_b h_c + 4c_u + P)(1-\sin\varphi_c) \quad (59.3)$$

式中，σ'_v 为最终的土体竖向有效应力（kN/m^2）；φ_c 为碎石桩材料的内摩擦角（典型值为 45°）；γ_b 为土体的重度（kN/m^3）；h_c 为临界深度（m）；c_u 为土的不排水抗剪强度（kN/m^2）；P 为上覆荷载（kN/m^2）。

通常将临界深度 h_c 取为地表到基础底面的深度加上一个碎石桩的直径。

碎石桩的允许承载力可由下式给出：

$$Q_c = \sigma'_v A_c F \quad (59.4)$$

式中，Q_c 为碎石桩的允许承载力（kN）；A_c 为碎石桩的面积（m^2）；F 为承载力系数。

图 59.26 显示了碎石桩的承载力随深度和土类型的变化。

当快速加载时，如在软土地基上构筑路基、筒仓或储煤仓等建筑时，须考虑碎石桩周围土体中孔隙水压力的发展。这通常是在式（59.3）的括号内 $-u$，或减少一个百分比 r_u。由此，在式（59.3）中，可用 $\gamma_b - u$ 代替 γ_b，或者用 $r_u\gamma_b h_c$ 代替 $\gamma_b h_c$。

目前大多数的碎石桩承载力和减沉设计都使用普里布（1995）方法，其中图 59.25 的面积比可用于评价初始减沉系数。这个系数是相对于处理深度内未处理沉降的减沉系数。之后还会进一步发生由荷载作用于处理深度之下土体而产生的沉降、未完成的自重沉降、次固结沉降等潜在的沉降。

然而，普里布方法考虑了碎石桩的刚度、上覆盖层深度和群桩效应的有利影响，以进一步完善处理后的沉降预测。因此，许多岩土工程咨询师和专家用这种方法来提供电算结果。

显然，处理深度是设计中的一个基本因素，它也将决定用于实施碎石桩的振动设备（第 74 章"土钉设计"）。

最大的振冲置换项目之一是 1991 年在巴罗-弗内斯（Barrow-in-Furness）规划的一个岸边天然气终端（Raison，1999）。在开发之前，这个场地的主要部分由 3 个沉降潟湖组成，潟湖中有饱和粉煤灰（PFA）。这种废料来自邻近的 Roosecote 燃煤发

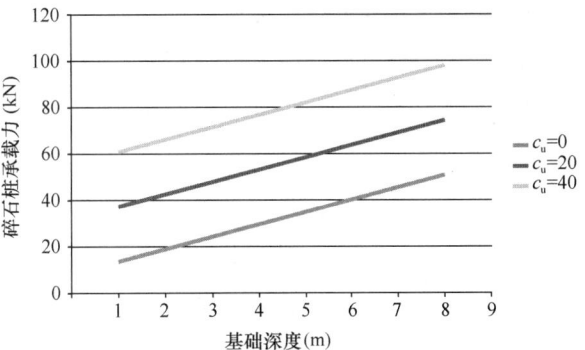

图 59.26 相对于不同深度和土类型的碎石桩承载力

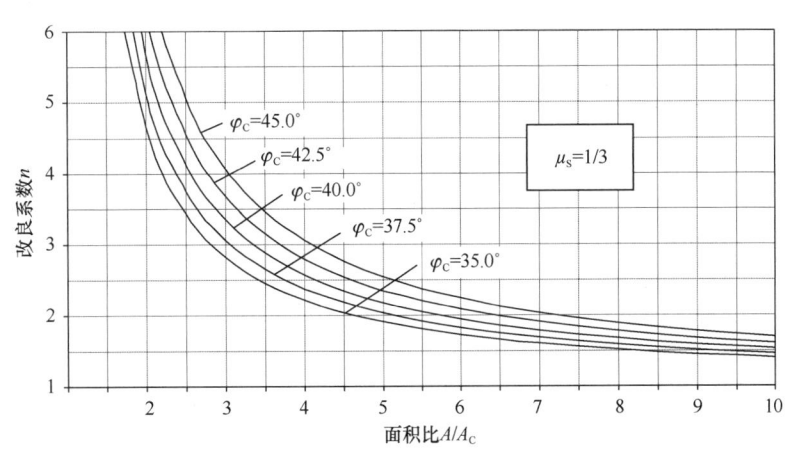

图 59.25 碎石桩设计

摘自 Priebe（1995）

电站。现场调查揭示了 PFA 下面的地质条件：非常松散的粉砂砾石冲积砂覆盖在更密实的冰川砂上，在深处有冰碛土和砂岩。因地质条件的局部多样化，设计时进行简化是必要的。典型的地质剖面及其 SPT 随深度的变化显示于图 59.27。粒径分析表明 PFA 是砂质粉土，通常具有黏性。在项目设计阶段得出的结论是，尽管在英国地震发生的概率很小，但是仍然需要对地震进行防护，承包商 Keller 选择了打桩和振冲置换相结合的方式。虽然振冲置换法不被认为适用于改善非常软弱的黏性粉煤灰，因为它颗粒过细而不能被认定为粉土，但振冲置换可以改善下面的土层，从而为打入桩提供一个可接受的地基，这样可以大大缩短桩的长度。图 59.28 显示所选用的钻孔灌注桩及振冲置换桩的组合。通常，打入桩的中心距设为 2m，振冲碎石桩的中心距设为 2.75~3m。

59.7.3 施工控制

施工控制仅限于控制现场放样和深度，以及测量石材消耗量或压实功率（通常以水力或电力消耗量衡量）。上述参数通常可以由钻机上的测量仪器测量，并为每一根桩提供一个施工记录。

59.7.4 检验

通常在测试前和测试后进行 SPT 或 CPT 检验，辅以单桩的载荷板试验或群桩的区域静载试验（Greenwood，1991）。图 59.29 显示了巴罗项目检验中的 CPT 试验结果。

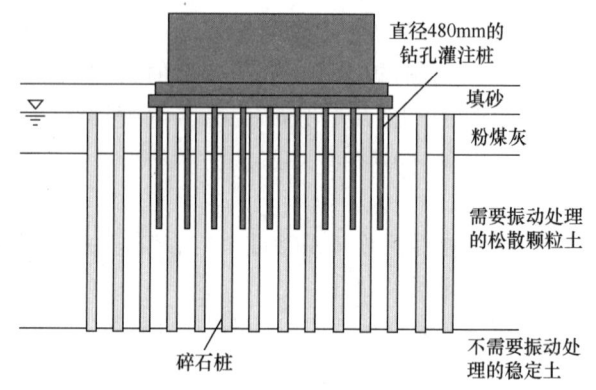

图 59.28　巴罗项目地基建议处理方案

摘自 Raison 等（1995）

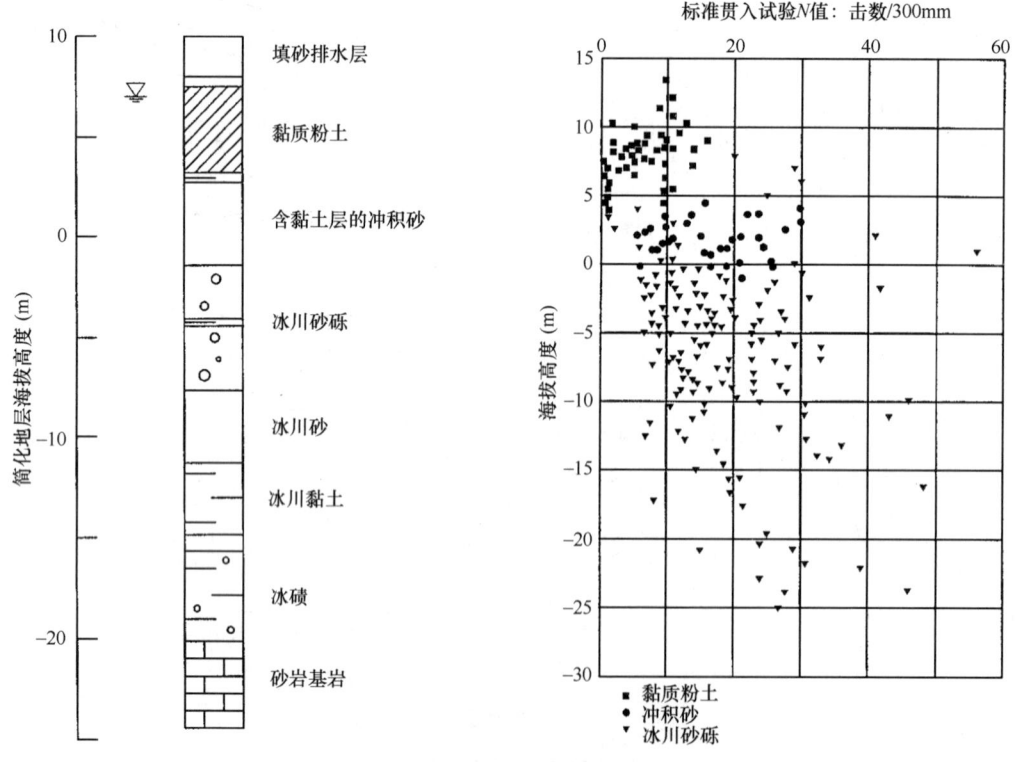

图 59.27　巴罗（Barrow）的地基情况

摘自 Raison（1999）

59.8 强夯加固设计原则

强夯与振冲密实类似,其目的是使地基土密实,从而增加刚度。强夯在颗粒状材料中更有效,尽管以前它在细粒材料中也取得过成功。

强夯是指在固定的网格点反复下落重物以密实地基土。从历史上看,梅纳(Menard)拥有这项技术的专利,并在欧洲和远东进行了开创性的工作。他们的动力夯锤重达40t,支撑在非常高的特制三脚架上。

强夯的设计依据是对单位体积土体的最小动能输入,它的实施是分几期或分几遍进行的。

最大处理深度取决于夯锤重量和落锤高度,通常由以下关系给出:

$$处理深度 = 0.5 \times (落锤高度 \times 锤重)^{0.5}$$

因此,考虑到使用20t的质量从20m高处落下,处理深度将被限制在10m左右。细颗粒含量对夯实效果有显著影响,也需要注意黏土或粉土夹层,这些夹层不会被加固。

一般来说,根据处理深度的不同,夯实工作分三遍进行,以确保对土的全部深度进行处理:

(1) 第一遍

以大间隔网点为基础,目的是首先夯实最深的土。处理深度为10~12m时,间距为7~10m。

(2) 第二遍

可以在4~5m间距上进行,目的是夯实约2m以下的中间深度。

(3) 第三遍

这是在小网格上进行的最后一遍夯击,覆盖几乎整个夯击区域,目的是对1~3m的深度进行力实。有时会更改夯击布局,以处理更大的区域。

通常,为了完成密实化,最终的表面夯实是必要的。

作为一个粗略的参考,对于"纯净的"无黏性土(黏土或粉土含量低于15%),施加25~30t·m/m³的夯击能量可以取得明显的压密效果,相对密度的提高可达60%~70%。表59.8是可能需要的夯击能量的指南。

59.8.1 施工方法和要点

强夯带来的关键问题是施工过程中的强振动,它可能对附近的结构造成危害。这意味着强夯必须在距离建筑物至少20~30m的地方进行(对敏感的建筑物可能需要相隔50m),当然,实际距离需要根据项目具体情况确定。地基振动水平的结果见图59.30。

59.8.2 施工控制

施工控制仅限于确保施加正确的夯击能量。这需要对每个网点控制夯击的下落高度和夯击数。强夯形成的坑洞通常会被铲平,通过测量地面下沉可以进一步估算改良的效果。

59.8.3 检验

对强夯的检验类似于对振冲密实和置换的检验,通常包括静探或其他原位测试。也可以进行静载试验,然而应该意识到相较于拟建的基础,静载试验的影响深度有限。

动态夯实总能量指导准则 表59.8

矿床类型	D_{50} (mm)	PI	渗透系数范围 (m/s)	总能量 (t·m/m³)
全透水例如砂	>0.1	0	$>1 \times 10^{-4}$	<20
半透水例如淤泥	0.01~0.1	<8	$10^{-8} \sim 1 \times 10^{-4}$	<30
高于地下水位的不透水层,如淤泥或黏土	<0.01	>8	$<1 \times 10^{-8}$	<30
填埋场				<50

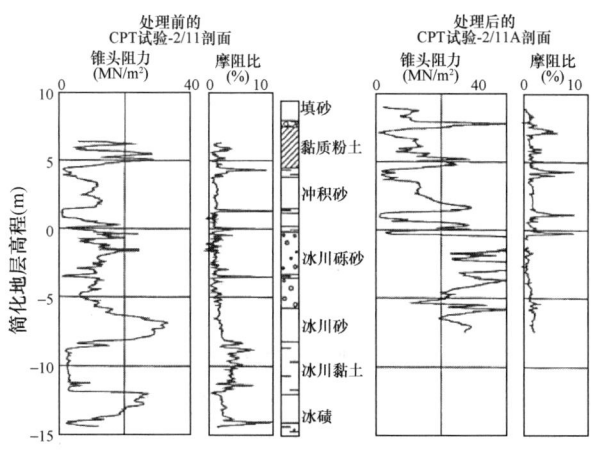

图 59.29 巴罗地区 CPT 测试前后的结果

摘自 Raison 等(1995)

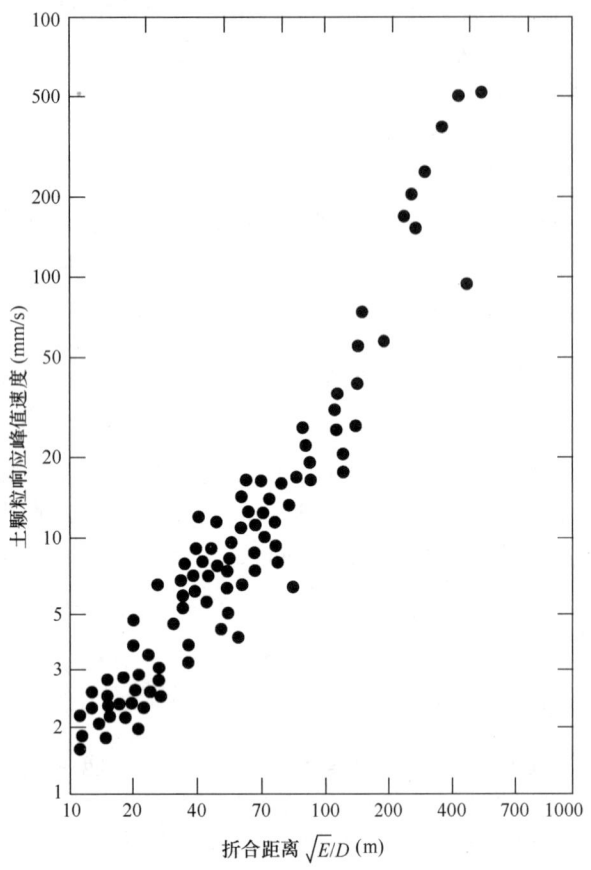

图 59.30 强夯引起的地基振动效应

摘自 CIRIA C573，Mitchell 和 Jardine（2002），www.ciria.org

59.8.4 参考资料

地振动控制与改善

示范项目 116，美国交通运输部出版社，FHWA-SA-98-086R（2001）

CIRIA C573 报告——地基处理指南（A Guide to Ground Treatment）

59.9 深层土搅拌（DSM）设计原则

深层土搅拌（DSM）在 20 世纪 50 年代中期由 Intrusion-Prepakt 首创，于 20 世纪 60 年代在日本得到进一步发展。日本在 DSM 方面的研究和开发水平在世界上处于前列，按被处理的土方计算，DSM 每年仅在日本的施工量就超过 100 万 m^3，累计总数超过 2500 万 m^3。

深层土搅拌的两种常见形式是干土拌和和湿土拌和。干土拌和是在机械粉碎土的同时注入粉状粘结剂，而湿土拌和是在机械粉碎土的同时注入流体粘结剂。

干土拌和主要用于超软和软黏土、粉砂，还有泥炭，因为所用设备过去就用于这类土，而湿土拌和可以用于粒度更大和更硬的土。

在注入粘结剂时，干土拌和倾向于改造材料的结构，而湿土拌和的设计更倾向于试图将粘结剂混入土体以制作出均匀的材料。

59.9.1 设计方法及要点

搅拌土的设计是根据对改良后土的复合抗剪强度要求，利用极限平衡分析得到一个合适的安全系数。

对于垂直支撑，搅拌桩可作为连锁模式或作为单桩模式应用。而对抗剪应用，则不推荐单桩模式，因其抗弯性能低，因此，通常使用搅拌桩格栅（通常直径 600mm，中心距 500mm）。图 59.31 显示了一些搅拌桩布置示例。

复合材料的抗剪强度见以下公式：

$$C_{u(composite)} = a \cdot C_{u(column)} + (1-a)C_{u(soil)} \tag{59.5}$$

式中，a 为地基处理后的面积置换率。因此，如果搅拌桩的强度 $C_{u(column)}$ = 150kPa，未经处理的土体强度 $C_{u(soil)}$ = 20kPa，并需要搅拌桩和土的复合强度达到 50~60kPa，则要求 25%~30% 的面积置换率。它相当于这样的一个搅拌桩格栅：桩径为 600mm（中心距为 500mm），桩距约为 1.6~2m。

详细设计应确定面积置换率和搅拌桩强度要求。

对排水固结，典型的分析参数为：

$$c'_{(column)} = bC_{u(column)}, \text{以及} \varphi'_{(column)} = 30° \tag{59.6}$$

通常 b 值在 0.3 左右，该值可用于初始设计，但最终应根据场地的具体情况确定。

与所有地基处理技术一样，室内试验和现场试验对于确认设计要求都非常重要。

由于泥炭和有机黏土硫酸盐和酸性含水量高，难以改善，且可以抑制水泥的水化作用并降低拌和料的强度。

大多数的土搅拌都是在考虑最终现场水灰比的基础上设计的，因为现场水灰比最终会影响强度增长，正如 Abrams 在 20 世纪 20 年代给出的经典定义。

图 59.32 显示了瑞典研究人员获得的各种土和水/水泥比率的数据。

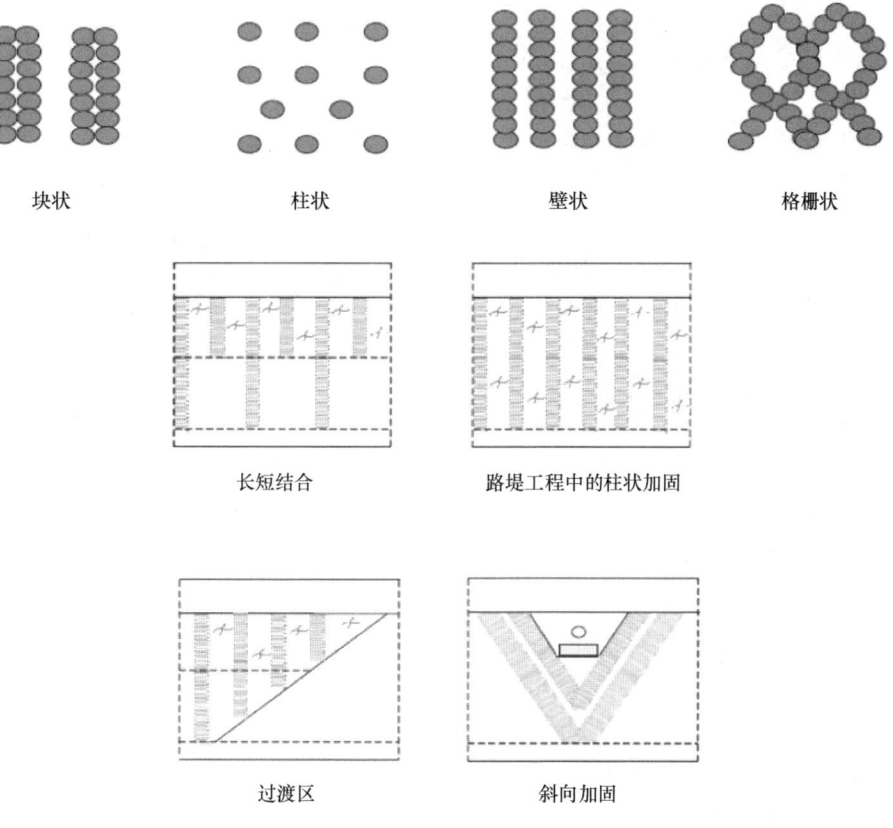

图 59.31 搅拌桩的布置示例

摘自 EuroSoil Stab（2002）；IHSBRE Press

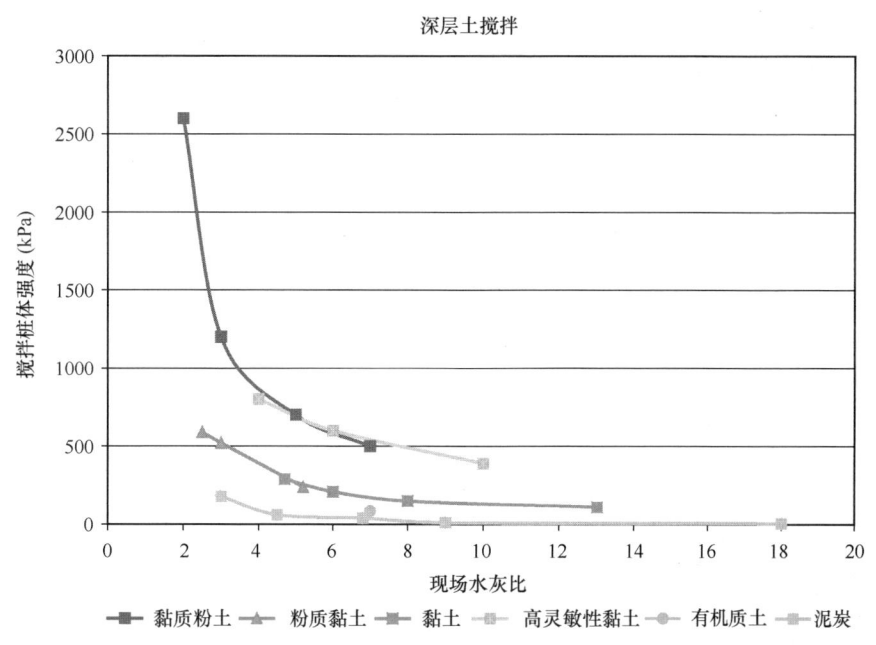

图 59.32 现场水灰比和搅拌桩体强度的关系

数据取自 Åhnberg 等（1995）

为了估计所需的粘结剂含量,需要了解土的初始含水率以及粘结剂中添加的任何水分(如果是液体),并根据设计的粘结剂添加量计算总的水/粘结剂比例。

对于泥炭和有机黏土,首选含有磨碎高炉矿渣(GGBFS)的粘结剂,因为这种粘结剂耐硫酸盐和酸,并可提供更高的强度。

在英国,干法搅拌的早期大规模成功应用案例之一是在蒂尔伯里港实施的加固工程。堆积物超载引起了下层软黏土的破坏,进而造成了码头挡墙的破坏。图59.33显示了破坏模式的截面。在考虑了多种基于桩、振冲置换和搅拌桩的解决方案之后,干法搅拌桩被认为是最具成本效益且在技术上可接受的解决方案。工程使用格栅板状干法搅拌改善软黏土强度,并为堆料提供支撑。为了构筑格栅板,在底层砾石的顶部设置直径为800mm的搅拌桩,桩间距为700mm。独立格栅板之间的中心距为2.3~2.8m。当假设搅拌桩的抗剪强度为150kN/m²时,搅拌桩置换体积为25%~33%。现场共布置了3000多根桩,并进行了初步试验以验证设计,初步试验对试验桩进行了现场测试和挖掘。对批量成桩的测试则使用CPT和拉拔试验。试验结果见Lawson等(2005)的描述。图59.34显示了CPT、拉拔试验(Poll-out Test,PORT)和实验室试验的对比。总体看来,各种现场试验得出的结果相近,而实验室试验得出的结果要低得多,这是由于样品受到扰动造成的。

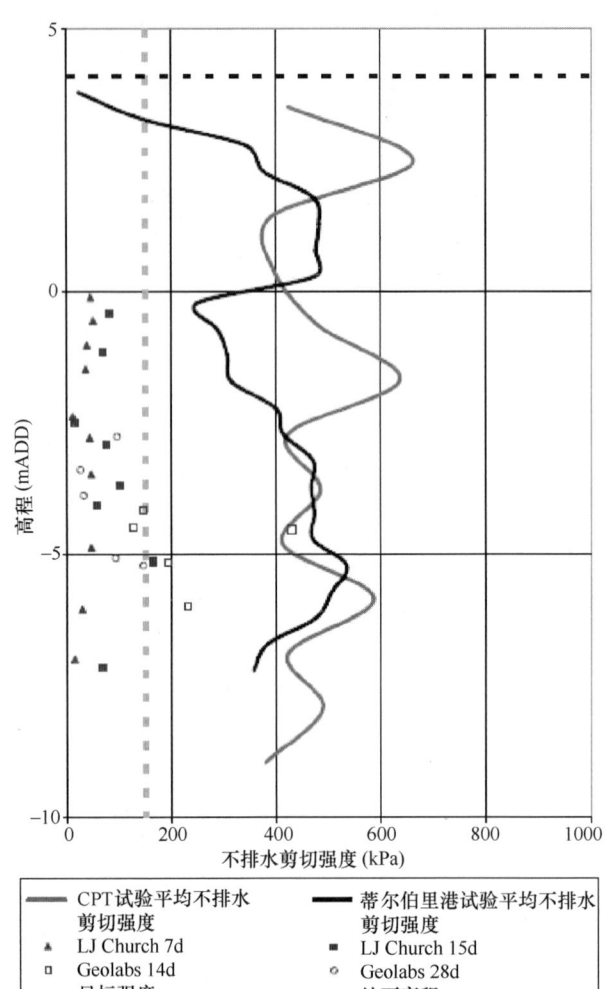

图 59.34 CPT、拉拔试验(PORT)和实验室试验的对比

摘自 Lawson 等(2005)

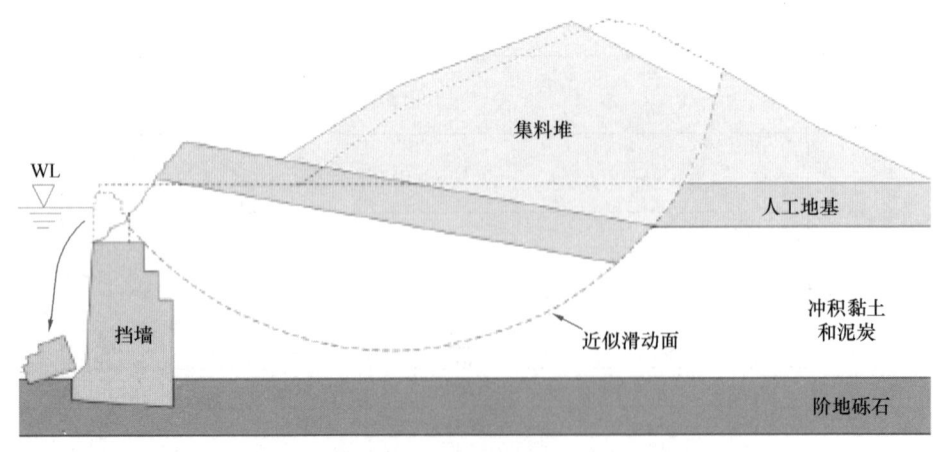

图 59.33 蒂尔伯里港码头挡墙破坏

摘自 Lawson 等(2005)

59.9.2 施工控制

施工控制包括在搅拌过程中控制粘结剂的含量，同时大多数专家建议在钻机上安装记录所有重要参数的仪器。

对于湿法搅拌，还需要对浆液配料和其他形式的浆液混合加以控制。

59.9.3 检验

检验通常通过现场试验进行。现场试验可以是静探、载荷板试验或静载试验。此外，针对干法搅拌，还开发了一种特殊的叶片拉拔试验。叶片宽约 0.45m，插入搅拌头下方，叶片上有一根缆绳沿钻杆向上引出。搅拌头照常插入地面成桩，将叶片安置在桩的中心位置，紧贴在桩尖下面。经过一段时间后，通常在 3~7d，以 2cm/s 的固定速率拔出叶片，并测量上拔力。然后可以使用经验关系将其与原位强度联系起来。需要注意的是确保计入缆绳的摩擦，通常情况下，可在搅拌桩施工完成后的 24h 内将叶片拔出 0.5m 左右，以消除或减少这种摩擦。

59.10 参考文献

Abrams, D. A. (1920). Design of concrete mixtures. *Structural Research Material Laboratory*, Chicago, Bulletin No. 1.

Åhnberg, H., Johansson, S.-E., Retelius, A., Ljungkrantz, C., Holmqvist, L. och Holm, G. (1995). Cement och kalk för djupstabilisering av jord, En kemisk fysikalisk studie av stabiliseringseffekter. Rapport No 48, Statens geotekniska institut, Linköping

Baumann, B. and Bauer, G. E. A. (1974). The performance of foundations on various soils stabilised by the vibrocompaction method. *Canadian Geotechnical Journal*, 11.

Coutts, D., Essler, R. D. and Hutchinson, D. E. (1992). Specification planning and construction of quay wall stabilisation works at Kingston Bridge, Glasgow. In *Proceedings Grouting in the Ground Conference*, pp. 433–454.

De Wit, J., Bogaards, J., Essler, R. D., Maertens, J., Langhorst, O., Obladen, B., Bosma, C., Sleuwagen, Y. and Dekker, H. (2006). Sandwich wall under Amsterdam Central Station, an innovative approach for jet grouting under difficult circumstances. In *DFI conference*, Amsterdam.

De Wit, J., Bogaards, J., Essler, R. D., Maertens, J., Langhorst, O., Obladen, B., Bosma, C., Sleuwagen, Y. and Dekker, H. (2007). The design of the sandwich wall under Amsterdam Central Station: An innovative approach for jet grouting under difficult conditions. In *14th European Conference*, Madrid.

Driesse, A., Essler, R. D. and Salet, T. A. M. (2008a). Grout struts for deep station boxes North-South Line Amsterdam, Design. In *2nd BGA International Conference on Foundations, ICOF*.

Driesse, A., Essler, R. D. and Salet, T. A. M. (2008b). Grout struts for deep station boxes North-South Line Amsterdam, quality control and execution. In *2nd BGA International Conference on Foundations, ICOF*.

Essler, R. D. and Shibazaki, M. (2005). Jet grouting. In *Ground Improvement* (2nd Edition) (eds Moseley, M. P. and Kirsch, K.). London: Spon Press, Chapter 5.

Francescon, M. and Twine, D. (1992). Treatment of solution features in upper chalk by compaction grouting. In *Grouting in the Ground* (ed Bell, A. L.) in *Proceedings of the November 1992 conference*. London, UK: Thomas Telford Ltd, pp. 327–348.

Greenwood, D. A. (1991). Load tests on stone columns. In *Deep Foundation Improvements: Design, Construction, and Testing*. ASTM Publication STP 1089.

Healy, P. R. and Head, J. M. (1984). *Construction over Abandoned Mine Workings*. CIRIA SP32. CIRIA. UK: London.

Hughes, J. M. O. and Withers, N. J. (1974). Reinforcing soft cohesive soils using stone columns. *Ground Engineering*, **7**(3), 42–49.

Kirsch, K. (1993). *Die Baugrundverbesserung mit Tiefenrüttlern, 40 Jahre Spezialtiefbau: 1953–1993*. Düsseldorf: Festschrift, Werner-Verlag GmbH.

Lawson, C. H., Spink, T. W., Crawshaw, J. S. and Essler, R. D. (2005). Verification of soil mixing at Port of Tilbury, UK. *Proceedings of the International Conference on Deep Mixing Best Practice and Recent Advances, Stockholm*, **1**, 453–462.

Littlejohn, S. J. (2003). The development of practice in permeation and compensation grouting, A historical review (1802–2002) part 1 permeation grouting. In *Proceedings of the 3rd International Conference*, New Orleans.

Priebe, H. J. (1995). The design of vibro-replacement. *Ground Engineering*, December 1995.

Raison, C. A. (1999). North Morecambe Terminal, Barrow: pile design for seismic conditions. *Proceedings of the Institution of Civil Engineers and Geotechnical. Engineering*, **137**(July), 149–163.

Raison, C. A., Slocombe, B. C., Bell, A. L. and Baez, J. I. (1995). North Morecambe terminal, barrow, ground stabilisation and pile foundations. In *Proceedings of the 3rd International Conference on Recent Advances in Geotechnical Earthquake Engineering and Soil Dynamics*, April, 1995, St Louis, Missouri, pp. 187–192.

Scott, P. and Essler, R. D. (2002). Predicting and controlling movement of the Reading Room during basement construction at the British Museum, London. *Christian Veder Kolloquium, Institut für Bodenmechanik und Grundbau*, Tu Graz, Graz (2002).

Scott, P. and Essler, R. (2001). Maintaining the integrity of the Reading Room during basement excavation at the British Museum. In Jardine, F. M. (ed) *Response of Buildings to Excavation-induced Ground Movements. Proceedings of the International Conference*, Imperial College, London, 17–18 July, 2001. CIRIA SP199, pp. 513–525.

Shibazaki, M. (2003). State of practice of jet grouting. In *Grouting and Ground Treatment* (GSP 120) (eds Johnson, L. F., Bruce, D. A. and Byle, M. J.). *Proceedings of 3rd International Specialty Conference on Grouting and Ground Treatment*, 10–12 February, 2003, New Orleans, Louisiana, USA. ASCE, USA.

Wilder, D., Smith, G. C. G. and Gómez, J. (2005). Issues in design and evaluation of compaction grouting for foundation repair. In *Innovations in Grouting and Soil Improvement (GSP 136)*; (eds Schaefer, V. R., Bruce, D. A. and Byle, M. J.) Part of Proceedings of Sessions of the Geo-Frontiers 2005 Congress, 24–26 January 2005.

延伸阅读和实用网址

Xanthakos, P. P., Abramson, L. W. and Bruce, D. A. (1994). *Ground Control and Improvement*. USA: John Wiley & Sons, Inc. An excellent book; covers most forms of ground improvement in considerable detail and although it may not cover the most up to date innovations remains a source of significant knowledge.

1. 空洞填充设计原则

Building Research Establishment. (2006) *Stabilising Mine Workings with PFA Grouts. Environmental Code of Practice,* BRE Report 488. UK: BRE. Bracknell.

The Mining Records Office; www.coal.gov.uk/services/history/index.cfm

2. 压密注浆设计原则

在美国有很多公开出版的特别会议论文集，这里列出了主要信息来源：

American Society of Civil Engineers, The (ASCE) has published a number of special publications:

Johnsen, L. F., Bruce, D. A. and Byle, M. J. (eds) (2003). Grouting and ground treatment. In *Proceedings of the Third International Conference*, New Orleans. Geotechnical Special Publications (GSP) 120. USA: ASCE.

Krizek, R. J. and Sharp, K. (eds) (2000). *Advances in Grouting and Ground Modification* (GeoDenver 2000), Geotechnical Special Publications (GSP) 104. USA: ASCE.

3. 渗透注浆和旋喷注浆设计原则

BS EN 12715:2000 *Execution of Geotechnical Work – Grouting*. London, UK: BSI.

Mitchell, J. M. and Jardine, F. M. (2002). *A Guide to Ground Treatment*, CIRIA Report C573. London, UK: CIRIA.

Rawlings, C. G., Hellawell, E. E. and Kilkenny, W. M. (2000). *Grouting for Ground Engineering*, CIRIA Report C514. London, UK: CIRIA.

4. 振冲密实和振冲置换设计原则

Mitchell, J. M. and Jardine, F. M. (2002). *A Guide to Ground Treatment*, CIRIA Report C573. London, UK: CIRIA.

US Dept of Transportation. (2001). *Demonstration Project 116*, Publication FHWA-SA-98-086R.

5. 深层土搅拌设计原则

BS EN 14679:2005 *Execution of Special Geotechnical Works. Deep Soil Mixing*. London, UK: BSI.

Deep Soil Mixing. Port and Harbour Research Centre Report, Japan.

EuroSoilStab *Design Guide: Soft Soil Stabilisation*, CT97-0351 Project No.: BE 96-3177 (2002). UK: BRE Press.

Swedish Geotechnical Institute. *Design of Lime-Cement Columns*, Report 4/95.

建议结合以下章节阅读本章：
- 第 25 章"地基处理方法"
- 第 84 章"地基处理"
- 第 100 章"观察法"

本书以第 1 篇"概论"和第 2 篇"基本原则"为指导进行章节编排。如第 4 篇"场地勘察"中所述，各类岩土工程均应进行扎实的现场勘察工作。

译审简介：

孙训海，工学博士，注册土木工程师（岩土），在地基处理、既有建筑地基基础加固等领域有丰富的经验。发表论文 20 余篇，获国家级科学技术奖 2 项。

宋强，加拿大卡尔顿大学博士，主要从事地基基础抗震、建筑和热成像检测研究。

第60章 承受循环和动荷载作用的基础

米卢廷·斯尔布洛夫（Milutin Srbulov），莫特麦克唐纳公司，克罗伊登，英国

安东尼·S. 欧布林（Anthony S. O'Brien），莫特麦克唐纳公司，克罗伊登，英国

主译：崔春义（大连海事大学）
参译：刘海龙
审校：张同亿（中国中元国际工程有限公司）

doi: 10.1680/moge.57098.0939

目录

60.1	引言	911
60.2	循环荷载	911
60.3	地震效应	912
60.4	海工基础设计	920
60.5	机械基础	922
60.6	参考文献	924

本章介绍了浅基础与深基础对地震、波浪和机械荷载作用的响应的基本概念及参考文献，以飨读者。目前规范和标准中给出的关于承受循环和动荷载作用下基础响应的建议仅限于工程实践要求。但即使在小变形条件下，地基土体也趋向非线性响应特征。非线性动力分析与测试可能发生输出结果的紊乱现象，解决此类问题的最好方法是要理解该问题的相关要点，对结果的可能变化区间以及分析方法的局限性有所了解。

60.1 引言

在下列情况中，基础将承受较大的循环与（或）动荷载：

（1）地震引发的地震作用；
（2）作用于近海（海洋）结构上的波浪荷载；
（3）支撑振动机械的基础。

对于受风荷载作用的细长结构，尽管相比上述3种情况结构受到的循环荷载相对较小，但也可能需要考虑循环荷载效应。设计承受循环荷载/动荷载的基础是一个复杂工程问题，必须由具备相应资质的专业技术人员完成。因此本章旨在对此主题进行简要介绍，并列出一系列可提供更详细技术指导的参考资料清单。循环荷载/动荷载的不利影响包括以下方面：

（1）地基强度降低，可能导致基础在承受低于其"静态"预期强度的荷载时发生失稳破坏；
（2）地基刚度降低或出现"棘轮效应"，导致基础塑性位移的增加；
（3）当发生共振时，动荷载可引起特定场地/结构物的荷载/位移的放大效应；
（4）地震作用可引起大规模地基失稳，从而给基础施加较大的附加应力或引发灾难性倒塌事故。

第52章"基础类型与概念设计原则"至第55章"群桩设计"指出：在通常情况下，基础以承受竖向荷载为主，而循环荷载/动荷载的一个特点是其常常包含较大的水平荷载，这种情况下预测基础性能将更为困难，因此需要更慎重地选择基础设计方法。

60.2 循环荷载

当基础受到荷载作用（机械振动产生）或基础底面位移随时间变化（地震引起），或结构受力偏离平衡后自由振动时（爆炸冲击作用），基础就会发生振动。而对于动荷载作用下的基础结构，惯性力相比于静态荷载更大。有关土体中动荷载与地震作用的更多细节详见第24章"土体动力特性与地震效应"。循环运动的主要参数包括：

■ 振幅

振幅是指物体在循环振动过程中相对稳态平衡位置的偏离程度（图60.1）。加速度振幅与作用在物体上的惯性力成正比。速度振幅的平方与振动物体的动能成正比，位移振幅与循环振动条件下的变形量（应变）成正比（应变是激励位移与初始长度之比）。土颗粒与波的传播速度之比等于结构体内单向振动引起的应变。单位密度、质点速度与波传播速度的乘积等于结构体内单向振动时产生的应

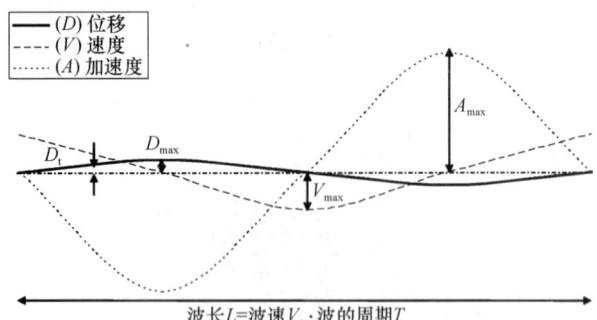

t 时刻的剪应变 $\gamma=t$ 时刻位移 $D_t/(V_w \cdot t)=t$ 时刻质点速度 $V_{pt}/$ 波速 V_w

t 时刻的剪力 $T_t=$ 质量 $m \cdot t$ 时刻加速度 A_t

t 时刻剪应力 $\tau_t=T_t/$ 截面积 $=$ 单位密度 $\rho \cdot V_{pt} \cdot V_w$

t 时刻动能 $E_t=$ 质量 $m \cdot t$ 时刻质量速度的平方 $V_{pt}^2/2$

图 60.1　正弦横波的振幅及相关物理量简图

力,例如 Kramer(1996),Timoshenko 和 Goodier(1970)(应力是力与其作用面积的比值)。

■ 振动周期

振动周期是指物体振动过程中到达两个相同状态的时间间隔。振动周期与波传播速度的乘积等于波长。振动周期(其倒数称为振动频率)是非常重要的参数。如果物体自由振动的周期与振动激励的周期一致便会发生共振,从而导致振源振幅的增大或者振动物体的破坏甚至损毁。对于由机械引发的简谐振动(正弦波),最大振动位移 D,波速 V 与加速度 A 之间满足关系:$V=\omega D$,$A=\omega V=\omega^2 D$;其中,ω 称为角频率,$\omega=2\pi f$,f 是振动频率。地震是紊乱无序的,其加速度、速度与位移的卓越周期(频率)是不同的。

■ 循环次数

循环次数(即振动持续时间)很重要,因为在振幅相同的条件下,振动持续时间越长对材料的损伤越大(由于所谓的疲劳效应)。长时间的振动即使在金属中也可以形成(微)裂缝,土体中的长时间振动会引发一系列工程问题,如土体液化、边坡失稳流滑、地基承载力降低,以及基础出现过大的水平位移和竖向沉降。基于 Seed 等(1975)所建立的等效应力循环概念(水平地表加速度引起的),可通过等幅简谐循环应力(正弦)来表示不规则剪应力的时程变化。选取等效均匀应力循环数 N_{eqv},使孔压在简谐波应力振幅为最大实际剪应力(由峰值地基水平加速度引起)的65%时达到与实际剪应力历史相当的水平。Seed 等(1975)的数据可以用一个简化公式近似表示:$N_{eqv}=0.0008M_L^{4.88}$,其中 M_L 是地震震级。其他学者也建立了 N_{eqv} 与地震震级的关系(例如:Hancock 和 Bommer,2004)并指出 N_{eqv} 还受其他因素影响,例如:场地到震源的距离与震源深度(Green 和 Terri,2005),以及土体类型等。Sarma 和 Srbulov(1998)分析了大量地震加速度时程数据后发现在强震记录中,95%的能量对应于峰值加速度的0.65倍水平。

第 24 章"土体动力特性与地震效应"中的图 24.12 表示了土体液化导致浅基础承载力降低使整栋建筑倾斜的具体案例。在其他的案例中,建筑还可能发生垂直下沉,地下管线或竖井会因土体液化而上浮。液化土的失稳流滑会导致地表发生较大的水平位移,使桩基破坏或损毁。图 60.2 显示了"双共振"效应(土体对基岩振动的放大以及结构对土体振动的放大)而非土体液化对桩基础的破坏性影响。基岩的水平加速度峰值仅为 $0.03g \sim 0.04g$,但已被放大了数倍(Kramer,1996)。

60.3　地震效应

60.3.1　总体设计考虑

设计过程通常包括以下主要步骤:

(1)评估地震震级与震源位置。通常会考虑不同"设计"地震动的影响,要求基础可以达到"小震可修、大震不倒"的水平。地震动特性根据基岩深度确定。

(2)评估拟建建筑附近的整体地势,特别是边坡、堤坝、基坑、沟渠或河床等的位置。

(3)评估基岩地震运动通过上覆土层后的局部放大/衰减情况。

(4)评估是否可能发生土体液化。

(5)评估土体液化是否会导致基础局部不均匀沉降或整体失稳。

(6)评估土与结构动力相互作用。

(7)根据(5)或(6)的分析结果,评估深层地基处理所需的类型和程度,以减轻潜在的不利影响。

60.3.2　土体特性

在第 24 章"土体动力特性与地震效应"中,对土体在循环荷载作用下的响应进行了详细介绍。简而言之,无论是松砂到中密砂,还是软黏土到硬

图 60.2　墨西哥某 10 层建筑立面图与其倒塌后景象

摘自 Meymand（1998）

黏土，随着荷载循环次数与循环振幅的增加，都将出现抗剪强度与刚度下降的现象。地震过程中砂土失去承载力的现象称为液化。土体液化可导致大规模灾难性结构破坏与生命财产损失。液化的产生原因是地震过程中产生显著的超静孔压导致土体抗剪强度和刚度损失。地震之后，超静孔压通过渗流的方式从高孔压区域向低孔压区域消散。由此产生的地下水渗流会使地震影响评估变得非常复杂，并且无法通过试验测试或数值仿真获得可靠的量化分析结果，这需要经慎重考虑进行工程判断。其中一个重要因素就是土体沉积产生的"分层"。若松砂中存在黏土层，可导致地基的整体不稳定。因为黏土层会阻滞水向上渗流，从而导致土体抗剪强度降低。影响土体液化风险的因素目前已研究成熟，包括以下几点：

（1）土体类型与地下水位：高地下水位地区的饱和粗粒土风险最高（尤其是细/中砂与粗粉土）。通常来说，沉积时间越短、越松散的土层越容易发生液化。一般而言，更新世或更早期的沉积土通常是低风险的。密实粗砂如相对密度大于80%则不可能出现液化。

（2）深度：随着深度的增加，土体围压增大液化阻力也随之增加。常见的液化深度小于15m左右。虽然通常认为 20m 或 25m 以下液化风险很低，但并没有公认的"最大"液化深度。

（3）排水条件与土体结构：排水不畅会引起孔压升高，增加土体液化风险。如上所述，如果黏土层中夹有松砂，渗流作用导致的土体强度损失可能更为严重。

（4）地震引起的剪应力：随着地震强度的增加，剪应力逐渐增大，液化的风险也将上升。

（5）地震持续时间：随着地震持续时间的增加（一般是地震震级的函数），荷载的循环次数也将增加，这将导致超静孔隙水压力升高。

已有学者开发了简化的经验分析程序，抗液化安全系数 = CRR/CSR（参考 Youd 等，2001；BS EN 1998-5：2004）。CRR 为特定深度土体的循环阻力比，CSR 是特定深度下地震所施加的循环剪应力比。CSR 通常采用 Seed 和 Idriss 提出的简化公式计算。对于更加复杂的场地条件，可以进行地表响应分析（GRAs），但 GRAs 只能由地震专家完成。Seed 和 Idriss 提出的简化公式如下：

$$\text{CRS} = 0.65 \frac{a_{\max}}{g} \frac{\sigma_v}{\sigma'_v} r_d \qquad (60.1)$$

式中，$a_{\max}$ 为设计地震的地表加速度峰值；σ_v 和 σ'_v

分别为竖向总应力与竖向有效应力；r_d为一个与深度有关的应力衰减系数。对于简单的项目而言，地表处a_{max}的取值可以根据当地地震规范中提供的基岩水平加速度峰值与不同土类的放大系数来进行估算（http://www.iaee.or.jp/）。抗液化能力可以通过现场试验进行经验估计（通常为标准贯入试验（SPT）和静力触探试验（CPT）），例如BS EN 1998-5：2004的图B.1或室内试验测试结果。利用室内试验测试来评估CRR是一项挑战，需要非常高质量的试样和专业的室内试验测试（如循环单剪试验）。对于细颗粒含量很高的砂土（如砂质粉土或较细的粉砂）或者可能存在超固结的砂土及粉土，利用室内试验进行分析则非常有效。对于这些土体基于SPT/CPT的经验方法得到的结果可能过于保守。Youd等（2001）和Kramer（1996）提供了关于评估液化风险的全面指导。

黏土和粉质黏土在地震过程中会发生强度/刚度衰减，这种现象通常称为"循环活动性"。从本质上讲，超固结比与强度敏感性（峰值强度与重塑土强度之比）是重要因素。Bray等（2004）根据含水率（w）、液限（w_L）以及塑性指数（I_P）提出了以下的分类标准：

（1）$w/w_L \geq 0.85$ 且 $I_P \leq 12$：易液化或循环流动*；

（2）$w/w_L \geq 0.8$ 且 $12 < I_P < 20$：中等程度的易液化或循环流动*；

（3）$w/w_L < 0.8$ 且 $I_P \geq 20$：不发生液化或循环流动，但如果循环剪应力 > 静态不排水抗剪强度（S_u）则可能发生显著变形。

*这种分类可以结合具体场地情况，使用优质的现场取样进行循环剪切室内试验，并根据试验结果进行修正（例如，可使用薄壁管取得的试样，取样管刃口角度大于5°，样品无内部间隙）。

Bray等（2004）建议粉土与黏土区域的残余强度（S_r）应按照如下准则确定：

（1）$w/w_L \geq 0.85$ 且 $I_P \leq 12$：S_r = 重塑土抗剪强度（$S_{remoulded}$），除非对原状样进行适当的测试能得到更高的强度；

（2）$w/w_L \geq 0.8$ 且 $12 < I_P < 20$：$S_r = 0.85S_u$，其中，S_u = 静态不排水抗剪强度；

（3）$w/w_L < 0.8$ 且 $I_P \geq 20$：$S_r = S_u$。

根据案例研究（如Kokusho等，1995），砾石等粗粒土在某些情况下也会液化。密实的粗粒土以及超固结细粒土在剪切过程初期往往会出现剪胀现象（即在最初的几个加载循环之后），并表现出相对正常固结土更大的抗剪强度和刚度。

土-结构动力相互作用效应取决于土体剪切模量随深度和应变振幅的变化。G_{max}（或G_0）可用经验公式得到（第52章"基础类型与概念设计原则"），然而，若条件允许应针对具体地点进行G_{max}原位试验（例如使用地震锥或井下物探试验）。剪切模量随应变幅值的变化通常基于循环三轴试验（ASTM D3999-91）或共振柱试验（ASTM D4015-92）结果得到。在缺少土体刚度试验结果时，BS EN 1998-5：2004提供了一个平均土体阻尼比和平均折减系数（±一个标准偏差）的表格，给出了其与剪切波速度v_s和剪切模量G（深度范围20m之内）在不同地基水平加速度峰值下的函数关系，表中数据绘于图60.3中。

当缺少循环加载状态下砂土抗剪强度试验结果

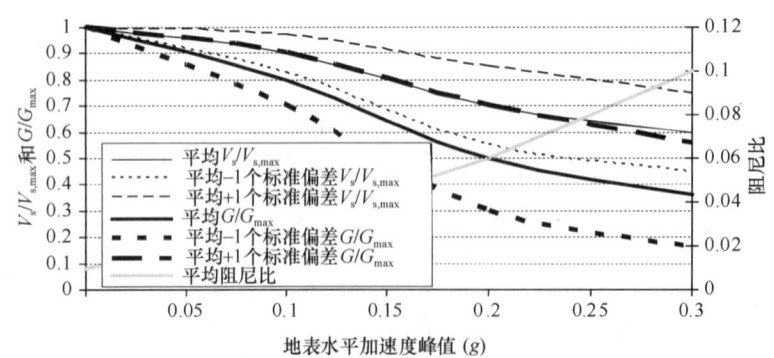

图60.3 20m深度范围内平均土体阻尼比和平均折减系数（±一个标准偏差）与剪切波速度v_s和剪切模量G的关系

经许可摘自BS EN 1998-5：2004 © 英国标准协会（British Standards Institution，2004）

时，砂土的摩擦角 φ 可根据 Seed 和 Idriss（1971）最初提出的临界循环应力比 $\tau/\sigma'(=\tan\varphi)$ 来推断，该临界循环应力比可作为液化与非液化砂土的界限，后来被收录于 BS EN 1998-5：2004 中（图 60.4）。根据 Peck 等（1974）的研究可假定循环加载状态下密砂摩擦角等于其静载状态下摩擦角。

60.3.3 地震作用

在大多数情况下，地震是由俯冲带的构造断层或构造板块突然滑动引起的。地震震级与地震烈度不同，地震震级是衡量地震源释放的能量，而地震烈度则是衡量地震对某一地点的影响。除了活动的构造断层外，大面积的滑坡、溶洞塌陷、火山和爆炸也会引起地震。地震震级有以下不同的类型。

- 里氏震级 M_L（Richter，1935）是位于距地震震中 100km 处的 Wood-Anderson 地震仪所记录的最大振幅（以 μm 为单位）的对数。
- 面波震级 M_s（Gutenberg 和 Richter，1936）是基于周期约为 20s 的瑞利波振幅的全球震级。
- 体波震级 M_b（Gutenberg，1945）是基于纵波前几个周期（通常周期约 1s）振幅的全球震级。
- 力矩震级 M_w（Kanamori，1977；Hanks 和 Kanamori，1979）与地震矩 M_0 的对数成正比，M_0 是构造断层破裂面积，平均断层滑动量和岩石刚度的乘积。
- 还有其他类型的震级划分，但使用频率较低。Idriss（1985）绘制了各种常见震级之间的相互关系。

Ambraseys（1990）推导出各种常见地震震级之间的关系如下：

$$0.77 \cdot m_b - 0.64 \cdot M_L = 0.73$$
$$0.86 \cdot m_b - 0.49 \cdot M_s = 1.94 \quad (60.2)$$
$$0.80 \cdot M_L - 0.60 \cdot M_s = 1.04$$

某地地震引起的地基运动的最大振幅可以通过各种衰减关系（如 Douglas，2011）或国家地震规范（www.iaee.or.jp）来估算。已公布的衰减关系没有考虑以下单个或多个影响地震的重要因素：

- 构造断层类型（正常、走向滑移、反向、斜向）；
- 地震波路径（场址到震源的距离、破裂方向性和近场的滑冲效应）；
- 沉积盆地的深度和近缘效应；
- 局部土层的厚度和刚度；
- 地形（山坡、山脊、峡谷）；
- 来自莫霍表面（即地壳和地幔边界）的反弹波。

如果在衰减关系中没有考虑到上述因素，则需在地基运动振幅的平均值上附加标准差以反映这些因素的影响，而这个标准差是由衰减关系所预测的。Stewart 等（2001）提供了关于这些因素影响的更多信息。

地震波振幅和波的周期（长度）对地基及其上部结构都有影响。由于地基和下卧层土体的刚度差异，往往在基础长度方向上地震波振幅平缓（Yamahara，1970；Newmark 等，1977），并在此过程中承受附加应力。平均振幅值小于振幅峰值，但平均波幅会引起额外的转动（Newmark，1969）。由于地震体波从震源到地表的传播路径上会在分层交界处发生折射，因此通常认为地震体波在地表下近乎垂直传播。垂直传播的体波在传播所经的土层厚度不同时会表现出相位偏移，所以波到达地表的瞬间具有不同的振幅。桩导致地震体波以及近地表的面波振幅平均化。当近地表传播面波（如瑞利波和勒夫波）以及体波在到达地表的瞬间振幅发生变化时，浅基础会使这些波的振幅平均化。对于

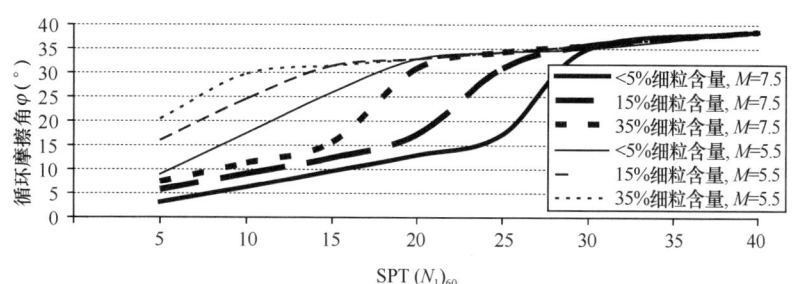

图 60.4 循环荷载条件下摩擦角 φ 与标准贯入试验的锤击数 $(N_1)_{60}$ 和地震震级 M 的关系

数据取自 BS EN 1998-5：2004，Peck、Hanson 和 Thornburn（1974）

很长的结构，需要考虑结构两端基础振动中发生的相位偏移。基础也会受到地基加速度和基础质量引起的惯性力的影响，但如果结构质量和加速度明显大于地基质量和加速度，基础受到的惯性力与结构惯性力则相对较小。

结构振动可以根据结构的基本振动周期（频率）对基础振动进行放大或衰减。在刚性基座上的有阻尼单自由度体系（假设为"弹性"）可用于定义所谓反应谱，它描述了振动体系对特定输入地基运动的最大响应，是振动体系的基频（周期）和阻尼比的函数。在结构抗震设计规范中，给出了许多反应谱的平滑包络线。考虑局部土层对设计谱值的影响则需要将不同土层的基岩谱值乘以修正系数。BS EN 1998-5：2004（BSI，2004）规定了在哪些情况下须进行特定场地的土与结构动力相互作用分析，以及这种分析需要考虑哪些因素，但没有明确分析方法。土与结构的相互作用一般会增加结构的振动周期和阻尼比（例如：ATC，1978；BSSC，1995）。根据平滑设计频谱，结构周期的增加可能有利，通常超过 0.5~1.0s 临界周期时，结构的振幅随周期的增加而减小。然而，墨西哥城（如 Kramer，1996）和神户（如 Gazetas 和 Mylonakis，1998）的现场加速度谱表明，当土层振动周期相对较大时（例如墨西哥城的 2s 和神户的 1s 多），由于结构振动和土层之间的共振效应，结构振动周期的增加可能是结构破坏的主因。Stewart 等（1999）对 57 个建筑工地在 77 个强震记录中的土-结构相互作用效果进行了评估，发现结构与土体的刚度比对惯性相互作用有明显的影响，同时结构长宽比和基础埋深、基础形状及柔性也有次要影响。研究表明：在许多情况下动力相互作用对结构底部"输入"运动的影响相对较小，而惯性相互作用对结构在这些动荷载下的响应影响显著。Wolf（1994）提供了土-地基-结构系统等效周期 T_e 计算的简化表达式，一些规范也提供了简化的表达式。这些研究对评估共振效应很有参考价值。

抗震规范只规定了上覆土层对基岩加速度的放大作用。Srbulov（2003）绘制了如图 60.5 所示的 66 个已有记载案例中地表和深处（相当于"基岩"）的水平峰值加速度之间的比值。由此可见，对于深处（即基岩）大于 $0.3g$~$0.4g$ 的水平加速度峰值，地表加速度峰值是衰减的。高基岩加速度的衰减很可能是由于土体在更大加速度下发生屈服。Idriss（1990）也指出：当岩体区域的加速度超过约 $0.3g$~$0.4g$ 时，土体部分基岩加速度会发生衰减（但 Idriss 提出的关系是基于计算而非记录数据）。

60.3.4 整体失稳/变形机理

在地震过程中，地震波的传播即使在平地上也会造成裂缝和高差变形。但是较大的地基变形往往是由边坡失稳、构造断层引起的地表破裂或土体液化以及随后的流滑破坏所引起的。

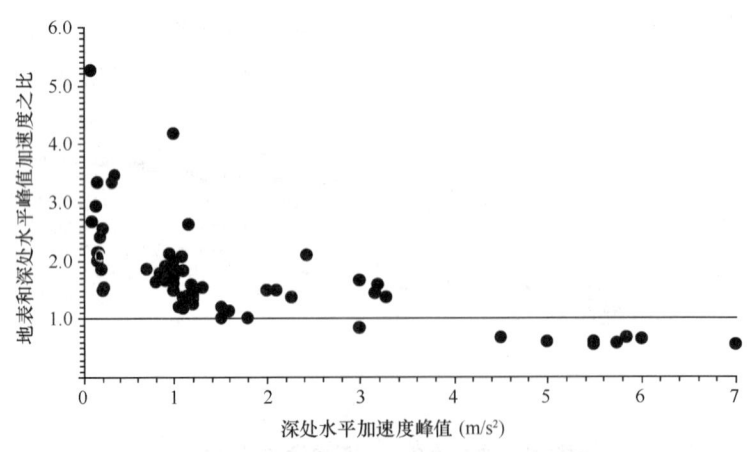

图 60.5 地表和深处（土体或岩体）记录的水平峰值加速度与深处水平峰值加速度

Keefer（1984）研究了已有记录的 40 次地震引发的边坡失稳。表 60.1 列出了失稳类型、相对频率和最低触发地震震级。

Keefer（1984）和 Rodriguez 等（1999）根据滑坡类型和地震震级绘制了滑坡发生的最大记录距离图。图示表明：即使是震级达到 8 级地震，在距震中 120km 之外也不会发生滑坡，而且相比整体性滑坡、横向变形和流动，破坏性滑坡更容易被地震触发。关于边坡稳定问题的更多内容详见第 23 章"边坡稳定"，边坡稳定方法则详见第 72 章"边坡支护方法"。

如果构造断层导致地表破裂，就会导致穿越断层的结构物被破坏。因此如存在活动断层，就须避免在活动断层上设置结构物。

如果发生液化，那么其影响可能包括轻微地表沉降或上升到灾难性的大规模地表失稳。影响其强度的一系列因素包括：地震特征；场地的地层和地形；场地上的结构（及其基础）和现场土方工程。其中三种严重情形是：

（1）土体抗剪强度降低，导致地表整体失稳（如堤岸坍塌导致相邻桩基失效），并增加挡土结构的侧向压力；

（2）液化土震后固结导致的沉降；

（3）边坡的侧向变形。

图 60.6 显示了场地的特征以及液化区的空间分布如何影响液化结果。

滑坡类型，发生频率以及最小触发地震震级   表 60.1

滑坡类型	地震期间发生频率	最小触发地震震级 M_L
落石，土体破坏滑坡 岩体滑坡	非常频繁	4.0 4.0
土体塌落，土块滑落 土体横向变形 土体崩塌	频繁	4.5 5.0 6.5
土崩 土体快速滑动，岩石滑塌	中等频繁	4.0 5.0
水下塌方 缓慢的泥石流，岩块滑落 岩体崩塌	不常见	5.0 5.0 6.0

（1）如图 60.6（a）所示为一个河岸上的连续液化土层，导致震后失稳和建筑物倒塌。

（2）如图 60.6（b）所示为深处液化土层，不会出现横向失稳但会引起震后沉降。虽然不会对建筑物造成严重破坏，但如果建筑物的连接件（如燃气管道、水管）弹性不足，可能会造成破坏失效。Ishihara 和 Yoshimine（1992）以及 Cetin 等（2004）提供了液化土体再固结引起沉降的评估方法指导。

（3）如图 60.6（c）所示为浅层砂坑会引起不均匀沉降和对相关建筑物造成破坏（但不会倒塌）。

（4）如图 60.6（d）所示为液化土体导致堤坝在震后失稳（称为"流滑破坏"）。（因为土体的整体抗剪强度小于传统边坡稳定性分析所得到的堤坝施加的"静态"剪应力，其关键区别在于需要评估液化土层的"残余"抗剪强度）。地基的侧向变形将导致桩承受附加应力，如果桩基设计不当，可能导致桩基失稳破坏。

在地震震动过程中，可以用 Newmark（1965）滑块法来评估地基变形。这种方法对获得变形的估计值很有效，特别是对由不可液化土组成的堤坝/边坡。轻度倾斜地基的横向变形可采用如下几种方法来评估，其中包括 Youd 等（2002）的经验方法，其通常假定液化土的抗剪强度为 0。然而，在大多数情况下，由于超孔隙水压力的快速消散，液化土将保持"残余"抗剪强度。Olson 和 Stark（2002）根据 SPT 及 CPT 结果提供了液化土的残余抗剪强度关系。最近，Srbulov（2011）反分析了 14 个液化土中流滑失稳边坡的案例表明在沉积地层中并非所有的土层都会液化。当地下水位处于深处且土体未达到完全饱和时，最上层的土层（或"地壳"）往往不会液化。而超孔隙水压力导致砂和地下水在地表以"喷砂"的形式喷射出来（图 60.7）。

当上层非液化土层的厚度足以阻止"喷砂"的形成时，在非液化土层内就会形成岩床侵入体。这也意味着这些土层要承受上浮力，从而降低其承载能力。

土体液化不仅会引起边坡的失稳流滑，还会使地基损失承载力，从而发生过大的沉降与水平位移。浅基础会发生倾斜或下沉（如 Liu 和 Dobry，1997）。桩基在边坡失稳流滑的情况下也能出现剪切破坏（如 Hamada，1992），因为顶部非液化地

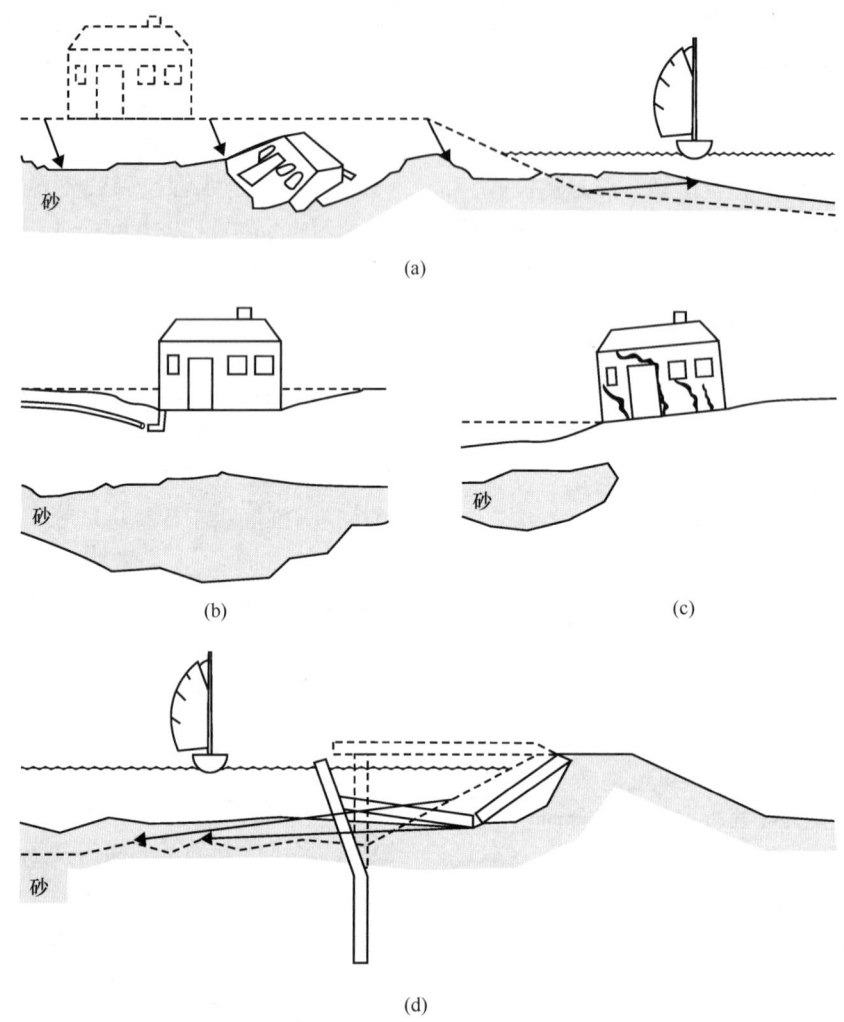

图 60.6 土体液化的影响

(a) 边坡失稳流滑导致建筑物倒塌；(b) 深层土层和建筑物过度沉降，管道断裂；
(c) 不均匀沉降及建筑物严重损坏；(d) 堤坝失稳流滑，码头及支承桩损坏

图 60.7 液化导致的砂火山在地表喷砂
鸟瞰 © Jon Sullivan

壳施加了较大侧向力，相当于增加了该土层的侧向被动土压力。

60.3.5 浅基础

循环荷载条件下浅基础失稳机理与静力条件下失稳机理相同，这部分内容在第 53 章"浅基础"中有所介绍。地基承载力、基础滑动和抗倾覆能力通常采用静力法校核，并考虑了基础惯性力和结构加速度的影响。静力分析方法需要使用循环荷载条件下的土体特性参数。另外，还需要考虑惯性力对基础下卧层土体的影响，如采用等效的倾斜基础或倾斜表面。倾斜角可对应于将作用在基础下方土体的重力和惯性力的合力旋转到垂直方向所需的角

度。BS EN 1998-5：2004（BSI，2004）为浅基础的抗震承载力评估提供了翔实的公式。通常认为使用系数 $N_\gamma = 2(N_q + 1)\tan\varphi$ 的静态承载力公式是不安全的。

地震时浅基础的沉降是由土体振密夯实引起的，即由于地基振动引起的土体孔隙率降低（土体孔隙率是指孔隙体积与土体总体积之比）。最近，Srbulov（2011）提出了地震引发浅基础沉降的计算方法。浅基础的滑动可以用 Newmark（1965）滑块法以及由这种方法得出的水平场地图表来估计（如 Ambraseys 和 Srbulov，1995），而基础的永久转动位移则可以使用旋转块法进行评估（例如 Srbulov，2011）。

抗震规范对浅基础振动分析的建议有限。对于简化的土-结构相互作用分析，浅基础用等效的垂直、水平以及旋转弹簧 K 和阻尼器 C 表示，如图 60.8 所示。地基运动可作用在弹簧和阻尼器的两端或结构上。即使只考虑地基水平运动分量，也需要使用垂直弹簧和阻尼器，因为水平和摇摆模式的振动耦合在基础边缘存在垂直分量。

动刚度和阻尼系数的计算公式已在有关教科书中给出（如 Gazetas，1991；Wolf，1994）。如果基础振动超出了结构预期使用要求，则可以采用基础隔振措施。最近，Srbulov（2010）对日本某建筑橡胶减震支座在强震下动力响应进行了简化数值分析。

60.3.6 深基础

在深基础中桩是最常用的基础形式，但有时也会使用沉井和沉箱。深基础通常受到运动和惯性的相互作用。

运动相互作用是由基础和周围土体刚度不同引起的。较硬的基础往往会趋于平均地基运动，在此过程中就会产生受力变形。显著的影响发生在不同刚度的层间界面，包括液化土层。不同土层的水平不均匀位移可能会在深基础中产生较大的弯矩，此时需沿整个基础长度进行连续加固。在简化分析中，使用水平等效 $P\text{-}y$ 土弹簧（如 API RP 2A-WSD，2007）确定运动相互作用的影响，在其端部受到水平位移的影响，计算水平位移时需考虑自由场中垂直方向的一维波动传播（图 60.9）。由于 y 值代表的是桩与相邻土体之间的水平位移差值，而不是土体的绝对水平位移，因此需要根据对桩所施加的力 P 反复进行迭代计算 y 值。通常来说，桩的运动相互作用对于降低桩上部结构的水平加速度峰值以及增加结构振动周期具有积极作用，从而使其输入加速度降低。

结构质量与结构刚度共同决定结构相对于邻近地面的振动频率（周期）不同，从而产生惯性相互作用。不同的结构周期会引起不同的桩基振动周期，导致桩基振动往往与地基不同步振动。当入射桩的地面波和桩振动所发出地面波的叠加时，可以引起波幅叠加从而形成新波形，如图 60.10 所示。

抗震规范对地震作用下深基础的设计建议有限。为了简化土与结构相互作用分析，相关教科书（如 Gazetas，1991）中列出了土刚度模量随深度变化时单桩动刚度和阻尼系数的计算公式。

最近，Srbulov（2011）采用简化工程梁理论对 11 个受地震影响的桩基案例进行了惯性和运动学相互作用分析。

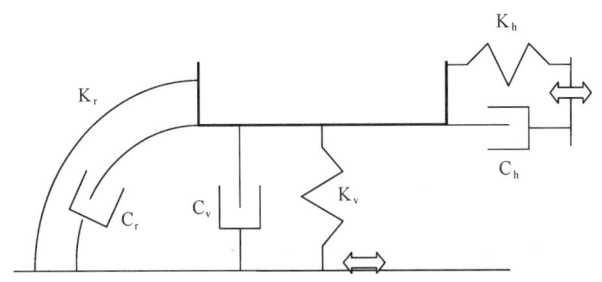

图 60.8 用等效弹簧与阻尼器表示的土体和基础的刚度与阻尼

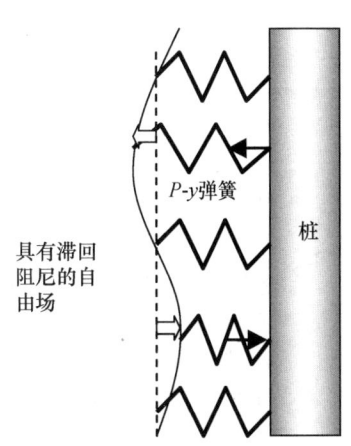

图 60.9 水平 $P\text{-}y$ 弹簧及其与自由场边界和桩的连接简图

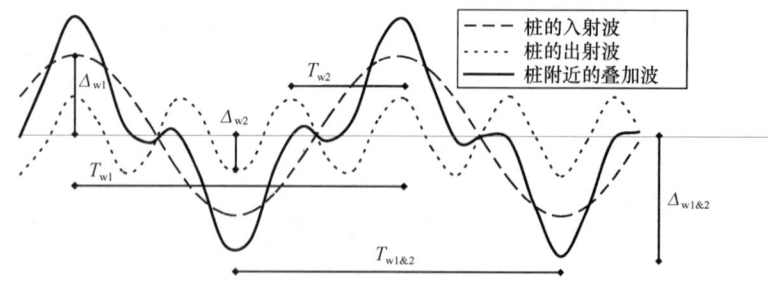

图60.10 桩附近因相邻地基和桩的振动特性不同而产生的波幅叠加简图

如果在地震后阶段发生较大的地表侧向位移，则可以使用第57章"地基变形及其对桩的影响"中所述方法来分析作用在桩上的侧向力的影响。

60.3.7 降低风险措施

降低风险措施取决于风险原因。当基础动力响应是危险源时，在场地合格的条件下增加桩基数量、深度或直径对于降低强震作用下的风险是有益的。使用打入桩来承受水平荷载的做法仍然值得商榷，因为有些斜桩在地震作用下表现得非常好，而有些斜桩在地震中失效破坏。一方面，如果混凝土桩的脆性破坏代表着风险，那么沿桩的全长配筋并加装钢套筒就可为基础提供理想的延性。另一方面，灌注混凝土可以防止钢管桩在强烈地基运动时发生屈曲破坏。当软弱地层是危险来源时，可考虑采取以下措施：

- 使用第72章"边坡支护方法"中记录的边坡稳定方法。
- 当细粒含量不超过20%左右时，碎石桩可有效提高地层密度、渗透性和抗剪强度，从而降低土体液化的可能性。
- 导排盲沟可用于加速超孔隙水压力的消散。当地下水位变化时，导排盲沟可能会因淤积、细菌和藻类生长而逐渐堵塞。
- 当碎石桩施工引起的振动和侧向变形超出允许值，且现有桩锚之间空间有限时，可以在土体中掺入粘结剂来增加土体刚度，从而减少其振幅（如Kramer，1996；Port and Harbour Research Institute, 1997）。关于地基处理的更多细节见第59章"地基处理设计原则"以及第84章"地基处理"。

60.4 海工基础设计

60.4.1 典型条件与波浪荷载

波浪高度是根据有关地点的气象观测结果所确定的。海浪周期为2~27s（如Poulos，1988b），因此波浪荷载产生的惯性力不大，但循环荷载的影响很大，通常进行等效静力分析需要考虑周期性荷载条件下的土体特性。打桩是一个例外，在1ms的时间内桩的峰值加速度可能超过$10g$。Dean（2009）对桩基可打入性分析进行了详细说明。可打入性分析中的锤击次数用于计算桩钢疲劳损伤和基于所谓$S\text{-}N$曲线得到的剩余使用年限（例如：Offshore Technology Report, 2001; API RP 2A-WSD, 2007）。循环波浪荷载对桩钢疲劳损伤的影响也可用$S\text{-}N$曲线分析。近海其他动荷载包括：泥石流、瞬间断裂、水下崩塌和海啸，可以使用适用于陆上类似事件的方法进行分析（例如Srbulov, 2008）。

对于大多数海工基础而言，允许变形相对较大，通常临界设计准则是在强风暴下可接受的防坍塌安全系数。

60.4.2 土体特性

土体在循环荷载条件下的响应特征见第24章"土体动力特性与地震效应"。近海海相黏土一般具有非常高的黏稠度或欠固结性，循环荷载作用下容易发生强度退化。近海工程中遇到的特定地基类型通常是钙质砂和珊瑚砂。钙质砂中脆弱的砂粒会在冲击载荷下发生破碎（如Kolk, 2000），其抗剪强度很低，就如同软黏土。由于胶结骨架和骨架各部分之间存在许多孔隙，因此珊瑚结构可能会塌陷

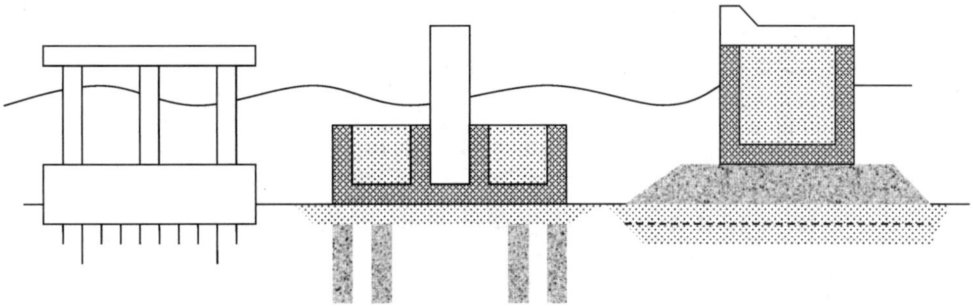

图 60.11　典型基础示意

(a) 重力平台下筏板基础；(b) 用碎石桩进行地基处理的风力发电机塔架基础；
(c) 加固砂层上抛石沉箱防波堤

结构（例如，Touma 和 Sadiq，1999）。此外，整体和局部冲刷可能会达到近海松散表层砂中相当深的位置，局部冲刷形成的缺口会大大降低桩侧摩阻力，影响其振动周期（频率），因此通常采用冲刷防护，从而整体冲刷会降低桩周围的竖向有效应力。即使在水下，由于天然气的存在，近海土体也可能存在局部非饱和区域。

60.4.3　浅基础

典型的基础类型示意图见图 60.11。海工浅基础有许多推荐设计方法，如：API RP 2A-WSD（2007）、DNVOS-J101（2007）、DNV 分类说明 30.4（1992）、De Groot 等（1996）以及英国标准 BS 6349-7：2010 等。关于陆上浅基础问题在第 53 章"浅基础"中已有介绍，这些问题也与海工基础有关。

如前文所述，设计中使用的土体抗剪强度和刚度必须考虑到循环荷载造成的退化效应（图 60.12）。海工设计的另一个共同特点是水平荷载较大（来自风暴中的大浪），需要考虑基础水平承载力影响。因此，对侧向荷载和荷载偏心的修正就显得非常重要（第 21 章"承载力理论"和第 53 章"浅基础"）。由于传统理论（需要大量修正系数）难以满足海工设计需求，因此现代承载力理论发展出了 V-H-M 破坏包络线。海工基础通常规模非常大，土体分层、应力水平（对于粗粒土）和强度随深度变化（对于细粒土）等问题都极为重要。

除了承载力极限状态外，还需要考虑正常使用极限状态下的地基沉降。暴风雨中产生的大量循环荷载会导致浅基础下卧层超静孔隙水压力升高。而超静孔隙水压力的消散会导致松散至中密砂土和软黏土/淤泥发生进一步沉降。如果在设计中没有考虑此种附加沉降，那么附加沉降可能会影响海工结构与输油管道之间的连接管安全。此时，设计方面则需采用地基处理技术解决，图 60.11（b）和图 60.11（c）为其草图。

60.4.4　深基础

典型的海工深基础如图 60.13 所示。

海工基础相比陆上基础通常需要抵抗更大的荷载（尤其是水平荷载）和相对较大的循环荷载，而且施工方法（如使用吸力式沉箱基础）通常也会有很大的不同。但在其他方面，海工基础的一般设计原则与陆上深基础相似。现代用于海上风电场的单桩直径达数米，质量达几百吨。如前所述，对于海工浅基础必须考虑循环荷载对地基土性质的影响，但不须考虑数秒振动周期的惯性力影响。Dean（2009）详细介绍了基础的设计与施工方法、适用规范及现有文献。海工深基础的设计有许多推荐设计方法，如：API RP 2A-WSD（2007）、DNV-OS-J101（2007）与 SNAME TR-5A（2002）等。

暴风雨期间的波浪循环荷载会导致地基土的抗剪强度和刚度下降，进而导致桩侧摩阻力下降并增大桩基水平变形。轴向荷载作用下侧摩阻力的衰减是循环位移和荷载循环次数的函数。循环稳定性图是一个重要的概念（Poulos，1988a），需要确定三个主要区域：循环稳定区域；循环亚稳定区域（在这个区域中，轴向循环荷载导致竖向承载力降低，但在规定的循环次数内桩没有失稳破坏）；循

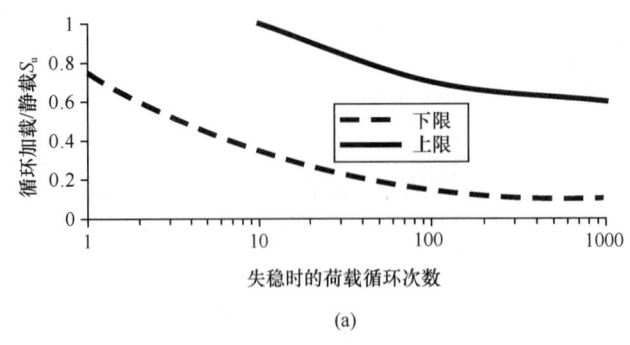

(a)

0.19应力比（τ_{cyc}/σ'_{vc}）@1Hz对应12%剪切应变

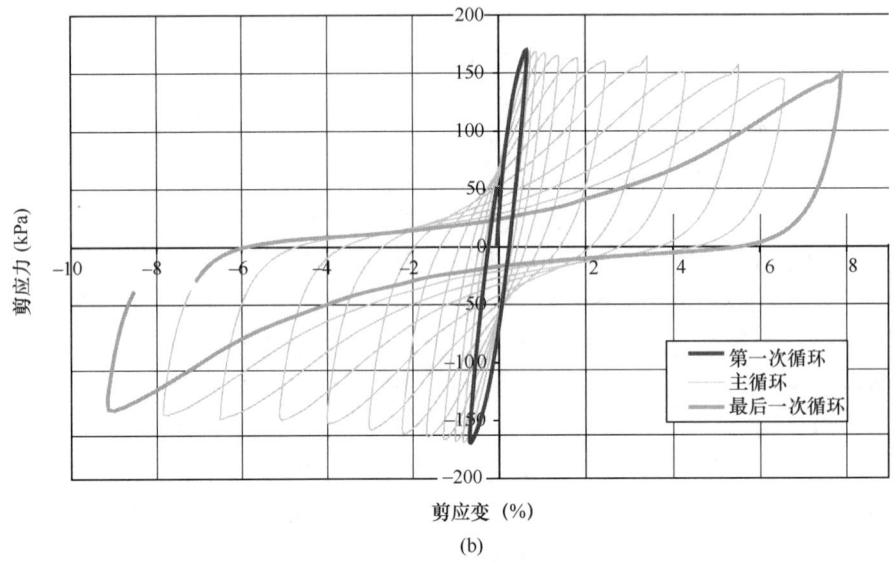

(b)

图 60.12　荷载循环次数对以下方面的影响

(a) 黏土的循环与静态不排水抗剪强度之比（来自 Lee 和 Focht 的数据，1976）；
(b) 非塑性粉土试样在循环单剪试验中的刚度退化（剪应力与应变之比）

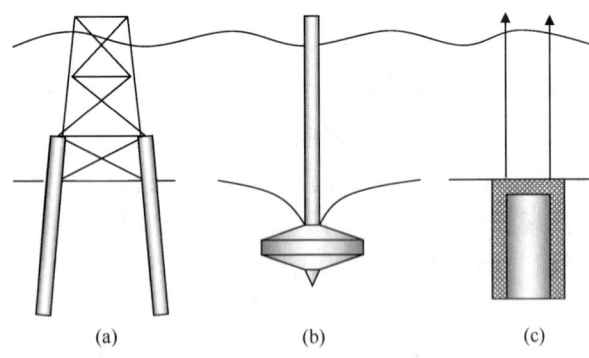

图 60.13　典型海工基础示意

(a) 带套筒的桩基础；(b) 自升式平台（移动平台）；
(c) 使用张拉桩或深水锚的沉箱基础

环不稳定区域（在规定的轴向荷载循环次数内桩会发生失稳破坏）。Randolph（1983）为稳定区域和亚稳定区域之间的界限划分提供了指导。常采用土体抗剪强度降低和循环荷载条件下的 $P\text{-}y$ 曲线来表示侧向荷载的影响，但有几个重要现象仍在研究中。

60.5　机械基础

机械基础通常要承受大量的循环荷载，而其振幅相对较小。下面给出的操作条件是特定机器制造商规定的要求：

- 大型压缩机（MAN）在运行状态下基础速度 < 2.8mm/s；频率在 25～190Hz 之间，偶然情况下基础速度 <6mm/s。
- 燃气轮机（EGT）基础速度 <2mm/s，且在 250Hz 的工作频率下，基础任何部分的峰间值振幅小于 50μm。

为防止机械与其基础之间的共振效应损伤机械必须避免特定的工作频率（即其频率范围）。如图 60.14 所示，对于简谐振动，共振表示为在共振

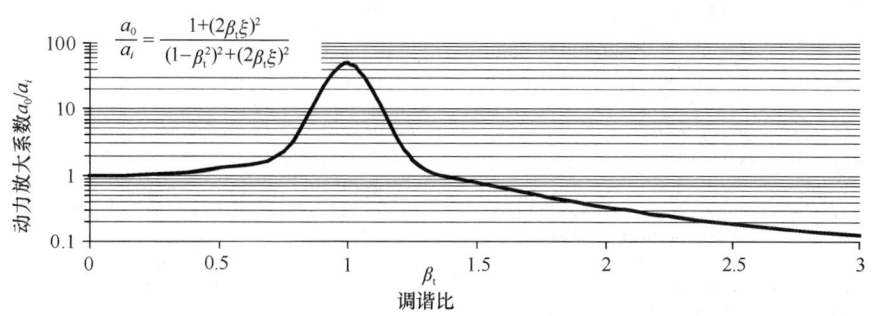

图 60.14　1% 阻尼比简谐振动的动力放大系数

英国标准 BS 5228-2：2009 中给出的轻微或外观损伤的质点速度峰值（mm/s）　表 60.2

振动类型	跨度大且对沉降敏感的砖墙	支撑或重力式挡土墙
间歇振动	10@ 墙趾 40@ 墙头	较跨度大且对沉降敏感的砖墙高 50%～100%
连续振动	较间歇性振动限值小 1.5～2.5 倍	

频率下振幅比的增加（如 Clough 和 Penzien，1993），其中 $\beta_t = f_d/f_o$ 为调谐比，f_d 为机械振动频率，f_o 为基础自由振动频率，ξ 为阻尼比，a_o 为基础加速度振幅，a_i 为机器振动加速度振幅。

基础可能会受到距其一定距离的振源所产生的振动影响。例如，英国标准 BS 5228-2：2009（BSI，2009）规定了挡土墙允许轻微或外观损害时对应的质点速度峰值上限（表 60.2）。这些限值同样适用于基础。

机械引起的振动通常只在地基内引起小变形，因此在动力分析中可以假定地基为弹性。另外，地基土的阻尼比较小，在 1% 左右。能量耗散主要靠辐射阻尼来实现。机械基础的垂直振动通常可解耦为水平振动和摇摆振动。基础运动的基本方程满足牛顿第二定律。

$$m \cdot a + c \cdot v + k \cdot d = F \cdot \sin(2 \cdot \pi \cdot f \cdot t) \tag{60.3}$$

式中，m 为基础与机械质量；a 为基础加速度；c 为阻尼系数（与频率有关），$c = \xi k/(\pi f)$，ξ 是阻尼比（约为 0.01）；f 为振动频率；v 为基础速度；k 为刚度系数；d 为基础位移；F 为动态不平衡力的最大幅值；t 为时间。动刚度 k 和阻尼系数 c 的计算公式列在有关教科书中（如 Gazetas，1991；Wolf，1994）。式（60.3）是针对均质土和基岩上的单一土层，不适用于成层土。如果基础振动超过厂家规定的要求范围，则可采用基础隔振。最近，Srbulov（2010）对荷兰某压缩机下橡胶支座隔振基础的动力响应进行了简化数值分析。

水平运动与转动耦合，其公式为：

$$I_a \cdot \theta_a + c_\theta \cdot \theta_v + k_\theta \cdot \theta - e \cdot (c \cdot v + k \cdot d) = M \cdot \sin(2 \cdot \pi \cdot f \cdot t) \tag{60.4}$$

式中，I_a 为基础和机械相对于重心的惯性矩；θ_a 为转动加速度；c_θ 为转动阻尼系数；θ_v 为转动速度；k_θ 为转动刚度系数；θ 为基础转角；e 为基础底座相对于基础和机械重心的偏心距；M 为相对于基础和机械重心的不平衡力所产生的最大旋转力矩幅值。旋转刚度 k_θ 和旋转阻尼系数 c_θ 的计算公式列在有关教科书中（如 Gazetas，1991；Wolf，1994）。

对于确定振动控制的最小基础质量存在简化指导意见（例如 Anyaegbunam，2011）。早期论著中包含了通过手算进行地基振动分析的例子（如 Irish 和 Walker，1969），这些例子可以用来初步验证现代数值模拟结果。CP 2012-1（1974）适用于可产生双级谐波的往复式机械基础（如蒸汽机、内燃机、活塞式压缩机和泵），这些机器一般放置于刚性块上，其正常旋转频率范围为 5～25Hz。DIN 4024-1（1988）与 DIN 4024-2（1991）包含了有用的建议。Richart 等（1970）的著作经常被引用，其对基础振动的分析不仅采用了理论方法，还采用了试验方法。

60.6 参考文献

Ambraseys, N. N. (1990). Uniform magnitude re-evaluation of European earthquakes associated with strong motion records. *Earthquake Engineering and Structural Dynamics*, **19**, 1–20.

Ambraseys, N. N. and Srbulov, M. (1995). Earthquake induced displacements of slopes. *Soil Dynamics and Earthquake Engineering*, **14**, 59–71.

Anyaegbunam, A. J. (2011). Minimum foundation mass for vibration control. *Journal of Geotechnical and Geoenvironmental Engineering, ASCE*, **137**(2), 190–195.

API RP 2A-WSD (2007). *Recommended Practice for Planning, Designing and Constructing Fixed Offshore Platforms – Working Stress Design*. American Petroleum Institute.

ASTM D3999-91 (2003). *Standard Test Methods for the Determination of the Modulus and Damping Properties of Soil Using the Cyclic Triaxial Apparatus*. American Society for Testing and Materials, Annual Book of ASTM Standards 04.08.

ASTM D4015-92 (2000). *Standard Test Methods for Modulus and Damping of Soils by the Resonant Column Method*. American Society for Testing and Materials, Annual Book of ASTM Standards 04.08.

ATC (1978). *Tentative Provisions for the Development of Seismic Regulations for Buildings*. Report No. ATC 3-06, Applied Technology Council, US Department of Commerce.

Bray, J. D., Sancio, R. B., Durgunoglu, T. et al. (2004). Subsurface characterisation at ground failure sites in Adapazari, Turkey. *Journal of Geotechnical and Geoenvironmental Engineering, ASCE*, **130**, 673–685.

British Standards Institution (1974). *Code of Practice for Foundations for Machinery – Part 1: Foundations for Reciprocating Machines*. London: BSI, CP 2012-1:1974.

British Standards Institution (2004). *Eurocode 8: Design of Structures for Earthquake Resistance – Part 1: General Rules, Seismic Actions and Rules for Buildings*. London: BSI and European Committee for Standardization, BS EN1998-1:2004.

British Standards Institution (2004). *Eurocode 8: Design of Structures for Earthquake Resistance – Part 5: Foundations, Retaining Structures and Geotechnical Aspects*. London: BSI and European Committee for Standardization, BS EN1998-5:2004.

British Standards Institution (2009). *Code of Practice for Noise and Vibration Control on Construction and Open Sites – Part 2: Vibration*. London: BSI, BS 5228-2:2009.

British Standards Institution (2010). *Maritime Structures – Part 7: Guide to the Design and Construction of Breakwaters*. London: BSI, BS 6349-7:2010.

Building Seismic Safety Council (BSSC) (1995). *NEHRP Recommended Provisions for Seismic Regulations for New Buildings, Part 1 – Provisions and Part 2 – Commentary*. Report No. FEMA 222A. Washington, DC: BSSC.

Cetin, K. O., Seed, R. B., Kiureghian, A. D. et al. (2004). Standard penetration test-based probabilistic and deterministic assessment of seismic liquefaction potential. *Journal of Geotechnical and Geoenvironmental Engineering, ASCE*, **130**(12), 1314–1340.

Clough, R. W. and Penzien J. (1993). *Dynamics of Structures* (2nd Edition). New York: McGraw-Hill.

De Groot, M. B., Andersen, K. H., Burcharth, H. F. et al. (1996). Foundation design of caisson breakwaters. *Norwegian Geotechnical Institute*, Publication No. 198.

Dean, E. T. R. (2009). *Offshore Geotechnical Engineering: Principles and Practice*. London: Thomas Telford.

DIN 4024-1 (1988). *Maschinenfundamente; Elastische Stützkonstruktionen für Maschinen mit rotierenden Massen*. Deutsche Industries Norm.

DIN 4024-2 (1991). *Maschinenfundamente; Steife (starre) Stützkonstruktionen für Maschinen mit periodischer Erregung*. Deutsche Industries Norm.

DNV classification notes 30.4 (1992). *Foundations*. Det Norske Veritas.

DNV-OS-J101 (2007). *Design of Offshore Wind Turbine Structures*. Det Norske Veritas.

Douglas, J. (2011). *Ground Motion Prediction Equations, 1964–2010*. Pacific Earthquake Engineering Research Report PEER 2011/102, http://peer.berkeley.edu/publications/peer_reports/reports_2011/reports_2011.html

Gazetas, G. (1991). Foundation vibration. In *Foundation Engineering Handbook* (ed H.-Y. Fang) (2nd Edition). New York and London: Chapman & Hall, Chapter 15, pp. 553–593.

Gazetas, G. and Mylonakis, G. (1998). Seismic soil-structure interaction: new evidence and emerging issues. In *Geotechnical Earthquake Engineering and Soil Dynamics III* (eds Dakouls, P. Yegian, M. and Holtz, B.), vol. 2. Seattle, Washington: University of Washington Press.

Green, R. A. and Terri, G. A. (2005). Number of equivalent cycles concept for liquefaction evaluations – revisited. *Journal of Geotechnical and Geoenvironmental Engineering, ASCE*, **131**, 477–488.

Gutenberg, B. (1945). Magnitude determination for deep-focus earthquakes. *Bulletin of the Seismological Society of America*, **35**, 117–130.

Gutenberg, B. and Richter, C. F. (1936). On seismic waves. *Gerlands Bietraege zur Geophysik*, **47**, 73–131.

Hamada, M. (1992). Large ground deformations and their effects on lifelines: 1964 Niigata earthquake. In *Case Studies of Liquefaction and Lifeline Performance During Past Earthquakes* (eds Hamada, M. and O'Rourke, T.), vol. 1: *Japanese case studies*. National Centre for Earthquake Engineering Research, State University of New York at Buffalo, Buffalo report NCEER-92-00001 3, pp. 1–123.

Hancock, J. and Bommer, J. J. (2004). Predicting the number of cycles of ground motion. In: *Proceedings of the 13th World Conference on Earthquake Engineering*, 1–6 August, 2004, Vancouver, Canada, paper no. 1989.

Hanks, T. C. and Kanamori, H. (1979). A moment magnitude scale. *Journal of Geophysical Research*, **84**, 2348–2350.

Idriss, I. M. (1985). Evaluating seismic risk in engineering practice. In *Proceedings of the 11th International Conference on Soil Mechanics and Foundation Engineering*, San Francisco, 12–16 August, 1985. London: CRC Press, vol. 1, pp. 255–320.

Idriss, I. M. (1990). Response of soft soil sites during earthquakes. In *H. Bolton Seed Memorial Symposium* (ed Duncan, J. M.). Vancouver, British Columbia: BiTech Publishers, vol. 2, pp. 273–289.

Irish, K. and Walker, W. P. (1969). *Foundations for Reciprocating Machines*. London: Concrete Publications Limited.

Ishihara, K. and Yoshimine, M. (1992). Evaluation of settlements in sand deposits following liquefaction during earthquakes. *Soils and Foundations*, **32**(1), 173–188.

Kanamori, H. (1977). The energy released in great earthquakes. *Journal of Geophysical Research*, **82**, 2981–2987.

Keefer, D. K. (1984). Landslides caused by earthquakes. *Bulletin of the Geological Society of America*, **95**, 406–421.

Kolk, H. J. (2000). Deep foundations in calcareous sediments. In *Engineering for Calcareous Sediments* (ed Al-Shafei, K. A.). Rotterdam: Balkema, pp. 313–344.

Kokusho, T., Tanaka, Y., Kawai, T. et al. (1995). Case study of rock debris avalanche gravel liquefied during 1993 Hokkaido-Nansei-Oki Earthquake. *Soils and Foundations*, **35**(3), 83–95.

Kramer, S. (1996). *Geotechnical Earthquake Engineering*. Englewood Cliffs, NY: Prentice Hall.

Lee, K. L. and Focht, J. A. (1976). Strength of clay subjected to cyclic loading. *Marine Georesources and Geotechnology*, **1**(3), 165–168.

Liu, L. and Dobry, R. (1997). Seismic response of shallow foundations on liquefiable sand. *Journal of Geotechnical and Geoenvironmental Engineering, ASCE*, **123**(6), 557–567.

Newmark, N. M. (1965). Effect of earthquakes on dams and embankments. *Géotechnique*, **15**, 139–160.

Newmark, N. M. (1969). Torsion in symmetrical buildings. In *Proceedings of the 4th World Conference on Earthquake Engineering*, Santiago de Chile, 1969 (session A-3), vol. 2, pp. 19–32.

Newmark, N. M., Hall, W. J. and Morgan, J. R. (1977). Comparison of building response and free field motion in earthquakes. In *Proceedings of the 6th World Conference on Earthquake Engineering*, 10–14 January, 1977, New Delhi, India, vol. 2, pp. 972–977.

Offshore Technology Report (2001). *A Study of Pile Fatigue during Driving and In-Service and of Pile Tip Integrity*. Health and Safety Executive: HSE Books.

Olson, S. M. and Stark, T. D. (2002). Liquefied strength ratio from liquefaction flow failure. Case histories. *Canadian Geotechnical Journal*, **39**, 629-647.

Peck, R. B., Hanson, W. E. and Thornburn, T. H. (1974). *Foundation Engineering* (2nd Edition). New York: Wiley.

Port and Harbour Research Institute (1997). *Handbook on Liquefaction Remediation of Reclaimed Land*. Ministry of Transport, Japan. Translated by Waterways Experimental Station, USA. A. A. Balkema, Rotterdam, Brookfield: US Army Corps of Engineers.

Poulos, H. G (1988a). Cyclic stability diagram for axially loaded piles. *Journal Geotechnical Engineering, ASCE*, **114**(8), 877–895.

Poulos, H. G. (1988b). *Marine Geotechnics*. London: Unwin Hyman.

Randolph, M. F. (1983). Design considerations for offshore piles. In *Proceedings of the ASCE Speciality Conference of Geotechnical Practice in Offshore Engineering* (ed Wright, S. G.), 27–29 April, 1983, Austin, Texas. Baltimore, MD: American Society of Civil Engineers, pp. 422–439.

Richart, F. E., Hall, J. R. and Woods, R. D. (1970). *Vibrations of Soils and Foundations*. Englewood Cliffs, NY: Prentice-Hall.

Richter, C. F. (1935). An instrumental earthquake scale. *Bulletin of the Seismological Society of America*, **25**, 1–32.

Rodriguez, C. E., Bommer, J. J. and Chandler, R. J. (1999). Earthquake-induced landslides: 1980–1997. *Soil Dynamics and Earthquake Engineering*, **18**, 325–346.

Sarma, S. K. and Srbulov, M. (1998). A uniform estimation of some basic ground motion parameters. *Journal of Earthquake Engineering*, **2**, 267–287.

Seed, H. B. and Idriss, I. M. (1970). *Soil Modulus and Damping Factors for Dynamic Response Analyses*. Report EERC 70-10, Berkeley: Earthquake Engineering Research Center, University of California.

Seed, H. B. and Idriss, I. M. (1971). Simplified procedure for evaluating liquefaction potential. *Journal of the Soil Mechanics and Foundations Division, ASCE*, **107**(SM9), 1249–1274.

Seed, H. B., Idriss, I. M., Makdisi, F. and Banerje, N. (1975). *Representation of Irregular Stress Time Histories by Equivalent Uniform Stress Series in Liquefaction Analyses*. Report EERC 75-29, Berkeley: Earthquake Engineering Research Centre, University of California.

SNAME TR-5A (2002). *Recommended Practice for Site Specific Assessment of Mobile Jackup Units*. Society for Naval Architects and Marine Engineers.

Srbulov, M. (2003). An estimation of the ratio between the horizontal peak accelerations at the ground surface and at depth. *European Earthquake Engineering*, **17**(1), 59–67.

Srbulov, M. (2008). *Geotechnical Earthquake Engineering: Simplified Analyses with Case Studies and Examples*. Dordrecht: Springer.

Srbulov, M. (2010). *Ground Vibration Engineering: Simplified Analyses with Case Studies and Examples*. Dordrecht: Springer.

Srbulov, M. (2011). *Practical Soil Dynamics: Case Studies in Earthquake and Geotechnical Engineering*. Dordrecht: Springer.

Stewart, J. P., Chiou, S.-J., Bray, J. D., Graves, R. W., Somerville, P. G. and Abrahamson, N. A. (2001). *Ground Motion Evaluation Procedures for Performance Based Design*. Berkeley: Pacific Earthquake Engineering Research Centre, College of Engineering, University of California PEER Report 2001/09, http://peer.berkeley.edu/publications/peer_reports/reports_2001/reports_2001.html

Stewart, J. P., Seed, R. B. and Fenves, G. L. (1999). Seismic soil–structure interaction in buildings. II: Empirical findings. *Journal of Geotechnical and Geoenvironmental Engineering, ASCE*, **125**(1), 38–48.

Timoshenko, S. P. and Goodier, J. N. (1970). *Theory of Elasticity* (3rd Edition). New York: McGraw-Hill.

Touma, F. T. and Sadiq, M. I. (1999). Foundations on the Red Sea coastal coral in Jeddah area. In *Engineering for Calacareous Sediments* (ed Al-Shafei, K. A.). Rotterdam: Balkema, pp. 167–177.

Wolf, J. P. (1994). *Foundation Vibration Analysis Using Simple Physical Models*. Upper Saddle River, NJ: PTR Prentice Hall.

Yamahara, H. (1970). Ground motions during earthquakes and the input loss of earthquake power to an excitation of buildings. *Soils and Foundations*, **10**(2), 145–161.

Youd, T. L., Hansen, C. M. and Bartlett, S. F. (2002). Revised multilinear regression equations for prediction of lateral spread displacement. *Journal of Geotechnical and Geoenvironmental Engineering, ASCE*, **128**(12), 1007–1017.

Youd, T. L., Idriss, I. M., Andrus, R. D. *et al*. (2001). Liquefaction resistance of soils: summary report from the 1996 NCEER and 1998 NCEER/NSF workshops on evaluation of liquefaction resistance of soils. *Journal of Geotechnical and Geoenvironmental Engineering, ASCE*, **127**(10), 817–833.

建议结合以下章节阅读本章：
- 第24章"土体动力特性与地震效应"
- 第45章"地球物理勘探与遥感"

本书以第1篇"概论"和第2篇"基本原则"为指导进行章节编排。如第4篇"场地勘察"中所述，各类岩土工程均应进行扎实的现场勘察工作。

译审简介：

崔春义，教授，博士，博士生导师，研究方向为岩土工程与土动力学，主持国家重点研发项目1项和国家自然基金4项。

张同亿，博士，教授级高级工程师，一级注册结构工程师，英国特许结构工程师，中国中元国际工程有限公司总工程师，享受国务院政府特殊津贴专家，入选"国家百千万人才工程"并被授予"国家有突出贡献中青年专家"。

第6篇 支护结构设计

主编：阿西姆·加巴（Asim Gaba）
译审：王卫东 等

第 61 章 导 论

阿西姆·加巴（Asim Gaba），奥雅纳工程顾问岩土工程部，伦敦，英国
主译：王卫东（华东建筑集团股份有限公司）
参译：吴江斌

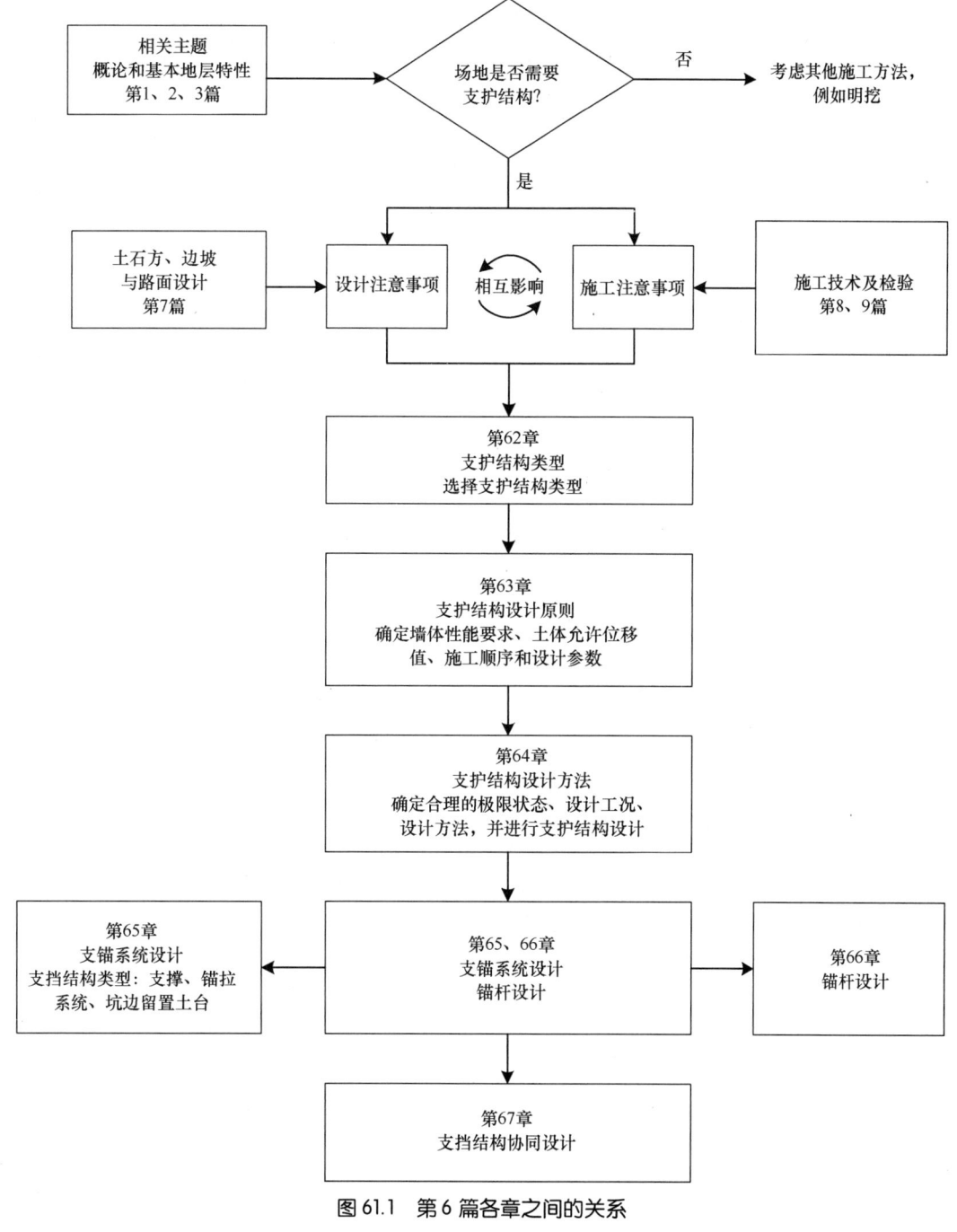

图 61.1 第 6 篇各章之间的关系

第6篇 支护结构设计

支护结构通常用于将土体保持在比其无支护时更陡的角度，从坡度低缓的阶地到多层的地下室及地下结构的围护墙都有广泛应用。

支护结构通常可分为重力式支护结构和嵌入式支护结构两类，本篇也将对此种分类进行说明。此外，还有第三类——混合式支护结构，这类支护结构有着独有的特性，其设计需要同时考虑和评估重力式和嵌入式支护结构的性能，例如由重力式挡土墙及下方支承桩共同受力的混合式支护结构。

与本手册其他篇一样，本篇旨在为执业工程师提供支护结构设计指南。考虑到支护结构设计者可能遇到不同的项目类型和地质条件，在此难以全部概述。因此，本篇的目的是为设计者从以下方面提供总体指导：

- 对于支护结构性能标准、支护结构类型选择、施工方法和相关土体位移的研究；
- 优秀设计案例中挡土墙及其支锚系统的选择、设计和施工的基本原则；
- 需考虑的土体和土体－结构相互作用行为的关键力学机理；
- 重力式和嵌入式挡土墙及其支锚系统的常用设计方法；
- 一些详细研究的其他参考。

图 61.1 展示了第 6 篇中各章之间的关系。

各章按顺序排列，以指导读者系统地考虑和处理与支护结构设计相关的关键问题，以及认识到支护结构可能是整体结构的一部分。要充分意识到，用户优先考虑的是整体结构而不仅是支护结构。

第 62 章"支护结构类型"明确了不同类型的支护结构及其特性。本章比较了各种支护结构类型的优势和局限性，并指导如何根据特定的场地条件和项目需求选择最合适的支护结构类型。

第 63 章"支护结构设计原则"为确定支护结构性能和设计标准、设定相关土体位移的允许限值、确定特定情况下的合理施工顺序提供了指导。本章还对排水和不排水条件下土体性能的评估，以及在临时和永久工况条件下的参数选择提供了指导。

第 64 章"支护结构设计方法"为支护结构的岩土工程设计提供了很好的实践指导。使用本章讲述的方法，读者能够确定和用于支护结构尺寸和设计的荷载效应，以满足支护结构稳定性要求。

第 65 章"支锚系统设计"和第 66 章"锚杆设计"概述了临时和永久工况下，为重力式和嵌入式支护结构提供侧向支撑作用的不同方法。第 65 章为支撑系统与留置土台等侧向支护的合理选择和设计提供了指导。第 66 章是一个补充性和综述性的章节，主要内容涉及支锚系统中的锚杆（索）设计，阅读时应结合本手册第 74 章"土钉设计"、第 88 章"土钉施工"和第 89 章"锚杆施工"共同使用。

第 67 章"支挡结构协同设计"旨为作为整体结构一部分的支挡结构提供指导。本章提供了包含土体－结构相互作用、支挡结构隔水性要求，以及支挡结构设计师与其他设计及施工专业人员之间沟通重要性的整体指导。

遵循这一理念，应认识到支护结构设计师不可孤立地发挥作用。为了解决支护结构设计过程中可能出现的设计和施工分离问题，设计师必须考虑施工过程中的所有情形，并在此过程中与其他相关设计和施工专业人员进行有效沟通。业主、设计师、总包、建筑师和造价师应尽早参与以下相关事项：

- 统筹优化支护结构的临时和永久使用（例如使用一道挡土墙而非两道来同时满足临时性和永久性的需求），使其同样符合长期维护要求；
- 建立适当的支护结构设计和性能标准，如挡土墙挠度和相关土体位移的允许限值；
- 选用合适的支护结构类型；
- 采用合理的施工方法和施工流程以确保可实施性。

在确定最佳方案之前应审查最初草案并探讨备选方案。在项目的各个阶段都应具有适当专业知识和经验的人员参与，并确保数据收集、设计和施工各人员之间保持充分的沟通与衔接。

译审简介：

王卫东，博士、教授级高级工程师、全国工程勘察设计大师、华东建筑集团股份有限公司总工程师，同济大学、上海交通大学兼职教授、博士生导师。

第62章 支护结构类型

萨拉·安德森（Sara Anderson），奥雅纳工程顾问，伦敦，英国
主译：曹净（昆明理工大学）
审校：刘文连（中国有色金属工业昆明勘察设计研究院有限公司）

doi: 10.1680/moge.57098.0959

目录		
62.1	引言	931
62.2	重力式支护结构	931
62.3	嵌入式支护结构	933
62.4	混合式支护结构	938
62.5	支护结构的对比	938
62.6	参考文献	940

支护结构是用来支挡斜坡不致坍塌以保持稳定的结构。支护结构的应用范围很广，从斜坡地形的梯田到多层地下室和地下空间的外墙都在使用。不同形式的支护结构在渗透性、强度和刚度以及可施工性等方面都具有不同的特性，同时在占地和对专用厂房和设备的要求等方面也各具特点。在根据特定用途选择不同支护结构形式时，必须充分考虑支护结构的不同特性。

本章作为第6篇的介绍性章节介绍了支护结构的不同类型以及它们的工程特性。

62.1 引言

支护结构有多种形状和形式，但总体可分为三种不同的类型：

- 重力式支护结构；
- 嵌入式支护结构；
- 混合式支护结构。

下面将详细介绍这三种支护结构。

62.2 重力式支护结构

重力式支护结构是通过支护墙体自重和底部的摩擦力来抵抗滑移和倾覆的一种支护结构。重力式支护结构通常建造在墙后回填土之前的地面上，以形成重力式支护结构前后的高度差。因此，它们通常用于需要就地抬高地面的地段，例如，适用于公路或铁路路堤。

重力式支护结构也可以用来支挡地面以下的开挖。通常在明挖情况下，需要在墙后进行回填。这需要额外的开挖和回填，以及在施工期间临时占用土地。

重力式支护结构常见的排水形式是在墙后设置截水沟，以减小作用在墙背上的水压力荷载。

重力式支护结构的主要参考资料包括：

- 《模块化重力式支护结构：设计指南》（CIRIA C516）（Chapman等，2000）——第2节和第4节的大部分；
- 《挡土结构规程》（Code of Practice for Earth Retaining Structures）（BS 8002）（BSI，1994）——第4节；
- 《欧洲标准7》（BSI，2004）。

62.2.1 组合式支护结构和非组合式支护结构

组合式支护结构可以通过使用多种技术和材料来建造。它们有一个共同的特点，即它们由许多相似的模块化元件组成。

组合式支护结构的类型包括：

- 预制钢筋混凝土支护结构；
- 砌体支护结构；
- 干堆砌体支护结构（如：干堆砌体墙）；
- 框架支护结构；
- 石笼支护结构。

对于组合式支护结构，其模块是预制的，只需少量的现场专业操作就可以在现场组装。相比之下，非组合式支护结构主要是在现场建造的，例如现浇钢筋混凝土支护结构。因此，他们需要更高水平的现场施工技术和更重要的专业技术，如模板、钢结构安装和现浇混凝土相关技术等。

62.2.2 钢筋混凝土支护结构

钢筋混凝土支护结构由现浇或预制的钢筋混凝土建造。墙体为L形或倒T形，钢筋混凝土承重墙在底座处悬臂，以支挡墙背后的岩土体，并采用抗滑键来增加抗剪强度，如图62.1所示。这类挡土墙为挡水结构，因此，通常在设计和建造时在墙体中设置适当的排（泄）水系统，以排出墙后的积水。预制墙的高度一般为1~3m。

62.2.3 砌体支护结构

砌体支护结构由砖、砌块、天然或人造石建成，通过砂浆垫层建在毛石基础或钢筋混凝土基础

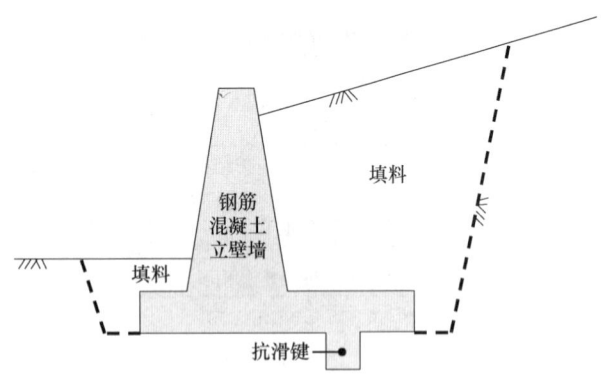

图62.1　带抗滑键的T形钢筋混凝土立壁支护结构

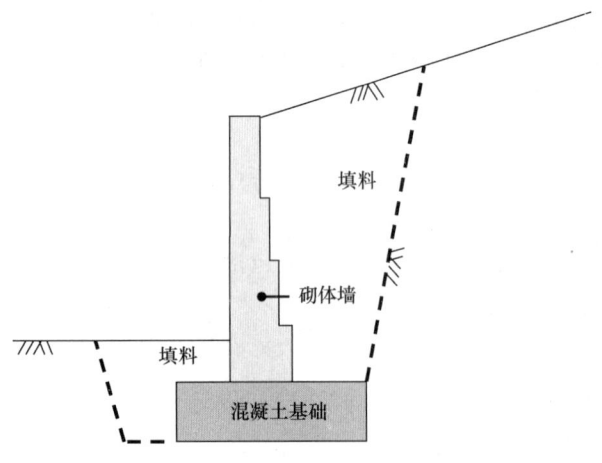

图62.2　T形砌体支护结构

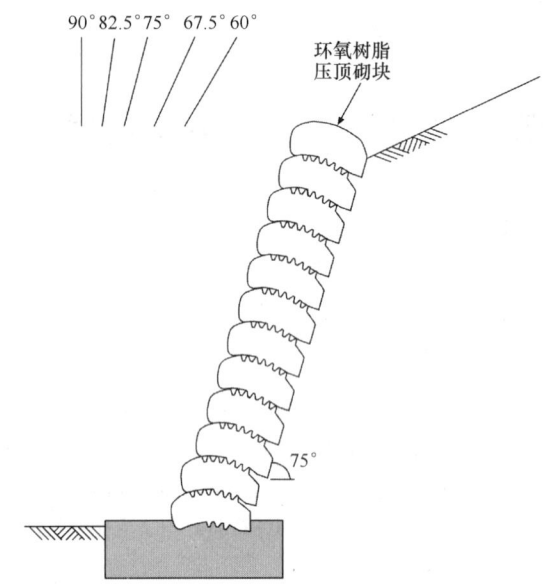

图62.3　干堆砌体墙：典型单宽干堆砌体支护结构

经许可摘自 CIRIA C516，Chapman 等（2000），www.ciria.org

上，如图62.2所示。

墙面应设置压顶盖层，以避免水饱和可能产生的霜冻损坏。有关使用压顶盖层、排水、防潮层和防止墙体饱和以及提高耐久性的防水层的详细资料见 BS 5628 第3部分（BSI，2001）。墙体应布设面板，长度一般为10～15m，两端设置变形缝。

62.2.4　干堆砌体支护结构

干堆砌体支护结构主要由预制混凝土、特殊砌块和砖块组成，这些砌块被设计成相互咬合的连锁结构，从而形成一个坚固的支护墙体，如图62.3所示。干堆砌体支护结构依靠墙体自重来支挡墙后岩土体，并在每一层砌块之间有一个咬合的连锁结构连接以抗剪切力。连锁结构的存在有助于准确地放置连续的堆积砌块层。

墙体基础可以是大块的钢筋混凝土或预制混凝土，并与墙体单元相互连锁。

大多数支护结构可以自由地排水，但有些可能需要设置颗粒状回填材料和排水系统，以避免墙后积水。

这种支护结构墙体可以垂直建造，但通常建造成倾斜的，以提供更好的稳定性。墙面顶部的压顶块，常用胶粘剂与墙面的其余部分粘接在一起，可以防止墙面的人为破坏。

62.2.5　框架支护结构

框架支护结构由放置在大体积块石或钢筋混凝土的坚实基础上的纵梁和横梁单元组成。纵梁和横梁可由钢筋混凝土或木材制成互锁结构，以保证墙体的连续性。墙体可采用一排或多排框架构成，墙低时在底部采用一排，墙高时采用多排，如图62.4所示。

框架间的空间可填充松散的、无腐蚀性的粗颗粒材料。也可以用细石混凝土填充，使其更类似于砌体墙。

即使没有设置截流排水系统，颗粒填料的孔隙结构也能让水通过墙壁流出。墙后的截水沟需要用低强度等级的混凝土修建，以防止水在墙后积聚。

框架支护结构通常应倾斜一定角度，典型的墙背宽高比为1∶12。但是，对于较短的墙（一般少于2m），当支护结构的宽度超过高度时，会修建成垂直面。

62.2.6　石笼支护结构

石笼支护结构是用碎石填充矩形网笼制成的自

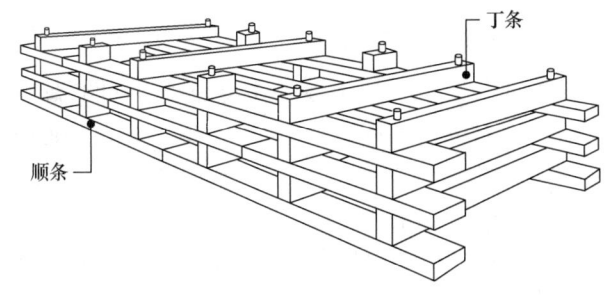

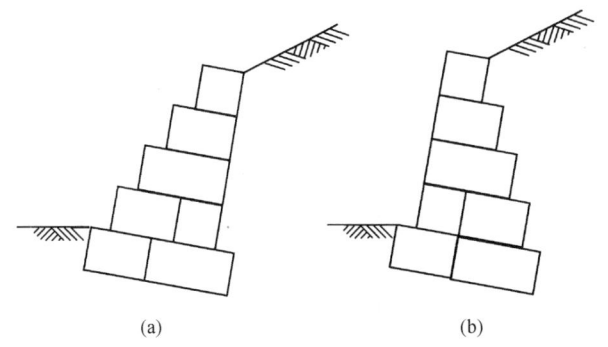

图 62.5 石笼支护结构

（a）台阶式正面；（b）阶梯式背面

经许可摘自 CIRIA C516，Chapman 等（2000），www.ciria.org

支护墙体的渗透性也使其非常适合于河流附近的饱和环境。在这种情况下，需要仔细选择墙后和墙内填料的级配，以使填充物中的细颗粒不被流水带走。

石笼支护结构的一种形式是网箱笼。网箱笼是可折叠的金属丝或土工布网状多单元结构系统，其设计目的是从石材产区中快速安装。当组装时，网箱笼形成一系列独立的单元格，这些单元格采用无纺土工布作内衬。单元格内充满颗粒状物质，如砂子、压载物、土、石头或混凝土。它们最常用于防汛等紧急工程。

当用于永久性工程时，需要采取防止填充材料通过网格流失的措施，并使用表面保护措施使所有土工织物网格免受紫外线降解。

62.2.7 加筋土支护结构

加筋土支护结构可视为重力墙。与上述重力墙不同的是，该重力结构是通过加筋土体本身来提供的，而不是通过提供一个单独的结构，如图 62.6 所示。

加筋土支护结构在第 63 章"支护结构设计原则"和第 73 章"加筋土边坡设计"中进行了阐述。

62.3 嵌入式支护结构

嵌入式支护结构从开挖地面插入地下，从墙体嵌入段的被动抗力上获得横向支撑。这种抗力可以作为唯一的抗力来维持墙体的稳定性，也可以与锚杆、支撑或其他横向支撑共同作用，如图 62.7 所示。

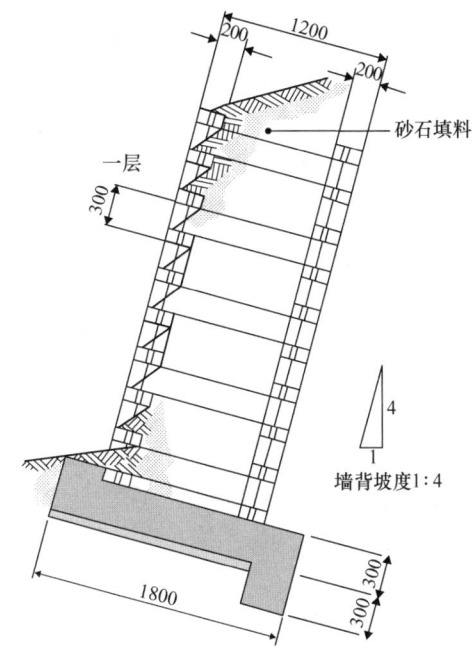

图 62.4 框架支护结构

经许可摘自 CIRIA C516，Chapman 等（2000），www.ciria.org

由排水墙。笼子是由薄网条或编织的金属丝制作的。不同程度的耐腐蚀钢网可以通过镀锌（锌或锌铝涂层）或涂层结合塑料、热塑性塑料或环氧树脂聚合物涂层来进行耐腐蚀处理。钢网并排放置，且以阶梯的形式连接在一起，形成重力式支护结构，如图 62.5 所示。通常，所述墙体具有前台阶面或后台阶面两种结构，以使墙体从垂直方向向墙背后填土方向倾斜至少 6°～8°。

墙体每层通常按 0.5～1.0m 高度建造，与石笼网筐单元的标准尺寸相对应。石笼支护结构有框式和床垫式两种常见形式。床垫式石笼的高度往往较高，常作为石笼墙的下层。

石笼支护结构的灵活性使其更适用于地基土质较差的地方，因为石笼支护结构相比其他墙体类型更适应更大的总沉降量和差异沉降。

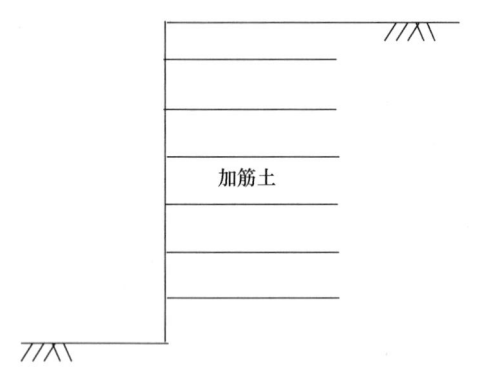

图 62.6　加筋土支护结构

嵌入式支护结构通常与侧向支撑结合使用。在第 65 章"支锚系统设计"中描述了侧向支护的方法。

与重力式支护结构不同的是，嵌入式支护结构需要专业设备和现场操作。在下列情况下，通常采用嵌入墙而非重力墙：

- 需要进行深挖；
- 临时露天开挖时不允许临时占地；
- 建筑物或其他构筑物紧邻开挖场地，需要支撑或保护；
- 地下水丰富的条件下，临时明挖需要大量排水。

嵌入式支护结构的主要参考资料包括：

- 《嵌入式支护结构——经济设计指南》（CIRIA C580）（Gaba 等，2003）——第 3.2 节和附录 D 的大部分；
- 《挡土结构规程》（Code of Practice for Earth Retaining Structures）（BS 8002）（BSI，1994）——第 4 节；
- 《桩基施工手册》（Piling Handbook），第 8 版（ArcelorMittal，2008）；
- 《钢结构加强型地下室》（Steel Intensive Basements），SCI 出版社 P275（Yandzio 和 Biddle，2001）。

62.3.1　板桩支护结构

板桩支护结构的主要参考文献是《桩基施工手册》（Piling Handbook）（ArcelorMittal，2008）和《钢结构加强型地下室》（Steel Intensive Basements）（Yandzio 和 Biddle，2001）。

钢板桩支护结构是在地面无需做特殊处理的情况下将钢板打入、振动或压入地下建造而成的。传统的安装方式是使用重锤打，这可能会产生城市地区无法接受的严重噪声和振动。

板桩支护结构适用于大多数土层。但是，不适合含有不可避让的块状障碍物（如块石或人为障碍物）的地层条件，因为这些块状硬物有可能导致成桩困难或偏桩。在安装时，可以通过预钻孔或沿钢板桩桩尖喷射的方式提高钢板桩的穿透性，但这些方法会产生更多的地面沉降。

如图 62.8 所示，板材桩有许多标准形状。这些板材可以组合在一起，也可以与圆形截面型钢进行组合，以改进强度和刚度性能。这些组合如图 62.9 所示。

如果能有效控制板桩联锁接头处的渗漏，就可以采用板桩进行截水。密封系统包括非膨胀密封胶、亲水（水膨胀）密封胶、组合系统和联锁焊接。典型施工过程的细节见第 8 篇。

板桩支护结构的优点包括：

- 提供一种表面光洁的经济墙体；
- 没有废弃物；
- 适合作为挡水墙；
- 可以用作临时或永久的墙。

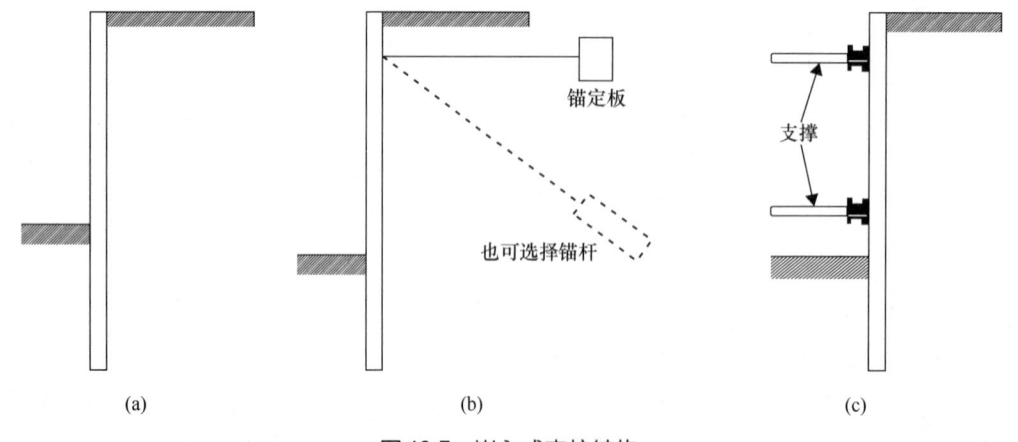

图 62.7　嵌入式支护结构

（a）悬臂式支护结构；（b）锚拉式支护结构；（c）支撑式支护结构

经许可摘自英国标准 BS 8002 © 英国标准协会（British Standards Institute）（BSI，1994）

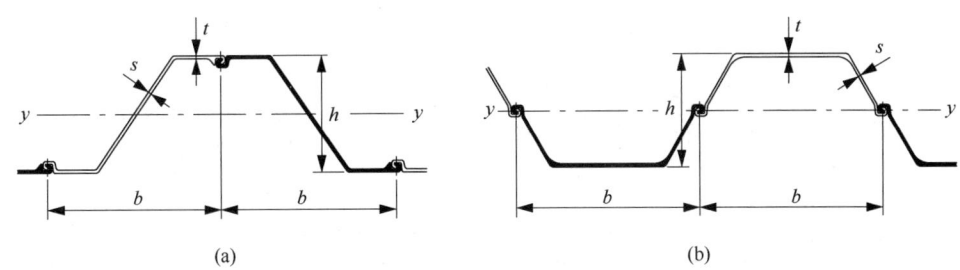

图 62.8 标准板桩截面
（a）U 形截面；（b）Z 形截面
经许可摘自 Arcelor Mittal（2008）；版权所有

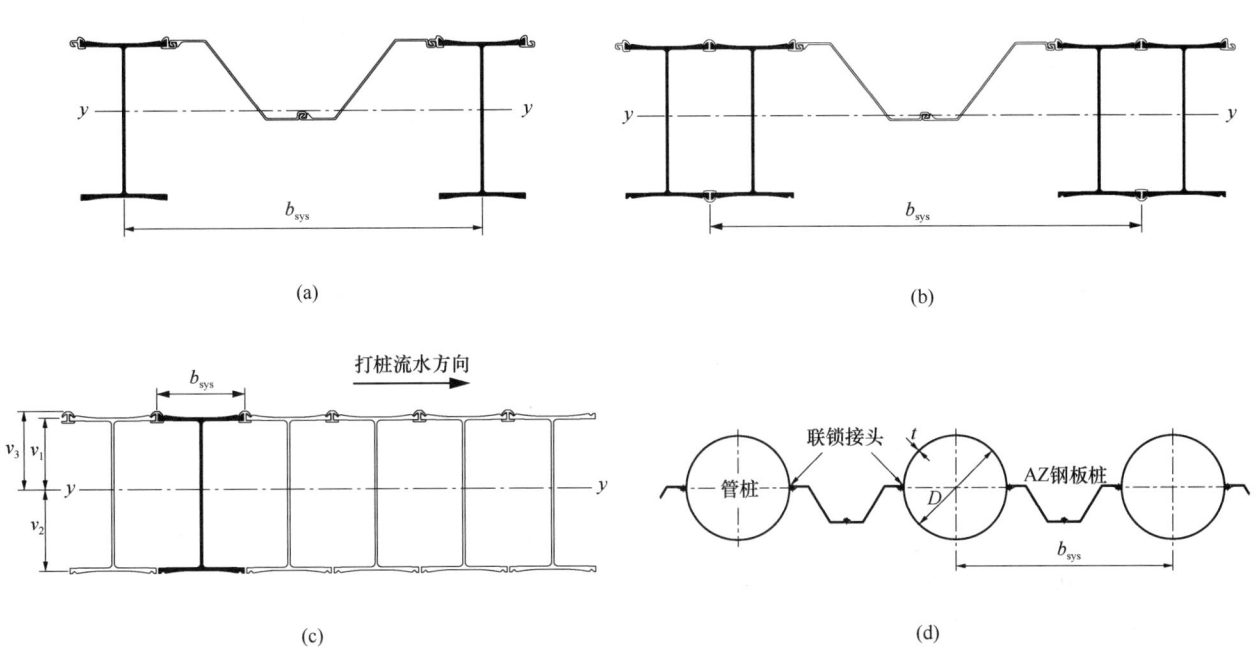

图 62.9 板桩组合
（a）组合 HZ/AZ；（b）组合 HZ/AZ；（c）组合 C；（d）圆形截面的组合
经许可摘自 Arcelor Mittal（2008）；版权所有

板桩支护结构的缺点包括：

- 最大桩长约 30m；
- 腐蚀会导致截面尺寸减小；
- 在粗粒土层中或在打入困难的条件下，可能会出现桩位偏移现象。

62.3.2 立柱式支护结构

立柱式支护结构也被称为带挡板的排桩支护结构或柏林墙。

间隔的钢柱或柱子沿着墙线布置，或者打入墙内，或者置于现浇钻孔灌注桩内。随着开挖的进行，立柱之间的空隙使用木制铁路枕木、预制混凝土构件、现浇或喷射混凝土来填充。因此，如果没有在开挖时采取降水措施，则该支护结构不适合在地下水位以下的粗粒土中开挖。柱子的间距一般为 1~3m，可以变化调整，便于布置墙体，避免局部重叠，如图 62.10 所示。

立柱式支护结构可实现 20m 深度的支挡开挖；但是，由于地下水控制的要求，开挖深度较浅的情况很常见。

62.3.3 排桩支护结构

排桩支护结构由沿墙线布置的钻孔灌注桩组成。制桩时每条桩之间留有间隙。间隙的大小是根

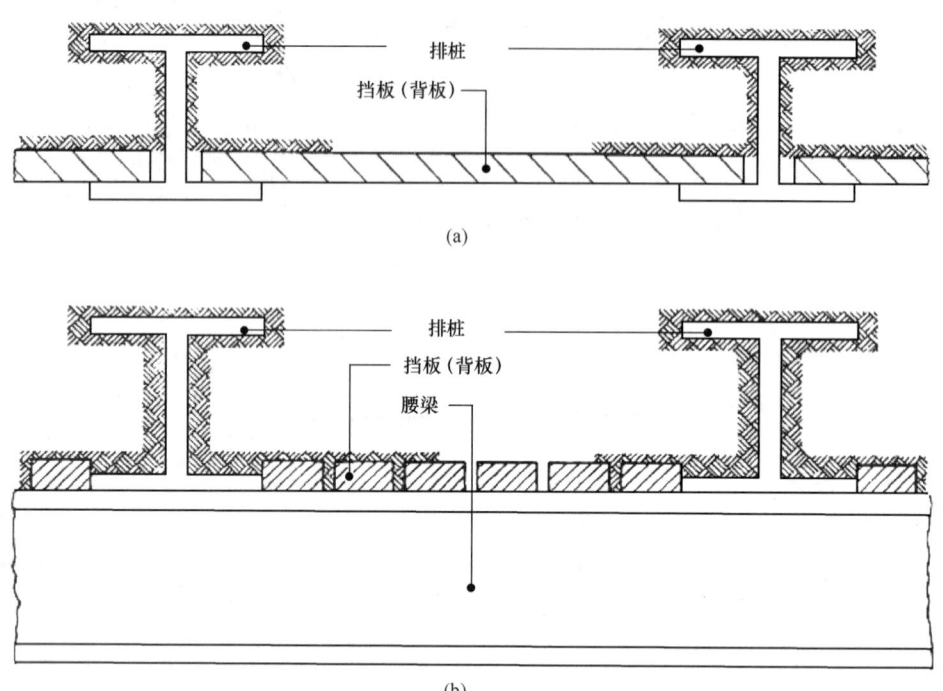

图 62.10 立柱式支护结构
（a）水平挡板（背板）；（b）垂直挡板（背板）
经许可摘自英国标准 BS 8002 © 英国标准协会（British Standards Institute）（BSI，1994）

据场地尺寸以及特定的地面条件决定的，但通常为 50~150mm，如图 62.11 所示。

排桩的施工可以采用连续螺纹钻孔桩（CFA）或使用套管的传统钻孔桩。桩型与成桩工艺的选择取决于地层条件和桩的深度。第 5 篇和第 8 篇提供了桩的设计和施工的详细信息。

由于桩与桩之间存在间隙，墙体不能截水，因此不适合于在地下水位以下的粗粒土地层中施工。传统钻孔灌注桩需要厚壁套管来克服较硬的地层和障碍物。

由于各个桩之间存在间隙，故排桩支护结构不能用作永久墙；然而，它们可以通过作为结构面墙成为永久墙。

对于钢管混凝土桩（CFA 桩），排桩支护结构的深度受钢管混凝土桩最大深度的限制（第 8 篇）。连续排桩支护结构可进行高达 20m 的支护开挖。

62.3.4 钻孔咬合桩支护结构

钻孔咬合桩支护结构由沿墙线布置的相互咬合的钻孔灌注桩组成，如图 62.12 所示。桩施工可以使用传统的打桩钻机或螺旋钻机。有关打桩方法的更多详细信息，请参见第 79 章"施工次序"，第 81 章"桩型与施工"和第 82 章"成桩风险控制"。

首先对素桩（female piles）进行施工，然后再施工配筋桩（male piles），配筋桩在成桩过程中咬合素桩。钻孔咬合桩支护结构具有隔水性能。配筋桩采用全长配筋，提高支护结构墙体的结构强度。

可以考虑三种类型的钻孔咬合桩支护结构，并根据素桩的强度定义如下：

- 刚性/柔性组合，柔性桩材料通常为水泥加膨润土或混凝土加砂，桩身抗压强度为 $1~3N/mm^2$；
- 刚性/半刚性（firm）组合，半刚性桩身抗压强度为 $10~20N/mm^2$，需要添加缓凝剂以便在刚性桩钻孔时降低半刚性桩的强度。
- 刚性/刚性组合，素桩强度与刚性桩相同，还可以配筋成为钢筋混凝土桩，如图 62.13 所示。

桩的尺寸按标准桩径计算。

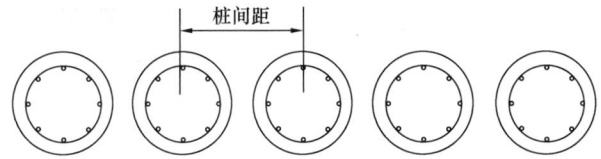

图 62.11　排桩支护结构

经许可摘自 CIRIA C508，Gaba 等（2003），www.ciria.org

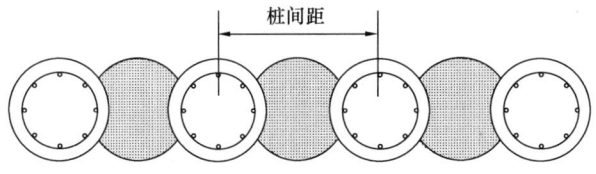

图 62.12　刚性/柔性或半刚性的钻孔咬合桩支护结构

经许可摘自 CIRIA C508，Gaba 等（2003），www.ciria.org

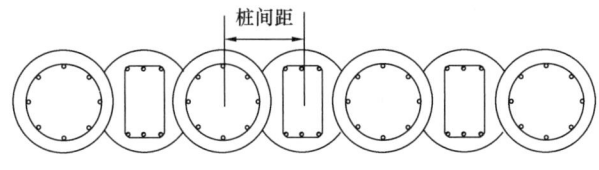

图 62.13　刚性/刚性咬合桩支护结构

经许可摘自 CIRIA C508，Gaba 等（2003），www.ciria.org

桩的搭接尺寸和桩间距根据场地尺寸选择，并考虑桩的施工误差及搭接深度或咬合要求。

由于软桩组合的收缩和开裂，刚性/柔性墙并不是永久挡水墙的首选解决方案。为了确保截水能力，可以在墙的表面浇筑结构内墙。

对于刚性/半刚性和刚性/刚性咬合的地下室外墙，需要额外的护面墙，例如可排水的砌块空心墙，将根据所指定的地下室等级而定［请参阅英国标准 BS 8102（BSI，2009）］。

钻孔咬合桩支护结构作为一种截水墙，适用于开挖延伸到地下水位以下的透水性地层，也适用于地下水位以上的粗粒土层，钻孔咬合桩支护结构的缝隙可能会导致墙后填土细颗粒流失。在低渗透性地层上方存在透水地基的情况下（例如黏土上方的砾石），素桩可以设置在黏土中，而刚性桩向下延伸，在黏土内形成连续的墙。

钻孔咬合桩支护结构适用于大多数地层条件。

对于 CFA 桩，钻孔咬合桩支护结构的深度将受到 CFA 桩的最大深度的限制（第 8 篇）。咬合桩支护结构的最大深度可能取决于墙体的施工误差，因此，必须确保桩与桩的有效咬合，从而隔挡地下水。支撑式开挖高度可达 20m，刚性/刚性咬合桩

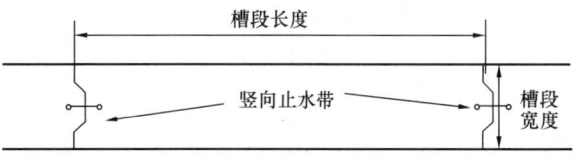

图 62.14　地下连续墙和接头

经许可摘自 CIRIA C508，Gaba 等（2003），www.ciria.org

支护结构开挖高度则可达 25m。

62.3.5　地下连续墙支护结构

地下连续墙支护结构由连锁的钢筋混凝土板组成，如图 62.14 所示。

墙板是依托泥浆护壁在地层中开挖成槽、在成槽中安置预制钢筋笼、导管浇灌槽内水下混凝土以置换护壁泥浆而形成的。由于对护壁泥浆及单元墙板较大体积的需求，地下连续墙支护结构与其他形式的墙相比，施工时需要铺设更大的施工空间。

支护结构墙板的宽度和长度取决于可用的施工设备。典型宽度为 600mm、800mm、1000mm、1200mm、1500mm，与成孔的抓斗或切刀的宽度相对应。典型抓斗的长度为 2.8m，但也可能减小到 2.2m。长度是用于形成墙板的咬合次数的函数，见表 62.1。对于较长的面板长度，应考虑泥浆护壁的能力，泥浆协同地层在较大开挖面周围形成土拱从而保持开挖面的稳定。

地下连续墙支护结构适用于大多数地层。

支护结构墙体的深度受挖掘机械作用范围的限制。墙壁的深度已达 120m，但是，在此深度需要严格控制施工误差以使面板宽度与墙的整个深度符合垂直度要求。这种深嵌墙板的钢筋笼节段拼接困难，需要仔细控制吊起钢筋笼的起重机能力以及整个墙板的施工时间。

由于单个墙板的尺寸限制，地下连续墙支护结构在处理墙体对齐的任何变化时不太灵活。因此，地下连续墙支护结构更适用于长直墙，而不适于几何形状较为复杂的场地。在各个面板之间的接缝处设置的止水条将地下连续墙变成截水墙。

地下连续墙支护结构又称浆料墙；然而，在使用这一术语时应注意，因为在英国，浆料墙是一种用于隔离或封堵的未加筋墙，而不是嵌入式挡土墙。

地下连续墙支护结构：典型墙面宽度　　　　表62.1

咬合数量	最小墙面长度（m）	最大墙面长度（m）	开挖顺序
1	W	W	1
2	$W+T$	$2 \times W - T$	1　2
3	$2 \times W + T$	$3 \times W - 2 \times T$	1　3　2

注：1. W 为可用的抓斗长度（一般为2.8m）；
2. T 为抓斗宽度：一般为600mm、800mm、1000mm、1200mm或1500mm。

数据取自 CIRIA C580，Gaba 等（2003），www.ciria.org

地下连续墙支护结构的变化可以包括：

- T 形板，以提高强度和刚度；
- 后张墙板；
- 预制板，有或没有预应力。

预制墙板的建造方法是将墙板放入填充护壁泥浆的沟槽中，并通过现浇混凝土或下料导管浇筑的灌浆将其密封在沟槽中。预制墙板的大小实际上受墙板的起吊以及将其放入沟槽的能力的限制。

62.4　混合式支护结构

混合式支护结构结合了重力式和嵌入式特性来

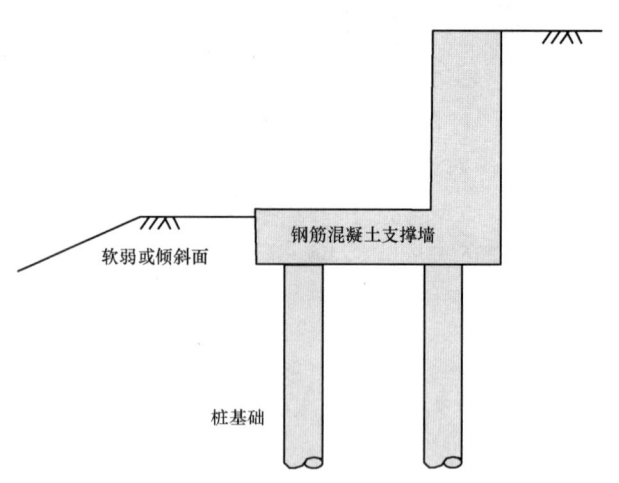

图 62.15　混合式支护结构实例

支挡墙后岩土体。例如，混合式支护结构是在桩基础上建立的 L 形或 T 形混凝土支护结构，如图 62.15 所示。这种混合式支护结构解决方案适用于重力式支护结构地基提供不了足够的抗滑力或承载力，但使用墙下桩基可以满足承载能力要求的情况。

62.5　支护结构的对比

表 62.2 给出了不同类型支护结构的优缺点的比较。第 63 章"支护结构设计原则"给出了进一步影响支护结构类型选择的要素。

支护结构的比较　　　　表62.2

支护结构类型	优点	缺点
重力式支护结构-常规	■ 通过使用预制或模块化系统，最大限度地减少现场施工活动； ■ 经济有效的支护结构解决方案，用于支挡抬高的地面	■ 地下水位以下施工需要现场降低水位； ■ 在现有地面以下进行支护结构施工时，需要进行临时明挖
预制钢筋混凝土支护结构	墙体的表面光洁	■ 墙体的高度可能会受到运输和吊装要求的实际限制，一般为 1~3m； ■ 需要详细规划高度或平面线形的变化，以便进行构件预制； ■ 需要适当的排水或者不排水
砌体支护结构	■ 墙体的表面光洁； ■ 可孤立地安装在障碍物周围； ■ 可以建造成具有倾角的墙体	■ 施工需要砌砖技术； ■ 需要基础底板； ■ 需要适当的排水或者不排水
干砌石支护结构	■ 简单的人工砌筑； ■ 独特的粗糙①效果； ■ 可以与植被一起使用； ■ 可以在平面上生成曲线	■ 需要基础底板； ■ 需要适当的排水或者不排水

---

① 译者注：原文是"Distinctive course effect"，其中"course"可能是"coarse"的笔误。

续表

支护结构类型	优点	缺点
框架支护结构	■ 简单的人工构造； ■ 独特的"蜂窝"外观； ■ 可以与植被一起使用； ■ 在平面上可以形成曲线	■ 需要基础底板； ■ 自由排水，虽然也可能需要墙背排水； ■ 需要分层压实回填
石笼支护结构	■ 结构简单； ■ 可能不需要基础板； ■ 完全排水，不需要墙背排水，除非填充了不排水材料； ■ 可以与植被一起使用； ■ 在平面上可以形成曲线	■ 一种柔性系统，将导致墙壁轮廓起伏
嵌入式支护结构-常规	■ 尽量减少挖掘量； ■ 在既有结构和公用设施附近进行深基坑开挖； ■ 在地下水位以下进行深基坑开挖（仅限嵌入式的截水墙）	■ 专业施工设备和现场操作； ■ 与明挖施工方法相比，造价昂贵
板桩支护结构	■ 提供具有可控制表面光洁度的经济嵌入式墙； ■ 没有废弃物需要清理； ■ 适合作为截水墙； ■ 既可作临时墙又可作永久墙	■ 最大桩长约 30m； ■ 粗粒土层中有可能分高
立柱式支护结构	■ 可应用在单独障碍物周围	■ 不适合长期止水； ■ 不能用于地下水位以下粗粒土中的基坑开挖
排桩式支护结构	■ 最经济的混凝土桩墙形式	■ 不能隔水； ■ 由于桩与桩之间的间隙，除非作为结构墙面，否则在任何土体中都不是永久支护结构
刚性/柔性钻孔咬合桩支护结构	■ 充当临时挡水墙； ■ 柔性桩的引入使得刚性桩在施工时可比刚性/刚性钻孔咬合桩支护结构采用更低扭矩的钻机	■ 通常不用作永久性截水墙； ■ 柔性桩咬合桩支护结构混合料并不比混凝土便宜多少，当地混凝土厂往往无法对软质材料进行分批处理，因此需要现场分批处理； ■ 深度受垂直度误差的限制，垂直度误差可以决定咬合桩的深度
刚性/半刚性钻孔咬合桩支护结构	■ 永久挡水墙； ■ 一序桩（半刚性桩）的材料要么是标准的混凝土，但加入缓凝剂使二序桩（刚性桩）施工时其强度降低，要么采用强度较低的混凝土	■ 深度受垂直度误差的限制，这可能决定咬合桩的深度
刚性/刚性钻孔咬合桩支护结构	■ 永久挡水墙； ■ 使用带有高扭矩钻机的标准打桩设备安装	■ 切割高强度的一序桩（素桩）需要高扭矩的钻机或振荡器； ■ 深度受垂直度误差的限制，这可能决定咬合桩的深度
地下连续墙支护结构	■ 永久挡水墙； ■ 如果垂直度误差可以接受的话，可以安装很深的墙体； ■ 在某些情况下，地下连续墙支护结构的表面可以通过一些表面清洁和凿除凸起形成平整外观； ■ 与桩墙相比，接缝较少	■ 墙板之间很难实现水平连续性； ■ 不适用于复杂的平面形状； ■ 安装设备多，需要很大的场地来容纳泥浆护壁装置、钢筋笼和开挖设备； ■ 护壁泥浆的处置成本很高
混合式支护结构	■ 当场地条件不允许使用重力式支护结构，但也不需要嵌入式支护结构时，提供一个实用的支护结构解决方案	■ 不同墙体和基础构件的组合形成了针对现场情况的特殊的支护结构类型

经许可摘自 Gaba 等（2003）、Chapman 等（2000）

62.6 参考文献

ArcelorMittal (2008). *Piling Handbook* (8th Edition). [Available at: www.arcelormittal.com/sheetpiling/page/index/name/arcelor-piling-handbook]

BSI (1994). *BS 8002: Code of Practice for Earth Retaining Structures*. London: British Standards Institution.

BSI (2001). *BS 5628: Part 3. Code of Practice for Use of Masonry Materials and Components, Design and Workmanship*. London: British Standards Institution.

BSI (2004). *BS EN 1997–1 Eurocode 7: Geotechnical Design – Part 1: General Rules*. London: British Standards Institution.

BSI (2009). *BS 8102: Code of Practice for Protection of Below Ground Structures against Water from the Ground*. London: British Standards Institution.

Chapman, T., Taylor, H. and Nicholson, D. (2000). *Modular Gravity Retaining Walls: Design Guidance. Publication C516*. London: CIRIA.

Gaba, A. R., Simpson, B., Powrie, W. and Beadman, D. R. (2003). *Embedded Retaining Walls – Guidance for Economic Design. Publication C580*. London: CIRIA.

Yandzio, E. and Biddle, A. R. (2001). *Steel Intensive Basements. Publication P275*. Berkshire: Steel Construction Institute.

62.6.1 延伸阅读

Geoguide 1 (1993). *Guide to Retaining Wall Design*. Hong Kong: Hong Kong Government Geotechnical Control Office.

NAVFAC Design Manual 7.02. *Foundations and Earth Structures*. Washington, USA: Naval Facilities Engineering Command (NAVAC), US Department of the Navy.

62.6.2 实用网址

英国建筑业研究与信息协会(CIRIA);www.ciria.org

英国桩基施工专家联合会(Federation of Piling Specialists);www.fps.org.uk/index.php

Hong Kong Geo Publications;www.cedd.gov.hk/eng/publications/manuals/geo_publications.htm

《桩基施工手册》(Piling Handbook);www.arcelormittal.com/sheetpiling/page/index/name/arcelor-piling-handbook

---

建议结合以下章节阅读本章：
- 第85章"嵌入式围护墙"
- 第91章"模块化基础与挡土结构"

本书以第1篇"概论"和第2篇"基本原则"为指导进行章节编排。如第4篇"场地勘察"中所述，各类岩土工程均应进行扎实的现场勘察工作。

译审简介：

曹净，昆明理工大学教授，博士生导师，中国工程教育专业认证土木类委员会委员，全国高教土木专业评估委员会委员。

刘文连，中国有色金属工业昆明勘察设计研究院有限公司副总经理，总工程师，正高级工程师，全国工程勘察设计大师。

第 63 章 支护结构设计原则

迈克尔·德夫里昂特（Michael Devriendt），奥雅纳工程顾问，伦敦，英国
主译：吴江斌（华东建筑集团上海地下空间与工程设计研究院）
审校：陈伟（中国建筑科学研究院有限公司地基基础研究所）

doi: 10.1680/moge.57098.0969

目录

63.1	引言	941
63.2	设计理念	941
63.3	设计参数的选择	945
63.4	土体位移及其预测	949
63.5	建筑物损坏评估准则	951
63.6	参考文献	952

在进行挡土墙设计之前，设计者应了解与设计原则相关的基本概念。设计者应了解挡土墙的特征、施工顺序、性能标准及恰当类型的选择。在了解基本概念之后，设计者需要基于相应的规范标准选择设计参数进行分析。此外，设计者还应了解与邻近结构正常使用相关的土体位移大小和潜在结构损坏的问题。

本章为读者提供了与上述挡土墙设计相关概念性问题的基本认识，并提供了其他包含更详尽描述的材料作为参考。

63.1 引言

本章讲述了控制挡土墙设计的基本概念。在进行第64章"支护结构设计方法"至第67章"支挡结构协同设计"所概述的墙体设计之前，设计者应充分理解本章中所述概念。因此，本章为挡土墙设计时需解决的诸多概念问题奠定了基础。

63.2 设计理念

63.2.1 挡土墙的岩土特性

在设计挡土墙时，了解其特性至关重要。正如第62章"支护结构类型"中所述，挡土墙大体上可分为重力式挡土墙、嵌入式挡土墙和混合式挡土墙。不同挡土墙类型的分析方法于第64章"支护结构设计方法"至第67章"支挡结构协同设计"中阐述。

了解场地地质和地下水条件对于挡土结构的分析或反演分析至关重要。设计中土体参数的使用及不同地下水条件下的选取将在本章后部分及第64章"支护结构设计方法"至第67章"支挡结构协同设计"中进行详细阐述。

63.2.2 施工顺序

63.2.2.1 概述

挡土墙的施工顺序对其设计、造价和工期有着重大影响。本节将讨论影响挡土墙施工顺序选择的概念性决策。

63.2.2.2 设计

挡土墙的位移影响着周围土体的原位应力状态。土压力理论已在第20章"土压力理论"中介绍。在挡土墙的施工过程中，当墙体出现位移时，土压力将从静止状态（K_0）变为主动或被动状态，具体取决于土体的松弛或压缩是发生在墙后还是墙前。有关更多土压力理论的介绍请参阅第20章"土压力理论"。

图 63.1 说明了位移量（或应变）控制墙体主动侧和被动侧应力状态的概念。在相对较小的应变

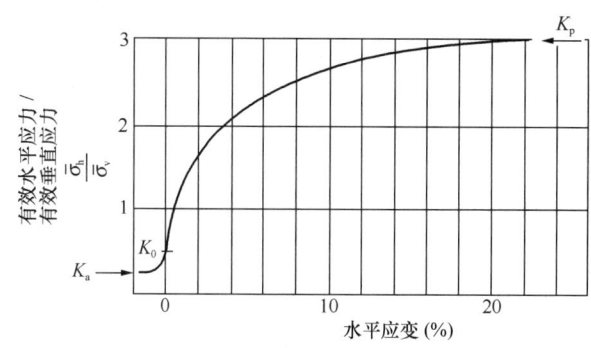

图 63.1 关于正常固结砂土的土压力和水平应变（Terzaghi[①], 1954）之间的关系（主动和被动的比例不同）

摘自 Simpson（1992），版权所有

---

① 译者注：原文 Terzhagi 疑似笔误，应为 Terzaghi。

下就可以达到主动状态（K_a），而需要较大的应变才能达到被动状态（K_p）。挡土结构前后的土压力将影响其弯矩、剪力和所有支撑力。施工顺序也会影响支护结构的位移，从而影响支护结构的设计。

为了解施工顺序造成的差异，有必要进行分阶段施工分析（即第64章"支护结构设计方法"中描述的极限平衡分析方法不再适用）。这里需要使用更复杂的分析方法，如伪有限元（pseudo finite element）和有限元（full finite element）或有限差分程序，以考虑施工顺序的影响。第6章"岩土工程计算分析理论与方法"中讨论了此类程序的使用，第64章"支护结构设计方法"至第67章"支挡结构协同设计"中则包含了此类程序在挡土墙设计中的应用。

墙体位移以及由施工导致的墙体位移将影响其周围土体的位移。详细内容请参见第63.3节。

63.2.2.3 地下室施工

基坑开挖，特别是在受限的城市场地，其施工顺序将对项目的成功与否产生重要的影响。特别是如果现场已有地下室且需要保留既有地下室挡土墙时，则应慎重考虑施工顺序。

63.2.2.4 逆作法和顺作法

当挡土墙用于地下室和封闭空间（如车站箱形结构）的开挖时，有两种常用的形成地下室空间的施工顺序："自上而下"（逆作法）和"自下而上"（顺作法）。这两种常用施工顺序的其他衍生方法也常被采用以适应特定的场地限制条件。

逆作法施工需要在开挖过程中建造连续的永久性地下室楼板来支撑四周挡土墙。顺作法施工则在开挖过程中采用临时支撑以支撑四周挡墙，然后在开挖完成后建造永久性地下室楼板。

表63.1就一些常见的考虑因素对这两种施工顺序进行了比较。图63.2和图63.3分别为逆作法和顺作法施工的照片。

施工顺序会对拟定开发项目的方案和造价产生重大影响，特别是城市地区的施工方案将直接影响工程项目能否成功完成。关于工期延误对成本的影响请参见第7章"工程项目中的岩土工程风险"。

63.2.3 设计要求和性能标准

63.2.3.1 概述

在进行挡土墙结构设计之前，设计者必须先明确结构的通用性能标准。性能标准可能会因结构在设计使用年限期间的要求而有所不同（例如，考虑到在未来某个时刻将对挡土墙结构施加垂直荷载）。

63.2.3.2 设计使用年限

结构的设计使用年限将会影响与挡土墙设计相关的几个问题。

施加在挡土墙上的力也会受到如波浪或地震等可变荷载的影响。这些力的大小通常与给定结构设计使用年限内的重现期和超越概率有关；关于重现期的选取，请参阅《欧洲标准8》（Eurocode 8）第1部分（BSI，2004b）和第5部分（BSI，2004c）以及英国标准BS 6349第1部分（BSI，2000）和第2部分（1988）（BSI，2000）。结构的拟定设计

逆作法和顺作法施工的对比　　表63.1

特性	逆作法	顺作法
上部结构施工	允许地下室和上部结构同时施工	地下室通常须在建造上部结构之前建造
用于支撑地下室平面区域内上部结构的承重桩	桩顶标高位于基底，立柱插入桩中	可在地下室开挖之前或之后打桩。如果在开挖之前打桩，则需要使用插入定位环来安装立柱
土方开挖	弃土需要从楼板的开孔中挖运	拥有"大空间"进行弃土开挖，当土方车在场地移动不受限制时，通常会有更快的弃土开挖速度
土体位移	通常地下室刚度越大，土体位移越小	临时支撑的刚度通常低于永久结构，因此将导致更大的土体位移；但是这种状况可以通过增加临时支撑来改善

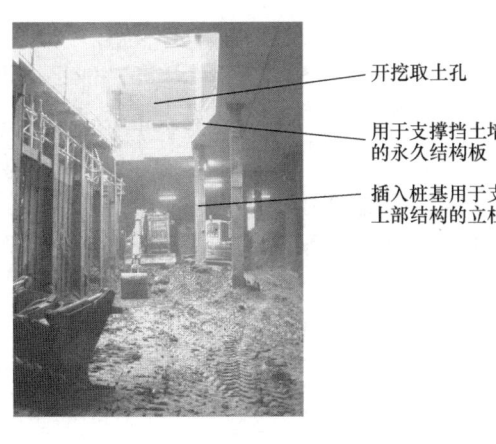

图 63.2　逆作法开挖示例（One New Change，伦敦）
经由 Arup 提供照片

图 63.3　顺作法开挖示例（Ropemaker，伦敦）
经由 Arup 提供照片

使用年限会影响设计中考虑的重现期，从而影响荷载的大小。特别是在地震区域挡土墙的设计中，主动区和被动区的范围将受到地震作用的影响。因此，墙后拉锚的位置都应根据抗震设计进行复核。

设计中也需要考虑挡土墙和支撑结构的整体完整性。如果结构裸露于不利环境中（例如板桩暴露在盐水腐蚀环境中），则在设计中应考虑这部分截面厚度的扣除，见《桩基施工手册》(*Piling Handbook*)（ArcelorMittal，2008）。

63.2.3.3　临时性和永久性工程

临时性和永久性工程设计通常由不同的公司或团队承担。如第 63.2.2 节所述，施工顺序将会对挡土墙的设计产生重大影响。因此，重要的是，临时性和永久性工程的设计者应共享设计信息，并明确每个设计者的预期施工顺序。特别是应考虑各自的支撑和挡土墙特性以及墙体的刚度参数。应分析复核临时性和永久性工程的整体施工顺序。

63.2.3.4　排水或不排水

在确定是否适用排水或不排水的土体条件时，应考虑土体自身的排水能力。对于完全饱和的土体，不排水条件的特点是体积不发生变化，尽管其形状可能发生变化。对于低渗透性土体（如高塑性沉积黏土），这种情况可能在荷载变化的短期内普遍存在，其中加载阶段超孔压消散缓慢，卸载阶段产生吸力。土体的具体结构决定了平衡时水压力的大小。获取准确记录并充分了解土体结构的重要性再怎么强调也不为过（第 13 章"地层剖面及其成因"至第 15 章"地下水分布与有效应力"以及第 46 章"地质勘探"）。

由于其沉积历史，坚硬的超固结黏土通常具有节理、裂隙和层状结构。尽管节理和不连续面之间黏土的渗透性可能较低，但小部分砂粒或粉粒的存在会对土体的渗透系数产生重要影响。这会影响水从土体的一部分流到另一部分的速度以及水被吸入土体的速度。为了评估不排水条件是否可能在较长时间内存在，应考虑以下因素：

- 土体的层理和结构。预剪切面通常没有剪胀，这意味着剪切可以在排水条件下体积不变时发生。这不应与不排水条件的土体行为相混淆。
- 土体的原位渗透性（垂直和水平方向）。
- 附近是否有可用的水。
- 影响固结系数（c_v）的土体刚度。在应力路径方向发生变化后该值可能会非常高。
- 类似地质条件的施工经验。

设计者应评估排水路径并估算排水条件恢复的时间。

作为一般性指导，当土体的原位渗透性较低［即渗透系数的数量级约为 10^{-8} m/s 或更小；参见英国标准 BS 8002（BSI，1994）］时，可在短期内假设为不排水条件。当土体渗透性较好或为粗粒土时，应在设计中假设为排水条件。

63.2.3.5 整体式桥梁循环荷载

对于桥梁的设计，挡土结构通常构成桥台的一部分并支撑于桥面两侧，如图 63.4 所示。为了降低长期维护成本，应避免使用支座支撑桥面结构，并将桥台与桥面相结合（整体式桥梁）。

对于整体式桥梁，温度的变化将导致桥台及其后方土体发生循环位移。这些循环位移对土压力的作用将影响挡土墙的设计。此外，在粗粒土中，这种往复移动可能导致挡土墙后方土体发生沉降，可能会对桥梁的公路或铁路引道结构设计产生影响。

现阶段已有多种设计方法考虑了由循环荷载所引起的土压力增量；例如英国公路局（Highways Agency）文件 BA42/96（1996）。Lehane（2006）通过参考离心模型试验提出了一种评估这些设计的方法。

63.2.3.6 水平和竖向支撑的性能标准

尽管在多数情况下挡土墙的主要功能是提供侧向水平支撑并阻挡土体和地下水，但一些挡土墙，特别是用于地下室施工的挡土墙，也可能需要提供竖向支撑。对于这些情况，应同时考虑允许的竖向和水平位移。关于水平荷载设计的进一步论述，请

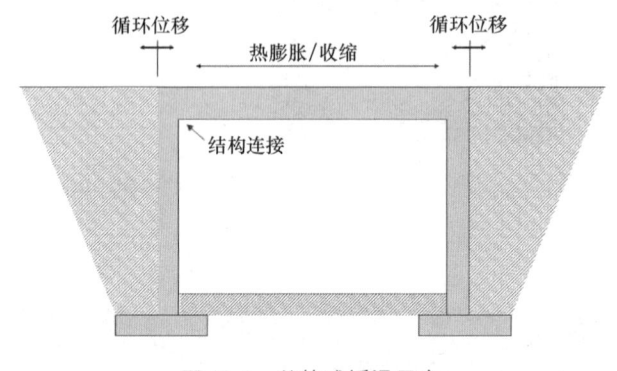

图 63.4 整体式桥梁示意

经由 Arup 提供图片

挡土墙选择的影响因素 表 63.2

影响因素	具体描述
挡土墙施工现场周边的可用性空间	如果存在空间限制且业主希望将挡土墙建至红线边缘，则嵌入式挡土墙通常比重力式挡土墙更合适。嵌入式挡土墙的截面厚度也是一个考虑因素。更厚的墙体通常会增加刚度并减少位移，但也会占用更多的空间
挡土墙的悬臂高度	当挡土墙悬臂高度较大时，通常需要较厚的挡土墙截面以提供足够的抗弯承载力，并将墙体的位移限制在允许范围内
防水性	土体渗透性和地下室空间的要求将影响墙体的选择。通常墙体接缝越少，其渗漏率越低，防水性越好。可通过使用排水洞或内衬墙进行长期的地下室空间改善。CIRIA 139 报告（Johnson，1995）、英国标准 BS 8102（BSI，1990）为如何使钻孔桩、地下连续墙和板桩支护结构达到防水性要求提供了指导
刚度	较高的系统刚度（即墙体及其支撑系统）可减少墙体及土体的位移。墙体刚度的提升可通过增加墙体厚度或增加墙体的支撑或锚杆数量来实现
工程成本	如无需用提升防水性的连续支撑，则可节省工程成本（例如选择钻孔灌注排桩而非咬合桩）。材料的相对成本（例如钢板桩）也会随着时间的推移而变化
方案	与上述工程成本部分类似，如果方案采用钻孔灌注排桩而非咬合桩是可行的，则可节省项目成本。也可通过减少咬合桩的搭接量或增加桩的直径（从而减少打桩数量）来节省成本
设计使用年限	挡土墙的设计使用年限是主要考虑因素，挡土墙上的作用力施加取决于设计使用年限（例如地震作用或波浪荷载），另外墙体随时间推移而老化或腐蚀（例如海洋环境中的板桩）
能耗	挡土墙施工所需的能耗。关于此方面的进一步论述请参阅第 11 章

参阅第 64 章"支护结构设计方法";关于竖向荷载设计的进一步论述,请参阅第 67 章"支挡结构协同设计"。

63.2.3.7 海洋环境中挡土结构的设计

在海洋环境中设计挡土结构时,应进一步考虑潮位、涌浪、风暴潮、波浪冲击荷载和海平面上升对其设计使用年限的影响。在考虑这些影响后可降低挡土墙的漫顶危险。挡土墙主动侧和被动侧间的水位差也应留有余量。关于在海洋环境中设计的进一步指导请参阅英国标准 BS 6349 第 1 部分（2000）和第 2 部分（1988）（BSI, 2000）。

63.2.4 墙体选择的考虑因素

在第 62 章"支护结构类型"中论述了挡土墙的主要类型,挡土墙通常用于挡土和截水。

表 63.2 总结了影响挡土墙选择的主要因素。

63.3 设计参数的选择

63.3.1 设计原理和方法（极限状态,适度保守,最有可能）

63.3.1.1 极限状态

在进行挡土墙的设计时需选择适当的水土参数进行计算。设计计算的目的是验证结构不会超过极限状态。设计时通常应考虑结构的各种极限状态。现行标准（BS EN 1997-1：2004；Eurocode 7, BSI, 2004a）规定设计者在设计时必须检查结构是否超过承载能力极限状态、正常使用极限状态或偶然极限状态。

正常使用极限状态（SLS）规定了正常使用情况下结构或结构构件的满足功能极限、受建筑工程设计和外观影响的舒适度。结构超出正常使用极限状态将会引起使用不便、缺陷以及额外成本支出。

当结构或结构构件出现以下一种或多种情况时,应认为达到了承载能力极限状态（ULS）：

- 整个结构或结构的一部分作为刚体失去平衡；
- 因过度变形而不适于继续承载；
- 导致结构破坏的变形；
- 结构或结构构件（包括支撑或基础）丧失稳定性；
- 由疲劳或其他时间相关效应引起的结构失效。

结构超过承载能力极限状态将导致严重后果,包括伤亡或重大财产损失风险。一个合理的设计必须避免这些可能的风险。

63.3.1.2 土体特征参数的选取

在极限状态下,控制岩土结构行为的地层范围远比试验样品或现场试验的地层范围大得多。因此,控制参数的选取通常需要综合考虑大范围或大体量土体的一系列值。

设计者应谨慎估计特征值[①]。因此,选择特征值应比选择最概然值更为保守。

如果使用统计学方法选择代表土体特性的特征值,所使用的方法应区分场地采样和区域采样,且还应考虑类似场地的经验。如使用统计学方法,则在计算极限状态特征值时,不利值出现的概率不应超过 5%。在某些特定情况下使用统计学方法可能是不合适的,案例研究 1 给出了其中的一个例子。

设计者的所有岩土专业知识都将纳入对土体特性特征值的评估中。

关于设计参数选取的进一步讨论请参阅第 17 章"土的强度与变形"和第 27 章"岩土参数与安全系数"。

土体特征参数选取的一些案例在 Simpson 和 Driscoll（1998）《欧洲标准 7》（*Eurocode 7*）的条文解释中给出。案例研究 1 摘录自该文件,包括一个示例。

63.3.2 案例研究 1

图 63.5（a）为伦敦黏土的一系列不排水抗剪强度的试验结果。该试验采用了不固结不排水三轴试验。通过数据绘制的统计平均线表明不排水强度随深度的增加而增大。在此需要一条特征线且它取决于如何利用特征值,即所考虑的极限模式是什么?例如,如果需要使用不排水强度来计算挡土墙周围的土体位移,则可以使用图63.5(a)中的"保守（平均）"值。然而,对于破坏可能发生在小范围土体区域的问题,例如一个位于深层土体中

[①] 译者注：英国的特征值相当于国内的标准值。

的独立基础,则应采用更谨慎的值——"保守(局部)"值。从这些钻孔中还可获得标准贯入试验(SPT)的结果,如图63.5(b)所示。对于伦敦黏土,标准贯入度和不排水抗剪强度间通常存在一个常数因子,该因子约为4.5~5。然而如果将标准贯入试验结果中的平均线转移到不排水强度图上,如图63.5(c)所示,则常规相关性似乎不再适用。事实上,样品所测得的不排水强度非常高:它们与所测的极低含水率的土体一致,但这可能只是因为样品在前往实验室的途中已经风干,尽管并没有理由怀疑这一点。图63.5(c)还包含了根据邻近场地不排水抗剪强度和标准贯入试验数据所绘制的代表平均值的直线。把它们与常规相关性进行比较,可以清晰地发现新场地的不排水强度非常高。

基于这些不一致的数据,应使用什么值作为不排水强度的特征值呢?三轴试验中测得的值不应被忽略,但标准贯入试验的结果和附近场地的数据也

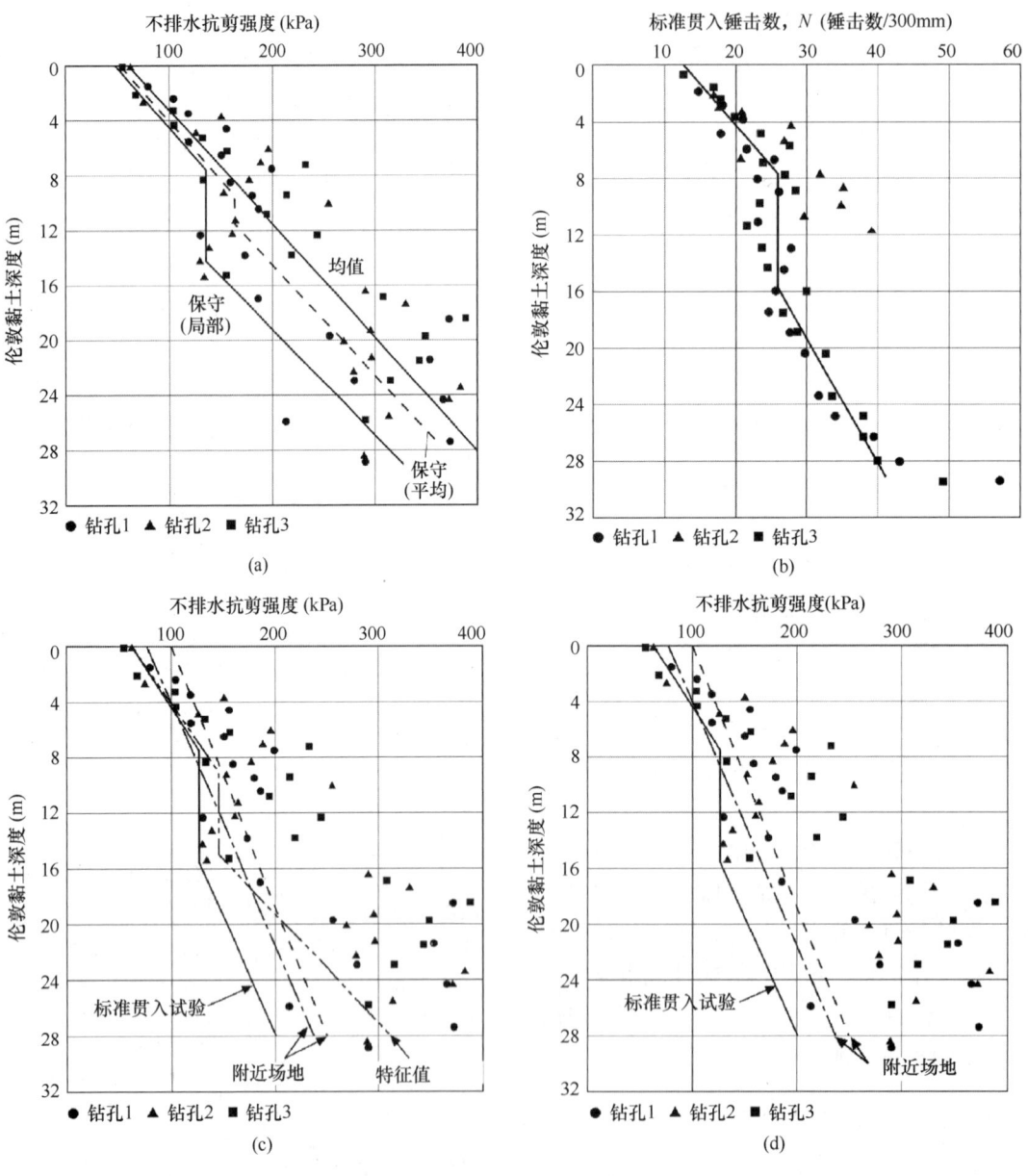

图63.5 基于伦敦黏土的试验结果

经许可摘自 Simpson 和 Driscoll（1998）© BRE

应影响特征值的选取。这些数据的特征值如图 63.5d 所示，这比图 63.5a 中仅基于三轴试验结果的初始评估值要小，并且更接近这组特定的三轴试验结果的下限。

由于统计学方法能够发现数据之间的相似逻辑关系，工程师们在试图理解真实数据时，通常需要采用统计学方法进行上述研究和分析过程。然而，这个过程需要采用相当高级的统计学方法，一般的统计方法方便使用但无法考虑数据多样性问题，这对设计过程是不利的。

[案例研究文本经许可摘自 Simpson 和 Driscoll (1998) © BRE]

63.3.2.1 地下水特征参数的选取概述

在选择挡土墙主动侧和被动侧的特征水位和地下水压力曲线时，应保守估计主动区和被动区地下水条件。设计者应检查是否已考虑以下因素：

- 自由水源的邻近程度，以及在墙体设计使用年限期间受此类水源影响的可能性；
- 墙体施工对当地水文地质的影响，例如阻挡了天然地下水流或使含水层地下水位长期上升；
- 墙趾标高未达到设计标高所造成的影响，例如存在障碍物或施工阻力大；
- 墙体施工期间和使用年限期间抽水或排水造成的影响；
- 植被生长或移除造成的水压变化；
- 长期气候变化引起的水压变化。

基于上述注意事项，设计者应确定：

（1）代表水压力和渗透力的最不利值，可能在墙体施工的每个阶段及其整个设计使用年限内的极端或意外情况下发生。例如，靠近墙体的水管爆裂。

（2）代表水压力和渗透力的最不利值，可能在墙体施工的每个阶段及其整个设计使用年限内的正常情况下发生。极端事件（如附近的水管爆裂）应排除在外，除非设计者认为此类事件可能在正常情况下合理发生。

对应于（1）的地下水压力应与承载能力极限状态（ULS）进行比较，而（2）应与正常使用极限状态（SLS）进行比较。

不排水条件

如果在墙体施工过程中以不排水条件为主，则应考虑使用总应力分析方法。在这种情况下，主动侧土体中可能会出现拉伸裂缝。这些拉伸裂缝可能被灌满水，这将取决于附近是否存在水源。与悬臂挡墙相比，有支撑挡墙后土体的拉伸裂缝可能较少。关于拉伸裂缝深度与地下水压力的估算，请参阅 CIRIA C580（Gaba 等，2003）和第 64 章"支护结构设计方法"。

如果是预埋式悬臂墙或可能有水出现，例如来自坚硬黏土上方的含水层，则应在挡土结构主动侧施加静水压力。

CIRIA C580（Gaba 等，2003）提出，如果没有水，在地面以下任何深度作用于墙体主动侧的总压力应假定不小于最小有效渗水压力（MEFP）$5z$ kN/m^2（其中 z 为地面以下的深度）。

排水条件

如果土体结构和渗透性表明应以排水条件设计时，则应考虑使用有效应力。设计者应评估作用于整个墙体上的水压力，并假设在相关施工阶段和墙体使用年限期间处于稳定状态。通常用流网来确定挡土墙周围地下水压力的分布情况。需要注意的是，在现实中，地层很可能是各向异性的，有着不均匀的渗透系数，这可能会在很大程度上影响孔隙水压力的分布。

图 63.6 为均质各向同性条件下，评估大开挖范围内嵌入式挡土墙周围水压力的常用简化方法。

这种简化方法适用于墙体两侧水头差沿邻近墙体的渗流路径均匀消散的情况，有时称之为线性渗流。这种假设往往低估了狭窄开挖情况下的水压。一般而言，图 63.6 中的表达式不适用于开挖宽度小于墙体两侧水头差 4 倍的开挖，见英国标准 BS 8002（BSI，1994）。当开挖宽度较大时，线性渗流假设为墙体周围孔隙水压力的分布提供了一个很好的近似。

在各向异性的土体条件下，以及在墙体设计对墙体周围土压力和水压力微小变化敏感的情况下，水压力应通过数值分析方法或流网进行评估。

不排水和排水混合条件

墙体的主动侧可能被视为是排水的（例如由于侧向卸载和可能存在的开放性裂缝，水可以渗入

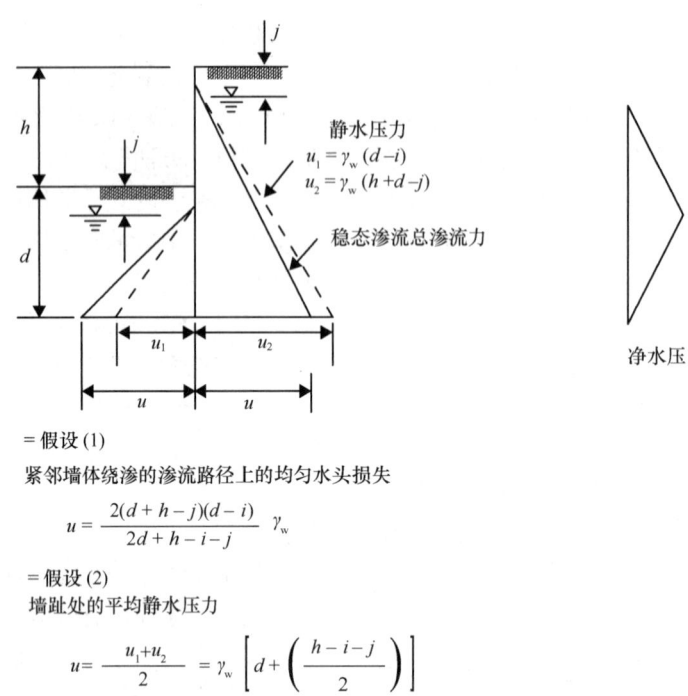

图 63.6　均质土体：稳态渗流条件下用于计算水压力的简化假设

摘自 Burland 等（1981）

黏土并导致其软化，或由于黏土中存在含水淤泥层和砂层），而被动侧土体被认为是不排水的（例如由于不透水墙体延伸至不透水地层，从而切断被动侧开挖面下方的地下水补给）。由于侧向限制，存在开放性裂缝并允许水进入被动侧黏土的可能性较小。在这种情况下，有效应力条件可能适用于主动侧。总应力条件可能适用于被动侧的土体，也可能适用于主动侧拉伸裂缝深度以下的土体。

以上是一个非常具体的例子，用于强调不排水和排水混合条件下可能适用的情况。尽管还可能有许多其他的情况，但这种特殊的组合方式通常是非常合适的。

在最终确定设计假定之前，设计者应仔细考虑墙体两侧可能存在的土体特性。

63.3.2.2　其他注意事项

在进行挡土墙设计之前，设计者还应考虑以下因素：

- 充分考虑挡土墙在整个设计使用年限期间可能承受的永久荷载和可变荷载。
- 挡土墙被动侧超挖。通常假定为 0.5m 或悬臂墙保留总高度的 10%，取两者中的较小值。或支撑墙和锚固墙最低支锚标高以下的保留高度。
- 挡土墙被动侧土体软化的可能性。
- 作用于墙体的竖向力（墙体摩擦力）的影响。

有关上述选择的进一步指导，请参阅 CIRIA C580（Gaba 等，2003），第 64 章"支护结构设计方法"至第 67 章"支挡结构协同设计"。

63.3.3　临时工程设计

临时工程设计所采用的方法涉及风险的评估、管理和降低。各方（客户、业主、设计者、承包单位和分包单位）在临时（和永久）工程的设计和施工方面，其角色和职责必须明确界定，并得到各方的充分理解；另请参阅第 42 章"分工与职责"、第 78 章"招标投标与技术标准"以及第 96 章"现场技术监管"。

临时工程的设计应非常可靠，通过发现危害和风险并确保其在临时工程的设计中得到充分解决。主要的风险在于土体特性的预测和参数不确定性的处理。例如：

- 施工期间土体是排水或不排水或两者结合的方式？
- 如果在不排水的条件下，土体是否会产生拉伸裂缝？这些裂缝是干的还是充满水的？
- 施工期间将采用何种地下水措施？
- 应采取什么方法来考虑施工期间由于墙体及其支撑系统的安装而导致的土体强度降低，以及由于开挖和局部排水对土体造成的扰动？
- 应采取什么措施来确认：

  （a）不会超过设计中假定的荷载条件？
  （b）不会发生超挖（第63.3.2.2节）？
  （c）墙体的实际支护（支撑、锚杆、留土等）将与设计相符？
  （d）实际墙体的性能（挠度、隔水性等）将控制在预先规定的范围内？

与上述相关的临时工程设计假设取决于施工期间如何降低相关风险。应通过严格监控现场临时工程的设计和施工来降低风险。这就需要在设计和现场施工之间采用一种相互关联的方法，使其能够快速调整设计方案以适应施工方法的变化，反之亦然。应制定合理的合同以允许这种方法的实施。

如果不确定在临时工程期间是否可以假设不排水或排水条件，则应对其进行特殊考虑（第63.3.2.1节）。就风险而言，硬黏土中临时工程的设计有以下3种可能的假设：

- 墙体两侧均为不排水条件；
- 不排水和排水的混合条件；
- 墙体两侧均为排水条件且地下水状况稳定。

墙体两侧不排水条件的假设与重大风险相关，而墙体两侧排水条件的假设则与最小风险相关。关于这些假设的进一步分析请参阅CIRIA C580（Gaba等，2003）。

63.4 土体位移及其预测

63.4.1 概述

在挡土墙的设计和施工中，墙体前后不可避免地会发生一些位移。

挡土墙位移的允许值将取决于墙体附近的结构、公用设施、基础设施及其允许位移。图63.7为常见的位移类型和形式。

土体位移一般可分为以下几种类型：

- 墙体施工：可能是由于在嵌入式挡土墙的桩或板的施工过程中土体松弛而造成的。板桩打入土体时土体产生压缩地面出现隆起。对于嵌入式挡土墙，由于需要为重力结构开挖以形成放置空间导致土体发生位移，或由于重力结构自重引起地表沉降。
- 开挖相关：挡土墙前方的开挖将导致墙体的水平向位移，也将导致墙体后方的水平位移和沉降，如图63.8和图63.9所示。
- 隆起：移除墙体被动侧的土体是卸载过程。这将导致挡土墙的被动侧和主动侧地面出现隆起，如图63.8所示。
- 长期：在细粒土中，上述因素将导致由土体超孔隙水压力逐步消散而引起的长期位移，如图63.8所示。

应该认识到，在墙体的施工过程中也可能发生土体的位移。一般而言这些问题往往是局部的，并因施工不规范而恶化，例如过度的振动或超挖。墙体施工前清除障碍物和开挖导槽也可能引起与墙体安装相同或更多的位移。更多有关施工问题的论述请参阅第85章"嵌入式围护墙"。

有多种技术可用于评估土体形变的大小。这些技术可大致分为基于计算的方法和物理模型两类。对于常规设计，通常采用计算方法。关于这些技术的更多内容请参见第63.4.2节。

本节中论述的许多方法仅考虑了平面应变位移（即二维假设）。应该注意到，如果挡土墙用于形成竖井或地下室，则基坑边角的存在会

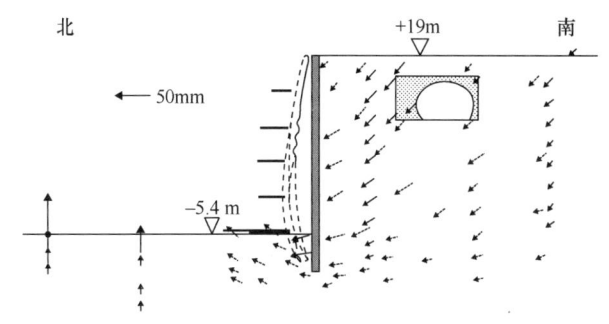

图63.7 深基坑周围的典型土体位移

摘自Simpson（1992），版权所有

提升结构的刚度，从而显著改变土体位移。关于这些影响的进一步研究请参见 CIRIA C580 (Gaba 等，2003)。

63.4.2 基于计算的方法

63.4.2.1 引言

基于计算的方法可大致分为基于经验的方法和基于数值的方法两类。

如果按欧洲标准进行设计，则应使用设计者选取的土体特征参数进行计算。如本书第 63.3 节所述，任何特征值都应谨慎选取。因此，基于计算的方法（包括土体特征参数的选取）也将会导致对于土体位移范围的保守估计。

63.4.2.2 经验方法

经验方法根据对案例历史数据的收集整理来提供对土体位移的估计。已有许多学者提出了用于估算挡土结构周围土体位移的经验公式。特别是在计算地表位移时，通常会参考以下文献：Clough 和 O'Rourke（1990）、CIRIA C580（Gaba 等，2003）、Moorman（2004）和 Long（2001）。位移通常作为挡土墙开挖深度的函数进行计算，并根据基坑支护刚度和开挖地层条件进行分组，如图 63.10 所示。

CIRIA C580（Gaba 等，2003）还提供了一种经验方法，用于将伪有限元法中的墙体位移（例如通过 FREW 或 WALLAP 等程序计算的墙体位移）与挡土墙后方的地表位移相关联。

在使用这些方法时，应考虑案例研究的数据库，并将其与所分析的具体情况进行比较。如需在不采用更严格分析方法的情况下对地下土体位移进行估算，则需要进一步地假设或建立与研究案例位移的相关性。

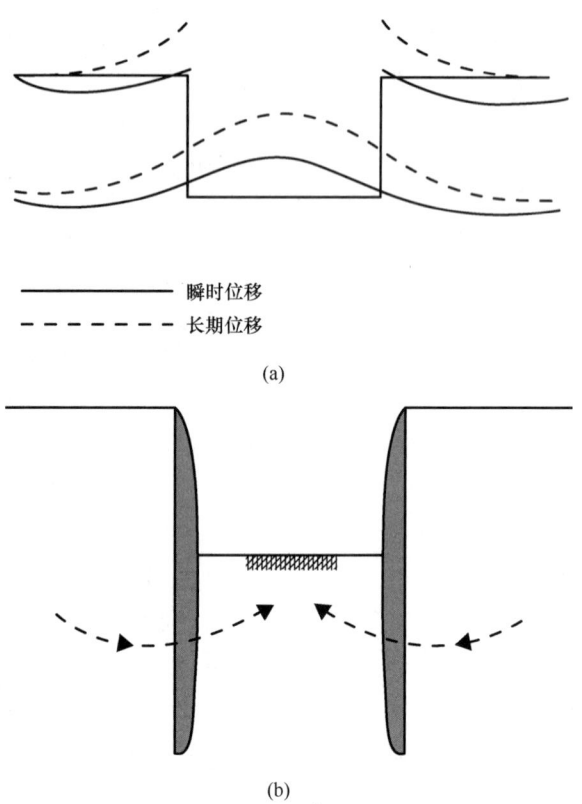

图 63.8　与开挖应力释放相关的典型土体位移模式
（a）竖向位移；（b）水平位移

经许可摘自 CIRIA C508，Gaba 等（2003），www.ciria.org

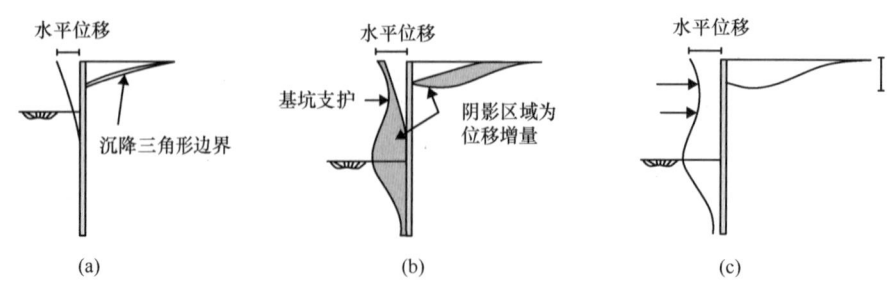

图 63.9　挡土墙和土体位移的一般模式
（a）悬臂位移；（b）深层内部位移；（c）累积位移

经许可摘自 CIRIA C508，Gaba 等（2003），www.ciria.org

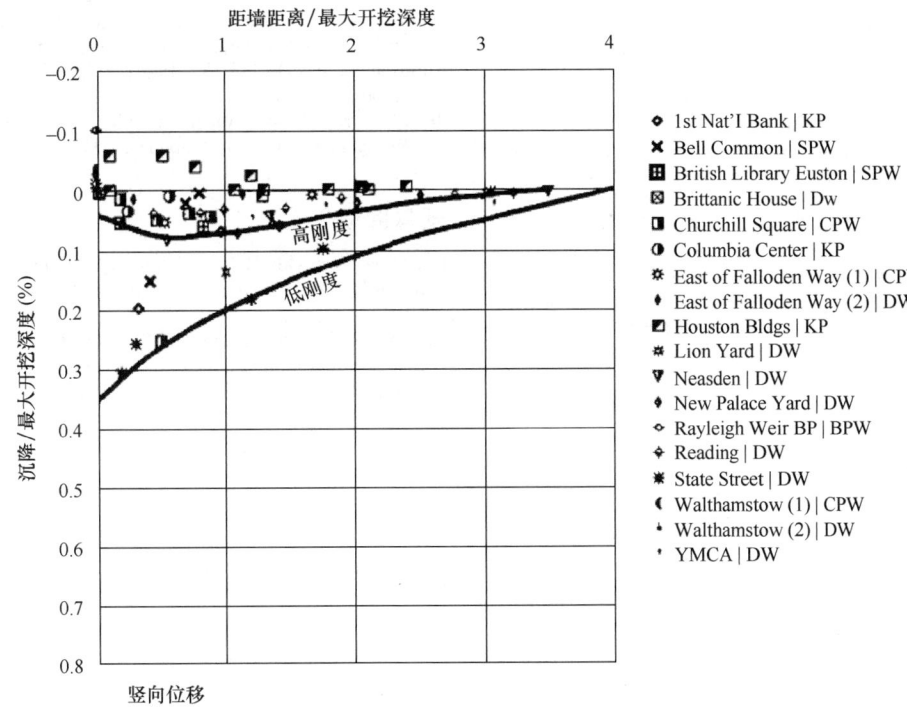

图 63.10　硬黏土中墙前开挖引起的地表位移

经许可摘自 CIRIA C508，Gaba 等（2003），www.ciria.org

63.4.2.3　数值方法

挡土墙的设计通常采用有限元或有限差分程序等数值方法。这类分析方法通常需要将挡土墙和周围土体离散为网格单元，并指定远离挡土墙的边界条件。除离散元分析方法外，土体可被建模为连续介质。更多关于使用数值技术的详细内容，请参见第 6 章"岩土工程计算分析理论与方法"。使用数值方法的主要原因包括：

- 克服简单分析方法中的局限和假设（例如极限平衡或弹性地基梁、伪有限元程序）。
- 数值技术的使用可以很容易地扩展到更复杂的问题（包括留土作用）。
- 可进行三维分析。
- 数值方法可分析时间相关的固结过程。

除了上述优点之外，在考虑数值分析时还应牢记以下几点：

- 数值分析结果的应用需要分析者具备更多的知识和适当的实践经验。
- 主动和被动极限不易计算。
- 数据录入比其他形式的计算分析更复杂。
- 全数值分析比有限差分分析的伪有限元或极限平衡分析耗时更长。
- 对结果的分析需要更长时间并且往往不易理解。

63.5　建筑物损坏评估准则

当对挡土墙开挖引起的土体位移开展进一步评估时，需要评估其是否会对相邻结构和公用设施造成影响。开挖引起的土体位移对结构影响的评估准则请参阅第 26 章"地基变形对建筑物的影响"。

值得注意的是，还应考虑水平位移及其所产生的土体应变，因为它们可能对受影响结构的变形产生严重影响。对于大多数结构来说，土体和结构之间的变形相互作用十分复杂。因此，可能需要保守的假设或先进的分析来充分模拟这种相互作用。

63.6 参考文献

Arcelor, M. (2008). *Piling Handbook* (8th Edition). [Available at: www.arcelormittal.com/sheetpiling/page/index/name/arcelor-piling-handbook]

BSI (1990). *BS 8102. Code of Practice for Protection of Structures against Water from the Ground*. London: British Standards Institution.

BSI (1994). *BS 8002. Code of Practice for Earth Retaining Structures*. London: British Standards Institution.

BSI (2000). *BS 6349. Maritime Structures, General Criteria and Design of Quay Walls, Jetties and Dolphins*. London: British Standards Institution.

BSI (2004a). *BS EN 1997–1:2004. Eurocode 7: Geotechnical design – Part 1: General rules*. London: British Standards Institution.

BSI (2004b). *BS EN 1998–1:2004. Eurocode 8: Design of Structures for Earthquake Resistance – Part 1: General rules, Seismic Actions and Rules for Buildings*. London: British Standards Institution.

BSI (2004c). *BS EN 1998–1:2004. Eurocode 8: Design of Structures for Earthquake Resistance – Part 5: Foundations, Retaining Structures and Geotechnical Aspects*. London: British Standards Institution, Parts 1 (2000) and 2 (1988).

Burland, J. B., Potts, D. M. and Walsh, N. M. (1981). The overall stability of free and propped embedded cantilever retaining walls. *Ground Engineering*, **14**(5), 28–38.

Clough, G. W. and O'Rourke, T. D. (1990). *Construction Induced Movements of Insitu Walls*. Geotechnical special publication, ASCE No. 25, pp. 439–470.

Gaba, A. R., Simpson, B., Powrie, W. and Beadman, D. R. (2003). *Embedded Retaining Walls – Guidance for Economic Design*. Publication C580. London: CIRIA. www.ciria.org

Highways Agency, UK (1996). *BA42/96 The Design of Integral Bridges, Design Manual for Roads and Bridges*, vol. 1, (3), part 12. London: The Stationery Office.

Johnson, R. A. (1995). *Water Resisting Basements – A Guide. Safeguarding New and Existing Basements against Water and Dampness*. CIRIA Report 139, London.

Lehane, B. M. (2006). Geotechnical considerations for integral bridge abutments. In *3rd National Symposium on Bridge and Infrastructure Research in Ireland*. Ireland: The Department of Civil, Structural & Environmental Engineering, **1**, pp. 385–392.

Long, M. (2001). Database for retaining wall and ground movements due to deep excavations. *Journal of Geotechnical and Geoenvironmental Engineering*, **127**(3), 203–224.

Moorman, C. (2004). Analysis of wall and ground movements due to deep excavations in soft soil based on a new worldwide database. *Soils and Foundations*, **44**(1), 87–98, Japanese Geotechnical Society.

Simpson, B. S. (1992). Retaining structures: displacement and design. 32nd Rankine Lecture. *Géotechnique*, **42**(4), 541–576.

Simpson, B. and Driscoll, R. (1998). *Eurocode 7 – A Commentary*. Watford, UK: Construction Research Communications Ltd.

Terzaghi, K. (1954). Anchored bulkheads. *Transactions of the American Society of Civil Engineers*, **119**, 1243–1281.

延伸阅读

Chapman, T., Taylor, H. and Nicholson, D. (2000). *Modular Gravity Retaining Walls: Design Guidance*. Publication C516. London: CIRIA.

Zdravkovic, L., Potts, D. M. and St John, H. D. (2005). Modelling of a 3D excavation in finite element analysis. *Géotechnique* **55**(7), 497–513.

建议结合以下章节阅读本章：
- 第 20 章"土压力理论"
- 第 64 章"支护结构设计方法"
- 第 85 章"嵌入式围护墙"
- 第 100 章"观察法"

本书以第 1 篇"概论"和第 2 篇"基本原则"为指导进行章节编排。如第 4 篇"场地勘察"中所述，各类岩土工程均应进行扎实的现场勘察工作。

译审简介：

吴江斌，博士，教授级高级工程师，华东建筑集团上海地下空间与工程设计研究院总工程师，上海市优秀技术带头人。

陈伟，博士，正高级工程师，现任建研地基基础工程有限责任公司研发中心副主任，中国工程建设标准化协会地基基础专业委员会委员。

第64章 支护结构设计方法

亚当·皮克尔斯（Adam Pickles），奥雅纳工程顾问，伦敦，英国
主译：盛志强（中国建筑科学研究院有限公司地基基础研究所）
审校：成永刚（四川城乡发展工程设计有限公司）

doi: 10.1680/moge.57098.0981

目录

64.1	引言	953
64.2	重力式挡土墙	953
64.3	加筋土挡墙	960
64.4	嵌入式挡墙	960
64.5	参考文献	971

本章根据第63章"支护结构设计原则"概述了挡土墙的设计方法。设计依据符合《欧洲标准7》（BS EN 1997-1：2004，*Eurocode* 7）。确定了重力式挡土墙、加筋土挡墙和嵌入式挡土墙设计中通常需要考虑的机理，并说明了每种墙体的设计过程。使用本章概述的方法，读者将能够确定挡土墙的尺寸，以确保挡土墙结构设计中稳定性和荷载效应验算满足要求。

64.1 引言

本章概述了重力式挡土墙、嵌入式挡土墙和加筋挡土墙的设计方法。阐述了第63章"支护结构设计原则"中概述的设计概念，并确定了在设计挡土墙时通常应考虑的极限状态。本章介绍如何应用 BS EN 1997-1：2004（British Standards Institute，2004）中包含的分项系数，以确保符合设计要求。除了使用更复杂的土-结构相互作用方法进行设计之外，还描述了可以手动计算的极限平衡分析方法。

64.2 重力式挡土墙

64.2.1 引言

重力式挡土墙的稳定性主要源自墙的自重或墙趾与墙踵的地基土。这与嵌入式挡土墙不同，嵌入式挡土墙的稳定性主要源自墙前的地层阻力。正如第62章中所述，重力式挡土墙有多种不同类型，其类型的选择也取决于该章（第62章）中讨论的多种因素。重力式挡土墙大致分两种：一种是通过结构自身的抗剪切或弯曲来提供内部稳定性，比如钢筋混凝土挡土墙；另一种是通过墙体的自身重力作用提供稳定性，而不调动结构拉力，比如大体积混凝土或石笼挡土墙。如图64.1所示。

64.2.2 极限状态

BS EN 1997-1：2004 采用极限状态设计原则。下面讨论与重力式挡土墙有关的极限状态。这些内

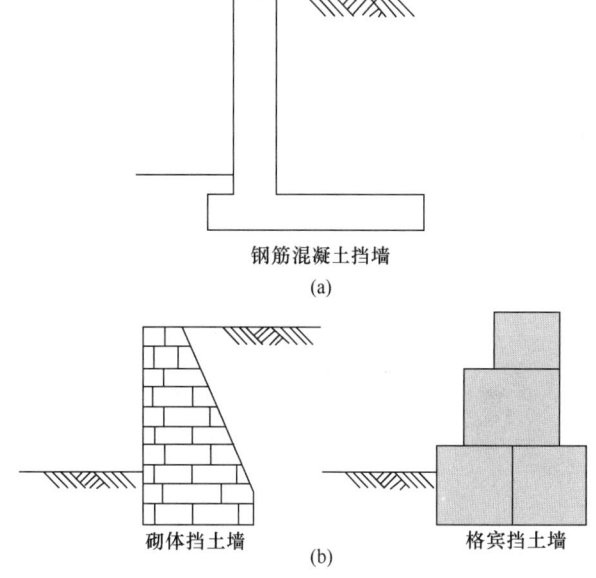

图64.1 重力式挡土墙类型
（a）通过钢筋混凝土挡土墙的结构强度来保证内部稳定；
（b）通过重力作用保证内部稳定性——不（或极小）产生拉力

容在 BS EN 1997-1：2004 中的第9.2节、第9.7节和第9.8节有论述。

64.2.2.1 承载能力极限状态（ULS）

BS EN 1997-1：2004 要求重力式挡土墙应考虑以下极限状态：

- 基础下土体的承载能力导致的破坏；
- 墙体底部滑动导致的破坏；

- 墙体倒塌导致的破坏；
- 整体失稳；
- 墙锚、腰梁或支撑等结构构件的破坏，或这些构件之间的连接发生破坏；
- 地基和结构构件的综合破坏；
- 可能会导致结构、附近结构或依附其上的功能设施等发生坍塌或影响其外观、有效使用的挡墙位移；
- 穿过挡墙或在挡墙下方的不可接受的渗漏；
- 穿过挡墙或在挡墙下方的不可接受的土颗粒的流失；
- 地下水流量发生不可接受的变化。

上述一些极限状态如图 64.2 所示。

除了上面列出的极限状态，设计人员应考虑针对特定的现场条件或本手册未涵盖的其他极限状态。

64.2.2.2 正常使用极限状态（SLS）

应考虑以下正常使用极限状态：

- 可能会损坏结构或功能的挡墙位移；
- 挡土墙过度倾斜、挠曲或沉降。这些变形的允许值应根据具体项目进行评估。

64.2.3 安全系数

本手册概述的设计方法是根据 BS EN 1997-1：2004，将分项系数应用于材料强度、几何形状和作用效应的标准值，以给出设计值。这与传统的重力式挡土墙设计有所不同，传统的重力式挡土墙设计通常采用总安全系数来分析不同的作用机制。简单地说，传统方法采用土的参数标准值，并分析评价整体稳定性、墙脚倾覆、沿墙基滑动、墙下承载力破坏的安全系数。采用这种传统设计方法设计永久性结构所采用的安全系数典型代表值见表 64.1。

重力式挡土墙设计的传统总安全系数　　表 64.1

作用机制	安全系数
整体稳定性	1.3
倾覆	2.0
滑移	1.5
承载能力	3.0

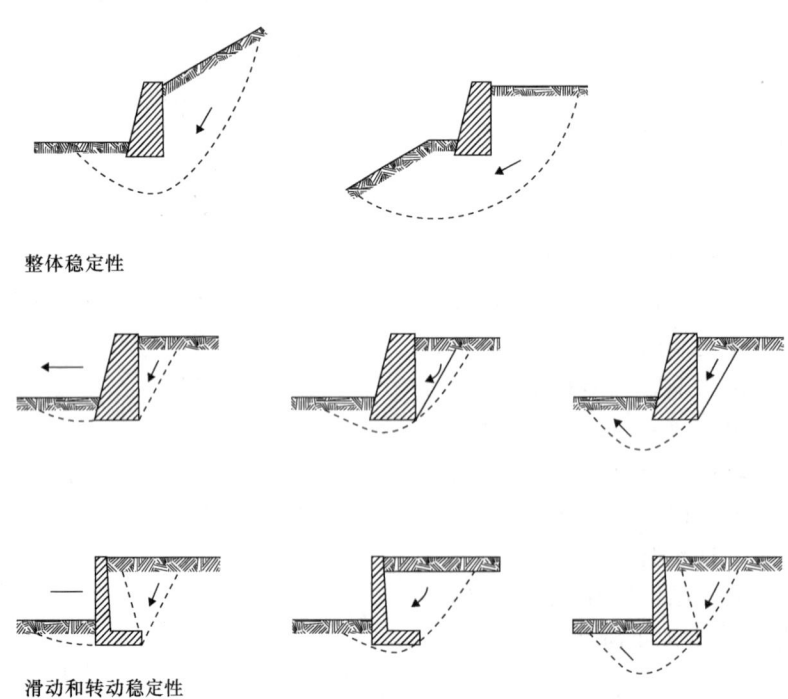

图 64.2　重力式挡土墙（承载能力极限状态）

BS EN 1997-1：2004 所要求的分项系数必须采取不同的方法获得。分项系数不是为了求总安全系数，而是为了应用于若干不同的输入条件，如材料强度、作用力、墙体几何形状和水压力。然后选择墙的大小，以确保作用或作用效应的设计值小于上述每个极限状态的抗力设计值。

BS EN 1997-1：2004 的相关附件中陈述了设计方法和要在设计中使用的分项系数值。在英国，设计方法1适用于重力式挡土墙。此方法包含两种组合：

- 组合1（DA1-1）：材料分项系数是一致的，作用（或作用效应）要乘以一个大于1的系数；
- 组合2（DA1-2）：分项系数要考虑材料强度和可变作用，但永久作用（或作用效应）的分项系数是一致的。

读者应参阅相应的国家附件以确认这些分项系数值。

此外，在所有分项系数都一致的情况下，可能有必要进行正常使用极限状态分析。传统上，大的总安全系数能够减少抗力发挥的比例，从而控制位移。BS EN 1997-1：2004 中的分项系数可能导致等效的总安全系数降低，有可能出现更大的位移。因此，正常使用极限状态需要进行明确的核算。

64.2.4 设计工况、土压力、设计几何形状、地下水情况

64.2.4.1 简介

图64.3概述了作用在重力式挡土墙上的典型荷载。

从稳定性的角度来看，有些作用会降低结构的稳定性，而有些作用会提高结构的稳定性。旨在保证设计抗力超过设计作用效应。应考虑以下因素：

- 对于承载力：将垂直作用，水平作用和围绕墙底中心的力矩相加，然后进行浅基础验算——应该遵循第63章"支护结构设计原则"。
- 对于滑动：计算净水平载荷并验算是否小于滑动阻力。对于自由排水的粗粒地基土，净水平荷载是垂直荷载的函数。

通常不需要进行传统的倾覆验算。如果墙处于倾覆极限（甚至超过倾覆极限），则根据上述承载力计算得出的有效基础宽度将很小，或者作用线将落在墙体的底部之外。因此，这将被视为承载能力失效。唯一可能不正确的情况是岩石地基上的墙体。在这种情况下，承载能力可能足以抵抗非常高的偏心荷载，因此必须明确验算抗倾覆稳定性。

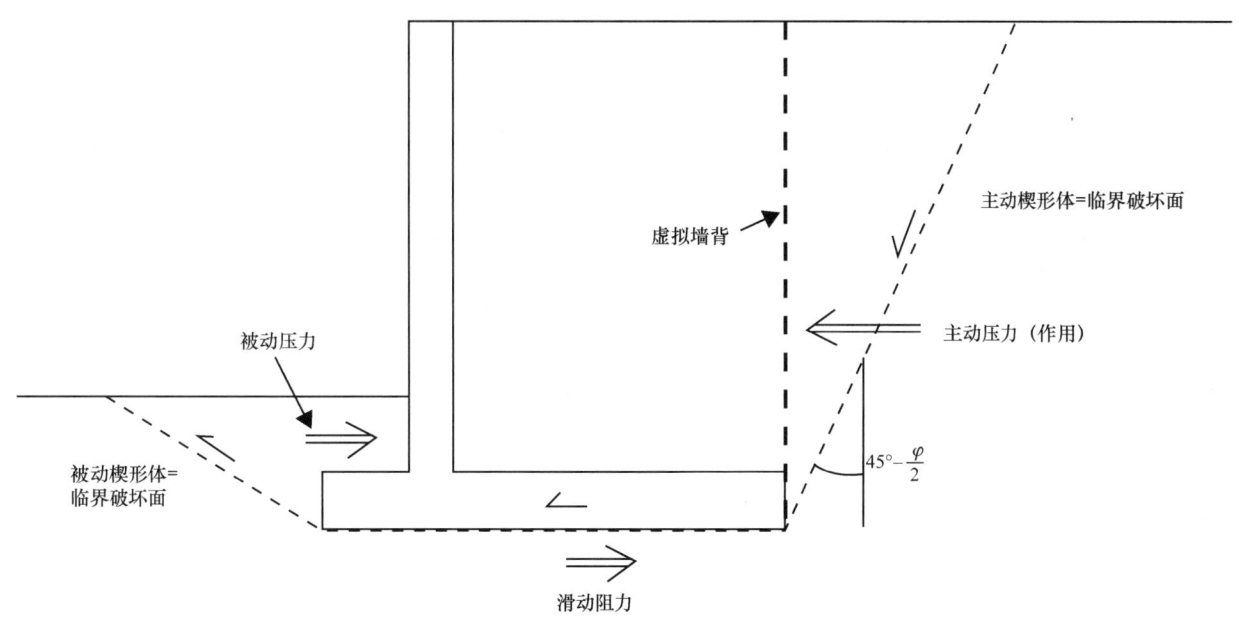

图64.3 重力式挡土墙上的理想化作用

以下章节为计算作用在重力墙上的荷载的各个分量提供了指导。

64.2.4.2 设计工况

在进行分析之前，有必要确定适当的设计工况。需要考虑的问题包括：

- 设计岩土地层：在变化的地层条件下，可能有必要考虑多个设计地层。每个设计地层作为一个单独的设计工况。
- 岩土参数：应根据第 27 章"岩土参数与安全系数"中概述的方法评估标准值。
- 时间效应：例如，分析是短期的（即不排水的参数）还是长期的（即排水的参数）。如有必要，可能需要将这两个条件作为单独的设计工况进行验算。
- 施工顺序：必须确保在设计中考虑所有潜在的关键阶段。
- 设计几何形状：例如，由于整体挡墙高度的变化，挡墙结构的几何形状会有所不同。设计时考虑如何将墙分隔，并确定每个墙的关键部分。然后将每个几何形状视为单独的设计工况。
- 施加的荷载：分析是否需要考虑外部施加的荷载，例如施工车辆荷载、冲击荷载或来自相邻结构的荷载。

虽然可能需要计算不止一个设计工况，但通过仔细考虑可能证明关键的（不利的）相关组合，一旦确定了关键设计工况的解决方案，可以通过检验或减少分析计算的数量来确定可接受的替代工况。

64.2.4.3 土压力

重力式挡土墙的主要作用力通常是土压力和水压力。土压力来自土的自重，也可能来自作用在地面上的荷载。此外，墙体还可能受到一些直接的荷载，例如，墙上的结构或墙上护栏的冲击荷载。

通常，重力式挡土墙分析是假设土压力作用于结构。用土-结构相互作用分析来设计重力式挡土墙是比较少见的。尽管本章概述的一般设计原则可应用于重力墙的土-结构相互作用分析，但这一节将主要侧重于极限平衡方法。

识别作用在墙上土压力的第一步是选择一个虚拟墙背（图 64.3）。这条线内的土体被认为与墙体的结构部件一起作为一个刚体。法向应力和剪应力必须沿着虚拟背面进行计算。在许多情况下，虚拟墙背是从墙踵向上的一条垂直线。在这种情况下，假设一个朗肯主动楔形土块在墙踵和虚拟墙背后的地面形成。这意味着作用在虚拟背面的力可以用朗肯土压力理论计算出来。由于墙踵的活动楔形体内的土体和墙背后的土体都向下移动，因此零剪应力沿虚拟背面移动（图 64.4）。

另一种方法是假设虚拟墙背位于连接墙踵和墙顶的平面上（图 64.5）。

对于上述两种情况中的任何一种，作用在虚拟墙背上的主动土压力应根据选定的几何形状计算，使用土压力系数的列表值（如 Kerisel 和 Absi，1990）、BS EN 1997-1：2004 中的图表或 BS EN 1997-1：2004 中给出的计算土压力系数的分析方法。

应注意的是，由于 BS EN 1997-1：2004 中 DA1-1 和 DA1-2 对材料强度的分项系数值不同，因此各设计方法的土压力系数也不同。

如果墙基低于墙前的地平面以下时，则可认为被动土压力作用于墙前。对于这种压力的可靠性，需要仔细考虑。为了形成墙基，很可能先挖出墙前的材料（地基土），然后在墙建成后回填。因此，这种材料的质量以及用于替换材料的压实程度可能会影响可以调动和依赖的被动抗力的大小。被动抗力也可能受到超挖的影响（第 64.2.4.4 节）。如果被动抗力的可靠性有任何不确定性，建议在分析中略去。

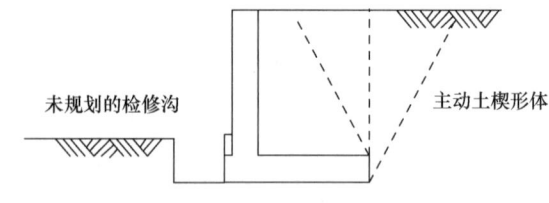

图 64.4　朗肯主动楔形体

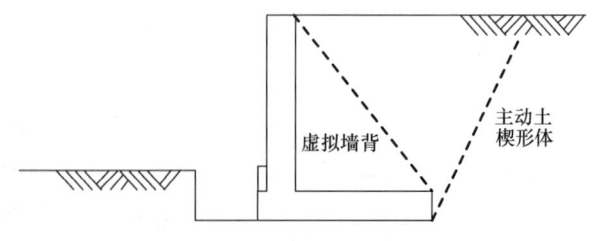

图 64.5　倾斜的虚拟墙背

在滑动是设计中的关键因素的情况下，可以通过构造剪力键或使用倾斜的基础来改善墙的稳定性。在 CIRIA C516（Chapman 等，2000）中可以找到有关剪力键在重力式挡土墙分析中影响的更多详细信息。

根据 BS EN 1997-1：2004 的要求，重要的是要确保给定极限状态下的假定土压力与该极限状态下的位移预测值相适应。为了达到岩土工程的稳定性（即滑动、倾覆、承载能力），可以合理地假设会发生足够的位移来发挥主动土压力。然而，对于挡墙的结构设计而言，在现场条件下挡墙的变形可能不足以发挥主动土压力。因此，对于结构设计，通常使用"静止"土压力。BS EN 1997-1：2004 包含了发挥主动和被动土压力所需的挡墙位移值，第 63 章"支护结构设计原则"也对此进行了讨论。原位土压力增大这种情况可能也可适用于正常使用极限状态的工况。

由于重力式挡土墙通常会进行回填，因此现场实际原位压力必须考虑到回填材料的施工过程。通常，将在墙后使用某种形式的压实，以达到所需的回填强度并限制将来回填土可能发生的沉降。压实功蓄能于回填土，由此产生的应力可能超过根据典型的原始土压力系数 K_0 计算得出的值。图 64.6 给出了由于填土压实而作用在墙体背面的水平压力。

σ_{hrm}、h_c、Z_{cr} 由下式计算得到：

$$h_c = \frac{1}{K_0}\sqrt{\frac{2P}{\pi\gamma}} \qquad (64.1)$$

式中，P 为每延米辊压机的有效线荷载；γ 为压实材料的密度。

最大压力由下式计算得到：

$$\sigma'_{hrm} = \sqrt{\frac{2P\gamma}{\pi}} \qquad (64.2)$$

发生在深度 Z_{cr} 以下，Z_{cr} 由下式计算得到：

$$Z_{cr} = K_0\sqrt{\frac{2P}{\pi\gamma}} \qquad (64.3)$$

64.2.4.4 超挖

评估墙在给定设计工况下的几何尺寸时，要依靠墙的被动抗力来保证稳定性，重要的是要考虑墙前超挖的可能性。BS EN 1997-1：2004 要求，对于正常的现场控制，超挖应控制在墙体高度的 10% 以内，且最大为 0.5m。

64.2.4.5 附加荷载和直接荷载

挡土墙的设计必须考虑到可能会对挡土墙所支挡的地面施加额外的荷载。这样的附加荷载可能来自永久性公路交通，施工阶段的工厂负载或墙后堆放的材料。此类附加荷载的影响必须纳入对作用在墙壁上的土压力的评估中。

英国标准 BS 8002（British Standards Institution，1994b）要求考虑墙后的最低附加荷载为 10kPa。尽管在 BS EN 1997-1：2004 中这不是明确的要求，但对于大多数墙体，应留出一定的余量，并认为 10kPa 的均布荷载是合理的。

通常，此类附加荷载被视为可变作用。在这些情况下，应考虑此影响是否有利于墙体的稳定性。尤其是，如果活荷载直接作用在墙踵上方的土体上，则会增加附加荷载以抵抗倾覆

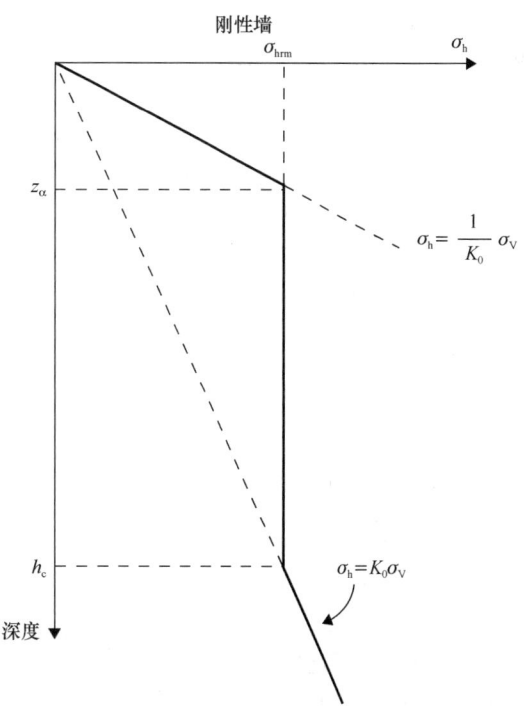

图 64.6 压实压力的计算

和滑动（对于自由排水的粒状材料）。但是，对于承载力验算和墙体的结构设计，墙踵的附加荷载产生的额外竖向荷载可能是不利的。通常，可变的附加荷载仅适用于虚拟墙背以外的地面。考虑荷载的不利影响，但不考虑任何有利作用，如图64.7所示。

64.2.4.6 水压力

与岩土工程设计一样，水压是重力式挡墙荷载的重要组成部分。由于重力式挡墙需要支挡回填材料，因此有可能在墙后安装排水系统，从而控制水压力。但是，这样的系统将需要持续的维护以确保其持续运行。

在没有排水系统的情况下，BS EN 1997-1：2004要求对于低渗透性回填土，水位假定为支挡地面的表面。同时还需要考虑墙壁周围渗水的发生。在没有渗流分析的情况下，假设挡墙两侧的孔隙压力从墙后到墙前线性变化是合适的。

对于设计地下水条件，应确定以下内容：

（1）水压和渗透力是指在挡墙施工顺序的每个阶段以及整个设计寿命中，在极端或偶然情况下可能出现的最不利的值。极端事件或意外事件的一个示例可能是紧挨墙壁的水管破裂。

（2）正常情况下，在墙体施工的每个阶段和整个设计寿命期内，可能出现的最不利的水压力和渗透力。除非设计师认为在正常情况下可能合理地发生这种极端事件，否则可以排除附近爆裂水管等极端事件。

DA1-1和DA1-2需要采用不同的地下水处理方法。在DA1-1中，水的作用系数大于1，因此建议假定地下水条件（2），因为与水作用有关的因素会给出一定的安全裕度。对于DA1-2，设计作用是从设计材料参数中得出的，并且会考虑永久作用的统一的系数。因此，建议设计水压力取自直接评估的设计地下水位，其定义见第64.1节。

64.2.4.7 排水系统和回填材料

设计地下水位的假定应与回填或排水相关规范说明保持一致。现在越来越普遍地使用现场获得的材料。与传统的回填材料相比，它可能有更低的强度和更低的渗透率，所以设计师需要事先知道什么是可用的。在没有排水的情况下，BS EN 1997-1：2004要求对中低渗透土假定自地面起算静水压力。

64.2.5 结构构件的设计

必须保证在给定极限状态下墙体的位移与土压力值的一致性。这意味着结构强度设计的压力大小可能高于岩土稳定性验算时的压力。对于钢筋混凝土挡墙，分析得到的荷载效应是用于结构计算的设计效应。

对于大体积重力式挡墙，例如大体积混凝土或石笼挡墙，有必要在墙体高度以下的不同点进行验算，以确保不会在无法抵抗的地方产生拉力，以及剪力不会超过滑动阻力，例如沿两层石笼之间的边界。

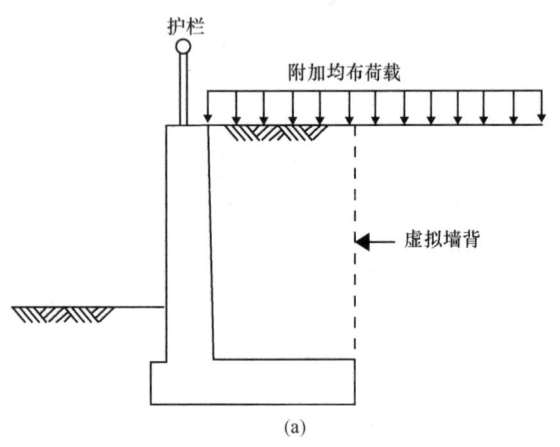

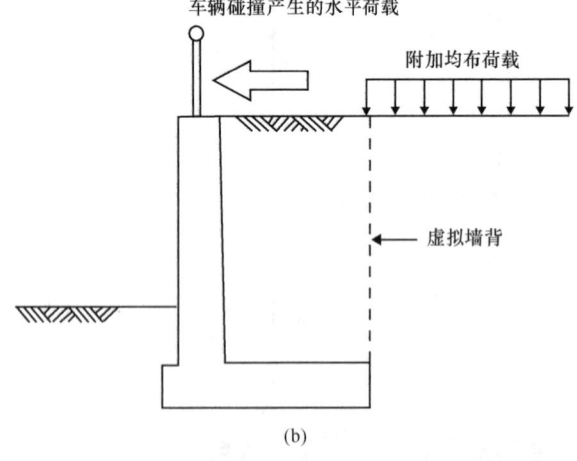

图64.7 不同设计案例的附加荷载假设

(a) 载荷情况1：通常对于承载力计算和内部稳定性设计至关重要；(b) 载荷情况2：通常对于滑动稳定性和承载力计算至关重要

64.2.6 设计方法

前面部分概述了如何评估作用在墙上的各种载荷。一旦确定了这些作用,就必须对墙进行分析以验算是否可以避免上述第64.2.2节中确定的极限状态。通常,此分析是迭代的,其中对墙体的几何形状进行了初步估计,并验算了针对每种破坏模式的稳定性。然后可以调整墙体的几何形状以优化解决方案,同时仍要确保稳定性。这样的分析和迭代可以手算,或者使用专有软件或电子表格计算。

重力式挡墙的设计阶段流程见图64.8及如下叙述。

(1) 确认第64.2.2节所述问题的相关极限状态。对于正常使用极限状态,采用变形限值或其他标准。

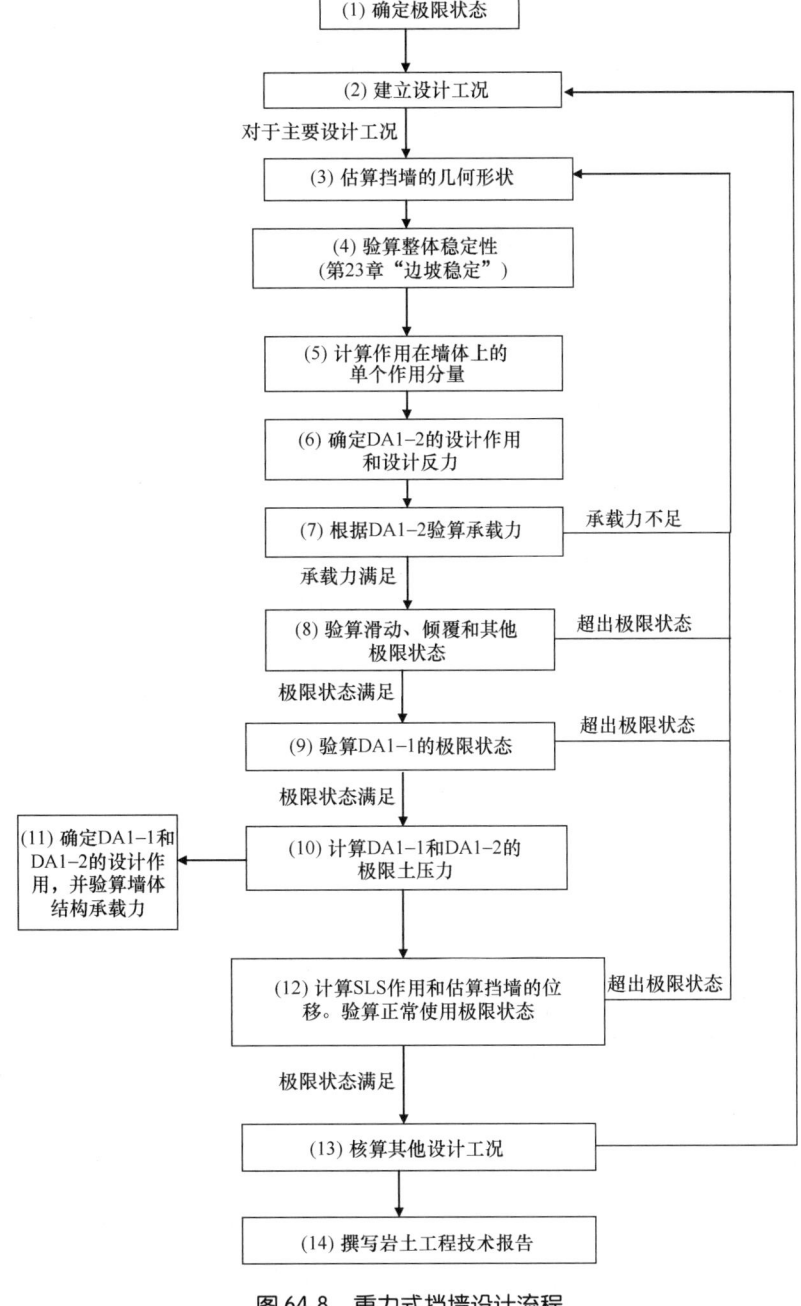

图 64.8 重力式挡墙设计流程

（2）确定要在分析中考虑的设计工况，并考虑第64.4节中描述的问题。选择一个初始工况进行分析。

（3）对于选定的设计工况，估计墙的初始几何形状。

（4）根据第23章"边坡稳定"，验算结构的整体稳定性。

（5）使用第64.4节的指导，按设计方法1组合1和组合2计算作用在墙上的各个作用分量。

（6）对于设计方法1组合2，将相关的分项系数应用于特征作用，以确定设计作用。基于这些设计作用，确定地基的设计承载力。

（7）验算设计作用是否超过设计承载力。如果有，请返回步骤（3）并修改墙的几何形状。

（8）一旦证明了足够的承载力，则验算滑动和倾覆极限状态也可接受。如果不是，请返回步骤（3）。

（9）验算设计方法1组合1的岩土承载能力极限状态。如果确定承载力不足，返回步骤（3）。

（10）计算作用在墙体上的ULS（Ultimate limit States）原位土压力，包括适用于DA1-1和DA1-2的压实压力。

（11）确定DA1-1和DA1-2的结构设计在墙体上的设计作用，验算墙体的结构承载力是可接受的。

（12）计算作用在墙体上的SLS（Serviceability limit States）现场土压力，包括压实压力（如果适用）。估计挡墙的预期位移，并对照假定的正常使用极限状态进行验算。如果可以接受，则表明设计工况可被接受，否则返回步骤（3）。

（13）查看其他设计工况：针对每种设计工况，从步骤（2）开始。

（14）编制岩土报告，包括设计中涉及的任何排水系统相关的维护要求的详细信息。

在进行不同的ULS验算时，重要的是要考虑这些措施是否有利，因为这将影响所应用的分项系数。

验算承载力的程序应按照第53章"浅基础"进行。

64.3 加筋土挡墙

64.3.1 引言

加筋土挡墙本质上是重力式挡墙的一种特殊类型。需要进行两种不同的验算，一个用于外部稳定性，另一个用于内部稳定性。选择加筋土块的尺寸以保证整体稳定性，并进行内部验算以确保加筋层将土块固定在一起。外部稳定性验算应遵循第64.2节中规定的程序。

第73章"加筋土边坡设计"中讨论了现有的地基土加固类型，并对重力墙的设计作了详细说明，简要概述如下。

请注意，BS EN 1997-1：2004不适用于加筋土挡墙，其设计应根据当前的英国标准BS 8006（British Standards Institution，1994a）进行。

64.3.2 外部稳定性设计

与任何重力墙一样，必须选择整个加筋土块，以保证满足岩土极限状态。

必须对边坡的稳定性、承载力、滑动和倾覆极限状态进行验算。

对于许多工程来说，一般为了外部稳定而设计的土块，通常是以最小加筋长度来表示的。

64.3.3 内部稳定性设计

一旦选择了加筋土块的整体尺寸，就必须进行加筋设计。这通常包括诸如加筋规格和加筋层间距之类的参数。有时也可能需要将加筋的长度超过外部稳定性所需的最小值，以确保避免拉拔破坏。

有许多不同的专有加筋土系统可用，虽然它们一般遵循相同的原则，但设计的细节将有所不同。一般来说，土块内部稳定性设计必须保证土块完好无损。这通常需要验算抗拔力和筋材是否断裂，这在第73章"加筋土边坡设计"中都有描述。

由于各种系统各不相同，因此通常由专业的加筋土分包单位来进行详细设计。

64.4 嵌入式挡墙

64.4.1 简介

如第62章"支护结构类型"所述，嵌入式挡土墙从开挖地面插入地下，以从挡土墙嵌固段的地基阻力获得横向支撑。该阻力可以作为唯一阻力来保持墙的稳定性，也可以与锚杆、支撑或其他侧向支撑共同作用来保持稳定性。墙体的抗弯和抗剪结构强度通常非常关键。

与支撑回填材料的重力式挡墙不同，嵌入式挡墙通常会被安置在自然地面中，然后在墙的前面进行开挖。这意味着无法控制墙所支撑的地基土质量，也无法安装排水装置。

通常，嵌入式挡墙可分为悬臂式或支撑式。尽管设计的总体原则在这两类之间具有可比性，但在设计方法的具体方面却存在差异，这些都在下面的章节中加以说明。

64.4.2 极限状态

与重力式挡墙一样，BS EN 1997-1：2004 也采用极限状态设计原则。与嵌入式挡墙相关的极限状态将在下面讨论，这些在 BS EN 1997-1：2004 中的第 9.2、9.7 和 9.8 节中列出。

64.4.2.1 承载能力极限状态（ULS）

BS EN 1997-1：2004 列出了与嵌入式墙有关的以下承载能力极限状态：

- 整体失稳；
- 墙体或其局部的旋转或平移导致破坏；
- 墙锚、腰梁或支撑等结构构件的破坏，或这些构件之间的连接发生破坏；
- 由于丧失竖向平衡而破坏；
- 地基和结构构件的综合破坏；
- 水压升降和管道故障；
- 可能会导致结构、附近结构或依附其上的功能设施等发生坍塌或影响其外观、有效使用的挡墙位移；
- 穿过墙壁或在墙壁下方的不可接受的渗漏；
- 穿过墙壁或在墙壁下方的不可接受的土颗粒流失；
- 地下水状况发生不可接受的变化。

其中一些极限状态如图 64.9 所示。

嵌入式挡墙的设计必须确保避免这些极限状态。

64.4.2.2 正常使用极限状态

嵌入式挡墙的主要正常使用极限状态是挡土结构的位移，这种位移可能导致结构、附近结构或功能设施的倒塌或影响其外观或有效使用。这可能涉及墙或墙周围土体的横向和纵向位移。

64.4.3 安全系数——分项安全系数和总安全系数

如第 64.2.3 节所述，BS EN 1997-1：2004 采用分项系数法进行设计。对于嵌入式挡墙，这个概念已经被普遍使用了好几年，应该很容易被设计采用。然而，有许多传统的嵌入式挡墙设计方法使用总安全系数法。通常，这些方法要么在转动稳定性验算中寻求抗倾覆力矩与倾覆力矩的足够大的比例，要么提供分项系数对地基土的被动抗力进行测试。CIRIA C580（Gaba 等，2003）对这些方法进行了详细讨论。

以上确定的极限状态通常与 BS EN 1997-1：2004 岩土极限状态（"地基的破坏或过度变形，其中地基土或岩石的强度在提供抗力方面起重要作用"）或 STR（"结构或结构构件的内部破坏或过度变形，其中结构材料的强度在提供抗力方面起重要作用"）有关。BS EN 1997-1：2004 中对这些极限状态提供了用于嵌入式墙体设计的分项系数。英国已经采用了设计方法 1：挡墙必须对照组合 1 和组合 2 进行验算。

在组合 2 中，将大于 1 的因子应用于地基土参数标准值，以推导出用于分析的设计值。这通常是稳定性的关键情况，并将建立所需的墙体几何形状。利用该分析得到的墙体荷载效应，结合组合 1 的输出结果，对系统的结构承载力进行校核。

对于正常使用极限状态验算，采用统一的分项系数。

64.4.4 设计工况、设计几何形状、地下水状况

64.4.4.1 简介

嵌入式挡墙设计的总体目标是选择一个足以保证稳定性的墙体长度，以确保墙体和任何支撑系统的足够结构性能。此外，通常会进行某种形式的位移分析，以确保结构符合设计性能要求，以及确保附近的结构和公用设施不会受到不利影响。

以下各节概述了设计人员在设计嵌入式挡土墙时的主要注意事项。

64.4.4.2 设计工况

在 BS EN 1997-1：2004 中讨论了设计工况。在设计嵌入式挡墙时，重要的是要考虑一个以上的设计工况是否适用。举个例子，比如多层支撑的墙。有必要对施工顺序的各个阶段进行单独考虑，以确

保避免相应的极限状态。

对每个设计工况，设计者必须考虑以下几点：

- 设计岩土地层：在变化的地层条件下，可能有必要考虑多个设计地层。每个设计地层作为一个单独的设计工况。
- 岩土参数和场地模型：应根据第 27 章 "岩土参数与安全系数" 中概述的方法评估特征值。墙是线性结构，因此有可能遇到设计地层和土体参数的变化。设计人员必须考虑这种可变性，并在必要时分析不同的场地模型。
- 时间效应：例如，分析是短期的（即不排水的参数）还是长期的（即排水的参数）。如有必要，可能需要将这两个条件作为单独的设计工况进行验算。
- 施工顺序：必须确保在设计中考虑了所有潜在的关键阶段。
- 设计几何形状：例如，由于整体挡墙高度的变化，挡墙结构的几何形状会有所不同。设计时考虑如何将墙分隔，并确定每个墙的关键部分。然后将每个几何图形视为单独的设计工况。

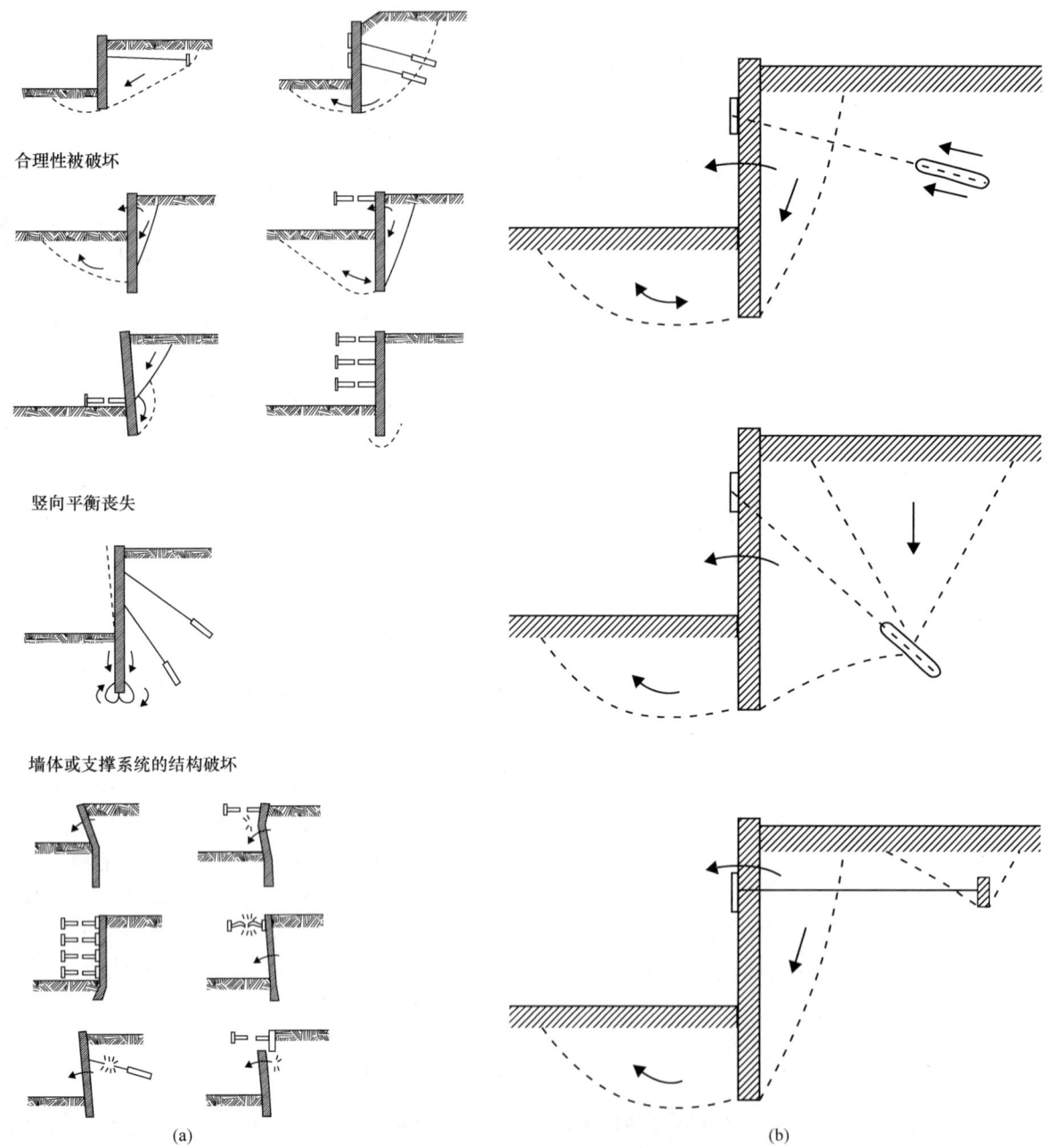

图 64.9　嵌入式挡墙的极限状态破坏模式
(a) 整体失稳；(b) 锚固体拔出

- 地下水和排水：这是开发挡土墙设计工况时的关键考虑因素。根据地基土类型、施工顺序和施工速度，可能有必要分析某些情况下认为地面不排水而另一些情况下排水的情况。第63章"支护结构设计原则"中对此进行了详细讨论。
- 附加荷载：考虑由于建筑负荷或交通及其影响而产生的附加荷载。

尽管可能需要计算多个设计工况，但通过仔细考虑可能确定（关键的）不利的相关组合，一旦确定了关键（不利）设计工况的解决方案，可以通过检验或减少分析和计算的数量来确定可接受的替代工况。

64.4.5 土压力

为了验算挡墙的稳定性和位移，必须计算作用在墙壁上的土压力。通常有两种常规分析方法可用于评估土压力：

- 极限平衡；
- 土-结构相互作用。

极限平衡计算方法是基于假定的破坏机制，即挡墙周围土体的强度被完全调动发挥。计算通常基于简单假定的线性侧向应力分布，该分布代表一个特定的破坏机制。对于悬臂和单支撑墙，破坏机制已得到很好的研究和应用，而对于其他形式的嵌入式挡土墙，例如多支撑墙和支撑明显低于墙顶的工况，破坏机制的研究和应用则不足。极限平衡分析可以使用计算机软件或手算。

土-结构相互作用分析需要使用专业软件。在这种分析中，建立了地基的初始应力，并对施工顺序进行了模拟。在每个阶段，都会对模型进行更改以打破原有系统的平衡，例如，开挖或拆除支撑，并且计算模型系统的变形以及在分析试图恢复平衡时地基土和结构的应力调整。因此，这些分析可以直接计算墙体周围产生的土压力以及相应的墙体和土的位移。

在CIRIA C580（Gaba等，2003）中讨论了极限平衡和土-结构相互作用分析的相对优点。

64.4.5.1 极限平衡分析

在极限平衡分析中，土压力分布是基于已建立的机制，根据设计工况选择合适的土压力分布。悬臂墙和支撑墙两种常见工况的机理如图64.10所示。

基于固定端机制，假定挡墙围绕地基中某个支点旋转。在这一点以上，假定主动侧土压力处于主动极限，开挖侧土压力处于被动极限。为了确保旋转和水平向稳定，在支点以下，这种情况被逆转，使主动侧的压力处于被动极限，开挖侧的压力处于主动极限。通过考虑假定支点的力矩平衡和水平力的平衡，验算挡墙的稳定性。为了达到平衡，需要进行迭代计算，其中墙趾和支点是变化的，直到达到平衡。这个过程最好通过专业的挡墙分析软件或电子表格来完成。

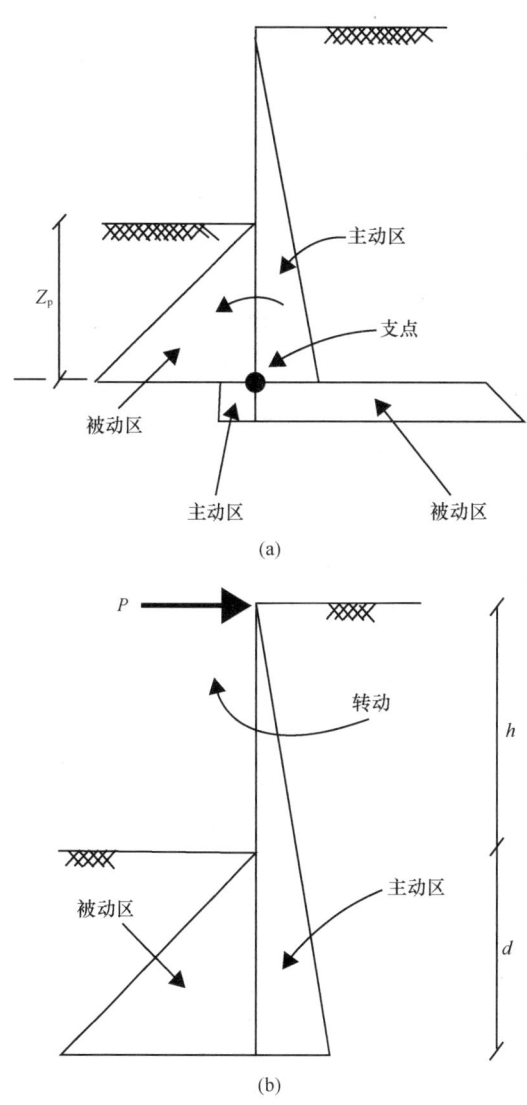

图64.10 极限土压力分布
(a) 悬臂挡墙（Fixed earth-cantilever）；
(b) 自由端支锚挡墙（Free earth-propped wall）

手算通常采用简化的计算方法。在这种情况下，支点以下的挡墙长度将被假定的合力 R 代替，如图 64.11 所示。

然后改变到支点的深度 d_0，直到达到力矩平衡为止，并且可以计算水平稳定性所需的合力 R 的大小。为使墙足够长以确保稳定性，通常假定墙趾比支点深 20%，即 $1.2d_0$。建议在支点以下的挡墙长度足以发挥大于假定合力 R 的反作用力。

由于假设挡墙绕支撑水平转动，因此更容易评估自由端的条件。因此，假定保留侧的土压力处于主动极限，而在开挖侧的土压力处于被动极限。为了验证稳定性，在假定的支点附近施加力矩，并改变墙趾直至达到平衡。作用在挡墙上的侧压力的任何不平衡，都被看作是支撑中的反作用力。

任何一种机制，一旦系统的稳定性得到验证，就会利用该分析所产生的土压力来推导墙体的作用效应（例如弯矩和剪力）。

在计算时，应使用土体参数设计值来确定作为输入的极限土压力系数。DA-1、组合 1 和组合 2，因此会对挡墙长度，支点和支撑力产生不同的结果。这是因为不同的分项系数对材料的性能和作用将导致不同的极限土压力系数和施加荷载效应。在墙的长度方面，设计时应采用两种组合计算确定的较大值。

当墙的长度是以旋转或侧向稳定性以外的其他准则来确定时，例如达到截水或竖向承载能力时，则应采用极限平衡法来推算设计作用效应，这需要进一步考虑。极限平衡机理达到平衡状态所需的墙趾标高与满足其他条件所需的墙趾标高不同。因此，不计算挡墙全长的荷载效应。根据极限平衡分析得出墙体的平衡土压力和荷载效应，然后将荷载效应外推至实际所需的墙趾标高，如图 64.12 所示。此方法也适用于 SLS 条件，其中极限平衡分析得出的墙趾标高会比 ULS 分析得出的墙趾标高高，因此，SLS 荷载效应需要外推到 ULS 墙趾标高。

如果这种荷载外推法被证明是墙体设计中的一个重要考虑因素，那么可以考虑采用下文所述的土-结构相互作用方法。

极限平衡法的另一个局限是假定的土压力剖面中缺乏拱效应或土压力重新分布。这对于支撑在顶部或靠近顶部的挡墙尤其重要，因为那里有低估支撑荷载的风险。第 64.4.7 节将进一步讨论这个问题。

64.4.5.2 土–结构相互作用分析

在土–结构相互作用分析中，用计算机软件计算作用在墙上的土压力。土–结构相互作用的分析方法有以下几种：

- 基床反力（Sub-grade reaction）（如 Geosolve WALLAP）；
- 伪有限元（Pseudo-finite element）（如 Oasys FREW、Geosolve WALLAP）；
- 有限元和有限差分（如 Plaxis、FLAC、Oasys SAFE）。

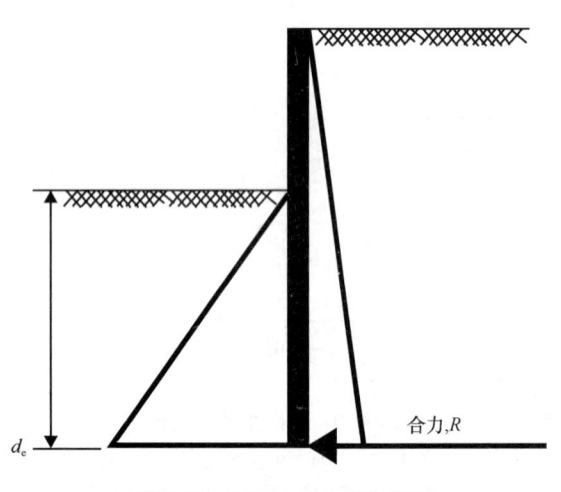

图 64.11　固端土压力简化模型

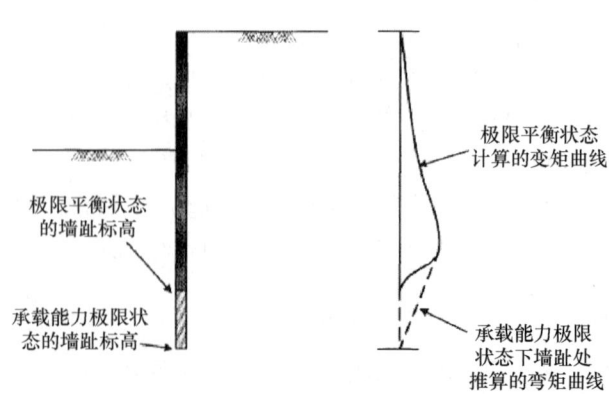

图 64.12　极限平衡分析中推算的荷载效应

本章不详述不同方法和软件操作方法背后的详细理论，因为这些都取决于所使用的程序。土-结构相互作用分析的主要考虑因素如下。

与极限平衡分析不同，地应力是土-结构相互作用分析的重要输入。软件通常要求每一层土的静止土压力系数 K_0。

土-结构相互作用分析的一个好处是可以模拟施工顺序。挡墙的施工顺序会影响土体中产生的土压力，从而影响作用于挡墙的作用效应。因此，在考虑设计工况时，应确定拟建施工顺序的各个阶段。

在施工顺序分析中考虑时间效应。这将包括允许细颗粒材料在短期表现为不排水的状态，但在长期则作为排水材料。结构构件的徐变和腐蚀也可以用模型来模拟，重要的是在软件中按照用户手册中的建议来描述这些影响。

阅读和理解任何软件进行计算所依据的技术条件很重要，以确保为分析作出正确的假设和输入。同样重要的是要仔细检查输出。通过复杂的分析，可能难以理解其理论基础，并且存在未经严格审查就接受输出的危险。在接受土-结构相互作用分析结果之前，用户应该考虑结果是否如预期的那样——土压力看起来合理吗？有多少地基土处于主动或被动极限？变形模式看起来合理吗？在可能的情况下，将结果与同一问题的极限平衡分析联系起来是很有用的。

土与结构相互作用分析的一个特殊困难是确定极限稳定性，例如缩短挡墙以求得稳定的最小长度。分析收敛与否取决于特定程序中规定的迭代次数和收敛公差的大小。通常，分析可能表明它已经收敛，这可能使用户认为墙是稳定的，但是，如果为了达到收敛而发生了过大的变形，则尽管达到收敛，也可以认为挡墙实际上已经破损了。同样，在检查分析的详细输出时，应注意这一点。

64.4.5.3 其他对土压力的影响

前面几节概述了极限平衡分析中假定的基本破坏机制，以及计算墙体土压力所必需的土-结构相互作用分析的一般方法。然而，在评估作用于嵌入式挡墙的作用时，还需要考虑一些其他因素，这些因素将影响这些基本方法。下面对这些问题进行讨论。

64.4.5.4 墙土摩擦

土与墙体结构之间的界面摩擦角会影响墙体附近调动的极限土压力。土-墙界面摩擦角的大小取决于地基条件和墙体类型。墙-土界面摩擦角的方向取决于墙体是否承受竖向荷载。在传统情况下，保留侧（主动侧）的土体相对于墙体向下塌陷，在墙体与土体的界面上产生向上的反作用，而开挖侧土体相对于墙体向上隆起而产生向下反作用，如图 64.13 所示。土-结构相互作用分析的使用和解释在第 6 章"岩土工程计算分析理论与方法"中给出了有益的指导。

然而，如果墙体承受竖向荷载，则需要在墙-土界面上调动向上的剪应力以支持施加的荷载。超过墙体的保留高度，可以认为土体和墙体一起向下移动——在界面上不产生净摩擦。因此，对所加荷载的抗力来自于嵌入部分。在开挖侧，与传统情况相比，这相当于界面摩擦方向的反转。这一点很重要，因为它可以显著降低被动抗力的极限值，从而可能增加稳定所需的挡墙长度。有关承受竖向荷载的墙壁的详细资料，请参阅第 62 章"支护结构类型"作为整体地下构筑物一部分。

64.4.5.5 被动软化

在墙前土开挖过程中，为墙体提供侧向稳定性的土体竖向卸荷。如果这种土是不排水的细颗粒材料，则存在随着超孔隙压力的消散，卸荷会导致开挖面附近土体软化的危险。任何这样的软化将减少可用于墙壁稳定的被动抗力，因此可能增加所需的墙长。建议细粒土基坑开挖面不排水抗剪强度取

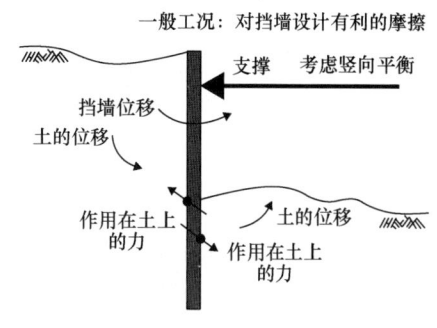

图 64.13　一般工况下的墙体摩擦

0，在土块内一定深度 L 处达到不排水剪切强度设计值，如图 64.14 所示。在没有地下水补给潜力的情况下，这个深度可视为 0.5m，在其他情况下，可视为：

$$L = \sqrt{(12\,c_v t)} \qquad (64.4)$$

式中，c_v 为固结系数；t 为经过的时间。

其中补给发生在开挖标高，而在地基土中没有补给。

同时也要考虑开挖卸荷对土体深部的潜在影响。

64.4.5.6 张拉裂缝

在采用不排水剪切强度建模的细粒材料中，理论上有一种可能性，在回填侧最大主动土压力将是负的。因为地基土不能承受拉应力，所以土和墙之间有可能出现裂缝。在这个区域，墙上的压力为零。必须考虑到这种张拉裂缝被水淹没，例如由于滞水在黏土层顶部。如果拉伸裂缝被淹没，作用在墙上的压力将是裂缝中水的静水压力。即使没有明显的水源，按施加零压力的张拉裂缝考虑可能也不合适。通常将假定作用在墙壁上的最小压力限制为最小等效流体压力（MEFP）。在干燥条件下，MEFP 通常取为 $5z$，其中 z 是主动侧（保留侧）地面以下的深度。图 64.14 显示了充水的张拉裂缝和 MEFP 的假设以及土的被动软化。

64.4.5.7 倾斜的地面

不管是在墙的前面还是后面，倾斜的地面都会显著影响作用在墙上的压力。BS EN 1997-1：2004 给出了计算斜坡地基土压力系数的解析法和图解法。当坡度不均匀或范围有限时，就会出现困难。在这种情况下，如果将剖面近似为无限斜率是不合理的保守做法，可以考虑以下方法之一：

- 进行库仑楔形分析，以确定在墙下不同深度的主动侧向推力。
- 将斜坡的影响模拟为一系列的附加荷载。应注意的是，这种方法并不能模拟墙顶以上斜坡内的主动推力。因此，主动推力应该单独量化，并作为施加在墙顶的力。

64.4.5.8 反向被动

在开挖靠近顶部支撑墙前的地面时，支撑墙上方的部分有向后旋转进入主动侧土体的趋势。在土-结构相互作用分析中，这可以将土压力调高到接近墙顶的被动极限。然而，在该区域，土体通常相对于墙向下移动（根据 K_p 的标准符号约定，墙-土界面摩擦力为负值），因此，在靠近墙顶的土体区域施加 K_p 值是很重要的。通常认为 $K_p = 1$ 是合适的值。

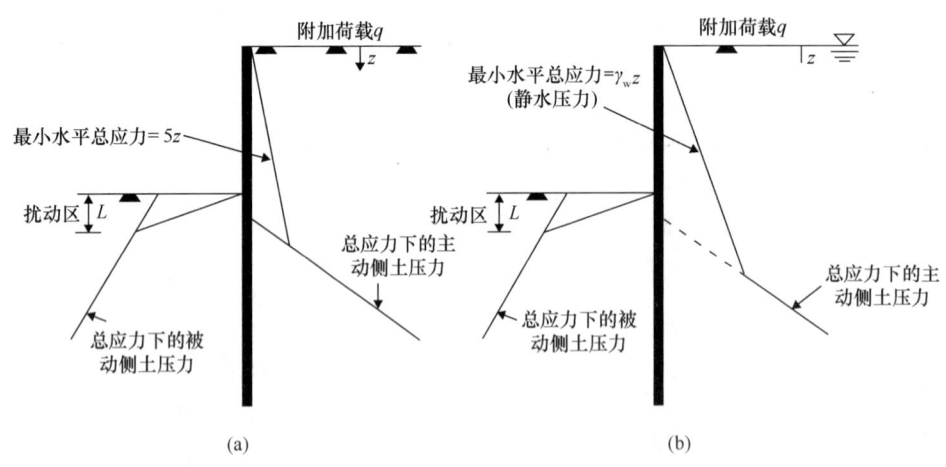

图 64.14　被动软化和张拉裂缝
(a) 不排水条件：干张拉裂缝；(b) 不排水条件：浸水张拉裂缝

由于假定的压力曲线不包括墙顶附近的反向被动压力,因此极限平衡分析不包括这种被动压力。没有这种增加的压力是极限平衡分析低估了墙支撑系统中支撑力的主要原因。在计算极限平衡支撑力时,应引入模型系数,以保证设计的稳健性。详情见第64.4.7节。

64.4.5.9 多支撑挡墙

如果墙壁由一层以上的支撑层支撑,则只要墙壁和支撑系统的结构设计适当,就不必担心由于旋转或平移而导致的墙壁不稳定性。但是,要设计墙壁和支撑系统,仍然需要计算作用在墙壁上的土压力。尽管在CIRIA C580(Gaba等,2003)中讨论了一些方法,但极限平衡分析并不是特别适合多支撑情况。通常,建议对多支撑墙进行土-结构相互作用分析,并模拟支撑安装和开挖的顺序。

64.4.5.10 挡墙和地基土刚度

墙体和土的刚度是土-结构相互作用分析中的重要参数,而极限平衡分析则不需要这些参数。所采用的刚度必须与预期的土体应变水平相适应。对于挡土墙的设计,这个应变一般比基础设计的应变小,因此可以考虑提高刚度值。在所有情况下,应根据类似的经验,例如CIRIA C580(Gaba等,2003)或其他技术文件提供的挡墙和土体位移的案例记录,核实分析产生的挡墙和土体位移,以确保假设是合理的。

墙壁和支撑刚度建模应考虑与时间相关的任何影响。例如,钢筋混凝土墙的抗弯刚度为$E_0 I$,其中E_0是钢筋混凝土的短期杨氏模量,I是截面惯性矩。然而,一旦墙体受到弯曲荷载,墙体的受拉一侧就会发生开裂,从而降低受弯墙体的刚度。在没有详细计算的情况下,建议以$0.7 E_0 I$作为墙体的初始刚度。从长远来看,钢筋混凝土墙体由于在恒定应力下的应变而有潜在的徐变。一般而言,长期弯曲刚度为$0.5 E_0 I$。

在钢质挡土墙中,由于钢在整个结构寿命期间的腐蚀,可能会导致刚度降低。

短期和长期之间的墙体刚度变化建模需要适合所使用的软件,用户应参考该软件的特定指南。通常,在分析的任何阶段仅更改墙体的刚度是不可接受的。

64.4.5.11 热效应

温度变化会导致支撑体系的膨胀和收缩,从而对结构产生附加荷载。一般来说,当支撑系统暴露在大气条件下,比如施工期间,尤其是使用临时钢支撑时,这种情况更为明显。第64.4.7节给出了一种计算支撑热效应的方法。

对于整体式桥梁(桥面和桥墩之间没有运动节点的桥梁),热效应可能是重要的。在这种情况下,支承墙会受到周期性的膨胀和收缩,从而导致应变棘轮效应——这种效应增加了墙后的土压力。《道路和桥梁设计手册》(*Design Manual for Roads and Bridges*)(Highways Agency, 2000)对整体桥梁的分析和设计给出了具体的指导。

64.4.5.12 板柱墙

板柱墙是一种特定类型的嵌入式挡墙。一般认为挡土墙是一个平面应变问题,因此计算通常是基于墙的"单位长度"进行的。但是,板柱墙从以固定间距s嵌入的离散元素获得支撑。在s小于支撑构件直径3倍的情况下,假定平面应变条件可能是合适的,但是,对于间隔较大的支撑,则需要使用另一种方法,这在CIRIA C580(Gaba等,2003)中有规定,概述如下。

各个支撑构件应单独设计以抵抗计算出的侧向荷载。应假定挡土墙后处于完全主动状态。墙前的被动抗力可采取以下方式[取自Gaba等,2003:式(4.14)~式(4.17)]:

板柱应设计成承受水平荷载的桩,每米长度的极限净有效阻力P'_a为:

$$P'_a = K_p b p'_v / s \quad \text{当嵌固深度} z \leqslant 1.5b \text{ 时}$$
(64.5)

$$P'_a = K_p^2 b p'_v / s \quad \text{当嵌固深度} z \leqslant^{①} 1.5b \text{ 时}$$
(64.6)

式中,b为板柱宽度;s为板柱间距($s > 3b$);K_p为被动土压力系数($K_p > 3$),定义为$(1 + \sin\varphi')/(1 - \sin\varphi')$;$p'_v$为深度处的有效上覆压力

---

① 译者注:原文可能有误,应为">"。

(Fleming 等,1994)。

上述 P'_a 的表达式是基于 Fleming 等（1994）报告的 Barton（1982）的工作,被认为适用于 K_p 值在 3.0~5.3 之间（即 $30° \le \varphi' \le 43$）。

在总应力分析中,Fleming 等（1994）给出了每米长度 P_u 的极限净侧向抗力为:

$$P_u = [2 + (7z/3b)]s_u b/s \quad 埋置深度 \le 3b \tag{64.7}$$

$$P_u = 9s_u b/s \quad 埋置深度 >^{①} 3b \tag{64.8}$$

式中,b 为板柱宽度; s 为板柱间距（$s > 3b$）; s_u 为埋深 z' 处的不排水抗剪强度。如图 64.15 所示。

64.4.5.13 超挖

在评估给定设计工况下的几何形状时,重要的是要考虑在墙前超挖的可能性。这对于嵌入式墙尤其重要,因为土的被动抗力对于稳定性是必要的。BS EN 1997-1:2004 要求,对于正常的现场控制,超挖应控制在墙体高度的 10% 以内,且最大为 0.5m。

64.4.5.14 附加荷载和直接负载

在设计挡土墙时,应考虑对挡土墙主动区地面施加附加荷载的可能性。例如,这种附加荷载可能来自永久性交通、施工阶段的工厂负荷或墙后堆存的材料。这类附加荷载的影响,必须纳入作用在墙身上的土压力的评估。

附加荷载的模拟方法,将视墙体的分析方法而定。如果使用的是专业软件,则应参考用户手册,以确保附加荷载的正确模拟。在极限平衡分析中,可以直接模拟均布和非均布荷载,如有限区域上的荷载、线荷载和点荷载。CIRIA C580（Gaba 等,2003）提供了确定非均匀分布荷载所产生的极限侧向压力的不同方法。

英国标准 BS 8002（British Standards Institution,1994b）要求考虑墙后的最低附加荷载为 10kPa。尽管在 BS EN 1997-1:2004 中未明确要求,但对于大多数挡墙,应留有余量,并且 10 kPa 被认为是合理的值。

64.4.5.15 地下水

了解地下水状况对于嵌入式挡土墙设计至关重要。由于水压力直接影响土的有效应力,从而影响土的强度,在水压力上施加一个分项系数可能会导致不合理的设计工况。为了确保安全,建议在作为孔隙压力基础的地下水水位上加上一个余量。DA1-1 和 DA1-2 中选择地下水位的方法不同。在 DA1-1 中,水对结构的作用是大于 1 的值。而在 DA1-2 中,永久作用的系数是统一的。这意味着对于 DA1-2,没有影响水的因素,因此建议从直接评估的设计地下水水位推算出适当保守的设计水压力,定义为:

（1）代表最不利值的水压力和渗透力,这些压力和渗透力可能在极端或意外情况下发生在墙体施工顺序的每个阶段和整个设计寿命。一个极端或意外事件的例子可能是在靠近墙的地方总水管爆裂。

对于 DA1-1,水效应应用了大于 1 的因子,因此可以认为,对地下水位的评估可能不如 DA1-2 保守。建议方法的定义为:

（2）代表正常情况下在墙的施工顺序的每个阶段以及整个设计寿命中可能出现的最不利值的水压和渗透力。可能会排除极端事件,例如附近的爆裂水管,除非设计人员认为此类事件在正常情况下可能合理地发生。

在选择设计地下水位时,必须考虑埋入式墙体的建造可能对地下水状况产生的任何潜在影响。例如,如果墙体穿透了流动的地下水层,则可能会产生"坝"效应,导致邻近墙壁的地下水

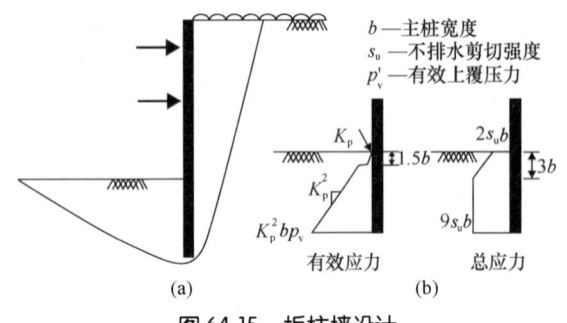

图 64.15 板柱墙设计

(a) 整体稳定性;(b) 单个板柱的侧向荷载

---

① 译者注：原文为"$\le$",可能有误,应为"$>$"。

位上升。相反，在地下室中安装排水系统可能会导致地下水水位降低。在设计挡土墙时，必须考虑这些影响，同时亦须考虑对邻近构筑物可能造成的影响。

如挡土墙两边的地下水位不同，则必须研究挡土墙周围可能出现的渗水情况，因为这会对沿挡土墙长度方向假设的孔隙压力产生影响。如果不透水墙体穿透不透水地层，可以假设不透水地层的底部孔隙水压力不平衡。然而，在许多情况下，特别是在结构物的设计寿命期内，由于墙体和土体的渗透性有限，墙体周围会出现渗流，产生非静水压力曲线。

为了准确评估作用在墙体上的孔隙压力，可能有必要进行渗流分析。然而，对于基于各向同性渗透系数和基坑开挖的渗流问题，也有一种常用的简化方法。为此，设计必须验证这些简化假设是否合理。图64.16给出了计算这种简化的线性渗流曲线的方法。渗透对挡土墙设计影响的更多细节在《CIRIA 专刊 95》（*CIRIA Special Publication* 95）（Williams 和 Waite, 1993）中进行了讨论。

64.4.6　结构构件的设计

墙体结构设计应采用极限平衡或土-结构相互作用分析的荷载效应。

64.4.7　支撑系统的设计

支撑系统的设计见第65章"支锚系统设计"和第66章"锚杆设计"。在支撑设计中，必须仔细考虑确定设计荷载效应。一般来说，这些效应将从挡土墙分析中计算出来。然而，可能还有其他因素需要考虑，以确保实现一个稳妥的解决方案。

64.4.7.1　极限平衡支撑受力

如第64.4.5节所述，支撑墙的极限平衡法不考虑土拱效应或土压力的重新分布。这可能导致严重低估了可能适用于设计的支撑负荷。尽管对于墙设计这是保守的，但对于支撑设计却并不保守。因此，CIRIA C580（Gaba 等，2003）建议将模型系数1.85应用于由极限平衡分析得出的支撑反力，以确保实现稳妥的设计。

64.4.7.2　分布支撑荷载法

推导临时支撑设计作用的一种方法是分布支撑荷载（DPL）法。CIRIA C517（Twine 和 Roscoe，1999）概述了这种方法，并且是基于对柔性和刚性墙体的支撑受力以及在英国常见的地基条件范围内的广泛的现场测量。在采用DPL方法的情况下，应将结果与案例分析的结果进行比较。如果两种方法之间的支撑受力不同，则设计人员应考虑差异的原因，并在临时支撑的设计中采用适当的值。

64.4.7.3　热效应

如第64.4.5节所述，热效应会增加支撑和挡土墙的设计荷载效应。由于热变化而对支撑产生的影响可以按如下方式计算：

支撑温度从其安装温度的升高或降低将导致支撑根据以下关系膨胀或收缩：

$$\Delta L = \alpha \Delta t L \quad (64.9)$$

式中，ΔL 为支撑长度的变化量；α 为支撑材料的热膨胀系数；Δt 为相对于安装时的温度，支撑温度的变化量；L 为支撑长度。

如果限制或阻止支撑自由扩张，则会在支撑中产生额外的受力。此附加力的大小为：

$$\Delta P_{temp} = \alpha \Delta t E A (\beta/100) \quad (64.10)$$

式中，E 为支撑材料的杨氏模量；A 为支撑的截面积；β 为支撑约束的百分比。

（在坚硬地面上的刚性墙为70%，在坚硬地面上的柔性墙为40%）。

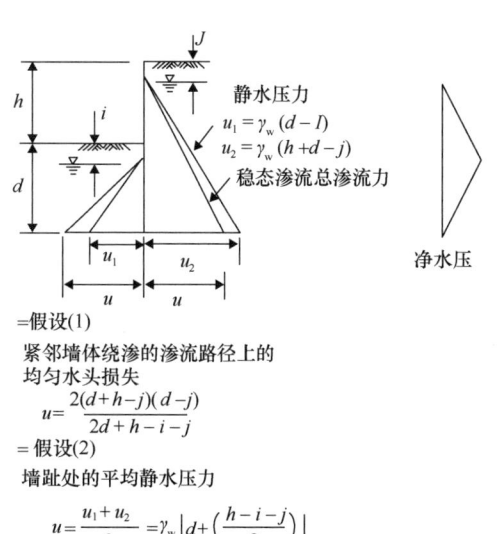

图64.16　线性稳态渗流水压力计算的简化方法

设计人员应选择适当的 β 值以适合特定的项目情况。如果设计人员确信这些数值是合理的，例如根据可比较的经验，则可采用上述一般建议以外的其他数值。

64.4.8 地面移动

在嵌入式墙体前面开挖会导致墙体和周围地面的移动。在敏感的基础设施或建筑物紧邻墙壁的地方，如果移动不受限制，就有损坏的风险。为了验证没有超过 SLS 标准，通常需要检查由于建造嵌入式墙而引起的地面移动。

在第 63 章"支护结构设计原则"中详细讨论了预测地面移动的方法。

64.4.9 设计方法

前面几节概述了如何评估可能作用在墙上的各种荷载。一旦确定了这些作用，就有必要对挡墙进行分析，以确保可以避免上述第 64.4.2 节中确定的极限状态。对于土-结构相互作用分析，需要采用迭代法对墙体的几何形状进行初步估计，并对每种破坏模式进行稳定性检查。然后可以调整墙的几何形状来优化解决方案，同时仍然保证稳定性。这样的分析和迭代很可能需要专业软件。

本节概述了嵌入式挡墙设计过程中的各个阶段。这些阶段由图 64.17 中的流程图说明，并在下面进行描述。

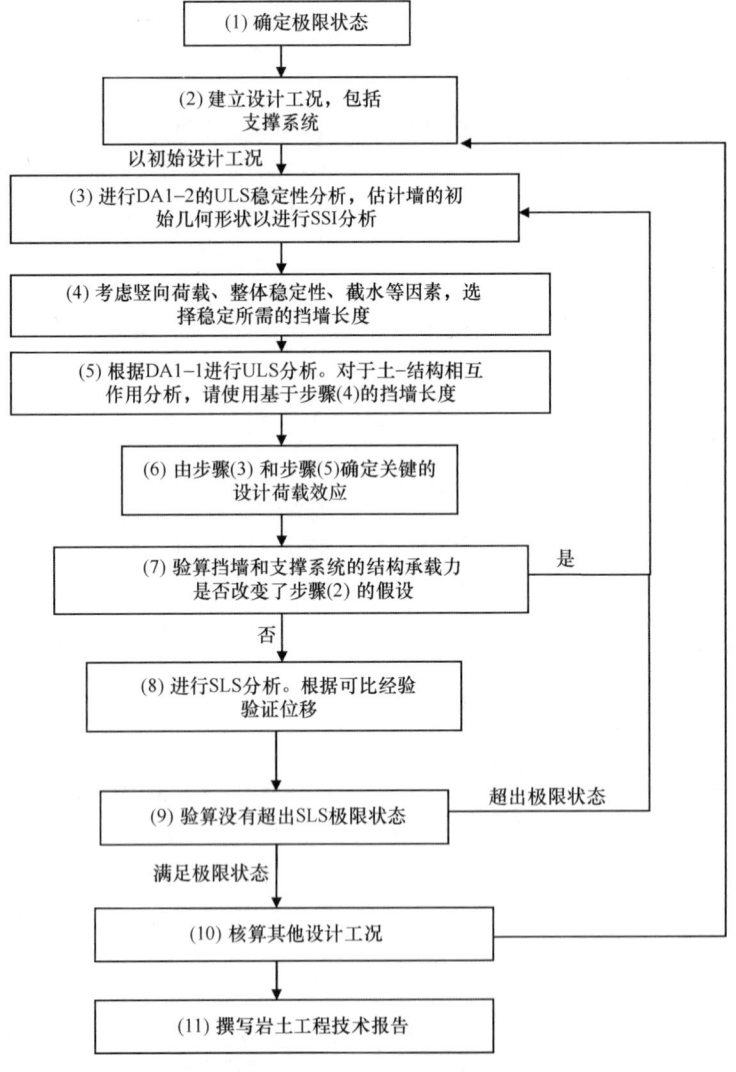

图 64.17 嵌入式挡墙设计流程

（1）确认问题的相关极限状态，如第64.4.2节所述。对于正常使用极限状态，同意采用的变形极限或其他标准。

（2）确定在分析中要考虑的设计工况，并考虑第64.4.4节中描述的问题，并对墙体的预期支撑系统进行假设。选择一个初始情况进行分析。

（3）进行墙体稳定性的ULS分析（设计方法1，组合2）。对于土-结构相互作用分析，必须假定墙的初始尺寸。在这种情况下，通常可能需要进行极限平衡分析，以初步估算所需的挡墙长度。

（4）根据步骤（3），选择墙的设计长度。对于土-结构相互作用分析，可能需要重复执行步骤（3）以优化解决方案。考虑其他因素，例如整体稳定性、垂直稳定性或止水要求对挡墙长度的影响。

（5）根据步骤（4）的几何形状进一步进行ULS分析（DA1-1）。

（6）考虑来自步骤（3）和步骤（5）的荷载效应，并确定墙和支撑系统中的设计荷载效应。

（7）进行墙和支撑系统的结构设计。考虑这是否改变了任何初始假设（例如，墙体刚度、支撑标高或支撑刚度），如果是，请返回步骤（3）并重新分析。

（8）进行SLS分析以估计墙体位移。根据可比的经验或案例历史数据进行验证，例如CIRIA C580中提供的数据（Gaba等，2003）。

（9）检查是否超出SLS限制。如果是，请返回步骤（3）。

（10）核算其他设计工况。

（11）撰写岩土工程技术报告。

64.5 参考文献

British Standards Institution (1994b). *Codes of Practice for Earth Retaining Structures.* London: BSI, BS 8002:1994.
British Standards Institution (1994a). *Reinforced Earth Walls.* London: BSI, BS 8006:1994.
British Standards Institution (2004). *Eurocode 7: Geotechnical Design – Part 1: General Rules.* London: BSI, BS EN 1997-1:2004.
Chapman, T., Taylor, H. and Nicholson, D. (2000). *Modular Gravity Retaining Walls: Design Guidance.* Publication C516. London: CIRIA.
Fleming, K., Weltman, A., Randolph, M. and Elson, K. (1994). *Piling Engineering* (2nd Revised Edition). London: Taylor & Francis.
Gaba, A. R., Simpson, B., Powrie, W. and Beadman, D. R. (2003). *Embedded Retaining Walls – Guidance for Economic Design.* Publication C580. London: CIRIA.
Highways Agency (2000). *Design Manual for Roads and Bridges (DMRB) BD 42/00.* London: The Stationery Office.
Kerisel, J. and Absi, E. (1990). *Active and Passive Earth Pressure Tables.* Rotterdam: Balkema.
Twine, D. and Roscoe, H. (1999). *Temporary Propping of Deep Excavations – Guidance on Design.* Publication C517. London: CIRIA.
Williams, B. P. and Waite, D. (1993). *The Design and Construction of Sheet-piled Cofferdams.* CIRIA Special Publication 95. London: CIRIA in conjunction with Thomas Telford.

64.5.1 延伸阅读

ArcelorMittal (2008). *Piling Handbook* (8th Edition). Available online: www.arcelormittal.com/sheetpiling/page/index/name/arcelor-piling-handbook
Bond, A. and Harris, A. (2008). *Decoding Eurocode 7.* Oxford: Taylor & Francis.
Simpson, B. and Driscoll, R. (1998). *Eurocode 7: A Commentary.* Garston: Building Research Establishment.
Padfield, C. J. and Mair, R. J. (1991). *Design of Embedded Retaining Walls in Stiff Clay.* Publication R104. London: CIRIA.
Puller, M. (2003). *Deep Excavations: A Practical Manual* (2nd Edition). London: Thomas Telford.

64.5.2 实用网址

《道路和桥梁设计手册》（*Design Manual for Roads and Bridges*，简称DMRB），英国公路局（Highways Agency）；www.standardsforhighways.co.uk/dmrb/

建议结合以下章节阅读本章：
- 第20章"土压力理论"
- 第64章"支护结构设计方法"
- 第85章"嵌入式围护墙"

本书以第1篇"概论"和第2篇"基本原则"为指导进行章节编排。如第4篇"场地勘察"中所述，各类岩土工程均应进行扎实的现场勘察工作。

译审简介：

盛志强，岩土工程博士，高级工程师。

成永刚，工学博士，教授级高级工程师，注册土木工程师（岩土），中国岩石力学与工程学会滑坡与工程边坡分会理事。

第65章 支锚系统设计

萨拉·安德森（Sara Anderson），奥雅纳工程顾问，伦敦，英国

主译：王明山（中国建筑科学研究院有限公司地基基础研究所）
参译：王艺姝，蔡瑞刚，菊存全
审校：应惠清（同济大学）

doi: 10.1680/moge.57098.1001

目录

65.1	引言	973
65.2	设计要求和性能准则	973
65.3	支锚系统类型	974
65.4	支撑	975
65.5	拉锚系统	977
65.6	预留土台	978
65.7	其他类型的支锚系统	980
65.8	参考文献	981

正如第62章"支护结构类型"所述，嵌入式挡土墙依靠墙体嵌入段前的被动土压力提供侧向抗力，而重力式挡土墙依靠墙底面与地基土的摩阻力提供侧向抗力。这些类型的挡土墙还可以通过使用锚杆、支撑或其他类型的横向支撑体以进一步提高其稳定性。

不同形式的支撑系统具有不同的特性；这些特性因支撑系统的强度、刚度和开挖过程中的施工条件限制而异。设计者需了解不同支撑系统的特性，包括其在施工现场的约束和特征，以设计最适合的支撑系统。

本章向读者概述了为重力式挡土墙和嵌入式挡土墙提供横向支撑的不同方法。

65.1 引言

嵌入式挡土墙依靠墙前被动土压力提供侧向抗力，而重力式挡土墙依靠墙底面与地基土的摩阻力提供侧向抗力。当挡土墙后土体变形控制要求较严时，可以增加水平支撑为墙体提供侧向约束，或采用其他工程经济性更好的挡土墙设计方案。

本章介绍了设计者需要考虑的设计和性能准则，以及采用不同侧向支撑的优缺点。

挡土墙支撑系统设计的主要参考资料：

- CIRIA C517（Twine 和 Roscoe，1999）；
- CIRIA C580（Gaba 等，2003）；
- 《桩基施工手册》（*Piling Handbook*）（Arcelor Mittal，2008）；
- 英国标准 BS 8002（1994）；
- 《欧洲标准7》（2004）。

65.2 设计要求和性能准则

在挡土墙的设计使用年限的各阶段，均需要考虑其支撑作用。通常情况下取决于施工顺序的施工临时条件，可能比永久使用条件更加复杂，这一点对挡土墙的设计至关重要。

65.2.1 临时工况

临时工况主要发生在施工期间，也可能涉及后期的施工，如修复、改造施工等。地下嵌入式挡土墙的稳定性通常受临时工况控制，比如在基础底板施工前的开挖阶段。同样，重力式挡土墙前排水系统的施工和维护，也是其稳定的控制性条件。

65.2.2 永久工况

在永久工况下，挡土墙则需使用永久性的支撑系统，比如挡土板或永久锚杆，这样设计的目的是在设计使用年限内抵抗水平荷载。

65.2.3 顺作、逆作施工顺序

对于采用嵌入式挡土墙的地下室开挖，可采用两种不同的施工顺序，详见第63章"支护结构设计原则"所述。

最简单的顺作施工方式是由悬臂式挡土墙支撑开挖周围地面的土体，然后在悬臂开挖范围内建造永久工程。然而，很多情况下需要增加临时支护，例如临时内撑或者锚杆，用来补充开挖期间墙体的被动侧土压力。开挖后，在开挖范围内施工永久工程；一旦永久工程施工结束并提供了足够的可用侧向约束，临时支撑将被拆除。

逆作是指在开挖过程中利用地下室的永久结构支撑挡土墙，而不依赖于临时支撑系统。为了实现这一点，上层的楼板需要在土方开挖至板面以下和下层楼板施工前施工。

65.2.4 土体变形控制

挡土墙施工和开挖会引起土体变形。在城市环境中建造建筑物和基础设施时控制土体变形尤为重要，例如当公共设施距离基坑很近时，土体变形会造成破坏后果。挡土墙前开挖引起的土体变形量取决于挡土墙和支撑系统的刚度。因此，土体变形要求对挡土墙支撑系统的选型和设计至关重要。

65.2.5 偶然状况

设计时应该考虑偶然状况，例如，支撑构件或锚杆的失效。一个支撑构件的失效将导致荷载转移至其相邻的支撑构件上。如果构件的设计承载力不足以抵抗额外荷载，那么这些相邻的支撑构件也可能会破坏——导致支撑构件连续失效，从而逐渐引起变形过大或者挡土墙破坏。

65.2.6 设计责任

挡土墙和任何水平支撑的设计责任并不总是由同一方承担，因此，必须做出明确界定。设计责任可能涉及多个设计方的情况包括以下几种：

■ 临时挡土墙

永久结构施工时，基坑开挖需用临时支护墙。设计者需要清楚临时支护墙的性能标准，即墙体最大位移要保证支护墙与永久结构不碰撞。临时挡土墙还需要考虑施工顺序，尽量减少临时工程对永久工程的限制。临时工程的施工阶段，例如拆除临时支撑，会对永久工程造成影响。因此，必须明确临时工程和永久工程间的相互限制和依赖。

■ 设置临时支撑的永久挡土墙

在地下室开挖和建造过程中，经常会采用设置临时支撑或锚杆的永久挡土墙。施工期间作用于挡土墙上的设计荷载主要取决于支撑系统的强度、刚度以及支撑的安装和拆除顺序。在这种情况下，永久挡土墙的设计者需要将临时支撑的强度、刚度和在永久工程施工中关于临时支撑的施工顺序的假设等信息告知临时支撑系统的设计者。如果临时支撑设计人员无法满足这些要求，则应对永久工程、临时工程或施工顺序进行修改，以达到协调临时工程和永久工程的目的。

■ 水平支撑的专业设计

主体工程设计人员可能不具备设计水平支撑的技能。可以选择由专业承包单位进行墙体的永久水平支撑设计，来为项目提供附加价值。对于这种情况，永久工程设计者必须明确地将强度、刚度、容许最大挠度或变形、施工顺序和设计寿命等关键设计信息传达给专业设计师，以获得协调的设计方案。

65.3 支锚系统类型

挡土墙可采用的支撑系统有很多种，下面列出一些比较常见的支撑系统类型：

■ 悬臂式结构

挡土结构没有附加的水平支撑，仅依靠墙前被动土压力或摩阻力抵抗荷载。

■ 单层支撑

在挡土墙中设置单层支撑。与悬臂墙相比，增加支撑，能够减小墙体的负荷，进而减小墙体的尺寸。同时还能增加基坑支护系统的刚度和减小墙后土体的变形。因此，通常会在以下两种情况使用支撑：①对于经济型悬臂式挡土墙，开挖深度较深将导致过大的墙体挠度和相关土体变形；②支撑的使用可节约项目的整体成本。

■ 多层支撑

开挖深度更深时，在单层支撑不能提供所需强度和刚度的情况下，为控制挡土结构及墙后土体的变形，可以采用多层支撑。

■ 环形结构

挡土墙布置成圆形，由于墙体的布置和开挖形状，挡土墙可以从自身环形结构中获得支撑。对于截面为实心的挡土墙，例如咬合桩或连续墙，可以从自身形成的环形结构中获得支撑力。其他形式的挡土墙则一般需要设置一道连续的环形梁来提供支撑。

■ 扶壁式挡土墙

扶壁是将重力式挡土墙局部加厚。它的作用是增加墙体的刚度，并提高墙体的抗力，特别是抗倾覆力。历史上许多砖石建筑和墙壁上都有运用扶壁，并形成建筑特征。

■ 临时支撑

支撑由钢构件组成，通常（但并不总是）垂直于挡土墙。他们通过压缩作用产生水平支撑力，将开挖一侧的挡土墙的荷载传递到另一侧的挡土墙上，或者传递到另一个受力基座上。

■ 拉锚

对挡土墙的支撑可以通过用钢拉锚连接至另一个结构实现。这种拉锚到另一个物体（如混凝土块）的连接方式依靠物体与墙之间的摩擦或地面的被动阻力抵抗拉力。也可以连接至嵌固式物体，例如桩或相邻的嵌入式挡土墙，利用其刚度和桩、嵌入式挡土墙前的被动阻力来抵抗拉力。

■ 土台

在挡土墙前方和邻近区域采用土台，可减小有效开挖深度，同时，在场地中心的开挖深度可以比邻近挡土墙部分更大。当开挖至允许最大开挖深度时，可以从土台顶部延伸一根抛撑至开挖面底部的底座上，用抛撑代替土台所产生的支撑作用。或者，拆除土台一直开挖至基坑底面，可以通过在中心区域浇筑基础底板来产生支撑作用。虽然对挡土墙的侧向支撑有所减少，但荷载通过土拱效应和冠梁的分布作用减少了墙体短段或凹处部位的荷载和变形。

■ 土体加固

加强或硬化土体，特别是在开挖面以下的被动区的土体，可以提供支撑。

土体加固的方法包括：

① 水泥土搅拌、注浆或其他加固措施

这些措施可以在挡土墙（支护开挖）之间改善土体，形成一个"墩"来提供增强的被动约束。

② 格栅墙

一般由无钢筋的浆体或地下连续墙槽壁（diaphragm wall trenches）组成，可以提高墙体被动强度和刚度。格栅墙在其所在位置提供了增强的被动性能，但格栅墙之间的增强很小，因此，格栅墙被有效地运用在地下连续墙中，每一幅格栅墙可以为一幅的地下连续墙提供抗力性能。

③ 锚杆

锚杆通过注浆段的摩擦力将荷载传递至墙后的承载地层中，从而为挡土墙提供支撑作用。第66章"锚杆设计"将对锚杆进行进一步讨论。

65.4 支撑

65.4.1 概述

临时支撑通常由型钢组成，但也可以由钢筋混凝土组成。在理想状态下，支撑应该在开挖长度内规则布置，由腰梁分配约束力。支撑体系的强度和刚度取决于腰梁的设计性能以及支撑的截面尺寸和间距。

临时支撑横跨整个基坑，并对基坑开挖施工提供物理约束。从施工工序和便于操作的角度出发，人们希望支撑布置间距足够大，以尽量减小对施工的限制。不仅需要在支撑系统的强度和刚度之间寻求平衡，还需要在安装大型支撑和腰梁截面的实际问题之间寻求平衡。

65.4.2 支撑布置

支撑布置取决于基坑的形状（图65.1）。对于长槽形的基坑，可以采用间距规则的水平支撑。对于矩形基坑开挖，支撑需要在两个方向上布置，可以设置成十字交叉支撑和角撑（图65.2）。

角撑也可以用于提供有效支撑，并能在支撑之间获得较大的开口，这个开口的位置通常被用来出土。

65.4.3 抛撑

一般情况下，支撑通常是水平的。然而，抛撑可以作为斜撑（raking props）与土台解决方案一起使用，详见第65.3节（图65.3）。抛撑也可用于开挖深度和荷载不同的不平衡开挖中。

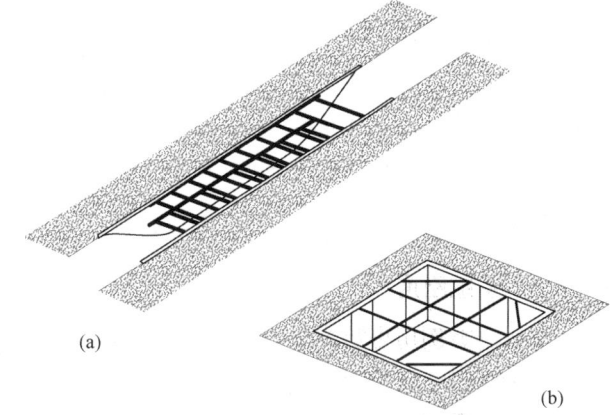

图65.1 典型的基坑形状与临时支撑布置
(a) 长槽形开挖；(b) 矩形开挖

经许可摘自 CIRIA C517，Twine 和 Roscoe（1999），www.ciria.org

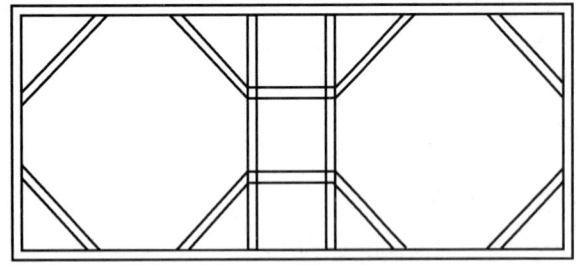

图 65.2 运用角撑为通道获得较大的开口

经许可摘自 CIRIA C517，Twine 和 Roscoe（1999），www.ciria.org

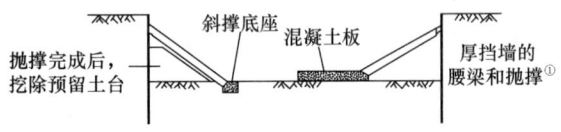

图 65.3 临时土台与抛撑的使用

经许可摘自 CIRIA C517，Twine 和 Roscoe（1999），www.ciria.org

65.4.4 支撑刚度、预加力、预应力

支撑系统每延米的刚度取决于构件的杨氏模量（E）、构件的截面面积（A）、支撑的有效长度（L）、支撑倾角（α）和支撑的间距（s），可以按照下式计算：

$$k = \frac{EA\cos^2\alpha}{Ls}$$

对于受力"平衡"的基坑，当开挖深度、支撑两端的荷载接近时，L 可取开挖宽度的一半。对于不平衡基坑或者存在倾斜面的基坑，如果一侧的开挖深度和荷载与另一侧差异较大，则 L 应该取整个开挖宽度。

尽管这是常用的支撑刚度计算方法，但由于没有考虑腰梁对支撑系统有效刚度的影响，因此是一种近似的方法（图 65.4）。

在支撑系统中施加的预加力或预应力通常约为设计荷载（工作）的 10%，用于补偿系统的松弛。更高的预加力用于加强支撑系统，以通过减小墙体的挠度来控制墙后土体的变形。

65.4.5 系统刚度

现有的案例历史数据表明，嵌入式挡土结构变形的大小取决于支撑系统的有效性。

Clough 等（1989）将系统刚度定义为 $EI/(\gamma_w h^4)$，

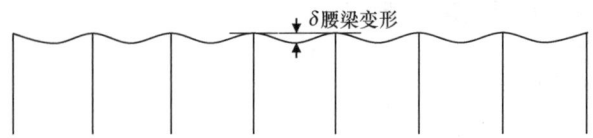

图 65.4 腰梁变形

其中 I 是换算截面惯性矩，γ_w 是水的重度，h 是多支撑系统的平均竖向支承间距。历史工程案例表明，在整体系统刚度没有明显降低的情况下，墙体变形和相关土体变形对墙体的厚度和刚度变化相对不敏感。因此，CIRIA C580（Gaba 等，2003）认为，在硬土中采用柔性挡土墙（如板桩支护结构）可以实现墙体类型和尺寸的经济性，且不会显著增加土体位移。因此，总体来说，多道水平支撑的柔性墙（h 较小）与支撑较少的刚性墙（h 较大）所产生的变形接近。但应注意的是，额外支撑的成本应与使用更有效的墙的效益相抵消。过多地使用支承道数可能会适得其反，因为它可能会降低施工速度，从而增大土体位移。

65.4.6 温度效应

由温度效应引起的支撑长度变化取决于材料的热膨胀系数（α）、支撑的温度变化（Δt）和构件长度（L）：

$$\Delta L = \alpha \Delta t L$$

在实际工程中，腰梁、墙体、支撑端部的土体，会限制或阻止构件自由膨胀导致构件内部受力加大。与钢筋混凝土相比，钢材的热膨胀系数更大，温度对钢支撑的影响更为明显。更多资料可参考 CIRIA C517（Twine 和 Roscoe，1999）。阳光直射会放大支撑的温度效应，而支撑在阴暗环境下的温度效应更不明显。

65.4.7 偶然荷载

构件的设计必须可靠并且需要考虑偶然荷载和支撑构件失效，设计需要考虑以下因素：

- 在墙和支撑系统设计时考虑支撑构件的失效；
- 通过设计变更和周密的施工管理策略，充分减少支撑意外损坏或支撑破坏的风险。

---

① 译者注：原文 ranking struts 疑为笔误，应为 raking struts。

65.4.8 屈曲

支撑构件为轴心受压构件。因此，在设计时必须考虑由于轴向荷载过大或偏心引起的屈曲。基坑宽度较宽或荷载较大的支撑，需要给支撑构件施加跨中约束，可以利用开挖面内的立柱桩作为跨中约束。

65.4.9 支撑承载力设计

使用极限状态平衡法和土 – 结构相互作用法分析挡土墙的正常使用极限状态和承载力极限状态的极限荷载，可查阅第 64 章"支护结构设计方法"。

临时支撑设计也可以采用 CIRIA C517（Twine 和 Roscoe，1999）中提出的分布支撑荷载（DPL）方法。计算支撑荷载的 DPL 方法是基于对 81 个相关项目的支撑荷载测量数据反分析得出的，其中 60 个案例为柔性墙（如钢板桩、排桩等），21 个案例为刚性墙（如排桩墙、咬合桩墙、地下连续墙等）。这些实际案例涉及到开挖深度为 4~27m 的硬黏土层和开挖深度为 10~20m 的粗粒土层。

根据实际案例数据，CIRIA C517（Twine 和 Roscoe，1999）确定并提出了系列的支撑荷载分布图，并摘要在 CIRIA C580（Gaba 等，2003）中（图 65.5）。可进一步参照这些文献，了解该计算方法的细节，以及在使用该方法时需要满足的条件。

65.4.10 永久结构支撑（逆作法）

嵌入式挡土墙的永久支撑构件通常是钢筋混凝土板。虽然钢筋混凝土的杨氏模量低于钢材的杨氏模量，但钢筋混凝土实心板的截面面积明显大于钢构件。因此，钢筋混凝土板支撑刚度比临时钢支撑刚度更大。这种增强的刚度，是逆作法施工顺序的优点之一，可以减小墙体的变形，从而减小土体变形。

板的轴向刚度(k)取决于混凝土的杨氏模量(E)、板的厚度(t)和垂直于墙的板的有效长度(L)：

$$k = Et/L$$

至于临时支撑的刚度，有效长度取决于开挖是否平衡，或是否存在不平衡荷载，见第 65.4.4 节描述。

支撑板上的洞口，例如为了便于施工而预留的洞口，会局部地影响支撑板的刚度，削弱对挡土墙的支撑作用。这种影响在越靠近挡土墙的支撑板处越明显。

65.5 拉锚系统

65.5.1 拉锚和锚碇

锚碇可以由板式桩（例如单排桩段）或大体积混凝土组成，通过锚固端的被动阻力为挡土墙提供约束（图 65.6）。

当锚碇前方的被动土体对墙后的主动土体不产生影响时，挡土墙和锚的设计可以相互独立进行（图 65.7）。

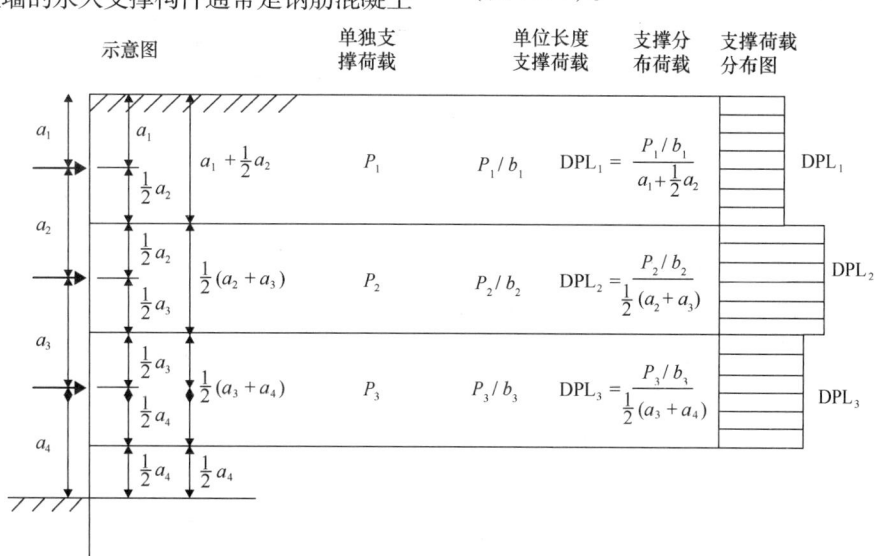

a—高度；b—支撑的水平间距；P—支撑荷载

图 65.5 支撑分布荷载的计算方法（通过分布荷载图计算支撑荷载时，计算过程正好是相反的）

经许可摘自 CIRIA C517，Twine 和 Roscoe（1999），www.ciria.org

拉锚可以直接锚入土中或用来拉结墙后嵌入土体部分的支撑单元，例如斜拉桩（图65.8）。嵌入构件可以提供比锚碇中使用的板或大体积混凝土板更大的被动阻力。对于斜桩，阻力由桩身的拉力提供。

拉锚系统的效果取决于拉锚和锚碇的埋深，这受到实际可开挖深度的影响，因此在开挖深度较大、地下水位较高或需要多道支撑的情况下，这种拉锚系统不可行。

65.5.2 土石围堰

填土双壁或格构式围堰是另一种形式的连接结构，由两条平行的板桩墙通过横梁和拉锚相互连接而成。两行板桩墙之间的间隙用砂、砾石、碎岩或其他粗粒材料回填。格构式围堰是由连锁板桩形成单元格，用粗颗粒材料进行回填（图65.9）。

土石围堰通常被用于海洋环境中。板桩先穿过水并嵌固到地下，然后在排与排之间或孔格内堆放填土，使其高于周围的水位。围堰的设计是为了将围堰内外的水截开，以达到对围堰内部开挖的目的。

英国标准BS 8002（1994）、《桩基施工手册》（*Piling Handbook*）（ArcelorMittal，2008）、Williams和Waite（1993）等出版物中对包括土石围堰在内的拉锚系统的设计有更详细的描述。关于锚杆，可以查阅第66章"锚杆设计"。

65.6 预留土台

土台可通过减少开挖的有效深度来为嵌入式挡土墙提供支撑。

土台所提供的支撑效果取决于土质条件、土台高度（H）、土台宽度（B）及土台坡度（S）等因素（图65.10）。

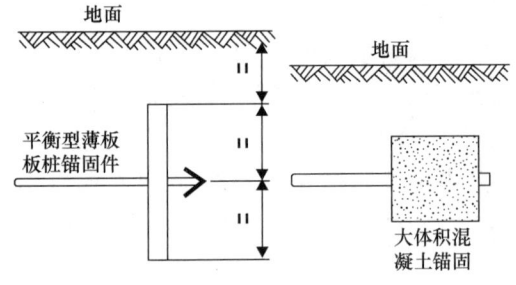

图65.6 固定锚

经许可摘自英国标准 BS 8002 © British Standards Institute（1994）

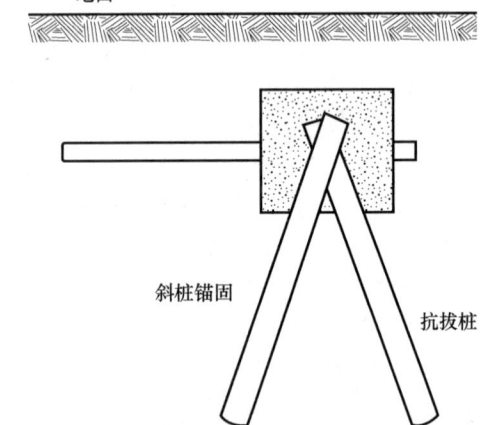

图65.8 拉杆和斜桩锚固

经许可摘自英国标准 BS 8002 © British Standards Institute（1994）

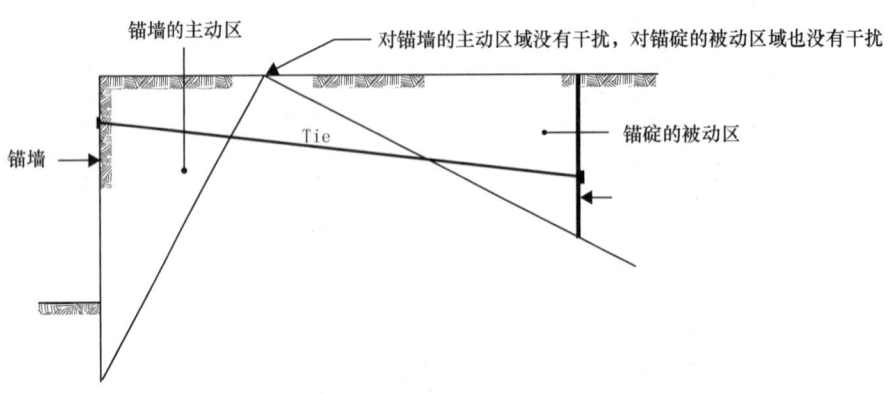

图65.7 锚的非干扰区域

经许可摘自英国标准 BS 8002 © British Standards Institute（1994）

第65章 支锚系统设计

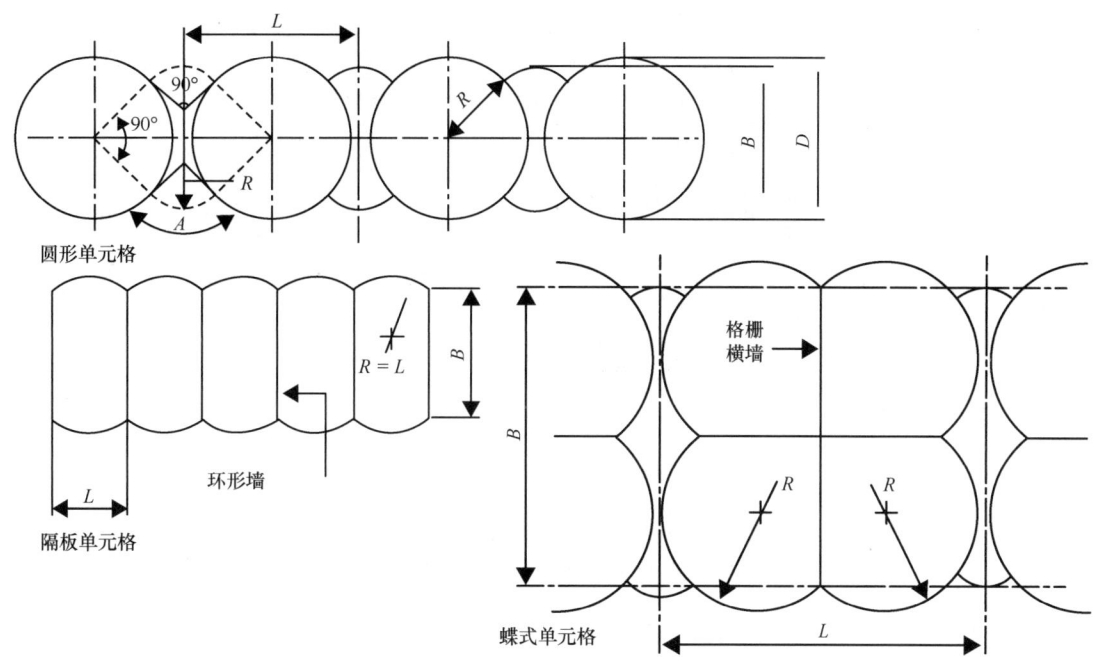

注：尺寸 A、B、R、D 和 L 取决于所使用的板桩截面的尺寸。

图 65.9　格构式围堰的类型

经许可摘自英国标准 BS 8002 ⓒ British Standards Institute（1994）

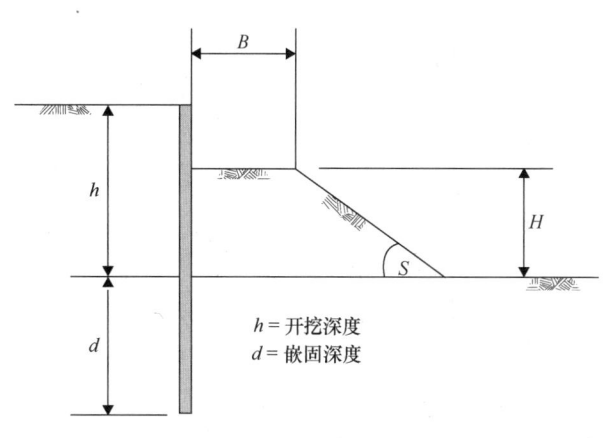

图 65.10　土台的形状

经许可摘自 CIRIA C580，Gaba 等（2003），www.ciria.org

土台的坡度受土层条件及水文条件控制，对于低渗透性土，取决于土台支撑墙体的时间。土台的高度、留土平台的宽度和预留土台的坡度也会受到实际施工中操作空间和通道的影响。所以，在土台设计时，需要在尽可能多预留土以提供可靠支撑与尽可能减少对操作空间和通道的限制之间寻求平衡。

CIRIA C580（Gaba 等，2003）指出，在极限平衡法或土-结构相互作用分析法中，利用基床反力和伪有限元法对土台的分析，大多数是半经验性质的。所以对土台的分析通常需要与观察法相结合（第100章"观察法"）。

在极限平衡法或土-结构相互作用分析法中，常用几种方法来表示土台。CIRIA C580（Gaba 等，2003）建议，可以通过确定土台形成的等效土层（修改自 Fleming 等，1994）来对土台进行分析。

Fleming 提出的等效土层法，假设土台的坡度为 1∶3，不留置平台，宽度与原土台一致。设计分析换算后的等效土层厚度为简化土台高度的一半，也就是整个土台宽度的 1/6（$b/6$）。在假定的 1∶3 土台坡面和等效土层之上部分（如图 65.11 阴影所示）的重量在分析时将作为附加荷载作用在等效土层之上。

关于墙体稳定性或墙体变形的其他模拟土台分析方法的内容，请参阅 CIRIA C580（Gaba 等，2003，第 7 章）。

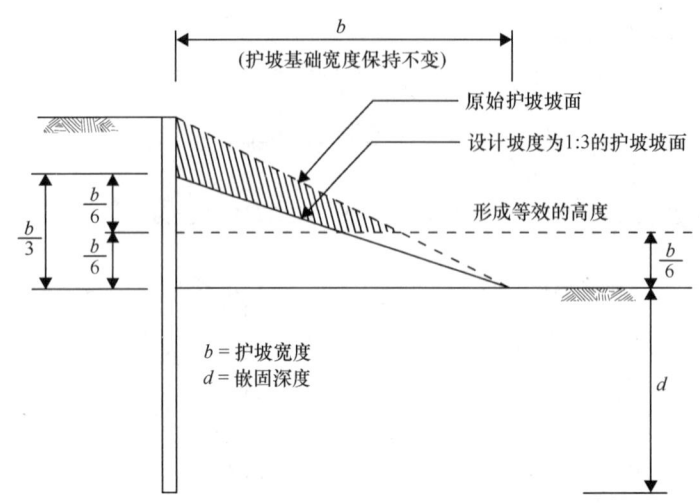

图 65.11 在 Fleming 等人（1994 年）之后，通过有效土体厚度表示土台

经许可摘自 CIRIA C580，Gaba 等（2003），www.ciria.org

65.7 其他类型的支锚系统

65.7.1 环形结构

对于环形基坑，当墙体不能从自身的环形中获得足够支撑时，通常会采用环形梁来提供支撑。由于其形状为环形，通常会采用钢筋混凝土环梁。

对于环形基坑，英国标准 BS 8002（1994）指出应该用直边基坑来计算土压力，可参照第 64 章"支护结构设计方法"。

在实际应用中，基坑形状或者环梁一般无法施工成为一个规则的圆形，应验算环梁在辐射状荷载 $W(kN/m)$ 下的纵向弯曲，它取决于环梁材料的杨氏模量 $E(N/mm^2)$、X 轴的惯性矩 $I(cm^4)$ 和环形半径 R，可以用以下公式计算：

$$W = 1.5 \frac{EI}{R^3 \times 10^3}$$

[英国标准 BS 8002：1994，公式(34)]

65.7.2 扶壁式挡土墙

在英国标准 BS 5628 第 1 部分和第 2 部分中介绍了砌体墙抵抗水平荷载的设计。扶壁的作用是增强砌体墙内部稳定性，增加墙基础的有效宽度（图 65.12）。因此，扶壁提高了墙体将作用于墙背的水平压力传递到基础面的能力，通过基础底面的摩擦力提供滑动阻力，并通过墙基础底的偏心支撑提供抗倾覆力矩。

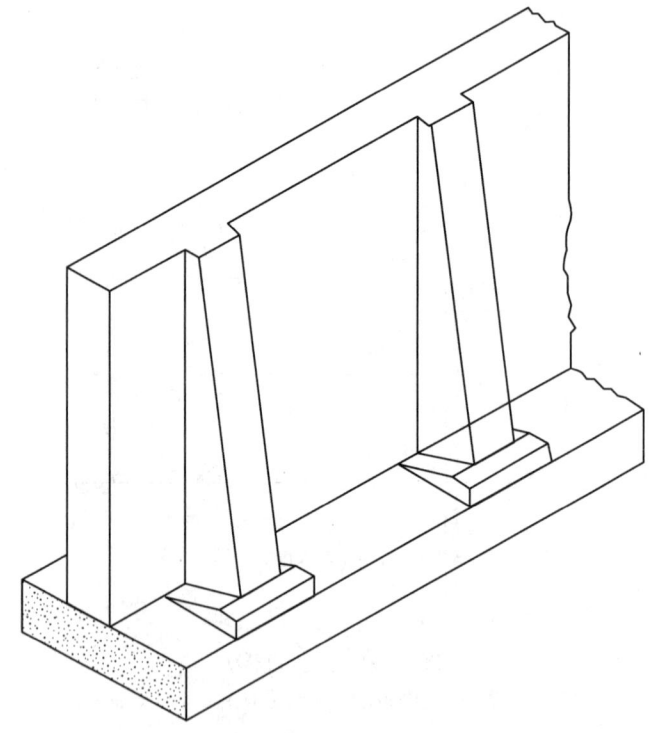

图 65.12 混凝土基础上带扶壁的砌体挡土墙

经许可摘自英国标准 BS 8002 © British Standards Institute (1994)

65.7.3 土体加固

深层土搅拌、喷射注浆、格栅墙等土体加固方式可以增加嵌入式挡土墙的侧向支撑力；它们比本章中讨论的其他技术更专业（图 65.13）。这种方

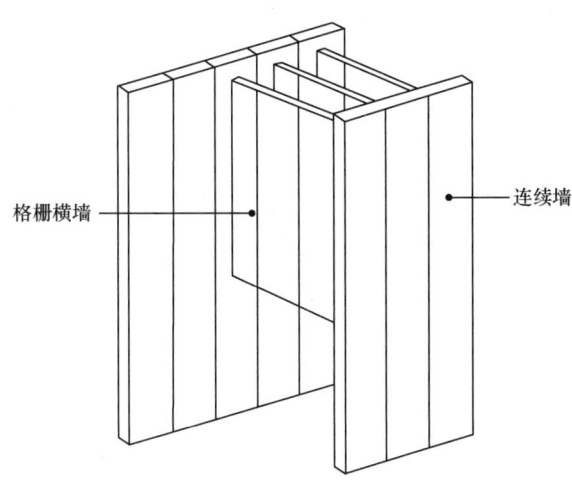

图 65.13 格栅墙的使用

法通常仅适用于软土工程中，在开挖前对土体进行加固的好处可能会超过这类土体加固所需的经济成本和时间成本。

关于深层土体搅拌和注浆的设计与实施的指导意见转载自以下刊物：

- CIRIA C573（Mitchell 和 Jardine，2002）；
- EuroSoilStab Design Guide（2002）；
- BS EN 14679（2005a）；
- BS EN 12716（2001）。

65.8 参考文献

ArcelorMittal (2008). *Piling Handbook* (8th Edition). [Available from www.arcelormittal.com/sheetpiling/page/index/name/arcelor-piling-handbook]

British Standards Institution (1994). *Code of Practice for Earth Retaining Structures*. London: BSI, BS 8002.

British Standards Institution (2001). *Execution of Special Geotechnical Works – Jet Grouting*. London: BSI, BS EN 12716.

British Standards Institution (2004). *Eurocode 7: Geotechnical Design – Part 1: General Rules*. London: BSI, BS EN 1997–1.

British Standards Institution (2005a). *Execution of Special Geotechnical Works – Deep Mixing*. London: BSI, BS EN 14679.

British Standards Institution (2005b). *Code of Practice for the Use of Masonry. Structural Use of Unreinforced Masonry*. London: BSI, BS 5628–1 [superseded by parts of BS EN 1996].

British Standards Institution (2005c). *Code of Practice for the Use of Masonry. Structural Use of Reinforced and Prestressed Masonry*. London: BSI, BS 5628–2 [superseded by parts of BS EN 1996].

Clough, G. W., Smith, E. M. and Sweeney, B. P. (1989). *Movement Control of Excavation Support Systems by Iterative Design Procedure*. ASCE Foundation Engineering: Current Principles and Practices, Vol. I, pp. 869–884.

EuroSoilStab (2002). *Development of Design and Construction Methods to Stabilise Soft Organic Soils*. Bracknell, UK: HIS BRE Press.

Flemming, W. G. K., Weltman, A. J., Randolph, M. F. and Elson, W. K. (1994). *Piling Engineering* (3rd Edition). Glasgow, UK: Blackie.

Gaba, A. R., Simpson, B., Powrie, W. and Beadman, D. R. (2003). *Embedded Retaining Walls – Guidance for Economic Design*. London, UK: CIRIA, Publication C580.

Mitchell, J. M. and Jardine, F. M. (2002). *A Guide to Ground Treatment*. London, UK: CIRIA, Publication C573.

Twine, D. and Roscoe, H. (1999). *Temporary Propping of Deep Excavations – Guidance on Design*. London, UK: CIRIA, Publication C517.

Williams, B. P. and Waite, D. (1993). *The Design and Construction of Sheet Piled Cofferdams*. London, UK: CIRIA, Special Publication SP95.

65.8.1 延伸阅读

Geoguide 1 (1993). *Guide to Retaining Wall Design*. Hong Kong: Hong Kong Government Geotechnical Control Office.

65.8.2 实用网址

英国建筑业研究与信息协会（Construction Industry Research and Information Association，简称 CIRIA）；www.ciria.org

Hong Kong GEO Publications；www.cedd.gov.hk/eng/publications/manuals/geo_publications.htm

《桩基施工手册》（*Piling Handbook*）；www.arcelormittal.com/sheetpiling/page/index/name/arcelor-piling-handbook.

建议结合以下章节阅读本章：
- 第 67 章 "支挡结构协同设计"
- 第 85 章 "嵌入式围护墙"

本书以第 1 篇"概论"和第 2 篇"基本原则"为指导进行章节编排。如第 4 篇"场地勘察"中所述，各类岩土工程均应进行扎实的现场勘察工作。

译审简介：

王明山，正高级工程师，博士。中国建筑科学研究院有限公司地基基础研究所，建研地基基础工程有限责任公司，分公司总工程师。

应惠清，同济大学教授，住房和城乡建设部建筑施工标准化委员会顾问，曾任全国高等院校建筑施工学科研究会理事长等。

第66章 锚杆设计

迈克尔·特纳（Michael Turner），应用岩土工程有限公司，斯蒂普尔克莱登，英国

主译：付文光（深圳市地质环境研究院有限公司）
参译：李瑞东
审校：刘钟（浙江坤德创新岩土工程有限公司）

目录
66.1 引言 983
66.2 设计责任检视 986
66.3 挡土墙支护的锚杆设计 987
66.4 锚杆设计细节 989
66.5 参考文献 1001

锚杆[①]可用于对嵌入式挡土墙、重力式挡土墙和混合式挡土墙等所有形式的挡土墙结构提供额外的侧向约束（特别是对于那些需要修复、改造或加高的挡土墙）。

在更广泛的土木工程领域，锚杆被用来抵抗上拔力、拉力或其他不稳定荷载。这些结构包括承受静水浮力或漂浮力的结构，如船坞或储水罐，以及受拉力的结构，如，传输塔、桅杆、悬索桥以及受拉屋顶结构等。此外，锚杆也常用于土质及岩质边坡、滑坡及峭壁加固工程。

本章将讨论锚杆作为挡土墙约束系统组成部分时的岩土工程设计。

本章还将阐述永久锚杆和临时锚杆[②]的基本特性、荷载传递机制、锚筋的设计与选型以及挡土墙结构的整体稳定性，这些内容也适用于其他结构用途的锚杆设计。

66.1 引言

因为锚杆设计与施工密切相关，本章应与第89章"锚杆施工"一起阅读。

66.1.1 定义

66.1.1.1 BS EN 1537：2000

《特种岩土工程施工：锚杆》（*Execution of Special Geotechnical Work – Ground Anchors*）（BS EN 1537：2000）[③]将锚杆定义为能够将所施加的张拉荷载传递到承载地层的装置，由锚头、自由段及锚固段组成，通过注浆体与地层粘结——所述"地层"包括了土层及岩层。锚杆通常被预先加载到设定的工作荷载，一般采用液压千斤顶在锚头处以张拉锚筋方式施加于锚杆，施加的荷载从锚头沿着锚筋的无粘结自由段及锚固段传递到地层。

通常情况下，锚头将施加的荷载传递到结构上，锚固段将施加的荷载传递到地层，自由段位于锚头与锚固段之间。

这些术语如图66.1所示，仅作参考。

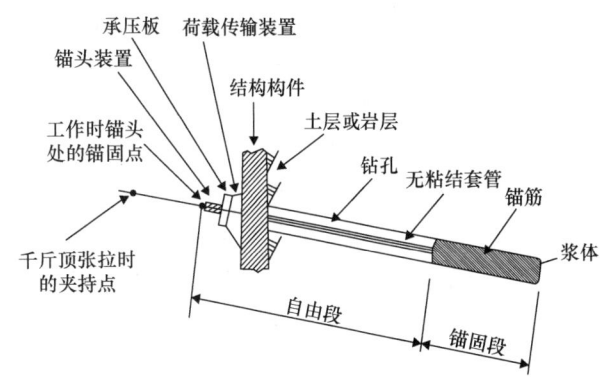

图66.1 典型锚杆简图
经许可摘自 BS EN 1537：2000 © British Standards Institution 2000（发表于 CIRIA C580）

---

① 译者注：ground anchors 可直译为"地层锚杆"，其中 anchor 一词以前也写作 anchorage。按英国 Code of practice for grouted anchors（BS 8081：2015）、欧盟 Geotechnical investigation and testing-Testing of geotechnical structures-Part 5：Testing of grouted anchors（ISO 22477-5：2018）及美国 Recommendations for Prestressed Rock and Soil Anchors（PTI DC35.1-14）等最新技术标准，ground anchor 一词目前简写为 anchor，直译为"锚杆"。

② 译者注：temporary anchor 及 permanent anchor 国内常译为"临时锚杆"及"永久锚杆"。

③ 译者注：（1）BS EN 1537：2000 的最新版本为 BS EN 1537：2013；（2）execution standard 国内通常译为"施工标准"，但在该标准中除了施工外还有勘察要求、设计细节要求、试验要求、监测等方面的内容，故这里译为"应用技术标准"更为妥当。

61.1.1.2 临时锚杆

该应用技术标准将临时锚杆定义为设计使用年限不超过 2 年的锚杆，超过 2 年则定义为永久锚杆。

该应用技术标准要求，为了在至少 2 年的设计使用年限内抑制或预防腐蚀，应该对临时锚杆的钢构件提供相应保护。为此该标准要求在锚筋粘结段内应为锚筋提供不少于 10mm 厚（与孔壁的距离）的浆体保护层，在腐蚀地层条件下可能还需要采用单层波纹塑料套管来加强防腐。

EN 1537 认为，防腐等级实际上是由锚杆防护程度最低的区段决定的，因此为了确保锚筋整体防腐达到相应防腐等级，应特别关注锚头、接头及体系内部的分界面，这对于锚筋整体防腐来说很重要。这一要求也适用于临时锚杆。

EN 1537 对临时锚杆设计使用年限不超过 2 年的规定是强制性的，如果超过则应视为永久锚杆。

66.1.1.3 永久锚杆

对于"永久"锚杆，EN 1537 要求对锚筋的防腐保护至少由一层连续的防腐材料组成，防腐材料性能在锚杆设计使用年限内不应劣化。EN 1537（第 6.9.3 条）给出的可接受系统包括：

（1）两层防腐屏障，如果一层屏障在安装或锚杆加载过程中损坏，另一层仍能保持完整无损；

（2）一层防腐屏障，其完整性应通过现场试验来确认，这些试验包括某种形式的电阻测试以证实锚筋与地层及结构之间电气绝缘；

（3）钢制马歇管[①]锚杆提供的防腐系统；

（4）塑料波纹马歇管锚杆提供的防腐系统；

（5）钢制压缩管锚杆提供的防腐系统。

EN 1537 中的表 3 提供了符合上述永久锚杆防腐机理的示例。

66.1.2 术语

英国目前最常用的防腐系统为上述类型（1），至本书完成时类型（3）和类型（4）也在英国的一些项目中使用过但并不常见。

EN 1537 和部分内容已被更新的英国标准《锚杆应用标准》（*Code of Practice for Ground Anchorages*）BS 8081（BSI，1989）[②]都很重视锚杆及锚固技术的术语并进行了命名，例如图 66.2（a）示意了典型临时锚杆的名词术语及主要特征，图 66.2（b）则示意了如类型（1）所描述的那种典型永久锚杆的名词术语及主要特征。

如图 66.2（b）所示，英国典型的永久锚杆包括了锚筋封装粘结段（其将锚杆抗拔力[③]传递到锚固段）、锚筋自由段及锚头。需要注意的是，锚固段长度不一定等于锚筋粘结段长度或锚筋封装粘结段长度，相应地，锚杆自由段长度也不一定与锚筋自由段长度相等，EN 1537 和英国标准 BS 8081 有意指出其差别以便设计者灵活地进行设计。

对于临时锚杆，锚筋粘结段长度与锚杆锚固段长度经常但不总是相等。

66.1.3 锚杆类型

第 89 章"锚杆施工"详细介绍了锚杆的施工顺序，通常为：

- 钻孔；
- 锚筋安装；
- 注浆（钻孔时如果使用了临时钻进套管则需拔出）。

钻孔方法和技术对于浆体-地层粘结强度的发挥有较大影响，但注浆方法对注浆锚杆的承载力影响往往最大（微型桩的情况类似，正如 FHWA 1997 所指出的那样）。

英国标准 BS8081（BSI，1989）主要根据注浆类型和注浆压力将水泥浆注浆锚杆分为 4 类，如图 66.3 所示，英国标准 BS 8081 称其为 A~D 型锚杆，具体说明如下：

---

① 译者注：tube-a-manchette 是一种注浆设备，为法国某公司的专利产品，音译为马歇管。
② 译者注：截止到目前，BS 8081 的最新版本已经为 BS 8081：2015。
③ 译者注：anchorage force 直译为锚固力，指锚固体抵抗从地层中拔出破坏的能力，这里译为锚杆抗拔力。锚杆抗拔力并非锚杆受拉承载力，锚杆受拉承载力指锚杆抗拔力、锚筋抗拉断（屈）力及锚筋抗拔出力等抗力中的最小值。

第66章 锚杆设计

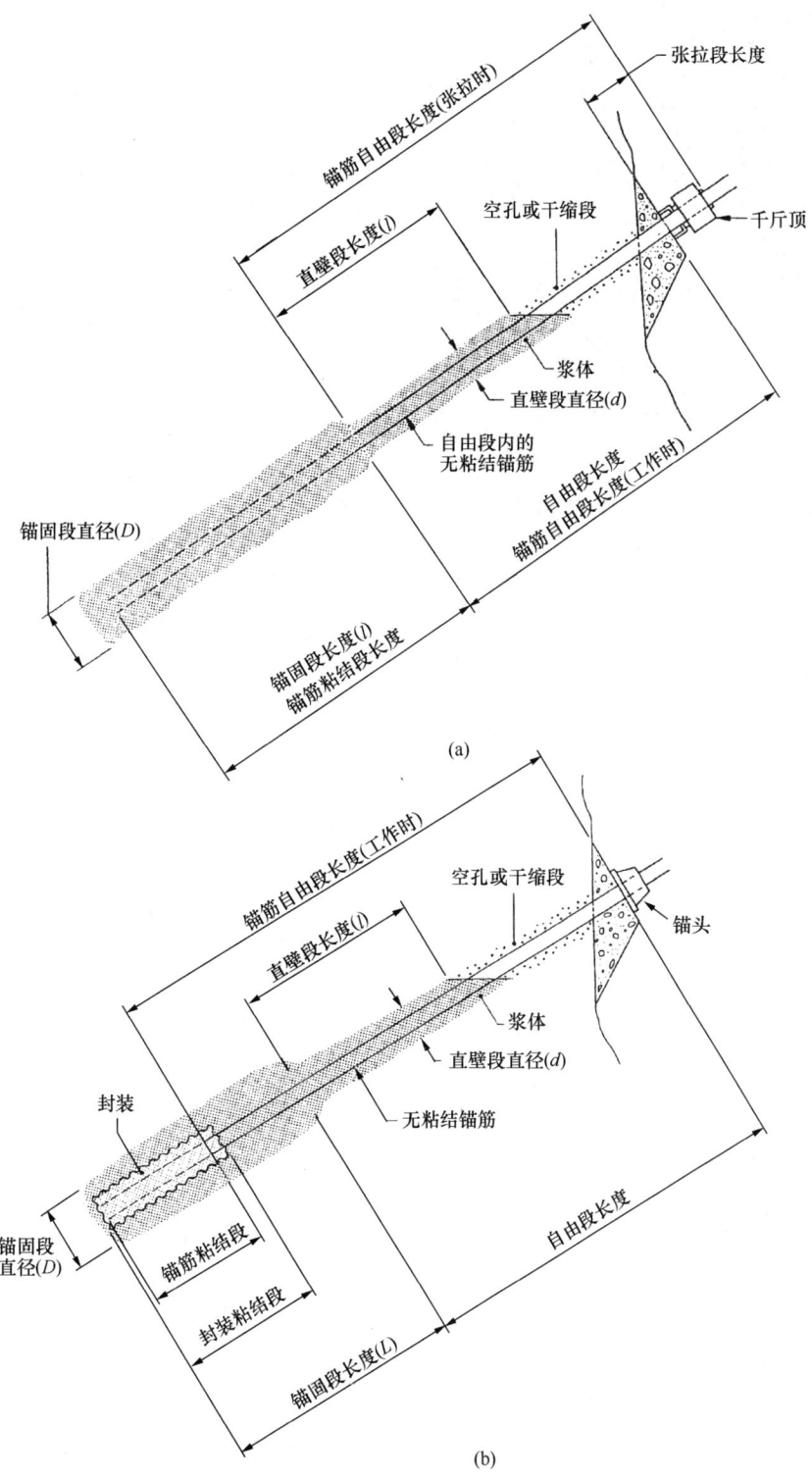

图 66.2 典型注浆锚杆术语
(a) 临时注浆锚杆；(b) 永久注浆锚杆
经许可摘自英国标准 BS 8081：1989 ⓒ British Standards Institution 1989

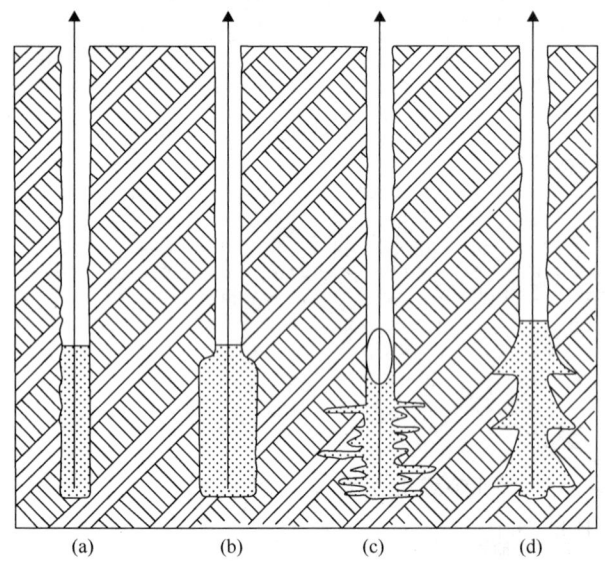

图 66.3 注浆锚杆的 A、B、C、D 四种类型

(a) A 型；(b) B 型；(c) C 型；(d) D 型

经许可摘自英国标准 BS 8081 © British Standards Institution 1989

- A 型锚杆：在直壁钻孔①内仅利用重力落差注浆，可能采取临时套管护壁或不采用，取决于钻孔的稳定性。
- B 型锚杆：在低压下注浆，典型注浆压力小于 10bar (1MPa)，使用临时套管、长期套管或位于锚固段顶部的原位封堵器。
- C 型锚杆：在高压下注浆，典型注浆压力超过 20bar (2MPa)，使用芯管或原位封堵器，典型注浆方式例如采用马歇管或类似系统，如果需要可多次注浆。
- D 型锚杆：仅在重力落差下注浆，但钻孔由一系列钟形扩大孔组成或经扩底而成。

第 89 章"锚杆施工"提供了这 4 种锚杆的更多信息。

需要注意的是，欧洲工程实践中采用了两种 C 型锚杆成锚技术，这两种技术在法国分别被称为 IGU 技术和 IRS 技术，IGU 技术通过不可重复使用的封堵系统进行一次性全长高压注浆，IRS 技术则可在地层指定位置进行多次重复注浆。

此外，自英国标准 BS 8081：1989 和 EN 1537：2000 发布以来，中空"自钻"体系锚杆发展迅速。这种体系的中空钻杆配有钻头，既可用作钻杆又可用作锚筋，在钻至所需深度的过程之中或之后，浆体被泵送至中空钻杆后从钻头溢出，等同于英国标准 BS 8081 中的 A 型锚杆或 B 型锚杆，取决于使用细节。

66.2 设计责任检视

EN 1537 强调，锚杆的规划、设计、施工及试验，都需要该专业领域的经验和知识。此外，与其他特殊作业一样，这项技术需要熟练且合格的操作人员和现场监督。

涉及锚杆工程的设计责任通常由多方承担，包括委托人、项目总体设计师以及为一个或多个承包单位工作的专业设计师。因此，重要的是所有参与锚杆设计、施工及维护的各方责任都应被准确地厘清及指定。

EN 1537 提出了一个把设计和施工工作恰当分工的指南，相关内容如表 66.1 所示。

表 66.1 中，锚杆的详细设计涉及专业施工工作中的第 1~4 项，而锚杆的其他设计则涉及总体设计工作。以锚杆支护挡土墙为例，EN 1537 确定了两种不同的作用：

（1）挡土墙设计师负责挡土墙本身的设计，应确定是否需要采用锚杆来支护挡土结构，需要了解单个锚杆的荷载、间距、安装角度及安设位置等细节以及为保证结构稳定所需的最小长度（虽然在工程实践中这些设计参数很可能是由锚杆设计师完成的）。

（2）锚杆设计师负责锚杆及部件的选型和设计，以及锚杆体系的整体设计，需要充分考虑现场的地层条件。

对于上述第（2）项所确定的目标，完全有可能（而不是例外）由挡土墙设计师提供挡土墙所需要的水平约束的量级、标准或作用水平，而锚杆设计师只确定单个锚杆的荷载、间距及安装角度等细节，但为了保证挡土结构的稳定，明确自由段最小长度及预计锚固段设置区域仍应是挡土墙设计师的责任，因为只有挡土墙设计师才最清楚涉及挡土墙结构的设计、施工和运行的荷载以及效应的范围及其组合。

---

① 译者注：straight-shafted borehole 指孔壁平直的钻孔，即未经扩孔，本章译为直壁钻孔。对于扩体锚杆，shaft length 指位于扩体段前端的未经扩大的原孔锚固段，本章译为直壁段（图 66.2）。

第66章 锚杆设计

设计及施工工作　　　　　　　　　　　　　　　　　　　　　　　表66.1

总体设计工作	专业施工工作
1. 为建造锚杆提供现场勘察数据	1. 根据设计假定条件来评估现场勘察数据
2. 使用锚杆的决定、所需试验和测试准备以及技术标准选择	2. 选择锚杆部件及细节
3. 获得合法使用第三方财产的授权及资格	3. 测量锚固段直径
4. 锚固结构总体设计，抗拔力需求计算，安全系数选取	4. 锚杆防腐系统细节
5. 确定锚杆设计使用年限（临时或永久）及防腐要求	5. 锚杆系统的供应及安装
6. 关于锚杆间距、安装角度、锚杆荷载及整体稳定要求的规定	6. 锚杆监测系统的供应及安装
7. 从挡土结构至锚固段中点最小长度及确保结构稳定性的规定	7. 工程质量控制
8. 荷载从锚杆至结构的传递机理的规定	8. 锚杆试验的实施及评估
9. 结构对锚杆加载顺序要求及荷载适宜水平的规定	9. 锚杆原位试验的评价
10. 锚杆工作状况监测体系及结果解释的规定	10. 锚杆维护指令
11. 工程监督	
12. 锚杆维护的规定	
13. 针对设计原则中需要特别关注的关键事项的全面说明	

因此，下文假定表66.1中第1～13项总体设计工作由挡土墙设计师完成，尽管其可能与锚杆设计师共同提供咨询或保障；而锚杆设计师负责专业施工工作第1～4项，因为这些工作影响到"设计"事项，例如对现场勘察数据的评估不仅是设计问题，也在施工阶段涉及如何确定锚杆施工方法。

作为各设计方职责按上述划分的案例，在包含锚拉式挡土墙的项目中，设计职责常常按下列方式之一划分：

（1）客户、委托人或总承包单位聘请的项目设计师应在总体项目方案中明确这种挡土结构的需求，对于嵌入式挡土墙，通常由总承包单位聘请或客户直接聘请专业基础工程承包单位负责挡土墙的设计和建造；另一方面，基础工程承包单位可以将设计和施工锚杆的工作分包给专业岩土工程分包单位，后者可以设计锚杆，或聘请专业顾问为其设计锚杆。

（2）项目设计师负责设计挡土墙及确定技术标准，应明确是否需要采用锚杆对挡土墙施加部分约束以及约束的间距及标高，挡墙的建造可由基础工程承包单位按项目设计师提出的技术标准实施，锚杆由基础工程承包单位或锚固专业人员设计和施工，但锚杆必须要达到项目设计师要求的承载力。

需要注意的是，锚固结构设计及施工的责任划分有多种可能性，故必须强调要确保所有参与方能够透彻理解和接受这些责任划分。

66.3 挡土墙支护的锚杆设计

66.3.1 引言

作为设计的基本前提，一个需要使用锚杆支护的重要挡土墙应进行充分的场地勘察。

人们常常忘记或意识不到，这些锚杆可能会延伸到场地边界或所有权之外，在这种情况下场地勘察应延伸到场地边界之外，同时还须解决场地外土地通行权及锚杆施工许可问题。

作为原则,场地勘察的空间范围应大于锚杆的预设范围。这样的场地勘察无论是否可行都应该理解,采用外推法获得的勘察范围之外的岩土及地质数据建立场地预测模型时,会给设计带来额外的风险。

锚杆设计与挡土墙设计类似,都希望通过场地勘察获取足够的地质信息,但通常情况是设计过程中挡土结构对地质信息的需求会先于锚杆而明确,可能只有到了后期阶段才有必要把墙后一段距离内的地质信息搞清楚,而这可能要通过第二阶段的勘察工作来解决。

对于挡土墙后锚杆将穿过或埋置其中的那些地层,地质信息应能足够让锚杆设计师了解涉及地层的范围、层序及特性,因此挡土墙及锚杆涉及的地质剖面等资料应全面而充足,以使锚杆设计师充分掌握这些信息。对三维地质图的理解(包括地下水信息及整个场地地层变化),对锚杆的成功设计和施工至关重要,事实上对于任何岩土工程设计都是如此。

但是也必须认识到,现场勘察范围可能主要取决于项目的规模、类型及获许充分勘察的可行性,也可能在一定程度上取决于对当地地质条件的认知和经验。当然,在地层信息相对缺乏条件下进行设计和施工时,对隐含的风险和不确定性在一定程度上予以防范是可能的也是应该的,这要求锚杆设计师为任务所建立的场地模型必须可靠且适用,并且任何潜在缺陷都应能在锚杆的设计和施工过程中得到充分认识并加以妥善解决。

66.3.2 挡土墙设计阶段需评估的事项

基于上述讨论,通过回顾检视可知,这个阶段的工作与表66.1所述的总体工作框架基本一致。就设计工作而言,第1~5项工作包括了场地勘察阶段和挡土墙设计,这将决定是否使用锚杆及其设计使用年限。

在下一设计阶段即第6项工作,是确定锚杆体系的初步布置及尺寸。这项工作同时涉及挡土墙的结构设计,锚杆潜在锚固段区域的地层传递挡土结构设计荷载的能力,以及挡土墙承受荷载的能力,并且需要考虑是采用单个承载力较低但数量较多的锚杆还是单个承载力较高但数量较少的锚杆哪种更好。在这一阶段,对于典型的"常用"嵌入式挡土墙,作为参考,锚杆典型设计工作荷载一般为200~600kN,平均值一般为300~400kN,锚杆水平和垂直间距一般为2.0~4.0m,当挡土墙更大、更深及条件更恶劣时设计参数会超出这个范围。

锚杆的典型倾角通常为水平向下20°~45°,但超出此范围的倾角也并不少见。挡土墙设计师和锚杆设计师都应清楚,锚杆倾角越大施加在墙体上的荷载竖向分量也越大,采用钢板桩时尤其要注意,因为钢板桩的截面面积较小。

为适应场地、所有权或类似限制,锚杆挡土墙常常设有转角段或弯曲段。当转角段出现阳角(例如偏转角度相对于场地大于180°)时,锚杆彼此之间碰撞的概率将增大。在图66.4所示典型情况中,设计必须采取有效措施以确保锚杆能够避免相互交叉且彼此之间留有足够间距,一般可通过改变部分或全部受影响锚杆的倾角和偏斜度(与墙的水平夹角)来实现。实际上,即使是相对简单的交叉问题也常常表现得很复杂,最好的解决办法是采用计算机或物理模型来获得一个简略的布局方案。

第6~8项工作完成后,有了足够的地质信息和关于锚杆尺寸的初步方案,就可以进行单个锚杆的详细设计。

66.3.3 英国标准 BS 8081 的使用说明

从2010年起EN 1537应被优先采用并最终取代英国标准《锚杆应用标准》BS 8081,然而英国标准 BS 8081 包含了许多关于设计参数的成功经验、发展及使用建议和指导,特别是在与锚杆设计相关的各种界面的粘结强度数据方面,因此本书把英国标准 BS 8081 作为锚杆众多基本设计性能的参考源。但是应该清楚,如果英国标准 BS 8081 与 BS EN 1997-1(EC7-1)及 EN 1537 中的任何建议或指导之间存在冲突,通常以后两个文件为准,特别是 EN 1537[1],它的一个特点就是许多条款都是强制性的、必须遵守,而不是建议或指导。

---

[1] 译者注:由于英国已经脱欧,"……通常以后两个文件为准,特别是EN 1537"目前存在着不确定性。

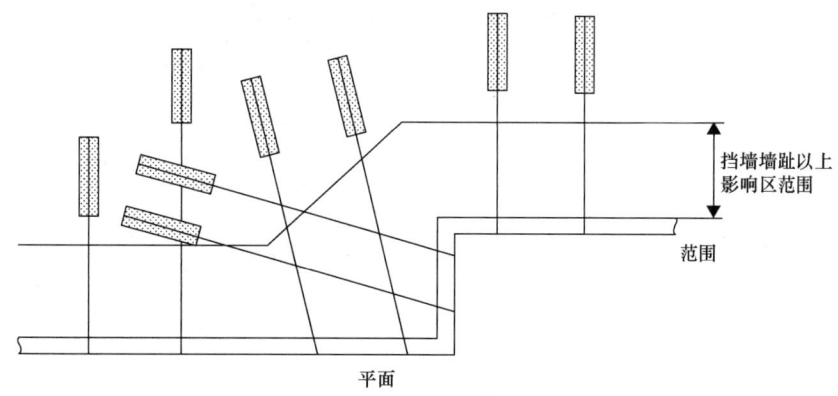

图 66.4 锚杆在阳角处的典型交叉布设置

经许可摘自英国标准 BS 8081 © British Standards Institution 1989

66.4 锚杆设计细节

66.4.1 引言

锚杆设计师必须考虑的 4 项主要设计内容有：
(1) 荷载传递到地层；
(2) 锚筋的类型及强度；
(3) 锚固区的位置，以及抗浮或抗拔承载力；
(4) 荷载传递到结构。

可以看出，第 (1) 项和第 (3) 项取决于对地质勘察所揭示的地层特性的了解。

安全系数

在英国，锚杆设计传统上基于单一安全系数或允许应力。

采用欧洲标准，特别是《欧洲标准 7：岩土工程设计》(Eurocode 7: Geotechnical Design，EC7) (BSI, 2004) 要求设计采用基于极限状态设计的分项系数。在写本书时，与采用这种设计原则相关的问题都尚未得到满意解决，特别是关于锚杆的设计 (案例可参见 Bond 和 Harris, 2008)。

目前，最好还是维持英国标准 BS 8081 关于单一安全系数的建议，如表 66.2 所示。

在这种设计中：

$$T_{\text{design}} = \frac{T_{\text{ult}}}{F}$$

式中，T_{design} 为锚杆的设计工作荷载；T_{ult} 为通过计算或试验得到的锚杆极限承载力；F 为单一安全系数。

66.4.2 荷载传递到地层

土层或岩层与置放于其中的锚杆筋体之间的荷载传递取决于三个边界的设计：

- 锚固浆体到地层（锚固段）；
- 适当时，封装到锚固浆体（封装段）；
- 锚筋到锚固浆体或封装（锚筋粘结段）。

66.4.2.1 锚固浆体与地层之间的粘结（锚固段）

1. 概述

锚杆设计抗拔力 T_{design}[①] 与所要求的锚固段长度 L 之间的关系通常由表面侧阻方程确定，如下式所示：

$$T_{\text{design}} = \pi d L \tau_{\text{design}} \qquad (66.1)$$

式中，d 为钻孔直径；τ_{design} 为浆体-地层界面粘结强度或表面摩擦强度的设计值。设计时通常不考虑因压力注浆可扩大锚固体直径等原因而在锚固段近端产生的端承力，但一些设计方法却有所考虑（例如粗粒土中的扩体锚杆通常要考虑这种端承作用），下面将进行相关讨论。

τ_{design} 值是从各种各样的来源中导出的，例如与桩的相关承载力计算公式，以及通过对专门施作的试验锚杆的拉拔试验反分析等。

关于设计参数，应该认识到锚杆、微型桩、"传统"桩、土钉以及其他相似的嵌入构件在设计和建造方面都具有共同点，特别是锚杆和微型桩，在体型和荷载方面非常相近，两者设计方法及从原

[①] 译者注：英国标准 BS 8081：1989 可能是版本较早的原因，T_{design} 既用于表示设计荷载，又用于表示设计抗拔力，本章翻译时做了区分。

为单个锚杆设计建议的最小安全系数　　　　表66.2

锚杆分类	最小安全系数			
	锚筋	地层-浆体界面	浆体-锚筋或浆体-封装界面	试验荷载系数
服役期不超过6个月、破坏后果不严重且不会危及公共安全的临时锚杆，例如，用于短暂的单桩试验反力系统的锚杆	1.40	2.0	2.0	1.10
服役期不超过2年、尽管破坏后果很严重但是预警得当就不会危及公共安全的临时锚杆[①]，例如，挡土墙支护锚杆	1.60	2.5[①]	2.5[①]	1.25
腐蚀风险很高或破坏后果严重的永久锚杆及临时锚杆，例如，悬索桥上的主要缆索或起重结构的锚固系统	2.00	3.0[②]	3.0[①]	1.50

① 采用现场足尺试验可靠时最小数值也可采用2.0。
② 为了限制锚杆蠕变可以提高到4.0。
　目前工程实践中锚杆安全系数是极限荷载与设计荷载之比。这张表明确了锚固体系所有主要结构界面的最小安全系数。
　地层-浆体界面最小安全系数通常在2.5～4.0，可以适当调整，前提是必须通过现场足尺锚杆试验（采用试验锚杆的试验）提供允许其减小的足够理由。
　与锚筋相比，地层-浆体界面采用的安全系数总是高一些，高出来的那部分表征了不确定性的裕度。
经许可摘自英国标准 BS 8081 © British Standards Institution 1989

位试验中获得的数据在条件合适时可以通用。

微型桩[②]和传统桩在设计和性能方面也有一些共同点，但是在粘结段的设计方面，两者在粘结段的大小和施工方法上差别很大，这些差别将会导致性能上的差异。

在合适的土层或软岩内，通过扩孔或者后注浆法可以提高锚杆的抗拔力，后者在初始注浆体凝固之后再次对锚固段进行高压注浆。

另外，通常可以通过"多单元"锚筋（专业术语也称为"单孔复合锚杆"）获得更高的承载力，这种技术是在同一个钻孔里设置多个单元锚杆，每个单元锚杆在钻孔中通过单独的锚固段来传递荷载。所以从图66.5可以看出，这类锚杆同一个钻孔内各单元锚杆的筋体自由段长度是不同的。

这类锚杆体系及技术在第89章"锚杆施工"中有更详细的介绍。

2. 锚固段设计指导

锚固段设计总体来说会着眼于三组实用的锚固介质：粒状土、黏性土及岩石。应当知道，这三种理想化锚固介质之间的界限在某些情况下较为模糊，例如完整的岩石会风化为土。

作为一个通用原则（如英国标准 BS 8081），锚固段长度应该遵循以下两点：

（1）最长不超过10m（根据载荷试验反分析，单位长度承载力会随锚固段长度增加而减少）。但如图66.5所示，多单元锚杆可以通过锚固段"累加"获得更长的荷载传递长度。

（2）不短于3.0m。但在设计工作荷载低于200kN时，在适当情况下锚固段长度可以缩短至2.0m。

3. 粗粒土中的锚固段设计

Littlejohn（1970）给出了一个经典设计公式[式（66.2）]，需要注意的是，其与式（66.1）不同之处在于包含了端承部分，下文将详细讨论。

---

① 译者注：这里原文 without 疑为 with 的笔误。
② 译者注：这里的"微型桩"可能是个笔误，疑为"锚杆"。

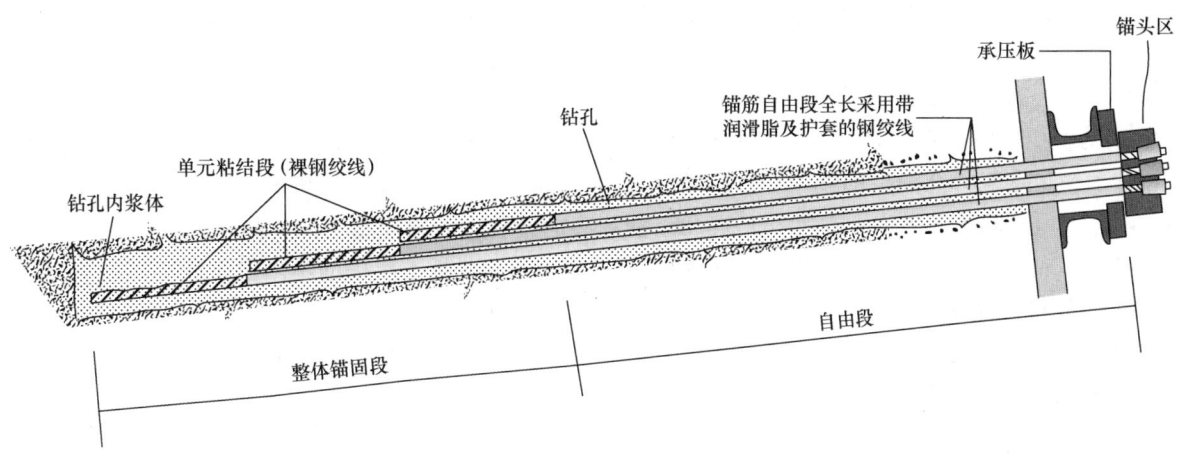

图66.5 多单元锚杆的性能特点（所示为临时锚杆）

$$T_{\text{ult}} = A\bar{\sigma}'_y \pi k dL \tan\varphi' + B\sigma'_h \frac{\pi}{4}\left[(kd)^2 - d^2\right]$$

（侧阻）+ （端承） (66.2)

式中：T_{ult}——锚杆极限承载力；

L——地层中的荷载传递长度（锚固段长度）；

d——钻孔直径；

$\bar{\sigma}'_y$——作用在锚固段上的平均垂直有效压力；

φ'——土层有效内摩擦角；

A——与锚固段-地层界面的接触压力及平均垂直有效压力相关的系数；

k——与锚固段因注浆过程及超出孔径的浆液渗透引起的孔径扩大程度相关的系数；

B——地层承载力系数；

h——锚固段顶端的埋置深度；

σ'_h——深度h的垂直有效压力。

这个公式在英国标准 BS 8081（英国标准 BS 8081 的公式（3））和 Littlejohn（1980）论文中也有阐述及讨论。

（1）侧阻力

英国标准 BS 8081 中 B 类锚杆 k 值表征了浆液因为流动性及压力注浆过程向周围地层渗透而引起的原钻孔直径扩大程度，已通过拉拔试验反分析得到验证。Littlejohn（1980）反算出 k 值在粗砂层和砾砂层可为 3~4，在中密砂层可为 1.5~2，在极密砂层可为 1.2~1.5。

A 的数值很大程度上取决于施工技术。Littlejohn（1980）反算出，在密实砂砾层（$\varphi' = 40°$）中 $A = 1.7$；在密实风积砂（$\varphi' = 35°$）中 $A = 1.4$。本书参考文献提出了类似 A 值。

从 Littlejohn（1980）的工作成果可以看到，Ak 乘积在密实砂砾层中总体上为 5.1~6.8，在密实风积砂中为 1.7~2.1。

Littlejohn 也引用了 Moller 和 Widing（1969）在瑞典完成的锚杆拉拔试验的文献，该文献没有将端承和侧阻作用（包括扩体或锚固段的扩大）的影响分开。Moller 和 Widing 所反算出注浆压力 3~6bar 时的 Ak 乘积（即 K_2，Littlejohn，1980）在粗粉土、细砂、砂及砾砂层中为 4~9，土层颗粒越细对应的数值越小，颗粒越粗对应的数值越大。

Turner（2010）通过在 Aberdeen 大学的锚杆试验反算出在不良级配粗砾中 K_2 值不小于 9。

（2）端承力

对于公式（66.2）中的端承部分，Littlejohn 和其同事反算出在密实砂砾土中 $B = 101$，在密实风积砂中 $B = 31$，更多细节详见上述文献。

如前所述，实际设计时公式（66.2）中提到的端承部分通常会被忽略。

（3）总结

基于上述讨论，建议粒状土中的承载力采用如下公式表达：

$$T_{\text{ult}} = K\pi dL\bar{\sigma}'_y \tan\varphi' \quad (66.3)$$

式中，K 实际上是 A（与因注浆及安装过程导致的锚固段周围径向有效应力增加有关）与 k（与锚固体直径因注浆过程引起的物理上的扩大程度有关）的乘积，可见与粒状土中计算单桩极限侧阻力的经典公式非常相似（第22章"单桩竖向承载性状"）。

在传统桩设计中，例如钻孔灌注桩，K 值一般为 0.7～0.9，但同时 φ' 值可能因地层松动而降低，与之相比，Moller 和 Wilding（1969）建议锚杆 K 值为 4～9，而 Littlejohn 建议 K 值为 1.7～6.8。需要注意的是，Moller 和 Wilding（1969）建议的 K 值更高，可能是因为其研究成果包含了 Littlejohn 所指出的端承作用。

可以推断，相对于传统桩，粒状土中锚杆 K 值更高是因为以下几点原因：

① 几何尺寸的差异：相对于锚杆 100～200mm 的直径，典型的传统桩直径一般为 450～750mm。

② 流动的浆液会渗入周围的砂土中，这样会增加锚固段的有效直径。

③ 注浆压力会对锚杆承载力产生影响（通过浆液渗透及锚固段周围地层围压的增加）。为增加锚杆承载力而在注浆时加压的方式包括：在静水水头下的注浆（英国标准 BS 8081 中 A 型锚杆），低压注浆（低于达到水力劈裂的压力，英国标准 BS 8081 中 B 型锚杆），或者高压后注浆（用马歇管或相似技术，C 型锚杆）。

④ 粒状土层的粒径分布：一般土层颗粒越粗注浆渗透程度越高。

关于高压后注浆体系，Bustamante（1976）、Bustamante 和 Doix（1985）给出了砂层和砾砂层中的经验设计曲线图（图66.6）。

4. 黏性土层中的锚固段设计

（1）直壁锚杆

一个典型设计公式如下：

$$T_{ult} = \pi d L \alpha c_u \qquad (66.4)$$

式中，c_u 为不排水抗剪强度；α 为粘结系数；d 及 L 如前所述。

同样，可以看出，上述公式与钻孔灌注桩设计所用公式相似。

如英国标准 BS 8081 所指出，锚杆设计在绝大多数情况下以不排水抗剪强度和总应力分析法为基础，而不使用排水强度和有效应力概念。这是因为钻孔和注浆通常使用螺旋钻或水冲洗及水泥净浆，有效应力分析法很难可靠模拟，且载荷试验所需时间和达到有效应力稳态平衡阶段所需时间相比很短，因此总应力法更适用于试验模式。

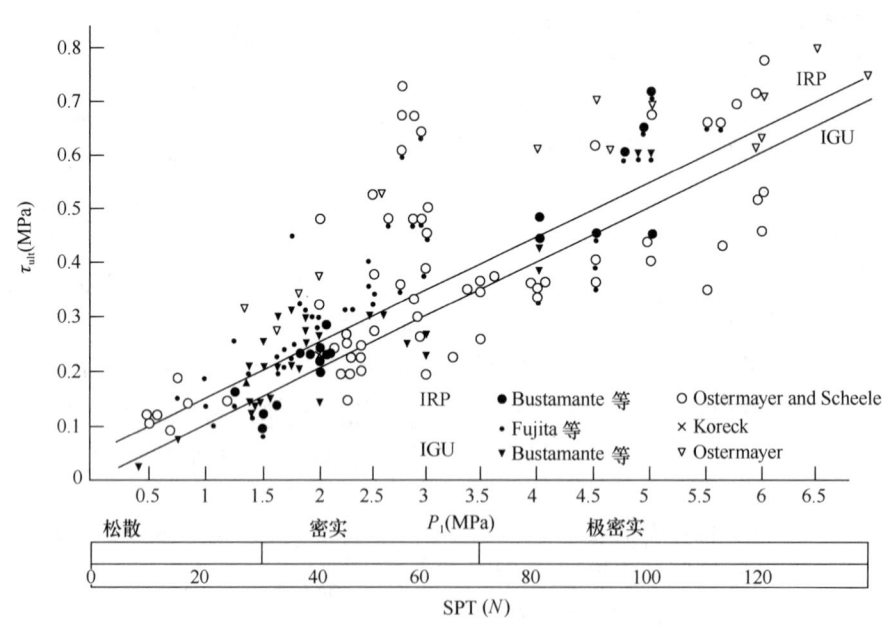

图 66.6　使用 IGU 和 IRP 后注浆技术在砂层和砾砂层中确定表面极限侧阻力的经验关系

摘自 Bustamante 和 Doix，1985（发表于 FHWA，1997）

应该了解，在英国实践中，锚杆载荷试验不仅局限于探究短期极限承载力，也用来探究可接受的蠕变值（更多细节见应用标准 EN 1537：2000）。

对于低压或无压的直壁重力式注浆锚杆，英国标准 BS 8081 引用的伦敦坚硬黏土（伦敦黏土，c_u >90kPa）的 α 值一般为 0.3 ~ 0.35，很硬至坚硬麦西亚泥岩（c_u = 287kPa）中的 α 建议值为 0.45。

对于多单元锚杆，每个单元锚筋在锚固段全长内都有各自独立的、较短的荷载传递段，拉拔试验数据表明这种情况下设计可以采用更高的 α 值，Barley（1997）引用值曾高达 0.95 ~ 1.0。

（2）扩体锚杆

采用多层扩体技术（英国标准 BS 8081 中 D 型锚杆）施工的锚杆，如第 89 章"锚杆施工"所述，可看到锚固区破坏是沿着钟形扩体外缘与未扰动地层之间发生的，伴随着端承破坏以及所有未扩孔段的侧阻破坏，如图 66.7 所示。一个适用于这种锚杆设计的经典公式如下所示：

$$T_{ult} = \pi DLc_u + \pi/4(D^2 - d^2)N_c c_{ub} + \pi dlc_a$$

（扩孔段侧阻力）+（端承力）+（直壁段侧阻力）

(66.5)

式中：D——扩孔锚固段直径（m）；
L——扩孔锚固段长度（m）；
c_u——地层不排水抗剪强度（kN/m²）；
d——直壁段（原钻孔）直径（m）；
N_c——承载力系数（通常设定为 9）；

c_{ub}——扩孔锚固段顶部地层的不排水抗剪强度（kN/m²）；
l——直壁段长度（m）；
c_a——直壁段与周围地层的粘结强度（通常设定为 $0.3c_u$ ~ $0.35c_u$，kN/m²）

应当注意，l 指靠近扩孔锚固段近端的直壁锚固段长度（图 66.7），一般很短，所以在设计中往往会被有意忽略。

（3）后注浆锚杆

后注浆锚杆（英国标准 BS 8081 中的 C 型）中，首次灌注的浆体初凝后，采用带阀门的注浆管以较高且可控的压力把浆液二次注入锚固段。

这种体系中荷载传递设计通常基于与拉拔试验数据之间建立的关系，利用这些数据可有效估算 α 值的增强系数。

源自 Ostermayer（1974）的图 66.8 及图 66.9（出自英国标准 BS 8081）设计曲线及源自 Doix（1985）的图 66.10 设计曲线阐明了这种关系。

Jones 和 Turner（1980）所做的试验表明，α 值可提高至"常规" α 设计值 0.3 的 2 ~ 3 倍。

5. 岩层中的锚固段设计

岩层内锚固段设计所用的典型公式如下：

$$T_{ult} = \pi dL \tau_{ult} \quad (66.6)$$

式中，τ_{ult} 为用于设计的极限（或破坏）粘结强度，其数值源于之前进行的拉拔试验数据或已建立的经验公式。

这些数据可以来自特定场地，也可以在类似或相关的地层或条件下通过试验获得。

英国使用的大多数岩层锚杆是直壁锚杆，即英国标准 BS 8081 中的 A 型或 B 型（第 89 章"锚杆施工"）。C 型或 D 型锚杆应用相对较少，通常应用于变异性大、低强度或风化岩层。

几乎所有粘结强度设计值都是经验性的，基于已发表的现场锚杆试验的案例研究成果。

对于高强度完整岩体，通常建议采用无侧限抗压强度的 10% 作为极限粘结强度，最大 τ_{ult} 一般建议采用 4.0MPa，这个最大值是基于常用水泥浆无侧限抗压强度设计值 40MPa 而确定的。

英国标准 BS 8081 中的表 24 和表 25 提供了一个关于粘结强度的指引，这份指引主要基于原位试验数据或者成功的工程实践，并且在设计中已应用

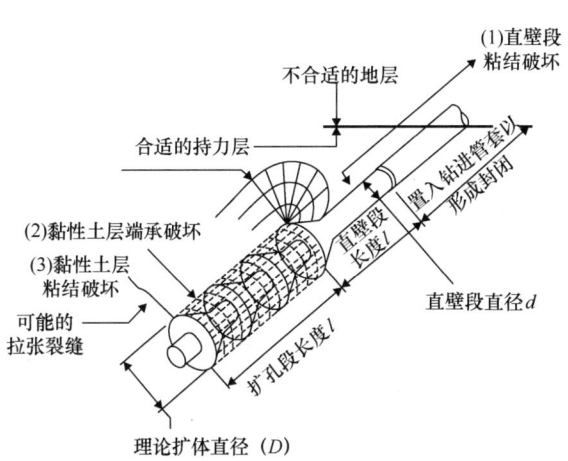

图 66.7 多层扩体锚杆的极限承载力示意

摘自 Bassett，1970（发表于 BS 8081：1989）

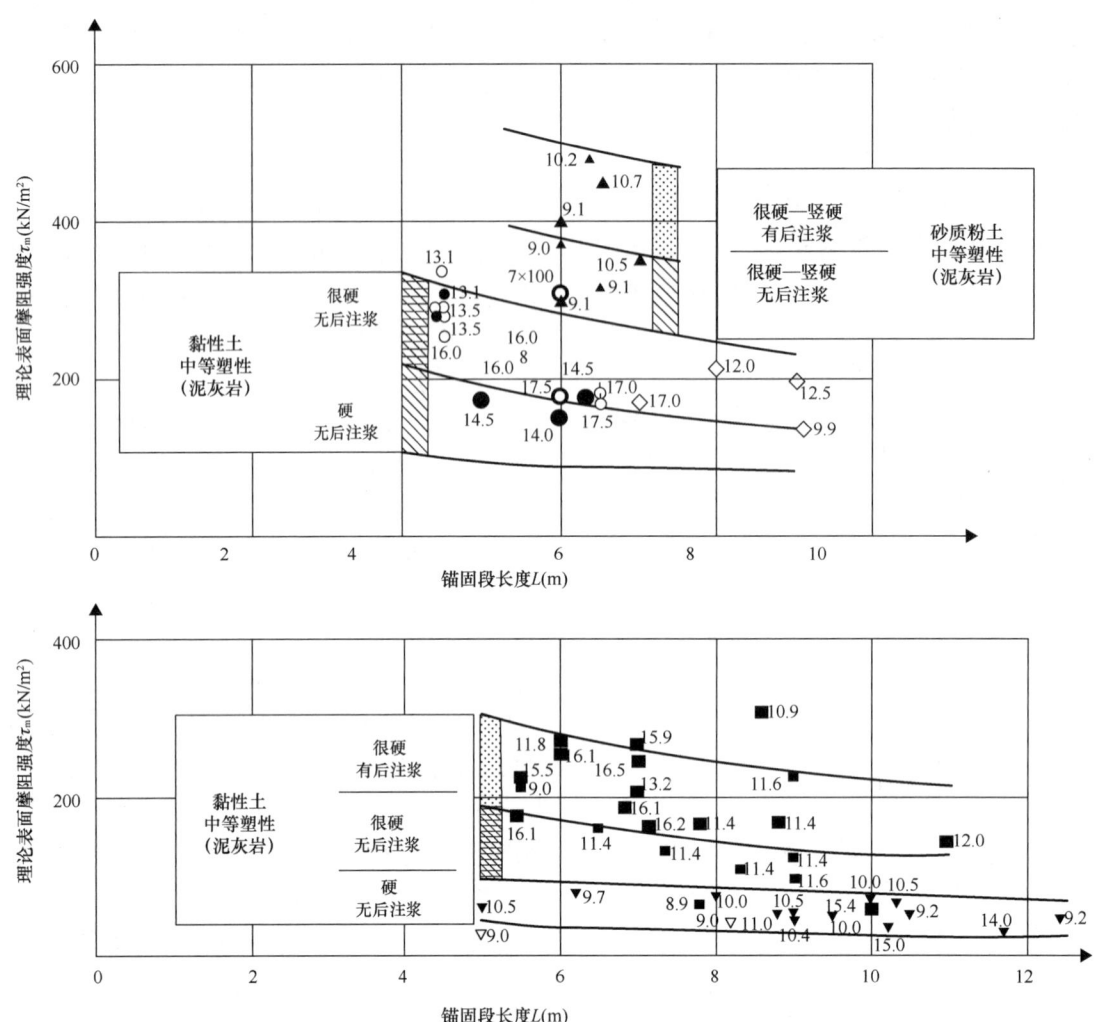

图 66.8 黏性土层中不同锚固段长度、使用或未使用后注浆法所对应的极限表面摩阻强度

摘自 Ostermayer，1974（发表于 BS 8081：1989）

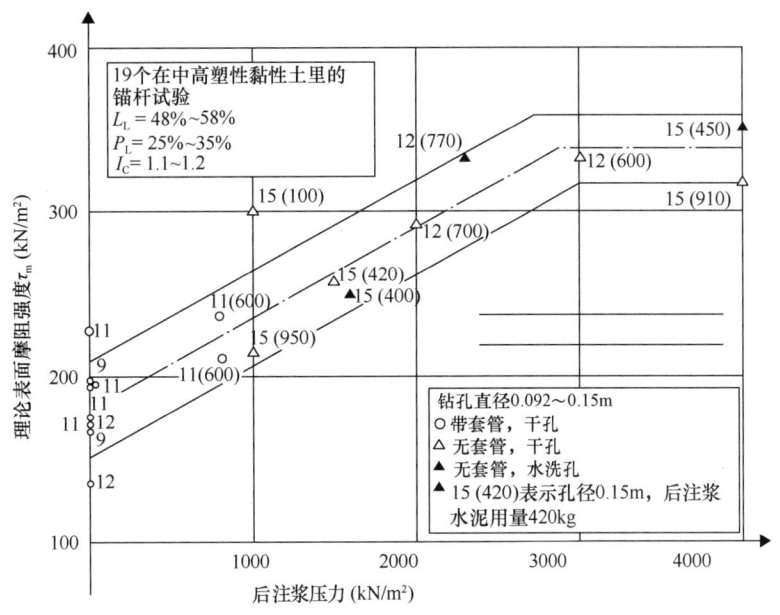

图 66.9　黏性土层中后注浆压力的影响

摘自 Ostermayer，1974（发表于 BS 8081：1989）

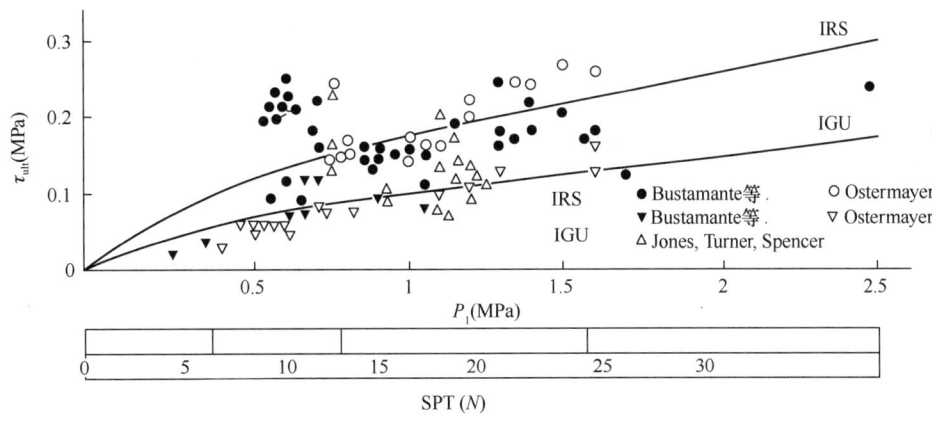

图 66.10　粉土及黏性土层中采用 IGU 及 IRS 后注浆技术确定极限表面侧阻强度的经验关系

摘自 Bustamante 和 Doix，1985（发表于 FHWA，1997）

于多种类型及不同地质时代的岩层。鉴于关于粘结破坏的公开数据非常稀少，故这份指引中的粘结强度同时以 τ_{ult} 及 τ_{design} 的形式表达。

Barley（1988）对白垩岩和软泥岩、砂岩以及其他种类岩石锚杆试验数据进行了广泛评估。软岩中标准贯入试验 N 值和粘结应力之间的关系对于设计有很大帮助，这些关系基于 Cole 和 Stroud（1977）和 Stroud（1989）建议的"外推"的标贯 N 值和岩石无侧限抗压强度之间的关系。

Turner（2007）指出了需要从特定场地地质勘察所需收集的重要信息以及参数如下：

- 岩石类型：包括简单描述；
- 地质信息：地质年龄及可被识别的岩层特征；
- 风化程度：以英国伦敦地质学会工程组（Geological Society Engineering Group，GSEG）等级为基准，该等级已被纳入英国标准《场地勘察规程》BS 5930：

1981（*Code of Practice for Site Investigations*）；
- 无侧限（单轴）抗压强度（UCS）：以伦敦地质学会工程组（GSEG）等级为基准，已被纳入英国标准 BS 5930；
- 总岩芯采取率（TCR）；
- 岩石质量指标（RQD）。

Turner（2007）还提供了从岩层中的锚杆和微型桩验收试验得到的数据，包括了在不同特定场地所能收集到的如上所述那些有效数据。基于这些数据和其他已发表的数据可得出以下结论，供那些较软的、风化程度较强烈的或者较破碎的岩层中的锚杆设计参考：

- 有一种趋势，就是 RQD 低于 25% 之后才会显著影响到粘结强度；
- 白垩岩锚杆的极限粘结强度和标贯 N 值之间存在着对应关系，通常来说在 10~30 倍 N 值（kN/m^2）之间，中位数约为 15~20。
- Barley（1988）提出了一个表达泥岩中极限粘结强度和 N 值之间关系的有益指引，即最低极限粘结强度为 $5N$（N 为标贯值）。这种岩层在常规地质勘察时通常难以取到足够的芯样。
- UCS/10[①] 通常被视为一个估算极限粘结强度的粗略指引。试验数据基本上支持这个粗略的相对关系，但是在实践中应当小心运用。
- 对于同类型岩层，人们认为钻孔直径增大与极限粘结应力减小之间存在着相关性，但缺少足够数据来证实。
- 可以确定风化程度会影响到极限粘结强度，风化程度越高、变异性越大，锚杆（或者微型桩）性能的变异性就越大。

因此可以看出，岩层锚杆设计会更加依赖于经验，且在很大程度上取决于地质勘察的质量和锚杆设计师或者施工承包单位的当地经验。

66.4.2.2 封装与锚固浆体的粘结

对塑料波纹护套设计的基本要求就是在界面形成时，位于界面两侧的内部与外部浆体之间形成机械联锁。英国标准 BS 8081 建议，假定粘结强度在表面上均匀分布，在水泥浆形成的这个界面上的最大极限粘结强度可取 3.0MPa，粘结试验已证实这是一个合理且偏于保守的下限值，数据充分时还可以取更高值。但在大多数情况下封装和浆体形成的界面并不是设计中的关键界面。

需要注意的是，采用两层同心护套时，内护套将是关键界面。

（此外，与英国标准 BS 8081 的建议相比，EN 1537 要求增加护套的壁厚。）

66.4.2.3 锚筋与封装浆体或锚固浆体的粘结

临时锚杆的钢锚筋直接埋置于锚固浆体中，锚筋长度通常与锚固段长度相同。一般情况下浆体-地层设计粘结长度足以防止在筋体-浆体界面发生粘结破坏，但在采用钢绞线的永久锚杆中，封装长度一般比锚固段长度短（因为较短的封装长度更便于锚杆安装操作），在这种情况下锚筋和浆体的界面就变得十分重要。

英国标准 BS 8081 建议，在使用水泥浆时，对于光滑预应力钢绞线或变形钢筋，界面粘结应力应被限制在 2.0MPa 以内，节点钢绞线（每根钢绞线的外层线散开，然后重新固定在每隔一段距离安装在主线上的一个小圆环上形成小节点）粘结应力可提高至 3.0 MPa。Turner（1980）描述的试验认为普通钢绞线采用 2.0MPa 的粘结强度是合理的，不过变形钢筋的粘结强度可高达 5.0MPa。节点钢绞线粘结强度能提高 50% 达到 3.0MPa 的可靠性仍存有疑虑，因为试验已经表明这样的节点必须位于邻近钢绞线中心位置才能成功地把粘结强度提高规定的 50%。

66.4.3 锚筋设计

在英国建造安装的绝大部分锚杆采用下述材料之一作为锚筋：

（1）低松弛预应力钢绞线：常见直径 15.2mm、抗拉断力标准值为 300kN。多股钢绞线可同时使用以达到更高承载力。

（2）高强度预应力锚筋：通常采用全螺纹钢筋，直径为 15~75mm，抗拉断力标准值可高达 4500kN，也可选用直径更大、抗拉断力更高的钢筋。

（3）高屈服点钢筋：通常为全螺纹钢筋，直径为 16~63.5mm，抗拉断力标准值可高达 2200kN。

（4）高屈服点中空钢管：通常为全螺纹钢管，外径为 25~130mm，抗拉断力标准值可高达 2310kN。

[①] 译者注：UCS 为 uniaxial compressive strength（单轴抗压强度）的缩写。

按照英国标准 BS 8081 设计指引,高强度(预应力)和高屈服点钢锚筋通常采用如表 66.2 所示的单一设计安全系数。另外,在按照《欧洲标准 7》(EN 1997 Eurocode 7) 和 BS EN 1537 进行设计时要注意,这两本规范均要求设计者参考《欧洲标准 2:混凝土结构设计》(EN 1992 Eurocode 2: Design of Concrete Structures)(BSI,2004b)。

66.4.4 锚固区的位置(整体稳定性)

如第 66.2 节和表 66.1 所述,EN 1537 指出挡土墙设计师有责任确定从墙体结构至锚固段中点位置的最短距离以保证整体结构的稳定性,但这只是设计工作的一部分;另一方面,锚杆设计师要确保锚固段有足够的埋置深度并且位于挡土墙设计师指定的区域之外,以确保锚杆不会从周围岩土层中整体拔出破坏。

这种设计采用的方法通常是在墙体后面确定一个假定滑裂面位置,该位置具有可接受的能够抵抗常规破坏的稳定性,锚杆锚固段应该位于这个假定滑裂面之外。在欧洲实践中,把锚固段中点放在假定滑裂面上的做法并不少见,但在英国,把整个锚固段放在这个假定滑裂面之外则更加常见(参见 Littlejohn 等,1971)。

英国标准 BS 8081 中附录 D 评述了几种确保锚拉挡土墙整体稳定性的方法,下文会对这些方法加以介绍。

更多关于稳定分析极限平衡法的内容详见第 23 章"边坡稳定"和第 64 章"支护结构设计方法"。

66.4.4.1 $c'=0$ 的"粒状"土

在粒状土中基于这种滑裂面的设计方法有多种,从"平面"楔块法或者"滑块"分析法到如下所述传统的圆弧或非圆弧滑动分析法(第 23 章"边坡稳定")。英国标准 BS 8081 和 Littlejohn(1970,1972)阐述了这些方法的更多细节。

平面楔块法如图 66.11 所示,适用于粒状土层和黏性土层中的多排锚杆设计。图中"β"和"x"两个参数已经在设计实践中应用,英国标准 BS 8081 中提出了它们的取值范围:"β"以垂直方向为基准在 27°~45°之间,"x"为 0~6m。但通常认为这个方法的正确性很难验证(例如 Hanna,1982),因为破坏面一般都不会是平面。

典型的滑块分析法如图 66.12 所示,适用于单排锚杆。图中所示方法由 Kranz(1953)创建,之后 Locher(1969)和 Littlejohn(1970,1977)做了改进。英国标准 BS 8081 中还给出了其他分析法。

如 LittleJohn 等(1971)所述,垂直平面 $d\text{-}c$[①] 上的侧向土压力 P_n 是利用锚固体近端的"名义"内摩擦角 φ'_n 计算得到的,这个角度小于土层的有效内摩擦角,公式如下所示:

$$\tan\varphi'_n = (\tan\varphi'_d)/F \qquad (66.7)$$

式中,F 为安全系数;φ'_d 为土层内摩擦角设计值。

作用在倾斜平面 $c\text{-}b$[②] 上的合力 R_n 与 $c\text{-}b$ 面的法线夹角为 φ'_n。

修改 $a\text{-}b\text{-}c\text{-}d$ 滑块的几何形状,不断迭代计算,使滑块下滑力和抗力达到平衡,这样就得到了所需的安全系数。基于安全理念,计算中忽略了由墙趾被动抗力产生的附加稳定力。

图 66.12 中的虚线表示了源自平板锚或锚定锚的典型破坏曲线形状,为便于计算简化为多边形 $a\text{-}b\text{-}c\text{-}d$。

需要注意的是,上述两个例子都表明锚固段近端与墙面的最小距离位于验算滑裂面的边界处。如前所述,这与 EN 1537 不同,EN 1537 建议设计师指定到锚固段中点的最小距离,如表 66.1 所示,因此应确保挡土墙设计师和锚杆设计师的设计概念是一致的。作为一种通用的方法,建议锚杆设计师将锚固段全长设置在假定的滑裂面之外,除非这两位设计师一致认为 EN 1537 方法是适宜的。

还应注意,锚固段的埋深位置应在其上方有足够垂直覆盖层厚度,以避免土层产生像浅埋锚定板一样的局部被动破坏。Littlejohn(1972)基于英国冲积砂砾土中的锚杆早期经验给出了一个典型经验,认为最小覆盖厚度 5~6m 通常可以满足避免深层拔出破坏的埋深。还可看出,计算锚杆抗拔力公式(66.3)对锚固段的上覆压力也很敏感,即在给定锚固段的上覆压力越小锚杆承载力越低。如果对靠近地表的锚杆的性能有任何疑问,应通过勘察或符合 EN 1537 的适应性试验进行确认。

---

① 译者注:原文中"$b\text{-}c$"有误,应为"$d\text{-}c$"。
② 译者注:原文中"$c\text{-}d$"有误,应为"$c\text{-}b$"。

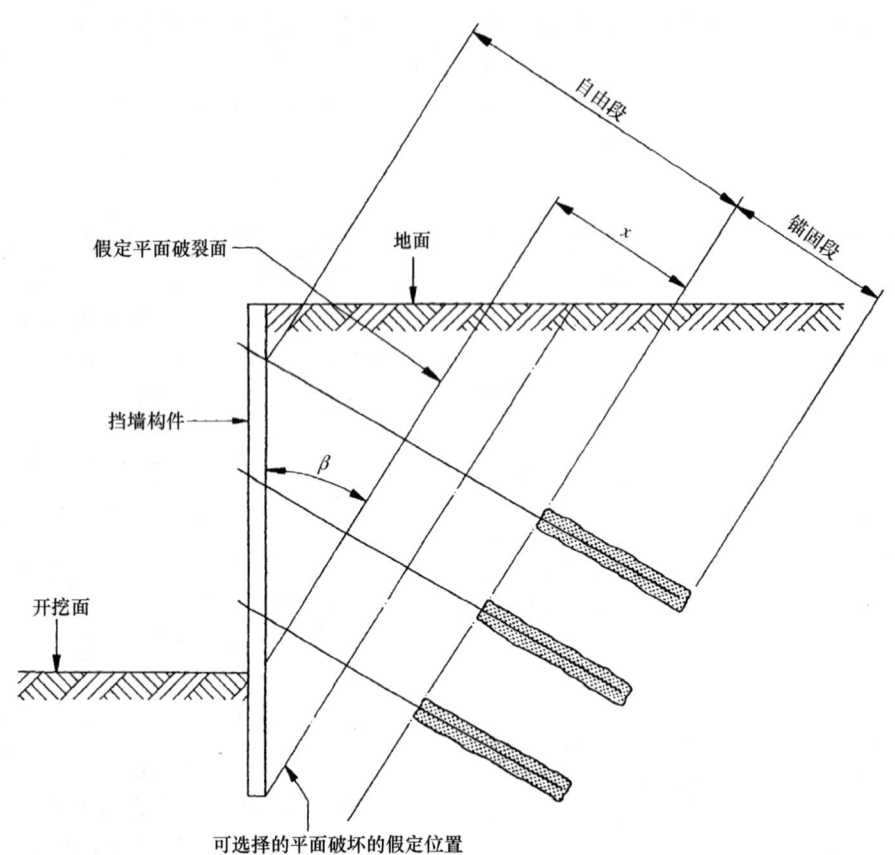

图 66.11　典型的平面楔块分析方法

经许可摘自英国标准 BS 8081 © British Standards Institution 1989

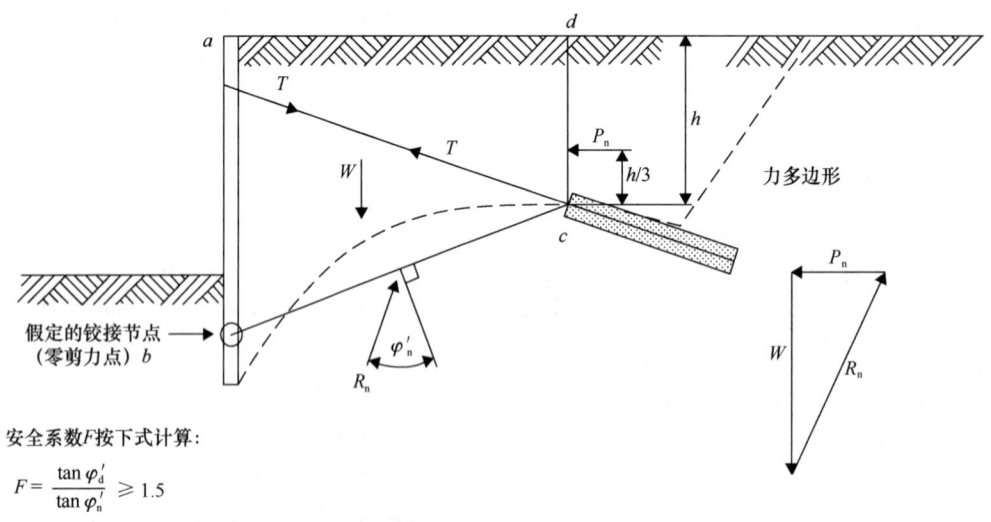

安全系数 F 按下式计算：

$$F = \frac{\tan \varphi'_d}{\tan \varphi'_n} \geqslant 1.5$$

式中，φ'_n 是用有效应力概念表达的名义内摩擦角（°）。

注：如果 φ'_n 假定正确，则重力 W 与力 R_n 及 P_n 将达到平衡，否则应调整 φ'_n。

图 66.12　典型的滑块分析方法

摘自 Littlejohn（1972）

对于多支点挡土墙,因为有多排锚杆时滑裂面形状并不能清晰地得到试验验证,故通常建议采用稳定分析圆弧法来确定可接受的滑裂面位置。Littlejohn 等(1971)推荐采用对数螺线来定义这个曲面,如图 66.13 所示。这是因为对数螺线具有这样的性质:对数螺线中心到螺线上任意一点的半径与螺线法线具有一个常数夹角 φ_s,因此当名义内摩擦角 φ'_n 等于 φ_s 时,则滑裂面各部分的合力作用线将通过对数螺线的中心点,沿滑裂面的任何力围绕中心点产生的力矩在力矩平衡时都可以忽略不计。

与滑块法类似,当 φ'_n 值使总力矩为 0 时安全系数 F 即得到满足,如图 66.13 所示。

作用在墙趾上的被动土压力常常会被忽略,因此当力矩 W_s 和 W_0 平衡时,可按下式计算得出一个偏于保守的安全系数:

$$F = \tan\varphi'_d / \tan\varphi'_n$$

基于 $F = \tan\varphi'_d / \tan\varphi'_n$ 的定义,F 可认为是关于土体的分项安全系数。在实践中,运用滑块法时 F 一般为 1.2 ~ 1.5,采用对数螺线法时需满足 $F \geq 1.0$。在更加重要或者现场情况不够明确的情况下,宜采用更高的安全系数。

如图 66.11 ~ 图 66.13 所示分析方法都有个潜在的假定条件:锚杆施加在地层中的预应力能够有效提高土体的抗剪强度,能够保证假定滑裂面位于靠近墙体的锚固段近端点或锚固段的中点之外,具体取决于上述设计原则。

66.4.4.2 对于黏性土

对于黏性土来说,一般情况下会优先选用圆弧滑裂面分析法。再次强调,作为通用原则,黏性土中的锚杆应将整个锚固段埋设在具有足够安全系数的假定滑裂面之外,除非设计师选择其他方法。

上述文献提到的平面楔块分析法也可用于黏性土,但这个方法需要结合以往经验谨慎运用。这个方法也曾在一些项目上成功应用,例如伦敦的 Neasden 地下通道(Sills 等,1977)。

与粒状土中采用的设计假设条件相比,在黏性土中锚杆预应力随着时间推移而缓慢增加黏性土的剪应力,因此在这种地层通常应该采用传统的挡土墙稳定分析整体法,忽视将要施工锚杆的影响,确认假定滑裂面与在前述粒状土中一样具有合适的安全系数,且锚固段应置于这个设计滑裂面之外。

对于土、岩混合情况,应该认识到,岩石锚杆的单位粘结强度通常高于土层锚杆,一般来说锚固段应该置于土层下面的岩层中,如图 66.14 所示。在某些情况下,如果锚杆嵌入岩层的深度不够,在挡土墙施加的拉力作用下,岩体就有可能出现呈锥体或楔体拉拔破坏的风险,故需要锚杆设计师分析这种可能性。

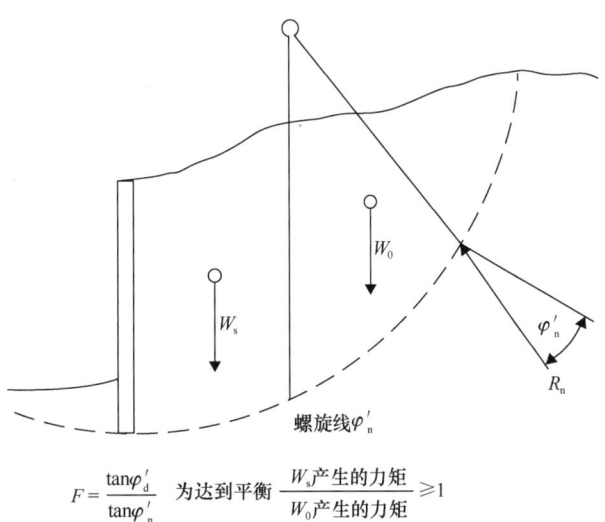

图 66.13 使用对数螺线滑裂面的稳定性分析示意

摘自 Littlejohn,1972

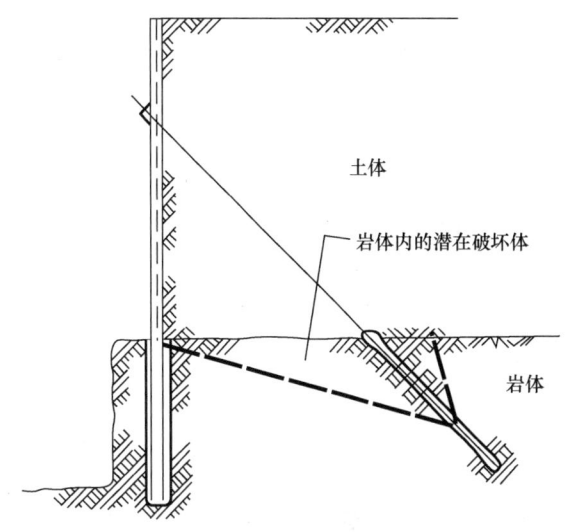

图 66.14 岩体内的潜在拉拔破坏体

66.4.5 荷载传递到结构

锚杆锚头通常由张拉头、锚具和承压板组成，锚筋锁定在锚具表面或锚具内部，承压板用于把荷载传递到结构上。在嵌入式挡墙中，承压板通常被安装在钢制或者混凝土梁上，把锚杆施加的荷载均匀分布在墙体上。

这种荷载传递和分配系统中的一个重要事项就是需要在设计中考虑到锚杆荷载的竖向分量作用。

如图 66.15 所示，在采用钢腰梁的钢板桩及柱板墙中，必须使用某种带斜角的导向垫块。

如图 66.16 所示，在排桩墙或者咬合桩墙中，一般情况下会采用钢筋混凝土腰梁或者其他荷载传递装置。

对于地下连续墙，通常会把一个导向垫块连同一个穿过墙体的导管浇筑到墙板内，以避免锚杆钻孔时损伤墙内钢筋。

特别要注意，对于地下连续墙及咬合桩，可能有必要为锚头系统提供能够承受静水压力的设施，但实现难度往往超出预期，需要在设计、安装和施工过程中加以密切关注。

EN 1537（第 6.3 节）概述了锚头的设计和公差要求，其中一个要求是锚头应设计成能够允许最大为 3°的角度偏差（以锚筋轴线为基准轴）。尽管这个要求在后张法系统中常见，但如果没有足够重视细节，可能会对永久锚杆的保护系统造成困难，具体应与这些系统的供应商强调、讨论和澄清。

英国标准 BS 8081 对锚杆系统在设计年限中重复加载或卸载的装置设计做出了具体要求，明确了对"普通""可重复张拉"及"可拆卸"锚头的不同要求。EN 1537 并未涉及这些要求，而是把决定权交给知识丰富的设计师。作为指引，英国标准 BS 8081 明确了以下几种情况：

- 普通锚头设计为在试验验收阶段可以承受张拉荷载及过载测试。一旦锚杆通过验收，多余的锚筋将被切断，之后不能再进行测试和调整。
- 可重复张拉锚头除了具有所有普通锚头的特性外，锚筋荷载在工作年限内可被检测，当工作荷载损失在 10%以内时可通过增加垫片或者扭紧螺母等方式重新恢复。

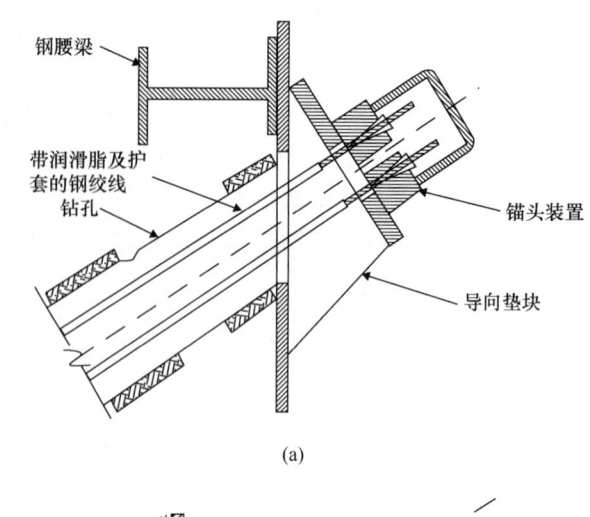

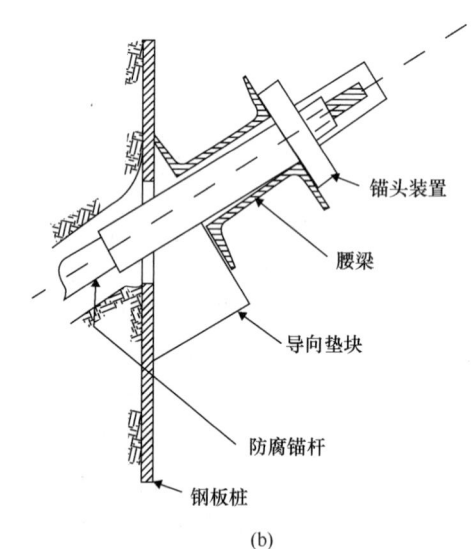

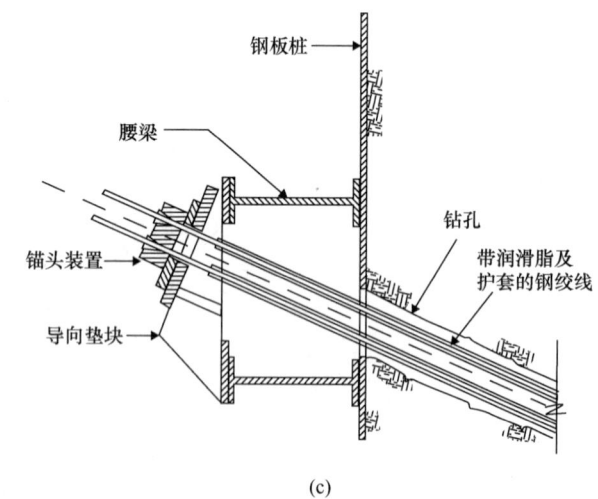

图 66.15 锚杆与钢腰梁的典型应用
（a）墙内腰梁墙外导向垫块；（b）墙外斜腰梁；
（c）墙外腰梁及导向垫块

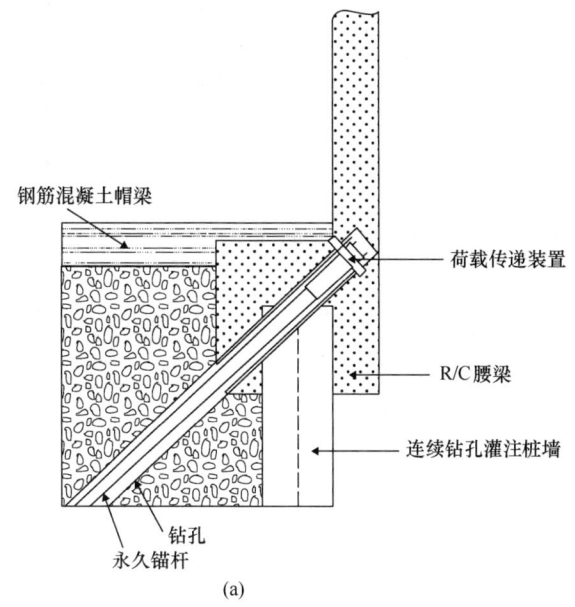

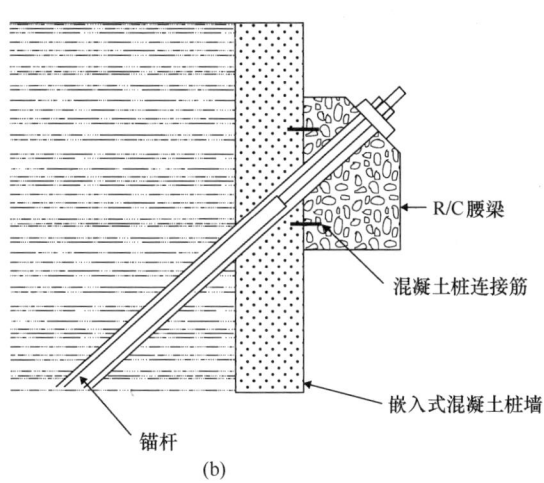

图 66.16　锚杆与钢筋混凝土腰梁或荷载传递装置的典型应用

■ 可拆卸锚头除了具有所有普通锚头和可重复张拉锚头的特性外，锚筋在结构使用年限中的任何时候都能以可控方式拆卸。

挡土墙设计师和锚杆设计师都需要清晰地了解这些不同装置以及具体应用时"可调节"的水平，这很重要。

英国标准 BS 8081 指出（第 7.4.6 条），应用于挡墙中的锚杆体系应具有一定的安全裕度，结构设计时应考虑到：在极限状态时，当其他锚杆在荷载不超先前确定的验收试验荷载情况下，任何一根锚杆都允许失效。

66.4.6　试验

挡墙支护锚杆应按 BS EN 1537 的规定进行勘察、适用性试验和验收试验，如第 89 章"锚杆施工"所述。

作为基坑支护日常监测的一部分，同时监测选定锚杆的荷载是种明智选择，特别是对于多层锚杆支护的深基坑。确认挡墙性能保持在其设计范围内很重要，监测锚杆荷载是其中一部分工作，还可以使用压力传感器或通过例行提离法检查来检测锚杆荷载。

锚杆荷载在结构使用期间的降低或波动是可测的，特别是对于在墙后回填了新填充物的板桩墙，例如在新河道挡土墙的建设中。Turner 和 Richards（2007）阐述了 1979 年沿泰晤士河建造的锚拉钢板桩结构的荷载变化及侧向位移情况，该场地在大约 20 年后重新开发：由一排倾斜锚杆支护的钢板桩的水平位移，一年之中以大约 25～30mm 的幅度在循环变化。

66.5　参考文献

Barley, A. D. (1988). Ten thousand anchorages in rock. *Ground Engineering September*, October and November, 1988.
Barley, A. D. (1997). The single bore multiple anchor system. In *International Conference on Ground Anchorages and Anchored Structures*, London, 20–21 March 1997. London: Thomas Telford.
Bassett, R. H. (1970). Discussion to paper on soil anchors. In *ICE Conference on Ground Engineering*, London, pp. 89–94.
Bond, A. and Harris, A. (2008). *Decoding Eurocode 7*. London: Taylor & Francis.
British Standards Institution (1989). *British Standard Code of Practice for Ground Anchorages*. London: BSI, BS 8081:1989.
British Standards Institution (2000). *Execution of Special Geotechnical Work - Ground Anchors*. London: BSI, BS EN1537:2000.
British Standards Institution (2004a). Eurocode 7 – Geotechnical Design. Part 1. General Rules. London: BSI, BS EN1997-1:2004.
British Standards Institution (2004b). Design of Concrete Structure - General - Common Rules for Building and Civil Engineering Structures. London: BS EN1992-1-1:2004.
Bustamante, M. (1976). Essais de pieux de haute capacité scellés par injection sous haute pression. In *Proceedings of the 6th European Conference on Soil Mechanics and Foundation Engineering*, Vienna.
Bustamante, M. and Doix, B. (1985). Une méthode pour le calcul des tirants et des micropieux injectés. *Bulletin de Liaison des Laboratoires de Ponts et Chaussées*. LCPC, Paris, Nov-Dec, 75–92.
Cole, K. W. and Stroud, M. A. (1977). Rock socket piles at Coventry Point, Market Way, Coventry. In *Symposium on Piles in Weak Rock*. London: Institution of Civil Engineers.
FHWA (1997). *Drilled and Grouted Micropiles: State-of-Practice Review*. Publication No. FHWA-RD-96–017. US Department of Transportation, Federal Highway Administration, July 1997.

Hanna, T. H. (1982). *Foundations in Tension – Ground Anchors*. Trans. Germany: Tech. Publications.

Jones, D. A. and Turner, M. J. (1980). Load tests on post-grouted micropiles in London Clay. *Ground Engineering*, September 1980.

Kranz, F. (1953). *Uber die Verankerung von Spundwanden*. Berlin: Verlag, pp. 1–53

Littlejohn, G. S. (1970). Soil Anchors. In *ICE Conference on Ground Engineering, London*. Vol. 5, no 1., January.

Littlejohn, G. S. (1972). Anchored diaphragm walls in sand. *Ground Engineering*, **5**(1), January.

Littlejon, G. S. (1977). Ground anchors: installation techniques and testing procedures. In Review of Diaphragm Walls. London: ICE Publishing, pp. 93–97 and discussion pp. 98–116.

Littlejohn, G. S. (1980). Design estimation of the ultimate load-holding capacity of ground anchors. *Ground Engineering*, November 1980.

Littlejohn, G. S. and Bruce, D. A. (1977). *Rock Anchors: State of the Art*. Brentwood, UK: Foundation.

Littlejohn, G. S., Jack, B. J. and Sliwinski, Z. J. (1971). Anchored diaphragm walls in sand – some design and construction considerations. *Journal of the Institute of Highway Engineers*, April 1971.

Locher, H. G. (1969). *Anchored Retaining Walls and Cut-off Walls*. Berne, Switzerland: Losinger, July (unpublished, from Losinger), pp. 1–23.

Moller, P. and Widing, S. (1969). Anchoring in soil employing the Alvik, Lindo and JB drilling methods. In *7th International Conference for Soil Mechanics and Foundation Engineering. Speciality Session No. 15*. Mexico, pp. 184–190. *[Referenced in Littlejohn, 1980, above.]*

Ostermayer, M. (1974). Construction carrying behaviour and creep characteristics on ground anchors. In *Conference on Diaphragm Walls and Anchorages*. London: Institution of Civil Engineers.

Sills, G. C., Burland, J. B. and Czechowski, M. K. (1977). Behaviour of an anchored diaphragm wall in stiff clay. In *Proceedings of the 9th International Conference of Soil Mechanics and Foundation Engineering*. Tokyo, vol. 2.

Stroud, M. A. (1989). Keynote Lecture (Part 2) Session 1: The standard penetration test – its application and interpretation. In *Proceedings of the International Conference on Penetration Testing in the UK*. Birmingham 6–8 July 1988. London: Institute of Civil Engineers.

Turner, M. J. (1980). Rock anchors: An outline of some current design, construction and testing practices in the United Kingdom. In *International Conference on Structural Foundations in Rock*. Sydney. Balkema, pp. 87–103.

Turner, M. J. (2007) Some notes on interface bond values for micropile design. In *International Society for Micropiles: 9th International Workshop, Toronto*. 26–30 September, 2007.

Turner, M. J. (2010). Personal communication.

Turner, M. J. and Richards, D. (2007). The long-term performance of permanent ground anchors forming part of the Thames Barrier Project. In *International Conference on Ground Anchorages and Anchored Structures in Service*. London. 26–27 November, 2007. London: Institution of Civil Engineers.

建议结合以下章节阅读本章：
- 第 89 章 "锚杆施工"
- 第 94 章 "监控原则"

本书以第 1 篇 "概论" 和第 2 篇 "基本原则" 为指导进行章节编排。如第 4 篇 "场地勘察" 中所述，各类岩土工程均应进行扎实的现场勘察工作。

译审简介：

付文光，教授级高级工程师，注册土木工程师（岩土），深圳领军人才，第一作者发表论文 80 余篇，主编参编标准 18 部，著作 5 部。

刘钟，博士、教授级高级工程师，浙江坤德创新岩土工程有限公司首席专家，研究院院长；从事锚固、桩基础领域科研工作。

第67章 支挡结构协同设计

彼得·英格拉姆（Peter Ingram），奥雅纳工程顾问，伦敦，英国
主译：衡朝阳（中国建筑科学研究院有限公司地基基础研究所）
参译：张伟龙
审校：朱合华（同济大学）
　　　王熙（同济大学）

doi: 10.1680/moge.57098.1031

目录

67.1	引言	1003
67.2	与结构设计及其他专业学科的配合	1003
67.3	抵抗侧向作用	1005
67.4	抵抗竖向作用	1006
67.5	用于支撑/抵抗底板下方竖向荷载的钻孔桩和墙基础设计	1008
67.6	参考文献	1009

支挡结构通常构成主体结构的一部分，它往往既用于创建地下空间，又作为整个基础体系的一部分。作为岩土工程设计师，尤其不要忽视用户优先考虑的是整体结构的功能，而不单纯是墙和基础的功能这样一个现实。

本章旨在强调，支挡结构作为整体地下结构设计的一部分，其设计者不仅要考虑地下结构的各部分相互作用构成一个整体，而且还须考虑岩土设计如何与其他专业学科间工作协调一致。

以下讨论的内容，可以使读者对整个地下室/地下结构的整体设计，以及与其他专业学科间的协作等相关问题有一个基本的了解。

67.1 引言

本章介绍了在基本的挡土墙设计计算之外，整体地下室设计还需考虑的一些其他问题。在挡土墙设计之前和设计期间，设计师应始终考虑整体结构问题，正如在第64章"支护结构设计方法"至第66章"锚杆设计"中所述。若要成功应用本章中包含的理念，则可能需要地下室设计所涉及的各个工程专业学科之间的高度协调配合。

67.2 与结构设计及其他专业学科的配合

地下结构设计需要多个专业学科的参与投入，常常会出现专业间互相冲突的情况。为了对整体结构进行安全设计，各工程专业人员和建筑师必须清楚地了解彼此设计中的关键点。例如，楼板（或支撑）标高可能受到楼梯高度的限制，因此可能无法重新定位到最佳标高以适应岩土工程设计。对于小型项目，通常只有少数人参与，比较容易达成共识。而对于大型项目，则可通过以下方式增强协作：

- 将设计团队集中在一起；
- 定期进行多专业学科设计审查；
- 制定正式的设计指南，明确规定不同专业学科如何设计其各自的结构单元，以及其设计如何与其他专业的结构单元相互影响。

以下各节主要介绍与结构工程师的常见设计配合。

67.2.1 设计使用年限和耐久性

BS EN 1990：2002 要求设计师指定结构的设计使用年限，并概述了典型结构的指导性设计使用年限。建筑结构和其他一般构筑物的建议设计使用年限为50年，重要的建筑结构、桥梁和其他土木工程结构的建议设计使用年限为100年。

混凝土结构的耐久性，通常通过以下三种方式保证：

（1）考虑到浇筑方法和暴露在侵蚀性地面的条件，要有适当的混凝土混合料——参考 BRE（2005）确定；

（2）合适的构造配筋以限制开裂，通常在与地面相接的墙壁和楼板的每个面上都应设有连续的钢筋层；

（3）符合 BS EN 1992—1—1：2004 要求的钢筋混凝土保护层。

67.2.2 埋置结构的设计理念（裂缝宽度控制、施工缝和防水性等）

确定合适的墙体细节的关键是了解最终使用期间用户要求以及因此所需的防水性。

英国标准 BS 8102（2009）定义了防水等级及其实现方法。表67.1摘自该标准。

先前版本英国标准 BS 8102（1990）涉及4级（或特殊）环境。2009年版本未保留此等级，指出

3级和4级之间的唯一区别是与通风、除湿和空气调节相关的性能水平，并建议参考英国标准BS 5454（2000）中有关档案文件存储和展示的建议。英国标准BS 8102指出，4级的结构形式可以与3级相同或相似。

《桩和嵌入式支护结构施工规范》（*Specification for Piling and Embedded Retaining Walls*）（ICE，2007）为英国标准BS 8102中定义的等级提供了合理的墙体渗漏水平指南。

- 对于1级结构

  可存在水滴和有限的湿渍，但不得有渗漏。

- 对于2级、3级（和4级）结构

  可存在水滴和有限的湿渍，但不得有渗漏。除挡土墙外，还需要其他组件以实现整体系统所要求的防水性。

英国标准BS 8102指出防水能力常常通过以下一种或多种方法来提供：

- A型（屏障）防护

  防水保护依靠附着于结构的独立屏障系统。

- B型（结构整体式）防护

  防水保护由结构自身提供。

- C型（排水）防护

  结合适当的内部水管理（排水）系统以防止水进入可用空间。

结构（A型和B型）提供的防水性受到裂缝、施工缝、差异沉降和开孔等的影响，因此，设计达到合适的防水性需要了解如何控制这些部位的渗水。

BS EN 1992—1—1：2004（BSI，2004）提供了钢筋混凝土结构的裂缝控制要求。Gaba等（2003）指出："如果采取实用的方法来控制裂缝宽度，则可以节省成本"。对于埋入式挡土墙结构，考虑适当的裂缝极限可以使控制裂缝所需的钢筋大大减少。IStructE（2004）和Gaba等（2003）对此给出了实用指南。

除了考虑对挡土墙部分的挠曲开裂和墙体结构单元开裂的适当限制外，以下是需要特别注意的地方：

- 结构墙体单元与盖梁或楼板之间的界面。如果要限制水流路径，则需要认真细化。
- 施工中的重大变化点（例如，新旧施工连接处）导致进水的风险更高。
- 分离的可变形接缝。应当尽可能避免在地下室的外墙中出现这种情况，因为它们经常是薄弱环节和渗漏点。如果无法避免此类可变形接缝，则应采取防水措施。
- 防水混凝土的施工缝间距应根据要求确定，以限制收缩和早期开裂。
- 使用的屏障防水系统必须能够适应系统安装后预计的侧壁位移。

有关地下室结构防水性的更多讨论以及客户指南，请参见ICE（2009）《降低下部结构渗漏的风险——客户指南》（*Reducing the Risk of Leaking Substructure-A Clients' Guide*）。

67.2.3 设计规范和标准

第10章"规范、标准及其相关性"提供了在英国用于设计的主要规范和标准的详细清单。该章提请注意在英国地下结构的首要设计指南，尽管这些指南可能广泛适用于其他地理位置。英国地下结构的岩土和结构设计指南的主要来源如图67.1所示。

表67.1 水密性等级

等级	结构用途示例	性能水平
1	停车场；机房（不包括电气设备）；车间	某些渗漏和潮湿区域是可接受的，取决于预期用途
2	要求干燥环境（1级以上）的机房和车间；储存区	渗漏不可接受。潮湿区域可接受；可能需要通风
3	通风的住宅和商业区，包括办公室、餐厅等；休闲中心	渗漏不可接受。必须进行通风，除湿或空气调节以适合预期用途

数据取自英国标准BS 8102：2009（BSI，2009）

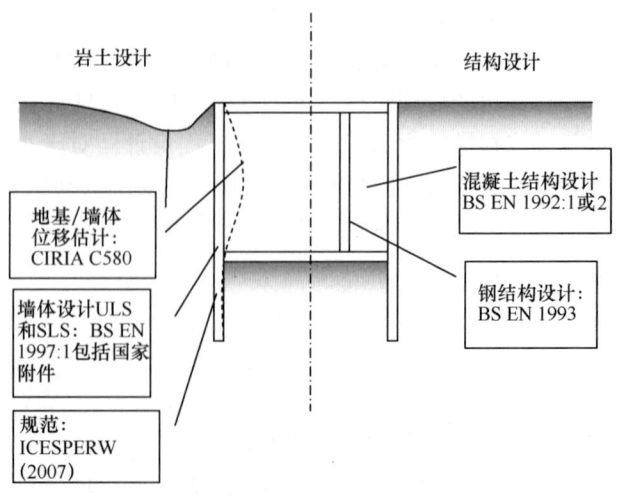

图67.1 英国设计指南

除了图 67.1 中突出显示的指南外，还存在一系列执行标准可补充欧洲标准。其中与地下室的岩土工程施工最相关的是：

- BS EN 1536：2000《特种岩土工程施工：钻孔桩》(Execution of Special Geotechnical Work-Bored Piles)；
- BS EN 1537：2000《特种岩土工程施工：锚杆》(Execution of Special Geotechnical Work-Ground Anchors)；
- BS EN 12063：1999《特种岩土工程施工：板桩墙》(Execution of Special Geotechnical Work-Sheet Pile Walls)。

67.2.4 荷载组合（侧向和竖向）

BS EN 1997-1《欧洲标准7》(2004) 定义了以下用于挡土墙设计的荷载系数。在英国通过设计方法 1 进行，采用组合 1 和组合 2 的系数（图 67.2）。这两个荷载组合都是承载能力极限状态（ULS）条件。适用性仍须单独考虑。

67.3 抵抗侧向作用

作为整个地下结构的一部分，挡土墙需要满足各种功能，并且必须做到以下几点：

- 能够抵抗在弯曲或整体水平稳定性中的侧向力，并且有适当的安全系数；
- 能够在施工的所有阶段，以及在永久状态下，支承施加的竖向荷载，并满足抗浮和抗隆起的安全系数的需要；
- 提供防渗帷幕和/或维持足够的基础稳定性；
- 具有足够的刚度，可以将在结构外部的土体位移限制在容许范围内。

67.3.1 确定关系挡土墙侧向稳定性的墙趾埋深和相关荷载作用影响

第 64 章"支护结构设计方法"为考虑挡土墙的侧向稳定性和荷载提供了设计指导，强调了墙体支承竖向荷载的兼容性要求，以及两者设计的重要性。

地下结构的设计要求采用整体且一致的方法来设计挡土墙、内部桩和基础底板。以下是考虑各单元设计间相互作用的分步方法：

（1）利用挡土墙竖向或侧向位移的包络值，确定墙体摩擦力的大小。

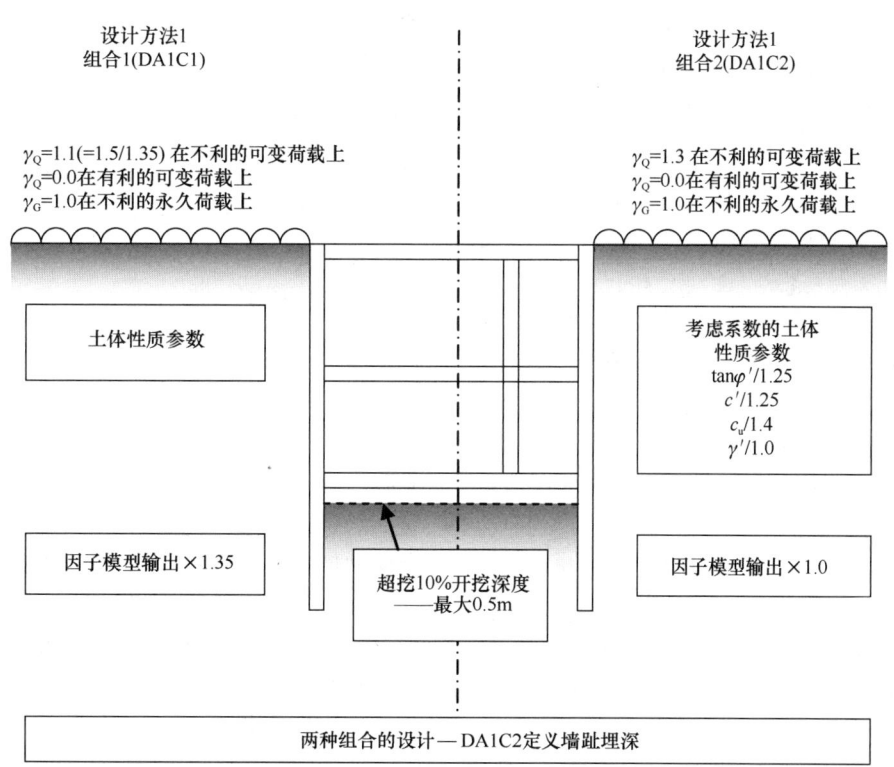

图 67.2　BS EN 1997-1：2004，EC7（2004）中的设计系数

注：γ_Q 为可变作用分项系数；γ_G 为永久作用分项系数；φ' 为有效内摩擦角；c' 为有效黏聚力；c_u 为不排水抗剪强度；γ' 为有效重度。

（2）为保证墙体侧向稳定性，分析确定其最小埋置深度；参见第 64 章"支护结构设计方法"。

（3）考虑墙体在开挖过程中承受竖向荷载的能力，并在必要时增加墙趾埋深；参见第 64 章"支护结构设计方法"。

（4）确定附加的基础构件以承受竖向荷载，例如桩基础。

（5）采用设计墙趾埋深，并检查假定的墙体摩擦力，包括在土/墙界面处的附着力的方向和大小。重新进行侧向分析计算，如果合适，确认设计墙趾埋深。

（6）考虑竖向向上的浮力（可以在结构挠度容许的情况下减小这些力）。

（7）考虑是否有隆起空隙或底板下排水。

（8）必要时增加基础构件或墙体深度以确保其有足够的抗浮安全系数。

（9）考虑基础底板的设计，以适应任何向上的净浮力。

（10）将基础底板/桩/墙作为一个抵抗竖向荷载的整体基础体系来考虑。

67.3.2 偶然荷载

临时支撑的意外失效 设计人员还应考虑，在施工期间由于各种原因而可能导致临时支撑的意外失效。例如：某物体从起重机上掉落。设计人员必须确保采用足够的荷载系数，并且变形必须保持在可修复的范围内。如果对临时支撑的失效特别敏感，则设计者可选择指定支撑系统内的冗余度以应对这种情况。

永久支撑失效 大多数地下室墙体不可能在严重损坏的情况下幸存下来，并且很可能会完全倒塌。如果设计者认为这是可能的荷载情况（例如，在可能容易遭受恐怖活动的地铁设计中），则设计者需要确保板或支撑在结构上能够承受这种情况下可能遭受的破坏力。

洪涝 设计人员应考虑是否有可能发生洪涝，以及洪涝的强度和持续时间。洪涝可以通过两种主要方式增加结构的荷载：（1）可能增加墙后的侧向水压力；（2）可能对板和墙后土体施加额外的超载。

67.3.3 不平衡力

由于各种原因，地下结构经常承受不平衡的侧向力。重要的是在设计中考虑不平衡力的相互作用，而不是仅仅设计具有更大侧向力的墙，且不考虑这将如何影响对面的墙体或受对面墙的影响。

造成永久性非对称荷载的典型原因：

- 场地或地下水条件，例如坡地，变化很大的地层或地下室一侧临水；
- 地下室附近的超载，比如来自附近的建筑物、公路或铁路；
- 上层建筑，地下室上部建筑物高度不同导致墙上的竖向荷载不平衡；
- 子结构刚度，例如以不同方式形成的挡土墙的不同响应；
- 相邻的隧道或其他地下基础设施；
- 来自邻近地基处理作业的压力。

此外，设计人员必须考虑临时出现的不平衡力，例如：

- 相邻施工场地的装载或堆载；
- 施工材料的储存和堆放；
- 非对称施工顺序。

当使用有限元建模（FEM）进行设计时，解决这些不平衡问题（一旦建立）相对简单。对于承受巨大不平衡力的地下结构，FEM 可能是理解和设计这些力最便捷的方法。设计挡土墙通常使用极限平衡或伪有限元（pseudo-finite element）（PFE）分析，这些分析仅考虑单个挡土墙。对于更简单的力失衡，可以在两个独立的 PFE 模型之间进行迭代，每个模型分别代表基坑的相对侧，并在每次迭代时调整支撑的预应力，直到在整个基坑中平衡了挠度和支撑力为止。

67.4 抵抗竖向作用

对于地下室结构，挡土墙可能会用于抵抗竖向荷载（这样通常很经济）。在临时和永久状态下，墙上的竖向荷载可能会有所不同。使用顺作法施工的典型地下室结构，在其建造和使用过程中，可能会受到以下荷载变化的影响（图 67.3）：

（1）地下室开挖中使用临时支撑——挡土墙轻微加载。

（2）完成子结构。竖向向下的荷载——从（1）开始增加，由于增加了板——现在由墙体和底板的组合承受压力。结构自重和墙体摩擦阻力的组合（或由隆起的空隙或排水层控制）抵抗作用在结构上的上浮或隆起力。

（3）完成上部结构。上部结构重量增加了对上浮或隆起的抵抗力。这也增加了墙体或底板上的垂直向下的力。

（4）改建上层建筑的同时重新使用地下室结构——与情况（2）相似。

竖向荷载的大小和方向会影响作用在墙体上摩擦力的方向，从而影响周围土体对墙体施加的侧向压力。在英国，嵌入式挡土墙的设计通常使用极限平衡或 PFE 计算机程序，如 STAWAL，FREW 或 WALLAP 等，设计人员在确定主动和被动土压力系数时，必须选择墙壁摩擦力的大小和方向。因此，在确定用于侧向设计的合适墙壁摩擦力时，考虑临时和永久条件下竖向荷载的变化十分重要。

67.4.1 支撑/抵抗竖向荷载的挡土墙设计

上一段描述了英国嵌入式挡土墙的设计。图 67.4 显示了地下室墙体设计中采用的典型墙壁摩擦力的方向，摘自 CIRIA C580 （Gaba 等，2003）。这些墙壁摩擦的假设适用于挡土墙竖向荷载较小的基坑，如图 67.5（a）所示。

用于深基坑的地下连续墙或排桩式挡土墙，特别是在逆作法施工或锚固墙中，可能会在施工期间承受很大的竖向压缩荷载，尤其是在浇筑底板之前（图 67.5b）。设计者必须考虑施加的竖向荷载大小是否会导致假定的墙壁摩擦力方向反转，因为这会影响施加的水平压力（例如参见 Ingram 等，2009）。

如果使用适当的有限元分析进行设计，则可直接模拟摩擦假设的相容性。

对于在地下水位以下或在起伏土层中进行的开挖，挡土墙可能会成为抵抗作用在底板下方的向上压力的抗拉构件。在这些情况下，可应用如图 67.6 所示的摩擦方向。

由上浮情况造成的墙壁摩擦力的变化将减小其被动阻力，增加板或支撑上的水平荷载并改变挡土墙中的弯矩和剪力。这应当作为墙体设计的一部分进行考虑，但往往被忽略。

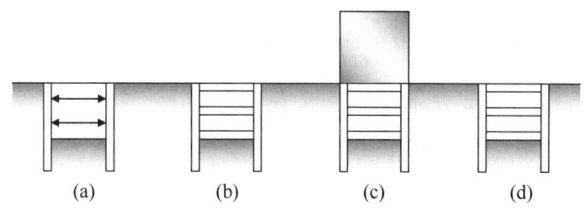

图 67.4 地下室墙上荷载的典型工况

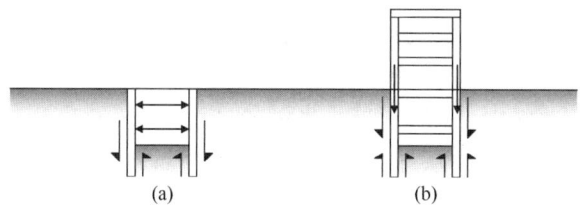

图 67.5 较小或较高竖向荷载作用下基坑周围可能的墙体摩擦力

（a）较小竖向荷载；（b）较高竖向荷载

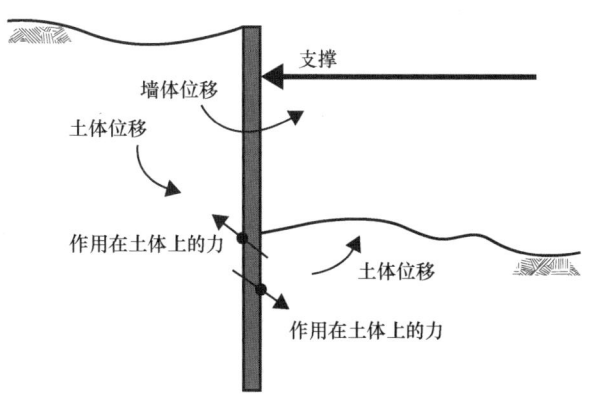

图 67.3 墙体摩擦效应

经许可摘自 CIRIA C580，Gaba 等（2003），www.ciria.org

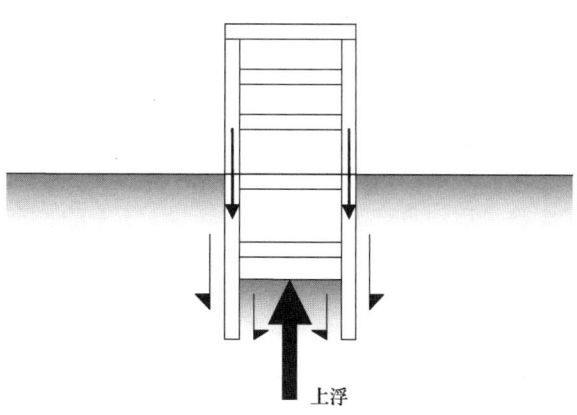

图 67.6 受长期上浮作用时基坑周围可能的墙体摩擦力

67.4.2 上浮和隆起

地下结构的上浮可能是由作用在底板下的孔隙水压力引起的，而在超固结的细粒土中，则由土的隆起压力引起。在设计过程中应尽早考虑处理与这两种现象相关的上浮压力的方法。这两个过程均可抵抗或消散作用在子结构上的力。

抗浮可通过以下方式进行设计：通过板下排水来消除板下孔隙水压力，或者通过建筑物自重和作用在墙壁上的土体摩擦力，以及与抗拔桩的组合来抵抗施加的力。盲沟排水会导致其他后果，例如维护和运营成本的增加，以及可能由于固结和/或细粒土流失而导致大面积沉降，从而影响地下室结构和邻近第三方建（构）筑物。

可能提供板下排水的方法：

- 在底板垫层下铺设无细骨料混凝土排水层；
- 在底板垫层下布设一系列浅的碎石盲沟排水沟；
- 若干被动降水井，通过自流压力排出底板的排水系统；
- 若干主动降水井，通过抽水排出。

土体的隆起压力，在允许上浮位移时可以消散（图67.7），因此在设计中可以通过允许土体向上位移来应对。这可通过指定隆起空隙或允许结构抬升来实现（从正常使用的角度来看这可能不合适）。如果需要，可以组合使用建筑自重和作用在墙壁上的土体摩擦，以及与抗拔桩来抵抗全部或部分隆起压力。

应当注意的是，在设计者选择使用排水层或隆起空隙消散上浮或隆起力的情况下，底板下的有效应力将会降低，从而导致墙和桩的竖向承载能力降低。

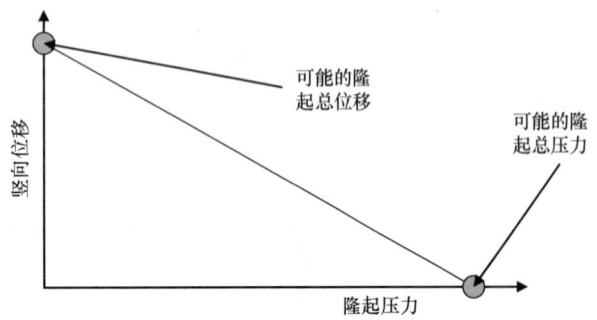

图67.7 伴随竖向位移的土体隆起压力消散
注：为了简单起见，假定为线弹性关系。

67.4.3 地基基础底板的设计（竖向向下加载，抗隆起和水压力）

除了基础底板的岩土工程设计外，重要的是考虑其如何作为整体结构的一部分。设计人员应考虑包括连接结构在内的整个结构的稳固性。底板将墙连接到下面的土体，也连接到任何附加的桩基础。在设计中必须考虑各部分的相互作用。

底板必须足够坚固，以抵抗向上的上浮和隆起力，并承受箱形结构的自重，以及通过桩和墙侧向摩阻力而产生的任意拉力的约束。底板还必须能够将任何施加的集中荷载分散到地基。

当适当的总体承载能力极限状态（ULS）和正常使用极限状态（SLS）得以满足，仅满足整体抵抗上浮（或下沉）荷载的基础设计较为经济，但很可能存在安全系数较低的单个桩或墙体构件。

底板必须足够坚固，以在单个桩或墙单元仅能达到（或不太明显地达到并超过其）理论承载力的情况下，安全地重新分配荷载。例如，性能显著超出预期的桩，在荷载作用下可能会沉降得较少，因此会成为坚固的支点，有可能承受更多的荷载。对基础体系潜在的相对刚度的充分考虑，才能包络可能出现的响应情况。

除了底板的强度外，底板与墙体之间的连接必须足够牢固，以在墙体与基础结构之间传递所有可能的荷载。

67.5 用于支撑/抵抗底板下方竖向荷载的钻孔桩和墙基础设计

在地下室中使用桩或承台作为基础解决方案时，与在或接近地面处有截断一定高度桩的设计相比，其设计还应有更多的考虑。由于地下室的开挖，导致其桩基设计中必须考虑两种现象：(1) 上覆应力的降低并因此降低的地基强度；(2) 隆起导致的地面位移。

降低上覆应力后，地基水平应力状态（$\Delta\sigma'$）的变化可以考虑通过以下公式来计算：

$$\Delta\sigma'_h = \left(\frac{v}{1-v}\right)\Delta\sigma'_v$$

式中，v 为泊松比；$\Delta\sigma'_v$ 为开挖引起的竖向有效应力变化值。

较深地下室下面的桩基应该使用土的有效应力参数进行设计，因为总应力法设计不能考虑强度变化（除非在地下室开挖后测量 c_u）。第 22 章 "单桩竖向承载性状" 中详细讨论了有效应力法下桩基的性状和设计。

若将桩基设置在较深的地下室，桩身通常应通长配筋，以抵抗地基土的回弹隆起力。当无需桩基来提供额外的抗拉能力时，仅考虑桩身的相对位移和承载力，可以减少钢筋笼的长度。

67.6 参考文献

BRE (2005). *Concrete in the Ground*. Watford, UK: BRE, Special Digest 1.
British Standards Institution (1990). *Code of Practice for Protection of Structures against Water from the Ground*. London: BSI, BS 8102.
British Standards Institution (1999). *Execution of Special Geotechnical Works – Sheet Pile Walls*. London: BSI, BS EN 12063:1999.
British Standards Institution (2000a). *Execution of Special Geotechnical Works – Bored Piles*. London: BSI, BS EN 1536:2000.
British Standards Institution (2000b). *Execution of Special Geotechnical Works – Ground Anchors*. London: BSI, BS EN 1537:2000.
British Standards Institution (2000c). *Recommendations for the Storage and Exhibition of Archival Documents*. London: BSI, BS 5454.
British Standards Institution (2002). *Eurocode: Basis of Structural Design (+A1:2005) (incorporating corrigendum December 2008 and April 2010)*. London: BSI, BS EN 1990:2002.
British Standards Institution (2004a). *Eurocode 2: Design of Concrete Structures. General Rules and Rules for Buildings (incorporating corrigendum January 2008)*. London: BSI, BS EN 1992-1-1:2004.
British Standards Institution (2004b). *Eurocode 7: Geotechnical Design – Part 1: General Rules*. London: BSI, BS EN 1997–1.
British Standards Institution (2009). *Code of Practice for Protection of Below Ground Structures against Water from the Ground*. London: BSI, BS 8102.
Gaba, A. R., Simpson, B., Powrie, W. and Beadman, D. R. (2003). *Embedded Retaining Walls – Guidance for Economic Design*. London: CIRIA, Publication C580.
Institution of Civil Engineers (2007). *Specification for Piling and Embedded Retaining Walls* (2nd Edition). London: Thomas Telford.
Institution of Structural Engineers (2004). *Design and Construction of Deep Basements Including Cut and Cover Structures*. London: IStructE.

67.6.1 延伸阅读

Ingram, P. J. *et al.* (2009). Design methodology for retaining walls for deep excavations in London using pseudo finite element methods. In *Proceedings of the 17th International Conference on Soil Mechanics and Geotechnical Engineering*. Alexandria, Egypt, **2**, 1437–1440.
Institution of Civil Engineers (2009). *Reducing the Risk of Leaking Substructure – A Clients' Guide*. London: Thomas Telford.
Johnson, R. A. (1995). *Water Resisting Basements – A Guide. Safeguarding New and Existing Basements Against Water and Dampness*. London: CIRIA, Report R139.

67.6.2 实用网址

英国建筑业研究与信息协会（CIRIA）；www.ciria.org
欧洲标准（Eurocodes）；www.eurocodes.co.uk 和 www.bsigroup.com/templates/FourTabContent.aspx?id=147778&epslanguage=EN
英国土木工程师学会《桩和嵌入式支护结构施工规范》（ICE Specification for Piling and Embedded Retaining Walls）；www.thomastelford.com/books/bookshop_main.asp?ISBN=9780727733580

建议结合以下章节阅读本章：
■第 2 章 "基础及其他岩土工程在项目中的角色"
■第 26 章 "地基变形对建筑物的影响"
本书以第 1 篇 "概论" 和第 2 篇 "基本原则" 为指导进行章节编排。如第 4 篇 "场地勘察" 中所述，各类岩土工程均应进行扎实的现场勘察工作。

译审简介：

衡朝阳，男，1967 年生，山西临汾人，中国建筑科学研究院研究员、博士生导师，注册土木工程师（岩土），一级注册建造师。

朱合华，男，1962 年生，安徽巢湖人，同济大学特聘教授，中国工程院院士，注册土木工程师（岩土）。

王熙，男，山东菏泽人，同济大学土木工程学士、博士，UT Austin 计算机硕士。

第 7 篇　土石方、边坡与路面设计

主编：保罗·A. 诺瓦克（Paul A. Nowak）
译审：杨生贵　等

第68章 导论

保罗·A. 诺瓦克（Paul A. Nowak），阿特金斯有限公司，埃普索姆，英国
主译：杨生贵（中国建筑科学研究院有限公司地基基础研究所）

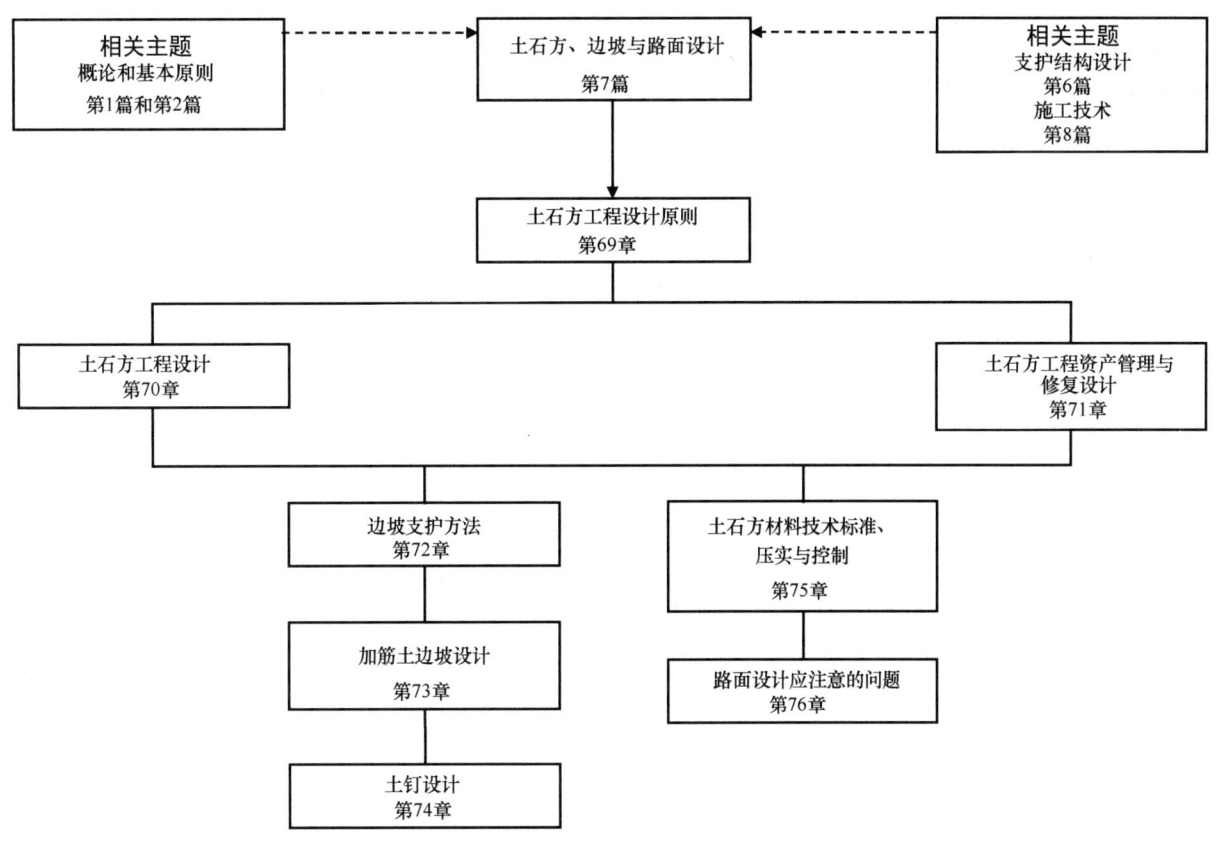

图68.1 第7篇各章之间的关系

从石器时代，人类就在欧洲建造土石方工程，19世纪随着铁路的发展，为满足边坡坡度最大化的要求，土石方工程有了重大发展。

20世纪主要道路网的发展继续推动了土石方工程发展，并引领土石方工程设备和标准压实方法的广泛使用。

这两种情况下，土石方工程都是为了在挖方和填方之间保持平衡，并提供一个稳定的平台，以便设施可以在其上运行。

目前土石方工程可认为有三个主要方面：

- 新建线路的设计与施工；
- 改建或扩建现有土石方工程；
- 评估和维护现有资产。

土石方工程的设计，始终要求对土这种本质上是不均匀的、性质不同的材料进行摸索，并且这种平衡会随着时间发生变化。许多土石方工程是在土力学理论正式出现之前进行的。20世纪50～70年代，在英国的发展形成了土石方工程现代设计的概念基础。它的发展在很大程度上是由于铁路和公路上正在施工的边坡发生破坏，需要了解破坏机理，

第7篇 土石方、边坡与路面设计

以防止类似破坏继续出现。该发展过程与美国是同步的，美国的发展主要是由堤坝（如 Teton 大坝）的破坏所推动的。

虽然在英国发生的边坡破坏的机理（新建土石方边坡中残余滑移特征的存在和既有土石方边坡孔隙水压力的存在）与在美国发生的（路堤、坝肩和坝心的内部侵蚀）不同，但都建立了相同的理论，随着土力学的发展，进行了更严格的分析。值得注意的是，在这两种情况，水的存在都对边坡失稳有很大的影响。

在传统的土石方工程设计中，输入的假设参数已经根据不同的最终安全系数进行了检验，但在过去 10 年中，该方法已被 2010 年 4 月写入欧盟法律的《欧洲标准 7》的设计方法所取代。新方法借用了结构工程中输入参数的部分因素的概念，这是思维的改变，但它不会偏离以前的实践，只需要更多地关注输入参数的选择。它的引入让这一新方法得到广泛使用，但并没有完全取代最终安全系数法的使用。

总体来说土石方工程设计通常考虑极限状态失效，但在评估时，因为"失效"可以定义为由于土石方结构产生不可接受的变形而无法使用，越来越多地考虑正常使用极限状态。

本手册第 23 章"边坡稳定"介绍了边坡稳定性分析。图 68.1 展现了第 7 篇"土石方、边坡与路面设计"的内容目录与提纲。本篇内容包括未加固和加固的土石方工程的设计，现有土石方工程的评估，土石方工程材料规范和路面设计。

未来存在着各种有趣的潜在的土石方工程问题。新的建设规划将需要一种可能区别于现有老旧资产及潜在替代品维护运营模式的方法。气候变化的影响可能会造成降雨模式的变化和海平面的上升，这些影响可能会在防洪和防止海水侵蚀措施方面对土石方工程提出相应要求。

译审简介：

杨生贵，建研地基基础工程有限责任公司总工程师，享受国务院政府特殊津贴专家，主要从事岩土工程科技创新和实践工作。

第69章 土石方工程设计原则

保罗·A. 诺瓦克（Paul A. Nowak），阿特金斯有限公司，埃普索姆，英国

主译：辛兵（中铁工程设计咨询集团有限公司）
参译：郭鑫，于鹤然
审校：丁冰（新疆建筑设计研究院有限公司）

doi: 10.1680/moge.57098.1043

目录

69.1	历史回顾	1015
69.2	土石方工程的基本要求	1015
69.3	分析方法的发展	1016
69.4	安全系数和极限状态	1017
69.5	参考文献	1018

以挖方和填方形式的土石方工程已经发展了大约4000年。本章简要介绍了该学科分析方法的发展历史和目前《欧洲标准7》安全系数法的应用。

69.1 历史回顾

英国的土石方工程可以追溯到大约4000年前，以堆填土丘和人造土山为主要形式，例如威尔特郡（Wiltshire）的希尔伯里山（Silbury Hill）（Charles，2008）。

罗马人也沿用了这一做法，他们倾向于沿着自然等高线修建道路，同时也修建了作为防御的土石方工程，例如哈德良长城（Hadrian's Wall），用以抵御入侵罗马帝国的部落。

随着18世纪中叶第一次工业革命的开始，起初大规模运输和填筑的土石方工程用于建设运河网。包括挖掘带有坡度的航道，为克服地势高差而修建的船闸——英国最壮观的船闸可能要数利兹-利物浦运河（Leeds-Liverpool Canal）上穿越奔宁山脉（the Pennines）的船闸系统。

19世纪30年代开始，铁路的出现需要修建路堑和路堤，这是因为蒸汽机车无法通过超过1/50的坡度。起初，所有大规模的土石方运输都是通过马车完成的，材料被倾倒在路堤上，并按自然休止角修整成形。这种建设方式并未改变当时的大规模建设的趋势，据Skempton（1995）报道，1834年到1841年期间，英国每年的土石方运输量均在200万~300万立方码（约合153万~229万 m³）。在19世纪末，虽然引入蒸汽动力设备，但土石方的填筑方式仍大体保持不变。

铁路在施工期间和建成之后，路基沉降量都有可能很大，这可以通过重新铺设铁轨和限速来加以控制。McGinnity 和 Russell（1995）记述了19世纪末、20世纪初，修建在伦敦黏土层上的伦敦地铁，施工过程出现的沉降通过填充伦敦黏土和火车煤灰来加以控制。

20世纪20年代，在英国公路网建设时，要求土石方工程的坡度小于1/10，这与美国土石方工程设备的大规模机械化时间相吻合，机械化设备的发展实现了路堤施工中填方量控制和土的分层压实的目标。

69.2 土石方工程的基本要求

土石方工程的基本要求是在其整个设计使用周期内，为上部主体构建稳定的基础，这通常意味着使道路路面或铁路道床的沉降值最小化。

针对路堑，基本要求是保证边坡的稳定性，如果边坡工程在设计使用周期内失稳，就可能导致路堑趾部的土体雍积或底部土体的破坏，对路面或铁轨造成损害。

针对路堤，其边坡的失稳同样不可忽视，因为有可能导致路堤上的道路设施破坏。此外，路堤在其设计使用周期内的沉降，虽然不一定会导致灾难性的结果，但超过允许范围的沉降差有可能导致道路设施无法正常使用。沉降差对铁路的影响尤其明显，这是因为符合标准的铁路，两条轨道之间的沉降差通常不允许超过5mm。不同路堤的沉降差允许范围也可能是不同的。最关键的部位通常是路堤与其他构筑物的衔接处，例如，桥梁两端的桥台会减少整座桥梁的沉降，其沉降量会小于两端路堤的沉降量，沉降差可能导致衔接处的路面最终开裂或是导致轨道的横向错位，短期内当沉降差较小时，

这也可能降低道路的舒适性。

在线性交通规划的土石方工程设计中，如果可行，设计者通常都要尽可能利用线路纵断面设计使得土石方方案保持"填挖平衡"，即从路堑段挖掘出的土石方量要与路堤段土石方填筑的需求量基本相同。计算土石方总量时，需要考虑挖方中不适合用作路堤填料部分，这部分土石方通常会作为弃方，然而，现在的普遍做法是把这些弃方用于园林景观，或通过改良处理后加以利用（将在第75章"土石方材料技术标准、压实与控制"中详细介绍）。在计算土石方工程的总体积时，有时需要考虑从开挖到填筑材料的体积膨胀。对于大多数土石方工程材料，和路堤填筑体积相比，所需求的挖方量至少减少5%。这是由于控制标准以及压实方式的不同，且路堤的机械填筑和压实不能完全复制地质作用下地层的自然沉积。这个规律的一个显著的例外是未风化的白垩岩，从开挖到填筑，体积收缩率高达5%，这是由于自然环境中的白垩岩孔隙率很高且节理发育，而在碾压时这些结构都会受到破坏。

在实际计算土石方工程量时，通常不考虑上述的体积膨胀，将路堑挖方全部用于路堤，以平衡日后路堤沉降时导致的体积减小。

英国公路局（Highways Agency）发布的 HA 44/91（1995），对英国公路设计中挖方、填方、压实控制等给出了总体指导。

69.3 分析方法的发展

值得注意的是，大多数建于19世纪和20世纪早期的土石方工程都是在土力学还处于起步阶段时建造的。Collin（1846）提出了圆弧滑动稳定性分析，但直到 Terzaghi（1925）完成孔隙水压力对土体变形、强度的影响研究，人们才开始了解土体稳定性和破坏预测。

20世纪30年代，人们开始了解土的有效应力原理，并开始从经验判断边坡稳定性向数值计算发展。随着时间的推移，为了确定新建和既有土方工程边坡的安全系数，出现了许多方法。然而，分析的严谨性与分析技术的发展密不可分，因此在20世纪50年代和60年代（在计算机分析程序开发之前），人们使用了更多传统的数学计算方法。主要的分析方法可以概括为：

- 无限斜坡法；
- 稳定图解法；
- 极限平衡法；
- 数值分析法；
- 观察法。

无限斜坡法是一种针对路堑和路堤浅层破坏的快速计算方法，其破坏面假定为与坡面平行的平面。Skempton 和 DeLory（1952）、Trenter（2001）均对此种方法进行了表述。

Taylor（1948）、Bishop 和 Morgenstern（1960）发展的图解法则是由更严谨的分析，产生了一系列的图表，其中涉及抗剪强度、摩擦角和地下水的条件，计算得出不同坡度的安全系数，而不需要进一步的严格计算。这些图表已在 Bond 和 Harris（2008）中更新，与《欧洲标准7》一起使用。

极限平衡法发展为更为严格的分析方法，其将边坡划分为一系列土条并计算土条之间的相互作用。Bishop（1955）发展了潜在圆弧破坏面的分析方法。Morgenstern、Price（1965）和 Janbu（1972）发展了非圆弧滑移失稳模式。

20世纪50年代和60年代，计算工具局限性限制了应实际分析的潜在破坏面数量。Skempton（1964）和 Chandler（1972）尤其倾向于对已知破坏面的边坡破坏进行反分析。20世纪80年代计算机分析的出现，使得这些计算方法可以应用到日常的土石方工程计算中，可在同一次计算中分析多个破坏面。

随着有限元和有限差分分析技术在20世纪90年代的发展，使进行比上述极限平衡法更为严格的土工边坡分析成为可能。这些技术中，模型节点联系着单元，可实现确定边坡设计寿命期内的极限破坏条件和位移。

Nicholson、Tse 和 Penny（1999）总结出了土石方工程边坡分析的观察法，它代表了一种在土石方工程施工和使用期间通过使用仪器来检验设计的方法。观察法的原则可概括为：

- 建立状态容许值上限。
- 对可能状态的范围进行评估，实际状态在容许范围内的可能性是可以接受的。制定监测计划，以确定实际状态是否在容许范围内。
- 仪器的响应时间和结果分析应足够快，以应对潜在破坏的发展。
- 制定应急预案，如果监测状态超出容许值，可以付诸实施。

关于天然、人工土石方工程的分析和稳定性的更多信息，请参阅第23章"边坡稳定"。

69.4 安全系数和极限状态

69.4.1 安全系数

传统上，土工边坡的抗破坏安全系数被视为目标值"整体"系数，该系数应代表土工边坡分析中发生破坏时的最小值。

Trenter（2001）指出，最小安全系数的选择取决于两个条件：

- 潜在滑移地质参数技术评估；
- 对任何破坏的安全、环境和经济成本评价。

BS 6031（1981）给出首次破坏的最小安全系数为1.3~1.4，涉及既有剪切面再次破坏的最小安全系数为1.2。

Trenter考虑到环境、经济和安全风险，提出了路堑和路堤的首次破坏和再次破坏的最低安全系数，见表69.1。

新建大坝的安全系数见表69.2（Johnston等，1999）。

其他研究考虑了土石方工程安全稳定系数随着土体设计参数、地下水及加载条件的不同而产生的变化。表69.3所示，Egan（2005）得出了英国铁路网公司土石方工程容许安全系数。

Perry等（2003）研究了路堤基础的可变最小安全系数（表69.4）。

从表中可以看出，最小安全系数由设计者选取，一般考虑土参数的取值、荷载和地下水条件的施加以及破坏对上部设施的影响。这些方面将在第70章"土石方工程设计"中进行更深入的讨论。

《欧洲标准7》（2004）的实施引入了输入参数的分项安全系数的概念，而不是使用最终目标值"整体"系数用于土方工程边坡的设计。

分析需要满足的条件为：

$$E_d \leqslant R_d$$

式中，E_d为作用效应的设计值；R_d为抗力设计值。

BS EN 1997-1（2006）的附件采用了设计方法1，要求计算两种荷载组合：

(1) 组合1 = A1 + M1 + R1
(2) 组合2 = A2 + M2 + R1

其中A = 作用，M = 材料，R = 抗力。所采用的分项安全系数见表69.5。

《欧洲标准7》通常表述为满足上述条件，即$E_d \leqslant R_d$。

Bond和Harris（2008）引入了利用度的概念，即分析结果表述为抗力设计值对作用力的百分比，而不是安全系数。

69.4.2 极限状态

计算出一个符合要求的抗破坏安全系数，或达到《欧洲标准7》的设计抗力值，使边坡处于不太可能发生整体破坏的稳定状态。这可以认为是边坡破坏的承载能力极限状态。

路堑和路堤的典型安全系数　　表69.1

	安全系数（首次破坏）	安全系数（再次破坏）
路堑		
永久	1.30~1.50	1.10~1.30
临时	1.10~1.30	>1.20
路堤		
永久	1.40~1.60	1.30~1.50
临时	1.20~1.40	1.10~1.30

数据取自Trenter（2001）

新建大坝工程典型最小容许安全系数　表69.2

荷载工况	典型最小容许安全系数
施工完毕	1.3~1.5
水库满库稳定渗流	1.5
水位骤降	1.2

数据取自Johnson等（1999）

英国铁路网公司路堤典型安全系数分析　　表69.3

破坏等级	安全系数 适度保守的峰值参数	安全系数 适度保守的残积土参数
影响轨道和轨旁设施	1.3	1.1
影响土石方工程	1.2	1.1
深层破坏	不低于前期工作条件	1.1

数据取自Egan（2005）

路堤基础典型安全系数分析　　表69.4

	最不利	适度保守的
浅层破坏	1.05	1.15
深层破坏	1.10	1.30

数据取自Perry等（2003）

《欧洲标准7》中分项安全系数分析　　　表69.5

作用	符号	荷载组合 A1	A2
永久-不利的	γ_G	1.35	1.0
永久-有利的	$\gamma_{G,fav}$	1.0	1.0
可变-不利的	γ_Q	1.5	1.3
可变-有利的	$\gamma_{Q,fav}$	0	0
土体参数		M1	M2
抗剪角（$\tan\varphi$）	γ_φ	1.0	1.25
有效黏聚力（c'）	$\gamma_{c'}$	1.0	1.25
不排水抗剪强度（c_u）	γ_{cu}	1.0	1.4
无侧限抗压强度（q_u）	γ_{qu}	1.0	1.4
重度 γ	γ_γ	1.0	1.0
抗力		R1	R2
土体抗力	γ_{Re}	1.0	1.0

然而，在土石方工程没有达到其极限破坏状态的情况下，可能会发生位移，从而影响其性能。这可以被认为是正常使用极限状态，由土石方工程所支撑设施的性能控制。

这种情况的常见例子有：

- 路堑边坡发生蠕变，导致管沟、电力或通信电缆等设施发生不容许的位移；
- 路堤地基沉降或路堤边坡蠕变，导致铁路轨道或公路路面、服务设施出现不容许的位移。

BS 6031（2009）建议，在考虑土石方工程变形时，应认识到，尽管随着剪切面的发展，变形对抗剪强度的影响可能足以导致发生承载能力极限状态破坏，但土石方工程允许在不影响正常使用的情况下发生较大变形。考虑土石方工程所邻近的结构物或支承结构物的变形影响是十分重要的，因为它们可能控制着整个土石方工程设计。

土石方工程在其设计寿命内的变形可以通过第69.2节所述的有限元或有限差分数值方法来确定。

69.5　参考文献

Bishop, A. W. (1955). The Use of the Slip Circle in the Stability of Slopes. *Géotechnique*, **5**, 7–17.
Bishop, A. W. and Morgenstern, N. R. (1960). Stability Coefficients for Earth Slopes. *Géotechnique*, **10**, 129–150.
Bond, A. and Harris, A. (2008). *Decoding Eurocode 7*. Abingdon, UK: Taylor & Francis.
British Standards Institution (1981). *Code of Practice for Earthworks*. London: BSI, BS 6031.
British Standards Institution (2004). *Eurocode 7 – Geotechnical Design – General Rules*. London: BSI, BS EN 1997–1.
British Standards Institution (2006). *UK National Annex to Eurocode 7. Geotechnical Design*. London: BSI, UK NA to BS EN 1997-1:2006.
British Standards Institution (2009). *Code of Practice for Earthworks*. London: BSI, BS 6031.
Chandler, R. J. (1972). Lias Clay; weathering processes and their effect on shear strength. *Géotechnique*, **22**, 403–431.
Charles, J. A. (2008). The engineering behaviour of fill materials: the use, misuse and disuse of case histories. *Géotechnique*, **58**, 541–570.
Collin, A. (1846). *Recherches Expérimentales sur les Glissements Spontanés des Terrains Argileux*. Paris: Carilian-Goeury et Dalmont.
Egan, D. (2005). Earthworks management – have we got our designs right? In *Proceedings of the Conference on Earthworks Stabilisation Techniques and Innovations*, Birmingham: Network Rail.
Highways Agency (1995). *Design Manual for Roads and Bridges*, Volume 4, Section 1, *HA44, Earthworks – Design and Preparation of Contract Documents*. London: Stationery Office.
Janbu, N. (1972). Slope stability computations. In: *Embankment Dam Engineering* (eds Hirschfield, R. C. and Poulos, S. J.). New York: John Wiley, pp. 47–86.
Johnston, T. A., Millmore, J. P., Charles, J. A. and Tedd, P. (1999). *An Engineering Guide to the Safety of Embankment Dams in the United Kingdom* (2nd Edition). Watford, UK: Building Research Establishment.
McGinnity, B. T. and Russell, D. (1995). Investigation of London underground earth structures. In *Proceedings of the International Conferences on Advances in Site Investigation Practice*. London: Thomas Telford.
Morgenstern, N. R. and Price, V. E. (1965). The Analysis of the Stability of General Slip Surfaces. *Géotechnique*, **15**(1), 79–93.
Nicholson, D., Tse, C. M. and Penny, C. (1999). *The Observational Method in Ground Engineering; Principles and Applications*. London: Construction Industry Research and Information Association, CIRIA Report 185.
Perry, J., Pedley, M. and Reid, M. (2003). *Infrastructure Embankments – Condition, Appraisal and Remedial Treatment*. London: Construction Industry Research and Information Association, CIRIA Report C592.
Skempton, A. W. (1964). Long term stability of clay slopes. *Géotechnique*, **14**, 77–101.
Skempton, A. W. (1995). Embankments and cuttings on the early railways. *Construction History*, **11**, 33–49.
Skempton, A. W. and DeLory, F. A. (1952). Stability of natural slopes in London Clay. In *Proceedings of the 4th International Conference on Soil Mechanics and Foundation Engineering*, **2**, 378–381.
Taylor, D. W. (1948). *Fundamentals of Soil Mechanics*. New York: Wiley.
Terzaghi, K. (1925). *Erdbaumechanik*. Vienna: Franz Deuticke.
Trenter, N. A. (2001). *Earthworks: A Guide*. London: Thomas Telford.

建议结合以下章节阅读本章：
- 第70章"土石方工程设计"
- 第71章"土石方工程资产管理与修复设计"
- 第94章"监控原则"

本书以第1篇"概论"和第2篇"基本原则"为指导进行章节编排。如第4篇"场地勘察"中所述，各类岩土工程均应进行扎实的现场勘察工作。

译审简介：

辛兵，教授级高级工程师，中铁工程设计咨询集团有限公司副总经理，中国工程咨询协会地铁专业委员会委员。

丁冰，1985年毕业于同济大学工程地质专业，正高级工程师，新疆建筑设计研究院副总工程师，从事岩土工程工作。

第70章 土石方工程设计

保罗·A. 诺瓦克（Paul A. Nowak），阿特金斯有限公司，埃普索姆，英国

主译：水伟厚（大地巨人（北京）工程科技有限公司）
参译：董炳寅，赵锋，梁伟，杨冰怡
审校：赵治海（西北综合勘察设计研究院）

doi: 10.1680/moge.57098.1047

目录

70.1	破坏模式	1019
70.2	典型设计参数	1022
70.3	孔隙水压力和地下水	1025
70.4	荷载	1027
70.5	植被	1029
70.6	路堤施工	1030
70.7	路堤沉降和地基处理	1031
70.8	监测仪器设备	1034
70.9	参考文献	1035

土石方工程设计需要综合考虑各种相关因素的相互作用，包括土的设计参数、地下水、附加荷载和植被等因素，以了解其稳定性和性能随时间的变化，此外，路堤设计还需要考虑填料的性质和持力层的性能。本章将在路堑边坡和路堤设计中予以介绍。

第23章"边坡稳定"中介绍了自然边坡和土石方边坡的力学原理，第69章"土石方工程设计原则"中介绍了土石方边坡。

70.1 破坏模式

70.1.1 引言

对既有土石方工程中边坡破坏的分析推动了土石方工程的设计，土石方工程的破坏模式一般可分为两类：

- 施工期间或施工完成后不久发生的破坏；
- 土石方工程设计使用期间发生的破坏。

虽然工程设计上对以上两种模式的破坏以相同的方式进行分析，但由于这两种破坏模式是不同情况导致的结果，所以破坏机理根本上是不相同的。

大多数土石方工程设计使用年限是60年（设计使用年限是工程不需大修也不产生破坏的时间），但是在英国的基础设施中有已经存在了长达150年而且没有明显的损坏迹象的土石方工程。

70.1.2 边坡破坏类型

表70.1总结了边坡破坏主要类型，对应的破坏机理如图70.1所示。

土石方工程的边坡稳定设计通常采用第69章"土石方工程设计原则"中所述的极限平衡法，主要采用基于毕肖普法的圆弧滑动分析法，或基于摩根斯顿-普赖斯（Morgenstern-Price）法的非圆弧条分法，以上方法是计算机分析程序中常用的分析方法。

对于新建土石方工程边坡的失效机理，复合破坏、流动滑坡和板式滑坡更加难以预测。复合破坏模式往往是通过整体破坏或部分破坏边坡反演分析。流动滑坡和板式滑坡的安全系数可以用无限边坡法或极限平衡法来计算，其中靠近滑坡表面的浅层圆弧崩塌与浅层流动滑坡相似。

第70.1.4节将进一步讨论渐进破坏。由于极限平衡机理与应变有关，需要测试或估计得到的材料强度进行经验调整，因此很难用极限平衡进行分析。它更适用于有限元分析方法，可以用来预测土的应变软化的过程。值得注意的是，渐进破坏的计算方法并不是预测边坡破坏的主要方法，而是作为解释其机理的方法。

70.1.3 施工期边坡发生破坏

边坡在土石方工程施工期间和施工后的短时间内一般很少发生破坏，如果发生破坏，可能是多种因素导致的。

路堑边坡的破坏通常是由于路堑岩土层的不均匀性导致的，例如：

- 存在地质构造、层理（节理）、裂隙；
- 存在渗透性差异较大的区域，例如砂和黏土互层；
- 存在古滑移面。

地质构造在岩质边坡中更为常见，如果它们以

土石方边坡破坏的主要类型　　　　表 70.1

失效模式	定义	注释
旋转滑动	土体沿曲面旋转滑动	通常不区分这两种破坏机理
圆弧滑动	土体沿近似圆形的滑动面滑移	
非圆弧滑动	土体在不完全是圆形的滑移面上滑动	
顺坡滑动	浅层土体沿坡面线平行滑动	
复合滑动	圆弧滑动和顺坡滑动均存在的滑动组合	
泥石流	饱和土中由于孔隙水压力突然增大引起的顺坡滑动,其中土体以黏滞流体的形式流动	
岩屑滑动	岩石碎屑受降雨或地表水影响沿坡面或圆弧滑动面向下移动	
板式滑动	滑动体保持较完整体的平移滑动	通常发生在斜坡的风化表面
渐进破坏	土体发生脆性破坏形成破裂面发生了移动而导致的破坏	BS EN 1997-1（2004）未涵盖此种破坏类型

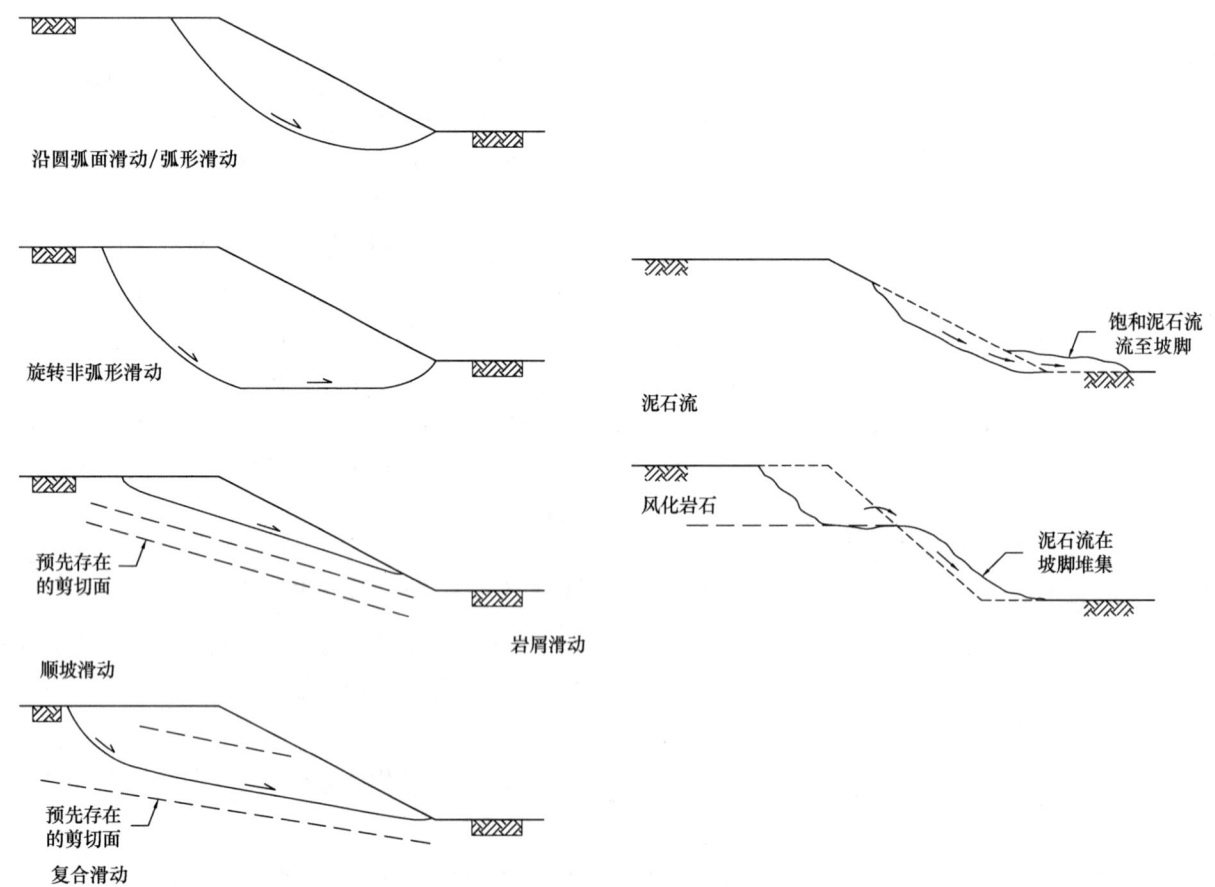

图 70.1　土石方边坡破坏的主要类型

层理（节理）、裂隙的形式出现，且倾向不利于削方倾面稳定，那么更容易形成滑动面。

当饱和土体内的孔隙水压力重新适应新的应力条件时，黏性土特别是超固结土由于裂缝的存在，强度会随着时间推移逐渐降低。

在地下水位相对较高的路堑施工区域，渗透性相差较大的互层可能导致产生大位移和边坡破坏。当粗颗粒土层与黏性土互层时，排水受阻，水流只能通过粗颗粒层流动。这些地层中地下水会破坏黏性土的结构，使其强度降低，从而导致边坡失稳。

M3 高速公路的 3 号路口的下方是始新世 Bracklesham 地层，是粉细砂和黏土互层。最终的土石方工程边坡坡率设计为 1V：3H。在 20 世纪 70 年代施工期间，由于地下水渗流和砂层的不稳定，边坡发生了破坏。在采用大规模的排水措施后，边坡坡率最终稳定在 1V：10H。

黏性土地区常存在古滑移面，由于受到冻融作用的影响，曾经发生过土层沿浅层的较小坡角滑动，如第 70.2.2 节所述，滑动面的存在大大降低了土层的强度。

Symons 和 Booth（1971）报道了两起施工期间开挖边坡破坏的实例，分别是 20 世纪 60 年代 Sevenoaks A21 旁路的威尔德黏土层路堑边坡破坏、20 世纪 70 年代 Godstone M25 高速公路的重黏土层路堑边坡破坏。在这两种案例中，原路堑边坡的设计均未考虑残余滑动面的强度降低。在伦敦西部的 M25 高速公路上，剪切面采用伦敦黏土和 Reading 层材料（Spink，1991），并设计 1V：6H 的路堑边坡以防止破坏。

Hughes 和 Vasilikos（2009）报告了贝尔法斯特至都柏林的 M1 高速公路在 Dromore 处的一个边坡破坏，冰碛层中存在的剪切带在强降雨期间发生破坏，路堑边坡坡率为 1V：2H。

路堤在施工过程中的破坏通常可以归因于：

- 边坡高度、几何形状和边坡角度；
- 地基承载力不足；
- 路堤地基中预先存在剪切面；
- 路堤填筑材料性质的改变。

当前工程中，由于有足够的方法来设计安全坡角，使得边坡几何形状和坡角设计不当所造成的破坏极少。

类似地，为了防止路堤边坡的整体破坏，可对地基强度进行控制，这一点将在第 70.2.6 节中作进一步讨论。

这种类型的历史性破坏可以通过低坡率的较低斜坡来识别，以此代表施工期间的破坏。位于伦敦地铁中心线（London Underground Central Line）上 12m 高的 Roding 河谷堤岸建于 1903 年，地基由 4m 厚的伦敦黏土组成，边坡坡率为 1V：6H，上面覆盖 8m 厚的粉煤灰。后来针对该堤岸进行了评价，发现由于地下冲积黏土地基的失效而导致低层的路堤破坏，有时只在一夜之间。

路堤施工材料类型的变化可能会带来与上述夹层材料形成的岩屑类似的问题，但通常表现为靠近路堤表面的浅层顺坡滑动。

20 世纪 70 年代，在 Surrey 的 Egham 和 M3 公路之间修建了 M25 高速公路，10m 高的路堤是由始新世粉细砂层构成。该路堤的某些分层是在含水率较高的情况下铺设的，在受到路堤荷载的作用下，孔隙水压力增大，土层强度随之下降，造成路堤边坡塌陷，这种现象应引起人们的重视。类似的破坏发生在 20 世纪 90 年代 Lancashire 修建的 M65 高速公路上，该路堤高 19m，由冰碛层和冰积细砂构成。

70.1.4 使用期间发生破坏

土石方工程边坡在使用期间的破坏通常可分为两种模式：

- 浅层破坏，顺坡滑动或浅层圆弧滑动；
- 深层破坏，通常是连续坍塌造成的圆弧滑动。

近 20 年来，人们对浅层破坏，特别针对英国高速公路网方面进行了研究，试图了解其破坏的机理，以尽量减少土石方工程设计使用年限内的维护需求。

Perry（1989）调查了当时修建的 2700km 英国高速公路中的 570km。他将路堑和路堤的边坡坡角与特定地层的破坏发生率联系起来，提出了一个概率和风险管理的方法，对同一材料在不同坡角情况下，测试土石方工程总长度的破坏百分比。提出了不同地质条件下路堑和路堤中的稳定坡角，得到破坏发生率小于5%。Perry得出结论，破坏面深度很少超过1.5m，最小深度为0.2m，最大深度为2.5m。

Crabb和Atkinson（1991）研究了英格兰南部公路路堤和路堑的破坏情况，并记录了在坡面以下1~2m处的破坏情况。Reid和Clark（2000）观察到类似破坏深度主要出现在高度大于4.0m的边坡，这与Perry的研究结果一致，在高度大于5.0m的边坡上，浅层破坏更为严重。

通过调查发现，最有可能的破坏机理是由于降水和地表水渗透，导致路堤边坡近表面含水率或孔隙水压力增加，从而可能导致近表面材料强度特性的降低，这可归因于边坡无法排水或排水不畅。

过去15年通过对英国主要公路网土石方工程的定期检查，不仅发现了Perry所描述的浅层破坏，而且还发现了边坡出现蠕变和拉伸开裂的迹象。虽然这些破坏可能不会对基础设施构成直接危害，但长期来看，如果缺乏维护或修复措施，潜在的失效积累将加剧边坡的破坏。

Perry等（2003）提出，铁路路堤的失效通常是缓慢且隐蔽的，与过大位移有关，而非整体失稳破坏。虽然极限破坏较少发生，但如果不能解决导致破坏的位移问题，路堤边坡将逐渐破坏。Coppin和Richards（2007）提出，浅路堤的破坏深度一般不超过2.0m，尽管可能发生一些浅层圆弧滑移，但通常都是顺坡滑动。

路堤边坡在使用中的失效通常可归因于：

- 季节性湿度变化和植被引起的收缩膨胀；
- 排水能力退化；
- 随着时间的推移，路堤内有水存在（在第70.2.3节进一步讨论）。

Skempton在第二次世界大战后对伦敦路堑（主要土层为伦敦黏土）的破坏进行研究，发现破坏发生在建成后一段时间内。破坏机理和类型不同于上述情况，涉及深层弧形滑坡，从而引起铁路运营重大风险。Potts（1997，2000）研究提出了此类型破坏的"渐进破坏"理论，该理论中有裂隙的、超固结的黏性土表现为脆性破坏模式，伴随着孔隙水压力增加，破坏面沿坡脚扩展。如图70.2所示，当孔隙水压力增加，坡体抗力小于坡体下滑力时，就会发生破坏。

Ellis和O'Brien（2007）试图预测不会发生连续性坍塌的安全坡角和边坡高度。他们的研究表明，在坡度小于1V:3H且坡高小于8m的伦敦黏土路堑边坡不太可能发生渐进破坏。对于较陡边坡或坡高大于8m的边坡，预计125年后可能发生渐进破坏。

70.2 典型设计参数

70.2.1 设计参数的推导

为确保边坡的稳定性，通常需要对安全系数进行分析，既从室内试验、现场原位测试以及失稳边坡反分析的结果中选择"最佳估值"和"最不利估值"参数。

系数的选择可基于统计分析，但通常是通过工程角度判断得出的结果。典型示例如图70.3所示。

"最佳估值"和"最不利估值"参数的选取将确定不同的安全系数最小值。根据第69章"土石方工程设计原则"中的讨论，在使用"最佳估值"的情况下，选取1.3~1.4的安全系数是可以接受的。如果使用"最不利估值"参数，则安全系数可以是1.05~1.15之间的最小值。"最不利估值"参数也可从失稳边坡的事后分析中得出，因为在边坡失稳前，这些参数相当于一个安全系数，且刚好小于1.0。

在推导边坡分析的设计值时，应考虑与位移有关的参数变化，如图70.4所示。

随位移的增大，c'_{pk}、φ'_{pk}逐渐减小至c'_{cv}、φ'_{cv}，对于塑性指数大于25%的黏性土，当位移增大形成剪切面时则减小至c'_r、φ'_r。

最佳估值参数往往介于c'_{pk}、φ'_{pk}和c'_{cv}、φ'_{cv}之间，而最不利估值参数往往为c'_{cv}、φ'_{cv}，当黏性土存在剪切面时，为c'_r、φ'_r。

第69章"土石方工程设计原则"中介绍了《欧洲标准7》（2004）在一组分析中采用了特征值的概念，并在分析之前进行了分解。

BS EN 1997-1第2.4.5.2（P）条将特征值定

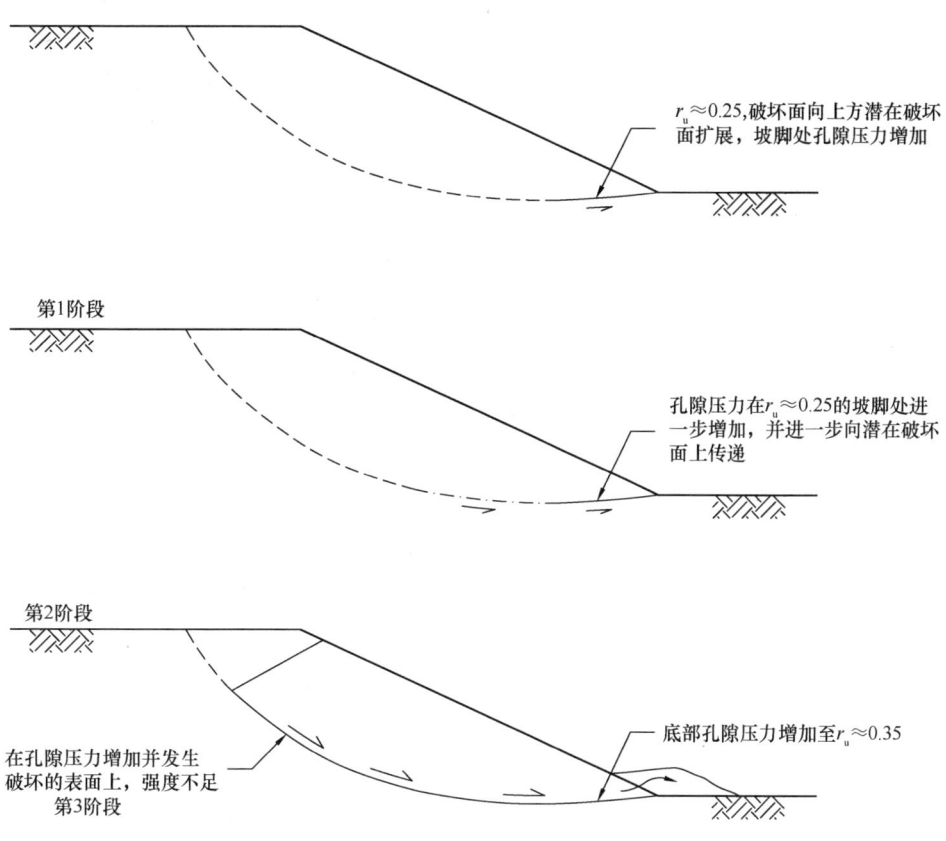

图 70.2 渐进破坏的简化机理

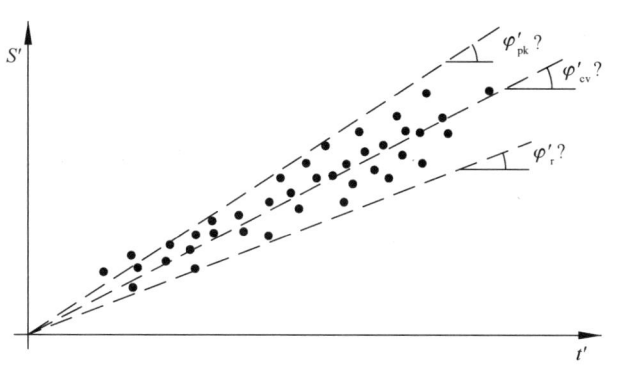

图 70.3 设计参数的可能选择

义为"极限值的保守估计"。英国标准 BS 6031（2009）提出，影响设计特征值选择的因素包括：

- 地质、历史和其他背景资料；
- 与设计参数相关的测量数据；
- 测量数据的误差和可信度；
- 控制所考虑的极限状态的地面范围；

- 荷载从较弱区向较强区传递的能力；
- 极限状态下破坏所造成的后果。

因此，特征值是从工程角度判断取值的，尽管它可能更接近最佳估值，但如果发生破坏所造成的后果是非常严重的，特征值可能会变为最不利估值。

必须根据可能的破坏机制，以及按照《欧洲标准7》中安全系数的相关要求，来考虑选择倾向于最不利估值的设计特征值。

如第 70.2.1 节所述，边坡破坏面可能较浅，且破坏后不会立即对土石方工程的整体破坏造成影响。因此为了保证土石方工程边坡的长期稳定性，通常采用较为保守的设计参数。

Bond 和 Harris（2008）将设计特征值等同于 Gaba 等（2003）提出的挡土墙设计中使用的"适度保守"值，这相当于一个较低的保守平均值。他们指出，"CIRIA 104 的适度保守值和《欧洲标准7》的保守估计值之间的差异仅仅是语义上的差

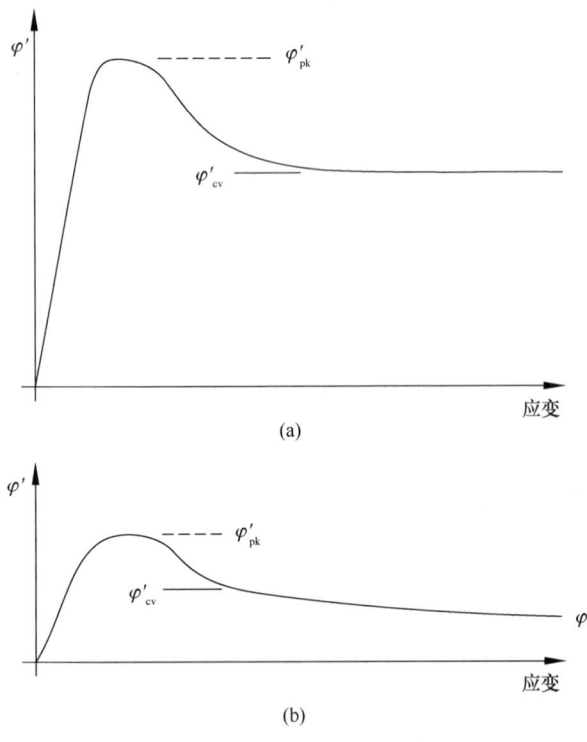

图70.4 φ' 随位移的变化

(a) $I_P < 25\%$ 的粒状土和黏性土；(b) $I_P \geq 25\%$ 的黏性土

经许可，修改自英国标准 BS 6031 ⓒ British Standards Institution 2009

异"（Bond 和 Harris，2008：139）。根据上述讨论，这点应该谨慎对待。

Bond 和 Harris 还提出了较大和较小特征值的理论。通常认为，特征值的推导对于相同地质条件和英国标准 BS 6031 中定义的土石方工程破坏产生的影响相同时，是唯一值。

70.2.2 典型设计参数

设计取值在缺乏现有数据或经验对比数据参照时，可以按如下所述方法取值。

对于黏性土，英国标准 BS 8002（1994）提出了 φ'_{cv} 与塑性指数（I_P）的关系。太沙基等（1990）提出了 φ'_{pk} 和 I_P 之间类似的关系。如表70.2所示。

Skempton（1977）根据对伦敦黏土路堑边坡进行试验和分析得出了下列设计值。

$\varphi'_{pk} = 20°$，$c'_{pk} = 14 kN/m^2$，38mm 试样；

$\varphi'_{pk} = 20°$，$c'_{pk} = 7 kN/m^2$，250mm 试样；

$\varphi'_{cv} = 20°$，$c'_{cv} = 1 kN/m^2$，临界状态反分析；

$\varphi'_r = 13°$，$c'_r = 1 kN/m^2$。

可以看出，当 φ'_{pk} 和 φ'_{cv} 保持不变，设计值的差异是由于黏聚力 c' 降低导致的。Trenter（2001）也提出了 c' 的类似变化规律：超固结裂隙结构性黏土的 c' 最大值为 $2kN/m^2$，非结构性黏土的 c' 最大值为 $10kN/m^2$。

Crabb 和 Atkinson（1991）进行了英格兰东南部路堤和路堑浅层破坏的研究，并提出了 φ'_{cv} 值。该地区的边坡坡面以下 1～2m 处出现了破坏。相关数据见表70.3。

值得注意的是，Crabb 和 Atkinson 研究提出的结果与 Skempton 的研究结果和英国标准 BS 8002 中 I_P 与 φ'_{cv} 的关系不完全相同。这表明 Terzaghi 等（1990）的研究数据存在散点。表70.4 列出了针对伦敦黏土一系列研究结果。

黏性土层设计值的相关文献来源见表70.5。

由于粗粒土的原状试样难以从勘察中获得，设计参数往往根据标准贯入试验（SPT）、静力触探试验等原位试验获得。Clayton（1995）和 Lunne 等（2002）提供了根据原位试验结果推导设计参数的方法。设计值可以通过与原状土密度相同的重塑土的剪切试验得到（图70.6）。

根据 Peck 等（1974）提供 φ' 与 SPT 之间的关系式，φ' 取值在 28°～43°，这通常是抗剪能力临界值。

黏性土 I_P 与 $\varphi'_{cv}/\varphi'_{pk}$ 关系的比较　　表70.2

I_P（%）	15	30	50	80
φ'_{cv}（°）	30	25	20	15
φ'_{pk}（°）	34	28	25	22

I_P 和 φ'_{cv} 的关系　　表70.3

地层	I_P（%）	φ'_{cv}（°）
高尔特黏土	21～22	23
牛津黏土	32	25
伦敦黏土	26	25
Reading 层	34	19
Kimmeridge 黏土层	27	22
威尔德黏土	26	24

数据取自 Crabb 和 Atkinson（1991）

伦敦黏土的 c'/φ' 比较		表 70.4
来源	c'（kN/m^2）	φ'（°）
Cripps 和 Taylor（1981）	12～18	17～23
风化	31～252	20～29
未风化		
Potts 等	0～20	20
LUL 标准 1-054	2	21
希思罗机场 5 号航站楼	0～8	23
BAA M11/A120 路口	0～5	25

黏性地层设计值的相关文献来源	表 70.5
参考	地层
Cripps 和 Taylor（1981）	泥岩
Davis 和 Chandler（1973）	麦西亚泥岩
Chandler 和 Forster（2001）	麦西亚泥岩
Chandler（1972）	Lias 黏土
Hight 等（2004）	Lambeth 组
Lord 等（2002）	白垩层

应注意的是，如第 70.1.3 节所述，散粒土材料的密实度会受到地下水的影响。对于地下水位以下粉质细粒土尤甚，土层开挖对土体结构扰动明显。在 M25 高速公路施工期间，当开挖至地下水位以下时，可以看到原位试验标贯 N 大于 50 击的粉砂层呈流塑状。需要特别注意，在地下水丰富的细粒土边坡削坡后，地下水短时间内形成新的平衡之前的稳定性，因此施工期间需要采取排水措施，以防止短期破坏。

当路堤主要由粗粒土组成时，通常不做现场密实度试验，而是采用 φ' 保守估计值。根据伦敦岩土工程标准 1-054，采用冲积阶地级配良好的砂砾石铺筑路堤时，φ' 的设计值为 35°。英国公路局（Highways Agency）BA 42/96（Highways Agency，1996）对于整体式桥台台背回填材料设计时，材料工程师注重提供 φ' 值低的材料。但最近对级配良好的填料进行直剪试验的结果表明，当压实到所需密度时，φ'_{peak} 在 40°～45°。BA 42/96 的方法现在已基本上被英国标准文件 PD 6694-1：2011（BSI，2011）所取代，在 Bolton（1986）之后主张使用 φ'_{max}。

70.3 孔隙水压力和地下水

土石方工程中的孔隙水压力会随着时间的推移而变化，是影响边坡安全的重要因素之一，如图 70.5 所示，在路基下的 A 点，孔隙水压力在荷载作用下开始增加，然后随时间的推移不断消散，这个过程增加了土石方工程设计寿命期间的安全系数。这在由黏性材料构成的路堤基础中尤为明显。在边坡的 B 点和 C 点，最初孔隙水压力的吸力起作用，并随着时间的推移而消散，从而导致安全系数降低。

边坡设计中对地下水的考虑通常采用下面两个方法：

- 采用孔隙压力比 r_u；
- 模拟确定的地下水位。

结合现有土石方工程边坡破坏的研究，为了反演分析已知破坏面上的孔隙水压力条件，引入了孔隙压力比 r_u 的概念。在计算机发展之前的早期土力学，通常通过手工计算来研究单个或少量潜在破坏面上的孔压条件。

需要注意，采用 r_u 值对于给定的破坏面是唯一的。在计算机分析程序中使用 r_u 值将产生可变的地下水位，使每一个潜在破坏面生成。这可能使得所建立的地下水模型较保守，特别在低渗透性材料上覆有排水材料时。

通常可采用勘探孔的地下水位进行建模。但这种情况下实测地下水位会受到土体渗透性的影响，高渗透性的砂砾土层中地下水会立即流入勘探孔而达到稳定状态，而黏性土层中的天然地下水位可能在很长一段时间内不会达到平衡状态，只有通过压力计装置才能实现准确快速预测。

在对土石方工程边坡的长期稳定性建立地下水模型时，应考虑土石方工程施工对长期地下水条件的影响。

如果路堑地下水位高于路面时，则地下水会受到坡脚排水系统的影响，地下水位会根据坡体材料渗透性随着时间变化形成一个修正剖面。如图

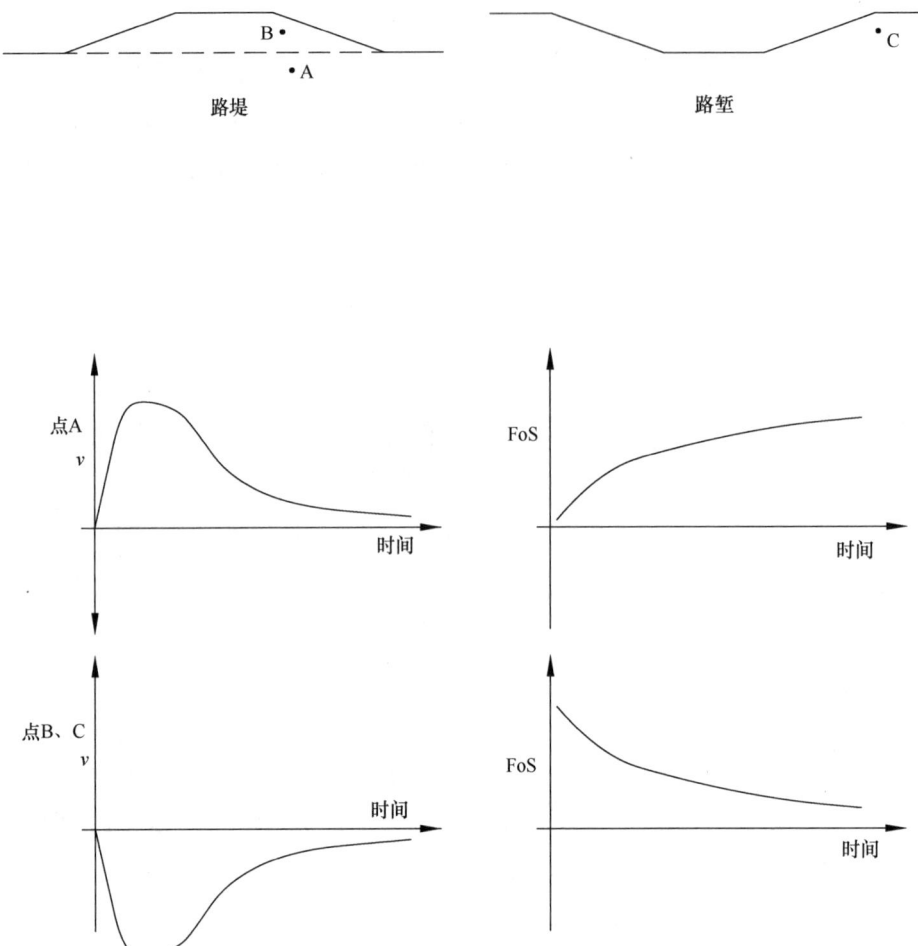

图 70.5 孔隙水压力随时间变化曲线

70.6 所示。

当地下水位低于路堑底部时，通常允许路堑边坡中存在地下水。Farrar（1978）建议，对于黏性土材料边坡，r_u 取值范围为 0.1~0.3。伦敦地铁（London Underground，2000）也建议对伦敦黏土边坡采用类似的方法，基准值为 0.25，范围值为 0.15~0.35。边坡在排水不足的情况下采用低值，在没有植被覆盖的情况下采用高值。

路堤设计的地下水条件与路堑不同，因为地下水位一般出现在路堤下的原地面以下。地表降水一般会渗透到路堤中，路堤材料的 r_u 取值范围为 0.05~0.1。

路堤设计选取地下水条件时，应考虑路堤的填筑材料性质和可能产生的降雨入渗。

如果路堤由粗粒土材料构成，材料的渗透性很高，渗水相对容易排出。如果路堤施工中包含黏性土材料，则渗透速度比较缓慢，一旦饱和，这种路堤材料排水时间较长。

应根据路堤（堤坝）的使用场景，综合考虑降雨入渗问题。公路路堤一般由不透水的路面和两侧排水系统组成，以防止降雨渗入路堤路肩。铁路路堤通常用透水道渣铺设以支撑轨道，因此，路堤的整个区域都有可能发生地表水入渗。如图 70.7 所示。

如第 70.1.4 节所述，通常通过增加边坡浅层 1.5~2.0m 处的 r_u 值来模拟边坡表面的含水量增加。Jewell（1996）建议典型值为 0.2，与 Farrar

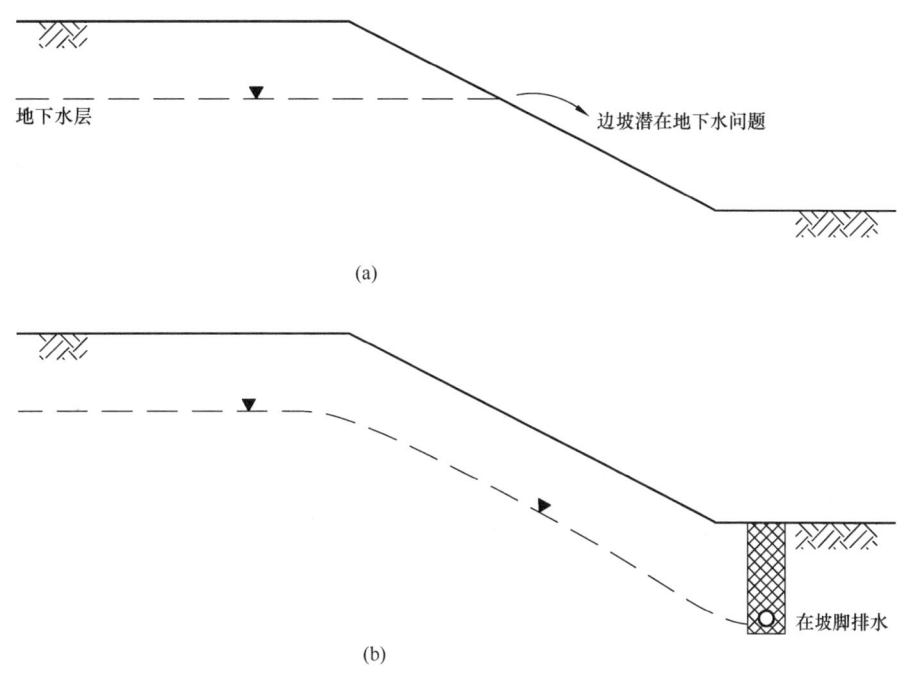

图 70.6 路堑边坡排水对长期地下水位的影响
(a) 路堑的形成；(b) 坡脚排水完成并运行后

(1978) 建议的范围 0.1~0.3 相近。

土石方工程设计应考虑设置排水沟，以防止地表水流入填筑体或原地基。

减少渗流对边坡稳定的影响至关重要。在边坡修建过程中设置排水沟，其中包括在坡顶设置截水沟。通过这种方法既可以汇集来自邻近地区的径流水，也可以汇集由于开挖而可能被截断的地下水。

路堤施工排水通常包括对现有水道和沟渠的处理，以便在不损坏现有地下水状态的前提下进行土石方工程施工。一般采用集水沟或暗渠的形式进行排水。

土石方开挖的降水和截流对土石方工程的短期施工、使用寿命或长期稳定性至关重要。永久排水工程通常采用平行或人字形砾石填充排水沟。井点或深井降水通常用于临时边坡和基坑开挖的降排水，由于运行和维护成本的原因，长期采用这些措施往往是不现实的。

BS 6031 (2009)、Hutchinson (1977)、Preene 等 (2000) 和 Sommerville (1986) 中给出了排水和排水设计方面的更多细节。

任何排水设计都应考虑集水外排，可以通过水池或减压设施进入现有的排水管道，或者可以设计一个可持续的排水系统(SUDS)。SUDS 系统详见 CIRIA C697 报告(Woods 和 Kellagher, 2007)。在任何情况下，排水都应该得到相关部门［例如环境署 (Environment Agency) 和水务公司］的同意。

70.4 荷载

土石方工程边坡设计应考虑两种荷载：永久荷载和瞬时荷载。

永久荷载包括邻近建（构）筑物荷载、铁路和公路等结构产生的荷载。

瞬时荷载包括以下几种方式：

- 施工荷载；
- 临时堆料荷载/维修荷载；
- 交通荷载。

通常只有在土石方工程边坡可能发生破坏的情况下，才会考虑瞬时荷载。当瞬时荷载可能有利于

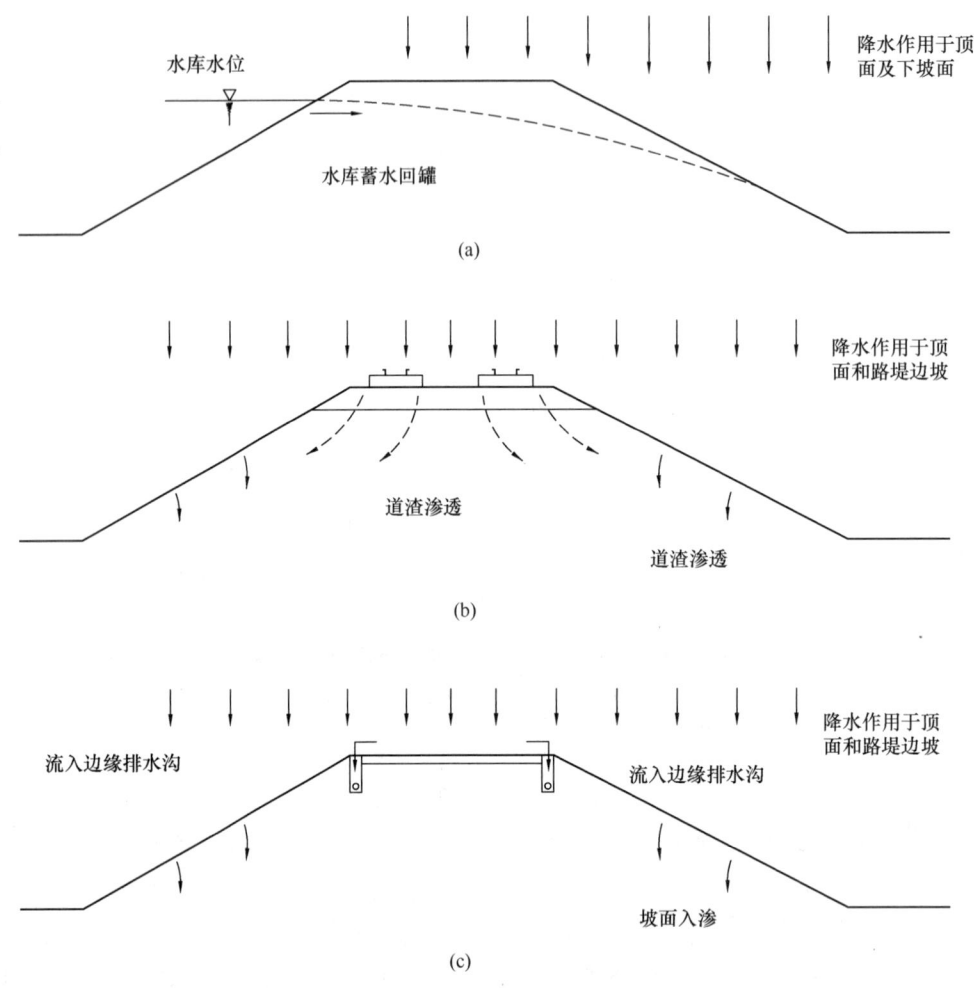

图70.7　不同类型堤坝

（a）堤坝水位渗流示意；（b）铁路路堤地表水渗流示意；（c）道路路堤地表水渗流示意

边坡稳定性时，则应忽略这些荷载。

施工荷载通常作为均布荷载（UDL）作用在路堑和路堤顶部，会在短期内影响边坡的稳定性。在一般情况下，施工荷载一般取 $20kN/m^2$。大型施工设备应根据制造商提供的数据单独计算其荷载，其下一般设置垫层，设备荷载通过垫层均匀分布并往下传递。

临时堆料荷载以及维修荷载一般按照 $10kN/m^2$ 均布荷载考虑。正如上文所述，这种荷载只适用于可能导致边坡破坏的区域，例如路堑边坡的顶部。由于一般不会在路堑或路堤边坡进行重大维修或临时堆料，因此这些位置通常不考虑瞬时荷载作用。

基础设施土石方工程设计要求考虑路堤顶部交通运输荷载，详见表70.6。《欧洲标准1》（2008，2010）包含了有关公路和铁路荷载的内容。

在应用这些荷载计算土石方工程的稳定性时，应注意以下事项：

- 英国标准 BS 5400，第2部分（2002）规定的荷载按照钢材、混凝土和组合桥梁的设计标准取值，来自《欧洲标准1》。在荷载作用于结构时，它们与结构直接接触，以确保结构设计中有足够的冗余度。

根据英国标准 BS 5400 第 2 部分确定的设计荷载		表 70.6
标准荷载	UDL（kN/m^2）	应用
英国公路局 HA	10	普通道路
英国公路局 HB	20	主干道和高速公路
英国公路局特例	37.5	交通繁忙的路线
铁路 RL	30	伦敦地铁和轻轨
铁路 RU	50	英国铁路标准

数据取自英国标准 BS 5400（2002），British Standards Institution

- CIRIA C592 报告（Perry 等，2003b）指出，荷载应仅适用于最不利情况，而不适用于使用适度保守值的分析。上述荷载为瞬时荷载，黏性土在荷载作用过程中处于不排水状态，因此，使用排水强度参数施加荷载仅适用于最不利的情况。
- 英国标准 BS 6031（2009）指出，交通荷载通常施加在土石方表面，只占土石方工程总荷载的一小部分。因此，除非有特定原因外，在沉降计算中通常忽略不计。

70.5 植被

土石方工程边坡设计并未详尽地考虑植被对边坡长期稳定性的影响。Perry 等（2003a）详细说明了植被对边坡的主要益处：

- 防止雨水、风力及水流等对边坡的侵蚀；
- 通过植物根系的加固作用来提高土体抗剪强度；
- 通过蒸发作用去除土体水分。

如图 70.8 所示。

Perry 等指出，大多数植被根系可延伸至坡面以下 50mm 并起到加固作用，而树根可深达 3.0m。

Norris 等（2008）在 Greenwood（2004）、Norris 和 Greenwood（2006）的工作基础上，提出了由于根系生长而增加土体黏聚力 c'_r 的概念。Norris 等总结了 c'_r 的典型值，详见表 70.7。

Coppin 和 Richards（2007）提出：在根系发达的边坡表面，c' 值可提高至 $20kN/m^2$。

Greenwood 等（2001）通过在 A20 高尔特黏土中进行的 Longham 木材切割试验，对植物生长引起 c' 提高进行了实测。

c'_r—由于根系作用而增强的黏聚力
T—作用在滑动面上的根系拉力

图 70.8 植被对边坡的作用
数据取自 Norris 等（2008）

Norris 等（2008）认为植被对地下水位没有任何具体的影响，但指出可以在靠近植被边坡表面形成孔隙水。这些可以通过 Ridley（2002）开发的压力计来进行评估。

植被增加的土体抗剪强度		表 70.7
植被类型	c'_r（kN/m^2）	
	最大值	范围值
草本和灌木	60.0	2.0～6.0
		2.0～6.0
落叶乔木	63.0	3.0～10.0
		3.0～10.0
针叶树	94.3	3.0～6.0
		3.0～6.0

数据取自 Norris 等（2008）

因为孔隙水吸力会随着植被种类和地质条件的变化而变化，所以其很难量化。它们是可能有利于路堑边坡的稳定性，并且伦敦岩土结构评估标准在 2000 年允许对于种有植被的路堑边坡设计的 r_u 值减少 0.05。然而，Vaughan 等（2004）对伦敦地铁路堤边坡的研究发现，孔隙水吸力因路堤施工产生了季节性孔隙水梯度变化，这可能导致土体发生季节性的收缩—膨胀蠕变，这种蠕变最终可能导致路旁设施产生超标的位移。伦敦地铁公司在过去几年中已经制定了一项植被管理规定来处理这个问题。应注意这与第 70.3 节所述的铁路和高速公路路堤的孔隙水压力变化机制是有区别的，铁路路堤更可能出现这种问题。

70.6 路堤施工

20世纪初的路堤施工未做压实处理，边坡通常按照填料的天然休止角放坡。

随着土石方设备的机械化施工，特别是在20世纪20年代和30年代的美国，产生了控制土石方压实度的快速测定方法。Proctor（1933）研究提出了压实材料"最优含水率"和"最大干密度"的概念。在现场测试前，通过使用室内含水率测定获得"最优含水率"和"最大干密度"。在第75章"土石方材料技术标准、压实与控制"，更详细地描述了使用最优含水率控制压实路堤填料的方法。

1942年出版的Casagrande土壤分类系统借鉴了英国道路研究实验室（Road Research Laboratory）为控制填方压实材料而制定的黏性土塑性指数的概念，这也促使了英国交通运输部《公路工程规范》（Specification for Highway Works）（Highways Agency，2009）的制定。由于这些分类主要是为了质量控制而制定的，因此它们不能直接作为英国土石方工程材料的设计值。但在考虑到可接受范围时，也可以得出设计值。

基于粒状材料的最优含水率或黏性材料的塑限含水率控制，通过实测干密度与最大干密度对比，其压实度达到90%以上。因此，实际填筑压实度与由试样室内试验获得的设计值（如第70.2节所述）是相近的。

对于大多数粒状材料，其压实度要达到90%以上，含水率应控制在最优含水率的-3%~+2%范围内。在规定细粒状材料的含水率上限时，需特别注意含砂量较高的细粒状材料，当含水率高于最优含水率时，压实过程中将产生高孔隙水压力，从而导致强度降低，因此必须将含水率上限控制在最优含水率范围内。

对黏性材料，将含水率控制在塑限附近不仅能保证压实度，而且也能控制填料的不排水抗剪强度。Whyte（1982）研究表明，重塑压实黏土液限含水率时的抗剪强度为$1.5kN/m^2$，塑限含水率时则为$100~130kN/m^2$。英国《公路工程规范》（Specification for Highway Works）将合格的含水率下限设定为（PL-4%），该情况下，正常压实设备可使填料的最大干密度达到90%以上，不排水抗剪强度最大可达$200kN/m^2$。

Clayton（1979）指出，设定含水量上限的目的是确保短期内路堤的稳定性，将其自身沉降保持在可容许的范围内，并避免在新铺设填土上土石方设备通行产生问题，后者对土石方运输的经济性尤为重要。Arrowsmith（1978）指出，对于通行履带式推土机和挖掘机的路基，不排水抗剪强度最低为$35kN/m^2$，通行大型装载机的路基不排水抗剪强度最低为$50kN/m^2$。

Dennehy（1978）将重塑填土的不排水抗剪强度与土石方施工设备的胎压联系起来。他指出设备工作时极限车辙深度为275mm，这相当于低胎压设备对应最小抗剪强度为$40~60kN/m^2$，高胎压设备对应最小抗剪强度为$60~80kN/m^2$。

运输和道路研究实验室（Anon，1975）记载，对于装载量为$16~18m^3$的铲运机，当填土路基含水率从塑限增加至1.1倍塑限时，车辙深度从30mm增加到110mm。这使得铲运机平均车速从15km/h降低到5km/h，导致土石方工程成本增加了75%。Farrar和Darley（1975）进一步提出，压实填土的车辙深度随着含水率的增加而增加，在不排水抗剪强度小于$50kN/m^2$的情况下，车辙可能穿透250~300mm厚的松铺层。

填料的容许含水率上限因材料而异，通常可取塑性指数，但可接受上限在1.1PL~1.3PL。Arrowsmith（1978）给出了英格兰西北部冰川黏土的上限为1.1PL~1.2PL，当取值为1.2PL时，压实重塑土抗剪强度最小为$70kN/m^2$。

然而，将最优含水率或塑限含水率作为规范要求，可能在检测报告方面出现问题。英国标准BS 1377规定样品必须经24h烘干后才可测定含水率。对于黏性土样品，干燥样品需再烘干24h才可用测定塑限含水率。这意味着，从抽样到确定是否符合要求的时间可能超过48h，这段时间内土石方工程持续施工，如果检测含水率不符合要求，则难以采取补救措施。

为了克服取样和检测之间的时间差，Parsons（1976；Parsons 和 Boden，1979）开发了湿度条件试验。使用基于现场的室内压实设备来确定即时值，该值可与试验确定的目标容许值进行比较。Parsons 和 Darley（1982）进一步改进了这种方法，并将其与土石方设备的操作联系起来。在大面积施工前开始试验同时测定不排水抗剪强度，可绘制出湿度条件值（MCV）与不排水抗剪强度的相关曲线，并根据测得的最小和最大抗剪强度设置湿度条件值。

通常将最小湿度条件值设定为 8，对应于大多数黏性材料的最小不排水抗剪强度为 $50kN/m^2$。由于最小湿度条件值与重塑不排水抗剪强度之间的关系是唯一的，因此在进行路堤土石方工程之前，应对所有填筑材料进行相关性试验。在 M65 Blackburn 支路工程中，冰碛土在最小湿度条件值为 6.5 时不排水抗剪强度最小值为 $50kN/m^2$。

湿度条件值上限通常设定为 16，但对于大多数材料，该值的等效重塑抗剪强度超过 $300kN/m^2$。如上所述，通常基于塑限设定的最小含水率即可达到 $200kN/m^2$ 的重塑抗剪强度。自从这项标准制定以来，土石方压实设备有了长远持续发展，填土压实后的剪切强度为 $250kN/m^2$，压实度仍然可以达到 90% 以上。这对于大多数黏性土材料来说，MCV 的范围在 13 ~ 14。

70.7 路堤沉降和地基处理

70.7.1 路堤地基破坏

在考虑新建路堤的性能时，除了路堤边坡的稳定性外，还应考虑如下因素：

- 路堤地基的破坏；
- 路堤基础沉降；
- 路堤自重沉降。

路堤下的地基破坏失稳是路堤边坡稳定性整体评价的一部分。这种破坏不太可能发生在粗颗粒填料或超固结黏土地基中。当路堤下方为欠固结或固结的淤泥、淤泥质土或有机质土时，存在地基失稳的隐患。这种地基在短期不排水条件下的强度较低，

可能出现如第 69 章"土石方工程设计原则"中提到的施工期间发生破坏。因此，在边坡稳定性分析中，临界破坏分析应考虑类似软土地基的不排水强度。

在路堤施工前通常对软土层用粗颗粒填料进行换填，换填深度一般为 2m。如果经济条件允许，且开挖后的边坡不存在短期稳定性问题，可考虑加大换填深度。爱尔兰的 N8 Fermoy byass 公路在修建 9m 高的路堤前，用老红砂岩料换填了 6m 深的软土。

当原地基软土无法完全换填且影响边坡的稳定性时，则可采用如下处理方案：

- 路堤底部设置土工格栅或土工格室；
- 路堤下方设置振冲碎石桩或搅拌桩；
- 振动沉管灌注桩或预制桩。

土工格栅或土工格室可以提高地基的抗拉强度，此措施多应用于较陡的边坡中。此类型的基础加固设计在第 73 章"加筋土边坡设计"进行论述。

振冲碎石桩或者搅拌桩通常按网格布置，经处理后地基强度提高。碎石桩和搅拌桩的作用方式不同。振冲碎石桩以砾石等粗颗粒材料作为桩体材料，通过振冲成孔置换地基软土，从而提高地基土的密实度和强度，振冲碎石桩直径通常达 600mm，该工艺处理后复合地基承载力可达 $150kN/m^2$，处理深度一般小于 10m。由于未经处理的土体提供的侧向约束不足，振冲碎石桩在不排水抗剪强度小于 $25kN/m^2$ 的黏性土中效果不佳。

搅拌桩将石灰和水泥通过干拌工艺与地基土进行搅拌，使软土硬结成一定强度的桩体。搅拌桩直径最大可达 600mm，通常成排布置。在有机质含量高的土中，由于所需水泥用量较大，因此该施工工艺成本较高。

在英国以外国家或地区，多采用旋喷桩处理软弱土地基，该工艺采用湿式喷浆，可形成直径达 1.5m 互相重叠的桩体。

振冲混凝土桩或打入式预制桩的荷载传递机制不同，其措施是通过桩端支承将路堤荷载转移到较硬的地层中。

振动沉管灌注桩采用混凝土作为桩体材料，与振冲碎石桩的施工工艺类似，处理深度也相近。在英国大多数振动沉管灌注桩的持力层为粗粒土

层、软岩层（如白垩或麦西亚泥岩）或更完整的基岩。

预制桩通常用于建（构）筑物地基处理中，其工艺如第70.7.2节所述。该技术广泛应用于泰晤士河口软沉积物地区的英吉利海峡隧道连线铁路（CTRL）中，在比利时广泛使用的螺旋桩也具有相同的作用（NCE；佚名，2002）。

典型的荷载传递机理如图70.9所示。

70.7.2 路堤地基沉降

除考虑整体路堤破坏外，也应考虑路堤地基沉降。路堤地基沉降与建筑结构地基沉降相同，包括三个阶段：荷载作用下的瞬时沉降；固结沉降；次固结沉降。

对于渗透率大于 1×10^{-5} m/s 的粗颗粒填土路基沉降可采用弹性理论进行考虑和计算，如：

$$\Delta h = \Delta p \cdot I \cdot \frac{H}{E'} \quad (70.1)$$

式中，Δp 为外加压力（kN/m²）；I 为考虑地基深度的影响系数；H 为土层厚度（m）；E' 为弹性模量（kN/m²）。

对于黏性土，施加荷载时发生的沉降包括瞬时沉降和主固结沉降。通常采用以下方法计算的：

$$\Delta h = \delta_p \times h \times m_v (对于超固结土) \quad (70.2)$$

式中，δ_p 为外加压力（kN/m²）；h 为土层厚度（m）；m_v 为土的压缩系数（m²/MN）。

对于正常固结土：

$$\Delta h = \frac{C_c}{1 + e_0} \cdot H \times \log \frac{p_0 + \Delta p}{p_c} \quad (70.3)$$

式中，C_c 为压缩指数；e_0 为初始孔隙率；H 为土层厚度（m）；p_0 为土层中心的初始上覆自重压力（kN/m²）；p_c 为先期固结压力（kN/m²）；Δp 为外加压力（kN/m²）。

参数 m_v、C_c、e_0 和 p_c 通常可以从室内固结试验中获得。m_v 应根据路堤高度在 $p_0 + \Delta p$ 范围内取值。C_c 取固结曲线直线段部分的斜率，并根据固结曲线斜率发生变化的点确定 p_c。

对于地基土荷载减小时的回弹可以用弹性理论（Boussinesq 或 Newmark，1942）计算确定。最合适的弹性理论可能是 Leroueil（1990）提出，并由 Oesterberg 改进的。

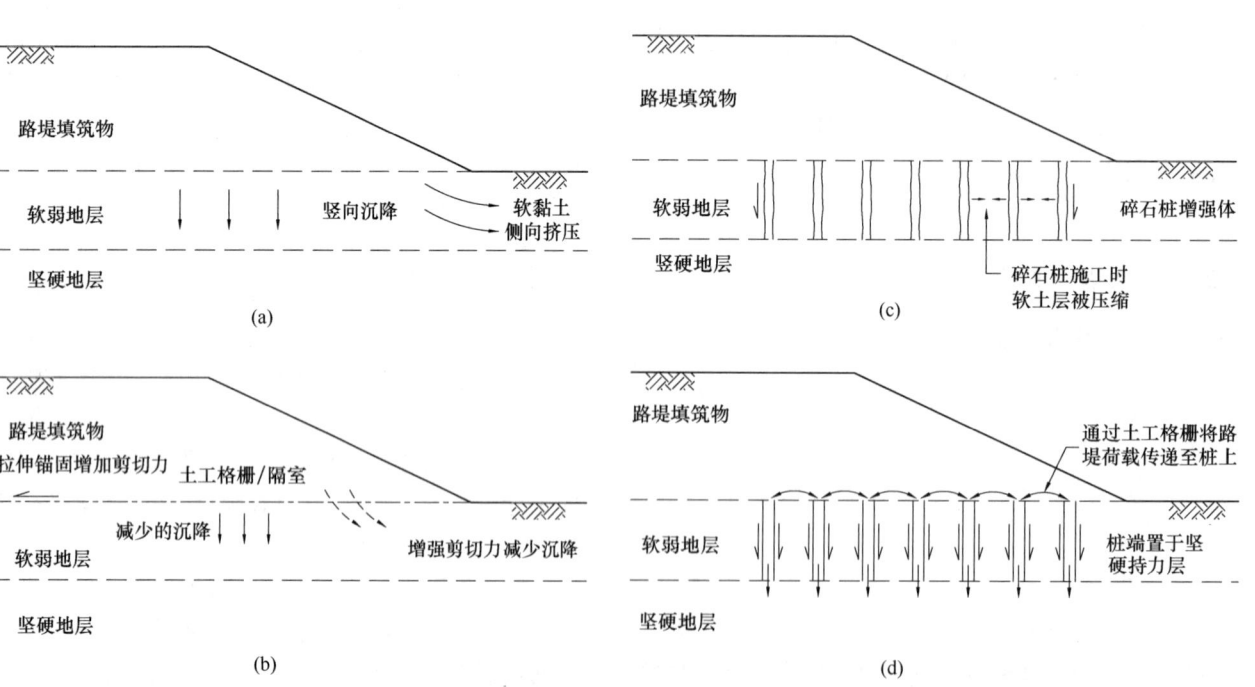

图 70.9　路堤地基处理

(a) 未地基处理的软弱地层；(b) 土工格栅/土工格室地基处理；(c) 振冲碎石桩地基处理；
(d) 振动沉管灌注桩/预制桩地基处理

值得注意的是，上述公式计算了瞬时沉降和主固结沉降，两者组成比例与黏性土的应力历史有关。Padfield 和 Sharrock（1983）进一步指出，对于超固结黏土，两种沉降组成比例基本相等，然而对于正常固结材料，主固结所占比例更大。

主固结沉降率由固结系数 C_v 决定，该系数可以通过固结试验取得，表示为：

$$C_v = \frac{k}{m_v} \cdot \gamma_w \quad (70.4)$$

式中，k 为渗透系数（m/s）；γ_w 为水的重度。

C_v 取值应该通过固结试验取得，压力应超过 m_v 代表的压力范围。

路堤施工后发生主固结的时间表示为：

$$t = T_v \times \frac{d^2}{C_v} \quad (70.5)$$

式中，T_v 为时间系数；d 为排水路径长度（m）。

排水路径长度对于完成主固结所需的时间至关重要。假如黏性土层的上覆和下卧均为渗透性土层（如粗颗粒土层），则可考虑竖向双面排水，排水路径的长度减半，继而使主固结的时间缩短。

在成层地基土中，尽管通向路堤两侧的排水路径可能更长，但 C_h/C_v 可能比垂直排水路径和水平排水路径之差大得多，因此也应考虑水平向排水。

在某些情况下，由于排水路径较长，沉降需较长时间才能完成，因此可以从理论上计算大型固结沉降。伦敦 Heathrow 机场 5 号航站楼支线 12m 高的路堤就属于这种情况，其下厚达 30m 的伦敦黏土，主固结沉降的时间超过了 200 年，因此通过理论计算总沉降量为 400mm。

在软弱压缩性土中，先期固结压力通常小于路堤附加荷载压力，如果主固结时间超过施工期，则后期沉降量将很大，通常是不合格的。有多种方案可以解决这种问题：

- 采用轻质填料；
- 预压或超载预压；
- 完善排水系统；
- 增强结构构件。

使用轻质填料（如聚苯乙烯、粉煤灰或轻质骨料）可减少路堤施工的初始荷载和沉降量，且不会影响固结速率。

主体工程开工前，对路堤地基进行预压，使主固结的完成时间提前。由于固结沉降速率随时间呈双曲线变化，预压期间使主固结充分发展，从而使工后剩余固结所产生的沉降对整个工程影响最小。

对于填筑高度高、荷载大的路堤，可以采用超载预压，土体在较大附加荷载的作用下发生主固结沉降。在路堤荷载作用下，满足沉降占总固结沉降比例很小的要求。

排水系统通常由垂直排水通道组成，如塑料排水带或砂井。通常设置在距中心 1~2.5m 处，以达到减少排水路径和形成双向排水的效果。第 70.7.1 节描述的振冲碎石桩也会产生类似的效果。

结构构件通常包括打入预制桩或振动沉管灌注桩，其作用方式与第 70.7.1 节所述相同，通过将施加的路堤荷载穿过软土层传递到较完整的持力层。

软土路堤附近结构设计时应考虑路堤荷载对位于桩基桥台的影响。Leroueil（1990）指出，当施加的荷载大于先期固结压力时，其荷载作用产生的水平位移为垂直位移的 20%。土的侧向挤压将产生附加的剪切和弯矩。桩基除考虑结构荷载外，还必须考虑这些附加力。Springman 和 Bolton（1990）提出了一种计算结构桥台基础附加荷载的方法。

减少附加水平荷载的一种方法是使用轻骨料来降低垂直荷载。另一种方法是在桥台下使用灌注桩、振冲碎石桩、振动沉管桩或水泥搅拌桩。这不仅减少了沉降，而且减少了路堤下土体传递到桥台基础的侧向应力。预制桩广泛地应用于这方面，Reid 和 Buchanan（1984）给出了其使用指南。对桥台后的路堤设置桩基，可将土体和混凝土结构之间的不均匀沉降降至最低。若不进行处理则需要不断维护。

对于软弱压缩性土层的路堤，如果排水路径太长，施加荷载后孔压无法短时间内消散，则会导致孔隙压力增加。

如果没有垂直排水装置而减少排水路径,则孔隙压力的增加将大于软土的强度,可能导致路堤下方软土发生破坏。

为了防止发生破坏,通常限制施工速度,以便在路堤填筑过程中孔隙压力的消散。通常可在路堤下方的软土中安装一个压力计来观察孔隙水压力消散情况。此外,Leroueil(1990)提出分阶段路堤施工的示例:路基填筑可采用分阶段施工的方式进行,使孔隙压力在下一阶段施工前消散。

随着更长维护周期的 PPP(public-private partnership)项目出现,要求设计人员更细致地考虑路堤施工后次固结的影响。从历史上看,主要在泥炭和有机土中考虑次固结,这是因为在完成一次固结后,有机结构将进一步分解和退化。

次固结与荷载无关,也可能发生在黏性土中,特别是正常和轻度超固结黏土,在施加荷载大于先期固结压力的情况下发生蠕变。对于超固结黏土,附加荷载通常不超过先期固结压力,发生的沉降也比较小。

次固结可以按下式确定:

$$p'_c = C_\alpha \cdot H \cdot \lg\left(\frac{t_1}{t_0}\right) \quad (70.6)$$

式中,C_α 为次固结系数;H 为土层厚度(m);t_0 = 95% 的主固结时间;t_1 为路堤开始施工时间。

Mesri(1973)提出了通过天然含水率推导出 C_α 的方法。它也可以推导出与压缩指数 C_c 的比率。Mesri 和 Feng(1991)、Mesri 和 Godlewski(1977)分别提出了 C_c/C_α 的关系在 0.024 ~ 0.055 和 0.025 ~ 0.085,泥炭和有机质土的 C_c/C_α 较高。

Andersen 等(2004)通过反分析得出了冲积粉土的 C_α 值在 0.019 ~ 0.026,冲积泥炭土的 C_α 值在 0.055 ~ 0.108。

主固结完成的时间在计算次固结沉降中很重要,如果在施工过程中采取措施加速主固结,期间也会发生次固结沉降。利用排水措施可在 6 个月时间内完成 95% 的次固结沉降,使次固结沉降发生在施工后的早期阶段,而不是后期阶段。若不采用排水措施则该过程将长达 5 年。

Mesri 和 Feng(1991)以及 Lambrechts 等(2004)提出了使次固结开始时间提前和减少次固结沉降量的方法:通过超载预压在施工期内完成主固结沉降量后,保持原位的堆载。

70.7.3 路堤的自重沉降

路堤填料的自重沉降与路堤基础的沉降一样,取决于填料类型。Trenter(2001)提出填料的自重沉降总和可以通过下述方法计算:

$$p_i = 0.5 \frac{\gamma H}{D^*} \quad (70.7)$$

式中,γ 为填料重度(kN/m³);H 为路堤总高度(m);D^* 为等效侧限模量(MPa)。

查尔斯(1993)提出,对 10m 高路堤的 D^* 值,压实良好的砂砾石路堤为 50MPa,低塑性的黏土路堤为 6MPa。

查尔斯(2008)指出,级配良好的粗颗粒填料路堤的沉降小于路堤高度的 0.5%,黏土填料路堤的沉降小于路堤高度的 1%。

70.8 监测仪器设备

通常用监测仪器校核土石方工程的设计值,并监测土石方工程在施工过程中的稳定性。常用的仪器类型如表 70.8 所示。

仪器设备可以在勘察期间布设,但应综合考虑布设位置以防止施工期间发生破坏。

路堤监测设备通常在施工前安装,随着路堤施工填方高度增大,压力计和杆板沉降计的读数管随之延长。变形监测仪的缺点是由于施工导致测站移动会产生误差,因此通常无法在土石方施工完成之前安装测站。使用压力计应该考虑需要读数的时间以及安装压力计的土层渗透性。压力计对粗颗粒材料可以快速响应,因低渗透性的黏性材料中地下水位稳定需要一定时间,使得正常立管压力计读数滞后。如果安装后需要快速读数,最好使用气动或振弦式压力计。

Nicholson 等(1999)提出的观察法现普遍用于监测边坡稳定性。特别是在铁路工程中,使用仪器监测边坡的中长期稳定性,而不是立即采取补救措施。因为通过对边坡稳定性的初步分析表明,边坡当前安全系数低于常规容许值是可接受的。

表 70.8 常用监测仪器

仪器设备	土石方工程	目的
压力计	路堑	测量原位孔隙水压力
	路堤	测量施工期间地基孔隙水压力的增加
测斜仪	路堑	测量路堑边坡的位移
	路堤	测量地基在路堤坡脚以外的位移
沉降环	路堤	测量地基的沉降
测杆和沉降板	路堤	测定地基的沉降
变形监测仪	路堑及路堤	确定施工期间和施工之后土体的位移

土石方工程施工中也采用这种观察法，在这种情况下，需要在施工前明确适当的应急措施，以应对仪器显示潜在破坏的情况。应急措施应与边坡工程的性质和其发生破坏的时间相适应。如在土石方工程开挖发生破坏的情况下，在坡脚快速堆土就是一种临时的应急措施。

70.9 参考文献

Andersen, E. O., Balanko, L. A., Lem, J. M. and Davis, D. H. (2004). Field monitoring of the compressibility of municipal solid waste and soft alluvium. In *Proceedings of the Fifth International Conference on Case Histories in Geotechnical Engineering*. New York, April.

Anon. (1975). The effect of soil conditions on the productivity of earthmoving plant. Leaflet LF510, Transport and Road Research Laboratory, April.

Anon. (2002). Screw piles to be used on CTRL. *New Civil Engineer*, 7 March. London: Thomas Telford, 7.

Arrowsmith, E. J. (1978). Roadworks fills: a materials engineer's viewpoint. In *Proceedings of Clay Fills Conference*. London: Institution of Civil Engineers, pp. 25–36.

Bolton, M. D. (1986). The strength and dilatancy of sands. *Géotechnique*, **36**, 65–78.

Bond, A. and Harris, A. (2008). *Decoding Eurocode 7*. Abingdon, UK: Taylor & Francis.

British Standards Institution (1994). BS 8002. *Code of Practice for Earth Retaining Structures*. London: BSI.

British Standards Institution (2002). BS 5400. *Steel, Concrete and Composite Bridges*. London: BSI.

British Standards Institution (2004). BS EN1997-1. *Eurocode 7 – Geotechnical Design*. London: BSI.

British Standards Institution (2008). BS EN 1991:2003. UK National Annex to *Eurocode 1: Actions on Structures – Part 2: Traffic Loads on Bridges*. NA to London: BSI.

British Standards Institution (2009). BS 6031. *Code of Practice for Earthworks*. London: BSI.

British Standards Institution (2010) BS EN 1991–2:2003. *Eurocode 1: Action on Structures - Part 2: Traffic Loads on Bridges*. London, BSI.

British Standards Institution (2011). PD6694-1:2011. Recommendations for the Design of Structures Subject to Traffic Loading to BS EN 1997-1:2004. London, BSI.

Charles J. A. (1993). *Building on Fill: Geotechnical Aspects*. Garston, Watford: Building Research Establishment.

Charles, J. A. (2008). The engineering behaviour of fill materials: the use, misuse and disuse of case histories. *Géotechnique*, **58**, 541–570.

Clayton C. R. I. (1979). Two aspects of the use of the moisture condition apparatus. *Ground Engineering*, **12**(2), 44–48.

Clayton, C. R. I. (1995). *The Standard Penetration Test (SPT): Methods and Use*. CIRIA Report R143. London: Construction Industry Research and Information Association.

Coppin, N. J. and Richards, I. G. (2007). *Use of Vegetation in Civil Engineering*. CIRIA Report C708. London: Construction Industry Research and Information Association.

Crabb, G. I. and Atkinson, J. H. (1991). Determination of soil strength parameters for the analysis of highway slope failures. In *Proceedings of the International Conference on Slope Stability*. London: Thomas Telford, Institution of Civil Engineers, pp. 13–18.

Dennehy, J. P. (1978). The remoulded shear strength of cohesive soils and its influence on the suitability of embankment fill. In *Proceedings of Clay Fills Conference*. London: Institution of Civil Engineers, pp. 87–94.

Ellis, E. A. and O'Brien, A. S. (2007). Effect of height on delayed collapse of cuttings in stiff clay. *Geotechnical Engineering*, **160**, 73–84.

Farrar, D. M. (1978). Settlement and pore-water pressure dissipation within an embankment built of London Clay. In *Proceedings of International Conference on Clay Fills*. London: Institution of Civil Engineers, pp. 101–106.

Farrar, D. M. and Darley, P. (1975). *The Operation of Earthmoving Plant on Wet Fill*. Special Report SR351. Crowthorne, Berkshire: Transport and Road Research Laboratory.

Gaba, A. R., Simpson, B., Powrie, W. and Beadman, D. R. (2003). *Embedded Retaining Walls: Guidance for Economic Design*. CIRIA Report C580. London: Construction Industry Research and Information Association.

Greenwood, J. R., Norris, J. E. and Wint, J. (2004). Assessing the contribution of vegetation to slope stability. *Geotechnical Engineering*, **157**, 199–208.

Greenwood, J. R., Vickers, A. W., Morgan, R. P. C., Coppin, N. J. and Norris, J. E. (2001). *Bioengineering, The Longham Wood Cutting Field Trial*. CIRIA Project Report 81. London: Construction Industry Research and Information Association.

Highways Agency (1996). *Design Manual for Roads and Bridges*, vol. 1: *Highway Structures: Approval Procedures and General Design*, Section 3, BA 42/96, The design of integral bridges. London: The Stationery Office.

Highways Agency (2009). *Specification for Highway Works*. London: The Stationery Office.

Hutchinson, J. N. (1977). Assessment of the effectiveness of corrective measures in relation to geological conditions and types of slope movement. *Bulletin of the International Association of Engineering Geology*, **16**, 133–155.

Jewell, R. A. (1996). *Soil Reinforcement with Geotextiles*. Special Publication 123. London: Construction Industry Research and Information Association.

Lambrechts, J. R., Layhee, C. A. and Straub, N. A. (2004). Analyzing surcharge needs to reduce secondary compression at embankment interfaces. In *Proceedings of GeoTrans Conference*, Los Angeles, California, July, ASCE, 2048–2057.

Leroueil, S. (1990). *Embankments on Soft Clays*. Chichester: Ellis Horwood.

London Underground (2010). *Civil Engineering: Earth Structures*. Engineering Standard E1-054, A3, London: LUL.

Lunne, T., Robertson, P. K. and Powell, J. J. M. (2002). *Cone Penetration Testing in Geotechnical Practice*. London: Spon Press.

Mesri, G. (1973). Coefficient of secondary consolidation. In

Proceedings ASCE Journal Soil Mechanics and Foundation Engineering DIV 99, NBo SM1, 122–137.

Mesri, G. and Feng, T. W. (1991). Surcharging to reduce secondary settlements. In *Proceedings of the International Conference on Geotechnical Engineering for Coastal Development*, **1**, 359–364.

Mesri, G. and Godlewski, P. M. (1977). Time and stress compressibility inter-relationships. *Journal of the Geotechnical Engineering Division ASCE*, **103**(GT5), 417–430.

Newmark, N. M. (1942). Influence charts for computation of stress in elastic foundations. University of Illinois Bulletin No. 338.

Nicholson, D., Tse, C.-M. and Perry, C. (1999). *The Observational Method in Ground Engineering: Principles and Applications*. CIRIA Report R185. London: Construction Industry Research and Information Association.

Norris, J. E. and Greenwood, J. R. (2006). Assessing the role of vegetation on soil slopes in urban areas. IAEG2006, Geological Society of London Paper No. 744, 1–12.

Norris, J. E., Stokes, A., Mickovski, S. B., van Beek, R., Nicoll, B. C. and Achim, A. (eds) (2008). *Slope Stability and Erosion Control: Ecotechnological Solutions*. Dordrecht: Springer.

Padfield, C. J. and Sharrock, M. J. (1983). *Settlement of Structures on Clay Soils*. Special Publication 27. London: Construction Industry Research and Information Association.

Parsons, A. W. (1976). *The Rapid Measurement of the Moisture Condition of Earthworks Materials*. Report LR750. Crowthorne, Berkshire: Transport and Road Research Laboratory.

Parsons, A. W. and Boden, J. B. (1979). *The Moisture Condition Test and its Potential Applications in Earthworks*. Report SR522. Crowthorne, Berkshire: Transport and Road Research Laboratory.

Parsons, A. W. and Darley, P. (1982). *The Effect of Soil Conditions on the Operation of Earthmoving Plant*. Laboratory Report LR1034. Crowthorne, Berkshire: Transport and Road Research Laboratory.

Peck, R. B., Hanson, W. E. and Thorburn, T. H. (1974). *Foundation Engineering*. New York: Wiley.

Perry, J. (1989). *A Survey of Slope Condition on Motorway Earthworks in England and Wales*. Report RR199. Crowthorne, Berkshire: Transport and Road Research Laboratory.

Perry, J., Pedley, M. and Brady, K. (2003a). *Infrastructure Cuttings: Condition Appraisal and Remedial Treatment*. CIRIA Report C591. London: Construction Industry Research and Information Association.

Perry, J., Pedley, M. and Reid, M. (2003b). *Infrastructure Embankments: Condition Appraisal and Remedial Treatment*. CIRIA Report C592. London: Construction Industry Research and Information Association.

Potts, D. M., Kovacevic, N. and Vaughan, P. R. (1997). Delayed collapse of cut slopes in stiff clay. *Géotechnique*, **47**(5), 953–982.

Potts, D. M., Kovacevic, N. and Vaughan, P. R. (2000). Delayed collapse of cut slopes in stiff clay. Discussion by Bromhead and Dixon and authors' reply. *Géotechnique*, **50**(2), 203–205.

Preene, M., Roberts, T. O. L., Powrie, W. and Dyer, M. R. (2000). *Groundwater Control: Design and Practice*. CIRIA Report C515. London: Construction Industry Research and Information Association.

Proctor, R. R. (1933). The design and construction of rolled earth dams. *Engineering News Record*, **111**(9), 245–248; **111**(10), 216–219; **111**(12) 348–351; **111**(13), 372–376.

Reid, J. M. and Clark, G. T. (2000). *A Whole Life Cost Model for Earthworks Slopes*. Report 430. Crowthorne, Berkshire: Transport Research Laboratory.

Reid, W. M. and Buchanan, N. W. (1984). Bridge support piling. In *Piling and Ground Treatment: Proceedings of the International Conference on Advances in Piling and Ground Treatment for Foundations*. London: Thomas Telford, pp. 267–274.

Ridley, A., Brady, K. C. and Vaughan, P. (2002). *Field Measurement of Pore Water Pressures*. Report 555. Crowthorne, Berkshire: Transport Research Laboratory.

Sommerville, S. H. (1986). *Control of Groundwater for Temporary Works*. CIRIA Report R113. London: Construction Industry Research and Information Association.

Spink, T. W. (1991). Periglacial discontinuities in Eocene clays near Denham, Buckinghamshire. Geological Society, London, *Engineering Geology Special Publication No. 7*, 389–396.

Springman, S. M. and Bolton, M. D. (1990). *The Effect of Surcharge Loading Adjacent to Piles*. Contractor Report 196. Crowthorne, Berkshire: Transport and Road Research Laboratory.

Symons, I. F. and Booth, A. I. (1971). *Investigation of the Stability of Earthwork Construction on the Original Line of the Sevenoaks Bypass, Kent*. Report LR 393. Crowthorne, Berkshire: Transport and Road Research Laboratory.

Terzaghi, K., Peck, R. B. and Mesri, G. (1990) *Soil Mechanics in Engineering Practice*, 3rd edn. New York: Wiley.

Trenter, N. A. (2001). *Earthworks: A Guide*. London: Thomas Telford.

Vasilikos, P. (2009). Report on BGA meeting on Irish Glacial Till. *Ground Engineering*, **42**(9), 11–12.

Vaughan, P. R., Kovacevic, N. and Potts, D. M. (2004). Then and now: some comments on the design and analysis of slopes and embankments. *Advances in Geotechnical Engineering: The Skempton Conference*. London: Thomas Telford, 241–290.

Whyte, I. L. (1982). Soil plasticity and strength: a new approach using extrusion. *Ground Engineering*, **15**(1), 16–24.

Woods, B. and Kellagher, R. (2007). *The SUDS Manual*. CIRIA Report C697. London: Construction Industry Research and Information Association.

延伸阅读

Chandler, R. J. (1972). Lias Clay: weathering processes and their effect on shear strength. *Géotechnique*, **22**(3), 403–431.

Chandler, R. J. and Forster, A. (2001). *Engineering in Mercia Mudstone*. CIRIA Report C570. London: Construction Industry Research and Information Association.

Cripps, J. C. and Taylor, R. K. (1981). The engineering properties of mudrocks. *Quarterly Journal of Engineering Geology*, **14**, 325–346.

Davis, A. G. and Chandler, R. J. (1973). *Further Work on the Engineering Properties of Keuper Marl*. CIRIA Report 47. London: Construction Industry Research and Information Association.

Hight, D. W., Ellison, R. A. and Page, D. P. (2004). *Engineering in the Lambeth Group*. CIRIA Report C583. London: Construction Industry Research and Information Association.

Lord, J. A., Clayton, C. R. I. and Mortimore, R. N. (2002). *Engineering in Chalk*. CIRIA Report C574. London: Construction Industry Research and Information Association.

建议结合以下章节阅读本章：
- 第69章"土石方工程设计原则"
- 第94章"监控原则"

本书以第1篇"概论"和第2篇"基本原则"为指导进行章节编排。如第4篇"场地勘察"中所述，各类岩土工程均应进行扎实的现场勘察工作。

译审简介：

水伟厚，博士，教授级高级工程师，大地巨人（北京）工程科技有限公司总经理。参编16部国家和行业技术规范，专著5部。

赵治海，教授级高级工程师，西北综合勘察设计研究院副总工程师。参编和审查十余部国家、行业和地方工程建设技术标准。

第71章 土石方工程资产管理与修复设计

布莱恩·T. 麦金尼蒂（Brian T. McGinnity），伦敦地铁，伦敦，英国
内德·萨法里（Nader Saffari），伦敦地铁，伦敦，英国
主译：岳祖润（石家庄铁道大学）
参译：孙铁成，胡天飞，介少龙
审校：文宝萍（中国地质大学（北京））

doi: 10.1680/moge.57098.1067

目录		
71.1	引言	1037
71.2	土石方工程稳定性及性能演化	1039
71.3	土石方工程条件评估、风险消减与控制	1043
71.4	维护和修复工程	1045
71.5	参考文献	1055

> 在土木工程建设中，土石方工程是最为常见的工程类型，它在土木工程基础设施的有效运行中起着至关重要的作用。本章内容为既有土石方工程的资产管理、稳定性维护、状态评估和加固方法提供指导。

71.1 引言

资产管理本身是一个专业领域，本节仅对与土石方工程相关的一些资产管理原则进行评述，如需要更广泛或更详细地了解资产管理内容，读者可以阅读其他参考资料（Hooper, 2009）。

关于土石方工程资产管理的内容主要参考 Perry 等（2003a, 2003b）。这些 CIRIA 文件的建议与英国土石方工程资产管理者的业务内容直接相关。

71.1.1 发展历史

填方工程与挖方工程在土木工程结构中被统称为土石方工程或土石方结构，是土木工程建设中最常见的工程类型。任何施工几乎都需要进行一些土石方或岩体的开挖和运输作业。在英国，道路工程中的填方工程（路堤）的总长度远大于桥梁。

土石方工程设计出现于近代。在18、19世纪，公路、运河和铁路的土石方工程的边坡角度通常是基于经验和不断的试验来确定。土石方工程经常发生破坏，破坏之后通常采用放缓坡角或实施其他措施来进行修复（Skempton, 1996）。土石方工程通常设计为具有较低安全系数的陡坡，现在类似土石方工程只有在经过谨慎论证后才考虑采用。

在20世纪30年代之前，几乎所有填方工程施工都不进行压实处理。由于缺乏现代化的施工机械，加之工程界对压实作业知之甚少，填方在施工后不久就会出现显著沉降。因此，这些老旧填方工程使用性能差，至今仍需要大量的维护工作。

自20世纪30年代以来，随着施工机械设备的发展和岩土工程学科的进步，现代土石方工程都会进行专门压实处理，并且通常会选择比过去更缓的坡度。因此，英国现代的土石方工程通常经过较好的压实处理，很少受到沉降困扰。然而，边坡破坏仍时有发生（Perry, 1989）。

英国硬黏土挖方边坡（道路工程中路堑）的深层滞后破坏问题一直备受关注、并被广泛研究，已形成大量研究成果，例如 Skempton（1964）和 Pons 等（1997）。

71.1.2 资产管理系统

所有的土石方工程都应采用适当的资产管理系统进行管理，以确保其有效性，不给用户带来风险。

有效的资产管理应当是在预算限制范围内分配足够的维护资源，以保证土石方工程的有效性。直到如今，混乱、低效和不经济的被动管理土石方工程模式在英国依旧常见，这种管理模式不符合长期的资产管理目标，土石方工程性能也受到影响。因此，目前的发展趋势是采取更积极主动的资产管理模式。这种模式要求实施更为可靠的状态评估、日常维护、维修或翻新等系列工作，以使既有土石方工程保持良好状态，避免土石方工程服务性能损伤，并尽量减少昂贵的计划外的作业量。

根据土石方工程功能与风险的不同，资产管理

系统的内容会有所差别。资产管理系统至少应包括：

- 土石方工程资产目录：清单与情况概述；
- 土石方工程性能要求、服务水平和职责要求；
- 资产管理政策和计划，包括考虑全寿命周期的成本和性能劣化预测模型；
- 风险登记。

土石方工程的性能要求通常包括：

- 安全性与可靠性；
- 服务水平和服务成本要求；
- 运营效率；
- 满足法律法规要求；
- 经济价值和业务改善；
- 环境影响最小化；
- 环境价值最大化。

图71.1是一个典型的土石方工程资产管理流程图，其遵循一个状态评估、维护、改进、维修的一个连续过程，显示对资产状况和性能及时掌握和不断改进的理念。这个过程的一个重要组成部分是资产数据管理，它为基于状态评估的干预计划提供信息。

土石方工程资产管理系统（Earthworks Asset Management System，EAMS）提供的是一个全生命周期的资产管理框架，包括工程构思、设计和施工，资产运营过程中的工作管理、翻新、维修和替换计划。EAMS可以支持所有的状态评估和维护工作管理过程，从创建工作单到发布工作，再到工作记录。它是一个强大的辅助工具，帮助资产管理者完成以下目标：

- 改善土石方工程状况，降低安全风险和减少服务性能损失；
- 土石方工程达到设计使用寿命；
- 基于全寿命的经济投入做出资产管理决策；
- 对土石方工程持续改善的认识和理解。

此类系统的复杂程度和功能要求取决于土石方工程的规模和特征。过去的土石方工程管理一直采用书面记录的体系，包括卡片索引系统和纸质文件。尽管这种体系可以满足对少量资产的管理要求，但基于大规模土石方工程管理和海量信息处理的需求趋势，具备电子信息存储检索功能的计算机管理系统更具优势。

与其他构筑物一样，土石方工程需要通过系统的、持续的维护与翻新作业来延长其有限的使用寿命。

对于土石方工程，通常处于边使用、边维护的状态，不可能关闭或停用。在英国，很多土石方工程资产的使用寿命已经超过同类现代资产的设计寿命。

71.1.3 全生命周期的资产管理

全生命周期资产管理就是平衡日常维护、维修、翻新、重建和升级等活动，以优化资产的长期使用价值。Perry等（2003a）在 CIRIA C592 报告中解释了全寿命成本计算的概念。对比翻新方案的经济成本和长期维护成本时，它是一个有用的手段。尽管全生命资产管理是一种潜在有用的手段，但也有其局限性，特别是对于设计使用寿命很长的既有土石方工程。因此，需要知道这些局限性，并谨慎使用，以确保获得合理的结果。在实践中，因为土石方工程的性能要求、费用支出和预期服务期限内的折旧率等都较难评估，很难为既有的土石方工程管理建立可靠的评估模型。如果要做到上述评估，全生命周期资产管理模型会异常复杂。但是，如果过于简化系统，就会偏离管理目标，甚至对实际管理产生误导。

71.1.4 风险评估

在英国，土石方工程风险评估需求主要来源于相关法规规定。《工作健康与安全管理条例》（*Management of Health and Safety at Work Regulations*）（1999a，b）规定管理方有法定义务进行定期的风险评估。

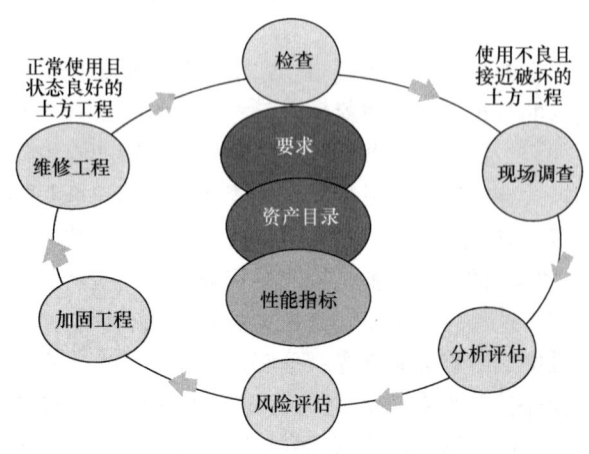

图71.1 土石方工程资产管理流程

既有土石方工程资产管理应遵循将风险降至"合理可行的最低水平"（ALARP）的原则，同时要进行成本效益分析，考虑维护成本是否能在实际维护期内获得效益。

ALARP 原则允许不计成本地进行安全改进，前提是避免风险的成本与风险发生带来的损失相差悬殊。因此，风险评估时应对安全风险进行逻辑分析，包括如何减轻或控制这些风险，以及相关的资金需求和财务预算。最小限度地扩展风险分析的范围可以带来其他好处，例如：识别与安全无关的商业风险，有助于制定商业计划，以及预测和规划总体支出等。所以，风险评估是土石方工程资产管理的一个有效工具，有助于在业务要求的框架内实现安全目标，并根据安全和业务需求合理分配资金。

与所有建设工程类似，风险管理应是土石方工程维修或翻新项目的关键（Godfrey，1996），内容包括：

- 方案设计、质量和财务风险评估，确保项目顺利交接；
- 满足法定要求的健康、安全和环境风险评估。

英国所有的土石方工程维修或翻新项目都要求符合《建筑（设计与管理）条例 2007》[Construction (Design and Management) Regulations，简称 CDM 条例] 的要求。所有与土石方工程设计和施工有关的活动都要求遵循 CDM 条例的相关要求，并确保所采取的方法符合 CDM 条例精神和项目实际。

应建立项目风险登记（PRR），记录识别与土石方工程设计、施工、维修、翻新过程相关的所有风险。

71.1.5 可持续性

岩土工程师和土石方工程资产管理者不仅需要考虑工程的技术问题，还需要考虑如何改善环境和最大限度地维持可持续性，例如：在土石方工程整治项目的设计和施工中最大限度地利用已有填方材料，与周边环境协调。许多土石方工程的组织者都制定了环境保护方案的具体目标并进行实施，事实证明这一做法非常重要。

应当注意的是，土石方工程的可持续性是一个迅速发展的理念，变化可能随时发生。所有参与土石方工程资产管理的人员都应当充分了解并高度重视关于环境问题立法的变更（另见第 11 章"岩土工程与可持续发展"）。

71.1.6 土石方资产管理与其他工程的接口

土石方工程与许多不同的基础设施相关联，包括建筑物、服务设施、排水设施或标识设施等。因此，将土石方工程与所有相关工程的维护作业进行协调非常重要，不仅可达到对时间合理利用的目的，而且可与其他工程单元形成整体，防止零碎作业造成设施损坏。资产管理人员应随时了解并审批涉及土石方工程的施工作业，因为土石方工程可能会受到其他活动的不利影响，例如坡脚处检修时的开挖行为可能引发边坡破坏。

同时，设计者应评估土石方工程维修或翻修对现有基础设施的潜在影响。在这些案例中，土石方工程施工活动可能会改变现有基础设施上的荷载、改变地表水和地下水的流动路径，这两种情况都可能对相邻设施的稳定性产生不利影响，因此需要在设计中加以注意。如果现有边坡稳定性较差，则需考虑设计临时支护工程，以确保边坡在整个施工过程中的稳定。

71.2 土石方工程稳定性及性能演化

71.2.1 土石方工程失稳机理

71.2.1.1 浅层失稳

浅层不稳定多发生在挖方或填方边坡的倾斜部分，滑动面通常不会穿过铁路或公路的路面，而是位于削方边坡坡脚或填方边坡的顶部。破坏面（滑动面）通常平行于坡面，深度在 1.0~1.5m。

粗粒土边坡中发生这类破坏时，表现为松散土体滑落后堆积在坡脚。削方边坡破坏后，会在路面坡脚附近形成堆积的松散土体，需要日常维护清理。

在黏性土坡中，这种破坏通常发生在季节性强降雨后的坡体表层饱和带内，旱季中连续多日降雨后边坡破坏尤其易发。

坡面植被根系对土体的加固作用和对坡面附近孔隙水压力的控制会对边坡失稳起到抑制作用（Coppin 和 Richards，2007）。对于黏性土，季节性的收缩和膨胀会在干燥季节引起边坡表面开裂，从而增加渗透性,对边坡稳定不利。

71.2.1.2 深层失稳

边坡深层失稳时,其滑动面范围大,可能涉及整个边坡长度,并穿过填方或削方边坡下方土层。滑动面深度一般超过 1.0~2.0m,会直接影响道路以及填方边坡顶部或削方边坡坡脚邻近的设施。这类边坡失稳一旦发生,破坏性大,后果严重。

对于渗透性好的粗粒土,边坡深层失稳不是主要问题,通常也容易预测。这类材料边坡的不稳定性主要表现为坡面松散土体的剥离与滑落,导致维护困难。

黏性土边坡的深层失稳可分为首次滑动和沿既有滑动面的滑动两类。

1. 首次滑动

首次滑动发生在没有出现过滑移的斜坡上,不涉及预先存在的剪切面。首次滑动已被广泛研究,尤其是与挖方有关的硬黏土边坡(DeLory,1957;Skempton,1948、1964、1970、1977;Chandler 和 Skempton,1974;Chandler,1984)。

这些研究表明,由于土体孔隙压力消散速率非常慢,通常在施工后许多年甚至几十年硬黏土边坡才发生破坏(滞后破坏)。此外,边坡破坏时的土体平均强度远小于实验室测得的峰值强度,但大于残余强度。Skempton(1977)对 5 个棕色的风化伦敦黏土边坡失稳案例的反演分析表明,边坡失稳时的有效强度参数如下:

$$\varphi' = 20°, \ c' = 1\text{kN/m}^2$$

孔隙压力比 r_u 的均值通常在 0.25~0.35。

实验室测定的峰值强度和残余强度分别为:

$$\varphi'_p = 20°, \ c'_p = 7\text{kN/m}^2$$

(Sandroni,1977)

$$\varphi'_r = 13°, \ c'_r = 1\text{kN/m}^2$$

(Skempton 和 Petley,1967)

目前认为,土体峰值强度和边坡失稳时实际强度差异可能是由土体的渐进破坏(Pons 等,1997;Ellis 和 O'Brien,2007)造成。

上述滞后破坏和渐进破坏的发生机理如下。

2. 滞后破坏

在高塑性超固结硬黏土层中挖方时,由于卸荷效应,土体内孔隙水压力降低有时甚至降至负值。随着时间推移,孔隙水压力逐渐增大,趋近于长期的平衡值,土体随之膨胀。这一过程会导致平均有效应力的降低和滞后破坏的开始。破坏过程持续时间取决于土体的渗透性,可能持续几十年(Vaughan 和 Walbancke,1973 年;Potts 等,1997 年)。

3. 渐进破坏

渐进破坏是破坏面上应变不均匀发展导致土体剪切强度分布不均匀的结果。这种现象主要出现于具有高脆性的黏土中,黏土的脆性程度可用峰值强度与残余强度之差衡量(Vaughan,1994;Potts 等,1997;Ellis 和 O'Brien,2007)。

在这类黏土材料形成的挖方边坡中,坡脚附近土体膨胀,导致出现非均匀加载,使某一部分土体到达峰值强度,而其他部分土体仍处于峰值前的应力状态,随之发生此处土体滑面的扩展。随着孔隙水压力的进一步增大,该位置的土体强度从峰值强度降低至残余强度,导致坡内破裂面进一步扩展、大位移逐渐出现直至边坡破坏。此时,破坏面上的土体强度一部分已接近残余强度,一部分低于峰值强度,其余的接近峰值强度。因此,破坏面的平均强度介于峰值强度和残余强度之间。

4. 沿既有破坏面的滑移

这类破坏通常沿预先存在的剪切面发生,或部分沿之滑动破坏。这些剪切面通常是过去失稳的破坏面,一般在施工期间,或在滑坡或其他地质过程中形成。剪切面有时位于填方边坡下方较软的冲积沉积物中,因此可能一直留在原位。

这类破坏的稳定性分析中,应采用残余有效强度参数;当考虑剪切面未完全贯通时,可采用略大于或接近残余强度的量值。

71.2.1.3 季节性收缩和膨胀变形

因季节性收缩-膨胀导致的填方边坡和挖方边坡位移通常发生在高塑性黏土边坡中,因季节性含水率变化所致。

边坡的季节性位移受土体强烈的高水分需求影响。成熟树木需要大量水分,因而树木附近土体含水量增加。在干燥的夏季,缺乏降雨、但植被存在时,土壤中的水分会被树木吸收,导致土体收缩,土体因之开裂变形;在潮湿多雨的秋冬季节,土壤重新补充水分，同时树木对水分的需求相对减少，导致土体含水率显著增加，进而引起膨胀变形。由此产生的边坡位移将影响位于填方边坡顶部和挖方边坡坡脚处道路的服役性能（图 71.2）。

在旱季，土体自身的收缩开裂会导致新的过水通道形成和土体渗透系数的增加，进而导致水分渗入土体速度的增加和深度增大。这将使得后续雨季降水入渗深度增大，从而增大胀缩效应影响范围。

在超固结高塑性黏土中，应变的增加超过峰值后会造成峰后抗剪强度下降，土体周期性的胀缩循环造成强度损失并且出现渐进式的破坏。

边坡向上方和临空方向位移与雨季土体膨胀变形有关，土体向下移动与旱季土体收缩变形有关。这种现象称为"渐变现象"，即雨季产生的水平膨胀在旱季无法完全恢复。更多关于土体的季节性胀缩变形和植被的影响效果参见 McGinnity 等（1998），Kovacevicet 等（2001），Loveridge 和 Anderson（2007），Butcher 和 Pearson（2007），Take 和 Bolton（2004），Hudacsek 和 Bransby（2008）和 Nyambayo 等（2004）。

71.2.1.4 坡肩失稳

坡肩不稳定属于浅层不稳定，多发于填方边坡，当存在下列因素，坡肩不能为坡顶部道路提供足够的支撑力（图 71.11a、图 71.11b）。导致此类失稳的主要原因为：

- 填方上部边坡坡度过大，使得土体沿边坡逐步散落，最终导致坡肩变窄；
- 铁路或公路上车辆动荷载：随着时间的延长这种荷载产生的水平作用力造成土颗粒移动，土颗粒在重力的作用下沿边坡滑移；
- 填方材料；
- 粉尘等易于失稳的细颗粒材料：此类物质在干燥条件下呈粉末状，在动荷载作用下易发生移动；
- 季节影响。

71.2.1.5 淹没与冲刷

流经填方边坡坡脚的河流、溪流会淹没和冲刷坡脚填方边坡。

雨季水位上升不仅淹没填方边坡，还会造成坡脚孔隙水压力升高。这将导致填方边坡深层滑移的安全系数降低、甚至可能引发边坡失稳，这种影响程度取决于洪水的持续时间。

洪水也会冲刷填方边坡坡脚，使其重量减小，同样造成深层滑移的安全系数降低（图 71.3、图 71.4）。

图 71.2　树木对轨道变形的影响

图 71.3　铁路路堤坡脚处冲刷侵蚀

图 71.4 混凝土沟渠提供耐久的解决方案

图 71.5 波士顿庄园（Boston Manor）强降雨后的泥石流（2006）

经许可转载ⓒSeth Anderson-Crook

边坡安全管理需考虑的主要因素：

- 河流中的水流方向；
- 环境署（Environment Agency）设定的滞洪区及其承载量；
- 坡脚外侧地形及其土地利用；
- 坡脚处排水系统的布置、状况和排水能力。

71.2.1.6 流动破坏

短暂但高强度的降水或暴风雨后，强渗透粗粒土会快速饱和，从而引发流动破坏。雨水入渗造成边坡表层土体饱和，但更重要的是，排水不畅会产生地表集中径流。因此，当坡顶地形、土地利用不佳和排水不畅，短时间内大量水流沿边坡流入坡内时，挖方边坡更容易发生这类破坏。当挖方边坡内存在高渗透性土体时，渗入水分会被边坡快速吸收，从而导致大量土体流失。

综上，这种破坏形成的主要因素有：

- 短时强降雨；
- 高渗透性土体；
- 边坡的几何形态；
- 地形；
- 周围土地利用状况；
- 植被；
- 排水设施。

低强度长时间的降雨入渗，在粗粒土中的水有足够时间排出，因此粗粒土边坡不易发生流动破坏。低渗透性土由于无法快速形成饱和状态，所以也很难发生流动破坏。此外，由于合理的几何形态和地形条件便于产生集中水流，致使填方边坡发生流动破坏的可能性也较小。

边坡流动破坏的后果非常严重。挖方边坡破坏后会有大量土体涌进道路，可能导致火车出轨或道路事故（图 71.5）。

71.2.1.7 冻裂

冰冻作用会造成岩质挖方边坡的稳定性逐步劣化，劣化程度取决于岩体的渗透系数、孔隙率和节理分布。孔隙和节理内的冰晶会引起边坡表面产生应变，进而导致边坡坡面开裂和破碎。

冰晶生长引起的体积改变会导致节理宽度和深度增大，因此反复的冻融循环会导致岩体渗透率增大，从而进一步增大冰冻作用的影响深度。

白垩岩（一种固结程度差的白色非晶质泥灰岩）是最容易受到冰冻影响的岩石之一。白垩岩挖方边坡表面开裂与松动，尤其坡脚破碎会影响到坡脚区道路的服役性能（Lord 等，2002）（图 71.6）。

当地表松动导致植被和树木处于失稳临界状态后，此时出现在边坡坡脚处的冻裂可能导致树木、植被散落到坡脚的轨道或道路上，进而对交通通道的影响更加严重。

图 71.6　白垩岩铁路削方边坡（路堑）冻裂

图 71.7　长时间降雨后孔隙水压力上升造成的路堤破坏（1994）

71.2.2　极限状态

71.2.2.1　承载能力极限状态

当作用在边坡上的下滑力大于抗滑力时，坡体便会达到承载能力极限状态。这种状态下的边坡会发生失稳或其他形式的结构破坏，这对土石方工程的安全服役和与之相关的结构均会带来不利影响（Perry 等，2003a，2003b）。

对于填方边坡，承载能力极限状态破坏会影响位于坡顶部的轨道交通或公路运输的安全运行（图 71.7）。

挖方边坡的破坏对交通基础设施安全运营的影响程度与破裂面大小和范围有关。同时，边坡破坏还会对坡顶的建筑物、道路、停车场等结构物，以及诸如排水沟、电缆槽等附属设施造成影响。

为了防止这种破坏发生，必须在设计中考虑抗滑力的安全冗余度，并在结构全生命周期中保持这种安全冗余。可以通过边坡稳定性分析来判定既有边坡的安全程度，一旦其稳定性接近安全的临界状态，可以采取修复措施提高边坡抵抗失稳的安全冗余度。

71.2.2.2　正常使用极限状态

当土石方工程的变形超过预期或规定值，导致结构无法正常使用，就认为其达到了正常使用极限状态。

填方边坡内部变形会影响坡顶部交通基础设施的服役性能，如公路、铁路轨道、电缆以及信号灯等发生超限沉降。

对于挖方边坡，边坡的变形也会对坡顶建筑、道路、停车场、排水沟等结构产生影响。

边坡变形预测分析并不是一个常见的做法。一般认为，提高边坡的安全系数能够防止边坡深层失稳，并能够保证边坡在设计使用生命期间具有令人满意的服役性能。

但是，如果需要，可以采用数值分析方法预估边坡变形。同时，对于既有边坡，任何此类数值分析都需要考虑其从施工以来的历史荷载。为获得接近实际的预测结果，这类分析须选取合适的参数，如强度、刚度、土体渗透系数和坡内土孔隙水压力等，以模拟现场条件。

边坡的安全服役受以下因素影响，其中一些已在之前章节中提及：

- 季节性收缩-膨胀；
- 植被；
- 动荷载；
- 动物掘穴；
- 强降雨；
- 洪水；
- 冰冻。

71.3　土石方工程条件评估、风险消减与控制

71.3.1　检查

为了能顺利交付土石方工程资产管理系统，有必要开发一套适用的土石方工程检查系统。其主要目的是：

- 评估结构安全状况；
- 缺陷早期发现与趋势监测，以决定采取纠正措施的紧迫程度；
- 根据规定的分类系统，对土石方工程状况进行分类；
- 确定预防措施必要性。

英国基础设施资产所有者的检查方法虽然各不相同，但都包括观察和记录检查时的土石方工程状况。

在制定检查规章制度时，应考虑以下因素：

- 缺陷的定义、分类及状况评级体系；
- 检查频率；
- 检查类型（周期性或临时性）；
- 数据采集技术；
- 风险。

周期性检查频率的确定应同时考虑土石方工程历史及状况，以及破坏可能性和破坏后果的严重性。

如果可能，检查记录应将排水系统状况也作为整个土石方工程检查过程中的一部分。土石方工程检查时，还应核实所有附属设施（挡土墙、土钉等）的现状及整体状况。一些支挡结构的检查可能需要其他专业配合，因此应考虑采用多部门协同的检查方案。

检查时，不仅要聚焦被检查的特定资产，还要关注周边可能对资产产生不利影响的各种活动。从检查中采集的信息应用于识别缺陷、监控资产状况以及劣化速率。

借助机载平台的远程检查技术正成为支撑传统现场检查和协助制定计划的强大助手。与现场徒步检查相比，它可以提供一种更安全、更低成本的方法来识别现场存在的问题。Duffell 等（2005）介绍了借助使用机载遥感技术筛查、并确定优先进行场地详细检查的土石方工程应用实例。

71.3.2 解析评估

相较于检查，土石方工程的解析评估更严格和更详细，目的是：

- 为具体的土石方工程状况评估和精确定量的稳定性评价提供数据；
- 基于承载能力极限状态和正常使用极限状态标准，为单个土石方工程业务案例服役性能提升提供证据；
- 在制定资产管理计划时，确定需要优先关注的土石方工程；
- 评估风险，确定维护工程预算及规划；
- 预见问题，确定劣化速率；
- 为工程稳定性设计提供信息。

一个典型的土石方评估通常包括以下几个阶段。

71.3.2.1 案头研究与分析及现场踏勘

初步研究包括：案头研究与分析，具体是复核巡查和工程维护记录中的数据，以及详细的现场检查（巡查）数据，以便直观地识别出可能存在隐患的区域。除了地质、岩土工程数据外，案头研究通常还应包括排水、环境、生态和服务设施信息等数据。

71.3.2.2 现场勘察

现场勘察需利用设备和监测仪器，开展包括勘探、取样和实验室测试等工作。

71.3.2.3 数据分析和稳定性分析

对现场勘察和案头研究收集的资料数据，包括所有变形数据，进行分析、建立场地模型、确定岩土参数。尤其应分析可能的变形破坏机理，并进行稳定性分析。

71.3.2.4 报告与方案优选

报告内容包括：现场勘察和案头研究的成果及解读，针对土石方工程稳定性的分析结果，并对土石方工程状况及危险程度开展分析，同时提出维护或翻新建议及进行成本估算。

71.3.3 土石方工程风险减轻与控制

资产管理者的首要职责就是确保土石方工程一直处于保障使用者和公众都安全的状态。老化、交通荷载、不充分的维护以及延期维修都会降低土石方工程性能，最终危及运营安全。具体的土石方工程性能要求由基础设施拥有者提出，例如，铁路填方工程（路堤）变形限制与保持特定列车开行速度下的轨道质量有关。

当土石方工程遇到边坡稳定性问题时，通常会对速度或者荷载采取必要的临时性限制措施，甚至关闭车道以保证运营安全。当结构承载能力不足而出现坍塌危险时，因公众安全受到威胁，此时需要完全停止服务。

如果预计会出现失稳或其他功能性损失，可以按照影响大小选取以下措施：

- 增加检查频率；
- 监测；
- 日常维护，例如疏通排水；
- 限制使用，或采取减轻措施，或采取工程性的稳定措施；
- 翻新；
- 停止使用。

71.3.4 既有土石方工程监测

土石方工程监测的目的主要有：

- 在维修前降低风险；
- 确定位移变化速度，并判定其处于恒速、加速或减速变化状态；
- 确定原位孔隙水压力及其随时间变化；
- 在位移发生地段，收集破坏深度、面积以及横向范围内的相关信息；
- 确定土石方工程邻近地段工程施工的影响及其工后的长期影响；
- 获取土石方工程性能的定量数据；
- 验证分析评估结果，特别是保守的评价结果，确认设计假设的合理性。

监控系统的设计者在计划实施之前需要明确以下几个方面：

- 目标；
- 方法；
- 精度要求；
- 频率；
- 触发临界值；
- 数据收集和报告；
- 行动计划。

有各种各样的仪器可供使用，同时还可以从Dunnicliff（1998）给出的建议中获得进一步指导。近年来，基于网络、无线和光纤系统发展了新的监测技术。这些技术可以进行远程实时监测，并能将数据自动上传到自动报警系统中。鉴于该领域技术的迅速发展，应始终保持与技术专家、制造商和安装人员进行讨论、咨询。

确定触发临界值时，应充分考虑正常基准值的变化幅度。例如，由于植被对高塑性黏土的影响，伦敦地铁的填方工程（路堤）记录到高达50mm的季节性竖向位移。因此，监测系统应在需要位移控制之前就建立，以便确定先前位移的范围和模式。

对于新建或改建土石方工程，采用BS EN 1997-1：2004（British Standards Institution，2004）建议的方法进行监测，或者对现场情况进行最终的优化设计（Nicholson等，1999）。

71.4 维护和修复工程

71.4.1 预防维护与校正维护

正如第71.1.2节所述，维护是资产管理系统的一部分，进行维护是为了保持资产的现有状态以减少资产劣化程度。预防性维护既是日常维护，例如植被管理和清理排水系统，其频率取决于潜在问题的严重性及可能产生的不良后果。在检查或现场踏勘时发现问题，应进行变更维护。维护计划中的优先顺序根据风险程度确定。土石方工程维护包括以下内容：

- 植被管理；
- 碎块、杂物清除；
- 疏通排水；
- 动物掘穴处理；
- 侵蚀控制措施；
- 建造坡脚挡土结构拦截土石碎块；
- 建造落石防护网。

71.4.2 修复与加固

在下列情形下需要修复或加固：

- 土石方工程不能满足规定的功能性要求；
- 资产不能满足监管机构的最低标准；
- 发生局部或整体破坏。

修复措施的目的是为了提高土石方工程稳定性，以满足承载力和正常使用极限状态要求。然而，在设计其他安全设施或环境保护措施时，需要升级资产使其满足现代标准。

确定修复与加固的工程设计及其标准时，通常包括以下几个方面：

- 满足深层滑移稳定的最小安全系数，改善土石方工程稳定性；

- 满足浅层稳定的最小安全系数，改善土石方工程稳定性；
- 为达到利益相关者的标准，提高维护目标，限制后续变形。例如，*LU Standard 1-159 Track Dimensions and Tolerances*（2011）中要求：10m 长铁路轨道，轨道纵向差异沉降限制在 1∶500 以内，横向差异沉降限制在 1∶300 以内；
- 为了不影响既有土石方工程范围内或附近边坡稳定性，进行修复设计；
- 根据既有设计标准，所有永久土石方工程应该达到 60～120 年的特定使用寿命。

可以通过提高抗滑力或降低下滑力的方式增加边坡稳定性。修复工程的设计可以考虑以下措施。

71.4.2.1 挖方

1. 放坡

如果坡顶有足够空间，可以将坡形改为较缓坡形，进而提高其稳定性。

通常，这样会产生大量挖方和弃方工程量。该方案要求在施工前移除所有植被，并在施工完成后进行恢复。对于伦敦黏土来说，其土石方工程在雨期施工非常困难。

2. 间隔钻孔灌注桩

该方案包括在坡体中设置钻孔灌注桩，以增强坡体抗剪强度，保证边坡的深层稳定性。设计的桩体应穿入到滑动面以下，以提供足够的抗滑力。桩间距为 3～6 倍桩径，并依靠位于桩间的土拱效应为活动区土体提供支撑（Davies 等，2003；Smethurst，2003；Carder 和 Barker，2005；Smethurst 和 Powrie，2007）。

根据地面条件和单桩承载力，选取合适的钻孔灌注桩纵向桩距。桩间距能够影响抵抗深层不稳定所需的安全系数。桩径受施工机械和临时施工条件共同影响。在运营的公路或铁路上施工时，需选取合适的施工设备以确保施工安全。

为了保证这类工程高效性，需要对桩位、桩径和桩间距进行优化，同时考虑可行性，如打桩设备尺寸、临时工程以及既有设施和结构间距等。

钻孔灌注桩的施工也可采用设置于临时作业平台或脚手架上的小型钻井设备开展，如：TD610，其最大桩径 450mm；当弯矩和剪力较大而需要大直径桩体时，可采用类似 Klemm KR 709 或类似的钻机设备。此类型钻机设备具有较大的尺寸、重量和高度，因此这类设备的选择还需要考虑作业平台和临时工程等因素（图 71.8）。

这类工程的优点是：

- 成本较低；
- 斜坡上部的大部分植被可以保留；
- 土石方工程量小；
- 便于机械施工；
- 对环境影响小；
- 易于施工；
- 设计寿命长。

3. 土钉

土钉支护是将土钉与平面成 10°～30°小角度插入坡体，穿过滑动区土体的临界滑动面。有多种类型的土钉可供选择，可结合具体目的、作业空间、安装设备、设计寿命及造价等确定所需类型（Phear 等，2005）。

在粗粒土中，采用空心自钻土钉比较方便快捷。利用附着在空心土钉前端的专用钻头，可以同时进行钻孔和灌浆。土钉施工前需要将坡体上土钉布置部位上的植被全部清除。

对于施工设备难以进入的场地，可以采用索降技术安装土钉。但是，采用这种技术施工时，土钉长度和插入深度有限。如图 71.9 所示为施工设备进入场地困难情况下而采用索降技术开展的施工作业。

设计寿命和防腐将会显著影响该方案的经济适用性。当防腐与失稳相关联时，应充分考虑其中的风险（Phear 等，2005）。

4. 坡脚挡土墙

当空间足够时，可以在挖方边坡坡脚建造大体积重力式混凝土挡土墙或石笼墙，并在墙后采用散粒料回填，从而在坡脚提供额外的重量，增加边坡深层稳定安全系数。挡土墙基础埋深要考虑防止圆弧滑动面穿过挡土墙底部所需的安全系数。这类工程需要在坡脚开挖，当坡脚空间有限时，不能采用此方法。

图 71.8　伦敦黏土削方边坡（路堑）上间隔钻孔灌注桩施工（一）

(a) 植被移除与场地平整；(b) 坡体中部施工平台建设；(c) 不同型号钻机（TD610 和 Klemm709R）以适应桩径

图71.8 伦敦黏土削方边坡（路堑）上间隔钻孔灌注桩施工（二）
(d) 吊放钢筋笼；(e) 施工完成后的斜坡

坡脚开挖不具备条件时，选用带有盖梁的桩板墙结构不失为更好地解决方案。

5. 排水

如果能确定边坡失稳是由坡体内部超孔隙水压力造成时，设置排水系统降低孔隙水压力是一个可行的解决方案。

可以选择的排水系统：

- 坡顶截水沟，阻止雨水流入边坡；
- 反滤层，排除坡内地下水；
- 坡脚排水沟，以保持水位低于坡脚；
- 上述排水形式的组合。

设计排水系统时，必须考虑以下因素：

- 可靠的地下水资料；
- 定期监测和维护坡体的所有排水系统，确保其在使用寿命期持续运行；
- 水体排放需要和现有轨道排水系统进行连接；
- 该方案需要与其他补救措施相结合，以满足安全系数要求。

71.4.2.2 填方工程

1. 放坡

如果坡脚有足够空间，可通过设置马道将填方边坡改为较缓斜坡，从而提高斜坡稳定性。

马道方案还能够加宽坡顶，能为坡肩提供更多

图 71.9　West Kensington 削方边坡（路堑）土钉施工前、中、后的情况

（a）修复前的边坡；（b）边坡修复中，由于施工空间受限只能人工挖掘，采用输送设备将弃土运离现场；
（c）土钉完成后的边坡；（d）植被生长后的边坡

支撑。坡形升级后的填方边坡具有均匀的坡度。在填方边坡加宽和坡形升级时，按规定需使用 1A 级配材料。只要填料的化学成分满足预期要求，再填料可用再生材料，比如粉碎后混凝土。

利用这类填料对现有凹凸不平的边坡进行填充和整平，并按照合同中的规范要求进行铺设和压实，然后在整平完毕的边坡表面铺设一层有利于绿化的种植土（图 71.10）。

2. Ruglei™ 植被保护系统

为了使填方边坡稳定性能满足深层和浅部抗滑安全系数，并加宽坡顶增加通道，可以考虑使用 Ruglei™ 植被保护系统。

该系统由镀锌角钢网和土工格栅组成，用于容纳和支撑填料（粗粒填料或道碴）以达到加宽坡顶、增加通道之目的。必要时，可采用立柱和斜撑稳定系统。旧钢轨或 H 型钢可用作垂直立柱。垂直立柱和斜撑的类型、间距和长度取决于边坡的几

图 71.10　坡形升级后稳定性得以提高的填方边坡（路堤），
坡顶与坡脚同人行道结合

何形状和地面条件。粗粒填料或道渣允许水分自由排出，可减小对植被的影响，形成天然屏障。因此，在改善轨道横向排水的同时，可在很大程度上减少除草剂的使用。另外，用钢轨作垂直立柱时可实现快速施工。当考虑通过加宽坡顶增大进入通道并提高坡肩稳定作用时，该防护系统是非常经济的（Saffari 和 Smith，2005）（图 71.11）。

3. 钻孔锚固桩墙

钻孔锚固桩墙是利用带有斜撑和盖梁的嵌入式小直径（约 300mm）竖向钻孔桩来提高边坡稳定性，且能为坡顶加宽提供支撑。其中，竖向桩作为盖梁基础，斜撑为盖梁横向稳定性提供支撑，盖梁为加宽通道提供支撑。小口径打入桩可代替钻孔灌注桩。这些桩可从坡趾开始施工，因此无需设置打桩平台，从而可节省大量成本和时间。

4. 趾墙

如果路堤坡脚空间狭小，无法对边坡进行坡形改造，减缓坡度至稳定斜坡坡度时，可采用在坡脚设置趾墙，并在坡顶和坡缘堆砌填料，再进行坡形升级，增大坡顶宽度的组合方案。此类墙体的设计和施工与削方边坡类似，但与之（路堑）相比，填方边坡坡脚处的空间更易设置挡土墙。

5. 桩板挡土墙

满足边坡深层稳定安全系数后，解决较小坡肩失稳可能性并拓宽坡肩问题时，可采用桩板挡土墙方案。

原则上，桩板挡土墙由作为主要受力构件的嵌入式垂直支柱和用于连接支柱的水平构件组成。墙后用粗粒填料回填，以加宽坡肩。

垂直构件可以是钻孔灌注桩或打入的预制混凝土桩（钢桩）。因坡肩处空间和施工通道非常有限，使用链轨设备安装钢桩（通用支撑桩）是更为实际的解决方案。这种方案不需要设置打桩平台和相关的临时工程。水平构件可用安装在钢桩法兰之间（或直接安装在钢桩腹板上）的预制混凝土板来充当。此类墙的示例如图 71.12 所示。

6. 钢板桩

钢板桩可安装在填方边坡的坡脚或坡顶来形成挡土墙。钢板桩后进行回填可加宽坡肩或增加坡脚重量，进而改善边坡稳定性。设计钢板桩的嵌固深度时，需对填方边坡侧向荷载和抵抗倾覆滑移进行验算。利用钢或混凝土连梁将钢板桩连接在一起。钢板桩需要进行防腐设计以保证其满足设计使用寿命。

由于施工场地限制，在某些现场，不适合采用常规的起吊设备进行振动式打桩施工；铁路附近，用起吊设备对长截面的钢板桩进行施工时常常受限。

此时，可以考虑用 Giken GRB 不分段系统替代安装专利技术。这是一种基于液压的静压施工方法，利用安装完毕的桩为液压系统提供反作用力。打桩机、电源组、起重机和桩运输设备均组合一起，且能够在已安装的桩上移动，因此不需要临时通道或操作平台。由于桩的起重设备固定在施工完毕的桩上，从而降低了因设备倾倒对铁路造成的风险。钢板桩加固施工的实例如图 71.13 和图 71.14 所示。

71.4.3 修复工程设计

道路工程中，在土石方工程上下的运输线路仍在运行时，对既有边坡开展修复工作，此时边坡修复面临如下问题：

- 施工空间狭小；
- 施工通道受限；
- 铁路、公路及相关设施的安全问题；
- 环境制约。

因此，修复工程要达到施工成本低、效率高且安全可行，需要创新技术。已有许多创新的解决方案，如 Ruglei 护肩系统、Giken 钢板桩、土钉和各类桩都已得到成功应用。图 71.15 为在有拥挤电缆的狭小空间内更换破旧排桩墙的实例图。

在某些情况下，由于施工场地和通道限制，只能采用保护而非修复的处理方法。图 71.16 显示因施工场地限制而无法重新修复，只能采用放置 Armortec 护岸块来保护挖方边坡（路堑）的陡坡坡脚。

第71章 土石方工程资产管理与修复设计

图 71.11 不稳定的铁路填方边坡坡肩和 Ruglei™ 植被保护系统施工
(a)、(b) 加固治理前的坡肩；(c) 打入旧钢轨为 Rugle 系统提供支撑；(d) 用颗粒材料回填 Ruglei 系统；
(e) 施工完毕后的 Ruglei 坡肩稳定系统

图 71.12 沿铁路填方工程（路堤）坡肩设置桩板挡土墙实例
（墙体由钢制的通用承重桩和预制混凝土板组成。墙体构件安装并回填完成后，在钢桩上安装固定扶手）
(a) 采用链轨的 13t 挖掘机在电缆敷设线路上安装钢桩；(b) 桩对准导轨；(c) 桩的施工和设置于填方边坡（路堤）侧面临时操作平台和通道；(d)、(e) 完成后的桩板挡土墙

71.4.4 环境考量

环境因素可能会对既有土石方工程的性能及其维护或修复工程产生影响。环境因素主要对工程的修复设计方案类型产生影响，以便使修复方案符合相关规定。

一旦涉及环境因素就必须获得相关单位的批准才能施工，这可能使工期延误。因此，任何项目应从一开始就应考虑环境方面的要求，以确保考虑到所有风险。环境风险评估可在项目开始时进行，并在整个项目开发过程中经历审核。下列环境因素可能影响土石方工程项目。

71.4.4.1 植被

1. 植被的作用与影响

植被对土石方工程性能的影响已在前面章节中讨论。虽然成年树木的存在可以降低坡内孔隙压力，从而提高边坡稳定性，但在黏土边坡上的树木可能导致季节性膨胀和收缩，因而需考虑树木在这类边坡上适用性。

植被根系的存在有助于加固边坡，但加固效果取决于植被类型和边坡的坡形。若植物根系非常浅，则几乎没有加固作用，在暴雨期间可能变得不稳定，植物会跌落到下方的道路上。

第71章 土石方工程资产管理与修复设计

图 71.13 铁路填方边坡（路堤）坡脚处狭窄空间近接第三方建筑物施工 Giken 钢板桩

(a) Giken 钢板桩施工组合设备；(b) 置于相邻且施工完毕的 Giken 钢板桩上的施工设备

2. 树木保护令（Tree Preservation Order，TPO）

持有树木保护令的树木不得从建筑场地移走。通常在这些树木周围有一个施工禁区，禁区范围取决于树木及其根系的类型和大小。这会严重影响树木附近修复工程的设计方案。顶部灌木篱墙保护令会显著影响挖方边坡施工。因此，为了避免设计变更和项目工期延误，在项目伊始便调查持有此类保护令的树木非常重要。

图 71.14 铁路填方边坡（路堤）坡脚处狭窄空间近接第三方建筑物施工 Giken 钢板桩

(a) 邻近第三方建筑物的桩板；(b) 施工完成后桩墙上盖梁纵向视图；(c) 铁路一侧填方边坡上完工的桩板墙俯视图

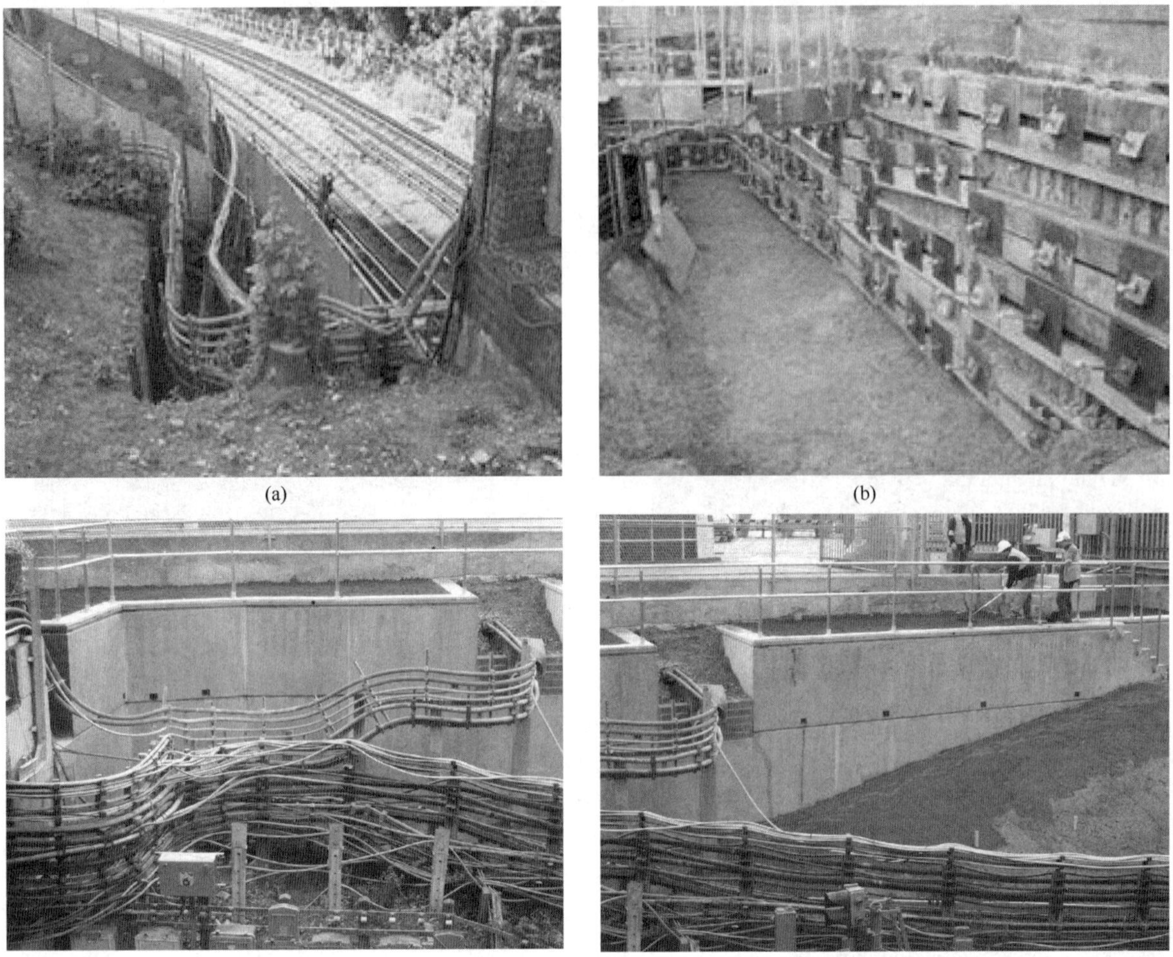

图 71.15 在邻有拥挤电缆的狭小空间内替换破旧桩板墙

（a）邻近电缆的破旧桩板；（b）木质横梁临时土钉墙；（c）带有电缆沟和排水管的大体积混凝土挡土墙

图 71.16 不具备重新修复条件的陡坡坡脚抗冲蚀保护

（a）Armortec 护岸块安装；（b）陡坡坡脚 Armortec 护岸块施工

3. 第三方

位于第三方土地上的植被和树木也可能对挖方和填方边坡稳定性有显著影响。在这种情况下，对植被的处置可能超出基础设施所有者的控制范围。因此，在设计针对降低坡内长期孔隙水压力有关的工程时必须小心谨慎。

71.4.4.2　环境署（Environment Agency，EA）

邻近或流经填方边坡下方的溪流和河流可能会受施工影响。施工勘察孔或桩孔可能对河流造成污染。施工马道会增加填方边坡体积，从而会使环境署（EA）认定其影响河流的行洪能力。在这种情况下，需要在设计阶段向环境署（EA）进行咨询。填方边坡坡脚排水方案的设计应包括收集水排入河流的信息。送交环境署（EA）审批的设计方案应包括符合环境署（EA）要求的排水口。

71.4.4.3　生态

对于任何调查或修复工程，在生态方面应考虑以下内容：

- 筑巢的鸟；
- 掘巢的獾；
- 大冠蝾螈；
- 其他昆虫。

为满足相关标准，在施工之前需要进行生态调查，以便制定符合相关标准的适当措施。

71.5　参考文献

British Standards Institution (2004). *Eurocode 7: Geotechnical design Part 1: General Rules*. London: BSI, BS EN1997-1:2004.

Butcher, D. and Pearson, A. (2007). Serviceability of London Clay embankments, Presentation from Engineering Geology of London Clay, Joint Bicentennial Conference on the Thames Valley Regional Group and the Engineering Geology of the Geological Society. 24 April, 2007, Royal Holloway, University of London, Egham.

Carder, D. R. and Barker, K. J. (2005). *The Performance of a Single Row of Spaced Bored Piles to Stabilise a Gault Clay Slope on the M25*. TRL Report 627. Crowthorne: TRL.

Chandler, R. J. (1984). Delayed failure and observed strengths of first-time slides in stiff clays: a review. In *Proceedings of the 4th International Conference Landslides*, Toronto, **2**, 19–25.

Chandler, R. J. and Skempton, A. W. (1974). The design of permanent cutting slopes in stiff fissured clays. *Géotechnique*, **24**(4), 457–464.

Construction (Design and Management) Regulations (CDM) 2007. SI 2007 No. 320. London: Her Majesty's Stationery Office.

Coppin, N. J. and Richards, I. G. (2007). *Use of Vegetation in Civil Engineering*. CIRIA 708 London: CIRIA.

Davies, J. P., Loveridge, F. A., Perry, J., Patterson, D. and Carder, D. (2003). Stabilization of a landslide on the M25 freeway London's main artery. In *12th Pan-American Conference on Soil Mechanics and Geotechnical Engineering*, Massachusetts Institute of Technology, Boston.

DeLory, F. A. (1957). *Long-term Stability of Slopes in Overconsolidated Clays*. PhD Thesis, University of London.

Duffell, C. G., Rudrum, D. M. and Willis, M. R. (2005). Remote sensing techniques for highway earthworks assessment. In *ASCE Geo-Frontiers 2005*, Austin, Texas, Jan 24–26.

Dunnicliff, J. (1988). *Geotechnical Instrumentation for Monitoring Field Performance*. New York: Wiley.

Ellis, E. A. and O'Brien, A. S. (2007). Effect of height on delayed collapse of cuttings in stiff clay. *Proceedings of the Institute of Civil Engineers, Geotechnical Engineering*, 160 (GE2), 73–84.

Godfrey, P. S. (1996). *Control of Risks – A Guide to the Systematic Management of Risk from Construction*. CIRIA Special Publication 125. London: CIRIA.

Hooper, R., Armitage, R., Gallagher, A. and Osorio, T. (2009). *Whole-life Infrastructure Asset Management: Good Practice Guide for Civil Infrastructure*. (C677). London: CIRIA.

Hudacsek, P. and Bransby, M. (2008). *Centrifuge Modelling of Embankments Subject to Seasonal Moisture Changes*. BIONICS research project. Dundee, UK: University of Dundee.

Kovacevic, N., Potts, D. M. and Vaughan, P. R. (2001). Progressive failure in clay embankments due to seasonal climate changes. In *Proceedings of the 15th International Conference in Soil Mechanics and Geotechnical Engineering*, Istanbul, Turkey, pp. 2127–2130.

London Underground Standard (2011). 1–159, Track-Dimensions and Tolerances, A2, January 2011.

Lord, J. A., Clayton, C. R. I. and Mortimore, R. N. (2002). *Engineering in Chalk*. CIRIA 574. London: CIRIA.

Loveridge, F. and Anderson, D. (2007). What to do with a vegetated clay embankment. In *Slope Engineering Conference*, July 2007.

Management of Health and Safety at Work Regulations (1999a). *Approved Code of Practice and guidance L21* (2nd Edition). HSE Books 2000.

Management of Health and Safety at Work Regulations (1999b). SI 1999 No. 3242. London: Her Majesty's Stationery Office.

McGinnity, B. T., Fitch, T. and Rankin, W. J. (1998). A systemic and cost-effective approach to inspecting, prioritising and upgrading London Underground's earth structures. In *ICE Proceedings of the Seminar Value of Geotechnics in Construction*. London: ICE, pp. 309–322.

Nicholson, D., Tse, C. and Penny, C. (1999). *The Observational Method in Ground Engineering – Principles and Applications*. Report 185, London: CIRIA.

Nyambayo, V. P., Potts, D. M. and Addenbrooke, T. I. (2004). The influence of permeability on the stability of embankments experiencing seasonal cyclic pore water pressure changes. In *Proceedings of Advances in Geotechnical Engineering. The Skempton Conference*, London 2004, **2**, 993–1004.

Perry, J. (1989). *A Survey of Slope Condition on Motorway Embankments in England and Wales*. TRL Research Report RR199. Crowthorne: TRL.

Perry, J., Pedley, M. and Brady, K. (2003a). *Infrastructure Cuttings – Condition Appraisal and Remedial Treatment*. CIRIA Report C591. London: CIRIA.

Perry, J., Pedley, M. and Reid, M. (2003b). *Infrastructure Embankments – Condition Appraisal and Remedial Treatment* (2nd Edition). CIRIA Report C592. London: CIRIA.

Phear, A., Dew, C., Ozsoy, B., Wharmby, N. J., Judge, A. and Barley, A. D. (2005). *Soil Nailing – Best Practice Guidance*. CIRIA 637. London: CIRIA.

Potts, D. M., Kovacevic, N. and Vaughan, P. R. (1997). Delayed collapse of cut slopes in stiff clay. *Géotechnique*, **47**(5), 953–982.

Saffari, N. and Smith, R. (2005). Stabilisation of embankment shoulders on the London Underground. In *Conference Proceedings*,

Railway Engineering 2005, Earthworks Stabilisation, ES–SAFF.

Sandroni, S. (1977). *The Strength of London Clay in Total Effective Stress Terms*. PhD Thesis, University of London.

Skempton, A. W. (1948). The rate of softening in stiff fissured clays, with special reference to London Clay. In *Proceedings of the 2nd International Conference on Soil Mechanics and Foundation Engineering*, Rotterdam, **2**, 50–3, 1977.

Skempton, A. W. (1964). Long-term stability of clay slopes. *Géotechnique*, **14**(2), 77–101.

Skempton, A. W. (1970). First-time slides in overconsolidated clays. *Géotechnique*, **20**(3), 320–324.

Skempton, A. W. (1977). Slope stability of cuttings in brown London Clay. In *Proceedings of the 9th International Conference on Soil Mechanics and Foundation Engineering*, Tokyo, **3**, 261–271.

Skempton, A. W. (1996). Embankments and cuttings on the early railways. *Construction History*, **11**, 33–39.

Skempton, A. W. and Petley, D. J. (1967). The shear strength along structural discontinuities in stiff clays. In *Proceedings of the Geotechnical Conference*, (2), 29–46, Oslo.

Smethurst, J. A. (2003). *The Use of Discrete Piles for Infrastructure Slope Stabilisation*. PhD thesis, University of Southampton.

Smethurst, J. A. and Powrie, W. (2007). Monitoring and analysis of the bending behaviour of discrete piles used to stabilise a railway embankment. *Géotechnique*, **57**(8), 663–667.

Take, W. A. and Bolton, M. D. (2004). Identification of seasonal slope behaviour mechanism from centrifuge case studies. In *Proceedings of Advances in Geotechnical Engineering, The Skempton Conference*, London 2004, **2**, 993–1004.

Vaughan, P. R. (1994). Assumptions, predictions and reality in geotechnical engineering. *Géotechnique*, **44**,(4) 573–603.

Vaughan, P. R. and Walbancke, H. J. (1973). Pore pressure changes and delayed failure of cutting slopes in overconsolidated clay. *Géotechnique*, **23**(4), 531–539.

建议结合以下章节阅读本章：
- 第 100 章 "观察法"
- 第 101 章 "完工报告"

本书以第 1 篇 "概论" 和第 2 篇 "基本原则" 为指导进行章节编排。如第 4 篇 "场地勘察" 中所述，各类岩土工程均应进行扎实的现场勘察工作。

译审简介：

岳祖润，1962 年生，石家庄铁道大学教授，博士生导师，土木工程专业学术带头人，河北省高端人才。

文宝萍，中国地质大学（北京）教授、博士生导师，中国地质学会地质灾害研究分会副主任，从事岩土体工程性质和地址灾害防治理论与方法研究。

第72章 边坡支护方法

保罗·A. 诺瓦克（Paul A. Nowak），阿特金斯有限公司，埃普索姆，英国

主译：冯永能（重庆市勘测院）
参译：明镜，郭彪，张立舟
审校：何平（重庆市都安工程勘察技术咨询有限公司）

doi: 10.1680/moge.57098.1087

目录

72.1	引言	1057
72.2	嵌固式支护	1057
72.3	重力式支护	1058
72.4	加筋/土钉支护	1059
72.5	边坡排水	1060
72.6	参考文献	1061

由于空间限制或边坡附近有对变形敏感的建筑物，无法采用坡率法保证边坡及建筑物的安全，这时就需要对边坡进行加固或支护。对于无法放坡征地的道路拓宽工程以及既有边坡工程，也常采用支护结构保证边坡的稳定。本章介绍了边坡支护结构的主要形式。

72.1 引言

在下列情况下，常采用支挡结构、土钉或加筋材料对边坡进行加固或支护：

- 长期变形可能危及邻近建（构）筑物安全的普通坡率法设计的边坡；
- 受空间限制，在设计使用期内无法采用坡率法确保稳定的边坡；
- 在道路拓宽工程中路基放坡超过用地红线的边坡。

支护方法的选择取决于支护结构建造成本、维护费用、后期维护所需要的额外措施、边坡破坏后果的严重性等因素。有时，业主的意愿也是支护方法选择的重要因素。Charles 和 Watts（2002）提出了一种有效的支护结构选择方法。

本章简要介绍了几种边坡支护方法，包括：

- 嵌固式支护；
- 重力式支护；
- 加筋/土钉支护；
- 边坡排水。

在许多工程实例中，边坡支护方式为以上几种方式的组合。

72.2 嵌固式支护

嵌固式支护结构大致包括：

- 混凝土桩挡墙；
- 钢管桩挡墙。

混凝土桩挡墙通常由钻孔灌注桩或长螺旋钻孔桩组成。桩径和间距取决于能够到达施工场地的施工机械以及设计对桩身弯矩和剪力的要求。混凝土桩/钢管桩墙通常应用于潜在破裂面位于坡脚以下较深处的边坡中，加固后的边坡安全系数/稳定系数应满足第69章"土石方工程设计原则"的要求。在挡墙的设计中，除了应按 Gaba 等（2003）提出的嵌固式挡墙设计方法外，还应考虑桩穿过边坡潜在破坏面所发挥的"剪力键"作用。

当挡墙设计不能满足桩身弯矩和剪力的要求，或者挡墙的倾斜使得后方岩土体发生不可接受的变形或沉降时，可对挡墙采取加强措施，通常包括：（a）带冠梁悬臂墙；（b）带地锚桩板墙；（c）带斜撑桩板墙；（d）带系杆及锚固体桩板墙等，如图 72.1 所示。

锚杆的设计应按照英国标准 BS 8081（BSI, 1989）进行，地锚安装在桩顶部位，安装后立即施加预应力，为桩提供主动约束。

斜撑的设置类似于锚杆，不过不能施加初始约束力。当挡墙产生向前的位移时，岩土体对斜桩产生反方向摩擦力，从而对竖向桩桩顶产生锚固作用。所以斜桩应设计成抗拔桩。

系杆的作用与斜撑相同，但可以后张拉，起到类似地锚的作用。系杆需要与锚固体相连，在实际应用中，常常将设置在路基对面的挡墙作为锚固体，在伦敦地下堤防的支护中就采用了这一结构形式。

钢管桩的设计方式与钻孔灌注桩相同，它们各有优缺点。钻孔灌注桩的优点是成桩过程的振动很

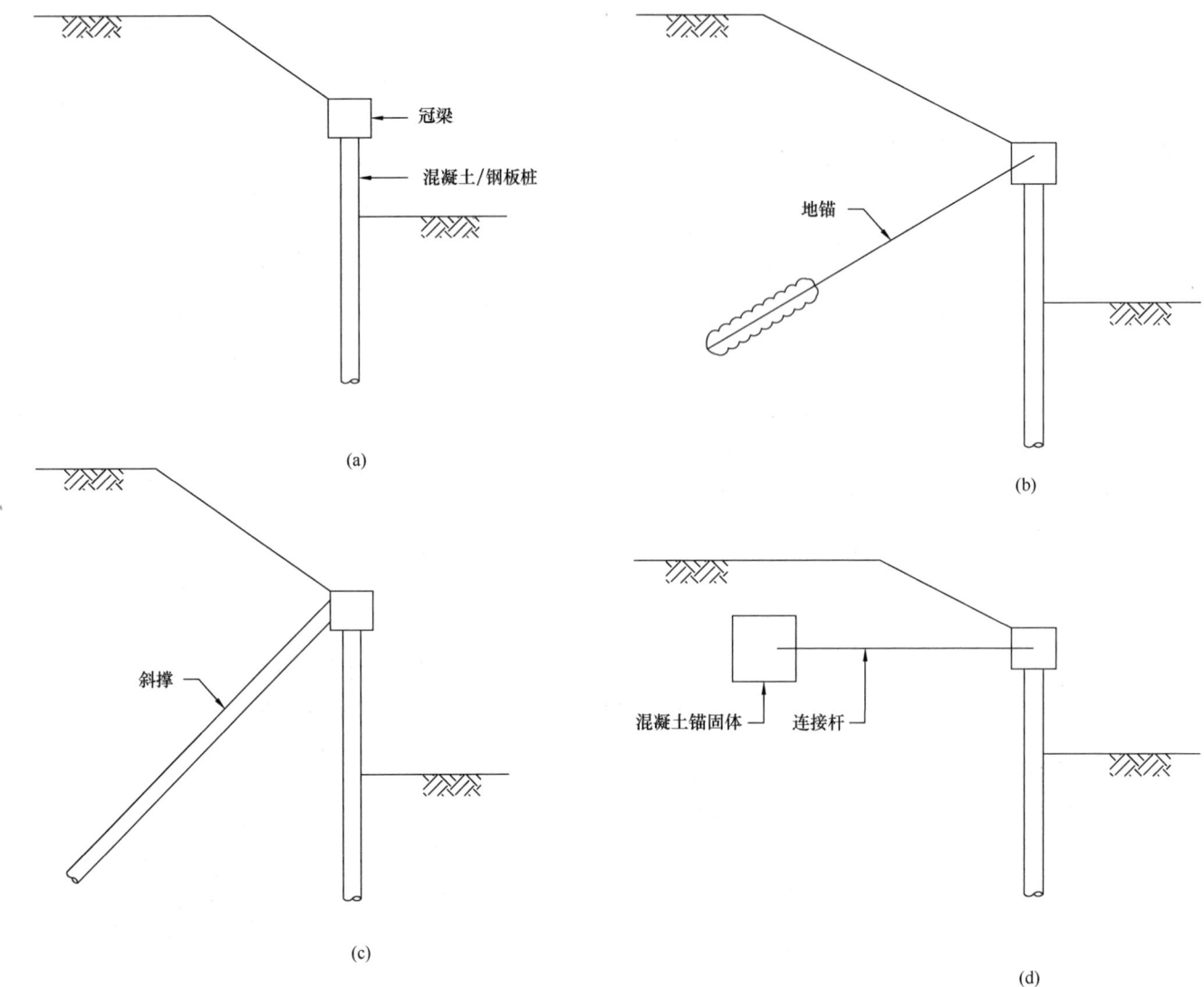

图 72.1 典型嵌入式支护结构
(a) 带冠梁悬臂墙；(b) 带地锚桩板墙；(c) 带斜撑桩板墙；(d) 带系杆及锚固体桩板墙

小，可以消除施工对邻近既有建（构）筑物的影响，不过施工速度较慢。钢管桩施工速度快，能有效、快速地治理已经滑塌的边坡，不过在采用锤击打入施工时，产生的振动较大，易对邻近建（构）筑物产生不利影响，目前这一缺点可以通过使用静压施工方法来克服。

在设计钢管桩的截面尺寸时应注意地质条件，以防桩不能顺利打入到地层中。关于这一点 Williams 和 Waite（1993）提供了指南。

钻孔灌注桩的结构设计应按 BS EN 1992-1（BSI，2004a）、英国标准 BS 8110-1（BSI，1997）、英国标准 BS 8500（BSI，2006）或英国标准 BS 5400（BSI，2002）进行。钢管桩的结构设计应按 BS EN 1993-5（BSI，2007）进行。

在第 6 篇 "支护结构设计" 中给出了更多关于嵌固式支护结构设计的建议。

72.3 重力式支护

重力式支挡结构通常包括：(1) 钢筋混凝土墙；(2) 格宾墙；(3) 干砌块墙；(4) 格笼挡土墙；(5) 加筋土墙；(6) 加筋土石墙。除了加筋土墙，典型的挡墙形式如图 72.2 所示。

重力式支挡结构稳定性包括抗滑稳定性、抗倾覆稳定性和地基稳定性，可按 Chapman（2000）进行设计验算，加筋土和加筋土墙应按英国标准 BS 8006（1995，2009b）设计，如第 73 章 "加筋土边坡设计" 所述。在第 6 篇 "支护结构设计"

第72章 边坡支护方法

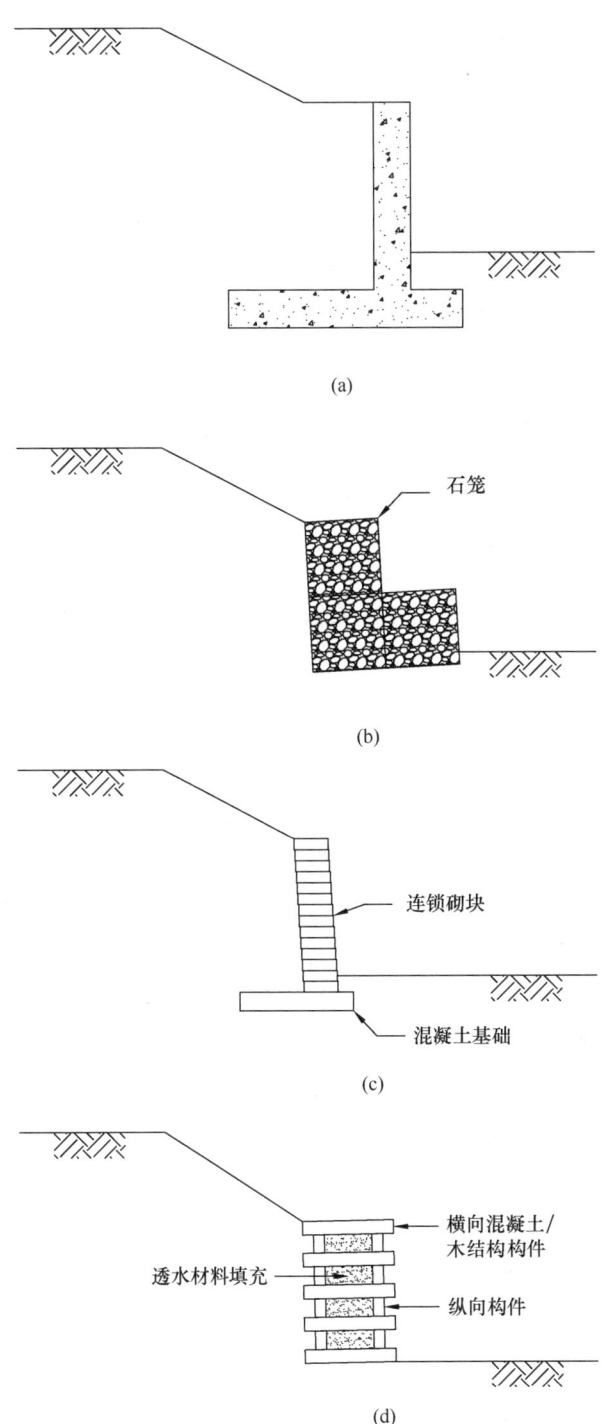

图72.2 典型重力式挡墙
(a) 钢筋混凝土挡墙；(b) 格宾挡墙；(c) 干砌块挡墙；
(d) 格笼挡墙

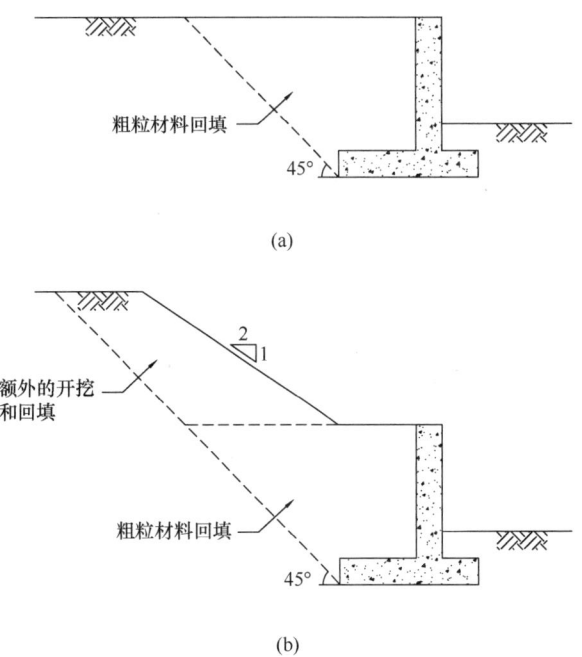

图72.3 斜坡对开挖和回填体积的影响
(a) 墙后地面水平；(b) 墙后有斜坡

中给出了更多关于加筋重力式挡墙设计的建议。

通常情况下，对于高度大于3m的挡墙，如果墙后存在斜坡，则需要将挡墙嵌入被动侧地面以下，以防边坡和挡墙的整体破坏。

重力式支挡结构在墙后主动区一般采用粗粒材料回填。对于已有的边坡，采用重力式结构时应慎重，因为它可能导致墙后边坡的大量开挖，如图72.3所示。

重力式支挡结构，特别是砖石结构挡墙，通常构成现有基础设施资产的一部分。如果需要作为资产状况调查的一部分进行评估，则应按照现行规程如BS EN 1997（BSI，2004b）进行，或按原英国标准BS 8002（BSI，1994）。应注意的是，特别在铁路基础设施方面，该结构可能有100年的历史，没有按照现行标准进行建造。根据BS EN 1997或英国标准BS 8002对结构进行评估时，可能出现该结构不符合标准要求，而结构又没有明显损坏的情况。在这种情况下，应咨询资产所有者，并就资产管理的合理方法达成一致。

72.4 加筋/土钉支护

使用土工格栅或网格状布置的土钉能为可能产生的破坏面提供额外的抗拉强度。典型示例如图72.4所示。

采用土工格栅或土钉加固边坡应按照英国标准BS 8006进行设计，在手册第73章"加筋土边坡设计"和第74章"土钉设计"中将进一步地讲解。

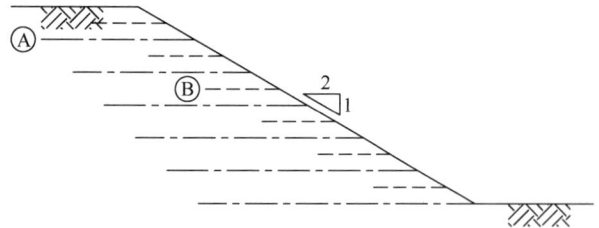

Ⓐ 主筋

Ⓑ 次筋、用于防止主筋之间坡面的局部破坏

(a)

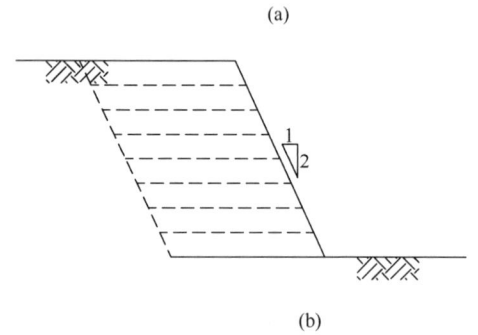

(b)

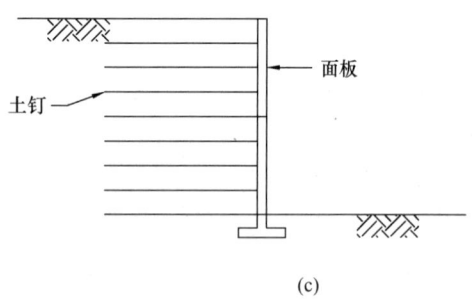

(c)

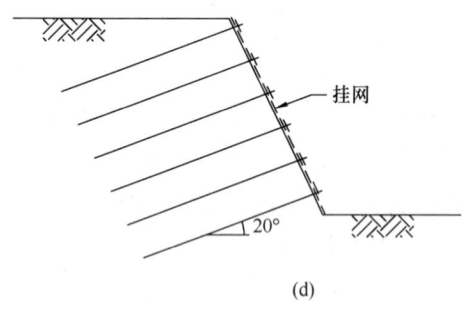

(d)

图 72.4 典型采用土工格栅及土钉加固边坡的方法

(a) 加筋土边坡；(b) 加筋土挡墙；(c) 土钉 + 面板；
(d) 土钉 + 钢筋网

加筋和土钉的使用并不局限于陡坡（约 60°），它可以应用于任何角度的边坡。由于加筋体或土钉的额外抗拉强度，使得加筋边坡可以采用比未加筋边坡更陡的坡度。例如在希思罗机场的 5 号航站楼丁坝道路项目中，因为空间不足，大多数伦敦黏土

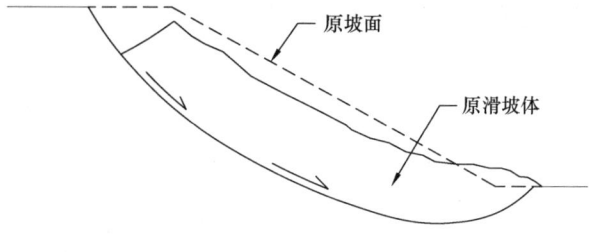

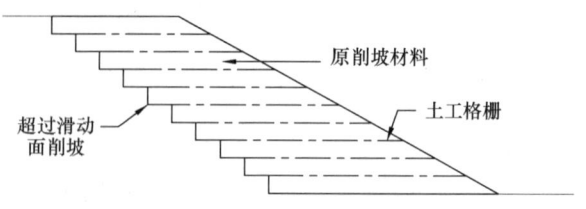

图 72.5 采用土工格栅治理边坡

路堤无法满足 1:4 的放坡要求，采用土工格栅加固后，采用 1:2 放坡，边坡稳定。

土工格栅也可用于边坡灾害治理，特别是路堑边坡。20 世纪 70 年代，它们被广泛用于伯克希尔的 M4 高速公路上，也被用于亨顿伦敦地铁的伦敦黏土边坡。首先将滑坡体开挖清除，再利用滑坡体材料重新回填，分层铺设土工格栅后压实，为土体提供额外的抗拉强度，如图 72.5 所示。

如果没有足够的场地临时储存滑坡体材料，上述方案可能并不可行，而通常需要使用外运粗粒材料进行修复。

72.5 边坡排水

边坡的稳定性可能受到地下水（见第 70 章"土石方工程设计"）或降水的影响。

如果不对地下水进行控制，并且实际地下水条件与设计条件不一致，可能导致边坡深层破坏。特别是在黏性土和非黏性土互层边坡中，因为非黏性土地层中的地下水流动会导致周围黏性材料软化。

地表水的渗入可导致黏性土表层软化，从而导致边坡土体强度降低并形成浅层破坏。这些病害在道路中非常常见，需要整治。

通常的做法是，将边坡排水作为原边坡施工的一部分或作为补救工程措施来解决这些问题。

边坡排水通常采用与边坡正交的砾石排水沟形式或"人字形"结构。排水沟通常由排水管和土工布包裹构成，以防止细粒材料进入，从而影响其长期性能。

排水沟沿边坡间距一般为 5~10m，具体取决于边坡的地质条件。Hutchinson（1977）对边坡排水理论和设计提供了有用的指导。

在设计边坡排水时，必须考虑合适的排水通道，以防止边坡底部积水软化坡脚，增加边坡破坏风险。

Woods 和 Kellagher（2007）指出，边坡排水沟可与坡脚的排水沟相连，或与路堑坡顶排水沟相连。边坡排水系统可接入现有河道、公共下水道或其他可持续排水系统。

72.6 参考文献

British Standards Institution (1989). *Code of Practice for Ground Anchorages*. London: BSI, BS 8081.
British Standards Institution (1994). *Code of Practice for Earth Retaining Structures*. London: BSI, BS 8002.
British Standards Institution (1995). *Code of Practice for Strengthened/Reinforced Soils and Other Fills*. London: BSI, BS 8006.
British Standards Institution (1997). *Structural Use of Concrete. Code of Practice for Design and Construction*. London: BSI, BS 8110–1.
British Standards Institution (2002). *Steel, Concrete and Composite Bridges*. London: BSI, BS 5400.
British Standards Institution (2004a). *Eurocode 2 – Design of Concrete Structures. General Rules and Rules for Buildings (Including National Annex)*. London: BSI, BS EN 1992–1.
British Standards Institution (2004b). *Eurocode 7 – Geotechnical Design (Including National Annex)*. London: BSI, BS EN 1997–1.
British Standards Institution (2006). *Concrete. Complementary Standard to BS EN 206–1*. London: BSI, BS 8500.
British Standards Institution (2007). *Eurocode 3 – Design of Steel Structures. Piling (including National Annex)*. London: BSI, BS EN 1993–5.
British Standards Institution (2009a). *Code of Practice for Earthworks*. London: BSI, BS 6031.
British Standards Institution (2009b). *Code of Practice for Strengthened/Reinforced Soils. Document 09/30093258C, Draft for Public Comment*. London: BSI, BS 8006–1.
Chapman, T. (2000). *Modular Gravity Walls – Design Guidance*. London: Construction Industry Research and Information Association, CIRIA Report C516.
Charles, J. A. and Watts, K. S. (2002). *Treated Ground, Engineering Properties and Performance*. London: Construction Industry Research and Information Association, CIRIA Report C572.
Gaba, A. R., Simpson, B., Powrie, W. and Beadman, D. R. (2003). *Embedded Retaining Walls – Guidance for Economic Design*. London: Construction Industry Research and Information Association, CIRIA Report C580.
Hutchinson, J. N. (1977). Assessment of the effectiveness of corrective measures in relation to geological conditions and types of slope movement. *Bulletin of the International Association of Engineering Geology*, **16,** 133–155.
Williams, B. P. and Waite, D. (1993). *The Design and Construction of Sheet Piled Cofferdams*. London: Construction Industry Research and Information Association. CIRIA Special Publication SP95.
Woods, B. and Kellagher, R. (2007). *The SUDS manual*. London: Construction Industry Research and Information Association, CIRIA Report C697.

延伸阅读

Highways Agency (2009). *Specification for Highway Works*. London: Stationery Office.

建议结合以下章节阅读本章：
■ 第23章"边坡稳定"
■ 第69章"土石方工程设计原则"
■ 第6篇"支护结构设计"

本书以第1篇"概论"和第2篇"基本原则"为指导进行章节编排。如第4篇"场地勘察"中所述，各类岩土工程均应进行扎实的现场勘察工作。

译审简介：
冯永能，重庆市勘测院总工程师，注册土木工程师（岩土），重庆市百名工程技术高端人才，正高级工程师，重庆市勘察设计大师。
何平，重庆市都安工程勘察技术咨询有限公司总经理，教授级高级工程师，注册土木工程师（岩土），重庆市勘察设计大师。

第73章 加筋土边坡设计

塞巴斯蒂安·芒索（Sebastien Manceau），阿特金斯公司，格拉斯哥，英国

科林·麦克迪尔米德（Colin Macdiarmid），SSE Renewables，格拉斯哥，英国

格雷厄姆·霍根（Graham Horgan），Huesker，沃灵顿，英国

主译：康富中（中国建筑科学研究院有限公司地基基础研究所）

审校：高涛（吉林省恒基岩土勘测有限责任公司）

doi: 10.1680/moge.57098.1093

目录

73.1	简介和范围	1063
73.2	筋材类型和性能	1063
73.3	加筋的一般原则	1064
73.4	设计总则	1066
73.5	加筋土挡墙和桥台	1067
73.6	加筋土边坡	1072
73.7	基底加固	1074
73.8	参考文献	1076

加筋土是包含多种类型筋材（通常是土工合成材料或金属材料）的复合结构，筋材一般水平铺设于土层中，其长度超出潜在破裂面，吸收原本会引起非加筋土破坏的拉伸应变，然后将其重新分配到破坏面之外的土体中。本章旨在介绍一般加筋土的概念、加筋土结构设计的一般原则和涉及的各种加筋材料。包括加筋土挡墙和桥台、加筋土边坡和基底加固的讨论。

73.1 简介和范围

加筋土结构的概念是在土体中放置（通常是水平的）具有足够轴向拉伸刚度的分层增强元件，以提高其抗拉伸和抗剪切能力。这样，加筋后的边坡和挡墙可以更陡，如果没有加筋，陡坡将是不稳定的。当用作基底加固时，可以在地质条件较差或容易下陷的地基上建造路堤，否则地基就会失稳。

在土中加入加固材料以提高填土强度的想法可以追溯到人类最早的时期，当时原始人使用木棍和树枝来加固泥土。现存最早的加筋填土实例是在现今伊拉克由巴比伦人在公元前3000年左右建造的Aqar Quf庙塔，它使用黏土砖，将芦苇编织垫水平放置在砂子和砾石中，再将芦苇编结的绳索穿过其中形成加固体结构。建造于2000年前的中国长城，在一些地方也采用加筋填土的形式，通常使用柳条和树枝来加固黏土和碎石的混合物。

在20世纪60年代初期，Henri Vidal引入并发展了现代形式的加筋填土，使用水平放置在土体中的金属条来提高土的摩擦黏聚力。在20世纪60年代末期至20世纪70年代，国家机构［尤其是法国中央实验室（LCPC）］对加筋土结构进行了大量研究，这使人们对其概念有了更全面的了解，并更好地接受了该方法。同时，合成纤维的进步也推动了土工布和土工格栅的发展。这些土工合成新材料很快被用于加筋土结构的施工和基底加固。应该注意的是，加筋土是放置在土体中的加筋材料及土体的总称，包括金属和聚合物加筋材料。术语"加筋土"是加筋土公司的商标，其创始人（Henri Vidal）使用了"TerreArmée"的概念。

本章介绍了各种类型的加筋材料及其属性，讨论了加筋的一般原则并为加筋土结构设计提供指导。详细介绍了加筋土挡墙和桥台、加筋土边坡和基底加固。其他特定的加固形式见本手册的有关章节，如地锚（第89章"锚杆施工"）、土钉（第74章"土钉设计"）、基底加固的特殊应用如荷载传递平台设计（第70章"土石方工程设计"）。

73.2 筋材类型和性能

73.2.1 筋材类型

根据可拉伸性，基本上定义为以下两种主要的筋材类型：

- 可拉伸的筋材：在英国标准 BS 8006（BSI，1995）中定义为可在大于1%的应变下承受设计荷载的筋材，通常是聚合物材料；
- 不可拉伸的筋材：在英国标准 BS 8006 中定义为在小于或等于1%的应变下承受设计荷载的筋材，通常是金属材料。

筋材的设计寿命可以从几个月（例如，软土地基上的路堤基底加固）到120年（例如，挡墙、

桥台和边坡）不等。筋材的主要功能是承受拉伸荷载。加筋材料在最初以及整个设计使用年限，其主要功能在很大程度上取决于制造筋体的材料。

73.2.2 聚合物筋材的性能

聚合物筋材可以采用多种形式，例如格栅、网丝、条带（通常用于加固边坡和挡墙）和土工布（通常用于基底加固）。

所有聚合物基本上都是非线性黏弹性材料，这主要取决于负载率。此外，聚合物容易蠕变，因此其性能会随时间变化。

当承受恒定荷载时，所有材料的应变将随时间而增加，这种现象被称为蠕变。环境温度下的蠕变对聚合物非常重要。聚合物增强材料的拉伸断裂强度将随着时间的推移而降低，这主要是由于从初始短期极限拉伸断裂强度（UTS）蠕变到设计使用年限结束时的拉伸断裂强度所致。聚合物增强材料的蠕变性能主要取决于用于生产土工合成材料的特定聚合物（例如，聚丙烯往往比聚酯具有更高的蠕变性能）。

等时曲线表示在给定的时间内（在此期间筋材已承受拉力）拉伸载荷与应变的关系。这些曲线是根据 PD ISO/TR 20432（BSI，2007）中的方法，通过大量的测试和内插法得出的，并且对于每种专有的土工合成材料都是唯一的。应力轴的拉伸荷载通常表示为加固筋材初期 UTS 的百分比。

这些曲线使设计人员能够在给定的荷载/应力水平下确定聚合物的初始应变和工后应变。应变必须保持低于规定的设计极限。英国标准 BS 8006 根据结构类型和使用性能，对工后应变设置了不同限制。对于桥梁桥台和具有承受永久结构荷载的挡土墙，工后应变限制为 0.5%；对于承受临时荷载的挡土墙，工后应变限制为 1.0%。对于变形控制不是很严格的斜坡，施工后大约 5% 的应变是可以接受的。通常，对于基底加固（用于软土地基上的路堤）工后应变没有限制，但在容易沉陷的地区进行基底加固时应该受到限制。

此外，设计人员根据曲线确定筋材刚度随时间的变化。

一组典型的等时曲线见图 73.1。

73.2.3 金属筋材的性能

金属筋材可以采用多种形式，例如：格栅、网

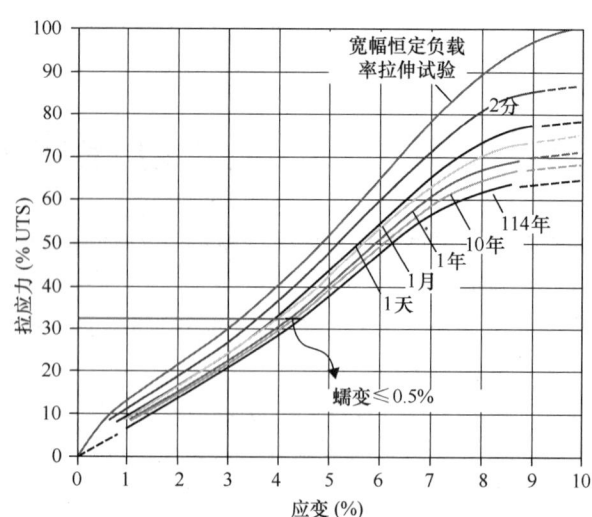

图 73.1 聚酯基筋材的典型等时曲线

经由 Huesker 提供（Stabilenka 产品的等时线）

丝、条带、棒条或枝条（通常用于加固挡墙和桥台）。

金属筋材的蠕变在环境温度下通常可以忽略不计，可以假定金属筋材为线弹性材料，应变与时间无关。因此，金属筋材的拉伸屈服强度会随着时间而降低，这几乎完全是由于腐蚀引起的。

金属筋材的腐蚀本质上是一个氧化过程，氧化后会形成保护层以阻止进一步的腐蚀，在设计中通常通过对钢筋横截面的面积进行折减来考虑腐蚀的影响。英国标准 BS 8006 为在设计阶段允许损耗的金属材料厚度提供了指导，具体取决于：

- 所用的特殊金属或合金和防腐措施；
- 金属筋材的设计使用寿命；
- 土体或环境的腐蚀性情况（例如，高酸度的土体，其腐蚀性很强）。

73.3 加筋的一般原则

73.3.1 在土体中加入筋材的影响

当向土体中作用倾斜或垂直载荷（由土体自重或附加载荷产生）时，将在土体中产生轴向压缩应变和相应的横向拉伸应变。施加于土体的最大荷载受到土体内部抗剪强度的限制。将筋材加入到土体中（具有足够的刚度）可以改善土体的抗剪性能（加筋土的抗剪强度 = 土体中的抗剪应力 + 筋材中的拉应力），并具有减少轴向压缩和横向变形的作用。

土体变形会导致潜在破裂面中土体产生剪应力，使筋材产生拉应力。筋材沿拉伸/横向应变的发展方向放置时，加固效果最好。在大多数实际加筋土工程应用中，筋材是水平放置的（土钉除外，它们通常与水平方向成 10°~20°的倾角）。

73.3.2 应变协调

土体中剪应力和筋材所受拉应力的大小都是动态变化的，土体和筋材的协调变形是两者的相对刚度特性函数（刚度越大的筋材承担的应力比例越大）。为了保持平衡，需要考虑土的动抗剪强度和筋材动应变。

不可拉伸的（金属）筋材将通过摩擦接触吸收主动区土体在低变形下产生的拉应力，并将其传递到破裂面之外。对于可拉伸的聚合物筋材，应变协调性问题变得越来越重要，应确保设计筋材的极限应变与土体应变协调。

图 73.2 显示了典型的粗粒土抗剪强度和筋材拉应力动态变化（时间为常数）。

从图 73.2（a）中的曲线可以看出，随着应变的发展，土体中的抗剪强度也会随着增加（满足平衡条件所需的筋材拉应力会降低），直到土体抗剪强度达到最大值或峰值强度 ϕ'_p。超过此点（ϕ'_p），变形增加会导致抗剪强度降低至与应变无关的最小值 ϕ'_{cv}（等体积抗剪强度），而满足平衡条件所需的力便会相应增加。同时，随着应变的发展，对应于特定的加载周期（t_d）和温度（T_d），筋材拉应力也会增加（图 73.2b）。

当应变发展到一定水平时（在土体和筋材中），筋材发挥的拉应力需要维持平衡（图 73.3）。

在这一点上，进一步的变形将仅是由于额外的荷载或者筋材随时间的应力松弛或蠕变而发生。

土体的应力应变响应取决于多种因素，包括土中的矿物和应力历史；同样，筋材的应力-应变响应也取决于多种因素，包括筋材形式、制造工艺和原材料。对于每种土体类型和加筋材料，开发一套协调性曲线通常是不切实际的。英国标准 BS 8006 根据加固土层的类型和采用的参数为应变协调问题提供了实用的建议。例如，对于应变和变形对整体性能更为关键的挡墙和陡坡，将采用 ϕ'_p；对于变形不那么关键的软土上的缓坡和基底加固，则采用 ϕ'_{cv}。

73.3.3 土与筋材之间的相互作用

筋材通过摩擦力（对于粗粒土）或黏聚力（对于黏性土）与土体形成整体。

有两种相互作用方式：

（1）直接滑动：其中某块土体在加筋层上面产生滑动；

（2）拔出（整体）：其中在达到最大粘结应力后，其中某层加筋材料从土中拔出。

73.3.3.1 直接滑动

土工织物加筋材料的滑动阻力在整个接触区域内产生。土工格栅和条带的滑动阻力既来自筋材与土体之间的直接接触，也来自土体与土体之间通过格栅孔或邻近筋材的接触。

改进的直接剪切试验适用于测量土体与任何类型筋材之间的滑动系数。

对于具有不排水工况的黏性土地基，在土体和筋材之间形成的粘结应力与土体的不排水抗剪强度

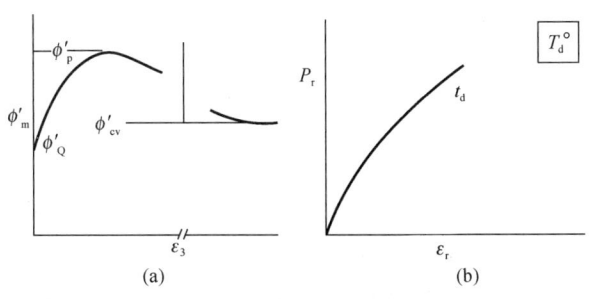

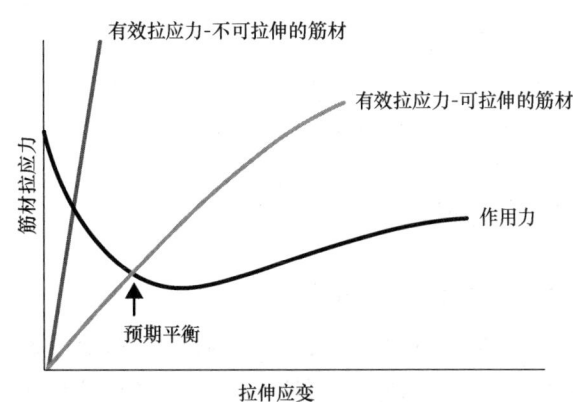

图 73.2 应变协调关系曲线

（a）土体抗剪强度变化；（b）筋材拉应力变化

P_r = 筋材拉应力；t_d = 加载周期；T_d = 温度；ε_3 = 最大拉应变

经许可摘自 CIRIA SP123，Jewell（1996），www.ciria.org

图 73.3 用于确定加筋土中平衡的典型协调曲线

经许可，改编自 CIRIA SP123，Jewell（1996），www.ciria.org

之间具有粘结系数,该系数通常小于1。

73.3.3.2 拔出

土工织物材料的抗拉强度是由整个平面区域的表面剪切力产生的。土工格栅的抗拉强度部分来自表面剪切力,部分来自土工格栅的横向构件的承载力。设计通常从这两方面的理论推导中计算出粘结系数。

对于嵌在密实的无黏聚性填土中的狭窄粗糙条形筋材,拉拔过程中在土中产生的剪应力会导致填料膨胀,这会导致局部垂直有效应力高于上覆压力,从而增加了拉拔阻力。一般建议进行现场拉拔测试以验证此类型筋材的粘结强度。

由于会受到测试边界条件的显著影响,拉拔试验相对来说比较难。因此,测试数据可能存在可靠性问题。

73.4 设计总则

欧洲标准未涵盖加筋土结构和边坡的设计。在英国,加筋土结构的设计遵循英国标准 BS 8006《加筋/加筋土和其他填土规程》(*Code of Practice for Strengthened/Reinforced Soils and Other Fills*)(或 HA 68/94 通过加筋土和土钉技术加固公路边坡的设计方法;Highways Agency,1994)。英国标准 BS 8006 采用极限状态方法,通过评估历史数据来提供针对加筋土结构设计进行校准的分项安全系数。应当指出,该标准于 1995 年首次发布,而新版本已于 2010 年发布。由于两个标准之间的变化很小,因此以下内容适用于这两个标准。

73.4.1 极限状态法

加筋土结构按承载能力极限状态(ULS)和正常使用极限状态(SLS)的两种极限状态设计。ULS 与坍塌、破裂或重大损坏相关,而 SLS 与过度沉降或变形相关。

73.4.2 分项安全系数法

英国标准 BS 8006 提供了各种分项安全系数,用于分析加筋土结构的整体安全性。虽然英国标准 BS 8006 并未以这种方式对其进行具体分组,但可以认为分项安全系数的引入是为考虑材料性能的降低和抗力以及额外荷载的增加(与欧洲标准中使用的方法类似)。

此外,还介绍了内部破坏分项系数(f_n),以考虑内部失效的后果。f_n 的值取决于结构的风险类别,它为破坏后果最严重的结构引入了额外的安全性。该系数分别作为附加材料系数和附加阻力系数,用于提高筋材和填料的相互作用。

73.4.2.1 材料分项系数

筋材的安全性使用材料分项安全系数(f_m)来考虑筋材性能的不确定性(测试数据的编制和外推)、施工过程中的易损性(例如,由于所用填料的形状和尺寸)和环境影响(例如:温度、紫外线辐射)。

如上所述,内部分项破坏系数(f_n)还用于降低筋材的设计强度,因此可作为附加材料系数。

将分项安全系数应用于土体强度参数(f_{ms}),可以解决土体参数特征的不确定性。

73.4.2.2 荷载分项系数

应用荷载分项系数以增加土体自重(f_{fs})、外部静荷载(f_f)和外部活荷载(f_q)。对于挡墙和桥台,在设计时必须确定和考虑各种设计标准的最不利荷载组合。

英国标准 BS 8006 对土体自重的荷载分项系数使用高值,这是一个众所周知的参数,且该值不会有大的变化。但是,需注意在英国标准 BS 8006 中提供的分项安全系数针对加筋土结构进行了专门校正。孤立地考虑某一特定分项系数,其背后的逻辑并不是显而易见的,安全的设计应该全面考虑各种分项安全系数。

73.4.2.3 抗力分项系数

对于涉及土体-筋材相互作用的内部破坏机制(即在土体/筋材内部),当破裂面与加筋层相交时,抗拔阻力的分项安全系数(f_p)用于潜在破坏面后的土体-筋材相互作用产生的抗力;当潜在破坏面与加筋层重合时,土体抗力的分项安全系数(f_s)适用于由土体-筋材相互作用产生的抗力。

内部分项破坏系数(f_n)是附加抗力系数,用于进一步减小土体/筋材摩擦阻力(拉出和直接滑动)。

对于外部破坏机制（例如，滑动或承载力不足），在沿加筋土结构内部或底部的任何水平平面上，土/筋材相互作用产生的阻力都应考虑层间抗滑阻力分项系数（f_s）。承载力抗力分项系数（f_{ms}）适用于极限承载力产生的阻力。注意，英国标准 BS 8006 将该分项安全系数当作材料安全系数（因此用符号 f_{ms} 表示），但是承载力不是土的固有特性，因此在下文中，将承载力的分项系数视为抗力系数。

73.5 加筋土挡墙和桥台

73.5.1 总则

加筋土挡墙和桥台是复合结构，由填土、筋材和面板组成，如图 73.4 所示。如果筋材的布置和性能足以防止土体发生内部破坏，则加筋土体作为重力结构在其整个范围内传递附加应力和土压力。加筋土挡墙是一种经济有效的土体保护结构，它可以使土体能够承受较大的沉降。面板与垂直方向设置为小于 20°，面板可以作为加筋土挡墙进行整体分析。

73.5.2 材料

73.5.2.1 填料

填料的物理力学和化学性质都需要评估。一般而言，《公路工程规范》(*Specification for Highways Works*)（Highways Agency，1993）中的 6I/6J 型摩擦等级材料用于建造加筋土墙和桥台。当使用钢制金属筋材时，还需要考虑填料的电化学性能。聚合物加筋材料不受电化学性能的影响，但需要评估化学性质对聚合物加筋材料的特有影响。

在某些情况下，如果考虑到耐久性和与材料的兼容性，则可以使用黏性填料，如粉煤灰、矿渣、泥质材料和白垩岩（有关详细信息，请参阅英国标准 BS 8006，第 3 章）。在项目中应尽早考虑加筋土结构的填料类别和技术参数，并应特别考虑诸如可持续性、可用性、对设计的影响和成本等方面。使用 6I / 6J 以外的填料（考虑了材料耐用性和与筋材的相容性）可能会导致设计使用更长、更密及强度更高的筋材，且会增加施工期间对填料的测试要求。然而，如果现场现有材料可以重复使用，那么外运的材料数量将大大减少（从而减少现场所需加工材料的数量）。如能确定场地附近的填料源，也可降低运输费用。

73.5.2.2 筋材

加筋土挡墙和桥台中的筋材由金属条或聚合物土工格栅组成。在第 73.2 节和第 73.3 节讨论了筋材性能及其相互作用原理的有关内容。

73.5.2.3 面板

面板为筋材之间的填料提供了局部支撑，防止土体暴露和风化并使加筋土结构更加美观。常见的面板类型包括全高面板、离散面板、分段式面板和环绕式面板。它们由混凝土（钢筋混凝土或素混凝土）、钢材、木材或聚合物制成。离散面板（六角形、正方形或十字形）在与金属筋材配合使用时最为常见，而分段式面板通常与聚合物一起用于永久性结构（硬质面板）。聚合物加筋结构可以进行表面绿化，但容易受到紫外线照射的影响导致降解、意外损坏和破坏，它们通常用于临时结构中。

73.5.3 常见几何形状和典型尺寸

图 73.5（其中 *L* 是筋体长度）说明常见的加筋土挡墙和桥台几何形状，可用于概念设计的选型阶段和确定初步尺寸。这些尺寸是相对于力学高度 *H* 给出的。对于挡墙，力学高度 *H* 的计算方法详见图 73.5a。对于桥台，*H* 的计算方法详见图 73.5b。初步确定和选择的尺寸可能在之后的详细

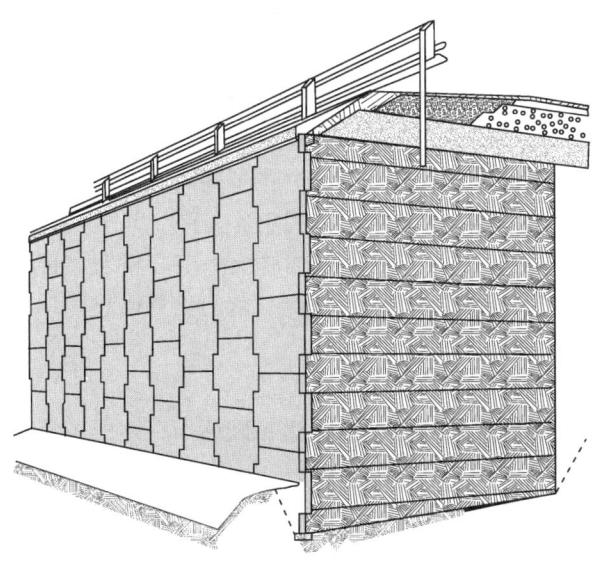

图 73.4 加筋土结构的 3D 截面

经由 Terre Armée Internationale 提供

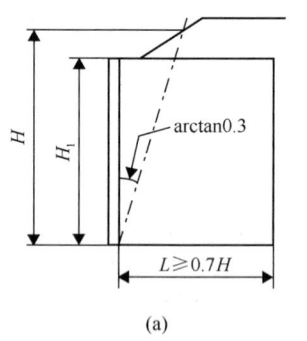 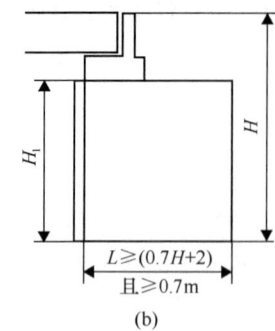

图 73.5 常见的几何形状和典型尺寸
（a）加筋土挡墙；（b）桥台

经许可摘自英国标准 BS 8006-1ⓒ British Standards Institution 2010

设计阶段进行修改。

为适应特殊的场地要求，可以设计为其他几何形状，包括梯形墙。

73.5.4 设计要素

加筋土挡墙的设计应考虑以下两个不同的方面：

（1）外部稳定性包括加筋土结构作为一个整体的设计，遵循一般重力式挡墙的设计原则。

（2）内部稳定性包括加筋土结构内部设计，考虑应力分布和筋材布置。

73.5.4.1 外部稳定性

对于外部稳定性，应考虑和遵循以下承载能力极限状态（ULSs）和正常使用极限状态（SLSs）：

（1）地基失稳和倾覆——ULS；

（2）滑移——ULS；

（3）整体滑动——ULS；

（4）沉降——SLS。

使用 Meyerhof 分布（简化面积上的等效矩形分布）得出加筋土体底部承受的压力（q_r）：

$$q_r = \frac{R_v}{L - 2e} \quad (73.1)$$

式中：R_v——所有荷载垂直分量的合力；

L——在墙底的加筋长度；

e——相对于加筋长度 L 的基底中心线的合力 R_v 的偏心率。

使用传统的承载力方程得出的地基承载力必须大于所施加的压力（与浅基础承载力相关的更多详细信息，请参阅第 53 章"浅基础"）。

在加筋土的底部，应验算在土与土的界面处是否发生滑动，或者在土与加筋层界面处是否发生滑动。

还应使用传统的边坡稳定性分析软件来验算在加筋土结构其后存在的潜在滑移破坏。

对于沉降监测，应同时考虑地基土的沉降和加筋填土的内部沉降（有关填土自重沉降的更多详细信息，请参阅第 70 章"土石方工程设计"）。但是，如果适当压实时，加筋土挡墙和桥台的内部填料只会产生较小的沉降，一般情况下会忽略该部分沉降。

在当前的英国惯例中，加筋土结构的内部稳定性通常是由供应商设计的，他们一般不评估外部稳定性。但是，他们提供了地基土的容许承载力值，以防止承载力不足；提供了地基土的抗剪强度目标值，以防止发生滑动；提供了加筋土底部的压力值，以便评估沉降。了解此类供应商设计的局限性是至关重要的，加筋土挡墙和桥台设计应确保以下几点：

（1）设计单位根据实际的地质勘察信息，对外部稳定性进行充分评估，并在需要时对地基土进行地质改良（或对加筋土结构的几何形状进行调整，或两者结合）以确保满足外部稳定性。

（2）各方的责任和设计的目标/规范都应明确界定（对于大多数常见的应用，英国标准 BS 8006 将提供一个安全的设计基础）。此外，尽管供应商具有专业知识，但供应商的设计不应只看表面价值。

（3）此外也要考虑其他方面，例如排水、服务、围栏、美观等，可能会对设计产生影响，相关各方之间应进行沟通，以确保实现整体设计。

在北爱尔兰恩尼斯基林的负荷转移平台发生沉降的案例中（北爱尔兰高等法院，王座法庭，2005 年），虽然没有涉及加筋土挡墙和桥台，但说明了当未遵循上述设计原则时就会出现问题。

73.5.4.2 内部稳定性

在加筋体内部，根据潜在破坏面存在的位置可分成两个区域。在主动区（在墙面和潜在破坏面之间）中，填料将剪应力分散到筋材中并在其中产生拉力。筋材在阻抗区（潜在破坏面与墙背面之间）传递此拉力，在该区域筋材将剪应力传递到填料中（图 73.6）。

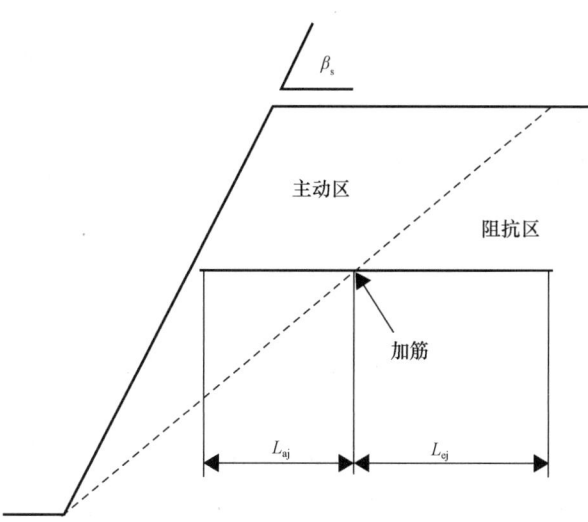

L_{aj} = 主动区内的筋材长度；L_{ej} = 阻抗区内的筋材长度；β_s = 倾斜角

图 73.6　加筋土挡墙的内部稳定性

经许可摘自英国标准 BS 8006-1© British Standards Institution 2010

关于内部稳定性，应遵循以下承载能力极限状态（ULSs）和正常使用极限状态（SLSs）：

- 加筋层的局部稳定性-ULS：
  ① 筋材（或/和接头）的断裂；
  ② 填料与筋材交界面的破坏（拉出或/和直接滑动）；
- 假定为刚体的任何大小或形状的楔形体的不稳定性-ULS；
- 变形-SLS。

采用基于理论方法的楔形体法设计的可拉伸的筋材（聚合物筋材），在轴向拉伸应变大于 1% 的情况下可承受设计荷载。

采用基于重力法设计的不可拉伸的筋材（金属筋材），在轴向拉伸应变小于 1% 的情况下承受设计荷载。以上方法主要是基于用仪器对加筋土结构监测的结果而得出的经验性方法。

两种方法都遵循大致相似的步骤，对它们进行了总结如下：

（1）筋材拉应力

楔形体法和重力法都可以计算出第 j 层筋材 T_j 中的最大分向拉力，其公式为：

$$T_j = Tp_j + Ts_j + Tf_j \quad (73.2)$$

式中，T_{p_j} 为由填料自重、附加荷载和回填残留压力产生的第 j 层筋材拉力；T_{s_j} 为由施加到条带上的垂直载荷产生的在第 j 层筋材上的拉力；T_{f_j} 为由施加到条带上的水平载荷产生的在第 j 层筋材上的拉力。

由于填料自重、附加荷载和回填残留压力产生的拉力为：

$$T_{p_j} = K \sigma_{v_j} S_{v_j} \quad (73.3)$$

式中，K 为土压力系数。对于可拉伸的筋材（楔形体法），应在整个结构中使用主动土压力系数 K_a，对于不可拉伸的筋材（重力法），应采用结构顶部的静止土压力系数 K_0 到结构下部的主动土压力系数 K_a 之间的值。

σ_{v_j} 为依据 Meyerhof 假设分布，作用在第 j 层筋材上的垂直应力。σ_{v_j} 的推导在楔形体法和重力法之间略有不同（有关详细信息，请参阅英国标准 BS 8006）。

S_{v_j} 为墙中第 j 层筋材的垂直间距。

由施加到筋条上的所有垂直载荷而产生的拉力为：

$$Ts_j = K\Delta\sigma v_j Sv_j \quad (73.4)$$

式中，$\Delta\sigma_{v_j}$ 为在第 j 层筋带处由条带垂直载荷产生的垂直应力的增加量。楔形体法假设条带荷载在加筋填土内部按 2V:1H（垂直距离:水平距离）简化扩散。重力法应用叠加原理，基于 Boussinesq 方程考虑了在距墙体一定距离的筋带具有的扩散性能。以前的重力法涉及的计算比较麻烦，并且英国标准 BS 8006 的 2010 年修订版允许按简单的 2V:1H 分散假设与重力法结合使用。

由任何水平荷载（F_L）施加到筋条的拉力为：

$$T_{f_j} = \alpha_j F_L S_{v_j} \quad (73.5)$$

式中，$\alpha_j F_L$ 为第 j 层筋材在水平向上由条带载荷产生的水平拉力。楔形体法假定条形荷载以 $45° + \varphi'/2$ 的扩散角从条形荷载的后侧向加筋填土中扩散。重力法假定条形荷载以 45° 的扩散角从条形荷载的后侧向加筋填土中扩散。

第 j 层筋带中拉力的各个分量（用于楔形体法）如图 73.7 所示。

（2）局部稳定性验算

对于每一层筋材，需要验算筋材的设计抗拉强度是否大于荷载分散到该层筋体的拉力，以防止筋材断裂。另外，对于每一层筋材，还需验算所考虑的破坏楔体后面的筋材设计粘结力是否大于荷载分散到该层筋体的拉力，以防止筋体拉出。

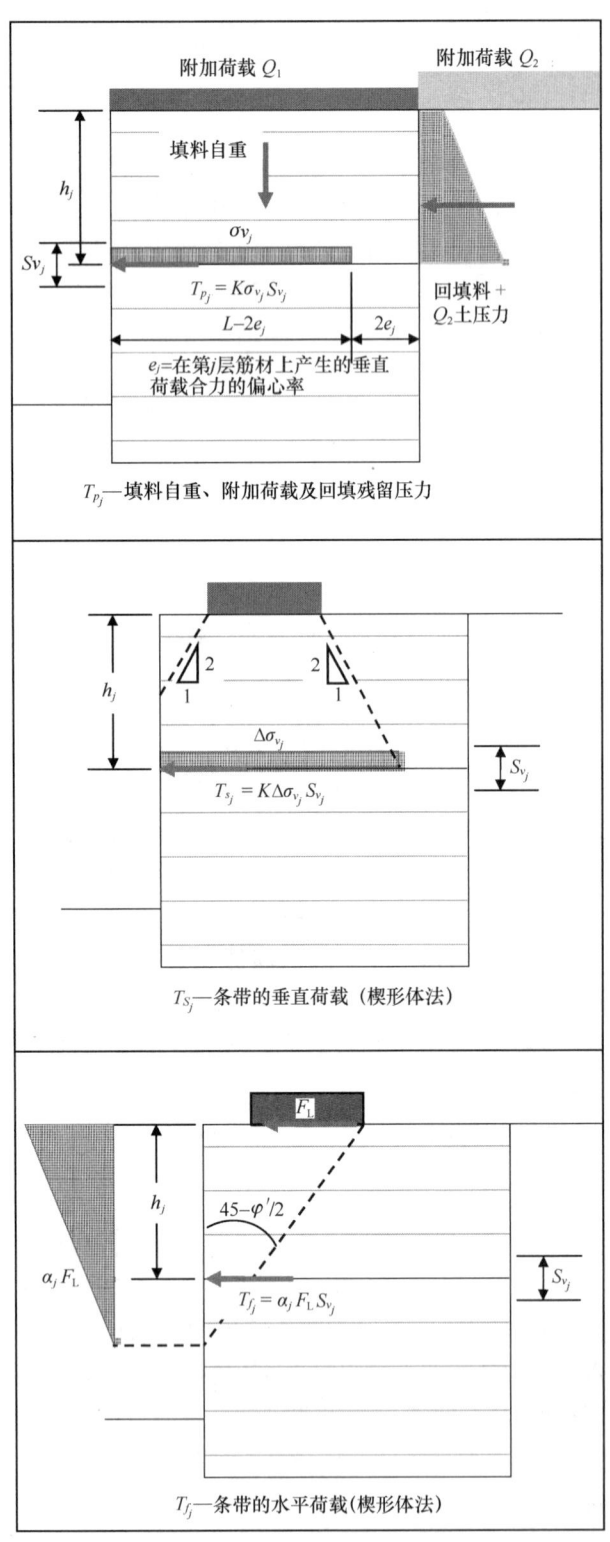

图 73.7　第 j 层筋带的拉应力

对于易蠕变的可拉伸聚合物加筋材料，其适用性标准通常比 ULS 局部稳定性验算更为关键（请参阅本页"适用性"）。

（3）破坏面/最大拉力线

在楔形体方法中，通过假定任意尺寸或形状的楔体为刚体，用其稳定性来确定最大拉力产生的破坏面。沿着潜在破坏面的摩擦力和筋材在破坏面以外的抗拉力（断裂拉力或拉出力，以最小者为准）必须大于施加荷载产生的拉力。

沿筋体布置方向的监测结果表明，拉力沿筋材是变化的。因此重力法中，定义了最大拉力线（线的形状取决于是否施加条带荷载），并可在这些定义的破坏面上计算出筋材中的拉力。如果在这些定义的破坏面上满足局部稳定性（断裂和拉出），则无需进行楔形稳定性分析（除非几何形状或荷载特殊）。

楔形体法中的破坏面和重力法中的最大拉力线如图 73.8 所示。

（4）连接

面板和筋材之间的连接拉力取决于它们的性能。除非面板坚硬（例如，在连接处不能移动的全高面板），否则，连接节点处的拉力应小于计算出的最大拉力。但是，一般连接处节点的拉力非常大，因此必须在整个设计使用年限内防止连接节点在某荷载下发生破坏。当使用金属筋材时，通常采用螺栓连接，螺栓连接导致该连接处的抗拉能力小于杆体的抗拉能力，并且该节点特别容易受到腐蚀。

（5）面板

最后，这些面板的结构设计可以抵抗连接的拉力荷载，包括任何外部施加的荷载（例如，来自交通的冲击荷载）以及任何施工误差的影响。对于分段式砌块面板，必须检查砌块之间的滑动和错位以及最上层筋材上方的砌块的覆盖情况。

（6）适用性

聚合物加筋材料蠕变会导致施工后的变形，其拉伸刚度从初始短期值开始随时间降低。为了限制由于蠕变引起的变形，在设计使用年限内采用等时载荷应变曲线，协同考虑筋材的承载能力和施工后的极限应变值（桥台通常为 0.5%，挡墙为 1%）。对于金属筋材，蠕变可以忽略不计。

73.5.5　施工

影响加筋土挡墙和桥台施工的因素包括：

楔形体法

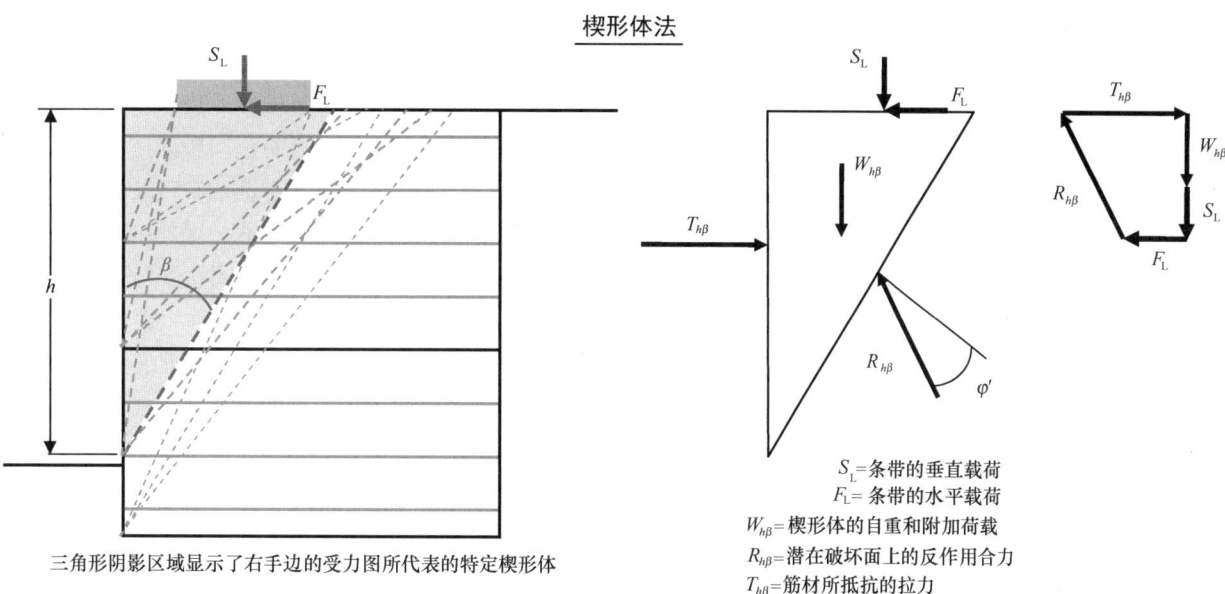

三角形阴影区域显示了右手边的受力图所代表的特定楔形体

S_L = 条带的垂直载荷
F_L = 条带的水平载荷
$W_{h\beta}$ = 楔形体的自重和附加荷载
$R_{h\beta}$ = 潜在破坏面上的反作用合力
$T_{h\beta}$ = 筋材所抵抗的拉力

改变 h 和 β 以获得筋材所能抵抗的最大拉力

重力法

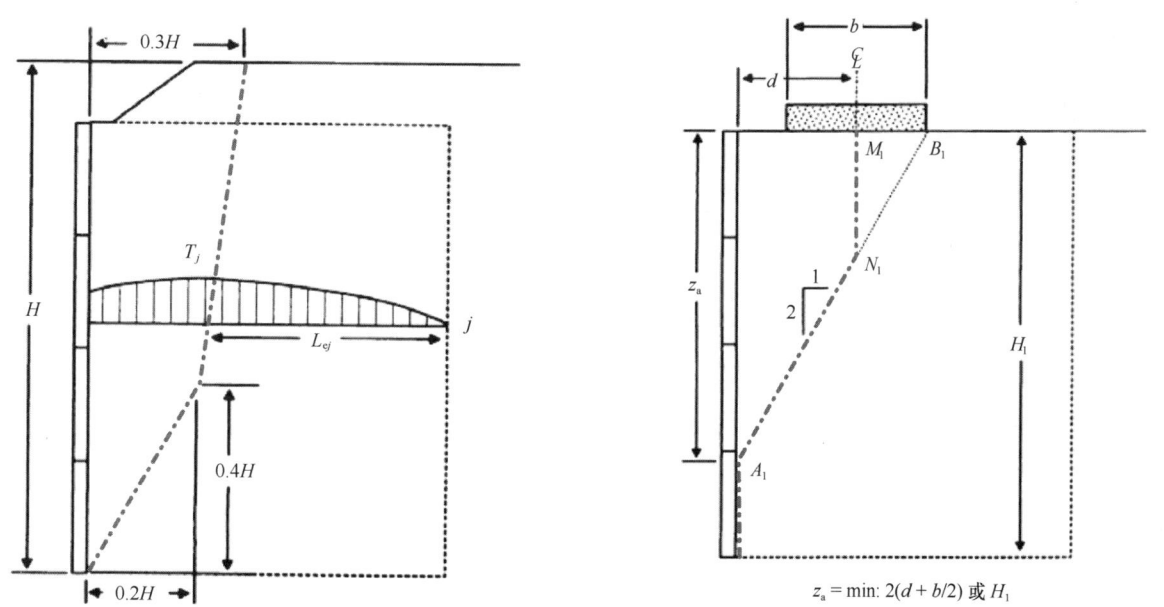

z_a = min: $2(d + b/2)$ 或 H_1

最大拉力线可以假设为如上图所示

图 73.8 破坏面/最大拉力线（重力法）

经许可摘自英国标准 BS 8006-1 © British Standards Institution 2010

(1) 加筋土体底部土的性质和特性；
(2) 现场管控、筋材铺设及填料压实度要求；
(3) 加筋材料的安全储备和处理；
(4) 饰面；
(5) 连接节点的简易性和稳固性；
(6) 排水要求；
(7) 场地限制；
(8) 最终用途；
(9) 建造速度。

建造适宜性在英国标准 BS 8006 和第 86 章"加筋土施工"中有更详细的讨论，也给出了允许的施工误差。

73.6 加筋土边坡

73.6.1 总则

加筋土边坡是由填料、筋材和面板组成的复合结构。正面通常会种草，以形成绿色的饰面。"缓坡"定义为坡面与水平线之间的夹角小于 45°，而"陡坡"定义为坡面与水平线之间的夹角在 45°~70°。

73.6.2 材料

73.6.2.1 填料

通常使用摩擦性能好的填料作为加筋土边坡的填料，且可以使用的填料范围比加筋土挡墙和桥台的填料范围广。如第 73.5.2.1 节中关于加筋土挡墙和桥台的讨论，在项目中尽早考虑加筋土结构的填料选择和技术参数。应该重视诸如可持续性、可用性、对设计和成本的影响等方面。通常将现场的就地材料用作加筋土边坡的填料，经济且可持续。填料显著的特性是排水抗剪强度参数（φ'，有时为 c'，应谨慎使用有效黏聚力），它将控制加筋土结构的抗拉性能。填料最大粒径将控制施工过程中的机械损伤风险，从而控制筋材的抗断裂性能。

73.6.2.2 筋材

对于加筋土边坡，主要使用土工格栅，筋材性质及其与填料间相互作用原理已在第 73.2 节和第 73.3 节中进行了讨论。

73.6.2.3 面板

对于缓坡（坡面与水平方向之间的坡度不超过 45°），通常可以在没有永久性或临时性支挡的情况下铺设填料。在主加筋层之间铺设短的次要土工格栅，以防止端部破坏，并通常会设置某种形式的防蚀垫，以确保铺设的表层土在短期内不会受到侵蚀，且有助于植被的生长。还应考虑在相对陡峭的斜坡上砍伐植被带来的安全问题。

对于陡坡（坡面与水平面成 45°以上的坡度），通常使用包裹式或钢丝网面层。在包裹式面层中，将加强的土工格栅或土工布折叠 180°形成折叠面，并固定在填充料内部或连接到下一层（向上）筋材。通常需要临时模板来放置填料和压实填料。在钢丝网面层中，可以将土工格栅或土工织物直接连接到钢丝网，或在钢丝网后面继续延伸并折回到填料中，以防止钢丝腐蚀。在这两种情况下，表土都置于面层后面，以利于植被的生长。除了在陡坡上砍伐植被带来的安全问题外，灌溉和维护植被的困难也需考虑。

典型的加筋土边坡结构如图 73.9 所示。

73.6.3 设计因素

与加筋土挡墙和桥台的设计相似，加筋土边坡的设计要考虑内部和外部稳定性。目前在英国的实践中，加筋土边坡的稳定性设计通常由供应商来完成，除非他们获得足够的资料，否则他们倾向于关注内部稳定性和第 73.5.4.1 节中阐明的原则。此外，还应考虑复杂情况下的稳定性，即潜在破坏面部分在加筋土区域内，部分在加筋土区域外。

73.6.3.1 外部稳定性

外部稳定性需考虑以下承载能力极限状态（ULSs）和正常使用极限状态（SLSs）：
(1) 地基失稳和倾覆——ULS；
(2) 滑移——ULS；
(3) 整体滑动——ULS；
(4) 沉降——SLS。

73.6.3.2 内部稳定性

类似于加筋土挡墙和桥台，潜在的破坏面把边

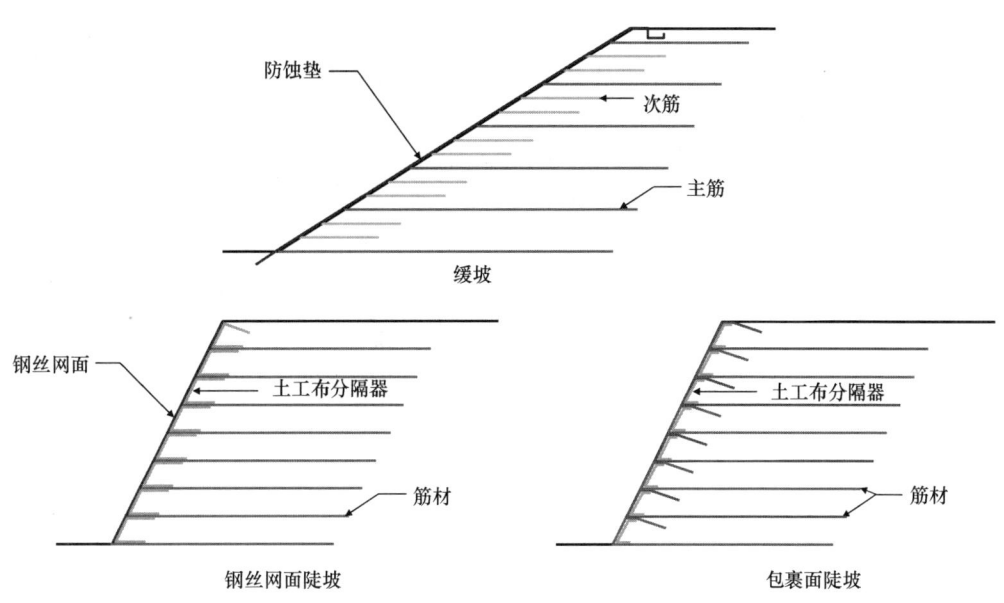

图 73.9 典型加筋土边坡配置

坡划分为主动区和阻抗区。对于内部稳定性考虑了以下承载能力极限状态（ULSs）和正常使用极限状态（SLSs）：

（1）加筋层的局部稳定性——ULS：
① 筋材断裂（或/和连接）；
② 填料与筋材交界面的破坏（拉出或/和直接滑动）；

（2）变形——SLS。

内部稳定性评估通常使用极限平衡方法中的一种。下面将讨论最常用的两部分楔形体法和条分法。也可以使用其他方法如非圆形分析法、对数螺旋法或重力法进行分析。

（1）两部分楔形体法

两部分楔形体法是库仑楔形体法的延伸，如图 73.10 所示。如果楔形体在坡脚处露出，且内楔边界垂直，则该楔形体法可以采取任何形式（即 θ_1、θ_2 和 X 可以变化）。通过求解作用在楔形体上的力（这需要对楔形体间的边界条件进行假设），可计算出每层钢筋所需承担的抗滑力。对于每个边坡，都有一个独特的两块临界楔形体，其需要筋材提供的抗滑力最大。有关两部分楔形体法的更多细节，参见 HA68/94（Highways Agency，1994）。

考虑一个简单的情况，在顶部平坦且无附加荷载的边坡中，筋材提供的最大总拉力 T_{max} 可以表示为：

$$T_{max} = 0.5 K \gamma H^2 \quad (73.6)$$

式中，K 为无量纲参数，等效于（但不相等）土压力系数；γ 为填料重度；H 为填料高度。

第 j 层筋带的张拉力 T_j 表示为：

$$T_j = K \gamma z_j S v_j \quad (73.7)$$

式中，z_j 为坡顶水平面下至第 j 层筋带的深度；S_{v_j} 为第 j 层筋带的竖向间距。

对于每层筋材，应进行局部稳定性验算。筋材的设计抗拉强度应大于考虑分项系数后的抗拉强度，以防止筋材断裂。楔形体以外筋材长度（L_{ej}）的设计粘结力应大于考虑分项系数的拉力，以防止筋材拔出。

对于每层筋材，设计抗拉强度和设计粘结力的最小值可作为第 j 层筋材的承载力设计值 $T_{des,j}$。对于局部稳定性验算，应确保每层筋材满足：

$$T_{des,j} \geq T_j \quad (73.8)$$

全部筋材提供的抗力应可防止两部分楔形体破坏，并应对此进行验算：

$$\sum_{j=1}^{n} T_{\mathrm{des},j} \geqslant T_{\max} \tag{73.9}$$

（2）圆弧滑动条分法

传统无加筋土质边坡的条分法也适用于加筋土边坡。在计算边坡稳定系数时，考虑了滑裂面外的加筋单元所提供的附加力和力矩。英国标准 BS 8006 只考虑了力矩平衡，并建议在计算中忽略条间力。然而，目前大多数边坡稳定软件都通过力和力矩平衡进行分析，并在一定程度上考虑了条间相互作用。

应对每层筋材进行局部稳定性验算（图 73.11），并验证加筋层的设计承载力（筋带的抗拉强度或断裂强度）大于层内产生的拉伸荷载。

提供的整体加固须足以防止边坡破坏，并须验算：

$$F_{\mathrm{RS}} + \sum_{i=1}^{n} T_{\mathrm{des},j} \geqslant F_{\mathrm{D}} \quad \text{（力平衡）} \tag{73.10}$$

$$M_{\mathrm{RS}} + \sum_{i=1}^{n} (T_{\mathrm{des},j} \times Y_j) \geqslant M_{\mathrm{D}} \text{（力矩平衡）} \tag{73.11}$$

式中，Y_j 为从滑动的旋转中心到所考虑加筋层的垂直距离；F_{RS}（M_{RS}）为根据土体抗剪强度得到的抗力（力矩）；F_{D}（M_{D}）为由于土重量和超载引起的下滑力（力矩）。

73.6.3.3 复合稳定性

复合稳定性考虑的破坏机理是潜在破坏面部分在加筋土区域内，而部分在其区域外。复合稳定性分析的原理与内稳定性分析的原理相似。

73.7 基底加固

73.7.1 总则

在地质条件较差的路堤地基采用加筋措施，可避免路堤地基剪切导致的承载能力极限状态破坏和过大变形导致的正常使用极限状态破坏。值得注意的是，英国标准 BS 8006 仍然限制了基底加固在土方工程地基中的应用。常见的应用有：

（1）在不控制沉降的情况下，在软、极软地基上进行地基加筋，以控制路堤的初始 ULS 稳定性。

（2）在软—极软地基上，基底加固结合另一种形式的地基处理技术（通常桩基路堤设置基底加固作为荷载传递平台），以控制路基的初始承载能力极限状态稳定性和长期的正常使用极限状态沉降。

（3）在易于沉降地区（如采矿）的基底加固，加筋设计为跨越采空区（ULS 稳定性）并限制路基顶部的变形。

本章只重点讨论在软—极软的地基上的简单基底加固的首要应用。有关其他应用情况的详情，请参阅英国标准 BS 8006。

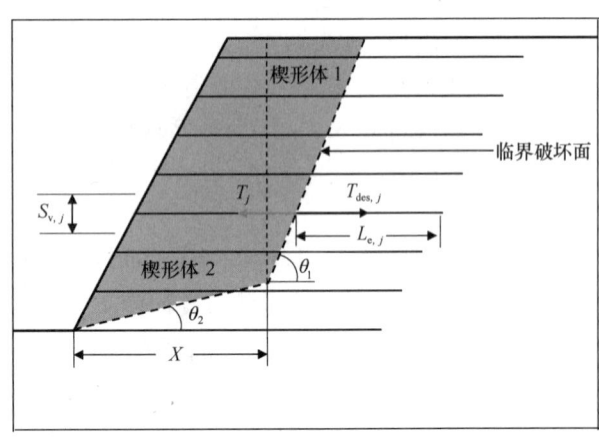

图 73.10　两部分楔形体破坏机制

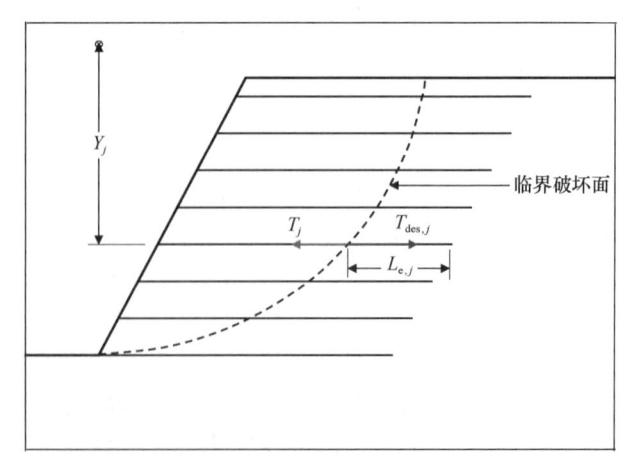

图 73.11　圆弧滑动破坏机制

通常将土工织物或土工格栅用于基底加固，但有时也考虑使用诸如钢网之类的方式。

73.7.2 软—极软地基路堤的基底加固

在软土地基上修建路堤时，地基极易发生剪切破坏。这一问题在短期内（在施工期间）往往会更加突出，因为随着时间的推移，软土会由于路基施工产生的土体超静孔隙水压力的消散而固结增强。一旦固结完成，基底加固往往是多余的。基底加固通常与其他施工技术结合使用（例如第70章"土石方工程设计"中讨论的分期施工），以满足加固所需的承载力要求。加筋与软土地基之间应满足应变协调，以达到最大的粘结系数。当处理高灵敏地基时尤其如此，其在峰值后表现出强度的快速损失。因此加筋中的应变（SLS 情况）不应超过地基中峰值抗剪强度发挥时对应的应变（第73.3.2节）。

要考虑承载能力极限状态（ULS）的极限平衡有：

（1）深层破坏；
（2）侧向滑动；
（3）挤出。

73.7.2.1 深层破坏

对于第73.6.3节所述的圆弧滑动破坏机理，深层破坏的分析一般采用条分法。所提供的加筋应具有足够的设计承载力 T_{des}（防止断裂和超出破坏机制的拉出），以提供力矩和力的平衡。在基底加固的情况下，还需要保证破坏面内的加筋长度足以防止拔出（图73.12）。

73.7.2.2 侧向滑动

加固所用筋体应具有足够的设计承载力 T_{des}（防止断裂和超出破坏机制的拉出），以抵抗路堤填土和任何在路堤坡顶边缘达到最大值的附加荷载产生的向外推力（主动土压力）。同样，还需要确保破坏面内加筋的长度足以防止拔出（图73.13）。

73.7.2.3 挤出

挤出是指路堤填料下假定的软土矩形块体的向外侧向位移。筋材应具有足够的设计承载力 T_{des}（防止破裂和超出破坏机理的拔出）来抵抗地基外剪所产生的拉伸荷载。此外，还应确保在加筋土内任意深度 H_s 处的矩形土块处于平衡状态。抗滑力

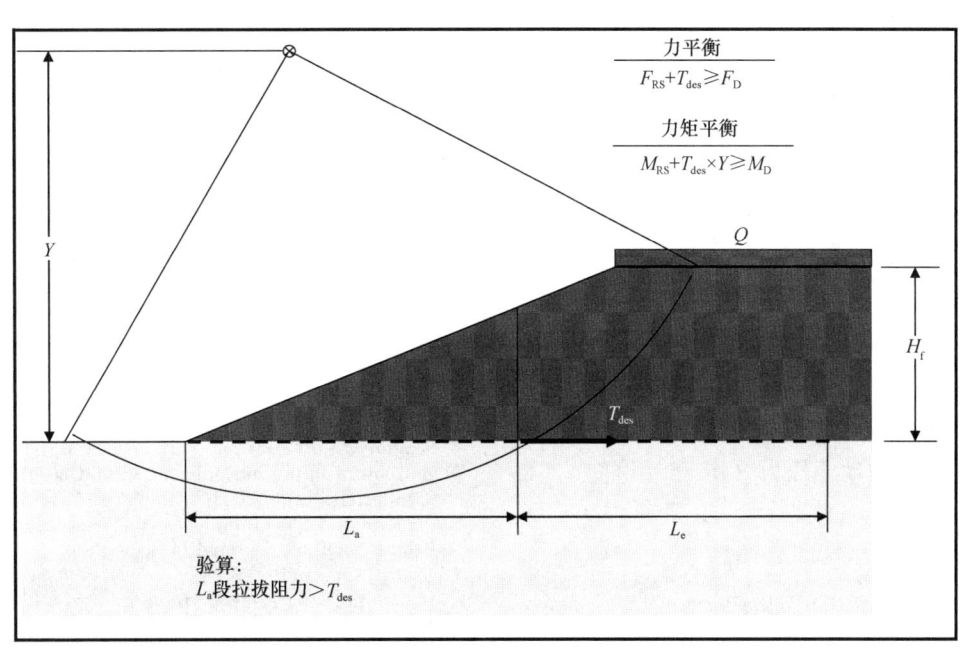

Q = 附加荷载；H_f = 路堤高度；L_a = 主动区筋材长度；L_e = 阻抗区筋材长度

图73.12　基底加固－深层破坏

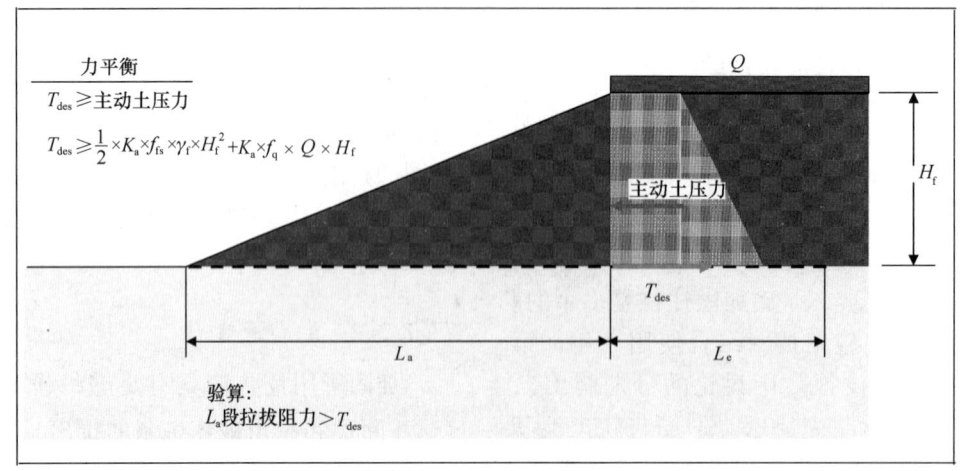

K_a = 主动土压力系数；γ_f = 填料重度

图 73.13　基底加固 – 侧向滑动

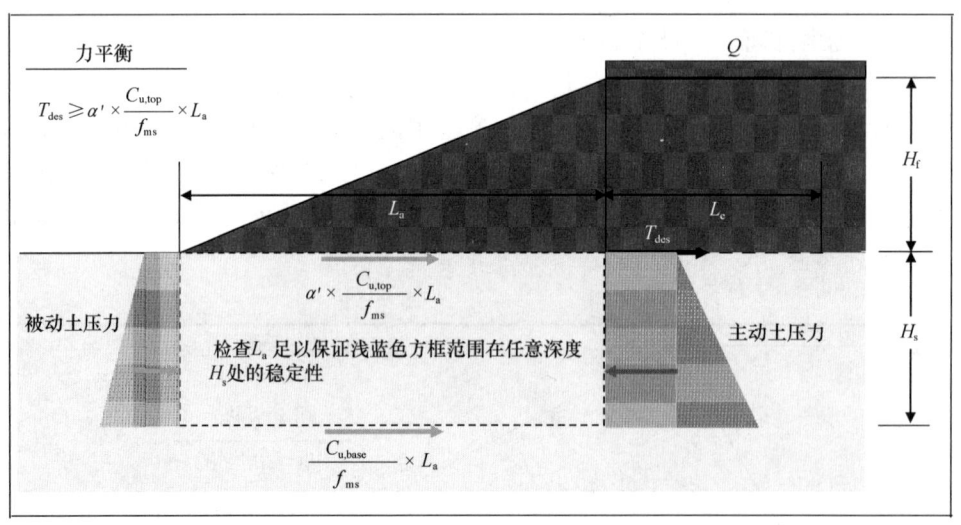

α' = 粘结系数；$C_{u,top}$ = 路堤基底土的不排水抗剪强度；$C_{u,base}$ = 深度 H_s 处土的不排水抗剪强度

H_s = 所考虑土层至基底的深度

图 73.14　基底加固 – 挤出

为沿土块基底的粘结力、土块顶部筋层与土的粘结力以及土块外侧的被动土压力（图 73.14）。

73.8　参考文献

British Standards Institution (1995). *Code of Practice for Strengthened/Reinforced Soils and Other Fills*. London: BSI, BS 8006.

British Standards Institution (2004). *Eurocode 7: Geotechnical Design, Part 1: General Rules*. London: BSI, BS EN 1997–1.

British Standards Institution (2007). *Guidelines for the Determination of the Long-Term Strength of Geosynthetics for Soil Reinforcement*. London: BSI, PD ISO/TR 20432.

British Standards Institution (2010). *Code of Practice for Strengthened/Reinforced Soils and Other Fills*. London: BSI, BS 8006–1.

High Court of Justice in Northern Ireland, Queen's Bench Division (Commercial List) (2005). *Enniskillen Case on Load Transfer Platform as a Good Warning Story – Neutral Citation No [2005]*. Belfast: NIQB 68, delivered 24 October.

Highways Agency (1993). *Specification for Highway Works. Manual of Contract Documents for Highway Works*. London: Highways Agency.

Highways Agency (1994). *Design Methods for the Reinforcement of Highway Slopes by Reinforced Soil and Soil Nailing Techniques. Design Manual for Roads and Bridges*. HA 68/94. London: Highways Agency.

延伸阅读

Association Française de Normalisation (AFNOR) (2009). *Calcul Géotechnique, Ouvrages de Soutènement, Remblais Renforcés et Massifs en Sol Cloué*. Norme Française NF P 94–270.

British Standards Institution (2006). *Execution of Special Geotechnical Works – Reinforced Fill*. London: BSI, BS EN 14475.

CIRIA (1996). *Soil Reinforcement with Geotextiles*. Special Publication 123 (SP123) [out of print].

Geotechnical Engineering Office, Civil Engineering Department, the Government of the Hong Kong Special Administrative Region (2002). *Guide to Reinforced Fill Structure and Slope Design*. Geoguide 6.

> 建议结合以下章节阅读本章：
> - 第23章"边坡稳定"
> - 第69章"土石方工程设计原则"
> - 第72章"边坡支护方法"
> - 第86章"加筋土施工"
>
> 本书以第1篇"概论"和第2篇"基本原则"为指导进行章节编排。如第4篇"场地勘察"中所述，各类岩土工程均应进行扎实的现场勘察工作。

译审简介：

康富中，男，博士，中国岩石力学与工程学会岩土地基与结构工程分会理事，从事深基坑与隧道工程的研究工作。

高涛，正高级工程师，注册土木工程师（岩土），吉林省青年勘察大师，吉林省恒基岩土勘测有限责任公司总工程师。

第74章 土钉设计

马丁·J. 惠特布雷德（Martin J. Whitbread），阿特金斯公司，埃普索姆，英国

主译：李连祥（山东大学）
参译：李红波
审校：周同和（郑州大学）

doi: 10.1680/moge.57098.1109

目录

74.1	引言	1079
74.2	土钉技术的历史与发展	1079
74.3	适用于土钉的地基条件	1079
74.4	土钉成孔类型	1080
74.5	土钉的特性	1080
74.6	设计	1080
74.7	施工	1082
74.8	排水	1082
74.9	土钉防腐	1083
74.10	土钉试验	1083
74.11	土钉结构的维护	1083
74.12	参考文献	1083

土钉可用于稳定路堑和路堤边坡。土钉的设计必须考虑地基和地下水条件，以便确定加固边坡的整体和局部稳定性。土钉边坡可采用多种坡面，包括天然坡面、喷射混凝土面等。

74.1 引言

土钉是一种坡体加固方法，包括将钢筋或聚合物钉倾斜地安置于斜坡或墙上。所述钉头包括一个荷载垫板，该荷载垫板紧贴于坡面。土钉通常用于：
(1) 支护比土体自稳更陡的新的路堑边坡；
(2) 修补失稳或有失稳趋势的现有路堤或路堑边坡；
(3) 加固位移过大的挡土墙；
(4) 增加挡土墙或其他结构的稳定性，使这些结构能承受比原结构更大的荷载。

74.2 土钉技术的历史与发展

土钉是由岩石锚杆、多锚固系统和加筋土等类似技术发展而来。第一座土钉墙于1972年在法国建成。关于土钉的研究最初是在德国进行的，随后在法国的克劳泰尔项目（Clouterre Project）中得到进一步研究（Clouterre，1991）。出版的《克劳泰尔建议》中（*Clouterre Recommendations*）（Clouterre，1991）大篇幅报道了克劳泰尔项目试验结果，目前已被许多国家土钉设计标准采用。第一个现场试验结果如图74.1所示。土钉墙设计采用了较低的安全系数，并对墙后土体进行饱和处理，使墙失效，由于预埋了喷射混凝土墙面，结构没有发生完全破坏。

第三次现场试验是为了证明土钉太短的试验结果。结果表明，墙面的破坏是由于缺乏粘结力造成的（图74.2）。

在英国，高校以及英国运输研究实验室的研究已经使人们对土钉技术的应用有了更大的信心，土钉作为一项重要的政府基础设施应用技术已被人们广泛接受。

74.3 适用于土钉的地基条件

适用于土钉的地基条件较广，包括大多数黏土（软黏土除外）、砂土和复杂地层。然而需要进行必要的表面处理，例如，增加硬化措施，降低由于地表径流导致松散土层冲刷而造成表面破坏的可能性。在地下水位容易升高的地方（包括高水位线和泉水线），设计时应加强临时或永久的排水系统，包括斜坡排水系统、坡趾排水系统及坡顶排水

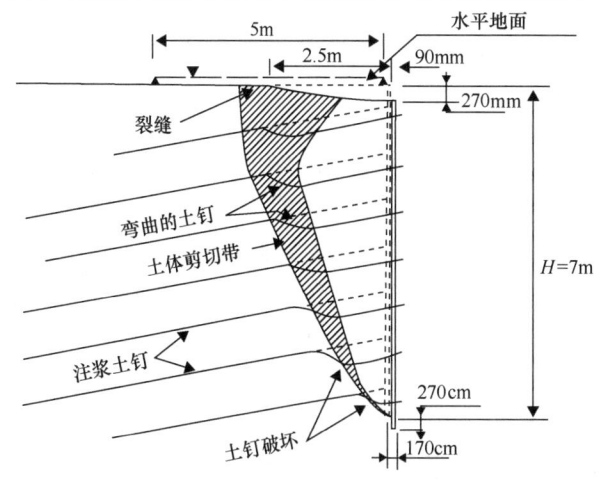

图74.1 第一次现场试验土钉墙破坏后的观测结果
摘自克劳泰尔（Clouterre，1991）（English translation）

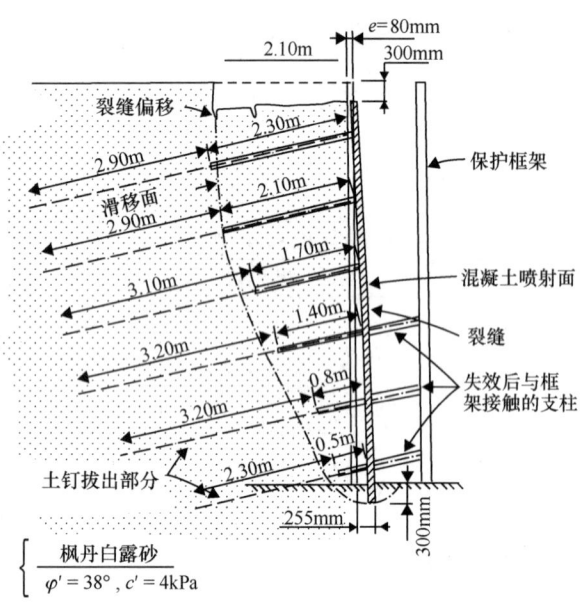

图 74.2 第三次现场试验土钉墙破坏后的观测结果
摘自克劳泰尔 (Clouterre, 1991) (English translation)

系统，避免坡脚或坡面坍塌。

74.4 土钉成孔类型

安装于黏性土、砂土或软岩中的土钉可采用下列任一方法：

（1）以一定的倾角成孔，将钢筋或聚合物钉置入孔内，使用导管进行孔内注浆。在钢筋的周围放置对中支架，以确保钢筋位于孔的中心位置。在地基条件适宜时，例如在可塑或硬塑的黏性土中，这种方法应用得最多。但是，如果钻孔后注浆不及时，或孔内存在堵塞或坍塌情况，会导致注浆不密实、不充分，所以应谨慎使用此方法。

（2）同时钻孔和注浆的锚管式土钉，配以专用钻头，冲击钻成孔。在钻孔过程中，浆液穿过钢管达到钻孔深度。注浆继续进行，直到坡面出现干净的浆液为止。此方法非常快速，可用于大多数类型的土。注浆始终伴随钻孔，可防止孔壁坍塌。该方法的缺点是钢管对中支架不能太大，否则在钻孔过程中，可能会限制浆液流动或注浆速度，因此，钢管土钉不太可能完全位于孔的中心。

（3）使用射入法将土钉打入边坡。此方法非常罕见，因此不作进一步讨论。

74.5 土钉的特性

土钉与水平方向成 10°~20° 倾角，受拉力和剪切力作用。然而，在正常施工条件下，设计时常常忽略剪切力，土钉通常只起抗拉作用。因此，土钉设计长度应能够穿透滑动体区域，并充分超越任何潜在的滑移面进入稳定土体区域。采用合适的土钉布置，可形成稳定的加固体。土钉上的荷载只由边坡或挡土墙的移动引起，离坡面最远的土钉部位通常最先受到由该位移引起的应力。

对于较陡的斜坡，可以采用一层或两层网状的喷射混凝土面。

74.6 设计

在设计之前，必须进行岩土工程案头研究，查明现有地质资料，并通知现场勘察哪些不完整信息是可用的。

完成岩土勘察和监测（地下水与边坡滑移的监测）后，确定每个土层的岩土参数。如果某边坡发生失稳或通过测斜仪等进行的监测已确定出一个破坏面，则可使用边坡稳定性分析程序进行反分析，估算岩土体参数与地下水条件，这些参数可能使边坡的稳定安全性系数小于 1.0，即处于不稳定的状态。

土钉通常采用极限状态设计和边坡稳定程序设计，例如 Slope/W 或 Talren，可分析影响边坡稳定的内外部因素。另外，HA 68/94（Highways Agency, 1994）也可以使用，它采用两部分楔形体法，可适合某些特定条件。如图 74.3 所示为土钉分析的一个示例。

初始土钉布置选择，即土钉的水平和垂直间距以及长度。初始布置时，对于坡度小于等于 45°的边坡，建议采用垂直间距为 1.0m、水平间距为 1.5m 的土钉布置。土钉的长度根据土层情况宜为坡高的 1.0~1.5 倍。对于 45°~70°斜坡，建议采用垂直间距为 0.5m、水平间距为 1.0m，长度与上述相同的土钉布置。建议顶排土钉距坡顶的最大深度不超过 0.5m，以降低坡顶倾斜的可能性，从最低排到坡趾的最大高度也不应超过 0.5m。图 74.4 为一个典型的边坡土钉初始布置示意图，图 74.5 为一个典型土钉锚头示意图。

采用已确定的岩土参数、地下水条件与边坡稳定程序，通过反复试验进一步完善土钉设计，从而找到最经济的设计方案。建议初步设计时应使整体安全系数达到 1.3，初步设计完成后，应使用《欧洲标准 7：岩土工程设计》（*British Standards Insti-*

tution，2004）或英国标准 BS 8006：1995（*British Standards Institution*，1995）所要求的关于土体参数和外部荷载指定分项系数进行重复分析。需注意的是，英国标准 BS 8006：1995 正在更新，土钉设计部分参考英国标准《加筋/加筋土及其他填土规程 第 2 部分：土钉》BS 8006 - 2（*Code of Practice for Strengthened/Reinforced Soils and Other Fills. Part 2：Soil Nailing*）。进一步的设计规范可参考 CIRIA C637 报告《土钉支护——最佳实践指南》（*Soil Nailing-Best Practice Guidance*）（CIRIA，2005）。

设计过程中，必须注意边坡场地界限。如果土钉越过场地边界，穿入邻近的建筑，则会影响其结构安全。因此，只要保证足够的安全系数，可以通过减少穿入部分土钉的长度来防止其穿过边界对邻近建筑造成影响（图 74.6）。土钉布置确定后，进行垫板和面层的设计。垫板用于对坡表面施加相对较低的荷载，并将坡面固定住。面层设计用于稳定土钉之间的斜坡面，并降低斜坡表面土体脱落的可能性。

74.6.1 垫板

垫板的设计应保证在土钉加载过程中不会发生承载力破坏。目前可用于垫板设计的方法有许多，包括 HA 68/94（Highways Agency，1994）中的附录 E。但是，往往这种方法计算的垫板尺寸偏大，因为它没有考虑到边坡坡度的影响。离坡面最远的土钉往往承受最高的荷载，而土钉头本身只有在不太可能发生边坡破坏的情况下才能承受全部荷载。土钉头承受的荷载一般随着坡角的增大而增大，而对于较缓坡面，使用较大的垫板（如英国公路局指南中所述）很可能是保守的。

垫板可以安装在坡面上或切入坡面。一般来说，垫板的通常设计尺寸不超过 300mm × 300mm。若使用较大的板，由于板的重量过重可能会出现人工作业（manual - handling）困难等问题。

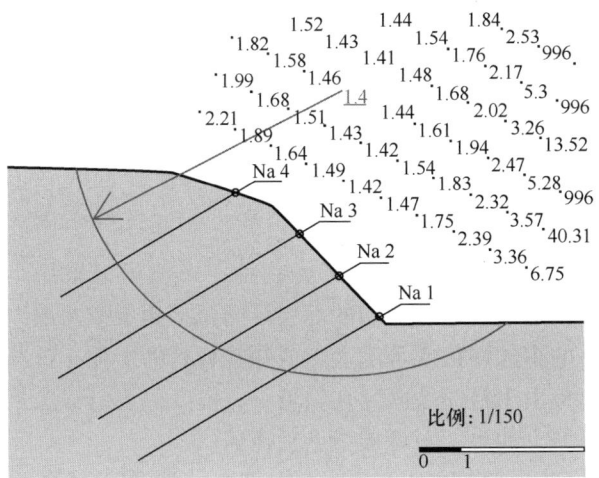

图 74.3 典型土钉分析示意

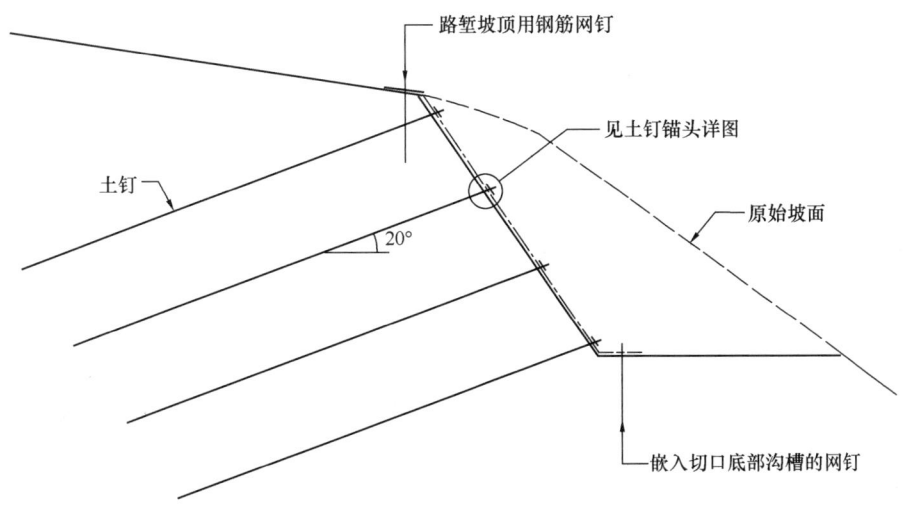

图 74.4 典型土钉布置示意

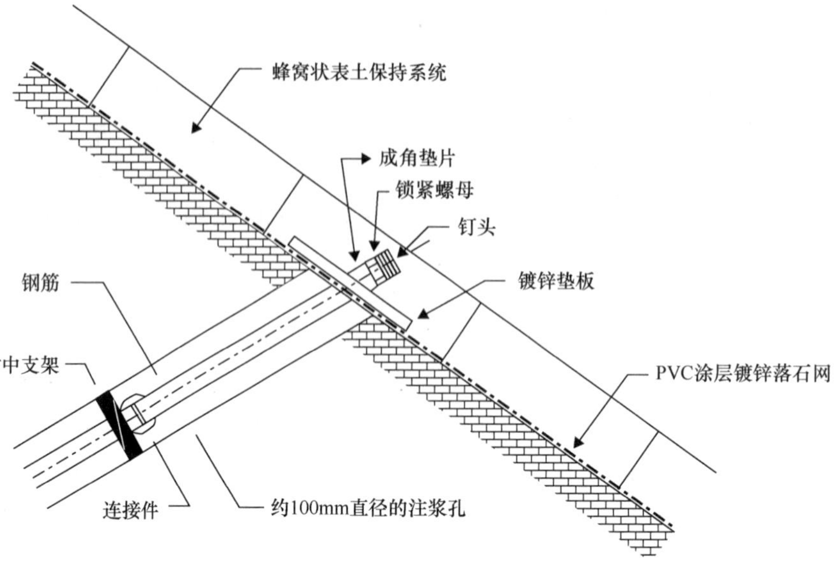

图 74.5 典型土钉锚头构造示意

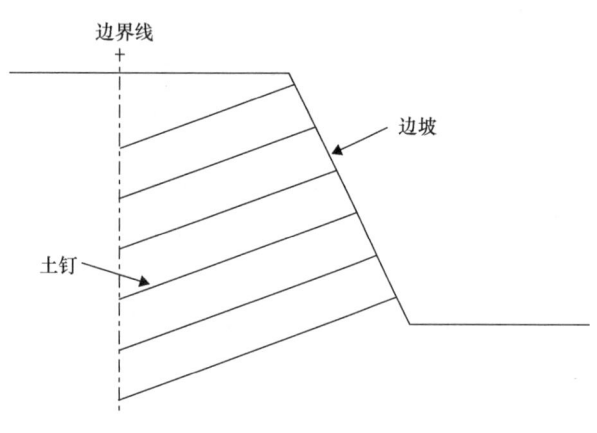

图 74.6 防止土钉穿越边界的布置示意

74.6.2 面层

目前面层的设计没有真正的准则，以下给出一些实用建议。

当坡面倾角小于或等于45°时，一般可采用柔性形式。包括钢丝网（通常为PVC涂层）或土工格栅，自上部土钉沿着斜坡向下铺设，然后将土钉垫板紧压在网格或土工格栅上。坡度达到1:2（垂直:水平）时，可使用表层土覆盖坡面；坡度更陡时，可以用水力播种的方式。但是，如果坡度太陡，表层土不能直接摊铺到坡面，为了防止土钉头外露带来的潜在危险，建议在设计中加入蜂窝式表土保持系统。蜂窝式表土保持系统由固定在斜坡的蜂窝土工格栅组成，其格栅内充满足够深度的表土，足以覆盖土钉锚头。

对于倾角45°~70°的斜面，一般可以采用半刚性形式。这种类型的面层可能包括两层或两层以上的钢丝网格或填满表土或颗粒材料的土板，这些土板由土钉锚头固定在斜坡上；前者的土钉锚头从斜坡上伸出，后者被填土板掩盖。

对于坡度大于70°的边坡，一般采用硬质面层，一般包括一层或两层钢丝的喷射混凝土，其中一层网格用土钉锚头固定在坡面上。

74.7 施工

土钉墙的施工在第88章"土钉施工"中有介绍。通常这些结构是自上而下施工的，首先在顶部1~1.5m处开挖，形成一个可以安装土钉的平台。另外，这些土钉也可使用机械设备从坡顶至坡脚安置。安装第一排土钉，注浆达到所需强度后，向下开挖1m，并安置第二排土钉。然后重复这个过程，直到整个边坡完成。然后布设面层，拧紧螺帽压实垫板。

74.8 排水

应在喷射混凝土面层背后设置排水系统。排水措施包括倾斜向上（以防止材料损失）的排水管，这些倾斜的排水管将通向喷射混凝土后的排水系统，并最终进入坡趾排水沟。隐藏在面板背后的排水系统必须包括一套维修设施，用以解决可能在倾斜排水管的入口处发生堵塞等问题。

对于其他类型的面层，可以使用砂石填充的沟渠排水装置，沿斜坡向延伸至坡趾排水口布置沟渠。

74.9 土钉防腐

土钉的防腐设计取决于许多因素，包括规定的设计寿命、场地腐蚀性、边坡的坡度、土钉的安置方法和钢筋的直径等。大多数土钉边坡的设计寿命要求为60年，然而，如果土钉与其他结构结合，如挡土墙等，则可能需要120年的设计寿命。TRL第380期研究报告（Murray，1993）提供了有关场地防腐指南，其建议采用牺牲阳极防腐方法的钢筋直径。通过设计钢筋直径，保证土钉全寿命周期内具有良好的防腐效果，并同时提供足够的抗拉强度。

对于恶劣的地层和气候条件，可使用完全镀锌或环氧涂层的钢筋抵御腐蚀。另外，可以在注浆体的端部钢筋放置塑料套管，因为腐蚀电位可能在钢筋端部最大，且其在区域地下水位季节性变化时最有可能受到腐蚀。

74.10 土钉试验

根据BS EN 14490：2010（British Standards Institution，2010）的建议，可通过试制土钉或成品土钉进行试验。

为了验证设计中预设的粘结强度，在土钉施工之前进行试制土钉试验。试制土钉试验包括拉拔试验，即在两个荷载循环中测量土钉锚头位移。在试制土钉试验期间，土钉可能会失效。一般来说，土钉的上半部分不设置注浆体，来防止试验结果失真。通常至少要对土钉进行3根试制试验。

成品土钉试验取决于土钉结构的类型。对于简单或常规结构，根据BS EN 1997-1：2004（British Standards Institution，2010）和《岩土风险管理》（Managing Geotechnical Risk）HD 22/08（Highways Agency，2008）的岩土工程类别1或2，建议测试1.5%的工作土钉（或至少3根）。对于更复杂的3类结构，指导原则是要测试2.5%的工作土钉（或至少5根）。

74.11 土钉结构的维护

土钉结构一般很少需要维护。然而，对于更复杂的结构，结构破坏的后果将是灾难性的，建议在结构附近安装监测性土钉，并在土钉墙使用寿命周期内进行间隔测试。在钉头可见的地方，通过精确测量进行监测，也可进行其他的监测或观察，包括目测斜坡面是否有凸出的迹象，检查排水设施，以及观察植被生长的异常情况等。

74.12 参考文献

British Standards Institution (1995). *Code of Practice for Strengthened/Reinforced Soils and Other Fills*. London: BSI, BS 8006:1995.

British Standards Institution (2004). *Eurocode 7 Geotechnical design*. London: BSI, BS EN 1997–1:2004.

British Standards Institution (2010). *Execution of Special Geotechnical Works – Soil Nailing*. London: BSI, BS EN 14490:2010.

CIRIA (2005). *Soil Nailing Best Practice Guide. Report C637*. London: CIRIA.

Clouterre (1991). *French National Research Project Clouterre – Recommendations Clouterre* (English translation). Federal Highway Administration FHWA-SA-93–026, Washington, USA, 1993.

Highways Agency (1994). *HA 68/94 Design Methods for the Reinforcement of Highway Slopes by Reinforced Soil and Soil Nailing Techniques*. London: HMSO.

Highways Agency (2008). *HD 22/08 Managing Geotechnical Risk*. London: HMSO.

Murray, R. T. (1993). *The development of specifications for soil nailing. Research Report 380*. Crowthorne: Transport Research Laboratory.

建议结合以下章节阅读本章：
- 第69章"土石方工程设计原则"
- 第72章"边坡支护方法"
- 第88章"土钉施工"

本书以第1篇"概论"和第2篇"基本原则"为指导进行章节编排。如第4篇"场地勘察"中所述，各类岩土工程均应进行扎实的现场勘察工作。

译审简介：

李连祥，山东大学教授，博士生导师，基坑工程研究中心主任。中国建筑学会地基基础分会理事，山东省基坑专委会主任。

周同和，郑州大学，教授级高级工程师，基坑工程复合支护技术领域专家，主编《建筑深基坑工程施工安全技术规范》JGJ 311。

第75章 土石方材料技术标准、压实与控制

菲利普·G. 杜海洛（Philip G. Dumelow），巴尔弗贝蒂公司，伦敦，英国

主译：刘丽娜（中国建筑科学研究院有限公司地基基础研究所）
审校：滕文川（甘肃土木工程科学研究院有限公司）

doi: 10.1680/moge.57098.1115

目录

75.1	土石方工程技术标准	1085
75.2	压实	1094
75.3	压实设备	1098
75.4	土石方工程控制	1100
75.5	土石方工程的合规性测试	1102
75.6	特定材料的管理与控制	1105
75.7	参考文献	1111

本章介绍如何为工程项目制定有效的土石方工程技术标准，包括许可的材料类型、放置方法和恰当的质量控制方式，以保证土石方工程在建设和使用过程中除满足安全性、耐久性和经济性要求外，还能考虑到工程建设的可持续性。

75.1 土石方工程技术标准

75.1.1 必要性和目的性

对于任何土石方工程合同来讲，材料技术标准的制定都是至关重要的，核心要求需由业主确定。若时间允许，合同各方都应在最初阶段参与筹备和制定技术标准，这些人通常包括承包商及由业主或承包商确定的设计者。

某些合同的性质鼓励采取以下合作方式：

- 设计和施工（D&B）；
- 设计、施工、投资和运营（DBFO）；
- 承包商早期参与（ECI）。

业主、设计者和承包商之间相互合作，尽可能利用材料、岩土技术和施工方法方面的大量经验和知识来指导技术标准编写，以求在经济性和安全性方面给予项目最佳指导。

完整的技术标准所定义的内容包括：

- 业主对工程的核心要求，例如：水平和容差；
- 工程施工方法，例如：挖方、路堤填筑和基层准备；
- 适用于建造工程的材料，例如：特定用途的材料类别；
- 材料的物理、力学及化学合规性，例如：材料参数及所需性能的限值。

75.1.2 目前英国的技术标准

最为广泛使用的土石方工程技术标准由英国公路局（HA）制定：

1. 《公路工程合同文件手册》（*Manual of Contract documents for Highway Works*，MCHW）

- 第1卷：《公路工程规范》（*Specification for Highway Works*，SHW）；
- 土石方工程600系列（图75.1）。

此公路合同文件手册是由英国公路局专为其主干道和高速公路网制定，但它也被其他基础建设和科学研究项目所使用。SHW可完全照搬使用，也可作为相关技术标准制定的基础。在本章中，其他基础建设领域工程师以SHW和英国公路局相关刊物作为参考，制定了适用于本领域的技术标准。

SHW最初由交通部《道路和桥梁工程规范》（*Specification for Road and Bridge Works*）发展而来。20世纪60年代始，《道路和桥梁工程规范》开始使用，直至1983年才被SHW所取代。SHW000~3000系列（每系列一般以100增加）及其附录均可免费从HA网页下载（www.standardsforhighways.co.uk/）。该网站仅保存当前文件。

SHW引用并取代了英国标准（BS）和欧洲标准（EN），但其编号和要求与被取代的英国标准不同。在开展及规划任何工程之前，工程师必须了解合同适用的规范和技术标准，获取这些规范和技术标准的同时要理解合同需求，否则将会引发工程事故。

《公路工程合同文件手册》
第1卷《公路工程规范》

土石方工程
600系列

目录

条款	标题	页码
601	土石方工程材料的分类、定义和用途	2
602	常规要求	4
603	岩屑和削坡的形成	5
604	地基开挖	6
605	3类材料的特殊要求	7
606	河道	7
607	爆破及爆破开挖	8
608	填筑施工	9
609	用于分离土石方工程材料的土工布	10
610	建筑物填筑	11
611	结构性混凝土地基填料	11
612	填土压实	12
613	底基层和盖层	14
614	水泥固化形成盖层	16
615	石灰稳定形成盖层	17
616	基层的准备和表面处理	18
617	底基层或基层建筑设备的使用	19
618	(05/01) 表层土	19
619	土石方环境堤	20
620	景观区	20
621	路堤加固	20
622	加筋土和锚定土结构的土石方工程	20
623	波纹钢埋地结构的土石方工程	21
624	地基锚固	22
625	围栏墙	22
626	石笼	22
627	落水洞和其他自然出现的洞	23
628	废弃矿井巷道	23
629	仪器和监控	23
630	地基处理	23
631	土石方工程材料测试	24
632	土石方工程材料水分条件值(MCV)的测定	24
633	重塑胶结材料不排水抗剪强度测定	25
634	(11/05) 滑石块体干密度的确定	25
635	(05/04) 洛杉矶法和其他颗粒坚固性试验	25
636	土石方材料有效内摩擦角(φ')和有效黏聚力(c')的测定	25
637	测定电阻率(r_s)以评估土、岩石或土石方工程材料的腐蚀性	26
638	测定氧化还原电位(E_h)以评估用于加筋土和锚固土结构的土石方工程材料的腐蚀性	27
639	加筋土和锚固土结构填料与加固单元或锚固单元间摩擦系数和黏聚力的测定	27
640	土石方工程材料渗透性的测定	28
641	石灰稳定覆盖层有效石灰含量的测定	28
642	波纹钢埋地结构土石方材料约束土模量(M^*)测定	28
643	(05/01) 石灰及水泥固化形成盖层	29
644	(11/03) 硫酸根含量测定	30
(05/04) 表6/1～表6/6		31

苏格兰、威尔士和北爱尔兰国家监管机构的变更

条款	标题	页码
苏格兰		
601TS	(11/06) 土石方工程材料的分类、定义和用途	S1
632TS	(11/06) 苏格兰土石方工程材料水分条件值的测定	S3
北爱尔兰		
601NI	土石方工程材料的分类、定义和用途	N1
607NI	爆破及爆破开挖	N3

#表示条款或样本附录,该条款或样本附录有一个替代的国家条款或样本附录,用于苏格兰、威尔士或北爱尔兰的一个或多个监督机构

注：修订于2006年11月。

图75.1 英国公路局600系列

摘自英国公路局《公路工程合同文件手册》第1卷：《公路工程规范》600系列 ©Crown Copyright 2006

《公路工程合同文件手册》
第2卷《公路工程规范指南注释》

土石方工程
NG600系列

目录

条款	标题	页码
NG 600	引言	2
NG 601	土石方工程材料的分类、定义和用途及表6/1：合格的土石方工程材料：分类和压实要求	3
NG 602	常规要求	5
NG 603	岩屑和削坡的形成	5
NG 604	地基开挖	5
NG 605	3 类材料的特殊要求	5
NG 606	河道	5
NG 607	爆破及爆破开挖	6
NG 608	填筑施工	6
NG 609	用于分离土石方工程材料的土工布	6
NG 610	填筑结构	6
NG 611	填充上层混凝土基座	7
NG 612	填土压实	7
NG 613	底基层和盖层	7
NG 614	水泥固化形成盖层	8
NG 615	石灰稳定形成盖层	8
NG 616	基层的准备和表面处理	8
NG 617	底基层或基层建筑设备的使用	8
NG 618	(05/01) 表层土	8
NG 619	土石方环境堤	8
NG 620	景观区	8
NG 621	路堤加固	9
NG 622	加筋土和锚固土结构的土石方工程	9
NG 623	波纹钢埋地结构的土石方工程	9
NG 624	地基锚固	9
NG 625	围栏墙	9
NG 626	石笼	9
NG 628	废弃矿井巷道	9
NG 629	仪器和监控	10
NG 630	地基处理	10
NG 631	土石方工程材料测试	12
NG 632	土石方工程材料含水条件值(MCV)的测定	13
NG 633	重塑胶结材料不排水抗剪强度测定	13
NG 636	土石方材料有效内摩擦角（φ'）和有效黏聚力（c'）的测定	13
NG 637	测定电阻率（r_s）以评估土壤、岩石或土石方工程材料的耐腐蚀性	13
NG 638	测定氧化还原电位（E_h）以评估用于加筋土和锚定土结构的土石方工程材料的耐腐蚀性	13
NG 639	加筋土和锚固土结构填料与加固单元或锚固单元间摩擦系数和黏聚力的测定	14
NG 640	土石方工程材料渗透性的测定	14
NG 642	波纹钢埋地结构土石方材料约束土模量（M^*）测定	14
NG 644	(11/03) 硫酸根含量测定	14
NG	附录	A1

苏格兰、威尔士和北爱尔兰国家监管机构的变更

条款	标题	页码
苏格兰		
NG 601 SE	(11/05) 土石方工程材料的分类、定义和用途	S1
NG 632 SE	(05/01) 土石方工程材料含水条件值的测定	S3

#表示条款或样本附录，该条款或样本附录有一个替代的国家条款或样本附录，用于苏格兰、威尔士或北爱尔兰的一个或多个监督机构

注：修订于2005年11月。

图 75.2　英国公路局 NG 600 系列

摘自英国公路局《公路工程合同文件手册》第 2 卷：《公路工程规范指南注释》NG 600 系列ⓒ Crown Copyright 2005

此外，SHW 还参考了除 BS 及 BS EN 之外的文献，这些文献均被列于 SHW 附录 F "技术标准内引用文献"中。工程师设计时应参考相关文献。

合同的具体要求在技术标准编撰人员编制的带有编号的附录中进行了定义。

与此同时，支持 SHW 的是 HA 出版物：

2.《公路工程合同文件手册》（MCHW）

- 第 2 卷：《公路工程规范指南注释》（*Notes for Guidance on the Specifications for Highway Works*，简称 NG）；
- 土石方工程 600 系列（图 75.2）。

条款反映了 SHW 中的那些条款。NG 的目的在于协助拟定合同，包括论述 SHW 要求的技术背景，并列出合同所必须的附录（见下文《技术标准范围》）。在开始签订土石方工程合同时，工程师必须同时阅读 SHW 和 NG，以便充分全面的理解技术标准。

3.《道路和桥梁设计手册》（*Design Manual for Roads and Bridges*，简称 DMRB）

- 第 4 卷：岩土工程与排水；
- 第 1 节：土石方工程；
- 第 1 部分：HA 44/91 合同文件的设计和编制（图 75.3）。

本文件专为准备土石方工程技术标准提供指导，包括：

- 与 SHW 600 系列带编号附录的交叉引用；
- 材料的使用和施工方法；
- 合规性测试。

苏格兰和北爱尔兰的土石方工程合同受其他条款的约束，这些都包括在每个系列的结尾，即苏格兰/北爱尔兰监管机构的国家变更。

4.《公路工程合同文件手册》（MCHW）

- 第 1 卷：公路工程规范（SHW）；
- 100 系列：正文前部分；
- 500 系列：排水和服役管道。

工程师必须意识到 SHW 中的其他系列与土石方工程相关，例如 500 系列规定了排水材料的相关要求。

其中最重要的是第 100 系列第 105 条，这需要制作附录 1/5，其中包括表 1/5，确定工程中使用的所有类别和类型材料的取样和测试的频率。这包括所有类别的土石方工程材料。

75.1.3 技术标准范围

技术标准编撰者必须准备符合土石方工程要求的编号附录。NG 600 系列中列出了土石方工程技术标准的附录示例（表 75.1）。这些信息编撰者应该包含在每个附录中。

技术标准编撰者还必须准备附录 1/5 和表 1/5，关于试验测试的建议见 SHW NG 中的表 1/1。与总体技术标准类似，编撰团队应包括具有专业知识和经验的业主、设计师和承包商。

有些附录与具有相同编号的表相关联。对于土石方工程施工现场的控制，其中最重要的是：

- 表 6/1：工程允许使用的材料、合规限度、压实方法；
- 表 6/2：每种材料类别的级配限制；
- 表 6/4：土石方材料的压实方法：设备和方法；
- 表 1/5：由承包商进行的测试。

表 6/1 的完整摘录见图 75.4a 和图 75.4b，表 1/5 的完整摘录见图 75.4c。

表 6/1 中的主要材料类别详见表 75.2。

每一类材料可用字母后缀进行细分以描述不同的材料类型（湿、干、粗、细）或者最终用途，特别是对于 6 类材料。U1 类材料可以通过修改物理特性的处理方式恢复到合格的类别。

由于化学污染，U2 类材料是不合格的材料。这类材料还可以细分为经处理可使用的材料，以及根据污染物的性质或浓度，必须从现场转移到有堆放许可证的污染物处理场的材料。

75.1.4 有效技术标准的关键要求

为了制定技术标准，编撰者须参考并从不同的资源中提取数据和信息，包括：

- 业主的核心要求

  对于 SHW 而言，即 SHW & NG 600 系列和 DMRB，特别是 HA 44/91。
- 对项目进行地质调查

  岩土工程评估和材料的可接受性分类。
- 其他机构的报告

  一般来讲，英国运输研究实验室（TRL）或英国建筑研究院（BRE）会根据特定的材料类型和条件提供报告。
- 个人知识与经验

《道路和桥梁设计手册》 (*Design Manual for Roads and Bridges*)

第 4 卷	岩土工程和排水
第 1 节	土石方工程

第1部分

HA 44/91

合同文件的设计和准备

目录

章节

1.	引言
2.	地质调查
3.	公路工程测量技术标准和方法
4.	材料使用和施工
5.	某些特殊材料信息
6.	边坡稳定性分析
7.	岩屑
8.	路堤
9.	需要特殊处理的地基条件
10.	路基和垫层
11.	土的结构
12.	绿化与种植
13.	计算机在设计中的应用
14.	参考文献
15.	查询
	附录 A

1995年4月

图 75.3　英国公路局《道路和桥梁设计手册》HA 44/91

摘自英国公路局《道路和桥梁设计手册》第 4 卷　第 1 节：土石方工程，HA 44/91ⓒ Crown Copyright 1995

尤其是特别考虑使用当地的材料，包括再生和二次集料资源的相关知识。

无论是使用 SHW 或其他任何格式完整的土石方工程技术标准都必须提供：
- 清楚、明确地说明如何进行土石方工程；
- 安全施工方法；
- 使业主满意的持久耐用的最终产品；合格材料的特点和限度，不过度设计；
- 特殊材料有效处理的方法和条件；
- 最可持续的土石方工程方案。

可以对材料进行相关测试，将基本性能与现场控制测试的结果联系起来。

由此推导出适用于工程质量控制测试的限值。

土石方工程的可持续性必须是关键的考虑因素。技术标准编撰者解决土石方工程的可持续性问题，旨在：

带有编号的土石方工程技术
标准附录　　　表 75.1

附录编号	附录内容
6/1	土石方工程材料的可接受性和试验等要求
6/2	U1B 类和 U2 类不可接受材料的处理要求
6/3	开挖、沉降、压实的要求（强夯除外）
6/4	3 类材料的要求
6/5	用于分离土石方工程材料的土工织物
6/6	构筑物填筑及构筑物基础上方填筑
6/7	底基层和垫层，以及基层的准备和表面处理
6/8	表层土
6/9	土石方环境堤、景观区、堤坝加固
6/10	地基锚固、围栏墙和石笼
6/11	落水洞、其他自然出现的洞和废弃矿井
6/12	仪器和监测
6/13	地基处理
6/14	控制水域污染限值
6/15	危害人类健康和环境的限值
1/5	由承包商进行的测试

《公路工程规范》表 6/1 中的主要材料类别
（工程允许使用的材料、可接受限度、
压实方法）　　　表 75.2

类别	一般材料描述	典型用途
1	粒状材料	总填方
2	黏性材料	总填方
3	滑石	总填方
4	复合材料	景观填方
5	表层土	平整表土
6	特选砂石料	特殊用途，例如：首层、回填层、垫层
7	特选黏性材料	特殊用途，例如：回填、稳定性材料
8	1、2、3 类材料	沟壑填方
9	经石灰或水泥固化的粒状或黏性材料	垫层（在路面设计中与"地基"同义）
U1	任何类型的材料	物理上不适合工程的材料
U2	任何类型的材料	化学上不适合工程的材料

- 通过用路堤/景观填土来平衡切坡土体减少浪费；
- 尽量循环利用挖土来减少运输；
- 为最佳使用现场材料创造机会；
- 使用本地再生骨料和二次集料；
- 处理改善劣质材料（如改性或土工合成材料）；
- 让承包商参与额外的 GI 和材料试验。

此外，技术标准编撰者在制定表 6/1 和表 1/5 时，必须确保没有施加人为限制因素。这种情况可能发生于：

- 承包商不参与技术标准的编制；
- 要求承包商设计部分永久性工程。

技术标准不应不必要地限制所许可的材料。承包商可能有成功使用其他材料提供相同材料性能方案的经验。这些方法可能更具可持续性、更经济，或者可能更有效益，然而却常常不被允许使用。

因使技术标准中未包含的材料得到许可而修改技术标准，需要花费大量时间、资源和成本，还可能涉及合同问题。"偏离技术标准"可能需要通过修改设计协议的形式正式提出。工程师必须意识到采用偏离的技术标准可能会出现影响材料或使用方法的风险。

75.1.5　指定试验频率

根据下文"土石方工程的控制"第 8 项，SHW NG 就试验频率提出建议。对于许多材料（包括大多数土石方工程材料），NG 表 1/1 中的试验频率和典型的试验细节只是建议性的，原因标注在表格底部，即：

如果已知材料性质接近规定的限值，或如果初步试验结果表明它们的性质接近规定的限值，则应增加试验频率；反之，如果材料性能始终超过规定的最低要求或远低于规定的最大限值，则应减少试验频率。

正如下文"土石方工程的合规性试验"中讨论的那样，技术标准编制人员必须了解：

- 不符合技术标准情况发生的可能性；
- 不符合要求项对工程结构完整性的影响。

第75章 土石方材料技术标准、压实与控制

附录 6/1 土石方工程材料验收、试验等要求

类别	一般材料描述	典型用途	许可成分（所有内容均应符合第601条（SHW）和附录6/1的要求）	合规性所要求的材料性能（除第601条（SHW）中对填充材料的使用要求和第631条（SHW）中的测试要求外）				第612条（SHW）的压实要求
				属性（参考前一列中的异常）	定义和测试依据	可接受范围		
						低	高	
2A	湿黏性材料	总填方	白垩以外的任何材料或材料组合；关于下一栏中有关（4）和（5）的适当资料请参阅注释12和13	(1) 级配	英国标准 BS 1377 第 2 部分	表 6/2	表 6/2	表6/4方法1除液限大于50的物料外，仅限使用英国标准BS 1377第2部分规定的自重夯实，振动夯实或网格夯实
				(2) 塑限	英国标准 BS 1377 第 2 部分	—	—	
				(3) mc	英国标准 BS 1377 第 2 部分	—	—	
				(4) MCV	第632条	8	12	
				(5) 不排水抗剪强度	第633条	50kN/m²	100kN/m²	
2B	干黏性材料	总填方	白垩以外的任何材料或材料组合；关于下一栏中有关（4）和（5）的适当资料请参阅注释12和13，性能上限参考注释14	(1) 级配	英国标准 BS 1377 第 2 部分	表 6/2	表 6/2	表6/4方法2
				(2) 塑限	英国标准 BS 1377 第 2 部分	—	—	
				(3) mc	英国标准 BS 1377 第 2 部分	—	—	
				(4) MCV	第632条	12	18	
				(5) 不排水抗剪强度	第633条	100kN/m²	—	

(a)

图 75.4 取自（a）为特定项目编制的黏性材料典型表 6/1（一）

取自英国公路局《公路工程合同文件手册》第1卷：《公路工程规范》600系列© Crown Copyright 2009-10

类别	一般材料描述	典型用途	许可成分（所有内容均应符合第601条（SHW）和附表6/1的要求）	合规性所要求的材料性能（除第601条（SHW）中的测试要求外）要求和第631条（SHW）中对填充材料的使用				第612条（SHW）的压实要求
				属性（参考前一列中的异常）	定义和测试依据	可接受范围		
						低	高	
6N	精选级别良好的颗粒材料	填充结构	天然砾石、天然砂、碎石、碎石混凝土、矿渣、烧结良好的煤矸石或其任意包括任何泥质成分；再生沥青骨料（再生沥青除外）	(1) 级配	英国标准 BS 1377 第 2 部分（现场）	表 6/2	表 6/2	英国标准 BS 1377 最大干密度的 95%（振动锤法，第 4 部分）
				(2) 均匀系数	英国标准 BS EN 933-2（网站）	表 6/5	表 6/5	
				(3) 洛杉矶系数	见注释 5	10	—	
				(4) 不排水剪切参数（c 和 φ）	第 635 条	—	40	
				(5) 有效内摩擦角（φ'）和有效黏聚力（c'）	第 633 条	—	—	
				(6) 渗透系数	第 636 条	35	45	
				(7) mc	第 640 条	5×10^{-5} m/s	—	
				(8) MCV	英国标准 BS 1377 第 2 部分	OMC − 2.5%	OMC + 1%	
					第 632 条	—	—	

(b)

图 75.4 取自《公路工程合同文件手册》第 1 卷：《公路工程规范》600 系列© Crown Copyright 2009-10 取自英国公路局《公路工程合同文件手册》第 1 卷编制的颗粒材料的典型表 6/1（二）

第75章 土石方材料技术标准、压实与控制

条款	工程、物料或材料		试验	试验频率	试验证书	备注
600 系列						
601、631~637 和 640	合格的材料					
	一般描述		关于再生骨料，见第601条12款和第601条18款；请参照附录6/1中的要求			
	1 一般填充颗粒		级配/均匀系数	每周两次		
			MC (N)	每1000m³两个，每个来源每天最多不超过5个	必须有	
			OMC (N)	每个来源每周一次		
		仅 1C	洛杉矶系数	每周		
	2 一般粘性填料		级配	每周两次		
			MC (N)	每1000m³两个，每个来源每天最多不超过5个	必须有	
			PL/LL (N)	每周		
			MCV (N)	每1000m³两个，每个来源每天最多不超过5个		
			不排水剪切强度-手动十字板剪切	每1000m³两个，每个来源每天最多不超过5个		
			重塑材料不排水剪切强度 (N)	每1000m³两个，每个来源每天最多不超过5个		
	2E 再生的粉煤灰粘合材料		MC (N)	—	必须有	见表6/1的注释13
			体积密度 (N)			
	4 景观区填料		级配	每天	必须有	见表6/1的注释13
			MCV (N)	每天		
	5 表层土		级配	每天	必须有	

(c)

图75.4 取自 (c) 为特定项目编制的典型附录1/5 中的表 (三)

取自英国公路局《公路工程合同文件手册》第1卷：《公路工程规范》600系列ⓒ Crown Copyright 2009-10

两个实例：

1. 一级骨料 I 型亚基由大型采石场供应，并经过成熟的品质保证体系及 CE 认证。

2. 从多个来源向高速公路下部结构提供 6N/6P 填料，加工生产再生骨料。

在第 1 个例子中，偶尔发生不合格产品的可能性很低。这种情况下对工程的有害影响为：2%～3% 的产品级配分析不满足粗筛是无关紧要的。

在第 2 个例子中，本意并非暗示使用再生骨料不合适；恰恰相反，再生骨料和二次集料应尽可能用于可持续性建造工程。但在这种情况下，技术标准编撰人员必须考虑：

- 正在使用多个来源填料；
- 由可变原料生产再生材料；
- 不合格经常出现可能导致结构破坏；
- 结构破坏的特征和临界性（如边坡失稳、沉降）。

这两种符合技术标准的材料在性能方面都是完全可以接纳的，并且适用于现场。但是，为了有效规避风险，示例 2 中所用材料要比示例 1 中所用材料应更加频繁地进行取样和测试。

75.2 压实

压实是土石方工程依次继挖掘或填充、运输到堆放点、倾倒/卸料和铺筑过程之后的最后一项工作（除修筑上部结构外）。在整个过程中，材料被扰动变得松散，含有较高的孔隙率且力学性能不稳定。

压实是通过对铺展材料表面施加外力来实现的。在大型土石方工程中，通常采用牵引式、自推式、自重式或振动式重型压路机。若空间非常有限，或是小型项目，则可使用点负荷装置来代替。

压实这个术语是主观的，并不一定产生"致密"的材料，其真实目的在于将土体颗粒更加紧密地堆积，即：

- 孔隙率低于所要求的最大值；
  和/或
- 干密度高于所要求的最小值；
- 在规定范围内可预测沉降和固结特性；
- 增加了荷载下的力学稳定性。

根据材料类型的不同，后期效果可能为：

- 提高抗渗性；
- 提高抗侵蚀能力；
- 更高的强度或刚度。

75.2.1 压实机理

术语

- 含水率：土中水质量占干土质量的百分比；
- 密度：包括水在内的每单位体积土的质量；
- 干密度：指干土单位体积的质量，用公式表示为：

$$干密度(Mg/m^3) = \frac{密度(\times 10^3 kg/m^3) \times 100}{含水率(\%) + 100}$$

(75.1)

任何土石方工程材料都由固体颗粒、水和孔隙组成。压实增加了固体颗粒的密实性，降低了孔隙率，即水润滑了土体颗粒取代了空气。在干燥的情况下，增加含水率会增加颗粒压实干密度，土的孔隙率也因压实而减小。

对于任何土体来讲，当施加的压力使土中的水分正好足以使土颗粒堆积最大化和土孔隙最小化时，此条件下所对应的干密度为最大干密度（Maximum Dry Density，MDD）。MDD 对应的含水率为最优含水率（OMC）。

若含水率低于 OMC，既没有足够的水来润滑土颗粒，也没有足够的水来填补颗粒之间的孔隙；若含水量高于 OMC，水将取代土颗粒，导致干密度降低，且随着含水率的增加，材料会变得越来越不稳定（例如，荷载作用下产生更大的变形量）。

所绘制的压实曲线表明了含水率、干密度与孔隙率之间的关系。以相同的方式压实每个不同含水率的试样，测试其干密度大小，此方法与英国标准 BS 1377 中定义的方法相同（图 75.5）。

MDD 和 OMC 是施加在土体上的压实力的函数，增加压实力能提高 MDD 而降低 OMC。压实曲线可保持大致相同的形状向上和向左移动，但无法接近 0（给定颗粒密度的孔隙线），这是由于对于实际的土石方工程来讲，无法通过物理压实使土体达到孔隙为零的状态。

MDD、OMC 和曲线形状受如下土体物理性质

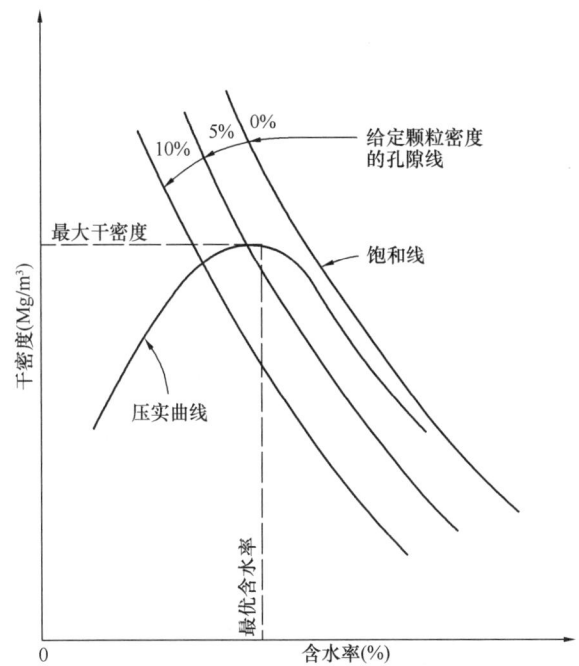

图 75.5　干密度、含水率与孔隙率的关系

经许可摘自英国标准 BS 1377-4 ⓒ British Standards Institution 1990

的影响：
- 颗粒形状；
- 粒径；
- 粒径范围。

一般来说，达到最优含水率时，棱角分明或细密的土体比圆形或粗糙的土体需水量更大。级配良好的材料，粒径分布范围更广，分布曲线往往比均匀的粒径分布范围小的材料更陡峭。由此可见，OMC/MDD 的排列是无限延伸的；然而，对于不同类型的材料，可以概括出一般的 OMC 范围：

材料	OMC 范围（%）
黏土	25 ~ 35
粉砂、砂质黏土	20 ~ 30
粉煤灰	15 ~ 25
细砂	10 ~ 20
粗砂	5 ~ 15
砂和碎石	5 ~ 10
压碎岩	5 ~ 10

压实曲线被技术标准编撰者用来为土体类型或类别设定含水率合规限值。其下限应确保孔隙率小于设计可承受的最大限度，上限应设定在因水分增加导致的任何显著失稳之前。

75.2.2　压实技术标准

压实技术标准必须定义项目中允许使用的每一类材料的要求，如表 6/1 所示。

75.2.2.1　压实方法

对于每种类型的压实设备和施加的压实力（如每米辊宽的质量）而言，应符合以下要求：
- 压实完成时被压实层的最大厚度；
- 通行（压路机）或许可（点加载设备）的数量。

表 6/4 列出了表 6/1 中每种材料类别和方法编号的许可序列，即方法 1 ~ 方法 6 见图 75.6a 和图 75.6b（方法 7 略）。如果该方法的有效性已被现场试验证明，则 SHW 允许使用本表以外的设备和方法。

压实方法通常用于散体土石方工程作业。表 6/4 中规定的方法采用了保守方法，根据材料类型和材料类别的不同，已确定最大孔隙率在 5% ~ 10% 之间。

75.2.2.2　成品压实度

规定了所需的压实程度。在土石方工程中，这通常是最小的现场原位密度，以该材料 MDD 的百分比表示。这个百分比取决于材料类型和等级，为 90% ~ 100%。MDD 根据表 6/1 中实验室试验结果得出，即：

- 英国标准 BS 1377 第 4 部分（2.5kg 夯锤法）通常用于黏性材料；
- 英国标准 BS 1377 第 4 部分（振动锤法）通常用于颗粒状材料，且施加比 2.5kg 夯锤更大的压实力。

SHW 表 6/1 未使用 BS 1377 第 4 部分（4.5kg 夯锤法）测试。

未对使用的设备类型、最终压实层的厚度和孔道数作明确规定。压实操作者应在压实设备制造商的建议指导下负责选择设备。

表 6/1 还定义了合规材料在工程中放置和压实时的最大和最小含水率。

表 6/4 土石方材料的压实方法：设备和方法（方法 1～方法 6）（本表与第 612 条 10 款一并阅读）

压实设备类型	参考编号	类别	方法 1 d	方法 1 n#	方法 2 d	方法 2 n#	方法 3 d	方法 3 n#	方法 4 d	方法 4 n	方法 5 d	方法 5 n	方法 6 d=100mm 时的 n	方法 6 d=150mm 时的 n	方法 6 d=250mm 时的 n
光滑轮式压路机（或无振动运行的振动压路机）		每米辊宽质量													
	1	2100～2700kg	125	8	125	10	125	10*	175	4	不适合	不适合	不适合	不适合	不适合
	2	2700～5400kg	125	6	125	8	125	8*	200	4	不适合	不适合	16	16	不适合
	3	超过 5400kg	150	4	150	8	不适合		300	4	不适合	不适合	8	不适合	不适合
网格式压路机		每米辊宽质量													
	1	2100～2700kg	150	10	不适合		150	10	250	4	不适合	不适合	20	不适合	不适合
	2	2700～5400kg	150	8	125	12	不适合		325	4	不适合	不适合	20	20	不适合
	3	超过 5400kg	150	4	150	12	不适合		400	4	不适合	不适合	12	不适合	20
自重夯实辊		每米辊宽质量													
	1	4000～6000kg	225	4	150	12	250	4	350	4	不适合	不适合	12	20	不适合
	2	超过 6000kg	300	5	200	12	300	3	400	4	不适合	不适合	8	12	不适合
气动轮胎式压路机		单轮重													
	1	1000～1500kg	125	6	不适合		150	10*	240	4	不适合	不适合	12	不适合	不适合
	2	1500～2000kg	150	5	125	12	不适合		300	4	不适合	不适合	12	不适合	不适合
	3	2000～2500kg	175	4	125	10	175	12*	350	4	不适合	不适合	10	不适合	不适合
	4	2500～4000kg	225	4	125	10	200	12*	400	4	不适合	不适合	8	不适合	不适合
	5	4000～6000kg	300	4	125	10	250	12*	不适合		不适合	不适合	12	不适合	不适合
	6	6000～8000kg	350	4	150	8	275	12*	不适合		不适合	不适合	12	不适合	不适合
	7	8000～12000kg	400	4	150	8	300	12*	不适合		不适合	不适合	10	16	不适合
	8	超过 12000kg	450	4	175	6	300	9*	不适合		不适合	不适合	8	12	不适合
振动夯实机		每米辊宽质量													
	1	700～1300kg	100	12	100	12	150	12	100	10	不适合	不适合	12	不适合	不适合
	2	1300～1800kg	125	12	125	12	175	12*	175	8	不适合	不适合	8	不适合	不适合
	3	1800～2300kg	150	12	150	12	200	12*	不适合		不适合	不适合	12	12	不适合
	4	2300～2900kg	150	9	150	9	250	12*	不适合		400	5	6	10	不适合
	5	2900～3600kg	200	9	200	9	275	12*	不适合		500	6	6	10	不适合
	6	3600～4300kg	225	9	225	9	300	12*	不适合		600	6	4	8	不适合
	7	4300～5000kg	250	9	250	9	300	9*	不适合		700	6	3	7	12
	8	超过 5000kg	275	9	275	9	300	7*	不适合		800	6	3	6	10

(a)

图 75.6 取自英国公路局 SHW600 系列，表 6/4（一）

2007 年 11 月

第75章 · 土石方材料技术标准、压实与控制

压实设备类型	参考编号	类别	方法1 D	方法1 N#	方法2 D	方法2 N#	方法3 D	方法3 N#	方法4 D	方法4 N	方法5 D	方法5 N	方法6 D=100mm 时的N	方法6 D=150mm 时的N	方法6 D=250mm 时的N
振动压路机		每米辊宽质量													
	1	270~450kg	不适合		75	16	150	16	不适合		不适合		不适合	不适合	不适合
	2	450~700kg	不适合		75	12	150	12	不适合		不适合		不适合	不适合	不适合
	3	700~1300kg	100	12	125	10	150	6	125	10	不适合		16	16	不适合
	4	1300~1800kg	125	8	150	8	200	10*	175	4	不适合		6	6	12
	5	1800~2300kg	150	4	150	4	225	12*	不适合		400	5	4	5	11
	6	2300~2900kg	175	4	175	4	250	10*	不适合		500	5	3	5	10
	7	2900~3600kg	200	4	200	4	275	8*	不适合		600	5	3	4	8
	8	3600~4300kg	225	4	225	4	300	8*	不适合		700	5	2	4	7
	9	4300~5000kg	250	4	250	4	300	6*	不适合		800	5	2	4	6
	10	超过5000kg	275	4	275	4	300	4*	不适合				2	5	6
振动板压实机		每平方米底板质量													
	1	880~1100kg	不适合		不适合		75	6	不适合		不适合		不适合	不适合	不适合
	2	1100~1200kg	不适合		75	10	100	6	75	10	不适合		不适合	不适合	不适合
	3	1200~1400kg	100	6	125	6	150	6	150	8	不适合		8	不适合	不适合
	4	1400~1800kg	100	6	125	6	150	4	不适合		不适合		5	8	不适合
	5	1800~2100kg	150	6	150	5	200	4	不适合		不适合		3	6	12
	6	超过2100kg	200	6	200	5	250	4	不适合		不适合				
振鸱机		质量													
	1	50~65kg	100	3	100	3	100	3	125	3	不适合		4	8	不适合
	2	65~75kg	125	3	125	3	125	3	150	3	不适合		3	6	12
	3	75~100kg	150	3	150	3	150	3	175	3	不适合		2	4	10
	4	超过100kg	225	3	200	3	225	3	250	3	不适合		2	4	10
动力夯		质量													
	1	100~500kg	150	4	150	6	不适合		200	4	不适合		5	8	不适合
	2	超过500kg	275	8	275	12	不适合		400	4	不适合		5	8	14
落锤式压实机		重量超过500kg的夯锤落距													
	1	1~2m	600	4	600	8	450	8	不适合		不适合		不适合	不适合	不适合
	2	超过2m	600	2	600	8	不适合		不适合		不适合		不适合	不适合	不适合

2007年11月

(b)

图75.6 取自英国公路局 SHW600 系列，表6/4（二）

摘自英国公路局《公路工程合同文件手册》第1卷：《公路工程规范》600系列Ⓒ Crown Copyright 2007

最近对 SHW 的修改已纳入 BS EN 技术标准，更加强调供应商提供符合质量要求的材料。技术标准允许具有良好性能的材料（如再生骨料和二次集料）得到更广泛的应用。

75.3 压实设备

目前有多种类型和尺寸的压实设备可供选择。表 6/4 中允许同种材料使用多种压实方法。对于成型压实，表 6/4 中的压实方法选项并非适用于所有材料、位置和条件。在选择成型压实设备时，除应仔细参考工厂制造商的建议外，更重要的是需要经验丰富的土石方工程项目经理参与。

图 75.7 所示的滚筒被拖在拖拉机、推土机后面，同种设备经常用于铺设不规则材料。这种设备既可以用于自重压路机，也可以用于振动机械装置。

该设备通常用作压实设备，放置大量 2 类材料（黏性普通填料）并按照压实技术标准方法进行压实。

由于压实设备是由履带式机器牵引的，因此可适用于各种各样的软材料，但在某些地方自动推进的滚筒可能会陷入泥沼或引起车辙。由拖拉机牵引的单滚筒式压路机可能比自动推进的压路机具有更高的工作效率（图 75.8），但其机动性较差。

在包括土石方工程在内的诸多施工作业中，自行推进式压路机能有效地压实大多数类型的材料。压路机通常设有振动装置，可根据不同的材料选择不同的振幅和工作频率。制造商应提供可靠的设备参数，施工时应选择有土石方工程经验的项目经理进行咨询。

表 6/1 中禁止在超过一定液限的黏性材料上使用振动压路机。为了满足这一要求，该装置可以作为自重压路机来进行操作。

该设备的驱动轮为带有深胎面的充气轮胎，这为在软黏性材料上行进提供了合理的牵引力。自行式光滑滚筒压路机也可作为双滚筒压路机。

自重或振动式的夯实压路机，通常称为羊角压路机（图 75.9），能非常有效地应用于高塑性黏土的压实。对于淤泥和黏土含量高的砂、砾石依然效果显著，然其却很少用于粒状填料。在粒状填料中，光滑的滚筒振动压路机更为有效。

滚筒夯实压路机的缺点是表面留有凹陷，可能会滞水导致材料软化。如果预计会下雨或无法消除凹陷，可以选用光滑的滚筒压路机进行压实。

与滚筒压路机一样，表 6/1 禁止在高于特定液限的黏土上使用振动模式，以免破坏黏土结构。

格栅压路机（图 75.10）通常是拖拽式设备，可以在一定范围内的辊宽和质量范围内进行压实，通常无法以振动的方式行进。

格栅压路机对粗糙的石料特别有效，例如

图 75.7　光滑单滚筒拖式压路机

经由 Balfour Beatty 提供

图 75.8　光滑单滚筒自动推进式压路机

经由 Balfour Beatty 提供

SHW 6B 和 6C 类的首层。格栅压路机与其他常用设备相似,对砂和砾石同样有效。

图 75.11 中所示的压路机也可作为带有较宽滚筒的较重设备使用。由于两个光滑滚筒无法提供足够的牵引力,故很少应用于大型土石方/散装填土作业。

图 75.11 中所示用于压实较小单元区域,无法使用较大的设备。设备的规模会限制允许的垫层厚度,从而导致压实大面积区域的效率较低。

图 75.12 中所示的自动推进式人行控制的单辊和双辊压路机通常带有提升钩(图 75.11 和图 75.12 中可见),以便将设备吊装到无法进入的位置。例如,将回填物料压实到常用的结构上。但是,这些设备的压实效果是有限的:注意必须确保不超过分层厚度的限制。该设备可远程控制用于沟槽中材料的压实,而无需操作员进入。

连同振动夯(无图),图 75.13(a)和图 75.13(b)所示的振动板和动力夯是英国建设中使用的最轻便的压实设备。通常将其用于狭窄的、浅的沟渠回填。

两者均不推荐用于压实成品规定的材料。

虽然表 6/4 中允许使用气压轮胎压路机(PTR)(图 75.14),但在英国土石方工程中很少遇到气压轮胎压路机。气压轮胎压路机轮胎的揉捏作用能有效压实坚硬材料,其经常被用来压实水泥或沥青粘合的路面层。

图 75.10　牵引式格栅压路机

经由 Broons 提供

图 75.9　夯实压路机(羊角)

(a) 拖拽式;(b) 自动推进式

经由 Balfour Beatty 提供

图 75.11　光滑双滚筒自动推进压路机

经由 Balfour Beatty 提供

图75.12 单（a）和双（b）光滑滚筒自动推进人行控制压路机

（a）经由 Terex 提供；（b）经由 Balfour Beatty 提供

75.4 土石方工程控制

若在工程开始前没有制定控制土石方工程运行的方案，则不可避免地会出现不符合技术标准的情况。这些方案包括如下内容：

- 在工程中放置不合格材料；
- 在工程中放置错误类别的材料；
- 压实不足。

上述任何一种情况都可能导致工程中出现某种形式的缺陷和不良影响。这可能导致：

- 对劳动者或公众造成身体伤害；
- 起诉；
- 公众对工程的看法很差；
- 业主-承包商关系恶化；

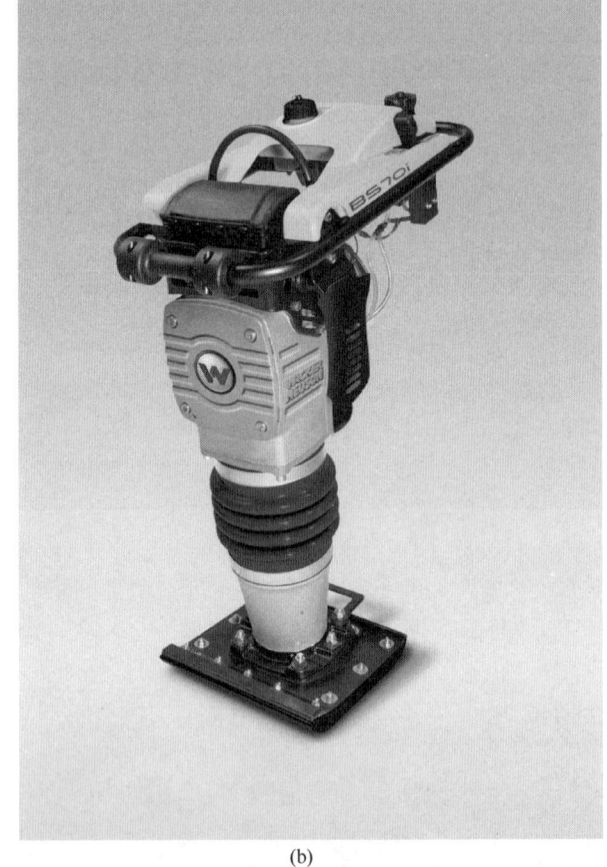

图75.13 （a）振动板式压实机和（b）动力夯

经由 Wacker Neuson 提供

- 损害客户和承包商的声誉；
- 增加成本和延误工期。

因此必须建立相关协议和程序。对于土石方工程的质量控制，以下问题必须得到确定：

（1）业主的特定/核心要求；

第75章 土石方材料技术标准、压实与控制

图 75.14 气动轮胎压路机（PTR）

经由 Balfour Beatty 提供

(2) 哪些技术标准和哪些修订与合同有关；

(3) 图纸信息是否正确且毫无疑问；

(4) 何人承担风险；

(5) 管理和监督；

(6) 从现场工作人员到土石方工程管理人员的责任清楚界定；

(7) 需要 UKAS 认可的现场实验室；

(8) 符合业主要求的检查和测试计划；

(9) 管理特定风险的额外试验要求；

(10) 可为项目获利的价值工程；

(11) 对监测趋势进行快速审查测试的系统；

(12) 承包商、设计师和业主之间考核结果的透明度；

(13) 报告、处理和关闭不合规项的系统；

(14) 无过失文化，针对早期预警而采取行动。

详述以上各点：

(1) 业主的特定/核心要求

建议的方法或材料可以替代偏离技术标准，需经业主批准。各方必须充分认识到采用这种偏离方式如何改变风险所有权的平衡［见（4）］。

(2) 哪些技术标准和哪些修订与合同有关

每个在建项目的工程师办公室都应有拷贝的客户总体技术标准和合同规定文件。这些文件应该由合同的文件管理员签发，负责确保所有文件保持最新。这同样适用于外部技术标准。

(3) 图纸信息是否正确且毫无疑问

图纸信息不仅是一项委托给文件管理员的任务，还应该有一个标注当前日期的图纸修改中央注册表，任何工程师都可以参考该注册表来确认正在使用的图纸的正确性。

(4) 何人承担风险

工程开始前编制的风险登记册必须明确这一问题，绝不能把它看作是一种推卸责任的做法，而是要让负责的各方能够做好准备和制定应急措施。

(5) 管理和监督

必须委任一名高级经理监督土石方工程的规划、管理或协调工作。大部分工程项目会委任一名土石方工程经理监督现场的运作。

(6) 从现场工作人员到土石方工程管理人员的责任界定清晰

若采用分包形式进行土石方工程施工，须就其管理人员、员工和劳动力与主承包商进行沟通与协作。施工组织图是必不可少的，能为委托方、设计方、承包方和分包方等各方提供人员名称和职称，也包括有效的电话号码和合同初期人员照片。施工组织图应展示在所有人员都能进入的办公室里。

(7) 需要 UKAS 认可的现场实验室

技术标准将说明这是否是业主的核心需求。大多数合同要求承包商进行所有土木工程试验。在任何大中型工程项目上，没有现场实验室，如果纯粹是为了应付差事，再多的控制也是不可行的。

(8) 符合业主要求的检查和试验计划

SHW 要求制作由承包商进行试验的附录 1/5，这包括对工程（包括散装土石方工程）中使用的材料按固定的取样频率进行试验。编撰者采用 SHW NG 和 HA 44/91 关于试验频率的建议。我们强烈建议，与土石方工程技术标准的其他部分一样，承包商应参与编制本附录，利用最广泛的经验控制高风险材料将风险程度降到最低。

(9) 管理特定风险的额外试验要求

这是附录 1/5 所定义的试验频率的补充。有些材料可以被视为不符合非常低的风险。这些通常包括从外部采石场引进的混合加工材料，由供

应商的质量计划和 EC 认证。这些试验要求不超过最小限度。其他材料多有不合规的风险,包括从 GI 来看已知沉积物来源的可变现场原料(包括砂和砾石),以及因原料变化而外购的再生材料。现场材料工程师必须有足够的经验来评估风险水平,确定应该增加多少采样率来降低风险。

(10) 可为项目获利的价值工程

这可以像审查专业设计和技术标准的更新一样简单,如果对项目有利的话,可以让业主、设计师和承包商合作实施。也可以像作品中某个元素重要性应重新设计一样复杂。无论如何,各方都有责任鼓励员工进行创造性思维。

(11) 对监测趋势进行快速审查试验的系统

一个大型的土石方工程项目会产生大量的来自现场和外部实验室的试验数据。除非经常定期审查,否则这些测试数据都是无效的。UKAS 认证实验室将为每一项测试提供一份硬盘拷贝报告,这只是审查的一个要求,但并没有使多个结果的审查得到落实。在一个简单的电子表格中,输入现场和实验室的土石方测试,无论是哪种材料或属性的筛选均可快速审查所有的测试。不合格项可以很快地识别出来,更重要的是可以识别趋势走向,因此可以及早采取措施来避免不合规情况。

(12) 承包商、设计师和业主之间考核结果的透明度

在创建结果数据库之后,应该由工程项目建成后利益相关的各方进行审查。如果项目存在本地电子网络,那么业主、业主的代理人、设计师和承包商就可以公开访问被存储的数据。安保措施必须到位以防止非指定人士随意篡改。

(13) 报告、处理和关闭不合规项的系统

应该建立一个公开处理不合规项的系统,以使业主和设计者都满意。不合规项必须被视为改进的机会,而不是使其成为为失败分担责任的手段。

(14) 无过失文化,针对早期预警而采取行动

75.5 土石方工程的合规性测试

所有的测试,无论是材料的合规性还是压实度的测量,都必须拥有上述规定的最低频率。试验频率必须考虑到与材料相关的所有风险:

- 不合规导致结构破坏的可能性

有些元素是至关重要的,例如对高速公路路面下的结构进行回填。

- 材料成分的潜在可变性

再生骨料与原始骨料差异过大。

- 材料特性的潜在可变性,如含水率

再生骨料可能比原生骨料更易变化。

75.5.1 材料适宜性

所有土石方工程材料,无论是重复使用的、现场使用的还是外购的,各种参数的限制范围都必须在业主技术标准以及设计师岩土工程设计报告中规定。对于使用 SHW 的工程,这些在 600 系列及相关的附录和表格中有详细说明。

土体的物理、力学及化学特性各有不同,故需要进行测试来确定是否符合规定的适用限值。将不在本章范围内全部列出,表 75.3 给出了可用于控制土石方工程一般填料(即 SHW 类别 2)中黏性材料物理合规性的测试。

75.5.1.1 压实适宜性:材料压实

虽然表 75.4 中描述的试验可应用于土石方工程压实方法,但这通常是岩土设计的确定结论,而不是控制措施。压实方法的关键控制是确保方法的正确实施。这需要检查:

- 该方法适用的材料类型(SHW 表 6/4);
- 压实设备的类型是否合适;
- 设备的压实力(质量/辊宽等)。

这可以通过参考合同技术标准和设备制造商的性能数据表来获得。

在 SHW 中,对于每种压实力的方法和类别,都有压实层最大厚度和最小孔数的限制。这些应该通过直接测量来确定,所有的观察和日常测量记录都必须保存。

第75章 土石方材料技术标准、压实与控制

用于控制土石方工程一般填料（SHW 类别 2）中黏性材料物理适宜性试验　　表 75.3

试验	试验的优点	试验约束	典型的可接受范围
水分条件值（MCV）	快速试验大约需要 15min；可在现场进行	必须与基本性能试验相关联来定义限值；对粒状土体或粉质、砂质黏土不是特别有效	8~16
手动十字板剪切（HSV）	快速试验时间为 1min；可在现场进行；直接测量黏聚力/不排水抗剪强度 c_u	不适用于含有大量砂和砾石的黏土	>70kPa
塑限（PL）	用于在设计阶段定义材料特性，不常用于土石方工程控制	必须在实验室里进行；从取样到结果的试验时间需要 24h	见 MC
最优含水率（OMC）	对于颗粒状土体或非常颗粒状的黏土（如冰碛物），MCV 或 HSV 可能不适用	必须在实验室里进行；从取样到结果的试验时间需要超过 48h	见 MC
快速不排水三轴	用于在设计阶段定义材料特性，很少用于土石方工程控制；直接测量黏聚力/不排水抗剪强度 c_u	必须在实验室里进行；从取样到结果的试验时间需要超过 48h	>70kPa
含水率（MC）	每一个土样应测量的基本性质。如果使用微波法（与烘箱干燥相关），可以加速	需要的其他试验，如 OMC 或 PL，以提供控制参考	< PL×1.2 > OMC−2 < OMC+3
粒度分布（PSD）——也称为级配	不会经常在一般填料（SHW 类别 1 或 2）上进行，由于这些材料的其他参数会影响其适用性；更多的是在选定的填充（SHW 类别 6）上进行，此处 PSD 对性能有更大的影响	一般来说，对于必须冲洗黏土和淤泥的材料，从取样到两次干燥循环需要 48h；尺寸为 90mm 的材料至少需要 80kg 样品	见 SHW 表 6/2
加州承载比（CBR）	CBR 是工程师必须了解的一个非常规的合规性试验。CBR 是材料抗剪强度的经验度量，用于路面基础层厚度的设计，它还能识别出在浇筑地基之前需要进行处理（更换或改善）的软弱区。可以使用手持式 MEXE 探针对 CBR 进行快速评估		>2.5%
落锤/轻型偏斜仪（FWD/LWD）	类同 CBR，这不是一个常规的可接受性试验，而是用来测量土体原位刚度的试验，为路面基础设计和设计验证试验提供了数据		—

75.5.1.2 压实合规性：成品压实度

如果规定了一种材料的最低压实度，则必须对压实材料进行原位测试，以确定其是否符合规定要求。强烈建议在确定待测层符合技术标准之前，不要覆盖下一层材料。

表 75.4 列出了英国常用的测试方法。

对于每种试验方法来讲，土体的含水率必须在实验室条件下测定，用以计算干密度。将其与针对该材料（通过指定方法）获得的 MDD 进行比较，以 MDD 的百分比表示。

至少从 20 世纪 80 年代早期开始，英国就开始

英国常用的压实方法　　　　　　　　　表75.4

试验	试验的优点	试验约束
核密度计（NDM）	快速试验，单个试验点的试验结果只需要不到1min；测试速度使其用于多个测试点；适用于粗粒土、松散土和水力黏合土等大多数土体类型	管理下列事项所需的重大行政投入：健康和安全、许可、安全；NDM仪器要求每一种材料与实际密度有规律的相关性，用NDM进行水分测量是不可靠的
岩芯切割机（图75.16）	现场操作快捷简单；微波法快速测定MC（与烘干法相比）	仅适用于细黏性土
砂置换密度	适用于粗粒土	缓慢且劳动强度高

使用核密度计（NDM）进行测试（图75.15），这种方法已被专业人员、设计师和承包商所接受。干密度必须根据在实验室测得的含水率进行计算，测量含水率的样品取自NDM原位测试地点。

关于NDM的所有权和委托代理的立法非常多，本章不进行详细讨论。强烈建议任何考虑采购NDM的人员都应尽快寻求辐射防护顾问的建议。在环境署（Environment Agency，简称EA）注册可能需要4个月时间，NDM现场试验可雇用已在环境署（EA）注册的第三方运营商进行，这样就更为简化。

75.5.2　适宜性参数和限值的选择

技术标准编撰者须选择在工程中使用的试验方法来控制土石方工程。编撰者必须考虑到：

- 所选材料及方法的适用性；
- 结果是否满足技术标准；
- 避免相互冲突的参数/标准限值。

表75.3和表75.4就其中前两点提供指引。值得强调的是，根据合同和土石方工程的性质选择最便捷的方法是十分重要的：三轴试验将确定某种黏土是否适合填充；在某个每一季需要施工100万m^3黏土的项目中，将其规定作为控制土石方工程的手段是不现实的。

MCV测试由英国运输研究实验室（TRL）（后来的TRRL）于20世纪70年代开发，是一种检测土石方工程材料合格的快速方法。该方法适用于中等至高塑性的"重"黏土，如Lias、London、Gault；但如果在工程开始前就已经对其基本特性（如抗剪强度）进行相关测试，那么MCV试验可能对粉质或砂质黏土也同样适用。

经校准的手动十字板剪切仪能有效测量黏性材料的塑性。如果黏土粒度大于中砂则不太适用：粗颗粒与十字板接触会使检测结果出错。

上述第3点需要仔细考虑。如果允许使用多种测试方法进行测试，技术标准编撰者可能引入一个悖论，即一个方法所试验的材料可能适用，而另一个方法所试验的材料可能不适用。这可能是限制选择不完善出现的差异，也可能是现场材料与试验材料的差异，或是天然材料不一定精确地符合其试验中假设的模型条件。

在所提供的示例技术标准（图75.4a）中，这种可能性通过表的脚注加以说明。只要满足附录1/5对最小MCV数量的要求，允许土石方工程使用手动剪切板剪切或MCV控制。

材料限值的选择必须考虑：

- 材料属性；
- 任何相关测试的结果；
- 了解材料在预期荷载作用下的性能；
- 其他可能影响此性能的物理条件；
- 可接受的风险/安全因素水平。

如果可能的话，确定这些限值是设计师、业主和承包商等岩土工程专家共同的职责。

75.5.3　处理不合规项

本章所述的"不合规"与"破坏"定义不同。"不合规"定义为材料的一种或多种试验性能没有达到规定的限值，但这并不一定意味着后期会发生不可避免的结构破坏。

虽然所有的不合规项都必须进行审查，但必须注意的是，在对试验结果图表，即正态分布曲线（Bell图），进行统计分析时，预计会出现少量"缺陷"。任何的试验结果中约有4%可能是边际不合规项。讨论不合规限值处于什么范围或者数据的统计分析，均不在本章讨论范围之内。

当试验结果超出了该参数的标准限值时，大多数质量控制系统都要求生成不合规项报告（NCR）。NCR 包括如下内容：

- 材料类型和类别（如适用）；
- 使用位置；
- 规定极限；
- 试验结果。

这将允许 NCR 评估小组对需要采取的措施随时做出判断，包括：

- 按严重程度及位置，评估不合规项的严重程度；
- 考虑到安全系数没有受到影响，不需要采取任何措施；
- 重新采样和重新检测——不合规项可能是由采样偏差造成的；
- 通过处理改变材料特性，使之符合技术标准要求；
- 用柔性材料进行处理和更换。

与所有涉及土石方工程和技术标准的事项一样，NCR 的审查和决策过程应将业主、设计师和承包商包括在内。必须寻求一个对项目安全性没有负面影响，又切合实际的解决方法。

75.6 特定材料的管理与控制

如果管理不当，所有材料都可能会对土石方工程施工造成影响。在某些条件下，工程师可能会认为某些材料使用"困难"，即便可能符合技术标准，但更容易发生破坏。

75.6.1 黏土

虽然黏土不一定是一种难以管理的材料，但黏土的使用仍然值得工程师重视，这将有利于土石方工程的控制。

黏土对水分敏感，且随着淤泥含量增加变得更加敏感。虽然轻微的降雨可能不需要土石方工程暂时停工，但必须咨询有经验的土石方工程管理人员。在降雨期间，继续用土石方工程车辆运输黏土，特别是在狭窄的沟渠道路上运输，有以下几个负面影响：

- 安全性。在黏土上，特别是坚硬的高塑性指数黏土上，小雨会降低轮式建筑设备的牵引力/抓地力。
- 软化合规材料，使之变为不合规，导致车辙增加。
- 车辙。一旦出现就会导致材料的迅速劣化，这是因为水被困在车辙中，黏土软化会导致更深的车辙出现（图 75.17）。

车辙是个严重的问题，故必须将积水排出。在堤坝上，这可能相对容易些；但在狭窄通道上，可能需要泵送和长管道疏导。车辙会对项目产生消极影响，且增加项目成本。

做好规划设计（特别是在预报有雨的情况下）可减轻或消除雨水的影响，主要通过建造排水通道管理土石方工程：

- 横向坡度。管理沉积物并压实，使工程的外缘一直有落差。
- 纵向坡度。在填充过程中，横向坡度很容易建造并且很有效。在狭窄处没有溢出的边缘排水系统，这种情

图 75.15　NMD 原位测试

经由 Balfour Beatty 提供

图 75.16　岩芯切割机原位测试

经由 Balfour Beatty 提供

图 75.17 大雨后的土石方工程
（a）排水不良；（b）预先碾压排水良好
经由 Balfour Beatty 提供

图 75.18 石灰被添加到饱和的土石方工程中（这种云是生石灰和水之间的放热反应产生的蒸汽，而不是石灰灰尘）
经由 Balfour Beatty 提供

况下虽然横向坡度会将水从工程和运输道路上带走，但排水系统需要由纵向到达狭窄通道的开端。必须注意确保没有意外筑坝。
- 抓地力。地面排水渠把水从低洼地带引走，无论工程规划得多好，都不可避免地会发生这种情况。
- 滚动的证据。虽然滚动与沉积同时进行，但随着降雨的临近，应注意遮蔽材料的表面以防止积水。光滑的表面也会使水沿着横坡流得更快。

在采取排水措施时，必须考虑到向场外排放的污水可能需要获得环境署（EA）的许可。环境监管局可对此类污水排放提出悬浮固体含量要求。

为避免车辙，黏土上的运输道路必须进行保养。如果任由车辙发展，不仅运输时间会增加，设备运行也会燃烧更多的燃料，最坏的情况是设备可能会被卡住并需要将其拉出或推出。所有这些情况都降低了工作效率，增加了成本，延误了工时。雨水淤积在车辙里会加速各种不好情况的恶化。

必须给铲土机留出余地来修整运输通道，以抑制车辙的发展。这还可能需要一个压路机。

无论是自然产生的或是经劣化的不合格的湿软黏土，都可以恢复原状。但这需要采取相应措施，并涉及以下方案和费用问题：

- 自然干燥。潮湿的黏土被挖掘出来，松散地铺散在阳光和风能影响到的自然干燥场地。这个过程需要长时间晴朗的天气，最好不选择冬季。此自然干燥的过程可能需要几天到一周甚至更长时间，这取决于黏土的状况和天气情况。
- 石灰改性。生石灰通过化学结合和放热反应使部分水分蒸发来降低含水率。生石灰撒在黏土上，不应立即将其压实，必须先使其产生的蒸汽通过孔道排出（图75.18和图75.19）。

石灰改性不能与稳定剂相混淆。石灰改性不是将材料从第7类变更为第9类，也不要求对这些类别的材料进行测试。然而，第2类要求的测试必须在处理后进行，以确保材料符合标准；若没有，则需要进一步处理。

如果怀疑黏土中含有硫酸盐矿物，如黄铁矿或石膏，则应格外小心。尽管与稳定剂相比，改性使用的生石灰添加量较少（通常为1%~2%），但与硫酸盐反应仍有可能产生长期的有害膨胀。

图 75.19　加石灰消散蒸汽改造
经由 Balfour Beatty 提供

应该对 GI 进行彻底评估：

- 不合格的黏土，土石方工程方案可能需要修改；
- BH 或 TP 曲线中所描述的石膏或黄铁矿；
- 高硫酸盐；
- 对 TRL 447 进行的任何测试。

如有疑问，应从试验坑中取样，并执行 TRL 研究报告第 447 期中的第 1、2 和 4 项试验。在解释结果时，应征求有关岩土专家的意见。

土石方工程方案必须重新审查。当天气较为潮湿，自然干燥不可行时，是否有关键方案解决？上述情况需要进行评估及测试。

这些过程需要时间，必须在土石方工程施工之前进行规划和实施。

75.6.2　淤泥

所有关于黏土的说明都适用于淤泥。淤泥对含水率的变化非常敏感，这是由于淤泥的渗透性比黏土强，水可以更容易地渗透进这种材料。

如果在涉及淤泥（或淤泥质黏土）的土石方工程中遇到降雨，最好的方法是更迅速地停止施工。含水率的微小变化可以使合规的填充材料变成泥浆。降雨期间在淤泥上通行将使材料快速劣化。

为了修复不合规的淤泥，可以使用石灰改性，但效果略低于黏土。类似于黏土，生石灰通过与游离水的放热反应来减少水分。然而，淤泥在化学性质上与黏土不同，黏土和石灰之间的进一步反应（在稳定过程中发生的反应）在淤泥上不会发生。

通过开挖并堆放到干燥处，自然修复对淤泥和黏土同样有效。

对于淤泥来讲，土石方工程排水比黏土更为重要。必须考虑到淤泥比黏土更容易被水侵蚀，必须注意控制地面沉降。同样地，必须仔细考虑路堤的过度排水，以防止在堤坡和堤顶处形成深冲沟。与通过设置排水系统来解决问题相比，修复这些设施可能会存在更大的问题，而且成本更高。

维护淤泥上的运输道路是避免产生车辙的关键。由于物料的敏感性，必须考虑提供一条散粒运输道路，以允许在不同天气条件下运输。

运输道路可由当地可用的材料形成。碎石或破碎的混凝土/砌体材料比砂和砾石更好。这是由于在建筑设备的负荷下颗粒状材料的整体力学效应能使道路更稳定，减小变形趋势。

75.6.3　均质细砂

SHW 表 6/1 表明这种材料为 1B 类。这种材料有两种物理特性：

- 细度，粒度一般为 100% <0.6mm，50% <0.3mm，10% <0.06mm；
- 均质性，颗粒的分布范围较小。

由于这些特性的影响，这种材料具有：

- 受限制的可接受湿度范围；
- 高流动性，容易被风或水移动；
- 增加了大雨冲刷的风险；
- 轮式建筑设备运输性差。

通常需要密切监测和控制含水率来控制这种材料的使用：

- 比 OMC 更干燥。堆积时应加水，应在干燥的天气使用水箱以防止表面干燥。
- 比 OMC 更湿润。这种材料排水相当快。只有在挖掘到地下水位以下时才有可能遇到这种情况。开挖和堆料时这种材料会出现排水和干燥现象；为避免过度干燥，监测很重要。
- 排水系统运营。必须精心控制径流，避免严重的塌落和侵蚀风险。
- 边缘排水系统。因为冲刷的风险太大，这是要避免的。为了避免因径流侵蚀产生的最坏影响，最好让雨水在土石方表面蓄积。

75.6.4　白垩

由于处理不当，即使是最坚固、大块儿状的白垩也会变成无结构的粉末。只要采取正确的措施，大多数等级的白垩都可以用于建筑施工，且不会增加风险：

- 季节。由附录 6/4 中指定的编撰者确定。应根据该地区的降雨量和温度记录，以及对白垩知识的了解来决定。通常施工季节是从 3 月～11 月；然而，如果早春比往常潮湿或寒冷，那么开始的时间应向后推迟。
- 控制。在采用完整干密度和白垩压碎值的情况下，控制白垩土石方工程的基本试验是含水率试验。微波干燥应与 BS 烘箱干燥方法相结合，以便快速评估。
- 开挖。事实上，白垩开挖操作的每个部分都必须尽量保留白垩结构。白垩开挖只能停留在层面。5m 通常是最小深度值，挖掘应做到尽可能深，尽管场地条件和切割深度可能会限制这一点。图 75.20 为单层白垩开挖。
- 运输。在晴朗天气条件下以及在平均运输距离上，白垩运输过程中可能会损失约 2%的水分。比最大限度稍湿的白垩可以在运输途中恢复原状。在编写抽样和试验计划时，应考虑到这一点。
- 堆料。切勿重新处理白垩。在最终堆料时应将其从自卸车中卸出，散料时应使用合适的设备。为保持结构，滑石应以最厚层散铺，0.5m 较为合理。
- 压实。SHW 表 6/4 允许使用轻型振动压路机。若白垩非常坚固，则通常使用自重压路机以减少对材料的损坏。一般经验方法是当滑石开始黏附在滚筒上时，应停止滚动。图 75.21 为自重压路机压实白垩。

任何白垩填料都必须经过一段时间的沉降，然后才能增加任何铺设层，该时间由设计师来确定。在加建更多层永久工程之前，可以先拆除附加层，从而缩短工期。

75.6.5 再生及二次集料

工程师可能会遇到再生和二次集料作为填料和聚合物的情况：英国有一个成熟的市场来供应这些材料。再生和二次集料定义不同，这两种材料都不是来自天然砂砾（陆源或海源）或碎石的原生骨料。一般来说，具有以下特点：

（1）二次集料：作为其他过程的副产品产生。

（2）再生骨料：由建筑过程中使用的无机材料加工而成。

政府鼓励使用再生和二次集料进行可持续性建设。但是，立法和条例要求执行某些程序：要确保到达可能对人类健康或环境造成损害浓度的污染物质不扩散。

使用非原生聚合体的条例仍在不断发展完善。由于撰写本书时（2011 年 2 月）的事例可能很快就会被取代，故在本章中未提供明确的说明。

可以根据参考来源提出建议，其中最重要的是废弃物和资源行动计划（WRAP），该计划与环境署（EA）共同制定了"从惰性废物中生产集料的质量议定书"。根据本议定书生产的集料被认为是完全再生的，而不是废弃物。

当再生骨料没有按照 WRAP 协议生产时，可能仍然会被监管部门认为是废弃物。生产商必须遵守环境许可规定：必须从环境署（EA）获得许可证，这一过程可能需要数周时间才能完成。

强烈建议再生骨料的潜在用户，在将任何材料

图 75.20　单层面白垩开挖
经由 Balfour Beatty 提供

图 75.21　自重压路机压实白垩
经由 Balfour Beatty 提供

引进到工程使用之前,应确定并能证明供应商已经按照 WRAP 协议生产了材料,并能接受买方的审查。供应商必须提供测试结果以确保材料符合协议要求。

2011 年 3 月,受污染的土地:在真实环境中的应用（Contaminated Land: Applications In Real Environments,简称 CL: AIRE）部门与环境署（EA）联合发布了《废弃物的定义:发展工业规程》（第二版）（*The Definition of Waste: Development Industry Code of Practice*）。任何想重复利用或回收材料的人均可免费下载此资料。

建议对技术标准编撰者和工程师进行如下咨询:

- 其内部环境管理者;
- 外界废弃物/环境顾问;
- WRAP 网站: www.wrap.org.uk/index.html;
- CL: AIRE 网站: www.claire.co.uk/;
- 环境署（Environment Agency）网站: www.environment-agency.gov.uk/。

除了遵守废弃物条例外,非主要材料的使用可能会受到业主核心要求的限制。在 SHW 第 601 条 12 款及表 6/1 中,HA 制定了再生骨料要求,包括准许再生材料的特定类别。

另外,英国公路局（HA）《道路和桥梁设计手册》（DMRB）第 1 卷第 1 节第 2 部分 HD 35/04 "保护和使用二次和再生材料"就关于使用再生材料提供了详细建议。本文件表 2.1 部分转载于表 75.5。

必须注意的是,除英国公路局（HA）外,其他业主在使用再生骨料方面可能有明显不同的要求。在开始前,专业人员或使用者必须确保他们了解业主允许使用什么,以及什么可能需要偏离技术标准（如果可能的话）。

技术标准编撰者和用户应该意识到,业主的核心需求可能不包括当前行业的最佳实践。例如,越来越多地使用成捆的轮胎作为轻质路基填充物,但在表 75.5 中并未提及。

如本章之前所述,我们强烈建议业主、设计师/专业人员和承包商之间进行讨论,最大限度地利用再生和二次集料,以实现工程建造的可持续性。

75.6.6 人造骨料

最可能遇到的这种材料是轻骨料。它是由烧结的 PFA 或膨胀黏土制成的,并以特定的品牌名称销售。这些材料不包括在 SHW 中。它们只能用于解决特定的岩土工程问题,设计师应就材料性能和特性从制造商处寻求建议。

75.6.7 泥炭土

虽然大量的泥炭土在英格兰和威尔士并不常见,但在苏格兰和爱尔兰工作的工程师们应该做好遇到这种材料的准备。泥炭土的特点是:

- 低黏聚力/剪切强度。C_u 值不超过 10kPa。
- 高含水率。大于 300% 很常见。
- 高压缩性。当加载时,水从结构中排出造成体积发生很大改变。
- 不可预测的沉降。因为泥炭土是有机非均质的,在任何单位面积上的沉降都是不均匀的。实际沉降量很难通过实验室测试来进行预测。

泥炭土在任何情况下都不能作为土石方工程的一般填充物。根据 SHW 术语,这类材料的分类永远是 U1 类。它不适合作为路基的承重材料,遇到的泥炭土必须处理或移除。

处理泥炭土的策略首先必须考虑泥炭层厚度,再考虑需要移除的体积。由于泥炭土甚至不适合环境美化,故所有的材料必须从现场移除。这可能涉及重大成本问题:

- 本地可能没有获得合规许可证的堆填区;
- 任何堆填区都可能面对每年允许这种材料的堆填量存在限制问题;
- 如果堆填的话,可能会带来更高的堆填税。

如果要移除泥炭土,则必须考虑基坑两侧剩余泥炭土的稳定性。

最好还是把材料留在原处。在这种情况下,通常通过一个桩筏将上覆结构的荷载转移到下覆地层。任何遇到泥炭土的工程都需要在施工前做好仔细规划（图 75.22）。

75.6.8 表层土

表层土不能用作建筑工程用土。这是由于土体中有机物含量会产生稳定性问题,如果在靠近表面的地方使用则会引起植被再生。然而,表层土是土石方工程的一部分,由于它通常是第一个和最后的作业工序,因此必须予以考虑并纳入方案。

《公路工程规范》（MCHW 1）：再生和二次集料的应用　　　　　表75.5

材料	应用和系列						
	管道垫层	路基填充	覆盖层	底基层非粘结混合物	底基层和基层水硬性混合物	沥青粘结层	PQ混凝土
	500	600	600	800	800	900	1000
高炉矿渣	✓	✓	✓	✓	✓	✓	✓
烧焦的煤矿废弃物	×	✓	✓	✓	✓	×	×
瓷土砂/支架	✓	✓	✓	✓	✓	✓	✓
粉煤灰/燃料灰粉（cfa/pfa）	✓	✓	✓	✓	✓	✓	✓
铸造用砂	✓	✓	✓	✓	✓	✓	✓
炉底灰（fba）	✓	✓	✓	×	✓	×	×
焚烧炉底灰集料（ibaa）	✓	✓	✓	✓	✓	✓	✓
磷渣	✓	✓	✓	✓	✓	✓	✓
再生骨料	✓	✓	✓	✓	✓	✓	✓
再生沥青	✓	✓	✓	✓	✓	✓	✓
再生混凝土	✓	✓	✓	✓	✓	✓	✓
再生玻璃	✓	✓	✓	✓	✓	✓	✓
板岩集料	✓	✓	✓	✓	✓	✓	✓
废油页岩（布勒斯）	×	✓	✓	✓	✓	×	×
钢渣	✓	✓	✓	✓	✓	✓	×
未燃煤矸石	×	✓	×	×	✓	×	×

注：✓代表具体规定（如果材料符合MCHW1技术标准，则允许作为成分）或一般规定（如果材料符合MCHW1的要求，但没有在MCHW1中命名，则允许作为成分使用）。
　　×代表不允许。

说明：1. 表2.1仅供参考，必须参考所附文本和MCHW 1技术标准。在特定应用中，符合MCHW 1技术标准的材料不一定符合所列系列的所有要求，只符合特定条款。例如，在600系列中，未燃煤矸石可以满足MCHW 1技术标准的一般充填，但不能作为选择性充填；在1000系列中，PQ混凝土的运行表面不允许使用再生或二次集料。对于特定再生或二次集料的任何最大组成百分比，也应参考技术标准MCHW 1。例如，在1000系列中，再生沥青最大质量成分在MCHW 1技术标准中"其他材料"（表10/2）的限制下给出。

2. 由于碱－硅反应（ASR）的潜在危害，在PQ混凝土或水力结合混合物中使用再生玻璃作为骨料并没有具体或一般的规定。然而，如果在混合料设计中包含了充足的条款以最大限度地降低ASR所产生的有害风险，则监管机构可能会允许这种方法的使用。

3. 由于钢渣存在体积不稳定的可能性，故没有关于钢渣用作PQ混凝土或水力粘结混合物骨料的具体规定或一般规定。但是，如果监管机构能够充分保证产品的稳定性，则可允许使用。

摘自英国公路局《道路和桥梁设计手册》，HD 35/04ⓒ Crown Copyright 2004

75.6.8.1 表层土清除（表层土剥离）

- 切割区或坡地：其他土石方工程开始之前清除表层土。
- 填土区：可以清除表层土，或者当路基高于最低高度时保留。这样做的优势在于：

① 如有多余的表层土，则减少堆积；
② 如工程缺乏合适的物料，可减少外来引进填料；
③ 考古保护；
④ 项目和成本效益。

最低高度必须由设计师和承包商制定，需要低于此高度时，表层土必须清除。

图 75.22　典型的低洼泥炭土地貌
经由 Balfour Beatty 提供

工程中重复使用的表层土必须储存在表层土围堰中，为避免破坏土体，需限制其高度，工程师在施工前必须与设计师商定。

表层土剥离通常由履带式拖拉机牵引的铲运机进行施工。如果表层土靠近被剥离的区域这是可行的，若距离较远，可使用 360° 挖掘机进行剥离，使用铰接式自卸卡车（ADT）进行牵引，效率则会更高。

75.6.8.2　表层土置换

结构性土石方工程完成后，需按合同要求置换表层土。需要置换的地区包括坡道、斜坡、景观美化及没有以其他方式覆盖的地区。例如，人行道、装饰用或未装饰用的建筑物、表面处理设施或排水渠等。

表层土以轮式或履带式 360° 挖土机，或轻型履带式拖拉机进行铺设，表层土无需压实。

工程师应注意，SHW 对现场现有的表层土（5A）和引入表层土（5B）有不同的材料类别。不同的参数和限制可能仅适用于每一个类别。每一个类别都可以被细分，故可以改变成分以适应特定区域的生态环境。

75.7　参考文献

British Standards Institution (1990). *Methods of Test for Soils for Engineering Purposes: Compaction-Related Tests*. London: BS 1377, Part 4.

Highways Agency (1995). *Design Manual for Roads and Bridges*, Volume 4, Section 1, HA44, Earthworks – Design and Preparation of Contract Documents. London: The Stationery Office.

Highways Agency (2004). *Design Manual for Roads and Bridges*, Volume 7, Section 1, Part 2, HD 35, Conservation and the use of Secondary and Recycled Materials. London: The Stationery Office.

Highways Agency (2009). *Specification for Highway Works*. London: The Stationery Office.

Reid, J. M., Czerewko, M. A. and Cripps, J. C. (2001). *Sulfate Specification for Structural Backfills* (TRL447). Crowthorne, Berkshire: Transport Research Laboratory.

CL:AIRE (2011). The Definition of Waste: Development Industry Code of Practice Version 2. [Available to download from www.claire.co.uk]

实用网址

英国建筑研究院（Building Research Establishment，简称 BRE）；www.bre.co.uk

英国标准协会（British Standards Institution，简称 BSI）；www.bsigroup.com

英国环境署（Environment Agency）；www.environment-agency.gov.uk

英国公路局（Highways Agency）标准；www.dft.gov.uk/ha/standards

英国运输研究实验室（Transport Research Laboratory，简称 TRL）；www.trl.co.uk

WRAP；www.wrap.org.uk/index.html；

CL:AIRE 规程；www.claire.co.uk/index.php?option=com_content&view=article&id=210&Itemid=82

建议结合以下章节阅读本章：
- 第 69 章"土石方工程设计原则"
- 第 78 章"招标投标与技术标准"

本书以第 1 篇"概论"和第 2 篇"基本原则"为指导进行章节编排。如第 4 篇"场地勘察"中所述，各类岩土工程均应进行扎实的现场勘察工作。

译审简介：

刘丽娜，博士，高级工程师，主要从事地质灾害、环境岩土、环境工程地质和非饱和土工程地质等方面的研究工作。

滕文川，原甘肃土木工程科学研究院总工程师，教授级高级工程师，注册土木工程师（岩土）。

第76章 路面设计应注意的问题

保罗·科尼（Paul Coney），阿特金斯公司，沃灵顿，英国
彼得·吉尔伯特（Peter Gilbert），阿特金斯公司，伯明翰，英国
审核：保罗·弗莱明（Paul Fleming），拉夫堡大学，英国
主译：易富（中国建筑科学研究院有限公司地基基础研究所）
参译：李军
审校：王社选（宁夏建筑设计研究院）

doi: 10.1680/moge.57098.1143

目录

76.1	引言	1113
76.2	路面基础作用	1114
76.3	路面基础理论	1115
76.4	路面基础设计回顾	1115
76.5	现行设计标准	1116
76.6	路基评估	1120
76.7	其他设计问题	1122
76.8	施工规范	1123
76.9	结论	1124
76.10	参考文献	1124

近年来，公路和铁路的路面及路基设计取得了重大进展。与传统的基于经验配方法相比，最新的设计规范采用了更为合理的设计方法，使其具有更好的效果，包括更广泛地使用可持续的新型材料和减少铺筑厚度。路面设计属于岩土工程的重点领域，最新规范更加重视评估和选择适合于当地条件的材料。本章简要概述了英国公路和铁路当前设计应用实践，并提供了一些可供进一步阅读的关键文献。聚焦高速公路和干线公路（由英国公路局制定）以及铁路（由英国铁路网公司制定）的设计方法的发展现状，目前英国开展的大多数研究都与这些方法有关。这对于评估路基承载力和制定适合当前土质条件的设计方法非常重要。

76.1 引言

交通是我们生活的基本需求，在英国，人们的生活与公路或铁路密切相关。虽然如此，但令人疑惑的是作为土木工程中较重要的技术领域——路面工程尤其是路面基础设计，却发展得十分缓慢。传统的路面修筑是依据经验或以先例为参考，因此在建造过程中往往是保守的或在某些情况下设计依据是不适当的。近年来路面设计理论体系有了很大的发展，这主要得益于许多土木工程项目的运作方案采用公私合作，设计和建造或者设计、融资和运营一体化运行方案。这些合同将建设风险从公共部门转移到私营部门，激发了更大的创新欲望，即通过使用可替代的、更经济的建筑材料来获得成本和环境效益，并在考虑全生命周期成本的同时尽量减少铺筑厚度。

路面设计工程涉及多个土木工程学科，包括材料科学、结构工程、水力学和岩土工程。岩土工程师需要评估修建道路地表（路基）的承载情况，路面工程师（公路）或铁路线路工程师（铁路）需要确定直接承受交通荷载的路面材料的性能要求。这两个学科的职责界限在实践中有所不同。与建筑结构一样应统一考虑地基土和路面基础（第3章"岩土工程发展简史"）。对于道路设计来说，传统上认为二者分界是路基垫层的顶部，岩土工程师负责为上部结构层提供合适的承载平台（Highways Agency，2009b）。基于性能设计方法的最新发展改变了层间的分界，作为设计分析师（可以由路面工程师执行）将需要了解每个路面结构层的特性。所以很明显岩土工程师的参与不应该局限于对路基条件的评估，特别是岩土工程师通常最适合于判断各种路基处理方案的实用性，这对于工程建设的成败至关重要。因此需要路面工程师、岩土工程师、路线工程师和排水工程师齐心协力制定合适的解决方案才可以达到最好的设计效果。

本章涉及路面基础的设计。在本章中，"路面基础"一词是指道路基层下方的材料（通常包括底基层，垫层和路基）和铁路轨枕下方的材料（通常包括道砟、路基和任何中间层）。各结构层术语多种多样，公路和铁路使用的术语也不同，尽量尝试使用一致的术语：例如，"路面基础"也用于表示"铁路道床"，而"交通"则指公路或铁路荷载（视情况而定）。本章的目的是概述英国道路和铁路现行的良好设计实践，并为获得更多相关内容给出了一些关键的参考文献。不能做到对路面工程理论的详细描述，也没有针对性讨论有轨电车和机场跑道等其他用途的路面建设工程，但许多基本原理原则上适用于任何路面基础。

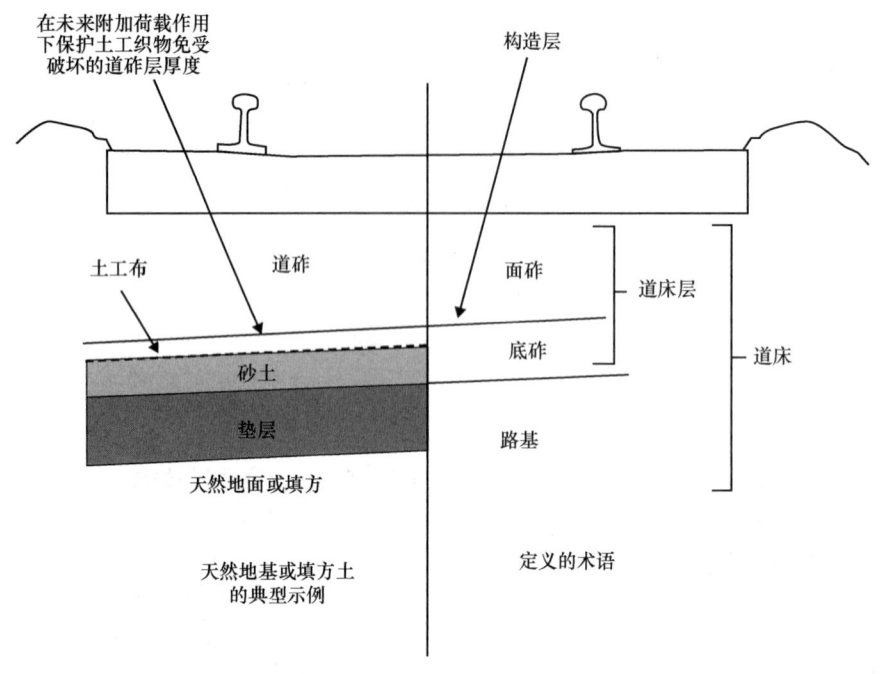

图 76.1 铁路道床术语

经版权持有人许可转载ⓒ Network Rail Infrastructure Limited 2005

76.2 路面基础作用

图 76.1 和图 76.2 给出了用于道路和铁路路面的各种结构层的基本术语。

各路面层具有不同的功能，这些功能在不同文献中有描述［公路参见 Thom（2008）和 NR/SP/TRK/9039（2005a）；铁路参见 Selig 和 Waters（1994）］。交通荷载对路面施加动荷载，该荷载将通过路面分散到路面基础。路面基础的基本作用如下：

- 在施工期间提供稳定的平台，以便铺设和压实上覆路面结构层。
- 将交通荷载产生的应力降低到路基可接受的水平，并防止过度变形（短期和长期）。
- 在交通荷载下保持材料性能。材料性能的劣化是由材料颗粒的磨损或相邻层中细粒的迁移造成的。
- 抵抗来自交通荷载的横向力和纵向力。这对于保持轨枕支撑所需的道砟最为重要。
- 可以将水从路面层导入排水系统。一个独立但相关的问题是路基排水，通过碎石空隙中反滤排水沟进行排水，以避免地下水进入路面基础。

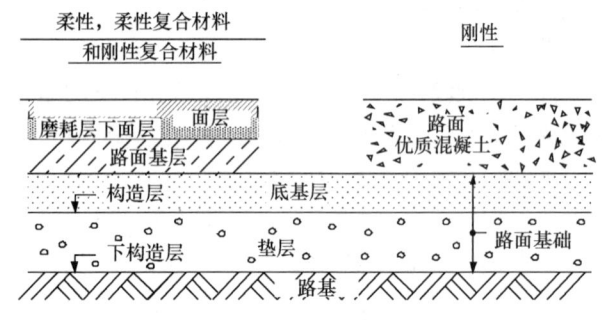

图 76.2 道路路面层术语

转载自英国公路局《道路和桥梁设计手册》HD 23/99（Highways Agency，1999）ⓒ Crown Copyright 1999

这些功能在建设和使用期间都是必需的。对于施工期间的路面来说，虽然施工荷载重复出现的次数与交通荷载相比是相对较低的，但施工荷载引起的路基中的应力相对较高。路面基础承载力不足的最终结果是路面和下伏路基出现车辙。对于路面基础车辙，在施工过程中应尽可能适当补救（通常通过开挖和更换失效的材料），否则路面承载性能不足的问题将会长期存在。不良路面条件产生的不利影响将是长远的，通常会导致后期维护成本显著提高。

76.3 路面基础理论

本章中没有足够的篇幅阐述路面设计理论，可以参考 Thom（2008）中关于公路的资料以及 Selig 和 Waters（1994）中关于铁路的资料以了解更多细节。对于道路设计来说，20 世纪 60 年代至 20 世纪 80 年代的英国运输研究实验室（TRL）的研究成果给出了现在仍然遵循的许多基本原理，因此建议阅读 TRL LR1132（Powell 等，1984），并参考 TRL LR889（Black 和 Lister，1979）了解更多详情。

面层（例如公路的沥青或混凝土面层，或铁路的钢轨和轨枕）被设计成能将交通荷载分散，降低到路面基础可承受的水平。反过来，选择基础材料必须考虑设计荷载下基础的承载性能，并减少传递给路基的应力等因素。

正如 Brown（1996）所描述的，当一个动荷载作用于一个非胶结材料（土体）时，它将首先发生弹性变形（可恢复的变形），然后发生塑性变形（永久变形），这取决于应力路径。卸载后只有弹性变形可以恢复，因此循环荷载会导致永久变形的累积，其大小取决于施加的应力大小、荷载循环次数以及材料的刚度和强度。图 76.3 显示了动态荷载下非胶结材料的典型剪应力-剪应变图。

如图 76.4 所示，随着低剪应力荷载作用次数的增加，塑性变形逐渐增加并趋于稳定。随着高剪应力荷载作用次数的增加，塑性变形将以越来越快的速度增加，从而导致大变形或破坏（Thom，2008）。将这两种情况区分开来的剪应力称为临界值应力，作为粗略的指南，临界值应力大约为黏性土不排水抗剪强度的一半（Brown，1996）。在现有文献中有时也使用"安定界限"一词，其含义与临界值应力相似，但证明起来更为复杂。

对于现场工程师来说，关键问题是：如果施加的应力保持在临界值以下，那么应力作用将是在压实土体而不是软化土体。自然界中的这种原理也许可以从鸡的进化中看出来，鸡的脚足够大，可以对土体施加较小的压力。因此即使在雨天鸡舍也能保持平整，如果您在鸡舍下面挖土，您会发现上层非常紧致。

因此，路面基础设计的重要参数取决于弹性刚度以及在重复荷载作用下的一些可以测量的塑性变形和抗剪强度等。这些参数在工程实践中很难确定（由于地表状况会沿着路线而变化，因此需要开展大量的测试工作），实际操作中对所进行的各项检测试验和设计都进行了合理有效的简化。

76.4 路面基础设计回顾

在 20 世纪 30 年代，美国加利福尼亚州国家高速公路局提出了加州承载比（CBR）作为路基的指标，专门用于路面设计。CBR 试验是以恒定的速率将一个小的贯入压头压入土中并测量位移，CBR 值是一个试验结果与标准土体进行比较而确定的比值。压头的贯入值是由弹性、塑性和剪切变形引起的，得到的 CBR 值是一个经验值，没有物理意义。尽管有这些局限性，但由于其试验设备简单，技术性要求不强，检测速度快等优点而被广泛

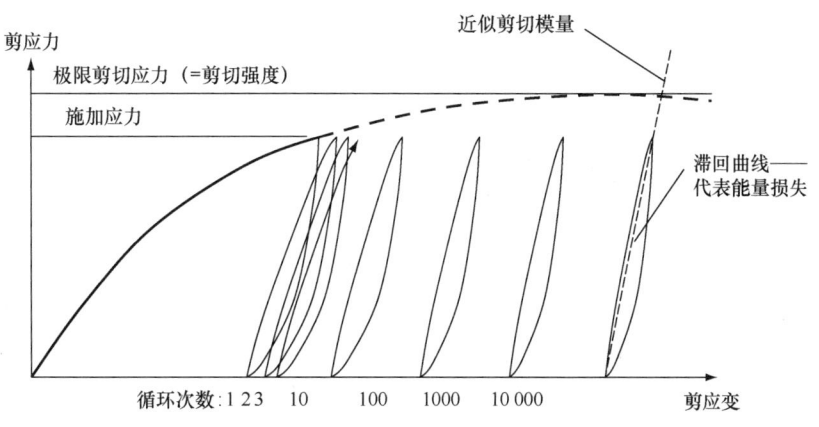

图 76.3　动荷载作用下非胶结性材料的理想应力-应变特性

摘自 Thom（2008）

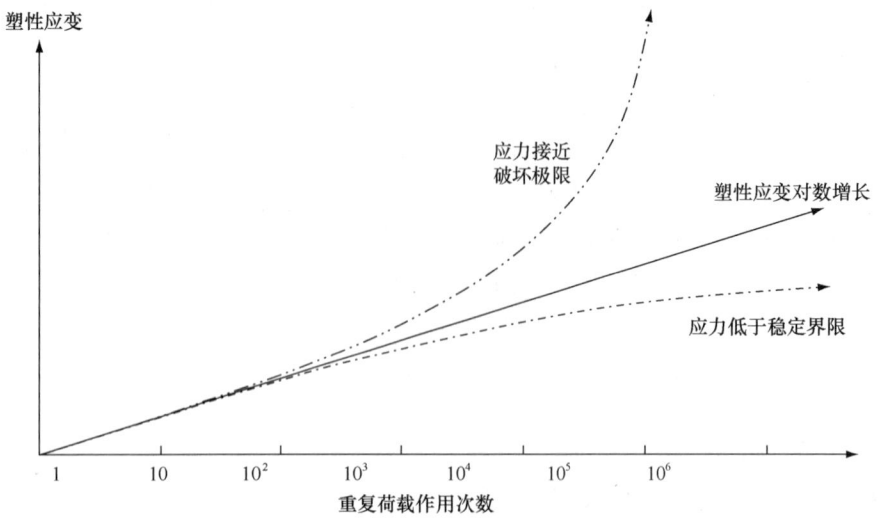

图76.4 重复荷载作用下的塑性应变累积曲线
摘自 Thom (2008)

使用。世界各地已经开发出各种各样的经验设计方法，以便在当地条件下使用 CBR 值评价材料的刚度和强度。

在过去的几十年里，人们对土力学、试验方法、材料研究和设计工具的理解都取得了重要进展。现在有许多测试技术可以帮助确定土体参数，并且可以使用计算机模型来进行分析设计。然而尚未开发出一种实用的测试技术（请参见第76.6节和 Fleming 等，2000）来确定所需要的岩土参数。设计标准仍然是半经验的，虽然现场技术人员也没有推广 CBR 试验，但是设计标准仍然将 CBR 试验作为确定路基刚度的间接措施。

路面基础设计的一个潜在问题是：施工前（即在设计过程中）的土体将在施工过程中受到不利扰动，土体的最终刚度受到很多因素的影响，设计师能考虑的影响因素有限，这些因素包括所采用的施工方法、如何处理地表和地下水的变化等。因此，土力学理论只是路面基础设计的一部分，潜在更重要的是工程经验，所以基于经验的 CBR 方法在工程实践中仍占有一席之地。

76.5 现行设计标准

第76.2节和第76.3节描述了路面基础如何将交通荷载引起的应力减小到路基的可接受水平（即低于应力的容许值）。路面基础设计的任务是通过执行行业标准和规范来实现的，同时也可以使用最新的分析设计方法。

对于英国的公路和铁路来说，负责路面建设和维护的几个部门都有自己的设计标准。两个主要标准是英国公路局和英国铁路网公司制定的标准，这两个标准在本节中均有描述。一些地方协会也有自己的道路设计标准，主要基于现在被废止的英国公路局 HD 25/94 标准（Highways Agency，2007）（甚至更早的标准，道路注释29），下面进行详细阐述。

76.5.1 英国公路局标准

负责英格兰和威尔士高速公路和干线道路的英国公路局在其《道路和桥梁设计手册》（*Design Manual for Roads and Bridges*）中介绍了其设计标准。苏格兰交通部和北爱尔兰道路局也使用此设计标准，它们分别负责各自国家的高速公路和干线道路。

最新的英国公路局的路面基础设计标准是 HD 25/94，它遵循确保足够性能的设计方法和原则。该标准基于 LR1132（Powell 等，1984）中的大规模试验和长期经验。HD 25/94 包含一张表格，该表格将路基设计 CBR 值与底基层和垫层厚度相关联（图76.5），给出了底基层和垫层组合结构或仅有底基层结构的选项，如更薄但质量更高的基础层。该标准还提供了良好的实用建议，如通过限制沿路线的基础设计变化以减小行驶质量差异。该标准已成功应用于许多工程案例，其主要缺点是没有提供适应不同性质的基础材料或交通荷载变化的设

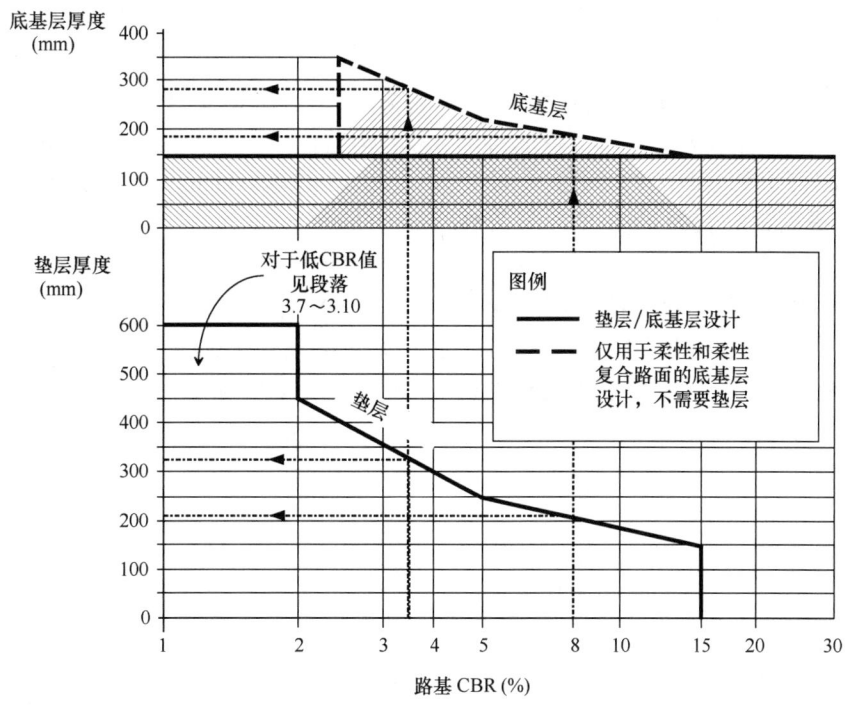

图76.5 垫层和底基层厚度设计

摘自英国公路局《道路和桥梁设计手册》，HD 25/94ⓒ Crown Copyright 1994

计方法。考虑到所提出的基础材料的工程性质分析方法将可能允许使用更广泛的材料，并减小基础厚度。

为了满足这种需求，英国公路局最近推出了一项新标准：暂行建议说明（IAN）73/06（Highways Agency，2006a）。本标准于2006年2月取代HD 25/94，并于2009年2月修订，重新发布为第1版。在作为非过渡性标准实施之前，可进行进一步修订。除了允许对路面基础进行分析设计之外，IAN73/06还与英国公路局 HD 26/06 标准相结合提出关于上部道路面层设计的新建议，允许根据地基刚度（3级和4级）来减小上面结构层厚度。然而旧的 HD 25/94 标准和以前的参考文献仍然在设计理论和良好的实践方面具有参考价值。

IAN73/06 根据地基基础顶部的长期最小刚度（称为路基顶面综合模量）定义了4个允许的基础类型：

- 1 级-50MPa；
- 2 级-100MPa（见下例）；
- 3 级-200MPa；
- 4 级-400MPa。

1 级仅适用于次要道路，2 级通常代表粒料类路面基础，3 级和 4 级则表示石灰或水泥稳定（刚性）基础。

建设期的目标值与长期性能值有所不同，要考虑到颗粒材料的后续约束，或者胶结材料的固化速度和开裂。

路基顶面综合模量不能与单层的刚度（称为层模量）相混淆。路基顶面综合模量是在直径300mm 荷载板下"复合"性能的量度，并且受基础层和下部地基的刚度和厚度影响。因此，一个上覆在层模量为 50MPa（近似 CBR 为 5%）的路基上，并且具有足够厚度、层模量为 150MPa 的底基层，将提供表面模量为 100MPa 的 2 级基础。在这种情况下现场刚度测试的目标值是 80MPa。

习惯上，在引入 IAN 73/06 之前，对于无胶结的路面基础，假定垫层顶部的 CBR 超过 15%，底基层顶部的 CBR 超过 30%。这些值是对应单层的 CBR，并不是与路基顶面综合模量进行类比，如前文所述，路基顶面综合模量是在直径 300mm 的承压板下各种层的复合性能。如果单层地基土层充分厚（比正常情况厚得多），那么板上的荷载将完全分布在单独的地基土层内。在这种情况下，由承压板测量的路基顶面综合模量将与使用相同测试方法测量的层模量相同。

需要特别说明的是，由于大多数垫层材料的等级不高，导致垫层不易测试 CBR。静态平板载荷试验可用于确定等效的 CBR，但很少使用。一种替代方法是使用动态贯入试验获得 CBR 值，尽管在某些材料中可能不合适。

作为简易指导，CBR 值为 15% 的垫层对应于约 100MPa 的层模量，而 30% 的 CBR 值可能对应于约 150MPa 的层模量。但是需要注意的是对于较高刚度的材料 CBR 值与刚度没有很好的相关性。另外要注意的是 IAN 73/06 建议垫层的刚度可能仅为 75MPa，这可能对应于小于 15% 的 CBR 值（取决于所使用的对应关系式）。这与传统使用的值没有很好的对应关系，但反映出垫层可以采用本地的低成本材料，而 IAN 提供了使用较高刚度进行性能设计的选项。经验表明，建议选用细粒含量少，并且天然性质比较均匀一致，储量丰富的垫层材料。如果满足上述两个条件，那就是一种刚度比较适合作为垫层的理想填料。

IAN73/06 包含两个设计过程："性能"设计方法和比较传统的"极限"设计方法。极限设计方法是根据一组图表、基于路基刚度来确定路面基础厚度的方法。"性能"设计方法如图 76.6 所示。这使得在理论上可供选择的材料和设计厚度的排列组合要比使用极限方法或以前的 HD 25/94 标准多得多。

对于性能设计方法，设计人员首先为路基和各结构层选择合适的刚度值，然后根据一些图表提供的有限排列设计，或更常见的情况是借助计算机辅助设计从方程中得出计算结果。该分析模型基于多层线弹性理论，其中用到 Thom（2008）对实际条件的一些简化和假设。需要对路基和基础材料进行测定和评估以确定适当的设计刚度值，IAN 给出了一些建议性的测试技术。

设计完成后，需要进行一系列的试验路检验。其思路是试验路位于各种路基条件下，能反映出将会遇到的各种实际条件。试验使用主体工程中使用的方法和材料进行。对试验路进行测试和监测，以验证设计，主要包括铺筑层的密度和刚度，以及在交通荷载下令人满意的抗车辙性能。新方法的一个重要进展是使用原位动态平板载荷试验（轻型弯沉仪和落锤式弯沉仪，在第 76.6 节中进行了阐述），主要工作目的是评估"竣工后"的结构层刚度是否满足设计所需的路基顶面综合模量等级要求。在试验和工程中所测定的路基顶面综合模量值是瞬时值，而不是测定上层结构层铺筑覆盖后基础（Edwards 和 Fleming，2009）长期刚度的直接方法。

关于 IAN 73 的优势有很多争论，Fleming 等（2008）提出了其一些优点和局限性。优点是可使用更广泛的材料，包括再生利用的材料，从而带来环境和成本效益。工程期间的试验路和测试也为性能提供了更好的保证。然而，有人提出了一些局限性，包括"极限设计方法"中非常保守的厚度要求和"性能设计方法"中大量测试的费用问题，这对某些设计来说是不合适的，一个基本的假定是短期行为将代表长期行为。在工程开始前，进行代表所有路基材料的性能影响（如天气湿润/干燥效应）试验通常是不现实的，因此需要有一定的推断能力。在现场遇到特殊条件可能需要额外的试验，这可能会对方案和造价产生综合影响。

虽然转向更令人满意的基于分析设计的方法是受欢迎的，但开发实用的设计方法仍然需要进行大量的工作。还应该牢记的是，路面基础设计（无论采取哪种方法）最重要的因素是对地面情况和地下水条件进行恰当的评估，并研究制定适合这种条件的设计方案以及可能的施工方法（第 76.6 节）。在这方面可以参考 HA 44/91 土方工程——合同文件的设计和编制（Highways Agency，1991），其第 10 章提供了一些有关路面基础设计和规范的有用背景。HA 44/91 早于 HD 25/94 出版，因此部分信息现已被取代。然而，对路面基础设计的几个关键原理进行了简要说明（参见 LR1132）（Powell 等，1984），并保持相关联，例如地基土层的用途（第 10.1、第 10.2 节）和关于路基 CBR 值（第 10.9 节～第 10.23 节）的讨论。

76.5.2 英国铁路网公司标准

涉及铁轨道床基础设计的铁路网标准有许多，其中相关性最高的标准如下：

- RT/CE/S/101（1997）轨道设计要求；
- NR/SP/TRK/102（2002）轨道建设标准；

第76章 路面设计应注意的问题

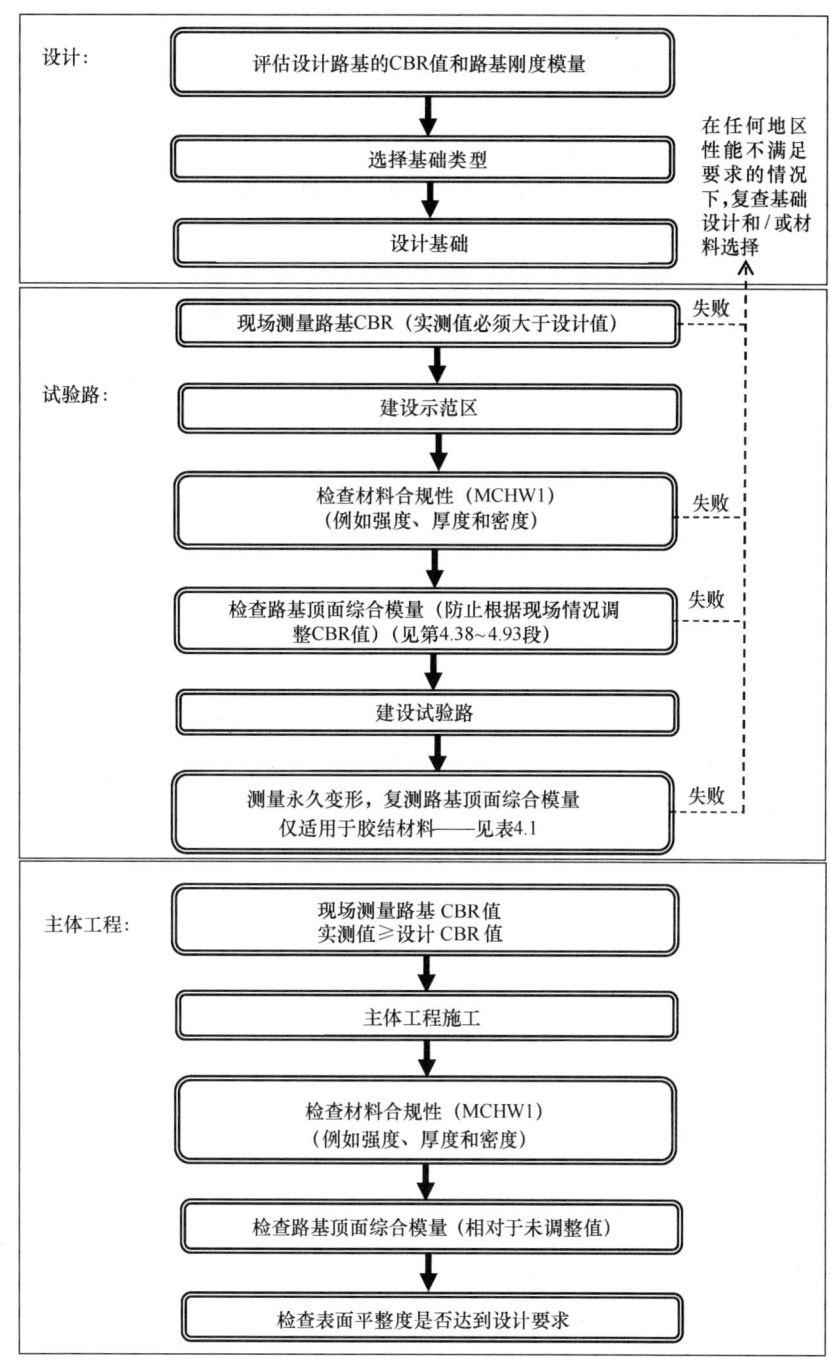

图76.6 IAN 73/06 性能设计摘要流程图

摘自英国公路局，IAN 73/06 Rev 1© Crown Copyright 2009

- NR/SP/TRK/9039（2005a）轨道设计要求；
- NR/SP/TRK/9006（2005b）线路两侧排水。

RT/CE/S/101 给出了轨道结构设计的最低工程要求和原则。这是一个上层规范，它参考了其他更详细的英国铁路网公司标准。对于道床基础的设计，参考 Rt/CE/C/039（现在由 NR/SP/TRK/9039 取代），而对于道砟的设计，参考 NR/SP/TRK/102。

NR/SP/TRK/102 给出了新建或重铺轨道的标准，包括最小道砟深度以及钢轨和轨枕规格等详细信息。最小道砟深度取决于轨道类别（基于列车速度和轨道用途)、钢轨和轨枕类型，范围在 200～300mm。这是基于经验和允许维护（包括夯实）的最小深度。对于路基和基床的设计，参考规范 RT/CE/C/039。

NR/SP/TRK/9039 对道床的处理提供了推荐方案。该标准条件下描述了各种潜在的道床问题，并提出了可能的勘察技术。它提供了有关道床厚度的建议，并用图表列出了不同不排水路基模量和铁路类型的道床层所需厚度。这是基于经验数据和多层弹性理论相结合，与德国铁路标准基本一致的标准。还给出了各种条件下的标准解决方案的草图。该标准指出其仅适用于轨道更新和改造计划，不适用于新建线路。标准的部分内容（例如表3）也可能适用于新建轨道，但是尚不清楚进行这种区分的原因。英国铁路网公司标准中没有新建轨道设计的规范。

在实践中，英国铁路网公司的道床设计标准可能会随着进一步研究而不断发展和变化，以涵盖更广泛的设计案例和土质条件。目前，设计师需要对基础理论和所进行的研究有很好地了解，特别是英国铁路公司在 20 世纪 50 年代至 20 世纪 80 年代所做的研究（如 Selig 和 Waters，1994），以便结合当前标准中给出的建议确定总体设计。

76.6 路基评估

路面和轨道基础设计中最重要的因素是对路基和地下水条件进行适当的评估，并提出适合这些条件的设计方案。为了进行评估，应将路基视为基础下方的一层或多层地基，而不仅仅是与基础直接相邻的表层地基。这是因为路基的材料特性可能会随深度和路线而变化，特别是刚度可能会降低。需要考虑的路基深度取决于在施工和运营过程中大部分交通应力消散所需的深度。交通荷载产生的应力影响可以到达铁路轨枕底部以下 5m 处（Brown，1996），然而在大多数情况下，通常认为应力分布在基础以下大约 1.5m 的范围内。IAN 73/06（Highways Agency，2006a）也建议进行建模分析时，基础下的刚性层厚度为 1.5m。

与其他基础层不同，路基的性能是变化的，其性能受到多种因素的影响。有些因素是专门适用于现场的，可能包括以下一些因素，应该通过岩土勘察分析来解决这些问题：

- 岩土类型，等级（特别是黏性土和砂性土的界面）；
- 岩土类型的变异性；
- 渗透性和刚度；
- 水平和垂直地质变化；
- 岩土结构（例如层状结构）；
- 可能存在硬化点/软化点；
- 地下水条件和排水情况（开挖之前）；
- 施工过程中孔隙水压力的提高（例如，淤泥/细砂层或砂土之上的薄层黏性土）；
- 地势的变化，如挖方到填方的过渡区域；
- 采用的施工工序和现场作业班组长的技能；
- 施工季节，排水设施的安装周期，路基暴露时间；
- 质量控制体系。

一个常见的误解认为路基刚度是唯一需要考虑的因素，其实它只是诸多影响因素中的一项。为了说明这个问题，请考虑如下工程项目：路基由冰川沉积物组成，冰川沉积物通常包括带有卵石和巨石的砂砾土/粉砂，并且细粒含量相对较低。路基通常具有相对较高的刚度，其设计 CBR 值通常在 3%～6% 之间变化。然而，尽管材料中细颗粒成分占比很少，但其在性质的表现上起到支配作用，材料的工程性能对含水率的变化非常敏感，材料的渗透性也可以相当高。如果地下水位较高（如裂隙中的地下水）且未得到充分控制，则在开挖过程中路基刚度会急剧下降。

在确定路基设计刚度时，应同时考虑短期（施工期间）和长期（使用阶段）状况。路基的刚度取决于含水率，尤其是在细粒土中。如果在夏季干燥条件下进行路面开挖，现场记录的刚度可能很高，但在道路竣工后的使用过程中，含水率可能会增加到平衡湿度——导致刚度降低。相反，在冬季潮湿的环境中施工时，可能会出现路基初始刚度较低的情况，且这样的情况可能会恶化到低于平衡湿度的刚度。这种情况下，在使用过程中材料的刚度永远不会得到显著提高。

有许多可能的勘察和测试方法可以用于研究路基，其中许多方法在 Thom（2008），NR/SP/TRK/9039 和 IAN 73/06 中进行了讨论，在此不再赘述。与所有岩土勘察一样，应根据当地的实际条件制定专门方法。实践经验表明，岩土勘察最好是沿线开展大量相对简单的试验（如指标性质、级配和简单的抗剪强度测量），而不是简单地集中于少量的高级实验室试验来确定刚度。

尽管近年来开展了大量工作，但无论是在现场还是在实验室，都没有一种简单的方法来确定路基刚度。IAN73/06建议了几种测试方法，并规定了在基于性能的设计方法中，在施工期间使用落锤式弯沉仪（FWD）和/或轻型落锤弯沉仪（LWD）来测定路基刚度。然而，通过对大量试验路垫层材料钻芯取样并进行室内试验复核，证明轻型落锤弯沉仪（LWD）测定的刚度值可能会有很大差异。由于材料性质和材料状态中的大量因素会导致这种现象发生，使得该问题变得更加复杂（Lambert，2007）。对于其他原位测试和实验室试验来说，出现类似的问题是常见的。建议开展一系列试验，找到各种方法之间的相关性，并根据经验进行一定程度的工程判断，以确定设计刚度。

确定长期刚度的规定也存在问题。长期刚度应基于平衡湿度，即路面运行期间可能出现的最大含水率。可以在实验室对一系列含水率进行测试，以反映路面施工和运行期间可能遇到的情况。平衡湿度也可以在实验室测定，通过一定范围内的湿度测试来反映施工期间和运营期间的含水率（Black和Lister，1979）。然而，由于平衡湿度的不确定性和测定比较困难，在实践中并没有被广泛采用。最坏的情况是对饱和样品进行测试，其中一个常见的（但不令人满意）做法是浸水后的CBR试验。然而，这样可能过于苛刻（饱水），并可能导致结果非常小，这也是与实际不符的。为应对这些问题，英国公路局编制了一份表格，提供了各种土质平衡湿度下路基CBR值的估计值（表76.1）。

这些估算值主要用于黏性土，其CBR估算值取决于塑性指数、地下水位、施工条件和路面厚度。表76.1最初发表在LR1132（Powell等，1984）中，随后被收录在HD 25/94和IAN73/06第0版中。IAN73/06第1版中仅收录了简要摘录，但参考了LR1132。LR1132仍然是设计人员了解该表的基本逻辑和使用该表的重要参考文档。在实践中该表被广泛用于估算黏性土路基的长期CBR值，并可以给出合理的结果。由于有许多复杂因素的限制，故仍需要谨慎使用，如下所述：

平衡湿度路基CBR估算 表76.1

土质	塑性指数 %	高水位施工条件						低水位施工条件					
		差		平均		好		差		平均		好	
		薄	厚	薄	厚	薄	厚	薄	厚	薄	厚	薄	厚
重黏土	70	1.5	2	2	2	2	2	1.5	2	2	2	2	2.5
	60	1.5	2	2	2	2	2.5	1.5	2	2	2	2	2.5
	50	1.5	2	2	2	2.5	2.5	2	2	2	2.5	2	2.5
	40	2	2.5	2.5	2.5	3	3	2.5	2.5	3	3	3	3.5
粉质黏土	30	2.5	3.5	3	3	4	5	3	3.5	4	4	4	6
砂质黏土	20	2.5	4	4	4	5	7	3	4	5	6	6	8
	10	1.5	3.5	3	3	6	7	2.5	4	4.5	7	3	>8
淤泥*	—	1	1	1	1	1	2	1	1	2	2	2	2
砂（级配不良）	—	20											
砂（级配良好）	—	40											
砂砾（级配良好）	—	60											

*估计，假设淤泥处于饱和状态。

注：1. 高水位在结构或结构底部以下300mm。
　　2. 低水位在结构或结构底部以下1000mm。
　　3. 厚层结构是指到路基的深度为1200mm。
　　4. 薄层结构是指到路基的深度为300mm。

摘自英国公路局，临时通知注释（Interim Advice Note）IAN 73/06 ⓒ Crown Copyright 2006

- 使用等级小于425μm的材料样品确定塑性指数。对于同时包含颗粒状和黏性成分（例如冰川沉积物）的级配良好的土质，刚度受这两种成分的影响，表76.1中确定的CBR值可能无法代表细粉含量少的材料。
- 塑性指数的值通常是可变的，设计者必须选择一个代表值或范围值。
- 对于塑性指数为5%~10%的低塑性土，设计人员必须判断该路基是粉土（CBR值为1%~2%）还是黏土（CBR值为2.5%~8%）。
- 同样需要重视的是如果施工条件差且无法控制地下水，则细粒土体的刚度很容易降到表76.1中的值以下，并且很难完全恢复。
- 该表还提供了颗粒含量相对较高材料的CBR值，实际刚度将取决于现场密度和孔隙水压力。然而在实践中测定路基的CBR值是否保持在15%以上是比较容易的。

为了验证设计结果，可对类似结构的现有路面进行CBR测定。这种方法不常采用，获得的少数结果往往是验证标准值的合理性。

对于设计师而言重要工作是要检查土的初始抗剪强度是否可以提供预期的平衡湿度对应的CBR值，因为施工通常不可避免导致土的软化。在这方面，常用方法是对黏性土进行近似计算：$CBR = C_u/23$（Black和Lister，1979），其中，C_u是不排水的抗剪强度。

76.7 其他设计问题

岩土条件一旦确定下来，设计的主要工作通常聚焦在通过足够的铺筑厚度以防止：（1）路基强度破坏；（2）路基产生过大变形。尽管这两种失效机制的重要性不言而喻，但在设计中还应考虑以下一系列问题。

76.7.1 材料

设计时应仔细考虑和确定路面基础材料。需要特别指出的是确定的材料应适合现场的土质和地下水条件。这通常是通过参考标准规范中给出的材料类型来实现的，如《公路工程合同文件手册》（*Manual of Contract Documents for Highways Works*, MCHW）（Highways Agency, 2009b），或者可以进一步参考英国标准《土方工程规程》BS 6031（*Code of Practice for Earthworks*）（2009）。下面的例子阐述了要考虑的几个最常见问题。

IAN 73/06 认为为了减少基础厚度，在使用高质量、高刚度的底基层时，垫层上应采用单一底基层而不是双层底基层。承建商通常倾向于仅根据材料成本评估的单一底基层建设方案。然而在实践中，对于许多现场工程来说，建议使用垫层来控制路基状况，因为垫层更简便且施工速度更快。尤其是当路基容易受到含水率变化的影响时，垫层为底基层的施工提供了平台（基层更精细，需要更精确的施工）。IAN 73/06 还列出了使用刚度更大的石灰或水泥稳定基层的优点。在实践中，重要的是要考虑地表条件是否适合使用较薄的基层或者是否需要额外的措施来确保基础的稳定（例如临时排水措施或改性稳定混合物）以避免出现路基潮湿等问题。

IAN 73/06 基于性能的设计方法和最新版的《公路工程合同文件手册》为在路面基础中使用多样材料提供了可能性，这为允许更广泛使用本地材料提供了更大可能性。特别是垫层更要选用当地的材料，新规范为实现这一目的提供了更大的潜力保证。

这些材料的选择需要慎重，以确保在交通荷载作用下不会劣化。铁路的一个常见问题是，道砟直接位于轨枕下方，承受较高的列车荷载和持续荷载作用。道砟会随着时间的推移而崩解，最终被细料充满。一旦在荷载作用下孔隙水压力不能消散，会经常出现潮湿位置，轨道几何线形将受到影响。NR/SP/TRK/9039（2005a）对此进行了阐述。

土工织物通常用于路面基础。英国铁路网公司标准（NR/SP/TRK/9039）规定了在路基受到侵蚀（拥包）的地方可以使用分离土工布或土工合成材料，也可与砂垫层联合使用。对于道路路面，使用分离土工织物是比较少见的，因为路基拥包通常问题不大（由于交通荷载较小和排水条件较好），尽管在特殊条件下可以考虑使用分离土工织物。土工格栅在路基刚度非常低的情况下可用于路面基础加固。

靠近地表不能采用易受冰冻影响的材料，有关冰冻保护的指南见 IAN 73/06。对于常规情况，距离路表 450mm 范围内的所有材料应不易受冰冻影响，但如果冰冻指数较低，则这种影响可能会减少。冰冻指数是衡量一段时间内寒冷天气严重程度的指标，它提供了一种冰冻传导进入道路的评价方法。

在设计路面基础时应仔细考虑环境问题。考虑路面有 25%~30% 的筑路材料来源于地表开挖中（Thom，2008），路面建设对环境影响是显著的。通过创新来减小环境影响和降低成本是设计的一个关键方面。设计寿命是上面层的重要考虑因素，但不是路面基础的简单考虑因素。对于这些，通常希望使用当地可用的材料来减少施工期间的运输成本。再生材料也经常被使用，特别是用于道路的垫层，英国公路局近年来已采取重大措施鼓励再生利用［例如，在《公路工程合同文件手册》（MCHW）表 6/1 和 IAN 73/06 中增加了更广泛的再生骨料，允许使用的建筑材料类型更广］。

76.7.2 排水

良好的排水性能对路面的性能至关重要。IAN 73/06 给出了一些排水建议，并指出应在路面施工期间和运营期间保证排水通畅。

在施工期间应保护路基，尽可能避免地表水和地下水而导致性能劣化。如果不采取适当的措施，则可能需要在路基结构下方进行大量额外开挖和置换，这可能会大大增加施工成本。对于地下水位高的潮湿路基和路堑区域，在开挖至下部结构标高之前，通常需要在边缘进行深层降水，以降低地下水。在某些情况下，还可能需要在路面中心或通过横向排水进行额外排水。特别是在易受潮土体中可能需要限制明挖。如果在路面基础的底部存在排水层，则应该将下部结构层保持一定坡度以便水可以流到两侧，以防止在施工过程中积水，或在完工路面中截流水。如果上部路面基础层也起到排水层（例如道砟或 1 型底基层）的作用，它们的基底也应该设计为斜坡的形式。

运营中的路面排水应设计为保证地下水位低于下部结构（土方排水），并排出通过上面层（路面排水）渗入路面基层的雨水。施工时路面基层应向排水方向倾斜。拓宽工程中的一个需要特别考虑的方面是，现有的和拟建的路面基层之间要有一个高差来保证排水，这也是决定路面基层设计厚度的因素。

76.8 施工规范

设计文件应通过图纸和说明充分呈现设计方案来指导施工。除非项目很小，并且对地面条件非常了解，否则现场某些区域的情况很可能与岩土勘察的信息不符。这可能导致需要修改设计而引起工期延误的风险，或者导致施工完成后不足以承担潜在的风险。这种风险可以通过采用一种保守的设计来解决，这种方法对于可能出现的大多数情况来说都是有效的，最好是在设计中提供灵活方案，即根据施工过程中遇到变化的现场条件（或施工前可获得有限的现场数据）采取灵活方案，"监测方法"（Nicholson 等，1999）就体现了这种灵活性。类似的方法已经发展到了设计和建造一体化方案（Gilbert，2004）。它已被证明适用于大型公路基础领域项目，并可以快速建设。它是通过在图纸和说明中包含设计假设的全部细节来实现的，包括：

- 路面基层的规格和厚度；
- 设计路基 CBR 值或刚度；
- 设计路基土质条件（如黏土、砂土）；
- 设计地下水位（如相关）。

同时需要建立一种明确的制度，包括现场检查和快速的原位测试方法，确定设计假设与现场条件是否一致，还需要明确的程序来保证根据现场的实际条件进行设计变更。这将使设计人员可以对一定范围内的路面基础设计进行预测。然而这种工作方式需要各方（客户、承建商和设计者）之间的信任与合作，以便提出最优的基础建设设计方案。

IAN 73/06 中给出的基于性能的设计方法与 Gilbert 的方法相似，设计中必须明确说明设计假设，并且在施工期间可以通过快速现场测试方法来验证设计。存在的缺点是没有简单、快速的程序可以根据现场遇到的实际情况进行设计变更，如第 76.5.1 节所述，这需要进一步研究。

除上述问题外，图纸和说明应明确施工中的一些其他问题，其中一部分问题如下：

- 永久和临时排水措施；
- 在施工过程中保护路基的措施；
- 应特别注意过渡区域，尤其是挖方/填方的衔接位置，以避免路面刚度发生明显变化；
- 考虑交通荷载的一致性(即沿线路基的变化达到最小化)。

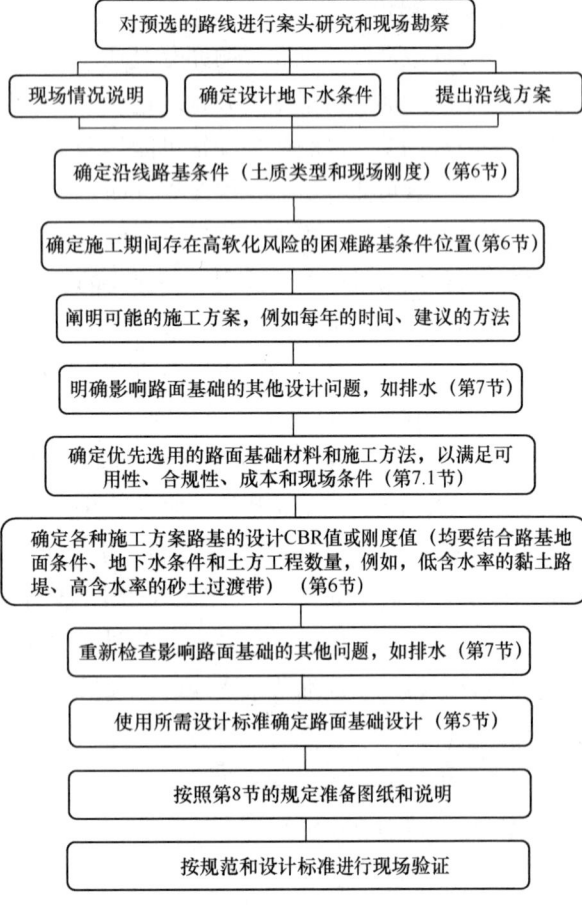

图 76.7　路面基础设计总结

76.9　结论

图 76.7 给出了流程图，总结了第 76.5～76.8 节所述的路面基础设计所需的步骤。

路面基础设计特别是道路方面最近取得了重大进展。无论采用哪种方法进行设计，都应记住最重要的是对路基和地下水条件进行恰当的评估，并提出适合这些条件的设计方案。

76.10　参考文献

Black, W. P. M. and Lister, N. W. (1979). *The Strength of Clay Subgrades: Its Measurement by a Penetrometer. (LR889)*. Crowthorne, Berks, UK: Transport Research Laboratory.

British Standards Institution (2009). *Code of Practice for Earthworks*. London: BSI, BS 6031.

Brown, S. F. (1996). Soil mechanics in pavement engineering. 36th Rankine Lecture of the British Geotechnical Society. *Géotechnique*, **46**(3), 383–426.

Edwards, J. P. and Fleming, P. R. (2009). LWD *Good Practice Guide Version 9 (Working Draft – Under Review)*. UK: Department of Civil and Building Engineering, Loughborough University.

Fleming, P. R., Frost, M. W., Gilbert, P. J. and Coney, P. (2008). Performance related design and construction of road foundations – review of the recent changes to UK practice. *Advances in Transportation Geotechnics, Proceedings of the International Conference.* Oxford, UK: Taylor & Francis. Nottingham, August 2008, pp. 135–142.

Fleming, P. R., Frost, M. W. and Rogers, C. D. (2000). A comparison of devices for measuring stiffness in situ. In *Proceedings of 5th International Conference on Unbound Aggregates in Roads*. UK: Nottingham, July 2000, pp. 193–200.

Gilbert, P. J. (2004). Practical developments for pavement foundation specification. In *Proceedings of the International Seminar on Geotechnics in Pavement and Railway Design and Construction* (eds Gomes, C. and Loizos, A.). Rotterdam: Millpress.

Highways Agency (1991). *Design Manual for Roads and Bridges*. Vol. 4 Geotechnics and Drainage: Section 1 Earthworks, Part 1 HA44/91. London: Stationery Office.

Highways Agency (1999). *Design Manual for Roads and Bridges*. Vol. 7 Pavement Design and Maintenance: Section 1 Preamble, Part 1 HD 23/99. London: Stationery Office.

Highways Agency (2006a). *Design Guidance for Road Pavement Foundations*. (Draft HD 25). Interim Advice Note IAN 73/06. London: Stationery Office.

Highways Agency (2006b). *Design Manual for Roads and Bridges*. Vol. 7 Pavement Design and Maintenance, Section 2, Part HD 26/06. London: Stationery Office.

Highways Agency (2007). *Design Manual for Roads and Bridges*. Vol. 7 Pavement Design and Maintenance, Section 2 Pavement Design and Construction, Part 2 HD 25/94. London: Stationery Office. [Superseded by IAN 73/06].

Highways Agency (2009a). *Design Guidance for Road Pavement Foundations*. (Draft HD 25). Interim Advice Note IAN 73/06 Revision 1. London: Stationery Office.

Highways Agency (2009b). *Manual of Contract Documents for Highways Works (MCHW)*. Series 600.

Lambert, J. P. (2007). *Novel Assessment Test for Granular Road Foundation Materials*. Engineering Doctorate Thesis, CICE Loughborough University.

Nicholson, D., Tse, C. M. and Penny, C. (1999). *The Observational Method in Ground Engineering*. CIRIA.

NR/SP/TRK/102 (2002). *Track Construction Standards*. Network Rail Line Standards.

NR/SP/TRK/9039 (2005a). *Formation Treatments*. Network Rail Line Standards.

NR/SP/TRK/9006 (2005b). *Design, Installation and Maintenance of Lineside Drainage*. Network Rail Line Standards.

Powell, W. D., Potter, J. F., Mayhew, H. C. and Nunn, M. E. (1984). *The Structural Design of Bituminous Roads (LR1132)*. Crowthorne, Berks, UK: Transport Research Laboratory.

RT/CE/C/039 (1997). *Track Substructure Treatments*. Network Rail Line Standards.

RT/CE/S/101 (1997) *Track Design Requirements*. Network Rail Line Standards.

Selig, E. T. and Waters J. M. (1994). *Track Geotechnology and Substructure Management*. London: Thomas Telford.

Thom, N. H. (2008). *Principles of Pavement Engineering*. London: Thomas Telford.

实用网址

《道路和桥梁设计手册》(*Design Manual for Roads and Bridges*),英国公路局(Highways Agency); www.dft.gov.uk/ha/standards/dmrb

> 建议结合以下章节阅读本章:
> - 第75章"土石方材料技术标准、压实与控制"
> - 第99章"材料及其检测"
>
> 本书以第1篇"概论"和第2篇"基本原则"为指导进行章节编排。如第4篇"场地勘察"中所述,各类岩土工程均应进行扎实的现场勘察工作。

译审简介:

易富,教授,博士生导师,长期从事岩土工程和道路工程方面研究工作,主持国家自然科学基金等科研项目20余项。

王社选,宁夏建筑设计研究院副总工,宁夏土木建筑学会岩土专业委员会主任,宁夏《岩土工程勘察标准》主编。

第8篇 施工技术

主编：托尼·P. 萨克林（Tony P. Suckling）
译审：王曙光 等

第77章 导　论

托尼·P. 萨克林（Tony P. Suckling），巴尔弗贝蒂地基工程公司，贝辛斯托克，英国
主译：王曙光（中国建筑科学研究院有限公司地基基础研究所）

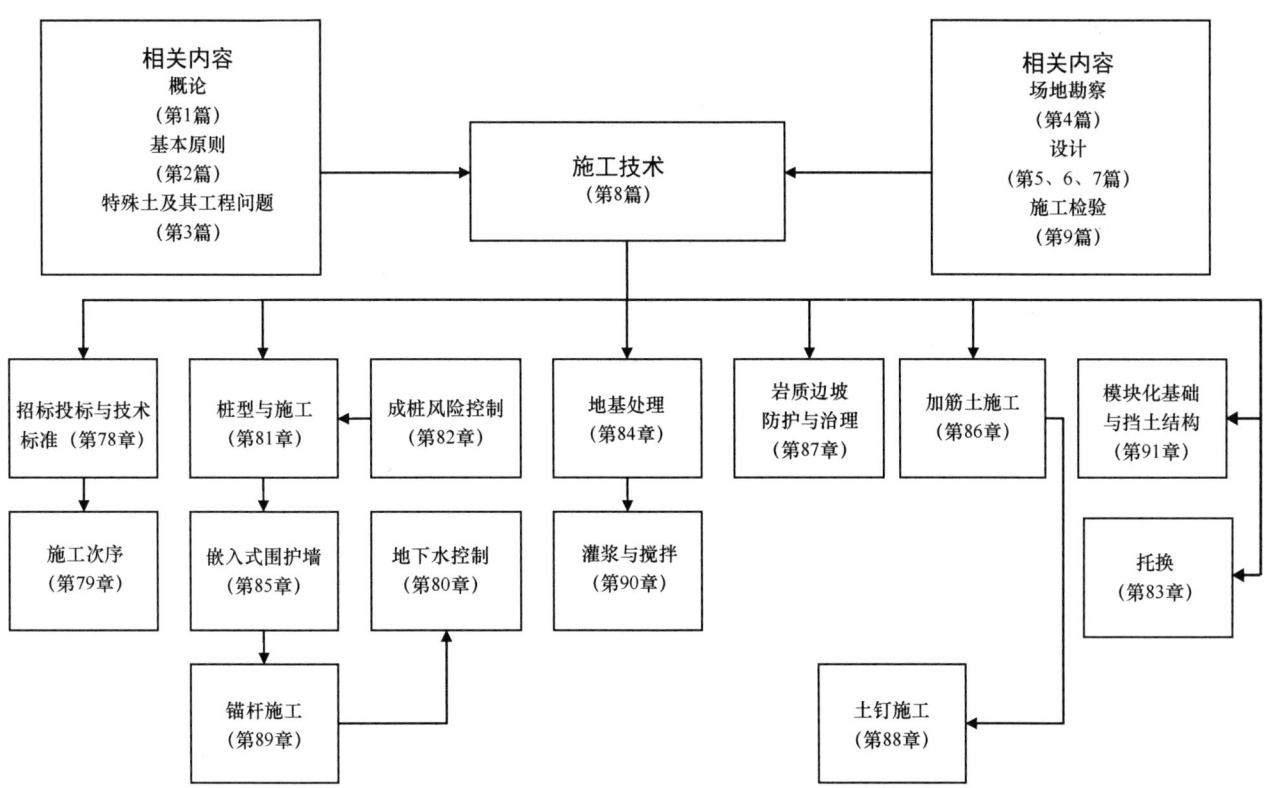

图 77.1　第 8 篇各章组织架构

图 77.1 展现了第 8 篇"施工技术"的内容目录与提纲。

岩土工程不同于土木工程中其他大部分分支学科，其研究对象不像人工材料那样性能稳定且可预测。混凝土、钢材等人工材料已经过精确测试，且其工程特性不受施工现场环境的影响。材料及施工工艺相同的情况下，不同施工项目的混凝土构件或钢构件的性能是一致的。

地基不同于常规的人工材料，每个建设项目的工程地质、水文地质条件都是独一无二的。正是这种特有的地基条件和建（构）筑物荷载的组合，令岩土工程从业者们感到其乐无穷，而使外行感到十分费解。因此，对于新建项目而言，与地基相关的工程面临较大风险也就不足为奇了。

每个新建项目都需要通过勘察得到地基的物理特性。岩土工程师需要结合实践、经验的方法与理想化工程模型，以便更好地预测地基的承载性状以及地基与结构的共同作用结果。这对于设计和施工同样重要。

地基的承载性状与岩土工程施工过程紧密相

关。例如，一定长度的钻孔灌注桩与相同长度的打入桩具有不同的承载能力。由此可见岩土工程设计绝不能与施工过程脱节。因此在岩土工程中，专业承包商同时提供设计和施工服务是很常见的。如果岩土设计和施工不是由同一承包商完成，那么岩土设计师必须与施工方沟通设计要求，施工方必须向设计方反馈施工过程，以便双方能够确保设计和施工相互协调。如果这种协调不充分往往容易引发纠纷。

岩土工程有很多不同的施工过程，甚至同一个施工过程可以有很多不同的施工方式。任何施工过程，在某一个地点可能是完全安全的，但在另一个地点则可能有很高的风险。某个施工过程在某些特定的场地条件或场地环境中在技术上或实践中可能是不可行的。鉴于此，在新建项目的设计和招标过程中，建议将有经验的岩土设计师与有经验的岩土承包商绑定在一起，以确保方案可行且技术可靠。在建造过程中对施工过程进行监控是至关重要的，以便能够对不可预见的场地条件变化对设计造成的影响进行有效的管控。

对于那些没有岩土工程经验的人而言，最好的建议就是听取专家的意见。很多岩土工程咨询公司、专业承包商和行业组织都可提供专家建议和服务。基于上述原因，不接受专家建议是有风险的。要谨慎对待互联网信息，尽管互联网上可以获取大量的信息，但是应用这些信息要非常谨慎，因为每个地基工程都有其独一无二的特性。

第8篇"施工技术"介绍了目前常用的岩土工程施工技术。值得注意的是，还有一些非常专业的施工技术这里没有介绍，例如场地冻结法施工。本篇为读者介绍了这些施工技术，但这绝不能代替专家的建议。本篇不包含岩土工程设计，设计的内容在其他章节中介绍。但是第80章"地下水控制"例外，因为本手册的其他章节没有介绍地下水控制系统的设计。

译审简介：
王曙光，研究员，工学博士。主要从事上部结构与地基基础共同作用、基坑支护、地基处理等方面的研究工作。

第78章 招标投标与技术标准

托尼·P. 萨克林（Tony P. Sucking），巴尔弗贝蒂地基工程公司，贝辛斯托克，英国

主译：王理想（上海市基础工程集团有限公司）
审校：李耀良（上海市基础工程集团有限公司）

doi：10.1680/moge.57098.1161

目录

78.1	引言	1131
78.2	招标投标	1131
78.3	技术标准	1133
78.4	技术问题	1134
78.5	参考文献	1135

每个工程项目的地质条件都有其独特性，正是其独特的地质条件及荷载组合给项目开发带来了巨大的风险。因此，在招标中确定工程范围，明确责任和风险，选择工程建设承包商是至关重要的。技术标准定义了工程项目的最低标准，是确保工程成功的关键工具。招标文件和投标文件必须清晰，无互相矛盾，并且必须重视投标谈判过程，以确保所选承包商具有必要的技能和设备，在满足设计要求的前提下，可以承担当前地质情况的工程建设。岩土工程施工中使用的总包合同和分包合同有多种形式，但没有一种合同形式是专门针对此类专业工程设计的。岩土工程施工中的一个常见问题是确定由谁负责不同工序之间的界面工作，因此在合同文件中必须明确工程界面及责任方，尤其是当工序之间存在相互依赖影响时，前期准备工作会对岩土工程产生重大影响。

78.1 引言

每个工程项目的地质和地下水条件都是独一无二的，正是这种独特的地质条件和使用荷载（建筑或结构荷载）的组合为项目开发带来了巨大的风险。因此，在招标中确定工作范围、分配责任和风险、选择工程建设承包商是至关重要的。定义工程项目基本要求的技术规范是确保工程成功的关键工具。

78.2 招标投标

在岩土工程中，土体性质与岩土工程施工息息相关，设计必须与施工紧密配合。因此，在岩土工程中由专业分包商提供设计与施工一体化服务是非常常见的。当设计与施工由不同单位承接时，设计方必须向施工方传达设计需求，施工方也必须向设计方告知施工工艺流程，确保设计与施工可以相互配合，以免因缺少适当的沟通与协调引起不必要的争议。

招标投标形式多种多样，每个业主都有自己的偏好。一般而言，招标投标的形式有：

- 竞争性投标 – 最低价；
- 竞争性投标 – 最佳价值；
- 倾向性供应商；

- 合作伙伴方式。

经过竞争性招标过程，"最低价中标"是建筑工程中最常用的招标投标方式。然而，由于地基工程的固有风险和不确定性，岩土工程中的大多数争议都与这种招标投标方法有关。大多数经验丰富的岩土工程师并不赞成这种招标投标方法，他们可以预见，与地基有关的问题必然会增加他们的成本，因此不太可能以最低的价格成功完成。

岩土工程最低价中标的弊端可以通过综合评估来克服。即不能仅仅考虑其价格，同时需考虑的还包括在相应的地质条件下的施工经验、设计经验、安全记录、质量体系、设备可靠性，以及在出现不可预见的情况下提供其他解决方案的能力。这就是所谓的最佳价值。

有些业主拥有自己倾向性的供应商，其中包括满足他们已经确定的重要标准的组织。这些标准各不相同，可能包括安全记录、质量保证（参见第93章"质量保证"）、相关经验、设计能力和环境系统。确定了工程范围，由倾向性供应商完成工程，工程费用可以通过竞争性招标程序或直接谈判来确定。

一些大企业业主，通常需定期进行工程建设，会与倾向性供应商签订合作协议。这时只要确定了工程内容就可以由首选供应商承接工程建设。工程

的造价大多通过谈判商定，如果工程内容发生变化，所涉费用和有关责任已提前进行了合同约定。这种招标投标形式的优势在于，风险可以在采购过程的早期阶段就被识别和明确。

Chapman（2008）指出，岩土工程的技术补救措施比通过应急预案来管理风险更好，因此强烈反对以低价中标而不是以设计和施工质量评比来定标。

对于大型项目来说现在的方法是按造价和质量之间的权重占比进行评标。比如，投标造价占比80%和质量占比20%，然而对于复杂的项目，通常是投标造价占比20%和质量占比80%。如果没有在质量控制的必要细节方面加以考虑，所有投标者可能得到近似的分数，这类方法也不能奏效。

78.2.1 投标程序

业主，也就是为工程提供资金的机构，通常需要委托一个专业团队，由该团队代表他们管理工程的技术方面（通常定义为工程师）和工程造价方面（通常指造价工程师）。在明确业主需求后，通常由工程师根据这些需求进行建筑或结构的设计。

其次是编制工程量清单，它通常按照标准的计量方法编制，并与有关的合同文件一起核准使用作为招标文件。但是，这些标准方法的某些规定并不适用于岩土工程，因此需要进行修改，修改的类型和数量根据岩土工程的具体要求、地质条件以及每种类型施工工艺而有所不同。岩土工程的工程量应始终作为暂估量，并在实施中进行计量和估价，因为只有在特殊情况下，地质才足够均匀，设计工程量才是精确的。一般来说，设计工程量都会有所变化或增加，这是可以预测和接受的。

业主的需求：将工程量清单、工程范畴说明（通常为图纸）、满足工程最低标准的技术规范、合同条件和有关地勘信息，作为招标文件发给潜在承包商进行投标。

承包商一般都会提供投标书，但投标书通常并不完全符合招标需求。从技术上来说，这个投标报价可能是针对不同的工程建设标准，或不同的施工工艺。从商业上来说，这个投标报价可能针对不同级别的风险或责任。无论投标报价的基础是什么，关键是专业团队要清楚了解存在的差异、差异的原因以及这些差异可能产生的影响。对于岩土工程来说，招标后的谈判和协议签订过程尤为重要。鉴于每个工程都有其独特的地质条件，如果专业团队中没有英国土木工程师学会（ICE）场地勘察指导小组（Site Investigation Steering Group）认可的岩土工程顾问的话，那么应该考虑增加一位。

78.2.2 招标文件和投标文件

下面列出了合同文件较为详细的清单，尽管并不全面。这是为了使大家更清楚地了解，在那些必须采纳专家建议的复杂的岩土工程中哪些是必需的。

投标形式（正式投标）应包括投标的有效期限、监理单位，以及任何有关现场测试的结果。

招标文件应提供通用和项目专用标准，包括招标计划或明确设计要求的性能标准。如果需承包商承担工程设计，则应明确说明。

招标图纸应包括地下设施、现有结构和其他已知障碍物的详细资料。项目信息和地质勘察资料应包括现有的地面标高、钻孔和其他测试位置的地面标高以及显示这些钻孔相对于工程轮廓位置的图纸。

合同条款还应包括工程的位置和入口信息、工作时间限制、噪声限制和振动或其他环境限制的特殊条件、工程的施工全过程可用的工作面和库房区域。

如果是分包文件，应包括任何已知的特殊条件或限制条件，并提供保险、留用金、违约金、工程要求、保证金等信息。工程量清单和验收形式也应明确。

投标文件应包括施工方案，说明工程实施中拟使用的设备类型、施工方法和假设条件。同时还需要估算完成设计的周期，开工前所需的通知期限以及工程施工工期。

英国土木工程师学会的《桩和嵌入式支护结构施工规范》（*Specification for Piling and Embedded Retaining Walls*）（ICE，2007）中的A部分详列了与深基础工程有关的内容。

78.2.3 一般的合同形式

业主邀请承包商进行投标时，合同形式可以为既定的合同形式或专门特定的管理型合同形式。目

前建筑工程可采用以下四种基本的合同形式:

(1) 土木工程由业主委托土木工程师进行设计和监理。

(2) 房屋建筑工程由业主委托建筑师进行设计和监理,由工程师提供意见,该工程师亦须就工程的结构部分向业主负责,尽管在合同条款中并无正式身份。根据这项合同,建筑师需要授权一名有经验的岩土工程师作为其代表,负责有关的岩土工程工作。

(3) 房屋建筑工程或土木工程由业主委托承包商负责设计及施工。承包商可指定一名工程师承担与岩土工程有关的工作,或可将这些工作委托给自己符合条件的工程师。

(4) 房屋建筑工程由业主委托建筑师负责建筑工程的设计和监理,并且不设工程顾问。建筑师应考虑在这种情况下应承担的责任,并应认识到这种形式可能不符合业主或自身的最大利益。不建议在复杂的岩土工程中使用这种形式。

《桩和嵌入式支护结构施工规范》(Specification for Piling and Embedded Retaining Walls)(ICE, 2007)中的A部分就深基础工程提供了进一步的详细资料。

78.2.4 一般的分包形式

在岩土工程中,采用专业分包商的做法非常普遍。这种承包商通常提供设计和施工服务。岩土工程的分包招标可采用下列方式进行:

(1) 邀请专业承包商参与投标确定作为指定分包商;在这种情况下,主要成本项目通常包括在总包合同工程量清单中。必须确保分包合同的标准和其他有关项目文件都包含在总包合同招标文件。这样,投标者就可以根据主合同和他们的责任进行报价。同样,分包合同的投标文件应包括有关总包合同形式的信息,包括合同附录,以及足够详细的信息,以确保分包商在编制投标书时了解自己的责任和义务。

(2) 岩土工程可采用工程量清单包含在总包合同中,并且规定,这些工程应从合格的承包商名单中选择一个承包商承担实施。承包商可以提出申请以获得批准认可。

(3) 岩土工程可采用工程量清单包含在总包合同中,但不包括已获批准的分包商清单。在这种情况下,承包商将从他们自己选择的分包商那里询价,并在确定分包商之前征求批准。

(4) 合同签订后,业主可发指令要求承包商承担不含在合同内的额外工程。如果合同外的工程内包括岩土工程,通常会邀请业主和工程师认可的公司进行投标。在发出询价前,投标文件最好是得到了工程师的批准。

通过程序(2)、(3)和(4),通常将选定的分包商指定为承包商的直接分包商。

《桩和嵌入式支护结构施工规范》(Specification for Piling and Embedded Retaining Walls)(ICE, 2007)中的A部分就深基础工程提供了进一步的详细资料。

78.3 技术标准

78.3.1 技术标准示例

已经发布了许多与岩土工程相关的标准,并且大多数都是定期更新的,以下是一些示例。

78.3.1.1 施工国家标准(execution code)

BS EN 1536《特种岩土工程施工:钻孔桩》(Execution of Special Geotechnical Work-Bored Piles)(BSI, 2000d)

BS EN 1537《特种岩土工程施工:锚杆》(Execution of Special Geotechnical Work-Ground Anchors)(BSI, 2000b)

BS EN 1538《特种岩土工程施工:地下连续墙》(Execution of Special Geotechnical Work-Diaphragm Walls)(BSI, 2000a)

BS EN 12063《特种岩土工程施工:板桩墙》(Execution of Special Geotechnical Work-Sheet Pile Walls)(BSI, 1999)

BS EN 12699《特种岩土工程施工:挤土桩》(Execution of Special Geotechnical Work-Displacement Piles)(BSI, 2001)

BS EN 12715《特种岩土工程施工:灌浆》(Execution of Special Geotechnical Work-Grouting)(BSI, 2000c)

BS EN 14199《特种岩土工程施工:微型桩》(Execution of Special Geotechnical Work-Micropiles)(BSI, 2005b)

BS EN 14731《特种岩土工程施工:深层振动地基处理》(Execution of Special Geotechnical Work-

Ground Treatment by Deep Vibration）（BSI，2005a）

78.3.1.2 施工团体规范/规程

美国石油协会（American Petroleum Institute）《5L 管线管道标准》（*Specification for Line Pipes 5L*）（API，2004）

BS EN 12794《预制混凝土产品——基础桩》（*Precast Concrete Products，Foundation Piles*）（BSI，2005c）

BR 391《振冲碎石桩规范》（*Specifying Vibro-Stone Columns*）（Building Research Establishment，2000）

BR 458《强夯规范》（*Specifying Dynamic Compaction*）（Building Research Establishment，2003a）

BR 470《履带式工厂工作平台》（*Working Platforms for Tracked Plant*）（Building Research Establishment，2004）

BRE 479《木桩及基础》（*Timber Pile and Foundations*）（Building Research Establishment，2003b）

英国土木工程学会《桩和嵌入式支护结构施工规范》（*ICE Specification for Piling and Embedded Retaining Walls*）（ICE，2007）

英国土木工程学会《地基处理规范》（*ICE Specification for Ground Treatment*）（ICE，1987）

78.3.2 设计责任

上述的技术标准示例需与各类形式的合同一起使用。技术标准没有说明谁应该承担设计责任，因此这一点必须在合同文件中作明确说明。

在大多数情况下，设计方负责设计上部结构和部分地下结构，其中可能包括扩展基础、桩承台和地梁。一般会要求专业分包或承包商负责设计岩土工程部分，例如打桩、地基处理、灌浆或嵌入式挡土墙。尽管如此，设计方仍应作为下部结构设计的整体责任方，在某些情况下，可能需要采用承包商的设计内容。因此，在分开设计的情况下，必须清晰沟通设计的要求。

在某些情况下，设计方可能会认为基础最好完全由设计负责承担。这通常是适用于更复杂的地质情况下，例如边坡稳定，或者岩土工程与其他结构（例如现有隧道）相互作用，或者难以充分定义约束条件的情况。

典型的案例是《桩和嵌入式支护结构施工规范》（*Specification for Piling and Embedded Retaining Walls*）（ICE，2007），该标准对桩和基础的设计以及施工方法提出了明确的责任。

78.4 技术问题

78.4.1 设计方与总承包商之间的纠纷

以下是设计方和总承包商之间经常发生纠纷的问题清单。最好的办法是及早与承包商沟通，让承包商与设计方一起工作，在设计过程中一起合作。如果在设计过程中没有承包商的建议，设计可能会出现以下问题：

- 设计实际上是不可实施的；
- 按设计建造是不安全的；
- 设计没有考虑最新的技术；
- 监控系统仪表安装不正确或不及时；
- 没有监测。

78.4.2 常见的总承包商与分包商之间的纠纷

以下是经常导致总承包商和分包商之间发生纠纷的问题清单，及早确定分包商并就责任和信用进行明确，可以避免以下问题的发生：

- 未准备好供分包商使用的场地；
- 工作平台不适合专业设备；
- 在进行岩土工程施工期间，工作平台没有得到充分维修保养；
- 未清除地下障碍物或清除障碍物时对地面或邻近结构造成影响。

78.4.3 常见的分包商与分包商之间的纠纷

以下是在施工现场经常引起分包商或承包商之间纠纷的问题清单。最好的办法是，在确定之后，让分包商一起参与岩土工程或与之相关的工程，并商定施工界面和责任。承包商需要指定专人来管理这些分包商，因为他们的工作可能依赖于其他人的工作。让分包商独自在现场工作是不受控的，当这种情况发生时，就会经常出现纠纷。问题清单如下：

- 一个分包工期延迟，从而影响了另一个分包的进度；
- 多个分包商需要同时使用场地的同一部分（包括交付、塔式起重机的使用）；

- 一个分包商的设计与另一个分包商的设计不兼容；
- 一个分包商的产品与另一个分包商的产品不兼容；
- 当出现问题时，所有的分包商都互相指责，没有人对此负责。

78.4.4 施工准备

由于岩土工程的专业性往往需要使用专业的设备，因此，这些设备可能施加在地面上的荷载相当大。工作平台是临时工程中的重点项目，其设计、标准、施工、维护和维修责任必须明确分配。以前出现过工作平台存在问题造成了致命的后果。关于打桩平台的指导要求可以参照 BRE BR470 报告 (*Building Research Establishment*，2004)。

需要充分考虑探测和清除地面障碍物的责任。一般情况下，浅层障碍物可以安全清除，附近有敏感建筑物时除外。对于较深的障碍物，通常是难以实现清除或安全清除，因此，这些障碍物会影响岩土工程的设计和施工。识别地下所有障碍物是不现实的，因此需充分考虑与这些障碍物有关的风险。

当清除地下障碍物时，岩土工程设计师需要考虑所使用的方法以及对其设计或对地面上和地下邻近结构的影响。对已清除的障碍物区域进行回填时，需要采用安全适用的方法，使用的材料和方法不能对其他工程造成不良的影响。

地下存在的未爆炸弹药往往是一种真正的危险，大多数场地应对此进行调查。在 CIRIA C681 报告 (Construction Industry Research and Information Association，2009) 中提供了专家建议。

78.5 参考文献

American Petroleum Institute (2004). *Specification for Line Pipes 5L* (43rd edition). Washington, DC: API.
British Standards Institution (1999). *Execution of Specialist Geotechnical Work – Sheet Pile Walls*. London: BSI, BS EN 12063.
British Standards Institution (2000a). *Execution of Specialist Geotechnical Work – Diaphragm Walls*. London: BSI, BS EN 1538.
British Standards Institution (2000b). *Execution of Specialist Geotechnical Work – Ground Anchors*. London: BSI, BS EN 1537.
British Standards Institution (2000c). *Execution of Specialist Geotechnical Work – Grouting*. London: BSI, BS EN 12715.
British Standards Institution (2000d). *Execution of Specialist Geotechnical Work – Bored Piles*. London: BSI, BS EN 1536.
British Standards Institution (2001). *Execution of Specialist Geotechnical Work – Displacement Piles*. London: BSI, BS EN 12699.
British Standards Institution (2005a). *Execution of Specialist Geotechnical Work – Ground Treatment by Deep Vibration*. London: BSI, BS EN 14731.
British Standards Institution (2005b). *Execution of Specialist Geotechnical Work – Micropiles*. London: BSI, BS EN 14199.
British Standards Institution (2005c). *Precast Concrete Products, Foundation Piles*. London: BSI, BS EN 12794.
Building Research Establishment (2000). *Specifying Vibro-Stone Columns*. Watford, UK: BRE, BR 391.
Building Research Establishment (2003a). *Specifying Dynamic Compaction*. Watford, UK: BRE, BR 458.
Building Research Establishment (2003b). *Timber Pile and Foundations*. Watford, UK: BRE, BRE 479.
Building Research Establishment (2004). *Working Platforms for Tracked Plant*. Watford, UK: BRE, BR 470.
Chapman, T. J. P. (2008). The relevance of developer costs in geotechnical risk management. In *Proceedings of the Second BGA International Conference on Foundations, ICOF 2008* (eds Brown, M. J., Bransby, M. F., Brennan, A. J. and Knappett, J. A.), IHS BRE Press.
Construction Industry Research and Information Association (2009). *Unexploded Ordnance (UXO): A Guide for the Construction Industry*. London: CIRIA, C681.
Institution of Civil Engineers (1987). *ICE Specification for Ground Treatment*. London: Thomas Telford.
Institution of Civil Engineers (2007). *ICE Specification for Piling and Embedded Retaining Walls* (2nd Edition). London: Thomas Telford.

建议结合以下章节阅读本章：
- 第93章"质量保证"
- 第96章"现场技术监管"

本书以第1篇"概论"和第2篇"基本原则"为指导进行章节编排。如第4篇"场地勘察"中所述，各类岩土工程均应进行扎实的现场勘察工作。

译审简介：

王理想，高级工程师，主要从事地下工程新技术的研发与应用、标准规范的制定等方面工作。

李耀良，教授级高级工程师，上海市领军人才，入选上海市优秀学科带头人计划，主要从事地基基础和隧道工程。

第79章 施工次序

马克·彭宁顿（Mark Pennington），巴尔弗·贝蒂地基工程公司，贝辛斯托克，英国

托尼·P. 萨克林（Tony P. Suckling），巴尔弗·贝蒂地基工程公司，贝辛斯托克，英国

主译：傅志斌（建设综合勘察研究设计院有限公司）
参译：钱慧良，徐有娜
审校：吴春林（中国建筑科学研究院有限公司地基基础研究所）

doi：10.1680/moge.57098.1167

目录

79.1	引言	1137
79.2	设计施工次序	1138
79.3	场地交通组织	1138
79.4	安全施工	1138
79.5	技术要求的实现	1140
79.6	监测	1142
79.7	变更管理	1142
79.8	常见问题	1142

岩土工程中为保证施工安全，并满足相应技术要求，遵循经各方认可的一定的施工次序至关重要。在施工任务开始之前，参建各方结合本工程的设计参数和实际特点，编制并审议通过一套合理的施工方案和施工次序。其中，施工总承包商或施工总承包管理方的角色是至关重要的——他们可能是唯一了解整个施工次序以及参建各分包商在现场的角色和责任的一方。工程总承包商或工程总承包管理方在动工前必须明确了解各个分包商为满足其特定的安全和技术要求所采用的最合理的施工方案。通常情况下，如果在同一施工地点上的多个分包商的工作产生相互影响或需要相互配合时，工程总承包商或工程总承包管理方应当协调分包商在不违背安全或技术要求的前提下，修改完善施工方案，使之更加合理。岩土工程设计往往要求按照特定的施工次序实施，否则设计的假设条件不成立，并将导致岩土工程施工无法按计划完成，从而使得工程总承包商或工程总承包管理方需要面对更为复杂的情况。

79.1 引言

每个施工项目都是由总承包商、分包商、设计单位、产品和材料供应商组成的独特组合。岩土工程是土木工程的一个专项领域，因此其施工通常由专业公司承担，以确保工程实施的安全性，并达到所有的技术要求。项目实施中现场人员安全和公众安全至关重要，同时，还需保障其他既有、新建、拟建工程的完整性。

通常，岩土工程由一个或多个专业分包商在施工总承包商或施工总承包管理方的管控下进行。这就存在两个独立的项目施工次序问题：总体项目施工次序和特定项目施工次序。为满足岩土工程施工安全和达到技术要求，在施工任务开始之前，参建各方应结合本工程的设计参数和实际特点商定合理的施工方案和施工次序，并在之后的施工中严格遵守。在编制商定施工次序时，施工总承包商或施工总承包管理方的角色是至关重要的——他们将对整个项目施工次序负责。他们可能是唯一了解整个施工次序以及参建各分包商在现场的角色和责任的一方。工程总承包商或工程总承包管理方需要了解各个分包商为满足其特定的安全和技术要求所采用的最合理的施工方案。通常情况下，如果在同一施工现场上有多个分包商，其施工作业产生相互影响或需要配合时，工程总承包商或工程总承包管理方应当协助相应的分包商在保证不影响安全或技术要求的情况下，修改完善其施工方案，使之更加合理。

特定施工任务的次序通常被更加明确的界定与管控。在岩土工程施工中，每项具体施工任务的顺序通常由有经验的专业承包商负责，编制详细的施工方案并进行风险评估。特定施工项目次序之间的相互影响和作用很难被控制，而每项施工次序发生微小的变化都可能会对整体的施工过程产生重要影响。

岩土工程设计往往要求遵循一系列特定的施工次序，如不按相应的施工次序进行施工，则设计指导施工的意义就将不复存在，并将导致岩土工程施工无法按计划完成，从而使得工程总承包商或工程总承包管理方需要面对更为复杂的情况。岩土工程设计人员往往需要在设计中着重考虑施工的便利性。如果在设计中没有充分考虑施工次序，承包商发现由于现场实际情况、技术原因或出于安全考虑而无法遵循相应的施工次序，则必须暂停施工，并对施工顺序和设计进行相应修改才能恢复施工。

79.2 设计施工次序

岩土工程设计应考虑多种不同的因素，其中多数并非基于理论而得到的精确解，往往是基于经验所选取的最可行解，例如土层条件假设、之前场地使用情况、地下水情况、施工工艺等。重要的是，所有相关人员都应理解在设计施工次序中所做的任何假设，以便他们能够评估施工期间产生任何变数所带来的影响。

为了应对未知因素和变化（这是由于土层的自然本质决定的），岩土工程设计通常需要在现场进行以下一项或多项工作：现场巡视、现场监测、调查、试验并反馈给设计人员以便核验工程设计的合理性。承包商无论出于主动选择或者由于现场失控而导致不按设计要求的施工次序进行施工，则设计指导施工的意义也将不复存在，并将导致岩土工程施工无法按计划进行。

岩土工程设计人员应充分了解施工过程、产品及材料的性能和局限性，以确保承包商能够严格遵循岩土设计中规定的特定施工安排。事实上，由于许多岩土工程专业分包使用自有体系（这实际上很难实现），并且如果在完成设计之前，采购过程和合同签订过程中并没有指定分包商，那么分包商的能力和要求可能不能符合设计要求。如果承包商发现由于实际情况或技术原因或出于安全考虑而无法遵循设计中使用的特定施工次序，则必须在工程开始之前适当修改施工次序和设计。

为了在设计方和施工方之间更好地沟通施工次序，应该绘制详细的施工图（图79.1）。岩土工程设计通常涉及地下开挖或在地表施工，为此，设计施工次序通常是通过平面图表达，平面图规定了每个阶段的最大开挖范围或标高。重视施工现场的平面限制是十分重要的。

79.3 场地交通组织

场地交通组织是决定一个建设项目成功与否的关键。在一个较小的场地上施工会有诸多限制，机械设备的移动非常受限，而在一个较大的场地上，机械设备的移动范围是项目策划的重要考虑因素。现有的机械设备选型和机械设备如何移动将是整体施工方案的重要组成部分。承包商一般都会选择利用现有的机械设备开展工程，而这在合同确定前的设计阶段很难进行规划。然而，重要的是在设计阶段留出空地，以便于施工阶段的实施方案选择。对于特别复杂的项目，应收集各专业分包商的意见，以确定可行的施工方案。

现场交通组织需要按照每个施工单元的具体设计要求进行规划。例如，如果在隧道入口并不适合做支撑体系，那么设计复杂的输送带系统运走隧道掘进中的挖方是不可实施的。

特定任务的施工次序要服从并服务于整体的施工顺序。与整个项目相比，特定施工任务的现场组织更易于规划。特定施工任务通常由一个分包商负责，一般他们能够充分了解自有施工机械的要求与限制。例如，挡土墙的施工，必须完成土方开挖工程，其工期长短取决于设备的周转。挡土墙的施工可能牵扯到两个分区，一个负责土方开挖，另一个负责挡土墙的施工。只有了解每个施工步骤的机械设备和现场组织情况，才能制定完整的施工次序。如果现场组织需要更改设计确定的施工次序，则必须要进行重新设计，并可能对很多施工任务造成影响。

对于在现场工作的每个承包商，必须为其提供最小工作区域。另外，各个施工区域的进场条件必须得到各方确认。从定义上讲，随着工程的进展建筑场地是不断变化的。每个分包商都应将其所需的场地在场地平面图上明确并经各方同意。这些文件随着工程进展必须定期审核调整，从而能够准确反映场地不断变化的情况（图79.2）。场地布置图通常以平面图来表达，但需注意不应忽视垂直开挖或垂直施工。

79.4 安全施工

岩土工程中的安全文明施工在第8章"岩土工程中的健康与安全"中进行了详述。

不管对特定的施工次序或项目整体施工次序，都要对普通和特殊的风险和隐患进行识别。每个承包商都有责任识别并确定他们正在进行的施工的风险和隐患，以及他们工作完成后的遗留风险，以及他们移交给其他后续承包商的风险。

现在越来越多的岩土工程施工是在曾经有一个或多个以前用途的工业用地进行，任何施工次序都需要考虑到以前的场地使用情况。

每个承包商都需要针对场地的具体特征来评估现场的一般危害及其控制或减缓措施，还需要识别场地特定的危害并对这些危害进行风险评估，见表79.1。

针对特定场地的风险评估程序的一部分是识别

1. 拆除现有建筑物

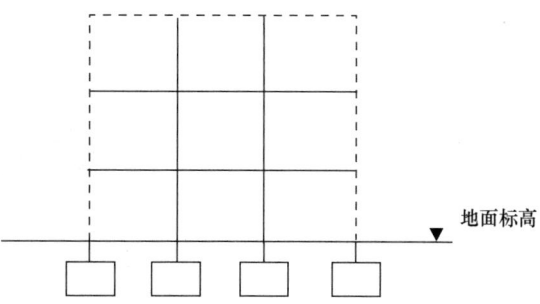

2. 移除现有旧基础

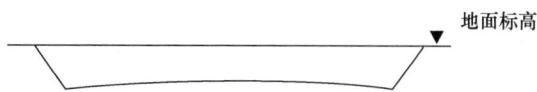

3. 场地准备，例如探测、导墙施工、准备工作面

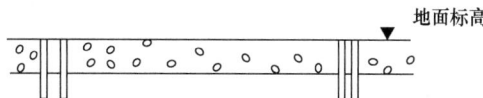

4. 地下连续墙施工

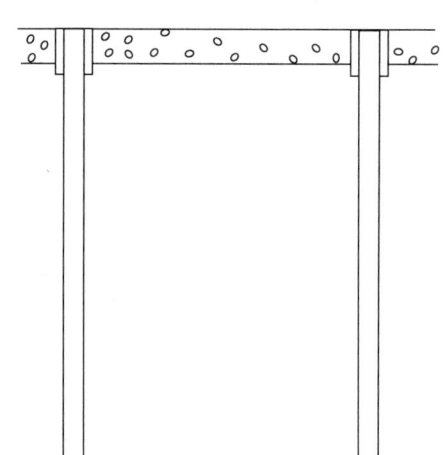

5. 分层开挖，安装临时支护及底板，须明确规定安装临时或永久支护前的最大开挖标高

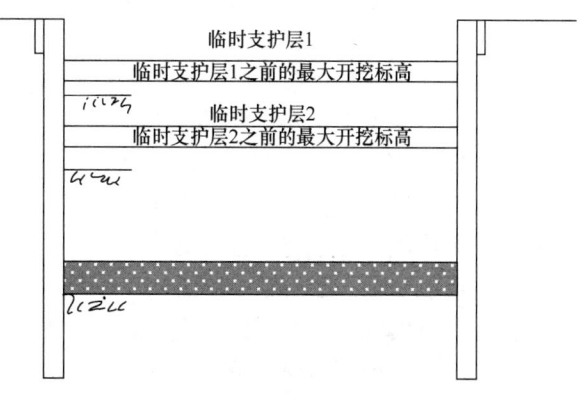

图 79.1　隧道掘进机始发井施工次序示例（一）

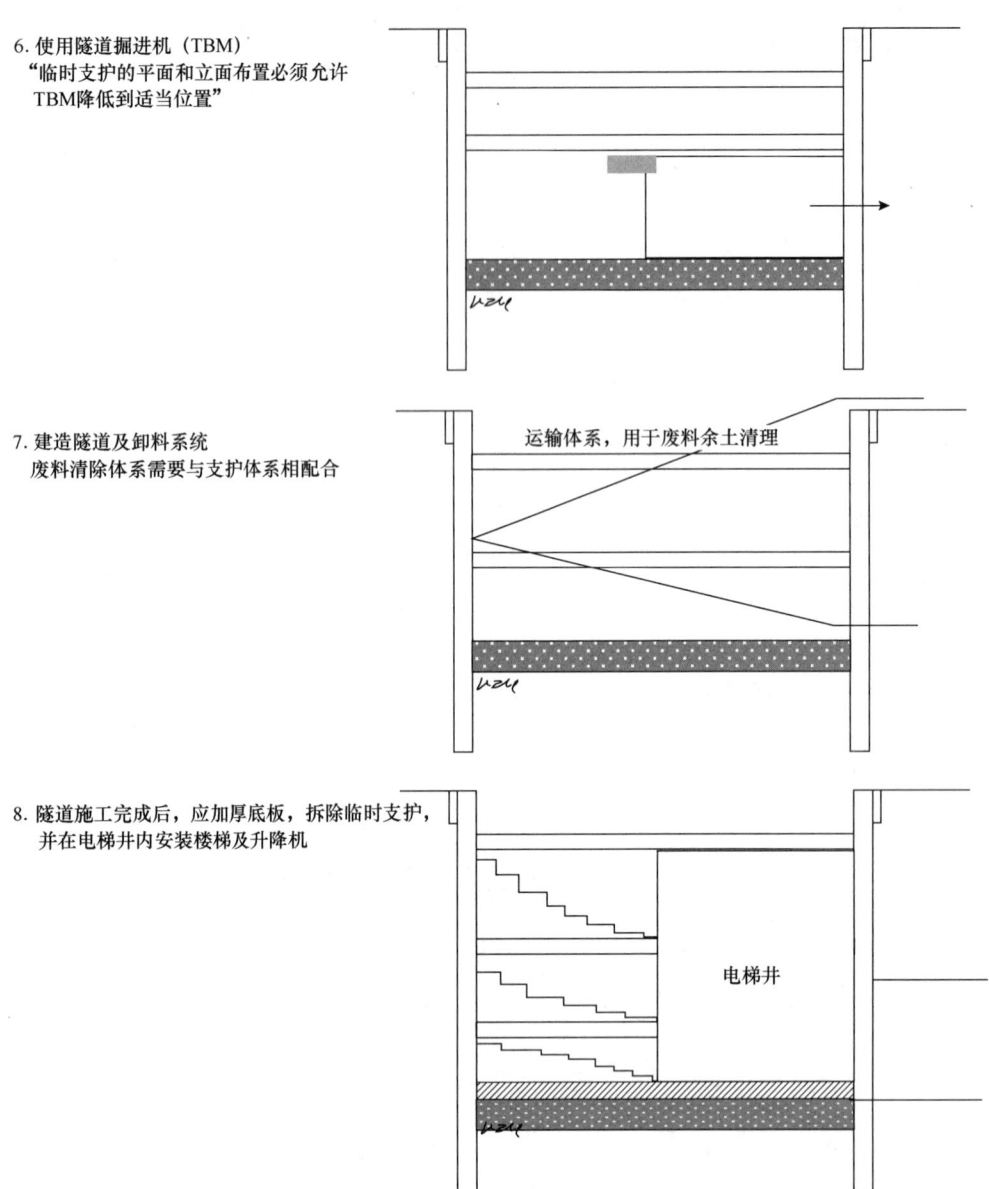

图 79.1　隧道掘进机始发井施工次序示例（二）

计划施工的项目及其施工次序是否会对其他施工项目造成危害。岩土工程通常由总承包商管理下的一个或多个专业分包商在施工总承包商或施工总承包管理方的管理下进行的。为了满足安全要求，参建各方必须在开工前就施工次序达成一致，在施工期间每个现场工作人员都要遵守。在议定施工次序的过程中，施工总承包商或施工总承包管理方的作用是至关重要的。他们可能是唯一了解整个施工次序以及参建各分包商在现场的角色和责任的一方。施工总承包商或施工总承包管理方需要了解各个分包商提出的合理施工方案，然后分析这些分包商的施工方案是否会产生相互影响。如果在同一施工地点上的多个分包商的工作产生相互影响或需要相互配合时，工程总承包商或工程总承包管理方应当协调相应的分包商修改完善其施工方案，使之最大限度地满足安全要求。

79.5　技术要求的实现

岩土工程十分复杂，以下技术要求通常是设计和施工过程中的关键组成部分：

- 施工方法不得引起明显的地面扰动或变形，从而使设计失效（图 79.3）；
- 施工方法不得扰民，例如噪声过大；
- 施工方法不得对地面或地下的既有建筑物或构筑物造成损害，例如引起过大的振动；

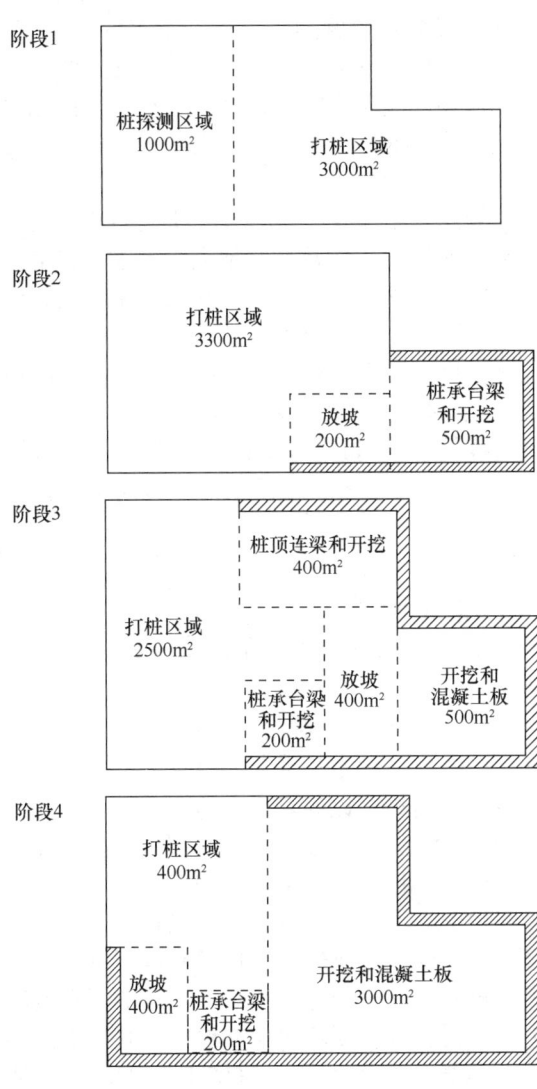

图79.2 地下室建筑典型施工区域示例

- 机械设备不能过重,或其工作方式可能对地下结构、设施或新建工程造成损害;
- 机械设备在施工现场的安排需要仔细的规划以保证设备有足够和安全的工作区域,并且施工现场能够持续发挥设备的功能;
- 材料堆放时,须确保因附加荷载而引起的地表沉降不致损坏既有建筑物或构筑物及新建工程;
- 如果施工进度太慢,施工方法可能会导致地面土质软化或失稳破坏;
- 如果施工进度过快,施工方法可能会导致地面过早破坏;
- 规划的后续工作不会对岩土工程项目造成损害。

这些因素的相关性取决于实际的地面条件、采用的岩土工程解决方案、使用的施工方法和设计思

图79.3 受土层移动影响的桩

修改通用风险评估并同时考虑现场其他风险的示例 表79.1

[影响评级和可能性从1(低)到5(高)不等]

风险	可能产生后果	影响评级	可能性	缓解前严重程度评级(影响评级×可能性)	解决措施	影响评级	可能性	缓解后严重程度评级(影响评级×可能性)
一个分包在另一个分包附近施工	对作业人员人身伤害风险	5	3	15	在施工区域之间设置障碍物、施工区域内的隔离区和施工区域周围的行人通道	5	1	5
	机械设备损坏风险	3	3	9		3	1	3
	对已完成工作的损坏风险	3	3	9		3	1	3

路，因此，需要岩土工程专家对每一项进行评估，并将他们的结论传达给专业团队，作为设计和建设过程中不可分割的一部分。无论在总体上还是在多因素交界处，因素之间的相互影响都需要仔细考虑。

桩基施工作业

以下列表并非详尽无遗，实现桩基技术要求的示例还有很多。所有岩土工程施工过程都可以编制类似的清单。

- 在遇到坚硬地层的情况下，长螺旋钻机的连续旋转使得桩周土被扰动，或引起地层变形而使桩基设计失效；
- 打桩可能会在场地周边产生过大噪声；
- 桩间距过近，施工新桩时可能会破坏邻近已施工的桩；
- 在软土地基的施工作业面上，打桩机的自重可能会破坏已施工完成的混凝土灌注桩；
- 必须谨慎设计和规划在地下室墙内临时支护结构下工作的打桩设备，并应按受控次序拆除和更换支撑；
- 在软黏土上分层填筑填料以形成高桩路堤，这样，有限的附加荷载作用引起的地面变形就不会破坏桩体；
- 尽量缩短桩基成孔和灌注混凝土的时间；
- 在白垩纪地层中试桩加载应以小的增量进行；
- 凿桩头时应尽量避免对桩身造成损坏。

79.6 监测

在岩土工程施工过程中进行监测通常是必要的，有时可能也需要进行长期监测。监测可以用来确认设计假定是否正确，也可以是设计的组成部分，例如在填筑路堤设计时或使用观测法（见第100章"观察法"）时。

监测仪器应在施工前安装，以便可以确定基准读数。在施工期间，必须对监测仪器及其测试线路进行保护，施工方法和次序也应考虑到这一点。然而，现实情况往往并非如此。

79.7 变更管理

土层条件几乎都是千差万别的，在施工之前也未必能进行详尽的勘察，因此土层条件和预设稍有不同（有时大相径庭）是很常见的。当这种情况发生时，其所涉及各方都面临着商务压力，需要提供适当的解决方案。在这种情况下，重要的是要确保岩土工程施工次序的改变仍能达到上述安全和技术要求。

事故或技术难题通常与现场情况的变化有关，这可能是土层条件或其他方面的变化导致的。

在现场，大家都明白，并不是每个人都能严格遵循先前确定的施工方案，要么有正当理由，要么毫无理由。

现场总是有变化，很难确保所有参与的人都重新评估了他们的工作及其对他人的影响。但是，当对特定施工次序进行更改出现其他常见问题，但特定施工次序的改变能更加高效并且节约成本时，就必须这样做。可以进行检查，以表明次序上的更改对特定施工任务的设计没有影响。然而，如果这需要对后续的施工次序进行重大更改（以确保设计的有效性），那么在没有相关各方的同意下，不应更改施工次序。

79.8 常见问题

以下是复杂城市岩土工程中常见的一些具体问题。

（1）使用劣质材料回填已拆除的旧基础，导致沿旧基础安装的新预埋墙的混凝土破坏时，必须将其凿掉重新施工以满足规范的要求。

（2）为让打桩机进出既有建筑地下室或基坑进行打桩，放坡的坡度通常须小于1:10。因此如果要开挖10m深，马道就需要留置超过100m长。通常更实际的做法是暂时回填现有地下室，从而能够进行桩基施工，但这可能需要通过地下室混凝土板进行开孔，或在回填之前在地下室底板上凿洞。

（3）自上而下的地下室施工往往在交通拥挤的地点比较适合，因为这样一来，便可以获得新的用于材料堆放和机械使用的空间。对于高层建筑，自上向下的施工相对来说工期较短；对于较小的结构，它可能是唯一实用且安全的施工方案。

建议结合以下章节阅读本章：
- 第8章"岩土工程中的健康与安全"
- 第67章"支挡结构协同设计"
- 第94章"监控原则"
- 第96章"现场技术监管"

本书以第1篇"概论"和第2篇"基本原则"为指导进行章节编排。如第4篇"场地勘察"中所述，各类岩土工程均应进行扎实的现场勘察工作。

译审简介：
傅志斌，博士，教授级高级工程师，国家百千万人才和有突出贡献中青年专家，享受国务院政府特殊津贴专家，全国优秀科技工作者。
吴春林，研究员，《长螺旋钻孔压灌桩技术标准》JGJ/T 419—2018主编，《建筑桩基技术规范》JGJ 94—2008、《建筑地基基础工程施工质量验收标准》GB 50202—2018编委。

第 80 章　地下水控制

马丁·普里尼（Martin Preene），Golder 联合（英国）有限公司，塔德卡斯特，英国

主译：侯瑜京（中国水利水电科学研究院）
审校：于玉贞（清华大学）

doi: 10.1680/moge.57098.1173

目录

80.1	引言	1143
80.2	地下水控制目的	1143
80.3	地下水控制方法	1145
80.4	截渗法控制地下水	1145
80.5	抽水法控制地下水	1147
80.6	设计问题	1155
80.7	法规问题	1158
80.8	参考文献	1159

地下水控制是指采取一些临时工程措施，使地下建设项目可以在干燥、稳定的条件下进行施工。主要可以采用两种方法：通过抽水控制地下水（也称为施工降水），即从一组井或集水坑中抽水以降低开挖区附近的地下水位；或通过渗透系数很低的截水墙控制地下水，在开挖区周围设置截水墙，以防止或减少地下水流入。

80.1　引言

地下建设项目通常需要采取一些临时措施进行地下水控制，以提供干燥和稳定的施工条件。地下水控制可以采用抽水法（施工降水法），即通过一系列井点或集水井抽水，以降低开挖区及其周围的地下水位。另外还可以通过截渗来控制地下水位，通过在开挖区周围设置低渗透性的截渗墙，以防止或减少地下水的流入。

80.2　地下水控制目的

地下水及其控制技术对于岩土工程至关重要（参见第 16 章 "地下水"）。在开挖过程中遇到地下水，常会造成开挖区淹没或者失稳。地下水控制的目的则是采取相应的技术措施，保证施工可以在低于原地下水位的深度进行。

地下水控制的主要目标是防止地下水位以下的开挖区被淹没。但是对于中低渗透性的细粒土（如粉土或粉砂），另一个主要目的是通过控制孔隙水压力以及开挖区周围的有效应力来避免地下水引起的开挖区失稳。在这类土中，即使发生很小的渗流，相应的孔隙水压力都可能导致开挖区产生严重的失稳。对于细粒土，控制地下水的目的不仅仅是根据字面理解的为土层 "降水"，还应该包括控制孔隙水压力以确保土体的稳定性。

基础土力学理论（参见第 15 章 "地下水分布与有效应力"）指出，土的特性受有效应力 σ' 控制，有效应力 σ' 与总应力 σ（由于外部荷载引起）和孔隙水压力 u 有关，可由太沙基有效应力方程表示：

$$\sigma' = \sigma - u \qquad (80.1)$$

根据莫尔-库仑破坏准则，土的抗剪强度 τ_f 取决于法向有效应力：

$$\tau_f = \sigma' \tan\varphi \qquad (80.2)$$

式中，φ 为土的有效内摩擦角。

式（80.1）和式（80.2）说明在恒定总应力作用下，孔隙水压力的降低（可能是由于地下水位下降所致），增加了有效正应力从而提高了土的抗剪能力，增加了稳定性。相反，由于向基坑的渗流引起的孔隙水压力增加会降低稳定性，从而导致边坡塌陷和开挖区底部软化，如图 80.1（a）所示。由于在底部低渗透性土层的孔隙水压力无法释放，也可能造成开挖区的底部隆起（图 80.1b）。通过采用适当的地下水控制系统，则可以避免以上两种形式的不稳定现象。

仅靠地下水控制并不一定能实现在干燥的场地进行开挖，必须结合地面条件，与有效的地表水控制系统一起使用，才能奏效。在有些情况下，控制地下水可以提供一个稳定、相对干燥的开挖环境，但仍可能会有一些残余渗漏。

80.2.1　永久性地下水控制

尽管抽水控制系统主要用于施工期间的临时排水，但有时会考虑在结构的整个生命周期，"永

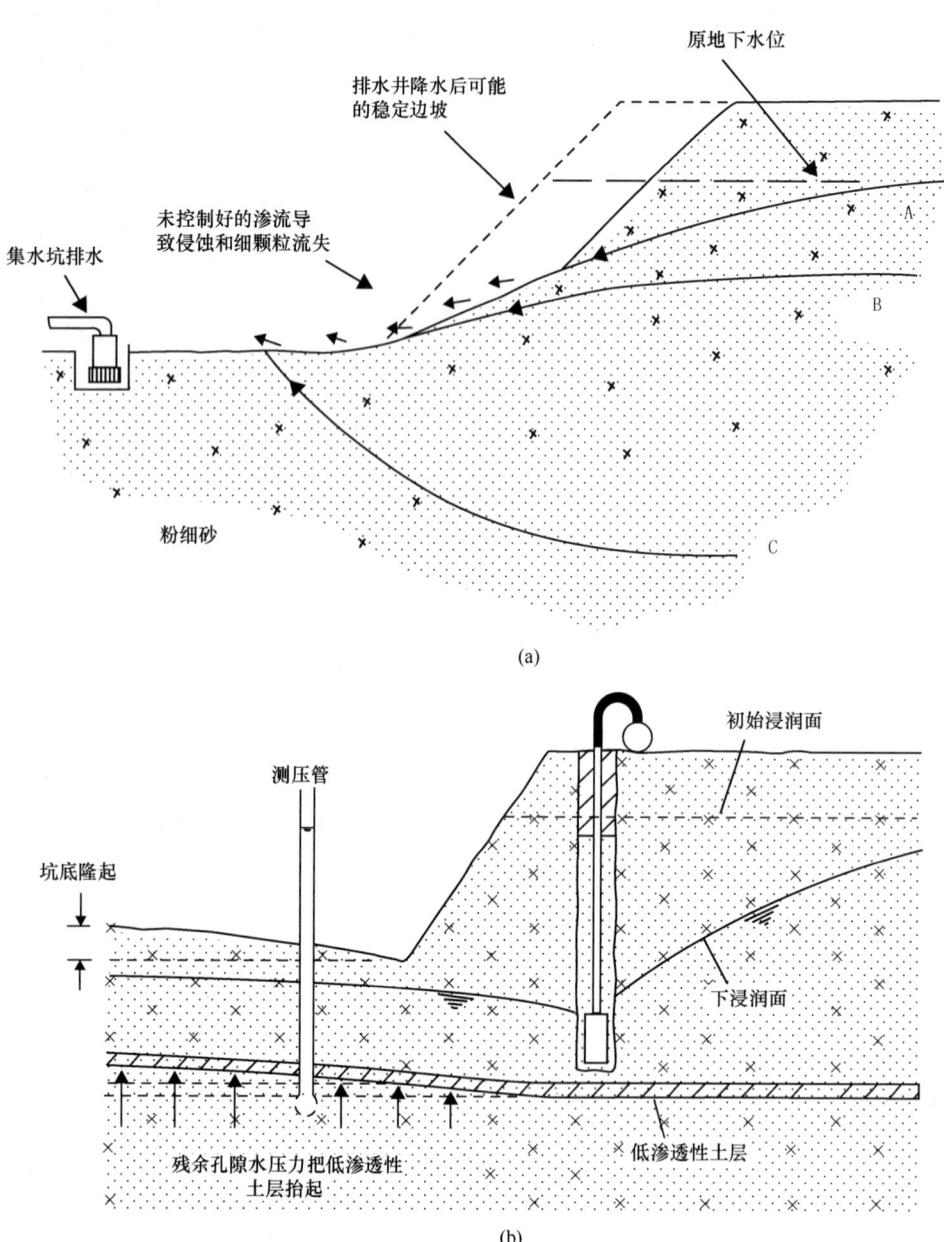

图80.1 (a) 地下水引起的开挖区失稳；(b) 残余孔隙水压力导致的底部失稳

(a) 经许可摘自 Cashman 和 Preene (2001) ⓒ Taylor & Francis Group；

(b) 经许可摘自 CIRIA C515, Preene 等 (2000), www.ciria.org

久"使用这些系统。永久性地下水控制的最常见应用是降低大型地下结构的测管水压，从而降低扬压力，达到减少永久结构物自重的目的。这种情况下，在结构上节省的成本可能远大于水泵系统的长期运行成本（Whitaker, 2004）。

80.2.2 地表水控制

地下水控制不同于降雨径流引起的地表水控制。许多合同纠纷源自于地下水控制系统正常运行，但开挖区中仍有积水。如果开挖区底部存在黏性土层，那么这些积水可能只是雨水。任何开挖，包括地下水位以上的开挖，都应具有地表水控制系统，通常由一些污水泵和多孔排水管组成。地表水可能有多种来源，包括降雨、附近河流或湖泊的直接渗透、下水道和自来水管的泄漏或施工作业产生的废水。总之都需要控制以便于有效地施工作业。关于地表水控制可参考 Cashman 和 Preene (2001) 和 Powers 等 (2007)。

80.3 地下水控制方法

通过在开挖区周围合理设置理论上不透水的截水墙或者围堰,将地下水封堵在开挖区以外,这样可以减少甚至不采用抽水的方法。

如果在开挖区下方较浅的深度内存在不透水地层,则截水墙可以直接贯入到该地层,以形成完整的防渗结构(图 80.2a)。唯一的抽水要求则是排出开挖区积水以及透过截水墙和底部不透水层的渗水。

另一方面,如果在合适的深度范围内不存在低渗透性土层,则只能形成部分截水墙(图 80.2b)。地下水仍可以进入开挖区,但相比完全没有截水墙的情况,此时截水墙可以增加渗径,降低渗透流速。此时截水墙的设计应考虑有足够的深度,以防止在粗粒土层中发生管涌(参见第 16 章"地下水")。

或者,可以在开挖区底部设置水平截水帷幕或底板作为截水结构的一部分,以防止垂直渗透(图 80.2c)。设置水平截水帷幕可以采用喷射灌浆(见第 90 章"灌浆与搅拌")(Newman 等,1994)和人工地面冻结技术(Harris,1995),但采用水平挡水板的施工项目相对较少。

80.4 截渗法控制地下水

拦截地下水避免其进入开挖区的方法有很多(Bell 和 Mitchell,1986)。表 80.1 给出了一些常用的截渗方法。本书其他章节也介绍了一些地下水截渗的方法,包括:防渗墙、咬合桩墙、板桩墙(第 85 章"嵌入式围护墙")、防渗灌浆、喷射灌浆(第 90 章"灌浆与搅拌")和就地拌和土截渗墙(第 85 章"嵌入式围护墙",和第 90 章"灌浆与搅拌")。

有些方法是临时的,例如人工冻结地面的方法,停止冻结则地下水将融化;钢板桩的方法,施工完成则取出钢板。这些临时方法在施工结束后不会对现场的地下水条件产生重大影响。但是,局部改变土体渗透性的方法(例如灌浆)将会永久改变现场的地下水流状态——其潜在影响在设计阶段就应进行评估(参见第 80.6.5 节)。

即使采用截水墙,也需要使用抽水方法排出:

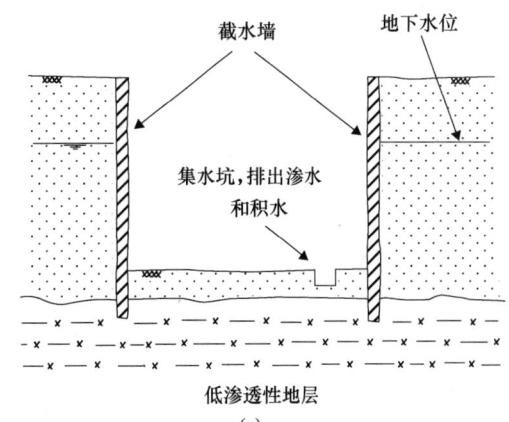

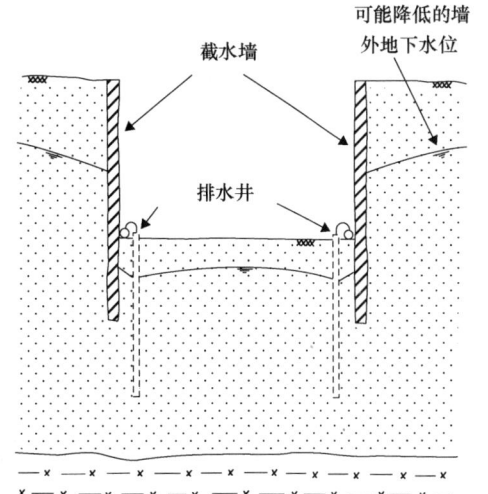

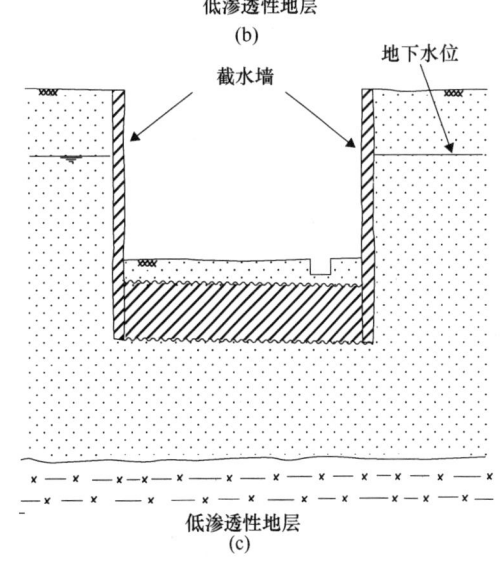

图 80.2 截水墙

(a) 插入低渗透性地层;(b) 与降水方法结合使用;(c) 与水平截水帷幕一起密封底部

摘自 Cashman 和 Preene(2001) ⓒ Taylor & Francis Group

- 截渗后区域内的地下水；
- 降雨和降水；
- 穿过截水墙和底面的渗漏水。

应该注意到，大多数截水墙仍会有渗漏，例如钢板桩，咬合接头部位可能渗漏，在较困难的打桩条件下，接头部位可能会分叉。地基中若存在卵石或漂石，对于截水方法的整体性会产生不利影响。

尽管如此，采用截渗方式控制地下水位在英国和海外都广泛使用。其主要原因是，如果有效实施且地面条件合适，则截渗系统可以最大程度地减少甚至消除施工场地范围以外区域的地下水降低；有些建设项目，特别关注附近建筑物的沉降，或抽水降低地下水位将对其他用水户产生不利影响时，采用截渗方案可能更具有优势（参见第80.6.5节）。

地下水截水技术　　　　　　　　　　表80.1

方法	适用范围	说明
可变形截水墙		
（1）钢板桩	大部分土地基的明挖，遇到巨石等障碍物会阻碍施工	可临时或长期使用；安装快速；结合适当的支撑可作为开挖区的挡墙；打桩的振动和噪声可能在某些地区不适用，但也有静音的方法
（2）振动梁式墙	粉土和砂土地基的明挖，不能支撑土体	通过振动将工字桩打入地基，然后拔出，拔出时通过埋置于桩底的喷嘴进行注浆，从而形成一道较薄的防渗膜，造价相对较低
开挖式截水墙		
（3）使用膨润土或当地黏土建造的泥浆槽截水墙	渗透系数约在 5×10^{-3} m/s 以下的粉土、砂土或砾石土中的明挖	泥浆槽可围绕开挖区形成一道低透水性帷幕，施工快捷，造价相对较低，但当深度增加时，造价会显著提高
（4）混凝土防渗墙	可作为开挖区或沉井的边墙，适用于大部分土类或软岩地基	作为开挖施工时的临时支撑，也可作为永久外墙；噪声和振动较小
（5）钻孔桩墙（搭接和密排钻孔桩）	同（4）	同（4），但是用于临时工程会更经济些；相邻桩体之间的密封比较困难
注入式截水墙		
（6）喷射灌浆	大多数土和软岩的明挖	采用土-浆混合物，形成一列搭接柱体
（7）使用胶凝材料进行渗透灌浆	砾石、粗砂或裂隙岩体中的隧洞和竖井	浆液充填空隙，阻止水在土体中流动；设备简单，可在有限空间内进行
（8）使用化学材料和溶液（如丙烯酸）进行渗透灌浆	中砂（化灌）、细砂和粉土（树脂灌浆）中的隧洞和竖井	化学品和树脂成本较高，在粉土中实施比较困难且可能处理得不充分，特别是存在透水层或透镜体的情况下
其他形式截水墙		
（9）采用浓盐水或液氮人工冻结地基	隧道和竖井；地下水流速大于 1m/d 或 10^{-5} m/s 则不适用	是一种临时措施；冰冻地基土可以在竖井周围形成一道墙，起到支撑和截水的作用；工厂作业造价高；液氮施工快但比较贵；浓盐水便宜但速度慢
（10）压缩空气	封闭的隧洞，密封的竖井或沉井	是一种临时措施；在结构外围的土体中施加气压力（可达3.5 bar），增大孔隙水压力，降低水力梯度以限制地下水的流动；安装和运行成本高；可能有损工人健康

数据取自 Preene 等（2000）

80.5 抽水法控制地下水

通过抽水控制地下水位，通常是在一组井或集水坑中抽水，目的是暂时降低地下水位，以便在稳定的条件下施工建设。抽水法控制地下水位也称为降水法、施工降水或简称降水。地下水位下降的程度称为降水深度。

表80.2列出了现有的一些基于抽水井的地下水控制方法。但在英国绝大多数建设项目，主要使用以下四种常规降水技术：

- 集水坑；
- 井点；
- 深井；
- 喷射井。

以下各节将对各主要降水技术作简要介绍。根据两个关键参数，要求的降水深度和土体渗透系数，图80.3给出了每种方法的适用范围（阴影区域表示不止一种技术可以适用）。

现有抽水法控制地下水技术汇总　　　　　表80.2

方法	适用范围	说明
排水管或排水沟（例如盲沟）	地表水和浅层地下水控制（包括溢出水和上层滞水）	可能干扰施工交通，并且无法控制深部地下水；也许不能有效减少细粒土中的孔隙水压力
集水坑抽水	在干净的粗粒土中浅层开挖，用于控制地表水和地下水	造价低，施工简单；也许不能提供足够的降水深度以避免渗水从开挖边坡表面溢出，从而引发失稳
井点	通常适于砂砾石到细砂、甚至粉细砂地基中的浅开挖；深开挖（降水深度>6m）则需要设置多级井点	相对便宜而且灵活；砂土中安装便捷；地基中含卵石或漂石则安装困难；在砂砾石和细砂地基中，单级最大降水深度约6m，在粉质砂土中约4m
水平井点（机械安装）	通常是沟槽或管线开挖，或砂土或粉质砂土中的大面积明挖	适于郊区沟槽开挖，可快速实施
带电力潜水泵的深井	从砂砾石到细砂以及含水裂隙岩体中的深层开挖	降水深度不受限制；安装成本高，但与其他方法相比，井的数量少；可以近距离控制井中的滤网和反滤，便于维护
带真空泵的钻孔浅井	从砂砾石到细砂以及含水裂隙岩体中的浅层开挖	特别适于高渗透性、流速可能比较大的粗粒料地基；与井点法相比，可以近距离控制井中的反滤
被动减压井和排水砂井	释放开挖区底部承压含水层、砂土透镜体中的孔隙水压力	施工简单，造价低；提供竖直通道将地下水导入开挖区集水坑，然后泵排
喷射系统	需要控制孔隙水压力的粉质细砂、粉土或成层黏土地基的开挖	在实际工程中降水深度可达30~50m；能源效率低，但排水流速低时问题不大；在密封井中，给地基土施加真空，加速排水
带电力潜水泵和负压的深井	从土到井渗流速率缓慢的粉质细砂土层中的深层开挖	降水深度不受限制；因安装了单独的真空系统，比普通深井造价高；多个井联合工作从而需要满足在井井之间有足够大的降水深度而不是流速，采用喷射井系统可能更经济
集水井	高渗透性砂土和砾石	设置单个井造价高，但较少几个井就可以产生较大的排水量，可以在较大的范围排水
人工注水	高渗透性土和裂隙发育岩石	操作和维护比较复杂；注水井常会堵塞，需要定期反冲洗和清洁
电渗	渗透性很低的土，如黏土	作为地基冻结的替代方法，通常仅用于孔隙水压力控制；安装运行成本相对较高

数据取自Preene等（2000）

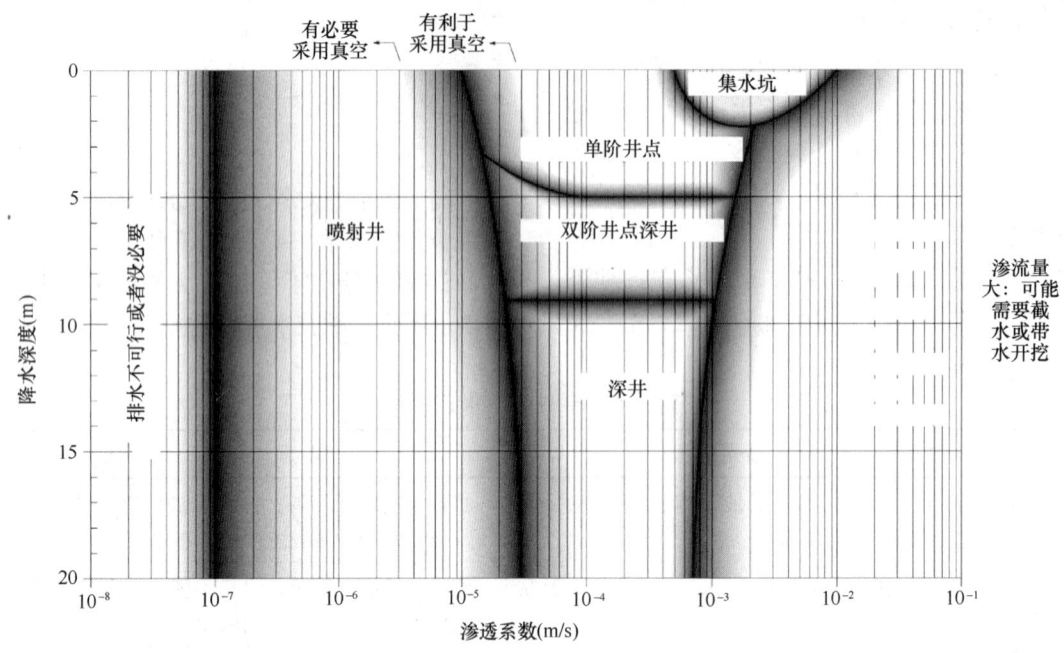

图 80.3 抽水法控制地下水技术的应用范围

经许可摘自 CIRIA C515, Preene 等 (2000), www.ciria.org

抽水法控制地下水也可以采用"被动排水"，即在重力作用下地下水从开挖区或边坡流出，不需要直接抽水。当有水从地中溢出时，可能有必要采用间接排水以防止对现场造成影响。减压井（见第 80.5.5.1 节）即是被动排水的常用措施。

抽水法中开放式抽水方法和预排水方法不同。开放式抽水，通常是采用集水坑排水方式，用泵抽水，排出进入开挖区内的积水。尽管实用上简单，但其缺点是在开挖之前不能降低地下水位，需要积水进入开挖区以后才能抽排，也可能会导致开挖区域内的局部失稳。

相反，预排水方法（包括井点，深井和喷射井）则可以在开挖之前降低地下水位。这类方法的优点是可以控制地下水位，避免水流进开挖区，从而降低地下水引发失稳的风险。

80.5.1 集水坑抽水

采用集水坑抽水时，水进入基坑，并通过排水沟引入到集水坑，然后泵出（图 80.4）。该方法的主要局限是集水坑和排水沟与开挖施工相互干扰，很难将地下水位降低到远低于基底表面，因此随着开挖的进行，集水坑也必须不断加深。

在合适的条件下，集水坑排水系统也是一种简单而且省钱的控制开挖区地下水的方法。

在某些不利条件下，集水坑抽水有可能会导致工期延误、成本超支或偶发性事故，其主要问题是当地下水流入开挖区，土体在地下水进入开挖区引起的渗透力的作用下可能失稳（图 80.1），通常被称为"流砂"或"涌土"，并且可能导致坑底和边坡失稳，从而引发不可预见的邻近结构物沉降等风险。

集水坑设计需要考虑以下因素：

- 深度：集水坑应具有足够深度以排泄开挖区和排水管网中的水，考虑水泵的进水水位和泥砂沉积。
- 尺寸：集水坑尺寸应大于水泵的尺寸，留有足够的沉积和清淤空间。
- 过滤：集水坑侧壁应打孔或开槽，通常孔径或槽宽为 10 ~ 15mm。集水坑周围应铺设粗砾石（20 ~ 40mm）。
- 通道：需要良好的通道以便于水泵维修时拆卸，并便于集水坑清淤。

集水坑抽水时，土体中的一些砂子和细颗粒将首先汇集到集水坑和排水管网附近。好的方法是将要排出的水流经一个沉淀池，使固体颗粒沉淀并监测具体情况。沉淀池需要清除淤砂或黏土，以满足积水排放要求。如果发现细颗粒在持续移动，导致土体流失和地面沉降，或者开挖区内出现不稳定迹象，则应停止排水，并采取相应措施。如果出现严

第80章 地下水控制

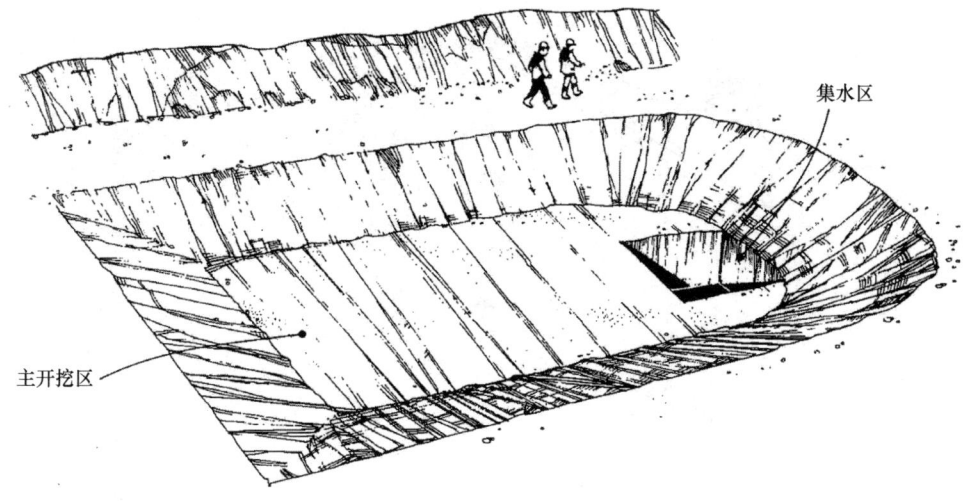

图80.4 开挖区内的集水坑

经许可摘自 CIRIA R113, Somerville (1986), www.ciria.org

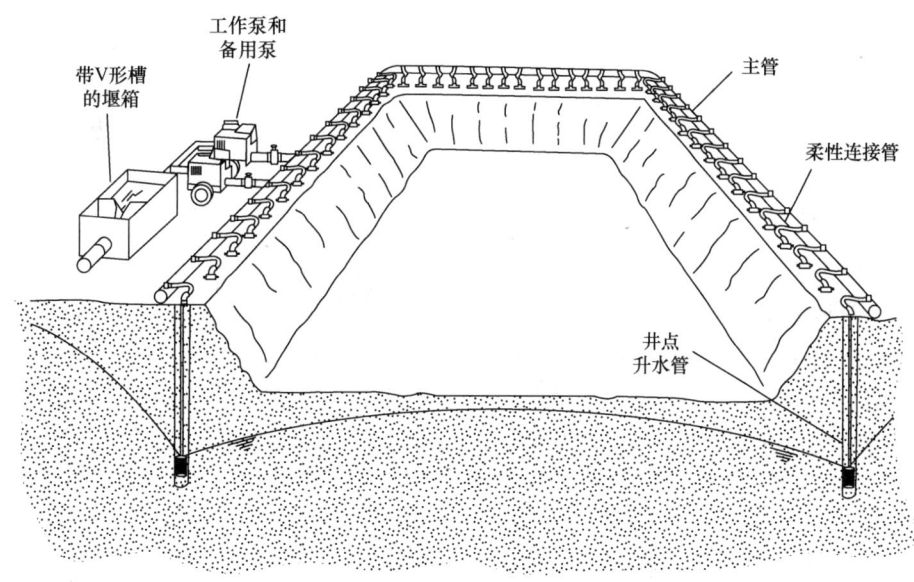

图80.5 井点系统

经许可摘自 CIRIA C515, Preene 等 (2000), www.ciria.org

重的土体流失和不稳定现象，则需要在开挖区域内回灌水以保持稳定，并对现状重新评估。

80.5.2 井点

井点布置是指将密集分布的小直径浅井（称为井点），布置在开挖区周围（图80.5）或布置在长条开挖槽的两侧（图80.6），在开挖区周围形成井点群以收集地下水。如果沟槽开挖狭窄而且不深，则可以在沟槽的一侧布置井点（单侧系统），而对于较宽或更深的沟槽，则需要在两侧都布置井点（双侧系统）。

井点间距通常为1.5～3m，各点通过柔性管连接到直径为150mm 布设于开挖区旁的主集水管。主集水管具有多路支管，允许一个泵作用于多个井点（一个150mm 井点泵通常可以处理60～80个井点）。井点泵位于地面，可以在主管施加真空将井

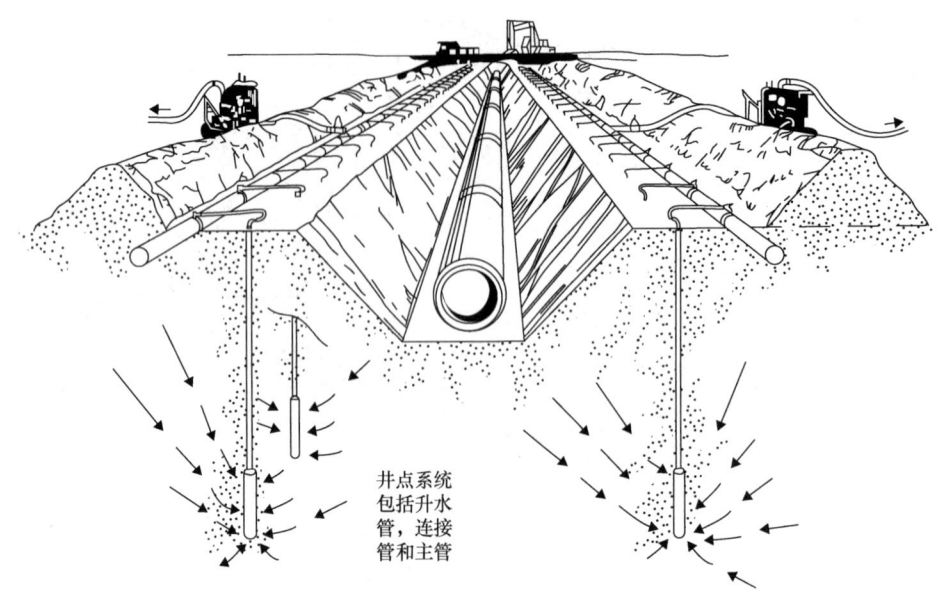

图 80.6　沟槽开挖中的井点布置

经许可摘自 CIRIA R113，Somerville（1986），www.ciria.org

点中的地下水抽上来，沿着主管到达泵站并排出。排水泵可以采用活塞泵，也可以是带有附属真空泵的离心泵。

由于排水泵是通过抽吸将水从井点中抽出，因此使用井点技术对于降水深度有使用限度。泵的吸力极限决定了将水位降低到泵和总管位置以下 5～6m 以上几乎不太可行。如果需要更大的降水深度，则可以在更低的位置设置第二级井点，在第一级井点降水完成后，启动第二级井点降水（图 80.7）。或者在现场开挖之后，在较低的位置设置第一级井点。在操作过程中，还必须对井点仔细调整使其井然有序。当地下水位下降到井点的滤网顶部时，井点中会抽出过量空气，此时则需要调小抽水量，包括调整每个井点上的控制阀进行节流，以减少空气流入并避免超过泵的空气处理能力。调节不当的井点系统则无法达到降低水位的目的。

井点通常由若干直径 38mm 的硬聚氯乙烯管（uPVC）组成，在下端有 0.5～1m 长的滤网。采用高压水将一个钢制喷射管冲入土中来安装各井点。井点塑料管周围回填干净的滤砂，称为填砂。滤砂可防止细颗粒被带入井点，堵塞滤网。在砂土地基中，采用高压水喷射安装井点的速度非常快，但在砾石或有卵石的地基中，速度可能很慢。除了

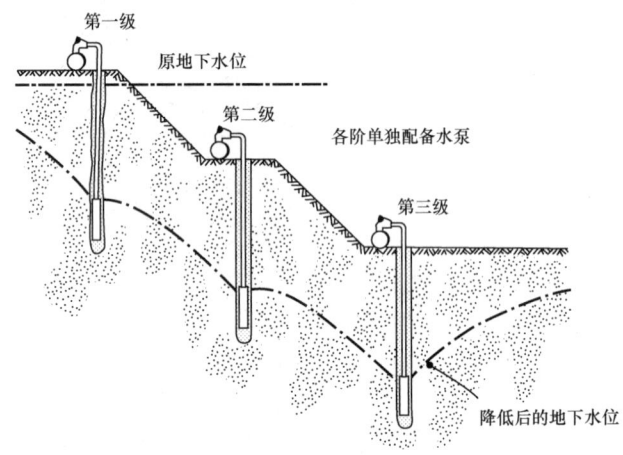

图 80.7　多级井点系统

经许可摘自 CIRIA R113，Somerville（1986），www.ciria.org

高压供水外，对于安装井点困难的土层，还可以将带有锤击功能的"打孔机"与压缩空气一起使用。有时也使用液压螺旋钻穿透坚硬的黏土层。井点深度通常为 6～7m，偶尔如果有减压的要求，则需要更深些。

对于长而浅的沟槽开挖，有时会通过特殊的开沟机来安装水平多孔管（图 80.8），称为水平井点降水技术。每隔 100m 左右，在管道的一端采用井点泵抽水。

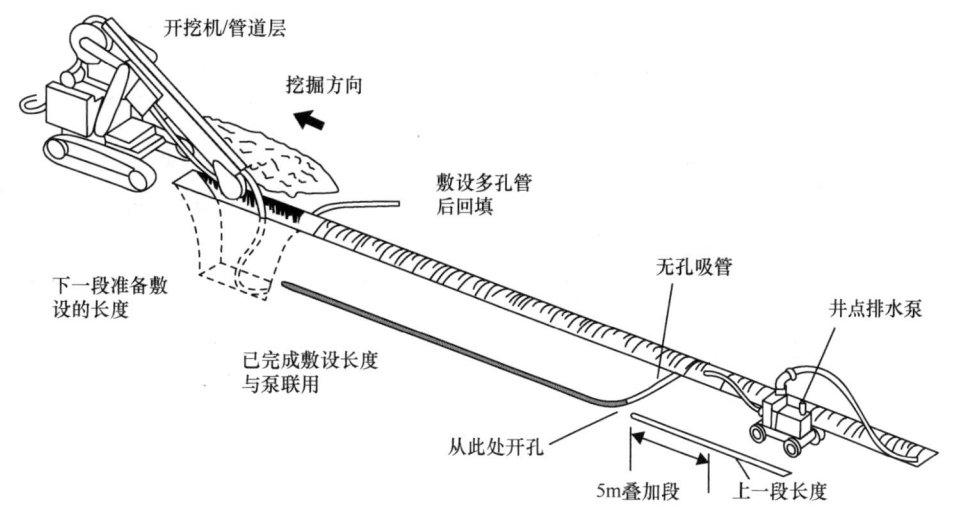

图 80.8 水平井点安装

经许可摘自 CIRIA C515，Preene 等（2000），www.ciria.org

80.5.3 带有潜水泵的深井

深井系统包括在开挖区设置较宽间距的深井，每口深井配一个潜水泵。由于潜水泵可以将水从井底提升到很大的高度，因此对于水位下降深度几乎没有限制。理论上讲，水位下降深度仅受井深或土层的限制。深井与井点不同，井点的目的是在基坑周围形成"井幕"，而间距较大的深井则通过距离起作用，通过多个深井的共同作用，可以在较大范围内降低地下水位。

典型的深井（图 80.9）可以采用直径为 250～350mm 的钻孔，井深一般为开挖深度的 1.5～2 倍。钻孔中的井衬采用硬聚氯乙烯（uPVC）或高密度聚乙烯（HDPE）管。内衬的下部设有进水孔或槽，该部分称为滤水管。钻孔壁和滤水管之间的环形空间充填砾石过滤料（也称填砾），过滤料上方的环形空间充填膨润土或采用灌浆封闭，防止地表水沿孔壁渗入地下水。钻井可采用钢索冲击钻机或旋转钻机，深井的间距通常为 15～60m，并通过电缆和集水管在地面连接。

深井系统通常是在需要控制地下水的区域周围均匀分布井眼（图 80.10）。井眼的数量可以灵活设计，采用几个大容量的深井或者采用多个较小的井都可以达到相近的排水流量和降低水位的

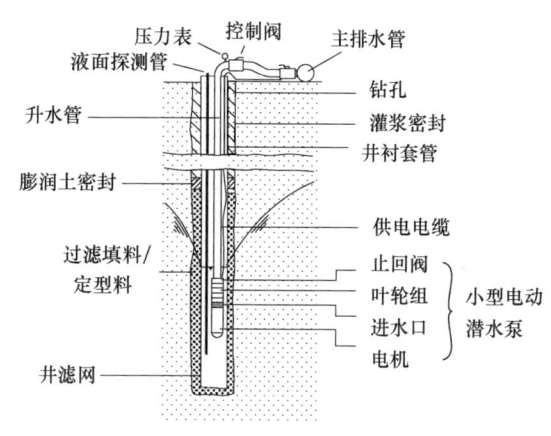

图 80.9 典型的深井

经许可摘自 CIRIA C515，Preene 等（2000），www.ciria.org

目的。几个大容量的井可能更经济些，但是如果地质勘察信息存在不确定性，或者可能存在上层滞水，则采用多个较小的井可以更好地控制地下水。另外，如果单个泵一旦停止工作则可能导致淹没甚至严重事故，此时不宜采用井数太少的方案。系统可配有备用电源，但是出于经济考虑，可以马上投入运行的备用泵站很少。常用的解决方案是确保泵送能力有足够的冗余度，并且系统不是高度依赖任何一口井。对于少于 3 个孔的方案，这是一个需要注意的问题，应该有足够的深井来降低地下水位。与抽水初期相比，保持地下水位降低可能需要减小排水流速。

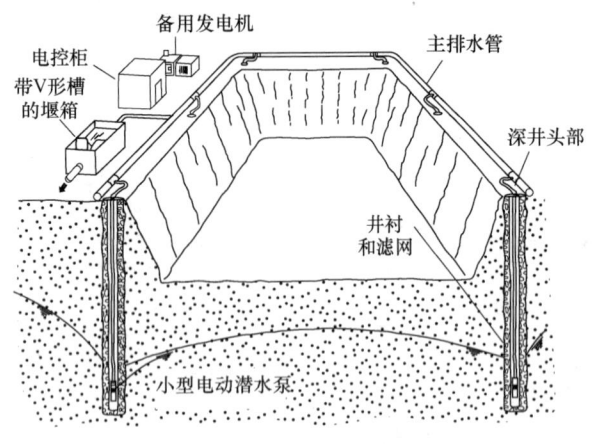

图 80.10 深井系统

经许可摘自 CIRIA C515，Preene 等（2000），www.ciria.org

深井长期运行后，一个潜在的问题是在井周和水泵中会积聚一些红棕色的胶状黏液，此过程称为生物淤积。这种生物体源于铁还原好氧细菌——披毛菌，自然存在于地下水中。井中水位的降低为披毛菌提供了丰富的氧气。披毛菌在这种环境下大量繁殖，通过吸收地下水中存在的可溶性铁（Fe），分泌出不溶性氧化铁和羟基氧化物的复合物。如果不去除该生物体，则会堵塞滤网并明显增加水泵的磨损。需要通过拆除水泵，彻底清洗，也可采用脉冲式压缩空气洗井。另外也有可能发生其他化学和细菌污染：碳酸钙会在井中留下浓稠的白色糊状物，而厌氧硫酸盐还原菌会在泵的底部形成黑色的黏液，导致酸性条件，进而腐蚀金属泵的外壳。

80.5.4 喷射井

喷射井系统包括围绕开挖区域布置的一组井，根据地基条件，喷射井有时会间隔很近（类似于井点），有时会间隔很宽（像深井）。喷射井区别于其他地下水控制方法的主要特征在于抽水的方法。每个井中的喷射器包含一个小直径喷嘴和喉管，地面上的供水泵将高压水送到喷嘴，水流以很高的速度（可达30m/s）通过喷嘴，使压力降低，从而产生高达0.95bar的真空。这种真空负压将地下水通过滤水管抽到喷射器主体，与供水一起被输送到地面。从喷射器出来的水是供水加地下水，因此出水大于供水。从喷射器排出的水流到供水泵的水箱中，再循环到喷射器中（图80.11）。水箱上通常会设置一个V形槽，从地下抽出的水充满水箱后，多余的水可以溢流到合适的处理地点。由图80.11可以看出，喷射井系统有两个总管：一个供水总管，为每个井提供高压水；一个低压回水总管，用于将水循环返回给供水泵。喷射井配有止回阀，避免高压水意外注入地下。

喷射井通常仅用于地下水渗透系数小的地基，如粉质砂土或粉土等低渗透性土体。这是因为目前商用喷射井系统的排水能力有限。一般喷射井仅能泵送 0.3~0.8L/s 的地下水（不含供水）。理论上大容量喷射井是可行的，但目前由于喷射井的机械效率较低而尚未实现。喷射井系统输入的电力，仅有不到25%用于抽排地下水（其余的能量用于循环供水和克服摩擦损失），远低于井点或深井的效率，因此当地下水流量较大时，采用深井或井点系统比喷射井更经济。

典型的喷射井与深井相似，但根据喷射器类型，喷射井的直径通常较小。单管喷射器（供水和回流在同心管中进行）可以沿着直径为50mm的衬管安装（图80.12a）。双管喷射器（供气和回流分别在单独的管中进行）可以安装在直径为105mm的衬管中（图80.12b）。工程上采用的供水压力一般为 100~160psi（690~1100kPa），降水深度可达供水泵位置以下约35m。

与井点和深井系统一样，喷射井系统布置在要排水的区域周围，井距由喷嘴流速和流量决定。如果地基土层中存在上层滞水或渗水过多，则需要减小井距。实际工程中，喷射井的井距通常介于井点系统（井距 1.5~3m）和深井系统（井距 10m 或更大）之间。

类似于深井，喷射井也容易因细菌作用而发生生物淤堵。由于喷射器内的水路尺寸较小，生物容易滋生，可能会全部堵塞流道，使喷射器完全失效。定期监测供水和回流量，结合水位下降情况，就可以尽早发现问题。喷射器的清洗与深井类似，采用脉冲式压缩空气进行清洁。

80.5.5 其他地下水抽排技术

80.5.5.1 减压井

减压井（也称卸压井）用于将开挖区下方地层中的承压水向上排出（图80.13），从而防止地

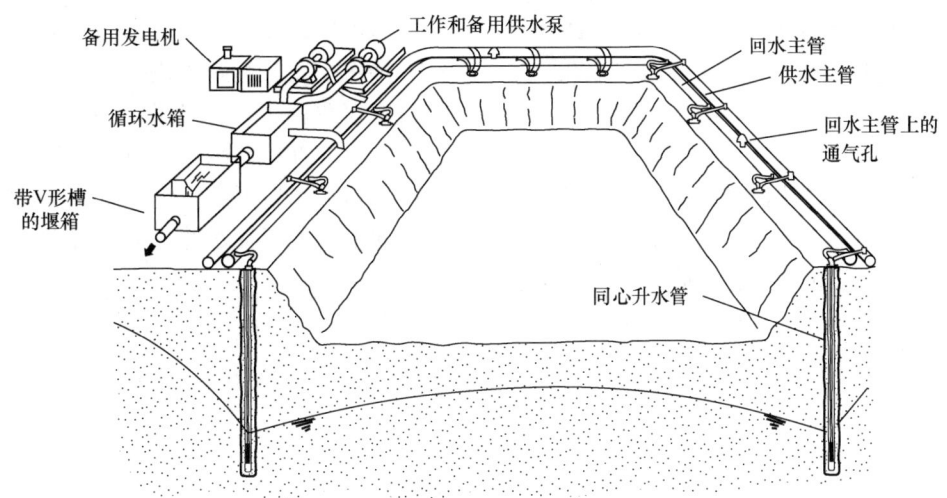

图 80.11 喷射井系统

经许可摘自 CIRIA C515，Preene 等（2000），www.ciria.org

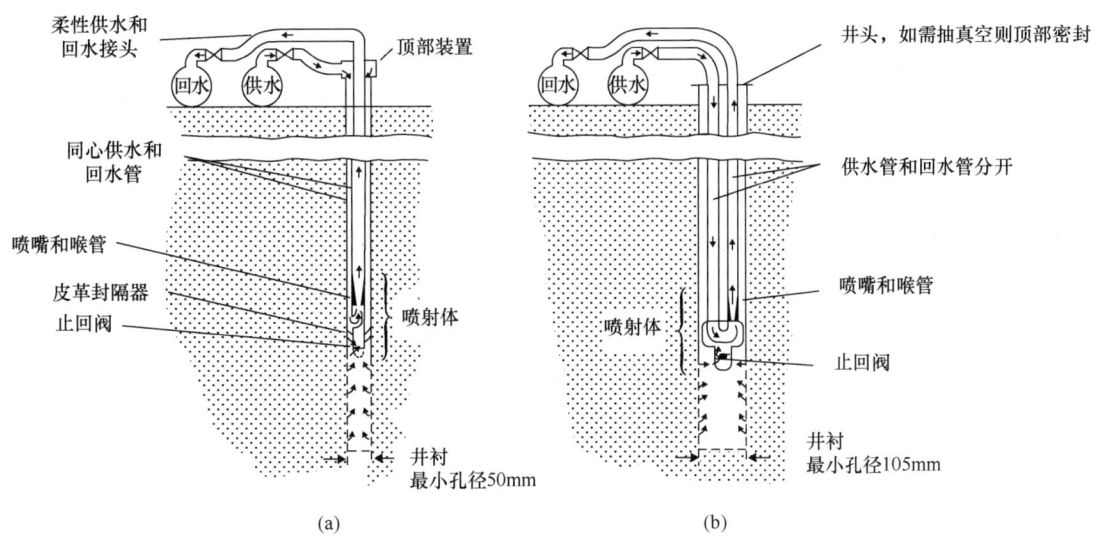

图 80.12 （a）单管喷嘴；（b）双管喷嘴

经许可摘自 CIRIA C515，Preene 等（2000），www.ciria.org

面隆起（参见第 16 章"地下水"）。与泵排水井（通常位于基坑外部）不同，减压井可布置在基坑内部，由内充砾石（有或无多孔套管）的钻孔构成，形成垂直的高渗透性通道。随着开挖的进行，地下水沿减压井流入基坑中，从而降低开挖基坑下部的孔隙水压力，提高地基的稳定性。进入基坑的水汇集到集水坑然后通过污水泵排出。减压井的应用实例见 Ward（1957）。

80.5.5.2 集水井

集水井有时称为兰尼井（Ranney well），通常是由一个直径约 5m 竖直沉井形成沉箱，在沉井内沿径向设置小直径水平或近水平滤井（称为侧井）（图 80.14）。通常使用单泵从沉井中抽水，沿侧井产生压力梯度，从而使地下水排到沉井中。

与其他地下水控制方法相比,安装集水井的成本较高,因此临时的地下水控制施工很少使用集水井。尽管如此,在没有场地设置常规深井系统时,该技术也会被用来降低地下水位(临时或永久)。

80.5.5.3 人工注水系统

人工注水系统是通过补水井或补水槽,以可控方式将水注入(或补给)地下。目的是减轻排水造成的潜在环境影响(包括地面沉降)。此类系统的设计和操作必须谨慎,因为在实现其目的的同时,还要保证在开挖过程中有效控制地下水位。

水可以通过浅水槽或专门建造的补水井进行补给,补水槽安装起来既快捷又便宜,但由于其深度较浅,仅适合于地下水位接近地面的非承压含水层。相反,补水井则可以设计为将水注入指定的含水层,包括场地下方一定深度的承压含水层。补水井本质上类似于抽水井,但具有以下特点:

- 井套管周围的缝隙,在顶部采用灌浆或混凝土密封,以防止注入的水通过反滤料回到地面;
- 安装一个落水管以防止补水倾泻进入井中而造成水中掺气,掺气水可能会堵塞通道;
- 设有排气阀用于清除系统中的空气;
- 控制阀和流量计。

人工注水系统(井和槽)操作的一个主要问题是系统很容易因堵塞而失效,补水中的少量悬浮物(砂,粉土或黏土颗粒)、化学或生物过程(例如铁沉积物或细菌黏液的堆积)都可能导致堵塞。通常可以采用反冲洗法定期清洁注水井,并允许增加补水量,因为长期运行后注水井的性能会逐渐下降。有关人工补水以减轻抽水影响的更多信息,可参见 Powers(1985),Powrie 和 Roberts(1995)给出

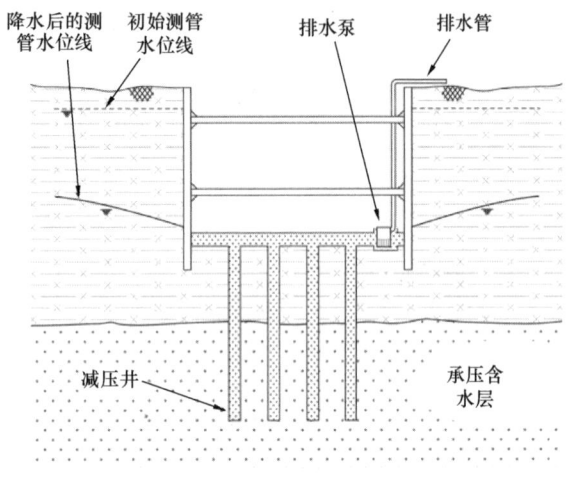

图 80.13　减压井

摘自 Cashman 和 Preene(2001),经 Taylor & Francis Group 许可

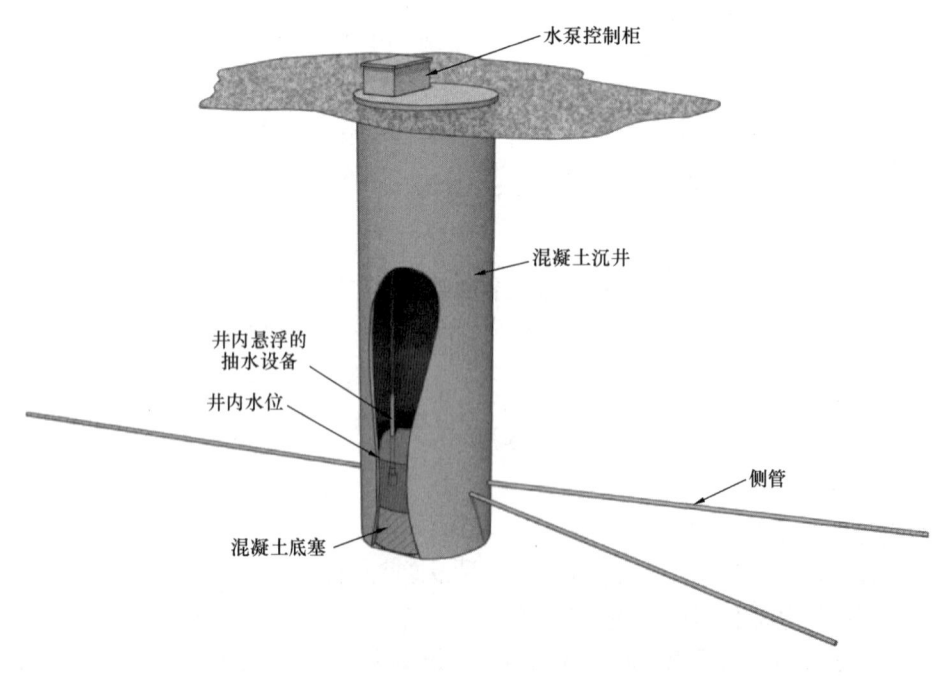

图 80.14　集水井

了一个补水系统应用的实例，Cliff 和 Smart（1998）给出了一些使用补水槽的实例。

80.5.5.4 电渗法

对于渗透性很低的土体，如粉土和黏土，采用抽水法控制地下水效果很差，这是因为在泵压产生的水力梯度作用下，地下水的流动速度非常缓慢。在这种情况下如采用电渗技术，在电势梯度的作用下，地下水的流动可能会更快。

电渗是一门高度专业化技术，直流电通过一组阳极和阴极之间的土体（图 80.15），土颗粒周围带正电的离子和水分子，在电势梯度的作用下从阳极迁移到阴极，在阴极部位产生的少量水可以通过井点法或喷射法泵出。

电渗法主要应用于很软的粉土或黏土地基，以保证开挖时的稳定。进一步的资料参见 Casagrande（1952）和 Casagrande 等（1981）。

80.5.5.5 截排联合法

抽水法控制地下水有时可以联合使用，例如：

- 围堰抽水——即使地层条件允许采用截水墙形成封闭围堰以截住地下水（图 80.2a），但开挖区仍会有残留积水，为了防止干扰施工作业，必须采用水泵排出。
- 为减小泵排流量设置截水墙——对于渗透性很高的土体，从开挖区抽出的水流量非常大，此时可能更合适设置截水墙，墙底到达开挖高程以下（图 80.2b）。如果排水点（井或坑）位于截水墙内侧，则排水流速会降低到一定程度，从而降低泵排成本，使得排水更易于处理。
- 通过降低地下水位以减少作用在截水结构物上的荷载——当基坑周围由截水墙（如板桩墙或防渗墙）来支撑，墙体上的大部分侧向荷载可能来自于外部地下水（参见第 63 章"支护结构设计原则"）。有些情况下，泵抽降水井位于开挖区外部，以降低地下水位并减少作用在挡土结构上的水压力，这样可以降低对墙体刚度和对支撑的要求，总体成本更经济（Roscoe 和 Twine，2001）。

80.6 设计问题

设计过程中需要结合水文地质条件，计算抽水流量，考虑环境影响等因素，确定性能，选择合适的排水技术。对于地下水控制问题，设计过程中还应遵循以下步骤：

（1）确定需要解决的问题和限制条件；
（2）建立水文地质概念模型；
（3）选择地下水控制方法；
（4）设计计算；
（5）评估环境影响；

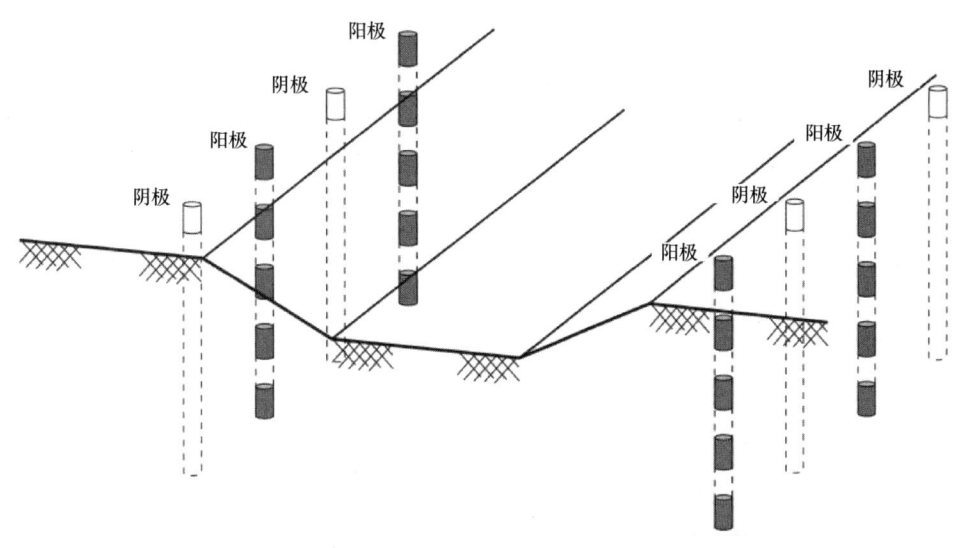

图 80.15　电渗

摘自 Cashman 和 Preene（2001），经 Taylor & Francis Group 许可

(6) 设计复核。

以下各节简要介绍每一步的内容。对于大型复杂项目，有时会使用观察法（参见第100章"观察法"）。更多设计细节参见 Preene 等（2000）、Cashman 和 Preene（2001）。

80.6.1 确定需要解决的问题和限制条件

地下水控制系统设计，必须解决三个方面的问题：

确定地下水控制目标。必须在开始时就确定目标，是否需要在可渗透土层防止开挖区淹没？是否需要控制孔隙水压力以确保细粒土边坡的稳定性？是否需要降低地下水的扬压力以防止基坑底部隆起？针对不同的目标会产生不同的设计方案。

确定关键限制条件。控制地下水不能孤立进行，必须与施工项目的其他部分相结合。现场施工是否有空间和时间的限制？现场是否处于敏感环境中，长时间抽水是否会引发其他问题（参见第80.6.5节）？

资料收集和复核。工程初期对于现场资料的收集和分析十分重要，要搞清楚哪些信息已知，哪些信息未知或者不确定。即使有最新的现场勘察资料，实际的土体或岩石的渗透性也可能存在不确定性。

80.6.2 水文地质概念模型

设计过程中的一个关键步骤是针对地下水控制问题，确定水文地质概念模型，以提供设计所必需的信息。如果概念模型与实际情况匹配不好，则后续设计工作几乎没有意义。如果没有足够的可靠数据来建立令人信服的模型，则可能需要做进一步的现场勘察。以下简要给出概念模型中的一些关键因素。

80.6.2.1 含水层类型和特性

必须清楚了解要降低地下水位的含水层并确定其性质。对于大型项目，可能需要水文地质专家来确定地下水情况。有关含水层特性的资料参见水文地质教科书，如 Younger（2007）。

80.6.2.2 系统尺寸

开挖区的尺寸和深度直接影响地下水控制方案的设计。特别是开挖最深处低于地下水位的深度是设计的关键参数，必须确定。

80.6.2.3 土的渗透性

含水层的渗透性是地下水控制系统设计中的关键参数，必须在设计过程中进行评估。评估渗透性的方法见第47章"原位测试"。无论室内试验或原位测试，都很难给出准确的渗透系数，而渗透系数的不确定性可能导致计算流量的较大变化，一般需要进行敏感性分析，以分析不同渗透系数对设计的影响。

80.6.2.4 含水层边界条件

通常含水层分布不均匀，其物理或水力边界直接影响含水层的特性。任何重要的边界条件都需要在设计中加以识别和考虑。例如边界条件中是否有低渗透性黏土层，可能会阻滞砂质含水层中的垂直水流；附近是否存在地表水（如河流、湖泊或海洋），这可能是含水层的主要水源。

80.6.3 选择地下水控制方法

正确选择地下水控制方法是成功设计的基础，在初始设计之后的任何阶段更改地下水控制方法和技术，都会非常昂贵且可能具有破坏性。

首先需要确定一种最为合适的地下水控制方法，是抽水、截水还是两者结合，主要取决于以下因素：

- 技术问题，例如泵送流量的数量级，截水墙到达低渗透土层的可能深度（此阶段可能需要一些估算）；
- 主体建筑施工占用的空间以及方案；
- 减少外部地下水影响的相关要求（决定是否要采用截水法）；
- 是否具有足够的场地存放排出的水（如果没有，就不能用抽水法）；
- 造价，以及是否有对各种技术具备丰富经验的承包商。

一旦确定了总体方法（截水法或抽水法），就必须初选技术方案，由于技术方案的选择对设计影响很大，因此必须及早确定，并在设计过程中定期

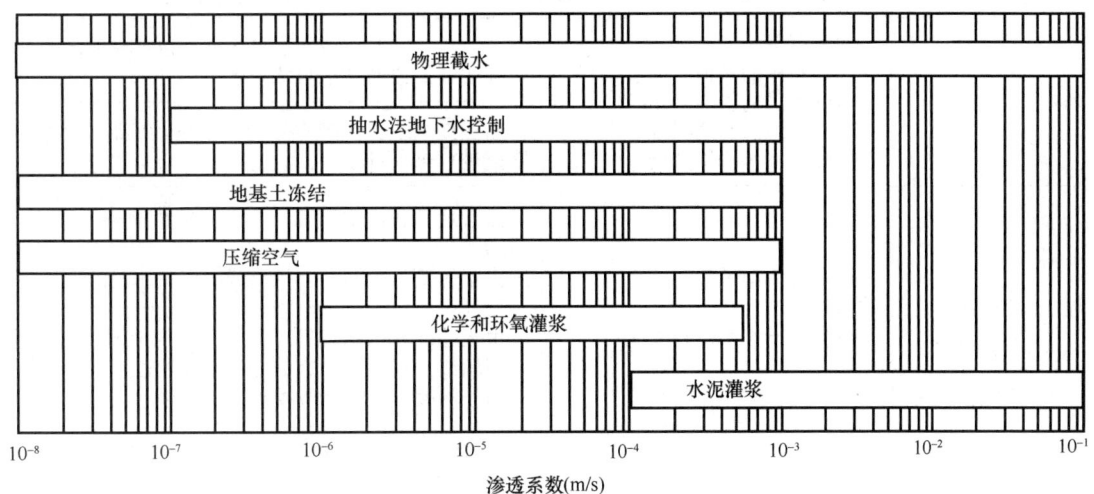

图 80.16 地下水截水技术的应用范围

经许可摘自 CIRIA C515，Preene 等（2000），www.ciria.org

校核，确定其合理性。对于抽水法的地下水控制，可以利用图 80.3 进行技术初选，各类抽水法的应用范围与所需的降水深度和岩土的渗透性有关；对于截水法地下水控制，可以根据岩土的渗透性，从图 80.16 中进行技术初选。

80.6.4 设计计算

Preene 等（2000）、Cashman 和 Preene（2001）给出了抽水法地下水控制系统的设计计算。在简单情况下，对于合适边界条件，可以使用基于经典达西定律模型的渗流计算进行设计，参照第 16 章"地下水"。在更为复杂的情况下，可以使用数值计算来模拟地下水渗流区域。偶尔也将观察法（见第 100 章"观察法"）用于地下水控制方案。Roberts 和 Preene（1994）描述了将观察法用于抽水法地下水控制。

80.6.5 环境影响评价

根据水文地质条件，地下水控制有可能会对距离开挖区很远的地方产生较大的影响，在设计阶段就需要评估这些影响，以便采取必要的措施。

抽取地下水可以在一定区域内降低地下水位，偶尔降水点以外几百米处的地下水位也有少量降低。截水法地下水控制方案中采用的截渗墙，作为地下水坝，也可能引起局部地下水位的变化。

表 80.3 总结了地下水控制工程潜在影响范围，其主要影响包括：

- 由于抽水降低水位，会减少附近供水井的出水量；
- 由于地下水位降低而引起的有效应力变化，会引起附近建筑物的沉降（Preene，2000）；
- 由于降水抽水，会加速受污染或含盐地下水的移动；
- 由于设置了截水墙，会导致地下水位上升。

英国监管机构发布的水文地质影响评估（HIA）方法指南（Boak 等，2007），适用于降水抽水方案。HIA 方法根据评估的复杂程度通常是"分级的"，具体取决于项目的性质。简单的 HIA 可能只是确认附近是否有敏感的影响对象，与案头研究无异。然而，少数大型复杂项目可能需要深入的数值模拟和现场监测。

Preene 和 Brassington（2003）给出了与地下水控制活动相关的潜在环境影响和相关处理措施。

80.6.6 设计复核

应该认识到即使进行了严谨的现场调查和设计，不确定性仍然存在，也许与土的渗透系数或潜在环境影响的大小有关。因此在设计完成后需要进行简要复核，进一步考虑在建议项目中是否可以接受这些不确定性，必要时需要修改设计，或补充现场勘察资料。

土木工程对地下水条件的影响　　　　表80.3

分类	主要影响	时效	相关施工作业
（1）抽水	地基沉降 一些水源的减损 对含水层的影响-水位 对含水层的影响-水质 地下水相关特性的劣化	临时	通过深井、井点或集水坑为开挖区或隧洞降水 为浅开挖或涝渍地自流排水
		永久	通过抽水或自流排水，为地下室、隧洞、道路和铁路的路堑进行永久排水
（2）地下水通道	近地表活动带来的污染的风险 改变地下水水位和水质	临时	由于地勘和排水钻孔、开挖、排水槽等形成的垂直水流通道 由于沟槽、隧洞和开挖形成的水平水流通道
		永久	由于地勘和排水钻孔、开挖、永久地基、桩和地基处理后回填或密封不当形成的竖直水流通道 由于沟槽、隧洞和开挖形成的水平水流通道
（3）地下水截流	造成地下水水位和水质的变化	临时	设置临时截渗墙或移除截渗墙，如板桩，或者人工地层冻结
		永久	设置永久截渗墙，或作为基础或结构一部分的群桩，或隧洞和管线这种细长构筑物 由于含水层渗透系数减小（如灌浆或压实）引起的截水
（4）排泄到地下水	施工污染物排放带来的影响	临时	施工废水和渗漏（如为工厂提供燃料） 人工注水（如果可作为排水措施的一部分）
		永久	永久建筑物产出的废水和渗漏 通过渗水坑排水
（5）排泄到地表水	由于排泄水中的化学物、温度以及泥砂对地表水产生影响	临时	降水系统的泄水
		永久	永久排水系统的泄水

摘自 Preene 和 Brassington (2003)，John Wiley & Sons Ltd

80.7 法规问题

80.7.1 抽水许可证和排水同意书

在英国，抽水法控制地下水必须遵守政府特定的法规，并接受监管机构的监督。这些机构是：环境署（Environment Agency，EA，英格兰和威尔士）；苏格兰环保署（Scottish Environment Protection Agency，SEPA，苏格兰）；北爱尔兰环境署（Northern Ireland Environment Agency，NIEA，北爱尔兰）。监管方法概要见相关出版物（EA，2008）。

法律要求有两个方面：第一针对抽取地下水（称为抽水），目的是确保监管机构可以控制地下水的使用，抽水作业不会导致附近的地下水使用者失去供水；第二针对地下水的排弃（称为排放），目的是确保抽水本身不会造成污染。有关法律要求的最新指南可在监管机构的网站上找到。

80.7.2 排放水的水质管理

地下水控制方案必须有充分的地下水排放管理措施，所有的地下水排放需要排放许可或同意书。

排弃水的处置方法包括：

- 排放到地表水（例如河流、水道、湖泊、海洋）。根据现场位置，需要当地监管机构的同意。
- 进入地下水（例如通过渗水坑井、注水井或补水沟渠）。需要当地监管机构的同意。
- 进入现有的污水处理网。需要排污管理局（例如自来水公司或其代理）的许可。

地下水控制作业中，因为抽水管理不善引起的淤泥污染是一个普遍问题，通常是由于采用污水泵排水的计划和操作不当引起的。淤泥污染可以通过多种方式损害水生环境，包括：

- 因泥沙的研磨作用，伤害鱼类；
- 阻塞鱼鳃，使其窒息死亡；
- 破坏河床上的产卵地和昆虫栖息地，消除鱼类的食物来源；
- 覆盖水生植物的叶子，限制其生长。

处理排水中的悬浮固体颗粒的理想方法是从根源上解决问题，通过在地下水控制系统中设计安装合适的过滤装置，可以最大程度地减少排水中的沉积物。只要安装了合适的过滤装置，采用井点、深井和喷射井系统，除了在排水初期可能会短期产生一些脏水，通常都不会产生泥砂浓度较高的排放水。

最常见的产生含砂水的排水方法是集水坑排水法（第80.5.1节），因为在集水坑周围做好反滤比较困难，黏粒、粉粒和砂粒会被吸入泵中并混合在排放水中。因此采用集水坑排水，应采取相应措施，在最终排放之前将悬浮固体含量降低到排放许可范围以内（例如，采用合理设计和操作的沉淀箱或沉淀池）。如果无法达到要求，则可能需要采用其他地下水控制方法，如带有合格过滤器的井点法。

80.8 参考文献

Bell, F. G. and Mitchell, J. K. (1986). Control of groundwater by exclusion. In *Groundwater in Engineering Geology* (eds Cripps, J. C., Bell, F. G. and Culshaw, M. G.). London: Geological Society, Engineering Geology Special Publication No. 3, pp. 429–443.

Boak, R., Bellis, L., Low, R., Mitchell, R., Hayes, P. and McKelvey, P. (2007). *Hydrogeological Impact Appraisal for Dewatering Abstractions*. Bristol, UK: Environment Agency, Science Report Sc040020/SR.

Casagrande, L. (1952). Electro-osmotic stabilisation of soils. *Journal of the Boston Society of Civil Engineers*, **39**, 51–83.

Casagrande, L., Wade, N., Wakely, M. and Loughney, R. (1981). Electro-osmosis projects, British Columbia, Canada. In *Proceedings of the 10th International Conference on Soil Mechanics and Foundation Engineering*. Sweden: Stockholm, pp. 607–610.

Cashman, P. M. and Preene, M. (2001). *Groundwater Lowering in Construction: A Practical Guide*. London: Spon, 476 pp.

Cliff, M. L. and Smart, P. C. (1998). The use of recharge trenches to maintain groundwater levels. *Quarterly Journal of Engineering Geology*, **31**, 137–145.

Environment Agency (2008). *Groundwater Protection Policy and Practice: Part 1 – Overview; Part 2 – Technical Framework; Part 3 – Tools; Part 4 – Position Statements*. Bristol, UK: Environment Agency.

Harris, J. S. (1995). *Ground Freezing in Practice*. London: Thomas Telford.

Newman, R. L., Essler, R. D. and Covil, C. S. (1994). Jet grouting to enable basement construction in difficult ground conditions. In *Grouting in the Ground* (ed Bell, A. L.). London: Thomas Telford.

Powers, J. P. (1985). *Dewatering – Avoiding its Unwanted Side Effects*. New York: American Society of Civil Engineers.

Powers, J. P., Corwin, A. B., Schmall, P. C. and Kaeck, W. E. (2007). *Construction Dewatering and Groundwater Control: New Methods and Applications* (3rd Edition). New York: Wiley.

Powrie, W. and Roberts, T. O. L. (1995). Case history of a dewatering and recharge system in chalk. *Géotechnique*, **45**(3), 599–609.

Preene, M. (2000). Assessment of settlements caused by groundwater control. *Proceedings of the Institution of Civil Engineers, Geotechnical Engineering*, **143**, 177–190.

Preene, M. and Brassington, F. C. (2003). Potential groundwater impacts from civil engineering works. *Water and Environmental Management Journal*, **17**(1), 59–64.

Preene, M., Roberts, T. O. L., Powrie, W. and Dyer, M. R. (2000). *Groundwater Control – Design and Practice*. London: Construction Industry Research and Information Association, CIRIA Report C515.

Roberts, T. O. L. and Preene, M. (1994). The design of groundwater control systems using the observational method. *Géotechnique*, **44**(4), 727–734.

Roscoe, H. and Twine, D. (2001). Design collaboration speeds Ashford tunnels. *World Tunnelling*, **14**(5), 237–242.

Somerville, S. H. (1986). *Control of Groundwater for Temporary Works (R113)*. London, UK: CIRIA.

Ward, W. H. (1957). The use of simple relief walls in reducing water pressure beneath a trench excavation. *Géotechnique*. **7(3)**, 134–139.

Whitaker, D. (2004). Groundwater control for the Stratford CTRL station box. *Proceedings of the Institution of Civil Engineers, Geotechnical Engineering*, **157**, 183–191.

Younger, P. L. (2007). *Groundwater in the Environment: An Introduction*. Oxford: Blackwell, 318 pp.

实用网址

英国建筑业研究与信息协会（Construction Industry Research and Information Association）；www. ciria. org

环境署（Environment Agency）；www. environment-agency. gov. uk

北爱尔兰环境署（Northern Ireland Environment Agency）；www. ni – environment. gov. uk

苏格兰环保署（Scottish Environment Protection Agency）；www. sepa. org. uk

---

建议结合以下章节阅读本章：
- 第15章"地下水分布与有效应力"
- 第16章"地下水"
- 第46章"地质勘探"
- 第100章"观察法"

本书以第1篇"概论"和第2篇"基本原则"为指导进行章节编排。如第4篇"场地勘察"中所述，各类岩土工程均应进行扎实的现场勘察工作。

译审简介：

侯瑜京，1984年毕业于清华大学水利系，香港科技大学土木系博士后。中国水利水电科学研究院教授级高级工程师。

于玉贞，男，1966年生，清华大学水利水电工程系教授，博士生导师，中国土木工程学会土力学及岩土工程分会理事。

第81章 桩型与施工

史蒂夫·韦德（Steve Wade），斯堪斯卡英国股份有限公司，里克曼斯沃思，英国

鲍勃·汉德利（Bob Handley），Aarsleff 桩基公司，纽瓦克，英国

詹姆斯·马丁（James Martin），Byland 工程公司，约克，英国

主译：秋仁东（中国建筑科学研究院有限公司地基基础研究所）

参译：杜斌，李卫超，倪克闯，李晓勇

审校：王成华（天津大学）

　　　杨韬（中建研科技股份有限公司）

doi：10.1680/moge.57098.1191

目录

81.1	简介	1161
81.2	钻孔灌注桩	1162
81.3	打入桩	1175
81.4	微型桩	1187
81.5	参考文献	1192

桩是细长的柱状基础构件。它们通常被设计为独立的支承桩，用于将结构的部分或全部竖向荷载通过桩身穿过软弱土层作用到有承载能力、稳定的土层或岩石地基上。本章介绍了最常用的承载桩类型，并讨论了施工方法以及各种技术工法的优势和局限。桩的其他应用在第83章"托换"和第85章"嵌入式围护墙"中讨论。第81.2节介绍了钻孔桩施工中使用的设备和一系列方法，包括旋挖现浇、连续螺旋钻和螺杆桩技术。本章结尾简要讨论了一些专项技术工法，包括扩底、桩基后注、预埋柱和能源桩。打入（预制）桩技术包括木桩、分段预制桩、预应力预制桩和打入现浇混凝土桩以及 H 形钢、方形钢桩和钢管桩，见第81.3节。在基于历史的背景下，进行现代打桩机的讨论，讨论了地层条件、环境因素的影响，和可打入性、成桩控制及打桩对场地的影响等特殊施工问题。最后，第81.4节讨论了微型桩成桩技术的广泛应用情况，对各种成桩的实施工艺层面进行了讨论，包括全套管、旋挖钻、双套管钻、潜孔锤钻、旋冲钻、分段式长螺旋钻和打入式微型桩，讨论了微型桩中使用的注浆以及适用的特定环境、质量保证和健康与安全问题。

81.1 简介

设计过程中决定采用桩基础作为基础解决方案是一个关键的设计决策（见本手册的基础设计第5篇部分）。一旦确定了采用桩基础方案，就得结合项目特点考虑采用适宜的桩型和施工工艺。在桩基础设计中，应尽早地选择确定桩基类型，避免在桩基方案经济性对比和可实施性环节上耽误时间。基于环境的可持续发展和经济性考量，一个特定项目可供选择的桩型有限，亦或是可为更广泛的桩基解决方案选择留下广阔的空间。影响桩型选择的因素是多方面的，而且往往是相互关联的。它们包括：

性能	环境影响	场地限制
• 抗压承载力	• 噪声	• 通道限制
• 抗拔承载力	• 振动	• 净空限制
• 水平承载力	• 弃土处理	• 工作时间限制
• 耐久性	• 污染	• 既有建（构）筑物限制
	• 碳效率	

续表

安全	地质条件
• 运营铁路旁作业	• 软弱地层
• 机场附近作业	• 深部不稳定地层
• 邻近敏感建（构）筑物作业	• 含水层
• 坡地作业	• 障碍物
	• 基岩

这些因素通常相互矛盾，最合理的桩基础方案往往需要工程师有丰富的工程实践经验才能确定。例如，商住塔楼的开发项目可能需要相对较少的桩，反而要求桩基具有相应高的竖向和侧向抗力。如大型设备进出场地方便，大直径钻孔灌注桩（见第81.2.1节）是一个相对合理的桩基方案。另一方面，如果现场设备进出场通道、净空受到严格限制，实施大直径桩的方案可能不经济，甚至不可行。鉴于此，可以采用微型桩的解决方案（见第81.4节）。这种矛盾会对局部工程的设计产生切实的影响，在某些情况下，还会影响项目总体开发的可行性。

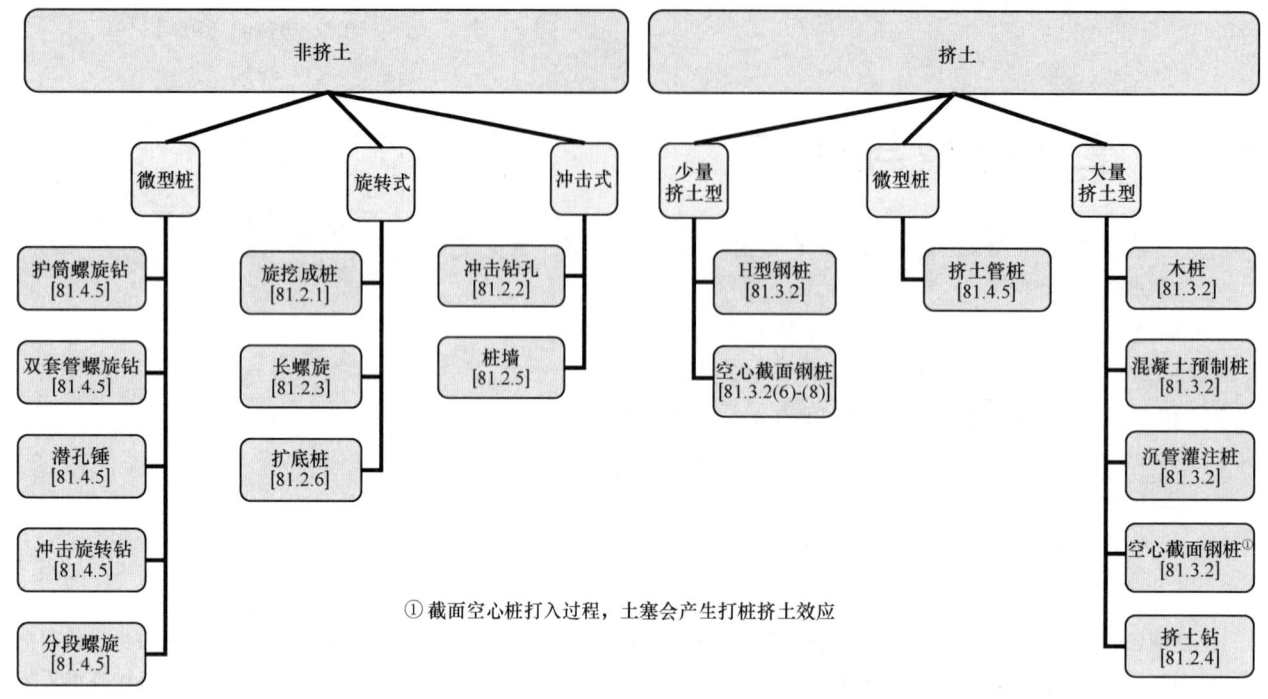

图81.1 常见支承桩的广义分类（参照本章相关节段）

在另一种情况下，相对开阔的场地可能产生大量受污染的弃土。在这种情况下，使用挤土桩（避免场外处置弃土）将是一个更具有吸引力的解决方案。场地条件可不考虑振动问题时，采用打入式预制桩方案是最经济可行的（见第81.3节）。然而，在对振动敏感装置附近或居民区，无振动螺杆桩解决方案（见第81.2.4节）可能更合适。

在实践中发现，无论多么相似，没有两个项目在基础方案方面是完全相同的。例如，对于持续开发的住宅项目，打入桩可作为桩基方案的首选。随着进一步的开发，即使基础承载性能要求和地层条件保持不变，后期相邻地块可能需要改变桩基方案，比如采用长螺旋成桩方案（见第81.2.3节），以控制振动或噪声。

图81.1给出了桩型的简单分类，分类以根据桩型实施过程是否挤土为依据（最初在 BS 8004: 1986 中提出，现在已被取代）。该图包括了本章中对每种相关桩型进行简要讨论的相应各节参考内容。

81.2 钻孔灌注桩

在英国，钻孔灌注桩施工通常应符合《桩和嵌入式支护结构施工规范》（*Specification for Piling and Embedded Retaining Walls*，SPERW）（ICE, 2007），并同时符合欧洲实施标准 BS EN 1536（British Standards Institution, 1999）的要求。在 BS EN 1536 中，钻孔灌注桩被定义为"无论是否有套管，通过挖掘或钻进成孔，并用素混凝土或钢筋混凝土浇筑而形成的桩"。本节中描述钻孔灌注桩的施工过程，并通过图示给出了英国最常用的钻孔灌注桩施工设备，对一些专业性强的施工方法进行了讨论，总结了一些典型的施工工法、最常用的桩型尺寸和桩长范围。使用微型桩打桩设备打设的特殊护筒灌注桩则在第81.4节予以介绍。

竖向承压桩是将上部结构荷载通过桩身穿过软弱土层作用到有承载能力、稳定的深部地层中的基础形式。由于水土作用，软弱、不稳定地层中的无护壁钻进和挖掘成桩会导致钻孔塌孔，特别是在极软黏土、有机土、极破碎岩石或非黏性土（粉土、砂、砾石，尤其当他们含水时），会导致难以控制的土水流失。钻孔塌孔等问题会在桩身外部形成不稳定的地层空腔，破坏相邻基底，并对混凝土桩身的最终完整性构成风险（见第82章"成桩风险控制"）。因此，在不稳定土层和地下水位以下成桩，成孔有必要采取临时或永久护壁措施。护壁的形式有：

第81章 桩型与施工

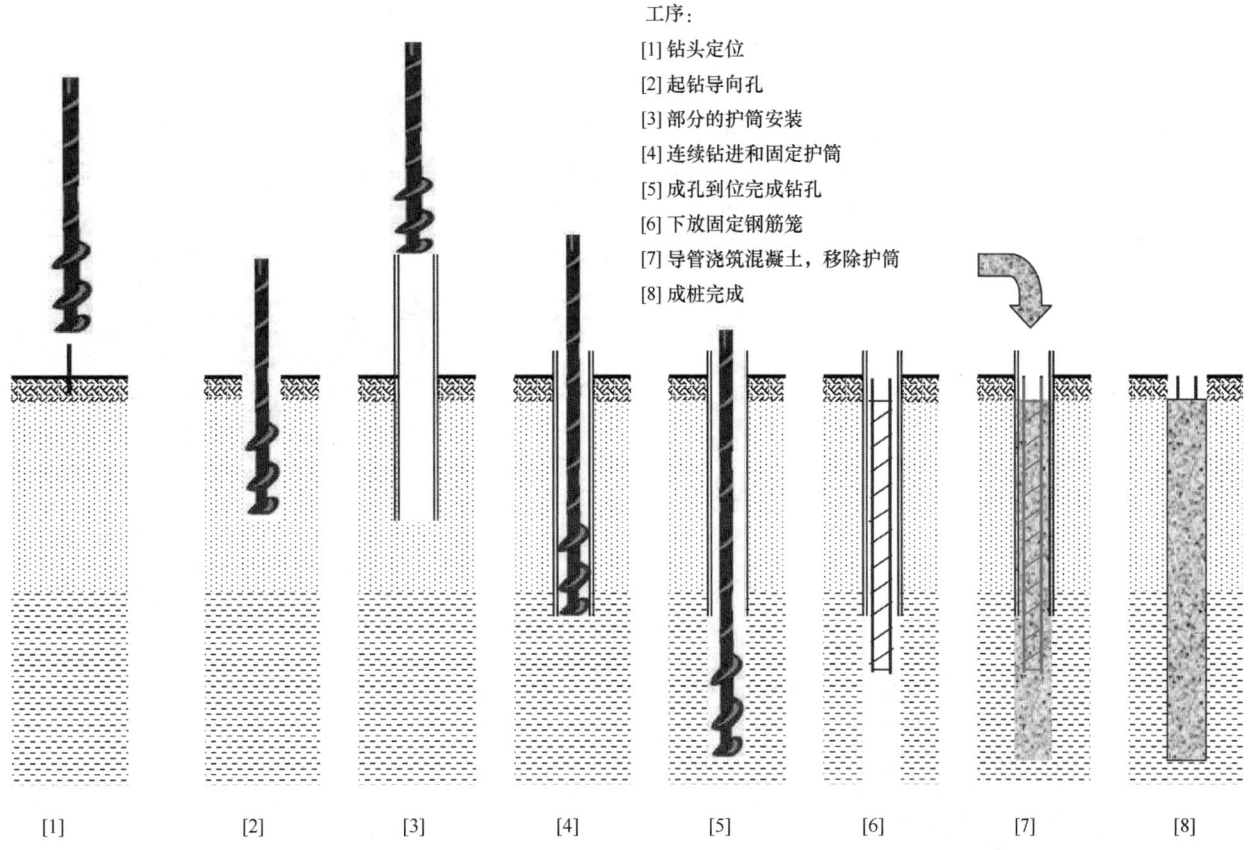

注：1. 依据成孔进度要求，临时性护筒可以一次性安置也可分段接长安置。
2. 钢筋笼要长于护筒，避免护筒移除时拔起钢筋笼。
3. 混凝土浇筑导管要足够长，避免混凝土浇筑离析 (ICE SPERW B3.5.2.3)。
4. 混凝土浇筑应达到设计标高，保证浇筑后的标高为后续的剔槽留有足够余量。

图 81.2 旋挖螺旋钻孔灌注桩基本施工工艺

- 临时或永久套管；
- 钻井液/稳定液；
- 螺杆桩。

成桩过程中，不同的孔壁稳定方法结合不同的钻具和操作流程，产生了一系列不同的钻孔灌注桩工法，下面分别介绍。

在英国，钻孔灌注桩大都采用旋挖加护筒或是长螺旋的成桩工艺。一些特定的地层和环境要求，致使钻孔灌注桩成桩工艺多种多样，比如三脚架起吊钻具、圆形抓斗器和潜孔锤成孔等。上部结构荷载不大，对桩基承载力要求不高时，部分挤土钻孔灌注桩的应用也逐渐增多。下文将讨论这些特殊的钻孔灌注桩的成桩方法。对于要求桩基承受很大的竖向荷载，特别是很大的水平荷载的情况，可考虑采用板桩墙方案，板桩墙通常采用矩形蛤壳抓斗和连续墙（见第85章"嵌入式围护墙"）建造的相关施工工艺。第79章

"施工次序"和82章"成桩风险控制"中分别阐述了施工工作平台、成桩工序的一些要求，以及成桩过程和后续施工可能出现的问题。

81.2.1 旋挖螺旋钻灌注桩

旋挖灌注桩施工的基本工序如图81.2所示。

在基桩位置[1]确定开钻位置，使用螺旋钻（安装在方钻杆上）钻一先导孔[2]。然后插入临时套管[3]，钻头和套管一起推进，直到达到稳定、干燥地层[4]。无套管继续钻进，钻孔钻至桩底标高[5]，拔出螺旋钻，插入钢筋笼到位并固定[6]。在钻孔中浇筑混凝土至所需标高[7]，并拔出临时套管。其他类型的钻孔灌注桩一般遵循这一基本工序。但有特殊限制要求的项目，一个或几个工序会有所变化。

一些特殊情况下的长螺旋成桩，后续会在第

81.2.3 节讨论介绍。

81.2.1.1 旋挖钻机

在过去的 30 年里，由于建筑业需求的不断变化和增加，钻孔桩机械得到了长足的发展。1980 年代以前，起重机式旋挖钻机在旋挖打桩设备中占主导地位（图 81.3a），后来被专门定制的自立式的垂直桅杆液压一体式旋挖打桩设备稳步取代（图 81.3b）。与此同时，伴随着商业开发和基础设施建设需求的增加，越来越大功率的钻机被开发出来。目前，大直径桩的成桩深度超过 60m（图 81.3c）。Tomlinson 和 Woodward（2008）提供了一份不同厂商自立式液压钻机性能的汇总。表 81.1 列出了常用成桩直径和桩长对应的设备参数。

(a) (b) (c)

图 81.3 旋挖钻孔灌注桩设备
(a) 起重机式旋挖钻机；(b) 轻—中型液压旋挖钻机；(c) 重型液压旋挖钻机
经由 Cementation Skanska Ltd 提供照片

典型钻孔桩参数　　　　　　　　　　　　　　　表 81.1

桩型	设备参数	孔径范围（mm）[①②]	最大成孔深度（m）[①②]	承载力范围[③]
旋转钻孔	轻型旋挖钻机（<35t）	300~1200	18~35	<5000kN
	中型旋挖钻机（40~80t）	<1800	40~60	<20MN
	重型旋挖钻机（>100t）	>2400	<90	>30MN
冲击成孔	三脚架式	300~600	<30	<600kN
长螺旋	轻型长螺旋钻机（<35t）	300~750	18~24	<3000kN
	中型长螺旋钻机（40~80t）	450~1200	24~28	<7500kN
套筒长螺旋	重型长螺旋钻机（>100t）	450~1200	<32	<10MN
挤土螺旋钻	双动力套管螺旋钻（>100t）	600~1200	套管：18m；钻孔：25m	<10MN
	螺旋钻（>60t）	400~600	25	<2000kN

①可达最大桩直径和深度因设备制造商而异，图示仅供参考。
②除了钻机尺寸和功率外，可实现的桩直径和深度也会受到地层条件的限制。
③无论桩直径和深度如何，可达到的轴向承载能力取决于地层条件。
注：上表参数仅供初步参考。在选择特定桩型、设备和施工方法之前，应征求专家的意见。

图 81.4 旋挖成桩设备的钻具
（a）单动土层螺旋钻；（b）双动土层螺旋钻；（c）单动岩层螺旋钻；（d）单动渐进式岩土螺旋钻；（e）单挖斗；
（f）单动挖岩斗；（g）大直径取芯筒；（h）气冲式重型取芯筒
经由 Bauer Equipment UK Ltd 提供照片

81.2.1.2 掘进钻具

为了能够在英国多样的地层条件下成桩，需要各式掘进钻具与旋挖钻机配合使用（图81.4）。有的时候，一根桩的成桩需要一种或多种掘进钻具来配合使用。

螺旋钻具一般用于掘进软土（砂土、黏土、砾石等）和一些软弱岩（包括白垩和泥灰岩）地层。在坚硬的地层中，螺旋钻具使用钻齿破碎至钻孔底标高，再用钻斗取出。特殊设计的带齿螺旋钻可用于开挖强度超过 $10\sim15MN/m^2$ 的更为坚固岩石，尽管掘进效率有所降低，但这主要取决于钻机和掘进钻具的相关设计参数。

钻斗是设计用以清除那些螺旋钻不易携带出来的碎散渣土。这种问题在含水的土层及裂隙岩石中出现。特殊设计的钻斗也可以用于钻孔内充满稳定液的情况，以尽量减少下插入和上拔出时对孔壁的影响，由此避免引起孔壁和孔底失稳。在适当的情况下，浇筑混凝土前，钻斗也可用于清理桩端沉渣。然而，在黏性土中需要注意，因为这样会在桩端处形成软化层，从而减小桩的端阻力。

另一种是在英国不常用的采用圆形截面、蛤壳式抓斗或锤式抓斗成桩工艺。这些钻具是通过缆绳悬挂在履带式起重机上，可与分段式套管配合，可在大多数土层中成桩，通过带有钻齿的钻具也可在软岩中成桩。

更坚硬且体积巨大的岩石中成桩需要其他方法：

- 取芯筒；
- 牙轮钻具切削配合气举清渣或通过反循环工艺用于清除岩屑（详细说明见 Tomlinson 和 Woodward，2008）。

81.2.1.3 套管

临时套管通常采用单壁钢管的形式，整体安装如图 81.5（a）所示。可使用打桩机或随行起重设备，并利用套管振动器的协助，将其插入钻孔，或从钻孔中拔除。

需要更严格地控制钻孔过程时，可使用分段式套管成孔工艺。坚硬的双壁套管，厚度通常为 40～60mm，机械连接长度为 1～6m，前端有掘进头（图 81.5b、图 81.5c）。使用中型和重型液压钻机

(a)

(b)

(c)

(d)

(e)

图 81.5　全套管成桩

（a）单壁临时套管；（b）外润滑涂层永久套管；（c）分段式套管；（d）掘进切割头；（e）套管振动器

（a）～（d）经由 Cementation Skanska Ltd 提供照片；（e）经由 Bauer Equipment UK Ltd 提供照片

旋转驱动,可以将分段式套管送至深部位置。如果需要更大的钻进/拔出能力,可辅用套管振动器(图81.5e)或专用套管拔出器。

随着钻孔的掘进,安装分段式套管,更好地控制桩身的垂直度,掘进穿越通过不稳定的沉积地层时,可以对钻孔进行护壁。合理调整动力和切割头参数,配合重型取芯工具,可以破除既有坚固障碍物(图81.6),包括旧桩基础。

钻进套管可以留下不拔出作为桩的永久外衬。永久套管外衬可用于防止地下水对桩身混凝土细骨料的冲刷,在极软土体中作为混凝土浇筑的护壁。套管的表面涂层作为减低负摩阻力的一种措施,也可以通过遮拦效应减少桩基对周围敏感地下结构影响,比如隧道和地下室侧墙(图81.5b)。也可以使用薄壁套管与混凝土浇筑一体,替换厚壁套管,厚壁套管需要回收以重复使用。

图81.6 旋挖成孔清除障碍物
(a)混凝土中成孔;(b)钢筋混凝土障碍物清除
经由 Cementation Skanska Ltd 提供照片

81.2.1.4 护壁泥浆

超过一定深度,桩成孔穿过不稳定地层使用临时性护筒不经济时,往往采用护壁泥浆用于桩的成孔护壁。使用护壁泥浆成孔护壁的典型成桩施工顺序如图81.7所示。护壁泥浆使用膨润土-黏土悬浮泥浆或聚合物化学泥浆的类型。不同聚合物化学泥浆性能各有不同,其成分组成、性能及使用特点需要工程技术人员有相当的了解和实践经验。以下是一些实际经验:

- 护壁泥浆应高于实际地下水位以上至少1.5~2.0m,才能对孔壁产生一定正压力作用,保证孔壁稳定。
- 聚合物化学泥浆通常比膨润土悬浮泥浆中所能携带的碎屑更少,有效时间更短,故使用聚合物化学泥浆时的孔底清渣环节更为关键。
- 聚合物化学泥浆更适合较小的作业场地,因为其需要较少的混合和处理设备的空间。
- 废弃膨润土必须由罐车运输至许可的倾倒点处理。聚合物化学泥浆可以分解成水和聚合物,降低了处理的难度和成本。

关于膨润土和聚合物护壁泥浆使用的更详细说明,请参见 Fleming 等(2009)。

81.2.1.5 浇筑混凝土

在干钻成孔中,SPERW(Institution of Civil Engineers,2007)要求应在一次连续作业中通过料斗和足够的刚性输送导管浇筑混凝土,避免钢筋笼内混凝土自由落体超过10m。这样可以限制混凝土在坠落时与钢筋笼撞击造成混合料的离析。在钻孔内水下浇筑(充满水或护壁泥浆)时,必须使用全长水密下料导管浇筑混凝土(图81.7)。混凝土的初始浇筑批次应通过一次性隔离塞子与孔内流体分离,以避免混凝土离析或混合料污染,浇筑时应通过混凝土浇筑导管下端直接送至桩端部位。该批次浇筑后,混凝土占据钻孔下部孔内体积使得泥浆上移,混凝土淹埋一定长度的导管。混凝土通过导管输送连续浇筑,随着混凝土液位的升高,导管逐渐拔出,直至达到所需浇筑混凝土的标高。排出的泥浆流体在孔顶处被泥浆泵排出。在整个操作过程中,必须保持泥浆和混凝土液位可以抵消钻孔侧壁水土压力的影响。导管下端必须始终嵌入上升的混凝土中3~6m。

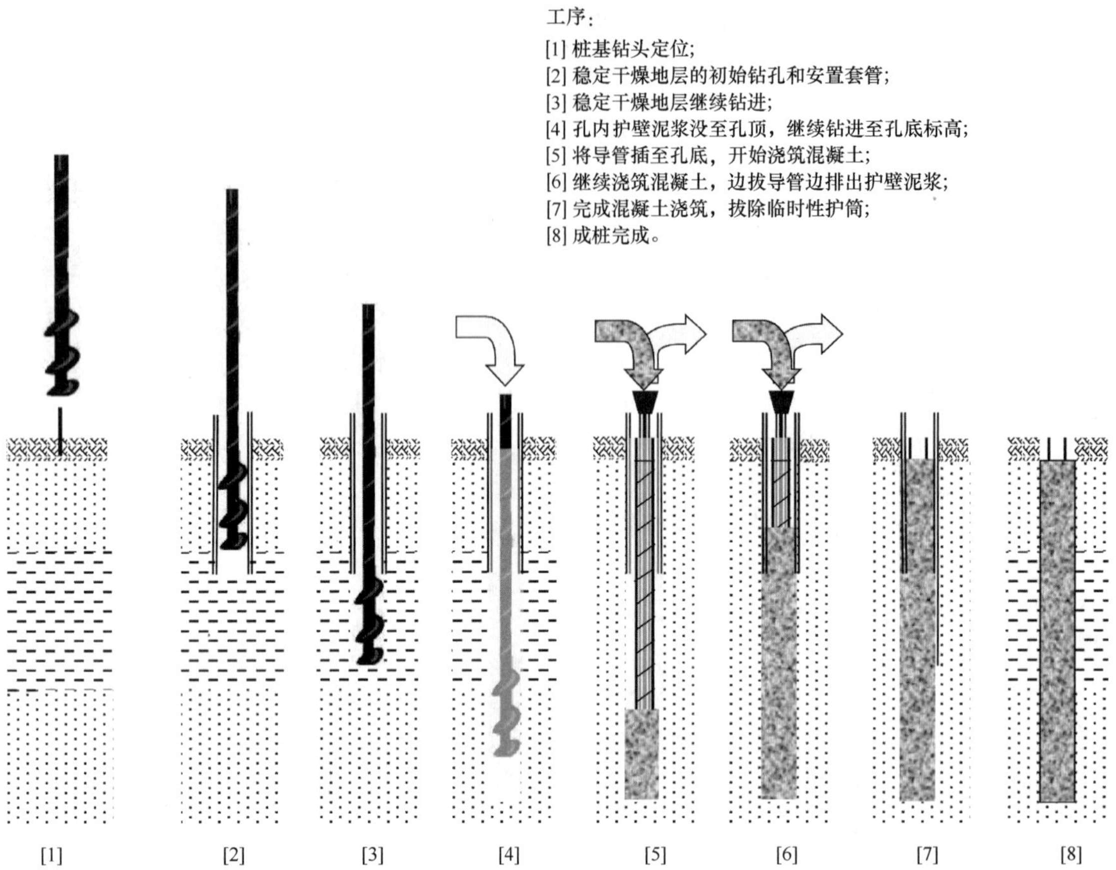

工序：
[1] 桩基钻头定位；
[2] 稳定干燥地层的初始钻孔和安置套管；
[3] 稳定干燥地层继续钻进；
[4] 孔内护壁泥浆没至孔顶，继续钻进至孔底标高；
[5] 将导管插至孔底，开始浇筑混凝土；
[6] 继续浇筑混凝土，边拔导管边排出护壁泥浆；
[7] 完成混凝土浇筑，拔除临时性护筒；
[8] 成桩完成。

注：1. 临时性护筒可固定单一长度（如图所示）安置，也可随进度分段安装。
2. 钢筋笼要长于护筒，避免护筒拔出时钢筋笼上拔隆起。
3. 混凝土应通过导管浇筑，避免混凝土与护壁泥浆混合（ICE SPERW-B3.5.2.4）。
4. 混凝土应该浇筑到某规定高程处，以保证剔凿后的混凝土满足标高要求。

图 81.7　典型水下钻孔灌注桩施工顺序

81.2.2　冲击钻孔灌注桩

三脚架-卷扬缆绳吊落式冲击钻孔设备在英国仍继续用于打桩，尽管它越来越多地被性能优异的液压微型打桩机取代。这种成桩工艺需要对重型机具和套管进行大量的人工作业，施工速度相对较慢。这使得它在健康、安全和造价上不如其他工法有优势。成桩钻孔工具：包括黏土切割钻头，用于砂和砾石层的捞砂筒、凿子等。通过卷扬缆绳吊落冲击钻钻头切割地层成孔，提取钻头取渣或泵送循环（图81.8）。在工作平台面上提升钻具，从"洛阳铲"式取土器中倾倒或清空渣土，以便后续处理弃渣。该工法需要有丰富工程经验来确保施工过程不会明显扰动周围土体。临时性套管通过锤入或插入到地层中，每节段通过丝扣连接，随着成孔过程的推进套管伴随着跟进到位。钢筋笼的安置和混凝土的浇筑与旋挖灌注桩类似，通过混凝土罐车接溜槽、直接泵送混凝土的情况除外。

三脚架打桩机重量轻，运输方便，经常用于安装进出通道和净空受限场地成桩（既有地下室和建筑物拱顶内下方、斜坡上场地等情况）。成桩直径可以达到600mm，深度可超过30m。

早期的大直径桩常常用冲击成孔灌注桩工艺，如 Benoto 方法（Puller, 2003），面对更为经济的施工工艺，这些成桩工艺在英国已绝迹。然而近年来，因其尺寸合适，采矿常用的小直径成孔潜孔锤已应用于钻孔灌注桩领域，单动锤头成孔直径可达750mm，甚至可以通过多点群锤（多锤单元）实施更大直径的桩基。这些部件也可与旋转套管成桩工艺结合使用，深部嵌岩成桩（Fleming 等，2009），这项技术需要大量的压缩空气和套管来保证掘进孔壁的稳定性。液压驱动锤设备已经生产出

图 81.8 三脚架式冲击成孔灌注桩
(a) 用于砾石层的薄壁筒式取土器；(b) 用于黏土层的
"洛阳铲式"取土器
经由 Cementation Skanska Ltd 提供照片

来了。这些技术可以减少对临时套管的需要。

81.2.3 长螺旋灌注桩（CFA）

长螺旋灌注桩（图 81.9）不需要套管和泥浆护壁，可在有地下水的地层中快速成桩施工的一种经济型工法。它适用于砂土、砾石、粉土和黏土地层，也适用于有限深度的软岩。与旋挖桩相比，一个行程钻入和拔出螺旋钻则需要更大的功率。特别要指出的是，长螺旋钻机钻进达到要求的孔深过程不会大量产生渣土飞溅（注：指渣土沿螺旋输送器轨道向上移动至地面的快速螺旋过程）。长螺旋（CFA）成桩深度、直径范围以及穿透坚硬地层的能力比旋挖桩差（表 81.1）。设计中应考虑长螺旋（CFA）桩不适用于旧地基和坚硬障碍物的地层。

在桩位上固定钻机后 [1]，空心螺旋钻杆连续螺旋钻在一个冲程内钻至桩底深度 [2]。受到扰动的土体在此过程中仍保留在螺旋叶片上 [3]。混凝土浇筑是通过螺旋钻杆泵送混凝土至桩端位置 [4]。缓慢旋转螺旋钻使得钻头下端提升一小段距离（<100mm），下端开门打开以允许混凝土进入钻孔，初始灌注混凝土包围住钻头尖端，而后上提旋转灌注至全钻孔深度。随着混凝土浇筑的持续，叶片满载渣土的螺旋钻缓慢旋转上提，混凝土会形成一个连续桩体 [5]。混凝土浇筑至地面，螺旋钻杆被抽出，桩头渣土清理干净，最后钢筋笼被插入混凝土 [6]，钢筋笼顶部甩出地面 [7]。

81.2.3.1　CFA 钻机

20 世纪 80 年代，长螺旋成孔打桩设备在英国打桩市场出现，与专用液压打桩机的发展进程同步（图 81.10）。许多液压钻机都可以装配成旋挖或长螺旋（CFA）成桩模式。长螺旋（CFA）钻机的显著特点是有一个长长的带螺旋叶片钻杆，动力头在螺旋钻顶部的位置。

很多 CFA 钻机配有卷扬机或液压设施用于在钻穿较硬的地层时增加螺旋钻的向下推力。通过在设备底部提供一个支撑在工作场地上的"基脚"来增强提钻能力，以便在螺旋钻提钻过程稳定钻机设备。长螺旋钻机（CFA）上安装了机械清土器，以防止在提钻期间渣土随螺旋钻杆上升。否则，不断上升的渣土掉落会对下方作业人员造成危险，并影响钻机的稳定。

81.2.3.2　钻具

顾名思义，长螺旋的挖掘工具为螺旋钻。为了适合不同的地层条件（图 81.11）与旋挖钻机一样，螺旋钻掘进端安装有各种切割刀头。各式各样长螺旋掘进刀头结构适用于大多数土层和软岩的钻进，如：平齿、镐齿、弹齿等。长螺旋（CFA）成孔通常不能穿透更坚硬的岩石或坚固的障碍物。

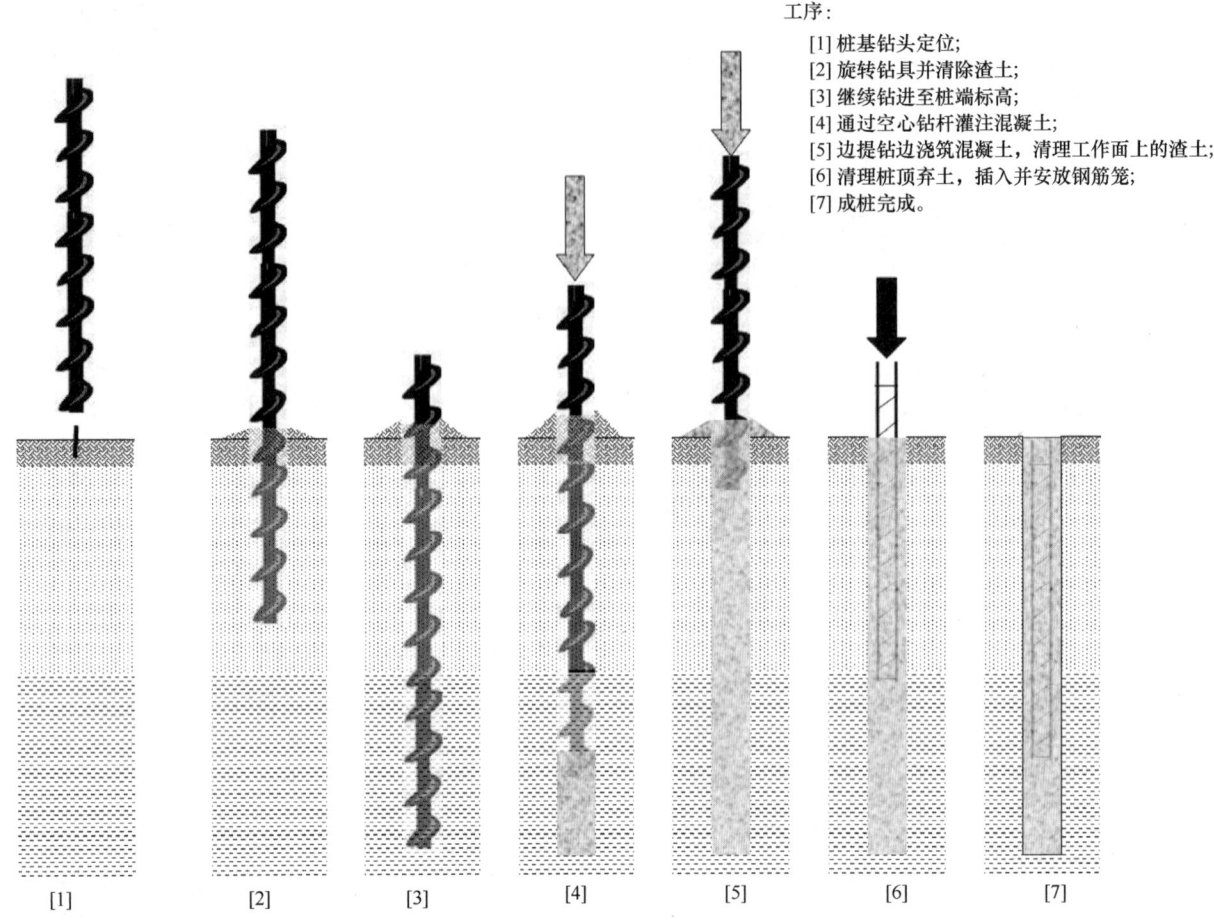

工序：
[1] 桩基钻头定位；
[2] 旋转钻具并清除渣土；
[3] 继续钻进至桩端标高；
[4] 通过空心钻杆灌注混凝土；
[5] 边提钻边浇筑混凝土，清理工作面上的渣土；
[6] 清理桩顶弃土，插入并安放钢筋笼；
[7] 成桩完成。

注：1. 桩基在成孔和浇筑混凝土阶段应进行自动化实时监测（ICE SPERW B4.4.8）。
2. 在插入安放钢筋笼之前，混凝土应浇筑至起始工作面，以便清除渣土。
3. 钢筋笼必须足够坚固，以抵抗插入混凝土过程产生的作用应力（ICE SPERW B4.4.7）。

图81.9 长螺旋灌注桩基本施工顺序

81.2.3.3 浇筑混凝土

长螺旋（CFA）桩依赖于混凝土的连续输送。因此，混凝土通常由预拌混凝土罐车运送至现场，并存放在混凝土罐中，通过混凝土泵输送至桩机。当螺旋钻钻至桩底标高深度时，启动混凝土泵，管路和空心钻杆预先注满混凝土，然后缓慢旋转的螺旋钻杆提升一小段距离（<100mm），打开下端开门，允许混凝土进入钻孔（通过空心螺旋钻杆和钻具尖端的端部或侧部泵入混凝土）。螺旋钻再次钻返至桩端标高，以便初始灌注的混凝土埋没桩尖，然后边旋转提升钻杆边灌注混凝土，混凝土灌注桩身逐步形成，渣土随着钻杆的旋转提升被排出。在整个混凝土浇筑过程中，螺旋钻端部必须保持混凝土向外的正压力，并且螺旋钻端部必须始终嵌入灌注桩身混凝土的上升柱中。如未能控制和协调混凝土的浇筑和螺旋钻提取速度会导致桩完整性问题（见第82章"成桩风险控制"）。

81.2.3.4 成桩监测

长螺旋（CFA）技术在英国的早期发展，一些项目遇到了严重的桩身完整性问题；一些项目遇到了场地塌陷和桩承载力不足的情况。出现这些问题的部分原因是：长螺旋（CFA）成桩过程基本上是肉眼看不见的，质量是无法直接检查验证的。Fleming（1995）针对这些问题，强调了密切控制桩施工的钻孔和混凝土浇筑阶段的必要性。现在，在成桩施工过程中使用自动化测试仪器成为标配，以监控关键的施工参数已是标准的要求（Institution of Civil Engineers, 2007）。

内置监测仪的数据实时显示在驾驶室的计算机上，数据包括关键钻孔和混凝土浇筑参数：包括螺

图 81.10　长螺旋（CFA）成桩设备

经由 Cementation Skanska Ltd 提供照片

图 81.11　长螺旋（CFA）成桩：长螺旋钻杆和钻杆清土机具

经由 Cementation Skanska Ltd 提供照片

旋钻深度、旋转和掘进速率、施加扭矩、混凝土压力和泵送速率（图 81.12）。这使操作员能够在成孔钻进过程中控制渣土的排出和过度掘进，并防止螺旋钻上提过程中混凝土灌注过多/不足。还提供了每根桩的施工记录。这些详细记录以及完整性测试结果（第 97 章"桩身完整性检测"）为确保长螺旋（CFA）的质量控制提供了必要的手段。

81.2.3.5　放置钢筋

有必要将桩浇筑至地面起始标高，以便在插入钢筋笼之前清除混有渣土的混凝土。钢筋笼必须有足够刚度，保证插入混凝土至桩底标高而不变形，通常插入深度达 12m。更大的插入深度是可行的（据报道有的深度超过 20m），但通常需要额外的措施，包括钢筋笼构造措施、特殊的配合比设计和使用钢筋笼振动器。在干燥的细粒粉土和砂土中打桩时需要特别小心，这些土体会从混凝土中吸取水分，导致混凝土过早凝固，阻碍钢筋笼的完全插入。

81.2.3.6　套管长螺旋（CFA）桩

套管长螺旋（CFA）桩组合了长螺旋（CFA）桩的优点和套管系统的附加功能。成桩过程与长螺旋 CFA 工艺相同，但增加了螺旋钻进的同时插入和拔出一段临时的厚壁套管的工序。套管带有一个切割头，与螺旋钻反向旋转，产生更大的扭矩，能够穿透较硬的地层。坚固的临时套管有助于在坚硬地层中钻进时防止渣土飞扬，并可更好地控制桩的垂直度。该系统需要一个大功率钻机，配备一个带扭矩放大器的驱动头或两个独立的旋转驱动头（图 81.13）。单驱动头可钻深度为 16~18m，而双驱动头钻进深度分别为 21m 和 27m。当使用双驱动系统时，可以采用与套管旋挖桩相同的方法，桩顶可以在起始标高以下浇筑成桩。

螺旋钻和套管的同时钻进导致渣土从工作平台上方的高处排出。高空渣土和设备的额外重量会对钻机产生不稳定影响，因此，在工作平台设计中和成桩操作过程中应评估钻机的稳定性。有必要设置溜槽将渣土排放至平台（图 81.13）。

81.2.4　螺杆桩

现浇挤土螺旋钻灌注桩使用大扭矩螺旋钻具成孔，螺旋钻杆用于挤土钻进，而不是排出土体。该

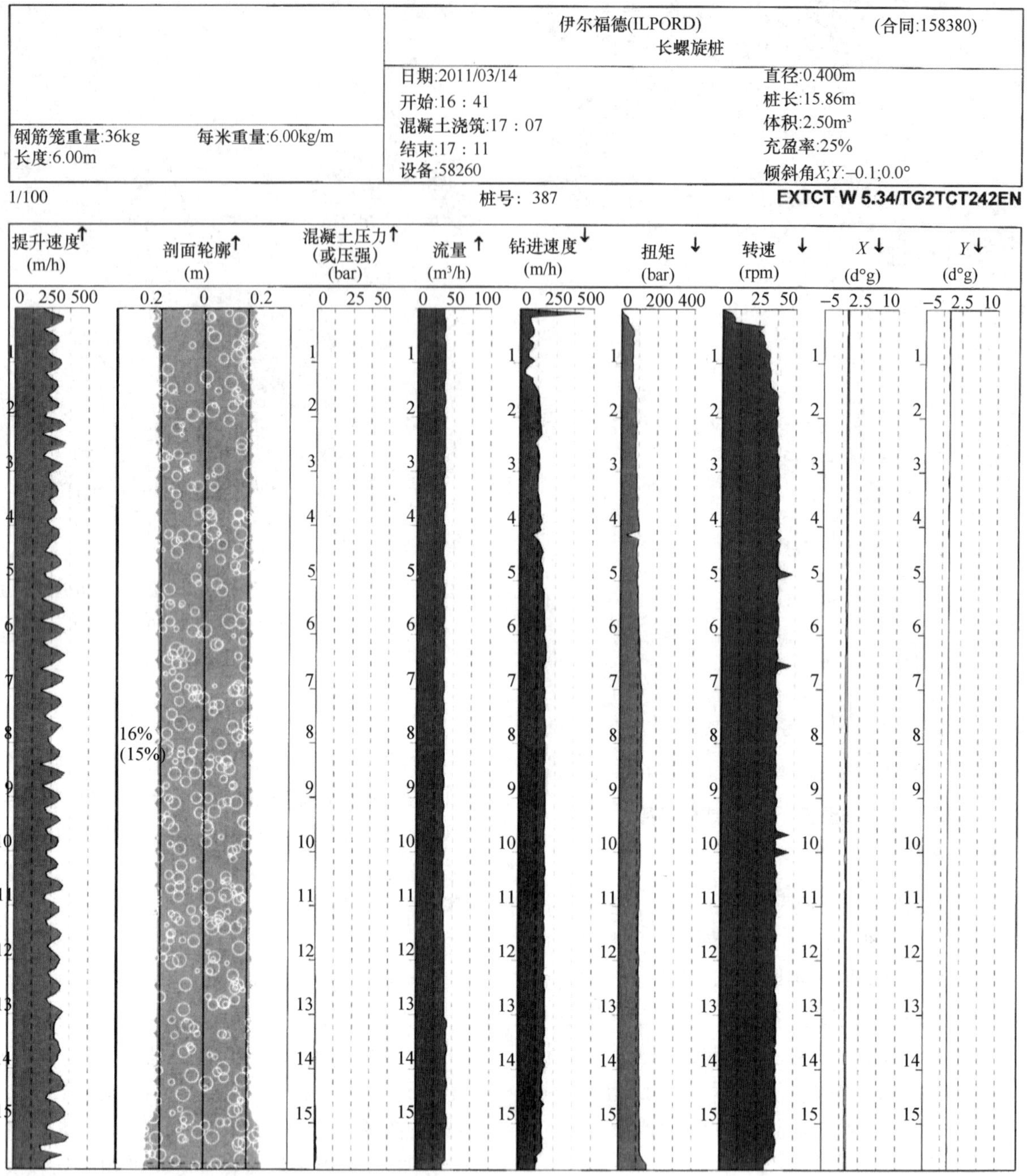

伊尔福德(ILPORD)
(合同:158380)
长螺旋桩
日期:2011/03/14
开始:16:41
混凝土浇筑:17:07
结束:17:11
设备:58260
直径:0.400m
桩长:15.86m
体积:2.50m³
充盈率:25%
倾斜角X;Y:-0.1;0.0°
钢筋笼重量:36kg
每米重量:6.00kg/m
长度:6.00m
1/100
桩号:387
EXTCT W 5.34/TG2TCT242EN
提升速度 (m/h)
剖面轮廓 (m)
混凝土压力(或压强) (bar)
流量 (m³/h)
钻进速度 (m/h)
扭矩 (bar)
转速 (rpm)
X (d°g)
Y (d°g)
16%
(15%)

图81.12 长螺旋（CFA）成桩自动化监测仪（一）

经由 Cementation Skanska Ltd 提供照片

设备相对安静且无振动，可最大限度地减少渣土处理和混凝土用量，并可挤密桩周土体。以最简单的形式（例如：'Omega'桩，Fundex system 公司），一个渐变窄的或子弹头形的钻头，挤土钻进，通过中空钻杆一边灌注混凝土，一边拔出钻杆形成等截面桩。其典型的施工顺序如图 81.14 所示。

其他的工艺方法（如 Atlas 桩、CHD 桩和 Screwsol 桩）采用一个短螺旋翼带子弹头的螺旋钻，一次旋拧打入地下，沿着钻进时相同的轨迹反拧提钻，同时浇筑混凝土，以形成螺旋形桩体（图 81.15）。挤土螺旋桩的施工应符合欧洲实施标准 BS EN 12699：2001（British Standards Institution，2001）的要求。

第 81 章 桩型与施工

图 81.12　长螺旋（CFA）成桩自动化监测仪（二）

所有这些方法都需要仪器设备监控，确保成桩直径达到建造要求。确保桩端达到持力层至关重要，对于螺杆桩，螺旋片应足够坚固，防止过早破坏。与 CFA 桩一样，应在混凝土浇筑至地面后插入安置钢筋笼。

与打入式挤土桩一样，螺杆桩成桩过程可能会导致周围地面隆起。

81.2.5　板桩墙

板桩墙可承载非常大的垂直荷载和水平荷载。它们采用地下连续墙工艺方法建造（第 85 章"嵌入式围护墙"），通常是矩形的，也可以是其他多种形式（图 81.16）。

在软土地基和一些软岩中，可以使用缆绳悬挂抓斗挖掘成槽。在较坚硬的岩石中，需要岩石切割机或轮铣，与旋挖桩相比，偶尔采用此类设备施工是经济的。

图 81.13　套筒长螺旋（CFA）成桩设备
经由 Cementation Skanska Ltd 提供照片

81.2.6　特种工法

81.2.6.1　扩底

扩底成桩是旋挖成桩技术的一种延伸，它能显著提高相对细长的和短的基桩承载力。它只适用于稳定和干燥的地层，通常是硬黏土层。在将垂直段成孔至所需标高后，将专用扩孔刀具（图 81.17）下降接近至孔的底部，刀具旋转时，扩孔刀具缓慢打开，形成支盘形状，岩土体切屑由钻头底部的收集桶清除。

扩底钻具的设计可形成最大约为桩身直径 3 倍的扩底直径，支盘顶部与垂直竖向夹角通常限制在 35°左右（Institution of Civil Engineers，2007）。此类桩为端承型，必须精确控制钻孔过程，以确保扩孔底部无重塑岩土体或碎屑。这通常需要通过使用视频监控和安装在工具上的测试取样装置来监测（出于安全原因，禁止人下到孔内检查）。

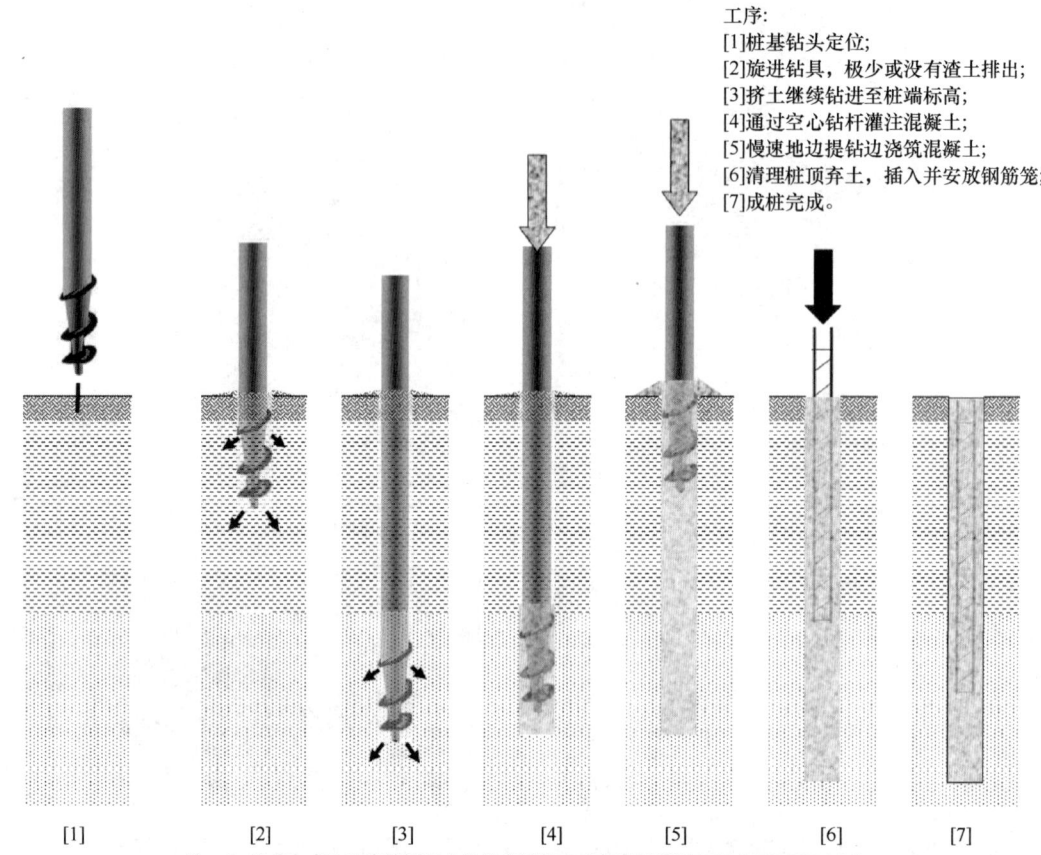

工序：
[1] 桩基钻头定位；
[2] 旋进钻具，极少或没有渣土排出；
[3] 挤土继续钻进至桩端标高；
[4] 通过空心钻杆灌注混凝土；
[5] 慢速地边提钻边浇筑混凝土；
[6] 清理桩顶弃土，插入并安放钢筋笼；
[7] 成桩完成。

注：1. 桩基在成孔和浇筑混凝土阶段应进行自动化实时监测(ICE SPERW B4.4.8)。
2. 在插入安放钢筋笼之前，混凝土应浇筑至初始工作面，以便清除弃土。
3. 钢筋笼必须足够坚固，以抵抗插入混凝土过程产生的作用应力(ICE SPERW B4.4.7)。

图 81.14 挤土螺杆桩基本施工顺序

81.2.6.2 桩端后注浆

旋挖成桩后注浆是一种二次注浆工艺。其目的是使桩在密实砂土中发挥非常高的承载力并且不会产生过大沉降。其作用有两个方面：

- 固结桩孔松动的砂；
- 桩侧土体预压缩。

这使得桩在荷载作用下具有非常好的承载特性，这对于高层结构是一个必须的要求，并可使得桩基设计更为经济（见第 54 章"单桩"）。桩端后注浆通常仅适用于大直径桩，要求桩身具有足够自重抵抗注浆引起的上浮。

它是通过在桩身中预埋后注浆管来实现的。每个后注浆管包括注入管和出口管（压浆阀），（第 86 章"加筋土施工"）。注浆管的数量取决于桩身直径（图 81.18）。浇筑混凝土后，在桩基混凝土获得显著强度之前，每个注浆管路先通水，预涨裂混凝土，为后续后压浆做准备。随后，在一定的压力下从桩端注入水泥浆，全过程监控桩身上浮情况。通过监测桩顶的隆起（通常规定最小值为 1～2mm）或安装在桩端附近的传感器来确认后注浆的效果。

81.2.6.3 预埋柱

随着地下室"逆作法"技术的使用，嵌入式（插入式）柱技术得到了发展。采用专门设计的插入设备，将立柱插入大直径旋挖灌注桩中。插入设备可以是简单的机械可调导轨，亦或是更复杂的液压操作设备系统，可以在干孔或湿孔中按照 BS EN1993（British Standards Institution，2005a）的允许偏差来安装立柱。典型的预埋柱安装顺序见图

(a)

(b)

图 81.15 挤土螺旋成桩
(a) 典型挤土螺旋钻；(b) 典型挤土螺旋成桩日志
经由 Cementation Skanska Ltd 提供照片

81.19。柱通常为轧制型钢截面，但也可采用其他形式，如预制混凝土构件。安装和拆除临时套管后，必须及时回填立柱与孔壁周围的空隙，以确保立柱和周围地面稳定，防止发生事故。

81.2.6.4 能源桩

桩基础越来越多地被用来开发利用地热能，用作其支撑的上部结构与地基之间的地热能交换。配合换热器技术，能源桩以环境友好的方式给建筑物供热和制冷。柔性塑料管道安装在旋挖灌注桩的钢筋笼（图 81.20）中或插入长螺旋灌注桩（CFA）中。这些管道通过歧管汇集连接到热泵，从而实现结构和地层之间的可逆能量交换（Bourne-Webb 等，2009）。

81.3 打入桩

81.3.1 简介

打入桩以桩的施工方式得名，即使用打桩锤打入地面的桩。一个更好的术语应是挤土桩，即按

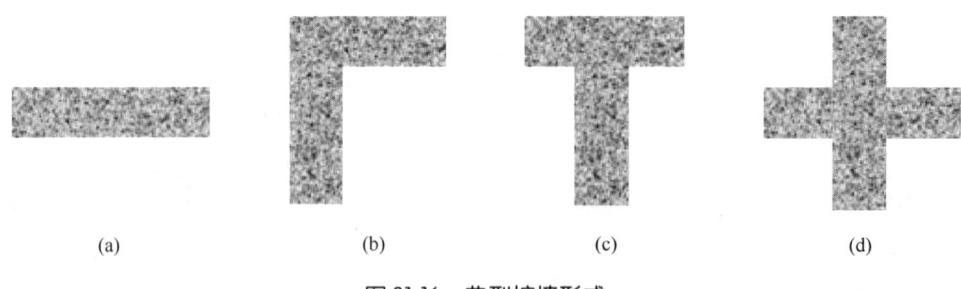

图 81.16 典型桩墙形式

图 81.17 扩底钻具

经由 Cementation Skanska Ltd 提供照片

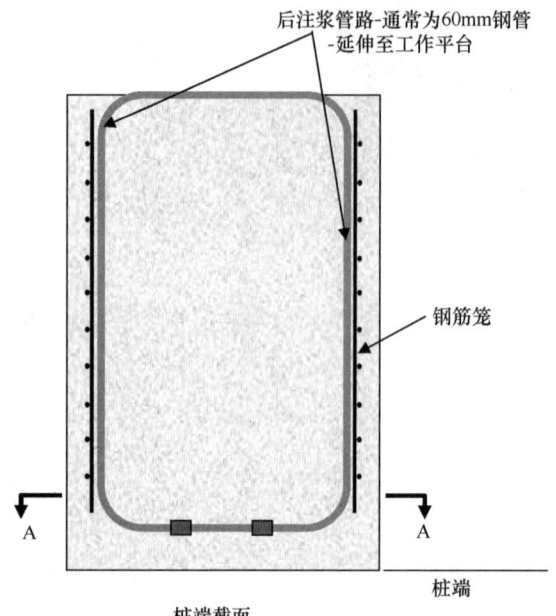

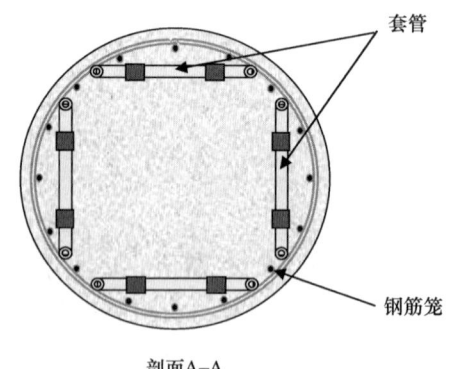

图 81.18 典型桩端后注浆装置构造

施工过程中桩与土的相互作用特征得名。土体主要表现为横向移动，而不是像灌注桩那样被桩身置换。打入桩可以是预制桩也可以是现场沉管灌注桩，可以是完全挤土型也可以是部分挤土型，详见后文。

在英国，通常按照英国土木工程师学会（Institution of Civil Engineers，2007）的 SPERW 规程进行施工，施工工艺符合《特种岩土工程的实施：挤土桩》（Execution of Special Geotechnical Work-Displacement Piles）BS EN 12699: 2001（British Standards Institution，2001；出版时 CEN TC288 进行系统审查）的要求。

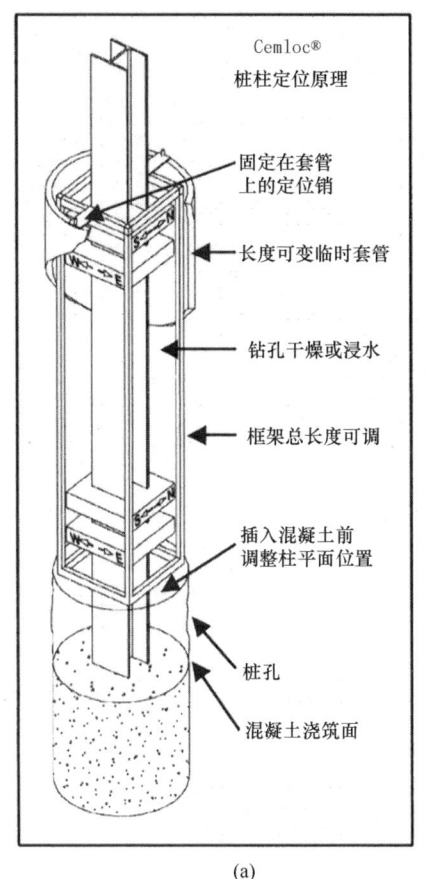 

(a)　　　　　　　　　　　　　　　　(b)

图 81.19　插入式桩柱

（a）插入式桩柱的安装；（b）插入式桩柱的精确定位

经由 Cementation Skanska Ltd 提供照片

81.3.2　挤土桩的类型（英国本土的案例）

（1）基于建设目的而进行桩基施工的理念归功于新石器时代（Neolithic）的一个部落——"瑞士湖土著"（Swiss Lake Dwellers），6000 年前他们生活在相当于现如今瑞士所在的地方。他们使用木桩的目的，不是像我们今天这样用来支承上部的荷载，而是用来提升高度，以防止野生动物的攻击。公元 60 年，罗马人（Romans）在木桩之上建造了横跨伦敦泰晤士河（London's River Thames）的第一座桥梁。近代木材保护技术源于 1832 年英国的加压化学注浆改性（pressure injecting chemicals）处理木材的概念。

现在木桩几乎仅用于海岸工程（丁坝（groynes）），作为支撑水平木板的垂直立柱，木桩与水平木板共同发挥作用以减少漂移（longshore drift）。考虑到耐久性和可施工性，木桩均由硬木制成，方形断面边长尺寸为 225~350mm。

如图 81.21 所示，有必要采用尖头状铁制桩靴来保护木桩的桩尖，以有利于刺入海岸沉积地层，而不会造成桩头破坏或位置偏离（平面或垂直）。为防止桩头"破裂"（brooming），设置有钢制桩箍，见图 81.22。

（2）分段式的预制混凝土桩是在 20 世纪 70 年代从斯堪的纳维亚（Scandinavia）半岛引入英国的。这种大量挤土桩现在普遍为方形截面，常见截面边长尺寸为 150~400mm，对应的工作荷载通常为 200~1400kN，尽管在地层条件较好的情况下还能达到更高的承载力。

桩的单节长度通常为 3~15m，也有部分厂家能够提供单节长度达 17m 的桩。在地层条件允许的情况下，理论上桩可以无限地拼接延长（英国迄今为止的最长记录为 70m）。BS EN 12794（British Standards Institution，2007）是桩身和桩接

(a)　　　　　　　　　　　　　　　　(b)

图 81.20　能源桩

(a) 典型的热管安装；(b) 已完工带有插入桩柱的能源桩

经由 Cementation Skanska Ltd 提供照片

图 81.21　采用铁制桩靴的木桩

经由 Aarsleff Piling 提供照片

图 81.22　木桩桩头的保护

经由 Aarsleff Piling 提供照片

头的执行标准，根据结构承载能力和稳健性进行了分类。

桩在模具中浇筑成型，而后转移到指定区域进行养护（图 81.23）。一旦达到所需的特征强度，通常为浇筑后的第 8～10d，即可将桩运至施工现场进行施工作业。

每节桩均贴有可追溯信息的标签（图 81.24）。

（3）虽然每节预制混凝土桩通常采用使用了高强主筋和方形的螺旋绑扎的箍筋，但是使用钢绞线制造的预应力混凝土桩已经应用于部分工地，这

图 81.23　正在拆模的预制混凝土桩

经由 Aarsleff Piling 提供照片

图 81.24　带有欧盟 CE 认证标志的预制混凝土桩
　　　　　（肯特郡水电站项目）

经由 Aarsleff Piling 提供照片

些工地的用桩数量大，可以在现场设立预制工厂。这一类型的桩可以做到有更长的单节长度，在荷兰（Netherlands）等国家广受欢迎，在那里通过公路运输长桩比在英国更加便捷。

在容易打桩的情形下，沉桩至预定长度，可将普通钢筋插入桩头，以提供足够的粘结钢筋进入承台（图 81.25）。预应力桩在很大程度上被分段式的预制混凝土桩所取代，目前在英国预应力桩已经相当少见。

（4）沉管灌注桩（Driven cast-in-place，DCIP），顾名思义，是使用临时钢护筒（套管）形成完全挤土桩。套管底端采用一次性钢靴闭口，通常采用液压锤击方式沉管，沉管至设计深度、埋置深度或达到设计阻力值。

在浇筑高流态混凝土之前，将带圆形螺旋筋的钢筋笼放入套管之中。然后使用振动或快速锤击的方式拔出套管，同时振动密实混凝土。施工工艺如图 81.26 所示。

成桩过程都有必要在套管中保持一定高度的混凝土，以尽可能地降低桩身"缩颈"（necking）的风险，桩必须浇筑在地下水位和截桩高程以上，通

图 81.25　桩头带有插入钢筋的预应力混凝土桩

常为打桩平台高程。这些质量保证措施旨在防止桩的截面损失以及混凝土中细骨料被冲蚀。

DCIP 桩很容易适应基础标高的变化，当在混凝土承台或路堤下使用时，可以将桩头适当接长（flared heads）使用。

常见直径为 340mm 到 600mm，对应的工作荷载为 600kN 到 1500kN，具体取决于地层条件。

（5）H 型钢桩的名字源于其桩身截面的形式。可以是常见的柱截面形式，或常见的具有相

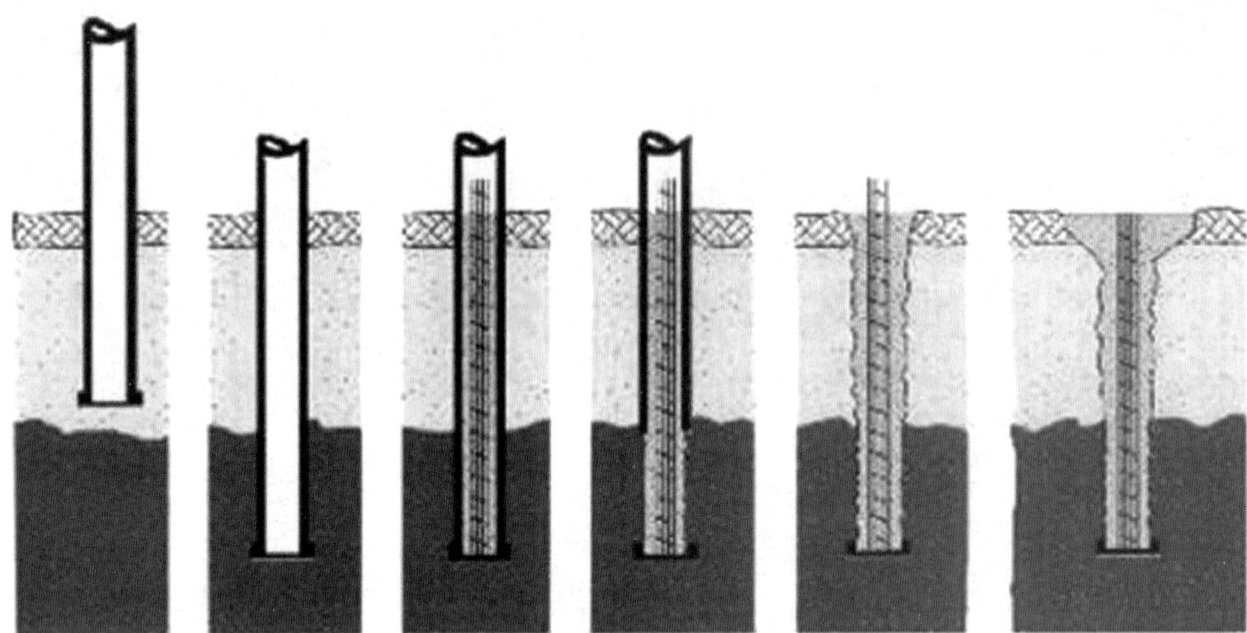

图 81.26　沉管灌注桩的施工工艺（桩头扩口见最右侧图示意）

经由 Cementation Skanska Ltd 提供照片

同尺寸和厚度的腹板和翼缘的支承桩截面形式。H 形桩是部分挤土桩，非常适合坚硬地层，因为不太结实的桩可能在打桩过程中因人工或天然障碍物而损坏。

与同等尺寸的混凝土桩相比，H 形钢桩能够抵抗更大的轴向力与横向力的共同作用，若是斜桩则可以进一步增强抵抗能力。具有抵抗共同作用的高承载能力，且挤土量少，这一桩型经常应用于高速公路项目，如图 81.27 所示。

H 形桩可运送至工程项目现场，单根最长可达 30m，越长越需要使用非常大的打桩设备。另外，可以通过对焊接桩，尽管既耗时又昂贵。

H 形桩截面尺寸从 203mm×203mm×45kg/m 到 356mm×368mm×174kg/m 不等，当采用高屈服强度的钢材制作时，能够承受 600~2300kN 的最大轴向压力。

（6）箱形钢板桩由两个 U 形截面的板桩或两对 Z 形截面板桩背靠背组合而成，形成对称的箱形截面（图 81.28）。桩的连接锁口（clutch）用于将箱形板桩连接成一个整体，从而可以抵抗更高的竖向和水平荷载，而不会影响箱形板桩墙的外观。

箱形桩也可作为单桩用于栈桥或系船墩，因为

图 81.27　公路铁路交叉线项目正在施工的 H 形钢桩

经由 Aarsleff Piling 提供照片

第81章 桩型与施工

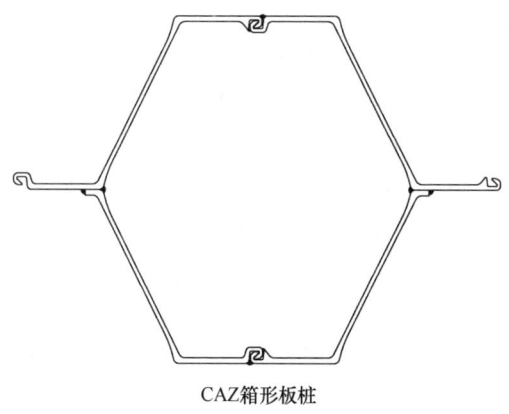

CAZ箱形板桩

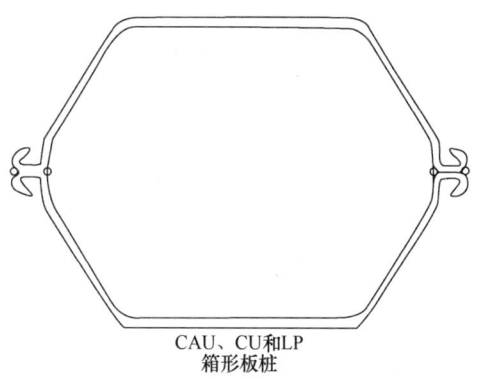

CAU、CU和LP
箱形板桩

图81.28　CAZ 和 CU 箱形板桩

经许可摘自 Arcelor Mittal；版权所有

其几何特性允许在较少或没有侧向支撑的情况下具有较大的长度。

箱形桩通常桩端敞口，因此是部分挤土桩，除非在打桩过程中形成土塞（关于土塞的解释，参见下一节大直径钢管桩）。这一桩型可以达到 H 形桩的长度，并可以采用焊接方式接长。

（7）大直径钢管桩通常用于码头、桥墩和系船墩等海上打桩项目，主要利用了其高屈服强度以及抗弯能力，以抵抗因桩出露海床一定高度而受到的荷载作用（图81.29）。壁厚大于10mm 的钢管适用于敞口桩，因此可被视为部分挤土桩，除非在打桩过程中形成土塞。

一旦管壁内侧土体与桩身之间的摩阻力超过桩端阻力时，则可能发生土塞。

大直径钢管桩也可采用闭口桩端的形式。这类桩的直径为273～2020mm。

（8）当人工或天然障碍物可能使预制混凝土桩发生移位或损坏时，小直径钢套管可替代预制混凝土桩。通常称之为阿伯丁（Aberdeen）套管，该类桩是一种可回收产品，发源于海上石油工业，最

图81.29　格拉斯哥码头挡墙处成对出现的23m 长610mm 直径的钢管斜桩

经由 Aarsleff Piling 提供照片

初用来当作钻进套管使用。

作为二手材料，遵从美国石油协会（American Petroleum Institute，简称 API）规范制造，钢的屈服强度为 550～600N/mm^2。然而，作为未经认证的材料，性能通常被视为至少等同于 S355JH 级。如果是为满足特定项目的需求，可以进行更大数量的独立批量测试。

打入式的敞口桩（也可称之为部分挤土桩）因其坚固性和可打入性，当使用与预制混凝土桩相同的打桩设备时，可实现 400～1200kN 的工作荷载（图81.30）。

直径范围为 178～339mm，桩长范围为 11～14m。通过将第二根管的平头端部打入第一根桩头处的管箍（collar）内来接桩（管箍详图见图 81.31）。

81.3.3　挤土桩的类型（英国以外）

（1）在欧洲，桩基础通常仅见于斯堪的纳维亚半岛、荷兰和比利时，以及德国和西班牙。

正如第81.3.2（b）节所述，分段式预制混凝土桩发源于斯堪的纳维亚半岛，目前这些国家仍广泛使用。这一桩型通常用于组合桩（composite pile）的上半部分，在地下水位以下因木材腐烂的风险很小而采用了木桩。分段式预制混凝土桩在德国北部也很常见，在波兰和苏联国家经常使用。

除了常用的预应力混凝土桩外，荷兰和比利时的施工方还会采用近似于 DCIP 打桩技术的工艺进

图 81.30　位于因弗内斯郡（Inverness）附近的采用直径 339mm 的阿伯丁套管的风机基础

经由 Aarsleff Piling 提供照片

图 81.31　244mm 直径的阿伯丁套管的管箍

经由 Aarsleff Piling 提供照片

行桩基作业，当地称之为振冲桩（vibro-piling）。是一种组合桩，顾名思义，首先需要有一个预先成型的构件形成振冲桩的外壁。对于深层的可压缩土层，环形外壁可使用膨润土进行填充，以减少下拽力，或使用灌浆料进行填充，以提高桩身的摩擦力。

术语"组合桩"也用于钢管桩，通常为桩端敞口，是钢板桩墙的主要组成构件。管桩侧边的锁口可以与一个或多个板桩段组合形成管桩间的次要构件。

在比利时和德国，Franki 型桩（Frankipile）仍然广为应用，在英国几乎已被淘汰。沉管灌注桩，包括 Franki 型桩，在法国和意大利偶有应用，但广泛程度远远低于钻孔桩或长螺旋灌注桩（CFA）。

在西班牙南部地区的工程项目中，无论是分段式的，还是预应力的预制混凝土桩都可以见到。

在德国和瑞士，球墨铸铁制的小直径挤土桩，配以高频液压锤，构成了一套低振动部分挤土桩。

（2）在更大的地理范围内，小直径的钢制管桩在北美很常见，还出现了诸如"Tapertube"等的专用系统。预制混凝土桩也经常使用，但截面尺寸比英国常见的尺寸要大。在远东地区，当遇到软弱地层时，预应力混凝土管桩的应用也很常见。

81.3.4　几乎绝迹的挤土桩类型（仅限英国）

在 20 世纪末，英国桩基产业见证了两种常见类型挤土桩的衰落与消亡，这两种挤土桩因其他桩型采用了更快亦或更少人工的施工方法而使其失去了巨大的市场份额。得益于更好的桩身完整性和打桩设备的改进，对沉管灌注桩和长螺旋灌注桩的信心，也加速了即将要探讨的第一种桩型的消亡。

（1）由俄罗斯海洋工程师亚历山大·罗蒂诺夫（Alexander Rottinoff）开发并获得专利的 West 壳体桩（West's shell pile）采用预制纤维混凝土管制造，长 900mm，固定到钢芯轴上，并在芯轴底部采用实心混凝土。用圆形钢带将壳体固定在一起，以防止地下水或淤泥进入，并使用绳索操作的锤式打桩机将壳体桩打入地基，如图 81.32 所示。

一旦达到预定深度或达到设定的阻力值，就抽出芯轴，并在芯部灌注混凝土，钢筋笼应与直径和荷载条件相匹配。其直径为 380～600mm。

这家公司还生产了 West 分段式桩，这是一种早期形式的实心的预制混凝土桩，直径 280mm，每段长 900mm，在打桩过程中，各节段之间通过简单的钟栓式接头进行连接。打桩完成后，将全长的单根钢筋插入桩芯。该系统仅适用于软土地层条件下的较低受荷的情况，并在引进 West Hardrive 预制混凝土桩后被淘汰。

（2）Franki 型桩（Frankipile）目前仍在世界范围内使用，最初由比利时工程师 Edgar Frankignoul 研发，他于 1902 年注册了国际专利。

第 81 章　桩型与施工

图 81.32　Westpile 公司 30RB 夯扩桩打桩机

该桩型是一个现浇混凝土桩，具有扩大头的底部和一个圆柱形的桩身，可以刺入坚硬的土层，很容易达到 20m 的深度。

使用临时钢护筒（套管）和内部落锤来成桩，施工工艺如图 81.33 所示。在套管底部形成一个碎石塞，用落锤压实，利用套管内壁和碎石塞之间的摩擦力使套管下沉成桩。

当达到设计深度时，将套管稍微提起，并将碎石塞锤击出来。然后，倒入干拌混凝土，并锤击形成扩大头的底部，从而显著提高地基承载力。

插入钢筋笼后，桩身采用半干硬性混凝土以传统工艺成型，从而提供了更高的桩端阻力，此外得益于连续提升套管和锤击混凝土造成的肋形外轮廓而提高了桩身的桩侧阻力。

这种施工工艺费时费力，生产率仅为打入式现浇或打入式预制混凝土桩的 20%～25%。该技术在 20 世纪 70 年代中期得以改进，采用高流态混凝土形成桩身，如遇特殊情况（如侵蚀性地层），需要做外部保护层（protective coating），则可以使用预制混凝土桩作为桩身。

出于成本的考虑，Franki 系统在英国的应用已大幅减少，尽管在场地条件合适的情况下，该系统仍然不失为一种可行的选择。

81.3.5　打桩机

打桩机的机架为打桩过程中桩和锤的放线定位提供基准，通常还配有至少 2 台卷扬机。早期的打桩机机架包括露天平台，平台上安装有卷扬机（通常由大型蒸汽机提供动力）和垂直的格构式或

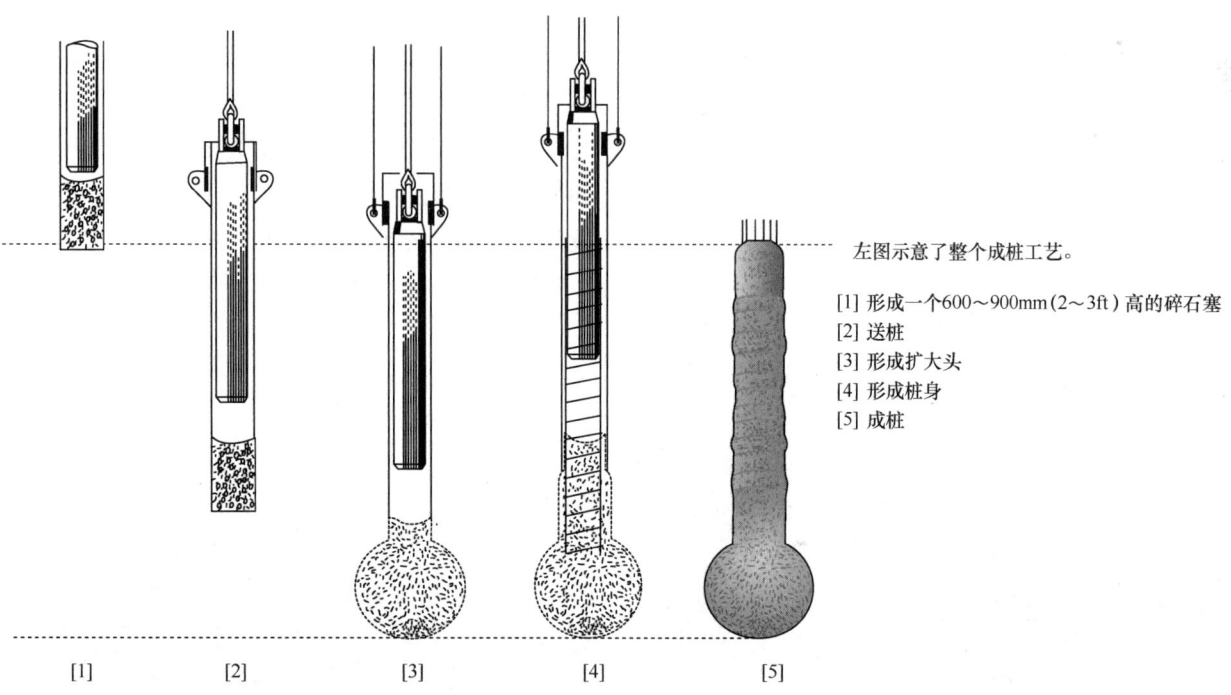

左图示意了整个成桩工艺。

[1] 形成一个 600～900mm（2～3ft）高的碎石塞
[2] 送桩
[3] 形成扩大头
[4] 形成桩身
[5] 成桩

图 81.33　夯扩桩施工工艺

摘自 FRANKI ® pile，经由 Cementation Skanska Ltd 提供

管状桅杆,用于架立导向机头,引导送桩和锤击,如图 81.34 所示。

在陆地上,这些机架通过铁路运输移动,或是通过滚轴系统移动;一些 Franki 型桩打桩机使用液压千斤顶系统"移动"。这些大型机架提供了控制大尺寸桩定位所必需的刚度和稳定性,在海洋工程中还会有一些更新的设备。然而,大多数陆上项目更倾向于使用小型设备。

最初,从大型固定机架上移动时,需要使用安装在履带式起重机的臂架上的悬挂式导向机头。多年来,West 桩基工程部(后来的 Westpile 公司)成功地使用了这种钻机,使用钢丝绳操作落锤(图 81.32)进行了壳体桩的施工。BSP 国际基础公司(BSP International Foundations)销售了同一类型的设备,加装了可调节的支脚臂和支脚垫,使用柴油锤用于钢桩的施工。与此同时,桩基工程承包商,如 Expanded 桩基公司、Keller 公司(后来的 GKN 公司)和 Cementation 公司,主要通过改进导向机头,改造了 BSP 公司的设备,以更加适应严格的 DCIP 施工工艺。这些过时的典型打桩机见图 81.35。

20 世纪 70 年代,预制混凝土桩从斯堪的纳维亚半岛引入,将紧凑型固定式导向机头安装在了瑞典 Banut 公司制造的 Akermann 液压挖掘机上用于打桩施工。尽管悬挂式导向机头在英国用于预制混凝土桩的施工已有相当长的一段时间,但 Banut 打桩机使用了液压打桩锤,使用液压油缸而不是钢丝绳和卷扬机提升落锤,其效果是具有了更好的操控性能。Banut 公司和 Junttan 公司(来自芬兰)已将固定导向机头发展到了适合于所有打入桩桩型,目前只有少数悬挂式导向机头仍在使用。Junttan 公司进一步研发了一种液压锤,具有加速下降功能,可将锤击的额定效率提高到 35%。一个更为先进的 Junttan PM20 打桩机见图 81.36。图 81.30 展示了一款 Banut 700 打桩机,而图 81.37 展示了一款略微小点儿的 Banut 500 钻机。

箱形板桩和钢管桩的施工通常采用悬挂在履带式起重机上的液压/电动振动器亦或液压落锤的设备联合进行,如果有适宜的工作空间,可以使用固定式导向机头。薄壁钢管使用管内落锤锤击半干硬性混凝土塞的方式进行沉桩,沉桩方式与 Franki 型桩相同。

81.3.6 适用和不适用的场地条件

打入式混凝土桩可适用于较宽泛的场地条件。通常认为仅适用于粗粒土或软岩作为桩端持力层,在考虑了锤击应力(对于预制混凝土桩)和套管拔力(对于 DCIP 桩)的限制条件后,这一桩型也适用于黏土地层。DCIP 桩通常不适用于桩基深度超过 20m 的情形,因为需要拔出套管。遇到巨石和大型障碍物会妨碍打入桩的应用,除非在打桩前较为经济地将之排除。钢管桩和 H 型桩特别适用于坚硬地层或预计会有小型障碍物的情形。在后一

图 81.34　安装有导轨的 Franki 型打桩机
(摄于 1930 年)

图 81.35　基于起重机的锤式打桩机历史图片

81.3.7 环境影响

对于打入桩，主要问题在于噪声和振动。

然而，大多数施工过程都会产生可检测到的振动和噪声，如果事先告知可能产生噪声及振动的程度水平及持续时间，并保证考虑这些影响因素，受影响的容忍度会大大提高。

由于技术原因，不大可能使用"更安静"的工艺代替打桩。即使可行，使用替代方法可能会延长打桩的时间，因此对社区的整体干扰并不能实际消减多少。打桩锤可完全封闭起来（图 81.37），大多数液压打桩机可在打桩前进行引孔，以降低振动水平（图 81.38）。

控制现场噪声的因素包括场地的位置和布局、环境噪声水平和每天的打桩时间。在同时存在噪声和振动的情况下，测量值随距离的增加而降低。英国标准 BS 5228-1（British Standards Institution, 2009）的附录 F 给出了预测施工现场噪声水平的指南，英国标准 BS 5228-2（British Standards Institution, 2009）的附录 E 包含了 Hiller 和 Crabb（TRL 报告 429：2000）提出的预测振动水平的经验表达式，其中考虑了锤击能量、地层条件以及测点距离。

对打桩施工方案的环境影响，需要进一步考虑的因素包括：进出场地的交通流量、打桩材料的有效利用率以及能源消耗和 CO_2 的排放量。

一个有利的环境因素是打入桩不会产生渣土，这使得打入桩特别适用于受污染的填土地基，否则处理渣土需要更高的成本。

谢菲尔德大学做了深入研究（其结果已得到环境署的认可），认为，实心方桩或圆桩在穿透受污染地层时，不会对以黏土层隔开的下伏含水层造成额外影响。

81.3.8 可打入性

给定基础上的荷载和现场勘察报告，不难确定桩基方案，包括桩数、荷载、截面尺寸、直径和桩长。然而，设计的桩基础必须保证能够施工，在打入桩的情况下，计算的桩长必须能够使用现成的设备来打桩，而不会造成桩的损坏或打桩设备的损坏。

图 81.36 装有 5t 加速型液压锤的 Junttan PM20 打桩机
经由 Aarsleff Piling 提供照片

图 81.37 装有 3t 封闭式液压锤的 Banut 500 打桩机正在将桩卸至施工场地上
经由 Aarsleff Piling 提供照片

种情况下，可能需要额外增加的桩，使用 Aberdeen 套管方案是明智的，因为套管比轧制材料（H 型钢）更容易获得。侵蚀性地层的桩基耐久性问题将影响桩基类型和材料的选择。钢管桩应考虑管壁腐蚀的因素，预制混凝土桩和型钢桩都可以设外保护层，以提高耐腐蚀性。

图 81.38　带引孔的 CFA 螺旋钻 Junttan PM20 打桩机
经由 Aarsleff Piling 提供照片

可根据经验评估打桩方案是否具有可施工性，一个负责任的打桩专家在设计的前期阶段应对方案的可行性提出意见。

除经验外，还可使用软件对地层、桩和打桩系统进行建模，以预测打桩阻力以及打桩时的桩身内力。

81.3.9　沉桩控制

打入桩施工作业时可获得关乎地基强度的有价值的反馈信息。对于给定的锤重和落距，在第一根桩（此后每隔一定的间隙）打入时，贯入阻力通常记录为每单位贯入度（英国通常为 250mm）的锤击次数。

以不同的间隔按"贯入度"（sets）进行记录，以及在结束时进行记录，通常会连续记录三组。"贯入度"的精确定义是每次锤击时桩进入土层的永久竖向位移；然而，位移的测量通常按连续 10 次锤击的总位移来记录。"贯入度"的计算提供了一个判定地基承载力的有用的方法，但不应单独使

用。也必须重新评价相关的场地勘察信息以确认该桩端标高处的贯入度是否合理。

对每次锤击下，桩和土的临时压缩［有时称为"试打"（quake）］，额外的测量也将有助于判断桩端是否到达合格的持力层，或仅仅是带有软弱下卧层的薄硬壳层上。打入桩可设计并打入到黏性土层中，嵌入一定的深度，在这种情况下，贯入度并不一定表征了承载力，尽管对比贯入度记录可以发现在土体强度和桩承载性能方面的潜在变化。

对于软弱岩层，嵌入深度与锤击数相关，而在那些容易产生松弛的材料［如泥炭（Coal Measure Mudstones）］中，通常有必要进行超打（overdrive），以获得令人满意的结果。打入预制桩的优点是允许在施工后的某个时间重打，重打时的贯入度用以确定地基是否松弛或恢复并增强。可以将重打的控制测量与动载测试（dynamic load testing）相结合。

81.3.10　打桩对场地的影响

如第 81.3.1 节所述，打入桩在施工时会挤土。尽管挤土主要表现为发生水平向位移，但对于间距密集的群桩会引起地面隆起（ground heave）。对于嵌岩短桩，这足以导致桩端脱空（unseat），但应该对预制桩进行常规性的重打以进行检测，这样对于脱空的桩可以通过重打以保证嵌入基岩。地面隆起也会影响大型群桩基础的基准点（marker pins）的位置，从而影响放样精度。对于 DCIP 长桩，如果桩距太近，连续打桩造成地面隆起，产生的上抬力（heave forces）会导致新桩的完整性受损。在封闭的工作区域，如围堰或地下室内，地基的变形会对相邻的临时性结构或永久性结构产生不利影响。

即使地面隆起问题不突出，也不应连续进行 DCIP 密集桩的施工。套管的打入可能会危及那些混凝土还没有完全凝固的邻桩的完整性。同一天成桩的相邻两桩的最小允许间距跟套管直径和土体强度有关。因此，施工作业顺序应该考虑这一风险因素，还应该制定打桩设备的行走路线，避免与刚打的桩线路重合。

容易剪胀的粉性土可能会产生"虚假贯入度"（false sets），在这种情况下，明显较大的动态阻力值不会导致载荷试验下预期的静态阻力值。

在软黏土和粉土地层中打桩会产生超孔隙水压力，超孔隙水压力会随时间消散。因此，场地地层最终会重新固结（如果发生地面隆起，也会发生同样的情况），并在桩身上产生附加荷载，这应该在桩基础的设计中加以考虑。

当预制混凝土桩穿透松软地层，长距离打入坚硬地层的情况下，打桩应力波从桩头传播到桩端再反射回桩头，桩端产生拉应力。在极端情况下，导致桩身中的主筋屈服。第81.3.8节所述的计算机软件可预测桩身内力（拉力），通过调整落锤重量、落锤高度和桩身主筋以改善不利条件。在打桩期间进行的动载试验可用于后期验证桩身的实际打桩应力。

黏性土中打入桩通常在施工后一段时间内会表现出一定程度的恢复现象，这种影响是由打桩过程中桩周黏土重塑产生的超孔隙水压力消散造成的。同样的现象也会出现在同样级配的白垩土地层上。对于预制桩，这种现象可以通过在重打过程中贯入度与在打桩结束时的贯入度进行比较来证明。对于DCIP桩，不可能进行重新成桩。对于这两种情况，在施工后过早地对桩进行载荷试验将会导致结果相较于长期的承载力偏小。然而，地基需要几周时间才能使得桩的承载性能恢复到最佳状态，因此实际工程中很少考虑让承载力保持最大化的有利影响。

81.4 微型桩

81.4.1 微型桩的定义

微型灌注桩是指桩径不超过300mm的钻孔灌注桩，微型打入桩是指桩径不超过150mm的薄壁钢管桩。

81.4.2 历史与简介

微型灌注桩最初是由意大利的Fernando Lizzi和Fondedile公司于20世纪50年代提出。针对出现沉降问题或需要加固的既有基础，Lizzi采用了根式微型桩体系，见图81.39（Lizzi，1982）。在过去五十年中，微型灌注桩逐渐在欧洲、北美及世界上其他国家或地区得到了广泛应用，且当前以多种形式被用于不同的工程中。英国国内建筑行业为寻求低成本的基础方案，于20世纪80年代提出微型打入桩。还有其他形式的微型桩，如静压、喷射注浆及后注浆微型桩，但这类微型桩并不常用，故在此不作介绍。

微型桩施工属劳动密集型，造价高且费时，因此仅在传统桩基础方案不可行的情况下使用。然而，若应用于合适的工程中，微型桩可较好地体现其工程价值。微型桩类型太多，本章仅作简单介绍。确定初步的微型桩方案后，应关注更为详细具体的微型桩知识。

81.4.3 微型灌注桩

微型灌注桩非常灵活易用，可被用作各类承压或抗拔基础：

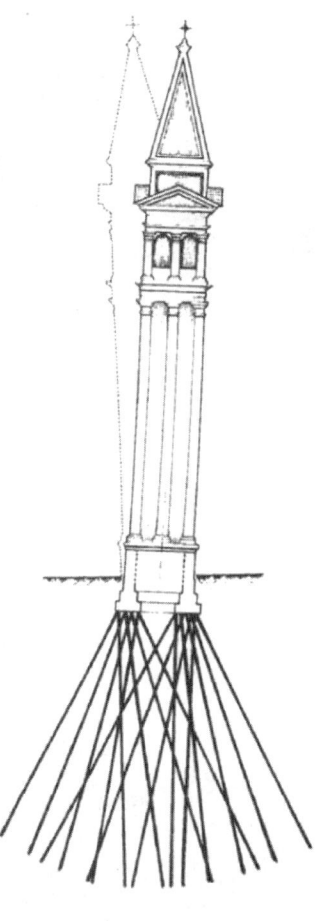

图81.39 布拉诺塔，威尼斯

摘自 Lizzi（1982）

- 基础增强与加固：树根桩通过既有基础与上部结构形成紧密联系；这些微型桩被植入深层较好土层且以树根形式为既有基础补强，也因此得名。
- 受限的出入通道与操作空间：微型桩钻机类型繁多，有从出入通道在2m高度空间内施工的1t小型钻机（图81.40）到具有超过9m高桩架且重达15t的大钻机（图81.41）。这些钻机的施工能力、效率及施工成本差别很大。
- 难处理地基与硬岩：除钢材和硬木外，通过形式多样的钻孔取芯技术，微型灌注桩几乎可以在任何场地或障碍条件下施工。
- 永久套管：微型灌注桩可以在软弱地基或具有溶洞的岩溶地基中使用永久钢套管。
- 地震作用：微型灌注桩具有增强既有基础抵抗地震作用的能力，在国际上逐渐被重视且被广泛应用。

- 基础底板约束：受拉抗浮微型灌注桩为大型深基础提供了一种有效的约束体系，以抵抗水压力对基础产生的上浮力。此外，微型灌注桩还可以减小地下室底板内的弯矩，进而减小板厚。

81.4.4 微型打入桩适用情况

微型打入桩的形式与应用较不灵活，通常用于上软下硬地基上的新建建筑或既有建筑基础托换。这类桩的承载力通常为100~300kN。通过小型钻机或手持式穿心锤，微型打入桩可在狭窄通道和较低施工净空的环境中施工（图81.42）。

81.4.5 微型桩及钻孔工艺

为适应英国及世界上其他国家各种各样的施工环境、场地条件，当前有以下多种类型的微型桩和钻孔工艺：

- 微型灌注桩：四种主要的微型灌注桩钻孔工艺如图81.43所示。微型灌注桩直径为100~300mm、容许承载力100~1500kN（通常300~700kN）。高承载力的微型桩中心通常需要通长粗钢筋以确保足够的桩身强度。这根中心钢筋通常是螺纹钢（如Dywidag

图81.40　1.5t钻机（螺旋钻）

图81.41　15t钻机（潜孔锤）

图81.42　穿心锤施工的微型打入桩

GEWI 或 Macalloy Mac 500）以实现各段等强度连接，进而实现低净空或深长桩的施工。此外，实际工程中心筋顶部还需要一块钢板，以更有效地实现向桩帽的荷载传递。如果使用了钢板，应将其放在桩帽中部，并用高强度螺母将其固定在桩帽的上方和下方。微型灌注桩主要通过桩侧摩阻发挥其抗力，因为桩侧表面积远大于桩端面积。当嵌入强度较高的基岩、并埋设有通长的粗钢筋（如 50~75mm 直径），这类桩也可提供很高的抗拔和抗压承载力。微型桩钻孔采用的是 0.5~1.0m 长的钻杆或螺旋钻，依据桩径与实际施工净空而定，深度可达 50~70m。微型桩长通常不超过 30m，计算中针对长度超过 30m 的微型桩应考虑桩身的弹性压缩变形。微型灌注桩可竖直成桩或倾斜成桩，其倾角可达 45°。

- 套管护壁微型灌注桩：作为微型螺旋钻孔灌注桩中最为简单且常见的形式，该工艺主要流程是将临时性的钢护筒沉至良好持力层后进行干式空心螺旋钻进。其中临时护筒的埋深因场地条件而异。由于伦敦地区黏土适合开展空心螺旋钻进，该工法在伦敦得到了广泛应用。当施工中遇到地下水亦或障碍物时，应停止螺旋钻进。最为常用的临时护筒直径范围为 140~343mm，对应螺旋钻头直径范围为 102~305mm。虽然 343/305mm 桩已大于微型桩 300mm 直径的限值，但是鉴于采用的是微型桩钻机施工，仍归类为微型桩。临时护筒埋深应限制在 15m 内，这一深度取决于钻机型号、钻机功率和场地条件。

- 双套管微型灌注桩：双套管钻孔工艺适用于高地下水位的性质较差的亦或粗粒土地层，尤其是存在坍孔或桩底不稳定情况。临时护筒和带有三锥钻头（"岩钻"）的钻杆在水的冲洗下同时旋转钻进。钻孔冲洗水由上至下通过钻杆中管、从双套管钻头压出后再由下至上流经临时护筒的内部。静水压力在临时护筒内保持正值，阻止了桩底土的涌入现象。该工法最为常见的是使用 220mm 直径临时护筒搭配 187mm 直径三锥钻头，尽管也有直径小至 140mm 的可供选择。该系统可以在多数地层应用，包括可以使用临时护筒结合三锥钻头钻孔的软岩。然而，在坚硬岩层中该工法的钻进速度会逐步减小，更有产生"光滑的"钻孔的可能，导致灌浆与地基间的粘结力降低。该工法钻进过程中需要大量的冲洗水，以确保在孔下有足够的

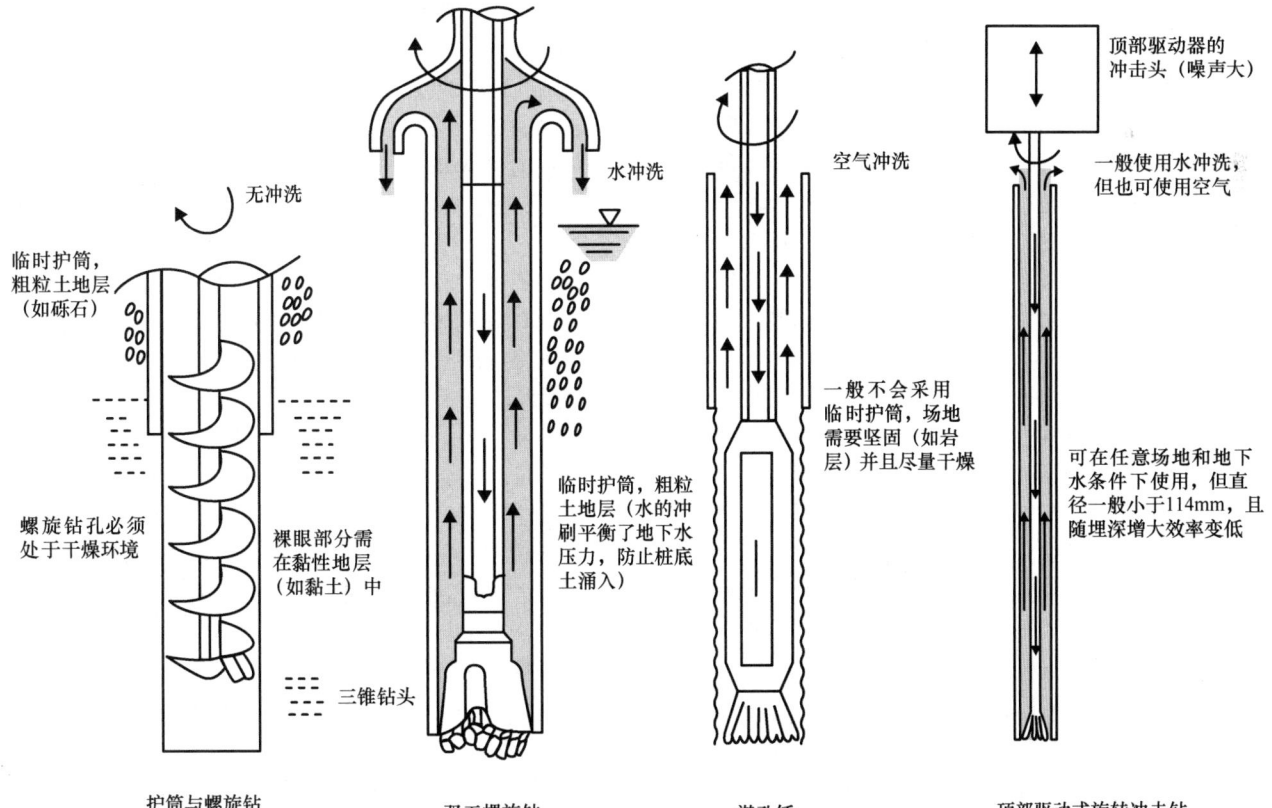

图 81.43 微型灌注桩钻孔系统

上流速度将钻屑带出。因此有必要采用高效的钻孔水循环再利用系统，其中可能包括砂袋泥浆池和再循环/沉淀池。由于使用和排出大量钻孔水不可避免地对环境产生影响，此类微型桩的使用已变得越来越少。该工法也可以使用空气代替水冲洗，但是由于产生灰尘、缺乏润滑、钻头磨损和过热等问题，较少采用。

- 潜孔锤微型灌注桩：近年来，主要由于钻孔设备的技术进步，这种微型灌注桩的使用越来越广泛。气冲式潜孔锤可在砖石、混凝土和坚固的基岩中快速钻进，直径范围一般为100~300mm。也有水冲式潜孔锤，但由于成本高未被大量采用。传统的潜孔锤微型桩需要将临时钢护筒沉至基岩。之后潜孔锤可以通过螺旋钻进在基岩中形成有效且"粗糙的"产生高粘结力的钻孔。由于冲击锤紧接在钻头后，潜孔锤在钻孔变深时也不会损失能量，因此可以在坚固的基岩中快速钻孔。但是，如果护筒没能有效密接在下部基岩上，此类微型桩施工也存在一个风险，即在钻进过程中可能导致大量空气泵入地基土并导致潜孔锤后方孔壁坍塌的问题，进而损失昂贵钻孔设备系统。由于冲击成孔作用并保证孔壁的稳定和均匀，潜孔锤在良好的岩层（>10MPa）中表现最佳。该工艺的施工效率与提供空气的压力和体量成正比。直径200mm的潜孔锤需要一个大型、运转费高的750cfm/170psi压缩机，然而，在岩层中采用潜孔锤施工每米微型桩的成本低于采用旋转钻孔工艺的成本。空气冲洗的潜孔锤需要钻孔基本干燥，否则大量的水将被吹入空气中。近年来，已经开发出潜孔锤的覆盖层钻探系统（本质上是"护壁潜孔锤"），例如Odex、Symmetrix和Maxbit。这些系统可使得在潜孔锤全断面冲击钻进的同时推进临时钢护筒以确保成孔质量。因此，在具有大直径砾石的困难粗粒土地层中潜孔锤钻孔系统可以有效地施工（图81.44）。

- 旋冲微型桩（含自旋空心钻杆）：此类微型桩基使用顶部驱动式旋转冲击技术，具有较快的施工速度。该工艺通常需要较大的钻机来驱动沉重的冲击钻头，尽管现在也出现了可用在约5t微型桩机上的较小的冲击钻头。顶部驱动式冲击钻噪声大，且随着钻孔的加深，钻杆亦可导致能量损失。主要有两种类型的旋冲微型桩：第一种是由旋冲双套管成孔。该钻与普通的套管螺旋钻类似，但不同之处在于它还具有附加的冲击力，使钻头在包含卵石和巨石等困难地基中钻进速度得到了提高。然而为驱动沉重的冲击钻进套管/钻头，需要大的冲击钻头，因此该工艺微型桩的标准直径为76mm和114mm。也有直径为178mm的系统，但这需要更大、更重、功率更高的冲击头，而该冲击头至少需要25t的机器底盘。第二类是采用具有空心钻杆的自

图81.44　护壁潜孔锤微型桩

钻成孔工艺的微型桩，由于施工速度快且每米成本低，该系统正得到广泛使用。此类微型桩包含带有可消耗钻头的空心加固钻杆，其中钻头在泥浆或水冲辅助下冲击钻进。在困难地层中更适合使用泥浆，但是，如果在钻孔过程中为减少泥浆使用而采用水冲洗，则必须在到达孔底后立即改为泥浆。之后必须继续注浆至空心钻杆周围形成纯净的浆体。其中在施工过程中始终保持钻孔液从孔中逸出很重要，以期确保施工完成后浆液可以充满整个钻孔。如果钻孔过程中直接采用浆液，则一旦钻至设计深度，微型桩施工便已完毕，之后可以开始下一个微型桩的施工。该系统最多可达到每轮班400m的施工速率。在施工过程中冲洗使得钻孔始终保持开孔状态，因而不需要任何临时钻进套管。这种类型的微型桩可以在非常困难的地基条件下施工，其典型桩径尺寸为75~150mm。此工艺的主要风险是下部巨石可能使空心钻杆偏位以及冲刷液的流失。该施工工艺也常用于土钉和地锚（被动地锚）施工。

- 分段式长螺旋（HSA）微型桩（分段CFA）：这种类型的微型桩类似于长螺旋钻（CFA）桩，除了螺旋钻是分段式的。典型的这类桩直径通常为300mm及以上，尽管较大尺寸的微型桩并不严格地属于微型桩。

将具有空心杆的螺旋钻以标称长度为1.0m的分节旋进地下至设计深度，然后在螺旋钻缓慢旋转的同时，将水泥砂浆从中央位置的空心杆向下泵入。此过程将持续进行直至水泥浆从地面钻孔中溢出。之后小心地拔出螺旋钻，同时继续泵送浆液以维持钻孔中浆液的正压。卸下每节螺旋钻时，中央钻杆内的灌浆液位应在地面，如果没有，则应按要求将其注满。与CFA桩一样，在施工过程中无法连续监测HAS微型桩的施工状况；但可通过始终保持浆液压力为正压以确保良好的桩身完整性。HSA微型桩因螺旋钻可提供临时支撑以克服钻孔不稳定问题而在地下水水位较高的粗粒土地层中应用广泛。

- 打入式微型桩：这类微型桩通常是底部驱动打入的直径150~200mm、SWL(安全工作负载)范围为100~300kN的垂直薄壁"闭口桩尖"钢管。使用小型钻机可将该类微型桩快速有效地打入设计标高，其中桩内含有落锤，通过落锤锤击桩内干燥的混凝土块实现桩基打入，确保打入过程不会损坏桩基。此外，较小的管桩也可以通过内部气动锤锤入地基，而无需任何钻机（图81.42）。此类桩的工作荷载最高可达100kN。这类桩的沉桩长度灵活，只需在沉桩过程中通过焊接拼接即可实现不同桩长。此类微型桩的埋深由预设的"组合"决定，当埋深到达预设值时，会向管桩中填充高坍落度的混凝土或水泥浆以及可能需要的主钢筋。

81.4.6 微型桩钻机和取芯机

微型桩施工采用的钻机和其功率种类繁多，有可以顺利通过房屋门洞的重约1t、机架高度2m的小型钻机，也有井架高度超过9m、重达15t的大型钻机。较小的钻机在钻孔工艺上选择有限，并且通常施工速率较慢（这类钻机施工的微型桩造价更高），而较大的钻机可以使用各种钻孔工艺系统且速度更快。在选择合适的微型桩钻机和钻孔系统时应小心谨慎，并应在工程前期阶段征求专业微型桩分包商的建议。微型桩钻机具有转速低、扭矩高的特点，可以使用标准的钨尖钢护筒实现在混凝土、砖石和其他障碍物上进行旋转取芯；但是其取芯速度可能很慢。潜孔锤可以在大体积素混凝土中快速钻孔取芯。如果在含有较多钢筋的混凝土中有大量的取芯工作，则应考虑让专业的取芯公司完成（使用高转速、低扭矩且配有金刚石的取芯管）。

81.4.7 微型桩施工工艺

微型桩的关键问题之一是选择最合适的钻孔工艺以确保可以将微型桩安全有效地钻至设计的深度。查看钻孔记录、仔细记录地层类型、地下水情况、障碍物以及是否有卵石或巨石。微型桩通常灌注水泥浆，但是，对于直径更大的300mm微型桩也可在干燥的螺旋孔（通过向下照射检查）中使用预拌混凝土。如果微型桩孔是"存水的"，则必须将一测量过的小直径（直径25mm或38mm）塑料导管完全插至桩底。灌浆通常是纯水泥浆混合物或1:1水泥砂浆，其中纯水泥浆用于较小直径的微型桩，而水泥砂浆更普遍用于较大直径的微型桩。其中掺入的砂应为级配良好的、冲洗后的净混凝土砂或类似砂粒（而不是"软"砂粒），最好置于25kg袋子中方便使用。也可使用散装砂土，但在现场必须使用经过校准的容器进行测量（例如6桶=100kg）。应使用效率更高的浆叶式搅拌机或胶质（高剪力）搅拌机对混合水泥浆搅拌，以确保"润湿"更多的水泥颗粒，从而产生渗透性低、强度高的混合物（图81.45）。混合时首先应添加适量的纯净饮用水，然后添加水泥，最后添加砂子（如果需要）。标准的水泥浆混合物所需材料如下：

纯水泥浆（0.4的水灰比可产生72L浆液）：
- 40L 纯净饮用水
- 100kg 水泥

砂和水泥比1:1（0.45的水灰比可产生113L灌浆）：
- 45L 纯净饮用水
- 100kg 水泥
- 100kg 净砂

这两种混合液都将是高质量的水泥浆液，其在28天无侧限抗压强度可超过40MPa。水泥最好应为42N或52N级。可用砂土种类较多，但全部添加100kg的"较软的"砂粒则可能会遇到麻烦。如果出现该问题，不要再加水，这只会降低浆液固化后的最终强度，而是最好不要加入全部的砂（但要记录加入的量）。如果需要高强度的浆液，可添加增塑剂并降低水掺量。

如果需要，可以通过预填骨料灌浆混凝土流量试验检查浆液的流动性（图81.46）。试验过程中需要将1L浆液倒入圆锥杯中，然后将浆液从杯底部放出，使浆液沿着"湿润"水平通道流动。对于砂和水泥浆的1:1混合物，流量计读数通常为375mm（±50mm）；对于纯净水泥灌浆，流量计读数为450mm（±50mm）。微型桩的灌浆应连续

图 81.45　胶质高剪力搅拌机

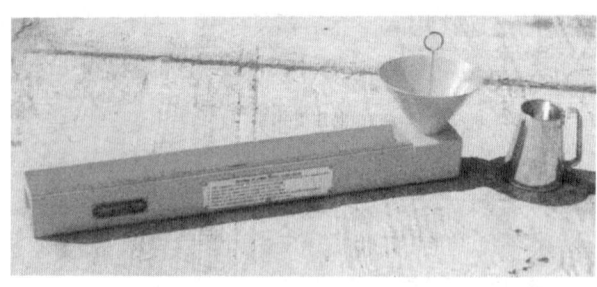

图 81.46　预填骨料灌浆混凝土流量计

操作，通过将纯净的浆液泵入微型桩的底部，直到所有泥屑从孔中被挤出、孔内只剩干净的圆柱形灌浆体。

之后，可以分段拆下临时护筒，以确保每次拆下时内部浆液面能完全维持在地面高度。最后，应使用合适的扶正器将干净的钢筋笼或钢筋小心地插入到灌注桩中（放置中心长度约 3m）。如果微型桩很深（或在可能导致速凝的干砂石中）且担心在灌浆后插入钢筋的效果，也可以首先安装钢筋。但是，这确实增加了钢筋触碰到孔壁的风险。

灌浆完成后，应监测浆液面至少一小时，并在必要时加满浆液，直至浆液完全稳定。在粗粒土地层中，由于浆液压力使浆液渗入周围土体中，从而导致灌浆液表面持续下降情况十分常见。在护筒抽出过程中，可以利用压力器施加 3～4bar（43～58psi）的额外压力，以进一步提高灌浆量、确保有效桩径和微型桩承载力。

81.4.8　微型桩的环境、质量、健康和安全问题

微型桩的施工中有几个需要注意的环境问题：

- 处理含有大量泥砂且对鱼类有害的冲洗用水；
- 处理含有微小粉尘颗粒的冲洗空气；
- 控制噪声，尤其是对于顶部旋冲打桩系统；
- 处理溢出的浆液和清孔水。

微型桩的质量控制与其他桩基工艺相似，需要检查平面位置、垂直度、钻孔深度、直径和钢筋。另外，在现场制备的浆液中，应特别注意水、水泥和砂的用量。注浆体试样的尺寸应为 100mm × 100mm × 100mm。

微型桩施工属于涉及以下诸多健康与安全问题的劳动密集型工作，即：

- 人工搬运护筒、钻杆和钢筋；
- 在水和水泥浆上滑倒；
- 在旋转的螺旋钻旁工作（前已有法律要求安装螺旋钻保护装置）；
- 现场制备浆液；
- 在空间狭小、嘈杂的场地工作。

81.5　参考文献

Bourne Webb, P. J., Amatya, B., Soga, K., Amis, T., Davison, C. and Payne, P. (2009). Energy pile tests at Lambeth College. *Géotechnique*, **59**(3), 277–298.
British Standards Institution (2010). *Execution of Special Geotechnical Work – Bored Piles*. London: BSI, BS EN1536:1999.
British Standards Institution (2001). *Execution of Special Geotechnical Work – Displacement Piles*. London: BSI, BS EN12699:2001.
British Standards Institution (2005a). *Eurocode 3: Design of Steel Structures – General Rules and Rules for Buildings*. London: BSI, BS EN1993-1-1:2005.
British Standards Institution (2005b). *Precast Concrete Products – Foundation Piles* (May 2007). London: BSI, BS EN12794:2005+A1.
British Standards Institution (2009a). *Code of Practice for Noise and Vibration Control on Construction and Open Sites – Part 1: Noise*. London: BSI, BS 5228-1:2009.
British Standards Institution (2009b). *Code of Practice for Noise and Vibration Control on Construction and Open Sites – Part 2: Vibration*. London: BSI, BS 5228-2:2009.
Fleming, W. G. K. (1995). The understanding of CFA piling, its monitoring and control. *Proceedings of the Institution of Civil Engineering*, **113**, 157–165.
Fleming, W. G. K., Weltman, A., Randolph, M. and Elson, K. (2009). *Piling Engineering* (3rd Edition). Abingdon: Taylor & Francis, Chapter 2.
Hiller, D. M. and Crabb, G. I. (2000). *Groundborne Vibration Caused by Mechanised Construction Works*. TRL 429. Bracknell: Transport Research Laboratory.
Institution of Civil Engineers (2007). *ICE Specification for Piling and Embedded Retaining Walls* (2nd Edition). London: Thomas Telford.

Lizzi, F. (1982). *The Static Restoration of Monuments: Basic Criteria – Case Histories, Strengthening of Buildings Damaged by Earthquakes*. SAGEP Publisher.

Puller, M. P. (2003). *Deep Excavations: A Practical Manual* (2nd Edition). London: Thomas Telford.

Tomlinson, M. and Woodward, J. (2008). *Pile Design and Construction Practice* (5th Edition). Abingdon: Taylor & Francis, Chapter 3.

81.5.1 延伸阅读

ArcelorMittal (2005, reprinted 2008). *Piling Handbook* (8th Edition). Solihull: ArcelorMittal.

Australian Drilling Industry Training Committee Limited (1997). *Drilling: The Manual of Methods, Applications and Management*. USA: Lewis Publishers.

Barley, A. D. (1988). Ten thousand anchors in rock. *Ground Engineering*, **21**(6), 20–1, 23, 25–29; **21**(7), 24–25, 27–35; **21**(8), 35–37, 39.

Barley, A. D. and Woodward, M. A. (1992). High loading of long slender micropiles. In *Proceedings of the ICE Conference on Piling European Practice and Worldwide Trends*. London Thomas Telford, pp. 131–136.

Biddle, A. R. (1997). *Steel Bearing Piles Guide*. Ascot: Steel Construction Institute.

Broms, B. (1978). *Precast Piling Practice*. Stockholm: Royal Institute of Technology.

Bruce, D. A., Ingle, J. D. and Jones, M. R. (1985). Recent examples of underpinning using micropiles. In *Proceedings of the 2nd International Conference on Structural Faults and Repairs*. London, pp. 13–28.

Federation of Piling Specialists (2006). *Bentonite Support Fluids in Civil Engineering* (2nd Edition). Federation of Piling Specialists [available online: www.fps.org.uk/fps/guidance/bentonite.htm].

Federation of Piling Specialists (2007). *Introduction to the ICE Specification for Piling and Embedded Retaining Walls 2007*. Presentation by Federation of Piling Specialists [available online: www.fps.org.uk/fps/guidance/guidance.php].

Hird, C. C., Emmett, K. B. and Davies, G. (2006). *Piling in Layered Ground Risks to Groundwater and Archaeology*. Environment Agency Science Report SC020074/SR. Bristol: Environment Agency.

Littlejohn, G. S. (1982). Design of cement based grouts. In *Proceedings of the Conference on Grouting in Geotechnical Engineering*. New Orleans, LA, 10–12 February, 1982. New York: ASCE, pp. 35–48.

Martin, J. (1994). The design & installation of bridge strengthening schemes using micropiles. *Proceedings of Structural Faults and Repair Conference*, July 1995.

Martin, J. (1999). Horsfall Tunnel, Todmorden: The design, construction and performance of a temporary reticulated micropile retaining wall. In *Proceedings of Piling and Tunnelling 99 Conference*, London.

Martin, J. (2000). Stabilisation of an existing railway embankment using small diameter micropiles and large diameter pin piles at Kitson Wood, Todmorden. In *Proceedings of Railway Engineering 2000 Conference*. London: Commonwealth Centre.

Martin, J. (2007). The design, installation & monitoring of high capacity antiflotation micropiles to restrain deep basements in Dublin. In *Proceedings of the International Conference on Ground Anchorages and Anchored Structures in Service 2007*, London.

Martin, J. (2008) Retrofit micropile system to increase the capacity of existing foundations. In *Proceedings of the 2nd BGA International Conference on Foundations*, ICOF.

Martin, J. (2009). High capacity micropile groups for the Cannon Place Redevelopment in London. In *Proceedings of the 7th International Conference on Micropiles*. London: ISM.

81.5.2 实用网址

美国石油协会（American Petroleum Institute）；www.api.org/

英国桩基施工专家联合会（Federation of Piling Specialists）；www.fps.org.uk

Geosystems digital library；
www.geosystemsbruce.com/v20/html/ab_TechPapers.html
International Society of Micropiles；www.ismicropiles.org
Technical Papers from Byland Engineering；
www.bylandengineering.com/pages/about/technical-papers-awards

Wave equation analysis of pile driving；www.pile.com

建议结合以下章节阅读本章：
- 第22章"单桩竖向承载性状"
- 第54章"单桩"
- 第82章"成桩风险控制"

本书以第1篇"概论"和第2篇"基本原则"为指导进行章节编排。如第4篇"场地勘察"中所述，各类岩土工程均应进行扎实的现场勘察工作。

译审简介：

秋仁东，1981年生，工学博士，正高级工程师，中国建筑科学研究院有限公司地基基础研究所桩与深基础中心主任，院"百人计划"人才。

王成华，工学博士，天津大学教授，主要从事岩土工程教学、科研工作及工程设计与咨询工作。

杨韬，高级工程师，一级注册结构工程师，主要从事工程抗震与设计工作。

第 82 章 成桩风险控制

韦夫·特劳顿（Viv Troughton），奥雅纳工程顾问，伦敦，英国
约翰·西斯拉姆（John Hislam），应用岩土工程公司，伯克汉斯特德，英国
主译：胡贺松（广州市建筑科学研究院集团有限公司）
参译：刘春林，苏定立
审校：唐孟雄（广州市建筑集团有限公司）

doi: 10.1680/moge.57098.1225

目录

82.1	引言	1195
82.2	钻孔灌注桩	1196
82.3	打入桩	1200
82.4	识别与解决问题	1203
82.5	参考文献	1204

桩基施工需要充分认识可能出现的潜在风险，其很大程度取决于成桩方式和地质条件。这将影响桩基的承载特性与桩身完整性，并对施工环境产生影响。

对于钻孔灌注桩，不同的钻孔方法、钻具类型和地面支护方式等，都会对工程场地产生不同影响。桩身完整性还受混凝土浇筑方式、钢筋笼设计与安装以及桩头处理方式等因素的制约。

打入桩分为部分挤土桩和挤土桩。成桩方式包括锤击法、振动法、静压法等。成桩方式和挤土效应会影响桩的承载性能与桩身完整性。必要时可采取水冲法和引孔法等辅助施工措施，同时也应关注噪声和振动对环境影响。

本章提供了有关如何识别、评价以及控制成桩风险的方法。

82.1 引言

已有重要文献系统阐述了成桩过程中出现的潜在风险。Fleming 等（2009）编制的《桩基工程手册》（*Piling Engineering*）介绍了打入桩和钻孔灌注桩的常见风险，具体包括沉管灌注桩、长螺旋灌注桩（长螺旋桩）和螺杆灌注桩。Thorburn 和 Thorburn（1977）在 CIRIA PG2 报告分析了与钻孔灌注桩施工相关的成桩风险。Healy 和 Weltman（1980）在 CIRIA PG8 报告中研究了挤土桩的施工问题，尽管部分工艺已经改进，但是很多技术要点仍然是可行的。Tomlinson（1994）描述了特殊情况下的成桩风险控制，包括机器基础和托换基础、采矿沉降区与冻土层的桩基础，以及陆上和海上的桥梁基础、灌注桩和能源桩等。

许多成桩过程中发现的技术难题解决方法已被编入规范条文。英国土木工程师学会（ICE）编制的《桩和嵌入式支护结构施工规范》（*Specification for Piling and Embedded Retaining Walls*，SPERW）（ICE，2007）涵盖大多数常见成桩形式的技术要求。本节内容包括承压桩和挡土墙中的支护桩，如排桩、咬合桩、板桩等。英国桩基施工专家联合会（Federation of Piling Specialists，简称 FPS）（FPS，1999）对 1996 年版的 ICE 规范（SPERW）进行了评述，FPS 评述的有益部分已被纳入 ICE（2007）规范。钻孔灌注桩施工详见 BS EN 1536: 2000（BSI，2000a），挤土桩施工可参考 BS EN 12699: 2001（BSI，2001）。钻孔灌注桩与打入桩及其施工方法详见第 81 章"桩型与施工"。

BS 5228（2009）对如何控制成桩噪声和振动进行了全面论述，其中第 1 部分（BSI，2009a）内容为成桩噪声的控制、预测、测量及其影响评估；第 2 部分（BSI，2009b）内容为成桩振动的控制、测量及其评估等。成桩的水平振动测量详见附录。

EC3 第 5 部分（BSI，2007a）和《桩基施工手册》（*Piling Handbook*）（ArcelorMittal，2008）介绍了钢桩的耐久性，包括成桩施工的技术要求，并对钢桩的腐蚀性能进行了详细分析，提出了提高钢桩寿命的有效防护措施。EC2 第 1 部分（BSI，2004）和 EN206（BSI，2000b）详细说明了影响钻孔灌注桩耐久性的腐蚀环境等级和钢筋混凝土保护层的技术要求。

根据场地条件选择合适的桩基施工工艺，确保成桩质量，避免桩身缺陷。选择合适的施工方法需要进行系统的现场调查，岩土及岩土环境工程

专业协会（AGS）（2006）对现场调查提供了非常有用的参考指南。在充分了解地质条件和不同成桩方法可能产生的风险后，设计人员可以选择适当的方法和控制措施确保桩基施工成功。第 54 章"单桩"就桩基设计作了全面介绍，以下各节将介绍钻孔灌注桩和打入桩施工可能产生的常见问题。

82.2 钻孔灌注桩

82.2.1 地质条件

桩基施工最大的未知因素是地质条件，因此钻机选型非常重要。工程场地可能存在未经探明的障碍物影响钻机施工，如果导致施工设备中断作业，需要移出场地，则会延误工期。有时专业承包商可探明某个区域存在障碍物，但对于一些不可预见的地质条件，却不得不改变桩径重新设计，专业承包商有时无法预料到这些情况，但应配有不同型号的施工设备满足施工要求。

桩基施工最常见的问题是现场调查不充分、地质条件了解不够。如果发生上述情况，建设单位通常要承担由此造成的造价增加和工期延误。另外，还存在基础持力层埋深变化的问题。这对长螺旋桩来说问题更严重，因为钻孔深度无法观察，只能使用钻具对钻孔深度进行粗略探测。

施工前应对钻具进行检查，以确保成孔直径满足设计要求。ICE SPERW（ICE，2007）建议孔径的容许偏差为 5%。深度显示器和其他仪器应进行定期校准，特别是在更换钻具或钻杆时。其他常见问题还有黏土和软岩地层的泥皮、混凝土浇筑前钻孔暴露时间太久，以及孔底沉渣清理不干净等。

82.2.2 钻孔作业

正确使用护筒是桩基成功施工的关键。钻进前，应先在桩位处埋入护筒，穿越不稳定土层，以提供安全的作业环境并避免塌孔。然而，不稳定土层的深度变化，会造成护筒长度不足，若将护筒进一步沉入土层，无法满足护筒至少应超出地面 1m 的安全防护要求，则会危及钻孔周围作业人员的安全。现行做法是采用旋拧/挤压护筒，有时护筒会随着螺旋钻杆一起转动，但在护筒周围形成薄弱区域是泥浆护壁的常见缺陷。在混凝土浇筑过程中同时拔出护筒，如果护筒拔出过快，钻孔内浇筑的混凝土压头不够，钻孔土体坍塌则导致桩身缩颈。

如果浇筑的混凝土压头不足以抵抗外部地下水压力，在拔出护筒时也会出现缩颈现象，如图 82.1 所示。为避免此类问题，ICE SPERW（ICE，2007）规定了混凝土的最低浇筑高度，如表 82.1 所示。这类问题在长护筒使用中最为严重。

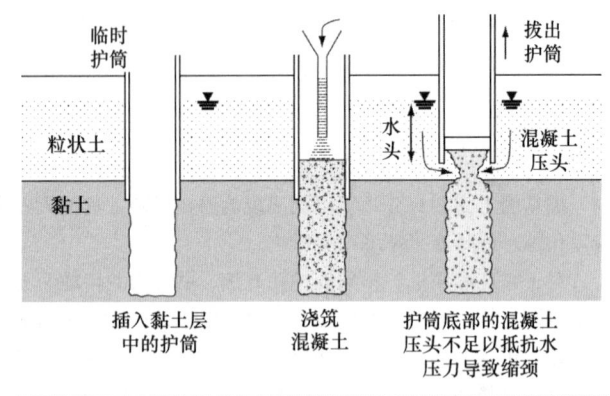

图 82.1 拔出护筒时钻孔灌注桩缩颈

表 82.1 特定条件下截止标高以上混凝土浇筑高度的容许误差

起始面以下的截止标高，H[①] (m)	高于截止标高的容许误差 (m)	适用条件
0.15 至任何深度	$0.3 + H/10$	在干孔中使用永久护筒或护筒底部下方有稳定土层的截止标高内浇筑的桩
0.15 ~ 10.00	$0.3 + H/12 + C/8$	在干孔中使用除上述以外的临时护筒浇筑的桩
0.15 ~ 10.00	$1.0 + H/12 + C/8$，其中 C = 起始面以下的临时护筒长度	在水下或护壁液下浇筑的桩或墙[②]

① 如果 H 大于 10m，应适用 $H = 10$m 的容许误差。
② 如果在永久护筒或墙内浇筑混凝土桩，则忽略 $C/8$ 计算相应的容许误差。

数据取自英国土木工程师学会（ICE，2007）

在拔出护筒时，必须仔细观察护筒内的混凝土下落情况，以便灌满钻孔，防止因压力差不足影响混凝土的浇筑质量。对于大直径钻孔灌注桩，振捣护筒是有效的方法，但必须严格操作，防止对已浇筑的桩身混凝土或其他结构造成损害。

独立承压桩或连续墙桩，无论采用旋挖法还是长螺旋法，钻孔灌注桩的施工顺序对基桩完整性至关重要。在软土地层中，通常存在土的抗剪强度不足以抵抗未完全凝固现浇混凝土的侧向压力，为保证超静水压力大于地下静水压力，此时混凝土的浇筑高度应高于地下水位1m以上。

在钻孔过程中，若桩间距太小，桩间土体强度不足以抵抗侧向土压力，则浇筑混凝土时会对邻近桩产生干扰并产生横向流动。在混凝土浇筑过程中，若浇筑的混凝土压力超过刚浇筑邻近桩的混凝土压力，地基土会向邻近桩侧移动，从而导致桩缩颈。为解决上述问题，通常做法是在一个工作日内，桩连续施工时至少要留出3倍桩间距。当采用长螺旋方法施工时，需要施加压力来泵送混凝土，此时桩间距应增大。

如图82.2所示，在含水层中采用泥浆护壁工艺钻进时必须缓慢升降钻具，以防止钻具上拔或加压作用破坏孔壁稳定性。钻斗应留有足够的间隙让泥浆通过或绕过钻斗，减少抽吸或增压效应，钻具的平面构造如图82.3所示。此外，必须定期检查泥浆性能。泥浆密度太低，会造成塌孔；泥浆密度太大，会存在较厚沉渣，从而产生清孔问题。钻孔和清孔作业后，必须进行二次清孔，并对泥浆进行调配和再循环，使用专用工具对泥浆进行采样检测，减少沉渣厚度，确保桩身质量和桩端阻力满足要求。

长螺旋桩施工遇到的最常见问题之一是地基土体容易"飞溅"钻孔内，从而导致软弱土层超挖，具体如图82.4所示；ICE SPERW（ICE，2007）给出了相应的技术要求。在淤泥和细砂土层中，必须合理调整螺旋钻的进尺与转速之间的关系，螺旋钻在未穿透上述土层前，转速不得过快。

螺旋挤土桩是一种成桩形式，螺旋钻在无弃土的情况下置换地基。挤土桩有两种类型：螺杆挤土桩和螺旋挤土桩。对于螺杆挤土桩，在螺旋钻插入和拔出过程中要控制钻进速度，确保螺旋钻的钻进路径相同，从而形成混凝土桩肋。准确监测和控制螺旋钻的旋转和贯入速度对确保混凝土桩肋的完整性至关重要。对于螺旋挤土桩，置换土体无需形成桩肋，但要有足够的扭矩和挤压力，使螺旋钻能够穿越持力层至足够深度，以满足承载力要求。

图82.3 允许泥浆液通过的平面型旋挖钻斗

经由 Balfour Beatty 提供

还有其他可能发生的问题，例如即使施工时进

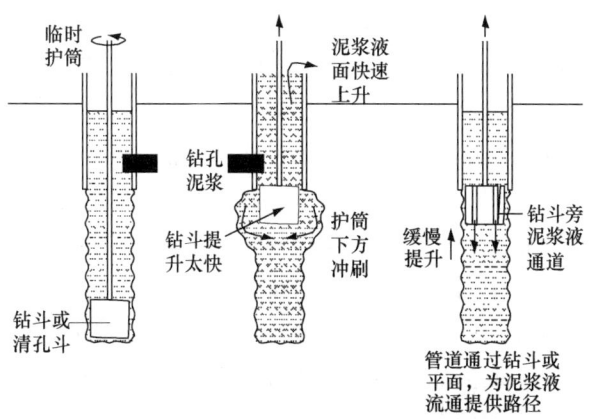

图82.2 钻斗的抽吸和冲刷对孔壁稳定性的影响

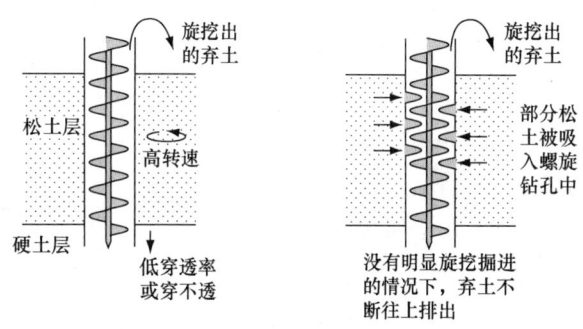

图82.4 旋挖中的长螺旋桩

行了资料收集和案头研究，也有可能遇到自然或人为障碍物。在黏土和软泥岩地层中，孔壁上的泥皮会削弱桩侧摩阻力，其中图 82.5 为旋挖成孔的桩身，图 82.6 为泥岩中转速过快形成的长螺旋桩。如果成孔时间过长，黏土会软化并再次削弱桩侧摩阻力，桩端阻力也会受桩底沉渣的影响。在干孔中，应使用带叶片的螺旋钻或清孔钻斗清除松散的碎屑。对于在水下或泥浆中形成的钻孔桩，悬浮土颗粒在桩底沉积，可借助清孔钻斗、气动提升器或潜水泵清理桩底沉渣。

82.2.3 混凝土浇筑

第 82.2.2 节阐述了部分与混凝土浇筑相关的内容。通常浇筑的混凝土是由预拌混凝土搅拌站供应，因此需要对混凝土交货单进行检查，避免混凝土配料和配送不当。混凝土坍落度是重要的检查

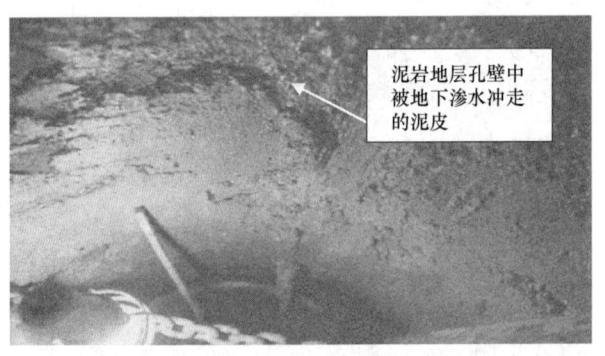

图 82.5　软泥岩旋挖钻孔壁上的泥皮

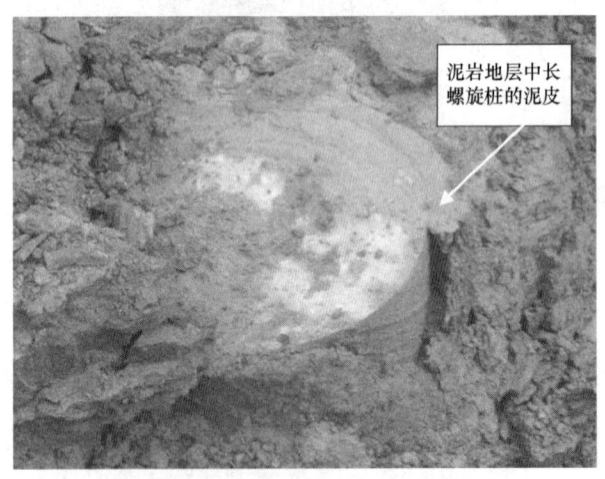

图 82.6　麦西亚泥岩长螺旋桩侧泥皮

经由 Balfour Beatty 提供

项，与钻孔灌注桩一样，高坍落度混合料至关重要，因为混凝土太稀不利于混合料的自密实，并可能导致下料导管和长螺旋输送管堵塞。必须通过导管浇筑混凝土，防止浇筑的混凝土离析，尤其是已预先安装了钢筋笼的钻孔。ICE SPERW（ICE，2007）建议使用刚性下料导管并放置在钻孔中央，防止浇筑的混凝土撞击钢筋笼而发生离析。

在临时护筒内浇筑混凝土时，需要保持浇筑混凝土面与导管出口有足够高度，以填充因临时护筒拆除产生的空隙，尤其是长护筒应监测钻孔内混凝土浇筑高度，保证拔出护筒时得到填充。

传统钻孔灌注桩存在棘手问题，即"钻孔内有多少水"才能使用水下导管浇筑替代正常混凝土灌注。这个问题通常在干燥的黏土地层中不会遇到，而粗粒土层的地下水位通常在施工和选择合适的混凝土浇筑方法之前就已确定。无论水从孔壁还是从孔底进入钻孔都会影响浇筑方法的选择。在孔内水量非常少的情况下，没有必要采用水下导管浇筑混凝土。这种情况可通过浇筑干水泥来"干燥"钻孔或留出钻孔的最后几米深度暂时不钻进，直到现场混凝土已就位且可浇筑为止。其他情况可通过改变浇筑方式和变更桩基设计来解决。

下料导管组件接头发生堵塞的可能性不大。但如果导管接头密封不好，导管接头渗漏水会导致混凝土输送过程堵管。在拆卸和损坏此类组件时要保持警惕，必要时更换橡胶密封圈，防止此类问题再次发生。

在浇筑每一体积混凝土时，必须通过记录导管深度来控制导管的拆除。过快拔出导管会发生塌孔，从而破坏孔内混凝土质量。为避免导管过早拔出，ICE SPERW（2007）要求下料导管插入浇筑的混凝土至少 3m。

在长螺旋成桩过程中，浇筑的混凝土在地下水位以上或以下都会出现水和细骨料的渗出。该种现象在地下水位以上的干燥粗粒土中更为普遍，因为混凝土中的压力明显高于地基土，以致水/细骨料从混凝土中被挤出。这类问题通常可以提前预判，通过采取诸如提高砂率或者减水剂掺量等措施改变混凝土的配合比来解决。类似问题在地下水位以下也会出现，只是在前期并不明显。通常将钢筋笼插

入浇筑的混凝土中时才发现此类问题。受影响深度的混凝土将失去和易性，并阻碍钢筋笼插入。这种情况的补救措施是拔出钢筋笼、重新钻孔、重新浇筑混凝土。

另一条"黄金法则"是一旦混凝土浇筑好，就不要去管它。也就是说，过分强调清理桩头可能会污染钻孔内的混凝土。在准备浇筑桩帽或承台时，可以小心破除桩头，将桩顶标高降低至设计要求。

82.2.4 钢筋工程

大型钢筋笼中密集分布的钢筋，会导致混凝土浇筑时流动不畅，并会出现钢筋与混凝土粘结问题，尤其是布置了多层钢筋网的钢筋笼。有时需要限制骨料尺寸才能解决上述问题，或者布置双层主钢筋，或者弯曲主钢筋，保证主钢筋间距满足设计要求。因此，BS EN1536（BSI，2000a）要求主筋之间的最小间距为100mm，使用骨料直径20mm及以下时，主筋最小间距可为80mm。

现在越来越多通过焊接钢筋笼或布置加强筋来保证钢筋笼的吊装和连接，尤其是大直径的钢筋笼。焊接钢筋笼通常比手工绑扎钢筋笼更精确，并且在搭接处更好地匹配钢筋。其次，应正确吊装钢筋笼，避免发生倒塌事故，应保持钢筋笼清洁，不得有泥土或其他杂物覆盖。

确保钢筋笼的保护层厚度并未得到应有重视。桩基施工完成后，不能因保护层厚度不足而导致桩身缺陷。通常情况下，只有开挖或破桩头后才能发现因钢筋笼弯曲、扭曲等缺陷，导致保护层厚度不足，从而造成桩身缺陷。

此外，应注意钢筋的放置高度，避免在后续施工出现钢筋搭接长度不够的问题。

82.2.5 辅助工程

桩施工完成后，浇筑混凝土在达到设计强度之前应进行保护。机器设备不得在桩周附近行驶，刚浇筑或部分凝固的混凝土无法抵抗设备产生的附加荷载（图82.7）。这种情况通常会造成混凝土保护层厚度不足或钢筋笼偏位。因此，现场文明施工要求明确标识出桩位。

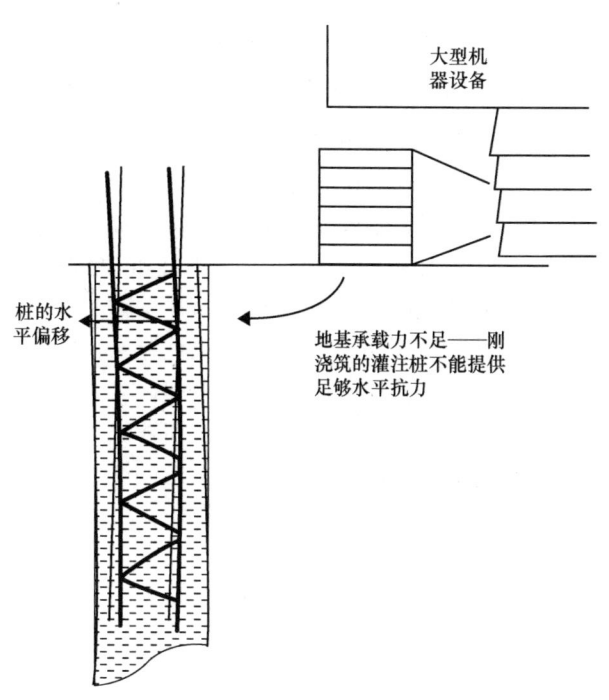

图82.7 机器设备移动对桩的损坏

为创建安全的工作环境和避免杂物进入浇筑的混凝土中，应做好现场管理工作，包括弃土清理和场地整洁。这些工作应使用适宜的设备及时清理，以免附加荷载对桩产生损害。

应小心破除桩头。除非桩身是多层钢筋布置，否则破桩头时不可施加横向力。应优先使用专用的锯齿破桩机。可通过泡沫套筒辅助破除桩头，泡沫套筒固定在桩顶标高以上的钢筋上。FPS（2008）已编写了有关指导书及相应的论文CIRIA（Cox，2009）。

82.2.6 构造问题

钢筋笼吊放高度不对，或垫片使用不当、机械位移导致钢筋笼偏位，均会出现构造问题。混凝土强度检验也会碰到很多问题，例如立方体模具脏差、标识不清、样品储存不善、养护箱无温度控制以及场外测试条件差等。预拌混凝土行业已开始解决上述问题，正在由混凝土供应商建立自我认证体系，在现场及生产过程中保持完整的记录。

另外，如果设计人员未考虑桩基施工允许误差，基桩偏位也会引起构造问题。

82.3 打入桩

82.3.1 施工方法与地质条件

BS EN 12699:2001（BSI，2001）涵盖包括混凝土桩、钢桩、木桩等在内的挤土桩施工。部分挤土桩包括开口钢管桩、钢板桩和 H 型钢桩等；挤土桩包括预制混凝土实心桩、闭口钢管桩、木桩和沉管灌注桩等，可通过使用锤击法、振动法或静压法施工。

液压打桩机常用于预制混凝土桩施工，振动法和锤击法常用于钢桩施工。在噪声和振动需要控制的区域，可采用静压法施工钢板桩和管桩。

现场充分调查对评估打入桩工艺可行性至关重要，障碍物和硬土层会影响打桩作业，因此可能需要水冲法或引孔法辅助施工。

82.3.2 桩的制作

BS EN 12794:2007（BSI，2007b）涵盖了预制混凝土桩的生产制造。预制桩的设计应能承受搬运和施工产生的应力，且通常比其正常使用期间承受的应力要大得多。预制混凝土桩在模具中浇筑而成，其混凝土必须达到足够的设计强度才能拆模、吊装和运输，最终进行现场沉桩施工。预制桩按一定长度浇筑而成，然后进行现场拼接安装。因此，桩端横截面要与桩身垂直，确保每节桩之间紧密连接，避免偏心，如图 82.8 所示。

钢桩和木桩的制作不太可能发生上述情况。桩截面应平整，避免沉桩过程中引起桩身弯曲。

82.3.3 桩基施工

锤击法或振动法施工时，桩被架立在导杆或导向架上，以引导落锤或振动器对桩进行夹持和施打。静压法施工时，液压钳口应夹住桩身，引导桩段送入岩土层。

Healy 和 Weltman（1980）阐述了持力层设计深度不合适时，会发生过度打桩现象，并对桩头或桩尖造成永久性损伤。在桩尖损坏的情况下，桩表现为不正常的打桩状态，由于桩尖的挤压或变形，桩身连接也可能出现问题。当桩需要打入特定深度时，应考虑借助水冲法或引孔法辅助施工。

水冲法和引孔法需特别小心，确保不会对地基造成不利影响，从而影响相邻结构（如公用设施和建筑物），或影响桩的承载性能。水冲法是指利用高压水射流对桩端土体进行侵蚀或松动。应对水回流和压力进行监测，确保水不会在远离桩尖处的其他路径流走。如果水回流受阻，压力会迅速在地面处积聚，并造成地表隆起。引孔法是指在桩基施工前，使用螺旋钻松动土体。渣土应及时清理，避免影响桩基承载性能，宜通过高低应变或静载荷试验检验桩的承载性能。

沉桩过程中可能会发生桩身损坏现象，尤其是在应力集中的桩头处。对于预制混凝土桩，如图 82.9 所示，出现混凝土开裂和剥落损坏。对于钢桩，桩头可能发生弯曲或屈曲。为了防止预制混凝土桩头剥落，供应商通常在桩头设置钢套箍，并保证最低限度的混凝土保护层厚度，符合钢筋保护的耐久性要求（Healy 和 Weltman，1980，CIRIA PG8 报告）。沉桩时产生的拉应力可能会造成桩身损坏，当在软土地层中采用过大的锤击能量进行打桩时，桩身损伤可能出现在任何位置，直到打桩后期

图 82.8 预制桩的桩端

图 82.9 破损的预制混凝土桩头

经由 Balfour Beatty 提供

难以继续打入时才发现损坏情况，桩身早期产生的裂缝会导致桩身深处发生剥落和破损。

通过加固预制桩抵抗打桩应力可避免桩身破损，但其可能发生在遇到障碍物时。由于地基的约束作用，尽管桩相对细长，桩身也不太可能发生屈曲破坏，软土地基也可提供足够的侧向压力防止打桩过程桩身屈曲。

如果施工过程中钢桩头损坏，可将其切掉并重新焊接延长。现场条件很难满足结构焊接要求，通常需要进行焊缝质量检验，以致工期延迟。ICE SPERW（2007）详细介绍了场外和现场焊接的技术流程和测试要求，而 BS EN 1011 第 1 部分（BSI，1998）则涵盖了电弧焊的一般操作步骤。混凝土部分也可以进行补强，但由于补强部分需要一定的时间硬化，因此工程延误可能性较大。

桩从硬夹层进入软弱层时需要特别注意。桩在达到设计标高之前会穿过硬夹层，可通过桩位的超前钻探调查清楚土层力学参数与厚度变化，并通过沉桩施工进行验证。

钢管桩在沉桩过程中可能会堵塞。当桩继续沉入时，桩端土体向下挤压而不是通过内腔向上移动。White 等（2002）研究了可能发生内腔堵塞的机理，分析了对桩基承载力的影响，并描述了通过安装桩靴来减少影响的措施。钢桩也可通过焊接封闭桩尖，阻止土体在管桩内腔向上移动。根据 Biddle（1997）的说法：H 型桩的堵塞现象非常少见，除非沉桩过程中确实发生，否则不应考虑 H 型桩的堵塞效应。

在斜岩面和巨砾的岩层上打桩需要特别注意，桩可能会偏斜，从而导致桩身弯曲和损坏。陡峭岩面沉桩存在特殊风险，如在回填采石场的边缘沉桩。

82.3.4 终锤贯入度

打入桩的终锤贯入度一般定义为每 10 次锤击测得的贯入量。如果地基有障碍物或巨砾，或弱土层上覆有薄岩夹层，终锤贯入度则不真实。应在场地周围进行试打，以验证实际地质条件与勘察报告是否一致。如果障碍物阻碍打桩，则可使用引孔法辅助成桩。

桩阻力在非常坚硬的黏性土和白垩纪地层中会随着时间而增加。打桩过程中的停滞会导致需要更大的能量才能使桩再次贯入。打桩过程中孔隙水压力升高会降低打桩阻力，随着孔隙水压力的消散，桩周阻力增加。这有利于桩基的长期承载力，但打桩完成后不能过早进行桩基试验，否则会低估桩基的承载能力。若孔隙水压力对桩基承载力影响较大，可使用孔隙水压力计监测超静孔隙水压力的消散情况。

在致密的粉土和部分风化岩中沉桩，可能会发生误判。有人认为这是打桩引起负孔隙水压力的结果。负孔隙水压力的耗散会导致桩周土体松弛，有必要对桩进行复打，以检查桩周阻力是否减小。在某些泥岩中也可能出现桩周阻力减小问题，打桩载荷会造成节理中的黏土被挤出或固结。

82.3.5 负摩阻力

在软黏土和淤泥地层中，打入桩会产生超静孔隙水压力，并随着时间逐渐消散。超静孔隙水压力的不断消散，土体再次固结，对桩身产生负摩阻力，可通过引孔法和涂抹隔离涂层来减少影响。隔离涂层尚未被证明非常有效，并且打桩之后其完整性不确定。附加的负摩阻力通常需要进行评估，并将其作为附加荷载计入桩基设计中。打桩会导致土体压实，因此负摩阻力也可能发生在松散土层中。

82.3.6 地面位移

打桩会引起地面位移，在低压缩性土中会产生土体隆起和侧向变形，松散土中会引起土体压实和沉降。低压缩性地基中的打桩挤土效应最大，如在围堰的封闭环境下打桩，挤土效应累积会导致地面位移和侧向压力的增加，进而造成围堰结构变形，或随着地基土被挤密，打桩变得更加困难。使用部分挤土桩、引孔桩或合理安排打桩顺序等可减轻影响。对于大型构筑物（如油罐），通常采用从中心向外围的打桩顺序。当靠近挡土墙打桩作业时，应采用逐渐远离挡土墙的打桩顺序。

如果打桩引起邻近预制混凝土桩或钢桩上浮，可进行复打，无需对潜在影响进行性能评估。

82.3.7 桩头处理

桩头处理不当是预制混凝土桩损坏的最常见原因。FPS（2008）对桩头处理提供了多种方案，小直径桩、少筋桩或在软土中的桩，不应使用重型冲击破桩机进行桩头破除作业。Cox（2009）还描述了不同的桩头破除方法以及可能导致桩失效的情况。同时还指出，使用脱粘泡沫可避免基桩损坏。

钢桩的桩头处理应使用圆盘切割机或钢锯进行，而不得使用会降低钢强度的烧焊设备。

82.3.8 接桩作业

预制混凝土桩通常分段制造与供应，通过接头连接。有两类常用接头，第一类是机械接头，可承受压缩、拉伸和力矩作用。第二类是非机械接头，仅能承受压缩作用。接头失效很少见，但在有障碍物的场地应使用机械接头。

钢管桩连接套管的连接长度与现场焊接环境有关，包括准备和检测，SPERW（ICE，2007）提供了相关的方法。采用二手或非优质钻进套管的螺纹接头代替焊接接头，可减少连接时间。通过将带有外螺纹的套管末端插入到有内螺纹的套管内圈中来连接钢管桩。这种插接式的连接方式仅适用于承受压缩载荷（不适用于拉伸载荷）的工况。对于从底端插入的薄壁钢管桩，套管配有承插式接头，可通过电焊连接。对只需承受打桩过程中产生拉力的接头，可选用铆接方式作为钢套管的连接方式。薄壁钢套管也可用于 Odex 钻孔桩，在这种情况下，点焊也满足套管连接要求，因为套管永久留在钻孔内，在桩基设计时可不考虑其承载作用。

82.3.9 噪声与振动

对位于顶部的打桩系统，应特别考虑噪声对环境的影响。一般来说，底部驱动的方式，如液压锤装在驱动管中或使用振动方法，噪声水平会较低。此外，需要考虑对噪声和振动敏感的邻近区域，可以采取隔声罩和限制工作时间来减少噪声影响。或者使用噪声水平较低的静压桩机。White 等（2002）对使用该系统的现场测量结果与现有的推荐限值进行了对比。

英国标准 BS 5228（2009）是施工现场噪声和振动控制的规程，第 1 部分（BSI，2009a）包括噪声方面的内容。这部规范提供了有关预测、测量噪声以及评估噪声对环境影响的方法。其中第 8.5 节专门讨论了打桩现场的噪声控制，规范附录 H 则讨论了沉桩类型。对于顶部打入式的动力系统，可以通过在锤头和桩帽之间引入非金属桩垫（如木材）降低噪声，也可用隔声罩密封动力设备，这些特定的系统数据通常可从打桩承包商那里获得。

桩打入地下会产生影响环境的应力波和振动。通过调整打桩设备的冲击力或频率，可以减小振动的影响。振动沉桩法也会引起地面振动。在某些情况下，隔离沟可以起到保护邻近结构的作用，是隔离此类地面振动的天然屏障，然而也会发生"怪异"的振动穿过敏感地层的情况。作为钢桩施工的一种选择，可以采用静压沉桩法，其地基振动水平较低。White 等（2002）提供的预测曲线表明，该沉桩方法具有较低的振动水平，比锤击法或振动法更适合在接近住宅区使用。

振动程度取决于振源及其距离。即使非常低的振动人类也能感觉到，大振动是造成结构损坏的必要条件。英国标准 BS 5228（2009）是施工现场噪声和振动控制的规程，第 2 部分（BSI，2009b）涉及振动问题，其为振动测量和环境影响评估提供了指导。附录 C 和附录 D 分别提供了当前测得的打桩振动水平和历史数据。

人类可感知的振动阈值处于非常低的峰值速度（PPV），在 0.15～0.3mm/s 之间。英国标准 BS 7385-2 提出建筑物损坏阈值标准水平更高，并在英国标准 BS 5228-2（BSI，2009b）附录 B 中进行了阐述。损坏阈值取决于结构的类型、振动的峰值速度和频率范围。一般来说，对于钢混或框架结构以及工业和大型商业建筑，瞬态振动对外观损坏的阈值水平为 50mm/s。对于无筋或轻型框架，以及住宅或轻型商业建筑，振动频率高于 40Hz 时的阈值为 50mm/s，但在 15Hz 时则降低到 20mm/s，在 4Hz 时下降到 15mm/s。两倍于这些值时可能会发生轻微损坏，4 倍于上述值时则可能引起建筑结构严重损坏。

82.3.10 耐久性

对于混凝土桩，其耐久性取决于混凝土质量和钢筋混凝土保护层。Healy 和 Weltman（1980）指出，质量好的桩也可能会出现宽度大于 0.2mm 的细裂缝，这些裂缝通常未必被注意到，在结构恒载作用下裂缝会闭合。不当使用、桩倾斜都有可能使桩产生较大裂缝。允许裂缝宽度取决于桩所处地基水土的腐蚀性和耐久性要求。对于混凝土结构，《欧洲标准2》第 1 部分（BSI，2004）有相关说明。

钢桩腐蚀现象最可能发生在受扰动的地基或者海洋环境中。自然环境下钢桩的腐蚀速率可参考《欧洲标准3》第 5 部分（BSI，2007a），如表 82.2 所示。Fleming 等（2009）给出了多种防止钢桩腐蚀

淡水或海水中桩和板桩因腐蚀而造成的厚度损失推荐值（mm）　　表 82.2

水体类型	区域	设计使用年限（年）				
		5	25	50	75	100
常见淡水（河流、船舶、运河等）	强烈作用（水位线）	0.15	0.55	0.90	1.15	1.40
污染严重的淡水（污水、工业废水等）	强烈作用（水位线）	0.30	1.30	2.30	3.30	4.30
温带气候地区的海水	强烈作用（低水区和溅水区）	0.55	1.90	3.75	5.60	7.50
温带气候地区的海水	永久浸没或潮间带	0.25	0.90	1.75	2.60	3.50

注：1. 最高的腐蚀速率通常出现在飞溅区或潮水低水位处。然而，在大多数情况下，最高弯曲应力发生在永久浸没区。
2. 5 年和 25 年的数值是通过测量得到的，其他数值由外推获得。
数据取自 BSI（2007a）

的方法。ArcelorMittal（2008）在其《桩基施工手册》（*Piling Handbook*）中也提供了相应指导。

82.4 识别与解决问题

82.4.1 通则

下面章节将说明成桩风险的识别、评估以及其解决方法。第 93 章"质量保证"描述了质量管理体系和识别成桩不合格的过程。桩的测试结果和桩的测试方法常常引起争议，《桩基检测手册》（*Handbook on Pile Testing*）（FPS，2006）和 Tomlinson（1994）对检测结果进行了解释和评估。Poulos（2005）还提供了一系列关于打桩问题的分析案例，并通过调查和分析评价了某些涉及的特定难题。

82.4.2 识别方法

可以通过一系列测试和记录来识别存在的问题。这些包括：

（1）成桩记录：地质条件变化、打桩记录、桩错位、上浮和侧向位移、混凝土浇筑、钢筋笼异常记录。

（2）完整性检测：完整性曲线中的异常信号，表明基桩可能存在裂缝、变截面或夹杂物。第 97 章"桩身完整性检测"和 Turner（1997）的 CIRIA 144 报告提供了不同类型的完整性检测及其解释。

（3）荷载检测：不满足规定的荷载/沉降特性，表明结构破坏或桩侧阻力小或桩端软弱，有时可以通过 Chin（1970）和 Fleming（1992）提出的方法对荷载检测结果进行反分析。

（4）材料试验：混凝土立方体试件强度不满足设计要求，钢连接件的焊接试验不合格。

（5）桩头处理检查：桩头破损、混凝土强度低、型钢弯曲。

（6）由驻场工程师或检查员进行观察，发现不符合规范的情况应作进一步调查以揭示问题。

成桩问题并不总是由于不符合规范引起，也有可能因为观察不一致造成。难点在于何时需要对存在的重大问题进行调查。例如，在一个场地的干燥区域进行的钻孔灌注桩测试结果，不能代表同一场地潮湿区域的测试结果。另一个案例是沉桩，所有沉桩都达到终锤标准，但有些桩的桩顶标高要比其他桩高得多，需要进一步地调查或测试。

82.4.3 判断

应严格审查测试结果，以确保其准确性和可靠性，并与成桩记录和现场情况一并考虑。在确定采取何种补救措施之前，可通过试验或勘察作进一步调查。在某些情况下，检测结果所能揭示的问题是有限的。

例如，以单孔超声法或跨孔超声法进行基桩完整性检测，桩的异常识别依靠声波的信号解释。虽然这些检测可以反映基桩和桩间的声波差异，但在确定信号异常是否对结构有重要影响之前，应通过物理探测或荷载测试，以及成桩记录审查进行验证。与荷载测试类似，桩的荷载/沉降异常可能归因于地基条件变化或测试不当，因此需要进一步的评估和测试才能确认异常原因。

在某些情况下，测试结果异常可能是后续工序造成的，例如桩头处理或其他施工引起的地基变形等造成基桩损坏。因此，桩基测试必须及时进行，在桩基施工作业期间或工程完成后立即进行，而不是在后期开展，否则很难将问题归咎于特定承包商。建议在桩基施工作业期间进行测试，以便及时发现潜在的问题并采取相应的补救措施。

82.4.4 问题解决

如果测试或记录表明成桩有潜在问题，那么有必要了解问题对结构的影响程度，因为这可能影响到桩基的耐久性或承载性能。

在某些情况下，无需采取任何补救措施，或只需进行较小的补救工作就可以轻松解决结构问题。例如，对于错位桩，桩身钢筋或桩帽或地基梁就足以承受偏心荷载作用而无需采取其他补救措施。此外，略微超过规定沉降极限的桩基荷载对结构来说可能不重要，因为该结构可能允许比最初规定稍大的沉降量，而不会损害结构的整体性能。在这种情况下，虽然可能不符合规范要求，但不要反应过度，因为可以通过进一步的评估和分析解决问题。对结构影响不大的异常进行重大调查并不符合客户最大利益。

事实表明成桩可能存在更为严重的问题，会影响结构的承载性状、安全性和长期耐久性。这里明确几点问题的调查和评估策略，具体如下：

- 潜在问题对结构的重要性；
- 其他桩是否受影响；
- 是否必要作进一步测试；
- 必要时的补救措施。

承包商的质量计划应有关于不符合规范要求的处理程序。实际程序将取决于合同约定，承包商的产品由外单位检验或承包商自行验证。不同的质量管理体系在第93章"质量保证"中均有叙述。

探究异常的过程可能会引起很多误解。按照惯例，如果异常桩被验证可安全应用到工程中，则由客户支付验证费用（因为桩最终是可靠的），若发现需要修复缺陷时，则验证费由承包商负责。随之而来的费用支出通常有争议。因此，最大限度缩短解决问题的时间符合各方利益。

重要的基本原则是应明确沟通渠道和项目责任，以便报告任何不符合项，并尽快提出、评估和批准补救措施。如果可能影响到成本、计划或安全，则需要告知客户解决方案。

免责声明：

本章中不符合标准的例子仅用于说明，与作者或其单位无关，也不能反映作者或其单位的情况。

82.5 参考文献

AGS (2006). *Guidelines for Good Practice in Site Investigation*. Beckenham, Kent, UK: Association of Geotechnical and Geoenvironmental Specialists.

ArcelorMittal (2008). *Piling Handbook* (8th Edition). 2008 Revision.

Biddle, A. R. (1997). *Steel Bearing Pile Guide* Publication No P156. Ascot: The Steel Construction Institute.

British Standards Institution (1993). *Evaluation and Measurement for Vibration in Buildings – Part 2: Guide to Damage Levels from Groundborne Vibration*. London: BSI, BS 7385-2:1993.

British Standards Institution (1998). *Welding – Recommendations for Welding of Metallic Materials – Part 1: General Guidance for Arc Welding*. London: BSI, BS EN 1011–1:1998.

British Standards Institution (2000a). *Execution of Special Geotechnical Work – Bored Piling*. London: BSI, BS EN1536:2000.

British Standards Institution (2000b). *Specification, Performance, Production and Conformity. Part 1*. London: BSI, BS EN206–1:2000.

British Standards Institution (2001). *Execution of Special Geotechnical Work – Displacement Piles*. London: BSI, BS EN 12699:2001.

British Standards Institution (2004). *Eurocode 2. Part 1-1. Design of Concrete Structures Part 1-1: General Rules and Rules for Buildings*. London: BSI, BS EN1992–1–1:2004.

British Standards Institution (2007a). *Eurocode 3. Part 5. Design of Steel Structures. Piling*. London: BSI, BS EN1993–5:2007.

British Standards Institution (2007b). *Precast Concrete Products – Foundation Piles*. London: BSI, BS EN 12794:2007.

British Standards Institution (2009a). *Code of Practice for Noise and Vibration Control on Construction and Open Sites – Part 1: Noise*. London: BSI, BS 5228–1:2009.

British Standards Institution (2009b). *Code of Practice for Noise and Vibration Control on Construction and Open Sites – Part 2: Vibration*. London: BSI, BS 5228–2:2009.

Chin, F. K. (1970). Estimation of the ultimate load of piles from tests not carried to failure. In *Proceedings of the Second Southeast Asian Conference on Soil Engineering*. Singapore, pp. 83–91.

Cox, D. (2009). *Breaking Down Piles and the Significance of Debonding*. London: CIRIA.

Fleming, W. G. K. (1992). A new method for single pile settlement prediction and analysis. *Géotechnique*, **42**(3), 411–425.

Fleming *et al.* (2009). *Piling Engineering* (3rd Edition). Oxford, UK: Taylor & Francis.

FPS (1999). *Essential Guide to the ICE Specification for Piling and Embedded Retaining Walls*. London: Thomas Telford.

FPS (2006). *Handbook on Pile Testing*. Federation of Piling Specialists, March 2006.

FPS (2008). *Breaking Down of Piles*. Federation of Piling Specialists, May 2008.

Healy, P. R. and Weltman, A. J. (1980). *Survey of Problems Associated With the Installation of Displacement Piles*. London: CIRIA, Report PG8 1980.

ICE (2007). *Specification for Piling and Embedded Retaining Walls*. Institution of Civil Engineers. London: Thomas Telford.

Poulos, H. G. (2005). Pile behavior – consequences of geological and construction imperfections. *Journal of Geotechnical and Environmental Engineering*, ASCE, May 2005, 538–563.

Thorburn, S. and Thorburn, J.Q. (1977). *Review of Piling Problems Associated with the Construction of Cast-in-Place Concrete Piles*. DOE and CIRIA piling development group report PG2, CIRIA 1977.

Tomlinson, M. J. (1994). *Pile Design and Construction Practice* (4th Edition). London: E&FN Spon.

Turner, M. J. (1997). *Integrity Testing in Piling Practice*. London: CIRIA, Report 144.

White, D., Finlay, T., Bolton, M. and Bearss, G. (2002). Press-in piling ground vibration and noise during pile installation. In *Proceedings of International Deep Foundation Congress Orlando USA*, ASCE Special Publication, **166**, 363–371.

实用网址

岩土及岩土环境工程专业协会（AGS）；www.ags.org.uk

建议结合以下章节阅读本章：
- 第96章"现场技术监管"
- 第97章"桩身完整性检测"
- 第98章"桩基承载力试验"
- 第101章"完工报告"
- 第5篇"基础设计"

本书以第1篇"概论"和第2篇"基本原则"为指导进行章节编排。如第4篇"场地勘察"中所述，各类岩土工程均应进行扎实的现场勘察工作。

译审简介：

胡贺松，博士，教授级高级工程师，"广东特支计划"科技创新青年拔尖人才，主要从事岩土工程领域的科研工作。

唐孟雄，博士，教授级高级工程师，广州市建筑集团有限公司总工程师，全国劳动模范，享受国务院政府特殊津贴专家。

第83章 托换

蒂姆·乔利（Tim Jolley），Geostructural 工程咨询有限公司，老哈特菲尔德，英国

主译：李湛（中国建筑科学研究院有限公司地基基础研究所）

审校：张鑫（山东建筑大学）

目录		
83.1	引言	1207
83.2	托换类型	1207
83.3	影响托换类型选择的因素	1210
83.4	托换和相邻基础的承载力	1211
83.5	临时支撑	1212
83.6	砂土和砾石土中的托换	1213
83.7	地下水控制	1213
83.8	与沉陷沉降相关的托换	1214
83.9	托换的安全因素	1215
83.10	经济因素	1216
83.11	结论	1216
83.12	参考文献	1216

对于特定的应用场景，在最终决定选择的托换方案之前，有几个方面需要考虑。本章讨论了各种可用的托换类型，进而思考当前项目哪种类型的托换方案值得进一步考虑，并给出了一些可能影响托换方案选择的因素，以便做出明智的决策。最后，介绍了与地下水、沉陷沉降、安全和经济因素相关的一些具体问题。

83.1 引言

83.1.1 托换的应用范围与原因

有三个主要的方面，即：
（1）事故处理；
（2）将基础拓展加深，以便进行建筑和土木工程建设；
（3）既有建筑增加荷载。

83.1.2 本章目的

不论需要托换的原因是什么，设计或实施托换方案之前，都有一些值得考虑的一般基本原则。无论是在设计阶段还是在施工阶段，在着手托换方案之前，都需要着重考虑一些要点。为了便于在早期阶段做出正确的决策，需要提供信息以引发思考。

83.2 托换类型

83.2.1 大体积混凝土

大体积混凝土托换用于既有砌体墙或基础扩展。当需要降低建筑物的底层而既有基础埋深又不足时，这种托换方案可能是必要的。

大体积混凝土托换的另一个常见用途是在建筑物受到与沉陷相关的影响时，将建筑物的荷载传递到稳定的地基上。在这种情况下，在早期阶段获得足够的关于地基特性的信息十分重要，从而确定可找到稳定地基的可能深度。这将决定这种情况下大体积混凝土托换是否是合适的解决方案。

如果考虑既有建筑增加更多楼层，将导致基础上的荷载增加，可以采用大体积混凝土来提供需要增加的建筑地基的承载力。建议的托换可以设计成增加既有基础的宽度，或者加深既有基础使基础坐落在具有更高承载力的土层。

如果计划在既有建筑下方或附近建设新的地下室，可以使用大体积混凝土建造支挡墙支挡土体。通常将钢筋混凝土衬墙与托换结合使用来提供永久支撑。为了新建地下室的可用空间最大化，托换剖面通常与既有墙体在同一轴线上。然后在新建底板标高以下的某一点加宽托换截面，使截面宽度与原基础宽度相同。为了满足临时情况下的支撑，提议的托换应设计为大体积混凝土重力式挡土墙。提议的钢筋混凝土衬墙设计为永久支撑。

83.2.2 间隔托换

在适当的情况下，出于经济原因，大体积混凝土托换基础可以采用"间隔"方式隔开布置。由于上部结构的荷载将集中在一个较小的面积上，因此应检查托换基础处的地基应力不超过允许值。

考虑跨越在托换基础之间的结构的整体性也很重要。在某些情况下，设置过梁跨越相邻的基础可能是合适的。

83.2.3 钢筋混凝土托换

钢筋混凝土托换基础最常用于在既有建筑下方新建地下室。它们应该被设计成垂直跨越的梁，每条梁具有合理的独立托换基础的宽度，比如 1.2m。而托换基础之间采用插筋连接，以保证新建的挡土墙作为一个整体工作。

设计加筋墙的主要功能是挡土。作为永久结构，墙作为连接不同楼层之间的梁，作为临时结构，可能需要托换结构来抵抗倾覆和侧向滑动。根据每个案例的具体情况，可能需要采用"L"形托换剖面。水平肢的截面尺寸将由设计分析决定。鉴于托换基础形成的条件，托换水平肢与基础底板之间应留有施工允许偏差。图 83.1 提供了一种留有允许施工偏差的经济设计案例。

对于钢筋混凝土托换，通常在内部做防水，形式有空腔排水隔板或柔性涂层系统。可以考虑用防水混凝土建造钢筋托换基础，但根据具体项目的情况，有时会发现不可行且又不经济。

83.2.4 桩基托换

如果因沉陷相关的沉降而需要托换整栋建筑物，那么应该考虑桩筏基础方案。如果因为地基条件要求大体积混凝土托换的深度可能超过 2.5m，尤其应该考虑桩筏基础方案。主要是基于第 83.10 节所述的经济性和实用性的考虑。

通常用于与沉陷相关整个建筑物的托换体系是形成一个桩筏基础。筏板从桩上悬挑出来支撑外墙。通过这种方式，外部排水和其他建筑物外部的功能不受桩的影响。内墙由布置在两侧的桩

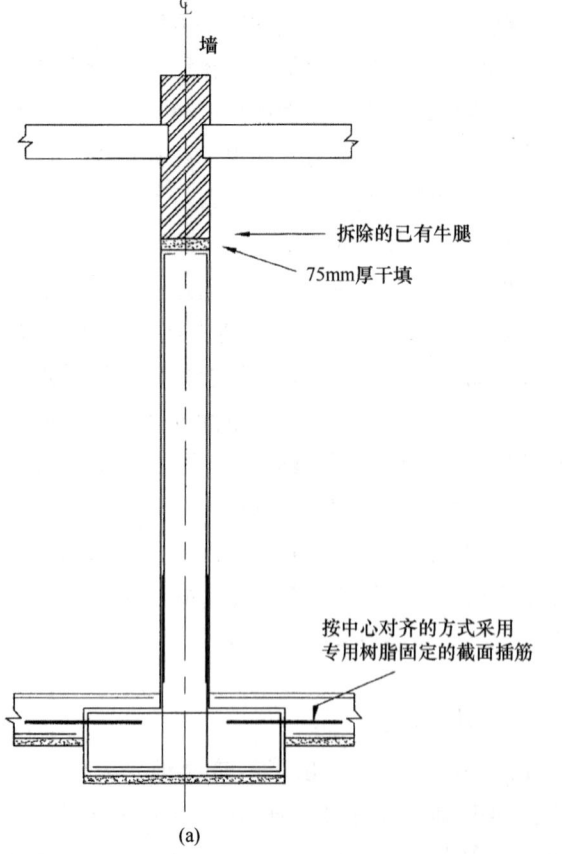
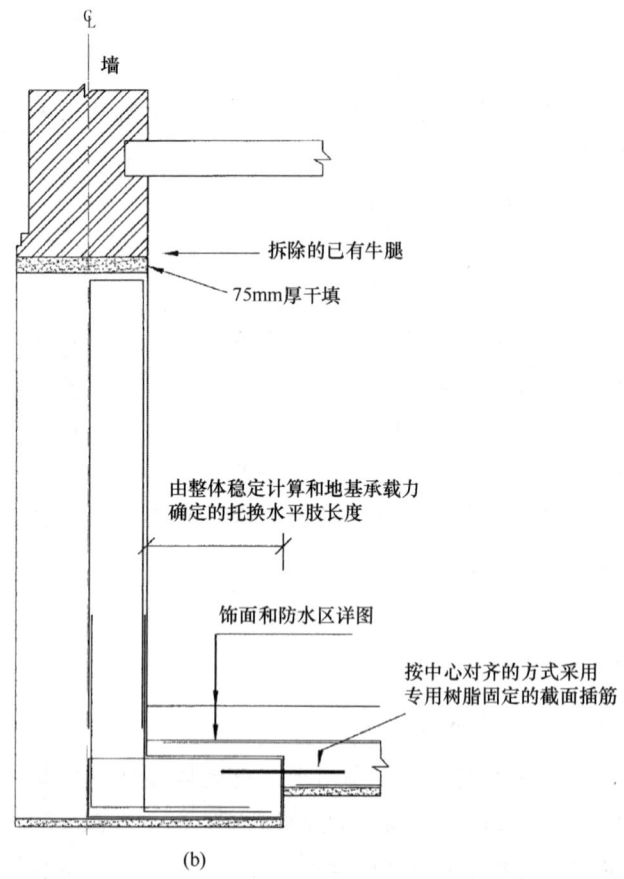

图 83.1　托换详图

（a）内墙；（b）共用墙

支撑。在钢筋混凝土筏板的施工过程中，埋入式顶托凳用于临时支撑墙体。一般来说，整栋建筑会被支撑在一个通过三次浇筑形成的筏板基础上。通过这种方式，可以始终保证建筑物的稳定性。

对于局部托换，可以使用"微型桩"体系。在墙下形成钢筋混凝土梁，或者优先选择在既有基础下做钢筋混凝土梁。如果条件允许，将桩按中心对齐的方式布置在墙两侧，比如说 3.0m，并用钢筋混凝土托梁将它们连在一起。图 83.2 显示了温布利圣约翰教堂使用的这种技术。该项目主要是托换外墙，以克服由于伦敦黏土收缩引起的不均匀沉降的影响。埋入式顶托凳用于在既有砌体结构内形成钢筋混凝土梁，通过托梁按中心对齐的方式支撑于墙两侧的桩上。

当不可能或不优先选择在建筑物内部施工

图 83.2 温布利圣约翰教堂桩基础托换

(a) 微型桩上梁筋；(b) 成对放置顶托凳并顶升到位；(c) 直径 300mm 微型桩；
(d) 已完工的托梁和微型桩；(e) 准备装饰

时，可以使用上述托梁体系的变化形式。成对的桩布置在建筑物的外侧，来提供一对拉力和压力组合。

或者采用另一个方案，可以在建筑物的外侧使用单桩。在这种情况下，桩被设计为承担竖向荷载，同时要承受桩与墙之间的附加弯矩。钢筋混凝土梁可以放置在墙下，并按中心对齐的方式向外延伸，以形成桩帽。根据荷载条件，桩之间可以连接起来，这样每个桩帽就可以伸入墙内，形成间隔分布的基础。

一种不使用埋入式顶托凳的钢筋混凝土梁的托换体系是"树根桩"。通常在建筑外部施工竖直桩，同时以一定角度钻孔穿过建筑物已有基础，这两条桩共同来支撑建筑物。

无论使用哪种类型的桩，都必须确保既有结构和新桩之间有足够的连接，以将荷载施加到新桩上。这对于树根桩体系尤其重要，因为与其他方案不同，没有转换梁或板将既有结构连接到桩。对于树根桩体系，每个方案都需要根据其优点进行评估，并依据新桩和旧结构之间是否能够实现足够的连接来作决定。

对于其他情况，重要的是让荷载从板或梁上转移到桩上。从桩中伸出的钢筋应与钢筋混凝土支撑体系充分连接，并应进行检查，以确保桩不会因荷载集中而对板产生冲切破坏。

83.2.5 梁和垫板托换

如上所述，对于与沉降相关的托换，埋入式顶托凳体系可以用在既有基础下方浇捣钢筋混凝土梁。然后，按中心对齐的方式形成单独的大体积混凝土托垫，如3.0m。这种托换形式通常比等效的大体积混凝土体系更经济。依据广泛的地基条件，基础需要一定的埋深，这种情况下更是如此。

应参考上文第83.2.1节中关于间隔的托换基础下地基承载力的说明。

83.2.6 顶升托换

当建筑物发生了不均匀沉降，常常需要将结构顶升，以消除或至少减少标高上的差异。这些通常适用于个案，作为一般原则，包括形成一个坚实的基础，从该基础上进行顶升，并在建筑物下方施工一个"托架"，顶升操作期间将基础与托梁连成整体。顶升完成时，托架将用于支撑建筑物。

简单的情况下，附属建筑发生沉降并产生脱离主体建筑的倾斜，在基础标高位置二者间设置一个水平连接就很重要。这是为了允许附属建筑在顶升过程中向上旋转回倾，同时可以防止它在基础位置向外移动。

所有情况下，只有结构构件中的已有裂缝清晰，先前没有修补过也没有破碎，顶升才会有效。如果建筑物裂缝被允许"挤"入任何材料，那么结构就不能回倾到初始位置。

83.3 影响托换类型选择的因素

83.3.1 实施托换工程的原因

如果托换不需要挡土，例如用作抵消沉降的影响，那么托换类型可以考虑最经济的工程解决方案，并考虑通行限制和地基条件。如果托换用于挡土，则选择大体积混凝土或钢筋混凝土基础更合适。使用大体积混凝土或钢筋混凝土将取决于项目的某些需要，如空间建造的要求，墙体作为独立重力式挡土墙而无需其他托换功能。

83.3.2 场地勘察研究

除了最基本的要求之外，适当的场地勘察是必不可少的，以便对托换的类型和深度做出明确的选择。例如，黏土可能因树根活动受到收缩的影响。在某些情况下，桩式托换作为传统托换的替代更为经济。如果场地勘察显示干燥的土深度超过2.5~3.0m，根据普遍的情况，桩基方案可能更经济。

如果遇到黏土，那么人工或机器开挖的托换相对容易实施，因为支撑可以安全地间隔放置，直接让支撑之间的土体暴露出来。另一方面，如果遇到松散的均匀级配的砂土，那么人工或机器开挖会变得更加困难，可能需要一种封闭的板式支撑来保证开挖的安全性，因此成本也更高。对于这种支撑形式，通常使用水平和垂直的沟槽挡板来完全挡土。

场地勘察数据用来确定托换形式的基础深度。在某些情况下，例如，软黏土上的密实砾石，既有基础的地基比下卧的土层具有更高的承载力。这将影响大体积混凝土或钢筋混凝土托换的深度和宽度。

对于泥炭土等地基条件，或在一定深度没有稳定地基，应考虑桩基托换方案。如果地下水位高于托换基础标高，则应考虑桩基解决方案。

在进行场地勘察委托时，应事先了解可能遇到的地基土类型。这将有助于对可能需要的托换类型进行初步评估。然后进行勘察，以提供足够的信息，从而能够进行详细的设计。一个 5.0m 深的钻孔可能足以满足开挖式托换，但对于桩基解决方案而言，将相当于完全没有信息。在粒状土中应使用标准贯入试验（SPT），在黏土中应尽可能使用 U100 试样。应记录任何进水的标高和流速。应记录最终的地下水位，并应安装测压管，以监控水位随时间的变化。

当勘察沉陷沉降情况下的托换需求时，应进行土的吸力试验。并向地基勘察公司征求专家意见，以确定要进行测试的类型和程度。

83.3.3 沉降

一般来说，桩式托换方案的潜在沉降低于开挖方案。然而，如果由于托换所需的功能，必须使用开挖技术，那么可能的沉降是一个需要考虑的因素。

在施工基础时，可以采用液压千斤顶来临时代替基础进行地基的预固结。在某些情况下，在浇筑混凝土之前，可以在开挖的基坑中放置小直径的钢套管桩。这将建立一个荷载分担机制，以使沉降的影响降到最低。

举例来说，如果密实的粒状土位于软黏土或松散粒状土下面，为使基础坐落于沉降可能性较小的土体上，将托换结构设在超过所需深度以上可能是有效的。

为了避免托换的多阶段沉降的影响，应尽可能地考虑单阶段托换。

83.3.4 重力式挡土墙设计

对于地下室设计，从整体性能而言，托换结构应设计为重力式挡土墙。然后进行计算分析，以检验其作为砌体墙或作为混凝土墙在受弯和剪切方面的性能。

83.3.5 共用墙问题

如果可能的话，最好在早期阶段就与共用墙设计工程师展开讨论。这将最大限度地降低设计工作失误和整个项目进度延迟的风险。沿着共用墙线的钢筋混凝土托换作为一个"特殊的基础"（special foundation），难以获得认可。然而，主要原则是不能侵占相邻建筑的地下空间，托换体系的选择必须反映这一要求。

83.4 托换和相邻基础的承载力

83.4.1 承载力理论

为便于解释，地基的抗剪强度可分为三个部分（图 83.3）：

（1）覆土深度的超载产生的摩阻力；
（2）破坏区 *BCD* 内土重产生的摩阻力；
（3）沿着 *ABC* 线的黏聚力。

83.4.2 邻近既有基础开挖

参考图 83.3，显示了沟槽开挖至既有基础标高的影响。由于上覆土层的深度会影响既有基础下土体的承载力，因此挖除上覆土体只会降低整体承载力。对于粒状土尤其如此，因为沿着图中所示的

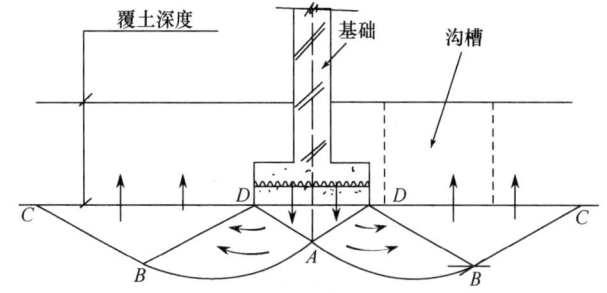

图 83.3 抗剪强度不足引起的地基破坏

Scott, 1980

破裂带 ABC 没有黏聚力，地基更依赖于上覆土体的压重来获得足够的承载力。

83.4.3 托换基础的承载力

上述破坏模式是由于抗剪强度不足而导致的基础下土体的坍塌。这种类型的事故并不常见，但当它们发生时，会导致结构的大变形。更常见的破坏模式是基础的过大沉降。

对于砂土和砾石，沉降几乎是立即发生的，并且通常在施工结束时停止。这是因为沉降是由新基础施加的附加的荷载压实土体而引起的。

对于黏土，沉降通过固结而不是压实引起。沉降量会随着时间的推移而逐渐减少，并且在结构的寿命期内持续。沉降由紧密土体的颗粒固结产生。然而，这一过程会由于新基础的重量给土体加载引起超孔隙水压力逐渐消散发生延迟。

因此，当在黏土中进行托换时，应考虑新基础下的地基随时间沉降。宜在最终装饰前，尽可能让新托换的结构完成大部分的沉降。

任何新的基础都应该通过计算有足够的承载力和适当的安全系数。有必要进行场地勘察。通过场地勘察给出建议，选择最合适的基础形式，并提供容许承载力信息。当然，事先应向现场勘察公司简要介绍项目信息，以便他们勘察时进行适当的测试。

83.5 临时支撑

83.5.1 临时支撑类型

通常使用木材、钢材或预制混凝土制作临时支撑。对于典型的托换基础，临时支撑在托换基础完成后就会废弃。出于这个原因，即使在其他地方使用木材，但明智的做法是使用钢材或混凝土来支撑土体。

83.5.2 临时支撑设计

临时支撑的安全是设计中的一个关键因素。虽然预制混凝土板或过梁的成本相对较低且容易获得，但它们很重，水平放置时容易倒塌。钢板桩同样坚固，但不会带来安全问题。

对于某些土体，间隔水平支撑就够了，而对于其他土体，例如松散砂土，需要全面支撑。支撑的尺寸（和类型）将根据覆土和其他超载计算的土压力进行设计。图83.4为在松散砂土和砾石中进行托换的案例。

83.5.3 尽量降低沉降风险

任何支撑技术都会导致支撑后面出现不同程度的空隙，这是由于混凝土浇筑前土体表面的不平整和局部剥落。应考虑在支撑面背后面填充干填料。对于地下室施工，每道托换基础的支撑基础完工前

(a)　　　　　　　　　(b)

(c)　　　　　　　　　(d)

(e)　　　　　　　　　(f)

图 83.4　砂土与砾石土中钢筋混凝土托换示意图
(a) 基坑；(b) 垫层；(c) 钢筋绑扎；(d) 浇筑基础；
(e) 第一次墙体浇筑；(f) 第二次墙体浇筑

不应拆除。保留支撑比拆撑回填更能有效降低沉降风险，因为回填的土体并不容易压实。

83.6 砂土和砾石土中的托换

图 83.4 为地面下 6.0m 深度的单阶段混凝土托换基础的施工技术。

83.7 地下水控制

83.7.1 预灌浆

图 83.5 显示了在地下水位以下托换之前固结粒状土体的技术，该方法基于土体颗粒之间的孔隙能够注入注浆材料。在许多情况下，孔隙太细无法使用水泥灌浆，因此需要化学灌浆。通常使用一种可生物降解的凝胶，使相邻建筑下的地基不会受到长期影响。

在托换过程中这种防水形式是不可靠的。在进行托换时，大部分注浆材料被挖除，因此最密实的压实区域被挖除了。图 83.5 表明，随着钻孔位置的距离增加，注浆效果降低。这种防水方法在某些地方是有效的，但如果考虑将这种方法用于特定项目，应找专业承包商咨询。

83.7.2 井点

该系统通常包括一系列置于钻孔中的开孔塑料管，管周用碎石包裹并带有过滤膜。水流入排水管用泵抽出，从而降低局部的地下水位。根据土体类型和水流特性，局部降低地下水位，以便在较干燥的条件下进行托换。

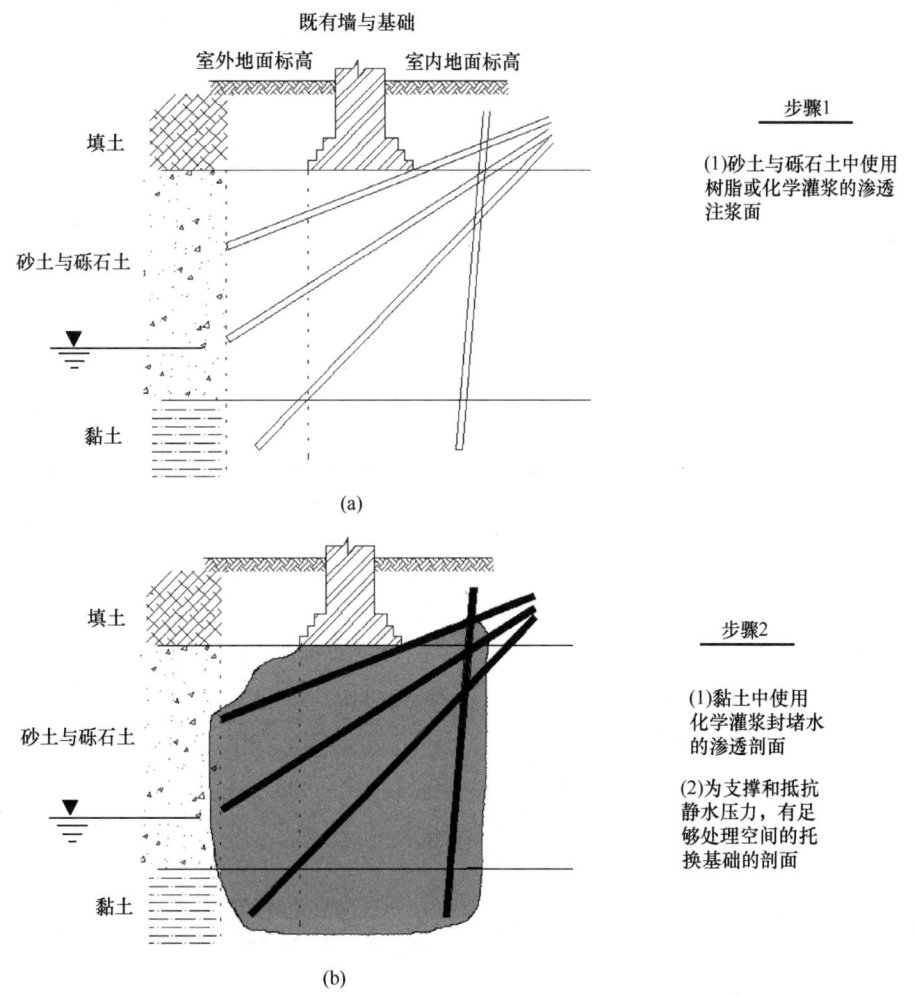

图 83.5 预灌浆技术（一）

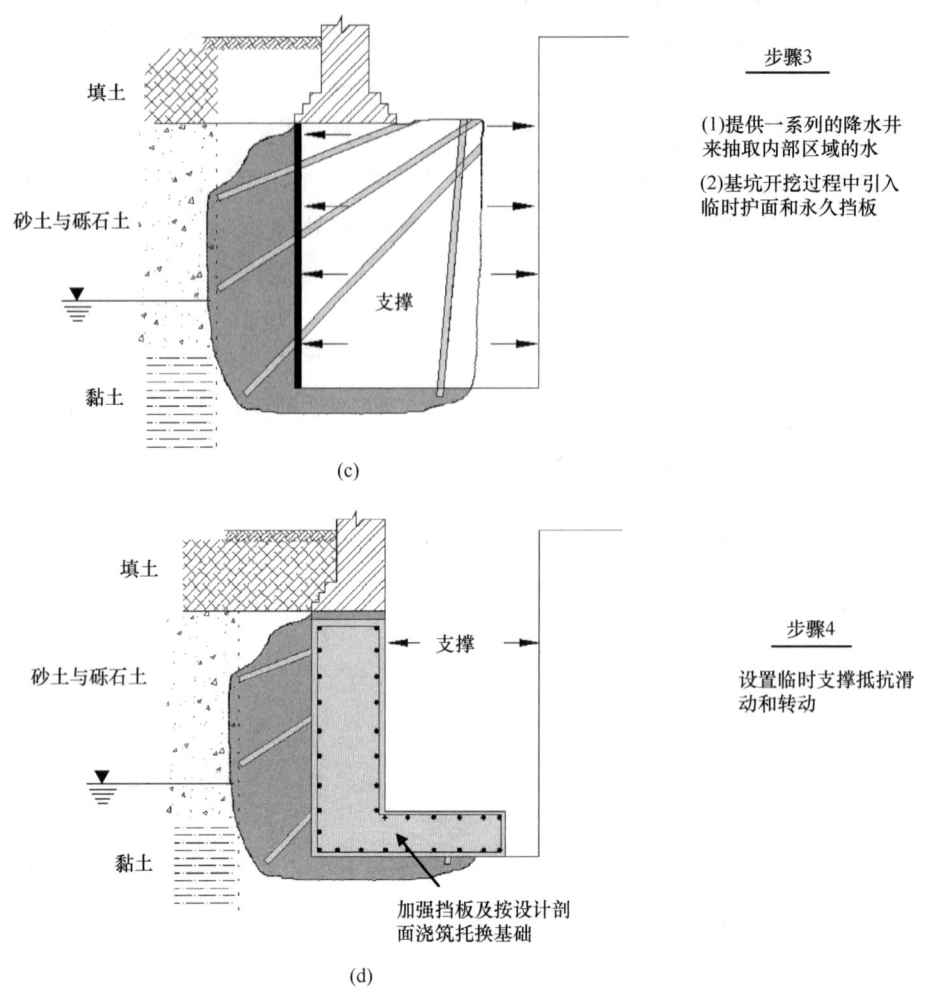

图 83.5 预灌浆技术（二）

通过改变土体特性，降低地下水位会增大相邻基础沉降的可能性。水穿过地基的流动也可以带走细颗粒土引起沉降。

然而，通过井点局部降水是一种非常有效的方法，可以使托换工程在地下水位以下进行。

应该考虑排水方式。如果将其排入下水道，应当征得当地政府的许可。如果就地排放并允许渗入地下，水最终回到系统中。

83.7.3 局部抽水

根据涌水的性质，可使用局部抽水，在湿的条件下完成托换基础。然而，局部抽水应确保人员安全严格限制对周围结构的沉降。如果在施工基础的过程中，任由渗漏，那么细颗粒会被带入基坑中危及人员安全，并导致相邻结构沉降。

如果托换结构需要穿透地下水位，那么根据穿透深度和地基条件，可以使用局部抽水。上文第83.7.2节已介绍了抽水排放的内容。对于地下水位以下的局部抽水，很难控制被抽走的细颗粒的数量。抽水导致沉降的可能性增加。

对于井点和局部抽水，地基土中细颗粒的流失将导致邻近结构的沉降，在泵上安装过滤器有助于减少沉降。

83.8 与沉陷沉降相关的托换

83.8.1 托换方案

如果托换结构不裸露或用作挡土结构，选择托换方案取决于满足设计要点，同时获得最佳的经济效益。性能规范或设计要点可通过咨询或勘测员编制，托换方案的选择，可根据承包商的经验和专业技能，主要考虑地基条件、通行情况、安全因素和整体经济性。

83.8.2 ASUC

专业托换承包商协会（ASUC）是一个对沉陷沉降以及其他与托换相关的活动有影响的组织。关于其倡议和文件的信息可在 www.asuc.org.uk 网站上找到。

83.8.3 其他沉陷相关的稳定方法

在进行沉陷沉降相关的托换工程时，通常会实施裂缝修复和翻新方案。裂缝修补可采取注入树脂的形式，"砖缝"可以通过切割、更换开裂的砖，或在水平裂缝中插入钢筋控制。

当能够明确沉降的原因是一棵树或多棵树时，根据当时情况，可以移除或修剪这些树，这可能导致沉降的影响消失甚至逆转。在进行托换之前，通常会先进行树木移除/修剪，并进行后续监测。

如果树根生长是地面沉降的原因，那么实施并维护一个持续的树木维护计划通常很重要，以确保一旦进行了托换，就不会发生进一步的沉降。持续的树木维护目标是将树根的生长控制在当前状态。这样，可收缩黏土既不会进一步收缩，也不会恢复水分，从而导致地面抬升。

83.8.4 托换范围

对于沉降相关的托换来说，到底要不要托换或者托换多少结构总是一个难题。为了找到合适的解决方案，通常需要对建筑物实施监测，以确定沉降模式，或者确定沉降是否仍在持续发展。

仅研究开裂模式可能具有误导性，因为它只能表明差异沉降的程度。整个结构可能正在沉降，但沉降速度不同。局部托换只能解决局部的问题，但随着建筑物的进一步沉降，开裂可能会继续发展。

如果由于经济原因或其他原因，无法托换整个建筑物，则应采取措施，以确保在托换结构和未托换结构之间有过渡。这取决于主体结构托换类型。阶梯式托换，逐步减少托换基础的埋深，向上直到原来的基础深度。然而，每个过渡基础应使用聚苯乙烯条或类似材料将相邻基础隔开，以允许基础各自独立沉降。否则，过渡基础将像牛腿一样，不能允许各自独立沉降。

83.8.5 沉陷沉降相关的合同

与沉陷沉降有关的合同可能包含以下条款：

（1）如果深度变化，所允许的托换/打桩深度和实际/财务安排的说明。

（2）对于包含在合同中的局部托换，一份关于任何过渡部分的声明和关于目前未计划托换建筑部分的责任划分。

（3）设计要点的范围。考虑到可以观察到的损坏，专业承包商是否需要设计一个关于所需托换类型和程度的整体解决方案？承包商会对地基条件的变化负责吗？有必要准确界定这两个问题的责任。

（4）通常需要适当形式的担保/保证。ASUC提供保险担保，可以在他们的网站上找到更多细节。

83.9 托换的的安全因素

英国健康与安全执行局（HSE）将托换工程视为高风险项目，并要求编制方案说明和风险评估。最近，声明中超过1.2m深的开挖需要支撑的规定，修改为所有开挖需要风险评估。

HSE 出版物 HSG150《施工中的健康与安全》（*Health and Safety in Construction*）（2006）包含了一个关于地下工程的章节。该出版物警告在无支撑的沟槽中开挖非常危险并声明如下：

在开挖任何槽沟、坑、隧道或其他基坑之前，决定需要什么临时支撑，并计划将要采取的预防措施：

- 侧面塌陷；

- 人员和车辆落入基坑；
- 材料落在基坑中工作人员身上；
- 破坏附近的建筑物；
- 地下与架空服务；
- 地下水和施工用水的流入。

第 338~381 章提供了与上述主题相关的安全实践信息。

除了相对较浅的基础之外，《受限空间条例》(*The Confined Spaces Regulation*, 1997) 通常适用。由于存在人员掉入基坑的风险，"高空作业条例"特别规定，对于所有开挖工程，不论开挖深度如何，均须设置护栏。

根据现行的《建筑（设计与管理）条例》(CDM 条例)，要求客户提供准确的信息，以便在工程开始前评估建筑物和邻近建筑物的结构稳定性，并制定健康和安全计划。

83.10 经济因素

一般来说，人工深开挖托换的开支是昂贵的，在适当的情况下，应当考虑桩基方案。在用树根桩或者通常与钢筋混凝土梁/板布置结合使用情况下，桩可以认为是一个整体解决方案。

钢筋混凝土托换当然比等效的大体积混凝土相对昂贵，但应考虑其他因素，如临时支撑和提供施工空间。一般而言，钢筋混凝土托换将比采用钢筋混凝土内衬墙的大体积混凝土体系占用更少的空间。

考虑到建造施工空间，计算中应允许偏差。由于施工特性，无论是垂直度还是精确标高，都难以实现严格的施工偏差。

83.11 结论

确定最合适的托换形式过程可能会变得复杂。在流程的所有阶段，都应征求专家的建议。

提供场地勘察报告特别重要，勘察报告的信息将有助于在特定条件下确定托换类型。应再次听取专业托换公司和场地勘察公司的建议。

83.12 参考文献

Health and Safety Executive (HSE) (1996) *The Construction (Health, Safety and Welfare) Regulations 1996*. London: Stationery Office.
Health and Safety Executive (1997) *The Confined Spaces Regulations 1997*. London: Stationery Office.
Health and Safety Executive (2005). *The Work at Height Regulations 2005*. London: Stationery Office.
Health and Safety Executive (2006). *Health and Safety in Construction*, (3rd edition). HSG150. London, UK: HSE Books. [Available at www.hse.gov.uk/pubns/books/hsg150.htm]
Health and Safety Executive (2007). *The Construction (Design and Management) Regulations 2007*. London: Stationery Office.

83.12.1 延伸阅读

Scott, C. R. (1980). *An Introduction to Soil Mechanics and Foundations*. Abingdon: Spon.

83.12.2 实用网址

Association of Specialist Underpinning Contractors (ASUC); www. asuc. org. uk/
英国健康与安全执行局(HSE); www. hse. gov. uk/
Oxford Hydrotechnics; www. h2ox. net
Geostructural Solutions; www. geostructuralsolutions. co. uk

建议结合以下章节阅读本章：
- 第 26 章 "地基变形对建筑物的影响"
- 第 5 篇 "基础设计"

本书以第 1 篇 "概论" 和第 2 篇 "基本原则" 为指导进行章节编排。如第 4 篇 "场地勘察" 中所述，各类岩土工程均应进行扎实的现场勘察工作。

译审简介：

李湛，中国建筑科学研究院研究员，博士。主要从事地基基础工程、既有建筑地基基础加固改造等方面的工作。

张鑫，山东建筑大学首席岗教授，博士，博士生导师。主要研究方向为混凝土结构、工程结构鉴定加固与改造。

第 84 章 地基处理

doi: 10.1680/moge.57098.1247

目录		
84.1	引言	1217
84.2	振冲技术（振冲密实和振冲碎石桩）	1217
84.3	振冲混凝土桩	1229
84.4	强夯法	1231
84.5	参考文献	1238

科林·J. 瑟里奇（Colin J. Serridge），巴尔弗贝蒂地基工程公司，曼彻斯特，英国

巴里·索坎比（Barry Slocomebe），凯勒有限公司，考文垂，英国

主译：罗鹏飞（中国建筑科学研究院有限公司地基基础研究所）

审校：张东刚（中国建筑科学研究院有限公司地基基础研究所）
陈耀光（中国建筑科学研究院有限公司地基基础研究所）

地基处理作为一种广泛应用的人工地基，其通过填充的材料和地基土共同承受荷载，因而被经常作为一种代替桩基础等深基础方案的具有造价优势的技术，广泛应用于住宅、办公楼、工业建筑、油罐和路堤等工程。采用的技术包括在原位使用深度振动器振实砂性土层，或在振冲的过程中使用碎石或混凝土填料形成振冲碎石桩或混凝土桩，或采用强夯技术。

因地层条件对地基处理的效果影响较大，因此其要求对场地和地层进行一定深度的现场调查及勘察，以获得详细的地层剖面的岩土特性。 地基处理还需要对不同的技术如何起作用，以及如何确保正确及合理的应用有相当程度的了解。 地基处理技术在实施期间的质量控制和监测程序，对确保成功实施也至关重要。

地基处理技术用于相对简单的浅基础和承重仓储底板。 与传统的深基础方法相比，它们具有显著的优势。

84.1 引言

地基处理主要通过强化或硬化工艺、压实或致密机制，增强地基土特性，使地基土达到特定的性能。

目前有各种地基处理的方法，最常用的方法是振冲法（使用振冲装置，振冲器或深度振动器）和在预定网格夯点位置通过将钢块等重物自由落下的强夯法，这是本章讨论的重点。

重要的是，参与地面改善技术的设计、采购和监督的地面工程从业人员必须对所考虑的各种处理方法、可能的益处有适当的了解，包括选择最合适的技术，以及为所考虑的地面条件和应用的普遍组合而选择的技术的任何缺点或局限性。

方法的选择将取决于岩土工程要求和地面改善的工程性能目标。在执行地面改进技术期间，适当的现场监督、质量控制和监测程序对于确保成功实施至关重要，适当的处理后测试水平也至关重要，以确保达到令人满意的性能。

这些技术的设计原理在其他章节已涵盖（参见第 59 章"地基处理设计原则"）。对于地基处理技术的更深一步了解，可以参见本章所引用的英国建筑业研究与信息协会（CIRIA）指南和英国建筑研究院（BRE）规范。注浆和搅拌土的地基处理方法在本书第 90 章"灌浆与搅拌"中所涵盖。

当存在任何疑问或不确定因素时，都应咨询地基处理专家的意见。尽管专家有时会建议提前进行试验，这种咨询一般来讲是免费的。

84.2 振冲技术（振冲密实和振冲碎石桩）

84.2.1 历史沿革

振冲技术起源于 1930 年代中期的德国。振冲密实技术第一次于 1937 年在柏林应用于一座政府大楼，用以处理松散的砂土。该技术的进一步发展于 20 世纪 40 年代同时在德国和美国进行。20 世纪 50 年代，振冲碎石桩的发展，使得振冲技术处理地基土的类型更加广泛，尤其是细粒土（黏性土、混合黏性土和粒状土），因此增加了振冲技术处理地基土的适用范围。振冲碎石桩法在 20 世纪 50 年代末期引入英国和法国，并已在世界范围内广泛使用。

84.2.2 振冲器或振动器的基本特性

用于实施振冲地基处理技术（无论是原位密

实还是碎石桩施工）的主要设备是振冲装置（也称为振冲器或深度振动器），取决于具体的应用情况，振冲器悬挂在履带起重机上或安装在配套机械的吊绳上。图 84.1 显示了振冲器的基本特征。

振冲器设备主要由振冲器头、隔离器和延伸管三个主要部件组成，实现压实的主要部件是振冲器，在靠近振冲器底部或尖端的位置产生振动。这是由安装在轴上的一系列内部旋转的偏心块引起的，驱动轴由位于振动器壳体上部的液压或电动电机驱动。振动器内的旋转偏心块使振动器的主体在水平面内发生旋转运动。将直径相近或更小的随动管或延伸管连接到振动器装置上，以便处理不同深度的地基土。弹性连轴器将延伸管与上部隔离开来，以防止延伸管向上振动从而对起重机或配套机械造成损伤。稳定翼保持了振冲器在下钻过程中的稳定性，当振冲器在地下用力工作时，防止其受扭矩的影响旋转，否则会导致外部液压管线扭曲或电缆被钩破。

虽然这些年来设备的基本部件变化不大，但设备的可靠性（延长了使用寿命、减少了维护）和额定功率有了显著的提升，目的是提高致密化和碎石桩施工的效率。

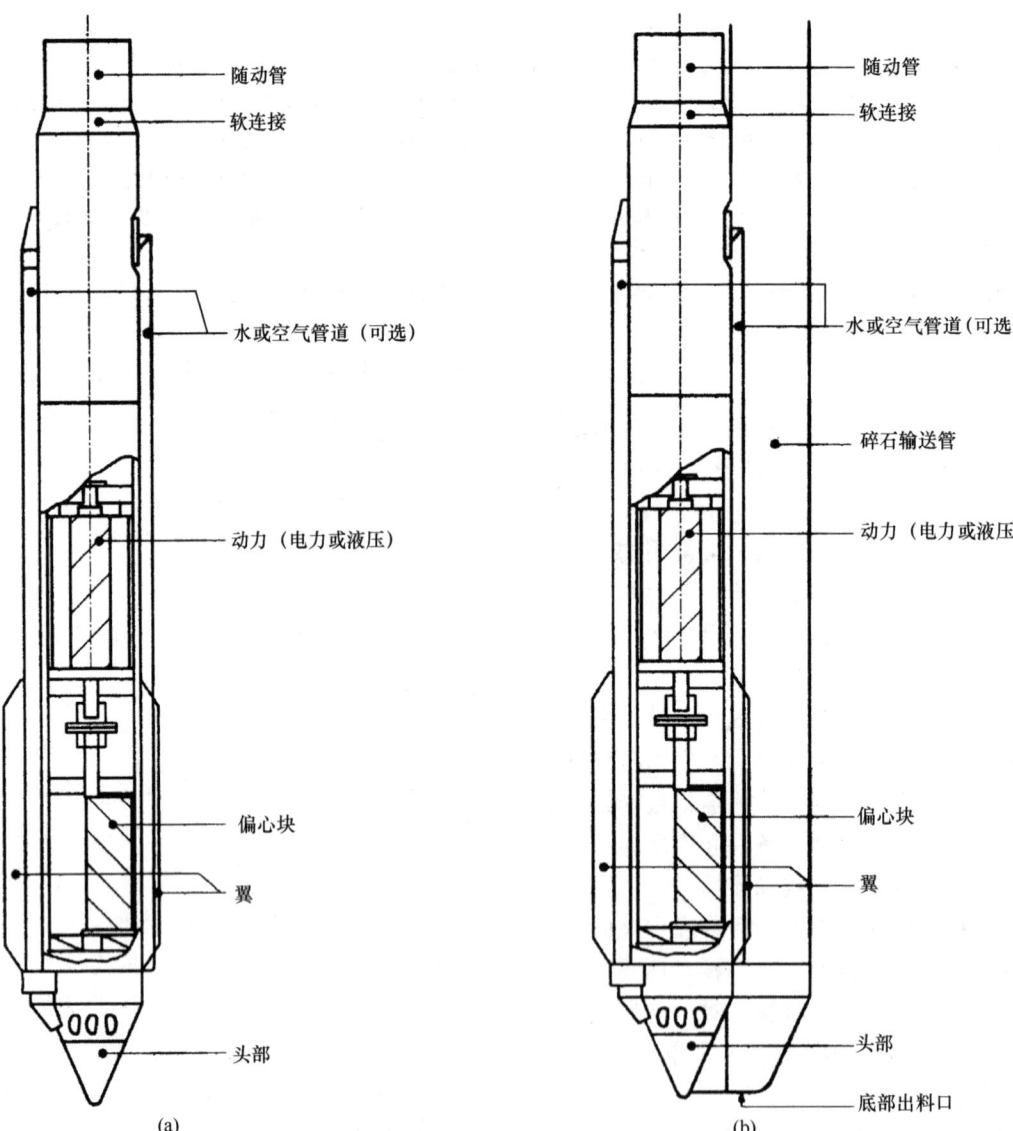

图 84.1 振冲装置（振冲器）
（a）顶部进料；（b）底部进料
摘自 Slocombe 等（2000）；版权所有

84.2.3 振冲技术的适用性

如图84.2所示，振冲器既可以用于原位压实无黏性土，也可以用于在细颗粒土中形成碎石桩。地基处理的加固机理取决于地基土是粒状土（粗粒）还是黏性土（细粒）。

一般认为，原位振冲密实适用于处理粒径小于0.06mm、含量不超过15%的粒状土，其中粒径小于5μm的黏土和粉细砂含量应小于2%（Slocombe等，2000）。

84.2.3.1 粒状土（粗粒土）

振冲技术在粒状土内的机理，是通过振冲装置（振冲器）使无粘结的粗颗粒在水平方向重新排列成密实的状态。因此减小孔隙比和压缩性，相应地增加抗剪强度，以减少建筑物沉降和增强地基土的抗震性能，从而可以允许采用更高的设计荷载。

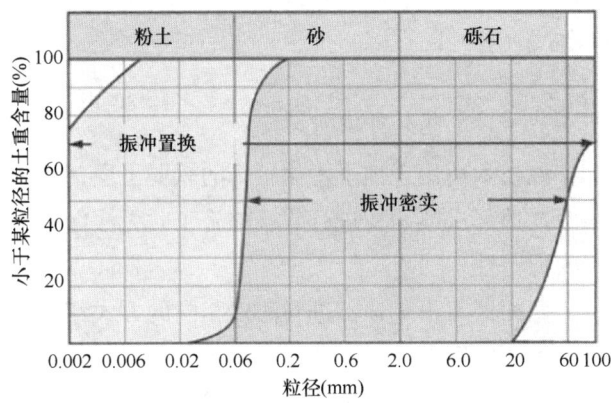

图84.2 振冲压实和振冲碎石桩技术可处理土的范围

84.2.3.2 黏性土（细粒土）

对于细颗粒土，土颗粒之间的黏聚力可以抑制土颗粒在振动作用下重新排列和压实，因而提高地基承载力是通过采用刚度相对较大的碎石桩来实现。在施工碎石桩的过程中，引入粗颗粒材料，使其呈径向压入地基土内，因而碎石桩的直径大于振冲器的直径。由大粒径材料压实形成的碎石桩，与周边的地基土一起形成碎石桩复合地基，具有增强的抗剪强度和承载能力，并相应减少地基变形。细颗粒土中的碎石桩也有助于在施加荷载或超载情况下消散超静孔隙水压力，从而加速地基土的固结，同时提高边坡稳定性的参数。

84.2.4 振冲密实

对于振冲密实技术（图84.3和图84.7a），是将振冲器放置在被要求的压实点位上，通过激活振冲器锥头里面的高压水流喷射装置，在振冲器的自重和水流喷射的共同作用下，使振冲器缓慢进入地基土内。在振冲器附近，饱和土在振冲器的影响下局部和暂时液化，振冲器在自重作用下迅速沉入土体内。当达到所需进入的深度时，停止振冲器，减少或停止供水。在振冲作用下，振冲器周围的土颗粒被重新排列成更密实的状态。这种挤密压实作用使地基土表面形成凹陷的锥形坑，在振冲密实过程中，凹陷部分不断被石子所填充。当振冲器所在深度达到所需的压实度时（通常通过监测功耗），将振冲器从孔底提升一小段距离（通常是0.3~

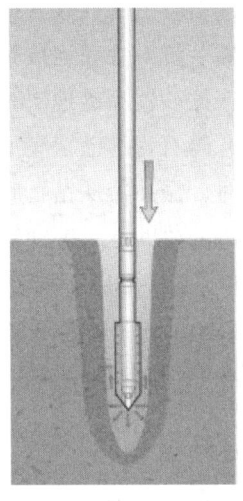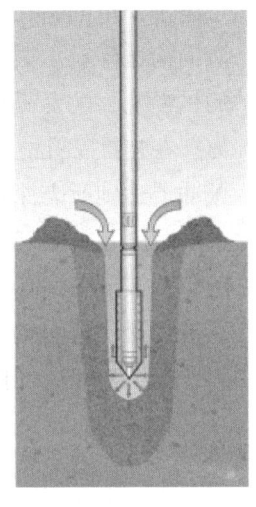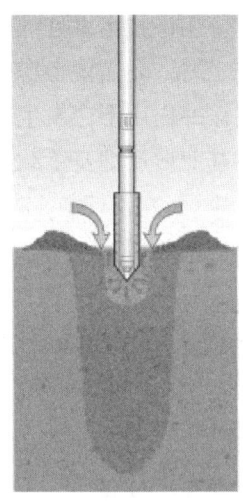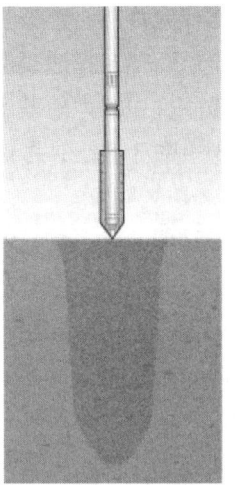

图84.3 现场振冲密实（施工顺序）

0.5m），并重复循环。在网格状振冲点位置插入振冲器，使压实的圆柱体相互重叠，从而形成均质的致密土体。试验区处理前后的贯入试验，可用于优化压实间距。

单一级配或细粒含量较高的砂土，比级配良好的砂土更加难以压实，需要特别注意黏土层之间存在砂层相对较薄的情况。碳酸盐砂易受颗粒破碎的影响，通常需要比硅砂更近的网格布点间距。

84.2.5 振冲碎石桩术语和技术

振冲碎石桩技术的术语并未统一，从英国建筑研究院（BRE）的 BR391《振冲碎石桩规范》（*Specifying Vibro Stone Columns*）（2000）中可以找到解决这一问题的尝试。其使用反映顶部或底部进料的基本原理来描述石骨料的供应方法，使用湿或干来描述'喷射'的方式。由此产生了以下术语。

- 干式顶部进料法
- 干式底部进料法
- 湿式顶部进料法

所采用的技术是地表条件、钻孔稳定和环境约束的函数。历史文献表明，干式顶部进料法不应该用于不排水抗剪强度小于 $30kN/m^2$ 的细粒土。对于这种软弱土层，须采用干式底部进料法（或历史上的湿式顶部进料法）。就不排水抗剪强度而言，$15kN/m^2$ 是应用振冲碎石桩技术的下限。然而，随着振冲技术（连同监测和质量控制系统）的发展，已经允许在一定条件下应用该技术来处理易破碎的土层。当选择适当的技术时，还需要考虑地基土的敏感性，因为地基土在振冲作用下会发生明显的重塑。对于软土，考虑地基变形比地基承载力更重要。

上述三种振冲碎石桩技术均使用类型相似的振冲器，通常采用液压或电动驱动，主要区别在于干式底部进料设备有一个连接到振冲器上的碎石进料管，允许碎石被引入振冲器尖端，而无需将其从钻孔中移除，从而克服了在软弱地基或地下水中可能存在的任何不稳定性。石骨料通常由带有侧倾装置的前端装载机处理。

所有的振冲碎石桩技术都是为了在土层内通过采用振冲器形成的空隙中形成压实良好的碎石或砾石桩，从而提高地基承载力和排水能力，同时减少总沉降和不均匀沉降。

84.2.5.1 干式顶部进料法

该技术适用的地基土范围较广，但依赖于碎石桩施工过程中的孔壁稳定性，且在处理深度范围内无地下水。

振冲器通过剪切和置换穿透土层，通过锥头内的空气射流克服土体的吸力。当振冲器达到所需的深度后，将振冲器完全从钻孔内拔出，以便于从地表往钻孔内填充骨料。骨料被填入钻孔后，将振冲器再次插入原来的深度，然后将振冲器从孔底部提升一小段距离并重复循环，使骨料横向和水平被挤密。每次振动器大约提升 0.5m，然后重复该程序直至碎石桩施工完成为止（图 84.4 和图 84.7b）。取决于具体情况，碎石桩的直径大约分布在 0.5～0.6m 范围内。

84.2.5.2 干式底部进料法

该技术适用于地下水位较高的软弱土层，传统的干式顶部进料法在进行碎石桩施工时无法保证钻孔的稳定性。

振冲器与干式顶部进料法以相同的方式穿透地层，主要区别在于振冲器上连接了一个碎石管，允许骨料从振冲器顶部进入，而无需将振冲器从钻孔中移除后填料。因此，留在土层内的振冲器支撑着可能不稳定的钻孔。碎石管上的气阀允许压缩空气协助输送碎石。振冲器装置安装在连接到配套机械的吊绳上，配套机械在振冲器穿透地层时提供支撑力。在初次钻孔之前，碎石管内已填满了碎石，当振冲器达到所需深度时，振冲器从钻孔底部提升一小段距离，在空气压力的协助下，振冲器前端部分的碎石被排入钻孔底部，随后在振冲器的重复作用下被挤密。每次提升约 0.5m，并重复该循环直至碎石桩施工完成（图 84.5 和图 84.7c）。

84.2.5.3 湿式顶部进料法

该技术适用于饱和粉土、粉细砂等，这种类型的土因粒径过小而不能采用原位振冲密实。这种技

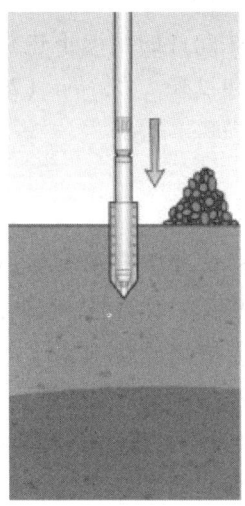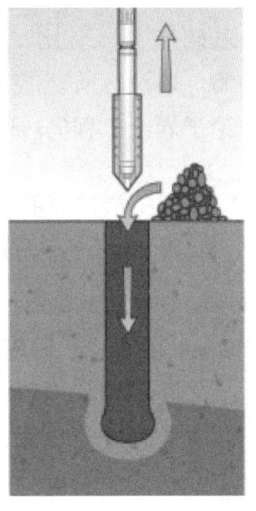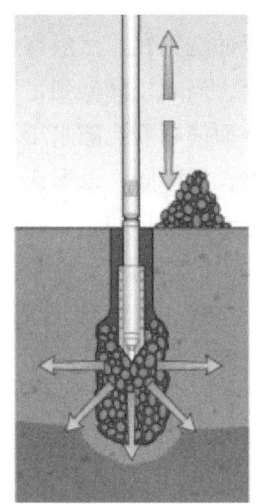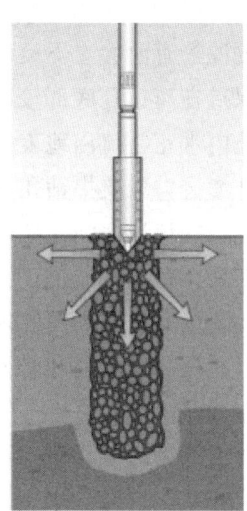

图 84.4　干式顶部进料振冲碎石桩的施工顺序

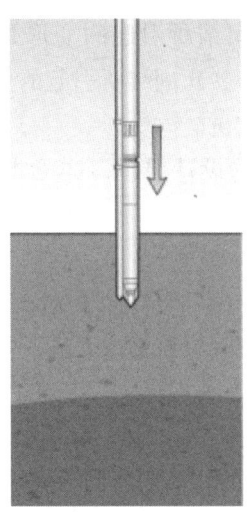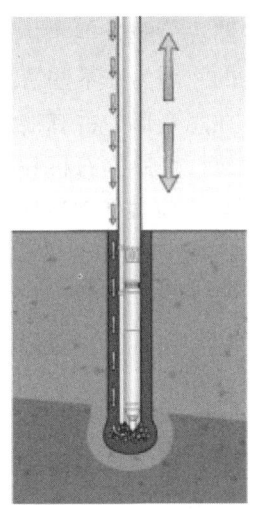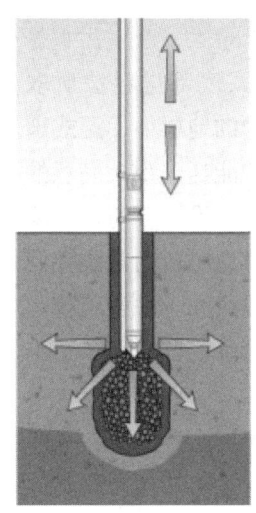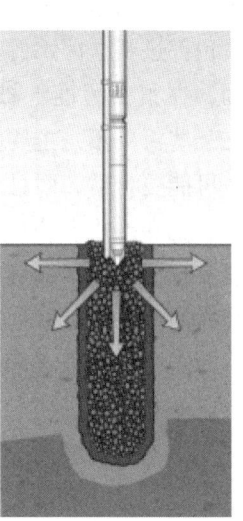

图 84.5　干式底部进料振冲碎石桩的施工顺序

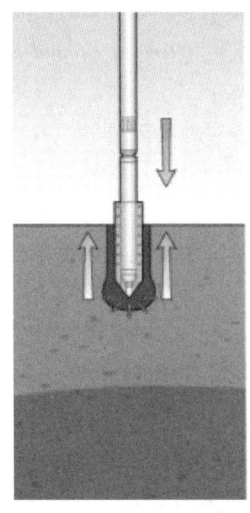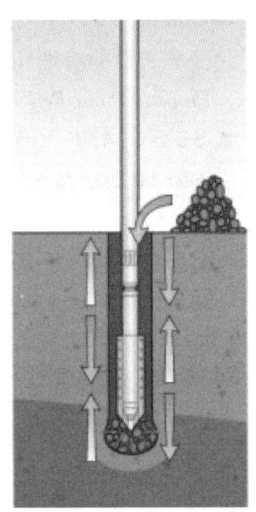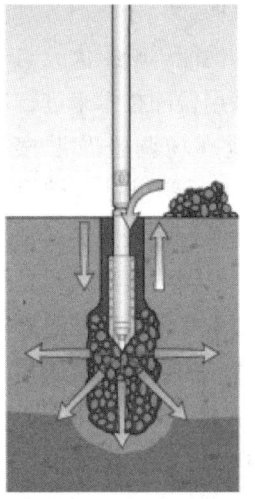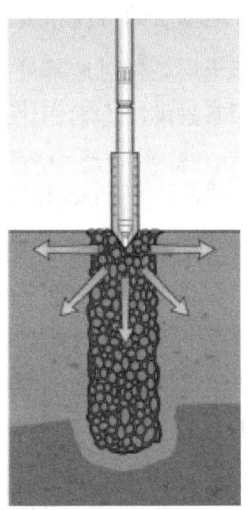

图 84.6　湿式顶部进料振冲碎石桩的施工顺序

术使用了与振冲密实相似的技术。当达到所需的深度时，振冲器有时会上下窜动以冲洗钻孔。然后将振冲器保持在离钻孔底部较近处，当水压降低到足以允许孔内水正常流出地表，从而使超静孔隙水压力和向外渗透力可支撑钻孔足够长的时间，以形成围绕振冲器的环形空间，从而达到护壁目的施工碎石桩。然后，在振冲器仍在钻孔中的情况下，沿着低压向上流动的水流周围的环形空间注入骨料。随后，骨料在振冲器重复冲击下被充分压实。然后充分提升振冲器，以允许更多的骨料进入，然后骨料被压实并重复循环，直至碎石桩施工完毕（图 84.6 和图 84.7d）。

湿式顶部进料法需要考虑供水、排水沟、沉淀池、场地污染及污水处理等问题。

湿式顶部进料法因水的需求量大、产生污水等环境原因，在很大程度上被干式底部进料法所取代，但在某些污染不是主要问题的地层中，湿式顶部进料法可能更合适，而且通常能达到令人满意的效果。在软土和冲积土持续存在的沿海或河口环境中，可能首选湿法技术，例如对原材料的散装存储罐或储存库的地基进行处理。湿法和干法施工技术典型的不同之处，是干法形成的碎石桩直径通常小于湿法形成的碎石桩直径。

振冲技术越来越多地应用于近岸海上，在驳船或浮筒上作业，有时使用大型起重机从现有码头伸出作业。

84.2.6 地基土的特性和表观特征

由于土层条件对地基处理的性能影响很大，与传统的深基础解决方案相比，采用振冲技术来进行地基处理，需要广泛而深入地现场调查及勘察（Serridge，2008）。勘察往往是为了获得桩基础设计的参数。地基处理通常需要提供近地表土更详细的资料和实验室试验数据。最常遇到的典型问题是与地层有关的土层边界问题，即不符合预期的边界形状、岩土性质和土层剖面特性。如英国建筑研究院（BRE）的 BR391《振冲碎石桩规范》(*Specifying Vibro Stone Columns*)（2000），就要求对现场和地层进行详尽的调查。除了具有令人满意的场地地质特征外，地基处理实施成功的重要步骤包括：

适当的设计和审查，与其他地基处理技术（或深基础技术）对比，条件允许的情况下进行前期试验、监测、质量控制和试验。Clayton（2001）讨论了岩土工程的风险管理。

84.2.7 振冲碎石桩设计

在英国，碎石桩桩长和单桩承载力通常基于 Hughes 和 Withers（1974）的方法来确定。Baumann 和 Bauer（1974）指南经常被用于分析桩与土之间的应力分布。根据 Priebe（1995），首先采用有效的岩土参数对未进行处理的地基进行变形估算，然后在其处理深度范围对变形进行适当的折减，以考虑碎石桩的加强作用。

该技术最初应用于软弱细颗粒土和有机土上的路堤荷载，但考虑次固结所引起的变形是很重要的。因为在某些情况下，次固结所引起的变形可能在总变形中占有很大比重。

振冲碎石桩技术的设计原理，详见本书第 59 章"地基处理设计原则"。

84.2.8 规范

在英国，涵盖振冲碎石桩的主要规范和指导文件如下：

- 英国土木工程师学会（ICE）的《地基处理规范》(*Specification for Ground Treatment*)。
- 英国建筑研究院（BRE）的 BR391《振冲碎石桩规范》(*Specifying Vibro Stone Columns*)（2000）。
- Charles 和 Watts（2002）的 CIRIA C572 报告《地基处理工程的特性和性能》(*Treated Ground-Engineering Properties and Performance*)。
- BS EN 14731《深层压实地基处理》(*Ground Treatment by Deep Compaction*)（BSI，2005）。
- 《国家房屋建设委员会标准》(NHBC Standards) 第 4.6 章"振冲地基处理技术"(*Vibratory Ground Improvement Techniques*)。

84.2.9 碎石骨料的要求

上述所有规范或标准都对振冲碎石桩的骨料有类似的要求，即用于碎石桩施工的骨料应有足够的强度（即必须能承受振冲器的冲击）、具有惰性、能自由排水（通常细骨料含量少于 5%），并具有

图 84.7

(a) 振冲密实技术；(b) 干式顶部进料法；(c) 干式底部进料法；(d) 湿式顶部进料法

经由 Keller 有限公司提供（a，c）；经由 Balfour Beatty Ground Engineering Ltd 提供（b）

适当的级配、形状和棱角，以形成具有高内摩擦角的致密碎石桩体。碎石桩可接受的颗粒形状包括圆形、棱角形和不规则形状，不可接受片状和细长状。

曾认为最大骨料压碎值 ACV 为 30 [英国标准 BS 812（BSI，1990）]，或最小细料值 TFV 为 50~100kN [英国标准 BS 812（BSI，1990）] 是合适的。对于更强大的底部进料振冲器而言，通常最小的 TFV 值约 120kN。然而，随着新的欧洲标准的出现，上述试验方法不再被认可，并已被 LAA 标准 [BS EN 1097（BSI，1998）] 所取代。虽然 ACV、TFV 和 LAA 之间不存在公认的相关性，但业内认为 LAA 值介于 30~40 之间可以用于振冲碎石桩，其取决于具体应用。BS EN 14731《深层压实地基处理》(Ground Treatment by Deep Compaction) 列出了碎石骨料典型的级配要求（表 84.1）。

不同振冲工艺下的碎石桩级配　　表84.1

施工工艺	典型骨料级配（mm）
干式顶部进料	40~75
湿式顶部进料	25~75
干式底部进料	8~50

数据取自 BS EN 14731:2005

底部进料输送系统中使用较小的骨料粒径，以防止进料管堵塞。圆形骨料在进料管中具有更好的输送性，但其细骨料含量须保持在5%以下，以防止堵管。

在英国，天然骨料资源的开采并非无限的，开采这些资源会造成越来越多不可接受的地质环境影响。地基处理作为实现环境可持续发展的一部分，人们越来越希望在振冲碎石桩中使用回收（二次利用）的碎石。然而，在考虑使用此类材料时，必须制定适当的规范和质量控制或保证程序，以确保其适用性。目前在英国应用潜力最大的是废旧铁路的道渣和破碎的混凝土，其他材料也进行了研究。有关这方面的更多信息，可以在 Slocombe（2003b）、Serridge（2005）等书中找到。

84.2.10 环境因素

84.2.10.1 振动和噪声

尽管振冲技术很少出现噪声，但在靠近既有结构和设施的地方作业时，需要考虑水平振动，以避免对其产生不利影响。其安全工作的距离取决于地层土的性质、振冲器的功率、结构的性质和状态，以及设备通道，特别是存在地下室的情况。作为指导，1~3m 的最小距离通常是合适的。但是，除了适当的风险评估和振动监测外，还必须评估各种情况各自的优缺点。

84.2.10.2 污染物

需要对受污染的场所进行适当的风险评估和预防，避免其受到例如石棉之类的化学材料污染。

84.2.10.3 振冲混凝土桩

如振冲碎石桩之类的穿透性的地基处理技术，在待重新开发的城市用地上，可能产生污染物转移的潜在途径。这将引起环境问题，特别是地下存在敏感的地下水或地下含水层，将存在潜在的污染链（即污染源—路径—污染受体）。解决这一问题的创新方法是开发"混凝土塞"技术，即采取向碎石桩桩端注入素混凝土，从而隔离了污染物通过碎石桩向下转移的各种途径。关于预防污染的进一步指导，见环境署（Environment Agency）的 NC/99/73 报告（2001）。上述技术也被用于处理深度范围内穿过跨越薄泥炭沉积层。

84.2.11 监测、质量控制和试验

地基处理技术展示了在复杂地层条件下解决工程问题需高频使用精密设备。因此，在整个振冲地基处理施工过程期间，进行密切的监测、质量控制和测试至关重要。

Bell（2004）描述了一个采用常规振冲碎石桩技术来处理英国非均质的混合土层出现的一系列质量问题的例子（图84.8）。他认为是在地基处理施工中对细节不够重视引起的，缺陷桩或断桩产生的原因是施工存在离散，其每一段桩体都需要被压实至预定值，如液压表的压力或电流表的读数，这取决于振冲器是采用液压还是电力驱动。此外，在施工过程中，准确记录每根桩所需的碎石骨料数量，可以显示施工过程中的施工缺陷。

在英国，大多数振冲碎石桩都用来支撑结构。因此，除了监测和施工参数的记录之外，通常需要根据土层性质，采用载荷试验或贯入试验来进行试验验证。载荷试验通常包括下面内容：

- 短期平板载荷试验
- 区域荷载或砂斗堆载试验
- 路堤载荷试验（超载荷试验）

84.2.11.1 快速平板载荷试验

短期平板载荷试验通常不超过2小时，平板的直径与设计碎石桩的直径相同，通常标准化为0.6m 左右。使用起重机或振冲钻机作为反力装置，将荷载快速地施加到试验桩上，在载荷板区域施加 1.5~3.0 倍的设计压力。这些试验主要被视为检

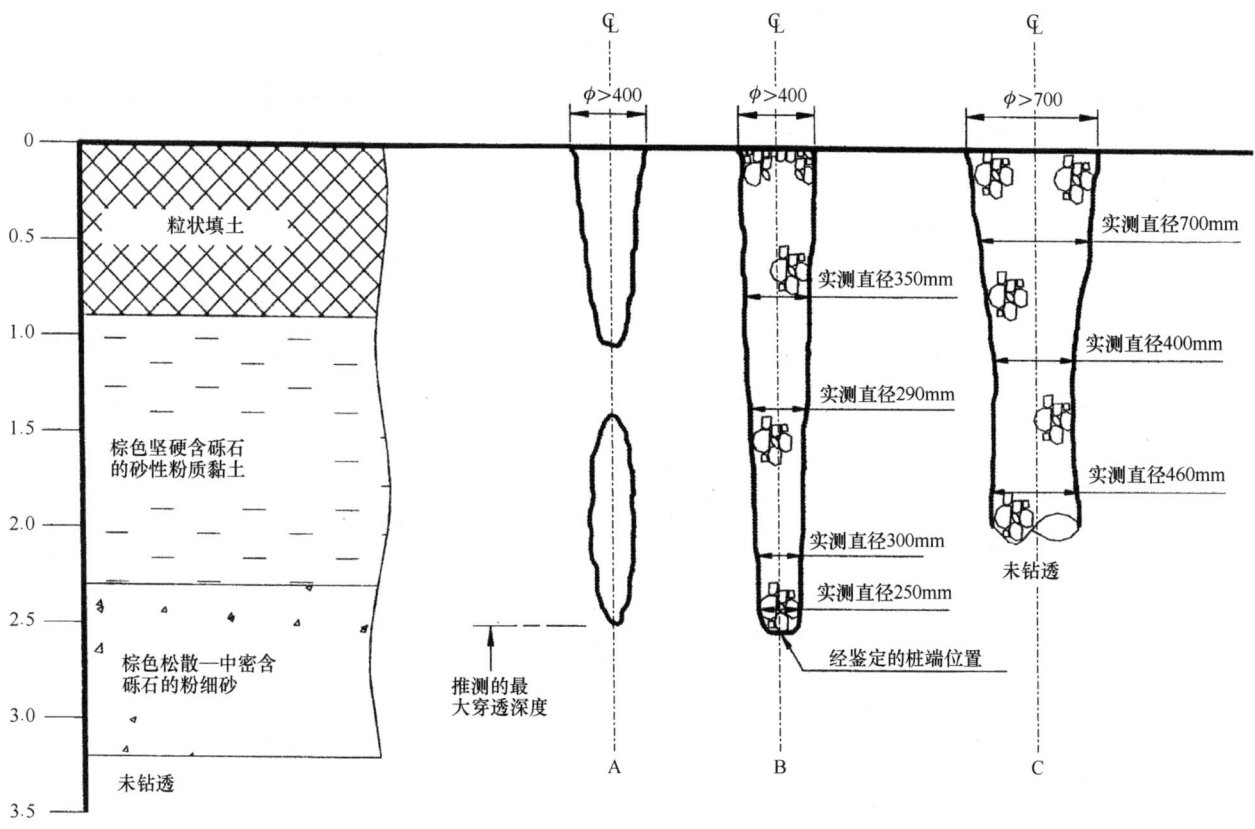

图 84.8 振冲碎石桩质量控制缺陷实例

摘自 Bell（2004）；版权所有

验碎石桩质量的控制试验，以评估碎石桩的施工水平。

84.2.11.2 区域载荷试验或砂斗堆载试验/模拟基础试验

区域载荷试验的荷载板通常与项目基础的尺寸相似，并在一组桩上进行，通过直接加载或通过压重块平台系统进行 24 小时至一周的试验。这些试验比平板载荷试验更有意义，因为它对碎石桩和地基土形成的复合地基施加了荷载作用，但因其在现场需要使用压重块，因而试验成本要高很多。

砂斗堆载试验/模拟基础试验提供了介于区域载荷试验和平板载荷试验之间的中间试验，对于较小的项目可能更实用和经济［参见英国建筑研究院（BRE）的 BR391《振冲碎石桩规范》（*Specifying Vibro Stone Columns*）（2000）和《国家房屋建设委员会标准》（NHBC Standards）第 4.6 节"振冲地基处理技术"（*Vibratory Ground Improvement Techniques*）（2011）］。

84.2.11.3 路堤载荷试验（超载载荷试验）

这些试验可在更大的区域施加更长时间的荷载。它们对于软土地基上的路堤特别有用，因为对于软土地基而言，与时间相关的性能可能更加重要（以确保道路施工后的沉降在可接受的范围内）。对于未经处理的软土，应通过适当的现场仪器仔细控制和监测加载速率。这有助于更好地评估其承载性能。如果无法进行此类试验，那么应重点监测和观察碎石桩的地面沉降，确保达到设计直径，并辅以良好的质量控制。

84.2.11.4 贯入试验

现场试验通常用于评估现场振冲密实技术的成功率，其性能是通过特定目标的密实度来衡量。可采用标准贯入试验（SPT）或静力触探试验（CPT）来检验其密实度。通常可以对处理前和处理后的地基土进行对比试验，但应确保在各种情况下采用相同的测试技术。它们通常不用于碎石桩工程，尤其是含有大量细颗粒成分的土层中。

对于载荷试验和贯入试验，关键是在完成振冲地基处理后，需要有一个适当的恢复期，以允许孔隙水压力消散至令人满意的水平，从而获得满意的结果。表84.2给出了振冲技术不同试验方法的适用性评级。

地基反力系数或加州承载比——CBR值[英国标准 BS 1377-9（BSI，1990）]有可能经常用于筏板。重要的是需要认识到，虽然施工碎石桩会提高粒状土的相对密度，但在黏性土中却并非如此（碎石桩充当'加强单元'）。在这种情况下，碎石桩的主要目标是为控制总沉降量和不均匀变形。筏板厚度的设计需要基于碎石桩之间地基土的变形值。

振冲技术试验方法的适用性评定　　　表84.2

试验方法	粒状土	黏性土	内容
McIntosh探头	*	*	有必要在处理前后进行，可在处理前找出障碍物
圆锥动力触探试验	**	*	太不敏感，无法揭示黏土层，可以定位密实层及其特征
机械圆锥触探试验	***	*	在英国很少使用
静力触探试验	****	**	粒度很重要，可受到地基处理产生的侧向土压力的影响，地震液化评价最合适的试验
钻孔和标准贯入试验	***	**	试验的效率和重复性很重要，重获试样（如对开式取土器）
膨胀计	***	*	很少使用
旁压仪	***	*	很少使用
小平板载荷试验	*	*	未充分限制碎石桩，应力传递深度有限，易受孔隙水压力的影响
大平板载荷试验	**	**	更好地适用于碎石桩
砂斗堆载试验	**	**	可长期维护的试验
区域载荷试验	****	****	与基础进行实际比较的最佳试验
足尺试验（如超载试验）	*****	*****	不常用，往往限于公路路堤工程

* 最不合适
***** 最合适

数据取自 Moseley 和 Priebe（1993）

84.2.12 实际问题

在振冲碎石桩技术的背景下，有诸多实际问题需要考虑。下面将讨论一些具体问题。

84.2.12.1 处理障碍物

障碍物、密实颗粒地层和残留基础等，可能是振冲器难以穿透的硬点。应采取如预松动或挖掘、筛选并去除过大颗粒等补救措施；并在基础或地面承重板下面与埋藏的残留基础顶部之间设置适当厚度的粒状材料垫层。

84.2.12.2 工作和稳定平台

提供一个安全的碎石施工工作面，对于设备安全进入和实施振冲地基处理至关重要。也可以使用石灰或水泥建造一个稳定的施工工作面，但需要适当考虑钻机轨道的工作面和恶劣天气下积水的影响，这可能需要在地表铺设碎石垫层。

84.2.12.3 预钻孔

在英国，许多历史上遗留的填充物都很坚硬，尤其是最上面那层。因此，在进行振冲地基处理施工之前，铺设的任何有利于工程或稳定的材料，都可能会阻碍振冲器的贯入，因此需要进行预钻孔。这将成为需要专门进行处理的事情。

84.2.12.4 斜坡和截水沟

对于在坡地进行施工的情况，重要的是在坡脚处设有适当的排水系统，以拦截从斜坡排出的水，避免对处理过的地基产生不利影响。

84.2.12.5 侧向力

与打入桩一样，振冲密实和振冲碎石桩施工会产生作用于既有结构、板桩和码头挡墙的侧向力。考虑这些影响，需要专家分析并给出意见。

84.2.12.6 有害气体排放

曾作为垃圾填埋场的场地，碎石桩可以释放被困于土层的有害气体。因此，在进行适当的风险评估后，可能需要考虑提供有害气体排放的措施。

84.2.12.7 施工误差

振冲碎石桩可以接受的桩位允许误差比桩基础大，通常是150mm。

84.2.13 振冲碎石桩需要谨慎操作的条件

存在一些公认的不适宜采用振冲碎石桩技术来进行处理且应谨慎对待的地质条件。下面对其进行简要概述。

1. 过多可降解材料——在人工地基里面含有过多可降解生活垃圾的地方——其随着时间的推移而腐烂，导致碎石桩失去支撑，从而导致沉降。一般而言，当按体积计算的可降解的垃圾含量小于10%且其分布相当均匀时，可考虑对场地进行处理，但设计方法必须保守，且是否采取振冲法，取决于建筑物的功能以及客户的要求。

2. 非工程近期黏性填土——这是一种未完成固结的情况。虽然采用碎石桩可以很好地改善这种土质情况，但很难控制地基土在自重作用下的下沉。一般情况下，深厚黏土填土（厚度达5~8m）不适宜采用地基处理方案，除非填土已经完成5~8年。每个场地都必须根据其自身的优点进行判断，并适当考虑沉降性能的要求。

3. 露天矿开采——在露天开采的矿坑内回填黏土存在多种不确定因素，除了将对横跨矿坑边缘的结构或有嵌固的挡墙产生不均匀沉降外，还存在被恢复的地下水位淹没的问题，且其时间完全不可预测。当地下水重新形成时，黏土填料会发生结构破坏并进一步下沉，其值可能超过自重固结产生的沉降量。

如果在碎石桩施工完成后，立即采用黏土封住其顶部，且随后的基础开挖中采取混凝土垫层，来抑制由于大雨等地表水浸入，则可以考虑采用振冲法。

4. 厚泥炭沉积土——薄泥炭层可考虑振冲法[参见英国建筑研究院（BRE）的BR391《振冲碎石桩规范》(*Specifying Vibro Stone Columns*)（2000）]。必须非常仔细地根据基础的尺寸和荷载来考虑泥炭的厚度、深度和横向变化。一些泥炭覆盖厚度达2.0m的场地上，挖除沿基础方向超过2.0~3.0m宽范围内的泥炭质土，采用粒状材料填充，然后以正常方式振冲使其稳定。

84.2.14 振冲地基处理后的基础设计

采用振冲技术可达到的地基承载力是地基处理前地基土工程性质的函数。表84.3列出各种类型的地基土在采用振冲法进行地基处理后，其承载力和变形性能可以达到的程度。每种场地都必须根据其自身的优点来评估。

采用振冲地基处理技术后，可采用浅基础、条基和筏板。因碎石桩是在上覆压力作用下形成的，因此碎石桩顶部的石骨料不如深部密实。因此，对于主要承重基础应置于地基处理地面以下至少0.6m的深度范围内，以充分利用其增强的性能。在地面承重板施工之前，通常可以在振动处理后对地基进行整平、滚压并检测。在黏性土中，应为地面承重板最小的顶部和底部钢筋网的配筋留置适当的富裕量。

84.2.15 案例分析

84.2.15.1 简介

振冲技术已成功地应用于许多项目，并在文献中有许多记录详实的案例。采用振冲地基处理技术也不可避免地出现效果不满足要求的例子，但并不常见。这些不理想的例子通常没有得到公开，主要是法律和合同的原因。尽管如此，在出现问题的情况下，仍有许多值得借鉴之处。处理后效果不理想的原因包括对地层风险认识不足、现场及地层勘察数据不详，对振冲地基处理技术应用范围缺乏了解，对场地水平变化的影响缺乏认识，被水淹没等问题，与质量控制和施工工艺有关的问题（参见第84.2.11节），以及后期的排水开挖破坏了已处理过的地基。

典型的振冲技术处理完成后可实现的承载力和沉降　　表84.3

土的类型	承载力 (kN/m²)	处理后的沉降范围 (mm)
人工地基（黏性土、与粒状土混合的黏性土）	100~165	5~25
人工地基（粒状土）	100~215	5~20
天然砂、砂和砾石	165~500	5~25
软冲积黏土	50~100	15~75

数据取自 Slocombe（2001）

84.2.15.2 采用振冲碎石桩成功的案例

案例1

对于公路而言,在接近桥梁即刚性桥台与其后地基土的过渡部位,使其沉降平滑以确保车辆行驶平顺并减少道路维护,是对探索最优地基处理方案的岩土工程师的一种挑战。根据地层的性质,可在关键区域采用振冲碎石桩(VSC)、振冲混凝土桩(VCC)和垂直排水带(BD)等地基处理技术的组合来实现,并解决路堤下方的地基土在固结作用下,对桥台桩产生水平挤压的侧向力作用。图84.9中总结了一种应用,其中振冲碎石桩与其他地基处理技术结合使用,以支撑软土地基上的公路路堤。

Cooper 和 Rose (1999) 在 Bristol 的一个项目中,应用了VSC法和VCC法组合进行地基处理。

案例2

长期可再生能源项目的目标,导致建设越来越多的风力发电厂和生物发电厂。例如苏格兰1年发电量为44MW,其电量足以供应7万户家庭的发电厂的基础,其地基是采用碎石桩处理的。

该项目设计了许多不同尺寸和荷载的结构,其中包括对位移非常敏感的重型设备,特别是在运行期间的动态荷载下。在荷载高达$250kN/m^2$的情况

下,沉降要求不超过20mm。近地表的土质条件变化很大,包括新近冲积物(在某些区域存在,但在其他区域又缺失),地下水位埋深变化也很大,存在透镜体夹层、饱和砂土和粉土层、局部黏土层,其下均为砂岩层。一些区域被认为适用干式顶部进料振冲技术,一些区域适用无石骨料振冲密实,其他区域需要采用底部进料处理。但由于地层条件变化太大,最后大约2000根长达8m的桩,均采用干式底部进料法施工。这种特殊的地基处理要求和土层变化较大的情况下,须对底部进料装置的监测系统增加额外的设计控制检查,以将实际能量、贯入深度和碎石的消耗量与工程进度相关联。同时,对地基处理区域应进行详细的调查,绘制区域图,以便与处理前现场调查报告中土的性质进行对比。

对其中最差的一个区域采用 2.5m × 2.5m 的钢筋混凝土板进行平板载荷试验,将放置在格栅上的压铁板作为反力,采用液压千斤顶最大施加荷载为234t或设计荷载的1.5倍。在1.0倍和1.5倍设计荷载下,沉降分别为8mm和16mm,均在设计要求的20mm限值范围内。如图84.10所示。

84.2.15.3 沉降性能差的工程案例

Wilde 和 Crook (1992) 描述了在柴郡(Cheshire)沃灵顿(Warrington)默西河漫滩内一个门式钢架厂的沉降。该场地下面是 5~10m 厚的软冲积层。在进行振冲碎石桩地基处理之前,为将现场提升至所需标高,填了 1.5~10m 的软冲积土。随后施工的振冲碎石桩并未完全穿透软冲积土层,地基处理施工完成后,工程建造在采用了简单的垫层和条形基础上,并采用了地面承重板。随后对门式钢架结构的监测表明,在6年期间,总沉降量为120mm,沿着结构长边方向的最大不均匀沉降为100mm。据估计,施工期间可能还存在约50mm的沉降未记录。水准测量表明地面承重板与主要的基础呈现出类似的沉降。

很明显,记录的沉降大部分归因于为提升场地标高所填的土所引起的超载效应,而不是相对较轻的工厂单元所造成的。这个简短的例子清楚地表明,在考虑处理较厚软土层时,需要在振冲

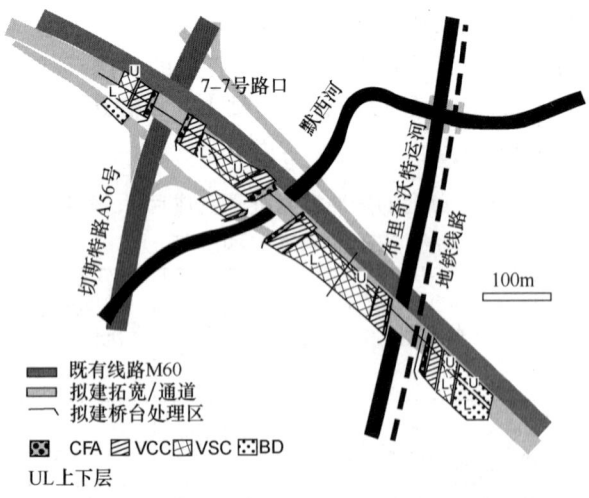

图84.9 地基处理在软土地基上高速公路路堤中的应用——南曼切斯特 M60 高速公路拓宽工程

摘自 Serridge 和 Synac (2007);版权所有

碎石桩技术应用的背景下，仔细考虑场地标高的变化。

这个例子说明定义性能差存在一定的困难。在这种情况下，尽管总沉降量较大，但结构并未明显损坏，也未出现不可使用的问题。因此建议对于一些低层轻型建筑要求的沉降允许值没必要过于严格。

84.2.16 结论

振冲技术适用于广泛的地层条件，并允许采用简单的基础方案解决。振冲密实增加干净砂的密实度（并降低液化的可能性），振冲碎石桩将细颗粒土加固。这两种技术都将提高地基的承载力，减少总沉降量和不均匀沉降。

振冲设计在很大程度上依赖于高质量的现场条件和地勘数据以准确地预测其处理效果。

良好的质量控制程序，是确保振冲地基处理技术成功实施的必要条件。

如果缺乏振冲技术的知识，或振冲技术对特定现场环境和性能要求的适用性存在不确定性，则应寻求专家的建议，以确保选择适当的振冲地基处理技术。

84.3 振冲混凝土桩

84.3.1 简介及历史沿革

振冲混凝土桩（VCC）最早是在德国通过向已完成的碎石桩中注浆而研发出来的，其目的是克服软土和泥炭质土缺乏对碎石桩的约束作用。后来，注浆工艺被直接向孔底输送混凝土所取代，第一次使用是在20世纪70年代中期。VCC技术于1982年引入英国。

84.3.2 VCC装置和设备

VCC技术使用专业的底部进料振冲碎石桩设备和振冲器来施工，不包括通常在钻杆上下运行的碎石箕斗（图84.11）。混凝土是通过外部泵输送至振冲器顶部。

84.3.3 VCC钢筋混凝土技术

在德国，高坍落度和低坍落度混凝土的水泥含量都很高。然而，在英国，该技术通常使用低坍落度混凝土（通常小于60mm），以便能够使用振冲器来夯实其桩底，使桩底颗粒土致密化，并形成"端部球状"扩大头，从而在较短的长度上获得比传统桩设计更高的承载力。在英国，一些工程应用中使用了更高的坍落度，这取决于现场的具体情况。一旦在桩底形成球状头，振冲器就以可控的速度拔出，同时保持混凝土的正压力。在适当的地面条件下，其施工过程往往比正常的打桩速度更快。

VCC技术通常被设计用于支撑垂直轴心荷载。然而，它们通常不使用钢筋，有时仅简单地在桩中心插入大直径钢筋；在处理筏板和路堤地基的情况下不使用钢筋，但通常使用杆系连接到基础中。因

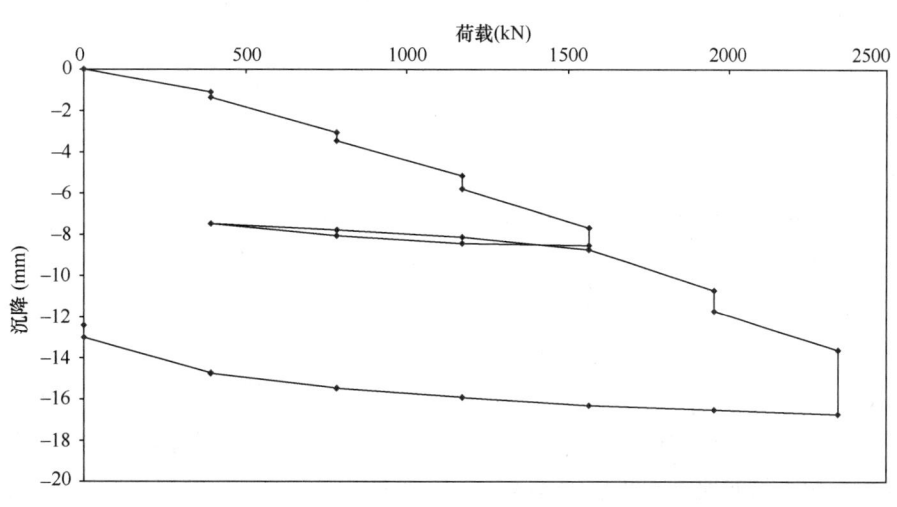

图84.10 生物发电厂振冲碎石桩的平板载荷试验荷载-沉降关系

经由Keller提供数据

图 84.11 振冲混凝土桩设备
经由 Keller 提供

此,单根 VCC 桩抵抗水平力、剪切力和拉力的能力有限。

84.3.4 应用和限制

VCC 施工过程允许采用'地基处理'方法,对于控制接近桩桥部位路堤的沉降尤其有用,与极软土中采用振冲碎石桩相比,其沉降性能更为优越(参见 Maddison 等,1996;Cooper 和 Rose,1999;Serridge,2006)。通常是加大桩头通过颗粒土工格栅形成加固的荷载传递平台以及更有效的工业地面板设计来协助路堤荷载的传递。

使用端部扩大和混凝土与地基土紧密联系的 VCC 桩,也可以防止污染物向地下水转移(见 Environment Agency,2001)。此外,由于 VCC 桩贯入砂或砾石地层中很短的长度就可产生高达 600kN 的承载力,因而不是桩越长越有利。这种较短的桩长,对于大部分伦敦东部和西部的地层特别有用,因为伦敦黏土或白垩纪土层下,通常有一层合适的砂和砾石层。

与打入桩相比,该系统相对安静、振动小,不需要清除长螺旋钻(CFA)打桩所产生的弃土。

与所有的置换桩一样,在施工 VCC 桩时,其桩间距不超过其直径的 3 倍。同样普遍的是,在桩中心安装单根全桩长的大直径钢筋,桩间距(桩径一般为 400~500mm)约为 VCC 桩直径的 6 倍,以抵抗相邻桩施工的影响。在软弱泥炭土层中,明显需增大桩的直径。

84.3.5 场地勘查(场地模型)

VCC 的承载力主要来自端承力减去沿桩身长度范围内的负摩擦力。因此,在拟定开发的区域,桩端必须确定进入合适地层的深度。此外,如果 VCC 桩端在黏土层下面的粒状土中,则当粒状土地层相对较薄时,必须对其承载力予以限制。如果粒状土持力层中含有薄黏土层时,则 VCC 桩桩端应考虑进入黏土层层底位置。

这些试验数据最好通过静力触探试验(CPT)进行研究,因为在钻孔中它能提供比标准贯入试验(SPT)更多的细节。VCC 报价通常包含 1~2 天的 CPT 调查,以便更好地完善 VCC 设计。

与常规桩一样,还必须调查地基土的化学性质,以提供合适的水下混凝土设计。

84.3.6 监测和试验

专业的 VCC 钻机包括计算生成设备,可与 CFA 打桩钻机相媲美,以持续记录每根桩的深度、混凝土压力和提升速率等。通常静载荷和动载荷试验用于确定其承载力。然而,由于桩身的形状有时不规则,特别是在厚泥炭层中,完整性测试解释有难度。

84.3.7 结束语

VCC 是一种有效的采用振冲设备施工的桩型,通常与碎石桩结合使用,以便在较软的泥炭土中获得更好的沉降性能。它被认为可能是最好的减沉桩。

84.4 强夯法

84.4.1 引言

强夯法（DC）通过高能量的夯击来改善软弱土的性能。强夯过程中，土的响应随土的类型和夯击能的不同而变化。全面了解土的特性，并结合强夯经验，对地基的成功改良至关重要。与其他岩土工程处理方案相比，强夯法能够显著改善一定深度内地基土的性状，通常具有相当大的经济效益。

早期人们将重锤从高空自由落下以改善地面下一定深度地基土。随着大型履带起重机的出现，现代高能量强夯法于1970年首先在法国实施，随后于1973年在英国和1975年在北美分别实施。

20世纪70年代，为了快速修复被爆炸损坏的军用机场跑道，在重锤从高空自由落下冲击地面加固土体概念的基础上，研发出一种方法——快速夯实法（RIC），该方法使用改进（英国BSP公司）的液压打桩锤，其作用在与地面始终保持接触的钢靴上，现已转为民用。

84.4.2 工艺流程

强夯法的出发点是减少土的孔隙，特别是用来处理天然砂和粒状砂、混合黏性土和回填地基。后来将其扩展到更细的天然土，利用高夯击能有效提供局部超载，将水从淤泥和黏土中挤出，又称为动力固结法。在此基础上又发展出强夯置换技术，即利用强夯穿过软土表层夯一个大直径粗颗粒材料的置换墩，强夯置换法特别适用于泥炭土和盐沼土。

强夯法在全球范围内的应用，产生了大量的重要术语，其中一些术语在不同的国家具有不同的含义，或可能与其他岩土工程描述相混淆。以下是英国采用的主要术语[参见 Slocombe（2003a），了解更完整的列表]：

（1）"有效加固深度"指地基土得到明显改善的最大深度。

（2）"单击夯击能"指每一击夯击的能量，即重锤质量乘以落距（吨米）。

（3）"夯击遍数"是整个处理区域内每种处理模式的主控项目。

（4）"总能量"指各次夯击能量总和，即夯击击数乘以单击夯击能除以每个夯点分担的夯击面积（通常以 $t \cdot m/m^2$ 表示）。

（5）"恢复时间"指每两遍强夯之间的时间间隔，以允许超静孔隙水压力消散到下一遍强夯所需的足够低的水平。

（6）"场地夯沉量"是指由强夯引起的整个场地的平均下沉量。

84.4.3 技术

无论是处理浅层还是深层土，强夯法都是通过几遍夯击，先将底层夯实，然后逐渐向上夯实至表层（即自下而上的过程）（见第84.4.6节）。与之相反，快速夯实法（RIC）首先在上部夯击形成一个"塞子"或密实的土层，然后逐步将这个塞子或密实层夯扩到深处（即自上而下的过程）来改良地基。这两种方法，地基的反应完全不同。

强夯采用大夯距、高夯击能和相对较少击数，往往在开始处理时绕过上层土，通过先处理下部，随后逐步向上处理，提高近地表土的强度；快速夯实法（RIC）采用低夯击能、多击数，在处理细粒土中会产生超孔隙水压力，因而会制约其应用。

84.4.4 机械设备

从表面上看，强夯法的物理性能似乎很简单，即具有足够能力的起重机将大小合适的夯锤从一定高度自由落下。大多数都是使用标准履带式起重机，尽管出于安全原因和生产率的考虑稍作改动，在夯锤顶部附加一根吊索（图84.12）。为安全操作，但英国健康与安全执行局（Health and Safety Executive，简称HSE）要求起重机的工作负荷不得超过其安全负荷的80%。

最近，起重机械的发展使强夯施工实现了自动化。通过一个数据处理装置控制，为每个夯点绘制其位置、编号、夯锤尺寸、落距、夯击次数和夯坑的夯沉量。一些起重机具有两个卷扬机同步操作的能力，可提升比传统起重机更大的重量。

大不列颠地区，大多数强夯使用6~20t的夯锤，提升至 20m 高处使其自由落下。现在，英国的大部分强夯施工采用 8t 的夯锤从 12m 高处自由落下。美国和欧洲使用标准履带起重机，夯锤重量达 33t，落距为 30m。法国使用具有快速释放机制的特制起重架来提升 170t 的夯锤。

夯锤通常采用高强度钢板或混凝土填充的钢箱制作。通过对不同尺寸和形状的夯锤的强夯效果进行大量研究，确定强夯置换墩采用较为细高的夯锤。水下强夯使用驳船上的起重机械，为减少水阻力、增加夯击速度而采用开孔的流线型夯锤，对海床进行地基处理。

在英国，快速夯实法通常反复将一个 7t 重的夯锤提升到 1.2m 的高度使其自由落下，冲击到直径 1.5m 的与地面始终保持接触的铰链式钢靴上（图 84.13）。每次夯击的能量不大（通常为 8.4t·m），设备允许以大约 40 次/min 的速度进行大量夯击。

全世界 RIC 使用的夯锤重量为 5~12t。

84.4.5 适用范围

强夯法适用于采用振冲技术处理的大多数的回填场地，但天然软弱黏土和粉土为主的场地除外（见第 84.4.6.2 节）。由于强夯产生的噪声和振动，很多英国的场地采用振冲技术进行处理，干式振冲法允许近距离施工。但是，与振冲法相比，强夯法在处理新近深厚人工地基和存在可降解成分的填埋场时，效果更好。

84.4.6 强夯法工作原理

振冲碎石桩或混凝土桩施工完成后，该部位的处理也就完成了。与之不同，强夯法通常在处理范围需要进行多遍不同能量的夯击，旨在改善处理深度范围内特定的土层。最常见的方法是将场地分为三遍强夯处理。第一遍强夯采用相对较大的夯点间

图 84.12 强夯设备

经由 Keller 提供

图 84.13 快速夯实法设备

经由 Balfour Beatty Ground Engineering Ltd 提供

距、较高的落距和适当的击数，目的是处理深部的土层。第二遍强夯夯点一般位于第一遍夯点的中点或第一遍夯点的一半位置，采用较低的落距和较少的夯击击数。最后一遍，采用低落距、少击数的连续（锤印搭接）夯击表层，夯实被高能量夯击振松的表层土。

由于各种原因，有时可以将三遍强夯合并，有时也有必要增加强夯遍数。增加单位夯击能（施工场地单位面积上所施加的总夯击能），通常会达到较好的处理效果。然而，这不是一个线性关系，处理后的效果在很大程度上取决于地基土的特性。一般来讲，无论按每平方米的面积还是每立方米的处理深度计算，如果总能量相差不大，粒状土要比混合土效果好，混合土比黏性土好，而被污染的垃圾土效果最差。

有关强夯法的设计原理，详见本书第59章"地基处理设计原则"。

采用快速夯实法处理地基，操作员可监控并记录夯击次数、施加的总夯击能、每次夯击钢靴的夯沉量和累积夯沉量。当达到一个设定的参数时，如设置接地钢板的夯沉量，快速夯实设备将移动并定位到下一个夯点。RIC法主要的夯击过程的夯点间距通常比较密，常为1.5~2.5m。偶尔会要求补夯或增加低能量夯击遍数，或采用传统的碾压，以实现较好的处理效果。

84.4.6.1 粒状土

对于干燥的粒状材料，如砂、砾石、灰、砖、岩石、矿渣等，很容易理解重锤夯击改善地基土的工程性能。强夯产生的低频冲击使粒状土颗粒间相互移动靠紧，孔隙比减少并增加相对密实度，从而提高地基承载力，降低其压缩性。

对于地下水位以下的粒状材料，强夯产生的大部分能量脉冲转移到孔隙水中，经过适当数量的表面夯击后，孔隙水压力最终上升到足够高的水平，诱发了类似于振冲密实地基土的液化。更多的应力脉冲引起的低频振动使颗粒间重新组合成更紧密的状态。

随着孔隙水压力的消散，以及上方土层的有效超载作用，液化土层的相对密实度在较短的时间内得到进一步增加。级配良好的砂和砾石，时间可能为1~2天，砂质粉土，则可能为1~2星期。因此，检测时间一般应考虑土层的自由排水的时间而定。

实验室和现场试验一致表明，用最少数量的夯击击数产生的应力脉冲，使土体获得所需的压密能，达到最大密度，从而取得最佳的效果。与基本干燥的土相比，饱和粒状土通常需要更高的夯击能，同时需要更多的夯击遍数。

如果部分砂的颗粒较脆弱，如中东的钙质砂、北美的"糖"砂或英国的萨内特砂，则在夯击过程中容易破碎。粉煤灰、熟料和弱透气矿渣也会产生类似的情况。当土干燥时，这种颗粒崩解的影响还不是特别明显，但是，在地下水位以下，随着夯击能的增加，细颗粒的比例增大，会导致从粒状土到伪黏性土的快速变化。

综上所述，干燥的粒状土，采用强夯法和快速夯实法很容易取得良好的处理效果。但是含大量淤泥的粒状土，尤其是在地下水位以下须谨慎使用。

84.4.6.2 黏性土

黏土的响应比粒状土更复杂。地下水位以上和以下又有区别。

在传统的固结理论中，静力超载作用会减小黏土的孔隙，排出水分，从而引起固结，提高强度。相比之下，强夯法施加的是瞬时的局部超载，减小孔隙并将能量传递给孔隙水。这就形成了正水压梯度区，使水迅速从土基质中排出。因此，强夯引起的固结速度比静荷载的情况更快，但是，与多级堆载预压施工一样，过快地施加过高的能量可能会引起多种问题。

黏土位于地下水位以上，水分含量往往较少，通常低于其塑限，即使含水率小幅减少也会显著提高其承载力。这种情况处理相对简单，强夯主要是减小孔隙，使土的结构更加紧密，但是，处理塑性较高的黏土必须谨慎使用。

黏土位于地下水位以下，存在较小的有效孔隙压力梯度和较长的排水路径，通常需要更大程度地减小含水率。这些条件如果控制不当，可能会造成黏土基质（结构）的局部破坏。实际操作中，可以通过降低单击夯击能、增加夯击遍数来实现，与正常生产率相比，这种情况会大大延长约定工期。

迄今为止，对于厚层较差的饱和冲积黏土和淤泥土，即使采取了其他措施，如砂井或排水板，也仅获得轻微的改善。在英国，更常见的做法是在此类土中先施工振冲碎石桩进行预处理，然后再用强夯处理地基（参见Slocombe，1989），碎石桩比砂井或排水板更坚硬，同时也可以作为排水通道来消散超静孔隙水压力。

必须强调的是，处理黏性土地基，黏性土填料以及天然黏土地基，需要丰富的现场控制经验。确保连续夯击两遍之间应有一定的间隔时间，以利于土中孔隙水压力的消散，避免过度扰动土体。当认识到土的反应取决于地基处理的施工速度时，通过尝试尽可能快地提供改进，从而实现有效的地基处理。

总之，干燥的黏性土地基和填料，采用强夯效果良好。地下水位以下的天然软弱黏土地基或黏性土地基、回填地基，也即饱和土，必须谨慎使用。先施工振冲碎石桩，既能加固地基，又能增强排水，再和强夯法相结合，已经成功地用于处理黏性土地基。

84.4.6.3 垃圾填埋场

处理道路和停车场的强夯法性价比显著，越来越多地用来处理以前的填埋场。随着填埋的时间，填埋场中可降解成分已经腐烂并形成大量孔隙。强夯法还能降低场地标高，避免将填埋料转移到指定的垃圾场而产生昂贵的费用，从而在规划的场地上进行开发利用。

一般来说，垃圾填埋场年代越久，容易腐烂的物质残留量就越少，一些年代更久的垃圾填埋场，尤其是那些粉煤灰含量较高的垃圾填埋场，已经压实到可以用来支撑结构的程度，这些结构正常情况下需要采用桩基来支撑。但是，新近垃圾填埋场通常含有高比例的有机物，这种情况下通常采用桩基来支撑结构。

尽管 Sharma 和 Anirban（2007）的一篇论文清楚地记录了在大约 15 年的监测期内，强夯处理后的埋填场每个对数周期残余可降解成分的蠕变率为 2%，其远好于堆载预压。但是很少有文献能证明，在垃圾填埋场采用强夯能影响残余可降解成分的衰减率。由于腐烂将持续，所以当强夯与桩基础结合时，随着时间的推移，不均匀沉降将逐渐增加，并且在未来某个时间可能需要一定程度的维护。

垃圾填埋场与混合黏性土地基和填料的处理原则一样，但通常比惰性材料的地基和填料所需夯击能高，这是为了减小近地表面的孔隙并使剩余的惰性部分夯为"超密实"。如果垃圾填埋场长期腐烂开始形成局部孔隙，那么惰性材料将进到孔隙中，膨胀并填充孔隙，而不是在其场地地面形成局部急

剧的变形。土工格栅也已用于一些有重型货车行驶作业的重要场地。

84.4.7 场地勘察

与振冲法设计一样，勘察内容应适合场地类型。对于高填方场地，案头研究应查明填土的分布、厚度、堆积年代，以及了解控制变形的要求，都必不可少。黏性土的含水率应与液限、塑限进行比较。基底土采用标准贯入试验（SPT）和静力触探试验（CPT）来判定土的密度，无论是黏土、砂和砾石还是岩石都是必需的。还应确定是否存在架空电线、埋在地下的设施或附近结构。

84.4.8 处理深度

Menard 和 Broise（1976）首先提出有效处理深度与表达式 $(WH)^{0.5}$ 有关，其中 W 是以吨为单位的夯锤重，H 是以米为单位的落距。现在对于较重的夯锤和较大的落距，0.5 已被修正，减小为 0.3。处理深度的范围随着初始强度、土的类型和夯能量而变化，如图 84.14 所示，地下水的深度也影响处理深度。

高速摄影显示，8t 和 12t 设备的夯击速度分别为 35mile/h 和 50mile/h，有效处理深度分别达到约 5~6m 和 6~8m。在有效处理深度内，当体积夯击能相差不多时，采用 12t 的夯锤通常会比 8t 夯锤的处理效果好，尽管需采用更大的起重机械，所需的成本更高。

强夯地基应力分布形状类似于正方形基础下的 Boussinesq 应力分布。据此，可根据特定土层剖面和工程要求，修改每遍强夯的夯击能。

英国建筑研究院（BRE）报告 458（2003）表明采用快速夯击压实法，粒状填土和粉砂地基总能量输入为 $80~190t \cdot m/m^2$ 时，处理深度为 2.0~4.0m。Serridge 和 Synac（2006）阐述了在有利条件下，使用更高的夯击能会获得更深的处理深度，并给出了几个应用实例。

84.4.9 实际问题

在履行强夯合同时，必须考虑许多实际因素。大型履带起重机必须由自由排水施工作业面安全支撑，其厚度取决于所处理的地基类型。如果场地表面 1.0m 基本上是粒状土，一般不需要铺设施工垫层。然而，在砂质土表面施工时，特别是潮湿的天

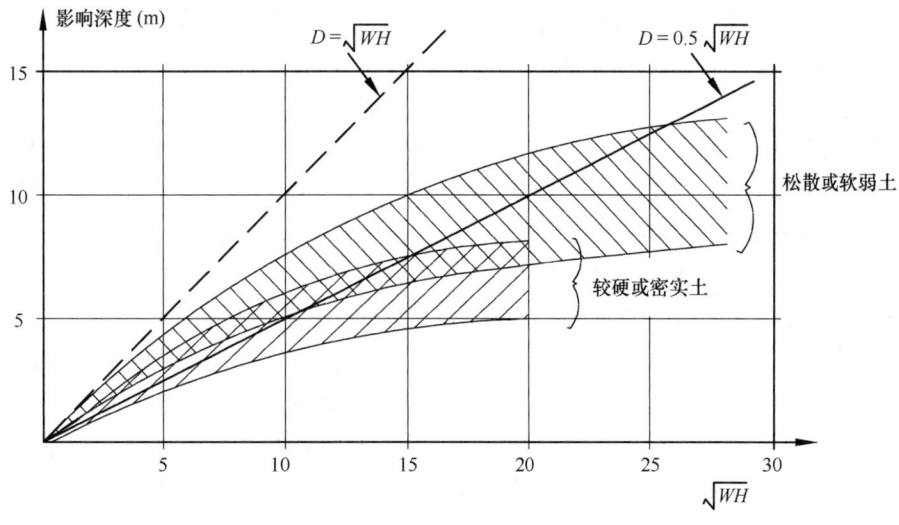

图 84.14 处理深度

气,可以看到粉尘从夯点向空中喷射高达 60m。如果靠近公路、铁路或房屋的地方施工,则通常使用可移动滤网拦截此类粉尘,尽管这会影响生产率。或者,应灵活把握强夯方案,当地表条件允许其安全运行时,允许其在距离公路、铁路或房屋 50m 范围内进行处理。由于快速夯实设备的钢靴与地面始终保持接触,因此该设备施工不存在此类问题。

黏土表面,通常需要自由排水的粒状土施工垫层。当采用轻型能量处理较好的土层时,施工垫层厚度可低至 150mm,而处理具有大量孔隙的垃圾填埋场时,其厚度高达 1.5m。冬期作业对施工作业面的要求更为苛刻,一般原则是冬期的粒状土施工垫层的厚度比夏季增加 25%。在干旱气候下施工时,通常不需要任何垫层施工面,即使是黏性土也不需要。

地表自由排水的粒状土材料也可用于回填高夯击能处理形成的夯坑,方法是使用大型推土机推入。或者,将现场合适的粒状材料(如碎混凝土)直接推到夯坑里。在这种情况下,将进料量与夯坑填充估算体积进行比较是有用的。

由于强夯施工往往会引起水压力增加,如在强夯作业面下 1.5～2.0m 范围内存在地下水,将降低该技术的生产率。在这种情况下,底部进料的振冲碎石桩法可能是首选方法。

如果要使用多台强夯设备,每台设备之间应至少相隔 30m。同样,总承包商的后续作业可能不得不推迟,除非距离强夯作业点足够远。此外,虽然强夯可以与振冲碎石桩在同一区域同时进行,但强夯必须在任何相邻打桩作业之前进行,以避免损坏已施工桩。

84.4.10 环境因素

强夯使用大型的、高度可见的设备。这个过程会产生噪声和振动,这两种环境因素必须根据英国《污染控制法案》(Control of Pollution Act)(1974)予以考虑。有关这方面的要求,参考文献列出的标准有详细的规定(英国标准 BS 5228-1 和英国标准 BS 5228-2:2009;英国标准 BS 7385 第 1 部分,1990 和第 2 部分,1993;BRE 文摘 403,1995)。

空气噪声是由许多因素产生的。其中,夯击是迄今为止产生噪声水平最高的来源,通常在 110～120dB。然而,其持续时间仅占起重机械提升周期的 0.5% 左右。将起重机起吊和空转期间的噪声与强夯夯击噪声相结合,采用计算 LAeq 方法,在距离强夯施工面 50m 以外,得到相当低的噪声值通常会满足大多数的环境限制要求。

到目前为止,最重要的考虑因素是地面振动。除了振动的大小外,大约 5～15Hz 的特殊频率还可能损害结构和设施,特别是对人体有害。研究建议强夯处理的振动影响分三个等级。状况良好的建筑物在基础标高上产生的质点最大振动速度的建议值为:

结构破坏	40mm/s
建筑轻微破坏	15mm/s
扰民	2.5mm/s

对于状况不佳或对环境敏感的建筑物,例如学

校、医院和计算机设备，必须采用较低的建议值。服务设施和公共设施必须根据其年限、状况和重要性单独考虑，通常认为 15～20mm/s 的值是可以接受的，但高压燃气主管道除外。

由于土的可变属性，通过地面传递的振动效果不是一门精确的学科。地面振动的现场测试揭示了一些趋势，如图 84.15 所示。强夯时，上限往往出现在粒状土或垃圾类土层中，下限出现在黏性土地层中。

当处理的土层被相对密实的砂、砾石或岩石直接覆盖时，需要对其进行仔细的评估，因这些砂、砾石或岩石传递振动的衰减相对较小，导致其振动传递的距离大于正常距离。原有致密表面的或被埋过的土层可能会产生类似的影响，导致传输高于预期的振动效果。

RIC 设备基于较低的冲击能量、较多的夯击次数，因此该方法可在距离待扩建的既有结构 10～15m 处采用。

当振动成为问题时，减少其影响的主要方法是降低夯距、减少可能达到下卧致密地层的冲击能量和穿透致密地层的应力脉冲，以及开挖一条足够深的沟，以拦截地面波。

人们对振动特别敏感，即使振动值远低于既定的损伤阈值水平，也会产生心理反应，认为会造成损伤。公关活动有时有助于克服当地居民的担忧。通常建议在施工前，对建筑物状况进行调查。

因为不用水泥或碎石，强夯法属于高度可持续的技术，通常只需要合适的惰性自由排水粒状废料作为施工垫层，并回填夯坑。强夯也是区域处理技术，允许在处理区域内的任何位置更改基础布置和局部荷载，例如在处理区内的任何地方做夹层支撑基础。一些强夯合同允许其应用于重建开发的项目，例如火灾烧毁的原始建筑，只需要在地基处理后进行一些载荷试验。

84.4.11 监测及检测

许多合同只包括测量第一遍强夯形成的夯坑深度和测量场地标高。处理后原位标准贯入试验以及静力触探试验和载荷试验，通常也要求以类似于振冲法检验的方式进行（见第 84.2.11 节和表 84.2）。黏性土地基处理后必须留出足够长的恢复期，以避免产生不确定的结果。

粗颗粒土地基或含障碍物的场地，采用振冲法处理、桩基或现场原位测试时，存在设备不能穿透地下障碍物的问题，通常采用强夯法处理。在这种情况下，一般只在地表进行载荷试验。

检测结果表明，与处理黏性土相比，强夯法处理粒状材料会获得良好的效果。

84.4.12 其他

强夯使得地基土密实和孔隙减小，从而引起整体场地标高降低，沉降量大小取决于强夯的总能量和应用方式。对于 8t 设备（50～100t·m/m²）和 12t 设备（100～200t·m/m²），一个简单的预估其沉降量的方法是取目标处理深度的近似百分比（表 84.4），采用 12t 设备的总能量适用于更大的处理深度。

大夯击能会引起大的沉降百分比。但是，夯击能增加与沉降量并不呈线性关系，因为在强夯过程中，土体会逐渐变得密实，潜在的能减少的孔隙越来越少。在这种情况下，必须注意避免过度处理和强度损失。此外，许多场地往往被黏土覆盖，特别是垃圾堆，也需要注意类似的情况。

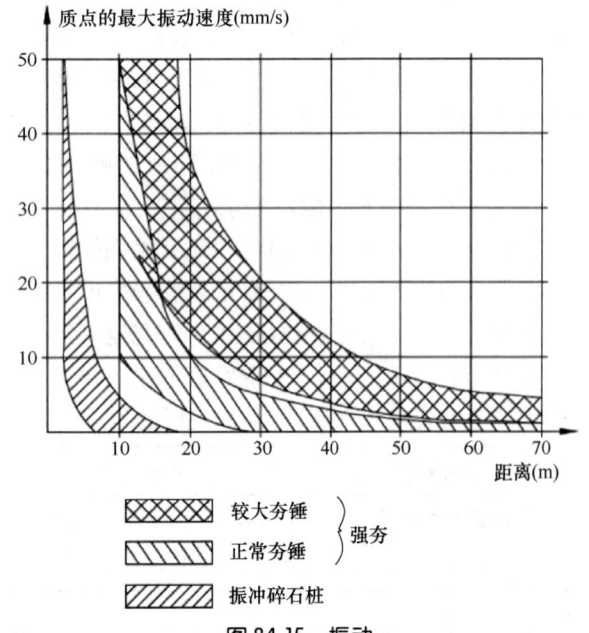

图 84.15 振动

夯沉量预估参考值	表 84.4
土的类型	处理深度的百分比
天然黏土	1～3
黏土填土	3～5
天然砂土	3～10
粒状填土	5～15
垃圾和泥炭	7～20

松散材料的沉降明显大于密实土的沉降。粉煤灰和某些矿渣在处理过程中也容易崩解，从而产生比表84.4中粒状填料更高的沉降值。

目前英国正在开发利用许多以前重工业的旧址。这常常给设计师带来了问题：深厚填土、杂乱无序的填料以及老旧地下结构和基础带来巨大障碍物。任何在地面上打孔的技术，都很难穿透足够的厚度，通常必须采用大型挖掘机来清除障碍物。然而，采用强夯法，这些回填物和障碍物等可以保留在原位，前提是它们位于足够深的地方，以免处理后的地基出现太大的性能差异。施工顺序是先进行土方工程，将所有已知的回填物和障碍物等降低到设定的深度，然后再进行正常的强夯作业。

强夯非常适合处理污染较轻的棕地（待重新开发的城市用地），因为强夯不会产生可能使渗滤液转移的桩孔。但是，应确保夯击不会破坏黏土下卧层，因其可以阻止污染物向下转移到含水层。强夯作业也应注意避免有害物质扩散到大气中，比如夯击石棉污染的场地。

强夯适合处理以前的采石场，主要是考虑到桩可能会斜插到埋在回填土与岩石交界处形成的接近垂直面，以及由于岩石不准确的数据或不准确的采石场深度而可能导致桩的施工长度不足。

处理部分饱和填土和天然地基，是一个越来越重要的领域，这些地基在初次遇水淹没时很容易塌陷压缩。强夯施工通过减少孔隙，抑制地表水渗入地基以及在强夯表面形成'硬壳'层，来减少这种可能性。

84.4.13 工程案例

84.4.13.1 案例1

一个煤矿场开发建设包括三层办公楼在内的几个大型工业和商业建筑。首先挖掘已回填物和成堆的煤渣，然后分层压实，要求压实系数不小于0.95。后来，设计要求不论回填厚度大小，都要求具有较好的控制沉降性能，25年内最大沉降量为35mm、差异沉降为千分之一。

第一期开发92000m^2的地块，填土深度在5.0~8.5m，其中一个地方的深度在设计场地标高以下12.5m。在填充施工作业过程中，对较深区域先从较低层进行处理，然后在最终标高处采用12t夯锤、落距为15m的强夯处理。

第一期工程建成后，进行了第二期45000m^2的建设，该地块回填厚度为1.5~5.5m，且靠近一个变电站。这地块采用8t的夯锤，落距12m的强夯处理。

这两期工程使用了相似的体积夯击能(t·m/m^3)进行强夯处理。然后采用2.0m×2.0m的载荷板，以96t工作荷载的两倍对其进行区域载荷试验。此外，还对常规的压实填土（即未处理地基）进行了大量试验。比较其结果发现，等效模量为：

未处理	$E = 16 \sim 18$MPa
8t强夯	$E = 30 \sim 50$MPa
12t强夯	$E = 50 \sim 60$MPa

84.4.13.2 案例2

强夯在几份合同中履行，将一个大面积填埋场开发建设用于工业和办公楼。第一份合同为最深和最新的填埋场，部分填埋场厚度深达11.5m，仅在处理前一年主要由纸和纸板垃圾填满，地下水位一般深约2.0m。

所有的结构均支撑在桩端进入合适黏土层的打入式桩上，并对道路、停车场和服务区采用强夯处理。强夯施工采用12t的夯锤，起重机在1.0m厚的自由排水工作平台上作业。

处理区延伸至填埋较浅的现有工业单元附近。这就需要减小落距，同时仍能在允许振动的限值内提高整个填埋深度。该场地还靠近当地一条铁路线，对其采取了安全防范措施。

最深的回填区，记录到的夯沉量超过1.0m。区域载荷试验表明所需的短期性能已达到。然后，对现场进行了6年的监测，最大沉降量为75mm。经评估，这相当于每个日志周期约为1%~1.5%的蠕变率。

84.4.14 结论

对于合适的场地，强夯法是一种强有力的工

具。多年来，人们收集整理了大量的数据，规定了其适用范围，更重要的是，掌握了强夯的性能。与每一种专业技术一样，采用这种地基处理方法的设计师和承包商必须了解它的功能及适用范围。这种理解，只能通过实践才能获得。

84.5 参考文献

Baumann, V. and Bauer, G. E. A. (1974). The performance of foundations on various soils stabilised by the vibro-compaction method. *Canadian Geotechnical Journal*, **11**, 509–530.

Bell, A. (2004). The development and importance of construction technique in deep vibratory ground improvement. In *Ground and Soil Improvement* (ed Raison, C. A.). London: Thomas Telford, pp. 103–111.

British Standards Institution (1990). *Methods for Sampling and Testing of Mineral Aggregates and Fillers – Part 110: Method for Determination of Aggregate Crushing Value (ACV); Part 111: Method for Determination of Ten Per Cent Fines Value (TFV)*. London: BSI, BS 812: 100 Series.

British Standards Institution (1990). *Determination of the in situ California Bearing Ratio (CBR)*. London: BS1, BS 1377 Part 9 Section 4.3.

British Standards Institution (1990). *Evaluation and Measurement for Vibration in Buildings*. London: BSI, BS 7385 Part 1 and (1993) Part 2.

British Standards Institution (1998). *Test Methods – Physical and Mechanical Part 2: Methods for the Determination of Resistance to Fragmentation, Los Angeles Abrasion (LAA) Test*. London: BSI, BS EN 1097.

British Standards Institution (2005). *Execution of Special Geotechnical Works – Ground Treatment by Deep Vibration*. London: BSI, BS EN 14731.

British Standards Institution (2009). *Code of Practice for Noise and Vibration Control on Construction and Open Sites*. London: BSI, BS 5228–1 and 2.

Building Research Establishment (1995). *Damage to Structures from Ground-borne Vibration*. BRE Digest 403. Watford: Building Research Establishment.

Building Research Establishment (2000). *Specifying Vibro Stone Columns*. BRE Report BR 391. Garston, UK: CRC.

Building Research Establishment (2003). *Specifying Dynamic Compaction*. BRE Report BR 458. Garston, UK: CRC.

Charles, J. A. and Watts, K. S. (2002). *Treated Ground – Engineering Properties and Performance*. CIRIA Report C572. London: Construction Industry Research and Information Association.

Clayton, C. R. I. (2001). *Managing Geotechnical Risk*. London: Thomas Telford, ICE.

Cooper, M. R. and Rose, A. N. (1999). Stone column support for an embankment on deep alluvial deposits. *Proceedings of the Institution of Civil Engineers, Geotechnical Engineering*, **137**, 15–25.

Environment Agency (2001). *Piling and Penetrative Ground Improvement Methods on Land Affected by Contamination: Guidance on Pollution Prevention*. Environment Agency 2001, NC/99/73.

Greenwood, D. A. and Kirsch, K. (1983). Specialist Ground Treatment by Vibratory and Dynamic Methods – State of the art Report. Proceedings, Piling and Ground Treatment for Foundations. London: Thomas Telford, pp. 17–45.

Hughes, J. M. and Withers, N. J. (1974). Reinforcing of soft cohesive soils with stone columns. *Ground Engineering*, **7**(3), 42–49.

Institution of Civil Engineers (ICE) (1987). *Specification for Ground Treatment*. London: Thomas Telford.

Leonards, G. A., Cutter, W. A. and Holtz, R. D. (1980). Dynamic compaction of granular soils. *Journal of Geotechnical Engineering, American Society of Civil Engineers*, 106(GT1), 35–44.

Lukas, R. G. (1995). *Geotechnical Engineering Circular No. 1: Dynamic Compaction*. U.S. Department of Transportation, Publication No. FHWA-SA-95-037.

Maddison, J. D., Jones, D. B., Bell, A. L. and Jenner, C. G. (1996). Design and performance of an embankment supported using low strength geogrids and vibro concrete columns. In *Geosynthetics: Applications, Design and Construction* - Proceedings of the First European Geosynthetics Conference, EUROGEO 1, Maastricht, Netherlands, 30 September to 2 October 1996 (eds De Groot, M. B., Den Hoedt, G. and Termaat, R. J.). Maastricht: Balkema, pp. 325–332.

Mayne, P. W., Jones, J. S. and Dumas, J. C. (1984). Ground response to dynamic compaction. *Journal of Geotechnical Engineering, American Society of Civil Engineers*, **110**(6), 757–774.

Menard, L. and Broise, Y. (1976). Theoretical and practical aspects of dynamic consolidation. Proceedings, Ground Treatment by Deep Compaction, Institution of Civil Engineers, London, pp. 3–18.

Mitchell, J. M. and Jardine, F. M. (2002). *A Guide to Ground Treatment*. CIRIA Report C573. London: Construction Industry Research and Information Association.

Moseley, M. P. and Priebe, H. J. (1993). Vibro techniques. In *Ground Improvement* (ed Moseley, M. P.). Glasgow: Blackie, pp. 1–19.

NHBC Standards (2011). *Chapter 4.6 Vibratory Ground Improvement Techniques.*

Priebe, H. J. (1995). The design of vibro-replacement. *Ground Engineering*, **28**, 31–37.

Serridge, C. J. (2005). Achieving sustainability in vibro stone column techniques. *Journal of Engineering Sustainability*, **158**(ES4), Proceedings of the Institution of Civil Engineers, London: Thomas Telford, pp. 211–222.

Serridge, C. J. (2006) Some applications of ground improvement techniques in the urban environment. In *Engineering Geology for Tomorrow's Cities* (eds Culshaw, M. G., Reeves, H. J., Jefferson, I. and Spink, T. W.). Engineering Geology Special Publication 22, Paper 296 (CD-Rom), The Geological Society of London.

Serridge, C. J. (2008). Site characterization and ground improvement applications for embankment construction over soft ground. In *Proceedings of the BGA International Conference on Foundations*, Dundee, Scotland, 24–27 June 2008, IHS BRE Press, pp. 1403–1414.

Serridge, C. J. and Synac, O. (2006). Application of the Rapid Impact Compaction (RIC) technique for risk mitigation in problematic soils. In *Engineering Geology for Tomorrow's Cities* (eds Culshaw, M. G., Reeves, H. J., Jefferson, I. and Spink, T. W). Engineering Geology Special Publication 22, Paper 294 (CD-Rom), The Geological Society of London.

Serridge, C. J and Synac, O. (2007). Ground improvement solutions for motorway widening schemes and new highway embankment construction over soft ground. *Ground Improvement*, **11**(4), 219–228.

Sharma, H. D. and Anirban, De. (2007). Municipal solid waste landfill settlement: Postclosure perspectives. *Journal of Geotechnical and Geoenvironmental Engineering, American Society of Civil Engineers*, **133**(6), 619–629.

Slocombe, B. C. (1989). Thornton Road, Listerhills, Bradford. In *Proceedings, International Conference on Piling and Deep Foundations*, London, pp. 131–142.

Slocombe, B. C. (2001). Deep compaction of problematic soils. In *Problematic Soils* (eds Jefferson, I., Murray, E. J., Faragher, E. and Fleming, P. R.). London: Thomas Telford, pp. 163–181.

Slocombe, B. C. (2003a). Dynamic compaction. In *Ground Improvement* (2nd Edition) (eds Moseley, M. P. and Kirsch, K.). London: Spon Press, pp. 93–118.

Slocombe, B. C. (2003b). Ground improvement (Nature versus nurture). *Ground Engineering*, **36**(5), 20–23.

Slocombe, B. C., Bell, A. L. and Baez, J. I. (2000). The densification of granular soils using vibro methods. *Géotechnique*, **50**(6), 715–725.

Watts, K. S. and Charles, J. A. (1993). Initial assessment of a new rapid impact ground compactor. Proceedings, Conference on Engineered Fills, Newcastle upon Tyne. London: Thomas Telford, pp. 399–412.

West, J. M. (1976). The role of ground improvement in foundation engineering. Proceedings, Ground Treatment by Deep Compaction, Institution of Civil Engineers, London, pp. 71–78.

Wilde, P. M and Crook, J. M. (1992). The monitoring of ground movements and their effects on surface structures – a series of case histories. In *Ground Movements and Structures* (ed Geddes, J. D.), Proceedings of 4th International Conference, Cardiff, 8–11 July 1991, London: Pentech Press, pp. 182–189.

建议结合以下章节阅读本章：
- 第 25 章 "地基处理方法"
- 第 59 章 "地基处理设计原则"
- 第 100 章 "观察法"

本书以第 1 篇 "概论" 和第 2 篇 "基本原则" 为指导进行章节编排。如第 4 篇 "场地勘察" 中所述，各类岩土工程均应进行扎实的现场勘察工作。

译审简介：

罗鹏飞，博士，副研究员，主要从事复合地基的理论研究和工程实践。

张东刚，研究员，主要从事地基处理、桩基础工程及基坑支护工程的研究和开发工作。

陈耀光，中国建筑科学研究院研究员，主要从事地基基础领域的科研、设计、施工工作。

第85章 嵌入式围护墙

罗伯特·弗尼（Robert Fernie），斯堪斯卡英国股份有限公司，里克曼斯沃思，英国

戴维·普勒（David Puller），Bachy Soletanche，奥尔顿，英国

亚历克·考茨（Alec Courts），沃尔克钢铁基础工程有限公司，普雷斯顿，英国

主译：郑伟锋（上海远方基础工程有限公司）

审校：谭永坚（中国建筑科学研究院有限公司地基基础研究所）

doi: 10.1680/moge.57098.1271

目录

85.1	引言	1241
85.2	地下连续墙	1241
85.3	咬合桩墙	1246
85.4	排桩墙	1250
85.5	板桩围护墙	1250
85.6	组合钢板墙	1254
85.7	间隔板桩墙（主柱或柏林墙）	1255
85.8	其他挡土墙类型	1257
85.9	参考文献	1258

本章内容涉及多种形式的嵌入式围护墙，重点阐述了嵌入式围护墙的类型选择和施工问题。考虑不同类型嵌入式围护墙的施工成本，并对诸如邻近建（构）筑物、地下水、临时施工场地条件和施工方法等给出具体指导。它们包括钢桩墙、排桩墙和连续墙。

85.1 引言

嵌入式围护墙的主要作用是将一定范围地下空间进行安全封闭并达到容许抗渗性，而有些嵌入式围护墙只是简单用作地下水或渗滤液的隔水帷幕。英国拥有复杂的地质条件（及其工业遗留的障碍物或基础），为几乎所有类型的嵌入式围护墙的应用和发展做出了贡献。

嵌入式围护墙类型的选择取决于许多因素，包括：

- 地层；
- 地下水；
- 设计深度；
- 现场施工组织；
- 经济性（包括项目经费）；
- 墙面装饰和防水可靠性。

图85.1给出了选择支护墙体类型时需要考虑的主要问题（更多资料，请参阅C580；Fernie Suckling GE；Sperwall ICE）。

在英国，嵌入式围护墙发生结构失效的概率很小，因此大量的论证、争论及主要资金都花在了基坑底面以上的结构美观形式及其对局部地表变形和相邻结构的影响上，尤其是它们的"防水可靠性"。

通常，防水可靠性决定着嵌入式围护墙施工是否成功，但迄今为止，业主和施工方之间尚无达成一致的评估方法。对于从事该领域的人员，建议阅读《降低下部结构泄漏风险——客户指南》(Reducing the Risk of Leaking Substructure-A Client's Guide)及其中的其他参考资料。

如果从美观和防水可靠性的角度对围护墙进行判断，那么它们几乎完全是基于成本来考量的。图85.2给出各类嵌入式围护墙的"相对"成本，并大致说明各类围护墙的适应条件。可以看出，很难给出准确的成本估算；在两种极端条件下，对于小型灌溉渠道施工方案和高速公路的临时支护方案，采用板桩墙是经济的；但在复杂地层中建设深井，需要采用地下连续墙。

本章介绍嵌入式围护墙中的以下几种类型：

- 地下连续墙；
- 桩墙；
- 钢墙；
- 组合墙和其他类型墙。

每个部分都涉及了图85.1中提出的一般性问题，并指出了如何建造墙体、应用范围、强度以及需要特别关注的接头。

85.2 地下连续墙

地下连续墙是埋置于地下的混凝土墙，一般有配筋，在地下浇筑成型。施工过程如图85.3所示。

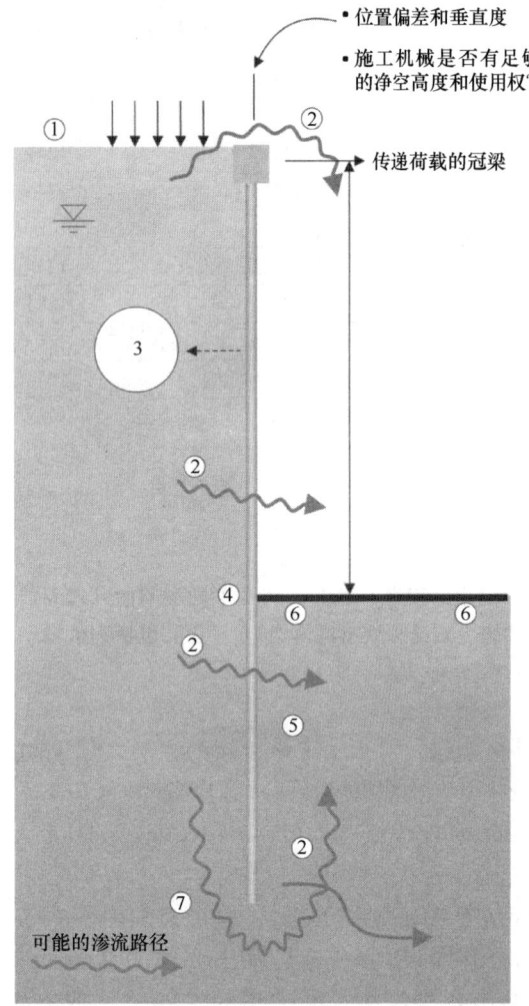

图 85.1 选择支护墙体类型时需要考虑的主要问题

为确保地层不会塌陷，槽壁由泥浆（通常是膨润土或聚合物悬浮液）支撑。单元"槽段"的开挖和支撑是在泥浆中实现的，两端放入"锁口管"。膨润土泥浆可使开挖过程中的土渣悬浮，需要通过泥浆替换或循环过程将土渣清理干净。放置钢筋笼。然后，通过特定配比的混凝土将悬浮液置换，该混凝土应具有一定的稠度，以便流向槽段外壁，并从槽段内的任何位置替换出膨润土泥浆。

如图 85.2 所示，地下连续墙将会在更复杂的地层中，应用在更大、更深的墙体结构上，目前地下连续墙最深已达 150m，厚度达 2.5m，常见墙体厚度为 800mm、1000mm、1200mm 和 1500mm。连续墙几乎可以在各类地层中建造，但是软弱地层（$S_u < 20$kPa）和硬岩地层（无侧限抗压强度大于 20MPa 的微风化裂隙岩体）中可能需要特殊工艺。在施工技术上，很容易开挖直径大于 8m 的圆形或接近圆形的竖井，并且各种形状的槽段均可以有效地承受较大的外荷载。自从连续墙由 ICOS 在 20 世纪 70 年代引入英国，其随着地下室和竖井开挖深度的不断增加而发展。近年来，利用连续墙技术，英国已建造了长达 1km 的扩展高速公路和地铁的基槽、深度为 40m 的竖井和深度 30m 的地下室。由于连续墙单幅的长度通常为 6 m（范围为 2.8～7m），因此与其他类型地下连续墙相比，它们的接头（也可以设置止水带）更少，因此特别适用于需要控制地下水、渗水和防潮的地层。但是必须注意，对于任何连续墙，其假定防水可靠性均不能超过 1 级（请参见第 64 章"支护结构设计方法"）。在西欧及其影响区，连续墙很少能在槽段接缝处提供结构上的连续性。这种连续性在远东地区更为普遍，而且成本高昂。

与大多数地下连续墙专业技术一样，高质量的

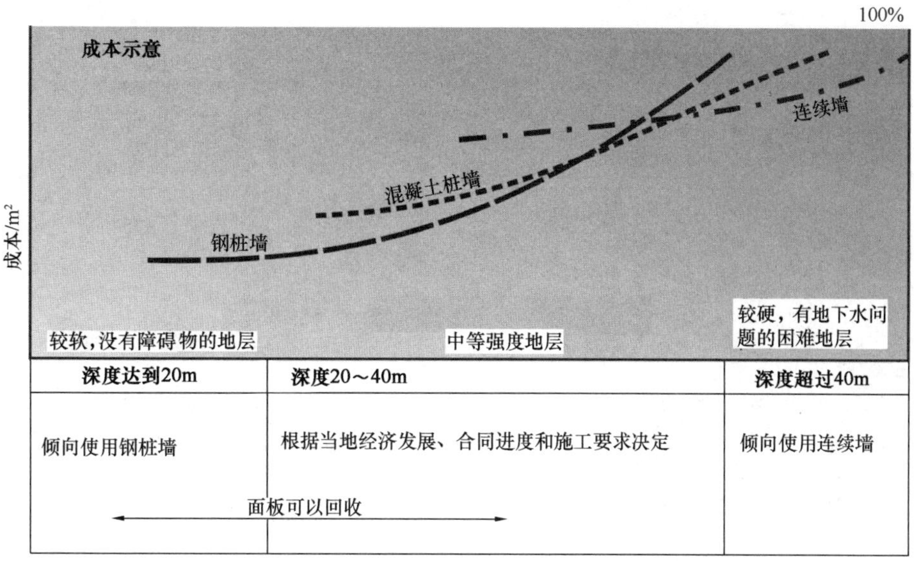

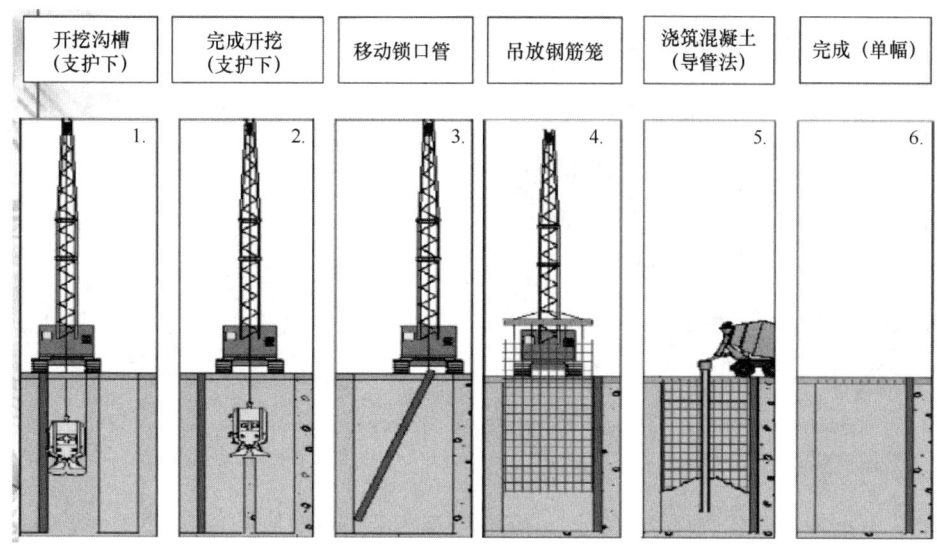

图85.2 各种墙类型的"相对"成本和适用条件

图85.3 连续墙施工流程

工艺和接头处的密封性是成功施工的关键，具体施工建议参照《地下连续墙》(*BS EN 1538 Diaphragm Walling*)。

连续墙基槽的开挖通常使用抓斗或液压式铣槽机（刀具或液压扩孔钻机），见图85.4。这些都是专用设备，有经验的连续墙专业施工人员不愿意将其进行改造，因为任何改动都会影响施工。这里，鼓励追求经济性的设计人员使用成熟的技术，而不是追求先进技术。抓斗和刀具的宽度通常为2.8m。抓斗（钢缆或液压式）常用于该技术发展的早期，尤其用于较软的黏土地层。抓斗的典型开挖速率为100m²/班。现代化的抓斗配有仪器，因此可以实时监控开挖深度和误差并进行记录（特别是在装有方钻杆旋转头的情况下）。使用这种技术可以达到垂直度偏差为1/75的要求。使用铣槽机时，通常先使用抓斗来开始挖掘工作。

铣槽机（切刀或液压扩孔钻机）是液压式鼓轮挖掘机，可通过泥浆清除土渣，泥浆也可作为槽壁的支撑。该工艺采用反循环工艺，将泥土混合物用泥浆泵抽取出来，通过管道输送到分离装置（除砂器、除泥器），在那里土渣被移走，泥浆再被泵回槽内（图85.5）。该机械最初是针对无黏性

图 85.4 （a）液压式抓斗和（b）液压扩孔钻机

图 85.5 （a）除砂设备；（b）钢筋笼起重机

土和软岩研发的，开挖速度通常是抓斗的 5 倍。但是，以这种的开挖速率在软弱黏土地层施工，很难高效地从泥浆中去除土渣。近年来，铣槽机在较硬的、碳化的、超固结的黏土和硬岩中得到了大量使用。使用铣槽机施工垂直度偏差可达 1/1000，但承包商倾向于将他们的垂直度偏差限制在 1/300 以内。此外，允许成槽壁面外凸不超过 100mm。该标准基于众多施工经验提出，但实际上受到不同地层的影响。在松散的无黏性土或软弱黏性土中，塌方可能会更明显，这与超固结黏土形成鲜明对比，后者的表面光滑且致密。

铣轮上的刀齿配置合理后，铣槽机可以切入既有槽段内的新浇混凝土，形成"连续"混凝土构件（钢筋仍然是非连续的）。这对于无法使用其他方法来实现槽段间高质量连接的深竖井（圆形或椭圆形）尤其有用。但是，这种形式的接缝防水可靠性无法保证，因此应限制其在槽段处于环向受压状态或防水可靠性不重要的结构中使用。选择使用铣槽机或抓斗，通常是直接比较生产率和安装成本的差异（铣槽机更贵），尽管与场地通行、施工组织、地层条件和环境因素可能也相关。

连续墙辅助设备包括用于岩石和大石块开挖的重型抓斗，用于清洁槽段接头的接头刷，用于吊放安装钢筋笼和浇筑混凝土的起重机以及泥浆搅拌和分离设备。

如前所述，富含地下水和软土地层经常采用连续墙，因此槽段的稳定性至关重要。在这种情况下，可以通过限制成槽宽或长度，从而增加土拱效应，并确保护壁泥浆的水头高度高于地下水位（通常不小于 2m）。在整个施工过程中都应利用泥浆池或导墙的作用来确保该正压水头。槽段尺寸在控制地表变形方面也很关键，较大尺寸往往会产生较大的地表变形。但是，它们可以更容易和更有效地进行支护。相反，较小槽段的自身变形较小，但支撑难度较大。导墙有多种用途：用作挖掘工具的定位器；标明必须要维持的泥浆面高度，并充当该泥浆的储备池；作为（通常是重型的）井下插入物的支撑，例如锁口管、管子和钢筋笼。导墙的深度通常不小于 1m，厚度不小于 300mm。有时将相邻地下室的侧壁作为导墙的一侧。

新搅拌的膨润土泥浆相对密度约为 1.02 ~ 1.04，水的相对密度为 1，因此偶尔将水用作护壁溶液。膨润土具有触变性，可以在多种地层的槽壁上形成泥皮，可以防止侧面塌落以提高槽壁的稳定性。聚合物的长链堵塞了土体中的孔隙，通常用于钻孔桩护壁，但在英国还没有成功地应用于地下连续墙施工。对聚合物背后的科学技术，目前还处于研究阶段，法国高等教育学院建议，只经过广泛详尽的试验或有类似经验才能使用。但含聚合物添加剂的膨润土泥浆被越来越多地使用。

早期的连续墙采用圆形锁口管接头，在地下连续墙形成过程中将其从新浇混凝土中顶拔出来。目前，圆形锁口管接头被波形管接头所取代，仍是在新浇混凝土（凝固前）几个小时内拔出。当槽段很深或作业时间很短时，要使用刚性（H 形截面）或预制混凝土接头。

当前，大多数从业人员使用"剥离"式接头。一旦在相邻槽段的开挖过程中暴露出了硬化的混凝土槽段端部，这些材料就被去除。它包含止水装置，该止水装置将延伸到相邻的槽段中。该系统极大地促进了连续墙的设计。但是，成功放置和移除此类接头的经验仅限于约 50m 的深度。接头的准确和垂直放置是施工过程的关键部分，如果不能达到很高的标准，那么与后续槽段的接缝和裸露的槽壁表面可能会受到严重影响。

对于地下连续墙不建议采用需多次操作的尺寸复杂的槽壁形状槽段的尺寸取决于设备尺寸的大小，以及槽段和相邻结构的稳定性。施工组织也很重要，因为开挖的槽壁易坍落，通常的做法是快速浇筑混凝土，而在正常一个工作日内浇筑 300m³ 以上的混凝土通常很困难。但是，在英国，曾有过体积达 1400m³ 的槽段。尽管有时必须使用转角形槽段，但从业者将尽可能使用简单的矩形槽段。T形、Z 形和 I 形槽段在刚度和抗弯承载力方面有显著的结构优势，但必须认识到，它们更难以建造。与转角槽段一样，如果可能的话，应避免钢筋沿槽段横方向变化。但是，在凹角处，由于结构原因，可能需要连续的钢筋笼。

地下连续墙的两个示例如图 85.6 所示。

墙体越深，跨度越大，承担的荷载越大，这将导致连续墙槽段的配筋率越大。出于处理槽段锁口构造和槽壁切口的需要，施工难度将会加大。槽段需要满足施工要求（导管间距、到锁口管的距离

(a)

(b)

图 85.6 （a）深井地下连续墙（法国）
（b）"花生形"地下连续墙（英国）

和止水带），也同时限制了钢筋笼的形式。这些都不利于混凝土顺利进入槽壁、混凝土的流动、确保混凝土渗透、确保冲刷泥浆或泥皮沉积物并确保混凝土浇筑密实等要求。尽管 EN1538 表示在特殊情况下，允许采用 80mm 作为竖向钢筋的最小间距，但本章的作者认为应采用 100mm。ICE（2007）C8.4.4 提供了更详细的建议，并对竖向和水平向钢筋进行了区分。非常重要的一点是，在制作钢筋笼之前（最好是在开始详细设计之前），连续体施工方和设计人员应充分讨论，以确保施工的可行性。

施工方在起吊和运输钢筋笼时，面临的挑战不可忽视。必须尽早讨论诸如现场运输、安全吊装、钢筋现场焊接和拼接等问题，并进行适当的风险评估和临时工程设计。

所有地下连续墙都需要采用特殊"流动性"缓凝混凝土，它们可以通过导管浇筑，并且无需振动器或机械装置即可自密实。应当指出，这种混凝土已经发展了数十年，可满足深基础承包商的专业需求。这些通常在建筑行业销售的混合物并非是昂贵的"自密实"混合物。

槽壁光滑的多幅连续墙，可以轻松地相互"连接"或连接到邻近的结构构件（柱、墙、梁、楼板）。对于这种接缝处的连接，在大埋深连续墙中优先采用锁口构造，并且可以将其放置在设计标高的 +150/-50mm 之内。简单的植筋只能提供非常有限的力以保证连接的固定，并且通常用于辅助剪应力的传递，而使用耦合器可以提供更好的力矩固定性。或者，可以在开挖过程中，在槽壁暴露时，通过钻孔将连接杆埋入槽壁。地下连续墙与基础底板（如果是明挖隧道的话，则为其顶板）之间的接缝处，很容易受地下水的影响或出现地表水的渗入，因此在建造时需要特别注意。

连续墙可能需要加长（加深），以增加地下水在墙底下方的渗流路径，或者既用作竖向支承也用作挡土墙。在这种情况下，通常不需要对保证嵌固段稳定以下的墙进行加固。在某些情况下，地层太硬，设备无法有效地达到"设计"深度。在这种情况，通常采用注浆管顺着槽壁进入墙底的坚硬地层，通过加固墙底来提高承载力。通常在设计阶段可以预见，为此，可以在钢筋笼中设置注浆管，通常为钢管，提供可以进行墙底注浆的位置，以显著降低岩石的渗透性。

地下连续墙施工需要大型专用设备，这通常需要单独占用场地。泥浆系统（泥浆筒、泥浆泵以及清洁或除砂设备）通常需要 $150m^2$。如上所述，通常泥浆系统的施工组织往往控制了连续墙施工的总体施工进度。

接缝处不可避免会发生"渗漏"，即使采用最佳工法也会渗漏，因为可能存在膨润土或地层包裹体的被困区域。承包商将对这些区域进行处理，以减少和排除"使用泄漏"。正如引言中所强调的那样，这个特殊问题需要进行大量的前期讨论，并清楚地了解在特定场地可能实现的效果。

连续墙施工继续被推向更深的空间和更大的跨度，并采用了更高密度的配筋和预埋件（锁口构造、隧道掏槽眼、地热管、仪表管、声波取芯管等）。这是一种可能会在应用中进步的技术。

连续墙施工的另一个例子如图 85.7 所示。

85.3 咬合桩墙

85.3.1 描述及用途

咬合桩墙是由一系列相交的混凝土钻孔灌注桩组成。在大多数情况下，主（次）桩交替间隔，钢筋混凝土主桩用来增强墙体的结构承载力，而主桩之间的素混凝土次桩则充当阻止地下水渗流的隔水帷幕（图 85.8）。除保持土体稳定和抵抗地下水压力外，咬合桩墙还可用于承受上部结构荷载。咬合桩墙在平面形状方面提供了相当大的灵活性（图 85.9），可有效利用地下室空间。因此，咬合桩墙是建筑工程以及地铁站、地下通道、明挖隧道和泵站等土木工程结构中一种常见形式的嵌入式挡土墙。咬合桩墙也成功用于建造圆形和椭圆形的竖井（图 85.10）。

咬合桩墙是从 20 世纪 70 年代开始，使用机械式的钻机建造，桩墙相对昂贵且机械设备安装麻烦。但是，功能强大的液压打桩钻机的出现扩

(a)

(b)

图 85.7　英吉利海峡隧道连线铁路站点

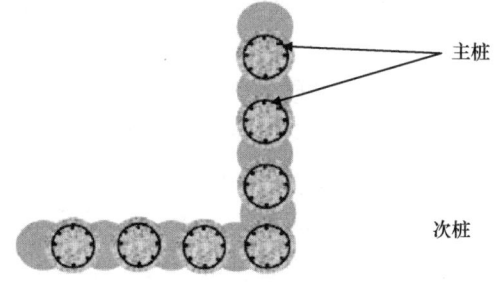

图 85.8　主次桩施工顺序

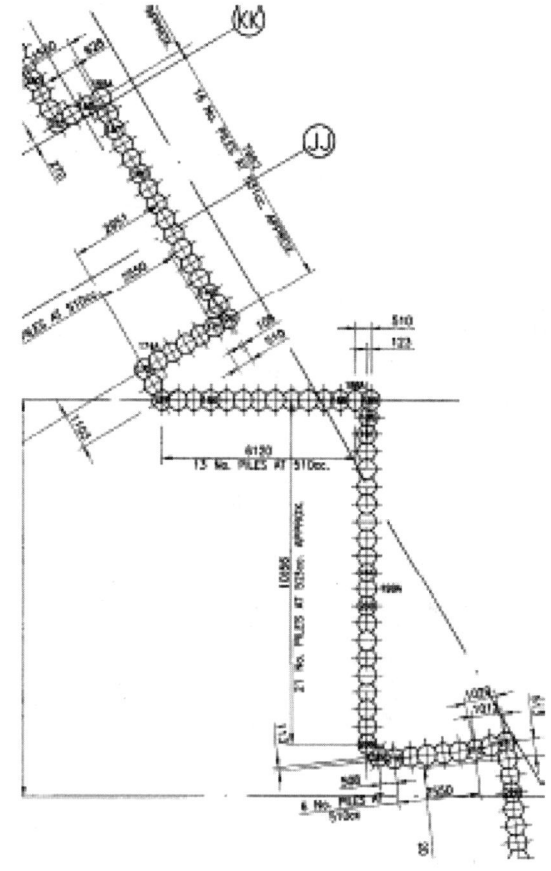

图 85.9　平面形状的灵活性

大了应用范围和提高了生产率。到 20 世纪 80 年代中期，深咬合桩墙逐步用作永久墙。在那之后的十年中，使用长螺旋钻（CFA）方法在英国的许多场地建造了硬－硬桩墙。最近的技术发展已经出现使用了套管式长螺旋钻，它能将长螺旋钻生产率高的优势与使用临时套管具有严格施工误差相结合。

用于区分桩墙类型的术语曾经存在一些混淆。所有类型墙中，不变的是主桩几乎总是钢筋混凝土结构，变化的通常是次桩的强度，其典型变化如下。

硬/软墙（Hard/soft wall）：这种类型墙通常用于临时工程，这种临时工程可以忽略次桩的长期耐久性，次桩的作用可被如内部结构衬砌墙这种结构代替。次桩简单用作短期隔水，使用水泥/膨润土混合物或类似材料建造（图 85.11）。

硬/固桩墙（Hard/firm wall）：这种类型墙常作为地下室施工的桩墙，一般采用 CFA 或套管

CFA技术建造。次桩的设计不仅需要满足结构的设计寿命，同时还需考虑施工的可行性。有时次桩会遇到因保证耐久性而所需使用的最少水泥用量与因强度过高而造成切削困难之间的矛盾，次桩的强度设计成56d时达到C8/C10。

硬/硬桩墙（Hard/hard wall）：这种类型墙作为永久性结构，为了保证主桩与次桩具有相同的耐久性，桩墙一般使用分段式套管建造方法。一般情况下，次桩全部使用强度为C28/C35或C32/C40的素混凝土。

图85.10　椭圆形竖井

图85.11　硬/软咬合桩墙

85.3.2　应用范围

随着扭矩超过500kN·m的液压动力旋挖钻机的研制成功，咬合桩在工程中运用更为广泛，根据施工方法的不同，其应用范围差别很大。

受钻机功率、桩径和地基条件等多因素限制，很难明确确定每种施工技术可达到的最大钻探深度。一般情况下，虽然CFA桩深度可超过25m，但钢筋笼的长度通常限制在18m左右。套管CFA桩的深度目前限制在18m左右，套管咬合桩的深度很少超过30m。记住重要的一点，桩的咬合深度由钻机的钻进偏差决定，而不是由钻机能钻进的深度决定（表85.1）。

桩径范围　　　　表85.1

桩径 （mm）	套管下方孔径 （mm）	最小超挖量 （mm）	最大超挖量 （mm）
a．采用长螺旋法施工的咬合桩墙			
600	—	100[①]	250[①]
750	—	100[①]	250[①]
900	—	100[①]	250[①]
1050	—	100[①]	250[①]
b．采用套管长螺旋法施工的咬合桩墙			
750		100[①]	250[①]
880		100[①]	250[①]
c．采用分段式套管施工的咬合桩墙			
620	520	100[①]	250[①]
750	670	100[①]	250[①]
880	760	100[①]	100[①]
1000	900	100[①]	250[①]
1180	1060	100[①]	250[①]

① 由混凝土配比、地层条件和支挡高度决定的典型数值。

85.3.3　施工及材料

桩以预定的间距施工，为确保桩体在墙的设计深度内相切，需要考虑两根桩的相交位置和垂直误差。为了减小打桩平台水平向的位置误差，建造钢筋混凝土导墙是十分必要的（图85.12）。扇形导墙通常使用特殊模板或吊舱作为灌注模型，可以通过调整模板或吊舱来实现工程所需的桩布局。

首先，按初始间距施工次桩，可以确保相邻桩间不受设备轨道或混凝土浇筑压力的干扰。例如，桩的施工顺序应为：1、5、9、13、17，然后是3、7、11、15。对硬/硬和硬/固的桩墙，在理想情况下，混凝土墙的主桩应在相邻次桩施工后的3~7d施工。该施工顺序对于使用CFA方法施工的混凝土咬合桩墙尤其重要，因为在施工主桩时，次桩的混凝土强度过高将会导致主桩产生严重的垂直度偏差问题，使主桩在一定深度处偏离预定位置，从而

图 85.12　导墙

图 85.13　套管 CFA 桩墙废渣堆放管理系统

导致墙体的防水失效和咬合失效。同时需注意，不应在未打入主桩的情况下，通过建造大量的次桩来构建墙体。此外，在分阶段施工时，可能需要在一个施工阶段结束时设置一根砂桩，方法是在最后一个次桩未完全硬化时对其进行超挖并用砂灌注；必要时也可以根据工程需求，在施工完成数周后对其进行超挖。

CFA 和套管 CFA 钻机每班的生产率可超 10 根桩，因此，需要提供超过 50m 长墙截面的施工场地，以保证钻机的工作效率。

在螺旋钻机的钻进过程中，CFA 桩是在土体的支撑下进行开挖的，而 CFA 套管则利用坚硬的临时套管来支撑土体并切削相邻的次桩。混凝土管中的喷嘴通过空心螺旋钻杆将空气输送至螺旋钻尖端，并通过压缩空气使渣土排出。在顶部，渣土被导入伸缩式渣土箱中，这些渣土箱将钻孔产生的渣土安全转移至地面（图 85.13）。套管和长螺旋由单独的旋转驱动装置独立驱动。

第 85.2 节引用的《地下连续墙加固指南》(*The guidelines for the reinforcement of diaphragm walls*) 在许多工况下同样适用于咬合桩墙，特别是指南中钢筋净间距不能小于 100mm 的规定。可考虑通过钢筋的搭配来改善重叠拥挤，要特别注意，如果有二层钢筋，在重叠拥挤处可采取对称配筋的措施。此外，弯折较大直径的钢筋（直径 40mm 或 50mm），可能不可行。

为了便于在 CFA 和套管 CFA 咬合桩中安置长钢筋笼，需要较厚（100mm 而非 75mm）的保护层。其结构承载力产生的轻微损失，通常可以靠施工效率的提升（或减少因卡笼而需要的重新钻孔桩）来进行弥补。

CFA 桩墙的混凝土浇筑方法与长 CFA 承重桩的浇筑方法相同。对于套管咬合桩，应特别注意混凝土的和易性和凝固时间，避免出现如钢筋笼移位、套管短期堵塞、套管拆除过程中对新拌混凝土的损伤等故障。

85.3.4　允许偏差

在咬合桩墙施工过程中，有一些必要措施可保证施工误差在允许范围内：

- 设计并建造稳固的导墙；
- 选择合适的设备及有经验的施工人员；
- 仔细确定桩的施工顺序；
- 选择合适的材料，特别是次桩的混凝土配合比；
- 在设计桩布局时注重细节。

墙体施工误差在很大程度上取决于施工方法。《桩和嵌入式支护结构施工规范》(*Specification for Piling and Embedded Retaining Walls*) (ICE, 2007) 中的表 C9.1 给出了某些指南。本规范的第 B9.4 节对导墙和钢筋笼的允许偏差提供了进一步的指南。

85.3.5　接口

与地下连续墙不同的是，在咬合桩墙中采用钢板连接或锁口构造，都有使墙体变形超出容许范围的风险。无论是将钢筋笼插入刚浇筑的混凝土，还是在通过临时套管浇筑混凝土前安放，钢筋笼都会出现明显的扭曲和偏位，特别是在深部。因此，最好通过在所需标高处的钢筋笼中钻孔和灌浆来实现板桩连接。

图 85.14 伦敦皇家歌剧院（Royal Opera House, London）硬/硬咬合桩墙

由临时套管支撑的咬合桩墙需要设计水平支撑，为了确保支撑结构的有效性，应保证支撑与桩之间压紧。在许多情况下，为了减少使用临时支撑，临时支撑需通过冠梁咬合板墙。当使用临时锚杆时，如果每根次桩都通过锚头被锚杆约束，则可以不使用支撑（图 85.14）。

在板—墙连接处和冠梁水平处，由于咬合桩墙的止水构造几何形状特殊，需特别注意该结构处的防水细节。从长期使用寿命考虑，为永久结构安装预留注浆口是有利于防水的。

85.4 排桩墙

描述及用途

排桩墙是由一系列互不相交的钻孔灌注桩组成。桩的净间距需要保证在一定深度范围内各桩不会发生接触，该净间距大小由桩间土的土拱效应决定，一般情况下，桩净间距控制在 100~200mm，但也可以更大。

这类墙体是为了抵抗土压力而设计的，通常不具备挡水性能，因此在拟建结构的水平向需要设计一个排水系统。为了美观，墙体侧壁通常采用各种饰面，如面板、瓷砖、砖块或砌块。为了保护排水沟和墙体面层不受桩间土坍塌的影响，最好在该区域填充自由排水材料，如无细骨料的混凝土、土工织物或塑料排水板。

排桩墙是低渗透地基中最常用的桩墙形式。尽管其不如地下连续墙实用，且存在咬合桩墙常见的接口问题，但其更经济。灌注桩排桩围护墙

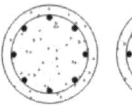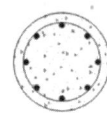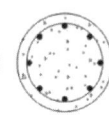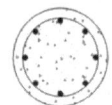

图 85.15 排桩墙

的直径范围通常为 600~2400mm，如图 85.15 所示。

85.5 板桩围护墙

85.5.1 描述及用途

板桩墙由一系列相互紧扣的钢构件型钢组成，施工完成后可以承受水平和竖向荷载。之前，板桩墙用于临时支护，例如施工永久性结构需开挖基坑，板桩墙用于此时基坑的临时支护。板桩制造和施工方法的发展使钢板桩在永久性支护与临时支护措施中同样常用。板桩挡土墙的常见用途包括：

（1）钢密集型地下室-板桩墙用作永久性支护结构，也可以承受周边结构的竖向荷载。墙的裸露面一般可见，在这种情况下，通常将钢清洁并涂漆，以保证结构的美观（图 85.16）。有关钢密集型地下室的更多详细信息，请参见《钢密集型地下室》（*Steel Intensive Basements*）（Yanzio 和 Biddle，2001）。

（2）防洪堤和码头挡墙－板桩墙可用于河流、内陆水道、港口和码头，既能防洪，又能使船舶停泊。近年来随着船只吨位的增加，需要更深的泊位。随着支挡高度的增加，标准板桩墙的承载能力有一定的局限性，此时，需要使用新型

板桩墙，即在多个板桩之间插入刚度较大的主要构件，使其变为组合墙。下一节将进一步详细介绍此技术。

（3）挡土墙-板桩墙常用于公路沿线和边坡的支护。通常，在支挡高度较低时，桩为悬臂式。对于较高的墙体，可以采用其他结构与墙体相结合，以提高墙体的承载力。墙可以用土锚或岩锚进行锚固，如果墙前有足够的空间，则可以安装横梁和支撑。

85.5.2 施工设备

在过去30年中，用于施工板桩的装置和设备有了长足的发展。嵌板打入是先前工程中最常见的施工方法。现在已被安装液压振动器的钻机和基于冲击式的冲压技术所取代。

随着钻机尺寸的增加，钻机装置的功率也有所增加。现在一台配备振动锤的先导钻机的重量可以超过60t，并配备离心力为1400kN的重锤；仅在20年前，一台最先进的钻机重近40t，其重锤最大离心力约为600kN。钻机装配水平的提高使板桩支护方案的应用范围不断扩大，因为可以采用较重的型材并将其打入更坚硬的土层。同时，振动器也得到优化，现在大多数设备都以更高的频率工作，这意味着钻机传入周围土体的振动会迅速衰减，从而降低损坏邻近结构的风险（图85.17）。

如果存在敏感结构且需要限制施工的噪声和振动，则可使用液压打桩机。液压打桩机利用先前施工的桩提供的反力或大型底座机将板桩打入地下。该技术对地层类型要求很高，若地基土较硬，则可沿桩轴线预钻孔使其附近的地层松动或在打桩过程中通过水冲法辅助施工（图85.18）。

需打入长板桩或施工误差要求较高时，采用与嵌板打入技术相结合的传统方法最为合适。该方法利用大型悬挂式起重机振动器和冲击锤，在保证导轨和桩架的位置一致时，对板桩施加很大的冲击荷载。

85.5.3 材料

板桩墙可以采用冷轧或热轧型钢施工。冷轧型钢的使用通常仅限于轻载情况，因为它们通常是轻型型钢，并且不像热轧型钢那样紧密锁紧。冷轧板桩的制造误差遵守 BS EN 10249（British Standards Institution，1996b）。如果在打桩过程中操作不当或在质密坚硬的土层中施工，冷轧型钢固有限制将

图85.16 利用钢板桩和临时支撑施工地下室

图85.17 使用带液压压桩机的先导钻机进行板桩施工

图 85.18 Kowan 液压打桩机

导致冷轧桩桩墙发生锁扣脱开现象。热轧薄板桩的制造遵守 BS EN 10248（British Standards Institution，1996a）。随着技术的发展，非合金钢的热轧薄板桩制作精度不断提高，紧密吻合的互锁装置可使热轧钢板能适应更坚硬的地层条件和承受更大的上部荷载。实际工程中，应根据设计要求选择 U 形和 Z 形热轧薄板桩。从施工角度看，设计时要考虑打桩条件。虽然设计和选定的桩截面足以承受上部结构施加的长期荷载，但却承受不了打桩过程中产生的临时冲击荷载。在这些情况下，应选择较大的桩截面，以承担打桩过程中产生的冲击荷载。板桩截面承受冲击的能力与其横截面、刚度、长度、钢材等级、质量和施工方式有关。关于影响承受冲击能力的因素及桩体制造过程中的产品信息，详见《桩基施工手册》（Piling Handbook）（ArcelorMittal，2005）。

85.5.4 施工

根据墙体类型、桩截面及土质的不同，施工方法一般分为以下几类。

85.5.4.1 俯冲打入

该方法利用专用设备将单桩抬升并打入所需深度。最初，该技术仅在松散土体中打入短桩时使用。随着设备的进步，该方法现已应用于更为复杂和坚硬的土层打桩施工中。在该方法中没有使用导向架，因此施工中需要保证桩始终与地面垂直，否则在坚硬地基或打入长桩时，桩体可能会出现倾斜或者旋转。

85.5.4.2 嵌板打入

该方法在所需墙线的预制框架内插入桩体，可采用三种打桩方法。

85.5.4.3 冲击打入

在一定高度内，重锤下落且反复击打桩体，该方法将产生较高水平的低频振动和高噪声。该方法的优点是通过合理选定锤重和下落高度，该方法将适用于大部分的土质条件。

85.5.4.4 振动打入

采用精密和大功率的振动锤产生的高频振动的方法进行打桩，该方法适用于绝大部分困难地基。但与冲击锤相比，这种锤的操作及维修成本更昂贵。

85.5.4.5 静压压入

除非采用其他方法（如水冲法或预钻孔）进行辅助，否则压入式打桩方法仅适用于粗粒土中。该方法的优点是打桩过程中产生的噪声和振动小，适用于有邻近结构的情况。

85.5.5 允许偏差

桩基施工允许偏差已制定多年，并在《桩和嵌入式支护结构施工规范》（Specification for Piling and Embedded Retaining Walls）（ICE，2007）、《桩基施工手册》（Piling Handbook）（ArcelorMittal，2005）、BS EN 12063（British Standards Institution，1999）等规范和文献中都有规定。随着施工技术和制作工艺的进步，桩板施工偏差的精度在不断提高。例如工程中要求打桩的平面位置偏差在 25mm，而之前的偏差要求为 75mm。由于钢板桩是人工制造的产品，施工板桩墙时考虑制造误差也很重要（图 85.19）。例如，标准为 600mm 宽的 U 形截面实际测量值为 606mm，该误差在允许范围内。在实际工程中，这意味着每 100 根桩将比预计的理论设计少施工一根桩。

第85章 嵌入式围护墙

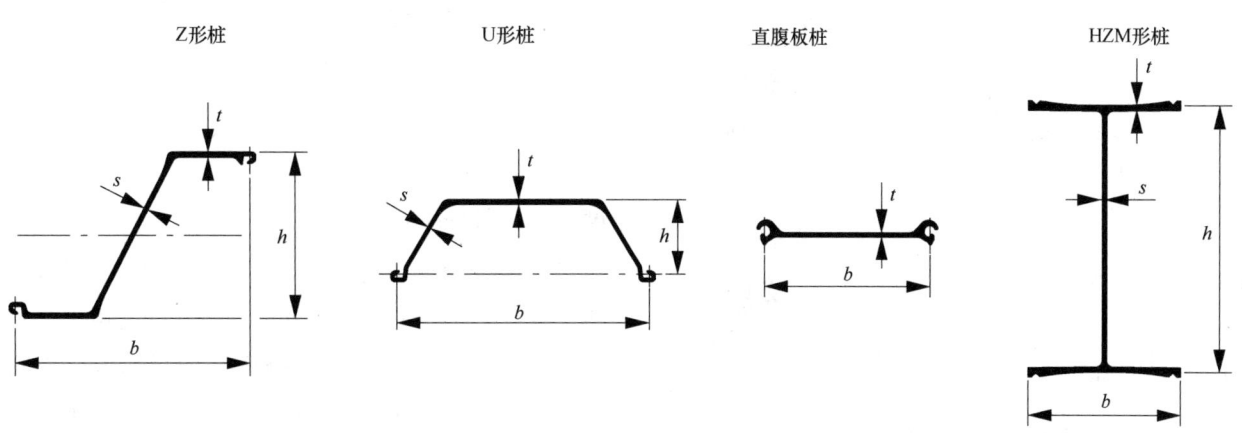

高度				宽度	
				单桩	咬合桩
Z 形桩	$h \leqslant 200$mm ± 5mm	200mm < h < 300mm ± 6mm	$h \geqslant 300$mm ± 7mm	±2% b	±3% 公称宽度
U 形桩	$h \leqslant 200$mm ± 4mm	h > 200mm ± 5mm		±2% b	±3% 公称宽度
H 形桩	$h \leqslant 500$mm ± 5mm	h > 500mm ± 7mm		±2% b	±3% 公称宽度
壁厚					
Z 形桩	$t \leqslant 8.5$mm ± 0.5mm	t > 8.5mm ± 6%	$s \leqslant 8.5$mm ± 0.5mm	s > 8.5mm ± 6%	
U 形桩	$t \leqslant 8.5$mm ± 0.5mm	t > 8.5mm ± 6%	$s \leqslant 8.5$mm ± 0.5mm	s > 8.5mm ± 6%	
H 形桩	$t \leqslant 12.5$mm + 2.0/ − 1.0mm	t > 12.5mm + 2.5/ − 1.5mm	$s \leqslant 12.5$mm + 2.0/ − 1.0mm	s > 12.5mm + 2.5/ − 1.5mm	
直腹板桩	$t \leqslant 8.5$mm ± 0.5mm	t > 8.5mm ± 6%			
全部截面					
	垂直度	长度		切口垂直度	质量
	0.2% 桩长度	±200mm		±2%b	±5%

图 85.19　钢板桩的制造误差

经许可摘自 ArcelorMittal；版权所有

85.5.6　接口、接头和连接

板桩墙的每个部件都在工厂中制造，配有连接方案详图，并能够提供完整的截面模数，这是使用板桩墙的主要优点之一。咬合装置由一系列特殊截面构件组成，如"角部连接构件和接头构件"，这允许以多种组合形式施工钢板桩墙。图 85.20 显示了一些常见的角部连接构件。

对于所有类型的墙，接缝和咬合处的防水可靠性是最关键的问题。对防水可靠性要求严格的板桩墙，可采用多种方法防止或减少水的渗透。市场上有许多咬合装置密封剂，可在桩施工前将其喷涂在咬合装置内。然而，这些产品通常仅具有临时的防水功能。需要永久性防水时，通常会在桩施工后、地下室施工过程中，对咬合装置进行焊接。这创造了一个永久性的密封结构，不会随着时间的推移而退化。由于密封结构是在桩施工后形成的，因此只能在桩的暴露范围内操作，即从地表标高到地下室的基底标高。这意味着需要安装某种法兰，将板桩墙与地下室底板连接起来，以确保水不会渗透进基底。由于板桩墙由钢材制成，有很多措施能够在施工后进行，以改善或保持防水可靠性，比如在咬合装置位置进行焊接或在损坏的接头上安装额外的钢制品。图 85.21 展示了一种典型的永久性板桩地下室结构底部的钢法兰连接。

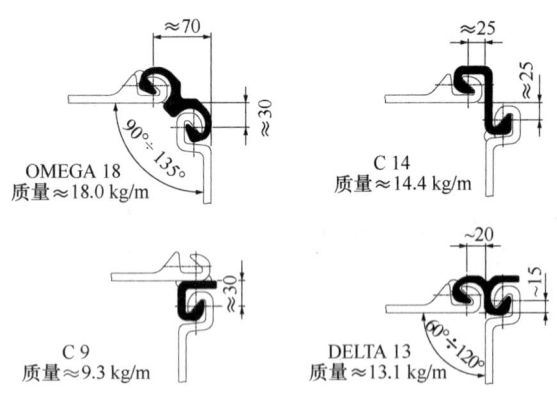

图 85.20 用于改变墙体方向的角部连接构件

经许可摘自 ArcelorMittal；版权所有

图 85.21 永久性钢板地下室的底板/侧墙连接详图

85.6 组合钢板墙

85.6.1 描述及用途

许多组合钢板墙的相关问题与上一节板桩墙的有关内容相似。其主要区别在于，组合钢板墙的设计方法要求单个主要构件可以承担作用在其上的任意荷载。主要构件通常由钢板桩组成，被填充板（次要构件）隔开。由于支挡高度较高，需要更大的装置和设备来施工较重的构件。根据 BS EN 1993-5（British Standards Institution，2006），图 85.1~图 85.5给出了各种组合钢板墙的常见配置，详细说明了组合钢板桩的许多要求。

组合钢板桩挡土墙的常见用途包括：

- 大埋深的钢密集型地下室和围堰；
- 防洪堤和码头挡墙；
- 挡土墙。

85.6.2 设备装置

受组合钢板墙墙体的尺寸影响，大多数组合钢板墙体使用传统的起重机式振动锤和冲击锤进行施工（图 85.22）。组合钢板墙构件相对较大，因此需要较大的能量才能将桩打入所需深度。在水体附近作业时，重型装置和设备可以沿水体边缘后退，从而最大限度地减少未保护斜坡上的外荷载，这是使用起重机悬挂设备的另一个优点。

在特殊情况下，例如市中心位置的大埋深地下室，受周围已有结构的影响，可能无法使用振动或冲击驱动方法安装组合钢板墙。近年来，压桩法已经能够实现低噪声、无振动施工组合钢板墙。这些技术比传统方法速度慢，成本更高，但极大地扩展了组合钢板墙的使用范围。

85.6.3 材料

所使用的大多数材料需要符合相关标准，如 BS EN 10248（British Standards Institution，1996a）对热轧板桩的标准。但是，对于主要构件，如钢管桩，通常会在市场上采购，这可能会购买到使用过的构件。对于这种情况，必须对所有使用的材料进行检验，并在必要时进行试验，以确保其符合设计和项目要求。

85.6.4 允许偏差

组合墙方案具有更高的支挡高度，其墙构件的重量和物理尺寸将远大于板桩墙。为了确保各种构件施工准确，通常会使用闸门来控制位置和垂直度。闸门结构由两层临时钢结构框架组成，确保准确施工墙体构件（图 85.23）。

85.6.5 接口、接头和连接

为了将组合钢板墙的各种构件连接在一起，在交付现场之前，会将标准咬合装置焊接到主要构件上。这使得它们直接将钢板桩咬合在一起，这与填充板类似。图 85.20 展示了《桩基施工手册》(*Piling Handbook*)（ArcelorMittal，2005）中典型角部连接构件和连接剖面的细节。

85.7 间隔板桩墙（主柱或柏林墙）

间隔桩是指打入或沉入每间隔 2~3m 预成孔的钢桩或混凝土桩。

图 85.22　用液压冲击锤打入组合墙构件

以竖直间隔 1m 台阶式进行开挖，在主桩间设置水平向的面板或挡土板（木材、钢材或混凝土），支撑土体。其系统如图 85.24 所示。

挡土板水平起拱，主桩承载着土体的主要推力。通过结合围檩和锚定，可以实现较大的开挖深度。在硬质土体（硬黏土和软岩石）中，可能没有必要设置挡土板，简单的局部安全措施就足够了，如网钉或喷射。主桩可以并入整体结构，但其不被认为是永久性的。

间隔桩墙最适合硬质土体，典型的是致密土体（地下水位较低）和硬至非常硬质的黏土。在软黏土和松散土体中，常规的排桩不宜使用，其容易造成土体流失。在适合的地层上建造这样的工程比较便宜。在所有的挡土墙类型中，间隔桩墙与"失效"（过度变形和局部移动）最为相关，这是由于尝试在错误的环境条件下使用它们造成的。

受地质条件影响，英国不经常使用间隔桩墙，但在美国、亚洲和中欧其被广泛使用。当地的实践经验和有用的半经验分析方法和规则已经发展为适合当地的情况服务。例如：

- 德国土楔法，允许在较差土质中起拱（图 85.25）；
- 使用木质和混凝土挡土板，百叶窗式挡土板缝隙允许对土体后衬（图 85.26）；
- 木材承载能力的经验演变说明了适用土层和不适用土层（表 85.2）。

在良好条件下，间隔桩墙的范围通常最多为三或四个地下室深度，但这受主桩本身能被安放或打入的深度以及支撑装置影响。浅埋墙能够应对较大

图 85.23　主钢管桩和桩间板桩构成的典型组合墙布置

图 85.24　使用木质挡土板的典型间隔桩墙

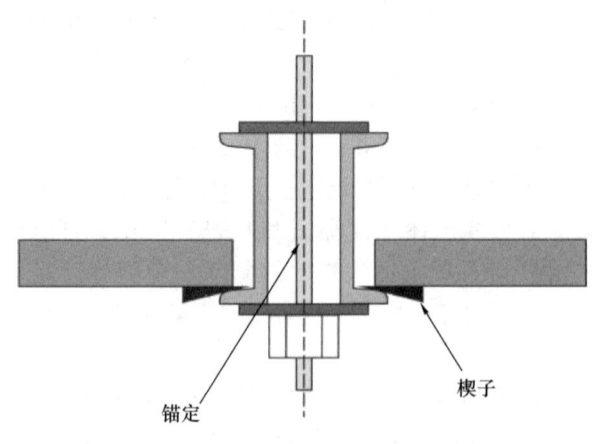

图85.25 带楔子挡土板的锚定主柱平面详图

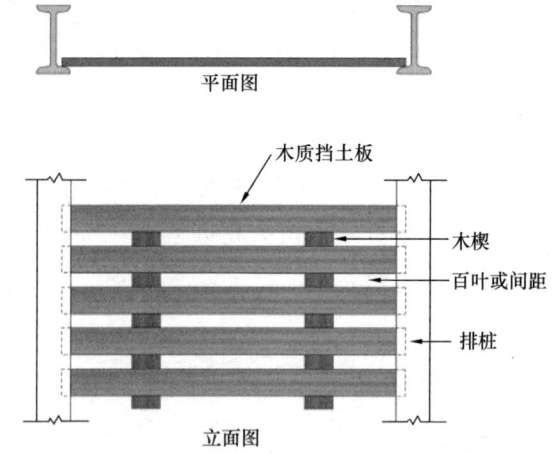

图85.26 典型带木质挡土板的简易主桩墙

挡土板的经验尺寸 表85.2

土层描述	分类标准	深度	对不同净跨度推荐的挡土板厚度					
			1.5m	1.8m	2.1m	2.5m	2.75m	3m
具有足够承载力的地层			(mm)					
地下水位以上的粉砂或细砂和粉土	ML, SM-ML							
砂和砾石（中密至密实）	GW, GP, GM, GC, SW, SP, SM	0~7.5	50	75	75	75	100	100
黏土（硬至非常硬）；无裂缝	CL, CH	7.5~18.5	75	75	75	100	100	125
黏土，中等稠度	CL, CH							
困难地层								
砂和粉砂（松散）	SW, SP, SM							
地下水位以下含黏土的砂土（中密至密实）	SC	0~7.5	75	75	75	100	100	125
开裂的超固结黏土	CL, CH	7.5~18.5	75	75	100	100	125	125
地下水位以下的无黏性粉砂或细砂和粉土	ML, SM-ML							
存在潜在问题的地层								
软黏土	CL, CH	0~4.5	75	75	100	125	—	—
		4.5~7.5	75	100	125	150	—	—
地下水位以下轻微塑性粉土	ML	7.5-18.5	100	125	150	—	—	—
地下水位以下的含黏土的砂土（松散）	SC							

注意：对于"存在潜在问题的地层"，使用土质挡土板是有问题的。

的挡土板跨度。土拱效应是指沿深度方向起到的挡土板保护作用。这要求水平跨度不宜过大，比如约2m。

用于施工主桩的设备取决于施工环境，但类似于此前介绍的打入桩或钻孔桩技术。如果使用钻孔桩，可用挖掘机向下挖掘较大直径的桩，将合适的型钢或混凝土桩插入或放置到钻孔桩中，以增加抗弯能力。

间隔桩墙只有主柱作为埋入构件。它们的暴露范围取决于开挖、挡土板和衬垫工序，这要求在施工中非常小心、遵守纪律、具有良好的工作实践以及考虑接口影响。完整的结构需要有合适的局部排水措施和预警监测。局部"井喷"、挤压或坍塌的后果可能是灾难性的，工程邻近敏感结构时，必须特别注意；与其他墙体类型相比，间隔桩墙施工过程更容易发生系统性失效。

虽然必须处理许多重要的接口，但在适合的地基条件和谨慎的施工过程的基础上，间隔桩墙（及其衍生结构）可以为挡土问题提供非常经济有效的解决方案。

85.8 其他挡土墙类型

尽管被归类为"其他"类型的墙，其他类型的嵌入式挡土墙本质上是前面提到的挡土墙的变体或混合体。它们通常被用于当地土层条件适用的地区。

下面是四种常用的"其他墙"：

- 混凝土板；
- 带预制墙或钢板插入件的柔性墙；
- 无钢筋水泥土搅拌桩墙；
- 带主柱的固壁。

（1）混凝土板的坚固性远不如钢板，但如果用于深厚的软土沉积地层中（如墨西哥城的黏土和深厚的海相软土冲积层），就具有较大的竞争力。除了专业的板顶保护，它的工艺和要求与钢板结构类似。在适当的情况下，混凝土板是一个有用的选择，例如它可以在富氧地区提供更强大的保护。由于预制面板的连接和运输问题，混凝土板在支护深度上受到限制。它的支护深度通常为5m。

（2）"柔性"墙内置钢板或预制混凝土构件。通常情况下，在施工泥浆护壁的沟槽时，最经济的解决方案是完整的地下连续墙。有时由于空间限制，需要提供预制构件，可以采用混凝土板或板桩的形式。该技术已在德国的隔水墙成功应用。

所需设备和施工技术与连续墙相同。包围构件的"柔性"混合物通常是水泥膨润土，其可以从墙体前部移除，这有助于保持接缝处的防水可靠性。

（3）在含有合适颗粒能与水泥均匀混合的土层中，采用无钢筋水泥土搅拌桩墙，可形成"高"抗压强度材料。该结构可以在竖井中使用。它们起抗压作用，墙壁相对较厚，并且埋深相对较浅（<10m）。所需的设备是高度专业化的，以便有效地现场浇筑（图85.27）。这种技术在亚洲最为常见，在美国也有越来越多的应用。

（4）加筋水泥土搅拌桩墙或"坚固"墙在具有合适（颗粒状）土层的地区越来越受欢迎，其"筋"基本上是一系列主柱。钢和混凝土预制截面承载了大部分的结构荷载，排桩间的土体通过水泥土搅拌桩加固。主桩的间距应足够近，形成土拱，以应对外部荷载（图85.28）。

图85.27 水泥土搅拌桩墙设备

图 85.28 加筋水泥土搅拌桩墙或"坚固"墙

与间隔桩墙不同，此类墙是完全嵌入的，在开挖阶段需要限制局部地表沉降和地下水运动。需要注意现场混合粘结材料的施工过程，以确保可以准确地插入主柱，但混合料需要（及时）"加固"土体以达一定的强度，应对局部异常现象和挠曲。这种墙在英国并不常见，但在土质条件适合的亚洲和美国越来越流行。

现场搅拌设备不断发展，从单轴搅拌头发展到多轴螺旋搅拌头系统。

85.9 参考文献

ArcelorMittal (2005). *Piling Handbook* (8th Edition).
British Standards Institution (1996a). *Hot Rolled Sheet Piling of non Alloy Steels.* London: BSI, BS EN10248: Part 1.
British Standards Institution (1996b). *Cold Rolled Sheet Piling of non Alloy Steels.* London: BSI, BS EN10249: Part 1.
British Standards Institution (1999). *Execution of Special Geotechnical Works. Sheet Pile Walls.* London: BSI, BS EN12063.
British Standards Institution (2000). *Execution of Special Geotechnical Works. Diaphragm Walls.* London: BSI, BS EN1583.
British Standards Institution (2000). *Execution of Special Geotechnical Works. Piles.* London: BSI, BS EN1536.
British Standards Institution (2006). *Eurocode 3: Design of Steel Structures – Part 5: Piling.* London: BSI, BS EN1993–5.
Gabba, A. R., Simpson, B., Powrie, W. and Beadman, D. R. (2003). *Embedded Retaining Walls – Guidance for Economic Design.* CIRIA Report C580.
ICE (2007). *Specification for Piling and Embedded Retaining Walls*, 2nd Edition. Institution of Civil Engineers.
Yanzio, E. and Biddle, A. R. (2001). *Steel Intensive Basements.* SCI P275.

建议结合以下章节阅读本章：
■ 第 100 章 "观察法"
■ 第 6 篇 "支护结构设计"
本书以第 1 篇 "概论" 和第 2 篇 "基本原则" 为指导进行章节编排。如第 4 篇 "场地勘察" 中所述，各类岩土工程均应进行扎实的现场勘察工作。

译审简介：
郑伟锋，岩土工程高级工程师，博士研究生，首届工程建设行业杰出科技青年，专长：地下连续墙工艺与装备。
谭永坚，1963 年生，研究员，硕士。从事桩基工程、地基处理、基坑支护的研究、设计，岩土工程勘察、技术咨询、技术鉴定和地基加固等工作。

第86章 加筋土施工

doi: 10.1680/moge.57098.1289

目录

86.1	引言	1259
86.2	施工前阶段	1259
86.3	施工阶段	1260
86.4	施工后阶段	1264
86.5	参考文献	1264

克里斯·詹纳（Chris Jenner），Tensar 国际有限公司，布莱克本，英国
主译：朱红波（中国建筑科学研究院有限公司地基基础研究所）
审校：张震（中国建筑科学研究院有限公司地基基础研究所）

加筋土结构的施工包含多项流程，其中包括收集相关信息、编制规划、材料性能的验证性测试、筋体材料的交付、验收和存储、加筋土的施工以及维护等。在项目实施过程中，往往是由多个承包商分别完成各自特定的任务，所以项目各参建方之间的合同关系也是一个非常重要的应考虑因素。加筋土结构的两个主要组成部分是填土和筋体，而填土本身对加筋土结构的最终实施起着重要作用。筋体材料应在实施前完成评估工作，填土和筋体组合形成加筋土结构只能在现场实施完成。为满足设计强度的要求，施工单位必须充分认识到加筋土结构中填土的铺填和压实的重要性，以确保形成坚固、稳定的加固土体。

86.1 引言

加筋土结构是集填料（填土）和筋体特性于一体的复合结构。其应用可分为两个主要领域：

（1）**垂直或接近垂直的挡墙、陡坡**。应用于挡墙和陡坡的加筋土结构实质上是挡土结构。由填土和筋体组成的复合土体结构必须满足一定的质量要求并按照某些特定的几何形状进行设计，以防止未加固土体发生破坏。垂直或接近垂直的挡墙表面通常采用某种硬质材料面层，而陡坡上通常种植植被，以提供绿色环保的外观。面层的功能本质上是防止侵蚀并起到美观的作用。就加筋土结构设计而言，面层的作用相对较小，但如果面层不能起到防护作用，其后果可能会相当严重。在加筋土实施过程中，必须认识到复合土体结构中填土的重要性，它决定了施工的质量。

（2）**路堤基础**。当路堤基础下持力土层自身处于稳定状态，但其承载能力又不能满足新增加的路堤荷载时，通常可以采用加筋土结构。应用于路堤基础的加筋土结构，可在满足稳定性的前提条件下采用相对轻质的筋体，也可采用多层高强度土工织物筋体材料。项目建设阶段，有两个相关的英国标准可供参考：BS EN 14475：2006（BSI，2006）和 BS 8006-1：2010（BSI，2010）。

施工过程可以分为三个阶段：施工前阶段，施工阶段和施工后阶段，下面将分别进行介绍。

86.2 施工前阶段

施工前收集信息是非常重要的一部分，也是避免后期出现问题的关键。当实际施工的承包商不在原合同团队之内时，这一点尤为重要。在早期阶段，就应该把现场条件、服务内容和任何可能影响到工程的各类信息提供给承包商。BSI（2006）提供了一个有关工程特有信息的详细列表，但有些信息需要额外重点强调。

86.2.1 分工与职责

在加筋土施工的早期阶段，应明确各方的分工和职责。明确的分工和责任划分可以确保在施工过程中出现的任何问题都能得到相关责任方快速有效解决。分工和责任不明晰就会导致混乱的产生和对问题处理的不及时，期间还可能导致问题的升级。工程师、加筋土设计师、筋体材料供应商、总承包商和加筋土施工分包商之间的责任划分可能会相当复杂，需要在合同环节中进行明确。许多情况下，某一方往往会承担多项相关工作，但也存在所有相关工作都是独立承担的情况。

汇报渠道

各方都需要理解和做好工程变更的准备，以应对项目土质条件可能发生的任何不可预见情况。例如，在项目全周期中不可避免会发生加筋土结构几何形状一些设计细节的变化。提前明确沟通渠道对于按标准化设计的结构能否顺利实施是至关重要

的，在设计工作中引入实际监测方法后这一点就变得尤为重要。

86.2.2 场地勘察

加筋土施工前应进行充分的场地勘察（详见第 4 篇"场地勘察"），以查清现场的土质条件，同时可以确定在加筋土结构中使用场地现有土的可能性。某些情况下，加筋土承包商可能需要设计和施工临时工程，以便进行永久性工程的建造。这时，承包商将需要对土质进行测试，以得到土性参数并评估土质对设计临时工程的适用性（详见第 49 章"取样与室内试验"）。

如果加筋土承包商想在筋体材料方面作出合理选择，场地现有土和填土的化学性质是很重要的选材依据。BSI（2006）和 BSI（2010）提供了适于回填的材料类型和各种填料的耐久性数据资料。

86.2.3 规划

工程中的加筋土体量可能很大——有时可能应用于整个建设项目；有时也可能只是应用于项目的很小一部分。因此，对加筋土结构施工进行统一规划并确保加筋土各组成部分在需要的时间和部位及时供应是非常重要的。

86.2.3.1 材料

工程中加筋土的设计方案和设计图纸应包括材料特性以及适当的面板细部设计。设计时在填料和筋体材料的来源方面可给承包商提供一些选择条件。某些情况下，所需面板和筋体需通过专门的连接节点进行连接。BSI（2006）给出了适用于特定用途填料类型的参考资料。

86.2.3.2 材料试验

设计内容应包括进行筋体设计所需的填料特性。为满足设计要求，应采用多种方式对实际填土进行测试或验证。（另请参见第 99 章"材料及其检测"）。

筋体材料是《建筑产品指导》（*Construction Products Directive*）（1988）的主要内容。因此，要通过 CE 标识信息验证正在投入使用的筋体材料的兼容性。

一旦选定了填料和筋体材料，就需要确定两种材料之间的相互作用参数，以验证设计结果能否满足要求。BSI（2006）中提供了设计成果中预期出现的详细资料。

86.3 施工阶段

86.3.1 材料的交付与存储

施工中，识别不同的组件，辨识和分清明显相似的材料对于防止错误的产生非常重要。对于贴面组件应该谨慎存储，因为它们是结构完成时的表层部分。有些筋体材料可能需要特定的储存条件，这些细节应该从材料供应商那里获取。

86.3.2 基础施工前准备

在设计中应标明基础标高和范围，与任何结构一样，基础施工的初始精度对于工程最终的实施成果至关重要。在软土地基中，施工过程中控制对地基土的扰动是非常重要的。设计时（参见第 5 篇"基础设计"）通常采用施工前阶段现场勘察报告中提供的原始土层参数（参见第 50 章"岩土工程报告"）。因此，对土层产生的任何较大扰动均会对最终实施结果产生显著影响。

BSI（2006）和 BSI（2010）中提供了桩基础上实施加筋土及安装垂直排水系统的注意事项。

当加筋土挡墙施工中采用硬质面层材料时，通常需要设置某种形式的垫层，垫层可采用混凝土垫层或碎石垫层，在垫层上安置第一层面层单元。垫层并没有结构上的用途，它只是提供了一个确保面层逐次向上安装的坚固底面。与任何结构工程一样，基础部位的放线误差或标高误差在后期很难纠正。

对于采用柔性面层的加筋土挡墙和边坡，例如采用植被作为面层时，一般不需要设置垫层。

86.3.3 排水设施的安装

从两个方面来看，结构的排水是十分重要的：

一方面，设计时要考虑结构内和结构外均可能有水的情况。不能排出的水会对结构产生显著的影响，如果存在加筋土结构填料不能自由排水的可能性时，需设置滤水层并将其连接至现场的排水系统。对于一些特殊的填料，如粉煤灰（PFA），需要设置特殊的排水系统，以避免粉煤灰的流失。

设置排水设施的第二个重要原因是美观性。如果面层块的内侧没有滤水层将水引至墙趾，则很多面层块将会开裂，并可能在面层上产生污垢。

86.3.4 面层安装

有关面层安装的常用资料可参考 BSI（2006）。必须注意的是，虽然面层没有真正的结构功能，但它确实起到了防止侵蚀的作用，并能保证工程最终的外观效果。面层安装的精度、面层下填料的压实效果决定了最终结构的质量。加筋土承包商团队对这些原则必须有充分的认识，这样就可以建造出坚固耐用的挡土结构。

加筋土挡墙采用模块化面板的灵活性能够满足建造各种复杂几何形状结构的要求。应注意的是，要确保未经加固处理的面板块堆放高度控制在供应商或制造商所建议的范围内。当超过推荐高度时，墙线控制在允许偏差范围内将会变得非常困难。BSI（2006）附录 C 中给出了允许偏差的范围，详见图 86.1。

较大面板的吊装和安装使用起重机，而模块化面板则通常可以由人工安装。实施过程中，面板的尺寸和重量应满足人工搬运的需要，且应遵守职业健康和安全管理的要求。

86.3.5 填料施工

86.3.5.1 挡墙与边坡

在加筋土结构的施工过程中，所有的工作都是非常重要的，目的是得到令人满意的结果，填土的铺填和夯实应该是整个过程中最重要的操作。若要使填土和筋体真正形成一个受力合理的复合体，需要合理有效的机理使两者紧密结合。条形筋体通过其材料表面与填土间的摩擦作用达到加固的目的；而格栅型筋体则是通过土颗粒嵌入到格栅中后相互紧密连接达到加固的作用。无论适用哪种连接机理，只有在填土的铺填及压实效果满足标准规定的要求后，其加固作用才能有效发挥。BSI（2010）采用峰值内摩擦角对采用加筋填土和未加筋填土的结构、垂直挡墙和陡坡进行设计。只有按照规范标准要求对填土进行压实，才能达到峰值内摩擦角。框 86.1 中的案例研究表明，即使在恶劣的环境下，采用优质填料并进行有效压实后，就能形成足够稳定、耐久的加筋土复合体。BSI（2006）在这方面给出了大量指导性意见，并强调了其重要性。要特别注意的是，表层填土压实时一定要严格按指导意见进行，参见图 86.2。

填土施工的错误操作可能会导致结构无法修

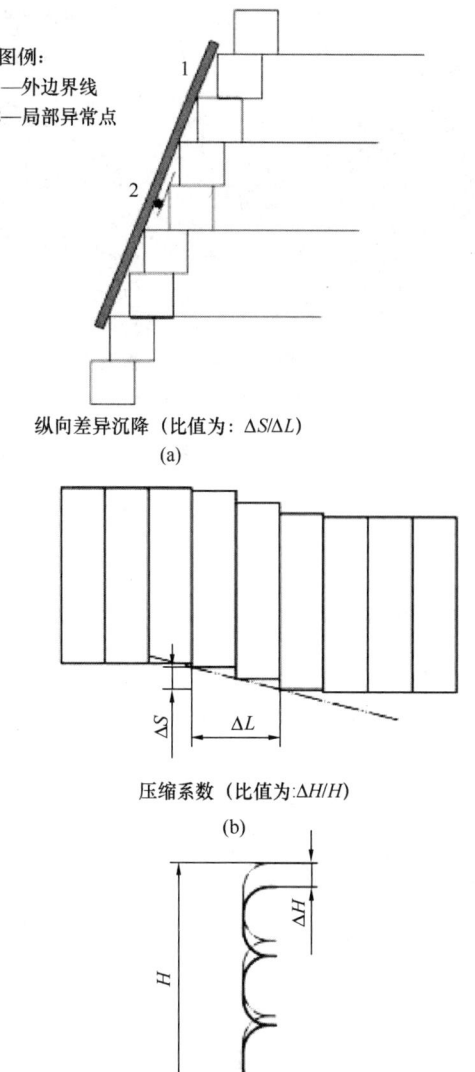

图 86.1 BS EN 14475 允许偏差示意图
（a）加筋土挡墙纵剖面图；（b）加筋土挡墙立面图；
（c）加筋土挡墙横剖面图
经许可摘自 BS EN 14475 附录 C（2006）
ⓒ British Standards Institution

复，且外观无法令人满意。

86.3.5.2 路堤基础

BSI（2006）和 BSI（2010）对路堤基础这一特定的应用领域提供了完善的指导资料。路堤基础加筋加固一般是指在软弱地基土上部或软土中加强的桩基上部铺填满足要求的回填材料。虽然加筋土挡墙和边坡的施工通常按照合理的标准流程和要求进行，但具体的施工顺序依然要根据现场实际情况确定。一般的原则是在较宽阔的区域先铺设相对较

图86.2 结构表层使用压实设备的限制条件

经由 Tensar International Ltd 提供

薄的垫层,然后在其上逐层铺填填土。即使如此,我们还是会碰到各种异常情况,这些都需要我们认真对待。

86.3.6 安装筋体

86.3.6.1 加筋土挡墙与边坡

一般可以从材料制造商或供应商那里获取筋体材料安装的指导意见,BSI(2006)和 BSI(2010)也提供了一些相关有用的信息。需要特别注意的要点是:筋体材料在施工过程中不能被破坏;任何柔性筋体材料应该被拉紧,但不能被过度张拉,以确保加筋体材料不会在结构体系中发生松弛现象。施工设备不能在任何种类的筋体材料表面上直接行走——无论是碾压设备还是现场的其他设备,如施工设备需在筋体材料上方行走,一定要提前在筋体上方铺设一层保护土层。

筋体与面板单元的连接是加筋土结构的一个关键点,它可以通过多种方式来实现。如筋体采用钢条带可以用螺栓锚固在面板处的垫板上。如筋体采用土工合成材料,有许多专门的固定装置可用于将其与模块化的面板连接。想了解更为全面的详细情况,请参阅制造商的说明书。

拉紧筋体是为了最大限度地减少加筋土后续施工层的位移。如果筋体与面板的连接松弛,或两层筋体的连接节点松弛,就可能产生位移。图86.5是消除筋体松弛的典型实例。

施工过程中对连接节点的保护,特别是在铺填和夯实填土的过程中是非常重要的。对压实设备的重量限制及压实设备在筋体材料上方行走所需保护土层厚度的限制必须严格遵守。保证连接节点长期耐久性的要求措施也应按照材料制造商的规定严格实施,以避免施工后出现问题。

> **框86.1 案例分析**
>
> 在气候非常干燥的条件下建造19m高的加筋土墙,在施工承包商于墙趾处设置足够的防冲刷保护前遭到了山洪的袭击,在很短的时间内,水平垫层遭到破坏,面板块从加筋土墙中脱落。图86.3是该施工地点山洪暴发之后的场景。

图86.3 洪水冲刷案例

经由 Tensar International Ltd 提供

幸运的是,该加筋土墙采用的填土质量非常好,承包商精心地组织施工,确保了填土的压实效果,结果在这次非常严重的事故中,主要的结构单元(加筋土复合块体)完好无损。在重建过程中,加筋土复合块体不需要做任何修补,道路仍能保持正常使用状态,也未发生开裂或损坏迹象。图86.4为稳定的加筋土复合块体。

图86.4 缺少防冲刷保护条件下,遭受严重洪水后加筋土复合块体依然稳固

经由 Tensar International Ltd 提供

在采取正确的防冲刷措施后,对墙面进行了重建,以防止此类情况再次发生。

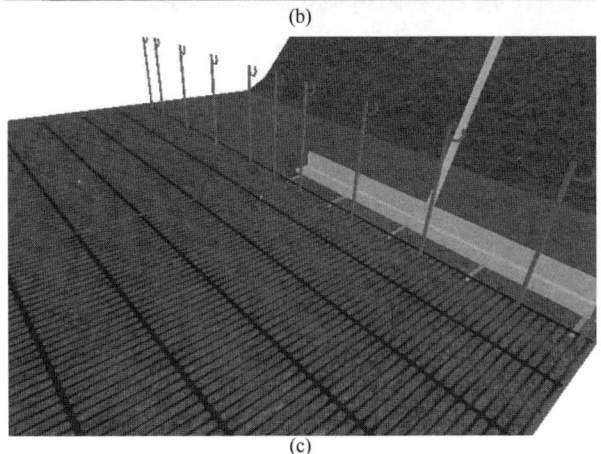

图 86.5 消除柔性筋体（土工合成材料）
松弛的标准流程

(a) 使用钩形工具、人工施加拉力消除筋体(土工格栅)松弛；
(b) 在土工合成材料和面板连接处人工施加拉力；
(c) 在筋体上铺设填料时用锚钉临时固定并拉紧筋体
经由 Tensar International Ltd 提供

86.3.6.2 路堤基础

路堤基础中筋体的设置原则本质上与挡墙和边坡是相同的，不同的是，路堤基础需要消除筋体松弛的部位不仅仅是一侧。连接节点和筋体材料搭接处是应该特别注意的部位。水下作业且采用易上浮材料时有特殊的规定和要求，此情况可能需要压重。

86.3.7 植被覆面

常规的陡坡面层通常采用植被覆面，供给植物养分的种植土设置在某种通透有孔隙的表层材料下方，穿过其孔隙生长的植物为加筋土结构提供了一个柔性面层。有关植被覆面方面，在修订的 BSI (2010) 中有一个章节进行了非常全面的介绍，表层植被生存的主要条件是表层土壤中的水分和营养成分。植被类型的选择对于其能否确保存活也非常关键——本地自然生长的植被最容易成活。对于特殊的恶劣环境，可采用一些特殊的抗旱植物品种。

面层种植植被的时机是一个规划问题，详尽的规划有助于绿化工程的成功实施。

86.3.8 监测与监督

86.3.8.1 挡墙与边坡

采用常规土方工程手段实施的加筋土挡墙和边坡施工相对简单。与其相关的主要监测和监督工作可概括为：

（1）填土的夯实性。检测并确保压实效果满足规范的要求是监测与监督工作的关键。同时要对设计加筋土的后期变形情况进行监测并对加复合加筋土体的外观进行检查。

（2）施工过程中，须认真检查各个施工面的放线成果，以确保及时发现偏差，避免后期超出允许误差范围。

（3）监督全部筋体连接节点、面层与筋体连接点、各层筋体连接部位，确保不发生松弛情况，特别是当采用柔性筋体材料时，严格监督有助于确保工程竣工后的外观效果。

86.3.8.2 路堤基础

路堤基础加筋土工程的施工不像挡墙和边坡工程那样标准化，每个工程都有其独特特点。具体到施工项目，设计文件中应包含施工顺序要求，而且所有的监测和监督要求都应在设计文件中进行明确规定。同时，需要遵守常规土方工程中的相关规定。

86.4 施工后阶段

86.4.1 施工记录

加筋土工程施工期间，天气状况等记录须与常规施工资料一样在现场记录保存。实施加筋土部位的记录是施工记录中一个特别重要的部分。由加筋土挡墙建造的构筑物可能在外观上并不明显，表层为混凝土的墙体与加筋土挡墙在外观上看不出太大差别，因此，认真记录保存正在施工的加筋土挡墙相关资料对可能实施的后续工程至关重要。

86.4.2 维护

一般情况下，加筋土结构的后期维护工作很少，费用较低。常规的维护工作是确保排水系统正常工作，确保在极端情况下排水系统能正常使用是非常重要的。植被面层应根据养护浇水方法和选定的植物品种进行维护。

86.5 参考文献

British Standards Institution (2006). *Execution of Special Geotechnical Works. Reinforced Fill*. London: BSI, BS EN 14475:2006.

British Standards Institution (2010). *Code of Practice for Strengthened/Reinforced Soils and Other Fills*. London: BSI, BS 8006-1:2010.

86.5.1 延伸阅读

Forde, M. C. (ed) (2009). *ICE Manual of Construction Materials*. London: Thomas Telford.

Jones, C. J. F. P. (1996). *Earth Reinforcement and Soil Structures*. London: Thomas Telford.

Koerner, R. M. (2005). *Designing With Geosynthetics* (5th edition). New Jersey, USA: Prentice Hall.

McAleenan, C. and Oloke, D. (2010). *ICE Manual of Health and Safety in Construction*. London: Thomas Telford.

Raymond, G. P. and Giroud, J. P. (eds) (1993). *Geosynthetics Case Histories*. International Society for Soil Mechanics and Foundation Engineering. Canada: BiTech Publishers.

86.5.2 实用网址

International Geosynthetics Society（IGS）；www.geosynthetics society.org

UK chapter of the IGS；www.igs-uk.org

建议结合以下章节阅读本章：
- 第72章　"边坡支护方法"
- 第73章　"加筋土边坡设计"

本书以第1篇"概论"和第2篇"基本原则"为指导进行章节编排。如第4篇"场地勘察"中所述，各类岩土工程均应进行扎实的现场勘察工作。

译审简介：

朱红波，1976年生，博士，教授级高级工程师。主要从事岩土工程相关设计、咨询、工程实践等工作。

张震，教授级高级工程师，岩土工程硕士。研究方向：压力型抗拔桩及肋墙式支护结构。

第87章 岩质边坡防护与治理

理查德·尼科尔森（Richard Nicholson），CAN岩土工程有限公司，切斯特菲尔德，英国

主译：薛翊国（中国地质大学（北京））

审校：刘新荣（重庆大学）

doi: 10.1680/moge.57098.1295

目录		
87.1	引言	1265
87.2	管理对策	1266
87.3	工程解决方案	1267
87.4	维护需求	1270
87.5	参考文献	1272

岩壁是一种备受关注的自然或人造地貌形态，设计人员应深入了解岩壁的位置和方位，并慎重考虑岩壁失稳的风险及后果，因为这可能决定任何防护与治理工程的概念方法。风险缓解措施是指一种允许岩壁破坏的管理方法，但崩塌后果可控，该方法包括安装预警系统、落石网或拦石栅。风险缓解也可采用工程解决方法，通常以剥落、锚杆或喷射混凝土等补强（救措施的实施与后期维护都）工程来消除或降低崩塌风险。

岩壁整治工程及其日后维护工程应由有经验的专家承担，他们具有在野外不稳定岩壁的工作经验，同时需要仔细考虑施工人员和第三方的入场要求及安全。因此，在设计阶段应开展全面风险分析，并在施工过程中进行不间断评估。

87.1 引言

87.1.1 准则

岩壁是自然或施工活动形成的地貌形式，在开挖时或开挖后应对现有岩石斜坡或新岩壁进行加固处理，土地持有者和雇主有保障施工人员安全的责任。

对于工程师而言，天然岩体与其他材料不同，具有非均质性强且仅表面可见的特性，岩体工程应详细了解其地质背景、工程特性及受力特征。在工程设计阶段，对裸露岩壁进行表面调查及贯入式勘察有助于全面了解岩体工程性质与岩体质量。因此，应由专家负责岩体稳定性工程设计。

在选择岩体加固措施时，设计人员应考虑岩壁失稳的风险和后果。在允许岩壁失稳的前提下，坡脚和坡顶的工程概况将决定风险缓解措施是采用管理方法或工程解决方法。

87.1.2 进场注意事项

设计治理方案应仔细考虑施工及后期工程维护的入场需求（图87.1），只要详细了解整体工程范围，新岩壁可在开挖过程中整体保持稳定。

偏远地区的岩壁工程场地难以通过公路进入，在坡脚或坡顶施工均会受壁面阻碍（如存在基础设施或水）。天然陡峭、不规则岩壁将妨碍使用传统设备和脚手架，此时需要雇用有困难场地进场技术的承建商，使用专业设备在岩壁面上下移动，或者使用钢缆将设备与坡顶临时进入系统相连接，并通过绞车将设备悬吊在壁面。

因此，项目负责人员不仅能胜任专业技术工作，还应具备入场能力。绳索技术是一种符合英国标准BS 7985（British Standards Institution，2009）且广泛使用的方法，具有安全、经济、高效等优点。

87.1.3 安全注意事项

岩质边坡防护与治理通常在具有崩塌风险的岩

图87.1 不同的进场方式
ⓒ CAN Geotechnical Ltd

壁开展，在评估工作面稳定性时，应慎重考虑工人、其他承包商和民众的安全，工程规划建设必须以保障安全工作环境为依据。因此，需要执行以下风险缓解措施：

- 临时工程包括清除松动岩石或加固破碎岩块；
- 在施工期间执行检查及监察制度；
- 工作方法保障施工可控、系统地开展（如上下有序）；
- 在坡脚或坡顶处设置安全隔离区以保护工作人员和第三方。

因此，在设计阶段应进行全面风险评估，并在工程建设周期内不间断审查。同时，应雇佣有能力且在岩质边坡防护与治理工程中有良好业绩的承建商。

87.1.4 环境注意事项

天然岩壁是一种备受关注的自然地貌形式，在设计或开展稳定化工程时，应适当考虑岩壁周边环境、休闲设施和入场需求。环境注意事项可包括：

- 背景和位置；
- 动物群和植物群；
- 地质遗址；
- 历史遗迹；
- 娱乐设施（散步、登山）。

上述各因素均可影响工程设计方法、范围及建设周期。此外，当岩壁或周边地区受法律保护时（如区域重要地质遗址、有特殊科学价值的地区），需要与监管机构协商。

87.2 管理对策

风险缓解措施是一种允许岩壁失稳的管理办法，但需要将崩塌的不利影响降到最小。

87.2.1 预警系统

在设计永久性工程时，预警系统可以快速便捷安装并提供反应性解决方案，也可作为工地现行管理制度的一部分。

在已知岩壁崩塌区域，预警系统通常为简单警示标志（常见于高速公路）。当崩塌影响较为严重时，预警系统则更为先进，包括定期检查或监测岩壁（如应用于铁路路堑），需要在现场安装简单的触发线或负载传感器，并以数据记录器和调制解调器进行远程监控。如果达到设定阈值，系统将触发警报并采取相应行动。

87.2.2 落石网

落石网是一种控制岩屑和松散岩块下落的低廉方法（图87.2）。目前，落石网主要为聚合物土工格栅和PVC涂层双绞钢网，并通过帷幔的形式悬挂，以控制岩块堆积到岩壁坡脚。

为安全控制落石，岩块尺寸、质量及运动轨迹是需要慎重考虑的因素。最为重要的是，系统最薄弱之处将决定落石网的有效性。因此，落石网必须通过锚固系统固定于山脊，锚固系统则包括与稳定岩石锚杆相连接的顶缆，如果坡顶为土质，则需使用地锚进行加固。

相邻落石网必须沿接缝或边线按中心对齐的方式用扎线或钢环固定连接，连接为系统中薄弱之处，可在镶边处编织钢缆进行加固。

由于落石网下覆岩屑堆积体可能延伸到岩壁坡脚外，应慎重考虑基础设施与岩壁的邻近程度。坡脚加固装置应慎重设计，以确保岩屑可以便捷安全地周期性清除。

87.2.3 拦石栅和拦截沟

如果岩壁坡脚空间充足，应考虑修建拦截沟或堤坝。对于需要加固的岩壁，简单土方工程解决方案经济效益良好。由于岩壁的位置可变且土方机械

图87.2　安装常规落石网

ⓒ CAN Geotechnical Ltd

随时可用，堤坝在采石场中被广泛使用。

当坡脚为土质堆积时（如碎石斜坡），拦截沟或堤坝可结合使用。拦截沟采用级配均匀骨料衬里，可分散落石冲击能量，降低反弹高度，进一步降低崩塌风险。挡墙是堤坝的重要形式（如石笼），通常在山区用于阻挡或分流泥石流以保护基础设施。

当轨迹分析显示落石跳跃高度需要大量拦截沟或堤坝控制时，则需要安装拦石栅（图 87.3）。拦石栅可用来临时降低落石的速度和动能，也可作为永久工程承受落石反复撞击。拦石栅的位置、高度和性能是控制落石的关键因素，同样重要的是使用常用工程软件详细分析落石轨迹。拦石栅可以采用悬臂式设计布设于岩壁（如隧道洞口上方），也可在岩壁坡脚处设置为独立结构，该结构常用于碎石斜坡或松散场地。

多个拦石栅产品通过了 100~5000kJ 测试和认证，虽然拦石栅和单个组件在受控环境中经受了严格的测试，但是拦石栅地基仍可能存在较大的不确定性，地基主要包括混凝土垫块以及固定在持力地层上的抗压、抗拔桩。拉线和防护栏末端可能需要斜锚和侧锚进行加固，这取决于拦石栅是动态或者静态系统。

图 87.4 总结了典型的管理解决方案。

87.2.4 案例分析——默斯坦路堑

位于伦敦南部默斯坦附近的陡峭白垩岩路堑需要进行岩体加固，该路堑位于伦敦至布莱顿铁路南唐斯丘陵隧道北部洞口。一期工程安装了 4 万 m² 落石网，对路堑形成了有效防护（图 87.5）。由于铁路有火车运营，落石网安装于 6 周内完成，二期工程通过临时占用铁路的方式在路堑坡脚处修建了朝向隧道入口的挡墙。

87.3 工程解决方案

常见工程解决方案包括清除危岩体或降低崩塌风险，岩壁稳定经常通过降低孔隙水压力或改变岩壁的受力状态实现（如支挡措施或改变岩壁几何形态）。

图 87.3　建造直布罗陀 3000kJ 拦石栅
ⓒ CAN Geotechnical Ltd

87.3.1 削方、块体清除和几何形态改变

削方是指使用便捷手工工具从岩壁清除岩石碎屑或岩块（图 87.6），同时避免移除有利于岩壁稳定的岩块。削方仅仅是工程初期使用的一种治标方法，可降低短期崩塌风险。

块体清除可控制松散块体移动，通常使用气动、液压破碎机、千斤顶以及膨胀注浆或气体系统进行破岩。

当坡顶场地空间足够，整体修复岩壁放坡至稳定坡度是一种长效且维护成本低廉的解决方案，但是应慎重考虑放坡方法，因为爆破可能会导致岩体裂隙扩展，进而造成岩体失稳。设置台阶可降低岩壁高度并防治崩塌，还可为后续维护提供通道。

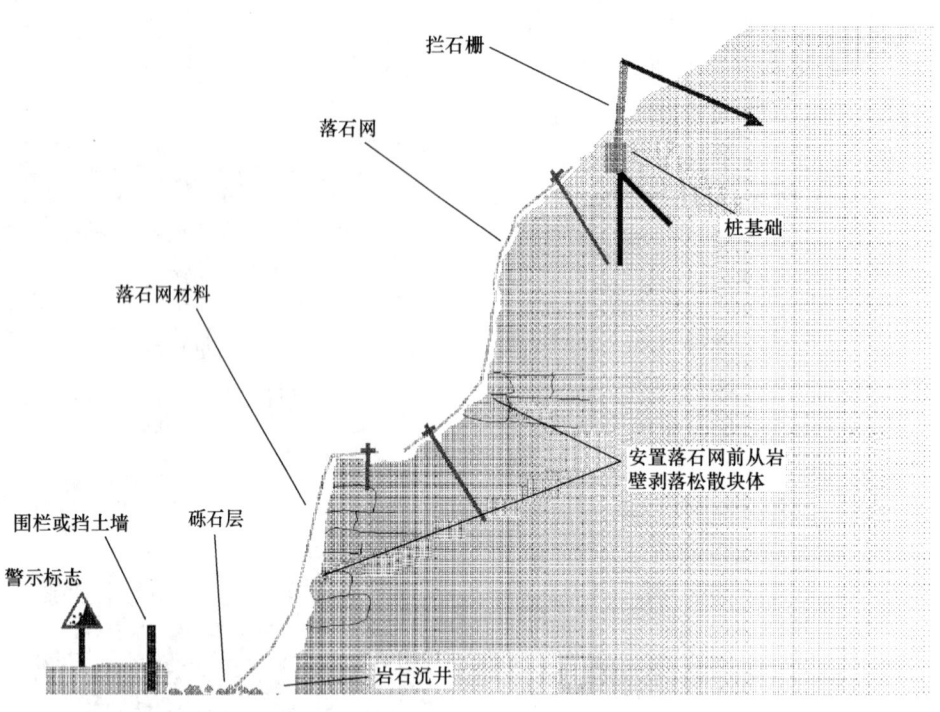

图 87.4　典型管理方案总结

摘自 Fookes 和 Sweeney（1976）ⓒ The Geological Society

(a)

(b)

图 87.5　安装落石网

ⓒ CAN Geotechnical Ltd

87.3.2　锚杆

锚杆细节详见第 89 章"锚杆施工"，但为了保持知识体系完整，本节仍对锚杆进行了简要描述（图 87.7）。

加固措施可显著改变岩体特性，通过在大直径预制钻孔中安装单根或多根锚杆，并施加高水平压缩荷载，可保证岩体稳定。

因此，锚杆是一种能将拉张荷载传递到承载地层的装置，主要包括外锚段、自由段和锚固段三部分。

第 87 章 岩质边坡防护与治理

鉴于锚杆高性能及临界安全性,锚杆制作应符合 BS EN 1537(British Standards Institution,2000)所规定的防腐标准,其防腐性能不受安装过程影响。同时,应通过严格的测试和调试检验锚杆的有效性。

岩石锚杆是指处于非临界安全状态的低承载力锚杆,可使用多种材料(不锈钢、玻璃钢、环氧涂层或镀锌高屈服强度钢)制作,并通过注浆或树脂粘结。此外,销钉是一种依赖钢筋抗剪强度的被动构件,通常安装在小直径钻孔中并用树脂粘结。

场地条件将决定钻孔方法,以及是否需要额外场地处理或注浆来保证锚固整体性。

87.3.3 护面工程

通常,岩壁稳定性受持续风化作用影响,对于软弱或破碎岩体,可通过"软"或"硬"护面系统来保护岩壁。

软护面系统主要包括落石网,并通过预制岩石螺栓阵列拉张。岩石螺栓安装在岩壁凹陷处,从而使落石网紧贴岩壁。因此,该方法适用于近地表稳定岩体,且有利于后期植被栽培,该方法装饰美观,但需承担一定的植被维护责任。

硬护面系统通常采用与岩壁贴合的气动喷射混凝土,可使用湿或干两种混合料,并通过玻璃纤维或钢钉加固,混合料中还可加入着色剂以美化岩

图 87.6 落石控制
ⓒ CAN Geotechnical Ltd

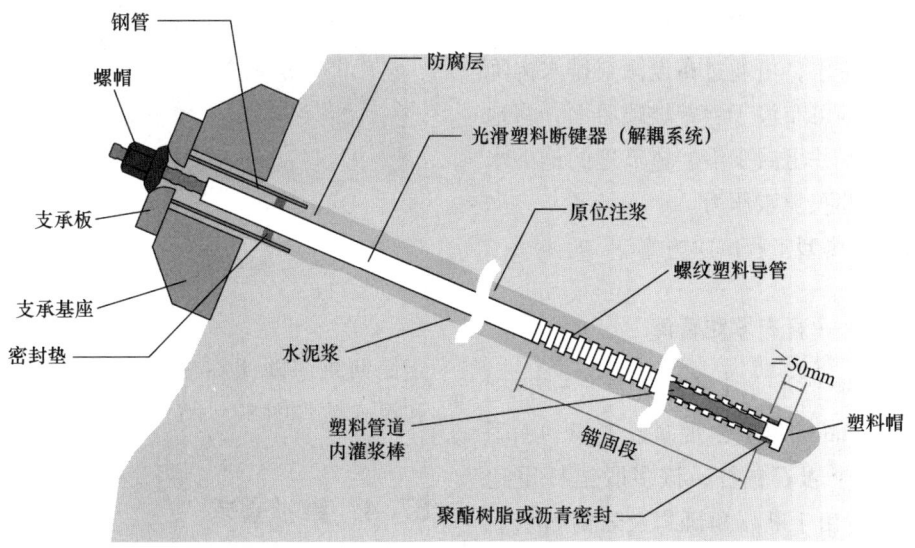

图 87.7 锚杆详图
ⓒ CAN Geotechnical Ltd

壁。可设置排水孔或排水膜进行地下排水。此外，为避免喷射混凝土分层或剥落，应慎重考虑混凝土搭配方案。当强风化软弱夹层切割上部稳定岩体时，喷射混凝土效果更佳。

87.3.4 格构与扶壁

喷射混凝土可结合钢筋使用（采用原位固定或焊网固定），从而为岩壁提供结构支撑（图87.8）。需要注意的是，所有松散岩块应从岩壁清除，并使用深度标尺标记，以确保混凝土层和钢筋达到所需深度。

原位浇筑扶壁属于大尺寸结构，可通过锚杆固定于岩壁，扶壁头部可隐藏于结构内部或暴露于岩壁表面。为与周围环境保持和谐，扶壁可采用当地砖石材料修建。

格栅墙、墩梁结构和雷诺垫层也可用来加固坡脚或保护岩壁。

87.3.5 排水

在实际治理工程中，人们经常忽略为岩壁设置有效排水措施。地下水是影响岩体稳定性的重要因素，尤其对于软弱夹层、陡倾地层以及外倾黏土层。因此，当使用高效排水系统作为岩壁稳定化措施时，应首先查明岩体的水文地质特征。

长期以来，平洞广泛应用于矿山和岩壁深部排水。对于路堑岩壁排水，可通过布设倾斜排水沟降低地下水位。截水沟可布设于岩壁坡顶后面，将地表径流从岩壁分流，并可减少沿岩体节理的地下水渗流，降低岩壁内部孔隙水压力。

图87.9总结了典型工程解决方案。

87.3.6 案例分析——直布罗陀营湾

直布罗陀主海滩上方前海崖曾发生1.5万 m³崩塌，导致高达100m的岩壁出现多段失稳。加固工程共使用了250个岩石锚杆，该多股锚杆重达100t，最长达38m。由于断层角砾岩及岩溶石灰岩存在，钻孔前需要预注浆，而且锚杆需要经过严格测试。其他加固措施则包括浇筑拱形结构、喷射混凝土以及安装岩栓、销钉和落石网。加固工程需要

(a)

(b)

图87.8 喷射混凝土及格构
ⓒ CAN Geotechnical Ltd

定制钻机，以便在垂直岩壁开展潜孔钻（DTH）和浮式钻（图87.10）。

87.4 维护需求

作为资产管理一部分，应针对已开展的加固工程制定维护保养制度，而一般的岩质边坡防护与治理工程通常维护需求不高。

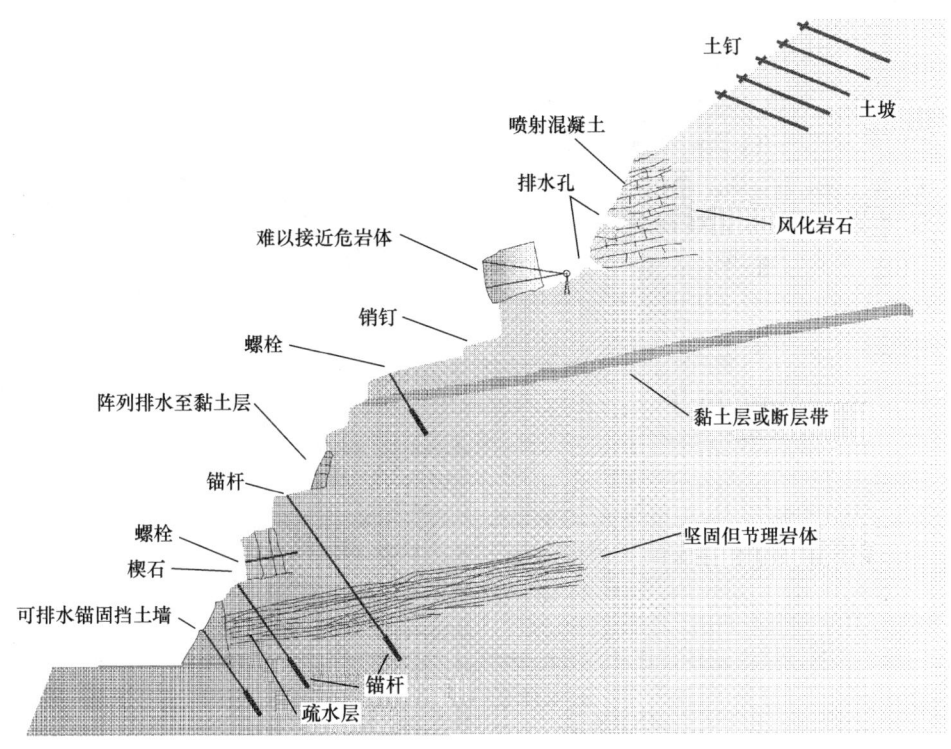

图 87.9 典型工程措施

摘自 Fookes 和 Sweeney（1976）ⓒ The Geological Society

87.4.1 检查

建立监测和检查制度是较为明智的方法，可确保在工程早期阶段发现潜在问题。维护人员每年应从下至上对岩壁进行全面检查，并在工程完成一年后进行一次重点检查，随后每隔 3~5 年由岩土工程师进行检查，主要是对岩壁和设施进行触碰检查。

通过与竣工照片和图纸相比较，检查可发现岩壁和设施的任何重大变化或缺损，所有情况都应以书面和照片形式进行记录，并保存在安全操作维护档案中。

87.4.2 削方和块体清除

在重点检查时，应剥落岩壁并清除所有可能对人或基础设施造成伤害的岩屑。

落石槽与拦石网应清理干净，避免岩屑堆积以及由此造成的拦石网破损和排水沟堵塞。

图 87.10 直布罗陀 100t 级多注流潜孔钻

ⓒ CAN Geotechnical Ltd

87.4.3 植被控制

一般而言，应防止树木及植被（藤蔓植物如常青藤）生长在岩壁或坡顶，因为植被根部不利于岩体稳定，并且会遮挡潜在风险。因此，应铲除所有植被，并在树桩或根部喷洒除草剂。

如需种植植被，应该考虑岩壁倾向和排水系统，而且只可种植根系较浅和耐旱植被。

应在岩壁坡脚处种植灌木（特别是多刺植物，如山楂树和黑荆棘），它们可以阻止行人接近岩壁，并且可拦截风化作用剥落的岩屑。

87.4.4 稳定工程

应为已完成工程制定维修制度，并使用清单检查表系统地保存维修记录。以下为通用表，只涵盖典型维修范畴，不可供工地使用：

- 应检查拦石栅和落石网是否存在承重柱损坏、线缆磨损或网破损的迹象。
- 应检查地脚螺栓是否有腐蚀迹象，并检查地脚螺母和钢板的松紧度。如果安装了锚杆帽，应添加润滑油并更换新垫圈，还应定期检测锚杆的残余荷载。
- 应监测喷射混凝土状态，及时修补任何破损（混凝土剥落或开裂）。
- 应冲洗倾斜排水沟，并使用杆疏通排水孔，以确保水的自由流动。

87.5 参考文献

British Standards Institution (2000). *Execution of Special Geotechnical Work – Ground Anchors.* London: BSI, BS EN1537:2000.

British Standards Institution (2009). *Code of Practice for the Use of Rope Access Methods for Industrial Purposes.* London: BSI, BS 7985:2009.

Fookes, P. G. and Sweeney, M. (1976). Stabilisation and control of local rockfalls and degrading of slopes. *Quarterly Journal of Engineering Geology*, **9**, 37–55.

延伸阅读

Agnostini, R., Mazzalai, P. and Papetti, A. (1988). *Hexagonal Wire Mesh for Rock-Fall and Slope Stabilization.* Bologna: Maccaferri.

Brown, E. T. (1981). *Rock Characterization Testing and Monitoring. ISRM Suggested Methods.* Oxford: Pergamon Press.

Geobrugg (2004). *The Dimensioning and Application of the Flexible Slope Stabilization System Tecco® Made from High-tensile Steel Wire Mesh in Combination with Nailing and Anchoring in Soil and Rock.* Romanshorn: Geobrugg.

Goodman, R. E. (1989). *Introduction to Rock Mechanics* (2nd Edition). New York: John Wiley & Sons.

Highways Agency (1999). *Use of Rock Bolts.* Norwich: The Stationery Office, BA 80/99.

Hoek, E. and Bray, J. W. (1981). *Rock Slope Engineering* (3rd Edition). London: E. & F. N. Spon.

Perry, J., Pedley, M. and Brady, K. (2003). *Infrastructure Cuttings Condition Appraisal and Remedial Treatment.* London: CIRIA.

Simons, N., Menzies, B. and Matthews, M. (2001). *A Short Course in Soil and Rock Slope Engineering.* London: Thomas Telford.

Sprayed Concrete Association (1999). *An Introduction to Sprayed Concrete.* Bordon: Sprayed Concrete Association.

建议结合以下章节阅读本章：
- 第18章"岩石特性"
- 第72章"边坡支护方法"
- 第89章"锚杆施工"

本书以第1篇"概论"和第2篇"基本原则"为指导进行章节编排。如第4篇"场地勘察"中所述，各类岩土工程均应进行扎实的现场勘察工作。

译审简介：

薛翊国，中国地质大学（北京）教授，博士生导师，国家优青，山东省杰青，英国IET Fellow，获国家及省部级科技奖励9项。

刘新荣，博士，重庆大学教授，博士生导师，新世纪百千万人才工程国家级人选，享受国务院政府特殊津贴专家，研究方向为岩土工程。

第88章 土钉施工

菲利普·鲍尔（Philip Ball），凯勒岩土工程公司，圣海伦斯，英国
迈克尔·R. 加文（Michael R. Gavins），凯勒岩土工程公司，圣海伦斯，英国
主译：李帅（中国建筑科学研究院有限公司地基基础研究所）
审校：周圣斌（中国建筑科学研究院有限公司地基基础研究所）

doi: 10.1680/moge.57098.1303

目录

88.1	引言	1273
88.2	平面布置	1273
88.3	边坡/场地准备	1275
88.4	钻孔	1276
88.5	土钉增强体安放	1277
88.6	注浆	1277
88.7	完工	1278
88.8	边坡面层	1278
88.9	排水系统	1280
88.10	检测	1281
88.11	参考文献	1282

目前，土钉支护是一种被广泛接受的可以有效解决边坡和结构式挡土墙稳定性问题的方法。随着多种新型材料和施工工艺的发展，土钉支护在不同的边坡形状和地质条件中得到广泛应用。

土钉支护技术主要包括钻孔内放置钢筋和孔内注浆，其中孔内注浆可以在钢筋插入孔内之前完成或者在钢筋插入孔内过程中完成，也可以在钢筋插入孔内之后完成。根据地质条件和边坡形状，土钉通常按照规则的网格形状进行布置。边坡表面通常覆盖一层刚性或柔性面层，然后通过一块垫板将土钉端头固定在面层上。土钉支护工程还包括坡面开挖和修整、坡顶施工和坡脚排水。土钉支护质量管控包括土钉承载力检测试验。

88.1 引言

土钉支护技术可以用来提高新开挖或者自身不稳定的边坡的稳定性，对于自身不稳定的边坡主要包括自身存在滑坡可能的边坡、挡土墙施工前的边坡和开挖过程中的边坡。在边坡土体中可以通过设置土钉加强边坡进而抵抗边坡滑动力。本章概述了土钉支护的施工工艺和技术方案。土钉的设计详见第74章"土钉设计"。

为保证现场施工的安全性和经济性，需要制定详细的平面布置方案，并通过选用合适的设备确定施工工序。当现场已提供合适的施工通道后，需要在土钉设置前认真做好边坡的准备工作。土钉是由细长的加固构件（通常采用钢筋）和水泥注浆体组成，并按照规则的网格形状布置在边坡内。根据不同的边坡形状、施工通道和地质条件，土钉支护可以采用不同的施工技术进行土钉成孔、土钉增强体安放和注浆。边坡表面通常需要设置面层和排水系统。土钉承载力检测是质量控制和设计验证的重要组成部分，这需要通过现场试验来完成。

英国建筑业研究与信息协会（CIRIA）已经发表了一份综合报告（C637）《土钉支护：最佳实践指南》(*Soil Nailing: Best Practice Guidance*)（Phear 等，2005），该报告对土钉墙和边坡的设计、施工、检测和维护进行了详细介绍，可以结合本章进行阅读。

88.2 平面布置

88.2.1 健康与安全

采用土钉支护加固边坡属于一种高危作业：高处作业、边坡易滑、人工作业、现场运输道路紧邻坡面和旋转钻杆绳索。平面布置阶段必须考虑到所有同时进行的作业以及这些作业之间的相互影响。平面布置阶段还会涉及不同的专业，并需要在不同的专业之间进行协调。

在边坡工程中，现场运输道路一般紧邻工作面设置，在靠近现场运输道路的地方放置钻孔平台和移动式升降平台可能会影响现场交通运输。在现场道路拓宽设计方案中也要充分考虑现场交通产生的噪声和干扰对现场施工的影响。需要对现场交通和人员进行适当的分隔和管理，并保证施工人员尽量不受现场交通影响。

路堑边坡形态各异，但路堑边坡潜在的滑动面一般与水平面呈30°~60°角。如果土钉位置和坡顶的施工作业面布置不合理会导致存在很大的安全隐患。对于任何边坡，不同的施工阶段可能需要设置不同的施工作业面。如果边坡采用自上而下的方式开挖，则需要首先在坡顶附近设置施工作业面来安装首层土钉，然后在边坡中间区域设置施工作业面并安装土钉，如此自上而下在边坡上分层安装土钉，最后对土钉进行检测的施工作业面需要根据现场情况随机设置。为了

在坡面上设置面层,需要在坡顶后面和上面以及坡面下面设置相应的施工作业面,最后为了在面层上安装垫板并将其锁定在面层上,同样也需要相应的施工作业面。针对不同的情况下,施工作业面、坡面和工作类型都会改变。为了更好地协调管理不同施工工序,现场需做好相应的施工准备。

为了提供有效的安全施工作业面,可以采用土钉支护设备沿坡顶设置地锚,并采用钢丝绳缠绕在锚固点上,然后现场操作人员可以将自己系在与钢丝绳连接的防坠系带上。通过采取上述安全保证措施后,操作人员沿坡面下滑和被土钉头刺穿是最可能被忽视的风险。

任何需要加固的已有坡面或者陡峭的坡面,类似的风险也会存在,但不会太严重。尽管如此,需将每项作业活动考虑在内。

88.2.2 施工作业面

土钉支护通常最适合从边坡的一侧向另一侧进行施工作业,因此,施工作业面需沿着边坡连续设置,同时施工作业面的设置要考虑到设计师提出的任何限制条件,例如:只允许分层开挖土钉施工工作面,且需考虑开挖施工工作面的长度保证满足一个台班的施工工作量要求。上层土钉支护至少需要养护3天后方可进行下一步土钉施工工作面的开挖,土钉支护养护期间需保证现场提供满足施工要求的施工工作面。因此,为了保证现场施工效率,需要对施工工序、施工作业面设置和交接工作进行综合考虑。

为了靠近边坡表面,现场一般通过移动式升降平台来实现。移动式升降平台在市场上已有成品设备,并且最高可升至23m,因此,对于工作平台很深的情况或者边坡开挖后需施工作业面的情况,就需要采用移动式升降平台。具体详见图88.1。

对于高边坡无法采用工作平台进行削坡的地方,需要采用专门的钻孔设备,将这种钻孔设备立于坡脚处即可在边坡坡面上进行操作。具体详见图88.2。

安装垫板、网片或者类似的表面覆盖层和检测时必须考虑施工作业面的设置方式。现代化的检测装置需要设置在坡面上,并且具有独立的基准梁和施工作业面供技术人员使用。检测试验的位置和相应的施工作业面应提前规划好。具体详见第88.9节。

88.2.3 钻机类型

目前,可用于土钉支护的钻机有多种类型,其中包括:

- 履带式液压钻机/小型打桩机;
- 挖机钻机;
- 遥控式钻机;
- 手持式钻头;
- 气动式钻机,有时与绳索式导向系统配合使用。

一般钻机都可做到保证钻孔孔位和孔身垂直度满足设计要求,钻孔可采用旋转钻进成孔方式(钻头可采用三牙轮钻头、刮刀钻头或类似的钻头)或者螺旋钻成孔方式。当遇到较硬的地层时,常采用自钻式空心钻杆冲击成孔,这种成孔方式是通过一定的冲击能量和冲洗介质穿透硬土层。

成孔方式与加筋体类型密切相关,并且将直接影响工程成本和方案的选择。有时施工作业面的限制也会影响成孔方式与加筋体类型的选择。采用自钻式空心钻杆的施工成本比在预钻孔中设置实心钢筋的成本高。对于自钻式空心钻杆成孔方式,成孔深度达到设计要求后,空心钻杆作为土钉留在孔

图88.1 远距离人员操作示例一

图88.2 远距离人员操作示例二

内，然后再注浆。因此，采用这种方式钻孔效率很高，通常每台班可成孔180~220延米。对于预钻孔的成孔方式，需要钻孔设备钻至预定深度，然后在钢筋放入钻孔前需移走钻孔设备，不同施工工序之间的时间差可能会导致钻孔发生塌孔。以上这些因素都将影响钻机和设备的选择。

88.2.4 工作平台

对于路堑边坡，钻孔内安放土钉需要搭设临时工作平台，而临时搭设的工作平台也是钻机施工的工作平台，这样往往造成安放土钉与钻机施工产生冲突，因此施工工作面成为路堑边坡施工最难解决的问题。同时，交通运输和地表水也会加剧对施工工作面的影响，进而可能对施工质量产生不利影响。

施工过程中必须考虑边坡附近其他作业活动对边坡施工的影响。例如，如果临时边坡仅在某一特定高度时处于稳定状态，则不允许沿坡脚开挖土方以为施工提供工作面。同时，通信电缆、排水系统和路标通常顺坡脚方向设置，因此边坡施工也要考虑通信电缆、排水系统和路标位置的影响。

88.2.5 施工工序

出于安全考虑，上文中已提到施工工序这个问题。由于各个项目实际情况不一样，每个项目的施工工序安排应单独考虑。当对一段斜坡反复施工时，可能会延长斜坡完工前的时间。对于边坡支护工程，当土钉安装完成之后需要依次进行验收试验、网片铺设、土壤保持土工织物铺设、表层平整和土工织物覆盖层铺设。每段边坡支护均需依次完成上述施工工序，因此在所有施工工序完成之前需要考虑边坡的整体稳定性和边坡表面被侵蚀的风险。边坡支护完成前在边坡表面覆盖临时覆盖层是有利的，但这属于边坡支护额外的工作内容。

对于边坡支护，必要时需在边坡表面需要的位置铺设网片。在土钉端头固定之前，必须先将网片固定到位。因此，从土钉成孔到放置网片期间禁止下一步土方开挖。

88.2.6 弃土/钻渣

除了在软黏土层中，土钉成孔产生的弃土一般很少。通常，土钉成孔直径为100~150mm，因此会产生少量的钻渣。

当采用带冲洗液钻孔时，沿着钻孔的顶部会有连续液体流出，这需要采取措施对冲洗液进行控制、处理或回收。在某些情况下，冲洗液可以采用水泥浆，但通常是采用水。无论采用哪种冲洗液，最后钻孔注浆都会导致混合浆液溢出，因此需要将混合浆液从边坡上清除。这类混合浆液是流动性的，且不可回收利用，应作为废弃物与水泥浆或水隔离开。

88.2.7 环境因素

大多数土钉支护应用于新开挖的边坡。对于新开挖的边坡，一般需要提前清除边坡上的植被，并对边坡上生活的爬行动物进行管控。不过，部分边坡为了增强自身的稳定性，需要在边坡上保留原有的树木、灌木和地表植被。边坡支护时需要充分考虑每种处理措施的优势，以尽量减少对环境的影响，并应考虑完工后边坡的美观性。

钻孔和注浆产生的弃土问题详见第88.2.6节。

对于某些纤维状土工织物，尤其是椰棕垫，很容易被点燃。边坡支护完成后，当切割边坡上突出的土钉端头时可能会引燃土工织物。在天气干热期，必须考虑土工织物被引燃的可能性，否则会损坏其他面层材料。

88.2.8 施工前批准程序

土钉支护工程中，往往由于现场无法提供土钉施工作业面、边坡无法开挖甚至是无法提供场地等因素的影响，会造成土钉初步试验很难进行。然而，对于土钉支护工程，尽早确定规模、土钉长度和施工方法具有很大的优势，它可以有效避免工程开始施工时出现延误和中止工作的情况。

有关初步试验的详细介绍请参阅第88.10.1节。

88.3 边坡/场地准备

边坡支护施工前，通过与土钉支护施工承包商和设计师沟通，对现场进场道路、工作平台和坡面进行整体规划设计，然后根据规划设计要求进行施工和维护，为土钉支护施工提供安全有效的施工场地。

88.3.1 地形测绘精度

对于边坡工程，应向土钉支护方案设计师、测量工程师和施工承包商提供精确的地形测绘图，并且在地形测绘图上应详细说明整个边坡形状和边坡局部变化情况，因为地形测绘图的详细程度会直接影响土钉的设计方案、土钉间距、土钉布置方案以及面层材料铺设的难度。

88.3.2 运输道路/工作平台

边坡支护施工前，应对场内运输道路精心设计并施工完成，以确保边坡开挖和土钉施工所需的所有相关设备在施工现场能够安全通行。同时场内运输道路应根据边坡开挖和施工工序的情况作出相应的调整。

工作平台应进行专门设计，并根据设计方案进行修建，以确保土钉施工期间钻机能够安全操作。根据操作距离不同，土钉钻机的重量介于 4～40t。因此，建议根据 BR470 履带式设备工作平台指南（Skinner，2004）对工作平台进行设计、修建和维护。同时，工作平台布置的位置应保证现场使用的钻机能够施工所有的土钉，并为土钉检测提供相应施工作业面。

如果边坡具有特定的地形和施工作业面，土钉施工也可以采用绳索导向技术。在平面布置阶段，建议与多家具备相关技术施工经验的专业公司进行沟通。

88.3.3 坡面处理

坡面的处理方法取决于是否将边坡开挖并切削成更陡的边坡，或根据现有坡脚进行土钉支护。

如果现有边坡上的植被严重妨碍土钉和边坡面层的安全施工，则应将边坡上的植被移除。但是，在某些边坡上，植被的存在有利于边坡的稳定性，此时应考虑植被的移除不会对边坡稳定性产生不利影响。

随着移除边坡上的植被后，应将边坡表面修整成一个平面，以方便面层和端头垫板的施工。边坡开挖应尽可能将边坡切削平整，这样可以减少面层和端头垫板施工时可能遇到的问题。同时，应将边坡表面松散的材料和疏松的部位清理干净。

边坡表面开挖允许偏差可以参考 CIRIA C637 报告（Phear 等，2005）。

88.3.4 测量放线

土钉设计师应就土钉端头的标高和位置、土钉的角度和长度提供详细的设计数据，以确保能够准确测量放线和施工。土钉位置应在边坡上用钢钉准确标记。与理论设计剖面相比，边坡实际地形可能会发生较大变化，在这种情况下，土钉的测量放线可能会很困难，此时应与设计师沟通，以确保现场土钉施工方案的调整能够满足设计要求。

88.3.5 公共服务设施/地表排水沟

工程开工前，应对现场已有的公共服务设施和地表排水沟进行全面调查。这主要是为了确保人员安全，同时保证已有设施或排水沟在边坡开挖、钻机成孔或注浆期间不受损坏。

88.4 钻孔

土钉布置和成孔的允许偏差详见《土钉支护：最佳实践指南》（Soil Nailing: Best Practice Guidance）（Phear 等，2005）第 10.6 节。具体建议值如下：

- 坡面角度允许偏差：±2.5°；
- 坡面局部允许偏差：+150mm/−300mm；
- 土钉位置允许偏差：±100mm（水平和竖直方向）；
- 完工后土钉端头方向允许偏差：±5°；
- 土钉成孔倾斜度允许偏差：±2°。

在确定土钉布置和成孔的允许偏差值时一定要慎重考虑，因为对允许偏差要求过分严格会严重影响成本和方案，而且还不会给客户带来任何好处。例如，如果边坡局部的变化对设计影响不大，通过调整土钉端头垫板/垫片组件能够适应边坡局部的某些变化，则可能无需对边坡中坡面的削坡精度要求过于严格。相反，如果边坡采用喷射混凝土面层，则需严格要求坡面的削坡精度，否则如果坡面局部偏差达到 450mm，将会消耗大量的材料。因此，在边坡工程中最关键的是根据项目实际情况对各个方面进行综合考虑，并作出相应的规定。

采用钻机成孔存在的主要问题是发生钻孔偏钻。当钻机成孔过程中遇到巨石或树根时，很容易引起细的自钻杆偏钻，钻杆偏钻很可能会破坏已有的公共服务设施或其他建（构）筑物。因此，必须使用套管或刚度很大的钻杆以降低偏钻的风险。

88.4.1 干成孔（无护壁）

在稳定的黏性土、软岩或类似土层中，通常可以采用旋转钻技术或者螺旋钻成孔。当钻孔钻至一定深度后，需将钻孔清理干净，并拔出钻杆。然后，可使用对中装置和连接器将土钉钢筋放入孔内，并最终在孔内注浆至孔口（具体参阅 C637，第 4.0 节）。或者，也可以先在钻孔内注满浆液，然后再将钢筋插入孔内。如果成孔后存在塌孔的风险，后者是首选的施工方法。

88.4.2 套管钻进成孔（临时护壁）

当土钉增强体施工对地层土体稳定性产生影响

或者对施工精度要求较高时，通常采用套管跟进成孔。首先将套管推进至预定深度，该深度可能仅为实际钻孔深度的一部分。当钻孔钻至设计深度后，采用上文所述方法将土钉钢筋放入孔内，但是，随后需要使用钻机拔出套管，这样会严重影响施工效率。因此，在这种情况下，最好先在钻孔内注浆，拔出套管，然后当在孔内安放土钉钢筋后，可以将钻机移位进行下一个钻孔施工。

88.4.3 带浆护壁钻进成孔

某些地层中可以采用带浆护壁钻进成孔，此时则无需采用套管护壁。浆液可以对钻孔起到护壁的作用，同时还可以清除孔壁表面的残留物。浆液通常选用纯水泥浆或水，偶尔会添加聚合物。但是，无论使用哪种浆液，都不得影响注浆体与土体间的粘结强度。对于某些黏土，如果浆液采用水，则会对孔壁起到涂抹作用而弱化注浆体与土体间的粘结强度。

88.4.4 自钻式空心钻杆成孔

对于自钻式空心钻杆成孔，通常采用带水泥浆或水钻孔，空心钻杆既是土钉增强体又是钻孔工具。当一节钻杆钻进孔内后，采用外部连接器将后续钻杆与已钻进孔内钻杆连接，然后将后续钻杆钻进孔内，如此反复操作，直至钻至设计深度。为了满足不同土层中成孔要求，钻杆可以安装不同类型的钻头，同时钻头的直径也可以不同，但是钻杆的直径和壁厚（具有抗扭能力）会限制钻头尺寸。因此，即使钻头可以适用于任何地层条件下，但钻头尺寸需与钻杆相匹配。当钻孔到达设计深度时，应将钻杆沿孔深方向来回抽动几次，以形成一个干净且通畅的钻孔。在成孔过程中，钻头属于消耗品，而且成本很高，特别是在坚硬的土层中需要采用钨钢钻头，钻头的损耗和成本会更高。

88.5 土钉增强体安放

钢筋是土钉的重要组成部分，它主要通过抵抗沿其长度方向的应变和作用于端头垫板的荷载来提供土层的抗拔承载力。因此，在设计使用年限内，必须保证注浆体、钢筋与土体之间的粘结强度的有效性，且钢筋必须耐腐蚀。端头垫板和连接件必须配套。

成孔后，必须保持孔内清洁、无碎屑和水。无论采用何种注浆方式，注浆体必须完全包裹钢筋杆体并在土层中形成一个均匀稳定的圆柱体。实际上，钢筋杆体是否位于钻孔轴线上并不重要，但是钢筋杆体表面必须包裹足够厚度的注浆体，以与土体结合，同时，在大多数情况下注浆体对钢筋杆体起到防腐蚀保护作用。例如，对于一个普通的钢筋杆体，杆体表层包裹有较厚的注浆体保护层（大约40mm厚），而对于镀锌或不锈钢土钉可能根本不需要注浆体的防腐蚀保护。在这种情况下，土钉需要通过注浆体提供粘结力，但不需要注浆体的防腐蚀保护。有关设计，请参见第74章"土钉设计"。

通过以上分析，就可以确定保证土钉施工质量的关键控制点。如果要求钢筋杆体必须放置在钻孔轴线上，则必须在钢筋杆体每间隔一定距离设置足够数量的对中装置。对于自钻式空心钻杆，采用通常的做法很难取得理想的效果，一般在轴向连接器上环轴向设置一系列径向齿条。这些径向齿条适当设置松紧，使钻杆可以在管箍内旋转。当钻杆向下钻进时，会向上推对中装置并顶着轴向连接器。然而，在钻孔完成后，冲孔钻杆的摆动或者在某些软土区域会引起对中装置移位或者被埋入土中，这样会使注浆体保护层厚度达不到设计要求。因此，需要对土钉成品加以重点考虑，并确定钢筋杆体安装方法的适用性。

如果钻杆不是自钻式的，则可以更好地控制钻杆对中效果，并且通常更可靠。

如果钻杆表面涂有保证其耐久性的涂层，则在施工过程中必须注意对钻杆表面涂层的保护。

88.6 注浆

在大多数工程中，土钉都是采用传统的硅酸盐水泥浆液注浆。因为土钉一般用于软弱土层中，所以水泥特征强度一般不需要超过30MPa。水泥成分可以不同，但工程中所采用的水灰比通常介于0.4~0.5。然而，在钻孔过程中，通常会使用一种"更轻的"浆液混合物来护壁，并有效地冲洗孔内残留物。

在侵蚀性特别强的土层中，可能需要考虑采用其他类型的水泥。

在实际工程中，浆液的搅拌是非常重要的。混合好的浆液在使用前应在高剪切搅拌机中充分搅拌大约3分钟。对于其他类型的搅拌机，比如使用泵送混合干拌料的搅拌机，在使用前必须通过试验验证搅拌机能否搅拌混合充分。其实，这可以将混合料通过细筛网进行过滤，并将"块状"干水泥过滤掉。

对于水泥浆液，多余水分流失可能成为一个严重的问题。当水泥浆渗出时，水泥颗粒会下沉，自由水分离，水泥浆液体积减小。此时的问题关键不在于可以在表面看到的影响（比如水泥柱体长度减小并且柱体表面可能开裂），而关键在于在土层中无法看到的影响。水泥浆渗出过多会造成土钉保护层厚度较小、耐久性变差，最严重的后果是造成杆体截面变小。因此，定期进行渗出测试应成为项目质量控制的重要组成部分。

施工中，应重点关注紧靠土钉端头垫板后面的钻孔孔口区域，因为该区域水泥浆固化时，水泥浆体表面会下沉或者收缩。这可能是由于如上所述的水泥浆渗出引起的，也可能是由于水泥浆液渗透进入土体中引起的。当注浆体处于液态时，浆液表面一般低于孔口水平面，因此需要对孔口进行补浆处理，以保证浆液表面与地面平行（图88.3）。在孔口这个位置，端头垫板与注浆体必须紧密接触，同时必须对土钉杆体采取措施进行保护，以避免近表面湿气对土钉杆体产生腐蚀作用。显然，如上所述，此问题的严重程度取决于环境、保护措施和设计使用周期。

88.7 完工

关于对孔口区域水泥浆柱体的处理方案已在上文中进行了相关讨论。

由于端头垫板是土钉的重要组成部分，因此必须将端头垫板放置在合理的位置方可使其很好地发挥作用。对于垫板，只要垫板保护措施不被破坏，垫板本身一般没问题，但是通常由于坡面修整不平而会造成垫板铺设不平齐，尤其在软弱岩层或者复合地层中，如果坡面修整不平这种情况更严重。在这种情况下，垫板仅与坡面部分接触，可能会造成土钉杆体弯曲。虽然半球形螺母和锥形垫圈可以起

图88.3　普通的实心钢筋土钉完成注浆

到微调的作用，但作用有限。因此，必要时，需要对修整后的坡面再进行整平处理，以为垫板提供合适的承压面。此时，在最不利的情况下，可能还需要小的遮挡板将水泥浆固定在边坡上。

88.8 边坡面层

边坡表面需要设置面层，这样可以防止土钉之间发生局部破坏或脱落，同时也为土钉端头垫板提供承压面。此外，边坡面层可以保护表层土壤，并促进植被生长。边坡面层类型应该由土钉设计师来选择确定。目前，已有多种类型的面层及其安装方法可供选择，但具体应根据现场地形和设计要求来确定。

88.8.1 面层类型

边坡面层主要分为三类：

- 柔性结构面层：面层通常由金属格栅网组成。金属格栅网可涂有防腐涂层，也可在金属格栅网下铺设纤维垫层以促进植被生长（图88.4）。

(a)

(b)

图88.4　柔性结构面层

(a) 边坡金属格栅网上安装垫板、网下铺设纤维垫层；
(b) 镀锌空心杆，网板上有板，下方有椰壳垫

- **刚性结构面层**：面层主要包括钢筋混凝土。这种面层可以采用预制板，或者采用喷射混凝土方法形成，土钉端头嵌入面层或固定在面层外表面（图 88.5）。为了防止水流冲蚀坡面或保证坡面美观，一般也会考虑采用刚性面层，也可以考虑采用木笼墙或者石笼筐。
- **软面层**：最常用的软面层有椰棕垫或土工布，这种面层可促进植被生长并有助于防止水流冲蚀坡面。此外，现在越来越多地使用蜂窝状保土面层，这种面层可以完全覆盖住土钉端头垫板，同时可以提供深厚的表层土而促进植被生长，进而对边坡坡面起到美化效果。

88.8.2 安装和连接详图

88.8.2.1 柔性结构面层

目前工程上广泛应用的柔性结构面层是由涂有防腐涂层的金属格栅网组成。通常是在土钉杆体施工和注浆完成后再铺设金属格栅网。金属格栅网通常是成卷的，施工时一般是按自上而下的顺序进行铺设。金属格栅网铺设时，首先应将其固定在第一排土钉上方的边坡顶部，然后沿边坡垂直向下滚。金属格栅网铺设好后，通过均匀布置镀锌 U 形卡将其固定在边坡上。同时，建议在边坡顶部设置足够宽度的面层，这样金属格栅网可以很好地固定在坡顶上。对于镀锌 U 形卡的布置间距和长度（一般长度为 400～600mm），应该由设计师或者专业承包商在考虑边坡形状和边坡表层土的土质情况后确定，并用手动安装镀锌 U 形卡。然后，将土钉端头垫板穿过土钉压在金属格栅网上，并用螺母锁紧固定，这样非常有助于固定金属格栅网。

如果采取自上而下的分步开挖方式开挖边坡，则需要根据边坡的开挖方式铺设面层，同时需将预留的金属格栅网卷牢固地固定在要安装的下一排土钉上方。

相邻金属格栅网之间应搭接一定的宽度，格栅网搭接处应采用扎带或夹子将网孔连接起来。

MEWP 的使用可以将施工过程变得简单化，并为安装格栅网和端头垫板的作业人员提供一个安全的工作平台（图 88.1）。

88.8.2.2 喷射混凝土

喷射混凝土主要是采用高压喷射技术将新鲜的混凝土喷射到边坡表面上。首先将边坡坡面切削成所需的坡度，并且应尽可能保证坡面切削的精度。如果因坡面切削完成后平整度不好而采用喷射混凝土填充坡面空隙则很不经济。在土钉安装完成后，需要在坡面上铺设面层材料，面层材料一般为钢筋网片，钢筋网片与边坡表面之间留有一定孔隙，以保证钢筋网片保护层厚度。土钉端头垫板可以在喷射混凝土之前安装，也可以在喷射混凝土之后安装，这主要取决于将垫板放入混凝土中还是放在混凝土外表面上。

钢筋网片铺设完毕后，将混凝土喷射到钢筋和端头垫板周围的表面上（图 88.6）。根据设计的混凝土面层厚度，面层可以分一层或多层喷射完成。工程中可以使用湿喷法或干喷法来喷射混凝土。在项目设计和规划阶段，建议咨询专业的喷射混凝土承包商，以确保制定切实可行的施工方案。

喷射混凝土技术通常用于较陡甚至垂直的路堑中（图 88.5），因此，边坡的稳定性往往更为关键，这样就需要仔细考虑开挖、安装土钉和喷射混凝土的施工顺序。边坡开挖有必要分块进行，并在开挖相邻施工段之前，需要完成土钉安装和混凝土喷射。在这种情况下，还应为喷射混凝土钢筋片留

图 88.5　近垂直硬面层（注意取芯样孔）

图 88.6　垂直面上喷射混凝土（注意双向钢筋网和排水孔）

出搭接宽度。

88.8.2.3 饰面

各种饰面可以与土钉共同安装，饰面主要包括木笼墙、模块化砌块或者石笼筐饰面，这些饰面一般在边坡开挖和土钉完成后再进行施工。饰面通常与土钉相连，并从边坡底部开始安装。通常专业供应商和承包商提供饰面材料、安装和设计指南，并在需要时完成此类饰面的整个施工（图88.7a和图88.7b）

88.8.2.4 软面板

软面板的安装方式与第88.8.2.1节所述的柔性面板安装方式相似。

88.8.3 土壤保持系统

当土钉端头垫板安装完成后，可以在柔性结构面层上安装蜂窝状土壤保持系统。与饰面安装方式类似，蜂窝状土壤保持系统采用钢钉将其固定在边坡上（图88.8）。同样，也可以采用普通挖掘机将种植土放入钢网笼或土壤方格板中，然后再水力播种。

88.8.4 水力播种植被

水力播种（喷洒播种液）通常由专业园林绿化公司实施，并应在所有边坡面层铺设完毕和种植土准备好后进行。

88.9 排水系统

边坡地层中地下水对边坡的稳定性影响很大，因此，必须设置合理的排水系统并确保其能够正常运行。

88.9.1 坡顶和坡脚排水

如果在坡顶或坡脚设计了排水通道或排水沟，则通常采用标准化的开挖和排水方法进行施工。但是，在排水沟开挖过程中，会增加在边坡上方或下方作业时的风险，因此应采取预防措施以确保开挖作业不会影响边坡的稳定性。

88.9.2 坡面排水

对于大多数土钉支护方案，会在边坡表面形成天然的坡面排水系统，这个排水系统一般是沿着坡面网格和植被自然形成的。对于采用不透水刚性面层的边坡，例如采用喷射混凝土面层，必须采取相应的排水措施，实际工程中一般采用在边坡土体与面层之间设置泄水孔或排水土工织物。泄水孔中主要包括塑料管和反滤层，并在喷射混凝土之前将泄水孔固定在钢筋网片上。对于喷射混凝土面层，当面层施工完毕且硬化后，还可以在面层上钻孔后设

(a)

(b)

图88.7 饰面施工

(a) 木笼墙饰面施工；(b) 土或石材面板饰面

经由 Phi Group 提供

图88.8 60°边坡上的土壤保持系统（注意固定销）

置泄水孔。

对于采用排水土工织物排水，应在放置钢筋网片和喷射混凝土之前将其固定在边坡表面上。

88.9.3 泄水孔

边坡设计时可能还需要设置水平排水管，以控制地下水压力。排水管通常采用带土工布薄膜的uPVC管，并将排水管放置在预钻孔内。排水管应向上倾斜5°~10°，以使水排到坡面上。对于分阶段开挖的路堑边坡，排水管可以采用与土钉施工相同的设备和人员来施工（图88.9）。

Ischebeck™研发了一项关于采用水平排水管排水的最新创新成果，该创新成果采用空心自钻技术并配备一种可渗透的灌浆混合物来安装水平排水管。

88.10 检测

场地地质条件的变化和土钉安装方法均会影响土钉的受力性能。因此，需要通过土钉检测来验证土钉-注浆体-地层的相互作用性能是否与设计假设相符。

88.10.1 初步试验和验收试验

荷载试验的类型、频率、位置和加载方案应由土钉设计师确定（详见第74章"土钉设计"）。CIRIA 637第11.3节也给出了相关指导意见。

在工程正式施工之前应首先在试验土钉上进行初步试验检测，试验土钉的施工工艺应与拟定工程试验土钉的施工工艺相同。根据现场条件和场地地形情况，可能有必要进行竖向土钉承载力检测，这样效率会更高，因为通过竖向土钉承载力检测可以反映出在相同的地层中工程土钉与土层之间的粘结强度。

验收试验是在工程成品上进行的，这些检测试验是在工程土钉安装期间或完成后进行的，试验方法与初步试验中土钉试验方法类似。

88.10.2 反力系统

土钉承载力检测时，应布设合适的反力架，通过反力架可以将压力传递到靠近土钉的坡面或地面上。现场主要根据边坡地形、地层条件和试验荷载大小来设置反力架。针对每个项目，都应认真考虑上述这些问题。典型的试验梁装置如图88.10所示。

每个反力系统设计时应综合考虑试验荷载大小和坡面情况，同时必须保证将反力系统稳固在边坡上。

88.10.3 监测

在荷载试验期间，应准确监测土钉的位移。随着荷载试验的位置和边坡地形的变化，土钉位移的测量方法也有所不同（图88.11）。理想情况下，位移（千分表）计或位移传感器应该设置在外露的土钉端部，并固定在不受外力或其他因素影响的

图88.9 在岩石面上安装泄水管

图88.10 安装在边坡上的负载测试框架

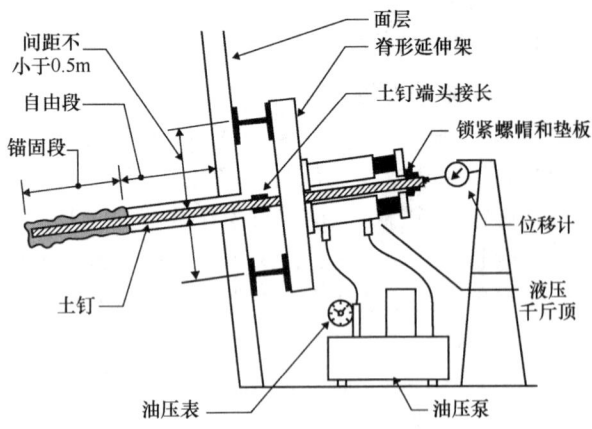

图 88.11　土钉检测系统示意

经许可摘自 CIRIA C637，Phear 等（2005），www.ciria.org
（源于 Pr EN 14490：2002）

框架上（图 88.11）。

对土钉进行荷载试验时，需将校准好的压力计与千斤顶相连接，以测量压力荷载。

88.10.4　自由段

为了测试抗力区中某一地层或某一标高情况下土钉的承载力，设计师可以规定在需要进行检测的土钉上部一定长度范围内设置自由段。土钉自由段是通过在土钉杆件连接器之间安装塑料护套实现的，同时需对塑料护套进行密封处理，以防止浆液侵入自由段。

88.10.5　审批

在施工进度计划中必须为初步试验阶段预留出足够的时间，以便承包商和土钉设计师能够在工程正式开工前根据土钉试验结果对设计进行必要的调整。土钉试验结果应在试验后尽快报告、审查和批准，以便采取相应的措施来最大限度地减少工期延误和降低成本。

88.11　参考文献

Phear, A., Dew, C., Ozsoy, B., Wharmby, N. J., Judge, J. and Barley, A. D. (2005). *Soil Nailing: Best Practice Guidance*. CIRIA Report C637. London: Construction Industry Research and Information Association.

Skinner, H. (2004). *Working Platforms for Tracked Plant: Good Practice Guide to the Design, Installation, Maintenance and Repair of Ground-Supported Working Platforms* (BR470). London: BRE Press.

88.11.1　延伸阅读

British Standards Institution (2010). *Code of Practice for Strengthened/Reinforced Soils and Other Fills*. London: BSI, BS 8006-1:2010.

British Standards Institution (1995). *Code of Practice for Strengthened/Reinforced Soils and Other Fills*. [partially replaced]. London: BSI, BS 8006:1995.

Bye, G., Livesey, P. and Struble, L. (2011). *Portland Cement* (3rd Edition). London: ICE.

Pr EN 14990. *Execution of Special Geotechnical Works – Soil Nailing* [Draft].

88.11.2　实用网址

深基础协会（Deep Foundations Institute，DFI），美国；www.dfi.org/

英国桩基施工专家联合会（Federation of Piling Specialists，FPS），英国；www.fps.org.uk/

建议结合以下章节阅读本章：
- 第72章"边坡支护方法"
- 第74章"土钉设计"

本书以第1篇"概论"和第2篇"基本原则"为指导进行章节编排。如第4篇"场地勘察"中所述，各类岩土工程均应进行扎实的现场勘察工作。

译审简介：

李帅，博士，正高级工程师，一级注册建造师，主要从事岩土工程方面科研、勘察、设计及施工工作。

周圣斌，工学博士，正高级工程师，从事地基基础协同作用、基坑支护等岩土工程的研究和工程实践工作。

第89章 锚杆施工

约翰·贾奇（John Judge），塔塔钢铁公司，约克，英国

主译：刘朋辉（中国建筑科学研究院有限公司地基基础研究所）
审校：石金龙（中国建筑科学研究院有限公司地基基础研究所）

doi: 10.1680/moge.57098.1313

目录

89.1	引言	1283
89.2	锚杆应用	1283
89.3	锚杆的种类	1284
89.4	锚杆杆体	1285
89.5	各种地基类型的施工方法	1286
89.6	锚杆检测与维护	1290
89.7	参考文献	1291

锚杆是结构和边坡抗失稳的重要岩土组成部分，施工过程对锚杆的性能至关重要，同时这个行业提供了许多设计施工一体模式。在钻孔和注浆施工过程中及其对周围地面条件的影响方面，锚杆承包商的从业经历和工作经验至关重要。锚杆体系的长期抗腐蚀能力以及锚头的长期监测和维护都非常重要。

89.1 引言

锚杆是允许荷载从结构面传递到地层深部的受拉构件。通过前期良好的地质勘察和勘测工作确定了锚固土层，并作为初步锚杆设计过程的一部分。这种荷载传递到特定地层的方式使锚杆不同于全长锚固的岩石锚杆、土钉和抗拔微型桩等。

锚杆可以承担的荷载范围在 10～5000kN。然而，永久系统的正常负载范围通常在 100～1000kN。锚杆通常用于支护结构、抵抗浮力和地震荷载，以及边坡稳定方案。与土钉施工技术类似，锚杆也可用于提高岩面稳定性（见第88章"土钉施工"）。这些体系的设计与施工过程密切相关，因此在项目设计中使用该系统时，设计师、承包商和专业锚杆承包商之间需要进行良好的沟通。

本章阐述了锚杆的以下几个方面：

- 锚杆的应用；
- 锚杆的类型；
- 锚杆的杆体；
- 各种类型土层的施工方法：黏性和粒状材料、软岩和硬岩；
- 锚杆检测和锚固系统的长期维护。

89.2 锚杆应用

英国的锚杆一般按照英国标准 BS 8081：1989《锚杆应用标准》（Code of Practice for Ground Anchorages）（BSI，1989）要求施工。BS EN 1537：2000《特种岩土工程的施工——锚杆》（Execution of Special Geotechnical Work - Ground Anchors）（BSI，2000）也有施工方面的要求。

锚杆由锚头、自由段和锚固段组成（图89.1）。各部分需根据结构类型及具体地层条件进行详细设计（见第66章"锚杆设计"）。主要承担荷载传递的锚固段长度（粘结长度）的设计与施工过程密切相关。

锚杆设计的一个关键方面是，必须在早期阶段咨询专业的锚杆承包商，就锚杆施工提出建议和他们将如何影响初步设计。此外，如果专业的锚杆承包商有具体建议，设计工程师和总承包商必须满足其施工的相关条件。如果不能遵循这种方法，可能会导致锚杆的施工失效问题。

锚固段的设计总结参见英国标准 BS 8081：1989（BSI，1989），并在第66章"锚杆设计"中以施工过程为基础进行了详细介绍。锚杆类型归纳如下：

A 型锚杆　　具有均匀粘结应力的直锚；

B 型锚杆　　增强地基强度的低压注浆锚，通过浆体颗粒物的渗透和压实增加锚固段的直径

C 型锚杆　　高压注浆锚（TAM 单向逆止注浆系统），水泥浆液通过劈裂裂缝进入土层并与土层融为一体。

D 型锚杆　　扩径（串钟式）锚杆，通过串钟式施工方式增大锚固段的直径。

锚杆的施工涉及上述的一个或多个过程，这些在本章中都有提及。

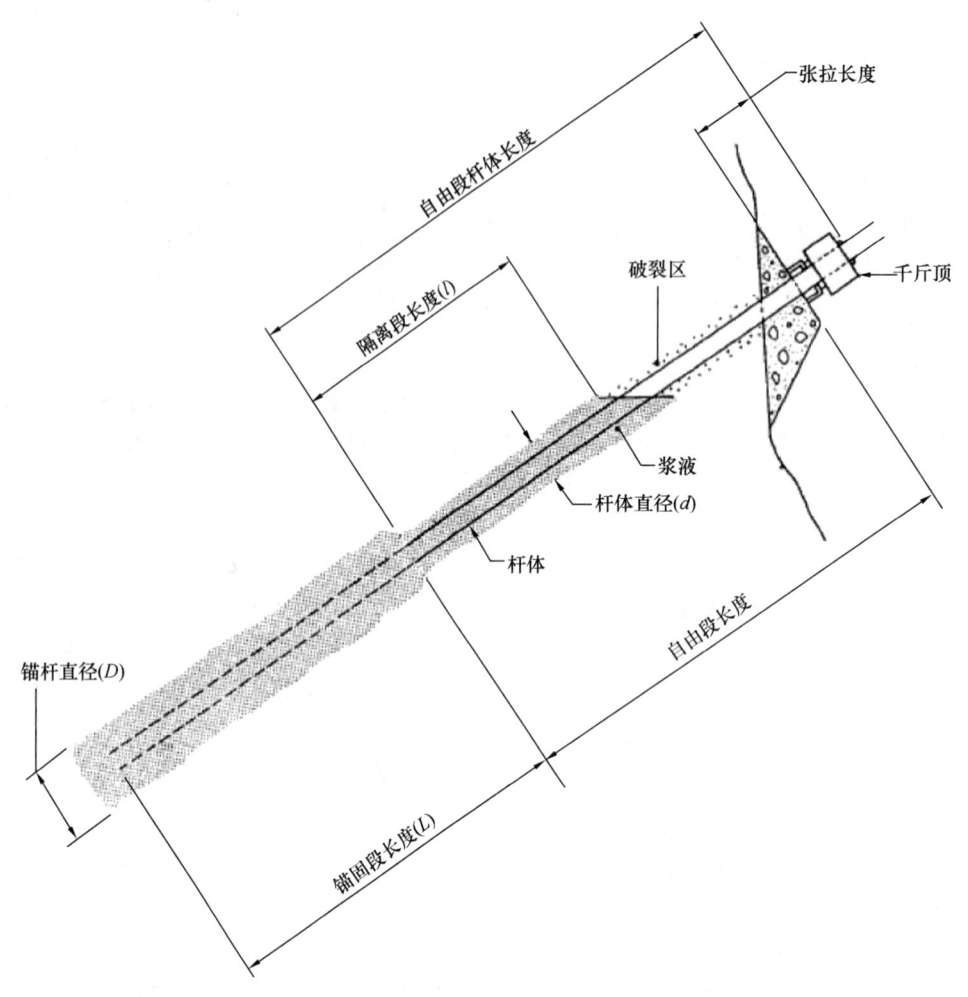

图89.1 注浆锚杆的命名术语

经许可摘自英国标准 BS 8081 ⓒ British Standards Institution（1989）

89.3 锚杆的种类

锚杆可分为机械式锚固和注浆式锚固两种。

89.3.1 机械式锚杆

机械式锚杆一般用于承载力偏低的锚杆。通过将锚杆束推进到一定深度并与锚板形成荷载传递机制而产生抗力。Platipus 系统（图89.2）和鸭嘴系统就是两个例子。

机械式锚杆的优点是施工速度快，不需要灌浆固化和能即时加荷使用。然而，系统机械式锚杆的设计方法是半经验性的，其承载能力基于预期的地质条件和设计者要求的结构荷载。这些系统适用于小规模的设施，如砌体墙修复、基础锚固和斜坡支护。

但是，机械式锚杆在检测和防腐要求方面不符合英国标准 BS 8081：1989（BSI，1989）的验收规定，需要谨慎使用。因此，在永久性工程中使用机械式锚杆需要仔细考虑其长期性能和所涉及的安全因素。典型的系统设计工作负荷 10～120kN，然而，承载力检测很少达到英国标准 BS 8081：1989（BSI，1989）表2要求的全部3倍工作负载。因此，该系统的实际安全状况需要在现场进行初步检测，以确认能达到的安全水平。

机械式锚杆通常使用气动锤系统打入锚杆设计长度所需的地层。这种施工工艺特别容易受到地下障碍物的影响。与其他岩土工程措施的关键区别在于,唯一可以缩短的部分是锚固段的长度(依据详细的现场试验)。锚杆必须满足设计者要求的自由长度,以保持结构的整体稳定(见英国标准 BS 8081:1989 附录 D;BSI,1989)。因此,如果遇到障碍物,施工前进行超前钻探工作是必要的。由于这些问题,机械式锚杆系统往往适用于同类环境中较低强度的均匀细粒土。如果采用这种施工方法,咨询专业机械式锚杆设计者和施工承包商的意见是非常重要的。

89.3.2 钻孔灌浆锚杆

钻孔灌浆锚杆一般是大型土木工程中最常见的锚杆施工形式。这套系统允许设计者使用钻孔和专业注浆技术的最新发展成果。这两个施工步骤对锚杆在其极限状态下的承载能力(以及达到设计规范要求的安全系数)有重大影响。

钻孔灌浆系统中形成锚孔通常包括几个方面:开孔钻进技术、旋转双套管系统、旋转冲击式套管系统或潜孔锤系统。这套工艺可以在使用过程中不断更新和综合使用,同时也取决于锚固长度上的土体类型和强度。钻孔灌浆系统在本章不同类型土体钻进中进一步说明。

钻孔完成后,锚杆杆体需放置至钻孔底部,并采用导管系统引入灌浆。这样就可以对钻孔进行充分注浆,防止锚杆孔内出现可能导致锚杆失效的空隙。使用临时导管时,随着导管的不断撤出,注浆液逐步达到孔口。

基于锚杆的布置、钻孔和注浆方法,专业承包商和供应商提供了多种锚杆系统。这类系统包括单孔多锚(SBMA)系统、多级串钟/扩径锚杆和袖阀管系统。与传统锚杆相比,所有这些系统都能对荷载传递机制进行完善和提高效率,特别是在地质条件较差的情况下,可以获得较大的锚固力。

89.4 锚杆杆体

锚杆杆体一般由高强度钢筋或钢丝编织的预应力钢绞线组成(图 89.3)。为了避免现场的污染腐蚀,锚杆杆体一般由工厂制造。锚杆腐蚀保护系统(用于永久锚杆)和在锚杆自由段范围内的润滑和

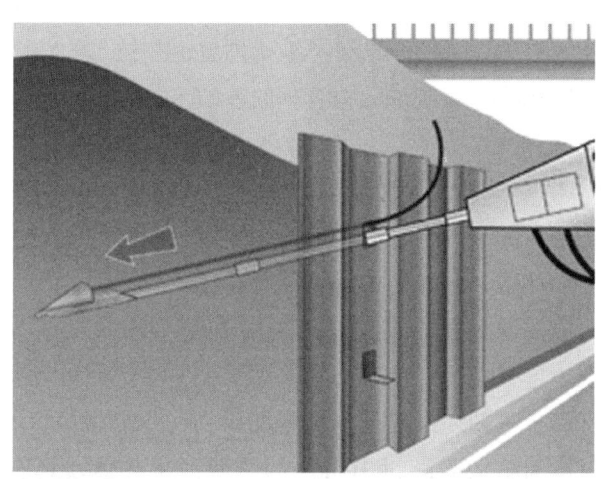

图 89.2 Platipus 机械式锚杆系统

经由 Platipus Anchors Ltd 提供

图 89.3 工厂制作的双塑料腐蚀保护锚杆

经由 Keller Geotechnique 提供

图 89.4 储存架

经由 Keller Geotechnique 提供

自由移动，对于锚杆尤为重要。

工厂制造的锚杆杆体在安全存储条件下运至现场以便施工（图 89.4），杆体在运输或施工过程中出现的任何腐蚀损伤都可能影响其长期性能。

89.5 各种地基类型的施工方法

89.5.1 施工问题和风险

锚杆施工中需要考虑的关键问题是施工方法对锚杆承载能力的影响。大多数锚杆倾向于使用一种锚固段的断面和钻孔直径相同的施工方法。虽然增强锚固长度（通过灌浆增强或扩孔等技术）是可以接受的，但需要对这些过程进行严格控制。

如果地质条件引起实际浆液损失，这可能不利于锚杆施工并影响其性能。浆液流失应仔细考虑地质条件，如白垩（可预见的溶液特征）和煤层（过去的开采活动和基岩裂缝）。解决这一问题的方法包括采用触变浆液或在施工前进行预注浆，即分两阶段施工。

土层中流动介质的影响和对荷载传递机制的连锁效应也是有害的。不仅从设计的角度，而且从环境和控制的角度，都需要仔细考虑流动介质的影响并加以控制。在某些情况下，流动介质的控制不当会对邻近的建筑物和地基土造成严重影响。

已施工完成锚杆的定位和允许偏差需要认真对待。锚杆施工常用于由桩支撑的挡土墙支撑结构的部位。锚杆系统可以设计成通过桩与桩之间，并通过调整角度（垂直和水平）与深基础保持一定的安全距离进行施工。英国标准 BS 8081：1989（BSI，1989）规定的允许偏差是：

- 孔位位置 ±75mm；
- 入孔角度 ±2.5°；
- 钻孔施工偏差 1/30。

这些允许偏差通常是可以达到的，但可以通过持续改进更大限度地控制锚杆的位置。后续施工对已完成的锚杆可能会造成扰动和失效，因此在满足《建筑（设计与管理）条例》（CDM 条例）的要求方面就显得尤为重要。这种情况在伦敦 Docklands 区特别常见，在那里，应用桩基方案时必须仔细监测对河道墙体现有锚杆的影响。应高度关注锚杆的位置和可能的干扰，可以使用精确的钻孔定位监测技术作为施工的一部分。准确理解这些技术的精度是选择锚杆系统和数据管理的基础。

89.5.2 黏土内锚固段长度施工

在黏土中锚杆施工应慎重考虑，并在设计阶段详细评估，仔细考虑锚固强度随深度的变化。黏土层内锚固长度的设计往往采用 A 型锚固系统的方法。这在英国东南部的伦敦黏土、牛津黏土和高尔特黏土等超固结黏土中很常见。

为了承受超过 100kN 的荷载，黏土必须具有坚固（趋于坚硬）的稳定性（英国标准 BS 5930：99）。尽管在软土中采用膜膨胀型锚杆已经取得了一些成功，但当黏土强度小于 $75kN/m^2$ 时，在锚杆的设计和施工方面应谨慎处理。由于粘结强度随深度逐渐降低影响，锚固长度通常被限制在 10m 以内。这限制了锚杆的承载能力，因此发展了扩体锚杆。Littlejohn（1977）详细介绍了扩径锚杆（或串钟）系统，其承载能力可达 5 倍以上。

即便如此，扩体锚杆在伦敦地区之外的使用仍然受到限制。这是由于扩体锚杆作业需要良好施工质量控制和成功的工程案例。在施工过程中，黏土或低强度黏土中的颗粒材料会导致孔的失稳。然而，在存在土地占用和锚杆长度边界限制时，该系统不应被忽视，反而具有较大优势。

SBMA 系统（Barley，1997）是一种使用黏土层获得更高承载能力的系统。该系统允许锚固长度超过单个封装锚杆长度使用的最大值 10m，因此充分利用了随黏土层深度增加而强度随之增加的特性。其缺点是锚固长度大，对边界约束的影响大。如图 89.5 所示为常规和 SBMA 锚杆锚固段荷载分布示意图。另一个类似的系统是 DYWID-AG（Dyckerhoff & Widmann AG 的首字母缩写）多级杆体锚杆。

黏土中最常见的锚杆施工形式是使用螺旋钻钻孔系统（图 89.6），钻孔土体随着螺旋钻杆输送至地面进行处理。该系统施工速度快，可以在最低限度使用临时套管的情况下钻孔。然而，如果在黏土中遇到地下水，问题就会出现，伦敦黏土中的泥岩带就是一个例子。钻孔系统不能排水，产生的泥浆会迅速降低黏土强度和浆液地层粘结应力特性。由于钻孔不能清理造成锚杆杆体安装困难，这也限制了锚杆的施工。

对于含有颗粒物质和地下水的黏土，通常采用双套管旋转或旋转冲击系统（图 89.7）。这些通常用于英国东北部遇到的砾石黏土和冰川碛物，这种条件下可以使用全长套管，并配合水冲洗来保持钻孔的稳定性。水冲洗钻孔技术确保在孔内保持一个正向静水压力，防止出现"负压效应"。

当钻孔注浆锚杆不能达到工作荷载要求的安全系数时，就会使用高压注浆技术。这涉及使用密封

图 89.6　在伦敦黏土区的螺旋钻钻探

经由 A. D. Barley/Geoserve Global Ltd 提供

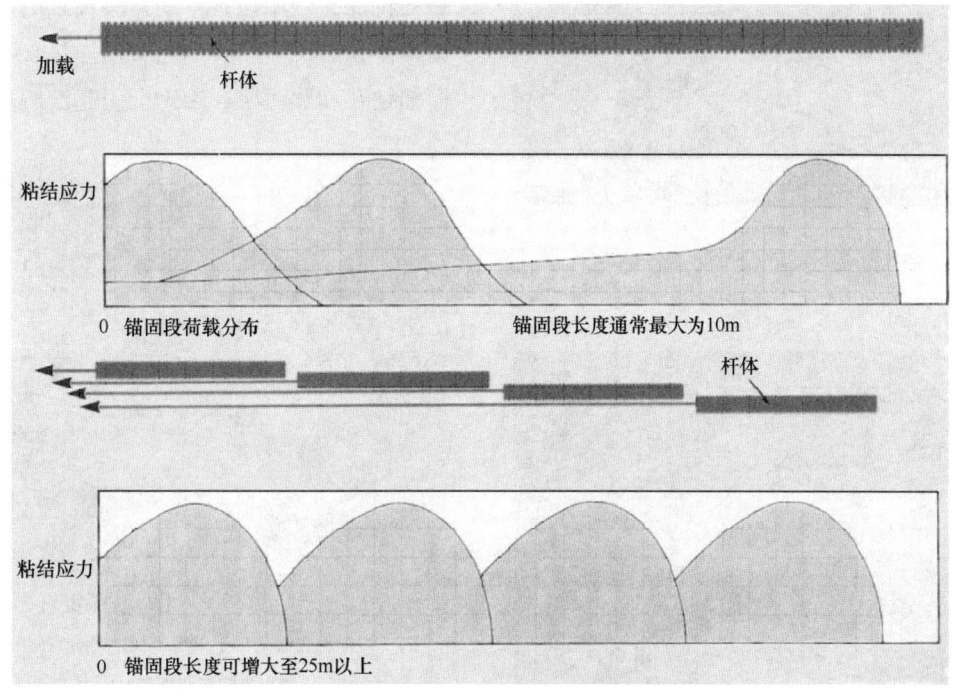

图 89.5　常规和 SBMA 系统的荷载传递

经由 A. D. Barley/Geoserve Global Ltd 提供

垫的高压灌浆 TAM 系统。这会导致黏土产生水压裂缝，一些浆液得以渗透到黏土中（图 89.8）。

89.5.3　砂砾土中锚固长度施工

砂砾土内锚固段的施工几乎都是基于低压注浆技术（B 型锚）。采用全套管体系低压注入高强度浆液，通过对颗粒材料的渗透压实来增加锚固段钻孔直径（图 89.9）。由于 A 型锚杆在全黏土层中的锚固段长度限制在 7~8m，因此在英国沿海地区常见的海砂中可以实现 350~450kN 的永久锚杆荷载。而对于主要为砾石的粗粒沉积物（例如台地砾石），永久锚杆荷载可以达到 600~800kN。在 Great Yarmouth Cotton 河床上，采用 SBMA 系统可以使永久锚杆的工作荷载超过 1200kN。

在颗粒状土中施工锚杆的关键方法是使套管紧跟钻头，并对冲洗系统进行精确控制。使用水冲洗是常见的，因为这最大限度地减少了对地层的扰动，且是一个安全的再循环冲洗系统（使用了泥浆处置技术）。然而，需要仔细的监测来阻止"水冲法"引起的土体松动和坍塌形成松动区域。这将会引起地面沉降，影响邻近的结构物。不建议在颗粒状土体中使用气冲法，因为气冲的侵入特性和空气在土中的迁移——这同样可能影响邻近的结构物。

在冲积砂土和海相砂土中，锚杆支护一般包括河堤支护和港堤支护。典型的施工设备如图 89.10 所示。

89.5.4　白垩地层内锚固长度施工

英国有大面积的白垩土，那里主要的基础设施都已经完成。这通常是在英格兰东南部的 Norwich 和 Humberside。与其他土层相比，由于风化程度、强度和溶解特征（导致过量的灌浆被吸收）变化较大，在白垩土中施工锚杆的风险更大。

Barley 等（1992）描述了在 Norwich 城堡购物中心已完成的锚杆工程，在重新钻孔和安装锚杆之前，使用水泥砂浆进行了预注浆工程。由于存在溶解的特征，使用该技术的试验锚杆的注浆量为理论钻孔体积的 3~7 倍。在白垩土中采用水冲法需要仔细钻孔和预注浆，因为会引起溶解坍塌导致的地

图 89.7　在 Lias 黏土中的旋转双套管钻孔

经由 Keller Geotechnique 提供

图 89.8　硬黏土砂灌浆后的裂缝

经由 A. D. Barley/Geoserve Global Ltd 提供

图 89.9　低压注浆锚杆

左侧的套管靴用于采用锚杆拉力对右侧断面钻孔。右侧剥离的注浆体显示了浆液体通过压力注浆的膨胀效果

经由 A. D. Barley/Geoserve Global Ltd 提供

图 89.10　改装后的 Hymac 和 caterpillar 机器用于下吊式钻孔

经由 Keller Geotechnique 提供

图 89.11　在白垩土内使用 B 型装置剥离出的灌浆渗透体

经由 Geoserve Global Ltd 提供

面沉降。

在白垩土层中锚杆施工方法通常是采用双套管旋转或旋转冲击钻孔、套管端头注浆工艺（B型）。应用上述技术，白垩土的结构和增加的浆液造成锚固段直径的加大（图 89.11）。

89.5.5　岩石内锚固长度施工

锚杆通常与岩石立面支护或抗浮岩石锚杆相结合。尤其是在锚杆施工中，"什么时候土层被归为岩石？"这个问题非常值得商榷。基于土层材料的风化剖面进行划分，这一直是关于白垩土界限讨论问题。英国境内的锚杆可以根据其强度和地质历史进行细分。

在英国软弱的基岩区，锚杆的施工问题通常围绕着泥岩和粉砂岩，如煤系沉积物，麦西亚泥岩和 Lias 黏土沉积物，它们往往从 Severn 河口横穿英国到英格兰北部。对于非常脆弱的泥岩，钻孔过程会对材料的粘结应力特性产生重大影响，因此应谨慎对待高估的设计值。建议对非常弱的泥岩按黏土进行设计。

由于脆弱岩石的不可预测性，使用水（水冲法）、空气（气动法）或螺旋钻技术应仔细考虑其对岩石类型的结构和粘结性能的影响。螺旋钻进会对土体界面（特别是泥岩中）产生涂抹效应，从而迅速降低锚杆的承载能力。气冲会导致空气沿开放裂缝的游移，并影响邻近建筑物。气动法还会导致基岩崩解，降低粘结应力特性。水冲钻孔会导致局部软化，特别是当钻完孔空置一定时间后。运用锚杆承包商的经验和锚杆试验是验证软弱岩石可施工性的重要组成部分。

在软弱风化岩石中施工锚杆遇到的一个主要问题是遇到硬质互层。这在煤系地层中尤其常见，因为煤系地层中可能会遇到坚硬的砂岩带。此外，麦西亚泥岩可以与坚硬的灰岩带互层。在这些条件下，钻孔系统通常按照硬度最高的地层进行选择，因此，当在这些地层中施工锚杆时，岩石类型层中锚固段长度的定位变化可能成为一个问题。在这些材料中，相对锚杆设计而言，更需要仔细审查锚杆施工方法。Barley（1988）对泥岩内的锚杆试验进行了详细的总结。

对于更强、更硬的基岩，如苏格兰、威尔士和英格兰东南部的火成岩、石灰岩、Sherwood 砂岩和变质岩，通常使用潜孔锤系统来形成锚孔。这些系统是有效的，因为锤击能直接应用在钻头上（而不是在钻杆顶部，类似旋转冲击钻孔）。这在钻探坚硬岩石时特别重要，因为穿透速度比"顶部"驱动系统快。

潜孔锤使用空气冲洗将钻渣返出地面，因此相对于钻进深度的抬升速度计算非常重要。这些钻孔系统依靠空压机吹出废渣，因此相对于锤击杆直径来说，更需要仔细检查钻孔的尺寸。如果杆与孔径之间的气隙太大，废渣不会返回到地面，这会影响锚杆施工进度。与水冲洗系统相比，这套系统有一个关键问题——由于回收物的空气特性，对废料的控制是困难的。可以使用端部收集系统或反循环系统来收集物料。Symmetrix 和 MaxBit 的超压潜孔锤钻孔系统，由于其钻进速度和钻穿困难地层的能力而变得越来越受欢迎。

在石英含量高的火成岩中钻孔会导致钻头磨损极大，而在含盐地下水的岩石中钻孔会加速磨损。因此，仔细检查这些系统是必要的。在考虑地震作用情况下，大坝施工和坞墙修复时需要采用高承载性能的锚杆。这种系统很常见，因为这些结构通常建在基岩上（图 89.12）。这些结构要求严格控制

图 89.12　Perthshire Clunie 大坝永久性多束锚杆的施工

经由 BAM Ritchies 提供

施工允许偏差，锤、杆系统本质上适应性更强（类似于螺旋钻钻孔）。在这种情况下，锤头通常在最初 10m 的高度与坚固的套管构件连接，形成坚固的钻柱。采用这种方法可以获得较高的钻进精度和允许偏差。Cavill（1997）和 Shields（1997）对这些技术进行了总结。也可以使用中心杆，但同样，应进行试钻和监测，以确认可以达到设计者要求的允许偏差。

89.6　锚杆检测与维护

锚杆可能是岩土工程中最常用的构件。许多施工的锚杆是主动性锚杆（承载预应力荷载）。在引入名义荷载的情况下，使用扭矩扳手或千斤顶系统的一些锚杆被认为是被动性锚杆。这些被动锚杆通常都是杆系，常用来抵抗静水浮力。

在英国标准 BS 8081:1989（BSI，1989）和 BS EN 1537:2000（BSI，2000）中有一些关于锚杆检测的详细规定，读者可以参考这些资料。试验规程包括初步试锚试验、现场验收试验和适用性试验。锚杆测试和锁定是锚杆调试过程中最重要的环节。设计师和承包商应确保任何专业锚杆承包商都有必要的施工锚杆的经验和经历。事实上，如果考虑到承包商的经验，就应该签订一份合同进行锚杆初步试验计划，用来确认承包商的能力和设计方案。

锚杆测试一般使用单千斤顶或多千斤顶系统（图 89.13），因此正确的千斤顶质量控制和校准认证至关重要。此外，由于施加应力千斤顶又大又重，需要为千斤顶操作人员提供锚固位置和搭建临时平台的必要通道。

锚杆的长期维护是锚杆施工中最重要的环节之一，但却常常被忽视。这些杆体通常是结构性能的

锚杆锁定系统和锚头的防腐蚀化合物的状态。因此，在设计和施工锚杆时必须考虑适当的锚杆维护方案。

89.7 参考文献

Barley, A. D. (1988). Ten thousand anchorages in rock. *Ground Engineering*, September–November 1988.

Barley, A. D. (1997). The single bore multiple anchor system. In *Ground Anchorages and Anchored Structures* (ed Littlejohn, G. S.). London: Thomas Telford, pp. 65–75.

Barley, A. D., Eve, R. and Twine, D. (1992). Design and construction of temporary ground anchors at castle mall development, Norwich. Presented at *Conference on Retaining Structures*, Cambridge, July 1992.

British Standards Institution (1989). *Code of Practice for Ground Anchorages*. London: BSI, BS 8081:1989.

British Standards Institution (1999). *Amendment 2*: *Code of Practice for Site Investigation*. London: BSI, BS 5930:1999.

British Standards Institution (2000). *Execution of Special Geotechnical Work. Ground Anchors. European Standard*. London: BSI, BS EN1537:2000.

Cavill, B. A. (1997). Very high capacity ground anchors used in strengthening concrete gravity dams. In *Ground Anchorages and Anchored Structures* (ed Littlejohn, G. S.). London: Thomas Telford, pp. 262–271.

Littlejohn, G. S. (1997). *Ground Anchorages and Anchored Structures*. London: Thomas Telford.

Shields, J. G. (1997). Post-tensioning Mullardoch Dam in Scotland. In *Ground Anchorages and Anchored Structures* (ed Littlejohn, G. S.). London: Thomas Telford, pp. 206–216.

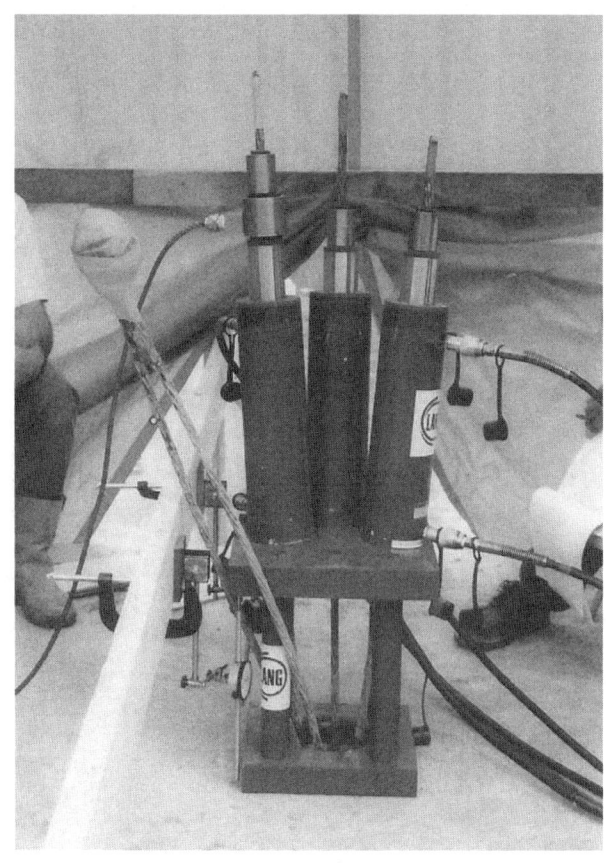

图 89.13　SBMA 杆体的液压多千斤顶系统

经由 A. D. Barley/Geoserve Global Ltd 提供

关键，因此在设计寿命期间的长期维护保养是非常重要的。可靠证据表明，长期的锚杆失效和/或性能不佳是锚头的问题，因此由锚杆专业人员进行荷载检查和外观检查非常重要。随着远程数据收集逐渐普及，一些工程师考虑使用测压元件进行长期监测（BD90/64）作为一种选择。然而，应该提起注意的是，测压元件可能会产生长期性能问题，而且使用测压元件会增大锚头。它们的使用并没有检查

建议结合以下章节阅读本章：
- 第 66 章 "锚杆设计"
- 第 72 章 "边坡支护方法"
- 第 79 章 "施工次序"

本书以第 1 篇 "概论" 和第 2 篇 "基本原则" 为指导进行章节编排。如第 4 篇 "场地勘察" 中所述，各类岩土工程均应进行扎实的现场勘察工作。

译审简介：

刘鹏辉，博士，教授级高级工程师，从事岩土工程相关的检测、设计、施工和研发工作。

石金龙，正高级工程师，博士，国家科技部专家库重大专项评审专家。主要从事地基基础与上部结构共同作用理论分析、数值模拟、工程咨询。

第 90 章 灌浆与搅拌

艾伦·L. 贝尔（Alan L. Bell），凯勒集团股份有限公司，伦敦，英国
主译：叶观宝（同济大学）
参译：张振，陶凤娟
审校：白晓红（太原理工大学）

doi: 10.1680/moge.57098.1323

目录

90.1	引言	1293
90.2	渗透灌浆	1294
90.3	劈裂灌浆和补偿灌浆	1297
90.4	压密灌浆	1298
90.5	高压喷射注浆法	1300
90.6	搅拌	1303
90.7	灌浆和搅拌的质量检验	1308
90.8	参考文献	1310

灌浆与搅拌是将湿或干的固化材料注入地层中，以改善土体工程性能的一系列工法。主要目的是提高加固范围内地基土体的强度和抗变形能力，以及降低土体的渗透性。渗透灌浆理论上就是通过注浆将浆液渗入土体孔隙中并胶结凝固，以使加固后的土体达到设计所需的工程性质。劈裂灌浆和压密灌浆方法克服了渗透灌浆的局限性，通过引起岩石和土体结构的劈裂或压密变形，将更多浆液灌入地基中。压密灌浆可应用于无黏性土体使其密实，而劈裂灌浆可通过固结作用来改善黏性土。压密灌浆和劈裂灌浆的过程均可消除甚至控制地面位移。高压喷射注浆法是利用高压射流切割土体并将浆液与土体强力混合后使其凝固成桩，可用于不同土体类型且适用工程范围较广。搅拌法（水泥土搅拌法）使用功能强大的搅拌器将土体与固化剂浆液或粉体在原位与土进行搅拌混合，加固形式多样，适用范围广泛。竣工验收检验对于保证工程达到预期效果至关重要，本章将介绍几种主要的质量检验方法。

90.1 引言

本章主要介绍利用灌浆或搅拌将固化剂浆液或粉体与土体混合固化，以改善地基土性能的方法。深层振动法和强夯法在第 84 章"地基处理"中介绍。

灌浆法是可控地将灌浆混合料注入土体或岩石中的方法。浆体在设计时间内胶结硬化，以提高地基的强度、刚度和水密性，从而满足临时建筑或者永久建筑所要求的工程性能。灌浆法也可以用于修复沉降严重的地基以及控制由地下工程建设（例如隧道）引起的地面变形。

搅拌法是通过在地基深处就地将地基土与固化剂搅拌，使之硬结成具有指定工程特性的固化土的一种地基处理技术。

这些技术的成功与否，与如下四个关键问题紧密相关：

- 待处理岩土体的类型、状态、特性、剖面和变异性；
- 固化剂的配方和制备方法；
- 现场的注浆方法；
- 地基处理的预期特性或性能，以及如何对其进行质量校验。

这四个关键问题决定了施工工艺的选择、可以达到的地基处理效果和所需的费用。

早期将纯水泥浆直接注入地基中的尝试，大多因为浆液无法渗透到地下而以失败告终。这使得人们对纯水泥浆渗透性上的缺陷有了一定的认识，于是开发了硅酸盐和更复杂的化学配方的浆液，扩大了灌浆范围，但仍然存在着明显的局限性。

随着灌浆技术的发展，更多地研发集中在纯水泥浆的传输方式上，进一步拓展了可处置的土壤种类，极大地扩宽了其工程应用范围。1990 年代初，除了渗透灌浆外，高压喷射注浆、压密灌浆、劈裂灌浆和搅拌方法均得到了广泛且成功的应用（Bell，1994；Rawlings 等，2000）。此后，搅拌法得到大量应用，灌浆工艺持续发展，尤其是与现场施工过程的电子监控有关的灌浆工艺开发方面。

如今，许多灌浆工艺只需要相当简单的浆液即可，即水和水泥或者超细水泥的悬浮液。对于这种情况，水灰比是关键参数。添加剂可以暂时地改变灌浆液体的特性（例如更长的凝胶时间）或硬化特性（例如无侧限抗压强度）。粉煤灰（PFA）、膨润土、石灰、高炉矿渣（GGBS）或石膏等添加剂可加入水泥浆中。其中某些材料可单独使用。灌浆材料中也可以添加惰性材料，例如砂、岩粉或滑石粉作为填充料。化学溶液和乳液也可用作注浆液。硅酸盐可用于细颗粒砂土的注浆，环氧树脂有时用于密封（如岩石的细裂隙）。

如图90.1所示为主要的灌浆方法及其适用范围，应用范围与土颗粒粒径相关。但是，该图没有考虑土的成层性、高变异性或混合颗粒的土以及土体强度、密实度及变形特性的影响。该图仅作一般指导。

表90.1给出了不同的灌浆与搅拌工法的物理影响和工程特性总结。

这些方法被广泛地用于解决岩土工程和地基处理问题，所有的方法都可用于提高地基承载力，减小地基总沉降和差异沉降。渗透灌浆、高压喷射注浆和搅拌法，可用于修建防渗墙，以最大限度地减少地下水流动或水源污染。劈裂灌浆和压密灌浆可用于减小由于相邻基坑开挖或隧道施工造成的基础沉降或地表位移，对已倾斜或扭曲的基础进行纠偏。应根据实际问题谨慎选取合适的灌浆工艺。

综上所述，灌浆和搅拌是需要根据土层剖面、拟采用的固化剂类型和使用的工艺方法以及处理目标综合选择的系统的工艺方法。这种地基处理方法不会产生非常均匀的加固体，而是会在加固体范围内产生一定的性质差异。在实践中，必须要接受这种不确定性才能保证实现技术上和成本上的双赢。

在项目设计早期，根据预计所采用的方法进行所需地层特性的勘察尤为重要。为了优化施工方法，有时确定所选方法的可行性，预试验是很有必要的。对于复杂场地，在施工过程中注意观察，随时对灌浆量和相关参数进行调整是非常有益的。灌浆和搅拌的一些局限性和注意事项不在本章的讨论范围内。这方面的详细资料可以参考 CIRIA C572 报告（Charles 和 Watts，2002）、C573 报告（Mitchell 和 Jardine，2002）、C514 报告（Rawlings 等，2000）。在所有的工程中，咨询专家都是很有必要的。

90.2 渗透灌浆

90.2.1 土体的渗透灌浆

渗透灌浆是在不改变原状土结构的情况下，使浆液部分充填于无黏性土的孔隙中，排出孔隙中既有的自由水或空气。地基的可灌性是该工艺的关键问题，要确保浆液可在目标土体或岩体中渗透。对于土而言，这种可灌性与浆液类型和粒径分布、土体的渗透性、土颗粒粒径和级配以及细粒含量和变化性有关。

从理论上讲，土体的孔径比粒度更重要。但即使是无黏性土，也难以确定其孔隙的尺寸、形状和分布。另一个问题是，细小的灌浆料颗粒会粘在一起形成滤饼，从而阻止了有效的渗透。可灌性可以根据土粒和灌浆料颗粒级配评估，Mitchell 和 Katti (1981) 给出了粗略的指南，如下所示：

$$D_{15(soil)}/D_{85(grout)} > 24$$

或

$$D_{10(soil)}/D_{95(grout)} > 1$$

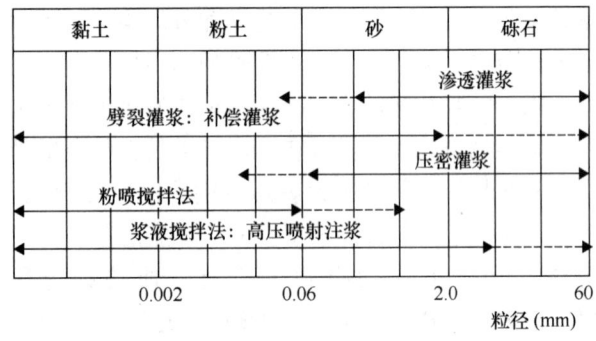

图90.1 不同粒径的土壤适用的灌浆方法

不同工法的物理影响和工程特性总结　　　　表90.1

工法	主要物理影响	关键工程特性
渗透灌浆	浆液充填土的孔隙和岩石的裂隙	降低渗透性；提高地基强度和变形模量
劈裂灌浆	浆液打开地层中原有裂隙或孔隙	提高地基强度和变形模量；控制地基变形
压密灌浆	浆液压力使土体挤密并灌入土体中	增大土体密实度；控制地基变形
高压喷射注浆	浆液切割破坏土体，形成固结体	提高地基强度和变形模量；降低渗透性
浆液搅拌	灌浆液与地基土就地搅拌	提高地基强度和变形模量；降低渗透性
粉喷搅拌	粉体固化剂与地基土就地搅拌	提高地基强度和变形模量

其中，D为通过某粒径土重的累积百分含量所对应的粒径。总的来说，这种方法很有用。但是要注意由于水泥与水搅拌后会絮凝，因此会改变其表观粒径。可灌性通常是基于经验并结合土体的变异性和真实级配范围的详细资料而确定的。要知道的是，在勘察中很多取样的方法难以将无黏性土中的细粒完整地提取，这会使得人们对土体的可灌性和变异性的判断存在一定偏差。在项目规划的早期必须对用作颗粒级配分析的土样的取样个数和质量、级配的分析以及岩石的不连续等问题进行专家咨询。Greenwood（1994）对该类问题给出了更详细的注意事项。

经验表明，使用单一的水泥浆进行低压渗透灌浆通常最多适用于含有粗砂的砾石土，或者裂隙大于0.2mm的岩体。使用细颗粒或者超细颗粒的水泥和/或硅酸盐（如下所述），该方法可能扩展到粗砂土，对于硅酸盐甚至可用于中、细砂土。

普通水泥浆的关键性能随水灰比的变化如图90.2所示。

Hugo Joosten博士于1926年发明了一种新方法，在现场采用两步法将水玻璃和氯化钙结合在一起形成硅酸盐沉淀，用这种方法可以处理无黏性的砂土。19世纪50年代后期，发明了一种一次注浆方法，该方法将有机硬化剂和水玻璃混合在一起后再注入土体中，经过预设的时间后在土体中胶凝。这一原理仍然适用于土体渗透，多种具有不同性能和耐久性的专用试剂可用作硬化剂。

一些能够渗入细粒土（例如粉土）的单一低黏度化学浆液已被发明，但是其价格昂贵，且强度、硬度和耐久性通常劣于水泥浆。有些还具有剧毒，导致限制使用或者禁止使用，现在已很少使用这样的化学灌浆料，仅用于非常特殊的情况，因此在此不再赘述。

经过渗透注浆加固处理的土体特性与纯浆体的性质相差很多。表90.2给出了无黏性土注浆处理后的无侧限抗压强度和期望的渗透性范围。处理后地基的预期工程特性取决于浆液类型、土体的级配和状态以及所采用的渗透灌浆工法的细节，相当大的变化是正常的，特别是对于强度和模量。

渗透灌浆法可以使用的设备范围很广，取决于所选用的浆液类型和注浆方法。钻孔是灌浆施工所必须的前序工序，它为注浆提供进入土层中的通道。本章将不对钻孔工艺进行介绍（请参考Warner，2004和推荐的阅读材料）。灌浆所需要的钻孔直径相对较小，一般小于100mm。在露天地面施工垂直钻孔是最便宜的，如果工程需要在竖井、廊道和狭窄拐角处打倾斜孔也是完全可行的。

为了以较低的成本处理多孔隙的地层，可以直接从钻孔套管端部、喷枪或者通过安装在钻孔内部的花管进行灌浆。由于浆液浮在表面，高压是没有效果的，所以渗透的控制相对粗糙。然而，这种方法对于开阔空间边缘区域的处理比较有意义，尤其是临时工程。

1933年Ischy发明了袖阀管（简称为TaM管），大大改善了土体灌浆技术（图90.3）。这种管子的外径通常为25~50mm。将多段管子拧接在一起后插入钻孔中以达到所需的深度，然后灌注合适强度的套壳料。灌浆管上规则开有灌浆孔，事先用圆柱形橡胶套密封，一般孔间距为250~500mm。袖阀管内放入带止浆塞的灌浆管（止浆塞用于隔离浆液），当浆液在压力作用下冲开橡胶套、压碎套壳料后，就可注入周围的土体中。

不同浆液渗透加固无黏性土的特性　　表90.2

	水泥浆	微粒材料	硅酸盐
无侧限抗压强度 UCS（N/mm²）	< 15	< 10	< 7
渗透系数 k（m/s）	$>10^{-6}$	$>10^{-7}$	$>10^{-7}$

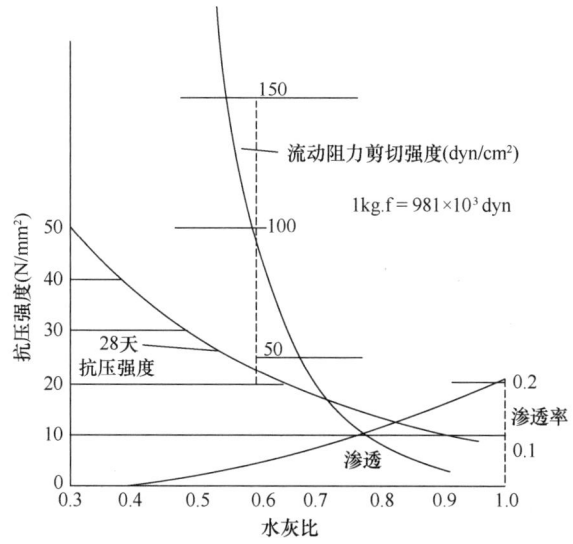

图90.2　单一水泥浆的特性

摘自 Littlejohn（1982）

因为可以选择注浆位置,可从任何注浆口位置反复注入,并且可以量测或控制灌浆压力或灌浆量,袖阀管法可对渗透和土体灌浆形式提供更多的控制。

目前,除了土体渗透性难以满足最低要求的场地外,其他工程中几乎都可以应用袖阀管法。袖阀管法的钻孔间距由灌浆料类型和土体的渗透性及其应用工况所确定,一般为0.6~2m。

渗透灌浆是一个比较灵活的工艺,因为其钻孔直径较小且可根据需要灵活确定加固土体的形状,所以可用于处理不连续的土层或局部区域,甚至可对既有建(构)筑物的地基进行处理。如果正确选择合适灌浆方法并规范操作,则产生的破坏和地基位移都会很小(Greenwood,1994)。

主要应用如下:

- 基础托换;
- 封堵岩石的裂隙、节理或结构面;
- 基坑开挖、钻井和隧道施工的临时支撑;
- 临时止水结构;
- 降低坝下土层的渗透性;
- 提高支护体的稳定性;
- 为基础设施提供支撑,例如为不良地基上的管线提供支撑。

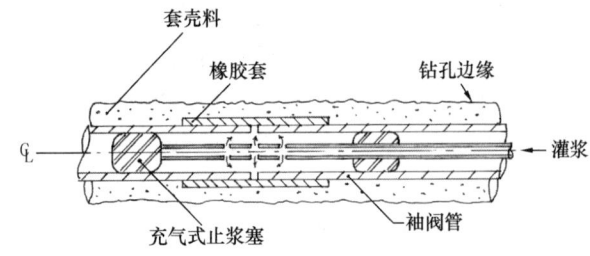

图90.3 袖阀管操作原理

在世界范围内渗透灌浆的主要用途还是减少岩土体的渗透性。许多大坝采用该工艺形成防渗帷幕,其结构如图90.4所示。另一个非常广泛的应用是为隧道、竖井以及基坑开挖工程提供临时支护。在土层条件许可的情况下,基础托换也是渗透灌浆的一个重要用途(图90.5)。

90.2.2 岩石的渗透灌浆

岩石的渗透灌浆技术通常用于填充岩体中的不连续部分。它主要被用于封堵,少数情况下也用于提升含裂隙和节理岩石的强度和硬度。例如,可用于大坝的防渗帷幕和防渗铺盖、核设施附近的岩石封堵;以及用于隧道施工保护和隧道围岩或者附近土层的永久性强化。为了明确岩石裂缝的数量、尺寸和空洞,准确地揭示岩体特性,现场勘察需进行钻孔取岩和原位测试。

岩石的渗透注浆孔直径很小,通常为35~75mm,间距一般为1~2m,如有需要可以填孔。为了提高帷幕的有效厚度,帷幕灌浆的灌浆孔根据规范和岩石裂隙的开口程度排成两排或以上。通常采用钻孔分段灌浆,分段长度为3~5m。每一段都用井下封隔器封堵顶部和底部两端。根据岩体状态,灌浆可以由钻孔的顶端开始(自上而下)也可以从底部开始(自下而上)。

可由吕荣单位确定灌浆岩石的渗流情况[1吕荣是10bar压力下每分钟每米孔长损失的水量(L)]。然而,这与可灌浆性没有必要关联,所以GIN(灌浆强度指数法)被研发了出来,这避免了

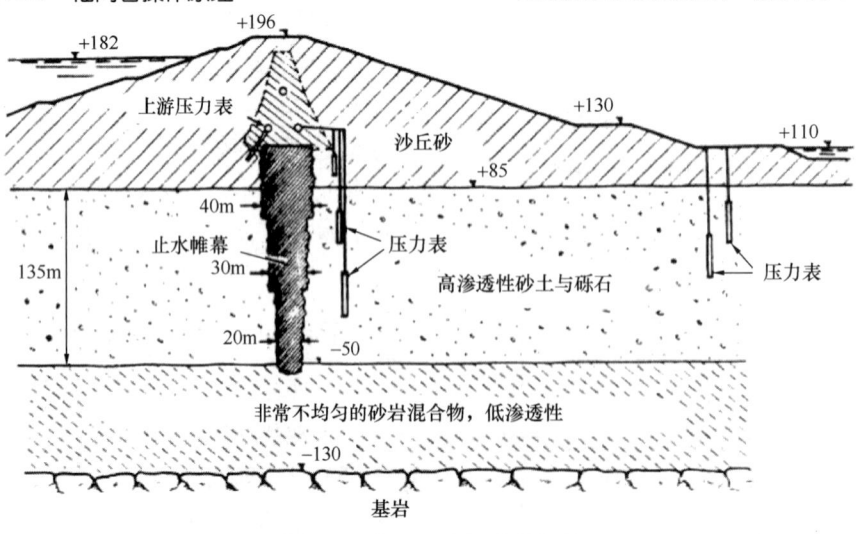

图90.4 阿斯旺大坝灌浆帷幕

摘自 Littlejohn(1983)

吕荣试验，并且在美国、欧洲和英国大规模使用。Lombardi 和 Deere（1993）介绍了这种方法，详细的解释可参考 Warner（2004）。

岩石中的空洞通常用灌浆回填，特别是在英国老旧的地下矿山区域中。低成本的灌浆被用来填充老竖井和采矿巷道，以防止空洞发展到地表，防止随之发生的地面沉降或者最大程度地减小地面沉降的发生量。这些方法在 CIRIA SP32（Healy 和 Head，2002）和专业承包商的网站中均有介绍。

90.3 劈裂灌浆和补偿灌浆

劈裂灌浆采用的设备和工法与土的渗透灌浆法是相似的。不同的是，劈裂灌浆需使用更高的注浆压力进行"水力劈裂"，迫使地层中原有的裂隙或孔隙张开，使浆液的可灌性和扩散距离增大。该方法可适用于更多类型的土层，甚至可适用于黏性土。灌浆压力和灌浆量是两个关键的因素，同时浆液本身的性质也是很重要的。补偿灌浆是劈裂灌浆的一个特殊应用，用来控制地基位移以补偿因施工引起的变形。

劈裂灌浆法过去常被误认为是一种因土体渗透灌浆时灌浆压力过大产生的不良效果，在法国首先成为一个有效的地基处理方法，因此又被称为"撕裂"灌浆法。通过在高压下灌注高黏度的浆液实现了可控的水力劈裂，压力使土层中的裂隙张开从而实现浆液的灌入。通过反复注入相对少量的浆液，网状的浆脉和浆片在土层中形成了一个树枝状的结构（图90.6）。钢制的袖阀管可以用于反复地灌浆，特别是应用于持续几个月甚至几年的补偿性灌浆工程。浆液通常为水泥，但是有时会加一些添加剂来实现早期的强度或者其他所需的特性。

在劈裂灌浆过程中，需要聘请有经验的专家。因为不受控制的劈裂会导致处理失效，甚至会对地基产生不利影响，并且灌浆液有可能渗入既有建筑的排水沟、排污系统或者是地下室，会造成阻塞和损坏。

虽然受到工期和造价的限制，劈裂灌浆还可以直接用于复杂土和黏性土地基处理。通常情况下，该工法可使灌浆浆脉间的土层固结或硬化，一般模量可以提高 2~5 倍。

然而，最有趣的是，在黏性土或密实的粗粒土中应用劈裂灌浆，被处理的土体体积随着大量额外的灌浆量的注入而增大。所以该技术还有一个非常强大的功能就是用于修复既有建筑和结构基础过大的总沉降量或不均匀沉降量。在这些工况下，以接近水平的角度钻孔布管，或者甚至专门修建一个竖井用于注浆管的安装以形成注浆管的合理排列。因为在地基中灌浆引起的位移是局部的、微小的，且

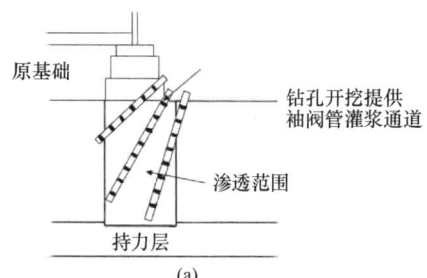

图 90.5 （a）采用渗透灌浆进行基础托换；（b）采用硅酸盐渗透灌浆处理的泰晤士砾石截面

经由 Keller Ground Engineering 提供

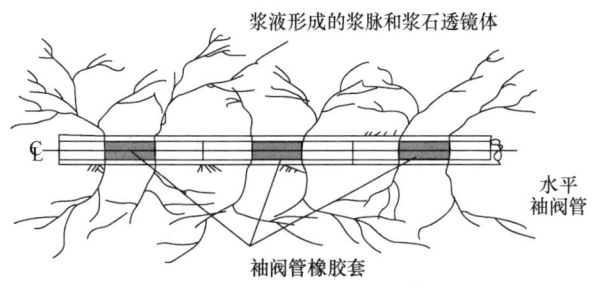

图 90.6 劈裂灌浆形成的树状结构

随着浆液的传输距离增加而递减，所以此技术如果操作得当，对建筑物几乎没有影响。对于每一个项目，在灌浆设计以及施工之前必须将既有结构与其基础的状态以及所有相邻建筑物以及地下设施的情况调查清楚。

如果持续灌浆的话，由土体劈裂灌浆导致的土体体积增加可以传递到地表而引起地面隆起。如果袖阀管的布置、浆料类型以及灌浆顺序和强度控制得好，不仅可消除沉降，还可以抬升既有建筑和基础的高度。这也是该技术的一个主要应用方向（图90.7）。

此技术最早应用于德国，它不仅推动了工程精度的提高，并且促进了劈裂灌浆技术在实时地基土损失补偿中的发展与应用（Raabe 和 Esters，1990）。这种技术应用了整平的概念，即利用由于劈裂灌浆产生的土体体积增加补偿由于隧道开挖带来的土层损失。图90.8为补偿灌浆的基本原理。

这项技术已经在以补偿灌浆闻名的英国广泛应用，其中最主要的应用是在伦敦禧年线扩建工程中的应用，该工程在隧道施工过程中为了保护沿途的多个重要建筑而采用了补偿灌浆技术（Linney 和 Essler，1994）。现如今已成为欧洲和其他地区的常用技术（Moseley 和 Kirsch，2004；Mair，2008）。

90.4 压密灌浆

20世纪50年代后期起源于美国的压密灌浆方法，如今在美国得到大范围的应用，并且也被英国采用（见 Crockford 和 Bell，1996），并在欧洲和亚洲得到了持续的发展。该方法与渗透灌浆法或劈裂灌浆法完全不一样。这种方法使用低坍落度砂浆进行灌浆（坍落度通常为25~75mm，但可以更高）。

浆液会在巨大的压力下压入地层，形成球形浆石。可被用来挤密松散粗颗粒土，或者被用于置换黏性土或复杂土达到产生隆起、闭合孔隙或是控制由于施工引起的土层位移的目的（应注意到，术语"压密灌浆"的使用区别：在美国，压密灌浆仅用来指压实土层，而其他灌浆技术一般称为"低流动性灌浆"，在欧洲所用的灌浆都属于"压密灌浆"的大类）。

对于灌浆混合料的重要要求是，它既不具有渗透性也不与土体混合，还不会引起水力劈裂，但是在灌浆过程中保持体积的塑性增长，具有合适的内摩擦角能够使浆液流动但不会因摩擦阻力太大而产生堵塞。灌浆混合料由粒径范围较大的骨料组成，通常是由含有大约占总重量10%~25%的粉粒的粉砂、水泥或水泥替代品（如粉煤灰）组成。Rubright 和 Bandimere（2004）、Warner（2004）介绍了更多详细资料可供参考。灌浆料通常是采用普通搅拌机在现场批量拌和，或由预拌料厂供应。对于大批量需要的场地，建立费用较高的连续拌和场可能更为有效。

通常情况下灌浆孔或管的端部会形成最大直径为50~100mm的浆泡。在结构物底部灌浆时可以使用倾斜钻孔的方式。图90.9给出了典型的地基加固中使用压密灌浆法的流程图。一般工程使用压力为40~60bar，故需配备输出压力≥80bar的混凝土泵。在灌浆的浆液未到达地表时，压力通常是不高的，这有益于控制地表位移。

灌浆管的间距、自下而上或自上而下形成球状灌浆泡、灌浆泡的竖向间距，以及相邻套管的灌注顺序互相相关，并与处理目的、土层条件和场地环境相关。压密灌浆管间距与压实目的有关，一般为1~4.5m，当上覆压力较低时取小值，上覆土层厚度≥10m时取大值。

为确保压密效果，灌浆管通常分两次进行网格铺设。由下至上灌浆是最常用且最经济的方法。这种方法的工艺流程为：随着灌浆管从所需最大深度逐渐提升，浆泡依次间隔形成。而自上而下的压密灌浆方式仅适用于浅层地基的加固，这样做的目的是在近地表处形成一定的限制以便于之后的下部灌浆。压密灌浆的实施通常由灌浆的目标量决定，以确保地层中灌浆量的相对均匀分布。经验表明灌浆的体积一般占总地层的3%~12%，更多发生在地层上部，以此实现密实土的进一步压实和位移的限制。

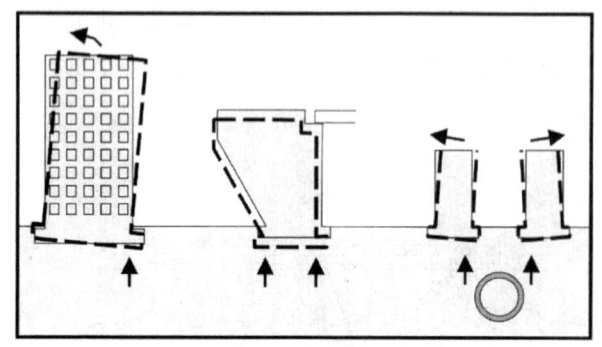

图90.7 劈裂灌浆的应用

修改自 Raabe 和 Esters（1990）

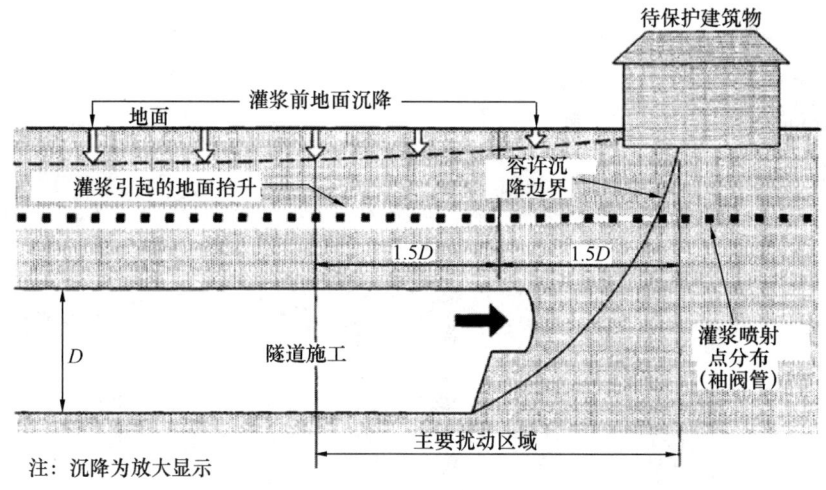

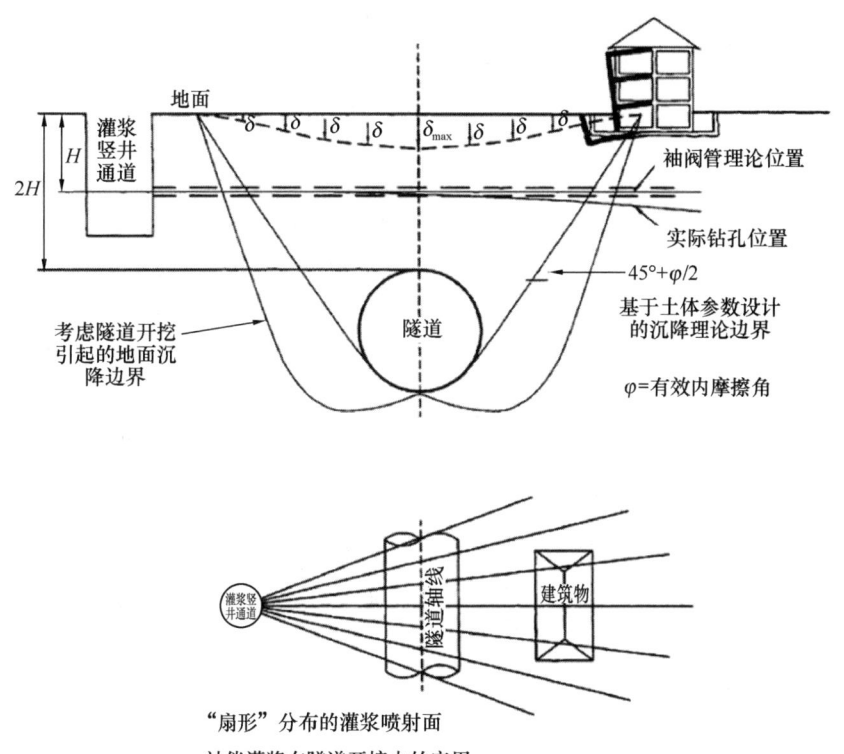

图 90.8 补偿灌浆在隧道工程中的应用原理

经许可摘自 CIRIA C514，Rawlings 等（2000），www.ciria.org

压密灌浆是一种可以用于压密天然松散土或废弃回填土场地的地基处理方法（图 90.9），该场地将用作新建或邻近建筑的持力层；也可用于改善溶洞中回填的松散材料的特性。在英格兰南部地区压密灌浆处理溶洞并不常见。然而该方法已应用于多个建筑基础工程、废弃场地的修复工程和既有建筑下地基的修补工程。压密灌浆还已应用于抗震设防中液化场地的挤密处理和已有结构的抗震保护。Warner（2004）、Moseley 和 Kirsch（2004）给出了很多案例。

然而，由于这项技术像土体劈裂灌浆一样会造成隆起，所以一个重要的用途是建筑物基础的纠偏（图 90.10）和补偿由于隧道施工和其他开挖造成的土体位移。确实，美国第一个补偿灌浆使用的方

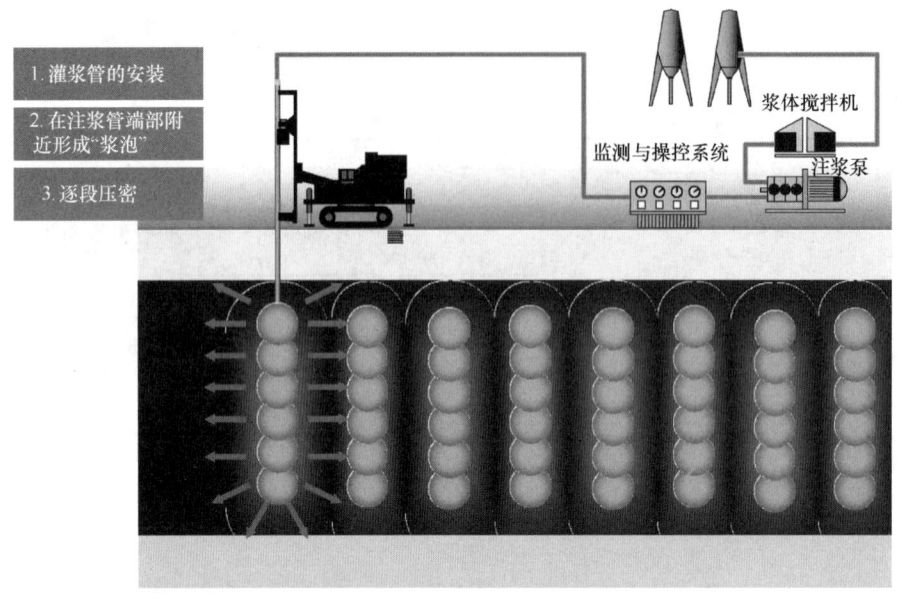

图 90.9　压密灌浆法进行地基处理的设备与流程

经由 Keller Grundbau 提供

法就是压密灌浆，而在欧洲更早使用的则是劈裂灌浆法（Baker 等，1983）。

90.5　高压喷射注浆法

高压喷射注浆利用冲切土层使得灌浆可以应用于非常广泛的土体类型。高压喷射的水或浆液冲切破坏土体结构，并带走不同比例的土体颗粒物。浆液置换了冲切破坏的土体，并与残留土体混合。残留土量一般很少，与所采用的方法及其将土体颗粒物排至地表的能力相关。

当前，高压喷射注浆法常用工艺类型主要有三类：单管法，二重管法，三重管法（图 90.11）。图 90.12 展示了高压喷射注浆法所需的钻孔设备和高压注浆泵。常用带旋转钻头的履带式钻机，可以钻入高压喷射注浆待作业区。如有需要，将用长桅杆一次吊装完成所有构件，这样可以避免重复进场费和组装费。高压泵（用于单管法和二重管法的浆液、三重管法的水）需要以 600bar 以上的高压持续运行。灌浆液体通常在喷射前就在现场分批搅拌并保存在浆池里。

在工程实例中，现场作业普遍都是先打设一个直径 100mm 的钻孔，使可传送浆液的中空注浆管钻进到最大的处理深度。其后，浆液通过注浆管以给定的喷射速率从喷嘴中喷出而切割土体，同时借助注浆管的旋转和提升运动（以一定的速率），使浆液与从土体上崩落下来的土搅拌混合形成圆柱状的固结体。有些时候，固结体形为板状，用于封堵工程。钻杆提升速度和旋转速度、喷射量和压力等喷射参数，均需严密监控，且在许多情况下需全程采用自动化控制以确保高质量。旋喷桩是最常用的形状，桩交叉排列。加固体的工程性质部分与被冲切崩落下来的土体的性质有关，也与所注入的浆液类型有关。图 90.13、图 90.14 和图 90.15 显示了旋喷桩和板形固结体在不同工程应用中的布置示例。典型的灌浆混合物是简单的水/水泥浆料，有时还含有膨润土等添加剂。浆液必须没有杂质且必须有足够的流动性以便于通过喷嘴。

单管法和双重管法使用浆液喷射来冲击破坏土体并置换，双重管法中环绕在外围的气流使其施工效率有效提高。三重管法在高压水喷射流周围环绕一股气流以高效冲切破坏土体，浆液从下方单独注入并填充。在较硬的黏土层或非常复杂的土层情况下使用水或者水气喷射流在注浆前冲切破坏土体，可提高施工效率并使最终形成的旋喷桩更加均匀。

确保冲切破坏形成的多余的土体颗粒物顺畅无阻到达地面对于高压喷射注浆法施工至关重要，这可以避免土层承受过多的压力，从而避免因为地基土体压力过大而导致不必要的隆起变形。同时，有

图 90.10 既有建筑基础托换和保护

经由 Keller Grundbau 提供

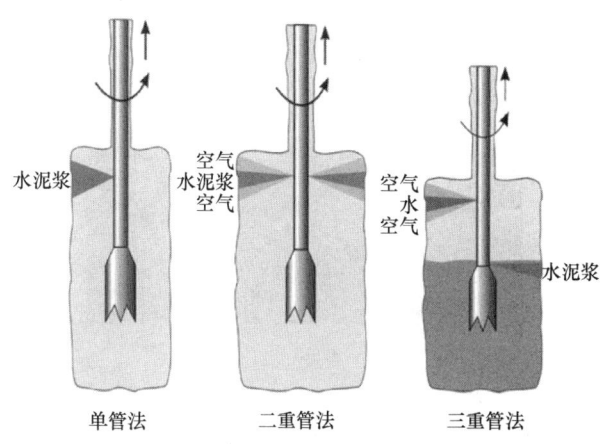

图 90.11 高压喷射注浆法的主要工艺类型

图 90.12 （a）高压注浆泵；
（b）高压喷射注浆钻杆

（b）经由 Keller Grundbau 提供

计划地、高效地处理和处置弃土，尽可能地循环使用，是非常必要的。在很多工程应用中，尤其是基础托换工程应用中，必须对可能受到影响的所有既有建筑的结构完整性进行彻底的调查。对建筑位移和地表隆起进行监测，并且在监测、喷射过程和工程技术人员之间应建立有效的实时通信系统。

由于高压喷射注浆会冲切破坏大量的土体，也应随时关注施工过程中土体的临时稳定性，以及随时间凝固浆液强度的增长，以及咬合桩的施工顺序。采用双对置喷嘴在具有更高压力的条件下，用空气环绕灌浆喷射系统（例如"超级喷射"工艺）可能形成直径在 5m 及以上的加固体。该技术在地下室和基坑开挖工程中进行底板防渗处理是非常有效的。然而，其适宜性或经济性与所应用的工程条件有关，比如在两个相邻的敏感建筑下方，在临时条件下，跨越较大的无支撑地基的能力可能有限。在英国的大部分工程应用中，桩的直径远小于3m。被处理土体的可冲蚀性也与实际可实现的桩直径紧密相关，为了确保成功必须事先充分了解拟处理区域中土体类型或状态的变化。

表90.3提供了一个加固后土体特性参数的大概参考范围，但是真实的特性将取决于土层特性和变异性、所使用的施工工艺、喷射参数以及浆液性质。

高压喷射注浆固结体物理力学特性　　　表90.3

无侧限抗压强度 UCS (MPa)	3~28	砂土和碎石土
	2~6	粉土和粉砂土
	1~5	黏土（不含有机质）
	<2	有机质黏土和粉土、泥炭土
渗透系数 k (m/s)	>10^{-8} m/s	碎石土和无黏性土

和其他的灌浆方法一样，高压喷射注浆法能够处理不连续土层。不同的是，它能够处理更广范围的土体和岩石，具有处理范围大小更灵活、加固体特性更可预测且能够满足特殊要求等优点，并在各种土体中均具有良好的性能。由于其适用土体范围广泛，加固体几何形状灵活，实际工程中得到了广泛的应用。

高压喷射注浆法另一个重要优势是喷射浆体可与结构物的基础或是封堵的板桩表面紧密粘结。特别是二重管法和三重管法在灌浆前，可通过喷射冲刷并清理既有结构的表面，然后再进行注浆（图90.13）。这一优点使得高压喷射注浆法更适用于封堵和基础托换工程。它也可以用于软弱岩石处理，清理风化岩石中的软弱区域、碎屑填充的断层、断裂带、裂缝或节理。

高压喷射注浆最常见的用途是邻近新建建筑施工时对既有建筑地基的托换加固。这通常与新建建筑基础施工一起完成，因为高压喷射注浆加固体不仅可以为既有建筑的基础提供支撑，也可以为开挖和修建新的基础提供支撑，使得新建工程可以与既有建筑紧密相连，比其他方法更节省空间，在世界上包括伦敦在内的很多城市都常使用此方法，如

图90.14所示为典型的在基础托换中应用高压喷射注浆法的工程案例。

除了托换以外，高压喷射注浆已广泛应用于修建永久或者临时的基础防水层和封堵，大坝和其他水工结构的防渗墙新建或是扩建以及修复。由于它能够就地粘结到既有结构上，因此常被用于围堰和

(a)

(b)

图90.13　（a）基础底面与高压喷射注浆固结体接触紧密；（b）外露的高压喷射注浆加固体与其上的锚定板

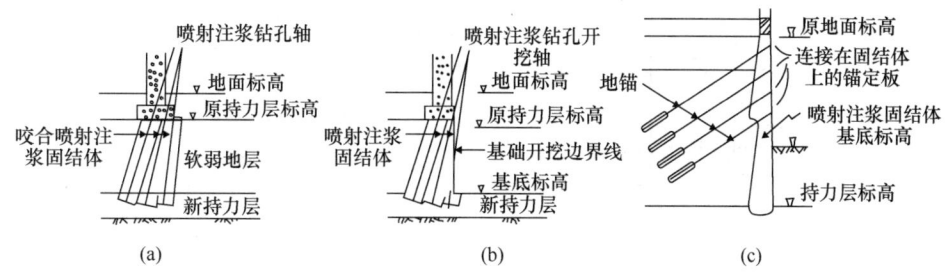

图 90.14 高压喷射注浆法在托换与基础加固中的应用实例
（a）托换；（b）托换与基础加固；（c）托换与喷射注浆锚固基础加固

竖井防渗堵漏。同时也可直接或者间接提供支撑，例如提高既有基础和桥台强度。它也可以为隧道施工或掘进、掘出段提供临时支护。图 90.15 给出了这些应用工况的案例。

图 90.16 给出了一个由高压喷射注浆形成底板隔渗的板桩支护的基坑施工案例。在打完基桩（上部结构的基础）之后，从地表钻孔，高压喷射注浆仅在底板隔渗的深度范围内施工，从而由旋喷桩交圈咬合形成板状固结体。其后，打入作为基坑侧壁支护结构的板桩，这样就在基坑开挖的初期形成了一个高水平的支撑结构系统。因为，该高压喷射注浆加固体可以防水、控制地基隆起变形且可作为基础支撑，后面的开挖过程中不再需要其他支撑。这种方法在基坑开挖施工的应用比较灵活，因此可广泛应用，在英国已有数个工程案例。

90.6 搅拌

搅拌主要有两种方式。粉喷搅拌法一般使用水泥或水泥-石灰干粉，利用压缩空气与土就地拌和，土体的含水率对于固化剂已足够。粉喷搅拌法 20 世纪 60 年代在瑞典发明，用来解决当地的可压缩性软土。这种方法，最早是使用石灰粉作为固化剂，现在在芬兰、挪威和瑞典得到广泛应用，最近在欧洲包括英国的其余地区和美国都得到了广泛应用。水泥或水泥-石灰混合料是最常见的固化剂。

相比之下，浆液搅拌法一般使用水泥浆，水泥浆为就地制备，然后再将其用搅拌工具注入土层，再与土层混合。水泥浆体中的水和土层中的水分都要在水泥土混合体中发挥作用。浆液搅拌法在 20 世纪 50 年代引入美国，20 世纪 70 年代在日本处理深度达到 50m 甚至更深，并且发明了可用于近海工程的高级设备，从此之后该技术得到了持续发展。目前该方法已被美国、远东、日本广泛采用，并且逐渐被欧洲，尤其是波兰所采用。

搅拌法正在不同的工程中广泛应用。与高压喷射注浆相似，经常用搅拌桩进行地基处理。实际工程中，搅拌需要从地表开始施工，缺乏高压喷射注浆的灵活性。但是，因其每立方米价格低，通常也很有竞争力。搅拌法的应用包含：

- 提高承载力；
- 减少总沉降或者不均匀沉降；
- 提高边坡稳定性；
- 为基坑或隧道开挖提供临时或者永久支撑；
- 减少挡土结构背面的土压力；
- 防渗屏障（降低渗透）；
- 限制场地土体污染物流动；
- 提高新建或者改建建筑的抗震（液化）能力。

关于这些方法更详细的介绍可见 Topolnicki（2004，2009），以及 2005 年斯德哥尔摩会议和 2009 年冲绳会议的会议论文集（详见参考文献）。

90.6.1 粉喷搅拌法

粉喷搅拌法通常适用于天然含水率接近或者高于液限的软土。它已越来越多地被用于有机土，甚至是泥炭土。典型掺量是每立方米天然土体中掺 75～200kg 水泥，对于特别软的土或有机土，掺量更高。具体的掺量取值依据土的类型和固化剂种类、固化土预期的性能和搅拌设备的能力而确定。对于处理后的无机粉土 28d 的不排水剪切强度可达到 1000kPa 或更高，但是实践中是比较低的，特别是对于有机黏土和泥炭土。

任何项目都需要用有代表性的土体样品和不同的固化剂配比（在预计的配比范围内）进行实验室预混合试验，以确认能达到预期的改善水平。初步的现场试验一般是必须的，特别是当土体类型和

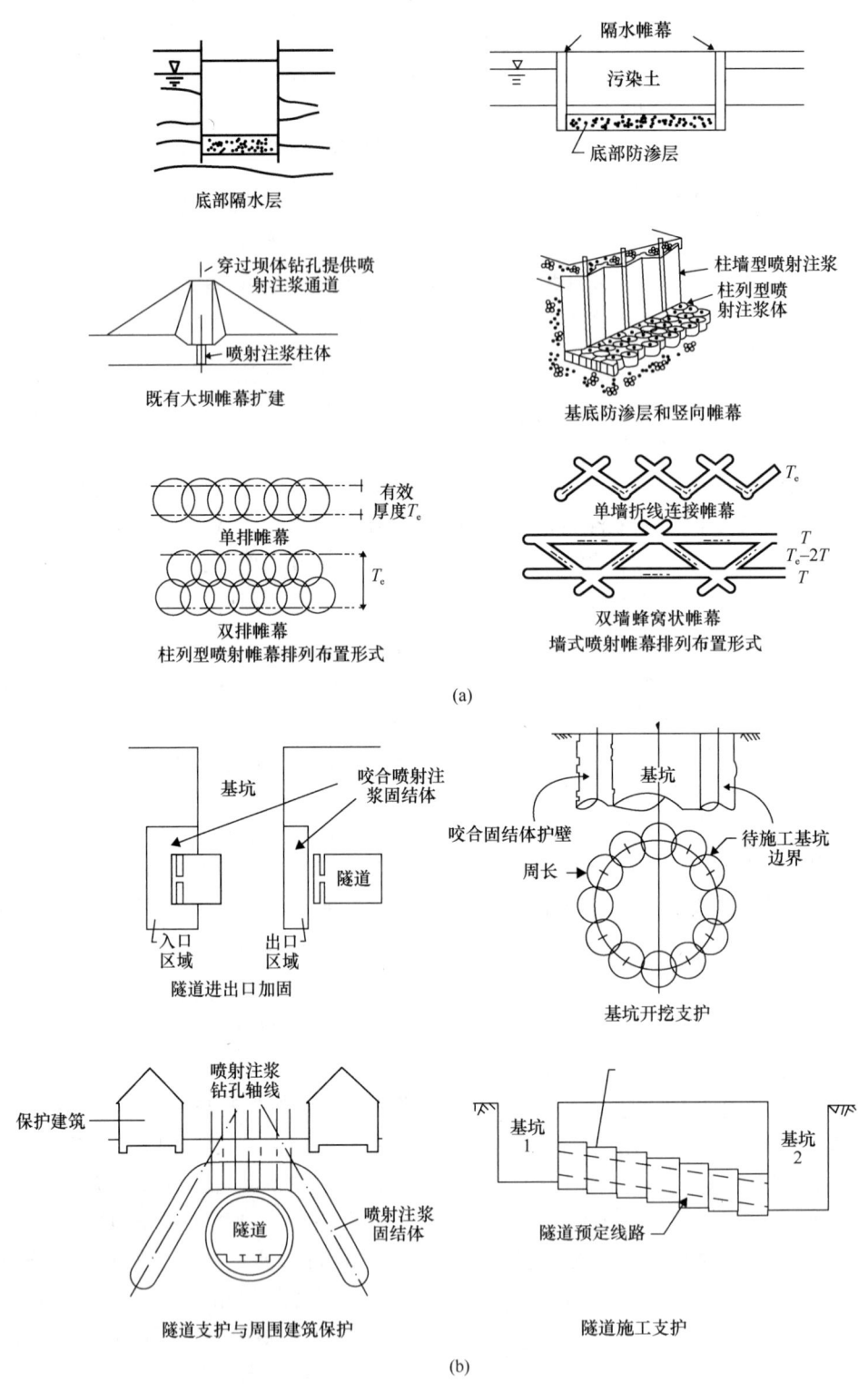

图 90.15 高压喷射注浆应用实例

(a) 防渗帷幕；(b) 基坑与隧道 (Bell, 1993)

搅拌过程中无法进行土层勘察，在施工前必须准确确定土层的类型和范围，比如采用静力触探设备。在大多数情况下，固化剂损耗低于5%。

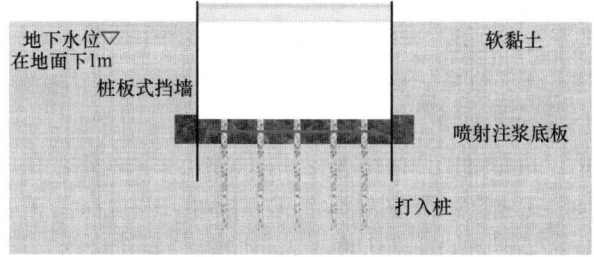

图 90.16　高压喷射注浆底板

经由 Keller Ground Engineering 提供

图 90.17　粉喷搅拌设备（粉体固化材料运输车和搅拌器）

经由 Keller Ground Engineering 提供

场地条件相关经验很少时更需要进行现场预试验，因为实验室的水泥土永远不能真正代表现场土层分布及现场搅拌的效果。

一般采用水泥搅拌桩对地基进行处理，多数设计为交圈咬合布置。在搅拌桩施工后，可施加少量上覆荷载，以优化路堤和基础的沉降性能。搅拌设备可形成直径为 500~1000mm 的搅拌桩，较常用的直径为 600~800mm，以匹配固化剂灌注设备。工程应用中大多采用竖向桩，施工误差最高为百分之一；但最大为 10（竖向）：1（水平）倾斜度的斜桩也可使用，尤其是在路堤下施工。

粉喷搅拌设备（图 90.17）由一台轻便的液压主机组成（重量可达 40t 左右），配有宽履带可以协助工作平台在软土场地上进行操作。该机器与自动推进的固化剂输送装置（称为"穿梭机"的加压空气容器）串联运行。主机将带有搅拌工具的钻杆旋转至所需深度；然后将其以稳定的速度抽出，并以高速度（通常为 150~200rpm）旋转，利用压缩空气灌注固化剂，从而形成搅拌桩。考虑到搅拌设备的稳定和可提供的气压，搅拌桩最长可达 20m。在搅拌杆上提过程中，固化剂掺量可以在一定范围内调整，以适应不同土层的需求。由于粉喷

确保固化剂均匀地分布和混合到地基土中是非常重要的，应优化设置搅拌叶片的形状和数量及喷嘴间距，以使固化剂能够很好地注入搅拌桩的整个截面。固化剂随深度的分布取决于固化剂稳定的输送、钻杆旋转以及提升的速度。通常自动监测固化剂的输送，给出固化剂拌和量随深度和搅拌参数的变化，并在搅拌机驾驶室中显示这些信息。现在一些设备不仅可以监测固化剂的输送参数，而且还可以随时控制和调整固化剂的输送量，以提高搅拌的质量，减少浪费。

桨叶转数（BRN）可作为搅拌效率评估的参考指标，定义为单轴搅拌 1m 深度间隔时所通过的叶片总数。

$$BRN = N \times R/V$$

这里：　　N = 叶片的数量

R = 转速（rpm）

V = 提升速度（m/min）

瑞典的经验指出，对于软土，充分的干粉搅拌的 BRN 值应为 220 以上，实际施工中常为 300 或以上。

在相对较浅的深度（3~5m 的深度）时，大体积的搅拌加固体比搅拌桩加固效果更好。这种方法是搅拌喷射头沿水平轴旋转施工，或者在吊杆上

安装大于正常竖轴直径的搅拌头，在指定区域内重复搅拌，可以相对快速地进行大面积地基处理。由于在处理区域大量地重叠搅拌，所以无法准确计量固化剂用量。因此，现场的施工控制需要高度重视，以确保固化剂分布均匀和搅拌充分。然而，如果认真选择了合适的施工工艺，采用这种大面积搅拌法（例如在公路路基处理中），可明显提高性价比。

与高压喷射注浆一样，粉喷搅拌也可通过将粉喷搅拌桩相互咬合形成水泥土固化体，可解决很多的岩土问题。粉喷搅拌法已广泛应用于软土地基上的公路和铁路的路堤工程中（图90.18）。它也可用于房屋建筑和其他结构物的地基处理、为基坑开挖、扶壁式挡土以及竖井和隧道施工提供挡墙和坑底支撑。

90.6.2 浆液搅拌法

浆液搅拌法与粉喷搅拌法不同，不仅在于注入固化剂浆液，还在于设备、应用范围和适用的土体类型都更加宽泛。可用单轴搅拌机施工搅拌桩，也可以使用双轴、三轴或多轴在一个循环内施工相互咬合的加固体（图90.19）。在土层中施工条形结构（如防渗墙或长的挡土结构）时多轴系统往往更有效。单轴搅拌可形成直径为600~2500mm的搅拌桩，多轴搅拌可形成更为多样的几何形状，直径大于600mm。该技术在日本有更进一步的发展，大型多轴搅拌机可用于从驳船上作业至离海平面下60m或更深的深度。

浆液搅拌法所需的主要设备包括：用于储存水泥和其他所需材料的筒仓、高速剪切搅拌机、供水和灌浆泵。灌浆泵要具有足够的浆液泵送能力，以确保在土层中的每一个搅拌循环过程都不会因浆液质量和数量原因而延误。浆液通过输送管道被泵入空心钻杆中，然后通过位于搅拌头末端的喷嘴被泵入。搅拌轴或钻杆通常安装于起重机的桅杆或引线上，并使用高扭矩动力头旋转。主机系统往往比粉喷搅拌机更重，以适用更广范围的土体类型、更大直径的搅拌桩及多轴搅拌的需要，还需要考虑更好的工作平台的要求。根据所处理的土体类型的不同，搅拌工具在设计上有很大的不同，最多的是等级多样的搅拌叶片。

单轴施工和多轴施工时首先贯入到拟处理的地基深度。与粉喷搅拌不同，浆液搅拌法在循环下沉和上升的过程中均可喷浆。湿的水泥浆有利于搅拌机下沉到干燥的黏性土、砂土和复杂土中，并有助于均匀的搅拌。下沉速度和上升速度通常是不同的，下沉和上升期间浆液的注入速度也是不同的。有些工法会采用重复整个流程或部分重复的方式，以确保更高的搅拌效率。浆液搅拌，搅拌头的转速低于粉喷搅拌，前面提及的参数桨叶转速（BRN）也有助于浆液搅拌。Topolnicki（2009）指出，考虑到在黏土中使用单轴浆液搅拌形成的固结体的强度变化，BRN应该超过430，以保证效果的合理性和一致性。多轴施工也适用这个方法。在实践中，大多数黏性土的浆液搅拌法BRN至少应达到这种水平。对于无黏性土体（如砂土）中的浆液搅拌时，出于不同的考虑，可能会用较低的BRN值。

与粉喷搅拌一样，浆液搅拌经常使用电子测量和报告，而且被更加广泛地用来控制循环搅拌次数。这种报告和控制方式提高了固化剂掺量随深度变化的可信度，并有助于减少其离散性和浪费。

每立方米天然土体水泥掺量一般为100~

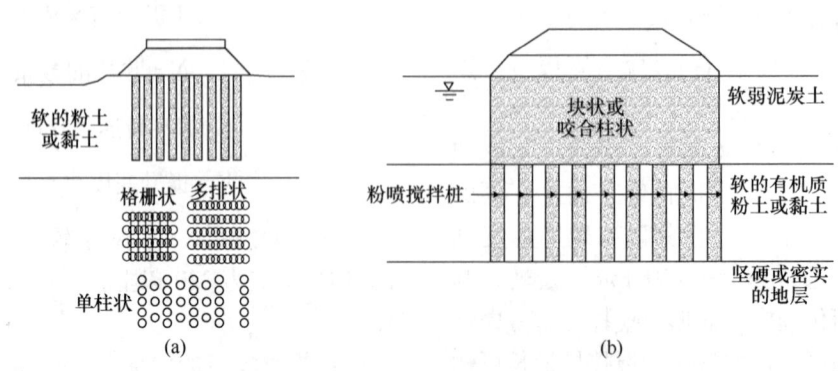

图90.18 软弱土层粉喷搅拌桩承载路堤设计
（a）加固体排列布置形式；（b）块状和单桩排列布置形式

的要求而更低，但可能至少高出一个或两个数量级。

浆液搅拌法，与高压喷射注浆一样，已在岩土工程中得到广泛应用。考虑到可以达到相对较高的强度和均匀度，浆液搅拌不仅可用于路堤工程等，也可用于荷载相对较大的建筑（图90.20）。浆液搅拌形成的水泥土搅拌桩可以布置成重力墙，当单桩使用时可以插入H型钢或其他型钢予以加强，以提供抗弯强度和刚度，图90.21就给出了一个非常成功的案例。同样地，在合适的土层条件下，浆液搅拌的水泥土体可提供较低的渗透性，可用于为大坝提供新的防渗结构或者修补已有的防渗结构，也能作为防水或防污染屏障。在这些应用中，三轴搅拌通常比单轴搅拌更有效。

图90.19 （a）单轴搅拌；（b）双轴搅拌

经由 Topolnicki 提供

350kg。对于软土和高有机质含量的土以及在要求高强度的特定工程中，水泥掺量可能更高（表90.4）。通常不太需要用弹性模量来衡量刚度，但测得的模量通常在75~100倍的无侧限抗压强度的范围内（Filz，2009）。土的渗透系数k可能低至10^{-8}m/s，或根据灌浆混合物、方法和应用

浆液搅拌法处理下常见场地类型的
力学性质与渗透性参考值　　表90.4

土体种类	水泥掺量（kg/m³）	28d 无侧限抗压强度（MPa）	渗透系数 k（m/s）
泥浆	250~400	0.1~0.4	1×10^{-8}
泥炭，有机质粉土和黏土	150~300	0.2~1.2	5×10^{-9}
软弱黏土	150~300	0.5~1.7	5×10^{-9}
中等/坚硬黏土	120~300	0.7~2.5	5×10^{-9}
粉土和粉质砂土	120~300	1.0~3.0	1×10^{-8}
粉细砂—中砂	120~300	1.5~5.0	5×10^{-8}
粗砂和碎石土	120~250	3.0~7.0	1×10^{-7}

数据取自 Topolnicki（2004）

图90.20　直径0.9m的水泥土搅拌桩开挖示意

摘自 Topolnicki（2004）

图 90.21 加筋水泥土搅拌桩挡土墙结构；
音乐厅，波兹南，波兰

经由 Topolnicki 提供

90.6.3 使用沟槽式切割进行搅拌

近期新发明的设备提供了一个新的搅拌的方法，即切割土层形成沟槽结构同时进行浆液搅拌。该方法最早在日本发明并使用。现在日本、美国和欧洲提出了几种新工法并被应用。主要的用途是原位构建条形结构，例如防渗墙和挡土墙。需要时可以插入型钢进行加强以提供该结构所需的强度。与其他方法相比，当条件正确时这种方法的优点在于，一是减少了接缝的数量，二是因重叠部分减少，所以墙的厚度亦减少而降低了消耗，从而导致成本降低和质量的提高。和浆液搅拌法一样，该方法通常也是使用浆液进行搅拌，具有相似的混合比，现场搅拌可达到同样的效果。

TRD 设备（图 90.22）是重达 100t、高达 8m 的大型设备，利用链锯原理，可有效地对土体进行切割和搅拌。该方法首先需做一个导槽，然后将立柱组装吊入槽内，进入到所需深度（处理深度可达 30m 及以上）。立柱固定着切割链，随着机器向前行进而切割整个深度断面的土体，并同时注浆搅拌，在原位形成均匀的固化土混合物。只有停止施工时（比如日常交接班时），才会出现沟槽中土体混合材料的衔接缝。所以该方法接缝更少，特别是对于长的防渗墙而言更为有效。

铣削搅拌技术（CSM）（Stoetzer 等，2006）在世界范围内使用得越来越多。它使用的刀轮装置与凯氏方钻杆连接或悬吊在吊绳上（图 90.23）形

图 90.22 TRD 施工机械

经由 Hayard Baker 提供

成一个长为 2.8m 甚至更大的面板。该方法的优点在于，无论是软-软接头还是软-硬接头的施工工况都可以适应。悬吊式 CSM 的施工深度可以达到 55m 左右。对于深至 20m 的挡土结构，在相对均质的土层中应在切割（贯入）阶段和上拔阶段均进行搅拌。对于更深的防渗墙和不均匀的土体，可以采用分两阶段的方法施工，在切割过程中膨润土可作为泥浆对沟槽临时护壁。在常规地下连续墙施工中，膨润土泥浆要通过除砂设备进行再循环和清洁。在提升阶段注入固化液，并与残余的土体混合。

90.7 灌浆和搅拌的质量检验

对灌浆或搅拌形成的混合土的质量特性以合适的方法进行检验是非常重要的，以确保处理达到了预期的效果。

以及欧洲的操作标准进行检验。就施工工艺本身而言，听取经验丰富的专家的建议是至关重要的。

质量检验方法的选择、操作和解释需要相当的谨慎，并且在试验开始前，所有参与工作的各方都需要清楚地了解检验的方法和对测试结果的解释。选择一个具有可靠记录的检验方案显然是明智的。表90.5介绍了目前用于质量检验的主要方法，但是读者需要明白的是，除此之外还有一些其他的检验方法，而且相同的检验方法针对具体项目的具体步骤也会有所不同。

为了准确确定施工方法所能达到的工程特性和施工的可行性，在签合同之前进行现场预试验是很有用的也是很有必要的。例如，对于高压旋喷注浆法，桩径和相关属性的验证可能需要先施工一个足尺的旋喷桩体，然后才能对其进行详细检验。这样一来即使在先前经验较少或没有的情况下，也可提高检验的信心（图90.24）。

对于粉喷或浆液搅拌桩，实验室预拌和试验是特别有用的，但是不能直接作为现场搅拌可行性的验证，实验室搅拌与现场搅拌肯定是不同的。对于实验室的结果应谨慎解读。

从加固区现场钻取的芯样（也偶尔采用立方体试块）进行测试，可为加固体质量好坏提供可靠的评价。但是，为了准确表征加固体的工程性质必须使取样的扰动最小，取芯工具精度足够高，提高芯样回收率。实际工程中，让在取芯检验方面有经验的专业技术人员取高质量芯样去测试是取得可靠测试结果的保证。对于浆液搅拌法和高压喷射注浆法，在处理质量适宜的条件下，三重管取芯法已取得了很好的效果。在一些情况下，对于浆液搅拌法和高压喷射注浆法的另一种可能的检测方法是在施工完成之后和凝固之前尽快取得"湿"样。这些样品可以放在圆柱形或其他形状的模具中，在指定的时间间隔内进行测试。

此外，还可以在钻孔内进行一系列的测试。同样，重要的是要确保钻孔位置的准确性，并考虑扰动对测试性质的可能影响。这些测试对检测渗透性十分重要。原位测试例如SPT和CPT也经常作为验证试验。然而，应注意的是，这些检测方法是为土体勘察而研发出来的，在评估由于灌浆和搅拌形成的人工胶结材料性能时，他们的效果是不好预测的。作者了解到，通过与芯样和湿样的试验比较，CPT严重低估了水泥膨润土浆液、旋喷桩和搅拌桩

图90.23 （a）搅拌轮和外壳；
（b）CSM装置挂在凯氏钻杆上

摘自 Stoetzer 等（2006）

事实上，首先需检验每一道工序的操作，在适当的质量控制水平下，达到规定的误差要求。接下来还需采用现场试验、实验室试验和原位测试或其他方法进行校验和检验。可以参考 CIRIA C572 报告（Charles 和 Watts, 2002）、C573 报告（Mitchell 和 Jardine, 2002）、C514 报告（Rawlings 等, 2000）

灌浆与搅拌法主要的质量检验方法指南　　　　表90.5

	渗透灌浆	高压喷射注浆	劈裂灌浆	压密灌浆	粉喷搅拌法	浆液搅拌法
渗透性						
现场足尺预试验	可行	可行	N/A	N/A	可行	可行
试验制样的室内试验	不可行	不可行	N/A	N/A	可行	可行
现场取芯的室内试验	可行	可行	N/A	N/A	可行	可行
现场不扰动取样的室内试验	不可行	不可行	N/A	N/A	可行	可行
加固区现场钻孔检测	可行	可行	N/A	N/A	可行	可行
基于压力计的足尺评估	可行	可行	N/A	N/A	可行	可行
无侧限抗压强度						
现场足尺预试验	可行	可行	可行	N/A	可行	可行
试验制样的室内试验	不可行	不可行	N/A	N/A	可行	可行
现场取芯的室内试验	可行	可行	可行	N/A	可行	可行
现场不扰动取样的室内试验	不可行	不可行	不可行	N/A	不可行	可行
标准贯入试验(SPT)或静力触探试验(CPT)	仅在经验丰富且良好的校准的条件下推荐使用					
	注:可有效评估压密灌浆法中"浆泡"周围地基的密实度变化					
变形模量						
现场足尺预试验	可行	可行	可行	可行	可行	可行
试验制样的室内试验	不可行	不可行	N/A	N/A	可行	可行
现场取芯的室内试验	可行	可行	可行	N/A	可行	可行
现场不扰动取样的室内试验	可行	可行	N/A	N/A	不可行	可行
标准贯入试验(SPT)或静力触探试验(CPT)	仅在经验丰富且良好的校准条件下推荐使用					
旁压试验或扁铲侧胀试验	仅在经验丰富且良好的校准条件下推荐使用					
原型载荷试验	可行	可行	可行	可行	可行	可行

图90.24　现场预施工所得的高压旋喷桩

的原位剪切强度。因此,只有当现场施工工法和拟处理的场地资料很齐全,或是签合同前预试验做得很充分可对这些试验方法的结果进行校核的情况下才会推荐用原位测试的方法。

最后,足尺或者接近足尺的试验是一个对加固体工程性质进行检测的有效的方法。然而,这通常花费很高,并且会遇到无法全方位覆盖被处理的土体的问题。例如在评估防渗墙渗透性时,可以通过放置在任意一侧重要位置的压力计检查总体防渗性能,然而,评估所需的时间通常是很长的,常常超过建筑的施工时间。类似地,足尺加载试验也可以用来评价基础的沉降问题,但是这也需要考虑结构设计全寿命过程中的时间尺度问题和荷载复杂性。

90.8　参考文献

Baker, W. H., Cording, E. and McPherson, H. (1983). *Compaction Grouting to Control Ground Movements during Tunnelling Underground Space*, vol. 7. Oxford: Pergamon Press, pp. 205–212.

Bell, A. L. (1993). Jet grouting. In *Groud improvement*. (1st Edition). Oxford: Spon.

Bell, A. L. (ed) (1994). *Grouting in the Ground*. London: Thomas Telford.

Charles, J. A. and Watts, K. S. (2002). *Treated Ground: Engineering Properties and Performance*. CIRIA Report C572. London: Construction Industry Research and Information Association.

Crockford, R. M. and Bell, A. L. (1996). Compaction grouting in the UK. In *Grouting and Deep Mixing* (eds Yonekura, R. *et al*.). Rotterdam: Balkema, pp. 279–285.

Filz, G. M. (2009). Design of deep mixing support for embankments and levees. Keynote lecture. In *Proceedings of the International Symposium on Deep Mixing and Admixture Stabilization*, 19–21 May, 2009, Okinawa, Japan.

Greenwood, D. A. (1994). Permeation grouting. In *Grouting in the Ground* (ed Bell, A. L.). London: Thomas Telford, pp. 72–94.

Healy, P. R. and Head, J. M. (2002). *Construction over Abandoned Mineworkings*. CIRIA Report SP32. London: Construction Industry Research and Information Association.

Linney, L. F. and Essler, R. D. (1994). Compensation grouting trial works at redcross way. In *Grouting in the Ground* (ed Bell, A. L.). London: Thomas Telford, pp. 313–327.

Littlejohn, S. (1982). Design of cement based grouts. In *Proceedings of the Conference on Grouting in Geotechnical Engineering* (ed. Baker, W. H.) ASCE, 10–12 February, 1982, New Orleans, Louisiana.

Littlejohn, S. (1983). *Chemical Grouting*. Reprint South African Institution of Civil Engineers, Johannesburg: University of Witwatersrand, July 1983.

Lombardi, G. and Deere, D. (1993). Grouting design and control using the GIN principle. *International Water Power and Dam Construction*, June, 15–22.

Mair, R. J. (2008). Tunnelling and geotechnics: new horizons. Rankine Lecture. *Geotechnque*, **58**(9), 695–736.

Mitchell, J. K. and Katti, R. K. (1981). Soil improvement: State of the art report. In *Proceedings of the 10th International Conference on Soil Mechanics and Foundation Engineering*, Stockholm, pp. 509–565.

Mitchell, J.M. and Jardine, F. (2002). *A Guide to Ground Treatment*. CIRIA Report C573. London: Construction Industry Research and Information Association.

Moseley, M. P. and Kirsch, K. (eds) (2004). *Ground Improvement* (2nd Edition). Oxford: Spon.

Raabe, E. W. and Esters, K. (1990). Soil fracturing techniques for terminating settlements and restoring levels of buildings and structures. *Ground Engineering*, May, 33–45.

Rawlings, C. G., Hellawell, E. E. and Kilkenny, W. M. (2000). *Grouting for Ground Improvement*. CIRIA Report C514. London: Construction Industry Research and Information Association.

Rubright, R. and Bandimere, S. (2004) Compaction grouting (Chapter 6). In *Ground Improvement* (2nd Edition) (eds Moseley, M. P. and Kirsch, K.). Oxon: Spon.

Stoetzer, E., Gerressen, F. W. and Schoepf, M. (2006). CSM cutter soil mixing: a new technique for the construction of subterranean walls. In *Proceedings of the DFI Conference*, May 2006, Amsterdam.

Terashi, M. and Kitazume, M. (2009). Current practice and future perspective of QA/QC for deep mixed ground. Keynote lecture. In *Proceedings of the International Symposium on Deep Mixing and Admixture Stabilization*, 19–21 May, 2009, Okinawa, Japan.

Topolnicki, M. (2004). In-situ soil mixing (Chapter 9). In *Ground Improvement* (2nd edition) (eds Moseley, M. P. and Kirsch, K.). Oxon: Spon.

Topolnicki, M. (2009). Design and execution practice of wet soil mixing in poland. In *Proceedings of the International Symposium on Deep Mixing and Admixture Stabilization*, 19–21 May, 2009, Okinawa, Japan.

Warner, J. (2004). *Practical Handbook of Grouting*. New York: Wiley.

延伸阅读

British Standards Institution (2000). *Execution of Special Geotechnical Work: Grouting*. London: BSI, BS EN12715:2000.

British Standards Institution (2001). *Execution of Special Geotechnical Work: Jet Grouting*. London: BSI, BS EN12716:2001.

British Standards Institution (2005). *Execution of Special Geotechnical Work: Deep Mixing*. London: BSI, BS EN14679:2005.

Proceedings of the International Symposium on Deep Mixing and Admixture Stabilization, 19–21 May, 2009, Okinawa, Japan

Yonekura, R. *et al*. (eds) (1996). *Grouting and Deep Mixing*. In *Proceedings of the International Conference on Grouting and Deep Mixing*, Tokyo. Rotterdam: Balkema.

建议结合以下章节阅读本章：
- 第25章"地基处理方法"
- 第59章"地基处理设计原则"
- 第84章"地基处理"
- 第94章"监控原则"

本书以第1篇"概论"和第2篇"基本原则"为指导进行章节编排。如第4篇"场地勘察"中所述，各类岩土工程均应进行扎实的现场勘察工作。

译审简介：

叶观宝，1964年生，博士，同济大学教授，博士生导师，全国地基处理学术委员会副主任委员。

白晓红，1959年生，太原理工大学教授，博士生导师，中国工程标准化协会湿陷性黄土专业委员会副主任。

第91章 模块化基础与挡土结构

克利夫·雷恩（Cliff Wren），独立岩土工程师
主译：李荣年（中国建筑科学研究院有限公司地基基础研究所）
审校：叶焱（瑞腾基础工程技术（北京）股份有限公司）

doi: 10.1680/moge.57098.1343

目录

91.1	引言	1313
91.2	模块化基础	1314
91.3	场外建造方案的合理性	1314
91.4	预制混凝土系统	1315
91.5	模块化的挡土结构	1319
91.6	参考文献	1319

《可持续住宅规范》（Code for Sustainable Homes）（DCLG, 2009）的引入促进了场外模块化基础体系应用的增长，这种增长特别体现在房屋基础和其他轻荷载结构的案例中。模块化基础的效益刚刚体现，它作为"场外上部结构装配建造"的趋势正持续进步，这样一个可持续项目的应用将不断增长。许多地基工程专家开发和发展新基础系统的重点是协助建筑承包商实现一个比使用传统"现场开挖—浇筑"基础更高的规范评级。

91.1 引言

模块化基础形式应用已经有几十年的历史，英式景观中遍布了前人具有前瞻性的优秀案例。他们没有听过 Egan 或者 Latham 所讲的精益建造，可持续性并不是他们关注的重点。他们没有意识到全球气候变暖的影响以及他们留下的可持续遗产，他们建造的基础如图 91.1 和图 91.2 所示，这些作品是基于实用性的考虑。他们当时所依赖的技术和装备建造方式是经过实践检验的技术，建造的驱动力是纯粹的实用性。

如图 91.1 所示的案例是储存谷物的，要求一个离开地面的干燥环境，这样可以远离啮齿类动物和其他害虫。图 91.2 的案例的需求则是栖居在水面上。这些房屋的设计没有使用数学公式，也没有采用土力学或者岩土工程概念，而是采用代代相传的技术，更为重要的是，他们采用的方法行之有效。

作为工程师我们寻求改进这些被我们前辈使用过的"传统"方法。Rgan 的报告——"建造再思考"（CTF, 1998）带给建筑业一个关注点——"精细建造"的概念，这个概念的基石之一是模块化、场外技术和"零库存"交付。在基础行业中这也不是新概念——预制桩（"即时"交付的工厂制造的产品）的使用已有几十年了，以及在20世纪30年代早期就生产出的预制混凝土墙和基础梁。许多早期的这种模块化建筑仍旧存在，而且处于良好的运营状态（BRE, 1984）。但是"建造再思考"原则要求桩基和基础产业从整体角度和未来趋势来认识真正模块化基础的应用。一般来说，对

图 91.1 16 世纪粮仓基础和石头支架

经由 Nigel Rake 提供，版权所有

图 91.2 架空房屋

© Mikhail Nekrasov

于旋挖或沉管灌注桩，模块化建设不是一个可行的解决方案。然而，在房屋基础或轻负载结构的特殊情况下，模块化场外基础系统应用近些年来取得了一些发展（由承包商主导）。

91.2 模块化基础

我们可以定义"模块化"为"一个可以分离的组件，经常可以与其他组件互换，集成了不同尺寸、复杂度或功能的单元"，也可以定义为"方便施工或灵活布置的标准单元或组件"。因此什么是模块化基础的含义呢？如图 91.1 所示的历史悠久的 16 世纪粮仓基础给我们提供了一个优秀的案例，即如何把过去的一个简单实用设计理念转换为现代设计理念。基础系统是模块化的；石头支架提供了承重机构，当时的这些设计理念都类似于约 450 年后获得专利的基础系统。

也许最知名模块化基础的例子是预制桩（图 91.3），在工厂环境下生产的混凝土单元，再运送到现场，随后打入地下。单独的预制混凝土节段（模块）可以在打入的过程中连接到一起，最后的桩长由实际的安装进程确定。从最严格的意义来说，这个系统是真正的模块化。在本书的其他章节更为深入地综述了模块化桩基础系统，第 81 章"桩型与施工"提供了这些和其他类型打入桩施工的更多信息；第 82 章"成桩风险控制"概括了一些可能遇到的常见问题；最终在第 54 章"单桩"中讨论了适合的设计方法。

在住宅建筑中，"上部结构场外制造"的趋势正持续发展。现在基于钢材或者混凝土系统的方法具有多样性，木框架和面板也同样。木结构建筑在 20 世纪 80 年代由于不良施工和维护问题表现不佳，但是近来由于良好的质量控制和绿色认证，木结构又卷土重来。轻钢和其他面板系统在欧洲大陆的涌现对传统覆层及屋面产品及现场实践有巨大影响，这个应用覆盖了整个住宅和办公领域。仅仅在近几年，基础附属结构才实现场外生产。基于模块化基础单元（场外制造、现场集成）设计已经推广多年，但只是最近才从更整体的方式考虑基础子结构是上部结构设计的一个不可分割部分。

91.3 场外建造方案的合理性

有力证据表明气候正在变化，我们的地球正在变暖（Stern，2007），2400 万英国家庭对 1/4 的英国碳排放（DCLG，2007）负有责任。作为负责任的承包商和工程师，改变建造方法的责任从未显得如此重大。我们要保护未来，就需要实现《可持续住宅规范》（DCLG，2009）里所设定的标准（一个测定新房屋可持续性的环境评价方法）。建造新房屋的方式需要一次革命——既削减碳排放又对气候变化做出响应——这次革命要从我们这一代的设计师、工程师和建设者们开始。第 11 章"岩土工程与可持续发展"对可持续发展的岩土工程提供了一个全面的概述，同时也包含了一些有价值的参考文献，这些参考文献对这个主题有更详细的阐述。

房屋建造在英国的碳排放占比大约为 27%（相对于航空旅行目前贡献了全球碳排放的 3%，水泥生产则贡献了 2%）。因此许多我们重要的岩土工程专家的重点是探索和开发新系统，这些新系统将比用传统的"开挖—浇筑"基础更能有助于建筑承包商达到一个更高的规范评级。模块化基础的影响因素在《可持续住宅规范》里有详细说明，见表 91.1。

图 91.3　预制桩

经由 Roger Bullivant Ltd 提供，版权所有

《可持续住宅规范》(DCLG, 2009)
模块化基础的影响因素　　　表91.1

类别	影响因素
能量和 CO_2 排放	建筑构造
材料	材料的环境影响
可靠的材料采购—建筑构件	
地表径流	洪水风险
废弃物	施工废弃物管理
污染	隔热措施引起的潜在全球变暖
健康与舒适	隔声
管理	合理的施工方案
建筑工地影响	
生态	关键生态特征保护

多个专营的模块化基础系统实例目前在英国市场推广,这些系统给潜在开发商提供了不同的具有明显优势的选择。最有效的模块化基础系统提供了主要的可持续效益(NHBC Foundation, 2010)。举一个例子：一个普通的房屋(覆盖面 $80m^2$)采用"传统的"挖-筑基础将会释放 45t CO_2 进入大气,一个现代的钢筋混凝土和轻钢的组合基础系统将会释放 11t CO_2,减少了75%,水和原材料使用的减少则更为明显(Arup, 2009)。

房屋建造(特别是住宅建筑)给环境带来重要影响,这些长期的效益对于整个建筑行业有显著意义。但是在英国这些技术才刚刚开始实施,在很大程度上,将来要立法推动国有房屋建造者们应用这个系统；然而,小规模的开发商和个人自建房屋者似乎也渴望采纳这种模块化建筑技术。他们通过在住宅开发时一次性定制的方式越来越多地使用这些系统,从而推动了它们的使用界限(www1, 2010)。

大多数模块化基础系统不要求开挖基槽,这也避免了开挖过程中的危险。组件在场外生产(图91.4)、场内安装(图91.5),比传统的房屋基础施工方法节省大量时间。当大规模房屋安装时,这些优势更为显著。

值得注意的是,大多数专利专有系统是被专业的岩土承包商研发,而不是一般的建筑承包商。最常见的类型如下详细介绍。

91.4 预制混凝土系统

模块化预制混凝土基础系统已经成功应用很多

图91.4　工厂制造的基础组件
经由 Roger Bullivant Ltd 提供,版权所有

图91.5　模块化基础系统的预制混凝土梁
经由 Roger Bullivant Ltd 提供,版权所有

年,特别在住房领域,形成了大量的既可以用于传统建造、也可以用于现代房屋建造(MMC)的半成品组件。一种多样性专有预制悬挂式地板系统既可以在良好地基条件下的传统条形基础中及挖填基础中看到,也能在不良地基条件的桩基中看到。更普遍的系统类型如下：

(1)梁和独立块体(独立基础)：既适用于地面,也适用于上部的楼板,常常结合标准模式的模块建筑使用,提供了一种快捷和成本效益好的楼板。

(2)隔热梁和块：利用预应力梁结合泡沫聚苯乙烯块为地板提供了保温层。

(3)空心板：由预应力和钢筋构成的空心板单元,更容易适应英国国内对于长跨度板的应用。

(4)格构梁：是一种预制的混凝土永久模板,与复合混凝土面层联合使用。这些楼板类型易于满足《建筑条例》第 L 部分(Building Regulations)(BRE, 2006)的要求。

91.4.1 组合钢筋混凝土和镀锌钢

这种基础系统类型是一个轻型的、模块化的、组合的、完全隔热的基础和地板系统，具有可承受成本和显著环境效益，支持在各种地基条件下低层建筑中应用。这个系统包括与镀锌槽钢楼板梁合为一体的表面含有高强纤维增强砂浆层的泡沫聚苯乙烯隔热板，然后放置在组合钢筋混凝土和镀锌钢主梁上（图91.6）。这种板主要在场外工厂环境内生产，现场人工集成安装，采用适量钢筋和加劲纤维连接，现场与混凝土浇筑在一起（图91.7）。

模块化系统是减少废弃物的价值工程产品。相比传统的基础，它大幅减少了对自然资源的使用以及之后的建筑碳排放，有助于新建筑的可持续设计。这些类型的模块化基础系统通常能在英国建筑研究院（BRE）绿色指南（BRE and Oxford Brookes University，2009）中获得 A + 评级。根据规范要求的水平，三种类型的楼板都可以使用。这些涉及现行《建筑条例》（Building Regulations）的一些规定（截至2011年），如《规范3》对于楼板的要求（要求比按《建筑条例2006》标准建造的房屋节能25%以上）或者《规范6》对楼板的要求（该规范要求到2013年房屋完全零碳排放）。人工组装的施工过程减轻了对重型设备的需求，显

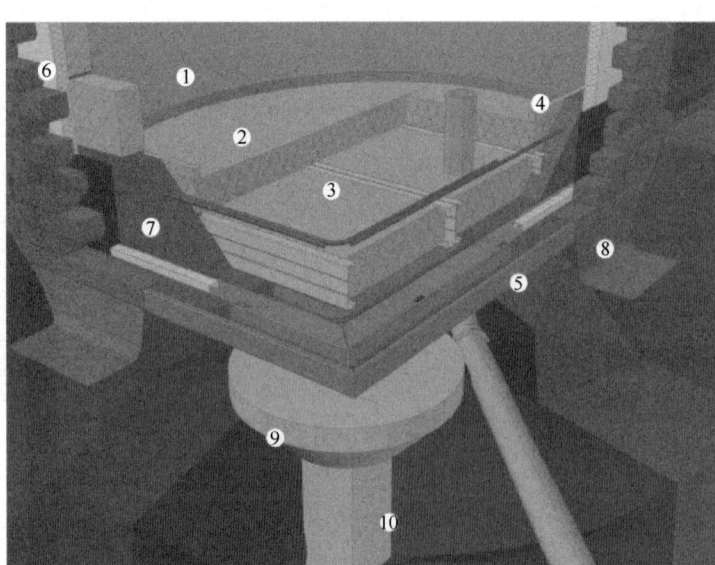

①—砂浆层；
②—隔热层；
③—双梁板；
④—周边隔热层；
⑤—配有预制通风孔的镀锌基础梁；
⑥—中空隔热层（一般在楼板平面下150mm）；
⑦—周边钢筋和混凝土填充；
⑧—回填屏障；
⑨—承台；
⑩—支撑

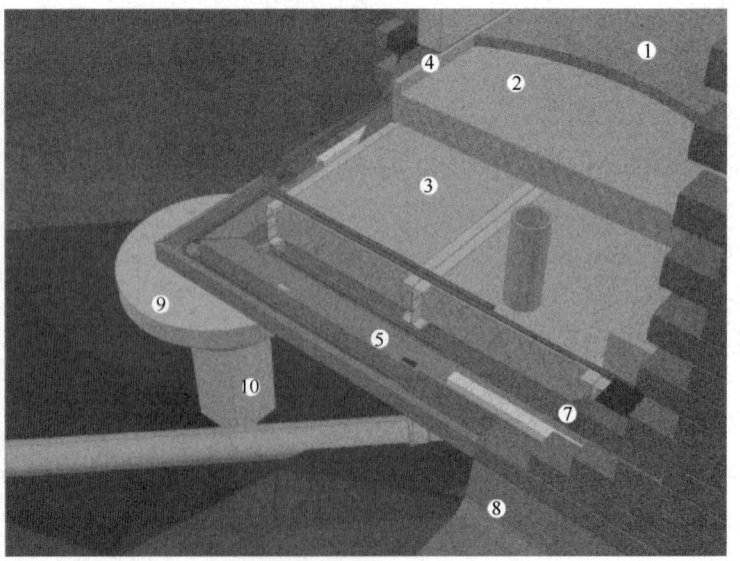

图91.6　组合基础板

经由 Roger Bullivant Ltd 提供，版权所有

第91章 模块化基础与挡土结构

图91.7 组合基础板组装

经由 Roger Bullivant Ltd 提供，版权所有

图91.8 CFA 桩上的复合组装楼板

经由 Roger Bullivant Ltd 提供，版权所有

著地改善了现场健康和安全。每个模块化单元的重量小于25kg，意味着能满足人工作业的安全要求。

这些类型的组合模块系统灵活，能适应以下建造形式的上部结构设计要求：木结构、传统的砖石结构、结构隔热板（SIP）、轻钢、组合混凝土板和隔热混凝土模板（ICF）。最后两种形式要求修改基础系统，经济性可能不好。

正如任何基础系统一样，特定场地的地质条件决定了采用的支撑类型，因此在设计阶段提供充分的地质勘查是一项基本要求。现有的系列支撑产品及技术可以满足大多数模块化基础体系，比如垫板、柱墩、支墩、振捣混凝土柱或桩。虽然通常认为这些体系在低层民用类型建筑中使用发展，但是在限定楼板和地基梁跨度、增加支撑构件数量以及地基梁承载力的条件下，它们能够适用于其他类型的建筑。

案例研究1：巴克斯格林郡（Bucks Green），西萨塞克斯郡——英格兰东南部的郡（West Sussex）

针对这个小型住宅开发项目，客户决定采用高标准建造5个单独的民居，计划达到《可持续住宅规范》（Code for Sustainable Homes）可能的最高评级。

在西萨塞克斯郡，倾斜坡地地质是威尔德黏土层，这种土具有很高的塑性指数，在桩基和桩帽下需要采取抗隆起措施，以及在楼板下需要保留250mm空间。需要采用共178根深度8m、直径300mm的长螺旋灌注（CFA）桩，用来支撑上部结构（图91.8）。

为了帮助达到期望的评级，客户选择了复合钢筋混凝土和镀锌钢体系作为最适合的楼板系统。楼板设计包括了遍布一层楼板的地暖，提供的传热系数为 $0.12W/(m^2 \cdot K)$（传热系数是衡量穿过一个单元的热损失，表示每个开氏度下单元两个面的热差，用 W/m^2 表示）。

在设计阶段，标准基础经过修订，可适应砖柱基础与定制木框架。这个体系有足够的灵活度，出于对倾斜场地特性的要求，它能适应在住房和附属车库之间1.5m的相对高度变化。

许多模块化基础体系也非常有助于提升建筑的热效能。楼板结构的传热系数能低至 $0.12W/(m^2 \cdot K)$，相对而言，传统的块体和梁板目前的传热系数的数值是在 $0.18W/(m^2 \cdot K)$ 左右。

91.4.2 钢筋混凝土桩筏基础

室内甲板®（Housedeck®）基础体系是一种桩筏基础形式，提供了与传统基础类似的功效。这个体系的基本形式如图91.9和图91.10所示。

有许多应用场景，例如，可以加入预留空间来克服黏土隆起的潜在问题。除安装速度的优势外，室内甲板®体系对邻近住宅的树木特别有益处。这个体系可以保证桩和建筑物不会切断重要的维持生命的树根。可以通过手工螺旋钻在桩位移动桩基以避开根系，否则打桩过程中都会被破坏。土工布和轻型钻机也常常使用以尽可能地避免破坏树根。

图 91.9　钢筋混凝土桩筏基础——室内甲板®

经由 Abbey Pynford Ltd 提供，版权所有

图 91.11　后张法混凝土模块化基础——Smartfoot®

经由 Van Elle Ltd 提供，版权所有

硬的裂隙黏土，具有中等—高收缩性。桩基承包商按照《建筑（设计与管理）条例》（Construction (Design and Management) Regulations，简称 CDM 条例）的规定和英国桩基施工专家联合会（Federation of Piling Specialists）的建议承担桩基承台的设计与施工，之后设计和施工了 460 根 300mm 直径的螺旋桩，桩长 9~14m。在这个具体实例中，由于存在收缩性的黏土层，专项分包商还设计和施工了 2240m² 的悬空钢筋混凝土板，包含一个足有 225mm 的预留空间，以此来克服潜在的隆起。

91.4.3　后张拉混凝土模块系统

后张预制混凝土模块基础体系提供了与上述的体系类似的功效，广泛用于多样式结构，包含传统的建筑、模块化结构、住宅、酒店、监狱和学校（图 91.11）。

如之前的模块化系统，这类基础提供了比传统的条基或挖-填基础更多的好处，性价比高、施工速度快（可以一天安装完成多达 400m 的梁），以及安装精度高（±3mm）。这个体系适合传统及模块类型建造，能在有桩或没有桩的情况下安装。

案例研究 3：霍顿勒斯普林，桑德兰

客户想为社区开发经济性房屋，由于项目的性质，开发要兼顾时间和成本效益——开发者想尽可能快地建完房屋。客户对基础最主要的诉求是用最短的时间和最经济的成本，因此该项目评估后使用了后张拉预制模块化基础和混凝土预制桩（图 91.12）。现场有 58 个施工地块和 600 根 200mm×200mm 方桩，还安装了大约 2500m 的地梁，这项工作在 8

图 91.10　悬空钢筋混凝土板甲板室（Pynford 大教堂，Waltham 大教堂）

经由 Abbey Pynford Ltd 提供，版权所有

因为需要遵守质量管理系统，专有系统本身为客户提供了更大的舒适度。

案例研究 2：沃尔瑟姆大教堂，艾塞克斯（Waltham Abbey, Essex）

涉及钢筋混凝土筏板基础设计与施工的项目是 48 号住宅单元，包含两层和两层半住宅和公寓（图 91.10）。场地的地质条件包含硬裂隙黏土构成的填土，厚度达 2.7m；向下至 4.0m 是灰白色软粉质黏土的冲积土；现在地面以下至 7.0~7.5m 是松散到中密的并且级配良好的砂土和碎石土（Kempton Park 砾石）；伦敦黏土为坚硬—非常坚

图 91.12 后张拉混凝土模块化基础体系
经由 Van Elle Ltd 提供，版权所有

周内完成，这个工作结果是一个场外的施工方法的好例子。对特定场地设计的桩和地梁均在场外生产，紧接着是清洁的场地、精确的安装和施工的快速完成，足以证明模块化施工的优势。

91.5 模块化的挡土结构

支挡结构或挡土墙是用来对土体提供侧向支撑，并可用来承受竖向荷载，例如桥墩或地下室外墙。作为挡土墙使用的结构形式种类是非常多的，是根据获得稳定性的方式来分类的。最常见有重力式挡墙、悬臂式挡墙、扶壁式挡墙、扶垛墙、地下连续墙、板桩挡墙和加筋土挡墙。挡墙的进一步综述参考第62章"支护结构类型"、第64章"支护结构设计方法"以及第67章"支挡结构协同设计"（Clayton 等，1993）。

在许多挡土结构中，模块化的使用在成本和生产效率方面都是有好处的。因为这些原因，用来形成挡土结构体系的重复模块单元一直以来都受到岩土领域专家的青睐。例如重力式挡墙，它们依靠自身的重量和刚度来保持稳定，可以使用环环相扣的更小的连锁模块单元来建造。还有其他例子，比如石笼墙、围护墙和预制钢筋混凝土墙。石笼墙是由镀锌的钢丝网或编织条制造而成的长方形网，并用石块或鹅卵石填充。它们外形美观，施工快速且利于排水。框格墙是由联锁的预制混凝土单元（或木材）构成，顺砌砖（撑架）平行于墙面，墙顶垂直于顺砌砖，围护结构形成的空隙用碎石、鹅卵石或砾石等透水性材料填充。钢筋混凝土挡墙是现在最常见的重力式挡墙，墙高可达 6m。

嵌入式挡土墙通常采用连锁板桩，既可用于临时工程，也可用于永久结构。工厂用这些钢（或塑料）"模块"生产出产品的目的是以尽可能低的重量提供最大的强度和耐久性。板桩截面联锁设计有利于钢桩打入，最终形成了紧密连接的系列连续墙（ArcelorMittal，2008）。钢板桩一般用于河道控制和防洪构筑物，是测试过的可靠的用于建造港口码头挡墙的工法。由于只需要很小的作业空间，它也是建造地下室挡墙的理想材料。钢板桩在地下停车场建设中也被证实是非常有效的（SCI，2001）。

读者可以参考以下资料，这些资料在模块化基础使用的许多方面提供了更多的细节。

91.6 参考文献

ArcelorMittal (2008). *Piling Handbook* (8th edition). Luxembourg: ArcelorMittal Commercial RPS. [Available at: www.arcelormittal.com/sheetpiling/page/index/name/arcelor-piling-handbook]

Arup (2009). *Embodied Carbon in House Foundations. Consideration of Environmental Impact of the House Foundation Options*. Report Ref. 12636. Roger Bullivant Ltd.

BRE (1984). *The Structural Condition of Prefabricated Reinforced Concrete Houses Designed Before 1960*. Watford, UK: BRE.

BRE (2006). *Part L Explained: The BRE Guide*. London: IHS BRE Press.

BRE and Oxford Brookes University (2009). *The Green Guide to Specification* (4th edition). London: IHS BRE Press.

Clayton, C. R. I., Milititsky, J. and Woods, R. I. (1993). *Earth Pressure and Earth-Retaining Structures* (2nd edition). London: Blackie.

Construction Task Force (1998). *Rethinking Construction*. London: Department of the Environment, Transport and the Regions.

Department for Communities and Local Government (2007). *Building a Greener Future: Policy Statement*. London: DCLG.

Department for Communities and Local Government (2009). *Code for Sustainable Homes Technical Guide*. London: DCLG.

NHBC Foundation (2010). *Efficient Design of Piled Foundations for Low-Rise Housing*. London: IHS BRE Press.

Stern, N. (2007). *The Economics of Climate Change: The Stern Review*. Cambridge, UK: Cambridge University Press. [Also available at www.hm-treasury.gov.uk/sternreview_index.htm]

The Steel Construction Institute (2001). *Steel Intensive Basements*. Ascot: SCI Publication P275.

www1 (2010). www.bluebell-bungalow.co.uk/the_structure

91.6.1 延伸阅读

BRE (2003). *Off-Site Construction: An Introduction*. Good Building Guide 56. London: IHS BRE Press.

Department for Communities and Local Government (2008). *Innovative Construction Products and Techniques*. BD2503. London: DCLG.

National Audit Office (2005). *Using Modern Methods of Construction to Build Homes More Quickly and Efficiently*. London: NAO.

NHBC Foundation (2006). *A Guide to Modern Methods of Construction*. London: IHS BRE Press.

Tomlinson, M. J. (2001). *Foundation Design and Construction* (7th edition). Harlow: Pearson Education.

91.6.2 实用网址

Association of Specialist Underpinning Contractors; www.asuc.org.uk

英国桩基施工专家联合会（Federation of Piling Specialists, FPS）; www.fps.org.uk

Precast Flooring Federation; www.precastfloors.info

> 建议结合以下章节阅读本章:
> ■ 第11章"岩土工程与可持续发展"
> ■ 第99章"材料及其检测"
> ■ 第5篇"基础设计"
> ■ 第6篇"支护结构设计"
>
> 本书以第1篇"概论"和第2篇"基本原则"为指导进行章节编排。如第4篇"场地勘察"中所述，各类岩土工程均应进行扎实的现场勘察工作。

译审简介：

李荣年，中国建筑科学研究院地基基础研究所高级工程师，工学博士，从事岩土工程方面科研、设计、咨询与施工。

叶焱，博士，教授级高级工程师，瑞腾基础工程技术（北京）股份有限公司负责人，GRF绿色装配式支护技术创始者。

第 9 篇　施工检验

主编：迈克尔·布朗（Michael Brown），
　　　迈克尔·德夫里昂特（Michael Drvriendt）
译审：连镇营　等

第92章 导论

迈克尔·德夫里昂特（Michael Devriendt），奥雅纳工程顾问，伦敦，英国
迈克尔·布朗（Michael Brown），邓迪大学，英国
主译：连镇营（中国建筑科学研究院有限公司地基基础研究所）

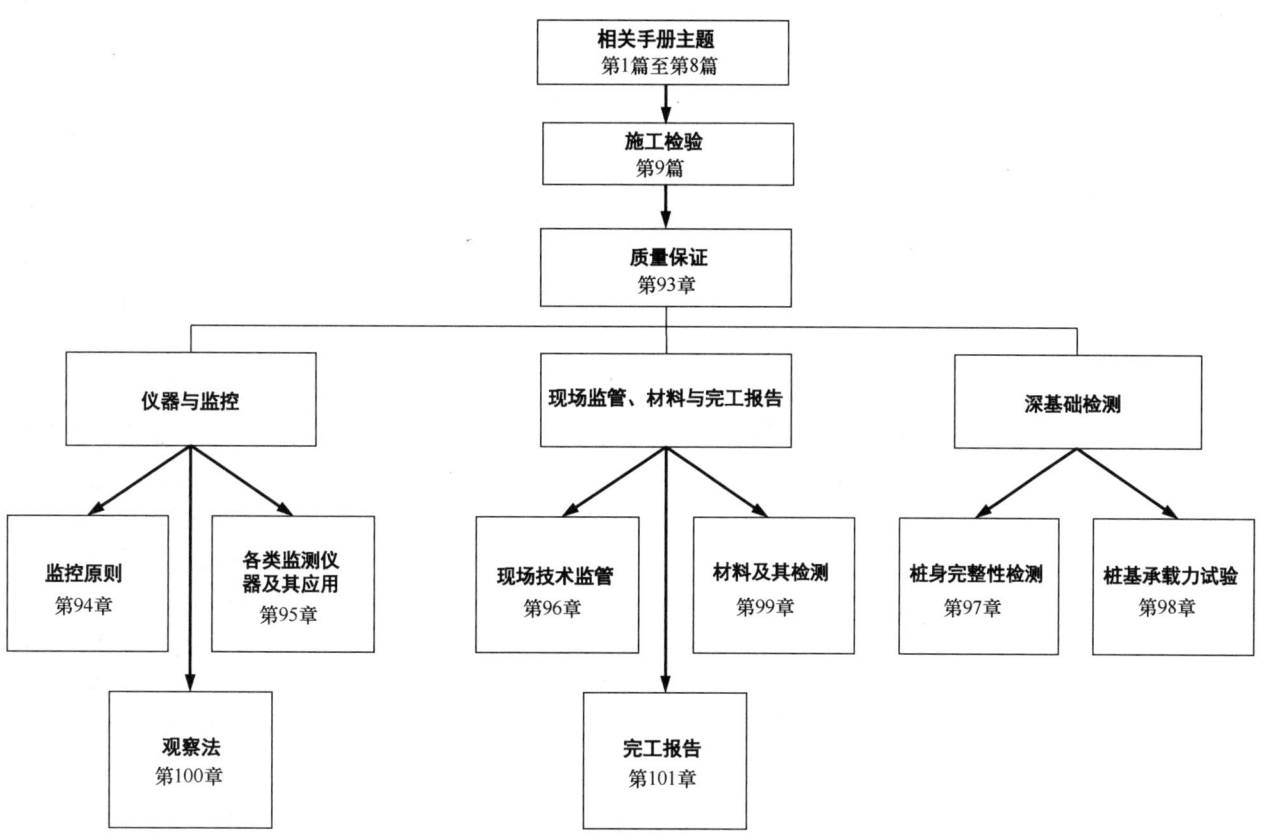

图92.1 第9篇各章的组织架构

施工检验是提供有助于设计或管理工作的测试或监测结果的过程，或确认施工是否按所采取的设计、规范和相应的标准来实施。

没有一个领域像岩土工程一样，设计和施工之间的关系如此紧密。这是因为地基固有的多变性，主要的施工材料不能够百分之百事先确定。另外，设计参数往往取决于施工方法，即使技术上或土性有小的变化也会使这些参数无效。因此，与其他建筑领域相比，施工检验在岩土工程设计中具有更重要的意义。还有，从施工观测中还有许多可以学的知识，并且岩土工程中的大多数创新都源于对施工过程中的观测和理解，因此加强施工与设计之间的联系是一个长期的良性循环。设计者必须了解岩土施工如何实施，施工人员须认识到支撑其施工方法的设计假定的重要性。

本篇由9章组成（图92.1）。首章为关于质量保证（QA）的第93章，讲述了为确保最终施工产品的最低质量标准而实施的流程和管理系统。质量保证（QA）过程中最重要的因素之一是施工检验。施工检验对岩土工程尤为重要，因为完成的构件往往会被埋在地下，导致随后很难进行检查。同时这些构件也是承受最大荷载的结构构件之一，其

施工始终在项目的关键路径上，如果有不符合项需要及早发现和纠正。

本篇中的其余章节分为三个主题：

仪器与监控
- 第94章"监控原则"
- 第95章"各类监测仪器及其应用"
- 第100章"观察法"

施工检验和完工报告
- 第96章"现场技术监管"
- 第99章"材料及其检测"
- 第101章"完工报告"

深基础检测
- 第97章"桩身完整性检测"
- 第98章"桩基承载力试验"

岩土工程监控可确保工程是以安全、受控和有效的方式进行。通过预先设限，监测可提供何时以及如何采取应急措施。另外通过对监测数据和设计计算的比较或者对结果进行反分析，可以改进后续项目的计算，有可能大幅度节约成本。尽管监测有诸多益处，但是非常重要的一点是监测系统的安装必须确保对数据的利用有明确的目的与计划。监测对于避免第三方因施工对他们造成的影响而提出索赔也非常有用，监测结果——变形（位移）、噪声和振动监测对于驳回索赔非常重要，否则可能导致冗长而昂贵的法律程序。

现场监管，完工报告和材料检测可以确保施工过程以及记录是真实的。数据记录、管理和存储方面的改进进一步提高了这些工作的重要性，尤其当对既有结构进行改造或对现有场地重新开发时。例如，近年来人们对基础构件的重复使用，特别是拥挤城市环境中的深基础的使用越来越感兴趣。获取原始施工资料（本篇所有章节都将介绍）为将来的施工队伍可能面临的新挑战提供了宝贵的数据。

对深基础的检测可以提高基础设计的效率，并确保桩基已按照设计意图进行施工。深基础检测最近有了技术方面的变化（例如自动静载荷试验、快速载荷试验）和重复利用桩的新应用，这意味着工程师需要做出如下决定：

- 何时需要检测；
- 桩的数量；
- 最适合使用的技术；
- 如何评估和解释检测结果。

桩检测数据的发布和传播对于改进将来设计以及施工类似材料的桩也很有帮助。

本篇所有章节均对岩土工程三角形的中心做出了重要贡献（Burland，1987和第4章"岩土工程三角形"）。岩土工程三角形被认为是岩土工程的框架工程，其中心如下：

- 建立先例。例如对于新施工技术，或地基状况不熟悉、不确定，或存在困难情况下，采用仪器监测或采用观察法；
- 经验的运用。例如通过桩基承载力试验以优化设计假定并提高效率；
- 形成成熟的经验。如现场技术监管，选择合适的材料并处理不符合项。

本篇选择的主题范围能帮助工程师做出正确的决定来进行管理并检验施工过程。但是重要的是应该意识到这些技术只是完成诸多基础或其他岩土工作的总体策略的一部分。施工检验还必须考虑地层剖面、土的性质以及与合适的模型来进行比较。在这方面，太沙基（Terzaghi，1935）总结了从理论和经验获得认识的重要性，"仅采用经验往往导致大量自相矛盾的事件。但是仅依赖理论在基础工程领域中同样毫无价值，因为有太多的相对重要的影响因素只能从经验中学到。"

作为同行，我们可以一起采用最佳实践方式，包括包含在本篇中的一些内容，从而推动现有认知的进步。这将能够改进目前和将来的项目，并能提高其效率。

参考文献

Burland, J. B. (1987). The teaching of soil mechanics – a personal view. *Proceedings of the 9th European Conference SMFE*. Dublin, Vol. 3, pp. 1427–1447.

Terzaghi, K. (1935). The actual factor of safety in foundations. *The Structural Engineer*, **13**(3), 126–160.

译审简介：
连镇营，博士，教授级高级工程师，建研地基基础工程有限责任公司副总工程师，目前主要从事岩土工程技术质量管理工作。

第 93 章　质量保证

戴维·科克（David Corke），DC 工程咨询公司，诺斯威奇，英国
托尼·P. 萨克林（Tony P. Suckling），巴尔弗·贝蒂地基工程公司（Balfour Beatty Ground Engineering），贝辛斯托克（Basingstoke），英国
主译：刘念（中国建筑科学研究院有限公司地基基础研究所）
审校：李广平（广东省建筑科学研究院集团股份有限公司）

doi: 10.1680/moge.57098.1355

目录

93.1	引言	1325
93.2	质量管理系统	1325
93.3	岩土工程规程	1325
93.4	驻场工程师的作用	1326
93.5	自行检验	1326
93.6	查找不合格项	1327
93.7	鉴定调查	1329
93.8	结论	1330
	免责声明	1331
93.9	参考文献	1331

质量保证是设计和施工过程的关键组成部分，为竣工能达到最低合格标准提供保证。岩土工程中，有不同类型规程以适用于不同的施工工艺，此类规程规定了最低标准。此外，考虑到具体项目的独特性及其地质条件，需要额外补充特定项目的具体标准。工艺质量由驻场工程师等人员检验，或由承包商自行检验。质量保证的关键是不合格项的识别以及必要时的修复。任何一个工艺如果出现缺陷或出现事故，就应依法进行鉴定调查。质量控制过程形成的记录可以提供事实数据作为鉴定调查的一部分。

93.1　引言

岩土工程由设计、采购和施工多方参与，由于各方是相互制约的，一旦一方出现失控就很可能导致整个工程出现事故。

质量保证是一个管理体系，旨在保证岩土设计和施工过程的重要部分能一致进行，从而至少满足最低标准。有资质的独立机构认证的质量保证系统可以保证业主、顾问公司或者承包商能够相互认可而不用相互审查。

设计人员应采用质量控制系统来确保设计和审查满足质量保证的需要。承包商应采用质量控制系统来确保施工依照规程和设计进行。依据具体工程的合同约定，承包商可选择工艺质量由第三方[如驻场工程师（RE）]进行检验，或由承包商自行检验。

识别和纠正不合格项的工作是质量保证过程的关键。对于岩土工程而言，最重要的是要尽早进行详细的鉴定调查，以便在施工过程中尽早地解决这些问题。

93.2　质量管理系统

质量管理系统的背景信息参考 ISO 9001、ISO 14001 和 OHSAS 18001。

岩土工程的设计和施工需要确保完成的工程项目符合以下三个关键准则：

（1）具有防止事故发生的足够安全度；
（2）使用荷载作用下产生的位移是可接受的；
（3）设计使用期内有足够的耐久性。

在英国进行岩土设计工作，英国标准（*British Standards*）和规程（*Codes of Practice*）规定了达到这些准则的方法。第 78 章"招标投标与技术标准"中所列的执行标准也提出了建议以帮助设计者达到这些准则。

对于岩土工程而言，至关重要的是施工方法要与设计相匹配，工艺至少要满足设计的最低要求。承包商应采用质量控制系统来确保实现上述要求。质量控制系统在工程建设的各个方面都很重要，对于岩土工程更是如此，因为地质勘察仅提供了有限数量与分散位置的地层信息，并未能完全揭示地层条件的变化。许多岩土工程，例如桩基工程，须在没有获取足够的施工场地的具体地层信息的情况下进行施工。因此，施工过程的持续监控是质量保证管理系统的关键环节。

93.3　岩土工程规程

规程规定了满足设计和业主要求的工程最低标准。由于有许多岩土工艺和解决方案，所以有许多典型规程可供参考；部分规程列举在第 78 章"招标投标与技术标准"中。

因为这些规程是由该领域的专家编写，并受到岩土工程协会的严格审查，所以应该使用相应的规范规程。然而，岩土工程变化较大，因此控制系统和方法可能与规程中规定的不同。此类施工方法或设备的变化必须在专业分包商的方案说明中明确指出，并且要与设计相一致。

岩土工程在施工行业中创新众多，设计方法和施工工艺都在与时俱进。这意味着规范规程，如果不及时更新的话，可能会过时并且甚至可能与目前的实践相矛盾。所以，通过有经验的岩土工程师来评估任何与这些规程要求不一致的建议是很重要的。

除了规范规程外，针对特定工程的规范对岩土工程工作非常重要，因为任何场地的地层条件都是独一无二的。所有可能影响岩土工程的具体方面都需要具体说明，以便通知有关各方。适用具体工程的规程说明应涵盖关于地质条件的所有现有事实资料，包括地下水条件。英国土木工程师学会《桩和嵌入式支护结构施工规范》(*ICE Specification for Piling and Embedded Retaining Walls*)（ICE，2007）中的第 B1.2 条就是一个用于说明具体工程的规程需要包括哪些内容的很好的例子。

93.4　驻场工程师的作用

合同文件中可能没有对驻场工程师的详细职责进行规定。通常情况下，驻场工程师的作用是代表业主监督工程，并确保业主的工程按预期交付，见第 96 章"现场技术监管"。如果工程师同时也是岩土工程的设计者，那么，驻场工程师也将会监督工程，以确保施工质量与设计和规范要求一致。

为了节省成本，无驻场工程师或者选派没有正式合同授权的兼职驻场工程师已成为普遍现象。但这并不值得推荐，除非是最简单的岩土工程。岩土工程需要广泛了解地质条件并具有复杂施工过程的经验，选派一个驻场工程师只会对项目有利，当然最终对业主也有利。监督岩土工程的驻场工程师最好由对现有地质条件和施工工艺有丰富经验的岩土工程师担任。如果业主的专业团队没有适当的经验，那么许多专业的岩土工程顾问公司可以提供这项服务。

93.5　自行检验

大部分的岩土工程都是由专业公司进行设计和施工的，而这些公司通常会在合同中要求自行检验其工作，并提供保修保证。总承包商和专业分包商自行检验应采用质量保证程序对其现场相关的工程质量进行控制。如果一个工程采用了自行检验，则不一定需要派驻驻场工程师；如果配置驻场工程师，承包商就很少或者没有合同责任进行自行检验工作。自行检验过程通常与新型工程合同（new-engineering contract，简称 NEC）的使用有关，特别是在大型土木工程项目上，尽管新型工程合同本身并不强制要求自行检验，实际上也不强制要求质量保证。因此，任何自行检验的要求都将在具体的合同修改条款（新型工程合同中的"Z"条款）、项目方案或工程信息中说明。

承建商自行检验可减轻业主和其他专业团队的负担，特别是在涉及新技术时更为如此。如果自检过程得以有效进行，那么专业承包商可以很好地协调施工和施工过程的检查。任何缺陷或不合格项都应及早发现和处理，尽量减少整改的成本和后续影响。

自行检验程序

自行检验程序的基本要求是，应对施工过程的每个部分进行合规和性能监控。需解决的基本问题是：

（1）施工是否满足规范要求？
（2）施工是否按计划实施？
（3）施工和设计要求是否满足？

承包商的现场工作团队应有能力对其开展的工作进行自检，且其监管小组应负责对其开展的工作进行把控和检查。

发包人需要批准承包商的质量管理体系，监督其正确应用，并对已完成的工作进行抽查。在新型工程合同选项 3（目标成本）中，承包商发现的不合格项（成本）由发包人支付。但是，如果承包商当时没有发现，但后来发现了，由承包商支付，这对承包商来说是一种激励，以确保其质量控制始终如一地得到实施。如果要顺利地进行这一过程，承建商必须在其质量管理体系中详细说明如何对整个过程进行监控、检查和保持施工质量标准。

新型工程合同第 40.3 条描述了自行检验的最佳方式：

承包商和监理人在开始进行每一项试验和检查之前各自通知对方，并在之后将结果通知对方。为避免可能妨碍试验或检查工作的顺利进行，承包商应及时将其安排的试验或检查通知监理人。监理人可以旁站承包商所做的任何测试。

《建筑设计管理条例 2007》[The Construction (Design and Management) Regulations, 2007, 简称 CDM] 对承包商做出如下要求：

"计划、管理及监督由其施工或在其控制下进行的施工，并在合理切实可行的范围内，确保有关工程在进行时不会对健康及安全构成风险。"

除了所有自行检验要求（包括监视和测试）外，上述这些 CDM 条例的要求也应得到满足。

自行检验过程的原始记录，应尽可能详细和妥善保存，且宜纳入承包商的工艺方法说明中。承包商的质量管理体系应确定工程的哪个环节由谁负责实施，谁负责独立检查，具备什么条件时，谁负责审查整个过程。

自行检验过程的一个重要部分是对任何披露的不合格项作出快速反应的能力。承包商的质量管理体系也应明确规定处理这些情况的程序和责任。

93.6 查找不合格项

在地下进行的建设中未被发现的问题可能会在以后产生严重后果，包括对所有相关方的财务产生重大影响。例如，在桩基施工作业过程中，有缺陷的桩通常较易处置，而一旦下部结构和上部结构已施工，就很难处理了（可参考第 82 章"成桩风险控制"）。

发现不合格项的方法因施工过程而异，但通常包括以下部分或全部的组合：设计评审、观察、测量、测试和调查。岩土工程中最常见的不合格项如下所述。

93.6.1 埋在地下的混凝土

埋在地下的混凝土，如果事后通过压块试验证明是不合格的，则很大程度上需付出高昂的成本对其进行调查和补救。首先要考虑的是混凝土的来源。预拌混凝土通常会从异地运送到现场，但在较大的项目中，混凝土可能会在现场分批拌和。那么就应检查拌和站的预拌混凝土质量计划认证证书（QSRMC），以及认证日期和认证后拌和站发生的任何变化。

混凝土的强度对混合料掺量特别敏感。这些混合料使用粉煤灰或磨细的高炉矿渣替代部分水泥。水泥替代比越高，即水泥掺量越少，混凝土的极限强度对水泥的掺量越敏感。

研究结果表明：不同类型的混凝土有不同的特征强度增长率，它们可以用来通过早期试验结果评估混凝土的 28d 或 56d 强度。对早期强度（3d 或 7d）的测试进行仔细地列表统计、分析并绘制成图表，可以最大限度地及早发现任何有问题的混凝土。低强度混凝土可能会影响其耐久性、钢筋的保护和构件的结构承载力。

通常，建议检查早期的立方体试块强度试验结果，以发现任何可能达不到规定强度的迹象。如果出现低强度混凝土，根据特定类型的混合混凝土强度特征典型增长率，就有可能预测混凝土在规定龄期之后能否达到所需的强度；或者，可以取芯并测试，以确定原位混凝土的实际强度。

93.6.2 桩的载荷试验

载荷试验的一个不足是，在某些地质条件下，极限承载力可能会随着时间的推移而增加（见第 98 章"桩基承载力试验"）。因此，过早测试桩基等基础结构可能会低估其承载能力，即使混凝土强度已经达到足以承担荷载。如果桩的早期试验，通常是在成桩后 7~14d，没有达到所需的承载能力，在后期重新测试可能会有一些提高。这种特性会影响钻孔桩和打入桩在细粒土和岩石中的性能。

如果载荷试验达不到所要求的桩基承载力，最常见的解决方案是降低承载力设计值，并补桩，这可能需要修改下部结构。

93.6.3 桩的完整性检测

桩身完整性检测有两种基本类型，见第 97 章"桩身完整性检测"。由于小锤所能传递的能量有限，应力波反射法（小应变法）通常仅适用于中小直径桩。这种测试的潜在困难是，尽管施加脉冲的响应的测量对所有从业者来说都是一样的，但对产生测试响应信号的处理可能不同。这可能导致：一个检测机构对桩的测试结果认为是异常的，而另一个检测机构的测试结果可能不会认为是异常的。完整性问题不易发生在相对均质的地质条件下，而较易发生在变化较大的地质条件中。

检测显示的异常也可能是由于钢筋笼底部的反射，或来自软土地基的混凝土扩颈，以及裂缝和混凝土截面缩颈等缺陷。

如果完整性检测结果显示有异常并进行了复检，

第9篇 施工检验

图 93.1 混凝土初凝后，临时套管从桩中抽出

则检测报告应包括诸如处理前的数据等原始记录，以便用于做独立的再分析。最终，通常需要挖开桩周土，以查明报告显示异常的真实情况（图 93.1）。小直径桩特别容易受到横向冲击或地面荷载的影响，例如近距离经过的卡车、成桩设备或起重机。小直径桩应加以保护，以免受钢筋堆场的影响（堆场应在突出的钢筋上做高能见度标识），或用栅栏隔开已完成的区域。如果完整性检测是在截桩至设计标高前进行的，则桩身完整性检测未反映截桩可能引起的桩身损伤。

对于声波透射法（见第 97 章"桩身完整性检测"），如果声测管局部与相邻的混凝土脱开，或者声测管附近有少量无细骨料混凝土，就可能出现明显的异常。

93.6.4 挡土墙倾斜

确保挡土墙的倾斜量通常被用作控制性手段，因为它们相对容易测量。但是，应注意倾斜量的要求要与挡土墙需要的性能一致并且施工中能够实现，以确保设计的经济性。现场必须监测任何不符合"预期"的运行状况并及时报告给有经验的岩土工程师。

93.6.5 内支撑轴力

在大型基坑开挖过程中，内支撑轴力的监测越来越普遍，其中内支撑最大轴力可能达到几百吨。从支撑安装完成后，就应监测内支撑轴力，可能包括初始预加力，并将施工中各相关阶段的实测轴力与预测轴力进行比较。如果早期监测有迹象表明轴力增加速率比预期高，这可能表明不仅最后内支撑的轴力可能超过允许值，而且围护墙上的荷载也会高于预期，这可能会导致围护墙墙身应力超限。

首先要确定的是，内支撑超载是否意味着围护墙传来的总荷载可能被低估了，或者从围护墙上分摊到内支撑上的荷载与预期不符。增加的轴力通常是由于温度影响或施工缺陷，或者可能表明偏离了设计施工顺序或施工本身的变化。

为了能够重新规划施工过程，必须对设计进行重新评估，对参数和荷载进行审查和调整，直到设计模型能够预测所测量的内支撑轴力和观测到的墙体变形。然后，使用修改后的参数和荷载，调整设计和施工，增加内支撑和（或）反压坡脚。

93.6.6 钢筋笼保护层缺失

桩、板桩和地下连续墙钢筋笼保护层不够的三个原因是：

混凝土：如果混凝土流动性太差，无法填满钢筋笼外面的环形空间，那么混凝土保护层的厚度可能是变化的，通常在纵向钢筋的外侧是最薄的。

钢筋间距：规范应说明竖向筋和水平筋的最小间距，以便有足够的空间让混凝土在钢筋之间流动，并填满钢筋之外的环形空间。现行规范 BS EN 1536 和 BS EN 1538 给出了各种类型的桩和地下连续墙的最小钢筋间距。

混凝土浇筑：控制桩、板桩和地下连续墙混凝土的和易性至关重要，这可以保证混凝土不出现离析，已有硬化和初凝的混凝土不会被连续上推从而阻止混凝土在钢筋周围以及钢筋笼外部流动。规范和承包商的施工方案中应对合理地采用导管灌注混凝土程序予以说明。

补救措施包括将暴露在外的混凝土凿除至钢筋表面，然后再重新浇筑混凝土，以修补保护层。这种方法的困难之处在于，如果一些构件外露表面的保护层被破坏了，那么在看不见的地方埋在地下的构件的表面保护层也可能被破坏了。在极端情况下，可能需要在靠近地面的地方采取喷射注浆等措施。

93.6.7 地下水渗漏

对地下水位以下的基坑工程，规程（方案）应规定地下水的最低渗漏标准（图93.2），以及如何测量渗漏水量，尽管规程（方案）可能会根据特定的使用要求加以修改。如果地下水渗漏水量不满足规定的要求，那么最常见的方法是地层注浆（通过从开挖面上钻孔），或者在某些情况下，从地面钻孔注浆。

地下水渗漏可能引发两类风险：一是，注浆补救过程对工期存在不可避免的延迟；二是，或更严重的是，水流可能会影响墙体本身的完整性，或引起地面沉降，造成邻近结构破坏。

93.7 鉴定调查

事故的定义是：已呈现的成果与预期效果之间存在不可接受的差异（Leonards，1982）。当岩土工程发生事故时，往往是突发事件，且往往瞬间发生。话虽如此，我们也经常会发现事故前的一些早期预警迹象，要么是没有被发现，要么是被发现但未被注意。当首次被要求调查一个事故时，经常会发现缺乏相关的信息。

由于地基基础和其他岩土工程事故可能导致诉讼甚至刑事诉讼，岩土工程调查变得越来越重要。事故的原因可能很复杂，但重要的是要能够用简单的术语向负责解决因事故而产生的任何合同或法律问题的人解释事故原因。

事故可能会由于设计中的一个基本假定有缺陷，或一个小的细节缺陷而发生。事故没有独特的发生模式，也没有明确详尽的可能原因清单。

关注任何可能的预警信号以预防可能发生的事故，可以节省资金，甚至可以挽救生命。简单的迹象，如混凝土截面开裂，钢结构螺栓或焊接连接周围的裂缝，或异常的变形，都应记录并报告给有经验的工程师，并迅速作出反应。忽视这些事故迹象可能会导致昂贵甚至致命的后果。

图93.2 地下水渗漏修补案例

93.7.1 程序

事故发生之后，信息收集往往是一个循环往复的过程。需要对所提供的原始文件进行审查、整理和评估。这必然会要求提供之前提到但没有提供的其他文件，或者可能存在的尚未提及的已有文件。所提供的许多文件可能最终被证明是不相关的，但所有的文件都应该考虑。大文件中包含的小段信息可能也是至关重要的。

彻底地、有条不紊地处理信息十分重要，文件应编目并按时间顺序汇集整理。导致事故的事件的准确顺序和时间通常也很重要。

交叉核对信息一直是调查取证过程中的一个重要部分。例如，"已施工"记录是否与批准的设计和施工顺序一致？地质调查数据（包括现场和实验室测试结果）是否符合预期，是否考虑到局部的地质情况？所有材料测试本身是否一致，例如，混凝土强度的变化是否反映在测量的混凝土密度的变化上？

当检查这些信息时，应及时记下所有发现的重点。只记录看到的一些重要的东西，却不记得它来自哪个文档/页面/行，会让人倍感挫败。

93.7.2 设计

通常情况下，事故的根本原因是设计假定的岩土或结构性能是不恰当的，没有反映真实性。

下面这些内容来自杰出岩土工程实践者的有关

岩土工程设计的认识，有很多值得称赞的地方：

"基于合理概念的简单计算远比忽略控制因素的复杂计算更有意义。"

——拉尔夫·B·派克（Ralph B. Peck），1973。

"最近一些不恰当分析的例子……表明，现代工程师可以从对基本原理的广泛理解中受益。"

——艾伦·缪尔·伍德爵士（Sir Alan Muir Wood），2004。

"我对工程师在遇到一个技术问题时，往往不是停下来理解问题的物理基础而是直接寻求数值解决方案表示极大的关注。通常情况下，数值模型要么不能反映实际条件，要么计算结果让人迷惑而不是越发清楚。普遍而言，解决方案的表观精度与数据的不确定性没有关系。根据草图和简单分析的公式进行初步估计的能力是避免昂贵的错误和误解的重要工具。"

——艾伦·缪尔·伍德爵士，2004。

当考虑与事故有关的构件设计时，需要质询一些基本问题：

（1）分析模型是否反映了地下建筑可能的实际力学行为？

（2）设计参数是如何获得的，它们是否反映了结构和地层的物理性状？

（3）是否使用了适合特定情形的设计参数？短期和长期参数，小变形和大变形参数：它们是否适合压缩、拉伸、剪切和弯曲的结构受力模式？

最后，分析的最终结果看起来合理吗？使用简单的手工计算来检查结果是非常有价值的——在复杂的数值模型分析中，小数点变化一位产生的结果就容易让人迷惑。

在考虑设计的同时，也必须对施工过程和工艺进行调查。必须检查施工记录，确认施工顺序是否正确。不间断监控和记录现场活动的网络摄像机在核对承包商的记录时是非常有用的。

需要质询测试结果和监控记录，以寻找有关事故可能原因的线索。

调查可以采取多种形式，从传闻证据到变形测量，应力和应变监测都可以作为调查的形式。有些证据可能被证明是正确的，有些可能被证明是不正确的，而有些则可能无法验证。与地质勘察信息一样，鉴定调查的任务是试图确定什么是可靠的，以及为什么应该是这样；相反，它还必须尝试识别什么是不可靠的，以及为什么不可靠。

在考虑了所有可用的证据之后，必须形成一个或多个假设，并测试与观察到的情况是否一致。重要的是要考虑到对于所发生的事情可能有不止一种解释。所有的可能性都应该考虑到，只有在彻底检查后才能排除相应的可能性。仅仅考虑一种解释而不进一步研究是永远不够的，即使这一解释恰好与观察到的情况相一致。

93.7.3 报告

鉴定调查通常有两个功能：①找出问题的解决办法；②记录调查结果、发现和结论。如果有重大问题导致争议，则该事项可以根据项目合同直接解决，也可以按照合同规定的方式间接解决。决议可能涉及裁决、调解、仲裁，甚至诉讼。如果该问题最终必须通过诉讼解决，则在编写鉴定调查报告时应格外小心，以确保所有陈述的准确性和有效性。

如果有可能在诉讼中使用报告，那么《民事诉讼法则》（*Civil Procedure Rules*）第 35 部分（CPR35）的"专家和评估人"，以及附带的"实践指导"，要求在书面报告中提供专家证据。重要的是要区分采纳的证据（依据的资料）、对证据的评估和表达的建议，以及得出的结论，并提交一份包含 CPR35 要求的所有方面的章节清晰的报告。因此，调查报告应明确分为以下几部分：

- 证据；
- 证据评估；
- 建议和结论。

大多数鉴定调查报告的阅读人并不像作者那么专业。因此，尽量减少使用技术术语并在必要时补充解释有助于对报告的理解。法院可能会基于报告做出判决，所以它必须容易被阅读人理解。一种有效的方式是尽量减少报告主体的内容，以便阅读和理解，并使用附录作为参考信息。结论应尽可能简洁。

对于报告编写人和阅读人来说，在鉴定调查报告中使用一页摘要是非常有用的。对编写者来说，它确保了能够合乎逻辑地呈现问题的本质和结论，而对阅读人来说，它提供了一个易于理解的概述。

93.8 结论

质量保证是一种管理体系，它将确保岩土设计和施工过程的所有关键部分始终保持一致，以至少符合一个最低标准。设计人员应使用质量控制系统,以确保设计和检查过程符合质量保证的要求。承包商将使用质量控制系统来确保施工符合规程和设计要求。

根据每个项目合同的约定,承包商要么让外部机构对其工艺进行检查验证,要么要求自行检验。

识别和整改不合格的工序是质量保证过程的关键部分。对于岩土工程,最重要的是尽早进行充分的调查,以便在施工过程中尽早解决这些问题。

免责声明

本章中不合格项的例子仅用于说明,与作者或其雇主无关。

93.9 参考文献

British Standards Institution (2000a). *Execution of Specialist Geotechnical Work – Diaphragm Walls*. London: BSI, BS EN 1538.

British Standards Institution (2000b). *Execution of Specialist Geotechnical Work – Piles*. London: BSI, BS EN 1536.

British Standards Institution (2004). *Environmental Management Systems – Requirements with Guidance for Use*. London: BSI, ISO 14001:2004.

British Standards Institution (2007). *Occupational Health and Safety Management Systems – Requirements*. London: BSI, BS OHSAS 18001:2007.

British Standards Institution (2008). *Quality Management Systems – Requirements*. London: BSI, ISO 9001:2008.

Her Majesty's Government (2007). *The Construction (Design and Management) Regulations*. London: Stationery Office.

ICE (2000). *The New Engineering Contract*. London: Thomas Telford.

ICE (2007). *ICE Specification for Piling and Embedded Retaining Walls*. 2nd Edition. London: Thomas Telford.

Leonards, G. (1982). Investigation of Failures. *Journal of the Geotechnical Engineering Division*, **108**(2), 185–246.

Ministry of Justice. *Civil Procedure Rules Part 35 – Experts and Assessors and Practice Direction*. London, UK: Published Online www.justice.gov.uk/guidance/courts-and-tribunals/courts/procedure-rules/civil/index.htm.

Muir Wood, A. (2004). *Civil Engineering in Context*. London: Thomas Telford.

Peck, R. (1973). Opening address. In *8th International Conference on Soil Mechanics and Foundation Engineering*. Moscow, p. 158.

实用网址

预拌混凝土的质量方案(Quality Scheme for Ready Mixed Concrete,简称 QSRMC);www.qsrmc.co.uk

---

建议结合以下章节阅读本章:
- 第 8 篇 "施工技术"

本书以第 1 篇 "概论" 和第 2 篇 "基本原则" 为指导进行章节编排。如第 4 篇 "场地勘察" 中所述,各类岩土工程均应进行扎实的现场勘察工作。

译审简介:

刘念,建研地基基础工程有限责任公司地基基础设备与工法研究中心主任,博士,主要从事地基处理设备与工艺工法研究及工程应用。

李广平,享受国务院政府特殊津贴专家,注册土木工程师(岩土),广东省建筑科学研究院教授级高级工程师,博士,长期从事岩土工程测试研究工作。

第 94 章　监控原则

约翰·邓尼克利夫（John Dunnicliff），岩土工程仪器顾问公司，德文，英国

W. 艾伦·马尔（W. Allen Marr），Geocomp 公司，马塞诸塞州阿克顿，美国

杰米·施坦丁（Jamie Standing），伦敦帝国理工学院，英国

主译：贾宁（中国建筑科学研究院有限公司地基基础研究所）

审校：刘俊岩（济南大学）

doi：10.1680/moge.57098.1363

目录

94.1	引言	1333
94.2	岩土工程监测的优势	1333
94.3	使用岩土工程仪器来策划监测方案的系统方法	1336
94.4	规划监测方案的系统方法示例：在软土地基上的路堤使用岩土仪器	1340
94.5	执行监测方案的一般准则	1342
94.6	小结	1346
94.7	参考文献	1346

几乎每一个涉及土或岩石的建设项目都会遇到意外的风险，尤其是遇到"预料之外的地质条件"时。岩土工程不像土木工程的其他分支对工程所用的材料有更好的可控性，因此，监测对岩土工程设计和施工就显得尤为重要。岩土工程师与其他许多领域的工程师不同，他们必须对岩土工程监测和仪器仪表有更多的了解，这是岩土工程师应具备的能力。

本章首先概述了岩土工程监测的优点，然后介绍了一种策划使用岩土仪器系统进行监测的方案的方法，本方法可作为规划和指导监测方案的准则。

94.1　引言

每一个岩土工程设计都必须考虑到某些不确定性，并且每一个涉及土或岩石的建设项目都有遇到意外的风险。这些不确定性及风险是使用天然材料施工的必然结果，这些天然材料很少具有均匀的特性。由于对天然材料的所有重要特性的地质勘察存在局限性，这就要求设计师做出一些假定，而这些假定可能无法全面真实地反映地质情况，因此尽管我们不可能探查清楚场地每一点的地质情况，施工人员有可能要在不完全了解地质条件等情况下选择施工设备和施工程序，在这种情况下岩土工程监测（包括仪器的定量测量）可以为岩土工程设计师进行安全、有效的设计和施工人员开展安全、经济的施工提供进一步的帮助。因此，岩土工程监测对岩土工程设计和施工具有重要意义，岩土工程师需要对岩土工程监测和仪器仪表有全面的了解。

岩土工程监测不仅仅是选择监测仪器，而是一个全面逐步的工程实施过程，从确定目标开始，到在保证数据准确的情况下实施应急措施结束。每一个步骤对监测方案实施的成功（或失败）都是至关重要的，而且监测过程还与所用仪器功能和监测人员的能力有关。

Peck（1984）指出："仪器的用途很多，仪器及观测结果可以解答的问题也很重要，因为不恰当或不必要地使用它们，反而降低它们的价值，这样做是冒险的。"

《欧洲标准7》第1部分（EN 1997-1：2004）的第4.5、11.7及12.7款提供了岩土工程监测的指导方针。

下述章节首先概述了岩土工程监测的优势，然后介绍了一个策划使用岩土仪器系统进行监测的方案的方法，本方法可作为系统规划和指导监测方案的准则。

第95章"各类监测仪器及其应用"描述了用于岩土工程监测的仪器类型及其用法。

本章的主要内容来源于 Dunniclif（1988，1993）、Dunnicliff（1998），并得到美国土木工程师学会（ASCE）及 Marr（2007）的许可。

94.2　岩土工程监测的优势

工程项目实施岩土工程监测主要基于以下技术原因：

1. 尽量减少对邻近建筑物的损害；
2. 观察法的实施；
3. 揭示未知情况；

4. 评估承包商的施工方法；
5. 针对存在的问题，设计提出补救措施；
6. 改善性能；
7. 为评定损害程度提供依据；
8. 证明满足设计要求；
9. 预警即将发生的破坏；
10. 推进理论发展水平。

下面将结合实际的岩土工程具体论述以上每一种原因。一般来说，这些技术原因的一个共同特点是实施监测能节省建设资金。

94.2.1 尽量减少对邻近建筑的损害

岩土工程施工可能会影响邻近的建筑，导致不良后果，如昂贵的建筑维修、恶化邻居关系和旷日持久的诉讼。岩土工程监测可对邻近建筑的过大位移进行预警，这样就可以避免发生修复损害的费用。图 94.1 显示为一自动全站仪，当在道路下面进行隧道施工时，用来观测结构的位移情况。

94.2.2 观察法的实施

观察法（也可参见第 100 章"观察法"）的完整应用包括以下步骤：

1. 充分勘察确定地层的一般属性、模式和参数，但没必要详细说明；
2. 从这些条件中评估最可能的条件和最不利的可能偏差；
3. 在最可能的条件下，基于预期破坏形式进行假定并设计；

图 94.1　用来监测结构位移的自动全站仪
经由 SolData 提供照片；版权所有

4. 选择施工过程中的观测项目，并根据以上假定计算其预测值；
5. 比较地层参数的取值与在最不利条件下的计算值是否相一致；
6. 对于观测结果与根据假定预测的结果之间的重大偏差，应提前选择应急处理方案或修改设计；
7. 观测项目的监测和实际条件的评估；
8. 修改设计以适应实际情况。

这些步骤的落实程度取决于工作的性质和复杂性，但显然，在所有情况下，岩土工程监测方案都是必不可少的。

例如，可以在软土层上分阶段建造路堤。路堤一次填筑可能会导致地基破坏，以适当的时间间隔分阶段敷设路基，可使软土在每个阶段通过自身固结来提高强度。可以用测量沉降和孔隙水压力的仪器来分析判断软黏土何时已经发生足够的固结，以便可以安全地进行下一阶段的填筑。通常要寻求一种平衡，即尽可能快地进入到下一阶段的施工，但又不能太快，以免造成地基破坏。这个例子在第 94.4 节中有更详细的描述。

EN 1997-1（2004）第 2.7 节指出，当难以预测岩土特性时，采用观察法是合适的。它包括：施工前需要满足的要求、施工时应满足的要求、评估监测结果、监控设备的更换。

94.2.3 揭示未知情况

揭示未知情况并尽早采取补救措施，会使项目成本降到最低。一个好的岩土工程监测方案对此至关重要。拖延、否认和指责几乎都会付出更多的代价。

94.2.4 评估承包商的施工方法

许多岩土工程的施工质量取决于施工方法和施工单位的能力。岩土工程监测可用于分析判断承包商的这些施工方法、能力是否符合规定。

94.2.5 针对存在的问题制定补救措施

岩土工程施工出现问题时，必须尽可能找出原因并进行补救。要找到最好的补救办法，就需要了解哪里出了问题。岩土工程监测数据可以帮助工程师找到问题的原因，然后再制定补救措施。补救措施具有较强的针对性，而不是以潜在的不确定性原

图 94.2 一个不稳定边坡上的监测仪器

图 94.3 建筑物振弦式表面裂缝测量仪

因为依据采取补救措施。图 94.2 显示了一个不稳定的边坡，该边坡正在使用地下滑动变形计监测滑面的深度，以便采取适当的补救措施。

94.2.6 改善性能

现代商业管理理念强调持续改进和评价绩效。商业实践中有一句俗语："检测的东西会改进，而不检测的东西最终会失败。"通过性能检测、监测，加上人的正确行为，就会导致产品性能的提高。

94.2.7 为评定损害程度提供依据

在评估损害时，第三方提出的损害索赔是岩土工程项目遇到的重大风险之一。索赔有时包括与所涉建筑无关的损害费用，其他的损害也可能会被夸大，例如当只发生了轻微的建筑损坏时，而对结构提出损坏的索赔。

来自岩土工程监测的数据可以帮助分析判断此类索赔的有效性，从而满足利益相关者和监管机构的需求，并减少诉讼。例如，如果仪器显示邻近的建筑物在施工期间没有位移，业主就很难声称建筑物的裂缝是由施工活动造成的。图 94.3 显示了位于建筑物一侧的振弦式表面裂缝测量仪，该仪器用于观测附近的施工是否会引起裂缝宽度的变化。

94.2.8 表明一切都是令人满意和如预期的

我们越来越多地利用岩土工程监测来验证（产品）实际性能在设计师预期的范围之内。假设总成本和进度都在预期目标内，及早识别意外行为，以保持对项目成本和进度的控制。

岩土工程监测方案提供的数据有助于保持各方对工作的信心，从而使他们能够集中精力处理其他问题。越来越多的业主希望整个监控系统是全面且强大的，但要有像绿灯一样简单的即时报告，以表明一切进展是可以接受的。

图 94.4 显示了在挡土墙一些连接处装有测力元件，以监测荷载的任何变化。

94.2.9 预警即将发生的破坏

岩土工程发生结构破坏会给生命和财产带来灾难性的后果。超载、设计错误、施工缺陷、未知或意外状况、恶化、操作错误或故意行为都可能造成此类破坏。岩土工程监测已广泛应用于监测大坝、边坡、路堤和基坑开挖的破坏。图 94.5 显示的是安装在钢管支撑上的振弦式应变仪，用来对支撑的过载情况提供监测预警。在实践中，用这种方式对单个支撑进行监测是不够的——需要监测大量的支撑来提供有代表性的数据。

94.2.10 推进理论发展水平

岩土工程中地基和结构响应方面的许多进展都源于全面的岩土工程监测数据，这些数据让我们了解到地面/结构是如何响应施工以及其因果关系。目前大量的岩土仪器，已被用作研究工作的一部分，以提高我们的认知水平。其中大部分资金是由政府机构支付的，他们肩负着改善实践的使命。图 94.6 显示了安装在土工布上的长行程振弦式应变仪，以用来提高对土工布性能的认知水平。

图 94.4 背拉锚碇上的测压单元

图 94.5 安装在内支撑结构钢管支撑上的振弦式应变仪

94.2.11 基于以上岩土工程监测十个优点的总结

本节讨论了岩土工程监测方案的十个主要技术原因（或优点）。如上所述，这些技术原因的一个共同特点是，通过编制和实施监测方案通常可以节省资金。第一个原因，"最大限度地减少对邻近建筑的损害"，可能是其中最常见的原因。然而，强烈建议建设项目的设计师研究其他九个潜在原因，

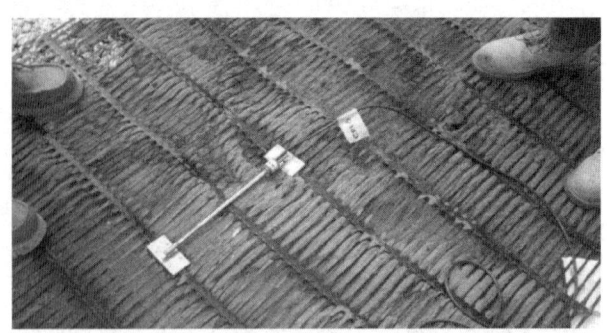

图 94.6 安装在土工布上的长行程振弦式应变计

并在能够证明有明确的技术或经济利益时，努力说服其客户采用岩土工程监测。

94.3 使用岩土工程仪器来策划监测方案的系统方法

策划一个采用仪器观测的监测方案应该从确定目标开始，到如何分析监测数据结束。此策划应按表 94.1 和下面概述的步骤进行，Dunnicliff（1988，1993）给出了更多的细节，如果可能的话，所有这些策划步骤，应在岩土工程监测工作开始之前完成。

94.3.1 步骤 1：明确项目条件

负责编制监测方案的人必须非常熟悉项目的类型和布局、地层的工程性质、地下水条件、附近建筑或其他设施的状况、环境条件和工程施工方案。

94.3.2 步骤 2：确定运行控制的预测机制

在制定监测方案之前，针对可能出现的运行状态必须制定一个或多个可行的预案。

94.3.3 步骤 3：明确需要解决的岩土工程问题

项目中的每一个仪器都应该用来解决特定的问题，否则就不需要这个仪器，这是第一条黄金法则。

94.3.4 步骤 4：风险控制的识别、分析、分配和计划

应识别与施工相关的所有风险，并根据风险对每个"岩土工程问题"进行优先排序。每个风险的责任可以分配给一方或多方，风险责任分配应包含在施工合同文件中。

使用岩土工程仪器系统规划监测方案的步骤　　表 94.1

步骤	工作
1	明确项目条件
2	确定运行状态的预测机制
3	明确需要解决的岩土工程问题
4	风险控制的识别、分析、分配和计划
5	选择需要监测的参数
6	预测变化的幅度
7	制定补救措施
8	分配施工阶段的监测任务
9	选择监测仪器
10	监测仪器安放位置的选取
11	可能影响监测数据的各种因素的记录
12	建立确保监测数据准确的程序
13	列出每种仪器的具体用途
14	预算准备
15	仪器系统设计报告的准备
16	仪器安装计划
17	计划定期校准和维护
18	计划数据采集和管理
19	准备合同文件
20	更新预算

风险分析包含了广泛的科学理论和工程分析，以识别潜在的风险源，确定每个风险源发生的概率，并评估每个风险源的后果。总的风险大小是每个风险源发生的概率乘以发生后果的总和。风险控制可以通过减少风险源或降低其不良后果发生的可能性来实现。

Van Staveren（2006）在风险的识别、分析、控制方面提供了全面的指导，Marr（2007）基于决策理论和风险分析的概念提供了一种近似的方法来量化上述益处。在第 1 篇第 7 章"工程项目中的岩土工程风险"中也讨论了相关的风险。

94.3.5　步骤 5：选择需要监测的参数

典型岩土参数包括：

- 孔隙水压力；
- 变形；
- 倾斜；
- 总压力；
- 结构构件的荷载和应变；
- 温度。

需要回答的问题是："哪个参数是与监测目的最相关的？"

EN 1997-1（2004）的第 4.4、11.7、12.7 款及附录 J 包含了选择监测参数的指导意见。

94.3.6　步骤 6：预测变化的幅度

岩土工程监测仪器的量程和精度是由仪器制造商确定的。为了选择合适的监测仪器必须预估其最大变化量，从而确定所需的量程。出于同样的原因，还必须确定所需的监测精度。

如果监测是为了施工控制或安全目的，则应预先确定需要采取应急处置措施的临界监测值。这些值通常称为触发水平。常用绿色、黄色和红色代表不同触发水平：

- 绿色表示一切正常；
- 黄色表示需要采取谨慎措施，包括增加监测频率；
- 红色表示需要及时采取补救措施，并准备迅速实施这些措施。

以下为选择触发水平的指导意见：

- 前期确定触发水平可以基于计算的变化值，而后期的触发水平可以基于（不相关的）允许的变化值；
- 触发水平必须识别出由施工以外的原因引起的变化；
- 触发水平应该比观测精度大几倍（"观测精度"这几个字是经过精心斟酌并确定的）。

94.3.7　步骤 7：制定补救措施

施工中使用仪器监测的目的是，利用监测结果可能揭示的任何问题，预先确定一个应急预案是绝对必要的。如果监测结果表明需要采取补救行动，则补救措施必须以预先制定的、可行的应急预案为基础。另外，拟采取的补救措施要预先告知所有相关方。

94.3.8 步骤8：施工阶段监测任务的分配

第二条黄金法则（第一条黄金法则已在上面的步骤3中给出）是：任务应该分配给那些最有积极性、能高质量完成任务的人。许多岩土工程监测方案不成功，是因为方案的规划者把关键任务分配给缺乏积极性的人。因此，这一步非常重要，本节将详细介绍这一步骤。

任务包括：
1. 购买监测仪器；
2. 安装监测仪器；
3. 采集数据；
4. 分析数据；
5. 根据监测数据结果采取行动。

最关键的是要确保将这些任务分配给最有可能高质量完成任务的人。

显然，分析数据应该是规划监测方案的人负责。监测方案的实施应由作业人员完成。

如果总承包方、临时工程承建商、专业岩土分包商或设计/建造承建商已启动监测计划，显然他们有最大的动力，应将任务1、2和3分配给他们。但是，如果方案是由项目设计者发起的，则有以下四个理由不将任务1、2和3分配给总承包方：

（1）总承包方可能没有足够的动力来确保监测质量。采用传统的最低价中标方式，监测任务包含在总承包方的合同中，常常导致质量差的监测数据。

（2）监测活动只能在签订施工主合同之后进行，因此，通常无法获得足够的施工前（初始基准）数据。结构位移、地下水状况经常随季节变化而变化，如果没有建立初始基准数据，就无法正确分析岩土工程监测数据。因此，只要可行，最好建立至少一年的初始基准数据。

（3）业主会花费更高的成本。在投标前，总承包方会向监测分包方询价。在合同签订后，总承包方会和监测分包方讨价还价。总承包方花费80或90便士的工作，业主方却要为之花费1英镑。

（4）对于有多个主合同的项目，每个主合同应有一个监测分包。

在不同施工阶段及施工范围下，推荐以下单位完成任务1、2和3：

- 施工前基准数据：由业主选择有资质并签订合同的专业公司。
- 施工期间，总承包方施工区域外，同上。
- 施工期间，总承包方施工区域内，以下任一单位均可。
- 业主代表，必要时在总承包方的协助下完成工作；
- 专业公司，作为指定的有相应资质的专业分包商，应选择性能可靠的仪器；
- 总承包方，具备专业的合作伙伴及相关规范。

有关任务分配的进一步信息和上述建议的细节，请参阅以下著作：Dail 和 Volterra（2009）、Dunnicliff(2009)、Dunnicliff 和 Powderham（2001a、2001b）和 Klingler（2001）。

关于书写规范的其他信息见第78章"招标投标与技术标准"。

94.3.9 步骤9：选择监测仪器

在选择仪器前，应完成上述8个步骤。在选择仪器时，最重要的是可靠性。监测仪器和数据采集设备的选择直接取决于数据收集的方法——一般指南见第94.5.5节。岩土工程监测方案的规模应与确定的风险以及岩土工程问题的规模和复杂性相匹配。

一些仪器设备的详细信息及其应用将在第95章"各类监测仪器及其应用"中给出。

不应让最低价成为选择仪器的支配因素。最便宜的仪器设备不太可能使项目成本最小化。在评价替代仪器的经济性时，应比较采购、校准、安装、维护、监测和数据处理的总成本。

94.3.10 步骤10：监测仪器布设位置的选取

监测仪器布设位置的选取包括以下三步：
1. 布设在风险最高的区域。

2. 安装在能反映监测对象整体状况的区域（通常为监测断面），这些监测断面被认为是主要的仪器监测断面，仪器监测点要布设在能提供地面反应、结构反应和施工性能的综合信息的位置。

3. 由于某些未知的因素可能导致其他位置的监测结果较差，所以在一些次要断面位置也应该布设一些监测仪器，以便进行相关监测数据的对比分析。在这些次要位置的监测点应在要求允许的范围内尽可能简单，并安装在主断面附近，以便可以进行比较。事实上，如果次要断面的监测结果与主断面明显不同，施工过程中则可以在次要监测断面再增加其他监测仪器。

在选择布设位置时应认识到，当监测未结束时，一些仪器可能会失效而停止工作，因此需要多布设一些重复仪器。一些重复的监测可以增大对数据正确性的信心，特别是在不确定或变化很大的区域。

94.3.11 步骤11：记录可能影响监测数据的因素

仅仅只有监测数据，不足以提供有用的结论。岩土工程监测通常需要将监测结果与发生原因联系起来，因此必须对可能导致监测参数变化的所有因素（包括施工细节和进度）进行记录和整理。

94.3.12 步骤12：建立确保数据准确的程序

负责岩土工程监测的人员必须能够回答这个问题：数据是否真实？回答这个问题取决于是否有充分的证据。在危急情况下，可以使用重复的仪器。备份系统通常是有用的，即使它的精度明显低于主系统，也能经常提供答案。

94.3.13 步骤13：列出每种仪器的具体用途

明智的做法是质疑所有应用的仪器是否都是合理的。每个仪器都应编号并列出其用途，如果不能为一个仪器找到具体用途，就应删除它。

94.3.14 步骤14：预算准备

虽然规划步骤尚未完成，但在这个阶段应为第94.5节所列的所有任务编制预算，以确保有足够的资金。预算编制中一个常见的错误是低估了项目的持续时间以及数据收集和分析的总成本。如果资金不足，监测方案可能会受到限制或需要获得更多的资金。

94.3.15 步骤15：准备仪器系统设计报告

这份报告应该总结步骤1~14的结果。然后，其他人应该对它进行审查，以确保结果是一致且有效的，并且可以涵盖项目的需求。

94.3.16 步骤16：仪器安装计划

安装指导书应该在预定的安装日期之前就编制好。应利用制造商的指导手册和设计师对特定场地岩土工程条件的分析，编写循序渐进的书面手册。书面手册应详细列出所需材料和工具，并编制安装记录表，记录可能影响测量数据的因素。安装计划应与建筑承包商协调，编制与施工进度表一致的安装进度表。并做好材料进场准备和对已安装监测仪器的现场保护。

94.3.17 步骤17：定期的校准和维护计划

在现场工作开始前，应做好仪器校准和维护计划。校准在第94.5.2节中描述，维护计划应包括读取设备、现场终端和嵌入式部件的维护。

94.3.18 步骤18：数据采集和管理计划

在现场工作开始前，应准备好数据采集和数据管理的书面指导书。这些都是重要的任务，为此所需要的努力不应低估。指导原则可参阅 Dunnicliff（1988，1993）和第94.5.5节。

在此阶段，应确保外业人员训练有素、有补救措施，负责分析监控数据的人员应有合同授予的做出补救措施的权利，设计和施工人员之间的沟通渠道应该是开放的，能够安排预警各方的补救行动。

94.3.19 步骤19：准备合同文件

应准备任何必要的合同文件，以配合第8步所做的决定。

94.3.20 步骤20：预算更新

计划完成后，应根据所有计划步骤更新步骤8中列出的所有任务的预算。

94.3.21 规划监测方案的系统方法中最常见的失误

以上20个步骤都很重要。根据作者的经验，以下为最关键的几个步骤：

- 步骤3：明确需要回答的岩土工程问题。如上所述，项目中的每一个仪器都应该用来解决特定的问题，否则就不需要这个仪器。这是第一条黄金法则，但通常被忽略。
- 步骤4：识别、分析、分配和计划风险控制。当进行风险分析时，往往不够全面，而且在施工合同文件中通常没有充分涵盖风险责任分配。
- 步骤7：设计补救措施。在规划仪器监测方案时，往往没有制定出在达到预警标准时应采取怎样的补救措施。
- 步骤8：施工阶段监测任务的分配，任务应该分配给那些最有积极性、能高质量完成任务的人。因为方案的规划者将关键任务分配给了缺乏积极性的人，造成许多岩土工程监测方案的实施都不成功。

在本节中挑出这四个步骤并不意味着其他16个步骤不重要。

94.4 规划监测方案的系统方法示例：对软土地基上的路堤使用岩土仪器

在本例中，岩土工程问题只与路堤下面的软土地基有关，而与路堤本身无关。示例中只包含选定的规划步骤（即不是前面部分详细介绍的所有20个步骤）。Ladd（1991）为软土地基上路堤的岩土工程监测提出了有价值的指导方针。

第95章"各类监测仪器及其应用"给出了步骤3、5和9的10类项目实例。这些项目类型是：

- 内支撑基坑支护；
- 外部拉锚基坑支护；
- 黏土路堤；
- 土质开挖边坡；
- 土质滑坡；
- 岩质开挖边坡；

- 岩石滑坡；
- 隧道；
- 打入桩；
- 钻孔桩。

94.4.1 步骤1：明确项目条件

- 图94.7说明了本示例的项目条件；
- 路堤应宽于软黏土层的厚度；
- 为尽快完成路堤顶部道路施工，应用了分阶段施工，并规划垂直排水系统；
- 图94.8展示了在软黏土中安装垂直排水系统的过程；
- 在软黏土中有一些粉土层；
- 初始地下水位为静止水位；
- 周边没有建筑；
- 黏土的预估总竖向压缩为应变的15%。

94.4.2 步骤2：预测破坏的原理

- 沉降（软黏土的固结）；
- 黏土的侧向剪胀位移引起路基两侧的隆起；
- 造成破坏的圆弧滑动。

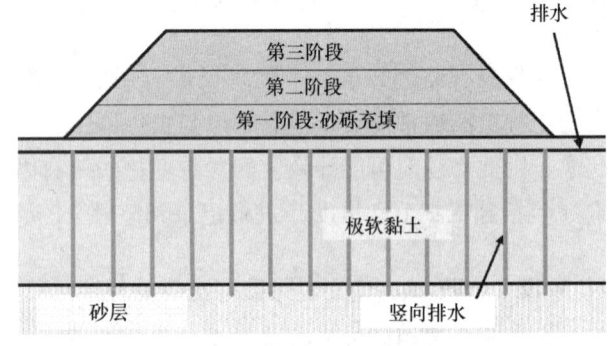

图94.7 软土地基上的路堤工程

图94.8 设置在软黏土中的竖向排水系统

94.4.3 步骤3：明确需要回答的岩土工程问题（见第95章"各类监测仪器及其应用"）

- 软土地基的初始场地条件是什么？
- 堤坝短期内是否稳定？
- 软土地基的固结进度和相应的强度增长情况如何？这可以确定何时施工下一阶段的填土。

94.4.4 步骤4：风险的识别、分析和控制

- 风险包括：（1）可能发生路基破坏；（2）路面竣工时间被延误。
- 业主的生产经理将到现场决定后续阶段的填筑，业主承担上述第（1）和第（2）项风险。
- 地基强度增加的速度比预计的要慢，从而减缓施工速度，推迟竣工时间，并使施工承包商有可能提出额外的索赔。

94.4.5 第5步：选择需要监控的参数（表95.3）

- 黏土中的孔隙水压力；
- 竖向变形；
- 水平变形。

94.4.6 步骤6：预测变化的幅度

- 黏土中的孔隙水压力：
- 范围——初始压力加上路堤重量引起的附加压力；
- 精度——考虑单个填筑阶段孔隙水压力消散的时间图，并据此推断何时可以进行下一个阶段填筑；
- 竖向变形：
- 范围——由于预测的竖向压缩为15%，可以计算地表沉降；
- 精度——与孔隙水压力的逻辑相同。
- 水平变形：
- 范围——基于预估的最大变形；
- 精度——不能给出一般的建议，因为所需的精度取决于具体项目的详细情况；
- 确定触发水平。

94.4.7 步骤7：制定补救措施

- 挖除填土；
- 在堤防的趾端设置护堤。

94.4.8 步骤8：为施工阶段分配任务

- 监测方案已由项目设计师发起；

- 根据与项目业主签订的合同，将施工前获取基准数据的任务分配给一家有相应资质的专业公司；
- 在施工过程中，将购买和安设仪器以及收集数据的任务分配给指定的有相应资质专业分包商，并应选择性能可靠的仪器；
- 项目设计师负责分析监测数据；
- 施工承包商负责根据监测结果采取相应措施。

94.4.9 步骤9：选择仪器（表95.3）

- 黏土中的孔隙水压力：
- 振弦式测压计。
- 竖向变形：
- 地面位移计；
- 探头引伸计——可能是磁环/簧片开关式。
- 水平变形：
- 地面位移计；
- 测斜仪。

94.4.10 步骤10：选择仪器布设位置

- 取决于新建道路的长度；
- 至少有三个主断面及三倍的次断面要安放监测仪器；
- 在这些断面中，必须决定仪器的位置（例如，竖向排水通道中间的水压计）。

94.4.11 步骤11：记录可能影响测量数据的因素

- 填土进程；
- 天气，例如降雨量、日照、风力；
- 温度；
- 气压（如果选择了振弦式压力计）；
- 观察到的意外或不寻常行为。

94.4.12 步骤12：建立确保数据准确的程序

- 目视观察；
- 监测同一参数的仪器之间的一致性；
- 孔隙水压力消散数据与竖向压缩数据的一致性；
- 填筑高度增加时，仪器反应的一致性；
- 对短期观测和长期观测进行的重复性研究；
- 测得的孔隙水压力，在无载变化下，应推断为初始压力；
- 定期校正数据采集仪和测量设备。

94.5 执行监测方案的一般准则

94.5.1 简介

本节包括以下任务的一般指导方针：

- 校准；
- 安装；
- 维护；
- 数据收集；
- 监测数据处理和演示；
- 监测数据分析；
- 报告结论；
- 实施。

Dunnicliff（1988，1993）给出了相应的指导方针。

94.5.2 校准

只有采用正确的校准，仪器读数才有用。由于磨损、误用、蠕变、湿气侵入和腐蚀，校准因子会发生变化。如果不考虑这些变化，整个监测方案就会变得毫无价值，或导致错误的结论和昂贵的处理措施。为了使其有效性最大化，必须对所有仪器进行适当的校准和检查。

仪器校准和/或功能检查一般需要在以下阶段进行：

- 发货前的校准。这些是制造商的责任，被称为工厂校准。校准证书应提供给用户。图94.9显示了振弦式压力计传感器的工厂校准。
- 安装前由用户进行功能检查。这些测试称为安装前验收测试，其目的是验证在运输过程中没有发生损坏。制造商将提供应进行哪些检查的指导方针。
- 安装后的功能检查。这些测试称为安装后验收测试。尝试应用/识别一些已知的变化，以测试仪器是否继续按预期运行。
- 使用期限内的校准。在使用期限内，需要对仪器和读数装置进行校准或功能检查。这些校准通常由负责数据收集的人员实施。

94.5.3 安装

每台仪器必须按照计划提前安装完成。计划表将根据施工前（基准）条件准备、作业活动、安装人员的适应性、仪器交付日期等相关因素制定。

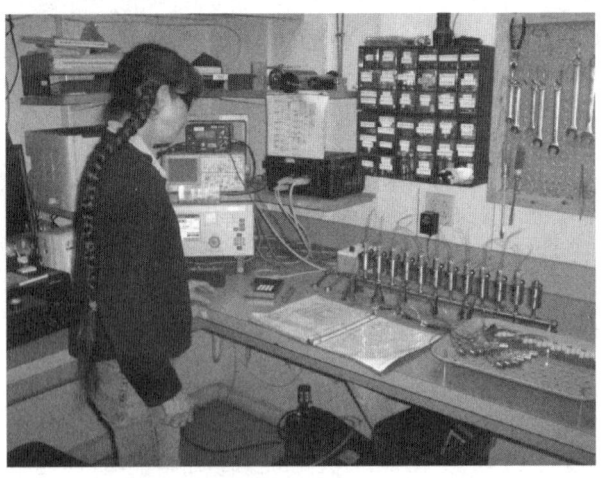

图94.9 工厂校准振弦式压力计传感器

经由 Geokon Inc.［Lebanon，新罕布什尔（New Hampshire），美国］提供照片

图94.10~图94.12分别显示了钻孔伸张仪、测斜套管和电阻应变仪的安装情况。

仪器暴露的表面通常应该用坚固的盖板保护、焊接、螺栓或其他方式连接到表面。暴露在外的管道和电缆非常容易损坏，通常应该用导管或铠装来保护。图94.13显示了用于保护钻孔内仪器的预制混凝土管。

测量仪器应使被测参数值的漂移最小。如果仪器的漂移很大，就说明它的一致性差。

正如第17步所示，安装记录表应在规划阶段准备，并将安装过程记录下来。这些记录有两个目的。首先，当要求安装人员在表的空格中输入数据/信息时，他们会小心地遵守安装规定。其次，为了存档和在数据评估期间使用，"完工"数据是必需的。这些记录是所有质量保证计划的重要组成部分。

安装完成后，应制作安装报告，以提供给负责数据收集、处理、演示和分析的人员进行完整信息汇编。安装报告应包含竣工信息、仪器和读取设备的说明、校准和检查结果、安装程序的详细信息、初始读数和每个安装记录表的副本。

94.5.4 维护

使用期间的定期维护通常由负责数据收集的人员进行。

图 94.10　在隧道上方安装钻孔伸张仪

图 94.11　安装测斜仪的套管

他们应该时刻警惕仪器损坏、潜在的损坏、变质或故障发生。

94.5.5　数据收集

主要有三种收集数据的方法：

- 人工采集是指人们到仪器的安装位置，使用一些设备来读取数据。读数被手工记录在纸上或电子设备上。当数据采集每周少于一次、仪器的距离不是太远、安装位置可以安全到达时，这种方法可能是最经济有效的。人工采集的仪器不一定是电子的，而且可能成本低，易于维护。图 94.14 显示了采用水位计人工采集水位管中的水位数据。
- 当数据采集间隔小于一周，或难以到达仪器位置且不需要即刻知道读数时，可以使用定期手动下载数据的数据采集仪。有人每周或每月或每季度到数据记录仪采集数据，数据被储存在数据记录仪的存储器中，然后定期手动下载到一个便携式电子设备中，以便带回办公室。这种方法需要使用由数据记录器读取的电子仪器，且此方法的硬件成本可能比人工采集方法更

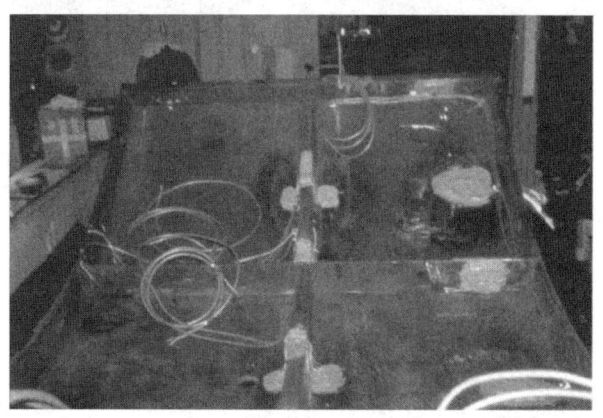

图 94.12　在铸铁隧道衬砌管片上安装电阻应变片

高，但收集数据的成本可能更低，而且基本上不需要增加成本就可以更频繁地采集数据。

- 仪器读数需求迫切且当读取频率超过一天一次时，需要使用具备远程数据访问的数据记录器。在这种方法中，数据记录器通过固定电话线或移动电话调制解调器、卫星调制解调器、收音机或互联网连接到远程计

算机系统。这些系统允许用户在记录数据的几秒钟内看到数据。它们还允许建立报警系统，当仪器监测的数据超过预先设定的触发水平时，就可以通知项目工作人员。图94.15为这种数据记录器的一个示例，此数据记录器用太阳能电池板为电池充电。

每一种方法都有其优点和局限性，直接影响到如何采集、归纳和传输数据，因此在监测方案的规划阶段选择数据采集方法十分重要。

图94.13　预制混凝土管保护钻孔仪器免受损坏

图94.14　人工采集开放式立管压力计的压力

数据采集的频率应与施工活动、监测数据变化速率以及数据分析的要求有关。EN 1997-1（2004）第4.5条包括了监测时间的指导意见。

施工开始且仪器安装就位后，应经常进行数据采集。例如，与施工活动有关的监测频率为每星期一次、每天一次、每班一次或更频繁（例如每次爆破前后、打桩期间、堆载或移除预压荷载期间）。在强降水期间，增加数据采集的频率通常是明智的。当施工作业活动离开仪器监测位置或完全停止，且监测数据稳定时，可以降低监测频率。通常建议将监测工作持续到所有施工活动接近完成，因为一些施工影响需要过一段时间才会显现出来，而且可能还会有其他作业活动影响项目。

94.5.6　监控数据的处理和演示

数据处理和演示的第一个目的是对数据进行快速评估，以便对监测数据的变化立即采取措施。第

图94.15　用于闸墙横向位移监测的带有远程数据访问的数据记录器

二个目的是总结和演示数据，以显示趋势，并将观测结果与预测的结果进行比较，以便采取任何必要的行动。

在计算完成后，需要准备数据图表。Dunnicliff（1988，1993）描述了各种类型的曲线图：

- 协助数据筛选的曲线图；
- 数据随时间变化的时程曲线图。这种图表的示例见图94.16；
- 比较观测值和预测值的曲线图；
- 监测成果与施工工况比较的图表。图94.16包含了时间轴上的施工工况；
- 用于检验"因果"关系的图表。图94.17是这类图表的示例，在桩载荷试验中，荷载作为"原因"，位移作为"结果"；
- 总结性图表。

越来越多的项目管理人员希望了解监测方案的实施结果而不涉及细节，除非即将出现监测超标现象。重要信息的简短摘要报告对此很有用。

94.5.7 监测数据的分析

许多监测项目失败是因为收集的监测数据从未使用过。如果监测方案有明确的监测目的，则应以监测目的为指导确定数据分析的方法。

数据分析的第一步应是对数据进行快速评估，以便发现需要采取应急措施的监测项。随后的数据分析步骤的本质是将仪器读数与其他因素（因果关系）联系起来，并评估读数与预测值的偏差。

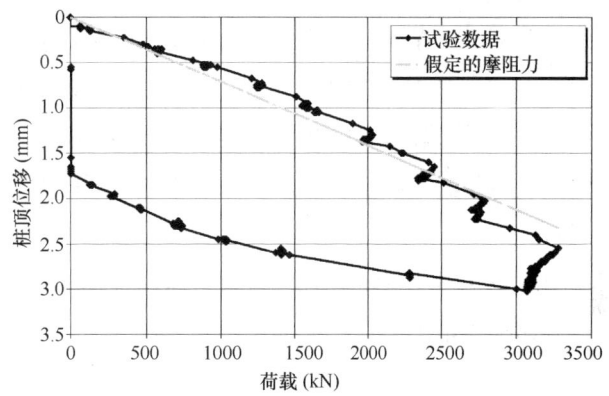

图94.17 桩荷载试验数据

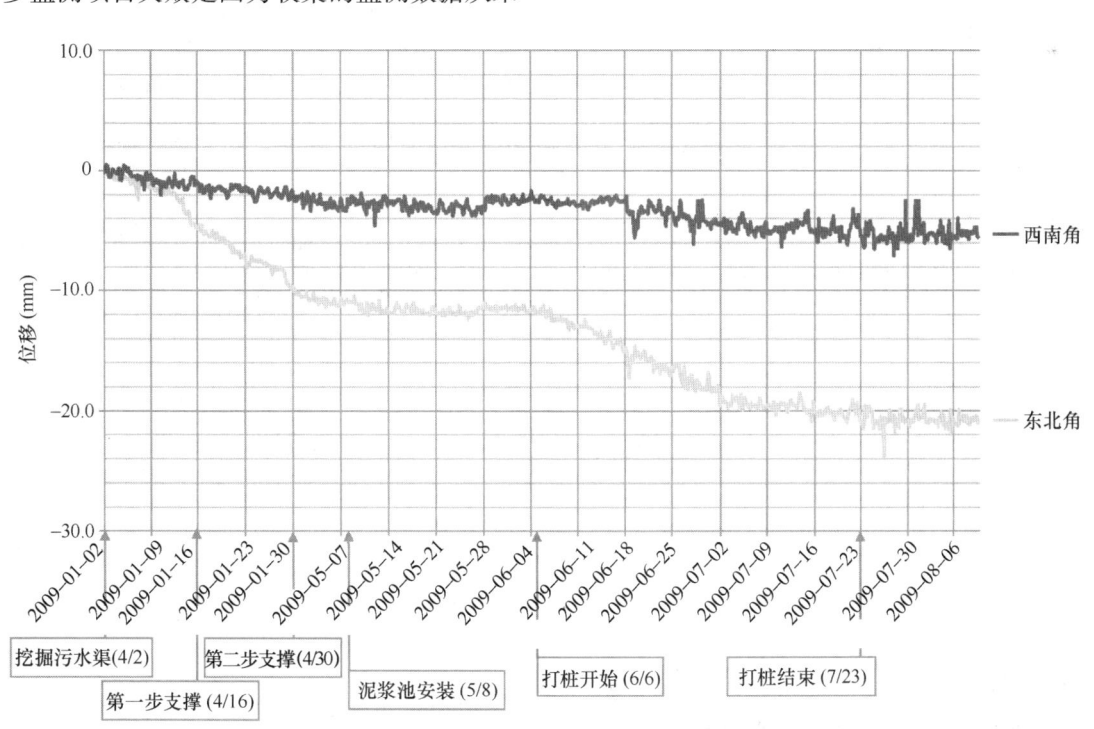

图94.16 基坑开挖阶段邻近建筑物沉降与时间的关系

在分析监测数据时，应密切关注触发水平（见第94.3.6节）。不要忽略在绿色触发水平期间监测值的变化，而只等待绿色标记变成黄色。绿色期间的趋势可以提供有用的预警。

数据分析是一个不断进行的过程。分析频率应尽可能高，早期数据通常会因为随后数据的增多而不断修正或改进，并且朝着真实数据方向发展。

设计和施工人员之间应保持开放的沟通渠道，以方便设计工程师（提出问题并规划监测方案的人）、现场工程师（提供数据的人）和施工或操作人员（使用数据的人）进行讨论。重要的是项目开始时应建立好通信渠道，以便传送报告和预警信息。

EN 1997-1（2004）第 4.5 条包括了监测数据分析评估的指南。

94.5.8 结论报告

分析完每组数据后，应以临时监测报告的形式出具结论，并提交给负责执行应急措施的人员。这些临时报告可以是每日、每周或者每月一次，这取决于项目的具体需求。

94.5.9 实施

实施包括执行上面描述的所有步骤。为了使岩土工程监测有效，必须采取行动以管控风险。这些行动包括：

- 执行必要的补救措施；
- 必要时修改设计；
- 改变承包商的施工方法；
- 评估剩余工作的监测效果；
- 综合总结经验教训，并根据需要修改标准程序。

94.6 小结

本章对建设工程项目实施岩土工程监测方案的十大技术原因进行了概述，这些在当今的岩土工程实践中都已进行过探讨。一般来说，这些技术原因的一个共同特点是实施监测方案可节省项目资金。

在用户使用监测仪器时，有一种不合逻辑的趋势，即通常首先选择一个仪器进行测量，然后再考虑如何处理监测数据。设计一个采用岩土工程仪器观测的监测方案应该从确定监测目的开始，直至监测数据如何利用结束。本章概述了系统规划过程中的 20 个步骤，并给出了一个实例。

最后，本章还为最大限度地提高与监测方案有关的监测工作质量提供了指导。

94.7 参考文献

Dail, E. B. and Volterra, J. L. (2009). Instrumentation and monitoring trends in New York City and beyond. *Geotechnical News*, **27**(3), 31–34. www.geotechnicalnews.com/instrumentation_news.php

Dunnicliff, J. (1988, 1993). *Geotechnical Instrumentation for Monitoring Field Performance.* New York: Wiley.

Dunnicliff, J. (1998). *Geotechnical Instrumentation Reference Manual.* Training course in Geotechnical and Foundation Engineering, NHI course No. 13241 – Module 11 Publication No. FHWA HI-98-034.

Dunnicliff, J. (2009). A designer's dilemma. *Geotechnical News*, **27**(3), 30. www.geotechnicalnews.com/instrumentation_news.php

Dunnicliff, J. and Powderham, A. J. (2001a). Recommendations for procurement of geotechnical instruments and field instrumentation services. *Geotechnical News*, **19**(3), 30–35, 37. www.geotechnicalnews.com/instrumentation_news.php

Dunnicliff, J. and Powderham, A. J. (2001b). Recommendations for procurement of geotechnical instruments and field instrumentation services. In *Proceedings of the International Conference on Response of Buildings to Excavation-Induced Ground Movements* (ed. Jardine, F. M.), CIRIA Special Publication 201, pp. 267–276.

Eurocode 7 (2004). *Geotechnical Design – Part 1: General Rules.* EN 1997-1:2004.

Klingler, F. J. (2001). Discussion: recommendations for procurement of geotechnical instruments and field instrumentation services. *Geotechnical News*, **19**(3), 36, 37. www.geotechnicalnews.com/instrumentation_news.php

Ladd, C. C. (1991). Stability evaluation during staged construction. 1986 Terzaghi Lecture, American Society of Civil Engineers. *Journal of Geotechnical Engineering*, **117**(4), 593–604.

Marr, W. A. (2007). Why monitor performance? Theme Lecture, ASCE Symposium on Field Measurements in GeoMechanics (FMGM), Boston. To access the online version, go to www.asce.org then 'Search all Publications' – type 'Marr' in the Author field and '2007' in the Start Year field.

Peck, R. B. (1969). Advantages and limitations of the observational method in applied soil mechanics. *Géotechnique*, **19**(2), 171–187.

Peck, R. B. (1984). Observation and instrumentation, some elementary considerations. In *Judgment in Geotechnical Engineering: Professional Legacy of Ralph B. Peck* (eds Dunnicliff, J. and Deere, D. U.). New York: Wiley, pp. 128–130.

van Staveren, M. (2006). *Uncertainty and Ground Conditions – A Risk Management Approach.* Oxford, UK: Butterworth.

实用网址

Geotechnical Instrumentation News（GIN）articles; www.geotechnicalnews. com/instrumentation_ news. php

Articles published since 2001 can be downloaded from this

site. At the end of each year, that year's articles will be posted on the site.

Symposia on Field Measurements in GeoMechanics；www.fmgm.no

The *Publications* page contains a search function for authors and paper titles from the proceedings of ten international symposia on geotechnical monitoring.

www.asce.org as follows: Publications. Research Databases. ASCE Online Research Library. Papers presented at the American Society of Civil Engineers Symposium on Field Measurements in GeoMechanics (FMGM), Boston, 2007 can be accessed on this site.

> 建议结合以下章节阅读本章：
> - 第78章"招标投标与技术标准"
> - 第79章"施工次序"
> - 第100章"观察法"
>
> 本书以第1篇"概论"和第2篇"基本原则"为指导进行章节编排。如第4篇"场地勘察"中所述，各类岩土工程均应进行扎实的现场勘察工作。

译审简介：

贾宁，工学博士，副研究员，建研地基基础工程有限责任公司分公司总工程师。从事岩土工程勘察、设计、施工、加固等工作。

刘俊岩，济南大学教授，山东省城市地下工程支护及风险监控工程技术研究中心主任。《建筑基坑工程监测技术标准》GB 50497—2019 主编。

第 95 章 各类监测仪器及其应用

约翰·邓尼克利夫（John Dunnicliff），岩土工程仪器顾问公司，德文，英国

主译：吴春秋（中国建筑科学研究院有限公司地基基础研究所）

审校：蔡浩原（中国科学院空天信息创新研究院）

doi: 10.1680/moge.57098.1379

目录

95.1	概述	1349
95.2	地下水压力监测设备	1349
95.3	变形监测设备	1353
95.4	监测结构构件荷载和应变的仪器	1358
95.5	监测总应力的仪器	1361
95.6	仪器的一般作用，以及有助于解决各类岩土工程问题对应的仪器汇总	1362
95.7	致谢	1371
95.8	参考文献	1372

本章主要介绍了用于监测地下水压力、变形、结构构件的荷载和应变以及总应力的仪器，并简要说明了测试原理、所选的仪器示意图和其他重要事项，还包括仪器的应用。本章概述了仪器在解决不同工程面临的岩土工程问题（附问题表格）中的作用，以及解决这些问题需要进行监测的项目，并汇总了对应可选用的仪器设备。

95.1 概述

本章第一部分介绍用于监测地下水压力、变形、结构构件的荷载和应变以及总应力的仪器，并简要说明了测试原理、仪器示意图和注意事项，另外还介绍了仪器的应用。过去十年，测试仪器无线化成为一种趋势，这样可以降低数据传输、收集的成本，也能降低电缆损坏的风险。

在本章的第二部分，介绍了仪器在各类工程项目中的一般作用，随后以表格的形式列出了各类项目面临的岩土工程问题（见第 94 章"监控原则"），解决这些问题可能会需要用仪器监测，并汇总了对应可选用的仪器设备。

我们尽量引用网上能查到的参考文献。本章的很大一部分主要内容是基于参考文献 Dunnicliff（1988，1993）和 Dunnicliff（1998）。

第 94 章"监控原则"和本章相关，内容包括岩土工程监测的目的、监测流程设计的系统方法以及监测的操作指南。

95.2 地下水压力监测设备

95.2.1 简介

在本章中，术语"压力计"指的是埋于土中的一种装置，只反映周围水压力的大小，不受其他高程水压力的影响。压力计用于监测正（有时为负）的土中孔隙水压力和岩石中的裂隙水压力。观测井是另一种类型仪器：观测井没有地下密封，不同地层之间垂直联系。

压力计的应用分为三大类：

- （1）用于监测水流场模式；（2）用于提供土或岩体强度的参数；（3）用于测量安装位置处的水压力。第一类的例子包括在大比例抽水试验期间监测地下水流，以确定现场的渗透性，以及监测斜坡中的长期渗流模式。

- 利用监测到的孔隙水压力（正或负）或裂隙水压力可以估算有效应力，从而评估土体或岩体强度。例如，评估土或岩石挖方边坡潜在滑裂面的强度，监测孔隙水压力以控制软黏土地基上的施工进度。

- 当从不同高程处的压力计读取数据后，可以推断压力分布。这对于岩土工程设计非常有用。

95.2.2 观测井

如图 95.1 所示，观察井立管的下部开孔，钻孔内立管周边充填砂或砾石。典型尺寸：立管直径 25~50mm，钻孔 75~250mm。孔口处使用水泥砂浆或其他材料进行表面密封，以防止地表水流入钻孔，在管帽中需要设置通风口，以便水能够自由流过井点。观测井中的水位高程是通过在测绳的下端连接一个探头（有时是一体的）来进行测量，通常称之为测井仪。当探头到达管内水面，电流流通，读数装置中的灯或蜂鸣器会发出指示。

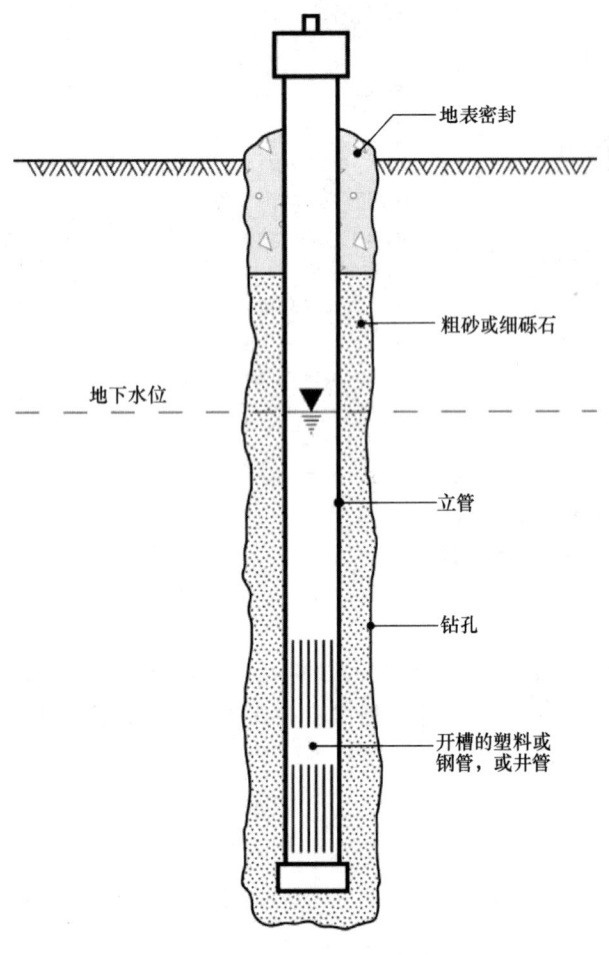

图 95.1　观测井示意

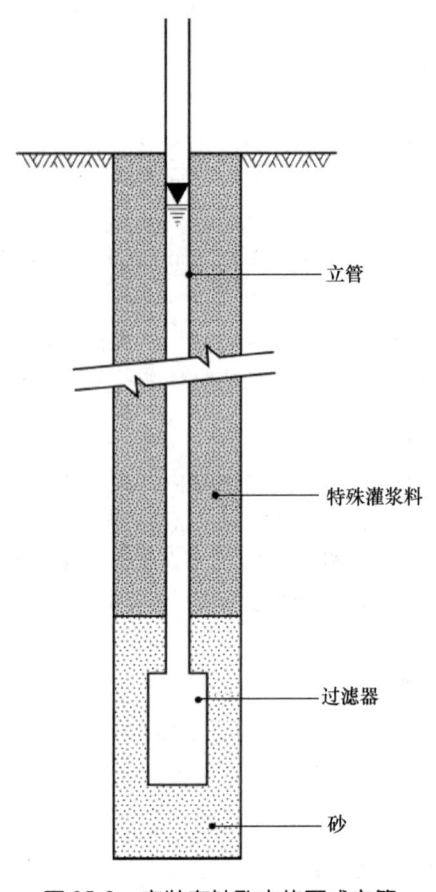

图 95.2　安装在钻孔中的开式立管
压力计示意

观测井的适用场景相当有限。实际操作时，经常是将观测井安装在勘察孔中，表面上能反映初始水位和地下水位的季节波动。然而，因为观测井在不同地层中形成了一个竖向通道，所以仅对均质可透水地层有效，在这种地层中，水压力随深度均匀增加。需要特别注意的是，观测井位于污染土的部分不应有过滤段，否则受污染的地下水会流到其他地层中。

95.2.3　开式立管压力计

开式立管压力计与观测井构造基本一样，只是增加了地下密封，这样测得的是过滤器周围的地下水压力，不受其他高程水压力的影响。图 95.2 为其示意图。立管和钻孔的典型直径与观测井一致。这种压力计有时被称为卡萨格兰德压力计（Casagrande，1949）。传统上，按照卡萨格兰德安装程序，在过滤段砂层和特殊灌浆料之间要用一层密封膨润土分隔。不过，现在没有必要了（Dunnicliff，2008）。特殊灌浆（Mikkelsen，2002；Contreras 等，2008）可直接浇筑在过滤段砂层上。为避免直接喷射到砂层上，灌浆管底部应封堵，侧面开孔，采用重力灌浆或缓慢泵送。

观测井中的水位用电极探头来测量。

开式立管压力计有长期成功应用记录，可以通过插入压力传感器转换为远程读数压力计。但是，它有较长的滞后时间（响应时间），容易受施工设备或立管周围土体的挤压破坏，另外，当水位上升至冻结线以上时，则会出现冻结的问题。

95.2.4　振弦式压力计

如图 95.3 所示，压力计有一个金属隔膜，将地下水和测量系统分开。一根张紧的金属丝连接在隔膜的中点，这样隔膜的变形会引起金属丝张力的变化。就像钢琴弦一样，振动的频率随着金属丝的张力而变化。金属丝由一个固定在它中点附近的电子线圈以磁吸方式拨动，利用该线圈或另一个线圈由频率计数器来读取振动频率。由厂家标定频率和压力的关系。图中 P 为孔隙水压力，K 为厂家提供的常数，f_0 为初始振动频率，f 为当前振动频率。振弦式压力计对大气压力会有反应，因此，如果需要消除大气压力的影响，则需要单独测量大气压力。小直径的排气孔对于气压的平衡无效，因此通过排气的方式消除压力变化的影响往往很难奏效。

图 95.3 显示了通过"全灌浆法"安装的测压计（Contreras 等，2008；Weber，2009）。如上所述，按照 Casagrande 的开式立管压力计安装程序（Casagrande，1949），在砂和特殊灌浆之间需要膨润土进行密封。几十年前，Vaughan（1969）证明使用全灌浆法是可以接受的，但很少有人采用。Contreras 等人（2008）也指出无需采用砂和膨润土隔层。Dunnicliff（2008）总结了全灌浆方法在世界范围内的一些经验，提供了 8 名采用该方法作为标准程序的从业人员的联系信息。典型钻孔直径为 100～150mm。

振弦式压力计可实现无线数据传输。在软土中还可以通过植入法进行安装。

振弦式压力计通常是监测地下水压力的首选仪器。这类仪器易于读取和记录数据，具有很短的时滞，对施工造成的干扰最小，引线影响最小。它们具有长期稳定性，可与长信号电缆一起使用。在雷电易发地区需要采取防雷措施。

95.2.5 气压计

图 95.4 显示了气压计的基本构造。当气压力小于孔隙水压力时，通过进气管增加气压，此时气压仅仅会在进气管中积聚。当气压超过孔隙水压力时，隔膜会变形，使得气体绕过隔膜背面进入出气管，可以通过在压力表上记录到峰值或通过感知出气管流出气流来识别。此时进气管停止进气，管中

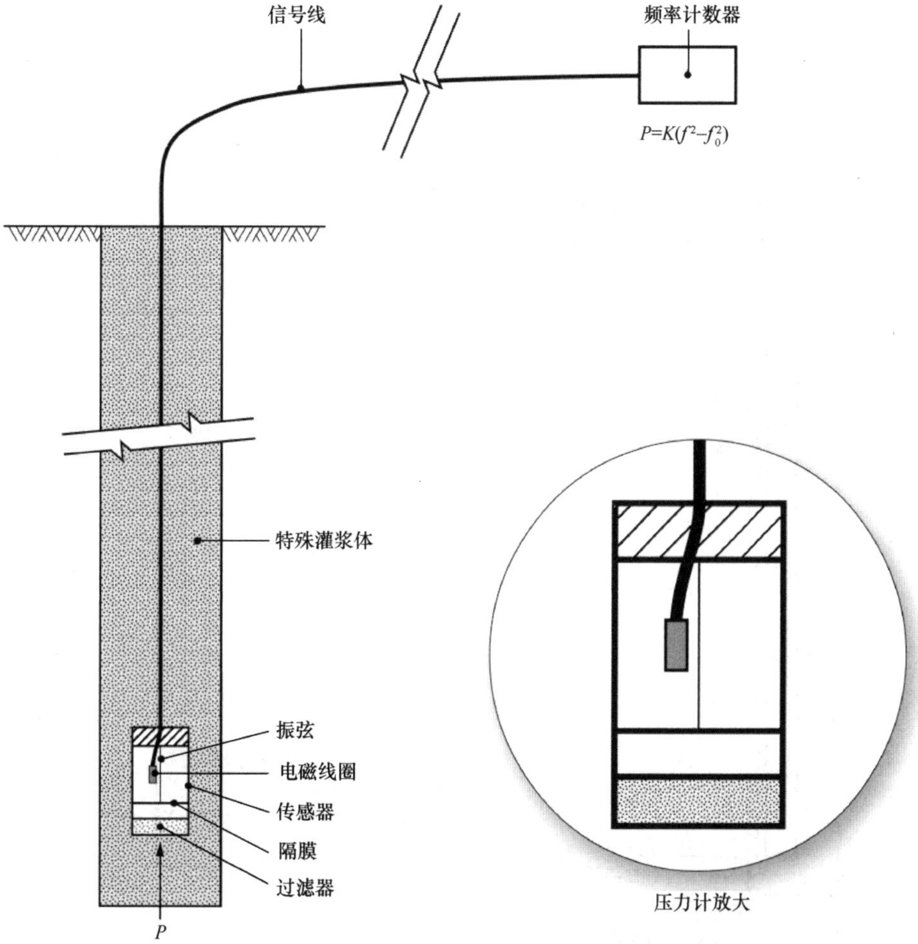

图 95.3　全灌浆法安装在钻孔中的振弦式压力计示意

的任何多余压力都会排出，当进气管中的压力等于孔隙水压力时，隔膜就会恢复到原来的位置。此时的压力通过波登管或电子压力表读取。对于振弦式压力计，气压受大气压力影响，因此，如果考虑该影响，则需单独测量大气压力。对于开式立管压力计，在砂和特殊灌浆料之间不需要膨润土密封。气压计的安装不建议采用全灌浆法。典型钻孔直径为 100～150mm。

气压计在软土中可以通过植入法进行安装。

气压计（原文为振弦式压力计）的时滞很短，对施工造成的干扰最小。不需要防雷保护，但数据的读数和记录不太方便，且易受操作者影响。

95.2.6 双管液压计

双管液压计是为筑坝而开发的，安装在坝基或填筑体中。测压计由一个多孔过滤器连接在两根塑料管上，每根管的端部有一个波登管压力计或压力传感器。管内充满去气水，压力大小可由压力读数读取。当堤坝的心墙处于非饱和状态时，测量孔隙水压力时需要格外关注一些细节，确保测量的不是孔隙气压力（两者正好是相反的），需要确保管内一直充满水（Dunnicliff, 1988, 1993）。

95.2.7 测量负孔隙水压力的可冲洗压力计

可冲洗压力计（Ridley, 2003; Ridley 等, 2003）主要用于测量负孔隙水压力。适用于黏土边坡和开挖工程。负孔隙水压力将压力传递给测压计中的水。这很可能导致压力计中出现空气，最终变干。如果压力计中存在空气，则测得的孔隙水压力可能不正确。因此，必须清除空气并用新鲜的去气水代替。

双管液压计具有固有的可冲洗性，但其主要缺

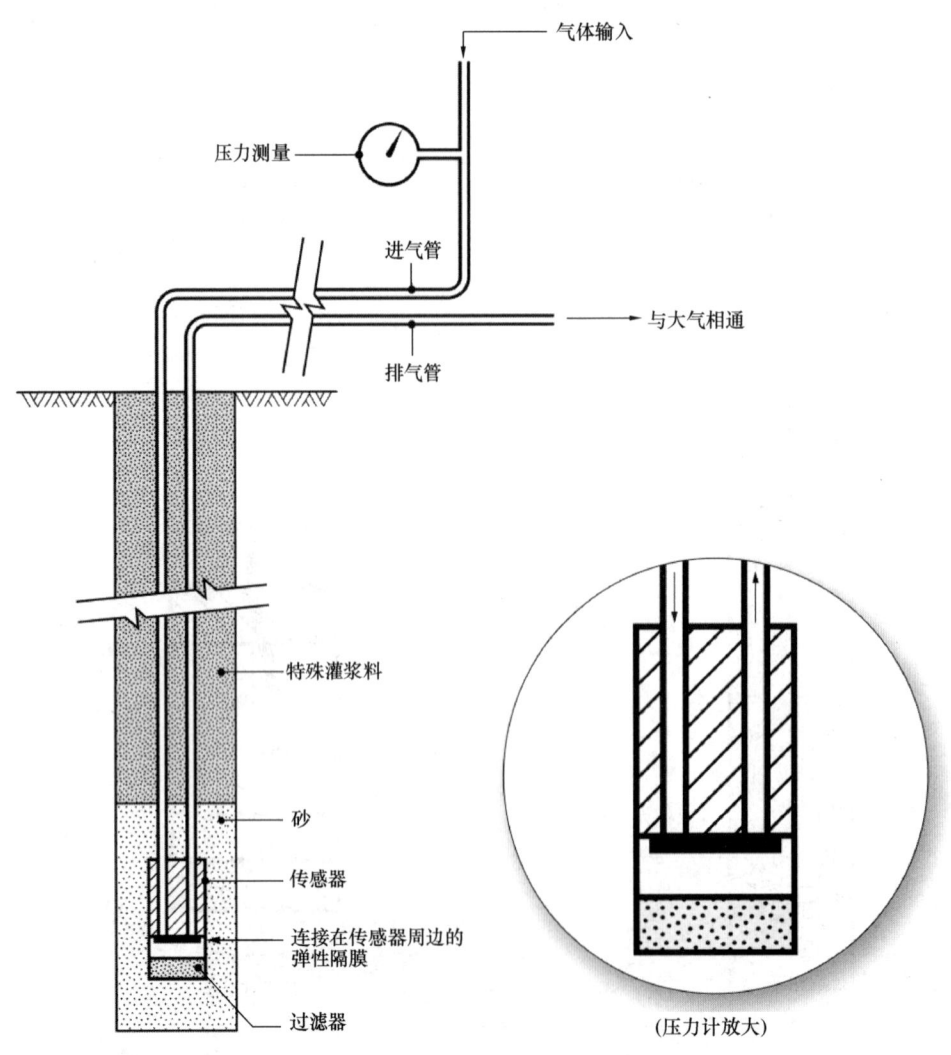

图 95.4　安装在钻孔中的气压计示意

点是用于冲洗水的液压管必须水平放置，以最大限度地扩大负孔隙水压力的测量范围，并避免空气滞留在管内。如图95.5所示的可冲洗压力计通过连接一个液压阀克服了这一问题，这样可冲洗压力计能够安装在钻孔中，钻孔直径通常为70mm。该阀用于将传感器与冲洗管隔离，从而使压力计能够测量大约95kPa的正负孔隙水压力，而不用考虑安装深度。使用高开口气孔多孔过滤器也可以抑制压力计中气体的形成，采用完全灌浆的安装方法可以保证孔隙水压力和压力计中的水之间保持水压的一致性。

95.2.8 光纤压力计

光纤压力计的应用时间不长（Glišic'和Inaudi，2007；Inaudi和Glišic'，2007a）。它们被归类为"法布里－珀罗干涉点传感器"，由一个毛细玻璃管组成，其中包含两个相互面对的部分镜像光纤，它们中间留有一个数微米的空气腔。当光耦合到其中一根光纤上时，由于入射光在两个反射镜上的反射，会获得反向反射干涉信号。当封装为压力传感器时，该信号可以用来反映压力。

95.3 变形监测设备

95.3.1 测量方法

本节介绍在各种施工条件下结构、地表和地下设施水平、垂直变形的大小和速率的测量方法。通常，当使用岩土仪器监测变形时，测量值需要与基准值相关联：垂直变形监测基准或水平变形监测基准。

现场测量员通常对变形监测所需的精度缺乏经验，当对精度要求很高时，需要由训练有素的测量员来实施。测量方法的选择以及基准点和测量数据的质量决定了测量的精度（Cheney，1973）。测量仪器的制造技术已经很成熟，大多数声誉良好的制造商在其仪器说明书中都会给出精度说明，如果仪器按照说明进行校准和操作，该精度是可以信赖的。

本章不对测量方法进行详细讨论，读者感兴趣的话可以参阅测量设备制造商提供的资料。目前的趋势是广泛使用手动和电动（机器人）全站仪（Cook，2006；Beth，2007；Kontogianni，2007；Hope和Chaqui，2008；Marr，2008；Volterra，2008）。全站仪是经纬仪和电子测距相结合的测量仪器。测点安装到位后，可以监测其三维变形。通过在经纬仪上加装电机和自动目标识别功能，可以实现自动远程监控。

95.3.2 探头引伸计

在本章中探头引伸计指的是通过在导管中穿过探头监测两点或多点之间沿同一轴向距离变化的装置。沿管道分布的测点由探头识别，通过测量探头

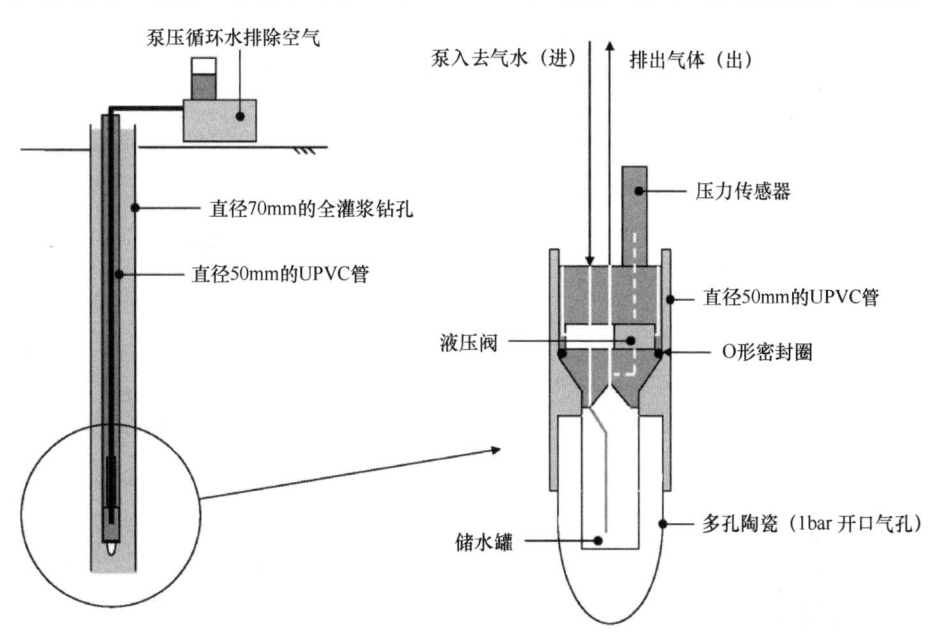

图95.5　可冲洗压力计示意
经由 Geotechnical Observations Ltd（Weybridge，Surrey）提供

位置来确定测点之间的距离。探头引伸计典型的应用是监测路堤或路堤基础内的垂直变形，以及基坑和隧道上方的沉降。

探头引伸计中使用了各种类型的传感器，包括感应线圈和磁铁/簧片开关传感器。磁铁/簧片开关传感器是一个开/关位置检测器，用于指示簧片开关何时处于相对于磁铁的特定位置。开关触点为常开触点，其中一个簧片必须对磁场敏感。当开关所在磁场足够强时，簧片触点闭合，只要保持在磁场中，簧片触点就会保持闭合。触点闭合会启动便携式读取装置中的蜂鸣器或指示灯（Burland 等，1972）。探头引伸计在钻孔中安装示意如图 95.6 所示。

图 95.6 所示的磁吸装置适合安装在软土中。磁铁上方和下方的三个弹簧在下放至钻孔中时是被压住的，下放至设定深度时会拨动一次。为确保磁吸装置的位移与周围土体的一致，6 个弹簧应有合适的刚度，确保至少有 20N 的力使得 200mm 长的弹簧伸展紧贴至磁铁外壳的纵轴上。当处于拉伸状态时，弹簧端到端直径应至少为 220mm。当在硬土中安装时，最好只安装 3 个上部弹簧，用套于导管外围的插入管将其推到所需深度（无阻碍），然后向上拉动，以确保它们"咬合"到土中。插入管底部和磁铁壳体之间的卡口可以断开，这样可以拔出插入管。

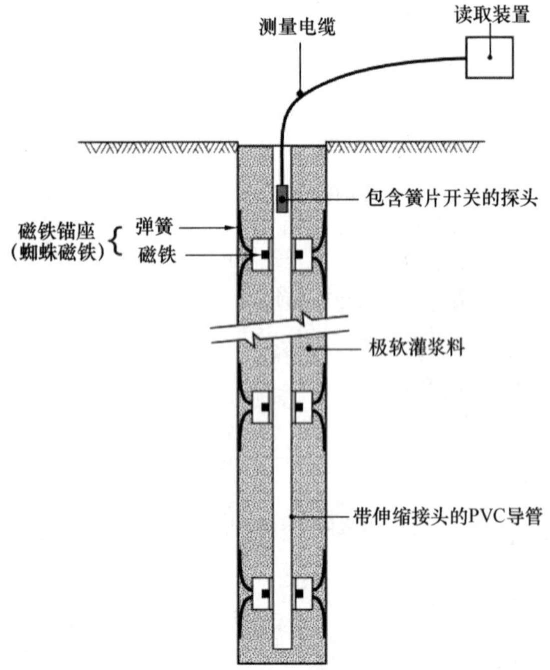

导管直径通常为 33mm，钻孔直径通常为 65～225mm。当预测的垂直应变大于 1% 时，则需要采用可伸缩导管。

一些用户在测斜仪套管周围安装了该设备，希望能够监测三维变形。但是，由于灌浆料的要求不同，监测垂直变形数据需要高压缩性而监测水平变形时需要低压缩性，往往无法获得令人满意的测量数据。

95.3.3 固定式钻孔伸长计

本章中固定式钻孔伸长计指的是安装在土体或岩石钻孔中，用于监测钻孔轴线上两点或多点间距离变化的装置，该装置不使用可移动探头。当测点的位置可通过一个固定的参考基准点确定时，该装置还能提供绝对变形数据。其工作原理如图 95.7 所示。典型的应用是用于监测岩石地下开挖周边和开挖边坡后面的变形。

环形锚板表面到杆端的距离通过机械或是电子传感器进行测量。图中所示设备为单点钻孔伸长计（SPBX），也可在单个钻孔中安装多个孔下锚，每个都有连接杆连接到环形锚板，以创建多点钻孔伸长计（MPBX）。通常 MPBX 锚和杆的最大数量为 8 个，典型钻孔直径为 150mm。

有多种类型的固定式钻孔伸长计可以选用，主要不同的是锚板类型、单点或多点、传感器类型和伸长计头。固定式钻孔伸长计可采用无线数据传输。

图 95.6 带磁铁/簧片开关传感器的探头引伸计示意

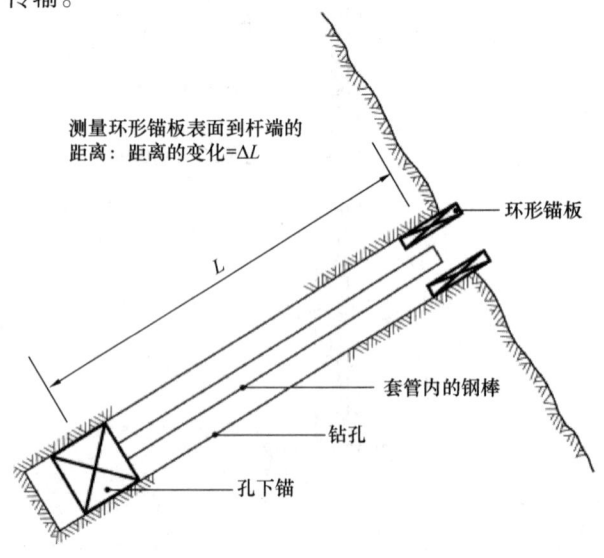

图 95.7 固定式钻孔伸长计的工作原理

95.3.4 倾斜仪

倾斜仪用于监测土体或建筑物表面或内部各点倾斜（旋转）的变化。倾斜仪由封装在适合外壳内的重力感应传感器组成，可固定在某个位置，或通过与长期固定在土体或建筑物表面的参考点配合而作为便携式装置使用。倾斜仪中有各种类型的传感器，包括力平衡伺服加速度计、电解水准仪、振弦传感器和微电子机械系统。倾斜仪可采用无线数据传输。

在众多倾斜仪的传感器中，仪器使用者最熟悉的是力平衡伺服加速度计。该传感器有一个柔性悬挂的质量块，当重力分量随倾斜角度变化时，该质量块会发生偏转。

电解水准仪由一个密封的玻璃容器组成，与常规水准仪类似，里面部分装有导电液体。通过插入玻璃容器内的导电体可以远程监控倾斜。虽然它是一种廉价且常用的传感器，但经常遇到温度敏感性方面的问题。

振弦式传感器由一个靠振弦式应变计支撑的摆动质量块和弹性铰链组成。

微电子机械系统 MEMS（Sellers 和 Taylor, 2008；Sheahan 等, 2008）最近已成为岩土仪器界的倾斜传感器。通过微加工技术将机械元件、传感器、执行器和电子器件集成在同一个硅基片上。MEMS 种类繁多，是一个庞大而迅速发展的高科技领域。与力平衡伺服加速度计类似，MEMS 倾斜传感器基于一个柔性悬挂的质量块，该质量块随着重力分量的变化而发生偏转。这种位移通过具有高灵敏度的差分电容位置传感器来感应。质量块、柔性悬挂结构、位置传感器和配套的电子电路都被集成在非金属材料基底上，该非金属材料通常是硅。

95.3.5 测斜仪

测斜仪是用于监测地表下水平变形的装置。典型的应用包括确定滑坡滑动区、监测软土地基上堤坝和明挖边坡水平位移的范围和速率、监测隔板、桩或挡土墙的变形。

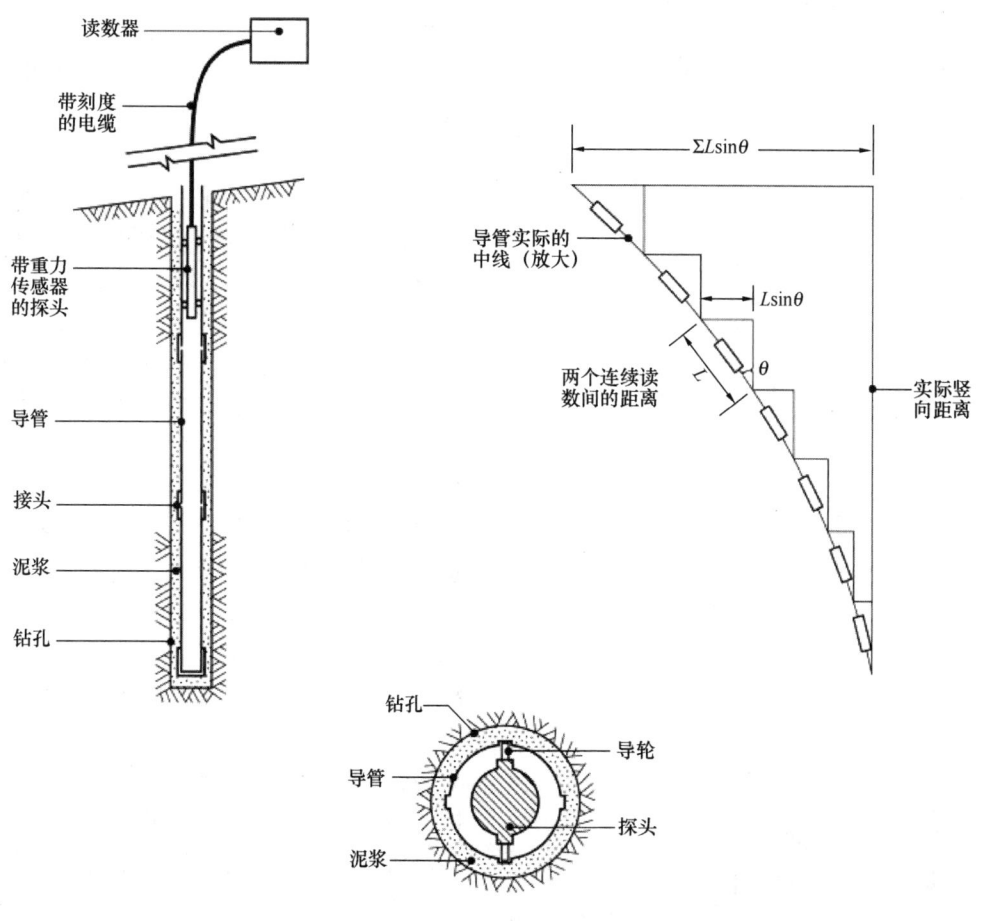

图 95.8 测斜仪工作原理

测斜仪有四个主要的部件：第一是一个近乎垂直方式永久安装的导管，通常由塑料或玻璃纤维制作。导管内有用于控制探头方向的导槽。第二是一个便携式探头，包含两个安装呈 90°的倾斜传感器，用于监测两个方向的水平变形。第三是便携式读数器，用于供电和显示探头倾斜值。第四是连接探头和读数器的有刻度的电缆。

测斜仪一般的工作原理如图 95.8 所示。导管安装完毕后，将探头下放至底部，并进行倾斜测量读数。当探头逐渐提升到导管顶部时，会产生额外的读数，用于确定导管初始位置。这些初始读数和随后各组读数之间的差异即为水平位移。如果将导管安装在不会产生水平位移的基岩等材料中，限制导管下端的水平位移，读数差可以用于计算导管沿线任何点的绝对水平变形。

标准测斜仪导管直径为 70mm 和 85mm。

大多数商用测斜仪使用的是力平衡伺服加速度计传感器，但最近也出现了采用 MEMS 传感器的。大多数测斜仪都配有便携式读数器，可以实现数据存储。

可以将测斜仪导管水平安装，这样能监测垂直变形，比如说软土地基路基的变形。

测斜数据分析方法可以参考 Mikkelsen（2003）提供的资料。

95.3.6 原位测斜仪

当需要对基坑周边或边坡内部的地层变形进行快速或自动监测时，通常需要采用原位测斜仪。

原位测斜仪一般布置在接近垂直的钻孔中，其监测得到的数据与传统测斜仪基本相同。该装置如图 95.9 所示，由一系列由铰接杆连接的倾斜传感器组成。这些传感器与测斜仪中使用的传感器相同——力平衡伺服加速度计、电解水准仪（电水准仪）、振弦传感器和 MEMS。传感器有单轴或双轴的。传感器沿钻孔轴线间隔布置，也可在预计变形区域集中布置。原位测斜仪的数据处理方法与传统测斜仪相同。原位测斜仪可采用无线数据传输。

原位测斜仪可以和传统测斜仪有效地配合使用。首先采用原位测斜仪，以确定水平变形发生的位置，降低人工测量的成本。如果监测到发生了变形，可拆除原位测斜仪，采用常规测斜仪监测发生变形的区域。反过来，也可以先使用传统的倾斜仪，当监测到变形后，然后在关键变形区域安装原位测斜仪，这样可以尽量减少后续工作量并能及时发出报警。

形变阵列或 SAA（Abdoun 和 Bennett，2008；Barendse，2008；Mikkelsen 和 Dunnicliff，2008；www.measurand.com）是最新的研究成果，由一系列 300mm 长的刚性节段组成，通过复合接头连接，可防止扭转，但两个自由度可动。每个节段中都有 MEMS 传感器，当安装在垂直钻孔中时，可以实时获得水平变形数据。该仪器通常安装在 25mm 管道内，与测斜仪和传统原位测斜仪相比，不需要导槽来控制方向。SAA 也可以水平安装，以监测垂直变形。

95.3.7 液位计

在本章中，液位计指的是一种装有充液管或管道的仪器，用于测定相对垂直变形。相对高度由压力计中液位的等效值或液压确定。

液位计主要应用于监测路堤或路堤基础内的沉降。它们可以在不频繁中断正常填筑和压实的情况下进行安装，并能将仪器损坏的可能性降至最低。大多数液位计在中间读数位置进行测量。液压计仅能测量两点或多点之间的相对高程。如果需要得到绝对沉降或高程，通常情况是这样，则测量数据需要参考基准值。如果液压计的一端没有直接安装在基准点上，可采用常规测量方法，测量的精度取决

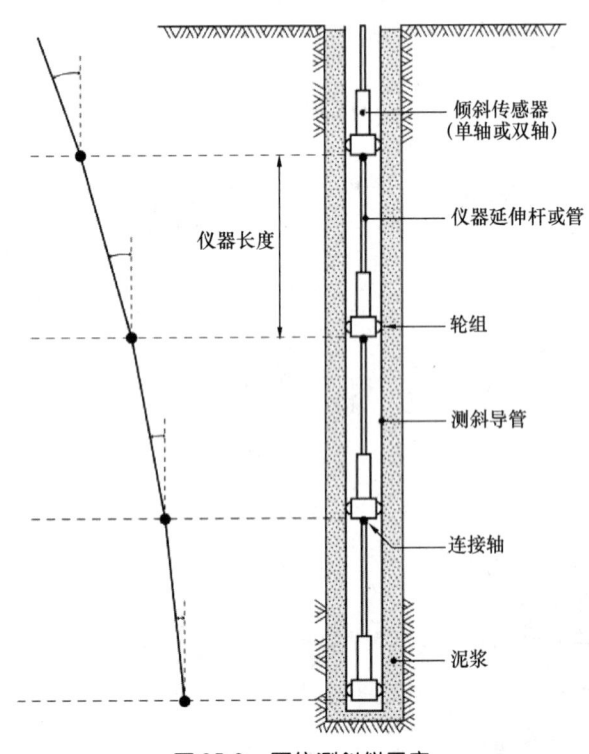

图 95.9 原位测斜仪示意

第 95 章 各类监测仪器及其应用

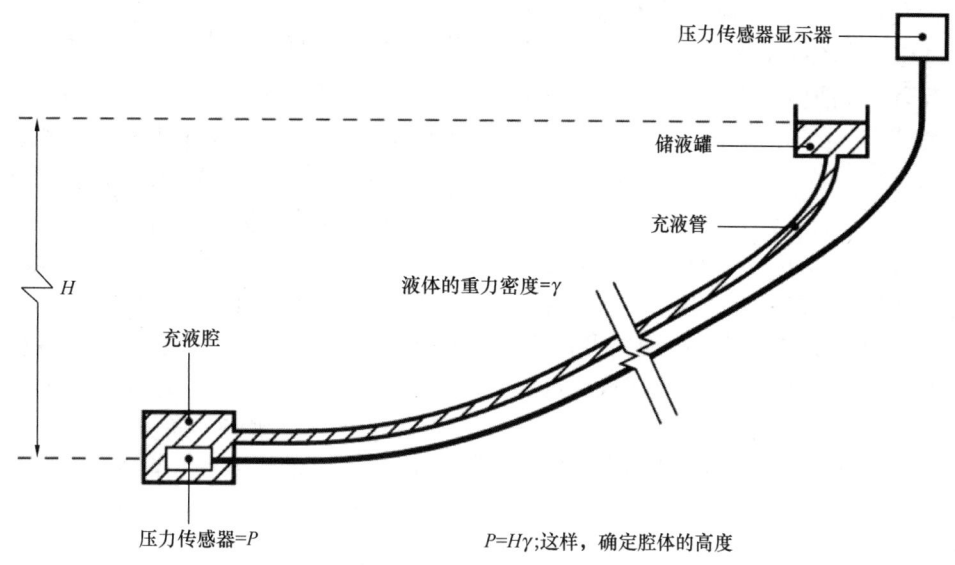

图 95.10 液压计示意

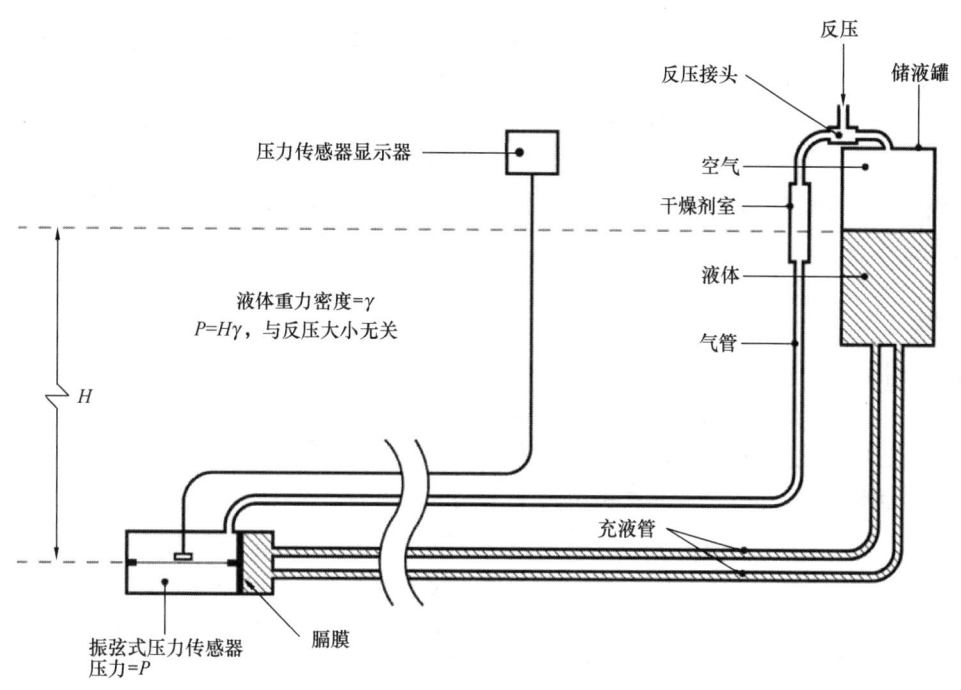

图 95.11 闭环液位计示意

经由 Geokon, Inc. (Lebanon, 新罕布什尔, 美国) 提供

于测量方法。

最常见的液位计如图 95.10 所示。压力传感器通常是振弦式传感器。液柱的上表面位于刻度范围内的已知标高处，因此可以通过压力测量或液体密度来确定传感器和储液罐的相对标高。图 95.10 仅显示了一个充液管，但实际上最好有两个管，以便可以进行冲洗，并且可以在每个管上进行独立测量以进行对照检查。最大的潜在误差来自于气体引起的液体不连续，尽管使用了去气溶液，这仍然是一个经常出现的问题。图 95.11（McRae，2000；www.geokon.com）提供了一个改进的措施：施加足够的反压排掉空气，反压不会改变传感器读数。

可以把这些功能集成到一个探头中，沿埋管拉动，从而可以获得管道任何位置的垂直变形数据。这称为全断面液位计。

各种液位计（有时称为液位测量系统）可与

互连传感器一起使用，用于监测一系列位置的沉降。传感器通过充液管和衡压管连接在一起。小直径的液位管通常会造成液体的不连续性，并导致运维工作量比较大。

95.3.8 裂缝计

裂缝计（有时称为接缝计）通常用于监测坡体后面的裂缝，以及监测混凝土或其他结构中的裂缝，或岩石中的节理或断层。裂缝计有不同类型，包括便携式或固定原位机械式的，便携式或固定原位机械式的又可以和原位或远程数据采集器组合。带有电子传感器的裂缝计可以实现无线数据传输。

95.3.9 收敛计

收敛计通常用于监测开挖支撑和隧道的收敛。虽然现在这些场合它们仍会被采用，但在大多数情况下，现在是采用全站仪进行测量。

典型的收敛计，通常也称之为卷尺引伸计，采用弹簧控制卷尺的张力，卷尺的两端固定在被监测对象两端的固定锚点上。将引伸计连接到锚点上并对张力进行标定后，通过将千分表读数与卷尺读数相加可以获得距离。

95.3.10 沉降板

沉降板通常用于监测软土地基上路堤的沉降。沉降板可以是钢、木或混凝土方板，安装在原始地面上，上面连接立管。对立管顶部采用光学水准测量可以得到沉降板的高程。立管随着路堤填筑施工而加长。

95.3.11 光纤设备

用于监测变形的光纤设备是最近发展起来的。基本原理同前面章节中的光纤压力计。光纤信号可以被处理以指示变形。Glišic'和 Inaudi（2007）以及 Inaudi 和 Glišic'（2007a）描述了四种类型的光纤传感技术：用于监测跨越裂缝等不连续点距离的 Fabry-Per'ot 干涉点传感器，可以沿一条光纤进行多点变形测量的布拉格光栅传感器、用于长基线集成变形测量的 SOFO 干涉传感器，以及能感应光纤任何点处变形的分布式光纤传感器。Inudi 和 Glišic'（2007b）对第四种技术进行了更为详细的描述。最后一种技术非常适合大跨度变形的监测，例如边坡。

95.3.12 时域反射计

时域反射计（TDR）（O'Connor 和 Dowding，1999）是一种遥感电气技术，在概念上类似于沿电缆发射雷达。由 TDR 脉冲发生器产生的电压脉冲沿双导体同轴金属电缆传输，直到电缆变形导致部分发生反射。已知电压脉冲的传播速度和反射时长，可以计算得到发生变形的距离。TDR 用于监测不稳定边坡，以及需要用到测斜仪的其他地方——Dowding 等人（2003）对相关的应用进行了介绍。O'Connor（2008）介绍一种基于 TDR 的岩土警报系统，Lin（2009）介绍了各类测量的一些细节。TDR 可实现无线数据传输。

95.3.13 全球定位系统

全球定位系统（GPS）由三部分组成，卫星、地面控制网和用户设备。无线电信号以干涉模式使用。两个或多个 GPS 接收机同时接收来自同一组卫星的信号，随后对得到的观测结果进行处理，以获得站间位置差。如果其中一个接收机的位置已知，就可以确定另一个接收机的三维位置，同时获取位置数据的点数仅取决于接收机的数量。已被证明，GPS 用于大坝或其他大型结构物的长期变化的监测是非常有效的（Rutledge 和 Meyerholtz，2005）。

95.3.14 声发射监测

声发射（AE）是一种无损技术，可用于破坏发生的早期预警。主要应用于监测土质或岩石边坡。声发射是固体受到应力作用时产生的一种自然现象。来自外部的应力会导致声波的突然释放，从而产生微振动，这种微振动可以被传感器检测到。在边坡内部，不平衡力产生的应力引起颗粒沿着发展中的剪切面进行重分布。这种颗粒间的摩擦导致声发射的释放，是土体内部应变的表现。

尽管声发射一直以来被认为是一种定性的监测技术，Spriggs 和 Dixon（2005）介绍了一种将声发射数据用作早期预警系统的定量方法。

95.4 监测结构构件荷载和应变的仪器

95.4.1 概述

测量结构中载荷和应变的仪器分为两类：测力

传感器和应变计。在各种情况下,传感器都只用于测量小的拉伸和压缩。测力传感器固定在结构内,这样结构荷载可以直接传导到传感器中,应变计直接连接到结构表面或嵌入结构中,以检测结构本身的拉伸和压缩。

测力传感器典型的应用包括锤击和钻孔桩、锚索和锚杆的载荷试验,以及锚索和端锚式锚杆的长期受荷特性监测。经过校准的液压千斤顶用于加载,而非用于测量。当用于现场荷载测量时,气缸和活塞之间的摩擦引起的误差会导致低估荷载高达20%。

当受尺寸、量程、经济的限制,测力传感器无法安装在结构中时,可采用应变计进行测量,根据应变和应力之间的关系计算荷载和应力,精度是足够的。例如,应变计可用于测量基坑支撑、锚杆、挡土墙、地下连续墙和深基础中的临时或永久应力和荷载。

95.4.2 测力传感器

大多数测力传感器装有电阻应变计或振弦传感器。如图 95.12 所示的带有电阻应变计的测力传感器,由钢或铝合金制成的圆柱体构成,电阻应变计连接在圆柱体外围中部。在外围以固定的间隔布置有多个应变计,从而可以减少由于荷载不对中和偏心受荷引起的误差。所有情况下,在传感器两端都应垫上足够厚的承载板,要保证平整、顺滑和平行。对应量程 0.7MN、1.8MN 和 2.2MN,传感器的典型厚度分别为 38mm、63mm 和 76mm。

在大多数振弦式测力传感器中,承载体的变形是通过三个或更多振弦式传感器来测量的,每个传感器均单独测量并对所有的数据进行平均。如图 95.12 所示,构造类似于电阻式测力传感器,只是采用振弦式传感器代替粘结电阻应变计。不过,振弦式应变计安装在圆柱形承重体的内径和外径之间的中间直径位置,从而能将传感器和相邻部件之间尺寸不匹配引起的误差降至最低。测力传感器可采用无线数据传输。

测力传感器的外径从 80mm 到 320mm 都有,其尺寸取决于量程范围。

Sellers(1994)做过试验以考证电阻式测力传

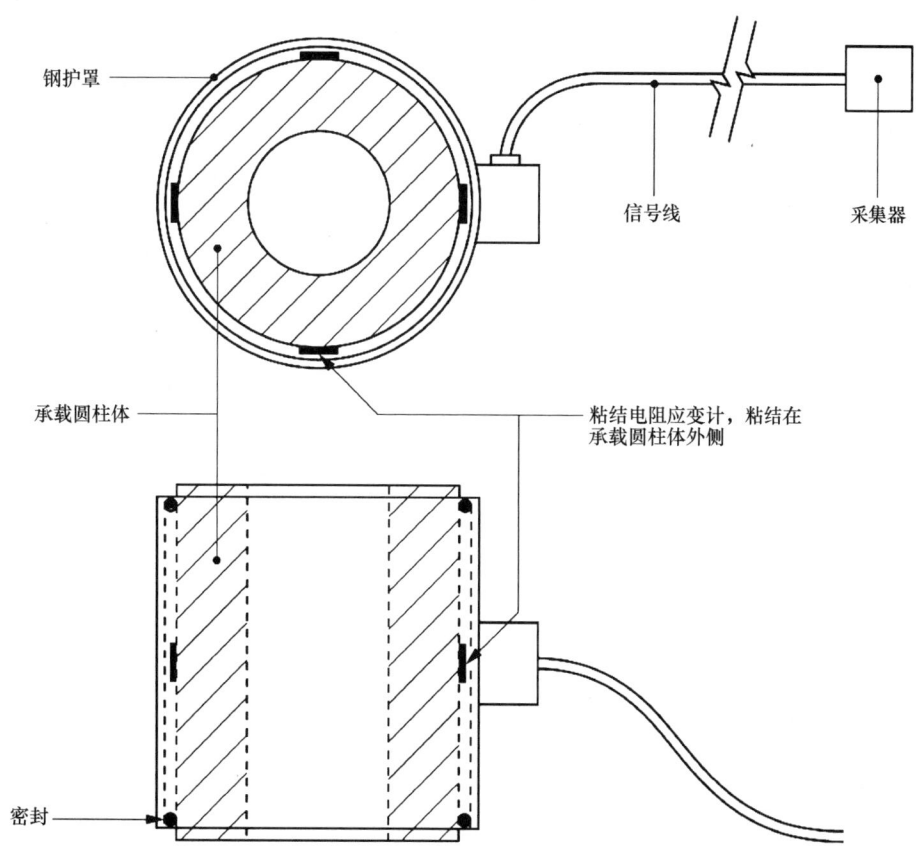

图 95.12 带有电阻应变计的测力传感器示意

感器和相邻液压千斤顶之间尺寸不匹配引起的误差。如果液压千斤顶大于测力传感器，则有将中间支承板向传感器周围包裹的趋势，并向内弯曲气缸壁。如果液压千斤顶比测力传感器小，则有将中间支承板推过测力传感器孔的趋势，并向外弯曲气缸壁。Sellers 指出误差可能高达 8%。Dunnicliff（1995）在 Sellers 试验的基础上，采用振弦式应变计式传感器做了类似试验，以考证振弦式应变计传感器和相邻液压千斤顶之间尺寸不匹配引起的误差，其最大误差仅为 1%。总体而言，采用振弦式传感器的测力传感器似乎比采用电阻式应变计传感器的测力传感器更好。

校准过的液压千斤顶用于向锚杆、锚索、桩、基坑支撑和其他结构构件施加荷载。不过，如果仅通过千斤顶的液压力来确定荷载，往往会导致严重的误差。偏心和/或未对中的加载会导致活塞和气缸之间产生摩擦，因此采用液压计算得到的负载会大于实际值，即测量值偏于不安全。进行桩和锚杆载荷试验时应当将测力传感器与液压千斤顶串联使用。

95.4.3　表面安装式应变计

传统上，用于结构表面应变测量的应变计有三种：机械式、电阻式和振弦式，不过现在大多数采用振弦式应变计。光纤仪器的最新发展提供了第四种方法。

表面安装式振弦式应变计示意图如图 95.13 所示。其工作原理在上述关于振弦式压力计的章节中有过描述。应变计有两种基本款：采用电弧焊安装的通常是 100~200mm 长，采用点焊安装的通常是 50mm 长。与电弧焊的应变计相比，点焊应变计的优点是尺寸小，安装过程不需要电弧焊接，并且由于振弦与结构表面之间紧密接触，结构弯曲产生的误差最小。不过，如果有足够的空间，通常首选的还是更大的电弧焊应变计。各种应变计均可实现无线数据传输。

前面介绍了用于变形监测的光纤传感器，并提供了参考文献。当用于监测应变时，四种技术同样都适用。Bennett（2008）介绍了第四种技术分布式光纤传感器在桩和隧道应变监测中的一些应用。

人们很少关心应变数据，获取这类数据只是确定应力的一个步骤。在对钢进行测量时（模量当然是已知的），必须格外注意温度的影响（Boone 和 Crawford，2000；Druss，2000；Boone 和 Bidhendi，2001；Hashash 和 Marulanda，2003；Daigle，2005；Osborne 和 Tan，2009）。

混凝土中的应力很难准确测定。除了应力变化外，混凝土中的应变可能由多种因素引起，应变计能对所有引起应变的因素作出反应。除应力引起应变以外，应变可能是蠕变（恒定应力下的应变）、收缩和膨胀（含水率变化）、温度变化和自生体积变化过程（尺寸变化是自生的，而不是由于温度、含水率变化或应力引起的）导致；混凝土固化也可能产生应变。通常徐变在高应力预应力混凝土中比在常规钢筋混

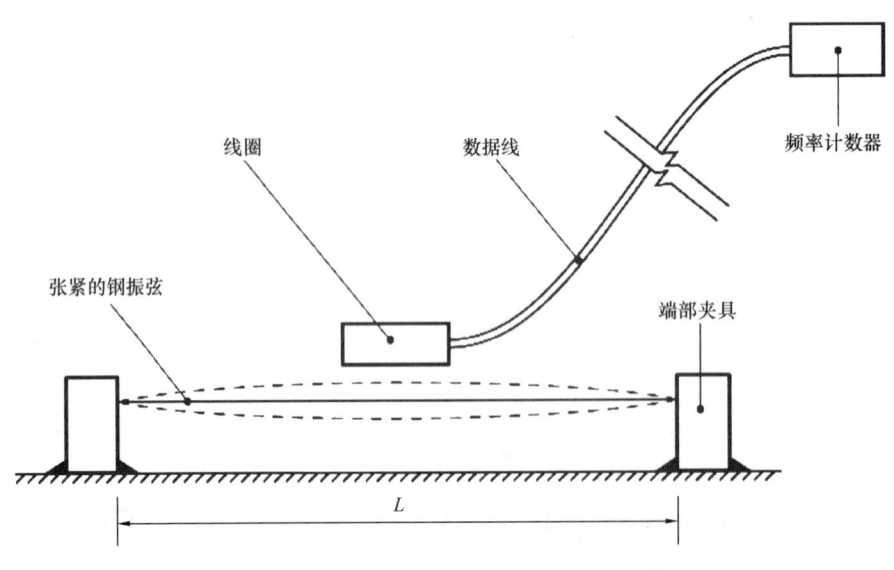

图 95.13　表面安装式振弦应变计示意

凝土中引起的应变更广泛；因此，对于预应力混凝土桩等结构构件，徐变应变尤其显著。因此，如 Dunnicliff（1988、1993）和 Acerbis 等（2011）所述，必须努力确定应变和应力之间的关系。

95.4.4 埋入式应变计

埋入式应变计主要是用于测量混凝土中的应变。典型应用于打入式混凝土桩、钻孔桩、地下连续墙、混凝土隧道衬砌和混凝土坝。与表面安装的一样，尽管光纤传感器的最新发展大有希望，振弦式应变计在今天仍是主流。

振弦式应变计有两种基本类型。第一种类似于图 95.13 所示的构造，只是用圆形端法兰代替端块，通常长 100～200mm。大多数应变计都提供了预设的张力，这可以由用户设定。第二种振弦式传感器是安装在钢材棒体（如钢筋）中部的。采用埋在混凝土中的一段钢筋来测量应变，有时被称为姊妹钢筋或钢筋应变计，如图 95.14 所示。

混凝土振捣可能会造成损坏，因此第一种类型的应变计安装后在混凝土浇筑前应采取保护措施。因此，必须将其预先封装在细骨料混凝土块中，并且在浇筑混凝土时，细骨料混凝土块的龄期不得超过 24h——如果其龄期超过 24h，则会产生夹杂效应，从而扭曲传感器读数。第二种应变计可直接安装在混凝土中，无需保护，因此，如果有足够的空间，则首选第二种。

同表面安装式应变计一样，如 Dunnicliff（1988、1993）和 Acerbis 等（2011）所述，准确确定应变和应力之间的关系很重要。

95.5 监测总应力的仪器

95.5.1 概述

土体中的总应力测量分为两类：土体内部和结构表面处的土压力测量。所用的仪器被称为地压力计、土应力计和土压力盒，在本章中，术语"埋入式土压力盒"和"接触式土压力盒"将用于上述两类测量。

埋入式土压力盒安装在填土内，例如，用来确定路堤内总应力的分布、大小和方向。接触式土压力盒的应用包括测量挡土墙、涵洞、桩和地下连续墙上的土体总压应力。

使用土压力盒的主要原因是为了验证设计假定的合理性，并为进一步优化设计提供参数；一般不是为了用于施工控制或其他的原因。如果关注的是施工期间或施工完成后结构中的应力，一般最好是单独取结构的一部分，直接在结构中采用测力传感器和应变计来确定应力。这种方法成功应用的例子是，通过测量支撑力来确定基坑开挖产生的土压力。

95.5.2 埋入式土压力盒

由于土压力盒的存在以及安装都会造成地应力场的显著变化，因此测量土体中的总应力总是存在误差的。所以说总应力通常不可能精确地测量，实

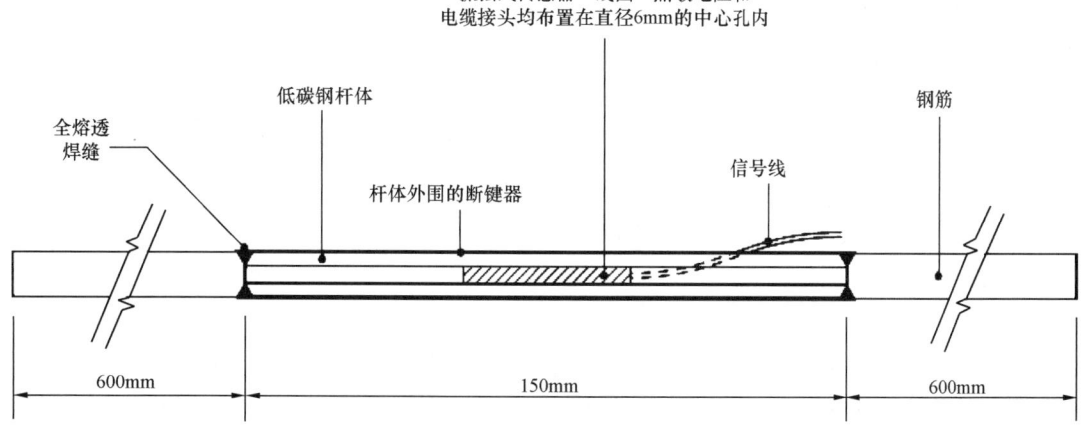

图 95.14 带振弦式传感器的钢筋应力计示意

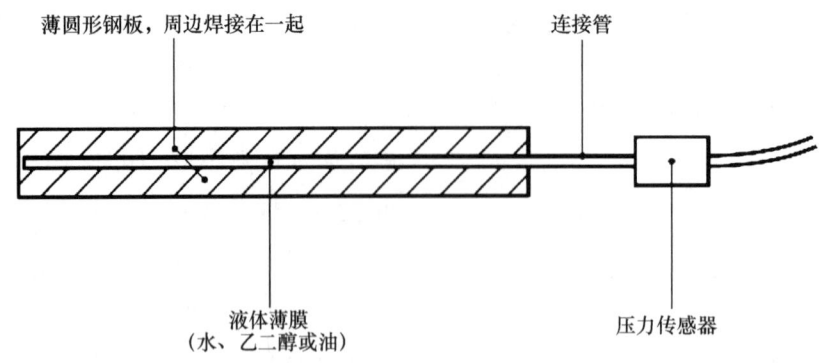

图 95.15　埋入式土压力盒示意

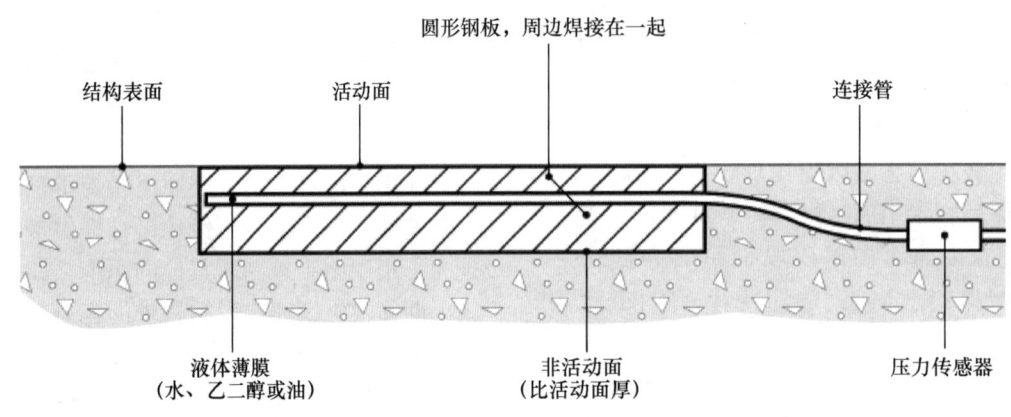

图 95.16　接触式土压力盒示意

际中应用也很少。

大多数可用的埋入式土压力盒如图 95.15 所示。压力盒由两块圆形或矩形钢板组成，周边焊接在一起，中间的空腔充满液体，由一段高压钢管将空腔与附近的压力传感器相连。作用在压力盒外部的总应力与内部液体中产生的压力平衡。压力盒必须采用脱气液灌充，且应保证在灌充过程中空腔内没有气泡。压力盒最常规的直径为 200mm，也有更大的。

95.5.3　接触式土压力盒

结构表面土压力的测量误差要比土体内测量小，因此结构表面土压力的测量要比土体内应力测量精确。

图 95.16 为一个接触式土压力盒示意图，类似于图 95.15 所示的埋入式土压力盒，只是其中一个活动面被一个厚的非活动面替换了。两者的直径是一样的。

95.6　仪器的一般作用，以及有助于解决各类岩土工程问题对应的仪器汇总

95.6.1　概述

以下各节介绍了可用于各类建设工程的仪器。对于每种类型的建设项目，都给出了岩土工程仪器的一般作用。随后给出了一个列表，列出了一些岩土工程问题可能会使用的仪器，也就是说可以考虑采用这些仪器来帮助解决相关的问题。我们也认识到，介绍的内容不一定全面。

岩土工程问题的顺序旨在与设计、施工和实施过程中解决问题的时间顺序相匹配，并不表示任何重要性等级。

对仪器类型的建议不能教条式地去理解，需要根据具体问题来选择，并受到使用者经验的影响。表中列出了一些最有可能用到的仪器，括号中还列出了其他可能用到的仪器。

95.6.2 内支撑基坑支护

95.6.2.1 仪器的一般作用

内支撑基坑支护很大程度上是基于经验流程和以往经验进行设计的。如果出现问题,后果可能很严重,有时甚至是灾难性的。如果设计非常保守,或者以前有类似条件下类似设施的设计和施工经验,又或者出现问题后果不严重,则不必进行监测。不过,除此之外,一般是需要进行监测的,以确保基坑是稳定的,而且附近的结构没有受到不利影响。根据具体情况,可能需要对地下墙和支撑、开挖下方或周围的地面和/或相邻结构或公用设施进行监测。

95.6.2.2 有助于解决各类岩土工程问题对应的仪器汇总

表95.1列出了内支撑基坑支护可能需要进行仪器监测的岩土工程问题以及对应的仪器。

内支撑基坑支护监测用仪器列表　　表95.1

岩土工程问题	监测内容	可用的仪器
场地初始条件是什么?	地下水压力	开式立管压力计
		全灌浆法安装的振弦式压力计(气压计)
	竖向变形	测量方法
	结构裂缝宽度	裂缝计
支撑安装是否满足要求?	支撑力	标定过的液压千斤顶
基坑是否稳定,附近结构是否受到地面变形的不利影响?	地表、建(构)筑物、支挡结构顶部沉降	测量方法
	地表、建(构)筑物、支挡结构外露部分水平变形	测量方法(收敛计)
	结构或设施上裂缝宽度的变化	裂缝计
	土体水平变形	测斜仪 原位测斜仪 (固定钻孔伸长计) (光纤仪器)
	土体和地下设施的沉降	探头引伸计 (固定钻孔伸长计)
	支撑力	表面安装式应变计
	地下水压力	开式立管压力计 全灌浆法安装振弦式压力计(气压计)
	基底回弹	探头引伸计
是否有个别支撑超载?	支撑力	表面安装式应变计
地下水是否下降了?	地下水压力	开式立管压力计 全灌浆法安装的振弦式压力计(气压计)
是否发生过大的基底回弹?	基底回弹	探头引伸计
	土体水平变形	测斜仪 原位测斜仪

95.6.3 外部拉锚基坑支护

95.6.3.1 仪器的一般作用

对于外部拉锚基坑支护，仪器的作用一般与内支撑基坑支护相同。只是外部拉锚构件是看不到的，不能像内支撑一样可以进行定期的目视检查。尽管可通过对每个拉锚进行验证试验，来增加对拉锚基坑支护性能的信心，但如果后续拉锚失效，则可能产生渐进式和灾难性的后果。因此，一般而言，与内支撑不同，仪器监测适用于外部拉锚基坑支护项目的三个阶段：在设计阶段或施工前期进行锚杆试验，为设计提供参数；施工过程中进行性能和验证性测试；后续选定部分锚杆进行监测。如果设计很保守，可不进行第三阶段的监测。

95.6.3.2 有助于解决各类岩土工程问题对应的仪器汇总

表95.2列出了外部拉锚基坑支护可能需要进行仪器监测的岩土工程问题以及对应的仪器。

95.6.4 软土地基上的路堤

95.6.4.1 仪器的一般作用

本节中涉及的需要进行仪器监测的岩土工程问题，仅与软土地基本身有关，而与路堤无关。

在大多数情况下，地基土参数的选取是可靠保守的。因此，路堤设计的性能往往能令人满意，并且有足够的安全系数。在这种情况下，很多项目施工并没有使用仪器进行监测。然而，总是存在不确定性的。如果设计不确定性很大，安全系数很小，或者破坏的后果很严重，作为一个谨慎的设计师应该在设计中提出监测要求。

尽管在土木工程领域，路堤施工有着悠久的历史，但经常会出现设计安全系数高于要求值的路堤发生事故。另一方面，从来也没有人故意去进行路堤的破坏性试验。因此，监测在软土地基上路堤的设计和施工中起着重要作用也就不足为奇了。

对于软土地基上的路堤施工，采用仪器最常用的是监测固结过程和确定路堤是否稳定。如果计算出的安全系数接近要求值，则通常会安装仪表，出现险情可以预警，从而允许在出现紧急情况之前采取补救措施。

有关软土地基上路堤的附加资料可参见第70章"土石方工程设计"。

95.6.4.2 有助于解决各类岩土工程问题对应的仪器汇总

表95.3列出了软土地基上路堤工程可能需要进行仪器监测的岩土工程问题以及对应的仪器。

外部拉锚基坑支护监测用仪器列表　　　　表95.2

岩土工程问题	监测内容	可用的仪器
场地初始条件是什么？	同表95.1	同表95.1
怎样设计锚杆是合理的？（通过施工试验锚杆并进行测试）	锚杆拉力	测力传感器
	锚杆端头的变形	千分表
	注浆体承受的荷载	表面固定应变计
锚杆施工的质量如何？（通过性能和验证性测试）	锚杆拉力	标定过的液压千斤顶（测力传感器）
	锚杆端头的变形	千分表
基坑是否稳定，附近结构是否受到地面变形的不利影响？	除支撑内力外，其余同表95.1	除支撑内力外，其余同表95.1
	锚杆拉力	测力传感器 （标定过的液压千斤顶和测力传感器：拉拔测试） 表面固定应变计
地下水是否下降了？	同表95.1	同表95.1
是否发生过大的基底回弹？	同表95.1	同表95.1

软土地基上路堤监测用仪器列表　　　　　表 95.3

岩土工程问题	监测内容	可用的仪器
软土地基的初始条件是什么？	孔隙水压力	全灌浆法安装的振弦式压力计 （开式立管压力计） （气压计）
路堤是否稳定？	竖向变形	测量方法
	水平变形	测量方法 测斜仪 （原位测斜仪）
软土地基的固结过程是怎样的？	路堤、地表、坡脚及其他地方的竖向变形	测量方法
	路堤下原始地表的竖向变形	探头引伸计 （单点和全断面液位计） （沉降板） （水平测斜仪）
	土体垂直变形与压缩	探头引伸计
	孔隙水压力	插入式振弦式压力计

95.6.5 黏土路堤

95.6.5.1 仪器的一般作用

本节中涉及的需要进行仪器监测的岩土工程问题，主要与路堤相关，而不一定与路堤下方的地基相关。

黏土路堤在负孔隙水压力下开始使用，有助于提高稳定性。填料中孔隙水压力增加会导致路堤趋于不稳定。大多数情况下，破坏会在施工结束后不久发生。由植被引起的收缩和膨胀导致的渐进变形，可能会引发具有稳定几何形态的路堤的长期破坏。这是最令人担忧的。孔隙水压力的季节性变化会增加收缩和膨胀的风险，导致黏土路堤出现不满足正常使用的问题，这对于铁路路基问题更为严重。因此，确定是否存在季节性孔隙水压力变化或收缩和膨胀是决定是否需要进一步评估的一个重要因素。

一旦能确定应力变化的大小，则可对路堤进行分析，以确定是否会形成破坏面。然而，重要的是要认识到，由于季节性变化每年都不一致，应力变化的历史不得而知，因此这种分析是不能精确预测失效时间的。因此，需要选择合适的仪器对孔隙水压力进行长期监测。测斜仪可用于监测路堤坡脚附近不连续面移动的加速度，不过这些测量也必须是长期的。

最终的稳定性受下卧地基的影响。在极端环境条件下，低渗透性土会加剧路堤内孔隙水压力的增加。高渗透性土有利于排水，有助于保持路堤内孔隙水压力处于低水平。因此，可用深开式立管压力计来确定地下水位状况。

95.6.5.2 有助于解决各类岩土工程问题对应的仪器汇总

表 95.4 列出了黏土路堤工程可能需要进行仪器监测的岩土工程问题以及对应的仪器。

黏土路堤监测用仪器列表　　　　表 95.4

岩土工程问题	监测内容	可用的仪器
路堤是否稳定？	负孔隙水压力	可冲洗压力计
	水平变形	测量方法 测斜仪 （原位测斜仪）
地下排水条件是怎样的？	孔隙水压力	开式立管压力计
存在收缩和膨胀吗？	孔隙水压力	可冲洗压力计
	水平变形	测斜仪 （原位测斜仪）
	竖向变形	探头引伸计 测量方法

95.6.6 土石坝

95.6.6.1 仪器的一般作用

在土石坝内进行仪器监测的主要目的是为了验证堤坝工作状态是否与设计一致。分为两类情况：第一类是研究一些特殊的问题，比如地质条件特殊或是设计特殊；第二类是常规情况。

对于第一类情况，监测方案必须针对特殊条件和大坝的特征进行设计，也只有设计人员知道场地的弱点和工程的敏感部位，因此设计人员应在仪器和监测位置的选择上起主导作用。

对于不存在特殊问题的，例如对于常规的中等高度的土石坝，采用仪器进行监测，在过去 50 年中出现过几个高潮。在 20 世纪 60 年代，建了很多重要的土石坝，里面基本没有布置监测仪器。每次发生事故或出现重大问题，都会被夸大宣传，大坝工程师感到压力，为了保护自己，即使他们认为这不是绝对必要的，他们也不得不例行安装一些监测仪器。

Peck（1985）这样评论：

仪器，对于获得重要问题的定量答案至关重要，但经常被滥用，尤其是在土石坝中。在一些国家，有关大坝安全的法规几乎要求在所有新建大坝的坝心布置测斜仪、沉降计和测压计，但目的是什么？不是用于研究的，因为常规几何形状和材料的坝体的变形和孔隙水压力的变化模式现在已经众所周知，并且可以通过计算进行预测。只有在特殊情况下，才能说这些方面的设计假设需要验证。然而，即使在最好的情况下，仪器的安装也会给心墙带来不均匀性，有时是造成局部缺陷（如空洞）的直接原因。装置带来的潜在弱点应与观测的潜在好处相平衡。与位于心墙不一样，下游坝址附近的向上渗透压力是无法可靠预测的，可通过在此处基础材料中采用压力计进行监测，因此如果需要采取措施以确保安全，可以给予及时的预警。可能会因为滥用仪器带来失信的危险。在坝体的所有内部仪器中，测压计是最常见的，也只有测压计组成的装置可以达到两个目的。第一，布置在黏土心墙中的压力可以监测孔隙水压力的消散速率和蓄水后平衡条件的接近程度。第二，为避免批评，在设计条件良好基础上设计常规高度的常规大坝时，可以采用压力计。

这些意见虽然写于 1985 年，但今天仍然适用。Peck（2006）对于仪器的观点是：每座大坝都应强制性进行监测，因为大坝会随着年龄和环境的变化而变化，可能出现缺陷。系统化、智能化的监控是无可替代的。但监测和监视并不是埋设监测仪器的同义词。

95.6.6.2 有助于解决各类岩土工程问题对应的仪器

可能的岩土工程问题包括：

- 现场初始条件是什么?
- 施工期间的性能是否满足要求?
- 首次蓄水期间的性能是否满足要求?
- 水位下降期间的性能是否满足要求?
- 长期性能是否满足要求?

为了有助于回答这些问题,需要考虑采用的工具种类太多,无法在这里一一列出,读者可以参考文献 Dunnicliff(1988,1993)。解决最后一个问题的最重要方法,是由专业人员对整个结构进行巡视,并使用测流堰监测下游出现的渗漏。自上述参考文献发表以来,已开发或改进的可能适用于解决最后一个问题的监测方法,包括全球定位系统、分布式光纤传感和监测变形的机器人全站仪。分布式光纤传感器在监测渗流强度方面也有很大的潜力(Inudi 和 Glišic,2007b),从而可以揭露水流集中的区域。

95.6.7 土质开挖边坡

95.6.7.1 仪器的一般作用

在制定土质开挖边坡的监测方案之前,工程师必须首先假定一个或多个破坏模式。这些假定必须是基于对地层不连续位置和性质的全面了解。

在开挖边坡之前,可使用仪器确定地下水的分布。开挖过程中的测量结果可作为修改设计边坡坡度的依据。对地面位移和正或负的地下水压力的监测,有助于判断开挖期间和开挖后的状态是否与设计的一致。监测结果还可用于判断地表和/或地下排水措施短期和长期是否有效。如果在施工期间或之后出现不稳定迹象,仪器有助于确定不稳定的具体特征,从而可以选择恰当的补救措施。

开挖边坡中,黏土开挖边坡值得重点讨论。开挖过程中产生的负孔隙水压力可临时提高稳定性,持续时间和边坡的高度和坡度有关。因此,监测负孔隙水压力是评价黏土开挖边坡稳定性的有效方法。在某些情况下,很长时间内边坡都是稳定的,足够在开挖范围内进行临时工程施工,从而可以节省昂贵的支护费用。

更多有关开挖边坡的资料参见第 72 章"边坡支护方法"。

95.6.7.2 有助于解决各类岩土工程问题对应的仪器汇总

表 95.5 列出了土质开挖边坡可能需要进行仪器监测的岩土工程问题以及对应的仪器。

土质开挖边坡监测用仪器列表   表 95.5

岩土工程问题	监测内容	可用的仪器
场地初始条件是怎样的?	孔隙水压力	开式立管压力计 全灌浆法安装的振弦式压力计 可冲洗压力计 (气压计)
	表面变形	测量方法 (倾斜仪) (光纤仪器) (全球定位系统)
	内部变形	测斜仪 原位测斜仪 (时域反射计) (光纤仪器)
开挖过程中边坡是否稳定?	表面变形	测量方法 (倾斜仪) (时域反射计) (光纤仪器) (全球定位系统)

续表

岩土工程问题	监测内容	可用的仪器
开挖过程中边坡是否稳定？	内部变形	测斜仪 （原位测斜仪） （时域反射计） （光纤仪器）
	孔隙水压力	全灌浆法安装的振弦式压力计 可冲洗压力计
边坡长期是否稳定？	同"开挖过程中边坡是否稳定？"	同"开挖过程中边坡是否稳定？"
	降雨，可能与变形相关	雨量计
	锚杆拉力	测力传感器

95.6.8 土质滑坡

95.6.8.1 仪器的一般作用

如果有证据表明边坡失稳，必须确定其特征，以便采取必要的补救措施。土体位移了多少？可以用仪器来回答。但土体为什么会移动？则不能仅用仪器来回答。需要同时有完整的岩土工程勘察资料并通过分析后才能给出上述问题的答案。在采取补救措施后，边坡的长期稳定性也需要采用仪器进行监测。

更多有关土质滑坡的资料参见第72章"边坡支护方法"。

95.6.8.2 有助于解决各类岩土工程问题对应的仪器汇总

表95.6列出了土质滑坡可能需要进行仪器监测的岩土工程问题以及对应的仪器。

土质滑坡监测用仪器列表　　　　表95.6

岩土工程问题	监测内容	可用的仪器
滑坡后的状态是怎样的？	孔隙水压力	开式立管压力计 全灌浆法安装的振弦式压力计 可冲洗压力计 （气压计）
	表面变形	测量方法 （时域反射计） （光纤仪器） （全球定位系统）
	内部变形	测斜仪 （原位测斜仪） （时域反射计） （光纤仪器）
边坡长期是否稳定？	同"滑坡后的状态是怎样的？"	同"滑坡后的状态是怎样的？"
	降雨，可能与变形相关	雨量计
	锚杆拉力	测力传感器

95.6.9 岩质开挖边坡

95.6.9.1 仪器的一般作用

如上所述，仪器的一般作用与在土质开挖边坡中的作用相同。不一样的是，当计划监测岩质边坡的稳定性时，需要认识到，如果边坡受到脆性破坏模式的影响，滑动将是突然的，这一点很重要。在这种情况下，岩土工程仪器可能不适合用于不稳定性的预警。更为合适的方法是，建立降雨强度和边坡失稳之间区域性的相关性，通过监测降雨量来对失稳进行预警。

更多有关岩质开挖边坡的资料参见第72章"边坡支护方法"和第87章"岩质边坡防护与治理"。

95.6.9.2 有助于解决各类岩土工程问题对应的仪器汇总

表95.7列出了岩质开挖边坡可能需要进行仪器监测的岩土工程问题以及对应的仪器。

岩质开挖边坡监测用仪器列表　　　　　　　　　　　表95.7

岩土工程问题	监测内容	可用的仪器
场地的初始条件是怎样的？	节理水压力	开式立管压力计 全灌浆法安装的振弦式压力计 可冲洗压力计 （气压计）
	表面变形	测量方法 裂缝计 （时域反射计） （光纤仪器） （全球定位系统）
	内部变形	固定式钻孔伸长计 原位测斜仪 （声发射监测） （时域反射计） （光纤仪器）
开挖过程中边坡是否稳定？	表面变形	测量方法 裂缝计 （倾斜仪） （时域反射计） （光纤仪器） （全球定位系统）
	内部变形	固定式钻孔伸长计 原位测斜仪 （声发射监测） （时域反射计） （光纤仪器）
	节理水压力	全灌浆法安装的振弦式压力计
边坡长期是否稳定？	同"开挖过程中边坡是否稳定？"	同"开挖过程中边坡是否稳定？"
	降雨，可能与变形相关	雨量计
	锚杆拉力	测力传感器

95.6.10 岩石滑坡

95.6.10.1 仪器的一般作用

如上所述,仪器的一般作用与在土质滑坡中的作用相同。

95.6.10.2 有助于解决各类岩土工程问题对应的仪器汇总

表95.8列出了岩石滑坡可能需要进行仪器监测的岩土工程问题以及对应的仪器。

95.6.11 隧道

95.6.11.1 仪器的一般作用

隧道出现破坏的后果很严重,有时甚至是灾难性的。如果设计非常保守,或者以前有类似条件下类似设施的设计和施工经验,又或出现破坏后果不严重,则可能不需要进行监测。除此之外,通常是需要进行监测来保证隧道是稳定的,并且保证附近的结构没有受到不利的影响。

95.6.11.2 有助于解决各类岩土工程问题对应的仪器汇总

表95.9列出了隧道工程可能需要进行仪器监测的岩土工程问题以及对应的仪器。

95.6.12 打入桩

95.6.12.1 仪器的一般作用

打入桩在地下的长度一般在施工后无法检查;因此,其物理条件和是否对齐是未知的。地下岩土条件很少是确定的,因此打入桩的设计涉及假设和不确定性,这个问题通常是通过足尺试验来解决。

岩质滑坡监测用仪器列表　　　　表95.8

岩土工程问题	监测内容	可用的仪器
滑坡后的状态是怎样的?	同表95.7"场地的初始条件是怎样的?"	同表95.7"场地的初始条件是怎样的?"
边坡长期是否稳定?	同表95.7"边坡长期是否稳定?"	同表95.7"边坡长期是否稳定?"
	降雨,可能与变形相关	雨量计
	锚杆拉力	测力传感器

隧道监测用仪器列表　　　　表95.9

岩土工程问题	监测内容	可用的仪器
场地初始条件是什么?	同表95.1	同表95.1
隧道是否稳定,上覆结构是否受到地层变形的不利影响?	地表和结构的沉降	测量方法
	地表和结构的水平变形	测量方法
	结构和设施中裂缝宽度的变化	裂缝计
	土体水平变形	测斜仪 (原位测斜仪) (光纤仪器)
	地表和设施的沉降	探头引伸计 固定式钻孔伸长计
	隧道自身的变形	测量方法 (光纤仪器)

打桩过程可能会产生桩身缺陷，可采用相应的检查方法检查工后状况和对齐质量。某些情况下，打入桩施工挤土效应明显导致孔隙水压力变化，进而对相邻桩或整个场地的稳定性产生不利影响。采用仪器进行监测可对打桩施工的后果进行量化，从而有助于采取必要的措施。

后面的章节对打入桩有更进一步的介绍：第 54 章 "单桩"、第 55 章 "群桩设计"、第 81 章 "桩型与施工" 和第 82 章 "成桩风险控制"。

95.6.12.2　有助于解决各类岩土工程问题对应的仪器汇总

表 95.10 列出了打入桩可能需要进行仪器监测的岩土工程问题以及对应的仪器。

95.6.13　钻孔桩

95.6.13.1　仪器的一般作用

钻孔灌注桩的设计存在许多不确定因素，而仪器在通过载荷试验确定荷载-位移关系中起着重要作用。在施工过程中，钻孔灌注桩的混凝土完整性通常是不确定的，尤其是在地下水位以下的粗粒土或较软受挤压的黏土中施工时，或混凝土坍落度不足时，或混凝土浇筑工艺较差时。可采用仪器检查混凝土的完整性。对于用于支撑的桩，桩端混凝土的完整性尤为重要。

95.6.13.2　有助于解决各类岩土工程问题对应的仪器汇总

表 95.11 列出了钻孔桩可能需要进行仪器监测的岩土工程问题以及对应的仪器。

95.7　致谢

作者非常感谢 Weybridge 岩土监测有限公司总经理 Andrew Ridley 理学学士（荣誉）理学硕士（DIC PhD），感谢他提供有关可冲洗压力计测量负孔隙水压力的说明和应用案例。

打入桩监测用仪器列表　　　　　　　　　表 95.10

岩土工程问题	监测内容	可用的仪器
桩的荷载-位移关系是什么？（见第 98 章 "桩基承载力试验"）	桩顶位移	带基准梁的千分表 线缆/反射镜/秤 测量方法
	桩顶载荷	测力传感器
	桩端变形	信号装置
	桩身应力	埋入式或表面固定应变计（光纤仪器）
打桩过程中产生的缺陷是否降低了桩的承载力？	桩的曲率	测斜仪
	桩的状况	完整性测试（见第 97 章 "桩身完整性检测"）

钻孔桩监测用仪器列表　　　　　　　　　表 95.11

岩土工程问题	监测内容	可用的仪器
桩的荷载-位移关系是什么？（见第 98 章 "桩基承载力试验"）	同表 95.10 桩端或桩身荷载	同表 95.10 自平衡测桩法设备
混凝土的完整性怎样？	桩的状况	完整性测试（见第 97 章 "桩身完整性检测"）

95.8 参考文献

Abdoun, T. and Bennett, V. (2008). A new wireless MEMS-based system for real-time deformation monitoring. *Geotechnical News*, **26**(1), 36–40.*

Acerbis, R. *et al.* (2011). Recommendations for converting strain measured in concrete to stress. *Geotechnical News*, **29**(1), 29–33.*

Barendse, M. B. (2008). Field evaluation of a MEMS-based real-time deformation monitoring system. *Geotechnical News*, **26**(1), 41–44.*

Bennett, P. (2008). Distributed fibre strain measurements in civil engineering. *Geotechnical News*, **26**(4), 23–26.*

Beth, M. (2007). Discussion of robotic total stations and remote data capture: challenges in construction. *Geotechnical News*, **25**(1), 33–38.*

Boone, S. J. and Bidhendi, H. (2001). Strain gauges, struts and sunshine. *Geotechnical News*, **19**(1), 39–41.

Boone, S. J. and Crawford, A. M. (2000). The effects of temperature and use of vibrating wire strain gauges for braced excavations. *Geotechnical News*, **18**(3), 24–28.

Burland, J. B. *et al.* (1972). A simple and precise borehole extensometer. *Géotechnique*, **22**(1), 174–177.

Casagrande, A. (1949). Soil mechanics in the design and construction of the Logan airport. *Journal of the Boson Society of Civil Engineers*, **36**(2), 192–221.

Cheney, J. E. (1973). Techniques and equipment using the surveyor's level for accurate measurement of building movement. In *Proceedings of the Symposium on Field Instrumentation in Geotechnical Engineering*. London: British Geotechnical Society, pp. 85–99.

Contreras, I. A. *et al.* (2008). The use of the fully-grouted method for piezometer installation. *Geotechnical News*, **26**(2), 30–37 and 40.*

Cook, D. (2006). Robotic total stations and remote data capture: challenges in construction. *Geotechnical News*, **24**(3), 42–45.*

Daigle, L. (2005). Temperature influences on earth pressure cell readings. *Geotechnical News*, **23**(4), 32–36.*

Dowding, C. H. *et al.* (2003). Monitoring deformation in rock and soil with TDR sensor cables. *Geotechnical News*, **21**(2), 51–59.*

Druss, D. L. (2000). Discussion: the effects of temperature and use of vibrating wire strain gauges for braced excavations. *Geotechnical News*, **18**(4), 24.

Dunnicliff, J. (1988, 1993). *Geotechnical Instrumentation for Monitoring Field Performance*. New York: Wiley.

Dunnicliff, J. (1998). *Geotechnical Instrumentation Reference Manual*. Training course in geotechnical and foundation engineering, NHI Course No. 13241 – Module 11 Publication No. FHWA HI-98-034.

Dunnicliff, J. (2005). Load cell calibrations. *Geotechnical News*, **13**(1), 35.

Dunnicliff, J. (2008). Discussion: the use of the fully-grouted method for piezometer installation. *Geotechnical News*, **26**(2), 38–39.*

Glišiić, B. and Inaudi, D. (2007). *Fibre Optic Methods for Structural Health Monitoring*. Chichester: Wiley.

Hashash, M. A. and Marulanda, C. (2003). Temperature correction and strut loads interpretation in central artery excavations. *Geotechnical News*, **21**(4), 30–31.*

Hope, C. and Chaqui, M. (2008). Manual total station monitoring. *Geotechnical News*, **26**(3), 28–30.*

Inaudi, D. and Glišić, B. (2007a). Overview of fiber optic sensing technologies for geotechnical instrumentation and monitoring. *Geotechnical News*, **25**(3), 27–31.*

Inaudi, D. and Glišić, B. (2007b). Distributed fiber optic sensors: novel tools for the monitoring of large structures. *Geotechnical News*, **25**(3), 31–35.*

Kontogianni, V. *et al.* (2007). Monitoring with electronic total stations: performance and accuracy of prismatic and non-prismatic reflectors. *Geotechnical News*, **25**(1), 30–33.*

Lin, C.-P. (2009). TDR as a geo-nerve: a slope monitoring system example. *Geotechnical News*, **27**(1), 38–40.*

Marr, W. A. (2008). Monitoring deformations with automated total stations. *Geotechnical News*, **26**(3), 30–33.*

McRae, J. (2000). Vibrating wire settlement cells: an alternative technique. *Geotechnical News*, **18**(1), 40.

Mikkelsen, P. E. (2002). Cement-bentonite grout backfill for borehole instruments. *Geotechnical News*, **20**(4), 38–42.*

Mikkelsen, P. E. (2003). Advances in inclinometer data analysis. In *Proceedings of the Symposium on Field Measurements in Geomechanics*, Oslo, pp. 555–567. www.slopeindicator.com/pdf/papers/advances-in-data-analysis.pdf

Mikkelsen, P. E. and Dunnicliff, J. (2008). Some views on a recent addition to our instrumentation tool box. *Geotechnical News*, **26**(4), 28–30.*

O'Connor, K. M. (2008). Geotechnical alarm systems based on TDR technology. *Geotechnical News*, **26**(2), 40–44.*

O'Connor, K. M. and Dowding, C. H. (eds) (1999). *GeoMeasurements by Pulsing TDR and Probes*. Boca Raton: CRC Press.

Osborne, N. and Tan, G. H. (2009). Factors influencing the performance of strain gauge monitoring systems. *Geotechnical News*, **27**(2), 34–37.*

Peck, R. B. (1985). The last sixty years. In *Proceedings of the 11th International Conference on Soil Mechanics and and Foundation Engineering*, San Francisco, CA: Balkema, Rotterdam, Golden Jubilee Volume, pp. 123–133. Reprinted in *Ralph B. Peck, Educator and Engineer: The Essence of the Man* (eds Dunnicliff, J. and Young, N.). Vancouver: BiTech Publishers, 2006, pp. 125–138.

Peck, R. B. (2006). Embankment dams: instrumentation versus monitoring. In *Ralph B. Peck, Educator and Engineer: The Essence of the Man* (eds Dunnicliff, J. and Young, N.). Vancouver: BiTech Publishers, pp. 253–254.

Ridley, A. M. (2003). Recent developments in the measurement of pore water pressure and suction. *Geotechnical News*, **21**(1), 47–50.*

Ridley, A. M. *et al.* (2003). Soil matrix suction: some examples of its measurement and application in geotechnical engineering. *Géotechnique*, **53**(2), 241–253.

Rutledge, D. R. and Meyerholtz, S. Z. (2005). Using the global positioning system (GPS) to monitor the performance of dams. *Geotechnical News*, **23**(4), 24–28.*

Sellers, J. B. (1994). Load cell calibrations. *Geotechnical News*, **12**(3), 65–66.

Sellers, J. B. and Taylor, R. (2008). MEMS basics. *Geotechnical News*, **26**(1), 32–33.*

Sheahan, T. C. *et al.* (2008). Performance testing of MEMS-based tilt sensors. *Geotechnical News*, **26**(1), 33–36.*

Spriggs, M and Dixon, N. (2005). The instrumentation of landslides using acoustic emission. *Geotechnical News*, **23**(3), 27–31.*

Vaughan, P. R. (1969). A note on sealing piezometers in bore holes. *Géotechnique*, **19**(3), 405–413.

Volterra, J. L. (2008). Monitoring by manual and/or automated optical survey. *Geotechnical News*, **26**(4), 26–27.*

Weber, D. S. (2009). In support of the fully-grouted method for piezometer installation. *Geotechnical News*, **27**(2), 33–34.*

* Reference can be downloaded from www.geotechnicalnews.com/instrumentation_news.php

实用网址

Field Measurements in GeoMechanics；www.fmgm.no. The 'Publications' page contains a search function for authors and paper titles from the proceedings of ten international symposia on geotechnical monitoring.

Geotechnical Instrumentation News (GIN) articles. Articles published since 2001 can be downloaded from www.geotechnicalnews.com/instrumentation_news.php. At the end of each year, that year's published articles will be posted on the site.

Papers presented at the American Society of Civil Engineers Symposium on Field Measurements in Geomechanics (FMGM), Boston, 2007; http://scitation.aip.org/dbt/dbt.jsp?KEY=ASCECP&Volume=307&Issue=40940

2011 Symposium on Field Measurements in Geomechanics (FMGM 2011); www.fmgm2011.org

建议结合以下章节阅读本章：
- 第100章"观察法"
- 第8篇"施工技术"

本书以第1篇"概论"和第2篇"基本原则"为指导进行章节编排。如第4篇"场地勘察"中所述，各类岩土工程均应进行扎实的现场勘察工作。

译审简介：

吴春秋，教授级高级工程师，武汉大学博士，建研地基基础工程有限责任公司总经理，注册土木工程师（岩土）。

蔡浩源，国家发明二等奖获得者，副研究员，博士，研究方向：工业智能传感器。

第96章 现场技术监管

莎拉·格洛弗（Sarah Glover），奥雅纳工程顾问，伦敦，英国
乔纳森·丘（Jonathan Chew），奥雅纳工程顾问，伦敦，英国
主译：曹光栩（中国建筑科学研究院有限公司地基基础研究所）
审校：张治华（北京市机械施工集团有限公司）

doi: 10.1680/moge.57098.1405

目录

96.1	引言	1375
96.2	岩土工程监管的必要性	1376
96.3	现场岗位的准备工作	1378
96.4	现场施工管理	1380
96.5	健康和安全责任	1383
96.6	现场勘察工作的监督	1385
96.7	桩基施工作业的监管	1386
96.8	土方工程监管	1387
96.9	参考文献	1388

本章介绍了岩土工程现场监管的必要性以及驻场工程师的一般任务；同时阐述了驻场工程师的现场职责如何根据合同形式和采购方式而变化，并对如何准备和实施现场技术监管提供了指导。文中特别指出应重视监管过程中资料的编制程序以及驻场工程师承担的主要职责，总体包括职业健康、现场安全以及岩土工程现场监管的主要方式。

> **框96.1　术语注释**
>
> 本节中的标题是指一般意义上的标题，而非合同术语。特别是，"驻场工程师"（RE）一词用来描述独立监管现场施工的工程师。

96.1 引言

从根本上说，土木工程的所有分支都是以工程建设为最终目标。因此，很可能每个土木工程师都会花费自己职业生涯的一部分时间从事现场工作。在岩土工程中，现场监管的作用可能比任何其他工程学科都重要，其有助于了解设计前的场地条件，进而在工程隐蔽前检验施工质量。

在项目初期，需要对场地和地下水条件进行勘察，用于建立地质模型和确定相关参数。这项工作通常由专业承包商负责实施；但是，参与现场施工的工程师应该获得场地条件的第一手资料，而不仅仅是通过研究日志和实验室数据的方式来获得。另外，工程师还要全面了解现场限制条件和场地重大风险，以便在随后的设计中加以考虑。

施工阶段的现场监管通常侧重于监督工程的施工质量和进度，并确保承包商的施工工艺符合设计要求。与其他施工形式不同，大多数岩土工程一旦完工就很难或不可能再检查其施工质量，因为它们一般都被埋在了地下。岩土工程施工的问题很可能在项目的后期才能暴露出来，例如，由于地基基础工程施工质量较差而引起的建筑物裂缝，只有当建筑物大部分完成施工时（已施加大部分荷载），缺陷才会显现出来。对出现缺陷问题的调查研究和随后的补救工作造价高昂并且非常耗时，一般会导致工程各参建方的索赔、纠纷和相互指责。虽然驻场工程师在场并不能保证所有缺陷都能消除，但他们在施工过程中可以对施工工艺进行必要而有效的检查。对于业主而言，补救缺陷所涉及的费用与配备驻场工程师相比，通常是异常的高昂。

对于工程师来说，现场工作是一种非常愉快而且有益的经历。具有现场工作经验的工程师一般都能更好地了解现场施工情况和承包商遇到的困难。在整个设计过程中，这种来自现场的建造经验对工程师来说是非常宝贵的，会使设计方案更可行以及施工工艺细节更合理。

但是，如果驻场工程师（RE）在整个现场施工（监管过程）中没有做适当的准备和得到必要的支持，进行现场监管也可能困难重重。除大型项目外，驻场工程师可能是其公司在现场的唯一人员，在这种情况下，与公司团队的定期沟通是至关重要的。设计团队应在现场工作开始前重点向驻场工程师提供充分的培训和全面的设计技术交底，并在施工期间继续保持这一做法。此外，更为重要的是要认识到进行现场工程监管所需要的技能与在办公室进行设计不同，其更强调沟通、快速决策和务实。

本章旨在为新到现场工作的工程师提供指导：

- 如何为现场的工作做好准备（第96.3节）；

- 现场遇到的常见困难以及解决这些困难的方法（第96.4节）；
- 工程师在健康和安全法律方面的责任（第96.5节）；
- 各类岩土工程现场工作（第96.6节："现场勘察工作的监督"；第96.7节："桩基施工作业的监管"；第96.8节："土方工程监管"）。

也可以对那些具有一定经验的工程师派遣初级工程技术人员去现场工作起到辅助作用。

众所周知，现在工程师在现场的角色有很大变化，既可以是作为设计团队与现场之间沟通桥梁的驻场工程师，也可以是直接为业主甚至承包商工作的工程师。本章则专门为负责独立审查承包商工作的工程师提供指导；当然，大部分指导内容也同样适用于工程现场的其他岗位。本章内容主要涉及技术监管以及确保技术合规性，并不涉及对合同管理的现场岗位的描述。

96.2 岩土工程监管的必要性

96.2.1 概述

进行现场工程监管是岩土工程中的常见做法。工程监管可以确保工程计划按照合同施行，并可作为对工艺质量的一种独立检查。

现场监管在岩土工程中特别重要，因为在大多数情况下，这些成品完工后都被隐蔽了，既看不到也不可能进入内部检查。例如，如果钻孔灌注桩的设计采用不能有沉渣的干成孔工艺，则必须在混凝土灌注前测量并直观检查桩孔（图96.1）。桩的性能一旦不符合设计要求，则很难再追溯检查这些施工细节。现场监管已成为一种关键的质量控制和风险管理工具，能有效避免后面可能发生的费用高昂的维修补救工作（参见第7章"工程项目中的岩土工程风险"）。

配备现场监管工程师往往是工程合同要求的内容。即便不是如此，工程师通常也有义务向业主就特定项目应采取的合理监管级别提出建议。这份建议应该包括监管者须具备的专业知识和技能水平，以及在现场应该花费的时间。上述建议应该建立在对项目的了解和专业判断之上，并需要考虑以下几个方面：

- 项目的复杂性；
- 设计对良好施工工艺的依赖程度；
- 施工结束后将被隐蔽（随后不可见，也不便于检查）的作业范围，以及施工期限；

图96.1 在浇筑混凝土之前检查桩孔
ⒸArup/Daniel Clements；版权所有

- 设计的完备程度；
- 采购方法和承包商的责任；
- 承包商的经验水平；
- 工程师在其聘用条款中规定的职责。

这些正式建议必须以书面形式提供给业主，并明确记录最终商定的摘要。

96.2.2 工程监管的核心目标

无论具体项目如何，大多数监管者都将努力实现以下一个或多个核心目标。

96.2.2.1 对质量实施独立检查

承包商通常有责任确保施工工艺达到质量要求。为保证这一点，承包商需要制定现场自身的质量保证程序，该程序应包括其本身的自检。当然，对承包商的工程质量进行第三方独立检查，尤其是在工程比较特殊或承包商相对缺乏经验的情况下，可以让业主更加放心。工程师的存在并不会减轻承包商的合同义务，但"第二双眼睛"却有助于尽早发现潜在的质量问题并商定解决方法。此外，工程师不太可能受到其他外部因素的影响，例如工期，因而可以确保这些因素不会对工程质量产生不利影响。

由于现场勘察工作的独有属性，工程师在以后的设计工作中通常需要以勘察结果为依据。对工程的监管可以发现大多数可能影响土体参数的问题［例如，在标准贯入试验（SPT）中重锤上的粘钩会使N值的相关性无效］，并可以确保相关设计基于可靠数据。对数据可靠性的怀疑可能被迫采取一种过于保守的设计方案，这对设计的效果将产生连锁反应，从而影响项目成本。如果工程师没有意识到数据的问题，那么同样可能会导致保守的设计，在极端情况下，还会导致设计失败。

96.2.2.2　确保符合技术要求

现场施工的技术要求将通过合同文件传达给承包商，一般包括规范和图纸等。通过准备这些文件资料，工程师应厘清所有可能受到承包商施工方法影响的关键设计假设条件，例如土方工程中回填土所需土料的性质以及相关的压实设备类型和压实工艺。

承包商应负责确保其工作符合相关技术要求，并通过约定的施工方案、严格检查和记录来做到这一点。同样，现场独立的驻场工程师也会检查承包商的工作是否满足技术要求，以及是否按照施工方案进行施工。通过上述方法，施工中的问题可以被及早地发现、解决并避免再次发生；而不应置之不理，致其在项目后期恶化，到那时问题的原因会更难确定，解决起来可能会对项目产生重大影响。

96.2.2.3　确保及时发现和解决与设计相关的问题

一旦检测结果发现有问题，驻场工程师应确保承包商能按照预定方案上报（通常以不合格报告的形式）。而后，驻场工程师应及时与设计团队进行沟通，保证对不合格报告做出响应，并及时做出解决问题的建议方案反馈给施工方。这一方面的作用在现场施工末期显得尤为重要，因为理想情况下，要求所有发现的问题在承包商离开现场之前得到解决和补救。

96.2.2.4　成为设计与施工方之间的沟通桥梁

许多成功的土木工程项目的一个决定性因素就是项目各参建方，尤其是设计和施工方之间，能进行及时、清晰地沟通。驻场工程师的一部分职责是协助承包商理解合同文件和设计意图，并及时澄清文件中存在的问题。

通过审查承包商的施工方案，驻场工程师可以帮助其尽早发现问题和冲突，从而为问题或冲突的解决提供最佳时机。驻场工程师还可以定期向设计团队提供现场最新情况，这能帮助设计人员规划和优先安排相关工作，以满足不断变化的现场需求。

96.2.2.5　合同管理

对于某些项目，驻场工程师还会负责施工合同的管理，但这也取决于该项目所采用的合同形式和项目采购方式。例如，使用ICE合同条款的土木工程项目将由工程师管理，而使用JCT合同格式的建筑工程项目通常由建筑师或项目经理管理。许多现场勘察项目会要求工程师在现场担任技术支持和合同管理的双重角色。

如工程师负有合同管理相关职责，应在项目早期确定并达成协议。

96.2.3　现场监管的其他益处

除了履行关键的项目岗位职责外，工程师现场获得的经验还可以提高他们作为设计师的技能。

通过对施工过程的观察，工程师能够了解设计方案中哪部分设计合理，哪部分会给承包商造成施工上的困难。这将有助于形成一种务实的思路，可以在将来做出更高效、更具可行性的设计方案。例如，通过现场观察钻孔桩的钢筋笼制作和拼接，工程师会意识到设计方案中如何考虑钢筋的数量和间距更利于实际施工。

对现场相关联工程量的了解，可使工程师在初期的可行性和概念设计阶段就认识到现场协调工作的复杂性，这对项目以后做深化设计很有帮助（图96.2）。同时，这也将有助于与承包商就以后的项目内容进行沟通交流。

通过与承包商合作，发现问题并解决问题，工程师将会获得宝贵的经验。这不仅能使这些问题在

图96.2　深层地下室建造涉及许多相互关联的施工活动

ⒸArup；版权所有

今后的设计中得以避免,还能更快速有效地解决其他问题。

> **框 96.2　要点:现场监管**
> - 实行现场监管是质量控制和风险管理的关键工具,可大量避免返工和返修。
> - 现场监管的核心目标是:
>   - 进行独立的质量检查;
>   - 确保符合技术要求;
>   - 确保及时提出和解决与设计相关的问题;
>   - 成为设计和施工方之间的沟通纽带;
>   - 合同管理。
> - 工程师的现场经验可以提高他们作为设计师的技能。

96.3　现场岗位的准备工作

96.3.1　准备工作的重要性

每个现场和现场岗位都是不同的,因而需要在清楚了解项目各参建方、项目采购方式、合同条件以及特定技术需求的基础上,制定有针对性的方案。驻场工程师必须为每个现场岗位做好充分准备,以便从一开始就能与所有项目参建方有效地合作,以履行其监督义务。最初几周的现场工作通常是最具挑战性的,因为以前没有一起合作过的几个项目参与方开始建立工作流程和关系。此时驻场工程师大部分时间将用于进行现场初期检查并答复施工方的技术咨询。

驻场工程师必须对项目的技术要求理解透彻,这样他们才能为承包商设定一个明确的目标,这一点非常重要。一旦确定,这将使承包商能够迅速开展日常工作,有助于确保项目顺利实施。

除了设定技术预期之外,还必须重新与各项目参建方建立清晰的沟通渠道。为了做到这一点,驻场工程师需要去了解在项目中工作的每个人的职责,同样也确保他们清楚驻场工程师的职责。

为现场岗位做准备所需的工作量是比较大的,特别是当驻场工程师对项目或现场工作总体来说不熟悉的情况下。设计团队的责任是确保驻场工程师与其将要监督的现场工作类型相匹配,或在开始现场工作之前接受培训和技术交底,并一直得到较好的技术支持。参与项目的所有人都会感受到这项准备工作带来的好处。

96.3.2　定义岗位和职责

驻场工程师的岗位和责任应在现场施工开始之前与业主达成一致。这些内容应记录在一份明确的书面简要说明中,并纳入设计团队的合同。

对于某些施工合同形式,如英国土木工程师学会第7版,明确规定了工程师的具体合同义务。在其他合同形式中,可能以监管人员或合同管理员代替,并未明确定义工程师这一岗位。在这些类型的合同下,合同管理员的岗位可能由另一个项目参建方(例如建筑师、项目经理或施工经理)担任,工程师一般是充当合同管理员的技术顾问。当工程师的岗位在主合同中没有明确定义时,设计团队有必要商定技术监管岗位的职责范围(参考第78章"招标投标与技术标准")。

驻场工程师的任务概要需要根据项目采购方式和合同形式进行调整,但通常应包括以下内容:

- 预计的现场工作时间和出勤水平(全职、兼职、不定期在场);
- 驻场工程师负责现场监管的工作,以及驻场工程师无需负责的工作;
- 需要进行的检查和必须保存的记录;
- 进度报告的格式、频率和分发;
- 驻场工程师负责确保承包商按要求履行职责;
- 驻场工程师的权限范围包括合同规定的任何内容;
- 项目变更管理系统;
- 发布指令的程序;
- 响应信息请求和不合格报告的程序;
- 与团队其他成员的沟通联系渠道。

准备上述任务概要将有助于明确驻场工程师职责与其他项目团队成员职责之间的界限。通过此概要,可以大概明确冲突之处或责任划分,同时,尽早进行准备,争取能在现场工作开始之前使矛盾得到解决。

96.3.3　了解施工队伍

驻场工程师在现场环境中若想有效地开展工作,必须充分了解项目各方组织结构。为了加深理解,画出项目团队的组织图可以清楚地表明各项目参建方之间的组织关系并厘清其主要职责(图96.3)。这可以是一项非常简单的任务,例如,通过传统方法管理建筑工程,业主需要分别指定建筑师、工程师和总承包商。或者，这也可能会是一个比较复杂的关系，建筑施工中涉及许多的合同和当事方。

在建立了总的项目组织结构后，驻场工程师应该清楚有权做出项目决策、发布指示和解决问题的具体人员；并且需要明确日常工作与谁沟通，而后能与项目团队确认沟通结果。

驻场工程师的主要职责通常是确保承包商按照合同履行义务。在施工工程的合同文件中会明确规定这些要求，驻场工程师要审阅并检查这些要求是否符合其自身职责。

如果在对现场各方的责任进行划分后，仍然存在某些不确定性或冲突之处，驻场工程师应主动向项目团队提出这些问题，并确保各方在进场履职之前解决这些问题。

96.3.4 准备工作

设计团队应安排一名资深成员从组织到技术层面详细地给驻场工程师介绍现场岗位职责（第96.3.2节）。

此外，设计团队和驻场工程师应收集一组基础数据，以便在现场作为参考。这应包括清单96.1中的项目。

一般来说，驻场工程师在进入现场之前有一定的设计经验是比较理想的。然而并非每个人都有这种经验，因此驻场工程师在进驻现场前，应对设计方案全面了解，尤其是重点部位，以减少他们在解决技术问题时对设计团队的依赖。

现场工作开始前，承包商应制定施工方案并经过驻场工程师的初步审核。这有助于驻场工程师熟悉现场情况，在开工前明确主要施工重点和难点；同时也有助于驻场工程师熟悉各主要参建方。

驻场工程师应确认承包商在现场工程开工前准备好合同文件要求的文件资料。这些文件资料通常包括清单96.2中的项目。

驻场工程师应确保收到信息的完整性；同时，他们的指令能及时发出，并由承包商执行。

清单96.1　准备文件

- ✓ 包含驻场工程师职责表的书面简介
- ✓ 项目综述
- ✓ 设计基础条件，以及适当的计算资料
- ✓ 确定需要执行特殊检查程序的关键设计要素
- ✓ 驻场工程师所负责工序所对应的规范
- ✓ 施工图
- ✓ 需要检查的每个工序的制式检查表
- ✓ 承包商编制并经项目组同意的施工方案、检测和试验计划以及加工制作图纸
- ✓ 项目计划
- ✓ 健康和安全文档以及简报记录（请参阅第96.5节）
- ✓ 相关规程、手册和指导说明的副本
- ✓ 重要项目人员的联系方式

清单96.2　承包商准备的初步资料

- ✓ 计划和工作顺序
- ✓ 现场组织图
- ✓ 施工方案
- ✓ 检测与试验计划
- ✓ 典型的制式表格（用于检测要求、承包商建议、资料要求、不合格报告）

框96.3　要点：准备工作

- 做好充分的准备对于成功发挥现场作用至关重要。
- 明确的职责分工和进度表将有助于驻场工程师了解其现场岗位。
- 驻场工程师必须在进场之前进行适当的培训。
- 驻场工程师需要了解从事该项目的其他人的角色和责任，并知道每天与谁进行沟通。
- 理想情况下，驻场工程师应该在进场前先参与项目一段时间，并具有同样类型工作的实践经验。

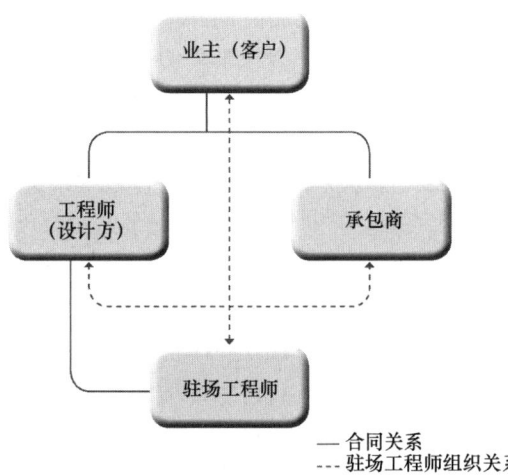

图96.3　驻场工程师典型组织关系

96.4 现场施工管理

96.4.1 现场设置

驻场工程师应在工程开始前到达现场，以便有时间组织相关工作。这段时间应着手于现场布置以及与重要的现场人员沟通。更为重要的是，驻场工程师应检查所有人员健康和安全保障是否到位，如果不是这样，则应将其作为优先事项解决（见第96.5节）。

承包商通常需要为驻场工程师提供办公室。这可与承包商自己的现场办公室分开，或纳入承包商自己的现场办公室内，后种安排形式越来越普遍。合同文件应包含承包商必须提供的设施清单，但通常包括：

- 电力；
- 照明；
- 空调或加热器；
- 带可锁抽屉的书桌；
- 椅子；
- 文件柜和/或书架。

承包商有法律义务提供足够的福利。如果没有提供合理的福利设施，则承包商应立即改正。

驻场工程师一般负责准备其他所需的设备，例如笔记本电脑、打印机、电话、网络接口和个人防护设备（PPE）。驻场工程师还应确保将相关的项目文件和参考资料带到现场，以便及时查阅（见第96.3.4节和图96.4中的摘要）。

96.4.2 文件和记录保存

做到文件资料清楚、现场记录及时而有序非常重要。全面准确的现场记录对项目顺利开展有很大帮助，并可用于证明驻场工程师在有效地履行职责。在发生索赔的情况下，保持良好的记录也至关重要，尤其是在项目完成很长时间后提出索赔时。例如，如果桩完整性检测是在桩完成后的许多天进行的，并且显示桩中含有异物，那么详细的现场记录对于了解问题的原因以及开展后续调查和补救工程设计是必不可少的。

即使是一个时间不太长的现场岗位，也会有大量的现场记录。因此，驻场工程师规划建立一个切实可行的资料管理体系非常重要，这个体系应该能使文件资料完整地保存，并能以一种很快的方式找到相关资料。有些项目或许有明确定义的流程；如果没有，驻场工程师则需要选择一种适合该项目及其工作风格的方式。

驻场工程师通常负责保存和维护自己的记录，并对承包商提供的记录进行整理和审核。图96.4提供了一份标准记录一览表，这些记录除了包括一般由当事方准备的记录外，还有驻场工程师在进场前、施工期间和工程结束时整理的标准记录。驻场工程师最重要的记录方式可能就是他们的日志，必须每天写一次，并且应包括图96.4中列出的内容。

项目变更通常会导致现场混乱和出现各种问题，特别是在需要追溯证明这些变更的必要性时。在开始施工之前，驻场工程师必须明确项目变更程序，并在需要变更时严格遵循该程序。在有些项目中，会提前规定变更程序；然而，在一些其他项目中，需要驻场工程师在进场之前督促现场相关人员和设计方明确变更程序，对其后面开展工作是很有帮助的。例如，如果在现场勘察期间发现有必要增加额外的钻孔，以核实地层信息是否有误，驻场工程师应当遵循项目变更程序，并明确说明增加的原因，以便在承包商提交付款申请时可以被迅速确认。

96.4.3 检测和检查

驻场工程师最重要的作用可能是现场监管和抽查承包商的工作。驻场工程师应确保严格执行检查，每次检查承包商需要进行记录，同时驻场工程师也将使用预先商定的制式检查表单独进行记录。需要重视的是这份检查记录工作不能拖延，因为即使在检查完成后的较短时间内，也可能很难或不可能再准确填写检查单。

在驻场工程师执行检查时，承包商一般需要在场。如果驻场工程师对检查的任何内容不满意，则应立即向承包商提出，以使承包商有机会在施工完成之前改正问题。在比较极端的情况下，承包商拒绝改正错误，那么驻场工程师应让承包商意识到不改正的后果，并尽快以书面形式进行后续跟进。

承包商一般会提供自己的工程记录副本给合同管理员和驻场工程师。驻场工程师应核查承包商的记录是否与自己的记录一致，并就任何关心的问题或不一致的地方向承包商和项目组进行询问。现场施工开始前，驻场工程师应从承包商处索要制式检查表，并核对这些检查表是否涵盖合同文件要求的要素。

根据被检查工作的性质和驻场工程师的职责确定检查的确切细节、频率和需要采取的记录方式。

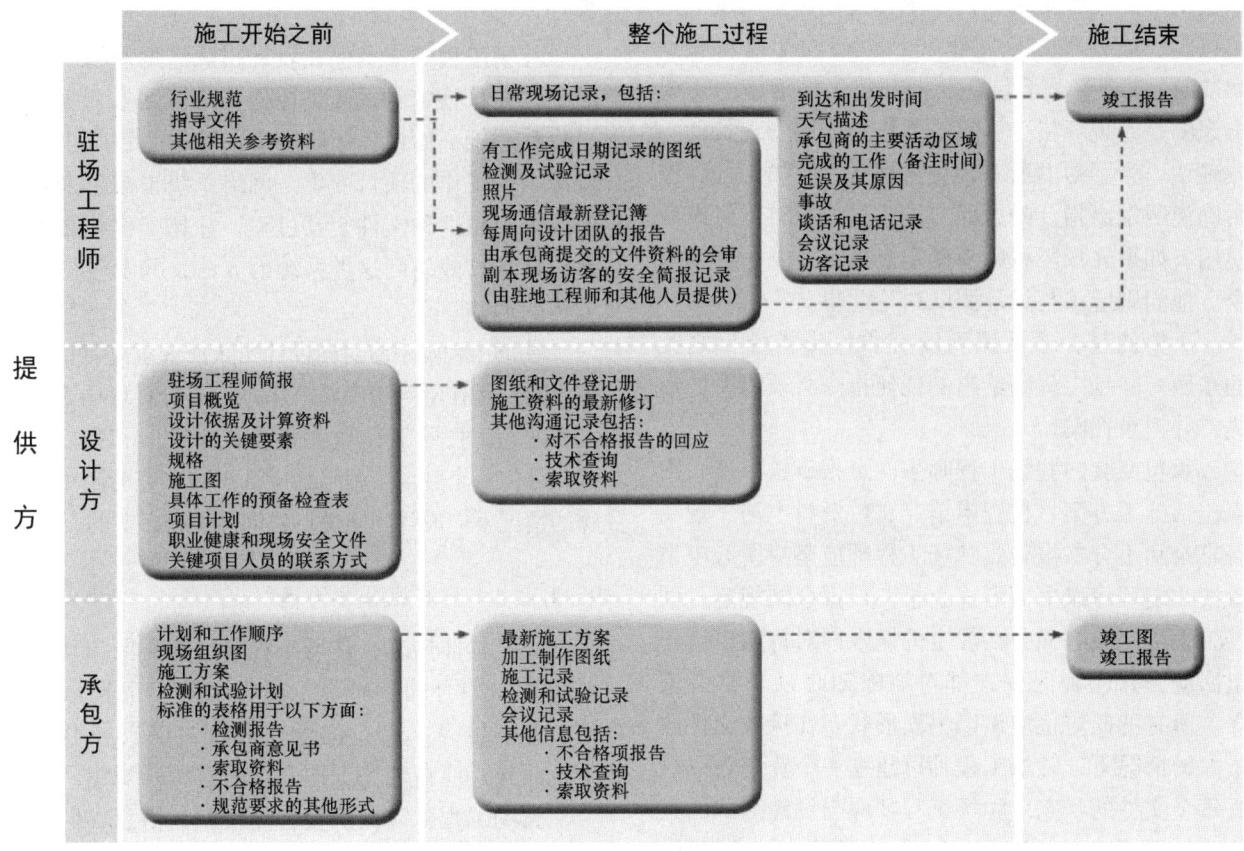

图 96.4 需驻场工程师整理的现场工作文件一览

96.4.4 沟通交流方式

这将取决于项目采购方式和建筑合同。但是,以下各节包含了一般性的建议,并可根据特定项目要求进行修改。

96.4.4.1 与承包商沟通

驻场工程师与承包商联系最为密切。与承包商的沟通范围从口头讨论到正式的书面现场指令,不过一开始可能难以判断特定情况下最合适的沟通方式。

驻场工程师的首要目标是与承包商的员工建立良好的工作关系。为此,驻场工程师应认识到承包商的工作有工期和成本的限制。他们的工作可能依赖于项目的进度和获利能力;在这种情况下,承包商可能会寻求成本最省而非质量最高的解决方案。当然,驻场工程师虽然认可承包商在从事营利活动,但也应确保承包商必须依照合同条款进行施工。

驻场工程师在处理所有现场事宜时,均应力求采取公平、公正和合理的方法。如果他们看到错误的征兆,则应尽早提出,不要等到已出现问题、需他们正式进行检查的时候再提出。驻场工程师应该尽量不要撤销先前的决定,也不要在他们已认可的工作中再次挑出毛病。只有这样,驻场工程师在现场才会获得越来越多的尊重和权威。

驻场工程师通常与承包商进行日常讨论,这些讨论应在其现场日志中进行总结。如果讨论是非正式的,如现场检查时改进工作的建议,已经被承包商接受,就不必正式记录和下发。驻场工程师应仅向承包商团队中预先指定的人提供意见,而不是直接向承包商的现场施工人员或其分包商提供意见。

如果讨论较为正式,驻场工程师应将书面记录发送给承包商的团队,并分别发送给涉及的其他各方。这些沟通需要采用预设的格式,例如现场备忘录。需要进行书面记录的例子包括:当承包商未回应驻场工程师在检查中做出的口头意见时;当安全问题被忽视时;当需要形成书面资料(例如施工方案)时。

现场指令应该用于正式的合同事项，例如：发布施工草图和施工资料；要求承包商纠正违反规范的行为；或处理安全问题（当最初的沟通未收到回复时）；或要求承包商上报补救工作措施。需要牢记的是，现场指令一般需要作为合同管理员的一方确认。为了帮助所有相关方理解，驻场工程师应明确说明发出指令的原因，因为这些资料可供以后使用。如果驻场工程师不确定是否需要发布现场指令，他们则应该与设计团队讨论此事。

重要的是，要认识到没有"口头指令"之类的东西。驻场工程师给出的任何指令必须以书面形式，并记录在案。

承包商会向驻场工程师多次上报审核申请，内容包括施工方案、检查申请、文件资料申请、现场备忘录和不合格报告。驻场工程师应坚持所有申请要按约定程序以书面形式上报。根据合同规定，驻场工程师一般有义务在规定的期限内对每次申请作出回应，并应确保双方都对期限知晓以及都会遵守。所有的回应也应该以书面形式。在接收文件数量大的情况下，驻场工程师可建立一个登记表以核查每个文件的状态。驻场工程师应与设计团队的其他成员保持良好的沟通，以便在需要时寻求帮助，并确保同步响应。

96.4.4.2 与设计团队的沟通

为了保障所有人的利益，驻场工程师需要与他们的设计团队保持密切联系。驻场工程师应该定期与设计团队的指定成员交流，以提供现场进度的详细情况，提出疑问并接收相关资料。在项目初期，即使没有什么可报告的，也最好每天联系一次。驻场工程师应该在日志中将这些交流做简短记录。

设计团队成员到现场进行踏勘是大有裨益的，尤其是在工程刚开始时。这将为驻场工程师提供支持，并使设计团队了解现场条件。

驻场工程师还应提供现场事件的书面纪要。报告的格式和频率应事先与设计团队商定。对于大多数项目，一份周报总结以下问题就足够了：

- 项目进度与计划进度对比；
- 重大问题和延误；
- 遇到的技术问题及其解决方案；
- 发布的指令；
- 收到的文件和未完成的响应；

- 收到的试验结果；
- 识别不合格项。

驻场工程师应确保让设计团队清楚现场所需的信息，并从指定的设计人员处及时得到最新版本的规范和图纸；而设计团队则应使驻场工程师了解可能影响其工作的项目变更。网络系统正被越来越多地用来管理这种文件交互过程，驻场工程师必须掌握在现场高效访问这类系统的方法，并及时得到新上传的通知。

驻场工程师不应对向设计团队征求意见有任何顾虑，特别是在刚到达现场工作时。随着对现场工作越来越熟悉，驻场工程师会变得更加自信和独立，但是，任何一个驻场工程师都应认识到在完全陌生或特殊的情况下向设计团队进行咨询是很有必要的。

96.4.4.3 与其他各方沟通

根据具体情况，驻场工程师可能需要与其他现场各方（如合同管理员、项目经理、工程量测量员、办事员等）进行沟通。沟通的层次和形式因项目而异，应在现场工作开始前就明确规定。

驻场工程师应提供合理的帮助和信息，但前提是要确保提供的沟通层次与当事人的岗位和权限相匹配。特别需要注意的是，驻场工程师只能接受有权限方的指示。

与现场其他各方的大部分交流都采用口头形式，但应始终记录在现场日志中，或者必要时通过更正式的方式进行记录。

96.4.5 现场会议

合同管理员应定期安排与承包商的现场会议，审查进度并讨论相关问题。驻场工程师应参加这些会议，还要邀请业主和设计团队的代表一起参加。

典型的会议议程一般至少包括以下内容：

- 计划进度以及进度滞后的问题；
- 设计相关问题；
- 信息需求情况；
- 不合规报告情况；
- 遇到的问题和解决方法；
- 职业健康与现场安全问题；
- 下次会议拟定的工作；
- 其他事项。

应该为所有会议准备会议记录，并要尽快（在下一次会议召开之前）将这些记录分发给与会者。驻场工程师须认真核查所有会议记录，以确保这些记录公正地反映了会议内容。会议记录中的任何问题都需要在下一次会议开始时提出，或在有必要时提前提出。驻场工程师须确保及时处理会议记录中已确定的行动内容。

在会议之前，驻场工程师应列出与会者很可能会提出的一些问题，例如工作质量、安全事项和承包商要求的资料。驻场工程师还应在会议前花一些时间向设计团队代表简要介绍当前会议主题。

96.4.6 处理问题

尽管驻场工程师尽了最大努力，但有时还会出现各种问题，此时驻场工程师需要更积极主动地去解决这些问题。

让一个不愿配合的承包商去积极地提高质量或改正错误是现场中最困难的工作之一。因此，明智的做法是尽量避免与其发生正面冲突。驻场工程师应在施工开始前和新工人入场后进行技术交底，明确质量要求，以避免施工中出现的质量问题。

驻场工程师的目的应该是与承包商建立良好的工作关系。如果事情有误或做得不好，驻场工程师应该解释所提要求背后的技术原因；同时，应该尽快发现并提出问题，以便承包商有机会迅速改正。

如果承包商没有根据最初的口头警告采取行动，则驻场工程师必须向承包商出具一份现场备忘录，记录他们的口头意见，并要求采取措施。使用这一方法一般都能解决问题。同时，这也提供了所提要求及日期的书面记录，以备将来参考。驻场工程师应注意不要告知承包商如何改正错误，最好征求他们自己的意见。

有时承包商没有按照驻场工程师的要求进行施工。在确实给过承包商合理的机会让其改正而他们仍然置之不理的情况下，驻场工程师可以采取进一步大胆的处置行动。如果承包商组织内的相关负责人没有及时回应，驻场工程师可以联系其上一级主管；如果承包商现场团队都没有回应，驻场工程师应该联系合同管理员或项目经理。无论哪种情况，驻场工程师都需要以书面形式记录所关注的内容，并以之前讨论和书面沟通的内容作为参考。驻场工程师应阐明其关注的原因以及不及时解决问题的后果（例如重复错误的工作）。

当然，不应该为一些琐碎的事情采取非常严厉的措施。驻场工程师需要首先判断事故的严重性，这可能需要征求设计团队的意见。如果缺陷工程已经隐蔽，驻场工程师需要有充分的证据来支持提出的索赔，特别是如果证据与承包商自己的记录相矛盾。在这种情况下，清晰的现场照片可以非常有说服力地证明所指控的过失是否曾经存在及其严重程度。

除了一种情况例外，驻场工程师不得在未事先咨询设计团队和项目经理或合同管理员的情况下发布停工指令。因为这一指令是至关重要的，会导致合同履行非常困难。所说的一个例外就是当有直接的人身危险发生时（例如，无支护和不稳定的基坑开挖），但即便如此，也必须立即通知设计团队和项目经理。

有关防止质量缺陷的更多详细信息，请参阅第93章"质量保证"。

框 96.4　要点：现场施工管理

- 编制完整清晰的文件，及时进行现场资料的记录和整理是驻场工程师职责必不可少的一部分。
- 驻场工程师和其他现场各方需要进行大量记录（图96.4）。
- 驻场工程师需要明确项目变更程序，并在需要变更时严格遵守。
- 驻场工程师必须保证检查彻底，并使用事先确定的表格进行记录。
- 驻场工程师应与现场团队进行明确和及时的沟通，并应针对每一特定情况改变沟通形式。
- 驻场工程师不用顾虑向其团队征求意见，特别是在驻场初期。
- 定期的现场会议是讨论现场工作问题必不可少的途径。
- 当出现问题时，驻场工程师需要积极应对，尽早提出，给承包商尽快解决问题的机会。

96.5　健康和安全责任

96.5.1　法律

英国的职业健康与现场安全要求主要执行《工作健康与安全法案1974》（*Health and Safety at Work Act*，简称HSAWA）的相关要求。该法案概述了雇主和其他专业人员在保障其雇员和其他可能受其活动影响的人的健康、安全和福利方面的一般义务。

该法案是以条例的形式进行编制的，同时又通过认可规程（Approved Codes of Practice）加以补充，这些规程中包含详细的规定和实际指导。对于建筑工程有各个方面的条例，下面列出最常用的条例：

- 《建筑（设计与管理）条例 2007》（Construction (Design and Management) Regulations，简称 CDM 条例）。
- 《建筑（设计与管理）条例 2007 之施工中的健康与安全管理》（Managing Health and Safety in Construction. Construction (Design and Management) Regulations 2007）。认可规程。
- 《报告伤病和危险事故条例 1995》（Reporting of Injuries Diseases and Dangerous Occurrences Regulations，简称 RIDDOR）。
- 《有害化学物质控制条例 1999》（Control of Substances Hazardous to Health Regulations，简称 COSHH）。
- 《起重作业和起重设备条例 1998》（Lifting Operating and Lifting Equipment Regulations，简称 LOLER）。
- 《工作设备供应和使用条例 1998》（Provision and Use of Work Equipment Regulations，简称 PUWER）。

在开始现场工作之前，驻场工程师应确保熟悉法案规定的义务以及相关法案框架之下的主要条例。

有关健康与安全的法规及其在岩土工程中应用的详细信息，请参阅第 8 章"岩土工程中的健康与安全"。

96.5.2 人身安全

虽然承包商对工程的安全实施和劳动人员的监管负有法律责任，但驻场工程师也有自我保护的义务。如何保证健康和安全是工程师为现场工作做准备的一个重要方面，一般通过正规培训、交底会议和查阅文件资料等方式，正如清单 96.3 所述。

驻场工程师要在整个现场工作中及时了解现场健康和安全程序的变化，并应设法积极主动地为现场健康和安全管理做出贡献。

在现场工作期间，驻场工程师需要始终穿戴适当的个人防护装备，并且避免承担不必要的风险。如果被要求从事他们认为不安全的工作，例如进入无支护的开挖区域，驻场工程师则必须坚持要求承包商在进行此工作之前纠正相关问题。

清单 96.3　健康和安全相关的准备工作

✓ 一定的现场常规安全培训，包括其雇主安排的交底会议

✓ 承包商要求的健康和安全认证（例如施工技能证书）

✓ 由他们自己的团队和承包商做出的关于特定工况和施工工序相关风险的安全技术交底

✓ 获取和理解必要的健康和安全生产资料，包括施工阶段计划、设计师的风险评估和承包商的风险评估

如果驻场工程师受伤，他们应立即向现场团队和设计团队报告受伤情况。至少应在现场事故书中报告伤情，并根据事故性质进一步向安全健康管理局（HSE）报告。

96.5.3　他人安全

根据《工作健康与安全法案 1974》（Health and Safety at Work Act，简称 HSAWA），驻场工程师有义务"合理保护自己以及可能因其工作行为或疏忽而受到影响的其他人的健康与安全"。驻场工程师可以向承包商提出与不安全操作有关的任何意见。如果这些问题未及时得到解决，驻场工程师应就此情况向承包商/或其自身团队（视情况而定）的更高级别领导进行报告。

在现场期间，驻场工程师将会接待访客，并需要负责确保访客在现场的健康和安全。驻场工程师应对进入现场的访客可能出现的风险进行评估，并在访问前对他们进行安全交底。在接待访客前，驻场工程师需要提前通知承包商；承包商可能也会要求访客参加他们安排的安全交底。

框 96.5　要点：健康和安全责任

- 在开始现场工作之前，驻场工程师应熟悉 HSAWA 规定的职责以及相关法案框架之下的主要条例（例如 CDM 条例）。
- 驻场工程师有义务保护自身安全，其必须确保：
  - 接受适当的培训；
  - 收到特定的现场安全交底；
  - 熟悉现场重要的安全文件，包括施工阶段计划和风险评估。
- 驻场工程师也有责任保护他人的健康和安全。

96.6 现场勘察工作的监督

场地勘察工作旨在提供有关场地和地下水情况的资料。本手册的第4篇"场地勘察"中详细阐述了场地勘察的方案设计和实施方法。

每个场地的勘察工作方案都是特定的，因为它与特定的场地情况和拟开发用途等问题息息相关。一个工程师永远不可能准确地预估场地勘察带来什么样的结果，尤其是某些工程，勘察结果显示的场地条件可能与预期情况大相径庭。

因此，负责场地勘察工作的驻场工程师需要为观测到的勘察成果做好响应准备，检查其是否与预期结果一致。如果不一致，则需要调整勘察方案，以确保获得本项目需要的信息。为此，驻场工程师需要充分了解场地勘察的总体目标和每个勘探孔的具体目标。

驻场工程师需要对现场得到的勘探孔信息进行整理和审核，并且还要时刻准备发出变更指令以应对意外结果。在做出变更指令时，驻场工程师还需要知道他们所发出变更指令造成的成本影响。如果金额较大，则驻场工程师在实施变更前，应从承包商和合同管理员处获得变更和成本增加的书面许可协议。

有时承包商会对现场钻孔（图96.5）或野外试验（图96.6）建议其他的备选方法。驻场工程师对备选方案可以持开放态度，但应质疑其偏离规范的必要性，并保证提议的新方法产生的数据质量与规范指定方法相同或更好。

只有获得高质量的数据和足够数量的信息，场地勘察才对项目有用。驻场工程师需要熟悉管理场地勘察工作的规范和标准，与英国大多数场地勘察有关的文件列于下文。但是，驻场工程师还应该了解其他国家或地区与场地勘察或工程有关的规范或指导文件。

- BS 5930 + A2：2010：《场地勘察规程》。
- BS EN 1997-2：2007：《欧洲标准7：岩土工程设计，场地勘察和试验》。
- NA to BS EN 1997-2：2007：《欧洲标准7英国国家附件：岩土工程设计，场地勘察和试验》。
- "工程建设之场地勘察系列"文件1~4。

驻场工程师需要认真仔细地查看现场工作，以确保承包商达到这些标准（请参阅本手册第13章"地层剖面及其成因"和第4篇"场地勘察"）。驻场工程师还应尽早检查采样和试验频率是否达到规定的要求。

以兼职身份监管现场工作，驻场工程师一般都面临很大的压力。在这种情况下，驻场工程师需要仔细安排在场的时间，以确保在最合适的时候出现。这一般因现场情况而异，但驻场工程师通常都应当场核实确定所有勘探孔的位置，并检查初期完成的工作以检验承包商的能力。当现场有许多工作人员时，驻场工程师需要查看每个工作人员的初期

图96.5 使用中的电动冲击钻机
ⒸArup；版权所有

图96.6 从钻孔中回收的测井岩芯
ⒸArup；版权所有

工作，以便检查工程质量和工作习惯的变化。如果驻场工程师稍后还需要编制岩土工程评价报告（最好如此），则应观察和了解已揭露土的性质，并要合理安排在场时间以观察每个土层的土。

由于场地勘察一般都安排在项目初期，而且进场工作人员的规模往往较小，因此场地勘察的物资供应和安全保障往往不如其他工程项目那么完善。尽管如此，驻场工程师仍需要在现场制定一些适当的福利、劳动保护、职业健康和安全等方面的规定，并应立即改善较差的工作条件。

> **框96.6 要点：场地勘察工程的监督**
>
> 驻场工程师（RE）应该：
> - 对所有工作细节进行仔细观察，确保取得的数据质量和数量符合规范和相关规程的要求；
> - 在整个野外工作过程中检查现场勘察成果，如果场地条件与预期情况有显著差异，则应调整工作范围；
> - 如果是兼职，保证施工中的关键过程均在现场。

96.7 桩基施工作业的监管

驻场工程师监管活动的工作重点将取决于所需要见证的桩基类型和设计要求。本手册第5篇"基础设计"和第8篇"施工技术"描述了当今岩土工程中常用的多种桩基类型。此外，规范和指导文件清单如下：

- BS EN 1997-1：2004：《欧洲标准7：岩土工程设计》一般规则。
- NA to BS EN 1997-1：2004：《欧洲标准7 英国国家附件：岩土工程设计一般规则》；
- BS EN 1536：《特种岩土工程施工：钻孔桩》；
- BS EN 1538[①]：《特种岩土工程施工：地下连续墙》；
- BS EN 12063：《特种岩土工程施工：板桩墙》；
- BS EN 14199：《特种岩土工程施工：微型桩》；
- BS EN 12699：《特种岩土工程施工：挤土桩》；
- Tomlinson and Woodward (2009)；
- 英国建筑业研究与信息协会（CIRIA）各种指南，参见CIRIA网站：www.ciria.org。

驻场工程师应该对检查级别、要检查的施工细节和验收标准非常清楚。这在很大程度上与设计方案息息相关。例如，当仅用一根桩来作为支撑结构的关键构件时，由于单桩失效的后果非常严重，每根桩都会被严格检查；而在使用群桩作为支撑结构的设计中，由于群桩方案固有的冗余性，对一定比例的桩进行检查是可行的。施工技术的复杂性和承包商的相关经验也是一个影响因素，例如，与已验证的和相对简单的桩基方案相比，新的或复杂的桩基方案估计都会进行更严格的检查。

驻场工程师在独自负责现场监督之前，熟悉打桩技术的工艺原理也很重要。能够在其他使用相同打桩工艺的工程中，通过协助那里的驻场工程师来掌握这些工艺原理是最合适不过了。否则，驻场工程师将会由一名经验丰富的工程师陪同到现场协助了解打桩过程，并且逐步树立对监督检查的信心。

驻场工程师应非常清楚承包商所使用的打桩方法，以及改变该方法后对桩设计方案的影响。

现场（图96.7）有时会出现超出承包商控制范围的情况打乱了原来的桩基施工作业计划，例如设备故障、不可预见的场地条件或恶劣天气。在这种情况下，承包商和驻场工程师将面临一定的压力，需要尽快解决问题，并尽量减少对桩基设计的影响。因此，驻场工程师与承包商一起考虑可能出现的问题以及提前准备好应急预案是很有用的。

对于重复性的桩基施工作业，驻场工程师在工程开始时建立所需的质量标准比平时更为重要。驻

图96.7 伦敦市中心典型钻孔灌注桩现场

ⒸArup；版权所有

---

① 译者注：原文为BS EN 1583，应为BS EN 1538。

场工程师还需要确保在整个工程中保持此标准，特别是对施工周期长、人员易变化的工程项目。与现场技术工人相比，驻场工程师有时年纪较轻，应认识到这些技术工人可能非常有实践经验。驻场工程师需要认真考虑他们提出的建议；但也应该明白，仅仅因为工人们认为"以前总是这样做"，并不意味着就是项目问题的正确解决方法。

在打桩工程中，特别是那些成桩速度较快的工程，可能会使驻场工程师和承包商无法及时进行施工记录。驻场工程师决不能允许这种情况发生，必须在合同规定的时间内按时完成记录，这一点非常重要。

及时、准确地编制完工报告对于打桩工程越来越重要（参见第 101 章"完工报告"）。完工报告应全面、详细，不仅包括已施工桩的细节，还应记录施工期间遇到的任何问题和采用的解决方案。这将有助于今后重新利用这些桩，在这些工作做完之前，驻场工程师不能认为其职责已经完成。

框 96.7　要点：桩基施工作业的监管

驻场工程师应：

- 熟悉打桩技术的实际工艺原理（通过以前的经验或参观使用相同技术的其他工程）；
- 对检查级别、要检查的施工细节和验收标准非常清楚；
- 及时做好施工记录，尤其是在成桩速度较高的情况下；
- 考虑可能出现问题的情况，并（与承包商）提前制定应急预案；
- 确保在整个工程施工过程中保持同样的质量标准，尤其是对施工周期长、人员易变化的工程。

96.8　土方工程监管

土方工程建设项目既可以非常小（低层建筑的地基开挖）也可以非常大（主干路的基础设施建设）（图 96.8）。其所需的监管级别应根据项目的复杂性及其规模来决定。

有关土方工程设计的详细信息，请参阅本手册第 7 篇"土石方、边坡与路面设计"。相关规范和指导文件清单如下：

- BS EN 1997-1：2004：《欧洲标准 7：岩土工程设计，一般规则》。
- NA to BS EN 1997-1：2004：《欧洲标准 7 英国国家附件：岩土工程设计，一般规则》。
- BS 6031：《土方工程规程》。
- 英国建筑业研究与信息协会（CIRIA）各种指南，参见 CIRIA 网站：www.ciria.org。

对于驻场工程师来说，了解土方构筑物的预期用途是很重要的，因为这将影响采取的检查级别和做出的决策。例如，对于需要承受重型荷载的结构或具有严格位移限制的设备，其检验标准将比园林绿化平台的非结构填料更为严格。

在现场工作开始之前，通过场地勘察对现场土料进行预分类很重要（请参阅本手册第 96.6 节和第 4 篇"场地勘察"）。这使得设计人员和现场团队能够确定用于挖掘的合适设备类型，可以实现的边坡倾角以及能达到的压实程度。此外，驻场工程师需要熟悉适合现场材料的压实设备类型及其使用功能。

除了较小的土方工程外，通常只能对工程进行抽样检测。驻场工程师必须确保达到所需的测试频率（不论是原位测试还是实验室试验），并且样品应该能代表整个场地，而不仅仅代表局部有限的面积或有限的土类型，这一点非常重要。驻场工程师最好自己选择测试部位，以确保能反映关键的施工过程，并避免受到承包商的影响。承包商也可提出一份抽样和测试计划表，以便与驻场工程师达成一致。另外，为以防万一，双方还应在试验前商定处理受扰动样本的程序。

如果需要对样品进行测试，则驻场工程师必须确保实验室已就特定测试的内容获得了指定部门的认证，这对于现场实验室尤其重要。而对于非现场

图 96.8　典型土方工程现场
ⓒArup；版权所有

实验室来说，需要重视的是确保样品的储存和运输方式对其特性影响最小。

每天详细的天气记录对土方工程作业至关重要，因为这可能会影响所用土料的性能。此外，恶劣天气对土料性能产生的影响须由设计团队进行考虑，驻场工程师和承包商应清楚这一点。驻场工程师须注意合同中对恶劣天气的定义，如果其被认为是"特殊"天气，在这种情况下，业主可能会承担由此产生的全部费用，或者包含在承包商的责任范围内。

在对土方工程进行检测时，驻场工程师需要留存高质量的带注释的影像记录，并附有详细的工程描述以及合规性检测的类型和部位。承包商通常在工程结束时需要编制一份确认报告，而驻场工程师可能会被要求对此报告进行审批。驻场工程师需要确保本报告的内容来源于承包商在整个现场的工作，以防止在工程结束时出现信息不一致或不完整的问题。驻场工程师还应编制一份全面及时的完工报告（参见第 101 章"完工报告"），以总结工程并整理其独立记录。

框 96.8　要点：土方工程监管

驻场工程师应：
- 了解土方工程的预期用途以及如何影响其监督作用；
- 深入了解场地勘察情况和现场土层性质；
- 确保采样频率和检测质量满足要求，且样品能代表整个现场；
- 详细记录天气状况，了解什么条件可以影响土体性能；
- 留存高质量的带注释的影像记录。

96.9　参考文献

British Standards Institution (1999). *Code of Practice for Site Investigations.* London: BSI, BS 5930 A2:2010.
British Standards Institution (1999). *Execution of Special Geotechnical Work. Sheet Pile Walls.* London: BSI, BS EN12063:1999.
British Standards Institution (2000). *Execution of Special Geotechnical Work. Bored Piles.* London: BSI, BS EN1536:2000.
British Standards Institution (2001). *Execution of Special Geotechnical Works. Displacement Piles.* London: BSI, BS EN12699:2001.
British Standards Institution (2000). *Execution of Special Geotechnical Work. Diaphragm Walls.* London: BSI, BS EN1583:2000.
British Standards Institution (2004). *Eurocode 7: Geotechnical design. General rules.* London: BSI, BS EN1997–1:2004.
British Standards Institution (2005). *Execution of Special Geotechnical Works. Micropiles.* London: BSI, BS EN14199:2005.
British Standards Institution (2007). *Eurocode 7: Geotechnical Design. Ground Investigation and Testing.* London: BSI, BS EN1997–2:2007.
British Standards Institution (2007). *UK National Annex to Eurocode 7. Geotechnical Design. General Rules.* London: BSI, NA to BS EN1997–1:2004.
British Standards Institution (2009). *Code of Practice for Earthworks.* London: BSI, BS 6031:2009.
British Standards Institution (2009). *UK National Annex to Eurocode 7. Geotechnical Design. Ground Investigation and Testing.* London: BSI, NA to BS EN1997–2:2007.
Site Investigation Steering Group (1993). *Site Investigation in Construction Series, Documents 1 to 4.* London: Thomas Telford [new editions in development].
Tomlinson, M. and Woodward, J. (2009). *Pile Design and Construction Practice*, 5th Edition. Abingdon: Taylor & Francis.

96.9.1　法律法规

Health and Safety Commission (1995). *Reporting of Injuries Diseases and Dangerous Occurrences Regulations.* London：The Stationery Office.
Health and Safety Commission (1998). *Lifting Operating and Lifting Equipment Regulations.* London：The Stationery Office.
Health and Safety Commission (1998). *Provision and Use of Work Equipment Regulations.* London：The Stationery Office.
Health and Safety Commission (1999). *Control of Substances Hazardous to Health Regulations.* London：The Stationery Office.
Health and Safety Commission (2007). *Managing Health and Safety in Construction. Construction (Design and Management) Regulations 2007. Approved Code of Practice.* Norwich：HSE.
Her Majesty's Government (1974). *Health and Safety at Work etc. Act (Elizabeth II 1974. Chapter 37).* London：The Stationery Office.
Her Majesty's Government (2007). *The Construction (Design & Management) Regulations.* London：The Stationery Office.

96.9.2　延伸阅读

Clarke, R. H. (1984). *Site Supervision.* London: Thomas Telford.
Construction Industry Research and Information Association (CIRIA) (1996). *Site Guide to Foundation Construction.* SP 136. London: CIRIA.
Construction Industry Research and Information Association (CIRIA) (2002). *Site Safety Handbook* (3rd edition). SP 151. London: CIRIA.
Institution of Civil Engineers (2003). *Conditions of Contract, Measurement Version* (7th edition). London: ICE.
Institution of Civil Engineers (2009). *Civil Engineering Procedure* (6th edition). London: Thomas Telford.
Ove Arup & Partners (2007). *CIRIA CDM 2007 – Construction Work Sector Guidance For Designers.* C662. London: CIRIA.
Twort, A. C. and Rees, J. G. (2004). *Civil Engineering Project Management* (4th edition). Oxford: Elsevier Butterworth-Heinemann.

96.9.3 实用网址

英国标准协会(British Standards Institution,简称BSI);www.bsigroup.co.uk

英国建筑业研究与信息协会(Construction Industry Research and Information Association,简称CIRIA);www.ciria.org

施工技能认证;www.cscs.uk.com

英国健康与安全执行局(Health and Safety Executive,简称HSE);ww.hse.gov.uk/construction

建议结合以下章节阅读本章:
- 第8章"岩土工程中的健康与安全"
- 第78章"招标投标与技术标准"
- 第100章"观察法"
- 第101章"完工报告"
- 第8篇"施工技术"

本书以第1篇"概论"和第2篇"基本原则"为指导进行章节编排。如第4篇"场地勘察"中所述,各类岩土工程均应进行扎实的现场勘察工作。

译审简介:

曹光栩,高级工程师,博士,建研地基基础工程有限责任公司分公司副总工程师。主要从事岩土工程方面的设计、咨询和科研工作。

张治华,教授级高级工程师,清华大学学士,冶研院硕士,北京市机械施工集团有限公司总工程师,注册土木工程师(岩土),一级建造师。

第97章 桩身完整性检测

西蒙·弗伦奇（Simon French），检测咨询有限公司，沃灵顿，英国
迈克尔·特纳（Michael Turner），应用岩土工程有限公司，斯蒂普尔克莱登，英国

主译：关立军（中国建筑科学研究院有限公司地基基础研究所）
审校：陈凡（中国建筑科学研究院有限公司地基基础研究所）

doi:10.1680/moge.57098.1419

目录

97.1	引言	1391
97.2	桩基无损检测的历史与发展	1392
97.3	无损检测（NDT）中桩身缺陷的研究进展	1393
97.4	低应变完整性检测	1394
97.5	声波透射法	1408
97.6	旁孔透射法检测	1412
97.7	高应变完整性检测	1413
97.8	桩身完整性检测的可靠性	1413
97.9	选择合适的检测方法	1418
97.10	参考文献	1418

桩身完整性检测被定义为非破坏性试验（NDT），用来检查桩身对某种形式的非直接物理扫描技术的响应，可以采用声波、电能、放射性辐射或者其他输入形式对桩进行激励（CIRIA 144，1997）。通过对桩身响应的分析，可以对桩体构造的"完整性"进行解释，以混凝土施工的同质性或者外部形状的均匀性为典型代表。这种检测一般作为预先计划的质量控制程序的一部分，或作为复测程序，或作为对既有基础评估的辅助。

最常见的桩身无损检测技术特指低应变完整性检测和声波透射法检测，本章对此类检测结果的分析、解释和报告提供了指导，包括计算机辅助的信号拟合和建模技术，以加强对所获得的信号响应的解释。

本章对旁孔透射法和高应变完整性检测也进行了评述，前者一般用在对既有桩的复测，后者是动力荷载试验的附带结果。

97.1 引言

CIRIA 144报告（CIRIA 144，1997）把桩身完整性检测定义为用来检测桩身对某种形式的非直接物理扫描技术的响应。完整性检测一般作为特定场地的预先计划的质量控制程序的一部分；当桩基施工过程中或施工之后出现明显问题时，也可作为复测程序的一部分；它也可以作为对既有基础评估的辅助，例如当基础作为新开发项目的一部分需要重复使用时。

在英国的大多数的施工现场，桩基的非破损或完整性检测已经成为常规检测，但是经常被许多工程师和行业专业人士认为是一种"巫术"。检测采用非直接的检测技术对桩身结构进行检测，包括锤击产生的应力波、超声波、电阻率、放射元素如伽马或中子扫描，或者其他输入形式对桩进行激励，通过对桩基响应的分析，可以对桩身的"完整性"作出解释，通常与其内部构造或外部形状的一致性有关。

桩基完整性检测及其主要方法自20世纪70年代引进以来，已发展成为质量控制过程的重要组成部分，它可以提供已完工桩基的信息，同时也可对打桩系统进行进一步评估；计算机技术的进步为小型、便携的现场采集设备提供了便捷的解决办法，深入分析程序的发展已经使它们在建筑行业得到广泛使用。

本章将深入阐述目前使用的主要桩基检测方法，结合理论背景和指导原则，选择最合适的检测方法。指定最合适的检测方法通常不能被普遍接受，选用的检测方法常受各种因素的影响。因此，更广泛的理解是必要的，所有负责这方面工作的工程师都应该了解各种检测方法的适用性、局限性以及能够对从此类检测中获得的数据进行解释。

本章将讨论目前在英国使用的检测技术，分别为以下几种：

- 低应变完整性检测；
- 声波透射法检测；
- 旁孔透射法检测；
- 高应变动力检测。

在一般的现场检测中，电法及核或其他放射性元素辐射的检测方法并不常用，关于这些和其他检测技术的更多信息，请参见Fleming等（2009）和CIRIA 144（1997）。

这四种检测技术的主要特点可以总结如下：

（1）低应变完整性检测是检测桩在外力作用下的响应，通常会用轻的、一般配备硬塑料头的手锤敲击桩头，锤击产生的应力波沿桩身向下传播，波的部分或全部能量可能会因桩身特性的变化产生反射或变化，而桩端也会导致应力波的明显反射或变化。通过分析桩对初始冲击和从深部反射的任何响应（由桩顶安装的传感器测量），可以推断或得出入土深度范围内的桩身特性。

（2）声波透射法（CSL）是对声波或超声波在预埋在混凝土中的垂直声测管之间传输的桩身响应的检查。将信号发送器或发射器放到一个声测管的底部，同时将接收器放到相邻声测管的底部，然后将发射和接收传感器以预定的速率同步提升，桩身或其组成材料的特性变化会影响到信号到达接收器的传播时间或信号质量。

（3）旁孔透射法是一种估算桩的声学长度的检测方法，通常在不能直接在桩顶获取信号的情况下采用（例如既有基础中的桩）。沿着桩身方向在桩侧钻孔设置竖向通道管，把检测传感器顺着管道下降，同时用小手锤敲打桩上方的基础，可以检测应力波沿桩身和中间土体到达传感器的时间，一旦传感器通过桩端，应力波到达传感器的土中距离必然加大，传播时间将明显增加。

（4）高应变完整性检测是桩基承载力动力检测的一种附带检测，这将在第98章"桩基承载力试验"中描述。检测将采用大的落锤（如打桩锤）敲击桩，通过安装在桩身的传感器测量重锤冲击产生的冲击力，以及桩体下落时产生的加速度和速度。通过对传感器信号的分析，可以识别桩的缺陷情况，如断桩等。

97.2 桩基无损检测的历史与发展

97.2.1 低应变完整性检测

在英国，大多数桩的完整性检测都涉及通过敲击或在其内部引起一些其他的声学振动来测量桩的声学特性。这种机械脉冲产生的"冲击波"或"声波"，其沿桩身的传播速度由桩身材料的特性决定。利用一维弹性杆波动力学原理，最容易描述或分析这些波在桩中的传播。

20世纪60年代，在法国建筑与公共工程研究实验中心（CEBTP）工作的Paquet进行了低应变完整性试验研究，研究集中在桩对外部脉冲在时域（"声波回波"）和频域（"振动"）的响应。CEBTP（Paquet，1968）得出的结论是：基于时间的"回声"法存在局限性，用"振动法"对桩进行评估更可取，特别是当桩的上部几米存在缺陷时。Hertlein和Davis（2006）对这些发展进行了详细的讨论。基于当时的技术本章所讨论的理论难以在现场实际应用，直到20世纪70年代早期，适合的设备才开始商业化。

当时，Davis和Dunn（1974）对方法的应用和理论进行了描述，对基于频率的振动法得到的结果进行了解释；用一个电动式振动器或"摇晃器"附着在桩头上，测量桩对不同振动频率的响应。该方法在当时的明显缺点是为实施检测需要对大量桩头进行准备工作以及需要笨重的检测设备。

与此同时，荷兰的TNO研究所和德克萨斯州的凯斯西部大学（Case Western）也在进行研究，研究工作往往集中于使用波动方程进行的打桩分析（Smith，1960）。研究人员还研究了利用波动方程理论，以小型手持检测锤的"低应变"检测技术进行桩身完整性的检测，这些分析形式因此集中在基于时间的"声波回波"类型的技术上。

20世纪80年代早期，CEBTP的"振动"检测方法得到进一步发展，用一个宽频带测力传感器取代振动器，用小型手锤敲击，产生适用于检测要求的频率范围，这进一步发展为内置测力传感器的集成锤（Stain，1982）。1982年之后，CEBTP将检测方法定名为瞬态动态响应（TDR）方法，其他专家则使用诸如脉冲响应法之类的术语。在下文中，以频率响应检测作为此类检测的通用名。

20世纪80年代，研究机构和商业机构的并行研发见证了从模拟技术到数字处理、记录和分析技术的发展，到90年代中期，现场设备变得真正便携，既小巧又可以由电池供电。这种系统可以存储几百根桩的检测记录，如果需要，还可以通过调制解调器连接到办公场所，以便更快地进行数据处理和生成检测报告。随着计算能力的提高、软件和分析程序的进步也使得结果模拟和建模技术能够用于检测结果的辅助分析，如下文所述。

97.2.2 声波透射法和旁孔透射法检测

声波透射法（CSL）和旁孔透射法的发展历史大致上与前面提到的低应变完整性检测类似。尤其是 CEBTP 在 20 世纪 60 年代末开发的声波透射法（Paquet，1969），解决了低应变完整性检测的缺陷之一，即从桩头激励产生的桩身响应受深度限制的问题。声波透射法利用放在声测管中的声波发射器和接收器探头，检验深部的桩身构造特性。

旁孔透射法检测（Paquet 和 Briard，1976）是利用已施工完成的桩（例如可能已经与既有结构结合在一起）外侧的通道管来检测桩的长度或特性。

与低应变检测一样，这些检测方法的使用受到当时可用技术的限制。在整个 1980 年代，随着便携式计算机的发展和分析设备的改进，CSL 在欧洲、远东和非洲的主要项目中得到了广泛的应用。

97.3 无损检测（NDT）中桩身缺陷的研究进展

97.3.1 简介

桩的设计者和/或总体方案的设计者从一系列可能的选择中确定基础体系，以适应场地条件和施加的结构荷载。在选择检测方法时，双方都需要考虑如何根据设计意图和假设对在建工程进行检测。理想情况下，这些设计和性能要求应该在项目说明中列出。

在很大程度上，每根桩都是唯一的，并且由于埋在地下，所以不能像所支撑的结构那样进行检测。此外，基础体系在投入使用之前通常不能进行预加载以确认其是否可行（储罐或筒仓除外）。因此，对基桩体系的评价通常需要把直接和间接的检测相结合进行推断和外推，必要时还需要对个别桩进行有针对性的检测。应予理解的是，在任何这样的评估过程中，一个关键点是准确记录每一根桩的施工信息，这通常由桩的施工单位提供。例如，ICE SPERW 文件（ICE，2007）列出了基本的施工记录指南。

因此，无损检测作为合同评估系统的一部分，可提供关于桩基施工方面的附加信息，作为对基础体系评价的辅助工具。

97.3.2 桩身缺陷和无损检测概述

在第 82 章"成桩风险控制"中评估了各种类型的桩施工中可能出现的问题，在应用无损检测时，第 82 章"成桩风险控制"中确定的、由问题或潜在问题引起的特征可分为四大类（CIRIA 144，1997），它们分别是：

A 类：桩身预期形状的改变；

B 类：以横向裂缝或桩身开裂形式出现的桩体完全断裂；

C 类：桩身内部特性的变化；

D 类：影响桩与环境相互作用的特性，从而影响将设计荷载转移到周围土体或岩石的能力。

A 类特征通常与成桩过程的某些方面有关，无论是在桩施工阶段还是施工后阶段。CIRIA 144（1997）通常把影响桩身形状的特征用以下术语来识别：严重缩径、轻微缩径、明显扩径、渐扩、台阶状或咬合状，如图 97.1 所示。

B 类特征与施工前（如预制桩或预先浇筑的桩）、施工期间或施工后，意外的外部拉力或侧向力作用在已经硬化的桩体上有关联。这种外力的作用通常会产生与桩轴向垂直的或呈锐角的横向断裂，如图 97.2 所示。横向裂缝也可因混凝土收缩或地面隆起而产生。

C 类特征可能是由劣质混凝土或在混凝土浇筑过程中引起的，或因使用了低于标准要求的材料造成的。因此，它们反映了桩身内部特性的变化，如图 97.3 所示。性能的变化可能是渐进的或急剧的，如混凝土强度。其他的例子是桩身部分混凝土夹泥（例如在膨润土中形成的桩）或混凝土钢筋保护层的变化。

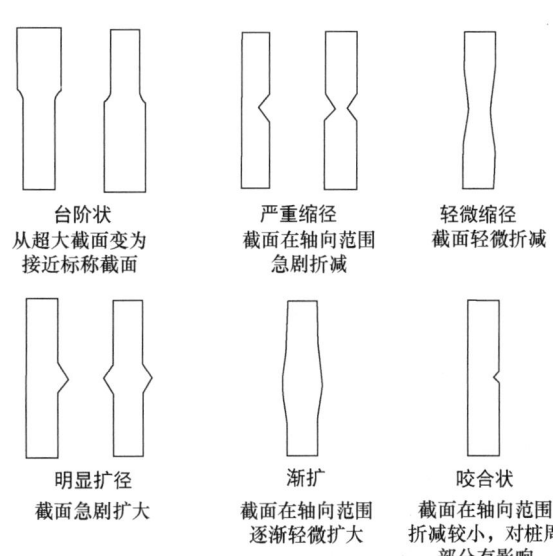

图 97.1 桩身 A 类特征

经许可摘自 CIRIA R144（1997），www.ciria.org

D 类特征包括较差的桩端条件，由于松弛或水的浸入，孔壁出现软化或退化的现象。因此，D 类

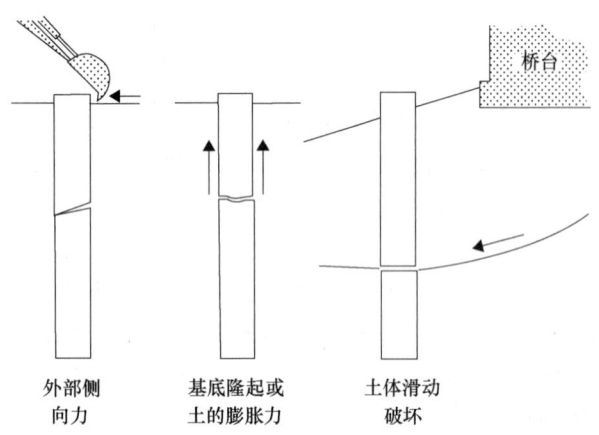

图 97.2　典型的因外部原因导致的 B 类断裂缺陷

经许可摘自 CIRIA R144 (1997)，www.ciria.org

特征通常与桩施工过程中的缺陷有关，这发生在混凝土浇筑前的钻孔阶段；或者，如果是打入桩，则与群桩的挤土隆起或打入后的松弛效应有关，这些因素会直接影响到桩的承载能力。

然而，重要的是要理解，这些"特征"并不一定是缺陷。从某种意义上说，"缺陷"可能被认为能够对桩的短期或长期性能或承载能力有显著影响。对特定特征的识别并不是判断桩是否有缺陷、低于标准或不符合规定，可能需要进一步的评估和调查，以确定该特征是否是一个不可接受的"缺陷"。

CIRIA 144（1997）提出了"异常"和"缺陷"这两个术语，其中异常是一种不规则或意外的响应，可能代表或不代表桩身的真实特征；相反，缺陷则被归类为不符合规定的结构特征，可能会或可能不会影响桩完成指定功能的能力。

关于后者，Amir（2001）进一步提出，就其对桩的承载力或耐久性影响而言，不显著的缺陷应被称为"瑕疵"，将"缺陷"作为影响桩的承载力或耐久性的特征而保留。"缺陷"需要进行工程评估，例如，也许桩可以在降低承载力的情况下被接受。

因此，完整性检测本质上需要一个循序渐进的过程，从通过检测识别"特征"或"异常"，到评估其重要性，到决定是否需要采取进一步措施。

下文第 97.4.6 节更详细地讨论了与此类"特征"评估相关的分析和解释过程。

重要的是，在桩的施工期间和施工后，应根据桩的类型和施工方法、桩的布置、打桩方案、地基条件和现场控制水平选择检测和评估方法，以确保其适用于检测可能存在的缺陷类型。

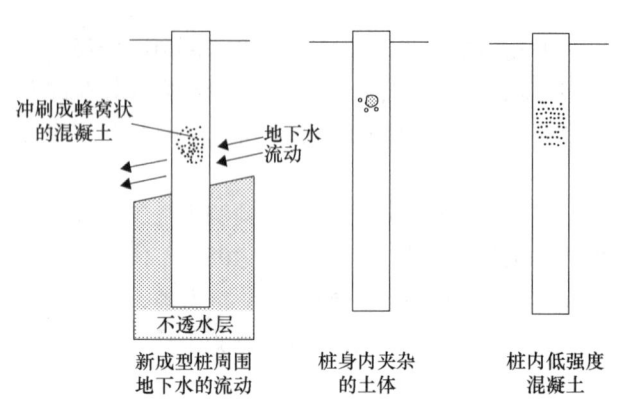

图 97.3　桩内典型的 C 类特征

经许可摘自 CIRIA R144 (1997)，www.ciria.org

需要进一步理解的是，一般来说，相比桩身渐变的性能变化，无损检测更适用于桩身特性急剧变化的桩。因此，在图 97.1 中，诸如"轻微缩径"或"渐扩"的细微变化或桩径的渐变而不是"台阶状"，在实践中通常很难或不可能被识别出来。

97.4　低应变完整性检测

97.4.1　时域分析

基于时间的完整性检测的总体布置如图 97.4 所示。这些检测通常称为"回波"或"声波回波"（时域）检测。

为了理解检测技术的本质，首先考虑长度为 L 的完全自由桩（即没有侧向土的约束或底部支撑）的情况。在这种情况下，桩端被称为"自由"端，因为它对锤击产生的下行应力波的响应是可以自由向下运动。对桩头施加短时间的冲击，例如用手锤敲击，产生的压缩波将以纵波或杆波（通常称为应力波）的形式沿桩身向下传播，到达桩端后，将以拉伸波的形式反射回桩顶。纵波的基本传播速度 c 由一维波动理论给出：

$$c = \sqrt{E/\rho} \tag{97.1}$$

式中　E——材料的杨氏模量；

　　　ρ——材料密度。

该波从桩顶传播到桩端再返回桩顶所需的时间 t 为：

第97章 桩身完整性检测

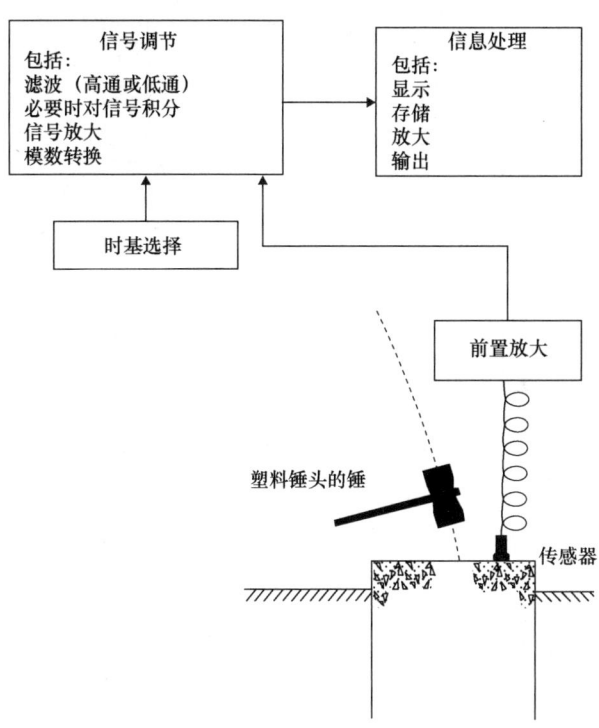

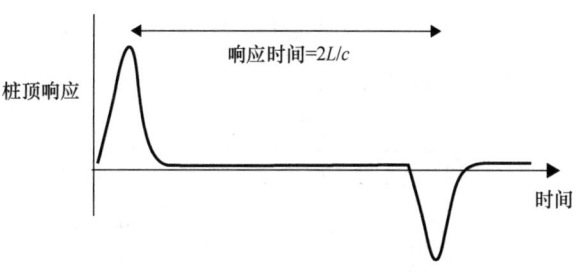

图97.6 固定桩端时的锤击和反射波，显示为上行压缩波，与下行波的极性相反

数。一般来说，长径比超过30的桩、嵌入坚硬到非常坚硬的黏土中时表现出100%的信号衰减，桩端反射波的信号实际上不能到达桩顶。因此，在这种情况下，被工程师们关注的桩端位置方面的检测效果会减弱。然而，必须认识到，该检测仍然适用于检查此类桩的上半部分。

长桩低应变完整性检测信号的衰减也是声波透射法发展的原因（参见第97.4.5节）。

桩侧土特性的变化也会对向下传播的应力波产生部分反射。在每一个土层，部分应力波将反射回桩顶，其余部分继续传到桩端。因此，桩侧多个土层会对理论上的桩身响应产生重大影响，使得对返回信号的解释变得更加复杂，如图97.7所示。

不可避免地，实际桩的真实响应通常不像理论所建议的那样容易解释。CIRIA 144 报告（1997）对波在桩中的传播作了较为详细的解释。

97.4.2 典型的桩土特性

如前第97.4.1节中所述，为了评估桩对低应变完整性试验冲击的响应，必须既要考虑桩身材料特性，又要考虑桩周土的性质。可以肯定的是，在非常坚硬土中施工的或嵌入岩石中的完整桩，桩的响应与在没有表面摩擦或没有桩端支撑空间中的自由桩有显著不同，桩周土体的刚度对应力波沿桩身的传播起到衰减作用。Briard（1970）首先确认了这个阻尼系数，可以通过桩底响应的衰减进行量测。材料性能的典型值如表97.1所示。

图97.4 典型的基于时间的"声波回波"检测示意图
经许可摘自 CIRIA R144（1997），www.ciria.org

$$t = 2L/c \tag{97.2}$$

如图97.5所示，第一个波峰由锤击产生，第二个波峰是自由桩端的反射波或"回波"。应注意的是，在本章中基于时间（声波回波）检测的大多数图示中，初始锤击在信号响应图上表示为向上的波峰，当然也可以等同地表示为一个向下的波峰，此时所有其他波峰或波谷将被同样地反向，其他图示显示了这种模式。商用检测系统通常采用其中一种数据表示方法。

现在考虑一个类似桩的情况，没有桩侧摩擦，但桩端支撑在一个无限刚性持力层上。锤击产生的压缩波在到达持力层时以压缩波的形式反射，但其极性与下行波相反，如图97.6所示。

当然，实际上桩会被埋入地下，这在应力波沿桩身向下传播的过程中对应力波的能量产生消耗，信号的衰减程度是桩径、桩长和周围土体刚度的函数

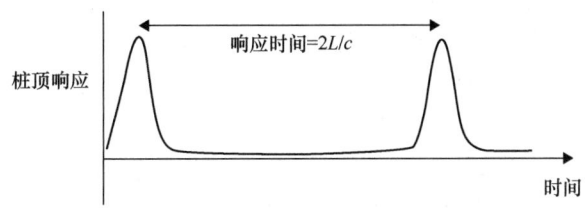

图97.5 在桩顶观察到的锤击和桩端反射波

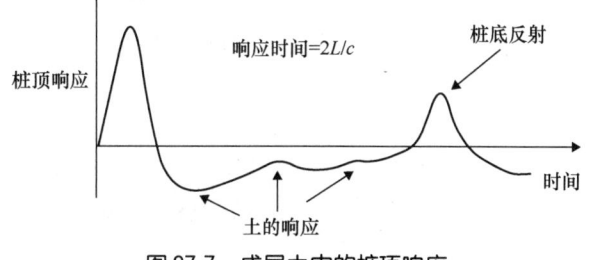

图97.7 成层土中的桩顶响应

材料性能的典型值	表 97.1
平面波在混凝土中的传播速度	3500~4000m/s
混凝土的密度或单位重量	23~24kN/m³
混凝土的杨氏模量	约 38GN/m²
土的剪切波速	100~300m/s
土的密度或单位重量	16~21kN/m³

97.4.3 桩身阻抗

桩身特性的任何变化也会在应力波通过发生变化的界面时产生部分反射。这种桩身特性的变化由一个桩身阻抗参数来定义，桩身任何位置处的 Z 值由下式给出：

$$Z = \rho \cdot c \cdot A \quad (97.3)$$

桩阻抗的增加，例如桩的截面积 A 的增加，将在阻抗变化处产生压缩波，压缩波传播回桩顶，产生一个与锤击响应相反方向的桩顶响应，类似图 97.6 所示的刚性桩端反射。相反，桩阻抗减小，例如截面积的减小，或桩身混凝土密度的减小，都将产生拉伸波，在桩顶产生与锤击响应相同方向的响应，类似于图 97.5 中的自由桩端反射。

由此可以看出，桩端的信号反射，作为对自由端或固定端的反射解释，也可由桩身其他特性引起，例如截面变化；可能产生自由端响应的典型特征如图 97.8（a）所示；类似地，产生固定端响应的特征如图 97.8（b）所示。

此外，与特定特征相关的阻抗变化可能仅引起来自桩顶锤击产生的向下传播的应力波的部分反射，而信号的其余部分则继续向桩端传播，这种特征的例子可能是桩身扩径或缩径。应当明白，在这种情况下，到达桩端并向桩顶反射的信号，部分在通过这个特征位置时将再次形成部分反射，导致信号的衰减或退化，在桩顶部位几乎检测不到。这种部分反射的实际意义在于，由于一个以上的阻抗变化对透射和反射应力波的影响，桩头响应变得更加复杂。图 97.8（c）说明了具有缩径或扩径特征的桩在截面变化范围内可能发生的"组合"响应的影响。此外，图 97.8（d）说明了桩侧土摩擦对信号响应衰减的影响。在极限状态下，对于坚硬土层中的长桩，桩顶部位的传感器不会接收到桩端反射信号，仅会记录锤击产生的初始脉冲，如图 97.8（e）所示。

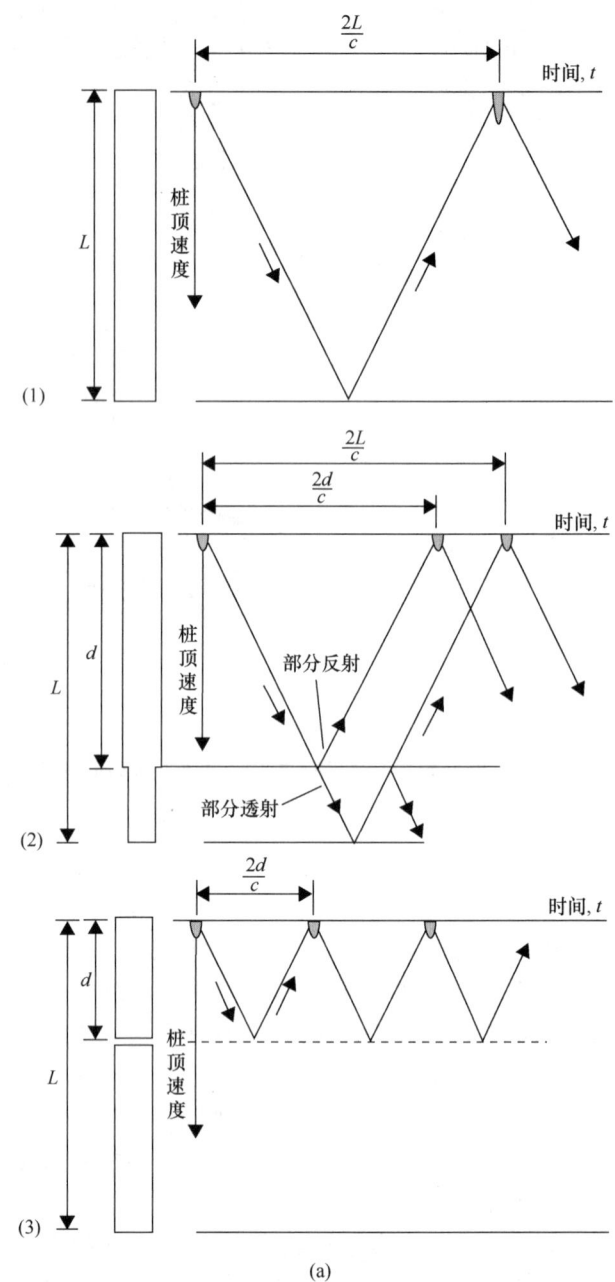

图 97.8（a） 基于时间检测的典型的简化自由端响应：
(1) 桩端（注：每隔 $2L/c$ 时间重复反射）
(2) 截面中间减小（截面变化处部分反射，桩端反射减弱）
(3) 断桩/截面完全损失/裂缝（从断裂处的自由端反射，以 $2d/c$ 的时间间隔重复）

经许可摘自 CIRIA R144 (1997), www.ciria.org

值得注意的是，一个相对较小的阻抗变化只能反射小部分的下行波，大部分信号将继续向下传播到桩端。随着阻抗变化的增大，下行波的反射比例增大。Ellway (1987) 认为，当 Z_1/Z_2 或 Z_2/Z_1 的比值大于 4 时，下行波将在 Z_1 和 Z_2 的交界面处被有效地完全反射，在此界面以下不会接收到返回信号。

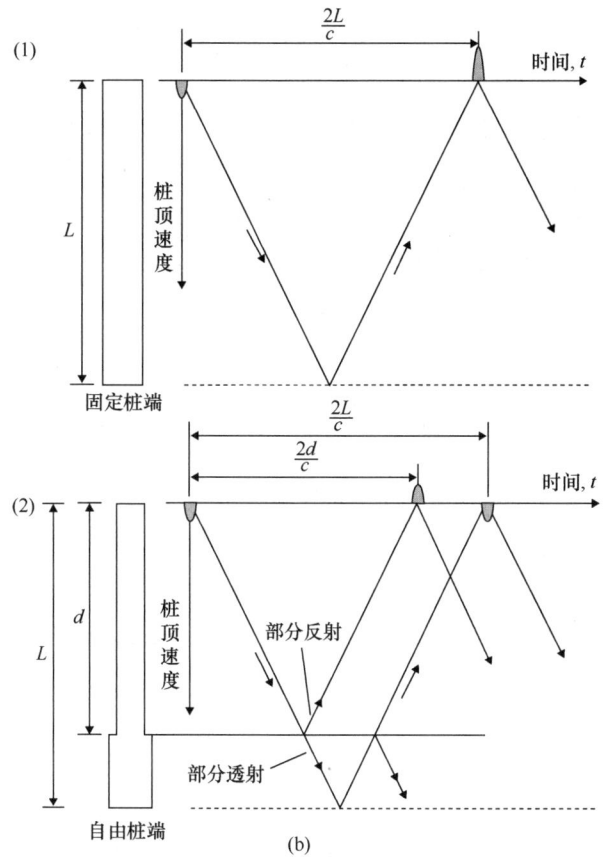
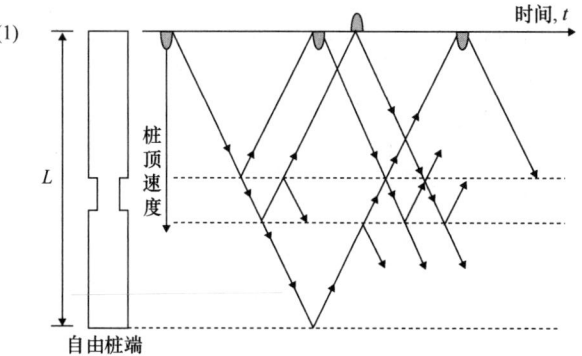
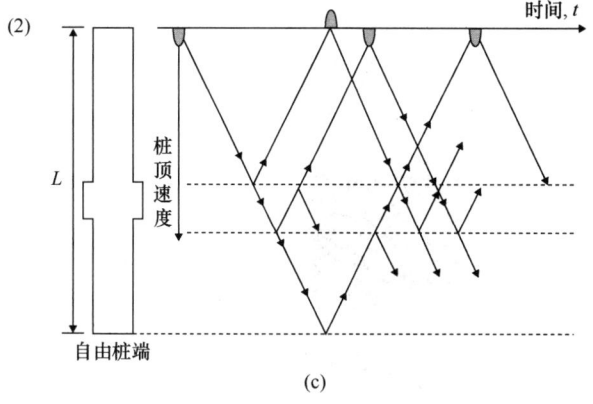
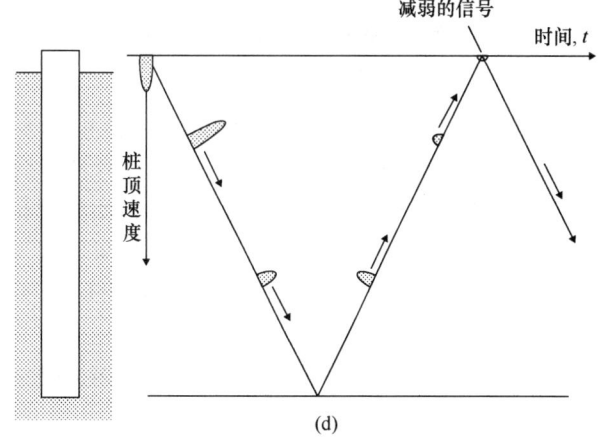

图 97.8（b） 基于时间检测的典型的简化固定端响应：
(1) 桩端（注：每隔 $2L/c$ 时间重复反射）
(2) 截面中间增大（截面变化处部分反射，桩端反射减弱）
经许可摘自 CIRIA R144 (1997)，www.ciria.org

图 97.8（c） 基于时间检测的组合响应：
(1) 桩端自由且缩径（截面变化处均产生部分反射，桩端反射减弱）
(2) 桩端自由且扩径（截面变化处均产生部分反射，桩端反射减弱）

图 97.8（d） 桩侧摩阻引起的应力波衰减
经许可摘自 CIRIA R144 (1997)，www.ciria.org

97.4.4 频域分析

如第 97.2.1 节中所述的，Paquet（1968）和 Davis and Dunn（1974）最初采用"振动"检测方法，使用附着在桩头上的电动"振动器"对桩头施加周期性变化的激振力。通过这种方式，桩头上的力以离散的频率逐步施加，频率范围 0～1000Hz。通过在恒定振幅和力 F_0 下施加该振动，并在该频率范围内观察桩头处的最大速度 V_0，可以看出发生共振的离散频率沿频谱均匀分布。该系列中的第一个共振峰是桩的固有频率，随后的系列峰值的频率是高阶谐振频率。

如前所述，后来的发展是利用附着在桩头上的测力传感器，用一个装有合适锤头的小手锤进行敲击，这种锤头能够产生与振动检测相同的频带宽。当前的检测系统使用内置测力传感器的手锤。

目前频域检测技术通常被称为"脉冲响应法"，专用名称为瞬态响应（TDR）法。在本章中的通用术语为"频率响应"检测。

目前时域和频域技术之间的一个重要区别是，后者需要测量检测手锤施加在桩头上的力，图 97.9 显示了这种检测方法的总体布置示意图。

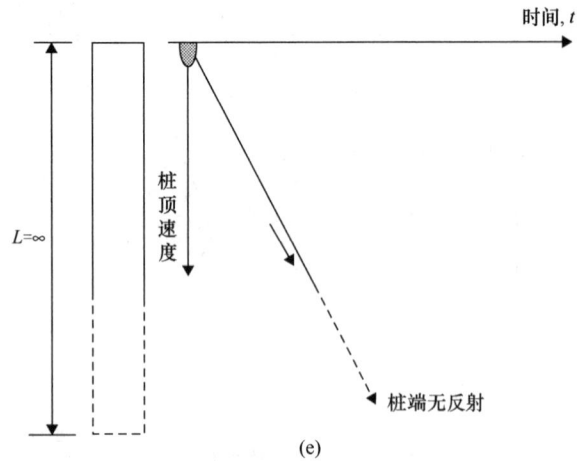

图 97.8（e） 无限长桩的信号响应（无桩端反射）

经许可摘自 CIRIA R144（1997），www.ciria.org

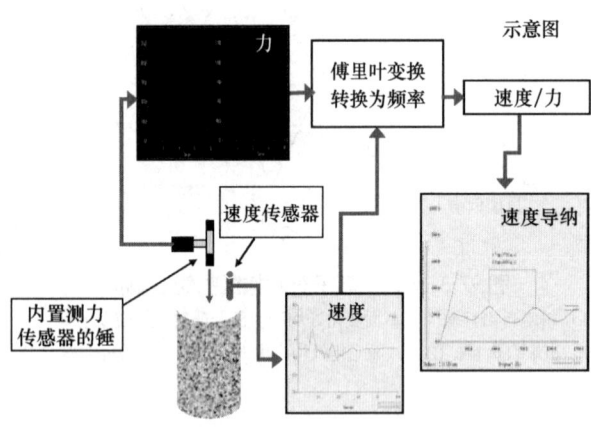

图 97.9 频率响应法的总体布置示意图

经由 Testconsult Limited 提供

这种方法可以借助使用电动激振器的原始"振动"检测技术来更好地理解。对于任意离散频率的桩顶激励，回波和相应的桩顶速度是回波的相位与初始输入波相位的矢量和。例如，如果回波与输入波同相，则桩顶速度最大；如果相位相差180°，则产生的速度最小。

根据与细长杆振动相关的波动理论，谐振峰之间的频率差 Δf 由下式给出：

$$\Delta f = c/2L \quad (97.4)$$

式中 c——平面波沿桩传播的速度；
L——桩的长度。

为了使桩顶冲击响应"规则化"并成为桩的唯一特征，将速度传感器测得的信号（V_0）除以输入力（F_0），其中 V_0/F_0 是在特定频率下的速度导纳 M_0（也称机械导纳），所以速度导纳的单位为 $m \cdot s^{-1} \cdot N^{-1}$。于是，桩顶响应根据桩顶速度导

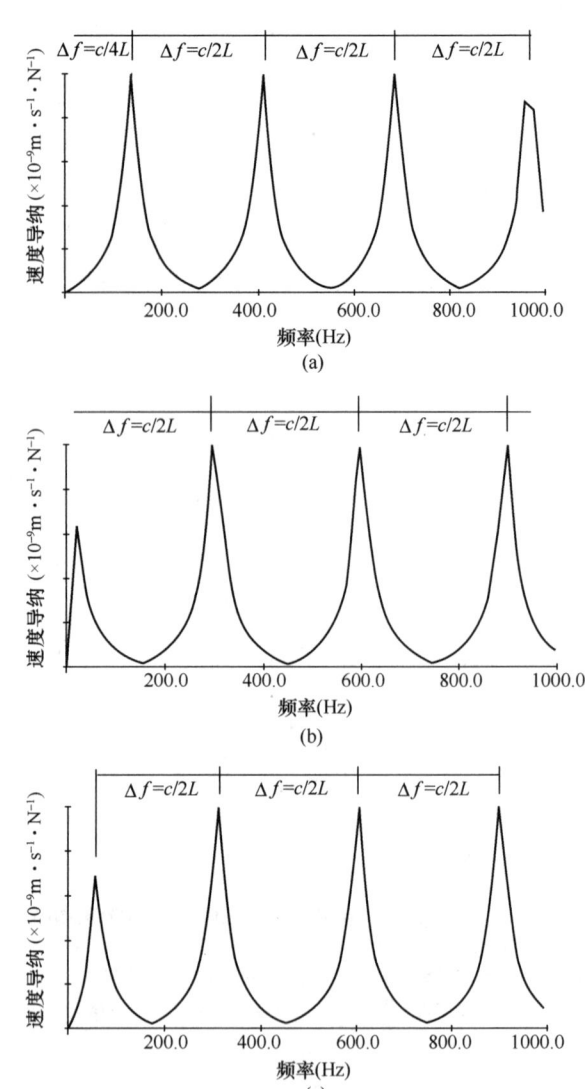

图 97.10 （a）刚性基底支撑；（b）无基底支撑；（c）正常基底支撑

纳与频率的关系绘制。

在弹性基底支撑刚度趋于无限大的情况下（见上文第97.4.1节），最低的共振频率值为 $c/4L$，如图 97.10（a）所示。

相比之下，当桩端位于无限可压缩的基底上时，共振首先在非常低的频率情况下发生（图97.10b）。当基底为正常可压缩性的弹性支撑时，最低的共振频率位于刚性基底和无限可压缩基底支撑之间的中间位置，如图 97.10（c）所示。

与上述时域分析类似，桩身的其他特征也可能产生自由端或固定端效应，例如，桩身截面的减小或增大，或桩身断裂或开裂。

如 Ellway（1987）所述，桩身共振的尖锐程度取决于应力波的相对能量，应力波每次从边界层

（如桩端）反射时都被透射或消散。在空气中自由状态下的短桩能量损失很小，预计会出现如图97.10（a）~97.10（c）所示的尖锐共振峰。但是，如果将桩埋在土中，则应力波的传播将受土体影响而消散或衰减。图97.10的理想化信号响应曲线可修改成图97.11（a）所示的形式，这种形式是实践中遇到的大多数频响信号曲线的典型形式。

与"回波"检测方法完全相同，如果土体足够坚硬，所有的应力波都会被衰减，桩顶的传感器不会接收到桩端的反射。因此，不会出现共振或频率峰值，并且信号响应将趋向于图97.11（b）所示的单一速度导纳值。

应力波不但会因桩周土体衰减，还会因长桩衰减，在应力波返回到桩顶被传感器接收之前，必须经桩身到达桩端。可以看出，一个无限长的均匀横截面的桩不会产生来自桩端的反射，也不会有中间阻抗变化引起的信号反射。因此，极长桩的频响曲线将出现图97.11（b）呈现的趋势，导纳将趋于一个恒定值，该值被称作桩的特征导纳 M_0，由下式给出：

$$M_0 = 1/\rho cA \tag{97.5}$$

对特定的桩而言，特征导纳 M_0 仅取决于桩的材料特性，并且是唯一和可计算的。现场检测桩的 M_0 理论计算值通常会标注在商业化检测的信号响应曲线上，以帮助解释和比较。

考察式（97.5）可以看出，当 M_0 的试验值大于理论值时，可能是由于桩的参数 ρ、c 或 A 中的一个或多个低于设计值或预期值所致。相反，较低的 M_0 值意味着 ρ、c 或 A 大于其设计值，例如桩的直径较大。

上面的文字和图表也阐明了频率响应曲线的衰减可能是由于较硬土中嵌入了较短桩或较软土中嵌入了较长桩的结果。在这两种情况下，导纳的最大值和最小值之间的幅度差（如图97.11a 中的 P 和 Q 所示）减小了，频响曲线逐渐接近桩的特征导纳值。

此外，导纳-频率曲线的初始直线段可用来计算桩头的动刚度 E。对一组或一类具有相同的横截面积、长度和单位重量，且设置在相同土层的桩来说，E 将是一个特定值。因此，具有较低动刚度的桩可以考虑进一步的检查或试验。Hertlein 和 Davis（2006）、CIRIA 144（1997）对这一特征作了进一步的描述。

桩身阻抗和部分反射

与第97.4.2节和第97.4.3节中讨论的时域分析类似，除了由桩端引起的频率峰值外，能够预计，当桩身特性出现适度变化时，如存在直径减小或增大的特征时，仅会引起应力波的部分反射，这可通过其特征共振频率（如桩底的频率峰）进行识别。因此，这两个信号可能会在桩的响应上产生叠加，参见图97.12，该图引自 CIRIA 144（1997），在此之前 Ellway（1987）也用过。Ellway 指出，通过阻抗变化位置处的反射系数——反射或透射信号的比值（如图97.12 中的扩径处）也受振动波的频率影响。通常，这个系数随频率的增加而增加，在较高频率下，大部分的振动能量会在阻抗界面变化处被反射。因此，如图97.12 所示，在较低的频率下，可以识别桩的全长，而在较高的频率下，桩身中部的阻抗变化就更加容易识别。Ellway 因此建议，频域检测应检查桩在最小频率范围 0~2500Hz 内的响应。

图97.13 进一步显示了浅层阻抗变化较大的桩的返回信号，在第97.4.5节将对现场检测数据做详细讨论。

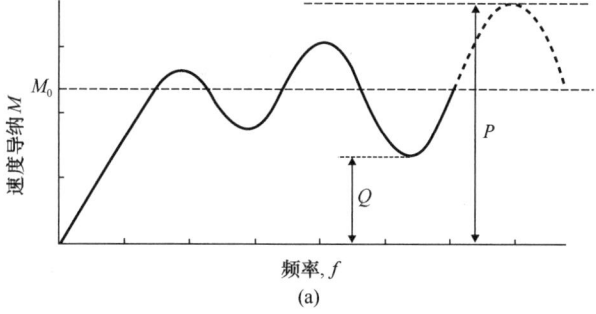

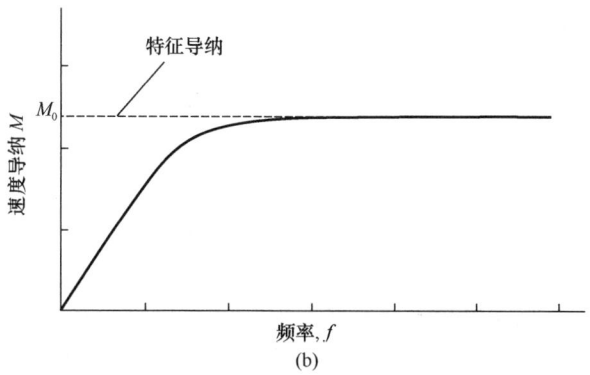

图97.11 （a）土阻尼对信号响应的影响；
（b）无限长桩的理想频响曲线

经许可摘自 CIRIA R144（1997），www.ciria.org

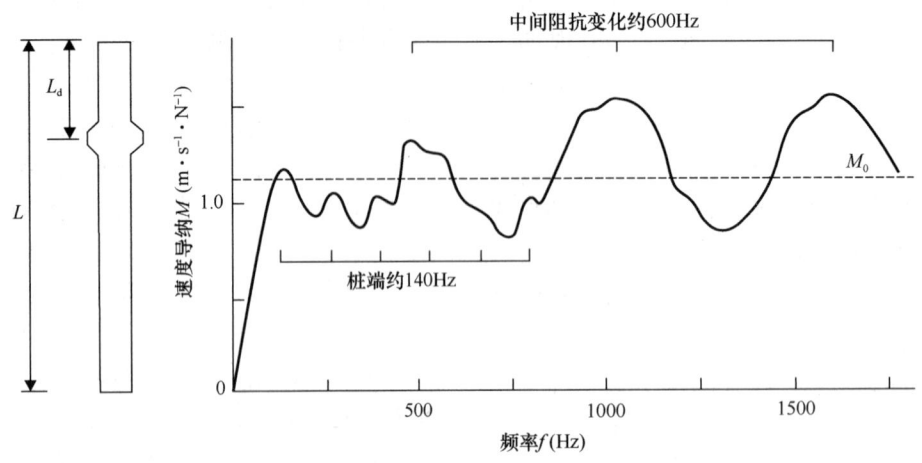

图97.12 频响检测，说明中间阻抗变化的影响

经许可摘自 CIRIA R144（1997），www.ciria.org（修改自 Ellway，1987）

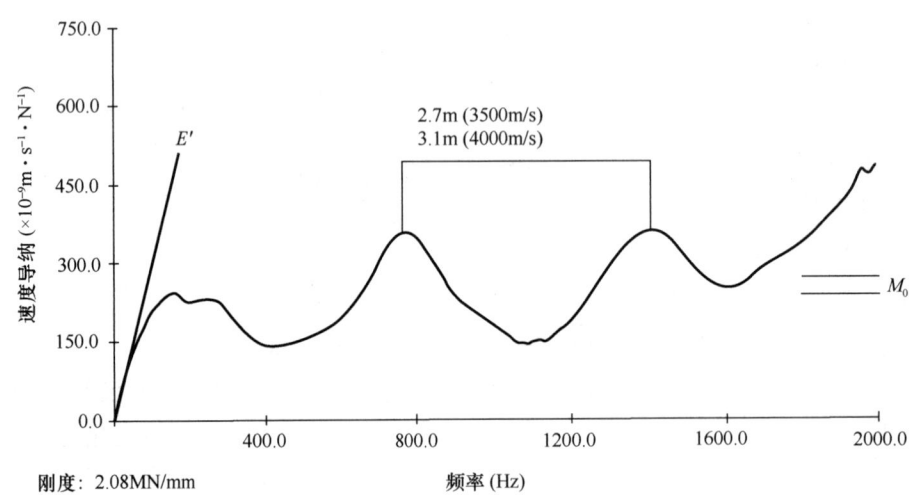

图97.13 缩径缺陷桩的典型频率响应曲线以及对桩头动刚度 E' 和特征导纳 M_0 的解释

经由 Testconsult Limited 提供

97.4.5 低应变完整性检测的特征识别

97.4.5.1 时域声波回波检测方法的特征识别

图 97.14 显示了带有预先设置缩径缺陷桩的典型响应（根据 Lilley 等（1987）的描述，试验场地位于英格兰东北部的 Blyth），第一个向上的峰值来自锤击，第二个来自桩或土的阻抗变化反射或"回波"。由于回波的极性是正的（相对于锤击峰值），说明它是一种拉力波，是因桩或土的性质的变化导致阻抗降低的结果。反射的幅度表明是桩身特征而不是土的特征，且很可能是桩身截面的减少或"缩径"。

两峰间距 1.4ms，以混凝土桩 3500～4000m/s 的波速计算，相当于桩顶以下 2.4～2.8m 的深度，信号响应也表明了其后阻抗的小范围增加（可能是桩恢复到了正常截面）。

由于记录桩长为 11.3m，桩端在非常坚硬到坚硬的冰碛土（泥砾土）中，故没有明显的桩端反射。如果以 3500～4000m/s 的波速计算，预计桩端反射距锤击峰约 5.5～6.5ms。由于坚硬土层对信号的衰减，桩端反射无法清晰识别。

对此类结果应保持谨慎，因阻抗减小也可能与所指出深度处桩身扩径后又恢复至标称直径有关。如果对此怀疑，则应参考桩的施工记录、混凝土灌注体积和地质条件进行判断。

对这种桩的正常操作过程（一旦参考施工记录排除了桩上部存在扩径）是开挖至异常位置，检

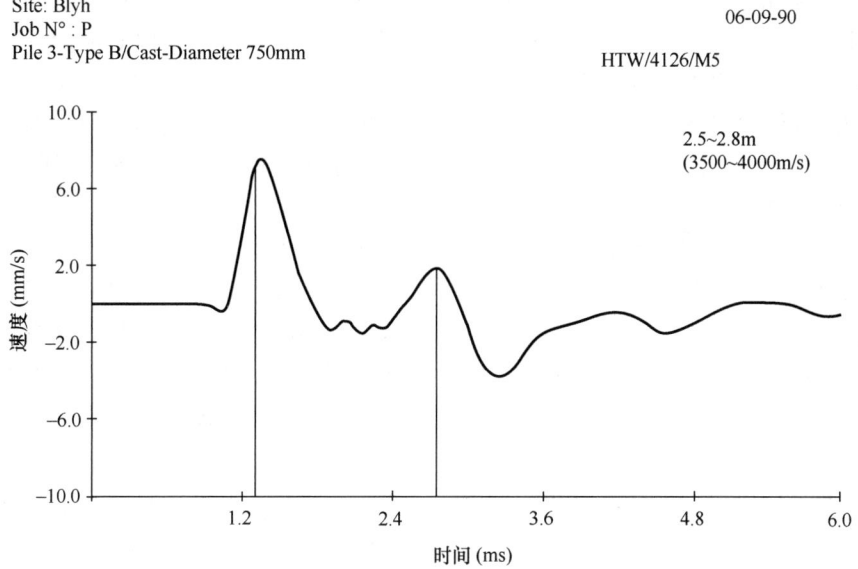

图 97.14　桩顶下约 2.4~2.8 m 异常的声波回波响应

经由 Testconsult Limited 提供

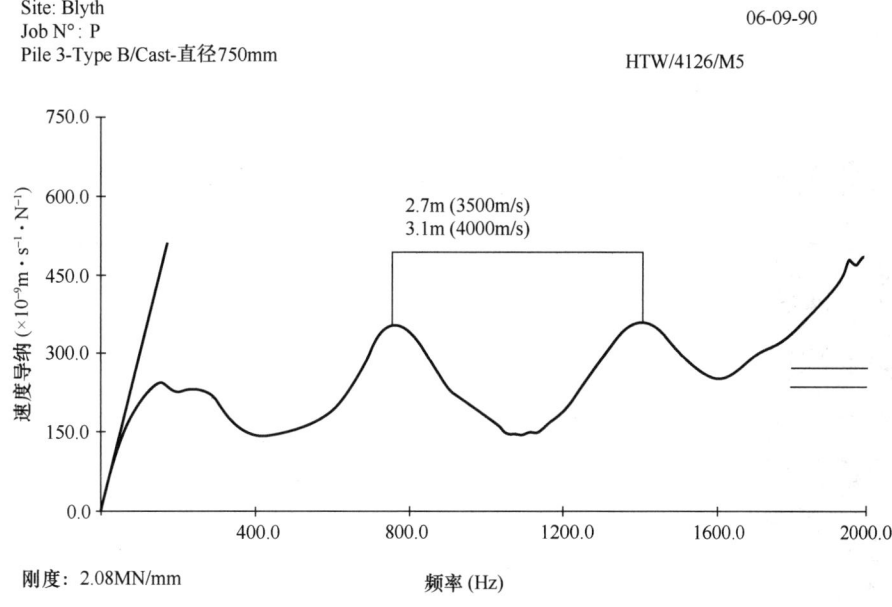

图 97.15　约 2.7~3.1m 异常的脉冲响应曲线

经由 Testconsult Limited 提供

查桩身情况或对桩进行性能检测，这种检测可以采取动载荷或静载荷试验的形式。

97.4.5.2　频率响应检测方法的特征识别

现场分析仪处理来自锤和速度传感器的数据，并生成速度导纳随频率变化的特征响应曲线。同一缺陷桩的频率响应曲线如图 97.15 所示，可以对时域和频域的显示结果进行直接比对。

对响应曲线的初步解释是通过测量相邻峰之间的频率差来进行。图中显示的频率差 Δf 约 650Hz，利用公式 $L = C/2\Delta f$，可以计算当波的传播速度（C）为 3500m/s 和 4000m/s 时，深度约 2.7m 和 3.1m。第一阶谐振峰相位接近 Δf（650Hz），表明此处桩阻抗降低。此外，桩头动刚度（E）的计算值为 2.08MN/mm，特征导纳（M）的计算值约 $300 \times 10^{-9} \mathrm{m \cdot s^{-1} \cdot N^{-1}}$，表明该桩的桩头动刚度与类似的桩土条件、截面尺寸、混凝土密度、波速相当，且对给定的桩径和混凝土特性，均在正常范围内。

可以使用数值模拟技术对响应曲线作进一步解释，图 97.16 是对上面讨论的脉冲响应曲线进行的数值模拟，当然做这件事需要专用分析软件。模拟包括在 2.9m 处减少桩的截面，并显示了不仅对土参数也对桩参数人为调整后，实际响应和模拟响应两者之间的良好匹配。由拟合图形证实，在大约 3.0m 处设置桩身局部缩径缺陷是对响应的正确解释，因为只要桩和土的特性参数变化就会使响应曲线的匹配程度变差。

Paquet（1992）首先提出了利用脉冲响应的阻抗分析进一步模拟桩截面的假设。计算机技术的进步使这成为现实，一些设备制造商现在采用这种方式对桩截面进行建模，由此得到的桩模型称为阻抗测井。阻抗测井技术本质上是产生一个代表桩阻抗变化的一维图形。

97.4.5.3 阻抗测井分析

正如 Hertlein 和 Davis（2006）所指出的，低应变完整性检测专家的最终目标一直是在"地下"创建桩的施工竣工图像。他们认为，当时最接近这一理想的是 Paquet（1991，1992）开发的阻抗测井分析方法，该技术将回波型检测中放大的时域响应与频率响应检测中测得的桩身阻抗特征相结合。然而，与其他分析试验一样，该方法基于一维模型，因此不能识别不对称的特征，如桩的一侧出现局部缩径。该技术既可利用时域数据、也可利用频域数据，以消除初始锤击引起的桩头运动和由于桩周土体引起的阻抗变化的影响。原则上，它是通过计算已知直径的、无缺陷、无限长桩的理论导纳图，并根据现有的地勘信息预测地基条件得到的。实际应用中，该模型通常由具有代表性的现场工程桩模拟分析得到。由此计算得到的土体特性可用于其他桩的阻抗测井模型。

从检测响应中减去这个理想的导纳图，得到一个"反射"导纳响应，这其中包含了桩身几何形状和桩周土变化的信息。然后根据该图计算时域中的响应，生成一个"相对反射图"，如图 97.17（b）所示。

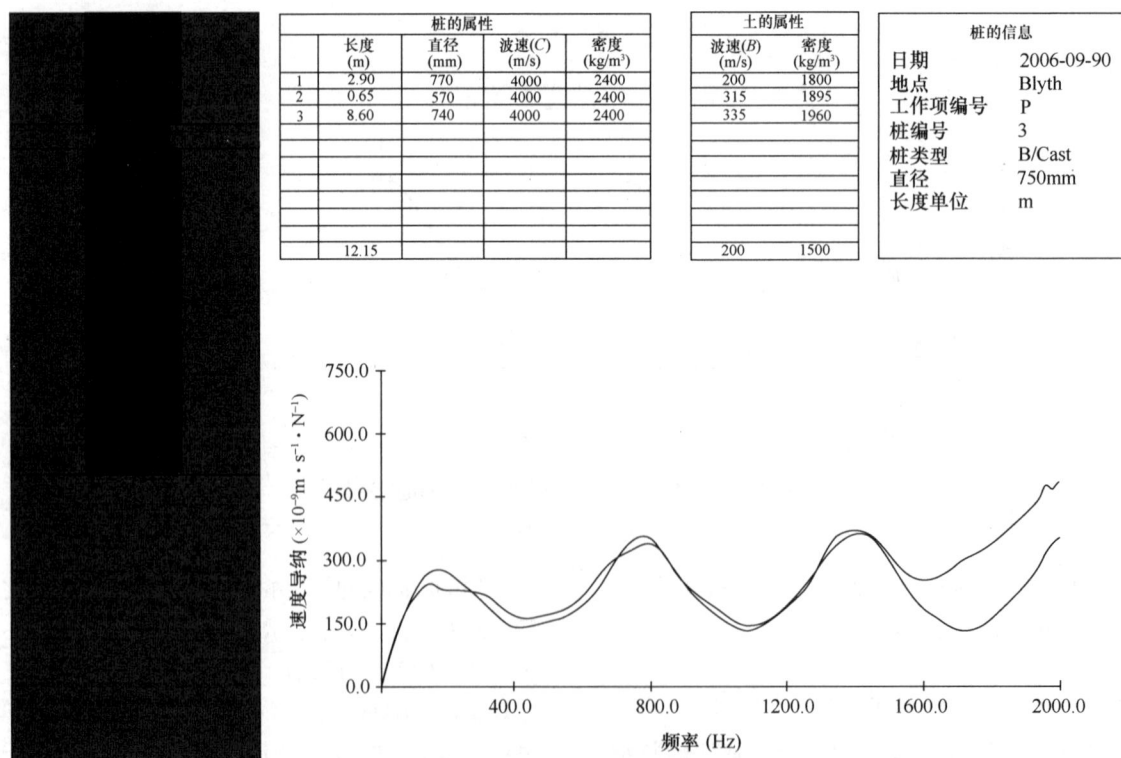

图 97.16　桩的导纳响应和桩截面的模拟
经由 Testconsult Limited 提供

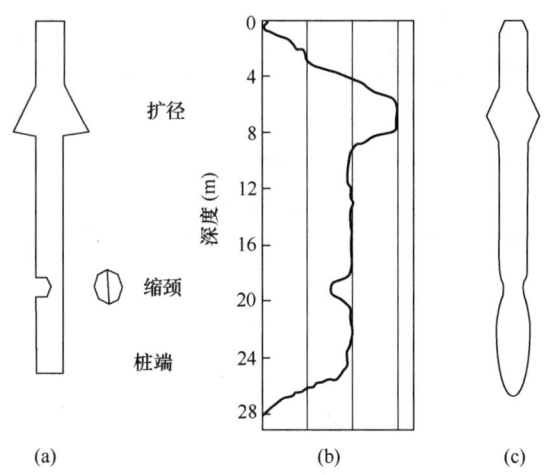

图 97.17 由人工缺陷桩的速度-反射时间计算测井阻抗和相对反射图
(a) 设计形状；(b) 相对反射图；(c) 测井阻抗
摘自 Hertlein 和 Davis（2006），John Wiley

通过进一步分析，可以消除模型中土的影响，计算桩身阻抗随时间的变化，也即相当于随深度的变化。如本章前面部分所述，如果桩身材料的密度和波速已知，或者可以合理估计，则阻抗变化对应于桩横截面积的变化，由此得到的阻抗-深度关系可以用阻抗与桩的直径或横截面积的关系来表示。

图 97.17（c）显示了桩阻抗测井分析结果。这项分析是在加利福尼亚州圣何塞的一个检测场地的桩上进行的，该桩的施工缺陷是已知的。可以看出，对于这样的分析，最重要的是要有完整的桩施工细节和土的情况。

Hertlein 和 Davis（2006）对该技术作了进一步的描述。

97.4.6 低应变完整性检测的分析、解释和报告

CIRIA 144（1997）确定了低应变完整性检测的两个主要应用领域：

（1）常规控制检测，作为预先计划的现场质量控制制度的一部分；

（2）复测，经常是当截桩、准备将桩与基础连成一体时，发现了明显的问题。检测可进一步用于拆除或改造旧结构之后重新利用既有桩的场合（例如，见 Chapman 等，2007 或 Butter 等，2006），或者这项检测是作为对基础破坏原因进行司法鉴定调查的一部分。

在常规控制检测的情况下，CIRIA 144（1997）建议，希望此类完整性检测的大部分信号能被参与项目的其他非专业工程师所理解。由于试验结果对项目中的许多合同方都很重要，CIRIA 144（1997）建议，为了使检测程序有效，合同方的工程顾问应能在适当的引导下同意基本信息的有效性也是很重要的。

工程师们还必须意识到，完整性检测结果不应作为是否验收通过任何特定桩的唯一依据，还应考虑场地条件、施工记录和实地观察等信息。至关重要的是，如果有人认为对检测数据的解释是主观的，甚至是异想天开的，那么将其用作质量控制工具的信心将相应降低。

同样重要的是，非专业工程师应该意识到，实际在一些情况下对数据的解释是含糊的。

为了解决这个问题，CIRIA 144（1997）提出了一个用于声波回波和频率响应检测的信号分类系统，以区分较简单的信号反应和更复杂的信号反应。

97.4.6.1 信号响应分类 [CIRIA 144（1997）分类]

为了解决这个问题，CIRIA 144（1997）提出了信号响应的三种分类：

类型 0——没有收到明显的回波信号，即在检测可及的深度内桩身没有明显阻抗变化；

类型 1——1 个明确的主要响应，即桩全长范围内一个显著的阻抗变化；

类型 2——1 个以上的主要响应，即桩全长范围内两个或多个阻抗变化。

这三个类别的特征可以概括如下：

0 类信号

0 类信号是指桩周土阻尼效应使任何回波信号衰减到无法辨别桩底的程度。因此，在系统的有效贯穿深度内不会出现明显的阻抗变化。只要了解检测基本原理，非专业工程师就很容易理解其原因。图 97.18 说明了时域和频域系统的 0 类信号的典型例子。

1 类信号

1 类信号包含一个清晰的主响应，表明桩身与一个单一的声学单元响应相对应。这将代表一个包含单一主要阻抗变化的桩，这种变化既可来自桩端，也可来自桩身某些部位的明显特征变化，且在记录的响应曲线上再也看不到其他明显的响应信息。1 类信号的响应与检测预期的理论简单信号非常相似，并且易于识别。Hertlein 和 Davis（2006）也提出，这样的信号响应也可以很容易地通过计算机建模来模拟。

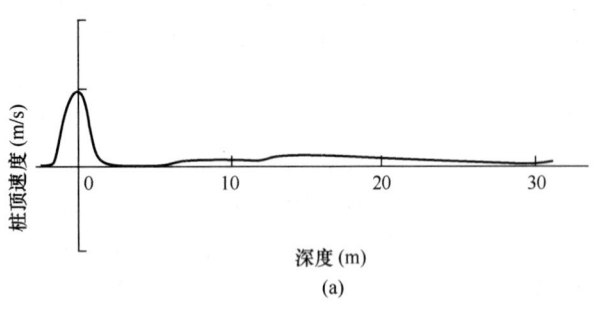
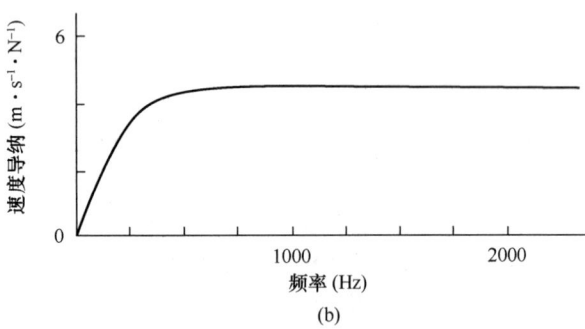

图97.18　0类信号响应示例

(a) 时域（声波回波）检测；(b) 频域（频率响应）检测

经许可摘自 CIRIA R144（1997），www.ciria.org

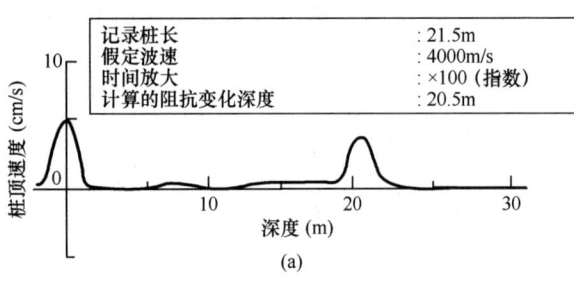

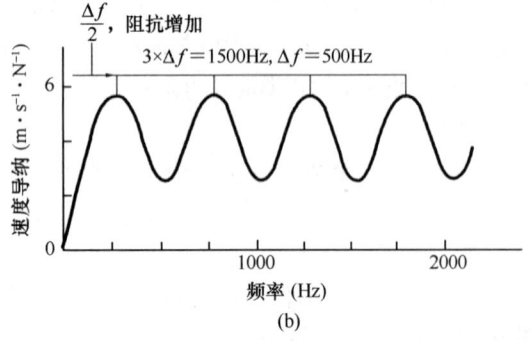

图97.19　1类信号响应示例

(a) 时域（声波回波）检测；(b) 频域（频率响应）检测

经许可摘自 CIRIA R144（1997），www.ciria.org

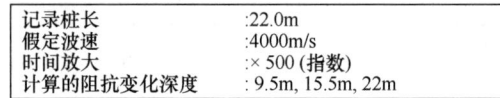
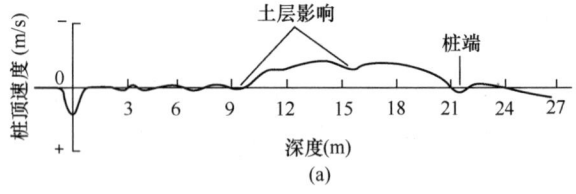
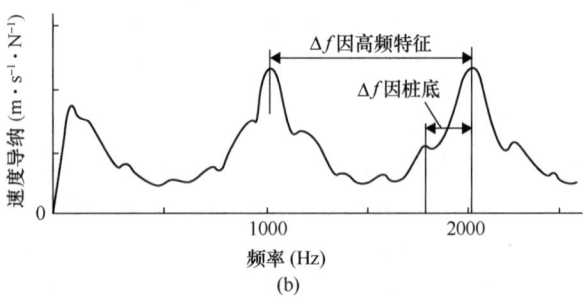

图97.20　明确的2类信号响应、桩底响应和附加二次响应的示例

(a) 时域（声波回波）检测；(b) 频域（频率响应）检测
（注：声波回波检测显示 y 轴反转，初始锤击响应为向下。这是特定检测系统的一个功能）

经许可摘自 CIRIA R144（1997），www.ciria.org

典型的1类信号响应如图97.19所示。

2类信号

2类信号包含一个以上的主响应，因此来自桩身不同深度的叠加响应的相互作用使对最终响应的解释变得复杂。在一种极端情况下，2类信号可能显示桩长作为主要声学单元的清晰主响应，但由于桩身局部阻抗的变化，会产生中间响应，如图97.20和图97.12所示。在另一种极端情况下，2类信号可能没有清晰的主响应，以说明是否只有桩的一部分作为单一声学单元的响应，如图97.21所示。

2类信号需要专家来解释，因为简单的模型不容易解释信号的反应。CIRIA 144（1997）的分类汇总见表97.2。

用这种方法对从单个场地上的桩获得的信号响应进行分类，将有助于评估应给予该场地上的桩基检测结果多大的权重。

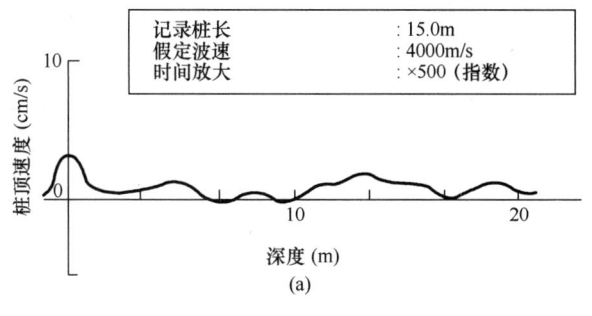

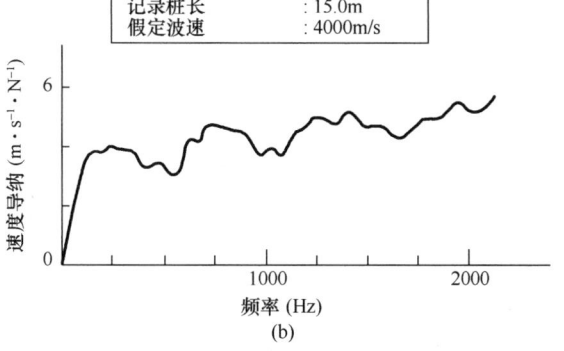

图 97.21 2 类信号响应，无明确响应

检测结果的质量取决于：

- 检测系统的特性，特别是其动态范围（被测参数的规定最大值和最小可检测值的比值）、分辨率和信噪比。
- 桩身特性，特别是桩的长径比、桩身材料质量和桩身形状。
- 桩周土的性质：土越硬，信号衰减越大；此外，不同相对刚度的土体之间的边界作为桩土系统的反射层或阻抗变化层。
- 检测桩头的质量和标准。

要注意的是，CIRIA 144 强调了信号分析（即信号显示或表达的内容）和信号解释（即信号的含义）之间的区别。CIRIA（1997）的分类（0、1 或 2）旨在作为信号特征的初步分析，以便检测人员能够帮助非专业工程师识别每根桩的信号响应的一般特征，然后是检测人员对信号的解释（信号的含义及其意义）。

下面概述了由英国检测咨询有限公司开发的对分析过程进行解释方面的一个例子。

97.4.6.2 检测咨询公司的解释分类

检测咨询有限公司开发的解释分类系统将频响检测结果分为以下 7 类：

- 第 1 类（CAT 1）——实测桩长；
- 第 2 类（CAT 2）——阻尼响应；
- 第 3 类（CAT 3）——超挖桩；
- 第 4 类（CAT 4）——扩径恢复到标称直径；
- 第 5 类（CAT 5）——上部有裂缝的桩；
- 第 6 类（CAT 6）——性能下降的桩，即缩径；
- 第 7 类（CAT 7）——由于桩头条件差，结果无效。

可以看出，合并的 CIRIA/检测咨询有限公司分类可能是，例如 CIRIA 1 + CAT 1 信号响应。

97.4.6.3 分析和解释

如上所述，CIRIA 144（1997）强调，解释过程有两个阶段，可以概括为：

（1）声波数据分析；

（2）考虑桩的所有相关信息，解释该分析的重要性。

声波数据的分析包括通过信号响应曲线识别阻抗变化及其深度，并对其进行评估，以确定阻抗相对增加还是减少。

低应变完整性检测信号的 CIRIA 分类综述　　　　表 97.2

信号类型	信号特征	信号响应来自 桩端	信号响应来自 桩身	备注
0	信号贯穿深度范围内阻抗无变化	由于土阻尼或其他影响而无法辨别	由于土阻尼或其他影响而无法辨别，或不存在	非专业工程师很容易理解响应的原因；评估信号贯穿深度时需要谨慎
1	一个明显的阻抗变化	清晰的主信号，表明桩系统作为单个声学单元响应	不存在或非常弱；小于桩端信号相对幅度的 50%	非专业工程师很容易理解这种响应
2	不止一个阻抗变化	（1）清晰可辨、信号显著 （2）不能清楚地辨别，因为类似或弱于来自中间层次的信号	中等到强的信号，但不能完全掩盖桩端响应 强度与桩端响应相似或强于桩端响应的信号	非专业工程师只能在专家协助下才能理解此响应 非专业工程师无法解释的响应

经许可摘自 CIRIA R144（1997），www.ciria.org。

解释时应考虑现场地质条件和地基条件、桩的施工记录和打桩系统的特点（如在桩的上部使用永久套管）等。

CIRIA 144（1997）对解释者应该如何使用这些信息对桩的状况进行合理解释提供了进一步的见解，强调此类检测的目的是帮助对桩进行评估，而不是检测系统，因此应尽可能多地向专家提供信息，以协助解释。

97.4.7 合同范围内的检测

CIRIA 144 为合同框架下和工作现场的限制内应用控制检测提供了宽泛的指导。它强调，许多当事人都对这种检测的结果感兴趣，但是责任和沟通的界限并不总是很清楚。这特别适用于低应变完整性检测，但也适用于声波透射法检测。

HetLein 和 Davis（2006）也根据美国的经验强调了这一问题，并指出无损检测（NDT）在桩和其他基础的质量保证检测中可以用两个极端的观点来看待。他们认为 NDT 是其中之一：

- 协助工程师确认符合设计和性能标准，或者
- 检查业主已向承包商付过款的产品（材料质量、最小几何尺寸要求等）。

从第一个观点来看，如果工程师、承包商和检测人员之间有很强的互动性，可以容忍施工规格的某些偏差和补偿；第二种情况是不能允许合同规格之外的任何误差，因为它们实际上是"不可更改"的。

Davis（1998）认为现在可用的无损检测方法更适合第一种情况（性能规定），因为从桩的无损检测得出的结论中含有很多变量，而且不可能总是清晰地定义这些变量，从而得到满足材料性能规定的完整答案。

在英国的实践中，通常认为这种检测旨在"验证"桩的施工质量是可接受的。然而，几乎没有可以用来判断"验证"的合同验收标准。因此，一个或多个特定桩是否能够被接受成为争论或"讨论"的问题。

英国的经验也倾向于检测的指定者是雇主、业主、开发商或项目出资人的技术代表。可惜的是，在作者看来，无损检测合同几乎总是包含在打桩合同中。这意味着，如果检测结果不利，检测方必须将检测结果直接报告给最有可能承担费用增加和施工中断的实体，无论这个实体是打桩分包商还是总承包商，通常没有明确约定，要求检测方不得直接向雇主的技术代表报告或与其讨论检测结果。

这种服务方式导致了"最低成本"而不是"最佳专家"的方法，而且还导致专家出具报告时，对获得的检测结果给出尽可能少的信息和评论。

97.4.8 低应变完整性检测规范指南

在英国，英国土木工程师学会（2007）的 SPERW 文件为桩和嵌入式挡土墙的完整性检测规范提供了一些有用的指导，同时附带了指导说明。可惜的是，文件中对各种检测方法的识别存在一些混乱：部分原因是使用了专有名称，而不是 CIRIA 144（1997）中采用的通用术语。此外，自 CIRIA 144 报告起草以来，实践、设备和技术都有了进一步的发展。

CIRIA 144（1997）、Hertlein 和 Davis（2006）都对低应变检测的规范提供了指导。Hertlein 和 Davis 特别为低应变检测和声波透射法检测提供了采样要求。

在本章中提供详细的规定是不合适的，但是强调在指定这些检测时要记住的关键点可能是有用的。

97.4.8.1 检测类型

从前面的讨论中可以看出，由于所采用的方法和技术，技术质量存在一个一般的层次结构。随着复杂程度的提高，可以将它们标识为：

- 时域"回波"技术；
- 频域技术；
- 频域模拟建模技术，包括阻抗测井分析。

在这种情况下，应该认识到时域技术只检查时域中的数据；频域技术既可以在时域又可以在频域检查数据，还可以监测检测力锤输入的力。模拟建模技术试图从信号中删除无关的信息，例如因桩嵌入地基中的影响信息。

重要的是专业人员要意识到并理解这些差异，专业人员知识越丰富，就越能有针对性地检测。同样重要的是要认识到，一个更复杂的检测数据应该进行相应的更复杂分析，费用应该会更高。因此在许多情况下，仅凭价格选择检测机构在许多情况下

未必合适。

时域和频域技术之间的一个重要区别是，在频域中检查数据有助于检查靠近桩头的异常情况，这可能是最终用户的主要兴趣所在。因为锤击产生的应力波一般为 1.0~1.5ms，相当于混凝土桩的 2~3m 左右的波长。因此，从近地表异常返回的反射波可以与最初锤击产生的下行波部分重叠，由此产生的复杂信号在时域内很难区分和解释。相比之下，在频域中，这种特征预计在 666~1000Hz 的频率间隔内可见，并且可能更容易辨别（例如，参见图 97.12 或图 97.20b）。

一般来说，靠近桩头的缺陷往往是设计工程师更关心的，特别是当大部分桩顶荷载是由桩侧摩擦力承担而不是桩端承担时的情况。

97.4.8.2　检测专家的经验

美国的研究检测（如 Baker 等，1993 年；Iskander 等，2001 年）表明，完整性检测方法相当依赖于检测操作员的技能和经验。Hertlein 和 Davis（2006）建议，现场检测和初步解释应由一名经验丰富的操作员进行，该操作员至少有一年使用特定方法的经验。他们进一步建议，最终解释和报告应由具有至少三年使用特定方法经验的工程师或高级技术人员完成，或在其直接监督下进行。检测专家的帮手也应具有此类经验和资格。在已知桩的特性（长度、直径、混凝土和钢筋等细节）、截断标高和试验标高的地基条件等细节的情况下，应能够对目标场地桩的预期响应进行计算机模拟。

检测专家还应该提供标准的检测报告，并在必要时提供完整的解释和注释。选择一名合适的检测专家对所有各方来说都是至关重要的，而标准检测报告的深度和覆盖范围能够反映检测机构在高度专业领域的理解力和能力。

97.4.8.3　桩头准备

桩头准备对后续分析所需数据的质量至关重要。可以预期，大多数检测公司都可以提供有关桩头准备的指导，并且为了获得最佳结果，通常应遵循这些指导。

97.4.8.4　设备

目前的建议是，测量和数据采集系统应具有至少 60dB 的动态范围和 20~2500Hz 最小带宽内的平稳频率响应，模数转换分辨率不应低于 16 位。

所有设备均应提供可溯源至 UKAS 标准的校准证书。脉冲锤、速度传感器和数据采集系统应以不超过 12 个月的间隔进行重新标定检查。

97.4.8.5　检测结果报告

应该指定一个报告时间计划，这通常包括检测时或 24h 内的初步"概述"性报告，并在 3~5 个工作日内发布正式的分析和评估报告。

检测专家的报告应包括每根桩的信号响应图（如适用），以及每根桩的响应分析。

检测专家对每根桩的检测数据的分析和解释应包括：

（1）是否已检测到桩端或桩身任何其他位置的清晰响应；

（2）是否检测到二次响应；

（3）是否响应是由桩阻抗的增大或减小引起的，以及它们的大小和重要性；

（4）对这些反应或"特征"的原因和重要性的解释；

（5）如果需要，提出进一步调查或采取措施的建议。

97.4.8.6　根据完整性检测结果决定是否通过验收

重要的是，指定的工程师、总承包商和打桩分包商要考虑如何处理从检测中获得的结果，规范应明确这一点。应当认识到，这不是一件小事。除了修复桩的费用外，合约进度的延误和中断往往会造成重大的经济损失。

Hertlein 和 Davis（2006）提出了以下方法：

- 如果检测到与桩底一致的清晰响应，且桩底以上没有明显的二次响应，则依据完整性检测认为桩是合格的。
- 如果桩底没有明确的响应，且桩底以上没有明显的第二个中间响应，则如上文第 97.4.8.2 节识别（检测专家的经验）的监督工程师应基于对检测数据的解释，报告基桩可以被证实的长度。
- 检测专家应分析解释来自桩底以上桩身任何位置的反射，以确定反射是否来自阻抗的显著减少或增加，因为这些反射基本上与桩横截面的减少或增加一致。通过考虑桩的设计意图，反射的大概性质和含义进行评估。是否通过验收或要求做任何进一步调查的决定应由负责结构整体设计的工程师做出。

如果试验结果不确定，则可修整桩头，进行复测，以提供更多结论性数据。如果条件不许可或无法复测，可以采用其他方法进行复核性检测。此类方法包括开挖以暴露出所关注的区域，取芯，或进行动态或静态载荷检测。CIRIA 144（1997）对这些方法进行了审查。

97.4.8.7 开始检测的时间

CIRIA 144（1997）讨论了承包商和客户之间潜在的利益冲突，前者倾向于尽早进行检测，而后者真正关心的是桩发挥作用之前。然而检测越晚，如果发现问题，对整个合同的潜在破坏就越大。应对检测开始时间的约定予以说明，并且需求应明确。作为建议，通常要求所有桩的检测应在施工后 28d 内进行，所有检测应在最后一根桩施工后 14d 内完成。对于灌注桩，通常在检测前规定一个最小养护期。这通常是在 3～7d 之间，取决于混凝土拌和物的特性。

97.5 声波透射法

97.5.1 简介

该方法是超声脉冲（传播）速度（UPV）检测方法的发展，常用来确定超声波在混凝土中的传播时间。UPV 检测方法详见 BS EN 12504-4：2004。

在桩的整个长度范围内预埋竖向声测管。两个探头，一个是发射，一个是接收，被放到相邻管道的底部。接收探头检测到发射器发出的超声波脉冲，通过数据采集系统捕获信号，如图 97.22 所示。

当探头同时沿导管上升时，将进行如上所述的一系列的连续测量，以便建立每个脉冲的传输时间和产生的波列特性随桩身深度连续变化的轮廓。

97.5.2 技术描述

声波透射法通常用于直径 600mm 或更大的桩。在施工阶段，将钢管或较少使用的塑料管（较少使用）浇注到桩中。然而，塑料管经常会与混凝土脱开，导致试验无效。因此，在大多数情况下首选钢管，它们通常附着在钢筋笼的内侧，覆盖桩的整个长度，并延伸到地面以上约 500mm；至少使用 3 根声测管，对于直径为 750mm 或以上的桩，通常增加到至少 4 根。如图 97.23 所示，声测管通

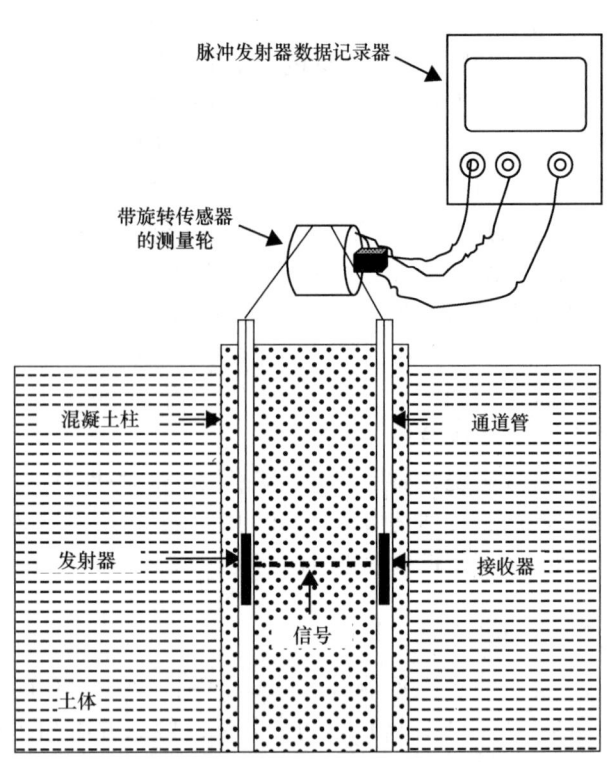

图 97.22 声波透射法检测系统示意
摘自 Hertlein 和 Davis（2006），John Wiley

常沿钢筋笼的圆周等距分布，3 根管可提供至少 3 个混凝土纵向"剖面"，4 根管可达 6 个混凝土纵向"剖面"。声测钢管的内径通常约 40mm，以方便发射和接收换能器的通过。

在检测之前，声测管中充满清水，作为传感器的耦合介质。

该技术也适用于地下连续墙或墙基础的检测。地下连续墙板内声测管的典型布局如图 97.24 所示。

每个脉冲波列的传递时间（t）是管间距离（L）和桩间混凝土传播速度（c）的函数，而脉冲的传播速度又是桩混凝土的模量 E，密度 ρ 和泊松比 ν 的函数。因此，桩内的异常情况，如孔洞、土

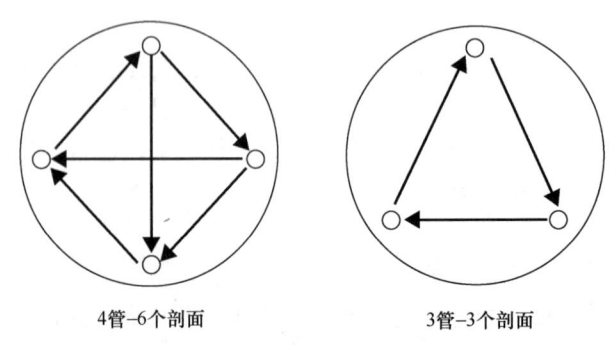

4管—6个剖面　　　　　3管—3个剖面

图 97.23 声波管平面布置

夹杂物或低模量混凝土，预计会增加传输时间，前提是声测管之间的相对位置保持不变（即 L 保持恒定）。此外，如果异常是由有空隙或压实不良的材料引起的，这也可能导致信号衰减。

将两个探头（发射器和接收器）缓慢地从管中向上提起，每 20mm 读取一个读数。收集每个接收到的超声脉冲，波列的形式如图 97.25（a）所示。

在 CEBTP 开发的系统中，每个接收到的超声波脉冲都由数据采集系统进行处理，从而使波列的每个"正"峰值打印为一条黑线，其宽度与原始峰值的宽度相匹配；相反，每个波谷均打印为空白。因此，将创建一条如图 97.25（b）所示的虚线，其中包含原始记录的所有时序和大部分振幅信息。如图 97.25（c）所示，每个连续的脉冲被连续打印以形成该对特定声测管数据的垂直轮廓，这个剖面通常被称为"瀑布图"或"声波剖面"。这样，传输时间的任何变化都可以很容易地从平均值中区分出来，以便进一步研究。

其他声波透射法检测系统测量超声波脉冲波列中第一个峰值的到达时间，即首次到达时间，或称 FAT，以及脉冲早期的总振幅，如图 97.26 所示。

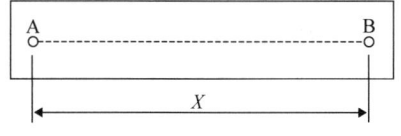

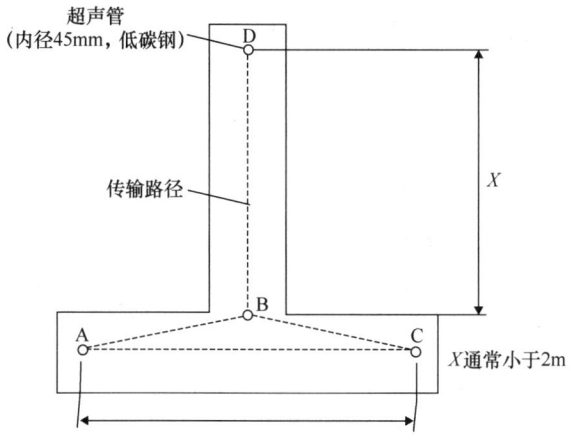

图 97.24 地下连续墙内声测管平面布置

摘自 Stain 和 Johns（1987），

深基础协会（Deep Foundations Institute）

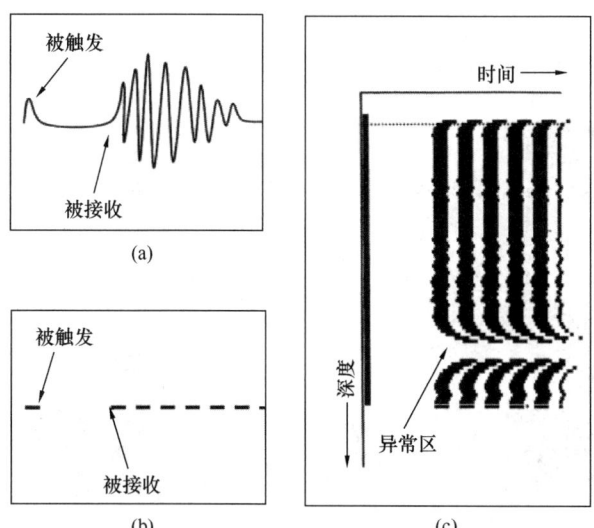

图 97.25 声波透射法曲线的编制

（a）原始单脉冲；（b）脉冲数据调制形成一个单一的正/负虚线；（c）调制脉冲叠加形成完整的"瀑布"图

摘自 Hertlein 和 Davis（2006），John Wiley

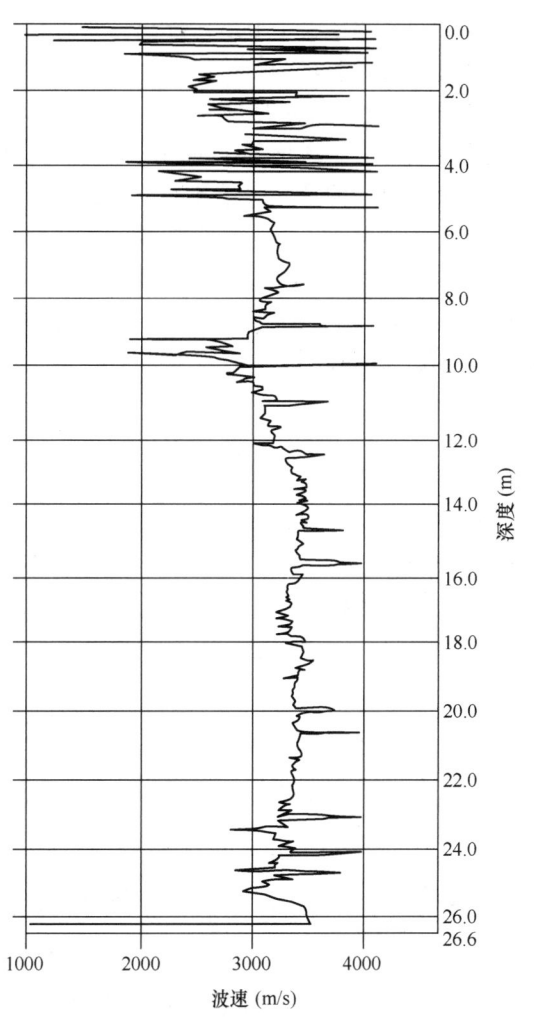

图 97.26 典型的 FAT（首次到达时间）声波透射法曲线

摘自 Hertlein 和 Davis（2006），John Wiley

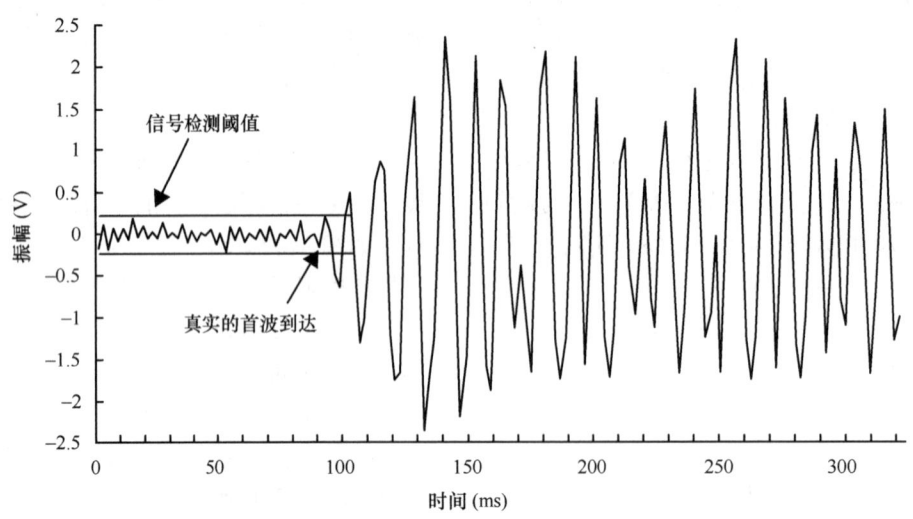

图 97.27 典型的声波透射脉冲，包括信号阈值水平和"首波到达时间"

摘自 Hertlein 和 Davis（2006），John Wiley

Hertlein and Davis（2006）提出，该方法的缺点是系统必须检测数字化波列中的第一个到达峰值，并且必须能够区分背景噪声和到达信号。因此，必须设置一个阈值来消除背景噪声，如图 97.27 所示。可惜的是，信号脉冲是一种相对较小的"噪声"，而建筑工地往往很嘈杂。因此，如果到达波列中的第一个或第二个峰值低于阈值水平，计算机将识别"第一个到达"为超过指定阈值的第一个峰值，无论是第二个、第三个还是更晚的到达。

97.5.3 缺陷检测

如 CIRIA 144（1997）所述，该检测确定了发射器和接收器之间的最短声学路径。例如，对于三个声测管，可能无法检测到桩中心的特征，如图 97.28（a）所示。类似地，由于声测管通常附着在桩身钢筋上，对混凝土保护层损失这样的缺陷通常不会被发现，如图 97.28（b）所示。

97.5.4 声波透射法检测到的特征

有缺陷的地下连续墙的典型检测结果如图 97.29 所示。

当信号损失急剧增加时，对结果的解释通常是直接的，但被认为是异常的具体阈值则不太清楚。在实践中，除非所有剖面都受到影响，否则信号传输时间增加不到 10% 被认为是不显著的。如果是这种情况，那么进一步的调查可能需要包括取芯，查阅施工记录，立方体试块分析和进一步明确作用在桩上的轴向荷载和弯矩。

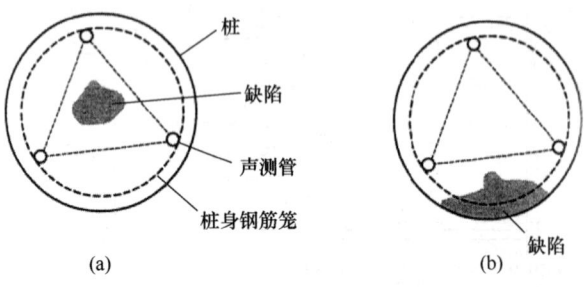

图 97.28 声波透射法，探头之间最短直接路径可能存在的缺陷示例：
（a）中心缺陷；（b）周边缺陷
经许可摘自 CIRIA R144（1997），www.ciria.org

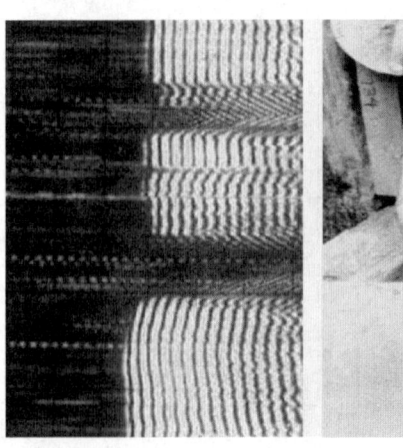

图 97.29 声波透射法检测剖面和开挖的地下连续墙
摘自 Stain 和 Willaims（1991），
深基础协会（Deep Foundations Institute）

超声波传播速度和混凝土强度之间的关联已经在几篇技术论文中提出，并且确实存在一个论点，表明这可以应用于从 CSL 数据收集的数据。然而，声测管的间距是一个需要考虑的附加变量。关于混凝土强度和超声波脉冲速度之间相关性的进一步阅读，请参考 Turgut（2004）。

信号衰减通常是 CSL 结果的一个特征，这可能是由于声测管与混凝土的剥离或一个或多个声测管包围了一薄层被污染的混凝土所致。传输时间没有相应增加的信号衰减被认为是不重要的。

自 2000 年以来，已有多家设备制造商推出了三维计算机断层扫描技术。正如 Fleming 等（2009）所指出的，可以通过利用和组合从 4 根声测管获得的 6 个 2D 剖面，以 3D 形式对桩内的缺陷或异常的程度和形式进行建模。将此类异常的垂直位置以及相邻声测管间传输时间相对增加的重要性进行颜色加权，以生成桩的 3D 颜色编码图形，有助于可视化潜在的异常。

然而，这些异常的本质及其结构意义仍然需要检测专家的分析和解释。计算机断层扫描的例子如图 97.30 所示。

97.5.5 CSL 规范

与第 97.4.8 节中强调的低应变完整性检测类似的考虑也适用于 CSL 检测规范。同样，ICE（2007）的 SPERW 文件、Turner（1997）、Hertlein 和 Davis（2006）都在这一问题上提供了指导。后一份文件还参考了法国 AFNOR 和美国 ASTM D6760 标准。

与针对低应变检测提出的方法类似，Hertlein and Davis（2006）建议，负责 CSL 检测数据分析和报告的人员应具有至少 5 年的 CSL 检测经验，每年至少有 3 个 CSL 项目。同样，他们建议负责执行或监督 CSL 检测的现场人员应具有至少 2 年的 CSL 检测经验，每年至少有 3 个项目。

Hertlein 和 Davis 还建议，CSL 报告的文本应包括对检测数据确定的任何异常区域的描述，以及对脉冲速度明显差异的讨论；应考虑可能变化的来源。特别强调的一点是，在评估异常的可能重要性时，任何有关试验强度或其他实际测量的混凝土性能的可用信息都应包括在报告中。这些作者强调，实际混凝土强度显著超过设计强度并不罕见，在这种情况下，脉冲速度降低 15%～20% 的异常混凝土仍可能符合或超过设计规范。

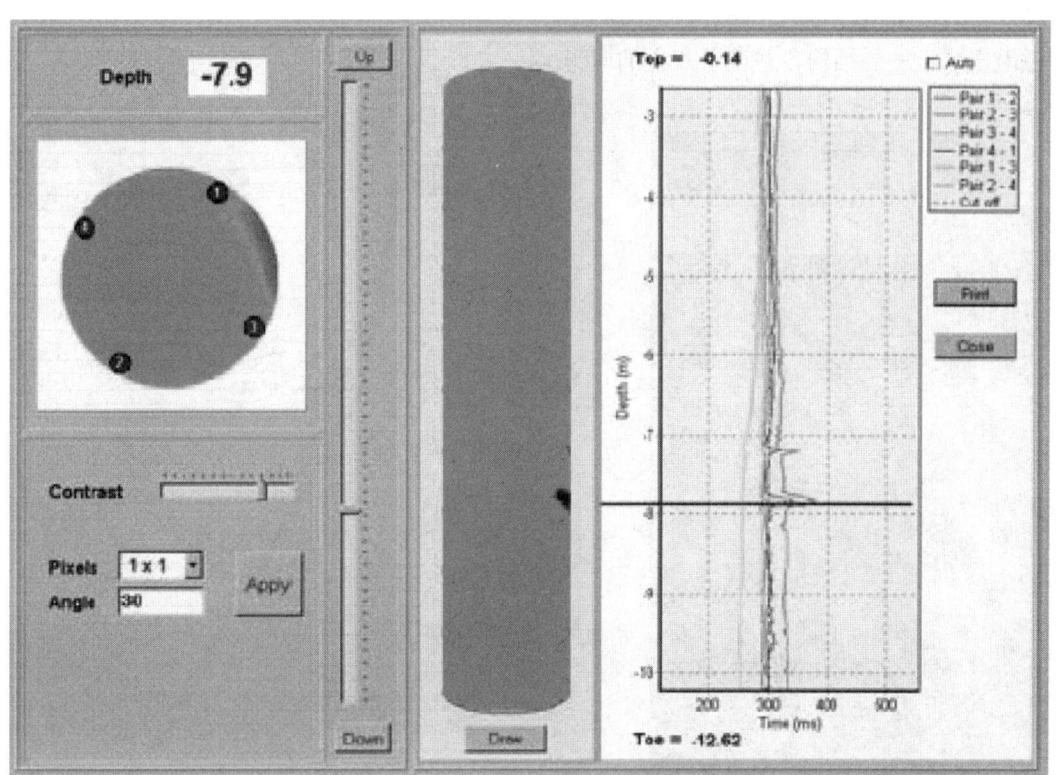

图 97.30　计算机断层扫描示例

经由 Testconsult Limited 提供

关于对检测桩的审查和是否通过验收，应为工程师指定一个时间段（通常为三个工作日），以评估 CSL 报告并确定检测桩是否可接受。如果桩不合格，工程师应决定需要进行哪些额外的检测、调查或分析，以便正确描述异常情况，并确定桩是否需要任何修复或补救。在这种情况下，提供满意补救的修复技术必须由双方提出并达成一致。

97.6 旁孔透射法检测

旁孔透射法是为了解决当被调查的桩已连接到基础中，如何评估桩身完整性的问题。这可能是由于被提议的基础重新利用或在通过更多常规检测的选择之后加强对建设项目质量控制的结果。

该检测包括在桩附近安装一根通道声测管，其深度超过桩底标高的预期深度。声测管可以是塑料的，也可以是钢的，如果它与土没有密切接触，就必须灌浆到位，使之与周围土形成良好的声耦合。在检测之前，管内先充满水，以再次确保声学耦合。检测的布置图如图 97.31 所示。

该检测的原理是测量应力波从结构传输到在通道管中下降的接收探头所花费的时间。这通过一个小型手持锤敲击靠近桩的结构，并记录产生的应力波的传递时间来实现的。通过逐步降低探头（通常以 500mm）重复进行检测，每次记录冲击应力波的传播时间，根据检测数据系列建立探头深度与首次到达时间的关系图，如图 97.32 所示。

该试验利用了应力波在土中的传播速度远低于在混凝土或钢筋中的传播速度这一特性。如图 97.32 所示，当探头穿过桩底或桩身类似混凝土不连续的缺陷时，应力波的路径长度将越来越多地穿过土体，并且传输时间将以更大的速率相应增加。因此，探头深度处首次到达时间的梯度变化应表明到达桩底（或者，当然也可以表明桩身不连续）。

限制

该检测的限制条件是必须沿桩边钻一个孔，为接收器提供一个通道。这就需要通道管合理地平行于桩身（通常是垂直的），并且通常与检测桩在 1m 范围内。该方法对干燥或松散颗粒材料或松散填料无效。

试验锤对结构的冲击点必须与基础顶部有良好的机械耦合，并尽可能接近桩的轴线。

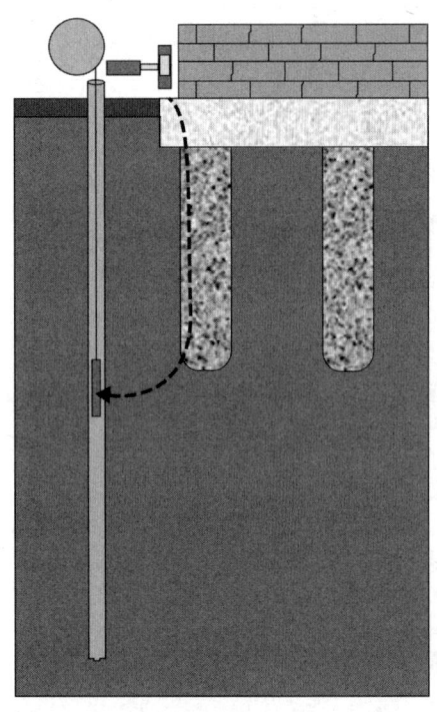

图 97.31　旁孔透射法检测的部署

经由 Testconsult Limited 提供

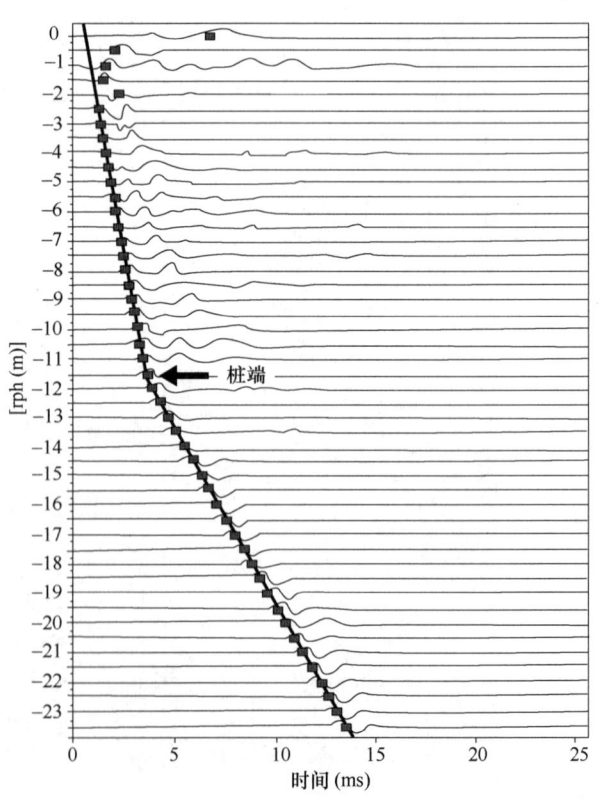

图 97.32　典型的旁孔透射法检测结果

经由 Testconsult Limited 提供

97.7 高应变完整性检测

高应变动载荷检测在本手册的第98章"桩基承载力试验"中进行了介绍。在预测桩的承载能力时,可能会附带检测到桩身的重大缺陷,这些缺陷可能是由于过度锤击,或者是灌注桩的施工缺陷造成的。

动荷载试验(DLT)是用应变计和加速度计在桩头上测量桩身向上和向下的力。仪器上的原始数据采取应变片的总力(F)(F = 应变 × 截面积 × 杨氏模量)和处理后的加速度计数据测量的力(F = 桩阻抗 Z 乘以桩头速度 V)的形式。如果将这两组数据绘制在同一张图上,如图 97.33 所示,两组数据之间的任何差异都是由于桩周土或桩身阻抗的变化造成的。在图 97.33 所示的示例中,两条曲线的差异源自应变测量的力的增加(F_t)和基于速度测量的力的减小($Z \cdot V$),这是由桩侧摩擦产生的结果。

如果因过度锤击或施工缺陷造成桩身损坏,则这将表现为在出现桩身异常的深度的时间点上 F_t 力的下降和 $Z \cdot V$ 力的相应增加。

高应变动载荷试验检测特征

使用高应变 DLT 检测桩身缺陷应视为荷载试验的副产品,不应作为确认桩身完整性的主要方法,原因是锤击的持续时间与桩头附近缺陷的任何返回信号时间重叠,会明显地掩盖缺陷信号。另外,如果缺陷仅限于截面的局部减小,如钻孔灌注桩的情况,应力波将通过异常部位继续向桩端传播。在这种情况下,部分返回信号可能被错误地识别为指示深度处土体特性的变化。

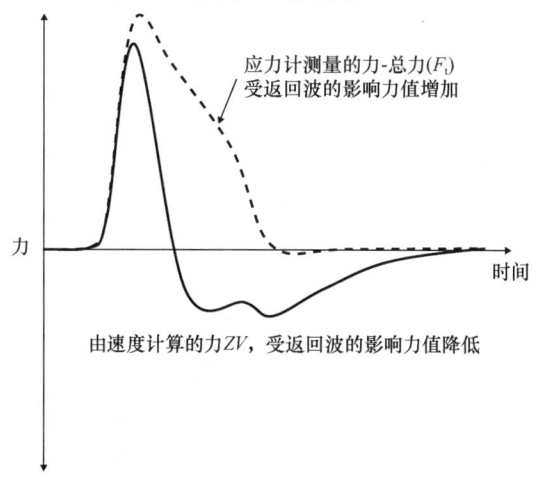

图 97.33 动载荷试验的力图

然而,这种方法对识别预制打入桩可能由于过度锤击而造成的损伤是有用的。沿着桩身的裂缝或断裂,特别是靠近桩端的裂缝或断裂,将显示出总力和 $Z \cdot V$ 数据的可识别变化。CIRIA 144(1997)对该方法的解释和限制提供了进一步的信息。

97.8 桩身完整性检测的可靠性

97.8.1 简介

作为质量控制(QC)或质量保证(QA)工具的完整性检测方法的可靠性甚至"可信度",是一个对在特定场地发现的结果进行任何讨论或争议中不断出现的问题。这种问题不仅与检测一根桩或一组桩的异常或缺陷的试验方法的能力或可靠性有关,而且还与第 97.3.2 节中讨论的话题有关,即此类"异常"是否代表"缺陷",以及此类缺陷是否可能是:

- 次要的,对桩的性能影响不大(Amir,2001,描述的"缺陷";请参见上面的第 97.3.2 节),或
- 主要的,可能对桩有不利影响(根据 Amir,2001,一个真正的"缺陷")。

在后一种情况下,这种缺陷可能导致对某一特定桩的拒绝,或在降低荷载或经过商定的二次修理或调查后接受该桩。

下一节将论述完整性检测方法的"可靠性"的含义,以及如何将其与应测总桩数的百分比联系起来,以确保桩基础有足够的可接受水平;还讨论了在基础设计中提供一定程度的冗余的相应含义。

在规划和实施检测方案时,还应考虑在特定地点施工的群桩,要根据过去的经验,预计平均会有多少不可接受的缺陷桩,这也在本节中进行了论述。

97.8.2 对检测可靠性的考虑

正如 Cameron 和 Chapman(2004)强调的那样,完整性检测的方法并不是绝对正确的。通过不正确的完整性检测对桩的质量或特性进行错误分类,或者对检测结果进行不正确的解释,可能会导致缺陷桩未被检测到,从而将其连接到基础系统中。

或者,它可能导致一个完好的桩被误判,并受到不必要的检查或补救工作,甚至拒绝和更换。

Hertlein 和 Davis（2006）确定了低应变完整性试验方法可靠性链中的以下"环节"：

（1）桩头传感器安装的充分准备，包括将桩修整到检测标高；

（2）对测压元件和传感器进行正确的和最新的校准；

（3）适合的数据采集、信号滤波和处理系统；

（4）训练有素并有经验的现场操作人员；

（5）信号响应的信号衰减程度：高长径比（L/d）、坚硬的桩周土以及桩身上部的凸起都会导致高信号衰减；

（6）沿桩长范围是否存在多个异常（异常可能是扩径、缩径、裂缝、蜂窝或土/浮浆夹杂物等）；

（7）检测工程师在检测数据解释方面的经验（"个人"部分）。

他们认为这些因素可以组合成一个"集中"的可靠性模型。

可以看出，该模型中单个组件的故障会使系统的可靠性受到质疑。环节（1）~（4）的问题可以通过检测机构和现场管理来改善。通过对检测硬件和软件的改进，与环节（5）~（7）相关的问题可以最小化。特别值得注意的是使用能够改进数据分析的设备，使用如上述的阻抗测井分析等方法。

Hertlein 和 Davis 认为，目前最先进的检测方法是非常可靠的，如果：

（1）长径比（L/d）小于 30:1，且在相对较软的土体中；

（2）当明显的缺陷限制在桩长上面的 2/3 时。

反之，可靠性迅速下降：

（1）长径比（L/d）较大，且在硬的土体中；而且

（2）当缺陷位于桩身底部的 1/3 时；或者

（3）有多个缺陷。

对这些特征的进一步了解已经在前文中给出，或者可以在 Hertlein 和 Davis（2006）中看到。

对于声波透射法，"可靠性链"可以确定为：

（1）声测管与周围混凝土的结合质量；

（2）训练有素并有经验的现场操作人员；

（3）声测管的间距；

（4）桩身横截面单位面积的管数；

（5）声测管与桩周边的距离；

（6）检测工程师在检测数据解释方面的经验（个人因素）。

Hertlein 和 Davies 认为第（2）项不那么重要，但是，正如 CIRIA 144（1997）所指出的，跨孔检测也依赖于现场操作人员的现场专业知识，特别是当需要更详细地检查异常时。

97.8.3 桩内潜在瑕疵或缺陷出现的概率

Cameron 和 Chapman（2004）回顾了技术文献中发表的低应变完整性检测确定的有缺陷的钻孔灌注桩的概率。评论指出，在 6 篇发表的论文中，1.5%~10% 的此类检测中确定了桩有缺陷，或者更严格地说，可能有缺陷。其中一篇 Fleming 等（2009）的文献，涵盖了英国的实践，回顾了 1981 年和 1982 年进行的基于时间的"声波回波"型桩身完整性检测的结果。数据表明，1.5%~1.9% 的检测桩发现了缺陷（每年检测的桩数在 4550~5000 根）；其中，桩基施工缺陷所占比例为 0.4%~0.6%。剩余的 60%~80% 被检测发现的缺陷是由于桩施工后的损坏造成的。

另一个参考文献是 Ellway（1987），他报告了 1985 年英国对 4400 个小直径钻孔桩进行的基于频率的完整性检测的结果。他认为，超过 4% 的桩显示出"潜在的重大结构缺陷"的迹象，其中约 1/3 是由于机械设备或桩的切割技术造成的施工后损坏，另有 1/3 是由于桩上部 2m 范围内的低强度或受到污染的混凝土，剩下的 1/3（占桩的 1.4%）表明存在土体污染或 2m 以下截面损失的迹象。

这两组数据已经有 25 年的历史，似乎业界普遍认为桩基施工质量从那时起有了很大的提高，特别是在连续旋翼式螺旋钻（CFA）桩出现后。后一种技术的施工质量的提高很大程度上是由于现在广泛使用仪器来监测和记录桩的施工过程。这些系统的开发也使用户能够更好地理解和更深入地了解桩的施工过程。

考虑到这些因素，现有数据大概表明，有 0.5%~1.0% 的钻孔灌注桩可能会在其声学响应中显示缺陷，这可能对桩的承载能力或耐久性具有一定的结构意义。虽然这是一个相对较低的概率，但仍然意味着，在一个包含大量桩的场地，预计一些桩将被认为需要进一步的工程调查和评估。

97.8.4 检测桩数量

当选择在特定场地上使用低应变完整性检测时，还需要考虑实施的最小检测数量。困难在于桩的缺陷或问题并非总是随机分布的，可能与现场部分区域更困难的场地条件有关，或与特定钻机操作人员的操作失误或其他一些因素有关。

CIRIA 144（1997）指出，大多数从业者认为，统计学方法在实践中往往难以应用。因此，决定是否在某一特定场地进行检测，必须考虑到该场地的所有情况，如其他施工记录或数据的可用性、整个场地条件的一致性或可变性，以及桩和打桩系统的类型。作为一般建议，CIRIA 144（1997）建议，在认为应进行低应变完整性检测的情况下，应对现场或特定关注区域中的所有桩进行检测。然而，如果检测结果显示的图像足够一致，设计者可能会考虑减少检测的数量。与此同时，如果没有从检测中获得有意义的信息，设计者可能会选择放弃检测。该建议旨在强调，设计师和项目团队应该能够就在特定场地检测的适用性和/或有效性做出明智的决定，并在认为合适的情况下修改检测方案。

Williams 和 stain（1987）概述了一个检测策略或"决策树"，如图 97.34 所示，也为何时检测及检测数量提供了实用的指导。作为指导，建议至少进行大约 30 根桩检测，才能对现场桩的状况提供有用的指导。

Cameron 和 Chapman（2004）进一步考虑了在选择应进行检测以达到预定可接受置信区间的桩数时，可能采用的统计方法。这样的方法需要估计是否可以在基础内允许有一定比例的缺陷桩（例如，在桩筏基础的情况下）。重要的是，这些作者在他们的评论中也考虑了检测系统的可靠性。

显然，当计划一个完整性检测程序时，可用的选择是检查所有桩或不检查任何桩，或被选定的一个样本。Cameron 和 Chapman（2004）特别关注最后一种选择，传统的抽样理论可以根据对桩的样本进行检测，得出关于特定场地上桩群的结论。这些作者还强调了基于基础整体设计中一定程度的冗余度来规划基础设计的作用。他们比较了使用单桩或群桩支撑单个荷载的相对优缺点。在前一种情况下，缺陷的发生显然对基础的结构性能更为关键（图 97.35）。如图 97.36 所示，类似的考虑也适用于建造在条形或格栅基础下的桩。因此，如果地面

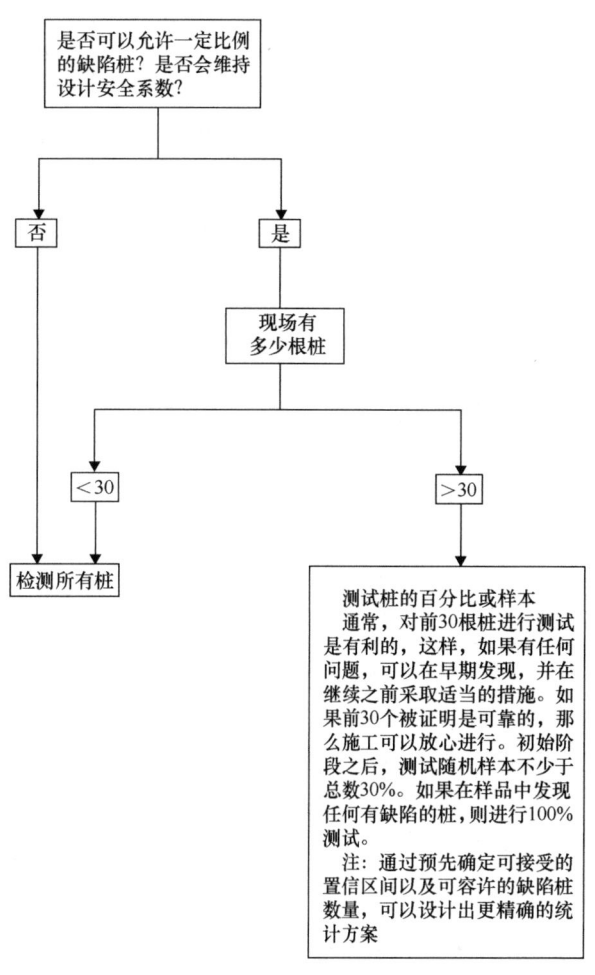

图 97.34 现场检测桩数量的评估

摘自 Williams 和 Stain (1987)，Engineering Technics Press

连系梁能够把因潜在缺陷或不可接受的桩而导致的结构承载力的减少转移到相邻的桩上，则这种坚固的基础解决方案可以证明，一个简化的完整性检测机制是合理的，至少可以让人们合理地看待这种预测的承载能力不足的影响。

Cameron 和 Chapman（2004）还指出，与使用群桩这种名义上更昂贵的解决方案相比，这种比较通常可以突出使用单桩来支撑单个高负荷柱的相对成本和节省，从而提供相对较高的冗余度。在前一种情况下，必须考虑此类桩失效或拒绝验收的相应风险，包括重新检测或修复此类桩造成的延误。在一个大型快速项目中，桩基的总成本与项目和计划的总成本相比往往很小，这通常是不为人所知的。

然而，如前所述，如果也考虑完整性检测系统的可靠性，那么即使 100% 检测，也不可能 100% 确定所有的桩都没有缺陷。

	非冗余	工作荷载等于破坏荷载 极不安全，可能有非常大的沉降	桩承载力的总损失 最终失败
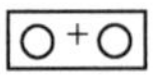 ○+○	非冗余	破坏边缘的缺陷桩 非常不安全	很可能失败
 △(○○+○)	非冗余	刚好有足够的承载能力避免大量倾斜造成的失败	当支撑中心偏离荷载中心时，仍有可能发生失败
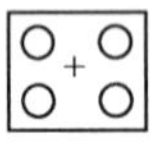 ○○+○○	逻辑上非冗余	支撑减少为两根桩提供全支撑，两根桩提供半支撑。 可能产生额外沉降和安全系数的降低	支撑减少到只有两根桩 安全系数为1.0，稳定性为临界状态
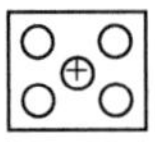 ○○⊕○○	明显冗余	影响很小	根据缺陷桩的位置，支撑可能减少到3或4根桩。 安全系数降低，但性能可能足够
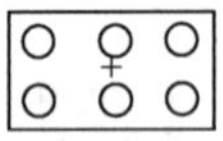 ○○○+○○○	明显冗余	影响很小	影响很小

图例：　○ 桩　　□ 承台　　+ 柱荷载位置

图 97.35　$F_{os}=2$ 时不同承台布置提供的冗余度

摘自 Cameron 和 Chapman（2004）

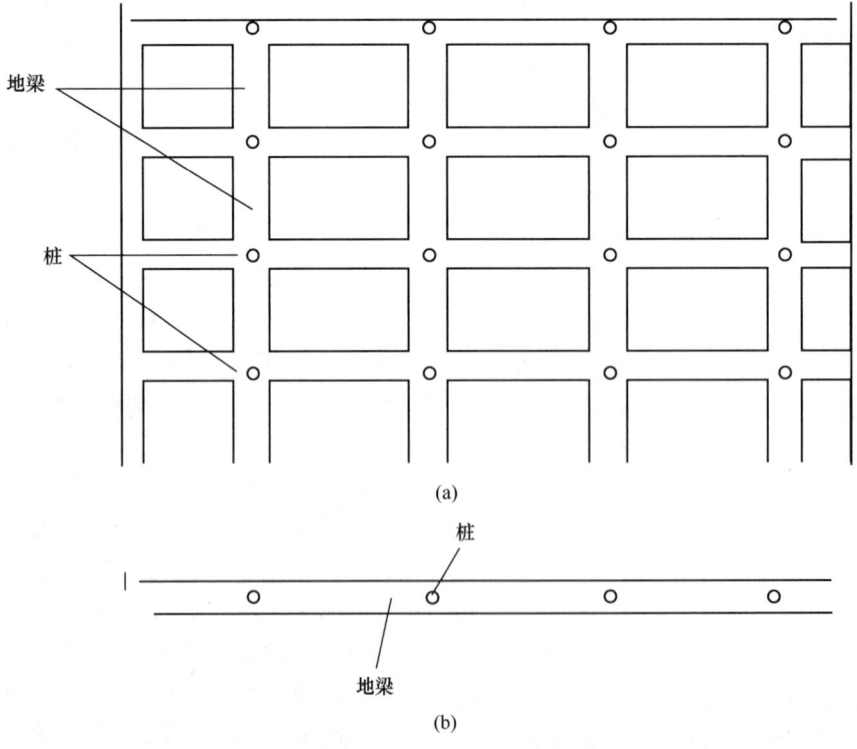

(a)

(b)

图 97.36　基础的潜在冗余

（a）条形基础；（b）格栅基础

第97章 桩身完整性检测

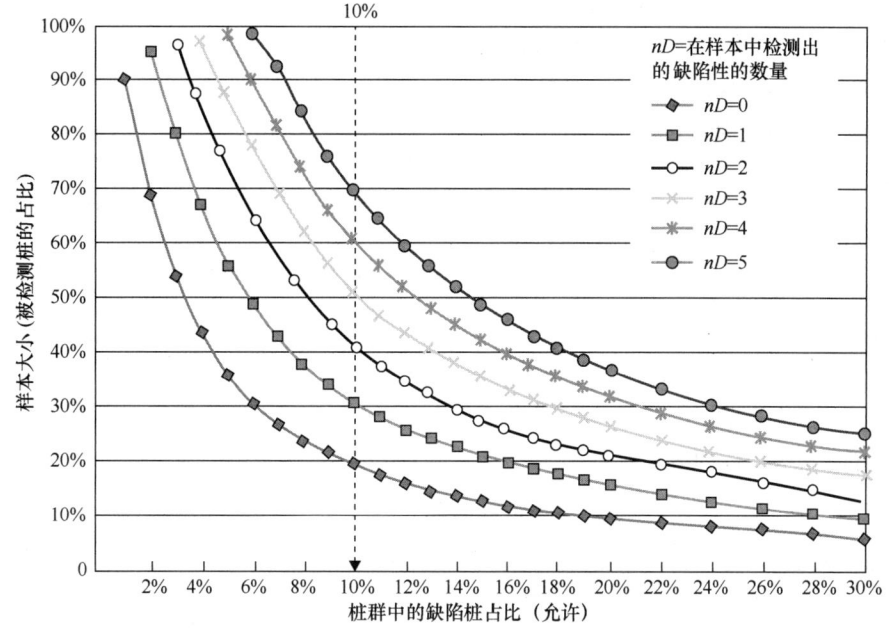

图 97.37　进行完整性检测的桩数，在桩群中具有 90% 的置信度

摘自 Cameron 和 Chapman（2004）

Cameron 和 Chapman 强调了 Preiss 和 Shapiro（1979）开发的一种统计方法，该方法给出了为在基础中实现所需的"保证"程度所必需的检测水平的定量指导。图 97.37 显示了样本大小、特定场地桩群中可接受的缺陷桩百分比与检测样本中检测到的缺陷桩数量的统计含义之间的关系。

例如，考虑基础设计者需要至少 90% 的置信水平，在桩群中检测和未检测的桩中将有少于一定数量的"缺陷"桩，考虑允许 10% 的桩有缺陷。在这种情况下，从图 97.37 来看：

- 如果对 20% 的桩进行检测，且未检测出缺陷桩，则满足 90% 的置信限。
- 但是，如果检测出 1 根桩有缺陷，则必须对 31% 的桩进行检测，且不再有"缺陷"。
- 如果检测出 2 根桩有缺陷，样本必须增加到总桩数的 40% 以上，且不再有"缺陷"。
- 如果检测出 5 根有缺陷的桩，则需要再次增加样本数量到总桩数的 70% 左右。

在检测桩的数量、样本大小和样本内确定的缺陷桩的数量符合所需的置信度之前，或在所有桩都已检测之前，这项工作显然将继续进行。

然而，Cameron 和 Chapman 也强调了 Preiss 和 Shapiro 分析中的一个更复杂的问题：基于 100% 准确的检测。如果检测的可靠性低于 100%，那么这当然会影响准确预测的置信水平。如果一个系统只有 80% 的可靠性，那么即使检测了所有桩，检测结果的总体置信度也不会高于 80%。

不可靠检测的实际结果是，可能会获得更多的假阳性、假阴性或"不确定"的结果，可能需要进行其他检查或复查，例如取芯，或在桩边开挖以确定其真实状况。

作为一个例子，图 97.38 说明了使用具有 80%"可靠度"的检测系统进行完整性检测时，每增加 10% 的检测桩后，置信度的增加情况。在这种情况下，结果表明基础系统能够容忍 0% ~

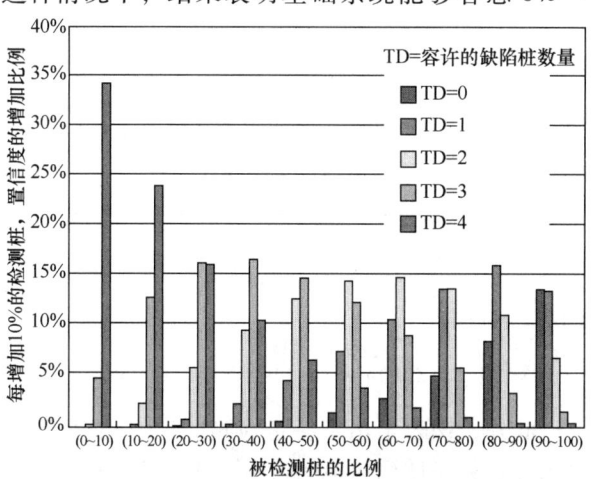

图 97.38　使用具有 80% 可靠性的检测系统，通过每增加 10% 的检测桩数来增加置信度

摘自 Cameron 和 Chapman（2004）

4%的缺陷桩。图97.38说明，在基础系统可以承受4%的缺陷桩时，最大的收益来自对桩群的初始检测。但是，如果基础系统不能容忍任何有缺陷的桩，则只有在检测最后约20%的桩时才能获得全部收益。因此，对桩群中每根桩的依赖性越大，检查每根桩的完整性就越重要。

应该记住，尽管在大多数情况下，在统计学上最重要的桩是检测桩的前20%~40%，但这并不一定等同于项目中已施工的第一批桩。样本必须能代表整个桩群，不能因不同的场地条件、不同的打桩操作人员或设备，或其他考虑因素而在某种程度上发生倾斜。这与在成本和计划方面存在压力、需要从检测中省去一些桩的情况具有特别的关联性。

Cameron和Chapman指出，在某些情况下，检测最后一批桩的附加值（图97.38）可能不值得花费时间和相应的成本。图97.38还表明，只有当缺陷桩的容许比例较高时，这样的遗漏才是可能的。因此，选择一个更冗余的基础系统会有项目上的优势。

97.9 选择合适的检测方法

表97.3总结了本章概述的四种完整性检测技术的特点。

对于每种技术，该表列出了通过检测测得的性能、任何预先规划要求的细节以及适合检测的桩的类型。

检测方法的适宜性和适用性总结 表97.3

检测方法	低应变完整性检测	声波透射法检测	旁孔透射法检测	高应变完整性检测
测量的性能	声波或应力波穿过桩体的特性	超声波通过桩体材料的传播时间	声波或应力波通过桩和中间土到检波器的传输时间	强冲击作用下通过桩体的应力波特性
是否预先规划？	否	通道管必须浇注在预先选定的桩内	需在桩侧沉入测量孔	不完全必要，但可能必须为重型设备提供通道
什么时候可以检测？	混凝土达到设计强度后（通常最少5~7d）	混凝土达到设计强度后（通常最少5~7d）	施工后	在混凝土达到设计强度后，通常在施工后最少7d
适用于检测方法的桩型	所有类型	一般大直径灌注桩（通常直径600mm或更大）	任何桩	所有类型
近似相对成本	低	低—中等	中等—非常高	中等—高
相对使用频率： 控制检测 复测	5 3~5	4~5 不适用	不适用 0~1	1~2 1~2
可用性	可随时从专业检测机构获得	可从专业检测机构获得	来自专业检测机构	可随时从打桩承包商和专业检测机构获得
检测受桩长影响？	是的，信号随着深度的增加逐渐减弱	否	是	否，不在正常桩的深度范围内
注释	很常见的技术 根据时间和/或频率研究桩的响应	主要用于大直径灌注桩、桥墩、墙基础；特别是支撑高柱荷载的大直径单桩；由于需要安装通道管，通常不适合进行复测	仅用于复测	常规检测中不常用。通常可用于调查安装后的问题，例如桩的损坏

关键符号：
相对使用频率：范围0~5：0：非常罕见；1：罕见；2：偶尔；3：有时；4：常见；5：很常见
近似相对成本：范围 低~非常高：低：<10%桩成本；中等：10%~50%桩成本；高：50%~100%桩成本；非常高：>100%桩成本
注：相对成本不包括进出场成本。
经许可摘自CIRIA R144（1997），www.ciria.org

此外，该表给出了特定检测的近似相对成本、可用性和相对使用频率的指南。任何其他相关要点都在注释部分注明。

97.10 参考文献

American Society for Testing Materials (ASTM) (2000). *Standard Test Method for Integrity Testing of Deep Foundations by Cross-Hole Testing*, ASTM D6760. West Conshohocken, PA: ASTM.

Amir, J. (2001). Reflections on pile integrity testing. In *Proceedings of* the Deep Foundations Institute Specialty Seminar on Nondestructive Testing for Drilled Shafts. 3 October, St Louis, USA. Hawthorne, NJ: DFI.

Baker, C. N., Drumwright, E. E, Briaud J.-L., Mensah-Dumwah, F. and Parikh, G. (1993). *Drilled Shafts for Bridge Foundations*, FHWA Publication No. FHWA-A-RD-92-0004. Washington, DC: Federal Highway Administration.

Briard, M. (1970). Controle des pieux par la methode des vibrations. *Annales de l'Institut Technique du Batiment et des Travaux Publics*, 23rd year, **270**, June, 105–107.

British Standards Institution (2004). *Testing Concrete: Determination of Ultrasonic Pulse Velocity*. London: BSI, BS EN12504-4:2004.

Butcher, A. P., Powell, J. M. and Skinner, H. D. (2006). *Proceedings of an International Conference on Reuse of Foundations for Urban Sites*. October. Watford: BRE Press.

Cameron, G. and Chapman, T. (2004). Quality assurance of bored pile foundations. *Ground Engineering*, 37(2), 35–40.

Chapman, T., Anderson, S. and Windle, J. (2007). *Reuse of Foundations*. CIRIA Report C653. London: Construction Industry Research and Information Association.

CIRIA Report 144 (1997) *Integrity Testing in Piling Practice*. London: Construction Industry Research and Information Association.

Davis, A. G. (1998). Assessing the reliability of drilled shaft integrity testing. In *Transportation Research Record 1633*. Washington, DC: Transportation Research Board (TRB) of the National Research Council, pp. 108–116.

Davis, A. G. and Dunn, C. S. (1974). From theory to field experience with the non-destructive vibration testing of piles. *Proceedings of the Institution of Civil Engineers*, **57**(2), 571–593.

Ellway, K. (1987). Practical guidance on the use of integrity tests for the quality control of cast-in-situ piles. In *Proceedings of the International Conference on Foundation and Tunnels*. March 1987, London, pp. 228–234.

Fleming, K., Weltman, A., Randolph, M. and Elson, K. (2009). *Piling Engineering* (3rd Edition). London: Taylor & Francis.

Hannigan, P. J. (1986). Dynamic pile testing and analysis. In *Proceedings of the 11th Annual Fundamentals of Deep Foundation Design*, November 10–14, St Louis, Missouri.

Hertlein, B. and Davis, A. (2006). *Nondestructive Testing of Deep Foundations*. New York: John Wiley.

Institution of Civil Engineers (2007). *ICE Specification for Piling and Embedded Retaining Walls* (2nd Edition). London: Thomas Telford.

Iskander, M., Roy, D., Earley, C. and Kelley, S. (2001). *Class-A Prediction of Construction Defects in Drilled Shafts*. Transportation Research Record 1772, Paper No. 01-0308. Washington, DC: Transportation Research Board, pp. 73–83.

Lilley, D. M., Kilkenny, W. M. and Ackroyd, R. F. (1987). Investigation of structural integrity of pile foundations using a vibration method. In *Proceedings of the International Conference on Foundations and Tunnels*, March, London.

Paquet, J. (1968). Etude vibratoire des pieux en beton; reponse harmonique et impulsionelle: application et controle. *Annales de l'Institut Technique du Batiment et des Travaux Publics*, 21st year, **245**, May, 789–803.

Paquet, J. (1991). A new method for testing integrity of piles by dynamic impulse: The inpedance log. In *Proceedings of the International Colloquium on Deep Foundations*. Paris: Ecole des Ponts et Chaussées.

Paquet, J. (1992). Pile integrity testing: The CEBTP reflectogram. In *Piling Europe*. London: ICE, pp. 177–188.

Paquet, J. and Briard, M. (1976). Control non destructif des pieux en beton. *Annales de l'Institut Technique du Batiment et des Travaux Publics. Serie: Sols et Fondations*, **128**, Supplement 337, March.

Preiss, K. and Shapiro, J. (1979). Statistical estimation of the number of piles to be tested on a project. *RILEM Commission on Non-Destructive Testing*, Stockholm.

Smith, E. A. L. (1960). Pile-driving analysis by the wave equation. *Journal of the Soil Mechanics and Foundations Division*, **86**, 36–61.

Stain, R. T. (1982). Integrity testing. *Civil Engineering*, April/May.

Stain, R. T. and Johns, D. (1987). Integrity testing of deep foundations. In *Proceedings of the Second International Symposium of the Deep Foundations Institute*, May 4–7, Luxembourg.

Stain R. T. and Williams, H. T. (1991). Interpretation of sonic coring results: A research Project. In *Proceedings of the 4th International DFI Conference on Piling and Deep Foundations*, 7–12 April, Stresa, Italy. Rotterdam: Balkema, pp. 633–640.

Turgat (2004). Research into the correlation between concrete strength and UPV values. NDT.net, **12**(12), December.

Williams, H. T. and Stain, R. T. (1987). Pile integrity testing: Horses for courses. In *Proceedings of the International Conference on Foundation and Tunnels*, 22–26 March. London: Engineering Technics Press, pp. 184–191.

97.10.1 延伸阅读

虽然在上面的参考名单中有引用，但还是建议进一步阅读以下出版物和了解背景信息：

Fleming, K., Weltman, A., Randolph, M. and Elson, K. (2009). *Piling Engineering* (3rd Edition). London: Taylor & Francis.

Hertlein, B. and Davis, A. (2006). *Nondestructive Testing of Deep Foundations*. New York: John Wiley.

Institution of Civil Engineers (2007). *ICE Specification for Piling and Embedded Retaining Walls* (2nd Edition). London: Thomas Telford.

Turner, M. J. (1997) *Integrity Testing in Piling Practice*. CIRIA Report 144. London: Construction Industry Research and Information Association.

97.10.2 实用网址

Corporate market research procurement services；例如：www.profound.com

Testing，monitoring，analysis and consulting services for deep foundations：Pile Dynamics，Inc. and GRL Engineers，Inc.；www.pile.com

---

建议结合以下章节阅读本章：
- 第82章 "成桩风险控制"
- 第93章 "质量保证"

本书以第1篇"概论"和第2篇"基本原则"为指导进行章节编排。如第4篇"场地勘察"中所述，各类岩土工程均应进行扎实的现场勘察工作。

译审简介：

关立军，工学硕士，教授级高级工程师，注册土木工程师（岩土）。主要从事地基、桩基以及基坑支护的检测、咨询和司法鉴定工作，参编行业标准2部，参编著作2部，获省部级奖励2项。

陈凡，研究员，享受国务院政府特殊津贴专家，曾任国家建筑工程质量监督检验中心副主任，《建筑基桩检测技术规范》JGJ 106—2014 主编。

第98章 桩基承载力试验

迈克尔·布朗(Michael Brown),邓迪大学,英国
主译：龚维明(东南大学)
审校：施峰(福建省建筑科学研究院有限责任公司)

doi: 10.1680/moge.57098.1451

目录

98.1	桩基试验技术简介	1421
98.2	桩基静载荷试验	1422
98.3	双向荷载试验	1428
98.4	高应变动力试桩法	1430
98.5	快速加载试验	1433
98.6	桩基试验的安全性	1436
98.7	桩基试验方法的简单总结	1437
98.8	致谢	1438
98.9	参考文献	1438

由于根据设计规范来准确预测桩基承载性能的方法仍存在较多不确定性，因此需要进行桩基测试。目前已有多种桩基检测方法，有些已广泛应用多年，而另一些则是处于发展阶段的新技术。静载法是一种易于理解且简单的传统测试技术。这种方法可直接获取桩基承载力，但随着桩承载力的增加，对测试吨位和场地的规模要求越来越高，限制了该方法的应用。双向加载法是传统的桩顶加载测试方法的改良，双向加载法是在地下一定深度的桩身中加入一个或多个专用的千斤顶进行加载。该技术能够应用于远超过其他测试方法的试验荷载。新的桩基测试技术正朝着快速/动态的方向发展，这类测试方法具有测试速度快、测试设备少的优点，但由于测试的快速性和动态性，需要更为复杂的分析技术。

98.1 桩基试验技术简介

近几十年来，桩的设计有了较大进步，但桩轴向承载力的确定仍需依赖工程经验。因此，在许多不同的土类型中，估计其承载力误差范围为±30%(Randolph, 2003)。用现有的设计方法预测桩的荷载-沉降曲线存在较多不确定性，因此需要进行桩载荷试验加以验证。

从桩载荷试验中获得的信息有多种用途（Poulos, 2000），包括：

- 施工质量验证；
- 设计参数验证；
- 为后续桩基施工作业节约成本。

由于桩基试验价格昂贵（特别是在规模较小的工程中），因此，降低桩基测试技术的风险是必须考虑的问题。在场地较大、桩的数量较多的情况下，需要节约桩基试验技术的成本。通过测试，可以确定需要改进的设计参数，从而通过减少桩长来优化施工成本。英国土木工程师学会《桩和嵌入式支护结构施工规范》(Specification for Piles and Embedded Retaining Walls)(2007)（通常称为SPERW）推荐的桩基和嵌入式挡土墙测试方案见表98.1。

《欧洲标准7》允许在桩基载荷试验的基础上进行桩基设计，并规定应在表98.1强调的中至高风险情况下进行桩基试验。《欧洲标准7》还允许直接从桩载荷试验中推导出竖向加载桩的阻力特征，这种相关水平随桩试验数量的增加而增加（从1次试验增加到5次试验）。对于五桩试验或更多桩试验，允许桩基荷载与实际试验结果直接相关，通过降低部分因素对实测结果的影响，进而获得设计阻力（详见 British Standards Institution, 2004, EC7）。以往常用桩基载荷试验来确定安全系数，上述规范方法是对传统方式的改进。桩基试验作为欧洲标准框架的一部分，其更多相关信息见 BS EN 1536《特种岩土工程施工：钻孔桩》(Execution of Special Geotechnical Work-Bored Piles) 及即将通过的 EN/ISO 22477-1, 岩土调查和测试：测试岩土结构-第1部分：桩的轴向抗压静载荷试验（目前为草案形式）。桩基试验可以在整个工程项目的不同阶段进行，具体取决于试验结果的用途。例如，试验桩在主体工程施工前或预签合同前进行试验，旨在验证设计性能和施工可行性，同时可以获得土层信息。在主体工程开始前对试验桩进行全面试验，试验结果还可以作为工程桩设计的数据参考。将成为最终建筑结构一部分的试验桩称为工程桩。

除了桩的工程试验阶段外，桩打入后何时进行试验也很重要。例如，在黏土中打入桩会对地面造成明显扰动，随着时间的推移，土体渗透性和桩直径大小会使桩的局部有效应力状态发生变化。

SPERW（2007）建议任何类型的桩在打入和试验之间至少间隔4天，但它进一步说明：对于粗粒土中的打入桩，打入和试验之间间隔12个小时就足够了。相较而言，Fleming 等（2009）认为，根据土的类型和工程经验，打入和试验之间需要间隔 1~3 周的时间。

桩基荷载试验方法包括静荷载试验、动载荷试验和快速载荷试验，还有用 Osterberg 荷载箱（O-Cell）进行的双向荷载测试验。一般情况下，桩基静载荷试验费用昂贵且耗时（Fleming 等，2009），随着荷载要求的提高，这种情况更加明显，但该方法具有分析简单的优点。相反，动态和快速加荷试验方法速度较快，相比静态试验价格低廉，但需要专业的检测设备和分析技术。桩基试验部分典型特征对比见表 98.2。注意：这个表是当前不同类型桩进行桩基试验的主流方法，但不是绝对的。比如，可以对现浇桩进行动态荷载试验，但工程实践中通常不这么操作。

98.2 桩基静载荷试验

98.2.1 什么是桩基静载荷试验，有哪些试验类型？

静载荷法是桩基试验最常用的方法，该方法可以采用以下两种形式：维持荷载抗压试验（MLT）和等贯入率试验（CRP）。这两种试验的名称来源于它们的测试方法。自从类似 Osterberg 试桩法（双向加载）发明之后，这些类型的试验通常指顶部加载法。

基于风险等级的典型桩试验方法 表 98.1

桩基工程作业特点	风险水平	桩基试验方法
地基条件复杂或未知 没有以往的桩基试验数据 桩施工技术新颖或相关经验非常有限	高	必须进行试验桩和工程桩试验 每 250 根桩进行 1 次试验桩试验 每 100 根桩进行 1 次工程桩试验
地基条件与以往工程类似 没有以往的桩基试验数据 在类似场地施工桩经验有限	中	必须进行桩基试验 试验桩或工程桩试验二者择一 每 500 根桩进行 1 次试验桩试验 每 100 根桩进行 1 次工程桩试验
有以往的桩基试验数据 在类似场地有丰富的桩施工经验	低	桩基试验不是必要的 如果需要进行桩基试验，可以使用试验桩或工程桩试验 每 500 根桩进行 1 次试验桩试验 每 100 根桩进行 1 次工程桩试验

摘自英国土木工程师学会（Institution of Civil Engineers）（2007）（SPERW, 2007）

试桩技术的典型特征比较 表 98.2

桩基试验类型			
特征	静载荷试验[①]	快速载荷试验	动载荷试验
加载时间	1~24h	100ms	7ms
每日试验次数	1	2~6	8
所需反力（占桩承载力的百分比）	120%	5%~10%	1.5%~2%
获得结果所需时间	立刻	10min	4h
试验桩类型			
预制桩	是	是	是
现浇桩	是	是	是
钢管桩	是	是	是
可靠性	高	经验有限，无法评估	中
试验成本[②]（英镑每千牛桩承载力）	0.42~0.75	0.45	0.05~0.1
每根桩试验成本	850~1500	400	50~200

① 这里的静载荷试验（自上而下试桩法）不包括 Osterberg 法。
② 基于同一场地 1000~2000kN 承载力桩的试验，注：动载荷试验的费用是假设现场有一台打桩机，成本单位以英镑计算。

数据取自 Hoelscher 和 van Toll（2009）

98.2.2 维持荷载压缩试验（ML 或 MLT）

维持荷载压缩试验通常用英文首字母缩写 ML 或 MLT 表示。维持荷载压缩试验（ML）是在桩顶施加荷载增量并维持一段规定的最短时间（表98.3），直至达到指定的沉降标准（表98.4），此时荷载不增不减，保持恒定（Tomlinson 和 Woodward，2008）。保持荷载增量的最短时间从 30min~6h 不等，卸荷时间一般维持 10min。用 ML 进行桩基试验的一个示例如图98.1 所示。

由于在沉降速率较高的情况下难以维持恒定荷载，因此一般不采用静载荷压缩试验来验证快速沉降或"陡降"型桩的极限承载力及其沉降量。此外，通常将工程设计验证荷载（DVL）的 25% 作为荷载增量施加到桩顶（表98.3）（DVL 的定义见表98.3 和手册稍后的章节），这意味着荷载增量要达到数百千牛。当桩在更高的荷载增量下沉降时，可能会错过实际的极限荷载，从而低估了桩的极限承载能力。在对试验桩进行测试时，为了避免低估桩的极限承载力，在整个试验过程中或者当荷载稳定性出现问题时，荷载增量可以降低到 10% DVL（SPERW，2007）。

98.2.3 等贯入率试验（CRP）

等贯入率试验（CRP）不同于维持荷载压缩试验（ML），它是在桩基上施加变化的荷载，以保持恒定的贯入率。贯入速率通常用来反映桩贯入过程中遇到的主要土的类型（表98.5）。由于贯入速度较快，试验完成得也比较快。例如，在黏土中植入一根直径 600mm 的桩，贯入完成度在 2.5h 内可达桩径的 15%（即 90mm）。从表98.5 可以看出，美国规定的等贯入率试验（CRP）的最小速率比英国规定的慢 50%，最大速率快 50%。比较来自美国的相关试验，还注意到：有一种与常规维持荷载压缩试验（ML）不同的快速载荷试验法（QLT），其增量负载时间仅维持 2.5min（ASTM D1143-81：1994）。

静荷载压缩试验的最小加载时间　表 98.3

负载*	单循环桩试验的最小持载时间	多循环桩试验的最小持载时间
25% DVL	30min	30min
50% DVL	30min	30min
75% DVL	30min	30min
100% DVL	6h	6h
75% DVL	n/a	10min
50% DVL	n/a	10min
25% DVL	n/a	10min
0% DVL	n/a	1h
100% DVL	n/a	1h
100% DVL + 25% SWL	1h	1h
100% DVL + 50% SWL	6h	6h
100% DVL + 25% SWL	10min	10min
100% DVL	10min	10min
75% DVL	10min	10min
50% DVL	10min	10min
25% DVL	10min	10min
0% DVL	1h	1h

*SWL 为规定工作荷载；DVL 为设计验证荷载

摘自英国土木工程师学会（SPERW，2007）

最小持荷时间对应的沉降速率　表 98.4

桩头位移范围	沉降速率标准
<10mm	≤0.1mm/h
10~24mm	≤桩头位移的 1%/h
>24mm	≤0.24mm/h

数据取自英国土木工程师协会（SPERW，2007）

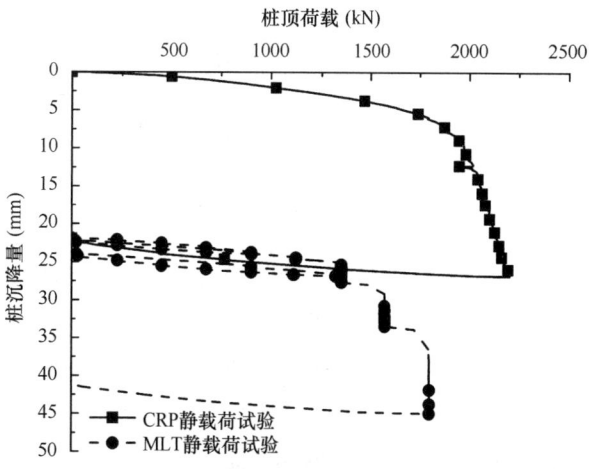

图 98.1　对长 12m、直径 600mm 的冰碛土现浇钻孔灌注桩进行 CRP 和 MLT 静载荷试验的例子（有关桩施工和测试的更多信息，参见 Brown 等，2006）

数据取自 Brown 等（2006）

第9篇 施工检验

等贯入率试验法（CRP）通常用于科学研究，而并不适合多数工程试验。尽管该方法试验速度更快，但它需要更大吨位的荷载和大规模反力装置才能使桩保持恒定的沉降速率。尤其当桩贯入黏土中时，贯入速率相对较高，测试时间也更短。研究表明，随着等贯入率试验（CRP）贯入速率的提升，桩的极限承载力和刚度也随之增加（图98.1）。为了充分发挥桩的承载力，应根据桩所贯入的土的渗透性和有效排水路径长度来选择加载速率。此外，加载速率还反映了土的排水固结是否达到理想状态。

98.2.4 工作原理和各种测试装置

桩基静载试验法是将荷载施加到桩基上，因此该测试装置通常需要一个能与桩发生相互作用的结构。典型的锚桩静载荷试验装置布设方法如图98.2所示，在液压千斤顶上放置重块（反力装置）提供荷载作用（图98.3）。对试验桩（在施工前需验证施工性能的桩）进行荷载试验时，可使用任意一种桩基静载荷试验方法；测试工程桩（工程结构的一部分）承载力性能时，用静态堆载法进行测试更为合适。然而，如果要测试工程桩数量较多，为了避免延误工期，就需要安排数次独立试验。Weltman（1980）提供了桩基静载荷试验的步骤和测试装置的详细信息。

进行桩基静载荷试验时，通常用大型液压千斤顶在试桩上施加荷载，通过手动或自动控制液压油的流量，对桩基施加恒定荷载，或者施加变化的荷

CRP 试验中规定的不同桩贯入速率的例子　　　　表 98.5

主要土的类型	桩贯入速率 [mm/s（mm/min）]			
	SPERW 2007	英国标准 BS 8004	ASTM D1143-81	EN 1536-2000
细粒土（如黏土）	0.01（0.6）	0.0125（0.75）	0.0042~0.021（0.25~1.25）	0.01667（1）
粗粒土（如砂或砾石）	0.02（1.2）	0.025（1.5）	0.0125~0.042（0.75~2.5）	0.01667（1）

注：英国标准 BS 8004 现已被取代。

图98.3　用充满水的大罐子作为反力装置的自上而下式的桩静载荷试验布置（试验装置完全被罐子挡住）

经由 Deltares 提供照片；版权所有

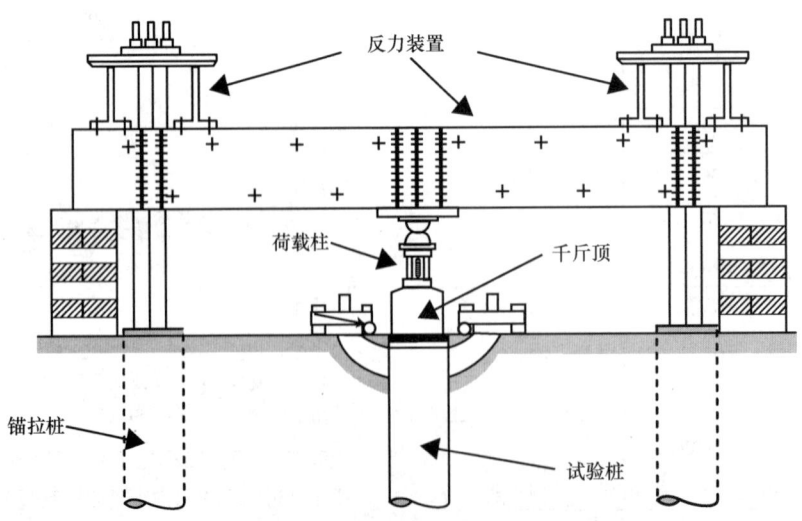

图98.2　采用锚拉桩反力装置的自上而下桩静载荷试验布置

经许可，修改自 CIRIA PG7 Weltman (1980)，www.ciria.org

载以保持恒定贯入速率（图98.4）。以前，负载大小由安装在千斤顶和反力装置之间的测力柱测量（图98.4），测力柱需要在校准后手动读取数据。现在，以自动应变计为基础的负载传感器，可以自动产生荷载读数并记录在笔记本电脑上。类似地，在测量桩沉降时，位移传感器取代了手动读数千分表（安装在距离试桩3倍桩径或2m的参考梁上），并通过笔记本电脑记录数据（Fleming 等，2009）。桩的沉降经过位移传感器或千分表测量后，还需要用光学水准测量仪验证测量精度是否达到0.2mm。监测设备和随动液压控制系统（允许进行实际应力和位移控制测试）的发展，实现了对桩基承载力试验的全自动远程操作（England，2002）。测试系统自动化意味着员工在一个工地上花费的时间更少，在多个工地之间往返的时间也更少。

测试系统自动化的另一个优点是：现场操作人员不必长时间接近张力较大的桩结构，可降低受到人身伤害的风险，工作人员夜间在工程现场轮班的时间也减少了。

98.2.5 桩基抗拔静载荷试验

桩的抗拔静载荷使用的设备和测试步骤与恒载受压试验类似（图98.5），区别在于抗拔静载荷试验用两个千斤顶施加荷载，以避免桩内产生弯曲应力。现浇桩与千斤顶的连接方式与抗拔桩类似，而预制钢桩可能需要额外焊接支架（Tomlinson 和 Woodward，2008；Fleming 等，2009）。对于可能承受拉力的桩结构，至少需抽样一根桩进行测试，对于可能承受较大拉力的桩，要求抽样测试数量不得少于总桩数的2%。

98.2.6 桩基水平静载荷试验

桩在受拉情况下，往往会受到横向荷载、竖向荷载和弯矩的联合作用，在一些情况下还受循环荷载如海上桩基结构就是循环受力的。在桩基试验过程中，实现类似复杂的荷载路径并不容易，但单循环水平静载荷试验法可以对桩的联合受力作用进行大致模拟。该试验方法通常在相邻桩和试桩之间放置千斤顶，利用相邻桩提供反力（图98.6）。若需要循环加载，可使用全自动千斤顶和监测系统。类似的荷载-挠度测量技术可用于桩竖向荷载测试，也可以测量试桩相对于反力桩和桩顶的转动位移。此外，通过桩基水平静载荷试验，可以获得有价值的试验分析信息（Reese 和 van Impe，2011），还可以确定桩弯矩的深度。另外，在确定桩基水平静载荷试验抽样数量时，应密切注意试桩顶部几米以上地面的变化，因为这一区域对试桩的性能有着显著影响。

图98.4　桩头加载布置图（加载千斤顶放置在桩上，千斤顶上有校准过的荷载柱，隔着垫片顶在反力架上。注意与桩顶接触的测量桩顶沉降的千分表）

图98.5　桩抗拔试验（注意在反力梁上方的加载千斤顶）

经由 Cementation Foundations Skanska Ltd
提供照片；版权所有

图98.6 桩侧向静载荷试验反力桩与试桩之间相互分离
[在图片右侧的试桩上可以看到用于监测桩横向位移的位移传感器（安装在白色参考架上）]

经由 Cementation Foundations Skanska Ltd 提供照片；版权所有

98.2.7 桩基静载荷试验的优缺点

静载荷试验技术已使用多年，其优点在于操作方便，分析简单，不需要很强的专业性。只需对土层情况有大致的了解，就可以迅速得出结果。

静载荷试验速度相对较慢。例如，维持荷载压缩试验（ML）一般持续至少19h，若根据特定的试验规范，可能需要更长的时间，这还不包括安装测试设备的时间。静载荷试验有时需要24h不间断地工作，可能会产生相关工程项目问题和场地安全问题。

静载荷法的主要缺点是在地面上需要有足够吨位的反力装置来施加荷载，导致连接锚桩或加荷重块的反力装置规模十分庞大（图98.2和图98.3）。建造这样的反力装置耗时、昂贵、占地面积大，处理装置材料也需要较大空间。测试过程中，反力装置系统承受着巨大压力（预计极限承载力的120%，表98.2），存在不小的安全隐患。

锚桩和压载块可能存在的一个缺点是，他们会影响被测桩的性能。Poulos（2000）提出，加荷重块可能会使试桩的承载力和刚度增加。有预测表明，在砂土中，由于加荷重块压力的存在，试桩的承载力和刚度可能增加10%~20%（Poulos 和 Davis，1980）。考虑到这一点，SPERW 建议反力装置与试桩之间至少保持1.3m的距离，而

BS EN 1536 建议该距离至少为试桩直径的3倍。在锚桩长度小于试桩的情况下，反力装置与试桩之间的间距至少为2~3m（视具体指导意见而定）或试桩直径的3倍。当锚桩长度大于试桩时，应将间距增至（试桩和锚桩两者之中）最大桩径的5倍，除非试桩基础承载力小于锚桩基础承载力的20%。在进行拉力试验时，用于支撑反力装置的地梁或相邻锚桩必须距离试桩至少3倍桩径。

98.2.8 桩基静载荷试验的分析

从桩基静载荷试验中得出的荷载-沉降曲线有以下几种用途：首先，荷载-沉降曲线的形状可以反映桩结构施工的完整度，并反映桩施工过程中出现的问题；此外，数据结果还可以用于检查桩承载力性能标准。

98.2.8.1 沉降标准

桩的设计通常需要满足承载力极限和使用极限。（在陆地上）用桩基承载力试验评估桩的性能时，相比桩极限承载力，工作荷载下的沉降量这一指标更为重要。因为桩极限承载力与沉降量相关，而沉降会破坏结构的使用性能。

尽管工程桩荷载试验需要根据特定建筑类型进行评估，但 SPERW（2007）建议：在设计验证荷载值（DVL）下，桩沉降标准不应超过5~10mm，同时不应超过15~25mm + 0.5SWL。

98.2.8.2 极限承载力和试验终止的判定

不适合用桩极限承载力来定义桩性能的另一个原因在于各种对桩极限承载力的相关定义。例如，Tomlinsons 和 Woodward（2008）就列出了7种已受学界认可的确定桩极限承载力的技术。这些可能是基于桩直径确定的特定沉降处（如试桩直径的10%~15%）的荷载，或与桩荷载-沉降曲线形状相关的特征，例如沉降不断增加但荷载不再增大的荷载。后者的定义标准可能会出现某些问题：比如粒状土中，随着沉降量的增加，桩基承载力也会逐渐增加，但该定义标准不能反映这一特征。

《欧洲标准7》在这一点上的说明比较模糊，

但它指出：如果桩极限承载力难以确定，可假定桩沉降量为桩径的10%。SPERW（2007）不使用沉降标准这一指标，它将MLT中的桩极限承载力定义为桩在达到特定沉降速率（表98.4）时可施加的最大荷载。尽管SPERW（2007）这样规定，其中的CRP试验仍在加荷至沉降达到10mm或沉降量等于桩径15%时终止。

如果试验桩没有达到极限承载力，则需要通过推断来预估桩的极限承载力指标。Chin（1972）和Fleming（1992）提出的方法通常被称为双曲线法，对特定的桩和土的类型具有不同程度的适用性能。Chin方法基于一个假设，试桩的荷载-沉降特性可用双曲函数表示，则刚性桩的极限承载力（U）可表示为：

$$U = \frac{\Delta}{(\Delta/P) - K} \tag{98.1}$$

式中，Δ为任意桩头荷载（P）下的桩头沉降量；K为横轴上的截距（Fleming，1992）。

Chin观察到，如果将Δ/P与沉降（Δ）绘制成直线（图98.7）。直线的斜率为桩的极限承载力[式（98.1）]。图98.7用Chin方法分析了图98.1所示的CRP试验，预测的桩极限承载力接近2323kN。

Fleming（1992）加入了大型试桩数据库的反分析参数和桩长缩短的影响因素，对双曲函数的形式进行了改进。Fleming（1992）还将桩身（下标s）和基础（下标b）分量分开考虑，如式：

$$\Delta_s = \frac{M_s D_s P_s}{U_s - P_s} \tag{98.2}$$

将桩径（D_s）纳入公式中，以分析其对桩荷载-沉降行为的影响，M_s是一个无量纲低方差的柔度因子，方差小，其典型值在0.001~0.0015之间（Azizi，2000）。下式假设桩基础沉降呈线弹性，并根据地基在四分之一极限应力（$U_b/4$）下的实际荷载-沉降关系评估土的割线模量（E_b）。

$$\Delta_b = \frac{0.6 U_b P_b}{D_b E_b (U_b - P_b)} \tag{98.3}$$

注意：式（98.2）和式（98.3）仅适用于刚性桩。Azizi（2000）总结了典型的土的割线模量值

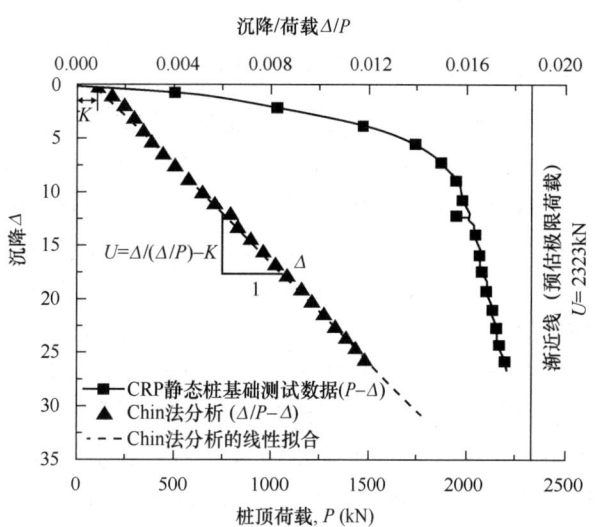

图98.7 冰碛土中长12m、直径600mm钻孔灌注桩CRP静载试验的Chin法分析

（E_b）。

有关这些技术的更多细节以及对静载荷试验结果的分析可以在Fleming等（2009）和Tomlinson与Woodward（2008）的论文中找到。

桩基试验能够获取单桩轴力、端阻力和沉降等数据，但进行桩顶数据测量也不仅仅是为了获得这些信息。试桩的目的还有验证或更新设计参数和设计技术。

98.2.9 静载荷试验的说明

在ML试验中（表98.3），用施加荷载的增量大小来验证桩承担与结构有关的设计荷载的能力和由此产生的沉降。通常，对于沉降不敏感的建筑在设计验证荷载DVL下，可接受产生10mm的沉降。SPERW中提到的DVL通常是事先测得的桩极限承载力的40%~50%。桩在实际使用期间承受的荷载称为规定工作荷载（SWL）。荷载设计值（DVL）应考虑规定工作荷载（SWL）以及桩基荷载试验期间和使用期间可能发生的任何变化，如桩的负摩阻力和竣工后场地标高的变化。工程桩通常加载到DVL加上50%的SWL（验证负载测试）。试验桩可进一步增加25%SWL值的载荷。计算预期静态承载力时，应记住计算的承载力尽可能符合实际，并避免采用不必要的保守土体参数。

98.3 双向荷载试验

98.3.1 什么是双向荷载试验?

双向静载荷试验是上述自上而下静载荷试验的替代方法（England，2008）。该方法不同于自上而下的载荷试验，因为该系统的主要部件是放置于桩身内的大容量专用千斤顶，该千斤顶浇筑在桩身范围内。该系统最常见的形式是 Osterberg 荷载箱，被广泛接受和应用。

双向 O-Cell 荷载试验方法最初是由 Jorj Osterberg 教授开发的，该方法是在桩端而不是从桩顶处进行加载，具体来说是用来评估岩层中桩身侧摩阻力和端部承载力的。对千斤顶加压时，桩端承载力提供反作用力，以调动桩身侧摩阻力，反之亦然，直到超过千斤顶量程或达到上下极限阻力。最近，有研究者在现浇桩和地下连续墙的不同位置安装了单个千斤顶或者多个千斤顶，以便测试基础范围内不同截面的承载力（Randolph，2003；England，2008；England 和 Cheeseman，2010）。

98.3.2 双向荷载试验是如何工作的?

该方法通常通过在现浇桩内安装专用的低摩擦顶升装置来进行（图 98.8）。加载装置安装在钢筋或其他支撑结构上，以确保安装在精确的位置和深度（图 98.9）。

当桩基完成施工且混凝土达到足够的强度时，使用液压泵对千斤顶加压，液压由连接在液压回流管上的压力传感器监控。此时基础可被视作分为同时承受荷载的两个部分。

试验期间，千斤顶的分离由安装在千斤顶两界面之间的位移传感器（LVDTs 或 LVWDTs）监控。信号装置连接至千斤顶的顶部延伸到桩头，用以监测桩身的压缩情况，并确定千斤顶顶部和底部的位置。监测桩身压缩同时也对桩顶位移进行监测。测试完成后，千斤顶和千斤顶周围的环形空隙可通过液压回路灌浆，以使桩作为一根工程桩连接到结构中参与工作。荷载箱的直径为 230~870mm，压力为 2~27MN。已有将多个 O-Cell 荷载箱安装在同一个面上进行高达 320MN 的载荷试验的案例（www.loadtest.com）。

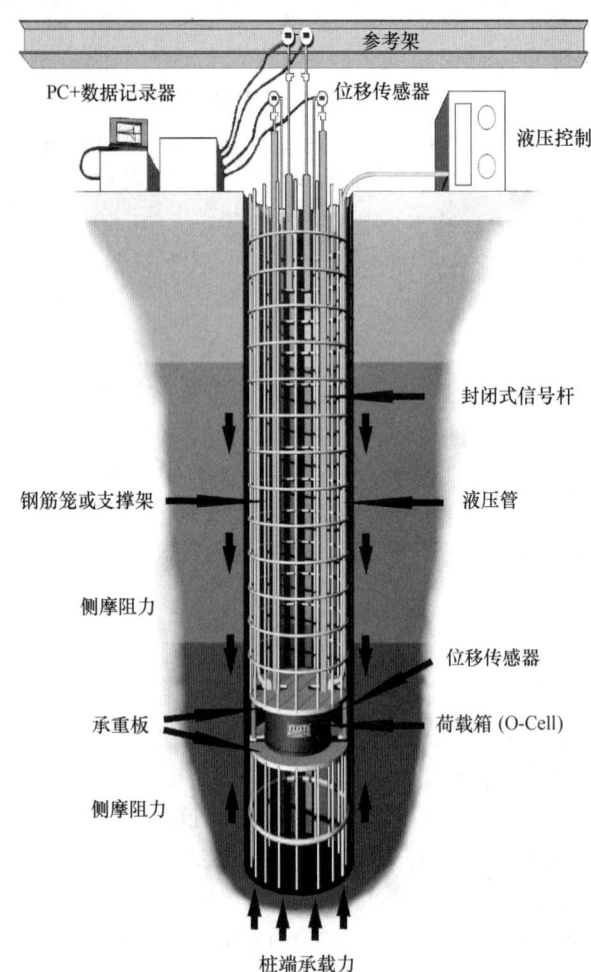

图 98.8　单层荷载箱试验装置示意

经由 Fugro Loadtest 提供图片；版权所有

图 98.9　将荷载箱插入地下连续墙的钢筋笼中

经由 Fugro Loadtest 提供照片；版权所有

98.3.3 双向荷载试验的优缺点

与自上而下静载荷试验相比，双向荷载试验有下述显著优势。该方法无需大型的类似配重块或钢制锚定反力架，从而降低了空间要求、安装时间和运输成本。在一定深度位置施加荷载，试验系统也更安全。据报道，在 5~10MN 的条件下双向荷载试验（SPERW，2007）与自上而下的静载荷试验成本相当，但在更高荷载下，其成本优势越明显。荷载箱可施加通过自上而下反力装置或配重系统无法实现的荷载。虽然荷载箱的设计更适合在螺旋钻孔灌注桩中使用，但其在 CFA 桩、Fundex 桩以及钢或混凝土预制桩也已有成功应用。

另一个优点是使用荷载箱双向荷载试验可代替高荷载下的抗拔试验，将桩向上推，而不是试图将桩从地面向上拔。

双向荷载试验方法的一个具体缺点是顶升系统需要预先安装。这意味着不可能随机选择工程桩进行试验。该方法的另一个缺点是安装在桩内的部件在试验后不可再次使用。这意味荷载箱和一些仪器会有损耗，造成成本问题。

98.3.4 双向荷载试验数据的解释

类似于图 98.8，图 98.10 和图 98.11 显示了单个 O-Cell 荷载箱的典型试验结果。有多种方法可用来研究桩顶的荷载-位移特性。两种最直接的方法分别是将测得的推力向上和向下的荷载-位移曲线相加，考虑附加的弹性压缩；或者使用 Cemsolve（Fleming，1992）对每个桩单元的 Q-s 特性进行建模，然后考虑岩土特性和相应的预期总的弹性压缩后相加。

总荷载-位移曲线可通过将 O-Cell 顶面和底面测得的荷载相加而得（在相同的位移水平下）。当一个截面的位移小于另一个截面的位移时，例如图 98.10 中的上部截面，可使用诸如单双曲函数的 Chin 法（Chin，1972）或 Cemsolve 法（Fleming，1992）等方法外推获得的结果，以获得如图 98.11 所示的桩基承载力。

在双向加载结果中包含了一些弹性压缩。在自上而下的静载荷试验中，所有荷载全部施加于桩顶，会出现额外的弹性压缩。该特征可以通过建模添加到双向加载的结果中。England（2008）讨论

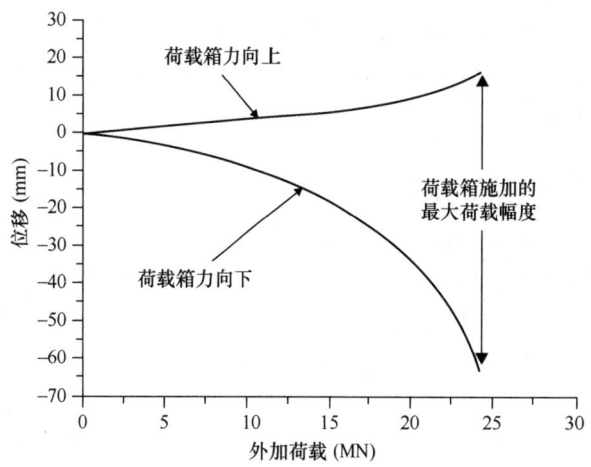

图 98.10 双向荷载试验结果示例

数据由 Fugro Loadtest 公司提供

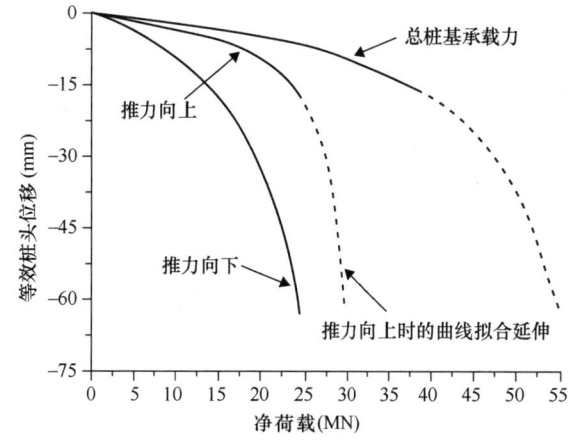

图 98.11 双向荷载试验测量桩基承载力

经由 Fugro Loadtest 提供数据

了替代分析方法。

98.3.5 双向试验的标准化和指南

作为一种相对较新的桩基试验方法，双向荷载测试曾经缺乏试验规定来指导规范；例如，在《欧洲标准 7》中没有具体提及。最近，英国第二版《桩和嵌入式支护结构施工规范》(*Specification for Piling and Embedded Retaining Walls*)（ICE，2007）对此进行了阐述。英国桩基施工专家联合会（Federation of Piling Specialists，简称 FPS）（FPS，www.fps.org.uk/）还出版了该技术的使用指南，作为通用桩基测试指南的一部分。Paikowsky（2004）的《桩基试验创新技术》(*Innovative Load Testing Systems*)评论，对该技术进行了更为关键的评价，并

进行了案例研究比较。对于《欧洲标准 7》（包括其他对双向载荷试验没有具体提及的规范和手册），可将双向荷载箱试验归类为全尺寸静载荷试验。

98.3.6 双向荷载试验说明

在初步试验中指定千斤顶安装位置时需要格外注意，最佳理想试验条件是荷载箱上方的侧摩阻力与荷载箱下方的反作用力相等。在理想情况下，荷载箱下方的侧摩阻力被充分调动，且在荷载箱上方的最大侧摩阻力被调动之前，能充分调动桩端承载力。若桩体未完全位移，可根据上文所述的反分析方法基于既有位移特性来获得极限承载力。

若由于桩径的限制，在单一水平面上施加试验荷载不能满足要求，则可考虑在多个水平面上安装千斤顶，以便各个桩段在分阶段试验期间能依次移动。使用多级千斤顶安装的一个特别的优点是，它允许单独的桩段独立移动。靠近桩端部放置的试验元件也应适当考虑基底和混凝土的质量，通常放置在自基底上方 1~2 倍直径处。

由于 O-Cell 试验通过顶升系统施加荷载，因此可以按静载荷试验规定载荷增量、持荷时间和加载速率。

98.4 高应变动力试桩法

98.4.1 什么是高应变动力检测？

先前讨论的用于测量桩基承载力的载荷施加技术通常是以小时为单位施加荷载。动力试桩法的不同之处在于，通过在桩头施加极短时间（约 5ms）的冲击荷载，通过落锤来对桩进行加载。重锤冲击下会产生一个应力波，沿桩向下传播。当桩的运动受到阻碍或阻抗变化时，例如在桩尖处，应力波将被反射回桩中。通过比较沿桩上下传播的应力波可以评估桩的动态效应。通过进一步分析，可以推导出等效静力桩荷载 - 位移特性。

98.4.2 可用于动力检测的方法

动力检测的优点是，监测测试所需的主要设备位置相对紧凑，在现场打桩处，可以使用普通的打桩锤产生所需的应力波。桩通常需要在施工后的一段时间内进行检测，这被称之为复打。这涉及打桩设备短暂返回对测试桩进行一系列锤击（通常为 5 次，取决于所采取的方法）。若检测是在现浇桩上进行的，或者是在打桩设备安装完成后对打入桩进行的锤击检测，则需要使用一个单独的落锤系统（图 98.12）。

98.4.3 动力检测是如何工作的？

在锤击过程中，使用加速度计和应变计进行测量，加速度计和应变计在打桩过程中或之后安装在地面上的桩头（图 98.13）。测量仪器在重锤冲击期间和之后的响应被记录在专门设计的记录和分析设备上，例如由 Pile Dynamics 股份有限公司生产的打桩分析仪（PDA）。通过将测得的应变乘以桩的横截面刚度和加速度计读数积分得出的速度（v），可利用仪器数据得出施加在桩上的力（F）。

将桩头应变仪测量的锤击力与加速度计测量的等效力进行比较如图 98.14 所示。图中数据是在

图 98.12 SIMBAT 小型动态落锤系统（1000kg 锤）
（注：临时套管局部拆除后，
桩头仪器安装在外露的混凝土上）
经由 Testconsultant Ltd 提供照片；版权所有

250mm 的预制混凝土方桩上进行的再冲击试验，其中桩尖位于应变计下方 23.2m 处。

在应力波理论中，假设当波穿过某种材料时，力和速度成正比。其中：

$$V = \frac{F}{Z} \quad (98.4)$$

$$\text{或} \quad F = V \times Z \quad (98.5)$$

$$\text{桩基阻抗} \quad Z = \frac{E_p A_p}{c} \quad (98.6)$$

式中，E_p 为桩的杨氏模量；A_p 为桩的横截面积；c 为桩中应力波的波速，可以根据桩的刚度和密度 (ρ_p) 确定：

$$c = \sqrt{\frac{E_p}{\rho_p}} \quad (98.7)$$

当桩的位移受到阻碍或者阻抗发生变化时，例如在桩端，应力波将被反射回桩上（图98.15）。桩对上下传递的应力波的总动阻力 (R) 等于下行力 ($F_{(t_0)}$)，在最大桩顶速度 (v_{t_0}) 下测得的力，加上在初始荷载峰值之后约 $2L/c$（其中 L 是桩长，见图 98.15）时到达桩头的向上反弹力 ($F_{(t_0+\frac{2L}{c})}$) 之和（Rausche 等，1985；Randolph，2003）。

$$R = \frac{F_{t_0} + F_{(t_0+\frac{2L}{c})}}{2} + Z\left(v_{t_0} + v_{(t_0+\frac{2L}{c})}\right) \quad (98.8)$$

98.4.4 动力检测的优缺点

设备简单和节约时间是动力检测的两大优势。如果对打入桩进行检测，通常在打入后某个时间内复打时进行检测。桩上应变仪和加速度计可以快速栓接固定在试桩上（图98.13），信号可利用小型手持式记录仪和分析系统进行记录（图98.16）。该系统可由一名操作员操作，安装仪器快速，对施工影响很小。由于桩允许在施工过程中进行检测，故许多工程桩也可进行检测，而不必担心检测会改变工作性能。随着无线仪器的发展以及采用直接桩头测压元件读数代替应变仪荷载测定的数据，数据采集过程在近期得到了改进。

对于现浇桩，或者是在原打桩机退场后检测的打入桩，则可以使用落锤系统。36MN 的试验需要通过落下 36t 质量的落锤来进行。对于 1000～1500kg 的落锤系统，典型的加载量为 1MN（通常需要加载量的 1.5%～2%），对于 4000kg 的落锤系统，典型的加载量为 3MN。以有限的落锤质量而产生大荷载，可显著降低成本（图98.12）。

该试验性质决定了该方法拥有下述优势。在正常试验期间，可验证桩的完整性。通过分析，还可

图 98.13　在预制混凝土工程桩上安装仪器（应变仪和加速度计）（桩锤可见于图像顶部）

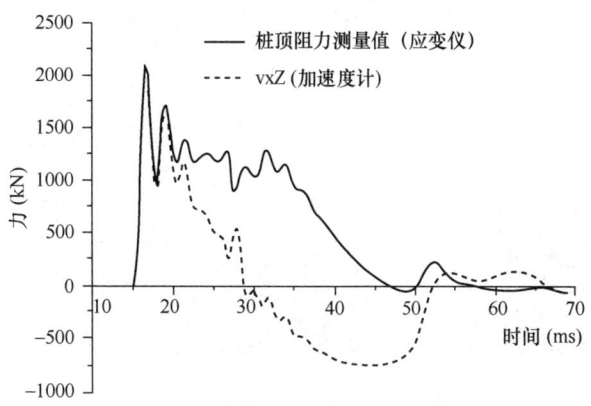

图 98.14　实测桩应力波数据实例
Technical Services 有限公司提供

以在不需要额外仪器的情况下，获得桩端与桩轴的阻力分布，这都可在仅测量桩头的条件下完成。

由于打桩过程中检测的性质，检测仅能给出施工过程中桩阻力的分布情况。对于某些土的类型，打桩后桩的承载力可能会发生显著变化，例如，由于孔隙压力的消散，可能导致承载力随着时间的推移而增加。这可能导致需要在打桩后的不同时间进行再冲击检测，以对桩的承载力进行检验。该问题不仅在动力检测中出现，在测试位移桩的任何桩测试方法中，都需要考虑这个问题。

98.4.5 动力检测的解释

上文已简要解释了如何在动力检测期间从桩顶测量值中推导出动态桩阻力。需要根据这些测量结果来确定桩基极限静阻力。下文将介绍基于信号处理和数值模型的最常见的几种方法（Holeyman，1992）。

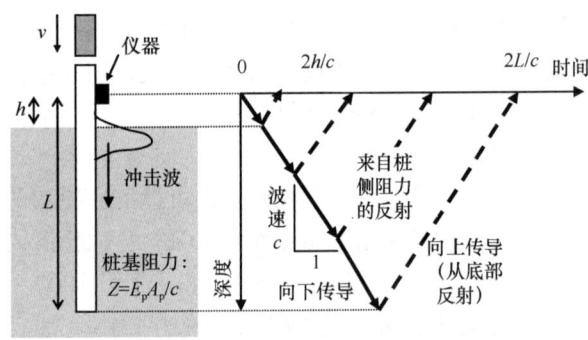

图98.15　应力波在桩中传播的示意

摘自 Randolph（2003）

图98.16　打桩分析仪从无线仪器采集打桩过程中的数据

经由 Technical Services Ltd 提供照片；版权所有

98.4.5.1　CASE 法

CASE 法是早期为信号处理开发的方法之一（Rausche 等，1985）。该方法简单易行，可根据单次锤击在现场快速地评估承载力。该方法要求确定阻尼力（R_d），假设该阻尼力与桩端速度（v_{tip}）成一定比例，再从总动态阻力中去除该阻尼力，即可得等效静态阻力。

$$R_d = JZv_{tip} = J\left(F_{(t_0)} + Zv_{(t_0)} - R\right) \quad (98.9)$$

根据上述公式所示，其准确程度取决于与土的相关的 CASE 阻尼系数（J）。阻尼系数的建议值如表98.6 所示。

98.4.5.2　信号拟合

目前使用的分析动载荷试验的最常用方法是基于凝聚参数的有限差分法或有限元法，其中桩被模拟成相互联结的具有不同特性的质量组合。这些特性，主要是土体参数，不断调整，直到计算机模拟的桩顶力和速度与测量值相匹配。目前已经开发了几款采用信号拟合分析方法的分析软件，如 CAPWAP（CASE 桩波分析程序）、TNOWAVE 和 SIMBAT（Stain，1992）。

可能影响分析的常见问题有：

- 检测过程中，桩沉降不足，无法确定桩极限承载力；
- 沿桩长方向材料特性或横截面的变化；
- 打桩时的固锁在桩中的应力。

值得注意的是，这些问题不是动态测试所特有的，上述问题同样会给静态和快速试桩带来问题，尤其是在利用测桩仪器进行补充测试的情况下。

CASE 阻尼系数的数值　　　表98.6

土的类型	阻尼因子 J（s/m）
砂土	0.05~0.20
粉砂/砂质粉土	0.15~0.30
粉土	0.20~0.45
粉质黏土/黏质粉土	0.40~0.70
黏土	0.60~1.10

数据取自 Rausche 等（1985）

为了从动力检测中评估桩的极限承载能力，需要桩产生足够的沉降，并使其周围土中的应变水平控制在容许范围内。基于低沉降的动态分析可能导致对桩性能的评估偏于保守，即低估桩的承载力。沉降不充分不影响分析，但其分析结果反映的是相对位移产生土阻力，而不是极限桩基承载力。不幸的是在快速载荷试验的情况下，不充分的沉降可能对分析造成困难。沉降不足的情况可能是由于忽视了充分沉降的重要性，但更常见的原因是由于所用钻机不能施加所需的荷载水平。沉降不足的另一个原因可能是为了预防桩基损坏而限制了荷载/应力水平。

在动力检测分析中，桩的横截面刚度至关重要，因此必须准确了解桩的横截面形状和桩材料的刚度。对于在预制工厂环境中严格按照设计尺寸建造并养护的钢桩或预制混凝土桩，这些特性相对容易确定。但对于现浇桩，桩的几何形状不太确定或复杂，例如螺旋桩或扩底桩的情况。除此之外还有材料问题，即如何考虑钢筋对桩刚度的影响，现场养护的混凝土是否具有与实验室养护样品相同的性能？若桩的复杂几何形状已知，则很容易将其纳入到动力分析中。对于试验可用信息较少的情况，例如在桩的再利用评估中，关于桩的长度、横截面和桩历史上质量的信息较少，动力检测将不再适用（Butcher 等，2006）。

98.4.6 动力检测的标准化

动力试桩法多年来已被普遍使用。英国的《SPERW》(2007) 和《FPS 通用桩测试指南》(FPS, 2007) 中详细记录了该项方法。美国材料试验学会（ASTM）给出了桩的高应变动力检测方法标准（ASTM D4945-08）。上述指导文件的一个共同点都是需要有类似土和桩型的动载荷试验（EC7）的经验。若没有这些经验，或对一些特殊场地，如细粒土和层状土普遍存在的，建议根据现场进行特定的静态校准试验（SPERW, 2007）。

98.4.7 动力检测的说明

重要的是，在桩动力检测中，施工设备首先需要满足将桩打入所需的深度或达到所需承载能力的条件，并且能够在测试过程中使桩产生足够的位移。若时间允许，应在施工前由桩动力检测专家对桩和打桩设备的细节进行分析。波动方程分析可用于评估打桩系统的能力，以确保使桩达到所需承载能力和预期贯入度，同时不超过桩的容许打桩应力。

由于承载力随时间变化，在动力检测中何时进行检测也至关重要。如前所述，检测可以在桩施工刚结束时进行，也可以在施工结束后通过复打来实施。

设计的试桩应能抵抗冲击应力。试桩结束时桩顶应高出地面至少 300mm，以避免传感器损坏。在桩顶附近需预留足够的工作空间，以便在吊桩之前安装传感器支架。对于现浇桩，桩顶需高出地面约三倍的桩径的高度，具体可通过在桩顶上方安装一段套管并与桩身混凝土一并浇筑来实现。一旦混凝土凝固，可在套管中切割出窗口，以便将仪器固定在混凝土上（图98.12）。仪器通常安装在桩顶以下至少两倍桩径处。

98.5 快速加载试验

98.5.1 什么是快速加载试验？

快速加载试验与静力或动力检测方法的主要区别在于荷载施加的持续时间。快速加载试验的荷载持续时间通常为 90~250ms，约为动力试桩的 30~40 倍（ASTM D7383-08；Holscher 和 van Tol，2009）。荷载持续时间的设计应确保长度小于 40m 的桩在整个加载过程中始终保持压缩状态，从而可忽略应力波效应并便于分析（图98.17）。

98.5.2 快速加载试验方法

有几种不同的技术方法可用来进行快速加载。Statnamic 试验的工作原理是快速燃烧压力室（图98.18）内固体燃料，燃烧产生的气体促使反压质量块上抬，同时产生向下的反作用力作用于试验桩基。通过控制气体的排放，可以平稳地实现桩基的加载和卸载。另一种可替代的加载技术是落锤系统，可通过各种缓冲技术增加荷载持续时间，例如伪静力桩载荷测试仪中的一个或多个弹簧（Schellingerhout 和 Revoort，1996）、弹簧锤系统（Matsuzawa 等，2008）和混合动力试验中的专业缓冲技术（Miyasaka 等，2008）。

98.5.3 快速加载试验的优缺点

快速加载试验设备的主要优势来自于荷载的施加方法。例如，在被称之为 Statnamic 的快速加载试验中，反压质量块向上加速可以使 18t 的质量块产生 3.5MN 的载荷。

通常，在 Statnamic 试验中，反压质量块仅为等效静载试验中配重的 5%。从而快速加载试验的设备明显比等效静载试验的设备更小、更轻。因而它们更易于在有限的空间上被使用和调动，并且可以更快地组装和试验。例如，可以用一辆铰接式卡车和一台 70t 的起重机调动 3MN 的 Statnamic 塔架（图 98.19）。如果该塔架装有液压抓举装置（抓举反压质量块），则它每天可以试验多达 10 个单桩，或者在单桩上实施多个加载周期，每个周期之间只有几分钟。

快速加载试验方法的明显缺点来源于加载的快速特性，这可能就会导致桩基以米每秒的速度移动，从而在土体中产生非常高的应变率（图

98.17）。在细粒土（如黏土）中，如此高的应变率可以显著提高黏土强度。这可能导致桩基极限承载力高达实测或预测的静载桩基承载力的三倍（Holeyman，1992）。随着黏土塑性的增加，这种影响似乎变得更加明显。我们要充分意识到这种影响，从而避免选择的快速加载试验设备无法使桩产生合适的位移。例如，英国目前可用的塔架最大加载能力是 3MN，欧洲大陆有加载能力更大的设备。

另一个主要缺点是某些技术（例如静动法）加载量只能在小范围内变动；例如，3MN 的静动法试桩设备可能会施加高达 3.5MN 的荷载，但无法施加 700kN 以下的荷载。

98.5.4 静动法工作原理

由于静动法是应用最广泛的快速加载试验方法，因此将对其详细介绍。如前所述，通过燃烧燃料，在活塞内产生大量气体，加速顶升反压质量块，从而产生垂直向下的压力。加载脉冲（图 98.17）的持续时间和形状通过排气来控制。对于 20~60MN 的大型加载试验，反压质量块被冲向上并落入砾石垫层中；对于较小的加载塔架（3~20MN，图 98.19），则由液压抓举装置接住。这种

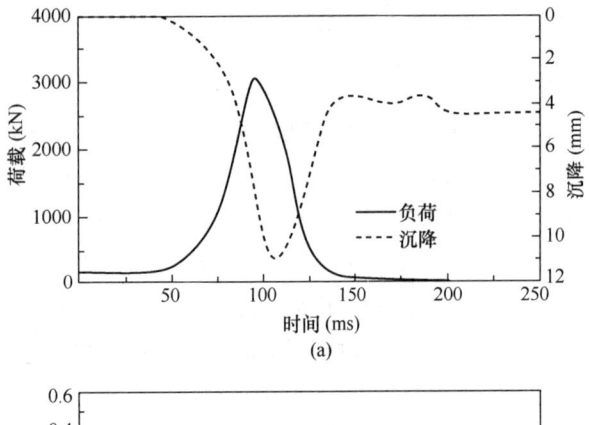
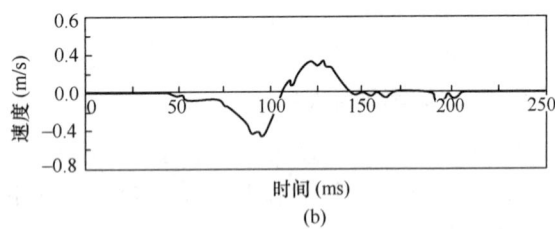
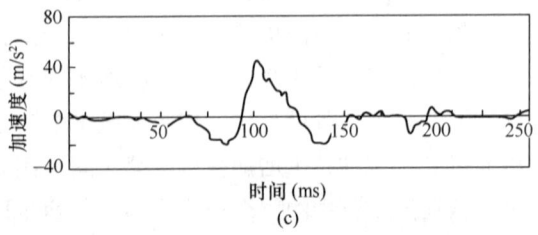

图 98.17 测量和计算的结果来自 3000kN 静动载循环
（a）静动载和桩基沉降；（b）桩基速度；（c）桩基加速度
摘自 Brown 和 Hyde（2006）

图 98.18 静动载压力室（底部有荷载传感器，传感器安装在试验桩基上）

方法由于荷载的施加不受重力的影响，因此该设备可以用于测试倾斜桩基，并且已可以水平安装，从而对桩基进行横向试验和模拟结构的影响。

在试验过程中，荷载是通过内置在燃烧活塞（位于桩头上）底部中的测力传感器直接测量的（图98.18）。位移也可通过非接触式装置直接测量，比如通过安装在活塞中的光电传感器（由远程激光束激发）或通过远程光学位移跟踪装置记录目标的运动。由于静动法可能会在地面引起应力波，因此要使测量装置的远程组件离桩基足够远，从而避免在加载活动期间内受到干扰（Brown 和 Hyde，2006）。然后，可以根据"位移-时间"曲线进行一次或两次微分，从而确定桩基速度和加速度。

该装置还通常包含一个加速度计，可用于直接记录加速度。"加速度－时间"曲线也可以被积分来确定速度，这可能比对光学或基于激光测量得到的位移进行一次和二次微分法得到的结果"噪声"更小。

98.5.5 解读数据

必须对快速加载试验进行分析，以消除与桩/土相关的惯性效应和地基应变率相关的影响。最常见的方法称为卸载点法（UPM）。

通过对静动试验中荷载-位移曲线的检查，Middendorp（2000）观察到，在卸载过程中，桩速达到零时，在粗粒土中大约对应于桩的极限静阻力。然后用该点（卸载点）确定一个恒定的阻尼系数，以校正测得的静动试验数据，从而获取土的速度相关的阻力。但是当这种技术应用于细粒土中的桩基时，极限桩基承载力有一种被明显高估的趋势。为了纠正这一影响，提出了一系列与土体相关的平均修正系数（表98.7），然后将计算出的静荷载与其相乘从而得到修正的 UPM 分析（图98.20）。最近，有人提议，黏土中需要更大的平均修正系数，将 μ 值取为 0.47（Weaver 和 Rollins, 2010）。

针对 UPM 技术的已知缺陷，基于土体的速度或应变率的相关特性提出了一系列替代方法。Brown（2004）提出了一种非线性速度相关的分析方法。它与 UPM 在概念上的主要区别是：该方法依赖于用户输入的土的特定速率参数：

$$F_u = \frac{F_{STN} - Ma}{1 + \left(\frac{F_{STN}}{F_{STNpeak}}\right)\alpha\left(\frac{\Delta v}{v_0}\right)^\beta - \left(\frac{F_{STN}}{F_{STNpeak}}\right)\alpha\left(\frac{v_{min}}{v_0}\right)^\beta}$$

(98.10)

式中，F_u 为导出的静载桩基承载力；F_{STN} 为实测的静动荷载；Ma 为桩的惯性力；Δv 为桩相对于土体的速度；v_{min} 为 CRP 桩基静载试验的速度，用于定义土特定速率参数 α 和 β（在黏土中，β 通常设置为 0.2）。Δv 和 v_{min} 都通过 v_0 归一化，v_0 假定为 1m/s。这种分析形式是从动力试验的分析中演变而来的，其中桩基承载力主要是通过表面侧摩擦产生的（Randolph，2003）。α 的值可以根据 Powell 和

图98.19　带有液压捕获装置的3.5MN静动钻机

表 98.7　UPM 分析的修正系数

土类型	速率影响因子（μ）	FOS（无μ）	FOS（有μ）
岩石	0.96	2.0	2.0
砂	0.91	2.1	2.0
泥砂	0.69	2.8	2.0
黏土	0.65	3.0	2.0

注：FOS = 安全系数。

资料取自 Paikowsky（2004）

Brown（2006）提出的与塑性指数（PI）的试验关系来选择：

$$\alpha = 0.03PI(\%) + 0.5 \quad (98.11)$$

98.5.6 快速加载试验的指导和标准化

像双向试验一样，快速加载桩试验也曾经缺乏规范的指导。

最近，在英国 SPERW（2007）和 FPS 桩试验指南（FPS，2007）再次提出了这一问题。在美国，有一个 ASTM 标准，用于深基础的快速加载试验（ASTM D7383-08），以及为联邦和州公路机构制定的指导规范（McVay 等，2003；Paikowsky，2004）。日本岩土学会还编写了一份试验规范，其英文版于 2000 年出版。欧洲标准框架（Eurocode framework）内的欧洲标准目前正在制定中，将和有关试验说明的指导一起出版（BS EN/ISO 22477-4；Hoelscher 等，2010）。在 EN 1536-2000 中，简要地提到了钻孔灌注桩的快速加载试验，并提到需要提供类似场地与静载荷试验对比的资料。

98.5.7 规划快速加载试验

在指定快速加载试验之前，必须获得岩土工程勘查和实验室试验的结果，以便选择适当的试验设备和加载水平。遇到的场地也将影响所采用的分析方法。对于细粒土场地的试验分析，至少应对桩尖深度范围内土体的塑限和液限进行常规测定。

在粒状土体和岩石中的桩，所需施加的荷载近似于预期的最终桩基承载力加上桩和土产生的惯性力所需要额外的承载力。除惯性阻力外，用于细粒土（如黏土）的加载试验设备还需要能够施加由于应变率效应产生的附加荷载。例如，在中低塑性黏土中，快速加载过程中测得的极限承载力可能比预期的静态承载力大 1.8 倍（图 98.21）。

在高塑性黏土中，试验可能需要施加 3.5 倍大小的静载荷，或者更大。在设计和规划试桩时，应考虑施加如此高荷载的需要。

98.6 桩基试验的安全性

98.6.1 需要慎重的原因

桩基检测存在安全隐患的原因有几个。其中最明显的是在试验过程中桩身和反力系统产生的高拉压荷载。系统任何部分的故障都可能导致能量的快速释放和试验设施的崩溃。由于特定的反力系统，可能会出现其他问题：例如，配重依赖于将质量块放置在支架上，从而该支架需要在整个安装和试验过程中保持稳定，因此需要适当的结构设计和承载力检查。

98.6.2 良好的操作

由于在相对较小的桩头范围内施加相对较高的荷载，因此必须减少在桩上和反力系统的其他区域的荷载偏心率，例如与锚桩连接部位。偏心率过高会使得设计的加载或反力系统不能承受过大的力矩。通过准确地将反力桩相对于试验桩布置，正确地对准加载柱，接触面良好接触和调平反力梁，可以最大限度地减小偏心。

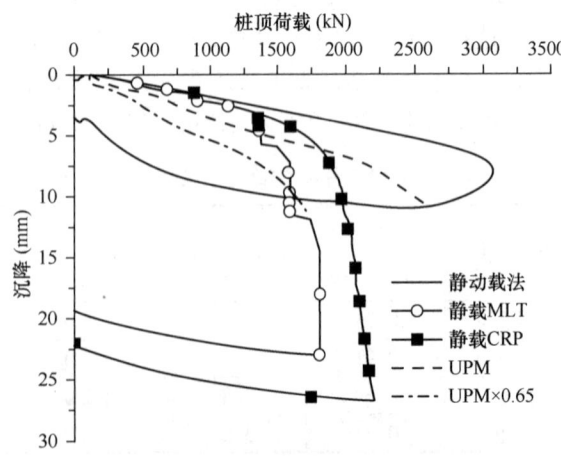

图 98.20 UPM 修正静动载数据的性能
为了便于比较，桩基试验已被重置为零沉降

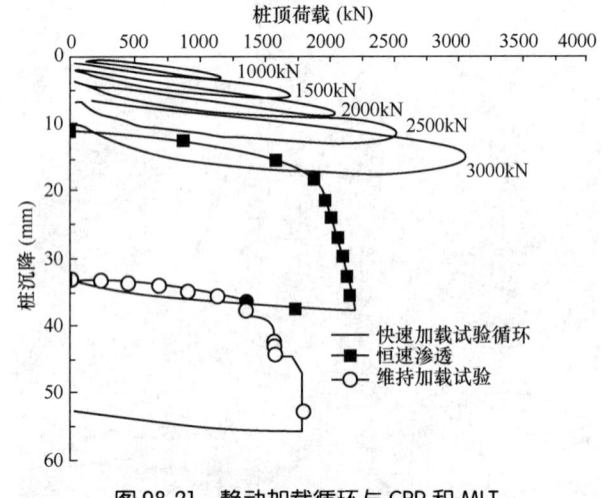

图 98.21 静动加载循环与 CRP 和 MLT 静载试验的比较（见图 98.1）

摘自 Brown 等（2006）

降低现场和试验操作人员风险的一个显著方法是限制进入加载试验装置区域，并减少接近重载部分的需要或减少在配重块下工作的需要。这可以通过限制除相关人员外的访问来实现。通过使用计算机控制的加载千斤顶和位移传感器，也可以减少或消除直接操作加载柱的需要。虽然建议不要在加载时将装置放在无人看管的地方，但已经开发出了远程控制的全自动试验系统（England，2002）。

良好的操作也是加载系统设计的一部分。例如，在试验系统使用反力桩时，理想情况下，这应该包括至少三个锚桩，因为基于两个反力桩的系统不太稳定。对于偏位严重的桩和反力系统，但相对较低的加载水平，应保留两桩反力系统的使用。

98.6.3 加载和检验

重要的是，在试验前商定对桩施加的最大试验荷载，以便试桩/桩帽和加载试验设备的所有相关元件可以设计和指定以安全地施加最大试验荷载。这一信息必须传达给相关的操作人员，如果可能的话，相关的极限承载力应该标记在试验设备的单个元件上（图98.4、图98.5、图98.6）。

在试验过程中，使桩达到其极限承载力并引起有效永久沉降是试验的目的。在某些情况下，试验期间的桩基承载力可能超过预期，并需要额外的荷载来证明其极限承载力。虽然目标可能是证明极限性能，但绝不应该用其证明超过试验系统所设计的最大试验荷载。

在加载试验过程中，应监测整个系统的离心率和过大的挠度，如果发生此类情况，应采取适当措施。危险的典型迹象可能包括：

- 反力梁的过大变形；
- 反力桩中钢筋向上拔起；
- 反力体系的水平偏转；
- 配重块移位；
- 不易维持试验荷载。

在 FPS（2006）中给出了进一步的关键安全问题指导。

98.7 桩基试验方法的简单总结

选择最合适的桩基试验技术将因情况而异。不同的技术有不同的缺点，但对于任何形式的桩基试验（如果正确地实行和分析），它都应当被视为一种工具，给予设计信心，提高施工效率和验证性能。例如，在工程桩施工过程中当静载荷试验确定试桩性能出现问题时，可以迅速部署快速或动力试验技术来评估已施工工程桩。这样就可以对桩的设计和施工进行修正，从而减轻施工过程中的问题，而不会对施工方案产生重大影响。表 98.8 总结了本章所述方法的一些优缺点，并提供了有关潜在的在实施中需注意事项的建议。此表仅作为快速概要，不应用于试验的确定选择。最合适的试验方法的确定受到许多因素的影响：例如，如果现场有打桩钻机，进行动力试验可能比使用另一种技术更划算。应向这类技术的具体提供者寻求明确的指导，他们可以为试验系统的展开以及随后的分析和说明提供划算的定制解决方案。

桩基试验特性和潜在部署标准的概要　　　　　　　表 98.8

试验类型	优势	局限性	备注
静载	• 试验简单 • 可以简单迅速地说明 • 很好被理解和接受	• 试验缓慢 • 庞大的基础设施（特别是随着荷载的增加） • 空间要求高 • 荷载增加的安全问题	• 较低的加载量（<20MN） • 桩数量少 • 试桩/有限数量的工程桩
双向	• 能够承受非常高的试验荷载（高于其他技术） • 基础设施要求低 • 空间要求低 • 随着荷载大小的增加，具有成本效益	• 试桩需要预先选定 • 经验不足 • 分析时需要考虑不同的表面边界条件 • 需要专门的分析和说明	• 中等至非常高的加载量（2~320MN） • 桩数量少 • 试桩/有限的工程桩

试验类型	优势	局限性	备注
● 动力	● 基础设施要求低 ● 空间要求低 ● 试验迅速 ● 可快速重复试验 ● 技术成熟	● 可能发生桩身破坏 ● 认知可靠度；中等 ● 桩身材料和几何形状可能会对试验产生影响 ● 专门的分析和解释	● 中至高加载量（1~35MN） ● 由低至高的桩的数量 ● 试桩和工程桩 ● 已经在现场的打桩设备
● 快速	● 基础设施要求低 ● 空间要求低 ● 检测迅速 ● 可快速重复试验	● 经验有限 ● 分析技术正在研发中 ● 有限的案例研究经验 ● 需要使用高承载力设备	● 中至高加载量（0.6~40MN） ● 由中等到高的桩的数量 ● 试桩和工程桩 ● 工程桩的质量控制 ● 工程桩的性能问题

98.8 致谢

感谢 Melvin England（Fugro Loadtest UK）和 Mike Kightley（Technical Solutions 有限责任公司）分别对奥斯托堡法和动力试验部分的贡献。感谢 Cementation Skanska 基金会的 AndrewBell、Testconsult 有限责任公司的 Simon Franch 和 Deltares 的 Paul Hoelscher 所提供的关键照片。

98.9 参考文献

American Standard Testing Methods. Methods for axial compressive force pulse (rapid) testing of deep foundations. ASTM D7383-08 Standard Test.
American Standard Testing Methods. Standard test method for deep foundations under static axial compressive load. ASTM D1143/D1143M-07e1.
American Standard Testing Methods. Standard test method for high-strain dynamic testing of piles. ASTM D4945-08.
Azizi, F. (2000). *Applied Analysis in Geotechnics*. London: Spon.
British Standards Institution (2000). *Special Geotechnical Works. Bored Piles*. London: BSI, BS EN1536-2000.
British Standards Institution (2004). *Eurocode 7: Geotechnical Design – Part 1: General Rules*. London: BSI, BS EN1997-1: 2004 (EC7). See also corrigendum and national annexes.
British Standards Institution (2005). *Geotechnical Investigation and Testing: Testing of Geotechnical Structures – Part 1: Pile Load Test by Static Axially Loaded Compression*. London: BSI, BS EN/ISO22477-1. Draft for public comment 2005.
British Standards Institution (1986). *Code of Practice for Foundations*. London: BSI, BS 8004:1986. Superseded/withdrawn.
Brown, M. J. (2004). The rapid load testing of piles in fine grained soils. PhD Thesis. University of Sheffield, UK.
Brown, M. J. and Hyde, A. F. L. (2006). Some observations of Statnamic pile testing. *Proceedings of the Institution of Civil Engineers: Geotechnical Engineering Journal*, **159**(GE4), 269–273. DOI: 10.1680/geng.2006.159.4.269.
Brown, M. J., Hyde, A. F. L. and Anderson, W. F. (2006). Instrumented rapid load pile tests in clay. *Géotechnique*, **56**(9), 627–38. DOI: 10.1680/geot.2006.56.9.627.
Butcher, A. P., Powell, J. J. M. and Skinner, H. D. (2006). *Reuse of Foundations for Urban Sites: A Best Practice Handbook*. Watford, UK: IHS BRE Press.
Chin, F. K. (1972). The inverse slope as a prediction of ultimate bearing capacity of piles. In *Proceedings of the 3rd Southeast Asian Conference on Soil Engineering* (ed. Lumb, P.). Hong Kong: The Southeast Asian Society of Soil Engineering.
England M. (2002). Easy static load tests: expert results. In *Proceedings of the 9th International Conference on Piling and Deep Foundations*, June 2002, Nice, pp. 657–662.
England, M. (2008). Review of methods of analysis of test results from bi-directional static load tests. In *Proceedings of the 5th International Seminar on Deep Foundations on Bored and Auger Piles (BAP 2008)* (eds Van Impe, W. F. and Van Impe, P. O.), September 2008, Ghent, Belgium. London: Taylor & Francis, pp. 235–239.
England, M. and Cheeseman, P. (2010). Design benefits of bi-directional load testing of barrettes. In *Proceedings of the 11th International Conference on Piling and Deep Foundations*, 26–28 May 2010, London, UK, on CD ROM.
Federation of Piling Specialists (FPS) (2006). *Handbook on Pile Load Testing*. Kent, UK: FPS, www.fps.org.uk
Fleming, W. K. G. (1992). A new method for single pile settlement prediction and analysis. *Géotechnique*, **42**(3), 411–425.
Fleming, W. K. G., Weltman, A. J., Randolph, M. F. and Elson, K. (2009). *Piling Engineering* (3rd edition). London: Taylor & Francis.
Hoelscher, P. and van Toll, F. (2009). *Rapid Load Testing on Piles*. Leiden: CRC Press/Balkema.
Hoelscher, P., van Toll, A. F. and Brown, M. J. (2010). European standards and guidelines for rapid load testing on piles. In *Proceedings of the 11th International Conference on Piling and Deep Foundations*, 26–28 May 2010, London, UK, on CD ROM.
Holeyman, A. E. (1992). Technology of pile dynamic testing. In *Proceedings of the International Conference on the Application of Stress Wave Theory to Piles* (ed Barends, F. B. J.), 21–24 September 1992, The Hague, The Netherlands. Rotterdam: Balkema, pp. 195–215.
Institution of Civil Engineers (ICE) (2007). *ICE Specification for Piling and Embedded Retaining Walls (SPERW)* (2nd edition). London: Thomas Telford.
Matsuzawa, K., Nakashima, Y. and Matsumoto, T. (2008). Spring hammer rapid load test method and its validation. In *Proceedings of the 2nd International Conference on Foundations* (eds Brown, M., Bransby, M., Brennan, A. and Knappett, J.), 24–27, June, 2008, Dundee, UK. Bracknell: IHS BRE Press, pp. 223–234.
McVay, M. C., Kuo, C. L. and Guisinger, A. L. (2003). *Calibrating Resistance Factor in Load and Resistance Factor Design of*

Statnamic Load Testing. Florida Dept. of Transportation, March, Research Report 4910-4504-823-12.

Middendorp, P. (2000). Statnamic the engineering of art. In *Proceedings of the 6th International Conference on the Application of Stress Wave Theory to Piles* (eds Niyama, S. and Beim, J.), 11–13 September 2000, São Paulo, Brazil. Rotterdam: Balkema, pp. 551–562.

Miyasaki, T., Kuwabara, F., Likins, G. and Rausche, F. (2008). Rapid load test on high bearing capacity piles. In *Proceedings of the 8th International Conference on Application of Stress-Wave Theory to Piles* (ed Santos, J. A.), 8–10 September 2008, Lisbon, Portugal. Amsterdam: IOS Press, pp. 501–506.

Paikowsky, S. G. (2004). *Innovative Load Testing Systems*. Geosciences Testing and Research Inc, Massachusetts, USA. National Cooperative Highway Research Programme, Research Report NCHRP 21-08.

Poulos, H. G. (2000). Pile testing: from the designer's viewpoint. In *Proceedings of the Second International Statnamic Seminar* (eds Kusakabe, O. Kuwabara, F. and Matsumoto, T.), 28–30 October 1998, Tokyo, Japan. Balkema: Rotterdam, pp. 3–21.

Poulos, H. G. and Davis, E. H. (1980). *Pile Foundation Analysis and Design*. New York: Wiley.

Powell, J. J. M. and Brown, M. J. (2006). Statnamic pile testing for foundation re-use. In *Proceedings of the International Conference on the Re-use of Foundations for Urban Sites* (eds Butcher, A. P., Powell, J. J. M. and Skinner, H. D.), 19–20 October 2006, Watford, UK. Bracknell, UK: IHS BRE Press, pp. 223–236.

Randolph, M. F. (2003). Science and empiricism in pile foundation design. *Géotechnique* **53**(10), 847–875. DOI: 10.1680/geot.53.10.847.37518.

Rausche, F., Goble, G. G. and Likins, G. E. (1985). Dynamic determination of pile capacity. *ASCE Journal of Geotechnical Engineering*, **111**(3), 367–383.

Reese, L. C. and van Impe, W. F. (2011). *Single Piles and Pile Groups Under Lateral Loading* (2nd Edition). London, UK: Taylor & Francis.

Schellingerhout, A. J. G. and Revoort, E. (1996). Pseudo static pile load tester. In *Proceedings of the 5th International Conference on Application of Stress-Wave Theory to Piles*, 10–13 September 1996, Orlando, pp. 1031–1037.

Stain, R. T. (1992). SIMBAT – A dynamic load test for bored piles. In *Piling: European Practice and Worldwide Trends* (ed. Sands, M. J.). London: Thomas Telford, pp. 198–205.

Tomlinson, M. and Woodward, J. (2008). *Pile Design and Construction Practice* (5th Edition). London: Taylor & Francis.

Weaver, T. J. and Rollins, K. M. (2010). Reduction factor for the unloading point method at clay soil sites. *Journal of Geotechnical and Geoenvironmental Engineering, ASCE*, **136**(4), 643–646.

Weltman, A. J. (1980). *Pile Load Testing Procedures*. DOE & CIRIA Pile Development Group. Report PG7. London: CIRIA.

实用网址

英国桩基施工专家联合会(Federation of Piling Specialists,简称 FPS);www.fps.org.uk

弹簧锤快速加载试验;www.spring-hammer.com

桩基动力股份有限公司和 GRL 工程股份有限公司;www.pile.com

Fugro 加载试验;www.loadtest.co.uk

建议结合以下章节阅读本章:
- 第22章"单桩竖向承载性状"
- 第54章"单桩"
- 第81章"桩型与施工"
- 第82章"成桩风险控制"

本书以第1篇"概论"和第2篇"基本原则"为指导进行章节编排。如第4篇"场地勘察"中所述,各类岩土工程均应进行扎实的现场勘察工作。

译审简介:

龚维明,东南大学土木工程学院教授,博士。主要从事桩基础试验及理论研究、新型封闭地下连续墙基础、沉井施工过程承载特性研究。

施峰,教授级高级工程师,注册土木工程师(岩土),获国家及省科技奖8项,主参编标准50本,发表论文50篇。

第 99 章 材料及其检测

斯图尔特·彭宁顿(Stuart Pennington),奥雅纳工程顾问,伦敦,英国
主译:朱训国(大连大学)
审校:贾金青(大连理工大学)

本章介绍了岩土工程施工材料及其检测方法。重点介绍与讨论英国工程实践中施工材料及其检测类型、复杂程度、检测标准及其适用性等。同时,介绍和讨论了岩土工程施工中材料的选择,以及既有基础再利用的检测问题。

doi: 10.1680/moge.57098.1471

目录

99.1	概述	1441
99.2	欧洲标准	1441
99.3	材料	1441
99.4	检测	1442
99.5	混凝土	1442
99.6	钢材和铸铁	1445
99.7	木材	1447
99.8	土工合成材料	1448
99.9	地基	1449
99.10	骨料	1451
99.11	注浆材料	1452
99.12	钻孔泥浆	1453
99.13	其他材料	1454
99.14	地基基础的再利用	1455
99.15	参考文献	1456

99.1 概述

岩土工程师会遇到各种各样的建筑材料,因为大多数岩土工程并非仅仅涉及土体和岩石。岩土工程多与其他学科交叉,涵盖了结构工程及材料技术。施工期间对材料检测时,需要了解设计人员的意图、材料的特性以及检测过程。

本章主要介绍岩土工程施工中常见材料的检测及选择,重点介绍英国的工程实践中材料的检测过程及其使用的标准。试验检测是针对每种材料的一般要求而不是针对结构中材料的特定要求进行的(例如注浆而不是锚杆的注浆)。本章还对基础再利用作了相关介绍,关于路面和污染问题不在本章讨论。

在本章的结尾,选列了一些文献和相关网站,为本章所述主题提供了更具体的信息资源。

由于本章讨论的问题与本手册的其他部分有许多重叠之处,读者应仔细阅读列表,确定可能的来源,以获取更多详细信息。这些内容主要与如土方工程、完整性测试、地质勘察、地基处理土的改良、现场监测、填方、路面和加筋土等主题相关。

99.2 欧洲标准

欧洲标准的出台,使施工材料检测成为其管辖范围内设计的要求。与材料检测有关的文件包括:

- 欧洲标准,如 BS EN 1997:1-2004 (BSI, 2004);
- 国家附件,如 NA to BS EN 1997:1-2004 (BSI, 2007);
- 勘察及测试标准,如 BS EN 12620-2:2002 (BSI, 2002);
- 实施标准,如 BS EN 12715:2000 (BSI, 2000);
- 非冲突补充信息(non-contradictory complementary information),如英国标准 BS 8004:1986 (BSI, 1986)。

这组文件表明,对于需要工程师考虑的材料的施工验证,有许多参考标准可以利用。

99.3 材料

岩土工程除涉及土体和岩石外,还涉及各种建筑材料,如聚合物、木材、钢材、混凝土和注浆料。建筑材料的生产、运输、存放和使用过程都会对其检测方法产生影响。例如,材料可能是:

- 相对未加工的单一材料(例如木材);
- 加工过的复合材料(例如混凝土);
- 运输到特定地点的材料(例如新拌混凝土);
- 在特定区域内运输的材料(例如挖掘出的土体);
- 原样使用的材料(例如原位土);
- 与其他材料一起使用的材料(例如土工合成材料);
- 待使用的材料(例如钢筋笼);
- 置于水下之材料(例如现浇混凝土);

- 水下使用的材料（例如桩）；
- 需要具体的现场管理的材料（例如现浇混凝土）；
- 可重复使用的材料（例如旧桩）。

专家只有对材料充分了解才能确定适当的检测方法，只有全面地了解材料的组成、潜在问题和恰当的测试方法，才可对材料进行实际检测。

99.4 检测

施工过程中的材料检测是指对带到现场并在施工过程中使用的材料进行检测（通过恰当的或特定的方法），以确定是设计者所期望的。虽然在施工规范和图纸中，设计者的意图和要求应该是明确的，但施工人员与设计者面对面的交流是很重要的。应该认识到，除了设计人员指定的检测项目之外，其他检测项目也可能是必要或审慎的。

当谈起材料检测时，脑海中可能首先想到的就是实验室里的测试。然而，这只是检测过程的一部分，应辅以其他核查程序，如：

- 可视检查；
- 收集和检查相关记录和合格证（例如混凝土发车单）；
- 审查在生产点的质量控制程序（例如土工合成材料）；
- 工程判断；
- 适当抽样；
- 现场测试（如混凝土拌和物和易性试验）；
- 类比经验；
- 原料质量控制和认证（例如欧盟认证标志）；
- 调查被检验的材料；
- 清楚何时进行附加测试；
- 解释材料不达标的原因。

检测的级别、数量和复杂程度以及对检测的责任将取决于以下因素：

- 使用结构的类别；
- 原料提供的质量控制水平；
- 材料的类型；
- 设计中使用的参数和设计人员在施工过程中依赖材料测试的程度；
- 结构的重要性或尺寸；
- 材料来源；
- 施工合同。

指南包括诸如 BS EN 206（BSI，2000a）和 BS EN 1990（BSI，2002）等标准。

在考虑需要做什么检测时，下列问题可以为工程师提供一个进一步思考的起点：

- 设计规范中有哪些检验要求？
- 在规范和施工合同中有哪些参考标准？
- 谁负责各个方面的核查？
- 材料是否有生产标准（如 CE 标志）？
- 一旦材料到达现场，会出现什么问题？
- 现场岩土工程师的职责是什么？
- 是否需要现场测试来推进或验证设计？
- 该规范是否充分说明了测试要求？
- 需要什么级别的检验控制？
- 所提供的记录是否足够？
- 是否有标准未涵盖的材料？
- 材料运到现场后发生了什么？
- 物料的储存和处理是否正确？
- 所有控制标准的局限性是什么？
- 拒收材料的程序是怎样的？
- 对从事材料测试的人员或公司有什么要求？
- 是否制订了测试计划？
- 原料质量控制是否令人满意？
- 检测结果如何传递给设计师？

99.5 混凝土

99.5.1 概述

混凝土在岩土工程中广泛应用，例如桩基础、浅基础、挡土墙、混凝土面板、隧道衬砌和砌块。

普通混凝土由水泥、细骨料、粗骨料以及水组成。按体积计算，水泥约为 6%~16%，细骨料约为 20%~30%，粗骨料约为 40%~55%，水约为 12%~20%，水灰比为 0.3~1.0（Illston 和 Domone，2001）。更复杂的混凝土可以添加外加剂和掺合料，以提高混凝土的性能，其中，外加剂包括增塑剂、超塑剂、早强剂、缓凝剂、引气剂和发泡剂；掺合料包括粉状燃料灰/粉煤灰、磨细高炉矿渣、硅灰、偏高岭土和天然火山灰等。

混凝土采用料斗分配器和搅拌桶进行配料，并将各组分进行搅拌（图 99.1 配料厂案例）。混凝土浇筑或泵入地层（如桩）或注入模板（如挡土墙或预制单元）。为了防止离析，可能需要使用导管，特别是在水下浇筑混凝土时（图 99.2 是在钻孔灌注桩中使用导管的一个例子）。对浇筑于模板中的新拌混凝土进行振捣，可以有效排除空气并使其更加密实。新拌混凝土通常会在 2~4h 内初凝，几小时后终凝，然后几周到几个月内硬化，产生较高的强度。

混凝土通常采用预拌或预制构件的形式送达现场，特殊情况下，混凝土可在现场进行配制。

99.5.2 潜在问题

由于配合比、原材料组分、使用环境或浇筑过程中处理不当，混凝土在新拌、凝结或硬化过程中可能会出现某些问题。

当混凝土处于新拌状态，其流动性、保水性和黏聚性可能会受到某些因素的影响。例如，如果和易性降低，则很难插入螺旋成孔灌注桩（CFA）的钢筋笼（图99.3 显示 CFA 钢筋笼在插入过程中被卡和弯曲），亦或如果混凝土桩底部灌入积水，则会发生离析现象。

混凝土凝固时可能会发生泌水、塑性沉降和塑性收缩。混凝土一旦硬化，将会面临内部或外部侵蚀以及物理或化学侵蚀（如硫酸盐、海水、酸、碱-骨料反应、磨损和冻融）引起的耐久性问题。

混凝土浇筑或凝固期间，它可能遇到的问题主要与配合比设计有关，而在其设计寿命期间的问题通常与原材料组分和施工质量有关。

图99.1 混凝土搅拌站
经由 Texnokat 提供

图99.2 用于将混凝土灌注到钻孔桩中的导管

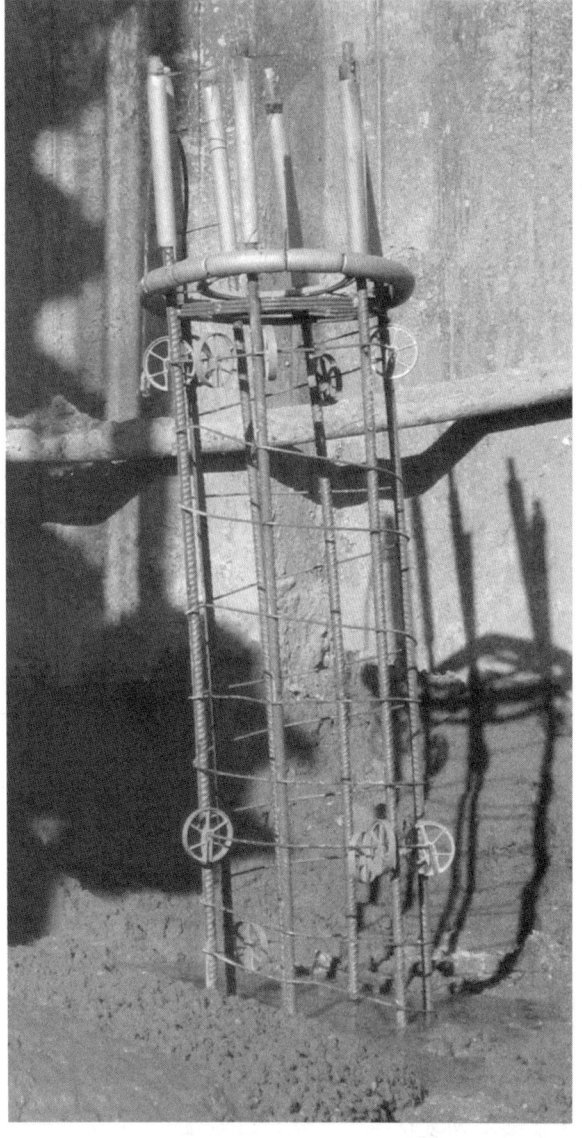

图99.3 CFA 的钢筋笼在插入过程中卡住和弯曲

99.5.3 检验

混凝土的检验从配合比设计开始，配合比设计可以多种方式确定。例如，生产配合比由混凝土供应商选择；设计配合比由设计人员选择；原材料组分和比例由标准规定，受和易性（短期性能）、耐久性（长期性能）和强度要求控制。如果配合比设计不合理，则需要在实验室或现场进行试拌。

对于供应预拌混凝土的搅拌站或生产预制混凝土构件的工厂，应按照相关标准的详细规定，实施质量控制，以监控混凝土的性能。预拌混凝土供应商应签署 QSRMC（英国预拌混凝土质量计划），预制混凝土构件应标有 CE 标志。

新拌混凝土的检查从交货单的复核开始，其内容由标准规定，交货单内容包括配料时间、体积、强度等级、配合比和稠度等信息。除非生产商特殊要求，否则不得向预拌混凝土中添加任何材料（包括水），如若添加材料需记录在交货单上。使用前，应现场测试（标准规定的测试）新拌混凝土的流动性、保水性和黏聚性。稠度可以通过坍落度试验、维勃稠度试验或扩展度试验进行评价；压实性可通过压实系数试验进行评价；黏聚性可通过目测直观地评价；进一步检测还需对立方体或圆柱体试件进行强度试验（通常硬化7d、28d和56d之后）。当引用欧洲标准术语下的混凝土强度等级时，例如 C32/40，"32"指圆柱体试件的强度，"40"指立方体试件的强度。

> **框 99.1 案例——坍落扩展度试验**
>
> 坍落扩展度试验与坍落度试验相似，它测量的是新拌混凝土的稠度。坍落扩展度试验适用于高稠度混凝土，例如 CFA 桩中使用的混凝土，很难使用坍落度试验进行稠度测量。试验流程在 BS EN 1235-5：2000（BSI，2000）第 5 部分中有详细说明，简单地说，它包括：
> - 将混凝土在坍落度筒中捣实（图 99.4a）；
> - 提起坍落度筒释放混凝土（图 99.4b）；
> - 在流动稠度试验台上振动混凝土；
> - 测量混凝土摊铺的直径（图 99.4c）。

(a)

(b)

(c)

图 99.4 扩展度试验
(a) 将混凝土在坍落度筒中捣实；(b) 提起坍落度筒；
(c) 测量混凝土摊铺的直径

预拌混凝土在交付期间应进行检验、检测和取样，而后直至硬化，其质量控制主要涉及施工检验而非材料检验，一般包括浇筑技术检验、捣实和养护。

硬化混凝土的检验有两种，一种是破坏性检验，另一种是无损检验。对于使用模板浇筑的混凝土，间接检验涉及混凝土表面质量或尺寸误差的检查；破坏性检验涉及构件全尺寸荷载试验或对芯样进行小尺寸试验（混凝土芯样缺陷的示例，图99.5）；无损检验包括回弹试验、谐振频率试验和超声波脉冲试验（Illston 和 Domone，2001），这些检测必须与芯样检测相关，对桩的无损检验一般称为"完整性试验"。

99.6 钢材和铸铁

99.6.1 概述

钢材和铸铁在岩土工程中的应用是非常广泛的。例如，结构构件可以用作桩（如 H 形桩或板桩）或临时支撑（图 99.6，钢板桩围堰）。直径 8~40mm 钢筋广泛应用于混凝土、土钉和锚杆；钢绞线也用于锚杆；铸铁在隧道中以球墨铸铁衬砌段的形式使用；不锈钢除与非不锈钢的用法相同外，还可用于需要额外防腐保护的地方；钢纤维被广泛应用于隧道混凝土衬砌管片和喷射混凝土中。

钢材和铸铁主要由含碳的铁合金组成，也含少量其他元素，如硅（铸铁）、铬和锰。钢通常通过热轧或冷加工成形，然后弯曲/焊接形成更复杂的构件（钢筋笼，梁，空心管等），构件的长度通常限制在一辆运输卡车的长度（12m）内。用于隧道衬砌的铸铁，采用模具铸造，然后用螺栓连接在一起的。

在英国，结构用钢通常为 S275 或 S355 级（其中"S"表示结构钢，数字表示屈服强度，单位为 MPa）。加强筋通常为 B500A、B500B 或 B500C 级（其中，首字母"B"表示加强钢筋，数字表示屈服强度（MPa），最后一个字母表示延性等级；A 为最低值）。

99.6.2 潜在问题

钢材和铸铁的主要问题是它们的耐久性，它们的强度和刚度特性是通常由工厂生产严格控制。钢材和铸铁会受到干氧化降解腐蚀，但更可能会受到以化学或生物为基础的湿法腐蚀。还应注意，如果钢材过度弯曲，一旦交付至现场，亦会造成机械损伤。

钢筋混凝土中钢筋的腐蚀程度在很大程度上取决于混凝土保护层的密度、质量和厚度（对于贴地面浇筑的混凝土，通常为 75mm 或以上），以及混凝土中是否存在腐蚀钢筋的化学元素。当钢材或铸铁在露天环境中应用（例如板桩），需要采取保护措施，如良好的设计/构造、防腐涂层、阴极保护或表面牺牲层保护。图 99.7 说明了腐蚀在相对较短的距离内的变化，在这种情况下，浪溅区（照片的中心部分）的钢材腐蚀明显大于钢材上部和下部的腐蚀。

图 99.5 有缺陷的混凝土芯样

图 99.6 钢板桩围堰

图99.7 水面线附近钢材的腐蚀变化

图99.8 钢筋笼

图99.9 显示肋模的钢筋

99.6.3 检测

对于供应钢材和铸铁的工厂，应制定质量控制措施，以控制产品的性能，达到标准要求。CE标记可用于保证某些特性，生产商通常接受CARES（钢材认证机构）的认证。

钢材和铸铁的检验从现场交货开始，在现场检查交货记录材料，并检查识别标签上相关的材料特性。由认证机构生产的钢筋应具有可识别的肋模，材料应无锈鳞，可接受表面氧化，但尺寸应符合规定，并符合容许公差。

样品可送至实验室测试，因为通常现场测试无法检验材料的全部性能，如强度或成分。实验室测试为破坏性检测，而现场测试通常为无损检测。

如果在板桩上指定了保护涂层，最好在工厂进行检验，交付现场时，必须检验保护层的成分、完整性、质量和厚度。

这里不讨论焊接的检验，但应注意的是，高屈服强度的钢筋不应受热（如焊接），因为这会导致钢筋变脆。

框99.2 案例——钢筋笼检查

桩或柱中的钢筋通常采用钢筋笼运抵现场（钢筋笼示例见图99.8）。根据施工图进行检验，包括：
- 外形尺寸（宽度、长度、高度、直径）；
- 钢筋数量、钢筋间距、钢筋直径；
- 完整性测试装置（如声波测井导管）；
- 清洁度（无铁锈和土屑）；
- 通过标识和钢肋确定钢材牌号（图99.9）；
- 起吊坚固性；
- 钢筋笼的接口/耦合器。

99.7 木材

99.7.1 概述

木材可应用于桩基础、挡土墙、支撑、脚手架和模板。它可以被描述为一种低密度、多孔的高分子复合材料（Illston 和 Domone，2001）。在微观层次上，木材分为：

- 软木（细胞垂直，密度通常较低，如松木）；
- 硬木（细胞更具各向异性，如橡木）。

在较小的尺度上，木材可细分为：

- 边材（外部生长较晚）；
- 芯材（中心部分不含活细胞）；
- 晚材（生长季后期形成）；
- 早材（生长季早期形成）。

木材应从可持续来源获得，并在使用前通常需要干燥。天然木材可以是完整原木或锯成的产品，也可以是加工而成的其他产品（如用于模板使用的胶合板），这些应用在此不作讨论。

99.7.2 潜在问题

天然木材不像钢铁生产那样易于控制，其性质受其密度、颗粒结构、温度、节数、环宽、细胞结构、含水率、时间和裂口等因素的影响，需要综合考虑木材的细观结构和宏观结构特征。图 99.10 说明木节对木材结构的影响。

木材在使用前需要风干，否则会受到真菌的侵袭，强度和刚度会降低。木材（特别是芯材）具有天然的抗退化性，前提是其含水率必须保持在较低水平；理想情况下低于 20%（Illston 和 Domone，2001）。但是，应该记住木材具有吸湿性（它会从大气中吸收水分）。

木材易受生物、有机物和火灾的侵袭。其他形式的侵袭，如化学侵蚀和机械侵袭，则无需重点关注。当木材放置在地下水位以下时，它基本上不会变质，因为那里空气很少。然而，在同时接触水和氧的环境中和有蛀虫（吃木头的动物）存在的海洋环境中，木材则会发生腐烂。

由于木材中含有天然化学物质，因此木材具有天然的抗劣化能力，但这些天然化学物质会因树种的不同和木材部位的不同有所差异。对木材进行化学处理通常会提高耐久性，化学处理的方式主要取决于树木的部位（如边材或芯材）、树种和木材的

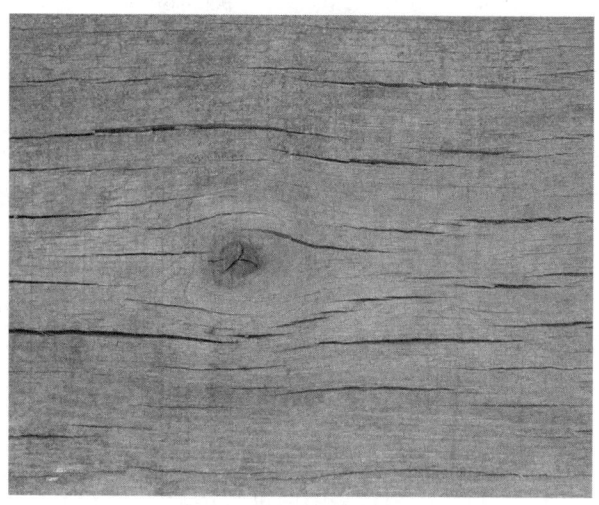

图 99.10 木材的非均一性

含水量。防腐剂可以是焦油基、水基或溶剂基，焦油基和水基产品，通常用于地面。值得注意的是，欧盟法规限制/禁止使用许多传统防腐剂，如铜-铬-砷（CCA）和杂酚油（Illston 和 Domone，2001）。

99.7.3 检测

结构用木材应根据其预期性能来划分强度等级。通过目测或机器检验进行分级，并在此基础上为每块木材标定一个强度等级。在耐久性方面，根据木材与地面接触情况下的寿命来划分类别。CE 标记可用于保证某些特性。

现场木材的检验应从检查交货记录和等级印章/标记开始。可取样进行试验，来检验材料各种性能。然而，受宏观结构特征的影响，样品的尺寸将影响检测的结果，并且木材样品的检测通常仅标注标准规范中给定的数值。

等级印章/标记（图 99.11）应记录以下信息：

- 强度等级（软木为 C14~C50，硬木为 D30~D70，数值越大，强度越高）；
- 树种；
- 条件（如干燥）；
- 原产地 [如森林管理委员会（FSC）或批准可持续资源森林许可（PEFC）方案的计划]；
- 供应商名称；
- 认证机构；
- 使用标准；
- 分级方法（即目测或机测）。

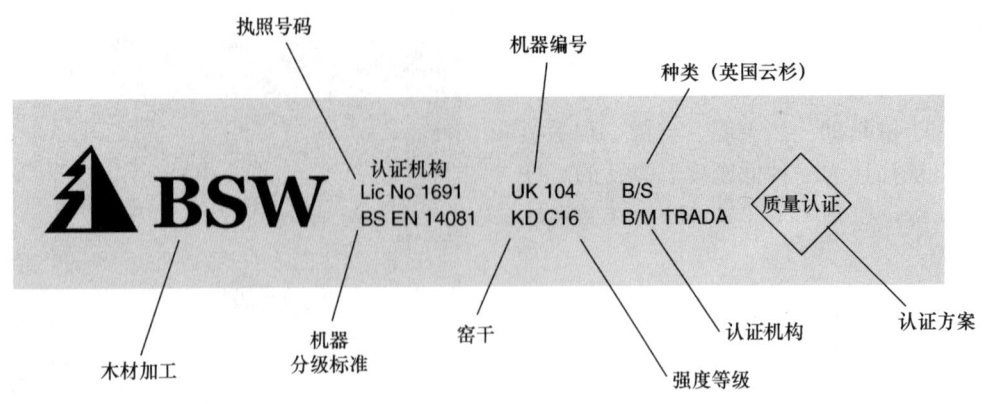

图 99.11 分级标志示例

经由 BSW Timber Ltd 提供

木材尺寸应根据施工图进行检测，保证尺寸符合容许公差，并应检查垂直度和表面缺陷。为避免木材含水率的变化，木材应存放在离地面一定高度的有遮盖的场所，并采取适当措施以避免损坏（图 99.12）。

如果规定必须使用防腐剂，则应在工厂中进行处理，一旦交付现场，应检查防腐剂涂层的完整性和质量。如果后期在现场对木材进行切割、钻孔或处理不当时，应重新评估防腐剂涂层的完整性。

> **框 99.3　案例——码头木材的腐烂**
>
> 关于防腐剂的种类和应用、芯材与边材、类型等特性检验的重要性如图 99.13 所示。图 99.13（a）中的木材没有浸入水中，除了表面变色外，基本上是新鲜的。然而，在浪溅区的下方（图 99.13b），木材已经腐烂，可以说是手触即碎。

图 99.12　木材储存

99.8　土工合成材料

99.8.1　概述

土工合成材料可用于分隔材料、加固土体（有关更多信息，请参阅第 73 章 "加筋土边坡设计"）、排水、提供过滤或作为隔水屏障。土工合成材料可细分为土工布、土工格栅、土工膜、土工复合材料和土工网等多种形式。图 99.14 为土工格栅和土工合成材料。

土工合成材料通常由涤纶、聚乙烯、聚丙烯和聚酰胺等聚合物组成，可以通过挤出、纺丝、拉伸、编织和粘合等工艺进行生产。土工合成材料可以用纤维进行增强，也可以与膨润土等其他材料结合。

99.8.2　潜在问题

施工过程中，土工合成材料的问题主要涉及材料的耐久性和与界面的摩擦。土工合成材料的耐久性在现场会受到酸、碱、热、磨损、真菌、氧化剂、紫外线和建筑设备的影响。虽然设计人员考虑了界面摩擦和材料的应力-应变，但不当施工仍可能会对设计产生不利影响。

99.8.3　检测

供应土工合成材料的工厂，应按照相关标准的详细规定实施质量控制，以监控材料的性能。CE 标识可作为某些特性的保证。

土工合成材料的现场检测应从检查交货记录开始。应清楚地贴上标签，存放在阴凉处，并小心处理。土工合成材料应进行产品的质量、一致性和完整性检查。可以采集样品进行异地测试，以检测各

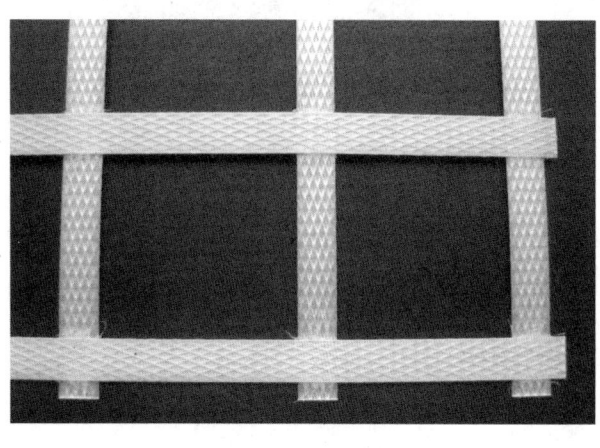

(a)

(b)

图 99.14 (a) 土工格栅；(b) 土工合成材料

(a)

(b)

图 99.13 木材腐烂

(a) 水面线以上；(b) 水面线以下

种材料特性，例如抗拉强度。但是，如果进行试验，则应与使用条件一致。

铺设土工合成材料的地层应进行适当的处理（例如，平整，无突出物体），然后进行检测，使得铺设土工合成材料的潜在损坏最小化。虽然大多数测试结果来源于实验室，但也可以现场进行测试，以评估施工设备对所用土工合成材料的损坏影响及损坏程度。

铺设土工合成材料后，应检查搭接或焊接接头以及平整度（即无波纹），并及时进行回填。图 99.15 为焊接接头的压力试验。

99.9 地基

99.9.1 概述

地基（土/岩石）主要用于支撑结构使其处于自然状态下。但是，当挖掘、处理、运输或放置（即填筑/人造地面）时，它可以用于提高地表水平、构成混凝土的一部分、作为排水过滤器或提供防止侵蚀的保护。其特征一般因土体或岩石的来源和组成而异。

图 99.15　焊接接头的压力试验

经由 Escambia 提供

99.9.2　潜在问题

天然地基隐藏许多潜在的问题，如果没有受到扰动，这些问题通常是不需要担心的。然而，一旦地层受到扰动，这些问题往往就变得非常棘手。如软土沉降、侵蚀坍塌、管涌坍塌、腐蚀性化学物质侵蚀混凝土结构、敏感土体滑坡、岩石开挖问题、黏土膨胀等。人造地层也可能会掩盖其他问题，如压实不良和污染物问题。

99.9.3　检测

根据检测目的的不同，可将地基分为四类：

- 天然地基（自然存在的或人造的）；
- 人工地基（工程填筑）；
- 处理后的地基（改良过的既有地层）；
- 开挖料。

施工期间对现场的地基进行检验是早期岩土工程勘察和案头研究的延伸（有关现场勘察的更多信息，请参阅本手册第 4 篇"场地勘察"）。它用于检验设计的合理性，也用于填补认知空白或获得之前无法了解的特性。最简单的检验形式包括记录切削、基坑或桩孔中的地层和地下水（图 99.16）。可以使用简单的便携式工具（如手持土体抗剪强度测试仪，见图 99.17）。现有的地下水设施可用于监测水位。更复杂的检验可通过钻孔取样测试，或现场试验，如载荷试验、抽水试验或平板载荷试验。

人工地基在施工期间需要进行其他检测，例如密度测试，及根据他们最终的用途和压实特性进行

图 99.16　开挖出露之土体/岩石

材料分类。

处理过的地基（改善其岩土性质）在施工期间需要进行额外的验证，尤其是对改进特性。麦金托什探针（图 99.18）是一种非常简便的手持式工具，可以相对快速评估地基顶部几米内强度（承载力）的改善情况。

开挖料的检验主要依据其来源地和需使用的地基，并根据其最终用途进行检验，通常采用实验室测试和目测。例如，黏土填料的最大干密度测试或

第 99 章 材料及其检测

图 99.17 抗剪强度试验

护坡石的岩石耐久性测试都可在实验室进行；开挖地基的目测评估可检查其是否有无污染物，例如木头或塑料。

99.10 骨料

99.10.1 概述

骨料的用途有很多，例如，它可用于制混凝土、排水过滤、防冲刷、路堤填料、路面或地面改良（有关土方工程和路面的更多信息，请参阅本手册第 7 篇"土石方、边坡与路面设计"）。骨料尺寸大小从砂到巨砾不等，形状可以是棱角分明，也可以是光滑，其强度和耐久性因其来源而异。它们可以是重密度的，如来自火成岩类骨料，也可以是轻质的，如浮石类。天然骨料来源较多，如暗河、河床、河流阶地和冰川沉积等，但主要来源于岩石破碎（图 99.19，岩石破碎机的使用）。骨料也可来源于材料再生，如由混凝土、沥青、高炉矿渣或塑料等再生材料制成。

图 99.18 麦金托什探针测试

图 99.19 破碎设备（小松 BR380 JG-1）

版权所有

99.10.2 潜在问题

骨料的潜在问题通常与其形成过程和自身成分有关。高强度混凝土中强度是最重要的因素，其他重要的因素则是耐久性，耐久性与混凝土的水化反应和物理特性有更直接的关系。

当开采的岩石暴露在空气中、与其他材料混装时，可能会产生潜在问题。这些问题可以通过筛选和检验等方法确定，包括含泥量、贝壳含量、压碎值、抗磨光性、耐磨性、冻融性、干燥收缩率、氯化物含量、碱骨料反应性、碳酸盐含量、形状、尺寸、密度、孔隙率和杂质。

99.10.3 检测

天然骨料的生产或收集受其源头控制。骨料的检验通常从骨料运至现场时开始，对拟建料源的采石场进行考察也是必要的，特别是地层勘察没有考虑其适应性的时候。

运抵生产现场后应检查交货记录，并验证产地、质量、形状和完整性等特征是否符合要求。通过对取样进行试验，验证材料性能，如粒径分级、磨损值（耐磨性）、硫酸镁安定性（耐候性）和压碎值指标10%。骨料试验示例如图99.20所示，该图为进行洛杉矶磨损试验的试验装置（钢球和骨料置于滚筒中央，然后旋转）。

此外，人造材料如再生混凝土骨料可就地制备。根据它们的预期用途，应接受与天然骨料类似的检测。再生材料可能还需要进行污染物测试。

99.11 注浆材料

99.11.1 概述

岩土工程使用注浆材料，可以降低介质的渗透性（如岩石注浆）、固化土体（如压实注浆）、稳定地基（如渗透注浆）、提供支护（如旋喷注浆）、补偿地层变形（如补偿注浆）和填充空洞。

注浆材料通常是水泥基、硅酸盐基或树脂基材料，根据其粒径大小分为砂浆、浆体、悬浮液、胶体或溶液（Rawlings等，2000）材料。根据工程用途，浆体可包含其他材料，如水泥替代品、黏土、砂、填料、化学品、外加剂和水。浆体稠度可大可小，其流动性可强可弱。

图99.20 洛杉矶磨损试验装置
来源：www.pavementinteractive.org

99.11.2 潜在问题

注浆可能出现问题的原因多种多样：对处理地基不完全了解；使用灌浆或注浆技术不恰当；混合料配比不当；工序流程控制不当；或灌浆人员不了解注浆流程。

99.11.3 检测

由于注浆料通常在现场制备，因此有必要对其成分和混合料进行检测。尽管有许多可能的组分，但此处只考虑混合料。

施工期间，应定期进行检测。现有测试中，对于新制备的注浆体的现场检测主要包括流变性（黏度、凝胶强度、渗透性、触变性、和易性、泌水）和凝结时间。对于强度很重要的浆体，应制备新浆体制成的注浆立方体试块。图99.21为一组新制备的注浆立方体和一个用于检测泌水的注浆筒。

在没有类似工程经验的情况下，现场试验（视项目规模大小）的目的是验证注浆效果是否达

图 99.21 新制备浆体立方体和圆柱体泌水试验

到了设计者的目标。为了验证注浆效果，可能需要进行钻芯测试或开挖进行验证。

> **框 99.4　案例——圆锥试验**
>
> 圆锥试验用于测量注浆材料的黏度。试验中使用一种常见圆锥为玛什锥；当然，还有其他圆锥，如 BS EN 445：2007 中所述。重要的是要了解不同的锥体其不同的体积和排放孔尺寸。不过，试验流程大体相同，包括：
> - 将一定体积的注浆填充锥体，同时堵塞排放孔（图 99.22a）；
> - 量测注浆从锥体中排出所需时间（通常小于输入量）（图 99.22b）；
> - 使用相同的程序，用水而不是水泥浆进行校准。

后注浆检验包括硬化浆体样本的实验室测试或类似的现场测试技术。

99.12　钻孔泥浆

99.12.1　概述

膨润土和聚合物钻孔泥浆用于钻孔桩和地下连续墙施工，为开挖提供稳定性，并且协助清除沉渣。膨润土通常包括天然或活性钠基膨润土（一

图 99.22　圆锥试验
（a）锥体填充；（b）排放时间

种黏土），而聚合物则由长链分子组成。

99.12.2　潜在问题

如果专业承包商没有对现场泥浆进行恰当的检控，这些泥浆极易以不利的方式影响桩或墙的性能。问题可能还包括降低混凝土与土体界面之间的粘结强度、降低钢筋锚固力和孔壁坍塌。

99.12.3 检验

由于钻孔泥浆通常在现场进行配制，因此需要对其成分和混合产物进行检验；但这里只说明混合物的检验。

检验应从检查组分与水的混合是否彻底，比例是否正确开始。应注意钻孔泥浆的化学成分。

一旦投入使用，应在整个开挖过程，直至混凝土浇筑完毕的各个阶段进行测试。应对新制备泥浆和已清洗过的泥浆进行试验，包括密度、黏度、pH 值和含砂量的测量。对于膨润土而言，需要对凝结时间、凝胶强度和脱水损失/泥饼厚度进行额外的测试。钻孔泥浆的取样应取自合适的点，以获得具有代表性的试样——例如，在混凝土浇筑前从桩孔底部附近取含砂量的试样。图 99.23 为含砂量测试，最终清洗筛分并测量含砂量。图 99.24 为用于测定钻孔泥浆密度的仪器。

99.13 其他材料

99.13.1 植被

植被常被用作边坡或挡土墙的覆盖物，但由于缺乏控制，往往不成功。在土质/岩质边坡上使用植被有助于减少侵蚀，提高边坡稳定性。然而，在陡峭的斜坡上，在植被造型成活之前，边坡可能需要临时的支撑，在某些情况下可能需要永久的支撑（图 99.25）。

如果使用的是种子，则应对其进行取样检测。如果使用正在发芽的种子或成熟的植物，可以在现场搭建试验台以实现质量控制。如果将植物运到现场，应在运输过程中及现场适应期对其进行覆盖，根部暴露的时间不宜过长。

99.13.2 水

工程现场，水有许多用途。一般来说，饮用水无需进一步检测即可使用，而污水则不行。非饮用水，应进行初步的污染物目测和简单的手持式仪器检测，如 pH 值。后续测试可能涉及化学物质的实验室检测。然而，测试的范围应该与水的最终用途相适应。

99.13.3 聚苯乙烯砌块

与轻骨料类似，聚苯乙烯砌块可用于减少路堤

(a)

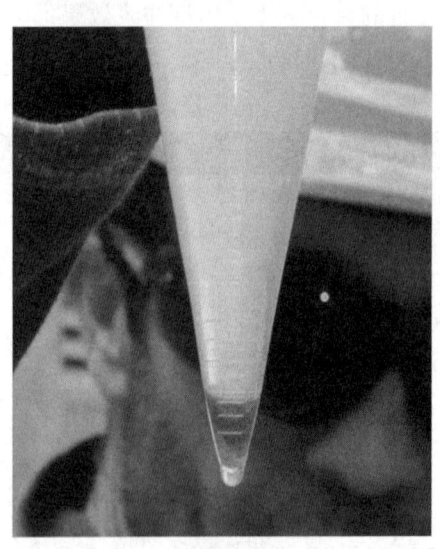

(b)

图 99.23 砂含量测试
(a) 将筛中的砂子冲洗到小瓶中；(b) 测量含砂量

对软土的影响或土压力对挡土墙的影响。施工期间可能遇到的问题包括碳氢化合物（如石油）腐蚀、热和紫外线损伤，通常此类问题很容易通过适当的现场储存/保护进行控制。如图 99.26 所示为挡土墙后面聚苯乙烯砌块的使用情况。

通常在交付现场之前对砌块进行测试，可以收集样品以确定密度、抗压和抗剪强度等特性。签收

图 99.24　钻孔泥浆密度测试

图 99.25　种植在陡坡土工合成格栅中的植被

经由 David B. Andrews（P. E.，亚特兰大，佐治亚州，美国）提供照片；www.cabeceo.net（个人收藏）

图 99.26　聚苯乙烯块用作挡土墙后的填充物

Drew Foam Companies, Inc.；版权所有

交货记录时应检查砌块的尺寸（以容许公差为准），并对缺陷进行检查。

99.14　地基基础的再利用

近年来，由于对未来土地资源的利用和资源保护的担忧，地基基础的再利用问题备受关注。

对既有地基基础进行再利用的评估，主要包括三个调查步骤：

- 案头研究（施工记录）；
- 物理测试（即材料测试）；以及
- 性能测试（即加载测试和历史性能）。

然而，重要的是，在这个过程中，结构设计和评估应该有持续的使用期限评价（Butcher 等，2006）。

在材料检验方面，物理调查与本章最为相关。其目的是确定地基和基础构件的几何形状、完整性、强度和耐久性。

要素的调查可以是有损的，也可以是无损的。有损测试包括通过取芯的方式以获取实验室测试样品。无损测试包括外部现场测试。了解各种无损测试的局限性及其在校准和相关性方面的需求是至关重要的。无损测试包括超声回波测试（确定物体的厚度和位置，见图 99.27）、雷达探测（确定钢筋位置）、低应变测试（确定桩长和完整性）、并行抗震试验（确定桩长）、充电法（定位钢筋和钢桩长度），回弹试验（测量混凝土强度，见图 99.28）和保护层厚度检测（测量混凝土保护层厚度）。

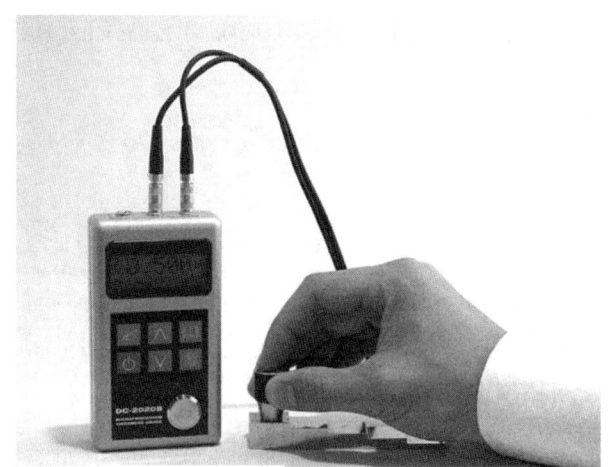

图 99.27　超声波回波测试仪-用来测量厚度

超声波测厚仪 DC-2020B、DC-2000B 系列；版权所有

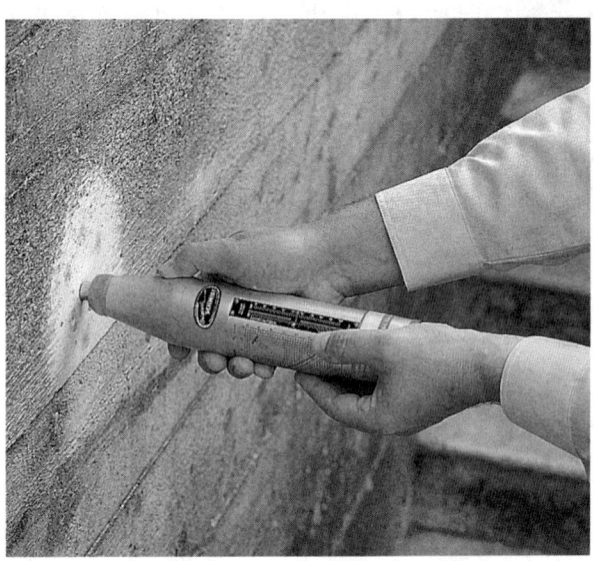

图 99.28 回弹仪——用来测量混凝土强度

99.15 参考文献

通用

British Standards Institution (2002). *Eurocode: Basis of Structural Design*. London: BSI, BS EN 1990:2002+A1:2005.

Illston, J. M. and Domone, P. L. J. (eds) (2001). *Construction Materials – Their Nature and Behaviour* (3rd Edition). London: Spon Press.

混凝土

British Standards Institution (2000a). *Concrete – Part 1: Specification, Performance, Production and Conformity*. London: BSI, BS EN 206–1:2000.

British Standards Institution (2000b). *Testing Fresh Concrete – Part 5: Flow Table Test*. London: BSI, BS EN 12350–5:2000.

地基

British Standards Institution (1986). *Code of Practice for Foundations*. London: BSI, BS 8004:1986.

British Standards Institution (2004). *Eurocode 7: Geotechnical Design – Part 1: General Rules*. London: BSI, BS EN 1997–1:2004.

British Standards Institution (2007). *UK National Annex to Eurocode 7: Geotechnical Design – Part 1: General Rules*. London: BSI, NA to BS EN 1997–1:2004.

骨料

British Standards Institution (2002). *Aggregates for Concrete*. London: BSI, BS EN 12620–2:2002.

灌浆

British Standards Institution (2000). *Execution of Special Geotechnical Work – Grouting*. London: BSI, BS EN 12715:2000.

British Standards Institution (2007). *Grout for Prestressing Tendons – Test Methods*. London: BSI, BS EN 445:2007.

Rawlings, C. G., Hellawell, E. E. and Kilkenny, W. M. (eds) (2000). *Grouting for Ground Engineering*. London: CIRIA, Report C514.

基础的再利用

Butcher, A. P., Powell, J. J. M. and Skinner, H. D. (eds) (2006). *Reuse of Foundations for Urban Sites: A Best Practice Handbook*. Bracknell, UK: IHS BRE Press.

延伸阅读和实用网址

与材料有关的资料在各类图书、CIRIA 指南、英国标准、网站等中有众多来源。其中一些文献和网站列于下文。读者应参考这些文献的书目和文献数据库查找进一步的信息。

通用

BSI - British Standards Institution www.bsigroup.co.uk

CIRIA - Construction Industry Research and Information Association www.ciria.org

Dean, Y. (1996). *Materials Technology* (Mitchell's Building Series). Harlow, UK: Longman.

Forde, M. C. (ed.) (2009). *ICE Manual of Construction Materials*. London: Thomas Telford.

IHS - Construction Information Service http://uk.ihs.com/

Institution of Civil Engineers (2007). *Specification for Piling and Embedded Retaining Walls* (2nd Edition). London: Thomas Telford.

Tomlinson, M. and Woodward, J. (2008). *Pile Design and Construction Practice* (5th edition). Abingdon, UK: Taylor & Francis.

混凝土

BRE (2005). *Concrete in Aggressive Ground*. Watford, UK: BRE, Special Digest 1:2005.

British Standards Institution (2004). *Eurocode 2: Design of Concrete Structures - Part 1-1: General Rules and Rules for Buildings*. London: BSI, BS EN 1992-1.1:2004.

British Standards Institution (2005). *Precast Concrete Products - Foundation Piles*. London: BSI, BS EN 12794:2005.

Henderson, N. A., Baldwin, N. J. R., McKibbins, L. D., Winsor, D. S. and Shanghai, H. B. (eds) (2002). *Concrete Technology for Cast In-Situ Foundations*. London: CIRIA, Report C569.

QSRMC-Quality Scheme for Ready-Mixed Concrete www.qsrmc.co.uk

钢材

ArcelorMittal www.arcelormittal.com

British Standards Institution (1999). *Execution of Special Geotechnical Work - Sheet Pile Walls*. London: BSI, BS EN 12063:1999.

British Standards Institution (2005). *Steel for the Reinforcement of Concrete - Weldable Reinforcing Steel*. London: BSI, BS 4449:2005 + A2:2009.

British Standards Institution (2007). *Eurocode 3: Design of Steel Structures - Part 5: Piling*. London: BSI, BS EN 1993-5:2007.

CARES - Certification Authority for Reinforcing Steels www.ukcares.com

Tata Steel (formerly Corus) www.tatasteeleurope.com

木材

British Standards Institution (2004). *Eurocode 5: Design of Timber Structures - General - Part 1-1: Common Rules and Rules for Buildings*. London: BSI, BS EN 1995-1.1:2004.

TRADA - Timber Research and Development Association www.trada.co.uk

土工合成材料

British Standards Institution (1998). *Geotextiles and Geotextile Related Products - Method for Installing and Extracting Samples in Soil, and Testing Specimens in Laboratory*. London: BSI, BS EN ISO 13437:1998.

Jewell, R. A. (ed) (1996). *Soil Reinforcement with Geo-*

textiles. London: CIRIA, Report SP123.

地基
British Standards Institution (1981). *Code of Practice for Earthworks*. London: BSI, BS 6031:1981.

骨料
CIRIA (2007). *The Rock Manual - The Use of Rock in Hydraulic Engineering (2nd edition)*. London: CIRIA, Report C683.

Smith, M. R. and Collis, L. (eds) (1993). *Aggregates (2nd Edition)*. London: The Geological Society SP9.

钻孔泥浆
Fleming, W. K. and Sliwinski, Z. J. (eds) (1977). *The Use and Influence of Bentonite in Bored Pile Construction*. London: CIRIA, Report PG3.

FPS (2006). *Bentonite Support Fluids in Civil Engineering (2nd edition)*. Beckenham, Kent, UK: Federation of Piling Specialists.

植被
Coppin, N. J. and Richards, I. G. (eds) (2007). *Use of Vegetation in Civil Engineering*. London: CIRIA, Report C706.

水
British Standards Institution (2002). *Mixing Water for Concrete -Specification for Sampling, Testing and Assessing the Suitability of Water, Including Water Recovered from Processes in the Concrete Industry, as Mixing Water for Concrete*. London: BSI, BS EN 1008:2002.

聚苯乙烯
Sanders, R. L. and Seedhouse, R. L. (1994). *Use of Polystyrene for Embankment Construction*. Wokingham, Berkshire, UK: Transport Research Laboratory, Contractor Report 356.

基础的再利用
Chapman, T., Anderson, S. and Windle, J. (2007). *Reuse of Foundations*. London: CIRIA, Report C653.

Coventry, S., Woolveridge, C. and Hillier, S. (eds) (1999). *The Reclaimed and Recycled Construction Materials Handbook*.

London: CIRIA, Report C513.

建议结合以下章节阅读本章：
■第93章"质量保证"
本书以第1篇"概论"和第2篇"基本原则"为指导进行章节编排。如第4篇"场地勘察"中所述，各类岩土工程均应进行扎实的现场勘察工作。

译审简介：

朱训国，男，山东淄博人。大连理工大学岩土工程专业博士，从事岩土领域的教学与科研工作。

贾金青，大连理工大学二级教授，博士生导师，博士，获得"辽宁省学术头雁"、中国建筑学会"当代中国杰出工程师"等称号，大连市领军人才。

第100章 观察法

迪尼斯·帕特尔（Dinesh Patel），奥雅纳工程顾问，伦敦，英国
主译：宋义仲（山东省建筑科学研究院有限公司）
参译：卜发东，程海涛，蒋诗艺，孙永梅，高大潮，王涛
审校：周鸣亮（同济大学）

doi: 10.1680/moge.57098.1489

目录

100.1	概述	1459
100.2	观察法的基本原理及其应用的利弊	1461
100.3	观察法的概念和设计	1462
100.4	在施工期间实施计划的修改	1467
100.5	观察法的"最优出路"实施方式	1469
100.6	结语	1470
100.7	参考文献	1470

本章讲述了观察法[①]（observation method，简称 OM）在工程项目中的应用。传统的地基工程项目通常基于一个独立、成熟和健全的设计方案，这会导致设计过于保守和较高的工程造价。观察法的目的是在降低设计保守程度且不危及安全性的前提下，实现更大的整体经济性。观察法的成功实施取决于设计和施工的精心组织，对最真实的设计参数进行评估，并将其与传统设计中使用的保守设计参数进行比较，提出严格的监测和观察策略，根据监测数据可及时修正设计/施工，设计强有力的管理和报告构架，并在问题发生时有较好的预先制定的应急方案。本章通过一些案例来说明成功实施观察法的关键要素。当用传统方法设计的项目遇到困难、需要"最优出路"时，也可以使用观察法，本章也对此作了讨论。最后，虽然《欧洲标准7》EN 1997-1:2004 认可在设计中使用观察法，但其缺点也将在本章中重点强调。

100.1 概述

本章旨在为工程师提供在工程项目中使用观察法的指导，介绍传统方法和观察法在设计中的重要区别。传统方法采用了特征值参数（定义见《欧洲标准7：岩土工程设计 第1部分》EN 1997-1:2004，观察法采用了真实参数。同时，本章也说明了传统设计本质上具有保守性，不具有灵活的可变性，而观察法允许项目团队为设计和施工找到一种综合的解决方案，并带来显著的经济效益。实施得当的观察法还可以培养团队成员之间良好的工作关系并获得令人满意的效果。

《欧洲标准7》允许使用观察法，但是工程师要知道该方法存在的缺点并在应用之前了解这些缺点。与传统设计相比，观察法的使用降低了设计的安全富余，但在严格的监测和观察策略控制下，并由有协调能力的团队实施时，仍可以给出安全的设计。在应用观察法之前，需要仔细进行地基风险评估与管理并预先商定应急方案（如果事情没有按计划进行），同时向客户/利益相关者解释。观察法的执行应与客户达成一致意见，即使风险很低，也要确保客户了解观察法带来的好处和可能存在的风险（例如，执行预先商定的应急预案）。在实施观察法之前，还需要获得其他第三方检验工程师的批准。

虽然观察法旨在提供整体经济性，然而增加仪器和监测任务、使用运营更强大的管理团队、增加设计服务和检查监测数据都显然会产生更高的相关成本。然而，在复杂项目中，由于其他原因的需要，仪器和监测的大部分成本可能已经被计算了，而且施工现场通常已经组建了一支强大的承包商管理团队。

观察法不适用于以下几种情况：客户回避风险，项目团队有成员不能全心全意投入，未对地质与水文条件进行彻底勘查，地基（包括临时结构构件）可能出现快速或脆性破坏。

本章对工程师在项目开始（称为"从头开始"实施方式）以及在因意外原因遇到困难的在建项目（称为"最优出路"实施方式）中使用观察法的一些原则进行指导，本章内容主要来源于以下几个主要作者的工作，具体信息如下：

■ 地基工程观察法，CIRIA 185 报告（Nicholson 等，1999）；

[①] 译者注："观察法"（Obserational method，简称OM）系根据欧洲标准 BS EN 1997-1 第2.7(1)P 段确定，该段指出"如果难以预测岩土性能，则可以采用所谓的'观察法'，这种情况下，需要在施工过程中检验设计。"观察法是岩土工程设计欧洲标准的一个重要方法，近似于我国的动态设计与信息化施工方法。
（英国标准化协会（BSI）. Eurocode 7:岩土工程设计 第1部分：一般规定 BS EN 1997-1:2004 + A1:2013[M]. Eurocodes 译审工作委员会 组织编译. 北京：人民交通出版社股份有限公司，2019.）

- Peck（1969）；
- Powderman 和 Nicholson（1996）。

这些作者提供了大量在工程项目上有条理实施观察法的例子。一个在欧洲使用过观察法的工作组最近开展的研究（GeoTechNet，2005）中也给出了来自欧洲的其他工程案例，包括了建筑和土木工程项目中"条理化"使用观察法的 7 个案例，也强调了这些案例节省了总体成本和方案，会让读者发现很有参考价值。

100.1.1　Peck 和英国建筑业研究与信息协会（CIRIA）关于观察法方法的差异

观察法在过去 60 多年中得到了发展，最初是在"反复试错"的测试基础上应用以改进设计，直到 Peck 在 Rankine 讲座（1969）上提出一个采用观察法框架不损害结构安全，且预测、监测、审查和修改设计密切协调的方法。

为成功实施观察法，Peck（1969）指出，与岩土工程中传统的单一设计方法相比，有必要进行两种不同方案的设计。设计师需要考虑一系列可预见的情况，并根据实践工程中最可能发生的情况（"最可能"）和最不可能发生的情况展开设计（参考第 100.3.2 节的定义以及图 100.4 和图 100.5 中的说明）。他建议从最可能的（最佳估计）情况开始设计，当观察到的表现比根据最佳估计参数预测的方案差时，制定最不利情况下的设计和（或）施工方案。表 100.1 列出了 Peck（1969）观察法成功实施的八个关键因素。

Peck 提出的观察法和英国建筑业研究与信息协会（Construction Industry Research and Information Association）（Nicholson 等，1999）最近发表的关于观察法的研究有根本的不同。Nicholson 等(1999)提出的方法是：从初始的适度保守参数（与《欧洲标准7》中的"特征"参数相同）开始，根据观测结果进行判定，并在施工过程中将参数调整至可能的真实情况（即最可能发生的情况）下的参数。这种方法最初由 Powderham（1994）提出，也被称为渐进式设计修改法。继 Peck 的成果之后，工程界还建立了一种严格的红绿灯触发系统（红色、黄色和绿色）来处理施工期间地基的不确定性情况。以上两种修改方法都会改进观察法在项目中的应用，使设计更安全。

100.1.2　观察法的定义

观察法的最佳定义见 CIRIA 185（Nicholson 等，1999）（见框 100.1）。通常工程师会误认为项目中使用了监测仪器就是采用了观察法方法，框 100.1 表明实施观察法有一个完整的操作框架，监测只是这个流程中的一部分。

框 100.1　观察法的定义 [CIRIA 185（1999）]

"地基工程中的观察法是一种有持续、有管控、有综合考虑的流程，包含设计、施工控制、监测和审查，可在施工期间或之后酌情纳入先前制定好的修改方案。这些方面都必须明显是健全的。观察法的目的是在不影响安全的前提下实现更大的整体经济效益。"

100.1.3　传统设计和观察法的比较

传统的地基工程项目通常是基于一个独立、成熟和健全的设计方案，在施工过程中不会轻易改变设计意图。传统设计中也可以使用仪器和监测，但它只起着非常被动的作用，用来检查原始预测是否仍然有效，保证第三方检验人员（例如受开发影响的相邻建筑物业主的设计师）的信心。CIRIA（1999）将这种传统设计称为"预定义设计"。相比之下，在观察法中，监测在设计和施工中起着非常积极的作用，允许在所有主要方（客户、设计师和承包商）商定的合同框架内修改方案。表 100.2 说明了这两种设计方法的差异。

Peck（1969）定义了观察法的两种实施方式：

- "从头开始"实施方式，从项目开始就采用的观察法；
- "最优出路"实施方式，应用于项目已开始，发生了

Peck（1969）观察法的八个关键因素

表 100.1

1	必须进行充分的现场调查
2	设计应基于最可能（最佳估计）情况进行预测
3	基于最好情况下的计算值制定监测策略
4	在最不利条件下进行计算
5	确定最不利情况下的应急方案
6	监测和评估实际情况
7	如果超过触发条件，修改设计以适应实际情况
8	只有在有足够的时间做出决策和实施的情况下，才能实施观察法

与预定义的设计不符的意外情况或发生破坏，需要采用观察法确定解决困难的方案。

预定义设计过程和观察法的比较

表 100.2

预定义方法的流程 （传统设计）	观察法的流程
■ 固定方案	■ 临时可变方案
■ 一组参数	■ 两组参数
■ 一种设计/预测	■ 两种设计和预测
■ 只给出施工方法概述	■ 综合给出设计和施工方法
■ 承包商临时工程的设计/施工方案	■ 与触发因素相关的所有方法
■ 基于不超出预定值的监测检查	■ 全面、可靠的监测系统
■ 如果检查超出预定值，考虑： （a）设计"最优出路"实施方式或（b）重新定义预先定义的设计方法，重新评估地基的岩土不确定性（表100.5）	■ 审查和修改流程 —应急方案 —改进方案
■ 应急预案	■ 应急预案

欧洲岩土工程专题网（GeoTechNet）给出了观察法"从头开始"和"最优出路"的实施方式示例。Nicholson 等（2006）的论文针对新加坡尼科尔高速公路多级开挖深基坑在施工中发生问题后的修复工程方案（COI，2005），提出了实施"最优出路"方式的结构性框架。本章第100.5节也介绍了实施"最优出路"方式的操作框架。

100.2 观察法的基本原理及其应用的利弊

100.2.1 概述

《欧洲标准7》没有明确规定观察法使用时应遵循的准则，如果在使用观察法的项目中也使用 CIRIA（1999）方法，则还有一些不利条件需要改善，如下所述。

100.2.2 《欧洲标准7》（2004）中观察法的缺点

框 100.2 中列出了《欧洲标准7》第 2.7 条描述的观察法，以说明它的主要缺点，如下所示：

- 尽管没有排除观察法的"最优出路"实施方式，但它主要针对的是观察法的"从头开始"实施方式。
- 虽然它提到了"可接受的容许极限"，但是它没有定义如何计算这些极限，因为《欧洲标准7》的设计前提是基于"特征值"的使用，它在设计中给出了一个较低且谨慎的极限，但不能用来表征观察法中最可能出现性能的上限值（最可能的情况）。
- 未界定应急预案实施行动的触发限值，无法应用到现场性能检查中。
- 在合同、国家政策或项目组织中，没有规定观察法的管理操作框架。

框 100.2　《欧洲标准7》第 2.7 条（2004）

观察法

（1）当预测岩土工程性状困难时，采用观察法是合适的，即在施工期间对设计进行复核。

（2）施工前应满足下列要求：
- 应确定可接受的容许极限；
- 应评估可能性状的范围，并应明确实际性状处于可接受的容许极限范围内的可接受概率；
- 制定监测计划，揭示实际性状是否在可接受的容许极限范围内（监测应尽早说明问题，保持足够短的时间间隔以便应急行动得以成功实施）；
- 仪器的响应时间和分析监测结果的程序应足够快，以适应系统的可能变化；
- 应制定应急行动计划，如果监测结果超出可接受容许极限范围，可采用应急行动计划。

（3）施工过程中应按计划进行监测。

（4）在适当阶段应对监测结果进行评估，如果超出可接受的容许极限范围，应急行动计划应付诸实施。

（5）如果监测设备不能提供适当类型或足够数量的可靠数据，则应更换或扩展现有监测设备。

100.2.3 观察法操作框架

实施观察法的操作流程如图 100.1 所示。观察法必须在符合任何国家和公司政策的管理设计标准、规范、质量管理体系和健康与安全法规的框架内进行[例如，在英国，指英国健康与安全执行局的条例（Health and Safety Regulations，简称 HSE 条例），以及《建筑（设计与管理）条例 1994》（CDM 条例）]。这部分内容体现在图 100.1 中最上面的方框中（详见第 100.3.5 节）。

图 100.1 中第二个方框定义了利益相关者组织中关键角色的结构（即甲方、设计师、承包商、第三方检查员和其他检查员），他们的角色和责任，以及组织和个人之间的关系。这需要强调每个

第9篇 施工检验

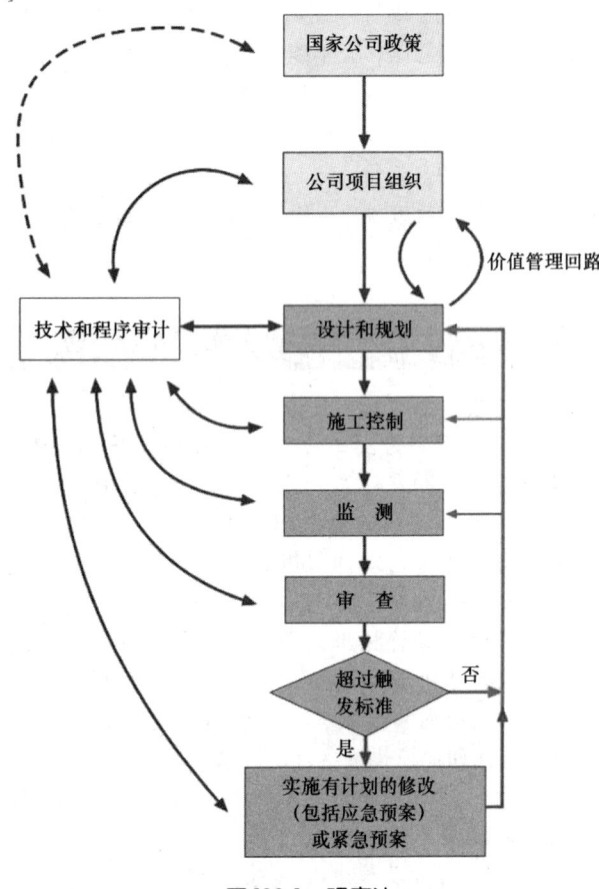

图 100.1 观察法

经许可，修改自 CIRIA R185（Nicholson、Tse 和 Penny, 1999），www.ciria.org

组织的文化、员工培训水平、经验、沟通的开放性以及管理层对实施观察法的支持力度。如果需要实施任何计划好的应急预案或紧急措施，利益相关者也需要"接受"技术和商业风险，即便这种风险被认为是很低的。

一旦在"项目组织"层面确定了观察法，图 100.1 中剩余的方框描述的是在设计和施工阶段实施该方法和在施工现场对该方法进行监测和复核时所需要的稳定管理结构。工程必须按照商定的计划进行，并在每个施工阶段确认风险。日常施工进度必须在管理结构的控制下，以确保项目组所有成员充分考虑方法可能造成的任何偏差，并将其纳入计划的修订中。必须建立好一个监测制度，让可胜任的工作人员在一个给定的时间范围内检查、复核和处理所有监测结果。然后需要对所有可预见的情况下的所有相关人员作出明确的指示。最后，应急预案需要到位，一旦违反预设的"触发"限值或出现任何其他不可预见的情况，可以迅速实施预案。

最好由独立的岩土工程公司进行"审查"，因为它可以检查观察法中设计师和项目团队是否遵循既定程序并达到了应有的技术水平。理想情况下，这应该由和观察法过程无关的设计师来执行。

100.2.4　现场观察法管理流程

在现场一线，通常有许多层级的承包组织参与到项目中，所有主要参与者都需要（1）参与观察法的管理流程，以及（2）有明确的责任级别。Chapman 和 Green（2004）在伦敦市中心一个深地下室项目的论文中给出了这些组织之间的互动以及施工和监测过程中管理报告的案例；该报告的结构如图 100.2 所示。在本项目中，观察法的成功实施依赖于总承包商（HBG）、地基工程承包商（Mc-Gee）、混凝土承包商（Byrne Bros）、仪器承包商（岩土仪器）和设计/复核人员（Arup）相互之间对于实施过程、承担角色和责任的清楚理解。管理和报告层级是在绿色、黄色和红色触发级别的"红绿灯"系统下定义的，以便在实施预先商定的应急或紧急计划时，各方明确各自的责任（详情另见本章第 100.4 节）。这些计划包括加强监测、停止工作、实施额外的支撑或支护和/或恢复到预先确定的设计。在这种情况下，施工期间测得的墙体移动在可接受的范围内，因此可以节省大量费用，因为替代设计方案允许按顺序开挖两倍高的地下室，以加快自上而下的施工。

100.2.5　观察法的利弊

观察法提供了潜在的时间缩短和费用节省，监测为其提供了必要的安全保证。图 100.3 说明了观察法的一些潜在优点，欧洲岩土工程专题网（GeoTechNet, 2005）中描述了 7 个对甲方有益的详细案例（另见 CIRIA 185）。

然而，尽管观察法在应用中具有显著的优势，但是与常规设计方案相比会产生额外的成本，包括需要在现场设置更高水平的管控、更多的仪器、准备应急预案和为使用备用计划做好的准备（例如额外的支撑），以及报告反馈制度等。

100.3　观察法的概念和设计

100.3.1　不确定性和适用性

观察法在不确定性范围较大的情况下最有效。

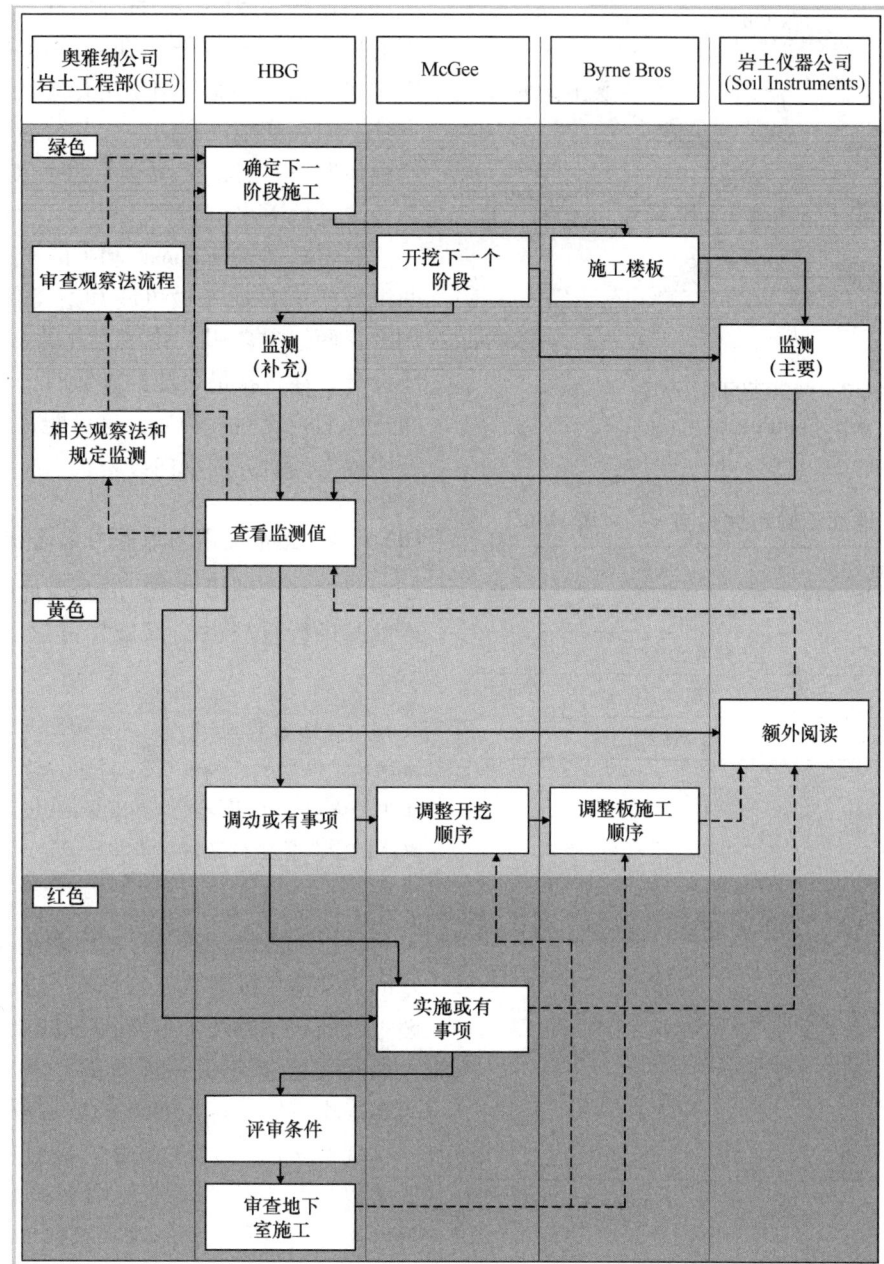

图 100.2 施工现场观察法管理和报告结构

数据取自 Chapman 和 Green（2004）

表 100.3 总结了岩土工程中经常遇到的不确定性类型。

观察法不适用于结构中存在"脆性"性能或材料迅速恶化的可能性，因为这不能提供足够的预警时间来实施任何计划的修改（例如使用过的"发现－修复"应急预案）。例如地下水引起的土的快速变差或多支撑地下室中结构构件（支柱/墙体连接）的非延性破坏。

100.3.2　土体设计参数的选择

当土体参数存在广泛的不确定性时，CIRIA 185 中的观察法使用"最可能"和"最不利"两个术语来描述土层条件的范围，如图 100.4 所示。

尽管在评估时必须采用一定程度的工程判断，以考虑数据的可靠性，但是"最可能"仍是一组代表所有数据概率平均值的参数，"最不利"参数

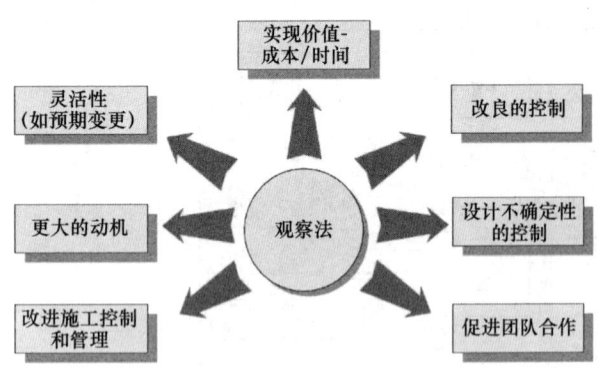

图 100.3 观察法的潜在优势

经许可，修改自 CIRIA R185（Nicholson、Tse 和 Penny，1999），www.ciria.org

地面不确定性实例   表 100.3

岩土工程不确定性	实例
地质	复杂地质与水文地质
参数和建模	不排水土壤与排水特性
地基处理	灌浆、排水
施工	复杂临时工程

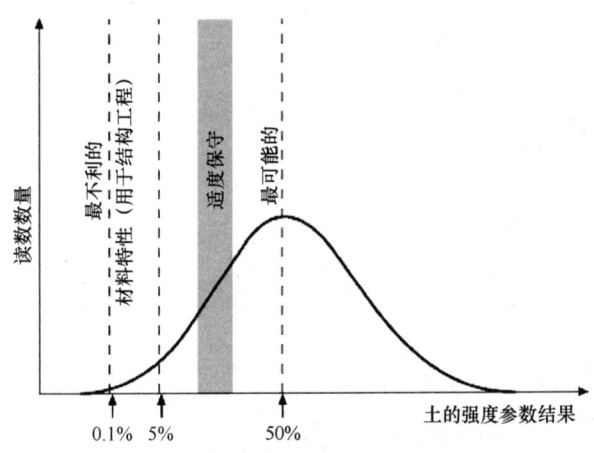

图 100.4 土体强度参数类型

经许可，修改自 CIRIA R185（Nicholson、Tse 和 Penny，1999），www.ciria.org

表示数据的 0.1% 分位数，如图 100.4 所示，这表示设计者认为在实践中可能出现的最差值。适度保守的参数（CIRIA 185）或岩土参数的"特征值"（定义见《欧洲标准 7》第 2.4.5.2 条）表示"对影响极限状态发生的值的谨慎估计"，理想情况下，可预测测量挠度的上限 5% 分位数，如图 100.5 所示。因此，适度保守的参数不是精确定义的值，这是对参数的谨慎估计，比概率平均值更差，但不像图 100.4 所示的"最不利"那样严重。

在评估这些参数时，设计师应仔细考虑现场调查数据的可靠性，并评估其在观察法中的适用性。通常，原始数据可能适用于更稳定的"预定义设计"方法，但在实施观察法时，其可靠性可能不高。在这种情况下，可能需要进行进一步的调查，例如，是否缺乏地下水位信息。

表 100.4（Chapman 和 Green，2004）给出了两组观察法参数（最可能和适度保守）的典型示例，这两组参数用于伦敦黏土中的 20m 深地下室墙设计。在选择最可能的参数时，设计师要能够证明选择的合理性；例如，这可能是其他项目的经验证明或案例研究的反向分析。

100.3.3 正常使用和承载力极限状态预测

根据《欧洲标准 7》展开设计时，需要对结构或地基进行复核以确保未超过以下承载能力极限状态：

- 结构或地基失稳；
- 结构或结构构件的内部破坏或过度变形；
- 由于强度丧失而导致地基破坏或过度变形；
- 水的浮力使结构或地基失稳；
- 水力梯度引起的水力隆起、内部侵蚀和地基管涌。

根据《欧洲标准 7》的要求还需要对结构或地基的正常使用极限状态（SLS）进行复核；对严重超过极限状态且处于不良状态的结构或地基需要进行加固或修复，在（传统的）预定义的设计中，通常采用"特征值"计算的方法来检查这些状态。

观察法时，通过使用"最可能"和"特征"的参数和条件对"正常使用"进行计算，从而获得可接受的极限状态。这些参数可为现场性能监测和审查提供预测比较基准，可以基于这些参数建立触发值，并引入如图 100.5 和表 100.5 所示的应急预案中。

如图 100.5 所示的观察法不仅适用于悬臂墙的设计，还适用于其他例子。绿色、黄色和红色区域代表观察法中使用的触发限制或信号灯控制系统。为触发值设置的精确程度不仅取决于所使用的"发现-恢复"应急预案，还取决于预测的计算值。例如，如果应急预案中在反压土体前设置护堤或引入斜撑，则实施这些措施所需的时间将会影响这些触发限制的设定。触发因素可能基于两个标准：第一个是墙体的挠度，第二个是墙体的位移速

观察法的两组设计参数 表100.4

参数	适度保守 常规设计	最可能的 （OM）	参考
人造场地	$\varphi' = 25°$	$\varphi' = 38°$	OAP – Broadgate
粗砾	$\varphi' = 36°$	$\varphi' = 40°$	Lehane et al.
伦敦黏土	$\varphi' = 23°\ c' = 0$	$\varphi' = 24°\ c' = 10\text{kPa}$	OAP，Cross Rail
兰贝思黏土	$\varphi' = 23°\ c' = 0$	$\varphi' = 28°\ c' = 25\text{kPa}$	OAP，Cross Rail
粗砾中的水压	+7.5mOD	—	Geotechnical Report
欧洲议会	applied from GL	—	Observations
软化	被动土	—	Observations-OAP Horseferry Road
超载	20kPa	20kPa（永久的） 10kPa（临时的）	—
超挖	0.5m	无	—
不排水抗剪强度 伦敦黏土	$70 + 7.5z\cdot\text{kPa}$	$+5.5 \leqslant d \geqslant -11.0\text{mOD}$ $112 + 519z + \text{kPa}$ $-11.0 \leqslant d \geqslant -17.5\text{mOD}$ 200kPa $-17.5 \leqslant d \geqslant -29.2\text{mOD}$ 400kPa	结果见图100.4
不排水抗剪强度 兰贝思黏土	300kPa	400kPa	结果见图100.4
黏土刚度	$1000c_u$	$1500c_u$	反分析

摘自 Chapman 和 Green（2004）

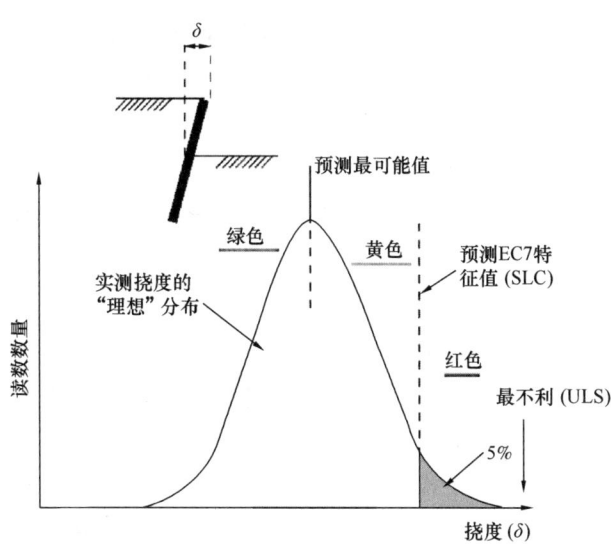

图100.5 EC7中理想预测性能与实测性能的对比
经许可，修改自 CIRIA R185（Nicholson、Tse 和 Penny，1999），www.ciria.org

最可能、特征值和最不利的定义 表100.5

最可能的	超过位移预测50%的可能性
特征值（EC7） 或适度保守（CIRIA 185）	超过位移预测5%的可能性
最不利（CIRIA 185）	超过位移预测0.1%的可能性

数据取自 CIRIA R185（Nicholson、Tse 和 Penny，1999）

度，以确保有足够的时间来实施应急措施。墙的挠度正常使用极限状态有时被用作一系列不良结果的一个容易测量的代名词，包括弯矩破坏和支柱屈曲。应该指出的是，观察法不应该导致过度的变形，而且如果超出了限制，崩塌的风险仍然很小。

关于承载能力极限状态的预测，《欧洲标准7》确定了三组局部因子，用于评估最终的极限情况。这些局部因子被应用于地基的"特征值"确定，但在本质上，承载能力极限状态的设计值与最不利的条件相似（图100.5）。例如在挡土墙中，承载能力极限状态预测用于估算结构力、弯矩和剪力，但墙体的极限状态变形也可以作为确定红色预警区域最大变形的有效准则（图100.5）。墙体变形的"上限"（或曲率）在制定观察法中意外性能的应急预案时可以提供有用的信息，并且可提供观察法的"最优出路"实施方式，前提是存在的问题已在承载能力极限状态发生之前及时被辨识了，并在考虑安全性的条件下有实施灾害修复计划的时间。

100.3.4 安全系数

选择承载能力极限状态（稳定性）计算的设计值，使失效破坏概率降低至可接受范围。需要注意的是，在设计中对承载能力极限状态条件进行评估时，观察法的目的是去除地基中的不确定性（表100.2），而不是降低安全系数。

英国和其他一些欧洲国家的标准传统上在土体设计参数上应用了"安全系数"，该参数会根据基础类型和地面荷载重分布类型发生变化（例如，桩筏的工作机理不同于单柱单桩）。另一方面，《欧洲标准7》对地基参数的特征值应用了分项系数。图100.6说明了这两种方法如何产生不同的安全系数，以及它们在不同假定的设计土体参数下如何变化。

100.3.5 在合约模型和安全设计的框架中实施观察法

英国主要设计合同基本上有两种形式：

- 客户指定咨询机构进行永久性设计（"工程师设计"），承包商负责指定工程的设计。以这种形式承包商只负责完成永久性工程所需的临时工程设计。
- 客户根据咨询工程公司的大纲或方案设计，指定"设计和建造"承包商来完成设计。

当客户指定施工经理或项目经理管理整个合同时，也会出现这种变化。应该指出的是，在某些欧洲国家的合约模式非常不同，当事人之间的责任不太明确，各方的法律义务可能很严格，因此，观察法的应用也需要考虑这些因素。

观察法的流程可以应用于上述英国模式中的两种合同形式。在这两种情况下，设计产品包括：

- 图纸；
- 工作规范和工程量清单；
- 计算书。

除此之外，《建筑（设计与管理）条例2007》（CDM条例）赋予了委托人新的职责，设计师和承包商在设计和建造项目时都要考虑到健康和安全问题。对于设计师来说，这意味着设计不再是一组计算，而是必须满足以下条件：

- 解决建设适宜性问题；
- 识别安全方面的危害和风险；
- 通过良好的设计消除危险，在不可消除危险的地方，将风险降至较低水平；
- 通过制作"风险登记册"，展示这一过程在设计中是如何演变的；
- 说明对邻近建筑物（地上或地下）的影响。

以上这些规定旨在加强设计师和承包商之间的联系，并将事故风险降至最低，主要通过以下手段：

- 由工程师和承包商制定"健康和安全计划"；
- 客户指定一名方案主管，在施工前和施工期间审查"健康和安全计划"；
- 寻求第三方检验员的批准。

因此，CDM条例规定符合观察法的目标，即整合设计和施工过程以产生安全的设计和施工实践。从欧洲委员会资助的GeoTechNet的3号工作包中进行的工作来看，并非所有欧洲国家都存在具有适当CDM条例和风险评估的英国合同模式。需要重申的是，当在这些国家实施观察法时，需要充分理解国家政策和条例，并将其纳入行动程序。

在新奥法隧道工程中，HSC（1996）还描述了在达到不可接受的事故场景之前，通过使用"发现-修复"模型来管理风险的过程，这种方法和观察法完全一致。

100.3.6 迅速恶化

在某些工程情况中，通过修改如下施工顺序，可以控制工程迅速恶化：

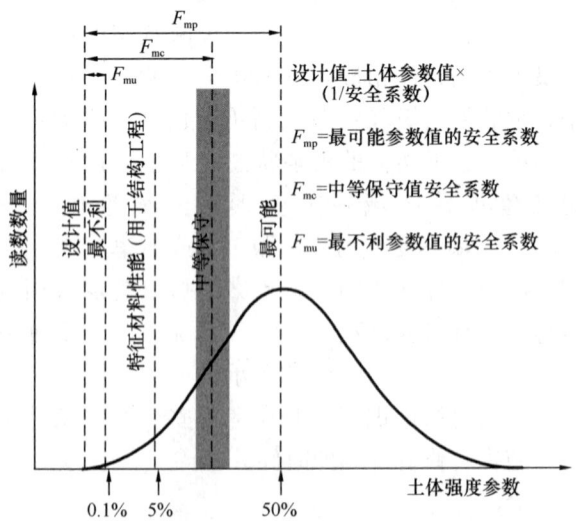

图100.6 安全系数在不同类型设计土体参数中的应用

经许可，修改自CIRIA R185（Nicholson、Tse和Penny，1999）, www.ciria.org

（1）采用多阶段施工工艺。例如，在软黏土上修筑路堤就是一个例子。采用分层填筑的方法来控制安全系数的迅速降低，在填筑休止期间用监测来确定下一次填筑时间（图100.7给出例子）。

（2）采用增量施工工艺。例如，新奥法隧道工程就是一个例子，在使用上述红绿灯系统的发现-修复计划（图100.8）中，工作面的掘进和控制工作面损失的速率，是决定地面位移如何得到控制的关键组成部分。该图显示，问题发现得越晚，风险越高，结构处于稳定性降低状态的时间也越长（红色区域）。延迟推动决策制度和修复也会产生同样的负面效果。在这种情况下，触发极限可以设置为位移绝对值和/或速度。

早期作出决策以促使采取修复行动的重要性，是英国健康与安全执行局（HSE）（HSC, 1996）发现修复模式的一个重要特点，并且这是适用于英国所有建筑工地的法律要求。下面描述的触发因素值的使用，是观察法的一个基本特性，也可用于"预先定义的设计"（见第100.1.3节），以便在使用监测时，有足够的时间实施应急措施。

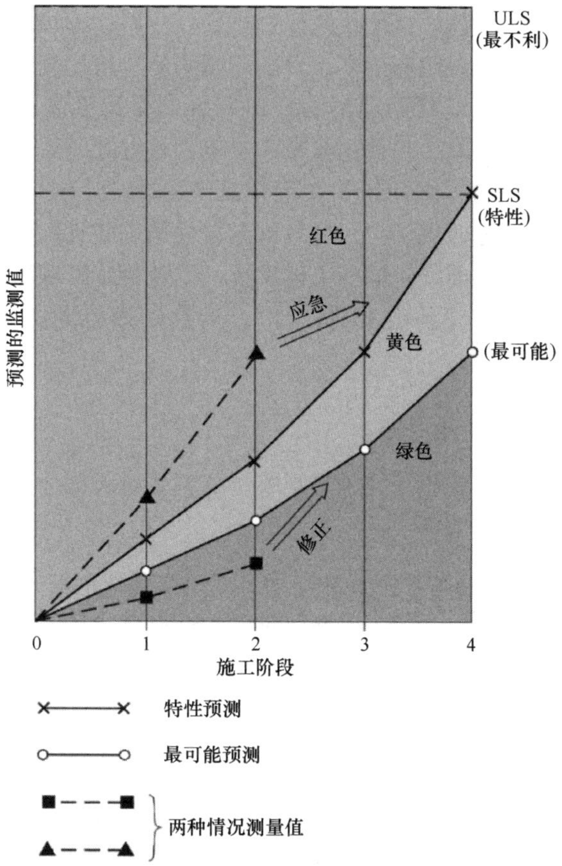

100.4 在施工期间实施计划的修改

100.4.1 触发值

如上文所述，观察法使用包含有绿色、黄色和红色反应区的"红绿灯"系统使得施工处于受控状态，如有超过安全绿色施工限度的危险，可按如下方法处理：

- 绿色——继续施工；
- 黄色——谨慎施工，并准备实施应急措施，提高监测频次；
- 红色——暂停施工，尽一切可能减缓行动，实施应急措施。

在设置触发值时，应注意以下几点：

- 触发值的选用可以是位移的绝对值或速率，也可以是两者都有。
- 设定触发极限值时还应考虑仪器的精度以及是否可以实际量测。
- 因此，位移测量所用仪器的选择应从项目实际出发，而不是简单地基于成本最低去考虑。
- 黄色/绿色的界限应根据设计要求合理设置，以便该界限被突破的可能性很小（如：数值偶尔会偏离绿区），但如果突破了界限，则应认真对待。

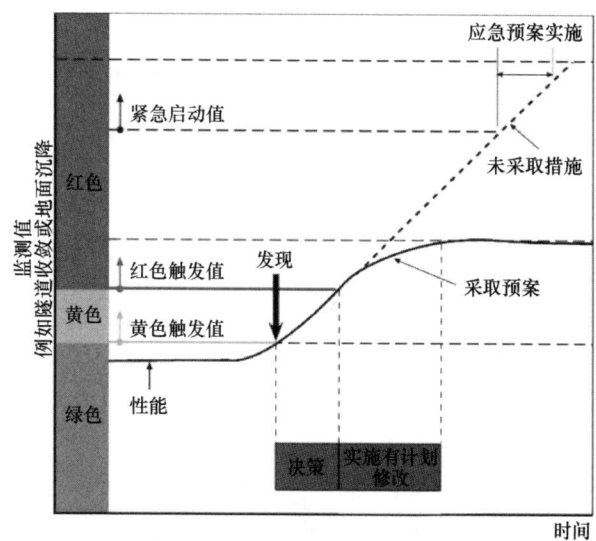

图100.7 多阶段施工触发值

经许可，修改自 CIRIA R185（Nicholson、Tse 和 Penny, 1999），www.ciria.org

图100.8 渐进开挖（隧道）过程的红绿灯系统

经许可，修改自 CIRIA R185（Nicholson、Tse 和 Penny, 1999），www.ciria.org

- 一旦超出触发值，应认真执行应急方案。
- 应认真选择监测仪器，监测承包商应该在这类工作中具备足够的经验。

为在观察法中实施计划的修改，触发值应与"最可能"（绿色/黄色限制值）和"特征值"（黄色/红色限制值）相关联，如图100.5、图100.7和图100.8所示。图100.9说明了另一个用于悬臂式挡土墙位移监测的例子。从这个例子中可以看出，监测到的位移量也远低于最可能的条件。

100.4.2 监测系统

监测系统依据观察法的建设项目的类型而变化。在观察法中，对于"主要"和"次要"监测系统的确定也是非常重要的。例如在多支撑的深地下室施工中，主要系统（例如，在邻近的共用墙结构上安装的倾斜仪和壁挂式沉降仪）可能是实施观察法中应急措施所依赖的主要仪器，而次要系统（例如，在墙体顶部或周围平整地面的三维目标）则可能是一个使用更频繁和快速的监测系统，可以迅速评估挖掘工程的进度，并对更广泛地了解工地的地面位移模式起到帮助。当考虑在一个项目中使用的仪器数量时，应考虑是使用远程方法（可能费用较高）还是使用手工方法（劳力密集型）进行监测，如果选用后者，还需考虑在一天内进行一轮监测所用的时间。总之，可对需要监测的最重要的设备进行评估并将其作为整个观察法策略的一部分。

观察法一个必要组成部分是，主要系统在现场一旦遭遇损坏，则需要立即修复，以确保观察法能够继续持续实施。Chapman 和 Green（2004）以激发限制和流程管理者为背景，以伦敦某深地下室施工为例，阐述了主要和次要仪器的使用范围（图100.2）。

100.4.3 观察法质量计划

在实施观察法之前制定一个质量计划是很有必要的。该计划应基于既定的施工顺序呈现出设计师对现场位移的预测。施工顺序的每个阶段也应显示出使用上述红绿灯系统所预测的可接受限度。

能够让整个项目团队都能理解的简单图示化结果展示至关重要，以伦敦某20m深的地下室施工为例，该工程采用了自上而下的挖掘方法，如图100.10所示。该质量计划显示了计划采用双倍高度开挖技术每个开挖阶段墙体变形的绿色和红色限度的预估值，以便快速建造楼层。测斜仪记录的实际位移可以绘制出来，以此与预测值进行比较。这些图表可以帮助观察法的评审者们做出明智的判断，并将整个项目团队带入决策：是继续开展下一个阶段的挖掘，还是在继续施工之前执行应急措施。在上述例子中，应急措施包括额外的支撑、开挖下一层前使用墙前土体反压，以及将施工顺序改为原始的"预定义的设计"，即逐一进行开挖/施工楼板。

100.4.4 施工控制

成功的施工控制是观察法的重要组成部分，其主要过程如下：

- 施工控制表用于记录施工操作中的所有细节，分阶段开挖过程中暴露的材料的强度，暴露材料的材质和结构及其暴露在水中引发的表面劣化（图100.11）。
- 该控制必须完全集成在项目团队中，并且应使用简单，得到的数据便于查阅；此外，若要做出明智的决定，图示化的结果展示是必不可少的（图100.10）。
- 每个流程都必须有一个具有一定责任和行动能力的流程负责人，正如 Chapman 和 Green（2004）在图100.2 中所描述的那样。当一个项目中有许多分包商时，主要决策机构通常是主承包商，他们有更大的控制范围和权力，可以立即叫停现场的施工。

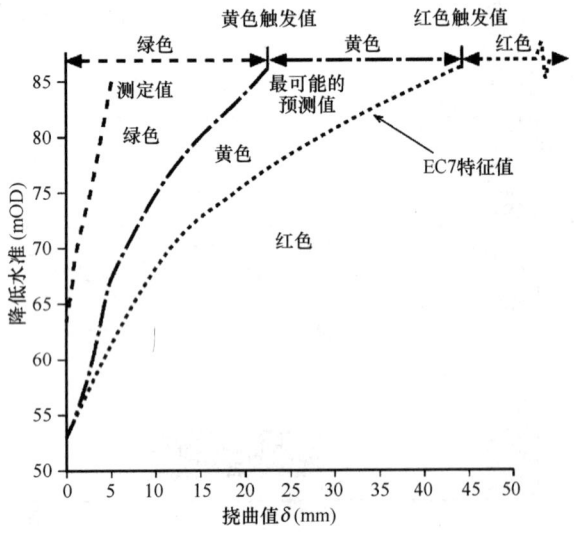

图100.9 挡土墙中触发限制值的例子

经许可，修改自 CIRIA R185
（Nicholson、Tse 和 Penny, 1999）, www.ciria.org

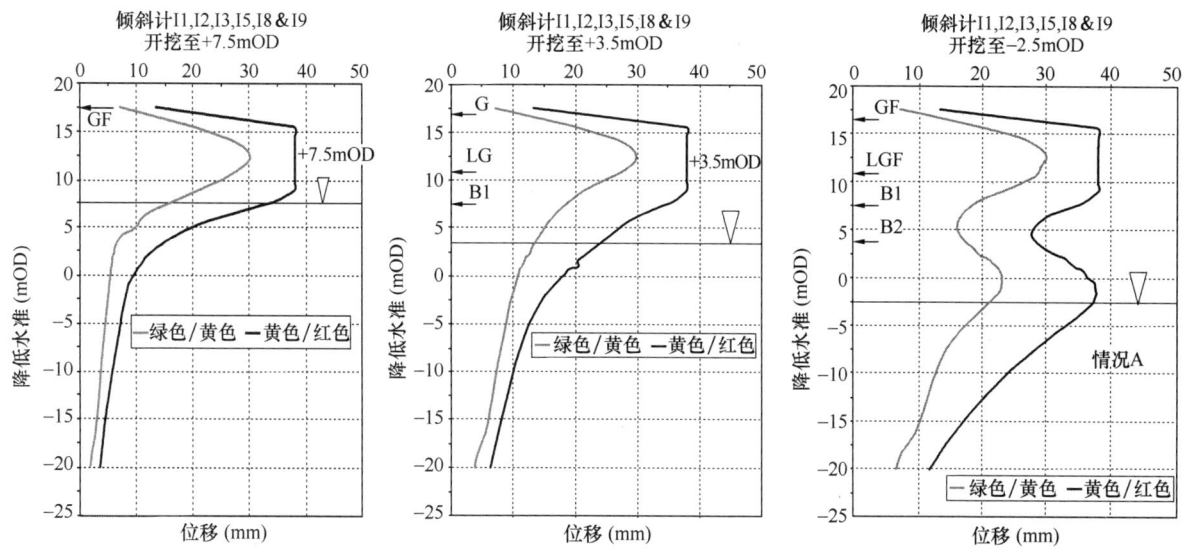

图 100.10　由上而下分级开挖地下室的典型质量方案

摘自 Nicholson、Dew 和 Grose（2006）

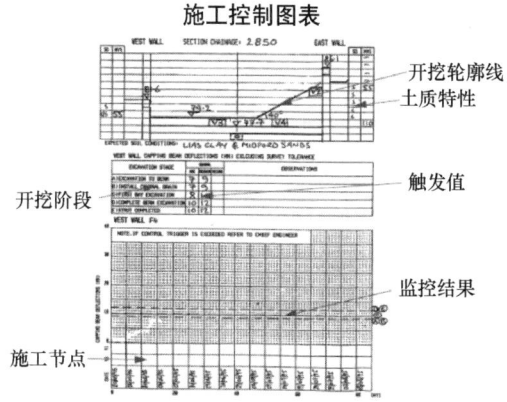

图 100.11　由承包商准备的现场施工控制表的例子

摘自 Nicholson、Dew 和 Grose（2006）

100.5　观察法的"最优出路"实施方式

"最优出路"实施方式用于预定义的设计（表100.1）中的监测检查由于意外原因超出预测值但未达到紧急情况。Peck（1969）给出了若干应用"最优出路"实施方式的例子，在这些方法中，观察法是用来应对一些意想不到的事件或未能找到解决方法的困难。Nicholson 等（2006）提出了一种针对多阶段深基坑开挖项目的结构化修复方法，该方法可用于解决开挖过程中出现问题的情况。这些作者研究了 Nicoll 高速公路（COI，2005）塌方后的调查报告，为避免此类事故再次发生，提出了下述"最优出路"解决方案。

在"发现"的前提下，"最优出路"实施方式的启用将触发"初始修复决策"阶段，如图100.12 所示。

在所有情况下，这将导致停止工作和/或执行应急预案，以确保现场工作人员和民众的安全，同时要对意外事件开展全面调查。由于这一初始阶段需要迅速地作出决定，因此这种评估在一定程度上将不可避免地是定性的，而非定量的。

一旦现场的安全得到保障，项目团队可以将注意力转向项目的修复直到完全稳定的状态，这意味着通过对实际情况的反分析，并与原设计进行比较，首先对意外事件实施"设计评审过程"。该过程可以被分解为四个过程（简称"RADO"），如图100.12 所示。下文第100.5.1 节将简要描述这些过程。

在设计审查之后，项目团队可以考虑如下两个阶段：

■ 是否启用观察法的"最优出路"实施方式，在这种情况下，将遵循如图100.1 所示以及本章中描述的框架进行；或

■ 是否在传统的、但经过修订的、预先确定的设计的基础上进行完全的重新设计。

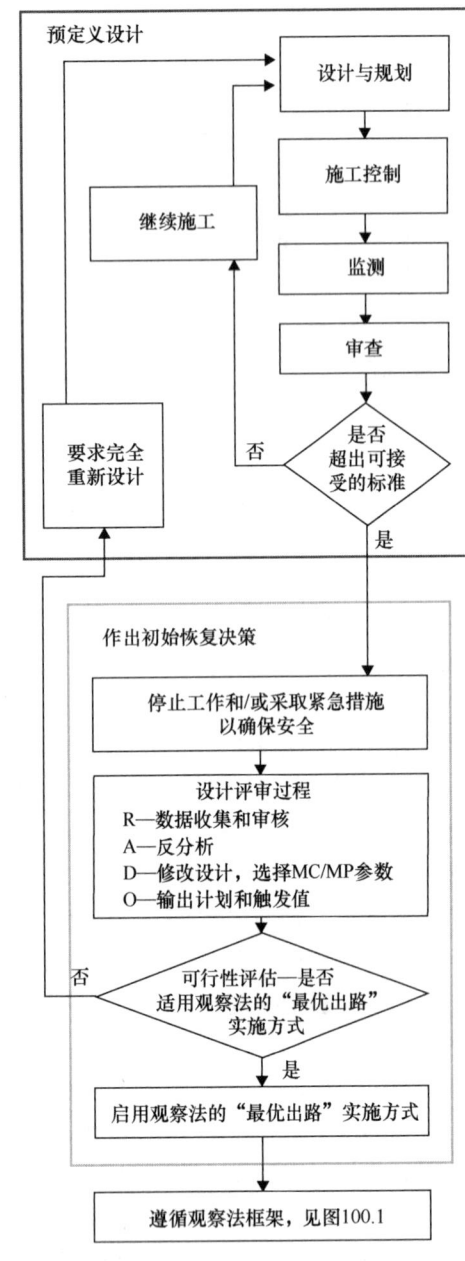

图100.12 "最优出路"操作框架

摘自 Nicholson、Dew 和 Grose（2006）

设计评审四个流程（RADO）

流程R：数据收集和审核

该过程包括收集所有可用的数据来定义结构的实际性能，以便在反分析中使用。该过程中应特别强调了解现场的实际情况和施工性能，而不是证明最初的设计和假设是正确的。数据来源应包括：土体数据和地质条件；施工记录；反分析流程所需的实际事件发生顺序；导致意外事件的观测物理量。

流程A：反分析

这一过程的目的是完善设计师对结构的实际性能的理解，并减少设计中的不确定性。该过程包括：建立最可能的参数；利用最可能的参数建立合适的模型；与监测数据和现场观测结果进行比较；如果没有达成良好的一致性，则审查/修改参数；一旦建立可靠的模型，就可开始设计。

过程D：验证修改后的设计

该过程用于剩余的施工阶段，包括使用真实模型和从反分析中得到的参数来预测未来的状况，但在模型中保持一定程度的保守性。结构性能应采用适度保守的（特征）参数进行正常使用设计，并采用"最不可信的"或因子参数进行稳定性验算（详见第100.3.3节和第100.3.4节）。

过程O：输出方案和触发值

如果要使用观察法的"最优出路"实施方式，则本章所述的流程必须与项目中的所有利益相关者达成一致，并制定适当的应急和监测方案，建立触发值和管理团队。

100.6 结语

本章概述了观察法在工程项目中的应用。它提供了一个按"从头开始"方式和"最优出路"方式（传统设计项目遇到困难时使用）实施观察法的结构性框架。CIRIA 185（1999）为观察法提供了全面的指导，在本章写作时也对其进行了大量的参考。读者在考虑使用观察法时可参照本章内容，因为其制定了一个合理的框架来实施观察法，并且比目前《欧洲标准7》所描述的观察法更为严谨。本章中引用的其他案例也反映了自 CIRIA 185 发布以来，在近期的项目中使用观察法的优秀实施案例。

100.7 参考文献

British Standards Institution (2004). *Eurocode 7: Geotechnical Design – Part 1: General Rules*. Brussels: Comité Européen de Normalisation. London: BSI, BS EN1997-1:2004.

Chapman, T. and Green, G. (2004). Observational method looks set to cut city building costs. *Civil Engineering*, **157**(3), 125–133.

CO1 (2005). *Report of the Committee of Inquiry into the Incident at the MRT Circle Line worksite that Led to the Collapse of the Nicoll Highway on 20 April 2004*. Singapore: Ministry of Manpower.

GeoTechNet (European Geotechnical Thematic Network) (2005). *Work Package, WP3: Innovative Design Tools in Geotechnics – Observational Method and Finite Element Method* (ed Huy brechts, N.) BBRI (Nov. 2005). Project with financial support of the European Commission under the 5th Framework, Project GTC2-2000-33033. www.geotechnet.org

Health and Safety Commission (HSC) (1994). *Managing Construction for Health and Safety. Construction (Design and Management) Regulations 1994.* Suffolk, England: HSE Books.

Health and Safety Commission (HSC) (1996). *Safety of the New Austrian Tunnelling Method (NATM) Tunnels: A Review of Sprayed Concrete Lined Tunnels with Particular Reference to London Clay.* Suffolk, England: HSE Books.

Nicholson, D. P. and Penny, C. (2005). The observational method: application on the railway. *Network Rail Earth Works Suppliers Conference*, Birmingham, UK.

Nicholson, D. P., Dew, C. E. and Grose, W. J. (2006). A systematic 'best way out' approach using back analysis and the principles of the observational method. In *International Conference on Deep Excavations*, 28–30 June 2006, Singapore.

Nicholson, D., Tse, C. and Penny, C. (1999). *The Observational Method in Ground Engineering: Principles and Applications.* CIRIA Report 185. London: Construction Industry Research and Information Association.

Peck, R. B. (1969). Advantages and limitations of the observational method in applied soil mechanics. *Géotechnique*, **19**(2), 171–187.

Powderham, A. J. (1994). The value of the observational method: development in cut and cover bored tunnelling projects. *Géotechnique*, **44**(4), 619–636.

Powderham, A. J. and Nicholson, D. P. (1996). *The Observational Method in Geotechnical Engineering.* London: ICE/Thomas Telford.

实用网址

GeoTechNet(欧洲岩土工程专题网(European Geotechnical Thematic Network));www. geotechnet. org

英国健康与安全执行局(Health and Safety Executive,简称HSE);www. hse. gov. uk

建议结合以下章节阅读本章：
- 第78章"招标投标与技术标准"
- 第79章"施工次序"
- 第94章"监控原则"
- 第96章"现场技术监管"

本书以第1篇"概论"和第2篇"基本原则"为指导进行章节编排。如第4篇"场地勘察"中所述，各类岩土工程均应进行扎实的现场勘察工作。

译审简介：

宋义仲，山东省建筑科学研究院有限公司董事长，研究员，享受国务院政府特殊津贴专家，山东省建筑工程大师。

周鸣亮，同济大学副教授，国际土力学及岩土工程学会（ISSMGE）青委会亚洲负责人，剑桥大学博士，从事多相场下岩土及地下工程安全研究。

第101章 完工报告

罗杰·琳赛（Roger Lindsay），阿特金斯公司，埃普索姆，英国
马丁·肯普（Martin Kemp），阿特金斯公司，埃普索姆，英国
主译：刘永超（天津建城基业集团有限公司）
参译：王淞
审校：张武（中国建筑科学研究院有限公司地基基础研究所）

DOI：10.1680/moge.57098.1503

目录

101.1	引言	1473
101.2	撰写完工报告的理由	1473
101.3	完工报告的内容	1475
101.4	质量问题的论述	1476
101.5	健康和安全问题的论述	1476
101.6	文件系统和数据保存	1477
101.7	小结	1477
101.8	参考文献	1477

岩土工程完工报告旨在描述、整理和总结在施工过程中发生的岩土工作内容以及所有施工后的监测。该报告是施工验收过程的一个重要组成部分，它提供了与资产未来所有者的维护、拆除或再利用相关的信息。完工报告应是岩土工程报告周期的最后环节。

101.1 引言

本章描述了编制一份完工报告的相关性和重要性。虽然这往往是主要土木基础设施项目的合同要求，但完工报告很少引起足够的重视，得到恰如其分的对待。通常情况下，这份报告是在工程结束后，重点是前期工作人员离开现场和设计团队遣散的期间匆忙编制的，缺乏工作人员的连续性。

编制完工报告的重要性很少体现在施工过程阶段，却常体现在将来发生某一事件（通常涉及其他事件）需要查询记录的信息和具体细节时，认识到这一点，编写报告的基础应是设计和施工过程的一个重要和有价值的部分，而不仅仅是合同的履行。

岩土工程完工报告是报告环节的终点，包括对事实数据、解释性数据和设计数据的初步研究和岩土工程报告（见第50章"岩土工程报告"和《欧洲标准7》）。报告也可以称为反馈、完成、验证或有效性报告。

101.2 撰写完工报告的理由

作为施工验收的一部分，在一份完工报告中记录和记载项目施工阶段的岩土工程要素是最好的。在某些情况下，如下文所述，需要编制一份完工报告。该报告是评估未来项目中岩土工程要素再利用情况的重要组成部分（见 BRE EP73、BRE EP75 和 CIRIA C653）。例如，面对100个使用了30年的桩，如果有一个最终的竣工图，并且知道只有23号和76号桩有不符合项报告（NCR），并且已妥善地解决了，有了完整的施工和测试详细资料后，那么评估就具有更大的可信度。

完工报告提供了一种证明岩土工程设计的验证和实施的手段（从岩土工程报告阶段开始），并记录施工阶段对设计的所有变更。竣工工程经常与"设计"或"施工"图纸上显示的工程内容不同。图101.1 显示按"施工图"要求削成的边坡，而图101.2 显示了在现场工程期间增加的额外补救工程，从而在边坡表层土体硬化前，保持坡体填充沉积物的稳定性。

完工报告的一个关键内容是对施工可行性问题的反馈，然后可以引导更具成本效益的可建造设计，这是基础设施业主的一个重要诉求。例如英国

图101.1 按"施工图"要求削成的边坡

图 101.2 在补救工作完成后，在"竣工"图纸上记录路堑坡度

公路局（UK Highway Agency），在那里，反馈可以被纳入未来对其标准规范的改进。例如，对于土方工程材料刚好位于规定的级配范围之外，需要报告其在铺设和压实时的表现，以及是否需要改变已有的压实标准从而符合压实要求。

完工报告还提供了有关维护、拆除、重复利用的岩土工程的资料，以及在个别情况下，如工程地基沉降过大等问题出现时进行司法调查。

根据欧洲标准设计的项目需要编制岩土工程设计报告（见第 50 章"岩土工程报告"）。《欧洲标准 7》（EN 1997-1：2004）作为一个准则详细地阐述了设计报告应为工程提供一个"监督和监测计划"。该计划确定了在工程施工期间和其后要适当检查和监测的项目。当检查和监测完成后，《欧洲标准 7》要求将检查和监测结果记录为"［岩土工程设计］报告的附录"。完工报告可作为记录和提供设计报告"附录"的方法。

框 101.1　说明完工报告的益处

伦敦市中心 10 层建筑的基础是群桩负责支撑柱荷载的方案。在施工过程中，监测团队注意到以下情况：(1) 利用现场基桩试验结果重新评估了桩的承载力，一些已成桩的长螺旋钻孔压灌桩（CFA）的深度缩短；(2) 已施工的桩的配筋深度不同（设计深度为 10m，施工深度为 8～10m），原因是难以将钢筋笼插入新浇混凝土中；(3) 历史上已存在的大体积混凝土基础和井（图 101.3），这意味着部分承台下的一些基桩需要重

新布置，以避开旧基础。将设计中的所有这些变化记录在完工报告中，意味着这些桩可以在未来的再开发中重新使用。此外，完工报告还可以提供关于妨碍隧道工程的桩的信息，或者可以利用基础信息来评估由于隧道施工引起的地层位移对桩基础的影响。

编制完工报告的一个重要理由是要满足英国的《建筑（设计与管理）条例 2007》（CDM 条例）的要求。当这些条例适用于一个项目时，需要在项目完成后编制"健康与安全档案"（Health and Safety File）（见第 42 章的"分工与职责"）。此文件旨在向未来的用户、设计师和承包商提供信息。完工报告可用作记录相关信息以纳入上述文件的机制。需要指出的是，建筑工程的其他当事方也需要参与"健康与安全档案"的编制，这些当事方应就其负责的范围达成协议。这一协议可减少所提供信息可能出现的重叠、冲突或分歧。

英国公路局——英国主要基础设施所有者之一——已认识到记录项目施工活动的重要性，而且作为其设计标准的一部分，要求提供反馈报告，如《岩土风险管理》（Managing Geotechnical Risk）（HD 22/08）（2008）所述。桩基工程行业也明白记录其现场施工活动的必要性，并在广泛使用的行业标准桩工规范《桩和嵌入式支护结构施工规范》（Specification for Piling and Embedded Retaining Walls）（2007）中纳入了"完工报告"的要求。

2006 年在英国建筑研究院（Building Research Establishment）举行的"城市地基基础再利用"（RuFUS）国际会议，强调了根据现有资料核实现有地基基础的问题，以供在新工程中再利用。会议论文集（BRE EP73）及其相关的最佳实践手册

图 101.3　场地清理过程中遇到的既有基础和水井

（BRE EP75）提供了有用的背景资料，说明评估地基基础的再利用需要哪些资料。2007 年，CIRIA C653《地基基础再利用》（*Reuse of Foundations*）进一步强化了这一点（Chapman 等，2007），为评估桩基础再利用提供了更详细信息，但所描述的原理也可以应用于其他地基处理方案。有关地基基础再利用的保险和责任等重要议题在 Chapman 等的论文（2001）和 CIRIA C653 中已阐述。

岩土及岩土环境工程专业协会（AGS，2005）报告《AGS 场地报告编写指南》（*AGS Guidelines for the Preparation of the Ground Report*），包括了编写完工报告的理由，本章总结了该报告的要点。

学习要点

- 完工报告可说明岩土设计的审核、实施与设计规范的一致性。
- 报告汇集并记录设计变更，及其在建设阶段是如何实施的。
- 该报告为工程的再利用提供了有用的信息。

101.3 完工报告的内容

完工报告应是一份独立的报告，可以交叉引用设计报告或设计规范（包括图纸）。完工报告不能完全取代设计报告或规范，但应添加到工程的岩土知识库中。因此，报告应以简洁的文字描述场地、岩土工程、检验和监测数据，并辅以图纸、数字和照片等材料（图 101.4）。报告的来源资料应作为报告的附录或作为单独的报告，可供参考。完工图纸也是详细说明施工情况的完工报告中的重要组成部分。正确引用的照片（例如附带日期、方位、主题）亦可提供一个良好的工作现场记录。报告的一个关键要素是包括现场文件、施工和监理记录（见第 96 章"现场技术监管"）。

完工报告不拟用作检验/确认作为建造工程某一部分而进行的任何环境岩土工程。环境岩土工程包括测试污染样本和修复受污染场地等工程。然而，对于环境岩土工程的突出因素，如污染障碍，应列入完工报告。通常需要一份单独的报告，说明有关环境岩土工程的检验/确认情况，以便向有关部门发布。

大多数项目将产生大量的数据，这些数据可能难以在整个项目的背景下表述或理解。完工报告应在逻辑框架内清楚地呈现这样的信息。统计数据通常可以更有效地以图形格式显示，如时间序列图或空间图（图 101.5）。与所有报告一样，陈述的方式和表达清晰很重要。AGS（2007）《编制场地报告规范做法指南》（*Guide to Good Practice in Writing Ground Reports*）提供了关于撰写场地报告好的做法的指导。

完工报告的内容至少应符合工程的规模和复杂性，岩土工程包括以下细节：

- 所涉及的项目组织结构（例如：客户、咨询顾问、总承包商、地基工程承包商）；
- 工程（主要工程和岩土工程）及其他工程有关（例如岩土环境修复的描述）；
- 工程计划；
- 与国家认可的测量网格相关的工作地点；
- 现场背景和原始现场条件说明；
- 相关现场调查报告汇总（包括设计报告）；
- 其他附加的场地勘察工作的细节；
- 现场文件、施工和监理记录；
- 所遇到的地面和地下水条件的描述；
- 土工和符合性测试（包括校准证书）；
- 监测工程及其对邻近建筑物、构筑物和公用设施的影响；
- 临时工程（包括重要的完工资料）；
- 完工记录，包括图纸、明细表和登记册（例如：桩、土钉等）；
- 不符合报告或类似情况以及补救行动；
- 现场和进度照片；
- 环境监测（例如：打桩或设备移动引起的振动）；
- 与监管部门沟通的详情（例如：英国的环境署）；
- 工后监测安排及维护要求；
- 工程报废的关键条件。

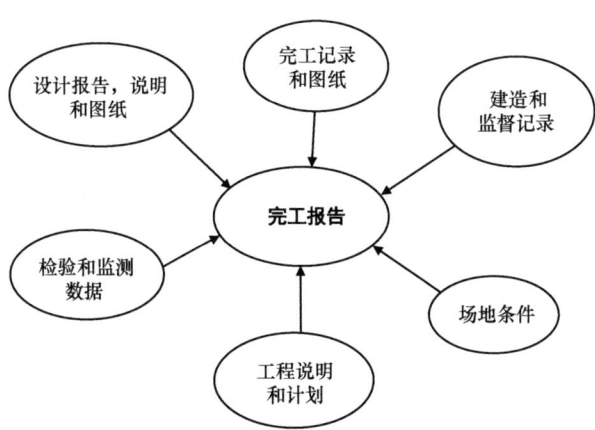

图 101.4 完工报告的主要内容

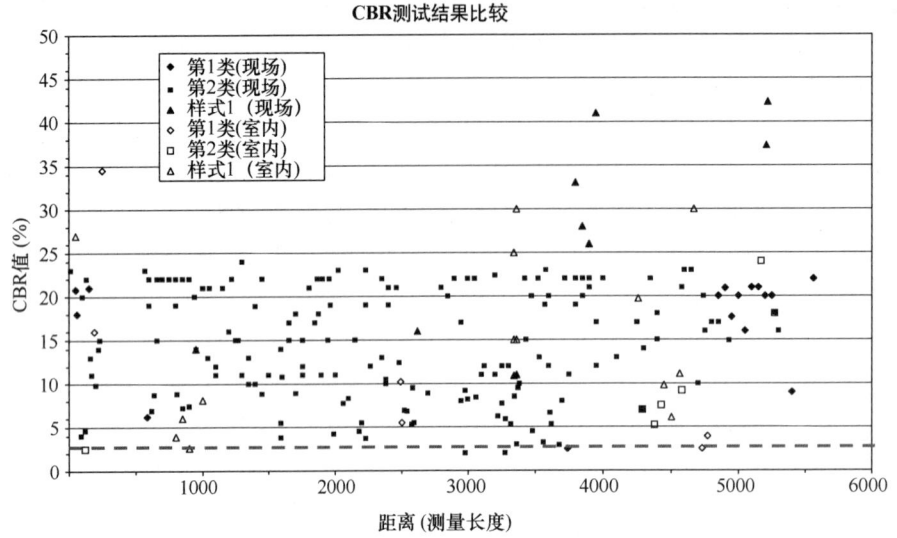

图 101.5　数据的图表示例

英国公路局在其设计标准 HD22/08 中为其反馈报告提供了详细的格式。这种格式和内容清单可以成为编制其他基础设施项目完工报告的基础。AGS（2005）就完工报告的编写和内容提出了更详细的建议。

101.3.1　学习要点

- 完工报告应简明扼要地描述现场、岩土工程、验收和监测数据，并辅以图纸、数字和照片。
- 报告应明确记录现场与岩土工程设计报告、规范和施工图纸中详细说明有关的所有变更。

101.4　质量问题的论述

完工报告中应说明主要工程和岩土工程施工的质量体系。报告中还应描述工程监理的质量保证策略。与岩土工程质量问题有关的相关记录应包括在完工报告中，同时附上关键质量问题及其解决方案的摘要。

岩土工程中可能会出现不合格项记录或类似的情况，主要原因是场地的不确定性（条件和反应），以及通过场地勘察评估场地的程度有限（见第 44 章"策划、招标投标与管理"）。完工报告应说明解决不合格项记录的方法，所采取的补救措施及其对岩土工程设计、建造和使用的影响。出现不符合项记录这一事实往往意味着岩土工程在建设过程中发生了变化，这将需要考虑额外的设计。因此，完工报告需要表明，不合格项记录已经得到了合理的考虑，并采取了适当的行动来解决不合格项记录。

101.4.1　学习要点

- 包括与质量有关的记录有助于工程的验收过程。
- 报告与施工有关的不合格项的处理是证明工程质量的关键部分。

101.5　健康和安全问题的论述

岩土工程设计师将确定与其设计有关的关键健康和安全问题和风险。传达这些问题和风险的更好方法是将它们以注释的形式显示在"施工"图纸上。这些问题/风险应该与设计师在施工、维护和停用方面的重要假设有关。在施工结束后，设计师关于维护和终止使用的重要假设应包括在"竣工"图纸中，并列入完工报告中。

在施工阶段，设计者已经详细说明了某个重要问题，如建议的施工顺序，承包商可以采用这个顺序或开发他们自己的替代方法。这可能会大大改变原设计师关于工程维护和终止使用的假设。因此，这些问题或风险需要由承包商和/或设计者在纳入"竣工"图纸之前进行重新评估。

大部分岩土工程一旦建造后就被掩埋，不易进行检查或勘测，因此有必要对施工期间暴露的特征及其处理进行准确和详细的记录。以下是列入完工报告中，可能存在与维修、终止使用或再使用有关的健康和安全问题特性的例子：

- 观察地基地层，例如换填劣质地基材料的区域；
- 开挖中的地下水，例如：水位、水质和来自哪一层；
- 场地遭遇污染的区域；
- 既有人为造成的障碍物，例如：地基基础，考古遗迹，水井；
- 新产生的人为障碍物，例如：测试桩、留在原位的板桩；
- 公共设施，特别是在私有土地上；
- 临时工程，例如：板桩、土钉、开挖/边坡范围、降水；
- 边坡/基坑失事区域；
- 相邻结构基础的细节；
- 地下测试区域，例如：桩、地基处理、土钉；
- 地下室和肥槽的位置。

更多信息请参见 CIRIA SP136《基础施工现场指南》(*Site Guide to Foundation Construction*, 1996)，包括与施工期间观测相关的有用信息。

101.5.1 学习要点

- 重要的健康和安全问题应酌情列入竣工图纸。
- 施工过程中的观测很重要，即使不影响当前设计，也应该记录下来。

101.6 文件系统和数据保存

需要考虑完工报告的保管和可访问性。为了便于管理和存储报告，以电子形式存储和支持数据的做法越来越常见。关于电子信息的索引、处理和传送，有各种国际标准。电子储存系统会受到科技日新月异的影响，包括储存媒介的类型、阅读电子报告的软件（例如后继兼容）的可用性以及支持该软件的硬件。建议保留硬拷贝作为保障措施，例如防止软件兼容性问题或电子数据损坏。

如果提供电子文件（通常是电子表格）的纸质打印件，那么打印件的格式应使数据表中获得最终结果所采取的所有计算步骤在表格中可见到。例如，应将振弦式压力计的频率读数转换为地下水位的步骤与相应参考指引共同显示在校准数据表上。

除了向客户提供完工报告外，咨询顾问或承包商还应在合同规定的期限内（通常为 6 年或 12 年）保存此类报告、资料和数据。注意《欧洲标准 7》建议将更重要的文件保存 10 年，直至工程的整个生命周期。为此应创建一个能够读取电子数据的方法，以确保即使使用现有的软件/硬件也能打开和重新保存数据，以防止软件/硬件过时。然而，缺点是在此过程中可能会丢失或损坏数据，持有硬拷贝将允许硬拷贝版本对电子副本进行对比验证。最后，还应考虑文件存储地点的安全保护，电子数据的异地备份有利于防止主存储地点的完全损失。随着存储成本的不断上升，销毁原始设计信息的压力将持续存在。因此，完工报告将成为日后工程持续维护、拆除或重新使用的宝贵参考资料。

101.6.1 学习要点

- 保存一份硬拷贝的完工报告。
- 定期检查软件/硬件的后继兼容性。

101.7 小结

完工报告是岩土工程环节的最后部分，目的是描述、整理和总结在工程施工阶段发生的所有关于岩土工程以及所有施工后的监测。它是施工验收过程中必不可少的一部分。报告还提供了关于岩土工程的宝贵资料，以便今后能够再利用这些工程，从而提高前期工程的可持续性。

101.8 参考文献

AGS (2005). *Guidelines for the Preparation of the Ground Report*. Association of Geotechnical and Geoenvironmental Specialists.
AGS (2007). *Guide to Good Practice in Writing Ground Reports*. Association of Geotechnical and Geoenvironmental Specialists.
British Standards Institution (2004). *Eurocode 7: Geotechnical Design – Part 1: General Rules*. London: BSI, BS EN1997-1:2004.
Highways Agency (2008). *Managing Geotechnical Risk*. HD 22/08 London: The Stationery Office.

101.8.1 延伸阅读

Building Research Establishment (BRE) (2006). Reuse of Foundations for Urban Sites. EP73. In Proceedings of the 2nd International Conference of the BRE (eds Butcher, A. P., Powell, J. J. M. and Skinner, H. D.), 19-20 October 2006. Watford: IHS BRE Press.
Building Research Establishment (BRE) (2006). Reuse of Foundations for Urban Sites: A Best Practice Handbook. EP75. Watford: IHS BRE Press.
Chapman, M., Marsh, B. and Foster, A. (2001). Foundations for the Future. Proceedings of the ICE Civil Engineering, 144, 36-41.
Chapman, T., Anderson, S. and Windle, J. (2007). Re-use of Foundations. CIRIA Report C653. London: Construction Industry Research and Information Association.
CIRIA (1996). Site Guide to Foundation Construction.

CIRIA Report SP136. London: Construction Industry Research and Information Association.

Health and Safety Executive (HSE) (2007). Managing Health and Safety in Construction. Construction (design and management) Regulations 2007. HSE Health and Safety: Legal Series L144. Approved Code of Practice (ACOP). London: HSE

101.8.2 参考网站

岩土及岩土环境工程专业协会（AGS）；www.ags.org

建议结合以下章节阅读本章：
- 第78章"招标投标与技术标准"
- 第93章"质量保证"
- 第96章"现场技术监管"

本书以第1篇"概论"和第2篇"基本原则"为指导进行章节编排。如第4篇"场地勘察"中所述，各类岩土工程均应进行扎实的现场勘察工作。

译审简介：

刘永超，安徽砀山人，1970年4月生，正高级工程师工，博士，天津建城基业集团有限公司总工程师，天津大学、中南大学兼职教授。

张武，湖北汉川人，1963年4月生，博士，中国建筑科学研究院有限公司研究员，从事桩筏基础设计、施工与研究。

索　引

（注：索引中的页码为每页页缘标注的页码。指示图和表的页码分别以粗体和斜体表示）

3D virtual construction model, 599, 612	三维虚拟结构模型
5 S's principle, 744-747	5S 原则
Aberdeen casings, 1215	Aberdeen 套管
abstraction licensing	取水许可证
and discharge consents, 1188	排放同意书
for groundwater control, 1188	用于地下水控制
accidental conditions, in designing retaining wall support systems, 1002	偶然状况，在支锚系统的设计中
accidental loading, 1004, 1034	偶然荷载
accreditation, 659	认证
schemes, for sustainable development, 135, *139*	方案，可持续发展
acid mine drainage, 456-457	酸性矿山排水
acid-soluble sulfate, 524, *see also* sulfate	酸溶性硫酸盐，参见"硫酸盐"
acoustic emission (AE), 1389	声发射(AE)
active zone, 418, **418**	活跃区
aeolian erosion, 324-326, *see also* erosion	风蚀作用，参见"侵蚀"
aggregates, 1481-1482	骨料
problems associated with, 1482	相关问题
verification of, 1482	验证
allophane, 352	水铝英石
allowable bearing pressure, 752	容许承载力
alluvial fans, 322	冲积扇
alluvial strata, sulfur in, 522	冲积地层，含硫
analytical assessment, of earthworks, 1074	解析评估，土石方工程中的
desk study and walkover survey, 1074	案头研究与踏勘
ground investigation, 1074	现场勘察
interpretation and stability analysis, 1074	数据分析和稳定分析
reporting and prioritisation, 1074	报告和方案优选
anchorage grout to ground, 1017-1024	锚固浆体到地层
design	设计
in clayey soils, 1020-1021	在黏性土层
in granular soils, 1018-1020	在粗粒土层
guidance on, 1018-1019	指南
rock, 1021-1024	岩层
and design anchorage force, relationship between, 1017-1018	（与）设计抗拔力，之间的关系
anchorages, 254-255, **255**	锚索
anchored bored-pile wall, 1080, *see also* walls	钻孔锚固桩墙，参见"挡墙"
anchors	锚杆
deadman, 1005-1006	锚碇
ground anchors, *see* ground anchors	地层锚杆，见"地层锚杆"

索 引

andosols, 351
angular strain, 282
anhydrite, 518
anisotropically consolidated triaxial tests, 670
   instrumentation for, **675**, **676**
anisotropy, 210-211
   of rocks, 205-206
anthropomorphic hazards, 553
applied mechanics, 18
aquatic environment, 126
aquiclude, 164
aquifer recharge and recovery (ARR), 130-131
aquifers, 164
   boundary conditions of, 1186
   confined, 164
      radial flow to a fully penetrating well in, 169, **169**
   permeability of, 1186
   types and properties of, 1186
   unconfined, 164
      radial flow to a fully penetrating well in, 169, **170**
aquifer storage and recovery (ASR), 130-131
archaeology, 562-563
architect, 594
arid environments, distribution of, **314**
arid soils, 313, *see also* soils
   arid climates, 314
      development of arid conditions, 314-315
      precipitation in arid environments, 315
   geomorphology of, 315
      aeolian erosion, 324-326
      cemented soils, 320
      degradation of arid environments, 318-320
      duricrusts, 320
      fluvial erosion, 321-324
      geophysical investigation, 328
      in situ testing, 327
      laboratory testing, 327
      landforms within arid environments, 316
      material resources, 328-329
      mechanical weathering processes, 318
      plains and base level plains, 317-318
      site investigation, guidance for, 326-327
      uplands and foot-slopes, 316-317
   geotechnical behaviour, 329
      cemented soils in arid conditions, 331-332, **332**
      generalised aspects of, 329-330
      hydraulic conductivity and groundwater flow in unsaturated soils, 333

火山灰土
角应变
硬石膏
非等向固结三轴试验
   仪器仪表
各向异性
   岩石的
人为危害
应用力学
水生环境
隔水层
含水层补给恢复(ARR)
含水层
   边界条件
   承压
      含水层向完整井径向流动
   渗透性
   类型和性质
   非承压
      向完整井径向流动
含水层储存恢复(ASR)
考古
建筑师
干旱环境，分布
干旱土，参见"土"
   干旱气候
      干旱条件的形成
      干旱环境下的降水
   地貌
      风蚀作用
      胶结土
      干旱环境的退化
      硬壳层
      河流作用
      地球物理勘探
      原位测试
      室内试验
      干旱环境地貌
      料源
      机械风化过程
      平原和基准平原
      场地勘察，指南
      高地和麓坡
   岩土工程特性
      干旱环境中的胶结土
      基本概念
      非饱和土的渗透系数和地下水渗流

net stress, volumetric strain and suction for collapsible and expansive arid soils, 330-331	湿陷性和膨胀性干旱土的净应力、体积应变和吸力
sabkha soils, 332-333	盐沼土
of unsaturated, uncemented arid soils, 330	非饱和、未胶结干旱土
problematic arid soil conditions, engineering in, 333	疑难干旱土条件，工程
compaction of fill, 334-335	填土的压实
foundation behaviour in collapsible soil, 334	湿陷土的地基特性
foundation behaviour in expansive soils, 333-334	膨胀土的地基特性
sabkha soils, stabilisation of, 335-336	盐沼土，稳定性
artesian conditions, for pore water pressures, 164, **164**	承压条件，孔隙水压力
artificial ground freezing, 280, see also fills, non-engineered	人工冻结法，参见"填土，非工程性的"
artificial recharge systems, 1184	人工补水系统
Association of Consultancy and Engineering (ACE), 569, 571	英国工程咨询协会（ACE）
Association of Geotechnical and Geoenvironmental Specialists (AGS), 582, 599, see also Construction (Design and Management) (CDM) Regulations 2007	岩土及岩土环境工程专业协会（AGS），参见"《建筑（设计与管理）条例 2007》（CDM 条例）"
site investigation guides, 567, 569	场地勘察指南
Association of Geotechnical Specialists (AGS), 627	岩土工程专业协会（AGS）
Association of Specialist Underpinning Contractors (ASUC), 1245	专业托换承包商协会（ASUC）
ASTER system, 615-616, **617**	星载高分辨率地表成像（ASTER）系统
Atterberg limits, 669	阿太堡界限
difficulties in determining, 353	确定困难
augers, 1194, 1195, 1199, **1218**	螺旋钻
drilling, 621	钻探
average horizontal strain, 282	平均水平应变
award, 598	授标
axial load capacity, of single piles, 804-814	轴向承载力，单桩
axial load distribution, of pile group(s), 830-833	群桩竖向轴力分布
bearing stratum stiffness on, influence of, 830	持力层刚度，受影响于
for linear and nonlinear soil models, 832-833	线弹性和非线性岩土本构模型
BA42/96, 972	BA42/96
Barcelona Basic Model, 355	巴塞罗那基本模型
barrettes, 734, 1203, see also foundation(s)	板桩墙，参见"基础"
design of, 1036-1037	设计
forms of, **1206**	形式
barytes, 518	重晶石
basal reinforcement, 1104-1106, see also reinforcement	基底加筋，参见"筋"
deep-seated failure, 1105	深层破坏
extrusion, 1106	挤压
lateral sliding, 1105-1106	侧向滑动
basal tills, 373, see also tills	基底碛土，参见"冰碛土"
base friction apparatus, 154-156, **154**	二维摩擦装置
active/passive earth pressures, 155, **155**	主动/被动土压力
bearing capacity failure, development of, 155-156, 156	承载能力破坏的发展
contractant/dilatant behaviour, 155	收缩/膨胀行为
deposition, 154-155, **154**	沉积

索 引

foundation settlement, 155-156 — 基础沉降
base grouting, 1204, **1206** — 端部注浆
basement construction — 地下室施工
    retaining walls, 970 — 支护结构
basement wall loading, construction conditions for, 1035 — 地下室墙上荷载，工况
basins, 316 — 盆地
beam and pad underpinning, 1240, *see also* underpinning — 梁和垫板托换，参见"托换"
beam foundations, 429, **430** — 梁式基础
beam-spring approach, 38-39 — 梁-弹簧方法
bearing capacity, 155-156, 753 — 承载力
    defined, 774 — 定义
    failure, development of, **156** — 破坏，发展
    failure mechanisms for — 破坏机理
        jointed rock masses, 776-777 — 岩体节理
        sand overlying clay, 776 — 上覆砂土的黏土层
    of fills, 907 — 填土的
    formulae, 774-775 — 公式
        for strip footings, 774 — 条基
    groundwater table level and pressure, influence of, 776 — 地下水位与压力，受影响于
    of pile groups, 824-827 — 群桩的
    shallow foundations, 774-778, 840-841 — 浅基础
    for square pad foundations bearing on rock, 777 — 岩石地基上的独立基础
    of underpinning, 1241, 1242 — 托换
bearing capacity theory, 227-230 — 承载力理论
    enhancement factors — 修正系数
        effective stress failure criterion, *228* — 有效应力破坏准则
        undrained shear strength failure criterion, 228 — 不排水剪切强度破坏准则
    inclined loading, 228-229 — 倾斜荷载
    offset loading, 229 — 偏心荷载
    vertical, horizontal and moment loading, 229-230, **229** — 竖向、水平和弯矩荷载
    vertical load, equation for, 227-228 — 竖向荷载，公式
bearing piles, types of, 1191 — 承载桩，类型
    bored piles, 1192-1206 — 钻孔桩
    classification, **1192** — 分类
    driven piles, 1206-1217 — 打入桩
    micro-piles, 1217-1222 — 微型桩
bearing pressures, in foundations, 752-753 — 承载力，基础
    allowable, 752 — 容许
    effective, 752 — 有效
    gross, 752 — 总的
    maximum safe, 752 — 最大安全
    net, 752 — 净
    ultimate, 752 — 极限
    working, 752 — 工作
    shallow foundations, 773 — 浅基础
    stress changes due to, 779 — 因其产生的应力变化
behaviour of discontinuities, rocks, 203 — 不连续面/结构面特性，岩石

bender element test, 262	弯曲元试验
bentonite, 655, 734, 745, 916-918, 1197, 1271, 1275, 1276, 1483	膨润土
benzene, toluene, ethylbenzene and xylene (BTEX), 657, 664	苯，甲苯，乙苯，二甲苯(BTEX)
berlin walls, see king post walls	柏林墙，参见"立柱式支护结构"
berms, 1003, 1006-1007	土台
'best way out' approach, in observational method, 1499-1500	观测方法中的最佳解决方案
bi-directional pile capacity testing, 1458-1460, see also pile capacity testing	桩承载力双向加载法试验，参见"桩承载力试验"
advantages and disadvantages of, 1459	优缺点
data interpretation, 1459	数据阐释
defined, 1458	定义
specifying, 1460	指定
standardisation and guidance for, 1459-1460	标准化和导则
working principle of, 1458-1459	工作原理
Bing Maps, 553	必应地图
biochemical oxygen demand (BOD), 450	生化需氧量(BOD)
Black Swan, 65, 70	黑天鹅
block removal, 1297-1298, 1302	块体清除
block samples, 682, see also sampling	块状样品，参见"取样"
blocky and seamy rocks, 204, see also rocks	块状薄层岩石，参见"岩石"
bogs, 464	水藓泥炭土
blanket bogs, 464	披覆式泥炭土
bonding mechanism, of collapsible soil, 396-397, **396**, **397**	湿陷性土的粘结机制
bored piles, 1191-1193, **1198**, see also pile(s/ing)	钻孔桩，参见"桩"
barrettes, 1203	桩墙
cast-in-place displacement auger piling, 1201-1203	挤土螺旋钻孔灌注桩
continuous flight auger (CFA), 1198-1201	长螺旋(CFA)
design of, 1036-1037	设计
instruments for monitoring, 1400	监测仪器
percussion bored cast-in-place piling, 1197-1198	冲击成孔灌注桩
problems associated with, 1226-1230	相关问题
ancillary works, 1229	辅助工程
boring, 1226-1228	钻孔作业
concreting, 1228-1229	混凝土浇筑
ground conditions, 1226	场地条件
reinforcement, 1229	钢筋工程
structural problems, 1230	构造问题
rotary bored cast-in-place piles, 1193-1197	旋挖成孔灌注桩
specialised techniques, 1203-1206	特种工艺
typical characteristics, 1194	典型特征
bored micro-piles, 1219, **1219**	钻孔微型桩
bored piling rigs, 1193-1194	钻孔成桩设备
borehole	钻孔
geophysics, 614, 615, **616**, see also geophysics	地球物理学，参见"地球物理学"
in situ testing in, 623-624	原位测试
permeability testing, 624	渗透性试验
plate bearing tests, 624	平板载荷试验

vane testing, 624 | 十字板试验
　　pressuremeter, 401, **401**, 648 | 旁压仪
borehole log, upper coal measures, **94** | 钻井记录，上部煤层
bottom-up construction, 1001, *see also* construction | 顺作法施工，参见"施工"
Bouguer Anomaly, 605, **605** | 布格（重力）异常
boundary conditions, geotechnical computational analysis, 36 | 边界条件，岩土工程计算分析
Boussinesq stresses, 208 | 布辛涅斯克应力解
box piles, 1214 | 箱形空芯薄壁钢桩
Brazilian test, 202 | 巴西试验
brickearth, 393, **393**, 402 | 砖土（黄土的当地称谓）
　　scanning electron micrograph of bonded quartz particle in, **397** | 粘结的石英颗粒的扫描电子显微照片
bridge | 桥（桥梁）
　　abutment, 87 | 桥台/墩
　　abutment movement vs time, 752 | 桥台位移和时间的对比关系
　　differential settlement in, 750 | 差异沉降
British Drilling Association (BDA), 627 | 英国钻探协会（BDA）
　　on health and safety, 570 | 健康与安全
British Geological Survey (BGS), 580 | 英国地质调查局（BGS）
British Geotechnical Association (BGA), 569 | 英国岩土工程协会（BGA）
British Standards (BS), 301 | 英国标准（BS）
　　BS 10175, 653 | BS 10175
　　BS 1377, 1125 | BS 1377
　　BS 5930, 654 | BS 5930
　　BS 6349, 970, 973 | BS 6349
　　BS 8002, 972, 975 | BS 8002
　　BS 8485, 655 | BS 8485
British Tunnelling Society, 68 | 英国隧道学会
buckling, 1004 | 屈曲
Bucks Green, West Sussex, 1347, **1347** | 巴克斯格林（英国地名），西萨塞克斯郡（英国英格兰东南部的郡）
building | 建筑
　　affected by ground movements, *see* earthquake; ground movements, buildings affected by | 受地基变形影响的，见"地震；地基运动，受影响的建筑物"
　　damage, 282 | 损伤
　　　　assessment, principles of, 979 | 评估，准则
　　　　categories of, 282-283 | 类别
　　　　classification of, 282 | 分类
　　　　division between categories 2 and 3 damage, 283 | 第2类损伤和第3类损伤的划分
　　differential settlement in, 749-750 | 差异沉降
　　investment vs bank interest, comparison of, 60 | 投资和银行利息的对比关系，比较
　　materials, acceptability criteria, 660 | 材料，可接受标准
　　settlement vs time, 752 | 沉降和时间的对比关系
　　waste, 458 | 废弃物
Building Research Establishment Digest, 240, 422 | 英国建筑研究院文摘
bulk density, 1124 | 重度
　　as indicator of nature of peats/organic soils, 467 | 表征泥炭土/有机土性质的指标
bulk fill materials, degradation of, 528-530, **529** | 回填土，劣化

索 引

bulk modulus, 199	体积模量
bulk samples, 681, *see also* sampling	散装样品,参见"取样"
buoyancy, 770-771	浮力
buoyancy raft foundation, *see* compensated raft foundation	浮筏基础,见"补偿式筏基"
buried obstructions and structures, 563-564	地下障碍物及构筑物
buried services, 564	地下设施
Burland Triangle, 272, **272**	Burland 三角形
buttressed masonry retaining walls, 1002, 1008, *see also* retaining walls; walls	扶壁式挡土墙,参见"支护结构;挡墙"
buttressing, 1300	扶壁
buttress walls, 11, *see also* walls	扶壁,参见"挡墙"
Byerlee's Law, 203	Byerlee 定律
cable chamber, 101-103	管廊
construction and foundation settlement, 103	施工和基础沉降
cable percussion boring, 621	钢绳冲击钻探
cable percussion drilling, 901	钢绳冲击钻进
caissons, 734, *see also* foundation(s)	沉井,参见"基础"
calcareous mudstone, 482	钙质泥岩
California bearing ratio (CBR), 619, 1145-1146, 1148	加州承载比(CBR)
cantilever retaining wall, 1001, 1002, *see also* retaining walls	悬臂式挡土墙,参见"支护结构"
capillarity, 353	毛细作用
carbon capture and storage (CCS), 129	碳捕获和储存(CCS)
Casagrande piezometer, *see* open standpipe piezometers	Casagrande 孔压计,见"开式立管测压计"
case history(ies)	历史案例
dynamic compaction, 1267	强夯
estuarine sands, vibrocompaction of, 98	河口砂,振冲密实
foundation selection, 733, 759-763	基础选择
construction control, 762	施工控制
design verification, 761-762	设计验证
foundation type, 761	基础类型
ground conditions and site history, 760-761	场地条件和场地历史
site preparation, 761	场地准备
geotechnical triangle, 97	岩土工程三角形
mine working investigation, **558**	矿山井巷勘察
pile group design, 846-849	群桩设计工程案例
shallow foundations	浅基础
additional ground investigation and geotechnical analysis, 797-798	补充现场勘察和岩土分析
design verification and construction control, 798	设计验证和施工控制
foundation options and risks, 797	基础选型与风险控制
ground condition and site history, 797	场地条件与场地历史
soft chalk, shallow foundation on, 103	软白垩岩,浅基础
vibro ground improvement technique, 1257-1259	振冲地基处理技术
CASE method, 1462	高应变检测(CASE)法
casing, 621	套管
casings, 1196-1197	套管
temporary, 1198	临时的
cast-in-place displacement auger piling, 1201-1203	挤土钻孔灌注桩

索引

cast iron, 1475-1477 铸铁
    problems associated with, 1475   相关问题
    verification of, 1476-1477   验证
catch fences, 1297 拦石栅
cation exchange capacity (CEC), 350 阳离子交换能力(CEC)
celestine, 518 天青石
cement column construction, 279 水泥桩施工
cemented mudrocks, 483-484, 509 胶结泥岩
    strong, 499   强
    weak, 498-499   弱
cementing agents, presence of, 352-353 胶结剂,的存在
cement stabilisation, 278-279, see also stabilisation 水泥固化,参见"固化"
Centre Experimental de Recherché et d'Etudes du Batiment et des Travaux Publics (CEBTP), 1420, 1421, 1439 法国建筑与公共工程研究实验中心(CEBTP)
centrifuge laboratory model testing, 972 离心模型试验
Certification Authority for Reinforcing Steels (CARES), 1476 钢材认证机构(CARES)
'chain of custody' documentation, 656 "监管链"文件
chalk 白垩(滑石)
    fixed anchor lengths within, construction of, 1318-1319   锚固段长度,施工
    managing and controlling, during earthworks, 1138   管理与控制,在土石方工程中
Channel Tunnel Rail Link (CTRL), 922, 1289 (英吉利海峡的)海峡隧道铁路(CTRL)
characteristic values, 301 特征值
Chartered Institute of Environmental Health (CIEH), 659 环境卫生特许协会(CIEH)
chisels, 1194 錾子
chlorinated hydrocarbons, 658, see also hydrocarbon 氯化烃,参见"碳氢化合物"
circular construction retaining wall, 1002, 1008 环形结构挡土墙
circular slip failure mechanism, 1104 圆弧滑动破坏机理
Civil Engineering Contractors Association (CECA), 571 英国土木工程承包商协会(CECA)
classification, labelling and packaging (CLP) regulations, 660 《分类、标签和包装条例》(CLP条例)
clay-dominant sub-glacial tills, 375 黏土质冰碛土
clay embankments, instruments for monitoring, 1395-1396, see also embankment(s) 黏土路堤,监测仪器,参见"路堤"
clayey soils, see also soils 黏性土,参见"土"
    fixed anchor length design in, 1020-1021   锚固段设计
    fixed anchor zone, location of, 1027   锚固区,位置
clay minerals, 345, see also minerals 黏土矿物,参见"矿物"
clays, see also mudrocks 黏土,参见"泥岩"
    changes in moisture content due to trees, 767   由树木引起的含水率变化
    compressibility of, 791-792   压缩量
    elastic moduli and penetration resistance, correlations between, 757-758   弹性模量与贯入阻力,之间的关系
    fixed anchor lengths within, construction of, 1316-1318   锚固段长度,施工
    in situ stress states of, 754-756, 758   地应力状态
    laminated, 373   层状的
    managing and controlling, during earthworks, 1135-1137   管理与控制,在土石方工程中
    mobilised secant shear modulus, 758   割线剪切模量
    overconsolidated, 496   超固结
    pile design in, see pile design, in clay   桩的设计,见"桩的设计,黏土中"
    sand overlying clay, bearing capacity of footing on, 776   上覆砂土的黏土层,基础的地基承载力

settlement of, 780-782	沉降
slope stability of, 248	边坡稳定性
strain shear modulus and plasticity index, correlation between, 758	应变剪切模量与塑性指数,之间的关系
strength of, 791-792	强度
sulfur in, 522	含硫
undrained shear strength measurements in, 973-975	不排水抗剪强度的测量
clay soils	黏性土
drained shear box tests on, 179, **180**	排水直剪试验
influence of bonding on, 181	胶结的影响
residual strength of, 179, 181, **181**	残余强度
undrained strength of, 181-183	不排水强度
client, responsibilities of, 76	责任
climate change adaptation (CCA), 126-127, 131-133, **132**	气候变化适应性(CCA)
climate change resilience, 126-127	气候变化韧性
climate change scenarios (CCSs), 127	气候变化情景(CCSs)
closed form solution, to geotechnical problems, 37	解析解,岩土工程问题的
close-out reports, 1503-1507	完工报告
benefits of, 1504	优点
contents of, 1505-1506	内容
documentation systems and preserving data, 1507	文档系统和保存数据
health and safety issues, 1506-1507	健康与安全问题
quality issues, 1506	质量问题
reasons for writing, 1503-1505	撰写原因
Coal Authority Mining Reports Office, 580	煤炭管理局的采矿报告办公室
coarse colliery discard, 451-452	粗粒煤矿废弃处置
acid mine drainage, 456-457	酸性矿山排水
composition and properties, 452-453	成分和特性
restoration, 456	修复
spontaneous combustion, 454-456	自燃
weathering, 453-454	风化
coarse fills, 902, *see also* fills	粗粒填土,参见"填土"
coarse-grained soils, *see also* soils	粗粒土,参见"土"
single piles on, 807-810, **808**, *809*, *810*	单桩
standard penetration test, 811, *811*	标准贯入试验
code of practice, defined, 107	规程,定义
codes and standards, for geotechnical engineering, 105-123	岩土工程的代码和标准
benefits of, 106-107	优点
construction codes, 121, *122-123*	建筑规范的规范和标准
design codes, 114-121, *120-121*	设计规范和标准
development of, 107-108	发展
distinguished from structural design codes, 108-111	区别于结构设计规范
groups of, 113-114	组
investigations and testing codes, 114, *115-119*	调查和试验规范
material codes, 123, *123*	材料规范
objectives and status of, 105-106	目标和地位
statutory framework, 105	法定框架
codes and standards, for underground structures, 1032-1033	规范和标准,对于地下结构

索 引

coherent campaign, development of, 585-586
cohesive materials
 moisture content, control of, 1058
cohesive soils
 dynamic compaction, 1263-1264
 vibro techniques in, 1249
Colcrete Flowmeter Test, 1222
cold arid landscapes, 314
collapsible soils, 391-407, see also soils
 behaviour, control of, 394-398
  bonding mechanism and fabric, 396-397, **396**, **397**
  collapse prediction, 398
  mechanism of collapse, 397-398
 classification of, **393**
 definition of, 391
 effect, on heave-induced tension, 892-893
 engineering issues, 403-407
  dynamic behaviour, 404-405
  foundation options, 403-404
  highways and pavements, 404
  improvement and remediation, 405-407
  slope stability, 405
 features of, 393
 foundation behaviour in, 334
 investigation and assessment, 398-403
  field testing, 400-401
  laboratory testing, 399-400
  reconnaissance, 399
  wetting, assessment of, 401-402
 locations of, 392-394
  other collapsible deposits, 394
  wind-blown soils, 393-394
collector wells, 1183-1185, **1184**, see also wells
colliery spoil, 904
 sulfur in, 522-523
colloidal silica, 919
colour, of sediments and rocks, 148
Combie-pile, 1212
combi steel walls, 1284-1285, see also walls
 description and use, 1284
 interfaces, joints and connections, 1284-1285
 materials for, 1284
 plant, 1284
 tolerances of, 1284
commercial developers, 59, see also developers
compaction, 275-276, 1124-1128
 compliance testing of

勘察工作策划
黏性材料
 含水率，控制
黏性土
 强夯
 振冲技术
预填骨料灌浆混凝土流量计测试
寒冷干旱地貌
湿陷性土，参见"土"
 特性，控制
  粘结机制和组构
  湿陷性预测
  湿陷机制
 分类
 定义
 影响，隆起引起的拉力
 工程问题
  动力特性
  基础方案
  公路和路面
  改良和修复
  边坡稳定性
 特征
 地基特性
 调查与评价
  现场试验
  实验室试验
  勘测
  湿化，评估
 局部
  其他湿陷性沉积物
  风积土
集水井，参见"井"
煤碴
 含硫
硅胶
颜色，沉积物和岩石的
组合桩
组合钢板墙，参见"挡墙"
 描述及用途
 接口，接头和连接
 材料
 设备
 容许误差
商业行为的开发商，参见"开发商"
压实
 适宜性测试

end product compaction, 1133-1134	成品压实度
method compaction, 1132-1133	压实方法
curve, 1125	曲线
dynamic, see dynamic compaction	动力,见"强夯"
end product, 1125-1128, 1128, 1133-1134	成品
grouting, 914-916, 1328-1330, see also grouting	灌浆,参见"灌浆"
application of, 1329-1330	应用
design principles for, 915-916	设计原理
execution controls of, 916	施工控制
ground improvement using, 1328-1329	地基处理应用
hole spacing for, 915	孔距
methods and key issues of, 914-915	方法和要点
validation of, 916	检验
mechanics of, 1124-1125	力
method, 1125, 1128, 1132-1133	方法
mudrocks, 483-484	泥岩
plant, 1128-1129	设备
pressures, calculation of, **985**	土压力计算
rapid impact, 1261, 1263	快速冲击
environmental considerations, 1266	环境因素
equipment, 1262	设备
-related index tests, 670, 687	相关的指标测试
specification, 1125-1128	规范
vibrocompaction, 276	振冲密实
compatibility, of geotechnical computational analysis, 35-36	相容性,岩土工程计算分析
compensated piled rafts, 865, 877-879, see also compensated raft foundation	补偿式桩筏,参见"补偿式筏基"
compensated raft foundation, 734, see also foundation(s); raft foundation	补偿式筏基,参见"基础;筏板基础"
compensation grouting, 1327, 1328, see also grouting	补偿灌浆,参见"灌浆"
complementary testing, 659	补充测试
complete underground structure, holistic considerations for	整体地下结构,系统性考虑
bored piles and barrettes, design of, 1031-1037	钻孔桩和墙基础,设计
interfaces with buried structures buried structures, 1031-1032	和埋置结构的界面,埋置结构
interfaces with structural design, 1033	和结构设计的接口
codes and standards, 1032-1033	规范和标准
design life and durability, 1031	设计使用年限和耐久性
load combinations, 1031-1033	荷载组合
resistance to lateral actions, 1033-1034	抵抗横向作用
accidental loading, 1034	偶然荷载
out-of-balance forces, 1034	不平衡力
retaining wall toe level, determination of, 1033-1034	挡土墙墙趾埋深,确定
resistance to vertical actions, 1034-1036, 1036-1037	抵抗竖向作用
floation, 1036	上浮
ground-bearing base slab design, 1036	地基承载基础底板设计
soil heave pressure, 1036	土的隆起压力
compliance testing	适宜性测试
of compaction, see also compaction	压实,参见"压实"
end product compaction, 1133-1134	成品压实度

method compaction, 1132-1133	压实方法
of earthworks, see also earthworks, 1132-1135	土石方工程中的，参见"土石方工程"
material compliance, 1132-1134	材料适宜性
non-conformance, 1135	不合格项
parameters and limits, selection of, 1134	参数和限值，选取
compound stability, of reinforced soil slopes, 1104	复合稳定性，加筋土坡的
compressibility, 677-679, 687	压缩性
of fills, 903	填土的
peats and organic soils, 467	泥炭土和有机土
magnitude of settlement, 468-470	沉降量
rate of settlement, 471	沉降速率
surcharging, 470-471	超载
soils, 184	土体
coefficient of volume compressibility, 184	体积压缩系数
compression curve plotted on semilogarithmic axe, 186	半对数坐标系下压缩曲线
influence of inter-particle bonding on, 186	颗粒之间的胶结的影响
swelling and, simple mechanistic explanation of, 184-185	膨胀机理
conceptual site model (CSM), 661	场地概念模型(CSM)
concrete, 1358, 1472-1475	混凝土
attack on, 526-527	腐蚀
batching plant, 1472-1473	搅拌站
flow table test, 1474	流度试验
in ground, 1357	地下混凝土
piled walls, 1087	桩墙
problems associated with, 1473-1474	相关问题
sheeting, 1287	板
tremie use on a bored pile, 1473	钻孔桩混凝土导管
verification of, 1474-1475, 1474-1475	验证
Conditions of Contract Standing Joint Committee (CCSJC), 571	合同条款常设联合委员会(CCSJC)
cone penetration testing (CPT), 218, 261, 267, 348, 637-640, 657, 901, 916, 932, 942, 1260, 1482	静力触探试验(CPT)
cone-pressuremeter (CPM), 649	静力触探－旁压仪(CPM)
consistency, of ground profile, 148-149	密实度，地层剖面中的
consolidation, 173	固结
settlement, 207	沉降
constant rate of penetration testing (CRP), 240, 1453-1454	匀速贯入试验
constitutive behaviour, geotechnical computational analysis, 36, 43	本构特性，岩土工程计算分析
constitutive law, 198	本构关系
construction	建设(施工)
bottom-up, 1001	顺作法
dewatering, see pumping	降水，见"抽水"
earthworks failure during, 1047-1049	土方工程的破坏
preparation for, 1164-1165	准备
top-down, 1001-1002	逆作法
Construction (Design and Management) (CDM) Regulations 2007 (CDM Regs), 75-76, 598, 1414	《建筑(设计与管理)条例2007》(CDM条例)
application of, 569-570	应用

advice to clients, 570	给建设单位的建议
client obligations, 569-570	建设单位义务
corporate manslaughter, 569-570	公司过失致人死亡
health and safety, 569-570	健康与安全
Construction (Health, Safety and Welfare) Regulations 1996, 76	《建筑(健康、安全和福利)条例1996》
Construction Industry Research and Information Association (CIRIA), 569	英国建筑业研究与信息协会(CIRIA)
CIRIA 144, classification of signal responses, 1432-1433, **1433**, **1434**, *1435*	CIRIA 144，信号响应分类
CIRIA 665, 655	CIRIA 665
CIRIA C580, 975, 977, 978	CIRIA C580
contact earth pressure cells, 1393	接触式土压力盒
contaminated ground, hazards associated with, 79	受污染土地，与其相关的危险
contaminated land exposure assessment (CLEA), 659	污染土地暴露评估(CLEA)
contaminated land remediation, 133	污染土地修复
contaminated land report (CLR), 659	污染土地报告(CLR)
contamination, 562, 574-575	污染物
contiguous pile walls, 1280, *see also* walls	排桩支护结构，参见"挡墙"
bored, 963-964	钻孔
continuous flight auger (CFA) pile(s/ing), 745, 1171, 1198-1199, 1276, 1278-1279, 1260, 1347, **1347**, 1260, **1474**, *see also* pile(s/ing)	长螺旋(CFA)成桩，参见"桩"
cased pilings, 1201, **1203**	套管成桩
excavation tools, 1199	开挖工具
partially plunged cage, 1473	部分卡住的钢筋笼
piling rigs, 1199	成桩设备
placing concrete, 1199-1200	浇注混凝土
placing reinforcement, 1201	安置钢筋笼
rig instrumentation, 1200-1201, **1202**, **1203**	设备监测仪
continuous profiling techniques (CPTs), 735, 754, 758, 763	连续分析技术(CPTs)
continuous sampling and detailed logging, 763	连续取样和详细记录
continuous surface wave (CSW), 261	连续表面波技术(CSW)
contract(s), *see also* sub-contract	合同，参见"分包"
administration of, 600, 1407	管理
completion of, 600	完成
forms of, 1162-1163	形式
in relation to subsidence settlement, 1245	沉陷沉降相关
contractancy, 155	收缩
contractors and resident engineers, communication between, 1411-1412	承包商与驻场工程师，之间的沟通
control of earthworks, 1130-1132, *see also* earthworks	土石方工程控制，参见"土石方工程"
Control of Noise at Work Regulations, The (2005), 76	《作业噪声控制条例2005》
Control of Pollution Act of 1974, 1265	《污染控制法案1974》
Control of Substances Hazardous to Health Regulations 1999 (COSHH), 76, 79, 1414	《有害化学物质控制条例1999》(COSHH)
Control of Substances Hazardous to Health Regulations 2002 (COSHH), 598	《有害化学物质控制条例2002》(COSHH)
conventional 1D method, 212	一维压缩方法
convergence gauges, 1389	收敛计
Cooling, Leonard, 14	伦纳德·柯林斯
copyright, 582	版权
core cutter testing, **1135**	岩心切割机

索 引

corporate manslaughter, 569-570	公司过失致人死亡
Corporate Manslaughter and Corporate Homicide Act of 2007, 570	《公司过失致人死亡法案2007》
costs and programme, for foundation construction, 743-744	成本和方案，基础施工
Coulomb wedge analysis, 37	库仑楔形体分析
Coulomb's equation, 177	库仑方程
crack gauges, 1388-1389	裂缝计
crack width control, 1032	裂缝宽度控制
creep settlement, 207, see also settlement	蠕变沉降，参见"沉降"
creep-piling, 865, see also pile(s/ing)	蠕滑桩，参见"桩"
crest drainage, in soil nail construction, 1310, see also drainage	坡顶排水，土钉支护施工，参见"排水系统"
crib walls, 960, see also walls	框架支护结构，参见"挡墙"
critical tensile strain, 284	临界拉伸应变
cross-checking information, 1359	交叉检查信息
cross-hole sonic logging (CSL), 1420, 1437-1442	声波透射法（CSL）
access tube configuration, plan view of, **1438**	声测管配置，平面图
compilation of, **1439**	编制
defection, detection of, 1439-1440, **1440**	缺陷，识别
description of, 1438-1439	描述
features, detecting, 1440, **1441**	特性，识别
first arrival time, **1439**, **1440**	首次到达时间
history and development of, 1421	历史和发展
schematic diagram of, **1438**	示意图
specification of, 1441-1442	规范
within diaphragm wall panels, plan view of, **1438**	地下连续墙槽段，平面图
crosswalls, 1003, see also walls	格构墙，参见"挡墙"
crushed rocks, 204, see also rocks	破碎岩，参见"岩石"
cutter soil mixing, 1338, see also soil mixing	双轮铣搅拌，参见"搅拌"
cutting slopes, 1076-1078	削方边坡
drainage system, 1078	排水系统
re-grading, 1076	坡形升级
soil nailing, 1076	土钉
spaced bored piles, 1076	间隔钻孔灌注桩
toe retaining walls, 1078	脚墙
cyclic direct simple shear test, 262	循环单剪试验
cyclic loading, 939-940	循环加载
adverse effects of, 939	不利影响
amplitude of vibration, 939	振幅
number of cycles, 940	循环次数
soil behaviour in, 940-943	土体性质
vibration period, 939-940	振动周期
cyclic resistance ratio (CRR), 267	循环抗力比（CRR）
cyclic torsional test, 262	循环扭剪试验
cyclic triaxial test, 262, 267, **268**, 679	循环三轴试验
damage, visible, 748	破坏，可见
damping ratio of soils, 262, 266, **266**	土的阻尼比
damping-wave attenuation, of soils, 261	阻尼-波的衰减，土的

Darcy's Law, 167-168, 274, 333	达西定律
pitfalls of, 167-168	缺陷
schematic representation of, **167**	示意图
data interpretation, 754	数据阐释
data management, in site investigation, 599	数据管理，场地勘察工作中的
data processing, 659-661	数据处理
deadman anchors, 1005-1006, *see also* anchors	锚碇，参见"锚杆"
deep foundation(s), 84-85, 734, *see also* foundation(s)	深基础，参见"基础"
earthquake effect on, 947-948	地震的影响
failures in, 745	失败
offshore, 949	近海
on fills, 909	在填土上
deep ground improvement, 734-735, *see also* foundation(s); hybrid foundation	深层地基改良，参见"基础；混合式基础"
densification, 734-735	密实
reinforcement, 734	加固
deep-seated instability, earthworks, 1069-1070, *see also* earthworks	深层不稳定，土石方工程，参见"土石方工程"
first-time slides, 1070	首次滑面
delayed failure, 1070	滞后破坏
progressive failure, 1070	渐进破坏
slides along old failure surfaces, 1070	沿既有破裂面滑动
deep soil mixing (DSM), 934-937, *see also* soil mixing	深层土壤拌和(DSM)，参见"搅拌"
execution controls of, 936-937	施工控制
methods and key issues of, 934-936	方法和要点
validation of, 937	检验
deep wells with submergible pumps, 2-3, **6**, 1181-1182, **1181**, **1182**, *see also* wells	带潜水泵的深井，参见"井"
deflection ratio, 282	挠曲率
deformation	变形
instruments for monitoring, 1384-1389	监测仪器
mechanisms, for foundation, 738-742	机制，基础
tills, 370-371	冰碛土
glaciotectonic features found in, **369**	冰川构造特征发现于
densification, 734-735	密实化
dentition, 1300	格构
Department for Transport (DfT), 569	交通部(DfT)
Department of the Environment, Transport and the Regions (DETR), 569	环境、交通和地区部(DETR)
depressurisation, 770	减压
depth of potential heave, 418	潜在升降变形深度
depth of wetting, 418	湿润深度
depth vibrator, *see* vibroflot equipment	深度振动器，见"振冲装置"
design values, 301	设计值
design and construction team, communication link between, 1407	设计与施工队伍，之间的沟通
design construction sequence, 1167-1168	设计施工次序
designers, responsibilities of, 76	设计人员，责任
designing or construction of foundation, 735-744, *see also* foundation(s)	基础的设计、施工，参见"基础"
acceptable stability and deformation, 738-742	可接受的稳定性和变形
costs and programme for, 743-744	成本和方案
risk management, 742-743	可接受稳定性和变形，风险管理

derived values, 301	派生值
desk studies, *see* preliminary studies	案头研究，见"前期工作"
developers	开发商
commercial, 59	商业
motivation of, 59-60	目的
self, 59	自营
state, 59	国家
dewatering, *see* pumping	降水，见"抽水"
diaphragm walls, 965-966, 1271-1276, *see also* walls	地下连续墙支护结构，参见"挡墙"
construction of, 1271-1273	施工
deep shaft, **1275**	深竖井
excavation for, 1273-1275	挖方
peanut-shaped, **1275**	花生形
tendency for, 1275-1276	趋势
differential settlement, 414, **414**	差异沉降
of pile group(s), 840	群桩的不均匀沉降
shallow foundations, 787	浅基础
dilatancy, 155	膨胀
dilatometers, 261, 624, 648-650	膨胀计
direct shear tests, 472, 673, **673**	直剪试验
direct sliding, soil-reinforcement interaction, 1095-1096, *see also* reinforcement	直接滑动，土与筋材相互作用，参见"筋"
discharge water quality, management of, 1188-1189	排放水水质，管理
disintegration, mineralogy, cementation and structure (DMCS), 350	分解作用、矿物成分、胶结作用及结构（DMCS）
displacement auger piling, **1204**	挤土螺旋成桩
displacement grouting, 279, *see also* grouting	置换注浆，参见"灌浆"
displacement of the retaining wall, 969-970	挡墙位移
distributed prop load (DPL) method, 997, 1004-1005	分布式支撑荷载（DPL）法
district heating systems, 129	区域供热系统
disturbed ground, 445	扰动场地
ditches, 1297	拦截沟
documentation, 1410	文件编制
domestic dwelling, in expansive soils, 435-438	膨胀土上的住宅
domestic waste disposal and sanitary landfill, 448-449	生活垃圾处理和卫生垃圾填埋
composition, 449	组成
decomposition, 450-451	分解
geotechnical properties, 450	岩土特性
landfill design, 449-450	垃圾填埋场设计
settlement, 451	沉降
stabilisation, 451	固化
downdrag load, 238, 1231-1232	负摩阻力
draglines, 447	电铲挖掘机
drainage	排水设施
in cutting slopes, 1078	削方边坡内
installation of, 1290	安装
in pavement foundation, 1153	路面基础
and rock stabilisation, 1300	岩质边坡防护与治理

in soil nail construction,	土钉支护施工
crest, 1310	坡顶
horizontal, 1310-1311, **1310**	水平的
slope surface, 1310	坡面
toe, 1310	坡脚
solutions, for unstable slope systems, 253-254	治理方案，不稳定边坡
drained shear box tests, 179, **180**	排水剪切试验
drained shear strength, of fills, 904	排水抗剪强度，填土的
drill casings, 1197	钻进套管
drilled ground anchors, 1315, *see also* ground anchors	地层锚杆钻进，参见"地层锚杆"
drilling	钻孔
buckets, 1195	钻斗
cable percussion, 901	钢绳冲击
muds, 1483-1484	泥浆
problems associated with, 1483	相关问题
verification of, 1484	验证
rotary, 622, 901	回转
in soil nailing construction	土钉支护施工
cased holes, 1306	套管钻进成孔
with fluids, 1306	带浆护壁成孔
open holes, 1306	干成孔
self-drill hollow bars, 1306	自钻式空心钻杆成孔
techniques, for ground exploration, 620-623	技术，地质勘探
auger drilling, 621	螺旋钻探
cable percussion boring, 621	钢绳冲击取芯
casing, 621	套管
flush, 622	冲洗介质
open hole rotary drilling, 622	裸孔回转钻探
piston sampler, 622	活塞式取样器
rotary coring, 623	回转取芯
rotary drilling, 622	回转钻探
sonic coring, 623	声波取芯
standard penetration testing, 621-622	标准贯入试验
thin-walled sampler, 622	薄壁取样器
U100 sampler, 622	U100型取样器
window sampling, 620	窗口取样
driven cast-in-place (DCIP) concrete piles, 1209, **1210**, **1215**, 1217	挤土现浇(DCIP)混凝土桩
driven micro-piles, 1221	挤土微型桩
driven pile(s/ing), 1206-1207, *see also* pile(s/ing)	打入桩，参见"桩"
displacement pile types	挤土桩类型
in UK, 1207-1212	英国以内
outside UK, 1212	英国以外
drivability, 1216	可打入性
driven piling plant, 1214	打桩设备
environmental considerations, 1215	环境因素
ground-related aspects of pile installation, 1216	沉桩过程对场地的影响
installation control, 1216	成桩控制

索 引

instruments for monitoring, 1400	监测仪器
in mudstone, 94-96	在泥岩中
practically extinct types (UK only), 1212-1214	近乎绝迹(仅限英国)
problems associated with	相关问题
downdrag load, 1231-1232	负摩阻力
durability, 1233	耐久性
final set, 1231	终锤贯入度
ground displacement, 1232	地面位移
installation methods and ground conditions, 1230	施工方法与场地条件
installation of piles, 1230-1231	桩基施工
jointing piles, 1232	接桩作业
manufacturing of piles, 1230	桩的制作
noise and vibration, 1232-1233	噪声与振动
trimming, 1232	桩头处理
suitable and unsuitable ground conditions, 1214-1215	适用和不适用的场地条件
drop energy, defined, 1261	夯击能量,定义
dry density, 1124	干密度
maximum, 1124-1125	最大
dry density-moisture content-air voids relationship, 1124	干密度–含水率–孔隙率之间的关系
drying of unsaturated soils, 160, **160**	非饱和土的失水
dry soil mixing, 1333-1336, *see also* soil mixing	粉喷搅拌法,参见"搅拌"
dry-stack masonry walls, 960, *see also* masonry walls	干堆砌体支护结构,参见"砌体支护结构"
Duchaufour's stages of weathering, 345	Duchaufour 风化阶段
ductility, 28	延性
dune-bedded Permian sandstone, **313**	沙丘层状二叠纪砂岩
durability tests, 504-506	耐久性试验
duricrusts, 346, 347	铝铁硅钙壳
duty holders, responsibilities of, 76, 77	责任主体,责任
dynamic compaction (DC), 276, 933-934, 1261-1268, *see also* compaction	强夯(DC),参见"压实"
applications of, 1262	应用
case histories, 1267	历史案例
depth of treatment, 1264	处理深度
environmental considerations, 1265-1266	环境因素
execution control of, 933	施工控制
induced settlement, 1266-1267	引起的沉降
limitations of, 1262	限制
methods and key issues of, 933	方法和要点
monitoring and testing, 1266	监测及检测
plant and equipment, 1261-1262	装置和设备
practical issues, 1264-1265	实际问题
processes, 1261	工艺流程
site investigation, 1264	场地勘察
techniques, 1261	技术
validation of, 933	检验
working principles of, 1262-1264	工作原理
dynamic loading	动载
adverse effects of, 939	不利影响

of soils, 259, **259**	土的
testing of, characteristics and potential deployment criteria, *1468*	试验，特征和潜在部署标准
unbound material, stress-strain behaviour of, **1145**	非胶结材料，应力-应变行为
dynamic probing, 620, 635-638, 901	动力触探
earth-filled cofferdams, 1006	土石围堰
earth pressure, 991	土压力
active/passive, 155, **173**	主动/被动
groundwater, 996-997	地下水
king post walls, 995-996	立柱式支护结构
limit-equilibrium analysis, 991-992	极限平衡分析
multi-propped walls, 995	多支撑挡墙
passive softening, 994, **994**	被动软化
reverse passive, 994-995	反向被动
sloping ground, 994	倾斜地面
soil-structure interaction analysis, 992-993	土-桩相互作用分析
surcharges and direct loads, 996	超载和直接荷载
tension cracks, 994, **994**	张拉裂缝
thermal effects, 995	热效应
unplanned excavation, 996	超挖
wall and soil stiffness, 995	挡墙和地基土刚度
and wall rotation, relationship between, 969-970	（与）墙体倾覆，之间的关系
wall-soil friction, 993-994	墙土摩擦
earth pressure theory, 221-226	土压力理论
in-service conditions, 225-226	使用条件
Mohr circle of stress, 221	莫尔应力圆
effective stress failure criterion, 223-224, **223**	有效应力破坏准则
total stress failure criterion, 221-223, **222**	总应力破坏准则
within a principal plane, 221, **221**	在主平面内
wall friction (adhesion), effects of, 224-225, 225	墙面摩擦（粘着），影响
earthquake, *see also* ground movements, buildings affected by	地震，参见"地基变形，受影响的建筑物"
effects on foundation, 940-948	对基础的影响
deep foundation, 947-948	深基础
risk reduction measures, 948	降低风险的措施
shallow foundation, 946-947	浅基础
slope failure, 944-946	滑坡
loading, 943-944	加载
earthworks, 386-387, **386**, 1067-1084	土石方工程
asset interfaces, 1069	资产管理接口
compaction, 1124-1128	压实
end product, 1125-1128, 1128, 1133-1134	成品
mechanics of, 1124-1125	力
method, 1128, 1132-1133	方法
specification, 1125-1128	规范
compaction plant, 1128-1129	压实设备
compliance testing of, 1132-1135	适宜性测试
material compliance, 1132-1134	材料适宜性

non-conformance, 1134-1135	不合格项
parameters and limits, selection of, 1134	参数和限值，选取
control of, 1130-1132	控制
deep-seated instability, 1069-1070	深层不稳定
design of, 1047-1063	设计
change in pore pressure with time, 1053	设计，土体孔隙水压力随时间的变化
embankment construction, 1058-1059	路堤设计，施工
embankment foundation settlement, 1060-1062	路堤基础沉降
embankment foundation, failure of, 1059-1060	破坏失效
embankment self-settlement, 1062	路堤的自重沉降
groundwater table, modelling of, 1053-1055	地下水水位，建模
instrumentation, 1062-1063	仪器设备
loadings, 1055-1057	荷载
soil design parameters, 1050-1053	土层设计参数
vegetation, effect of, 1057-1058	植被，影响
ecological considerations, 1084	生态因素
environmental considerations, 1080-1084	环境因素
failure modes of, 1047-1050	破坏形式
flooding, 1071-1072	洪水
flow failure, 1072	流动破坏
frost shattering, 1072	冻裂
material specification, 1120-1124	材料标准
key requirements for, 1118-1120	关键要求
necessity and purpose, 1115	必要性和目的
scope of, 1118	范围
test frequency, 1115-1124	测试频率
United Kingdom, 1115-1118	英国
materials, managing and controlling, 1140-1141	材料，管理与控制
chalk, 1138	滑石
clay, 1135-1137	黏土
fine, uniform sand, 1137-1138	均质细砂
manufactured aggregate, 1139	人造骨料
peat, 1139	泥炭土
recycled and secondary materials, 1138-1139	再生及二次集料
silt, 1137	淤泥
topsoil, 1135-1141	表层土
preventative and corrective maintenance regimes, 1075	预防性和纠正性维修制度
remedial work design, 1080	修复工程设计
repair or strengthening, 1075-1080	维修或加固
performance criteria for, 1076	性能标准
risk assessment of, 1068-1069	风险评估
scour erosion, 1071-1072	冲刷侵蚀
seasonal shrink-swell movements, 1070-1071	季节性胀缩变形
serviceability limit state, 1073	正常使用极限状态
shallow instability, 1069	浅埋不稳定
shoulder instability, 1071	坡肩不稳定
solutions, for unstable slope systems, 253	治理方案，不稳定边坡

supervision of, 1417-1418	土方工程监管
ultimate limit state, 1073	承载能力极限状态
earthworks asset management system (EAMS), 1067-1068	土石方工程资产管理系统(EAMS)
analytical assessment, 1074	解析评估
inspection, 1073-1074	检查
monitoring existing earthworks, 1075	既有土石方工程监测
risk mitigation and control, 1074-1075	风险缓解与控制
sustainability, 1069	可持续性
whole-life asset management, 1068	全寿命资产管理
earthworks design principles, 1043-1046	土石方工程设计原则
analysis methods, development of, 1044	分析方法，发展
factors of safety, 1044-1045	安全系数
fundamental requirements of, 1043-1044	基本要求
historical perspective of, 1043	历史纵览
limit states, 1045-1046	极限状态
Edale Shale, 482	Edale 页岩
effective depth of treatment, defined, 1261	有效处理深度，定义
effective foundation pressure, 752	有效基底压力
effective stress, 163, 197, 273, 670, 903, see also stress	有效应力，参见"应力"
-based shear strength, 247-248	基于抗剪强度的
failure criterion	破坏准则
bearing capacity enhancement factors, 228	承载力修正系数
Mohr circle of, 223-224, **221**	莫尔圆
for soils, 163	土体
in fully saturated soils, 158-160, **159**	饱和土的
in situ horizontal, 165	原位水平向
mean normal, volume vs, 273-274, **274**	平均法向，体积和
single piles on fine-grained soils, 806-807, **807**, 808	细粒土中的单桩
ejector wells, 1182, **1183**, see also wells	喷射井，参见"井"
elastic displacement theory, 214-216	弹性位移理论
elastic interaction factors, 835-836	弹性相互影响效应系数
elasticity of rocks, 197-198, 198-200, **207**, 208, 209, see also poroelasticity of rocks; rocks	岩石的弹性，参见"岩石的孔(隙)弹性；岩石"
elastic methods, settlement, 779-780	弹性方法，沉降
electrical resistivity, 606-607, **607**	电阻率
electrical resistivity tomography (ERT), 607	电阻率层析成像(ERT)
electricity generation systems (EGSs), 128-129	发电系统(EGSs)
electro-magnetic (EM) methods	电磁(物探)(EM)方法
ground penetrating radar, 608-609, **609**	探地雷达
non-GPR technique, 607-608	非探地雷达技术
electronic data, 693-695	电子资料
electro-osmosis, 275, 1185, **1185**	电渗
embankment(s)	路堤(填方工程)
anchored bored-pile wall, 1080	钻孔锚固桩墙
construction, 1058-1059	施工
foundation settlement, 1060-1062	基础沉降
foundations, 1289	基础

索 引

  failure of, 1059-1060   破坏失效
  fill materials, placement of, 1291-1292   填料，安装
  monitoring and supervision of, 1293   监测与监查
  reinforcement, placement of, 1293   筋体，安装
  instruments for monitoring   监测仪器
    clay, 1395-1396   黏土
    dams, 1397-1398   坝
    on soft ground, 1395-1396   在软土地基上
  king-post wall, 1080   桩板墙
  loading tests, 1255   载荷试验
  re-grading, 1078-1079   坡形升级
  Ruglei™ verge protection system, 1079-1080   Ruglei™ 植被保护系统
  self-settlement, 1062   自重沉降
  sheet piling, 1080   钢板桩
  toe retaining wall, 1080   坡脚墙
embedded columns, 1204-1205   嵌入式柱
embedded retaining walls, 957, 961-966, see also retaining walls   嵌入式支护结构，参见"支护结构"
  contiguous bored pile walls, 963-964   灌注桩排桩围护墙
  diaphragm walls, 965-966   地下连续墙支护结构
  king post walls, 963   立柱式支护结构
  secant bored pile walls, 964-965   钻孔咬合桩支护结构
  sheet pile walls, 962-963   板桩支护结构
embedded solutions, 1087-1088   嵌固式支护
embedded walls, 988, 1271-1288   嵌入式支护结构
  combi steel walls, 1284-1285   组合钢板墙
  concrete sheeting, 1287   混凝土板
  contiguous pile walls, 1280   排桩支护结构
  cost of, 1271   成本
  design process, 998-999, **998**   设计过程
  design situations, 989-991   设计工况
  diaphragm walls, 1271-1276   地下连续墙
  earth pressure, 991   土压力
    groundwater, 996-997   地下水
    king post walls, 995-996   立柱式支护结构
    limit-equilibrium analysis, 991-992   极限平衡分析
    multi-propped walls, 995   多支撑挡墙
    passive softening, 994, **994**   被动软化
    reverse passive, 994-995   反向被动
    sloping ground, 994   倾斜地面
    soil-structure interaction analysis, 992-993   土-桩相互作用分析
    surcharges and direct loads, 996   超载和直接荷载
    tension cracks, 994, **994**   张拉裂缝
    thermal effects, 995   热效应
    unplanned excavation, 996   超挖
    wall and soil stiffness, 995   挡墙和地基土刚度
    wall-soil friction, 993-994   墙土摩擦
  factors of safety, 989   安全系数

ground movement, 998	地基变形
limit states, 989	极限状态
serviceability limit states (SLS), 989	正常使用极限状态(SLS)
ultimate limit states (ULS), 989	承载能力极限状态(ULS)
propping systems, design of, 997	支撑系统，设计
distributed prop load (DPL) method, 997	分布式支撑荷载(DPL)法
limit-equilibrium prop loads, 997	极限平衡支撑载荷
thermal effects, 997-998	热效应
reinforced mix-in-place walls, 1287-1288	加筋水泥土搅拌桩墙
secant pile walls, 1276-1280	咬合桩墙
sheet pile walls, 1280-1284	板桩支护结构
soft walls with pre-cast walls or steel sheet insertions, 1287	带预制板或钢板的软墙
soldier pile walls, 1285-1287	排桩墙
structural elements, design of, 997	结构构件，设计
ultimate limit state failure modes for, **990**	承载能力极限状态破坏模式
unreinforced mix-in-place walls, 1287	无钢筋水泥土搅拌桩墙
embedment earth pressure cells, 1392	埋入式土压力盒
embedment strain gauges, 1392	埋入式应变计
empirical methods, for prediction of ground movement, 978	经验方法，用于预测地基变形的
employer's liability insurance, 574	雇主责任保险
encapsulation to anchorage grout bond, 1024	封装与锚固浆体的粘结
end-bearing piles, *see also* pile(s/ing)	端承桩，参见"桩"
effect on negative skin friction, 889	负摩阻力的影响
and brittle response, 889-890	脆性反应
end lift, 414, **414**	边缘上抬
end-of-casing (EOC) grouting, 919-920, *see also* grouting	套管(EOC)注浆，参见"灌浆"
end product compaction, 1125-1128, *see also* compaction	成品压实，参见"压实"
compliance testing of, 1133-1134	适宜性测试
plant selection for, 1128	设备选择
energy efficiency and carbon reduction, 125-126, 128-129	能源效率和碳减排
carbon capture and storage, 129	碳捕获和储存
environmental impact indicators, 128, **128**	环境影响指标
ground energy, 128-129	浅地层能源
engineer	设计师
design responsibility, 1164	设计责任
and main contractor, dispute between, 1164	(与)总承包方，之间的纠纷
engineered fills, construction on, 909-910	工程性填土，建造于其上
engineering geophysical adviser (EGA), 602	地球物理工程顾问(EGA)
Enhanced (Engineered) Geothermal Systems (EGS), 129	增强型(工程型)地热系统(EGS)
Environment Agency (EA), 661, 1055, 1084, 1134	环境署(EA)
environmental considerations, for soil nailing construction, 1305	环境因素，土钉支护施工
environmental health officer (EHO), 599	环境卫生主任(EHO)
environmental impact assessment, 1187, *1188*	环境影响评估
for groundwater control, 4, *8*	用于地下水控制
ephemeral drainage channel, **321**	临时排水渠
epsomite, *518*	泻利盐
equilibrium, geotechnical computational analysis, 35	平衡方程，岩土工程计算分析

索　引

equivalent pier method, 836-837, 839　　等效墩基方法
　　base stiffness reduction factor for, 837　　基于刚度折减系数的等效墩基方法
　　pier group replacement by, 836-837　　以代替群墩（桩）
equivalent raft method, 837-839　　等效筏基方法
　　replacement of pile group by, 837-838　　以代替群桩
EROS, 617　　地球资源观测卫星（以色列）
erosion　　侵蚀
　　aeolian, 324-326　　风成
　　scour, 1071-1072　　冲刷
eskers, 445　　河口砂
estuarine sands, vibrocompaction of, 96-99　　河口砂，振冲密实
　　advantages and disadvantages of, 98　　优缺点
　　foundation selection, 96-98, **98**　　基础选型
　　observation and testing, 99, **99**　　观察和测试
　　site location and ground conditions, 96, **97**　　场地位置和场地条件
Eurocode 7（EC7）, 106, 301, 653, 970　　《欧洲标准7》（EC7）
　　basis, 304-305　　基础
　　construction verification of materials, 1471　　材料的施工验证
　　design, 297-298　　设计
　　geotechnical categories to, 299-300　　岩土类
　　observational method, drawbacks of, 1491　　观测方法，缺点
　　pile capacity testing, 1451　　桩承载力试验
　　safety elements in, 112　　安全元素
　　soil, features of, 108-111, *109*　　土，特性
European Commission　　欧盟委员会
　　Guidance Paper L, 106-107　　指导文件L
European Committee for Standardisation（CEN）, 105　　欧洲标准化委员会
European Union（EU）, 660　　欧盟
excavation adjacent to an existing footing, 1241　　邻近现有基础的开挖
excavations　　基坑（开挖，挖掘）
　　externally braced, 1395　　外部拉锚
　　foundation, 768　　基础
　　groundwater-induced instability of, **1174**　　地下水位变化引起的失稳
　　instability due to groundwater, 770　　地下水引起的失稳
　　internally braced, 1393-1394　　内支撑
　　side-slope stability, 768　　边坡稳定性
　　temporary, 87　　临时的
　　tools, 1194-1195, 1199　　工具
excavation techniques, for ground exploration, 619-620　　挖探技术，地质勘探
　　trial excavations, 620　　试验性开挖
　　trial pits, 619　　探坑
　　trial trenches, 619　　探槽
excessive degradable materials, 1257　　过多可降解材料
exclusion, groundwater control by, 1175-1176, *1176*　　截渗，地下水控制
　　combined with pumping, 1185　　抽水
expansive soil effect, on heave-induced tension, 892-893　　隆起引起的拉力
expansive soils, 413-438　　膨胀土

characterisation, 424-428
 classification schemes, 424-425
 national versus regional, 427-428
 UK approach, 426-427
definition of, 413
engineering issues of, 418-438
 domestic dwelling and vegetation, 435-438
 foundation options in, 428-432, *429*
 investigation and assessment, 419-422
 pavements, 432
 remedial options, 434-435
 shrink-swell predictions, 422
 treatment of, 432-434
foundation behaviour in, 333-334
locations of, 414-416
as problematic soils, 413-414
shrink-swell behaviour of, 416-418
 changes to effective stress and role of suctions, 417
 mineralogical aspect, 416-417
 water content, seasonal variations in, 417-418, **417**
soil stabilisation approaches applied to, *433*
extended Mohr-Coulomb failure envelope, **355**
 in matric suction space, **355**
 in net stress space, **355**
extensometer, 626
 of reinforced soil slopes, 1103
 of reinforced soil walls, 1098

fabric, 149
 of soils, 157-158, **157**, **158**, 396-397, **396**, **397**
face shovels, 447
facing(s)
 placement of, 1291
 reinforced soil slopes, 1102
 reinforced soil walls, 1097, 1102
factual reporting, 689-693
 of down-hole tests, 693
 of field techniques, 691-692
 intrusive
  large-face excavations, 690-691
  non-sampling, 691
  small-sample size investigations, 691
 non-intrusive, 690
 of laboratory tests, 692-693
 specialist down-hole tests, 691
failure modes, of earthworks, 1047-1050, *see also* earthworks

表观特征
 分类方法
 国家与地域
 英国方法
定义
工程问题
 家庭住宅和植被
 基础类型
 调查和评估
 路面
 补救方案
 收缩/膨胀预测
 处理
地基特性
位置
问题土
收缩/膨胀性
 有效应力的变化和吸力的作用
 矿物学特征
 含水率，季节性变化
土体稳定处理方法
引伸的莫尔-库仑破坏包络面
 基质吸力空间中引伸的莫尔-库仑破坏包络面
 净应力空间中引伸的莫尔-库仑破坏包络面
引伸仪
 加筋土坡的
 加筋土挡墙的

组构
 土的
挖掘机
面板
 安装
 加筋土坡
 加筋土挡墙
原始资料报告
 孔内测试
 现场技术的
 介入法
  大断面挖探
  无取样
  取样勘探
 非介入法
 室内试验
 专业孔内测试
破坏形式，土石方工程中的，参见"土石方工程"

during construction, 1047-1049	施工期间
during operation, 1049-1050	使用期间
slope failure, 1047	边坡破坏
failure of rocks, 200-202, **207**, see also rocks	岩石的破坏，参见"岩石"
brittle, 200	脆性的
ductile, 200	延性的
by pore collapse, 201-202	由孔隙坍塌引起的
shear, 201	剪切
tensile, 201	拉伸/张拉
failures, geotechnical, 1359	事故，岩土
falling weight deflectometer (FWD), 1151	落锤式弯沉仪（FWD）
fens, 464	沼泽泥炭土
ferrallitisation, 345	铁硅铝质化
ferric (Fe^{3+}) iron, 342	三价铁离子（Fe^{3+}）
ferricrete, 351	铁质结砾岩
ferrugination, 345	铁质化
ferruginous soils, 351	铁质土
fersiallitic soils, 345, 351	铁铝质土
fersiallitisation, 345	铁铝质化
fibre-optic instruments, 1389	光纤设备
fibre-optic piezometers, 1384, see also piezometer(s)	光纤压力计，参见"测压计"
field geophysics, 650	现场地球物理方法
field geotechnical testing, 631	原位测试
groundwater testing, 650	地下水测试
packer tests, 651	压水试验
rising and falling head permeability tests, 651	升降水头渗透试验
loading and shear tests, field geophysics, 650	载荷和剪切测试，现场地球物理方法
Marchetti dilatometer test, 646-648	马氏扁铲侧胀仪测试
plate testing, 644-646	平板试验
pressuremeters and dilatometers, 648-650	旁压仪与扁铲侧胀仪
vane shear test, 642-644	十字板剪切试验
penetration testing, 632	贯入试验
cone penetration testing, 638-642	静力触探试验
dynamic probing, 635-638	动力触探试验
standard penetration testing, 632-635	标准贯入试验
field measurement techniques, 261-262	现场试验
field vane testing, 642, **643**	现场十字板试验
filled opencast sites	填埋露天场所
properties and engineered behaviour, 447	特性和工程性能
working of, 447	施工
fill materials, placement of, 1291-1292	填料，回填
fills	填土
building on, see fills, building on	建于，见"填土，建于其上"
coarse, 902	粗粒
compaction of, 334-335	压实
compressibility of, 903	压缩性
deep foundations on, 909	深基础

drained shear strength of, 904	排水抗剪强度
non-engineered, 443	非工程性的
classification, 444-445	分类
description, 446	描述
mapping, 445	测绘
problematic characteristics, 443-444	特征
recent clay fills, 1257	近期黏性填土
types, 446-458	类型
unsaturated soils and, 789	非饱和土
reinforced soil slopes, 1102	加筋土坡
reinforced soil wall, 1097	加筋土挡墙
fills, building on, 899-910	填土，建于其上
coarse fills, 902	粗粒填土
compressibility, 903	压缩性
degree of saturation, 902	饱和度
density, 902	密度
design issues	设计问题
bearing capacity, 907	承载力
deep foundations, 909	深基础
geometry, 907	几何形状
monitoring, 908	监测
settlement, 907	沉降
shallow foundations, 908-909	浅基础
desk studies and walkovers, 900	案头研究与踏勘
drained shear strength, 904	排水抗剪强度
engineered fills, construction on, 909-910	工程性填土，建造于其上
fill deposits, engineering characteristics of age, 900	填土沉积层，龄期的工程特征
groundwater level, 900	地下水位
placement, method of, 900	填筑方法
surface extent and depth, 899	地表范围与深度
fine-grained fills, 902-903, **903**	细粒填土
intrusive investigation	物探
deep *in situ* tests, 901	原位深层试验
drilling and sampling, 901	钻探与取样
monitoring, 901	监测
trial pits, 901	试坑
trials, 901-902, 902	可行性试验
window samples and dynamic probing, 901	窗口取样和动力触探
liquidity index, 903	液性指数
moisture content, 902	含水率
non-intrusive investigation, 901	物探
particle-size distribution, 902	颗粒级配
permeability, 904	渗透性
plasticity index, 903	塑性指数
stiffness, 903, 904	刚度
time dependency for, 904	时间依赖性
undrained shear strength, 904	不排水抗剪强度

索 引

volume changes in, 904-907 体积变化
    applied stress due to building weight, 905-906   由建筑物自重施加的附加应力
    biodegradation, 906-907   生物降解
    chemical action, 907   化学反应
    self weight, 905   自重
    water content, 906   含水率
fine-grained fills, 902-903, see also fills 细粒填土，参见"填土"
fine-grained soils, see also soils 细粒土，参见"土"
  single piles on   单桩
    cone penetration test, 811-812   静力触探试验
    effective stress, 806-807, **807**, 808   有效应力
    standard penetration test, 811   标准贯入试验
    total stress, 805-806, **806**, 806   总应力
finite difference analysis, 1044 有限差分法
finite element method, 214, 862, 1034, 1044 有限元方法
  for geotechnical problems, 40-43   对于岩土工程问题
    boundary conditions, 40, **41**   边界条件
    element discretisation, 40, **41**, **42**, 40-43, **43**   单元离散
    element equations, 40   单元方程
    global equations, 40   全局方程
    global equations, solution of, 40   全局方程，解
    primary variable approximation, 40   主变量近似
firm walls, see reinforced mix-in-place walls 坚固墙，见"加筋水泥土搅拌桩墙"
first-time slides, 1070 首次滑动
fissile mudstone, 482, see also mudstones 易碎泥岩，参见"泥岩"
fixed anchor zone, location of 锚固区，位置
  for clayey soils, 1027   对于黏性土
  for granular soils, 1025-1027   对于粗粒土
fixed borehole extensometers, 1385 固定式钻孔伸长计
flame ionisation detector (FID), 658 火焰离子化检测器（FID）
flexible structural facings, in soil nail construction, 1308-1309, **1308** 柔性结构面层，土钉支护施工
floating piles, see also pile(s/ing) 摩擦桩，参见"桩"
  effect on negative skin friction, 889   负摩阻力的影响
floating roads, 474 浮路
floation, 1036 上浮
flood defence walls, 1280-1281, see also walls 防洪墙，参见"挡墙"
flooding, 1034, 1071-1072 洪水
floor slabs, heave of, 531 底板，隆起
flotation, 770-771 上浮
flow failure, 1072 冲刷破坏
flow regimes 流态
  complex, 171   复杂
  simple, 169-171   简单
flow table test, 1474 流度试验
flush, 622 冲洗介质；冲洗液
flushable piezometers, 1383-1384, see piezometer(s) 可冲洗压力计，见"测压计"
fluvial erosion, 321 河流侵蚀

alluvial fans, 322	冲积扇
sabkhas, salinas and playas, 322-324	盐沼，盐滩和盐湖
sediment transport and deposition, 322	泥沙输送和沉积
wadis, 322	河谷
footing	基础
analyses, finite element mesh for, **47**	分析，有限元网格
geometry of, **47**	几何条件
load-displacement curves for, **47**	荷载位移曲线
strip footing, load-displacement curves for, **56**	条形基础，荷载位移曲线
ultimate footing load vs number of increments, **48**	极限荷载和增量级数的对比关系
foot-slopes, 316-317	麓坡
forensic investigations, 1359	诉讼调查（鉴定调查）
design, 1359-1360	设计
disclaimer, 1361	免责声明
process, 329	过程
reporting, 1360	报告
FORMOSAT-2, 617	"福卫二号"高分辨率遥感卫星
foundation(s), 733-763, 939-951	基础
applications of, 96-103	应用
barrettes, 734	异形截面桩
bearing capacity of, 227-230	承载力
bearing pressures, 752-753	承载力
caissons, 734	沉井
components-ancillary processes- assemblages relationship, **87**	辅助工程和组合之间的关系
deep, 84-85, 734, 745	深
deep ground improvement, 734-735	深层地基改良
design decisions, 83-104	设计方案
designing or construction of, 731-732, 735-744	设计或施工
acceptable stability and deformation, 738-742	可接受的稳定性和变形
affected by groundwater-related issues, 90	受地下水相关问题影响的
circumstances affecting, 88-90	环境影响
costs and programme for, 743-744	成本和方案
ground shape, influence of, **89**	地面形状，受影响于
risk management, 742-743	风险管理
earthquake effects on, 940-948	地震的影响
grain store, 2, **9**	粮仓
hybrid, 85	混合式
large diameter piles, 85	大直径桩
machine, 950-951	机械
material testing for, 1471-1485	材料测试
medium diameter piles, 86	中等直径桩
modular, 1343-1349	模块化
movement, 747-752	变形
offshore, *see* offshore foundation design	近海，见"近海基础设计"
options in collapsible soils, 403-404	湿陷性土上的方案
options in expansive soils, 428-432, *429*	膨胀土中基础类型选择
case studies, 431-432	案例研究

索 引

modified continuous perimeter footing, 431	改进的周边连续基础
pier and beam/pile and beam foundations, 429, **430**	墩梁、桩梁基础
stiffened rafts, 429-431, **430**, **431**	加劲筏基
pad, 85, 734	扩展
pad/strip footing, 748-749	扩展/条形
parameter selection, 754-759	参数选择
pavement, see pavement foundation	路面，见"路面基础"
pier, 85	墩(式)
piled, 734	桩
devastating effect of, by double resonance condition, 939-940	由双共振条件导致的毁灭性的影响
pre-cast concrete, 3-7, **9**	预制混凝土
raft, 734, 748, 749	筏形
reuse of, 746-747, 1485	重复利用
selection, 83-87, 735-747	选择
5 S's principle, 744-747	5S 原则
case histories, 733, 759-763	历史案例
information requirements for, 735-737	资料需求
settlement, 85, **86**, 155-156	沉降
shafts, 734	沉井
shallow, 84, 734, 744-745	浅
strip, 734	条形
subject to cyclic loading, 939-940	在循环荷载作用下
amplitude of vibration, 939	振幅
number of cycles, 940	循环次数
vibration period, 939-940	振动周期
types of, **84**, 734-735	类型
under-reamed piles, 85	扩底桩
verification tests and observations of, 92	验证试验与观察
foundation engineering, holistic approach to, 87-90	整体研究
four-legged stools, 28-29	四脚凳
fracture controlled permeability, of rocks, 204, **207**, see also rocks, permeability of	裂隙控制的渗透率，岩石的，参见"岩石，渗透性"
Frankipile, 1212, **1213**, **1214**	Frank 桩(夯扩桩)
free product, 654, 661, 664	液相碳氢化合物
frequency response test methods, features detected using, 1430-1431, **1430**, **1431**	频率响应测试方法，特征识别
friction pile, 232, see also pile(s/ing)	摩擦桩，参见"桩"
frost shattering, 1072	冻裂
full-displacement pressuremeter (FDP), 649	全位移旁压仪(FDP)
full numerical analysis, for geotechnical problems, 39-40, see also numerical analysis, for geotechnical problems	全数值分析，对于岩土工程问题，参见"数值分析，对于岩土工程问题"
fully saturated soils, effective stress in, 158-160, **159**	完全饱和土，有效应力
gabion walls, 960-961, see also walls	石笼支护结构，参见"挡墙"
gas	气体
in situ testing of, 658	现场测试
sampling, 655, **656**	取样
GasClam, 658	GasClam 地下气体监测仪

generic assessment criteria (GAC), 659, 664	通用评估标准(GAC)
geocomposite, **1479**	土工复合材料
geo-environmental testing, 653-663	岩土环境测试
complementary testing, 659	补充测试
data processing	数据处理
assessment criteria, 659-621	评价标准
rogue data, 661	异常数据
groundwater, 654-655	地下水
in situ testing, 656-658, **657**	原位测试
of gas, 658	气体
of soils, 656-657	土的
of water, 657, 658	水的
laboratory testing	实验室测试
accreditation, 659	认证
methodologies, 658-659	测试方法
suites, 659	测试套件
philosophy, 653-654	理念
purpose of, 656	目的
quality assurance	质量保证
checking and review, 663	核对与审核
laboratories, 662-663	实验室
sampling strategy, 662	抽样策略
site model, 661-662	场地模型
sampling, 654-656	取样
gas, 655, **656**	气体
handling and transport, 656	处理和运输
soils, 654, **655**	土壤
surface water, 655	地表水
from trial pit, **654**	探坑中的
storage, 656	存储
geographical information system (GIS), 599, 612	地理信息系统(GIS)
geogrids, 1059, **1479**	土工格栅
geohydraulic tests, 626	岩土水力学试验
geological hazards, 552	地质灾害
geological maps, 553-554	地质图
Geological Society Engineering Group Working Party, 446	英国地质学会工程组工作小组
Geological Society Working Party Report on Tropical Soils, 349	英国地质学会热带土工作小组报告
geologically old, pre-glacial deposits, 744	地质年代久远,冰期前沉积物
geomorphological hazards, 552-553	地貌灾害
geophysical surveying, benefits of, 602	地球物理探测,优点
geophysics	地球物理学
borehole, 614, *615*, **616**	钻孔
role of, 601-603, *603*, *604*	作用
surface, 603-604	地表
GeoQ risk management model, **66**	GeoQ风险管理模型
geostatic vertical total stress, 163	地层自重条件下的竖向总应力
geosynthetics, 1478-1479	土工合成材料

索 引

problems associated with, 1478   相关问题
    verification of, 1478-1479   验证
geotechnical adviser, 594-595   岩土工程顾问
geotechnical baseline report (GBR), 68, 696   岩土工程场地现状报告(GBR)
geotechnical construction, codes and standards for, 121, *122-123*   岩土工程施工规范和标准
geotechnical design, codes and standards for, 114-121, *120-121*   岩土工程设计规范和标准
geotechnical design reports (GDR), 696   岩土工程设计报告(GDR)
geotechnical design triangle, 111-112, **111**   岩土工程设计三角形
    and geotechnical triangle, relationship between, 113, *113*   （与）岩土工程三角形，之间的关系
geotechnical engineering   岩土工程
    developmental history of, 11-15   发展史
    in early 20th century, 11-12   20世纪初的岩土工程
geotechnical engineering, computer analysis principles in, 35-56   数值分析准则
    classification of, 35-36, *36*   分类
        boundary conditions, 36   边界条件
        compatibility, 35-36   相容性条件
        constitutive behaviour, 36, 43   本构特性
        equilibrium, 35   平衡方程
    closed form solutions, 37   解析解
    finite element method, 40-43   有限元方法
        boundary conditions, 40, **41**   边界条件
        element discretisation, 40-43, **41, 42, 43**   单元离散
        element equations, 40   单元方程
        global equations, 40   全局方程
        global equations, solution of, 40   全局方程，解
        primary variable approximation, 40   主变量近似
    limit analysis method, 37-38   极限分析法
    limit equilibrium method, 37   极限平衡法
    Mohr-Coulomb constitutive model, 54-56   莫尔-库仑本构模型
        drained loading, 54-55   排水加载
        undrained loading, 55-56, **56**   不排水加载
    nonlinear finite element analysis, 43-50   非线性有限元分析
        modified Newton-Raphson method, 46-47   修正Newton-Raphson方法
        solution strategies, qualitative comparison of, 47-50, **47, 48, 49**   求解策略，定性对比
        tangent stiffness method, 43-45, **44**   切线刚度法
        visco-plastic method, 45-46   黏-塑性方法
    numerical analysis, 38-40   数值分析
        beam-spring approach, 38-39   梁-弹簧方法
        full numerical analysis, 39-40   全数值分析
    stress field method, 37   应力场方法
    structural members in plane strain analysis, modelling of, 50-54   平面应变分析中的结构构件，建模
        connections, 53, **54**   连接
        coupled analyses, 53   耦合分析
        ground anchors, 52-53, **53**   地层锚杆
        piles, 51-52   桩
        segmental tunnel linings, 54   管片式隧道衬砌
        walls, 50-51   挡墙

geotechnical investigations and testing, codes and standards for, 114, *115-119*	岩土调查和测试规范和标准
geotechnical materials, codes and standards for, 121, 123, 123	岩土工程材料规范和标准
geotechnical modelling, 29-30	岩土建模
comparison with structural modelling, 30-31	与结构模拟比较
geotechnical monitoring, 1363-1376	岩土工程监测
benefits of, 1363-1366	优点
contractor's construction methods, assessing, 1364	承包商的施工方法，评估
documenting, 1365	损害评估，归档
impending failure, warning of, 1365	即将发生的破坏，预警
minimising damage to adjacent structures, 1364	尽量减轻对邻近建筑物的损害
observational method, implementing, 1364	观测方法，实施
performance, improving, 1365	性能，改善
remedial methods to address problems, devising, 1364-1365	针对存在问题的补救方法，设计提出
revealing unknowns, 1364	揭示未知情况
satisfactory and expectation, 1365	满意和期望
state-of-knowledge, advancing, 1365-1366	理论知识水平，推进
guidelines for, 1371-1376	指南
calibration, 1371	校准
data collection, 1373-1375	数据收集
implementation, 1376	实现
installation, 1372	安装
maintenance, 1372-1373	维护
monitoring data, interpretation of, 1376	监测数据，阐释
monitoring data, processing and presentation of, 1375-1376	监测数据，处理和演示
reporting of conclusions, 1376	报告的结论
systematic approach to planning, 1366- 1370	用于规划的系统方法
behaviour control mechanisms, predicting, 1366	运行控制机制，预测
budget, preparing, 1369	预算，准备
budget, updating, 1369	预算，更新
calibration and maintenance, 1369	校准和维护
construction phase, assigning tasks for, 1368	施工阶段，分配任务
contract documents, preparing, 1369	合同文件，准备
data collection and management, 1369	数据采集和管理
data correctness, 1369	数据准确
documentation, 1369	文件
example, 1370-1371	实例
installation, planning, 1369	安装，规划
instrument locations, selecting, 1368-1369	仪器布设位置，选择
instrument purpose, listing, 1369	仪器用途，清单
instrument selection, 1368	选择仪器
instrumentation system design report, preparing, 1369	监测仪器系统设计报告，准备
magnitudes of change, predicting, 1367	变化的幅度，预测
parameters, 1367	参数
project conditions, defining, 1366	项目条件，定义
questions, 1367	问题
remedial action, 1367	补救措施
risk control, 1367	风险控制

索　引

geotechnical parameters, 297, 300-301	岩土参数
considerations, 301-303	几点思考
for piled foundations, 301-302	桩基础
for retaining walls, 303	支护结构
for shallow foundations, 301	浅基础
for slopes, 302-303	边坡
design codes, 298	设计规范
design process, 297-298	设计过程
Eurocode 7, 301	《欧洲标准 7》
identifying and assessing, recommended actions for, 298	识别和评估，建议的行动
risk, overall consideration of, 299-300	风险，综合考虑
safety factors, partial factors and design parameters, 304-305	安全系数，分项系数及设计参数
consideration of safety, 305-306	安全因素
Eurocode basis, 304-305	欧洲标准（Eurocode）基础
traditional code basis, 305	传统标准基础
traditional codes, 301	传统标准
geotechnical reporting, 689-697	岩土工程报告
electronic data, 693-695	电子资料
factual reporting, 689-693	原始资料报告
geotechnical baseline reports, 696	岩土工程场地现状报告
geotechnical design reports, 696	岩土工程设计报告
ground investigation reports, 696	现场勘察报告
interpretative reporting, 695	评价报告
production and timescale, 696-697	报告成果和时间计划
risk register, 696	风险登记表
geotechnical triangle, 17-26, **18**, 29-30, **30**, 31, **33**, 90-96, **91**, *97*, **111**, 158, 731, 742	岩土工程三角形
appropriate modelling, 18-19, 30	建立合适的模型
empirical procedures, 19, 30	经验过程
empirical procedures and experience, 19	经验过程和工程经验
and geotechnical design triangle, relationship between, 113, *113*	（与）岩土工程设计三角形，之间的关系
ground, behaviour of, 18, 30	地层，特性
ground profile, 18, 30	地层剖面
modelling, 18-19	模拟
geotechnical works, sequencing of, 1167-1172	岩土工程，次序
common problems, 1172	常见问题
design construction sequence, 1167-1168	设计施工次序
managing changes, 1172	管理变更
monitoring, 1172	监测
safe construction, 1168-1170	安全施工
site logistics, 1168	现场组织
technical requirements, achieving, 1170-1172	技术要求，满足
geothermal energy, 128-129	地热能
geothermal piles, 1205-1206, **1208**, *see also* pile(s/ing)	能源桩，参见"桩"
gibbsite, 342	三水铝石
glacial debris, 364	冰面岩屑
glacial deposits, 744	冰川期沉积物

glacial materials, *366*
glacial soils, 303, **364**, *see also* soils
    classification data, 375
    earthworks, 386-387, **386**
    features of, 369
        deformation till, 370-371
        lodgement till, 371-372
        macro features of tills, 373
        sub-glacial melt-out till, 372
        supraglacial melt-out till, 373
    geological processes, 363-369
    geotechnical classification, 373-375
    ground model, developing, 383-384
    hydraulic conductivity, 382
    intrinsic properties, 384-386
    mechanical characteristics, 375
        effective strength parameters, 379-380
        stiffness, 380-382
        undrained shear strength, 375-379
    particle size distribution, 375
    routine investigations, 383
glacial tills, *see also* tills
    characteristics and geotechnical properties of, *374*
    guide to selection of sampling methods in, *383*
    hydraulic conductivity of, **382**
global ground movements, 887-897
    consequences of, 887-888
    heave-induced tension, 891-893
    heave-induced tension, collapsible soils effect on, 892-893
        expansive soils effect on, 892-893
        floor slab in contact with swelling soil, 892
        pile groups effect on, 892
        single piles effect on, 891-892
    lateral ground movements, 893-897
        numerical analysis of, 897
        piles adjacent to embankments on soft clay, 894-895
        piles in unstable slopes, 895-896
        piles near excavations, 895
        piles near tunnels, 896-897
        single piles effect on, 893-894
    negative skin friction, 888-891
        comparison with normal pile action, 888-889
        methods to reduce, 891
        pile group effects on, 891
        single piles effect on, 889-891
global positioning system (GPS), 1389
Google Earth, 553

冰川物质
冰碛土，参见"土"
    分类数据
    土石方工程
    特征
        变形冰碛土
        堆积冰碛土
        冰碛土宏观特征
        冰下特征，融化冰碛土
        冰上融出冰碛土
    地质过程
    岩土分类
    场地模型，建立
    渗透系数
    本征性质
    力学特征
        有效应力强度参数
        刚度
        不排水抗剪强度
    粒径分布
    现场勘察
冰碛土，参见"冰碛土"
    特征与岩土性质
    制样方法选择指南
    渗透系数
地基整体变形
    后果
    隆起引起的拉力
    隆起引起的拉力，湿陷性土的影响
        膨胀土的影响
        与隆起土体接触的板
        群桩的影响
        单桩的影响
    地基水平向变形
        数值分析
        软黏土路堤的桩基
        边坡工程中的桩基
        临近开挖土体的桩基
        隧道开挖附近的桩基
        单桩的影响
    负摩阻力
        与常规桩侧阻力比较
        用于减少的方法
        群桩的影响
        单桩的影响
全球定位系统（GPS）
谷歌地球

索 引

grading, see particle size distribution
grain store foundation, **1343**, 1344, see also foundation(s)
granular materials
  moisture content control, 1058
  piles in
    bearing capacity theory, 241-242
    methods based on standard penetration tests, 243
    methods based on static cone penetration tests, 242-243
    pile driving formulae, 243-244
granular soils, see also soils
  dynamic compaction, 1263
  fixed anchor length design in, 1018-1020
    end bearing, 1019
    shaft friction, 1019
  vibro techniques in, 1249
granulated ground blast furnace slag (GGBFS), 279
gravel
  fixed anchor lengths within, construction of, 1318
  underpinning in, 1243
gravity method, 604-605, **605**
gravity retaining walls, 957, 959-961, see also retaining walls; walls
  crib walls, 960
  dry-stack masonry walls, 960
  gabion walls, 960-961
  masonry walls, 959
  modular walls, 959
  non-modular walls, 959
  reinforced soil wall, 961
  reinforced-concrete stem walls, 959
gravity solutions, 1088-1089
gravity wall, 1241
gravity-wall design process, **987**
gravity walls, 981
  design method, 987-988
  design situations, 984
  drainage systems and fill materials, 986
  earth pressure, 984-985
  factors of safety, 982-983
  idealised actions on, **983**
  limit states, 981
    serviceability limit states (SLS), 982
    ultimate limit states (ULS), 981-982
  retaining, see gravity retaining walls
  structural elements, design of, 986-987
  surcharges and direct loads, 985-986
  types of, **981**
  ultimate limit states, **982**

级配，见"粒径分布"
谷仓基础，参见"基础"
粗颗粒材料(粒状土)
  含水量控制
  沉桩
    承载力理论
    基于标贯试验的方法
    基于静力触探试验的方法
    打桩公式
颗粒土，参见"土"
  强夯
  锚固段设计
    端承
    侧阻
  振冲技术
粒状高炉矿渣(GGBFS)
砾石土
  锚固段长度，施工
  托换
重力方法
重力式支护结构，参见"支护结构；挡墙"
  框架支护结构
  干堆砌体支护结构
  石笼支护结构
  砌体支护结构
  模块化支护结构
  非模块化支护结构
  加筋土挡墙
  钢筋混凝土支护结构
重力式支护
重力式挡墙
重力式挡墙设计过程
重力式挡墙
  设计方法
  设计工况
  排水系统和回填材料
  土压力
  安全系数
  理想化作用
  极限状态
    正常使用极限状态(SLS)
    承载能力极限状态(ULS)
  支护，见"重力式支护结构"
  结构构件，设计
  超载和直接荷载
  类型
  承载能力极限状态

unplanned excavation, 985
    water pressure, 986
grid roller-towed, 1128
gross foundation pressure, 752
ground, 1479-1481
  behaviour of, 30
  conditions, 760-761
    bored piling problems associated with, 1226
  displacement
    caused by driven pile, 1232
    vs wall movement, 977-979
  as a hazard, 551-554
  hazards in United Kingdom, 552-553
    anthropomorphic hazards, 553
    geological hazards, 552
    geomorphological hazards, 552-553
    topographical hazards, 552-553
  infilled, 444
  instability hazard, 557
  landscaped, 445
  location, 88
  made, 444
  measured or observed behaviour of, 18
  problems associated with, 1480
  profile, 789-791
  shape, 88
  soil exposure in an excavation, 1480
  stiffness and compressibility, 756-757
  understanding, 551, 553
  verification of, 1480-1481
ground anchors, 277, 1003, 1087, see also anchors
  applications of, 1313
  classification of, 1012-1014
  construction of, 1316-1320, 1313-1321
    fixed anchor lengths within chalk, 1318-1319
    fixed anchor lengths within clays, 1316-1318
    fixed anchor lengths within rock, 1319-1320
    fixed anchor lengths within sands and gravel, 1318
    issues and risks, 1316
  defined, 1011
  drilled, 1315
  energy, 128-129
  geotechnical design of, 1029
    fixed anchor zone, location of, 1025-1027
    for support of retaining walls, 1015-1016
    load transfer into the ground, 1017-1024
    load transfer into the structure, 1028-1029

超挖
  水压力
牵引式格栅压路机
总基础压力
地层/地基
  特性
  条件
    与钻孔成桩相关的问题
  位移
    由打桩引起
    土体位移和墙体位移的对比关系
  风险
  英国的风险
    人为危害
    地质灾害
    地貌相关灾害
    地形相关灾害
  填埋场
  失稳不稳定性失稳风险
  景观地面
  位置
  人造场地
  岩土工程三要素，实测响应
  相关问题
  剖面
  形状
  开挖土体
  刚度和压缩性
  了解
  验证
地层锚杆，参见"锚杆"
  应用
  分类
  施工
    白垩土层内锚固长度
    黏土层内锚固长度
    岩层内锚固长度
    砂砾层内锚固长度
    问题和风险
  定义
  钻进
  能源
  岩土工程设计
    锚固区，位置
    用于支撑挡墙
    荷载传递到地层
    荷载传递到结构

索 引

responsibilities for works, 1014-1015	工作责任
safety factors, 1017	安全系数
tendon design, 1024-1025	锚筋设计
testing, 1011-1029	试验
grouted, 1315	灌浆
installation and rock stabilisation, 1298-1299, 1300-1301	安装，岩质边坡防护与治理
mechanical, 1314-1315	机械式
modelling of, 52-53	建模
using membrane elements, **52**	采用膜单元
using springs, **52**	采用弹簧
using springs-membrane elements combination, **52**	采用弹簧－膜单元的组合
with solid elements, **53**	使用实体单元
nomenclature, 1012	术语
permanent, 1012	永久
post-grouted, 1021	后注浆
at re-entrant corners, intersection of, 1016	在凹凸角边缘，交会处
single bore multiple anchors, 1018	单孔复合锚杆
straight-shafted, 1021	直壁的
temporary, 1012	临时的
tendons, 1315-1316	杆体
testing and maintenance of, 1320-1321	检测和维护
under-reamed, 1021	扩体的
ground-bearing base slab design, 1036	地基承载基础底板设计
ground exploration, 619-627	地质勘探
drilling techniques, 620-623	钻探技术
excavation techniques, 619-620	挖探技术
in situ testing, in boreholes, 623-624	钻孔原位测试
installations, monitoring, 624-626	仪器，监测
probing techniques, 620	触探技术
standards, 626-627	标准
ground granulated blast furnace slag (GGBFS), 936	磨碎高炉矿渣（GGBFS）
ground improvement, 271-280, 1003, 1008-1009, 1247-1268	地基处理
control of, 1002	控制
defined, 911	定义
design principles for, 911-937	设计原则
backround of, 911	背景
compaction grouting, 914-916	压密注浆
deep soil mixing, 934-937	深层土壤拌和
dynamic compaction, 933-934	强夯
environmental issues, 913	环境问题
ground conditions, 912	场地条件
jet grouting, 924-929	高压喷射注浆
performance, 913	性能
permeation grouting, 916-924	渗透注浆
site trails, 913	现场试验
vibrocompaction, 929-932	振冲密实
vibroreplacement, 929-932	振动置换

void filling, 913-914 空洞填充
dynamic compaction, 1261-1268 强夯
ground, understanding, 272 地基，查明
soils, improvement of, by chemical means, 278-279, 277-280 土，改良，通过化学方法
 artificial ground freezing, 280 人工冻结法
 grouting, 279 注浆
 lime piles, 279 石灰桩
 lime slurry pressure injection, 279 压力注入石灰浆
 lime stabilisation, 277-278, **278** 石灰固化
 lime-cement column construction, 279 石灰-水泥桩施工
soils, improvement of, by mechanical means, 275-277 土，改良，通过机械方法
 dynamic compaction, 276 强夯法
 micro-piles or root piles, 277 微型桩或树根桩
 stone columns, 276-277 碎石桩
 vibrocompaction, 276 振冲密实
types of, 911-912 类型
using compaction grouting, 1328-1329 采用压密灌浆
vibro concrete columns, 1259-1260 振冲混凝土桩
vibro techniques, *see* vibro ground improvement techniques 振冲技术，见"振冲地基处理技术"
water, removal of, 272-275 水，排出
 electro-osmosis, 275 电渗法
 pre-loading, 274 预压法
 vertical drains, 274-275 排水预压法
 well pumping, 275 管井降水
ground investigation, 551 现场勘察
 contract documents, 595-598 合同文件
  bill of quantities, 597-598   工程量清单
  forms of contract, 597   合同形式
  technical specification, 595-597   技术规程
 investigation reports (GIR), 696 现场勘察报告(GIR)
 planning, 585-593 计划
  campaign, aims of, 592-593, **593**   行动、目的
  coherent campaign, development of, 585-586   协调一致的行动、策划
  project information and requirements, 589-590, **589**, *590*   项目资料及要求
  right techniques and equipment, choosing, 591-592   合适的技术和设备、选择
  scope issues, 590   范围问题
  site requirements and user data, 586-588   场地规定及用户资料
  testing schedule to information requirements, matching, 591   试验方案与资料需求，匹配
  timing and space, 588-589, **589**   时间和空间
 and testing 测试
  field testing, 626   原位测试
  geohydraulic tests, 626   岩土水力学试验
  laboratory testing, 627   室内试验
  rock identification and classification, 627   岩石鉴别与分类
  sampling methods and groundwater measurement, 626   取样方法与地下水测试
  soil identification and classification, 627   土体鉴别与分类
ground movements, buildings affected by, 281, *see also* earthquake 地基变形，受影响的建筑物，参见"地震"

building damage	建筑损伤
categories of, 282-283	类别
classification of, 282	分类
division between categories 2 and 3 damage, 283	第2类损伤和第3类损伤的划分
damage to buildings due to subsidence, 292	沉降对建筑物造成损伤
foundations, 293	基础
level of risk, 292	风险等级
orientation of the building, 293	建筑物的方向性
preliminary assessment, 292	初步评估
previous movements, 294	历史变形
second stage assessment, 292-293	第二阶段评估
soil/structure interaction, 293-294	土-结构相互作用
tunnelling and excavation, 293	隧道和基坑
foundation, 281	基础
ground movement due to tunnelling and excavation, 287	隧道和基坑引起的地基变形
due to deep excavations, 290	深基坑引起的地基变形
horizontal displacements due to tunnelling, 289	隧道引起的水平位移
horizontal strain, influence of, 290-291	水平应变，受影响于
relevant building dimensions, 291	建筑物尺寸
settlements caused by tunnel excavation, 288-289	隧道挖掘引起的沉降
surface displacements, assessment of, 289-290	地表位移，评估
limiting tensile strain, 284	极限拉伸应变
as serviceability parameter, 284	作为使用性参数
visible cracking, onset of, 284	可见裂缝，出现
protective measures	保护措施
building, strengthening of, 294	建筑，加固的
compensation grouting, 294-295	补偿灌浆
ground, strengthening of, 294	地基，加固的
installation of a physical barrier, 294	安装物理屏障
structural jacking, 294	结构顶升
underpinning, 294	基础托换
routine guides on limiting deformations of buildings, 283-284	建筑物允许变形的一般指南
strains in simple rectangular beams, 284	矩形梁的应变
limiting values of Δ/L and limiting tensile strain, 285-286	Δ/L 允许值与极限拉伸应变
limiting values of Δ/L for very slight damage, 286	轻微破坏的 Δ/L 允许值
relationship between Δ/L and levels of damage, 286-287	Δ/L 和破坏程度之间的关系
ground penetrating radar (GPR), 608-609, **609**	探地雷达(GPR)
ground profile(s), 18, 30, 141-152	地层剖面
formation of, 145-147, **146**	组成
evaporation, 146	蒸发
sedimentation, 145	沉积
stress relief, 146-147	应力释放
superposition, 147	叠加
uniformitarianism, 147	均变论
weathering, 145-146	风化作用
importance of, 143-145, **144**, **145**, 148	重要性
interpretation of, 150-151	阐释

investigation of, 148-150 工程勘察
  colour, 148   颜色
  consistency, 148-149   密实度
  groundwater, 150   地下水
  moisture condition, 148   潮湿状态
  origin, 150   成因
  soil and rock type, 149-150   土和岩石类型
  structure of mass, 149   块体结构
joining, 150, **151** 连接
overview of, 141 总结
of Palace of Westminster, London, 19-20, **21** 威斯敏斯特宫，伦敦
vertical sequence of, 141-143, **142** 竖向层序
ground-related problems, frequency and cost of, 64-65, 65 与地基有关问题，频率，成本
ground source heat pump (GSHP) systems, 129 地源热泵（GSHP）系统
ground stiffness sounding, 610, **611** 地基刚度检测
ground-structure interaction, 31-33, **33** 地基–结构相互作用
groundwater, 996-997 地下水
  artesian conditions, **164**   承压条件
  characteristic parameters, selection of, 975-976   特征参数，选取
  control for stability of excavations, 171-172   基坑稳定性控制
  flow in saturated soil, 167-174   饱和土中的流动
  -induced instability of excavations, 1173, **1174**   引起开挖失稳
  instability, due to unrelieved bore water pressure, 1173, **1174**   由于孔隙水压力上升导致的失稳
  levels, measuring, 624-625   水位测试
  lowering, see pumping, groundwater control by   降水，见"抽水，地下水控制"
  pressure   压力
    influence on bearing capacity, 776   对承载力的影响
    instruments for monitoring, 1379-1384   监测仪器
  profile, 150   剖面
  regime, 744   状况
  sampling, 654-656   取样
  table, modelling of, 1053-1055   水位，建模
  table level, influence on bearing capacity, 776   水位，对承载力的影响
  table lowering, soil strength effects and, 273, **273**   水位降低，土体强度的影响
  testing, 650   地下水测试
    packer tests, 651   压水试验
    rising/falling head permeability tests, 651   升降水头渗透试验
  transient flow, 173   瞬态流
groundwater control, 768-770, 1173-1190 地下水控制
  abstraction licensing and discharge consents, 1188   取水许可证和排放同意书
  calculations, 1187   计算
  design issues, 4, 1185-1188   设计问题
    design calculation, 1187   设计计算
    design review, 1187-1188   设计审查
    environmental impact assessment, 1187, *1188*   环境影响评估
    hydrogeological model, 1186   水文地质模型
    method selection, 1186-1187, **1187**   方法选择

索 引

problem constraints, 1186	约束条件
discharge water quality, management of, 1188-1189	排放水水质，管理
by exclusion, 1175-1176, *1176*	截渗法
methods of, *1175*, **1175**	方法
objectives of, 1173	目标
permanent, 1173-1174	永久
by pumping, 1176-1185, *1177*	抽水法
application of, **1178**	应用
artificial recharge systems, 1184	人工补水系统
collector wells, 1183-1185, **1184**	集水井
combined with exclusion, 1185	联合截渗法
deep wells with submergible pumps, 1181-1182, **1181**, **1182**	带潜水泵的深井
ejector wells, 1182, **1183**	喷射井
electro-osmosis, 1185, **1185**	电渗
relief wells, 1183, **1184**	减压井
sump, 1178-1179, **1179**	集水坑
wellpoints, 1179-1180, **1179-1181**	井点
regulatory issues	法规问题
abstraction licensing and discharge consents, 1188	取水许可证和排放同意书
discharge water quality, management of, 1188-1189	排放水水质，管理
surface water, control of, 1174-1175	地表水，控制
groundwater-induced instability	地下水引起的失稳
of base due to unrelieved pore water pressure, **1174**	由于孔隙水压力上升引起的地基的
of excavations, **1174**	开挖的
grouted ground anchors, 1315, *see also* ground anchors	灌浆式地层锚杆，参见"地层锚杆"
grouting, 279, 1221, 1222, 1482-1483	灌浆
compaction, 914-916, 1328-1330	压实
compensation, 1327, 1328	补偿
defined, 1323	定义
displacement, 279	置换
end-of-casing, 919-920	套管
grain size distribution and, 1323-1324	颗粒粒径分布
jet, 279, 1175, 1330-1333	喷射
low mobility, 1328	低流动性
permeation, 279, 916-924	渗透
in rock, 1326-1327	岩体中的
in soils, 1324-1326	土中的
problems associated with, 1482	相关问题
soil fracture, 1327-1328	灌浆，土体劈裂
in soil nailing construction, **1307**	注浆，土钉支护施工
verification of, 1338-1340, 1482-1483	验证
Gygttja, 465	腐殖黑泥
gypsum, 518	石膏
terrains, geohazards on, 541, **542**	石膏，地形，地质灾害
H piles, 1210, *see also* pile(s/ing)	H形桩，参见"桩"
halloysite, 352	埃洛石，多水高岭石

Hand-Arm and Whole Body Vibration Regulations (2005), 76	《手臂和全身振动条例2005》
hand-held field testing kits, 656-657, **657**	手持式现场测试工具
hand shear vane (HSV), 1134	手动十字板剪切(HSV)
hard structural facings, in soil nail construction, 1308, 1308	刚性结构面层，土钉支护施工
haul roads/platforms, in soil nailing construction, 1305	运输道路/工作平台，土钉支护施工
hazardous waste, 659-660, 664	有害废弃物
Hazardous Waste Directive (HWD), 659	有害废弃物指令(HWD)
hazards, 76-79, 577	灾害
contaminated ground, 79	受污染土地
ground-related, 579	场地有关的
piling works, 78-79, **79**	桩基施工作业
shallow excavations, 78	浅基坑
urban excavations, 79	城市基坑
health and safety, 75-80	健康与安全
in Construction (Design and Management) Regulations 2007, 569-570	《建筑(设计与管理)条例2007》
in soil nailing construction, 1303	土钉支护施工
Health and Safety (Offences) Act of 2008, 75	《健康与安全(犯罪)法案2008》
Health and Safety at Work Act 1974 (HSAWA), 75, 1414	《工作健康与安全法案1974》(HSAWA)
health criteria value (HCV), 664	健康标准值(HCV)
heave, defined, 440	隆起，定义
heave-induced tension (HIT)	隆起引起的拉力(HIT)
collapsible soils effect on, 892-893	湿陷性土的影响
expansive soils effect on, 892-893	膨胀土的影响
floor slab in contact with swelling soil, 892	与隆起土体接触的板
pile groups effect on, 892	群桩的影响
single piles effect on, 891-892	单桩的影响
heavy metals, 656	重金属
high strain dynamic pile capacity testing, 1460-1463	高应变动力桩基承载力试验
advantages and disadvantages of, 1461-1462	优缺点
defined, 1460	定义
interpretation of, 1462-1463	阐释
methods, 1460	方法
specifying, 1463	指定
standardisation of, 1463	标准化
working principle of, 1460-1461	工作原理
high-strain dynamic testing, 1420, 1442-1443, **1423**	高应变动力检测
features, detecting, 1443	特征，识别
Highways Agency	英国公路局
close-out reports, 1504, 1506	完工报告
Design Manual for Roads and Bridges, HA 44/91, 1118	《道路和桥梁设计手册》(HA 44/91)
nG 600 Series, 1118	NG 600 系列
sHW 500 Series, 1118	SHW 500 系列
sHW 600 Series, 1115	SHW 600 系列
standards for pavement foundation, 1146-1148	路面基础标准
highways, collapsible soils in, 404	公路，湿陷性土
hit and miss underpinning, 1237-1238, see also underpinning	间隔托换，参见"托换"
hollow cylinder test, 680	空心圆柱扭剪试验

索 引

hollow segmental auger (HSA) micro-piles, 1221, *see also* pile(s/ing)	分段空心螺旋钻(HSA)微型桩，参见"桩"
horizontal drainage, in soil nail construction, 1310-1311, **1310**	水平排水，土钉支护施工
hot desert topography, illustration of, 317	炎热的沙漠地形，插图
Houghton-le-Spring, sunderland, 1348-1349, **1349**	霍顿勒斯普林(英国地名)，桑德兰(英国东北部城市)
house on stilts, 1343	架空房屋
human health, 659	人体健康
hybrid foundation(s), 85, *see also* foundation(s)	混合式基础，参见"基础"
hybrid retaining walls, 966, *see also* retaining walls	混合式支护结构，参见"支护结构"
hybrid walls, 957	混合式支护结构
hydraulic cell consolidation test, 677, **677**	液压计固结仪固结试验
loading and drainage paths, **678**	固结试验，加载与排水路径
log time consolidation curve, **678**	固结试验，对数时间与固结关系曲线
hydraulic conductivity, 167, 168-169, **168**, 382, 624, 679, 687	渗透系数/导水率/水力传导系数
of fills, 904	水力传导系数，填土的
of glacial tills, **382**	渗透系数，冰碛土的
of rocks, 203-204	岩石的
fracture controlled, 204, **207**	裂隙控制的
hydraulic gradient, schematic representation of, **167**	水力梯度，示意图
hydraulic uplift, 769	水力提升
hydrocarbon, 654, 656	碳氢化合物
chlorinated, 657	碳氢化合物，氯化的
polyaromatic, 659, 665	碳氢化合物，多环芳烃
total petroleum, 665	石油总量
hydrogeological conceptual model	水文地质概念模型
aquifer boundary conditions, 1186	含水层边界条件
aquifer types and properties, 1186	含水层类型和性质
soil permeability, 1186	土的渗透性
system geometry, 1186	几何尺寸
hydrogeological model, 1186	水文地质模型
hydrological cycle, elements of	水文循环，要素
in arid lands, **321**	干旱地区
hydro seeding, in soil nail construction, 1310	水力播种，土钉支护施工
hydrostatic compression test, 202	静水压缩试验
hydrostatic conditions, for pore water pressures, 163	静水压力条件，孔隙水压力
hyperbolic model, 263	双曲模型
hysteretic soils, stress-strain relationship for, 262, **263**	滞回型土，应力-应变关系
ideal isotropic porous elastic material, properties of, 190	理想各向同性多孔弹性材料，性能
ideal isotropic porous elastic solid, 188	理想各向同性多孔弹性体
ideal undrained triaxial test(s), 189-190, *see also* triaxial tests	理想不排水三轴试验，参见"三轴试验"
igneous rocks, 196, *see also* rocks	火成岩，岩石
IKONOS, 617	"伊科诺斯"卫星(世界上第一颗提供高分辨率卫星影像的商业遥感卫星(美国))
immediate settlement, 207	瞬时沉降
impact driving, 1282	冲击式打桩
impedance-log analysis, features detected using, 1431-1432, **1432**	桩身阻抗变化柱状图分析，测试特征识别

inclined loading, 228-229	倾斜荷载
inclined struts, 1003	斜撑
inclined virtual back, **984**	倾斜的虚拟墙背
inclinometer, 625-626, 1386	测斜仪
in-place, 1387	原位
index tests, 668-670, 466-467, 687	指标测试
induced polarisation (IP), 607	激发极化法(IP)
induced settlement, defined, 1261	引起的沉降, 定义
industrial waste, 457-458	工业废弃物
inert waste, 660, 664, *see also* waste	惰性废弃物, 参见"废弃物"
infilled ground, 444, *see also* ground	填埋场, 参见"场地"
infinite slope method, 1044	无限斜坡法
information gathering, 1359	信息收集
information requirements, for foundation selection, 735-737	资料需求, 基础选择
initial consumption of lime (ICL) value, 334	石灰起始掺入量
in-place inclinometers, 1387, *see also* inclinometer	原位测斜仪, 参见"测斜仪"
in-service stress, effects on earth pressure, 225-226	工作应力, 对土压力的影响
in situ chalk, shallow foundation on, 101	天然白垩岩, 浅基础
in situ horizontal effective stress, 165, *see also* effective stress	原位水平向有效应力, 参见"有效应力"
in situ probes, 657	原位探针
in situ testing, 632, 631, 656-658, **657**	原位测试
core cutter, **1135**	岩心切割机
of expansive soils, 420	膨胀土原位测试
of gas, 658	气体
nuclear density meter, 1135	核密度计
of soils, 656-657	土的
of water, 657-658, 658	水的
inspection	检查
of earthworks, 1073-1074	土石方工程中的
for rockfall, 1301	落石
installation, horizontal, 1181	安装, 水平向
installations, monitoring, 624-626	仪器, 监测
Institution of Civil Engineers (ICE), 581, 627	英国土木工程师学会(ICE)
conditions of contract for ground investigation, 571, 573	现场勘察合同条款
site investigation guides, 567	场地勘察指南
instrumentation, 1062-1063	仪器设备
intact rocks, 204, *see also* rocks	完整岩石, 参见"岩石"
interaction effects, shallow foundations, 773-774	相互作用, 浅基础
interactive spring stiffness, 858	相互作用弹簧刚度
intermittent testing, 641	间歇测试
of reinforced soil slopes, 1103-1104	加筋土坡的
circular slip failure mechanism, 1104	圆弧滑动破坏机理
two-part wedge mechanism, 1103-1104	双楔体机理
of reinforced soil walls, 1098-1102	加筋土挡墙的
connections, 1100	连接
facings, 1102	面板
local stability checks, 1100	局部稳定性验算

索　引

serviceability, 1102	适用性
surface failure/lines of maximum tension, 1100	表面破坏/最大拉力线
tensile force in reinforcement, 1099-1100	加筋拉力
International Association of Engineering Geology's Commission on Engineering Geological Mapping, 446	国际工程地质协会的工程地质制图委员会
International Reference Test Procedure (IRTP), 638	国际参考测试程序(IRTP)
internet use, in preliminary studies, 581	利用互联网，在前期工作中
interpretative reporting, 695	评价报告
intra-particle swelling, 454	颗粒内部膨胀
intrinsic compression line (ICL), 385	原位压缩线(ICL)
inundation, soil collapse through, 392	水浸，湿陷性土
investment returns, 60, 61	投资回报
iron, 342	铁
iron oxide, 342	氧化铁
isotropically consolidated drained triaxial test (CID), 670, **671**	等向固结排水三轴试验(CID)
isotropically consolidated undrained triaxial test (CIU), 670, **671**	等向固结不排水三轴试验(CIU)
jacked underpinning, 1240, *see also* underpinning	顶升托换，参见"托换"
jarosite, *518*	黄钾铁矾
jar slake tests, 506, **507**	静态崩解试验
jet grouting, 279, 924-929, 1003, 1175, 1330-1333, *see also* grouting	高压喷射注浆，参见"灌浆"
design principles for, 926-928	设计原则
execution controls of, 928-932	施工控制
methods and key issues of, 924-926	方法和要点
validation of, 928-929, 932	检验
jointed rock masses, bearing-capacity failure mechanisms for, 776-777	岩石节理，承载力破坏机理
jointing piles, 1232, *see also* pile(s/ing)	接桩作业，参见"桩"
jointmeters, *see* crack gauges	接缝计，见"裂缝计"
karst geohazards	岩溶地质灾害
ground investigation for, 540-541, **540**, *541*	现场勘察
on gypsum terrains, 541, **542**	在石膏地形上
limestone, 534-536, **536**	石灰岩
on sabkha environment, 543-544	在盐沼环境中
on salt terrains, 541-543, **542**	在盐渍土地形中
soluble ground and, 533-534	可溶性地基和
king post walls, 963, 995-996, 1080, 1285-1287	立柱式支护结构
design of, **996**	板桩墙设计
KOMPSAT-2, 617	"阿里郎2号卫星"（韩国航空宇宙研究院研发的光学遥感卫星）
Kowan hydraulic pile press, **1282**	Kowan液压打桩机
laboratory measurements techniques, 262	室内试验
laboratory testing, 658-659, 662, 667-686	室内试验
accreditation, 659	认证
associated with compressibility, 677-679, 687	与压缩系数有关
associated with permeability, 679, 687	与渗透系数有关

associated with stiffness, 674-677	与刚度有关
associated with strength, 670-673	与强度有关
certification and results, 680-681	鉴定与结果
construction design requirements for, 667-668	施工设计需求
direct shear tests, 673, **673**	直剪试验
of expansive soils, 420-421	膨胀土实验室测试
mineralogical testing, 421	矿物测试
swell-shrink tests, 421	胀缩试验
use index tests, 421-422	使用指标测试
hollow cylinder test, 680	空心圆柱扭剪试验
index tests, 687	指标测试
Atterberg limits, 669	稠度极限
compaction-related tests, 670, 687	压缩试验
moisture content, 668-669	含水量
particle size distribution analysis, 669-670	粒径分布分析
methodologies, 658-659	测试方法
parameters associated with, 668	与其相关的参数
resonant column apparatus, 680, **680**	共振柱实验装置
ringshear test, 673-674, **673**, **674**	环形剪切实验装置
simple shear mechanism, 679-680, 687	单剪机理
suites, 659	测试套件
triaxial tests, 670-673, **671**, **672**, 679	三轴试验
Lambeth Group, 19	Lambeth 岩层组
Lame's constant, 199	Lame 常数
laminated clays, 373, *see also* clays	层状黏土，黏土
lancing, 919	喷枪
Landfill (England and Wales) Regulations 2002, 659	《填埋条例（英格兰和威尔士）2002》
landfills	垃圾填埋场
dynamic compaction, 1264	强夯
liners, properties of tills for, 387	衬砌，冰碛土特性
landforms	地貌
and aggregate potential, *328*	总潜力
within arid environments, 316	干旱环境内部
land use management, 127	土地使用管理
contaminated land remediation, 133	污染土地修复
underground space, in urban environment, 133	地下空间，城市环境
landscaped ground, 445, *see also* ground	景观地面，参见"场地"
large diameter piles, 85, *see also* pile(s/ing)	大直径桩，参见"桩"
latent defects insurance (LDI), 68	潜在缺陷保险（LDI）
lateral ground movements, 893-897	地基水平向变形
numerical analysis of, 897	数值分析
piles adjacent to embankments on soft clay, 894-895	软黏土路堤的桩基
piles in unstable slopes, 895-896	边坡工程中的桩基
piles near excavations, 895	临近开挖土体的桩基
piles near tunnels, 896-897	隧道开挖附近的桩基
single piles effect on, 893-894	单桩的影响
lateral load pile testing, 1455-1456	侧向荷载桩基试验

索 引

laterite, 342	红土
classification of, 348	分类
layered soils, single piles on, 810, **810**	层状土，单桩
layout, shallow foundations, 773-774	布置，浅基础
LIDAR (light detection and ranging), 617-618	激光雷达（LIDAR）
Lifting Operating and Lifting Equipment Regulations 1998 (LOLER), 76, 1414	《起重作业和起重设备条例1998》（LOLER）
light weight deflectometer (LWD), 1151	轻型落锤式弯沉仪（LWD）
lime-cement column construction, 279	石灰-水泥桩施工
lime column construction, 279	石灰桩施工
lime modification, 1136-1137	石灰改性
lime piles, 279	石灰桩
lime slurry pressure injection, 279	压力注入石灰浆
lime stabilisation, 277-278, **278**, see also stabilisation	石灰固化，参见"固化"
limestones	石灰岩
bedrock, engineering works on, 537-540, **538**	基岩，工程作用在
unseen caves, hazard of, 539-540	不可见洞穴，灾害
karst geohazards, 534-536, **536**	岩溶地质灾害
soil-covered limestones, engineering works on, 536-537, **537**	有上覆土层的石灰岩，工程作用在
limit analysis method, 37-38	极限分析方法
limit-equilibrium analysis, 991-992	极限平衡分析
limit equilibrium method, 37, 1044	极限平衡法
calculation, 991	计算
limiting tensile strain, 284	极限拉伸应变
as serviceability parameter, 284	作为使用性参数
visible cracking, onset of, 284	可见裂缝，的出现
limit of detection (LOD), 658, 659, 664	检测限（LOD）
limit states, 973	极限状态
serviceability, 973	正常使用极限状态
ultimate, 973	承载能力极限状态
limit tests, 375	液塑限试验
liquefaction of soils, 266-267, **267**	土的液化
liquidity index, of fills, 903	液性指数，填土的
liquid level gauges, 1387-1388	液位计
closed loop, **1388**	液位计，闭环
load(ing)	荷载（加载）
cells, 1390-1391	传感器
combinations, 1033	组合
earthworks design and, 1055-1057	土石方工程设计
movement, monitoring	位移，监测
horizontal, 625-626	水平
vertical, 626	垂向
permanent, 1056	永久
and shear tests	（与）剪切试验
field geophysics, 650	现场地球物理
marchetti dilatometer test (DMT), 646-648	马氏扁铲侧胀仪测试（DMT）
plate testing, 644-646	平板试验
pressuremeters and dilatometers, 648-650	旁压仪与膨胀仪

vane shear test, 642-644	十字板剪切试验
and strain, instruments for monitoring, 1389-1392	（与）应变，监测仪器
transient, 1056	瞬时
loading-collapse (LC) surface, 355	加载屈服(LC)面
load transfer	荷载传递
into the ground, 1017-1024	到地层
anchorage grout to ground, 1017-1024	锚固浆体到地层
encapsulation to anchorage grout bond, 1024	封装与锚固浆体的粘结
tendon to anchorage grout or encapsulation grout, 1024	锚筋与封装浆体或锚固浆体的粘结
into the structure, 1028-1029	到结构
loan, effect on project success or failure, 60, 62	贷款，项目成功或失败的影响
local pumping, 1244, see also pumping, groundwater control by	局部抽水，抽水，地下水控制
lodgement till, 371-372, see also tills	堆积冰碛土，冰碛土
loess soils, collapsible, **391**, 392, 393-394, **393**, **394**	黄土，湿陷性
types of, **395**	类型
London Clay, **233**, 235, 241	伦敦黏土
London District Surveyors Association, 67	伦敦地区测量师协会
London Office Development geotechnical-related costs for, 59-60, **60**, 73	伦敦办公楼开发与岩土工程有关的成本
breakdown of, 60, **61**	成本明细
London Underground Standard for Earth Structures Assessment, 1057	伦敦地下结构评估标准
loose granular material	松散粒状材料
drying of, **160**	失水
mechanistic model of, **159**	机理模型
loss-on-ignition, 466	烧失量
lower bound theorem, see safe theorem	下限定理，见"安全定理"
low mobility grouting, 1328, see also grouting	低流动性灌浆，参见"灌浆"
low-strain integrity testing, 1419-1420	低应变完整性检测
features, detecting, 1428-1432	特征，识别
using frequency response test methods, 1430-1431, **1430**, **1431**	采用频率响应测试方法
using impedance-log analysis, 1431-1432, **1432**	采用桩身阻抗变化柱状图分析
using time-based sonic echo test methods, 1428-1429, **1430**	采用时域声波回波测试方法
frequency-based analysis, 1425-1428, **1427-1429**	频域分析
guidance specifications for	指导规范
acceptance or rejection criteria, 1437	接受或拒收准则
equipment, 1437	设备
pile head preparation, 1436-1437	桩头准备
test results, reporting of, 1437	测试结果，报告
test, type of, 1436	测试，类型
testing specialist, experience of, 1436	测试专家，经验
testing, timing of, 1437	测试，测试时机
history and development of, 1420-1421	历史和发展
pile and soil properties, impact of, 1424, **1424**	桩和土的特性，受影响于
pile impedance, impact of, 1424-1425, **1425-1426**	桩身阻抗，受影响于
signal responses, classification of, 1432-1434	信号响应，分类
CIRIA 144 classification, 1432-1433, **1433**, **1434**, *1435*	CIRIA 144 的分类
Testconsult interpretative classification, 1434-1435	Testconsult 的解释分类
time-based analysis, 1422-1424, **1423**, **1424**	时域分析

索 引

Lugeon tests, see Packer tests 吕荣试验，见"压水试验"

machine foundations, 950-951, see also foundation(s) 机械基础，参见"基础"
Mackintosh probe test, **1481** 麦金托什探针测试
made ground, 444 人造场地
 and non-engineered fills, 744 非工程性填土
magnetometry, 605-606, **606** 磁法勘探
main contractor 总承包方
 and engineer, dispute between, 1164 （与）设计，之间的纠纷
 and sub-contractor, dispute between, 1164 （与）分包方，之间的纠纷
maintained load compression test (MLT), 1453, **1466** 恒定荷载压缩试验（MLT）
Management of Health and Safety at Work Regulations, The, 75, 79, 80 《工作健康与安全管理条例》
man-made hazards and obstructions, 555-564 人为危险源及风险源与障碍物
 archaeology, 562-563 考古
 buried obstructions and structures, 563-564 地下障碍物及构筑物
 buried services, 564 地下设施
 contamination, 562 污染物
 mining, 555-562 采矿
 unexploded ordnance, 563 未爆炸物
Manual Handling Operations Regulations (1992), 76 《人工作业条例1992》
marcasite, 518 白铁矿
Marchetti dilatometer test (DMT), 646-648 马氏扁铲侧胀仪测试（DMT）
marlstone, 482 硬泥灰岩
masonry walls, 959, see also walls 砌体支护结构，参见"挡墙"
 dry-stack, 960, **960** 干堆砌体支护结构，墙，干堆
mass concrete underpinning, 1237, see also underpinning 大体积混凝土托换，托换
material compliance, 1132-1134 材料适宜性
materials, 1471-1472 材料
 reduction, 126, 129-130 材料，削减
  alternative use of materials, 129-130, **130**   材料的替代用途
  intelligent material choice, 129   合理的材料选择
  lean design, 129   精益的设计
 verification of, 1472 验证
matric suction, 353 基质吸力
maximum dry density (MDD), 1058, 1124-1125, see also dry density 最大干密度（MDD），参见"干密度"
maximum safe bearing pressure, 752 最大安全承载力
Mazier core barrels, 348 Mazier 取样器
mechanical ground anchors, 1314-1315, **1315**, see also ground anchors 机械式地层锚杆，参见"地层锚杆"
medium dense sandy gravel, shallow foundation on, 101 中等密实砂质砾石，浅基础
medium diameter piles, 86, see also pile(s/ing) 中等直径桩，参见"桩"
membrane interface probe (MIP), 657 膜界面探针（MIP）
Ménard pressuremeter test, 650 梅纳旁压仪测试
metallic reinforcement, properties of, 1094, see also reinforcement 金属筋材，性能，参见"筋"
metamorphic rocks, 196, see also rocks 变质岩，参见"岩石"
methanogenic bacteria, 450 甲烷菌
method compaction, 1125, **1126**, see also compaction 压实方法，参见"压实"
 compliance testing of, 1132-1133 适宜性测试

plant selection for, 1128	设备选择
method of slices, 37	条分法
microfine cement, 918-919	超细水泥
micro-piles, 277, 1217, see also pile(s/ing)	微型桩，参见"桩"
construction techniques, 1221-1222	成桩技术
definition, 1217	定义
drill rigs and coring, 1221	钻进设备和取芯
environmental, quality assurance and health and safety issues, 1222	环境的，质量保证和健康与安全问题
history and introduction, 1217	历程和介绍
types, and drilling systems, 1219-1221	类型和钻进系统
use of, 1218	应用
microstructure, of soils, 158	微结构，土的
mineralogical testing, 421	矿物测试
minerals	矿物
clay, 345	黏土
types of, 555	类型
Mines and Quarries Act of 1954, 555	《矿山和采石场法案1954》
minimum equivalent fluid pressure (MEFP), 975, 994	最小等效流体压力(MEFP)
mining, 555-562, **558**	采矿
ground instability hazard, 557	地基不稳定危害性失稳风险
hazards and information sources, 556-557	危风险源和信息来源
methods of, 555-556, **557**	方法
workings, investigation of, 558, **558**	勘察
case history, 559-561, **559**	历史案例
workings, treatment of, 561-562, **561**	处理措施
mirabilite, *518*	芒硝
Mires, 464	沼泽土
miscible salts, 318	易溶盐
mobile elevated working platforms (MEWPs), 1303, 1304, 1309	移动式升降工作平台(MEWPs)
mobile laboratories, 657, **657**	移动实验室
mobilised undrained shear strength, 753	动不排水剪切强度
model specifications, for quality assurance, 1355-1356	典型规程，质量保证
moderately jointed rocks, 204, *see also* rocks	中等节理岩石，参见"岩石"
modification, 277	改良
modified Cam Clay model, 355	修正的剑桥黏土模型
modified continuous perimeter footing, 431	改进的周边连续基础
modified Newton-Raphson (MNR) method, 46-47	修正Newton-Raphson(MNR)方法
application of, **46**	应用
modular foundations, 1343-1349, *see also* foundation(s)	模块化基础，参见"基础"
components, factory construction of, **1345**	组件，工厂生产
contributing factors for, *1345*	影响因素
off-side manufactured solutions, 1344-1345	场外建造方案
pre-cast concrete foundation systems, 1345-1349	预制混凝土基础体系
pre-cast piles, 1344, **1344**	预制桩
retaining structures, 1349	挡土结构
modular wallss, 959, *see also* wall	模块化支护结构，参见"挡墙"
Mohr-Coulomb constitutive model, 54-56, 354	莫尔-库仑本构模型

索 引

drained loading, 54-55 摩尔库仑本构模型，排水加载
undrained loading, 55-56, **56** 摩尔库仑本构模型，不排水加载
Mohr-Coulomb failure criterion, 37, 46 摩尔-库仑破坏准则
Mohr-Coulomb strength criterion, 183-184 摩尔-库仑强度准则
Mohr's circle of stress, 176-177, 221 摩尔应力圆
 effective stress failure criterion, 223-224 有效应力破坏准则
 total stress failure criterion, 221-223 总应力破坏准则
 within a principal plane, 221 在主平面内
moisture condition 含水状态
 ground profile, 148 地层剖面
 value, 1134 值
moisture content, 668-669, 1124 含水率
 fills, 902 填土
 optimum, 1124-1125 最佳
 value, undrained shear strength vs, 1058-1059 评价值，不排水抗剪强度
monitoring certification scheme (MCERTS), 659 环境署推行的监测认证计划(MCERTS)
monitoring instruments, 1379-1400 监测仪器
 for bored piles, 1400 钻孔桩
 for clay embankments, 1396-1397 黏土路堤
 for cut slopes, in rock, 1398-1399 开挖边坡，岩体中的
 for cut slopes, in soil, 1398 开挖边坡，土
 for deformation, 1384-1389 变形
 for driven piles, 1400 打入桩
 for embankments dams, 1397-1398 堤坝
 for embankments on soft ground, 1395-1396 软土地基上的路堤
 for externally braced excavations, 1395 外部拉锚基坑
 for groundwater pressure, 1379-1384 地下水压力
 for internally braced excavations, 1393-1394 内支撑基坑
 for landslides 滑坡
  in rock, 1400   岩体中的
  in soil, 1398   土
 for load and strain, 1389-1392 荷载和应变
 for total stress, 1392-1393 总应力
 for tunnels, 1400 隧道
monosulfides, 524-525 单硫化物
mudrocks, 453-454, 481 泥岩
 behaviour, controls on 特性，控制因素
  constituents, 484-487   成分
  deposition, burial and diagenesis, 487-490   沉积，埋藏和成岩作用
  uplift, unloading and weathering, 490-491   隆起，卸载和风化
 classification, 482-484, *483* 分类
 compaction and cemented mudrocks, 483-484 压实泥岩及胶结泥岩
 definition, 482-484 定义
 distribution in UK, 484 在英国的分布
 engineering considerations 工程应考虑的因素
  aggressive ground conditions, 512   腐蚀性场地条件
  degradation, 510-511   劣化

durability classification of, *507*	耐久性分类
excavations and slopes, 511	开挖及边坡
foundations, 509-510	基础
ground volume changes, 510, *510*	地基土体积变化
highway construction, 511-512	公路施工
engineering properties and performance	工程性质及形状
investigation, description and assessment, 499-509	调查、描述和评估
physical properties and characteristics, 495-499	物理性质及特性
features, description of, *501*	特点，描述
genetic features of	成因特性
aminations and fissility, 491	纹理和易裂性
nodules and concretions, 491	团块和结核
pyrite, in mudrocks, 491-495	黄铁矿，在泥岩中
gypsum precipitation effects, **497**	石膏沉淀影响
identification, *501*	辨别
sampling options for, **509**	取样选择
strength criteria for, *503*	强度准则
structural features of, *504*	构造特征
weathering classification scheme for, *505*	风化分类方法
mudstine, driven piling in, 94-96	泥岩，打入桩
mudstone	泥岩
driven piling in, **95**	打入桩
fissile, 482	易剥裂的
sulfur in, occurrence of, 522	含硫，出现
multi-beam echo sounding (MBES), 611	多波束回波测深（MBES）
multi-channel analysis of surface waves (MASW), 611, **612**, *see also* surface waves	多道面波分析（MASW）；参见"面波勘探"
multiple support retaining walls, 1002, *see also* retaining walls	多道支撑挡墙，参加"支护结构"
multi-propped walls, 995, *see also* walls	多支撑挡墙，参见"挡墙"
Munsell charts, 148	曼塞尔氏图
National Audit Office, 64	国家审计署
National Economic Development Office (NEDO), 64	英国国家经济发展署（NEDO）
National House Building Council (NHBC), 569, 669	国家房屋建设委员会（NHBC）
National Land Use Database, 458	国家土地利用数据库
National Monuments Record Centre, 581	国家古迹记录中心
negative skin friction (NSF), 889, 888-891	负摩阻力（NSF）
comparison with normal pile action, 888-889	与常规桩侧阻力比较
methods to reduce, 891	用于减少的方法
pile group effects on, 891	群桩的影响
single piles effect on	单桩的影响
design considerations, 890-891	设计因素
end-bearing piles, 889	端承桩
end-bearing piles and brittle response, 889-890	端承桩和脆性反应
floating piles, 889	摩擦桩
net foundation pressure, 752	净基础压力
Netherlands, the	荷兰
delays for projects against time, 64	项目拖延时间

Network Rail standards, for pavement foundation, 1149-1150
new development
    costs and value for, 60, 62
    vs refurbishment of old building, 60, 61
New Engineering Contract (NEC3), 1356
    conditions of contract for ground investigation, 571
noise and driven pile operations, 1232-1233
non-conformance report (NCR), 1134-1135
non-conformances, finding, 1357
    concrete in ground, 1357
    integrity testing, of piles, 1357-1358
    lack of cover to reinforcement, 1358-1359
    pile load testing, 1357
    prop loads, 1358
    retaining wall deflections, 1358
    water ingress, 1359
non-engineered fills, see also fills
    recent clay fills, 1257
    unsaturated soils and, 789
non-GPR technique, 607-608
non-hazardous waste, 660, 664
nonlinear elastic behaviour, practical implications of, 758-759
nonlinear finite element analysis, for geotechnical problems, 43-50
    modified Newton-Raphson method, 46-47
    solution strategies, qualitative comparison of, 47, 48, 49, 47-50
    tangent stiffness method, 44, 43-45
    visco-plastic method, 45-46
nonlinear methods, for foundation settlement, 788-789
non-modular walls, 959, see also walls
noxious gases, effects of, 455
nuclear density meter (NDM), 1133-1134, **1135**
numerical analysis
    for geotechnical problems, 38-40
        beam-spring approach, 38-39
        full numerical analysis, 39-40
    of lateral ground movements, 897
numerical methods, for prediction of ground movement, 979
Nxai Pan in Botswana, **323**

observational method (OM), 1489-1500
    benefits of, **1494**
    'best way out' approach in, 1499-1500, **1500**
    CIRIA method, 1490
    comparison with traditional designs, 1490-1491
    defined, 1490
    design soil parameters, selection of, 1492-1494, **1496**
    drawbacks of, 1491

英国铁路网公司标准，路面基础
新开发
    成本和价值
    和旧建筑翻新的对比关系
新型工程合同（NEC3）
    现场勘察合同条款
噪音与打桩作业
不合格项报告（NCR）
不合格项，查找
    地下混凝土
    完整性检测，桩
    保护层缺失
    桩基载荷试验
    内支撑荷载
    挡土墙变形
    地下水渗漏
非工程性填土，参见"填土"
    近期黏性填土
    非饱和土
非探地雷达技术
无害废弃物
非线弹性特性，实际意义
非线性有限元分析，岩土工程问题
    修正Newton-Raphson方法
    求解策略，定性对比
    切线刚度法
    黏-塑性方法
非线性方法，基础沉降
非模块化支护结构，参见"挡墙"
有毒气体，影响
核密度计（NDM）
数值分析
    对于岩土工程问题
        梁-弹簧方法
        全数值分析
    地基水平向变形
数值方法，用于预测地基变形的
博茨瓦纳Nxai平地

动态设计与信息化施工方法（OM）
    优点
    最佳解决方案
    英国建筑业研究与信息协会（CIRIA）方法
    与传统设计比较
    定义
    设计土体参数，选取
    缺点

of earthworks slope analysis, 1044	土方边坡分析
management process on site, 1492	现场管理流程
modifications, implementation of, 1497-1499	修改，实施
construction control, 1498-1499	施工控制
monitoring systems, 1498	监测系统
quality plans, 1498	质量计划
trigger values, 1497-1498	触发值
operational framework for implementing, 1491-1492	执行的操作框架
Peck method, 1490	Peck 方法
pros and cons of, 1492	利与弊
rapid deterioration, 1496-1497	快速劣化
using multi-stage construction process, 1496-1497	采用多阶段施工工艺
rapid deterioration process	迅速恶化
using incremental construction process, 1497	采用渐进施工工艺
safety factors associated with, 1495-1496	与其相关的安全系数
serviceability limit states, prediction of, 1494	正常使用极限状态，预测
ultimate limit states, prediction of, 1494-1495	承载能力极限状态，预测
uncertainty and serviceability, 1492	不确定性和适用性
within contractual model, setting, 1496	在合约模型中，设置
observation wells, 1380, see also wells	观测井，参见"井"
oedometer, 184, **185**	固结仪
-based methods, 422-423, **423**, **424**	基于固结仪的方法
consolidation test, 677, **677**	固结试验
loading and drainage paths, **678**	加载与排水路径
log time consolidation curve, **678**	对数时间与固结关系曲线
Office of Government Commerce, 64	政府商务办公室
offset loading, 229	偏心荷载
offshore foundation design, 948-949, see also foundation(s)	近海基础设计，参见"基础"
deep foundations, 949	深基础
shallow foundations, 949	浅基础
soil behaviour, 948-949	土体性质
typical condition and wave loading, 948	典型工况与波浪载荷
off-side manufactured solutions, 1344-1345	场外建造方案
old building, refurbishment of vs new development, 60, 61	旧建筑，翻新和新开发的对比关系
one-dimensional compression, 189	一维压缩
opencast mineworkings, 1257	露天矿
open-ended tubular piles, plugging of, 94-96, **95**	开口管桩，堵塞
open hole rotary drilling, 622, see also drilling	裸孔回转钻探，参见"钻探"
open standpipe piezometers, 1380-1381, see also piezometer(s)	开式立管测压计，参见"测压计"
operation, earthworks failure during, 1049-1050	使用期间发生破坏
operations and maintenance manual (O&M Manual), 76	《运营与维护手册》(O&M 手册)
optical remote sensing, 614-617, see also remote sensing	光学遥感，参见"遥感"
optimism bias, government guidance on, 61-64	乐观偏差，政府指南
contributory factors to, 64	影响因素
expected values for, range of, 62	期望值，范围
upper bound guidance, 63	上限指导
optimum moisture content (OMC), 1058, 1124-1125, see also moisture content	最佳含水量(OMC)，参见"含水量"

索 引

ordnance, 563	爆炸物
Ordnance Survey (OS) maps, 580, 582	英国地形测量局(OS)地图
organics/peat soils, 463	有机土/泥炭土
characterisation	表观特征
classification systems, 465-466	分类系统
index tests, 466-467	指标测试
sampling methods, 467	制样方法
compressibility of, 467	压缩性
magnitude of settlement, 468-470	沉降量
rate of settlement, 471	沉降速率
surcharging, 470-471	超载
critical design issues in	关键设计问题
retaining structures, canals and dams, 476	挡土结构，运河和大坝
roads, 473-475	道路
slopes, 475-476	边坡
structures, 475	结构
nature of, 463-464	性质
shear strength of, 471	抗剪强度
effective stress parameters, 472	有效应力参数
undrained shear strength, 472-473	不排水抗剪强度
organic sulfur, *518*	有机质含硫化物
origin of materials, 150	物质的成因
OS Land-Form Profile Service, 580	OS地形地貌档案服务系统
osmotic suction, 353	渗透吸力
Osterberg Cell (O-Cell), 1452, 1458	奥斯托堡法（O-Cell）
overburden stress, 197, *see also* stress	上覆应力，参见"应力"
overconsolidated clays, 496, *see also* clays	超固结黏土，参见"黏土"
over-water hydrographic and seismic surveys, 611-612	水上水文调查和地震勘探
oxidisable sulfide (OS), 524, 525	可氧化硫化物(OS)
packer tests, 651	压水试验
pad/strip footing, 101, *see also* foundation(s)	独立基础，参见"基础"
differential settlement in, 748-749	差异沉降
pad foundation, 85, 734, *see also* foundation(s)	扩展基础，参见"基础"
Palace of Westminster, London	威斯敏斯特宫，伦敦
underground car park at, 25-26, 158	地下停车场
background, 19	项目背景
field monitoring, 22-24	项目监测
ground movements, modelling, 21-22, **22**, **23**	地基变形，模拟
ground profile, 19-20, **21**	地层剖面
observed behaviour, 24-25, **25**	实测性质
refinements of, **25**, 19-26	模型改进
section through, **20**	剖面图
site of, **19**	场地
panel driving, 1282	嵌板式打桩
parallel seismic testing, 1420, 1442, **1442**, **1443**	旁孔透射法
history and development of, 1421	历史和发展

limitations of, 1442
parameter selection, 754-759
  analysis, categories of, 756
  compressibility of, factors affecting, 754
partial load factors, 1096
partial material factors, 1096
partial resistance factors, 1096-1097
  analysis, 669-670
  building on fills, 902
  difficulties in determining, 353
particulate material, 153-161, **153**
Party Wall Act of 1996, 586, **587**
passive softening, 994, **994**
pavement foundation, 1143-1154, *see also* foundation(s)
  collapsible soils in, 404
  construction specification, 1153
  design standards, 1146-1150
    Highways Agency standards, 1146-1148, **1147**
    Network Rail standards, 1149-1150
  drainage in, 1153
  expansive soils in, 432
  history of, 1145-1146
  materials, 1152-1153
  purpose of, 1144-1145
  sub-grade assessment for, 1150-1152
  summary flow chart, **1154**
  terminology, **1144**
  theory of, 1145
peat
  managing and controlling during earthworks, 1139, **1136**
pedocretes, 347
Peer Assist, 742
penetration testing, 1255-1256
  cone, 638-642
  dynamic probing test, 635-638
  standard, 632-635
perched water table, 165, *see also* water table
percussion bored cast-in-place piling, 1197-1198
permanent ground anchors, 1012, **1013**, *see also* ground anchors
permanent groundwater control, 1173-1174, *see also* groundwater control
permeability, *see* hydraulic conductivity
permeation grouting, 279, 916-924, *see also* grouting
  design principles for
    end-of-casing grouting, 919-920
    lancing, 919
    tube A manchette grouting, 920-922
  execution controls of, 922

限制因素
参数选择
  分析，分类
  压缩性，影响因素
荷载分项系数
材料分项系数
抗力分项系数
  粒径分布（PSD）分析
  填土地基
  颗粒筛分分布曲线，确定的困难
颗粒材料
《共用墙法案1996》
被动软化
路面基础，参见"基础"
  湿陷性黄土
  施工规范
  设计标准
    英国公路局标准
    英国铁路网公司标准
  排水
  膨胀土中
  历史
  材料
  目的
  路基评估
  摘要流程图
  专业术语
  理论
泥炭土
  在土石方工程中管理与控制
土质砾岩
同行协助
贯入试验
  静力触探试验
  动力触探试验
  标准贯入试验
上层滞水面，参见"水位"
冲击钻孔灌注桩
永久锚杆，参见"地层锚杆"
永久地下水控制，参见"地下水控制"
渗透性，见"渗透系数"
渗透注浆，参见"灌浆"
  设计原则
    套管注浆
    喷枪注浆
    袖阀管注浆
  施工控制

methods and key issues of, 916-919　　方法和要点
　　cement bentonite, 916-918　　　　水泥膨润土
　　colloidal silica, 919　　　　　　　硅胶
　　grout selection, 916　　　　　　　浆液选择
　　microfine cement, 918-919　　　　超细水泥
　　silicate, 918　　　　　　　　　　硅酸盐
in rock, 1326-1327　　　　　　　　　岩体中的
in soils, 1324-1326　　　　　　　　　土中的
　　application of, 1325-1326　　　　应用
　　properties of, 1325　　　　　　　特性
underpinning using, **1327**　　　　 基础托换应用
validation of, 922-924　　　　　　　 检验

Personal Protective Equipment Regulations 1992, 76　《个人防护用品条例1992》
personal safety, 1414　　　　　　　　人身安全
pH, as indicator of nature of peats/organic soils, 467　酸碱度(pH)，表征泥炭土/有机土性质的指标
phase relationships, of soils, 153　　三相关系，土的
phenols, 659　　　　　　　　　　　　苯酚
pier foundation, 85, 429, **430**, see also foundation(s)　墩基础，参见"基础"
Piezocone, 608　　　　　　　　　　　孔压触探
piezometer(s), 1379　　　　　　　　 测压计
　　applications of, 1379　　　　　　应用
　　fibre-optic, 1384　　　　　　　　光纤
　　flushable, 1383-1384　　　　　　 冲洗式
　　open standpipe, 1380-1381　　　　开式立管
　　pneumatic, 625, 1382-1383　　　　气动的
　　standpipe, 624-625　　　　　　　 立管
　　twin-tube hydraulic, 1383　　　　双管液压计
　　vibrating wire, 625, 1381-1382　 振弦式
pile(s/ing)　　　　　　　　　　　　　桩
　　adjacent to embankments on soft clay, 894-895　软黏土路堤的
　　bored, see bored piles　　　　　　钻孔，见"钻孔桩"
　　capacity vs number of increments, **49**　承载力和增量级数的对比关系
　　continuous flight auger, 1276, 1278-1279, 1473, 1474　连续长螺旋钻
　　creep-piling, 865　　　　　　　　（打）桩，蠕滑桩
　　driven, see driven pile(s/ing)　　桩，见"打入桩"
　　end-bearing, 889-890　　　　　　 端承
　　errors in analysis vs CPU time, **50**　分析误差和CPU时间的对比关系
　　floating, 889　　　　　　　　　　摩擦桩
　　friction, 232　　　　　　　　　　摩阻力
　　geothermal, 1205-1206, **1208**　地热
　　in granular materials, 241-244　 粒状土中
　　　　bearing capacity theory, 241-242　承载力理论
　　　　methods based on standard penetration tests, 243　基于标贯试验方法
　　　　methods based on static cone penetration tests, 242-243　基于静力触探试验的方法
　　　　pile driving formulae, 243-244　打桩公式
　　group effects, on negative skin friction, 891　群桩，负摩阻力的影响
　　H piles, 1210　　　　　　　　　　H形桩

hazards associated with, 78-79, **79**	与其相关的危险
HSA micro-piles, 1221	分段空心螺旋钻（HSA）微型桩
jointing, 1232	接桩
large diameter, 85	大直径
length, determination of, 890-891	长度，确定
medium diameter, 86	中等直径
micro-piles, *see* micro-piles	微型桩，见"微型桩"
mobilised pile shaft resistance vs pile displacement, **49**	所发挥的桩侧阻力和桩位移的对比关系
modelling of	建模
in plane strain analysis, 51-52	在平面应变分析中
with membrane elements, **52**	采用膜单元
with springs, **51**	采用弹簧
near excavations, 895	临近开挖土体的
near tunnels, 896-897	隧道开挖附近的
open-ended tubular piles, plugging of, 94-96, **95**	开口管桩
pitch-and-drive, 1282	俯冲式打桩
plunge column, **1207**	插入式柱
pre-cast, 2, **9**	预制
pre-cast concrete, 1207, **1209**, 1212, 1214, 1217	预制混凝土
problem, geometry and finite element mesh for, **49**	问题，几何条件和有限元网格
raking, 1087	斜撑
real and simulated conditions for, comparison between, **51**	真实和模拟条件，对比
rotary bored cast-in-place, 1193	旋挖灌注
settlement profile with depth, determination of, 890	随深度变化的沉降分布形态，确定
single, 803-820	单个的
steel box, 1211	方钢
steel tube, 1214, 1215	钢管
timber, **1208**	木材
traditional design for, 306	传统设计为
under-reamed, 85	扩底
in unstable slopes, 895-896	边坡工程中的
vertically loaded pile, load-displacement curve for, **54**	垂直加载桩，荷载-位移曲线
pile capacity testing, 1451-1467	桩基承载力试验
bi-directional, 1458-1460	双向
advantages and disadvantages of, 1459	优缺点
data interpretation, 1459	数据阐释
defined, 1458	定义
specifying, 1460	指定
standardisation and guidance for, 1459-1460	标准化和指导
working principle of, 1458-1459	工作原理
characteristics and potential deployment criteria, 1467	特征和潜在部署标准
high strain dynamic, 1460-1463	高应变动力
advantages and disadvantages of, 1461-1462	优缺点
defined, 1460	定义
interpretation of, 1462-1463	阐释
methods, 1460	方法
specifying, 1463	指定

索 引

standardisation of, 1463	标准化
working principle of, 1460-1461	工作原理
rapid, 1463-1467	快速
advantages and disadvantages of, 1464-1465	优缺点
defined, 1463-1464	定义
guidance and standardisation of, 1466	指导和标准化
methods, 1464	方法
pile capacity testing, 1465-1466	桩承载力测试
specifying, 1466-1467	指定
Statnamic testing, 1465	静态测试
safety factors associated with, 1467	与其相关的安全系数
static, 1452-1458	静态
advantages and disadvantages of, 1456	优缺点
application of, 1455	应用
constant rate of penetration testing, 1453-1454	恒速贯入测试
lateral load tests, 1455-1456	横向荷载试验
maintained load compression test, 1453	持续荷载压缩测试
settlement criteria, 1456	沉降标准
specifying, 1457-1458	指定
tension tests, 1455	拉力试验
types of, 1452-1453	类型
ultimate capacity determination and test termination, 1456-1457	极限承载力测定和测试终止
working principle of, 1454-1455	工作原理
pile design, in clay, 231	桩的设计，黏土中
granular materials, piles in, 241	粒状土，沉桩
bearing capacity theory, 241-242	承载力理论
methods based on standard penetration tests, 243	基于标贯试验方法
methods based on static cone penetration tests, 242-243	基于静力触探试验的方法
pile driving formulae, 243-244	打桩公式
load-settlement behaviour, 231	荷载－沉降特性
base resistance development, 232	端阻力发挥
combined resistance development, 232	总阻力发挥
shaft resistance development, 232	侧阻力发挥
of under-reamed bored pile, 232	钻孔扩底灌注桩
shaft friction, 235	侧摩阻力
bored piles in stiff fissured clays, effective stress behaviour of, 239-241	有裂隙的坚硬黏土中的钻孔灌注桩；有效应力特性
driven piles in overconsolidated clays, 239, **240**	超固结黏土中的打入桩
negative friction, 238	负摩阻力
normally consolidated clays, 237-238	正常固结黏土
predicted, 238-239	预估
in terms of effective stress parameter, 236-237	依据有效应力参数
traditional approach, 233	传统方法
estimation of shaft resistance from undrained strength, 234-235	用不排水强度预估侧阻力
ultimate capacity of whole pile, 234	桩的极限承载力
undrained strength of clay, 233-234	黏土的不排水强度
piled foundation, 734, *see also* foundation(s)	常规桩基础，参见"基础"

devastating effect of, by double resonance condition, 939-940

piled rafts, 734, 854, *869*, *see also* foundation(s); raft foundation
 case histories, *868*
 compensated, 865, 877-879
 factors influencing behaviour, *872*
piled underpinning, 1238-1240, *see also* underpinning
pile-enhanced rafts, 863, 864, 865, 879-883
 behavioural mechanisms of, 881-882
 designing, 882-883
 ductile load-settlement behaviour of, 879-881
 lateral loads on, 883
 load-settlement behaviour, **880**
 Queen Elizabeth II Conference Centre, case study, 883-884
 vs raft-enhanced pile group, **867**
pile group(s)
 aspect ratio, 823
 axial load distribution, 830-833
  bearing stratum stiffness on, influence of, 830
 bearing capacity, 824-827
 behaviour, 824
 configurations, optimising, 840-842
 design, 823-850
  case history, 846-849
  information requirements for, 842-845
  parameter selection, 842-845
  responsibilities of, 846
 effect on heave-induced tension, 892
 failure
  modes of, 824
  risk situations, 825
 horizontal loading, 826
  bending moment, 843
  failure and deformation mechanism, 852
 and influence zones beneath single piles, comparison of, 823
 shape factors for, 825-826
pile-group settlement, 827-830
 analysis method, influence of, 830
 assessment of, 837-839
  elastic interaction factors, 835-836
  empirical settlement ratio, 834-835, 836
  equivalent pier method, 836-837, 839
  equivalent raft method, 833-839
 bearing stratum stiffness on, influence of, 827
 differential settlement, 840
 ductility, 845
 finite layer thickness on, influence of, 827

foundation system, redundancy of, 846	地基基础整体，冗余度
safety factors associated with, 845-846	与其相关的安全系数
soil layering on, influence of, 827-830	分层地基，受影响于
soil stiffness profile on, influence of, 827, 852	地基刚度随剖面变化，受影响于
time-dependent settlement, 840	沉降的时间效应
pile-group settlement ratio, 834-835	群桩沉降比例系数
design charts for, 836	设计表格
pile integrity testing, 1357-1358, 1419-1449	桩身完整性检测
cross-hole sonic logging, 1420, 1437-1442	声波透射法
access tube configuration, plan view of, **1438**	声测管配置，平面图
compilation of, **1439**	声学参数变化曲线编制
defection, detection of, 1439-1440, **1440**	缺陷，识别
description of, 1438-1439	描述
features, detecting, 1440, **1441**	特征，识别
first arrival time, **1439**, **1440**	首波到达时间
history and development of, 1421	历史和发展
schematic diagram of, **1438**	示意图
specification of, 1442	规范
within diaphragm wall panels, plan view of, **1438**	地下连续墙槽段，平面图
defects in piles, 1421-1422, **1421**, **1422**	桩身缺陷
defined, 1419	定义
high-strain dynamic testing, 1420, 1442-1443, **1443**	高应变动力检测
features, detecting, 1443	特征，识别
low-strain integrity testing, 1419-1420	低应变完整性检测
features, detecting, 1428-1432, **1430-1432**	特征，检测
frequency-based analysis, 1425-1428, **1427-1429**	频域分析
guidance specifications for, 1436-1437	指导规范
history and development of, 1420-1421	历史和发展
pile and soil properties, impact of, 1424, **1424**	桩和土的特性，受影响于
pile impedance, impact of, 1424-1425, **1425-1426**	阻抗，受影响于
signal responses, classification of, 1432-1434, **1433**, **1434**, *1435*	信号响应，分类
time-based analysis, 1422-1424, **1423**, **1424**	时域分析
parallel seismic testing, 1420, 1442, **1442**, **1443**	旁孔透射法检测
history and development of, 1421	历史和发展
limitations of, 1442	限制因素
reliability of, 1443-1448	可靠性
considerations on, 1444	因素
flaws or defects within piles, frequency of, 1444-1445	桩身瑕疵或缺陷，频率
piles, amount of, 1445-1448, **1446-1448**	抽测数量
selection of, 1448, *1449*	选择
within the contract, 1435-1436	合同范围内
pile load testing, 1357	桩基载荷试验
pile-raft interaction, 871-875	桩-筏相互作用
pile-to-pile interaction	桩间相互影响
horizontal loading, 833	水平荷载
soil nonlinearity on, influence of, 830	土层非线性，受影响于
vertical loading, 827-833	竖向荷载

piling engineering, 231	桩基施工工程
piling problems, 1225-1234	成桩风险控制
bored piles, 1226-1230	钻孔桩
diagnosis of, 1234	判断
driven piles, 1230-1233	打入桩
general guidance for managing, 1233	管理通则
identification of, 1233-1234	识别方法
resolving, 1234	解决
piling works	桩基施工作业
supervision of, 1416-1417, **1417**	监管
technical requirements for, 1171-1172	技术要求
piston sampler, 622	活塞式取样器
pitch-and-drive piles, 1282, *see also* pile(s/ing)	俯冲式打桩，参见"桩"
plains and base level plains, 317-318	平原和基准平原
planar sliding, 249, **250**, *see also* slide(s/ing)	平面滑动，参见"滑动"
plane flow, 169-171, **171**	平面流
plasticity index (PI), 669, 1058	塑性指数(PI)
of fills, 903	填土的
plastic limit (PL), *1133*	塑限(PL)
plastic lining tubes, 348	塑料衬管
plastic strain accumulation, **1146**	累积塑性应变
plastic yield of rocks, **207**	岩石的塑性屈服
plate bearing tests, 619, 624	平板载荷试验
plate load testing, 349, 644-646	平板载荷试验
playas, 322-324	盐湖
plunge column piles, **1207**, *see also* pile(s/ing)	插入式桩柱，参见"桩"
pneumatic piezometers, 1382-1383, **1382**, *see also* piezometer(s)	气压计，参见"测压计"
pneumatic tyred roller (PTR), 1129, **1131**	气动轮胎式压路机(PTR)
point load test, 202	点荷载试验
Poission's ratio, 199	泊松比
pollutant linkage, 665	污染物链
polyaromatic hydrocarbon (PAH), 659, 661, *see also* hydrocarbon	多环芳烃(PAH)，参见"碳氢化合物"
polymer, 745	聚合物
polymer fluids, 1197	聚合物溶液
polymeric reinforcement, properties of, *see also* reinforcement, 1094	聚合物加筋，性能，参见"筋"
polystyrene blocks, 1484, **1485**	聚苯乙烯砌块
porcupine wall, **960**, *see also* walls	干砌体支护结构，参见"挡墙"
pore collapse, 201-202	孔隙坍塌
pore pressure ratio, 1053	孔隙压力比
pore water, 320	孔隙水
pore water pressure, 163	孔隙水压力
artesian conditions for, 164, **164**	承压条件
changes during lifetime of slope, 251-252	边坡中的演变
controlling for stability of excavations, 172, **172**	基坑稳定性控制
distribution of, **164**	分布
hydrostatic conditions for, 163	静水压力条件
underdrainage and, 164-165, **164-165**	地下排水

索引

poroelasticity of rocks, 200, **207**, see also elasticity of rocks 岩石的孔(隙)弹性，参见"岩石的弹性"
post-glacial deposits, 744 冰期后沉积物
post-grouted anchors, 1021, see also ground anchors 后注浆锚杆，参见"地层锚杆"
post-rupture strength, 181 断裂后强度
post-tensioned, concrete modular systems, **1348-1349**, **1348**, **1349** 后张拉，混凝土模块化体系
power rammer, **1130** 动力夯
pre-cast concrete foundation systems, 3-7, **9** 预制混凝土基础体系
 composite reinforced concrete with galvanised steel beams, 1346-1347, **1346**, **1347** 组合钢筋混凝土-镀锌钢梁
 post-tensioned concrete modular systems, 1348-1349, **1348**, **1349** 后张拉混凝土模块化体系
 reinforced concrete piled raft foundation, 1347-1348, **1348** 钢筋混凝土桩筏基础
 types of, 1345 类型
pre-cast piles, 1344, **1344**, see also pile(s/ing) 预制桩，参见"桩"
 concrete, 1207, **1209**, 1212, 1214, 1217 混凝土
pre-cast reinforced-concrete stem walls, see walls 预制钢筋混凝土支护结构，见"挡墙"
pre-earthworks testing, 1058-1059 施工前的试验
pre-grouting technique, 1243, **1243** 预注浆技术
preliminary studies, 66, 134, 577-582, 760 前期工作
 circulation of, 579 发行
 copyrighted materials guidance for use of, 582 涉及版权问题材料的使用指南
 elements of, 578 要素
 internet use of, 581 利用互联网
 motive of, 577 动机
 report writing, 582 报告撰写
site walkover survey for, 581-582 现场踏勘
sources of information, 579-581 信息来源
 scope of, 577 适用范围
 written by geotechnical engineers or engineering geologists, 579 由岩土工程师或工程地质专家撰写
pre-loading, 274 预压法
pressing, 1282 压入式
pressuremeters, 261, 624, 648-650 旁压仪
primary drying curve, 354 主干燥曲线
primary wetting curve, 354 主浸湿曲线
principal contractors, 76, 78 总承包商
 responsibilities of, 76 责任
principles of geotechnical design and construction, 5 岩土工程设计与施工原则
 and construction cycle, 8 施工周期
  clarity in tender process, 9 投标过程的透明度
  construction control, 9 施工控制
  project phases, 8-9 项目阶段
 design lives, 7 设计寿命
 development, 9-10 发展
 implementation, 10 实施
 interaction with other professionals, 6 与其他专业人员的交流
  general construction process, 7 总体施工流程
 key requirements 关键要求
  design life and modes of deterioration, 6 设计寿命和退化模式

serviceability limit state, 6	正常使用极限状态
ultimate limit state modes of failure, 6	承载能力极限状态失效模式
planning, 9	规划
probe extensometers, 1384-1385	探头引伸计
probing techniques, for ground exploration, 620	地质勘探之触探技术
problematic characteristics, 311	特殊土
procurement, 1161-1163	招标投标
contract, forms of, 1162-1163	合同，形式
forms of, 1161	形式
sub-contract, forms of, 1163	分包，形式
tender documents and submissions, 1162	招标文件和投标文件
tender process, 1162	招标程序
production nail testing, 1113	工作土钉测试
professional indemnity (PI) insurance, 574	专业赔偿(PI)险
project-specific specification, 1356	针对具体工程的规程
prop(s/ping), 1002, 1003-1005	支撑
accidental loading, 1004	偶然荷载
buckling, 1004	屈曲
deadman anchors, **1006**	锚碇
design of, 997	支撑系统设计
distributed prop load method, 997	分布式支撑荷载法
limit-equilibrium prop loads, 997	极限平衡支撑载荷
thermal effects, 997-998	热效应
diagonal bracing use of, **1004**	角撑的应用
inclined struts, 1003	斜撑
layout, 1003	布置
loads, 1358	荷载
design, determination of, 1004-1005	设计，确定
permanent	永久
accidental loss of, 1034	意外失效
permanent structure, 1005	永久结构
pre-load, 1003-1004	预加荷载
pre-stress, 1003-1004	预应力
stiffness, 1003-1004, 1003-1004	刚度
temperature effects on, 1004	温度效应
temporary, 1003	临时
accidental loss of, 1034	意外失效
Provision and Use of Work Equipment, Regulations The (1998), 76, 1414	《工作设备供应和使用条例1998》
pseudo-finite element (PFE), 1034	伪有限元
public liability (PL) insurance, 574	公共责任(PL)险
pull-out resistance, soil-reinforcement interaction, 1096	抗拔力-土-固结相互作用
pulverised fuel ash (PFA), 457, 561, 914, 915, 931-932, 1290	粉煤灰(PFA)
pumping, groundwater control by, 770, 1176-1185, *1177*, **1178**	抽水，地下水控制
application of, **1178**	应用
artificial recharge systems, 1184	人工补水系统
collector wells, 1183-1185, **1184**	集水井
deep wells with submersible pumps, 1181-1182, **1181**, **1182**	带潜水泵的深井

ejector wells, 1182, **1183**   喷射井

electro-osmosis, 1185, **1185**   电渗

local, 1244   局部

relief wells, 1183, **1184**   减压井

sump, 1178-1179, **1179**   集水坑

wellpoints, 1179-1180, **1179-1181**   井点

with exclusion, 1185   截渗

purging, 655, 665   洗井

push-in pressuremeter (PIP), 649   压入式旁压仪(PIP)

pyrite, 452, 454, 518   黄铁矿

  assessment of, 507-509   评估

  in compaction mudrocks, 507   在压实泥岩中

  in mudrocks, 491-495   在泥岩中

  oxidation, 497, 519-520, **520**, 521   氧化

    access to air and water, 520-521   与空气和水接触

    in bulk fill materials, 526-528   回填土

    form of mineral and, 520   矿物形态

    microbiological activity and, 521   微生物活性

    mineral grain size and, 520, **520**   矿物颗粒粒径

    total amount of sulfide present and, 521-522   总含硫量

  weathering of, 519-522   风化

pyrrhotite, 518   磁黄铁矿

quality assurance (QA), 661-663, 1355   质量保证(QA)

  forensic investigations, 1359   诉讼调查

    design, 1359-1360   设计

    disclaimer, 1361   免责声明

    process, 329   过程

    reporting, 1360   报告

  geotechnical specifications, 1355-1356   岩土规范

  non-conformances finding, 1357   查找不符合项

    concrete in the ground, 1357   地下混凝土

    integrity testing of piles, 1357-1358   桩身完整性检测

    lack of cover to reinforcement, 1358-1359   混凝土保护层缺失

    pile load testing, 1357   桩基载荷试验

    prop loads, 1358   内支撑荷载

    retaining wall deflections, 1358   挡土墙变形

    water ingress, 1359   地下水渗漏

  quality management systems, 1355   质量管理系统

  resident engineer (RE), role of, 1356   驻场工程师，作用

  self-certification, 1356-1357   自行检验

quality control (QC), *662*   质量控制(QC)

  advantages and disadvantages of, *663*   优缺点

  in site investigation, 599   场地勘察工作中的

  systems, 1355   系统

quay walls, 1280-1281, *see also* walls   码头挡墙，参见"挡墙"

Queen Elizabeth II Conference Centre, case study, 883-884   伊丽莎白女王二世会议中心，案例分析

Quickbird, 617

quick load test method (QLT), 1453
quick undrained triaxial, *1133*

RADO, 1500
raft-enhanced pile group, 863, 864, 865
    lateral loads on, 879
    vs pile-enhanced raft, *867*
raft foundation, 734, *see also* foundation(s)
    compensated, 734
    differential settlement in, 748, 749
    piled, 734
rafts, 853
    analysis of raft behaviour
        design requirements, 854
        raft-soil interaction, 854-656
        raft-soil interaction analysis, simplified method for, 858-860
        soil models for, 856-858
    designing
        bracketing by load cases, 861
        buildability considerations, 863
        design steps, 861-862
        factor of safety considerations, 862
    ground conditions associated with, 865-868
    pile-enhanced, 879
        behavioural mechanism of, 881-882
        ductile load-settlement behaviour, 879-881
        lateral loads on, 879
        Queen Elizabeth II Conference Centre, case study, 883-884
        simple design approach, 882-883
    raft-enhanced pile groups
        compensated piled rafts, 877-879
        design process, 868-869
        lateral loads on, 879
        load sharing, 869-871
        location and number of piles, 875-877
        pile-raft interaction, 871-875
    stiffness, 855-856, **856**
    structural design of rafts, 860
    types of, 863-865
raking piles, 841-842, 1087, *see also* pile (s/ing)
Ramberg-Osgood (R-O) model, 263
Rankine active wedge, **984**
rapid impact compaction (RIC), 1261, 1263, *see also* compaction
    environmental considerations, 1266
    equipment, 1262

Quickbird卫星(美国DigitalGlobe公司发射的亚米级分辨率的遥感卫星)
快速负荷试验法(QLT)
快速不排水三轴

设计评审四个过程(RADO)
筏板增强型群桩
    筏板增强型群桩,水平荷载
    和桩增强型筏板的对比关系
筏基,参见"基础"
    补偿式
    差异沉降
    桩
筏板
    筏板性状分析
        设计需求
        筏-土相互作用
        筏-土相互作用分析,简化方法
        土体模型
    设计
        荷载工况分类
        施工可行性
        设计步骤
        安全系数
    与其相关的场地条件
    桩增强型
        行为机理
        荷载-沉降延性特性
        水平荷载
        伊丽莎白女王二世会议中心,案例分析
        简单设计方法
    筏板增强型群桩
        补偿式桩筏
        设计过程
        水平荷载
        荷载分担
        桩的布置和数量
        桩-筏相互作用
    刚度
    筏板结构设计
    类型
带斜桩桩板墙,参见"桩"
Ramberg-Osgood (R-O)模型
朗肯主动楔形体
快速冲击压实(RIC),参见"压实"
    环境因素
    设备

索 引

rapid load testing, 1463-1467   快速负载测试
 advantages and disadvantages of, 1464-1465   优缺点
 characteristics and potential deployment criteria   特征和潜在部署标准
 data interpretation, 1465-1466   数据阐释
 defined, 1463-1466   定义
 guidance and standardisation of, 1466   指南和标准化
 methods, 1464   方法
 specifying, 1466-1467   指定
 Statnamic testing, 1465   静态测试
ratcheting, 1071   渐变
Rayleigh waves, 261   Rayleigh 波
reactive sulfides, 525-526, **525**   活性硫化物
real soils, stress-strain behaviour of, 190-191   真实土体，应力-应变行为
record keeping, 1410   保持记录
recovery, defined, 1261   恢复期，定义
recycled materials   再生材料
 managing and controlling, during earthworks, 1138-1139   管理与控制，在土石方工程中
red tropical soil, 342, *see also* soils   红色热带土，参见"土"
 drying on classification tests on, *353*   分类试验的烘干
reduction oxidation potential of water (redox), 655, 658   水的氧化还原电位
reflection seismology, 610, **610**   地震反射波法勘探
reinforced concrete piled raft foundation, 1347-1348, **1348**   钢筋混凝土桩筏基础
reinforced-concrete stem walls, 959, *see also* walls   钢筋混凝土支护结构，参见"挡墙"
reinforced concrete underpinning, 1238, *see also* underpinning   钢筋混凝土托换，参见"托换"
reinforced earth, 1093   加筋土
reinforced mix-in-place walls, 1287-1288, *see also* walls   加筋水泥土搅拌桩墙，参见"挡墙"
reinforced or nailed slopes, 1089-1090   加筋或土钉边坡
reinforced soil slopes, 1102-1104   加筋土坡
 compound stability of, 1104   复合稳定性
 external stability of, 1103   外部稳定性
 facing, 1102   面板
 fill, 1102   填土
 internal stability of   内部稳定性
  circular slip failure mechanism, 1104   圆弧滑动破坏机理
  two-part wedge mechanism, 1103-1104   两部分楔形体法
 reinforcement, 1102   加筋
reinforced soil structures, design of, 1093-1196   加筋土结构，设计
 limit state approach, 1096   极限状态法
 partial factors of safety, 1096-1097   分项安全系数
  load factors, 1096   载荷系数
  material factors, 1096   材料因素
  resistance factors, 1096-1097   抗力系数
 strain compatibility, 1095   应变相容性
reinforced soil walls, 961, 988, *see also* walls   加筋土挡墙，参见"挡墙"
 external stability design for, 988   外部稳定性设计
 internal stability design for, 988   内部稳定性设计
reinforced soil walls and abutments, 1097-1102   加筋土挡墙和基台

construction, 1102	施工
external stability, 1098	外部稳定性
facing, 1097	面板
fill, 1097	填土
geometries and typical dimensions, 1097-1098	几何形状和典型尺寸
internal stability	内部稳定性
connections, 1100	连接
facings, 1102	面板
local stability checks, 1100	局部稳定性验算
serviceability, 1102	适用性
surface failure/lines of maximum tension, 1100	表面破坏/最大拉力线
tensile force in reinforcement, 1099-1100	加筋拉力
reinforcement, 1097	加筋
reinforcement, 254-255, **254**, 734, 1093-1106	筋
basal, 1104-1106	基底
deep-seated failure, 1105	深层破坏
extrusion, 1106	挤压
bored piles problems associated with, 1229	与钻孔桩问题相关
cage, lack of cover to, 1358-1359	钢筋笼缺少保护层
concrete, 1358	混凝土
reinforcement spacing, 1358	钢筋间距
tremie concreting, 1358	导管灌注混凝土
extensible, 1093	可扩展
inextensible, 1093	不可扩展
in reinforced soil slopes, 1102	加筋土坡中的
in reinforced soil walls, 1097	加筋土挡墙的
metallic, 1094	金属的
polymeric, 1094	聚合的
and soil interaction between, 1094-1095, 1095-1096	（与）土之间的相互作用
direct sliding, 1095-1096	直接滑动
pull-out resistance, 1096	抗拔力
spacing, 1358	间距
relative deflection, 282	相对挠度
relative rotation, 282, 284	相对转角
relief wells, 1183, **1184**, see also wells	减压井，参见"井"
remediation implementation plan (RIP), 654	修复实施计划(RIP)
Reporting of Injuries Diseases and Dangerous Occurrences Regulations (RIDDOR), 1414	《报告伤病和危险事故条例》(RIDDOR)
re-profiling, 1298	几何形态改变
resident engineer (RE), 600, 1405	驻场工程师(RE)
communicating with contractor, 1411-1412	与承包商的沟通
communicating with design team, 1412	与设计团队的沟通
communicating with other parties, 1412	与其他各方的沟通
construction team, understanding of, 1408-1409	施工队伍，了解
contract administration by, 1407	合同管理职责
dealing with problems, 1413	解决问题
design-related issues solved by, 1407	解决相关设计问题

索　引

documentation and record keeping by, 1410	文件编制和保持记录
health and safety responsibilities of, 1414	健康与安全责任
inspection and checking by, 1410-1411	检测和检查
participation in site meetings, 1413	参加现场会议
piling works, supervision of, 1416-1417	桩基施工作业，监管
roles and responsibilities of, 1408, 1356	分工与职责
setting up on site works, 1410	现场布置
site investigation works, supervision of, 1414-1416	场地勘察工作，监管
site work, preparation of, 1409-1410	现场，准备
residual soils, 341, *see also* soils	残积土，参见"土"
classification of, *350*	分类
residual suction, 354	残余吸力
resistance to lateral actions, underground structure, 1033-1034	抵抗横向作用，地下结构
resistance to vertical actions, underground structure, 1034-1036	抵抗竖向作用，地下结构
resonant column apparatus, 680, **680**	共振柱试验装置
resonant column test, 262	共振柱试验
responsible sourcing of materials（RSM）, 126	负责任的材料采购（RSM）
retaining wall design, principles of, 969-979	支护结构设计，原则
building damage assessment principles of, 979	建筑物损坏评估准则
case study, 973-976	案例分析
characteristic groundwater parameters, selection of, 975-976	地下水特征参数，选取
clays, undrained shear strength measurements in, 973-975	黏土，不排水抗剪强度的测量
characterisation of, 969	表观特征
characteristic soil parameters, selection of, 973	土体特征参数，选取
construction sequence, 969-970	施工顺序
basement construction, 970	地下室施工
displacement of the wall, 969-970	挡墙位移
top-down and bottom-up considerations, 970	逆作法和顺作法施工的对比
ground movements, prediction of, 979	地基变形，预测
empirical methods, 978	经验方法
numerical methods, 977-979	数值方法
limit states, 973	极限状态
requirements and performance criteria, 970-973	要求和性能标准
cycling of loads on integral bridges, 972	整体式桥梁循环荷载
drained or undrained soil conditions, 971-972	排水或不排水状态
horizontal and vertical support, 972-973	水平和竖向支撑
in marine environment, 973	在海洋环境中
life, 970-971	使用年限
temporary and permanent works, 971	临时和永久工程
temporary works design, 976-977	临时工程设计
retaining walls, 959-968, 1281	支护结构
buttressed masonry, 1002, 1008	扶壁砌体
cantilever, 1001, 1002	悬臂
deflections, 1358	变形
displacement of, 969-970	位移
embedded, *see* embedded retaining walls	嵌入式，见"嵌入式支护结构"
gravity, 959-961	重力式

ground anchors, support of, 1015-1016	地层锚杆，支撑
hybrid, 966	混合式
modular, 1349	模块化
multiple support, 1002	多道支撑
permanent retaining wall with temporary support, 1002	带有临时支撑的永久挡墙
specialist lateral support, 1002	水平支撑专业
temporary, 1002	临时的
toe, 1033-1034, 1078, 1080	坡脚
retaining walls, geotechnical design of, 981	支护结构，岩土工程设计
embedded walls, 988	嵌入式支护结构
design method, 998-999	设计方法
design situations, 989-991	设计工况
earth pressure, 991-997	土压力
factors of safety, 989	安全系数
ground movement, 998	地基变形
propping systems, design of, 997-998	支撑系统，设计
serviceability limit states (SLS), 989	正常使用极限状态(SLS)
structural elements, design of, 997	结构构件，设计
ultimate limit states (ULS), 989	承载能力极限状态(ULS)
gravity walls, 981	重力式挡墙
design method, 987-988	设计方法
design situations, 984	设计工况
drainage systems and fill materials, 986	排水系统和回填材料
earth pressure, 984-985	土压力
factors of safety, 982-983	安全系数
serviceability limit states, 982	正常使用极限状态
structural elements, design of, 986-987	结构构件，设计
surcharges and direct loads, 985-986	超载和直接荷载
ultimate limit states, 981-982	承载能力极限状态
unplanned excavation, 985	超挖
water pressure, 986	水压力
reinforced soil walls, 988	加筋土挡墙
external stability design for, 988	外部稳定性设计
internal stability design for, 988	内部稳定性设计
retaining wall support systems, geotechnical design of, 1001-1009	支锚系统，岩土工程设计
buttressed masonry retaining walls, 1008	扶壁挡土墙
circular construction retaining wall, 1008	环形结构挡土墙
design requirements and performance criteria	设计需求和性能准则
accidental conditions, 1002	偶然状况
bottom-up construction, 1001	顺作法施工
design responsibility, 1002	设计责任
ground improvements control of, 1002	土体加固控制
permanent situations, 1001	永久工况
temporary situations, 1001	临时工况
top-down construction, 1001-1002	逆作法施工
ground improvement, 1008-1009	地基处理
props, 1003-1005	支撑

索　引

  accidental loading, 1004   偶然荷载
    buckling, 1004   屈曲
    inclined struts, 1003   斜撑
    layout, 1003   布置
    load design, determination of, 1004-1005   荷载设计，确定
    permanent structure propping, 1005   永久结构支撑
    pre-load, 1003-1004   预加荷载
    pre-stress, 1003-1004   预应力
    stiffness, 1003-1004   刚度
    temperature effects on, 1004   温度效应
  soil berms, 1006-1007   土台
  tied systems   拉锚系统
    deadman anchors, 1005-1006   锚碇
    earth-filled cofferdams, 1006   土石围堰
retaining wall support systems, types of, 1002-1003   支锚系统，类型
reuse of foundations, 746-747, 1485, see also foundation(s) 基础再利用，参见"基础"
reverse passive, 994-995   反向被动
rheological behaviour of rocks, 197-198   岩石的流变性质
RIBA's Outline Plan of Work   RIBA 工作计划大纲
  stages with normal corresponding geotechnical activities, 69, 70, 68-70 具有正常相应岩土工程活动的阶段
ringshear test, 673-674, **673**, **674**   环形剪切试验
rising/falling head permeability tests, 651, **652**   升降水头渗透试验
risk, 577   风险
  assessment, 79-80   评估
    of earthworks, 1068-1069   在土石方工程中
  associated with slope stability, 255-256   与边坡稳定性有关
  management, 59-72   管理
    chain, 577, **578**   管理链
    during and after foundation construction, 742-743 基础施工期间和之后
  mitigation, 68-70   缓解
    consequences of, 70, 71   后果
    and control, earthworks, 1074-1075   （与）控制，土石方工程
    work stages with normal corresponding geotechnical activities, 68-70 具有正常相应岩土工程活动的工作阶段
risk register, 696   风险登记表
robustness, 28   整体稳固性
rockfall netting, 1296-1297   落石网
rock mass rating (RMR), 205   岩体分级（RMR）
rock mechanics, 500   岩石力学
rock quality designation (RQD), 204-205   岩体质量指标（RQD）
rocks   岩石
  anisotropy of, 205-206   各向异性
  behaviour of, 195-206   性状
  classification of, 195-196, 793-794   分类
  components of, 195   成分
  composition of, 196   组成
  compressibility of, 795-796   压缩性
  cut slopes in, instruments for monitoring, 1398-1399   开挖边坡，监测仪器

deformation of, **207**	变形
discontinuities behaviour of, 203, **207**	不连续性
elasticity of, 197-198, 197-198, 198-200, **207**, *208*, *209*	弹性
failure of, 200-202, **207**	破坏
fixed anchor length design in, 1021-1024	锚固段设计
fixed anchor lengths within, construction of, 1319-1320	锚固段长度，施工
identification and classification, 627	鉴别与分类
landslides in, instruments for monitoring, 1400	滑坡，监测仪器
mass characterisation of, 204-205	块体的表观特征
permeability of, 203-204	渗透性
fracture controlled, 204, **207**	渗透率，裂隙控制
permeation grouting in, 1326-1327	渗透注浆
plastic yield of, 198	塑性屈服
poroelasticity of, 200, **207**	孔隙弹性
porosity of, 197	孔隙率
rheological behaviour of, 197-198	流变性质
saturation of, 197	饱和度
settlement of, 785-786	沉降
single piles on	单桩
base capacity, 813-814	端承力
shaft capacity, 812-813, *813*	桩侧承载力
stiffness of, 198-200	刚度
strength of, 794-795	强度
testing, 202-203, *210*	试验
stress and loads of, 197	应力与荷载
stress-strain curves for, 198, **207**	应力应变曲线
testing, 687	测试
tunnelling quality index, 205	隧道质量指数
types of, 149-150	类型
unit weight of, 197	重度
viscosity of, 198	黏滞性
voids ratio of, 197	孔隙比
rock stabilisation, 1295-1302	岩质边坡防护与治理
access considerations of, 1295-1296	进场注意事项
engineered solutions for, 1297-1301	工程措施
block removal, 1297-1298	块体清除
buttressing, 1300	扶壁
case study, 1300-1301	案例分析
dentition, 1300	格构
drainage, 1300	拦截沟
ground anchors, installation of, 1298-1299	地层锚杆，安装
re-profiling, 1298	几何形态改变
scaling, 1297	剥落
surface protection, 1299-1300	护面工程
environmental considerations of, 1296	环境注意事项
maintenance requirements for, 1302, 1301-1302	维护需求
inspection, 1301	检查

scaling, 1302	剥落
vegetation control, 1302	植被控制
management solutions for, 1296-1297	管理对策
case study, 1297	案例分析
catch fences and ditches, 1297	拦石栅和拦截沟
rockfall netting installation, 1296-1297	落石网的安装
warning systems, 1296	预警系统
principles of, 1295	准则
safety considerations of, 1296	安全注意事项
rotary bored cast-in-place piles, 1193, see also pile(s/ing)	旋挖钻孔灌注桩，参见"桩"
bored piling rigs, 1193-1194	钻孔成桩设备
casings, 1196-1197	套管
excavation tools, 1194-1195	开挖工具
placing concrete, 1197	浇注混凝土
stabilising fluids, 1197	稳定液
rotary case and auger bored micro-piles, 1219	护筒旋挖钻孔微型桩
rotary core samples, 684-685, **684**, see also sampling	旋转式管状样品，参见"取样"
rotary coring, 623	回转取芯
rotary down-the-hole hammer, 1220	潜孔锤
rotary drilling, 622, 901, see also drilling	回转钻探，参见"钻探"
open hole, 622	裸孔
rotary duplex bored micro-piles, 1220	双工旋挖钻孔微型桩
rotary percussive micro-piles, 1220	冲击旋挖微型桩
rotation, 282	转角
Royal Commission on the Ancient and Historical Monuments of Scotland, 581	苏格兰皇家古代历史遗迹委员会
Royal Commission on the Ancient and Historical Monuments of Wales, 581	威尔士皇家古代历史遗迹委员会
Ruglei™ verge protection system, 1079-1080	Ruglei™植被保护系统
sabkha environment geohazards on, 543, 544	盐沼环境灾害
Gulf region, 543-544	海湾地区
sinkholes, 543, **544**	坑洞
sabkha soil, 322-324, 332-333	盐沼土
stabilisation of, 335-336	稳定性
sacrificial nail testing, 1113	非工作土钉测试
safe bearing pressure, 306	安全承压力
safe construction, 1168-1170	安全施工
safe theorem, 38	安全定理
safety, 83, 746, 1414	安全性
factors, partial factors and design parameters, 304-305	系数，分项系数及设计参数
considerations, 305-306	因素
Eurocode basis, 304-305	欧洲标准（Eurocode）基础
traditional code basis, 305	传统设计标准
management, in site investigations, 598-599	管理，场地勘察工作中的
salinas, 322-324	盐滩
salt-out solution, 320	盐析溶液
salt playas, 323	干盐湖
salt terrains, geohazards on, 541-543, **542**	盐渍土地形地质灾害

subsidence over buried salt, 542-543	埋藏盐层的沉降
sampling, 667-686	取样
block, 682	块状
building on fills, 901	填土地基
bulk, 681	散状
construction design requirements for, 667-668	施工设计需求
rotary core, 684-685, **684**	旋转岩芯
testing laboratory, 685-686	检验实验室
transportation of, 685	运输
tube, 682-684	管状
sand overlying clay, *see also* clays	上覆砂土的黏土层，参见"黏土"
bearing capacity of footing on, 776	基础的地基承载力
sands	砂土
compressibility of, 793	压缩性
dune, 313, **313**	沙丘
elastic moduli and penetration resistance, correlations between, 757-758	弹性模量与贯入阻力，之间的关系
fixed anchor lengths within, construction of, 1318	锚固段长度，施工
fine, uniform	均质细砂
managing and controlling, during earthworks, 1137-1138	管理与控制，在土石方工程中
settlement of, 782-785	沉降
strength of, 793	强度
underpinning in, 1243	托换
saprolite, 341	全强风化岩
saturation concentration, 319	饱和浓度
scaling, 1297, 1302	削方
scanning electron microscopy (SEM), 525	扫描电镜(SEM)
Schmidt hammer, 202	施密特锤
scour erosion, 1071-1072, *see also* erosion	冲刷侵蚀，参见"侵蚀"
scratch test, 202	划痕试验
seasonal shrink-swell movement, 1057, 1070-1071	季节性胀缩运动
in shallow foundations, 767	季节性收缩膨胀运动，浅基础
secant bored pile walls, 964-965, *see also* walls	钻孔咬合桩支护结构，参见"挡墙"
hard/firm, 964	刚性/半刚性
hard/hard, 964	刚性/刚性
hard/soft, 964	刚性/柔性
secant pile walls, 1276-1280, *see also* walls	咬合桩墙，参见"挡墙"
bored, *see* secant bored pile walls	钻孔，见"钻孔咬合桩支护结构"
description and use, 1276-1278	描述及用途
ellipsoidal-shape shaft, **1278**	椭圆形竖井
flexibility in plan shape, **1277**	平面形状的灵活性
hard/firm, 1277	刚性/半刚性
hard/hard, 1277-1278, **1280**	刚性/刚性
hard/soft, 1276-1277, **1278**	刚性/柔性
installation and materials, 1278-1279, **1279**	施工及材料
interfaces of, 1279-1280	接口
primary-secondary pile sequence, **1277**	主－次桩顺序
range of, 1278	范围

索 引

tolerances of, 1279	误差
secondary/creep settlement, 207, see also settlement	次固结沉降，蠕变沉降，沉降
secondary materials	二次集料
managing and controlling, during earthworks, 1138-1139	管理与控制，在土石方工程中
sedimentary rocks, 195-196, see also rocks	沉积岩，参见"岩石"
sediment load, 322	输沙量
seepage effects, 768-769	渗漏影响
segmental casings, 1196-1197	分段式套管
segmental tunnel linings, modelling of, 54	管片式隧道衬砌，建模
seismic methods, 609-613	地震（勘探）法
seismic refraction survey, 609-610, **610**	地震折射波法勘探
seismic stability, 252	抗震稳定性
self-boring pressuremeter (SBP), 648-649, 650	自钻式旁压仪（SBP）
self-certification, 1356-1357	自行检验
self developers, 59, see also developers	自营开发商，参见"开发商"
self-drill hollow bars, 1306, see also drilling	自钻式空心钻杆成孔，参见"钻孔"
self polarisation (SP), 607	自然电位（物探）方法（SP）
serviceability limit states (SLS), 305, 748, 982, 989, 973, 1073, 1096, 1494, see also limit states	正常使用极限状态（SLS），参见"极限状态"
sesquioxides, 342	倍半氧化物
settlement, 747-752	沉降
of clay, 780-782	黏土的
criteria for, 748	影响因素
differential	差异
differential, bridge, 750	桥梁
differential, building, 749-750	建筑物
due to relative settlements within structure, 748	结构内部相对沉降引起
due to rigid body rotation or tilt, 748	刚体旋转或倾斜引起
factors affecting, 750-752	最大沉降，关系
and maximum settlement, relationship between, 748	（与）最大沉降，之间的关系
of fills, 907	填土的
foundation, excessive, 769	黏土
limits for, 748-750	限制
platforms, 1389	沉降板
of rock, 785-786	岩石的
of sand, 782-785	砂土的
secondary/creep, 207	次固结，蠕变
shallow foundations, 778-789	浅基础
elastic methods, 779-780	弹性方法
heave and swelling, 787-788	隆起与膨胀
nonlinear methods for, 788-789	非线性方法
stress changes due to applied bearing pressures, 779	因施加压力产生的应力变化
unsaturated soils and non-engineered fills, 789, 802	非饱和土及非工程性填土
total, 747	总的
maximum settlement, limits for, 748	最大沉降，限制
trough, 288	槽
settlement and stress distributions, 207	沉降和应力分布

elastic displacement theory, 214-216	弹性位移理论
granular soils, settlement on, 218	粗粒土，沉降
one-dimensional method, accuracy of	一维方法
for cross-anisotropic elastic material, 217	正交各向异性弹性材料的精度
for homogeneous cross-anisotropic elastic material, 217	正交各项异性均质弹性材料的精度
for homogeneous isotropic elastic material, 216	各项同性均质弹性材料的精度
for normally consolidated clay, 218	对于正常固结黏土
settlement prediction on soils, 212	土体沉降计算
conventional 1D method, 212	一维方法
finite element method, 214	有限元方法
Skempton and Bjerrum method, 212-213, **213**	Skempton-Bjerrum 方法
stress path method, 213-214	应力路径法
stress changes beneath loaded areas, 208	承载区下方应力变化
anisotropy, 210-211	各项异性
conclusions on stress changes, 211-212	关于应力变化的结论
non-homogeneity, 210	不均匀性
nonlinear stress-strain behaviour, 209-210	非线性应力－应变行为
total, undrained and consolidation settlement, 207-208	总的，不排水固结沉降
undrained settlement, 218	不排水沉降
vertical shear modulus, influence of, 217-218	竖向剪切模量，受影响于
shaft adhesion factor, 234	侧壁粘结系数
shaft friction, 235, 1019	侧摩阻力
effective stress parameter, 236-237	有效应力参数
negative friction, 238	侧摩阻力，负摩阻力
in normally consolidated clay, 237-238	正常固结黏土中
in overconsolidated clays, 239, **240**	超固结黏土中
predicted, 238-239	预估
shafts, 734, *see also* foundation(s)	沉井，参见"基础"
shallow excavations, hazards associated with, 78	浅基坑，与其相关的危险
shallow foundations, 84, 306, 734, 765-800, *see also* foundation(s)	浅基础，参见"基础"
adjacent to a landslip, 91-92, **92**	邻近边坡
bearing capacity, 774-778, 840-841	承载力
eccentric load and uniform vertical pressure, 775	偏心载荷和均匀的竖向压力
of footing on sand overlying clay, 776	上覆砂土的黏土层
formulae, 774-775	公式
groundwater table level and pressure, influence of, 776	地下水位与压力，受影响于
soil compressibility and stress level, impact of, 775-776	土的压缩性和应力水平，受影响于
for square pad foundations bearing on rock, 777	岩石地基上的独立基础
bearing pressures applied, 773	荷载作用，承受的
case history, 798	历史案例
additional ground investigation and geotechnical analysis, 797-798	补充现场勘察和岩土分析
design verification and construction control, 796-798	设计验证和施工控制
foundation options and risks, 797	基础选型与风险控制
ground condition and site history, 797	场地条件与场地历史
categories of	类别
design issues and requirements, 765	设计要点
construction process and design	施工过程与设计

索引

considerations, 771-773	因素
buoyancy and flotation, 770-771	浮力
excavations, 768	开挖
foundation formation, preparation of, 768-773	基础施工，准备
groundwater control, 768-770	地下水控制
earthquake effect on, 946-947	地震的影响
failures in, 744-745	失败
on fills, 908-909	在填土上
information requirements and parameter selection	资料需求和参数选择
clays, strength and compressibility of, 791-792	黏土，强度和压缩性
ground profile and site history, 789-791	地层剖面与场地历史
information requirements and parameter selection, 789-796	资料需求和参数选择
sand, strength and compressibility of, 792-793	砂土，强度和压缩性
layout and interaction effects, 773-774	布置及相互作用
on medium dense sandy gravel, 101	中等密实砂质砾石
movements, causes of, 765-768	变形，原因
offshore, 949	近海
on soft chalk, 99-103, *103*	软白垩岩
cable chamber, 101-103, **102**	管廊
cable chamber construction and foundation settlement, 103	管廊施工和基础沉降
ground conditions and construction problems, 99-101, **100**	场地条件与施工困难
pad footings, 101	独立基础
rocks, strength and compressibility of, 793-796	岩石，强度和压缩性
settlement, 778-789	沉降
of clay, 780-782	黏土的
elastic methods, 779-780	弹性方法
heave and swelling, 787-788	隆起与膨胀
nonlinear methods for, 788-789	非线性方法
rigidity and depth, corrections for, 786-787	刚度与深度，修正
of rock, 785-786	岩石的
of sand, 782-785	砂土的
stress changes due to applied bearing pressures, 779	因承受压力作用产生的应力变化
unsaturated soils and nonengineered fills, 789	浅基础，非饱和土与非工程填土
shallow instability earthworks, 1069	土石方工程浅层不稳定
ShapeAccelArray (SAA), 1387	形变阵列 (SAA)
shearing process, 373	剪切过程
shearing resistance, angle of, 330	抗剪角
shear modulus, 199	剪切模量
shear strain, 189	剪切应变
shear strength equation, 354	剪切强度方程
shear tests, 202	剪切试验
shear vane test, **1481**	十字板剪切试验
sheet pile walls, 962-963, 1087-1088, 1280-1284, *see also* walls	板桩支护结构，参见"挡墙"
advantages and disadvantages of, 962-963	优缺点
attack on, 528	腐蚀
description and use, 1280-1281	描述及用途
installation of, 1282	施工

interfaces, joints and connections, 1283-1284	接口，接头和连接
materials of, 1281-1282	材料
plant, 1281	设备
tolerances of, 1282	容许误差
sheet piling, 1080, *see also* pile(s/ing)	钢板桩，参见"桩"
shields, 316	地盾
shoring	临时支撑
design of, 1242	设计
risk of settlement, minimising, 1242-1243	沉降风险，尽量降低
types of, 1242	类型
shoulder instability earthworks, 1071	土石方工程坡肩不稳定
shrink-swell behaviour, of expansive soils, 416-418	收缩-膨胀性，膨胀土
changes to effective stress and role of suctions, 417	有效应力的变化和吸力的作用
mineralogical aspect, 416-417	矿物学特征
predictions, 422	预测
water content, seasonal variations in, 417-418, **417**	含水率，季节性变化
shrink-swell clay soils, classification of, **422**	收缩-膨胀黏土，分类
side-scan sonar, 611	侧扫声纳
signal matching, 1462-1463	信号匹配
silicate, 918	硅酸盐
silt/clay crusts, 324	硬壳盐/土
silt	淤泥
managing and controlling during earthworks, 1137	在土石方工程中管理与控制
simple shear mechanism, 679-680, 687	单剪机理
single bore multiple anchors, *see* ground anchors	单孔复合锚杆，见"地层锚杆"
single piles, 803-820, *see also* pile(s/ing)	单桩，参见"桩"
axial load capacity, 804-814	轴向承载力
behaviour under vertical load, 816	竖向荷载下的性能
deformation/failure modes, 816-817, **817**	变形/破坏模式
fixed and free handed piles, 817	桩顶固结和桩顶自由
lateral resistance, 817	水平阻力
on coarse-grained soils, 807-810, **808**, *809*, *810*	粗粒土
cone penetration test, 812	静力触探试验
standard penetration test, 811, *811*	标准贯入试验
correlations with SPT/CPT, 810-812	SPT/CPT之间的关系
design considerations for, 890-891	设计因素
pile length, determination of, 890-891	桩长，确定
pile settlement profile with depth, determination of, 890	随深度变化的桩的沉降分布形态，确定
skin friction load, determination of, 890	侧摩阻力，确定
soil settlement profile with depth, determination of, 890	随深度变化的土的沉降分布形态，确定
effect on heave-induced tension, 891-892	隆起引起的拉力的影响
effect on lateral ground movements, 893-894	地基水平向运动的影响
effect on negative skin friction, 889-891	负摩阻力的影响
end-bearing piles, 889	端承桩
end-bearing piles and brittle response, 889-890	端承桩和脆性反应
floating piles, 889	摩擦桩
factors of safety, 814	安全系数

索 引

failure of, 820, **820**	破坏
on fine-grained soils	细粒土中的
cone penetration test, 811-812	静力触探试验
effective stress, 806-807, **807**, *808*	有效应力
standard penetration test, 811	标准贯入试验
total stress, 805-806, **806**, *806*	总应力
idealised load displacement response, **804**	理想化的荷载-位移响应
on layered soils, 810, **810**	层状土
load testing strategy, 818-820	载荷试验方法
on rock	岩石地基上的
base capacity, 813-814	端承力
shaft capacity, 812-813, *813*	桩侧承载力
settlement, 814-816, **815**	沉降
type selection, 803-804	类型的选择
under vertical load, **804**	竖向荷载下
single support retaining walls, 1002, *see also* retaining walls	单支撑挡墙，参见"支护结构"
sinkholes, 533-534, **534**	坑洞
drainage and induced, 536-537, **537**	坑洞，排水诱发
sabkha environment, 543, **544**	盐沼环境
site, 83, 746	场地
constraints, 88-89	约束
geology, 89-90, 841	工程地质
history, 88-89, 760-761, 789-791, 797	历史
hydrology, 89-90	水文学
preparation, 761	准备
relevelling, **89**	水准测量
site investigation, 134, 551, 1240-1241	场地勘察
activities, 567, *568*	活动
cheap, 551-552	廉价的
consultants role of, 572-574	顾问
costs and benefits of, 67-68	成本和收益
design stages, **572**	设计阶段
disclaimer, 575	免责声明
dynamic compaction, 1264	强夯
of expansive soils, 419-420	膨胀土
footnote, 575	脚注
guides, 567-569	指南
importance of, 65-66	重要性
input, **572**	投入
managing	管理
campaign aims fulfilling, 599	活动目标的实现
contract administration and completion, 600	合同管理和完成
data management, 599	资料管理
effects on site occupants and neighbours, 599-600	对现场居住者和邻居的影响
quality control, 599	质量控制
quality management, 599	质量管理
reinstatement, 600	复工

    safety management, 598-599   安全管理
    supervision, 599   监督
  participant's roles and responsibilities in, 567-575   各方的分工与职责
    conditions of engagement, 570-571   聘用条件
  procuring   采购
    consultants and contractors, selecting, 594-595   顾问与承包商，选择
    costs of, 593-594, *594*   成本
    decision-making process of, **596**   决策过程
    ground investigation contract documents, 595-598   现场勘察合同文件
    risk sharing, 598   风险分担
    scope of work defining, 595   界定工作范围
    tender evaluation and award, 598   评标和中标
  reasons for, 571-572   原因
  for soil reinforcement construction, 1290   现场勘察，加筋土施工
  underground services and utilities, 574   场地勘察，地下服务与公用设施
  vibro concrete columns, 1260   振冲混凝土桩
Site Investigation Steering Group (SISG), 595   场地勘察指导小组(SISG)
site logistics, 1168   现场组织
site meetings, 1413   现场会议
site trails, 913   现场试验
site walkover survey, 581-582   现场踏勘
site works, technical supervision of, 1414-1416, 1405-1418   现场，技术监管
  benefits, 1407-1408   优点
  compliance with technical requirements, 1407   技术合规性
  contract administration, 1407   合同管理
  dealing with problems, 1413   解决问题
  design and construction team, communication link between, 1407   设计与施工队伍，之间的沟通
  design-related issues, raising and resolving, 1407   相关设计问题的提出与解决
  earthworks, 1417-1418   土方工程
  health and safety responsibilities, 1414   健康与安全责任
  inspecting a bile bore before concreting, 1406   灌注混凝土前检查桩孔
  management, 1410-1413   管理
  piling works, 1416-1417   桩基施工作业
  preparation, 1408-1410   准备
  quality assessment, 1406-1407   质量评定
  site meetings, 1413   现场会议
Skempton and Bjerrum method, 212-213, **213**   Skempton-Bjerrum 方法
skin friction load, determination of, 890   侧摩阻力，确定
skip-term plate load tests, 1254-1255   短期平板载荷试验
skip tests/dummy foundation tests, 1255   砂斗堆载试验/模拟基础试验
slaking, 454   崩解
slide(s/ing)   滑动
  along old failure surfaces, 1070   沿既有破裂面
  analyses, 249   分析
  block method, 945   分块方法
  on curved and compound surfaces, 249-250   曲面和复杂曲面
  planar, 249, **250**   平面

索 引

shearing, 181	剪切
slip circles, 250-251, **251**	滑弧
slope drainage, 1090-1091	边坡排水
slope facing in soil nail construction	土钉支护施工中坡面
hydro seeding, 1310	水力播植
installation and joining, 1308-1310	安装与连接
soil retention systems, 1310, **1310**	土壤保持系统
types, 1308	面层类型
slope failure	边坡失稳原因
caused by earthquake, 944-946	由地震引起
caused by liquefaction, 945-946	由液化引起
factors giving rise to, 247	诱发因素
types of, 1047	类型
slope stabilisation methods, 1087-1091	边坡支护方法
embedded solutions, 1087-1088	嵌固式支护
gravity solutions, 1088-1089	重力式支护
reinforced/nailed solutions, 1089-1090	加筋/土钉加固
slope drainage, 1090-1091	边坡排水
slope stability, 247-256	边坡稳定性
assessment of, 249	评估
continuum methods, 253	连续介质分析方法
errors in, 252-253	误差
planar sliding, 249, **250**	平面滑动
pore water pressure changes during lifetime of slope, 251-252	边坡中孔隙水压力的演变
seismic stability, 252	抗震稳定性
sliding on curved and compound surfaces, 249-250	曲面和复杂曲面滑动
slip circles, 250-251, **251**	滑弧
three-dimensional effects, 251	三维效应
using effective stress-based shear strength, 247-248	采用基于有效应力的抗剪强度
using undrained strength, 248	采用不排水强度
factor of safety approach, 256	安全系数
failure, modes and types of, 248-249	失稳，模式和类型
issues related to collapsible soils, 405	与湿陷性土相关的问题
post-failure investigations, 256	失稳后调查
risk, 255-256	风险
serviceability limits, 256	适用范围
slope failure, factors giving rise to, 247	边坡失稳诱发因素
unstable slopes, rectification of, 253-255	不稳定边坡，加固
anchorages and reinforcements, 254-255, **255**	锚索和加固
drainage solutions, 253-254	排水
earthworks solutions, 253	土方填挖
slope surface drainage in soil nail construction, 1310	土钉支护施工中坡面排水
slope surface preparation, for soil nailing construction, 1305-1306	坡面处理，土钉支护施工
sloping ground, 994	倾斜地面
small strain shear modulus, 263-264	小应变剪切模量
changes in, 263-264, **264**	变化
effective confining pressure on, influence of, **264**	有效围压，受影响于

with time of confinement, 264, **264** 与受压时间的关系
smooth single drum rollerself-propelled, 1128 光滑单滚筒自动推进压路机
smooth single drum roller-towed, 1128 光滑单滚筒拖曳式压路机
smooth twin drum roller-self-propelled, 1128-1129 光滑双滚筒自动推进压路机
Snofru Pharaoh, 11 斯尼夫鲁法老
soft chalk shallow foundation on, 99-103, *103* 软白垩岩，浅基础
 cable chamber, 101-103, **102** 管廊
 cable chamber construction and foundation settlement, 103 管廊施工和基础沉降
 ground conditions and construction problems, 99-101, **100** 场地条件与施工困难
 pad footings, 101 独立基础
soft facings, in soil nail construction, 1308, 1310 土钉支护施工中软面板
soft walls, *see also* walls 软墙，参见"挡墙"
 with pre-cast walls or steel sheet insertions, 1287 软墙，参见"带有预制墙体或钢板嵌件的墙体"
soil characteristics, assessment of, **380** 土体特征评价
soil-covered limestones, engineering works on, 536-537, *537* 有上覆土层的石灰岩，工程作用在
soil-foundation-superstructure interaction behaviour, factors affecting, 747 地基-基础-上部结构相互作用特性，影响因素
soilfracture grouting, 1327-1328, *see also* grouting 劈裂灌浆，参见"灌浆"
soil guideline value (SGV), 653, 659, 661, 665 土壤指标值（SGV）
soil mechanics, 500 土力学
 birth of, 13-14 诞生
 impact on structural and civil engineering, 14 对结构工程和土木工程的影响
 triangle, *see* geotechnical triangle 三角形，见"岩土工程三角形"
soil mixing, 1333-1340 搅拌
 applications of, 1333 应用
 deep, 934-937 深
 defined, 1323 搅拌，定义
 dry, 1333-1336 干
 using trench cutting, 1338 采用渠式切割法
 verification for, 1338-1340 验证
 wet, 1336-1337 湿
soil nail head, 1112 土钉头
 to prevent requirement for wayleave, 1112 防越界
soil nailing, 1076, 1111 土钉
 array, **1111** 排列
 behaviour of, 1110 性能
 construction, 1112-1113 施工
 corrosion of, 1113 腐蚀
 design, 1110 设计
  load plates, 1111-1112   垫板
  slope facing, 1112   面层
 drainage, 1113 排水
 history and development of, 1109 技术的历史与发展
 maintenance of, 1113 维护
 suitability of ground conditions for, 1109 适用的场地条件
 testing, 1113 测试

索 引

    types of, 1110   类型
soil nailing construction, 1303-1311   土钉支护施工
    completion/finishing of, 1307-1308   完工
    drainage   排水系统
        crest, 1310   坡顶
        horizontal, 1310-1311, **1310**   水平的
        slope surface, 1310   坡面
        toe, 1310   坡脚
    drilling   钻孔
        cased holes, 1306   套管钻进成孔
        open holes, 1306   干成孔
        self-drill hollow bars, 1306   自钻式空心钻杆成孔
        with fluids, 1306   带浆护壁成孔
    haul roads/platforms, 1305   运输道路/工作平台
    grouting, 1307, **1307**   注浆
    planning   平面布置
        access, 1304, **1304**   通道
        environmental considerations, 1305   环境因素
        health and safety, 1303   健康与安全
        pro-construction approvals, 1305   施工前批准程序
        rig type, 1304   钻机型式
        sequencing, 1305   施工工序
        spoil/drill arisings, 1305   弃土/钻渣
        working platforms, 1304-1305   工作平台
    reinforcement, placing, 1306-1307   钢筋，安放
    services/land drains, 1306   公共服务设施/地表排水沟
    setting out, 1306   测量放线
    slope facing   边坡面层
        hydro seeding, 1310   水力播植
        installation and joining, 1308-1310   安装与连接
        soil retention systems, 1310, **1310**   土壤保持系统
        types, 1308   面层类型
    slope surface preparation, 1305-1306   坡面处理
    testing   检测
        approvals, 1311   审批
        free length information, 1311   自由段的形成
        monitoring, 1311, **1311**   监测
        preliminary and acceptance testing, 1311   初步试验和验收试验
        reaction system, 1311, **1311**   反力系统
    topographic accuracy, 1305   地形测绘精度
soil organic matter (SOM), 659   土壤有机质(SOM)
soil reinforcement construction, 1102, 1289-1294   加筋土施工
    applications of, 1289   应用
    drainage, installation of, 1290   排水设施，施工
    facings, placement of, 1291   面板，安装
    fill materials, placement of, 1291-1292   填料，回填
    materials, delivery and storage of, 1290   材料，交付与存储

monitoring and supervision of, 1293	监测与监查
post-construction, 1294	施工后阶段
maintenance, 1294	维护
records, 1294	施工记录
pre-construction, 1289-1290	施工前阶段
planning, 1290	规划
roles and responsibilities, 1289-1290	分工与职责
site investigation, 1290	场地勘察
preparation of, 1290	准备
reinforcement, placement of, 1292-1293	筋体，回填
vegetation, 1293	植被
soil retention systems, in soil nail	土壤保持系统
construction, 1310, **1310**	土钉支护施工
soils, 83, 259-269, 744-745	土
arid, see arid soils	干燥，见"干土"
bearing capacity of, 227-230	承载力
behaviour	特性
in cyclic loading, 940-943	循环荷载情况下
offshore marine clays, 948-949	近海海相黏土
clayey	黏性土的
fixed anchor length design in, 1020-1021	锚固段设计
fixed anchor zone, location of, 1027	锚固区，位置
coarse-grained soils, single piles on, 807-810, **808**, 809, 810, 811	粗粒土，单桩
collapsible, 334, 892-893	湿陷性
compressibility	压缩性
effects on bearing-capacity failure mechanism, 775-776	承载力破坏机理的影响
compressible nature with low shear stiffness, 109, 111	具有低剪切刚度可压缩性土
cut slopes in, instruments for monitoring, 1398	开挖边坡，监测仪器
damping ratio, 262, 266, **266**	动阻尼比
damping-wave attenuation of, 261	阻尼－波的衰减
dilatant behaviour of, 109, 110	膨胀特性
ductile nature of, 109, 110	韧性
dynamic loading of, 259, **259**	动力荷载
effective stress failure criterion for, 163	有效应力表示的破坏准则
expansive, 892-893	膨胀土
fabric of, 157-158, **157-158**	组构
fine-grained, see fine-grained soils	细粒，参见"细粒土"
frictional nature of, 109, **110**	摩擦性质
fully saturated soils, effective stress in, 158-160, **159**	完全饱和土，有效应力
glacial, see glacial soils	冰川的，见"冰碛土"
grain dimension, 156	颗粒尺寸
granular	粗粒土的
fixed anchor length design in, 1019-1020	锚固段设计
fixed anchor zone, location of, 1025-1027	锚固区，位置
heave pressure, 1036	隆起压力
hydraulic conductivity of, 168	渗透系数
hysteretic soils, stress-strain relationship for, 262, **263**	滞回型土，应力－应变关系

索 引

geologically old, pre-glacial deposits, 744　地质年代久远，冰川期前沉积物
geotechnical properties and characterisation　地基土的特性和表观特征
　　vibro techniques impact on, 1252　　振冲技术的影响
glacial deposits, 744　冰川期沉积物
identification and classification, 627　鉴别与分类
improvement of, by chemical means, 277-280　改良，化学方法
　　artificial ground freezing, 280　　人工冻结地基
　　cement stabilisation, 278-279　　水泥固化
　　grouting, 279　　注浆
　　lime-cement column construction, 279　　石灰-水泥桩施工
　　lime piles, 279　　石灰桩
　　lime slurry pressure injection, 279　　压力注入石灰浆
　　lime stabilisation, 277-278, **278**　　石灰固化
improvement of, by mechanical means, 275-277　改良，机械方法
　　dynamic compaction, 276　　强夯法
　　micro-piles or root piles, 277　　微型桩或树根桩
　　stone columns, 276-277　　碎石桩
　　vibrocompaction, 276　　振冲密实
in situ testing of, 657-658　土壤，原位测试
landslides in, instruments for monitoring, 1398　滑坡，监测仪器
liquefaction of, 266-267, **267**, 940-942　液化
　　factors influencing, 941　　影响因素
　　safety factors against, 941-942　　安全因素
　　slope failure caused by, 945-946　　边坡失稳
made ground and non-engineered fills, 744　人造场地及非工程性填土
microstructure of, 158　微结构
mineral dimension, *156*　矿物尺寸
mixing, 1003　土，搅拌
nails, 277　土钉
as natural material, 108, *109*　作为天然材料
non-homogeneous and variable nature of, 109-110, *109*　非同质性和可变性质
nonlinear with complex stress-strain behaviour of, 111, *109*　非线性与复杂的应力-应变特性
particle shape, 157　颗粒形状
particle size, 156-157　颗粒大小
as particulate materials, 153-161, **153**　作为颗粒材料的土
permeability, 1186　渗透性
phase relationships of, 153　三相关系
post-glacial deposits, 744　冰川期后沉积物
property determination techniques, 262　参数确定技术
　　field measurement techniques, 261-262　　现场试验
　　laboratory measurements techniques, 261-262　　室内试验
red tropical, 342, *353*　红色残积土
reinforcement, 277, 1094-1095, 1095-1096　加筋
residual, 341, *350*　残积土
sampling, 655, **655**　取样
settlement profile with depth, determination of, 890　随深度变化的沉降分布形态，确定
skeleton, 153　土骨架

  small strain shear modulus, **265**, 263-264   小应变剪切模量

  stabilised soils, heave of, 530-531   固化土，隆起

  stiffness profile on pile-group settlement influence of, 827   地基刚度随剖面变化对群桩沉降的影响

  strain-dependent behaviour of, 259-260, **260**   应变依存性能

  strain-dependent shear modulus, 264-265, **265**   应变相关的剪切模量

  strength, factors affecting, 754   强度，影响因素

  strength model, 247-248   强度模型

  sulfate and acid, 517-531   硫酸盐和酸

  theoretical behaviour of, 262-263   理论响应

  two- or three-phase nature of, 108-109, *109*   二相或三相性质

  types of, 149, *156*   类型

  wave propagation in, 260-261   波的传播

  wave velocity in, 260-261   波速

  wind-blown, 393-394   风吹

soil-structure interaction, 5, 992-993   土-结构相互作用

soil suction test, 1241   土体吸力试验

soil water characteristic curve (SWCC), 354   土水特征曲线(SWCC)

soil water retention curve (SWRC), 354   土水保持曲线(SWRC)

soldier pile walls, *see* king post walls   排桩墙，见"立柱式支护结构"

solidification, *see* stabilisation   固化，见"固化"

soliflucted chalk, shallow foundation on, 101   泥质白垩岩，浅基础

soluble ground, 533-544   可溶性地基

  karst geohazards, 533-534   岩溶地质灾害

  distribution of, 534, **535**   分布

  geohazards   地质灾害

    on gypsum terrains, 541, **542**   在石膏地形上

    on sabkha environment, 543-544   在盐沼环境中

    on salt terrains, 541-543, **542**   在盐渍土地形上

  investigations for karst geohazards, 540-541, *541*   岩溶地质灾害调查

  investigations for karst hazards, **540**   岩溶灾害调查

  limestone bedrock, engineering works on, 537-540, **538**   石灰岩基岩，工程作用在

    unseen caves, hazard of, 539-540   不可见洞穴，灾害

  limestone kurst geohazard, impact of, 534-536, **536**   石灰岩岩溶地质灾害，受影响于

  sinkholes, 533-534, **534**   坑洞

  soil-covered limestones, engineering works on, 536-537, **537**   有上覆土层的石灰岩，工程作用在

solute suction, 353   溶质吸力

sonic coring, 623   声波取芯

South Dahshur Pyramid, failure of, 11   南代赫舒尔金字塔的破坏

spaced bored piles, 1076, *see also* pile(s/ing)   等距排列钻孔桩，参见"桩"

specialist down-hole tests, 691   专业孔内测试

specification for piling and embedded retaining walls (SPERW), 1191, 1197   桩和嵌入式支护结构规范(SPERW)

specifications, 1163-1164   规范

  codes of practice, 1163-1164   专业标准

  design responsibility, 1164   设计责任

  Execution Codes, 1163   执行标准

spectral analysis of surface waves (SASW), 261   表面谱分析(SASW)

spoil heaps, 451-452, 454, 456   废石堆

索 引

SPOT, 616-617 　　法国空间研究中心研制的地球观测卫星系统（SPOT）

sprayed concrete, in soil nail construction, 1309, **1309** 　　喷射混凝土，土钉支护施工

springs vs continuum, 856-858 　　弹簧和连续体的对比关系

square pad foundations bearing on rock, allowable pressures for, 777 　　岩石地基上的方形基础，容许压力

squeezing rocks, 204, *see also* rocks 　　挤压岩石，参见"岩石"

stabilisation, 277-279 　　固化

　cement, 278-279 　　水泥

　lime, 277-278, **278** 　　石灰

stabilised soils, heave of, 530-531 　　固化土，隆起

stabilising fluids, 1197, **1198** 　　稳定液

stability charts, 1044 　　稳定图解法

standard penetration test (SPT), 218, 261, 267, 348, 349, 383, 620, 621-622, 632-633, 901, 942, 915, 916, 932, 1241, 1260, 1407 　　标准贯入试验(SPT)

standpipe piezometers, 624-625, *see also* piezometers 　　立管式测压计，参见"测压计"

standpipes, 624 　　水位管

state developers, 59, *see also* developers 　　国家开发商，参见"开发商"

static pile capacity testing, 1452-1458, *see also* pile capacity testing 　　静压桩承载力试验，参见"桩承载力测试"

　advantages and disadvantages of, 1456 　　优缺点

　application of, 1455 　　静压桩承载力试验

　characteristics and potential deployment criteria, *1468* 　　特征和潜在部署标准

　constant rate of penetration testing, 1453-1454 　　恒速贯入试验

　lateral load tests, 1455-1456 　　横向荷载试验

　maintained load compression test, 1453 　　静载试验

　settlement criteria, 1456 　　沉降标准

　specifying, 1457-1458 　　指定

　tension tests, 1455 　　拉力试验

　top-down, **1454** 　　自上而下

　types of, 1452-1453 　　类型

　ultimate capacity determination and test termination, 1456-1457 　　极限承载力确定和测试终止

　working principle of, 1454-1455 　　工作原理

steel, 1475-1477 　　钢筋

　box piles, 1211 　　管桩

　corrosion near the waterline, variability in, 1475 　　钢筋，近水面腐蚀，变异性

　-intensive basements, 1280 　　钢密集型地下室

　problems associated with, 1475 　　相关问题

　reinforcement cage check, 1476 　　钢筋笼检查

　sheet pile cofferdam, 1475 　　板桩围堰

　tube piles, 1214, 1215 　　管桩

　verification of, 1476-1477 　　验证

steep-sided chalk cutting, failure of, 1297 　　陡峭路堑，失稳

steep slopes, 1289 　　陡坡

　fill materials, placement of, **1292** 　　填料，回填

　monitoring and supervision of, 1293 　　监测与监查

　reinforcement, placement of, 1292, **1292** 　　筋体，回填

stiffened rafts, 429-431, **430**, **431** 　　加劲筏基

stiffness, 674-677 　　刚度

  of fills, 903, *904*   填土的
  of rocks, 198-200   岩石的
  with strain, idealised variation of, **674**   应变，理想性变化
stone columns, 276-277   碎石桩
stone piles, 734   石桩
stool leg, brittle and ductile behaviour of, 29   板凳腿，脆性和延性特征
straight-shafted anchors, 1021, *see also* ground anchors 直壁锚杆，参见"锚杆"
strain compatibility, 1095   应变协调性
strain-dependent behaviour, of soils, 259-260, **260**   应变依存性能，土的
strain-dependent shear modulus, 264-265, **265**   应变相关的剪切模量，土
strains in simple rectangular beams, 284   矩形梁的应变
  limiting values of Δ/L and limiting tensile strain, 285-286 Δ/L 允许值与极限拉伸应变
  limiting values of Δ/L for very slight damage, 286   轻微破坏的 Δ/L 允许值
  relationship between Δ/L and levels of damage, 286-287 Δ/L 和破坏程度之间的关系
stratified rocks, 204, *see also* rocks   层状岩石，参见"岩石"
stratigraphy, 66   地层
strength, 670-673   强度
  enhanced, 178   增强型
  deformation and, 175   变形
    analysis and design, 184   设计和分析
    compressibility of soils, 184-185   土的压缩性
    drained strength of soils, 177-181   土的排水强度
    Mohr-Coulomb strength criterion, 183-184 莫尔-库仑强度准则
    stress, analysis of, 175-177   应力，分析
    stress-strain behaviour, 186-191   应力-应变特性
  unconfined compressive, 670   无侧限压缩
stress, 197   应力
  analysis of, 175   分析
    Mohr's circle, 176-177   摩尔圆分析
  changes beneath loaded areas, 208   承载区下方变化
    anisotropy, 210-211   各项异性
    conclusions on stress changes, 211-212   关于应力变化的结论
    non-homogeneity, 210   不均匀性
    nonlinear stress-strain behaviour, 209-210 非线性应力-应变特性
  effective, 197   有效
  overburden, 197   覆盖层
  point algorithms, 46   点算法
  thermal, 197   热
stress field method, 37   应力场方法
stress path method, 213-214   应力路径法
stress-strain behaviour, 186   应力-应变特性
  drained and undrained Young's modulus, relationship between, 190 排水和不排水杨氏模量，之间的关系
  elastic equations, 188   弹性方程
  ideal isotropic porous elastic material, properties of, 190 理想各向同性多孔弹性材料，性能
  ideal isotropic porous elastic solid, 188   理想各向同性多孔弹性体
  ideal undrained triaxial test, 189-190   理想不排水三轴试验

索 引

measurement of E' and v' in an ideal drained triaxial test, 189	理想不排水三轴试验测得的弹性模量和泊松比
one-dimensional compression, 189	一维压缩
pore pressure changes during undrained loading, 190	不排水加载下孔压变化
of real soils, 190-191	真实土体的
shear strain, 189	剪切应变
volumetric strain, 188-189	体积应变
strip foundation, 734, see also foundation(s)	条形基础，参见"基础"
strongly cemented mudrocks, 499	强胶结泥岩
structural engineer, 594	结构工程师
structural members in plane strain analysis modelling of, **51**, 50-54	平面应变分析中的结构构件，建模
connections, 53, **54**	连接
coupled analyses, 53	耦合分析
ground anchors, 52-53, **53**	地层锚杆
piles, 51-52	桩
segmental tunnel linings, 54	管片式隧道衬砌
walls, 50-51	挡墙
structural metallic elements, attack on, 527-528, **528**, *528*	金属结构构件，腐蚀
structural modelling, 27-29	结构建模
comparison with geotechnical modelling, 30-31	与岩土建模比较
ductility and robustness, 28	延性和整体稳固性
Hambly's paradox, 28-29	Hambly 悖论
limitations to, 27-28	局限
structural problems, associated with bored piles, 1230	结构模型，构造问题，与钻孔桩相关
structure, 83, 745-746	结构
mass, 149	块体
sub-bottom profiling system, 611-612	海底剖面分析系统
sub-contract, see also contract(s)	分包，参见"合同"
forms of, 1163	形式
sub-contractor(s), 78	分包方
design responsibility, 1164	设计责任
dispute between, 1164	之间的纠纷
and main contractor, dispute between, 1164	（与）总承包方，之间的纠纷
sub-glacial/basal tills, 373, see also tills	冰川下/基底冰碛土，参见"冰碛土"
sub-glacial melt-out till, 372, see also tills	冰川下融出冰碛土，参见"冰碛土"
sub-glacial tills, 373, see also tills	冰川下冰碛土，参见"冰碛土"
sub-grade assessment, for pavement foundation, 1150-1152	路基评估，路面基础
sub-horizontal bedding-controlled shear surface, compound failure with, 251, **252**	水平软弱带控制的剪切面，复合破坏
suction scale, **354**	吸力刻度
suites, 660	测试套件
sulfate	硫酸盐
acid-soluble, 524	酸溶性
water-soluble, 523-524	水溶性
sulfur	硫
alluvial strata, 522	冲积地层
clays, 522	黏土
colliery spoil, 522-523	煤矸石

compounds, sampling and testing for, 526 　　组分，取样及试验
　　acid-soluble sulfate, 524 　　　　酸溶性硫酸盐
　　limiting values, 523-526 　　　　限值
　　reactive sulfides, 525-526 　　　　活性硫化物
　　storage, 523 　　　　存储
　　total reduced sulfur and monosulfides, 524-525 　　　　还原硫化物总含量和单硫化物
　　total sulfur, 524 　　　　总含硫量
　　water-soluble sulfate, 523-524 　　　　水溶性硫酸盐
　minerals, 518-519, *518*, **519** 　　矿物
　mudstones, 522 　　泥岩
　total, 524 　　总量
　total reduced, 524-525 　　总还原量
sump pumping, 770, 1178-1179, **1179**, see also pumping, groundwater control by 集水坑抽水，参见"抽水，地下水控制"
superposition principle, 147 叠加原理
supervision, 监管
　of earthworks, 1417-1418 　　在土石方工程中
　of piling works, 1416-1417 　　桩基施工作业
　of site investigation, 599, 1414-1416 　　场地勘察
supraglacial melt-out till, 373, see also tills 冰川上融出冰碛土，参见"冰碛土"
supraglacial tills, 373, see also tills 冰川上冰碛土，参见"冰碛土"
surcharge load tests, 1255 超载荷试验
surcharging, 470-471, 996 超载
surface geophysics, 603-60, see also geophysics 地表地球物理学(7)，参见"地球物理学"
surface-mounted strain gauges, 1391 表面安装应变计
surface protection, 1299-1300 护面工程
surface water, 656 地表水
　control of, 1174-1175 　　控制
surface waves, 610-613 面波
　multi-channel analysis of, 611, **612** 　　多道面波分析
surveying methods, 1384 测量方法
sustainable development, defined, 83-84, 125, 746-747, 1069 可持续发展，定义
　geotechnics for, 125-135 　　岩土工程
　　applications of, 134-135 　　　　应用
　　aquatic environment, 126 　　　　水生环境
　　climate change adaptation and resilience, 126-127, 131-133, **132** 　　　　气候变化适应性和韧性
　　contribution to society, 127-128, 133-134 　　　　对社会的贡献
　　economic viability and whole-life cost, 127 　　　　经济可行性和全生命周期成本
　　energy efficiency and carbon reduction, 125-126, 128-129 　　　　能源效率和碳减排
　　land use management, 127, 133 　　　　土地利用和管理
　　materials reduction, 126, 129-130 　　　　材料削减
　　waste reduction, 126, 130 　　　　废弃物削减
　　water resource management, 126 　　　　水资源管理
　　whole-life management, 133, **133** 　　　　全生命周期管理
sustainable drainage system (SUDS), 130, 1055 可持续排水系统(SUDS)
swath bathymetry, 611 条带测深法
swell-shrink tests, 421 胀缩试验
swelling potential, 424, **425** 膨胀潜势

索 引

swelling pressure tests, 421	膨胀压力试验
swelling rocks, 204, see also rocks	膨胀岩,参见"岩石"
swelling strain tests, 421	膨胀应变试验
synthetic aperture radar (SAR), 328, 617	合成孔径雷达(SAR)
tamping pass, defined, 1261	夯实,定义
tamping roller, 1128	夯实压路机
tangent stiffness method, 43-45, **44**	切线刚度法
application of, **44**	应用
tape extensometer, see convergence gauges	卷尺引伸计,见"收敛计"
technical requirements, achieving, 1170-1172	技术要求,满足
tectonism, 552	构造作用
temporary casings, 1198	临时套管
temporary ground anchors, 1012, see also ground anchors	临时锚杆,参见"锚杆"
tender	投标
documents and submissions, 1162	文件和意见书
evaluation, 598	评标
process, 1162	程序
tendon design, 1024-1025	锚筋设计
tendon to anchorage grout or encapsulation grout, 1024	锚固浆体或封装浆体中的锚筋
tension cracks, 994, **994**	张拉裂缝
tension pile testing, 1455	抗拔桩试验
Terzaghi, Karl von, 12-14, **15**	卡尔·冯·太沙基
education of, 12-13	教育经历
geology, 13	地质学
soil mechanics, 13-14	土力学
switching to civil engineering, 13	转至土木工程专业
texture, 149	构造
thermal effects, 995	热效应
thermal infra-red (TIR) imaging, 618	热红外(TIR)成像
thermal stress, 197, see also stress	热应力,参见"应力"
thick peat deposits, 1257	厚泥炭沉积土
thin-walled sampler, 622	薄壁取样器
three-dimensional analyses, of slope stability, 251	三维分析,边坡稳定性
three-legged stools, 28-29	三脚凳
tie bars, 1087	系杆
tied systems, 1002-1003, 1005-1006	拉锚系统
deadman anchors, 1005-1006	锚碇
earth-filled cofferdams, 1006, **1010**	土石围堰
tills	冰碛土
basal, 373	基底的
deformation, **369**, 370-371	变形
glacial	冰川的
characteristics and geotechnical properties of, *374*	特征与岩土性质
guide to selection of sampling methods in, 383	制样方法选择指南
hydraulic conductivity of, **382**	渗透系数
lodgement, 371-372	堆积

macro features of, 373
sub-glacial, 373
sub-glacial melt-out, 372
sub-glacial/basal, 373
supraglacial, 373
supraglacial melt-out, 373

tilt, 282

tiltmeters, 1385

timber, 1477-1478
   crib facings, in soil nail construction, 1309
   decay at wharf, 1478
   grading stamps/marks, 1477-1478
   piles, **1208**
   problems associated with, 1477
   storage of, 1478
   verification of, 1477-1478

time-based sonic echo test methods, features detected using, 1428-1429, **1430**

time-dependent settlement, of pile group(s), 840

time domain reflectometry (TDR), 1389

toe drainage, in soil nail construction, 1310

toe retaining walls, *see also* retaining walls
   cutting slopes, 1078
   embankments, 1080

toothed augers, 1195

top-down construction, 1001-1002, *see also* construction

topographic accuracy, soil nailing construction, 1305

topographical hazards, 552-553

topography-water-anything odd (TWA) system, 553

topsoil
   managing and controlling, during earthworks, 1140-1141
   removal, 1140-1141
   replacement, 1141

torsional ring-shear test, 202

total energy, defined, 1261

total petroleum hydrocarbons (TPH), 653, 662, *see also* hydrocarbon

total potential sulfate content (TPS), 524

total reduced sulfur (TRS), 524-525, *see also* sulfur

total stress
   failure criterion, Mohr circle of, 221-223, **222**
   instruments for monitoring, 1392-1393
   single piles on fine-grained soils, 805-806, **806**, *806*

total sulfur, 524, *see also* sulfur

traditional code basis, 305

traditional codes, 301

transient dynamic response (TDR) method, 1420, 1426

transient flow, 173, *173*

TRD cutter soil mixing machine, 1338

索 引

Tree Preservation Order (TPO), 1082-1083	树木保护令(TPO)
tremie concreting, 1358	导管灌注混凝土
Tresca failure criterion, 37, 46	Tresca 破坏准则
trial	试验
excavations, 620	开挖
pits, 619, 901	坑
trenches, 619	槽
triaxial tests, 202, 670-673	三轴试验
anisotropically consolidated, 670	非等向固结
cyclic, 679	循环的
equipment, **672**	装置
ideal undrained, 189-190	理想不排水
isotropically consolidated drained, 670, **671**	等向固结排水
isotropically consolidated undrained, 670, **671**	等向固结不排水
unconsolidated undrained, 670, **671**	不固结不排水
with pore pressure measurement, 670, **671**	孔隙水压力的测量
trimming of piles, 1232	桩头处理
tripod piling rigs, 1198	三角架式打桩机
TRL447 test 3, 508	TRL447 试验 3
tropical soils, 341-352	热带土
classification of, *350*	分类
controls on the development of, 343	形成的控制因素
climate, 345-347	气候
parent rock, 345	母岩
relief and drainage, 347	泄压和排水
secondary cementation, 347	二次胶结
weathering processes, 343-345	风化过程
engineering issues, 347	工程问题
characteristics and typical engineering, 350-352	特征和典型工程
classification, 349-350	分类
foundations, 355	地基基础
highways, 357-358	公路
investigation, 347-349	勘察
problematic behaviour, 352-355	特殊性能
properties, 350-352	特性
slopes, 356-357	边坡
terminology for, *345*	术语
tube A manchette (TAM) grouting, 920-922	袖阀管(TAM)注浆
tube samples, 682-684, *see also* sampling	管状样品，参见"取样"
axial strains, **683**	轴向应变
geometrics of, **683**	几何形状
tunnelling	隧道
and excavation, ground movement due to, 287	(与)基坑，引起的地基变形
due to deep excavations, 290	深基坑引起的
horizontal displacements due to tunnelling, 289	隧道引起的水平位移
horizontal strain, influence of, 290-291	水平应变，受影响于
relevant building dimensions, 291	建筑物尺寸

settlements caused by tunnel excavation, 288-289　　　　　　　　隧道挖掘引起的沉降
　　　　surface displacements, assessment of, 289-290　　　　　　　　地表位移，评估
　　instruments for monitoring, 1400　　　　　　　　　　　　　　　　监测仪器
　　near piles, 896-897　　　　　　　　　　　　　　　　　　　　　　桩基附近的
　　quality index, of rocks, 205　　　　　　　　　　　　　　　　　　质量指标，岩石的
turbulent shearing, 181　　　　　　　　　　　　　　　　　　　　　　紊流剪切
twin-tube hydraulic piezometers, 1383, see also piezometer(s)　　　　双管液压计，参见"测压计"
two-part wedge mechanism, 1103-1104　　　　　　　　　　　　　　　双楔体机理

U100 sampler, 622　　　　　　　　　　　　　　　　　　　　　　　　U100取样器
U100 sampling stages, **682**　　　　　　　　　　　　　　　　　　　U100取样阶段
UK Water Industry Research Ltd (UKWIR), 662　　　　　　　　　　英国水工业研究有限公司(UKWIR)
ultimate bearing pressure, 752　　　　　　　　　　　　　　　　　　极限承载力
　　ultimate limit state (ULS), 304-305, 748, 973, 981-982, 989, 1073, 1096, 　承载能力极限状态(ULS)，参见"极限状态"
　　　1494-1495, see also limit states
ultrasonic pulse transmission test, 262　　　　　　　　　　　　　　　超声脉冲透射试验
ultrasonic pulse velocity (UPV) test method, 1437　　　　　　　　　超声脉冲速度(UPV)测试方法
unconfined compressive strength (UCS), 670, **671**, see also strength　无侧限压缩强度(UCS)，参见"强度"
unconsolidated undrained (UU) triaxial test, 670, **671**　　　　　　不固结不排水三轴试验(UU)
　　with pore pressure measurement (UUP), 670, **671**　　　　　　　孔隙水压力(UUP)的测量
uncoupled behaviour, 189　　　　　　　　　　　　　　　　　　　　　非耦合特性
underdrainage, 164-165, **164-165**　　　　　　　　　　　　　　　　地下排水
underground services and utilities, 574　　　　　　　　　　　　　　地下服务与公用设施
underground space, in urban environment, 133　　　　　　　　　　　地下空间，城市环境
underpinning, 1237-1246　　　　　　　　　　　　　　　　　　　　　托换
　　beam and pad, 1240　　　　　　　　　　　　　　　　　　　　　梁与垫板
　　bearing capacity of, 1241, 1242　　　　　　　　　　　　　　　　承载力
　　excavation adjacent to an existing footing, 1241　　　　　　　　　邻近现有基础的开挖
　　factors influencing, 1241　　　　　　　　　　　　　　　　　　　影响因素
　　　carrying out works, reasons for, 1240　　　　　　　　　　　　实施工程，原因
　　　discussion with party wall engineers, 1240-1241　　　　　　　与外墙工程师讨论
　　　gravity retaining wall design, 1241　　　　　　　　　　　　　重力式支护结构设计
　　　settlement potential, 1241　　　　　　　　　　　　　　　　　沉降可能性
　　　site investigation, study of, 1240-1241　　　　　　　　　　　 场地勘察，研究
　　factors of safety, 1245-1246　　　　　　　　　　　　　　　　　　安全系数
　　financial aspects of, 1246　　　　　　　　　　　　　　　　　　　经济因素
　　hit and miss, 1237-1238　　　　　　　　　　　　　　　　　　　　间隔
　　in relation to subsidence settlement, 1245　　　　　　　　　　　　沉陷沉降相关
　　in sands and gravel, 1243　　　　　　　　　　　　　　　　　　　砂土与砾石土
　　jacked, 1240　　　　　　　　　　　　　　　　　　　　　　　　　顶升
　　mass concrete, 1237　　　　　　　　　　　　　　　　　　　　　大体积混凝土
　　piled, 1238-1240　　　　　　　　　　　　　　　　　　　　　　　桩基
　　prevention for water ingress during, 1243-1244, 1244　　　　　　防止进水
　　　local pumping, 1243-1244　　　　　　　　　　　　　　　　　　局部抽水
　　　pre-grouting, 1243　　　　　　　　　　　　　　　　　　　　　预注浆
　　　well pointing, 1243-1244　　　　　　　　　　　　　　　　　　井点
　　reinforced concrete, 1238　　　　　　　　　　　　　　　　　　　钢筋混凝土

索引

    types of, 1237-1240   类型

    using jet grouting, **1333**   采用高压喷射注浆

    using permeation grouting, **1327**   采用渗透注浆

under-reamed anchors, 1021, see also ground anchors   扩体锚杆，参见"锚杆"

under-reamed piles, 85, 1203, **1206**   扩底桩

undrained (or immediate) settlement, 207   不排水沉降（瞬时沉降）

undrained shear strength, 248   不排水抗剪强度

    failure criterion   破坏准则

        bearing capacity enhancement factors, 228   承载力修正系数

    of fills, 904   填土的

    vs moisture content value, 1058-1059   和含水率的对比关系

unexploded ordnance (UXO), detection of, 563, 612-613, **614**   未爆弹药（UXO），探测

uniaxial (unconfined) compressive strength(UCS), 197, 202   单轴（无侧限）抗压强度（UCS）

Unified Soil Classification Scheme (USCS), 352   统一土壤分类法（USCS）

uniformitarianism principle, 147   均变论原理

United Kingdom (UK)   英国

    delays for projects against time, 64, **65**   项目拖延时间

United Kingdom Accreditation Scheme(UKAS), 657   英国皇家认可委员会（UKAS）

United Kingdom Climate Impacts Programme(UKCIP), 127   英国气候影响项目（UKCIP）

unloading point method (UPM), 1465-1466   卸载点法（UPM）

unplanned excavation, 996   超挖

unreinforced mix-in-place walls, 1287, see also walls   无钢筋水泥土搅拌桩墙，参见"挡墙"

unsafe theorem, 38   不安全定理

unsaturated soils, mechanistic behaviour of, 160-161, **160**   非饱和土，力学行为

    drying, 160, **160**   失水

    wetting, 160-161   增湿

unsaturated soils and non-engineered fills, 789   非饱和土及非工程性填土

unsaturated state, 353-355   非饱和状态

unstable slopes, rectification of, 253-255   不稳定边坡，加固

    anchorages and reinforcements, 254-255, **255**   锚索和加固

    drainage solutions, 253-254   排水

    earthworks solutions, 253   土方填挖

unusual clay minerals, presence of, 352   特别黏土矿物的存在

uplands, 316-317   高地

upper bound theorem, see unsafe theorem   上限定理，见"不安全定理"

urban excavation, 50, **51**, see also excavations   城区开挖，参见"开挖"

    hazards associated with, 79   与其相关的危险

urbanisation, effect on collapse, 392   城市化，湿陷的影响

use index tests, 421-422   使用指标测试

vane shear test, 624, 642-644   十字板剪切试验

variable stiffness method, see tangent stiffness method   变刚度法，见"切线刚度法"

vegetation, 1082-1084, 1484   植被

    control and rock stabilisation, 1302   控制，岩质边坡防护与治理

    effect on earthworks design, 1057-1058   土石方工程设计的影响

    effect on earthworks performance, 1082   土石方工程性能的影响

    in expansive soils, 435-438   膨胀土中

movement, in shallow foundations, 767	植物，运动，浅基础
in soil nail construction, 1310	土钉支护施工
soil reinforcement construction, 1293	加筋土施工
third-party land, 1084	第三方土地
Tree Preservation Order and, 1082	树木保护令
verification of materials, 1472	材料验证
verification testing, 662	验证测试
vertical, horizontal and moment (V-H-M) loading, 229-230, **229**	竖向、水平和弯矩(V-H-M)荷载
vertical drains, 274-275	排水预压法
vertical electrical sounding (VES), 607	垂直电探测(VES)
vertical load, bearing capacity equation for, 227-228	竖向荷载，承载力公式
vertical profile, *see* ground profile(s)	垂直剖面，见"地层剖面"
vertical total stress, geostatic, 163	竖向总应力，地层自重条件下的
vertical yield stress, 186	竖向屈服应力
vibrating plate compactor, **1130**	振动板压实机
vibrating poker, *see* vibroflot equipment	振冲器，见"振冲装置"
vibrating wire piezometer, 625, 1381-1382, **1372**, *see also* piezometer(s)	振弦式压力计，参见"水压计"
vibration	振动
and driven pile operations, 1232-1233	打桩作业
test method, 1420, 1425	测试方法
vibrocompaction, 276, 929-932, 1249-1250, *see also* compaction	振冲密实，参见"压实"
design principles for, 930-932	设计原则
of estuarine sands, 96-99	河口砂的
advantages and disadvantages of, 98	优缺点
foundation selection, 96-98, **98**	基础选型
observation and testing, 99, **98**	观察与试验
site location and ground conditions, 96, **97**	场地位置和场地条件
methods and key issues of, 929-930	方法和要点
vibro concrete columns (VCCs), 1259-1260	振冲混凝土桩(VCCs)
applications of, 1260	应用
history of, 1259	历史
limitations of, 1260	局限性
monitoring and testing, 1260	监测及检测
plant and equipment, 1259	装置和设备
reinforcement, 1259-1260	钢筋
site investigation, 1260	场地勘察
vibro concrete plugs, 1254	振冲混凝土塞
vibrodisplacement, *see* vibroreplacement	振冲置换，见"振冲置换"
vibrodriving, 1282	振动式
vibroflotation, *see* vibrocompaction	振冲法，见"振冲密实"
vibroflot equipment, features of, 1247-1249	振冲装置，特征
vibro ground improvement techniques, 1247-1259	振冲地基处理技术
application of, 1249	应用
case histories, 1257-1259	历史案例
design foundation after, 1257	地基设计
environmental considerations	环境因素
contaminants, 1254	污染物

索 引

noise and vibration, 1254	噪声和振动
vibro concrete plugs, 1254	振冲混凝土塞
foundation design after, 1257	地基设计
history of, 1247	历史
impact on soil conditions, 1252	土层条件的影响
monitoring and testing, 1254-1256	监测及检测
quality control, 1254	质量控制
vibroreplacement, 276, 929-932	振冲置换
design principles for, 930-932	设计原则
methods and key issues of, 930	方法和要点
vibro stone columns (VSCs), 1059, 1250-1252	振冲碎石桩 (VSCs)
aggregate requirements, 1252-1254	骨料要求
case histories, 1258-1259	历史案例
cautions, 1257	注意事项
design of, 1252	设计
dry bottom-feed technique, 1250-1251	干式底部进料技术
dry top-feed technique, 1250	干式顶部进料技术
practical issues, 1256-1257	实际问题
dealing with obstructions, 1256	处理障碍物
gas venting, 1256	有害气体排放
installation tolerances, 1257	施工误差
lateral forces, 1256	侧向力
pre-boring, 1256	预钻孔
slopes and interceptor drains, 1256	斜坡和截水沟
stabilised platforms, 1256	稳定平台
working platforms, 1256	工作平台
specifications for, 1252	规范
wet top-feed technique, 1251-1252	湿式顶部进料技术
virgin compression line, 184	初始压缩曲线
visco-plastic method, 45-46	黏-塑性方法
application of, 45-46	应用
limitations of, 46	局限性
viscosity of rocks, 198, **207**	岩石的黏滞性
void filling, 913-914	空洞填充
design principles for, 914	设计原则
execution controls, 914	施工控制
methods and key issues of, 913-914	方法和要点
performance of, 914	效果
perimeter and infill grouting for, 913	周界和填充灌浆
validation of, 914	检验
volatile organic compound (VOC), 653, 655, 656	挥发性有机化合物 (VOC)
volume change, in fills, 904-907	体积变化, 在填土上
applied stress due to building weight, 905-906	附加建筑自重应力
biodegradation, 906-907	生物降解
chemical action, 907	化学反应
self weight, 905	自重
water content, 906	含水率

volume change potential (VCP), 421	体积变化潜势(VCP)
classification of, *426*	分类
shrink-swell potential based on, **427**	收缩-膨胀潜势基于
volumetric strain, 188-189	体积应变
von Post system, *465*	冯·波斯特法
wadis, 322	河谷
wall friction (adhesion), 1034-1035	墙面摩擦
around excavations, 1035-1036	基坑周围
effects on earth pressure, 224-225, *225*	对土压力的影响
walls	挡墙
anchored bored-pile, 1080	钻孔锚固桩
and beam, connection between, **53**	(与)梁,之间的连接
buttress, 11	扶壁
combi steel, *see* combi steel walls	组合钢板,见"组合钢板墙"
contiguous pile walls, 1280	排桩支护结构
bored, 963-964	钻孔
crib, 960	框架支护结构
crosswalls, 1003	格构墙
diaphragm, *see* diaphragm walls	隔板,见"地下连续墙"
embedded, *see* embedded walls	嵌入式,见"嵌入式围护墙"
fill materials, placement of, 1291	填料,回填
flood defence, 1280-1281	防洪堤
gabion, 960-961	石笼支护结构
masonry, 959	砌体支护结构
dry-stack, 960	干堆砌体支护结构
modular, 959	模块化支护结构
monitoring and supervision of, 1293	监测与监查
multi-propped, 995	多支撑挡墙
non-modular, 959	非模块化支护结构
in plane strain analysis, modelling of, 50-51	平面应变分析,建模
porcupine, **960**	干砌体支护结构
pre-cast reinforced-concrete stem, *966*	预制钢筋混凝土支护结构
and prop	支撑
full connection between, **54**	完全连接
pin-jointed connection between, **54**	铰接连接
quay, 1280-1281	码头
reinforced, *see* reinforced soil walls	加筋,见"加筋土挡墙"
reinforcement, placement of, 1292	筋体,回填
retaining, *see* retaining walls	支护,见"支护结构"
sheet pile, *see* sheet pile walls	板桩,见"板桩支护结构"
soft, with pre-cast walls or steel sheet insertions, 1287	带有预制墙体或钢板嵌件的软墙
and soil stiffness, 995	挡墙和地基土刚度
unreinforced mix-in-place, 1287	无配筋现浇混合墙
vertical and near-vertical, 1289	垂直和接近垂直
wall-soil friction, 993-994	墙-土摩擦
Waltham Abbey, Essex, 1348, **1348**	沃尔瑟姆修道院,艾塞克斯(英国东南部的郡)

warning signs, 1359	预警信号
warning systems, 1296	预警系统
Waste (England and Wales) Regulations (2005), 660	《废弃物条例(英格兰和威尔士)2005》
waste	废弃物
acceptability criteria (WAC), 653, 661	可接受标准(WAC)
classification, 660-661, **661**	分类
hierarchy inverted triangle, 126, **126**	倒三角形层次结构
inert, 653, 660	惰性
reduction, 126, 130	废弃物,削减
Waste and Resources Action Programme (WRAP), 130, 1139	废弃物和资源行动计划(WRAP)
water, 1484	水(地下水)
acceptability criteria, 661	可接受标准
in situ testing of, 658, *659*	原位测试
ingress, 1359	渗漏
removal of, 272-275	排出
electro-osmosis, 275	电渗法
pre-loading, 274	预压法
vertical drains, 274-275	排水预压法
water resource management, 126, 130-131, *see also* groundwater	水资源管理,参见"地下水"
aquifer recharge and recovery, 130-131	含水层补给恢复
aquifer storage and recovery, 130-131	含水层储存和恢复
in geotechnical construction, 131	岩土施工
geotechnical project, impact of, 130, **131**	岩土项目,受影响于
reduced operational energy, design for, 131	减少的运营能耗,设计
sustainable drainage systems, 130	可持续排水系统
water-soluble sulfate, 523-524, *see also* sulfate	水溶性硫酸盐,参见"硫酸盐"
water table	水位
conditions above, 165	以上的状况
perched, 165	上层滞水
watertightness, grades of, 1031-1032	水密性,等级
water treatment works, differential swelling, 92-93, **93**	水处理工程,差异膨胀
wave propagation, in soils, 260-261	波的传播,土中的
wave velocity, in soils, 260-261	波速,土中的
weakly cemented mudrocks, 498-499	弱胶结泥岩
wellpoints, 1179, **1179-1181**, 1243-1244	井点
horizontal, **1181**	水平向
installation, horizontal, **1181**	施工,水平向
multi-stage, **1180**	多级
for trench work, **1180**	挖槽
wells	井
collector, 1183-1185, **1184**	集水点
deep wells with submergible pumps, 1181-1182, **1181**, **1182**	带潜水泵的深井
ejector, 1182, **1183**	喷射器
observation, 1380	观测
pumping, 275	泵吸
relief, 1183, **1184**	减压
well-winnowed experience, 17, 19, 30, 91	成熟的经验

West Tower of Ely Cathedral, **33**	伊利(Ely)大教堂西塔
wet soil mixing, 1336-1337, *see also* soil mixing	浆液搅拌法,参见"搅拌"
wetting of unsaturated dry soils, 160-161	非饱和干土的增湿
whole-life asset management, of earthworks, 1068	全寿命资产管理,土石方工程中的
whole-life management, 127, 133, **133**	全生命周期管理
wind-blown soils, 393-394, *see also* soils	风积土,参见"土"
window sampling, 620, 901	窗口取样
Wittenbauer, Ferdinand, 12-13	费迪南德·韦丁博尔
Work at Height Regulations, The (2005), 76	《高空作业条例2005》
worked ground, 444	工作场地
working pressure, 752	工作压力
World Health Organization (WHO), 661	世界卫生组织(WHO)
X-ray diffraction (XRD), 525	X射线衍射技术(XRD)
X-ray fluorescence (XRF), 525, 653, 657	X射线荧光技术(XRF)
Yell. com, 553	Yell. com网站
yield of rocks, 198	岩石的屈服
yield stress ratio, 192	屈服应力比
Young's modulus, 199	杨氏模量
drained, 190	排水
undrained, 189-190	不排水
Zhaozhou Bridge, 11, **12**	赵州桥
ziggurat, construction of, 11	庙塔的建造
zone of seasonal fluctuations, 418, **418**	季节性波动区域
zone-load tests, 1255	区域载荷试验